Komplette Grundbauprojekte

- Pfahlgründungen
- Baugruben
- Schlitzwände
- Dichtwände
- Gebäudesicherungen
- Bodenverbesserungstechniken

FRANKI

D1659249

Seit über 75 Jahren Ihr Partner für eine sichere Gründung

FRANKI Grundbau GmbH & Co. KG Hittfelder Kirchweg 24-28 21220 Seevetal **Tel** 04105-869-0 **Fax** 04105-869-299 info@franki.de www.franki.de

Die Alternative zu Bodenaustausch und Pfahlgründung

Bodenstabilisierung

nach dem

CSV - Verfahren

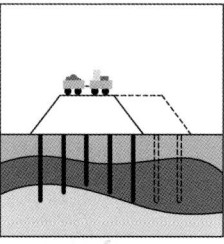

Setzungssicherung von Straßen-, Bahn- und Hochwasserdämmen

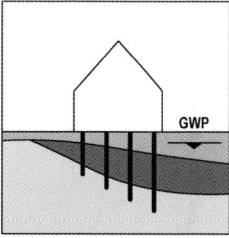

Stabilisierung der Bodenplatte

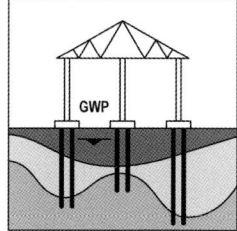

Stabilisierung von Einzelstützen

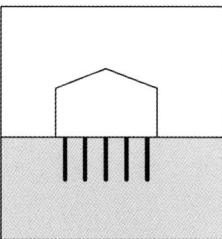

schwimmende Gründung, z.B. Seetone, die bis ca. 150 m Tiefe reichen können

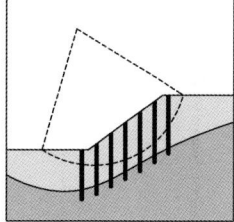

Sicherung von Böschungen

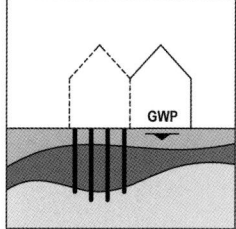

Vermeidung von Mitnahmesetzungen bei Anbauten

Intelligent, kostengünstig, gezielt einsetzbar.

- keine Grundwasserabsenkung erforderlich
- kein anfallendes Bohrgut
- Sauberkeitsschicht kann sofort aufgebracht werden
- Qualitätsnachweis durch Probebelastung

Laumer GmbH & Co. CSV Bodenstabilisierung KG
Bahnhofstraße 8 I 84323 Massing I Tel. 0049 (0) 8724 / 88-0 I Fax 0049 (0) 8724 / 88-500
e_mail: info@Laumer.de I www.Laumer.de

Grund- Pfahl- und Sonderbau GmbH

A-2325 Himberg bei Wien,
Industriestraße 27a
Tel.: +43/(0)2235/87777-0
Fax: +43/(0)2235/86561
E-Mail: office@gps-bau.com

Filialen:

A-6850 Dornbirn,
Lustenauerstraße 56
Tel: +43/(0)5572/398855
Fax: +43/(0)5572/386279
E-Mail: gps-dornbirn@gps-bau.com

A-6175 Kematen in Tirol,
Messerschmittweg 13
Tel.: +43/(0)5232-3333-200
Fax: +43/(0)5232-2617
E-Mail: gps-kematen@gps-bau.com

A-9020 Klagenfurt,
Josef-Sablatnig-Straße 251
Tel.: +43/(0)463/33533-700
Fax: +43/(0)463/33533-709
E-Mail: gps-klagenfurt@gps-bau.com

A-5071 Wals-Siezenheim,
Franz-Brötzner-Strasse 13
Tel.: +43/(0)662/8582-332
Fax: +43/(0)662/8582-9332
E-Mail: office@gps-bau.com

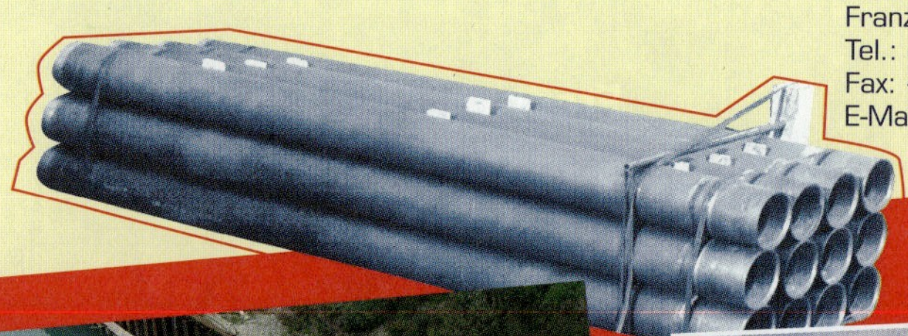

H4-3

Königspalast Madrid

Semmering Basistunnel

www.gps-bau.com

- WASSERSTANDSMESSUNG
- PENDELLOTANLAGEN
- TEMPERATURMESSUNG
- DEHNUNGSMESSSTREIFEN
- KONVERGENZMESSUNG
- ANKERKRAFTMESSDOSEN
- PIEZOMETER
- TILTMETER
- RISSMETER
- FISSUROMETER
- DRUCKMESSDOSEN
- SETZUNGSMESSUNG

- INKLINOMETER
- EXTENSOMETER
- INKREX
- ARGUS MONITORING
- DATENLOGGER
- DRAHTLOSE SENSOREN

Besuchen Sie unsere Webseite
www.interfels.com

Katalog erhältlich

GEOMESSTECHNIK & ÜBERWACHUNGSSYSTEME

INTERFELS GmbH

Am Bahndamm 1,
D- 48455 Bad Bentheim
Deutschland

Tel: +49 5922 99417 - 0
Fax: +49 5922 99417 - 29

e-mail: info@interfels.de
web: www.interfels.com

Bilfinger Berger ist ein führender international tätiger Bau- und Dienstleistungskonzern. Als Multi Service Group bietet das Unternehmen im In- und Ausland ganzheitliche Lösungen in den Bereichen Immobilien, Industrieservice und Infrastruktur. Die Bilfinger Berger Spezialtiefbau GmbH steht für Komplettlösungen rund um Baugruben, Stützbauwerke, Tiefgründungen und Lärmschutzwände – von der Planung bis zur Ausführung. Darüber hinaus profitieren unsere Kunden vom spezifischen Know-how der Messtechnik sowie des Technischen Büros. Der Bilfinger Berger Spezialtiefbau ist, neben Tunnelbau, Brückenbau, Verkehrswegebau sowie dem Geräte- und Infrastrukturservice, eine der spezialisierten Einheiten, deren Kompetenzen im Ingenieurbaubereich liegen.

Bilfinger Berger
Spezialtiefbau GmbH
Goldsteinstraße 114 | 60528 Frankfurt
www.spezialtiefbau.bilfingerberger.de

The Multi Service Group.

BRÜCKNER GRUNDBAU GMBH
Am Lichtbogen 8, 45141 Essen
Tel.: 0201/3108-0
www.brueckner-grundbau.de

Tiefgarage Berlin Alexanderplatz: Schlitzwände und Dichtsohle im Düsenstrahlverfahren

Wir führen aus:

- Schlitzwände mit optionaler Geothermie, Dichtwände, Bohrpfahlwände, Spritzbetonwände, Berliner Verbau, Spundwände
- Bohrpfähle mit optionaler Geothermie, Schraubbohrpfähle, Verdrängungsbohrpfähle, Verpresspfähle
- DSV-Sohlen mit oder ohne Auftriebssicherung, Unterwasserbetonsohlen, Weichgelsohlen
- Temporär- und Daueranker, rückbaubare Anker, Temporär- und Dauernägel
- Unterfangungen, Düsenstrahlverfahren, Mikropfähle
- Bodenverbesserung, Injektionen, Rüttelstopfverdichtung, dynamische Tiefenverdichtung
- Umwelttechnik, Einkapselungen, Austauschbohrungen
- Wasserhaltungen, Horizontaldränung, Grundwasserreinigung
- Eignungsprüfungen, Probebelastungen, Geotechnische Meßtechnik

Berlin, Dresden, Essen, Hamburg, München, Warschau, Wien

Wir schaffen die Basis.

7. Auflage

GRUNDBAU-TASCHENBUCH
Teil 2: Geotechnische Verfahren

Karl Josef Witt (Hrsg.)

7. Auflage

GRUNDBAU-TASCHENBUCH
Teil 2: Geotechnische Verfahren

Karl Josef Witt (Hrsg.)

Herausgeber und Schriftleiter:
Univ.-Prof. Dr.-Ing. Karl Josef Witt
Bauhaus-Universität Weimar
Professur Grundbau
Coudraystraße 11 C
99421 Weimar

Umschlagbild:
Geogitter als Tragschichtbewehrung bei der Überbauung einer ehemaligen Tagebaukippe im Zuge der A38, NAUE GmbH & Co. KG, Espelkamp-Fiestel

Bibliografische Information Der Deutschen Nationalbibliothek
Die Deutsche Nationalbibliothek verzeichnet diese Publikation in der Deutschen Nationalbibliografie; detaillierte bibliografische Daten sind im Internet über http://dnb.d-nb.de abrufbar.

© 2009 Ernst & Sohn
Verlag für Architektur und technische Wissenschaften GmbH & Co. KG, Berlin

Alle Rechte, insbesondere die der Übersetzung in andere Sprachen, vorbehalten. Kein Teil dieses Buches darf ohne schriftliche Genehmigung des Verlages in irgendeiner Form – durch Fotokopie, Mikrofilm oder irgendein anderes Verfahren – reproduziert oder in eine von Maschinen, insbesondere von Datenverarbeitungsmaschinen, verwendbare Sprache übertragen oder übersetzt werden.

Die Wiedergabe von Warenbezeichnungen, Handelsnamen oder sonstigen Kennzeichen in diesem Buch berechtigt nicht zu der Annahme, dass diese von jedermann frei benutzt werden dürfen. Vielmehr kann es sich auch dann um eingetragene Warenzeichen oder sonstige gesetzlich geschützte Kennzeichen handeln, wenn sie als solche nicht eigens markiert sind.

Umschlaggestaltung: Sonja Frank, Berlin
Satz: Dörr + Schiller GmbH, Stuttgart
Druck und Bindung: Scheel Print-Medien GmbH, Waiblingen-Hohenacker

Printed in Germany

ISBN 978-3-433-01845-3

Vorwort

Das Grundbau-Taschenbuch, das nunmehr in der 7. Auflage in drei Bänden vollständig vorliegt, hat über ein halbes Jahrhundert hinweg eine konsequente Entwicklung und eine weite Verbreitung gefunden. In der 1. Auflage von 1955 formulierte Dipl.-Ing. H. Schröder als Ziel, das Fachwissen auf dem Gebiet des Erd- und Grundbaus aus vielfältigen Veröffentlichungen in einem umfassenden Kompendium für die Ingenieurpraxis zusammenzutragen. Dies wurde von Prof. Ulrich Smoltczyk als Herausgeber weitergeführt und mit außerordentlich großem Erfolg bis zur 6. Auflage fortgesetzt. Aus dem ursprünglich handlichen zweibändigen Taschenbuch wurde ab der 5. Auflage von 1996 und 1997 ein dreibändiges Werk, was auch den Wissenszuwachs und die Bedeutung der Geotechnik im Baugeschehen widerspiegelt. Ulrich Smoltczyk hat hierzu den Begriff Grundbau-Akten-Taschenbuch geprägt. Es ist mir als Herausgeber eine besondere Ehre, aber auch eine Verpflichtung, dieses Standardwerk der Geotechnik in seiner Aktualität inhaltlich und thematisch weiterzuentwickeln, neue Erkenntnisse, Bauverfahren und Berechnungsmethoden mit den Erfahrungen der Praxis zu vereinen, ohne den Umfang zu vergrößern.

Auch in dieser neuen Auflage des Grundbau-Taschenbuchs behandelt Teil 2 die geotechnischen Bauverfahren mit den zugehörigen, über Teil 1 hinausreichenden Grundlagen der Bemessung. Neue Autoren bzw. Koautoren verfassten einen Großteil der Beiträge hierfür. Die grundlegenden Kapitel der letzten Auflagen wurden vor dem Hintergrund neuer Regelwerke aktualisiert und um neue Materialien und Bautechniken ergänzt. Einige traditionelle Kapitel zu weniger innovativen Themen sind in dieser Auflage aus Platzgründen nicht enthalten, ohne dass deren Wert und Gültigkeit damit in Frage gestellt werden soll.

In den Beitrag *Erdbau*, der auf den derzeit sehr aktiven Verkehrswegebau zielt, wurden die Themen *Bodenbehandlung mit Bindemitteln* und das ehemals gesondert beschriebene Kapitel *Einschnitte im Festgestein* integriert. Das Kapitel *Unterfangungen* wurde gekürzt und um das Thema *Verstärkung von Gründungen* ergänzt. Die Beiträge *Injektions-, Anker- und Bohrtechnik*, wie auch *Rammen* bereiteten neue Autoren inhaltlich vollständig neu auf. Unter bewährter Autorenschaft wurden die *Abdichtungen* um den Schwerpunkt *Tiefbaufugen* erweitert. Wegen der zunehmenden Anwendung im Tunnelbau und kommunalen Tiefbau wurde die *Bodenvereisung* von einem neuen, kompetenten Autor breiter angelegt. Ebenfalls neu bearbeitet wurden die Themen *Horizontalbohrungen und Rohrvortrieb*, *Grundwasserströmung und Wasserhaltung* sowie *Ingenieurbiologische Verfahren zur Böschungssanierung*. Die Anwendung von *Geokunststoffen* im Erd- und Grundbau nimmt stetig zu. In die Überarbeitung sind die neusten Empfehlungen zu Berechnungsmethoden eingeflossen.

Die Qualität eines solch umfassenden Werkes ergibt sich aus der Summe der vielen Beiträge zu den unterschiedlichen Themen, in denen die Autoren mit sehr großem Engagement ihr Expertenwissen und ihre Erfahrung niedergeschrieben haben. Ihnen allen, aber auch dem Verlag Ernst & Sohn und der Lektorin, Frau Dipl.-Ing. R. Herrmann, gilt mein besonderer Dank.

Weimar, August 2009 *Karl Josef Witt*

BUCHEMPFEHLUNG

Schad, H. / Bräutigam, T. / Bramm, S.
Rohrvortrieb
Durchpressungen begehbarer Leitungen
2., aktualisierte Auflage
2008. 274 S. 90 Abb. 29 Tab. Br.
€ 55,–/sFr 88,–
ISBN: 978-3-433-02912-1

Das vorliegende Werk spannt den Bogen von den Grundlagen der Rohrvortriebstechnik und den rechtlichen Grundlagen, über die Planung und Überwachung der Baumaßnahme, die Auffahrtechniken, den Bau von Schächten bis hin zur Berechnung und Bemessung der Rohre und Pressenwiderlager.

Das Buch beschreibt nicht nur die Anforderungen an Rohrvortriebe, sondern zeigt detailliert Lösungswege auf. Dadurch ist es eine Hilfe für alle, die sich mit dieser Technologie zu befassen haben, sei es auf der Seite der Planung, der Bauausführung oder des Leitungsbetriebs.

Für die 2. Auflage wurde das Werk aktualisiert und an neue Regelwerke angepasst.

Aus dem Inhalt:

- Grundlagen der Rohrvortriebstechnik
- Vortriebstechnologie: Maschinen und Geräte
- Statische Berechnung von Vortriebsrohren
- Statische Berechnung von Nebenbauwerken
- Ausschreibung

Ernst & Sohn
Verlag für Architektur und
technische Wissenschaften GmbH & Co. KG

Für Bestellungen und Kundenservice:
Verlag Wiley-VCH
Boschstraße 12, 69469 Weinheim
Telefon: +49(0) 6201 / 606-400
Telefax: +49(0) 6201 / 606-184
E-Mail: service@wiley-vch.de

CDM

- **Baugrunduntersuchung**
- **Gründungsberatung**
- **Baugrundverbesserung, Injektionen**
- **Baugrubenplanung**
- **Bodenvereisung**
- **Wasserhaltung**
- **Böschungssicherung**

CDM Consult GmbH
www.cdm-ag.de
info@cdm-ag.de

das ingenieur unternehmen

umwelt   wasser   infrastruktur   geotechnik

BUCHEMPFEHLUNG

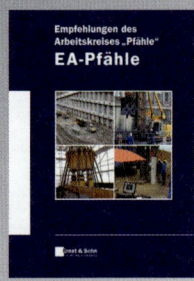

Empfehlung Pfahlgründungen – EA-Pfähle
Hrsg.: Deutsche Gesellschaft für Geotechnik e. V.
2007. 350 S. 250 Abb. Gb.
€ 89,–*/sFr 142,–
ISBN: 978-3-433-01870-5

Das Handbuch über Pfahlgründungen!

Pfahlgründungen sind eine der wichtigsten Gründungsarten. Das Buch gibt einen vollständigen und umfassenden Überblick über Pfahlsysteme. Ausführlich werden Entwurf, Berechnung und Bemessung von Einzelpfählen, Pfahlrosten und Pfahlgruppen nach dem neuen Sicherheitskonzept gemäß DIN 1054 erläutert. Zahlreiche Berechnungsbeispiele verdeutlichen die Thematik. Ebenfalls werden Kenntnisse über die Herstellverfahren und Probebelastungen vermittelt. Die Empfehlung spiegelt den Stand der Technik wider und hat Normencharakter.

Die Herausgeber:
Der Arbeitskreis AK 2.1 „Pfähle" der Deutschen Gesellschaft für Geotechnik (DGGT) setzt sich aus ca. 20 Fachleuten aus Wissenschaft, Industrie, Bauverwaltung und Bauherrenschaft zusammen und arbeitet in Personalunion auch als Normenausschuss „Pfähle" des NABau.

Empfehlungen des Arbeitskreises „Baugruben" (EAB)
4. Auflage
Hrsg.: Deutsche Gesellschaft für Geotechnik e. V.
2006. 304 S. 108 Abb. Gb.
€ 53,–*/sFr 85,–
ISBN: 978-3-433-02853-7

Das Handbuch über Baugruben!

Ein Standardwerk für alle mit der Planung und Berechnung von Baugrubenumschließungen betrauten Fachleute.

Baugrubenkonstruktionen sind von der Umstellung vom Globalsicherheitskonzept auf das Teilsicherheitskonzept erheblich betroffen. In der vorliegenden 4. Auflage der EAB wurden alle bisherigen Empfehlungen auf der Grundlage von DIN 1054 Ausgabe 2005 auf das Teilsicherheitskonzept umgestellt, die von dieser Umstellung nicht betroffenen Empfehlungen wurden überarbeitet sowie neue Empfehlungen zum Bettungsmodulverfahren, zur Finite-Elemente-Methode und zu Baugruben in weichen Böden aufgenommen.
Im Anhang sind alle wichtigen zahlenmäßigen Festlegungen zusammengefasst, die in anderen Regelwerken enthalten sind. Die Empfehlungen haben normenähnlichen Charakter.

Ernst & Sohn
Verlag für Architektur und technische Wissenschaften GmbH & Co. KG

Für Bestellungen und Kundenservice:
Verlag Wiley-VCH
Boschstraße 12, 69469 Weinheim
Telefon: +49(0) 6201 / 606-400
Telefax: +49(0) 6201 / 606-184
E-Mail: service@wiley-vch.de

Fax-Antwort an +49 (0)30 47031 240

ISBN	Titel	Preis
978-3-433-01870-5	Empfehlung Pfahlgründungen – EA-Pfähle	89,00 € / sFr 142,–
978-3-433-02853-7	Empfehlungen des Arbeitskreises „Baugruben" (EAB)	53,- € / sFr 85,-

Firma	
Name, Vorname	UST-ID Nr. / VAT-ID No.
Straße/Nr.	Telefon
Land – PLZ	Ort

Datum/Unterschrift

* € Preise gelten ausschließlich für Deutschland. Irrtum und Änderungen vorbehalten.

BORCHERT INGENIEURE
GmbH & Co. KG
Umwelt - Geotechnik - Baugrundlabor

Finkenhof 12a · D-45134 Essen
Telefon 0201 43555-0
Telefax 0201 43555-43
e-mail info@borchert-ing.de
Internet www.borchert-ing.de

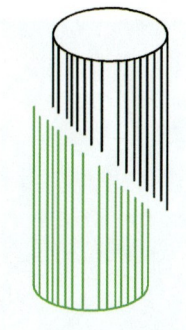

- Baugrunderkundung / Gründungsberatung
- Geotechnisches Versuchswesen (Feld/Labor)
- Qualitätssicherung / Bauüberwachung im Erd-/Deichbau
- Standsicherheit Abgrabungs-/Tagebauböschungen
- Planung und Auslegung von Spezialtiefbaukonstruktionen
- Hydrogeologie / Grundwassermodellierungen
- Niederschlagswasserversickerung
- Altlastenuntersuchungen / Gefährdungsabschätzungen
- Bodenmanagement / Abfallentsorgung
- Grundstückssanierungen / Gebäuderückbau

ÜBER 75 JAHRE ERFAHRUNG IN:
- Pfahlgründungen
- Pfahlwänden
- Baugrubenumschließungen
- Erdwärmebohrungen
- Projektberatungen
- Baugrunduntersuchungen

DR.-ING. PAPROTH GmbH & Co. KG
Tiefbauunternehmen

Dießemer Bruch 54   47805 Krefeld
Postfach 101709   47717 Krefeld
Tel. (02151) 541068   Fax (02151) 543753
E-Mail: paproth@dpc-krefeld.de
www.dpc-krefeld.de

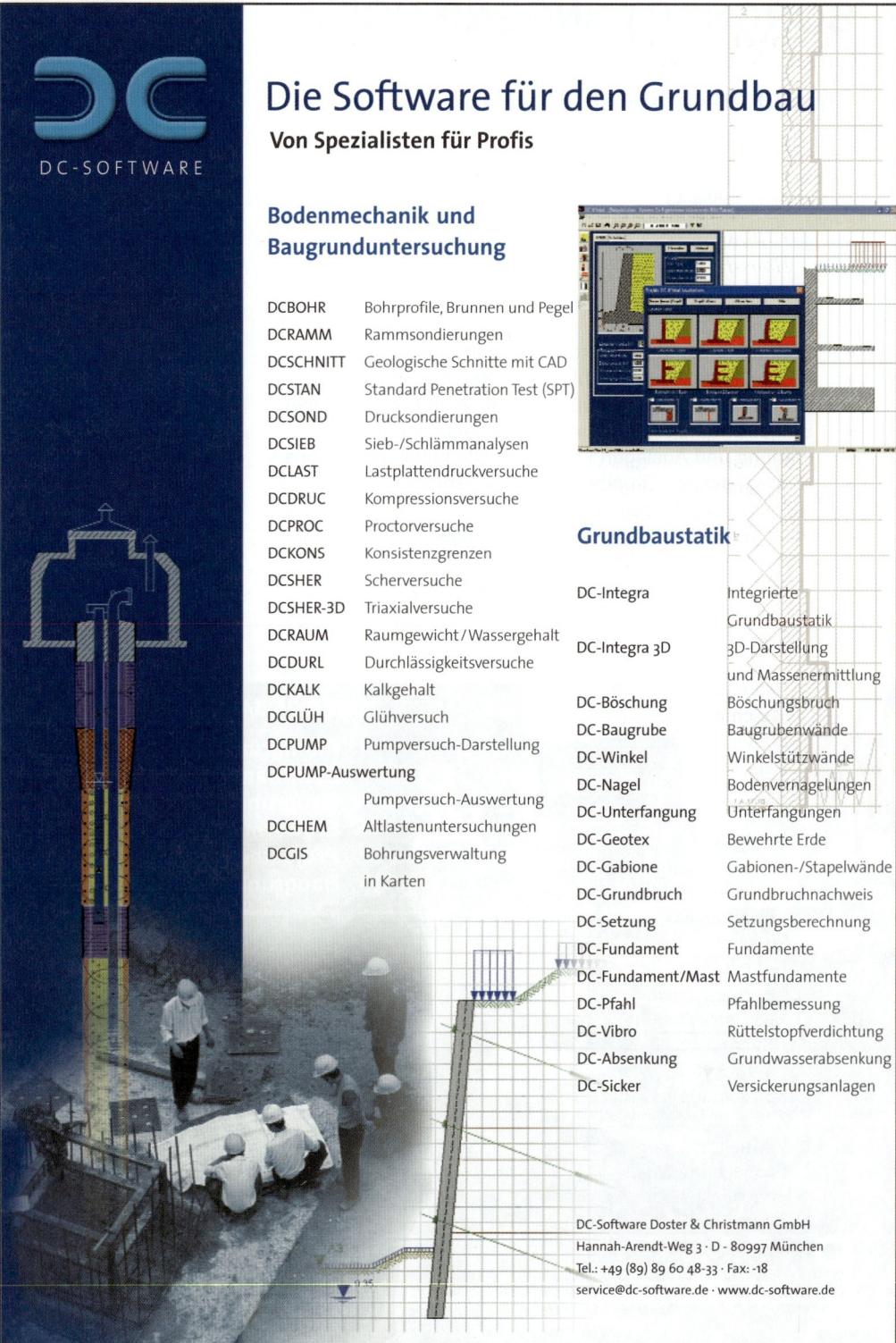

Die Software für den Grundbau
Von Spezialisten für Profis

Bodenmechanik und Baugrunduntersuchung

DCBOHR	Bohrprofile, Brunnen und Pegel
DCRAMM	Rammsondierungen
DCSCHNITT	Geologische Schnitte mit CAD
DCSTAN	Standard Penetration Test (SPT)
DCSOND	Drucksondierungen
DCSIEB	Sieb-/Schlämmanalysen
DCLAST	Lastplattendruckversuche
DCDRUC	Kompressionsversuche
DCPROC	Proctorversuche
DCKONS	Konsistenzgrenzen
DCSHER	Scherversuche
DCSHER-3D	Triaxialversuche
DCRAUM	Raumgewicht / Wassergehalt
DCDURL	Durchlässigkeitsversuche
DCKALK	Kalkgehalt
DCGLÜH	Glühversuch
DCPUMP	Pumpversuch-Darstellung
DCPUMP-Auswertung	Pumpversuch-Auswertung
DCCHEM	Altlastenuntersuchungen
DCGIS	Bohrungsverwaltung in Karten

Grundbaustatik

DC-Integra	Integrierte Grundbaustatik
DC-Integra 3D	3D-Darstellung und Massenermittlung
DC-Böschung	Böschungsbruch
DC-Baugrube	Baugrubenwände
DC-Winkel	Winkelstützwände
DC-Nagel	Bodenvernagelungen
DC-Unterfangung	Unterfangungen
DC-Geotex	Bewehrte Erde
DC-Gabione	Gabionen-/Stapelwände
DC-Grundbruch	Grundbruchnachweis
DC-Setzung	Setzungsberechnung
DC-Fundament	Fundamente
DC-Fundament/Mast	Mastfundamente
DC-Pfahl	Pfahlbemessung
DC-Vibro	Rüttelstopfverdichtung
DC-Absenkung	Grundwasserabsenkung
DC-Sicker	Versickerungsanlagen

DC-Software Doster & Christmann GmbH
Hannah-Arendt-Weg 3 · D · 80997 München
Tel.: +49 (89) 89 60 48-33 · Fax: -18
service@dc-software.de · www.dc-software.de

Inhaltsverzeichnis

2.1 Erdbau
Hans-Henning Schmidt und Thomas Rumpelt

1	Einleitung	1
2	Regelwerke, Gesetze des Umweltschutzes	1
3	Begriffe	3
4	Baustoffe, Klassifikation und Kennwerte	3
4.1	Allgemeines	3
4.2	Bodenkenngrößen	5
5	Entwurf und Berechnung von Erdbauwerken	8
5.1	Baugrunderkundung	8
5.2	Nachweise	9
5.3	Regelböschungsneigungen	11
5.4	Beurteilung der Gesamtstandsicherheit	12
5.5	Entwässerungsmaßnahmen für Erdbauwerke	14
5.6	Landschaftsplanung	16
6	Erdbauverfahren/Erdbaumaschinen	16
6.1	Erdbaumaschinen zum Gewinnen, Transportieren und Einbauen	16
6.2	Gewinnen mit Hydraulikbagger	19
6.3	Maschinen zum Transport	21
6.4	Maschinen zum Einbauen und Verteilen	21
6.5	Verdichten	21
6.6	Spezialgeräte	24
7	Planung und Organisation von Erdbaustellen	25
7.1	Vermessung	25
7.2	Massenverteilung	25
7.3	Leistungsermittlung	25
7.4	Verfahren zur Gewinnung	34
7.5	Einbauverfahren	36
7.6	Verdichtungstechniken	38
7.7	Einbaukriterien	39
8	Qualitätssicherung: Prüfungen, Anforderungen und Beobachtungen	39
8.1	Allgemeines	39
8.2	Prüfungen	40
8.3	Verdichtungsanforderungen für den Straßenbau	40
8.4	Prüfmethoden im Straßenbau	49
8.5	Verdichtungsprüfung bei Felsschüttungen	50
8.6	Beobachtungen	50
9	Bodenbehandlung mit Bindemitteln	51
9.1	Anwendungen und Reaktionsmechanismen	51
9.2	Bodenverfestigung und Bodenverbesserung	53
9.3	Bodenaufbereitung	54
10	Einschnitte	55

10.1	Allgemeines	55
10.2	Einschnitte im Fels	55
11	Dämme und Auffüllungen	88
12	Baugruben und Gräben	90
12.1	Baugruben	90
12.2	Gräben	90
12.3	Schmale Gräben	91
13	Hinterfüllungen und Überschüttungen von Bauwerken	92
14	Lärmschutzwälle	94
15	Abdichtungen	94
16	Kultivieren	96
17	Literatur	97

2.2 Baugrundverbesserung
Wolfgang Sondermann und Klaus Kirsch

1	Einleitung und Überblick	101
2	Baugrundverbesserung durch Verdichten	103
2.1	Statische Methoden	103
2.2	Dynamische Methoden	115
3	Baugrundverbesserung durch Bewehren	132
3.1	Methoden ohne verdrängende Wirkung	132
3.2	Methoden mit verdrängender Wirkung	141
4	Literatur	153

2.3 Injektionen
Wolfgang Hornich und Gert Stadler

1	Einführung	159
2	Klassifizierung von Injektionsanwendungen	160
3	Spezialanwendungen	165
3.1	Vorspanninjektion	165
3.2	Biologische Verfahren	165
3.3	Injektion von thermoplastischen Schmelzen	166
4	Grundlagen zur Beurteilung der Injizierbarkeit von Boden und Fels	167
4.1	Porenanteil in Sedimenten	168
4.2	Hohlraumstruktur und -volumen im Fels	170
4.3	Wasser im Boden und Fels	173
5	Strömungsvorgänge des Injektionsgutes im Boden und Fels	173
6	Erkundung des Untergrundes	176
7	Injektionsmittel und Ausgangsstoffe für Injektionsmischungen	178
8	Planung von Injektionsarbeiten	182
9	Kosten von Injektionen	184
10	Ausführung und Überwachung von Injektionsarbeiten	185
10.1	Geräteausstattung, Mess-, Regel- und Steuertechnik	185
10.2	Verarbeitungsparameter GIN, TPA, PDA	187
11	Anwendungsbeispiele	189
11.1	Injektionsmaßnahmen im Zuge der Bergung der TBM Amsteg	189
11.2	Tiefliegende Weichgelsohle, Krefeld	191

11.3	Kölnbreinsperre	193
11.4	Kompensationsinjektionen Bologna	195
12	Literatur	198

2.4 Unterfangung und Verstärkung von Gründungen
Karl Josef Witt

1	Begriffe	199
2	Grundsätzliche Überlegungen	199
3	Unterfangungen	201
3.1	Unterfangungswände nach DIN 4123	201
3.2	Unterfangung durch Injektion und Vermörtelung	205
3.3	Unterfangung durch Pfahlkonstruktionen	211
3.4	Komplexe Konstruktionen zur Unterfangung und Unterfahrung	216
4	Verstärkung von Gründungen	221
4.1	Ursachen und Schadenstypen	221
4.2	Schadensphänomene und Verstärkungsmaßnahmen	222
5	Schlussbemerkung	228
6	Literatur	228
7	Zitierte Regelwerke	231

2.5 Bodenvereisung
Wolfgang Orth

1	Verfahrensprinzip und Anwendungen	233
1.1	Wirkungsweise	233
1.2	Schachtbau	234
1.3	Baugruben und Unterfangungen	234
1.4	Tunnelbau	237
1.5	Probenahme	240
2	Vereisungsverfahren	240
2.1	Stickstoffvereisung	240
2.2	Solevereisung	242
3	Frostausbreitung	244
3.1	Grundlagen der Wärmeleitung	244
3.2	Thermische Eigenschaften von gefrorenen Böden	246
3.3	Künstlich erzeugte Frostausbreitung	249
3.4	Klimatisch bedingte Frostausbreitung	266
3.5	Kontrolle der Frostausbreitung	269
4	Mechanisches Verhalten gefrorener Böden	270
4.1	Grundlagen	270
4.2	Deformationsverhalten gefrorener Böden	273
5	Eigenschaften von Eis	289
6	Frostwirkungen	292
6.1	Gefrieren	292
6.2	Tauen	295
6.3	Frostempfindlichkeitskriterien	295
6.4	Frischbeton auf gefrorenem Boden	296
7	Hinweise zur Berechnung von Frostkörpern	297

| 8 | Verwendete Zeichen und Symbole | 299 |
| 9 | Literatur | 300 |

2.6 Verpressanker
Lutz Wichter und Wolfgang Meiniger

1	Prinzip von Verpressankern und Entwicklung der Ankertechnik	303
2	Anforderungen an Verpressanker und Voraussetzungen für den Einbau	306
3	Technisches Regelwerk für Verpressanker	306
4	Ankerwerkstoffe und Ankerbauteile	307
4.1	Zugglieder	307
4.2	Ankerköpfe	309
4.3	Verpresskörper	311
4.4	Korrosionsschutz	312
4.5	Abstandhalter	314
5	Herstellung von Verpressankern	314
5.1	Ankerbohrverfahren	314
5.2	Ankereinbau und Verpressen	318
5.3	Nachverpressen	320
5.4	Montage des Ankerkopfes	321
5.5	Spannen und Festlegen	322
6	Bauarten von Verpressankern	322
6.1	Verbundanker	323
6.2	Druckrohranker	324
6.3	Anker mit aufweitbarem Verpresskörper	325
6.4	Anker mit ausbaubarem Zugglied	326
6.5	Anker mit der Möglichkeit zur Regulierung der Ankerkräfte	328
7	Ankerkräfte und Kraftabtragung im Boden	329
7.1	Tragfähigkeit des Stahlzugglieds	329
7.2	Bodenmechanische Tragfähigkeit von Ankern	331
8	Prüfungen an Ankern	341
8.1	Prüfungen an Ankern nach DIN 4125	341
8.2	Prüfungen an Ankern nach DIN EN 1537	351
8.3	Überwachung eingebauter Anker	355
9	Entwurfsgrundsätze für verankerte Konstruktionen	363
9.1	Auswahl des Ankertyps und des Herstellungsverfahrens	363
9.2	Anordnung der Anker	363
10	Bemessung von Verankerungen	365
11	Literatur	366

2.7 Bohrtechnik
Gordian Ulrich und Georg Ulrich

1	Einführung	367
2	Trockenbohrverfahren	367
2.1	Seilgeführte Werkzeuge	367
2.2	Drehende Werkzeuge	369
2.3	Kellybohrverfahren	371
2.4	Schneckenbohrverfahren (Continuous Flight Auger, CFA)	373

2.5	Verdrängerbohrverfahren	379
2.6	Bohrgeräte	383
2.7	Verrohrungsanlagen	384
3	Spülbohrverfahren	385
3.1	Direktes Spülbohren (Rotary Drilling)	386
3.2	Indirektes Spülbohren (Reverse Circulation Drilling)	388
4	Geothermiebohrungen	391
5	Bohrverfahren für den Baugrundaufschluss	394
6	Sonderbohrverfahren	395
6.1	Vibrationsbohrverfahren „Sonic Drilling"	395
6.2	Aufsatz- und Offshorebohranlagen – Fly Drill	397
7	Literatur	398

2.8 Horizontalbohrungen und Rohrvortrieb
Hermann Schad, Tobias Bräutigam und Hans-Joachim Bayer

1	Einleitung	401
2	Horizontalbohrungen	404
2.1	Gesteuerte Horizontalbohrtechnik	404
2.2	Verdrängungshämmer	423
2.3	Horizontalrammen	424
2.4	Erdbohr- und Pressbohrverfahren	426
3	Rohrvortrieb	428
3.1	Grundlagen der Rohrvortriebstechnik	428
3.2	Maschinen und Geräte für den Rohrvortrieb	433
3.3	Vortriebsrohre	434
3.4	Bauausführung	436
3.5	Schmierung	439
3.6	Verdämmung	439
4	Grabenlose Erneuerung von Leitungen	440
4.1	Voraussetzungen für die Anwendung grabenloser Verfahren zur Leitungserneuerung	441
4.2	Rohrberstverfahren (Berstlining)	441
4.3	Rohrauswechselverfahren	444
4.4	Ringraumverfüllung	447
4.5	Wahl des Materials für die neue Leitung	447
4.6	Ausschälen von Leitungen	448
5	Literatur	448

2.9 Rammen, Ziehen, Pressen, Rütteln
Fritz Berner und Wolfgang Paul

1	Einleitung	451
2	Einbringgut	451
2.1	Verdrängungspfähle (Rammpfähle)	451
2.2	Spundbohlen	453
2.3	Kombinierte Spundwandsysteme	454
2.4	Kanaldielen	454
2.5	Leichtprofile	454

2.6	Stahlträger	455
3	Geräte	455
3.1	Geräteträger	455
3.2	Mäkler	457
3.3	Geräte – Ramm- und Vibrationstechnik	460
3.4	Geräte – Einpresstechnik	465
3.5	Rammhilfsmittel	469
4	Einbringtechnik	471
4.1	Baugrundbeurteilung	471
4.2	Einbringverfahren gemäß Baugrund	472
4.3	Einbringhilfen	473
5	Einbringen von Spundbohlen	475
5.1	Herstellen von Rammelementen	475
5.2	Fortlaufendes Einbringen	475
5.3	Staffelweises Einbringen	476
5.4	Fachweises Einbringen	477
5.5	Einrammen kombinierter (gemischter) Wände	477
5.6	Abweichen von der Soll-Lage	478
5.7	Maßnahmen gegen das Abweichen	479
5.8	Schallarmes Einbringen	481
6	Ziehen	482
6.1	Maßnahmen vor und während des Einrammens	482
6.2	Ziehvorgang	483
7	Literatur	483

2.10 Grundwasserströmung – Grundwasserhaltung
Bernhard Odenwald, Uwe Hekel und Henning Thormann

1	Grundwasserhydraulik	485
1.1	Grundlagen	485
1.2	Berechnung von Grundwasserströmungen	498
1.3	Vertikal-ebene Berechnung von stationären Grundwasserströmungen	500
1.4	Vertikal-ebene Berechnung von instationären Grundwasserströmungen	527
1.5	Rotationssymmetrische Berechnung von stationären Grundwasserströmungen	536
1.6	Rotationssymmetrische Berechnung von instationären Grundwasserströmungen	563
1.7	Dreidimensionale Berechnung von Grundwasserströmungen	580
1.8	Berechnung von Grundwasseranreicherungen	581
1.9	Entwässerung durch Unterdruck	581
1.10	Einfluss der Grundwasserströmung auf den Boden	582
2	Ermittlung geohydraulischer Parameter	583
2.1	Übersicht und Bewertung der Bestimmungsverfahren	583
2.2	Abschätzung der Durchlässigkeit nach Erfahrungswerten	584
2.3	Abschätzung der Durchlässigkeit mithilfe der Kornverteilung	585
2.4	Pump- und Injektionsversuche	587
2.5	Einfache Bohrlochversuche (offene Systeme)	599
2.6	Spezielle Bohrlochversuche (geschlossene Systeme)	605
2.7	Laborversuche	607

3	Grundwasserhaltung	608
3.1	Wasserhaltungen und Wasserhaltungsverfahren	608
3.2	Grundlagen für die Planung und Dimensionierung	611
3.3	Offene Wasserhaltung und Dränagen	616
3.4	Vertikale Brunnen – Grundwasserabsenkung durch Schwerkraft	619
3.5	Entwässerung durch Unterdruck	633
3.6	Wiederversickerung	639
3.7	Wasserhaltung und Umwelttechnik	642
3.8	Wasserhaltung innerhalb dichter Baugruben	645
4	Literatur	652

2.11 Abdichtungen und Fugen im Tiefbau
Alfred Haack

1	Allgemeines	655
1.1	Vorbemerkung	655
1.2	Aufgabe und Anforderungen	655
1.3	Begriffe	657
2	Planungsgrundlagen	658
2.1	Einfluss von Boden, Bauwerk und Bauweise	658
2.2	Einfluss des Wassers	661
2.3	Einfluss der Nutzung	662
3	Auswahl und Anwendungsbereiche der Stoffe	663
4	Systeme	665
4.1	Abdichtungen aus Bitumenbahnen	665
4.2	Kombinierte Kunststoff-, Elastomer- und Bitumenabdichtungen	667
4.3	Kunststoffmodifizierte Bitumendickbeschichtungen (KMB)	668
4.4	Kunststoff- bzw. Elastomer-Bahnenabdichtungen, lose verlegt	669
4.5	Weitere Formen der Flächenabdichtung im Schwimmbad- und Behälterbau	672
4.6	Stahlblechabdichtungen	673
4.7	Konstruktionen aus wasserundurchlässigem Beton (WUB-KO)	674
4.8	Sonderformen	675
5	Bemessung	676
5.1	Abdichtungen nach DIN 18195	676
5.2	Konstruktionen aus wasserundurchlässigem Beton (WUB-KO)	685
6	Ausführung	687
6.1	Abdichtungen nach DIN 18195	687
6.2	Fugenabdichtungen in Konstruktionen aus wasserundurchlässigem Beton (WUB-KO)	720
7	Sicherheit, Prüfung und Überwachung	728
8	Literatur	729
8.1	Normen	729
8.2	Richtlinien und Merkblätter	730
8.3	Fachliteratur	733

2.12 Geokunststoffe in der Geotechnik und im Wasserbau
Fokke Saathoff und Gerhard Bräu

1	Allgemeines	737
2	Grundlagen und Begriffe	737
2.1	Einteilung der Geokunststoffe	737
2.2	Geotextilien	739
2.3	Geotextilverwandte Produkte	744
2.4	Dichtungsbahnen	746
2.5	Dichtungsbahnverwandte Produkte	747
2.6	Rohstoffe	748
2.7	Funktionen	749
2.8	Hinweise zur Bauausführung	755
2.9	Prüfverfahren	756
3	Einsatzbereiche	758
3.1	Küstenschutz	758
3.2	Verkehrswasserbau	773
3.3	Wasserwirtschaft, Kulturwasserbau und kleine Fließgewässer	785
3.4	Staudammbau	787
3.5	Deponiebau	793
3.6	Landverkehrswegebau	803
4	Hinweise zur Vertragsgestaltung	827
4.1	Lieferbedingungen	827
4.2	Qualitätssicherung	827
4.3	Ausschreibung	828
4.4	Abrechnung und Gewährleistung	828
5	Schlussbemerkung	828
6	Literatur	829

2.13 Ingenieurbiologische Verfahren zur Böschungssicherung
Rolf Johannsen und Eva Hacker

1	Einleitung	835
1.1	Ingenieurbiologie und Geotechnik	835
1.2	Ingenieurbiologische Wirkungen von Pflanzen und Pflanzenbeständen auf Böschungen und Hangstandorten	835
2	Grundsätzliche Aspekte bei der Verwendung von Pflanzen für Sicherungszwecke	839
2.1	Aufbau und Lebensweise höherer Pflanzen	839
2.2	Biotechnische Eigenschaften von Pflanzen	840
2.3	Entwicklung von Pflanzenbeständen auf Böschungen	845
2.4	Böschungen und Hänge als Pflanzenstandorte	847
3	Planung, Ausführung und Pflege ingenieurbiologischer Maßnahmen, Sicherheitsbetrachtungen	850
3.1	Planung ingenieurbiologischer Maßnahmen im Rahmen der HOAI-Verträge	850
3.2	Leistungsphasen der Objektplanung	851
3.3	Ausführung ingenieurbiologischer Maßnahmen	853
3.4	Sicherheitsbetrachtungen	853

4	Ingenieurbiologische Lösungen für geotechnische Probleme an Böschungen und Hängen	856
4.1	Schutz vor Flächen- und Rillenerosion auf Rohbodenböschungen	856
4.2	Schutz vor Rinnenerosion	857
4.3	Sanierung von Grabenerosionen	859
4.4	Kleinflächige oberflächennahe Rutschungen in homogenem nichtbindigen Böden	860
4.5	Kleinflächige oberflächennahe Rutschungen in bindigen Böden	862
4.6	Rutschungen stark geneigter Oberbodenandeckungen bzw. Vegetationstragschichten	862
4.7	Regenwasserableitung auf Böschungen	865
4.8	Vegetation und Dränagen	868
4.9	Vegetation und Dichtungen	869
4.10	Vegetation und Stützbauwerke	869
4.11	Gestaltung und Begrünung von Felsböschungen	871
5	Baustoffe für ingenieurbiologische Böschungssicherungen	873
5.1	Lebende Baustoffe – Gräser, Kräuter, Hochstauden	873
5.2	Lebende Baustoffe – Bäume und Sträucher	874
5.3	Begrünungshilfsstoffe	876
5.4	Baustoffe und Bauelemente aus Holz, Reisig und Pflanzenfasern	878
5.5	Natursteine und Erden	880
6	Ansiedlung von Vegetationsstrukturen mit ingenieurbiologischen Bauweisen	880
6.1	Anmerkungen zum Stand und zu den Regeln der Technik	880
6.2	Ingenieurbiologische Bauweisen zur Initiierung von Landschaftsrasen, Wiesen, Röhricht und Hochstaudenbeständen	882
6.3	Ingenieurbiologische Bauweisen zur Initiierung von Gehölzbeständen	884
6.4	Konsolidierungsbauten	888
7	Schutz, Pflege und Unterhaltung von ingenieurbiologisch wirksamen Pflanzenbeständen	890
7.1	Schutz von ingenieurbiologischen Maßnahmen	891
7.2	Anwuchs- und Entwicklungspflege	892
7.3	Unterhaltung und Entwicklung von Pflanzenbeständen	893
8	Bewertung von ingenieurbiologischen Böschungssicherungen und Stützbauwerken aus der Sicht von Natur und Landschaft	895
9	Vegetationskundliche Erhebungen zur Unterstützung geotechnischer Untersuchungen an problematischen Böschungen, Hängen und Altablagerungen	897
10	Literatur	900
	Anhang	904

Stichwortverzeichnis ... 921

Inserentenverzeichnis ... 941

Autoren-Kurzbiografien

Hans-Joachim Bayer, Jahrgang 1955, studierte an der Technischen Universität Clausthal parallel Geologie und Bergwesen. Von 1979 bis 1982 promovierte er an der TU Clausthal mit einer Dissertation über die Tektonik der Schwäbischen Ostalb. Bis 1987 war er wissenschaftlicher Mitarbeiter am Lehrstuhl für Angewandte Geologie der Universität Karlsruhe und war nebenamtlich technischer Ausbau- und Betriebsleiter eines größeren Besucherbergwerks in Aalen-Wasseralfingen. Seit 1987 arbeitet er als Industriegeologe in der Bohrindustrie, war dort neben Projektaufgaben zunächst in der Forschung und Entwicklung von Bohrsystemen und schließlich als Abteilungsleiter tätig. Seit 2000 ist er Leiter „Neue Anwendungstechniken" der Fa. Tracto-Technik GmbH & Co. KG, Lennestadt. Seine gesamte Berufstätigkeit war er mit aktiven Auslandsprojekten, u. a. mit zahlreichen Einsätzen in Brasilien, Griechenland, Saudi-Arabien, Jordanien, Ägypten, Spanien und den USA verbunden.

Fritz Berner, Jahrgang 1951, studierte Bauingenieurwesen an der Universität Stuttgart und schloss sein Diplom 1975 mit der Untersuchung eines Traglufthallenstoffs ab. Nach dreijähriger Tätigkeit als verantwortlicher Tragwerksplaner und Bauleiter in einer Bauunternehmung sowie weiteren 5 Jahren als wissenschaftlicher Mitarbeiter am Institut für Baubetriebslehre der Universität Stuttgart promovierte er 1983 zum Dr.-Ingenieur. Nach einigen Berufsjahren, zuletzt als Niederlassungsleiter, war er ab 1987 als Geschäftsführer in einer großen Bauunternehmung tätig und ist seit 1994 geschäftsführender Gesellschafter und Vorstandsvorsitzender. 1994 übernahm er als Universitäts-Professor die Leitung des Instituts für Baubetriebslehre an der Universität Stuttgart. Von 1996 bis 1998 war er Dekan der Fakultät für Bauingenieur- und Vermessungswesen. Seit 1999 widmet er sich der Ganzheitlichkeit des Bauens und der Ausweitung auf die Immobilie im Gesamten. Im Jahr 2000 wurde durch ihn der neue Studiengang „Immobilientechnik und Immobilienwirtschaft" an der Universität Stuttgart initiiert. 2001 war er Gründungsmitglied der „Stiftung Immobilie" und ist seitdem auch Kuratoriumsmitglied.

Gerhard Bräu, Jahrgang 1960, studierte an der Technischen Universität München Bauingenieurwesen und arbeitet dort seither als wissenschaftlicher Mitarbeiter am Lehrstuhl und Prüfamt für Grundbau, Bodenmechanik, Felsmechanik und Tunnelbau in Forschung, Lehre und Projektbearbeitung. Er ist Mitglied und Leiter mehrerer Fachausschüsse der DGGT, der FGSV und des DIN aus den Themenbereichen Erd- und Grundbau, Geokunststoffe und Qualitätssicherung. Insbesondere leitet er seit 2001 den Arbeitskreis AK 5.2 „Berechnung und Dimensionierung von Erdkörpern mit Bewehrungen aus Geokunststoffen" der DGGT, der die gleichnamigen Empfehlungen (EBGEO) erstellt.

Tobias Bräutigam, Jahrgang 1959, studierte nach einer Lehre im Handwerk zunächst an der Fachhochschule, anschließend an der Universität Stuttgart Bauingenieurwesen mit der Vertiefung Konstruktiver Ingenieurbau. Ab 1990 war er wissenschaftlicher Mitarbeiter der FMPA Baden-Württemberg bzw. MPA Universität Stuttgart, Otto-Graf-Institut, in der Abteilung Geotechnik und betreute dort als Gutachter eine Vielzahl von Projekten der geotechnischen Praxis. Seit 2007 ist er Leiter des Referats Geomechanik.

Alfred Haack, Jahrgang 1940, war bis Ende 2007 geschäftsführendes Vorstandsmitglied der STUVA – Studiengesellschaft für unterirdische Verkehrsanlagen e. V. in Köln. Er hat an den Technischen Universitäten Hannover und Berlin Bauingenieurwesen studiert und an der TU Hannover 1971 promoviert. Zwischen 1995 und 2004 war er Mitglied des Vorstands der ITA – International Tunnelling Association mit Sitz in Lausanne, Schweiz, deren Präsident er von 1998 bis 2001 war. Seit 1996 ist er Honorarprofessor an der Technischen Universität Braunschweig. Seine Forschungs- und Beratungsschwerpunkte liegen im Bereich der Bauwerksabdichtung (Flächenabdichtungen auf Bitumen und Kunststoffbasis, Fugenabdichtungen, wasserundurchlässiger Beton) und des Brandschutzes für Verkehrstunnel. Er arbeitete auf beiden Gebieten in zahlreichen nationalen und internationalen Arbeitskreisen und Beratungsgremien mit. Sein Wissen hat er in zahlreichen Veröffentlichungen und Vorträgen weitergegeben.

Eva Hacker, Jahrgang 1952, vertritt seit 1997 als Universitäts-Professorin das Lehr- und Forschungsgebiet Ingenieurbiologie am Institut für Umweltplanung an der Leibniz Universität Hannover. Ihre Arbeitsschwerpunke liegen im Bereich Ingenieurbiologie und Pflanzenverwendung sowie Ingenieurbiologie im Kontext landschaftsökologischer und landschaftsplanerischer Aufgabenstellungen. Der landschaftsbezogene Forschungsansatz führte in der Vergangenheit zu diversen europäischen Projekten zum Thema Erosionsschutz und Klimawandel, u. a. mit Russland und Armenien. Eva Hacker ist seit 1993 Vorsitzende der Gesellschaft für Ingenieurbiologie e. V. und zurzeit auch Präsidentin der Europäischen Föderation für Ingenieurbiologie. Sie studierte an der Martin-Luther-Universität Halle Diplom-Biologie mit dem Schwerpunkt Geobotanik und promovierte an der RWTH Aachen mit einem angewandten landschaftsökologischen Thema. Ingenieurbiologie erweiterte in der Folgezeit ihre Aufgaben als wissenschaftliche Mitarbeiterin am Lehrstuhl für Landschaftsökologie und Landschaftsgestaltung. Sie mündeten nach der Hochschultätigkeit in eine zehnjährige Selbstständigkeit im eigenen Planungsbüro für Vegetationskunde, Landschaftsplanung und Ingenieurbiologie Aachen.

Uwe Hekel, Jahrgang 1961, promovierte als Geologe mit einer Forschungsarbeit über die hydrogeologische Erkundung toniger Festgesteine (Opalinuston), die er von 1988 bis 1992 am Landesamt für Geologie, Rohstoffe und Bergbau Baden-Württemberg durchführte. Bei vergleichenden Felduntersuchungen sammelte er umfassende praktische und theoretische Erfahrungen in der Anwendung von Bestimmungsverfahren für hydraulische Parameter. Seit 1992 ist er bei der Harress Pickel Consult AG in Rottenburg Geschäftsleiter für Geohydraulik. Hier etablierte er das geohydraulische Messwesen mit 10 speziellen Messfahrzeugen für alle Arten von geohydraulischen Versuchen in verschiedensten Anwendungsbereichen und entwickelte Methoden für die Daten- und Aquiferanalyse vor Ort. Grundwassermodellierung, Qualitätssicherung und die fachspezifische Personalausbildung sind weitere Tätigkeitsschwerpunkte. Er ist Mitglied im Arbeitskreis Geohydraulik der FH-DGG sowie in Normausschüssen.

Wolfgang Hornich, Jahrgang 1966, studierte Kulturtechnik und Wasserwirtschaft an der Universität für Bodenkultur in Wien. Ab 1992 war er bei einem großen österreichischen Baukonzern in der Spezialtiefbauabteilung mit der praktischen Ausführung von Spezialtiefbauprojekten im In- und Ausland betraut, anfänglich als Bauleiter, seit 1996 in leitender Funktion tätig. Dabei konnte er vor allem sein Wissen und seine Erfahrung auf den Gebieten der Bohr- und Injektionstechnik und des Düsenstrahlverfahrens vertiefen. Seit 2004 ist er Geschäftsführer der INSOND Spezialtiefbau GesmbH in Wien.

Autoren-Kurzbiografien

Rolf Johannsen, Jahrgang 1954, studierte an der RWTH Aachen Bauingenieurwesen. Der praktische Einstieg in die Ingenieurbiologie ergab sich durch Praktika und Mitarbeit in einer Baumschule, einem Ausführungsbetrieb, einem Landesbetrieb für Wildbach- und Lawinenhangverbauung und einem Gutachterbüro. 15 Jahre leitete er in Aachen ein eigenes Planungsbüro für Ingenieurbiologie und Wasserbau. Der Schwerpunkt lag auf naturnahem Wasserbau, Gewässerrenaturierung und ingenieurbiologischen Böschungssicherungen. Im Ingenieurbüro Johannsen und Spundflasch in Thüringen ist Rolf Johannsen weiterhin als Büropartner an der Planung und Umsetzung ingenieurbiologischer Maßnahmen beteiligt. Seit 1995 ist er Professor an der Fachhochschule Erfurt, Fakultät für Landschaftsarchitektur, Gartenbau und Forst. Seine Lehrgebiete sind Ingenieurbiologie, Gewässerkunde sowie Tief- und Wasserbau für Landschaftsarchitekturstudenten. Die Schwerpunkte der Forschung liegen im Bereich Erfolgskontrolle ingenieurbiologischer Maßnahmen im Verkehrswegebau, in Bergbaufolgelandschaften und an Fließgewässern sowie bei der Entwicklung angepasster ingenieurbiologischer Lösungen.

Klaus Kirsch, geboren 1938 in Chemnitz, arbeitete nach dem Studium des Bauingenieurwesens an der Technischen Hochschule Darmstadt, ab 1964 als Projektingenieur im Ingenieurbüro Gruner AG in Basel. 1969 trat er in die Keller Grundbau GmbH ein und war dort in unterschiedlichen Positionen tätig, darunter 2 Jahre als technischer Berater einer Arbeitsgemeinschaft in den USA, anschließend 4 Jahre als Leiter der Abteilung Beratung und Entwicklung und ab 1978 als Leiter der Auslandsabteilung. Von 1985 bis zur Pensionierung im Jahr 2001 war er Geschäftsführer der Keller Grundbau GmbH und gleichzeitig als Vorstandsmitglied der Keller Group plc, London verantwortlich für die Arbeiten in Kontinentaleuropa, Asien, Afrika und Südamerika. Bis 2008 war er Vorsitzender des Aufsichtsrats der Keller Grundbau GmbH sowie Berater des Vorstandes und Koordinator der Entwicklungsarbeiten der Keller Group plc. Er ist langjähriges Mitglied der DGGT und Autor bzw. Herausgeber zahlreicher Veröffentlichungen zum Spezialtiefbau.

Wolfgang Meiniger, Jahrgang 1941, studierte Bauingenieurwesen an der Technischen Universität München. Nach dem Studium war er zunächst mehrere Jahre bei der Bauunternehmung Conrad Zschokke in der Abteilung für Spezialtiefbau in Zürich tätig und anschließend als wissenschaftlicher Mitarbeiter am Institut für Geotechnik an der École Polytechnique Fédérale de Lausanne. Seit 1971 arbeitete er in der Abteilung Geotechnik der Materialprüfungsanstalt der Universität Stuttgart. Er betreute hier zunächst als Referatsleiter die Bereiche Baugrunduntersuchungen und Grundbau und wurde 1991 stellvertretender Abteilungsleiter. Den Schwerpunkt seiner Tätigkeit bilden konstruktive Zugelemente im Grundbau wie vorgespannte Verpressanker, Zugpfähle und Nägel. Auf diesem Gebiet ist er Mitglied in mehreren Ausschüssen.

Bernhard Odenwald, geboren 1957, studierte Bauingenieurwesen an der Universität Karlsruhe. Anschließend war er dort am Institut für Hydromechanik als Lehrstuhlassistent sowie in der Forschungsgruppe Grundwasser tätig und promovierte mit einer Arbeit zur Parameteridentifizierung bei numerischen Grundwasserströmungsmodellen. Nach mehrjähriger Tätigkeit als Bereichsleiter in einem Ingenieurbüro mit dem Schwerpunkt Abfall- und Abwassertechnik wechselte er zur Bundesanstalt für Wasserbau (BAW) in Karlsruhe. Dort leitet er seit 2003 das Referat Grundwasser der Abteilung Geotechnik. Wesentliche Arbeitsbereiche des Referats sind die Beurteilung der Wechselwirkungen zwischen Bauwerk, Baugrund und Grundwasser bei Baumaßnahmen an Bundeswasserstraßen sowie die Dammstandsicherheit. Er ist maßgeblich beteiligt an der Überarbeitung des BAW-Merkblatts zur Dammstandsicherheit und Mitglied in mehreren Normenausschüssen. Sein Forschungsschwerpunkt sind hydrodynamische Bodenverlagerungen, insbesondere der hydraulische Grundbruch.

Wolfgang Orth, Jahrgang 1951, studierte Bauingenieurwesen an der Universität Karlsruhe in der Vertiefungsrichtung Bodenmechanik und Grundbau. Nach einem einjährigen Aufbaustudium bearbeitete er am Institut für Boden- und Felsmechanik der Universität Karlsruhe mehrere Forschungsvorhaben auf dem Gebiet der Bodenvereisung und promovierte dort mit einer Dissertation über das mechanische Verhalten von gefrorenem Sand. Anschließend leitete er 5 Jahre lang die Niederlassung eines geotechnischen Beratungsbüros, die er 1991 übernahm und seither als selbstständiger Beratender Ingenieur betreibt. Neben der Bearbeitung vieler allgemeiner geotechnischer Aufgaben plante oder prüfte er seither zahlreiche Bodenvereisungen im Tief- und Tunnelbau. Seit 1992 ist er auch prüfend als anerkannter Sachverständiger für Erd- und Grundbau nach Bauordnungsrecht tätig.

Wolfgang Paul, Jahrgang 1956, studierte Bauingenieurwesen an der Universität Stuttgart und schloss sein Diplom mit der Untersuchung über die Standsicherheit von Kaimaueranlagen im Jahr 1982 ab. Nach zweijähriger Tätigkeit in einer Bauunternehmung folgte die Festanstellung als wissenschaftlicher Mitarbeiter am Institut für Baubetriebslehre der Universität Stuttgart. 1988 übernahm er die Position als stellvertretender Institutsleiter. Seit 1998 ist er Mitautor des Standardwerks „Drees/Paul, Kalkulation von Baupreisen" und seit 2002 Vorstandsmitglied der „Stiftung Immobilie".

Thomas Rumpelt, Jahrgang 1954, studierte Bauingenieurwesen an der University of Witwatersrand, Johannesburg, mit dem Abschluss eines BSc. und MSc. Civil Engineering. Von 1978 bis 1980 war er für Grinaker Construction Ltd., in Hoedspruit und Phalaborwa im Ingenieur- und Felsbau tätig, danach bei SRK Consulting, Johannesburg, im Bereich Bergbau-Geotechnik im Tagebau sowie der Planung und Ausführung von Abraum-Spüldämmen. Von 1985 bis 1989 promovierte er an der University of California, Berkeley, bei Prof. Sitar mit einer Dissertation über Stoffgesetze in porösem Fels. Seit 1990 ist er bei Smoltczyk & Partner GmbH in Stuttgart als beratender Ingenieur im Fachgebiet der Geotechnik tätig, seit 2000 als Partner und seit 2007 als Geschäftsführer.

Fokke Saathoff, Jahrgang 1957, studierte Bauingenieurwesen an der Universität Hannover und promovierte 1991 dort am Franzius-Institut für Wasserbau und Küsteningenieurwesen über „Geokunststoffe in Dichtungssystemen". 7 Jahre war er bei der Naue-Fasertechnik beschäftigt, anschließend gründete er 1998 das Ingenieurbüro BBG Bauberatung Geokunststoffe. Seit 2006 ist er Universitäts-Professor, Inhaber des Lehrstuhls für Landeskulturelle Ingenieurbauwerke und Umweltgeotechnik an der Universität Rostock. Seit 1984 ist er als Geokunststoff-Experte in mehreren nationalen und internationalen Gremien tätig, u. a. Obmann des DGGT-Arbeitskreises Ak 5.1 „Kunststoffe in der Geotechnik und im Wasserbau", Obmann des FGSV-Arbeitskreises Ak 5.4.1 über Begrünungs- und Erosionsschutzmaßnahmen, deutscher Delegationsleiter der WG 1 „Specific requirements" im CEN TC 189 und stellvertretender DIN-Vorsitzender für Geokunststofffragen. Er leitet weiterhin die UAG Ak 5.1–Ak 6.1 „Geokunststoffe im Deponiebau", die UG 5 „Geotextile Container im Wasserbau", die Arbeitskreise Ak 17 „Deckwerke im Wasserbau" und Ak 19 „Gleisbau", ist Mitglied des Beirates Kompetenzzentrum Bau Mecklenburg-Vorpommern, Vorstandsmitglied des Wissenschaftsverbundes Um-Welt und Mitglied der AG Consulting der HTG Hafentechnischen Gesellschaft e. V.

Hermann Schad, Jahrgang 1945, studierte Bauingenieurwesen an der Universität Stuttgart. Nach der Diplomprüfung 1969 arbeitete er bis 1972 als Statiker bei der Philipp Holzmann AG in Frankfurt und in Hamburg. Danach war er Mitarbeiter bei Prof. Ulrich Smoltczyk und promovierte mit einer Arbeit zur Anwendung numerischer Verfahren. Von 1980 bis 1985 arbeitete er als Technischer Referent bei der Württembergischen Bau-Berufsgenossenschaft.

Bis 1990 war er wieder bei Prof. Smoltczyk tätig und habilitierte mit einer Arbeit zum zeitabhängigen Materialverhalten von Böden. Von 1991 bis 1994 bearbeitete er bei Smoltczyk & Partner als Baugrundgutachter verschiedene Großprojekte in den Bereichen Erdbau, tiefe Baugruben und Brückengründungen. Seit 1994 leitet er die Abteilung Geotechnik der Materialprüfungsanstalt der Universität Stuttgart. In Forschung und Lehre befasst er sich vor allem mit numerischen Methoden und der Bestimmung der Materialparameter; in Entwicklung und Beratung mit Rohrvortrieben, Hangsicherungen und Gründungen.

Hans-Henning Schmidt, Jahrgang 1943, studierte nach einer Maurerlehre an der Staatsbauschule Lübeck, an den Universitäten Hannover und Stuttgart sowie an der Duke University, North Carolina (USA), Bauingenieurwesen. An der Universität Stuttgart promovierte er bei Prof. Ulrich Smoltczyk 1981 über mobilisierbare Erddrücke bei Stützwänden. 1983 wurde er als Professor für Geotechnik an die Hochschule für Technik Stuttgart berufen. Von 1966 bis 1969 arbeitete er als Grundbauingenieur bei Steinfeld und Partner, Hamburg. Seit 1981 ist er Partner der Smoltczyk & Partner GmbH, Stuttgart, ist als beratender Ingenieur und öffentlich bestellter und vereidigter Sachverständiger sowie EBA-Sachverständiger im Fachgebiet der Geotechnik tätig. Er ist Autor des Fachbuches „Grundlagen der Geotechnik".

Wolfgang Sondermann, Jahrgang 1950, studierte an der Technischen Universität Braunschweig Bauingenieurwesen. Bei der Philipp Holzmann AG in Frankfurt war er in der Zentralabteilung für die technische Bearbeitung von Tiefbauprojekten tätig und betreute diese teilweise in der Bauausführung im In- und Ausland. 1979 kehrte er als wissenschaftlicher Mitarbeiter an das Institut für Grundbau und Bodenmechanik der TU Braunschweig zurück und promovierte 1983 zum Thema „Bewehrte Erde". Bis 1986 war er in der Ingenieurgesellschaft Dr.-Ing. Hans Simons beratend und als Gutachter tätig. 1986 trat er in die Firma Keller Grundbau GmbH ein. Nach 5 Jahren Tätigkeit in der Abteilung Beratung und Entwicklung wurde ihm 1991 die Leitung des Bereichs Nord einschließlich der neuen Bundesländer übertragen. Seit 1998 ist er in der Geschäftsleitung, seit 2001 alleiniger Geschäftsführer der Keller Grundbau GmbH sowie seit 2003 Executive Director der Keller Group plc mit dem Verantwortungsbereich Kontinentaleuropa, Mittlerer Osten, Afrika und Asien. Er ist Mitglied im Vorstand der Deutschen Gesellschaft für Geotechnik (DGGT) und Lehrbeauftragter der Technischen Universität Darmstadt für Sonderfragen des Grundbaus.

Gert Stadler, geboren in Wien 1939, studierte in Leoben Montanistik, Fachrichtung Erdölwesen. Von 1964 bis 1971 arbeitete er als Baustelleningenieur für Dammgründungen, Stollen und innerstädtische Baugruben bei Insond Spezialtiefbau. Bis 1971 leitete er die Abteilung für Bodenmechanik und Injektionen der RODIO Hazarat in Bombay (Dämme, Häfen, Atomkraftwerke). Bei RODIO Johannesburg war er Geschäftsführer bis 1979, mit Spezialaufgaben im Goldbergbau und Wasserkraftprojekten. Von 1980 bis 1996 war er als Geschäftsführer der Firmen Insond-Züblin für viele Projekte des U-Bahn-Baus, Baugruben und Staumauern zuständig. 1992 promovierte er bei Prof. Heinemann 1992 zum Dr. mont. mit einer Dissertation zur „Anwendungen der Physik der Entölung von Erdöllagerstätten auf Fragen der Injektionstechnik". Von 1996 bis 2006 war er ord. Universitäts-Professor für Baubetrieb und Bauwirtschaft an der TU Graz. Das Österreichische Wirtschaftsministerium ehrte ihn mit dem Titel Bergrat h. c. Derzeit arbeitet er als Sachverständiger bei Gerichten, beim ON-Schiedsgericht und für die Österreichische Staubeckenkommission. Er ist Past Governor Rotary International und Mitglied der Europäischen Akademie der Wissenschaften und Künste.

Henning Thormann, Jahrgang 1967, studierte an der TU Bergakademie Freiberg, Institut für Geotechnik, Fachrichtung Bergbau-Tiefbau. Danach war er 5 Jahre bei einem der größten Spezialtiefbauunternehmen und Hersteller von Spezialtiefbaugeräten beschäftigt. Seit 1998 ist er in leitender Position bei der Brunnenbau Conrad GmbH angestellt und bei vielen Klein- und Großprojekten in ganz Europa tätig. Er leitet die Niederlassungen in München und Innsbruck und ist Geschäftsführer des Tochterunternehmens in der Schweiz. Im Rahmen seiner Tätigkeit veröffentlichte er mehrere Fachaufsätze über Großprojekte in der Brunnenbau-Fachzeitschrift bbr. Seit 2007 referiert er regelmäßig beim Ausbildungszentrum der Bayrischen Bauindustrie in Nürnberg über das Thema der Praxis der Wasserhaltung.

Georg Ulrich, Jahrgang 1945, hat bei Prof. Ulrich Smoltczyk am Institut für Geotechnik der Universität Stuttgart promoviert und betreibt seit über 30 Jahren ein eigenes Büro für Geotechnik in Leutkirch/Allgäu. Die Bohrtechnik ist ihm aus dem väterlichen Betrieb, den er in Form der Moräne Bohrgesellschaft Dr.-Ing. Georg Ulrich mbH weiterführt, bekannt. Seit 1997 ist er auch als vereidigter Sachverständiger für Geotechnik tätig.

Gordian Ulrich, Jahrgang 1981, zählt zu den jüngeren Autoren des Grundbau-Taschenbuchs. Er wuchs in einem Familienunternehmen für Geotechnik und Brunnenbau auf. Der väterliche Bohrbetrieb ermöglichte es ihm, schon frühzeitig Erfahrungen in verschiedenen Bohrtechniken zu sammeln. Er kombinierte seine dortige praxisbezogene Tätigkeit mit einem Studium am Institut für Boden- und Felsmechanik an der technischen Universität Karlsruhe mit dem Abschluss zum Diplom-Ingenieur im Frühjahr 2006. Nach diversen Auslandsaufenthalten, u. a. in England, wechselte er zu Bauer Maschinen, Schrobenhausen, in die Abteilung für Verfahrensentwicklung. Dort geht er seinem großen Interesse für die Bohrtechnik nach und entwickelt neben Bohrverfahren auch die dazugehörige Gerätetechnik.

Lutz Wichter studierte Bauingenieurwesen an der Universität Karlsruhe und war anschließend am Institut für Bodenmechanik und Felsmechanik wissenschaftlicher Mitarbeiter. Nach der Promotion arbeitete er in einer Spezialtiefbaufirma und übernahm 1982 die Leitung der Abteilung Erd- und Grundbau an der Forschungs- und Materialprüfungsanstalt Baden-Württemberg, Otto-Graf-Institut, in Stuttgart. Seit 1993 ist er Inhaber des Lehrstuhls für Bodenmechanik und Grundbau / Geotechnik an der Brandenburgischen Technischen Universität in Cottbus und leitete bis 2008 auch die Forschungs- und Materialprüfanstalt der Universität. Forschungsschwerpunkte liegen in den Bereichen der Geokunststoffe, der Verpressankertechnik und Bodenvernagelung, der Pflasterbauweisen und der Schadensanalysen. Er ist Mitglied und Leiter mehrerer Fachausschüsse aus den Bereichen Grundbau und Baustoffe des DIBt, der FGSV und des DIN.

Karl Josef Witt, Jahrgang 1951, ist seit 1997 Universitäts-Professor am Lehrstuhl für Grundbau an der Bauhaus-Universität Weimar und leitet den Fachbereich Geotechnik der angegliederten Materialforschungs- und Prüfanstalt Weimar (MFPA-Weimar). Seine Forschungsschwerpunkte decken den Bereich Bodenstrukturen, Sicherheit von geotechnischen Bauwerken und Umweltgeotechnik ab. Er ist Mitglied zahlreicher Ausschüsse und Arbeitsgruppen, daneben Sachverständiger bei komplexen Schadens- und Streitfällen sowie Prüfingenieur für Erd- und Grundbau. Er studierte an der Universität Karlsruhe Bauingenieurwesen und promovierte am Institut für Grundbau Bodenmechanik und Felsmechanik mit einer Arbeit über Filtrationseigenschaften weitgestufter Erdstoffe. Die über 20-jährige praktische Erfahrung und die Nähe zu Projekten des Erd- und Grundbaus im Schnittbereich zwischen Ingenieurpraxis und Wissenschaft hat er sich zunächst in einem wasserbaulichen Planungsbüro und schließlich als selbstständiger Beratender Ingenieur in einem geotechnischen Planungsbüro erworben.

Verzeichnis der Autoren

Dr. rer. nat. Hans-Joachim Bayer
Im Grund 24
72664 Kohlberg
(2.8 Horizontalbohrungen und Rohrvortrieb)

Prof. Dr.-Ing. Fritz Berner
Universität Stuttgart
Institut für Baubetriebslehre
Pfaffenwaldring 7
70569 Stuttgart
(2.9 Rammen, Ziehen, Pressen, Rütteln)

Dipl.-Ing. Gerhard Bräu
Technische Universität München
Zentrum Geotechnik
Baumbachstraße 7
81245 München
(2.12 Geokunststoffe in der Geotechnik und im Wasserbau)

Dipl.-Ing. Tobias Bräutigam
MPA Universität Stuttgart
Otto-Graf-Institut (FMPA)
Pfaffenwaldring 4f
70569 Stuttgart
(2.8 Horizontalbohrungen und Rohrvortrieb)

Prof. Dr.-Ing. Alfred Haack
Studiengesellschaft für unterirdische Verkehrsanlagen e. V. – STUVA
Mathias-Brüggen-Straße 41
50827 Köln
(2.11 Abdichtungen und Fugen im Tiefbau)

Prof. Dr. Eva Hacker
Leibniz-Universität Hannover
Institut für Umweltplanung, Lehr- und Forschungsgebiet Ingenieurbiologie
Herrenhäuser Straße 2
40319 Hannover
(2.13 Ingenieurbiologische Verfahren zur Böschungssicherung)

Dr. rer. nat. Uwe Hekel
HPC Harress Pickel Consult AG
Schütte 12–16
72108 Rottenburg
(2.10 Grundwasserströmung – Grundwasserhaltung)

Dipl.-Ing. Wolfgang Hornich
INSOND Spezialtiefbau GmbH
Ungargasse 64
1030 Wien
Österreich
(2.3 Injektionen)

Prof. Dipl.-Ing. Rolf Johannsen
Fachhochschule Erfurt
Fakultät Landschaftsarchitektur, Gartenbau und Forst
Leipziger Straße 77
99085 Erfurt
(2.13 Ingenieurbiologische Verfahren zur Böschungssicherung)

Dipl.-Ing. Klaus Kirsch
Rheinstraße 18
61273 Wehrheim
(2.2 Baugrundverbesserung)

Dipl.-Ing. Wolfgang Meiniger
Steinbühlweg 13
87487 Wiggensbach
(2.6 Verpressanker)

Baudirektor Dr.-Ing. Bernhard Odenwald
Bundesanstalt für Wasserbau (BAW)
Abt. Geotechnik, Ref. Grundwasser
Kußmaulstraße 17
76187 Karlsruhe
(2.10 Grundwasserströmung – Grundwasserhaltung)

Dr.-Ing. Wolfgang Orth
Ingenieurbüro für Bodenmechanik
und Grundbau
Dr.-Ing. Orth GmbH
Tiroler Straße 7
76227 Karlsruhe
(2.5 Bodenvereisung)

Dr.-Ing. Wolfgang Paul
Universität Stuttgart
Institut für Baubetriebslehre
Pfaffenwaldring 7
70569 Stuttgart
(2.9 Rammen, Ziehen, Pressen, Rütteln)

Dr.-Ing. Thomas Rumpelt
Smoltczyk & Partner GmbH
Untere Waldplatze 14
70569 Stuttgart
(2.1 Erdbau)

Prof. Dr.-Ing. Fokke Saathoff
Universität Rostock
Justus-von-Liebig-Weg 61
18051 Rostock
*(2.12 Geokunststoffe in der Geotechnik
und im Wasserbau)*

apl. Prof. Dr.-Ing. habil. Hermann Schad
MPA Universität Stuttgart
Abt. Geotechnik
Pfaffenwaldring 4f
70569 Stuttgart
*(2.8 Horizontalbohrungen und
Rohrvortrieb)*

Prof. Dr.-Ing. Hans-Hennig Schmidt
Smoltczyk & Partner GmbH
Untere Waldplatze 14
70569 Stuttgart
(2.1 Erdbau)

Dr.-Ing. Wolfgang Sondermann
Keller Grundbau GmbH
Kaiserleistraße 44
63067 Offenbach
(2.2 Baugrundverbesserung)

Bergrat h.c. em. Univ.-Prof.
Dipl.-Ing. Dr. mont. Gert Stadler
Technische Universität Graz
Lessingstraße 25
8010 Graz
Österreich
(2.3 Injektionen)

Dipl.-Ing. Henning Thormann
Brunnenbau Conrad GmbH
Thamsbrücker Straße 10
99947 Merxleben
*(2.10 Grundwasserströmung –
Grundwasserhaltung)*

Dr.-Ing. Georg Ulrich
Baugrundinstitut Dr.-Ing. G. Ulrich
Zum Brunnentobel 6
88299 Leutkirch
(2.7 Bohrtechnik)

Dipl.-Ing. Gordian Ulrich
Bauer Spezialtiefbau GmbH
Wittelsbacher Straße 5
86529 Schrobenhausen
(2.7 Bohrtechnik)

Prof. Dr.-Ing. Lutz Wichter
Brandenburgische Technische Universität
Lehrstuhl für Bodenmechanik und
Grundbau / Geotechnik
Konrad-Wachsmann-Allee 1
03046 Cottbus
(2.6 Verpressanker)

Univ.-Prof. Dr.-Ing. Karl Josef Witt
Bauhaus-Universität Weimar
Professur Grundbau
Coudraystraße 11 C
99423 Weimar
*(2.4 Unterfangung und Verstärkung
von Gründungen)*

2.1 Erdbau

Hans-Henning Schmidt und Thomas Rumpelt

1 Einleitung

Erdbau wird betrieben bei der Herstellung von:

- Einschnitten für Verkehrswege, Baugruben und Gräben, Schächten, Gruben;
- Bodenaustausch für Bauwerksgründungen;
- Verkehrsdämmen, Deichen, Staudämmen, Deponiedämmen, Lärmschutzwällen, Geländeauffüllungen für Flugplätze und Rekultivierungsmaßnahmen (Verfüllung von Steinbrüchen) sowie bei Deponieauffüllungen;
- Hinterfüllung und Überschüttung von Bauteilen und Bauwerken;
- Gewinnung von Erde und Steinen, Bau- und Zuschlagsstoffen.

Erdbaustellen können punktartige, linien- bzw. flächenartige Ausdehnungen haben.

Der Erdbau ist ein maschinenintensiver Prozess, der von Fachleuten organisiert und optimiert werden muss. Das Naturprodukt Boden und Fels in seiner großen Vielfalt und Wettereinflüsse spielen dabei eine besondere Rolle. Neben der Erstellung von standsicheren und gebrauchstauglichen Bauwerken geht es im betriebswirtschaftlichen Sinn um positive Ergebnisse: also um einen großen Ausnutzungsgrad der Maschinen, um eine große Leistung in der Dimension m^3/h.

Planung und Ausführung von Erdbau bedürfen der rechtzeitigen Erkundung des Baugrunds und der Eigenschaften von Böden und Fels (s. Kapitel 1.2 und 1.3 im Grundbau-Taschenbuch, Teil 1).

Bei der Planung von Erdbauwerken müssen beachtet werden:

- die Auswahl des richtigen Einbau-(Schütt-)materials nach bodenmechanischen Gesichtspunkten (Lösbarkeit, Transportfähigkeit, Verdichtbarkeit, Witterungsempfindlichkeit, Verformbarkeit, Festigkeit, Risiken von möglichen Formänderungen durch Auslaugung und Quellen) sowie nach wirtschaftlichen Aspekten;
- der Massenausgleich unter Einbeziehung von Zwischen- und Enddeponierung von Erdstoffen;
- der Umweltschutz und die landschaftliche Gestaltung bei der Kultivierung (Oberbodenarbeiten mit Begrünung und Bepflanzung).

2 Regelwerke, Gesetze des Umweltschutzes

Auf die nachfolgenden technischen und vertragsmäßigen Normen und zusätzlichen technischen Vertragsbedingungen wird hingewiesen:

DIN: Normenhandbuch zu DIN EN 1997-1 und DIN 1054, 2008.

DIN 1054-01:2005-01: Baugrund – Sicherheitsnachweise im Erd- und Grundbau.

Grundbau-Taschenbuch, Teil 2: Geotechnische Verfahren
Herausgegeben von Karl Josef Witt
Copyright © 2009 Ernst & Sohn, Berlin
ISBN: 978-3-433-01845-3

DIN EN 1997-1:2008-10: Eurocode 7: Entwurf, Berechnung und Bemessung in der Geotechnik – Teil 1: Allgemeine Regeln; Deutsche Fassung EN 1997-1:2004.

DIN 4020:2003-09: Geotechnische Untersuchungen für bautechnische Zwecke.

DIN 18196:2006-06: Erd- und Grundbau – Bodenklassifikation für bautechnische Zwecke.

DIN 18300:2006-10: VOB Vergabe- und Vertragsordnung für Bauleistungen – Teil C: Allgemeine Technische Vertragsbedingungen für Bauleistungen (ATV) – Erdarbeiten

DIN 18320:2006-10: VOB Vergabe- und Vertragsordnung für Bauleistungen – Teil C: Allgemeine Technische Vertragsbedingungen für Bauleistungen (ATV) – Landschaftsbauarbeiten.

Vorschriften für den Straßenbau:

ZTVE-StB 94/97 [1], ZTVA-StB 97 [2], ZTVT-StB 95/2002 [3], ZTVLa-StB 99 [4]

Darüber hinaus gibt es für den Erdbau des Straßenbaus, des Staudammbaus und des Deichbaus eine große Anzahl von Richtlinien und Merkblättern, auf die bei Bedarf in den nachfolgenden Absätzen hingewiesen wird.

Vorschriften für den Bahnbau:

RIL 836 [33]

Eine gute Zusammenstellung der Vorschriften, Anwendungen und Nachweisverfahren für Erdbauwerke findet sich in [93].

Bei der Planung und Ausführung von Erdbauwerken sind Gesetze des Umweltschutzes zu beachten. Sie sollen eine Verunreinigung von Boden und Grundwasser verhindern und einen umweltverträglichen und ressourcenschonenden Umgang mit den natürlichen Gütern Boden und Wasser gewährleisten.

Grundlage für den gesetzlichen Umweltschutz bei der Planung von Erdbauwerken ist das Gesetz zur Umsetzung der Richtlinie des Rates der Europäischen Gemeinschaft vom 27.06.1985 (85/337/EWG) über die Umweltverträglichkeitsprüfungen bei bestimmten öffentlichen und privaten Projekten, die einer Planfeststellung oder eines Bebauungsplanes bedürfen. Bestandteil der Prüfung ist eine Umweltverträglichkeitsstudie und eine landschaftspflegerische Begleitplanung. Die dabei in erster Linie zu beachtenden Gesetze sind nachfolgend aufgeführt:

- Wasserhaushaltsgesetz (WHG): Gesetz zur Ordnung des Wasserhaushalts (2002/2008).
- Bundes-Immissionsschutzgesetz (BimSchG): Gesetz zum Schutz vor schädlichen Umwelteinwirkungen durch Luftverunreinigungen, Geräusche, Erschütterungen und ähnliche Vorgänge (2002/2007).
- Chemikaliengesetz (ChemG): Gesetz zum Schutz vor gefährlichen Stoffen (1994/1998).
- Bundesnaturschutzgesetz (BNatSchG): Gesetz über Naturschutz und Landschaftspflege (2002/2008).
- Gesetz über die Umweltverträglichkeitsprüfung (2005/2007).
- Kreislaufwirtschafts- und Abfallgesetz (KrW-AbfG): Gesetz zur Förderung der Kreislaufwirtschaft und Sicherung der umweltverträglichen Beseitigung von Abfällen (1994/2007).
- Bundes-Bodenschutzgesetz (BBodSchG): Gesetz zum Schutz vor schädlichen Bodenveränderungen und zur Sanierung von Altlasten (1998/2007).
- Bundes-Bodenschutz- und Altlastenverordnung (BBodSchV) (1999/2004).

- Landesspezifische oder auch kommunale Vorschriften und Regelwerke zur Verwertung von Boden, z. B.:
  - LAGA-Anforderungen an die stoffliche Verwertung von mineralischen Abfällen: Technische Regeln für die Verwertung von Bodenmaterial (Länderarbeitsgemeinschaft Abfall 2003/2004) und
  - Verwaltungsvorschrift des Umweltministeriums B.-W. für die Verwertung von als Abfall eingestuftem Bodenmaterial vom 14.03.2007 (VwV Bodenverwertung).

Zum Umweltschutz im Erdbau gehören weiter die Immissionschutzgesetze für genehmigungsbedürftige Anlagen, wie z. B. Mischanlagen und Bodenreinigungsanlagen, sowie für den Einsatz lärmarmer Baumaschinen.

Nach dem Wasserhaushaltsgesetz sind erdbautechnische Anlagen so zu gestalten, dass die natürlichen Abflussverhältnisse von Niederschlags- und Grundwasser erhalten bleiben oder verbessert werden. Werden bei einer Baumaßnahme Grundwasserverhältnisse vorübergehend oder dauerhaft geändert, bedarf es der wasserrechtlichen Genehmigung.

Nach dem Bundes-Bodenschutzgesetz ist der Boden vor schädlichen Einflüssen zu schützen. Das Gesetz regelt auch die Erfassung, Untersuchung und Sanierung von Altlasten im Boden und Grundwasser.

Zur Charakterisierung von Schadstoffen im Baugrund und Grundwasser siehe Kapitel 1.4 im Grundbau-Taschenbuch, Teil 1.

3 Begriffe

Im Bild 1 sind die Begriffe für die Erdbauwerke von Verkehrswegen aufgeführt: Damm, Einschnitt und Anschnitt.

In Bild 2 sind die Bezeichnungen für Damm und Einschnitt gemäß ZTVE-StB [1] aufgeführt: Oberbau, Unterbau, Untergrund und Planum.

4 Baustoffe, Klassifikation und Kennwerte

4.1 Allgemeines

Für Auffüllungen im Erdbau sind in der Regel alle natürlichen mineralischen Böden und gebrochenes Gestein geeignet. Geeignet sind ferner auch künstlich hergestellte Schüttgüter wie Recyclingmaterialien, Schlacken (industrielle Nebenprodukte) und Klärrückstände, sofern sie umweltverträglich sind.

Zu feuchte Böden können entwässert (getrocknet), mit Bindemitteln durchmischt (verbessert) oder bei nicht genügender Scherfestigkeit bewehrt werden. Die Kornverteilung von nichtbindigen Böden kann man durch Zumischen fehlender Kornfraktionen verbessern. Nicht frostsichere feinkörnige bzw. gemischtkörnige Böden können durch hydraulische Bindemittel verfestigt werden (s. Abschn. 9).

Nicht geeignet sind i. Allg. Bodenarten mit größeren organischen bzw. humosen Bestandteilen wie Mudden und Torfe, sowie gefrorene, lösliche oder quellfähige Materialien. Veränderlich feste Gesteine wie Schluff- und Tonsteine des Juras und Keupers müssen schonend behandelt werden, um ihre Festigkeit weitgehend zu erhalten.

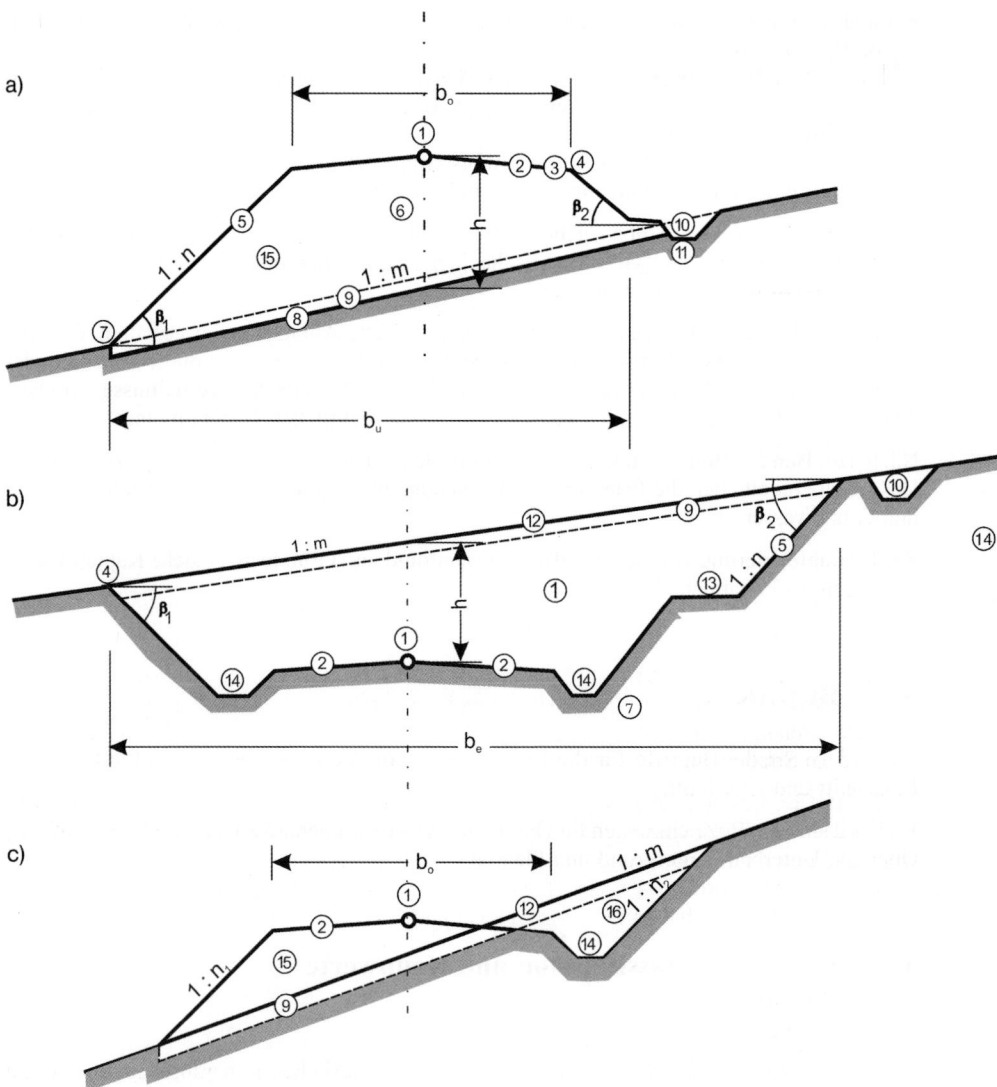

Bild 1. Begriffe für Erdbauwerke von Verkehrswegen; a) Damm, b) Einschnitt, c) Anschnitt.

b_0 Kronenbreite, b_u Fußbreite des Dammes, b_e Einschnittbreite, h Dammhöhe/Einschnittiefe, β_1 und β_2 Böschungswinkel.

1 Dammkrone/Gradiente/Bezugslinie/Achse des Erbauwerkes, 2 Planum, 3 Dammschulter, 4 Böschungsoberkante, 5 Böschung, 6 Dammkern, 7 Böschungsfuß, 8 Dammsohle, 9 Oberbodenabtrag, 10 Hanggraben, 11 Grabensohle, 12 ursprüngliches Gelände, 13 Berme, 14 Seitengraben, 15 Auftrag, 16 Abtrag

2.1 Erdbau

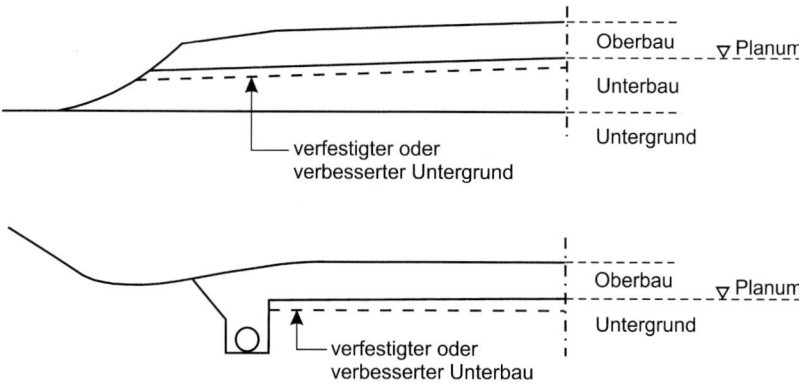

Bild 2. Bezeichnungen für Damm und Einschnitt gemäß ZTVE-StB

Nach Möglichkeit sind anstehende Böden, ggf. mit Zwischenlagerung, wieder zu verwenden.

Hinsichtlich des Benennens, Beschreibens und der Klassifikation von Boden und Fels, siehe Kapitel 1.3, DIN 18300, DIN 18186, die ZTVE-StB sowie [36].

Angemerkt sei, dass es häufig bei den Bodenklassen 6 und 7 nach DIN 18300 bei der Einstufung vor Ort bauvertragsmäßige Streitigkeiten gibt. Ergänzend wird hier für bauvertragliche Belange auf das Merkblatt über Felsgruppenbeschreibungen für bautechnische Zwecke im Straßenbau [5] verwiesen.

Zu Baustoffen für den Erdbau gehören laut ZTVE-StB auch Geokunststoffe (s. Kapitel 2.12), Leichtbaustoffe wie expandierter Polystyrol Hartschaum, Bindemittel und Stoffe für die Entwässerung und Abdichtung und andere Materialien, die für Teilleistungen benötigt werden. Leichtbaustoffe werden z. B. eingesetzt, um die Belastung von wenig tragfähigem Untergrund gering zu halten.

4.2 Bodenkenngrößen

Hinsichtlich charakteristischer boden- und felsmechanischer Kennwerte sei auf Kapitel 1.3 im Teil 1 des Grundbau-Taschenbuches verwiesen. Nachfolgend werden einige nützliche Korrelationen für die Einschätzung und Klassifikation von Böden aufgezeigt sowie Angaben über die Verformbarkeit und Scherfestigkeit künstlich verdichteter Böden gemacht. Für die Eigenschaften gewachsener Böden sei auf Kapitel 1.4, auf DIN 1055, Teil 2, wie auch auf die EAU [6] verwiesen.

Zur Bestimmung der Konsistenz (Konsistenzzahl I_c) in Abhängigkeit vom Wassergehalt w für die Bodengruppen TL, TM, und TA nach DIN 18196 (s. Bild 3).

Zur Abschätzung der Erreichbarkeit von Dichten im Proctorversuch bzw. des optimalen Wassergehalts hinsichtlich der Verdichtung sei auf die Bilder 45 bzw. 46 hingewiesen.

Hinsichtlich der Wasser- und Luftdurchlässigkeit von Böden wird auf Kapitel 1.3 verwiesen.

Bei der Verformbarkeit künstlich eingebauter und verdichteter Böden ist zwischen Sackungen bzw. Konsolidations- und Kriechverformungen zu unterscheiden. Hinsichtlich mögli-

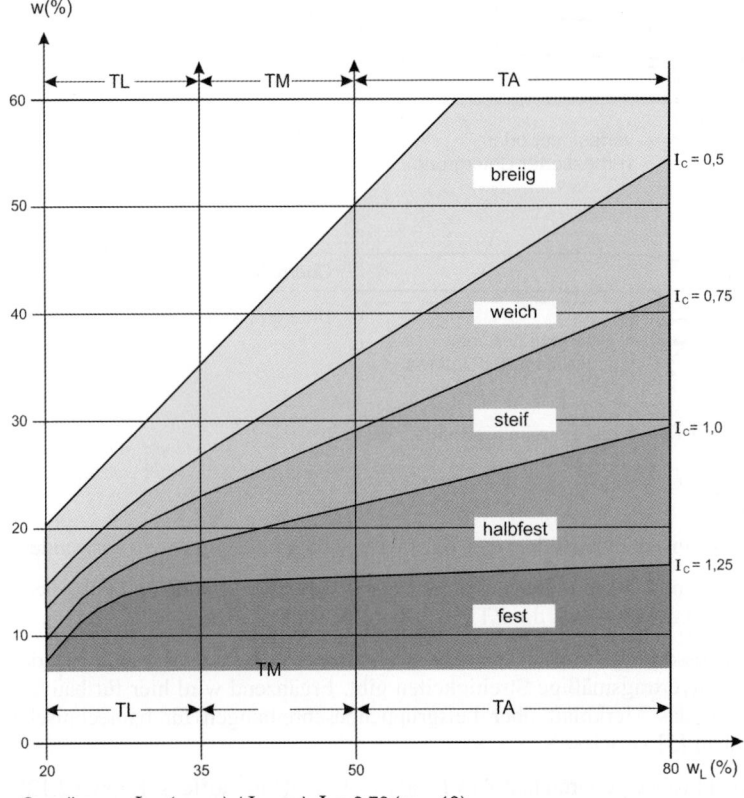

Bild 3. Konsistenzbestimmung in Abhängigkeit vom Wassergehalt w und der Fließgrenze w_L bzw. Plastizität (TL, TM, TA nach DIN 18196)

cher Sackungen siehe Abschnitt 8 bzw. 11. Zur Komprimierbarkeit künstlich verdichteter gemischtkörniger Böden siehe [7].

Zuordnungen der einaxialen Druckfestigkeit bzw. der undränierten Scherfestigkeit aufbereiteter und verdichteter bindiger Böden in Abhängigkeit vom Wassergehalt bzw. von der Konsistenzzahl sind in den Bildern 4 und 5 dargestellt.

Der Reibungswinkel künstlich verdichteter nichtbindiger Böden, wie auch bei natürlicher Lagerung, ist von der Kornverteilung, der Kornrauigkeit und vor allem von der Dichte abhängig. Er schwankt zwischen $\varphi' = 30°$ und $40°$. Kann die Austrocknung bzw. die Überflutung von Sanden bzw. Kiessanden ausgeschlossen werden, ist für diese Materialien der Ansatz einer scheinbaren Kohäsion von $c \leq 15$ kN/m² möglich.

Der Reibungswinkel künstlich verdichteter bindiger Böden ist von der Fließgrenze bzw. Plastizität abhängig, also weniger von den Einbaubedingungen auf der Baustelle. Als grobe Abschätzung kann mit $\varphi' = \varphi^* \pm 7,5°$ gerechnet werden, wobei $\varphi^* = 22,5°$ für mittelplastischen Boden, $\varphi^* = 15°$ für hochplastischen Ton, wie verwitterter Knollenmergel, und $\varphi^* = 30°$ für tonige, schluffige Sande (Geschiebemergel) gilt.

2.1 Erdbau

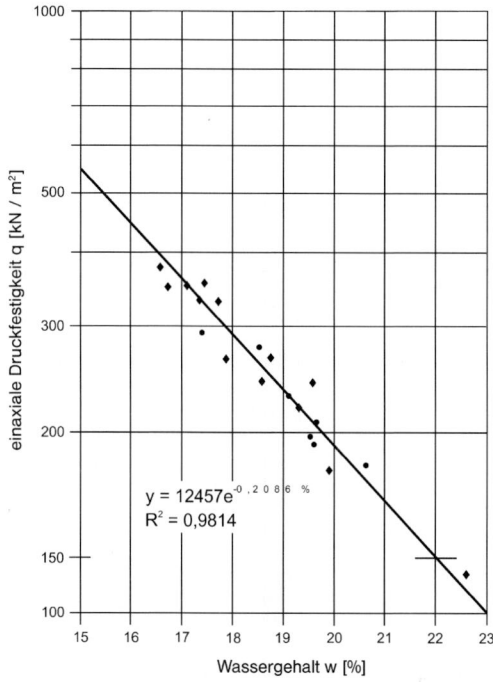

Bild 4. Einaxiale Druckfestigkeit q_u, bestimmt mit Taschenpenetrometer in Abhängigkeit vom Wassergehalt w von Lösslehm (TM), verdichtet im Proctorversuch mit unterschiedlicher Verdichtungsarbeit (nach [8])

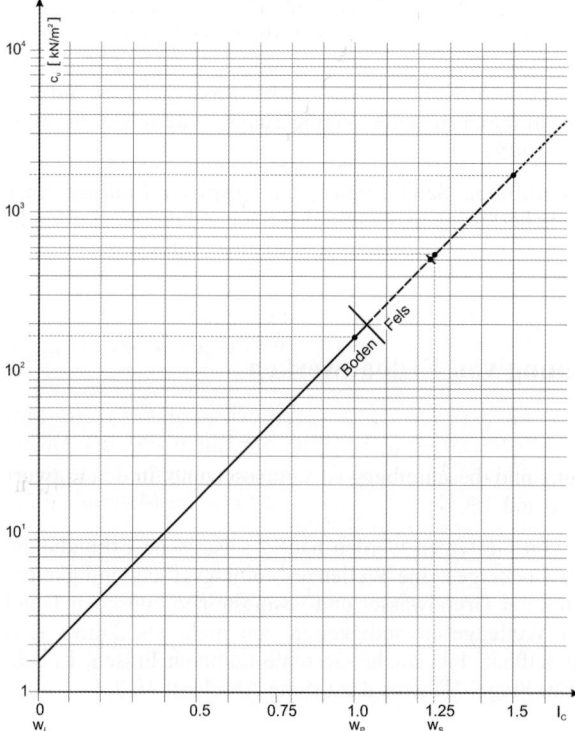

Bild 5. Undränierte Scherfestigkeit c_u in Abhängigkeit von der Konsistenzzahl I_c für aufbereitete, wiederbelastete (re-sedimentierte) Tone (nach [9]), extrapoliert für halbfesten und festen bindigen Boden und Fels

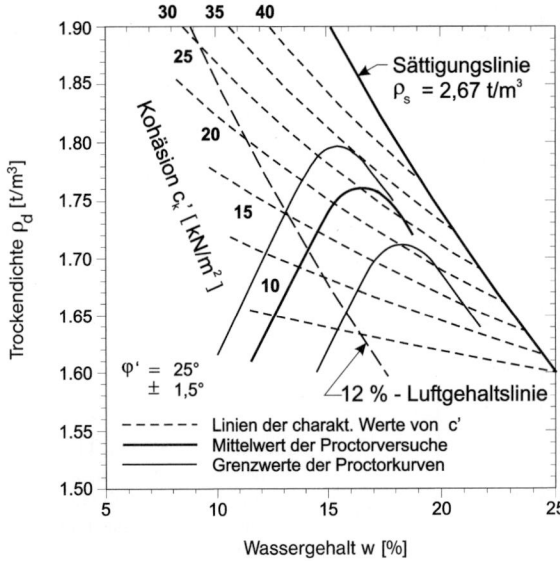

Bild 6. Charakteristische Werte der effektiven Kohäsion von künstlich verdichtetem Lösslehm in Abhängigkeit von den Einbaubedingungen auf der Baustelle (nach [10])

Nach [10] ist dagegen die effektive Kohäsion künstlich verdichteter bindiger Böden von den Einbaubedingungen und der damit eingeprägten Struktur, also von der Konsistenz, der Trockendichte und vom Luftporengehalt abhängig. Für einen künstlich verdichteten Lösslehm konnte im Proctordiagramm gezeigt werden (s. Bild 6), dass sich vor allem eine Begrenzung des Luftporengehaltes auf $n_a \leq 5\,\%$, also weniger als die sonst übliche Beschränkung auf $n_a \leq 12\,\%$ zur Vermeidung von Sackungen günstig auf die effektive Kohäsion auswirkt. Das heißt, die Wahl und gezielte Kontrolle des Einbauwassergehaltes auf der Baustelle ist höher zu bewerten als ein durch moderne Verdichtungsgeräte leicht zu erreichender Verdichtungsgrad von $D_{Pr} > 100\,\%$.

Untersuchungen an einem stark schluffigen Sand zeigten den positiven Einfluss einer erhöhten Verdichtungsarbeit auf die Scherfestigkeit, den Steifemodul und die Wasserdurchlässigkeit [11].

5 Entwurf und Berechnung von Erdbauwerken

5.1 Baugrunderkundung

Eine ausführliche Baugrunderkundung und -beschreibung ist Voraussetzung für den Entwurf von Erdbauwerken, siehe Kapitel 1.2 und 1.3.

Für die Erkundung der Lösbarkeit von Gesteinen werden häufig seismische Erkundungsverfahren eingesetzt. So werden für Lockergesteine Wellenausbreitungsgeschwindigkeiten von < 1 km/s, bei Schottergesteinen unter Grundwasser und Festgesteinen zwischen 1 und 6 km/s gemessen. Festgesteine mit Wellengeschwindigkeiten von mehr als 2 km/s sind bedingt, mit mehr als 3 km/s nicht reißbar. Für solche Gesteine kommen Fräsen, Lockerungssbohrungen und Sprengungen in Frage. Näheres dazu siehe Abschnitt 10.2.

2.1 Erdbau

Feld- und Laborversuche zur Klassifikation der Gesteine, der Durchlässigkeit, der Kapillarität, der Verdichtbarkeit und der Verformungs- und Festigkeitseigenschaften anstehender Gesteine oder eingebauter und verdichteter Materialien sind ebenfalls die Voraussetzung für die Planung (s. Abschn. 4).

5.2 Nachweise

Erdbauwerke sollten für die Entwurfsbearbeitung, Ausführung und Beobachtung in die geotechnischen Kategorien der DIN EN 1997-1 und DIN 1054 eingeordnet werden.

Für den Entwurf sind Nachweise für die entsprechenden Grenzzustände (GZ), der Tragfähigkeit (Standsicherheit) und der Gebrauchstauglichkeit zu führen (s. Kapitel 1.1).

Mit dem Nachweis der Gebrauchstauglichkeit sollen bei Verkehrsbauwerken in der Regel vorgegebenen Verformungsbeschränkungen, bei anderen Bauwerksteilen bzw. wasserbaulichen Anlagen häufig Kriterien für den Grad der Wasserdurchlässigkeit von Böden, eingehalten werden.

Nach DIN EN 1997-1 und DIN 1054 sind folgende Standsicherheitsnachweise, ggf. für den Anfangs- und Endzustand, zu führen:

- Gesamtstandsicherheit der Böschungen gemäß DIN 4084, siehe Tabellen 1 und 2 sowie Kapitel 1.9 und 3.9.
- Nachweise gegen Gleiten für Staudämme gemäß [12] und [13].
  Hinweise zu den Nachweisen, Nachweisverfahren und Lastfällen für Dämme an Bundeswasserstraßen sind in [94] zusammengestellt.
- Schubnachweis für den Dammfuß: für den Nachweis des Sohlschubs am Dammfuß wird vereinfacht auf den in Bild 7 dargestellten Schnitt und die eingetragenen Kräfte Bezug genommen.
  Bei fehlender Dränung am Damm- bzw. Böschungsfuß kann im nichtbindigen Boden näherungsweise folgender Nachweis mit Bemessungswerten geführt werden:

$$\mu = \frac{E_{ah} + W}{T_{vorh}} = \frac{\tan \beta \left(K_{ah(Damm)} + \dfrac{\gamma_W}{\gamma'_{(Damm)}} \right)}{\tan \varphi_{(Untergrund)}} \leq 1,0 \tag{1}$$

wobei K_{ah} der Erddruckbeiwert für einen Wandreibungswinkel $\delta_a = 0$ ist.

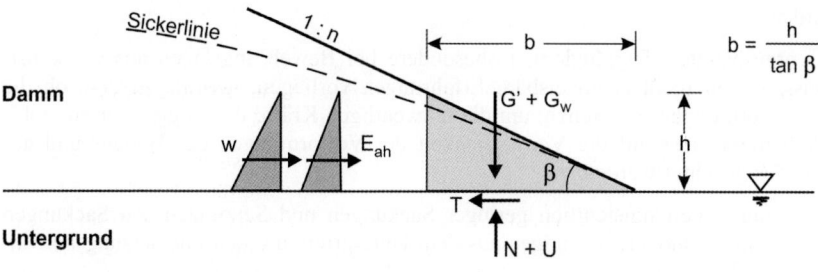

Bild 7. Kräfte am Dammfuß bei Durchströmung

Ohne Strömungsdruck muss Gl. (2) erfüllt werden:

$$\mu = \frac{E_{ah}}{T_{vorh}} = \frac{\tan\beta \cdot K_{ah(Damm)}}{\tan\varphi_{(Untergrund)}} \leq 1,0 \qquad (2)$$

- Auf geneigten Aufstandsflächen muss die Schubübertragung, die sog. Spreizsicherheit, detaillierter nachgewiesen werden. Hierzu wird auf [97] und [98] verwiesen.
- Grundbruchsicherheit am Dammfuß (Bild 7, s.a. DIN 4017).
- Sicherheit gegen innere und äußere Erosion.

  Sie ist gegeben, wenn die in Bild 8 in Abhängigkeit von der Ungleichförmigkeit angegebenen Gefällewerte im Dammkörper, an Schichtgrenzen und an Sickerwasseraustrittsflächen nicht überschritten werden. Bild 8 [14] gilt für Korngrößenbereiche vom schluffigen Feinsand bis zu Kiessanden. Weiter sind Filterkriterien zu beachten [13].
- Gebrauchstauglichkeitsnachweis hinsichtlich geringer Verformungen infolge Scherbeanspruchung.

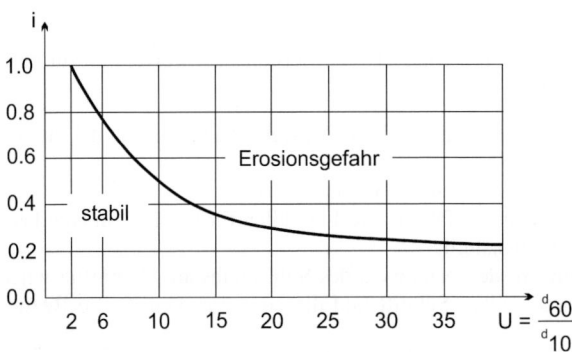

Bild 8. Gefällegrenzwerte (nach [14])

Beim Nachweis der Gesamtstandsicherheit für mitteldichte bis dichte nichtbindige und steife bis halbfeste bindige Böden enthalten die Teilsicherheitsbeiwerte nach DIN EN 1997-1 und DIN 1054 zur Ermittlung der Bemessungswerte für die Böden in der Regel eine ausreichende Sicherheit gegen den Grenzzustand der Gebrauchstauglichkeit. Bei Böschungen in weichen bindigen Böden ist in der Regel der Grenzzustand der Gebrauchstauglichkeit maßgebend. Dazu ist bei Böden, die im undränierten Triaxialversuch mehr als 20 % Scherdehnung aufweisen, der Ausnutzungsgrad von $\mu = 0{,}67$ zugrunde zu legen. Bei Böden mit Scherdehnungen zwischen 10 und 20 % darf zwischen $\mu = 1{,}0$ und $\mu = 0{,}67$ linear interpoliert werden.

Bei nicht vorgespannten Zuggliedern, insbesondere bei Bewehrungslagen aus Geokunststoffen muss, soweit nicht nachweisbare Erfahrungen vorliegen, geprüft werden, ob die zulässigen Verformungen ausreichen, um die notwendigen Kräfte der Zugglieder zu mobilisieren. Außerdem muss auf die Verträglichkeit der Verformungen des Bodens und des Geokunststoffes geachtet werden.

- Gebrauchstauglichkeit hinsichtlich geringer Sackungen und Setzungen. Zu Sackungen siehe Abschnitte 8 und 11. Setzungen aus dem Untergrund müssen mit Setzungsberechnungen ermittelt werden.
- Gebrauchstauglichkeit hinsichtlich Dichtigkeit siehe Abschnitt 15.

2.1 Erdbau

5.3 Regelböschungsneigungen

Statt rechnerischer Nachweise der Böschungsstandsicherheit können die in Tabelle 1 und 2 aufgeführten Böschungsneigungen nach [15] als Anhaltswerte für Vordimensionierungen von Böschungen ohne Wasserdruck und andere äußere Einwirkungen benutzt werden. Dabei wurden für die nichtbindigen Sande und Kiese (s. Tabelle 1) charakteristische Reibungswinkel von $\varphi'_k = 30°$ bis $37,5°$ angenommen und ein Teilsicherheitsbeiwert von von $\gamma_\varphi = 1,2$ berücksichtigt. Für die Ermittlung der Neigungen in bindigen Böden wurden Teilsicherheitsbeiwerte von $\gamma_\varphi = 1,2$ für den Reibungswinkel und $\gamma_c = 1,6$ für die Kohäsion angesetzt (s. Tabelle 2).

Tabelle 1. Böschungsneigungen in nichtbindigen Böden von mindestens mitteldichter Lagerungsdichte

Bodenart	Böschungsneigung
Feiner Sand	1:2
Grober Sand	1:1,7
Kiessand und Steine	1:1,5

Tabelle 2. Böschungsneigungen[1], bei Einschnitten in gewachsene bindige Böden und bei Dämmen aus verdichteten bindigen Böden von mindestens steifer Konsistenz

Bodenart nach DIN 4022	Böschungshöhe	Böschungsneigung Einschnitt	Böschungsneigung Damm	Plastizitätszahl	Wichte	Scherfestigkeit Reibungswinkel	Kohäsion
–	h	–	–	I_p	γ	φ	c[2]
–	[m]	–	–	–	[kN/m³]	[Grad]	[kN/m²]
1	2	3	4	5	6	7	8
Schluff	0 bis 3 3 bis 6 6 bis 9 9 bis 12 12 bis 15	1:1,25 1:1,6 1:1,75 1:1,9 1:2	1:1,6 1:2 1:2,2 1:2,3 1:2,4	<0,10	18	25	5 2,5
sandiger, schwach toniger Schluff	0 bis 3 3 bis 6 6 bis 9 9 bis 12 12 bis 15	1:1,25 1:1,25 1:1,4 1:1,6 1:1,7	1:1,25 1:1,6 1:1,8 1:1,9 1:2	0,10 bis 0,20	19	25	10 5
schwach sandiger, schluffiger Ton	0 bis 3 3 bis 6 6 bis 9 9 bis 12 12 bis 15	1:1,25 1:1,25 1:1,5 1:1,7 1:2	1:1,25 1:1,7 1:2,1 1:2,4 1:2,5	0,20 bis 0,30	20	17,5	20 10
Ton	0 bis 3 3 bis 6 6 bis 9 9 bis 12 12 bis 15	1:1,25 1:1,25 1:1,25 1:1,5 1:2	1:1,25 1:1,4 1:2,6 1:3,2 1:3,5	>0,30	20	10	35 17,5

[1] Die Böschungsneigungen in Spalte 3 und 4 wurden aufgrund der in Spalte 5 bis 8 angegebenen Bodenkennwerte ermittelt. Steilere Neigungen machen nach DIN 4084 Böschungsbruchberechnungen zur Ermittlung der Standsicherheit erforderlich.
[2] Oberer Wert für Einschnitte, unterer Wert für Dämme.

5.4 Beurteilung der Gesamtstandsicherheit

Nachfolgend werden Hinweise für die Beurteilung und Vergrößerung der Standsicherheit von Böschungen aufgezeigt:

Die Sicherheit einer Böschung hängt vorwiegend ab von:

- der Scherfestigkeit des Bodens,
- bei Felsgestein auch von der Art und Raumstellung des Trennflächengefüges (Klüfte und Schichtfugen),
- der Neigung β der Böschung,
- der Höhe h (bei kohäsiven Böden),
- äußeren Lasten (p, W),
- Einflüssen bei der Herstellung,
- Witterungsbedingungen und Erosionssicherung (Oberflächensicherung),
- ggf. von der Unterhaltung.

Prinzipiell lässt sich die Standsicherheit durch folgende Maßnahmen – teilweise auch in kombinierter Form – erhöhen, siehe Bild 9 und nachfolgende Erläuterungen:

- Abflachen der Neigung oder Wiederaufbau einer Böschung, wenn genügend Platz (Bild 9 a);
- Auflasten an günstiger Stelle, ggf. mit Bodenaustausch (besonders am Böschungsfuß) (Bild 9 a);
- Erhöhung der Schubfestigkeit durch konstruktive Elemente (z. B. Dübel, Nägel), Einkornbetonscheiben (Bild 9 b).

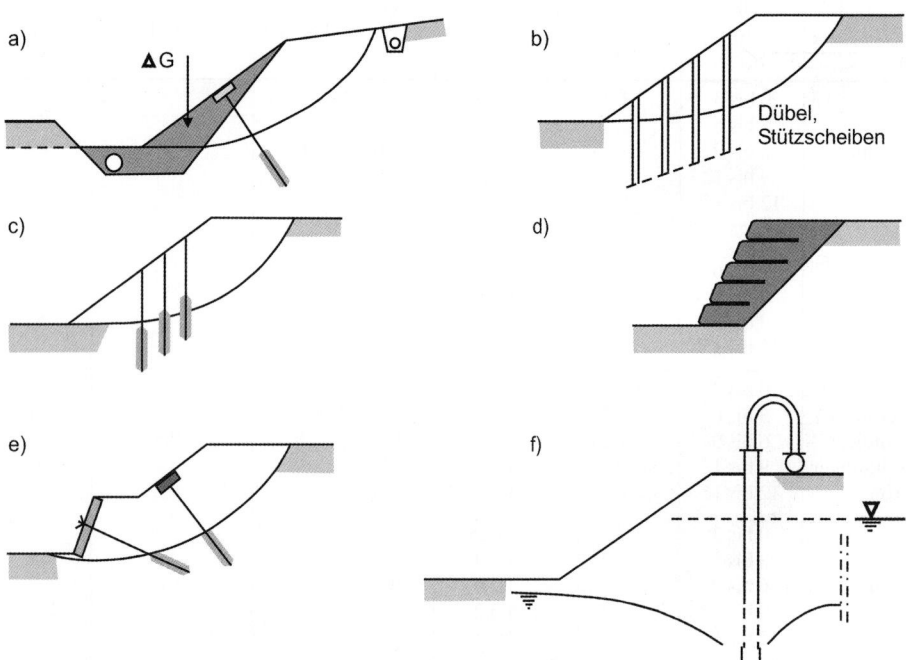

Bild 9. Prinzipielle Sicherungsmethoden

2.1 Erdbau

- Erhöhung der Scherfestigkeit mit Einpressungen (Injektionen) (s. Bild 9 c und Kapitel 2.3), Bewehrungen sowie flächigen oder scheibenartigen Stützelementen aus hochscherfestem Material (s. Bild 9 d und Kapitel 2.15).
- Ansatz von rückhaltenden Kräften mittels Ankern, in Verbindung mit Stützkonstruktionen (Bild 9 e sowie Kapitel 2.6 und 3.9).
- Entwässern (Dränieren) und somit Beseitigung von Strömungs- und Wasserdrücken (Bild 9 a, f und Kapitel 2.10).
- Erosions- und Steinschlagsicherung durch Netze, Gitter, Spritzbeton bzw.
- Ingenieurbiologische Verbauweisen (siehe Kapitel 2.13 und 3.9).

Nachfolgend wird detailliert die Sicherung einer Eisenbahn-Dammböschung dargestellt.

Alte Eisenbahndämme aus bindigem Boden zeigen häufig zunehmende Sackungen und Bewegungen an den Dammböschungen. Es kann schließlich zum Böschungsbruch kommen (s. Bild 10 a). Ursachen sind zu geringe Verdichtung des Dammbaustoffs bei der Herstellung, in der Folge die Bildung von „Schottersäcken", unzureichende Dränmaßnahmen, Wasserzutritt und zunehmende Verkehrsbelastung. Bild 10 b zeigt den Neuaufbau einer gerutschten Böschung mit nichtbindigem, gut verdichtbarem Erdmaterial.

Zur konstruktiven Sicherung rutschgefährdeter Böschungen werden häufig Stützscheiben (auch Sickerschlitze oder Rigolen) verwendet, die grabenartig, senkrecht zur Böschung hergestellt werden. Sie wirken durch das scherfeste, nichtbindige Bodenmaterial stützend und dienen gleichzeitig zur Dränung des im Böschungsbereich anfallenden Wassers (s. [23] und Kapitel 3.9).

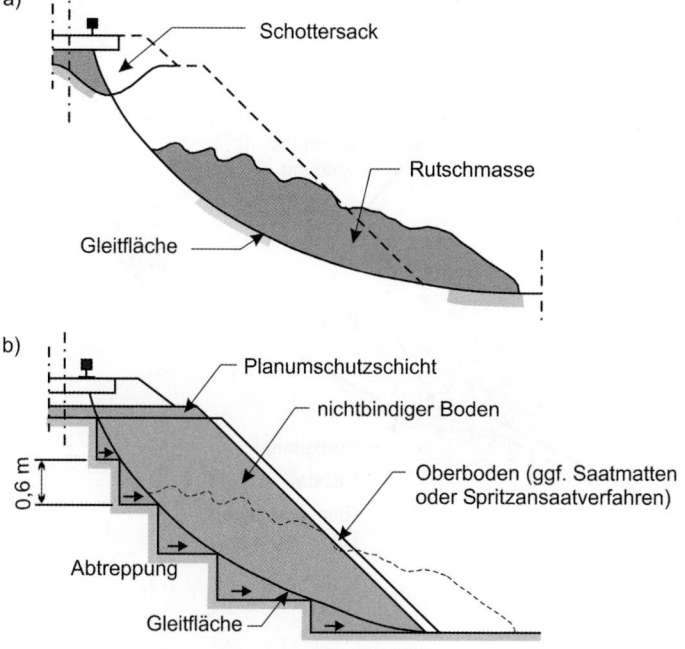

Bild 10. Sanierung einer Eisenbahndammrutschung

Eine Tiefenentwässerung als Beitrag zur Stabilisierung eines rutschgefährdeten Hangs kann wirtschaftlich bis in größere Tiefen im Bohrpfahlverfahren als „überschnittene Wand" hergestellt werden (s. Bild 15 und Kapitel 2.7). An der Sohle der Bohrungen können Dränleitungen verlegt werden. Statt Beton wird beim Ziehen der Verrohrung Filterkies eingefüllt und verdichtet. Einzelne Horizontalbohrungen mit Ausbau zur Dränleitung vom Einschnitt her ermöglichen die Entwässerung zum Böschungsfuß.

5.5 Entwässerungsmaßnahmen für Erdbauwerke

Abgesehen von den oben aufgeführten Entwässerungsmaßnahmen zur Sicherung von Böschungen und den in Abschnitt 7 geschilderten Entwässerungsmaßnahmen während der Bautätigkeiten ist das Sammeln und Ableiten von Oberflächen-, Sicker- und Grundwasser für die dauerhafte Nutzung eines Verkehrsweges von größter Wichtigkeit. Aufgestautes Wasser bewirkt Aufweichungen des Unterbaus bzw. Untergrunds sowie Frostschäden im Straßenoberbau. Vorgaben für die Entwässerung von Straßen werden z. B. in ZTVE StB [1], RAS Ew [17] und ZTVEw StB [16] gemacht.

Zum Sammeln von aus der Umgebung zufließendem Wasser dienen Fanggräben oberhalb von Einschnitten (Bild 11), Böschungsrinnen (Bild 12) sowie Hanggräben zum Schutz von Dämmen (Bild 13).

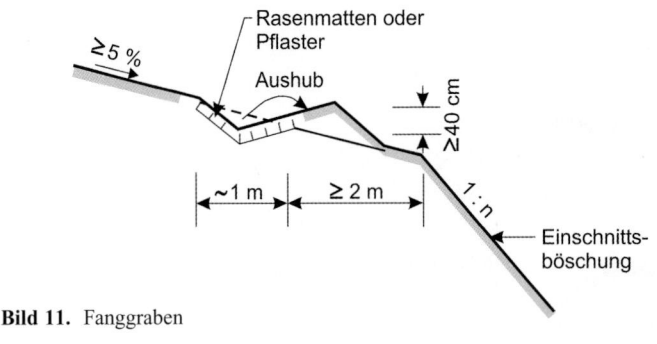

Bild 11. Fanggraben

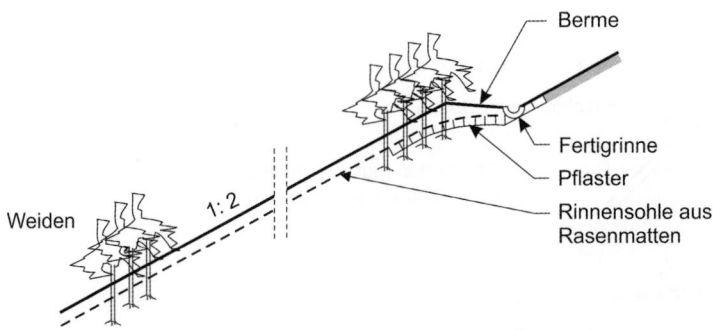

Bild 12. Böschungsrinne aus Rasenmatten und Pflaster (s. auch Kapitel 2.13)

2.1 Erdbau

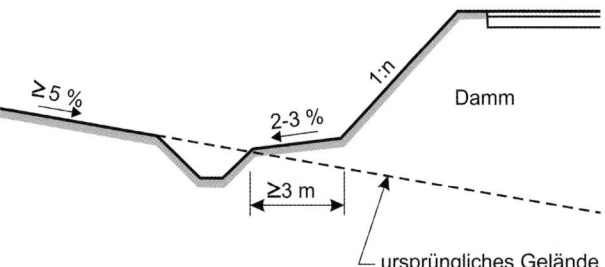

Bild 13. Hanggraben

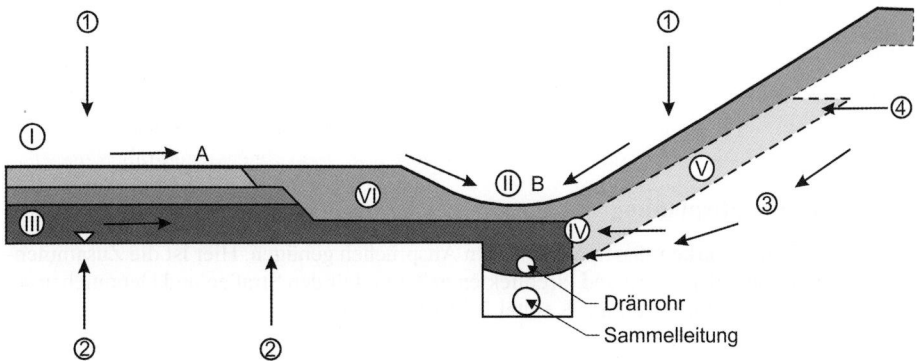

Bild 14. Auftreten von Wasser und dessen Ableitung

Tabelle 3. Ableitung von Wasser und Entwässerungseinrichtungen (im Zusammenhang mit Bild 14)

	Wasserart	Ableitung und Entwässerungseinrichtungen
1	Oberflächenwasser	Querneigung der Fahrbahn (I) und des Seitenstreifens auf Fahrbahn und bzw. Hochbord + Straßeneinlaufschächte (A), Mulde (II) Böschungen mit Längsleitung und Muldeneinlaufschächten (B) sowie Sammelleitung. Des Weiteren ggf. Abdeckung mit bindigem Boden und Mutterbodenauftrag
2	Kapillarwasser	„Erdplanum" (III) nach ZTVE StB[1]) + Filter- und Dränfunktion der „Unteren Tragschicht" (FS-Schicht)
3	Hangwasser	Tiefensickerung (IV) (Dränmaterial + Dränrohrleitung)
4	Schichtwasser	Besondere Dränmaßnahmen (V) Sickerschlitz, liegende Dränschicht mit Anschluss an das Entwässerungssystem

Die Entwässerung von Verkehrswegen zeigt Bild 14. Die Erläuterungen zur Ableitung der verschiedenen Wässer, die innerhalb und außerhalb des Straßenbereichs anfallen, werden stichwortartig in Tabelle 3 gegeben.

Eine dauerhafte Grundwasserabsenkung für geringe Wassermengen in einem nicht sehr durchlässigen Boden zur Stabilisierung eines rutschgefährdeten Hanges wird mit der Tiefenentwässerung in Bild 15 erreicht.

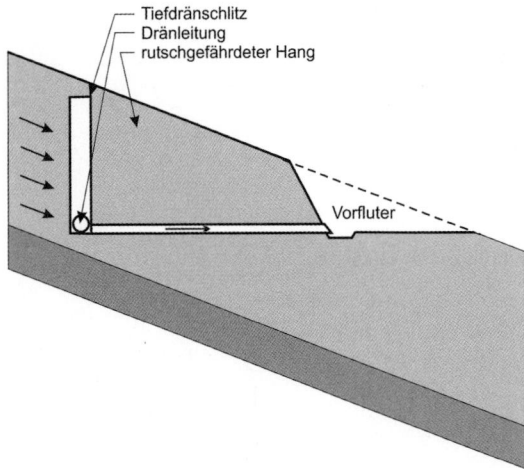

Bild 15. Stabilisierung eines Hanges mit Tiefenentwässerung

5.6 Landschaftsplanung

Dauerhafte Erdbauwerke müssen ästhetischen Ansprüchen genügen. Hier ist die Zusammenarbeit mit Landschaftsplanern und -architekten geboten. Für den Straßen und Deponiebau sei auf Abschnitt 16 und generell auf Kapitel 2.13 verwiesen.

6 Erdbauverfahren/Erdbaumaschinen

Erdbauliche Tätigkeit besteht aus Lösen und Laden (Gewinnen), Transportieren, Einbauen und Verteilen sowie dem Verdichten. Die meisten Erdbaustellen werden heute in Deutschland im Zusammenspiel von Hydraulikbagger, LKW, Planierraupen und Gradern betrieben. Die Art der Verdichtungsgeräte hängt von der Größe der Maßnahme und vom Boden ab, es werden jedoch überwiegend Walzenzüge eingestzt.

Spezialgeräte wie Grabenfräsen und Mischer werden zum Schluss des Abschnitts kurz aufgeführt. Technische Daten und die Leistungsfähigkeit der Maschinen werden international durch das Committee European Construction Equipment (CECE) bzw. durch die Society of Automotive Engineers in den USA (SAE) festgelegt und sind aus Handbüchern bzw. Prospekten der Hersteller zu entnehmen (siehe z.B. [18,19]). Nachfolgend und in Abschnitt 7 werden dann Beispiele für die Leistungsermittlung von Erdbaumaschinen gegeben.

6.1 Erdbaumaschinen zum Gewinnen, Transportieren und Einbauen

Folgende Flachbaggergeräte können lösen, laden, transportieren, einbauen und verteilen in einem Arbeitsgang:

– Rad- und Kettenlader,
– Planierraupe (Kettendozer),
– Erd- oder Straßenhobel (Grader),
– Motorschürfwagen (Scraper).

Rad- und Kettenlader, Planierraupen und Grader eignen sich zum Transport nur für Strecken bis etwa 100 m.

2.1 Erdbau

6.1.1 Rad- und Kettenlader

Radlader (Bild 16) zeichnen sich durch hohe Mobilität infolge Knicklenkung beim Umsetzen von Schüttgütern auf der Baustelle wie auch beim Umsetzen von Baustelle zu Baustelle auf eigener Achse mit hoher Fahrgeschwindigkeit aus. Geräte mit bis zu 30 t Einsatzgewicht haben Straßenzulassungen. Entscheidende Leistungsfaktoren sind die Ausbrechkraft (siehe Gl. (3) und Bild 17), die statische Kippkraft und die verfügbare Nutzlast.

$$\text{Ausbrechkraft} = \text{Kippkraft} \cdot x/y \qquad \text{(s. Bild 17)} \qquad (3)$$

Böden der Bodenklasse 5 sollten von Radladern mit mindestens 100 kN Ausbrechkraft umgesetzt werden. Dies sind Lader mit Z-Kinematik und mindestens 10 t Einsatzgewicht.

Die statische Kipplast ist das Gewicht im Schwerpunkt der Nutzlast in der Schaufel in der äußerst vorderen Position, bei der die Hinterräder des Radladers gerade vom festen, ebenen Boden abheben. Die Nutzlast, auch die dynamische Kipplast genannt, darf aus Gründen der Arbeitssicherheit nicht größer sein als 50 % der statischen Kipplast.

Radlader gibt es mit Motorleistungen von etwa 40 bis 900 kW, mit Ausbrechkräften von etwa 35 bis 900 kN, mit Schaufelvolumen von 0,6 bis 18 m³ und mit Einsatzgewichten von 4 bis 190 t.

Bild 16. Radlader (Zeppelin Baumaschinen GmbH, München)

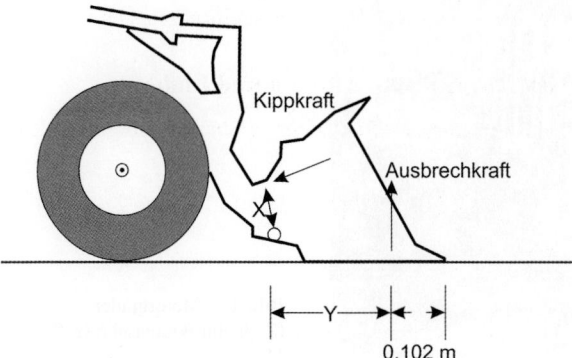

Bild 17. Ausbrechkraft bei einem Radlader

6.1.2 Planierraupen (Kettendozer)

Die Leistungsfähigkeit von Planierraupen (Kettendozer) ist gekennzeichnet durch gutes Eindring- und Füllvermögen des Schildes sowie gutes Schubvermögen bei relativ hoher Geschwindigkeit. Die Geräte sind meist mit einem 3-Gang-Planeten-Lastschaltgetriebe ausgestattet. Es ist ein optimales Verhältnis von Motorleistung zu Schildmesserlänge ausschlaggebend. Gewicht, Motorleistung und Bodenhaftung bestimmen das Schubvermögen. Entscheidend ist eine gute Schildfüllung und damit die Auswahl des richtigen Schildtyps. Der vielseitigste Schild ist der sog. Brust- oder Querschild, auch S-Schild genannt. Für große Massenbewegungen über größere Entfernungen eignet sich z. B. besonders der U-Schild. Darüber gibt es noch eine große Anzahl weiterer Schilde wie SU-, P- und den A-Schild.

Die Leistungsgrenzen des Kettendozers sind oft erreicht, wenn bei gefülltem Schild aufgrund schlechter Bodenhaftung die Ketten des Laufwerks durchdrehen und großer Verschleiß am Laufwerk auftritt. Einzelne oder mehrere Reißzähne an der Rückseite des Kettendozers werden zum Lösen von Fels eingesetzt (s. Abschn. 10.2).

Von den Maschinenherstellern werden Geräte mit Motorleistungen von 50 bis 650 kW, mit Einsatzgewichten von 8 bis 100 t, mit Schildabmessungen von 2500 mm × 850 mm bis 6400 mm × 2400 mm und damit mit Schildkapazitäten von 1,3 bis 35 m^3 angeboten. Der Bodendruck der einzelnen Geräte wird zwischen 30 und 150 kN/m^2 angegeben.

6.1.3 Erd- oder Straßenhobel (Grader)

Erd- oder Straßenhobel (Grader, s. Bild 18) sind ähnlich wie Kettendozer zum Einbau und Verteilen in der Fläche, jedoch hier überwiegend für die Feinverteilung geeignet. Gefragt sind hohe Schubleistung bei schneller Fahrt sowie bequeme Einstellung der Schar.

Leistungsmerkmale sind die Motorleistungen von 100 bis 380 kW, Einsatzgewicht zwischen 14 und 62 t, Scharmaße von 3600 mm × 600 mm bis 7300 mm × 1100 mm, Wenderadien von 7 bis 12 m und Geschwindigkeiten, je nach Motordrehzahl, von bis zu 45 km/h.

Planier- und Graderarbeiten werden mittels Laser-Nivellement für die optimale Höhenkontrolle eingesetzt.

Bild 18. Motorgrader (Zeppelin Baumaschinen GmbH, München)

BUCHEMPFEHLUNG

Band I:
Ramm- und Bohrgeräte (LRB)
2008. 380 S. 300 Abb. in Farbe, Gb.
€ 129,– / sFr 204,–
ISBN: 978-3-433-02904-6

Band II: Bohrgeräte und Hydroseilbagger (LB und HS)
2009. ca. 340 S. 300 Abb. Gb.
ca. € 129,–* / sFr 204,–
ISBN: 978-3-433-02933-6
Erscheint August 2009

Liebherr-Werk Nenzing GmbH (Hrsg.)
**Spezialtiefbau
Kompendium Verfahrenstechnik
und Geräteauswahl**

Die Verfahren und die Gerätetechnik des Spezialtiefbaus haben sich in den letzten Jahren rasant fortentwickelt. Die Anwendung der komplexen Techniken erfordert spezielle Kenntnisse und praktischeErfahrung. So ist es heute sowohl für Anwender als auch für Hersteller von Spezialtiefbaugeräten schwierig geworden,den Überblick über den Stand der Technik auf diesem Gebiet zu behalten. Das vorliegende Kompendium gibt eine umfassende Übersicht über die Verfahren und ihre Anwendungsgebiete. Im Einzelnen werden die Herstelltechniken von Gründungskonstruktionen und ihre Anwendungsbereiche mit denentsprechenden Gerätekomponentenaufgezeigt. Dabei wird im Detail auf die Besonderheiten der Verfahren und die Wahl der Gerätetechnik eingegangen. Aus der intensiven Zusammenarbeit von Ingenieuren, Technikern, Geräteherstellern und Anwendern entstand somit ein Hilfsmittel für die Planung und die Ausführung von Grundbaumaßnahmen.

Erscheint auch in Englisch im September 2009, ISBN 978-3433-02932-6

Set-Preis fuer Band I und Band II
zum Sonderpreis
ISBN 978-3-433-02934-3
€ 189,- / sFr 299,-

* Der €-Preis gilt ausschließlich für Deutschland.
Irrtum und Änderung vorbehalten.
0108309016_my

www.ernst-und-sohn.de

Ernst & Sohn Verlag für Architektur und technische Wissenschaften GmbH & Co. KG
Für Bestellungen und Kundenservice: Verlag Wiley-VCH, Boschstraße 12, D-69469 Weinheim
Tel.: +49(0)6201 606-400, Fax: +49(0)6201 606-184, E-Mail: service@wiley-vch.de

Flughäfen, Industrieflächen, Landgewinnung
Kompetenz im großen Erdbau

JOSEF MÖBIUS BAU-AKTIENGESELLSCHAFT
Brandstücken 18 · D-22549 Hamburg
Tel.: +49 (0)40- 800 90 3-0 · Fax: +49 (0)40- 800 48 10 · E-Mail: kontakt@moebiusbau.de

WWW.MOEBIUSBAU.DE

BUCHEMPFEHLUNG

Girmscheid, G.
Baubetrieb und Bauverfahren im Tunnelbau
2., aktualisierte Auflage
2008. 713 S., 536 Abb., 108 Tab.
Gebunden.
€ 149,- / sFr 235,-
ISBN: 978-3-433-01852-1

* Der €-Preis gilt ausschließlich für Deutschland.
Irrtum und Änderung vorbehalten.
008128016_my

Baubetrieb und Bauverfahren im Tunnelbau
2., aktualisierte Auflage
Wirtschaftlich und sicher bauen mit dem richtigen Bauverfahren

In dem vorliegenden Buch werden ausgehend von der geologischen Situation Verfahren vorgestellt und alle zu beachtenden Arbeitsschritte aus der Sicht des Baubetriebs erläutert. Bei der Festlegung von Straßentrassen und Bahnstrecken werden heute umweltverträgliche Lösungen gefordert. Dies hat dazu geführt, daß der Tunnelbau im Fels- und Lockergestein einen großen Aufschwung erlebt. Obwohl die Entscheidung für Tunnelbauwerke, z. B. im Innenstadtbereich, hohe Kosten verursacht, akzeptiert man diese, um unabhängiger von der bestehenden Infrastruktur zu werden. Sowohl die technischen Möglichkeiten als auch die Anforderungen an diese Ingenieurdisziplin sind vielfältiger als früher. Für die Durchführung von Tunnelbauprojekten haben damit die Verfahrensauswahl und baubetriebliche Abwicklung einen hohen Stellenwert erhalten.
Bei der Planung und Durchführung von modernen Tunnelbauwerken wird das vorliegende Buch ein hilfreiches Arbeitsmittel sein.

www.ernst-und-sohn.de

Ernst & Sohn Verlag für Architektur und technische Wissenschaften GmbH & Co. KG
Für Bestellungen und Kundenservice: Verlag Wiley-VCH, Boschstraße 12, D-69469 Weinheim
Tel.: +49(0)6201 606-400, Fax: +49(0)6201 606-184, E-Mail: service@wiley-vch.de

2.1 Erdbau 19

6.1.4 Motorschürfwagen (Scraper)

Motorschürfwagen (Scraper) haben in Deutschland wegen der relativ kleinen Erdbaumaßnahmen und der zum Teil ungünstigen Witterungsverhältnisse nicht die Bedeutung wie auf großen Erdbaustellen im Ausland. Oft müssen mehrere Scraper im Team im Push-Pull-Verfahren oder mit Schubhilfe arbeiten. Um Schürfwiderstände zu reduzieren werden Elevator-Scraper eingesetzt.

Es gibt Fahrzeuge mit Motorleistungen von 270 bis 780 kW, mit Schürfkübelvolumen von 16 bis 34 m^3 mit Nutzlasten von 22 bis 47 t und damit Einsatzgewichten von 30 bis 75 t.

6.2 Gewinnen mit Hydraulikbagger

Für das Lösen und Laden sind heute überwiegend Hydraulikbagger auf Raupen- oder Reifenfahrwerk mit Hochlöffel, Tieflöffel bzw. mit Greifer im Einsatz (Bilder 19 und 20). Als Spezialbagger gibt es Schleppschaufel-, Eimerketten-, Seil- und Teleskopbagger.

Hydraulikbagger sind mit Ausnahme von Mobilbaggern sperrige Geräte, die nicht auf eigener Achse umgesetzt werden können. Für die Transportplanung müssen deshalb die Maße bekannt sein; diese können aus den Handbüchern der Hersteller (siehe z. B. [19]) entnommen werden.

Der Aktionsradius und damit die Einsatzfähigkeit eines Baggers ist anhand von spezifischen Grabkurven (Bild 21) für verschiedene Stiellängen und Löffelinhalte ebenfalls aus Handbüchern zu ersehen.

Außer zum Lösen und Laden werden Hydraulikbagger auch als Hubgeräte, z. B. beim Verlegen von Rohren in Gräben verwendet. Zur Leistungsbeschreibung sind deshalb die Angaben der Standsicherheit, die Nennhubkraft und die Losbrech- und Reißkraft vom

Bild 19. Tieflöffelbagger im Einsatz (Liebherr-Hydraulikbagger GmbH, Kirchdorf)

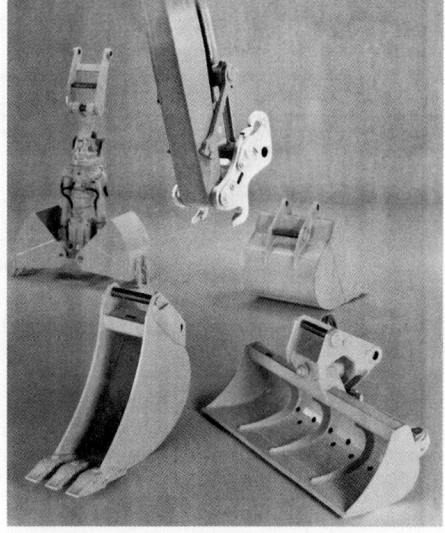

Bild 20. Schnellwechsel-Adapter für verschiedene Löffel oder Greifer (Liebherr-Hydraulikbagger GmbH, Kirchdorf)

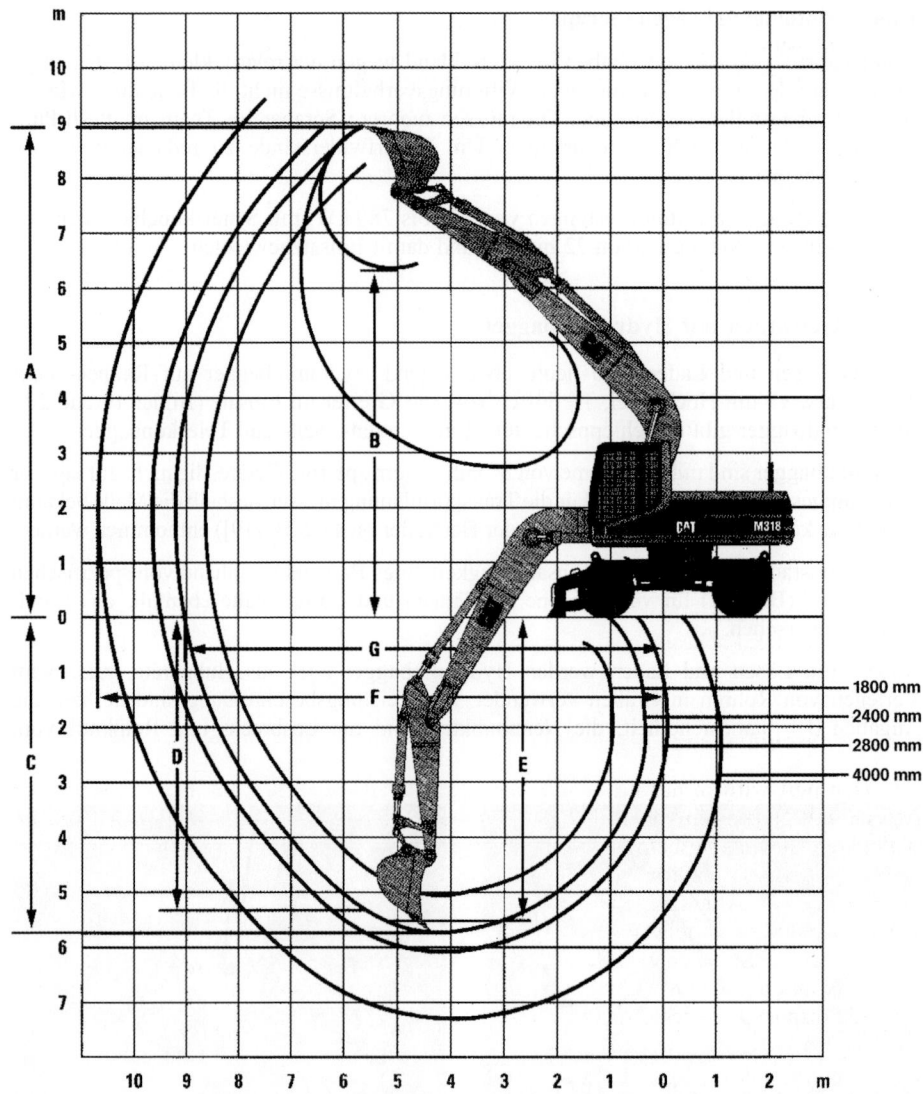

Bild 21. Grabkurve von Hydraulikbagger mit Stiellängen von 1800 mm bis 4000 mm [19]
A: max. Einstechhöhe
B: max. Ladehöhe
C: max. Grabtiefe
E: max. Grabtiefe bei x m Sohlenlänge
F: max. Reichweite
G: max. Reichweite auf Standebene

Hersteller anzugeben. Die Nennhubkraft wird durch die Standsicherheit und durch die Hydraulikleistung bestimmt. Der Bagger erreicht dann die Grenze seiner Standsicherheit, wenn er bei Lastabstand (Abstand zwischen Schwenkachse Oberwagen und Löffellasthaken) und bei entsprechender Löffelhakenhöhe (Abstand Löffellasthaken zu OK Standfläche) an den hinteren Laufrollen des Kettenwerks abhebt. Die Nennhubleistung beträgt max. 75 % der Kipplast bzw. 87 % der Hydraulikkapazität. Die zum Lösen erforderliche Grabkraft eines Hydraulikbaggers wird durch die Losbrechkraft des Löffels und die Reißkraft des Löffelstiels bestimmt. Die Nenngrabkraft ist die an der äußersten Schneidenspitze des Löffels ausgeübte Grabkraft; sie wird nach internationalen Normen ermittelt und kann aus Handbüchern der Hersteller entnommen werden. Ganz entscheidend für die Leistung ist auch der Zustand der Grabzähne. Bei hohem Verschleiß lohnt sich ein häufiger Wechsel.

Leistungsangaben für Minibagger reichen von Motorleistungen von 13 bis 44 kW, max. Grabtiefen/Reichweiten zwischen 2,2/3,9 m und 3,7/5,8 m, Löffelvolumen von 0,02 bis 0,25 m^3 und Einsatzgewichten von 1,6 bis 5,8 t, Hublasten bei max. Reichweite von etwa 200 bis 300 kg sowie Reißkräften von etwa 8 kN und Losbrechkräften von 12 kN.

Leistungsangaben für Mobil- und Kettenbagger gibt es mit Motorleistungen von 40 bis 1000 kW, max. Grabtiefen/Reichweiten zwischen 4,5/6,5 m und 10/15 m, Löffelvolumen von 0,1 bis 27 m^3 und Einsatzgewichten von 7,6 bis 320 t, Hublasten von etwa 10 t bei max. Reichweite sowie Reißkräften und Losbrechkräften von bis zu 800 kN. Bei Angaben über den Löffelinhalt muss man unterscheiden, nach welcher Norm die Angabe erfolgt. Der Löffelinhalt nach CECE (europäische Norm) enthält den gestrichen gefüllten Löffel zuzüglich der auf der Streichfläche mit einem Neigungswinkel von 1:2 angehäuften Menge. Die Angabe nach SAE (amerikanische Norm) basiert auf einer Anhäufung unter einer Neigung von 1:1.

6.3   Maschinen zum Transport

Der Transport wird in der Regel mit schweren, allradgetriebenen LKWs mit bis zu vier Achsen, mit Nutzlasten von 30 bis 50 t und Geschwindigkeiten bis 70 km/h betrieben. Im stationären Gewinnungsbetrieb und im Tagebau sind Fahrzeuge mit Nutzlasten von bis zu 300 t im Einsatz. Bei hohen Fahrwiderständen werden bevorzugt Muldenkipper und Dumper mit Knickgelenk, Allradantrieb und Niederdruck-Breitgürtelreifen eingesetzt. Von den Herstellern werden Motorleistungen von 200 bis 2500 kW, Nutzlasten von 20 bis 320 t bei Höchstgeschwindigkeiten zwischen 60 und 70 km/h angeboten. Des Weiteren werden Förderbänder und Spülleitungen zum Transport benutzt. Selten wird heute noch gleisgebundener Erdtransport betrieben. Für den Erdbau im Spülbetrieb sei auf [55] verwiesen.

6.4   Maschinen zum Einbauen und Verteilen

Das Einbauen des Erdstoffs nach dem Transport erfolgt nach dem Abschütten bei kleinen Baustellen wie beim Hinterfüllen von Bauwerken oder beim Verfüllen von Gräben meistens kompakt mit Baggern, Radladern oder Kettendozern.

Bei großen Baustellen und flächigem Einbau können Scraper den Boden in dünnen Lagen absetzen. LKWs schütten den Boden in Haufen ab, sodass es einer Verteilung mit Dozern und Gradern bedarf (s. Abschn. 7).

6.5   Verdichten

Die Verdichtung von Erdstoffen hat das Ziel, den mit Luft und Wasser gefüllten Porenraum zu verringern. Wassergehaltsänderungen erfolgen über Belüften, Bindemittelzumischung oder auch einer Bewässerung zur Erzielung optimaler Verdichtungsbedingungen. Es wird damit die Trockendichte und somit auch die Festigkeit eines Bodens bzw. einer Felsschüttung erhöht bzw. die Verformbarkeit verringert. Nachfolgend wird nur auf oberflächennahe Verdichtung und damit verbundene Verbesserung des Baugrundes eingegangen. Für weitergehende Verfahren siehe Kapitel 2.2.

Für den Verdichtungserfolg spielen bodenmechanische und maschinentechnische Gesichtspunkte eine Rolle. So lässt sich ein weitgestufter Kiessand besser verdichten als ein enggestufter Feinsand. Für bindige Böden ist der optimale Wassergehalt entscheidend, siehe Proctorversuch in Kapitel 1.3 und Abschnitt 8.3.3 sowie die Ausführungen in Abschnitt 4.2.

Gerätespezifische Faktoren für den Verdichtungserfolg sind das Gewicht des Verdichtungsgeräts, die vom Gerät durch Lager getrennte schwingende Masse, seine Frequenz und Amplitude sowie die Arbeitsgeschwindigkeit des Geräts. Grundsätzlich spricht man von Vibrationsverdichtung oder Stampfverdichtung. Die statische Auflast allein hat nur eine geringe Tiefenwirkung. Bei Walzen hat die statische Linienlast (= Achslast/Bandagenbreite) nur eine Tiefenwirkung von etwa 20 cm. Somit wird heute immer mehr in Kombination von Gerätelasten und dynamischer Erregung verdichtet. Schwingende Massen sind heute bei Walzen stufenlos regelbar, sodass große Amplituden und geringe Frequenzen für große Tiefenwirkung bzw. kleine Amplituden und hohe Frequenzen für oberflächennahe Verdichtungen, z. B. zum Schließen von Planien ohne Entmischungen und ohne Auflockerungen, vorteilhaft sind.

Herkömmlich werden Vibrationen von Walzen durch Unwuchten an der Achse der Walze erzeugt. Dagegen befinden sich z. B. bei dem Richtschwinger der Fa. Bomag (Variocontrol) auf einer gemeinsamen Mittelachse zwei gleich große Unwuchten, bestehend aus drei Erregergewichten. Das mittlere, große Erregergewicht rotiert entgegengesetzt zu den beiden äußeren. Die dabei entstehenden Fliehkräfte addieren sich nur in der vertikalen Achse. In der horizontalen Achse heben sich die Fliehkräfte auf. Durch Drehung der gesamten Erregereinheit kann die Wirkrichtung bis hin zur Horizontalen verstellt werden. An der Bandage der Walze befinden sich zwei Beschleunigungsaufnehmer, die das dynamische Verhalten der Bandage permanent messen. Signalisieren die Beschleunigungsaufnehmer eine geringe Bodensteifigkeit, schwenkt das Erregersystem in vertikale Richtung, sodass bei großer Amplitude maximale Verdichtungsenergie eingeleitet wird. Umgekehrt wird bei Schwenkung des Erregersystems in die Horizontale und damit Erreichung einer kleinen Amplitude eine Überverdichtung und Auflockerung vermieden. Durch das permanente Aufzeichnen der Beschleunigung der Walze kann eine flächendeckende Verdichtungskontrolle vorgenommen werden [20, 21, 68].

Bei der Boden- und Felsverdichtung sind folgende Grundsätze bei der Auswahl der Maschinen zu beachten:

- Für grobkörnige Böden sollten Vibrationswalzen und -platten mit geringer Amplitude bis 1,5 mm und hoher Frequenz von 30 bis 100 Hz eingesetzt werden. Bei kleineren Frequenzen kommt es zu einer Entmischung des Bodens.
- Für feinkörnige und gemischtkörnige Böden und Fels sind stampfende Geräte (Vibrationsstampfer, Schaffuß- und Stampffußwalzen) mit möglichst großem Eigengewicht, großen Amplituden (> 1,5 mm) und kleiner Frequenz von 8 bis 35 Hz vorteilhaft. Die statischen Linienlasten von Walzen sollten dreimal größer sein als bei nichtbindigen Böden (> 30 kN/m).

2.1 Erdbau

Geräteübersicht:

- Vibrationsstampfer bestehen aus einem Unterteil mit Stampffuß und einem Oberteil mit Antriebsmotor, Getriebe und Bedienungsbügel für die Handbedienung (Bild 22). Vibrationsstampfer sind infolge linearer Massenbewegungen mit Pleuelstangen wegerregte Verdichtungsgeräte mit besonders großer Amplitude (Sprunghöhen, teilweise verstellbar von 20 bis 80 mm). Sie werden mit Gewichten von 25 bis 100 kg geliefert und können für Gräben mit einem verlängerbaren Fuß ausgestattet werden. Die Breite der Stampffüße liegt etwa bei 250 bis 300 mm. Mit Geschwindigkeiten bis 13 m/min ist die Flächenleistung klein. Deshalb werden Vibrationsstampfer überwiegend auf kleinen, beengten Baustellen eingesetzt. Seit neuem gibt es auch Anbaugeräte, die eine Handführung erübrigen (Bild 23). Die Schlagfolge beträgt 500/min bis 800/min, das entspricht einer Frequenz von 8 bis 13 Hz. Eine eindeutige Leistungsangabe für Vibrationsstampfer ist die Einzelschlagarbeit in Joule. Vibrationsstampfer eignen sich für bindige und nichtbindige Böden für verdichtete Schichtdicken von 20 bis 40 cm. Vier bis sechs Übergänge reichen in der Regel für eine ausreichende Verdichtung (s. Abschn. 8).

- Vibrationsplatten sind infolge rotierender Unwuchten krafterregte Verdichtungsgeräte. Sie bestehen aus der Grundplatte und der Motorplatte, die durch schwingungsdämpfende Gummipuffer voneinander getrennt sind. Es gibt Geräte mit Schleppschwingerausführung, bei denen der Erreger weit vorne angebracht wird, sowie Geräte mit Zentralschwingerausführung, bei denen meistens zwei mittig, in entgegengesetzter Richtung, aber synchron laufende Wellen die Schwingung erzeugen. Mit Verstellung der Zentrifugalkräfte kann die Bewegungsrichtung geändert werden. Beim Gerät mit Schleppschwingerausführung muss dagegen mittels eines einklappbaren Führungsbügels, der schwingungsfrei an der Motorplatte befestigt ist, die Richtungsänderung vorgenommen werden.
Vibrationsplatten, neuerdings auch mit stufenlos während des Betriebs verstellbarer Frequenz, gibt es mit Betriebsgewichten von 45 bis über 750 kg. Es lassen sich damit ausreichend verdichtete Lagen von 20 bis 60 cm mit 4 bis 6 Übergänge herstellen.

Bild 22. Vibrationsstampfer
(Wacker-Werke GmbH & Co. KG, München)

Bild 23. Vibrationsstampfer als Anbaugerät
(Fa. Lancier) [22]

Bild 24. Walzenzug
(Bomag GmbH & Co. OHG,
Boppard)

- Walzen gibt es als Einrad-, Doppel-, Tandem-, Anhänge- und Kombiwalzen sowie als Walzenzüge.

Doppel- und Tandemwalzen besitzen zwei gleich große Bandagen, die mit je einer Erregerwelle ausgerüstet sind. Diese Walzen gibt es mit Betriebsgewichten von 600 kg bis 10 t. Kombiwalzen sind eine Kombination von Gummiradwalze und Vibrationswalze mit Glattbandage. Anhängewalzen bestehen aus einem massivem Stahlrahmen und einer Bandage, der über eine höhenverstellbare Anhängekupplung an ein Zuggerät gekoppelt werden kann. Walzenzüge sind die moderne Weiterentwicklung des Zuggerätes mit Anhängwalze in kompakter Bauweise. Sie gibt es mit Betriebsgewichten von 6 bis 25 t (Bild 24). Mit schwerstem Gerät und Vibration sind verdichtete Schichten mit Dicken von 50 cm (bindiger Boden) bis zu 200 cm bei Fels möglich. Bei ausgeprägt plastischen Tonen sind für eine ausreichende Verdichtung bis zu 10 Übergänge erforderlich.

Kleinere Walzen lassen sich heute in Gräben ferngesteuert bedienen.

Walzen gibt es mit unterschiedlichsten Bandagen: als Glattwalzen, als Gummiradwalzen, als Stampffuß- bzw. als Schaffußwalzen mit hohen Spitzendrücken und Spaltkräften für die Felsverdichtung und -zerkleinerung bzw. mit hoher Knetenergie. Moderne Stampffußwalzen werden je nach Gestein mit Standardstollen, Dreiecks- bzw. Pyramidenstumpfstollen bestückt (siehe [20]).

Durch die neuere Entwicklung von Polygonbandagen bei Walzenzügen lassen sich größere Tiefenwirkungen (bei gemischten Böden bis 2,5 m, bei feinkörnigen Böden bis 1 m) und die besserer Zerkleinerung von Felsmaterial erreichen.

Zur Vermeidung einer Auflockerung der Oberfläche im Nachlauf der schwingenden Bandage und zum Oberflächenschluss werden häufig Walzen mit angehängter Vibrationsplatte bzw. Kombiwalzen oder reine Gummiradwalzen eingesetzt.

Walzenverdichtungen werden bei Böden mit Geschwindigkeiten von 1 bis 4 km/h vorgenommen. Für große Erdbaulose werden diese mit einer flächendeckenden dynamischen Verdichtungskontrolle (FDVK) und mit einer GPS-Steuerung ausgestattet (vgl. Abschn. 8.4).

6.6 Spezialgeräte

Spezialgeräte sind:

- Bodenfräsen und Scheibenseparatoren zum Einmischen von Bindemitteln;
- Pflüge und Eggen zum Belüften und Einmischen von Bindemitteln;

2.1 Erdbau 25

- Fräsen zum Lösen und Fördern von Boden und Fels, besonders auch in Gräben;
- Fallgewichte (Dynamische Intensivverdichtung), Rüttel- und Rüttelstopfverdichtung zum Verdichten und Verbessern von Böden bis in große Tiefen (s. Kapitel 2.2);
- Förderbänder;
- Meißel- und Spengwerkzeuge zum Lösen von Fels (s. Abschn. 10.2)

7 Planung und Organisation von Erdbaustellen

Grundlage jeder Planung von größeren Erdbaustellen ist neben der Baugrunderkundung die Vermessung, die Massenermittlung und -verteilung, das sog. Bodenmagagement.

7.1 Vermessung

Neben den klassischen geodätischen Messverfahren zur Geländeaufnahme, für die Absteck- und Nivellierarbeiten sowie für die lage- und höhenmäßige Orientierung von Erdbaumaschinen spielt heute zunehmend die satellitengestützte Positionierung und darauf aufbauende Satellitennavigation wie das europäische System GALILEO oder das amerikanische NAVSTAR-GPS eine entscheidende Rolle bei den Erdarbeiten vor Ort, siehe dazu Kap. 1.10 und 1.11. Außerdem werden Laser-Nivellier-unterstützte automatische Höhenkontrollen bei Dozer- und Planierarbeiten genutzt.

7.2 Massenverteilung

Für die Massenermittlung und -verteilung zeigt Bild 25 a den Längsschnitt einer Linienbaustelle mit Höhenlinien des Urgeländes und der geplanten Gradiente sowie die geplanten Kunstbauwerke. Dazu ist der Flächenplan in Bild 25 b mit den Auf- und Abtragsflächen aus den jeweils an bestimmten Kilometrierungspunkten ermittelten Querschnittsflächen positiv und negativ dargestellt. Der Massenplan in Bild 25 c zeigt nun die Massenlinie als Summenlinie der Teilmengen für den Längstransport. Bei Massenausgleich fällt an der Endstation die Massenlinie mit der Bezugslinie zusammen.

Neben der Vermessungsaufgabe und der Massenverteilung müssen des Weiteren folgende Teilaufgaben geplant und organisiert werden:

– Baustelleneinrichtung,
– Beräumen des Geländes,
– Verkehrs- und versorgungstechnische Erschließung,
– Erdbewegung und Verdichtung,
– Räumen der Baustelle und Wiederherstellung genutzter Flächen und Verkehrswege.

7.3 Leistungsermittlung

Nachfolgend wird auf die Leistungsermittlung der Erdbewegung und Verdichtung für im Abschnitt 6 aufgeführte Maschinen eingegangen. Dabei geht es um folgende Gesichtspunkte:

Erdbau ist in der Regel eine Massenbewegung von einer Stelle A nach einer Stelle B. Neben dem Aufwand beim Gewinnen (Lösen und Laden) und beim Einbau (Verteilen und Verdichten) spielt die Länge und die Beschaffenheit des Transportwegs eine große Rolle.

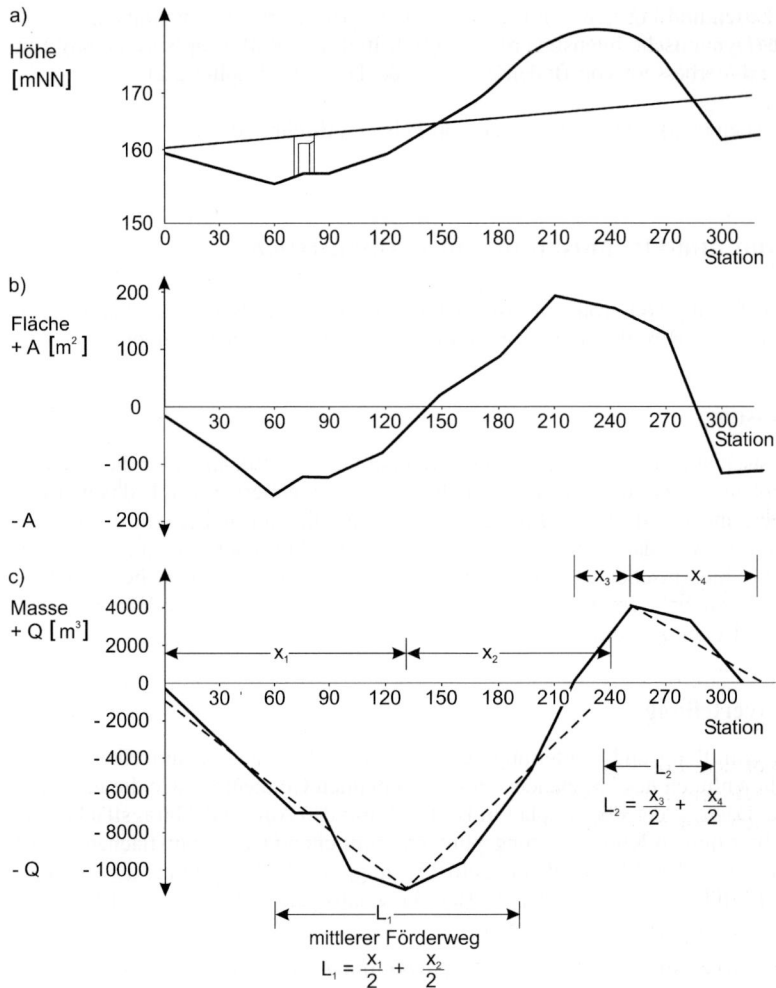

Bild 25. Massenverteilung für eine Linienbaustelle; a) Längsschnitt, b) Flächenplan, c) Massenplan

Ausschlaggebend für den wirtschaftlichen Einsatz von Erdbaumaschinen ist eine genaue Dimensionierung hinsichtlich der Art und Größe der Geräte unter Berücksichtigung

- der Eigenschaften des zu bewegenden Bodens,
- der Erdmassen,
- der Förderweite, der Steigungsverhältnisse,
- der Oberflächenform (eben, hügelig, steinig),
- der Tragfähigkeit der Fahrbahn (weich, schmierig, fest),
- der Platzverhältnisse,
- der zu erwartenden Witterungsverhältnisse,
- des Sammelns und Ableitens von Oberflächenwasser,
- sowie des Termins, bis zu dem die Arbeiten abgeschlossen sein sollen.

2.1 Erdbau

Witterungsbedingte Leistungsgrade von Erdbaumaschinen (Verhältnis der Einsatzzeit von Geräten/vorhandenen Arbeitszeit) liegen in Deutschland für nichtbindige Böden während der Monate August und September bei 100 %, für bindige Böden in den Wintermonaten bei etwa 40 %.

7.3.1 Auflockerung und Verdichtung

Bei Massenermittlungen muss bedacht werden, dass der gewachsene Boden beim Lösen und Laden aufgelockert und beim Verdichten häufig so komprimiert wird, dass er ein kleineres Volumen erhält als im gewachsenen Zustand (Überverdichtung). Einen Anhalt über den Auflockerungs- bzw. Verdichtungsfaktor gibt Tabelle 4.

Tabelle 4. Auflockerungs- und Verdichtungsfaktor α

Boden/Fels	Ton	Lehm Sand	Kiessand	Kies	Schluff-/ Tonstein	Kalk-/ Sandstein
nach dem Lösen	0,75–0,85	0,8–0,9	0,8–0,85	0,75–0,8	0,75–0,8	0,65–0,75
nach dem Verdichten	1,0–1,10	1,05–1,20	1,05–1,20	0,9–1,0	0,85–1,0	0,75–0,9

Die Faktoren sind mit den Gln. (4) und (5) definiert:

der Auflockerungsfaktor $\alpha_L = V_0/V_L$ (4)

der Verdichtungsfaktor $\alpha_V = V_0/V_V$ (5)

Hierin bedeuten:

V_0 Volumen vor dem Lösen [fm³]
V_L Volumen nach dem Lösen [lm³]
V_V Volumen nach dem Verdichten

7.3.2 Widerstände

Es muss für den Erdbaubetrieb sichergestellt werden, dass die verfügbare Zug- bzw. Schubkraft S von Erdbaumaschinen größer als der Widerstand W beim Lösen, Laden und Transportieren (Gln. 6 und 7) und dass die Widerstände W kleiner als der Kraftschluss der Erdbaumaschinen zum Untergrund bzw. zur Fahrbahn sind (siehe Gl. 8). Für Flachbaggergeräte gelten z. B. die folgenden Gleichungen. Für Fahrzeuge gilt nur der letzte Summand der Gleichung für W für den Roll- und Steigungswiderstand.

$W = W_s + W_f + W_r \leq S$ (6)

$W = \omega_S \cdot d \cdot b + \omega_f \cdot V \cdot \gamma \cdot \varphi \cdot \alpha + (\omega_r \pm \omega_i) \cdot (G_E + G_N)$ (7)

$W < \mu_k \cdot (G_E + G_N)$ (8)

Hierin bedeuten:

W_s Widerstand beim Schürfen
W_f Widerstand beim Füllen
W_r Rollwiderstand
$\omega_S, \omega_f, \varphi, \alpha, \omega_r$: Faktoren aus Tabelle 5
ω_i Neigungsfaktor = ± 0,01 für 1 % Steigung/Gefälle
d Dicke der zu lösenden Schicht = Spandicke

Tabelle 5. Widerstände und Kraftschlussbeiwerte für verschiedene Bodenarten

Bodenart	Boden-klasse	Schürf-widerstand ω_s [kN/m²]	Füllwiderstand ω_f [–]	Auflockerung α [–]	Füllfaktor φ [–]	Rollwiderstand ω_r [–]	Kraftschluss beiwert Reifen [–]	Kraftschluss beiwert Raupe [–]
Sand, Kies, Sand-Kies-Gemische, leicht schluffige und leicht tonige Sande und Kiese	3	30–60	0,5–0,7	0,93–0,85	0,8–1,0	0,03–0,15	0,25–0,35	0,25–0,30
Stark schluffige oder tonige Sande und Kiese weiche bis feste bindige Böden	4	40–80	0,4–0,6	0,85–0,75	1,0–1,35	0,05–0,15	0,40–0,50	0,55–0,70
Böden wie Bodenklasse 4 mit Steinen, steifplast, bis halbfester Ton	5	60–140	0,6–0,8	0,75–0,85	1,0–1,30	0,03–0,07	0,4–0,55	0,55–0,60
Leicht lösbarer Fels	6	120–350	0,8–1,1	0,65–0,50	0,5–1,2	0,03–0,04	0,55	0,90
Grasnarbe fest	1	150–300	0,0–1,1	–	–	0,04	0,35	0,70
locker		50–200	0,5–0,6	–	–	0,05–0,07	0,25	0,65
Erdstraßen	–	–	–	–	–	0,02–0,05	0,50	0,55
Betonstraße schmierig		–	–	–	–	0,045	0,2	0,75
trocken		–	–	–	–	0,02	0,8	0,50

b   Breite der Ladeschaufel / des Schildes
V   Volumen des zu lösenden Bodens
γ Wichte des zu lösenden Bodens
μ_k Kraftschlussbeiwert nach Tabelle 5
$G_E + G_N$ = Eigengewicht + Nutzlast

Der Quotient aus Widerstandskraft W und Bruttogewicht des Gerätes ist der Gesamtwiderstand. Er wird meistens in % angegeben.

7.3.3 Maschinenkräfte

Die verfügbare Kraft von Erdbewegungsmaschinen hängt in erster Linie von der installierten Motorleistung und vom Drehmoment ab. Die Motorleistung beeinflusst maßgeblich die Geschwindigkeit des Fahrzeugs, das Drehmoment und sein Anstieg lassen Schlüsse über das Durchzugs- bzw. Anschubvermögen zu. Die Motorkraft wird über Drehmomentenwandler, Untersetz- und Verteilgetriebe zu den Antriebsrädern geleitet. Für Erdbaufahrzeuge können aus technischen Datenblättern und Zugkraft-Geschwindigkeits-Diagrammen (s. Bild 26), die verfügbaren Kräfte in Abhängigkeit vom Gang und der Geschwindigkeit entnommen werden. Das Gleiche gilt für erforderliche Bremsleistungen bei Gefällestrecken (s. Bild 27).

2.1 Erdbau

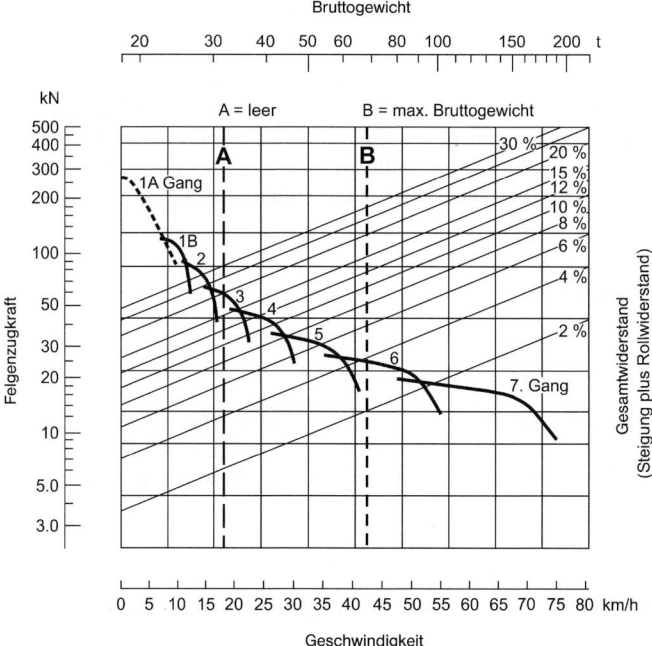

Bild 26. Gesamtwiderstand – Geschwindigkeit (Gang) – Felgenzugkraft für SKW 769 D (Caterpiller) (aus [19])

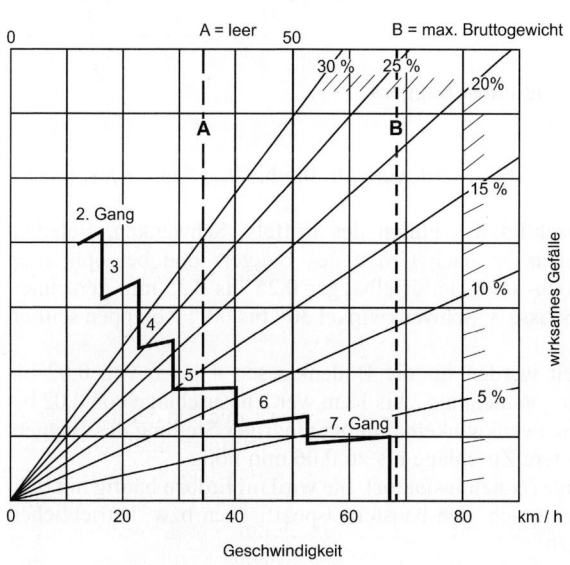

Bild 27. Wirksames Gefälle – Geschwindigkeit (Gang) bei unbegrenztem Gefälle für SKW 769 (Caterpiller) (aus [19])

7.3.4 Fahrbahnbelastung

Es muss geprüft werden, ob ein Gelände oder eine Erdfahrbahn mit dem vorgesehenen Gerät und seinem Fahrwerk (Raupenketten- oder Reifenfahrwerke) befahrbar ist. Die Belastung bei Raupenfahrzeugen liegt etwa bei $p_0 = 50$ kN/m². Der Druck für Reifen p_0 berechnet sich aus dem Innendruck p_i, multipliziert mit einem Stoßfaktor δ und einem Steifefaktor k für Reifenseitenwände (siehe Gl. 9). Der Reifendruck sollte nicht größer sein als die undränierte Scherfestigkeit c_u des Bodens, um ein Versinken bzw. tiefe Fahrspuren zu vermeiden.

$$p_0 = p_i \cdot \delta \cdot k < c_u \tag{9}$$

Für die Faktoren können folgende Anhaltswerte gegeben werden:

$\delta = 1,1$ (glatte Fahrbahn) bis 1,3 für wellige, unebene Fahrbahn

$k = 1,1$ (weiche Laufreifen) bis 1,2 (harte Triebreifen)

Ist der anstehende Boden nicht ausreichend tragfähig, sind besondere Baustraßen anzulegen, ggf. mit dem Einsatz von Geokunststoffen (s. Kapitel 2.12). Auf kleinflächigen Erdbaustellen können auch Baggermatratzen zur Verringerung des Reifen- bzw. des Raupenkettendrucks eingesetzt werden.

7.3.5 Leistungen von Maschinen

Für die Leistungsberechnungen gilt Gl. (10):

$$Q = V \cdot AT/h = \text{Volumen} \cdot \text{Arbeitstakt je Stunde [m}^3\text{/h]} \tag{10}$$

Nachfolgend sollen beispielhaft die Ladeleistung eines Hydraulikbaggers, die Transportleistung eines Schwerlastwagens SKWs, der mit einem Radlader beladen wird, die Leistung einer Planierraupe (Kettendozer) und die einer Walze aufgezeigt werden. Weitere Beispiele sind in [18] aufgeführt.

7.3.5.1 Bestimmung der Ladeleistung eines Baggers

Folgende Größen finden Eingang:

- Füllungsgrade für die Löffel: z. B. für Fels, stark verkeilt: 0,5 bis 0,7; Sand, Kies, feucht: 0,9 bis 1,1; Mischboden: 1,1 bis 1,3.
- Basisarbeitstaktzeit: Sie berücksichtigt das Füllen des Löffels, Schwenken, Beladen, Abkippen und das Rückschwenken. Je nach Größe des Baggers und bei optimalen Bedingungen werden hier für Hoch- und Tieflöffelbagger 0,25 bis 0,35 min gerechnet. Dabei wird vorausgesetzt: Bodenklasse 3; Schwenkwinkel 30° bis 60°; Abkippen seitlich oder auf LKW auf tiefer Sohle.
- Zuschläge zur Basisarbeitstaktzeit werden für die Bodenklassen 4 bis 6 von 0,02 bis 0,10 min gemacht. Für Grabtiefen von mehr als 2 bis 12 m werden Zuschläge von 0,02 bis 0,12 min gerechnet. Bei großen Schwenkwinkeln und bei niedriger Stellung des Baggers im Vergleich zum LKW sind weitere Zuschläge bis zu 0,06 min nötig.
- Die effektive Arbeitszeit pro Stunde (Nutzungsfaktor). Sie wird im Erdbau häufig mit 0,83 = 50 min/h gerechnet. Es empfiehlt sich, den baustellenspezifischen bzw. betrieblichen Wirkungsgrad selbst zu bestimmen.

Die Addition der Basisarbeitstaktzeit und der Zuschläge ergibt die tatsächliche Arbeitstaktzeit ATZ.

2.1 Erdbau 31

Beispiel für Leistungsberechnung eines Baggers, der einen Löffelinhalt von 2 m³ hat und einen Boden der Bodenklasse 4 verladen soll. Der Schwenkwinkel ist 60°, die Grab- und Hubhöhe 4 m. Der Löffelfüllungsgrad beträgt 1,1. Der Nutzungsfaktor beträgt 45 min/h, d. h. 0,75.

Damit beträgt die ATZ wie folgt:

ATZ = Basis-ATZ + Zuschlag Bodenklasse + Zuschlag Hub + Zuschlag LKW Beladung
= 0,3 + 0,02 + 0,03 + 0,03 = 0,38 min

Arbeitstakte pro h: 45 min/0,38 = 118 AT/h

Effektiver Löffelinhalt: $V_L = 2 \cdot 1,1 = 2,2$ m³

Effektive Leistung: Q = 2,2 m³ · 118 AT/h = 260 m³/h

7.3.5.2 Leistungsberechnung für einen Schwerlastkraftwagen (SKW)

Jedes Transportgerät hat zwei Kapazitätsgrenzen: die Volumen- und Gewichtskapazität. Permanente Überschreitungen führen zu Schäden am Fahrzeug, sodass sie vermieden werden sollten. Ein SKW mit einem Muldeninhalt von 35 m³ und 50 t Nutzlast kann bei voller Ausnutzung ein loses Schüttgut mit einer Dichte von ρ = 1,42 t/m³ (stark aufgelockerter Fels) transportieren. Ein feuchter Sand mit einer Dichte von 1,8 t/m³ würde dagegen nur den Transport von 27,8 m³ ermöglichen.

Ein weiteres wichtiges Leistungskriterium ist die Entfernung im Vergleich zur Ladekapazität von Radladern bzw. Baggern. Die wirtschaftlichste max. Entfernung liegt für SKW etwa bei 5000 m. Beim Vergleich verschiedener Transportmittel sollte man jedoch auch untere Entfernungsgrenzen beachten. Bei kurzen Entfernungen nehmen die Fixzeiten, die Zeiten für Be- und Entladung im Verhältnis zu den gesamten Umlaufzeiten, stark zu. Besonders haben die Ladeleistungen und damit die erforderlichen Ladespiele von Radladern bzw. Baggern einen Einfluss auf günstige Umlaufzeiten. Die Verhältnisse zwischen der Entfernung, die der Lastkraftwagen zurücklegen muss, und dem Ladespiel der Ladegeräte haben sich nach [18] als günstig erwiesen (Tabelle 6).

Hohe Fahrgeschwindigkeiten lassen sich nur bei ausgezeichneten breiten und gepflegten Fahrpisten erreichen. Dies erfordert in der Regel einen permanenten Einsatz von leistungsfähigen Motorgradern. Weiter sollte bei der Wahl der Fahrbahnbreite berücksichtigt werden, dass auch noch andere Fahrzeuge, wie z.B. Grader, die Fahrbahnen benutzen. Für SKW-Verkehr werden Fahrbahnbreiten von 12 bis 15 m empfohlen. Bei Kurvenfahrten sind in Abhängigkeit der Radien und der geplanten Fahrzeuggeschwindigkeiten Überhöhungen der Fahrbahn empfohlen, um Querkräfte und Reifenschäden zu vermeiden. Bei einem Radius der Fahrbahn von 60 m und einer Geschwindigkeit von etwa 50 km/h werden Überhöhungen von 30% empfohlen.

Maximal erreichbare Geschwindigkeiten in Abhängigkeit vom Fahrzeuggewicht (leer oder beladen), Gesamtwiderstand (Rollwiderstand und Steigung) und sich daraus ergebende

Tabelle 6. Entfernung für Lastkraftwagen im Verhältnis zu Ladespielen der Ladegeräte

Entfernung	Ladespiele Radlader	Ladespiele Bagger
bis 500 m	3	5
bis 1000 m	4	7
> 1000 m	5 bis 6	9

Gangeinstellungen und die Angabe von Felgenzugkräften können aus Diagrammen der Hersteller ermittelt werden, siehe Bild 26. Darin wird die Linie für den Gesamtwiderstand mit der Senkrechten A (leeres Fahrzeug) bzw. B (volles Fahrzeug) geschnitten. Von dort ergibt die Horizontale den erforderlichen Gang und die vorhandene Felgenzugkraft. Die Felgenzugkraft ist die Kraft, die am Rad zum Antrieb des Fahrzeugs zur Verfügung steht. Sie wird durch den Bodenschluss (Radlast · Kraftschlussbeiwert aus Tabelle 5) begrenzt. Die vom Schnittpunkt mit der „Gang"-Linie errichtete Senkrechte ergibt die Geschwindigkeit.

Bei Gefällestrecken sind die max. Geschwindigkeiten, die ohne Überforderung des Kühlsystems möglich sind, ebenfalls aus Diagrammen der Hersteller zu entnehmen, siehe Bild 27. Das wirksame Gefälle ergibt sich dabei aus Gefälle in Prozent minus Rollwiderstand in Prozent. Dabei muss in jedem Fall aus der sich ergebenden Geschwindigkeit und der sich aus Bild 26 ergebenden Felgenzugkraft geprüft werden, ob der Bodenschluss bei der Geschwindigkeit noch gegeben ist.

Für die Leistungsberechnung eines Einzelfahrzeugs sind folgende Angaben erforderlich:

– Muldeninhalt und Nutzlast,
– Schaufelinhalt des Ladegerätes, erforderliche Ladespiele und die dazu erforderliche Zeit,
– Dichte und Auflockerungsfaktor des Bodens/Fels,
– Fahrten bzw. Umläufe pro Stunde: die Arbeitstaktzeit ATZ.

Die ATZ gliedert sich in folgende Einzelzeiten:

– Manövrierzeit im Ladebereich, Wagenwechselzeit,
– Beladezeit,
– Transportzeit,
– Manövrierzeit im Entladebereich,
– Entladezeit,
– Rückfahrzeit,
– Wartezeiten.

Beispiel einer Leistungsberechnung:

Ein SKW mit 36 m^3 Muldeninhalt und einer Nutzlast von 56 t soll mit einem Radlader mit einem Schaufelinhalt von 6 m^3 mit gelöstem Fels, Auflockerungsfaktor $\alpha_L = 0,75$ und einer Dichte nach dem Lösen von 1,6 t/m^3 und einem Füllgrad der Radladerschaufel von FG = 95% beladen werden. Das Ladespiel des Radladers ist 0,6 min (das erste Ladespiel ist verkürzt, weil der Radlader während des SKW-Manövers schon beladen kann). Sechs Ladespiele sind vorgesehen. Die Transportentfernung ist 1500 m. Der Transportweg ist leicht geneigt, sodass der Gesamtwiderstand mit 8% ermittelt wurde. Aus dem zugehörigen Diagramm ergibt sich bei dem max. Bruttogewicht von 92,5 t im 4. Gang eine max. Geschwindigkeit von 20 km/h. Für die Leerfahrt ergibt sich eine Geschwindigkeit von 30 km/h. Der Wirkungsgrad ist 50 min/h = 83%.

Wie ist die Leistung je Stunde und wieviele Fahrzeuge werden je Ladegerät benötigt? Für die Volumina siehe Tabelle 4.

- Muldeninhalt des SKW in fm^3: V = 6 (Spiele) · 6 m^3 · 0,95 (FG) · 0,75 (Auflockerung) = 25,6 fm^3
- Muldeninhalt des SKW in lm^3: V = 6 (Spiele) · 6 m^3 · 0,95 (FG) = 34 lm^3 < 36 m^3 = Muldeninhalt
- Nutzlast: 25,6 fm^3 · 1,6 (Dichte)/0,75 = 54,6 t < max. Nutzlast = 56 t
- Ladezeit: 1 · 0,1 min + 5 · 0,6 min = 3,1 min
- Wagenwechsel: 0,4 min

2.1 Erdbau

- Transportzeit: 4,5 min
- Manövrieren und Entladen: 1,3 min
- Rückfahrt: 3 min

Zeit je Umlauf = Σ aller Zeiten: 11,8 min-Umläufe je Stunde: 5,08

Leistung je Stunde: Q = 5,08 · 25,6 fm³ · 0,83 = 108 fm³/h

Leistung je Stunde: Q = 5,08 · 25,6 fm³ · 0,83 · 1,6/0,75 = 230 t/h

Anzahl der SKW je Radlader = Umlaufzeit des SKW/Ladezeit = 11,8/3,1 = 4

7.3.5.3 Leistungsberechnung für eine Planierraupe

Planierraupen (Kettendozer) werden zum Abschieben, zum Transport und zur Grobverteilung von Böden benutzt.

Motorleistungen, Schildkapazitäten und Fahrzeitdiagramme können aus Handbüchern der Hersteller entnommen werden. Die Füllungsgrade für die Schilde liegen bei Oberboden bei etwa 100 %, bei Böden der Bodenklassen 3 bis 5 bei 85 bis 95 %, bei kleinstückigem Fels der Bodenklasse 6 bei 75 bis 80 %, bei grobstückigem Fels der Bodenklasse 6 bei 50 bis 70 %.

Abschubleistungen für unterschiedliche Geräte und Entfernungen können aus Tabellen entnommen werden. Leistungsberechnungen im Zusammenhang mit eigenen Beobachtungen auf der Baustelle können auch selbst vorgenommen werden, siehe nachfolgend:

Es soll die Leistung eines Kettendozers (150 kW, Schildkapazität 4,5 m³) ermittelt werden. Der Füllungsgrad wird mit 90 % angenommen. Es soll ein Geschiebemergel (Bodenklasse 4) mit einem Auflockerungsfaktor von 0,8 abgeschoben und über 50 m mittlere Entfernung zu einer Einbaustelle transportiert werden. Die Geschwindigkeiten wurden einem Fahrzeitdiagramm für den 3. Gang mit 3,5 km/h für die Hinfahrt – beladen – und 4,5 km/h für die Rückfahrt – leer – entnommen. Der Leistungsgrad des Gerätes beträgt 50 min/h = 83 %.

Berechnung:

Hinfahrt: 0,86 min

Rückfahrt: 0,67 min

Richtungsänderung: 0,1 min

Gesamtarbeitstaktzeit: 1,62 min

Arbeitstakte/h = 50 min/h · 1,62 min/AT = 30,9 AT/h

Leistung: 4,5 m³ · 0,9 (Füllungsgrad) · 30,9 = 125,1 m³/h

Leistung: 4,5 m³ · 0,9 (Füllungsgrad) · 30,9 · 0,8 = 100 fm³/h

7.3.5.4 Leistungsberechnung für Verdichtungsgeräte

Die Leistungsberechnung für Verdichtungsgeräte kann wie folgt durchgeführt werden:

$$Q = v \cdot b \cdot h \cdot \text{Leistungsgrad}/ü \ (fm^3/h)$$

v   Arbeitsgeschwindigkeit (m/h)
b   wirksame Arbeitsbreite (m)
h   Schichtdicke des verdichteten Bodens (m)
Leistungsgrad etwa 45 min/h = 0,75
ü   Anzahl der Übergänge

Bei größeren Erdbaustellen wird empfohlen, Verdichtungsversuche durchzuführen, um den optimalen Einsatz der Verdichtungsgeräte zur Erreichung der geforderten Verdichtung (s. Abschn. 8) zu erkunden.

7.4 Verfahren zur Gewinnung

Mit Gewinnen wird das Lösen/Aufnehmen und Laden bzw. das Absetzen von Erdstoffen bzw. von Fels auf einer Zwischenlagerstelle bezeichnet. Folgende Abbaumethoden werden häufig gewählt:

- Kopf- oder Frontabbau: Dabei wird der gesamte Abbauquerschnitt frontal vor Kopf vor- oder rückschreitend ausgehoben.
- Bei großen Querschnitten wird das Röschen- oder Schlitzverfahren, oft auch in Kombination mit dem Stufen- oder Strossenbau angewandt (Bild 28).
- Bei steilen Hängen oder Anschnitten kommt der Seitenabbau infrage (Bild 29).
- Der Lagenabbau ist eine spezielle Variante des Stufenabbaus (Bild 30). Hier wird der Boden nicht parallel in Stufen abgebaut, sondern von einem Punkt aus strahlenartig in mehren Lagen. Diese Methode ist typisch für das Gewinnen mit Flachbaggergeräten.

Beim Gewinnen mit Baggern wird je nach Stand- bzw. Arbeitsebene des Baggers zwischen Hoch- bzw. Tiefschnitt unterschieden. Für den Hochschnitt eignen sich Hochlöffel-, für den Tiefschnitt Tieflöffelbagger oder Seilbagger.

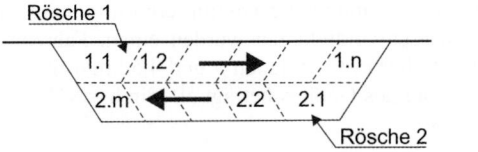

Bild 28. Abbau im Röschen- und Stufenverfahren

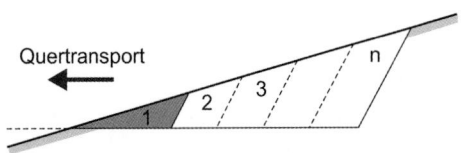

Bild 29. Seitenabbau

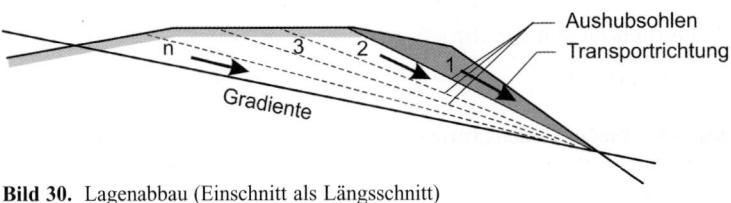

Bild 30. Lagenabbau (Einschnitt als Längsschnitt)

2.1 Erdbau

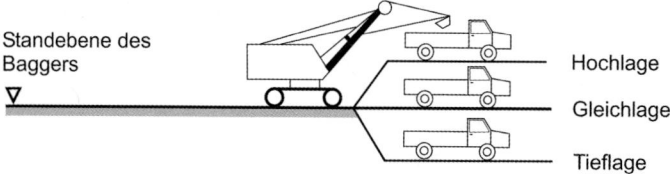

Bild 31. Bezugsebene der Transportfahrzeuge zum Bagger

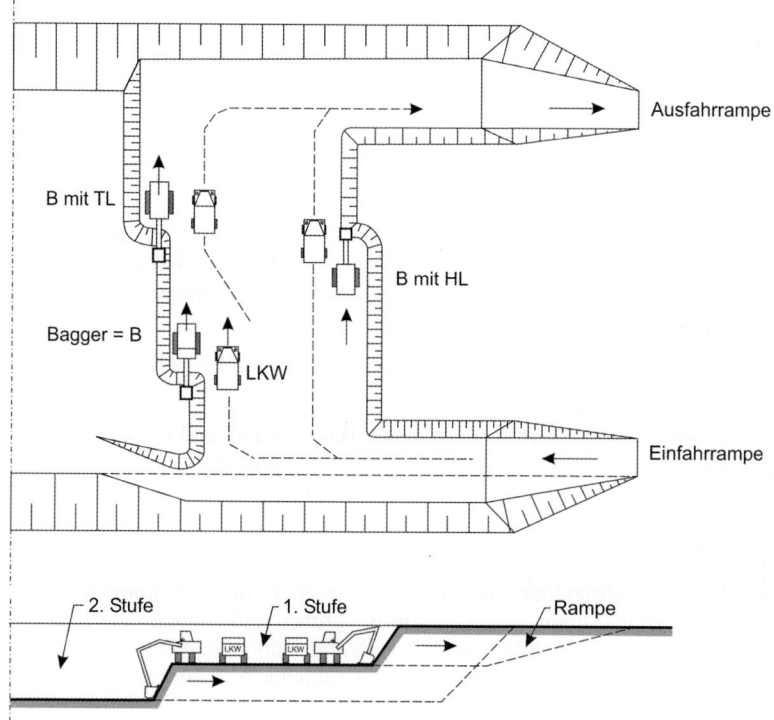

Bild 32. Zweistufiger Aushub einer Baugrube

Die Transportfahrzeuge können höhenmäßig zum Bagger in Hoch-, Gleich- oder Tieflage platziert werden (Bild 31). Die lagemäßige Positionierung kann seitlich, vor oder hinter dem Bagger erfolgen.

Bild 32 zeigt den Schnitt durch einen stufenartigen Abbau mit Hoch- und Tieflöffeleinsatz. Bei größerer Fläche kann eine dritte Stufe ggf. auch mit Flachbaggergeräten ausgehoben werden.

Wichtig ist die rechtzeitige Planung und Ausführung von Entwässerungsmaßnahmen. Dies ist besonders bei bindigen Böden oder veränderlich festem Gestein von entscheidender Bedeutung, siehe dazu DIN 18300, Abschn. 3.3.3.

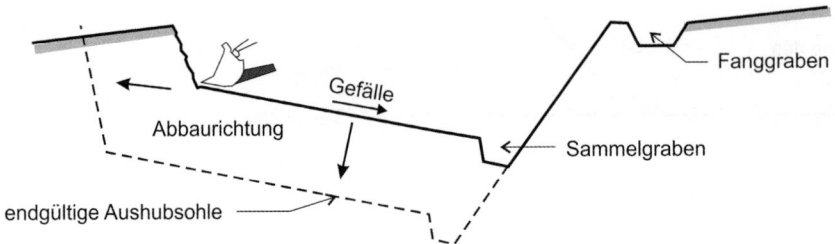

Bild 33. Entwässerung einer Erdbaustelle

Tagwasser muss durch ein ausreichendes Gefälle in Längs- und Querrichtung, durch das Anlegen von Gräben und Pumpensümpfen ständig in eine Vorflut abgeleitet werden, siehe Schemaskizze in Bild 33.

Insbesondere muss nach ZTVE-StB, Abschn. 3.5.3 verhindert werden, dass Wasser von Einschnittsböschungen auf das Planum abfließt. Es ist durch Längsentwässerungseinrichtungen (Sammelgräben, s. Bild 33) aufzufangen und abzuleiten.

Das vom Planum auf Dammböschungen abfließende Wasser soll ungehindert dem Unterlieger oder der Längsentwässerung am Dammfuß zufließen. Bei erosionsempfindlichen Böschungen und Bermen ist das Wasser durch erosionssichere Längsentwässerungseinrichtungen am Rande des Planums aufzufangen und abzuleiten.

Bei durch Feinteile und Bindemittel verunreinigten Wässern müssen ggf. Absetz- und Ausflockbecken vorgehalten werden.

Für die Ausführung von Grundwasserhaltungen beim Bauen im Grundwasser wird auf Kapitel 2.10 verwiesen.

7.5 Einbauverfahren

Nach dem Massentransport erfolgt der Einbau von Erdstoffen entweder kompakt beim Hinterfüllen von Bauwerken und beim Verfüllen von Baugruben und Gräben oder flächenmäßig. Bezeichnend für den Kompakteinbau sind die verhältnismäßig kleinen Einbauflächen und das Einbauen in Lagen mit Baggern, Radladern und Kettendozern oder sogar manuell mit der Schaufel.

Bei größeren Einbauflächen erfolgt der Einbau flächenmäßig (Flächeneinbau). Der Einbauaufwand hängt vom erforderlichen Verdichtungsaufwand ab. So kann es ausreichen, die durch Absetzen des LKW entstandenen Schüttkegel zu brechen. Für hohe Verdichtungsanforderungen, z. B. für Frostschutzmaterial, muss dagegen mit dem Kettendozer bzw. mit dem Motorgrader ein flächenmäßiger Feineinbau in dünnen Lagen erreicht werden.

Beim Flächeneinbau und LKW-Transport gibt es verschiedene Schüttverfahren:

- Lagenschüttung auf unverdichtetem Transportplanum (Bild 34): Fahrzeuge fahren auf zunächst unverdichtetem Material. Vorteilhaft sind die geringe Einbauarbeit und die Vorverdichtung beim Transport. Nachteilig sind der hohe Rollwiderstand und die Aufweichgefahr von bindigem Boden durch den Fahrbetrieb.
- Lagenschüttung auf verdichtetem Transportplanum (Bild 35): Nachteil, es müssen der Kippbetrieb und die Verdichtung aufeinander abgestimmt sein. Vorteilhaft sind die guten Fahrbedingungen.

2.1 Erdbau

Bild 34. Bodeneinbau mit Lagenschüttung auf unverdichtetem Transportplanum

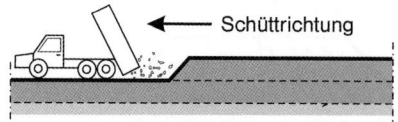

Bild 35. Bodeneinbau mit Lagenschüttung auf verdichtetem Transportplanum

Bild 36. Lagenschüttung auf geneigtem Transport- und Einbauplanum

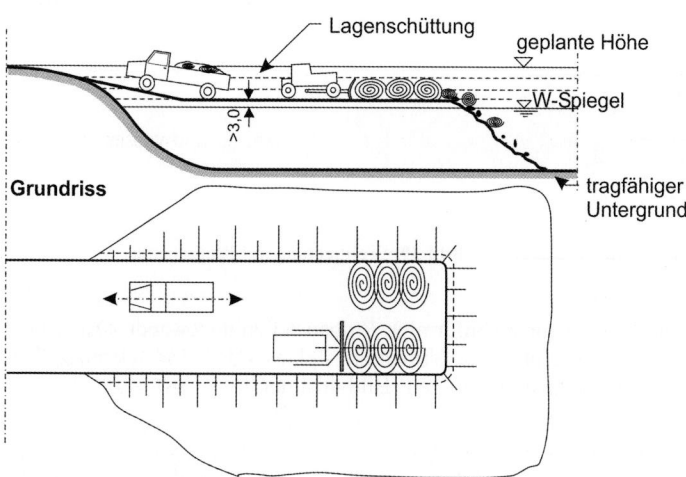

Bild 37. Kopfschüttung im Wasser

- Lagenschüttung auf unverdichteter, geneigter Schüttfläche (bis 15 % Gefälle) (Bild 36): Vorteilhaft ist, dass die LKW im Kippbereich nicht manövrieren müssen und Tagwasser gut abfließen kann. Bedingung ist ebenfalls eine gute Abstimmung zwischen Abkippen, Verteilen und Verdichten.
- Kopfschüttung (Bild 37): häufig bei Dammschüttungen im Wasser, unbefahrbarem Untergrund oder bei Haldenschüttung angewandt. Es besteht die Gefahr der Entmischung. Eine Verdichtung ist nur später von der Oberfläche durch Tiefenverdichtung oder dynamische Verdichtung möglich, siehe dazu Kapitel 2.2.

Bild 38. Seitenschüttung

- Seitenschüttung (Bild 38): Hier wird z. B. zur Verbreiterung eines Dammes Boden seitlich abgekippt. Auch hier besteht die Gefahr der Entmischung und eine Verdichtung in Lagen ist kaum möglich.

7.6 Verdichtungstechniken

Ziel ist der rationelle Einsatz der Verdichtungsgeräte und eine ausreichende Verdichtung. Bei großem, flächenhaftem Einbau werden die Flächen ggf. in Verdichtungsfelder untergliedert.

Die Fahrspuren der Verdichtungsgeräte müssen sich 100 bis 150 mm überlappen. Für den Arbeitsablauf wird das Ringschema oder das Weberschiffchenschema gewählt. Das Ringschema mit ständig kleiner werdendem Wenderadius wird für Rüttelplatten und Stampfer bei kleineren Flächen gewählt. Das Ringschema mit konstantem Wenderadius (Bild 39) wird für Walzen bei größeren Flächen bevorzugt, da sonst im Wendebereich der Boden aufgewühlt und nicht verdichtet wird.

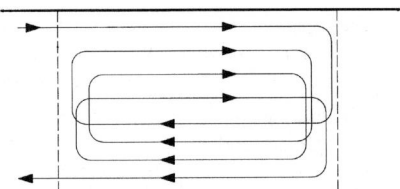

Bild 39. Verdichtung mit Ringschema

Das Weberschiffchenschema wird für linienförmige Erdbaustellen angewandt. Dabei liegt der Wendebereich außerhalb des eigentlichen Verdichtungsfeldes. Das Wenden kann schlaufenartig oder mit variablem Wenderadius erfolgen (Bild 40 a und b).

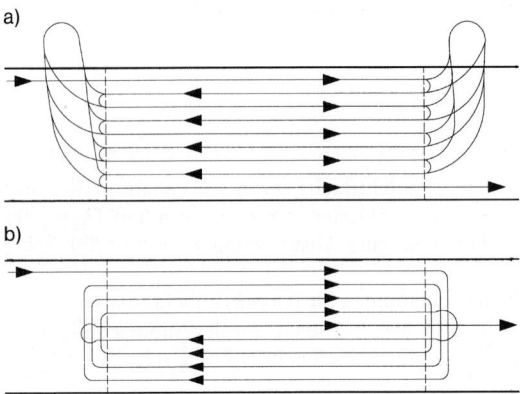

Bild 40. Verdichten mit Weberschiffchenschema; a) schlaufenartiges Wenden, b) variabler Wenderadius

7.7 Einbaukriterien

Für den Einbau und für die Verdichtung von Böden sind in DIN 18300, Abschn. 3.7, und in der ZTVE-StB, Abschn. 3.3, Kriterien festgelegt. Auf einige wichtige Aspekte soll eingegangen werden:

- Von Einbauflächen müssen organische, humose und nicht tragfähige Böden bzw. Teile wie Mutterboden, Torf, Schlamm, Baumstümpfe und Bauwerksreste bzw. große Gesteinsbrocken beseitigt werden. Vor der ersten Schüttung muss die Gründungssohle des Erdbauwerks auf seine Tragfähigkeit überprüft werden. Es ist hier zu prüfen, ob der anstehende Boden mit dem in der Baugrunderkundung angetroffenen bzw. mit dem in der Planung angenommenen übereinstimmt. Gegebenenfalls ist die Gründungssohle zu verdichten oder anderweitig zu verbessern (s. Abschn. 9 bzw. Kapitel 2.2).
- Bei Neigung der Auftragssohle von mehr als 1:5 ist zu prüfen, ob die Standsicherheit des Erdbauwerks eine stufenförmige Ausbildung der Sohle erfordert (s. Abschn. 11).
- Jede Art von Wasserzulauf bzw. Wasseransammlung muss, abgesehen von grobklastischen Schüttstoffen wie Geröll, verhindert werden.
- Beim Einbau von Felsgestein oder Geröll darf das Größtkorn nicht größer als 2/3 der geplanten Schütthöhe sein, sodass keine Hohlräume entstehen.
- Die Einbau- und Verdichtungsarbeiten sind den Witterungsbedingungen anzupassen und gegebenenfalls vorübergehend einzustellen.
- Böden mit zu hohem Wassergehalt, die sich nicht anforderungsgemäß verdichten lassen, dürfen nicht eingebaut und nicht überschüttet werden. Sie sind durch geeignete Maßnahmen zu verbessern.
- Beim Einbau von witterungsempfindlichen Erdstoffen sind die Schüttlagen mit einem Quergefälle von mindestens 6 % anzulegen. Jede Lage ist unmittelbar nach dem Schütten zu verdichten. Wird die Tagesleistung abgeschlossen oder sind Niederschläge zu erwarten, ist die verdichtete Schüttlage glatt zu walzen. Die Ableitung von Oberflächenwasser in Längsrichtung bedarf der Zustimmung des Auftraggebers.
- Gefrorene, schwellfähige oder lösliche Bodenarten sollten im Allgemeinen nicht als Schüttgut verwendet werden (DIN EN 1997-1, 5.3.2 (5)).

Für weitere Informationen zur Planung und Organisation von Erdbaustellen siehe [24–27].

8 Qualitätssicherung: Prüfungen, Anforderungen und Beobachtungen

8.1 Allgemeines

Die Anforderungen an die für ein Erdbauwerk zu verwendenden Stoffe, die in DIN-Normen oder anderen Vorschriften gestellt sind bzw. aus dem geotechnischen Entwurf abgeleitet werden, sollten in einem „Geotechnischen Bericht" zusammenhängend und übersichtlich mit grafischen Darstellungen oder mithilfe von Tabellen dargestellt werden. Die gestellten Forderungen beziehen sich in der Regel auf die Kornverteilung, Plastizität, Konsistenz (Wassergehalt), Dichte, Lagerungsdichte D und den Verdichtungsgrad D_{Pr} bzw. auf den Verformungsmodul (s. Kapitel 1.3). Die für die Erdbaustelle in der Regel durch Eignungs-, Eigenüberwachungs- und Kontrollversuche gewonnenen Ergebnisse müssen mit den Anforderungen verglichen und eingehalten werden.

Nach DIN EN 1997-1, Abschn. 4, sollen zur Einhaltung der Sicherheit und Qualität des Erdbauwerks folgende Punkte im Geotechnischen Bericht spezifiziert sein und auf der Baustelle geprüft, überwacht oder aufgezeichnet werden:

− die erforderliche Qualität des Erdbaustoffs,
− das Bauverfahren und das Vorgehen des Baustellenpersonals,
− das Verhalten des Bauwerks während und nach dem Bauen,
− die Unterhaltung des Erd- bzw. Grundbauwerks.

8.2 Prüfungen

Für den Verdichtungsgrad D_{Pr} muss definitionsgemäß das Verhältnis der auf der Baustelle erreichten Trockendichte (DIN 18125-2) zu der im Labor im Proctorversuch (DIN 18127) ermittelten optimalen Trockendichte festgestellt werden. Der Verdichtungsgrad D_{Pr}, die Lagerungsdichte D, bei bindigen Böden zusätzlich noch der Luftporengehalt n_a, sind für die Verdichtung die bodenmechanisch maßgebenden Größen (s. Kapitel 1.3). Zusätzlich bzw. als Ersatz für die aufwendigen Versuche im Labor und im Feld werden häufig sog. Indirekte Versuche angewandt. So werden z. B. E_v-Moduli aus dem Plattendruckversuch gemäß DIN 18134, in der anglo-amerikanischen Praxis der CBR-Wert bzw. Widerstände aus Druck- bzw. Rammsondierungen gemäß DIN 4094 (s. Kapitel 1.2), zur Feststellung einer ausreichenden Verdichtung benutzt.

In jüngster Zeit finden auch Varianten des Plattendruck- bzw. des CBR-Versuchs in der Praxis Anwendung, die sog. Dynamischen Plattendruck- bzw. CBR-Versuche [28, 29]. Dabei werden Lastplatte bzw. CBR-Stempel mit einem leichten Fallgewicht impulsartig belastet (Bilder 41 bis 43). Es sind also im Labor keine Pressenrahmen bzw. im Feld keine Widerlager in Form eines beladenen LKW mehr notwendig. Durch einen Beschleunigungsaufnehmer wird die Beschleunigung der Lastplatte bzw. des CBR-Stempels elektronisch gemessen. Durch zweimalige Integration über die Zeit wird die Setzung s und daraus ein dynamischer Verformungsmodul bzw. dynamischer CBR-Wert nach den beiden nicht dimensionsechten Gln. (11) bzw. (12) ermittelt.

$$E_{vd} = 22{,}5/s \; (MN/m^2), \qquad \text{wenn s in [mm]} \qquad (11)$$

$$CBR_d = 87{,}3/(s^{0{,}59}) \; [\%], \qquad \text{wenn s in [mm]} \qquad (12)$$

Die Anforderungen für den Einsatz des Dynamischen Plattendruckversuchs und Gl. (11) sind in [31] aufgeführt. Es werden danach drei Vorbelastungsstöße und drei Versuche in Folge ausgeführt.

Für diese neuen Kennwerte konnten durch vergleichende Versuche schon Korrelationen zu den herkömmlichen Verformungsmoduli und CBR-Werten gefunden werden, sodass einer Anwendung in der Praxis nichts im Wege steht (s. Abschn. 8.3.3). Besonders der dynamische CBR-Versuch eignet sich für feinkörnige Böden in Verbindung mit dem Proctorversuch als einziger Versuch für den Erdbau sowohl als Eignungsversuch im Labor wie auch als Kontrollversuch auf der Baustelle. Die im Eignungsversuch ermittelten dynamischen CBR-Werte sind auch auf der Baustelle nachzuweisen.

8.3 Verdichtungsanforderungen für den Straßenbau

Für Böden im Bereich von Straßen werden in der ZTVE-StB [1] Anforderungen hinsichtlich der Dichte (Verdichtungsgrad D_{Pr}), des Verformungsverhaltens (E_v-Werte) und des Luftporenanteils n_a gestellt. Die geforderten Werte sind halbempirisch ermittelt [32] und gewährleisten in der Regel standsichere und verformungsarme Verkehrswege. Andere Obere Bau-

2.1 Erdbau

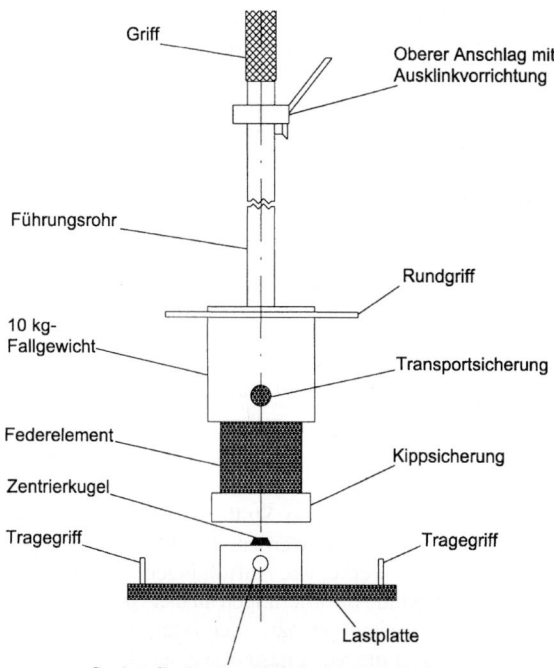

Bild 41. Gerätedarstellung des leichten Fallgewichts ZFG 02 für den Dynamischen Plattendruckversuch [30]

Bild 42. Dynamischer Plattendruckversuch in einem Graben

Bild 43. Dynamischer CBR-Versuch in einem Graben

behörden haben eigene Anforderungen gestellt. Für Bauvorhaben der Deutschen Bahn AG ist z. B. die Ril 836 [33] maßgebend. Für größere Verkehrsbauten ist jedoch anzuraten, an natürlichen bzw. verdichteten Bodenproben das Verformungsverhalten und die Scherfestigkeit zu bestimmen, um die Kennwerte in erdstatischen Berechnungen verwenden zu können (s. Abschn. 4 und 5). Für die Qualitätskontrolle auf der Baustelle sind gleichzeitig Indexversuche im Labor, z. B. dynamische CBR-Versuche, auszuführen. Die nachfolgenden Anforderungen sind im Zusammenhang mit den in den Bildern 1 und 2 aufgeführten Begriffen zu sehen.

Hinsichtlich der Verdichtungsanforderungen

- für Trag- und Frostschutzschichten (siehe übergeordnet ZTVT-StB [3] sowie die materialabhängige ZTV SoB-StB für Schichten ohne Bindemittel, die ZTV Asphalt-StB und die ZTV Beton StB);
- für Leitungsgräben (siehe ZTVA-StB [2] und Abschn. 12.2);
- für die Hinterfüllung von Bauwerken (siehe [34] und Abschn. 13).

8.3.1 Anforderungen an Untergrund und Unterbau

Nach ZTVE-StB sind der Untergrund und der Unterbau von Straßen und Wegen so zu verdichten, dass die Anforderungen der Tabelle 7 erreicht werden. Diese Anforderungen werden häufig auch für die Errichtung anderer Erdbauwerke, wie Auffüllungen für Flughäfen und für Staudämme, gestellt. Die genannten Werte sind Anforderungen an das 10%-Mindestquantil. Je nach örtlichen Erfahrungen und der Bedeutung bzw. der Beanspruchung des Bauwerks können die Anforderungen auch höher oder niedriger gestellt werden. Das Mindestquantil ist das kleinste zugelassene Quantil, unter dem nicht mehr als der vorgegebene Anteil von Merkmalswerten (z. B. für den Verdichtungsgrad D_{Pr}) der Verteilung zugelassen ist. Zur Ermittlung des Mindestquantils bzw. auch des Höchstquantils siehe Abschnitt 8.4.

Zur Orientierung und überschlägigen Ermittlung des Verdichtungsgrades $D_{Pr} = \rho_d/\rho_{Pr}$ sind in Bild 44 Erfahrungswerte aus Proctorversuchen für bindige und nichtbindige Materialien

Tabelle 7. Anforderungen für den Verdichtungsgrad D_{Pr} von Bodenarten im Untergrund und Unterbau (nach [1] und DIN 18196)

Bereich	Bodenarten		D_{Pr} in %
Planum bis 1,0 m Tiefe bei Dämmen und 0,5 m bei Einschnitten	grobkörnig	GW, GI, GE SW, SI, SE	100 100
1,0 m unter Planum bis Dammsohle		GW, GI, GE SW, SI, SE	98
Planum bis 0,5 m Tiefe	gemischt- und feinkörnig	GU, GT, SU, ST	100
		G$\overline{U}$, G$\overline{T}$, S$\overline{U}$, S$\overline{T}$ U, T, OK, OU, OT	97[1]
0,5 m unter Planum bis Dammsohle		GU,GT,SU,ST, OH, OK	97
		G$\overline{U}$, G$\overline{T}$, S$\overline{U}$, S$\overline{T}$ U, T, OU, OT	95[1]

[1] Bei bindigen Böden und veränderlich festen Gesteinen ist ergänzend das 10% Höchstquantil des Luftporengehalts $n_a = 12\%$ zu erreichen.

2.1 Erdbau

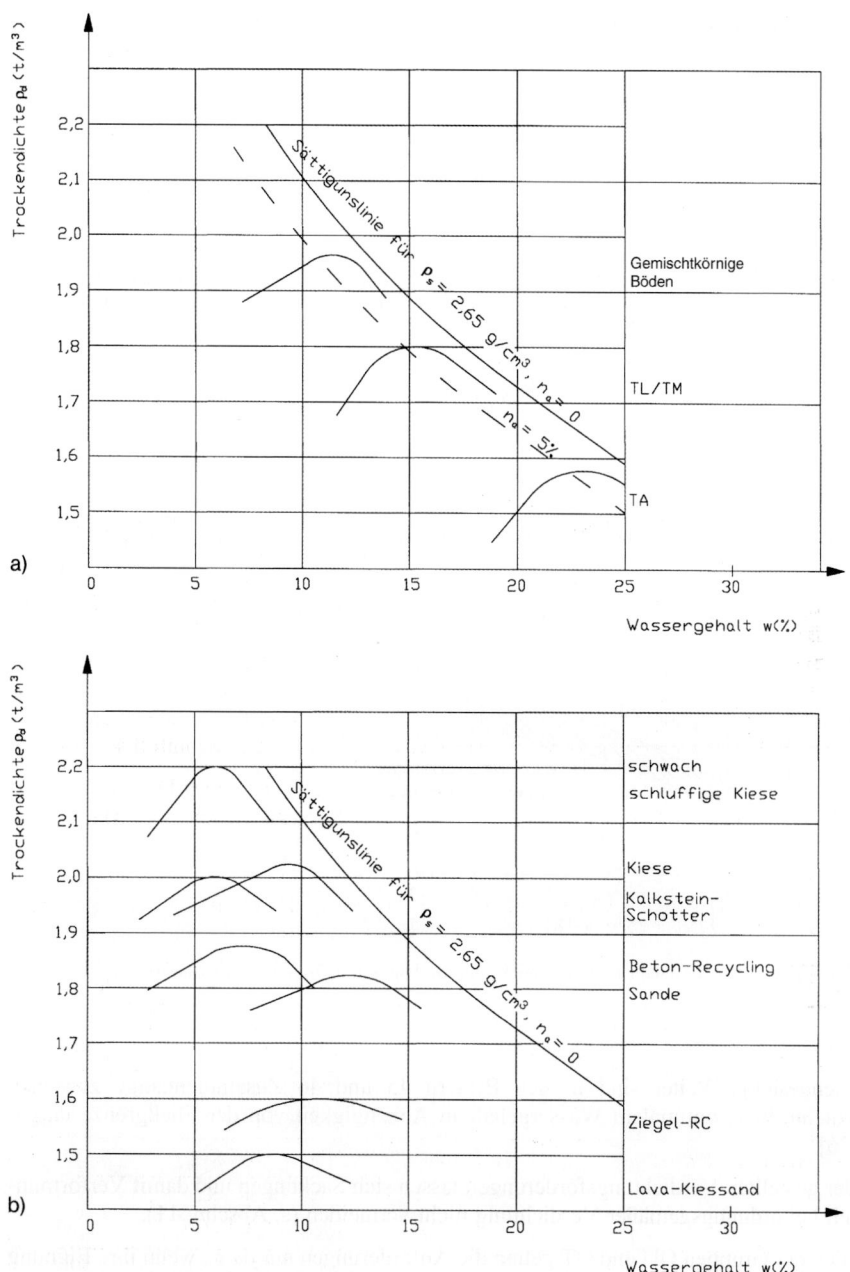

Bild 44. Beziehung zwischen Trockendichte und Wassergehalt w (Proctorkurven) für
a) bindige Böden, b) nichtbindige Böden; aus einfachen Proctorversuchen mit einer Verdichtungsarbeit von W = 0,6 MNm/m³

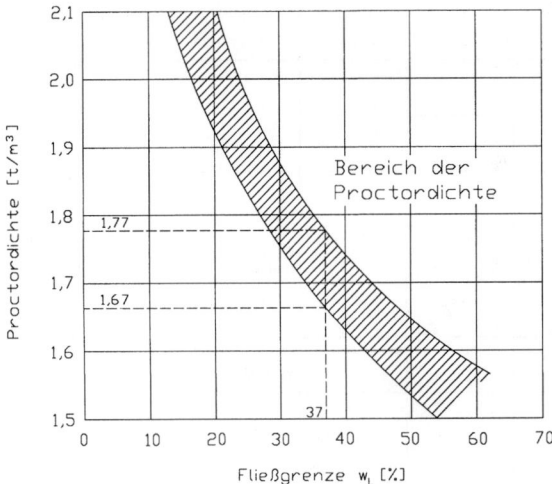

Bild 45. Proctordichten feinkörniger Böden in Abhängigkeit von der Fließgrenze w_L des Materials

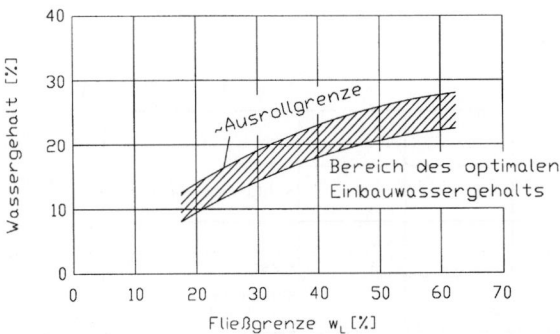

Bild 46. Optimaler Wassergehalt feinkörniger Böden in Abhängigkeit von der Fließgrenze w_L

zusammengestellt. Weiter sind in den Bildern 45 und 46 Zusammenhänge zwischen Proctordichte bzw. optimalem Wassergehalt in Abhängigkeit von der Fließgrenze dargestellt [36].

Trotz der gestellten Verdichtungsforderungen lassen sich Sackungen und damit Verformungen auch bei ordnungsgemäßer Verdichtung nicht vermeiden (s. Abschn. 11).

Für Böden der Gruppen OU und OT gelten die Anforderungen nur dann, wenn ihre Eignung und Einbaubedingungen gesondert untersucht und im Einvernehmen mit dem Auftraggeber festgelegt wurden.

Wenn die Böden nicht verfestigt oder qualifiziert verbessert werden, empfiehlt sich bei Einbau von wasserempfindlichen gemischt- und feinkörnigen Böden eine Anforderung an das 10%-Höchstquantil für den Luftporenanteil von 8 Vol.-%, bei Einbau von veränderlich festen Gesteinen eine entsprechende Anforderung von 6 Vol.-%.

2.1 Erdbau

Die Anforderungen für die grobkörnigen Böden gelten auch für Korngemische aus gebrochenem Gestein mit jeweils entsprechender Kornzusammensetzung. Die Anforderungen in Tabelle 7 gelten auch, wenn die Böden und Baustoffe bis 35 M.-% Körner > 63 mm und < 200 mm aufweisen.

Bei Felsschüttung mit über 35 M.-% Kornanteil > 63 mm oder Größtkorn > 200 mm sind in der Leistungsbeschreibung Anforderungen an die Verdichtung und deren Prüfung festzulegen, siehe z.B. Abschn. 8.5.

Die Anforderungen der Tabelle 7 gelten ebenfalls für Böden und Baustoffe nach TLBuB E mit jeweils entsprechender Kornzusammensetzung.

Bei frostempfindlichem Untergrund bzw. Unterbau ist auf dem Planum nach Durchführung einer qualifizierten Bodenverbesserung (siehe Abschnitt 9) ein Verformungsmodul von $E_{v2} = 70$ MN/m² erforderlich.

Nach einer neuen ZTVE-StB 2009, Abs. 4.5.2, können anstatt des Plattendruckversuchs auch Dynamische Plattendruckversuche ausgeführt werden. Es gelten dann folgende empirische Zuordnungen zu den Werten der Tabelle 8:

$E_{v2} = 120$ MN/m² / $E_{vd} = 65$ MN/m²

$E_{v2} = 100$ MN/m² / $E_{vd} = 50$ MN/m²

$E_{v2} = 80$ MN/m² / $E_{vd} = 40$ MN/m²

$E_{v2} = 45$ MN/m² / $E_{vd} = 25$ MN/m²

8.3.2 Anforderungen an den E_{v2}-Modul auf dem Planum

Unmittelbar vor Aufbringen der Schichten des Oberbaus sind die Werte der Tabelle 8 durch Prüfung zu belegen.

Lässt sich der erforderliche Verformungsmodul auf dem Planum nicht durch Verdichten erreichen, ist entweder

– der Untergrund bzw. der Unterbau zu verbessern oder zu verfestigen (s. Abschn. 9), oder
– die Dicke der ungebundenen Tragschicht zu vergrößern.

Tabelle 8. Anforderungen an E_{v2}-Modul auf dem Planum

Untergrund bzw. Unterbau frostsicher: ja/nein	Bauklasse	E_{v2} [MN/m²]
ja	SV und I bis IV	120[1)]/100
ja	V und VI	100[1)]/80
nein	alle	45

[1)] Wenn diese Anforderungen erst durch das Verdichten der auf dem Planum einzubauenden Tragschichten erfüllt werden können, wird es genügen, den geringeren Verformungsmodul E_{v2} durch gesonderte Untersuchungen nachweisen zu lassen bzw. zu ermitteln.

8.3.3 Hilfskriterien für das Nachprüfen der Verdichtung

Bei Boden- und Felsschüttungen, bei denen die Ermittlung der Dichte schwierig oder nicht möglich ist oder bei beengten Verhältnissen, können Indirekte Versuche (s. Abschn. 8.2), durchgeführt werden. Für grobkörnige Bodengruppen kann in Anlehnung an ZTVE-StB, Abs. 14.2.5 (1) als Hilfskriterium der Verformungsmodul E_{v2} für das Überprüfen der nach Tabelle 7 vorgeschriebenen Verdichtungsanforderungen herangezogen werden (Tabelle 9).

Tabelle 9. Angenäherte Zuordnung von Verdichtungsgrad D_{Pr} und Verformungsmodul E_{v2} bei grobkörnigen Böden

Bodenart	D_{Pr} [%]	E_{v2} [MN/m^2]
GW, GI	≥103	≥120
	≥100	≥100
	≥98	≥80
	≥97	≥70
GE, SE, SW, SI	≥100	≥80
	≥98	≥70
	≥97	≥60

Zusätzlich ist der Verhältniswert der Verformungsmoduli zur Beurteilung des Verdichtungszustandes mit heranzuziehen. Näherungsweise kann dabei von den Richtwerten in Tabelle 10 ausgegangen werden.

Wenn der E_{v1}-Wert bereits 60 % des in der Tabelle 10 angegebenen E_{v2}-Wertes erreicht, sind auch höhere Verhältnisse zulässig.

Tabelle 10. Nachweise für das Verhältnis E_{v2}/E_{v1}

Verdichtungsgrad D_{Pr}	Verhältnis E_{v2}/E_{v1}
≥103 %	≤2,2
≥100 %	≤2,3
≥98 %	≤2,5
≥97 %	≤2,6

Für bindige Böden lässt sich in der Regel keine lineare und progressive Beziehung zwischen Verdichtungsgrad D_{Pr} und Verformungsmodul E_v bzw. E_{Vd} herstellen, da sich bei diesen Böden die „trockene" und die „nasse" Seite der Böden im Proctorversuch mit stark unterschiedlichen Verformungmoduli bei gleichem Verdichtungsgrad zeigen (s. Bilder 47 und 48).

Wie auch in [32] gezeigt, können die Erfahrungen der Autoren in Bild 48 wiedergegeben werden: Der Verformungsmodul E_{v2} nimmt mit zunehmender Konsistenzzahl zu. In der Abhängigkeit des Verformungsmoduls E_{v2} von dem Verdichtungsgrad D_{Pr} kann es aufgrund der „nassen" und „trockenen" Seite der Proctorkurve zu einer Verzweigung kommen.

Der Verdichtungsgrad nimmt bei gleicher Verdichtungsarbeit mit zunehmender Konsistenzzahl oberhalb der Ausrollgrenze nicht mehr zu. Ab einer Konsistenzzahl oberhalb der Ausrollgrenze ist eine Erhöhung des Verdichtungsgrades nur mit größerer Verdichtungsarbeit möglich.

In [35] wird für einen schwach bindigen Boden gezeigt, dass bei einem Wassergehalt von w = 4 % mit zunehmender Verdichtungsarbeit die Trockendichte (Verdichtungsgrad) und der

2.1 Erdbau

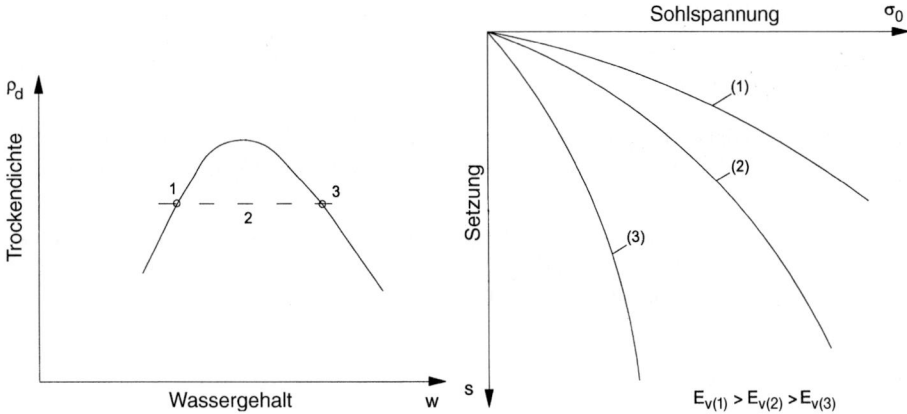

Bild 47. Zusammenhang zwischen trockener/nasser Seite der Proctorkurve und den entsprechenden Verformungsmoduli

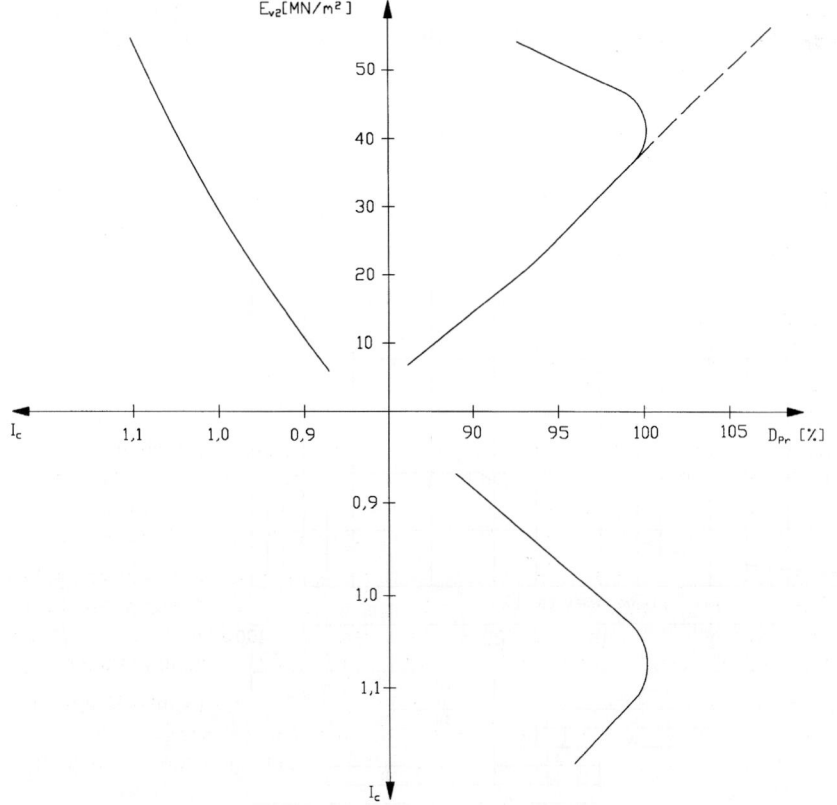

Bild 48. Beziehung zwischen Konsistenzzahl Ic, Verformungsmodul E_{v2} und Verdichtungsgrad D_{Pr} für bindige Böden bei einer Verdichtungsarbeit von $W = 0{,}6$ MNm/m³

Verformungsmodul auf $E_{V2} \geq 100$ MN/m² zunehmen. Bei einem Wassergehalt von $w = 6\%$ (nahe dem optimalen Wassergehalt hinsichtlich des Verdichtungsgrades) ist die Trockendichte weiter steigerbar, der Verformungsmodul erreicht jedoch nur noch etwa einen Wert von $E_{v2} = 40$ MN/m².

Näherungsweise können für gemischt- und feinkörnige Böden der Gruppe GU, GT, SU, ST, U und T nach [26] die Richtwerte in Tabelle 11 zur Erreichung des Verformungsmoduls E_{v2} angenommen werden.

Für den Nachweis einer ausreichenden Verdichtung mit dem Dynamischen Plattendruckversuch haben sich für nichtbindige Böden Korrelationen zwischen dem herkömmlichen und dem dynamischen Verformungsmodul nach Gl. (13) ergeben.

$$E_{v2} = (2{,}0 \text{ bis } 2{,}3) \, E_{vd} \tag{13}$$

Für feinkörnige Böden sind die Faktoren kleiner als 2,0.

Tabelle 11. Angenäherte Zuordnung von Porenanteil n, Wassergehalt w und E_{v2}-Modul bei fein- und gemischtkörnigen Bodenarten mit einem Luftporengehalt von $n_a \leq 12\%$

Porenanteil n [%]	Wassergehalt w [Gew.-%]	E_{v2}-Modul [MN/m²]
n ≤ 30	7 ≤ w ≤ 15	≥45
30 < n ≤ 36	10 ≤ w ≤ 20	20...45
n > 36	w ≥ 15	≤20

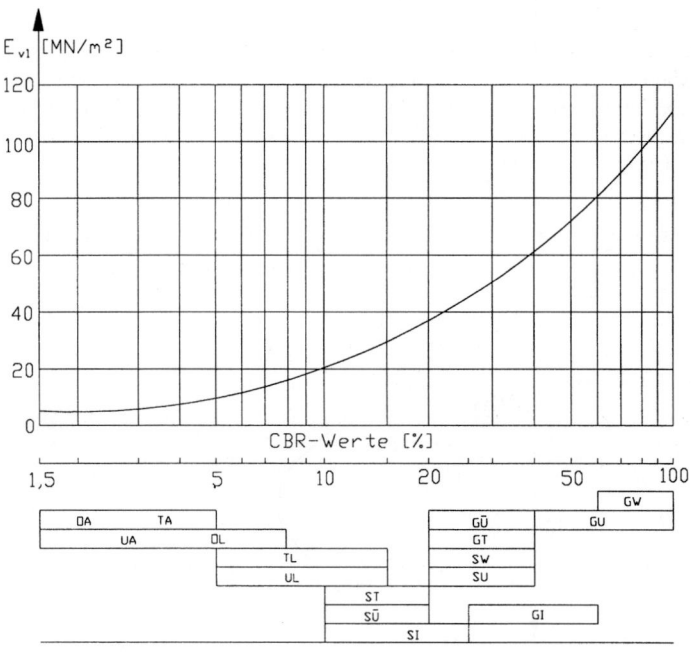

Bild 49. Beziehung zwischen CBR-Wert, E_{v1}-Modul und Bodenklassifizierung nach DIN 18196

2.1 Erdbau

Für den CBR-Wert kann zum E_{v1}-Modul aus dem herkömmlichen Plattendruckversuch und zur Bodenklassifizierung nach DIN 18196 die in Bild 49 angegebene Beziehung nach [26] gezeigt werden. Nach [29] ist der dynamische CBR-Wert etwa 1,7- bis 2-fach größer als der statische, herkömmliche CBR-Wert.

Für Verdichtungsprüfungen in Leitungsgräben und in beengten Arbeitsräumen werden die Indirekten Verfahren und damit Hilfskriterien empfohlen (s. auch Abschn. 12 und 13).

Außerdem wurden in Frankreich die „Panda-Sonde" und in Australien der Clegg Impact Soil Tester (CIST) entwickelt und getestet (siehe [47, 57, 65]).

8.4 Prüfmethoden im Straßenbau

Nach ZTVE-StB [1] sind Eignungsprüfungen, Eigenüberwachungsprüfungen und Kontrollprüfungen auszuführen. Die ausreichende Verdichtung kann nach drei Methoden überprüft werden:

Methode M 1: Vorgehen nach statistischem Prüfplan.
Methode M 2: flächendeckende dynamische Prüfverfahren.
Methode M 3: Überwachung des Arbeitsverfahrens.

Die Methode M 1 eignet sich nur für große Prüfflächen. Der bei Methode M 2 mithilfe eines an der Walze installierten Meßgerätes aus der Wechselwirkung zwischen Walze und Boden abgeleitete dynamische Messwert korreliert mit der Steifigkeit und der Verdichtung des Bodens. Die Methode ist besonders bei großen Tagesleistungen und weitgehend gleichmäßig zusammengesetzten Bodenarten geeignet. Bei grobkörnigen Böden kann bei vorausgegangener Kalibrierung aus dem dynamischen Meßwert direkt auf die erforderlichen Qualitätswerte geschlossen werden. Aus der Kalibrierung wird ein Mindestwert für den dynamischen Messwert abgeleitet und vereinbart. Die Methode M 3 eignet sich besonders für kleine und beengte Baumaßnahmen. Ihre Anwendung setzt voraus, dass durch Probeverdichtung oder aufgrund bereits einschlägig vorliegender Erfahrung ein bestimmtes Arbeitsverfahren festgelegt wird und diese Festlegungen bei der Eigenüberwachung vom Auftragnehmer dokumentiert und vom Auftraggeber überprüft werden. Weiter sind Einzelversuche in dem in der ZTVE-StB festgelegten Umfang erforderlich.

Die Prüfung für ein Prüflos bzw. für eine Baustelle nach der Methode M 1 erfolgt auf Stichprobenbasis, also auf der Basis statistischer Beurteilung, wobei die Prüfpunkte nach Zufallsauswahlverfahren zu bestimmen sind. Der Stichprobenumfang richtet sich nach einem Stichprobenprüfplan gemäß ZTVE-StB, Abs. 14.1.2. So sind z. B. für Prüflosflächen von bis zu 1000 m² 4 Stichproben, bei Flächen bis 6000 m² 14 Stichproben zu wählen. An den Prüfpunkten werden die Ergebnisse ermittelt. Aus den Ergebnissen X_i der Stichproben werden das arithmetische Mittel und die Standardabweichung ermittelt.

Aus diesen beiden Werten wird im Falle eines 10%-Mindestquantils T_M (Verdichtungsgrad bzw. E_{v2}) die Qualitätszahl Q nach Gl. (14) ermittelt:

$$Q = \frac{\bar{x} - T_M}{s} \quad (14)$$

Im Falle eines 10%-Höchstquantils T_H bei Luftporengehalt und Verhältnis E_{v2}/E_{v1} wird die Qualitätszahl nach Gl. (15) ermittelt:

$$Q = \frac{T_H - \bar{x}}{s} \quad (15)$$

Das Prüflos wird angenommen, wenn $Q \geq k = 0,88$ ist.

Für nähere Erläuterungen der 10%-Quantile und deren statistischen Hintergründe sei auf [37] verwiesen.

Bei der Methode M3 darf dagegen kein Prüfergebnis im Prüflos die geforderten Werte unter- bzw. überschreiten. Kann dies nicht eingehalten werden, ist ggf. der Stichprobenumfang so weit zu vergrößern, dass eine statistische Auswertung gemäß Methode M 1 zulässig ist.

8.5 Verdichtungsprüfung bei Felsschüttungen

Bei Felsschüttungen und Böden mit Steinen über 200 mm Größe, bei denen die Ermittlung der Dichte oder des E_v-Moduls und auch das Messen mit indirekten Verfahren schwierig oder nicht möglich sind, kann die Verdichtungsprüfung durch Messen der Setzung der jeweils zu verdichtenden Schicht nach den einzelnen Übergängen des Verdichtungsgerätes erfolgen (Bild 50).

Die Verdichtung einer solchen Schicht gilt als ausreichend, wenn das Kriterium nach Gl. (16) erfüllt wird (s. auch Bild 50), d.h. wenn keine weitere signifikante Verdichtung mehr möglich ist.

$$\Delta S_n \leq a \cdot \sum_{i=1}^{n-1} \Delta S_i \tag{16}$$

ΔS_n Setzungszunahme der Schicht h bei dem letzten Übergang des Verdichtungsgerätes
a   0,05 bis 0,1 je nach Felsart, gegebenenfalls bei der Probeverdichtung zu ermitteln
n   Anzahl der Übergänge des geeigneten Verdichtungsgerätes
ΔS_i mittlere Setzungszunahme der Schicht beim Übergang i

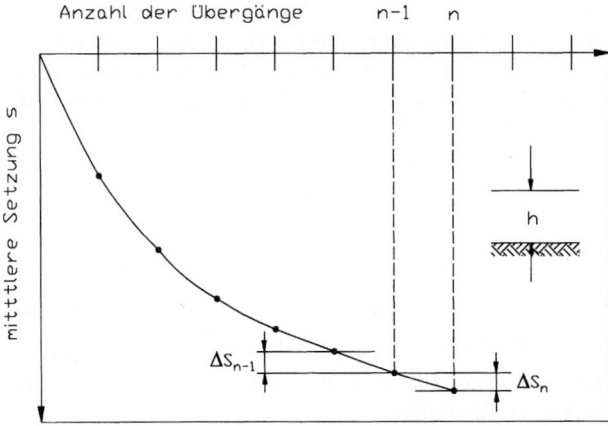

Bild 50. Setzungsmaß Δs einer Schicht von der Dicke h als Kriterium der Verdichtung

8.6 Beobachtungen

Erdbauwerke der Geotechnischen Kategorie 2 und 3 sollten während und nach der Bauzeit messtechnisch beobachtet werden, um die berechneten bzw. angenommenen Verformungen zu überprüfen und um im Bedarfsfall reagieren zu können, siehe dazu DIN 1054, Absatz 4.5,

DIN EN 1997-1, Abschn. 4 sowie Kapitel 1.11. In der Hauptsache geht es hier um Messungen von Setzungen und Sackungen durch Pegel, die z. B. an der Dammsohle bzw. in bestimmten Schichten eingebaut werden und um Messungen von Bewegungen in Böschungen, z. B. durch Inklinometer.

Durch zu schnelle Schüttungen auf feinkörnigen Böden im Grundwasserbereich können Porenwasserüberdrücke auftreten, die zur Abminderung der Scherfestigkeit des Untergrundes und damit zur Minderung der Standsicherheit des Erdbauwerks führen. Hier sind Messungen des Porenwasserdrucks mittels Piezometer angebracht, um die weiteren Schüttgeschwindigkeiten beurteilen zu können.

9 Bodenbehandlung mit Bindemitteln

9.1 Anwendungen und Reaktionsmechanismen

Bodenbehandlungen sind Verfahren, bei denen Böden so verändert werden, dass die geforderten Eigenschaften erreicht werden. Nach ZTVE-StB [1] umfassen sie Bodenverfestigungen und Bodenverbesserungen. In der Regel wird sie bei feinkörnigen und gemischtkörnigen Böden angewendet, siehe Merkblatt für die Bodenverfestigung und Bodenverbesserung mit Bindemitteln [38].

Mit der Bodenverfestigung wird die Widerstandsfähigkeit des Bodens gegen Beanspruchung durch Verkehr und Klima durch die Zugabe von Bindemitteln so erhöht, dass der Boden dauerhaft tragfähig und frostsicher wird.

Mit der Bodenverbesserung soll die Einbaufähigkeit und Verdichtbarkeit des oft zu feuchten Bodens verbessert und somit die Ausführung der Bauarbeiten erleichtert werden.

Nach ZTVE-StB werden mit der „Qualifizierten Bodenverbesserung" mittels Zumischung von Bindemitteln erhöhte Anforderungen an bestimmte Eigenschaften erfüllt. Hierbei sollen z. B. die Tragfähigkeit, die Scherfestigkeit und der Erosionswiderstand erhöht sowie die Verformungen und die Frostempfindlichkeit verringert werden.

Mit der Bodenaufbereitung (Bodenrecycling) können Aushubböden, Straßenaufbruch und Bauschutt so aufbereitet und verwertet werden, dass sie als Verfüllmaterial in Baugruben und Gräben wieder zur Verfügung stehen.

Das Ziel einer Bodenverbesserung bei feinkörnigen Böden ist es, die Eigenschaften des Bodens kurzfristig so zu verbessern, dass mit dem Einbau die gestellten Anforderungen (Handhabbarkeit, Tragfähigkeit, Verdichtbarkeit) erfüllt werden können. Die hierfür eingesetzten Bindemittel sind Feinkalke oder kalkdominierte Mischbindemittel. Die kurzfristige Bodenverbesserung erfordert eine Mindest-Kalkdosierung, die umso höher liegt, je größer der natürliche Wassergehalt des Bodens ist.

Die Kurzzeiteffekte der Bodenverbesserung beruhen auf einer sofortigen Veränderung des Wassergehalts durch die Bildung von Calcium-Hydroxid CaOH, und im Weiteren auf Kationenaustausch-Reaktionen in der Wasserhülle der Tonminerale, was eine Flockulation und Agglomeration der Tonminerale hervorruft. Dies bewirkt eine Verringerung der Plastizität des Bodens infolge Verschiebung der Fließgrenze. Das heißt, die Konsistenz des Bodens wird verbessert, die Wasserempfindlichkeit reduziert.

Für die Tragfähigkeit und Festigkeit sind die Langzeiteffekte vorteilhaft, die auf einer Reaktion der calciumhaltigen Bindemittel mit den Tonmineralen des Bodens beruhen und zu einer dauerhaften Verfestigung des behandelten Bodens führen. Für den Wiederaushub sind diese Effekte aber störend, da die einaxiale Druckfestigkeit häufig Werte über 2 MN/m² erreichen kann. Hinweise zu den Reaktionsmechanismen und der mit den einzelnen Bindemitteln erzielbaren Verbesserung der Steifigkeit und Scherfestigkeit finden sich in [95].

Die Langzeiteffekte beruhen auf komplexeren Reaktionen, die stark von den Bodenbedingungen und mineralogischen Eigenschaften des Bodens beeinflusst sind [58]. Viele Tonböden aktivieren puzzolanische Reaktionen bei der Behandlung mit Kalk, die über einen langen Zeitraum eine stetig ansteigende Festigkeit bewirken, in dem sich zwischen den Tonmineralen eine zementartige Matrix bildet. Diese Langzeiteffekte werden bei der Bodenverfestigung genutzt.

Als Puzzolane werden Aluminium- oder Silizium-Verbindungen bezeichnet, die im Wasser zusammen mit Calcium-Hydroxid eine Zementverbindung bilden. Diese Zementverbindungen sind Calcium-Silikat-Hydrate (CSH) oder Calcium-Aluminat-Hydrate (CAH), die im Wesentlichen auch bei der Hydratation von Portlandzement entstehen.

Tonminerale sind puzzolanisch, weil sie das Silizium und Aluminium für die puzzolanische Reaktion liefern. Das Aluminat und Silikat der Tonminerale wird in einer Umgebung mit hohen pH-Wert löslich oder verfügbar.

Es gibt eine enge Bandbreite für die optimale Kalkdosierung die einerseits die Sofortwirkung der Kalkverbesserung ermöglicht und die andererseits den späteren Wiederaushub des Bodens nicht erschwert.

Störende Langzeiteffekte von bindemittelbehandelten Böden können durch Sulfate ausgelöst werden, wodurch ein Quellen oder starke Hebungen von bindemittelbehandelten Auffüllungen entstehen können, siehe auch [47]. Lösliche Sulfate stellen ein Problem dar, wenn Böden mit Calcium-haltigen Bindemitteln behandelt werden. Gelöste Sulfate in ausreichend hoher Konzentration können die puzzolanische Reaktion beeinflussen. Schuld daran ist ein Reaktionsprodukt, das aus Calcium, Aluminium, Wasser und Sulfaten besteht (Calcium-Sulfat-Aluminat-Hydrate CSAH). Die CSAH treten in einer stark sulfathaltigen Form (Ettringit) und einer schwach sulfathaltige Form (Monosulfoaluminat) auf. Der Grund für die Gefahr, die von den CSAH ausgeht, besteht in der Volumenzunahme bei ihrer Entstehung, und darin, dass bei dieser Volumenzunahme ein Kristallisationsdruck von etwa 240 MPa entsteht. Das ist der Unterschied zu den o. g. puzzolanischen Reaktionsprodukten CSH und CAH, deren Kristallwachstum aufhört, wenn es auf Hindernisse, wie z. B. Bodenteilchen stößt.

Die CSAH-Bildung ist dann unproblematisch, wenn sie vor der Verdichtung des Bodens abgeschlossen ist. Wenn die CSAH-Bildung erst nach der Verdichtung des Bodens oder nach dem Herstellen einer Fahrbahnoberfläche oder eines Bodenaustausches eintritt, können starke Hebungen eintreten, die darüber liegende Verkehrsflächenbefestigungen zerstören können [58].

Als Prüf- und Bewertungsverfahren wird auf die in [60] veröffentlichte Methode hingewiesen, in der der Anteil der wasserlöslichen Sulfate in einer mit einem Wasser/Feststoff-Verhältnis 10:1 hergestellten Lösung bestimmt wird. Auch in einer Richtlinie der National Lime Association wird eine dementsprechende Testmethode des Texas Department of Transportation (Test Method Tex-620-J) empfohlen, siehe http://www.lime.org/sulfate.pdf.

In Frankreich wird zur Bestimmung des Anteils wasserlöslicher Sulfate von Gesteinskörnungen das Prüfverfahren nach der französischen Norm XP P 18-581 [61] angewandt. Dieses Verfahren wurde für die Püfung aufbereiteter Gesteinskörnungen entwickelt, nach dem bei Tragschichtmaterial aus gipshaltigen RC-Baustoffen Schäden auftraten. Die Püfung kann innerhalb eines halben Tages mit einer relativ einfachen und kostengünstigen Laborausstattung ausgeführrt werden. Sie ist daher als Routinekontrolle für Erdbaustellen und Aufbereitungsanlagen geeignet.

Die bereits oben erwähnten Richtlinien der NLA (National Lime Association) unterscheiden 4 Niveaus der Anteile von wasserlöslichen Sulfaten VSS (soluble sulfates), die nach Verfahren Tex-620-J bestimmt werden. Nach dem zweiten Niveau sind bei einem Gehalt von $V_{SS} < 0,5\%$ keine Gefahr für Ettringitbildung. Es wird empfohlen, Boden-Bindemittelgemische mit einem Wassergehalt von mindestens 3% über dem Proctoroptimum w_{Pr} herzustellen und diese vor dem Einbau 72 Stunden zwischenzulagern (Reifezeit).

9.2 Bodenverfestigung und Bodenverbesserung

Bodenverbesserung und -verfestigung werden im Baumischverfahren vor Ort (mixed in place) oder im Zentralmischverfahren in einer Feldanlage (mixed in plant) vorgenommen.

Beim Baumischverfahren werden die Bindemittel zunächst gleichmäßig verteilt und dann eingefräst, eingeeggt bzw. eingepflügt. Oft muss bei der Bodenverfestigung für die Bearbeitbarkeit vorweg eine Belüftung des Bodens oder eine Bodenverbesserung durchgeführt werden. Bei der Bodenverfestigung müssen gemischtkörnige und feinkörnige Böden zerkleinert (Bodenklumpen < 8 mm) und homogenisiert werden. Zu trockene Böden sind ggf. vorher zu befeuchten.

Bodenverfestigungen werden im Allgemeinen in der oberen Zone des Untergrundes oder Unterbaues von Straßen sowie bei anderen Verkehrsflächen und Erdbauwerken ausgeführt. Besteht der Untergrund bzw. Unterbau unmittelbar unter dem Oberbau aus Boden der Frostempfindlichkeitsklasse F1, er ist also nicht frostempfindlich, kann eine Verfestigung mit hydraulischem Bindemittel durchgeführt werden. Diese Verfestigung ist Bestandteil des Oberbaus von Verkehrsflächen und wird in den ZTV Beton – StB behandelt.

Auch zum temporären Schutz des Erdplanums [41] werden Bindemittel eingesetzt.

Als Bindemittel werden hydraulischer Tragschichtbinder nach DIN 18506, Zement nach DIN 1164, Kalk-Zement-Gemische, Feinkalk und hochhydraulischer Kalk nach DIN 1060 sowie in geringem Umfang Bitumen verwendet. Die erforderlichen Bindemittelgehalte für Bodenverbesserungen mit hydraulischen Bindemitteln liegen bei 1 bis 6 Gew.-%, bezogen auf das Trockengewicht des Bodens, bei Bodenverfestigungen etwa zwischen 4 und 12 Gew.-%. Eine erste grobe Faustregel ist, dass für eine Wassergehaltsreduzierung von 2% etwa 1 bis 2% Weißfeinkalk erforderlich sind.

Nach *Kronenberger* [59] kann die Langzeiterhärtung gekalkter Böden durch ein Verfahren vermieden werden, das die puzzolanischen Reaktionen zwischen den Tonmineralen und dem Kalk unterbrechen soll. Das „Verfahren Kronenberger®" beruht auf einer Minimierung der Kalkzugabe bis auf 0,5% des Trockengewichts des Bodens sowie einer Zuführung von CO_2 beim Zerkleinern und Mischen des Bodens im Schaufelseparator, um den pH-Wert des Boden-Bindemittel-Gemisches zu senken. Die Zuführung von CO_2 wird durch mehrere Durchgänge des Boden-Bindemittel-Gemischs durch den Schaufelseparator bewirkt, sodass CO_2 aus der Luft aufgenommen werden kann. Um den Prozess zu beschleunigen, empfiehlt Kronenberger eine Vorrichtung, die die Abgase des Baggers oder Laders in den Schaufelseparator bläst.

Nach [64] wird als Kriterium für die Lösbarkeit beim Wiederaushub von Gräben die einaxiale Druckfestigkeit q_u nach DIN 18196 herangezogen. Bei Werten $q_u < 0,7$ MN/m² gelten die Böden als von Hand lösbar (Spatenlösbarkeit), bei Werten bis $q_u = 2$ MN/m² ist ein Wiederaushub von Hand oder mit „geringer mechanischer" Hilfe möglich.

Die Druckfestigkeit wird in Eignungsprüfungen im Allgemeinen nach 7 Tagen oder 28 Tagen gemessen.

Zur schnellen Bestimmung der erforderlichen Bindemitteldosierung steht das Verfahren von Eades und Grim (Eades and Grim pH-Test, ASTM D 6276 [62] und ASTM C-977 [63]) zur Verfügung. Der Versuch dient dazu, die Kalkdosierung zu ermitteln, die ausreicht, um die Kurzzeiteffekte der Kalkbehandlung auszulösen (Verbesserung der Konsistenz) und darüber hinaus genügend freie Calcium-Ionen und einen ausreichend hohen pH-Wert sicherzustellen, die für die langfristigen puzzolanischen Effekte (Verfestigung) erforderlich sind. In der Umkehrung kann die so ermittelte Kalkdosierung auch als Obergrenze der Kalkzugabe herangezogen werden, wenn die langfristigen Verfestigungseffekte vermieden werden sollen.

Bei dem Test werden verschiedene aufbereitete Bodenproben mit verschiedenen Kalkmengen (1 %, 2 %, 3 % usw.) vermischt. Nach jeweils einer Stunde wird der pH-Wert bestimmt. Dieser nähert sich asymptotisch einem Grenzwert, welcher der optimalen Kalkdosierung entspricht.

Für weitere Einzelheiten, vor allem hinsichtlich der Bindemittel, der Anforderungen, der Eignungsprüfungen, der Verarbeitungszeiten, der Nachbehandlung und Schutzmaßnahmen, wird auf ZTVE-StB, Abschn. 11 [1], ZTVT-StB [3], ZTV Beton-StB [69], TVV-LW [42], die Technischen Prüfvorschriften TP BF-StB, Teil B 11 [43] und [26] verwiesen.

Organische und humose Böden eignen sich nicht für die Bodenbehandlung mit Bindemitteln.

9.3 Bodenaufbereitung

Die Verfahren und Produkte für die Wiederverwendung von Aushub können nach dem Aufbereitungsverfahren in zwei Gruppen aufgeteilt werden:

1. Trockene Aufbereitung des Aushubs: Mechanische Behandlung in Kombination mit Bindemittelzugabe, woraus ein verbesserter Verfüllboden mit definiertem Größtkorn entsteht. Neuerdings können auch auf kleineren Baustellen durch Schaufel- bzw. Scheibenseperatoren, die an Hydraulikbagger mittels Schnellkupplung anbaubar sind, Böden in ihrer Konsistenz durch die Zugabe von Kalk-Zement-Gemischen und durch Zerkleinerung in ihrer Kornzusammensetzung verbessert werden (siehe [40]).

2. Flüssige Aufbereitung des Aushubs: Selbstverdichtende, flüssig eingebaute Materialien, auf der Grundlage unterschiedlicher Zuschläge, Bindemittel und Zusatzstoffe (Aushubboden, Kiese, Sande, Flugasche, Bentonit), Zement (i. Allg. 25 bis 100 kg/m^3), Wasser und Zusatzstoffe (Verflüssiger u. Ä.). Das Produkt wird häufig als Bodenmörtel bezeichnet.

Eine weitere Unterteilung kann nach dem Ort der Aufbereitung vorgenommen werden:

- stationäre Anlagen an festen Standorten,
- halb-mobile Anlagen für wechselnde Standorte mit längeren Einsatzdauern oder für mehrere parallel laufende Baustellen,
- mobile Anlagen, für kleinere Baustellen und kurze Einsatzzeiten.

Die Grenzen für die Anwendung der Verfahren zur Aufbereitung von Aushubböden werden hauptsächlich durch ihre Wirtschaftlichkeit unter verschiedenen Randbedingungen gesetzt.

Einige Firmen haben für aufbereitete Böden eigene Rezepturen und Verfahren entwickelt. Diese Produkte unterliegen oft dem Gebrauchsmusterschutz.

Für nähere Informationen für den Einsatz von aufbereiteten Böden in schmalen Gräben siehe [47].

10 Einschnitte

10.1 Allgemeines

Einschnitte sind so herzustellen, dass ihre Böschungen temporär bzw. auf Dauer standsicher sind (s. Abschn. 5 sowie Kapitel 1.12 und 3.9).

Zur Wartung (Begrünung und Bepflanzung sowie der Pflege) von dauerhaften, hohen Böschungen (h > 8 m) sind bei tiefen Einschnitten befahrbare Bermen erforderlich.

Zur Beobachtung von Bewegungen in Böschungen und damit zur Beurteilung der Standsicherheit sind gegebenenfalls geodätische Messungen und Inklinometermessungen durchzuführen (s. Abschn. 8.6). Die entsprechenden Punkte bzw. Vorrichtungen müssen rechtzeitig installiert und vor Beschädigung durch den Baubetrieb geschützt werden. Anfallendes Niederschlags- bzw. Grundwasser ist schon während der Herstellung (s. Abschn. 7.4) sowie dauerhaft zu fassen und abzuleiten (s. Abschn. 5.5). Müssen in Höhe des Einschnittsplanums Felsbänke oder Blöcke, die das Planum beeinträchtigen, entfernt werden, oder muss über eine in der Leistungsbeschreibung vorgesehene Tiefe hinaus unter dem Planum ausgehoben werden, ist in die Vertiefungen geeigneter Boden lagenweise einzubauen und zu verdichten, sodass das Planum ausreichend tragfähig und eben ist (s. ZTVE-StB, Abs. 3.1.2).

Bei der Herstellung von Einschnitten lassen sich in etwa folgende Toleranzen einhalten (Tabelle 12).

Tabelle 12. Toleranzen beim Erdaushub

Boden/Fels	Böschungen	Planum
Boden	±10 cm	±3 cm
Fels	±20 bis 30 cm	±15 cm

Das Planum darf nicht mehr als ± 3 cm bzw., wenn eine gebundene Tragschicht unmittelbar darüber vorgesehen ist, nicht mehr als ± 2 cm von der Sollhöhe abweichen (s. auch ZTVE-StB, Abschn. 3.4.2).

Die Querneigung des Planums soll bei wasserempfindlichen Böden und Baustoffen mindestens 4 % betragen. Nach einer Bodenbehandlung mit Bindemittel (Bodenverfestigung, qualifizierte Bodenverbesserung) kann die Querneigung des Planums auf mindestens 2,5 % reduziert werden. Die Verwindungsbereiche sind so kurz wie möglich zu halten (s. ZTVE-StB, Abschn. 3.4.5).

10.2 Einschnitte im Fels

In den folgenden Abschnitten werden Bauverfahren für den Aushub von Einschnitten im Fels und für die Herstellung von freien Böschungen ohne Stützbauwerke oder Hangsicherungen durch Verankerung als Überarbeitung und Ergänzung des Beitrages von [89] beschrieben. Wie im Erdbau liegen auch im Felsbau allen Bauverfahren drei typische Tätigkeiten zugrunde:

– Lösen,
– Laden,
– Transportieren.

Es gilt nun, durch Auswahl der Geräte diese drei Tätigkeiten in optimaler Weise zu kombinieren.

Tabelle 13. Lösungsverfahren in Abhängigkeit von der Bodenklasse. Einsatzbereiche der Verfahren

Lösungs-verfahren	Bodenklassen nach DIN 18300				
	Klasse 3 Leicht lösbare Bodenarten	Klasse 4 Mittelschwer lösbare Bodenarten	Klasse 5 Schwer lösbare Bodenarten	Klasse 6 Leicht lösbarer Fels	Klasse 7 Schwer lösbarer Fels
Lösen beim Laden	■	■	■		
Lösen durch Reißen		▒	▒	■	▒
Lösen durch Sprengung			▒	■	■

▒ Das Verfahren ist hier teilweise möglich
■ Das Verfahren ist hier immer möglich

Die Verfahren für das Lösen sind in erster Linie von den Bodenklassen, wie in Tabelle 13 dargestellt, abhängig. Dabei sind nur die Bodenklassen gemäß DIN 18300 berücksichtigt, in denen Einschnitte hergestellt werden können. Für Bohr- und Vortriebsarbeiten wird auf DIN 18301 und DIN 18319 sowie empirische Klassifikationen verwiesen, in denen die Klassen in Locker- und Festgesteine, letztere in Abhängigkeit des Gefüges, der Dichte, der mineralogischen Zusammensetzung und der einaxialen Druckfestigkeit untergliedert sind.

In Abschnitt 10.2.1 „Abtrag von Fels" werden Bauverfahren nur für das Lösen aufgezeigt. Der Abschnitt 10.2.2 behandelt das Herstellen der Böschungen bei Einschnitten im Fels. Dabei ist zu beachten, dass die Bauverfahren für die Böschungsherstellung entweder parallel zu den Verfahren für die Herstellung von Einschnitten ablaufen oder mit diesen zu kombinieren sind.

10.2.1 Abtrag von Fels

Die physikalischen und mechanischen Eigenschaften der Gesteine und des Gebirges beeinflussen die Abbaumethoden im Fels. Dabei spielen neben der Gesteins- und Gebirgsfestigkeit die Bankigkeit, das Fallen und die Lage der Kluftflächen zur Lage der Böschung eine wichtige Rolle (s. Abschn. 10.2.2).

An zweiter Stelle wird das Abbauverfahren durch die dem jeweiligen Bauunternehmer zur Verfügung stehenden Baumaschinen beeinflusst. Der eine wird für den gleichen Bauabschnitt das Verfahren Reißen als Lösungsmethode wählen, weil er über schwere Raupen mit Reißzähnen verfügt, während der andere das Sprengverfahren vorziehen wird. Für Profilierungen und Ausbrüche von Gräben werden zunehmend hydraulische Baggeranbaufräsen analog den im Tunnelbau gebräuchlichen Teilschnittmaschinen eingesetzt (Fa. Erkat, Terex). Ähnlich dazu werden auch Kaltfräsen, wie sie im Straßenbau zum Rückbau von Fahrbahnen genutzt werden, zum Abtrag von ganzen Trassen in flächigen Aushubarbeiten eingesetzt, z.B. Fräsen der Firmen Wirtgen, Kutter oder Vermeer. Der hohe Energiebedarf und die geringere Leistung können sich in gegebener Situation abwägen gegenüber dem Aufwand, das Fels-Abbruchmaterial in einem separaten Arbeitsschritt zu zerkleinern, um ein

2.1 Erdbau

kornabgestuftes, dichtes, sackungsarmes Verfüllmaterial zu gewinnen. Das Fräsmaterial ist so gebrochen, dass es zum qualifizierten Wiedereinbau geeignet ist.

In Deutschland gibt das Bundes-Immissionsschutz-Gesetz (BimSchG) den Rahmen für den Schutz von Menschen und Sachen vor schädlichen Umwelteinwirkungen, zu denen auch Sprengerschütterungen zählen.

Während für den Bereich des Staub- und Lärmschutzes besondere technische Anleitungen des Bundes die zulässigen Werte für Emissionen und Immissionen regeln, fehlen gleichartige Vorschriften für den Erschütterungsschutz. Hier sind die Vorschriften in Richtlinien und Normen zusammengefasst [84, 85].

Die Beachtung der VDI-Richtlinie 2058 [86] ist für die Einhaltung eines umfassenden Sprengerschütterungs-Immissionsschutzes deshalb von Bedeutung, weil sie Körperschall-Spitzenwerte für einzelne Bebauungszonen für die Tag- und Nachtzeit vorschreibt. Wenn die angegebenen Spitzenwerte des Körperschalls überschritten werden, können daraus Beschränkungen im Sprengbereich erwachsen, ohne dass die Anhaltswerte für die Beurteilung der subjektiven Wahrnehmungen der Menschen nach den Vorschriften der DIN 4150, Teil 2 [84], auch nur annähernd erreicht werden. Das Gleiche kann auch für Teil 3 der DIN 4150 [84] gelten, wenn nämlich die noch zulässigen Anhaltswerte zur Erhaltung von Bauwerken durch Sprengerschütterungen bei weitem nicht auftreten, dafür aber unzumutbare Körperschalleffekte. Die festgelegten Körperschall-Wirkpegel für Wohnräume haben für die Tagzeit ihre Obergrenze bei 35 dB(A) und für die Nachtzeit bei 25 dB(A) [70].

Die Auflagen aus diesen Gesetzen und Vorschriften können dazu führen, dass nur Sprengungen mit kleineren Sprengstoffmengen durchgeführt werden dürfen. Das bedeutet, dass auch die gelösten Felsmengen je Sprengung klein sind. Bei großen Einschnitten ist dies ein unwirtschaftliches Verfahren, da die Lade- und Förderarbeiten durch jede Sprengung unterbrochen werden. Aus diesem Grunde bevorzugen Bauunternehmer, wenn es die felsmechanischen Bedingungen zulassen, mechanische Lösungsverfahren, wie durch Reißen oder Fräsen (s. Tabelle 13).

10.2.1.1 Mechanisches Lösen, Reißen und Fräsen

Beim mechanischen Lösen des Fels wird das Material durch einen Aufreißer (Reißzahn) gelöst, der an einer Planierraupe montiert und wie ein Pflug durch den Untergrund gezogen wird.

Die Reißbarkeit von Fels ist von einer Reihe geologischer Faktoren abhängig wie:

- Härte des Gesteins,
- Bankigkeit,
- Verwitterung.

Generell gilt, dass stark geschichtete oder schiefrige bzw. bankige Gesteine sich gut aufreißen lassen.

Erstarrungsgesteine wie Granit, Basalt, Pechstein und Bimsstein gehören zu der Gruppe von Gesteinen, die sich am schwierigsten aufreißen lassen, da sie nicht die Schichtung und Schieferung aufweisen, die beim Aufreißen von Gestein vorteilhaft sind.

Sedimentgesteine wie Sandstein, Kalkstein, Trümmergestein, Schieferton und Konglomerate aus Quarzsand, Kalksand und Ton lassen sich in der Regel gut aufreißen, da sie in Schichten (Bänken) von unterschiedlicher Mächtigkeit abgelagert sind. Jedoch wird es schwierig, wenn die Bankhöhe größer ist als die mögliche Eindringtiefe des Reißzahns oder wenn die Schichtung steil oder steigend zur Reißrichtung verläuft.

Tabelle 14. Einsatzbereiche von Planierraupen in Abhängigkeit von der seismischen Wellengeschwindigkeit beim Reißen. Die Tabelle gibt die maximale Wellengeschwindigkeit in den verschiedenen Gesteinen für die einzelnen Planierraupen an, bis zu der die Planierraupen noch einsetzbar sind [72]

Planier-raupe Typ	Motorleistung	Gewicht	Seismische Wellengeschwindigkeit [m/s]					Reiß-leistung [m³/h]
			Ton	Moräne-schutt	Erstar-rungs-gestein	Sedi-ment-gestein	Meta-morphes Gestein	
D8R	228 kW	37 t	1 600	1 900	2 100	2 100	2 100	250–1250
D9R	302 kW	48,3 t	1 600	1 900	2 200	2 500	2 400	250–1700
D10R	425 kW	65,8 t	1 900	2 100	2 400	2 700	2 500	250–2000
D11R	634 kW	102,3 t		2 100	2 700	3 200	3 000	300–2700

Metamorphe Gesteine wie Gneis, Quarzit und Tonschiefer sind durch äußere Einflüsse umgewandelte Sedimentgesteine und können je nach Ablagerungsform und Bankigkeit schwer oder leicht zu reißen sein [71].

Ferner wirkt sich der Zustand des Gesteinsmaterials auf die Reißbarkeit aus. So können z. B. zersetzter Granit und verwitterte Erstarrungs- und metamorphe Gesteine oft auf wirtschaftliche Weise aufgerissen werden.

Auskunft über die zuvor genannten geologischen Bedingungen für die Reißfähigkeit des abzubauenden Gesteinsmaterials erhält man entweder aus einem ingenieurgeologischen Gutachten oder durch Inaugenscheinnahme der Baustelle, wobei Aufschlüsse gefunden werden müssen, um die Bankigkeit, Fall- und Streichrichtung und die Gesteinsart zu bestimmen. Mithilfe eines Refraktions-Seismographen können von der Oberfläche aus Gesteinseigenschaften wie Festigkeit, Härte, Schichtung und Grad der Verwitterung festgestellt werden. Die Fa. Caterpillar, USA, hat für ihre Planierraupen mit Aufreißern Grafiken entwickelt, in denen die Reißfähigkeit des Gesteins in Abhängigkeit von der seismischen Wellengeschwindigkeit in dem Gestein angegeben ist. Aus diesen Grafiken stammen die maximalen Werte für die Wellengeschwindigkeit der Tabelle 14. Die Werte lassen sich auch auf die Planierraupen anderer Hersteller übertragen. Maßgebend dabei sind die Motorleistung und das Gewicht der Planierraupe.

Zu beachten ist, dass die Aufreißwilligkeit des Gesteins mit der Tiefe stark abnehmen kann, sodass Auflockerungssprengungen notwendig werden (s. Abschn. 10.2.2.2).

Vor Beginn der Arbeiten sollte ausprobiert werden, in welcher Richtung sich das Gestein aufgrund seiner Lagerung am leichtesten aufreißen lässt. Es sollte dann nach Möglichkeit auch nur in dieser Richtung gearbeitet werden, um die Belastung der Geräte so klein wie möglich zu halten.

Die Gerätenutzleistung Q_{NR} lässt sich mit den in Tabelle 15 dargestellten Faktoren ermitteln. Bild 51 zeigt, wie der Reißfurchenabstand A_R und die Eindringtiefe h_e des Reißzahns gemessen werden. Der Reißweg S_R sollte 100 m nicht überschreiten, da lange Rückwärtsfahrten der Planierraupen aus maschinentechnischen Gründen zu vermeiden sind. Sind längere Strecken aufzureißen, können diese in Abschnitte von 80 bis 100 m Länge unterteilt werden. Da ein Geräteführer innerhalb einer Stunde kaum ohne Unterbrechungen arbeiten kann und da er von Zeit zu Zeit neu eingewiesen werden muss, sind bei der Leistungsformel sachliche und persönliche Verteilzeiten t_v zu berücksichtigen. Die allgemeinen Einsatz-

2.1 Erdbau

Tabelle 15. Ermittlung der Geräteleistung beim Aufreißen

$Q_{NR} = \dfrac{h_e \cdot A_R \cdot S_R}{T} \cdot (60 - t_v)$ [fm³/h]	Reißleistung
$h_e = 0{,}3$ bis $1{,}5$ [m]	Eindringtiefe des Reißzahns ist abhängig vom Gestein
A_R [m]	Reißfurchenabstand, ca. halbe Breite der Planierraupe
S_R [m]	Reißweg, nach Möglichkeit nicht länger als 100 m
t_v [min]	sachliche und persönliche Verteilzeit ca. 5–10 min/h
$T = t_m + \dfrac{S_R}{v_R} + \dfrac{S_R}{v_m}$ [min]	Spielzeit
t_m [min]	Manövrierzeit vor und nach dem Reißen ca. 0,1–0,2 min
v_R [m/min]	Reißgeschwindigkeit, abhängig von den geologischen Bedingungen ca. 35–50 m/min
v_m [m/min]	Rückfahrgeschwindigkeit ca. 100 m/min

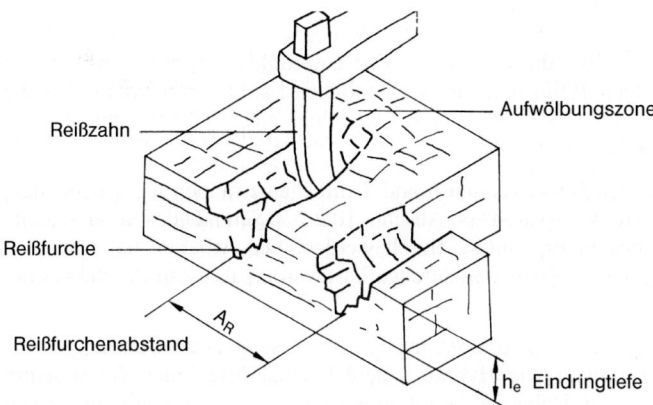

Bild 51. Reißfurchenabstand und Eindringtiefe des Reißzahns [73]

bedingungen der Geräte wie jahreszeitlich bedingte Witterungsverhältnisse und Bewegungsmöglichkeiten beeinflussen die Fahrgeschwindigkeiten und die Manövrierzeiten.

Bei extremen Verhältnissen besteht die Möglichkeit, die Reißkraft einer Planierraupe noch durch eine zusätzliche Schubraupe zu erhöhen. Jedoch ist dann das Lösen des Fels durch Sprengung wirtschaftlicher, da die Gerätekosten der zwei Planierraupen höher werden als die Sprengstoff- und Bohrkosten.

Die Wirkung des Reißzahns hängt vom Anstellwinkel ab, unter dem die Spitze des Reißzahns auf die Bankflächen des Fels stößt. Man kann sich den Lösevorgang so vorstellen, dass

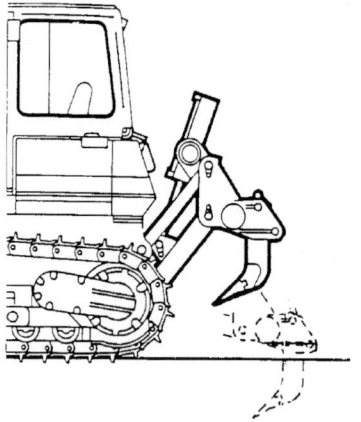 

Bild 52. Liebherr Planierraupe mit Parallelogrammaufreißer [74]

Bild 53. Liebherr Planierraupe mit Schwenkaufreißer [74]

die Reißzahnspitze wie ein Keil in den Fels eindringt und dabei das Gestein nach oben geschoben wird, das Gestein wird aufgebrochen. Aus diesem Grunde sind Aufreißer mit Parallelaufhängung (Bild 52) den Schwenkaufreißern (Bild 53) vorzuziehen, denn wie aus den beiden Bildern ersichtlich wird, kann der Aufreißer mit Parallelaufhängung seinen Zahn immer mit dem gleichen Anstellwinkel in jeder Tiefe einsetzen, während der Schwenkaufreißer seinen optimalen Anstellwinkel nur erreicht, wenn er den Zahn auf seine maximal mögliche Tiefe bringen kann. Aus diesem Grund wird empfohlen, besonders bei großen Mengen, für die Planierraupen Reißzähne unterschiedlicher Länge vorzuhalten, um die Reißzahnlänge den Felsbedingungen anzupassen. Je leichter sich der Fels reißen lässt, umso länger kann der Reißzahn sein.

Böschungen lassen sich bei den Bodenklassen 6 und 7 mit Planierraupen nicht herstellen, aber mit dem Sprengverfahren „Vorspalten" (s. Abschn. 10.2.2.2, Schonendes Sprengen), da mit diesem Verfahren die besten Ergebnisse erzielt werden. Die Arbeiten dafür müssen jedoch unbedingt vor Beginn der Reißarbeiten durchgeführt werden, da dieses Verfahren nur im ungestörten Fels möglich ist.

Wenn das Vorspaltverfahren nicht einsetzbar ist, müssen die Böschungen durch Bagger, die mit geeigneten Zusatzausrüstungen wie Hydraulikmeißel, Hochlöffel oder Teleskoparm versehen sind, hergestellt werden. Dabei ist darauf zu achten, dass der Aushub nur so weit fortgeschritten sein darf, dass die Bagger die Böschungsflächen noch bearbeiten können. Die Bagger haben die Aufgabe, das durch Aufreißen locker gewordene Material von der Böschung zu entfernen („beräumen") und die Böschung den geologischen Gegebenheiten anzupassen, sodass sie standfest und sicher bleibt.

Eine Übersicht über die quantifizierbaren Parameter zur Bestimmung der Geräteleistung und des Materialverbrauchs bzw. Geräteverschleißes beim mechanischen Ausbruchsvorgang unter Berücksichtigung

– der geotechnischen Eigenschaften des Gebirges,
– der zur Verfügung stehenden Gerätschaft und
– des Baubetriebs und der Baulogistik sowie der Mannschaft

wird in [90] beschrieben.

2.1 Erdbau

Die quantifizierbaren Parameter der Gebirgslösung lassen sich demnach wie folgt gliedern:

- Einfach quantifizierbare Parameter, die an Gesteinsproben im Labor bestimmt werden können, wirken sich aus auf die Leistung L und den Verschleiß V:
  - einaxiale Druckfestigkeit UCS [MPa]: L, V
  - Zerstörungsarbeit W_z [kJ/m^3]: L, V
  - Elastizitätsmodul E [GPa]: L, V
  - Spaltzugfestigkeit SPZ [MPa]: L, V
  - Trockendichte, Porosität ρ_d [g/cm^3], n [%]: L, V
  - äquivalenter Quarzgehalt E_{Qu} [%] (im Vergleich zu Quarz): –, V
  - Gesteinsabrasivitäts-Index
  - Rock Abrasivity Index: RAI = E_{Qu} UCS: –, V

- Einfach quantifizierbare Parameter, deren Einfluss (noch) nicht quantifiziert werden kann:
  - primärer Spannungszustand σ_1 σ_2, σ_3 [MPa]: L, V
  - Wasserzufluss und Wasserchemismus, Mengen Chemische Signatur: L, V
  - Quellvermögen (Quellhebung, Quelldruck) h [%], σ [MPa]: L, V

- Semiquantitativ erfassbare Parameter, deren Werte keine physikalischen Parameter sind:
  - Abstände/Dichte der Trennflächen, Klüftigkeitsziffer (Stini), Zerlegungsgrad (ÖNORM 4401-1), Rock Quality Designation RQD [%] Scanlines (Priest) Kluftabstände [cm]: L, –
  - anisotrope Schieferung Winkel [°] zur Abbaurichtung, Bohrachse: L, –

- Qualitativ erfassbare Parameter, die indirekt mit quantitativen Kennwerten oder Verfahren in Zahlen gefasst werden können:
  - Verzahnungsgrad im Mikrogefüge, Zerstörungsarbeit, einaxiale Druckfestigkeit, RAI: L, V
  - Qualität des Bindemittels, Zerstörungsarbeit, einaxiale Druckfestigkeit, RAI, Trockendichte, Porosität: L, V
  - Verwitterung und hydrothermale Zersetzung, Trockendichte, Porosität: L, V
  - Einfluss veränderlich fester Gesteine, Gehalt z. B. an Ton-Schluffsteinen: L, V
  - Einfluss der Inhomogenität, prozentualer Anteil im Abschlag, Mächtigkeiten, Orientierung: L, V

Die Fräsleistung in einer Bandbreite von 50 bis 10 m^3/h nimmt logarithmisch ab mit zunehmender einaxialen Druckfestigkeit zwischen 5 und 125 MPa für Tonschiefer und Quarzite bei einem Beispiel einer 130-kW-Fräse, etwa im mittleren Bereich üblicher Fräsen mit Leistungen zwischen 30 und 240 kW (Erkat Katalog). Einen ähnlichen Verlauf weist die Fräsleistung gegenüber einer Bandbreite in der Zerstörungsarbeit zwischen 25 und 200 kJ/m^3 auf. Aus empirischen Korrelationen zwischen einaxialer Druckfestigkeit und Verwitterungsgrad entspricht diese Bandbreite einer mürben bis bergfrischen, (sehr) harten Gesteinsqualität.

10.2.1.2 Lösen durch Sprengen

Wenn die Felsbedingungen so sind, dass ein Lösen durch Reißen nicht möglich ist, muss der Fels durch Sprengen gelöst werden. Hierbei gibt es die folgenden Möglichkeiten:

- Der Fels wird durch eine Gewinnungssprengung so gelöst, dass das gesprengte Haufwerk direkt geladen werden kann.
- Der Fels wird durch eine Lockerungssprengung so aufgelockert (s. Abschn. Auflockerungssprengungen), dass er zusammengeschoben und geladen werden kann.

Bei der Wahl des Sprengverfahrens sind verschiedene Faktoren zu beachten und Fragen zu klären, bevor die Sprengarbeiten begonnen werden können. Das Ablaufdiagramm (Bild 54)

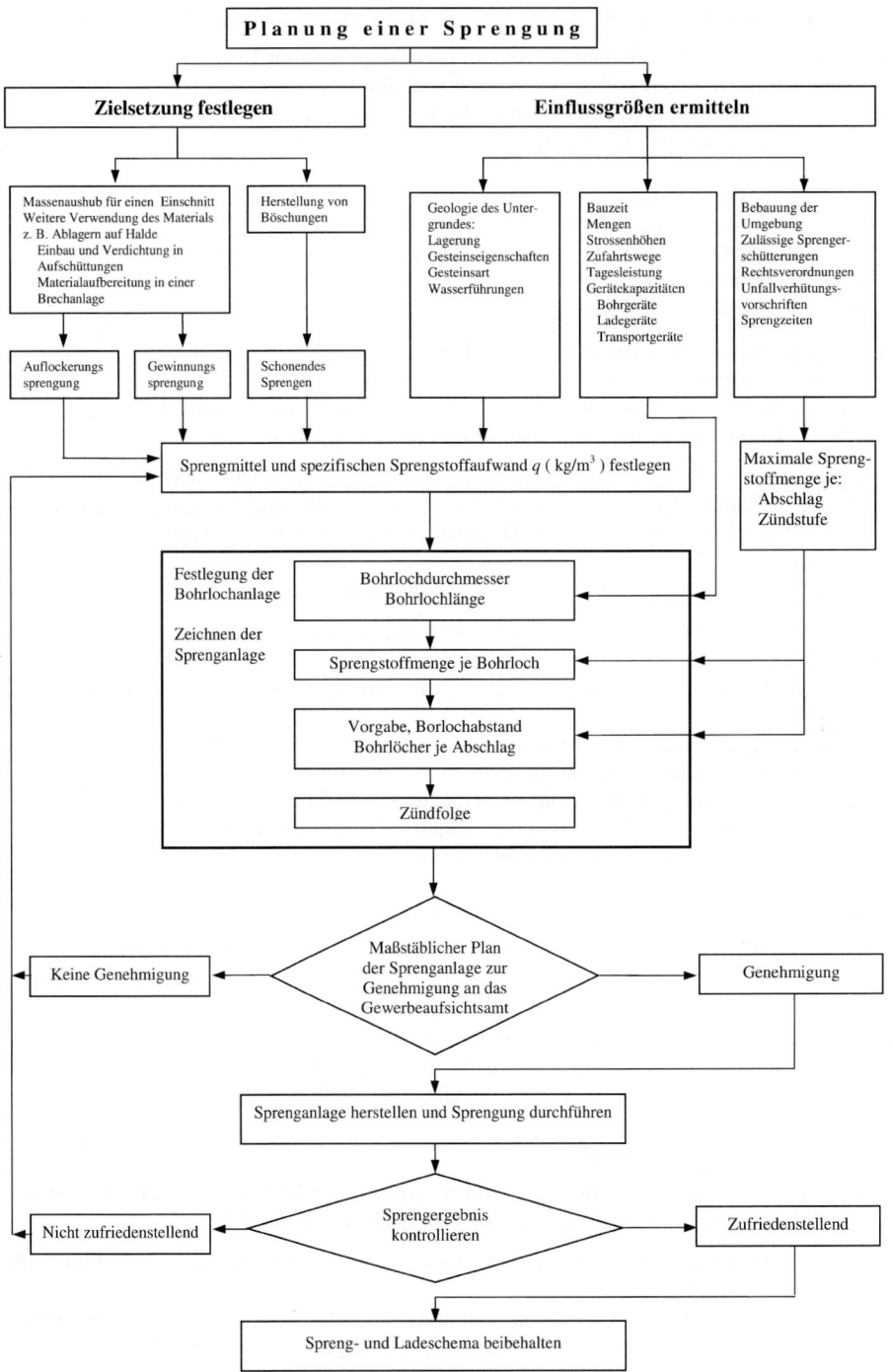

Bild 54. Ablaufdiagramm für die Planung einer Sprengung

2.1 Erdbau

für die Planung einer Sprengung zeigt die Zusammenhänge der verschiedenen Einflussfaktoren auf, die im Einzelnen in den nachfolgenden Abschnitten behandelt werden.

An dieser Stelle ist darauf hinzuweisen, dass Sprengarbeiten nur von Firmen durchgeführt werden können, die über eine entsprechende Genehmigung gemäß Sprengstoffgesetz und über ausgebildete und zugelassene Sprengberechtigte verfügen.

Gewinnungssprengverfahren

Beim Gewinnungssprengverfahren wird der Fels durch die Sprengung geworfen und kann von Ladegeräten direkt aufgenommen und geladen werden. Das Gewinnungssprengverfahren ist damit das Verfahren, mit dem Felsmengen bei der Herstellung von Einschnitten ladegerecht gelöst werden können. Das Verfahren ist so zu planen und auch während der Ausführungsarbeiten immer wieder zu verbessern, dass die Kosten minimiert werden (s. Bild 54).

Bild 55 veranschaulicht, wie sich die Kosten je m^3 zu sprengenden Fels in Abhängigkeit vom Zerkleinerungsgrad des Haufwerks und spezifischen Sprengstoffaufwand verhalten. Hierbei wurden nur die Kosten für das Bohren und Sprengen und die Ladekosten berücksichtigt. Die Transportkosten, die in erster Linie von der Entfernung abhängig sind, nehmen bei gleicher Entfernung ebenfalls leicht ab, da der Verschleiß der Mulden bei kleinstückigem Haufwerk geringer ist.

Je kleinstückiger das Haufwerk sein muss, weil es z. B. in einem Damm eingebaut und verdichtet oder in einer Brechanlage aufbereitet wird, umso dichter müssen die Bohrlöcher gesetzt werden, um den Sprengstoff möglichst fein im Fels zu verteilen. Siehe hierzu auch Bild 58, in dem die Massenvorgabe in Abhängigkeit vom Bohrlochdurchmesser dargestellt ist. Die Kosten für das Bohren und Sprengen können dabei von ca. 1,75 EUR/m^3 auf ca. 4,00 EUR/m^3 ansteigen. Die Kosten für das Laden des Haufwerks liegen im Mittel bei 0,90 EUR/m^3, wenn große Mengen (mehr als 20.000 m^3) zu bewegen sind (Preisbasis 2009), da dann entsprechend große und leistungsfähige Ladegeräte eingesetzt werden können. Der Kostenindex für 2009 beträgt das 1,15-Fache der 2000er-Kosten.

Stückigkeit des Haufwerks

Die Sprengung muss so konzipiert werden, dass die Stückigkeit des gesprengten Haufwerks einen wirtschaftlichen Einsatz der vorhandenen Lade- und Transportgeräte zulässt. Das

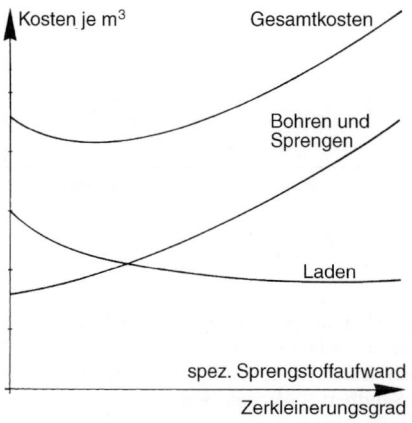

Bild 55. Schematische Darstellung der Kosten in Abhängigkeit vom Zerkleinerungsgrad des Haufwerks und vom spezifischen Sprengstoffaufwand (nach *Thum* und *Hettwer* [75])

heißt, das Haufwerk sollte so zerkleinert sein, dass der Knäpperanteil unter 5 % liegt. Unter Knäppern wird das Zerkleinern von großen Felsbrocken im Haufwerk, die sich von den Ladegeräten nicht mehr aufnehmen lassen, durch Sprengung (oder Meißeln) verstanden.

Bei der Planung der Sprenganlage muss auch die weitere Verwendung des Haufwerks berücksichtigt werden, weil sich nach der Verarbeitung des Materials die zulässige Stückigkeit des Haufwerks richtet. Wenn das Material auf eine Halde gefahren wird, braucht man nur ladegerechtes Haufwerk, wird es jedoch noch in einer Brechanlage aufbereitet, so wird in der Regel kleinstückiges Felsmaterial gefordert. Der Wurf sollte ebenfalls optimiert werden, um das Laden zu erleichtern.

Sprengstoffe

Bei der Vielzahl der auf dem Markt befindlichen Sprengstoffe kommt es darauf an, den richtigen Sprengstoff für die geplante Sprengung auszuwählen. In Tabelle 16 sind die in Deutschland handelsüblichen Sprengstoffarten aufgelistet zusammen mit einigen wichtigen Kenndaten. Die Art, Zusammensetzung und technischen Eigenschaften der verschiedenen Sprengstoffe, Sprengschnüre und Sicherheitsanzündschnüre sind außerdem in Normen zusammengestellt [87, 88].

Als Faustregel gilt: Für hartes Gestein einen schnellen Sprengstoff (hohe Detonationsgeschwindigkeit) und für weiches Gestein einen langsamen Sprengstoff (niedrige Detonationsgeschwindigkeit).

Im Hartgestein finden gelatinöse und pulverförmige Ammonsalpeter-Sprengstoffe sowie Slurries (Sprengschlämme) bei Bohrdurchmessern von 76 bis 95 mm Anwendung, während in weicheren Gesteinen, wie z. B. den Kalk- und Dolomitgesteinen, überwiegend Kombina-

Tabelle 16. Handelsübliche Sprengstoffe und ihre Kenndaten

Sprengstoffarten	Wasserbeständigkeit	Dichte kg/dm^3	Obere Detonationsgeschwindigkeit m/s	Schwadenvolumen l/kg
Gelatinöse Amonsalpeter-Sprengstoffe	sehr gut	1,4–1,6	5 500–6 500	750–900
Pulverförmige Amonsalpeter-Sprengstoffe mit Sprengölzusatz	gering bis gut	1,0–1,1	4 200–4 500	900–970
Pulverförmige Amonsalpeter-Sprengstoffe sprengölfrei	gering bis gut	0,95–1,2	4 100–4 600	750–910
ANC-Sprengstoffe pulverförmig oder geprillt	gering	0,9–1,0	2 500–4 000	950–1020
Slurry-Sprengstoffe mit Explosivbestandteilen, schlammförmig	sehr gut	1,4–1,5	4 700–4 800	740–800
Slurry-Sprengstoffe explosivstofffrei, schlammförmig	sehr gut	1,1–1,3	4 000	710–900

Die DIN 20 163 [85] definiert die Detonationsgeschwindigkeit als gerichtete Geschwindigkeit, mit der die Detonation im Sprengstoff fortschreitet. Die obere Detonationsgeschwindigkeit wird in der Regel unter Einschluß gemessen. Bei den explosivstofffreien Slurry-Sprengstoffen wird die Detonationsgeschwindigkeit freiliegend auf einem Sandbett ⌀ 65 gemessen.

tionen aus gelatinösen und nicht gelatinösen, pulverförmigen Sprengstoffen – hauptsächlich ANC (**A**mmonium**n**itrat und **C** für Kohlenstoff-Verbindung) Sprengstoffe – bei Bohrlochdurchmessern von 95 mm und größer gebräuchlich sind [75, 91].

Das Schwadenvolumen gibt an, wie viel Liter Gas sich bei der Explosion aus einem Kilogramm Sprengstoff entwickelt. Besonders bei klüftigem Gestein muss ein Sprengstoff mit großem Schwadenvolumen gewählt werden, damit genügend Gasdruck entstehen kann, um den Fels nach vorn zu werfen.

Die Wasserbeständigkeit des Sprengstoffs ist besonders dann wichtig, wenn damit zu rechnen ist, dass die Bohrlöcher sich mit Grundwasser auffüllen können. Es besteht die Gefahr, dass nicht wasserbeständige Sprengstoffe sich im Wasser auflösen.

Je größer die Dichte eines Sprengstoffs ist, umso mehr Sprengstoff und damit Sprengenergie bekommt man in das Bohrloch. Bei hohen Bohrkosten – 3 €/m^3 und mehr – empfiehlt es sich daher, entweder einen Sprengstoff in großer Dichte zu nehmen oder einen Sprengstoff, der das Bohrloch hundertprozentig ausfüllt, um eine möglichst hohe Ladedichte zu erhalten und damit die Sprengenergie des Sprengstoffs voll auszunutzen. Diese Bedingung wird von den pulverförmigen Sprengstoffen und den Sprengschlämmen (Slurries) erfüllt. Sprengschlämme werden in Mischfahrzeugen geliefert, die den Slurry erst am Bohrloch mischen und dann sofort in das Bohrloch pumpen. Das hat den Vorteil, dass ein Sprengstofflager mit all seinen Sicherheitsrisiken nicht notwendig ist, der Transport ungefährlich ist, da die einzelnen Mischkomponenten für sich allein nicht explosiv sind, und durch Veränderung des Mischverhältnisses der Sprengschlamm den örtlichen Verhältnissen angepasst werden kann. Nachteilig dabei ist, dass die Mischfahrzeuge erst bei größeren Sprengstoffmengen (über 500 kg) wirtschaftlich sind.

Einige ANC-Sprengstoffe und einige Slurry-Sprengstoffe lassen sich weder durch die Sprengschnur noch durch elektrische Zünder zur Explosion bringen, das bedeutet, dass diese Sprengstoffe eine Initialladung benötigen, um die Explosion zu initiieren. Als Initialladung kommen die gelatinösen Ammonsalpeter-Sprengstoffe infrage.

Nur selten, aber unter bestimmten Randbedingungen, wenn Erschütterungen ausgeschlossen werden müssen und ein mechanisches Lösen nicht möglich ist, können auch Quellsprengstoffe, z. B. FRACT.AG® der Fa. Chimica Edile, Italien, DEMEX®, der E. Ruspeckhofer, Österreich, oder „EuroHarz Katrock" P&T Technische Mörtel GmbH & Co. KG, Deutschland eingesetzt werden.

Es wird empfohlen, besonders bei großen Baulosen oder schwierigen Sprengaufgaben, sich von den Sprengstoffherstellern oder einem Sprengsachverständigen beraten zu lassen, welcher Sprengstoff für das Bauvorhaben der geeignetste ist.

Sprengerschütterung

Wenn die Sprengarbeiten in der Nähe von Gebäuden oder Ortschaften durchgeführt werden, sind vor Beginn der Arbeiten für die am nächsten gelegenen Gebäude die zulässigen Sprengerschütterungen gemäß DIN 4150-3 [84] (s. auch Kapitel 1.8) festzulegen. Es ist zu beachten, dass die Anhaltswerte der DIN 4150 nur angewendet werden können, wenn infolge der Erschütterungen gefährliche ungleichmäßige Setzungen und Verschiebungen im Baugrund nicht zu erwarten sind; bei Gebäuden in Hanglage sind bei Anwendung der Anhaltswerte besondere Überlegungen anzustellen.

Von *Langefors* und *Kihlström* ist für schwedische Verhältnisse aus Versuchen die Formel für die resultierende Schwinggeschwindigkeit V_R entwickelt worden, aus der sich die zulässige Ladungsmenge errechnen lässt (s. Tabelle 17).

Tabelle 17. Bestimmung der zulässigen Ladungsmenge [76]

$V_R = K \cdot \sqrt{\dfrac{L}{R^{3/2}}}$ [mm/s]	Resultierende Schwinggeschwindigkeit am Gebäude
K	Felskonstante (für schwedischen Granit ist K = 400), sie ist umso größer, je fester und härter das Gestein ist. Für deutsche Verhältnisse kann die Felskonstante K mindestens auf ca. 300 reduziert werden, da nicht solche Felsbedingungen wie in Schweden vorliegen
R [m]	Entfernung zur Sprengstelle (wird aus Lageplänen bestimmt)
$L = \dfrac{V_R^2 \cdot R^{3/2}}{K^2}$ [kg]	Zulässige Ladungsmenge je Zündstufe

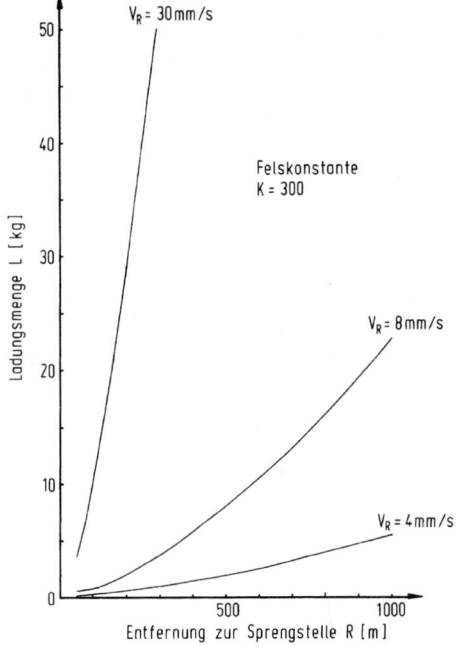

Bild 56. Ladungsmenge in Abhängigkeit von der Entfernung zur Sprengstelle für verschiedene Schwinggeschwindigkeiten V_R

Für K = 300 und für die in DIN 4150-3 [84] vorgegebenen Anhaltswerte V_R sind in Bild 56 die zulässigen Ladungsmengen L in Abhängigkeit von der Entfernung R zur Sprengstelle aufgetragen. Diese Werte sind als erste vorsichtige Näherung zu betrachten und sollten durch seismografische Messungen im Einzelfall überprüft werden. Dies ist besonders zu empfehlen, wenn Gebäude in der Nähe sind, für die die DIN 4150 $V_R \leq 4$ mm/s vorschreibt. Dieser sehr niedrige Wert kann die Sprengarbeiten stark behindern, besonders wenn nur aus theoretischen Werten die zulässige Ladungsmenge ermittelt wird.

Berechnungsverfahren für die Bestimmung der Parameter einer Bohrlochanlage

Das im Folgenden aufgezeigte Berechnungsverfahren von *W. Thum* gilt für Großbohrlochsprengungen [75, 91]. Grundsätzlich wird bei Nicht-Großbohrlochsprengungen oder Auf-

2.1 Erdbau

lockerungssprengungen in der gleichen Weise vorgegangen. Die Unfallverhütungsvorschriften der Bauberufsgenossenschaft [77] definieren: „Großbohrlochsprengungen sind Sprengungen in Bohrlöchern von mehr als 12 m Tiefe." Diese Definition wird in Deutschland als verbindlich angesehen und ist in alle Sprengvorschriften übernommen worden.

Bild 57 zeigt die Parameter einer Sprenganlage. Diese Parameter müssen für die Planung der Sprengung (s. Bild 54) bestimmt werden und sind zusammen mit einer maßstäblichen Skizze der gesamten Sprenganlage dem zuständigen Gewerbeaufsichtsamt vor Beginn der Sprengarbeiten zur Genehmigung vorzulegen.

Das Verfahren nach *Thum* sieht vor, die Parameter der Sprenganlage in der folgenden Reihenfolge und Berechnungsweise zu bestimmen:

1. Strossenhöhe: h_s (m)

Wird nach der örtlichen Gegebenheit festgelegt (s. Bild 59).

2. Wandneigung: α (°)

Richtet sich nach der Neigung der Kluftflächen. Wenn diese nicht zu flach (> 70°) geneigt sind, wird die Wandneigung parallel zu den Kluftflächen festgelegt. Das bedeutet, dass die Bohrlöcher parallel zu den Kluftflächen zu bohren sind.

3. Spezifischer Sprengstoffaufwand: q (kg/fm^3)

Der spezifische Sprengstoffaufwand gibt an, wie viel kg Sprengstoff je Festkubikmeter zu sprengendem Fels benötigt werden. Der spezifische Sprengstoffaufwand q liegt erfahrungsgemäß zwischen 0,25 und 0,5 kg/fm^3 und ist u. a. abhängig von den geologischen Kenndaten

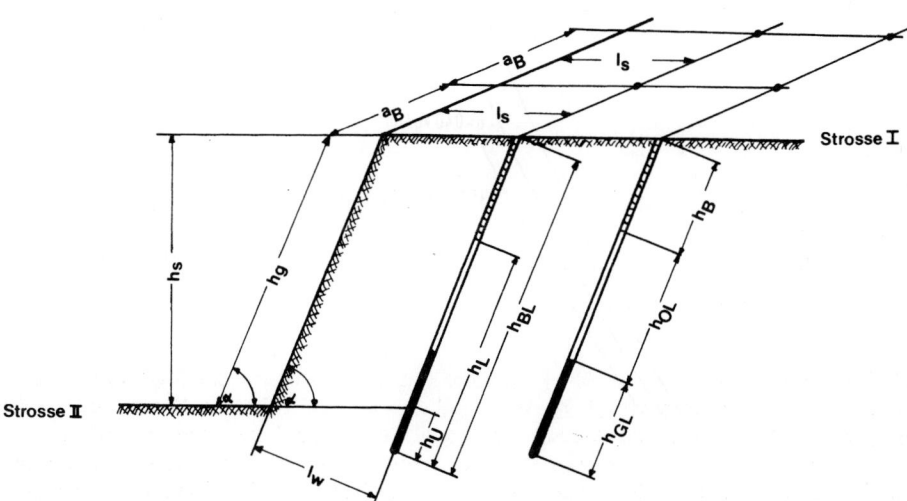

h_s – senkrechte Wandhöhe (Strossenhöhe)
h_g – geneigte Wandhöhe
α – Wandneigung
a_B – Bohrlochseitenabstand

l_s – söhlige Vorgabe
l_w – Längenvorgabe
h_{BL} – Bohrlochlänge
h_L – Ladelänge

h_U – Unterbohrung
h_{GL} – Grundladung
h_{OL} – Oberladung
h_B – Besatz

Bild 57. Parameter einer Sprenganlage [6]

des Untergrundes und dem verwendeten Sprengstoff. Für die genaue Ermittlung des spezifischen Sprengstoffaufwands sei auf die Fachliteratur verwiesen [75, 78, 79] und auf die Auskunft von Herstellerfirmen.

4. Bohrlochlänge: h_{BL} (m)

Mithilfe einer maßstäblichen Geländeskizze lässt sich leicht, wie in Bild 57 dargestellt, die Bohrlochlänge festlegen. Dabei ist zu beachten, dass die Bohrlöcher parallel zur festgelegten Bohrlochlänge und auch parallel zur festgelegten Wandneigung gebohrt werden und dass die tiefer liegende Strosse – hier Strosse II – um 1/3 der Längenvorgabe l_w unterbohrt werden muss. Die Unterbohrung ist notwendig, um die Herauslösung des Wandfußes zu gewährleisten.

In erster Näherung kann $h_U = 1$ m gesetzt werden.

$$h_{BL} = \frac{h_s}{\cos \alpha} + h_U \text{ (m)} \tag{17}$$

5. Bohrlochdurchmesser: d_B (mm)

Der Bohrlochdurchmesser ergibt sich aus den zur Verfügung stehenden Bohrgeräten und aus der zulässigen Sprengstoffmenge je Zündstufe und damit je Bohrloch. Bild 58 veranschaulicht, wie mit zunehmendem Bohrlochdurchmesser die Massenvorgabe – das ist das Felsvorkommen in m³, das sich mit einem Bohrloch sprengen lässt – wächst. Das bedeutet, mit steigendem Bohrlochdurchmesser reduzieren sich auch die Bohrkosten je m³ zu sprengendem Fels. In der Regel liegt d_B zwischen 100 und 150 mm.

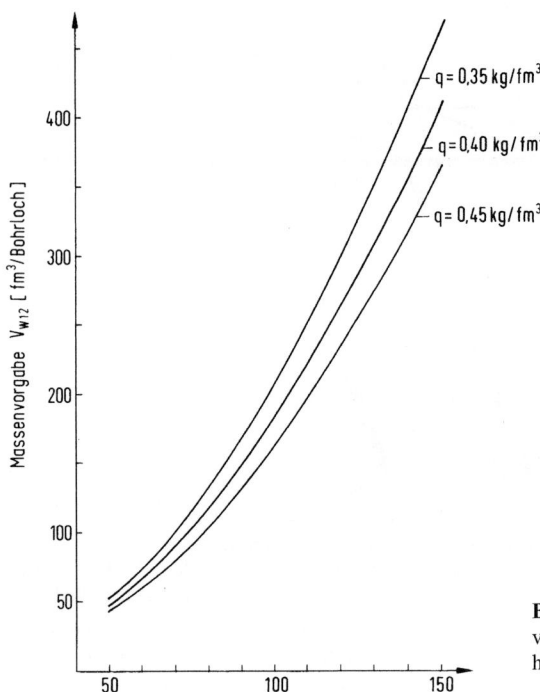

Bild 58. Massenvorgabe in Abhängigkeit vom Bohrlochdurchmesser für eine Strossenhöhe von 12,0 m

2.1 Erdbau

Für 8 m < h_s < 20 m können die Massenvorgaben in Abhängigkeit vom Bohrlochdurchmesser aus Bild 8 nach folgender Formel errechnet werden:

$$V_w = \frac{V_{w12}}{12} \cdot h_s \quad (\text{fm}^3/\text{Bohrloch}) \tag{18}$$

6. Besatz: h_B (m)

Die Besatzlänge sollte ungefähr der Längenvorgabe l_w entsprechen. Als Besatz wird fast immer das neben den Bohrlöchern liegende Bohrklein verwendet. In erster Näherung kann $h_B = 3$ m gesetzt werden.

7. Ladelänge: h_L (m)

Sie ergibt sich aus der Bohrlänge h_{BL} abzüglich der Besatzlänge h_B:

$$h_L = h_{BL} - h_B \quad (\text{m}) \tag{19}$$

Wenn mit Grundladung und Oberladung gearbeitet wird, setzt sich h_L aus den zugehörigen Ladelängen zusammen:

$$h_L = h_{GL} + h_{QL} \quad (\text{m}) \tag{20}$$

8. Grundladung: h_{GL} (m)

Besonders bei größeren Vorgaben sollte mit Grundladungen gearbeitet werden. Als Grundladung wird ein Sprengstoff verwendet, der eine größere Dichte und damit eine größere Energie hat als der Sprengstoff der Oberladung. Dies ist notwendig, da der Böschungsfuß stärker verspannt ist. Der Anteil für die Grundladung beträgt ca. 20 % des gesamten Sprengstoffgewichts:

$$h_{GL} (\, 0{,}16 \cdot h_L \quad (\text{m}) \tag{21}$$

9. Ladung: L_n (kg)

Aus dem Laderaumvolumen je Bohrloch, dem Füllungsgrad F und der Sprengstoffdichte ρ_1 (kg/dm^3) ergibt sich die Ladung L_n in kg Sprengstoff je Bohrloch. Bei patronierten Sprengstoffen beträgt der Füllungsgrad ca. 75 %, d. h., dass diese Sprengstoffe das Bohrloch zu 75 % ausfüllen.

Grundladung:

$$\text{Sprengstoff 1:} \quad L_1 = \frac{\pi \cdot d_B^2}{4} \cdot h_{GL} \cdot \rho_1 \cdot F_1 \cdot 10^{-4} \quad (\text{kg}) \tag{22.1}$$

Oberladung:

$$\text{Sprengstoff 2:} \quad L_2 = \frac{\pi \cdot d_B^2}{4} \cdot h_{QL} \cdot \rho_2 \cdot F_2 \cdot 10^{-4} \quad (\text{kg}) \tag{22.2}$$

Ladung: $\quad L_n = L_1 + L_2 \quad (\text{kg}) \tag{22.3}$

L_n darf nicht größer sein als die zulässige Ladungsmenge, die unter Berücksichtigung der umliegenden Bebauung und der zulässigen Sprengerschütterung festgelegt wurde. Wenn L_n größer ist, muss der Bohrlochdurchmesser reduziert und die Berechnung noch einmal begonnen werden.

10. Massenvorgabe: V_w (fm^3/Bohrloch)

Die Massenvorgabe (engl.: „burden") ist das Felsvolumen, das mit dem Sprengstoff, der in einem Bohrloch untergebracht wird, gesprengt werden kann. Nachdem die Ladung L_n eines

Bohrlochs bekannt ist, kann mithilfe des spezifischen Sprengstoffaufwands die Massenvorgabe V_w je Bohrloch ermittelt werden:

$$V_w = \frac{L_n}{q} \quad (fm^3/Bohrloch) \qquad (23)$$

11. Ausbruchfläche: A (m^2)

Bei einer Bohrlochreihe ergibt sich die Ausbruchfläche A je Bohrloch aus dem Produkt von söhliger Vorgabe l_s und dem Bohrlochseitenabstand a_B:

$$A = l_s \cdot a_B \quad (m^2) \qquad (24)$$

12. Bohrlochseitenabstand: a_B (m)

Um die Sprengenergie besser auszunutzen, empfiehlt es sich, den Bohrlochseitenabstand (engl.: „spacing") mindestens so groß wie die Vorgabe zu wählen. Schwedische Autoren sehen einen Bohrlochseitenabstand, der 1,3-mal so groß ist wie die Vorgabe, als optimal an.

$$\text{Allgemein gilt: } a_B \geq l_s \qquad (25)$$

13. Söhlige Vorgabe: l_s (m)

Mit der Beziehung $a_B = 1,3 \cdot l_s$ ergibt sich die söhlige Vorgabe l_s aus der Ausbruchfläche A wie folgt:

$$l_s = \sqrt{\frac{A}{1,3}} \qquad (26)$$

Damit sind alle Parameter einer Somethinganlage bekannt. Die am Anfang der Berechnung näherungsweise angenommenen Werte für h_U und h_B sollten noch einmal verglichen werden mit denen, die sich aus der folgenden Rechnung ergeben:

$$h_U = \frac{1}{3} l \quad (m) \qquad (27)$$

$$h_B = l_w \quad (m) \qquad (28)$$

wobei die Längenvorgabe

$$l_w = \sin \alpha \, l_s \quad (m) \qquad (29)$$

beträgt. Bei großen Abweichungen muss die gesamte Rechnung noch einmal durchgeführt werden, um genauere Werte zu erhalten.

Das hier nach *Thum* und *Hettwer* [75] geschilderte Berechnungsverfahren geht davon aus, dass die Bohrlöcher von oben gebohrt werden können. Bei unebenem oder leicht geneigtem Gelände ist darauf zu achten, dass alle Bohrlöcher bis auf den gleichen Horizont gebohrt werden, damit die Ebenflächigkeit der neuen Sohle garantiert ist. Das setzt voraus, dass das Gelände genau vermessen worden ist und dass mithilfe der Vermessungsdaten genaue maßstäbliche Geländeschnitte angelegt wurden, aus denen dann die Bohrlochlängen bestimmt werden können. Bei der Ausführung der Bohrarbeiten sind die einzelnen Bohrlöcher genau einzumessen und auf ihre vorgegebene Bohrlochtiefe hin zu kontrollieren.

Bei der Festlegung einiger Parameter sollten auch verfahrenstechnische Punkte beachtet werden.

2.1 Erdbau

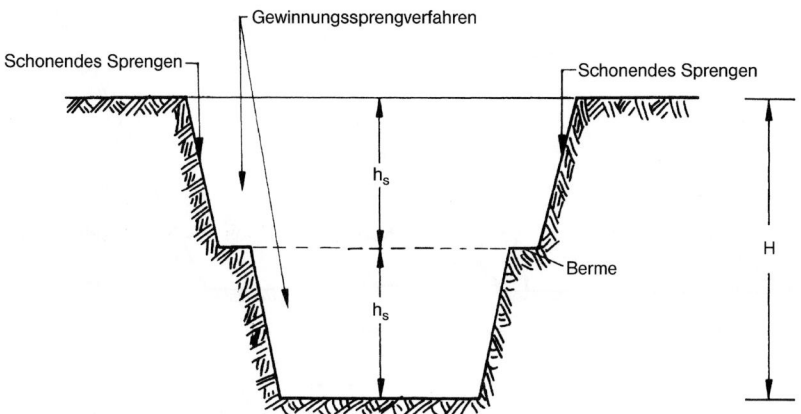

Bild 59. Strossenhöhe und Einschnittshöhe

Strossenhöhe: h_s (m)

Die Strossenhöhe h_s (m) ergibt sich aus:

a) der Gesamthöhe H des Einschnitts (Bild 59)
   H sollte nach Möglichkeit ein ganzzahliges Vielfaches von h_s sein. Hieraus lässt sich dann sehr gut ein gleichmäßiges Arbeitstaktverfahren für alle Strossen entwickeln. Die Strossenhöhe h_s wird auch davon abhängen, ob aus sicherheitstechnischen Gründen Bermen angeordnet wurden und in welcher Höhe diese Bermen liegen.

b) der Größe der Ladegeräte
   Dabei gilt: Je größer die Ladegeräte, umso höher kann h_s sein. Wenn mit großen Geräten gearbeitet werden kann, da große Mengen zu bewegen sind, sollte eine Strossenhöhe von 12 bis 15 m gewählt werden. Diese Höhe hat sich in der Praxis als wirtschaftlich herausgestellt.

c) den Zufahrtsmöglichkeiten
   Bohr-, Lade- und Transportgeräte müssen ungehindert an ihre Einsatzorte gelangen können.

Spezifischer Sprengstoffaufwand q

Die in der deutschen Fachliteratur angegebenen Berechnungsverfahren für die Ermittlung von q sind alle mehr oder weniger empirisch. Der spezifische Sprengstoffaufwand sowie die gesamte Sprenganlage sollten nach dem Ergebnis einer Sprengung immer wieder neu festgelegt werden, um optimale Werte zu erhalten. In Schweden wird grundsätzlich jede Sprengung mit q = 0,4 kg/fm^3 geplant [78] und nur bei besonderen Sprengproblemen wird dieser Wert geändert.

Fächersprenganlage

Wenn das Gelände so stark geneigt ist, dass die Bohrgeräte nicht von oben bohren können, muss das Verfahren einer Fächersprenganlage gewählt werden, d. h., dass die Bohrlöcher von der Seite fächerförmig, wie in Bild 60 dargestellt, in das anstehende Gebirge gebohrt werden. Ob eine, zwei oder drei Bohrlochreihen gebohrt werden müssen, hängt von der Neigung des anstehenden Geländes ab (s. Tabelle 18 und Bild 60).

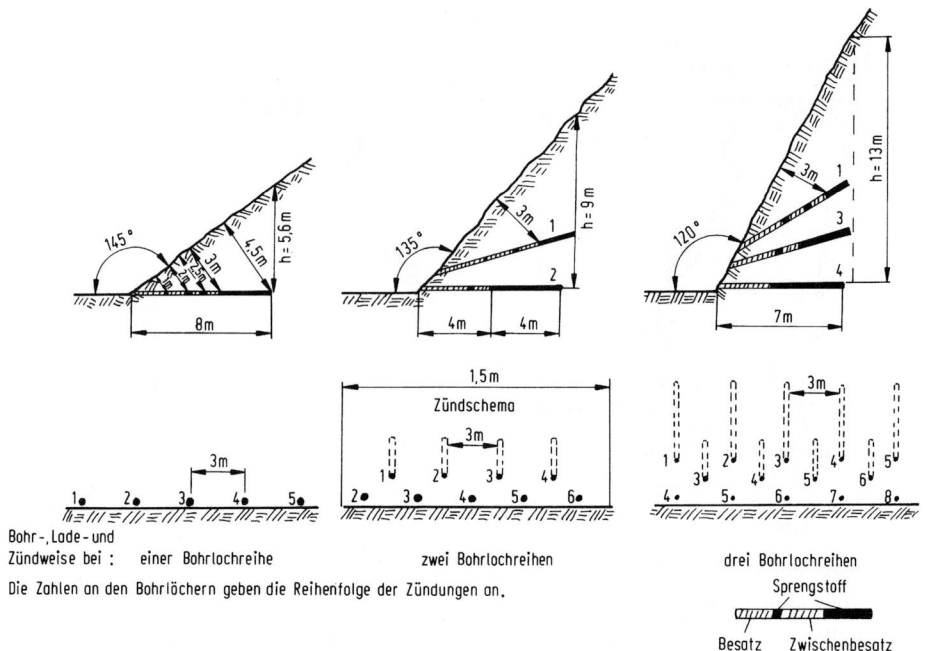

Bild 60. Fächersprenganlage (nach [80])

Tabelle 18. Anzahl der Bohrlochreihen in Abhängigkeit von der Wandneigung (s. a. Bild 60) [80]

Wandneigung	Anzahl der Bohrlochreihen für eine Fächersprenganlage
$\alpha° \leq 35°$	Eine Bohrlochreihe, wenn die Bohrlöcher nicht zu tief gebohrt werden
$35° < \alpha° < 50°$	Zwei Bohrlochreihen
$\alpha° \geq 50°$	Drei Bohrlochreihen
	Im Grenzbereich spielen natürlich auch der Bohrlochdurchmesser und damit die eingebaute Sprengstoffmenge eine Rolle

Der spezifische Sprengstoffverbrauch q liegt bei diesen Sprengungen zwischen 0,3 kg/fm³ und 0,35 kg/fm³. *Bittermann* [80] weist nach, dass bei steil anstehenden Bruchwänden der spezifische Sprengstoffverbrauch q höher sein muss als bei flacher anstehenden Wänden. Je steiler die Wand ist, umso größer ist der Zwang, unter dem die Sprengung steht, und umso höher ist der spezifische Sprengstoffaufwand. Bei diesen Sprengungen sollte man insbesondere bei den steil anstehenden Bruchwänden nur gelatinöse Sprengstoffe verwenden. Wie in Bild 60 demonstriert, empfiehlt es sich, mit gestreckten Ladungen und Zwischenbesatz zu arbeiten. Dabei werden die Patronen geviertelt oder halbiert.

Wenn es nicht möglich ist, den Hang, wie in Bild 60 dargestellt, anzubohren und zu sprengen, kann der Vortrieb parallel zur Hangrichtung, wie in Bild 61 dargestellt, erfolgen.

Die Schleudergefahr ist bei Fächersprenganlagen naturgemäß sehr groß, und es muss zur Vermeidung einer Streuung eine Mindestvorgabe von 3 m eingehalten werden. Dabei wird

2.1 Erdbau

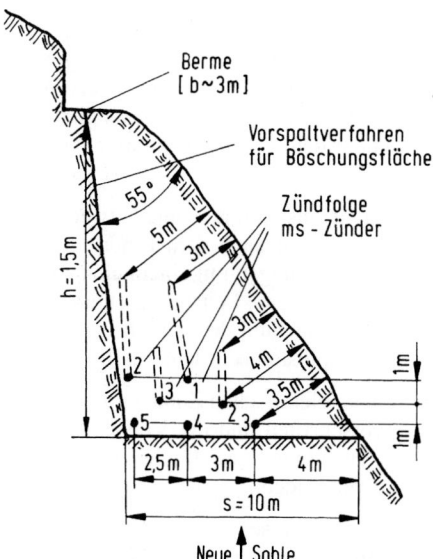

Bild 61. Beispiel einer Fächersprenganlage beim Sohlenvortrieb [80]

Tabelle 19. Bemessungsdaten [80]

Bohrloch-durchmesser	Patronen-durchmesser	Bohrlochtiefe		Vorgabe [1]		Bohrloch-abstand
		minde-stens	höch-stens	minde-stens	höch-stens	
mm	mm	m	m	m	m	m
70	50	4	6	2	4	1,5–2,0
80	65	5	8	3	5	2,5–3,0
100	80	7	12	4	6	3,0–4,0

[1] Unter Vorgabe ist hier der Abstand zu verstehen, der von der freien Wandfläche senkrecht zum Sprengstoff im Bohrloch gemessen wird.

die Vorgabe senkrecht von der freien Fläche zu der Stelle im Bohrloch gemessen, an der sich der Sprengstoff befindet.

Bittermann [80] empfiehlt die in Tabelle 19 aufgezeigten Bohrlochtiefen, Vorgaben und Bohrlochabstände in Abhängigkeit vom Bohrlochdurchmesser. Nach seinen Empfehlungen liegt hierbei der spezifische Sprengstoffverbrauch q zwischen 0,25 und 0,3 kg/fm^3.

Bei der Planung der Fächersprenganlagen ist es zwingend notwendig, vorher das Gelände exakt zu vermessen und mithilfe der Vermessungsdaten maßstäbliche Geländeschnitte anzufertigen. In diese Schnitte können dann, wie in den Bildern 60 und 61 gezeigt, die Bohrlöcher unter Berücksichtigung der Mindestvorgaben und Besatzlängen eingezeichnet werden. Die gebohrten Bohrlöcher sind später im Gelände auf ihre genaue Lage zu kontrollieren, denn wenn sie zu dicht unter der Oberfläche gebohrt sind, besteht bei dem Sprengvorgang die Gefahr des Schleuderwurfs.

Zündung

Gemäß der Unfallverhütungsvorschrift „Sprengarbeiten" dürfen Großbohrlochsprengungen nur durch Zündung mit Sprengschnur gezündet werden. Die Sprengschnur muss bis in das Bohrlochtiefste reichen und mit der Zündladung fest verbunden sein. Sprengkapseln, Sprengzünder oder Sprengverzögerer dürfen in Großbohrlöcher und Hilfsbohrlöcher nicht eingebracht werden.

Das Ende der Sprengschnur, das aus dem Bohrloch herauskommt, kann entweder mit weiteren Sprengschnurenden verbunden werden, oder es wird nach dem Einbringen des Besatzes kurz abgeschnitten und später bei den Zündvorbereitungen mit einem elektrischen Zünder verbunden. Das Zünden der einzelnen Bohrlöcher über eine Leitsprengschnur, in die auch Sprengverzögerer eingebaut werden können, hat den Nachteil der starken Lärmbelästigung bei der Sprengung, da die Sprengschnur bei der Explosion sehr laut knallt.

Es empfiehlt sich daher, jedes Bohrloch einzeln mit einem elektrischen Zünder zu versehen. Beim Einbau der Zünder sind die Unfallverhütungsvorschriften und die Vorschriften des Herstellers zu beachten, um Unfälle, bedingt durch ein vorzeitiges Zünden infolge von Umwelteinflüssen (Gewitter, elektrische Anlagen), zu vermeiden.

Durch die Verwendung von Millisekundenzündern, die es in verschiedenen Zeitstufen gibt, kann die eingebaute Sprengstoffmenge in mehrere Einzelladungen unterteilt werden. Die kleinste mögliche Ladung ist dabei die Ladung eines Bohrlochs. Die eingebauten Millisekundenzünder bewirken, dass die Einzelladungen nacheinander im zeitlichen Abstand von nur einigen Millisekunden explodieren, dadurch werden die Sprengerschütterungen niedrig gehalten.

Durch die richtige Anordnung der Zünder wird das Ergebnis der Sprengung beeinflusst, da die losgelösten Felsbrocken bedingt durch das Gegeneinanderfliegen des Gesteins noch eine zusätzliche Zerkleinerung erfahren können. Auch hier wird wieder auf die Fachliteratur verwiesen.

Sicherheitsmaßnahmen

An dieser Stelle wird wegen der Wichtigkeit nochmals darauf hingewiesen, dass Sprengungen nicht von jedermann durchgeführt werden dürfen. Sprengarbeiten können nur von besonderen Betrieben, die über einen Berechtigungsschein gemäß Sprengstoffgesetz verfügen und deren Sprengmeister im Besitz eines gültigen Befähigungsscheines gemäß § 20 Sprengstoffgesetz [83] sind, ausgeführt werden.

Bei der Planung und Durchführung der Arbeiten sind besonders die Unfallverhütungsvorschriften [77] der Tiefbauberufsgenossenschaft zu beachten und einzuhalten. Bei schwierigen Felsverhältnissen, wo die Gefahr besteht, dass die Felsmassen über Gleitflächen infolge der Sprengerschütterungen in die Baugrube bzw. in den Bereich des Einschnitts rutschen können, sollten während der Abbauphasen Felsverschiebungsanlagen installiert werden, um jede Felsbewegung rechtzeitig zu erkennen.

Auflockerungssprengungen

Auflockerungssprengungen oder auch Lockerungssprengungen sind Sprengungen zur weitgehenden Zerstörung des Gefüges von Gesteinen, Bauteilen oder anderen verfestigten Materialien ohne deren Auswurf [79, 91]. Die Sprengarbeit beschränkt sich auf die Unterstützung der Arbeit der primär eingesetzten Gewinnungsmaschinen, z. B. Planierraupen, Aufreißer oder Fräsen, im Bergbau Schrämen oder Hobel [91].

2.1 Erdbau

Bei Auflockerungssprengungen für Geländeeinschnitte handelt es sich in der Regel um Flächensprengungen. Dabei wird eine größere Fläche mit einem gleichmäßigen Bohrschema versehen und anschließend gesprengt. Eine freie Fläche – wie bei der Gewinnungssprengung –, zu der hin das Material geworfen werden kann, gibt es nicht. Ein Werfen nach oben sollte verhindert werden. Der Sicherheit halber werden hierbei zusätzlich meist Sprengmatten verwendet. Infolge der Auflockerung des Materials hebt sich die ganze Fläche an.

Die Planung der Sprengung erfolgt nach dem gleichen Schema wie im Bild 54 dargestellt. Die Bemessung der Sprengparameter erfolgt grundsätzlich wie zuvor im Abschnitt Gewinnungssprengverfahren beschrieben.

1. Strossenhöhe: h_s (m)

Bei der Auflockerungssprengung wird man mit Strossenhöhen von 4 bis 6 m arbeiten. Bei noch größeren Strossenhöhen besteht die Gefahr, dass im unteren Bereich der Sprengung das Material nicht genügend aufgelockert wird, sodass es nicht zusammengeschoben werden kann. Außerdem werden die Sprengerschütterungen stark.

2. Spezifischer Sprengstoffaufwand: q (kg/fm³)

Der spezifische Sprengstoffaufwand q (kg/fm³) liegt bei Auflockerungssprengungen zwischen 0,2 und 0,25 kg/fm³ je nach Festigkeit des Gesteins. Es empfiehlt sich, auf alle Fälle den ersten nicht zu großen Abschlag als Probesprengung durchzuführen, um danach die Sprengparameter neu festzulegen.

Als Sprengmittel wird ein sanfter Sprengstoff empfohlen, das heißt der Sprengstoff soll eine nicht zu hohe Detonationsgeschwindigkeit (s. Tabelle 16) haben. Bei wasserfreien Bohrlöchern können ANC-Sprengstoffe mit einer Initialladung (gelatinöser Ammonsalpeter Sprengstoff) ansonsten auch Sprengschlämme (Slurries) oder pulverförmige Ammonsalpeterstoffe verwendet werden.

3. Bohrlochlänge: h_{BL} (m)

Auch für die Auflockerungssprengung muss eine genaue maßstäbliche Geländeskizze mit Schnitten angefertigt werden, mit deren Hilfe dann die Bohrlochlänge festzulegen ist. Die tiefer liegende Strosse sollte ungefähr 1 m unterbohrt werden, um das Material bis auf die gewünschte Tiefe richtig aufzulockern.

4. Bohrlochdurchmesser: d_B (mm)

Durch den Bohrlochdurchmesser wird die Lademenge je Bohrloch bestimmt. Diese Lademenge sollte jedoch nicht so groß werden, dass dadurch die Längenvorgabe l_w größer wird als 5 m, da sonst die Gefahr besteht, dass die Fläche nur im Bereich der Bohrlöcher aufgelockert wird und dass dazwischen Partien stehenbleiben. Allgemein gilt: je dichter die Bohrlöcher zusammenstehen, umso besser ist der Sprengstoff im Feld verteilt und umso größer ist der Zerkleinerungsgrad des gesprengten Gesteins.

5. Besatz: h_B (m)

In erster Näherung kann für $h_B = 2{,}5$ m gewählt werden.

6. Ladelänge: h_L (m)

$$h_L = h_{BL} - h_B \tag{30}$$

7. Grundladung: h_{GL} (m)

Bei den verhältnismäßig kurzen Bohrlöchern (h_{BL} < 6 m) wird nur mit einem Sprengstoff gearbeitet. Eine Unterteilung in Grund- und Oberladung wäre zu arbeitsaufwendig.

8. Ladung: L_n (kg)

$$L_n = \frac{\pi \cdot d_B^2}{4} \cdot h_L \cdot \rho \cdot F \cdot 10^{-4} \; (\text{kg}) \tag{31}$$

wobei: ρ_l = Sprengstoffdichte (kg/dm³)
$\quad\quad$ F = Füllungsgrad (%)

9. Massenvorgabe: V_w (fm³/Bohrloch)

$$V_w = \frac{L_n}{q} \; (\text{fm}^3/\text{Bohrloch}) \tag{32}$$

10. Ausbruchfläche: A (m²)

$$A = \frac{V_w}{h_s} \; (\text{m}^2) \tag{33}$$

11. Bohrlochseitenabstand: a_B (m)

Bei einer Flächensprengung wird mit einem quadratischen Bohrschema gearbeitet. Es gilt:

$$a_B = l_s \; (\text{m}) \tag{34}$$

12. Söhlige Vorgabe: l_s (m)

$$l_s = \sqrt{A} \; (\text{m}) \tag{35}$$

Zündung

Die Zündung des Sprengstoffs im Bohrloch kann entweder über eine Sprengschnur, die dann außerhalb des Bohrlochs elektrisch gezündet wird, oder direkt über einen elektrischen Zünder im Bohrloch erfolgen, da es sich hier nicht um Großbohrlochsprengungen handelt. Der elektrische Zünder wird mit der letzten Sprengstoffpatrone ins Bohrloch eingebracht. Dabei ist darauf zu achten, dass die Zünddrähte nicht beschädigt werden, um Zündversager zu vermeiden.

Durch den Einsatz von Millisekundenzündern unterschiedlicher Zündstufen lässt sich die gesamte Sprengstoffmenge in Einzelladungen unterteilen, wobei die kleinste Einzelladung aus der Lademenge eines Bohrlochs besteht. Durch die Unterteilung werden die Sprengerschütterungen gering gehalten.

10.2.2 Gestaltung von Felsböschungen

Der Fels ist im Bereich der Einschnitte und Anschnitte so abzubauen, dass eine standfeste Böschung entsteht. Durch eine entsprechende Trassenführung und Querschnittswahl können Gesteinsabgänge von vornherein vermieden oder gemildert werden. Zur Festlegung der Trassenbreite als Richtmaß für den Grunderwerb, zur Bestimmung der Abbauweise und für die Zuverlässigkeit der Mengenbilanz innerhalb eines Streckenabschnitts ist es wichtig, die Felsböschungen und die nur teilweise felsigen Böschungen nach Form und Neigung so zu entwerfen, dass während des Abbaus keine wesentlichen Umstellungen erforderlich werden.

2.1 Erdbau

Voraussetzung dafür sind gründliche ingenieurgeologische und gesteinstechnische Untersuchungen, die über die oft sehr unterschiedliche Lagerung und Verwitterungsfestigkeit des Gesteins und auch über den Wasserhaushalt Aufschluss geben müssen [81].

Die Richtlinien für den Lebendverbau an Straßen (RLS) [81] unterscheiden in der Reihenfolge der Verwitterungsbeständigkeit bzw. Standfestigkeit des Gesteins vier Gruppen:

1. Weiches und gebräches Gestein.
2. Gebankter Fels.
3. Klüftiges Gestein.
4. Hartes, verwitterungsbeständiges Gestein.

Zwischen diesen vier Gruppen gibt es viele Übergänge (s. Kapitel 1.15). Für den Abbau und die Herstellung von Böschungen ergeben sich hieraus unterschiedliche Verfahren.

Für die Herstellung der Felsböschungen stehen zum einen die verschiedenen Verfahren, die unter dem Oberbegriff „Schonendes Sprengen" oder „Profilgenaues Sprengen" [91] bekannt sind (s. Abschn. 10.2.2.2), zum anderen mechanische Abbauverfahren (s. Abschn. 10.2.2.1) zur Verfügung.

Der Vorteil der schonenden Sprengverfahren besteht darin, dass man die Böschungsflächen mithilfe einer großen Anzahl von Bohrlöchern erzeugt, die genau entlang der Böschungsfläche gebohrt und die teilweise mit Sprengstoff besetzt und gesprengt werden. Dabei entfällt ein späteres Nacharbeiten. Die Arbeiten für die schonenden Sprengverfahren müssen abgeschlossen sein, bevor der eigentliche Aushub die Böschungsflächen erreicht hat. Dadurch ist automatisch ein versehentlicher Mehrausbruch ausgeschlossen. Wenn der Felseinschnitt mit einem Sprengverfahren herausgenommen wird, sollten auch die Böschungsflächen mit einem schonenden Sprengverfahren hergestellt werden, da zum einen schon eine Sprenggenehmigung für das Bauvorhaben vorliegt und zum anderen Bohrgeräte auf der Baustelle sind. Zusätzliche Geräte, die für das mechanische Abbauverfahren notwendig wären, müssen nicht zur Baustelle gebracht werden und verursachen keine Mehrkosten.

Bei dem Herstellungsverfahren ohne Sprengung arbeiten sich die Baugeräte an die Böschungsflächen heran, wobei diese Arbeiten im Bereich der Böschungsflächen ständig durch Vermessung zu kontrollieren sind, um genau die gewünschten Böschungsprofile zu erreichen. Das mechanische Verfahren ist das geeignete Verfahren für den Fall, dass die Böschung durch Lebendverbau gesichert wird, denn nur hier ist eine individuelle Gestaltung möglich. Es bietet zudem besonders beim Fräsen die Möglichkeit, Entwässerungsmulden und Nischen profilgenau mit minimalem Mehrausbruch herzustellen.

10.2.2.1 Mechanische Verfahren zum Herstellen von Felsböschungen

Mechanische Verfahren sind einsetzbar, wenn der Fels noch gerissen werden kann (s. Abschn. 10.2.1.1) oder sich leistungsstarke Fräsen anbieten. Die Böschungen, die zurückbleiben, nachdem ein Felseinschnitt durch mechanisches Lösen (Reißen) herausgenommen worden ist, sind sehr ungleichmäßig. Außerdem muss damit gerechnet werden, dass einzelne Felsbrocken angerissen, jedoch nicht herausgelöst wurden. Aufgabe der eingesetzten Geräte ist es, eine sichere Böschung in der gewünschten Neigung herzustellen. Da die Neigung von Felsböschungen in der Regel steiler ist als 1:1, bedeutet das, dass Geräte auf diesen Böschungen nicht mehr fahren können. Ein Bearbeiten der Böschungen mit Geräten von oben entfällt aus sicherheitstechnischen Gründen. Da die Geräte sehr dicht an der Böschungskante stehen müssten, bestünde die Gefahr, dass sich der Fels unter den Geräten infolge von Arbeitsschwingungen und Belastungen löst.

Aus diesen Gründen können die Böschungen nur von unten bearbeitet werden. Daraus ergibt sich, dass die Felsböschungen gleichzeitig mit dem Aushub hergestellt werden müssen, damit die eingesetzten Geräte noch jeden Punkt der Böschungsfläche erreichen können.

Als Geräte für diese Arbeiten kommen Hydraulikbagger infrage, die entweder mit einem Felsmeißel, einem Reißzahn oder einem Hochlöffel, der für Arbeiten im Fels geeignet sein muss, ausgerüstet sind. Die Bagger müssen mit ihren Werkzeugen in der Lage sein, Felsbrocken aus dem Verband herauszubrechen. Daher sind dafür nur mittelschwere bis schwere Bagger geeignet, die über entsprechend stabile Baggerarme und über eine genügend starke Hydraulik verfügen. Bagger mit Reifenfahrwerk sind nicht gut geeignet, da der Reifenverschleiß im Fels sehr hoch ist. Auf einem Raupenfahrwerk hat der Bagger außerdem einen festeren Stand.

Ein Vorteil des mechanischen Verfahrens besteht auch darin, dass Böschungen, die in Böschungsrichtung gekrümmt sein sollen, hergestellt werden können. Mit dem Verfahren des schonenden Sprengens ist das nicht zu erreichen, da die Bohrlöcher nur geradlinig gebohrt werden können.

Der Vermessungsaufwand ist bei gekrümmten Böschungen größer als bei ebenen, da die Böschungslehren, an denen sich die Geräteführer orientieren müssen, dichter aufzustellen sind (Abstand ca. 20 bis 25 m) und da laufend Kontrollmessungen durchzuführen sind. Bei ebenen Böschungen kann der Geräteführer leichter durch einfache Inaugenscheinnahme seine Arbeit kontrollieren.

Als Alternative zum oben beschriebenen mechanischen Ausbruch mittels Meißel, Reißgeräten und Felsbagger kommen in den letzten Jahren zunehmend die hydraulische Baggeranbaufräse sowie die Kaltfräse zum Einsatz. Mit der am Bagger montierten Fräse können beliebige Böschungsprofile hergestellt werden und gleichzeitig eine geschlossene und somit standsichere Böschungsoberfläche hergestellt werden. Darüber hinaus ist es mit der Fräse möglich, präzise Modellierungen, z. B. für Nischen, Entwässerungs- und Leitungsgräben an der Krone oder am Fuß der Böschung ohne den üblichen geologisch bedingten Mehrausbruch und die damit oft verbundene Reduzierung in der Standsicherheit und die erforderlichen Ausbesserungsmaßnahmen mittels Füllbeton und dergleichen zu schaffen.

10.2.2.2 Schonendes Sprengen

Das besondere Kennzeichen dieses Sprengverfahrens, auch profilgenaues Sprengen genannt, besteht darin, dass durch entsprechende Kombination von Bohrloch- und Ladungsanordnungen in Verbindung mit einem geeigneten Zündschema eine Lenkung und Kanalisierung der Sprengwirkung derart erzielt werden kann, dass es in der Verbindungsebene der Bohrlöcher zu einer Spaltbildung kommt, ohne dass andere, unkontrollierbare Zerstörungen in den anderen Richtungen rings um das Bohrloch entstehen [75]. In Tabelle 20 sind mögliche Sprengverfahren für das schonende Sprengen aufgelistet.

Diese genannten Verfahren unterscheiden sich durch den Bohr- und Sprengstoffaufwand und den Zeitpunkt, zu dem sie im Verhältnis zum Aushub des eigentlichen Einschnitts angewendet werden. Sie alle sind geeignet, Felsböschungen in der gewünschten Genauigkeit und ohne Zerstörung der stehenbleibenden Wand herzustellen.

Die schonenden Sprengverfahren machen es notwendig, dass ein Bohrgerät entlang der Oberkante der Böschung fahren muss, um die Bohrlöcher genau in der Ebene der Böschungsfläche zu bohren. Dazu müssen, wie in den Bildern 60 und 61 dargestellt, Bermen – sog. Bohrbermen – angelegt werden, die ein sicheres und genaues Arbeiten der Geräte möglich machen. Besonders bei steilen Hängen kann es notwendig werden, diese Bermen mit

2.1 Erdbau

Tabelle 20. Schonende Sprengverfahren gemäß DIN 20163 „Sprengtechnik" [85]

Sprengverfahren	Beschreibung
Vorkerben	Durch eine Reihe von Leerbohrlöchern wird die beabsichtigte Trennfläche vorgegeben, bis zu der die Sprengwirkung reichen soll (s. Bild 64)
Vorspalten	Die Trennfläche wird in einem besonderen Zündgang vor der Hauptsprengung durch eine Reihe von Bohrlochladungen mit geringem Abstand hergestellt (s. Bild 65)
Abspalten	Die Trennfläche wird nach der Hauptsprengung durch eine Reihe von Sprengbohrlöchern mit geringem Abstand und gepufferten Sprengladungen erhalten (s. Bild 68)
Abkerben	An der Trennfläche wechseln Leer- und Sprengbohrlöcher ab (s. Bild 69)
Kontursprengung oder Profilsprengung	Herstellen verhältnismäßig glatter Trennflächen (Konturen, Profile) ohne Anreißen des stehenbleibenden Gebirges oder Bauwerkteils und ohne Mehrausbruch durch Vorkerben, Abspalten oder Abkerben

Abbruchhämmern oder hydraulischen Anbaufräsen, die auf einem kleinen Hydraulikbagger montiert sein können, aus dem Hang herauszumeißeln oder herauszufräsen. Bei der Ermittlung der Kosten für die Herstellung der Böschungen dürfen diese Arbeiten nicht unberücksichtigt bleiben. Da die Bohrkosten bei dem schonenden Sprengverfahren sehr stark zu Buche schlagen, ist es für die Kalkulation wichtig, die Leistung der Bohrgeräte und den Bohrstahlverbrauch genau zu ermitteln. In Tabelle 21 wird die Leistungsermittlung gezeigt und welche Einflussfaktoren dabei zu berücksichtigen sind.

Die nach Tabelle 21 ermittelte Bohrleistung Q_B enthält auch das Umsetzen von einem Bohrloch zum anderen. Zu den einzelnen Zeiten und Faktoren sind noch die folgenden Anmerkungen zu machen.

Wenn das Bohrgerät mit einem Imlochhammer ausgerüstet ist, der im Bohrloch direkt auf die Bohrkrone schlägt, bleibt die Bohrgeschwindigkeit V_B unabhängig von der Bohrlochtiefe immer gleich und der Abminderungsfaktor F_A ist gleich 1 zu setzen.

Arbeitet das Bohrgerät jedoch mit einem Außenhammer, so nimmt die Schlagenergie, die vom Hammer über das Bohrgestänge zur Bohrkrone ins Bohrloch geführt wird, mit jeder Bohrstange ab, die zwischen Bohrkrone und Hammer mit zunehmender Bohrlochtiefe geschraubt werden muss. Damit reduziert sich auch die Bohrgeschwindigkeit. Der Abminderungsfaktor F_A ist im Bild 62 in Abhängigkeit von der Bohrlochtiefe für 3-m-Bohrstangen aufgetragen.

Die Bohrgeschwindigkeit V_B selbst ist u. a. von folgenden Faktoren abhängig:

1. Ausbildung und Zustand der Bohrkrone.
2. Anpressdruck der Bohrkrone.
3. Drehzahl der Bohrkrone.
4. Zur Verfügung stehende Spülluftmenge.
5. Gesteinsphysikalische Kenndaten wie Festigkeit, Quarzanteil.
6. Bohrlochdurchmesser.

Es ist unmöglich, ohne Kenntnis der obigen Daten, Werte für die Bohrgeschwindigkeiten anzugeben, da diese von 0,1 bis 5 m/min schwanken können. Bei großen Bohrvorhaben

Tabelle 21. Ermittlung der Bohrleistung

$Q_B = \dfrac{h_{BL}}{T} \cdot (60 - t_v)$ [m/h]	Bohrleistung
h_{BL} [m]	Bohrlochtiefe
t_v [min]	Sachliche und persönliche Verteilzeit ca. 10 min
$T = t_B + t_w + t_z + t_U + t_E$ [min]	Spielzeit je Bohrloch
$t_B = \dfrac{h_{BL}}{V_B \cdot F_A}$ [min]	Die Bohrzeit t_B ist nicht nur von der Bohrlochtiefe und der Bohrgeschwindigkeit, sondern auch von der Art des Bohrhammers abhängig
V_B [m/min]	Bohrgeschwindigkeit
F_A	Abminderungsfaktor Bohrgerät mit Außenhammer: F_A = siehe Bild 62 Bohrgerät mit Imlochhammer: $F_A = 1$
$t_w = n \cdot t'_w$ [min]	Zeit für das Einsetzen der Bohrstangen $t'_w = 1\text{--}2$ min Zeit für das Einsetzen 1 Bohrstange, abhängig vom Bohrgerätetyp
$t_z = n \cdot t'_z$ [min]	Zeit für das Ziehen der Bohrstangen $t'_z = 1{,}5\text{--}3$ min Zeit für das Ziehen 1 Bohrstange, abhängig vom Bohrgerätetyp
n	Anzahl der Bohrstangen
t_U [min]	Zeit für das Umsetzen des Bohrgeräts von einem Bohrloch zum anderen. Hier spielt die Ebenflächigkeit des Geländes eine große Rolle, ob viele Hindernisse im Wege liegen oder nicht oder ob die Geräte auf dem Hang arbeiten müssen. Bei einem Bohrlochabstand kleiner als 10 m und bei gut beräumtem, ebenem Gelände kann als mittlerer Wert für $t_U = 4$ min angesetzt werden.
t_E [min]	Die Zeit für das Einrichten des Bohrgerätes enthält die Zeit für das genaue Ausrichten des Bohrarms, damit das Bohrloch in der gewünschten Richtung niedergebracht werden kann. Hier spielen ebenfalls die Geländebedingungen und die Markierungen der Bohrlöcher eine Rolle. Im Mittel kann $t_E = 3$ min gesetzt werden.

sollte unbedingt durch Tests festgestellt werden, welche Bohrkronen das beste Ergebnis bringen. Außerdem ist darauf zu achten, dass die Bohrgeräte auch die notwendige Andrückkraft und die Kompressoren einen ausreichenden Spüldruck erbringen. In [90] werden aus empirischen Korrelationen zwischen der einaxialen Druckfestigkeit in der Bandbreite von 150 bis 0,4 MPa und dem entsprechenden Verwitterungsgrad des Gesteins von 2 bis 6, Bohrgeschwindigkeiten zwischen 2 bis 2,5 m/min angegeben. Der entsprechende spezifische Sprengstoffverbrauch sinkt dabei von 1,1 bis 0,7 kg/fm³. Aus weiteren Korrelationen zwischen einaxialer Druckfestigkeit und Trockendichte fällt bei zunehmender Dichte zwischen 2,2 g/cm³ und 2,6 g/cm³ die Bohrgeschwindigkeit von 2,9 m/min auf 1,7 m/min. Die Zeiten für das Einsetzen der Bohrstangen t_w und für das Ziehen der Bohrstangen t_z sind abhängig von der Anzahl der Bohrstangen, die eingebaut bzw. beim Ziehen wieder ausgebaut werden

2.1 Erdbau

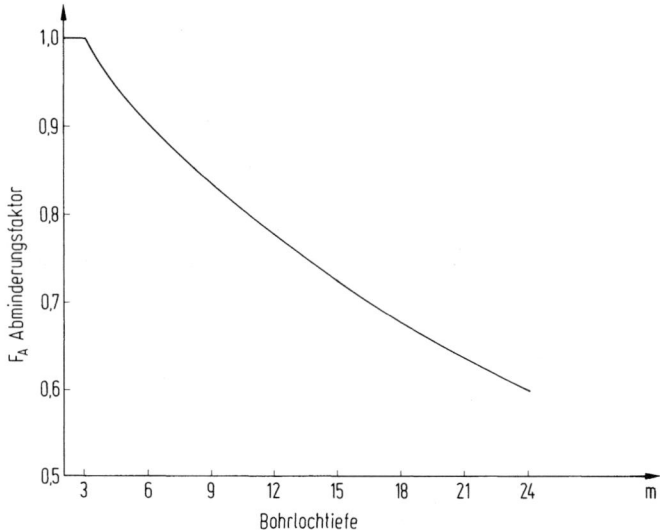

Bild 62. Abminderungsfaktor F_A in Abhängigkeit von der Bohrlochtiefe für 3-m-Bohrstangen

müssen. Die Zeiten t_w und t_z sind abhängig davon, ob die Maschine mit einem Bohrstangenmagazin ausgestattet ist oder nicht, vom Bohrmaschinentyp und von der Geschicklichkeit des Bedienungspersonals.

Die Bohrkosten je Bohrmeter ergeben sich nicht nur aus den stündlichen Geräte- und Personalkosten, bezogen auf die Bohrleistung Q_B, sondern es sind auch die Kosten für den Bohrstahlverbrauch zu berücksichtigen.

Zum Bohrstahl gehören:

- Bohrkrone,
- Einsteckende,
- Bohrstange,
- Kupplungen, mit denen die Bohrstangen verbunden werden.

Hierbei ist zu beachten, dass die Standzeiten für die Bohrkronen und die Einsteckenden in m angegeben werden und sich auf die Bohrmeter – das sind die damit gebohrten m – beziehen, während die Standzeiten für die Bohrstangen und die Kupplungen auch in m angegeben werden, sich jedoch auf die Stangenmeter – das sind die Meter, die jede einzelne Bohrstange bzw. Kupplung gebohrt hat – beziehen. Aus Tabelle 22 wird der Unterschied von Bohrmetern und Stangenmetern ersichtlich. Aus ihr kann für verschiedene Bohrlochtiefen und für Bohrstangen von 3 m Länge die Umrechnung von Bohrmetern in Bohrstangenmeter entnommen werden. Für die zugehörigen Kupplungen gilt die Tabelle 22 in gleicher Weise.

Die Standzeiten für den Bohrstahl sind abhängig von den gesteinsphysikalischen Eigenschaften und vom Bohrstahl selbst. Man kann folgende Mittelwerte nennen:

Bohrkrone	–	1100 Bohrmeter
Einsteckende	–	850 Bohrmeter
Bohrstange (3 m)	–	1250 Stangenmeter
Kupplungen	–	950 Stangenmeter

Tabelle 22. Umrechnung von Bohrmetern in Stangenmeter für 3-m-Bohrstangen

Bei einer Bohrlochtiefe von: bohrt die Stange bzw. die Kupplung	Bohrlochtiefe							
	3 m	6 m	9 m	12 m	15 m	18 m	21 m	24 m
Nr. 1	3	6	9	12	15	18	21	24
Nr. 2		3	6	9	12	15	18	21
Nr. 3			3	6	9	12	15	18
Nr. 4				3	6	9	12	15
Nr. 5					3	6	9	12
Nr. 6						3	6	9
Nr. 7							3	6
Nr. 8								3
Bohrstangenmeter Σ	3	9	18	30	45	63	84	108

Bild 63. Bohrgerät Atlas Copco ROC 302 im Einsatz (Werksfoto: Atlas Copco)

Bei den Bohrarbeiten für das schonende Sprengen, bei dem die Bohrlöcher sehr dicht in einer Reihe gebohrt werden müssen, ist es möglich, dass ein Mann ein Gerät bedient. Besonders geeignet für diese Arbeiten ist der ROC 302 der Firma Atlas Copco, der auf einem raupengetriebenen Bohrwagen 2 Bohrlafetten-Arme hat (Bild 63).

Vorkerben

Beim Vorkerben werden die Bohrlöcher entlang der Trennfläche vor dem Beginn der Sprengarbeiten in einem Abstand des drei- bis vierfachen Bohrlochdurchmessers bis auf die gewünschte Aushubtiefe gebohrt. Diese Bohrlöcher werden nicht mit Sprengstoff besetzt (s. Bild 64 und [91]). Bei der Gewinnungssprengung erzeugen die Druckwellen, die auf die dichte Bohrlochreihe treffen, Risse in den zwischen den Bohrlöchern stehen gebliebenen Gesteinsstegen.

Für die Herstellung von großen Böschungsflächen ist das Vorkerbverfahren nicht geeignet, da der Bohraufwand sehr groß ist und bei zunehmender Wandhöhe nicht verhindert werden kann, dass die Bohrlöcher ineinander laufen.

Das Verfahren eignet sich für kleine, nicht zu tiefe Baugruben, z. B. für Fundamente.

2.1 Erdbau 83

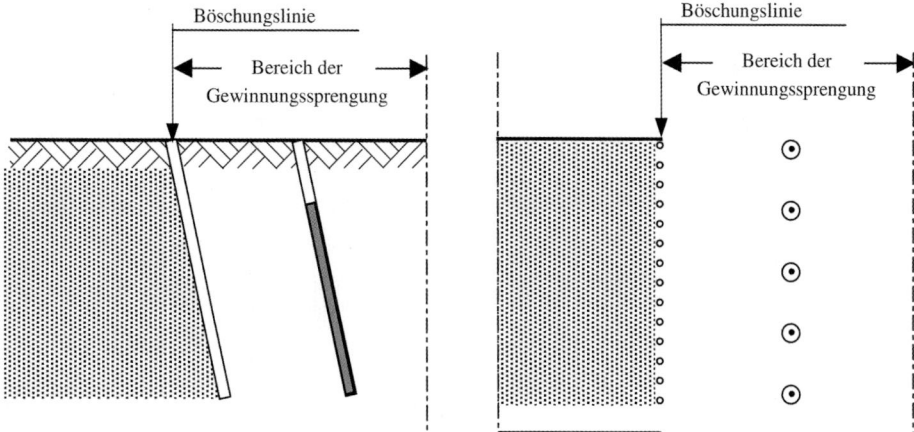

Bild 64. Anordnung der Bohrlöcher beim Vorkerben [85]
○ Leerbohrloch, ⊙ Sprengbohrloch mit stärkerer Ladung

Vorspalten

Das Vorspaltverfahren – im englischen Sprachraum „Presplitting" genannt – dürfte das günstigste Verfahren zur schonenden Herstellung von Böschungsflächen oder senkrechten Baugrubenflächen sein. Vor Beginn der Arbeiten für die Gewinnungssprengung werden entlang der Böschungsflächen in der gewünschten Neigung Bohrlöcher gebohrt (s. Bild 65 und [91]). Der Abstand der parallel gebohrten Bohrlöcher richtet sich nach dem Bohrlochdurchmesser und ist in der Tabelle 23 angegeben.

Das Bohren der Löcher erfordert große Präzision, denn das Ergebnis der Sprengung hängt davon ab, dass die Bohrlöcher genau parallel gebohrt sind. Bei der später freigelegten Böschungsfläche sind diese ungenau gebohrten Löcher sofort zu erkennen. In den Bereichen, in denen die Bohrlöcher zusammenlaufen, konzentrieren sich die Sprengladungen. Dies hat zur Folge, dass sich bei der Sprengung in diesem Bereich kein glatter Riss von Bohrloch zu Bohrloch ausbildet, sondern dass der Fels zerstört wird. Aus diesem Grunde lässt sich das Verfahren nur bis Bohrlochtiefen von 12 bis 15 m anwenden. Das bedeutet, dass sehr hohe Böschungsflächen nicht mit einer Sprengung vorgespalten werden können. Hieraus ergibt sich, dass die Strossen für die Gewinnungssprengung nicht höher als 12 m sein sollten und dass von jeder neuen Strossensohle aus die Bohrlöcher entlang der Böschungsfläche zu bohren sind.

Wie aus Tabelle 23 und Bild 66 ersichtlich, soll der Sprengstoff das Bohrloch nicht völlig ausfüllen. Der Sprengstoff soll über die gesamte Bohrlochlänge gleichmäßig verteilt sein. Als Sprengstoff eignen sich brisante Gesteinssprengstoffe ausreichender Detonationsgeschwindigkeit. Zweckmäßig ist die Verwendung von Sondersprengstoffen bestimmter Form, wie z.B. dünne, lange Patronen, die als Stabladungen zu beliebigen Längen und Durchmessern zusammen- und ineinandergesteckt werden können und eine starre Ladesäule bilden, die ein leichtes Einschieben und eine gute Zentrierung im Bohrloch ermöglichen. Auch die Verwendung besonders schwerer Sprengschnüre in Form eines doppelten Strangs je Bohrloch mit Lademengen von bis zu 0,075 kg je Bohrmeter kann gute Erfolge bringen. Der Vorteil dieser Ladungsart besteht darin, dass das zeitraubende und teure Herstellen der Ladung entfällt und das Bohrloch eine über die ganze Länge gleichmäßig verteilte Ladung und Sprengwirkung besitzt [75].

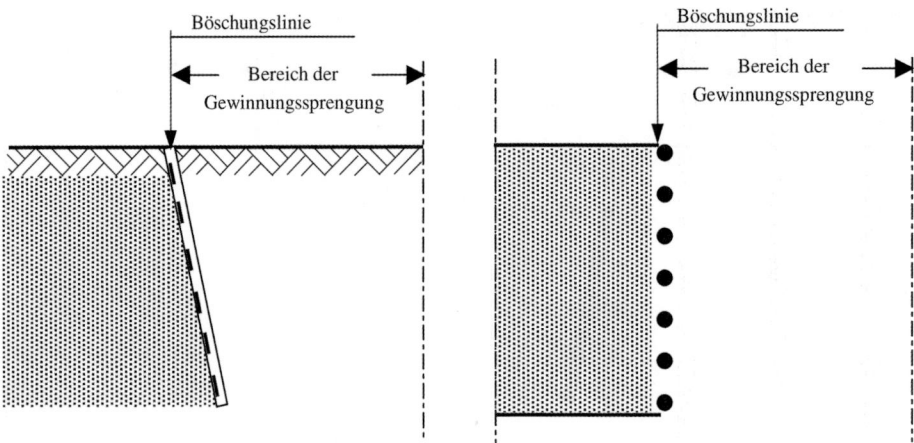

Bild 65. Anordnung der Bohrlöcher beim Vorspalten [85]
● Sprengbohrloch mit gepufferter Ladung

Tabelle 23. Lademenge und Bohrlochabstand in Abhängigkeit vom Bohrlochdurchmesser beim Vorspaltverfahren (Spaltsprengen) [75]

Bohrlochdurchmesser	Ladungsgewicht	Ladungsdurchmesser (Stabladung)	Bohrlochabstand
mm	kg/m	mm	m
30	0,07	10	0,25
35	0,11	15	0,25–0,30
40	0,15	15	0,30–0,50
45	0,19	20	0,30–0,50
50	0,24	22	0,40–0,70
60	0,30	22	0,50–0,80
75	0,50	25	0,60–0,90
85	0,70	25	0,70–1,00
100	0,90	30	0,80–1,20

Bei sehr großen Bohrlochlängen über 8 m sollte im Bohrlochtiefsten eine zusätzliche stärkere Sprengladung eingebaut werden, bis zu maximal 0,5 kg je nach Bohrlochdurchmesser. Sie ist notwendig, um der stärkeren Vorspannung des Gebirges im Bohrlochtiefsten entgegenzuwirken.

Die Sprengladungen werden über die Sprengschnüre, die aus den Bohrlöchern herausragen und die mit elektrischen Zündern verbunden sind, elektrisch gezündet. Dabei sollten nach Möglichkeit alle Bohrlöcher einer Bohrlochreihe gleichzeitig gezündet werden, d. h. mit einer Zündstufe, um eine gute Spaltwirkung zwischen den Bohrlöchern zu erzielen. Wenn dies nicht möglich ist, weil es zu viele Bohrlöcher sind, sollten die Bohrlöcher für jede Zündstufe in Gruppen von 5 bis 7 zusammengefasst werden.

2.1 Erdbau

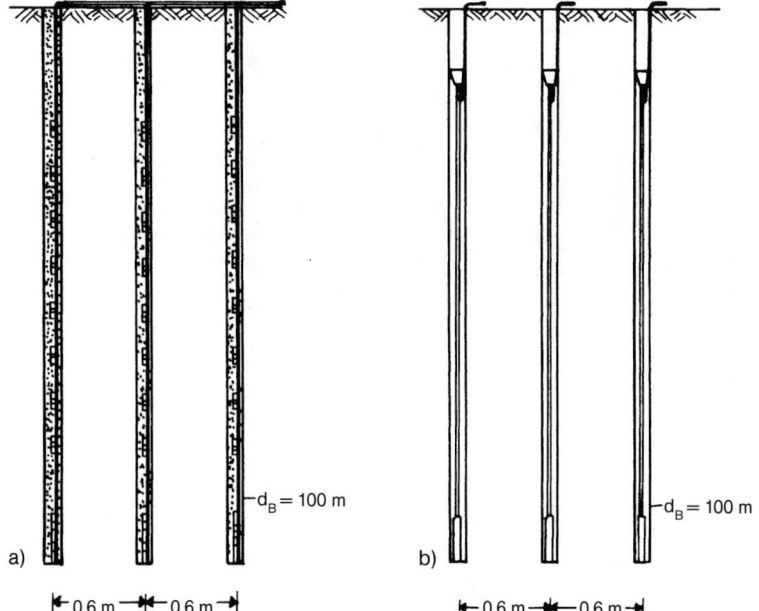

Bild 66. Ladeschema beim Spaltsprengen [75].
a) Sprengschnur mit Sprengpatronen im Abstand von 20 cm. Pufferung der Ladung durch feinkörnigen Besatz.
b) Durchgehende Stabladung. Zündung mit Sprengschnur oder Sprengkapsel. Pufferung der Ladung durch Hohlraum bzw. Luftspalt

Je nach Verspannung des Gebirges können bei diesem Sprengverfahren die Sprengerschütterungen groß werden. Auf der anderen Seite hat das Verfahren den Vorteil, dass die Druckwellen der späteren Gewinnungssprengung an der vorgespaltenen Böschungsfläche gemindert werden.

Der Abstand der Bohrlöcher der Gewinnungssprengung zur vorgespaltenen Böschungsfläche beträgt ungefähr das 0,8-Fache der Vorgabe oder des Bohrlochseitenabstandes, je nachdem aus welcher Richtung die Gewinnungssprengung auf die Böschungsflächen trifft. Sehr wichtig ist, dass die letzte Bohrlochreihe der Gewinnungssprengung unbedingt parallel zur Böschungsfläche verläuft, um Zerstörungen zu vermeiden, da, wie Bild 67 a veranschaulicht, punktförmige Überbelastungen der Böschungsfläche bei diesem Bohrschema die Folge sind. Bild 67 b und c zeigen gebirgsschonende Bohrlochanordnungen für die Gewinnungssprengung im Bereich der Böschungsfläche. Diese Bohrschemata setzen eine genaue Vermessung der Bohrlöcher voraus [82, 91].

Abspalten

Bei diesem Verfahren wird die Gewinnungssprengung bis auf einige Meter an die Böschungsfläche herangeführt. Danach werden entlang der Böschungsfläche die Bohrlöcher gebohrt (Bild 68), wobei die in Tabelle 24 genannten Bohrlochabstände in Abhängigkeit vom Bohrlochdurchmesser eingehalten werden sollten.

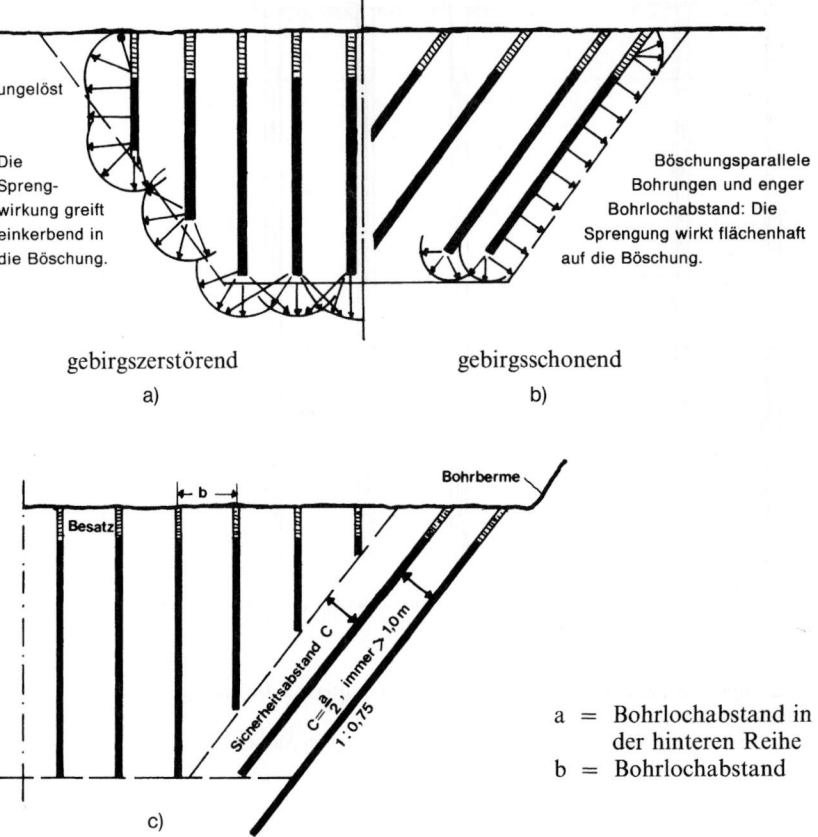

Bild 67. Sprengen eines Felseinschnitts mit senkrechten oder böschungsparallelen Bohrlöchern [82]

Ansonsten gilt das Gleiche wie beim Vorspalt-Verfahren. Das Ladungsgewicht (kg/m) ist abhängig vom Bohrlochdurchmesser und kann der Tabelle 23 entnommen werden.

Da bei diesem Verfahren das Gestein zu einer freien Fläche hin geworfen werden kann, sind die Sprengerschütterungen kleiner als beim Vorspalt-Verfahren.

Abkerben

Um die Rissbildung der Böschungsfläche zu fördern, werden zwischen die Bohrlöcher, in die der Sprengstoff geladen wird, sowohl beim Vorspalten als auch beim Abspalten noch weitere Bohrlöcher mit kleinerem Durchmesser gebohrt (Bild 69). Die Ladungsmenge und auch der Abstand der besetzten Bohrlöcher werden in beiden Verfahren nicht verändert.

Problematisch ist hierbei das genaue Bohren der Bohrlöcher. Aus diesem Grunde kann das Verfahren nur für Bohrlochtiefen bis zu 6 m empfohlen werden. Je nachdem ob 1 oder 2 Löcher dazwischen gebohrt werden, erhöhen sich die Bohrkosten um das Doppelte bzw. das Dreifache. Vorteilhaft ist besonders beim Vorspalten der dichte Lochabstand für die Reduzierung der Sprengerschütterungen infolge der Gewinnungssprengung.

2.1 Erdbau

Tabelle 24. Bohrlochabstände in Abhängigkeit vom Bohrlochdurchmesser beim Abspalten [75]

Bohrlochdurchmesser	mm	30	35	40	45	50	60	75	85	100
Bohlochabstand	m	0,5	0,5	0,6	0,6	0,7	0,8	1,0	1,4	1,8

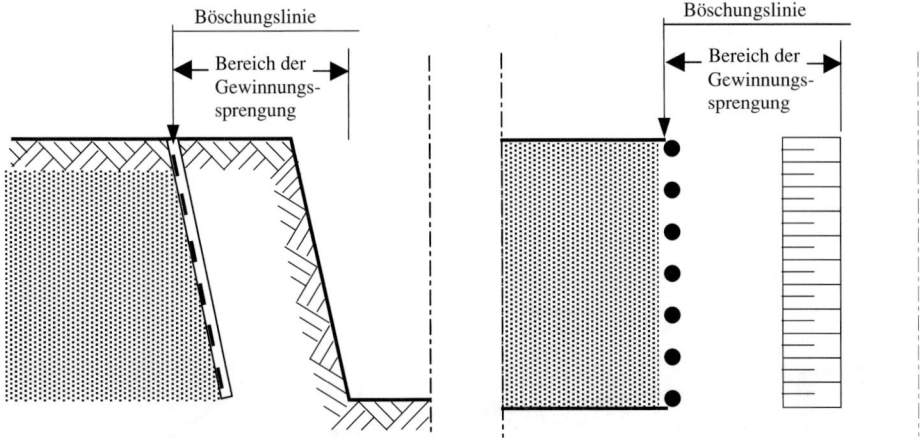

Bild 68. Anordnung der Bohrlöcher beim Abspalten [85]
● Sprengbohrloch mit gepufferter Ladung

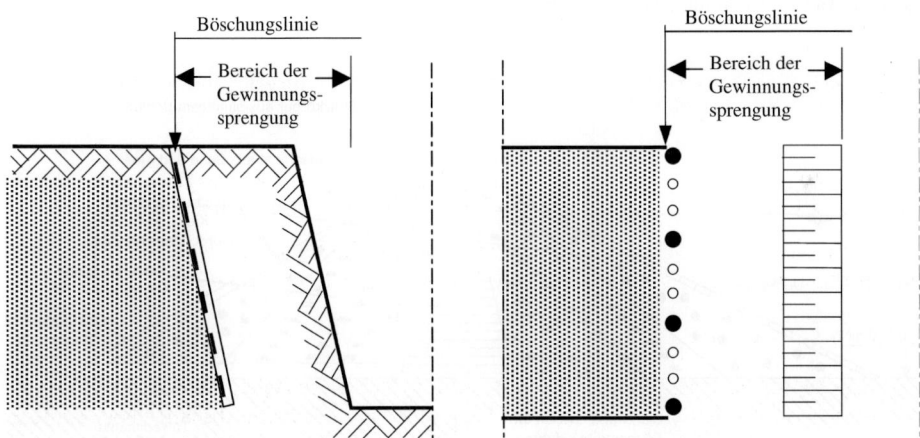

Bild 69. Anordnung der Bohrlöcher beim Abkerben [85]
● Sprengbohrloch mit gepufferter Ladung
○ Leerbohrloch

11 Dämme und Auffüllungen

Zur Standsicherheit von Dämmen wird auf Abschnitt 5 verwiesen. Zur Versteilung von Böschungen bei hohen Dämmen sind häufig am Böschungsfuß Stützfüße aus sehr scherfesten, gebrochenen Mineralstoffen erforderlich, siehe das Beispiel in Bild 70 [44]. Ebenso eignet sich eine Bodenverfestigung der durch potenzielle Gleitkörper beeinflussten Randzonen.

Zur Wartung (Begrünung und Bepflanzung sowie der Pflege) von dauerhaften, hohen Dammböschungen (h > 8 m) sind befahrbare Bermen erforderlich (s. auch Bild 70).

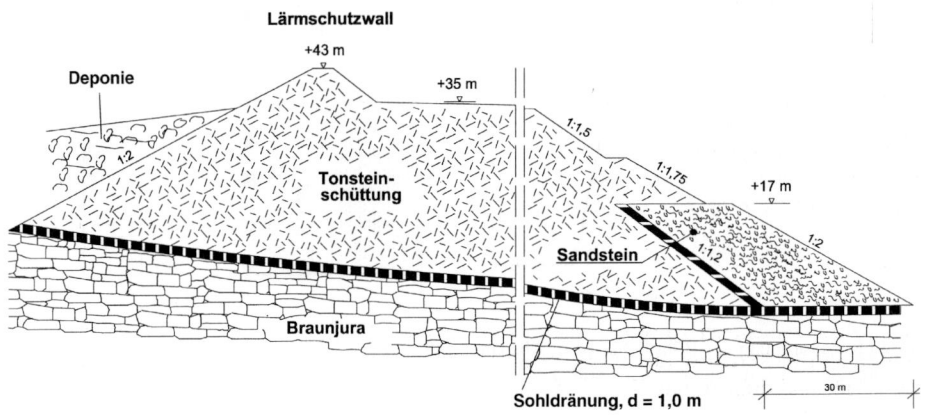

Bild 70. Hoher Damm für BAB A 8: Stuttgart-München, Aichelbergaufstieg

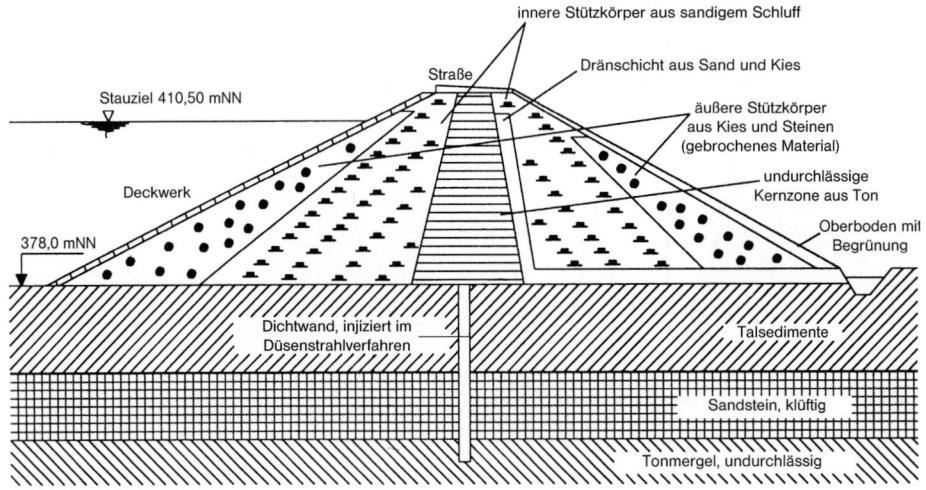

Bild 71. Staudamm

2.1 Erdbau

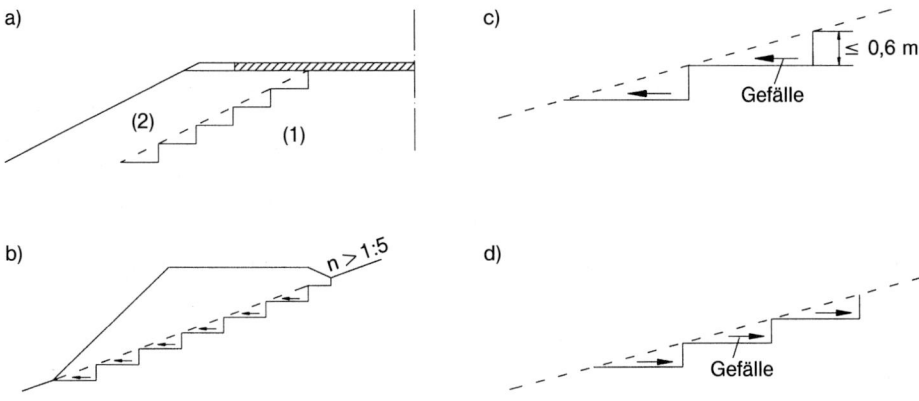

Bild 72. Sicherung eines Dammes durch stufenförmige Verzahnung:
a) Verbreiterung eines Dammes: (1) vorhandener Damm, (2) Anschüttung
b) Damm auf geneigter Aufstandsfläche
c) gering durchlässiger Untergrund
d) durchlässiger Untergrund

Staudämme, Deiche und Deponiedämme müssen anders als Verkehrsdämme nicht nur in sich selbst standsicher zu sein, sondern haben horizontalen Einwirkungen aus Wasser- und Strömungsdrücken bzw. aus Füllgütern zu widerstehen. Die Durchsickerung muss durch dichtende und dränierende Zonen gesteuert werden.

Staudämme müssen weiter imstande sein, Wellenkräften zu widerstehen und im Damm selbst bzw. am Dammfuß Sickerwasser zu dränieren, d.h. drucklos zu sammeln und abzuleiten (s. auch Abschn. 5.2).

Einfache Staudämme sind häufig homogen aufgebaut; benötigen aber an der Luftseite immer einen Dränfuß. Größere Dämme sind gegliedert und je nach Funktion des Erdstoffs in einzelne Zonen aufgeteilt (s. Bild 71). Für weitere Einzelheiten über den Dammbau [45].

Die Standsicherheit von Dämmen erfordert eine sorgfältige Vorbereitung des Dammauflagers. Dies ist gründlich von Vegetation, Mutterboden und weichen Schichten zu beräumen und zu entwässern. Bei geneigtem Gelände ist eine stufenförmige Verzahnung erforderlich (Bild 72).

Der Dammkörper, besonders der Stützkörper bei Deichen bzw. Staudämmen, sollte gleichzeitig in ganzer Breite lagenweise hochgezogen und verdichtet werden.

Die einzelnen Lagen sind zur Entwässerung mit einem Quergefälle nach außen einzubauen und zu verdichten, bei bindigen Böden auch glatt zu walzen. Unmittelbar vor Aufbringen der nächsten Schicht ist der Boden wieder aufzurauhen.

Einbau und Verdichtung sind den Witterungsverhältnissen anzupassen und ggf. bei nasser Witterung einzustellen. Durch Niederschlag und Befahren aufgeweichter Boden darf nicht überschüttet werden; er ist auszubauen oder wieder zu verdichten, nachdem er getrocknet bzw. mit Bindemitteln verbessert wurde (s. Abschn. 9).

Zur ordnungsgemäßen Verdichtung der Böschungsbereiche sind im Bild 73 verschiedene Verfahren dargestellt.

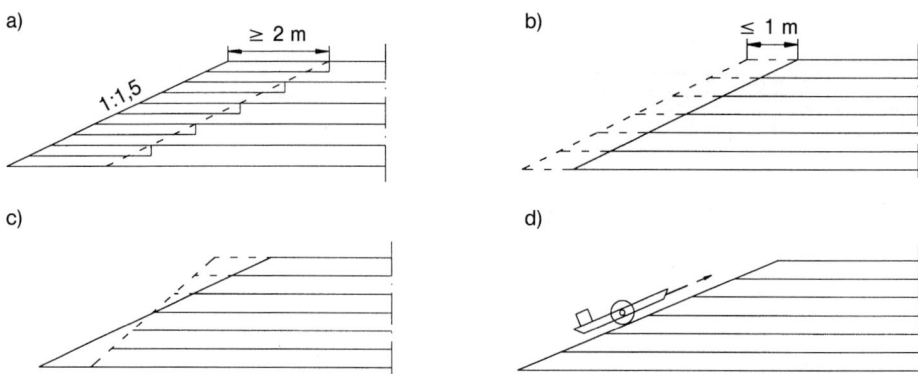

Bild 73. Verschiedene Verfahren zur sorgfältigen Verdichtung von Böschungsbereichen:
a) geringe Schütthöhe im Böschungsbereich
b) vorübergehend Überprofil ohne Änderung der Schütthöhe
c) Variation zu b)
d) Verdichtung auf der Böschung

Vertikale Verformungen der Dammkrone infolge eines kompressiblen Untergrundes und infolge von Sackungen der Dammbaustoffe sind in der Regel nicht vermeidbar. Erfahrungen zeigen, dass selbst bei guter Verdichtung ($D_{pr} \geq 100\%$, bei bindigen Böden $n_a \leq 12\%$) Sackungen von 1 bis 2%, bei schlechter Verdichtung Sackungen bis 5% der Dammhöhe auftreten (s. auch [44]).

12 Baugruben und Gräben

12.1 Baugruben

Hinsichtlich der Ausführung von Baugruben und Gräben ist DIN 4124 zu beachten (s. auch Kapitel 3.5). Danach dürfen Baugruben und Gräben mit einer größeren Tiefe als 1,25 m bzw. 1,75 m nicht mehr senkrecht, sondern unter bestimmten max. Winkeln ($\beta = 45°, 60°, 80°$) geneigt gebōscht bzw. müssen verbaut werden. Geringere Wandhöhen bzw. geringere Böschungswinkel als nach den Regelangaben sind bei Störungen des Bodens bzw. Zufluss von Sicker- bzw. Grundwasser und bei anderen besonderen Einwirkungen, wie Erschütterungen, erforderlich. Bei Überschreitung bestimmter Randbedingungen, z. B. bei Baugrubentiefen von > 5 m bzw. bei der Einwirkung von Verkehrslasten sind rechnerische Nachweise für den Grenzzustand 1 gemäß DIN 4084 bzw. statische Berechnungen von Verbauten erforderlich. Dabei sind vor allem auch Zwischenbau- und Rückbauzustände nachzuweisen.

Bei erosionsgefährdeten Böschungen sind Abdeckungen aus Folien bzw. Geokunststoffgeweben nützlich.

12.2 Gräben

Grundsätzlich wird heute zwischen begehbaren und nichtbegehbaren Gräben unterschieden. Begehbare Gräben müssen nach DIN 4124 bestimmte Mindestabmessungen haben: z. B. muss ein 1,0 bis 1,25 m tiefer, begehbarer Graben mindestens 0,6 m breit sein.

2.1 Erdbau

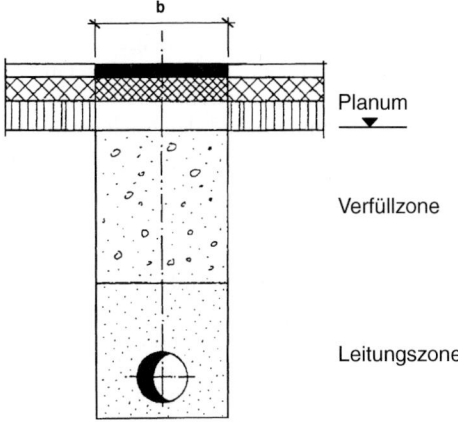

Bild 74. Grabenzonen

Nicht begehbare, schmale Gräben werden heute mit Breiten von bis zu 0,2 m mit Minibaggern, Leitungsgrabenfräsen bzw. Saugbaggern hergestellt, wenn der Boden für die Zeit bis zur Leitungsverlegung standfest ist. Im Allgemeinen werden darin flexible Kunststoffleitungen von der Geländeoberfläche aus verlegt.

Bei Gräben unterscheidet man hinsichtlich Verfüllmaterial und Verdichtung zwischen Leitungs- und Verfüllzone. Für die Leitungszone gilt allgemein der Bereich von Grabensohle bis 30 cm über Rohrscheitel (s. Bild 74).

An die Leitungszone werden in der Regel vertraglich festgelegte Forderungen an das Größtkorn des einzubauenden Materials (häufig ≤ 20 mm) und an die Verdichtung [2] gestellt.

Die Anforderungen ergeben sich aus der statischen Berechnung für das Rohr oder aus Regelwerken, siehe ZTVE-StB [1], ZTVA-StB [2], DIN EN 1610 (Verlegung und Prüfung von Abwasserleitungen sowie ATV A 127 und ATV-M 127, Teil 2). Neben einer guten Bettung für das Rohr soll durch eine gute Verdichtung gewährleistet werden, dass in der Leitungszone bei einem Leck keine Suberosion auftritt.

In der Verfüllzone sollte man möglichst den Aushubboden wieder einbauen, um den ursprünglichen Zustand weitestgehend wiederherzustellen. Organische und humose bzw. breiige bindige Böden sind für den Wiedereinbau ungeeignet.

Zu weiche bindige Böden können mit hydraulischen Bindemitteln (Kalk und Zement) verbessert und so einbaubar gemacht werden (s. Abschn. 9.2). Es kommen zunehmend auch im Bereich empfindlicher Trassen Bodenmörtel zum Einsatz.

Der Rückbau verbauter Gräben hat schrittweise zu erfolgen, damit eine ordnungsgemäße Verfüllung und Verdichtung möglich ist. Bei Grundwasser bzw. gesättigten bindigen, weichen Böden sind gegebenenfalls Wasserhaltungsmaßnahmen erforderlich (siehe Kapitel 2.10).

12.3 Schmale Gräben

Schmale Gräben wurden hinsichtlich ihrer Machbarkeit und ihrem Tragverhalten untersucht (siehe [46, 47, 65]). Folgende Schlüsse können gezogen werden:
- Von Vorteil sind die relativ geringen Störungen des Erdreichs und des Straßenkörpers.
- Ein schmaler Graben ist im Vergleich zum breiten Graben ein günstiges Tragwerk. Durch Gewölbewirkung in der Verfüllzone sind relativ hohe Verkehrslasten abtragbar. Die

Verdichtung in der Leitungszone hat damit einen nicht so hohen Stellenwert wie bei breiten Gräben. Numerische Untersuchungen haben gezeigt, dass bindige (kohäsive) Böden mit mindestens steifer Konsistenz in der Verfüllzone von schmalen Gräben besonders günstig sind.

- Nachteilig ist, dass eine unmittelbare Verdichtung (Stampfen) und der Nachweis eines ausreichenden Verdichtungsgrades neben dem Rohr nicht mehr möglich sind. Wie nachfolgend geschildert, kann jedoch für diesen Fall auf Erfahrungen zurückgegriffen und das günstige Tragverhalten des schmalen Grabens insgesamt genutzt werden.

Für die Leitungszone eignen sich neben hydraulisch gebundene Materialien wie Bodenmörtel (s. Abschn. 9.2) auch normale Sande (0 bis 2 mm). Bei Kunststoffrohren in einer Sandbettung unter dem Rohr von 5 bis 10 cm hat sich gezeigt, dass bei weiterer Verfüllung der Leitungszone bis zu einer Lagdicke von 20 cm über Rohrscheitel und einer Verdichtung mit einem Vibrationsstampfer (≥ 60 kg) bei 4 Übergängen ein Optimum der Verdichtung und auch ein ausreichender Verdichtungsgrad von $D_{Pr} \geq 100\%$ in den Zwickeln neben und unter dem Rohr erreicht werden kann.

Für die Verfüllung und Verdichtung von geeigneten Böden bzw. verbesserten bindigen Böden in der Verfüllzone bis auf einen ausreichenden Verdichtungsgrad von $D_{Pr} \geq 97\%$ wird aufgrund von Erfahrungen durch Messungen empfohlen, folgendermaßen vorzugehen:

- Verfülllagendicke ≤ 30 cm, bzw. $\leq$ Grabenbreite,
- Zahl der Übergänge mit Vibrationsstampfern (Gewicht ≥ 60 kg): ≥ 4.

13 Hinterfüllungen und Überschüttungen von Bauwerken

Nicht sachgerechte Hinterfüllungen führen zu Sackungen und damit zu Unebenheiten im Übergang zum gewachsenen Gelände bzw. zu anschließenden Bauwerksbereichen, die früher hergestellt wurden.

Nach ZTVE-StB, Abs. 9 [1] wird als Hinterfüllbereich der unmittelbar an das Bauwerk anschließende Bereich unterhalb der Konstruktionoberkante bzw. bei bogenartigen Bauwerken unterhalb des Scheitels bezeichnet. Als Überschüttbereich gilt die unmittelbar oberhalb der Konstruktionoberkante bzw. des Scheitels anschließende Zone bis zu 1 m Dicke (Bild 75).

Die Begrenzung des Hinterfüllbereichs gegenüber dem anschließenden Erdkörper soll 1 m von der Fundamenthinterkante oder von der senkrecht auf die Ebene projizierten hinteren Flügelkante eines Widerlagers entfernt beginnen und nicht steiler sein als:

1:2 bei nachträglicher Hinterfüllung der Dammlage sowie 1:1 bei Einschnitten und gleichzeitiger mit der Dammschüttung ausgeführten Hinterfüllung.

Sollen Wasserdrücke auf Konstruktionsteile vermieden werden, ist der Hinterfüllbereich durchlässig auszubilden oder zu dränieren. Das Wasser ist über eine Vorflut abzuleiten.

Zur Ausbildung von Dränanlagen siehe DIN 4095: „Dränung zum Schutz baulicher Anlagen" sowie [26].

Nach ZTVE-StB, Abs. 9.2.2 ist der tiefliegende Teil des Hinterfüllbereiches oberhalb des Grundwassers, der wegen fehlenden Gefälles nicht mehr zu einer Vorflut entwässert werden kann, z. B. der Arbeitsraum einer Baugrube, mit solchen Stoffen zu verfüllen, bei denen sich kein Wasser ansammelt, das zu nachteiligen Veränderungen der Baugrundeigenschaften

2.1 Erdbau

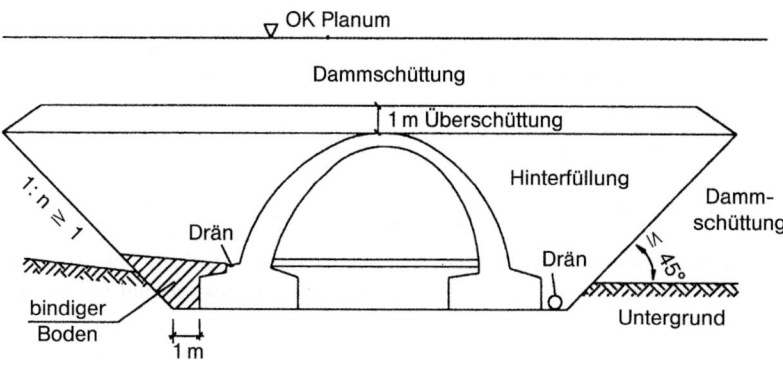

Bild 75. Hinterfüllbereich und Überschüttung [34]

führt. Dies erfolgt in der Regel mit anstehendem Boden. Wenn der anstehende Boden ungeeignet ist, ist ggf. mit Beton oder mit einem Boden-Bindemittel-Gemisch zu verfüllen.

In schwer zugänglichen Bereichen, in denen ein Verfüllen mit Boden und eine Verdichtung kaum möglich sind, sind andere Stoffe, wie Beton oder Boden-Bindemittelgemische (z. B. Bodenmörtel) zu verwenden.

Bauwerksabdichtungen sind besonders bei Verfüllung von gebrochenem Material durch Schutzschichten, z.B. durch ein Geotextilvlies mit einer Mindestdicke von 2,5 cm zu schützen. Gegebenenfalls können auch kombinierte Drän-/Schutzschichten verwendet werden (s. auch Kapitel 2.12).

Nach dem Merkblatt über den Einfluss der Hinterfüllung auf Bauwerke [34] sind alle nichtbindigen und gemischtkörnigen Böden sowie Gemische aus gebrochenem Gestein 0/100 mm mit einem max. Feinanteil von 15% zum Hinterfüllen geeignet. Geeignet sind auch Recycling-Mineralstoffe und industrielle Nebenprodukte, soweit sie abriebsfest, volumenbeständig, nicht baustoffaggressiv und nicht umweltschädlich sind und den vorgenannten Korngrößenbereichen entsprechen. Andere Materialien sind nur bedingt geeignet und kommen für klassifizierte Straßen nicht in Betracht.

Ungeeignet sind organische und organogene Böden oder Stoffe, baustoffaggressive Stoffe, quellfähige Böden, chemische Rückstände aus Halden und Böden mit Steinen über 100 mm.

Die Hinterfüllstoffe sind gleichmäßig in Lagen einzubauen und zu verdichten. Nach ZTVE-StB ist ein Verdichtungsgrad D_{Pr} von mindestens 100% gefordert (10%-Mindestquantil). Sind durch Erschütterungen infolge der Verdichtungsarbeit an benachbarten Bauwerken Schäden zu erwarten, sollte ggf. mit Beton hinterfüllt werden. Der Anschluss des Hinterfüllbereichs an einen Damm oder an einen Einschnitt sollte stufenförmig verzahnt ineinandergreifend ausgeführt werden (s. auch Bild 72). Die Hinterfüllarbeiten (Bodenwahl, Verdichten und Zeitpunkt der Hinterfüllung) müssen im Übrigen mit den für das Bauwerk getroffenen statischen Annahmen übereinstimmen.

14 Lärmschutzwälle

Nach ZTVE-StB, Abs. 10, können Lärmschutzwälle in der Regel mit Böschungen von 1:1,5 hergestellt werden. Als Kronenbreite genügt in der Regel 1 m. Bei zusätzlich aufgesetzten Lärmschutzwänden werden wegen der wirkenden Einspannkräfte Breiten von > 2 m empfohlen.

Es können alle Böden und Baustoffe eingebaut werden, wenn Standsicherheit und Umweltverträglichkeit gewährleistet sind. Für die Verdichtung ist in der Regel ein Verdichtungsgrad von $D_{Pr} \geq 95\%$ (10%-Mindestquantil) ausreichend. Die geplante Kronenhöhe ist unter Berücksichtigung der Sackungen und Setzungen einzuhalten, d.h. es werden ggf. Überschüttungen erforderlich.

Werden Lärmschutzwälle bei Straßen in Dammlage errichtet, so sind für die den Lärmschutzwall erforderlichen Verbreiterungen des Damms bei Einbau und Verdichtung die gleichen Anforderungen wie für den Straßendamm selbst zu stellen.

Für Begrünungen genügen in der Regel ein Oberbodenauftrag von 10 cm für Rasen, 15 cm für Gehölzpflanzungen.

15 Abdichtungen

Zum Schutz des Bodens und des Grundwassers müssen beim Neu- und Ausbau von Straßen in Wassergewinnungsgebieten Abdichtungen an der Basis vorgenommen werden (s. RiStWag [48] und Bild 76).

Das Gleiche gilt für die Basis von Abfalldeponien, siehe GDA-Empfehlungen [49].

Des Weiteren müssen bei Staudämmen (s. Abschn. 11) und bei Kanälen Dichtungsmaterialien eingesetzt werden.

Bei der Auswahl des Dichtungssystems sind die mechanischen, biologischen und chemischen Einwirkungen auf die Abdichtung zu beachten. Sind ungleiche Setzungen der Unterlage nicht auszuschließen, ist deren Verformungsverhalten bei der Materialauswahl und Bemessung zu berücksichtigen. Gegen drückendes Wasser ist die Abdichtung ggf.durch

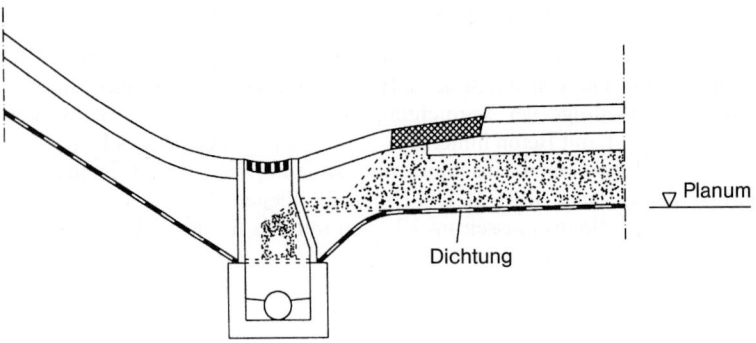

Bild 76. Hochliegende Dichtung mit Anschluss an Schacht

2.1 Erdbau

eine Dränschicht zu schützen. Die Abdichtung ist an Kunstbauwerke wie Durchlässe, Schächte und Brücken dauerhaft anzuschließen.

Abdichtungen werden heute in folgender Form gebaut:

- aus mineralischen Böden,
- aus Geokunststoffen (s. Kapitel 2.12),
- als kombinierte Dichtungen aus Geokunststoffen mit mineralischen Böden oder mineralischen Dichtungsmatten,
- aus Asphalt, auch in Kombination mit mineralischen Dichtungsschichten.

Für mineralische Dichtungssysteme kommen natürliche bindige Böden oder mit quellfähigen Tonen (z.B. Bentonit) aufbereitete Böden infrage. Anforderungen an mineralische Dichtungen sind somit in erster Linie hinsichtlich der Einbau- und Verdichtungsfähigkeit und hinsichtlich einer geringen Durchlässigkeit zu stellen.

Nach dem DVKW-Merkblatt „Hochwasserrückhaltebecken" [12] werden zum Bau mineralischer Dichtungen folgende Empfehlungen für die Auswahl des Materials gegeben. Dabei wird davon ausgegangen, dass bei Einhaltung von einem Verdichtungsgrad von $D_{Pr} \geq 100\%$ und $n_a \leq 12\%$ eine Durchlässigkeit von $k \leq 10^{-7}$ m/s erreicht werden kann.

Materialzusammensetzung:

- Steinanteil $\leq 35\%$
- Kalkgehalt $\leq 10\%$
- Organgehalt $\leq 3\%$
- Fließgrenze $\leq 80\%$
- Ausrollgrenze $\leq 20\%$
- Plastizität $\geq 10\%$
- Tongehalt ($d \leq 0,002$ mm) $\geq 20\%$

Die Mindestdicke der Dichtung für Staudämme sollte nach dem Merkblatt bei vertikaler Dichtung mindestens 2,5 m betragen. Geneigte und horizontale Dichtungsschichten können auch in geringerer Dicke ausgeführt werden. Soweit mit zyklischen oder saisonalen Wassergehaltsänderungen zu rechnen ist, müssen Schrumpfen und Quellen sowie ein Schutz vor Autrocknen beachtet werden [96]. Ausgeprägt plastische Tone und Schluffe sind für derartige Anwendungen als mineralisches Dichtungsmaterial stets kritisch.

Dichtungen aus Geokunststoffmembranen müssen in der Regel durch Schutzschichten aus Sand oder dicken Vliesen gegen mechanische Einwirkungen beim Überschütten geschützt werden. Dichtungen bestehen häufig auch aus zwischen Vliesen eingebautem Bentonit. Diese Matten werden heute fabrikmäßig hergestellt.

Für Abdichtungen aus Asphalt sollten die „Empfehlungen für die Ausführung von Asphaltarbeiten im Wasserbau" (EAAW) [50] und das Merkblatt „Asphaltabdichtungen für Talsperren und Speicherbecken" [51] beachtet werden.

Für Abdichtungen auf geneigten Flächen ist die Standsicherheit des Dichtungssystems nachzuweisen. Bei Kunststoffabdichtungen ist das Reibungsverhalten des Systems Unterlage/Dichtungslage/Schutzschicht unter Berücksichtigung ungünstiger äußerer Einwirkungen maßgebend.

16 Kultivieren

Bauvertraglich gilt die VOB-Norm 18320: Landschaftsbauarbeiten. Für den Landverkehrswegebau gelten die folgenden Aussagen:

Nach ZTVE-StB, Abs. 4 ist Oberboden für vegetationstechnische Zwecke vorzusehen. Für Oberbodenarbeiten gilt DIN 18915: Bodenarbeiten für vegatationstechnische Zwecke und die ZTV La-StB [4]. Weiter sollten für den Landschaftsbau DIN 18916 bis DIN 18920: Vegetationstechnik im Landschaftsbau sowie die RAS-LG [52] und RAS LP [53] beachtet werden. Für die Rekultivierung von Deponien sei auf die GDA E2-31 [96] hingewiesen.

Der Oberboden darf beim Abtrag und bei der weiteren Behandlung nicht verdichtet werden. Der Oberbodenabtrag vor den weiteren Erdarbeiten sollte auf allen Bau- und Betriebsflächen die Regel sein. Nur bei wenig tragfähigem Untergrund mit einer festen Oberboden- und Vegetationsschicht kann es für die Standsicherheit eines Damms, einer Rampe oder für die Vorbereitung eines Baufelds von Vorteil sein, die Deckschicht zu belassen. Zu beachten ist allerdings die Abnahme der Tragfähigkeit der Deckschicht bei Durchfeuchtung.

Muss Oberboden gelagert werden, sollten Mieten oder Deponien angelegt und bei längerer Lagerungszeit durch Ansaat von Gräsern, Lupinen o. Ä. gegen Erosion und gegen Unkraut geschützt werden. Überschüssiger Oberboden sollte einer garten- bzw. landwirtschaftlichen Nutzung an anderer Stelle zugeführt werden.

Vor dem Auftrag von Oberboden auf Böschungen sind die Auftragsflächen aufzurauen oder bei steilen Böschungen stufenförmig auszubilden.

Nach dem Oberbodenauftrag ist in der Regel, vor allem für Böschungen, eine Begrünung bzw. ein ingenieurbiologischer Verbau notwendig. Die Vegetationsdecke schützt den Untergrund vor der unmittelbaren Einwirkung des Klimas und des Wassers, entzieht ihm einen Teil des Porenwassers (wird von den Pflanzen durch Verdunstung abgegeben) und sorgt so für den Erhalt und die langsame Zunahme der Kohäsion in der Deckschicht des Bodens. Sträucher und Bäume schützen durch ihre Wurzeln zusätzlich und steigern den Wasserentzug. Wurzeln umschlingen loses Gestein und legen es damit fest. Der Scherwiderstand des durchwurzelten Bodens kann dreimal so groß sein wie wurzelloser [54]. Baumstümpfe an Böschungen sollten deswegen nach Möglichkeit nicht gerodet werden. Eine Bepflanzung verringert die Gefahr des Steinschlags und erfüllt außerdem Aufgaben des Immissionsschutzes (Lärm, Abgase), siehe dazu Kapitel 2.13. Auf steilen Flächen müssen über die Begrünung hinaus vor dem Ansäen oder vor der Bepflanzung konstruktive Stützhilfen als Verwitterungs- und Erosionsschutz gegeben werden. Hier eignen sich ingenieurbiologische Verfahren (s. Kapitel 2.13). Dabei wirken Pflanzen, Pflanzenteile oder ganze Pflanzengesellschaften als Baumaterial. Vielfach werden die Pflanzen zusammen mit nicht lebenden Baustoffen wie Boden, Holz, Stahl und Geokunststoffen eingesetzt. Dadurch entstehen zusätzliche technische und besonders ökologische Effekte, die viele Vorteile gegenüber den Methoden des klassischen Ingenieurbaus besitzen.

Bei Deichen und Staudämmen können dagegen Gehölze wie Bäume, Sträucher und Hecken im Bereich der Dämme schädliche Auswirkungen auf die Dichtigkeit und damit auf die Standsicherheit haben [56, 94].

Für den Einsatz von Geotextilien bei der Kultivierung von Erdbauten (s. Kapitel 2.12).

17 Literatur

[1] ZTVE-StB 07: Zusätzliche Technische Vertragsbedingungen und Richtlinien für Erdarbeiten im Straßenbau. Bundesministerium für Verkehr, Abteilung Straßenbau, 31.07.2008.
[2] ZTVA-StB 08: Zusätzliche Technische Vertragsbedingungen und Richtlinien für Aufgrabungen in Verkehrsflächen. Forschungsgesellschaft für das Straßen- und Verkehrswesen e.V., Köln, 2008.
[3] ZTVT-StB: Zusätzliche Technische Vertragsbedingungen und Richtlinien für Tragschichten im Straßenbau. Forschungsgesellschaft für das Straßen- und Verkehrswesen e.V., Köln, 1995/2002.
[4] ZTV La-StB: Zusätzliche Technische Vertragsbedingungen und Richtlinien für Landschaftsbau im Straßenbau. Forschungsgesellschaft für das Straßen- und Verkehrswesen e.V., Köln, 2005.
[5] Merkblatt über Felsgruppenbeschreibung für bautechnische Zwecke im Straßenbau. Forschungsgesellschaft für das Straßen- und Verkehrswesen e.V., Köln, 1980.
[6] EAU 2004: Empfehlungen des Arbeitsausschusses „Ufereinfassung" Häfen und Wasserstraßen, 10. Auflage. Ernst & Sohn, Berlin, 2004.
[7] Ostermayer, H.: Die Zusammendrückbarkeit gemischtkörniger Böden. Bauingenieur 52 (1977), S. 269–276.
[8] Müller, F.: Verformbarkeit und Tragfähigkeit künstlich verdichteter, bindiger Böden. Diplomarbeit, Fachhochschule Stuttgart, Hochschule für Technik, unveröffentlicht, 1995.
[9] Wroth, C.P., Wood, D.W.: The correlation of index properties with some basic engineering properties of soils. Canadian Geotechnic Journal, Vol. 15, No. 2 (1978), 137–145.
[10] Rilling, B.: Untersuchungen zur Grenztragfähigkeit bindiger Schüttstoffe am Beispiel von Lößlehm. Mitteilungen Institut für Geotechnik, Stuttgart, Heft 40, 1994.
[11] Rückert, H.: Betrachtung zur Qualitätssicherung im Erdbau. Geotechnik 22, Nr. 1 (1999), 23–30.
[12] Hochwasserrückhaltebecken, DVWK-Merkblatt Nr. 202, 2. Auflage. Verlag Paul Parey, Hamburg/Berlin, 1991.
[13] Berechnungsverfahren für Staudämme. DVWK-Merkblatt M 502, Deutscher Verein für Wasserwirtschaft und Kultur, Bonn, 2002.
[14] Istomia, V.S.: Filtracionnaja ustojcivost gruntov (Die Filtrationsbeständigkeit der Böden). 12 d. po Stroit, i arch., Moskau, 1957.
[15] Empfehlungen für den Bau und die Sicherung von Böschungen. Deutsche Gesellschaft für Erd- und Grundbau, Die Bautechnik 12 (1962).
[16] ZTV Ew-StB: Zusätzliche Technische Vertragsbedingungen und Richtlinien für den Bau von Entwässerungseinrichtungen im Straßenbau. Forschungsgesellschaft für das Straßen- und Verkehrswesen e.V., Köln, 1991
[17] RAS-Ew: Richtlinien für die Anlage von Straßen, Teil: Entwässerung. Bundesminister für Verkehr, 2005.
[18] Eymer, W.: Grundlagen der Erdbewegungen, 2. Auflage. Kirschbaum Verlag, Bonn, 2007.
[19] Caterpillar Performance Handbook. Caterpillar Inc., Peoria, Illinois, USA, 1998, unveröffentlicht.
[20] Kloubert, H.-J.: Anwendungsorientierte Forschung und Entwicklung löst Verdichtungsprobleme im Erd- und Asphaltbau. Tiefbau 12 (1999).
[21] Floss, R., Kloubert, H.-J.: Newest Innovation into soil and ashalt compaction, Intern. Workshop on compaction of soils, granulates and powders. Innsbruck, February 2000.
[22] Bericht Forschungsvorhaben „Schmale Rohrgräben-Nachweis der Ausführbarkeit und Überprüfung einer ausreichenden Verdichtung der Grabenverfüllung". Schlußbericht Juni 1999, DVGW, unveröffentlicht.
[23] Reinhold, C., Kudla, W.: Ein Beitrag zur Bemessung von Böschungen mit Stützscheiben. Geotechnik 3 (2008).
[24] Kühn, G: Der maschinelle Erdbau. B.G. Teubner, Stuttgart, 1984.
[25] Voß, R., Floss, R., Brüggemann, K: Die Bodenverdichtung im Verkehrswege-, Grund- und Dammbau, 6. Auflage. Werner Verlag, Düsseldorf, 1986.
[26] Floss, R.: Handbuch ZTV E StB 94/97, Zusätzliche Technische Vertragsbedingungen und Richtlinien für Erdarbeiten im Straßenbau; Kommentar und Kompendium Erd- und Felsbau, 3. Auflage. Kirschbaum Verlag, Bonn, 2006.
[27] Rosenheimer, G, Pietsch, W.: Erdbau, 3. Auflage. Werner Ingenieur Texte, 1998.
[28] Schmidt, H.-H.: Schnellprüfverfahren hinsichtlich Bodenqualität und Verdichtung für Leitungsgräben. 5. Int. Kongress für Leitungsbau, Hamburg, S. 1047–1057.

[29] Schmidt, H.-H., Volm, J.: Der Dynamische CBR-Versuch – eine neue Qualitätskontrolle für den Erdbau. Geotechnik 4 (2000).
[30] Prospekt Fa. Gerhard Zorn, 39576 Stendal.
[31] Technische Prüfvorschriften für Boden und Fels im Straßenbau (TP-BF-StB), Teil B 8.3, Forschungsgesellschaft für das Straßen- und Verkehrswesen e. V., Köln, 1992.
[32] Voss, R.: Lagerungsdichte und Tragwerte von Böden bei Straßenbauten. Straße und Autobahn 4 (1961).
[33] DB Netz AG: RIL 836 – Erdbauwerke und sonstige geotechnische Bauwerke planen, bauen und instand halten. Fassung vom 21.12.1999 a mit 1. Aktualisierung ab 01.10.2008.
[34] Merkblatt über den Einfluss der Hinterfüllung auf Bauwerke. Forschungsgesellschaft für das Straßen- und Verkehrswesen e. V., Arbeitsgruppe Erd- und Grundbau, Köln, 1994.
[35] Kröber, W.: Dynamische Verdichtungsprüfungen in schwach bindigen Böden. Tiefbau BG, München, 1987.
[36] Schmidt, H.-H.: Grundlagen der Geotechnik, 3. Auflage. B. G. Teubner, Wiesbaden, 2006.
[37] Deutler, T.: Erläuterungen zu den Anforderungen der neuen ZTVE-StB 94 an den Verdichtungsgrad in Form einer 10%-Mindestquantile. Straße und Autobahn 4 (1995).
[38] Merkblatt für die Bodenverfestigung und Bodenverbesserung mit Bindemitteln, Forschungsgesellschaft für das Straßen- und Verkehrswesen e. V., Köln, 2004.
[39] Christoph, M., Mücke, F., Peschen, N.: Bodenverbesserung mit staubarmen Kalk. Tiefbau-Ingenieurbau-Straßenbau (tis), Nr. 8 (1999).
[40] Kronenberger, E. J.: Bodenverbesserung im Kanalbau: bis zu 50% Kostensenkung der Erdarbeiten. 6. Intern. Kongress Leitungsbau, Hamburg, 2000.
[41] Merkblatt für Maßnahmen zum Schutz des Erdplanums. Forschungsgesellschaft für das Straßen- und Verkehrswesen e. V., Köln, 1980.
[42] TVV-Lw: Technische Vorschriften und Richtlinien für die Ausführung von Bodenverfestigungen mit Zement und hochhydraulischem Kalk im ländlichen Wegebau. Forschungsgesellschaft für das Straßen- und Verkehrswesen e. V., Köln, 1980.
[43] Technische Prüfvorschriften für Boden und Fels im Straßenbau: TP BF-StB, Teil 11.1, 11.4, 11.5. Forschungsgesellschaft für das Straßen- und Verkehrswesen e. V., Köln, 1986/1977/1991.
[44] Lächler, W.: Aufschüttungen für Fahrbahnen mit erhöhten Anforderungen an die Ebenheit. Vorträge Baugrundtagung Stuttgart, DGGT, Essen 1998.
[45] Striegler, W.: Dammbau in Theorie und Praxis, 2. Auflage. Verlag für Bauwesen, Berlin, 1998.
[46] Forschungsbericht DVGW-FE-Vorhaben „Schmale Rohrgräben". DVGW, Bonn; bearbeitet von Smoltczyk & Partner GmbH, Stuttgart, 1999, unveröffentlicht.
[47] Forschungsbericht „Minimal Trenching": Schmale Leitungsgräben – Minimierung des Eingriffs in Verkehrsflächen zur Qualitätsoptimierung und Kosteneinsparung, Gaz de France/DVGW, Paris/Bonn, August 2008.
[48] Richtlinien für bautechnische Maßnahmen an Straßen in Wassergewinnungsgebieten (RiSt-Wag), Bundesminister für Verkehr, 2002.
[49] Empfehlungen des Arbeitskreises Geotechnik der Deponiebauwerke, 3. Auflage. DGGT, Ernst & Sohn, Berlin, 1997.
[50] Empfehlungen für die Ausführung von Asphaltarbeiten im Wasserbau (EAAW), 5. Auflage. DGGG, Essen, 2008.
[51] Asphaltdichtungen für Talsperren und Speicherbecken. DVWK-Merkblatt 223. Verlag Paul Parey, Hamburg/Berlin, 1992.
[52] RAS-LG: Richtlinie für die Anlage von Straßen, Teil Landschaftsgestaltung, Abschn. 1 und 3. Bundesminister für Verkehr, 1980 und 1983.
[53] RAS-LP: Richtlinie für die Anlage von Straßen, Teil: Landschaftspflege. Bundesminister für Verkehr, 1996.
[54] Waldron, L. J., Dakessian, S.: Effect of grass, legume and tree roots on soil shearing resistance. Soil Sci. Soc. America, X 46, pp. 894–899, 1982.
[55] Hirschberger, H.: Böschungsherstellung durch Aufspülen. Grundbau-Taschenbuch, Teil 2, 6. Auflage, Kapitel 2.9. Ernst & Sohn, Berlin, 2001.
[56] Flußdeiche. DVWK-Merkblatt 210. Verlag Paul Parey, Hamburg/Berlin, 1986.
[57] Blume, U., Reichenbach, H.: Leichte Rammsonde mit variabler Rammenergie zur Baugrunduntersuchung und zur Verdichtungskontrolle. Straße und Autobahn. Kirschbaum-Verlag, 1/2008.

2.1 Erdbau

[58] Little, D. N.: Handbook for Stabilization of Pavement Subgrades and Base Courses with Lime. National Lime Association, VA, USA, 1995.
[59] Kronenberger, E. J.: Ökonomisches und ökologisches Bodenrecycling im Kanal- und Rohrleitungsbau. Ing.-Fachschrift Kronenberger Oeocotec, 66706 Perl, 07/2003.
[60] Little, D. N.: Evaluation of Structural Properties of Lime Stabilized Soils And Aggregates, Vol. 1: Summary of Findings. Prepared for the National Lime Association, VA, USA, January 5, 1999.
[61] Norme Francaise XP P18-581: Granulats – Dosage rapide des sulfates solubles dans l'eau – Methode par spectrophotometrie, Octobre 1997.
[62] ASTM D6276: Standard Test Method for Using pH to Estimate the Soil-Lime Proportion. Requirement for Soil Stabilization (www.astm.org).
[63] ASTM C 977: Standard Specification for Quicklime and Hydrated Lime for Soil Stabilization, 2003.
[64] Specifications pour l'emploi des materiaux recycles. Doctrine Recyclage – Gaz de France, Paris, 2005.
[65] Kahle, M., Reichenbach, H.: Schmale Leitungsgräben – Minimal Trenching, DVGW: energie, wasser-praxis, wvgw-Verlag, Bonn, 12/2008.
[66] TL BuB E StB: Technische Lieferbedingungen für Böden und sonstige Baustoffe für den Erdbau im Straßenbau. Forschungsgesellschaft für das Straßen- und Verkehrswesen e.V., Köln (in Bearbeitung).
[67] ZTV Beton-StB: Zusätzliche Technische Vorschriften für den Bau von Fahrbahndecken aus Beton. Forschungsgesellschaft für das Straßen- und Verkehrswesen e.V., Köln, 2007.
[68] Merkblatt über flächendeckende dynamische Verfahren zur Prüfung der Verdichtung im Erdbau. Forschungsgesellschaft für das Straßen- und Verkehrswesen e.V., Köln, 1993.
[69] ZTV-Beton-StB 07. Forschungsgesellschaft für das Straßen- und Verkehrswesen e.V., Köln, 2007.
[70] Arnold, K.: Sprengerschütterungen bei unterirdischen Vortrieben in der Nähe von Wohnbereichen. NOBEL-Hefte, Januar–März 1982.
[71] Caterpillar Tractor Co.: Handbuch für Aufreißer, ein Leitfaden zur Gewinnsteigerung, 3. Auflage, 1966.
[72] Caterpillar Tractor Co.: Caterpillar Performance Handbook, Edition 37, 2007.
[73] Gutheil, F.: Zu den ingenieurgeologischen Grundlagen des maschinellen Felsreißens. N. Jahrb. für Geologie u. Paläontologie, 1970.
[74] Liebherr: Technisches Handbuch Erdbewegung, 2001.
[75] Thum, W., Hettwer, A.: Sprengtechnik im Steinbruch- und Baubetrieb. Bauverlag, Wiesbaden und Berlin, 1978.
[76] Langefors, U., Kihlström, B.: Rock Blasting, 3rd Edition. Wiley, New York, 1978.
[77] Berufsgenossenschaft der Bauwirtschaft: Unfallverhütungsvorschrift Sprengarbeiten (BGV C24; bisher VBG 46), 2004.
[78] Gustafsson, R.: Swedish Blasting Technique. Ed. SPI, Gothenburg, Sweden, 1973.
[79] Heinze, H.: Sprengtechnik – Anwendungsgebiete und Verfahren, 2. überarb. Auflage. VEB Deutscher Verlag für Grundstoffindustrie, Leipzig – Stuttgart, 1993.
[80] Bittermann, V: Die Bohr- und Sprengarbeiten zur Unterteilung hoher Bruchwände. NOBEL-Hefte, Mai 1976.
[81] Forschungsgesellschaft für das Straßenwesen e. V: Richtlinien für die Anlage von Straßen, Teil: Landschaftsgestaltung, Abschnitt 3: Lebendverbau (RAS-LG 3; 293/3), 1993.
[82] Wilmers, W.: Gebirgsschonendes Sprengen zum Herstellen von Felsböschungen, Gräben und Baugruben. NOBEL-Hefte, Oktober–Dezember 1982, S. 153.
[83] Gesetz über explosionsgefährliche Stoffe. Sprengstoffgesetz SprenG, 13.09.1976, zuletzt geändert 31.10.2006.
[84] DIN 4150 Erschütterungen im Bauwesen, Teil 2: Einwirkungen auf Menschen in Gebäuden; Teil 3: Einwirkungen auf bauliche Anlagen. Beuth Verlag, Berlin, 1999.
[85] DIN 20163 Sprengtechnik – Begriffe, Einheiten, Formelzeichen. Beuth Verlag, Berlin, 11/1994.
[86] VDI-Richtlinie 2058, Blatt 1: Beurteilung von Arbeitslärm in der Nachbarschaft. Beuth Verlag, Berlin.
[87] DIN EN 13631-1 bis -16: Explosivstoffe für zivile Zwecke – Sprengstoffe, 2002–2004.
[88] DIN EN 13630-1 bis -12: Explosivstoffe für zivile Zwecke – Sprengschnüre und Sicherheitsanzündschnüre, 2002–2005.

[89] Toepfer, A. C.: Herstellung von Geländeeinschnitten und Böschungen im Fels. In: Grundbau-Taschenbuch, Teil 2, 6. Auflage, Hrsg. U. Smoltczyk, 2001.
[90] Thuoro, K., Plinninger, R. J.: Bohren, Sprengen, Fräsen. Können die geologischen Faktoren der Gebirgslösung quantifiziert werden? Felsbau 19, Nr. 5 (2001).
[91] Wild, H. W.: Sprengtechnik in Bergbau, Tunnel- und Stollenbau sowie in Tagebauen und Steinbrüchen. Verlag Glückauf, Essen, 1984.
[92] Schiechtl, H. M.: Böschungssicherung mit ingenieurbiologischer Bauweise. In: Grundbau-Taschenbuch, Teil 2, 6. Auflage, Hrsg. U. Smoltczyk, 2001.
[93] Göbel, C., Lieberenz, K.: Handbuch Erdbauwerke der Bahnen, 1. Auflage. Eurailpress, 2004.
[94] Bundesanstalt für Wasserbau BAW.: Merkblatt Standsicherheit von Dämmen an Bundeswasserstraßen (MSD), Ausgabe 1005 (http://www.baw.de).
[95] Witt, K. J.: Zement-Kalk-Stabilisierung von Böden. Geotechnikseminar Weimar 2002. In: Schanz / Witt (Hrsg.), Schriftenreihe Geotechnik, Heft 7, S. 1–12 (siehe auch http://www.uni-weimar.de/geotechnik).
[96] GDA 2-31: Rekultivierungschichten. In: Witt, K. J. und Ramke, H.-G.: Empfehlungen des Arbeitskreises 6.1 „Geotechnik und Deponiebauwerke" der DGGT. Bautechnik 83, Nr. 9 (2006), 585–596 (siehe auch: http//gdaonline.de).
[97] Brauns, J.: Spreizsicherheit von Böschungen auf geneigtem Gelände. Bauingenieur 55 (1980), 430–436.
[98] Türke, H.: Statik im Erdbau, 3. Auflage. Ernst & Sohn, Berlin, 1998.
[99] DIN: Normenhandbuch zu DIN EN 1997-1 und DIN 1054:2008.
[100] DIN 1054:2005-01: Baugrund – Sicherheitsnachweise im Erd- und Grundbau.
[101] DIN EN 1997-1:2008-10: Eurocode 7: Entwurf, Berechnung und Bemessung in der Geotechnik; Teil 1: Allgemeine Regeln; Deutsche Fassung EN 1997-1:2004.
[102] DIN 4020:2003-09: Geotechnische Untersuchungen für bautechnische Zwecke.
[103] DIN 18196:2006-06: Erd- und Grundbau – Bodenklassifikation für bautechnische Zwecke.
[104] DIN 18300:2006-10: VOB Vergabe- und Vertragsordnung für Bauleistungen; Teil C: Allgemeine Technische Vertragsbedingungen für Bauleistungen (ATV) – Erdarbeiten.
[105] DIN 18320:2006-10: VOB Vergabe und Vertragsordnung für Bauleistungen; Teil C: Allgemeine Technische Vertragsbedingungen für Bauleistungen (ATV) – Landschaftsbauarbeiten.

2.2 Baugrundverbesserung

Wolfgang Sondermann und Klaus Kirsch

1 Einleitung und Überblick

Soll der Baugrund einer zusätzlichen, über das bisherige Maß hinausgehenden Belastung unterworfen werden, ist er für die Festlegung der Bemessungssituationen entsprechend Eurocode 7 [41] und Eurocode 8 [42] auf seine Eignung zu prüfen. EC 7, EC 8 und DIN 1054:2005-01 [43] definieren dabei die vom Baugrund beeinflussten Grenzzustände mit

GZ 1: Tragfähigkeit (Lage, Bemessung Bauteile, Gesamttragfähigkeit Baugrund),
GZ 2: Gebrauchstauglichkeit (Verformungen, Verschiebungen),

die bei dieser Eignungsüberprüfung des Baugrundes neben den Anforderungen an die Dauerhaftigkeit zu berücksichtigen sind.

Stellt sich bei dieser Eignungsüberprüfung heraus, dass die Grenzzustände bei der Nutzung des Baugrundes für die vorgesehenen Beanspruchungen nicht mit hinreichender Wahrscheinlichkeit auszuschließen sind, so kann

a) dieser ungeeignete Baugrund durch entsprechende konstruktive Maßnahmen überbrückt werden,
b) der ungeeignete Baugrund entfernt und durch geeigneten ersetzt werden,
c) der ungeeignete Baugrund durch verbessernde Maßnahmen zur Eignung gebracht werden.

Bei der Auswahl geeigneter Maßnahmen nach a) bis c) sind dann entsprechend der geotechnischen Kategorien (GK 1 bis GK 3) [41], neben den Anforderungen an die Dauerhaftigkeit, die sich aus den Nachweisen der Grenzzustände der Tragfähigkeit (GZ 1) und der Gebrauchsbeständigkeit (GZ 2) ergebenden Verbesserungserfordernisse zu ermitteln. Üblicherweise sind die gewünschten Ergebnisse einer Baugrundverbesserung:

- Erhöhung der Dichte und der Scherfestigkeit mit günstiger Beeinflussung aller Stabilitätsprobleme (GZ 1),
- Verringerung der Zusammendrückbarkeit mit günstiger Beeinflussung der Verformbarkeit (GZ 2),
- Beeinflussung der Durchlässigkeit zur
  – Verminderung des Wasserandrangs/-abflusses (GZ 2),
  – Erhöhung der Verformungsgeschwindigkeiten (GZ 2),
- Vergrößerung der Homogenität (GZ 1/GZ 2).

Die zur Erzielung dieser Ergebnisse der Baugrundverbesserung zur Verfügung stehenden Methoden sind in Tabelle 1 systematisch zusammengestellt.

Die bei Anwendung dieser Methoden im Baugrund bewirkten Prozesse führen als *Ordnungsprozess* mit der Veränderung der Position und Orientierung von Partikeln in einem Raumelement, unter Überwindung der formbedingten Hinderungen, zur Vergrößerung der Kontaktfläche und der Zahl der Kontaktpunkte und bewirken eine Zunahme der Scherfestigkeit

Tabelle 1. Methoden der Baugrundverbesserung

Baugrundverbesserung					
Austauschen	Verdichten		Bewehren		
s. Kap. 2.1	statische Methoden	dynamische Methoden	mit verdrängender Wirkung (Umgebungsverdichtung)	ohne verdrängende Wirkung	
				mechanisches Einbringen	hydraulisches Einbringen
	Vorbelastung Vorbelastung mit Konsolidierungshilfe Verdichtungsinjektion Grundwasserbeeinflussung	Vibrationsverdichtung • Tiefenrüttler • Aufsatzrüttler Stoßverdichtung • Fallplatte • Sprengung • Luft-Impuls-Verfahren	Rüttelstopfverdichtung Rüttelstopfvermörtelung Sandverdichtungspfähle Kalk/Zement-Stabilisierungssäulen Verdichtungsinjektion	MIP-Verfahren FMI-Verfahren Injektionen (s. Kap. 2.3) Vereisung (s. Kap. 2.5)	Düsenstrahlverfahren

bei erhöhter Dichte. Diesen Ordnungsprozessen geht teilweise zur Erzielung der gewünschten Wirkungen auch ein *Destrukturierungsprozess* voraus.

Als *Verfüllprozess* werden bewegliche Feinkomponenten in eine Grobkomponente bzw. deren Porenraum eingebracht und führen teilweise darüber hinaus zu einem *Verspannungsprozess*, sodass neue Kraftschlüsse zwischen Partikeln und Hydrationsprodukten entstehen. Bei den *Ausscheidungsprozessen* wird durch entsprechende Methoden die Abgabe von im Porenraum befindlichen Medien (Luft/Wasser) bewirkt bzw. beschleunigt.

Die Auswahl des geeignetsten Verfahrens für die Baugrundverbesserung mit den entsprechenden Prozessabläufen lässt sich für den konkreten Anwendungsfall immer nur mit einem ausgearbeiteten technischen und auch wirtschaftlichen Vergleich erzielen. Hinweise zur Anwendungsgrenze der unterschiedlichen Verfahren sind den nachfolgenden Beschreibungen zu entnehmen.

Um einen hinsichtlich der technischen sowie wirtschaftlichen Anwendung aussagefähigen Verfahrensvergleich anzustellen, sind alle erforderlichen Rahmen- und Randbedingungen für den konkreten Anwendungsfall zusammenzufassen:
- Fläche, Volumen und Mächtigkeit des zu verbessernden Baugrundes;
- Nutzungsart, Einwirkungen nach Art, Größe, Ort;
- Verfügbarkeit von Materialien, Geräten, Personal;
- Verfügbarkeit von Ausführenden mit entsprechenden technischen Kenntnissen des Verbesserungsverfahrens;
- Einflüsse auf Umgebung und Nachbarschaft;
- Zugänglichkeit, Befahrbarkeit des Geländes in Abhängigkeit von der Nutzungsart;
- Umweltschutzbedingungen (Grundwasser, Boden, Luft, Geräusche).

KELLER

Tiefenrüttel-Verfahren

Baugrundverbesserung und Gründung für eine Logistikhalle inklusive Büros mit über 10.000 m² und zusätzlichen PKW Stell- und Rangierflächen im LOGICPARK Garching IV in Garching bei München.

Über die Hälfte der Logistikhalle stand auf inhomogenen Auffüllungen (aus Bauschutt, Kiessanden und Schluffen), während die andere Hälfte auf sehr guten natürlichen Kiesen gebaut werden sollte. Durch den Einsatz der verschiedenen Tiefenrüttelverfahren, konnte auf die sehr unterschiedlichen und schwierigen Baugrundverhältnisse bei diesem Projekt reagiert und ein sicheres Gründungskonzept erarbeitet werden.
In diesem Fall war es eine Kombination von Fertigmörtel-Stopfsäulen und Kiessäulen mit dem entsprechendem Überbau, welche sich sowohl in technischer, als auch in wirtschaftlicher Sicht als optimale Lösung realisieren ließ.

Es wurden in ca. 4 Wochen 814 Kiessäulen und 1560 Fertigmörtel-Stopfsäulen mit ca. 5 m Länge hergestellt.

Wenn auch Sie eine ähnliche Gründungsproblematik zu lösen haben, fragen Sie uns.
Wir beraten und führen gerne für Sie aus.

Keller Grundbau GmbH

Offenbach
Kaiserleistraße 44
Postfach 10 06 64
63006 Offenbach
Deutschland
Telefon (069) 80 51- 0
Telefax (069) 80 51- 221

Internet: www.KellerGrundbau.com
E-mail: Info@KellerGrundbau.com

Praxishandbücher zur Geotechnik!

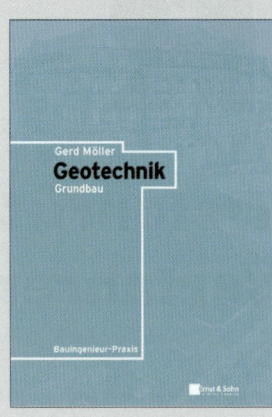

Gerd Möller

Geotechnik - Grundbau

Reihe: Bauingenieur-Praxis
2006. 498 S. 390 Abb. 38 Tab. Br.
€ 57,-* / sFr 91,-
ISBN 978-3-433-01856-9

Das Buch führt prägnant und übersichtlich in die Methoden der Gründung und der Geländesprungsicherung ein und gibt dem Leser bewährte Lösungen an die Hand. Die Darstellung der Berechnung und Bemessung anhand zahlreicher Beispiele ist eine unverzichtbare Orientierungshilfe in der täglichen Planungs- und Gutachterpraxis.

Aus dem Inhalt:

Zur Neufassung von DIN 1054 – Frost im Baugrund – Baugrundverbesserung – Flachgründungen – Pfähle – Pfahlroste – Verankerungen – Wasserhaltung – Stützmauern – Spundwände – Pfahlwände – Schlitzwände – Aufgelöste Stützwände - Europäische Normung in der Geotechnik

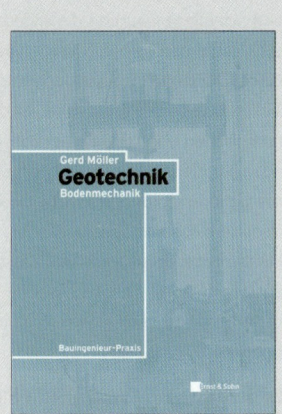

Gerd Möller

Geotechnik - Bodenmechanik

Reihe: Bauingenieur-Praxis
2007. 424 S. 304 Abb. 82 Tab. Br.
€ 57,-* / sFr 91,-
ISBN 978-3-433-01858-3

Der Titel „Geotechnik – Bodenmechanik" vermittelt alle wichtigen Aspekte über den Aufbau und die Eigenschaften des Bodens, die bei der Planung und Berechnung sowie bei der Begutachtung von Schäden des Systems Bauwerk-Baugrund zu berücksichtigen sind. Die zahlreichen Beispiele und Darstellungen basieren auf dem aktuellen technischen Regelwerk.

Aus dem Inhalt:

Einteilung und Benennung von Böden - Wasser im Baugrund - Geotechnische Untersuchungen - Bodenuntersuchungen im Feld – Laborversuche – Spannungen und Verzerrungen – Sohldruckverteilung – Setzungen – Erddruck – Grundbruch – Böschungs- und Geländebruch – Auftrieb, Gleiten und Kippen

Ernst & Sohn
Verlag für Architektur und
technische Wissenschaften GmbH & Co. KG

www.ernst-und-sohn.de

Für Bestellungen und Kundenservice:
Verlag Wiley-VCH   Telefon: +49(0) 6201 / 606-400
Boschstraße 12   Telefax: +49(0) 6201 / 606-184
69469 Weinheim   E-Mail: service@wiley-vch.de

* Der €-Preis gilt ausschließlich für Deutschland
Irrtum und Änderungen vorbehalten.

Bei der Klassifizierung der Verfahren zur Baugrundverbesserung wurde hinsichtlich der Methodiken zur Verdichtung nach statischen und dynamischen Verfahren unterschieden, wobei die mit diesen Methoden bewirkten Prozesse und Prozessabläufe keinen Einfluss auf die Zuordnung hatten, sodass der Arbeitsvorgang und nicht die manifestierte Wirkung nach Ablauf des Vorgangs mit den bewirkten Veränderungen maßgeblich für die Zuordnung war.

Die Methoden der Bewehrung zur Baugrundverbesserung wurden dergestalt definiert, dass das Einbringen zusätzlicher Materialien in den Baugrund grundsätzlich als Bewehren im Sinne von Verstärken zugrundegelegt wurde und die Steifigkeit des Bewehrungsmaterials sich im Sinne von EC 7, GZ 1 auf die Gesamttragfähigkeit des Baugrundes auswirkt. Bei der Unterscheidung der Methoden/Verfahren wurde die Verdrängungswirkung (Verbesserung auch der Umgebung durch displacement) als Ordnungsprinzip gewählt, um sie definitionsgemäß von der Ersatzmethode (replacement) zu unterscheiden. Bei der Bodenbeschreibung und Klassifizierung wird auf die Terminologie der DIN 18196 Bezug genommen.

Von den in Tabelle 1 zusammengestellten Methoden werden in den nachfolgenden Abschnitten die Verfahren des Bodenaustausches nicht weiter beschrieben und dargestellt, da entsprechende Ausführungen dazu dem Kapitel 2.1 „Erdbau" zu entnehmen sind. Soweit Vereisungen auch als temporäre Maßnahmen zur Baugrundverbesserung (Erhöhung der Tragfähigkeit, Abdichtung) eingesetzt werden, sind die Beschreibungen zur Methodik, Bemessung und Ausführung in Kapitel 2.5 „Bodenvereisung" zusammengestellt. Werden Injektionen als Porenverfüllung (permeation grouting) zur Verfestigung und Abdichtung oder zur Baugrundverbesserung durch Verdrängung (compaction und compensation grouting) eingesetzt, sind die Beschreibungen zu Methodik, Bemessung und Ausführung in Kapitel 2.3 „Injektionen" nachzuschlagen.

2 Baugrundverbesserung durch Verdichten

2.1 Statische Methoden

2.1.1 Vorbelastung

Bei der Nutzung wassergesättigter, feinkörniger Böden als Baugrund treten mit der Aufbringung einer Belastung Verformungen erst zeitverzögert auf, wobei die Volumenverminderung zur Erreichung einer dichteren Lagerung unter Belastung im wassergesättigten Boden nur unter Verdrängung des Porenwassers abläuft. In feinkörnigem Boden mit geringer Durchlässigkeit, in dem kein zeitproportionales Abströmen des Porenwassers mit Belastungserhöhungen möglich ist, treten somit Verzögerungen im stationären Gleichgewichtszustand ein. Ein sich erst mit Zeitverzögerung abbauender Porenwasserüberdruck Δu und die damit verbundene Erhöhung der effektiven Spannungen lässt Verformungen erst mit diesem Prozessablauf eintreten.

Die einfachste Methode, einen derartigen feinkörnigen Baugrund zu verbessern, d. h. zu verdichten und die zeitliche Verzögerung der Verformungen zu beschleunigen, ist die Aufbringung einer gleichmäßigen, über die späteren Einwirkungen hinausgehenden, Oberflächenbelastung (Bild 1 a). Der zeitliche Verlauf der Setzungen und damit der Baugrundverbesserung wird von folgenden Kenndaten des Baugrundes bestimmt:

– Steifemodul E_S der feinkörnigen Bodenschicht,
– Durchlässigkeit k_f der feinkörnigen Bodenschicht,
– Mächtigkeit H der zu verbessernden Bodenschicht.

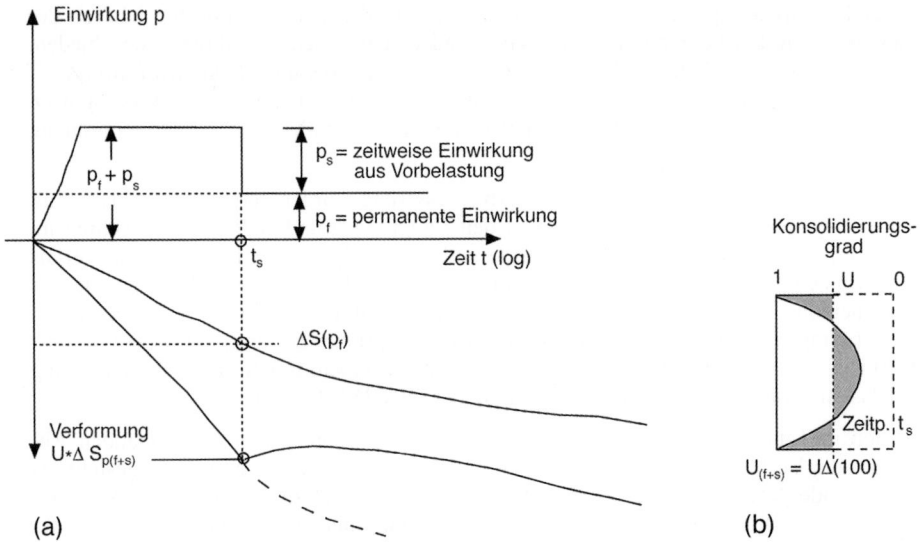

Bild 1. Wirkungsweise der Vorbelastung zur Baugrundverbesserung

Über die Größe und zeitliche Verteilung der zusätzlichen Oberflächenbelastung lässt sich dann die Konsolidierungsgeschwindigkeit beeinflussen. In Bild 1 b sind die Auswirkungen phänomenologisch dargestellt.

Nach Aufbringung einer höheren Vorbelastung als die späteren Belastungseinwirkungen tritt in der feinkörnigen Bodenschicht ein Abbau des Porenwasserüberdrucks ein. Mit Entfernung der Vorbelastung zum Zeitpunkt t_s ist im Mittelteil der zu konsolidierenden Schicht noch nicht der Konsolidierungsgrad U erreicht, der für die späteren Einwirkungen keine Konsolidierungssetzung ergibt, gleichzeitig sind der obere und untere Bereich der Baugrundschicht für die spätere Einwirkung überkonsolidiert (Bild 1 b). Nach Entfernen der Vorbelastung kommt es damit im weiteren Verlauf der Konsolidierung im mittleren Teil zu weiteren Setzungen, wohingegen die oberen und unteren Bodenzonen schwellen, wobei in der Gesamtverformung sich dann diese Anteile überlagern. Da in der Regel der Kompressionsbeiwert C_c wesentlich größer als der Schwellbeiwert C_s ist, werden unter der späteren Einwirkung die Setzungen in der Regel größer als die Hebungen sein. Dieser Effekt ist bei *Ladd* [44] in Abhängigkeit von Vorbelastungen von großer zeitlicher Dauer beschrieben und führt bei diesen Auswertungen zu der Folgerung, dass es bei größerer Schichtmächtigkeit H sinnvoller ist, kleinere Vorbelastungen über einen längeren Zeitraum einwirken zu lassen, um so Schwelleffekte zu minimieren.

Zur vereinfachten Bemessung wird vorausgesetzt, dass der Kosolidierungsgrad in Schichtmitte unter der Vorbelastung ($p_f + p_s$) die nachfolgende Bedingung erfüllen muss:

$$U_{(f+s)} \cdot s_{c(p_s+p_f)} = s_{c(p_f)}$$

mit

p_f spätere ständige Einwirkung
p_s Vorbelastung
$U_{(f+s)}$ Konsolidierungsgrad

2.2 Baugrundverbesserung

$s_{c(p_f)}$ Setzung aus p_f
$s_{c(p_s+p_f)}$ Setzung aus $(p_f + p_s)$

Aus den Ableitungen der Konsolidierungstheorie ergibt sich für einen normal konsolidierten Boden damit dann:

$$U_{(f+s)} = \frac{\log\left(1 + \frac{p_s}{p_0}\right)}{\log\left[1 + \frac{p_f}{p_0}\left(1 + \frac{p_s}{p_f}\right)\right]}$$

mit

p_0 Überlagerungsspannung in Schichtmitte

Die Abhängigkeit von $U = f(p_f/p_0; p_s/p_f)$ ist in Bild 2 wiedergegeben.

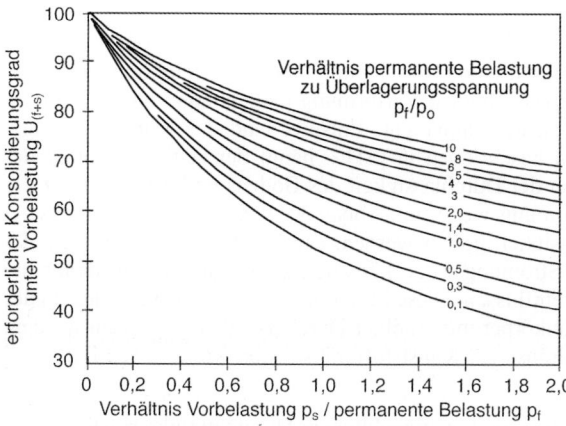

Bild 2. Bemessungsdiagramm Vorbelastung (nach [45])

Mit den bekannten Größen p_f, p_0 und der Wahl von p_s kann dann der erforderliche Konsolidierungsgrad ermittelt werden. Die Vorbelastungszeit t kann mit der aus der Konsolidierungstheorie bekannten Beziehung für die bezogene Konsolidierungszeit T_V:

$$T_v = \frac{t \cdot c_v}{d^2}$$

mit

c_v Konsolidierungsbeiwert
d   Schichtmächtigkeit für einseitig entwässernde Schicht
t   max. Konsolidierungszeit für Vorbelastung

aus Standardtafeln für die jeweiligen Entwässerungsverhältnisse und den Konsolidierungsgrad entnommen werden und zur erforderlichen Konsolidierungszeit t nach Umstellung ausgewertet werden. Bei *Johnson* [45] sind des Weiteren Hinweise und Bemessungswerte zur Berücksichtigung auch der Sekundarsetzungen nachzulesen.

Für die Ausführung kann die maximale Höhe einer Vorbelastung zur Gewährleistung der Standsicherheit im Randbereich mit $h \approx 3 - 4\ (c_u/\gamma)$ abgeschätzt werden. Die seitliche Ausdehnung der Vorbelastung sollte des Weiteren mindestens das Zwei- bis Dreifache der Summe der zu konsolidierenden Schichten bzw. der Dauerschüttung betragen. Zur effektiven Entwässerung der Bodenschichten sollte weiterhin beachtet werden, dass eine ausreichend dimensionierte Filterschicht vorgesehen wird.

Ausführungsbeispiele und Hinweise zur Dimensionierung sind in [46] und [47] wiedergegeben. Besonders sind [48] sowie [49] und [50] zu nennen, da hier auch vergleichende Untersuchungsergebnisse zu Vorbelastungen ohne und mit Konsolidierungshilfe zu finden sind. Alle Berichte über Ausführungsbeispiele weisen darauf hin, dass zur Einschätzung der Konsolidierungszeiten und des Konsolidierungsverlaufs begleitende Messungen der Porenwasserdrücke und des Verformungsverlaufes zwingend notwendig sind, um die Unsicherheit bei der Ermittlung des Konsolidierungsbeiwertes aus Laborprüfungen zu überbrücken und Inhomogenitäten in den zu verbessernden Bodenschichten frühzeitig zu erfassen. Nur mit diesen begleitenden Messungen und Auswertungen kann eine rasche Anpassung der Ausführung an die tatsächlichen Konsolidierungsabläufe erfolgen, worauf auch *Jamiolkowski* [46] nach den Auswertungen vielfältiger Ausführungsbeispiele ausdrücklich hinweist.

2.1.2 Vorbelastung mit Konsolidierungshilfe

Wie im Vorhergehenden schon erläutert, ist die Beschleunigung der in feinkörnigen Böden aus den geplanten Einwirkungen zu erwartenden Verformung maßgeblich von der Schichtdicke der zu verbessernden Bodenschicht abhängig. Entsprechend der Konsolidierungstheorie – in ihrer erweiterten Form beschrieben in [51] – hängt der zeitliche Ablauf der Verformungen im Wesentlichen von der Durchlässigkeit des Bodens und der 2. Potenz der Schichtdicke ab. Wenn aber die Strömungswege zum Abbau des Porenwasserüberdrucks bei gleichzeitig abnehmender Durchlässigkeit größer werden, kann es zur Beschleunigung der Verbesserung sinnvoll sein, diese Strömungswege künstlich zu verkürzen, um damit die Verformungsgeschwindigkeit zu beeinflussen. Diese Methodik setzt dann voraus, dass in der zu verbessernden Bodenschicht Dränkörper mit erhöhter Durchlässigkeit eingebaut werden. Diese Dränkörper können als Sanddräns oder Kunststoffdräns rasterförmig in den Baugrund eingebracht werden.

Eine Zusammenstellung des üblichen und gebräuchlichen Dränmaterials sowie dessen Eigenschaften und Hersteller sind bei *Moseley/Kirsch* [52] oder auch *Bergado* et al. [53] zu finden. Die Euronorm DIN EN 15237 [158] regelt die Ausführung derartiger Arbeiten und enthält wertvolle Hinweise zur Bemessung. Heute werden alle Typen von Filtern aus synthetischem Material hergestellt, wobei einige Filterdräns einen losen Innenkern mit unterschiedlich geformter Oberfläche haben und bei anderen der äußere Filter mit dem Innenkern fest verbunden ist.

Die verschiedenen Dränarten lassen sich des Weiteren mit verschiedensten Methoden in den zu verbessernden Baugrund einbringen, wobei sich generell die in Tabelle 2 zusammengestellten Unterscheidungen treffen lassen.

Gerammte oder gerüttelte Sanddräns werden auch heute noch wegen ihrer einfachen Herstellung und niedrigen Kosten vielfach eingesetzt, obwohl die Herstellung gerade größerer Durchmesser zu Störungen des umgebenden Bodens bei Reduzierung der Scherfestigkeit (Porenwasserüberdruck) und Ausbildung einer Störzone mit verminderten Durchlässigkeiten führt. Sowohl bei vorgefertigten Sanddräns als auch Kunststoff- oder Pappdräns kann gerade diese Umgebungsstörung aufgrund der reduzierten Abmessungen der Einbaulanze gemindert werden.

Bei der Herstellung von vertikalen Dräns zur Beschleunigung der Konsolidierung ist vor allem die Befahrbarkeit und Erreichbarkeit der Einbaustelle für die Gerätschaften zur Installation der Vertikaldräns von entscheidender Bedeutung, da gerade bei derartigen Bauaufgaben eine geringe Tragfähigkeit des Untergrundes zu erwarten ist.

2.2 Baugrundverbesserung

Tabelle 2. Übersicht über Vertikaldrän-Typen

Drän	Abmessung	Einbaumethode
Sanddrän (Herstellung in-situ)	⌀ 0,2 – 0,6 m	gerammt, gerüttelt mit kompletter Verdrängung des Bodens
Sanddrän (vorgefertigt)	⌀ 0,06 – 0,15 m	gerammt, gerüttelt mit verminderter Verdrängung des Bodens
Sanddrän (Herstellung in-situ)	⌀ 0,3 – 0,5 m	gebohrt mit Hohlbohrschnecke bei geringer Verdrängung, gespült
Vorgefertigte Dräns (Kunststoff, Pappe, nicht gewobenes Filtomat)	⌀ 0,05 – 0,1 m	gedrückt oder gerüttelt mit Lanze mit Vollverdrängung

Diese Voraussetzungen machen es vielfach erforderlich, eine standsichere Arbeitsebene zu schaffen. Als diese Arbeitsebene kann die ohnehin aufzubringende horizontale Dränageschicht dienen, in die die vertikalen Dräns entwässern sollen. Diese horizontale Dränageschicht sollte nicht geringer als 0,3 bis 0,5 m mächtig sein und aus sehr gut durchlässigem Material aufgebaut sein, sodass kein Rückstau in die Vertikaldräns entsteht und damit die Konsolidierung verzögert wird. In den meisten Fällen werden von dieser Arbeitsebene aus die Vertikaldräns rasterförmig (Viereck, Dreieck) in regelmäßigen Abständen eingebracht und nachfolgend die Vorbelastung aufgebracht. Die zeitlichen Abläufe (Höhe und Dauer der Vorbelastung) richten sich auch hier nach den Erfordernissen der vorwegzunehmenden Verformungen und Verformungsunterschiede, wobei sich die Konsolidierungszeit durch die Abstände und Durchmesser der vertikalen Dräns beeinflussen lässt.

Die Ausrüstung zur Einbringung der vertikalen Dräns wird einmal von der Art der herzustellenden Dräns und auch von den Baugrundverhältnissen bestimmt. Generell werden mäklergeführte Lanzen, deren Abmessungen auf die Dränabmessungen abgestimmt sind, in den Baugrund eingerüttelt, gedrückt oder gespült, wobei die Einbringart keinen wesentlichen Einfluss auf die Wirkungsweise der Dräns hat, wenn beim Einbringprozess auf einen möglichst geringen Störeffekt (smear) in der Kontaktzone Drän/Boden geachtet wird. Die Stahllanzen zum Einbau der Banddräns sollten dazu mit ovalem oder rechteckigem, aber glattem Querschnitt gerade so groß sein, dass Reibung zwischen Drän und Lanze während des Ein- und Ausbaus vermieden wird. Des Weiteren sollten die zum Zurückhalten des Dräns beim Ziehen der Lanze eingesetzten Ankerkörper ebenfalls mit geringstmöglicher Abmessung glatt und an der Lanzenspitze liegend konstruiert sein, um die Störzone im Einbaubereich zu minimieren. Untersuchungen von *Akagi* [54] haben gezeigt, dass die Störzone (smear) mit $d_s = 2 d_w$ anzunehmen ist und bei sorgfältiger Konstruktion der Einbauteile sowie Ausführung der Einbauarbeiten nahezu unabhängig von der Lanzenform ist.

Dynamische Einbaumethoden sollten dort vermieden werden, wo durch hohe Porenwasserüberdrücke Stabilitätsprobleme der Arbeitsebene hervorgerufen werden können. Ein wesentlicher Aspekt bei der Ausführung ist weiterhin, dass nach Abteufen des Dräns dieser beim Ziehen der Lanze seine Position behält, was in der Regel durch den schon erwähnten Ankerkörper am Fuß erreicht wird.

Nach Installation der Dräns und Aufbringung der Vorbelastung sollte der weitere zeitliche Ablauf so gewählt werden, dass die temporäre Überbelastung erst dann entfernt wird, wenn der Porenwasserüberdruck an der ungünstigsten Stelle kleiner als die durch die temporären

Überbelastungen hervorgerufenen Spannungen ist. Die Ausdehnungen der Vorbelastungen sollten gerade wegen der Böschungsbereiche und der damit verbundenen Eintragungen von Schubspannungen und darauf folgenden horizontalen Verschiebungen ausreichend bemessen sein.

Zur Berechnung und Bemessung der Konsolidierungszeiten mit Vertikaldräns wurde von *Hansbo* [51] die Therzaghi'sche Konsolidierungstheorie in ihrer Erweiterung von Barron (siehe *Hansbo* [55]) unter Berücksichtigung der Dränabmessungen und charakteristischen Eigenschaften der Dräns auf die radiale Konsolidierung für den erzielbaren Konsolidierungsgrad als Funktion der Zeit mit:

$$U_r = 1 - \exp\left(\frac{-8\,T_r}{F}\right)$$

abgeleitet.

Mit

$$T_r = \frac{c_r \cdot t}{D_e^{\,2}}$$

D_e Durchmesser des zu dem Drän gehörenden Bodenzylinders
 $= 1{,}13 \cdot s$ (Viereck), $1{,}05 \cdot s$ (Dreieck) mit s als Dränabstand
d_w äquivalenter Durchmesser des Dräns
c_r horizontaler Konsolidierungskoeffizient
t Konsolidierungszeit
U_r Konsolidierungsgrad
F $= F_{(n)} + F_{(s)} + F_{(r)}$ (Einflussfaktoren)

$F_{(n)} \cong$ Faktor für Dränraster $= \ln\left(\dfrac{D_e}{d_w}\right) - 0{,}75$ für $\dfrac{D_e}{d_w} \geq 20$

 d_w wirksamer Durchmesser des Dräns

$F_{(s)} \cong$ Schmiereffekteinfluss $= \dfrac{k_h}{k_s} \ln\left(\dfrac{d_s}{d_w}\right)$

 d_s Durchmesser Störzone um Drän
 k_s Durchlässigkeit Schmierzone

$F_{(r)} \cong$ Fließ-Widerstandsfaktor $= \pi \cdot z(L - z)\dfrac{k_h}{q_w}$

 q_w vertikale Abflussleistung des Dräns

und den Bezeichnungen nach Bild 3 lässt sich damit der Konsolidierungsgrad als Funktion der obigen Einflussfaktoren darstellen.

In den Auswertungen von *Hansbo* [55] werden theoretische Bemessungsmodelle sowohl unter Annahme der Gültigkeit der Darcy'schen Gesetze als auch unter Annahme einer nicht linearen Beziehung zwischen hydraulischem Gradienten und Porenwasserfluss entwickelt. Bei der vergleichenden Auswertung von Baustellenergebnissen kommt *Hansbo* [55] zu dem Resultat, dass aufgrund der immer noch großen Unsicherheiten in der Bestimmung der bodenmechanischen und bodenhydraulischen Kenndaten als Einflussfaktoren ein Überwachungs- und Kontrollprogramm für derartige Arbeiten in jedem Fall notwendig ist. Des Weiteren wird die bessere Übereinstimmung des nicht linearen Ansatzes zur Berechnung des Setzungsablaufs mit den tatsächlichen Abläufen bestätigt, was aber auch auf die Reduzierung des Konsolidierungskoeffizienten mit zunehmender Verdichtung zurückzuführen sein kann.

2.2 Baugrundverbesserung

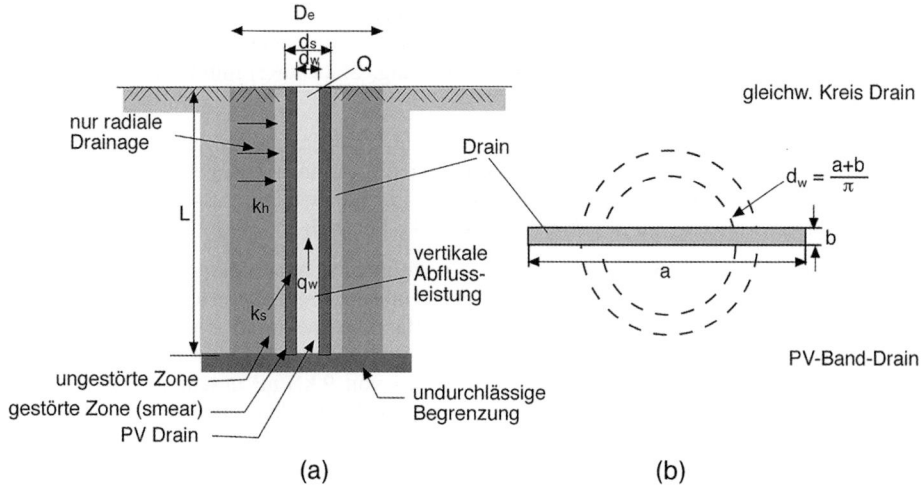

Bild 3. Charakteristische Bezeichnungen zur Drän-Bemessung

Unter Berücksichtigung der vorher beschriebenen Einflussfaktoren können in Bemessungstabellen einzelner Dränhersteller Abstände zu Auslegungen der Vertikaldräns bestimmt werden [56]. Die Auswirkungen der einzelnen Einflussfaktoren auf die Konsolidierungsabläufe sind bei *Jamiolkowski* [46] auch mit dem theoretischen Hintergrund ausführlich wiedergegeben. Da die zur Bemessung notwendigen Bodenkenndaten (c_V, c_H, k_h, k_V, E_s,...) in Laborversuchen nur mit erheblichen Einschränkungen genau genug bestimmt werden können, sollte der Ausführungsentwurf immer auf Basis eines Feldversuchs ausgelegt werden.

Für vorgefertigte Vertikaldräns hat *Yeung* [57] die von *Hansbo* [51] u. a. beschriebenen Einflussfaktoren auf die radiale Konsolidierung von Vertikaldräns in entsprechende Bemessungsdiagramme umgesetzt, sodass mit den dort dargestellten Bemessungsabläufen obige Einflussfaktoren für unterschiedliche Herstellungen, Dränfabrikate und Baugrundeinflüsse berücksichtigt werden können. *Lekha* et al. [58] stellen zur wissenschaftlichen Betrachtung den Konsolidierungsablauf bei der Anwendung von Sanddräns in einer nicht linearen Theorie unter Berücksichtigung der zeitabhängigen Belastung vor, die die zeitlichen Veränderungen der effektiven Spannungen, des Porenvolumens und der Durchlässigkeit mit in die Betrachtung einbezieht. Die Einflüsse des „smear effect" sind bei *Chai* et al. [59] in ihren Auswirkungen auf die Wirkungsweise der Vertikaldräns in rechnerischen Modellen nachvollzogen. Zusammenfassend wird ein bilinearer Ansatz der Durchlässigkeit in der Störzone für angebracht erachtet und es werden praktische Anwendungshinweise daraus abgeleitet.

Zur Auswahl des entsprechenden Dräntyps sind je nach Aufgabenstellung folgende Parameter von Bedeutung:

- äquivalenter wirksamer Durchmesser des Dräns d_w,
- Förderkapazität des Dräns q_w,
- Filtermanteleigenschaften in Verbindung mit anstehendem Baugrund $k_{geotex} \geq 10\ k_{Boden}$,
- Durchlässigkeit des Filtermantels,
- Materialfestigkeit, Flexibilität, Dauerbeständigkeit.

Zur Auswahl des Filtermaterials sind in [53] die verschiedenen Aspekte bei Anwendung unterschiedlicher Filtergesetze und -regeln zusammengestellt und in ihren Auswirkungen in

Abhängigkeit von zu konsolidierendem Boden dargestellt. Bei Auswahl der Materialeigenschaften sollte gerade bei größeren zu erwartenden Verformungen berücksichtigt werden, dass das Dränmaterial diese Verformungen (Biegung, Stauchung) mitmachen muss, ohne seine Wirkungsweise zu verlieren.

Sowohl in [52] als auch in [53] sind sehr ausführlich Feldversuche mit unterschiedlichsten Dräntypen in verschiedensten Böden zusammengetragen. In der Regel wurde dabei die Wirkungsweise der Konsolidierung durch Setzungs- und Stauchungsmessungen sowie durch Messungen der Entwicklung der Porenwasserdrücke überprüft.

Balasubramaniam et al. [60] berichten über die erfolgreiche Anwendung von Vertikaldräns auch in weichem Bangkok-Ton mit Wassergehalt nahe der Fließgrenze und undränierten Scherfestigkeiten von i. M. 10 kN/m² bei 3 m Tiefe zunehmend auf i. M. 30 kN/m² in ca. 15 m Tiefe. In [52] wird ebenfalls die erfolgreiche Anwendung auch in weichen, plastischen Tonen mit mittleren undränierten Scherfestigkeiten von 9 kN/m² geschildert, wobei hier noch verschiedene Dräntypen nebeneinander untersucht wurden. Hierbei traten bei den verschiedenen Banddräns im Vergleich keine nennenswerten Unterschiede auf, bei größerem Dränabstand führten diese jedoch zu einer besseren Konsolidierung als Sanddräns. An gleicher Stelle wird über ein Projekt in China berichtet, wobei hier Vakuum- und Belastungs-Methode parallel in einem sehr weichen Ton ($c_u \approx 5$ kN/m²) angewendet wurden. Es war festzustellen, dass in diesem weichen Ton die Kombination mit der Vakuum-Methode erfolgreich war. Gerade bei stark wasserbindenden Komponenten im Baugrund, in denen geringe Druckgradienten aus Auflasten nicht mehr ausreichende Fließkräfte bewirken, da diese aufgrund der Limitierung durch die Standsicherheit begrenzt sind, bietet die Kombination eine erfolgreiche Alternative.

2.1.3 Verdichtungsinjektionen

Nachdem bisher eine Verdichtung des Baugrundes durch Aufbringen einer statischen Einwirkung und damit Verringerung des Porenraums bei gleichzeitiger Abführung des im Porenraum befindlichen Mediums behandelt wurde, wird bei der Verdichtungsinjektion ein zusätzliches Material in den zu verbessernden Baugrund eingebracht, sodass eine Verdrängung des umgebenden Bodens stattfindet.

Bei der Verdichtungsinjektion (Compaction Grouting) wird über ein im zu verbessernden Baugrund eingebrachtes Bohrrohr (drehend, dreh-schlagend, schlagend) oder Bohrgestänge Mörtel unter Druck verpresst, wobei der Mörtel aufgrund seiner Zusammensetzung und Fließeigenschaften nicht in die Poren des Baugrundes eindringt. Mit diesem Verfahren sind alle Böden verbesserbar, in denen die während des Verpressvorgangs auftretenden Porenwasser- und Porenluftdrücke ohne nennenswerte zeitliche Verzögerungen abgebaut werden können, oder aber auch durch Reduzierung der Einpressgeschwindigkeit oder zusätzliche Entwässerungsmaßnahmen ein Druckaufbau minimiert wird.

Nach *Dupeuble* [61] und *Robert* [62] können Böden mit Grenzdrücken von $p_e \leq 500$ kN/m² beim Pressiometertest bzw. mit einem Spitzenwiderstand $q_c \leq 4000$ kN/m² aus Drucksondierungen durch Verdichtungsinjektionen verbessert werden.

Verdichtungsinjektionen können zur

– Unterfangung und Abfangung von Gründungen und Bauwerken bei Setzungsunterschieden,
– Erhöhung der Tragfähigkeit von Bodenschichten,
– Reduzierung des Verflüssigungspotenzials locker gelagerter Sande,
– Kompensation von Verformungsunterschieden aus Baumaßnahmen (z. B. Tunnelvortrieb),
– Stabilisierung von Hangrutschungen

2.2 Baugrundverbesserung

eingesetzt werden. Die generellen Anwendungen des Compaction Grouting in den Vereinigten Staaten sind bei *Rubright/Bandimere* [63] mit entsprechenden Ausführungsbeispielen zusammengefasst.

Zur Durchführung der Arbeiten werden Anlagenkomponenten zur Mörtelaufbereitung und -mischung, Mörtelpumpen und eine Bohrausrüstung zur Abteufung der Verpressrohre benötigt, wobei vor allem die Art der Mörtelpumpe mit ihrer Pumpmenge, Pumpgeschwindigkeit und ihrem maximalen Pumpdruck auf die jeweilige Aufgabenstellung abgestimmt werden muss. Das Abteufen bzw. Herstellen der Bohrlöcher wird in der Regel drehend oder schlagend vorgenommen, wobei nach Erreichen der Endteufe über dieses Bohrrohr nach Montage eines Verpressstutzens Mörtel verpumpt wird. Durch mehrfaches stufenweises Zurückziehen des Verpressrohrs mit jeweils erneutem Einpressen von Mörtel wird so von unten nach oben eine säulenartige Aneinanderreihung von Mörtelplomben erreicht (bottom-up-method), siehe Bild 4.

Im Gegensatz dazu werden bei der top-down-method die Mörtelmengen nach jeweiligem Durchbohren der zuvor hergestellten Verpressungen von oben nach unten eingebracht, wobei nach Beobachtungen von *Graf* [64] und *Warner* [65] beide Methoden zu keinen nennenswerten Unterschieden bei den Verbesserungsresultaten führen.

Der Verpressvorgang wird durch den Verpressdruck, die Verpressmenge und die Verpressgeschwindigkeit bestimmt. Der maximal zulässige Einpressdruck an der Verpressstelle ist dabei unter Berücksichtigung des im System (Pumpe, Verpressschlauch, Verpressrohr) auftretenden Reibungsverlustes zu bestimmen, wobei der Anfangsverpressdruck zur Überwindung der Scherspannungen im zu verbessernden Bodenbereich in der Regel höher ist. Der Einpressdruck wird des Weiteren wesentlich von der Verpressgeschwindigkeit des Mörtels (l/min) mitbestimmt, sodass unter Variation der Verpressgeschwindigkeit sich unterschiedliche Einpressdrücke einstellen. *Franceson/Twine* [66] weisen bei Anwendung des Verfahrens zur Baugrundverbesserung auch in oberflächennahen Bereichen auf die Auswahl der Verpresspumpen hin, um Druckspitzen und Druckstöße zu vermeiden und damit kontrollierbare Verpressvorgänge zu gestalten. Als Beurteilungskriterien für den Verpressvorgang haben sich die Messungen von Verschiebungen als Indikator zur Steuerung der Abläufe durchgesetzt [64]. Die Verpressmenge pro Stufe ist durch die Abstände der Verpresspunkte, dem damit den Punkten zugeordneten Bodenvolumen und der angestrebten Verbesserung (in der Regel Reduzierung des Porenvolumens) zu bemessen.

Das Verpressmaterial wird in der Regel aus natürlichen, schwach schluffigen Sanden unter Zugabe von Wasser, hydraulischen Bindemitteln und Flugaschen sowie ggf. Verflüssigern zur Verbesserung der Fließeigenschaften aufgebaut. Qualitätstests und Anforderungen an

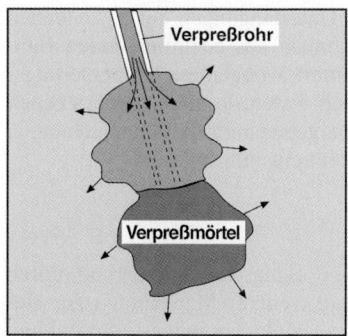

Bild 4. Prinzip der Verdichtungs-Injektion

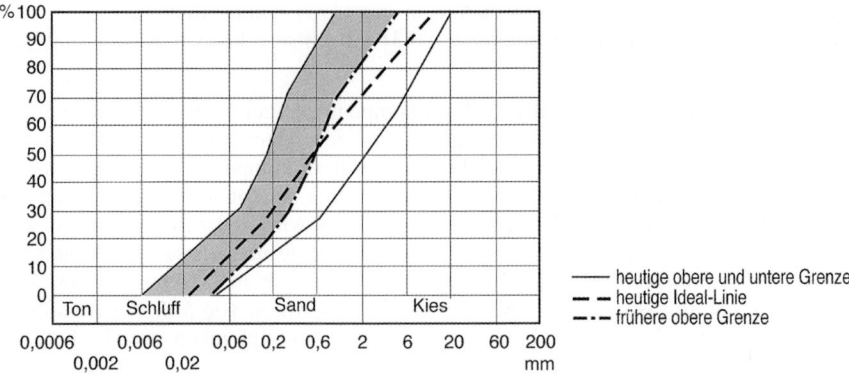

Bild 5. Mörtelzusammensetzung für Verdichtungs-Injektionen (nach [70])

den Mörtel sind bei *Greenwood* [67], *Moseley* [52], *Chang* et al. [68] und *Warner* [69] zusammengestellt. Bei allen Beurteilungen wird vornehmlich auf den Slumptest, wie vom ASCE, Committee on Grouting zusammengefasst, zurückgegriffen, wobei Setzmaße von 2 bis 10 cm als üblich angegeben werden. Heute gebräuchliche Mörtelzusammensetzungen sind in Bild 5 zusammengestellt.

Da der Wassergehalt des Mörtels für die Pumpfähigkeit aber auch für die Filtratwasserabgabe beim Verpressen im Boden eine entscheidende Rolle spielt, wird in neueren Untersuchungen auf die Auswahl des Mörtels entsprechend seines Wassergehalts in Abhängigkeit von den Einpressbedingungen (Bodenzusammensetzung, Pumpgeschwindigkeit,...) hingewiesen (*Katzenbach* et al. [71], *Iagolnitzer* [72]).

Zur Überprüfung des Erfolgs einer Compaction-Grouting-Maßnahme sind
– Verformungsmessungen auch baubegleitend zur Steuerung des Bauablaufs,
– Sondierungen zur Bestimmung der Lagerungsdichten vor und nach der Baumaßnahme,
– Belastungsversuche vor und nach Durchführung der Maßnahme
als sinnvolle Kontrollmechanismen geeignet.

Bei *Nicholson* et al. [73] werden die Möglichkeiten der Nachrechnung von Kontrollmessungen mit der FE-Methode beschrieben und die Möglichkeiten der rechnerischen Modellierung zur Vorhersage der Verformungsabläufe aufgezeigt.

Ausführungsbeispiele und Erläuterungen zum technischen Konzept sowie der Vorgehensweise sind für die flächenhafte Verbesserung und Reduzierung der Verflüssigungsgefahr des Baugrundes für ein Großkraftwerk bei *Wegner* [74], für Unterfangungen bei bestehenden Altbauwerken bei *Byle* [75], Rückstellung von Verformungen aus beeinflussenden Bauaktivitäten (Tunnelbau) bei *Moseley/Kirsch* [52] dokumentiert, wobei diese Verbesserungsmaßnahmen in reinen Tonböden bis zu Sanden erfolgreich waren. In allen beschriebenen Ausführungsbeispielen wird auf vorausgehende intensive geotechnische Untersuchungen und Beurteilungen zur erfolgreichen Anwendung des Verfahrens hingewiesen.

2.1.4 Grundwasserbeeinflussung

In den vorhergehenden Zusammenstellungen wurde eine Baugrundverbesserung durch statische Einwirkungen von außen, ggf. unter Anwendung weiterer Maßnahmen zur Beschleunigung des Verbesserungsvorgangs beschrieben. Die gezielte Grundwasserabsenkung

2.2 Baugrundverbesserung

bietet die Möglichkeit, eine Baugrundverbesserung auch ohne zusätzliche Maßnahmen zu erzielen.

Durch die gezielte Absenkung des Grundwasserspiegels verändern sich im durch die Grundwasserabsenkung betroffenen Bodenkörper die Gewichts- und Druckverhältnisse sowohl in den entwässerten als auch in den darunter liegenden Bodenschichten. Die Auswirkungen der Grundwasserabsenkung auf die Veränderung der effektiven Spannungen im Boden sind bei *Herth/Arndts* [76] für unterschiedlichste Baugrundaufbauten und Durchlässigkeitsverhältnisse zusammengestellt und beschrieben.

Die Veränderung der Druck- und Gewichtsverhältnisse durch Grundwasserabsenkung in grobkörniger, gut durchlässiger Bodenart führt je Meter Absenkung zu einer Erhöhung der Bodenspannung von etwa 10 kN/m². Diese Zusatzspannung bewirkt dann eine Verdichtung des Bodenkörpers, wobei zu beachten ist, dass bei schwankendem Grundwasserstand Verformungen nur für Absenkungen unter dem niedrigsten vorkommenden Grundwasserstand wirksam werden. Aufgrund dieser Rahmenbedingung ist die alleinige Anwendung von Grundwasserabsenkung zur Bodenverbesserung nur sehr beschränkt wirksam und effektiv einsetzbar. In gemischt- bis feinkörnigem, schwach durchlässigem Boden kann die Grundwasserabsenkung in Kombination mit anderen Methoden (Vorbelastung, Vertikaldräns,...) aber erfolgreich zur Beschleunigung und Unterstützung der Baugrundverbesserungsmaßnahme eingesetzt werden. Als Methode zur Unterstützung der Entwässerung (Konsolidationsbeschleunigung) ist in gemischt- und feinkörnigem Boden die Entwässerung durch Unterdruck oder durch Elektroosmose anwendbar. Die Beschreibung dieser Verfahren ist dem Kapitel 2.10 „Grundwasserströmung-Grundwasserhaltung" zu entnehmen, wo ebenfalls der theoretische Hintergrund und die Dimensionierung der Verfahren wiedergegeben sind.

Eine weitere Vorbelastung kann auch durch Anlegen eines Vakuums erzeugt werden, und macht dann weitere Vorbelastungen nicht mehr erforderlich. Bei der Vakuum-Methode wird ein Unterdruck in den Dränageelementen erzeugt, was aber das Vorhandensein eines quasi luftdichten Verschlusses der Dränageelemente gegen die Atmosphäre erfordert. Einige Ausführungsbeispiele sowie Details zu Auslegung sind bei *Schiffer* et al. [77] und *Punmalainen* et al. [78] beschrieben. Gerade diese Methode kann von größerem Interesse bei Konsolidierungsaufgaben unter Wasser sein, da bei Anlegen eines Vakuums diese Wasserauflast als tatsächliche konsolidierende Spannung wirksam wird.

Der wirksame Aufbau des Vakuums wird dabei wesentlich von der erfolgreichen Abdichtung der Geländeoberfläche und von Böschungsbereichen bestimmt (Bild 6). Sowohl *Choa* [79] als

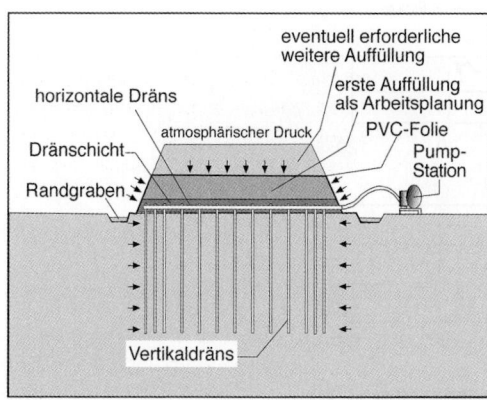

Bild 6. Prinzip der Vakuumkonsolidierung (nach [77])

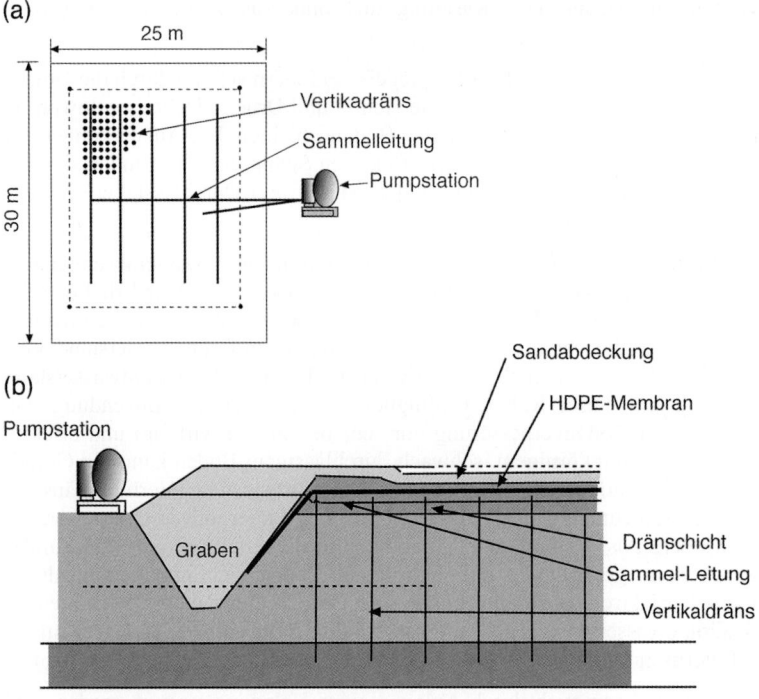
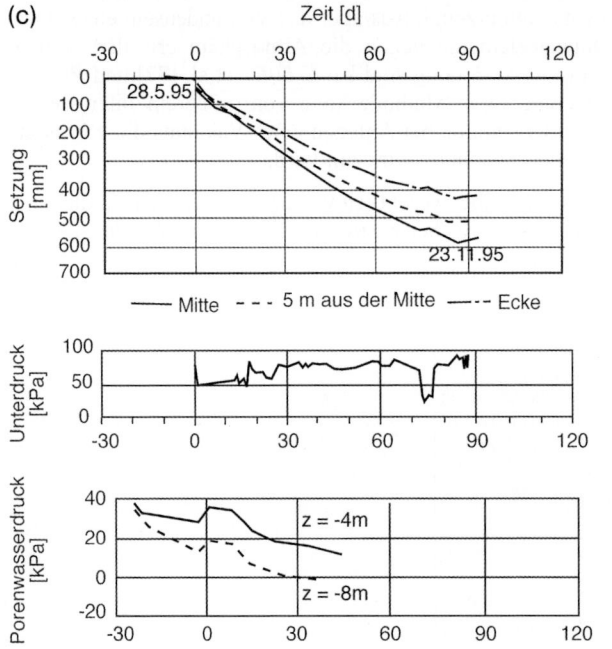

Bild 7. Ergebnisse aus einem Vakuumkonsolidierungstest (nach [78])

2.2 Baugrundverbesserung

auch *Woo* et al. [80] berichten von der erfolgreichen Anwendung des Vakuum-Verfahrens in Verbindung mit Vertikaldräns, wie auch in Kombination mit Auflasten. Gerade bei weichem Boden kann die Kombination aus Vakuum-Verfahren und Auflast dann zu einer Reduzierung der maximal erforderlichen Auflast eingesetzt werden und damit das Standsicherheitsproblem der Auflast auf dem weichen Boden umgangen werden [80]. *Punmalainen* und *Vepsäläinen* [78] kommen bei der Auswertung der Ergebnisse von Testfeldern in Helsinki bei der Kombination von Vertikaldräns mit dem Vakuum-Verfahren zu der Schlussfolgerung, dass vornehmlich eine deutlich kürzere Konsolidierungszeit bei Anwendung des Vakuum-Verfahrens im Vergleich zur Vorbelastung zu verzeichnen war (Bild 7). Weitere Ausführungen zur Anwendung mit Konsolidierungshilfen siehe auch Abschnitt 2.1.2 dieses Kapitels „Baugrundverbesserung".

Bei feinkörnigem Boden mit Durchlässigkeiten kleiner 10^{-7} m/sec bleibt aufgrund der elektrostatischen Bindungskräfte des Wassers an die Bodenteilchen auch eine Vakuum-Entwässerung wirkungslos. Bei der Entwässerung durch Elektroosmose wird im Boden eine Gleichspannung angelegt, die die Wanderung des freien, ungebundenen Wassers von der positiven Anode zur negativen Kathode bewirkt. Wird die Kathode als Brunnen ausgebildet, kann hier das Wasser entnommen bzw. abgepumpt werden.

Die Anwendung der Elektroosmose ist umso ergiebiger, je mehr ungebundenes Wasser in feinkörnigem Boden vorhanden ist und je geringer die elektrostatische Bindung an die Bodenteilchen ist (aktiver/inaktiver Ton). *Eggestad/Føyn* [81] beschreiben die Verfahrensanwendung in weichen, marinen Tonen in Norwegen zur Reduzierung des Wassergehalts mit damit verbundenem Zuwachs der Scherfestigkeit dieser Böden. Der Wassergehalt der Tone lag im Mittel bei 37% (Fließgrenze $w_f = 26\%$), die undränierte Scherfestigkeit bei 4 bis 15 kN/m².

Zur Entwässerung mithilfe von Elektroosmose wurden Stahlstäbe mit 20 mm ⌀ bis zu 6 m Tiefe mit 1,0 m Abstand zwischen den Elektroden in Reihen in den Boden eingebracht. Der Reihenabstand betrug 1,5 m, wobei jede zweite Reihe als Anode ausgebildet wurde. Bei Anlegen von 50 Volt und 200 Ampere wurden schon nach 25 Tagen erhebliche Zuwächse der undränierten Scherfestigkeit im Bereich der Anoden gemessen. Insgesamt wurden zur Baugrundverbesserung ca. 7 kWh/m³ zu stabilisierendem Boden aufgewendet.

2.2 Dynamische Methoden

2.2.1 Vibrationsverdichtung

Es ist eine bekannte Tatsache, dass sich die Bodenkörner eines rolligen Bodens durch Vibration so umlagern lassen, dass sie in eine dichtere Lagerung gebracht werden können. Die damit einhergehende Volumenverminderung hängt von der Bodenbeschaffenheit (von der Verdichtungswilligkeit) und dem Verdichtungsaufwand (von der eingesetzten Rüttelenergie und der Einwirkungsdauer) ab. Die Wirkungstiefe leistungsfähiger Oberflächenrüttler ist bei nicht bindigen, rolligen Böden (Sand und Kies) auf etwa 80 cm begrenzt [1]. Will man größere Tiefenbereiche erfassen, bedient man sich der Tiefenverdichtung mithilfe sog. Tiefenrüttler (als Verfahrensbezeichnung hat sich der Begriff Rütteldruckverdichtung durchgesetzt) oder mittels Rüttelbohlen, die von Aufsatzrüttlern in Schwingungen versetzt werden. Die Ausführung von Vibrationsverdichtungsarbeiten wird in EN 14730 [159] geregelt, wobei auch die Anwendungsgrenzen einzelner Systeme und Verfahren beschrieben werden.

Die Eignung von nicht tragfähigen (zu locker gelagerten und zu weichen) Bodenschichten für eine Tiefenverdichtung ermittelt man am zweckmäßigsten anhand der in einem Bodengutachten vorgenommenen Beurteilung der Bodenschichten. In der Regel ist sicherzustellen, dass die Kohäsion des Bodens so klein ist, dass er durch Schwingungen eines Rüttlers

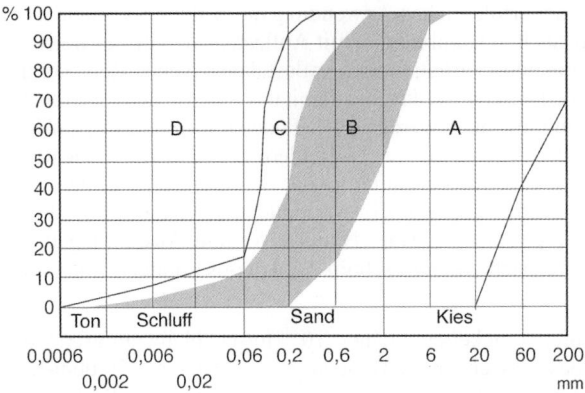

Bild 8. Anwendungsgrenzen des Rütteldruckverfahrens (nach [2])

verdichtet werden kann. Derartige Böden sind Sande und Kiese mit vernachlässigbar geringer Plastizität. Ihr Schluffanteil (Korngröße < 0,06 mm) sollte unter 8–10% liegen (Bereiche A und B in Bild 8); das Vorhandensein von Tonanteilen (Korngröße < 0,002 mm) behindert die Verdichtung beträchtlich, sodass sie ohne Zusatzmaßnahmen (wie beispielsweise die Grobkornzugabe – Bereiche C und D in Bild 8) nicht durchgeführt werden kann. Die Anwendungsgrenzen werden üblicherweise im Kornverteilungsdiagramm (Bild 8) dargestellt, wobei die Begrenzung im Grobkornbereich eher empirisch ist und von der Eindringfähigkeit des jeweiligen Rüttelgerätes abhängt.

Anhaltswerte für die Verdichtungsfähigkeit des anstehenden Bodens können auch aus Drucksondierungen gewonnen werden, wonach man von ausreichender Verdichtungsfähigkeit des Bodens dann ausgehen kann, wenn das Reibungsverhältnis als Quotient aus lokaler Mantelreibung und Spitzendruck zwischen 0 und 1 liegt und gleichzeitig der Spitzendruck mindestens 3 MPa beträgt [3].

Einen auf der Kornverteilung basierenden Eignungsfaktor hat *Brown* [4] vorgestellt, der sich allerdings in der Praxis nicht durchgesetzt hat. Neben der Korngröße beeinflussen auch Kornform und -rauigkeit die Strukturfestigkeit und damit die Verdichtungsfähigkeit von rolligen Böden. Nach *Rodgers* [5] ist eine kritische Beschleunigung in der Größenordnung von 0,5 g erforderlich, damit die Strukturfestigkeit durch die dynamisch erzeugten Spannungen überwunden wird und der Verdichtungsprozess eingeleitet werden kann. Schließlich hat auch die Durchlässigkeit einen erheblichen Einfluss auf die Effizienz einer Verdichtung. So behindert eine zu geringe Durchlässigkeit (unter 10^{-5} m/s) mehr und mehr den Verdichtungserfolg, während zu hohe Durchlässigkeiten (über 10^{-2} m/s) das Eindringvermögen des Rüttelgerätes zunehmend verlangsamen [6].

2.2.1.1 Rütteldruckverdichtung

Das Rütteldruckverfahren (im englischen Sprachgebrauch auch als vibro compaction oder vibroflotation bezeichnet) ist wohl das älteste dynamische Tiefenverdichtungsverfahren. Bereits in den 1930er-Jahren von der Firma Johann Keller in Deutschland entwickelt und zur Baustellenreife gebracht, erfreut es sich bis heute dank seiner besonderen Anpassungsfähigkeit an die zu lösende Aufgabe und seiner Wirtschaftlichkeit großer Beliebtheit. Einen ausführlichen Abriss über die Entwicklung dieses Verfahrens von seinen Anfängen bis in die heutige Zeit geben *Schneider* [7] zum Vorkriegsstand sowie vor allem *Greenwood* [8] und *Kirsch* [9] für die Zeit danach.

2.2 Baugrundverbesserung

In Bild 9 sind die Arbeitsphasen des Rütteldruckverfahrens veranschaulicht. Der Tiefenrüttler, ein in Arbeitsstellung horizontal schwingender, im Durchmesser etwa 35 bis 50 cm, in seiner Länge bis 4,5 m messender zylindrischer Körper, wird üblicherweise an einem Kran oder Bagger hängend eingesetzt, kann aber auch an einem Makler geführt eingesetzt werden. Sein Gewicht beträgt im Allgemeinen 15 bis 25 kN, kann aber auch bis 45 kN reichen. Durch Verlängerungsrohre wird das Gerät auf die für den jeweiligen Einsatz erforderliche Länge gebracht. Der Rüttler selbst besteht aus einem Stahlrohr, in dessen Innerem auf gemeinsamer vertikaler Welle im oberen Ende ein Antriebsmotor angeordnet ist, der die im unteren Teil befindliche(n) Unwucht(en) in Rotationsbewegungen und den Rüttler auf diese Weise in die gewünschten Schwingungen versetzt (Bild 10). Die Rüttelenergie kann so über das Mantelrohr direkt auf den umgebenden Boden einwirken und ist dabei völlig unabhängig von der jeweiligen Tiefenlage des Geräts. Der Rüttler ist durch eine geeignete, die Schwingungen dämpfende Vorrichtung von den Aufsatzrohren getrennt, durch welche die Kabel für die Energieversorgung des Rüttlermotors erfolgt. Außerdem befinden sich in den Aufsatzrohren Zuführungen für Wasser und ggf. Luft, die über geeignete Austritte an der Rüttlerspitze im Bereich der Kupplung oder auch an anderen ausgewählten Stellen der Verlängerungsrohre das Eindringen des Rüttlers in den Baugrund unterstützen sollen.

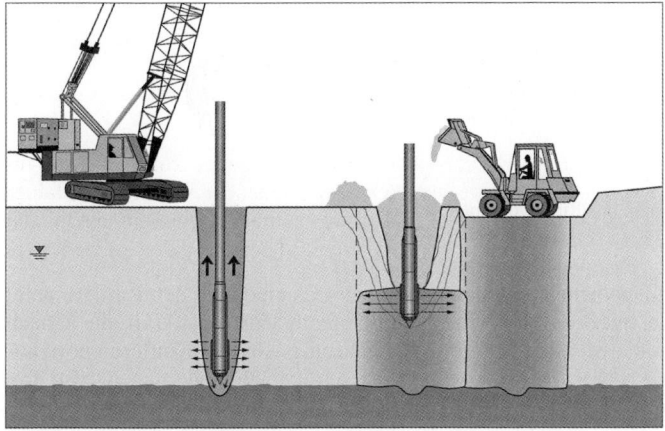

Bild 9. Arbeitsphasen des Rütteldruckverfahrens

Der Antrieb kann ein Elektromotor oder ein Hydraulikmotor sein, wobei die erforderliche Antriebsquelle in der Regel als Gegengewicht auf das Trägergerät aufgesattelt ist. Die in Rüttlern installierte Leistung beträgt üblicherweise 50 bis 150 kW, bei besonders starken Maschinen bis zu 300 kW. Wenn man von der Möglichkeit des Einsatzes von mechanischen Getrieben einmal absieht, so wird die Rotationsgeschwindigkeit des Exzenters bei einem elektrischen Antrieb nur durch die Stromfrequenz und die Poligkeit des Antriebsmotors bestimmt (Stromquelle 50 Hz bedingt 3000 Upm oder 1500 Upm Rüttelfrequenz, bei 60 Hz entsprechend 3600 Upm oder 1800 Upm Rüttelfrequenz und ein- bzw. zweipoligem Antrieb). Die dem Boden aufgeprägte Frequenz reduziert sich noch um etwa 5%, was der Größe des sog. Schlupfes bei Asynchronmotoren entspricht. Die moderne Steuerungstechnik hat in jüngster Zeit auch den Einsatz von sog. Frequenzwandlern wirtschaftlich möglich gemacht, durch die eine gewünschte Arbeitsfrequenz auch bei Elektromotoren im Betrieb in gewissen Bandbreiten verändert werden kann.

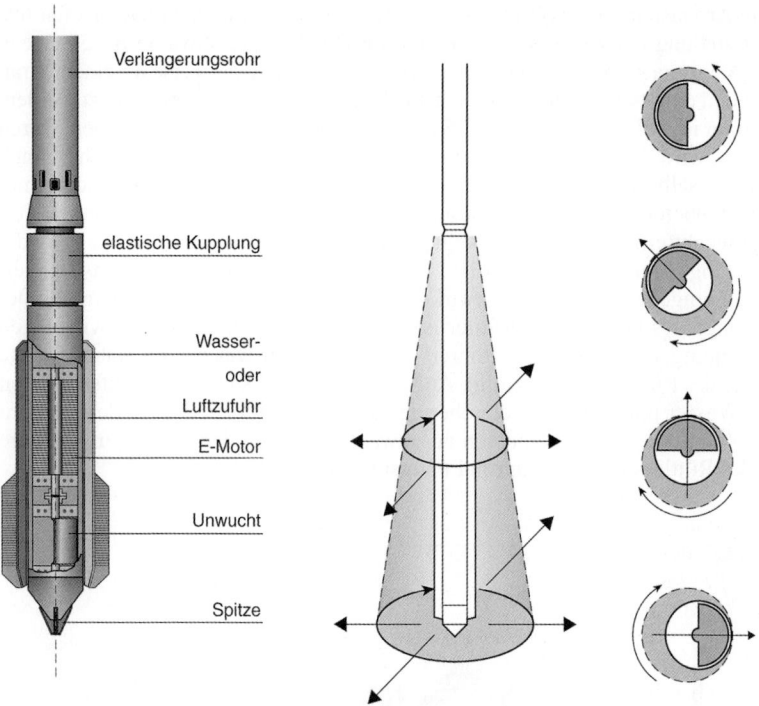

Bild 10. Tiefenrüttler und Prinzip des Rüttelvorgangs

Die in Rotation versetzten Unwuchten erzeugen nun einerseits eine über den Rüttlermantel auf den Boden einwirkende, mit der Rüttelfrequenz umlaufende Horizontalkraft, die je nach Rüttlertyp zwischen 150 und etwa 700 kN beträgt. Gleichzeitig wird der Rüttler in horizontale Schwingungen versetzt, deren Schwingweite ohne seitliche Behinderungen, also frei hängend, je nach Gerätetyp 10 bis 50 mm betragen und die dabei Beschleunigungswerte bis zu 50 g an der Rüttlerspitze bewirken können.

Hydraulisch angetriebene Rüttlermotoren haben gewisse betriebliche Vorteile, da bei ihnen u. a. die Frequenzänderung einfacher zu bewerkstelligen ist. Sie sind jedoch bei Auftreten von Betriebsstörungen im Hydrauliksystem hinsichtlich der Verschmutzungsgefahr von Wasser und Boden kritisch zu bewerten, soweit man nicht von vornherein ein biologisch abbaubares Hydrauliköl verwendet.

Angaben von Rüttlerdaten gelten in aller Regel für den Fall des frei hängenden Rüttlers, da die Messung interessanter Betriebsdaten während der Verdichtung auf große praktische Schwierigkeiten stößt. Die Kunst des Konstrukteurs besteht darin, den Rüttler optimal für seinen jeweiligen Einsatzzweck zu konstruieren und dabei die Verschleiß- und Reparaturkosten des Gerätes in wirtschaftlich vertretbaren Grenzen zu halten. Die Erfahrung hat gezeigt, dass sich Sande und Kiese am wirkungsvollsten mit Rüttelfrequenzen verdichten lassen, die in der Nähe ihrer jeweiligen System-Eigenfrequenz liegen. Es ist daher angezeigt, diese rolligen Böden zweckmäßigerweise mit Frequenzen zwischen 20 und 30 Hz zu verdichten. Selbst unter Verzicht auf Schlagkraft kann es von Vorteil sein, die Verdichtungswirkung durch weitere Herabsetzung der Frequenz ggf. noch zu optimieren.

2.2 Baugrundverbesserung

Diese in der praktischen Anwendung gefundenen Erkenntnisse sind in jüngster Zeit auch theoretisch von *Fellin* [10] untermauert worden, der die Rütteldruckverdichtung als „plastodynamisches Problem" behandelt hat. Ziel der Überlegungen ist die Entwicklung einer „On-line-Verdichtungskontrolle" durch die kontinuierliche Auswertung von Informationen der Rüttlerbewegungen während der Verdichtung. Die theoretischen Ergebnisse der Arbeit bestätigen die Beobachtung, dass die Reichweite der Rüttelwirkung bei gleicher Schlagkraft mit der Reduzierung der Rüttlerfrequenz zunimmt, andererseits jedoch der Grad der Verdichtung bei zunehmender Schlagkraft steigt.

Ein ähnliches Ziel, nämlich die Optimierung der Rüttelwirkung, verfolgt die Arbeit von *Nendza* [151], die im Modellmaßstab untersucht, inwieweit durch die Verdichtung bei Resonanzfrequenz ihre Wirkung verstärkt werden kann. Die Komplexität eines solchen Vorhabens für die Praxis wird deutlich, wenn man sich die gegenseitigen Abhängigkeiten von Rüttlerbewegung und Bodeneigenschaften, die sich während der Verdichtung laufend zeitabhängig verändern, vergegenwärtigt. Es bleibt daher abzuwarten, ob dieses anspruchsvolle Ziel zukünftig in der Praxis umgesetzt werden kann.

Im praktischen Einsatz (Bild 9) wird der Tiefenrüttler bei laufender Maschine und mit Unterstützung der Wasserspülung in den Boden versenkt. Effektives Eindringen wird in der Regel eher durch ein größeres Wasservolumen als durch größeren Druck bewirkt. Der Wasserstrom transportiert den gelösten Sand im den Rüttler umgebenden Ringraum an die Oberfläche. Etwaiger kurzzeitig entstehender Wasserüberdruck baut sich in den rolligen Böden, in denen die Rütteldruckverdichtung ausgeführt wird, rasch wieder ab. In trockenen Sanden werden lokale effektive Spannungen oder auch leichte Verfestigungen durch die Durchfeuchtung mit dem Spülwasser problemlos durch die Scherspannungen, die vom Rüttler ausgehen, gelöst. Bei besonders großen Verdichtungstiefen (etwa über 25 m) können zusätzliche Spülleitungen und der Einsatz von Druckluft erforderlich werden.

Hat der Tiefenrüttler seine gewünschte Tiefe erreicht, so werden die Eindringhilfen (Wasser und Luft) in der Regel abgeschaltet oder zumindest stark reduziert und die eigentliche, stufenweise Verdichtung des Bodens beginnt. Dabei hat es sich als zweckmäßig herausgestellt, den Tiefenrüttler in Stufen von etwa 0,3 m oder 1,0 m nach einer Einwirkungszeit von etwa 30 bis 90 s wieder zu ziehen. Infolge der Verdichtung tritt um den Rüttler herum eine Porenraumverminderung ein, zu deren Ausgleich ein Materialbedarf besteht. Aus diesem Grunde wird Sand über den Ringraum zugeführt; in Ausnahmefällen kann die Rütteldruckverdichtung auch ohne Zugabe von Fremdmaterial erfolgen, indem der Rüttler das benötigte Kompensationsmaterial seiner Umgebung entzieht und man die Absackung der Oberfläche in Kauf nimmt, die je nach Ausgangsdichte und gewünschtem Verdichtungsgrad zwischen 5 und 15% der Verdichtungstiefe betragen kann.

Sind der Versenk- und Verdichtungsvorgang beendet, so beginnt ein neuer Verdichtungszyklus, in dem der Tiefenrüttler am nächsten Verdichtungspunkt erneut versenkt wird. Durch rasterförmige Anordnung von Verdichtungsvorgängen können verdichtete Erdkörper von beliebiger horizontaler und großer vertikaler Ausdehnung hergestellt werden. So wurden bei der Sanierung der Braunkohletagebaue in der Lausitz bereits Verdichtungstiefen von über 60 m ausgeführt [11]. Der Abstand der Rüttelzentren untereinander (in der Regel auf der Basis eines gleichseitigen Dreiecks) beträgt üblicherweise zwischen 1,5 und 5,0 m; er hängt ab von der gewünschten Lagerungsdichte, der Kornverteilung des Sandes und der Leistungsfähigkeit des eingesetzten Rüttlers. Im gut verdichtungsfähigen Sand (Zone B in Bild 8) können in einer normalen achtstündigen Arbeitsschicht etwa 6000 m^3 Sand auf 75% relative Dichte verdichtet werden. Liegen weniger ideale Voraussetzungen vor oder nähert sich die Kornverteilung des zu verdichtenden Sandes gar der Grenzkurve in Zone C, so wird die Schichtleistung drastisch sinken. Eine gründliche Baugrunduntersuchung, eventuell sogar

Tabelle 3. Richtwerte für die Festigkeitseigenschaften von Sand (nach [12])

Lagerungsdichte	sehr locker	locker	mitteldicht	dicht	sehr dicht
Bezogene Lagerungsdichte I_D [%]	< 15	15–35	35–65	65–85	85–100
SPT [N/30 cm]	< 4	4–10	10–30	30–50	> 50
Drucksonde q_s [Mpa]	< 5	5–10	10–15	15–20	> 20
Leichte Rammsonde (LRS 5) [N/10 cm]	< 10	10–20	20–30	30–40	> 40
Schwere Rammsonde (SRS 15) [N/10 cm]	< 5	5–10	10–15	15–20	> 20
Trockenwichte γ_d [kN/m³]	< 14	14–16	16–18	18–20	> 20
Steifemodul [N/cm²]	1500–3000	3000–5000	5000–8000	8000–10000	> 10000
Reibungswinkel [°]	< 30	30–32,5	32,5–35	35–37,5	> 37,5

verbunden mit einem Verdichtungsversuch vor der Ausschreibung, dient in jedem Fall der Planungs- und Ausführungssicherheit bei großen Verdichtungsvorhaben. Tabelle 3 gibt Richtwerte für die Festigkeitseigenschaften von Sand wieder, die für die Planung derartiger Aufgaben nützlich sind.

Es gehört zum Stand der Technik, dass Tiefenverdichtungsarbeiten nach dem Rütteldruckverfahren hinsichtlich der Arbeitsparameter umfänglich dokumentiert werden. Zu diesem Zweck kommen Registriergeräte zum Einsatz, durch welche die Rütteltiefe, der Energiebedarf des Motors sowie, falls gewünscht, auch Druck und Menge des eingesetzten Spülwassers in Abhängigkeit von der Zeit festgehalten werden.

Nach erfolgter Tiefenverdichtung muss die Arbeitsfläche gegebenenfalls auf eine Tiefe von 0,5 bis 1,0 m – je nach Stärke des Rüttlers – mit Oberflächenrüttlern nachverdichtet werden. Neben der Verminderung der Zusammendrückbarkeit (Setzungsverminderung) und der Erhöhung der Scherfestigkeit (Standsicherheitsverbesserung) kann auch die Verminderung der Verflüssigungsgefahr von Sanden bei Erdbeben ein Ziel der Rütteldruckverdichtung sein. Der Tiefenrüttler wirkt in seiner unmittelbaren Umgebung mit Beschleunigungen auf den Boden ein, die diejenigen aus natürlicher seismischer Aktivität um ein Vielfaches übersteigen. Wie bereits erwähnt, kann man davon ausgehen, dass der Boden seine Struktur bereits bei einer kritischen Beschleunigung von 0,5 g verliert; bei zunehmender Beschleunigung vermindert sich dann seine Scherfestigkeit. In diesem Zustand hat sich der Boden in ein Fluid verwandelt. Bei Wassersättigung kann dabei ein Zustand völliger Verflüssigung entstehen, wenn die Porenwasserdruckzunahme infolge der Schwingungen den natürlichen Porenwasserdruckabbau infolge Filtration (Dissipation) übersteigt [6]. Es ist einleuchtend, dass dieser Vorgang, der beim Rütteldruckverfahren Ursache für die wirkungsvolle Verdichtung ist, die Auswirkungen eines natürlichen Erdbebens sozusagen vorwegnimmt. Insoweit es sich um Sande aus der Zone A und B in Bild 8 handelt, genügt im Allgemeinen

„eine relative Lagerungsdichte von 80 %, um ausreichende Tragfähigkeit, ein minimales Setzungsrisiko und eine Gewähr gegen Bodenverflüssigung infolge dynamischer Lasten (Erdbeben!) zu haben" [13]. Für Sande und schluffige Sande der Zonen C und D empfiehlt sich neben einer möglichst hohen Lagerungsdichte (welche mit zunehmendem Feinkornanteil schwieriger zu bewerkstelligen ist) die gleichzeitige Herstellung von Kiessäulen, die die Entwässerungseigenschaften des Sandes ähnlich wirkungsvoll verbessern wie Sanddräns in Tonen. Kiessäulen entstehen während des Rütteldruckverfahrens durch die Zugabe von Grobmaterial anstelle von Sand. Auf diese Weise kann dem Phänomen der Bodenverflüssigung, das als gefürchtete Begleiterscheinung von Erdbeben in wassergesättigten Sanden auftritt, begegnet werden. Aus der umfangreichen Literatur, die sich mit diesem Thema befasst, ermöglicht eine Veröffentlichung von *Priebe* einen raschen Überblick und Einstieg in einen vereinfachten Bemessungsansatz [14].

Die Überprüfung des gewünschten Erfolges der Tiefenverdichtung geschieht am zweckmäßigsten mit den im Grundbau-Taschenbuch Teil 1, Kapitel 1.2 beschriebenen Druck-, Ramm- und Isotopensondierungen. Von großer Bedeutung bei der Beurteilung der Sondierungsergebnisse nach erfolgter Tiefenverdichtung ist ein Reifungseffekt, der bis zu mehreren Wochen nach der Verdichtung anhalten kann. In zahlreichen wohldokumentierten Ausführungsbeispielen wurde nachgewiesen, dass sich die gemessenen Festigkeitseigenschaften von verdichteten Sanden um 50 bis 100 % während eines Zeitraums von einigen Wochen infolge Porenwasserdruckabbaus und durch Wiederherstellung von physikalischen und chemischen Bindekräften im Korngefüge verbessern können [36–38]. Aufgrund dieser Tatsache sollte man frühestens etwa eine Woche nach Beendigung der Verdichtungsarbeiten mit den planmäßigen Verdichtungskontrollen beginnen. Bei großen Projekten empfiehlt es sich, den optimalen Zeitpunkt versuchstechnisch zu ermitteln. Zur Verdichtungskontrolle wird auf zahlreiche Erfahrungsberichte in der Spezialliteratur hingewiesen [15, 16].

2.2.1.2 Tiefenverdichtung mit Aufsatzrüttlern

Als Alternative zur Rütteldruckverdichtung wurde Ende der 1960er-Jahre ein Verfahren auf dem amerikanischen Markt entwickelt, bei dem ein Stahlrohr mit einem Durchmesser von etwa 750 mm mittels eines Aufsatzrüttlers in den zu verdichtenden Boden eingebracht wird. Das Verfahren wurde unter dem Namen Terra-Probe bekannt [40]. In Europa wurden gelegentlich Verfahrensvarianten eingesetzt, die zunächst unter dem Begriff der Vibro-Wing-Methode vermarktet wurden, heute aber eher unter der Bezeichnung MRC-Methode (Müller Resonant Compaction) bekannt sind. Das einheitliche Merkmal dieser Verfahren ist der schwere Aufsatzrüttler, mit dessen Hilfe entweder ein Rohr, ein Stahlträger oder eine speziell geformte Rüttelbohle in vertikale Schwingungen versetzt und in den zu verdichtenden Baugrund eingerüttelt wird. Während der Verdichtung wird die an einem Bagger hängende Bohle (gelegentlich kommen auch Mäkler zum Einsatz) wieder stufenweise aus dem Boden herausgezogen. Die Verdichtung erfolgt also im Gegensatz zum Rütteldruckverfahren, bei welchem von dem im Boden befindlichen Rüttler horizontale Schwingungen ausgehen, beim MRC-Verfahren durch vertikale Schwingungen, die über die Oberfläche der Bohle durch Scherspannungen auf den umgebenden Boden einwirken, während der Rüttler selbst außerhalb des Bodens verbleibt.

Beim MRC-Verfahren wird durch eine die Verdichtung begleitende Messtechnik versucht, die Rüttlerfrequenz an die Eigenfrequenz des Rüttler-Bodensystems anzupassen, um auf diese Weise den Verdichtungseffekt zu erhöhen. So erfolgt in der Regel der Einfahrvorgang mit einer höheren Frequenz (meist 25 Hz), während die Verdichtung mit einer deutlich niedrigeren Frequenz (etwa 16 Hz) durchgeführt wird [39]. Als Rüttelbohlen kommen schwere, sog. Y- und Doppel-Y-Bohlen zum Einsatz, die hinsichtlich ihrer Oberfläche so

Bild 11. MRC-Tiefenverdichtung

gestaltet sind, dass die zahlreichen Öffnungen Ausgangspunkt von Scherwellen sind, um auf diese Weise die seitliche Schwingungsausbreitung zu erhöhen (Bild 11). Die MRC-Methode kommt im praktischen Einsatz nur für Verdichtungstiefen bis etwa 15 m in Betracht und ist, wie das Rütteldruckverfahren, auf die Verdichtung von kohäsionslosen, rolligen Böden beschränkt. Neuere Untersuchungen nach [154] zeigen, dass Tiefenverdichtungen mit Aufsatzrüttler-System weniger effektiv sind als Tiefenverdichtungen mit Tiefenrüttler. Dies ist vornehmlich durch den Ort des Energieeintrags in das Rüttler-Bodensystems bedingt.

2.2.2 Stoßverdichtung

2.2.2.1 Fallplattenverdichtung

Die Fallplattenverdichtung zur Baugrundverbesserung wurde in ihrer modernen Entwicklung Ende der 1960er-Jahre von *Menard* [82] mit Aufkommen von Geräten, die hohen dynamischen Belastungen widerstehen, zu neuen Anwendungsgrenzen geführt. Grundlegend basiert die Stoßverdichtung auf der Aufbringung von Energiestößen auf eine Geländeoberfläche, um die zu verbessernden Schichten im Untergrund der Tiefe nach zu verdichten und zu konsolidieren. Die Energiestöße werden dabei durch ein Fallgewicht (bis zu 40 t), das aus Höhen von 5 bis 40 m fallen gelassen wird, erzeugt. Wegen der erheblichen kinetischen Energie, die dabei freigesetzt wird, nannte *Menard* [83] sein Verfahren „Dynamische Intensivverdichtung" [84], bei Anwendungen auf feinkörnigen Böden auch „Dynamische Konsolidation" [85, 86].

Der Ablauf der Verdichtung wird im Normalfall durch Phasen mit unterschiedlichen Energieeinträgen in zeitlichen Abständen bestimmt, die vom zu verdichtenden Boden (Materialeigenschaften), der Mächtigkeit des zu verbessernden Bodens (erforderliche Einwirktiefe) und den zu erzielenden Verbesserungsgraden (Materialeigenschaften nach Baugrundverbesserung) abhängen. Die Variablen bei der Verfahrensauslegung sind:

2.2 Baugrundverbesserung

Bild 12. Fallplattenverdichtung mit Trägergerät, Gewicht und Schlagtrichter

- Größe des Fallgewichts,
- Aufschlagfläche des Fallgewichts,
- Fallhöhe,
- Anordnung und Rastermaß der Verdichtungspunkte,
- Anzahl der Schläge je Verdichtungspunkt,
- Reihenfolge der Abarbeitung (geometrisch, zeitlich).

Das Fallgewicht besteht üblicherweise aus fest miteinander verbundenen Stahlplatten in quadratischer oder teilweise auch achteckiger Form. Zur Aufnahme der Fallplattenverdichtung muss eine ausreichend verdichtete Arbeitsebene aus grobkörnigem Material in ca. 1 m Mächtigkeit vorhanden sein oder angelegt werden, deren Hauptaufgabe neben der Gewährleistung der Standsicherheit des Arbeitsgerätes darin besteht, lokales Versagen des Baugrundes an der Oberfläche zu verhindern bzw. zu behindern und so eine effektive Tiefenwirkung sicherzustellen.

Die Fallplattenverdichtung wird in der Regel in Rechteckraster mit Rasterpunktabstand von 5 bis 10 m ausgeführt, wobei auf jeden Punkt zwischen 5 bis 10 Schläge abgegeben werden. Die Anzahl der Schläge pro Punkt und Verdichtungsdurchgang wird dabei durch die Beobachtung des entstehenden Kraters bestimmt. Kommt es zu Aufwölbungen und lokalem Versagen an der Oberfläche, ist mit den folgenden Schlägen keine weitere Tiefenwirkung der Verdichtung mehr zu erwarten und der nächste Verdichtungspunkt ist zu bearbeiten.

Die entstehenden Krater sind mit anstehendem Material oder Fremdmaterial zu verfüllen bevor ein erneuter Übergang erfolgt; bei großen erforderlichen Einwirktiefen und locker gelagerten Böden mit großer Mächtigkeit sollte im gleichen Raster wiederholt werden, bei begrenzter Mächtigkeit der zu verbessernden Bodenschicht mit begrenzten Tiefenwirkungen ist ein versetztes Raster zu empfehlen [6].

Die zeitliche Reihenfolge der Bearbeitung wird durch den Abbau des Porenwasserüberdrucks bestimmt. Der Arbeitsprozess wird so lange fortgesetzt, bis eine den Erfordernissen entsprechende Volumenveränderung eingetreten ist. Die erforderliche Volumenveränderung kann aus vor Durchführung der Maßnahme ermittelten Bodenkennwerten (z. B. Porenvolumen, Lagerungsdichte) und der Anforderung an die Bodeneigenschaften nach Verbesserung hergeleitet werden. Der letzte Übergang wird in der Regel mit geringer Energie je Schlag und kleinem Rastermaß ausgeführt (Bügeln).

Die Wirkungsweise der Fallplattenverdichtung beruht nach *Gödecke* [35] auf den Effekten:
– Erzeugung von bleibenden Verspannungen durch den Stoß verbunden mit Konsolidationsvorgang,
– Verflüssigungseffekte mit Aufbau von Porenwasserüberdruck und nachfolgender Konsolidation auch durch Van-der-Waals-Kräfte gebundenes Porenwasser,
– Erhöhung der Durchlässigkeit durch spontane Rissbildung in bindigen Böden,

Gödecke [35] führt die Effizienz des Verfahrens auf das günstige Zusammenwirken der obigen Einflüsse innerhalb eines Energiefensters zurück, sodass eine optimale Schlagarbeit erbracht wird, die einen genügend großen Teil des möglichen Verflüssigungspotenzials nutzt, ohne den Boden durchzukneten.

Die mit diesen vorgehend beschriebenen Effekten erreichbaren Einwirktiefen lassen sich nach [88] mit

$$t = \alpha \cdot (G \cdot h)^{0,5}$$

mit

t Verdichtungstiefe (m)
G Gewicht Fallplatte in Tonnen
h Fallhöhe in m
α Proportionalitätsfaktor

abschätzen. Der Proportionalitätsfaktor wird für verschiedene Böden in [88] für

$\alpha = 1$ Kies, Geröll
 0,6 schluffiger Sand
 0,5 Löss, Müllkörper (instabile Struktur)

angegeben.

Bei *Luongo* [89] und *Lukas* [90] sind detaillierte Auswertungen zur Einwirktiefe in unterschiedlichen Bodenarten zu finden. *Lukas* hat in seiner Auswertung aus Erfahrungen in den USA für die Anwendung der Fallplattenverdichtung für Schnellstraßen-Konstruktionen den empirischen Koeffizienten in Abhängigkeit von der Bodenzusammensetzung und dem Grundwasserstand zwischen 0,6 (grobkörniger Boden, niedrige Sättigung) und 0,35 (gemischt bis feinkörniger Boden, hohe Sättigung) angegeben. *Luongo* [89] hat bei seinen Auswertungen von Baustellenergebnissen eine lineare Beziehung in der Form

$$D = k_1 + k_2 \cdot (G \cdot h)$$

mit

G Fallgewicht in Tonnen, h = Fallhöhe in Metern
D Einwirktiefe in Metern
k_1 Tiefenkonstante
k_2 Energiekonstante

in Abhängigkeit von Bodenart, Grundwasserstand ausgewertet. Die Konstanten k_1 und k_2 sind in obiger Veröffentlichung als oberer und unterer Grenzwert sowie als Mittelwert wiedergegeben, wobei die pro Schlag eingebrachten Energien zwischen 125 bis 400 mt betrugen. Aus

2.2 Baugrundverbesserung

allen Auswertungen ist eine realistische Grenztiefe der Einwirkung von ca. 8 m, bei günstigsten Baugrundverhältnissen von max. 10 m zu entnehmen; nur mit erheblichem gerätetechnischen und wirtschaftlichen Aufwand sind große Einwirktiefen erzielbar. *Oshima/Takada* [91] kommen nach den Versuchen in einem Zentrifugen-Modell zu dem Schluss, dass der Rammimpuls die maßgebliche Bestimmungsgröße für die Einwirktiefe bzw. die Reichweite der Verdichtung der Fallplatte ist. Da diese Untersuchungen aber nur für den Modellboden Mittelsand mit maximal 6% Feinkornanteil bestehen, sind die aus diesen Versuchen abgeleiteten Korrelationsbeziehungen noch nicht für eine praktische Anwendung geeignet.

Zur raschen und einfachen Erfolgskontrolle bei Fallplattenverdichtungen stehen die
– Volumenbestimmung der Schlagtrichter,
– Setzungsmessungen während der Ausführung

für die Steuerung des Ablaufprozesses zur Verfügung. Es konnten aber ebenfalls direkte und indirekte Methoden zur Bestimmung der geotechnischen Eigenschaften des Bodens eingesetzt werden, um so Vergleiche zur Wirkungsweise zu gewinnen. Des Weiteren können gerade in feinkörnigen Böden Porenwasserdruckmessungen zur Beurteilung des Verfahrensablaufs genutzt werden. Alle diese Überprüfungen sollten so rasch und früh wie möglich durchgeführt werden, um auf eventuelle Inhomogenitäten reagieren zu können.

Unter diesen Voraussetzungen lässt sich die Fallplattenverdichtung in einem weiten Bereich von Böden anwenden, es sind aber ebenso aus geotechnischen Randbedingungen, baulichen Umgebungsbedingungen und wirtschaftlichen Gesichtspunkten Grenzen gegeben. Aus geotechnischer Sicht sind Böden mit Durchlässigkeiten k kleiner 10^{-7} m/s bei gleichzeitig großer Mächtigkeit dieser Schicht, großen Tiefen von gering durchlässigen Bodenschichten sowie Mächtigkeit größer ca. 10 m der zusammendrückbaren Schicht, die einschränkenden Anwendungsgrenzen dieses Verfahrens [92].

Bei den Umgebungsbedingungen stellen in erster Linie die Erschütterung und Schwingungseinwirkungen auf bauliche Anlagen in der Umgebung eine Einschränkung dar. Entsprechend [92] sind unter normalen Bedingungen Sicherheitsabstände zu baulichen Anlagen von 30 m erforderlich. Nach Bild 13 aus *Varaksin* [92] sind bei verschiedenen Bauausführungen

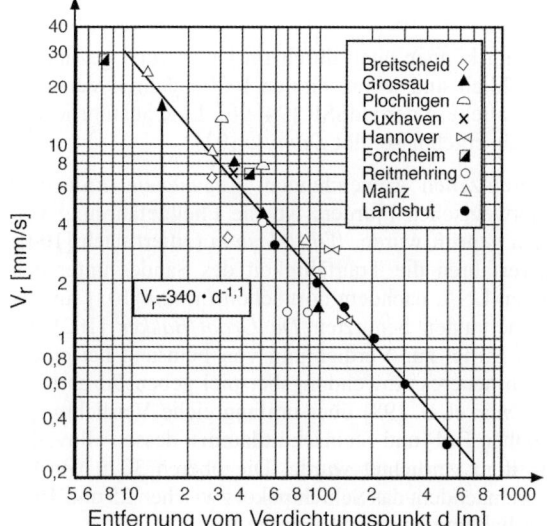

Bild 13. Schwingungsauswirkung bei Fallplattenverdichtung (nach [92])

Schwinggeschwindigkeiten von bis zu 30 mm/s gemessen worden. Sieht man nach DIN 4150-1:2001 und DIN 4150-2 und -3, Ausgabe 1999 Schwinggeschwindigkeiten von > 8 mm/s als schadenerzeugend bei normalem Gebrauch an, so können auch aus dieser Darstellung die erforderlichen Mindestabstände nachvollzogen werden. Bei *Greenwood/ Kirsch* [6] sind vergleichende Darstellungen über maximale Schwinggeschwindigkeiten in Abhängigkeit von Baugrund und Energieeintrag zusammengestellt mit vergleichbaren Anforderungen an die Sicherheitsabstände.

Aus wirtschaftlichen Gesichtspunkten ist die Anwendung des Verfahrens bei Flächen < 5000 m² aufgrund der hohen Baustelleneinrichtungskosten unrentabel. Sollen Wirktiefen von > 10 m erreicht werden, sind für die Fallplattenverdichtung entsprechend größere Geräteeinheiten erforderlich, die dann die Anforderungen an die Mindestgröße der zu bearbeitenden Fläche noch einmal steigern.

Varaksin [92] beschreibt ein Ausführungsbeispiel, bei dem leicht bis ausgeprägt plastische tonige Schluffe bis in ca. 15 m Tiefe bei 3 bis 8 Übergängen mit Energieeinträgen von 2630 bis 4300 kN/m² (max. 40 t/23 m Fallhöhe) verbessert worden sind. Über die erfolgreiche Verbesserung gemischtkörniger und geschichteter Böden für ein Wohnungsbauprojekt wird bei *Hiedra Lopez/Hiedra Cobo* [93] berichtet.

Über eine Weiterentwicklung der Fallplattenverdichtung berichtet [92] am Beispiel einer Dammgründung für eine Schnellstraße. Zur Baugrundverbesserung werden nach dieser Methode Stampffelder mit großem Durchmesser durch den weichen Boden bis zum tragfähigen Horizont hergestellt, indem die Fallplattenverdichtung auf einer vorher aufgebrachten Stein- und Sandschüttung oberhalb des weichen Untergrundes ausgeführt wurde. Die Steinsäulen führten dabei nicht nur zu einer Verbesserung der Tragfähigkeit, sondern dienten gleichzeitig noch zur Verbesserung der Entwässerungsbedingungen mit beschleunigtem Konsolidationsverlauf. Die Entwurfs- und Bemessungskriterien sind ebenfalls in [92] dokumentiert. Ergebnisse von über 20 Bauausführungen in USA und Kanada sind bei *Luongo* [89] zusammengestellt und dokumentieren die Anwendungsgebiete des Verfahrens.

2.2.2.2 Sprengverdichtung

Große Stoßimpulse zur Bodenverbesserung können auch durch im Untergrund gezündete Sprengladungen ausgelöst werden. Tatsächlich sind schon seit den 1930er-Jahren Versuche in dieser Richtung angestellt worden, vor allem in der UdSSR [94–96]. Eine ausführlichere Zusammenfassung der sowjetischen Arbeitsergebnisse gibt *Damitio* [97].

Außerhalb der UdSSR blieb es bei vereinzelten Anwendungen: *Kummenejel/Eide* [99] berichteten über Erfahrungen in den norwegischen Fjorden, wo die Fließgefährdung von Feinsanden mittels Versuchssprengungen geprüft wurde. *Wild/Haslam* (zitiert nach [100]) verbesserten mit diesem Verdichtungsverfahren die Tragfähigkeit des Sandes unter den Flachgründungen von Freileitungen in den USA, nachdem dort schon *Lyman* [101] für das Verfahren geworben hatte. In den Niederlanden benutzten *De Groot/Bakker* [102] die Sprengverdichtung als wirtschaftlichstes Mittel zur Verdichtung von Feinsand bei einem Baulos des Amsterdam-Rhijn-Kanals; ein neueres Anwendungsbeispiel geben *Barendsen/ Kok* [103]. Des Weiteren berichten *Solymar* et al. [98] über umfangreiche Verdichtungsarbeiten für die Gründung eines 42 m hohen Erd- und Steinschüttdamms, dessen alluvialer Carduntergrund bis in eine Tiefe von 40 m verdichtet wurde. Die oberen 30 m wurden mittels Rütteldruckverdichtung verbessert, nachdem das Schichtpaket zwischen 25 und 40 m Tiefe durch vorausgegangene Sprengverdichtung behandelt worden war.

2.2 Baugrundverbesserung

In den Jahren 1992 bis 2002 wurden in Ostdeutschland Sprengverdichtungen durchgeführt, um große Bereiche setzungsfließgefährdeter Kippenböschungen stillgelegter Braunkohletagebaue zur Nutzung freigeben zu können. Umfangreiche Forschungsarbeiten, bestehend aus Feld- und Laborversuchen wurden vorgenommen, um die Anwendungsmöglichkeiten der Sprengverdichtung zu erkunden [104–106]. *Kunze/Warmbold* [107] berichten von einem Pilotprojekt, bei dem ca. 19 Millionen m³ Sand mittels Sprengverdichtung verdichtet wurden.

Der komplexe Vorgang der Sprengverdichtung in locker gelagerten Sanden lässt sich in folgende Schritte zerlegen (Bild 14):

- Aufweitung eines Hohlraums durch die Expansion der Explosionsschwaden der Sprengung und Ausbreitung von Kompressions- und Scherwellen im Nahfeld der Sprengung (r = 5 bis 10 m).
- Große plastische Verformungen und eine Zerstörung der Kornstruktur des locker gelagerten Bodens im Nahfeld der Sprengung.
- Entstehung von Porenwasserüberdruck als Folge der o. g. Verformungen. Dissipation des Porenwasserüberdrucks und damit einhergehende Verdichtung des Bodens.
- Ausbreitung von Wellen im Fernfeld der Sprengung und Erzeugen von überwiegend elastischen Verformungen im Fernfeld.

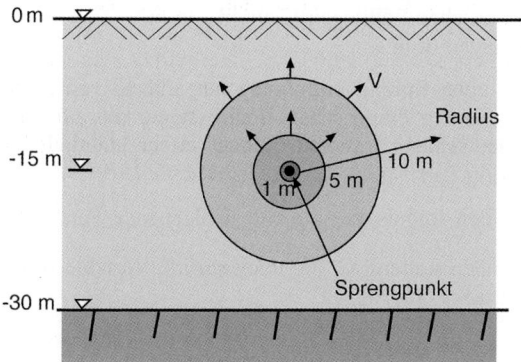

Bild 14. Einpunkt-Sprengung

Dieser Verfahrensablauf gilt zunächst für Sprengverdichtungen einzelner Punkte in voll gesättigtem, locker gelagertem Boden. Bei Vorliegen mitteldichter oder dichter Lagerung kann das Verhalten ganz unterschiedlich sein. Hier kann es sogar zu einer Auflockerung des Bodens kommen. Eine wiederholte Sprengverdichtung in bereits verdichtetem Boden ist daher nicht zu empfehlen.

Die praktische Ausführung gliedert sich in folgende Verfahrensschritte:
– Einspülen eines Bohrlochs,
– Einsetzen der Ladungen,
– Verdämmen der Ladungen,
– Zünden.

Die Konstruktion des Sprengkörpers hängt von der Art des Sprengens ab. Am häufigsten werden Mischungen aus Ammoniumnitrat, TNT und verschiedenen Zusätzen verwendet. In den USA wird überwiegend Dynamit eingesetzt, obwohl seine Verwendung wegen der Empfindlichkeit des darin enthaltenen Nitroglyzerins sehr viel gefährlicher ist.

Für die Sanierung setzungsfließgefährdeter Kippen in Deutschland wird in der Regel der Sprengstoff Gelamon eingesetzt, der in Form von Würsten mit jeweils 2,5 kg Gewicht um ein Stahlrohr herum angeordnet ist. Das so hergestellte Paket wird direkt in ein von Bentonitsuspension gestütztes Bohrloch eingebracht.

Um eine bestimmte Zündfolge zu erreichen, arbeitet man mit Zündern, die eine definierte Verzögerung (25 bis 250 ms) verursachen. Mit diesen Zündern lässt sich der Vorgang der Explosionsverdichtung in einer gewünschten Richtung steuern. Bei Anordnung der Ladungen in mehreren Etagen kann zudem die Plastifizierung der tieferen Bodenbereiche erleichtert werden, indem man die oberen Ladungen kurz vor den unteren zündet.

Bei Gruppenexplosionen kann der Zeitpunkt für das Zünden der einzelnen Gruppen durch Piezometermessungen optimiert werden. Aus den Porenwasserdruckanzeigen kann auf das Einsetzen und das Ende der Bodenverflüssigung rückgeschlossen werden. Sobald der Druck wieder unter einen bestimmten Wert abgesunken ist, löst man dann die nächste Sprengung aus.

Es gibt eine Reihe von theoretischen Ansätzen zur Berechnung des Einflussradius der plastifizierten Zone [108]. Die grundlegenden Variablen für die Dimensionierung der Sprengverdichtung sind:

– Sprengstoff und die spezifische Energie des Sprengstoffs E_{spez} in kJ/kg,
– Ladungsmenge C in kg,
– Ladungstiefe h_o in m,
– Horizontale und vertikale Entfernung zwischen Ladungen L_h und L_v in m,
– Zeitverzögerung zwischen den Sprengungen dt in s.

Im Einzelfall kann die Dimensionierung einer Sprengverdichtung nur anhand von Feldversuchen erfolgen. Die nachfolgend genannten empirischen Beziehungen, die auf ausgeführten Arbeiten in der USSR und Deutschland basieren, können daher lediglich als Leitlinien dienen.

Der sowohl für den Druck p(t) wie für den Impuls $I = \int_{t_1}^{t_2} p(t)dt$ maßgebende Parameter ist die 3. Wurzel aus der in kg anzugebenden Ladung C, die maßgebende Variable somit (x – Abstand von der Explosionsquelle in m) nach [96]:

$$\xi = \frac{\sqrt[3]{C}}{x}$$

Der in der Entfernung x zu erwartende maximale Druck max p und der Impuls I lassen sich abschätzen durch

$$\max p = K_1 \cdot x \cdot \xi^{\mu_1} \qquad I = K_2 \cdot \sqrt[3]{C} \cdot \xi^{\mu_2}$$

Tabelle 4. Erfahrungswerte für K_1, μ_1 und K_2, μ_2 (nach [96])

Boden	Luftgehalt	Wassergehalt	K_1	μ_1	K_2	μ_2
Sand, unterhalb des Grundwasserspiegels	0 %		600	1,05	0,080	1,05
	0,05%		450	1,5	0,075	1,10
	1,0 %		250	2,0	0,045	1,25
	4,0 %		45	2,5	0,040	1,40
Sand, oberhalb des Grundwasserspiegels		8–10%	7,5	3,0	0,035	1,50
		2– 4%	3,5	3,3	0,032	1,51

2.2 Baugrundverbesserung

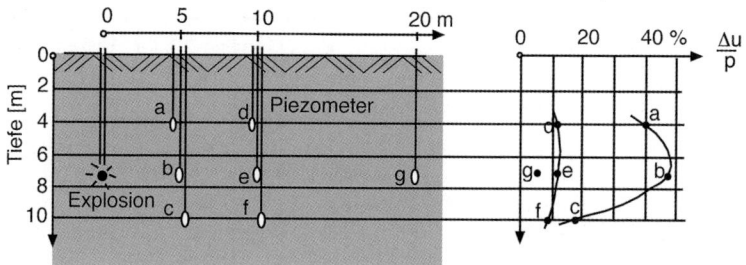

Bild 15. Porenwasserdruckausbreitung in wassergesättigtem Sand (nach [99])

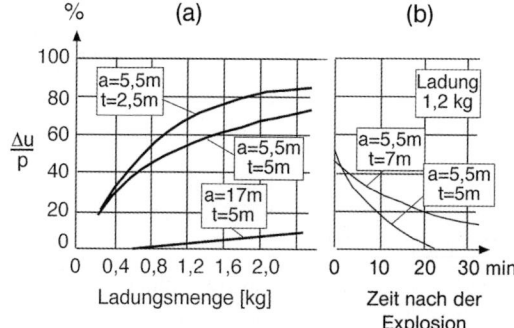

Bild 16. Porenwasserüberdruck als Funktion a) der Ladungsgröße und b) der Konsolidierungszeit

Die einzelne Sprengung verursacht einen Porenwasserdruckstoß, dessen Ausbreitung *Kummeneje/Eide* [99] gemessen haben (Bild 15). Für die zeitliche Verteilung (Bild 16 b) kann man vereinfacht ein exponentielles Abklingen annehmen.

Das Verhältnis des Zusatzdrucks aus der Explosion zur Eigengewichtsspannung definiert auch bei diesem Verfahren das Verflüssigungspotenzial.

Die sowjetischen Versuche haben gezeigt, dass die Verdichtungswirkung bei lockeren Sanden um 50 % tiefer reicht, als die Ladung sitzt. Bei zunehmender Lagerungsdichte nimmt die Einflusstiefe dann auf das 1,2- bis 1,3-Fache der Ladungstiefe ab (Bild 17).

Der Hauptanteil der Setzung (2 bis 10 % der Schichtdicke) tritt sofort ein; eine Nachsetzung über einige Minuten ist zu beobachten *(Mitchell* [100, 109]).

Wenn man als Einflussbereich einer einzelnen Sprengung den Teil der Oberfläche definiert, dessen Setzung größer als 1 cm ist, so gilt für den Radius max R dieses Bereichs nach [96]:

$$\max R = K_3 \cdot \sqrt[3]{C}$$

Die Ladungen werden im Grundriss so verteilt (Bild 18), dass eine gleichmäßige Wirkung entsteht. Das Rastermaß a = 2 R ist nach [96]

$$a = 2K_4 \cdot \sqrt[3]{C}$$

Die Koeffizienten K_3 und K_4 können Tabelle 5 entnommen werden.

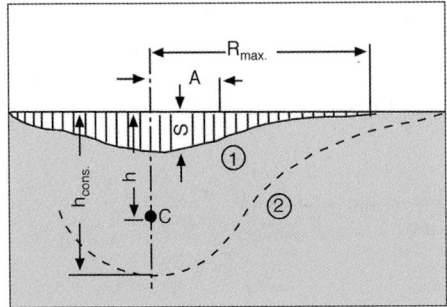

Bild 17. Setzungsmulde und Konsolidierungszone des Bodens (C-Sprengladung) (nach [13])

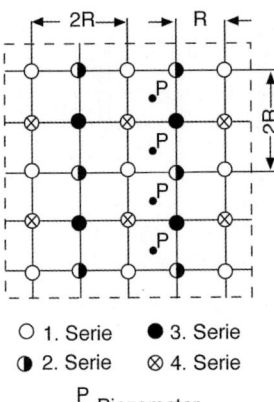

○ 1. Serie ● 3. Serie
◐ 2. Serie ⊗ 4. Serie
•P Piezometer

Bild 18. Grundrissanordnung der Sprengladungen bei Ansatz von vier Serien (nach [13])

Tabelle 5. Erfahrungswerte K_3, K_4 (nach [96])

Bodenart	Lagerungsdichte	K_3	K_4
Feinsand	0–0,2	25–15	5–4
	0,3–0,4	9–8	3
	> 0,4	> 7	< 2,5
Mittelsand	0,3–0,4	8–7	3–2,5
	> 0,4	> 6	< 2,5

R sollte keinesfalls < 3 m sein, da große Ladungen in entsprechend größeren Abständen wirkungsvoller sind, aber auch eine größere Einbautiefe erfordern. Eine erhöhte Tiefenwirkung lässt sich durch Ladungen in mehreren Tiefenhorizonten erreichen, die von oben nach unten so rasch gezündet werden, dass der jeweils obere Boden sich noch nicht wieder gesetzt hat, wenn der untere gesprengt wird. Durch gestaffelte Explosionen schont man auch benachbarte Bauwerke. Schließlich ist noch darauf hinzuweisen, dass die Wirkung unterhalb des Grundwasserspiegels am größten ist, damit aber natürlich auch die Rückwirkung auf die Umgebung. Zu dieser speziellen Frage weist *Mitchell* [100] auf die schon etwas ältere Untersuchung von *Crandall* [110] hin.

Veröffentlichte Berichte aus Deutschland [111] geben eine Reihe von Empfehlungen, die auf Modellversuchen [104] und Feldüberprüfungen [107] basieren. Methoden zur Bewertung von Sanierungsverfahren für setzungsfließgefährdete Kippen und Kippenböschungen unter Einbeziehung der Sprengverdichtung sind in [146, 147] zusammengefasst.

Nach diesen Untersuchungen kann die Ladungsmenge C in kg, die erforderlich ist, um eine Maximalsetzung s_{max} zu erreichen, nach folgender Gleichung abgeschätzt werden:

$$C = 1,6 \cdot 10^{-3} \cdot s_{max}^{1,92} \cdot h_e^{0,727} \cdot h_w^{0,353} \cdot \rho \quad \text{mit z. B.} \quad \rho = 1810 \text{ kg/m}^3$$

wobei h_e und h_w die Mächtigkeit des erdfeuchten und wassergesättigten Bodens darstellen.

2.2 Baugrundverbesserung

Eine Tiefenstaffelung von Teilladungen sollte so erfolgen, dass der Abstand zwischen je zwei aufeinanderfolgenden Teilladungen maximal gleich dem Oberflächen-Rastermaß ist.

Der Anwendungsbereich entspricht bei Sanden und Kiesen dem der Rütteldruckverdichtung, wobei einzelne Toneinschlüsse [112] oder dünne bindige Zwischenlagen die Energieausbreitung stark behindern. Die Lagerungsdichte nichtbindiger Böden kann, ausgedrückt durch die relative Lagerungsdichte D um 0,15 bis 0,30 gesteigert werden. Je größer das Korn ist, desto stärker ist eine Kornzerkleinerung in der unmittelbaren Einwirkungsumgebung, weil es bei großporigen Bodenarten kaum noch zu Porenwasserüberdrücken kommt, sondern die effektiven Kornkontaktkräfte im Moment der Explosion wirksam bleiben.

Zu der prinzipiell möglichen dynamischen Konsolidierung bindiger Böden mithilfe von Sprengungen gibt es bisher nur einen vietnamesischen Erfahrungsbericht nach [113] über Anwendungen seit etwa 1972 in Lehm- und Tonböden unter Fahrbahnen und Bauwerken. Dabei wurden die Sprengladungen in dünnen Sandpfählen eingebracht. Die Verdichtungswirkung beschränkte sich auch nur auf den 3 bis 4-fachen Radius des Sandpfahls, sodass von einer räumlichen Wirkung eigentlich kaum zu sprechen ist. Die schon von *Prugh* [112] bemerkte starke Dämpfung der Kompressionswellen durch tonige Einschlüsse bestätigt sich damit erneut. Über positive sowjetische Erfahrungen mit der Kombination von Sprengen und Spülen bei instabilen Lössen berichten [114] und [109].

2.2.2.3 Luft-Impuls-Verdichtung

Zur Baugrundverbesserung setzungsfließgefährdeter Bodenmassen wurde in den letzten Jahren über die bis dato üblichen Methoden hinaus das Luft-Impuls-Verfahren entwickelt. Die konventionellen Verfahren wie Rütteldruckverdichtung, Sprengverdichtung oder auch Fallplattenverdichtung machen immer ein Arbeiten oberhalb der zu verbessernden Bodenkörper erforderlich, sodass der zu verbessernde Bereich zur Durchführung der Verbesserungsarbeiten betreten werden und teilweise vorhandener Baumbestand und Bewuchs entfernt werden muss. Die von *Stoll* et al. [115] und *Heym* et al. [116] vorgestellte Luft-Impuls-Verdichtung kombiniert die Horizontalbohrtechnik mit der Airgun-Technik und vermeidet diese Nachteile.

Bei der Airgun-Technik wird der bei der Sprengverdichtung verwendete Sprengstoff durch die Expansion von unter hohem Druck stehendem Gas substituiert. Das Airgun ist ein Energiewandler, der auf der Grundlage thermodynamischer Gesetze arbeitet. Dabei wird eine definierte Luftmenge, die unter Druck steht, mithilfe eines ferngesteuerten Magnetventils intermittierend freigesetzt (Bild 19).

Die Masse der durch die Freisetzung (Entspannung) beschleunigten Luftmenge übt einen Stoß bzw. Impuls auf die Umgebung aus und verursacht eine Hohlraumaufweitung. Stoßwelle und Hohlraumaufweitung führen zur Erhöhung des Porenwasserdrucks, der zur Überwindung der effektiven Spannung genutzt wird und die Kornumlagerung zur Baugrundverbesserung bewirkt. Die Intensität des Stoßes wird vornehmlich vom Massenstrom der Luft bestimmt und kann darüber gesteuert werden [117].

Heym et al. [116] beschreibt eine erste Anwendung des Verfahrens zur Stabilisierung setzungsfließgefährdeter Böschungen, wobei eine Bodenverbesserung auf einer Breite von 21 m über einer Länge von 380 m in zwei Abschnitten ausgeführt wurde. Aus jeweils drei Horizontalbohrungen wurden im Abstand von ca. 4,5 m auf der Bohrachse je Punkt ca. vier bis fünf Impulse mit Impulsstärken bis 145 bar in zeitlichen Intervallen von ca. einer Minute abgegeben. Das Druckluftspeichervolumen von dreizehn Litern wurde durch vier radialsymmetrische Öffnungen von jeweils 30 cm² abgegeben. Die mit dieser Verfahrensweise erzielten Verdichtungen wurden während der Arbeiten durch Absenkungen des Geländes

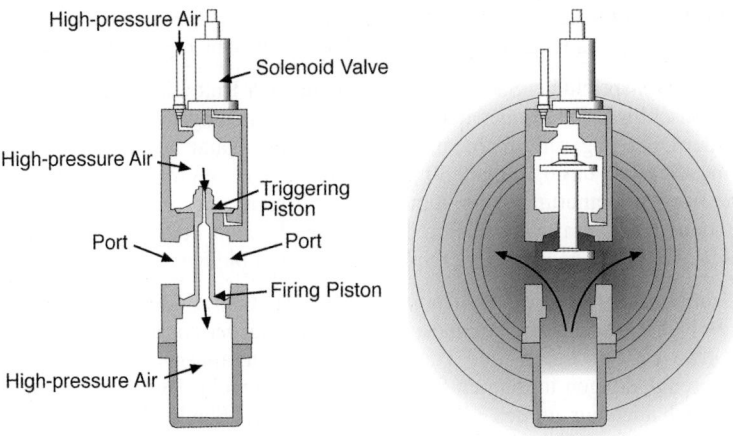

Bild 19. Geräteaufbau für die Airgun-Technik (nach [117])

sichtbar. Qualitative Nachweise über Geländenivellements und Bestimmungen der Lagerungsdichten wurden vor und nach der Verdichtung geführt, die durch Druck- und Rammsondierungen ergänzt wurden. Alle Nachweise bestätigen die hohe Verdichtungsleistung in einem Radius von ca. 5 m um die Verdichtungspunkte herum.

Bei Labor- und Feldprüfung mit der Air-Gun-Impuls-Technik haben *Pralle/Gudehus* [118] den Einfluss der Luftimpulse auf die Verminderung der Lagerungsdichte von Sanden und den Verlauf des Porenwasserüberdrucks weiter untersucht. Bei den Laborversuchen wird zusammenfassend festgestellt, dass ein Verdichtungserfolg über die Erhöhung der Spitzendruckwerte aus Cone Penetration Tests (CPT) messbar eintritt und dass die schon bei der Beschreibung der Rütteldruckverdichtung wiedergegebenen bodenmechanischen und bodendynamischen Abläufe der Verflüssigung des Bodens zur Verdichtung auch bei der Airgun-Impuls-Technik beobachtet werden.

Bei den anschließenden Feldprüfungen wurde in 11 bis 15 m Tiefe über ein Airgun wiederholt Luftimpulse bis 200 bar über 2 ms abgegeben. Bei ursprünglichen Spitzenwiderständen von nur ca. 2 kN/m² konnte eine Verdichtungswirkung nach der Verflüssigung festgestellt werden, wobei die Verdichtungswirkung in locker gelagerten, teilgesättigten Sanden nachgewiesen werden konnte. Der Anteil von feinkörnigen Bestandteilen beeinträchtigte die Verdichtungswirkung schon bei geringen Beimengungen (bis 7 Gew.-% im Feldversuch) erheblich.

3 Baugrundverbesserung durch Bewehren

3.1 Methoden ohne verdrängende Wirkung

Eine weitere Möglichkeit, eine Verfestigung des Bodens zu erreichen, besteht im Einbau von Stabilisierungspfählen ohne verdrängende Wirkung während der Herstellung. Bei den Herstellmethoden kann man grundsätzlich zwei verschiedene Einbringungsarten, eine mechanische und eine hydraulische, unterscheiden. Die Stabilisierungspfähle wirken aufgrund ihrer größeren Steifigkeit gegenüber der Bodensteifigkeit wie eine Bewehrung des Bodens.

2.2 Baugrundverbesserung

3.1.1 Mechanische Einbringung der Bewehrung

Die mechanische Einbringung erfolgt mit rotierenden Mischwerkzeugen, mit denen ein Bindemittel in den zu verbessernden Boden eingemischt wird. Unter dem Sammelbegriff „Deep Mixing Method" (DMM) sind die verschiedenen Herstellmethoden zusammengefasst, von denen die am weitest verbreiteten im Folgenden kurz vorgestellt werden. Die Ausführung dieser Techniken (trocken und nass) ist nach DIN EN 14679 [160] geregelt und gibt vielfältige Hinweise zur Bemessung und Qualitätsüberwachung.

1965 entwickelte das Schwedische Geotechnische Institut in Labor- und Feldversuchen das Verfahren, trockenen Branntkalk in den Boden einzubringen. Davon unabhängig begann etwa zur gleichen Zeit das Port and Harbour Research Institute in Japan an der Entwicklung desselben Verfahrens zu arbeiten. Erste praktische Anwendungen erfolgten in beiden Ländern Anfang der 1970er-Jahre.

Die schwedischen Kalkpfähle werden vor allem in den skandinavischen Ländern häufig angewendet. Anfänglich wurde nur gebrannter Kalk (CaO) als Bindemittel zur Verbesserung der Trageigenschaften weicher bindiger Böden verwendet. Seit Mitte der 1980er-Jahre wurden neue Bindemittel, wie Zement und Mischungen aus Kalk mit Gips, Flugasche oder Zement, verwendet. Die reinen Kalkpfähle, die vorwiegend wie Dräns wirken, waren allerdings nicht fest genug, und die reinen Zementpfähle waren zu fest, sodass seit 1990 zunehmend Mischungen aus Kalk und Zement zum Einsatz kommen [119].

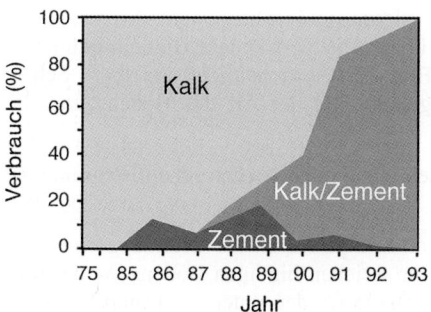

Bild 20. Änderungen der Mischungszusammensetzungen aus schwedischen Anwendungen (nach [119])

Trotz der langjährigen Erfahrung ist es auch heute noch erforderlich, die Zusammensetzung und Dosierung des Bindemittels den Anforderungen und Bodenverhältnissen jeder Baustelle neu anzupassen.

Typische Gerätedaten für die Herstellung von Kalkpfählen sind:

Anzahl Mischwerkzeug je Gerät:	1
Mischwerkzeugdurchmesser:	0,5 bis 0,8 m
Maximale Tiefe:	16 bzw. 30 m
Ein- bzw. Ausfahrgeschwindigkeit:	0,6 bis 1,0 m/min
Umdrehungszahl:	130 bis 170 Upm

Das trockene Bindemittel wird mit Druckluft gefördert und mit einem am Boden der Behälter angebrachten Zellradaufgeber dosiert. Die Drucklufttanks und die Behälter für das Bindemittel sind entweder hinten auf das Trägergerät montiert oder werden auf einem speziellen Fahrzeug mitgeführt (Bild 21).

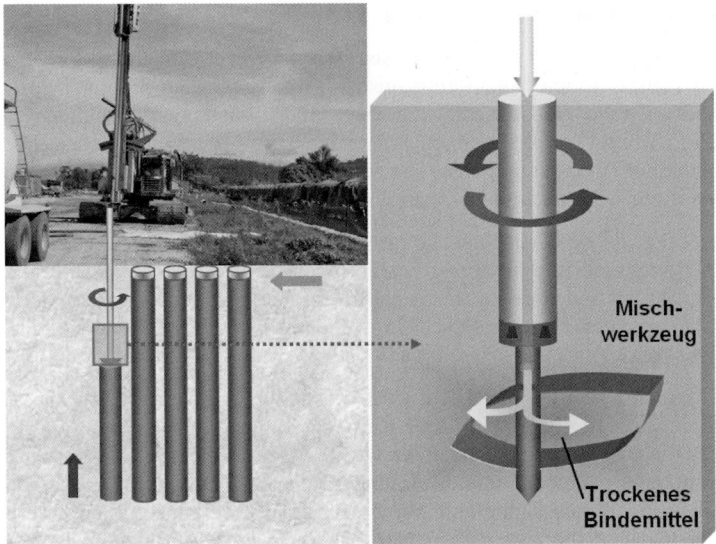

Bild 21. Schwedisches Gerät zur Kalkpfahlherstellung

In Skandinavien werden bevorzugt halbfeste Stabilisierungspfähle hergestellt, die zusammen mit dem umgebenden Boden ein Tragsystem bilden. Die verwendete Bindemittelmenge beträgt 80 bis 240 kg/m³ verfestigten Bodens. Bild 22 veranschaulicht erzielbare Scherfestigkeiten des behandelten Bodens in Abhängigkeit von der Art des Bodens und der Bindemitteldosierung [122].

Für die Bemessung von Einzelsäulen, Säulenreihen und Säulenblöcken sei auf *Broms* [120] verwiesen.

Das Hauptanwendungsgebiet für die schwedischen Kalkpfähle ist die Gründung von Straßen- bzw. Eisenbahndämmen auf weichen bis sehr weichen bindigen Böden. Die Dammhöhen betragen in der Regel 2 bis 4 m, die Kalkpfähle werden unter der Dammkrone im

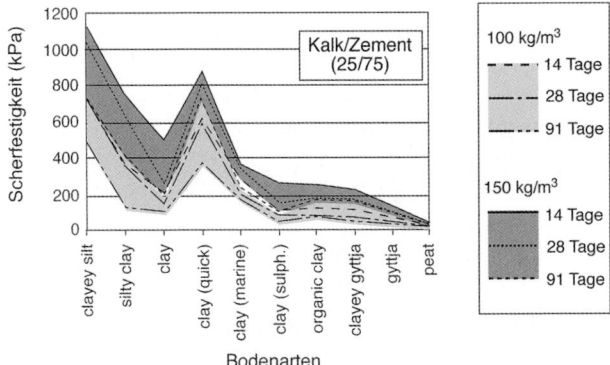

Bild 22. Erzielbare Festigkeiten (nach [122])

2.2 Baugrundverbesserung

Quadratraster a = 1,0 bis 1,6 m und unter den Böschungen in Säulenreihen angeordnet. Sie dienen zur Setzungsminderung und zur Erhöhung der Standsicherheit. Üblicherweise wird der verbesserte Baugrund zusätzlich noch vorbelastet, um die zu erwartenden Setzungen in der Größenordnung von 100 bis 300 mm bereits während der Bauphase vorwegzunehmen.

Weitere Anwendungsgebiete sind:
– Erhöhung der Tragfähigkeit,
– Erhöhung der Standsicherheit,
– Schutz von Bauwerken in der Nähe von Baugruben,
– Verminderung von Erschütterungen,
– Abschwächung der Verflüssigungsneigung bei Erdbeben,
– Einkapselung kontaminierter Böden.

Meistens werden Säulenreihen, blockartige Stabilisierungsformen (Säulenabstand a ≤ 3 d) und gitter- oder wabenartige Anordnungen von überschnittenen Säulen gewählt, wobei die Ausführung von Einzelsäulen eher selten gewählt wird.

In Japan ging die Entwicklung der Kalkpfähle, dort „Deep Lime Mixing Method" (DLM) genannt, schon bald in eine andere Richtung. Mitte der 1970er-Jahre ging man dazu über, anstelle von trockenem Kalk Zementsuspensionen im Nassverfahren zu verwenden. 1980 wurde dann in Japan die Dry Jet Mixing Methode (DJM) für das trockene Einbringen von Zement entwickelt (Bild 23).

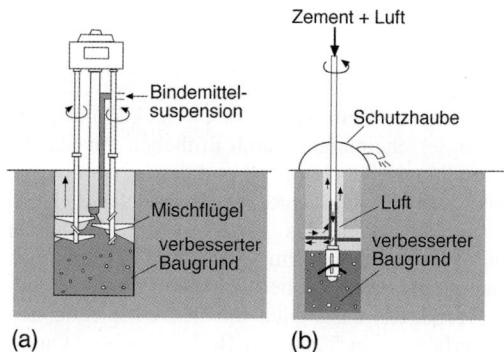

Bild 23. Mechanische Einbringverfahren (nach [149])

Die am häufigsten verwendeten Einbauarten sind Block- und Wandelemente, überschnittene Säulen im Raster und Einzelsäulen wie in Bild 24 dargestellt [121]. Für die Aufnahme größerer Lasten wird deren Abtragung über kompakte Blöcke oder Wandelemente empfohlen. Säulengruppen sind dafür nicht so gut geeignet, da beim Versagen eines Elements z. B. durch Biegung aufgrund der geringen Scherfestigkeit des verbesserten Bodens ein progressives Versagen aller Säulen möglich ist [125]. Für großvolumig, blockartig verbesserten Baugrund ist bei *Kitazume* [124] folgendes vierstufiges Entwurfskonzept beschrieben:

1. Standsicherheitsberechnung des Überbaus.
2. Äußere Tragfähigkeit des durch DMM hergestellten Gründungskörpers (Gleiten, Kippen, Grundbruch).
3. Innere Tragfähigkeit des Gründungskörpers.
4. Setzungsberechnung.

Die Bemessung von block- und wandartigen Gründungskörpern ist bei *Bergado* et al. ausführlich beschrieben [31].

Tabelle 6. Typische Gerätedaten zur Herstellung von DCM- und DJM-Säulen

Gerätedaten	Nassverfahren (DCM)		Trockenverfahren (DJM)
	von Land	im Wasser	
Anzahl der Mischwerkzeuge je Gerät	1 bis 2	2 bis 8	1 bis 2
Mischwerkzeugdurchmesser	0,7 bis 1,5 m	1,0 bis 2,0 m	1,0 m
Maximale Tiefe	40 bis 50 m	70 m	20 bis 30 m
Ein- bzw. Ausfahrgeschwindigkeit	1,0 m/min	1,0 bis 2,0 m/min	0,7 m/min
Umdrehungszahl	20 bis 60 Upm	10 bis 60 Upm	24 bis 48 Upm

Typische Gerätedaten für die Herstellung von DCM (Deep Cement Mixing)- und DJM (Dry Jet Mixing)-Säulen sind in Tabelle 6 aufgeführt.

Als Bindemittel werden vorwiegend Zemente und Mischungen von Zement mit Flugasche oder Gips eingesetzt. Die Bindemittelmenge hängt von der Art des Bodens und von der geforderten Festigkeit ab. In der Regel wird eine Zementsuspension mit einem w/z = 1,0 eingesetzt und eine Zementmenge von 100 bis 200 kg/m³ zu behandelnden Boden dosiert. Für die Behandlung weicher, bindiger Böden mit hohem Wassergehalt eignet sich das Trockenverfahren besonders [123].

In Japan werden die DMM-Verfahren vorwiegend für die Gründung von Bauwerken in weichem, aluvialem Boden eingesetzt. In jüngster Zeit werden auch locker gelagerte Sandböden zur Vermeidung von Verflüssigungserscheinungen durch Erdbeben mit Stabilisierungspfählen bewehrt. Außer in den skandinavischen Ländern und Japan werden die beschriebenen DMM-Verfahren inzwischen weltweit und unter den unterschiedlichsten Verfahrensbezeichnungen eingesetzt. Beispielhaft seien das Mixed-in-Place-Verfahren (MIP) oder DSM-Verfahren in Deutschland [125] und das Colmix-Verfahren in Frankreich genannt. *Topolnicki* [152] gibt einen zusammenfassenden Überblick über die heute gebräuchlichen Verfahrensvarianten des Nassverfahrens zusammen mit den entsprechenden Gerätekonfigurationen sowie Hinweise zu Verfahrenseinsätzen, der Bemessung und Qualitätssicherung, wobei umfangreiche Beispiele die Anwendungsgebiete darstellen.

Eine weitere Variante der Baugrundverbesserung ohne verdrängende Wirkung ist das in Deutschland zur Anwendung kommende Fräs-Misch-Injektions-Verfahren (FMI) bzw. das TRD-Verfahren aus Japan. Anstelle von Stabilisierungspfählen werden bei diesen Verfahren Stabilisierungsschlitze unterschiedlicher Breite, Länge und Tiefe hergestellt. Beim FMI-Verfahren wird das Lockergestein mithilfe einer speziellen Grabenfräse und Zugabe einer Bindemittelsuspension aufgefräst und vermischt. Die Maschine kann mit einem sog. Fräsbaum unterschiedlicher Länge ausgerüstet werden. Bei 6 m Länge können 1,0 m breite Streifen und bei maximal 9 m Länge 0,5 m breite Streifen bearbeitet werden. Als Bindemittel wird bevorzugt Zement verwendet. Der Wasserzementwert liegt im Allgemeinen bei 1,0. Der Zementgehalt variiert je nach zu verbessernder Bodenart und beträgt bis zu 20 Gew.-%. Die Zementsuspension wird durch gleichmäßig am Fräßbaum verteilte Auslassventile verpumpt und beim Fräsen mit dem gelösten Boden vermischt.

2.2 Baugrundverbesserung

Die mit dem FMI-Verfahren hergestellten Stabilisierungskörper können je nach Zementgehalt und Bodenart folgende Materialeigenschaften haben:

Maximale Druckfestigkeit $\quad q_u$ = 0,5 bis 4 MN/m²
Kohäsion $\quad\quad\quad\quad\quad\quad\quad\;\; c$ = 250 bis 600 kN/m²
Elastizitätsmodul $\quad\quad\quad\quad\; E$ = 40 bis 200 MN/m²

Hinsichtlich der Bemessungskriterien sei auf *Sarhan* [126] verwiesen.

Zur Baugrundverbesserung können die Stabilisierungsschlitze als Wandelement oder durch aneinandergereihte, sich überschneidende, Schlitze als Blockelement hergestellt werden. Als weitere Anwendungsformen sind Abdichtungsmaßnahmen und Immobilisierung von Schadstoffen denkbar [129].

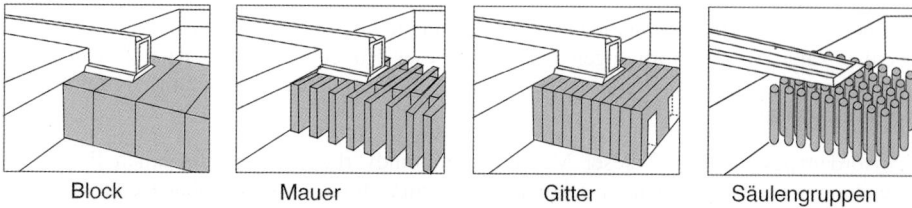

Bild 24. Verschiedene Anwendungsmöglichkeiten der DMM-Methoden

Das japanische TRD-Verfahren wurde für die Herstellung von Einphasen-Schlitzwänden entwickelt. Dabei können bis zu 45 m tiefe, zwischen 0,55 und 0,7 m breite Schlitze mit einer kettenbestückten Grabenfräse in den Boden gefräst werden. Durch die Zugabe einer selbsterhärtenden Suspension, meist einer Zementsuspension, wird der gelöste Boden mit dieser vermischt und dadurch eine Dichtwand hergestellt. Je nach Bindemittelgehalt und Bodenart werden 300 bis 500 kg Bindemittel je m³ zu verfestigenden Boden eingemischt und einaxiale Druckfestigkeiten von 2,0 bis 10,0 MN/m² erreicht [130]. Der Mäkler des Traggeräts kann bis zu 60° gegen die Vertikale geneigt werden. Dadurch ergeben sich zusätzliche Anwendungsgebiete, wie die Einkapselung von Schadstoffen und die Sicherung von Böschungen. Es werden auch im Quadratraster angeordnete Wandelemente zur Baugrundverbesserung eingesetzt.

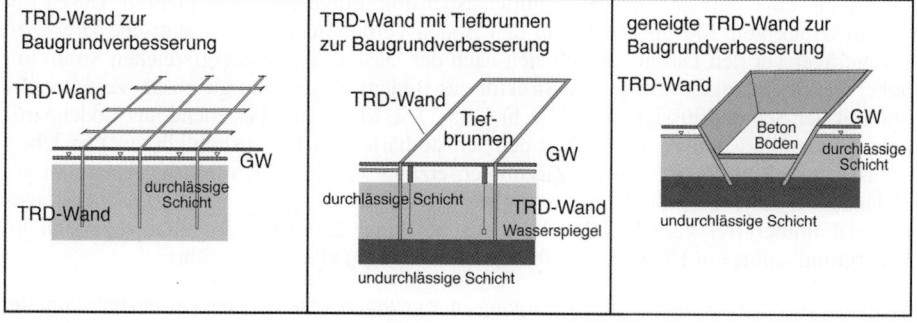

Bild 25. Anwendungsbeispiele für TRD-Verfahren

Zur Stabilisierung weicher, feinkörniger Böden und locker gelagerter Sande und Auffüllungen wird in Nordamerika in den letzten Jahren auch der Aggregat-Pfahl eingesetzt [127]. Der Aggregat-Pfahl wird dergestalt hergestellt, dass ein Bohrloch von ca. 600 bis 900 mm Durchmesser in der Regel als Schneckenbohrung in instabilem Erdreich oder unterhalb des Grundwasserspiegels mit Ummantelung bis in max. 7 m Tiefe abgeteuft wird. In den so geschaffenen Hohlraum wird ein weit gestuftes Aggregat eingefüllt und mittels Rammstößen einer patentierten Rammvorrichtung verdichtet. Der Einbau des Materials erfolgt dabei schichtweise (ca. 30 cm) unter abschnittsweiser Verdichtung desselben. Zur Baugrundverbesserung sind ca. 30 bis 40 % der Gesamtfläche durch Aggregat-Pfähle zu ersetzen. Die Bemessung dieser Pfähle kann mittels eines Federmodells vorgenommen werden [128], wobei aus dem Flächenverhältnis der Aggregat-Pfähle zur Gesamtfläche und den Steifemodulen der Aggregat-Pfähle sowie des umgebenden Bodens eine Belastungsverteilung aus Pfahl und Boden erfolgt. Diese Belastungsverteilung muss der Bedingung gleicher Setzung von Pfahl und umgebendem Boden im Verhältnis der Steifigkeiten folgen, sodass mit dieser Bedingung die Gesamtstauchung der verbesserten Bodenschicht errechnet werden kann. Die Verformungen unterhalb dieses Bodenpakets sind nach den üblichen Verfahren zu ermitteln. Die gesamte Setzung ergibt sich aus der Summe dieser beiden Verformungsanteile.

In Nordamerika sind mit dieser Methode Baugrundverbesserungsmaßnahmen für Flachgründungen und Straßendämme schon mehrfach ausgeführt worden, wobei Tiefen von 2 bis 6 m unter Fundamentsohle behandelt wurden und kein Grundwasser bis in diese Tiefen anstand. Bei Tiefen > 7 m und Grundwasser im Bereich dieser Herstelltiefe sind andere Verfahren geeigneter [127].

3.1.2 Hydraulische Einbringung der Bewehrung

Eine Bewehrung des Baugrundes mit Säulengruppen in Block- oder Wandform kann auch durch das hydraulische Einbringen von Stabilisierungspfählen nach dem Düsenstrahlverfahren erfolgen. Das Düsenstrahlverfahren, international unter dem Begriff „Jet Grouting" bekannt, geht auf britische und japanische Anwendungen zurück und wurde seit 1979/1980 in Italien und Deutschland erstmals für Baumaßnahmen angewendet. Die Ausführung von Düsenstrahlarbeiten ist inzwischen durch die DIN EN 12716 [161] geregelt und formuliert auch Anforderungen an Entwurf, Bemessung und Qualitätsüberwachung.

Zunächst wird eine Bohrung, üblicherweise mit einem Bohrdurchmesser von 100 bis 200 mm, auf die geforderte Tiefe niedergebracht. Nach Erreichen der Endtiefe wird die Schneidflüssigkeit, eine Wasser- oder Bindemittelsuspension, durch eine oder mehrere Düsen mit hohem Druck von 300 bis 600 bar in den Boden verpumpt. Der hohe statische Druck im Düsenträger vor den Düsen wandelt sich nach der Düse in einen energiereichen Strahl mit hoher Geschwindigkeit um, der die Struktur des Bodens auflöst, ihn gleichsam zerschneidet und mit der Schneidflüssigkeit vermischt [145]. Die Mischung, bestehend aus Bodenpartikeln, Bindemittel und Wasser, bildet den selbsterhärtenden Düsenstrahlkörper. Das Überschussmaterial mit vergleichbarer Zusammensetzung wird über den Bohrlochringraum zur Geländeoberkante gespült. Dabei ist unbedingt darauf zu achten, dass das Überschussmaterial immer frei zurückfließen kann, da bei einer Blockade der Fließwege sich im Untergrund sofort ein Überdruck aufbaut, der zu Baugrundhebungen führt.

Wird das Gestänge während dieses Vorgangs nur gezogen, entsteht eine Düsenstrahllamelle; rotiert das Gestänge gleichzeitig beim Ziehen, entsteht eine Düsenstrahlsäule. Das Düsenstrahlverfahren wird in zwei Verfahren mit je einer Variante eingesetzt (Bild 26):

2.2 Baugrundverbesserung

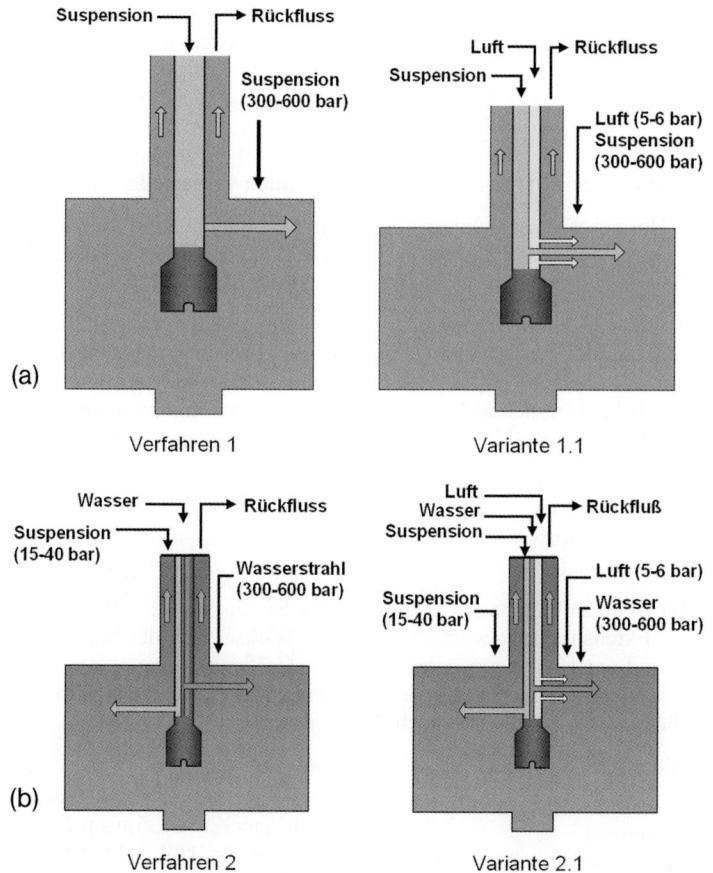

Bild 26. Düsenstrahlverfahren mit Varianten

1. Hochdruckschneiden mit Zementsuspension (Verfahren 1)
2. Hochdruckschneiden mit Zementsuspension und Luftummantelung
   des Schneidstrahls (Variante 1.1)
3. Hochdruckschneiden mit Wasser, Niederdruck-Verfüllen
   mit Zementsuspension (Verfahren 2)
4. Hochdruckschneiden mit Wasser und Luftummantelung
   des Schneidstrahls, Niederdruck-Verfüllen mit Zementsuspension (Variante 2.1)

Folgende Ausführungsparameter haben einen Einfluss auf die Abmessung und die Festigkeit des Düsenstrahlkörpers:

- Druck und Art der Flüssigkeiten bzw. Luft,
- Menge der verpumpten Flüssigkeiten bzw. Luft,
- Dreh- und Ziehgeschwindigkeit des Gestänges,
- Zusammensetzung und Dosierung der Bindemittelsuspension,
- Eigenschaften des zu verbessernden Baugrundes.

Bei einer Verwendung von Zement als Bindemittel und einer verwendeten Zementmenge von 150 bis 400 kg/m³ können für einen verfestigten Boden als Richtwert folgende Druckfestigkeiten erreicht werden:

in Sand und Kies $\quad f_{m,k} = 1{,}0$ bis 15 MN/m²
in Schluff und Ton $\quad f_{m,k} = 0{,}5$ bis 3 MN/m²

Als Beispiel wird die Sanierung eines Straßendamms in Oberitalien vorgestellt:

Ein durch Setzungen und Horizontalverschiebungen beschädigter Straßendamm im Küstengebiet bei Venedig sollte unter Aufrechterhaltung des Straßenverkehrs repariert werden. Um den Straßenunter- und -überbau zu erhalten, wurde das Düsenstrahlverfahren gewählt.

Die Lasten aus der Straßenkonstruktion wurden über Stabilisierungssäulen in tragfähigere Schichten abgetragen und dabei die den Schaden verursachende Torfschicht überbrückt. Es wurde ein Verhältnis von Säulenfläche A_s zur Gesamtfläche A von 0,08 gewählt. Die Straßenkonstruktion wirkt als lastverteilende Tragschicht über den Säulenköpfen. Folgende Ausführungsparameter für das Düsenstrahlverfahren (Verfahren 1) wurden angewendet:

– Suspensionsdruck $\quad$ 350 bis 450 bar
– Suspensionsmenge $\quad$ 240 l/min
– Ziehgeschwindigkeit $\quad$ 2,5 cm/s
– Suspensionsmischung $\quad$ w/z = 0,76

Es wurden Säulendurchmesser von 0,65 m ausgeführt und die Säulen in einem Raster von a = 2,2 m hergestellt. Über Extensometermessungen wurde die Wirksamkeit der Maßnahme überprüft. Die gemessenen Langzeitsetzungen lagen in der Größenordnung von 10 bis 12 mm und stammten vorwiegend aus der Setzung des Straßendamms. Die Gewölbewirkung der lastverteilenden Straßenkonstruktion wurde nachgewiesen [131].

Weitere Anwendungsgebiete sind:

– Erhöhung der Tragfähigkeit des Baugrundes,
– Stabilisierung von Böschungen,
– Schutz von Bauwerken in der Nähe von Baugruben,
– Abdichtungsmaßnahmen,
– Einkapselung und Immobilisierung von Schadstoffen.

Eine interessante Variante ist die Kombination von mechanischer mit hydraulischer Einbringung des Bindemittels, die in Japan als SWING- und JACSMAN-Methode bezeichnet wird.

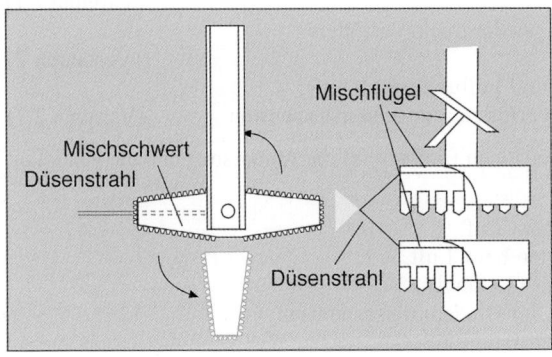

Bild 27. Kombination von mechanischer und hydraulischer Baugrundverbesserung (nach [150])

2.2 Baugrundverbesserung

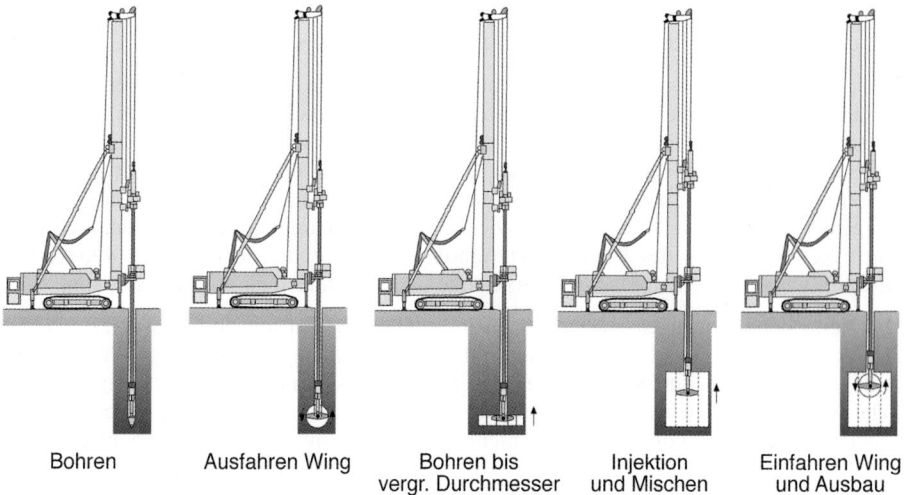

Bohren — Ausfahren Wing — Bohren bis vergr. Durchmesser — Injektion und Mischen — Einfahren Wing und Ausbau

Bild 28. Herstellungsreihenfolge (nach [132])

Bei dem SWING-Verfahren wird mit einem Bohrgerät ein Bohrloch mit einem Durchmesser von etwa 600 mm abgeteuft. Ist die erforderliche Tiefe erreicht, wird ein am unteren Ende des Gestänges angebrachtes Schwert um 90° aus der Bohrachse geklappt und der Baugrund mechanisch bei gleichzeitigem Ziehen und Rotieren des Gestänges durchmischt. Durch Düsen, die an beiden Enden des Schwertes angebracht sind, wird mit hoher Energie eine Bindemittelsuspension verpumpt. Dadurch kann der durch die Geometrie des Mischschwertes vorgegebene Säulendurchmesser von 2,0 m noch vergrößert werden. Ein weiterer Vorteil dieses Verfahrens besteht darin, dass gezielt Bodenschichten in einer festgelegten Tiefe verbessert werden können, ohne dass das ganze darüber liegende Bodenpaket beim Ein- und Ausfahren des Mischwerkzeuges bearbeitet werden muss.

Das JACSMAN-Verfahren unterscheidet sich von dem zuvor beschriebenen hauptsächlich dadurch, dass zwei feststehende mechanische Mischwerkzeuge von 1,0 m Durchmesser verwendet werden. Auch bei diesem Verfahren kann durch zusätzliches hydraulisches Einbringen des Bindemittels über vier Düsen die Fläche der geometrisch vorgegebenen Doppelsäulen je nach Bodenart bis auf das 3-Fache in einem Arbeitsgang vergrößert werden [133].

3.2 Methoden mit verdrängender Wirkung

3.2.1 Rüttelstopfverdichtung

Bei der Ausführung von Verdichtungsarbeiten nach dem Rütteldruckverfahren (s. Abschn. 2.2.1.1) in stark schluffhaltigen, wassergesättigten Sanden (Grenzkurve C zum Bereich D in Bild 8) werden diese beim Versenken des Tiefenrüttlers und beim anschließenden Verdichten so stark verflüssigt, dass eine Verdichtungswirkung erst nach sehr langer Rütteldauer oder überhaupt nicht mehr eintritt. Bei derartigen Böden stößt das Rütteldruckverfahren an seine technischen und wirtschaftlichen Grenzen. Als Abhilfe wurde Mitte der 1950er-Jahre „die Idee entwickelt, den Rüttler ohne Zuhilfenahme der beim Rütteldruckverfahren üblichen Wasserspülung in den Boden zu versenken, in den nach dem Herausziehen des

Rüttlers kurzzeitig standfesten zylindrischen Hohlraum grobes Zugabematerial einzubringen und diesen durch wiederholtes Einfahren des Rüttlers zu verstopfen" [9].

Es ist offensichtlich, dass der Rüttler den umgebenden Boden bei diesem Stopfverdichtungsverfahren in erster Linie nicht mehr verdichtet, sondern seitlich verdrängt. Beim abschnittsweisen Verfüllen des Hohlraums mit Schotter und dessen anschließender Verdichtung, wird der Schotter auch seitlich in den Boden eingedrückt. Auf diese Weise werden vertikale Schottersäulen hergestellt, die einzeln und im Verbund mit benachbarten Säulen infolge ihrer innigen Verzahnung mit dem umgebenden Boden einen tragfähigen Baugrund ergeben. Auch die Ausführung des Rüttelstopfverfahrens ist inzwischen in DIN EN 14731 [159] geregelt, wobei auch Anforderungen an Geräte und Systemtechnik dort geregelt sind.

Die Herstellung derartiger Schottersäulen in bindigen Böden mit geringem Wassergehalt erfolgt heute in der Regel mittels Tiefenrüttlern, die an einem Mäklergerät geführt werden; einerseits, um deren Vertikalität zu gewährleisten und andererseits, um die häufig erforderliche oder gewünschte vertikale Druckkraft (Aktivierung) aufbringen zu können, die den Eindring- und Verdichtungsvorgang beschleunigt. Unabdingbare Voraussetzung für diese Herstellungsvariante ist jedoch, dass die Konsistenz des Bodens so beschaffen ist, dass der nach dem Herausziehen des Rüttlers im Boden verbleibende zylindrische Hohlraum auf seiner gesamten Länge auch tatsächlich für den anschließenden Vorgang des chargenweisen Einfüllens und Verdichtens des Schotters offen stehen bleibt. An der Rüttlerspitze austretende Druckluft verhindert das Einstürzen des Hohlraums in diesen Böden (Trockenverfahren oder displacement method). Dies kann bei feinkörnigen Böden mit hohem Wassergehalt allerdings nicht mehr gewährleistet sein. Um auch in diesen Böden zuverlässig eine Schottersäule herzustellen, wird wie beim Rütteldruckverfahren der Rüttler mithilfe eines an der Rüttlerspitze austretenden Spülstrahls auf die gewünschte Tiefe versenkt. Das an der Geländeoberfläche austretende Spülwasser stabilisiert den Hohlraum und spült den gelösten Boden aus (Nassverfahren oder replacement method). Nachdem der so erzeugte Hohlraum ausreichend von gelöstem Boden freigespült ist, wird über den Ringraum, der den Rüttler umgibt, grobes Zuschlagmaterial eingefüllt, das zur Rüttlerspitze absinkt und durch stufenweises Herausziehen des Rüttlers zur gewünschten Schottersäule verdichtet wird. Das mit Bodenpartikeln stark befrachtete Spülwasser wird über Gräben zu Absetzbecken geleitet. Es erfordert allerdings meist einen beträchtlichen Aufwand, Wasser und Schlamm vom Arbeitsfeld fernzuhalten und schließlich zu entsorgen [20]. Nach DIN 14731 [159] sind Verfahren mit Aufsatzrüttlern und Füllrohr mit Verschlusskappe nur zur Herstellung von Dräns, aber nicht zur Herstellung von Rüttelstopfsäulen (Verdrängung über den Einfuhrquerschnitt hinaus) zugelassen.

Bei diesen beiden Verfahrensvarianten der konventionellen Rüttelstopfverdichtung wird als Zugabematerial Schotter oder Kies von etwa 30 bis 80 mm Korndurchmesser eingesetzt. Im sog. konventionellen Nassverfahren können Schottersäulen von beachtlicher Tiefe hergestellt werden; so berichtet *Raju* über einen Anwendungsfall, bei dem Schottersäulen von 26 m Länge ausgeführt wurden [21]. Beim konventionellen Trockenverfahren, bei dem der bindige Boden eine Scherfestigkeit von mindestens 20 kN/m^2 aufweisen sollte, können Schottersäulen bis etwa 8 m Tiefe noch zuverlässig hergestellt werden.

Die geschilderten Nachteile und Beschränkungen der konventionellen Ausführungsvarianten der Rüttelstopfverdichtung werden durch die Verwendung sog. Schleusenrüttler beseitigt. Das Verfahren wurde bereits 1972 zum Patent [22] angemeldet. Beim Schleusenrüttler wird das Zugabematerial (in der Regel Schotter oder Kies von etwa 10 bis 40 mm Durchmesser) über eine entsprechende Rohrführung zur Rüttlerspitze geleitet. Hier tritt es, nachdem der Rüttler seine Endtiefe erreicht hat, mit Unterstützung von Druckluft aus. Der Rüttler wird stufenweise im sog. Pilgerschritt bei gleichzeitiger Verdichtung des Zugabematerials (Stopf-

2.2 Baugrundverbesserung

vorgang) gezogen (Bild 29). Es gehört zum Stand der Technik, dass alle wesentlichen Parameter des Herstellungsvorgangs (Tiefe, Rüttlerfrequenz, Rüttelenergie, Vorschub, Andruck und Schotterverbrauch) zeitabhängig fortlaufend registriert werden und damit eine für den Anwender sichtbare und kontrollierbare Herstellung einer kontinuierlichen Schottersäule ermöglicht wird. Als Trägergeräte kommen in der Regel spezielle Mäklergeräte zum Einsatz, die die komplizierten, mit Materialschleuse und Vorratsbehälter ausgerüsteten Schleusenrüttler betreiben und durch spezielle mechanische, pneumatische oder hydraulische Beschickungsvorrichtungen mit Zugabematerial versorgen (Bilder 30 und 31).

Insbesondere im asiatischen Raum kommen weitere Verfahren zur Herstellung von Materialsäulen zum Einsatz. Dazu zählt beispielsweise auch das Compozer-Verfahren, das gemeinsam mit ähnlichen Verfahren in Abschnitt 3.2.3 vorgestellt wird.

Schottersäulen dienen zur Verbesserung der Eigenschaften nicht ausreichend tragfähiger Böden in unterschiedlichen Ausführungsformen. Kleinere Säulengruppen unterstützen Einzel- oder Streifenfundamente, während ausgedehnte Säulenraster unter starren Gründungs-

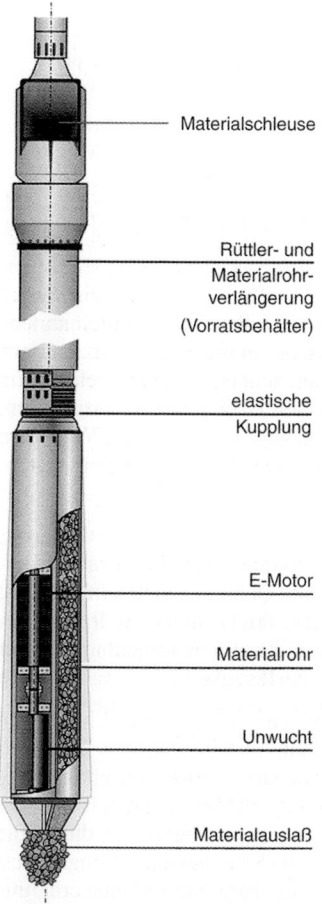

Bild 29. Aufbau des Schleusenrüttlers

Bild 30. Trägergerät mit Schleusenrüttler

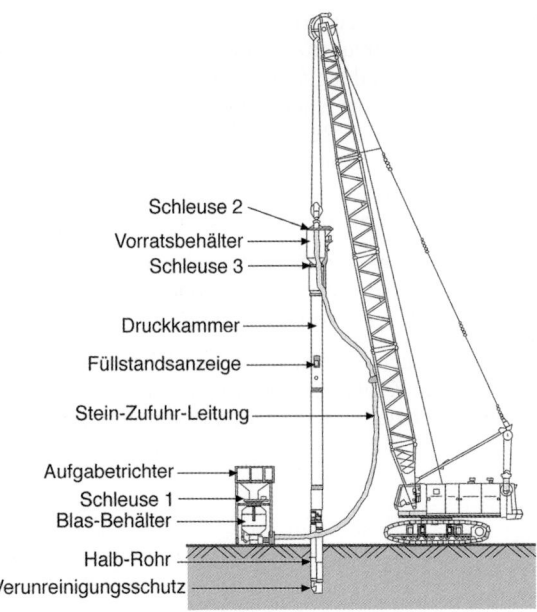

Bild 31. Stopfrüttler mit pneumatischer Beschickungsvorrichtung (nach [2])

platten oder schlaffen Lasten, wie beispielsweise Dämmen oder Tanks, angeordnet werden. Rüttelstopfsäulen erhöhen bzw. verbessern durch ihren erhöhten Scherwiderstand auch die Standsicherheit einer Böschung.

In aller Regel wird oberhalb der Säulenköpfe eine zusätzliche Schicht aus verdichtetem Material angeordnet. Ist diese ausreichend mächtig (ca. $0{,}5 \times$ Säulenabstand), so kann sich eine Gewölbewirkung einstellen, die die flächenhafte Belastung auf die Säulen konzentriert, die eine etwa 10- bis 20-fach größere Steifigkeit als der umgebende Boden aufweisen. Ein vergleichbarer Effekt kann auch durch die Kombination von Stopfsäulen und überlagerndem Geotextil erreicht werden, das sich zwischen den Säulen einhängt und auf diese Weise ein Durchstanzen derselben verhindert [24–26], wobei bei überwiegend dynamischer Lasteneinwirkung diese Gewölbewirkung eingeschränkt ist [155].

Schon anhand der oben gezeigten unterschiedlichen Ausführungsformen wird deutlich, dass eine Vielzahl von Abhängigkeiten das Last-Verformungsverhalten einer Baugrundverbesserung nach dem Rüttelstopfverdichtungsverfahren bestimmt. Qualitativ betrachtet beruht die Wirkung der Rüttelstopfverdichtung in wenig tragfähigen, feinkörnigen Böden auf der Verkürzung der Konsolidierungszeit, der Verminderung der Zusammendrückbarkeit, der Erhöhung der Tragfähigkeit sowie der Vergrößerung der Scherfestigkeit.

Der Grad der so erzielten Baugrundverbesserung hängt ab von den bodenmechanischen Eigenschaften des unverbesserten Bodens, dem gegenseitigen Abstand und den geometrischen Abmessungen der Schottersäulen sowie den bodenmechanischen Eigenschaften des Säulenmaterials. Neben der Setzungsbeschleunigung, die von der dränierenden Wirkung der Schottersäulen ausgeht, ist natürlich die Reduktion der Gesamtsetzungen der durch die Verbesserung gewünschte Effekt. Schottersäulen vermindern die Setzungen des Baugrundes, da sie steifer sind als der Boden, den sie ersetzen. Das nutzbare Steifigkeitsverhältnis zwischen Schottersäulen und Boden hängt ganz wesentlich von der seitlichen Stützung der Schottersäulen ab, die ihr der umgebende Boden im Belastungsfall geben kann. Zur

2.2 Baugrundverbesserung

Mobilisierung dieser Stützwirkung und damit der Interaktion zwischen Schottersäule und umgebendem Boden sind horizontale Verformungen erforderlich, die natürlich auch zu Setzungen an der Geländeoberfläche führen.

Der einfachste Bemessungsansatz für das Tragverhalten geht auf *Bell* [27] zurück. Danach vermag der umgebende bindige Boden mit einer Kohäsion c_u in einer Tiefe z maximal eine seitliche Stützung von $\sigma_h = \gamma \cdot z + 2\,c_u$ zu bieten. Dieser Stützdruck lässt unter der vereinfachenden Annahme des passiven Erddruckbeiwerts $K_p = \tan^2(\pi/4 + \varphi/2)$ eine maximale vertikale Säulenspannung von $\sigma_o = K_p\,(\gamma \cdot z + 2\,c_u)$ zu, dabei ist φ der Winkel der inneren Reibung des Säulenmaterials (Bild 32) [28]. Obwohl dieser Ansatz die Tragfähigkeit der Säule deutlich unterschätzt, zeigt er doch sehr anschaulich die Bedeutung der Interaktion zwischen Säule und Boden sowie das grundsätzlich andere Tragverhalten einer Schottersäule im Vergleich zu wesentlich steiferen vertikalen Tragelementen wie beispielsweise Pfählen.

Häufig wird als Mindestwert der Scherfestigkeit des zu verbessernden Bodens ein c_u-Wert von 15 kN/m² angegeben [1, 13], wobei jedoch die positiven Wirkungen des räumlichen Verhaltens und der gegenseitigen Beeinflussung benachbarter Säulen, der Dilatation des Säulenmaterials [29] sowie vor allem die durch die Dränwirkung der Schottersäule rasch eintretende Erhöhung der Scherfestigkeit des Bodens vernachlässigt wurden. Neue Arbeiten, veröffentlicht bei *Moseley/Kirsch* [52], zeigen, dass auch bei c_u-Werten > 5 kN/m² das Rüttelstopfverfahren erfolgreich eingesetzt wurde. So sind denn auch Gründungen nach dem Rüttelstopfverdichtungsverfahren bereits in wesentlich weicheren Böden (bis zu c_u-Werten > 4 kN/m²) mit gutem Erfolg durchgeführt worden [21]. Zum besseren Verständnis der Interaktion zwischen Säule und Boden und auch der gegenseitigen Beeinflussung der Säulen sind bereits vielfach Modellversuche durchgeführt worden. Dabei wird einerseits der Versagensmechanismus und andererseits die Gruppenwirkung qualitativ veranschaulicht (Bild 33) [17, 18].

Bei vertikaler Belastung versagen Schottersäulen entweder infolge mangelnder seitlicher Stützung im oberen Drittel (Ausbauchen), durch Abscheren des Säulenmaterials oder durch

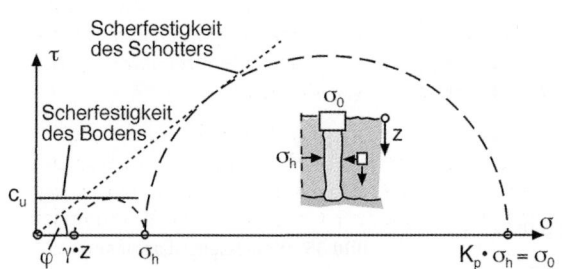

Bild 32. Abschätzung der Säulentragkraft aus Stützkraftwirkungen

Bild 33. Versagensmechanismus von Rüttelstopfsäulen bei Gruppenwirkung (nach [18])

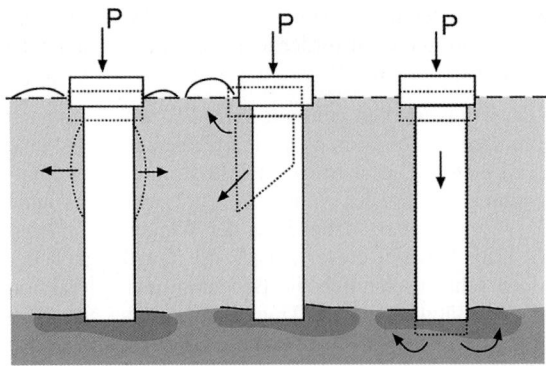

Bild 34. Versagensmechanismen von Rüttelstopfsäulen bei vertikaler Belastung (nach [28])

Versinken bei „schwimmenden" Gründungen (Bild 34). In allen Fällen gehen dem Versagen jedoch so große Verformungen voraus, dass sie für den Gebrauchszustand nicht mehr zulässig sind. Von wesentlich größerer Bedeutung als die Untersuchung der Grenzlast von Schottersäulen sind daher die Bemessungsansätze für die Verformungen derartiger Gründungen. Einen guten Überblick über die Vielzahl der verschiedenen Berechnungsvorschläge geben die Veröffentlichungen von *Soyez* [30] und *Bergado* [31], wobei zwischen der für die Praxis eher uninteressanten Bemessung der Einzelsäule und der Berechnung von Säulenrastern unterschieden wird. Während sich in Europa das Berechnungsverfahren von *Priebe* [32] durchgesetzt hat (Bild 35), verwendet man in den USA häufiger das allerdings nur mit größerem Aufwand handhabbare, iterative Verfahren von *Goughnor/Bayuk* [33]. Untersuchungen nach [156] zeigen, dass der innere Reibungswinkel des Stopfmaterials Werte zwischen mindestens 45° und 55° annimmt.

Viele der Bemessungsansätze beruhen auf empirischen oder halbempirischen Ansätzen oder basieren auf vereinfachenden Annahmen, die der Komplexität des Verformungsverhaltens nicht gerecht werden. So existiert gegenwärtig kein befriedigender Bemessungsansatz, der alle am Lastabtrag beteiligten Mechanismen ausreichend berücksichtigt und dennoch die für die praktische Anwendung erforderliche Einfachheit aufweist. Zur Dimensionierung einer größeren Baugrundverbesserungsmaßnahme ist es daher empfehlenswert, Probesäulen herzustellen und die erzielbaren Säulendurchmesser sowie die Ergebnisse von Probebelastungen zur Entscheidungsfindung mit heranzuziehen [34].

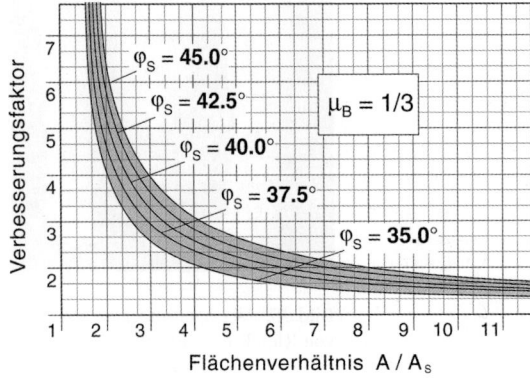

Bild 35. Bemessungsdiagramm für Baugrundverbesserung durch Rüttelstopfsäulen (nach [32])

2.2 Baugrundverbesserung

Insbesondere zur Ermittlung des Spannungs-Verformungsverhaltens im Gebrauchslastbereich sind Simulationsberechnungen von großem Nutzen. Im Bauwesen findet dazu die Finite-Elemente-Methode (FEM) vielfach Verwendung. Bezogen auf die Baugrundverbesserung mit Rüttelstopfsäulen hat Schweiger die Verwendung eines homogenisierten Modells für das Verbundmaterial „Boden-Säule" vorgeschlagen [19]. Interessante Ergebnisse in Bezug auf die Simulation der Versagensmechanismen von Schottersäulen hat auch *Wehr* bei seinen Berechnungen von Einzelsäulen und Säulengruppen erzielt [23]. Auch in die praktische Anwendung der Baugrundverbesserung mit Schottersäulen hat die numerische Analyse mittlerweile Eingang gefunden. Immer wenn es gilt, umfangreiche Projekte zu dimensionieren oder bereits gefundene Konzepte durch Parameterstudien zu optimieren, können numerische Untersuchungen, wie von *Kirsch* [153] als Parameterstudie vorgestellt, wertvolle Dienste leisten.

3.2.2 Einbringen aushärtender Stoffe

Die Baugrundverbesserung durch Bewehren unter Einbringen inerten Materials, i. d. R. Schotter, ist an eine seitliche Stützung des umgebenden Baugrundes als Interaktionswirkung gebunden. Wenn nur minimale seitliche Stützungskräfte vorhanden sind oder größere horizontale Verformungen zu Aktivierung dieser Interaktionskräfte auftreten, besteht die Möglichkeit, Materialien mit hydraulischen Bindewirkungen, die einen größeren inneren Verbund erzeugen, einzubauen.

Als Einbaumaterialien können dabei Mörtel- und Betonmischungen eingebracht werden, die in ihrem Steifigkeits- und Festigkeitsverhalten dem gewünschten Spannungsverformungsverhalten des gesamten verbesserten Bodenpakets angepasst werden können, sodass damit ein kontrolliertes Verformungsverhalten unter Belastung sowohl des eingebauten Materials als auch des gesamten Bodenpaketes erzielt wird. Die Interaktion zwischen eingebautem Material und umgebendem Boden wird von der Schubspannungsaktivierung zwischen diesen Materialien unter eingesetzter Belastung (Funktion aus Verspannung aus Einbauvorgang, Querdrehung des eingebrachten Materials unter Lastaufnahme, Aktivierung von seitlichen Stützspannungen aus Belastung und Querdrehung des eingebrachten Materials) bestimmt. Maßgeblichen Einfluss auf die Schubspannungsaktivierung zwischen dem eingebrachten selbstverfestigten Material und dem umgebenden Boden haben einmal der Einbauvorgang und andererseits das Spannungsverformungsverhalten des eingebrachten Materials. Als dynamische Methoden mit verdrängender Wirkung stehen dabei das Einbringen von Rohren mit temporären unteren Verschlüssen oder das Niederbringen eines Schleusenrüttlers (Beschreibung s. Abschn. 3.2.1) zur Verfügung. Nach Erreichen der geplanten Einbindetiefe wird dann unter Materialzugabe das Rohr bzw. der Rüttler unter dynamischer Einwirkung auf die Umgebung und das Einbaumaterial gezogen. Bei Einsatz des Schleusenrüttlers mit Aktivierungshilfe bietet sich darüber hinaus noch die Möglichkeit eines sog. „Stopfvorgangs", d. h. das zusätzliche Verdichten des Einbaumaterials durch Auflast zu nutzen. Nur durch den systemimmanenten Stopfvorgang, ggf. auch wiederholt, wird ein innigerer Verbund und eine intensive Verspannung zwischen Einbaumaterial und Baugrund erreicht und sichergestellt [25]. Die Aktivierungshilfe ermöglicht das vertikale Einfahren und erleichtert das Überwinden von ggf. vorhandenen Verhärtungszonen im Untergrund.

Eine andere Methode der verdrängenden Einbringung ist die Verwendung von Vollverdrängungsbohrschneckenköpfen mit anschließendem Einbau des eine innere Bindung aufbauenden Materials. Die Anforderungen an das Einbaumaterial hinsichtlich seiner inneren Tragfähigkeit aus Kraftumleitung im Kopfbereich unterhalb der Lastverteilungsschicht sowie seines Verformungsverhaltens aus der notwendigen Interaktion mit dem umgebenden

Boden muss sich aus einer Verformungsuntersuchung ergeben. Die Kombination dieses Verfahrens mit Rüttelstopfsäulen wird unter dem Begriff Hybridsäulen ausgeführt.

Als Einbaumaterialien zum Aufbau einer inneren Bindung steht dabei von verschiedenen Mörteln, wie für vermörtelte Stopfsäulen und Fertigmörtelstopfsäulen (Zulassung VSS/FSS, 2005) zugelassen, bis hin zum Beton (Zulassung BRS, 2004) ein breites Band an Materialien zur Verfügung.

Zur Bemessung dieser Baugrundverbesserung ist eine Verformungsberechnung unter Berücksichtigung der unterschiedlichen Steifigkeiten der Einbau- und Bodenmaterialien z. B. nach *Priebe* [32] oder nach der FE-Methode durchzuführen, wobei die Entwurfsgedanken, die den Bemessungen und Berechnungen der kombinierten Pfahlplattengründungen zugrunde liegen [134], hier ebenfalls herangezogen werden. Auch hierbei ist eine genaue Kenntnis des elastischen sowie elastisch-plastischen Verhaltens des anstehenden Baugrundes zur aussagefähigen Berechnung des Verformungsverhaltens des verbesserten Baugrundes von entscheidender Bedeutung.

Bei allen bisher vorgestellten Untersuchungen zur Vorhersage des Verformungsverhaltens ist es aber noch nicht gelungen, den Herstellvorgang sowie die daraus herrührenden Einflüsse auf die Interaktion Baugrund/Einbaumaterial für die Berechnung zuverlässig darzustellen. Bei Anwendung dieser Verfahren zur Verformungsbegrenzung und -vergleichmäßigung ist es zukünftig daher von entscheidender Bedeutung, dass den technischen Anforderungen entsprechende Messprogramme und -untersuchungen baubegleitend ausgeführt werden, um die Optimierung dieser Verfahren auch in ihrer rechnerischen Vorhersagbarkeit entscheidend zu verbessern.

Eine weitere Variante der vorgehend beschriebenen Möglichkeiten der Baugrundverbesserung stellt die sog. „teilvermörtelte Stopfsäule" dar. Gerade bei den Anwendungsfällen, bei denen ein gleichmäßiges elastisches Verhalten unter wachsender Belastung (Verkehrswege) wünschenswert ist, hat sich diese Anwendung hervorragend bewährt. In [25] wird über umfangreiche Anwendungen und messtechnisch begleitende Untersuchungen zu diesen Anwendungen berichtet. Für die Anwendungen im Bereich der Deutschen Bundesbahn wurde vom EBA aufgrund dieser positiven Erfahrungen für dieses Verfahren eine entsprechende Zulassung erteilt.

3.2.3 Verfahrensvarianten

Die Rüttelstopfverdichtung ist eine Bodenverbesserung in engerem Sinne, weil die aus eingebrachtem Grobmaterial hergestellten Säulen immer nur unter Mitwirkung des umgebenden Bodens die zugewiesene Beanspruchung abtragen. Das Gleiche gilt selbstverständlich für Sandsäulen, die nach verschiedenen anderen Verfahren hergestellt werden.

Von der Entwicklung her sind hier an erster Stelle die Sand-Verdichtungspfähle (Sand Compaction Piles / Compozer Piles) zu nennen, die im ostasiatischen Raum seit langem insbesondere zur Verbesserung sehr weicher maritimer Tone ausgeführt werden [135]. Bei diesen Verfahren wird ein im Fußteil besonders ausgebildetes, meistens aber unten offenes Rohr unter Druckluft mit einem Aufsatzrüttler in den Boden versenkt und dann mit Sand verfüllt, der beim Ziehen des Rohres ausgedrückt wird. Mit pilgerschrittartigen Rohrbewegungen kann der eingebrachte Sand, der nach Bedarf über das Rohr nachgefüllt wird, verdichtet und auch in den anstehenden Boden verdrängt werden (Bild 36).

Die Herstellung von Sand-Verdichtungspfählen ist in Japan weitgehend automatisiert. Leistungen von über 30 lfdm pro Gerät und Stunde sind üblich. In der Regel liegt der Rohrdurchmesser zwischen 0,4 und 0,6 m und das Verhältnis von Säulenquerschnitt zu Raster-

2.2 Baugrundverbesserung

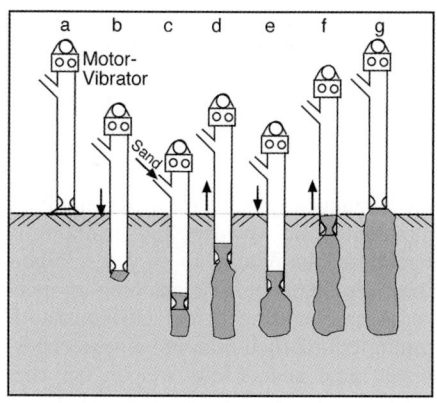

Bild 36. Verfahrensweise bei Sand-Verdichtungspfählen (nach [135])

fläche zwischen 0,3 und 0,5. Bei Offshore-Arbeiten werden aber auch weitaus größere Durchmesser benutzt und das Flächenverhältnis kann bis auf 0,8 ansteigen [136]. Bei Gründungsarbeiten für den Kansai International Airport in der Bucht von Osaka wurde mit jeweils drei auf einem Ponton zusammengefassten Großgeräten gearbeitet, die Rohre mit einem Durchmesser von 1,6 m hatten und mit denen 20 m lange Sandsäulen in marinen Weichschichten 20 m unter dem Wasserspiegel hergestellt wurden.

Die Bemessung von Sand-Verdichtungspfählen erfolgt meistens insofern empirisch, als mit einem mehr oder weniger aus Erfahrung gewonnenen Verhältnis der Spannungen auf Säulen und umgebenden Boden gerechnet wird, wobei 3 als Faustwert angesehen werden kann (Bild 37).

In Deutschland wurden Sandsäulen bisher nur in verhältnismäßig kleiner Menge zur Baugrundverbesserung ausgeführt und zwar im Wesentlichen nach dem Verdrängungs- bzw. Bodenersatzverfahren. Das Verdrängungsverfahren erfolgt in weichen Böden, in denen ein

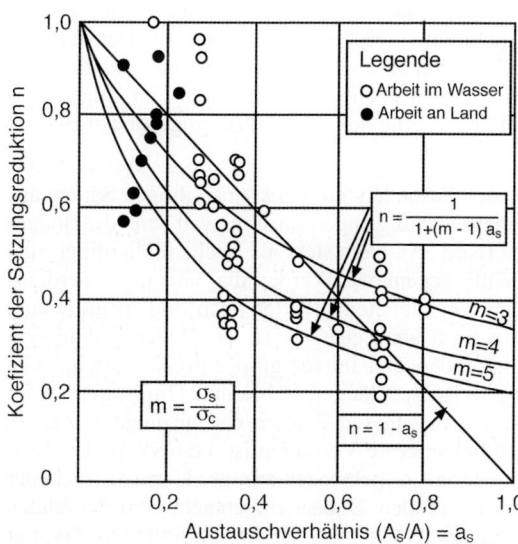

Bild 37. Verbesserungswerte bei Sand-Verdichtungspfählen (nach [148])

mit einem verlorenen Schuh versehenes, also geschlossenes Rohr noch niedergebracht werden kann. Die Grenze liegt etwa bei einem Rohrdurchmesser von 0,8 m. Bei größeren Durchmessern wird das Ersatzverfahren gewählt, d. h. das Rohr wird offen in den Boden getrieben und anschließend für die Sandverfüllung ausgebohrt. Da hierbei die Bodenverdrängung und damit die anfängliche Stützung der Säulen durch den Boden geringer ausfallen, ist bei Belastung mit größeren Setzungen zu rechnen.

Um – insbesondere im Falle des Bodenersatzes – die Setzungen zu mindern, wird neuerdings die Sandsäule mit einem Geokunststoffschlauch ummantelt, der vor der Sandverfüllung in das Rohr eingelegt wird [137]. Neben einer eingeschränkten Verdichtung, weil „Pilgerschritte" nur begrenzt möglich sind, liegt ein weiteres Problem der Ummantelung im nicht konvergent verlaufenden Spannungs-Dehnungsverhalten von Boden und Geokunststoff. Einerseits kann im Boden eine erhebliche Verformung erforderlich sein, um eine nennenswerte seitliche Stützung der Säule zu gewährleisten, und andererseits werden bei eher geringer Dehnung die zulässigen Ringzugkräfte der Ummantelung ausgeschöpft. Als Kompromiss erhält der Schlauch deshalb einen größeren Ausgangsdurchmesser als ihn die Verrohrung aufweist.

Die Bemessung geokunststoffummantelter Sandsäulen ist verhältnismäßig komplex. In [138] werden sowohl numerische als auch analytische Verfahren beschrieben. Bei Letzteren handelt es sich um von Rüttelstopfverdichtung her bekannte Verfahren, in die die Stützung durch die Ummantelung eingearbeitet wurde.

3.2.4 Mechanisches Einbringen aushärtender Stoffe

In vorhergehenden Abschnitten wurden Verfahren der Baugrundverbesserung behandelt, bei denen Bindemittel oder Bindemittelgemische in verschiedener Art und Weise in den Boden eingebracht werden. Mit dem Abbinden des Materials entstehen aussteifende Gründungselemente mit mehr oder weniger gut definierbaren Festigkeiten. Werden die Bindemittel in trockener Form in bindige Böden eingebracht und entfalten dort ihre hygroskopische Wirkung, führt das – auch in nur erdfeuchten Böden – nicht nur zur völligen Durchfeuchtung und dem damit verbundenen Abbinden des eingebrachten Materials, sondern der Wasserentzug aus dem Boden beschleunigt dessen Konsolidation und bewirkt damit eine zusätzliche Bodenverfestigung, die allerdings quantitativ schwer abzuschätzen ist. Der Wasserentzug beruht sowohl auf der chemischen Reaktion als auch auf Adsorption an den üblicherweise sehr fein gemahlenen Bindemitteln. Durch chemische Reaktionen im Zuge eines Ionenaustausches kann noch eine weitere Verfestigung des unmittelbar umgebenden Bodens hinzukommen.

Die vorgenannten Wirkungen entwickeln sich besonders gut bei kleinkalibrigen Säulen aus hygroskopisch wirkendem Material in verhältnismäßig engen Rastern, weil dann die Bodenbereiche gleichmäßiger verbessert werden (Bild 38). Dem steht als Nachteil allerdings eine größere Zerbrechlichkeit der einzelnen Säule gegenüber. Werden die Säulen im Verdrängungsverfahren eingebracht, kommt zu den vorgenannten Effekten noch Bodenverdichtung hinzu, deren Wirkung aber ebenfalls nur schwer abzuschätzen ist. Die Bodenverdrängung fördert zumindest Verspannungseffekte zwischen den immer gruppenweise vorhandenen Säulen. In den Grundzügen der Wirkungsweise seit längerem bekannt [140], werden im Verdrängungsverfahren kleinkalibrige Säulen in engeren Rastern erst in jüngerer Zeit in erheblicher Menge ausgeführt. Das zurzeit bekannteste Verfahren ist die CSV-Bodenstabilisierung [141]. Hierbei wird das Einbaumaterial in mehr oder weniger körniger trockener Form in den Gängen einer Endlosschnecke in den Boden eingebracht. Zur laufenden Materialbeschickung wird die Schnecke durch einen nach Bedarf auffüllbaren Trichter

2.2 Baugrundverbesserung

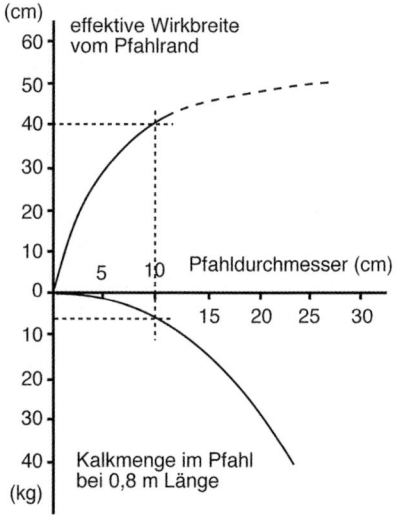

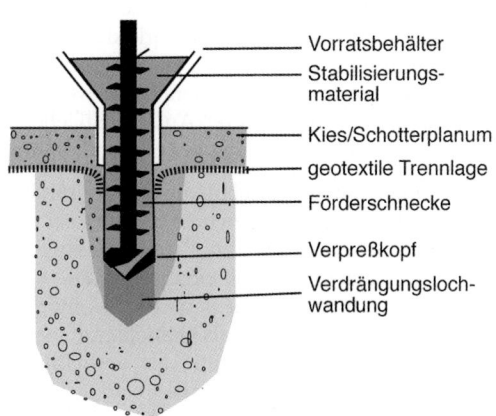

Bild 38. Wirkbreiten von Kalkpfählen (nach [139])

Bild 39. Verfahrensablauf zur Herstellung von Stabilisierungssäulen (nach [140])

gedrückt (Bild 39). Die üblicherweise rechtsgewendelte Schnecke wird sowohl beim Vorschub als auch beim Herausziehen links gedreht, sodass es beim Vorschub zur vollen Bodenverdrängung und beim Herausziehen zum Auslaufen des Einbaumaterials kommt. Bei diesem ist man inzwischen vom reinen Bindemittel zu Gemischen übergegangen, d. h. es werden Kalk-Sand- oder Zement-Sand-Gemische eingebaut. Das eingebaute Trockenmaterial härtet durch Aufnahme von Wasser aus dem Boden aus (Wasserbedarf muss durch Porenwasser gedeckt sein und zur Aushärtung des Vollquerschnitts ausreichend vorhanden sein.)

Die üblichen Werte bei CSV-Bodenstabilisation und bei vergleichbaren Verfahren liegen beim Säulendurchmesser zwischen 10 und 15 cm und bei einem in der Regel quadratischen Rastermaß zwischen 0,5 und 1,5 m. Zwischen Säulenquerschnitt und Rastermaß besteht insofern eine Beziehung, als es einerseits bei Abständen von weniger als 3 D möglicherweise durch verdrängten Boden zu Schäden an bereits eingebrachten Nachbarsäulen kommen kann und andererseits bei Abständen von mehr als 8 D keine gegenseitige Verspannung mehr zu erwarten ist und das Tragverhalten dem von Einzelsäulen entspricht.

Zurzeit wird diese Art der Baugrundverbesserung bis in etwa 10 m Tiefe ausgeführt. Bei dieser Größenordnung können noch verhältnismäßig leichte Geräte eingesetzt werden. Grundgerät ist ein mittlerer Hydraulikbagger mit einem Mäkler für die Führung der Endlosschnecke. Der Säuleneinbau ist weitgehend erschütterungsfrei und es kann bis auf weniger als 0,5 m an Nachbarbebauung herangegangen werden. Die Leistung bewegt sich zwischen 40 und 70 lfdm pro Gerät und Stunde. Das Arbeitsplanum, meistens aus einer kapillarbrechenden, etwa 30 cm dicken Schicht über einem Geotextil, wird nicht sehr strapaziert. Nachträgliche Bodenabfuhr fällt nicht an.

Da bei diesen Verfahren der Baugrund weitgehend flächig verbessert wird, sind bei Gründungsmaßnahmen für Gebäude keine Überbrückungselemente wie bei Pfählen in Form von Pfahlrosten erforderlich, was sich günstig auf die Kosten auswirkt. In Anwendungsfällen werden üblicherweise zulässige Bodenpressungen angegeben. Auf Säulenauslastung umgerechnet sind Werte bis zu 150 kN üblich. Es wird angestrebt, die Säulen auf tragfähigen Schichten abzusetzen, wobei wegen der flächigen Lastabtragung die Anforderungen an die Tragschicht in der Regel nicht sehr hoch sind und keine nennenswerte Einbindung erforderlich ist, und schwimmende Gründungen letztlich auch möglich sind. Um eine möglichst gleichförmige Lastabtragung zu erreichen, werden bei einem Projekt möglichst alle Säulen bis zu einem festgelegten Geräteanpressdruck abgeteuft, was in Herstellprotokollen dokumentiert wird. Eine „starre" Aufstandsfläche ist nicht unbedingt am günstigsten, weil es auf ihr zu einer Überbelastung der Säulen kommen könnte mit unkontrollierbaren Brüchen.

Bei einigermaßen gleichmäßigen Baugrundverhältnissen genügen wenige Belastungsversuche, die gewissermaßen eine Eichung der Herstellprotokolle darstellen, um die Tragfähigkeit generell nachzuweisen. Die Bemessung von Stabilisierungssäulen ist sowohl numerisch als auch analytisch problematisch, weil – wie bereits erwähnt – einige Effekte schwer abzuschätzen sind. Dazu kommt, dass möglicherweise für die Säulen zwei Grenzfälle zu betrachten sind, nämlich als Granulat mit mehr oder weniger hohem Reibungswinkel bei nur geringer Eigenfestigkeit und als verhältnismäßig starre Körper bei höheren einaxialen Druckfestigkeiten. Im ersten Fall wird sich die Bemessung an die von Stopfsäulen anlehnen; im zweiten an die von Pfählen. Detailliertere Hinweise finden sich in [142].

Die Herstellung kleinkalibriger Säulen in engen Rastern erfolgt zwischenzeitlich auch nach anderen neueren Verfahren. Im Vordergrund steht dabei immer einerseits die Bodenverdrängung, also das Bestreben, Aushub und damit mögliche Auflockerungen zu vermeiden, und andererseits der Einbau von Bindemitteln bzw. Bindemittelgemischen, die auf keine zusätzliche Wasserzufuhr aus dem Baugrund angewiesen sind, um über den gesamten Querschnitt auszuhärten. Unter dem Namen „Stabilisierungssäulen" oder STS-Säulen werden derartige Elemente mit Einrütteln einer unten verschlossenen Lanze und Materialzufuhr beim Ziehen zur Baugrundverbesserung eingesetzt [157].

Eines dieser Verfahren arbeitet im Unterschied zur CSV-Stabilisierung mit einer in einem Rohr geführten Förderschnecke [144]. Der Vorteil wird darin gesehen, dass das Einbaumaterial nur am Ende des Füllrohrs mit der Bodenfeuchtigkeit bzw. dem Grundwasser in Berührung kommt und deshalb kein Verkleben in den Schneckengängen auftreten kann. Dem steht aber von vornherein die größere Reibung im Füllrohr entgegen.

Eine weitere Möglichkeit besteht im pneumatischen Einbringen von pulverförmigen Stoffen mit einer sog. Pulverlanze [143]. Das ist ein Rohr, das am unteren Ende einen an einem Innengestänge geführten Doppelkegel besitzt, der beim Einfahren und bei möglichen Stopf-

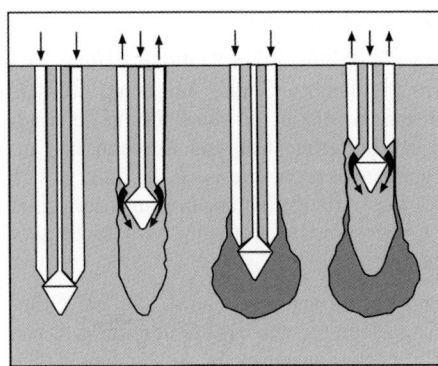

Bild 40. Arbeitsweise der Pulverlanze (nach [143])

vorgängen als Verschluss dient. In Verfüllphasen beim Zurückziehen der Lanze wird der Doppelkegel über das Gestänge vorgeschoben und das Einbaumaterial an ihm vorbei eingeblasen (Bild 40). Überschüssige Luft entweicht entlang dem Außenmantel der Lanze.

Um Probleme mit der Aushärtung der im Abschnitt 3.2.4 beschriebenen Säulen zu minimieren, wird in [157] empfohlen, Mörtelsäulen kleineren Durchmessers analog zu Abschnitt 3.2.2 auszuführen.

4 Literatur

[1] Merkblatt für die Bodenverdichtung im Straßenbau, Ausgabe 1979. Arbeitsgruppe Untergrund-Unterbau der Forschungsgesellschaft für das Straßenwesen, Köln.
[2] Degen, W.: Vibroflotation Ground Improvement. Altendorf 1997 (unveröffentlicht).
[3] Massarsch, R.: Design aspects of Deep Vibratory Compaction. Proc. Seminar on Ground Improvement Methods. Hong Kong, Inst. Civ. Eng., 1994.
[4] Brown, R. E.: Vibroflotation compaction of cohesionless soils. Journal of the Geotechnical Engineering Division, GT 12 (1977).
[5] Rodgers, A. A.: Vibrocompaction of cohesionless soils. Cementation Research Limited. Internatinal report (1979).
[6] Greenwood, D. A.; Kirsch, K.: Specialist Ground Treatment by Vibratory and Dynamic Methods. Advances in Piling and Ground Treatment for Foundations, London 1983.
[7] Schneider, H.: Das Rütteldruckverfahren und seine Anwendungen im Erd- und Betonbau. Beton und Eisen 37 (1938) Heft 1.
[8] Greenwood, D. A.: Discussion. Ground Treatment by Deep Compaction. Inst. Civ. Eng., London 1976.
[9] Kirsch, K.: Baugrundverbesserung mit Tiefenrüttlern. 40 Jahre Spezialtiefbau: 1953–1993. Technische und rechtliche Entwicklungen. Düsseldorf 1993.
[10] Fellin, W.: Rütteldruckverdichtung als plastodynamisches Problem. Advances in Geotechnical Engineering and Tunnelling, Vol. 3, 2000.
[11] Degen, W.: 56 m Deep Vibrocompaction at German linguite mining area. Proc. 3rd Intl. Conf. on Ground Improvement Geosystems. London 1997.
[12] Kirsch, K.: Erfahrungen mit der Baugrundverbesserung durch Tiefenrüttler. Geotechnik 1 (1979).
[13] Smoltczyk, U.; Hilmer, K.: Baugrundverbesserung. Grundbau-Taschenbuch, 5. Auflage, Teil 2, 1994.
[14] Priebe, H.: Rüttelstopfverdichtung zur Vorbeugung gegen Bodenverflüssigung bei Erdbeben. Mitteilungen des Institutes und der Versuchsanstalt für Geotechnik der TU Darmstadt, Vorträge zum 5. Darmstädter Geotechnik-Kolloquium, 1998.
[15] Covil, C. S. et al: Case History: Ground treatment of the sand fill at the new airport at Chek Lap Kok, Hong Kong. Proc. 3rd Intl. Conf. on Ground Improvement Geosystems. London 1997.
[16] Slocombe, B. C. et al: The in-situ densification of granular infill within two cofferdams for seismic resistance. Workshop on compaction of soils, granulates and powders. Innsbruck 2000.
[17] Brauns, J.: Untergrundverbesserungen mittels Sandpfählen oder Schottersäulen. TIS 8/1980.
[18] Hu, W.: Physical modelling of group behaviour of stone column foundations. PhD thesis. University of Glasgow, 1995.
[19] Schweiger, H. F.: Finite Element Berechnung von Rüttelstopfverdichtungen. 5. Christian Veder Kolloquium. Graz 1990.
[20] Kirsch, K.; Chambosse, G.: Deep vibratory compaction provides foundations for two major overseas projects. Ground Engineering, Vol. 14, No. 8, 1981.
[21] Raju, V. R.; Hoffmann, G.: Treatment of tin mine tailings in Kuala Lumpur using vibro replacement. Proc. 12th SEAGC, 1996.
[22] Deutsche Patentschrift: Nr. 2060 473.
[23] Wehr, W.: Schottersäulen – das Verhalten von einzelnen Säulen und Säulengruppen, Geotechnik 22, 1999.

[24] Kempfert, H.-G.: Zum Tragverhalten geokunststoffbewehrter Erdbauwerke über pfahlähnlichen Traggliedern. Informations- und Vortragstagung über Kunststoffe in der Geotechnik. TU München 1995.
[25] Sondermann, W.; Jebe, W.: Methoden zur Baugrundverbesserung für den Neu- und Ausbau von Bahnstrecken auf Hochgeschwindigkeitslinien. Baugrundtagung Berlin 1996.
[26] Topolnicki, M.: Case history of a geogrid-reinforced embankment supported on Vibro Concrete Columns. Euro Geo 1. Maastricht 1996.
[27] Bell, A. L.: The lateral pressure and resistance of clay and the supporting power of clay foundations. Proc. Instn. Civ. Eng., 199, 1915.
[28] Brauns, J.: Die Anfangstraglast von Schottersäulen in bindigem Untergrund. Bautechnik 8 (1978).
[29] Van Impe, W. F.; Madhav, M. R.: Analysis and Settlement of Dilating Stone Column Reinforced Soil. ÖIAZ 3/1992.
[30] Soyez, B.: Bemessung von Stopfverdichtungen. BMT, April 1987.
[31] Bergado, D. T. et al: Improvement Techniques of Soft Ground in Subsiding and Lowland Environment. Balkema, Rotterdam 1994.
[32] Priebe, H. J.: Die Bemessung von Rüttelstopfverdichtungen. Bautechnik 3 (1995).
[33] Goughnour, R. R., Bayuk, A. A.: Analysis of stone column-soil matrix interaction under vertical load. C. R. Coll. Int. Renforcement des Sols. Paris 1979.
[34] Chambosse, G.; Kirsch, K.: Beitrag zum Entwicklungsstand der Baugrundverbesserung. Beiträge aus der Geotechnik. München 1995.
[35] Gödecke, H.-J.: Die dynamische Intensivverdichtung wenig wasserdurchlässiger, feinkörniger Böden. Schriftenr. Inst. Grundbau und Wasser- und Verkehrswesen, Ruhr-Uni Bochum, Grundbau Heft 3, 1979.
[36] Mitchell, J. K. et al.: Time Dependent Strength Gain in Freshly Deported or Densified Sand, Journ. Geot. Eng., Vol 110, No. 11, 1984.
[37] Schmertmann, J. H., The mechanical Aging of Sand, Journ. Geot. Eng., Vol 117, No. 9, 1991.
[38] Massarsch, K. R.: Deep Soil Compaction using Vibratory probes in Deep Foundation Improvement, STP 1089, ASTM, 1991.
[39] van Impe, W. F. et al.: Recent experiences and developments of the resonant vibrocompaction technique. XIII ICSMFE, New Delhi, 1994.
[40] Brown, R. E.; Glen, A. H.: Vibroflotation and Terra-Probe Comparison. Journal Geotechn. Eng. Div. ASCE 102, pp.1059–1072 (1976).
[41] DIN EN 1997-1:2005-10, Eurocode 7: Entwurf, Berechnung und Bemessung in der Geotechnik; Teil 1: Allgemeine Regeln.
[42] DIN EN 1998-5:2006-03, Eurocode 8: Auslegung von Bauwerken gegen Erdbeben; Teil 5: Gründungen, Stützbauwerke und geotechnische Aspekte.
[43] DIN 1054:2005-01: Baugrund-Sicherheitsnachweise in Erd- und Grundbau.
[44] Ladd, C.: Use of precompression and vertical sand drains for soil stabilisation of foundation soils. Soil and Site Improvement, Continuing Education in Engineering: University of California, 1976.
[45] Johnson, F.: Precompression for improving foundation soil, Jour. of Soil Mechanic and Foundation Division, Vol. 96, No SM 1, Jan. 1970.
[46] Jamiolkowski, M. et al.: Precompression and speeding up consolidation, General Report, 8th European Conference on Soil Mechanics and Foundation Eng., Helsinki, May 1983, Vol. 3, Spec. Ses. 6.
[47] Hegg, U.; Jamiolkowski, M. B.; Lancellotta, R.; Pavis, E.: Performance of large oil tanks on soft ground, Piling and ground treatment for foundations, T. Telford, London, 1983.
[48] Calderon, P. A.; Romana, M.: Soil Improvement by precharge and prefabricated vertical drains at Tank Group No. 3, site at the TOTAL Oil Storage Plant at Valencia Harbour, 14th Intern. Conference on Soil Mechanics and Foundation Eng., Hamburg, 1997, Vol. 3, 1577.
[49] Stamatopoulos, A. C.; Kotzias, P. C.: Settlement time prediction in preloading, Journal of Geot. Eng., Vol. 109, No. 6, June 1983, pp. 807–820.
[50] Sievering, W.: Bodenverbesserung durch Auflast und Vertikaldränage, Geotechnik 1985, S. 115 ff.
[51] Hansbo, S.: Specialist ground treatment by other methods, Piling and ground treatment for foundation, T. Telford, London, 1983.
[52] Moseley, M. P.; K. Kirsch (Eds.): Ground Improvement, 2nd edition, Spon Press, London, 2004.

[53] Bergado, D. T. et al: Improvement Techniques of Soft Ground in Subsiding and Lowland Environment. Balkema, Rotterdam, 1994, S. 121–127.
[54] Akagi, T.: Effect of displacement type sand drains on strength and compressibility of soft clay, Dissertation, University of Tokyo, 1976.
[55] Hansbo, S.: Practical aspects of vertical drain design, 14th Intern. Conference on Soil Mechanics and Foundation Eng., Hamburg, 1997, S. 1749 f.
[56] Hansbo, S.: Consolidation of clay by band shaped prefabricated drains, Ground Engineering, 1979, p. 16 ff.
[57] Yeung, A. T.: Design curves for prefabricated vertical drains, Journ. Geot. and Geoenvironment. Eng., ASCE, 8/1997, S. 755 ff.
[58] Lekha, K. R. et al: Consolidation of clay by sand-drains under time-dependent loading, Journ. Geot. and Geoenvironment. Eng., ASCE, 1/1998, S. 91 ff.
[59] Chai, J. C., Miura: A theoretical study on smear effect around vertical drain, 14th Intern. Conference on Soil Mechanics and Foundation Eng., Hamburg, 1997, S. 1581 ff.
[60] Balasubramaniam, A. S. et al: Performance of test embankments with prefabricated vertical drains in soft Bangkok clay, 14th Intern. Conference on Soil Mechanics and Foundation Eng., Hamburg, 1997, S. 1723 ff.
[61] Dupeuble, P. R. J; Denian, A.: Le compactage par injection solide, Travaux, juillet-août, 1985, pp. 1–8.
[62] Robert, J.: Améhoration des sols par intrusion de mortier (Improvement of soil by compaction grouting) Proc of the 12th Intern. Conference on SMFE, Rio de Janeiro, 1989, Vol. 2, p. 1407.
[63] Rubright, R. M., Bandimere, S.: Compaction grouting in: Ground improvement, 2nd edition, Spon Press, London 2004.
[64] Graf, E. D.: Compaction Grouting 1992, Grouting, Soil Improvement and Geosynthetics, ASCE Geotech. Special Publ. No. 30, New Orleans, Feb 1992, p. 275 ff.
[65] Warner, J.: Compaction Grouting – The first thirty years, ASCE Symposium New Orleans, Feb. 1982, p. 647 ff.
[66] Francescon, M.; Twine, D.: Treatment of solution features in upper chalk by compaction grouting in: Grouting in the ground, Bell A. L (Ed.), T. Telford, London, 1992, p. 327 ff.
[67] Greenwood, D. A.: Simple Techniques of Ground Improvement with Cement, Proc. Intern. Conference „Foundations & Tunnels", 1987, Vol. 2, London, 1987, pp. 18–19.
[68] Chang, H. et al.: Compaction Grouting for Building Protection, Proc. of the 1993 Symp. on Taipei Rapid Transit Systems, Taipeh, Taiwan, Vol. C, pp. 172–178.
[69] Warner, J. et al: Recent advances in compaction grouting technology, Grouting, Soil Improvement and Geosynthetics, ASCE Geotech. Special Publ. No. 30, New Orleans, Feb 1992, p. 253 ff.
[70] Bandimere, S. W.: On firm ground, Concrete Construction, 1999.
[71] Katzenbach, R. et al.: New experimental results and site experiences on grouting techniques, Proc. 12th Europ. Conference on SMFE, Amsterdam, 1999, pp. 1419 ff.
[72] Iagolnitzer, Y.: Ein Beitrag zum Entwurfskonzept der Baugrundverbesserung mit Compaction Grouting, Mitteilungen des Instituts für Geotechnik, TU Darmstadt.
[73] Nicholson, D. P. et al.: The use of finite element methods to model compensation grouting. In: Grouting in the ground, Bell A. L (Ed.), T. Telford, London 1992, p. 297 ff.
[74] Wegner, R.: Compaction Grouting als Baugrundverbesserung unter einem thermischen Großkraftwerk in Indonesien, Mitteilungen des Instituts für Geotechnik, TU Darmstadt, 1997, Heft 37, S. 67 ff.
[75] Byle, M. J.: Limited Compaction grouting for Retaining Wall Repair in Grouting, Soil Improvement and Geosynthetics, ASCE Geot. Sp. Publ. No. 30, New Orleans, 1992.
[76] Herth, W.; Arndts, E.: Theorie und Praxis der Grundwasserabsenkung, 3. Auflage, Ernst & Sohn, Berlin 1994.
[77] Schiffer, W.; Varaksin, S.; Chanmeny, J. L.: Vakuumkonsolidierung von frisch aufgeschüttetem Boden am Beispiel des Ausbaus Vorwerker Hafen in Lübeck, Vorträge Baugrundtagung Köln, 1994, S. 233 ff.
[78] Punmalainen, N., Vepsäläinen, P.: Vacuum preloading of a vertically drained ground at the Helsinki testfield, 14th ICSMFE Hamburg, 1997, p. 1769 ff.
[79] Choa, V.: Drains and vacuum preloading pilot test, Proc. XII ICSMFE Rio de Janeiro, 2, 1347–1350, 1989.

[80] Woo, S. M.; Van Weele, A. F.; Chotivittayathanin, R.; Trangkarahart, T.: Preconsolidation of soft Bangkok clay by vacuum loading combined with non-displacement sand drains, Proc. XII.ICSMFE Rio de Janeiro, 2, 1431–1434, 1989.

[81] Eggestad, A.; Føyn, T.: Electro-osmotic Improvement of soft sensitive clay, VIII ECSMFE, Helsinki, Proc. 2, p. 597 ff., 1983.

[82] Menard, L.: Le consolidation dynamique des remblais recents et sols compressible. Application aux ouvrages maritimes Travaux, 1972, pp. 56–64.

[83] Menard, L.: La consolidation dynamique des sols de fondation, Conference JTBTP, 1974.

[84] Frank A.; Varaksin, S.: Verdichtungen von Böden durch dynamische Einwirkungen mit Fallgewichten über und unter Wasser. Baumaschinen und Bautechnik 24 (1977), S. 531–539.

[85] Hansbo, S.: Dynamic consolidation of soil by a falling weight, Ground Engineering 11 (1978), pp. 27–30, 36.

[86] Brandl, H.: Dynamische Intensivverdichtung beim Autobahnknoten Eben, Schriftreihe „Straßenforschung" des Bundesministeriums für wirtschaftliche Angelegenheiten, Wien 1994/1995.

[87] Jessberger, H. L.; Gödecke, H. J.: Theoretical Concept of Saturation of Cohesive Soils by Dynamic Consolidation, Discussion, Proc. IX, ICSMFE, Tokyo, pp. 449–451.

[88] Smoltczyk, U.: Deep Compaction, General Report, VIII ECSMFE, Helsinki 1983, Proc. 3, pp. 1105–1116.

[89] Luongo, V.: Dynamic Compaction: Predicting Depth of Improvement in Grouting, Soil Improvement and Geosynthetics. ASCE Geotech. 1992, Special Publ. No. 30, p. 927 ff.

[90] Lukas, R. G.: Dynamic compaction engineering considerations in grouting, Soil Improvement and Geosynthetics, ASCE Geotech. 1992, Special Publ. No. 30, p. 940 ff.

[91] Oshima, A., Takada, N.: Relation between compacted area and rammomentum by heavy tamping, 14th Intern. Conference SMFE, Hamburg 1997, S. 1641 f.

[92] Varaksin, S.: Neuere Entwicklungen von Bodenverbesserungsverfahren und ihre Anwendung, 5. Chr. Veder Kolloquium, Neue Entwicklungen in der Baugrundverbesserung, TU Graz Institut für Bodenmechanik, Felsmechanik und Grundbau, April 1990.

[93] Hiedra Lopez, J. C., Hiedra Cobo, J. C.: Foundations of buildings on deep fills compacted by high energy impacts, De Mello Vol. Sao Paulo, 1989, pp. 177–183.

[94] Abeley, Y. M.; Askalonov V. V.: The Stabilization of Foundations for Structures on Loess. Soils Proc. IV. ICSMFE London, 1957, 1, pp. 259–263.

[95] Florin, V. A.; Ivanov, P. L.: Liquefection of Saturated Sandy Soils, Proc. V. ICSMFE 1961, 1, 107–111.

[96] Ivanov, P. L.: Uplotnenie nesvjasnih gruntov vmvami. Verlag Strojizdat, Leningrad 1967. Ivanov, P. L.: Compaction of non-cohesiv soils by explosions. US Interior Dept., 1972, Report No. TT-7057221, 226 S.

[97] Damitio, Ch.: La consolidation des sols sans cohesion par explosion. Construction 25 (1970), S. 100–108 u. 292–302; 26 (1971), S. 264–271; 27 (1972), S. 90–97. S. a. den Kurzbericht von Smolczyk in: Der Bauingenieur 49, 108–111.

[98] Solymar, Z. V. et al.: Ground Improvement by Compaction piling, Jour. Geot. Eng., Vol. 2, No. 12, 1986.

[99] Kummeneje, O.; Eide, O.: Investigations of Loose Sand Deposits by Blasting, Proc. V. ICSMFE Paris 1961, 1, 491–497.

[100] Mitchell, J. K.: In-Place Treatment of Foundation Soils, Journal SMF Div. ASCE 96 (1970) 73–110.

[101] Lyman, A. K. B.: Compaction of Cohesionless Foundation Soils by Explosives. Transaction ASCE 107, 1942, 1330–1348.

[102] De Groot, W.; Bakker, J. G.: Onderzoek naar het verdichten met explosies van een grondverbetering. LGM mededelingen 14. (1971) S. 65–89.

[103] Barendsen, D. A.; Kok, L.: Prevention and repair of flow-slides by explosion densification, Proc. VIII. ECSMFE Helsinki 1983, 2, 205–208.

[104] Kessler, J.; Förster, W.: Sprengverdichtung zur Verbesserung von setzungsfließgefährdeter Kippen, Freiberger Forschungsheft Nr. A819, 1992.

[105] Raju, V.: Spontane Verflüssigung lockerer granularer Körper – Phänomene, Ursachen, Vermeidung. Veröffentlichungen des Instituts für Bodenmechanik und Felsmechanik der Universität Karlsruhe, (1994) Heft 134.

2.2 Baugrundverbesserung

[106] Gudehus, G.; Kuntze, W.; Raju, V. R., Warmbold, U.: Field tests for blast compaction of loose sand deposits. Proc. 14th Intl. Conf. on Soil Mech. and Fdn. Eng., Hamburg 1997 1593–1597.
[107] Kuntze, W.; Warmbold, U.: Sicherung böschungsnaher setzungsfließgefährdeter Kippenbereiche an Tagebau-Restseen, Baugrundtagung, Köln 1994, 331–347.
[108] Kolymbas, D.: Sprengungen im Boden. Bautechnik 69 (1992) 8, S. 424–431.
[109] Mitchell, J. K.: Soil Improvement, State-of-the-Art-Report, X. ICSMFE Stockholm, 1981, Proc. 4, 509–565.
[110] Crandall, F. J.: Ground Vibrations due to blasting and its Effect upon Structures, Journ. Besten. Soc. Civil Eng., 1949, 222–245.
[111] LMBV, Universität Karlsruhe, TU Bergakademie Freiberg: Beurteilung der Setzungsfließgefahr und Schutz von Kippen gegen Setzungsfließen, Anlagenteil, 1998, S. 3–17.
[112] Prugh, B. J.: Densification of Soils by Explosive Vibrations, Journal Construct. Div. ASCE 89, 1963, S. 79–100.
[113] Hoang Van Tan: The Use of the Explosive Energy for Soft Soil Compaction, Proc. V. Conf. SMFE Budapest, 1976, S. 61–74.
[114] Donchev, P.: Compaction of loess by saturation and explosion, Proc. Int. Conf. en Compaction, ENCP-LCPC Paris, 1980.
[115] Stoll, R. D. et al.: Das Luft-Impuls-Verfahren unter Einsatz der steuerbaren Horizontalbohrtechnik zur Verdichtung lockergelagerter Böden, Braunkohle, 48 (1996) Heft 6, S. 633–640.
[116] Heym, Th. et al.: Ersteinsatz des Luft-Impuls-Verfahrens zur umwelttechnischen Verdichtung verflüssigungsgefährdeter Böden, Vorträge Baugrundtagung, Stuttgart, DGGT, 1998, S. 657 ff.
[117] Tudeski, H.: Das Luft-Impuls-Verfahren, Habilitationsschrift Tak. Bergbau, Hüttenwesen von Geowissenschaften, RWTH Aachen, 1997.
[118] Pralle, N., Gudehus, G.: Compaction of loose flooded granular masses using air pulses in Kolymbas D., Fellin, W. (edi): Compaction soils, granulates and powders, Balkema, Rotterdam, 2000.
[119] Rathmayer, H.: Deep mixing for soft subsoil improvement in Nordic Countries. Proc. Grouting and Deep mixing, Tokyo. 1996, S. 869–877.
[120] Broms, B. B.: Lime and lime/cement columns in Moseley, Kirsch (eds.) Ground improvement, 2nd edition, Spon Press, London 2004.
[121] Terashi, M. et al.: Proc. of the 10th Int. Conference on Soil mechanics and Ground Engineering. Ground improvement by deep mixing method, Stockholm, 1981, S. 777–780.
[122] Holm, G.: Applications of Dry Mix Methods for deep soil stabilization. Proc. Dry Mixing Methods for Deep Soil Stabilization, Stockholm 1999, S. 3–13.
[123] Okumara, T.: Deep mixing method of Japan. Proc. Grouting and Deep mixing, Tokyo, 1996, S. 879–887.
[124] Kitazume, M. et al.: Japanese design procedures and recent activities of DMM, Proc. 2nd Intern. Conference on Ground Improvement Geosystems, 1996, Vol. 2, S. 925–930.
[125] Hermann, R. et al.: Entwicklung des Bauverfahrens Mixed in Place (MIP) auf Basis der Rotary Anger Soil Mixing Methode, Baugrundtagung Dresden, 1992, S. 123–140.
[126] Sarhan, A.: Optimierung des FMI-Verfahrens unter erdstatischen Gesichtspunkten, Geotechnik Nr. 4 (1999) S. 269–272.
[127] Wissmann, K. J., Fox, N.: Entwurf und Analyse von Aggregat-Pfählen zur Stabilisierung des Baugrundes für Gründungen, 7. Darmstädter Geotechnik Kolloquium, 2000.
[128] Lawton et al.: Control of settlement and uplift of structures using short aggregate piers. In situ Deep Soil Improvement, Proc. ASCE Nat. Convention, Atlanta, 1994.
[129] Feuerbach, J.: Bodenverbesserung mit dem Hydro-Zementations und mit dem Fräs-Misch-Injektions-Verfahren, Betoninfo Nr. 4, 1996, S. 3–8.
[130] Kamon, M. et al. Development of new river-protection method by continuous in diaphragm wall, 1999.
[131] Mazzucato, A. et al: Improvement of foundation soils of built-up banks laid on peatlayers. Proc. Grouting and deep mixing, Tokyo, 1996, S. 315–319.
[132] Kawasaki, K. et al: Deep mixing by Spreadable Wing Method. Proc. Grouting and Deep Mixing, Tokyo 1996, S. 631–636.
[133] Mioshi, A. et al.: Test of solidified columns using a combined system of mechanical churning and jetting. Proc. Grouting and Deep Mixing, Tokyo 1996, S. 743–748.

[134] Katzenbach, R.: Hochhausgründungen im setzungsaktiven Frankfurter Ton-Innovationen für neue Gründungstechniken, Beiträge zum 10. C. Veder Kolloquium, Univ. Graz, 1995.
[135] Tanimoto, K.: Introduction to the Sand Compaction Pile Method as Applied to Stabilization of Soft Foundation Grounds, Commonwealth Scientific and Industrial Research Organization, Australia, 1973.
[136] Barksdale, R. D.; Takefumi, T.: Design, Construction and Testing of Sand Compaction Piles, Deep Foundation Improvements: Design, Construction, and Testing, ASTM STP 1089, 1991.
[137] Raithel, M., Kempfert, H.-G.: Bemessung von geokunststoffummantelten Sandsäulen, Bautechnik 76 (1999), Heft 11.
[138] Raithel, M.: Zum Trag- und Verformungsverhalten von geokunststoffummantelten Sandsäulen, Schriftenreihe Geotechnik, Univ. Kassel, Heft 6, 1999.
[139] Stolba, R.: Erprobung der Kalkpfahlmethode zur Verbesserung von weichen und bindigen Untergrundböden und Dämmen, FGSW, Informationen Nr. 23, Juli 1978.
[140] Reitmeier, W.: Grundlagen und praktische Erfahrungen bei der Bodenstabilisierung mit Kalkpfählen, Festschrift zum 60. Geburtstag von Prof. Dr. -Ing. R. Floss, 1995.
[141] Reitmeier, W., Alber, D.: Wirkungsweise, Einsatzmöglichkeiten und praktische Erfahrungen bei der Untergrundverbesserung nach dem CSV-Verfahren, TA Esslingen, 2. Kolloquium – Bauen in Fels und Boden – Januar 2000.
[142] DGGT: Merkblatt für die Herstellung, Bemessung und Qualitätssicherung von Stabilisierungssäulen zur Untergrundverbesserung, Februar 2000.
[143] Gudehus, G.; Maisch, K.; Cartus, W.: Bodenstabilisierung durch Einpressen von Trockengranulaten, Baugrundtagung 1994, Köln.
[144] Maisch, K., Mikulitsch, V.: Pulvereinpressung mit einer Förderschnecke, Geotechnik 19 (1996) Nr. 1.
[145] Deutsches Institut für Bautechnik: Allgemeine bauaufsichtliche Zulassung für das Düsenstrahlverfahren Z-34.4 ff, 1997, S. 1–8.
[146] Krüger, J.; Muche L.; Tamaskovics: Methoden zur Bewertung von Sanierungsverfahren für setzungsfließgefährdete Kippen und Kippenböschungen. Vorträge zum 5. Darmstädter Geotechnik-Kolloquium 1998.
[147] Förster, W.; Kessler J.: Sprengverdichtung zur Verbesserung setzungsgefährdeter Kippen des Braunkohlenbergbaus, Geotechnik 14, (1991), S. 22–31.
[148] Aboshi, H. et al.: Present State of Sand Compaction Pile in Japan, Deep Foundation Improvement, Esrig, J and Bachus, R. C. (eds.), STP 1.089, 1991.
[149] Kamon, M.: Effect of grouting and DMM on big construction projects in Japan and the 1995 Hyogoken Nambuc Earthquake, Proc. Grouting and Deep mixing, Tokyo, 1996, S. 807 ff.
[150] Shibazaki, M.: State of the Art grouting in Japan, Proc. Grouting and Deep mixing, Tokyo, 1996, S. 851 ff.
[151] Nendza, R.: Untersuchungen zu den Mechanismen der dynamischen Bodenverdichtung bei Anwendung des Rütteldruckverfahrens, Diss., TU Braunschweig, 2007.
[152] Topolnicki, M.: Insitu soil mixing in Moseley, Kirsch (eds.): Ground improvement, Spon Press, London 2004.
[153] Kirsch, F.: Experimentelle und numerische Untersuchungen zum Tragverhalten von Rüttelstopfsäulengruppen, Diss. TU Braunschweig, Mitteil. Institut für Grundbau und Bodenmechanik, Heft 75, 2004.
[154] Wehr, W.; Herle, J.; Arnold, M.: Comparison of vibro compaction methods by numerical simulations, Amgiss workshop, Glasgow, 2008.
[155] Heitz, C.: Bodengewölbe unter ruhender und nicht ruhender Belastung bei Berücksichtigung von Bewehrungseinlagen aus Geogittern, Schriftenreihe Geotechnik, Universität Kassel, Heft 19, 2006.
[156] Wehr, W.; Herle, D.; Arnold, M.: Einfluss von Druck und Lagerungsdichte auf den Reibungswinkel des Schotters in Rüttelstopfsäulen, Bauingenieur, S. A23 – A24, Feb. 2007.
[157] Wehr, W.; Stihl J.: Baugrundverbesserung mit Stabilisierungssäulen, Bauingenieur, S. A16 ff, Sep. 2006.
[158] DIN EN 15237: Execution of special geotechnical works, Vertical drainage, 2007.
[159] DIN EN 14731: Execution of special geotechnical works, Ground treatment by deep vibrations, 2005.
[160] DIN EN 14679: Execution of special geotechnical works, Deep mixing, 2005.
[161] DIN EN 12716: Execution of special geotechnical works, Jet grouting, 2001.

2.3 Injektionen

Wolfgang Hornich und Gert Stadler

1 Einführung

Auch die zuletzt erschienene 6. Auflage des Grundbau-Taschenbuchs enthält ein von *Semprich* und *Stadler* verfasstes Kapitel „Injektionen". Zwar haben sich seither die grundlegenden Zusammenhänge und die ingenieurmäßige Handhabung der Verfahren nicht wesentlich geändert, andererseits sind zwischenzeitlich doch neue Erfahrungen und Erkenntnisse zu Materialien und Verarbeitungsparametern gewonnen worden, und auch was die Beispiele und Referenzen betrifft, drängte sich der Wunsch nach Aktualisierung auf.

Die Ausführungen der Autoren in der vorliegenden Bearbeitung des Kapitels „Injektionen" richten sich dabei ebenfalls wieder an den geotechnisch bodenmechanisch vorgebildeten Leser. Nicht jeder Begriff wird daher in einer (wie in Lehrbüchern üblichen) Tiefe beschrieben und behandelt. In diesem Zusammenhang wird auf die vor einiger Zeit zur Thematik Injektionen erschienenen Regelwerke verwiesen, wozu insbesondere der von der „Commission on Rock Grouting" der Internationalen Gesellschaft für Felsmechanik (ISRM) herausgegebene Bericht von 1996 zählt, und die im Jahr 2000 im Zuge der Erarbeitung der Eurocodes erschienene Euronorm EN 12715 „Ausführung von besonderen geotechnischen Arbeiten (Spezialtiefbau) – Injektionen". In beiden Referenz- und Regelwerken werden die zur Thematik gültigen Begriffe definiert, ingenieurmäßige Zusammenhänge erklärt und von der erforderlichen Ordnung zu allen Verfahrensschritten bis zur Verantwortung von Planungsanpassungen entsprechende Festlegung getroffen.

Mit Injektionen in den Baugrund gelingt es generell, Porositäten im Baugrund, welche über Bohrungen (Injektionswege) zugänglich gemacht sind, und soweit diese Porenräume hydraulische Verbindung untereinander – und vor allem – mit dem Injektionspunkt (Eintrittspunkt des Injektionsgutes) selbst haben, mit Injektionsmischungen unter Druck zu füllen. Die dafür eingesetzten Injektionsmittel (Fluide) steifen nach definierbarer Zeit an und binden schließlich zu Gelen ab (etwa Silikate) oder erhärten bis hin zu festem Zementstein (OPC Suspensionen).

Die erzielte Druck-, Scher- und Haftzugfestigkeit der Mischung vermittelt dem Korngerüst im Sediment (oder dem porösen, klüftigen Fels) höheren Widerstand gegen Scherbelastung (die einaxiale Druckfestigkeit steigt), reduziert die Teilchenverschieblichkeit (das Setzungsmaß unter Last verringert sich) und reduziert die Konnektivität der verbleibenden Restporosität (die hydraulische Leitfähigkeit sinkt).

Damit werden gezielte Baugrundverbesserungen möglich (Abdichtung und Verfestigung), deren messbare Ergebnisse allerdings (und das sei hier warnend gesagt) immer in Relation zu den Ausgangsparametern gesehen werden müssen. Offene Rollkiese etwa sind durch großporige, gut verbundene Porosität gekennzeichnet, die zu einem hohen Prozentsatz verfüllbar ist. Das Ergebnis nach Injektion ist eine überdurchschnittlich starke Reduktion der Leitfähigkeit (etwa von $1 \cdot 10^{-2}$ m/s auf $5 \cdot 10^{-8}$ m/s). Gemischtkörniges Sediment mit etwa 8% Schluffkorn dagegen lässt nur einen vergleichsweise schlechten Verfüllungsgrad beim

Injizieren zu und das Ergebnis wird in der Folge relativ gelinder ausfallen (vielleicht nur in einer Reduktion des k_f-Werts von $2 \cdot 10^{-4}$ m/s auf $5 \cdot 10^{-7}$ m/s). Ähnlich sind die Verhältnisse im Fels: Einer mylonitischen Kluftfüllung etwa wird man (außer in ihrer Zusammendrückbarkeit) durch Injektionen wirtschaftlich kaum wesentliche Verbesserung der Festigkeit und/oder Reduktion der Durchlässigkeit vermitteln können.

Es ist daher für die planerische Entscheidung zu Injektionsmaßnahmen wichtig, insbesondere (und vor allem) hydraulisch relevante Eigenschaften des Untergrundes (auch wenn am konkreten Projekt die Aspekte der Festigkeit im Vordergrund stehen) abzuwägen, damit der optimale Erfolg (durch optimale Sättigung der Porosität des Baugrunds mit Injektionsgut) bereits in Planungsüberlegungen seine Vorbereitung finden kann. Definieren oder verlangen sie etwa für eine sog. „Alluvialinjektion" in Sedimenten als Ergebnis der Intervention nie einen „B5" (injizierter Boden mit entsprechender Druckfestigkeit mageren Betons von 5 N/mm²); man wird daran nur das mangelnde Planungsverständnis für den komplexen geotechnischen Prozess „Injektion" erkennen. Unter anderem aus diesem Grund wird auch in dieser Bearbeitung des Kapitels „Injektionen" auf die Bedeutung vertraglicher und wirtschaftlicher Gesichtspunkte eingegangen. Im Übrigen verweisen wir ansonsten auf die Ausführungen in der 6. Auflage des Grundbau-Taschenbuchs.

2 Klassifizierung von Injektionsanwendungen

Injektionsverfahren können wie folgt gegliedert werden:
- nach der Art des Untergrundes in Injektionen in Fels oder Lockerboden,
- nach dem Ziel der Behandlung in Abdichtung und Verfestigung,
- nach der Funktionsdauer ihrer Wirkung in temporär und permanent geplante Injektion,
- nach dem Verfahrensprinzip in Poren- oder Verdrängungsinjektion,
- nach dem verwendeten Mittel in Feststoff (Pasten, Suspensionen) oder chemische Injektionen (Lösungen, Kunststoffe).

Nachfolgend werden die in der Praxis gebräuchlichsten Injektionsverfahren anhand der Klassifizierung nach der Art des Untergrundes und damit einhergehend nach dem Verfahrensprinzip vorgestellt.

In kohäsionslosen körnigen Böden wird man in den meisten Fällen darauf achten, den Porenraum durch Penetration mit stabilen Suspensionen (Feststoffe – in der Regel hydraulische Bindemittel wie Zement in Wasser) zu einem möglichst hohen Grad und zur Förderung der dauerhaften Wirkung unter Druck zu füllen. Die dafür notwendigen Injektionswege werden unter anderem in Form von Manschettenrohren im Boden installiert. Der Ringraum zwischen den dafür hergestellten Bohrungen und diesen Ventilrohren wird zu deren dichter Einbettung in den Boden in einer weichen Bentonit-Zement-Mischung (Ummantelung) von unten nach oben verfüllt. Wegen des geringen Zementgehalts benötigt diese Mischung allerdings entsprechend Zeit zum Aushärten (24 Stunden bis 6 Tage). Sie verhindert danach das spätere Austreten von Injektionsgut entlang der Bohrlochwand und sichert damit die Funktion der mehrfachen Nutzung der Manschetten, ohne die Notwendigkeit neuerlicher Bohrung. Gleichzeitig ermöglicht dieses System das Verpressen unterschiedlicher Injektionsmittel im selben Bohrloch. Zusätzlich zu diesem Einsatz verschiedener Mittel kann auch die Abfolge der Beaufschlagung der einzelnen Manschetten – der Projektsituation angepasst – geplant werden. Mit dieser variablen Handhabung hat sich dieses Verfahren daher bereits über Jahrzehnte als besonders anpassungsfähig erwiesen und hilft, mit der ursprünglichen Planung der Injektionen der angetroffenen Heterogenität des

BUCHEMPFEHLUNG

Baudynamik

Helmut Kramer
Angewandte Baudynamik
Grundlagen und Praxisbeispiele
Reihe: Bauingenieur-Praxis
2006. 250 S., 160 Abb. 13 Tab. Br.
€ 59,–* / sFr 94,–
ISBN 978-3-433-01823-1

Schwingungsprobleme treten in der Praxis zunehmend auf und müssen bei der Planung beachtet werden. Das Buch weckt das Grundverständnis für die Begrifflichkeiten der Dynamik und die den Theorien zugrunde liegenden Modellvorstellungen. Die wichtigsten Kenngrößen werden beschrieben und mit Beispielen verdeutlicht. Darauf baut der anwendungsbezogene Teil mit den Problemen der Baudynamik anhand von Beispielen auf. Mit diesem Rüstzeug kann sich der Nutzer in spezielle Fälle wie Glockentürme, dynamische Windlasten oder erdbebensicheres Bauen einarbeiten.

Ernst & Sohn
Verlag für Architektur und
technische Wissenschaften
GmbH & Co. KG

Für Bestellungen und Kundenservice:
Verlag Wiley-VCH
Boschstraße 12
69469 Weinheim
Telefon: +49(0) 6201 / 606-400
Telefax: +49(0) 6201 / 606-184
E-Mail: service@wiley-vch.de

www.ernst-und-sohn.de

* Der € Preise gelten ausschließlich für Deutschland. Irrtum und Änderungen vorbehalten.

Fundament abgesackt oder instabil?

Schlecht tragfähiger Baugrund?

Tragfähige Lösungen durch patentierte Injektionshebetechnik

- Gebäudeschonende Sanierung
- Langzeitbeständigkeit
- Kosten- und Zeitersparnis

www.uretek.de
URETEK Deutschland GmbH
Tel. 02 08 - 37 73 250 · Fax 37 73 25 10

Stabilizing, Sealing, Filling
– providing optimum safety.

WEBAC® Consolidation Line

WEBAC® Chemie GmbH
Fahrenberg 22
22885 Barsbüttel/Hamburg • Germany
Tel.: +49 (0)40 670 57-0
Fax: +49 (0)40 670 32 27
info@webac.de • www.webac.de

BOOK RECOMMENDATION

Maidl, B. et al.
Hardrock Tunnel Boring Machines
2008. 356 pages with
255 figures, 37 Tab. Hardcover.
€ 89,–
ISBN: 978-3-433-01676-3

Hardrock Tunnel Boring Machines

This book covers the fundamentals of tunneling machine technology: drilling, tunneling, waste removal and securing. It treats methods of rock classification for the machinery concerned as well as legal issues, using numerous example projects to reflect the state of technology, as well as problematic cases and solutions. The work is structured such that readers are led from the basics via the main functional elements of tunneling machinery to the different types of machine, together with their areas of application and equipment. The result is an overview of current developments.

Close cooperation among the authors involved has created a book of equal interest to experienced tunnelers and newcomers.

Ernst & Sohn
Verlag für Architektur und
technische Wissenschaften GmbH & Co. KG

www.ernst-und-sohn.de

For order and customer service:

Verlag Wiley-VCH
Boschstraße 12
69469 Weinheim
Deutschland

Telefon: +49(0) 6201 / 606-400
Telefax: +49(0) 6201 / 606-184
E-Mail: service@wiley-vch.de

008638036_bc

2.3 Injektionen

Bild 1. Herstellung einer Weichgelsohle in Berlin

Bodens zu folgen, und dominiert deshalb als Verfahren auch heute noch die Injektionsanwendungen im Lockerboden.

Die Injektionspraxis zeigt, dass der vielfach gehegte Wunsch der Planer nach Festlegung der zu erreichenden Verfestigung des Injektionskörpers und der Nachweis über genormte Belastungsversuche (u. a. an Zylinderproben) nur im besonders günstigen Ausnahmefall gelingen kann. Besser sollte auf globale Eigenschaften geachtet und ihre Prüfbarkeit realistisch eingeschätzt werden. Die Festlegung der in die Berechnung einfließenden Kennwerte hat daher vorwiegend durch einen in der Injektionstechnik erfahrenen Experten zu erfolgen.

Für Abdichtungsarbeiten in kohäsionslosen grobkörnigen Böden werden Ziel-K_f-Werte von $5 \cdot 10^{-6}$ bis $1 \cdot 10^{-7}$ m/s immer noch als Stand der Technik gesehen.

In besonders locker gelagerten Böden oder zur Auffüllung von Hohlräumen werden Lanzeninjektionen und Verfahren, bei denen das Injektionsgut in einem Arbeitsschritt (gleichzeitig mit der Herstellung der Bohrung) in den Untergrund eingebracht wird, verwendet. Das Einbringen des Injektionsgutes in den Untergrund erfolgt dabei über

– in das Bohrloch eingestellte oder gerammte gelochte Rohre,
– die Bohrrohre während des Rückzugs aus dem Bohrloch,
– das Bohrwerkzeug selbst im Zuge der Herstellung der Bohrung.

Die Injektion kann in diesen Fällen meist nur unter geringem Druck erfolgen, da sonst die Mischung über den Ringraum (Überschnitt zwischen Bohrwerkzeug und Gestänge) austreten würde. Damit wird allerdings die Reichweite der Penetration und der Grad der Hohlraumverfüllung eingeschränkt. Der Erfolg der Maßnahme reduziert sich damit auf eine Art Verkittung bzw. auf die Verfüllung von gut zugänglichen Hohlräumen. Dennoch haben diese Methoden ihre Berechtigung, besonders dort, wo die damit erzielbaren, vergleichsweise geringen Qualitäten der Injektionskörper den Projektanforderungen genügen und daher die Wirtschaftlichkeit dieser Verfahren das Hauptargument liefern darf.

Bei der Festlegung der Injektionsziele stehen im lockeren hohlraumreichen Baugrund die Qualität des eingebrachten Verfüllgutes und der möglichst vollständige Verfüllungsgrad im Vordergrund. Die Qualitätsnachweise erfolgen daher i. d. R. über den Nachweis der hohlraumfreien Verbindung zwischen Boden und Verfüllmaterial.

Feinkörnige bzw. bindige Böden setzen ihrer Behandlung durch Injektion mittels Suspension oder Lösungen vergleichsweise großen Widerstand entgegen und diese ist, wenn überhaupt, nur mit größtem zeitlichen Aufwand und kostspieligen Materialeinsatz möglich. Aus wirtschaftlichen Gründen weicht man in diesen Böden daher auf die Verfahren der Aufbrechinjektion (Frac Grouting) aus [1].

Der Boden wird bei der Aufbrechinjektion zu Beginn normal zur kleinsten Hauptspannung aufgerissen, sodass die Suspension lammelenförmig in dessen Struktur eindringen kann. Aufgrund der fortschreitenden Vergleichmäßigung des Spannungszustandes in dieser Phase der Behandlung ändert sich allmählich die Orientierung dieser Lamellen in überwiegend horizontale Richtung. Die stetige Volumenzunahme löst dabei eine entsprechende Konsolidation im Boden aus, die sowohl zu einer verfestigenden als auch abdichtenden Wirkung führt.

Der Effekt der Volumenzunahme bei diesem Injektionsverfahren gewinnt zunehmend bei der Kompensation von Setzungsmulden, die im Zuge untertägiger Vortriebe entstehen, an Bedeutung. Vorinstallierte, aus Platzgründen zumeist aus Schächten angeordnete horizontale Manschettenrohrfächer werden zunächst vor dem Auffahren des Tunnels durch Homogenisierung des Untergrundes mittels Vorausinjektion vorbereitet. Während und nach Durchfahrt

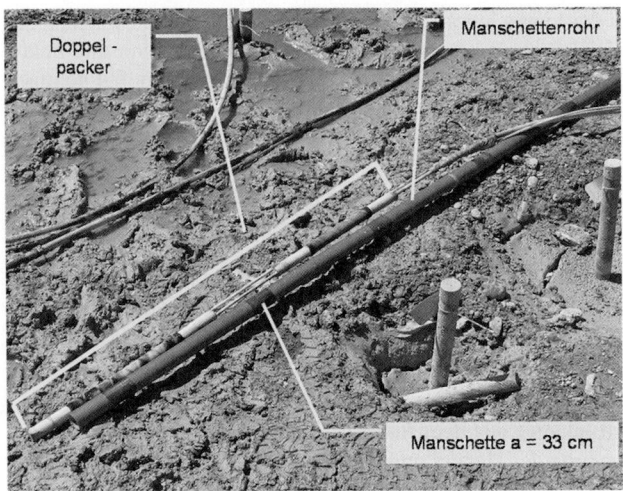

Bild 2. Manschettenrohr mit Doppelpacker

des Tunnelvortriebs erfolgt dann die eigentliche Ausgleichs- oder Hebungsinjektion durch kontrolliertes Verpressen von feststoffreichen Mischungen in einer Vielzahl kleiner Prozessschritte. Aus den beobachteten Reaktionen werden dann die jeweils folgenden Behandlungsschritte festgelegt. Diese Arbeiten sind meist mit einem empfindlichen Nivellement der statisch relevanten Bauwerksteile verknüpft, sodass auf diese Weise Höhen- und Neigungskorrekturen an sensiblen Bauwerken erfolgen können.

Ein weiteres Verdrängungsverfahren (Compaction Grouting) macht sich die Eigenschaft von sandreichen Pasten zunutze, wobei der Bohrlochhohlraum unterhalb des Verpressrohrs aufgefüllt und mit Überdruck die Bohrlochwandung normal zur Bohrlochachse aufgeweitet wird. Dabei bewirkt der aufgebrachte Druck eine Konsolidierung des Untergrundes. Das Ergebnis ist ein mehr oder weniger unregelmäßiger, säulenförmiger Mörtelkörper, der von einem nun in seiner Tragfähigkeit verbesserten Boden umgeben ist – und damit in seiner Gesamtheit als verbessertes, lastabtragendes System gesehen werden kann.

Die Verbesserung der Untergrundeigenschaften nach solchen Verfahren ist dabei durch die Kombination der Eigenschaften des Injektionsgutes selbst und der dazwischen liegenden Matrix feinkörniger Böden sowie durch deren Konsolidierung gekennzeichnet. Demzufolge ist bei der Qualitätsüberprüfung neben der Überwachung des Injektionsgutes besonderes Augenmerk auf die eingebrachten Injektionsvolumina und deren möglichst gleichmäßige Verteilung im Injektionsbereich zu legen. Die oben beschriebene Kompensationsinjektion stellt einen Sonderfall dar: das gewünschte Ziel ist hier die damit ausgelöste Verformung an der Geländeoberfläche. Ihre kontinuierliche Messung und Beobachtung stellt dabei die Basis für eine sichere und erfolgreiche Anwendung dar.

Injektionen im Fels haben in der Mehrheit abdichtende Wirkung zum Ziel. Bergwasser, das aus Schicht- und Kluftflächen unter verschiedene Gradienten, wie z. B. unter Staumauern oder in tiefliegende Tunnelbauten, strömen kann, wird durch Injektion an dieser Migration gehindert. Besonders aus wirtschaftlichen Überlegungen werden hier Suspensionen eingesetzt, die in die Diskontinuitäten des Gebirges eindringen, dort erstarren und aushärten, und damit (möglichst) dauerhaft und abdichtend darin verbleiben.

Bild 3. Kompensationsinjektion im Schacht

Im standfesten Gebirge werden die Injektionswege mittels unverrohrter Drehschlagbohrungen (Hammerbohrungen ohne Kerngewinn) hergestellt, und weisen i. d. R. einen Durchmesser von 36 bis 76 mm auf. Bohrtiefen, jedenfalls ab ca. 60 m, erfordern aufgrund progressiver Bohrlochabweichung eine gesonderte Betrachtung. Nach Erreichen der plangemäßen Endteufe wird das Bohrloch – vom Tiefsten her aufsteigend – in Verpressabschnitte von 1,5 bis 6,0 m abschnittsweise (heute mehrheitlich unter Einsatz stabiler Suspensionen) injiziert.

Im standfesten Gebirge ist das Ziel häufig die Abdichtung von Diskontinuitäten; die Beschreibung der Ausgangssituation, aber auch die Definition des Injektionsziels und die Überprüfung des Injektionserfolgs werden in der Regel über Wasserabpressversuche vorgenommen. Die Transmissivität wird in Lugeon [l/(m · min) bei 10 bar] angegeben; Zielwerte von 0,1 bis 5 Lugeon werden häufig definiert.

Im gebrächen Gebirge wird injektionstechnisch in gleicher Art verfahren. Bohrtechnisch unterscheidet sich aber das Vorgehen wegen des Nachbrechens der Bohrlochwandung durch das Erfordernis der schrittweisen Herstellung der Bohrung. Das abschnittsweise Eintiefen der Bohrung in Wechselfolge mit der Injektionstätigkeit („injizieren von oben nach unten") ist charakterisiert durch die Aufeinanderfolge der Arbeitsschritte:

Bohren → Packer setzen → injizieren → erhärten des Injektionsgutes → aufbohren der Injektionsstrecke → tiefer bohren, soweit das Bohrloch standfest bleibt → Packer setzen usw.

Unter Umständen ist es im gebrächen Fels auch technisch und wirtschaftlich zielführend, die gesamte Bohrlänge unter Einsatz einer Bohrspülung oder Bohrlochverrohrung in einem Stück herzustellen. Durch den Einsatz von Sackpacker-Ventilrohren bzw. Mehrfachpacker-Manschettenrohren werden die Bohrlöcher in 1,5 bis 6 m lange Injektionsabschnitte geteilt. Im Gegensatz zur klassischen Manschettenrohrinjektion wird der Ringraum um die Injektionsrohre aber deswegen nicht mit einer Mantelmischung verfüllt, weil das Aufbrechen der Ummantelung im Fels mangels Verformung der Bohrlochwand nicht gelingt. Stattdessen wird die Zirkulation des Injektionsgutes – hin zu den offenen Strukturen im Fels – über den offenen Ringraum (zwischen Ringraumpackern) angestrebt.

Manschettenrohr- und Aufbrechinjektionen im Fels werden naturgemäß nur dort zum Einsatz kommen, wo der Zustand des Gebirges infolge von Verwitterung oder tektonischer Beanspruchung in (meist großräumigen) Störzonen bereits bodenähnliche Eigenschaften aufweist. Wenn in diesen Fällen Bohrungen unter dem Grundwasserspiegel angesetzt werden müssen, ist besondere Vorsicht geboten, damit ein unkontrolliertes Eintreten von brüchig zerkleinertem Material unter Druckwasser verhindert wird. Das Bohren muss dann über Stopfbuchsen oder Ringraumpreventer mit der unabhängigen Möglichkeit des Verschließens des vollen Bohrloch-Querschnitts erfolgen.

Da die Eigenschaften von nicht standfestem Gebirge in einem weiten Spektrum variieren können, muss auch die Festlegung der Injektionsziele und -Verfahren entsprechend spezifisch erfolgen. Das kann vom Vorgehen wie im standfesten Gebirge bis hin zu Verfahren reichen, wie sie in Lockerböden für Penetrationsinjektionen Anwendung finden.

3 Spezialanwendungen

3.1 Vorspanninjektion

Es waren vor allem *Seeber* und *Friedrich* [22], die – etwa ab 1960 – zur externen Vorspannung von ungepanzerten (selten unbewehrten) Betonauskleidungen von Druckstollen im Fels Konzepte entwickelt haben. Das Prinzip beruht auf dem möglichst gleichzeitig und möglichst konzentrischen Einwirken des extern über Injektionsgut aufgebrachten Drucks auf die Innenschale, mit dem Ziel einer radialen Kompression. Am wirksamsten wird dieser Effekt durch hydraulisches Aufweiten der konstruktiven Fuge zwischen Fels und Innenringbeton mittels Zementmilch unter Druck erreicht.

Dazu wird ein (ob nun gebohrt, gefräst oder im Sprengvortrieb) im Wesentlichen kreisförmig hergestellter Ausbruch mit einem Trennanstrich aus Kalkmilch versehen, auf den Manschettenschläuche, bevorzugt tangential, selten in Längsrichtung, montiert werden. Um das Festbetonieren der Manschetten durch den Auskleidungsbeton zu verhindern und andererseits die initiale Ausbreitung der Zementsuspension zu ermöglichen, werden die Manschetten mit Moosgummi umhüllt und in Plastiktaschen etwa > 30 cm × > 30 cm gesteckt. Die Schlauchenden werden für den Injektionsanschluss (zweigeteilt für einen First- und einen Sohlanschluss) bis an die Schalung des Innenrings geführt.

Als wirksame Alternative für die Herstellung der o. e. Fuge kann die Stollenlaibung mit (oft doppelten) Folienlagen präpariert, in sog. „Compartments" unterteilt und durch individuelle Anschlüsse mit dem Stolleninneren verbunden werden.

Die Manschettenschläuche (oder Folientaschen) werden mit Wasser in einem vorauseilenden Arbeitsgang aufgepresst, und schließlich – mit mehreren Pumpen gleichzeitig – in einem ununterbrochenen Arbeitsgang – Ring um Ring in einer Richtung fortschreitend – jeweils solange mit Zementsuspension beaufschlagt, bis an jedem Ring (oder Gruppe solcher Compartments) die gewünschte radiale Verkürzung (etwa < 2,0 ‰) erreicht ist. Obwohl diese Verformung mit der Zeit zu einem großen Teil wieder dissipiert, wird die verbleibende, positive Wirkung auf eine ausreichende Erhöhung der Steifigkeit der Konstruktion auf vielen Projekten beobachtet.

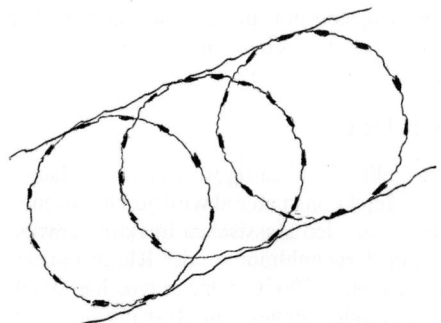

Bild 4. Gebräuchliche Anordnung der Manschettenschläuche an der Tunnellaibung

3.2 Biologische Verfahren

Im Laufe der letzten zehn Jahre wurden in den Niederlanden von Deltares (vormals Geo-Delft) und an der Universität von Delft neue Verfahren mit dem Ziel die Durchlässigkeit und die Tragfähigkeit im Untergrund zu beeinflussen, entwickelt. Ausgehend von der Prämisse des schonungsvollen Umgangs mit der Natur sowie dem sparsamen Einsatz von Ressourcen wurde das Grundprinzip dieser neuen Technik, das auf der Stimulation des Wachstums von Mikroorganismen im Boden beruht, als eigenständiger (im Brunnenbau als natürliches „Clogging" bekannter) Prozess entwickelt.

Ein Verfahren, das unter dem Namen Biogrout [2] publiziert wurde und auf die Verfestigung von Sanden bis hin zur Qualität von natürlichen Sandsteinen abzielt, hat das Stadium von Laborversuchen passiert und ist jetzt in das Stadium eines erfolgversprechenden Feldversuchs gewachsen. Ein anderes abdichtendes Verfahren mit der publizierten Bezeichnung Biosealing [3] zeigt auch in der praktischen Umsetzung bereits deutliche Erfolge.

Beim Biosealing werden Zuckerlösungen – hauptsächlich Nutrolase – über Manschettenrohre oder Injektionslanzen in den grundwasserführenden Untergrund injiziert. Durch die künstliche Anreicherung dieser Nährlösung wird unter anaeroben Bedingungen ein sprunghaftes Wachstum natürlich im Untergrund vorkommender Bakterien ausgelöst. Eine besonders hohe Bakteriendichte entwickelt sich aufgrund des großen Nachschubs an wasserlöslicher Nährsubstanz in jenen Bereichen des Untergrunds, welche sich durch hohe Grundwassergeschwindigkeiten bzw. durch große Durchströmungsraten auszeichnen. Dieser Effekt lässt sich z. B. bei der Abdichtung von Fehlstellen in Dichtwandsystemen besonders gut nutzen. Der bestechende Vorteil dieses neuen Verfahrens gegenüber den konventionellen Injektionstechniken, die zur Abdichtung von Fehlstellen angewendet werden, besteht also darin, dass die räumliche Lage der durchströmten Bereiche nicht bekannt sein muss, solange sichergestellt ist, dass die Nährlösung von der Grundwasserströmung erfasst und zur zu behandelnden Stelle transportiert wird.

Der anfänglich ausschließlich biologische Prozess wird in einer späteren Phase durch chemische und mechanische Anlagerungsprozesse, z. B. von Tonmineralien, unterstützt, wodurch die Dauerhaftigkeit der Abdichtungswirkung erklärt werden kann.

An In-situ-Versuchen sowie kleineren Referenzprojekten in den Niederlanden und in Österreich konnte aufbauend auf Laborversuchen nachgewiesen werden, dass durch die Aktivierung der Bakterie keine toxikologischen, virologisch sowie grundwasserhygienisch nachteiligen Veränderungen hervorgerufen werden. Eine Verringerung der Durchlässigkeit um den Faktor 5 bis 10 nach mehreren Wochen kann durchaus erwartet werden.

Erste Forschungsergebnisse an der Universität von Kingston in Canada lassen auch auf die Tauglichkeit des Verfahrens in Wasser führenden Felsklüften schließen.

3.3 Injektion von thermoplastischen Schmelzen

Die Injektion von thermoplastischen Schmelzen stellt ein neuartiges, seit ca. 10 Jahren bekanntes Verfahren in der Injektionstechnik dar. Als Injektionsmaterial wird geschmolzener, gering viskoser Kunststoff eingesetzt, der ähnlich wie bei den klassischen Injektionsanwendungen gezielt über Injektionslanzen oder Packer in Porenhohlräume oder Klüfte injiziert wird. Der im Fall von Polyamid bei Temperaturen über 200 °C verflüssigte Kunststoff erfordert eine spezielle Injektionsausrüstung. Das zentrale Geräteelement ist die Schmelzeinheit, die unter hohem Energieaufwand die im festen Aggregatzustand angelieferten Kunststoffe erhitzt und damit in den flüssigen Zustand überführt. Schmelzleistungen von mehreren hundert Litern pro Stunde sind zur Gewährleistung eines kontinuierlichen Injektionsstroms erforderlich. Die Förderung und die pulsationsfreie Injektion des flüssigen Kunststoffs erfolgt zumeist über Zahnradpumpen mit Injektionsdrücken bis maximal 100 bar. Je nach Entfernung von der Schmelzeinheit zur Injektionsstelle kann es auch erforderlich werden, die thermisch isolierten Injektionsschläuche zusätzlich noch zu beheizen.

BUCHEMPFEHLUNG

Haack, A./Emig, K.-F.
Abdichtungen im Gründungsbereich und auf genutzten Deckenflächen
2 Auflage
2002. XX, 566 S. 372 Abb. 31 Tab Gb.
€ 139,–* / sFr 220,–
ISBN 978-3-433-01777-7

Abdichtung von Bauwerken

Wasser am Eindringen in Bauwerke zu hindern ist eine Aufgabe, mit der sich sowohl Architekten, Ingenieure als auch die ausführenden Firmen befassen müssen. Bei dieser Problematik ist der erdbedeckte Bereich eines Bauwerks von besonderer Bedeutung.

Das Buch zeigt Möglichkeiten und Methoden zur Abdichtung erdbedeckter Flächen sowie genutzter Decken (u. a. Parkdecks, Terassen, Balkone. Es stellt die Erscheinungsformen des Wassers im Baugrund vor, erläutert die Dränung und beschreibt detailliert praxisgerechte Abdichtungssysteme auf Grundlage der DIN 18195, Teil 1–10.

Ausführlich wird auf Fragen der Sanierung schadhafterBauwerke durch Verpress- und Vergelungsarbeiten eingegangen. Dabei wird auf mögliche Fehler, deren Konsequenzen und Vermeidung hingewiesen. Ein bewährtes, umfassendes und praxisbezogenes Buch zur Thematik!

Ernst & Sohn
Verlag für Architektur und
technische Wissenschaften
GmbH & Co. KG

Für Bestellungen und Kundenservice:
Verlag Wiley-VCH
Boschstraße 12
69469 Weinheim
Telefon: +49(0) 6201 / 606-400
Telefax: +49(0) 6201 / 606-184
E-Mail: service@wiley-vch.de

€ Der € Preise gelten ausschließlich für Deutschland.
Irrtum und Änderungen vorbehalten.

- Tunnelbau
- Spezialtiefbau
- Hochbau
- Wasserbau
- Kanal-sanierung
- Bergbau

SPESAN
Handels-GmbH
Dießenleitenweg 178
A-4040 Linz
Tel.: +43(0)732/676418-0
Fax: +43(0)732/676418-14
Mobil: +43(0)664/1016395
Mail: office@spesan.eu
Web: www.spesan.eu

SPESAN INJEKTIONSSYSTEME
FÜR ABDICHTUNGEN UND VERFESTIGUNGEN

BUCHEMPFEHLUNGEN

Kindmann, R.

Stahlbau – Teil 2: Stabilität und Theorie II. Ordnung

2008., 429 Seiten.
€ 55,–* /sFr 88,–
ISBN: 978-3-433-01836-1

Zentrale Themen des Buches sind die Stabilität von Stahlkonstruktionen, die Ermittlung von Beanspruchungen nach Theorie II. Ordnung und der Nachweis ausreichender Tragfähigkeit. Das tatsächliche Tragverhalten wird erläutert und die theoretischen Grundlagen werden hergeleitet, zweckmäßige Nachweisverfahren empfohlen und die erforderlichen Berechnungen mit Beispielen veranschaulicht. Der Inhalt des Buches ist wie folgt gegliedert:
- Tragverhalten und Nachweisverfahren
- Stabilitätsproblem Biegeknicken und vereinfachte Nachweise
- Stabilitätsproblem Biegedrillknicken und vereinfachte Nachweise
- Nachweise unter Ansatz von geometrischen Ersatzimperfektionen
- Theorie II. Ordnung für Biegung mit Normalkraft
- Theorie II. Ordnung für beliebige Beanspruchungen
- Aussteifung und Stabilisierung
- Stabilitätsproblem Plattenbeulen und Beulnachweise

Kindmann, R., Kraus, M.

Finite Elemente Methoden im Stahlbau

2007, 7, 382 Seiten, 256 Abb., 46 Tab. Broschur.
€ 57,–* /sFr 90,–
ISBN: 978-3-433-01837-8

Die Finite-Elemente-Methode (FEM) bildet in der Praxis der Bauingenieure ein Standardverfahren zur Berechnung von Tragwerken. Nach einer Einführung in die Methodik konzentriert sich das Buch auf die Ermittlung von Schnittgrößen, Verformungen, Verzweigungslasten und Eigenformen für Stahlkonstruktionen. Neben linearen Berechnungen für Tragwerke bilden die Stabilitätsfälle Biegeknicken, Biegedrillknicken und Plattenbeulen mit der Ermittlung von Verzweigungslasten und Berechnungen nach Theorie II. Ordnung wichtige Schwerpunkte. Hinzu kommt die Untersuchung von Querschnitten, für die Berechnungen mit der FEM zukünftig stark an Bedeutung gewinnen werden. Für praktisch tätige Ingenieure und Studierende gleichermaßen werden alle notwendigen Berechnungen für die Bemessung von Tragwerken anschaulich dargestellt.

Kindmann, R., Frickel, J.

Elastische und plastische Querschnittstragfähigkeit

2002., 602 Seiten, 376 Abb., 126 Tab. Broschur.
€ 93,–* /sFr 149,–
ISBN: 978-3-433-02842-7

Das vorliegende Buch konzentriert sich auf die elastische und plastische Tragfähigkeit von Querschnitten des Stahl- und Verbundbaus. Es behandelt alle klassischen Methoden und darüber hinaus neu entwickelte Verfahren, die zu einer modernen Vermittlung des Fachwissens gehören und für eine wirtschaftliche Bemessung in der Baupraxis benötigt werden. Dabei wird das gesamte Spektrum von Berechnungsverfahren für die Handrechnung bis hin zu computergestützten Methoden abgedeckt. Das Buch enthält zahlreiche Berechnungsbeispiele, die die gesamte Bandbreite von leichtem bis hin zu überdurchschnittlichem Schwierigkeitsgrad umfassen.

Ernst & Sohn
Verlag für Architektur und technische
Wissenschaften GmbH & Co. KG

Für Bestellungen und Kundenservice:
Verlag Wiley-VCH, Boschstraße 12, 69469 Weinheim
Telefon: +49(0) 6201 / 606-400, Telefax: +49(0) 6201 / 606-184,
E-Mail: service@wiley-vch.de

www.ernst-und-sohn.de

* € Preise gelten ausschließlich für Deutschland. Irrtum und Änderungen vorbehalten.

2.3 Injektionen

Bild 5. Polyamid-Injektion im Münchner Quartärkies

Der herausragende Vorteil dieses Verfahrens besteht in der spontanen Erstarrung der Thermoplaste durch sofortige Abkühlung beim Zusammentreffen des heißen Kunststoffs mit starken Kluft- oder Grundwasserströmungen. Hier konnten mit der Injektion von thermoplastischen Schmelzen in letzter Zeit beachtliche Erfolge einerseits im Untertagebau bei der Abdichtung von Wassereinbrüchen aus stark Gebirgswasser führenden Kluftsystemen und andererseits im Ingenieurtiefbau bei der Beherrschung großer Fehlstellen in Baugrubenverbauten unter hohen Druckgradienten erzielt werden. Besonders bei großen Injektionsraten kann das für Thermoplaste typische Verhalten beobachtet werden, dass die fließenden, heißen Kunststoffe zuerst am äußeren umhüllenden Mantel erstarren, der zentrale Strom im Inneren des Querschnitts aber – durch die thermisch isolierende Wirkung des erstarrten Mantels – noch über weite Strecken aufrecht erhalten bleibt [4].

Polyamid, der derzeit überwiegend zur Anwendung gelangende Grundstoff für thermoplastische Schmelzen, ist nach allen bisher vorliegenden Untersuchungen wasserunlöslich, bildet keine schädlichen Nebenprodukte und ist daher toxikologisch und ökologisch unbedenklich. Zusätzlich zeichnet sich Polyamid durch die hohe für den Injektionserfolg günstige Klebewirkung aus. Durch die günstigen adhäsiven Eigenschaften des Materials entsteht eine hohe Verbundwirkung mit dem umgebenden Gestein. Die Eigenschaften im verfestigten Zustand sind temperaturabhängig, wobei bei natürlichen Umgebungstemperaturen hohe Festigkeit und elastisches bis elastoplastisches Scherverhalten erwartet werden kann. Auch in der flüssigen Injektionsphase sind die Eigenschaften und das Verhalten von Polyamid temperaturabhängig und damit anwendungsspezifisch steuerbar. Durch die Beigabe von Füllern und Zuschlagstoffen lassen sich die Eigenschaften dieses Injektionsmaterials weiter modifizieren [5].

Durch den vergleichsweise hohen Einheitspreis des Grundmaterials und die aufwendige Spezialausrüstung blieb der Einsatz – trotz der herausragenden Eigenschaften – bisher auf Sonderanwendungen beschränkt, bei denen Standard-Injektionsverfahren versagt hatten.

4 Grundlagen zur Beurteilung der Injizierbarkeit von Boden und Fels

Porosität im Untergrund (hier Baugrund) muss für Zwecke der Injektion drei Kriterien erfüllen:

1. Die Porosität muss mit dem Injektionspunkt hydraulisch in Verbindung stehen.
2. Porositäten müssen untereinander kommunizieren.

3. Die Hohlraumabmessungen der Poren- oder Kluft(engstellen) müssen das Eindringen des Injektionsmittels erlauben.

4.1 Porenanteil in Sedimenten

Der Porenanteil in Sedimenten n beschreibt das Verhältnis von Porenvolumen V_p zum Gesamtvolumen des Bodens V_G (Gl. 1)

$$n = \frac{V_p}{V_G} \qquad (1)$$

Bei Kenntnis der Trockendichte ρ_d und der Korndichte ρ_s eines Bodens lässt sich der Porenanteil n auch ausdrücken durch Gl. (2)

$$n = (1\frac{\rho_d}{\rho_s}) \qquad (2)$$

In Sedimenten werden aber Bereiche mit sehr unterschiedlichen Porengrößen beobachtet. Die Genese des Sedimentationsvorgangs ist nämlich verantwortlich für vertikale Materialwechsel und unterschiedliche Schichtstärken (von mehreren m in großräumig gleichförmigen Sanden, über dm in Wechselfolgen von Kies-Sand-Schluffen, bis hin zu tonigen, oft sehr dünnen Materialfilmen etwa als hydraulische Stauer). Aber auch horizontal unterschiedliche Materialzusammensetzungen treten auf, sodass in Summe sowohl Anisotropie als auch Inhomogenität der Porenstrukturen (und damit der hydraulischen Eigenschaften) von Sedimenten die Regel sind. Und obwohl dabei die unrunde Kornform in der Natur die wesentlichste ist, wird in der theoretischen Auseinandersetzung zu diesem Problem i. d. R. dennoch von kugelförmig idealisierten Porendurchmessern d_p ausgegangen.

Aus den Grobporen kann Wasser unter dem Einfluss der Schwerkraft abfließen. In Feinporen ist das Wasser dagegen aufgrund van der Waal'scher Kräfte gebunden, sodass Wasser auch über längere Zeit in diesen Poren gehalten wird. Injektionsgut (trotz seiner höheren Wichte) tendiert dagegen generell zu einer vektoriellen Ausbreitung vom Injektionspunkt „nach außen und nach oben", also in Richtung freier Oberfläche.

Wählt man einen derart idealisierten Boden und eine Lagerung der Körner (als Kugeln), bei der die Mittelpunkte kubisch im Raum angeordnet sind und damit jede Kugel 6 Berührungspunkte zu Nachbarkugeln aufweist (lockerste Kugelpackung), beträgt der Porenanteil n = 0,48.

Im Raum tetraederförmig zueinander angeordnete Kugeln dagegen ergeben 12 Berührungspunkte jedes Korns zu „Nachbarkugeln" (dichteste Kugelpackung) und der Porenanteil beträgt für diesen Fall n = 0,26.

Die Porengeometrie in natürlichen Böden und deren Größenverteilung lässt sich folglich für die Zwecke der Planung von Injektionen – streng mathematisch – nicht in geschlossener Form beschreiben.

Beobachtungen im Feld zeigen, dass in gemischtkörnigen Flusssedimenten (etwa Innschottern) das für Injektionen mit stabilen Suspensionen und Gelen erreichbare Porenvolumen nur etwa 17 % beträgt. In Brandenburger Sanden dagegen, muss man die für eine wirksame Behandlung erforderlichen Injektionsgutmengen auf bis über 30 % veranschlagen, um ein erreichbares, verbundenes Porenvolumen von ca. 22 % zu erreichen.

Dennoch haben *Silveira* [15] und *Schulze* [16, 17] eine Modellvorstellung entwickelt, die eine Aussage über die Größe der Poren und deren Verteilung und damit über die Injizier-

2.3 Injektionen

barkeit eines Bodens erlaubt. Dafür haben sie den Begriff der Porenengstelle eingeführt. Hierbei handelt es sich um den Zwischenraum, der von drei sich untereinander berührenden, unterschiedlich oder auch gleich großen, kugelförmig angenommenen Körnern mit den Radien r_1, r_2 und r_3 gebildet wird und durch den im Fall einer Injektion Einpressmittel fließt.

In diesem Modell wird die Porenengstelle zu einem von den drei sich untereinander berührenden Körnern beschriebenen Kreis mit dem Radius r_p idealisiert. Der Durchmesser dieser idealisierten Porenengstelle beträgt somit

$$d_p = 2 \cdot r_p \ [m] \tag{3}$$

Die Autoren der Studie gehen davon aus, dass sich die unterschiedlichen Größen der Porenengstellen und deren Verteilung in einem natürlichen Boden damit aus der Korngrößenverteilung („Siebkurve") oder auch Kornmassenverteilungskurve (MV) ermitteln lassen. Anhand der daraus rechnerisch abgeleiteten Kornanzahlverteilungskurve werden alle möglichen Kombinationen von drei sich untereinander berührenden Körnern unterschiedlicher Durchmesser d_i zusammengestellt, diesen – nach der tatsächlichen Kornanzahlverteilungskurve – eine entsprechende Eintretenswahrscheinlichkeit p zugeordnet, und daraus eine Porenengstellenverteilungskurve (PEV) dargestellt.

Auf dieser Basis hat *Schulze* [16, 17] vermutet, dass zwischen der Kornanzahlverteilungskurve AV und der Porenengstellenverteilungskurve PEV folgender Zusammenhang besteht

$$d_{p(PEV)} = \frac{1}{c} d_{(AV)} \ [m] \tag{4}$$

Der Proportionalitätsfaktor beträgt darin für ungleichförmige Böden c = 5,5 und für gleichförmige Böden c = 6,5. Nicht überraschend zu dieser Einsicht passt das in den USA für „Injizierbarkeit" entwickelte Kriterium eines Verhältnisses d_{15} (Durchmesser des 15% Gewichtsanteils aus der Siebkurve des zu injizierenden Bodens) zu D_{85} (Durchmesser des 85% Gewichtsanteils der Kornverteilung des partikulären Injektionsguts) von > 24.

Bei einem Filterfaktor von 3 beträgt in der von *Schulze* [16, 17] publizierten Grafik dieser „Groutability Factor" tatsächlich ebenfalls 24.

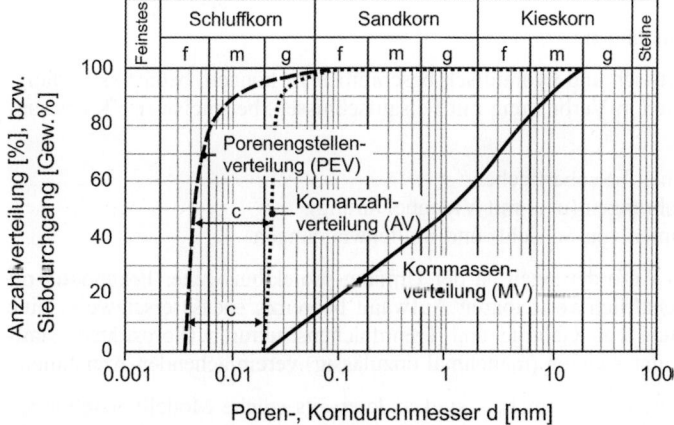

Bild 6. Siebkurve, Korngrößen- und Porenengstellenverteilung (nach *Schulze* [16, 17])

Bei mehrheitlich aus Tonmineralien bestehenden Böden hingegen liegen die Abmessungen der größten Poren nur mehr in der Größenordnung von 1μ. Diese Größenordnung entspricht auch der Abmessung einer – an Feststoffe aufgrund elektrischer Ladungskräfte angelagerten – adhäsiven Wasserhülle, sodass selbst das Eindringen eines allein aus einer Flüssigkeit bestehenden Einpressmittels (auch unter minimalen Verarbeitungs-Raten) nicht mehr möglich ist. In solchen Böden werden durch den Injektionsdruck im Boden Zugspannungen erzeugt, die zur Rissbildung führen. Diese kann allerdings – in Ausnahmefällen – selbst zur Grundlage eines Behandlungskonzepts gemacht werden.

Maßgebend für das Eindringverhalten von Injektionsgut in Porengeometrien ist naturgemäß der Anteil der kleinsten vorhandenen Körnungen in einer MV. Es ist damit offensichtlich, dass zwar die Kenntnis der spezifischen Korngröße d_{10} einer MV allein noch keine Aussage bezüglich der Injizierbarkeit eines Bodens zulässt. Dass sich aber danach bereits gut abschätzen lässt, ob überhaupt Chancen für die Verwendung von partikulären Suspensionen bestehen (eine grundlegende, u. a. wirtschaftliche Frage für die Planung von Injektionen). Mehr als 5 % Schluffkorn etwa vereiteln in der Regel bereits die für eine erfolgreiche Injektion notwendige Penetration mit Zement-Suspensionen.

4.2 Hohlraumstruktur und -volumen im Fels

Fels besteht grundsätzlich aus durch eine oder mehrere Scharen annähernd ebener und zueinander paralleler Trennflächen zerteilten Gesteinen.

Bei Gestein handelt es sich zwar ebenfalls um ein i. d. R. poröses Medium, dessen Poren jedoch im Allgemeinen so klein sind, dass Injektionsgut nicht eindringen kann. Ungeklüftetes Gestein ist deshalb im Regelfall nicht injizierbar.

Maßgebend für die Injizierbarkeit von Fels ist vielmehr das Trennflächengefüge, dessen Geometrie durch folgende Parameter definiert ist:

– Raumstellung der einzelnen Kluftscharen,
– Abstände der Klüfte untereinander,
– Transmissivität der einzelnen Kluftscharen (dichte im Vergleich zu wasserführenden Systemen),
– effektive und hydraulische Kluftweiten,
– Durchtrennungsgrade,
– Rauigkeit der Kluftwandungen.

Um diese Größen geometrisch und hydraulisch beschreiben zu können, bedarf es umfangreicher Erkundungsarbeiten in Verbindung mit Felsaufschlüssen, beispielsweise Kartierungen von

– im Gelände zugänglichen Felsoberflächen,
– vor allem aber Kernbohrungen (u. a. mit Videobefahrung),
– geotechnische Aufnahmen von Schacht- und Stollenwandungen.

Trotz dieser zwingenden Anforderungen ist der Umfang projektbezogener Erkundung oft ganz einfach vom wirtschaftlich vertretbaren Aufwand begrenzt, sodass ersatzweise eine geometrische Modellierung von Gebirge und Trennflächenstrukturen (Porositäten) stattfinden muss – allerdings unter vielen (manchmal unzulässig) vereinfachenden Annahmen.

Für erfolgreiche Injektionsprojekte im Fels sind andererseits solche Modellvorstellungen (möglichst wirklichkeitsnah und anhand von Beobachtungen bei der Ausführung nachgeführt) zur Geometrie der Trennflächengefüge deswegen erforderlich, weil sich die erfor-

2.3 Injektionen

derlichen Parameter auch im Feld oft nur näherungsweise durch Erkundungsmaßnahmen bestimmen lassen. Manchmal werden die Erkenntnisse aus den gewonnenen Daten zwar durch statistische Datenauswertung unterstützt, insbesondere aber sind differenzierende Auswertungen der Ergebnisse von Wasserabpressversuchen und Probeinjektionen eine „unverhandelbare" Notwendigkeit.

Für die Aufnahmefähigkeit von Injektionsgut unter Druck spielt aber in jedem Fall die Überwindung des Eindringwiderstands des Fluids vom Bohrloch in den Riss eine große Rolle. Auch die elastische Dilatation der Rissflanken unter dem sich höchst unterschiedlich (exponentiell fallend, linear fallend, aber auch progressiv fallend) ausbreitenden Injektionsdruck ist zu berücksichtigen. Das ist für das Kapitel „Porosität" deswegen von wesentlicher Bedeutung, weil sich damit häufig – von der Erkundung stark abweichende – Injektionsgutaufnahmen (abgesehen vom gefürchteten unbeabsichtigten Abfließen von Injektionsgut in Nahebereiche) ergeben.

Die obere Hälfte der ISRM-Grafik (Bild 7) zeigt beispielhaft die Ermittlung der wesentlichen Einflussgrößen für einen, mit nur einer wesentlichen Kluftschar durchtrennten, Fels in Bezug zur Transmissivität auf der Basis von Wasserabpressversuchen. Dabei wird zunächst aus der beim Wasserabpressversuch in Lugeon gemessenen Transmissivität näherungsweise ein Durchlässigkeitsbeiwert K_f nach *Darcy* bestimmt. Dann wird eine – hier orthotrope, in anderen Fällen meist isotrope – Form der Ausbreitung angenommen und anschließend über die erkundete Kluftanzahl pro m die Kluftweite $2a_i$ ermittelt.

Eine entsprechende Ergänzung dieser Grafik – durch bereits von *Cambefort* [7] festgestellte Zusammenhänge – ist in der unteren Hälfte derselben dargestellt. Man erkennt, dass sich einerseits – bei Unterstellung gleicher Anzahl von Klüften pro m – näherungsweise die gleiche Kluftweite $2a_i$ wie im ISRM-Bericht ergibt. Andererseits wird erkennbar, wie wirksam (und effektiv, im Sinne hohen Verfüllungsgrads) die Injektion sein muss, um den geplanten Zielwert zu erreichen, der heute oft mit 0,1 Lugeon (oder näherungsweise $1 \cdot 10^{-8}$ m/s) angesetzt wird. Es lässt sich anhand des Diagramms zeigen, dass nur eine einzige unbehandelte Kluft je mehrere Meter Bohrung diesen Zielwert bereits frustrieren kann.

Zu erinnern ist bei der Gelegenheit auch daran, dass Ingenieurgeologen für Transmissivitäten < 5 Lugeon bereits sog. Kanalfließen (statt ebenes Ausbreiten in der Kluftebene) unterstellen. Damit wird die wirkungsvolle Planung von Projekten mit geringer Ausgangsdurchlässigkeit einigermaßen verunsichert, weil die Verhältnisse sich an diejenigen beim Auftreten von Karst oder Mikrokarst annähern.

Die Aufnahmemenge von Injektionsgut im Fels ist bei Zugrundelegung der obigen Modellvorstellungen also i. d. R. abhängig von der Zahl der Kluftscharen, der Kluftabstände, der Kluftweiten, elastischer Verformungen und Verlusten in den umgebenden Bereich.

Daraus ergeben sich für eine große Bandbreite von Gesteinen injektionstechnisch relevante Porositäten von etwa 0,5 bis 2,5 %. Weil diese geringe Porosität aus nur wenigen diskreten Strukturen besteht und sich gleiche Schüttungen sowohl aus einer Vielzahl von Trennflächen mit geringer Weite als auch aus wenigen weiter geöffneten Strukturen ergeben können, ist die Kenntnis der hydraulischen Leitfähigkeit allein (Transmissivität gemessen in Lugeon: [l/min/m → m^2/sec] bei 10 bar Überdruck) verständlicherweise nur selten – oder wenn, dann eher zufällig – mit dem Aufnahmevermögen für Injektionsgut identisch oder proportional.

Zusammenfassend muss daher festgestellt werden, dass die Bestimmung der geometrischen Daten des Trennflächengefüges im Fels, mithilfe üblicher Erkundungen nur näherungsweise bzw. im Rahmen größerer Bandbreiten gelingen kann. Diese Daten sind deshalb als alleinige Grundlage für den Entwurf von Injektionen im Fels nicht ausreichend, und haben Probein-

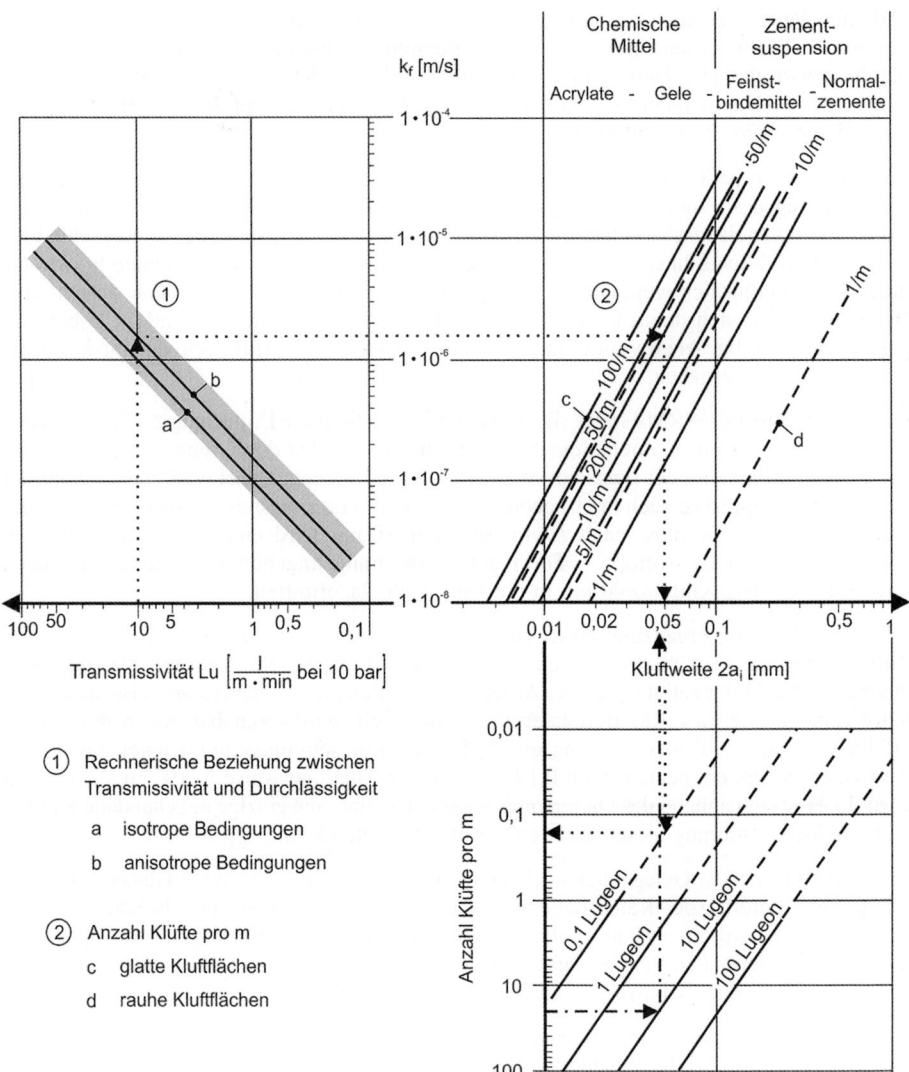

Bild 7. Zusammenhang zwischen Transmissivität, Isotropie, Klufthäufigkeit und Kluftweite [6]

jektionen unter Variation der Parameter (Druck, Rate, Mengen und Materialien) und entsprechender Überprüfung des Erfolgs (insbesondere auch der Reichweiten) noch größere Bedeutung als bei Injektionen im Lockergestein.

Die Geometrie von (tektonischen) Störzonen und/oder Hohlräumen größerer Ausdehnung ist jeweils individuell zu ermitteln. Insbesondere im Kalk sind weitreichende Karsthohlraumsysteme möglich, die auch jeweils besondere Maßnahmen im Zuge der Injektion erfordern (Beispiele: Karbonate der Schwäbischen Alb, Staumauer Canelles, Spanien, oder mehrere bekannte Injektionsmaßnahmen unter Staudämmen in der Türkei).

4.3 Wasser im Boden und Fels

Dieser Aspekt bezieht sich (bei der Betrachtung von Porositätseigenschaften) insbesondere auf Fragen der Sättigung bzw. Teilsättigung im Mehrphasensystem: Wasser-Luft-Injektionsgut. Hingewiesen sei hier nur auf die Notwendigkeit der Einbeziehung dieser Gesichtspunkte in die Planungsarbeit. Ebenso wie der Chemismus des Grundwassers (in Verträglichkeit mit Injektionsmischungen) zu berücksichtigen ist, sind die Fragen unterschiedlicher Oberflächenspannungen und Benetzbarkeiten, Grundwassergradienten, Abtrocknen von Injektionsgut in luftgefülltem Porenraum, das sog. „fingering" von Injektionsgut in ähnlich-viskosen Flüssigkeiten, bzw. auch das Evakuieren (oder Eingeschlossenwerden) von Grundwasser im Zuge der Verdrängung durch Injektionsgut von Bedeutung.

5 Strömungsvorgänge des Injektionsgutes im Boden und Fels

Fließwege für das Injektionsgut sind Klüfte im Fels und Poren in Lockergestein (Sedimenten, Alluvionen). Daher sind es (neben der Fließrate und dem effektiv wirksamen Injektionsdruck) einerseits die Dimension dieser Strömungsquerschnitte und andererseits die rheologischen Eigenschaften der Flüssigkeit, welche als bestimmende Faktoren für das Gelingen einer Injektion gesehen werden müssen. Und unter Gelingen müssen wir uns in der großen Mehrzahl der Fälle einfach den höchstmöglichen Füllungsgrad dieser Porositäten vorstellen.

Im Fels tritt Injektionsgut über den jeweils beaufschlagten Bohrlochabschnitt (Passe) in die darin angeschnittenen Klüfte ins Gebirge ein. Unterschiedliche Öffnungsweiten und das Vorhandensein natürlicher Füllungen, wechselnde Querschnitte und dichte Rissflankenkon-

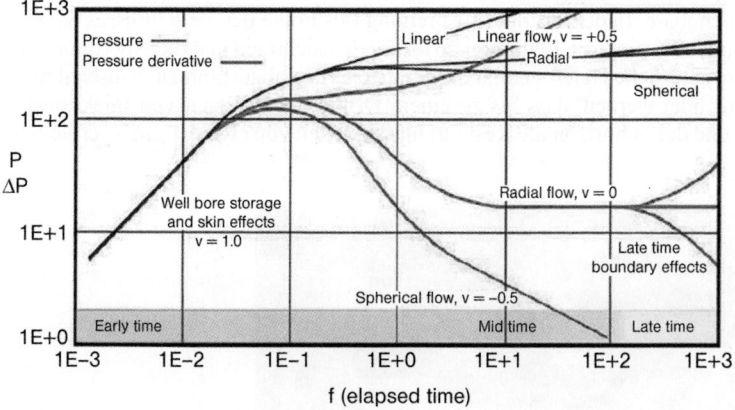

Bild 8. Zusammenhänge zwischen Druckentwicklung gegen die Zeit und Dimension des Fließregimes[1]

---

[1] „Trägt man darin die nach einem Pumpenstopp gemessenen Druckdifferenzen ΔP gegen die jeweils dazu verstrichenen Zeitintervalle ΔT in ein log-log Plot ein, kann man im Vergleichsverfahren (type curve matching) Informationen zur Art der Ausbreitung des Injektionsgutes im Kluftsystem erhalten. Fließen in Kluftkanälen (linear flow, flow dimension 1,0) unterscheidet sich darin deutlich von radialem Ausbreiten (radial flow, flow dimension 2,0) oder 3-dimensionaler Strömung." [8]

takte erschweren dabei die Planung eines geregelten, vorhersagbaren Injektionsvorgangs. Manchmal reicht der gewählte Injektionsdruck überhaupt nur, um größere Kluftweiten (> 200 µm) zu beschicken, engere bleiben unbehandelt. Druckverluste beim Eintritt in die Kluft betragen für Kluftweiten um 150 µm bereits > 15 bar (*Feder* [23], ISRM Report on Grouting [6]).

Einmal in die Kluft eingedrungen, wird das Injektionsgut auch dort den Weg geringsten Widerstandes nehmen, Luft, Wasser oder lose Zerreibsel und Verwitterungsprodukte verdrängen, wegspülen oder diesen ausweichen. Das sich dabei letztlich einstellende Fließregime reicht von eindimensionalem Strömen in Kluftkanälen bis zur räumlichen Verbreitung in Kluft-Netzwerken.

Außerdem wird der sich im Injektionsgut ausbreitende Injektionsdruck auf die Rissflanken einwirken und diese aufweiten (in elastischer oder nicht rückverformbarer Dilatation). Selten wird sich dabei aber „ebenes radiales Fließen" einstellen, sondern vielmehr eine Kombination von verschiedenen solcher „Flow dimensions".

Lockerböden dagegen sind durch eine Aufeinanderfolge unterschiedlich gekörnter Schichten (vom tonigen Schluff bis zur rolligen Einkornlage) mit jeweils spezifischer Leitfähigkeit geprägt. Als Folge des Sedimentationsprozesses unrunder Kornformen ergibt sich zudem eine deutliche Anisotropie der Durchlässigkeitsbeiwerte. Horizontale Leitfähigkeiten sind danach in der Regel um etwa eine Zehnerpotenz höher als vertikale. Diese beiden Phänomene, Stratifizierung und Anisotropie, spielen für die Wahl und Ausbreitung von Injektionsgut und für die Situierung der Injektions-Ports (Manschetten) eine wesentliche Rolle.

Es hat sich für Injektionen in derartigen Alluvionen (also in unverfestigten, rezenten Sedimenten) nämlich die Manschettenrohrtechnik (s. dazu Abschn. 2) etabliert. Bei diesem Verfahren ist es möglich, dass unterschiedliche Injektionsmittel (jeweils auf das Eindringen in unterschiedliche Porengeometrien optimiert) eines nach dem anderen verpresst und damit die Chancen homogener Durchdringung der Poren realistisch werden. Dennoch ist dabei die im Bild 9 unten erkennbare, fladenförmige Ausbreitung (als Folge des Verhältnisses K_h/K_v – horizontale Leitfähigkeit / vertikale Leitfähigkeit) zu berücksichtigen und die Anordnung der Manschetten auf die natürliche Heterogenität der Stratifizierung abzustimmen. Pauschal muss dennoch damit gerechnet werden, dass bis zu einem Drittel der Porosität von Injektionsgut nicht erreicht wird und damit horizontale Restdurchlässigkeiten von etwa 10^{-7} m/s verbleiben.

Bild 9. In-situ-Versuch in Sanden, Insond, Potsdamer Platz, Berlin, etwa 1990

2.3 Injektionen

Die ingenieurwissenschaftliche Diskussion von Strömungsvorgängen des Injektionsgutes im Untergrund (Lockerboden und Fels) baut auf Modelle der Hydraulik auf, und übernimmt daher auch die dort übliche Terminologie zu den Zusammenhängen zwischen den wirksamen Parametern. Das Nachstellen dieser Zusammenhänge im Versuch gelingt allerdings nur selten, und eine rechnerische „Bemessung" des Vorgangs „Injektion" für die Anwendung in der Natur gelingt i. d. R. noch weniger. Betrachtet man die Grundgleichung für Fels

$$q = i(2a_i)^3 \frac{\gamma}{\eta} \ [m^3/s] \tag{5}$$

mit

q   Fließrate (Rate)
i   hydraulisches Gefälle
$2a_i$ Rissweite
γ spez. Gewicht des Fluids
η dynamische Viskosität des Fluids

und für das Strömen in Sedimenten

$$\Delta p = \frac{Q}{2\mu} \frac{\mu}{hk} \ln \frac{R_e}{R_w} \ [bar] \tag{6}$$

mit

Δp hydraulischer Überdruck (Druckunterschied, etwa gegen Grundwasser)
Q   Fließrate (Rate)
$\mu = \eta/\rho$ kinematische Viskosität des Fluids
k   intrinsische Permeabilität
h   Schichtstärke
R_e Reichweitenradius
R_w Bohrlochradius

wird auch verständlich, warum dieser Mangel kaum behebbar ist. Dennoch lassen diese Gleichungen immerhin eine konkrete Diskussion von Beobachtungen beim Injizieren zu, und helfen, das eine oder andere Phänomen zu erklären. Hier einige Beispiele zur Erläuterung:

Etwa ist die Viskosität des Fluids allein noch kein Maß für „gutes Eindringverhalten". Hohe Viskosität bedingt vielmehr einfach höhere Drücke bei gleicher Rate. Das Eindringverhalten (Penetrierfähigkeit) wird von der Oberflächenspannung des Fluids, der Benetzbarkeit der Gesteinsoberflächen, dem Größtkorn, der Dispersion und der Stabilität einer Suspension bestimmt. Alles Parameter, die in den gängigen Strömungsgleichungen gar nicht vorkommen. Niedrige Viskosität (< 20 MPa · s) allein birgt die Gefahr des „fingering", einer Auflösung der vordringenden Injektionsfront in einzelne Strömungsfäden, die eine gleichmäßige Sättigung von Poren und Rissen gefährdet. Es wird damit klar, dass neben der Viskosität noch weitere Flüssigkeitseigenschaften für die erfolgreiche Eignung als Injektionsgut erforderlich sind. Geringe Oberflächenspannung, die Fähigkeit, Haftwasser zu verdrängen und eine Kohäsion von 2 bis 10 Pa machen vielmehr ebenso für den Erfolg wesentliche Flüssigkeitseigenschaften des Injektionsguts aus. Es folgt aus diesen Überlegungen auch, dass höhere Durchlässigkeit einfach geringere Injektionsdrücke bei gleicher Rate bewirken.

Zum Injektionsdruck – dieser ist aus mehrfacher Hinsicht von Bedeutung:

(1) Er bestimmt u. a. den Verschleiß an Pumpen und übrigen Injektionseinrichtungen und
(2) ist verantwortlich für die hydraulische Belastung des Untergrunds (was zu Hebungen und anderen – i. d. R. unerwünschten oder abträglichen – In-situ-Verformungen führen kann).

Daher war der Injektionsdruck immer auch beliebter Gegenstand der Begrenzung und ist dies auch immer noch in *Lombardis* GIN (Grouting Intensity Number [bar · lit/m]). Diese so genannte Grouting Intensity ist als Begrenzung der in den Boden spezifisch, je lfm Bohrung eingebrachten Energie formuliert und es drängen sich dabei – was den Injektionsdruck anbelangt – folgende Fragen auf:

Wie viel dieser Energie aus Rate × Druck (=Arbeit, Energie) verbraucht sich darin, dass Injektionsgut durch lange Leitungen, Fittinge und Packer mit kleinen Querschnitten, durch Bohrungen in Manschettenrohren oder durch Rohrnippel und durch kleine Porendurchmesser oder Rissweiten in den Boden eindringen muss? *Antwort:* je nach Rate (und damit Strömungsgeschwindigkeit) betragen diese „Verluste" häufig > 50 %.

Welcher Druck ist folglich als im Boden wirksamer Druck und Multiplikator in dieser Energiegleichung anzusetzen? *Antwort:* der um alle Reibungsverluste bis zum Erreichen der Hohlraumstruktur im Boden reduziert auftretende Druck.

Kann dieser Druck ermittelt werden? *Antwort:* nicht durch direkte Messung. Der Versuch, im Packer „down the hole" diese Messung vorzunehmen, zeigt auch nur noch jenen Druck, der die Eintrittsverluste nicht enthält.

Die versuchstechnische Möglichkeit einer Ermittlung ergibt sich aber dennoch, und zwar über die Beobachtung des Druckabfalls nach Einschließen (shut in) des Bohrlochs, bei der die Druckentwicklung – gegen die Zeit nach Abstellen der Pumpe – durch die hydraulische Verbindung mit den bereits gefüllten Hohlräumen des Untergrunds eine von Reibungsverlusten „ungestörte Rückmeldung" zulässt. Damit kann i. d. R. tatsächlich eine gültige Information zum „effektiven" Druck im Untergrund gewonnen werden (DIN EN 12715 [18], Glossar, TPA-Methode).

„Hoher Druck ist gefährlich" ist eine viel zitierte Angst sowohl des Planers als auch des Injekteurs. Bei näherer Betrachtung des Problems lässt sich allerdings erkennen, dass diese „Gefährlichkeit" erst nach Abzug der o. e. Reibungsverluste richtig eingeschätzt werden kann; und sich diese Verluste tatsächlich aus oben beschriebenen Feldbeobachtungen diagnostizieren lassen.

Es bestätigt sich dabei, dass die Abhängigkeit des maximal zulässigen Injektionsdrucks von der Tiefe i. d. R. – und für praktische Zwecke – nicht gegeben ist, bzw. keiner der etablierten Regeln zuverlässig folgt. Dies gilt insbesondere im Fels. Die individuelle Diagnostik vor Ort (zu Phänomenen der Dilatation von Klüften, Hebungen oder lokalem Aufbrechen des Baugrunds unter hydraulischer Belastung) ist deswegen stets zu empfehlen.

6   Erkundung des Untergrundes

Die Anforderung an die Erkundung des Bodens folgt grundsätzlich entsprechender Normung – vor allem DIN EN 12715 [18]. Auch für Injektionsprojekte sind die dort beschriebenen Grundsätze gültig, jedoch orientiert sich die Erkundung des Untergrunds für Injektionszwecke vornehmlich an der Frage, ob die Hohlraumstruktur des Untergrunds geeignet ist, mit Injektionsgut (von Bohrlöchern aus) für den jeweiligen Zweck ausreichend gefüllt und gesättigt bzw. durchströmt zu werden.

Man wird daher – zusätzlich zur Gewinnung von Bodenproben – in erster Linie direkte hydraulische Feldversuche vornehmen, um

- mittels Wasserabpress- und Durchlässigkeitsversuchen (Lugeon, Lefranc, u. Ä.) die Transmissivität bzw. hydraulische Leitfähigkeit festzustellen und weiter über
- Hydrofrac-Versuche Feststellungen zum Aufbrech- und Aufweitverhalten von Klüften und Informationen zur evtl. Hebung des Lockerbodens unter der Injektionseinwirkung zu gewinnen. Dabei wird man in kurzen Passenlängen und mit mehreren steigenden und fallenden Druckstufen hydraulische Rissbildung und Kluftaufweitung provozieren und mittels geeigneten Messungen dokumentieren.

Zusätzlich sind (zur Abklärung der Vergleichbarkeit mit ähnlichen Projekten) Injektionsversuche mit unterschiedlichen Injektionsmitteln (partikuläre Suspensionen, Lösungen, Kunststoffe) durchzuführen, um die für eine optimale Verfüllung technisch geeignetsten und wirtschaftlichsten Stoffe wählen zu können.

Erkundung vor Injektionsarbeiten im Lockerboden

Vor allem ist dafür der Bodenaufbau mittels Gewinnung von kontinuierlichen Proben aus Erkundungsbohrungen bedeutsam. Dabei ist darauf zu achten, dass der Boden in seiner in situ Lagerung möglichst wenig gestört wird (achten etwa auf Änderung der Lagerungsdichte infolge von Rammkernbohrung), und möglichst großkalibrig und ohne Spülflüssigkeit (trockene Rotationskernbohrung mit Hartmetallkronen, $\emptyset > 130$ mm) gearbeitet wird.

Von den üblichen Eigenschaften (Reibungswinkel, Kohäsion, Lagerungsdichte, Sieblinie) ist vor allem die Kenntnis der charakteristischen Kornverteilung von Bedeutung.

Schulze [16, 17] hat auf diesem Gebiet mit seiner wegbereitenden Arbeit zur Ermittlung der Porengrößenverteilung aus Siebkurven die Möglichkeit geschaffen, die Granulometrie von Injektionsmittel mit der Porengrößenverteilung zu relativieren. Der Ansatz von Filterkriterien führt dazu, dass die beiden Kurven um einen Faktor von etwa 5 auf der Korngrößenachse auseinander liegen sollen, um Injizierbarkeit zu gewährleisten; dass der Schluffanteil > 5% das Injizieren mit stabilen Zementsuspensionen erschwert oder unmöglich macht, war bereits früher bekannt, und auch dass der in den USA gebräuchliche Index d_{15}/D_{85} den Wert von 24 möglichst übersteigen soll (d_{15} = 15% Korndurchmesser des Bodens, D_{85} = 85% Korndurchmesser des Injektionsmittels).

Weiter ist der geschichtete Aufbau der Sedimente von Bedeutung (Stratifikation). Unterschiedliche Granulometrien – Sieblinien – bieten dem Injektionsgut jeweils auch unterschiedlichen Widerstand gegen das Eindringen, resultieren in unterschiedliche Reichweiten und verursachen damit heterogene Behandlungsergebnisse. Aber auch feinste Schluff- oder Tonlagen trennen die Wegigkeiten für das Injektionsgut und sind darüber hinaus oft der Ansatzpunkt für Hebungen, weil sich an solchen Materialgrenzen Injektionsgut bevorzugt flächig ausbreitet, und auch kleinste Injektionsdrücke genügen, um das Gewicht der Überlagerung zu überwinden (Hydrojacking).

Durch die horizontale Ablagerung flacher Kornformen im Sedimentationsprozess von Lockerböden kommt es zu einer deutlichen Anisotropie in der Durchlässigkeit: die horizontale Leitfähigkeit ist meist um das >10-Fache höher als die vertikale.

Dieser Umstand ist nicht nur in der Auswertung von Versuchen (die Länge von Versuchstaschen im Lefrancversuch beträgt üblicherweise <1,0 m), sondern macht eine differenzierte Auswertung von Pumpversuchen (mit Tiefbrunnen) mit Grundwasserabsenkung erforderlich.

Außerdem beeinflusst dieser Umstand die Wahl des Bohrlochabstandes im Raster flächiger Behandlungen und die Austeilung der Manschetten in ihrem vertikalen Abstand (33 bis 100 cm) deshalb, weil nicht mit einer kugelförmigen, sondern mehr oder weniger ellipsoiden Ausbreitung des Injektionsgutes gerechnet werden muss (siehe oben).

Beim Durchströmen der Porenstruktur von Sedimenten kann es zu Erosion (Bodenaustrag) und Suffusion (Feinteilumlagerung) kommen. Um diese Situation rechtzeitig (neben der Möglichkeit der diesbezüglichen Interpretation der Siebkurve, sog. „Ausfallkurven" mit Plateaus und Sprüngen) zu erkennen, sind entsprechende Versuche an Bodenproben durchzuführen.

Schließlich sind für die Injizierfähigkeit auch noch quantitative Ermittlungen der Porosität nützlich (Laborversuche an Bodenproben), weil daraus Hinweise zur Dimensionierung der erforderlichen Injektionsmenge abgeleitet werden kann. Denn anders als bei der Felsinjektion sind später während des eigentlichen Injektionsvorgangs keine zuverlässigen (bzw. nur indirekte) Informationen zum Grad der Sättigung und Porenfüllung zu gewinnen.

Information zu Wasserspiegel, Grundwasserstrom und Sättigung des Bodens sind ebenso von Bedeutung.

Erkundung des Untergrunds für Injektionen im Fels

Ähnlich wie bei Lockerboden steht auch bei Fels die Kenntnis des Aufbaus und der Art des lithologischen Profils im Vordergrund. Zu diesem Zweck werden Diamantkernbohrungen (Durchmesser meist 76 bis 145 mm) mit feststehendem Innenrohr und mit Klarwasserspülung (seltener unter Beigabe biologisch abbaubarer Spülmittel zur Herabsetzung der Reibung und Verbesserung des Bohrkleinaustrags) durchgeführt. Das Kernmaterial wird intensiv auf geotechnische, tektonische und gesteinskundliche Merkmale untersucht und beschrieben.

Der Durchtrennungsgrad (u. a. Häufigkeit von Klüften / m Bohrung) und Matrixporosität des Festgesteins ergeben zusammen Hinweise auf den wahrscheinlichen Injektionsgutverbrauch. Achtung: Rissdilatation und Verluste in die Randzonen der geplanten Injektionsmaßnahme müssen dabei berücksichtigt werden.

Druckabfallkurven (siehe dazu instationäre Druckentwicklung nach Bohrlocheinschließen, DIN EN 12715, Glossar, TPA) sind auch im Zuge von Wasserabpressversuchen zu empfehlen; über deren Interpretationen (insbesondere im log-log Plot von Druck gegen die Zeit) lässt sich Wesentliches zum Verständnis des Strömungsbildes (lineares, ebenes oder dreidimensionales Fließen) ableiten.

Zur Feststellung von Frac-Drücken muss (in jeweils repräsentativen Felspartien) der Druck so weit gesteigert werden, bis (regional) typisches Aufsprengen, Aufweiten und Risstreiben festgestellt wird. Diese kritischen Drücke müssen später bei der Injektionsbehandlung (auf die von Wasser abweichende Rheologie des Fluids relativiert) vermieden werden, und wird für die dann folgende Injektionsbehandlung der Druck am Bohrloch üblicherweise auf etwa 80% dieser Werte begrenzt.

Die hydraulische Verbindung im Zuge von Wasserabpressversuchen – mit Übertritten in andere Testlöcher – soll leitfähige von dichten Strukturen unterscheiden helfen. Es ist dabei interessant, dass die mechanisch auffälligsten Strukturen nicht notwendigerweise auch die hydraulisch „aktivsten" sein müssen.

7   Injektionsmittel und Ausgangsstoffe für Injektionsmischungen

Theoretisch steht dem Anwender zur Durchführung von Injektionsarbeiten eine beinahe unüberschaubare Vielzahl an Injektionsmitteln zur Verfügung. Die Praxis zeigt aber, dass sich aus wirtschaftlichen, aber auch aus Gründen des umweltschonenden Einsatzes, die überwiegende Anzahl von Anwendungen auf wenige Injektionsmittel beschränkt. Der folgende Abschnitt beschreibt daher nur die gängigsten Produkte.

2.3 Injektionen

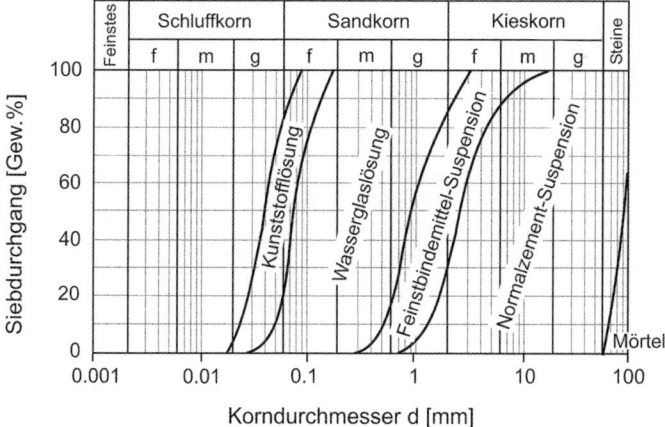

Bild 10. Einsatzgrenzen der Injektionsmittel in Abhängigkeit von der Korngrößenverteilung der Böden [9]

Hydraulische Bindemittel

Hydraulische Bindemittel werden mit oder ohne Beimengung von Zusatzmitteln und Füllstoffen durch Zugabe von Wasser häufig zu Suspensionen, eher selten zu Injektionspasten gemischt. Unter dem Begriff hydraulische Bindemittel kommen in der Injektionstechnik in erster Linie Portlandzement, Hochofenzement, Sonderzemente sowie Fein- und Ultrafeinzement in Betracht. Zusätzlich wird von den spezialisierten Bindemittelherstellern eine immer größere Auswahl an Fertigmischungen (häufig als Binder bezeichnet) für Standardaufgaben der Injektionstechnik angeboten.

Zement mit einer spezifischen Oberfläche von mindestens 3000 m²/g und einem Größtkorn von kleiner 0,1 mm sowie 90% der Körner <0,05 mm ist aufgrund seiner Mahlfeinheit, Verfügbarkeit, Festigkeitsentwicklung sowie aufgrund seines vergleichsweise günstigen Preises immer noch der beherrschende Ausgangsstoff zur Mischung von Injektionssuspen-

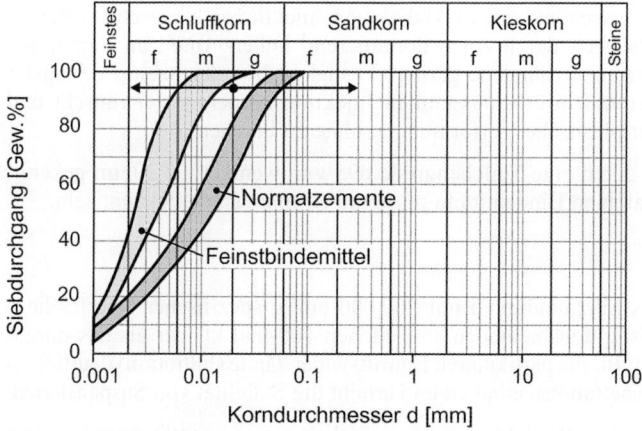

Bild 11. Korngrößenverteilung von Zementen

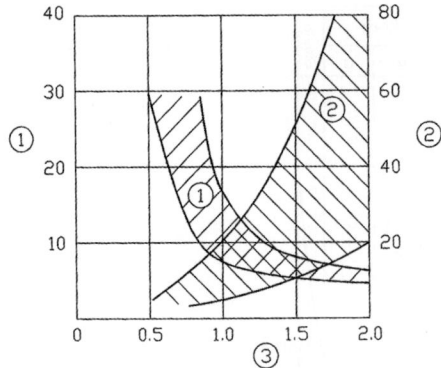

Bild 12. Viskosität und Sedimentiergeschwindigkeit von Zementsuspensionen (nach *Bonzel* und *Dahms* [10])
1 Viskosität (10^{-3} Ns/m^2)
2 Sedimentiergeschwindigkeit (10^{-4} cm/s)
3 Wasser/Zementfaktor

sionen. Neben den angeführten Qualitätskriterien ist bei der Auswahl von Injektionszement auch auf den Chemismus des Bodens Rücksicht zu nehmen, um bei Bedarf Zementsorten einzusetzen, welche gegen Salzwasser, Braunkohle oder Sulfat beständig sind. Bild 12 zeigt deutlich, dass die dominierenden Fließeigenschaften einer Suspension, also Viskosität und Sedimentationsverhalten in Bezug auf den W/B-Faktor gegenläufige Tendenz aufweisen. Es haben sich daher z. B. Zementmischungen mit W/Z-Faktoren zwischen 1,0 und 1,5 für den Regelfall als günstig herausgestellt.

Häufig werden die Eigenschaften von Suspensionen durch die Zugabe von Tonen mit hohem Montmorillonitanteil (Bentonit) verbessert.

Die Sedimentation von Zementsuspensionen kann durch die Zugabe von wenigen Prozent Bentonit, bezogen auf das Zementgewicht, günstig beeinflusst werden. Zusätzlich erhöht die Beimengung von Injektionsbentonit aber auch die für die Fließeigenschaften einer Suspension wesentlichen Kenngrößen Fließgrenze und Viskosität. Dem kann durch Zugabe von Verflüssigungsmittel gegengesteuert werden. Auch die Pumpbarkeit, das Ausbluten und die Filtration unter Druck werden durch die Zugabe von Bentonit günstig beeinflusst.

Wasserglas in der Dosierung von 1 bis 5 % des Zementgewichtes verursacht eine starke Beschleunigung des Abbindeprozesses.

Eine Sonderform stellen die ausschließlich bei Abdichtungsinjektionen eingesetzten Bentonit-/Zementgemische dar, die sich durch einen dominierend hohen Anteil an Injektionsbentonit auszeichnen. Die damit verbundene geringe Festigkeit bei gleichzeitig geringster Wasserdurchlässigkeit des trotzdem erosionsstabilen Injektionskörpers ist erwünscht und erlaubt dem Injektionskörper plastische Verformungen ohne zu brechen.

Ultrafeine Bindemittel sind durch eine Teilchengröße d95 von weniger als 20 μm gekennzeichnet, besonders bei ultrafeinen Bindemitteln muss die Körnungslinie bekannt sein.

Microsilica

Microsilica ist ein amorphes Siliziumdioxyd mit 200.000 cm^2/g spezifischer Oberfläche – gemessen mit Stickstoff Adsorptionsmethoden an Teilchen 100-mal kleiner als das durchschnittliche Zementkorn. Es hilft, die partikulären Eintrittswiderstände (Filtration) deutlich zu reduzieren, verbessert das Penetrationsverhalten und erhöht die Stabilität von Suspensionen.

Mit der Zugabe von Microsilica-Produkten wird zusätzlich zur Zementhydratation eine puzzolanische Sekundärreaktion zwischen dem bei der Zementhydratation entstehendem

Calciumhydroxid Ca(OH)$_2$ und dem Silikastaub SiO$_2$ ausgelöst, bei der Calciumsilikahydrat CSH gebildet wird, das gegenüber den Ausgangsstoffen nicht nur eine höhere Festigkeit aufweist, sondern auch eine deutliche Verbesserung der Mikrostruktur in der Verbundzone zwischen Zementstein und Gesteinsoberfläche im Baugrund ergibt. Der Grund dafür ist eine Reduzierung des Calcium- und Ettringitgehalts in der Kontaktzone.

Silikatgel

Silikatgele bestehen aus Wasserglas (zumeist Natriumsilikat) in wässriger Lösung und werden mit Härtern bzw. Fällmitteln unterschiedlichster Zusammensetzung zur Reaktion gebracht. Wasserglas ist durch die großtechnische Herstellung vergleichsweise günstig verfügbar und hat sich durch seine guten Fließeigenschaften vor allem in sandigen Böden zu einem der interessantesten Ausgangsmaterialien für die Injektionstechnik entwickelt.

Prinzipiell unterscheidet man nach der erzielbaren Festigkeit Hart- und Weichgele. Hartgele weisen einen hohen Anteil an Wasserglas (ca. 60 bis 70 Vol.-%) auf, die chemische Reaktion der Gelbildung wird überwiegend durch Beimischung von organischen Härtern ausgelöst. Die erzielbaren einaxialen Druckspannungen liegen in der Regel zwischen 1 und 3 N/mm². Anzumerken ist jedoch der Umstand, dass die Ergebnisse der Festigkeitsüberprüfungen im hohen Ausmaß von der Belastungsgeschwindigkeit, dem Spannungszustand, der Probengewinnung und anderen Details der Versuchsdurchführung abhängig ist. Die meisten der im Laufe der Zeit entwickelten überwiegend organischen Härter sind toxikologisch nicht unbedenklich, wodurch sich der Einsatz von Hartgelen in jüngster Zeit auf Einzelfälle reduziert hat.

Weichgele mit Festigkeiten von 0,3 bis 0,5 N/mm² werden überwiegend aufgrund der hervorragenden abdichtenden Eigenschaften eingesetzt. Zur Auslösung der Gelbildung werden heute aus Gründen der wasserrechtlichen Genehmigung überwiegend anorganische Härter wie z. B. Natriumaluminat eingesetzt. Im Gegensatz zu den Hartgelen weisen Weichgele nur 10 bis 30 Vol.-% Wasserglas in wässriger Lösung auf. Den Zeitraum von der Anmischung bis zur Gelbildung nennt man Gelzeit, Silikatgele können in diesem üblicherweise von ca. 20 Minuten bis maximal wenige Stunden betragenden Zeitspanne verarbeitet werden.

Silikatgele sind zur zuverlässigen Abdichtung von fein bis grobsandigen Böden gegen Grundwasser hervorragend geeignet und stellen eine durchaus wirtschaftliche und ressourcenschonende Alternative zum gängigen DSV–Verfahren dar. Allerdings verursachen die chemischen Reaktionen im Untergrund eine pH-Wert-Veränderung in Richtung basisches Milieu (wie auch z. B. Zement). Dieser Umstand erschwert im Zusammenhang mit strengeren Umweltauflagen zunehmend den Einsatz von Weichgelen zum Zweck der Baugrubenabdichtung. Derzeit werden aus diesem Grund neue Weichgele entwickelt, die selbst pH-neutral keinen nennenswerten Einfluss auf den Chemismus des Grundwassers ausüben.

Weitere chemische Injektionsstoffe

Chemische Injektionsstoffe werden aufgrund ihres hohen Preises ausschließlich zur Bewältigung von Injektionsaufgaben herangezogen, die mit Suspensionen auf Basis hydraulischer Bindemittel oder Silikaten nicht gelöst werden können. Die Gruppen der Acrylate und Aminoplaste werden hauptsächlich wegen ihrer niedrigen Viskosität und ihrer Vorteile im Hinblick auf ihr Eindringvermögen in Klüfte und Poren eingesetzt.

Acrylat-Gele werden in letzter Zeit erfolgreich zum Schutz von in Störzonen festgefahrenen TBM-Köpfen gegen eindringende Zementsuspension angewendet. Die angeführten Polygele werden im Abstand von mehreren Metern rund um den TBM-Kopf injiziert und dichten damit diesen Bereich (und damit die TBM) gegen die nachfolgend zur Störzonenvergütung eingesetzten Zementsuspensionen ab.

PU-Schäume, meist im zwei Komponenten Verfahren zu verarbeiten, werden oft bei Injektionen gegen strömendes Wasser eingesetzt.

Injektions-Epoxidharze sind relativ kostspielig, und werden daher – trotz ihrer hohen Festigkeit, Dauerhaftigkeit und Benetzungseigenschaften – nur für besondere Anwendungen reserviert bleiben.

Acylamide, Lignosulfate sowie Phenoplaste wurden in der Vergangenheit verwendet, verlieren aber, da der eindeutige Nachweis der Umweltverträglichkeit immer schwieriger gelingt, zunehmend an Bedeutung.

Neue Entwicklungen

Aufgrund der Entscheidung vieler Behörden eine pH-Wert-Veränderung durch das Injektionsgut im Grundwasser, wenn auch nur lokal, nicht zuzulassen, kam das klassische Verfahren der Weichgelinjektion, vor allem zur Herstellung von Dichtsohlen, in den letzten Jahren in manchen Regionen vollkommen zum Erliegen. Jüngst zeigen aber neu entwickelte Weichgele, deren Einsatz den Chemismus des Grundwassers weitestgehend unbeeinflusst lassen, dass dieses Verfahren, wenngleich auch nicht mehr ganz so einfach, in der Durchführung eine Renaissance erleben könnte.

8 Planung von Injektionsarbeiten

DIN EN 12715 [18] weist auf den Mangel an Planungsrichtlinien für Injektionsarbeiten im EC 7 hin. Es muss also jeweils in Zusammenschau der Angaben der EN, den Anleitungen im ISRM-Bericht Injektionen [6], den hier aufgelisteten Klassifikationen der Anwendungen und dem Abschnitt 6 Erkundung vorgegangen werden. Die unmissverständliche Klärung der Ziele von Injektionskampagnen ist dazu wesentliche Voraussetzung.

Die GIN Methode

Diese Methode kann als Planungs- und Ausführungshilfe für Felsinjektionen in Einem gesehen werden. Mit der Begrenzung der spezifischen Energie in Form der Grouting Intensity Number ist insbesondere in der Felsinjektion eine neuartige, ingenieurmäßige Vereinfachung – unter gleichzeitiger Berücksichtigung felsmechanischer Aspekte – der Beurteilung und Steuerung des Injektionsvorgangs gelungen [11].

Maximaler Druck und maximales Volumen sind dafür dennoch festzulegen. Siehe dazu als Beispiel Bild 13: Die sich bei der GIN-Methode ergebende Begrenzungshyperbel, mit dem tatsächlichen Verlauf des Injektionsdrucks, aufgetragen gegen das verpresste Volumen [19]. Die Anwendung des Kriteriums setzt allerdings die Verwendung stabiler Injektionsmischungen voraus, weil sonst der Einfluss von Filtervorgängen und Phänomene einer „erzwungene Sedimentation" [12] bestimmend würden.

Früher (etwa 1970) waren es im Wesentlichen das Injizieren „auf maximalen Druck", das Injizieren auf eine „maximale spezifische Menge" oder, als duales Kriterium – in Kombination beider Grenzwerte – der Abbruch der Injektion bei Erreichen eines der beiden, welches immer auch zuerst erreicht wird. Die GIN-Methode nun, multipliziert injizierte Menge mit dem Druck und bezieht den so erhaltenen Wert auf den Laufmeter Bohrung (in

2.3 Injektionen

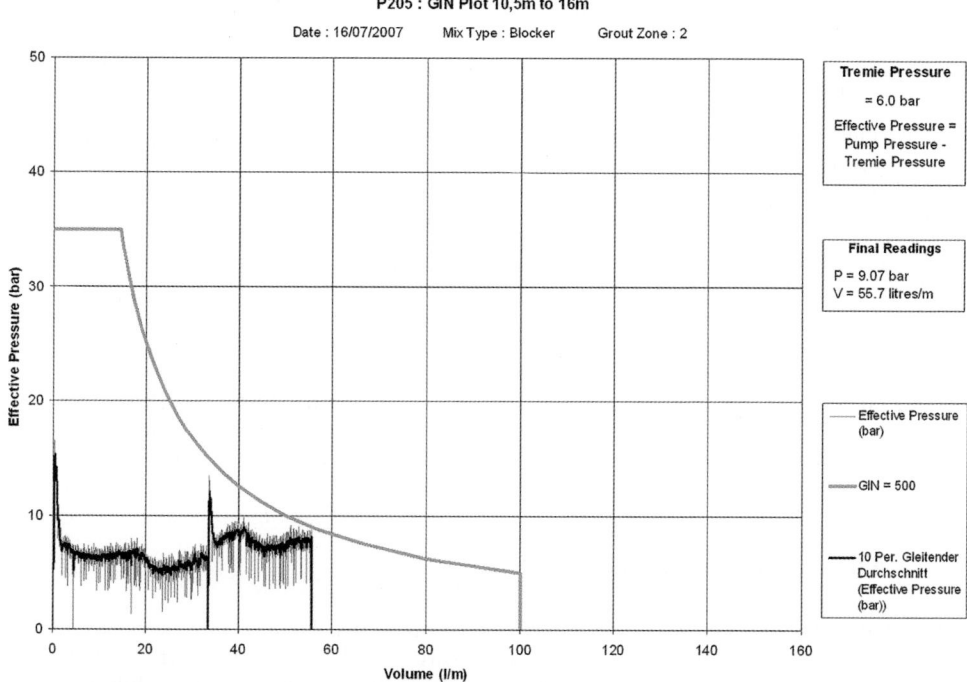

Bild 13. GIN-Begrenzungshyperbel, Verlauf des Injektionsdrucks gegen verpresstes Volumen

der Passe). GIN setzt damit einen geplanten Energie-(Arbeits-)Grenzwert als Abbruchkriterium fest und bezieht ihn auf den linearen Meter Bohrung.

Diese Arbeit (der Injektionspumpe) wird beim Injiziervorgang in Reibung und Verformungsarbeit verzehrt. Reibung infolge Viskosität der Mischung und Tortuosität [2] der Strömungswege, Verformungsarbeit in Form von Dehnung von Leitungen (equipment compliance) und Dilatation durchströmter Querschnitte, bis zum hydraulischen Anheben (jacking) gegen das wirksame Gewicht der Überlagerung.

Wenn all das auf den Meter Bohrung bezogen wird, bleiben vor allem zwei Argumente zu diskutieren, bzw. einer Klärung zuzuführen: Mehrere Klüfte je Meter bieten höheren Reibungswiderstand und ermöglichen höheres Dilatationsvolumen als nur eine Kluft, oder wenige und stellen damit das festgelegte Grenzvolumen infrage. Damit kommt allerdings auch noch die Reichweite der Behandlung ins Spiel, und die damit verbundene Frage, wie viel Felsvolumen denn dieser hydraulischen Arbeit des Injizierens eigentlich ausgesetzt/ unterworfen wird. Und noch wichtiger, auf welche geotechnische Erkundungsparameter[3] hin, der initiale GIN-Wert daher zu dimensionieren ist.

---

[2] Hier: „verengter und gewundener Pfad", der Druckverluste hervorruft und den das Fluid vom Bohrloch durch den ganzen Bereich des durchströmten Risses zurücklegen muss.
[3] Kluftvolumen, Transmissivität, Verformbarkeit des Felsverbands, Anzahl und Lage der Klüfte, E-Modul des Gesteins.

Eine intensive geologisch-geotechnische Begleitung ist zu dieser Methode daher unbedingt erforderlich, um den unzweifelhaft damit verbundenen ingenieurmäßigen Reiz (Energiebegrenzung statt alleiniger Limitierung von Druck oder Volumen) nicht in einer nur scheinbaren Effektivität der Behandlung wieder zu verlieren.

Letztlich muss (in Ergänzung der oben andeutungsweise geführten Analyse der hydraulischen Einwirkung auf das Gebirge) hier noch darauf hingewiesen werden, dass zur Ermittlung des GIN-Wertes nicht der Druck an der Pumpe, sondern der tatsächlich in der Passe – oder noch besser – der im Kluftsystem selbst effektiv wirksame Druck angesetzt werden sollte.

Zu den Schnittpunkten im Übergang von einer zur anderen Methodik des Injizierens (etwa im Unterschied zu der hier diskutierten GIN-Methode) stehen die von *Weaver* [13] für das Injizieren formulierten Kriterien. Er ist der einzige Autor, der in seinen dazu verfassten Flussdiagrammen die Dynamik des Injektionsprozesses (und damit die Bedeutung des Drucks als Funktion von Viskosität und durchströmten Querschnitten) in die Entscheidungsfindung zu etwaigen Änderungen der Rate, der Mischung oder des Injektionsdrucks übernimmt. Seine Erfahrungen stammen insbesondere von Injektionsarbeiten unter Dämmen, bei denen sie erfolgreich Anwendung gefunden haben.

9 Kosten von Injektionen

Diese sind zwar zu jeder Zeit eine Frage des Wettbewerbs, können aber dennoch auf durchschnittliche (oder Bandbreiten von) Aufwandswerten relativiert werden. In der Regel müssen ja auch für Injektionsentscheidungen wirtschaftliche Randbedingungen erfüllt werden; und diese wiederum gründen auf die Notwendigkeit, dass mit Injektionen in angemessener Zeit, unter Anwendung schadloser Drücke und kostengünstiger Injektionsmittel ein zufriedenstellender Verfüllungsgrad der Porosität im Baugrund erreicht werden kann.

Zur Kostenermittlung mögen folgende (in tatsächlichen Ausführungen beobachteten) Bandbreiten von Aufwandswerten herangezogen werden:

- Durchschnittliche Pumpraten: 5 bis 20 l/min.
- Durchschnittliche Mannstunden [Std] je operative Pumpenstunde [H]: 1,1 bis 3,5 Std/H, abhängig von Bestückung des Projekts und der Auslastung von Injektionspumpen.
- Durchschnittliche Mannstunden je t PZ verpresst: 5 bis 10 Std/t.
- Häufig wird ein Bohrlochabstand von < 3 m oder gleich der Behandlungsstärke gewählt.
- Durchschnittliche Porosität in Sedimenten, welche der Mengenermittlung für Injektionen in Sedimenten zugrunde gelegt werden: 28 bis 38%; in Fels jedoch nur 0,5 bis 3,5%.
- Durchschnittlich erforderliche Laufmeter Bohrung je m³ Boden/ Fels: 0,25 bis 0,8 m/m³.
- Durchschnittliche Abschreibung und Verzinsung der Geräte, inklusive Reparaturaufwand: 3,6 bis 4,1% pro Monat.

Anhand dieser Angaben sollte es möglich sein, zutreffende Abschätzungen von Kosten für Injektionsprojekte vorzunehmen.

Für die technisch/kaufmännische Betreuung der Baustelle sind zusätzlich etwa 25% des operativen Personals erforderlich (Aufsicht, Infrastruktur).

Kosten für Baustelleinrichtung und Räumung sind getrennt zu ermitteln.

10 Ausführung und Überwachung von Injektionsarbeiten

10.1 Geräteausstattung, Mess-, Regel- und Steuertechnik

Misch- und Injektionsanlagen dienen der gleichmäßigen und wirtschaftlichen Aufbereitung des Injektionsgutes sowie dessen Transport unter Druck bis zur Austrittsöffnung am Injektionspacker.

Moderne Mischanlagen bereiten Suspensionen auf Zement- oder Bentonitbasis hochtourig mit Umdrehungsgeschwindigkeiten über 1200 U/min an der Wirbelradscheibe auf. Durch die hohen Scherkräfte werden die Injektionsstoffe in die Einzelpartikel aufgeschlossen und individuell benetzt. Durch die feine Verteilung der einen Phase (z. B. Zement) in der anderen Phase (meist Wasser) entsteht eine im Verhältnis zum Volumen enorm große Grenzfläche. Durch die so bezeichnete kolloidale Aufbereitung ist der Einsatz gesonderter Rühr- und Quellvorrichtungen für den Einsatz von Bentonit im Regelfall nicht mehr erforderlich. Bis zu 3 Komponenten, unabhängig ob gel- oder zementbasierend, können sowohl volumen- als auch gewichtsgesteuert aufbereitet werden. Der vollautomatische Mischbetrieb erlaubt theoretisch für jede Packerstellung eine abweichende Mischung, baupraktische Überlegungen relativieren jedoch diese Möglichkeiten. Die Mischbetriebsüberwachung erfolgt bei modernen Geräten durch ausgeklügelte Sensortechnik über Finalparameter wie Wichte, pH-Wert online.

Für qualitätsvolle Injektionsaufgaben werden in Mitteleuropa beinahe ausschließlich zwangsgesteuerte (lastunabhängige) Doppelkolbenpumpen in verschiedenen Baugrößen eingesetzt. Durch den Einsatz von moderner Proportionaltechnik (Steuerung über Hydraulikölmenge) bei den Hydraulikaggregaten kann die Steuerung über die Injektionsparameter Druck und Durchflussrate gleichzeitig („dual parameter grouting"), in sehr feinen Abstufungen und ohne manuelle Nachregelung erfolgen. Die automatisierte, rechnergestützte Durchführung von Injektionen mit GIN-Begrenzung ist damit möglich. Die Betriebsparameter der eingesetzten Injektionspumpen richten sich nach der Aufgabe, decken aber zumeist die Bereiche von 1 bis 60 l/min Durchflussrate und von 0 bis 100 bar Injektionsdruck ab.

Häufig werden kombinierte Misch- und Injektionsanlagen mit 2 bis 8 Pumpen pro Einheit eingesetzt, die in kompakter schallisolierter Bauweise auch strenge innerstädtische Vorgaben von 40 bis 50 dBA erfüllen können. Kombinierte Misch- und Pumpanlagen vereinen die weiteren Vorteile optimierter Rüstzeiten und platzsparender Anordnung. Praktische Anwendungen haben gezeigt, dass Kompaktanlagen mit mehr als 8 Pumpen auch bei einfachen, regelmäßig laufenden Anwendungen und vorprogrammierten Steuer- bzw. Abbruchkriterien von einem Spezialisten nur noch schwer überschaut werden können.

Über Injektionsschläuche erfolgt der Transport des fertigen Injektionsgutes zum Packer. Die Dimensionierung der Injektionsschläuche hat neben dem höchsten aufzunehmenden Druck auch möglichst geringe Druckverluste am Transportweg und eine vertretbare Verweildauer des Injektionsgutes im Schlauch zu berücksichtigen.

Packer dienen dem Abschluss des Bohrloches, entweder nur nach oben (Einfachpacker) oder nach oben und nach unten (Doppelpacker). Dadurch wird das Injektionsgut gezwungen, unter Druck durch die Bohrlochwand in die injizierbaren Poren bzw. Klüfte zu fließen. Am häufigsten werden für Injektionen Packer mit hydraulischen oder pneumatischen Expansionskörpern verwendet. Doppelpacker sind etwas aufwendiger im Einsatz als Einfachpacker, bestechen aber durch den Vorteil der gezielten Festlegung des Injektionsbereiches im Bohrloch und vor allem durch die Möglichkeit der Mehrfachbeaufschlagung der betreffenden Injektionsstrecke. Die körperlich anstrengende, aber auch fehleranfällige Arbeit des

Bild 14. Moderner Injektionscontainer

Packerumsetzens im Bohrloch, kann durch den Einsatz von automatischen Leitungsrollenführungen vereinfacht werden. Zusätzlich kann durch Einbindung von automatischen Leitungsrollenführungen in den Steuerungsprozess bis hin zur tiefengesteuerten Injektion eine weitere Fehlerquelle ausgeschaltet werden.

In der aktuellen Normung (DIN EN 12715) sind klare Anforderungen an die Aufzeichnung und deutliche Empfehlungen an die Verarbeitung und Verfolgung von Injektionsdaten zu lesen.

Am rasantesten gehen die Entwicklungen auf dem Gebiet der Mess- und Steuertechnik vor sich. Werden bei überschaubaren Injektionsmaßnahmen, bei denen der handwerkliche Charakter der Ausführung überwiegt, mit simplen Druck- und Mengenaufzeichnungen nach wie vor vernünftige Ergebnisse erzielt, steigert sich der Aufwand der Mess- und Steuertechnik bei Spezialanwendungen beachtlich. Bei komplexen Injektionsmaßnahmen, wie z. B. bei Kompensationsinjektionen, ist der Einsatz von datenbankunterstützten Injektionssystemen aufgrund der enormen Datenmenge mittlerweile unvermeidbar. Eingangsparameter und Abbruchkriterien (Startdruck, Enddruck, Menge, GIN-Wert etc.) werden von Injektionsingenieuren für jede Packerstellung und jeden Injektionsdurchgang vordefiniert und während der Ausführung immer häufiger in Echtzeit fern überwacht. Notwendige Anpassungen der Injektionsparameter erfolgen nur im Ausnahmefall durch direkte Regelung an der Pumpe, meistens durch Adaptierung der Eingangsparameter und der Abbruchkriterien über Fernwartungsmöglichkeit der speicherprogrammierbaren Steuerungen (SPS). Die Darstellung und Speicherung der Injektionsabläufe, im Besonderen Druckabfallkurve und Druck-/Mengenlinie, erfolgt ebenfalls in Echtzeit an der Injektionsanlage. Auch der Einsatz von neuronalen Netzen (selbstlernend) ist möglich und bringt für Spezialanwendungen wie der Kompensationsinjektion interessante Weiterentwicklungen für die Injektionstechnik.

Druck- und Mengensensoren können für den Spezialfall direkt am Injektionspacker situiert werden, durch die Möglichkeit der automatischen und laufende Druckkalibrierung bringen wesentlich störungsresistentere Sensoren, welche direkt an der Druckseite der Pumpe montiert sind, qualitativ gleichwertige, aber durch die erhöhte Betriebssicherheit konstantere Werte.

2.3 Injektionen

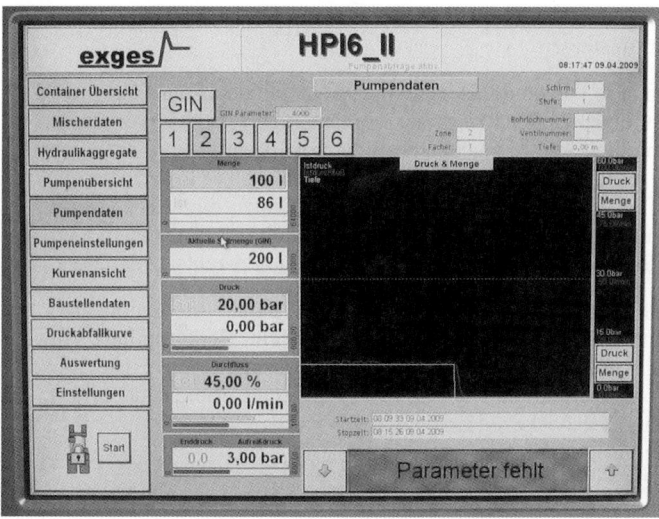

Bild 15. Moderne Injektionsaufzeichnungs- und Steuereinheit

10.2 Verarbeitungsparameter GIN, TPA, PDA

Die Festlegung der Verarbeitungsparameter für Injektionen beinhalten vorrangig Druck, Menge und Rate je Passe oder Bodenvolumen und diese folgen auch heute noch den Erfahrungen aus früheren Zeiten und Projektrealisierungen. Allerdings hat sich seit der theoretischen Auseinandersetzung in den 1990er-Jahren (befruchtet durch *Weaver* [13], *Lombardi* und *Deere* [11] und die Autoren dieses Beitrags) eine Konzentration auf die

- Hydraulik des Injektionsvorgangs,
- Rolle der Kohäsion des Fluids (Injektionsmittel) und
- Rolle der, dem Boden vermittelten, Energie

ergeben. Parallel dazu verlief eine intensive Weiterentwicklung von Feinstbindemitteln.

Der maximale Injektionsdruck am Bohrlochkopf wird mit etwa 80% des im jeweiligen Injektionsbereich des Baugrunds festgestellten Aufbrechdrucks festgelegt. Für die Bestimmung des Aufbrechdrucks werden an Injektionspunkten in unterschiedlicher Tiefe unter Gelände bei variablen Raten die sich einstellenden Injektionsdrücke registriert. Üblicherweise ist dabei der Aufbrechdruck am Beginn des Abfallens des Injektionsdrucks bei steigender Rate erkennbar. Mit diesen Versuchen erübrigt sich das Festlegen der Maximaldrücke in Funktion der Tiefe oder im Verhältnis zum Gewicht der Überlagerung über dem Injektionspunkt. Man sieht i. d. R. dabei auch, dass dieser Druck (wenn überhaupt) mit der Tiefe kaum korreliert. Auf diese Weise werden auch optimale Fließraten ohne schädliche Verformungen im Boden ermittelbar.

Im Lockergestein liegen die Pumpendrücke bei üblichen Leitungsquerschnitten und -längen wegen der kleinen Querschnitte in den Packern und wegen der Widerstände beim Fließen durch die Manschettenrohröffnungen, durch die Risse in der Ummantelung und durch den Eintritt in kleinporige Sande etc. für Suspensionen und Lösungen etwa zwischen 5 und 35 bar. In Fels mit Kluftweiten unter 0,15 mm und bei Verwendung von hochviskosen

Harzen können diese Drücke schadlos (weil sich in hydraulischen Reibungsverlusten verzehrend) auf bis zu 120 bar ansteigen.

Die Festlegung einer maximal je Passe oder Bodenvolumen zu injizierenden Menge wird im Lockergestein als Ergebnis einer Einschätzung der vorhandenen Porosität vorgenommen. Danach ergibt sich eine grundlegende Mengenbemessung bzw. -begrenzung in Sedimenten von etwa > 20 bis < 35%. Im Fels wird diese Festlegung vorrangig zur Begrenzung unkontrollierten Abfließens getroffen und hat dort eher wirtschaftliche Hintergründe. Die Porosität im Festgestein liegt üblicherweise zwischen 0,5 und 2,5%. Lediglich in verkarstetem Karbonat oder verformungsweichen Störzonen liegt der zu veranschlagende Prozentsatz darüber (5%).

Die Injektionsrate stellt sich üblicherweise als Folge hydraulischer Interaktion zwischen Strömungsquerschnitt, Pumpendruck und Rheologie des Fluids ein. Herkömmliche Anwendungen von Suspensionen werden in der Regel mit Injektionsraten von 5 bis 15 l/min gefahren. Im Karst steigt dieser Wert auf bis zu > 50 l/min und erreicht dabei ggf. die Kapazitätsgrenze der Pumpe. Hochviskose Harze hingegen werden in Klüfte unter 0,15 mm Öffnungsweite mit Raten von < 1 l/min verpresst.

Steuerungs- und Abbruchkriterien beim Injizieren sind deshalb von so hervorragender Bedeutung, weil es keine Möglichkeit gibt, den Fertigstellungsgrad des Prozesses direkt zu messen oder zu beobachten. Alle diesbezüglichen Festlegungen der Planung sind daher einerseits auf die Ergebnisse der Erkundung und auf Erfahrungswerte abgestellt. Andererseits müssen diese laufend an die Beobachtungen und Messungen während der Ausführung der Arbeiten angepasst und diesen nachgeführt werden. Dieser Umstand ist in die europäischen Normung (DIN EN 12715) ausdrücklich übernommen worden. Wann ist es also genug, wann muss unterbrochen werden, wie viele Durchgänge sind noch vorzusehen und ist das verwendete Mittel das Richtige? – diese Fragen erfordern zur Beantwortung die eingehende Analyse der Injektionsprotokolle, mit den daraus dann zu ziehenden Schlussfolgerungen.

Dabei spielt die Beobachtung der Art der Druckentwicklung eine ganz wesentliche Rolle. Hier ist zwischen der

– Injektion mit konstanter Pumprate (wobei der Druck variiert),
– Injektion mit konstantem Druck (wobei die Rate variiert) oder
– Injektion, bei der Rate und Druck – manuell angepasst – gesteuert werden,

zu unterscheiden.

Die klassische (wiewohl nicht häufigste) Form der Druckentwicklung einer Penetrationsinjektion (in porösem Sediment ebenso wie in geklüftetem Fels) besteht in einem, mit der verpressten Menge (und damit auch gegen die Zeit) proportionalen Ansteigen des Injektionsdrucks. Für diese Form sind eine konstante Rheologie der Mischung, geringe oder keine Verformungen im Baugrund und eine konstante Injektionsrate besonders günstige Voraussetzungen. Ein Abfallen des Injektionsdrucks weist auf das progressive Öffnen von Fließwegen hin.

Im Fels bedeutet das Gleiche entweder eine Erosion von Kluftfüllungen, seltener das Aufweiten der Kluft unter dem in der Kluft wirksamen Injektionsdruck, im Lockergestein ist es ein Hinweis auf das Verfrachten von Feinteilen im Sediment durch Erosion oder Suffusion. Plötzlicher Druckabfall bei der Lockergesteinsinjektion weist auf das Aufbrechen meist subhorizontaler Fracs (Claquagen) hin, welche mit Bodenhebungen verbunden sein können und zu unerwünschtem Abfließen des Injektionsgutes führen. Im Lockergestein ist die Druckentwicklung relativ zur geplanten Menge zu betrachten, im Fels wird durch das sukzessive Bohren von Primär- und Sekundärlöchern die Reichweite der Wirkung unter den angewendeten Drücken und Mengen verfolgt.

Die Beobachtung der instationären Druckentwicklung nach einem Pumpenstopp (TPA-Technik, EN 12715, Glossar) gibt einerseits einen Hinweis auf die effektiv im Boden wirksamen Drücke und lässt andererseits (wenn in geeigneten Zeitintervallen innerhalb einer Passe oder Packerstellung vorgenommen) Aussagen zur Änderung der relativen Transmissivität in Bezug auf die verwendete Mischung zu – und damit auf den Grad der erreichten Hohlraumfüllung. Wenn diese Daten (in log-log Plots dargestellt) mit Typenkurven auf Kompatibilität geprüft werden, spricht man von der besonders effektiven PDA (Pressure Derivative Analysis), und erhält eine Art Diagnostik zum Verlauf des Prozesses, welche die Planungsparameter quantitativ diskutierbar macht.

Mit der Begrenzung der spezifischen Energie nach den Formulierungen der Grouting Intensity Number ist insbesondere in der Felsinjektion eine zulässige ingenieurmäßige Vereinfachung der Beurteilung des Injektionsvorgangs gelungen (siehe dazu an anderer Stelle dieses Abschnitts).

Zu den Schnittpunkten im Übergang von einem zum anderen Vorgehen oder dem Abbruch beim Injizieren sind von *Weaver* [13] Kriterien zur Änderung der Rate, der Mischung und des Druckes in Form von Flussdiagrammen erstellt worden, welche besonders beim Injizieren unter Dämmen erfolgreich Anwendung gefunden haben.

Auf Grundlage solcher oder ähnlicher Überlegungen ist es möglich, bereits in der Planung Kriterien für die Dimensionierung der Verarbeitungsparameter wie TPA, PDA und GIN in der Felsinjektion zu formulieren.

Die Poreninjektion in Lockergestein ist in dieser Hinsicht stärker vom Zusammenspiel von Porenengstellenverteilung, Rate (oder Druck) und Rheologie der Mischung abhängig. Es bleibt daher dort die Diagnostik der Erfahrung und generellen Interpretation ausgesetzt. Einflüsse aus horizontalen und vertikalen Durchlässigkeiten infolge der Stratigraphie des Sedimentes müssen dabei den Beobachtungen und Interpretationen der Druckentwicklung überlagert werden.

11 Anwendungsbeispiele

11.1 Injektionsmaßnahmen im Zuge der Bergung der TBM Amsteg

Im Zuge der Errichtung des Gotthard Basistunnels in der Schweiz kam es im Sommer 2005 im Baulos Amsteg zu einem massiven Nachbruch aus einer bis dahin in vorgefundenem Ausmaß und festgestellter Qualität nicht bekannten Störzone. Das einbrechende mit Bergwasser vermischte Gestein schlämmte die TBM derart ein, dass der Vortrieb eingestellt werden musste. Zur Wiederaufnahme des maschinellen Vortriebs war eine untertägige Bergung der TBM unter Anwendung eines Gegenvortriebs in Neuer Österreichischer Tunnelbauweise notwendig.

Eine unverzüglich eingesetzte Task Force erkannte eine mehrstufige im Manschettenrohrverfahren ausgeführte Niederdruckinjektion als geeignetes Verfahren, um den Verbruchkegel sowie das darüber lagernde hydrothermal zersetzte, die Störzone füllende aufgelockerte Gestein zu stabilisieren. Vorlaufend dazu galt es allerdings, ebenfalls im Manschettenrohrverfahren, die im Niederbruch festsitzende TBM gegen möglicherweise im Zuge der Stabilisierungsinjektion eintretende Zement-Bentonit-Suspension zu schützen, denn eindringendes Injektionsgut im Hauptlager oder durch Zementsuspension verklebte Öffnungen hätten die Wiederinbetriebnahme der TBM gefährdet.

Ein zweikomponentiges Silikatgel, das rund um den TBM Kopf injiziert wurde, um alle suspensionsgängigen Wegigkeiten im umgebenden Lockermaterial zuverlässig zu blockieren, bildete einen die Vortriebsmaschine schützenden Mantel. Das eingesetzte Gel musste alle Umweltauflagen erfüllen, zudem eher günstigere Eindringeigenschaften in die Hohlräume aufweisen als die nachfolgende zur Verfestigung eingesetzte Suspension und darüber hinaus durch geringe Klebe- und Festigkeitsentwicklung auch bei planmäßigem Eindringen in die TBM im Zuge der Wiederinstandsetzung leicht abwaschbar und löslich sein.

Die Siebkurve des Verbruchmaterials zeigte, dass 6 bis 18% der Sandfraktion und 76 bis 93% der Kiesfraktion hinzuzurechnen sind. Der theoretisch festgelegte Injektionsbereich, bestehend aus ca. 3500 m³ injizierfähigem Lockermaterial, wurde mit ca. 3300 m Injektionsbohrungen, die fächerförmig mit Zielpunktabständen bis 1,5 m angeordnet wurden, bearbeitet. Sowohl aus dem sehr beengten Arbeitsraum unmittelbar hinter dem Schneidrad der TBM als auch aus einem eigens dafür hergestellten seitlich zum Hauptvortrieb liegendem Injektionsstollen wurden die bis zu 30 m langen Injektionsbohrungen verrohrt mit Außendurchmesser 101 mm direkt in die Störzone und in den Verbruchkegel vorgetrieben.

Die Verfestigungsinjektion erfolgte über 1 ½" Manschettenrohre, Packerabstand 33 cm und hydraulisch verspannbare Doppelpacker. Ein werksseitig vorgemischtes hydraulisches Bindemittel auf Basis von Ölschieferzement wurde ausgewählt, das mit einer Mahlfeinheit von ca. 8000 Blain und einem W/B-Wert zwischen 0,8 und 1,0 sich als geeignet erwies, um sowohl den Niederbruch als auch die Störzone zufriedenstellend zu penetrieren.

Der Aufbau des Injektionskörpers erfolgte beginnend mit der beschriebenen Gelinjektion im unmittelbaren Nahbereich der TBM, dann unter Verwendung der oben beschriebenen Zement-Bentonit-Suspension schrittweise in Richtung des Gegenvortriebs.

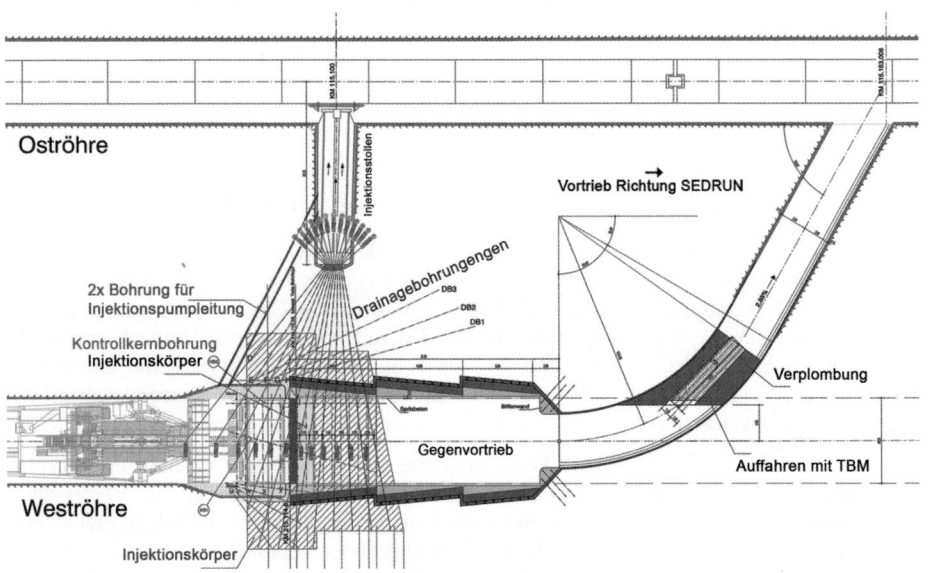

Bild 16. Grundriss Bergesituation für TBM (Skizze)

2.3 Injektionen 191

Bild 17. Blick auf das Schneidrad der teilweise freigelegten TBM

Die einaxiale Druckfestigkeit der Suspension wurde mit mindestens 5 N/mm² nach 28 Tagen definiert, um eine über den gesamten Injektionskörper verglichene einaxiale Druckfestigkeit von zumindest 2 N/mm² für die rechnerischen Nachweise annehmen zu können. Unter Einhaltung der felsmechanisch vorgegebenen maximalen Injektionsdrücke von 30 bar konnten zufriedenstellende Pumpraten zwischen 6 und 15 l/min erzielt werden.

Die Überprüfung des Injektionserfolgs wurde durch die visuelle Beurteilung von Bohrkernen aus dem Injektionskörper und durch laufende Auswertung und Interpretation der Injektionsdaten sichergestellt. Zuletzt konnte die TBM ca. ein halbes Jahr nach der geologisch erzwungenen Vortriebseinstellung wieder erfolgreich angedreht werden.

11.2 Tiefliegende Weichgelsohle, Krefeld

In Krefeld (D) wurde im Jahr 2000 eine tiefliegende gedeckelte Weichgelsohle zur Abdichtung gegen das Grundwasser hergestellt. Die Baugrube mit den Abmessungen 210 m × 18 m im Grundriss sollte ca. 13 m unter das angrenzende Geländeniveau sowie ca. 6 m unter dem Grundwasserspiegel ausgehoben werden.

Zur Optimierung des zeitlichen Bauablaufes, aber auch zur Reduktion des Risikos einer Undichtheit, wurde die Baugrube durch ein Querschott in einen Nord- und Süd-Bereich jeweils ähnlicher Größe unterteilt.

Unter verschiedenen anthropogenen Auffüllungen lagen bis zu einer Tiefe von 25 m durchweg nichtbindige Ablagerungen der Mittelterrasse des Rheins. Diese überwiegend feinkiesigen Mittelsande mit einem Feinsand- und Schluff-Anteil unter 12 % zeichneten sich auch durch einen Anteil an Feinkorn < 0,06 mm unter 5 % aus.

Zum Einbau der Injektionslanzen wurden von einem knapp über dem Grundwasserspiegel liegenden Arbeitsplanum ca. 15 m tiefe Bohrungen im Raster 1,50 m × 1,70 m (2,55 m²/Pkt.) im Rotationsspülbohrverfahren unter Verwendung von Gestänge ⌀ 88,9 mm mit 4 ½" Rollmeißel abgeteuft.

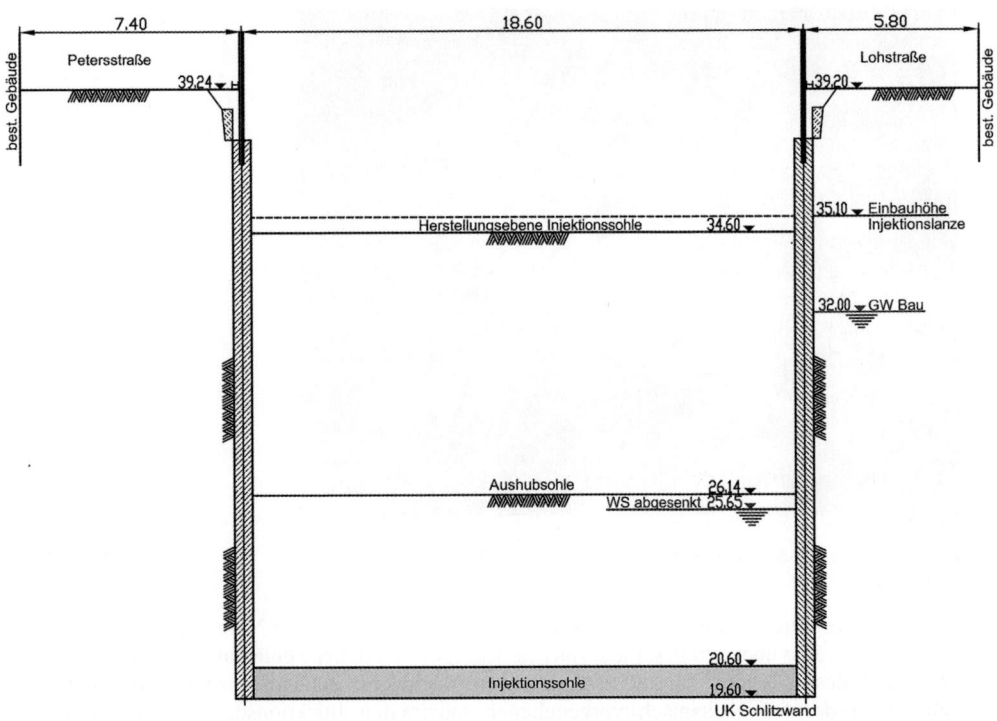

Bild 18. Schnitt durch die Baugrube

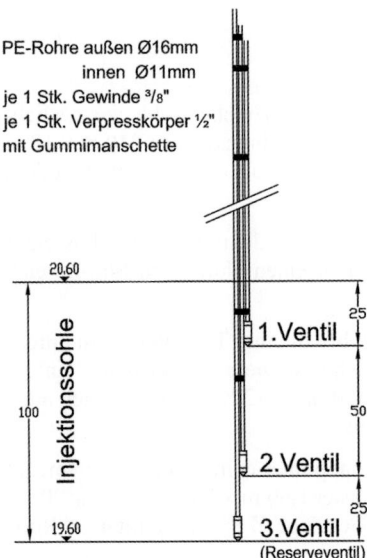

Bild 19. 3-fach-Injektionslanzen. Ausführung im Bereich der Injektionssohle (Sohlenstärke 1 m)

2.3 Injektionen 193

In die so hergestellten Bohrlöcher wurde je ein Injektionslanzenbund bestehend aus 3 Lanzen – eine Lanze für die Deckelinjektion, eine Lanze für die Weichgelinjektion und die dritte Lanze als Reservelanze eingebaut

Um den unerwünschten Effekt des vertikalen Aufsteigens des Weichgels während der Injektion zu vermeiden und damit die horizontale Ausbreitung des Injektionsgutes weiter zu begünstigen, erfolgte vor Beaufschlagung der unteren Ventile mit Weichgel eine Deckelinjektion unter Einsatz einer zementbasierten Suspension.

Das eingesetzte Weichgel setzte sich aus 76,8 % Wasser, 20 % Wasserglas und 3,2 % Natriumaluminat zusammen, mit diesem Mischungsverhältnis ergab sich eine Kippzeit von 45 bis 50 Minuten. Die beschriebene Mischung wurde unter Einsatz von 8 Injektionspumpen mit Pumpraten zwischen 5 und 9 l/min injiziert.

Mit einem Injektionsvolumen von < 500 l/m² konnte bei diesem Projekt eine Durchlässigkeit von < 0,5 l/s / 1000 m² nachgewiesen werden.

11.3 Kölnbreinsperre

Der Jahresspeicher Kölnbreinsperre der Kraftwerksgruppe Malta der Österreichischen Draukraftwerke in Kärnten, Österreich, ist eine auf 1700 m ü. A. gelegene, doppelt gekrümmte Bogenmauer mit einer Höhe von 200 m. Das Stauziel liegt auf 1902 m ü. A., die Kronenlänge beträgt 626 m. Der Nenninhalt des Stauraums beträgt 200 Mio. m³. Der erstmalige Vollstau erfolgte 1979.

Kurz nach erstem Vollstau traten im Gründungsbereich der Sperre – sowohl in der Mauer selbst als auch im Untergrund – Risse auf, die sich über etwa 300 m entlang der Aufstandsfläche erstreckten. Nach ersten Sofortmaßnahmen wurden in den Jahren 1989 bis 1992 Sanierungsarbeiten u. a. mittels umfangreicher Kunstharzinjektionen durchgeführt.

Das Injektionskonzept basierte auf Planungen des Büros Lombardi, Schweiz und entsprach einer Einzelrissinjektion unter Energie- und Druckbegrenzungen und sah das Verpressen von

Bild 20. Ansicht der Sperre

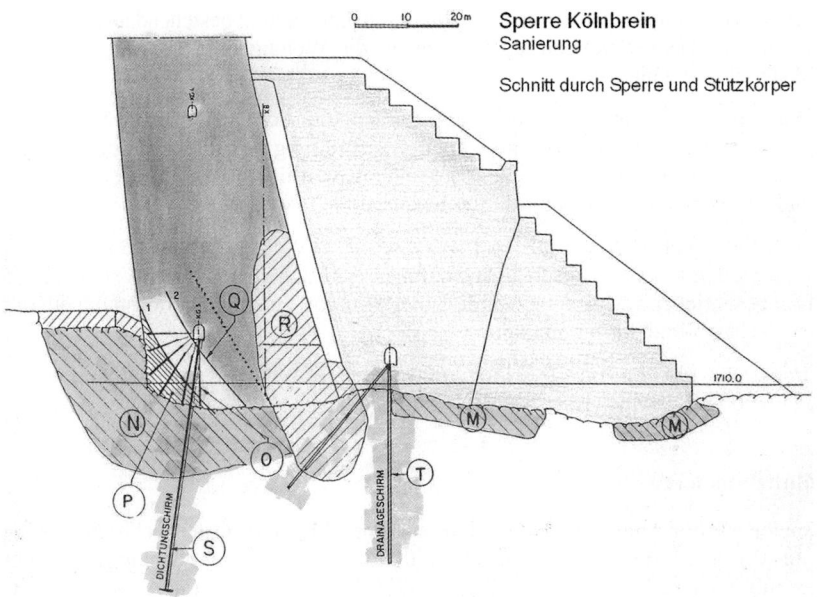

Bild 21. Schnitt durch die Sperre

ca. 1500 t Zement und 200 t spezieller Epoxydharze über ca. 130 000 m Bohrungen im Sperrenbeton und Fels vor.

Das konstruktive Zusammenwirken von Stützgewölbe und Injektion im gesamten Sanierungskonzept der Sperre stellte besondere Anforderungen an die Ausführung und spätere Wirksamkeit der Injektionsmaßnahmen. Einerseits musste die Anwendung hoher Injektionsdrücke im gerissenen Sperrenkörper kontrolliert erfolgen, andererseits musste die Ausbreitung des Injektionsgutes über > 7 m²/Bohrpunkt gewährleistet sein, was wiederum nur unter hohen Drücken erfolgen konnte. Hierfür leistete die erste Anwendung der TPA-Methode große Dienste.

Im Sperrenbeton wurden unter gleichzeitigem Einsatz von 10 Bohrgeräten Rotationskernbohrungen mit einem Durchmesser von 46 mm ausgeführt. Die hydraulisch wirkenden Einzelpacker wurden als verlorene Installation versetzt. Die Injektionsanschlüsse und -leitungen bestanden aus starkwandigen PVC-Schäuchen mit einem Innendurchmesser von 11 mm, welche an Sollbruchstellen oberhalb der Packer gelöst werden konnten.

Die Injektionsplanung stellte auf theoretische Überlegungen bei der Verarbeitung stabiler Suspensionen ab und verband das Konzept der Energiebegrenzung GIN mit der Möglichkeit, durch die Analyse der instationären Druckentwicklung nach Pumpenstopp (TPA), die im Beton tatsächlich wirksamen Drücke und den jeweils erreichten Füllungsgrad abzuschätzen.

Die automatische Injektionsdatenerfassung ermöglichte eine laufende Aufzeichnung der Verarbeitungsparameter vor Ort, eine digitale Übertragung der Daten in die Bauleitung und eine Modem-Übertragung in die Zentrale Technik des Bauherrn außerhalb der Baustelle. Damit, und mit dem Einbau von fest-installierten Gleitmikrometerstrecken über die Risszonen, wurde eine Überwachung der Injektionen, gleichzeitig mit der Kontrolle der Bewegungen in der Sperre möglich.

2.3 Injektionen

Die Kontrolle der Injektionswirkung erfolgte anhand der Ergebnisse von Zugversuchen an Bohrkernen, Wasserabpressversuchen, Verformungsbeobachtungen, Injektionsgutaufnahme-Statistiken und schließlich: Interpretationen der Injektionsganglinien (Druck- und Ratenentwicklung gegen Gesamtmenge).

Die Sperre ist seither – wieder voll funktionsfähig und ohne Einschränkungen – in Betrieb.

11.4 Kompensationsinjektionen Bologna

Traditionellerweise werden Kompensationsinjektionen, die es ermöglichen, während der Tunneldurchfahrt auftretende Setzungen zu minimieren, mittels der Technik des „Soilfracturing" durchgeführt. Bei diesem Verfahren werden im Boden Fließwege geöffnet (Fracs), in die das Injektionsgut eindringt und erhärtet. Durch mehrmalige Einwirkung kann der Boden verbessert und werden sowie Hebungen eingeleitet werden. Eine ausführlichere Beschreibung der Vorgänge ist bei *Raabe* und *Esters* [20] zu finden. Für diese Art der Injektionen werden in der Regel Manschettenrohre mit 1,5" bis 2" Durchmesser eingesetzt. Über Doppelpacker können somit gezielt die einzelnen Manschetten mehrfach injiziert werden. Bild 22 zeigt eine schematische Darstellung der Doppelpackerinjektion sowie einen Querschnitt durch ein injiziertes Manschettenrohr.

Diese Manschettenrohre werden fächerförmig im Bereich zwischen dem Gründungselement und dem Tunnel installiert. Dazu stehen prinzipiell die in Bild 23 dargestellten Bohrmöglichkeiten zur Verfügung.

Das Verformungsverhalten während der Kompensationsinjektion wird von dem Bauwerk (Tragwerk, Gründungsart), den Eigenschaften und der Mächtigkeit des zwischen Gründung und Tunnel liegenden Bodens und dem Tunnelvortrieb selbst beeinflusst.

Als Messsysteme haben sich Schlauchwaagen und Neigungsmessketten bewährt. Für die Steuerung der Injektionsarbeiten ist jedenfalls die Hebungseffizienz zu berücksichtigen. Diese Hebungseffizienz gibt das Verhältnis von injiziertem zu hebungswirksamem Volumen an. Da dieser Effizienzfaktor in praktischen Anwendungen deutlich unter 1 liegt, ist bei der

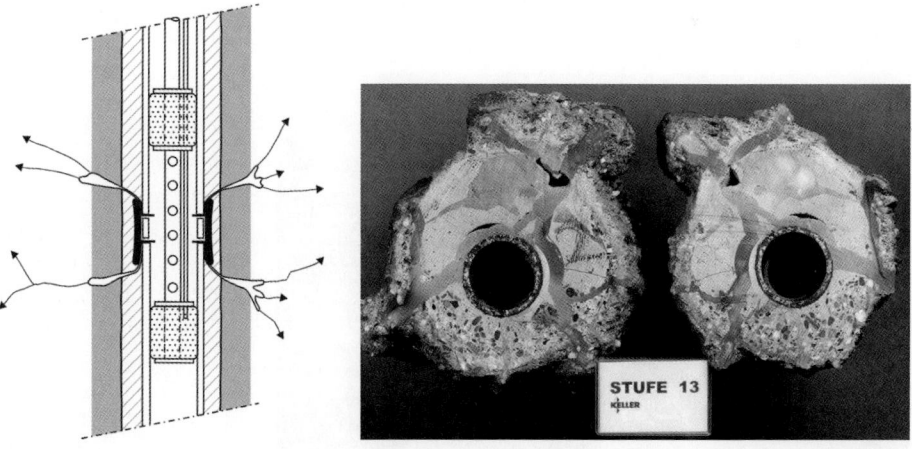

Bild 22. Schematische Darstellung der Manschettenrohrinjektionen (links) und Schnitt durch ein injiziertes Manschettenrohr (rechts).

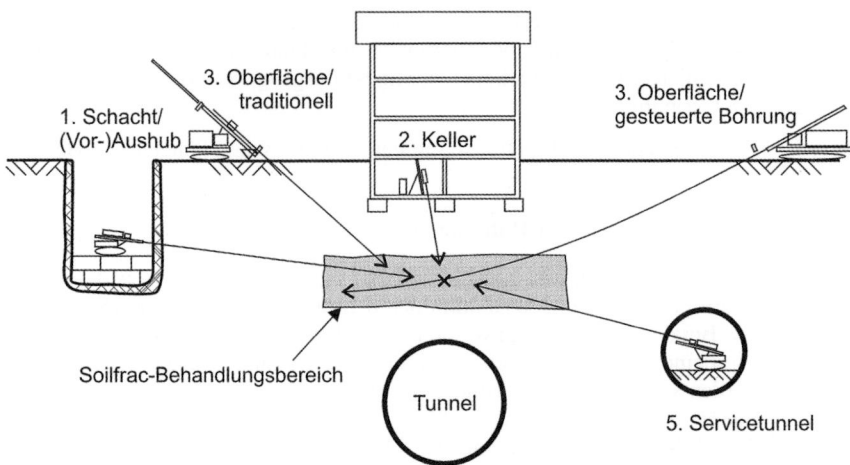

Bild 23. Bohrmöglichkeiten zur Implementierung von Manschettenrohren

Planung und Durchführung von Kompensationsinjektionen darauf zu achten. Erfahrungswerte für den Effizienzfaktor sind bei *Chambosse* und *Otterbein* [21] zu finden.

In den Jahren 2005 bis 2007 wurden im Stadtgebiet von Bologna, Italien, Tunnelvortriebe für die Errichtung der neuen Hochleistungsstrecke Neapel–Mailand durchgeführt. Dabei ergab sich, dass über 100 Bauwerke von den Tunnelvortrieben (Durchmesser 9,4 m) unter ihrer Gründung in Mitleidenschaft gezogen wurden. Unter anderem waren 2 Brücken der bestehenden Strecke von den Unterfahrungen betroffen. Die bestehende Strecke musste während der Tunnelarbeiten voll im Betrieb bleiben. Die bedeutendere der beiden Brücken ist in Bild 24 abgebildet.

Als Kriterium wurde eine maximale differenzielle Verformung von l/3000 zwischen benachbarten Brückenpfeilern definiert. Daraus ergaben sich zulässige Differenzsetzungen von 2,7 mm bzw. 5,3 mm für die verschiedenen Bogenspannweiten.

Bild 24. Ansicht der Brücke „Via Emilia Levante"

2.3 Injektionen

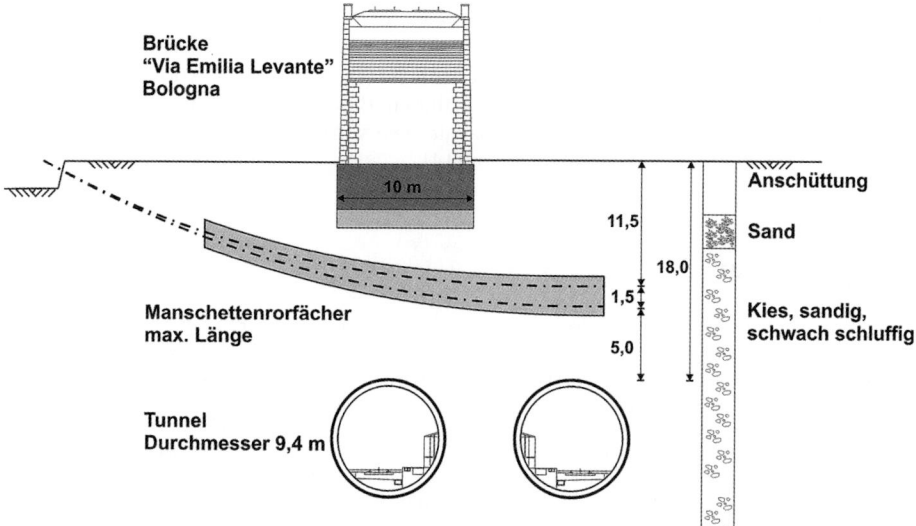

Bild 25. Querschnitt der Brücke „Via Emilia Levante"

Zur Sicherstellung dieser zulässigen Verformungsmaße wurden Kompensationsinjektionen eingesetzt (*Kummerer* et al. [14]). In der ursprünglichen Planung war die Realisierung von 3 Schächten aus vorgesehen, die aber später durch die Ausführung von gesteuerten Bohrungen von einem Voraushubniveau aus ersetzt wurden (Bild 25).

In Summe wurden im vorwiegend sandigen Kiesboden 96 Manschettenrohre mit einer maximalen Länge von je 68 m in zwei Lagen realisiert. Mit den 5000 m Bohrungen wurden ca. 3200 m² Grundfläche abgedeckt. Zur Verformungskontrolle wurden 96 Druckschlauchwaagen in 3 Horizonten installiert. Die Messungen wurden im 1-min-Intervall durchgeführt und alle 15 min ausgewertet.

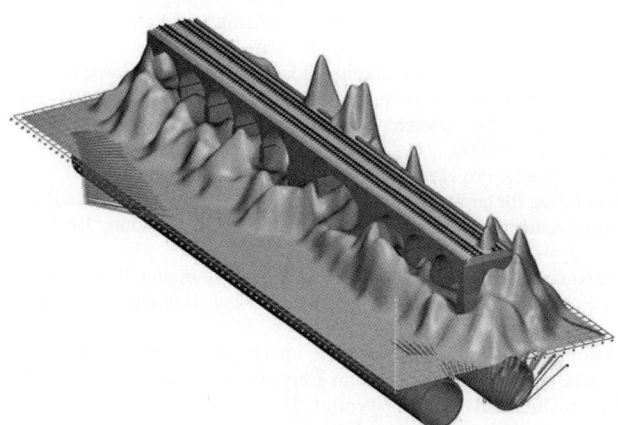

Bild 26. Dreidimensionale Darstellung des Injektionsvolumens

Zur Erzielung der Hebungsbereitschaft wurden ca. 750 m³ Zementsuspension injiziert (etwa 7% des theoretischen Bodenvolumens). Während des eigentlichen Tunnelvortriebs wurden ca. 230 m³ Zementsuspension verpresst. Wesentliche Mengen des Injektionsgutes wurden unter den zentralen Pfeilern injiziert, da in diesen Bereichen der Tunnelvortrieb einen überdurchschnittlichen Bodenentzug verursachte. Die vertraglich zugesicherten Differenzverschiebungen konnten eingehalten werden [14].

12 Literatur

[1] Semprich, S., Stadler, G.: Grundbau-Taschenbuch, Teil 2, 6. Auflage. Ernst & Sohn, Berlin, 2001.
[2] Whiffin, V. S., Lambert, J. W. M., Van Ree. C. C. D.: Biogrout and Biosealing – Pore-Space Engineering with Bacteria. Geostrata.Geo Institute for ASCE 5(5), 2005, 13–16.
[3] Whiffin, V. S., van Paassen, L. A., Harkes, M. P.: Microbial Carbonate Precipitation as a Soil Improvement Technique. Geomicrobiology Journal 24(5), 2007, 417–423.
[4] Weber, K. Irngartinger, S.: Abdichtinjektionen mit thermoplastischen Schmelzen. Beiträge zum 4. Geotechnik Tag München, Schriftenreihe des Lehrstuhls und Prüfamtes für Grundbau, Bodenmechanik und Felsmechanik der TU München, 2005, Heft 37, 137–147.
[5] Weber. K.: Geolex 01/02. Iconeon Verlag, Berlin, 2002.
[6] Internationale Gesellschaft für Felsmechanik (ISRM), Commission on Rock Grouting, Report 1996.
[7] Cambefort, H.: Injection des Sols. Eyrolles, Paris, 1967.
[8] Pollard: Report on Pressure Derivative Analyses, UKAEA 2008, unveröffentlicht.
[9] Perbix, W., Teichert, H.-D.: Feinstbindemittel für Injektionen in der Geotechnik und im Betonbau. Taschenbuch Tunnelbau. Verlag Glückauf, Essen, 1995, S. 353–389.
[10] Bonzel, J., Dahms, J.: Über den Einfluß des Zements und der Eigenschaften der Zementsuspensionen auf die Injizierbarkeit in Lockergesteinsböden. Beton-Verlag, Düsseldorf, 1972, S. 70.
[11] Lombardi, Deere: Grouting Design and Control Using the GIN Principle, Water Power & Dam Construction, June 1993.
[12] Heinz: Geomechanik Colloquium Salzburg. Grouting, Balkema, Rotterdam, 1993.
[13] Weaver, K.: Dam Foundation. Grouting, ASCE, 1991.
[14] Kummerer, C., Thurner, R., Paßlick, T.: Beiträge zum 23. Christian Veder Kolloquium, Technische Universität Graz, 2008, Heft 33, S. 133–144.
[15] Silveira, A.: An alysis of the problem of washing through in protective filters. Proc. 6th Int. Conf. Soil Mech. and Found. Eng., University of Toronto Press, 1965, Vol. II, pp. 551–555.
[16] Schulze, B.: Injektionssohlen – Theoretische und experimentelle Untersuchungen zur Erhöhung der Zuverlässigkeit. Veröffentlichungen des Instituts für Bodenmechanik und Felsmechanik der Universität Karlsruhe, Heft 126, 1992.
[17] Schulze, B.: Neuere Untersuchungen über die Injizierbarkeit von Feinstbindemittel-Suspensionen. Berichte der Int. Konf. betr. Injektionen in Fels und Beton. Balkema, Rotterdam, 1993, S. 107–116.
[18] DIN EN 12715:2000–10: Ausführung von besonderen geotechnischen Arbeiten (Spezialtiefbau) – Injektionen. Deutsche Fassung EN 12715:2000.
[19] United Kingdom Atomic Energy Agency, Projekt Dounreay, Schottland, 2007.
[20] Raabe, A. W. Esters, K.: Soilfracturing for terminating settlements and restoring levels of building and structures. In: Ground improvement (ed. Moseley). Chapman & Hall, London, 1993, pp. 175–192.
[21] Chambosse, G., Otterbein, R.: State of the art of compensation grouting in Germany. Proc. 15th Int. Conf. on Soil Mechanics and Foundation Engineering, Istanbul, Turkey. Balkema, Rotterdam, 2001, pp. 1511–1514.
[22] Seeber G, Friedrich R.: Druckstollen und Druckschächte. Enke im Thieme Verlag, 1999.
[23] Feder, G.: Ansprechdruckversuche mit Injiziermedien beim Übergang vom Bohrloch zum Riß. Forschungsbericht Österreichische Draukraftwerke, Klagenfurt, 1990.

2.4 Unterfangung und Verstärkung von Gründungen

Karl Josef Witt

1 Begriffe

Unterfangen ist das Umsetzen der Fundamentlast eines flach gegründeten Bauwerks auf eine tiefere Kote. Hierzu wird eine tiefer liegende Gründung unter bestehenden Fundamenten hergestellt. Die klassische Anwendung der Unterfangung wird erforderlich, wenn in enger Nachbarschaft einer bestehenden Gründung eine Baugrube, eine weitere Gründung oder eine Abgrabung ausgeführt werden soll und dabei neben dem Fundament ein Teil der Lastzone entzogen wird, sodass große Setzungen oder ein Grundbruch zu befürchten wären. Zur Unterfangung zählt auch das lokale Umsetzen von Gründungsstrukturen, wenn ein Bauwerk nachträglich vertieft oder unterfahren werden soll und hierzu der Baugrund unterhalb oder zwischen einer bestehenden Gründung auszuräumen ist.

Bei der Verstärkung einer bestehenden Gründung werden zur Erhöhung der äußeren Tragfähigkeit zusätzliche Gründungselemente hinzugefügt. Dies kann zur Schadensbehebung oder wegen einer geplanten Erhöhung der Einwirkungen infolge Umnutzung des Bauwerks erforderlich werden.

Unterfahrung ist das Ausräumen des Baugrundes unterhalb oder zwischen der Gründung eines Bauwerks im Zuge einer unterirdischen Baumaßnahme. Das bestehende Bauwerk wird hierbei ganz oder teilweise, vorübergehend oder bleibend auf neue Gründungskörper abgesetzt (Eck-, Teil- oder Vollunterfahrung). Beispiele hierzu werden in Abschnitt 3.4 dieses Kapitels aufgeführt. Eine detaillierte Darstellung zu Unterfahrungen findet sich in Kapitel 2.3 der 6. Auflage des Grundbau-Taschenbuchs, Teil 2 [49]. Das Gleiche gilt für das Verschieben von Bauwerken auf Gleit- oder Rollbahnen an einen neuen Standort.

2 Grundsätzliche Überlegungen

Eine Unterfangung ist bei der Neubebauung innerstädtischer Grundstücke immer dann erforderlich, wenn die Tiefgeschosse eines zu errichtenden Neubaus unter die Gründungsebene der Nachbargebäude reichen. Eine Verstärkung von Gründungen kann mit Umbauten oder Umnutzungen von bestehenden Bauwerken, zur temporären oder permanenten Sicherung von Fundamenten oder zur Reparatur von Gründungsschäden erforderlich werden. Unterfahrungen sind beim Bau unterirdischer Verkehrsanlagen durchzuführen, wenn die Trasse teilweise oder ganz unter Gebäuden verläuft. Unterfangungs-, Verstärkungs- und Unterfahrungsmaßnahmen sind lokal begrenzte Sonderbaumaßnahmen, die wegen der relativ geringen Mengen, der Einzigartigkeit, der spezifischen Aufgabenstellung und wegen der vielfältigen Ausführungsrisiken teuer und darüber hinaus oft nur unscharf vorab zu kalkulieren sind. Es handelt sich immer um Gründungsarbeiten im Bestand, der für die Bauzustände gegen jegliche Art von schädlichen Verformungen zu schützen ist. Im Sinne DIN 1054 und EC 7 sind Maßnahmen zur Unterfangungen und Verstärkung von Gründungen der

Geotechnischen Kategorie GK 3 zuzuordnen. Lediglich herkömmliche Unterfangungen im Geltungsbereich der DIN 4123 können darunter eingestuft werden.

Zu Beginn solch einer Maßnahme stehen Überlegungen der Wirtschaftlichkeit und der technischen sowie rechtlichen Risiken. Oft ist es einfacher und billiger, die betroffenen Bauwerke aufzukaufen, ganz oder teilweise vorübergehend stillzulegen oder die Eigner zu entschädigen. Das Rechtsrisiko betrifft die Erlaubnis oder Duldung durch die betroffenen Grundstückseigentümer, wie auch die Gestattung der Maßnahme oder die Bereitschaft zur Eintragung einer Dienstbarkeit. Bei der Prüfung der Wirtschaftlichkeit sind folgende Aspekte zu beachten:

– Verkehrswert und Nutzwert der betroffenen Gebäude,
– Entschädigungskosten und Ausfallkosten,
– Gebrauchswert und Geltungswert der betroffenen Gebäude,
– Art, Zustand und Ausnutzungsgrad der bestehenden Gründungen,
– baulicher Zustand der betroffenen Gebäude,
– Vorgaben und Randbedingungen durch den Denkmalschutz.

Eine wirtschaftliche Gegenüberstellung und ein objektiver Vergleich von Varianten unter Einbeziehung aller Bau-, Neben- und Folgekosten sind zum Zeitpunkt der Entwurfs- und Genehmigungsplanung meist nicht möglich. Frühestens zur Ausführungsplanung liegen die zahlreichen Detailgutachten zur Baugrund- und Grundwassersituation, zur Konstruktion, zum Kraftfluss und Tragverhalten der bestehenden Bebauung und zum Zustand des Bestandes vor, aus denen sich dann die Anwendbarkeit der verschiedenen Verfahren ergibt. Bei der Wahl der Verfahren sind außerdem baubetriebliche Aspekte wie Platzbedarf für Maschinen und Geräte, Zugänglichkeit und zumutbare Belästigung der Anwohner zu beachten. Grundsätzlich bedarf eine Unterfangungsmaßnahme der Einwilligung des Gebäudeeigentümers, auch dies ist oft mit zusätzlichen Kosten verbunden. Bei Baugruben neben bestehenden Gründungen ist daher auch der Verzicht auf eine Unterfangung des Bestandes und die Beherrschung der Kräfte und Verformungen mit einer vorgesetzten gestützten oder verankerten Bohrpfahl- oder Stützwand technisch und wirtschaftlich abzuwägen. In jedem Fall ist vor Beginn eine umfassende außergerichtliche Beweissicherung für alle betroffenen Bauwerksteile erforderlich. Ebenso ist eine Strategie zur Beobachtung von Verformungen und Veränderungen der Belastung für die Zeit der Ausführung und für den späteren Betrieb zu entwickeln. Insofern stellen derartige Eingriffe in den Bestand, Unterfangungen wie Verstärkung, eine interdisziplinäre Aufgabe dar, die neben der Erfahrung auch einen intensiven Dialog zwischen Architekt, Tragwerksplaner, Projektsteuerer, Sachverständigem für Geotechnik, Prüfingenieur, Bauhistoriker und ausführendem Unternehmen des Spezialtiefbaus erfordert.

Die Bauverfahren, deren Einsatzmöglichkeiten und Anwendungsgrenzen werden in Abschnitt 3 dieses Kapitels behandelt. Eine ausführliche Dokumentation von Beispielen einschließlich einer Gegenüberstellung von Kosten wurde von *Klawa* in [24, 25] zusammengestellt. *Englert* et al. [11] und *Hock-Berghaus* [19] beschreiben auch rechtliche Aspekte von Unterfangungsmaßnahmen. Auf die Erläuterung von Einzelheiten zur Abstützung von aufgehenden Wänden und Fassaden wurde verzichtet, hierzu wird auf [19] und [20] verwiesen. Detailfragen zur Bauweise und zu Möglichkeiten der Verstärkung von Gründungen historischer Bauwerke werden ausführlich von *Goldscheider* [14, 15] behandelt, anschauliche Beispiele hierzu finden sich bei *Groß* und *Grede* [16] sowie bei *Schwarz* [45].

witt & partner
▼ geoprojekt

Gründungen
Flachgründung, Tiefgründung, Pfahl-Platten-Gründung, Unterfangung, Sanierung historischer Bausubstanz ...

Böschungen
Rutschungssanierung, Vernagelung, Felssicherung, Stützbauwerke, Böschungsstabilisierung ...

Berechnungen
Erdstatik, Geohydraulik, Standsicherheit, Bemessung, Gebrauchstauglichkeit, FE-Analyse ...

Wasserbau
Dammnachsorge, Ufereinfassungen, Rückhaltebecken, Hochwasserschutz, Deichzustandsanalysen ...

Geohydraulik
Grundwassermonitoring, Strömungsberechnungen, Aufstauprognosen, hydrogeologische Beweissicherung ...

Baugruben
Verbauplanung, Wasserhaltung, Verformungsanalysen, Auftriebssicherung ...

Erdbau
Einschnitte, Dämme, Verkehrswege, Geokunststoffe, Baugrundverbesserungen ...

Deponien
Standortbeurteilung, Qualitätsprüfung, Erdstatische Nachweise, Geotechnischer Entwurf ...

Sonderaufgaben
EBA-Prüfung, DB-Planprüfung, Gerichts- und Sachverständigengutachten, Beweissicherung ...

... Beratung, Planung, Prüfung und Qualitätssicherung in der Geotechnik

Büro Weimar
Hegelstraße 5
99423 Weimar

fon: (03643) 77 399 -27
fax: (03463) 77 399 -28
weimar@wup-geoprojekt.de

Büro Hannover
Am Jungfernplan 9
30171 Hannover

fon: (0511) 47 531 -29
fax: (0511) 47 531 -30
hannover@wup-geoprojekt.de

www.wup-geoprojekt.de

Wir gehen Gebäuden auf den Grund – von Grund auf sicher.

Das ERKA Segmentpfahlsystem ist ein sehr flexibles, patentiertes Pfahlsystem zur nachträglichen Herstellung von Gründungspfählen. Wir stehen Ihnen in weiten Bereichen des Spezialtiefbaus zur Seite. Wir bieten, u. A.

■ **Nachgründungen/Gründungssanierungen**
■ **verformungsarme Unterfangungen**
■ **Lösungen beim Heben o. Senken v. Bauwerken**
■ **Horizontieren v. großen und kleinen Bauwerken**

Hermann-Hollerith-Str. 7 • 52499 Baesweiler
Tel. 02 401-91 80-0 • Fax 02 401-88 47 6
Mail: info@erkapfahl.de Web: www.erkapfahl.de

ERKA PFAHL
GMBH
SPEZIALTIEFBAU

BUCHEMPFEHLUNGEN

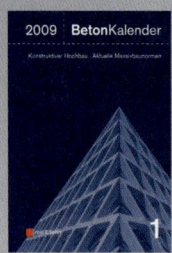

Bergmeister, K. / Wörner, J.-D. / Fingerloos, F. (Hrsg.)
Beton-Kalender 2009
Schwerpunkte: Aktuelle Massivbaunormen Konstruktiver Hochbau

2008. 1457 S., 1075 Abb., 297 Tab. Hardcover
€ 165,–* / sFr 261,–
Fortsetzungspreis:
€ 145,–* / sFr 229,–
ISBN: 978-3-433-01854-5

Von hohem Aktualitätsgrad im Bereich der Massivbaunormen ist die vollständig abgedruckte konsolidierte Fassung von DIN 1045 von August 2008 einschließlich DIN EN 206-1 mit Einarbeitung aller Berichtigungen und Änderungen. Zusammen mit den DAfStb-Richtlinien „Massige Bauteile aus Beton" und „Belastungsversuche an Betonbauwerken" steht dem Nutzer das komplette aktuelle Regelwerk mit Kommentar zu,r Verfügung.
Unter dem Schwerpunktthema Konstruktiver Hochbau behandelt der Beton-Kalender alle wichtigen Elemente der Tragwerksplanung von Gebäuden einschließlich Bauen mit Fertigteilen, Verankerung von Fassaden, konstruktiver Brandschutz und Gründungen.
Das Bauen im Bestand bildet einen wesentlichen Anteil der planerischen Tätigkeit, daher werden die Tragwerksplanung im Bestand, Schadensanalyse, Ertüchtigung und Monitoring ausführlich dargestellt.

Fingerloos, F. (Hrsg.)
Historisch technische Regelwerke für den Beton-, Stahlbeton- und Spannbetonbau
Bemessung und Ausführung

2009. 1326 Seiten. Gebunden.
€ 59,–* / sFr 94,–
ISBN: 978-3-433-02925-1

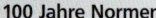

100 Jahre Normen
Bei der Beurteilung der Standsicherheit von bestehenden baulichen Anlagen sind Informationen über die früher verwendeten Baustoffe und Bemessungskonzepte von wesentlicher Bedeutung. Es fällt dem mit Bestandsbauten befassten Ingenieur nicht immer leicht, die bei der Errichtung oder während des Nutzungszeitraums der Bauwerke maßgebenden Regelwerke zu identifizieren und zu beschaffen. Herausgeber und Verlag haben auf den umfangreichen Fundus der in den Beton-Kalendern abgedruckten Bestimmungen zurückgegriffen und diese, ergänzt um die Standards der ehemaligen DDR, als Reprint in dem vorliegenden Buch zusammengefasst. Es enthält technische Regelwerke, die von 1904 bis 2004 in Deutschland gültig waren und sich unmittelbar mit der Bemessung und Ausführung der Beton-, Stahlbeton- und Spannbetonbauwerke im Hochbau befassten. Für die Verbesserung der Gebrauchstauglichkeit sind eine chronologische Übersicht der historischen Bestimmungen und ein umfangreiches Stichwortverzeichnis beigegeben.

Deutscher Beton- und Bautechnik-Verein e.V. (Hrsg.)
Beispiele zur Bemessung nach DIN 1045-1
Band 1: Hochbau

3., aktualisierte Auflage
2009. 340 Seiten, 280 Abb. Gebunden.
€ 59,–* / sFr 94,–
ISBN: 978-3-433-02926-8

Die neue Normengeneration für den Betonbau mit DIN 1045 Teile 1–4 und DIN EN 206-1 wurde im Jahr 2002 bauaufsichtlich eingeführt. Für die Einarbeitung in das Regelwerk legt der Deutsche Beton- und Bautechnik-Verein E. V. eine aktualisierte Beispielsammlung vor. Sie enthält für die gängigsten Bauteile im Hochbau zwölf vollständig durchgerechnete Beispiele nach der 2008 neu herausgegebenen Bemessungsnorm. Alle Beispiele können auf andere Bemessungs- und Konstruktionsaufgaben übertragen werden; sie sind ausführlich behandelt, um viele Nachweismöglichkeiten vorzuführen.
Die Sammlung vermittelt Praktikern und Studenten fundierte Kenntnisse der Nachweisführung nach dem neuen Regelwerk und dient als unentbehrliches Hilfsmittel bei der Erstellung prüffähiger statischer Berechnungen im Stahlbeton- und Spannbetonbau.
Die 3., vollständig überarbeitete Auflage berücksichtigt die Neuausgabe von DIN 1045-1, August 2008 und den aktuellen Stand der Normenauslegung.

Ernst & Sohn
Verlag für Architektur und technische Wissenschaften GmbH & Co. KG
www.ernst-und-sohn.de

Für Bestellungen und Kundenservice:
Verlag Wiley-VCH, Boschstraße 12, 69469 Weinheim
Telefon: +49(0) 6201 / 606-400, Telefax: +49(0) 6201 / 606-184,
E-Mail: service@wiley-vch.de

* € Preise gelten ausschließlich für Deutschland. Irrtum und Änderungen vorbehalten.

2.4 Unterfangung und Verstärkung von Gründungen

3 Unterfangungen

3.1 Unterfangungswände nach DIN 4123

Bei einer konventionellen Unterfangung von Gebäudeteilen mit Unterfangungswänden wird abschnittsweise der Boden unter einem Fundament ausgeräumt. Zur Tiefergründung wird eine Wandscheibe aus Mauerwerk oder Beton zwischen Fundamentunterkante und neuem Gründungsniveau hergestellt (Bild 1). Die Voraussetzungen und die Herstellungstechnik für solche Unterfangungsmaßnahmen werden in DIN 4123 behandelt. Die Anwendung ist auf einfache Fälle, d. h. auf überwiegend lotrecht belastete Streifenfundamente und auf Wände begrenzt, die auf Gründungsplatten abgesetzt sind. Die zu unterfangenden Gebäudeteile sollen nicht mehr als 5 Vollgeschosse bzw. Fundamentlasten von höchstens 250 kN/m haben. Selbst für diese einfachen Fälle darf nach DIN 4123 kein Bauwerk „ohne ausreichende Sicherungsmaßnahme bis zu seiner Fundamentunterkante oder tiefer freigeschachtet werden". Die einzuhaltenden Abstände, Bodenüberdeckungen und Arbeitsbreiten sind für Ausschachtungen, höhengleiche Neugründungen neben dem Bestand und für Unterfangungswände in den Systembildern der Norm angegeben (vgl. Bilder 2 und 3).

Die generell zu fordernde Baugrunduntersuchung ist bei bebauten Flächen meist problematisch und kann oft wegen der fehlenden Zugänglichkeit nicht in der geforderten Güte vorlaufend durchgeführt werden. Hier empfiehlt sich eine Vorerkundung, bei der mit vertretbarem Aufwand der generelle Aufbau des Baugrundes und die Grundwassersituation ermittelt werden. Die Detailerkundung wird dann im Zuge des Abrisses der Altbebauung durchgeführt. Dabei soll nicht nur ein möglichst durchgehender Aufschluss erreicht werden. Es geht bei dieser baubegleitenden Erkundungsphase auch um einen Abgleich der Bestandsunterlagen, um die Überprüfung, ob Art, Zustand und Höhenlage der zu unterfangenden Bauteile den Annahmen entsprechen. Besonders bei gewachsener innerstädtischer Altbebauung trifft man nicht selten auf völlig unerwartete Verhältnisse, auf lokale Auffüllungen, Leitungen, Schächte, Schichtwasserzutritte oder Relikte regional oder baugeschichtlich typischer Gründungskörper, deren Funktion und Einfluss zu klären sind. Bei der Unter-

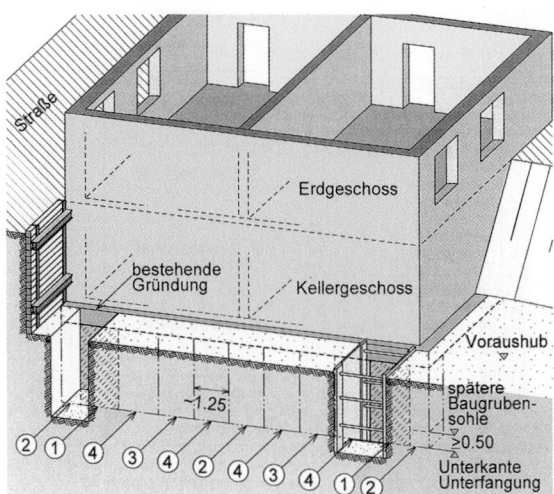

Bild 1. Prinzipskizze zur Herstellung einer Unterfangung nach DIN 4123, Reihenfolge der Abschnitte

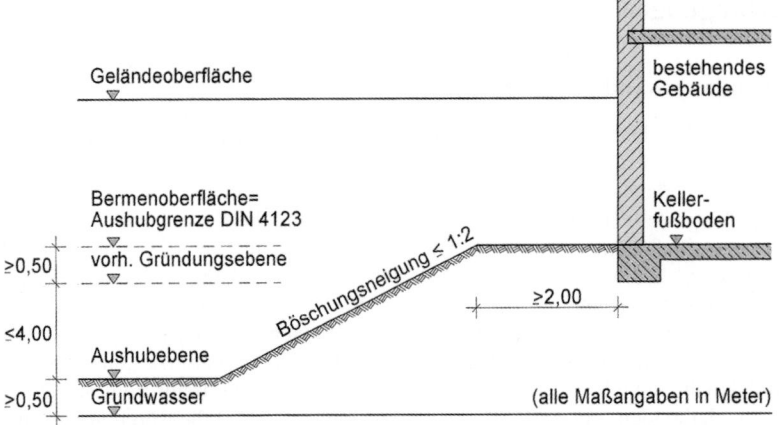

Bild 2. Grenzen des Bodenaushubs nach DIN 4123

fangung von alten oder gar historischen Bauwerken ist die Erfahrung mit baugeschichtlichen Besonderheiten der Lastabtragung erforderlich [14].

Bei geringen Unterfangungstiefen und bei standfesten Böden besteht oft die Absicht, auf eine Unterfangung gänzlich zu verzichten und größere Abschnitte senkrecht abzuschachten. Wegen der Grundbruchgefahr der bestehenden Fundamente, aber auch wegen der Verformungen ist dies allenfalls in Bodenklasse 7 (DIN 18300) bei günstigem Trennflächenverlauf zu vertreten. Bei Bodenklasse 6, bei stark zerlegtem angewittertem Gebirge und bei stark wechselhaft verwitterten Sedimentgesteinen ist allerdings oft eine Versiegelung und eine leichte Vernagelung ausreichend und aus Kostengründen einer konventionellen Unterfangung vorzuziehen.

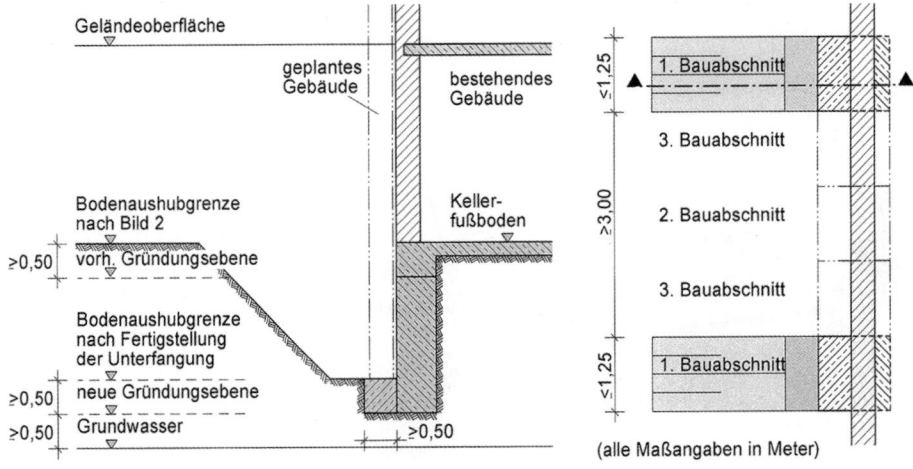

Bild 3. Bauabschnitte und Abmessungen einer Unterfangung nach DIN 4123

2.4 Unterfangung und Verstärkung von Gründungen

Durch Unterfangungsmaßnahmen ändert sich zeitweise oder bleibend der Kraftfluss in dem Bauwerk. Zu den vorbereitenden Maßnahmen zählen daher gelegentlich auch die Verstärkung oder Sicherung der zu unterfangenden Gebäudeteile oder die Aussteifung der Konstruktion. Ergänzend können so Abstützungen, Ausmauern von Wandöffnungen oder Vernagelungen der Wände erforderlich werden. Entscheidungskriterien für Art und Umfang solcher Maßnahmen sind der Kraftfluss und der bauliche Zustand der zu unterfangenden Wand, aber auch die Verträglichkeit von Setzungen. Ebenso von Tragsystem und Verträglichkeit der Verformungen abhängig sind Größe und Abfolge der Unterfangungsabschnitte. In DIN 4123 wird gefordert, die höchst belasteten Wandabschnitte des Gebäudes zuerst zu unterfangen. Diese Empfehlung beruht auf der Vorstellung, die durch die Unterfangung bedingte Lasterhöhung der Nachbarbereiche so verträglich wie möglich zu gestalten. Hier sollten jedoch immer das gesamte Tragsystem und die baubetrieblichen Gesichtspunkte betrachtet werden. In der Regel wird an den Ecken des Altbaus begonnen, wie dies in Bild 1 skizziert ist. Damit schafft man an den Rändern der Unterfangungsmaßnahme eine unnachgiebige Lagerung [46, 47]. Im Zuge der nach innen fortschreitenden Unterfangung führt dies zu einer statisch günstigen Muldenlagerung der zu unterfangenden Wand, während sich beim Arbeiten von Wandmitte zu den Rändern hin eine Sattellage mit der Folge von Zugrissen einstellen kann. Als Länge der Wandscheiben einer Unterfangung wird in DIN 4123 ein Höchstmaß von b = 1,25 m zugelassen. Die britische Norm BS 8004 empfiehlt eine Abschnittsgröße bis zu b = 1,4 m. Als Abstand der primären Ausschachtungen gibt DIN 4123 beispielhaft e = 3 b an. In der Praxis richten sich die Abschnitte nach der Wandlänge, der Unterfangungstiefe, nach den örtlichen Gegebenheiten wie Zugänglichkeit, Querwände, Fensteröffnungen, Zustand der zu unterfangenden Wand und nach dem verfügbaren Verbausystem. Auf jeden Fall bedarf die Abschnittsplanung einer sorgfältigen Abwägung der primären und der temporären statischen Bedingungen. Auch hier sollten die zu erwartenden Verformungen und die Standsicherheit der zu unterfangenden Wand sowie die des Stichgrabens das Kriterium sein, wobei unabhängig von den empfohlenen Höchstmaßen nicht mehr als 20% der Gründungsfläche eines Wandabschnittes freigelegt werden sollte. Die Verträglichkeit von Verformungen wird von *Placzek* in Kapitel 3.7 der 7. Auflage des Grundbau-Taschenbuchs diskutiert [39]. Dort werden in einer Übersicht auch Anhaltswerte zulässiger Setzungsunterschiede und verträglicher Krümmungsradien angegeben.

Als Baustoffe für den Unterfangungskörper werden in DIN 4123 gemauerte Vollsteine oder Beton der Mindestfestigkeit B15 empfohlen. In der Praxis wird meist Lieferbeton eingesetzt. Um einen guten Kraftschluss herzustellen, wird die Schalung ca. 50 cm über die Fundamentunterkante geführt, sodass durch den Flüssigkeitsdruck des Frischbetons ein guter Verbund entsteht. Der für Setzungen entscheidende Kraftschluss kann auch dadurch hergestellt werden, dass zunächst ein Spalt von ca. 5 bis 8 cm zwischen Unterfangungswand und Fundamentsohle verbleibt, der nach Aushärten des Betons mit Stahlkeilen verspannt und dann mit Mörtel oder Quellbeton verpresst wird. Bei hohen Ansprüchen an Verformungen und bei Unterfangungen in Zusammenhang mit der Nachgründung bei Setzungsschäden empfiehlt sich eine Umlastung durch Vorpressen. Zwischen Fundamentsohle und vorläufigem Kopf der Unterfangungswand wird ein Lastverteilungsbalken (Stahlprofil) eingesetzt. Mit einer hydraulischen Presse wird der Unterfangungskörper gegen die Fundamentsohle bis zur Regellast oder bis zum Anheben der Wand belastet. Nach Abklingen der Primärsetzungen kann die Last mit Stahlspindeln fixiert, die Presse entfernt und der Zwischenraum wie oben beschrieben kraftschlüssig aufgefüttert werden. Auch beim Umlasten durch Vorpressen sind zuerst die Randauflager herzustellen. Die Stützpunkte im Feld müssen dann so folgen, dass keine Sattellage oder unverträgliche Zugbeanspruchung in den Querwänden entstehen.

Die Dicke der Unterfangungswände entspricht i. Allg. der Breite des zu unterfangenden Fundaments. Bei Unterfangungswänden aus Beton wird gelegentlich auch die Wandscheibe in der Stärke der zu unterfangenden Wand hergestellt und der Fundamentüberstand anschließend entfernt. Hier muss in besonderem Maße auf die Zentrierung und auf den Kraftschluss geachtet werden. Verstärkungen am Fuß des Unterfangungskörpers werden ausgeführt, um die Sohlnormalspannungen zu reduzieren oder um die Exzentrizität der resultierenden Last zu beherrschen.

Für den Fall, dass nur ein Teil einer Wand zu unterfangen ist, wird in DIN 4123 an den Rändern eine Abtreppung empfohlen. Hierdurch sollen unvermeidliche Relativsetzungen am Übergang zwischen Primärgründung und Unterfangung ausgeglichen werden. Sinngemäß gilt diese Empfehlung auch für die Ecken und für Querwände des zu unterfangenden Gebäudes. Soweit Böschungen bei der Ausschachtung angelegt werden, können die Unterfangungsabschnitte, wie in Bild 3 der DIN 4123 dargestellt, der Böschung folgen. Voraussetzung ist ein homogener, gleichmäßig tragfähiger Baugrund. Besonders bei senkrechtem Verbau an den Rändern der Unterfangung sollte die Notwendigkeit einer übergreifenden Abtreppung abgewogen werden. Dem Vorteil der Vergleichmäßigung der Relativsetzungen steht neben dem baulichen Aufwand der Nachteil der Querentspannung des Baugrundes gegenüber. Je nach Schubverträglichkeit der zu unterfangenden Wand kommt alternativ auch ein Auflösen der Unterfangung in Form einzelner Pfeiler unter stark belasteten Wandabschnitten außerhalb der Neubebauung infrage. Weiterhin ist bei der Abschnittsplanung einer Unterfangung zu prüfen, ob zwischen Wandabschnitten überhaupt ein tragfähiger Schubverbund besteht und inwieweit Querwände tragend wirken. In diesem Fall wäre es statisch günstiger, die Eckbereiche der Querwände vorlaufend zu unterfangen. Bild 4 zeigt einen Vorschlag zur Begrenzung der Unterfangung einer Querwand, der speziell auf die räumliche Lastabtragung im Boden abhebt.

DIN 4123 unterscheidet Standsicherheitsnachweise für das bestehende Gebäude, für Bauzustände der Unterfangung, für die komplett ausgebildete Unterfangungswand und für das neue Gebäude. Für das bestehende Gebäude kann der Nachweis der Setzungen und des Grundbruchs entfallen, wenn die zulässigen Bodenpressungen nach DIN 1054 eingehalten sind. Grundsätzlich ist für den Unterfangungskörper die Standsicherheit wie für eine Flachgründung nachzuweisen [50]. Für Bauzustände der abschnittsweise hergestellten Unterfangung können nach DIN 4123 erdstatische Nachweise dann entfallen, wenn die in der Norm aufgeführten Voraussetzungen der Tragfähigkeit und die dort angegebenen geometrischen Randbedingungen eingehalten (vgl. Bilder 2 und 3) sowie Grundbruch und Gleiten für Lastfall 2 nachgewiesen sind bzw. bis zu 30 % höhere zulässige Bodenpressungen nicht überschritten werden. Für die Standsicherheitsnachweise der kompletten Unterfangungswand bei Vollaushub gilt nach DIN 4123, 10.3 der Lastfall 1 bzw. sinngemäß nach DIN 1054 die Bemessungssituation BSP. Für die Stichgräben gilt DIN 4124 (Baugruben und Gräben) uneingeschränkt. Nach Ansicht des Verfassers sollte bei Abgrabungen außer der Grundbruchsicherheit des Fundaments auch die Standsicherheit der Böschungen und die Gesamtstandsicherheit für Zwischenbauzustände nachgewiesen werden. Soweit es sich nicht um

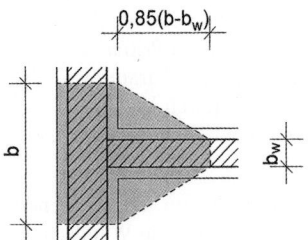

Bild 4. Begrenzung der Unterfangung am Anschluss einer Querwand

2.4 Unterfangung und Verstärkung von Gründungen

ganz einfache Fälle handelt, ist auch ein Nachweis der Gebrauchstauglichkeit, also eine Setzungsprognose, angemessen.

Die Erddruckwirkung auf die abschnittsweise hergestellte Unterfangungswand wird durch mehrfache Umlagerung und Entspannung beeinflusst. Ein aktiver Bruchkörper darf dabei nicht entstehen. Der Verfasser empfiehlt den Ansatz eines erhöhten Erddrucks, z. B. den Mittelwert aus Ruhedruck und aktivem Erddruck. Ein Wandreibungswinkel zwischen Baugrund und Unterfangungskörper sollte nicht angesetzt werden. Bei gestützten Wänden wird die Erddruckverteilung wirklichkeitsnah oder als Gleichlast umgelagert. Erdstatische Grundlagen hierzu werden in den Kapiteln 1.6 [18] und 3.4 [57] der 7. Auflage des Grundbau-Taschenbuchs behandelt. Beispiele für Berechnungen und Bemessungen finden sich bei *Hock-Berghaus* [19]. Standsicherheitsdefizite in Form von zu großer Exzentrizität ergeben sich leicht bei Wänden mit geringer Axiallast. Insofern ist die Unterfangung einer gering belasteten Wand hinsichtlich der Kippsicherheit oft kritisch, während bei der Bemessung einer hoch belasteten Giebelwand der Grundbruch der maßgebende Versagensmechanismus sein wird. Eine horizontale Stützung ist bei Unterfangungswänden aufgrund der Exzentrizität erfahrungsgemäß ab einer Tiefe von 2 m erforderlich. Hierzu werden üblicherweise Aussteifungen, Bodennägel oder Verpressanker eingesetzt, wie sie in Kapitel 2.6 dieses Bandes behandelt werden [58].

Kaiser [22] und *Achmus* [1] analysierten Schadensfälle, die in Zusammenhang mit Unterfangungen aufgetreten sind. Ein Einsturz der zu unterfangenden Wände ist danach meist auf einen klassischen Grundbruch zurückzuführen, wenn die geometrischen Randbedingungen nicht eingehalten werden oder die Fundamente a priori keine ausreichende Standsicherheit besitzen. Ursache von Rissschäden an den zu unterfangenden Wänden sind häufig eine Unverträglichkeit der Gebäude selbst, eine falsche Abfolge der Unterfangungsabschnitte und eine nicht hinreichend kraftschlüssige Verkeilung der Unterfangung mit den Fundamenten.

3.2 Unterfangung durch Injektion und Vermörtelung

Im Gegensatz zur konventionellen Unterfangung wird bei den hier behandelten Verfahren der Baugrund unter einem Fundament stabilisiert oder verfestigt (Bild 5). Die Anwendung ist nicht auf Streifenfundamente begrenzt. Mit Einpress- und Verfestigungsverfahren können auch Einzelfundamente unterfangen oder schadhafte Gründungen verstärkt und gesichert werden. Voraussetzung ist jedoch ein kompaktes Fundament und eine definierte Aufstandsfläche. Unvermörtelte Natursteinmauerwerke müssen gesondert verpresst werden. Eine Besonderheit dieser Verfahren ist, dass eine Unterfangung gleichzeitig als wasserdichte Baugrubenwand ausgeführt werden kann.

Ab den 1970er-Jahren wurden in nichtbindigen Böden zur Unterfangung von Fundamenten die gängigen Verfahren der Poreninjektion nach DIN EN 12715 eingesetzt. Bei kiesigen Böden wurden Suspensionen hydraulischer Bindemittel verpresst, bei Sanden verschiedene Chemikalien auf Silikatbasis [10, 30, 32]. Als Spezialanwendung werden auch Feinstzemente zur Verstärkung von Gründungen und zur Baugrundverbesserung verwendet [54]. *Schwarz* berichtet in [45] über eine kombinierte Anwendung bei der Verstärkung der Gründung der Staatsbibliothek in Berlin. Mit Aufbrechinjektionen, bei denen im Boden lamellenförmige Verfestigungsstrukturen mit Zementsuspension oder polymeren Materialien erzeugt werden, lässt sich kein definierter Unterfangungskörper herstellen. Diese Injektionstechnik wird dagegen zur Vorspannung und Setzungskompensation bei Untertagearbeiten und bei der Behebung von Setzungsschäden eingesetzt. Die Anwendungsgrenzen der einzelnen Verfahren sind in Kapitel 2.3 dieses Bandes behandelt [51]. Eine umfassende Beschreibung der Injektionsverfahren und deren Möglichkeiten beschreibt *Kutzner* in [32].

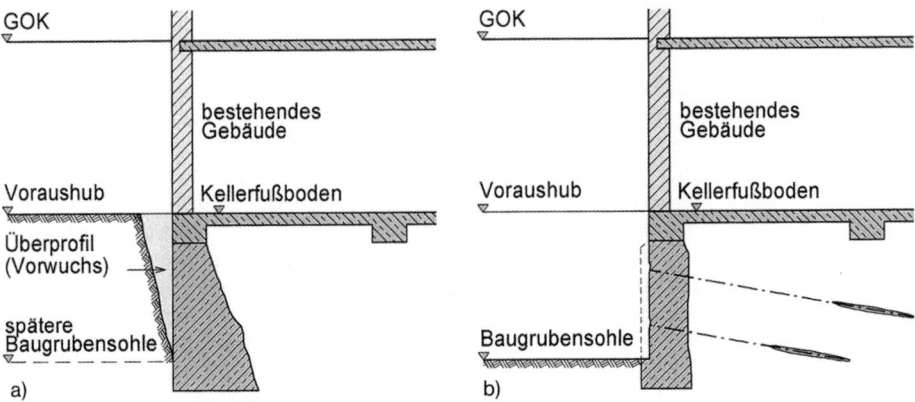

Bild 5. Unterfangung durch Verfestigung eines Bodenkörpers als (a) Gewichtsmauer und (b) verankerte Wand

Heute werden Bodenverfestigungen in bindigen wie auch in nichtbindigen Böden überwiegend mit dem Düsenstrahlverfahren als Vermörtelung hergestellt. Kriterien für die Wahl des geeigneten Verfahrens und der Materialien sind neben der Baugrund- und Grundwassersituation der Umfang der Unterfangungsmaßnahme, die Zugänglichkeit, die verfügbare Arbeitsfläche, die Bauzeit und der Zustand des zu unterfangenden Bauwerks.

Sowohl mit Poreninjektionen als auch mit dem Düsenstrahlverfahren wird unter einem Fundament ein durchgehender Verfestigungskörper, meist mit trapezförmigem Querschnitt hergestellt. Die genauen Abmessungen ergeben sich aus der Geometrie des Fundaments und der Baugrube sowie aus den statischen Erfordernissen. Die Vorderseite sollte bündig mit der aufgehenden Wand des zu unterfangenden Gebäudes sein. Herstellungsbedingt wird ein leichtes Überprofil verfestigt (Vorwuchs), das zusammen mit dem Überstand des Fundaments beim Aushub abgefräst wird. Beim Abstemmen dieses Überwuchses ist es gelegentlich wegen der damit verbundenen Erschütterungen zu Schäden an älteren unterfangenen Gebäuden gekommen. Ein zur Baugrube gerichteter Sporn wirkt sich zwar statisch günstig aus, erzeugt aber bei direkt angrenzender Bebauung ungleiche Auflagerbedingungen für die Gründung des Neubaus. Ob dabei Mitnahmesetzungen entstehen oder ob der Sporn abbricht, hängt von dessen Festigkeit ab.

Wie bei der konventionellen Unterfangung wirken auf den Unterfangungskörper die Wand- und Verkehrslasten des Gebäudes und der Erddruck. Da diese Verfahren auch unter Grundwasser anwendbar sind, kann zusätzlich Wasserdruck einwirken. In diesem Fall sind Methode und Material nicht nur auf die gewünschte Verfestigung, sondern auch auf die erforderliche Dichtwirkung auszulegen. Für die Nachweise der Tragfähigkeit wird der Körper analog zur konventionellen Unterfangung als Fundament oder als Gewichtsmauer betrachtet (Bild 6). Es werden Gleiten, Kippen, Exzentrizität, Grundbruch bzw. zulässige Bodenpressung, bei Grundwasser auch hydraulischer Grundbruch der Baugrubensohle nachgewiesen. Bei hohen Verkehrslasten im Kellergeschoss kann auch der Nachweis der Gesamtstandsicherheit, eventuell auch ein Verformungsnachweis erforderlich werden. Im Gegensatz zur Unterfangung mit Beton- oder Mauerwerksscheiben muss ein Spannungsnachweis für den verfestigten Bodenkörper geführt werden. Erfahrungswerte der Bruchspannung für die Bemessung können Kapitel 2.3 dieses Bandes entnommen werden. Als Zielwert der einaxialen Druckfestigkeit genügt für unverankerte Unterfangungskörper $\sigma_D = 1{,}5$ MPa, für

2.4 Unterfangung und Verstärkung von Gründungen

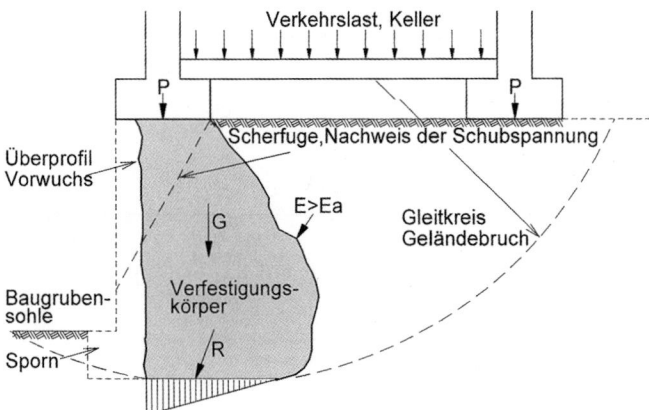

Bild 6. Belastung und statisch wirksamer Querschnitt eines Verfestigungskörpers

verankerte Wände $\sigma_D = 3$ MPa. Die erreichten Festigkeiten werden durch einaxiale Druckversuche nach DIN 18136 (Kerne) oder DIN 1048 (Würfel) an Probekörpern aus der Wand bestätigt. Bei chemischen Injektionsmaterialien wird die Bruchfestigkeit nach DIN 4093 durch Kriechversuche an Probekörpern ermittelt.

Auch bei Unterfangungen durch Injektionen und Vermörtelung ist erfahrungsgemäß ab einer Tiefe von 2 m eine Stützung erforderlich, die meist mit Verpressankern ausgeführt wird. Im Unterfangungskörper sind dann auch die Schnittkräfte und die Einleitung der Stützkraft nachzuweisen. Bei porenfüllenden Injektionen kann davon ausgegangen werden, dass der Reibungswinkel des Bodens erhalten bleibt und die Kohäsion durch die Verkittung der Kornstruktur stark zunimmt. Die Scherfuge stellt sich im Grenzzustand mit dem aktiven Winkel ein (Bild 6). Die zulässige Schubspannung in dieser Gleitfläche wird vereinfacht zul$\tau = 0{,}2\ \sigma_D$ angesetzt (DIN 4093).

Die wesentliche Aufgabe bei der Planung einer Unterfangung durch Einpressungen besteht in der Wahl des geeigneten Verpressmittels, des Verpressdrucks und des Bohrlochrasters. Insbesondere bei chemischen Verpressmitteln sind die Dauerbeständigkeit und die Umweltverträglichkeit zu prüfen [9]. Hierbei ist die kurzzeitige Beeinflussung an der Ausbreitungsfront bei der Herstellung und die meist unbedeutende Langzeitbeeinflussung zu unterscheiden [37]. Bild 7 zeigt ein Beispiel für die Anordnungen des Bohrrasters bei einer Poreninjektion mit Silikatgel. Die Abstände und Neigungen richten sich nach der erwarteten Reichweite, die vom Injektionsmittel, dem Korngefüge des Bodens und dem Verpressdruck abhängen. Die Verpressmenge wird für jedes Ventil auf die angestrebte Form des Verfestigungskörpers abgestimmt, der Verpressdruck muss immer unterhalb des Aufbrechdrucks liegen. Die Verpressfolge wird im Einzelfall so festgelegt, dass eine definierte Porenfüllung und ein vollflächiger, kraftschlüssiger Verbund mit dem Fundament erwartet werden kann. Zunächst werden die Ventile der äußeren Fächer, dann der Kern injiziert. Die Anzahl der Bohrmeter je Kubikmeter verfestigtem Boden bestimmen zusammen mit der Verpressdauer wesentlich die Qualität und die Kosten der Maßnahme. Bei einer Unterfangung mit Injektionen ist daher in besonderem Maße Erfahrung aufseiten des Planers wie aufseiten der ausführenden Firma erforderlich. Die Unterfangungskörper können wenige Tage nach der Herstellung freigelegt werden. Beim Aushub ist eine fachkundige Kontrolle erforderlich, um eventuelle Schwachstellen zu lokalisieren

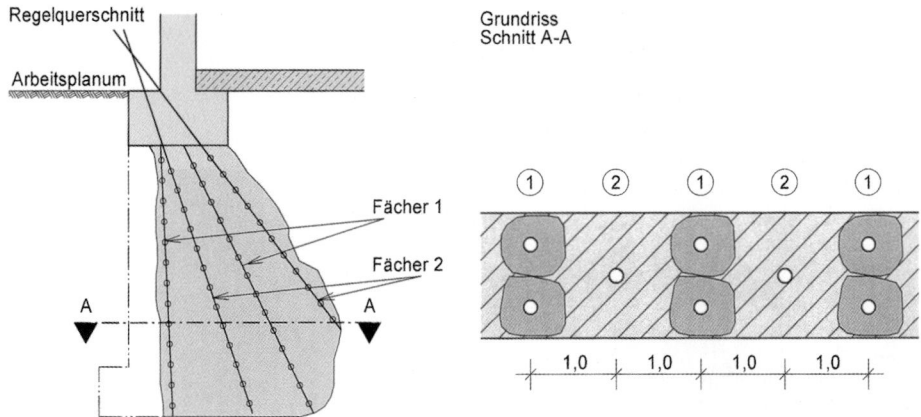

Bild 7. Beispiel des Fächers und der Ventilanordnung für eine Poreninjektion (nach [31])

und ggf. Nachbesserungen einzuleiten. Die Integrität des Verpresskörpers wird durch Kernbohrungen geprüft.

Die Anwendungsgrenzen von Unterfangungen mit Injektionsverfahren werden einerseits durch den Anteil an Feinteilen im Boden, anderseits stark durch Inhomogenitäten des Baugrundes vorgegeben. Groblagen, Auffüllungen, Schichtungen sowie Relikte früherer Gründungen müssen in ihrer Art und Lokation genau bekannt sein, um darauf bei der Ausführung mit Verpressmittel, -druck und -abfolge reagieren zu können. Da das Düsenstrahlverfahren gegenüber solchen Inhomogenitäten des Baugrundes eine deutlich größere Toleranz besitzt und außerdem eine kürzere Bauzeit erfordert, hat es in den letzten Jahren die Einpressverfahren bei der Ausführung von Unterfangungen bis auf wenige Ausnahmen verdrängt.

Mit dem unter Hochdruckinjektion (HDI), Soilcrete, jet-grouting, Rodinjet u. a. von den Firmen des Spezialtiefbaus angebotenen Düsenstrahlverfahren werden unter dem Fundament säulenartige Elemente hergestellt, die dann in der Summe einen geschlossenen Verfestigungskörper bilden (Bild 8). Alle in der BRD eingesetzten Verfahren haben eine bauaufsichtliche Zulassung des Deutschen Instituts für Bautechnik (DIBt), in der die Geräte, die eigentliche Herstellung und die Maßnahmen zur Qualitätssicherung beschrieben werden.

Von einem mindestens 0,8 m über dem Fundament liegenden Arbeitsplanum aus werden nach einem definierten Fächer Bohrungen mit einem Spezialgestänge niedergebracht. Beim Ziehen des Gestänges wird mit dem sog. 1-Phasenverfahren durch einen energiereichen Schneidstrahl aus Zementsuspension der Boden aufgeschnitten, erodiert und dabei mit Suspension vermengt. Zur Erhöhung der Schneidwirkung wird beim 2-Phasenverfahren der Schneidstrahl mit Druckluft unterstützt, beim 3-Phasenverfahren wird mit Wasser geschnitten und bei geringerem Druck Zementsuspension nachgeführt. Durch gleichzeitiges Drehen, Ziehen und Düsen entstehen säulenartige Elemente aus vermörteltem Boden. Der Massenanteil des Bodens in der fertigen Säule beträgt je nach Körnung und Herstellungstechnik 10 bis 60%, im Mittel 25%. Die Durchmesser werden für Unterfangungen und Abdichtung zwischen 0,6 m bei bindigen Böden und 1,8 m bei Kies eingestellt. Ein Teil des Boden-Zement-Gemisches wird über den Ringraum der Bohrung, eventuell auch über gesonderte Entlastungsbohrungen zum Arbeitsplanum gefördert, dort aufgenommen und entsorgt, bzw. nach Aushärten verwertet. In nicht-

2.4 Unterfangung und Verstärkung von Gründungen

bindigen Böden bestimmen die Lagerungsdichte, der Überlagerungsdruck und die Korngrößenverteilung den Schneidwiderstand. In bindigen Böden sind dies die Kohäsion, Konsistenz und Plastizität. Aufseiten der Ausführung können als Parameter die Rezeptur der Suspension (W/Z ~ 0,5 bis 1,5), der Druck beim Austritt aus der Düse, die Durchflussrate sowie die Zieh- und Drehgeschwindigkeit des Gestänges auf den Boden eingestellt werden. Bei umfangreicheren Arbeiten mit erhöhter Schwierigkeit sollten die optimalen Parameter durch Probesäulen ermittelt werden, die vorlaufend oder direkt als Bauwerkssäulen ausgeführt werden. Da weder die Zulassungen noch die DIN EN 12716 solche Vorversuche zwingend fordern, sollte der Umfang im Einzelfall anhand des Risikos unter den Beteiligten festgelegt werden. Bei Unterfangungen geringer Tiefe, die nicht gleichzeitig mit Wasserdruck belastet werden, kann nach Ansicht der Verfasser darauf verzichtet werden, wenn Erfahrungen zu den zu verfestigenden Böden vorliegen.

Mit der nötigen Sorgfalt und Erfahrung können mit diesem Verfahren fast alle Baugrundsituationen bis in große Tiefen beherrscht werden. In nichtbindigen Böden werden die Anwendungsgrenzen bei steinigen Einlagerungen erreicht. Ab Korngrößen von ca. 60 mm sind die Durchmischung (Schattenbildung) und der Rückfluss behindert. Bindige Böden können von weicher bis halbfester Konsistenz verfestigt werden. Breiige wie auch organische Böden lassen sich zwar mischen, erreichen jedoch nicht den für Unterfangungen i. Allg. erforderlichen Bemessungswert der Druckfestigkeit. Über Erfahrungen, Anwendungsgrenzen und Fehleranfälligkeiten bei Unterfangungsmaßnahmen berichtet *Kluckert* in [27]. Herstellungsrisiken einer im Düsenstrahlverfahren ausgeführten Unterfangung ergeben sich aus Bohrlochabweichungen, Abweichungen in Länge und Durchmesser der Elemente und aus zu hohen oder zu geringen Festigkeiten. Bei der Ausführung lassen sich solche Fehler durch eine möglichst genaue Kenntnis von Gründung und Baugrund, durch eine Bohrlochvermessung, durch die Überwachung der Suspension und des Rückflusses sowie durch die Steuerung von Dreh- und Ziehgeschwindigkeit begegnen. Verfahren zum direkten Nachweis des beim Schneiden erreichten Durchmessers sind in der Entwicklung und Erprobung, haben sich jedoch in der Praxis noch nicht mit dem gewünschten Erfolg durchgesetzt [26, 27, 42].

Während bei der Poreninjektion der Baugrund unter den Fundamenten nicht entlastet wird, wird der Boden beim Düsenstrahlverfahren zunächst lokal unter hohem Druck verflüssigt und erhält beim Aushärten eine höhere Festigkeit. Dies kann sowohl zu Senkungen als auch zu Hebungen des Fundaments oder zu Aufbrüchen im Umfeld führen. Setzungen oder Schubrisse in der aufgehenden Wand entstehen, wenn benachbarte Elemente in zu rascher Abfolge hergestellt werden. Ein Teil der Fundamentlast muss ähnlich wie bei der konventionellen Unterfangung durch Gewölbewirkung auf benachbarte Bodenabschnitte oder auf bereits angehärtete Elemente abgetragen werden. Bei der Festlegung des Elementfächers und der Abfolge der Herstellung sind daher die möglichen Spannungsumlagerungen und die Verträglichkeit für das Fundament und das Bauwerk zu beachten. Insbesondere bei der Unterfangung von Einzelfundamenten können mit der Verflüssigung des Bodens unter dem Fundament zeitweise erhebliche Exzentrizitäten auftreten. Bei der Unterfangung von Streifenfundamenten ist zu prüfen, inwieweit Querwände und Bauwerksecken mit zu unterfangen sind. Hier gelten sinngemäß die Ausführungen des Abschnitts 3.1.

Schäden durch Hebungen können bei nicht geregeltem Rückfluss der Überschussmassen auftreten. Dies betrifft nicht nur die Fundamente, gefährlicher sind Aufbrüche der weit weniger belasteten Kellersohle mit der Folge von typischen Grundbruchphänomenen. Diesen Gefährdungen wird durch eine laufende Beobachtung der Herstellung (Drücke, Mengen, Geschwindigkeiten) des Rückflusses (Menge, Wichte, Bodenanteil) sowie durch eine ggf. automatische geodätische Überwachung des Gebäudes begegnet.

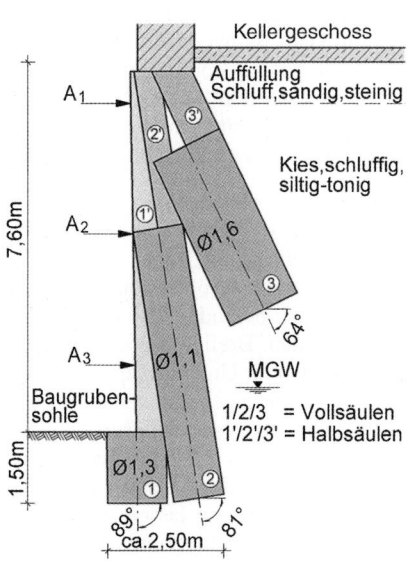

Bild 8. Beispiel einer Anordnung von Voll- und Halbsäulen zur Unterfangung eines Wohngebäudes [20]

Bild 9. Beispiel zur Unterfangung eines Wohngebäudes mit dem Düsenstrahlverfahren (Werksfoto: Fa. Keller Grundbau)

Die Bilder 8 und 9 zeigen beispielhaft eine Anwendung des Düsenstrahlverfahrens zur Unterfangung eines Wohnhauses. Der Baugrund bestand aus sehr heterogenen schluffigen und steinigen Auffüllböden über sandigen steinigen Kiesen. Der mittlere Grundwasserhorizont liegt etwa 1 m über der Baugrubensohle. Die Unterfangungswand hatte eine Höhe bis zu 9,3 m, beim Aushub wurde sie 3-fach verankert. Der Querschnitt wurde zur Optimierung des Profils mit Einzel-, Doppel- und Halbsäulen realisiert. Zur Herstellung der Halbsäulen wurde lediglich ein Ausschnitt von 180° gedüst [21].

Trotz erheblicher Erfolgsrisiken, die insbesondere bei einer Kombination von Trag- und Dichtfunktion bei diesem Verfahren bestehen, hat es sich bei Unterfangungs- und Verstärkungsmaßnahmen als Standard durchgesetzt. Ab einer Fläche von ca. 100 m² werden heute fast nur noch Düsenstrahlkörper ausgeführt, wenn der Platzbedarf für die Herstellung und für das Managements des Rücklaufs vorhanden sind. Der Erfolg ist auf die enorme Flexibilität und auf die kurze Ausführungsdauer zurückzuführen, was gerade beim Bauen im Bestand zu wirtschaftlichen Vorteilen führt. Die weitere Entwicklung der Technik und der Überwachung zielt auf eine bessere Qualitätssteuerung ab. Die Vielzahl der Berichte über hervorragende Ausführungen einerseits und über gravierende Schäden andererseits zeigt, dass hier in besonderem Maße aufseiten des Planers wie auch aufseiten der Ausführung Sachverstand und Erfahrung sowie ein angemessenes Qualitätsmanagement gefordert sind.

3.3 Unterfangung durch Pfahlkonstruktionen

Pfahlkonstruktionen eignen sich zur Unterfangung von Einzelfundamenten und von Fundamentbereichen, wenn überschaubare Stützen- oder Wandlasten tiefer gegründet werden müssen und der Baugrund unter Gründung auszuschachten ist. Die bestehenden Fundamente werden dabei meist vollständig entlastet. Nach der Umlastung kann der Baugrund neben oder unter den Fundamenten ausgeräumt und die bleibende Tragkonstruktion hergestellt werden. Pfahlkonstruktionen sind daher nicht als eine Alternative zu klassischen Unterfangungswänden anzusehen, wie sie in den Abschnitten 3.1 und 3.2 beschrieben sind. Sie eignen sich auch in idealer Weise zur Verstärkung von schadhaften Gründungen (Abschn. 4). Die Ausführungen dieses Abschnitts zu den einzelnen Pfahltypen, Herstellmethoden und statischen Konstruktionen gelten für beide Anwendungen gleichermaßen.

Um den vielfältigen Anforderungen an Tragverhalten, Herstellbarkeit, Zugänglichkeit und Arbeitshöhe gerecht zu werden, wurden verschiedene Pfahlsysteme entwickelt, die teils auch mit Patenten versehen sind. *Kempfert* [23] gibt in Kapitel 3.2 der 7. Auflage des Grundbau-Taschenbuchs, Teil 3 sowie in der EA-Pfähle [8] einen umfassenden Überblick über die verschiedenen Pfahlarten, über das Tragverhalten und über die Ermittlung der Bodenwiderstände. Die wichtigsten Anwendungen zur Unterfangung und Verstärkung von Gründungsstrukturen sind Verpress- oder Mikropfähle (auch Ortbeton- und Verbundpfähle genannt) und Segmentpfähle (Presspfähle).

Für die Mikropfähle mit Durchmessern von 100 bis 300 mm, ehemals unter dem Begriff „Verpresspfähle mit kleinem Durchmesser" in DIN 4128 genormt, gilt die Ausführungsnorm DIN EN 14199. Für hiervon abweichende Entwicklungen liegen meist Einzelzulassungen vor. Diese Spezialpfähle können ähnlich wie maschinelle Erkundungsbohrungen mit kompakten Bohrgeräten auch unter beengten Verhältnissen, z. B. in Kellerräumen mit Arbeitshöhen ab ca. 2 m, hergestellt werden. Einzelheiten der Verfahren und der Nachweise sind in Kapitel 3.2 der 7. Auflage des Grundbau-Taschenbuchs, Teil 3 beschrieben [23]. Die Axiallasten werden weitestgehend durch Mantelreibung in den Baugrund abgeleitet. Die Mindesteinbindetiefe in die tragfähige Schicht beträgt 3 m. Erfahrungswerte der charakteristischen Mantelreibung zum Nachweis der äußeren Tragfähigkeit sind in Anhang D zu DIN 1054 sowie in der EA-Pfähle [8] zusammengestellt. Durch Nachverpressen kann die Mantelreibung weiter erhöht werden. Zur Unterfangung und zur Verstärkung von Gründungen werden die Pfähle üblicherweise auf eine axiale Gebrauchslast von 250 kN (bindige Böden) bis 450 kN (nichtbindige Böden, Fels) ausgelegt. Werden die Pfähle bei der späteren Ausschachtung unter Last freigelegt, ist ein Knicknachweis zu führen. Im Bereich der Bettung besteht mit Ausnahme von weichen Böden keine Knickgefahr [8, 53].

Mit verschiedenen Konstruktionen und Tragstrukturen ist es möglich, Wände und Einzelstützen sicher und setzungsarm zu unterfangen oder nachzugründen. Die Mikropfähle eignen sich in idealer Weise für sehr viele Aufgaben der temporären Abfangung von Gründungskörpern und zur Verstärkung von Gründungen. Die Vielfalt der Anwendungen wird z. B. in [4–7, 13, 33, 43, 52] behandelt. Entwurfskriterien sind neben der Wirtschaftlichkeit der verfügbare Arbeitsraum (einseitig, beidseitig, Arbeitshöhe), Zustand, Belastung und Kraftfluss in der zu unterfangenden Konstruktion sowie die statische Verträglichkeit von Verformungen bei Zwischenbauzuständen. Hinsichtlich Herstellungstechnik, und statischer Wirkung lassen sich folgende Tragstrukturen unterscheiden:

I   Vertikalpfähle beidseitig, Kraftschluss über Joche oder Abfangträger.
II Vertikalpfähle beidseitig, Kraftschluss über Streichbalken oder Vorspannkonstruktionen.
III Schrägpfähle beidseitig.
IV Einhüftige Unterfangung mit kurzem Jochbalken.

V   Vertikalpfähle einseitig mit Kniehebeljoch.
VI Einhüftige Unterfangung mit Biegepfählen und Verankerung.

Bild 10 zeigt die Herstellungsphasen der Abfangung einer Innenwand/Stütze für den nachträglichen Bau von Tiefgeschossen [17]. Beidseitig der Wand bzw. entlang der Fundamentkanten der Stütze werden vom Keller aus Mikropfähle niedergebracht. Die Wandlasten werden über Joche oder Abfangbalken in die Pfähle eingeleitet. Zur setzungsfreien Umlastung werden die Pfähle mit hydraulischen Pressen bis zur Entlastung der Fundamente gegen die Joche schrittweise vorgespannt. Die alten Fundamente können dann abgetragen und durch eine neue Tragkonstruktion ersetzt werden. Die Längsabstände der Joche, üblicherweise 1 bis 1,5 m, ergeben sich aus den Wandlasten und aus der Gebrauchslast der Pfähle. Die Verträglichkeit der Lastkonzentration in der Wand muss geprüft werden. Bei 2- bis 3-geschossigen Wohngebäuden ist es wegen der geringeren Wandlasten oft wirtschaftlicher, die Pfahlabstände zu vergrößern. Zur Übertragung der Wandlasten eignen sich dann beidseitige Streichbalken, die auch gegeneinander verankert oder vorgespannt werden können (Bild 11). Diese Variante hat gleichzeitig den Vorteil, dass die Pfähle nicht

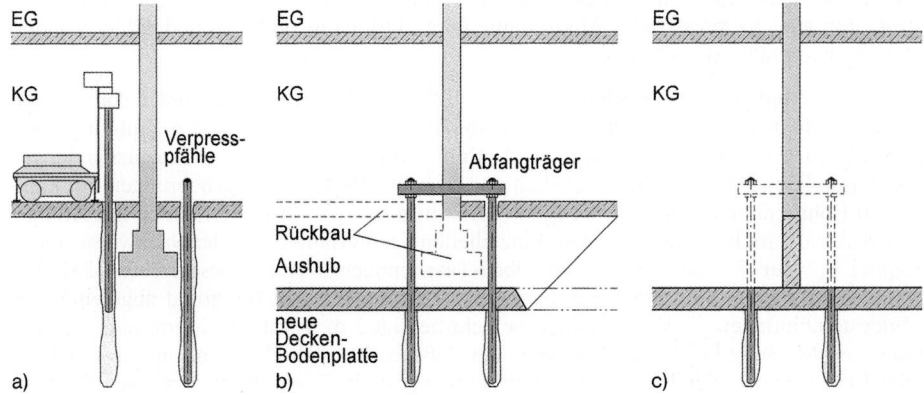

Bild 10. Herstellungsphasen einer Unterfangung und Umlastung mit beidseitigen Vertikalpfählen und Joch; a) Herstellung der Mikropfähle, b) Abfangung, Umlastung auf Pfähle, Rückbau des Fundamentes, Herstellung der Decke/Platte, c) Herstellung einer neuen Tragstruktur, Umlastung auf Decke, Rückbau der Abfangung

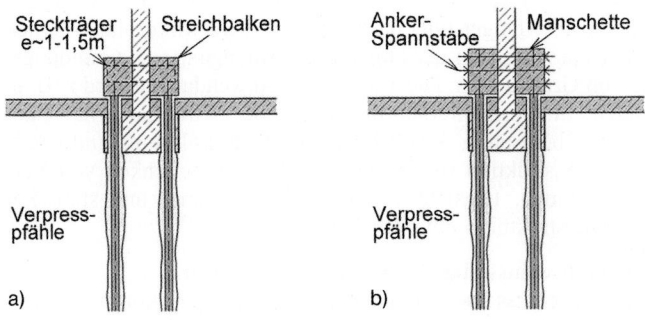

Bild 11. Unterfangung und Verstärkung mit beidseitigen Vertikalpfählen und Streichbalken

2.4 Unterfangung und Verstärkung von Gründungen

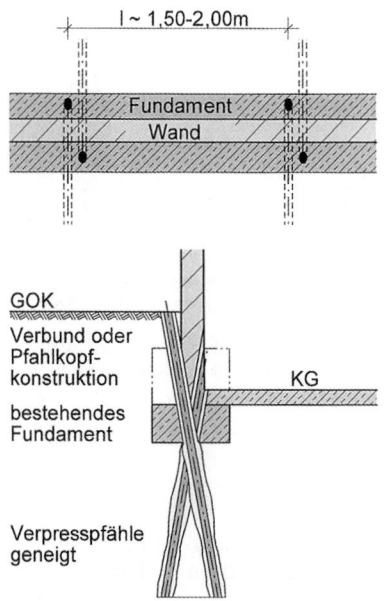

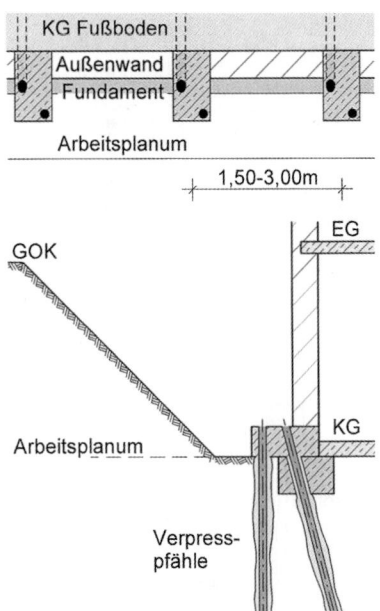

Bild 12. Unterfangung und Verstärkung mit beidseitigen Schrägpfählen, Pfahlraster und Systemschnitt

Bild 13. Einseitige Unterfangung und Verstärkung mit Pfahlbock und kurzem Abfangbalken, Pfahlraster und Systemschnitt

in einem festen Raster, sondern auch asymmetrisch an gut zugänglichen Stellen angeordnet werden können. Bei symmetrischen Schrägpfählen (Variante III) können Joch und Streichbalken entfallen (Bild 12). Die Wandlasten werden über den Schubverbund zwischen Pfahl und bestehender Gründung übertragen. Je nach Belastung und Kraftfluss werden die Pfähle paarweise gekreuzt oder alternierend angeordnet. Bei zu kurzer Verankerungslänge oder nicht ausreichender Festigkeit des bestehenden Fundamentes können auch zusätzlich Pfahlköpfe in Wandnischen hergestellt werden. Hierzu gibt es auch patentierte Pfahlkopfvarianten einzelner Anbieter [3, 43]. Ist nur eine Wandseite zum Zeitpunkt der Unterfangung zugänglich, können einhüftige Konstruktionen (Variante IV und V) ausgeführt werden. Die Exzentrizitäten werden entweder mit Schrägpfählen oder mit vertikalen Zug- und Druckpfählen kompensiert. Die Bilder 13 und 14 zeigen Beispiele solcher Lösungen. Auch hier können die Pfähle jeweils paarweise oder alternierend angeordnet werden. Statt einzelner Jochbalken ist auch ein durchgehender Balken oder eine Platte zur Lastverteilung möglich.

Press- oder Segmentpfähle (Jack-down piles) sind Sonderverfahren, die speziell für vibrationsfreie und geräuscharme Unterfangungsarbeiten unter sehr beengten Verhältnissen entwickelt wurden. Unmittelbar neben oder zentrisch unter der zu unterfangenden Wand werden Stahlrohrschüsse oder zylindrische Stahlbetonsegmente in den Baugrund gepresst. Als Widerlager dienen Verankerungen, Abstützungen an der Decke oder das Fundament selbst. Ist der vorab festgelegte Pfahlwiderstand erreicht, wird die Presse durch Stahlspindeln ersetzt und der Pfahlkopf betoniert. In der Praxis der Unterfangung und Verstärkung von Gründungen haben sich zwei Systeme durchgesetzt, Stahlrohrsegmente neben der Wand (Bild 15) und Beton- oder Stahlrohrsegmente unter dem Fundament nach

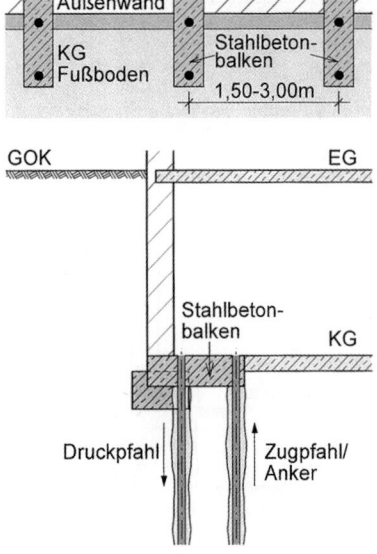
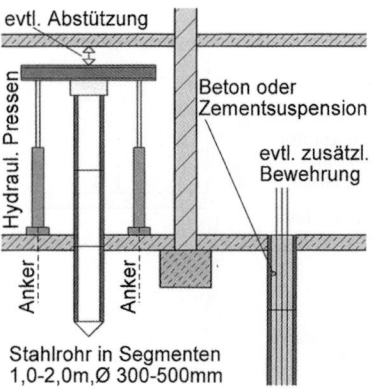

Bild 14. Einseitige Unterfangung und Verstärkung mit Kniehebeljoch, Zug- und Druckpfählen, Pfahlraster und Systemschnitt

Bild 15. Prinzip eines Presspfahls, System Franki

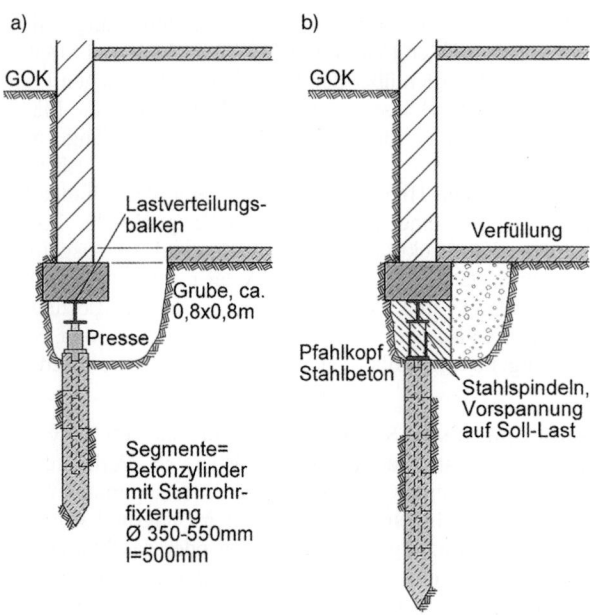

Bild 16. Prinzip eines Segmentpfahls, System Erka; a) Herstellung, b) fertiger Pfahlkopf

2.4 Unterfangung und Verstärkung von Gründungen

(Bild 16). Die erzielbaren Tragfähigkeiten und Pfahlabstände sind den oben beschriebenen Verfahren vergleichbar. Anwendungsgebiet der Presspfähle ist schwerpunktmäßig die Sanierung von Gründungen bei Verlust der Tragwirkung und die Nachgründung bei Lasterhöhungen im Zuge der Umnutzung von Gebäuden [59]. Für Unterfangungen bei benachbarten Ausschachtungen wie auch zur Tiefergründung mit anschließendem Ausräumen des Baugrundes unter dem Fundament scheiden diese Verfahren i. Allg. aus, weil die Segmentpfähle als Gliederkette nach Freilegen nur begrenzt knicksicher sind. Bei reiner Axialbeanspruchung sind diese Verfahren jedoch wegen der einfachen Handhabung und der großen Flexibilität kostengünstiger und schneller realisierbar als herkömmliche Pfahllösungen. Da jeder Pfahl etwa bis zur 1,5-fachen Gebrauchslast bzw. bis zum Abheben des als Widerlager wirkenden Fundaments vorgespannt wird, liegt für jeden Pfahl ein verlässlicher Test der Tragfähigkeit vor. Besonders zur lokal begrenzten Verstärkung von Gründungen und bei beengten Platzverhältnissen sind diese einfachen und sehr effektiven Presspfähle die Methode der Wahl.

In der Praxis der Unterfangung und Verstärkung von Gründungen liegt der Vorteil aller hier aufgeführten Pfahllösungen darin, dass man damit sehr individuell und spezifisch auf das Bauwerk, die Lasten, den Baugrund und auf den verfügbaren Arbeitsraum reagieren kann. Voraussetzung für einen wirtschaftlichen Entwurf ist eine gute Kenntnis der Tragstruktur des zu unterfangenden Bauwerks, der Baugrund- und der Grundwassersituation sowie der Anwendungsgrenzen der einzelnen Verfahren. Beim Entwurf sollten einfache, möglichst statisch bestimmte Tragstrukturen mit klarem Kraftfluss und Verformungsverhalten gewählt werden. Im Gegensatz zu den übrigen in diesem Kapitel behandelten Verfahren lassen sich nur mit Pfahlkonstruktionen Fundamente so entlasten, dass, wie in Bild 10 dargestellt, eine Gründung ganz rückgebaut und eine Stütze oder eine Wand auf einer neu errichteten Gründung abgesetzt werden kann. Bild 20 zeigt die weiteren Arbeitsschritte bei der nachträglichen Unterkellerung eines historischen Gebäudes [17].

Während sich die unter Abschnitt 3.3, Varianten I bis V beschriebenen Anwendungen von Mikropfählen zur Unterfangung von Außen-, Innenwänden und Einzelstützen eignen, kommen als Variante V geneigte Bohrpfähle nach DIN EN 1536 zur Unterfangung von Außenwänden und gleichzeitig als Sicherung der Baugrube infrage, ohne dass der Keller des Altbaus in Anspruch genommen werden muss. Bild 17 zeigt den Systemschnitt einer vorgesetzten Bohrpfahlwand, die mit einer Neigung von 1:10 die Fundamente eines historischen Bauwerks unterschneidet [25]. Im Zuge des Aushubs werden die Horizontalkräfte durch Aussteifungen und Verankerungen aufgenommen. Die Verformungen müssen durch eine sorgfältige Herstellung der Pfähle und durch eine Vorspannung der Verankerung beim Aushub minimiert werden.

Als Regelfall einer Unterfangung von Wänden neben Ausschachtungen sind Pfahlkonstruktionen i. Allg. nicht wirtschaftlich, da beim Ausschachten zusätzlich der Boden zwischen den Pfählen gegen Rückfall zu sichern ist. Bei schwer zugänglichen und im Umfang begrenzten Maßnahmen kann eine Kombination von Mikropfählen, Ankern und Bodennägeln dennoch die optimale Lösung darstellen, besonders dann, wenn die einzelnen Techniken ohnehin zur Sicherung der Baugrube eingesetzt werden. Bild 18 zeigt den Schnitt solch einer kombinierten Sicherung nach [3]. Die Vertikalkräfte der Wand werden überwiegend durch vorgespannte Mikropfähle axial abgetragen, Anker und Nägel und Spritzbetonscheibe nehmen die Horizontalkräfte und den Erddruck auf. Herausfordernde, technisch optimierte Anwendungen von Pfahlkonstruktionen zur Sanierung von schiefstehenden Türmen, zur Sicherung komplexer Gründungsstrukturen von Gebäuden und zur Sanierung von durch Kolk geschwächte Brückengründungen werden von *Brandl* in [5] bis [7] umfassend erläutert und dargestellt.

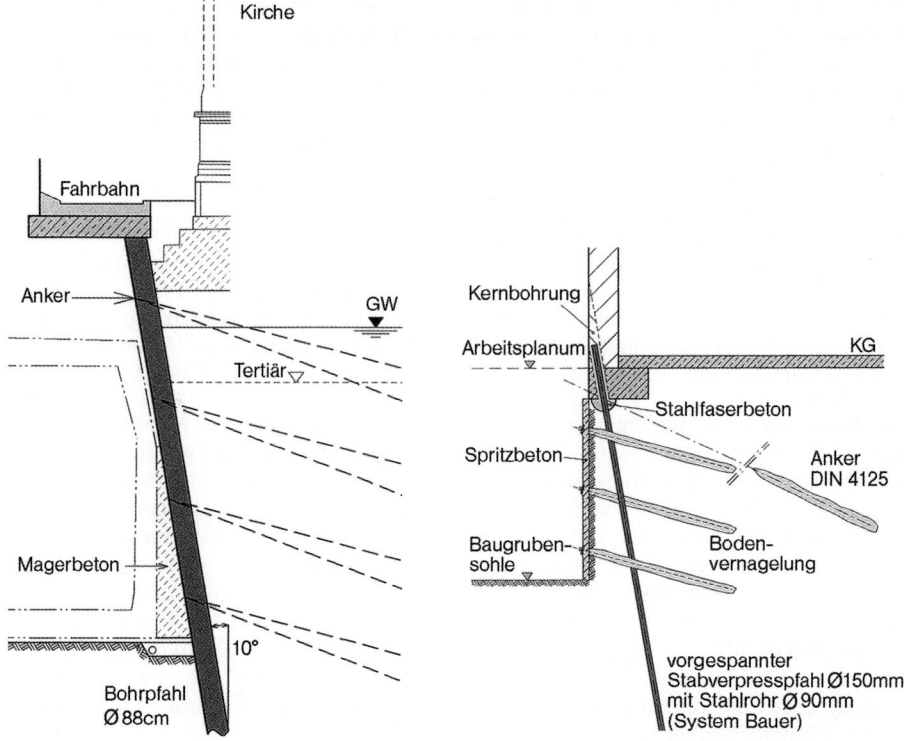

Bild 17. Unterfangung mit geneigter Bohrpfahlwand (nach [24])

Bild 18. Kombinierte Unterfangung mit Mikropfählen, Verpressankern und Bodennägel (nach [3])

3.4 Komplexe Konstruktionen zur Unterfangung und Unterfahrung

Beim Bau unterirdischer Verkehrsanlagen sind häufig die Gründungen bestehender Bauwerke zu kreuzen oder mit geringer Überdeckung zu unterfahren. Eine vergleichbare Aufgabe ergibt sich bei der Umnutzung oder Revitalisierung von Gebäuden, wenn zur Erweiterung der Infrastruktur nachträglich Tiefgeschosse angebaut werden müssen. In beiden Fällen müssen Gründungen temporär entlastet und die Bauwerkslasten später auf neue Tragstrukturen abgesetzt werden. Bei der offenen Bauweise kommen alle oben erläuterten Bauverfahren zur Anwendung. Darüber hinaus werden Schlitzwände, Bohrpfahlwände, Rohrschirme, horizontale Verfestigungen mit dem Düsenstrahlverfahren, zunehmend auch Bodenvereisung als Konstruktionselemente eingesetzt, vgl. Kapitel 2.5 dieses Bandes [38]. Die Ingenieuraufgabe besteht im Entwurf und in der Bemessung dieser komplexen Tragstrukturen für Zwischenbau- und Endzustände und in der zweckmäßigen Kombination der Verfahren des Spezialtiefbaus unter Beachtung der Baugrundsituation, der rechtlichen Rahmenbedingungen, der Art-, des Zustandes und des Kraftflusses der Bestandsbebauung, der Zugänglichkeit, der Prognose der Verformungen, der verfügbaren Bauzeit und der Kosten. Auch hier sind es innerstädtisch oft unerwartete Relikte historischer Gründungen, welche vorlaufend erkundet und in ihrem Einfluss auf die Baumaßnahmen individuell beurteilt werden müssen. Eine systematische Zusammenstellung von interessanten Lösungen

2.4 Unterfangung und Verstärkung von Gründungen

und den damaligen Stand der Technik beim U-Bahnbau in Nordrhein-Westfalen gibt [25]. Aktuellere Beispiele von komplexen Sicherungsmaßnahmen in Zusammenhang mit dem Umbau der Bahnhöfe Leipzig und Stuttgart sind in [2, 12] enthalten. Außerordentlich komplexe Unterfangungsmaßnahmen von mehrfach umgenutzten Gebäuden mit teils historischer Bausubstanz in archäologisch geprägtem Baugrund wurden beim Bau der Nord-Süd Stadtbahn Köln ausgeführt und von *von Schmettow* et al. eindrucksvoll in [41] dargestellt (siehe Bilder 21 und 22).

Werden nur Randbereiche oder Ecken von Gebäuden unterschnitten, kommen die in Bild 19 skizzierten Abfang- und Tragstrukturen infrage, die mit unterschiedlichen Verfahren des Spezialtiefbaus hergestellt werden können.

In dem in Bild 19 a dargestellten Fall werden die Außenwände des Gebäudes mit einzelnen Balken oder mit einer abschnittsweise hergestellten Platte abgefangen. Bei aufgelösten Balken ist meist zusätzlich eine Längsaussteifung erforderlich. Die Abfangkonstruktion liegt auf Mikropfählen oder Düsenstrahlsäulen auf. Soweit keine tragenden Innenwände als Einspannung herangezogen werden können, werden Zugpfähle oder Anker erforderlich. Diese Lösung setzt die zeitweise Inanspruchnahme des Kellers voraus. Die Entkopplung von Unterfangung und Neubau bringt sowohl baubetrieblich als auch bauphysikalisch Vorteile.

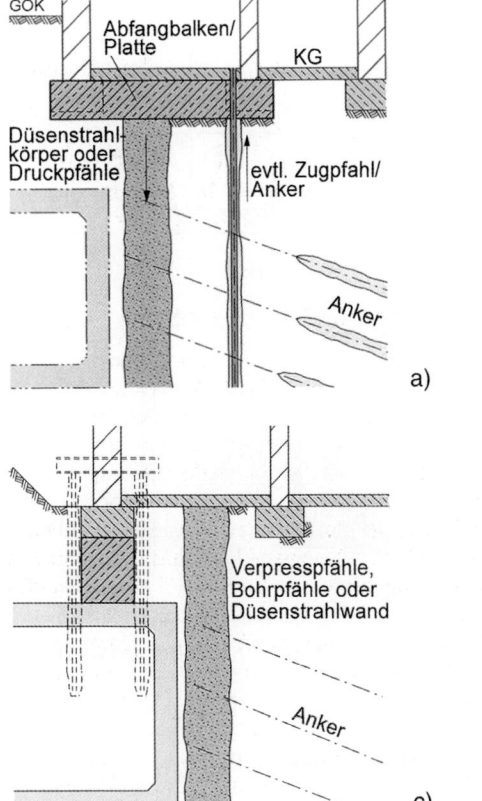

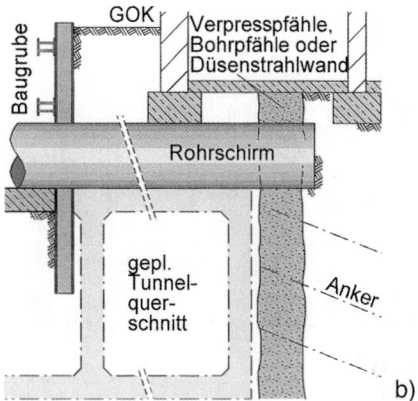

Bild 19. Beispiele für Tragstrukturen bei einer Teilunterfahrung in offener Bauweise;
a) Kragkonstruktion, von Neubau getrennt,
b) Portalkonstruktion, in Neubau integriert,
c) temporäre Abfangung und Umlastung auf Neubau

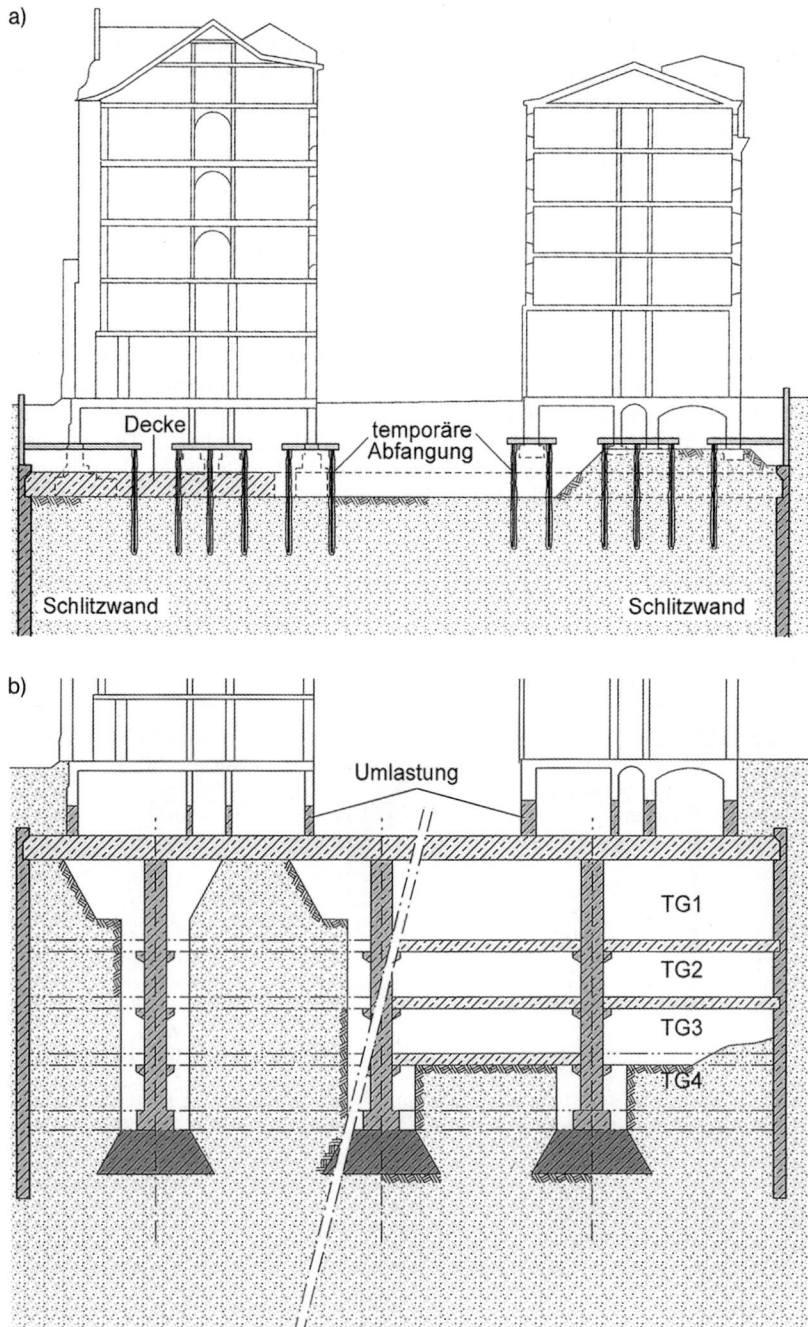

Bild 20. Nachträgliche Unterkellerung eines historischen Gebäudes (nach [17]);
a) temporäre Abfangung, Teilaushub,
b) Herstellung der obersten Decke und der Stützen, Restaushub und Herstellung weiterer Decken

2.4 Unterfangung und Verstärkung von Gründungen

Bei einer Unterfangung nach Bild 19 b wird der Keller des Altbaus allenfalls zur Herstellung der Bohrpfahl- oder Düsenstrahlwand in Anspruch genommen. Der unter dem Bestand verlaufende Teil der Decke des Neubaus wird als Rohrschirm ausgeführt. Von einer außen liegenden Baugrube aus werden durch Bohren oder Pressen Stahlrohre im erforderlichen Querschnitt unter der Gründung vorgetrieben, bewehrt und betoniert. Die eng gebohrten oder tangierenden Rohre können durch Kopfbalken auch zu einer Tragplatte verbunden werden (Rohrschirm). Da die Abfangkonstruktion gleichzeitig Teil des Neubaus ist, ermöglicht diese Lösung im Vergleich die geringste Bauhöhe. Bei großen Stützweiten der Decke ergeben sich jedoch je nach Wandlasten unwirtschaftliche Rohrquerschnitte. Weitere Nachteile sind die mit der Umlastung verbundenen Verformungen und die direkte Übertragung von Körperschall auf den Bestand. Über interessante Ausführungen dieser Bauweise wird auch in [24] und [29] berichtet.

Bei der Unterfahrung eines Gebäudes nach Bild 19 c werden die Wände oder die Stützen des Bestandes zunächst wie oben beschrieben mit Mikropfählen entlastet. Die Decke des Tunnelrahmens wird dann abschnittsweise hergestellt (vgl. Bild 10). Schließlich werden die Bauwerkslasten des Bestandes auf der neuen Konstruktion abgesetzt. Dieses Vorgehen setzt die sog. Deckelbauweise des Neubaus bzw. der Unterkellerung voraus, ein Arbeiten von oben nach unten. Als kritischer Punkt ist der Ausfall einzelner Pfähle beim Ausräumen und Umlasten zu diskutieren. Bei Verkehrsanlagen wäre die Übertragung von Körperschall durch Dämpfungselemente zwischen Bestand und Neubau zu berücksichtigen. Die gleichen Arbeitsschritte können zur nachträglichen Unterkellerung eines Gebäudes angewendet werden. Bild 20 zeigt eine Prinzipskizze zum nachträglichen Bau einer Tiefgarage in Deckelbauweise. Die Lasten des Altbaus wurden temporär mit Mikropfählen abgetragen und dann auf die neue Tragstruktur aus Decke und nachträglich in Schächten abgeteuften Stützen abgesetzt [17].

Die Bilder 21 und 22 zeigen Querschnitte einer komplexen Unterfangungsmaßnahme für eine innerstädtische Tunnelbaumaßnahme, bei der die beiden Tunnelröhren maschinell im Schildvortrieb aufgefahren wurden. Das Lichtraumprofil musste zum Gleiswechsel in einer wasserdichten Baugrube aufgeweitet werden. Der Tunnelquerschnitt verläuft überwiegend unterhalb des Grundwasserhorizonts in anthropogenen Auffüllungen und in quartären Sand- und Kiesablagerungen. Die Abdichtung der Sohle besteht aus einem gewölbten Frostkörper (2). Als seitliche Trogwände dienen die Tübbingröhren und die überschnittenen Bohrpfähle (1). Zusätzlich wurden von einer Inselbaugrube (0) aus Kontaktbetonbalken und seitliche Vereisungsdächer (3) hergestellt. Setzungen der flach gegründeten westlichen Bestandsbebauung infolge Entlastung und Spannungsumlagerung durch die Schildfahrt wurden durch Kompensationsinjektionen kontrolliert (5). Die Gebäude wurden durch eine obere und zwei untere Rohrschirmreihen gesichert und gegen Ausbläser geschützt (6 und 7 in Bild 21). Die unteren Rohrschirme schützen gleichzeitig die Tübbinge vor lokalen Lastkonzentrationen bei den Kompensationsinjektionen. Die Tiefgründung der östlichen Bestandsbebauung wurde durch Feststoffeinpressung im Bereich der Pfahlfüße (4) und durch die zusätzliche Pfahlreihe (1) verstärkt und so vor schädlichen Einwirkungen der Schildfahrt geschützt. Bild 22 zeigt einen anderen Querschnitt der Maßnahme, bei dem auch die westliche Bestandsbebauung tiefgegründet war. Hier wurde eine massive Unterfangungsplatte unter dem Kellergeschoss hergestellt, die auf zwei Doppelreihen Mikropfählen aufgelagert wurde (8 in Bild 22). Mit dem Auffahren des Tunnels wurde die innere Pfahlreihe durchtrennt, die Lasten der Tragplatte wurden dann direkt über Kontaktbetonbalken auf die Tübbinge abgetragen. Die ausführliche Arbeitsabfolge dieser komplexen Unterfangungsmaßnahmen und die Strategie zur Beherrschung der weiteren Risiken infolge Relikte historischer Gründungen und alter Gewölbekeller beschreiben *von Schmettow* et al. in [41]. *Kluckert* [28] berichtet anhand des gleichen Projekts über die Grenzen der Anwendung des Düsenstrahlverfahrens bei derart komplexen Unterfangungsmaßnahmen.

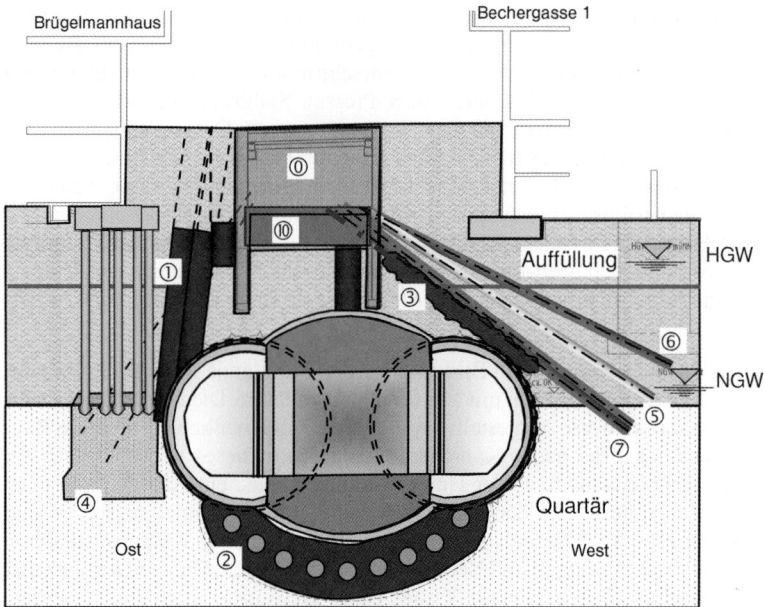

Bild 21. Komplexe Unterfangungsmaßnahme, Nord-Süd-Stadtbahn Köln, Bereich Gleiswechsel Bechergasse; Westliche Bestandsbebauung flach gegründet (nach [41])

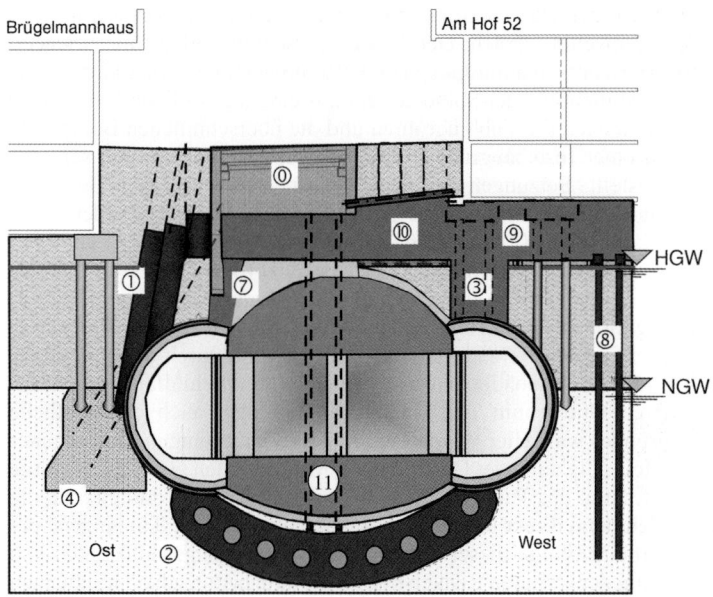

Bild 22. Komplexe Unterfangungsmaßnahme wie Bild 21, jedoch westliche Bestandsbebauung tief gegründet, Abfangen der Pfahlgründung (nach [41])

… Unterfangung und Verstärkung von Gründungen

4 Verstärkung von Gründungen

4.1 Ursachen und Schadenstypen

Eine Verstärkung, Instandsetzung oder der Ersatz einer Gründung werden erforderlich, wenn deren Tragfähigkeit oder Gebrauchstauglichkeit eingeschränkt sind, wenn schädliche Verformungen oder gar eine Grundbruchgefährdung vorliegen oder befürchtet werden. Die Notwendigkeit einer Verstärkung ergibt sich stets aus einer nachteiligen Veränderung der Bauwerk-Baugrund-Interaktion, welche in Zusammenhang mit einer Verschlechterung der Baugrundeigenschaften, mit einer Schädigung der Gründungsstruktur oder mit einer Erhöhung der Fundamentlasten stehen kann.

Bei Schäden an der Gründungsstruktur oder bei schädlichen Veränderungen der Baugrundeigenschaften geben Bauwerksrisse und deren zeitliche Entwicklung klare Hinweise zur Art und Größe der Verformungen [14, 35, 36]. Die sorgfältige Aufnahme und Interpretation des Schadensbildes stehen somit zu Beginn der Analyse. Als weitere Grundlagen zur Planung einer wirksamen Verstärkungsmaßnahme sind der Kraftfluss im Bauwerk bis zu den aktuellen und künftigen Fundamentlasten zu ermitteln, die verträglichen und zulässigen Verformungen festzulegen und der Baugrund mit seinen bodenmechanischen Eigenschaften zu erkunden. In jedem Fall müssen Zustand und Struktur der bestehenden Gründung anhand verfügbarer Unterlagen, oft auch mithilfe von bauhistorischen Überlegungen analysiert werden, was besonders bei älteren oder gar historischen Bauwerken mit einer Detailerkundung der Gründung verbunden ist und einen erheblichen Teil der Planungsgrundlagen darstellt. Dies gilt für Schäden an Gründungen und für die Umnutzung von Gebäuden gleichermaßen.

Bei einer Steigerung der Belastung von Gründungskörpern infolge Umnutzung geht es meist um die Erhöhung der Tragfähigkeit, um eine Fundamentverbreiterung, um partielles oder gesamtes Absetzen von Bauwerkslasten auf Pfahlkonstruktionen oder Düsenstrahl-Unterfangungskörpern, wie dies oben in den Abschnitten 3.2 bis 3.4 beschrieben ist. Die Reparatur und die Beseitigung von Schäden erfordern dagegen eine detaillierte Analyse und Klassifizierung der Ursache, um eine wirksame Maßnahme zur Behebung der spezifischen Defizite der Tragfähigkeit oder der Gebrauchstauglichkeit zu finden. Folgende Ursachen können dabei bezogen auf den Baugrund, das Bauwerk und die Gründung sowie in Hinblick auf Maßnahmen zur Verstärkung klassifiziert werden:

a) unplanmäßige Erhöhung der Lasten und Änderung des Kraftflusses im Gebäude,
b) Alterungsschäden von Flachgründungen aus Natursteinen oder Beton,
c) Aufweichen bindiger Schichten in der Lastzone der Gründung durch Grundwasseranstieg oder durch Zusickerung von Wasser,
d) Grundwasserabsenkung oder Entzug der Bodenfeuchte in bindigen Baugrundschichten durch Vegetationseinfluss,
e) biologischer Abbau organischer Baugrundschichten,
f) Hohlräume durch Wühltiere in der Lastzone von Flachgründungen,
g) Kriechverformungen durch dynamische oder zyklische Einwirkungen,
h) biologischer Abbau von Holzpfählen oder Holzpfahlrosten.

Als weitere Ursache für Gründungsschäden kommen Frost, innere Erosion, chemische Auslaugung oder Quellen des tieferen Baugrundes, aber auch tiefgreifende Massenbewegungen infrage. Da diesen Ursachen i. Allg. nicht mit Verstärkungsmaßnahmen der Gründungsstruktur zu begegnen ist, werden sie hier nicht weiter betrachtet. Gründungen in Bergbaugebieten und bergbaulich bedingte Verstärkungsmaßnahmen werden von *Placzek* in Kapitel 3.7 der 7. Auflage des Grundbau-Taschenbuchs, Teil 3 erläutert [39].

4.2 Schadensphänomene und Verstärkungsmaßnahmen

In diesem Abschnitt werden die Phänomene und die bodenmechanischen Ursachen der oben abgegrenzten Typen von Gründungsschäden erläutert. Den Schadensursachen werden technisch geeignete Maßnahmen zur Verstärkung und Sanierung zugeordnet. Ziel von Verstärkungsmaßnahmen ist immer die Sicherstellung eines standsicheren Zustands, bei dem die Stabilität und die Nutzung eines Bauwerks nicht beeinträchtigt sind. Bei Sanierungen geht es um die Beseitigung von aktuellen und um die Vermeidung von künftigen Schäden. Die zentralen Fragen bei der Festlegung des Zeitpunkts und des Umfangs von Verstärkungsmaßnahmen an Gründungsstrukturen sind daher das erforderliche Maß einer Erhöhung der äußeren Standsicherheit und die verträgliche Beherrschung von aufgetretenen oder erwarteten Setzungen für das Bauwerk. Die Notwendigkeit und der Umfang von Maßnahmen sind daher einzelfallspezifisch vor dem Hintergrund der geplanten Nutzung, der statischen Situation, der Prognose der Schadensentwicklung, des angestrebten Erfolges einer Maßnahme, der Risiken der Ausführung in den einzelnen Bauzuständen und der verfügbaren finanziellen Mittel zu beurteilen. Die den Schadenstypen zugeordneten Maßnahmen zur Verstärkung und Sanierung dienen als Orientierung zur Planung von an die Gegebenheiten und Erfordernisse angepassten wirtschaftlichen Lösungen.

Lasterhöhung und Schäden an Natursteinfundamenten

Neben der planmäßigen Erhöhung der Fundamentbelastung bei einer Umnutzung können bereits geringe bauliche Eingriffe in die Tragstruktur von Gebäuden deren Steifigkeit und somit den Kraftfluss verändern. Hieraus können sich höhere Belastungen mit stärkeren Exzentrizitäten für die Fundamente ergeben. Schiefstellungen und eine Minderung der Grundbruchsicherheit sind die Folge. Ein veränderter Kraftfluss kann sich auch als Wechselwirkung bei baugrundbedingten Fundamentsetzungen oder als Folge von Zwängungen bei Rissen im Bauwerk ergeben, bei seitlichen Verkehrslasten oder Anschüttungen, wenn diese auf die Lastzone von Fundamenten einwirken. Soweit die Ursache auf eine erhöhte Exzentrizität der Fundamentlasten zurückzuführen ist, kommt als Abhilfemaßnahme eine Aussteifung der Tragstruktur infrage. Hierzu zählen z. B. auch Zuganker zur Aufnahme des Gewölbeschubes bei hallenartigen historischen Bauwerken. Im Übrigen kann der Erhöhung der äußeren Tragfähigkeit von Fundamenten bei tragfähigem Baugrund mit einer Verbreiterung, einer Vergrößerung der tragenden Gründungsfläche, begegnet werden (Bild 23), was eine Reduzierung der Sohlnormalspannung bewirkt. Alternativ lässt sich die Tragfähigkeit durch eine Unterfangung der Fundamente mit dem Düsenstrahlverfahren (s. Abschn. 3.2) oder mit einer pfahlartigen Verstärkung der Gründung (s. Abschn. 3.3) erhöhen. Einzel-

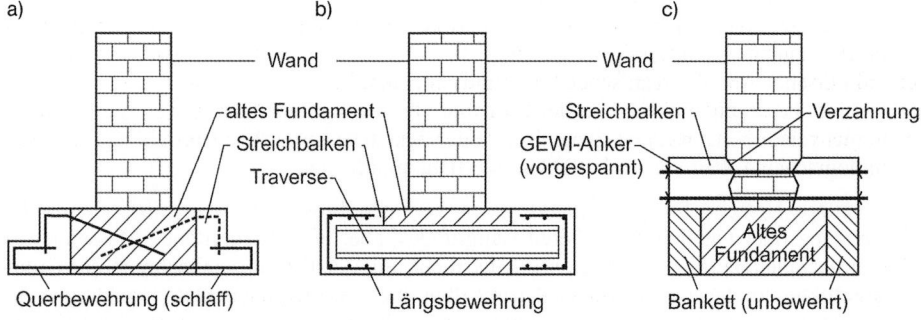

Bild 23. Prinzipskizze zur Verbreiterung eines Fundamentes (nach [35])

2.4 Unterfangung und Verstärkung von Gründungen

stützen oder Pfeiler von Gebäuden lassen sich zur Verstärkung zweckmäßigerweise durch Fundamentbalken oder Gründungsplatten zusammenfassen. Hierdurch wird die Tragfähigkeit erhöht und gleichzeitig die Gründungsstruktur ausgesteift.

Bei der nachträglichen Fundamentverbreiterung ist wie bei den oben beschriebenen Maßnahmen zur klassischen Unterfangung die Grundbruchsicherheit in den Bauzuständen zu beachten. Die in Bild 23 skizzierten Streichbalken und seitliche Bankette neben Einzel- und Streifenfundamenten können daher nur in kurzen Abschnitten hergestellt werden. Hinsichtlich der Arbeitsabschnitte gilt DIN 4123. Die Varianten a und b in Bild 23 lassen sich bei lose gesetzten Natursteinfundamenten nicht ausführen. Hierfür eignet sich dagegen Variante c. Diese Verstärkungsmaßnahme erlaubt auch eine gezielte Umlastung durch Vorpressen der Streichbalken gegen die unbewehrten Bankette. Eine Vermörtelung der Fundamentfugen oder eine Spritzbetonversiegelung von losen Natursteinfundamenten in Verbindung mit einem Ersatz von geschädigten Fundamentbereichen zu empfehlen.

Vernässung bindiger Baugrundschichten

Bindige Böden verändern bei einer Zusickerung von Wasser oder bei einer Wassersättigung infolge Grundwasseranstieg in der Lastzone von Gründungen ihre Konsistenz und erleiden einen Verlust an Steifigkeit. Dieses Phänomen ist besonders bei schwachtonigen Schluffen und bei schluffigen gemischtkörnigen Böden, also bei Böden mit geringer bis mittlerer Plastizität relevant. Hierzu zählt auch Verwitterungslehm oder die Verwitterungsrinde von Festgestein. Starke Sättigungssackungen bei Wasserzutritt erleiden auch locker gelagerte verkittete Böden wie Tuffaschen oder nicht umgelagerter Löss. Als Ursache der örtlichen Zusickerung von Wasser kommen häufig ein geänderter Oberflächenabfluss, Risse in der Versiegelung, undichte Abwasser- und Fallrohre der Dachentwässerung oder Bewässerungseffekte aufgrund benachbarter Leitungsgräben infrage. In der Folge ergeben sich meist lokale Fundamentsetzungen. Das typische Schadensbild sind horizontale Risse im Sockelbereich in Verbindung mit Schrägrissen in den Wänden über den Rändern der Setzungsmulde. Bei einer Vernässung ist der Baugrund in seiner Tragfähigkeit stark geschwächt, sodass eine pure Verbreiterung der Fundamente keine Abhilfe bringt. Zur Sanierung muss zunächst die Ursache der Vernässung beseitigt, die Zusickerung von Wasser abgestellt werden.

Zweckmäßige Verstärkungsmaßnahme ist eine Tieferlegung der Gründungssohle bis unterhalb der aufgeweichten Schicht. Hierzu bietet sich eine klassische Unterfangung nach DIN 4123, auch eine Nachgründung mit Pfählen, wobei die gesamte Fundamentlast bis in den tragfähigen Baugrund abgesetzt wird. Für örtlich begrenzte Maßnahmen zur Instandsetzung von überwiegend vertikal belasteten Gründungen haben sich wegen des relativ geringen Eingriffs in die Gebäude besonders eine Nachgründung mit Segmentpfählen (Presspfähle) erwiesen, wie sie in Abschnitt 3.3 (s. Bild 16) dargestellt sind. Kritische Bauzustände werden mit dieser Art von lokalem Eingriff vermieden. Ein weiterer Vorteil liegt in der direkten Kontrolle des Erfolgs. Die Pfahlsegmente werden so tief in den Baugrund gepresst, bis die erforderliche Tragkraft erreicht wird, was sich am Anheben des Fundaments erkennen lässt [59]. Eine Tiefergründung durch Bodenvermörtelung mit dem Düsenstrahlverfahren wäre ebenfalls geeignet, ist jedoch wegen des großen Anteils der Baustelleneinrichtung bei lokal begrenzten Maßnahmen wirtschaftlich nicht angemessen.

Austrocknen und Schrumpfen bindiger Baugrundschichten

Das bodenmechanisch gegenteilige Phänomen mit gleichem Effekt und Schadensbild tritt im bindigen Baugrund bei einem lokalen Austrocknen auf. Als Ursache kommt nachträgliches Absinken des Grundwasserspiegels, meist aber der Entzug von Bodenwasser durch Vegetation infrage. Dem Autor ist ein Schadensfall bekannt, bei dem im Keller eines sanierten historischen Gebäudes ein Klimagerät betrieben wurde, das kontinuierlich über Fugen dem Boden unter der Gründung Wasser entzogen und hierdurch erhebliche Setzungen ausgelöst hat. In jedem Fall treten derartige Schäden immer erst nach Jahren einer intakten Funktion der Gründung auf. Sie werden daher fälschlicherweise oft Alterungseffekten der Tragstruktur zugeordnet. Bodenmechanisch handelt es sich bei diesem Phänomen um Schrumpfen, was mit einem Volumenverlust bis hin zu Trockenrissen verbunden ist. Das Schrumpfmaß eines Bodens hängt stark von der Initialsättigung, vom Mineralbestand und damit vom Wasseraufnahmevermögen des Bodens ab. Empfindlich sind mittel- bis ausgeprägt plastische Schluffe und Tone, besonders quellfähige und organische Böden, während geringplastische Schluffe mit wenig quellfähigem Mineralbestand weniger kritisch und nichtbindige Böden diesbezüglich unempfindlich sind [34].

Der aus dem Wasserentzug resultierende Volumenverlust des Baugrundes bewirkt zunächst örtlich eine Entlastung, verbunden mit Hohllagen und schließlich Setzungen flach gegründeter Fundamente. Gleichzeitig werden die seitlich angrenzenden Bereiche der Gründung höher belastet. Als Folge ergeben sich Risse am Bauwerk mit dem oben beschriebenen Bild, horizontale Initialrisse und Ablösungen im Sockelbereich direkt über der Mulde sowie seitlich angrenzend Schrägrisse in der aufgehenden Wand. Durch die Zwängungen und Umlastungen können seitlich Koreaktion auftreten, wenn die Tragreserven erschöpft sind. Typisch bei Vegetationseinfluss sind auch nach außen gerichtete Fundamentneigungen.

Da die Steifigkeit und damit die Tragfähigkeit von bindigen Böden mit der Entwässerung, also im Bereich des Schadensherdes, signifikant zunimmt, wird diese Schadensursache auf der Grundlage der Ergebnisse einer Baugrunderkundung oft nicht erkannt oder räumlich nicht korrekt zugeordnet. Auch bei diesem Schadenstyp gilt es, zunächst die Ursache, die schädliche Einwirkung, zu entfernen. Bei einer großflächigen Entwässerung ist die Wiederherstellung der ursprünglichen geohydraulischen Situation zu erwägen. Bei einem örtlich begrenzten Wasserentzug durch Baumwurzeln sollten die relevanten Bäume beseitigt werden. Wenn keine generellen Standsicherheitsrisiken bestehen, empfiehlt sich, vor einer Sanierung der Risse eine Ruhephase von einem Jahr zur Beruhigung und zum natürlichen Ausgleich der Bodenfeuchte im Baugrund abzuwarten. Bei quellfähigen, smektitischen Böden kann dadurch bereits eine gewisse Rückstellung erwartet werden. Eine vorsichtige Verpressung eventueller Hohllagen und der Risse ist dann oft zur Sanierung ausreichend. Falls es sich um eine großflächige Grundwasserabsenkung handelt oder die Bäume aus Gründen des Naturschutzes nicht beseitigt werden dürfen, kommt zur Verstärkung der Gründung nur eine Tieferlegung der Gründungssohle bis unter die Einflusstiefe der Entwässerung des Baugrundes in Verbindung mit einer gezielten Bewässerung der Vegetation infrage. Wurzeln entwickeln sich nur dann in festen bindigen Böden unter Fundamenten, wenn das Wasserdargebot außerhalb zu gering ist.

Biologischer Abbau organischer Baugrundschichten

Organische Bodenschichten wie auch organische Relikte früherer Gründungen werden aerob durch Pilze und Bakterien abgebaut. Für Schäden ist i. Allg. nur der relativ rasche biologische Abbau oberhalb des Grundwasserhorizonts relevant, die Verfügbarkeit von Sauerstoff und der Nährstoffeintrag sind die Hauptursachen. Typische Böden sind Torfe und anmoorige Schichten. Folgen sind fortlaufende Setzungen der Gebäude, oft nur lokal. Bei zyklischen Schwankungen des Grundwasserstandes kann es auch zu saisonalem Öffnen und Verschließen von Rissen kommen. Zur Beseitigung bietet sich zum einen das Anheben des Grundwasserspiegels an. Als Nachgründung bis in eine tragfähige Schicht kommen die Pfahllösungen infrage, die in Abschnitt 3.3 beschrieben sind, wobei die Beständigkeit des Betons im Boden- und Grundwassermilieu zu beachten ist. Tiefer verlaufende flächige organische

2.4 Unterfangung und Verstärkung von Gründungen

Schichten unter Flachgründungen lassen sich vollständig oder punktuell säulenartig vermörteln [14]. Der Erfolg und die Beständigkeit von Vermörtelungen mit dem Düsenstrahlverfahren sind in organischen Böden nicht sichergestellt.

Hohlräume durch Wühltiere

In sehr flach gegründeten älteren Gebäuden kann es insbesondere bei unbefestigter oder schadhafter Kellersohle zu Bodenentzug durch Wühltiere, meist Ratten, kommen. *Goldscheider* und *Eckert* [14] berichten von Setzungsschäden in der Größenordnung von Dezimetern. Diese Schädigung kann auch bei sehr flach gegründeten alten Stützmauern auftreten. Als Abhilfemaßnahme reicht eine Befestigung des Kellerfußbodens, um den Zugang für die Tiere zu erschweren oder ganz zu unterbrechen. Alternativ eignet sich eine Tieferlegung der Gründung im Sinne einer Unterfangung nach DIN 4123.

Dynamische oder zyklische Einwirkungen auf die Gründung

Bei einer andauernden dynamischen oder zyklischen Belastung von Flachgründungen kann es im locker und mitteldicht gelagerten nichtbindigen wie auch im bindigen Baugrund zu Setzungen infolge Verdichtung bzw. infolge Akkumulation plastischer Dehnungsanteile kommen. Zyklisch bedingte Setzungen werden von *Vrettos* in Kapitel 1.8 der 7. Auflage des Grundbau-Taschenbuchs, Teil 1 behandelt [55]. Das Phänomen entspricht in seinem zeitlichen Verlauf dem Baugrundverhalten bei einer Sekundärkonsolidation. In Abhängigkeit vom Spannungsniveau und den Spannungsamplituten der dynamischen und zyklischen Einwirkung dauern die Verformungen über lange Zeiträume an, die Setzungsraten nehmen mit der Zeit jedoch ab.

In Hinblick auf Abhilfemaßnahmen ist zu unterscheiden, ob sich die Quelle der Einwirkung im Gebäude befindet, die Schwingungen also von Maschinen über die Trag- und Gründungsstruktur auf den Baugrund übertragen werden oder ob die Erschütterungen von außen über den Baugrund auf das Gebäude einwirken. Im ersten Fall sind Maßnahmen zur Dämpfung an der Quelle (Maschinenaufstellung) oder an der Gründung angesagt. Im zweiten Fall können dies Maßnahmen auf dem Übertragungsweg wie z. B. offene oder mit dämpfendem Material verfüllte Schlitze, häufiger jedoch ebenfalls Dämpfungsmaßnahmen an der Quelle sein. Auch Maßnahmen direkt an der Gründung kommen in Betracht. Eine Verstärkung der Gründung mit den oben beschriebenen Verfahren muss nicht zwangsläufig zu einer Verbesserung des Schwingverhaltens führen. Vielmehr sind die Steifigkeit und das Resonanzverhalten der Tragstruktur des Bauwerks zusammen mit den auftretenden Schwinggeschwindigkeiten und dem Frequenzinhalt der Einwirkung zu betrachten. Details zur Analyse und zu geeigneten Maßnahmen sind in Kapitel 3.8 der 7. Auflage des Grundbau-Taschenbuchs, Teil 3 erläutert [56].

Biologischer Abbau von Holzpfählen oder Holzpfahlroste

Gründungsstrukturen mit Holz sind aus archäologischen Funden, aus römischen Gründungstechniken und aus der Gründung vieler historischer Bauwerke bekannt. Bis zu Beginn des 20. Jahrhunderts wurden in Europa i. W. zwei Techniken einzeln oder in Kombination angewendet. Über Langpfähle aus Holz wurden axiale Pfeiler- und Wandlasten direkt in den tieferen Baugrund abgetragen. Verwendet wurden alle europäischen Holzsorten, die Pfahllängen lagen selten über 4 m, die Schaftdurchmesser betrugen bis zu 30 cm. Auf diese Weise wurden schwimmende Tiefgründungen erzeugt, falls möglich wurden die Pfähle auch bis in tragfähige Schichten gerammt. Die Pfahlköpfe wurden durch Roste aus Längs- und Querschwellen verbunden, die Zwischenräume mit Boden aufgefüllt. Auf diesem Planum wurden die Fundamente aus Werksteinen aufgesetzt. Die häufigere Anwendung waren sog.

Spickpfähle. Geringtragfähige Böden wurden bis zum Grundwasserniveau ausgehoben. Unter der Fundamentfläche wurden dann kurze, dünne Pfähle aus Rund- oder Spaltholz mit Durchmessern bis zu 20 cm und Längen bis zu 2 m in eingetrieben. Beginnend mit einem aufgelösten Raster aus langen, dicken Hölzern wurde das Raster in den Zwischenräumen mit kürzeren und dünneren Pfählen verengt. Auf diese Baugrundverbesserung aus Holz wurde direkt oder über einem Schwellenrost das Natursteinfundament aufgesetzt. Gelegentlich verwendete man beide Techniken auch kombiniert. Die Langpfähle wurden dann als seitliche Begrenzung oder auch nur gezielt zur Abtragung hoher Pfeiler- oder Turmlasten angeordnet. Eine erschöpfende Darstellung historischer Gründungstechnik findet sich z. B. in [14, 36, 44].

Unter Wasser sind diese Gründungskonstruktionen aus Holz nur einem sehr geringen bakteriellen biologischen Abbau unterworfen. Ein rasch fortschreitender Zerfall durch Pilzbefall tritt aber bei allen verwendeten Holzsorten beim Trockenfallen der Konstruktion ein. Pfahlköpfe und Schwellenroste zersetzen sich besonders rasch bei wechselnden Wasserständen, wenn sie von mittel- bis grobdurchlässigen Böden umgeben sind und so das im Holz eingelagerte Wasser verdunsten kann. In der Folge treten Hohllagen und schließlich Schäden an den aus Werksteinen unvermörtelt aufgesetzten Fundamenten sowie Setzungen der Wände und Pfeiler auf.

Für die Planung von Maßnahmen zur Sanierung und zur Verstärkung solcher Gründungen ist es wichtig, das Tragverhalten der flächigen Spickpfahlgründung und das der Langpfähle mit ihrem konzentrierten Lastabtrag zu unterscheiden. In einem ersten Untersuchungsschritt sind die Lasten, der Kraftfluss und der Grad der Schädigung der Holzstruktur mit deren Resttragfähigkeit zu ermitteln. Sind nur die Pfahlköpfe geschwächt und werden an die Tragfähigkeit der Gründung keine erhöhten Anforderungen gestellt, ist es ausreichend, zerstörte befallene Holzteile bis unter den niedrigsten Grundwasserstand abschnittsweise herauszunehmen und im Sinne einer Unterfangung durch Mörtelinjektion, Fließbeton oder Stahlbeton zu ersetzen. Eine Verfestigung der Natursteinfundamente durch eine Versiegelung mit Spritzbeton bietet sich darüber hinaus an. Diese Variante ist in der Prinzipskizze (Bild 24) dargestellt. Soll dagegen mit der Sanierung gleichzeitig die Tragfähigkeit solch einer Holzpfahlgründung erhöht werden, bieten sich Pfahllösungen an, wie sie in Abschnitt 3.3 beschrieben sind. Üblich und zweckmäßig ist eine seitliche Anordnung von Mikropfählen wie auch Bohrpfähle, die über einen Kopfbalken die Wandlasten übernehmen. Bild 25 zeigt Beispiele einer solchen Verstärkungsmaßnahme in Anlehnung an [43, 44, 52]. Ob die

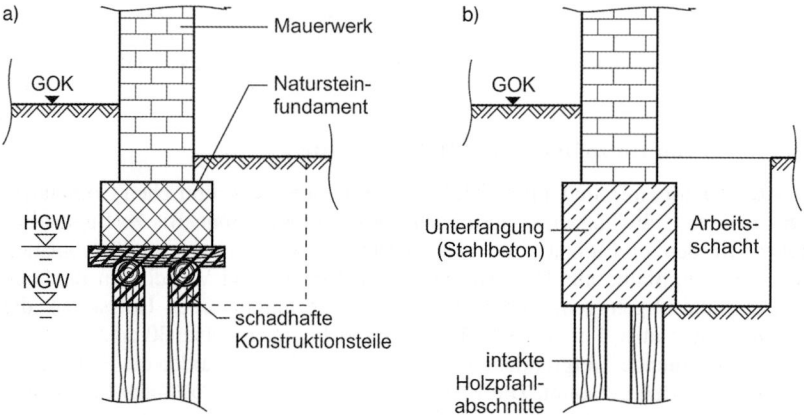

Bild 24. Prinzipskizze zur Sanierung einer schadhaften Holzpfahlgründung (nach [35])

2.4 Unterfangung und Verstärkung von Gründungen

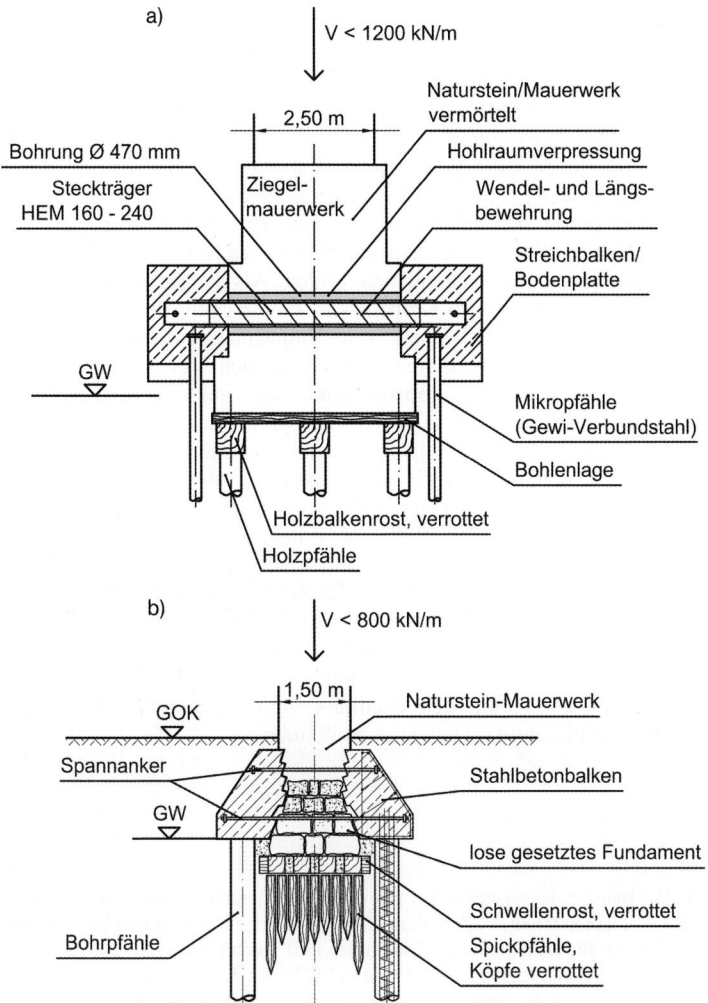

Bild 25. Verstärkung einer schadhaften Holzpfahlgründung; a) Nachgründung einer Langpfahlgündung mit Steckträgern und Mikropfählen, b) Nachgründung einer Spickpfahlgründung mit Streichbalken auf Bohrpfählen

Wandlasten wie in Bild 25 a dargestellt durch eine relativ biegeweiche Konstruktion mit Steckträgern oder wie in Bild 25 b über eher starr angebundene, verspannte Streichbalken abgetragen werden, richtet sich nach den Lasten, dem Zustand der Wand und dem verfügbaren Arbeitsraum zur Ausführung der Nachgründung. Die Vertikallasten werden in den Beispielen durch Mikropfähle (Bild 25 a) oder über Bohrpfähle (Bild 25 b) abgetragen. Die optimale Pfahlart ergibt sich ebenfalls aus den Lasten, der Zugänglichkeit, den Baugrundverhältnissen und den notwendigen Pfahllängen. In der Tendenz werden heute für diese Zwecke überwiegend Mikropfähle eingesetzt. Bei dem gezeigten Beispiel wurden die Pfähle überwiegend für eine Gebrauchslast von 800 kN ausgelegt und waren hierfür mit einem GEWI-Stab $\varnothing$ 63,5 mm bewehrt [45].

5 Schlussbemerkung

Jede Unterfangung und Sicherung der Gründung von Gebäuden hat individuelle Randbedingungen. Die Herausforderung liegt im Erkennen der kritischen Bauzustände und in der verträglichen Planung zu deren Beherrschung unter Zuhilfenahme der aus dem Spezialtiefbau bekannten Verfahren. Für jeden Einzelfall müssen Varianten untersucht und deren Kosten, Zuverlässigkeit sowie Risiken als Entscheidungsgrundlage dargestellt werden. Die Schwierigkeit dieser Aufgabe ergibt sich aus der meist unscharfen Modellierung des Bestandes und aus der Unkenntnis des Baugrundes, aus der räumlichen Situation und aus dem vielschichtigen Zusammenwirken von Zwischenbauzuständen. Als Tragstruktur sind stets einfache, klare Lösungen mit überschaubarem Kraftfluss zu bevorzugen. Bei der Prognose der Verformungen sind die meist mehrfachen Be- und Entlastungszustände zu berücksichtigen. Die numerischen Berechnungsverfahren, mit denen sich Verformungen unter Berücksichtigung der Belastungsgeschichte prognostizieren lassen, sind trotz allem Komfort heutiger Programme und trotz des Vertrauens in deren Ergebnisse nur ein unvollständiges Werkzeug. Selbst einfache, robuste Modelle mit geschätzten Parametern haben zu viele Unsicherheiten. Der Zeit- und Kostenaufwand für eine wirklichkeitsnahe Modellierung ist meist unverhältnismäßig groß. Bei Unterfangungen und Unterfahrungen ist daher mehr als bei anderen Maßnahmen des Grundbaus neben der Erfahrung, der Kreativität und dem Risikobewusstsein des Ingenieurs die Beobachtungsmethode angesagt (DIN EN 1997–1). Hierzu zählen ein an die Risiken angepasstes Mess-, Beobachtungs- und ggf. auch ein Warnsystem, wie dies von *Smoltczyk* in [49] beschrieben und gefordert wird. Der Entwurf darf nicht nur die technische Lösung behandeln, sondern muss auch eine Strategie zur Qualitätssicherung bereitstellen. Für die Zielvariante sind bereits im Zuge der Planung verschiedene Szenarien zu betrachten, um den Qualitäts- und Kostenrisiken mit einer angemessenen bauvertraglichen Flexibilität begegnen zu können.

6 Literatur

[1] Achmus, M., Kaiser, M.: Bauschadensursachen bei Bauwerksunterfangungen. In: Bauschäden im Hoch- und Tiefbau, Bd. 1: Tiefbau (Hrsg. V. Rizkallah). Standardwerk zur Schadenserkennung und Schadensvermeidung. Institut für Bauforschung, Fraunhofer IRB Verlag, Stuttgart, 2007.
[2] Baur, R., Eisert, H.-D.: Projekt „Stuttgart 21". BI, Bd. 27 (1997), Nr. 12, S. 11–15.
[3] Bayersdorfer, A.: Die durchgehende Bodenplatte eine sichere Gründung? In: Beiträge zum 13. Ch. Veder Kolloquium, Schadensfälle in der Geotechnik (Hrsg. S. Semprich). Institut für Bodenmechanik und. Grundbau, TU Graz, 1998, S. 99–107.
[4] Bradbury, H.: The Bullivant systems. In: Underpinning and Rentention (eds. S. Thorburn and G. S. Littlejohn), 2nd edition. Blackie Academic & Professional, an imprint of Chapman & Hall, Glasgow, UK, 1993, pp. 421–428.
[5] Brandl, H.: Die Sanierung schiefgestellter turmartiger Bauwerke. 10. Wiener Sanierungstage, 2002.
[6] Brandl, H.: Foundation Strengthening and Soil Improvement for Scour-Endangered River Bridges. Proc. 11. Danube – European Conference on Soil Mechanics and Geotechnical Engineering, 1998.
[7] Brandl, H.: Underpinning. Proc. 12. Int. Conf. Soil Mech. and Found. Eng., Rio de Janeiro, 1989. Special lecture D, pp. 2227–2257.
[8] Deutsche Gesellschaft für Geotechnik e. V. (Hrsg.): Empfehlungen des Arbeitskreises „Pfähle" – EA-Pfähle. Ernst & Sohn, Berlin, 2007.
[9] Donel, M.: Beeinflussung der Wassergüte durch Umströmung von Injektionskörpern. Tiefbau 23 (1981), Heft 5, S. 318–328.
[10] Donel, M.: Silikatgelinjektionen in der heutigen Baupraxis. Mitt. Fachgebiet Grundbau u. Bodenmechanik, Universität Essen–GHS, Heft 4, 1982, S. 161–187.

2.4 Unterfangung und Verstärkung von Gründungen

[11] Englert, K. et. al.: Handbuch des Baugrund- und Tiefbaurechts, 1. Auflage. Werner-Verlag, Düsseldorf, 1999.
[12] Fastabend, M., Schücker, B., Reißmann, F.: Die zweite Umgestaltung der Leipziger Bahnanlagen – Besonderheiten der Tragwerksplanung. Bauingenieur 74 (1999), Nr. 1, S. 45–53.
[13] Frank, A., Kauer, H.: Anwendung von Verpreßpfählen mit kleinem Durchmesser im Hochbaubereich. Bauingenieur 54 (1979), S. 465–469.
[14] Goldscheider, M., Eckert, H.: Baugrund und Historische Gründungen: Untersuchen, Beurteilen, Instandsetzen. In: Erhalten historisch bedeutsamer Bauwerke – Empfehlungen für die Praxis (Hrsg. F. Wenzel und J. Kleinmanns). Sonderforschungsbereich 315, Universität Karlsruhe (TH), 2003.
[15] Goldscheider, M.: Historische Gründungen – Bauweise, Beurteilung, Erhaltung und Instandsetzung. Geotechnik 4 (1993), S. 178–192.
[16] Groß, T., Grede, R.: Die Nachgründungsmaßnahmen am historischen Rathaus Zweibrücken unter besonderer Berücksichtigung der historischen Bausubstanz. Tagungsband 3. Kolloquium Bauen in Boden und Fels (Hrsg. H. Schad). Technische Akademie Esslingen, 2002, S. 227–235.
[17] Heitzer, K.: Bauen im Bestand, Palais Bernheimer-München. Seminar „Bauen im Bestand", Ingenieur-Akademie Bayern, 1993.
[18] Hettler, A.: Erddruck. In: Grundbau-Taschenbuch, Teil 1, 7. Auflage (Hrsg. K. J. Witt), Kapitel 1.6, S. 289–395. Ernst & Sohn, Berlin, 2008.
[19] Hock-Berghaus, K.: Unterfangungen, Konstruktion, Statik und Innovation. Wissenschaftsverlag Mainz, Aachen, 1997.
[20] Hutchison, J. F.: Traditional methods of support. In: Underpinning and Rentention (eds. S. Thorburn and G. S. Littlejohn), 2nd edition. Blackie Academic & Professional, an imprint of Chapman & Hall, Glasgow, UK, 1993, pp. 41–60.
[21] Jenny, P. et al.: Wohn- und Geschäftshaus Stauffacher. Schweizer Ingenieur u. Architekt 19 (1992), S. 367–371.
[22] Kaiser, J.: Zu Schadensursachen und zur Setzungsproblematik bei herkömmlichen Unterfangungen. Mitt. Inst. f. Grundbau, Bodenmechanik u. Energiewasserbau, Heft 55, Universität Hannover, 2000.
[23] Kempfert, K.-H.: Pfahlgründungen. In: Grundbau-Taschenbuch, Teil 3, 7. Auflage (Hrsg. K. J. Witt), Kapitel 3.2. Ernst & Sohn, Berlin, 2009.
[24] Klawa, N.: Gebäudeunterfahrungen in „geschlossener Bauweise" mit geringer Überdeckung. In: DGEG (Hrsg.), Taschenbuch für den Tunnelbau, 9. Jg., Kap. III, S. 131–179. Verlag Glückauf, Essen, 1985.
[25] Klawa, N.: Gebäudeunterfahrungen und -unterfangungen, Methoden – Kosten – Beispiele. Forschung + Praxis, Heft 25, Studiengesellschaft für unterirdische Verkehrsanlagen e. V. –STUVA– Köln (Hrsg.),.Alba Buchverlag, Düsseldorf, 1981.
[26] Kluckert, K. D.: Quo Vadis HDI. Beiträge zum 15. Christian Veder Kolloquium (Hrsg. Riedmüller et al.), Gruppe Geotechnik, Graz, Heft 7, 2000, S. 1–14.
[27] Kluckert, K. D.: 20 Jahre HDI – von den Fehlerquellen über Schäden zur Qualitätssicherung. Baugrundtagung,Berlin, 1996, S. 235–258.
[28] Kluckert, K. D.: Grenzen des Düsenstrahlverfahrens bei außergewöhnlichen Randbedingungen. Tiefbau 6 (2008), S. 343–350.
[29] Knauer, H., Barth, O.: Unterfahrung des Museums für Kunst und Gewerbe in Hamburg. Beton- u. Stahlbetonbau 75 (1980), Heft 9, S. 37–42.
[30] Kutzner, C., Ruppel, G.: Chemische Bodenverfestigung zur Unterfahrung des Hauptbahnhofes beim U-Bahnbau in Köln. Straße – Brücke – Tunnel 22 (1970), Heft 8, S. 202–203.
[31] Kutzner, C.: Chemisch verfestigter Baugrund als starre Unterfangungskonstruktion. Vorträge zur Baugrundtagung, Stuttgart, 1972, S. 861–874.
[32] Kutzner, C.: Injektionen im Baugrund. Ferdinand Enke Verlag, Stuttgart, 1991.
[33] Lizzi, F.: „Pali radice" structures. In: Underpinning and Rentention (eds. S. Thorburn and G. S. Littlejohn), 2nd edition. Blackie Academic & Professional, an imprint of Chapman & Hall, Glasgow, UK, 1993, pp. 84–156.
[34] Morris P. H., Graham J., Williams D. V.: Cracking of drying soils. Can. Geotech. J, 29 (1992), pp. 263–277.
[35] Müller, C.: Nachgründung und Fundamentverbesserung. Diplomarbeit, Bauhaus-Universität Weimar, Fakultät Bauingenieurwesen, 2009.

[36] Müller, N., Gücker, R.: Gründungsschäden an historischen Bauwerken – Schadensursachen, Untersuchungsmethoden, Sanierung. Ministerium für Bauen und Wohnen des Landes Nordrhein-Westfalen, 2. Nachdruck 1993.
[37] Müller-Kirchenbauer, H., Savidis, S. A.: Grundwasserbeeinflussung durch Silikatgelinjektionen. Veröffentlichungen des Grundbauinstitutes der TU Berlin, Heft 11, 1982.
[38] Orth, W.: Bodenvereisung. In: Grundbau-Taschenbuch, Teil 2, 7. Auflage (Hrsg. K. J. Witt), Kapitel 2.5. Ernst & Sohn, Berlin, 2009..
[39] Placzek, D.: Gründungen in Bergbaugebieten. In: Grundbau-Taschenbuch, Teil 3, 7. Auflage (Hrsg. K. J. Witt), Kapitel 3.7. Ernst & Sohn, Berlin, 2009.
[40] Rizkallah, V., Hilmer, K.: Bauwerksunterfangungen und Baugrundinjektionen mit hohen Drücken. Mitt. Inst. f. Grundbau, Bodenmechanik u. Energiewasserbau, Universität Hannover, Heft 26, 1989.
[41] v. Schmettow, T, Jouaux, R., Sedlacek, G.: Risikobetrachtungen für ein innerstädtisches Tunnelbauwerk zur Beherrschung des Einflusses auf die angrenzende Bebauung. In: Grundlagen und Anwendungen der Geomechanik GKK 08 – Geomechanik Kolloquium Karlsruhe, Teil 1: Fels-mechanik, Fels- und Tunnelbau (Hrsg. T. Triantafyllidis). Veröffentlichungen des Instituts für Bodenmechanik und Felsmechanik der Universität Fridericiana in Karlsruhe, Heft 170, S. 139–154.
[42] Schrank, M.: Stand der Soilcrete-Technik. In: Beiträge zum 15. Christian Veder Kolloquium (Hrsg. Riedmüller et al.), Gruppe Geotechnik, Graz, Heft 7, 2000, S. 1–14.
[43] Schürmann, A.: Sonderlösungen für die Unterfangungen und Nachgründungen mit Mikropfählen. Beiträge 1. Geotechnik-Tag in München, 2002. Schriftenreihe Lehrstuhl und Prüfamt für Grundbau, Bodenmechanik, Felsmechanik und Tunnelbau der TU München, Heft 32, 2002.
[44] Schultze, E.: Erhaltung und Sanierung von Baudenkmälern – Baugrund und Gründungen. Mitteilungen aus dem Institut für Verkehrswasserbau, Grundbau und Bodenmechanik der Technischen Hochschule Aachen, Heft 53, 1971.
[45] Schwarz, H.: Die Nachgründung der Staatsbibliothek Unter den Linden in Berlin. In: Staatsbibliothek Berlin – Preußischer Kulturbesitz (Hrsg.), Gründungssanierung Staatsbibliothek zu Berlin, 2002.
[46] Smoltczyk, U.: Saving Old Cities. General Report Sess. 9, 10. ICSMFE Stockholm, 1981.
[47] Smoltczyk, U.: Underpinning. In: Ground Engineeer's Reference Book (ed. F. G. Bell). Butterworth, London, 1987, pp. 54/1–54/13.
[48] Smoltczyk, U.: Beobachten – aber methodisch richtig. In: Beiträge zum 14. Ch. Veder Kolloquium (Hrsg. Riedmüller et al.), Gruppe Geotechnik, TU Graz, Heft 4, 1999, S. 1–11.
[49] Smoltczyk, U., Witt, K. J.: Unterfangungen und Unterfahrungen. In: Grundbau-Taschenbuch, Teil 2, 6. Auflage (Hrsg. U. Smoltczyk), Kapitel 2.3, S. 95–120. Ernst & Sohn, Berlin 2001.
[50] Smoltczyk, U., Vogt, N.: Flachgründungen. In: Grundbau-Taschenbuch, Teil 3, 7. Auflage (Hrsg. K. J. Witt), Kapitel 3.1. Ernst & Sohn, Berlin, 2009.
[51] Stadler, G., Hornich, W.: Injektionsverfahren. In: Grundbau-Taschenbuch, Teil 2, 7. Auflage (Hrsg. K. J. Witt), Kapitel 2.3. Ernst & Sohn, Berlin, 2009.
[52] Steiner, J.: Einschätzung der Tragfähigkeit vorhandener Gründungen und ihre Ertüchtigung. In: Gründungen von Hochbauten (Hrsg. Hettler). Ernst & Sohn, Berlin, 2000.
[53] Vogt, N., Vogt, S., Kellner, C.: Knicken von schlanken Pfählen in weichen Böden. Bautechnik 82 (2005), Heft 12, S. 889–901.
[54] Vorläufiges Merkblatt für Einpreßarbeiten mit Feinstbindemittel in Lockergestein. Bautechnik 70 (1993), Heft 9, S. 550–560.
[55] Vrettos, C.: Bodendynamik. In: Grundbau-Taschenbuch, Teil 1, 7. Auflage (Hrsg. K. J. Witt), Kapitel 1.8, S. 451–500. Ernst & Sohn, Berlin, 2008.
[56] Vrettos, C.: Erschütterungsschutz. Erschütterungsschutz. In: Grundbau-Taschenbuch, Teil 3, 7. Auflage (Hrsg. K. J. Witt), Kapitel 3.8. Ernst & Sohn, Berlin, 2009.
[57] Weißenbach, A., Hettler, A.: Baugrubensicherung. In: Grundbau-Taschenbuch, Teil. 3, 7. Auflage (Hrsg. K. J. Witt), Kapitel 3.5. Ernst & Sohn, Berlin, 2009.
[58] Wichter, L.: Verpressanker. In: Grundbau-Taschenbuch, Teil 2, 7. Auflage (Hrsg. K. J. Witt), Kapitel 2.6. Ernst & Sohn, Berlin 2009.
[59] Witt, K. J.: Nachgründungen. Schriftenreihe Geotechnik, Heft 3, Geotechnikseminar Weimar (Hrsg. T. Schanz und K. J. Witt). Universitätsverlag, Bauhaus-Universität Weimar, 2000, S. 100–108.

7 Zitierte Regelwerke

BS 8004: Code of practice for foundations. British Standards Institution, 1986.

DIN 1048-1:1991-06: Prüfverfahren für Beton; Frischbeton. DIN Deutsches Institut für Normung e. V., 1991.

DIN 1054:2008-01: Baugrund – Sicherheitsnachweise im Erd- und Grundbau. DIN Deutsches Institut für Normung e. V., 2008.

DIN 18136:2003-11: Baugrund – Untersuchung von Bodenproben – Einaxialer Druckversuch. DIN Deutsches Institut für Normung e. V., 2003.

DIN 18300:2006-10: VOB Vergabe- und Vertragsordnung für Bauleistungen – Teil C: Allgemeine Technische Vertragsbedingungen für Bauleistungen (ATV) – Erdarbeiten. DIN Deutsches Institut für Normung e. V., 2006.

DIN 4093:1987-09: Baugrund; Einpressen in den Untergrund; Planung, Ausführung, Prüfung. DIN Deutsches Institut für Normung e. V., 1987.

DIN 4123:2000-09: Ausschachtungen, Gründungen und Unterfangungen im Bereich bestehender Gebäude. DIN Deutsches Institut für Normung e. V., 2000.

DIN 4123:2008-12: Ausschachtungen, Gründungen und Unterfangungen im Bereich bestehender Gebäude, Normentwurf. DIN Deutsches Institut für Normung e. V., 2008.

DIN 4124:2002-10: Baugruben und Gräben – Böschungen, Verbau, Arbeitsraumbreiten. DIN Deutsches Institut für Normung e. V., 2002.

DIN EN 1536:2009-01: Ausführung von besonderen geotechnischen Arbeiten (Spezialtiefbau) – Bohrpfähle; Deutsche Fassung prEN 1536:2008. DIN Deutsches Institut für Normung e. V.

DIN EN 1997-1:2008-10: Eurocode 7: Entwurf, Berechnung und Bemessung in der Geotechnik – Teil 1: Allgemeine Regeln. DIN Deutsches Institut für Normung e. V., 2008.

DIN EN 12715:2000-10: Ausführung von besonderen geotechnischen Arbeiten (Spezialtiefbau) – Injektionen. DIN Deutsches Institut für Normung e. V., 2000.

DIN EN 12716:2001-12: Ausführung von besonderen geotechnischen Arbeiten (Spezialtiefbau) – Düsenstrahlverfahren (Hochdruckinjektion, Hochdruckbodenvermörtelung, Jetting). DIN Deutsches Institut für Normung e. V., 2001.

DIN EN 14199:2005-05: Ausführung von besonderen geotechnischen Arbeiten (Spezialtiefbau) – Pfähle mit kleinen Durchmessern (Mikropfähle). DIN Deutsches Institut für Normung e. V., 2005.

2.5 Bodenvereisung

Wolfgang Orth

1 Verfahrensprinzip und Anwendungen

Die erste Anwendung einer künstlichen Bodenvereisung fand nach einem Bericht von 1895 im Jahr 1862 an einem Bergwerksschacht bei Swansea, South Wales statt [56]. Die Weiterentwicklung der Kältemaschinen sowie weitere Verbesserungen führten zu einem Patent für den Gefrierschachtbau durch *Poetsch* [53], in dem bereits alle wesentlichen, bis heute verwendeten Merkmale und Bestandteile einer Bodenvereisung genannt sind.

Die Anwendung des Gefrierverfahrens beschränkte sich bis zum Zweiten Weltkrieg im Wesentlichen auf gewölbeartige Frostkörper, die mit vergleichsweise einfachen, für ihre Zeit aber durchaus fortschrittlichen Rechenmodellen und Stoffgesetzen [16] zwar nicht besonders wirtschaftlich, aber doch hinreichend sicher bemessen werden konnten. Intensive Grundlagenforschung etwa ab den 1970er-Jahren führte zu erweiterten Kenntnissen über gefrorene Böden, die u. a. auch die Ausbildung von plattigen und auf Biegung und Zug beanspruchten Frostkörpern [55] ermöglichte. Auf diesen Grundlagen entwickelte sich die Bodenvereisung zu einem flexiblen und umweltfreundlichen Verfahren, insbesondere für temporäre Stützbauwerke im Tiefbau.

1.1 Wirkungsweise

Bei der Bodenvereisung wird das Porenwasser zu Eis gefroren, wodurch der Boden verfestigt und abgedichtet wird. Sinngemäß kann man von „Eisbeton" sprechen, wobei das Eis dem Zementleim und der Feststoffanteil den Zuschlagstoffen entspricht. Zum Gefrieren des Porenwassers wird eine Anzahl von Gefrierrohren im Boden von einem kalten Fluid durchströmt und entzieht damit dem umgebenden Boden Wärme. Da die Festigkeit gefrorener Böden stark von der Temperatur abhängt, wird der Boden i. d. R. auf mindestens −10 bis −20 °C, oft auch deutlich tiefer abgekühlt. Aus der Umgebung strömt ständig Wärme zum Frostkörper, weshalb die Kühlung über die gesamte Bauzeit aufrechterhalten werden muss. Dementsprechend wird das Gefrierverfahren ausschließlich zur temporären Verfestigung und Abdichtung von Boden eingesetzt, bis ein dauerhaftes Bauwerk hergestellt und funktionsfähig ist.

Das Gefrierverfahren weist verschiedene Merkmale auf, die es bei fachkundiger Anwendung zu einem sehr gut kontrollierbaren und damit sicheren Bauverfahren machen:

- Es kann jede Bodenart gefroren werden, sodass auch Schichtgrenzen kein grundsätzliches Anwendungshindernis darstellen.
- Frostkörper können beliebig nahe an oder unter Bauwerken hergestellt und form- und kraftschlüssig angebunden werden.
- Durch Temperaturmessungen kann sowohl die Ausdehnung als auch – bei Kenntnis der Materialeigenschaften – das Verhalten von Frostkörpern zuverlässig beurteilt werden. Dabei gewinnt man nicht wie beispielsweise bei einer Bohrkernentnahme nur genau an

der Erkundungsstelle eine Information, vielmehr kann nach den Gesetzen der Wärmebilanz auch auf Frostkörperbereiche in einer gewissen Umgebung der Messstellen geschlossen werden.
- Gefrorener Boden ist ein viskoplastisches Material, was zwar die Dimensionierung gegenüber elastischen oder ideal plastischen Materialien komplizierter macht, aber in der praktischen Anwendung bis zu einem gewissen Maß vor Überraschungen schützt, da kritische Zustände bei den in der Baupraxis üblichen Beanspruchungen anhand von Kriechverformungen sich meist frühzeitig ankündigen. Selbstverständlich setzt dies eine sorgfältige Prognose sowie eine Beobachtung des Verhaltens an repräsentativen Stellen voraus.
- Auch während seiner Nutzung kann ein Frostkörper noch ertüchtigt werden, indem durch stärkere Kühlung sein Ausmaß vergrößert und/oder seine Festigkeit gesteigert wird.
- Zunehmend wichtiger wird die vergleichsweise geringe Umweltbelastung, da außer den Gefrierrohren (sowie i. d. R. auch Temperaturmessrohren) mit einem mineralischen Verpressmaterial keine fremden Stoffe in den Boden oder das Grundwasser eingebracht werden. Die Rohre werden geräuscharm und normalerweise erschütterungsfrei eingebracht.
- Nach seiner Nutzung verschwindet der Frostkörper durch Abtauen, sodass lediglich die Gefrier- und Messrohre im Boden zurückbleiben. Diese lassen sich so herstellen, dass sie beispielsweise durch Tunnelbohrmaschinen abgebaut werden können und deshalb für spätere Baumaßnahmen keine Hindernisse darstellen. In Einzelfällen wurden Frostkörper durch Heizen beschleunigt aufgetaut und die Gefrierrohre wieder entfernt, um den Weg für eine Tunnelbohrmaschine frei zu machen [27].

Selbstverständlich ist auch die Anwendung des Gefrierverfahrens gewissen Einschränkungen unterworfen. Dies sind im Wesentlichen der Wassergehalt und die Grundwasserfließgeschwindigkeit, eventuelle chemische Inhaltsstoffe des Bodens oder Grundwassers sowie Volumenänderungen beim Gefrieren und beim Auftauen. Hierauf wird in den folgenden Abschnitten genauer eingegangen.

1.2 Schachtbau

Im Schachtbau fand das Gefrierverfahren ausgehend von den Arbeiten von *Poetsch* [53] rasch vielfältige Anwendungen, immerhin wurden bis zum Ersten Weltkrieg in Europa rund 150 Gefrierschächte hergestellt. Während die Vereisung im Laufe der Zeit zwar bei der Bemessung, nicht jedoch in der Ausführung grundsätzliche Veränderungen erfahren hat, hat sich der Innenausbau der Gefrierschächte stark gewandelt, was auch durch die zunehmende Tiefe der Gefrierschächte bedingt ist [33]. Waren diese in der Anfangszeit lediglich einige Dekameter tief, so erreichten die tragenden und dichtenden Frostkörper bald Tiefen von mehreren hundert Metern (Schächte Lohberg 1907–1913: Gefriertiefe 415 m; Schacht Rheinberg 1986: 592 m; Schacht Voerde 1989: 581 m). Dies sind die Tiefen des gefrorenen Bereichs, darunter erreichten die Schächte in standfestem bzw. wasserdichtem Gebirge noch erheblich größere Tiefen (z. B. Schacht Voerde 1060 m). Vereinzelt wurden Frostkörper zur reinen Abdichtung in standfestem Gebirge noch tiefer hergestellt.

1.3 Baugruben und Unterfangungen

Ein weiteres Anwendungsgebiet sind Baugrubensicherungen und Unterfangungen von bestehenden Gebäuden. Die statisch einfachste Form ist eine Schwergewichtsmauer aus gefrorenem Boden, die ohne Stützung allein aufgrund ihres Gewichts kippsicher ist. Bild 1 zeigt den Aushub vor einem derartigen Frostkörper.

2.5 Bodenvereisung

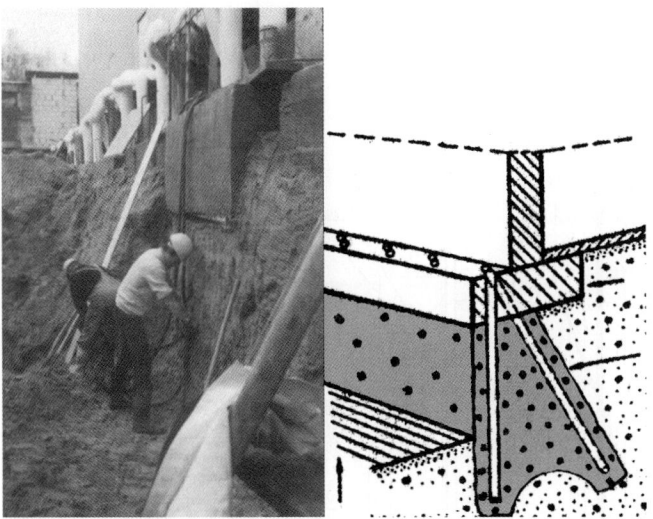

Bild 1. Gefrorene Schwergewichtsmauer

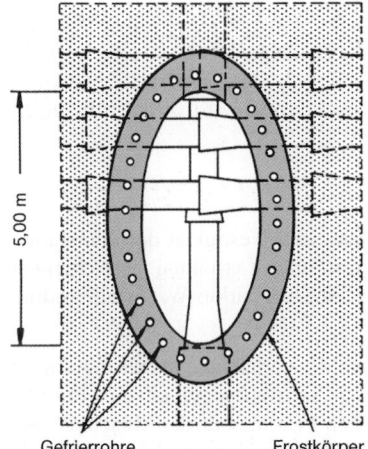

Bild 2. Baugrube durch horizontales Frostgewölbe gestützt (Grundriss) [44]

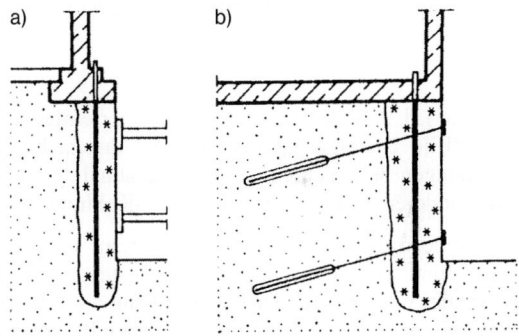

Bild 3. Frostkörper; a) durch Steifen gestützt, b) verankert [24]

Daneben können Frostkörper aber auch als horizontales Gewölbe (Bild 2) [44], gestützt oder verankert (Bild 3) ausgeführt werden [24].

Während Stützen und Anker mit hochfesten Stählen wegen des Versprödungsrisikos bei tiefen Temperaturen in einer Frostwand nicht verwendet werden sollten, sind Stabanker aus gewöhnlichem Baustahl zumindest unter statischer Belastung unkritisch, da ihre Bruchspannung mit fallender Temperatur ansteigt [59]. Besondere Aufmerksamkeit erfordern jedoch die Durchdringungsstellen für Anker bzw. die Kontaktstellen von Stützen, da diese

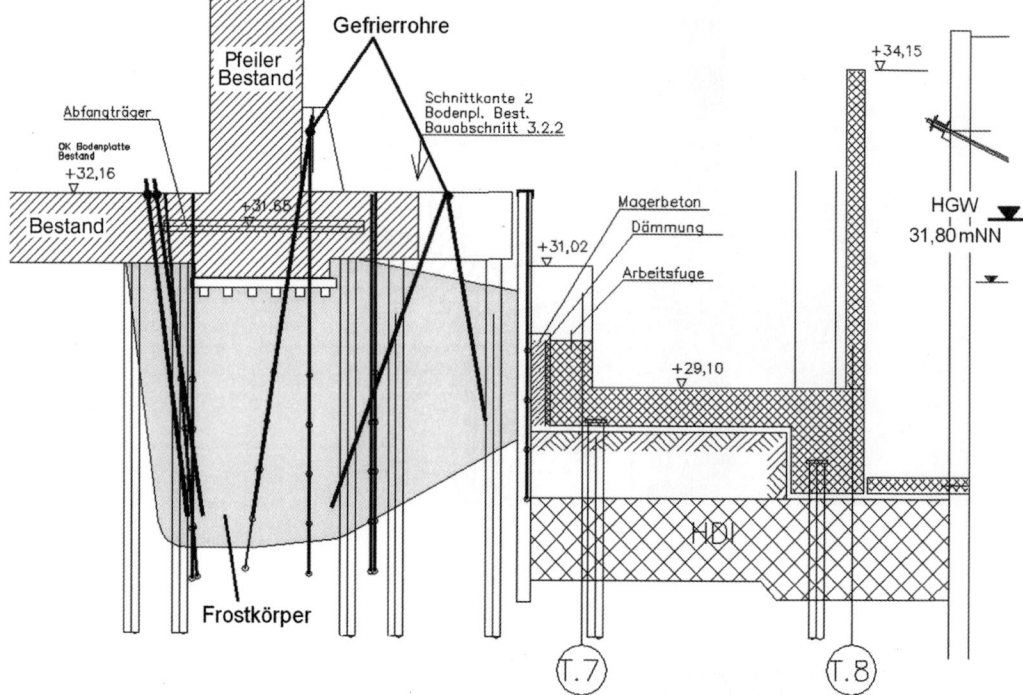

Bild 4. Querschnitt Frostkörper mit Lastabtrag auf Pfählen [43]

Bauteile i. d. R. Wärme in den Frostkörper einleiten, sodass seine Festigkeit dort abnehmen kann (Bild 3). Dies ist insbesondere angesichts der dort meist erhöhten herrschenden Spannungen zu beachten, als Gegenmaßnahmen kommt eine verstärkte Wärmedämmung, in besonderen Fällen auch eine lokale Kühlung infrage.

Sind unter oder neben einem Fundament Gründungspfähle vorhanden, weil tragfähiger Untergrund erst in größerer Tiefe ansteht, so kann ein Frostkörper auch auf Pfählen gegründet werden. Bei der Unterfangung einer historischen Fassade auf der Museumsinsel in Berlin musste die Verbindung zwischen Pfählen und Fassade vorübergehend getrennt und in tieferer Position durch einen Betonholm wieder hergestellt werden. Während dieser Maßnahme ruhte die Fassade auf einem Frostkörper, der sich seinerseits unterhalb der Baugrube über Mantelreibung auf Pfähle abstützte (Bild 4). Durch die geringen Setzungen von maximal 3,8 mm blieb die historische Bausubstanz ohne Schäden.

Der heutige Kenntnisstand erlaubt es, Frostkörper auch planmäßig auf Zug und Biegung zu beanspruchen. Bei der bereits mehrfach ausgeführten Unterfangung von Bahndämmen wurden die Verkehrslasten während der Bauphase von der steilen und damit labilen Dammböschung durch Biegung der Platte in den rückwärtigen Dammbereich umgelagert (Bild 5) [55]. Wegen der im Vergleich zur Druckfestigkeit geringeren Zugfestigkeit (s. Abschn. 4.2.3) macht man sich hierbei die Viskosität des Frostkörpers zunutze, der zwar bei lang dauernder Beanspruchung erhebliche Kriechverformungen erfährt, bei kurzzeitiger Beanspruchung aber vergleichsweise hohe Spannungen aufnehmen kann [48].

2.5 Bodenvereisung   237

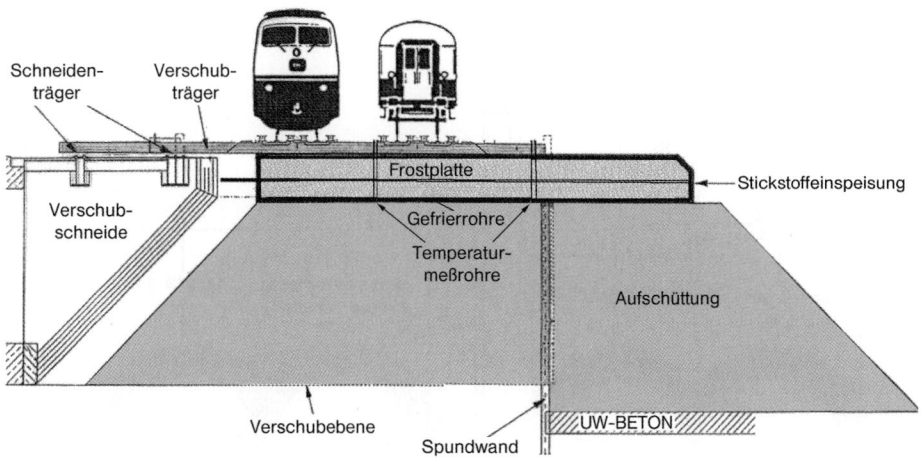

Bild 5. Auf Biegung beanspruchte Frostplatte [55]

1.4 Tunnelbau

Im Tunnelbau findet die Bodenvereisung in den letzten Jahren eine zunehmende Verbreitung, wobei je nach Zugänglichkeit und Bodenaufbau, aber auch nach zugelassenen Setzungen sehr unterschiedliche Gefrierrohranordnungen verwendet werden. Die Frostkörper können unter dem Grundwasser als zylindrisches Vollrohr den Tunnelquerschnitt vollständig umschließen [11, 28] oder als symmetrisches oder unsymmetrisches Firstgewölbe [7, 42] stützen, wenn von unten kein Wasserdruck wirkt. Daneben sind insbesondere bei Baugruben ebene oder gekrümmte Wände oder Deckel [34] möglich.

Mit tunnelparallelen Gefrierrohren lässt sich die Frostkörperform genau dem Tunnelprofil anpassen (Bild 6). Wegen der unvermeidlichen Bohrungenauigkeiten sind Bohrlängen über ca. 30 m nur mit gesteuerten Bohrungen zuverlässig ausführbar [7, 51], wenngleich in Einzelfällen schon Bohrungen bis ca. 70 m ungesteuert hergestellt wurden. Bei dieser Gefrierrohranordnung werden Sicherung und Abdichtung des Frostkörpers bereits vor dem Auffahren erledigt, sodass ein unbehinderter Vortrieb möglich ist. Die Kühlleistung ist über die gesamte Länge konstant, sodass im Laufe der Zeit der Frostkörper immer weiter in den Ausbruchsquerschnitt wächst und so den Vortrieb behindern kann.

Mit ungesteuerten Gefrierrohrbohrungen können längere Tunnelquerschnitte gefroren werden, wenn das Gefrieren und Vortreiben in einzelne Abschnitte zerlegt wird, wie z. B. am Milchbucktunnel in Zürich [57]. Dabei werden die Gefrierrohre in Abschnitten von ca. 30 bis 40 m leicht nach außen gespreizt und ca. 4 bis 6 m über das Ende des laufenden Vortriebsabschnitts hinaus gebohrt und anschließend gefroren. Am Ende eines jeden Vortriebsabschnitts wird der Querschnitt erweitert und von dort aus die nächste Gefrierrohrgruppe gebohrt und der nächste Abschnitt vereist. Die abschnittsweise Vereisung ermöglicht eine genaue Anpassung des Frostkörpers an die jeweiligen Erfordernisse. Dem steht allerdings ein höherer Zeitaufwand gegenüber, weil in jedem Abschnitt nacheinander die Gefrierrohre gebohrt werden und der Abschnitt gefroren und aufgefahren wird.

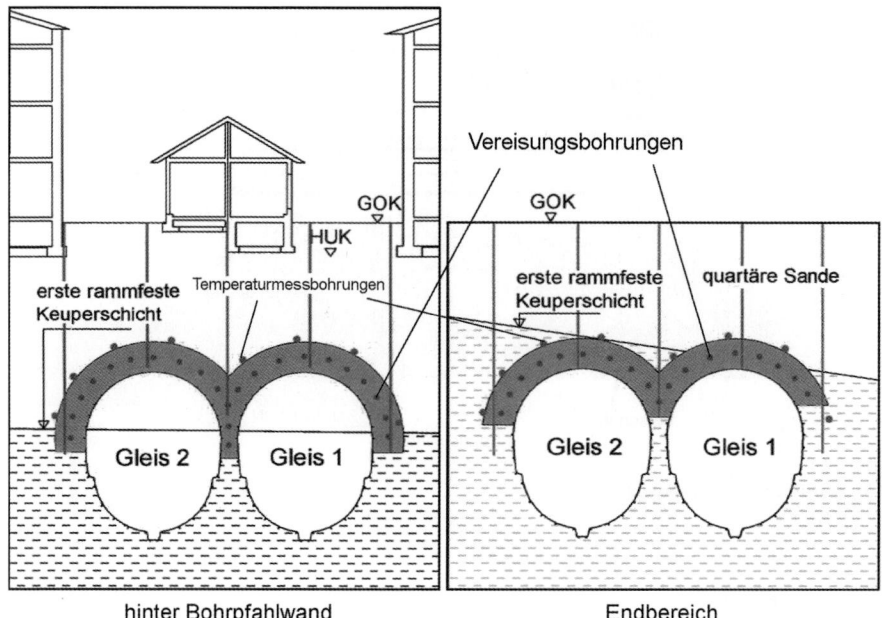

Bild 6. Frostschale mit tunnelparallelen Gefrierrohren [7]

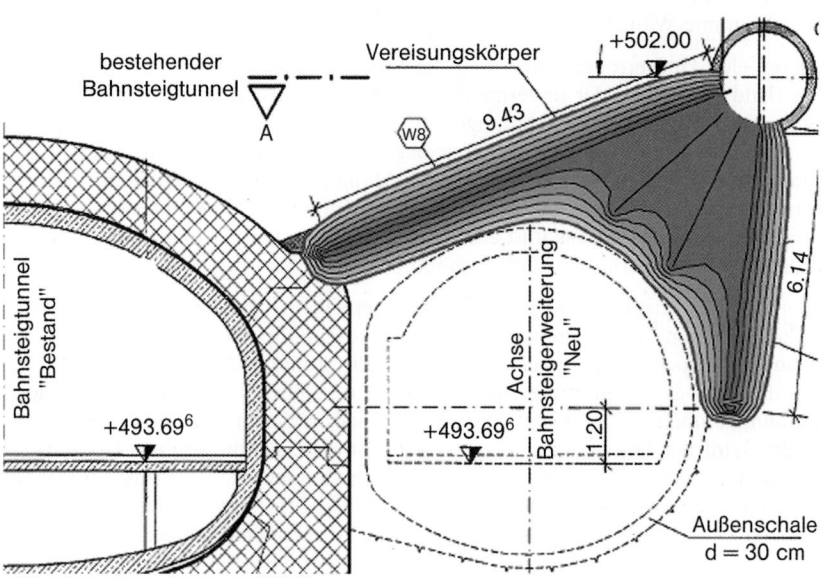

Bild 7. Frostkörper von Pilotstollen aus hergestellt [42]

2.5 Bodenvereisung

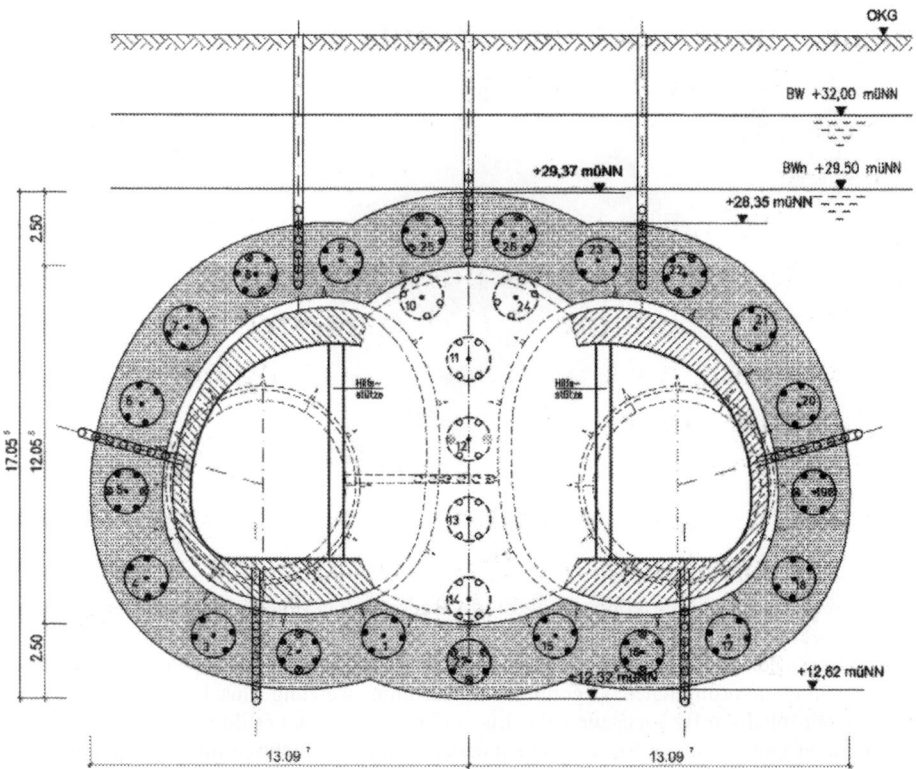

Bild 8. Tunnelparallele Gefrierrohre in Pilotstollen verlegt [11]

Eine weitere Möglichkeit ist das Bohren der Gefrierrohre von einem zum Haupttunnel parallel verlaufenden Pilotstollen aus [42]. Der Pilotstollen wie auch der eigentliche Tunnel werden dabei oftmals von einem Schacht aus vorgetrieben. Das Vereisen aus Pilotstollen ermöglicht sowohl in der Geometrie (insbesondere auch bei Krümmungen oder Verschwenkungen) als auch im zeitlichen Ablauf der Vereisung genau an den Vortrieb angepasste Frostkörper. Nachdem die Stützung und Abdichtung des Gebirges vorab erledigt sind, können Vortrieb und Sicherung ohne weitere Behinderung erfolgen (Bild 7).

Eine weitere Möglichkeit, tunnelparallele Gefrierrohre über größere Strecken maßgenau herzustellen, ist deren Verlegung in eigenen Pilotstollen, wie z. B. am Tunnel U 55 Unter den Linden in Berlin [11]. Dabei kann die Gefrierrohrlage in gewissen Grenzen innerhalb der Pilotstollen den Erfordernissen angepasst werden. Die Lage der Pilotstollen innerhalb des am höchsten belasteten Frostkörperkerns führt zu einer entsprechend hohen Belastung der Pilotstollen selbst, sodass diese mit besonders festem Material verfüllt werden müssen (Bild 8).

In jüngerer Zeit werden Querschläge zwischen schildvorgetriebenen Tunneln und daneben abgesenkten Schächten, z. B. für Notausstiege, oftmals mittels Vereisung hergestellt [26].

Bild 9. Gefrorene Bodenprobe an Gefrierlanze

1.5 Probenahme

Mit dem Gefrierverfahren können ungestörte Bodenproben einer sonst kaum erreichbaren Qualität gewonnen werden. Dabei wird um eine Vereisungslanze der Boden in vorher berechneter Dicke gefroren und die Lanze aus dem Boden gezogen. Die Probe ist anschließend in ihrer ursprünglichen Lagerung und Zusammensetzung einschließlich eventueller chemischer Inhaltsstoffe sozusagen als „Eis am Stiel" verfügbar (Bild 9). Durch die Dampfdruckerniedrigung beim Gefrieren können dabei auch leichtflüchtige Inhaltsstoffe meist mit guter Genauigkeit festgestellt werden, die bei normaler Temperatur rasch verdunsten würden. Die Probenahme erfordert vor allem bei größeren Lanzenlängen eine genaue Abschätzung der Gefrierleistung und -zeit sowie der erforderlichen Zugkraft und Festigkeit der Gefrierlanzen.

2 Vereisungsverfahren

Die Wärme wird dem Boden durch eine oder mehrere Reihen in der Regel doppelwandiger Gefrierrohre entzogen, in denen ein kaltes Fluid strömt. Dieses wird durch das innere Speiserohr in das Rohrtiefste des (unten verschlossenen) Außenrohrs eingeleitet und strömt im Ringraum wieder zurück, wobei es dem umgebenden Boden Wärme entzieht (Bild 10). Dabei sind zwei Verfahren zu unterscheiden.

2.1 Stickstoffvereisung

Bei der Stickstoffvereisung wird flüssiger Stickstoff über das Speiserohr in das Rohrtiefste eingeleitet, wo er verdampft und gasförmig im Ringraum zwischen innerem und äußerem Rohr zurückströmt. Der Stickstoff wird durch Verflüssigung von Atmosphärenluft in einem Luftzerleger gewonnen, in hoch gedämmten Tankwagen flüssig mit ca. −196 °C auf die Baustelle geliefert und in einem Vorratstank zwischengelagert. Von dort strömt er über Verteilerleitungen durch Dosierventile in die Gefrierrohre (Bild 11).

2.5 Bodenvereisung

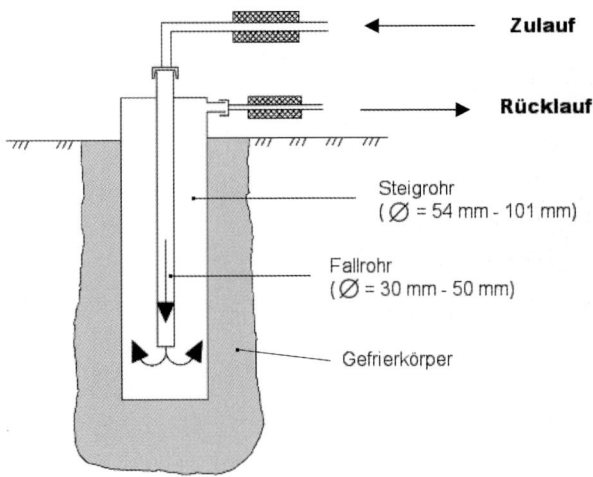

Bild 10. Gefrierrohr im Boden

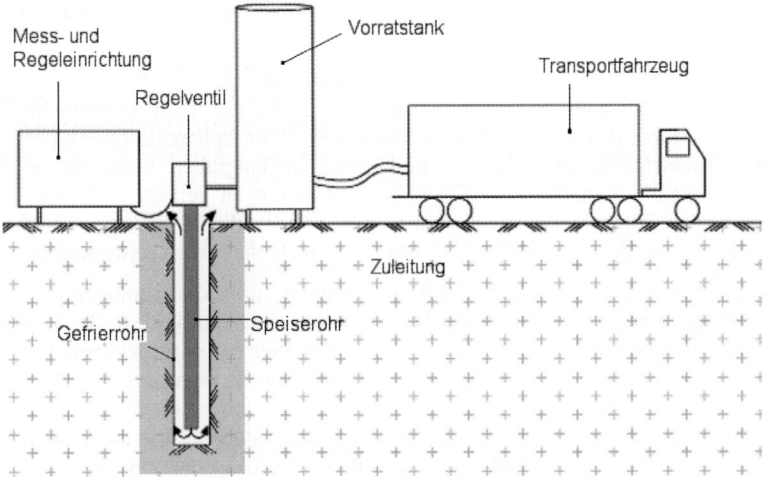

Bild 11. Baustelleneinrichtung für eine Stickstoffvereisung

Tabelle 1. Technische Daten von Stickstoff

Siedepunkt (bei 1 bar)	−195,8 °C
Dichte flüssig	0,808 kg/l
Dichte gasförmig (1 bar und 15 °C)	1,17 kg/m³
Verdampfungswärme	199 kJ/kg
Spez. Wärme gasförmig bei 1 bar Druck	1.276 kJ/m³ · K

Bild 12. Gefrierrohrkopf

Die überwiegende Wärmeaufnahme entsteht beim Verdampfen des Stickstoffs, die Wärmeaufnahme beim Temperaturanstieg des gasförmigen Stickstoffs im Gefrierrohr ist demgegenüber geringer.

Der gasförmige zurückströmende Stickstoff kann frei in die Atmosphäre abströmen. Er ist weder explosiv noch brennbar noch toxisch, kann jedoch aufgrund seiner temperaturbedingt höheren Dichte insbesondere in Baugruben und Schächten die Atmosphärenluft verdrängen und dann zu einem Sauerstoffmangel führen. In geschlossenen Baugruben, Schächten oder Tunneln wird der Stickstoff deshalb in der Regel in Abgasleitungen gefasst; aus Arbeitsschutzgründen sind unabhängig hiervon jedoch stationäre sowie oftmals auch persönliche Sauerstoffmessgeräte notwendig, die ein Absinken des Sauerstoffgehalts rechtzeitig anzeigen.

Die Menge des einströmenden Stickstoffs wird so gesteuert, dass die Temperatur des ausströmenden Abgases innerhalb einer vorgegebenen Spanne gehalten wird. In der Regel erfolgt dies durch Magnetventile, die über einen Zweipunktregler bei vorgegebenen Temperaturen ein- bzw. ausschalten. Da auch bei deutlich über $-196\ °C$ liegenden Abgastemperaturen an der Stickstoffaustrittstelle die Siedetemperatur herrscht, ist die Wärmeabfuhr entlang dem Gefrierrohr bei einer Stickstoffvereisung ungleichmäßig. Bei sehr langen Gefrierrohren kann es deshalb erforderlich werden, den Stickstoff an mehreren Stellen in die Gefrierrohre einzuspeisen.

Beim Verdampfen vergrößert sich das Volumen des Stickstoffs auf das 691-Fache (bei 1 bar und +15 °C), sodass die Abgasleitungen größere Querschnitte als die Speiseleitungen haben müssen (Bild 12).

2.2 Solevereisung

Bei der Solevereisung strömt in den Gefrierrohren eine nicht gefrierende Flüssigkeit (i. Allg. eine Salzlösung), die in einer Kältemaschine abgekühlt wird. Diese gibt die Wärme wiederum an ein Rückkühlwerk (Wasser- oder Luftkühlung) ab (Bild 13). Die Temperaturen des Kältemittels liegen bei ca. $-25\ °C$ bei einstufigen und nicht tiefer als ca. $-40\ °C$ bei zweistufigen Anlagen.

2.5 Bodenvereisung

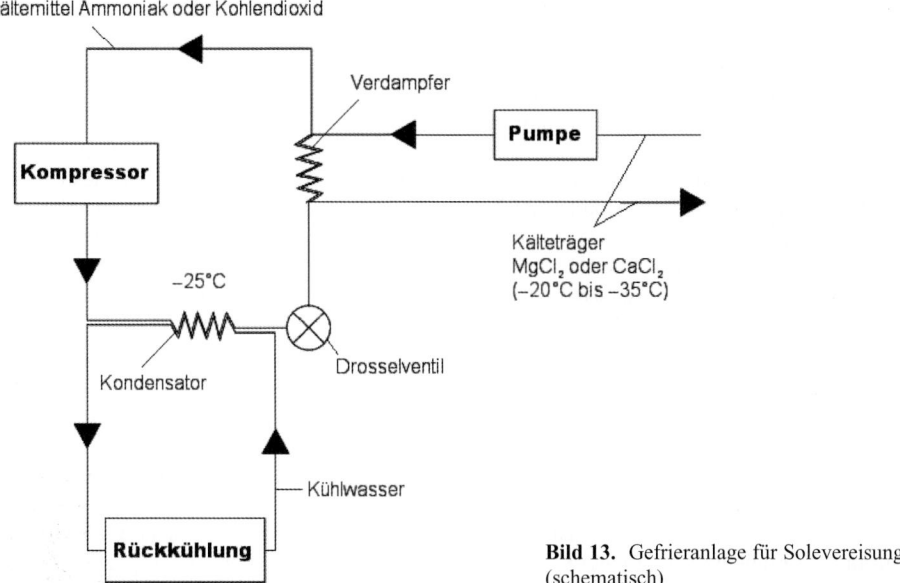

Bild 13. Gefrieranlage für Solevereisung (schematisch)

Als Kältemittel in den Kältemaschinen wird in der Regel Ammoniak oder Kohlendioxid verwendet, das früher oft übliche Frigen wird aus Klimaschutzgründen nicht mehr eingesetzt.

Die gebräuchlichsten Kälteträger für die Gefrierrohre im Boden sind wässrige Lösungen von Chlor/Kalzium oder Chlor/Magnesium. Erstere lassen sich theoretisch bis ca. -51 °C, die zweiten bis ca. -34 °C bei optimaler Konzentration verwenden. Kochsalzlösungen sind demgegenüber nur bis -21 °C anwendbar. Diese sog. eutektischen Temperaturen können in der Praxis nicht vollständig ausgenutzt werden, da sie nur bei genauer Einstellung der Sole auf die passende Salzkonzentration gelten. Da dies in der Praxis nie genau erreicht werden kann und das Erstarren bereits bei kleinen Konzentrationsänderungen bei erheblich höherer Temperatur einsetzt, muss stets ein ausreichender Abstand von der theoretischen Erstarrungstemperatur eingehalten werden.

Für kleinere Vereisungen werden gelegentlich Glykol-Wassergemische eingesetzt. Diese weisen jedoch eine höhere Viskosität auf, dafür sind sie chemisch weniger aggressiv und stellen deshalb geringere Anforderungen an die Korrosionsbeständigkeit von Leitungen, Hähnen, Wärmetauschern usw. Im Schachtbau wurden nach [10] auch wässrige Lösungen von Kerosin und Glyzerin verwendet.

Insgesamt erfordert eine Solevereisung eine erheblich aufwendigere Einrichtung auf der Baustelle, überdies können durch die höheren Temperaturen und demzufolge geringeren Temperaturgradienten nur geringere Wärmeströme im Boden erzeugt werden. Wegen der höheren Viskosität des Kältemittels sind dickere Gefrierrohre als bei einer Stickstoffkühlung erforderlich, die ebenso wie der gesamte Kältekreislauf absolut dicht sein müssen, weil jeder Kältemittelaustritt zum Auftauen in der Umgebung führt. Demzufolge müssen die Kältemittelkreisläufe vor der Inbetriebnahme einer Druckprobe unterzogen werden, meist wird dabei ein Druck von 10 bar über eine Dauer von mindestens 10 Minuten ohne messbaren Druckverlust gefordert.

Der wesentliche Vorteil der Solevereisung sind die erheblich niedrigeren spezifischen Betriebskosten für die Kühlung, diese sind hauptsächlich durch die Energiekosten für die Kältemaschine bedingt. Da die Kältemaschinen als Wärmepumpen wirken, liegt die Kälteleistung auch unter Berücksichtigung der technisch bedingten Verluste in der Regel etwa in der Größe der elektrischen Leistung. Damit steht dem Stromverbrauch für eine kWh entzogener Wärme ein Verbrauch von ca. 12 bis 18 kg Stickstoff (je nach Anteil der Erwärmung im gasförmigen Zustand) gegenüber. Solevereisungen kommen deshalb vor allem für größere und lang dauernde Vereisungen infrage, wo der höhere Installationsaufwand durch die niedrigeren Betriebskosten aufgewogen wird. In Einzelfällen wurden allerdings auch schon Stickstoffvereisungen trotz insgesamt höherer Kosten gewählt, weil sich der Frostkörper mit weniger und dünneren Gefrierrohren in kürzerer Zeit, oder gar bei stärker strömendem Grundwasser nur mittels Stickstoff herstellen ließ.

Gelegentlich kommen Kombinationen aus Stickstoff- und Solevereisungen zum Einsatz [37], wenn beispielsweise infolge hoher Grundwasserströmung ein Frostkörper nur durch Stickstoffvereisung hergestellt, aber dann über längere Zeit kostengünstiger mit einer Solevereisung unterhalten werden kann. Bei der Kombination beider Verfahren ist jedoch insofern Vorsicht geboten, als durch die tiefen Temperaturen der Stickstoffvereisung insbesondere an der Stickstoffaustrittstelle im Rohrtiefsten eine so starke Abkühlung eintreten kann, dass die Sole in benachbarten Rohren gefriert und damit der Kühlkreislauf dort zusammenbricht und möglicherweise Beschädigungen der Gefrierrohre eintreten. Wegen der vergleichsweise hohen spezifischen Wärme der Salzlösungen ist die Gefahr gering, solange eine Strömung in den Solerohren aufrechterhalten wird. Bei einem Stillstand können Solerohre jedoch in weniger als einer halben Stunde zufrieren. Eine Wiederinbetriebnahme ist dann erst nach dem meist langwierigen Aufwärmen durch Abbruch der Stickstoffkühlung und einem mehr oder weniger starken Auftauen des bis dahin erzeugten Frostkörpers möglich.

3 Frostausbreitung

3.1 Grundlagen der Wärmeleitung

Im Boden erfolgt der Wärmetransport durch Wärmeleitung sowie bei strömendem Grundwasser zusätzlich durch Konvektion.

3.1.1 Wärmeleitung

Wärmeleitung findet nur in Materie statt und nur, wenn ein Temperaturgradient vorhanden ist.

Diffusiver Wärmetransport in einem Körper mit der Querschnittsfläche A und der Länge x:

$$q = \lambda \cdot A \cdot \frac{\partial T}{\partial x} \text{ [J/sm}^2\text{]} \leftrightarrow \text{[W/m}^2\text{]} \tag{1}$$

mit

T Temperatur [K]
λ Wärmeleitzahl [W/mK]
x Koordinate in Strömungsrichtung [m]
A durchströmte Fläche [m²]

2.5 Bodenvereisung

Werden infolge eines veränderlichen Temperaturgradienten unterschiedliche Wärmemengen in den Körper hinein und aus ihm heraus transportiert, so ändert sich seine Temperatur. Der Betrag der Temperaturänderung beim Eintrag einer bestimmten Wärmemenge wird definiert durch die spezifische Wärmekapazität c [J/g K] bzw. auf Volumen bezogen [J/m³K].

Damit ergibt sich der Zusammenhang von Temperatur und Zeit t

$$\frac{\partial T}{\partial t} = -\frac{\lambda}{c} \cdot \frac{\partial^2 T}{\partial x^2} \text{ (Fourier'sche Wärmeleitungsgleichung)} \quad (2)$$

Dreidimensional in kartesischen Koordinaten:

$$\frac{\partial T}{\partial t} = -\frac{\lambda}{c} \left(\frac{\partial^2 T}{\partial x^2} + \frac{\partial^2 T}{\partial y^2} + \frac{\partial^2 T}{\partial z^2} \right) \quad (3)$$

In Zylinderkoordinaten:

$$\frac{\partial T}{\partial t} = -\frac{\lambda}{c} \cdot \left(\frac{\partial^2 T}{\partial r^2} + \frac{1}{r} \cdot \frac{\partial T}{\partial r} \right) \quad (4)$$

Die thermische Diffusivität (oft auch als Temperaturleitzahl bezeichnet)

$$a = \lambda/c \ [m^2/s] \quad (5)$$

gibt an, wie schnell sich eine Temperaturänderung in einem Stoff ausbreitet.

3.1.2 Wärmeübergang

Fließt Wärme aus einem Festkörper mit der Temperatur T_1 an der Grenzfläche in Luft oder eine Flüssigkeit der Temperatur T_2, so kann der Wärmestrom mit der phänomenologischen Beziehung

$$q = \alpha \cdot (T_1 - T_2) \ [W/m^2] \quad (6)$$

mit der Wärmeübergangszahl α [W/m²K]

abgeschätzt werden. Diese gilt jedoch nur für kleine Temperaturdifferenzen (im Verhältnis zur absoluten Temperatur) und berücksichtigt nicht die Tatsache, dass es sich dabei eigentlich um einen Strahlungsvorgang handelt, der durch das Stefan-Boltzmann-Gesetz [40] beschrieben wird. Der Wärmeübergang von bewegtem Wasser oder bewegter Luft auf Boden hängt in komplexer Weise von weiteren Einflüssen ab (s. Abschn. 3.3.2).

3.1.3 Konvektion

Konvektion ist die Wärmeübertragung durch den Transport erwärmter Materie und Austausch der Wärme, im Boden i. d. R. durch strömendes Porenwasser.

$$q_k = c \cdot v \cdot F \cdot (T_2 - T_g) \ [J/s] \quad (7)$$

mit

c Wärmekapazität des Wassers [J/m³K]
v Filtergeschwindigkeit [m/s]
F durchströmte Fläche [m²]
T_2 Grundwassertemperatur [K]
T_g Gefriertemperatur [K]

3.2 Thermische Eigenschaften von gefrorenen Böden

Boden ist in der Regel ein Gemisch aus Mineralstoffen, Porenwasser bzw. Poreneis und Luft. Seine thermischen Eigenschaften werden durch die spezifische Wärme c, die Wärmeleitfähigkeit λ (aus beidem abgeleitet wird die Temperaturleitfähigkeit) sowie durch die Kristallisationswärme bestimmt. Die thermischen Kennwerte hängen von der Bodenart, dem Wasser- bzw. Eisgehalt, dem Sättigungsgrad sowie der Dichte und der Temperatur ab. So fällt beispielsweise die spezifische Wärme aller Materialien bis zum absoluten Temperaturnullpunkt auf null ab, während die Wärmeleitfähigkeit mit fallender Temperatur ansteigt. Eine Besonderheit bei der thermischen Berechnung von Bodenvereisungen ergibt sich daraus, dass in der Regel ein gefrorener und ein ungefrorener Bereich zu betrachten sind, an dessen Übergang sich die thermischen Eigenschaften des Wassers und damit in der Folge des gesamten Bodens stark verändern.

3.2.1 Wärmeleitfähigkeit

Die Wärmeleitfähigkeit von Böden steigt mit der Dichte sowie dem Sättigungsgrad. Wegen der höheren Leitfähigkeit von Eis gegenüber Wasser hat gefrorener Boden eine höhere Leitfähigkeit als ungefrorener, ferner sind quarzreiche Böden leitfähiger als solche mit Tonmineralen.

In der Literatur sind verschiedene Methoden zur rechnerischen Ermittlung der Wärmeleitfähigkeit aufgrund der verschiedenen Eingangsparameter angegeben. Nach einem Vergleich verschiedener Methoden durch *Farouki* [20] liefert die von *Johansen* [30] entwickelte Methode die am besten zutreffenden Ergebnisse, wenngleich die Beziehungen nicht dimensionsrein sind. Danach wird die Leitfähigkeit in Abhängigkeit von Trockenwichte, Porenanteil, Mineralart, Quarzanteil, Sättigungsgrad und der Leitfähigkeit der vorkommenden Mineralien mit den Eingangswerten aus Tabelle 2 wie folgt ermittelt:

$$\lambda = (\lambda_r - \lambda_d) \cdot K_e + \lambda_d \tag{8}$$

Tabelle 2. Eingangswerte zur Ermittlung der Wärmeleitfähigkeit nach [30]

Einzelwerte	gefroren	ungefroren
λ_r Wärmeleitfähigkeit gesättigt	$\lambda_s^{1-n} \cdot 2,2^n \cdot 0,269^{w_u}$	$\lambda_s^{1-n} \cdot 0,57^n$
K_e Kersten-Zahl für körnige Böden	S_r	$0,7 \cdot \log S_r + 1,0$
K_e Kersten-Zahl für bindige Böden	S_r	$\log S_r + 1,0$
λ_d Wärmeleitfähigkeit trocken – für natürliche Böden – für gebrochenes Material	$(13,7 \cdot \gamma_d + 64,7)/(2700 - 94,7 \cdot \gamma_d)$ $0,039 \cdot n^{-2,2}$	

mit

γ_d Trockenwichte [kN/m³]
n Porenanteil [–]
q Quarzanteil [–]
S_r Sättigungszahl [–]
geometrisch gemittelte Wärmeleitzahl des Mineralgemischs: $\lambda s = 7,7^q \cdot 2,0^{1-q}$ [W/mK]
bzw. bei körnigem Boden mit q < 0,2: $\lambda s = 7,7^q \cdot 3,0^{1-q}$ [W/mK]
w_u Anteil ungefrorenen Wassers [–]

2.5 Bodenvereisung

Tabelle 3. Thermische Kennwerte (Anhaltswerte)

Material	Wärmeleitzahl		Volumetrische Wärmekapazität		Quelle
	ungefroren λ_2 [W/mK]	gefroren λ_1 [W/mK]	ungefroren c_2 [MJ/m³K]	gefroren c_1 [MJ/m³K]	
H_2O	0,602	2,22	4,18	1,93	[40]
Kies	2,0–3,3	2,9–4,2	2,2–2,7	1,5–2,1	[9]
Sand feucht	1,5–2,5	2,7–3,9	2,5–3,0	1,8–2,2	[9]
Schluff	1,4–2,0	2,5–3,3	2,5–3,1	1,8–2,3	[9]
Ton	0,9–1,8	1,5–2,5	2,2–3,2	1,7–2,3	[9]
Tonstein	2,6–3,1	2,7–3,2	2,34–2,35	2,25–2,26	[9]
Sandstein	3,1–4,3	3,2–4,4	2,19–2,20	2,07–2,08	[9]
Beton je nach Dichte	1,2–2,0		1,8–2,4		[64]
Stahlbeton	2,0–2,5		2,2–2,4		[64]
Baustahl	50		3,51		[64]
Edelstahl	17		3,63		[64]
Kupfer	380		3,38		[64]
Aluminium	160		2,46		[64]
Mauerwerk	0,35–1,2		1,75–2,6		[64]
Quarz	8,4		1,7–2,0		[3]
Sandstein	1,8–4,2				[64]
Kalkstein	1,3–5,0				[64]

Die Werte weichen von Messwerten bis zu ± 25% ab, angesichts der ohnehin streuenden Bodenbeschaffenheit im natürlichen Untergrund ist dies für baupraktische Aufgaben hinnehmbar [20]. Weiterhin ist zu beachten, dass die Eingangswerte stets nur einen bestimmten Zustand repräsentieren und Veränderungen des Bodens z.B. durch die Wanderung und Anreicherung von Porenwasser nicht erfassen können. Dies kann in seltenen Einzelfällen eine genauere Betrachtung erforderlich machen.

In Tabelle 3 sind Leitfähigkeitsbeiwerte für häufig vorkommende Bodenarten sowie andere, für Bodenvereisungen relevante Materialien angegeben.

3.2.2 Wärmekapazität

Die Wärmekapazität repräsentiert diejenige Wärmemenge, welche erforderlich ist, um die Temperatur in einer bestimmten Bodenmenge um 1 K zu erhöhen oder zu vermindern. In den nachfolgenden Betrachtungen wird die Wärmekapazität stets auf das Volumen bezogen, da die Frostkörper in thermischen Berechnungen durch ihre Raumkoordinaten definiert sind.

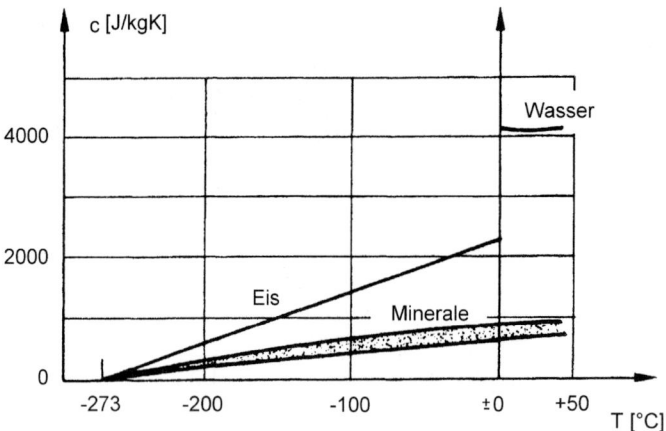

Bild 14. Wärmekapazität in Abhängigkeit von der Temperatur [29]

Die auf die Masse bezogene spezifische Wärmekapazität c_m [J/gK] lässt sich durch Multiplikation mit der Dichte [g/m³] in die volumetrische Wärmekapazität c_v [J/m³K] umrechnen. Die Wärmekapazität nimmt mit fallender Temperatur ab und verschwindet am absoluten Temperaturnullpunkt (Bild 14).

Den größten Einfluss auf die Wärmekapazität von Böden übt das Porenwasser aus. Flüssiges Wasser hat wegen der speziellen Form seiner Moleküle besonders viele Freiheitsgrade der Molekülbewegungen und deshalb eine höhere spezifische Wärmekapazität als fast alle anderen Stoffe. Im gefrorenen Zustand nehmen die Freiheitsgrade der Molekülbewegung ab, damit fällt auch die spezifische Wärme um mehr als die Hälfte. Da Bodenvereisungen nur in ausreichend wasserhaltigen Böden durchgeführt werden, verringert sich beim Gefrieren auch die Wärmekapazität des Bodens. Demgegenüber liegt die Wärmeleitfähigkeit von Eis wegen der stärkeren Kopplung der Moleküle weit über derjenigen flüssigen Wassers. Damit steigt mit sinkender Temperatur und insbesondere beim Gefrieren die Temperaturleitfähigkeit (thermische Diffusivität).

Kühlt man ungefrorenes Wasser oder ungefrorenen wasserhaltigen Boden ab, so wird beim Erstarren des Wassers zu Eis die Kristallisationswärme $\rho \cdot q_s = 333{,}7$ [MJ/m³], auch latente Wärme genannt, frei.

Während in körnigen Böden das Porenwasser bei Erreichen des Gefrierpunktes fast vollständig gefriert, kann in bindigen Böden mit deren relativ großer spezifischer Oberfläche auch unterhalb des Gefrierpunktes ungefrorenes Wasser vorhanden sein. Grund hierfür sind die Bindungskräfte des Wassers an die Oberflächen der Mineralkörner, die stärker sind als die Bindungskräfte zum Eiskristall, sodass sich die Wassermoleküle nicht in das Kristallgitter einordnen. Die ungefrorenen Wasserhüllen sind zähflüssig und so längs der Kornoberflächen verschieblich, sie spielen eine wesentliche Rolle bei der Entstehung von Eislinsen. Diese Effekte nehmen mit zunehmender spezifischer Oberfläche des Minerals zu. Nach [3] kann bei hochplastischen Böden bis $-70\,°C$ ungefrorenes Wasser vorhanden sein, für baupraktische Aufgaben ist im Rahmen sonstiger Streuungen eine Berücksichtigung bis allenfalls ca. $-10\,°C$ ausreichend. In thermischen Berechnungen setzt man dann die Änderung der Wärmeleitfähigkeit, der spezifischen Wärme sowie das Freiwerden der Kristallisationswärme nicht mehr sprunghaft am Gefrierpunkt, sondern fließend über einige

Grade bis unter den Gefrierpunkt an. In den meisten Bodenarten kann dies angesichts sonstiger Fehlereinflüsse jedoch vernachlässigt werden.

Die Wärmekapazität c kann ausreichend genau nach der Mischungsregel aus der Summe der Wärmekapazitäten der Einzelbestandteile aufsummiert werden.

$$c = \sum c_i \cdot m_i \Big/ \sum m_i \qquad (9)$$

mit

c_i Wärmekapazität der Einzelbestandteile [J/gK] bzw. [J/m³K]
m_i Anteile der Komponenten in Masse bzw. Volumen [–]

Bezieht man die Wärmekapazität des Bodens auf diejenige des Wassers und dividiert durch die Wichte des Wassers, so lässt sich nach [2] die spezifische volumetrische Wärmekapazität wie folgt abschätzen. Dabei wird für gefrorenen Boden die Wärmekapazität des Eises näherungsweise mit der Hälfte der Wärmekapazität flüssigen Wassers angesetzt.

Wärmekapazität ungefroren: $c_2 = \dfrac{\gamma_d}{\gamma_w}\left(0,18 + \dfrac{w}{100}\right) \cdot c_w$ (10 a)

Wärmekapazität gefroren: $c_1 = \dfrac{\gamma_d}{\gamma_w}\left(0,18 + 0,5 \cdot \dfrac{w}{100}\right) \cdot c_w$ (10 b)

mit

γ_d Trockendichte [kN/m³]
γ_w Wichte des Wassers [kN/m³]
w   Wassergehalt (gravimetrisch) [%]
c_w = 4,187 MJ/m³K: volumetrische Wärmekapazität von Wasser

Ist in einem nennenswerten Anteil ungefrorenes Wasser vorhanden, so lautet die Beziehung für c_1:

$$c_1 = \frac{\gamma_d}{\gamma_w}\left(0,18 + \frac{w_u}{100} + 0,5 \cdot \frac{w - w_u}{100}\right) \cdot c_w \qquad (11)$$

mit

w_u Anteil des ungefrorenen Wassers [%]

3.3 Künstlich erzeugte Frostausbreitung

Zur Herstellung von Frostkörpern wird der Boden von seiner natürlichen Temperatur (in unserem Klima ca. +8 bis +11 °C im Jahrmittel, in innerstädtischen Bereichen durch künstliche Wärmeeinträge aus warmen Leitungen, Gebäudekellern usw. bis ca. +19 °C) auf etwa −15 bis −30 °C abgekühlt. Für statische Berechnungen wird statt der Tiefstwerte an den Gefrierrohren meist die mittlere Frosttemperatur angesetzt, oftmals wird dabei der Frostkörperrand bei der −2 °C-Isotherme definiert.

Die Wärme fließt vom ungefrorenen Boden über die Frostgrenze und den gefrorenen Boden zum Gefrierrohr (Bild 15). Dabei sind die Abkühlwärme des gefrorenen sowie des ungefrorenen Bodens und die Kristallisationswärme des Porenwassers abzuführen. Die Temperaturen ändern sich unterschiedlich schnell, da die Temperaturleitzahlen im gefrorenen und im ungefrorenen Bereich verschieden sind. Bei strömendem Grundwasser kommt noch ein konvektiver Wärmeanteil dazu (s. Abschn. 3.3.2).

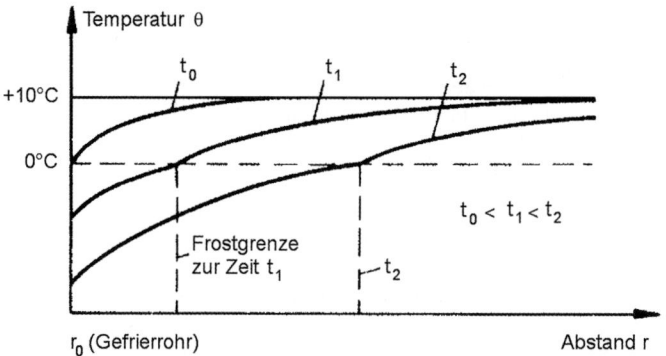

Bild 15. Temperaturverlauf um ein Gefrierrohr zu verschiedenen Zeiten [22]

Zu Beginn (t_0 in Bild 15) wird nur ungefrorener Boden abgekühlt, nach Erreichen der Gefriertemperatur wächst der Frostkörper beim Einzelrohr konzentrisch nach außen (Bild 16 a), bei einer Rohrreihe wegen des geringeren Wärmestroms von den Nachbarrohren her schneller in deren Richtung (Bild 16 b). Der zum Aufbau des Frostkörpers abzuführende Wärmestrom ist erheblich größer als der später zum Unterhalt benötigte. Meist wird deshalb zunächst mit zwei oder mehr Kältemaschinen gekühlt, von denen später eine abgeschaltet wird und als Reserve auf der Baustelle bleibt.

Da künstlicher Bodenfrost in der Regel mit gekühlten Rohren erzeugt wird, basieren die üblichen Berechnungsverfahren auf der Frostausbreitung um ein Einzelrohr, die dann auf Rohrreihen oder Rohrkreise, zum Teil auch auf Doppelreihen erweitert werden. Die analytischen Berechnungsverfahren sind durchweg zweidimensional, numerische Berechnungen werden für praktische Aufgaben überwiegend zweidimensional, in jüngerer Zeit – überwiegend noch zu Forschungszwecken – auch dreidimensional durchgeführt [5, 52].

Eine exakte analytische Berechnung der Frostausbreitung ist wegen der instationären Randbedingungen nicht geschlossen möglich, es gibt jedoch verschiedene Näherungslösungen für häufig vorkommende Randbedingungen. Die dabei vorgenommenen Vereinfachungen beziehen sich sowohl auf physikalische Annahmen als auch auf mathematische Lösungsverfahren, teilweise werden auch Ergebnisse von Modellversuchen hinzugezogen. Unabhängig hiervon wird die Genauigkeit der Berechnungen durch folgende Einflüsse begrenzt:

Die Wärmeleitfähigkeit, die Wärmekapazität sowie die Durchlässigkeit (bei strömendem Grundwasser) des Bodens sind natürlichen Schwankungen unterworfen, sodass eine genaue

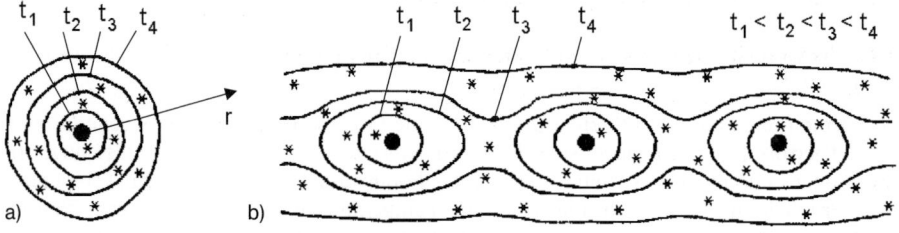

Bild 16. Frostausbreitung; a) bei ruhendem Grundwasser, b) um eine Rohrreihe [22]

2.5 Bodenvereisung

experimentelle Bestimmung nicht möglich, aber auch nicht zielführend ist. Weiterhin sind diese Größen teilweise während des Gefrierprozesses, z. B. durch Wasserwanderung, Änderungen unterworfen. In den meisten Fällen beschränkt man sich deshalb auf die Ermittlung von konstanten Kennwerten für den gefrorenen und ungefrorenen Zustand, die darüber hinaus vorhandene Temperaturabhängigkeit wird allenfalls in numerischen Rechenverfahren berücksichtigt.

Bei strömendem Grundwasser liegt ein gekoppeltes Grundwasser- und Wärmeströmungsproblem vor. Durch das Frostwachstum werden die Geometrie des Strömungsraumes und damit die Strömung selbst beeinflusst. Der Wärmeübergang an räumlich und zeitlich sich ändernden Oberflächen ist analytisch nicht darstellbar. Weiterhin ist die Temperatur an den Gefrierrohroberflächen zumindest zu Beginn des Gefrierprozesses zeitabhängig, aber i. d. R. nicht genau prognostizierbar. Aus diesen Gründen ist eine exakte durchgängige Berechnung des Gefrierprozesses nicht möglich, wenngleich die Prognosegenauigkeit mit der weiteren Entwicklung der Berechnungsverfahren zunehmen wird. Weil dabei der Aufwand nicht nur bei der Berechnung selbst, sondern auch bei der Ermittlung von Eingangsgrößen ansteigt, sind bei baupraktischen Anwendungen stets Aufwand und Nutzen der Berechnungen einander gegenüberzustellen. Bei vielen Praxisfällen stehen einige wenige Fragen im Vordergrund:

– die Zeit zum Schließen des Frostkörpers in Abhängigkeit vom Gefrierrohrabstand und der Gefriertemperatur;
– die Temperaturverteilung im Frostkörper während der Nutzungsphase im Hinblick auf die statischen Anforderungen;
– bei strömendem Grundwasser die Grenze des Frostkörperwachstums sowie die Zeit zum Schließen es Frostkörpers in Abhängigkeit von der Gefrierrohrkonstellation und der Gefriertemperatur;
– die räumliche Temperaturverteilung während der Nutzungsdauer im Hinblick auf die Beurteilung des Frostkörpers anhand einzelner Temperaturmessstellen;
– die erforderliche Kälteleistung vor allem während des Forstkörperaufbaus. Im Unterhaltsbetrieb ist die Kälteleistung geringer und deshalb zwar im Hinblick auf Kosten, nicht jedoch für die Dimensionierung der Vereisungsinstallation maßgebend.

Die Anwendung analytischer Verfahren erstreckt sich in der Regel auf einfache Geometrien, auf Vorstudien z. B. zur Festlegung des Gefrierrohrabstandes, zur Plausibilitätskontrolle sowie zur Kalibrierung von numerisch ermittelten Ergebnissen, da manche Berechnungsprogramme nicht direkt ermittelbare Eingaben wie z. B. Wärmeübergangskoeffizienten erfordern. Wenngleich die Berechnung von Randwertproblemen mittlerweile meist numerisch erfolgt, sind analytische Verfahren dennoch nützlich.

3.3.1 Frostausbreitung bei ruhendem Grundwasser

3.3.1.1 Frostausbreitung vor dem Schließen des Frostkörpers

Um ein von einem Kühlmittel durchströmtes Gefrierrohr mit dem Radius r_0 bildet sich ein Frostkörper mit dem Radius R. Das Gefrierrohr stellt eine Wärmesenke dar, durch die dem umgebenden Boden Wärme entzogen wird. Unter der Voraussetzung, dass in Richtung der Rohrachse kein Temperaturgradient vorhanden ist, gilt neben der Fourier'schen Wärmeleitungsgleichung (4) für das gefrorene sowie für das ungefrorene Gebiet die Wärmebilanz an der Frostgrenze R. Nachfolgend werden das gefrorene Gebiet mit dem Index „1" und das ungefrorene Gebiet mit dem Index „2" gekennzeichnet.

$$\frac{\partial R}{\partial t} = \frac{1}{\rho\, q_s} \left[\lambda_1 \left(\frac{T_1}{\partial r} \right)_{r=R} - \lambda_2 \left(\frac{\partial T_2}{\partial r} \right)_{r=R} \right] \tag{12}$$

mit den Randbedingungen

$t = 0$ und $r_0 < R < \infty$: $T = T_{II}$, $\dfrac{\partial T}{\partial r} = 0$ (T_{II}: Bodenanfangstemperatur)

$t > 0$ und $r = r_0$: $T = T_I$ (T_I: Temperatur des Gefrierrohres)

$\qquad\qquad r = R$: $T = T_g$ (T_g: Gefriertemperatur = 0 °C)

$\qquad\qquad r \to \infty$: $T = T_{II}$, $\dfrac{\partial T}{\partial r} = 0$

Die exakte Lösung dieser Gleichungen ist bislang nicht gelungen, weshalb verschiedene Vereinfachungen eingeführt wurden.

Die einfachste Betrachtung beschränkt sich auf die Kristallisationswärme, d. h. $c_1 = c_2 = 0$.

Nach dem Ansatz von *Leibenson* [60] wird zusätzlich die Abkühlwärme des Frostkörpers, nicht aber der ungefrorenen Umgebung betrachtet, dies ist gleichbedeutend mit der Annahme $T_{II} = T_g = 0$. Dieser Ansatz ist nur dann akzeptabel, wenn die Bodenanfangstemperatur nahe dem Gefrierpunkt liegt, d. h. T_{II} etwa annähernd T_g ist.

Im Ansatz von *Chakimov* [60] wird die Abkühlwärme des ungefrorenen Bereichs mit der Wärmekapazität des gefrorenen Bereichs berechnet, was die abzuführende Wärmemenge unterschätzt. Weiterhin wird die Abkühlgrenze als ein festes Vielfaches des Frostkörperradius angenommen, was physikalisch nicht begründet ist und von den thermischen Bodeneigenschaften sowie stark von den Temperaturen des ungefrorenen Bodens und der Gefrierrohrtemperatur abhängt. Dieser Ansatz ist Basis für das Rechenverfahren von *Sanger* und *Sayles* [56]. Dieses geht von folgenden Annahmen aus:

- Es wird ein stationärer Zustand betrachtet. Dadurch wird aus der partiellen inhomogenen Differenzialgleichung für die Wärmeleitung eine gewöhnliche Differenzialgleichung, die wieder elementar integrierbar ist. Damit kann jedoch die zeitliche Frostausbreitung nicht mehr berechnet werden, weshalb das Informationsdefizit mit der physikalisch unbegründeten Annahme eines festen Verhältnisses a_R von Abkühlradius zu Gefrierradius ersetzt wird. Hierfür wird bei *Chakimov* ein Wert von 4,5 bis 5,5 und in [56] ein Wert von 3,0 empfohlen, was jedoch von den thermischen Bodeneigenschaften abhängt und nur für spezielle Fälle zutrifft. Eine korrekte Ermittlung von a_R in Abhängigkeit von den thermischen Eigenschaften des Bodens sowie den Anfangsbedingungen ist mit diesem Verfahren nicht möglich, a_R beeinflusst aber stark das Ergebnis.
- Ausgehend vom stationären Zustand mit einem gegebenen Frostkörperradius und der aufgrund des gewählten a_R entstehenden Temperaturverteilung wird die zur Abkühlung auf diesen Zustand entzogene Wärmemenge ermittelt. Für den Wärmezustrom von außen wird ein Zuschlag von 30 % empfohlen.
- Wiederum für die (letztlich gewählte) Temperaturverteilung wird der stationäre Wärmestrom ermittelt, zusammen mit der zu entziehenden Wärmemenge ergibt sich hierfür die Gefrierzeit und erforderliche Kälteleistung am Gefrierrohr. Auch diese Ergebnisse hängen stark vom gewählten a_R ab.

In [56] werden weitere geschlossene Berechnungsansätze und Nomogramme für das Frostwachstum nach dem Schließen des Frostkörpers für gerade und gekrümmte einfache und doppelte Gefrierrohrreihen angegeben, die wegen der o. g. Annahmen in passenden Fällen, jedoch nicht im Allgemeinen hinreichend genaue Ergebnisse liefern, weshalb von der Anwendung abgeraten wird.

2.5 Bodenvereisung

Das Verfahren von *Ständer* [60] errechnet die Frostausbreitung um ein Gefrierrohr mit dem Radius r_0 basierend auf dem geschlossen lösbaren Fall einer fadenförmigen Wärmesenke mit zeitlich konstantem Wärmeentzug. Die analytische Näherungslösung gibt alle physikalischen Einflüsse richtig wieder, ein Fehler entsteht lediglich durch die vereinfachende Annahme, dass zu Beginn des Gefrierens um das Gefrierrohr bereits eine Vorkühlung vorhanden ist. Der Fehler ist aber gering, weil zu diesem Zeitpunkt die Abkühlzone wegen des geringen Rohrdurchmessers noch sehr klein ist, ferner weil auch die Zeit zur Vorkühlung bei dem geringen Rohrdurchmesser gering und weiterhin die Vorkühlwärme erheblich kleiner ist als die Kristallisationswärme.

Unter Berücksichtigung der o.g. Randbedingung wird eine Partikulärlösung der Wärmeleitungsgleichung gewonnen, mit der schließlich die Gefrierzeit t_g bis zum Erreichen eines bestimmten Frostkörperradius R ermittelt werden kann. Dabei werden aus den üblichen Eingangswerten λ (Wärmeleitzahl), θ (Temperatur in °C), a (Temperaturleitzahl) und $\rho \cdot q_s$ (Kristallisationswärme) folgende dimensionslose Kennzahlen gebildet:

$$X = -\frac{\lambda_1 \theta_I}{\lambda_2 \theta_{II}} \tag{13}$$

$$Y = -\frac{\lambda_1 \theta_I}{a_1 \rho q_s} \tag{14}$$

$$Z = \frac{R}{r_0} \tag{15}$$

$$k^2 = \frac{R^2 - r_0^2}{4 a_1 t_g} \tag{16}$$

$$\beta = \frac{a_1}{a_2} \tag{17}$$

Darin bedeuten:

λ_1, λ_2 Wärmeleitzahl gefroren/ungefroren [W/mK]
θ_I Gefrierrohrtemperatur [°C]
θ_{II} Temperatur des umgebenden Bereiches [°C]
r_0 Gefrierrohrdurchmesser [m]
R Frostkörperradius [m]
a_1, a_2 Temperaturleitzahl gefroren/ungefroren [m²/s]
t_g Gefrierzeit [s]

Mit diesen Kennzahlen ergibt sich die Lösung der Differenzialgleichung zu

$$\frac{1}{X} = \frac{e^{\beta k^2} \operatorname{Ei}(-\beta k^2)}{e^{k^2} \frac{Z^2}{Z^2 - 1} \left\{ e^{-k^2/Z^2} - \frac{1}{Z^2} e^{-k^2} + \left(1 + \frac{k^2}{Z^2}\right) \left[\operatorname{Ei}\left(-\frac{k^2}{Z^2}\right) - \operatorname{Ei}(-k^2)\right] \right\}}$$

$$+ \frac{k^2 \operatorname{Ei}(-\beta k^2) e^{\beta k^2}}{Y} \tag{18}$$

mit der Integralexponentialfunktion

$$\operatorname{Ei}(-x) = \int_{-\infty}^{-x} \frac{e^{\xi}}{\xi} d\xi = C + \ln|x| + \frac{x}{1 \cdot 1!} + \frac{x^2}{2 \cdot 2!} + \frac{x^3}{3 \cdot 3!} + \ldots + \frac{x^n}{n \cdot n!} + \ldots, \tag{19}$$

darin ist C die Euler'sche Konstante: $C = \lim_{n \to \infty} \left(1 + \frac{1}{2} + \frac{1}{3} + \ldots \frac{1}{n} - \ln(n)\right)$ \hfill (20)

Wenn man β = konstant annimmt, so ergibt sich daraus

$$\frac{1}{X} = \frac{1}{Y} \; G(k) + H(Z, k) \hfill (21)$$

Mit Gl. (18) bzw. Gl. (21) lässt sich k^2 und damit t_g z. B. durch ein Iterationsprogramm oder mit den in [60] enthaltenen Nomogrammen (Bild 17) leicht ermitteln. Dabei können die Nomogramme erforderlichenfalls durch parabolische Interpolation oder Extrapolation erweitert werden.

Beispiel 1 (Berechnungsverfahren von *Ständer* [60] für Einzelrohr, Werte aus den experimentellen Untersuchungen in [52])

Gesucht: Gefrierzeit t_g bis zum Frostkörperradius R um ein Einzelrohr

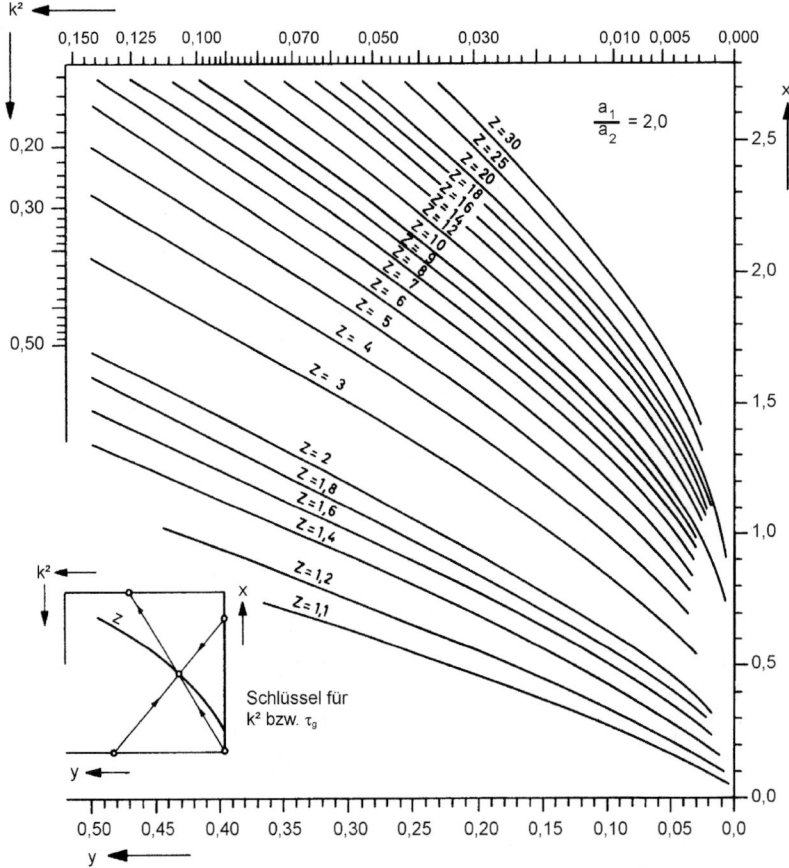

Bild 17. Nomogramme zur Bestimmung des Frostfortschrittes am Einzelrohr (t_l = konst.) (siehe auch Seiten 255 und 256)

2.5 Bodenvereisung

$\lambda_1 = 3{,}3$ W/mK, $\lambda_2 = 2{,}0$ W/mK, $\gamma_d = 15{,}52$ kN/m³, $n = 0{,}406$

$c_1 = 2{,}55$ MJ/m³, $c_2 = 3{,}87$ MJ/m³, $S_r = 1{,}0$, $\rho \cdot q_s = 1{,}36 \cdot 10^8$ MJ/m³

$a_1 = 1{,}294 \cdot 10^{-6}$ m²/s, $a_2 = 5{,}168 \cdot 10^{-7}$ m²/s

$\theta_{II} = +19$ °C, $\theta_I = -27$ °C, $r_0 = 0{,}0205$ m, $R = 0{,}161$ m

$X = -3{,}3 \cdot (-27) / 2{,}0 \cdot 19 = 2{,}345$

$Y = -3{,}3 \cdot (-27) / 1{,}294 \cdot 10^{-6} \cdot 1{,}36 \cdot 10^8 = 0{,}506$

$Z = 0{,}161 / 0{,}0205 = 7{,}854$

$\beta = 1{,}294 \cdot 10^{-6} / 5{,}168 \cdot 10^{-7} = 2{,}504$

Aus Nomogramm $\rightarrow k^2 = 0{,}0433$

$t_g = (0{,}161^2 - 0{,}0205^2) / 0{,}0433 \cdot 4 \cdot 1{,}294 \cdot 10^{-6} = 1{,}138 \cdot 10^5 \, \text{s} = 31{,}61$ h

In einer Rohrreihe breitet sich der Frostkörper wegen des fehlenden Wärmestroms von den Nachbarrohren her schneller aus als quer dazu (Bild 16), dieser Effekt ist umso größer, je

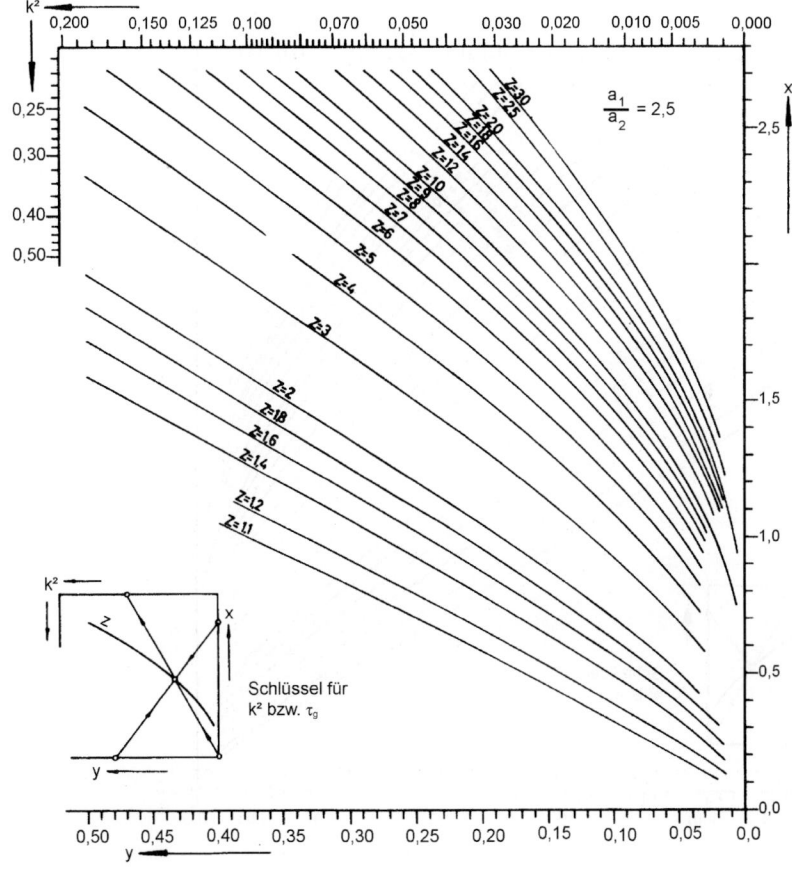

Bild 17. (Fortsetzung)

höher die Bodenanfangstemperatur Θ_{II} ist. Im Verfahren von *Ständer* [60] wird dies durch den Schließzeitfaktor m_s berücksichtigt, mit dem die Bodenanfangstemperatur Θ_{II} multipliziert wird. Nach Modellversuchen [60] mit geraden und gekrümmten Rohrreihen in Quarzsand liegt m_s zwischen ca. 0,27 und 0,30. *Ständer* schlägt auf der sicheren Seite einen einheitlichen Wert von $m_s = 0,3$ vor. Damit gilt $\Theta_{II}^* = \Theta_{II} m_s$ und in X wird Θ_{II}^* statt Θ_{II} eingesetzt. Der weitere Lösungsweg ist identisch wie für ruhendes Grundwasser.

Beispiel 2 (Berechnungsverfahren von *Ständer* [60] für Rohrreihe, Werte aus [52])

Gesucht: Gefrierzeit t_g in der Rohrreihe bis zum Frostkörperradius R mit Schließzeitfaktor $m_s = 0,3$

$X = -3,3 \cdot (-27) / 2,0 \cdot 19 \cdot 0,3 = 7,816$; weitere Werte wie Beispiel 1

Aus Nomogramm $k^2 = 0,0996$

$t_g = (0,161^2 - 0,0205^2) / 0,0996 \cdot 4 \cdot 1,294 \cdot 10^{-6} = 49.465$ s $= 13,74$ h

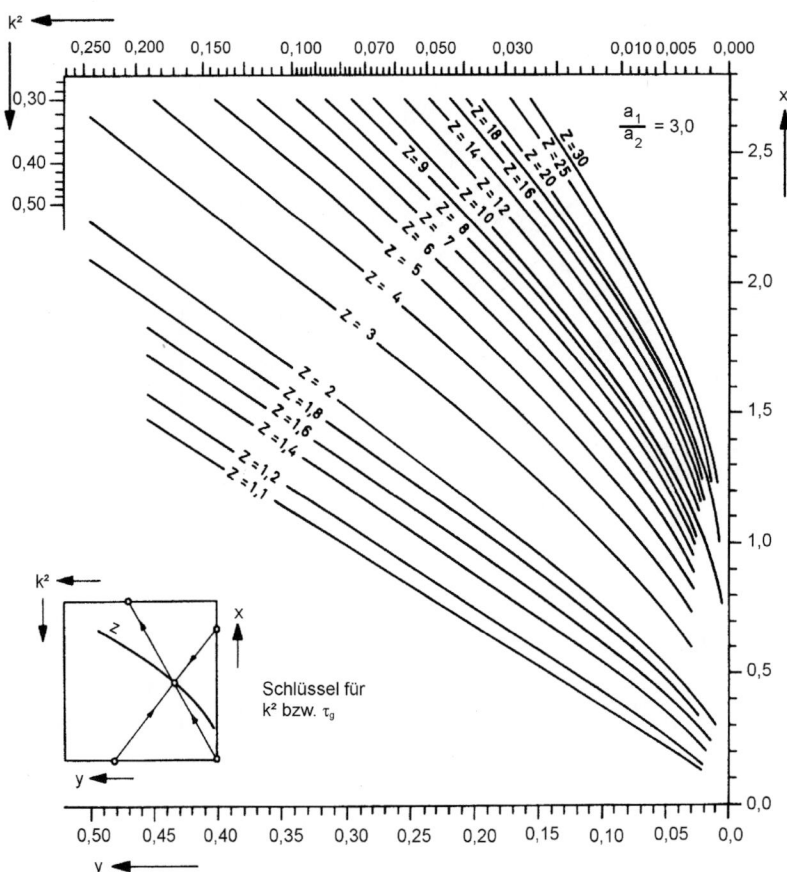

Bild 17. (Fortsetzung)

2.5 Bodenvereisung

Zum Vergleich: Verfahren nach [56]

$t_g = (0,161^2 \cdot 6,027 \cdot 10^8 / 4 \cdot 3,3 \cdot 27)(2 \ln(0,61/0,025) - 1 + 2,55 \cdot 10^6 \cdot 27/6,027 \cdot 10^8$
$= 1,419 \cdot 10^5 = 39,4$ h

mit $L_I = 3,35 \cdot 10^8 + (3,0^2 - 1) \cdot 3,87 \cdot 10^6 \cdot 19 / 2 \ln 3,0 = 6,027 \cdot 10^8$ MJ/m³

Nach einem Vergleich mit ausgeführten Versuchen [52] liefert das Verfahren nach [60] für ruhendes Grundwasser erheblich genauere Werte als das Verfahren nach [56]:

Schließzeit t_s bei ruhendem Grundwasser:

 – im Versuch [52]:   17,7 Std. (Mittelwert aus drei Messungen)
 – Berechnung nach [60]: 13,7 Std.
 – Berechnung nach [56]: 39,4 Std. mit $a_R = 3,0$ bzw. 47,6 Std. mit $a_R = 4,0$

(Modifiziert man das Verfahren nach [56] ebenfalls mit dem Schließzeitfaktor $m_s = 0,3$, so ergibt sich $L_I = 4,153 \cdot 10^8$ und $t_g = 9,931 \cdot 10^4 = 27,4$ h)

3.3.1.2 Frostausbreitung um die Rohrreihe nach dem Schließen

Nach dem Schließen des Frostkörpers hat er eine zunächst wellige, im Lauf der Zeit aber zunehmend glatte Oberfläche. Damit handelt es sich um eine flächige ebene Wärmesenke, zu der aus der Umgebung Wärme strömt. Für das ebene Gefrierproblem mit konstanter Temperatur der Wärmesenke und mit dem Phasenübergang hat *F. Neumann* ca. 1860 eine exakte Lösung angegeben. Er weist nach, dass der Frost proportional zur Wurzel aus der Zeit wächst, d.h. die Frostwanddicke L beträgt

$$L(t) = p \cdot \sqrt{t} \qquad (22)$$

Der Proportionalitätsfaktor p ergibt sich nach [60] aus der Gleichung

$$\rho \cdot q_s \frac{\sqrt{\pi}}{2} p = -\frac{\lambda_1}{\sqrt{a_1}} \Theta_E \frac{e^{-\frac{p^2}{4a_1}}}{G\left(\frac{p}{\sqrt{4a_1}}\right)} - \frac{\lambda_2}{\sqrt{a_2}} \Theta_{II} \frac{e^{-\frac{p^2}{4a_2}}}{1 - G\left(\frac{p}{\sqrt{4a_2}}\right)} \qquad (23)$$

Das letzte Glied erfasst den Einfluss der Vorkühlungswärme. Die Gleichung lässt sich nicht nach p auflösen. Zur Ermittlung von p gibt *Ständer* Nomogramme an (Bild 18), mit denen aus den dimensionslosen Kennzahlen

$$x = -\sqrt{\frac{a_1}{a_2}} \cdot \frac{\lambda_2 \Theta_{II}}{\lambda_1 \Theta_E} = -\frac{b_2 \Theta_{II}}{b_1 \Theta_E} \quad (\Theta_E: \text{Temperatur der ebenen Wärmesenke}) \qquad (24)$$

$$y = \frac{1}{Y} = -\frac{a_1 \rho q_s}{\lambda_1 \Theta_E} \qquad (25)$$

$$\beta = \frac{a_1}{a_2}$$

$$q^2 = \frac{p^2}{4a_1} = \frac{L^2}{4a_1 t} \qquad (26)$$

(entspricht $k^2 = \frac{R^2 - r_0^2}{4a_1 t}$ beim rotationssymmetrischen Problem)

die Größe q und daraus $p = q \cdot \sqrt{4 \cdot a}$ ermittelt werden können.

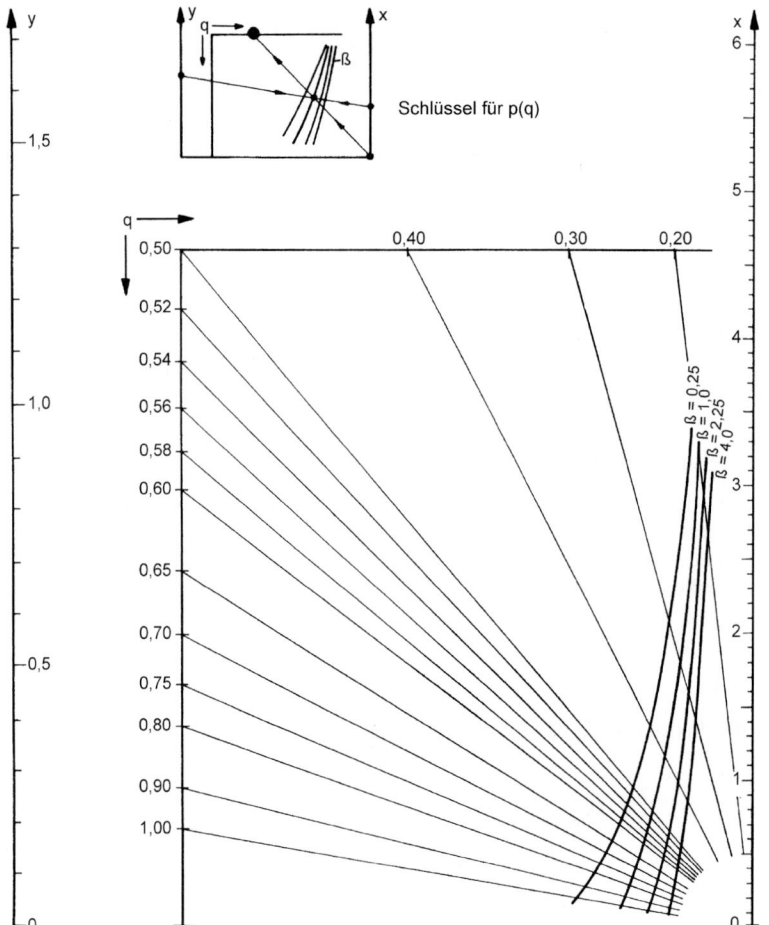

Bild 18. Nomogramme zur Bestimmung des Proportionalitätsfaktors p für die Frostausbreitung im ebenen Fall [60]

Da die Frostausbreitung der ebenen Wand beim Schließen des Frostkörpers beginnt und zu diesem Zeitpunkt noch eine wellige Oberfläche vorhanden ist, muss für die Transformation auf das ebene Problem deren bis dahin erreichte mittlere Dicke sowie die während des Frostwachstums zeitlich gemittelte Temperatur in der Rohrwandebene bestimmt werden.

Die zeitlich gemittelte Temperatur Θ_E in der Gefrierrohrebene folgt aus der Gefrierrohrtemperatur Θ_I und der gesuchten Frostwanddicke L mit E(L) aus Bild 19 [60].

Darin ist die Frostdicke L auf den Gefrierrohrachsabstand D bezogen, ferner geht das Verhältnis r_o/D ein. Zur Ermittlung der zeitlich gemittelten Rohrebenentemperatur muss der zeitliche Mittelwert von E(L) zwischen L = 0 und der gesuchten Frostwanddicke L_g entnommen und mit der Gefrierrohrtemperatur multipliziert werden.

$$\Theta_E = E(L) \cdot \Theta_I \tag{27}$$

2.5 Bodenvereisung

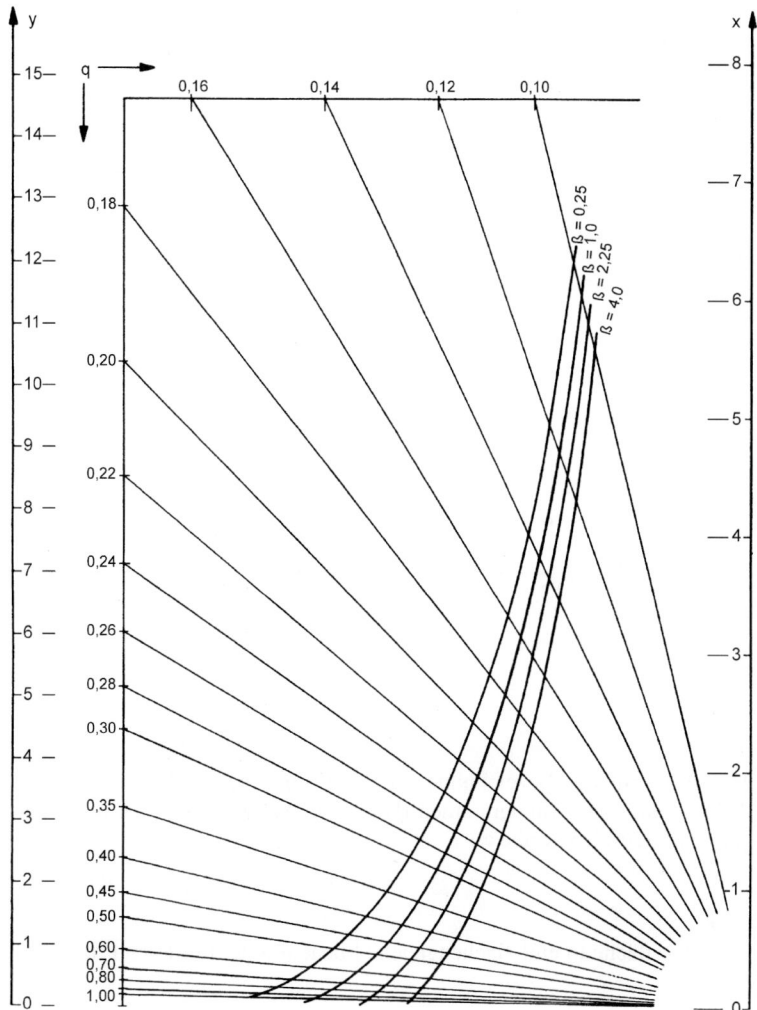

Bild 18. (Fortsetzung)

Mit dem Eingangswert Θ_E kann nach $q^2 = \dfrac{p^2}{4a_1} = \dfrac{L^2}{4a_1 t}$ (Gl. 26) aus den Nomogrammen (Bild 18) q bestimmt und daraus p berechnet werden.

Weiter zu ermitteln ist die mittlere Frostwanddicke beim Schließen des Frostkörpers, da die Berechnung der ebenen Frostausbreitung erst in diesem Zustand einsetzt. In der Rohrreihe wachsen die Frostkörper zu den Nachbarrohren hin schneller, sodass sie eine elliptische Form haben. Die beiden Achsen weichen umso stärker voneinander ab, je höher die Bodenanfangstemperatur Θ_{II} ist. Als Näherung ermittelt *Ständer* den Zeitfaktor p für das Frostwachstum sowohl für den Fall mit Vorkühlwärme, d.h. unter Ansatz der Bodenanfangstemperatur Θ_{II} mit der Bezeichnung p_v wie auch unter Vernachlässigung der Vorkühlwärme,

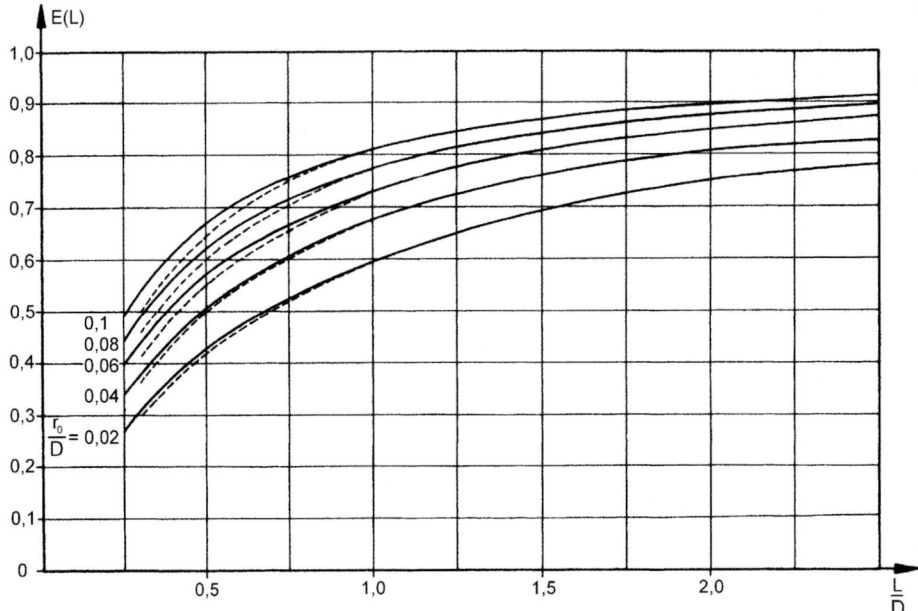

Bild 19. Verhältnis E(L) der mittleren Temperatur auf der Rohrebene zur Rohrwandtemperatur in Abhängigkeit der Frostdicke L [60]

d. h. mit $\Theta_{II} = \Theta_g = 0\ °C$ mit der Bezeichnung p_i. Die Ermittlung erfolgt mit den o. g. dimensionslosen Werten und den Nomogrammen (Bild 18). Daraus ergibt sich die größte Frostwanddicke quer zur Gefrierrohrreihe zu

$$L_{max} = \frac{D}{2} \cdot \frac{p_v}{p_i} \tag{28}$$

Nun wird die wellige Oberfläche in eine flächengleiche Ebene mit der mittleren Frostwanddicke L_s umgerechnet

$$L_s = \frac{\pi}{4} \cdot L_{max} = 0{,}785 \cdot \frac{D}{2} \cdot \frac{p_v}{p_i} \tag{29}$$

Ausgehend von der mittleren Frostwanddicke L_s beim Schließen des Frostkörpers zur Zeit t_g folgt wegen des Frostkörperwachstums mit der Wurzel der Zeit näherungsweise

$$L_g = L_s \cdot p \cdot (\sqrt{t_g} - \sqrt{t_s}) \tag{30}$$

$$\text{und daraus } t_g = \left(\frac{L_g - L_s}{p} + \sqrt{t_s}\right)^2 \tag{30 a}$$

Das Verfahren enthält in der Ermittlung E(L) einen geringen Fehler, den man durch Quadrieren der L/D-Skala verringern kann, weil sich dann eine lineare Zeitskala ergibt und der Mittelwert genauer gebildet werden kann. Dies gilt jedoch nur für den Fall Θ_I = konstant. Der durch die Berechnung begangene Fehler ist im Rahmen der sonstigen Streuungen jedoch erfahrungsgemäß unerheblich.

2.5 Bodenvereisung

Beispiel 3

Gesucht: Gefrierzeit für eine Frostwanddicke von 1,0 m, d. h. $L_g = 0,5$ m, alle übrigen Werte wie in Beispiel 1

Aus Bild 19 folgt die mittlere Frostwandtemperatur Θ_E

mit

L/D $= 0,5 / 0,322 = 1,553$

r_0/D $= 0,0205 / 0,322 = 0,064$

E (L) $= 0,83 \rightarrow \Theta_E = -27°C \cdot 0,83 = -22,41°C$

x $= -\sqrt{1,294 \cdot 10^{-6}/5,168 \cdot 10^{-7}} \cdot 2,0 \cdot 19/(3,3 \cdot (-22,41)) = 0,813$
    (mit $\Theta_{II} = +19 °C$)
    bzw. x = 0 mit $\Theta_{II} = 0$ (ohne Vorkühlwärme)

y $= -1,294 \cdot 10^{-6} \cdot 1,36 \cdot 10^8/3,3 \cdot (-22,41) = 2,38$

β $= 1,294 \cdot 10^{-6} / 5,168 \cdot 10^{-7} = 2,504$

Die mittlere Frostwanddicke L_s folgt aus der maximalen Frostwanddicke L_{max} für $\Theta_E = -22,41$ °C mit q = 0,34 aus Bild 18

p_v $= \sqrt{4 \cdot 1,294 \cdot 10^{-6}} \cdot 0,34 = 7,74 \cdot 10^{-4}$

und für $\Theta_{II} = 0$ °C mit q = 0,43 aus Bild 18

p_i $= \sqrt{4 \cdot 1,294 \cdot 10^{-6}} \cdot 0,43 = 9,78 \cdot 10^{-4}$

L_{max} $= (0,322/2) \cdot (7,74 \cdot 10^{-4} / 9,78 \cdot 10^{-4}) = 0,127$ m

L_s $= \frac{\pi}{4} \cdot L_{max} = 0,785 \cdot 0,127 = 0,100$ m

Daraus ergibt sich mit der Schließzeit $t_s = 49465$ s aus Beispiel 2 die Gefrierzeit t_g

t_g $= \left((0,5 - 0,100) / 7,74 \cdot 10^{-4} + \sqrt{49465}\right)^2 = 5,464 \cdot 10^5$ s $= 151,8$ h

und die Gesamtgefrierzeit

t_{ges} $= t_s + t_g = 49465 + 5,464 \cdot 10^5 = 5,96 \cdot 10^5$ s $= 165,5$ h

Ständer [60] macht auch Angaben für die Berechnung von Gefrierrohren auf einem Kreis, durch den ein Bodenvolumen eingeschlossen wird und dort deshalb nur eine endliche Wärmemenge zur Verfügung steht. Da derartige Fälle wegen der oftmals nicht vorhandenen Rotationssymmetrie durch numerische Verfahren meist genauer erfasst werden können, wird auf die Darstellung des Rechenverfahrens hier verzichtet.

3.3.2 Frostausbreitung bei strömenden Grundwasser

Bei strömendem Grundwasser ist außer der Kristallisationswärme sowie den Wärmemengen für die Abkühlung des gefrorenen und des ungefrorenen Bereichs die konvektiv durch das strömende Grundwasser zugeführte Wärmemenge abzutransportieren. Bei senkrechter Anströmung eines Gefrierrohres ist der Frostkörper nicht mehr rotationssymmetrisch, er wächst weniger gegen die Strömung und quer dazu (Bild 20). Bei genügend großer konvektiver Wärmezufuhr kann das Frostkörperwachstum bis zum Stillstand verzögert werden, in der

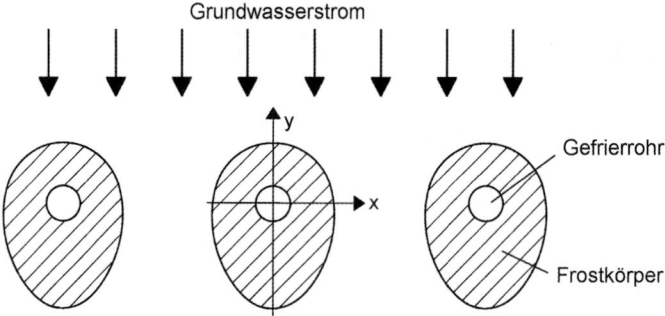

Bild 20. Frostkörperwachstum bei strömendem Grundwasser

Rohrreihe ist dann ein Schließen des Frostkörpers nicht mehr möglich. Für die Praxis ergeben sich hieraus folgende wesentliche Fragen:

- Wie dick kann der Frostkörper maximal werden, bzw. ist ein Schließen in der Rohrreihe noch möglich?
- Wie entwickelt sich die Forstkörperdicke mit der Zeit, bzw. nach welcher Zeit ist der Frostkörper geschlossen?

Hierfür hat *Victor* [62] mithilfe geometrischer und thermischer Vereinfachung einen Ansatz in Form einer gewöhnlichen Differenzialgleichung abgeleitet, der mit Kenntnis des konvektiven Wärmeübergangs an der Frostgrenze die Gefrierzeit für einen gesuchten Frostkörperdurchmesser angeben kann. Das Integral der Lösungsgleichung ist allerdings nicht geschlossen lösbar, es wird jedoch eine Lösung mit grafischer Integration anhand von Nomogrammen angegeben. Das Verfahren basiert auf folgenden Annahmen:

- Der Frostkörper ist ein koaxialer Zylinder um das Gefrierrohr.
- Die Wärmekapazität c_1 des Frostkörpers wird vernachlässigt. Diese ist jedoch klein im Vergleich zu den sonstigen Anteilen des Wärmetransports, sodass der Fehler unerheblich ist.
- In Anlehnung an die exakte Lösung für ruhendes Grundwasser wird der durch Wärmeleitung an die Frostgrenze zugeführte Wärmestrom proportional zu dem in den Frostkörper fließenden Wärmestrom angenommen, d. h. q_1 und q_2 haben ein festes Verhältnis p.
- Der konvektive Wärmetransport q_k wird als selbstständiger Vorgang und (wegen des relativ kleinen Temperaturbereichs ausreichend genau) proportional der Grundwassertemperatur angenommen:

$$q_k = \alpha \cdot \Theta_{II} \tag{6a}$$

mit der dimensionslosen Wärmeübergangszahl $\mathrm{Nu} = \dfrac{d \cdot \alpha}{\lambda}$ [–] (31)

– Die Nusselt-Zahl Nu wird problemspezifisch empirisch bestimmt, aus Ähnlichkeitskriterien und Modellversuchen ergibt sich hier

$$N_u = 0{,}99 \cdot \left(\frac{\lambda_w}{\lambda_2} \cdot \mathrm{Re}\right)^{0{,}74} \tag{32}$$

mit der Reynoldszahl Re

2.5 Bodenvereisung

- Mit der dimensionslosen Variablen $Z = R/r_0$ anstatt R und mit

$$W = 0,99 \cdot \frac{\lambda_2}{2r_0} \left(\frac{\lambda_w}{\lambda_2} \cdot \frac{2 r_0 \cdot v_{GW}}{v_w \cdot n} \right)^{0,74} \quad [W/m^2 K] \tag{33}$$

mit
v_{GW} Filtergeschwindigkeit des Grundwassers
v_w kinematische Viskosität des Grundwassers
n   Porenzahl

ergibt sich schließlich die Wärmeübergangszahl $\alpha = W/Z^{0,26}$ \hfill (34)

Damit lautet die Wärmebilanz nach Einführung sämtlicher Austausche (Wärmestrom im gefrorenen Bereich = Wärmezustrom im ungefrorenen Bereich + Kristallisationswärme beim Frostwachstum + konvektiver Wärmezustrom):

$$-\frac{\lambda_1 \Theta_I}{r_0 Z \ln Z} = \frac{p \lambda_2 \Theta_{II}}{r_0 Z \ln Z} + \rho\, q_s\, r_0\, \frac{dZ}{dt} + \frac{W \Theta_{II}}{Z^{0,26}} \tag{35}$$

Dieser Ansatz führt auf ein nicht elementar lösbares Intergral für die Gefrierdauer t_g um ein Einzelrohr:

$$t_g = \frac{\rho\, q_s\, r_0}{W\, \Theta_{II}} \int_1^Z \frac{Z \ln Z \, dZ}{\dfrac{-\lambda_1 \Theta_I - p \lambda_2 \Theta_{II}}{W\, \Theta_{II}\, r_0} - Z^{0,74} \ln Z} \tag{36}$$

Zunächst muss der Proportionalitätsfaktor p ermittelt werden, dieser ergibt sich aus

$$p = \frac{-\lambda_1 \Theta_I \exp(-\beta k^2)}{\lambda_2 \Theta_{II} \exp(-\beta k^2) - a_1 \cdot \rho\, q_s\, k^2 \, \mathrm{Ei}(-\beta k^2)} \tag{37}$$

Der Faktor k^2 kann wie in Abschnitt 3.3.1.1, Beispiel 1, aus den Größen X, Y, Z und β ermittelt werden.

Das Integral lässt sich numerisch per Rechenprogramm oder mit grafischer Integration durch Aufzeichnen des Integranden (Bild 21) leicht ermitteln. Die Gl. (36) ist auf den physikalischen Annahmen über den Gefriervorgang aufgebaut, lediglich die Wärmeübergangszahl α wurde aufgrund der Ähnlichkeitstheorie ermittelt. Sofern hierfür ein anderer Ansatz vorliegt, kann Gl. (36) auch dann weiter verwendet werden.

Gleichung (36) beantwortet auch die Frage nach dem maximalen Frostkörperradius. Dies ergibt sich aus dem Nenner von Gl. (36), sofern dieser zu 0 wird, wird die Gefrierzeit unendlich, d. h. ein weiteres Frostkörperwachstum ist nicht mehr möglich.

Der Ansatz von *Victor* lässt sich analog dem Vorgehen von *Ständer* auf eine Rohrreihe übertragen, indem wiederum in Gl. (36) statt der Bodenanfangstemperatur Θ_{II} die Temperatur $\Theta_{II}^* = \Theta_{II} \cdot m_s$ eingesetzt wird:

$$t_g = \frac{\rho\, q_s\, r_0}{W\, \Theta_{II}} \int_1^Z \frac{Z \ln Z \, dZ}{\dfrac{-\lambda_1 \Theta_I - p \lambda_2 m_s \Theta_{II}}{W\, \Theta_{II}\, r_0} - Z^{0,74} \ln Z} \tag{38}$$

Die Gleichung zeigt, dass die Schließzeit gegenüber der Gefrierzeit am Einzelrohr umso stärker verkürzt wird, je höher die Bodentemperatur Θ_{II} ist.

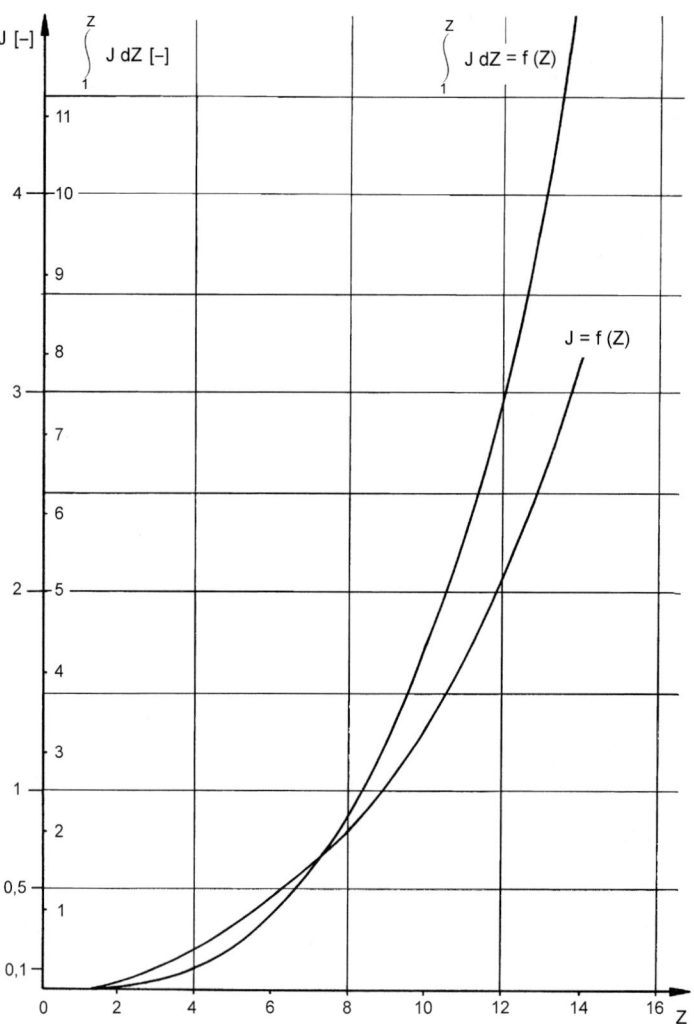

Bild 21. Grafische Integration der Gl. (36); Beispiel [62]

Beispiel 4

Gesucht: Ist Schließen des Frostkörpers möglich? Wenn ja, nach welcher Zeit?

Gefrierrohrabstand $D = 0{,}322$ m $\rightarrow R = 0{,}161$ m,

$v_{GW} = 1{,}4$ m/d $= 1{,}162 \cdot 10^{-5}$ m/s, $n = 0{,}406$

$\lambda_w = 0{,}602$ W/mK, $v_w = 1{,}79 \cdot 10^{-6}$ m²/s

übrige Werte aus Beispiel 1 bzw. 2

$X = 7{,}816$

$Y = 0{,}506$

2.5 Bodenvereisung

$Z = 0{,}161/0{,}0205 = 7{,}854$

$\beta = 2{,}504$

Aus Nomogramm (Bild 17) $\to k^2 = 0{,}0433$

Konvektiver Wärmestrom:

$$W = 0{,}99 \, \frac{2{,}0}{2 \cdot 0{,}0205} \left(\frac{0{,}602 \cdot 2 \cdot 0{,}0205 \cdot 1{,}62 \cdot 10^{-5}}{2{,}0 \cdot 1{,}79 \cdot 10^{-6} \cdot 0{,}406} \right)^{0{,}74}$$

$$= 18{,}582 \quad W/m^2 K$$

Proportionalitätsfaktor p

$$p = \frac{-3{,}3 \cdot (-27{,}0) \exp(-2{,}504 \cdot 0{,}0433)}{2{,}0 \cdot 19{,}0 \exp(-2{,}504 \cdot 0{,}0433) - 1{,}294 \cdot 10^{-6} \cdot 1{,}36 \cdot 10^8 \cdot 0{,}0433 \, Ei(-2{,}504 \cdot 0{,}0433)}$$

$$= \frac{79{,}945}{34{,}095 \; - \; 7{,}620 \cdot Ei(-0{,}1084)}$$

$$= \frac{79{,}945}{34{,}095 \; - \; 7{,}620 \cdot (-1{,}7509)} = 1{,}686$$

Größtmögliche Frostkörperdicke bei $v_{GW} = 1{,}79 \cdot 10^{-6}$ m/s

$$Z_{max}^{0,74} \ln Z_{max} = \frac{-3{,}3 \cdot (-27{,}0) \; - \; 1{,}686 \cdot 2{,}0 \cdot 19 \cdot 0{,}3}{18{,}582 \cdot 19 \cdot 0{,}0205} \; = \; 7{,}98$$

Aus Iterationsrechnung folgt $Z_{max} = 7{,}98 > Z = 7{,}856$

bzw. $R_{max} = 7{,}98 \cdot 0{,}0205 = 0{,}164$ m

damit ist $R_{max} = 0{,}164 > \frac{1}{2} \cdot D = \frac{1}{2} \, 0{,}322 = 0{,}161$

d. h. der Frostkörper kann geschlossen werden.

Berechnung der Schließzeit t_g

$$t_g = \frac{1{,}36 \cdot 10^8 \cdot 0{,}0205}{18{,}582 \cdot 19{,}0} \cdot \int_1^{7{,}854} \frac{Z \ln Z}{\frac{-3{,}3(-27{,}0) - 1{,}686 \cdot 2{,}0 \cdot 0{,}3 \cdot 19}{18{,}582 \cdot 19 \cdot 0{,}025} - Z^{0{,}74} \cdot \ln Z} \, dZ$$

$$= 7896{,}6 \cdot \int_1^{7{,}854} \frac{Z \ln Z}{9{,}655 \; - \; Z^{0{,}74} \cdot \ln Z} \, dZ$$

$$= 7896{,}6 \cdot 32{,}39 = 2{,}558 \cdot 10^5 \, s = 71{,}05 \, h$$

Zum Vergleich: Schließzeit im Versuch [52]: $t_g = 66{,}7$ h

3.4 Klimatisch bedingte Frostausbreitung

Die klimatisch bedingte Eindringung von Frost in Boden ist nicht nur für die Bemessung frostsicherer Schichten unter Verkehrswegen, sondern z. B. auch für Stützmauern erforderlich. Ist innerhalb der Frosteindringungszone kein frostsicherer Boden hinterfüllt, so kann eine Stützwand durch Frostdruck – oftmals sukzessive über die Frostperioden vieler Jahre – verschoben oder verkippt und im Extremfall zum Einsturz gebracht werden.

Es handelt sich hierbei wieder um die Frostausbreitung durch eine ebene Wärmesenke (Stefan-Problem), die mit der Neumann-Lösung unter Zuhilfenahme der Nomogramme von *Ständer* ermittelt werden kann (s. Abschn. 3.3.1.2). Mit der sog. verbesserten Berggren-Formel [1] lässt sich die Frosteindringtiefe noch einfacher berechnen.

Während die Stefan-Lösung nur durch Schmelzwärme des Wassers, nicht jedoch die Abkühlwärme des gefrorenen Bodens berücksichtigt, werden diese in der modifizierten Berggren-Formel durch einen Korrekturfaktor K_B wie folgt erfasst.

Die Frosteindringtiefe X_F [m] beträgt:

$$X_F = K_B \cdot \left(\frac{172.800 \cdot \lambda \cdot FI}{\rho \cdot q_s}\right)^{\frac{1}{2}} \tag{39}$$

mit

λ Wärmeleitzahl als Mittelwert aus λ_1 und λ_2 [W/mK]
I   Frostindex [°C-Tage]
$\rho \cdot q_s$ Schmelzwärme des Bodens [J/m³]

Der Frostindex FI ist die mittlere Tagestemperatur während der Frostperiode multipliziert mit der Anzahl der Tage der Frostperiode.

$$FI = \Theta_s \cdot t_F \ [°C\text{-Tage}] \tag{40}$$

mit

Θ_s mittlere Tagestemperatur (über 24 Std.) während der Frostperiode [°C]
t_F Dauer der Frostperiode [Tage]

K_B ergibt sich aus Bild 22 [1] mit

$$\alpha = -\Theta_m/\Theta_s \tag{41}$$

Θ_m mittlere Jahrestemperatur [°C]

$$\mu = -\Theta_s \cdot c_1/\rho \cdot q_s \tag{42}$$

Beispiel 5 (mit den Werten aus Beispiel 3)

Gesucht: Frosteindringtiefe X_F für eine Frosttemperatur von $-22{,}41$ °C über 165,5 h (Ergebnis aus Beispiel 3 für eine Frostwanddicke von $X_F = 0{,}50$ m)

$\Theta_{II} = +19$ °C, $\Theta_s = 22{,}41$ °C $\rightarrow \alpha = 0{,}85$

$c_1 = 2{,}55 \cdot 10^6$ J/m³, $\rho \cdot q_s = 1{,}36 \cdot 10^8$ J/m³

$\lambda = 2{,}65$ W/mK, $t_F = 165{,}5$ h $= 6{,}90$ Tage

$\mu = -22{,}41 \cdot 2{,}55 \cdot 10^6 / 1{,}36 \cdot 10^8 = 0{,}42$

2.5 Bodenvereisung

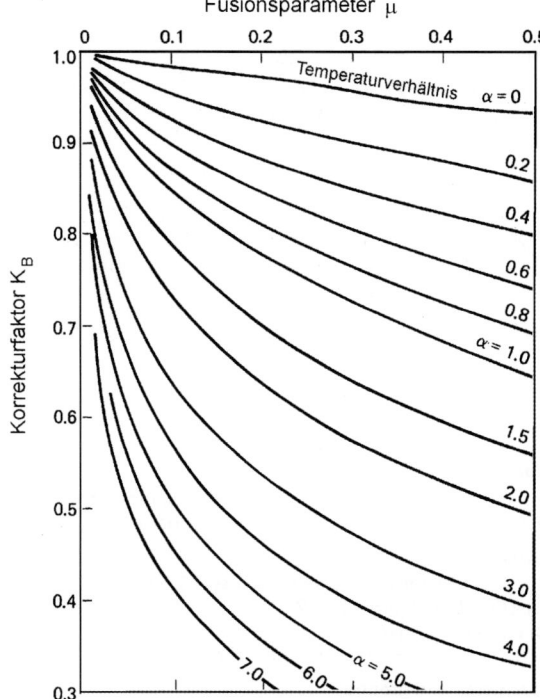

Bild 22. Korrekturfaktor K_B in der verbesserten Berggren-Formel [2]

aus Bild 22 folgt

$K_B = 0,71$

und die Frosteindringtiefe X_F

$$X_F = 0,71 \cdot \left(\frac{172800 \cdot 2,65 \cdot 22,41 \cdot 6,90}{1,36 \cdot 10^8}\right)^{\frac{1}{2}} = 0,51 \text{ m}$$

Das Ergebnis bestätigt sehr gut die Frostwandberechnung nach [60] in Beispiel 3.

Die Frosteindringung in Boden unter bzw. hinter Betonplatten kann in Abhängigkeit vom Frostindex sowie von Dichte und Wassergehalt des Bodens aus Bild 23 [2] abgeschätzt werden.

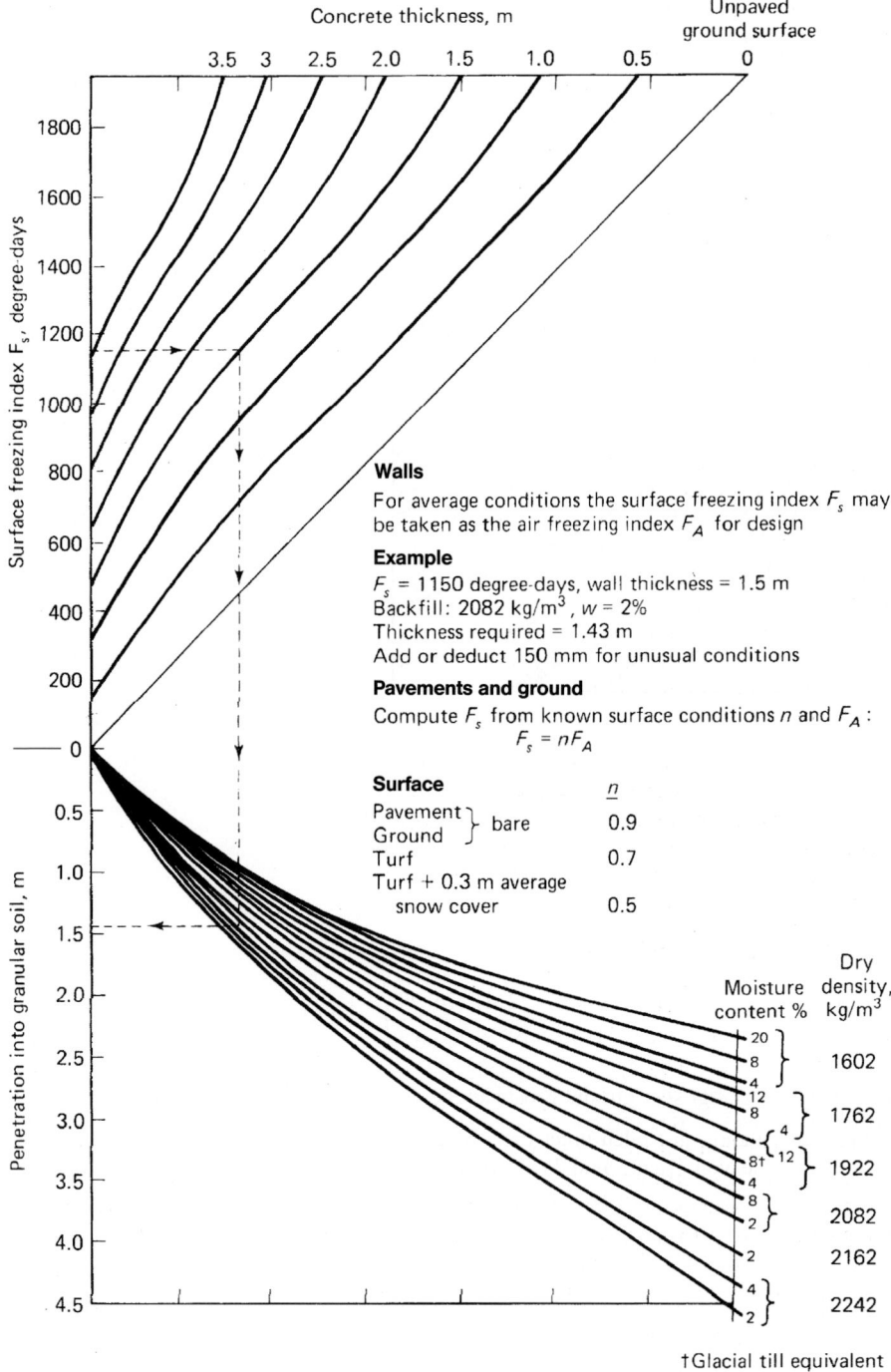

Bild 23. Frosteindringung durch Beton in körnige Böden und Auffüllungen [2]

3.5 Kontrolle der Frostausbreitung

Ein Frostkörper erfüllt seinen Zweck nur dann, wenn er die planmäßige Größe (z. B. bei Abdichtung) hat und an jeder Stelle mindestens auf die planmäßig angesetzte Temperatur herabgekühlt ist. Dies muss durch Kontrollen überprüft werden.

Eine direkte Kontrolle des Temperaturfeldes im Frostkörper erfolgt durch Temperaturmessungen. Hierfür werden an geeigneten Stellen Temperaturfühler bzw. meist Temperaturmessrohre mit einer Kette von Temperaturfühlern in den Untergrund eingebracht. Die Messrohrposition richtet sich nach den signifikanten Stellen im Frostkörper, aber meist auch nach der Zugänglichkeit. Nach den Gesetzen der Wärmebilanz lässt sich – bei hinreichender thermischer Homogenität des Untergrundes – mit einzelnen Messpunkten das Temperaturfeld auch in einer gewissen Entfernung von den Messpunkten kontrollieren. Zur Festlegung von Temperaturgrenzwerten wird ein bezüglich der Abkühlung gerade ausreichendes Temperaturfeld vorherberechnet und hieraus die Temperatur an den einzelnen Messfühlerpositionen bestimmt. Diese stellen dann Temperaturgrenzwerte während der Nutzung dar.

Eine wesentliche Voraussetzung ist die den Berechnungen i. d. R. zugrunde liegende Annahme, dass jedes Gefrierrohr mit gleicher Leistung oder Temperatur dem Boden Wärme entzieht. Dies ist dadurch zu kontrollieren, dass in jeder Gefrierrohrgruppe (diese kann auch mehrere hintereinander geschaltete Gefrierrohre umfassen) die Kältemitteldurchflussmenge sowie die Rücklauftemperatur kontrolliert werden. Werden Gefrierrohre oder Gefrierrohrgruppen parallel geschaltet, so ist in jedem einzelnen Rohr bzw. jeder Rohrgruppe zumindest eine Rücklauftemperaturmessung erforderlich, weil andernfalls der Ausfall einzelner Gefrierrohre (z. B. durch Verstopfungen oder Lecks) nicht erkannt werden könnte. Damit wäre die Stetigkeit der Abkühlung gestört und somit das errechnete Temperaturfeld aus einzelnen Messpunkten nicht mehr ableitbar.

Bei Linienbauwerken (wie z. B. Gefriertunneln) ordnet man in einzelnen Querschnitten mehrere Temperaturmessrohre an, die innerhalb des Querschnitts das Temperaturfeld hinreichend umfassend kontrollieren. An geeigneten Stellen werden zusätzlich Messrohre in Tunnellängsrichtung angebracht, die eine ausreichende Gleichmäßigkeit längs der Tunnelachse kontrollieren und damit die Übertragbarkeit der Messungen in den Temperaturquerschnitten auf die Bereiche dazwischen ermöglichen.

Während der Nutzungsdauer eines Frostkörpers können sich die thermischen Randbedingungen ändern. Dies ist z. B. regelmäßig bei Gefriertunneln der Fall, die zunächst im vollen Querschnitt gefroren werden, nach dem Ausbruch aber einem erhöhten Wärmeeintrag an der Innenseite durch abbindenden Beton sowie die durch Bewetterung bewegte Luft unterliegen. Damit verändern sich das Temperaturfeld und mit ihm die Temperatursollwerte an den Messpunkten. Die einzelnen Bauphasen müssen deshalb mit ihren jeweiligen thermischen Randbedingungen und den hieraus zeitabhängig folgenden Veränderungen im Temperaturfeld rechnerisch simuliert werden, um daraus die Temperatursollwerte, erforderlichenfalls auch zeitabhängig, zu ermitteln. Bei thermisch einigermaßen homogenem Untergrund kann der dabei sich ergebende Verlauf mit ausreichender Genauigkeit vorhergesagt werden, wie der Vergleich von den vorherberechneten Grenztemperaturen und den tatsächlich gemessenen Temperaturen in Bild 24 von einer Tunnelbaustelle zeigt.

Die Möglichkeit, das Temperaturfeld aufgrund der Gesetze der Wärmbilanz in einer gewissen Umgebung der Messpunkte zu kontrollieren, ist ein wesentlicher Grund für die hohe Sicherheit und Zuverlässigkeit des Gefrierverfahrens auch unter schwierigen Randbedingungen. Erhöhte Vorsicht ist jedoch bei strömendem Grundwasser geboten, da hier die Berechnungen zwangsläufig weniger zuverlässig sind. Während das Schließen des Frost-

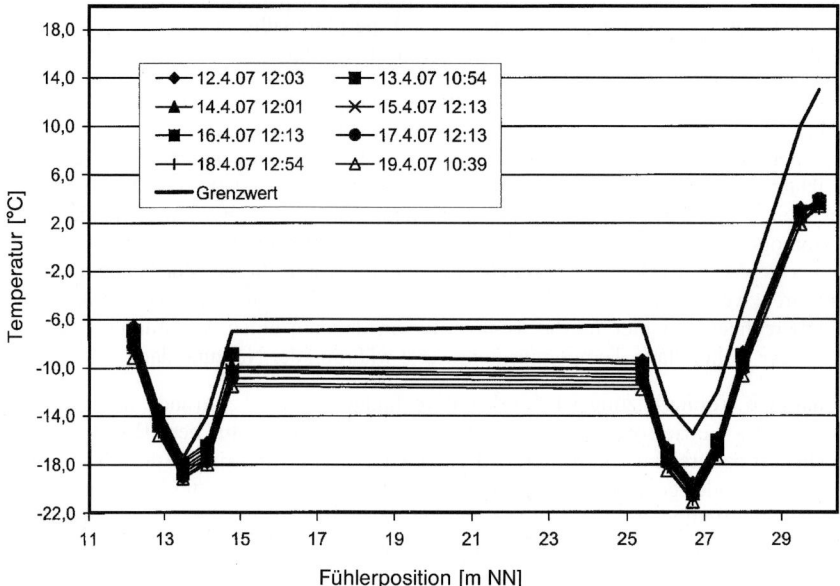

Bild 24. Berechnete Grenztemperaturen und Messergebnisse in einem Frostkörper

körpers und damit das Unterbinden des Grundwasserstroms innerhalb eines Frostkörpers nicht nur am Temperaturverlauf, sondern auch durch Wasserstands- oder Wasserdruckmessungen überprüft werden kann, ist der Einfluss des außen an einem Frostkörper entlang fließenden Grundwassers nur mit geringer Genauigkeit zu berechnen. In derartigen Bereichen sind deshalb vermehrt Temperaturfühler anzuordnen.

Die Temperaturwerte sind in regelmäßigen Abständen (bei den heute speicherbaren Datenmengen meist jede halbe Stunde oder Stunde) zu erfassen und zu speichern. Die Daten sind auf der Baustelle sofort automatisch hinsichtlich der Überschreitung der vorgegebenen Grenzwerte zu überprüfen. Bei Verletzen der vorgegebenen Grenzwerte wird automatisch ein Alarm ausgelöst und (z. B. über Mobilfunk) an fachkundige Personen übertragen. Diese müssen innerhalb einer auf die jeweilige Baustelle abgestimmten Reaktionszeit auf der Baustelle eintreffen und erforderliche Maßnahmen ergreifen können.

4 Mechanisches Verhalten gefrorener Böden

4.1 Grundlagen

Gefrorener Boden ist ein Vier-Phasen-Gemisch aus Mineralpartikeln, Eis, Wasser und Luft. Die Anteile der Komponenten hängen ab von Mineralart, Partikelverteilung und -form, Lagerungsdichte, Wassergehalt und in geringem Maße vom Spannungszustand. Neben dem Eis ist auch bei Temperaturen unter 0 °C ungefrorenes Wasser vorhanden, das durch Oberflächenkräfte an die Mineralkörner gebunden ist und ungefrorene Wasserhüllen bildet

2.5 Bodenvereisung

(s. Abschn. 3.2.2). Die Wasserhüllen sind entlang den Partikeln relativ leicht verschieblich, quer dazu aber sehr fest gebunden. Es kommt deshalb nicht zu einer Ablösung des Poreneises von den Mineralpartikeln, sodass das Poreneis zusammen mit dem Partikelverband verformt wird und damit auch seinen Verformungswiderstand auf die Mineralpartikel überträgt.

Die Festigkeit gefrorenen Bodens ist größer als die Summe der anteiligen Festigkeiten seiner Bestandteile Mineralpartikel und Eis, weil die Komponenten auf vielfältige Art zusammenwirken:

- Das Poreneis behindert die Verformung des Korngerüsts. Die Mineralpartikel sind wesentlich steifer als das Eis, sodass sich die Verzerrungen im Eis konzentrieren. Damit sind die Verformungen dort größer als die mittleren Verformungen des Bodens, Gleiches gilt für die Verformungsgeschwindigkeiten.
- Die Reaktionskräfte aus der Verformungsbehinderung können die Reibung an den Kornkontakten steigern.
- Die Dilatation des Korngerüsts wird durch Zugspannung zwischen Eis und Mineralpartikel erschwert.
- Die Mineralpartikel behindern das Wachsen von Rissen in der Eismatrix.

Durch das Poreneis wird der Boden verkittet und erhält damit eine temperatur-, spannungs- und zeitabhängige Kohäsion. Gefrorener Boden kann deshalb als „Eisbeton" angesehen werden. Die Festigkeitsanteile aus der Eisverkittung und Reibung hängen stark vom Sättigungsgrad wie auch vom Spannungszustand ab und werden i. d. R. bei unterschiedlichen Dehnungsbeträgen mobilisiert (Näheres s. Abschn. 4.2.2).

Die wesentlichen Einflüsse auf die Festigkeit gefrorener Böden sind:

- die Bodenart, dabei insbesondere die Mineralart und Kornverteilung (Bild 25);
- die Lagerungsdichte sowie der Wassergehalt bzw. Sättigungsgrad (Bilder 26 und 27);
- der Chemismus des Minerals und vor allem des Grundwassers. Insbesondere Salz erniedrigt den Gefrierpunkt des Wassers bis zur sog. eutektischen Temperatur. Diese liegt für NaCl bei $-21,3$ °C und für $CaCl_2$ bei -51 °C. Bei höheren Temperaturen sind je nach Konzentration ein Gemisch aus Sole und Eis, reine Sole oder Salz und Sole vorhanden. Unterhalb der eutektischen Temperatur kristallisiert das Salz in der Sole, sodass sich der gefrorene Boden dann ähnlich wie salzfreier Boden verhält, jedoch bei nach unten

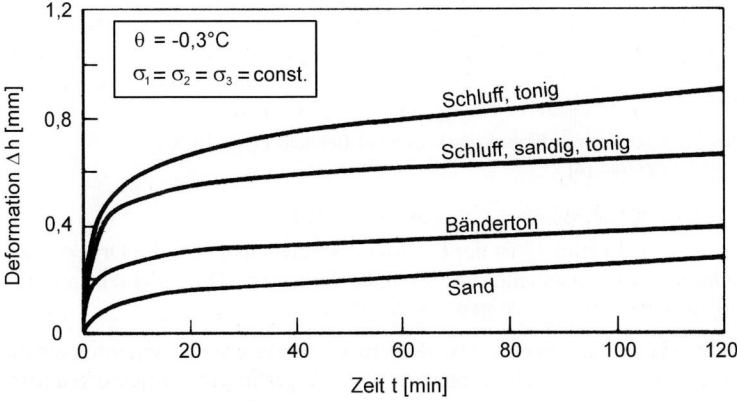

Bild 25. Kriechkurven verschiedener Böden [63]

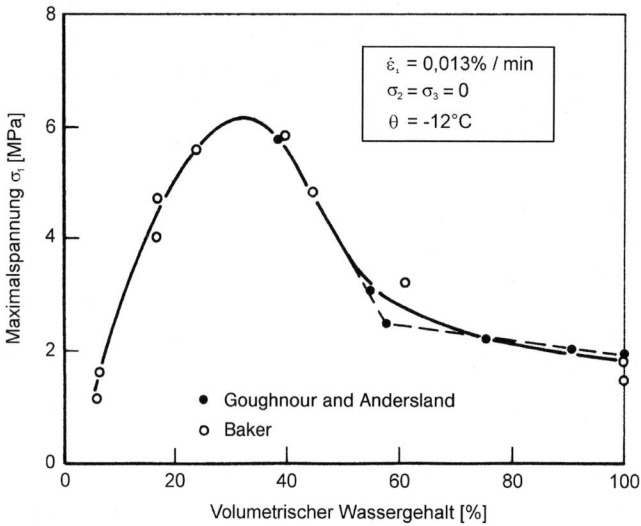

Bild 26. Maximalspannung in weggesteuerten Versuchen, abhängig vom Wassergehalt, Feinsand [6]

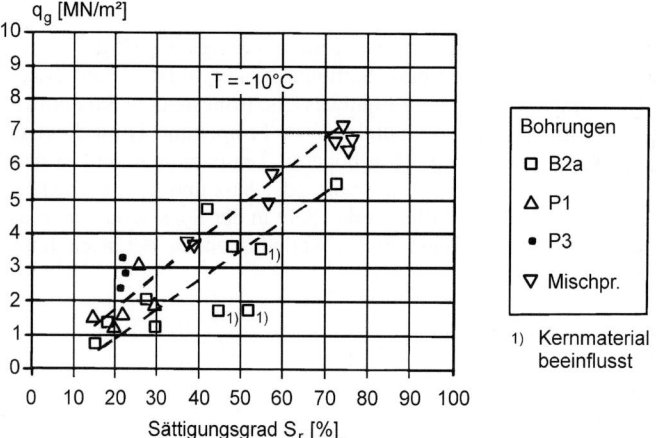

Bild 27. Einaxiale Druckfestigkeiten von Proben des Kies-Sand-Bereichs (T = –10 °C) in Abhängigkeit vom Sättigungsgrad [8]

verschobener Temperatur. In Bild 28 ist der Einfluss des Salzgehalts auf die Druckfestigkeit von Feinsandproben für verschiedene Salzgehalte dargestellt. Die Salzkonzentration von 30 ‰ entspricht dabei etwa derjenigen von Meerwasser.

Die o.g. Einflussgrößen sind innerhalb einer Baustelle bzw. innerhalb einer Bodenschicht oft konstant, sodass sich eine systematische Untersuchung für praktische Projekte erübrigt. Variabel und dementsprechend von unmittelbarer Bedeutung für die Deformation von gefrorenen Körpern sind jedoch die Einflussparameter

2.5 Bodenvereisung

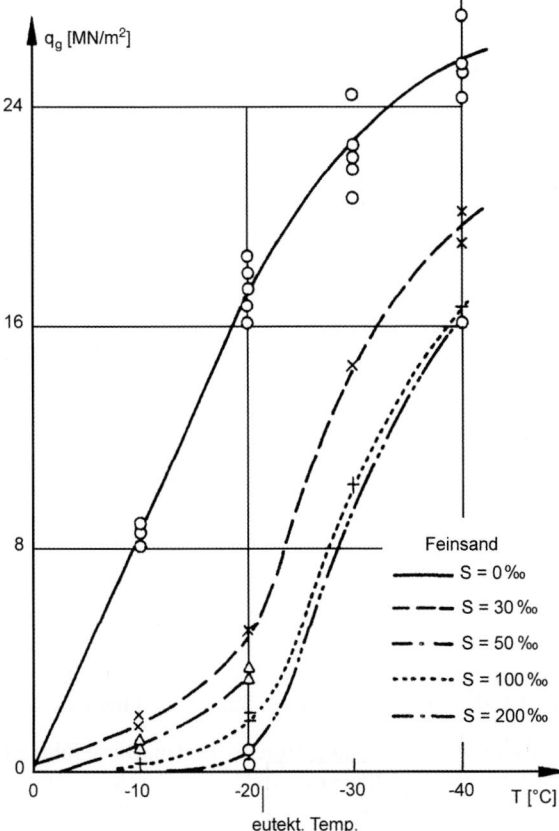

Bild 28. Einfluss von Temperatur und Salinität auf die einaxiale Druckfestigkeit von gefrorenem Boden [29]

- Temperatur, da sich innerhalb eines Frostkörpers von der kältesten Zone nahe den Gefrierrohren bis zu dessen Rand ein räumliches und zumindest in der Einfrierphase auch zeitlich variables Temperaturfeld einstellt;
- Standzeit des Frostkörpers, nachdem der Frostkörper aufgrund seiner Viskoplastizität auch unter konstanter Spannung Kriechverformung erfährt (s. Abschn. 4.2);
- Spannungsänderung durch Relaxation;
- Spannungszustand und -verteilung, diese stehen in Wechselwirkung mit den Deformationen von Frostkörpern und sind deshalb von maßgeblichem Einfluss.

4.2 Deformationsverhalten gefrorener Böden

Die Festigkeit und die Steifigkeit gefrorener Böden werden maßgeblich durch das Poreneis bestimmt. Dieses liegt polykristallin, d. h. als Kristallkörper mit einzelnen, in sich homogenen kristallinen Körnern (Kristallite) vor. Kristallite können in bestimmten Temperatur- und Geschwindigkeitsbereichen verformt werden, ohne dass das Kristallgitter zerstört wird. Dabei wechseln einzelne Atome oder Moleküle ihren Platz im Kristallgitter, dies geschieht besonders leicht im Bereich von Gitterfehlern, weil dort innere Spannungsfelder den Kristall schwächen. Daneben treten Versetzungen in Kristallen durch die Diffusion einzelner Atome oder Moleküle durch die Kristalle sowie an Kristallkorngrenzen auf. Beide Vorgänge laufen nebeneinander ab, wegen der unterschiedlichen Abhängigkeit von Spannung und Temperatur dominiert meist einer davon. Dabei können Verformungen in Eis nur bei Deviatorspannungen unterhalb von $\sqrt{II_s} \approx 1$ MPa durch Diffusion beschrieben werden, darüber dominiert das Versetzungskriechen.

Relaxationsversuche haben auch an gefrorenem Sand die verschiedenen Verformungsmechanismen bei unterschiedlichen Spannungen bestätigt [48].

Die mechanischen Eigenschaften von Kristallen hängen stark von der Bindungsart seiner Kristallbausteine ab. In Eis werden die Wassermoleküle durch die relativ feste und orientierte Dipolbindung sowie die Wasserstoffbrückenbindung zusammengehalten. Demgegenüber sind die Molekülbindungen bei der nicht orientierten Metallbindung wie auch bei der nicht orientierten Ionenbindung in Salzen weniger fest und führen bei gleicher homologer (d. h. auf den Schmelzpunkt bezogener) Temperatur zu einer erheblich größeren Bildsamkeit als bei Eis.

Die Verformungsvorgänge bedürfen einer treibenden Kraft am jeweiligen Kristall, die durch äußere Spannung entsteht. Thermische Schwingungen helfen bei der Bewegung, deswegen hängt die Häufigkeit der Platzwechselvorgänge von der auf die Kristalle wirkenden Spannung und der Temperatur ab. *Prandtl* hat 1928 aufgrund statistischer Betrachtungen die Häufigkeit von Platzwechseln in Abhängigkeit von Spannung und Temperatur mathematisch formuliert [54].

Gefrorene Böden werden bereits bei kleinen und kleinsten deviatorischen Spannungen zeitabhängig verformt, wie sich sowohl aus Kriechversuchen [33, 48] wie auch Relaxationsversuchen [48] ableiten lässt. Eis und damit gefrorener Boden sind (außer bei Reibungsmobilisierung durch triaxiale Spannung) deshalb im mechanischen Sinne zähe Flüssigkeiten.

Ein weiterer Verformungsanteil resultiert aus der Elastizität gefrorener Böden. Diese führt zu einer Sofortverformung bei einer Belastung, die allerdings meist klein im Vergleich zu den dann einsetzenden Kriechverformungen ist. An gefrorenen Sandproben mit $-10\,°C$ wurden unter sehr kurzdauernden, für nennenswerte Kriechverformungen nicht ausreichend lang dauernden Lastzyklen Elastizitätsmodule von ca. 3000 MPa bei Erstbelastung und 4000 bis 5500 MPa bei mehrmaligen Wiederbelastungen gemessen [48].

Über das mechanische Verhalten gefrorener Böden liegt eine große Anzahl von Veröffentlichungen vor, deren Ergebnisse jedoch wegen unterschiedlicher Randbedingungen nur begrenzt vergleichbar sind. Neben der Bodenart, dem Zustand sowie den Temperaturen sind auch unterschiedliche Versuchsrandbedingungen wie Schlankheit (Höhen-Durchmesser-Verhältnis) und Endflächenschmierungen der untersuchten Proben von Einfluss auf die Ergebnisse. Bei sog. Elementversuchen ist eine möglichst homogene Verformung erwünscht. Üblicherweise variieren die Schlankheiten der Proben zwischen 1,0 und ca. 2,5. Nach eigenen Erfahrungen liefern gedrungene Proben mit einer Schlankheit nahe 1 besser produzierbare Ergebnisse, da Stabilitätsversagen wie Knicken seltener eintritt. Allerdings erfordert eine geringe Schlankheit eine sorgfältige Endflächenschmierung zur weitgehenden Ausschaltung von Schubspannungen am Rand, weil sonst kein homogener Spannungszustand herrscht. Wesentlich ist ferner eine ausreichend kleine Deformationsgeschwindigkeit, auch in weggesteuerten Versuchen, weil andernfalls je nach Temperatur und Bodenart ein sprödbruchartiges Versagen eintreten kann. Insgesamt sind die Anforderungen an die Versuchstechnik sowohl bezüglich der Steuerung als auch der Messung hoch und gehen in mehrfacher Hinsicht über die von normalen Baustoffprüfgeräten erfüllbaren hinaus. Wichtig ist ferner die genaue Einhaltung der Versuchstemperatur während der gesamten, manchmal Tage oder Wochen dauernden Versuche.

4.2.1 Einaxiale Spannungen

Das Deformationsverhalten gefrorener Böden wird überwiegend in Versuchen mit einaxialen Spannungen untersucht. Für die meisten praktischen Aufgaben ist dies ausreichend, wie im nächsten Abschnitt gezeigt wird.

Zur Beschreibung des Kriechverhaltens in Abhängigkeit von Spannung und Temperatur existiert eine Vielzahl phänomenologischer Ansätze ([33, 63, 56] u.v.a.), die oftmals auf Potenz- oder Exponentialansätzen, teilweise auch additiv verknüpft, basieren. Diese Ansätze können den ersten Teil der Kriechkurven meist bei konstanter Temperatur zutreffend beschreiben, geben aber lediglich die Ergebnisse von Messungen wieder, sodass eine Verallgemeinerung auf andere Fälle nicht möglich ist. Weiterhin liefern diese Ansätze keine Information über das Versagen und damit über die Standsicherheit des gefrorenen Bodens. Oftmals wird aus dehnungsgesteuerten Versuchen mit konstanter Verformungsgeschwindigkeit eine Bruchspannung abgeleitet, die jedoch wegen der hohen Deformationsrate im Versuch sowie wegen der für praktische Zwecke zu hohen Dehnung beim Spannungsmaximum mit heuristisch gewählten Faktoren abgemindert werden muss.

Physikalisch begründete Ansätze basieren auf der Theorie thermisch aktivierter Platzwechsel [54] in den Kristallen, die sich auf das makromechanische Verhalten von Eis und letztlich auch von Böden übertragen lassen. Da die mathematischen Grundbeziehungen in der Kristallmechanik theoretisch abgeleitet und die zugrunde gelegten Modelle durch Versuchsergebnisse gut betätigt sind, lässt sich damit das mechanische Verhalten auch von gefrorenen Böden aus einer begrenzten Anzahl von Versuchen ableiten und in gewissen Grenzen auf andere Fälle als die untersuchten verallgemeinern.

Gefrorene Bodenproben werden in sog. dehnungsgesteuerten Versuchen (i. d. R. mit konstanter Deformationsgeschwindigkeit) und in Kriechversuchen mit konstanter Spannung untersucht. In Bild 29 sind die einaxialen Spannungen an Proben aus gefrorenem Sand bei $-10\,°C$ für verschiedene Verformungsgeschwindigkeiten $\dot{\varepsilon}_1$ wie auch verschiedene Temperaturen Θ dargestellt. Danach ist die Druckfestigkeit umso höher, je schneller die Probe verformt wird und je niedriger ihre Temperatur ist, was sich auch aus mikromechanischen Betrachtungen [54] ergibt.

In Kriechversuchen verformt sich gefrorener Boden zunächst mit abnehmender, ab einem bestimmten Punkt aber mit zunehmender Geschwindigkeit, wie die Kriechkurven sowie

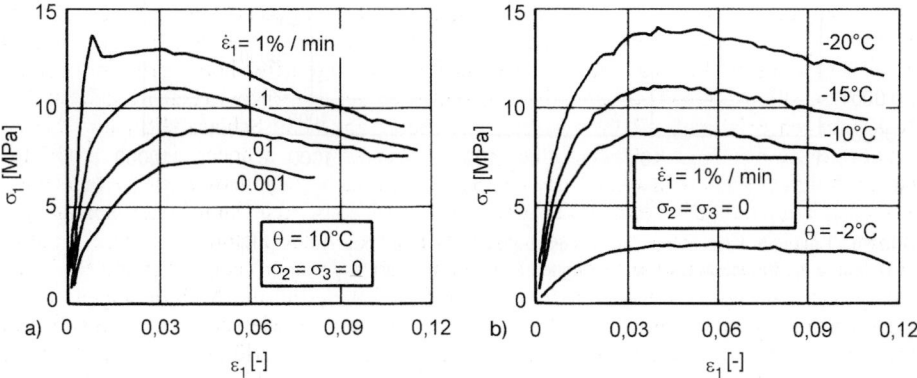

Bild 29. Arbeitslinien aus weggesteuerten Einaxialversuchen; a) verschiedene $\dot{\varepsilon}_1$, b) verschiedene Θ [48]

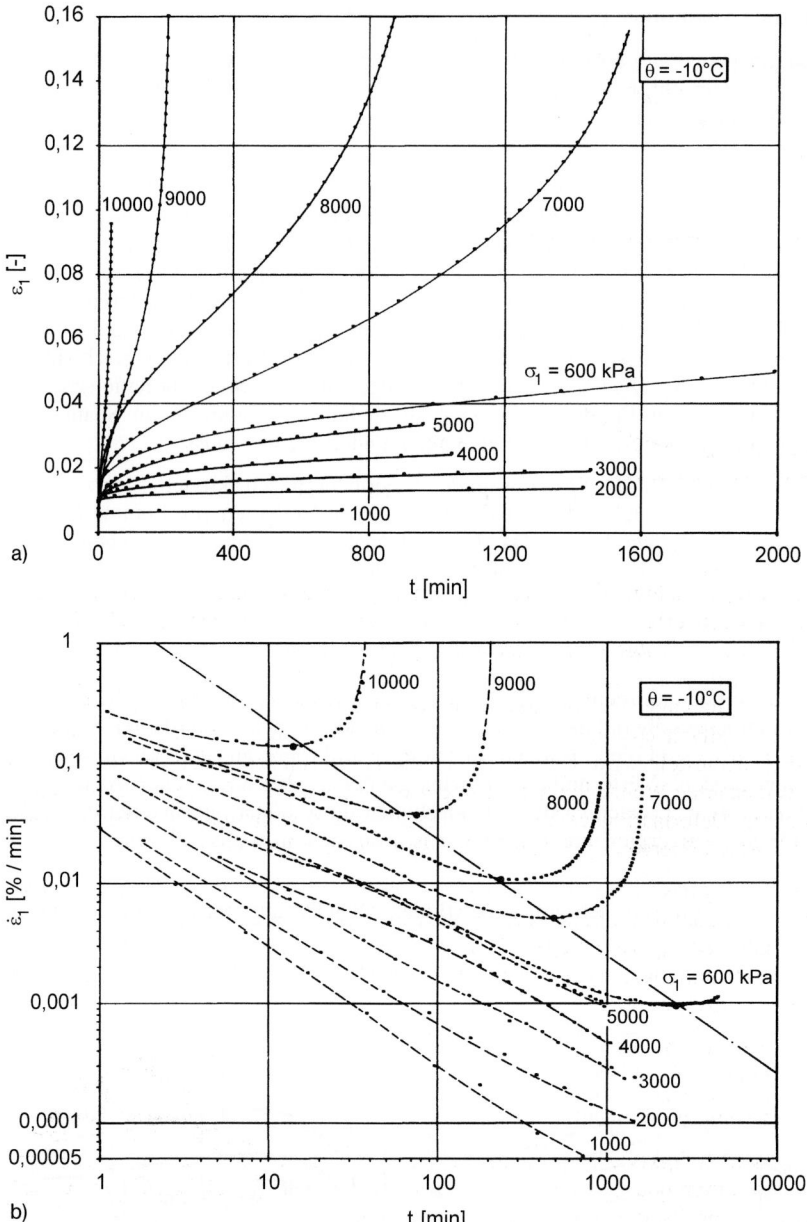

Bild 30. Einaxiale Kriechversuche an gesättigtem Mittelsand bei –10 °C [48]; a) Dehnung ε_1, b) Dehnungsgeschwindigkeit $\dot{\varepsilon}_1$ über der Zeit t

2.5 Bodenvereisung

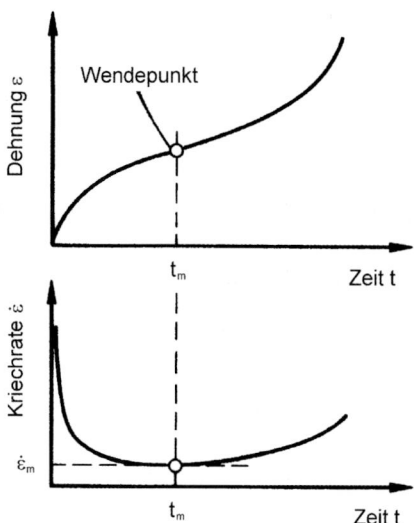

Bild 31. Festlegung von t_m und $\dot{\varepsilon}_m$ in Kriechversuchen [48]

darunter die Kriechgeschwindigkeitskurven von gefrorenem Sand bei $-10\,°C$ zeigen (Bild 30). Der Kriechverlauf mit abnehmender und später wieder zunehmender Kriechgeschwindigkeit ist die Folge einer Verfestigung durch Bewegungsblockierungen in den Kristallen und einer zunehmenden Entfestigung durch Mikrorissbildung zwischen den Kristalliten. Der Übergang verläuft bei manchen Bodenarten sehr langsam, weshalb in älterer Literatur vielfach eine sog. sekundäre Kriechphase mit konstanter Verformungsgeschwindigkeit dargestellt wird. Dies ist jedoch die Folge von Streuungen in den Messungen, welche den exakten Wendepunkt der Kriechkurve verwischen. Dass ein Material einen völlig stationären Deformationsverlauf zeigt, nach einer bestimmten Zeit aber in einen instationären Zustand übergeht, wäre auch physikalisch nicht begründbar.

Zur Charakterisierung des Einflusses von Spannung und Temperatur auf das Kriechverhalten hat sich der Wendepunkt der Kriechkurve als zweckmäßig erwiesen, der durch die minimale Kriechgeschwindigkeit $\dot{\varepsilon}_m$ zum Zeitpunkt t_m definiert ist (Bild 31). Da sich ab diesem Moment die Verformung wieder beschleunigt und schließlich zum Bruch führt, wird t_m im Folgenden als Standzeit bezeichnet.

Die an Kriechversuchen mit gefrorenem Sand ermittelte Abhängigkeit der minimalen Kriechgeschwindigkeit $\dot{\varepsilon}_m$ von der Spannung und Temperatur ist in Bild 32 dargestellt.

Die Charakterisierung der Kriechkurven durch t_m bzw. $\dot{\varepsilon}_m$ ist dadurch möglich, dass

– die Kriechgeschwindigkeitskurven ähnlich sind, d.h. dass sie sich nur im Zeitmaßstab, nicht jedoch in ihrem qualitativen Verlauf unterscheiden und sie sich deshalb mit $\dot{\varepsilon}_m$ und t_m normieren lassen (Bild 33) und
– die Dehnungen am Wendepunkt annähernd konstant sind, sodass aufgrund der einheitlichen Kriechgeschwindigkeitskurven sich auch ähnliche Kriechkurven ergeben (Bild 34).

Aus der Ähnlichkeit der Kriechverläufe ergibt sich ferner das wichtige Ergebnis:

$$\dot{\varepsilon}_m \cdot t_m = \text{const.} \tag{43}$$

Damit lässt sich aus einer gemessenen minimalen Kriechgeschwindigkeit die für die Praxis meist wichtigere Standzeit t_m berechnen.

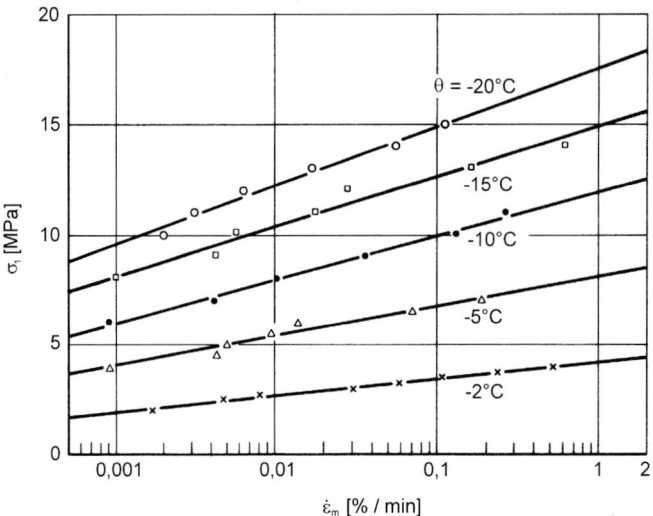

Bild 32. Axialspannung über der maximalen Kriechgeschwindigkeit $\dot{\varepsilon}_m$ (Einaxialversuche an gesättigtem Mittelsand) [48]

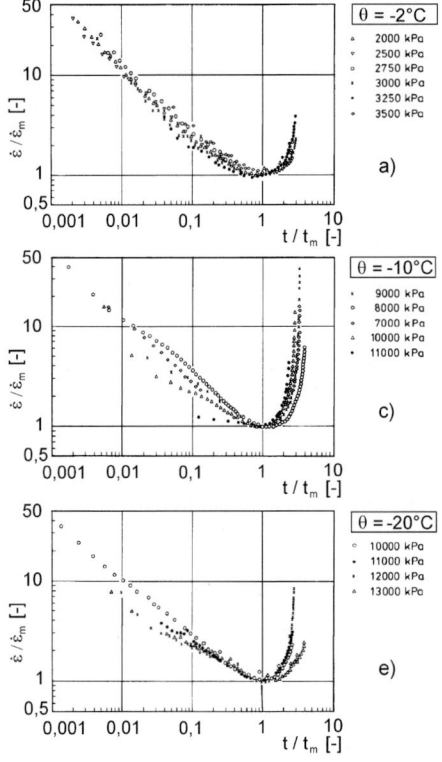

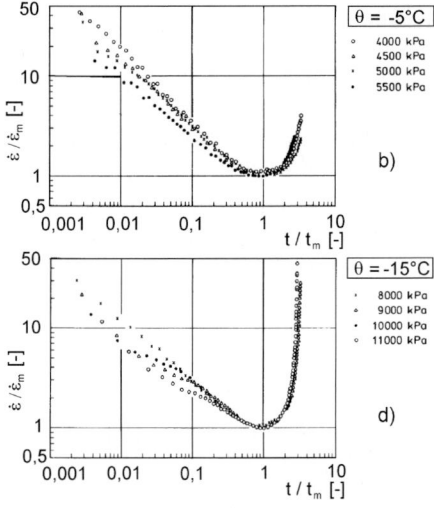

Bild 33. Kriechgeschwindigkeitskurven mit t_m und $\dot{\varepsilon}_m$ normiert [48]

2.5 Bodenvereisung

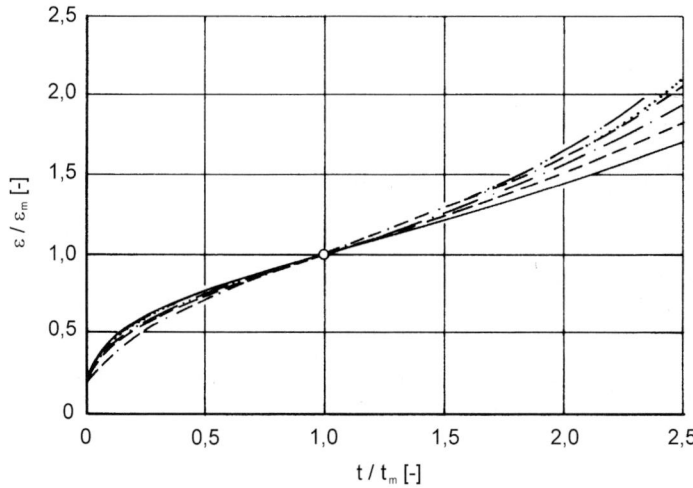

Bild 34. Kriechkurven von Einaxialversuchen mit t_m und ε_m normiert [48]

Der in Bild 32 dargestellte Zusammenhang lässt sich mit der aus der Berechnung thermisch aktivierter Platzwechsel abgeleiteten Beziehung

$$\ln(\dot{\varepsilon}/\dot{\varepsilon}_\alpha) = \left(\frac{K_1}{T} + K_2\right)\left(\frac{\sigma}{\sigma_\alpha(T)} - 1\right) \tag{44}$$

bzw.

$$\dot{\varepsilon}(\sigma, T) = \dot{\varepsilon}_\alpha \exp\left[\left(\frac{K_1}{T} + K_2\right)\left(\frac{\sigma}{\sigma_\alpha(T)} - 1\right)\right] \tag{45}$$

beschreiben.

Darin sind:

$\dot{\varepsilon}_\alpha$ eine frei gewählte Bezugsverformungsgeschwindigkeit
T die absolute Temperatur [K]
$\sigma_\alpha(T)$ diejenige Spannung, die bei der jeweiligen Temperatur T zur Bezugsverformungsgeschwindigkeit $\dot{\varepsilon}_\alpha$ führt und damit die Temperaturabhängigkeit charakterisiert
K_1 eine physikalisch deutbare Größe mit der Einheit [K] und
K_2 $= \ln \dot{\varepsilon}_\alpha$

Die Eingangswerte können mit wenigen Versuchen ermittelt werden:

K_2 ergibt sich aus dem frei gewählten $\dot{\varepsilon}_\alpha$, K_1 wird aus zwei Versuchen (oder mehr) mit variierenden σ bzw. $\dot{\varepsilon}$ bei der gleichen Temperatur mit

$$A(T) = \Delta\sigma/\Delta\ln(\dot{\varepsilon}_m) \tag{46}$$

$$\text{zu } K_1 = T\left(\frac{\sigma(T)}{A(T)} - \ln\dot{\varepsilon}_m\right) \tag{47}$$

bestimmt und

$$\sigma_\alpha(T) = A(T) \cdot \left(\frac{K_1}{T} + \ln \dot\varepsilon_\alpha\right) = \frac{\sigma}{\frac{K_1}{T} + \ln \dot\varepsilon_m} \left(\frac{K_1}{T} + \ln \dot\varepsilon_\alpha\right) \quad (48)$$

aus Versuchen bei verschiedenen Temperaturen errechnet.

Im nachfolgenden Beispiel [48] werden die Eingangsgrößen aus fünf Kriechversuchen ermittelt (Tabelle 4).

Tabelle 4. Versuchsergebnisse aus einaxialen Kriechversuchen [48]

Nr.	Versuchswerte		Messwerte		C
	θ [°C]	σ [kPa]	$\dot\varepsilon_m$ [%/min]	t_m [min]	Gl. (43)
1	−5	5000	$4{,}963 \cdot 10^{-3}$	552,7	0,0274
2	−10	6000	$9{,}0183 \cdot 10^{-4}$	2534,4	0,0229
3	−10	10000	0,13194	16,1	0,0212
4	−15	11000	$1{,}752 \cdot 10^{-2}$	123,5	0,0216
5	−20	12000	$6{,}361 \cdot 10^{-3}$	356,5	0,0268

Als Mittelwert ergibt sich $\bar{C} = \varepsilon_m \cdot t_m = 0{,}024$

- Wahl der Bezugsgeschwindigkeit:

$\dot\varepsilon_\alpha = 1\% / \min$

- A (T) bei T = 263,4 K ($\triangleq$ −10 °C) aus den Versuchen 2 und 3 mit Gl. (46):

$$A(263{,}4\,K) = \frac{10000 - 6000}{\ln 0{,}13194 - \ln 9{,}0183 \cdot 10^{-4}} = 802{,}3\,kPa$$

- K_1 aus Gl. (47) mit σ und $\dot\varepsilon_m$ aus Versuch 2

$$K_1 = 263{,}4 \left(\frac{6000}{802{,}3} - \ln 9{,}0183 \cdot 10^{-4}\right) = 3817\,[K]$$

- Bestimmung der Funktion σ_α (T), hierzu zuerst A(T) nach Umformung von Gl. (48) bei $\theta = -5\,°C \triangleq T = 268{,}4\,K$

$$A(268{,}4\,K) = \frac{5000}{\frac{3817}{268{,}4} + \ln 4{,}963 \cdot 10^{-3}} = 561\,kPa$$

$$\sigma_\alpha(268{,}4\,K) = 561 \left(\frac{3817}{268{,}4} + 0\right) = 7977\,kPa$$

Die berechneten σ_α (θ) (s. Tabelle 5) werden nun nach der Methode der kleinsten Fehlerquadrate korreliert. Bei der kleinen Werteanzahl genügt ein Taschenrechner zur Berechnung

2.5 Bodenvereisung

Tabelle 5. σ_α-Werte für alle Temperaturen

θ [°C]	T [K]	A [kPa]	σ_α [kPa]
−5	268,4	561	7977
−10	263,4	802	11622
−15	258,4	1025	15153
−20	253,4	1199	18065

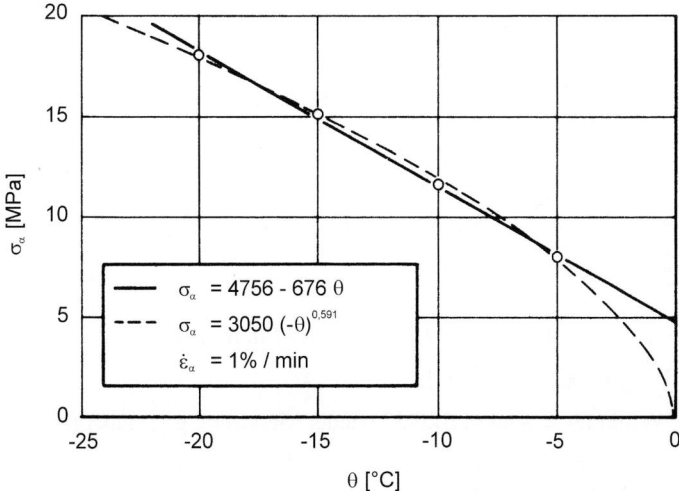

Bild 35. Berechnete $\sigma_\alpha(\theta)$ und geeignete Approximationsfunktion [48]

der Korrelationsfunktionen. In Bild 35 ist die Approximation der Funktion $\sigma_\alpha(\theta)$ dargestellt. Die Potenzfunktion $\sigma_\alpha(\theta)$ gibt auch die Spannung bei 0 °C richtig wieder, nicht aber eine Potenzfunktion $\sigma_\alpha(T)$, es sei denn, θ wird durch T ausgedrückt.

Setzt man die Funktion $\sigma_\alpha(\theta)$ sowie K1 und $\dot\varepsilon_\alpha$ in Gl. (45) ein, wobei T ebenfalls durch θ ausgedrückt wird, so folgt:

$$\dot\varepsilon_m(\sigma,\theta) = 1 \exp\left[\left(\frac{3817}{\theta + 273,4} + 0\right)\left(\frac{\sigma}{3050(-\theta)^{0,591}} - 1\right)\right] \tag{45a}$$

Damit ist $\dot\varepsilon_m(\sigma,\theta)$ geschlossen dargestellt. Die Auflösung nach σ führt auf die folgende Beziehung

$$\sigma = 3050 \cdot (-\theta)^{0,591} \cdot \left(1 + \frac{\ln(\dot\varepsilon_m/1)}{\frac{3817}{\theta + 273,4}}\right) \tag{49}$$

Der danach berechnete Verlauf und Versuchsergebnisse sind in Bild 36 aufgetragen.

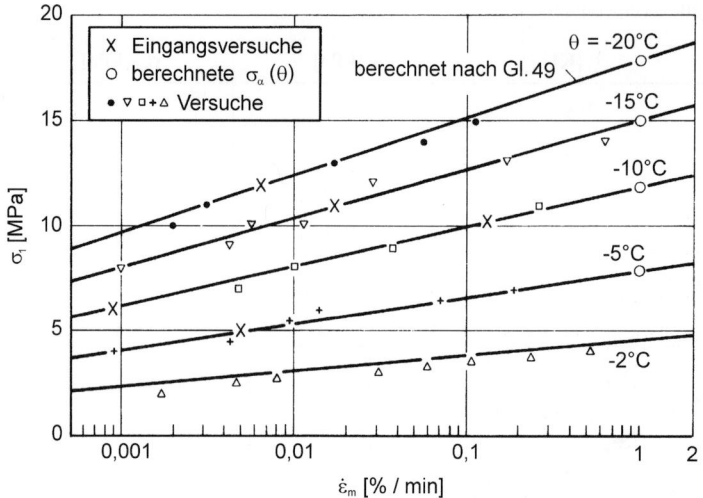

Bild 36. σ_1 über $\dot{\varepsilon}_m$, Messwerte und Berechnung nach Gl. (49) mit zugehörigen Eingangsversuchen [48]

Die Berechnung der Standzeit erfolgt nach Gl. (43). Mit dem Mittelwert für C gilt

$$t_m = 2{,}4/\dot{\varepsilon}_m \text{ [min]} \qquad \text{(mit } \dot{\varepsilon}_m \text{ in [\%/min])} \tag{43a}$$

Den hieraus errechneten Werten für t_m sind in Bild 37 wieder Messwerte gegenübergestellt.
Bild 37 zeigt außerdem, dass sich die der Gl. (45) zugrunde liegende Vereinfachung, die Rückwärtsbewegungen von Molekülen im Kristall zu vernachlässigen (vgl. Abschn. 4.2.1.3), beim untersuchten Boden erst über $t_m \approx 10^6$ min (1,9 Jahre) bemerkbar macht. Dort weichen die Kurven der genaueren, die Rückwärtsbewegungen berücksichtigenden Gl. (50) von den Geraden nach Gl. (45) ab.

$$\dot{\varepsilon}_m(\sigma, T) = \dot{\varepsilon}_\alpha \left[\exp\left[\left(\frac{K_1}{T} + K_2 \right) \left(\frac{\sigma}{\sigma_\alpha(T)} - 1 \right) \right] - \exp\left[-\left(\frac{K_1}{T} + K_2 \right) \left(\frac{\sigma}{\sigma_\alpha(T)} + 1 \right) \right] \right] \tag{50}$$

$$\dot{\varepsilon}_m(\sigma, \theta) = 1 \cdot \left[\exp\left[\left(\frac{3817}{\theta + 273{,}4} \right) \left(\frac{\sigma}{3050(-\theta)^{0{,}591}} - 1 \right) \right] - \exp\left[-\left(\frac{3817}{\theta + 273{,}4} \right) \left(\frac{\sigma}{3050(-\theta)^{0{,}591}} + 1 \right) \right] \right]$$

Für die meisten praktischen Probleme dürfte somit Gl. (45) ausreichen. Andererseits enthält Gl. (50) dieselben Parameter wie Gl. (45) und verlangt daher lediglich etwas mehr Rechenaufwand.

Für die Anwendung ist gegenüber der errechneten Standzeit t_m ein ausreichender Sicherheitsabstand zu wählen, als Minimum kann eine 10er-Potenz gelten, die beim hier behandelten gefrorenen Sand einer Spannungsminderung um etwa $1/6$ entspricht [48].

Ein weiteres Kriterium ist die Begrenzung der Verformungen. Da die Kriechkurven ähnlich sind, d. h. sich nur durch den (temperatur- und spannungsabhängigen) Zeitfaktor unterscheiden, können sie durch Normierung bez. t_m mit einer einzigen Standardkriechkurve $\varepsilon(t/t_m)$ dargestellt werden. Mit dieser wird aus der zulässigen Verformung die nutzbare Standzeit als Bruchteil von t_m ermittelt. Daraus ergibt sich für eine gewünschte Nutzungsdauer t des

2.5 Bodenvereisung

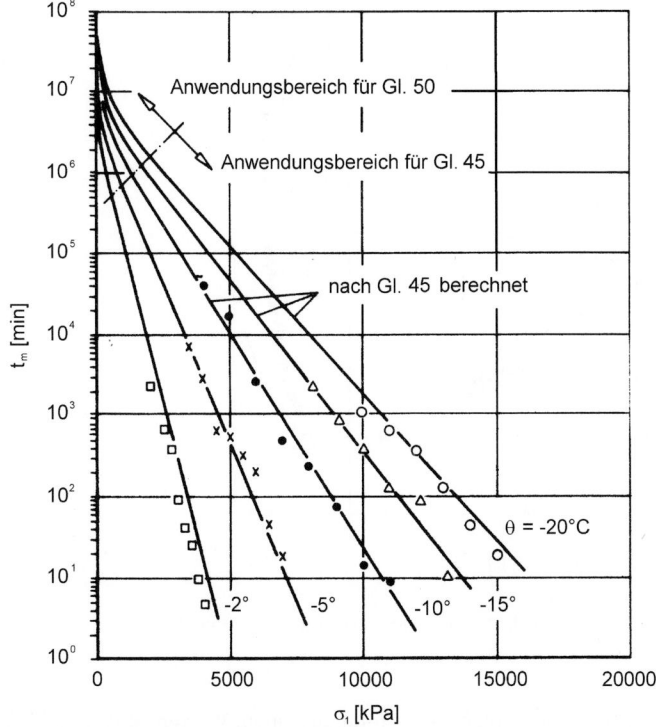

Bild 37. t_m über σ_1, Messwerte und Berechnung [48]

Frostkörpers die erforderliche Standzeit t_m, woraus schließlich bei einer gegebenen Temperatur die zulässige Spannung oder bei einer gegebenen Spannung die erforderliche Temperatur berechnet werden kann.

Aus den zeit- und temperaturabhängig mittels der Standardkriechkurve ermittelten Verformungen kann ein zeit- und temperaturabhängiger Deformationsmodul als Grundlage für Verformungsberechnungen abgeleitet werden [48].

Für die formelmäßige Darstellung der Standardkriechkurve eignet sich z. B. der Ansatz in Gl. (51) [4], der den Kriechgeschwindigkeitsverlauf i. d. R. ausreichend genau beschreibt:

$$\dot{\varepsilon} = A \cdot \exp(\beta \cdot t) \cdot t^{-m} \tag{51}$$

Für die normierte Darstellung der Kriechgeschwindigkeitskurve

$$\dot{\varepsilon}/\dot{\varepsilon}_m = A \cdot \exp(\beta \cdot t/t_m) \cdot (t/t_m)^{-m} \tag{51a}$$

gilt wegen $\ddot{\varepsilon}_m = 0$ und $\dot{\varepsilon}/\dot{\varepsilon}_m(t_m) = 1$

$$m = \beta \tag{52}$$

sowie

$$A = \exp(-\beta) \tag{53}$$

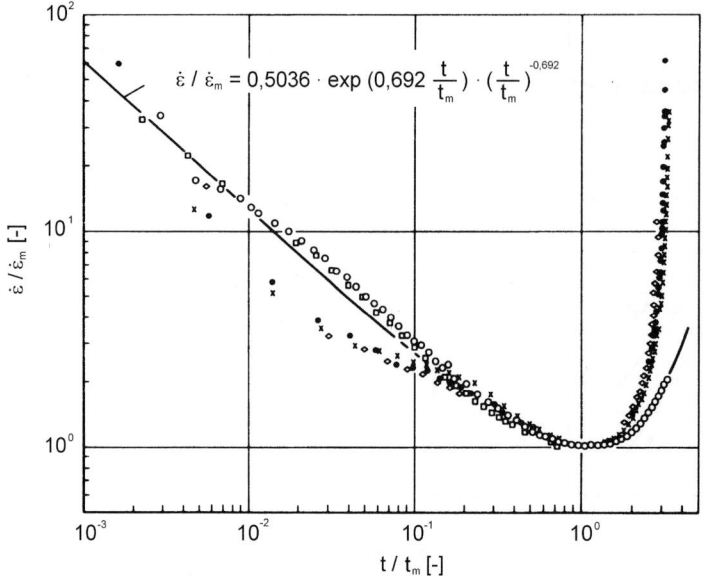

Bild 38. Geschwindigkeitsverläufe aus Versuchen in Tabelle 4 und Approximation [48]

sodass nur noch der Parameter β zu bestimmen ist. Er folgt aus einem Wertepaar $\dot{\varepsilon}_0/\dot{\varepsilon}_m$, t_0/t_m zweckmäßig mit t_0 um 2 bis 3 Zehnerpotenzen kleiner als t_m:

$$\beta = \frac{\ln(\dot{\varepsilon}_0/\dot{\varepsilon}_m)}{\ln(t_m/t_0) + t_0/t_m - 1} \tag{54}$$

In Bild 38 ist die Approximationsfunktion (Gl. 51a) zusammen mit den Geschwindigkeitskurven der Versuche von Bild 33 dargestellt.

Der Ansatz Gl. (51) bzw. (51a) ist nicht geschlossen integrierbar, die Integration muss daher numerisch erfolgen. Dieser Nachteil wiegt jedoch nicht allzu schwer, da für die Handrechnung die Auftragung der Kriechkurve ausreicht bzw. eine formelmäßige Darstellung durch Approximation der durch numerische Integration gewonnenen Kriechkurve leicht möglich ist. Numerische Verfahren (z. B. [38]) arbeiten ohnehin mit Zeitintegrationen, sodass hier Gl. (51) unmittelbar verwendet werden kann. Eine tensorielle Formulierung des dargestellten Stoffgesetzes zur Verwendung in numerischen Berechnungen ist z. B. in [13] beschrieben.

Die Integration kann nicht bei t = 0 beginnen, da $\dot{\varepsilon}/\dot{\varepsilon}_m$ nach Gl. (51) hier gegen ∞ strebt. Ersatzweise bestimmt man für eine kleine Zeit t_0, z. B. eine Minute, die dort gemessenen Verformungen und integriert dann von diesem Startpunkt aus. Hierzu ist dann der elastische Verformungsanteil zu addieren, der z. B. aus der Arbeitslinie eines verformungsgesteuerten Druckversuchs mit entsprechend hoher Dehnungsrate ermittelt werden kann.

In Bild 39 sind die Deformationsmoduln des in obigem Beispiel behandelten gefrorenen Bodens aus [48] in Abhängigkeit von der Temperatur sowie der Standzeit dargestellt. Auffällig ist der Anstieg der Steifigkeit bei sehr kleinen Spannungen, wobei die Verformungen in diesem Bereich wegen der sehr kleinen Spannung jedoch ebenfalls sehr niedrig sind.

2.5 Bodenvereisung

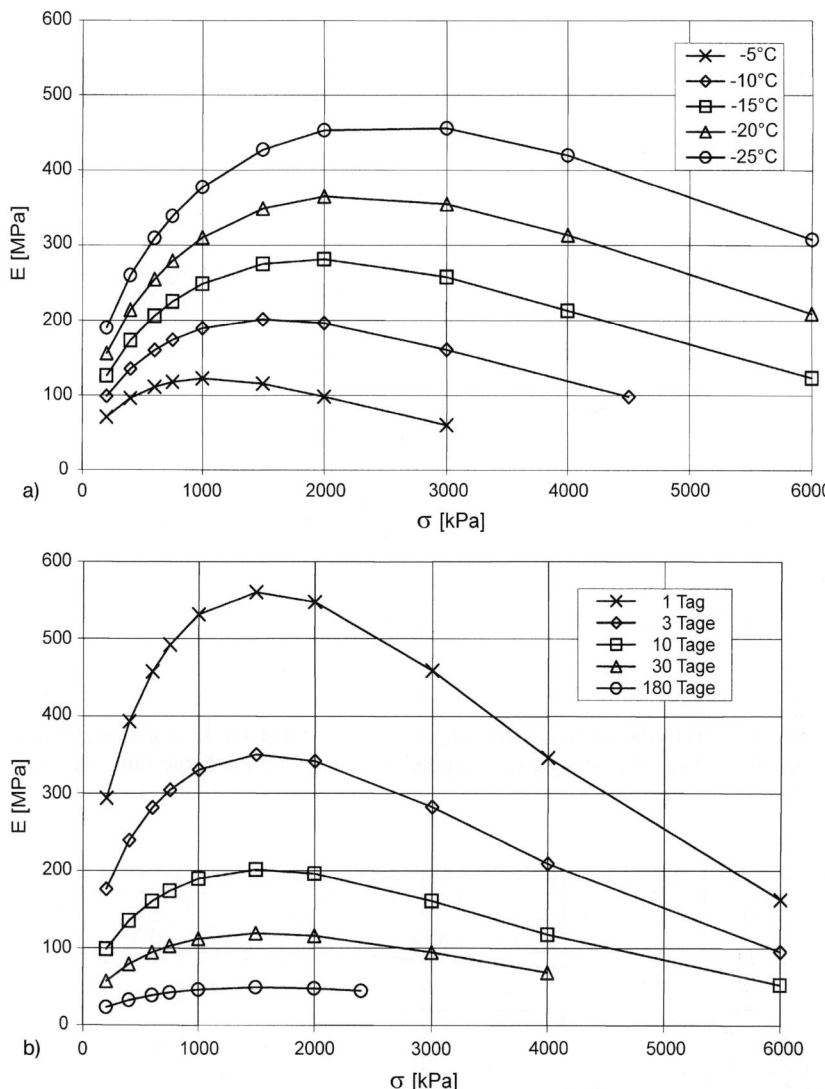

Bild 39. Deformationsmodul E aus elastischer und viskoser Verformung;
a) für 10 Tage Standzeit (Karlsruher Mittelsand), b) für –10 °C (Karlsruher Mittelsand)

Der Anstieg ist durch die bei kleinen Kriechverformungen im kristallinen Bereich einsetzende Verfestigung durch die Blockierung von Versetzungen bedingt (welche auch das Kriechen im frühen Kriechstadium verlangsamt), die bei steigender Verformung jedoch durch Mikrorissbildung zunehmend kompensiert wird, wodurch die Steifigkeit ab einer bestimmten Verformung bzw. (bei gegebener Belastungsdauer) ab einer bestimmten Spannung wieder fällt.

4.2.2 Triaxiale Spannungen

Unter triaxialen Spannungen wird der Verformungswiderstand gefrorener Böden nicht mehr allein durch die Eisverkittung bestimmt, darüber hinaus können folgende Effekte eintreten:

Bei körnigen Böden wird durch die triaxialen Spannungen Reibung mobilisiert, weshalb in weggesteuerten Versuchen bei ausreichend hoher Spannungssumme I_σ zwei Spannungsmaxima zu beobachten sind (Bild 40).

Das erste Spannungsmaximum tritt bei Dehnungen zwischen 3 und 6% auf und ist eine Folge der Eisverkittung. Bei wassergesättigten Böden nimmt die Maximalspannung am ersten Spannungsmaximum mit steigender Spannungssumme ab; an wassergesättigtem, dicht gelagertem Sand wurde bei Darstellung im Mohr'schen Spannungskreis bei $-10\,°C$ ein „negativer Reibungswinkel" von $\varphi = -6°$ [48] bzw. bei $-20\,°C$ von $\varphi = -7°$ [22] festgestellt. Dies ist auf die druckinduzierte Erweichung der Eismatrix zurückzuführen.

In Kriechversuchen führt eine steigende Spannungssumme I_σ (bei gleicher Deviatorspannung) durch Reibungsmobilisierung zu einer nichtlinearen Abnahme der minimalen Kriechgeschwindigkeit $\dot{\varepsilon}_m$ (Bild 41).

In [22] wird die oben genannte Gleichung (45) zur Ermittlung der minimalen Kriechgeschwindigkeit $\dot{\varepsilon}_m$ um einen von der Spannungssumme abhängigen Term erweitert:

$$\dot{\varepsilon}_m(\sigma, \theta) = \dot{\varepsilon}_\alpha \exp\left[\left(\frac{3817}{\theta + 273,4} + \ln \dot{\varepsilon}_\alpha\right)\left(\frac{\sigma_1 - \sigma_3}{\sigma_\alpha(\theta)}\right) + 3,39\left(\frac{\sigma_1 - \sigma_3}{I_\sigma}\right)^2 - 2,45\right] \quad (55)$$

mit der Spannungssumme $I_\sigma = \frac{1}{3}(\sigma_1 + \sigma_2 + \sigma_3)$ (erste Invariante des Spannungstensors)

Damit können wiederum die minimale Kriechgeschwindigkeit (Bild 42 a) und die Standzeiten t_m (Bild 42 b) auch in Abhängigkeit von der Spannungssumme dargestellt werden.

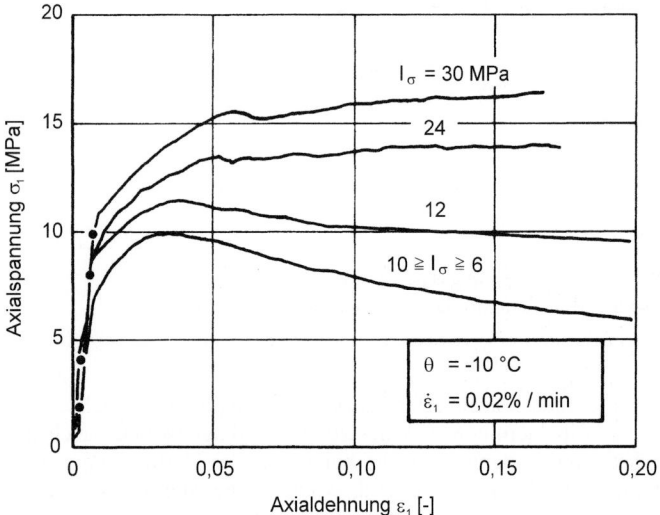

Bild 40. Arbeitslinien aus weggesteuerten Triaxialversuchen mit jeweils konstanter Spannungssumme; gesättigter Mittelsand [48]

2.5 Bodenvereisung

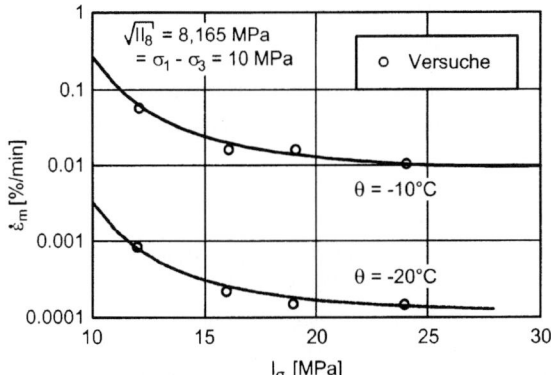

Bild 41. Dehnungsgeschwindigkeit $\dot{\varepsilon}_m$ über Spannungssumme I_σ, Messwerte (triaxiale Kriechversuche bei $\sigma_1 - \sigma_3 = 10$ MPa) und Rechenwerte nach Gl. (55) [22]

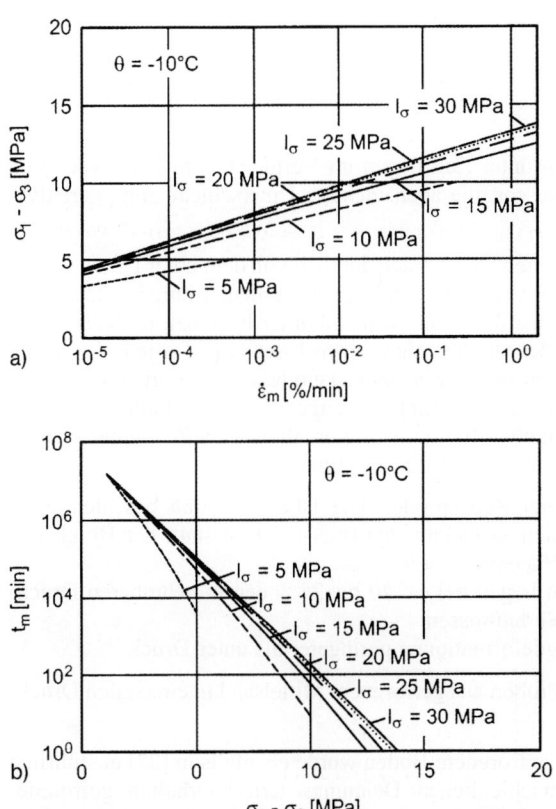

Bild 42. a) Deviatorspannung $\sigma_1 - \sigma_3$ über Dehnungsgeschwindigkeit $\dot{\varepsilon}_m$; a) Rechenwerte nach Gl. (55) für verschiedene Spannungssummen I_σ bei $\theta = -10$ °C, b) Standzeit t_m über Deviatorspannung $\sigma_1 - \sigma_3$, Rechenwerte wie bei a) [22]

Die Lösungen aus Gl. (55) konvergieren asymptotisch mit steigender Spannungssumme (Bild 42 a), sodass eine Erhöhung der Spannungssumme um 100 % auf $I_\sigma = 60$ MPa in der Verformungsgeschwindigkeit einen Fehler von 5 bis 7 % je nach Temperatur ergeben würde. Die Vernachlässigung dieses Fehlers liegt auf der sicheren Seite. Bei Spannungssummen $I_\sigma \leq 5$ MPa kann deshalb deren Einfluss vernachlässigt werden [22], eine Dimensionierung nach Gl. (45) ist dann ausreichend genau.

Weiterhin ist zu beachten, dass die Reibung auch in körnigen Böden erst bei Dehnungen über ca. 5 % mobilisiert wird [22]. Da die zulässigen Dehnungen in praktischen Anwendungen i. d. R. weit darunter liegen, ist der Ansatz von Reibung in gefrorenem Boden allenfalls für Bruchbetrachtungen, nicht jedoch für den Gebrauchszustand sinnvoll.

Bei hohen Spannungssummen über ca. 5 bis 10 MPa (tiefliegende Bauwerke wie Schächte, Einleitstellen hoher Stützkräfte usw.) kann im gesamten Verformungsverlauf eine Entfestigung durch die Erweichung der Eismatrix auftreten. Dies wurde an Mittelsand beobachtet [22, 48], bei eisreichen bindigen Böden dürfte dieser Effekt noch stärker ausfallen. In derartigen Fällen sind Triaxialversuche ratsam.

Bei hohen Spannungssummen sollte nicht nur die größte und kleinste, sondern auch die mittlere Hauptspannung berücksichtigt werden. Triaxiale Extensionsversuche ($\sigma_1 < \sigma_3$) zeigten bei gleicher Hauptspannungsdifferenz und Spannungssumme ein früheres Versagen kriechender Proben als in Kompressionsversuchen ($\sigma_1 > \sigma_3$) [45].

4.2.3 Zug- und Biegefestigkeit

Über das Verhalten gefrorener Böden unter Zug liegen im Vergleich zum Druckverhalten erheblich weniger Versuchsergebnisse vor, die aber wichtige Unterschiede zum Verhalten unter Druck anzeigen [18].

Das Spannungs-/Dehnungsverhalten unterscheidet sich deutlich von dem unter Druck, da die Zugspannungen ausschließlich in der Eismatrix übertragen werden. Einmal entstandene Risse werden zwar in gewissen Grenzen durch die Mineralkörner begrenzt, deshalb ist die Zugfestigkeit gefrorenen Bodens größer als diejenige reinen Eises [18]. Da jedoch nur die Eismatrix trägt, sind die Möglichkeiten interner Spannungsumlagerungen erheblich geringer, sodass Risse unmittelbar zu einer Verkleinerung des tragenden Querschnitts und damit zu einer Zunahme der inneren Spannungen führen. Das Verhalten unter Zug unterscheidet sich von denjenigen unter Druck deshalb in mehrfacher Hinsicht:

- Gefrorener Boden verhält sich unter Zug spröder. Der Übergang zum beschleunigten Kriechen findet bereits bei sehr kleinen Dehnungen (meist ≤ 1 %) statt, der Bruch tritt bereits bei Dehnungen von 1 bis 2 % ein.
- Die aufnehmbaren Zugspannungen liegen bei ca. 20 bis 25 % der aufnehmbaren Druckspannungen unter sonst gleichen Verhältnissen.
- Bei Belastungsbeginn sind die Zugdeformationen geringerer als unter Druck.

Bild 43 zeigt den Kriechverlauf von Proben aus gefrorenem Mittelsand in einaxialen Druck- und Zugversuchen.

Das Biegeverhalten von Körpern aus gefrorenem Boden wurde ebenfalls in [22] ausführlich untersucht. Entsprechend dem unterschiedlichen Dehnungs-/Kriechverhalten gefrorener Böden unter Druck und Zug ergeben sich für einen Biegebalken mit der tiefsten Temperatur in der Mitte und einem linearen Temperaturanstieg zum Rand in Druck- und Zugzone unterschiedlich große und unterschiedlich schnell wachsende Dehnungen. Dementsprechend entsteht in beiden Bereichen eine unterschiedliche Spannungsverteilung. Die Nulllinie liegt

2.5 Bodenvereisung

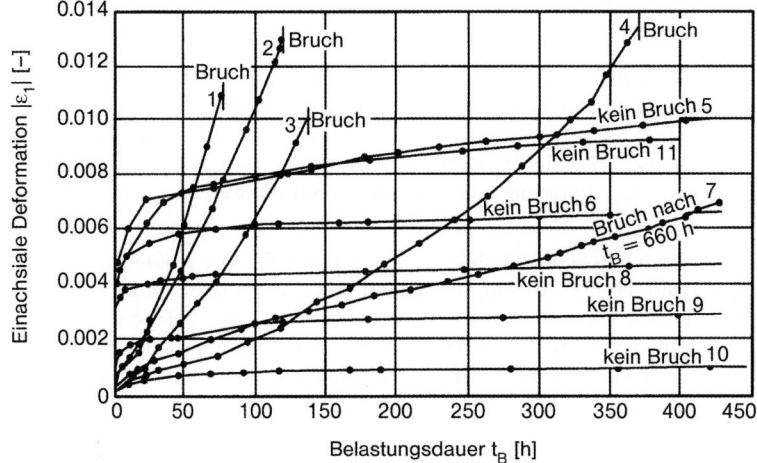

Bild 43. Kriechkurven aus einaxialen Druck- und Zugversuchen; Material: Mittelsand [18]

nicht mehr in der Mitte wie bei linear-elastischem Material, außerdem wandert sie im Verlauf des Kriechens.

Aufgrund der zu den Rändern hin höheren Temperatur ist der Frostkörper dort weicher, sodass die Spannung zu den Rändern hin wieder abfällt. Dies gilt nicht bei Biegung eines Frostkörpers mit konstanter Temperatur.

5 Eigenschaften von Eis

Die mechanischen Eigenschaften gefrorener Böden werden wesentlich durch das Eis in den Poren bestimmt. In seltenen Fällen wird auch reines Eis planmäßig als tragendes Element in einer gefrorenen Konstruktion verwendet (z. B. beim U-Bahnhof Brandenburger Tor, wo innerhalb des Frostkörpers vorgetriebene Vereisungsstollen zur Erhöhung der Standfestigkeit mit Wasser gefüllt und gefroren wurden). Wasserreiche Suspensionen, wie sie im Spezialtiefbau z. B. als Stützflüssigkeit verwendet werden, zeigen ähnliche Eigenschaften wie reines Eis, insbesondere nahe dem Gefrierpunkt können jedoch Oberflächeneffekte wirksam werden, sodass sich im Zweifelsfalle die Durchführung von Versuchen empfiehlt.

Die mechanischen Eigenschaften von Eis hängen von Temperatur, Verformungsgeschwindigkeit, Dichte, Reinheit und Kristallaufbau ab. Aufgrund seiner besonderen Molekülstruktur weichen die Eigenschaften von Eis teilweise von denjenigen anderer Feststoffe ab. Aus der asymmetrischen Dipolstruktur der Wassermoleküle ergibt sich eine große Anzahl möglicher Kristallformen. Bei Atmosphärendruck ordnen sich die Moleküle im Eis hexagonal an.

Eis hat eine besondere Abhängigkeit der Dichte von der Temperatur. Die größte Dichte liegt bei +4 °C vor, darüber und darunter ist die Dichte geringer. Beim Gefrieren unter Atmosphärendruck fällt die Dichte sprunghaft von ρ = 0,999841 g/cm³ auf 0,9168 g/cm³, was einer Volumenvergrößerung von 9,06 % entspricht. Bei weiterer Abkühlung steigt die Dichte von Eis wie bei jedem Festkörper wieder an, d.h. es verkleinert sein Volumen wieder.

Die Schmelztemperatur von Eis sinkt mit zunehmendem Druck [40], weshalb z.B. Schlittschuhe an der Eisoberfläche einen dünnen Wasserfilm erzeugen und auf diesem leicht gleiten.

Ebenso temperaturabhängig ist die Wärmeleitfähigkeit von Eis, sie steigt von λ_1 = 2,22 W/mK bei 0 °C auf λ_1 = 2,76 W/mK bei –50 °C.

Der lineare Wärmeausdehnungskoeffizient von Eis liegt nahe dem Schmelzpunkt bei ca. α = 5 · 10^{-5} [1/K] und fällt mit sinkender Temperatur auf ca. 1 · 10^{-5} [1/K] bei –180 °C.

Auch bei Eis besteht unter sonst gleichen Randbedingungen ein Zusammenhang zwischen der Temperatur, der Spannung und Verformungsgeschwindigkeit. Dabei gelten die unter Abschnitt 4.2.1 für gefrorenen Boden dargestellten Berechnungsansätze, die ja aus der Theorie thermisch aktivierter Platzwechsel in Kristalliten abgeleitet sind.

In [39] sind die Ergebnisse einer größeren Anzahl von weg- und kraftgesteuerten Versuchen an polykristallinem Eis bei –5 °C und –10 °C angegeben. In Bild 44 a ist der in diesen Versuchen gemessene Zusammenhang zwischen der Kriechgeschwindigkeit $\dot{\varepsilon}_m$ und der Spannung und in Bild 44 b der Zusammenhang zwischen Spannung und der Standzeit t_m (Kriechzeit bis zum Wendepunkt der Kriechkurve, Näheres s. Abschn. 4.2) dargestellt. Das Ergebnis zeigt im Vergleich zu gefrorenem Boden eine erheblich geringere Festigkeit, wenn man diese als maximales Verhältnis $\sigma/\dot{\varepsilon}$ definiert. Der Grund hierfür sind die unter Abschnitt 4.2.1 genannten Wechselwirkungen zwischen Eis und Korngerüst im gefrorenen Boden. Die grundsätzlichen Zusammenhänge sind jedoch mit denen bei gefrorenem Boden identisch.

Die Festigkeit von Eis ist nicht nur für Tragkörper, sondern auch hinsichtlich dessen Wirkung auf Baukonstruktionen wie Brückenpfeiler, Dalben oder Ufermauern von Bedeutung. Angaben hierfür liefern z.B. die Empfehlungen E 177 und E 205 der EAU [17].

In geschlossenen Bereichen können sich Eisdrücke daraus ergeben, dass sich bei Frost eine Eisdecke bildet und mit fallender Temperatur zunächst zusammenzieht. Die dadurch entstehenden Risse oder Lücken gefrieren zu, sodass bei der niedrigsten Temperatur eine formschlüssige Verbindung zu den Rändern besteht. Steigt die Temperatur der Eisdecke anschließend wieder an, so dehnt sie sich vor dem Auftauen zunächst aus und kann dabei schädliche Drücke auf die Ränder ausüben. In weitgehend geschlossenen, durch druckempfindliche Wände eingefassten Wasserflächen wie z.B. Hafenbecken mit schmalen Molen kann dem durch Aufschlitzen der Eisdecke durch Eisbrecher oder Sprengungen entgegengewirkt werden.

2.5 Bodenvereisung

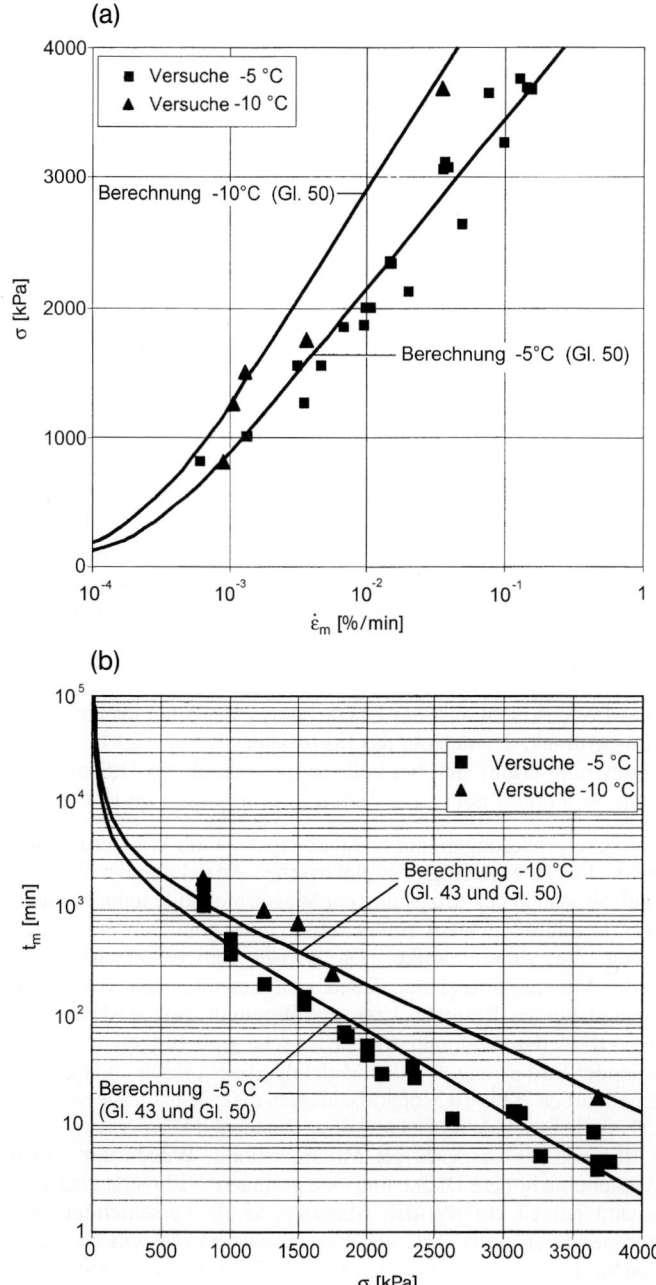

Bild 44. Ergebnisse von einaxialen Kriechversuchen an reinem Eis [39];
a) Spannung σ über der minimalen Kriechgeschwindigkeit $\dot{\varepsilon}_m$;
b) Standzeit t_m über Spannung σ

6 Frostwirkungen

Durch Temperaturänderungen im Porenwasser/-eis werden insbesondere durch den Phasenübergang beim Gefrieren bzw. Auftauen recht komplexe Veränderungen initiiert, die erhebliche baupraktische Auswirkungen haben können.

6.1 Gefrieren

Beim Gefrieren und weiteren Abkühlen kann gefrorener Boden auf verschiedene Weise sein Volumen vergrößern und/oder beträchtliche Drücke erzeugen.

Beim Übergang von der flüssigen zur festen Phase vergrößert sich das Volumen von Wasser um rd. 9 %. Die Volumenvergrößerung entsteht an der Gefrierfront. Ob hierdurch ein Druck in den Poren entsteht oder aber das Wasser annähernd drucklos in den ungefrorenen Bereich abfließt, hängt von der Durchlässigkeit und der pro Zeiteinheit gefrorenen Wassermenge ab. Bei den üblichen Gefriergeschwindigkeiten ist eine freie Dränage bei Sand und gröberen Böden i. d. R. gegeben. Eine eingehende rechnerische Behandlung dieser Vorgänge findet sich in [32].

Enthält der zu gefrierende Bereich Bodenschichten mit unterschiedlicher Durchlässigkeit, so kann eine ungefrorene gut dränierende Schicht z. B. bei gekrümmten Frostkörpern frühzeitig zugefroren werden und steht dann für die Dränage nicht mehr zur Verfügung. In diesen Fällen kann sich ein Wasserdruck aufbauen, wenn nicht durch die Gefrierreihenfolge in allen Phasen ein Abfluss des Überschusswassers in die Umgebung gewährleistet wird. Dies kann in speziellen Fällen eine besondere Gefrierreihenfolge erfordern, siehe z. B. [42].

Reicht die Durchlässigkeit des Bodens nicht aus, das Überschusswasser drucklos abfließen zu lassen, so entsteht Porenwasserdruck, der sich auf das Eis bzw. das Korngerüst überträgt. Die maximale Volumenvergrößerung ergibt sich bei vollständig verhinderter Dränage aus der spezifischen Vergrößerung des Porenwassers und dessen Volumenanteil im Boden.

Ein weiterer Grund für Volumenvergrößerungen und Frosthebungen ist die Wanderung von Porenwasser zur Eisrandfläche. Dies ist eine Folge der elektrischen Anziehung der Wassermoleküle an die Bodenpartikel, aber auch der Anziehung der Wassermoleküle untereinander durch deren Dipolstruktur. Letztere führt auch bei Temperaturen unter dem Gefrierpunkt zu ungefrorenen Wasserhüllen um die Mineralpartikel. Da Wasser eine erheblich höhere Dielektrizitätskonstante als die Mineralpartikel hat, laden sich Letztere nach der Regel von *Coehn* [40] negativ auf und binden Kationen bzw. die Dipolmoleküle des Wassers. Die molekulare Anziehungskraft zu den Mineralpartikeln ist sehr groß (ungefähr 20.000 bar), nimmt aber mit zunehmender Entfernung von den Mineralpartikeln rasch ab [12]. Die Wasserschicht ist je nach Mineralart ca. 3 bis 10 Molekülschichten dick. Je nach spezifischer Oberfläche der Bodenpartikel ergeben sich dabei Gehalte des gebundenen Wassers zwischen 1,5 % bei Quarz, 15 % bei Illit und bis ca. 50 % bei Montmorillonit. Wegen der hohen Bindungskräfte hat dieses Wasser eine höhere Dichte und eine geringere Viskosität als freies Wasser. Die Wasserhüllen sind jedoch entlang den Mineralpartikeln verschieblich und können deshalb auch bei Temperaturen unter 0 °C als Wassertransportweg wirken, wenn Druckunterschiede vorhanden sind.

Am Phasenübergang zwischen flüssiger und fester Phase ändert sich im Wasser bzw. Eis der Dampfdruck mit der Temperatur, dies wird durch die Clausius-Clapeyron-Gleichung beschrieben. Die Dampfdruckänderung ist sehr groß, bereits eine Temperaturänderung von 1 K ändert den Druck um ca. 11,4 MP. Weiterhin wird der örtlich herrschende Dampfdruck von der Krümmung der Oberflächen beeinflusst. Konkave Oberflächen führen zu einer Ernied-

2.5 Bodenvereisung

rigung, konvexe Oberflächen zu einer Erhöhung des Dampfdrucks an der Eisoberfläche. Dementsprechend wird das Porenwasser zu den konkaven Oberflächen des Eises um die Mineralpartikel gezogen, während konvexe Eisoberflächen in den Porenräumen die Wassermoleküle weniger stark anziehen. Das Wasser wandert deshalb – teilweise in den ungefrorenen Wasserhüllen entlang den Partikeln – zu den konkaven Eisoberflächen und gefriert dort schließlich. Durch die Expansion wird Druck zwischen den Partikeln aufgebaut und der Porenraum vergrößert.

Durch Druck auf das Korngerüst wird umgekehrt Druck auf die Eiskristalle ausgeübt, was wiederum zu einer Erhöhung des Dampfdrucks und zu einer schwächeren Anziehung der Wassermoleküle führt. Demzufolge kann die Wasserwanderung und letztlich die Frosthebung durch Druck vermindert oder völlig unterbunden werden. In Versuchen lassen sich ein maximaler Frosthebungsdruck unter vollständig blockierter Expansion und andererseits eine maximale Hebungsgeschwindigkeit bei annähernd spannungsfreiem Boden ermitteln.

Die Anreicherung von Wasser an der Gefrierfront wird auch durch die Wärmebilanz beeinflusst. Durch das Anlagern und Gefrieren des Wassers wird Kristallisationswärme frei, die im gefrorenen Bereich abfließen muss. Ist ein genügend großer Wasserzufluss vorhanden, um den Wärmeabfluss durch die frei werdende Kristallisationswärme zu kompensieren, bleibt die Frostfront stehen und es kommt zu einer zunehmenden Anlagerung von Wasser und schließlich zu Bildung von Eislinsen. Ist hingegen der Wärmeabfluss im gefrorenen Bereich größer als die freiwerdende Kristallisationswärme, so wandert die Frostfront weiter durch das Korngerüst. Damit kann an der betrachteten Stelle nur eine vorübergehende und deshalb geringe Wasseranreicherung eintreten.

Aus den o. g. Vorgängen ergeben sich folgende Einflüsse auf die Eislinsenbildung:

- Die Eislinsenbildung erfordert einen ausreichenden Wassernachschub, also eine genügend große Durchlässigkeit des Bodens.
- Die Kapillareffekte werden umso stärker, je stärker die Oberflächen gekrümmt und deshalb je kleiner die Mineralkörner sind. Andererseits behindern feinkörnige Böden wegen der geringeren Durchlässigkeit jedoch den Wassernachschub.
- Die Entstehung von Eislinsen kann durch schnelles Gefrieren mit hohen Temperaturgradienten vermindert werden, weil die Gefrierfront dann rasch wandert und deshalb weniger Zeit zur Anlagerung von Wasser vorhanden ist.

Für praktische Abschätzungen von Frosthebungen haben *Konrad* und *Morgenstern* [36] das Konzept des „Segregationspotenzial" entwickelt. Hierbei wird der Wärme- und Stofftransport aufgrund des thermodynamischen Gleichgewichts in einem porösen Medium als geschlossenes System betrachtet. Hieraus wird das Segregationspotenzial SP mit einem linearen Zusammenhang zwischen dem Wasserzutritt und dem Temperaturgradienten in der Gefrierzone definiert:

$$SP = V_w \,/\, \text{grad}\, T_f \tag{56}$$

mit

V_w Wassereintrittsrate
grad T_f mittlerer Temperaturgradient in der Gefrierzone [K/mm]

Bezieht man das Segregationspotenzial auf die Gesamthebung, so lautet es

$$SP_t = (dh/dt \,/\, \text{grad}\, T_f = 1{,}09\, SP) \tag{57}$$

mit

dh/dt gemessene Hebungsrate in der Nähe des stationären Zustands

Findet das Gefrieren unter Auflast statt, so gilt die Beziehung

$$SP = SP_0 \cdot e^{-a} \cdot \sigma \tag{58}$$

mit

σ   Auflastspannung
a   durch Versuche zu ermittelnde Konstante
SP_0 Segregationspotenzial ohne Auflast

In Bild 45 ist das Segregationspotenzial für verschiedene Bodenarten in Abhängigkeit von der Spannung dargestellt [35]. Aufgrund der genannten Beziehung kann aus einer geringen Anzahl von Versuchen das Frosthebungsverhalten abgeschätzt werden, erfahrungsgemäß sind damit gute Prognosen möglich.

Nach der Herstellung muss ein Frostkörper über eine gewisse Zeit auf einer bestimmten Größe gehalten werden, d. h. dass die Frostgrenze nicht mehr wandert und sich dort zunehmend Wasser anlagern kann. Dem kann durch intermittierendes Gefrieren entgegengewirkt werden. Da der Dampfdruck nichtlinear, der Wärmetransport aber linear von der Temperatur abhängt, kann durch geeignet gewählte zeitliche Schwankungen um einen Temperaturmittelwert die Wasseranlagerung beeinflusst werden. Laborversuche [32] wie auch praktische Erfahrungen [42, 57] zeigen, dass die Hebungen in frostempfindlichen Böden durch geeignetes intermittierendes Gefrieren reduziert oder sogar verhindert werden können.

Zu beachten ist, dass die Eislinsen stets normal zur Gefrierfront wachsen und deshalb nicht nur vertikale Hebungen, sondern auch horizontale Frostdrücke entstehen können.

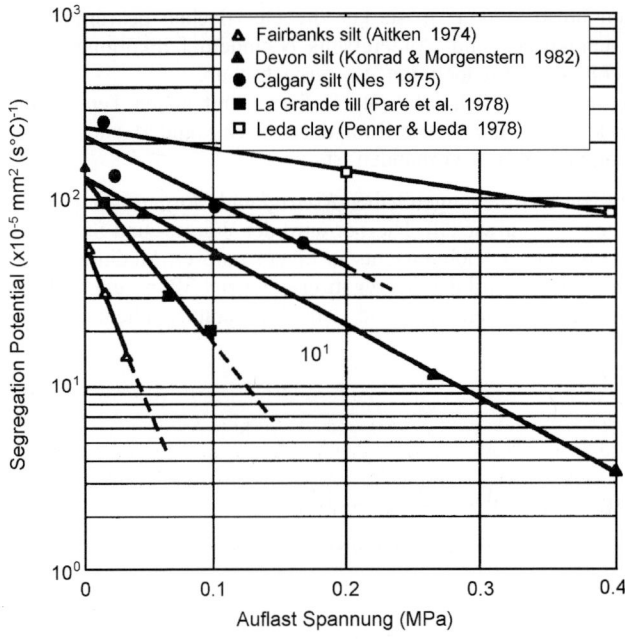

Bild 45. Segregationspotenzial in Abhängigkeit von der Auflastspannung [35]

6.2 Tauen

Beim Auftauen gefrorener Böden schmilzt das Porenwasser und verkleinert dabei wieder sein Volumen. Ist die Durchlässigkeit des Bodens groß genug, um das Defizit durch zuströmendes Porenwasser auszugleichen, so sind – wie auch beim Gefrieren derartiger Böden – keine Volumenänderungen zu erwarten.

In feinkörnigen Böden gehen die Frosthebungen beim Wiederauftauen zurück, führen i. d. R. aber zu bleibenden Verformungen gegenüber dem Zustand vor dem Gefrieren.

Feinkörnige Böden werden durch das Gefrieren und ggf. durch Wasseranreicherung in ihrer Struktur meist gestört, was eine Verringerung der Dichte und damit der Festigkeit und Steifigkeit zur Folge hat.

Während des Gefrierens wird die Bodenstruktur durch die Ausdehnung des Porenwassers gestört. Dabei können verstärkte Wasserwegigkeiten entstehen, die durch einen periodischen Pumpeffekt zu einem Muster von wasserreichen und wasserarmen Zonen führen. Durch die Saugspannung an der Gefrierfront entstehen bei geringer Durchlässigkeit in den Nachbarbereichen Saugspannungen, die dort zu einer lokalen Überkonsolidierung führen können. Nach dem Auftauen wird das lokalisiert vorhandene Wasser wieder mobil. Die wasserreichen Zonen sind stärker durchlässig als die überkonsolidierten, sodass Letztere das überschüssige Porenwasser allenfalls langsam durch Schwellen wieder aufnehmen. Kann der Boden zu seinen Rändern hin dränieren, so wird das lokalisierte Wasser durch die entstandenen Wegigkeiten abströmen, was zu Tausetzungen führt. Diese können zusammen mit der Kontraktion der überkonsolidierten Bereiche zwei- bis dreifach größere Beträge erreichen als die vorherigen Frosthebungen.

Je nach Spannungszustand sind mit den Tausetzungen auch Formänderungen verbunden. Während die Ausdehnung beim Gefrieren jeweils normal zur Frostgrenze erfolgt, stellen sich die Setzungen entsprechend dem herrschenden Spannungszustand ein. So treten beispielsweise bei flach liegenden Tunneln infolge der Schwerkraft überwiegend vertikale Tausetzungen auf, welche die vorherigen vertikalen Frosthebungen überschreiten.

6.3 Frostempfindlichkeitskriterien

Die in manchen Bodenarten bei Frosteinwirkung auftretenden o. g. Vorgänge (Frosthebungen und Tausetzungen) führen z. B. in Tragschichten unter Straßen zu Schäden an den Deckschichten. Die Neigung der Böden zu diesen Vorgängen wird durch die Frostempfindlichkeit beschrieben. Diese hängt außer von der Mineralart auch von der Wasserdurchlässigkeit sowie der Korngröße ab. Die beiden letztgenannten Größen sind wesentlich durch die Kornverteilung definiert.

In der Literatur existiert eine größere Anzahl von granulometrischen Frostsicherheitskriterien. Wesentlich ist dort meist der Anteil der Korngröße ≤ 0,2 mm, daneben werden zur Beurteilung oft Grenzwerte auch für größere Körner als ca. 0,2 mm sowie die Ungleichförmigkeit hinzugezogen. Damit werden implizit der Porenanteil und damit der Wassergehalt bei Sättigung, aber auch die Durchlässigkeit berücksichtigt [65].

Eine sehr geringe Durchlässigkeit behindert den Wassertransport und damit die Bildung von Eislinsen, sodass Tone bereits wieder weniger frostempfindlich als Schluffe sind. Letztere weisen eine bereits große spezifische Oberfläche und kleine Krümmungsradien der Körner, andererseits aber eine noch hinreichende Durchlässigkeit auf; dies sind optimale Bedingungen für die Bildung von Eislinsen.

Tabelle 6. Klassifikation der Frostempfindlichkeit von Bodengruppen [65]

	Frostempfindlichkeit	Bodengruppen (DIN 18196)
F 1	nicht frostempfindlich	GW, GI, GE SW, SI, SE
F 2	gering bis mittel frostempfindlich	TA OT, OH, OK ST, GT $\Big\}$ 1) SU, GU
F 3	sehr frostempfindlich	TL, TM UL, UM, UA OU ST*, GT* SU*, GU*

[1] Zu F1 gehörig bei einem Anteil an Korn unter 0,063 mm von 5,0 Gew.-% bei U ≥ 15,0 oder 15,0 Gew.-% bei U ≤ 6,0.
Im Bereich 6,0 < U < 15,0 kann der für eine Zuordnung zu F1 zulässige Anteil an Korn unter 0,063 mm linear interpoliert werden.

Für die Beurteilung der Frostempfindlichkeit kann die Klassifikation nach der ZTVE-StB 94 [65] verwendet werden (Tabelle 6).

6.4 Frischbeton auf gefrorenem Boden

Zur Sicherstellung eines formschlüssigen Anschlusses von Bauwerken an den gefrorenen und später ungefrorenen Baugrund wird regelmäßig gegen gefrorenen Boden betoniert, im Tunnelbau wird der Spritzbeton unmittelbar auf gefrorenen Boden aufgebracht. Dabei ist sicherzustellen, dass der frische Beton nicht durch zu starke Abkühlung in seiner Endfestigkeit beeinträchtigt wird. Nach [15] darf Beton während der ersten Tage der Hydratation erst dann durchfrieren, wenn seine Temperatur vorher wenigstens drei Tage lang +10 °C nicht unterschritten hat oder wenn er bereits eine Druckfestigkeit von $f_{cm} = 5$ N/mm² erreicht hat.

Aus dem frischen Beton strömt aufgrund des Temperaturgefälles Wärme in den Frostkörper. Diese speist sich zum einen aus der Anfangstemperatur des Betons über dem Gefrierpunkt. Weiterhin erzeugt frischer Beton durch Hydratation Wärme. Ob und wann die Temperatur im frischen Beton unter den Gefrierpunkt fällt, hängt deshalb von der Wärmebilanz am Übergang zum gefrorenen Boden ab. Diese wird wesentlich durch den zeitlichen Verlauf der Hydratationswärmeentwicklung während des Aushärtens sowie die Schichtdicke des aufgebrachten Betons, aber auch durch die Temperatur sowie den Temperaturgradienten im Frostkörper bestimmt. In [51] sind die Ergebnisse von Temperaturmessungen in einer Spritzbetonschale angegeben. Der Spritzbeton hatte nach ca. 5 bis 10 Stunden die Gefriertemperatur erreicht. An Bohrkernen wurde dennoch durchweg eine Betonfestigkeit > 2,5 N/mm² festgestellt.

Soweit keine genauen Angaben über die zeitliche Wärme- und Festigkeitsentwicklung als Grundlage für eine rechnerische Simulation vorliegt, sollte insbesondere bei dünnen Betonschichten (ca. d ≤ 20 cm) sowie immer auf mit Stickstoff gefrorenen und deshalb sehr kalten gefrorenen Oberflächen eine Zone von ca. 3 bis 5 cm als so genannter Opferbeton vorgesehen werden, dessen Festigkeit in der statischen Bemessung nicht angesetzt wird.

7 Hinweise zur Berechnung von Frostkörpern

Die Dimensionierung von Tragkörpern aus gefrorenem Boden umfasst je nach Aufgabenstellung verschiedene Schritte, die teilweise nacheinander, teilweise aber auch parallel und in gegenseitiger Abhängigkeit durchzuführen sind.

Zunächst sind wie üblich aufgrund der geologischen und hydrogeologischen Untergrundverhältnisse Bodenkennwerte zu ermitteln, diese umfassen hier auch die thermischen Bodeneigenschaften.

Die Vorbemessung erfolgt durch Kräftevergleich mit üblichen Standsicherheitsnachweisen, dabei ist insbesondere zwischen mitgehenden und verformungsabhängigen Einwirkungen (wie z. B. durch Bettung) zu unterscheiden. Letztere können sich wegen des zeitabhängigen Verformungsverhaltens gefrorener Böden im Laufe der Nutzung ändern.

Der Nachweis der Stabilität und der Funktionsfähigkeit kann aufgrund der Viskosität des gefrorenen Bodens durch die Berechnung der Verformungen und ihre Überprüfung während der Nutzung erfolgen. Dabei ist ein Frostkörper nur in Ausnahmefällen als starr anzunehmen. Mit der messtechnischen Verifizierung, dass die Verformungen unter den vorherberechneten kritischen Werten bleiben, ist neben der Funktionsfähigkeit auch die Stabilität nachgewiesen. Wegen der Viskosität kündigt sich eine Annäherung an kritische Werte frühzeitig an. In diesem Falle sind auch nach der Herstellung durch stärkeres Vereisen und damit einer Vergrößerung und Steifigkeitserhöhung des Frostkörpers Eingriffsmöglichkeiten wie bei kaum einem anderen Bauverfahren gegeben.

Die Berechnung der Verformungen wird wesentlich durch das mechanische Verhalten gefrorener Böden und damit durch das zugrunde gelegte Stoffgesetz für den gefrorenen Boden bestimmt (s. Abschn. 4). In der Anfangszeit der Entwicklung von Bauverfahren dominierten elastoplastische Ansätze, die Berücksichtigung der Standzeit kam später durch eine zeit- und temperaturabhängige Formulierung der Kohäsion sowie teilweise auch des Reibungswinkels dazu. Das Kriechverhalten wird oftmals durch eine Approximation der Versuchsverläufe dargestellt. Viele dieser Stoffbeziehungen liefern jedoch für beliebige Spannungen und Standzeiten stets endliche Verformungswerte und berücksichtigen nicht den Umstand, dass gefrorener Boden eine zähe Flüssigkeit ist und deshalb keiner deviatorischen Spannung unbegrenzt lange widersteht. Die durch das Eis hervorgerufene Kohäsion und die Reibungsfestigkeit entwickeln sich in unterschiedlicher Abhängigkeit von der Verformung. Da sich die Reibung erst bei baupraktisch nicht hinnehmbaren Verformungsbeträgen voll entwickelt, ist in vielen einfachen Fällen eine Berechnung mit einer zeit- und temperaturabhängigen Kohäsion als Festigkeitskennwert ausreichend genau und liegt bei vorsichtiger Kennwertfestlegung meist auch auf der sicheren Seite (Näheres s. Abschn. 4.2.2). Genauer, aber auch aufwendiger sind Verformungsberechnungen mit zeit- und temperaturabhängigen Steifigkeitskennwerten wie dem in Abschnitt 4.2.2 dargestellten Deformationsmodul. Dieser nimmt bei steigender Spannung oder Standzeit ab, d. h. die Verformungen wachsen immer weiter und erreichen schließlich unannehmbare Größen. Damit beinhaltet die Verformungsberechnung auch ein Bruchkriterium und ist damit gleichzeitig ein Standsicherheitsnachweis. Beim gefrorenen Boden ist dies – im Gegensatz zu vielen weniger duktilen Materialien – wegen seiner ausgeprägten Viskosität legitim.

Numerische Berechnungen mit der Methode der finiten Elemente ermöglichen eine genaue Modellierung der Geometrie in den einzelnen Schritten im Bauablauf mit ihrer jeweils unterschiedlichen Beanspruchung des gefrorenen Bodens. In vielen Fällen ist es hinreichend genau, für die gewünschte Belastungsdauer und Spannung sowie die ermittelte mittlere Temperatur zeitabhängige Steifigkeitskennwerte wie in Bild 39 zu verwenden.

Ein tensorielles Stoffgesetz auf Grundlage des Kriechgesetzes [48] mit der Erweiterung auf triaxiale Spannungszustände [22] gibt [13] an. Die fünf Eingangsparameter können aus wenigen einaxialen Kriechversuchen ermittelt werden (s. Abschn. 4.2.1), wenn die triaxialen Spannungen vernachlässigbar klein sind, was bei den meisten Vereisungen im Tiefbau der Fall ist (s. Abschn. 4.2.2). Das Stoffgesetz wurde durch die Nachrechnung einer größeren Anzahl von Laborversuchen bestätigt. Mit diesem Stoffgesetz wird in [14] die numerische Berechnung eines unregelmäßig geformten räumlichen Tragkörpers aus gefrorenem Boden dargestellt. Aus rechentechnischen Gründen wird dort die Berechnung des elastisch-viskosen Verhaltens zweidimensional formuliert und der räumliche Einfluss durch Ersatzfedern dargestellt. Deren Größe wird an einem räumlichen Ersatzsystem unter Ansatz von elastisch-idealplastischem Stoffverhalten mit der Mohr-Coulomb-Grenzbedingung angenommen. Die Berechnung ergibt die zeitabhängigen Verformungen wie auch die räumliche Verteilung des Auslastungsgrades des Frostkörpers, ausgedrückt in der Standzeit t_m aufgrund des lokal herrschenden Spannungszustands. Damit liefert diese Berechnung in geschlossener Form den Verformungs- und Standsicherheitsnachweis.

Weiterhin sind bei der Berechnung von Frostkörpern die Volumenänderungen des Bodens wie z. B. Expansion beim Gefrieren oder Kontraktion beim weiteren Abkühlen sowie beim Tauen zu berücksichtigen. Die Volumenänderungen beim Gefrieren und beim Tauen entwickeln sich in Abhängigkeit von der Gefrierrichtung sowie dem Spannungszustand i. d. R. in unterschiedliche Richtungen und mit unterschiedlichen Beträgen.

Aufgrund der Anforderungen an das Tragverhalten ist schließlich ein ausreichend großer und ausreichend steifer Frostkörper thermisch zu dimensionieren. Dies umfasst nicht nur die Frostausbreitungsberechnung und Festlegung der Gefrierrohranordnung, sondern insbesondere bei längeren Standzeiten auch die Ermittlung einer über die Standzeit realisierbaren Temperaturverteilung. So wird ein im Kern sehr kalter Frostkörper rasch wachsen und kann deshalb nur durch ein flacheres Temperaturprofil in seiner Ausdehnung begrenzt werden. Dies reduziert wiederum die mittlere Steifigkeit und erfordert damit unter Umständen einen neuen Nachweis der Verformungen. Insofern ist thermische und mechanische Bemessung ein iterativer Prozess mit oftmals mehreren Schritten.

Eine Besonderheit gefrorener Tragkörper ist die inhomogene Festigkeitsverteilung aufgrund der inhomogenen Temperaturverteilung bei der künstlichen Bodenvereisung. Durch die tiefere Temperatur im Kern nahe den Gefrierrohren ist dort die Festigkeit und die Steifigkeit am größten, mit der zu den Rändern steigenden Temperatur fallen beide ab und erreichen am Frostrand schließlich die Werte des ungefrorenen Bodens. Da sich die Festigkeit und Steifigkeit gefrorener Böden in dem üblicherweise genutzten Temperaturbereich von meist maximal ca. 20 bis 40 K unter dem Gefrierpunkt in erster Näherung linear mit der Temperatur ändern (s. Abschn. 4.2.1), liefert eine Berechnung mit gemittelten Kennwerten in vielen Fällen ein ausreichende Genauigkeit.

Eine gesonderte Betrachtung erfordert das Gefrieren von salzhaltigen Böden, weil dort die Temperaturskala durch die Gefrierpunktdepression verschoben ist und die Festigkeit deshalb erst eine gewisse Spanne unterhalb des Gefrierpunktes zunimmt (s. Abschn. 4.1)

8   Verwendete Zeichen und Symbole

Symbol	Beschreibung	Einheit
γ_d / γ_r	Trocken- / Sättigungswichte	[kN/m³]
n	Porenzahl	[–]
S_r	Sättigungsgrad	[–]
λ_1 / λ_2	Wärmeleitzahl des gefrorenen/ungefrorenen Bodens	[W/mK]
c_1 / c_2	Wärmekapazität des gefrorenen/ungefrorenen Bodens	[J/m³K]
a_1 / a_2	Temperaturleitzahl des gefrorenen/ungefrorenen Bodens	[m²/s]
T	Temperatur absolut	[K]
Θ	Temperatur	[°C]
T_I, θ_I	Temperatur an der Gefrierrohrwand	[K], [°C]
T_{II}, θ_{II}	Temperatur des umgebenden Bodens	[K], [°C]
T_g, θ_g	Schmelztemperatur des Wassers	[K], [°C]
q	Wärmestrom	[J/sm²]
Q	Wärmemenge	[J]
α	Wärmeübergangszahl	[W/m²K]
q_k	Konvektionswärmestrom	[J/sm]
$\rho \cdot q_s$	Kristallisationswärme von Wasser bzw. Boden	[J/m³]
D	Achsabstand der Gefrierrohre	[m]
W_x	Frostwanddicke bei ebener Frostausbreitung	[m]
t	Zeit	[s], [h]
t_g	Gefrierzeit	[s], [h]
v_{GW}	Grundwasserfließgeschwindigkeit	[m/s]
v_w	kinematische Zähigkeit von Wasser	[m²/s]
r_0	Gefrierrohrradius	[m]
R	Frostkörperradius	[m]
L	Dicke einer ebenen Frostwand	[m]
FI	Frostindex	[°C Tage]
t_m	Zeitpunkt bei der minimalen Kriechgeschwindigkeit	[s]
$\dot{\varepsilon}_m$	minimale Dehnungsgeschwindigkeit im Kriechversuch	[1/min], [%/min]
ε_m	Dehnung zur Zeit t_m, d.h. bei $\dot{\varepsilon}_m$	[–]
$\dot{\varepsilon}_\alpha$	gewählte Bezugsdehnungsgeschwindigkeit	[1/min], [%/min]
σ_α	(temperaturabhängige) Spannung, die im Kriechversuch $\dot{\varepsilon}_m = \dot{\varepsilon}_\alpha$ erzeugt	[kPa]
I_σ	Spannungssumme (erste Invariante des Spannungstensors)	[kPa], [MPa]
II_σ	Spannungsdeviator (zweite Invariante des Spannungstensors)	[kPa], [MPa]

9 Literatur

[1] Aldrich, H. P. Jr., Paynter, H. M.: Analytical Depth of Frost Penetration in Non-uniform soils. US Army CRREL, Special Report 104, 1966.
[2] Andersland, O. B., Anderson, D. M.: Geotechnical Engineering for Cold Regions. McGraw-Hill, 1978.
[3] Andersland, O. B., Ladanyi, B.: Frozen Ground Engineering, 2nd ed. J. Wiley & Sons, 2004.
[4] Assur, A.: Some Promising Trends in ice mechanics. In: Physics and Mechanics of Ice (ed. P. Tryde). Springer-Verlag, 1980.
[5] Baier, CH., Ziegler, M., Mottaghy, D., Rath, V.: Numerische Simulation des Gefrierprozesses bei der Baugrundvereisung im durchströmten Untergrund. Bauingenieur 83 (2008), S. 49–60.
[6] Baker, T. H. W.: Strain Rate Effect on the Compressive Strength of Frozen Sand. Engineering Geology, Vol. 13, 1979, pp. 223–231.
[7] Bayer, F.: Baugrundvereisung beim Bau der U-Bahn Fürth / Subsoil Freezing during the Building of the Fürth Underground. Tunnel 7 (2002), S. 20–28.
[8] Böning, M., Jordan, P., Seidel, H.-W., Uhlendorf, W.: Baugrundvereisung beim Teilbaulos 3.4 H der U-Bahn Düsseldorf. Sonderdruck aus: Bautechnik 69 (1992), Ernst & Sohn, Berlin.
[9] Braun, B., Helms, W., Makowski, E.: Berechnung der Frostausbreitung im Bergbau. In: Handbuch des Gefrierschachtbaus. Verlag Glückauf, Essen, 1985, S. 178–198.
[10] Braun, B., Hornemann, B., Scholz, G.: Der Gefrierprozess. In: Handbuch des Gefrierschachtbaus im Bergbau. Verlag Glückauf, Essen, 1985.
[11] Brun, B., Haß, H.: Underground line U 5 „Unter den Linden", Berlin, Germany. Structural and thermal FE-calculations for ground freezing design. Proc. of the Int. Conf. on Numerical Modelling of Construction Processes in Geotechnical Engineering for Urban Environment, Bochum. Balkema, Rotterdam, 2006.
[12] Busch, K.-F., Luckner. L., Tiemer, K.: Geohydraulik, 3. Auflage. Borntraeger-Verlag, 1993.
[13] Cudmani, R.: An elastic-viscoplastic model for frozen soils. Proc. of the Int. Conf. on Numerical Modelling of Construction Processes in Geotechnical Engineering for Urban Environment, Bochum. Balkema, Rotterdam, 2006.
[14] Cudmani, R., Nagelsdiek, S.: FE-analysis of ground freezing for the construction of a tunnel cross connection. Proc. of the Int. Conf. on Numerical Modelling of Construction Processes in Geotechnical Engineering for Urban Environment, Bochum. Balkema, Rotterdam, 2006.
[15] DIN 1045-3:2008-08: Tragwerke aus Beton, Stahlbeton und Spannbeton; Teil 3: Bauausführung. Normenausschuss Bauwesen (NA Bau) im DIN Deutsches Institut für Normung e. V.
[16] Domke, O.: Über die Beanspruchung der Frostmauer beim Schachtabteufen nach dem Gefrierverfahren. Glückauf 51 (1915), S. 1129–1135.
[17] EAU: Empfehlungen des Arbeitsausschusses „Ufereinfassungen" Häfen und Wasserstraßen, 10. Auflage. Ernst & Sohn, Berlin, 2004.
[18] Eckardt, H.: Tragverhalten gefrorener Böden. Veröffentlichungen des Instituts für Bodenmechanik und Felsmechanik der Universität Karlsruhe, Heft 81, 1979.
[19] Eckardt, H., Meissner, H: Tunnelvortrieb im Schutze eines gefrorenen Bodenkörpers – Spannungs- und Verformungsermittlung. Studiengesellschaft für unterirdische Verkehrsanlagen, Köln, Serie Forschung und Praxis, Nr. 21, 1978.
[20] Farouki, O. Z.: Thermal Properties of Soils. U. S. Army Cold Regions Research and Engineering Laboratory, Monograph 81-1, 1981.
[21] Goughnour, R. R., Andersland, O. B.: Mechanical Properties of a Sand-Ice-System. ASCE, Journal of Geotech. Eng., Vol. 94, No. SM4, 1968, pp. 923–950.
[22] Gudehus, G, Tamborek, A.: Zur Kraftübertragung Frostkörper-Stützelemente. Bautechnik 73 (1996), Heft 9, Ernst & Sohn, Berlin.
[23] Gudehus, G., Meissner, H., Orth, W.: Kriechverhalten gefrorener Bodenproben (Sonderuntersuchungen). In: Handbuch des Gefrierschachtbaus. Verlag Glückauf, Essen, 1985.
[24] Gudehus, G., Orth, W.: Unterfangungen mit Bodenvereisung. Bautechnik 6 (1985), Wilh. Ernst & Sohn, Berlin, 1985.
[25] Hager, M.: Eisdruck. In: Grundbau-Taschenbuch, Teil. 1, 6. Aufl., S. 667–682. Ernst & Sohn, Berlin, 2001.

2.5 Bodenvereisung

[26] Haß, H. Jagow-Klaff, R., Seidel, H.-W.: Westerscheldetunnel – Use of Brine Freezing for the Construction of the Traverse Galleries. Int. Symposium on Ground Freezing and Frost Action in soils, Belgium, 2000.
[27] Haß, H., Schäfers, O.: Application of Ground Freezing for Underground Construction in Soft Ground. 5th Int. Symposium Geotechnical Aspects of Underground Construction in Soft Ground. Preprint of Proceedings IS-Amsterdam, 2000.
[28] Jagow-Klaff, R., Haß, H.: U5-Shuttle, Berlin; Statische und thermische FE-Berechnungen zur Baugrundvereisung. Workshop Tunnel- und untertägiger Hohlraumbau, Weimar, DGGT Arbeitskreis 16, 2006.
[29] Jessberger, H. L., Jagow-Klaff, R.: Bodenvereisung. In: Grundbau-Taschenbuch, Teil 2, 6. Aufl., S. 122–166. Ernst & Sohn, Berlin, 2001.
[30] Johansen, O.: Thermal Conductivity of soils. Ph.D. Diss., Norwegian Technical Univ. Trondheim, CRREL Draft transl. 637, 1977.
[31] Kellner, C., Vogt N., Orth, W., Konrad, J.-M.: Ground Freezing: An efficient method to control the settlements of buildings. Int. Conf. on Numerical Simulation of Construction Process in Geotechnical Engineering for Urban Environment (NSC06), Bochum, 2006.
[32] Kellner, C.: Frosthebungsverhalten von Böden infolge tief liegender Vereisungskörper. Schriftenreihe Lehrstuhl und Prüfamt für Grundbau, Bodenmechanik, Felsmechanik und Tunnelbau der Technischen Universität München, Heft 42, 2008.
[33] Klein, J.: Nichtlineares Kriechen von künstlich gefrorenem Emschermergel. Schriftenreihe des Instituts für Grundbau, Wasserwesen und Verkehrswesen, Ruhr-Universität Bochum, Heft 2, 1978.
[34] Könemann, F.: Erste Erfahrungen bei den Ausführungsarbeiten für die Nord-Süd Stadtbahn in Köln. In: Taschenbuch für den Tunnelbau 2008, S. 21–70. DGGT Deutsche Gesellschaft für Geotechnik e. V.
[35] Konrad, J.-M.: Frost heave in soils. Canadian Geotechnical Journal 31(2), 223–245, 1994.
[36] Konrad, J.-M., Morgenstern, N. R.: The segregation potential of a freezing soil, Canadian Geotechnical Journal 18 (1981), S. 482–491.
[37] Martak, L., Haberland, Ch., Wolf, W., Weigl, H.: U-Bahn Wien / A: Bergmännischer Vortrieb unter dem Donaukanal im Schutz einer Baugrundvereisung mit kombinierter Stickstoff- und Solemethode. Forschung und Praxis 41, Studiengesellschaft für unterirdische Verkehrsanlagen e. V., STUVA, Köln, 2005.
[38] Meissner, H.: Bearing Behaviour of Frost Shells in the Construction of Tunnels. Fourth Int. Symp. on Ground Freezing, Sapporo, Japan, 1985.
[39] Mellor, M., Cole, D. M.: Deformation and Failure of Ice under Constant Stress or Constant Strain Rate, Cold regions. Science and Technology 5 (1982), S. 202–219, Elsevier, Amsterdam.
[40] Meschede, D. (Hrsg.): Gerthsen Physik, 23 Auflage. Springer-Verlag, Berlin, Heidelberg, New York, 2006.
[41] Müller, B.: Bodenvereisung verhindert das Freisetzen von Schadstoffen bei einer Altlastensanierung. TerraTech 3/1999.
[42] Müller, B., Orth, W.: Bodenvereisung unter schwierigen Randbedingungen: Bahnsteigerweiterung beim U-Bahnhof Marienplatz, München. Forschung + Praxis 41, Studiengesellschaft für unterirdische Verkehrsanlagen e. V. STUVA, Köln, 2005.
[43] Orth, W., Eisele, G., Seiler, J.: Unterfangungsvereisung am Neuen Museum in Berlin. Vortrag Baugrundtagung 2006, Bremen, Deutsche Gesellschaft für Geotechnik.
[44] Orth, W., Kuppel, J., Gogolok, A.: Baugrubensicherung und Böschungsstabilisierung mit Bodenvereisung – zwei ausgeführte Beispiele. Vortrag Baugrundtagung 1988, Hamburg, Deutsche Gesellschaft für Erd- und Grundbau.
[45] Orth, W., Meissner, H.: Long-term creep of frozen soil in uniaxial and triaxial tests, Third Int. Symp. on Ground Freezing, Hanover, N. H., U. S. A., 1982.
[46] Orth, W., Meissner, H.: Experimental and numerical investigations for frozen tunnel shells. Fourth Int. Symp. on Ground Freezing, Sapporo, Japan, 1985.
[47] Orth, W.: Deformation behaviour of frozen sand and its physical interpretation. Fourth Int. Symp. on Ground Freezing, Sapporo, Japan, 1985.
[48] Orth, W.: Gefrorener Sand als Werkstoff. Veröffentlichungen des Instituts für Bodenmechanik und Felsmechanik der Universität Karlsruhe, Heft 100, 1986.

[49] Orth, W.: A creep formula for practical application based on crystal mechanics. 5th Int. Symp. on Ground Freezing, Nottingham, UK, 1988
[50] Orth, W.: Two practical applications of soil freezing by liquid nitrogen. 5th Int. Symp. on Ground Freezing, Nottingham, UK, 1988.
[51] Pause, H., Hollstegge, W.: Baugrundvereisung zur Herstellung von Tunnelbauwerken. Bauingenieur 54 (1979), S. 369–376.
[52] Pimentel, E., Sres, A., Anagnostou, G.: 3-D Modellierung der Frostkörperbildung beim Gefrierverfahren unter Berücksichtigung einer Grundwasserströmung. Beiträge zum 22. Christian Veder Kolloquium, TU Graz, Heft 30, S. 161–176, 2007.
[53] Poetsch, F. H.: Verfahren zur Abteufung von Schächten in schwimmendem Gebirge. Patentschrift Nr. 25015 vom 27.02.1883.
[54] Prandtl, L.: Ein Gedankenmodell zur kinetischen Theorie fester Körper. Zeitschr. angew. Math. u. Mechanik 8 (1928), S. 85–106.
[55] Rögener, B., Orth, W., Steinhagen, P.: Durchpressung einer Eisenbahnüberführung mit Vereisung im Zuge der Ausbau- und Neubaustrecke Karlsruhe–Basel. Bauingenieur 68 (1993), S. 451–460, Springer-Verlag.
[56] Sanger, F. J., Sayles, F. H.: Thermal and rheological computations for artificially frozen ground construction. In: Ground Freezing: Developments in Geotechnical Engineering. Eng. Geol. 13 (1979), S. 311–337, Elsevier, Amsterdam.
[57] Schmid, L.: Milchbuck Tunnel. Application of the freezing method to drive a three-lane highway tunnel close to the surface. RETC Proceedings, Vol. 1. Society for Mining Metallurgy, 1981, pp. 427–445.
[58] Sieler, U., Pirkl, M., Bayer, F.: U-Bahn Fürth, BA 3.1: Spritzbetonbauweise mit Baugrundvereisung und Rohrschirm, unterirdisches Bauen 2001. Wege in die Zukunft. Vorträge der STUVA-Tagung 2001 in München, Hrsg. Studiengesellschaft für unterirdische Verkehrsanlagen e.V. – STUVA, Köln.
[59] Soretz, S.: Zwei Sonderfälle der Beanspruchung von Stahlbeton. Zement und Beton 27 (1982), Heft 1, S. 2–7.
[60] Ständer. W.: Mathematische Ansätze zur Berechnung der Frostausbreitung in ruhendem Grundwasser im Vergleich zu Modelluntersuchungen für verschiedene Gefrierrohranordnungen im Schacht- und Grundbau. Veröffentlichungen des Instituts für Bodenmechanik und Felsmechanik der Universität Karlsruhe, Heft 28, 1967.
[61] Stephan, P., Schaber, K., Stephan, K., Mayinger, F.: Thermodynamik, Bd. 1, 18. Auflage. Springer-Verlag, Berlin, Heidelberg, 2009.
[62] Victor, H.: Die Frostausbreitung beim künstlichen Gefrieren von Böden unter dem Einfluß strömenden Grundwassers. Veröffentlichungen des Instituts für Bodenmechanik und Felsmechanik der Universität Karlsruhe, Heft 42, 1969.
[63] Vyalov, S. S.: Rheological Properties and Bearing Capacitiy of frozen soils. US Army CRREL, Translation 74, 1965.
[64] Wetzell, O. W. (Hrsg.): Wendehorst, Bautechnische Zahlentafeln, 29. Auflage. Teubner Verlag, Stuttgart/Leipzig/Wiesbaden, 2000.
[65] ZTVE-StB 94: Zusätzliche Technische Vertragsbedingungen und Richtlinien für Erdarbeiten im Straßenbau. Bundesministerium für Verkehr, Ausgabe 1997.

BUCHEMPFEHLUNGEN

Das Kompendium der Geotechnik

Hrsg.: Karl Josef Witt

Abb. vorläufig (Teil 2 und Teil 3)

Teil 1:
Geotechnische Grundlagen
7. überarb. u. aktualis. Auflage
2008. 838 Seiten,
557 Abb., Gb.
€ 179,–*/ sFR 283,–
ISBN 978-3-433-01843-9

Inhalt:
- Sicherheitsnachweise im Erd- und Grundbau
- Baugrunderkundung im Feld
- Eigenschaften von Boden und Fels – ihre Ermittlung im Labor
- Statistische und probabilistische Bearbeitung von Baugrunddaten
- Stoffgesetze von Böden
- Erddruck
- Stoffgesetze und Bemessungsverfahren im Festgestein
- Bodendynamik
- Numerische Verfahren der Geotechnik
- Geodätische Überwachung von geotechnischen Bauwerken
- Geotechnische Messverfahren
- Massenbewegungen im Fels

Teil 2:
Geotechnische Verfahren
7., überarb. u. aktualis. Auflage
2009. ca. 850 Seiten,
ca. 500 Abb., Gb.
€ 179,-*/ sFr 283,-
ISBN: 978-3-433-01845-3

Inhalt:
- Erdbau
- Baugrundverbesserung
- Injektionen
- Unterfangungen und Nachgründungen
- Bodenvereisung
- Verpressanker
- Bohrtechnik
- Horizontalbohrungen und Rohrvortrieb
- Rammen, Ziehen, Pressen, Rütteln
- Grundwasserströmung - Grundwasserhaltung
- Abdichtungen und Fugen im Tiefbau
- Geokunststoffe im Erd- und Grundbau
- Ingenieurbiologische Verfahren zur Böschungssicherung

Teil 3:
Gründungen
7., überarb. u. aktualis. Auflage
2009. ca. 940 Seiten,
ca. 500 Abb., Gb.
€ 179,- */ sFR 283,-
ISBN: 978-3-433-01846-0

Inhalt:
- Flachgründungen
- Pfahlgründungen
- Spundwände
- Gründungen im offenen Wasser
- Baugrubensicherung
- Pfahlwände, Schlitzwände, Dichtwände
- Gründung in Bergbaugebieten
- Erschütterungsschutz
- Stützbauwerke und konstruktive Hangsicherungen

Grundbau-Taschenbuch Teile 1-3 im Set zum Sonderpreis
2009, Gebunden.
€ 483,-*/ sFr 763,-
ISBN: 978-3-433-01847-7

Ernst & Sohn
Verlag für Architektur und technische Wissenschaften GmbH & Co. KG

www.ernst-und-sohn.de

Für Bestellungen und Kundenservice:
Verlag Wiley-VCH   Telefon: +49(0) 6201 / 606-400
Boschstraße 12   Telefax: +49(0) 6201 / 606-184
69469 Weinheim   E-Mail: service@wiley-vch.de

* Der €-Preis gilt ausschließlich für Deutschland
Irrtum und Änderungen vorbehalten.

Spezialtiefbau in Europa – www.stump.de

Beratung • Planung • Ausführung

Daueranker und Kurzzeitanker bis 12.500 kN Prüflast • Stahlrohr-Verpresspfähle
Stahlbeton-Verpresspfähle • GEWI-Verpresspfähle • HLV®-Pfähle • Bohrträgerverbau
Ortbetonpfähle • Spritzbeton-Arbeiten • Boden- und Felsnägel • Zement-Injektionen
Feinstzement-Injektionen • Kunstharz-Injektionen • Chemikal-Injektionen
DSV-Verfahren Stump Jetting • Elektro-Osmose • Mauerwerk- und Betonsanierung
Aufschlussbohrungen • Bodenstabilisierungssäulen • Bodenvereisung

Hangsicherung an der A 46 Arnsberg/Uentrop-Freienohl – Dauerlitzenanker System Stump, Länge bis 45 m, Gebrauchskraft bis 1000 kN

Zentrale Ismaning
Tel. 089/960701-0 • Fax 089/963151
ZN Langenfeld
Tel. 02173/27197-0 • Fax 02173/27197-990
ZN Hannover
Tel. 0511/94999-300 • Fax 0511/499498
GS Colbitz
Tel. 039207/856-0 • Fax 039207/856-50

ZN Berlin
Tel. 030/754904-400 • Fax 030/754904-420
ZN München
Tel. 089/960701-0 • Fax 089/965623
ZN Chemnitz
Tel. 0371/262519-0 • Fax 0371/262519-30

Tochterunternehmen in Tschechien und Polen

2.6 Verpressanker

Lutz Wichter und Wolfgang Meiniger

1 Prinzip von Verpressankern und Entwicklung der Ankertechnik

Mit Verpressankern ist es heute möglich, große Zugkräfte in nahezu jeden Baugrund einzuleiten und damit Ingenieurbauwerke zu errichten, die vor der Entwicklung der Verpressankertechnik völlig anders ausgefallen wären. Noch zu Beginn der sechziger Jahre des vergangenen Jahrhunderts zeigte z. B. ein Blick in eine große und tiefe Baugrube zunächst eine Stahlbaustelle. Die Aufnahme der Erddruckkräfte erforderte eine große Anzahl von Steifen aus schweren Stahlprofilen, die zudem bei größeren Baugrubenbreiten wegen der erforderlichen Knicksicherheit eine Vielzahl von vertikalen Stützungen benötigten. Ein wirtschaftliches Arbeiten war in solchen Baugruben kaum möglich, da der Einsatz größerer Geräte durch die Steifen und Stützen verhindert wurde. Ausgesteifte große Baugruben findet man heute kaum noch. Verpressanker haben die Steifen ersetzt.

Verpressanker bestehen aus drei Hauptteilen, nämlich dem Stahlzugglied, dem Ankerkopf und dem Verpresskörper. Das Stahlzugglied, meist ein Spannstahl, ist zwischen dem Verpresskörper und dem Ankerkopf in Längsrichtung frei beweglich und wird nach dem Erhärten des Verpresskörpers vorgespannt (gezogen). Die dadurch erzeugte Ankerkraft wirkt dann aktiv auf das verankerte Bauteil oder den verankerten Erdkörper ein. Ein Verpressanker benötigt also keine Verschiebungen des verankerten Bauteils oder Erdkörpers, um wirksam zu werden.

Die Entwicklung vorgespannter Verpressanker begann in Frankreich in den Jahren 1934 bis 1940 mit Konstruktionen der Firmen „Rodio" und „Sondages, Etanchement, Consolidation" (heute Soletanche). Die Firmen überwanden als erste die Schwierigkeiten bei der Verankerung des Stahlzuggliedes im Kopfbereich und im Bereich der Verpresskörper. Die Verankerungsstrecken lagen zunächst im Fels oder im Massenbeton von Staumauern. In Versuchen wurden Ankerkräfte bis zu 12 MN erreicht. Das waren für die damalige Zeit außerordentlich hohe Kräfte, die aufwendige Dimensionen der Ankerkonstruktion erforderten. Die ersten derartigen Anker wurden in den Jahren 1934 bis 1940 bei der Ertüchtigung bzw. Erhöhung einiger Staumauern in Algerien eingesetzt (Barrage de l'Oued Fergoud 1934 / 2,85 MN; Barrage de Cheurfas 1935 / 10 MN; Barrage de Bou-Hanifia 1938 / 10 MN).

Nach dem 2. Weltkrieg wurden Verpressanker auch für andere Anwendungszwecke eingesetzt. Beispiele dafür sind die Staumauer Castillon (Frankreich 1948) oder Vajont (Italien 1960), bei denen im Bereich der seitlichen Widerlager der Mauern die Felsböschungen durch vorgespannte Anker ertüchtigt wurden, oder Anwendungen beim Bau von Kraftwerkskavernen in der Schweiz (Maggiawerke 1954; Grand-Dixence, Kaverne Nendaz 1957).

Die Entwicklung der Verpressanker im Lockergestein begann im Jahr 1958 und wurde eigentlich durch einen verfahrenstechnischen Fehlschlag eingeleitet. Die Baugrube für den Neubau der Gebäude des Bayerischen Rundfunks in München sollte als überschnittene Bohrpfahlwand (die erste in Deutschland) und erstmals ohne Steifen ausgeführt werden.

Deshalb sollten jeweils mehrere Zugglieder in Verankerungsbrunnen (sog. Tote Männer) ca. 10 m hinter der Wand fixiert werden, ähnlich wie es seit langer Zeit für die Verankerung von Spundwänden mit eingegrabenen Ankerwänden üblich war. Es erwies sich aber als schwierig, die Brunnen mit der seinerzeit verfügbaren Bohrtechnik zu treffen. Eine große Zahl von Bohrungen verfehlte die Schächte. Nachdem man beim Zurückziehen der Bohrgestänge in dem anstehenden groben Kies Widerstände in der Größenordnung der geplanten Ankerkräfte überwinden musste, wurde der Versuch unternommen, diesen Widerstand durch Einbringen von Zementsuspension zu verstärken und auszunutzen. Dazu wurden die verlorenen Bohrkronen mit einem Gewinde versehen. Nach dem Erreichen der gewünschten Bohrtiefe wurden durch das Gestänge Zugstangen in die Bohrkronen eingeschraubt. Beim Zurückziehen des Gestänges wurden dann die unteren 5 m des Bohrlochs mit Zementsuspension verpresst. Die Probebelastung nach einigen Tagen zeigte, dass die so hergestellten Anker bis zur Fließgrenze des Stahls belastet werden konnten [18].

Nach dem Erfolg dieser Versuche wurde die Ankertechnik zunächst vor allem von der Fa. Bauer (Schrobenhausen) planmäßig weiterentwickelt. Für die Sicherung von Baugrubenwänden war der für temporäre Zwecke eingesetzte Verpressanker bald ein fester Bestandteil der Methoden des Spezialtiefbaus. Etwa von der Mitte der sechziger Jahre an wurden Systeme entwickelt, mit denen die nun eingesetzten Spannstähle von Verpressankern gegen Korrosion zuverlässig geschützt werden konnten. So wurde es möglich, Verpressanker auch für die dauerhafte Einleitung von Zugkräften in den Baugrund einzusetzen. Dazu wurde eine bauaufsichtliche Regelung des Einsatzes erforderlich. Schließlich erschien im Jahr 1972 die erste Fassung der DIN 4125–1 [2], die seinerzeit noch zwischen Ankern für vorübergehende Zwecke und Daueankern unterschied. Im Jahr 1976 erschien Teil 2 der Norm für Daueranker [3]. Mit der Einführung der europäischen Norm DIN EN 1537 [9] im Januar 2001 wurde die DIN 4125 aufgrund europäischer Vereinbarungen zurückgezogen. Eine ausführliche Darstellung über die Entwicklung der Verpressankertechnik in Deutschland gibt *Ostermayer* [18].

Verankerungen finden heute bei einer Vielzahl von Bauaufgaben Anwendung, bei denen große Zugkräfte in den Boden eingeleitet werden müssen. Manche bedeutende Ingenieurbauwerke der letzten Jahrzehnte wären ohne Verankerungen kaum auszuführen gewesen. Die Bilder 1 bis 4 zeigen einige typische Anwendungsbereiche von Verpressankern.

Bild 1. Ankereinbau zur Standsicherheitserhöhung einer Gewichtsstaumauer

2.6 Verpressanker

Bild 2. Verankerte Stützmauer mit Zusatzankern

Bild 3. Hangsicherung mit Verpressankern

Bild 4. Baugrubenverbau mit Ankern

2 Anforderungen an Verpressanker und Voraussetzungen für den Einbau

Verpressanker müssen die ihnen zugedachten Kräfte dauerhaft über die gesamte Nutzungszeit der Anker im Bereich der Verpresskörper in den Untergrund einleiten. Die Einleitung muss mit ausreichender Sicherheit erfolgen. Sie sind so gegen Korrosion zu schützen, dass sie während ihrer Nutzungszeit nicht versagen können. Die Ankerkonstruktionen müssen es ermöglichen, das Tragverhalten der Anker durch Zugversuche zu überprüfen und zu beurteilen. Ein wesentliches Kennzeichen von Verpressankern ist deshalb die freie Stahllänge. Sie erlaubt es, den Bereich der Krafteinleitung im Boden zu definieren. Nicht selten werden Zugkräfte in den Boden auch durch Zugpfähle oder Bodennägel eingeleitet. Im Gegensatz zu Verpressankern sind diese Elemente über die gesamte Länge mit dem Boden kraftschlüssig verbunden. Im allgemeinen Sprachgebrauch werden auch Nägel und Zugpfähle häufig als Anker bezeichnet. Weil sowohl die mechanische Wirkungsweise als auch die geforderten Sicherheiten bei vorgespannten Verpressankern andere sind als bei Pfählen oder Nägeln, sollte aber klar zwischen den genannten Bauteilen unterschieden werden.

In Deutschland müssen Verpressanker für dauerhafte Zwecke eine allgemeine bauaufsichtliche Zulassung des Deutschen Instituts für Bautechnik besitzen. Wenn Anker eingebaut werden sollen, die keine solche Zulassung besitzen, ist in der Regel die Beantragung einer Zustimmung im Einzelfall bei der zuständigen Bauaufsichtsbehörde erforderlich.

Verpressanker dürfen nur eingebaut werden, wenn der Boden oder das Grundwasser aufgrund ihrer chemischen Zusammensetzung nicht befürchten lassen, dass die Funktion und Sicherheit der Anker während der Gebrauchsdauer negativ beeinflusst werden.

3 Technisches Regelwerk für Verpressanker

Bis zum Dezember des Jahres 2000 wurde der Einsatz von Verpressankern in Deutschland durch die DIN 4125:1990-11 (Verpressanker. Kurzzeitanker und Daueranker. Bemessung, Ausführung und Prüfung) geregelt. Mit der Veröffentlichung der europäischen Norm DIN EN 1537:2001-01 „Ausführung von besonderen geotechnischen Arbeiten (Spezialtiefbau) – Verpressanker" musste das DIN Deutsches Institut für Normung die nationale Norm DIN 4125 zurückziehen. Seit dieser Zeit ist DIN 4125 eine sog. historische Norm. Sie kann als solche weiterhin vom DIN bezogen werden. Die europäische Norm DIN EN 1537 ist bauaufsichtlich in Deutschland bisher (November 2008) jedoch nicht eingeführt, sodass DIN 4125 weiterhin für die Bauaufsicht maßgebend ist. DIN EN 1537:2000-1 regelt lediglich die Ausführung und die Prüfung von vorgespannten Verpressankern. Die Bemessung von Verpressankern soll nach DIN 1054:2005-1 bzw. später in DIN EN 1997-1 geregelt werden.

Für DIN EN 1537:2001-01 wurde vom Arbeitsausschuss NA 005-05-17 Verpressanker der Deutschen Gesellschaft für Geotechnik (DGG) ein DIN-Fachbericht erarbeitet, der derzeit aber noch nicht verabschiedet ist. Im Fachbericht werden die Festlegungen der DIN EN 1537 kommentiert und in Teilen so ergänzt, dass das Sicherheitsniveau der historischen DIN 4125 nicht unterschritten wird. In manchen außereuropäischen Ländern werden die Regelungen der DIN 4125 bei Verbauarbeiten regelmäßig Vertragsbestandteil, und es ist davon auszugehen, dass dies noch einige Zeit so bleiben wird.

Das Deutsche Institut für Bautechnik (DIBt) erteilt für Daueranker und für die Kopfkonstruktion von Kurzzeitankern weiterhin allgemeine bauaufsichtliche Zulassungen, ohne die

SCHALUNGSSYSTEME
VERBAUSYSTEME
GEOTECHNIK

Gebohrte Bodennägel TITAN für die Sicherung von Geländesprüngen

Absenken einer Richtungsfahrbahn beim
Ausbau der A1 bei Remscheid.

Zul.-Nr. Z-34.14-209

FRIEDR. ISCHEBECK GMBH
POSTFACH 13 41 · DE-58242 ENNEPETAL · TEL. (0 23 33) 83 05-0 · FAX (0 23 33) 83 05-55
E-MAIL: verkauf@ischebeck.de · INTERNET: http://www.ischebeck.de

Geotechnical engineering Handbook

Editor: Ulrich Smoltczyk

Volume 1: Fundamentals
2002.
829 pages, 616 fig.
Hardcover.
€ 179,-*/ sFr 283,-
ISBN 978-3-433-01449-3

This is the English version of the Grundbau-Taschenbuch - a reference book for geotechnical engineering. The first of three volumes contains all information about the basics on the field of geotechnical engineering. The book is written by authors from Germany, Belgium, Sweden, the Czech Republic, Australia, Italy, U.K., and Switzerland.

Volume 2: Procedures
2002.
679 pages, 558 fig.
Hardcover.
€ 179,-*/ sFr 283,-
ISBN 978-3-433-01450-9

Volume 2 of the Geotechnical Engineering Handbook covers the geotechnical procedures used in manufacturing anchors and piles as well as for improving or underpinning the foundations, securing existing constructions, controlling ground water, excavating rocks and earthworks. It also treats such specialist areas as the use of geotextiles and seeding.

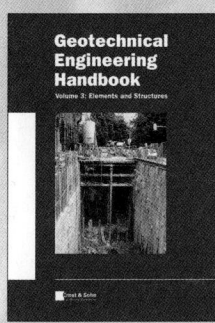

**Volume 3:
Elements and structure**
2002.
646 pages, 500 fig.
Hardcover.
€ 179,-*/ sFr 283,-
ISBN 978-3-433-01451-6

Volume 3 of the Geotechnical Engineering Handbook deals with foundations. It presents spread foundations starting with basic designs right up the necessary proofs. There is comprehensive coverage of the possibilities for stabilizing excavations, together with the relevant area of application, while another section is devoted to the useful application of trench walls. The entire book is an indispensable aid in the planning and execution of all types of foundations found in practice, whether for academics or practitioners.

Ernst & Sohn
Verlag für Architektur und
technische Wissenschaften GmbH & Co. KG

Für Bestellungen und Kundenservice:
Verlag Wiley-VCH
Boschstraße 12
69469 Weinheim
Telefon: +49(0) 6201 / 606-400
Telefax: +49(0) 6201 / 606-184
E-Mail: service@wiley-vch.de

Special Set Price
(three volumes)
€ 499,-* / sFr 788,-
ISBN 3-433-01452-3

Ernst & Sohn
A Wiley Company
www.ernst-und-sohn.de

* E-price is valid in Germany only.
001415066_my Prices are subject to change without notice.

eine Markteinführung nicht zulässig ist. Listen der bauaufsichtlich zugelassenen Dauerankersysteme und Ankerköpfe veröffentlicht das DIBt in seinen Mitteilungen. Wenn die Brauchbarkeit eines neuen Dauerankersystems oder Temporärankerkopfes nicht durch eine allgemeine bauaufsichtliche Zulassung nachgewiesen ist, muss eine Zustimmung im Einzelfall bei der zuständigen Bauaufsichtsbehörde eingeholt werden.

Im Sinne der DIN EN 1537:2001-01 sind das DIBt oder die zuständige Bauaufsicht der Länder der „Technische Bauherrenvertreter", der in der neuen Norm an vielen Stellen genannt wird. Auch nach der bauaufsichtlichen Einführung der DIN EN 1537:2001-01 in Deutschland wird für alle in der europäischen Norm genannten Bauprodukte für Anker (Stähle, Korrosionsschutzpasten, Kunststoffrohre etc.) eine deutsche oder europäische Zulassung erforderlich sein, es sei denn, für diese Produkte gibt es eine eingeführte Norm.

Für die im Berg- und Tunnelbau eingesetzten Gebirgsanker (rock bolts) gibt es die Norm DIN 21521 [10]. Diese in der Regel nicht vorgespannten Gebirgsanker werden in diesem Beitrag nicht näher behandelt, daher wird auf [23] hingewiesen. Für Verpresspfähle mit kleinem Durchmesser gibt es die deutsche Norm DIN 4128 [5] und die europäische Norm DIN EN 14199 [7]. Auch Verpresspfähle sind nicht Gegenstand dieses Beitrags. Für Bodennägel hat das Deutsche Institut für Bautechnik allgemeine bauaufsichtliche Zulassungen erteilt, in denen auch das Bauverfahren Bodenvernagelung beschrieben ist. Auf europäischer Ebene gibt es für Bodenvernagelungen die DIN EN 14490 [8]. Bodenvernagelungen sind ebenfalls nicht Gegenstand dieses Beitrags; es wird auf [23] verwiesen.

4 Ankerwerkstoffe und Ankerbauteile

4.1 Zugglieder

4.1.1 Zugglieder aus Spannstahl

Die Stahlzugglieder bestehen bei Verpressankern (im Gegensatz zu Bodennägeln oder Verpresspfählen) in der Regel aus allgemein bauaufsichtlich zugelassenen Spannstählen. In Tabelle 1 sind die in Deutschland gebräuchlichen Zugglieder, Stahlgüten und zulässigen Ankerkräfte für Anker zusammengestellt. Gelegentlich werden die Zugglieder aus Baustählen GEWI BSt 500/550 oder S 555/700 auch zur Ankerherstellung benutzt. Ein neues Produkt ist der GEWI-Stahl S 670/800, der aufgrund seiner Materialeigenschaften den Baustählen zuzuordnen ist, jedoch eine höhere Festigkeit als bei Betonstählen üblich besitzt. Man unterscheidet bei den Ankern mit Zuggliedern aus Spannstählen in Einstabanker, Litzenanker und Bündelanker.

Einstabanker

Einstabanker bestehen aus Rundstahl mit warm aufgewalzten groben Gewinderippen. Das durchlaufende Gewinde ermöglicht es, den Stahl an jeder Stelle zu schneiden oder zu koppeln. Die Rippen bewirken einen guten Scherverbund mit dem Verpresskörper. Einstabanker lassen sich leicht verlängern und in ihrer Kraft regulieren. Die Ankerkraft kann durch Abhebeversuche leicht kontrolliert werden. Nachteilig ist bei Einstabankern gelegentlich, dass die möglichen Ankerkräfte begrenzt sind, und dass unter beengten Platzverhältnissen ihr Einbau Probleme machen kann. Zur Unterscheidung von den Zuggliedern aus Baustählen (GEWI-Stählen mit Linksgewinde) haben Einstabanker aus Spannstählen ein Rechtsgewinde.

Tabelle 1. Gebräuchliche Zugglieder für Verpressanker

Bezeichnung	Anzahl der Stäbe / Bündel / Litzen	Durchmesser des Einzelstabes / der Einzellitze [mm]	Stahlgüte [N/mm²]	Zulässige Kraft nach DIN 4125 [kN]	Bemerkungen
Einstabanker aus Spannstahl	1	26,5 32,0 36,0 26,5 32,0 36,0 40,0 26,5 32,0 36,0	835/1030 835/1030 835/1030 950/1050 950/1050 950/1050 950/1050 1080/1230 1080/1230 1080/1230	263 384 485 299 436 552 682 340 496 628	Stahl warmgewalzt, gereckt und angelassen, mit Gewinderippen, Rechtsgewinde
Einstabanker aus Baustahl	1	32 40 50 63,5	500/550 500/550 500/550 555/700	230 359 561 1004	Linksgewinde
Bündelanker	3 bis 12	12,0	1420/1570	275 bis 1100	vergüteter Spannstahl, rund, gerippt
Litzenanker	2 bis 12 2 bis 12 2 bis 12 2 bis 12	0,6 Zoll (15,3 mm) 0,62 Zoll (15,7 mm) 0,6 Zoll (15,3 mm) 0,62 Zoll (15,7 mm)	1570/1770 1570/1770 1660/1860 1660/1860	126 pro Litze 135 pro Litze 133 pro Litze 143 pro Litze	Litzen bestehend aus 7 kaltgezogenen runden glatten Einzeldrähten ⌀ 5 mm

Litzenanker

Die Kraftübertragung bei Litzenankern erfolgt mit je 7 Stück zu einer Litze verseilten glatten Einzelspanndrähten von 5,0 bzw. 5,2 mm Durchmesser. Der Zentraldraht hat einen geringfügig größeren Durchmesser als die Peripheriedrähte. Mehrere Litzen bilden zusammen das Stahlzugglied. Die Litzen werden gerollt geliefert und auf die jeweils notwendige Länge (entweder im Werk oder auf der Baustelle) abgeschnitten. Vorteile von Litzenankern sind die hohen erzielbaren Ankerkräfte (s. Tabelle 2), die Verwendbarkeit auch bei kleinen Einbauradien (z. B. in Kellern oder Schächten) und ihr im Vergleich zu Einstabankern gutmütigeres Reagieren bei Korrosionsangriff. Grundsätzlich lassen sich Litzenanker auch koppeln, doch sollte dies vermieden werden, denn die Koppelmuffen und die darum dann erforderlichen Korrosionsschutzteile passen kaum in ein Bohrloch üblichen Durchmessers.

Bündelanker (Mehrstabanker)

Bündelanker bestehen aus runden gerippten vergüteten Spannstählen, Nenndurchmesser 12 mm (Stahlgüte St 1420/1570), die je nach Bedarf zu Zuggliedern aus 3 bis 12 Einzelstählen zusammengefasst werden. Sie werden heute nicht mehr eingesetzt. Es existieren jedoch zahlreiche dauerhaft verankerte Bauwerke, bei denen dieser Ankertyp eingebaut wurde.

2.6 Verpressanker

Tabelle 2. Bruchlast und Gebrauchslasten von Litzenankern mit Einzellitzen $\varnothing$ 0,6" aus Spannstahl St 1570/1770

Litzenanzahl	Stahl-querschnitt (mm²)	Bruchlast F_Z (kN)	Last an der Streckgrenze F_S (kN)	$0,9 \times F_S$ (kN)	Zulässige Gebrauchskraft nach DIN 4125 im Lastfall 1 $\eta = 1,75$ (kN)
2	280	496	440	396	251
3	420	743	659	593	377
4	560	991	879	791	502
5	700	1239	1099	989	628
6	840	1487	1319	1187	754
7	980	1735	1539	1385	879
8	1120	1982	1758	1582	1005
9	1260	2230	1978	1780	1130
10	1400	2478	2198	1978	1256
11	1540	2726	2418	2176	1382
12	1680	2974	2638	2374	1507

4.1.2 Zugglieder aus Baustahl

Bei geringen Lasten ist es möglich, anstelle der Zugglieder aus Spannstählen solche aus Baustählen (GEWI-Stählen) einzusetzen und diese vorzuspannen. Deswegen sind diese Stähle in Tabelle 1 mit enthalten.

Selbstbohrende Rohranker werden ebenfalls aus Baustählen hergestellt. Man verwendet dazu meist schweißgeeignete Feinkornbaustähle St E 460 und St E 355. Durch das Aufrollen des Gewindes werden diese Stähle in der Struktur verändert. Ob diese Strukturänderung die ursprünglichen Materialeigenschaften nennenswert und nachteilig verändert, muss man ggf. experimentell überprüfen. Da die freie Stahllänge bei selbstbohrenden Ankern nur unter Vorbehalt definiert hergestellt werden kann, sind die Selbstbohranker eher den Nägeln oder Verpresspfählen zuzurechnen. Sie werden deshalb hier nicht weiter behandelt.

4.2 Ankerköpfe

Die Ankerköpfe haben die Aufgabe, die Ankerkraft in die Unterkonstruktion einzuleiten. Für die verschiedenen Arten von Zuggliedern existieren unterschiedliche Konstruktionsprinzipien zur Fixierung des Stahlzuggliedes im Ankerkopf. Sie ergeben sich aus den bauaufsichtlichen Zulassungen für die einzelnen Spannverfahren.

Gebräuchlich sind zur Kraftüberleitung bei Einstabankern Gewindemuttern (für Spannstähle mit Rechtsgewinde, für Baustähle mit Linksgewinde). Sie erlauben ein einfaches Nachspannen oder Nachlassen, sind schlupfarm und verbinden das Gewinde des Zuggliedes sicher mit den kraftübertragenden Kopfteilen (Bild 5).

Bild 5. Kopf eines Einstabankers

Bei Litzen- und Bündelankern besorgen die Kraftübertragung Klemmkeile in Keilträgern (Bild 6). Die Keile verursachen im Zugglied einen Keilbiss, der Kerben erzeugt. Die nachträgliche Kraftregulierung ist daher schwieriger als bei Einstabankern, weil die Keilbisse nicht in der freien Stahllänge liegen dürfen. Eine Wiederverkeilung nach dem Lösen der Klemmkeile ist nur zulässig, wenn sie beim Nachspannen der Anker im Abstand von mindestens 15 mm in die Gegenrichtung der Spannpresse vorgenommen wird.

Die Verkeilung erleidet beim Festlegen einen Schlupf, der ohne Verkeileinrichtung 4 bis 5 mm betragen kann (genaue Maße in den Zulassungsbescheiden der Spannverfahren). Ein Festlegen ohne Verkeileinrichtung sollte man nur ausnahmsweise vornehmen. Die Keile und die konischen Bohrungen der Keilträger müssen vor dem Einsetzen der Keile auf Sauberkeit und Rostfreiheit überprüft und mit Korrosionsschutzpaste bestrichen werden. Nicht beißende Klemmkeile können zur Nachverankerung zwingen, insbesondere dann, wenn die Litzen bereits kurz abgeschnitten wurden, und ein Auswechseln der Keile nicht mehr möglich ist. Der fachgerechten Verkeilung muss deshalb besondere Aufmerksamkeit gelten.

Die Ankerköpfe müssen so ausgebildet sein, dass Winkelabweichungen bei den Auflagerflächen nicht zu Nebenspannungen in den Stahlzuggliedern führen können. Das kann durch die Anordnung von Keilscheiben unter den Köpfen oder durch kalottenförmige Ausbildung der Auflagerfläche für die Ankermuttern mit Kugelbund geschehen. Im einfachsten Fall wird das Ankerzugglied planmäßig senkrecht zur Auflagerfläche des Kopfes eingebaut. In der

Bild 6. Kopf eines Litzenankers

Bild 7. Kopf eines Bündelankers (links)

2.6 Verpressanker

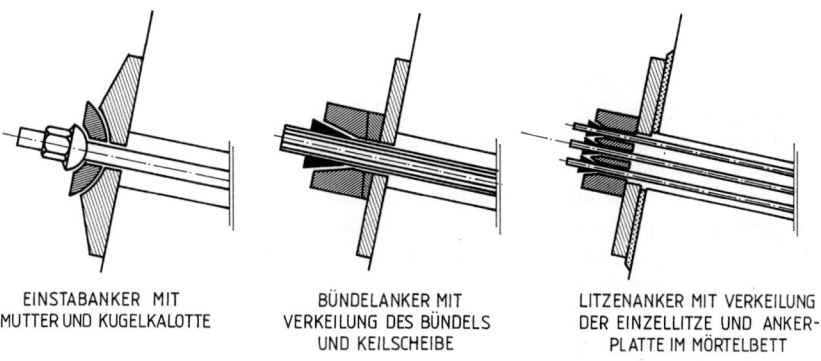

EINSTABANKER MIT
MUTTER UND KUGELKALOTTE

BÜNDELANKER MIT
VERKEILUNG DES BÜNDELS
UND KEILSCHEIBE

LITZENANKER MIT VERKEILUNG
DER EINZELLITZE UND ANKER-
PLATTE IM MÖRTELBETT

Bild 8. Kopfausbildung bei Verpressankern

Praxis wird diesem Detail insbesondere bei Temporärankern oft nicht die nötige Aufmerksamkeit geschenkt. Ein nicht vorgenommener Winkelausgleich kann auch ein Versagen der Verkeilung begünstigen.

4.3 Verpresskörper

Der zylindrische Verpresskörper aus Zementstein überträgt die Ankerkraft vom Stahlzugglied in den Baugrund. Die erforderliche Länge des Verpresskörpers ergibt sich aus der einzubringenden Ankerkraft (die mögliche Ankerkraft ist bodenabhängig, s. Abschn. 7) und den statischen Nachweisen, für die eine Definition des Krafteinleitungsschwerpunktes erforderlich ist. Üblich sind in Deutschland Verpresskörperlängen von 4 bis 8 m. Es macht keinen Sinn, die Verpresskörper sehr viel länger herzustellen, denn die Tragfähigkeit wird dadurch nur unwesentlich erhöht.

In Deutschland haben sich bisher Anker mit gestaffelten Verpresskörpern in ein- und demselben Bohrloch nicht durchgesetzt. Über derartige Anker berichten z.B. *Ostermayer* und *Barley* in [17]. Solche Anker können von Vorteil sein, wenn für die Verankerung eines Bauteils hohe Einzelkräfte erforderlich sind, die ansonsten zu sehr engen Ankerabständen zwingen würden.

In der Regel besteht der Verpresskörper aus Zementstein aus Portlandzement. In sulfathaltigen Wässern wird ein Zement mit hohem Sulfatwiderstand (z.B. Hochofenzement) verwendet. Je nach verwendeter Zementsorte und Ankerkraft kann der Verpresskörper nach 5 bis 7 Tagen belastet werden. Es werden auch spezielle Ankerzemente am Markt angeboten, die während des Abbindevorgangs eine geringe Volumenzunahme erfahren und dadurch zu einer besseren Verspannung des Verpresskörpers im umliegenden Baugrund beitragen.

In Einzelfällen wurden Verpresskörper auch mit Erfolg aus Kunstharzen hergestellt, die nach dem Aushärten innerhalb von Stunden belastbar sind. So berichten *Hettler* und *Meiniger* [12] über ein Beispiel, bei dem die Verpresskörper im Fels aus Polyurethanharz bestanden. Die Anker konnten wenige Stunden nach der Herstellung gespannt werden und hatten ein sehr gutes Tragverhalten. In einem anderen Falle wurden Isozyanat, Wasserglas und verschiedene Additive verwendet. Die Anker konnten nach einer Stunde mit Erfolg gespannt und festgelegt werden.

Die Tragfähigkeit von Verpresskörpern lässt sich durch ein- oder mehrmaliges Nachverpressen deutlich erhöhen (s. Abschn. 7).

In stark klüftigem Fels oder sehr grobkörnigem Lockergestein kann es schwierig sein, die Verpresskörper herzustellen, weil die Zementsuspension wegläuft und das Bohrloch sich nicht füllen lässt. Die einfachste Art zu versuchen, die Anker dennoch herzustellen, besteht darin, das Bohrloch zunächst mit einem steifen Mörtel mit Zuschlagstoff zu verfüllen, der die Poren oder Klüfte in der Umgebung des Bohrloches verschließt. Nach dem Erhärten des Mörtels wird das Loch wieder aufgebohrt und der Anker hergestellt. Eine weitere Möglichkeit zur Verhinderung des unkontrollierten Weglaufens der Suspension besteht darin, die Anker im Bereich der Verpressstrecke mit einem Schlauch aus Polyestergewebe zu umhüllen, in den die Suspension gepresst wird. Der Innendruck presst den Schlauch an die Bohrlochwand. Das Gewebe filtert den Zement ab.

Für den Einsatz in weichen Ton- und Schluffböden wurden Anker entwickelt, die im Verpresskörperbereich aus einem Faltenbalg aus Blech bestehen. Nach dem Einbau wird Zementsuspension in den Balg gepresst, wodurch dieser sich aufweitet. Nach dem Erhärten trägt der Anker durch Formschluss.

4.4 Korrosionsschutz

Der Korrosionsschutz der Stahlteile eines Ankers, insbesondere des Stahlzuggliedes, ist ein wesentlicher Teil der Ankerkonstruktion. Die Erfahrungen aus annähernd 40 Jahren Ankerpraxis haben gezeigt, dass unter „normalen" Umweltbedingungen Kurzzeitanker, die entsprechend den Forderungen der DIN 4125 hergestellt wurden, in der vorgesehenen Einsatzdauer von maximal 2 Jahren ausreichend gegen Korrosion geschützt sind (einfacher Korrosionsschutz).

Daueranker müssen so aufgebaut sein, dass ihre Funktionsdauer derjenigen von Bauwerken aus Stahl und Stahlbeton entspricht, d. h. sie müssen mindestens 80 bis 100 Jahre funktionsfähig bleiben. Die Erfahrungen mit Daueranker erstrecken sich jedoch erst über einen Zeitraum von ca. 35 Jahren. Im Vergleich zur vorgegebenen Gesamtlebensdauer ist dieser Zeitraum noch relativ kurz. Die bisherigen Erfahrungen zeigen jedoch, dass Daueranker, bei denen die heute gültigen Konstruktionsprinzipien eingehalten werden, auf Dauer ausreichend gegen Korrosion geschützt sind [24]. Bei Daueranker sind die Korrosionsschutzmaßnahmen ungleich aufwendiger als bei Kurzzeitankern (doppelter Korrosionsschutz). Sie sind in DIN 4125, in DIN EN 1537 und in den Zulassungsbescheiden des Deutschen Instituts für Bautechnik festgelegt. DIN EN 1537 in Verbindung mit dem DIN-Fachbericht weist für die Korrosionsschutzmaßnahmen weiterhin den Sicherheitsstandard auf, wie er in DIN 4125 gefordert wird. Daneben sind dort auch andere Korrosionsschutzsysteme dargestellt, wie sie in anderen europäischen Ländern üblich sind.

Die Korrosionsschutzmaßnahmen bei Kurzzeit- und Daueranker sind in Tabelle 3 zusammengestellt.

Nach DIN 4125 sollen bei Daueranker die Bauteile des Korrosionsschutzes werksmäßig vorgefertigt und die Anker derartig vormontiert auf die Baustelle geliefert werden. Auf der Baustelle erfolgen nur noch die Herstellung des äußeren Verpresskörpers und die Montage des Ankerkopfes und seiner Korrosionsschutzteile. Ankersysteme mit werkseitig aufgebrachtem Korrosionsschutz sind in der Regel (nach den Zulassungsbescheiden) von der Pflicht zur Nachprüfung aus Gründen des Korrosionsschutzes befreit. In der Praxis wird bei Litzenankern in letzter Zeit die Zementsuspension für den inneren Korrosionsschutz im Bereich des Verpresskörpers häufig erst auf der Baustelle eingebracht. Das erleichtert den Einbau des Ankers, erfordert aber besondere Sorgfalt und Fachkenntnis des Personals.

2.6 Verpressanker

Tabelle 3. Korrosionsschutz bei Kurzzeit- und Dauerankern

	Kurzzeitanker	**Daueranker**
Ankerkopf	Schutzanstrich oder Schutzkappe Überschubrohr oder Schutzanstrich im Bereich zwischen Ankerplatte und Hüllrohr in der freien Stahllänge Abdichtung des luftseitigen Endes des Hüllrohrs in der freien Stahllänge	Mechanisch widerstandsfähige Schutzkappe Auspressen der Schutzkappe mit Korrosionsschutzpaste Schutzanstrich der Stahlteile Mit Korrosionsschutzpaste ausgefülltes Überschubrohr am Übergangsbereich zwischen Ankerplatte und Hüllrohr der freien Stahllänge, fest mit der Ankerplatte verbunden, gegen das Hüllrohr abgedichtet
Freie Stahllänge	Hüllrohr aus Kunststoff (PP- oder PE-Rohr), Wandstärke ≥ 2 mm oder Schrumpfschlauch mit einer Wanddicke ≥ 1 mm (wenn Innenseite mit Korrosionsschutz beschichtet) oder ≥ 5 mm (wenn keine Innenbeschichtung vorhanden) oder werksmäßig aufgebrachte Kunststoffbeschichtung mit einer Dicke $\geq 1,5$ mm Abdichtung des bergseitigen Endes des Hüllrohres mit Dichtungsband, durch Ausschäumen oder mit Ringdichtung (falls erforderlich)	Hüllrohr aus Kunststoff entsprechend den Festlegungen im Zulassungsbescheid Auspressen des Ringraumes zwischen Stahl und Hüllrohr mit Korrosionsschutzpaste oder Anordnung eines zweiten (inneren) Kunststoffrohres, bei dem der Ringraum zwischen Stahl und Rohr mit Zementstein (d ≥ 5 mm) ausgefüllt ist. Äußeres und inneres Kunststoffrohr müssen gegeneinander frei beweglich bleiben
Verankerungslänge	Zementsteinüberdeckung ≥ 20 mm im Lockergestein und ≥ 10 mm in trockenem Fels	Bei *Verbundankern:* geripptes Kunststoffrohr, bei dem der Ringraum zwischen Stahl und Rohr mit Zementstein (≥ 5 mm) ausgefüllt ist. Bei *Druckrohrankern:* geripptes Stahldruckrohr, bei dem der Ringraum zwischen Ankerstahl und Druckrohr mit Korrosionsschutzpaste ausgefüllt ist. Zementsteinüberdeckung des gerippten Kunststoffrohres bzw. Druckrohres ≥ 10 mm

In der Ankertechnik werden spezielle Korrosionsschutzpasten, Vaselinen und Korrosionsschutzbinden verwendet, die jeweils in den Zulassungsbescheiden direkt genannt sind, oder deren Rezepturen beim Deutschen Institut für Bautechnik hinterlegt sind. Es ist nicht zulässig, z. B. die Ankerköpfe mit anderen als den zugelassenen Produkten zu verfüllen.

Die DIN 4125 unterscheidet bei den Ankern zwischen Temporärankern und Dauerankern. In der Praxis kommt es vor, dass Verpressanker für temporäre Zwecke länger als 2 Jahre benötigt werden, z. B. bei großen Bauvorhaben. DIN 4125 sieht für solche Projekte den

Einsatz von Dauerankern vor. Wenn Bauherr und Bauaufsicht einverstanden sind, können sog. Semipermanentanker eingesetzt werden, bei denen im Kopfbereich ein im Vergleich zu Temporärankern verbesserter Korrosionsschutz hergestellt wird.

4.5 Abstandhalter

Abstandhalter sind wichtige Bauteile eines Ankers, deren Bedeutung auch für die Tragfähigkeit gelegentlich unterschätzt wird. Im Bestreben, mit möglichst kleinen Bohrdurchmessern auszukommen, wird bei ihnen gern gespart. Üblich sind in der Kraftübertragungslänge Federkorb-Abstandhalter aus Kunststoff, die auf der Baustelle montiert werden. Die Abstände der Abstandhalter untereinander müssen so gering sein, dass die geforderte Zementsteinüberdeckung des Stahlzugglieds oder des Ripprohrs an jeder Stelle zwischen ihnen gewährleistet ist. Beim Ankereinbau dürfen sie sich nicht verschieben.

Fehlen die Abstandhalter oder sind sie in zu geringer Anzahl angeordnet, so liegen die Stahlzugglieder (oder die Ripprohre der Verpresskörper) an der Bohrlochwand an. Abgesehen vom mangelhaften Korrosionsschutz können solche falsch hergestellten Anker unter Belastung auch in tragfähigem Baugrund versagen, weil die Verpresskörper plötzlich aufreißen.

5 Herstellung von Verpressankern

5.1 Ankerbohrverfahren

Die Wahl des im Hinblick auf das anstehende Gebirge geeigneten Bohrverfahrens nimmt großen Einfluss auf die Leistung und damit die Kosten einer Ankerbaustelle. Für Ankerbohrungen sind Bohrungen von 80 bis 150 mm Durchmesser üblich. Größere Durchmesser werden in Sonderfällen notwendig, z. B. bei sehr hohen Ankerkräften im Fels. Ankerlängen von 50 m und mehr sind heute technisch herstellbar. Sie erfordern, neben leistungsfähigen Bohrgeräten, eine erfahrene und verantwortungsbewusste Bohrmannschaft. Die erzielbare Richtungsgenauigkeit von Ankerbohrungen hängt von vielen Faktoren (Baugrund, Bohrverfahren, Gestängegüte etc.) ab. Auch bei sorgfältiger Ausführung muss man mit Abweichungen von ca. 2% der Bohrlochlänge rechnen. Nach DIN EN 1537 soll die maximale Bohrlochabweichung nicht mehr als 1/30 der Ankerlänge betragen. Das sollte beim Entwurf der Verankerung berücksichtigt werden. Wenn höhere Anforderungen an die Richtungsgenauigkeit gestellt werden, müssen die Bohrlöcher vermessen werden. Dazu gibt es Geräte, deren Einsatz in der Regel mit einem Bohrstillstand verbunden ist (z. B. Inklinometer).

5.1.1 Bohrungen im Lockergestein

Die für die Herstellung von Ankern gebräuchlichen Bohrverfahren in Lockergestein und Fels ohne Wasserüberdruck sind in Tabelle 4 zusammengestellt. Bild 9 zeigt das Prinzip der einzelnen Bohrverfahren im Lockergestein.

Die Tragfähigkeit der Anker kann bei bindigen Böden und in tonig-schluffigen mürben Felsarten vom Bohrverfahren stark beeinflusst werden, vor allem dann, wenn das Gebirge Wasser führt. Die Rauigkeit und Sauberkeit der Bohrlochwand bestimmen, neben den Gebirgseigenschaften, die aufnehmbare Schubspannung auf der Verpresskörperoberfläche.

Moderne Ankerbohrgeräte (Bild 10) sind meist auf einem Raupenfahrwerk montiert und haben Gestängemagazine. Die Bohrleistungen können (bei günstigen Bedingungen) 100 m und mehr pro Tag erreichen.

Innovation und Kompetenz

- Bohrgeräte
- Hydraulikhämmer
- Hydraulische Drehantriebe
- Hydraulische Antriebsaggregate
- Gestängehandhabung
- Bohrausrüstungen
- Sondermaschinen
- Injektionsanlagen
- Meßdatenerfassung

KLEMM Bohrtechnik

KLEMM Bohrtechnik GmbH
Wintersohler Str. 5 – D-57489 Drolshagen
Telefon: + 49 2761 7050
Email: klemm-bt@klemm-mail.de

www.klemm-bt.de

BUCHEMPFEHLUNG

Martin Ziegler
Geotechnische Nachweise nach DIN 1054
Reihe: Bauingenieur-Praxis
2005. 292 S., 153 Abb., 34 Tab., Br.
€ 53,-* / sFr 85,-
ISBN 978-3-433-01859-0

Beispielsammlung nach Geotechnik-Normen

Zu den wichtigsten Regelungen der neuen Normen in der Geotechnik sind in dem vorliegenden Buch Beispiele vorgeführt und erläutert. Ausgehend vom neuen Sicherheitskonzept werden die Einwirkungen und Widerstände sowie die wichtigsten Regelungen zum Baugrund und seiner Untersuchung vorgestellt.
Diese Beispielsammlung behandelt alltägliche Aufgaben aus der Geotechnik und ermöglicht ein schnelles Einarbeiten in die Nachweisführung nach den neuen Geotechnik-Normen.

Über den Autor:

Univ.-Prof. Dr.-Ing. Martin Ziegler ist Inhaber des Lehrstuhls für Geotechnik an der RWTH Aachen.
Davor war er viele Jahre in unterschiedlichen Bereichen bei einer großen Baufirma tätig.

* Der €-Preis gilt ausschließlich für Deutschland.
Irrtum und Änderung vorbehalten.
003736036_my

www.ernst-und-sohn.de

Ernst & Sohn Verlag für Architektur und technische Wissenschaften GmbH & Co. KG
Für Bestellungen und Kundenservice: Verlag Wiley-VCH, Boschstraße 9, D-69469 Weinheim
Tel.: +49(0)6201 606-400, Fax: +49(0)6201 606-184, E-Mail: service@wiley-vch.de

MAUERWERK – AKTUELL UND UMFASSEND

Mauerwerk-Kalender 2009

Jäger, W. (Hrsg.)
**Mauerwerk-Kalender 2009
Schwerpunkt: Ausführung von Mauerwerk**
2008. 872 S., 648 Abb., 200 Tab. Geb.
€ 135,- / sFr 213,-
Fortsetzungspreis:
€ 115,- / sFr 182,-
ISBN: 978-3-433-02908-4

Unter dem Schwerpunktthema Ausführung behandelt der Mauerwerk-Kalender deren Grundsätze sowie insbesondere die Ausführung von Lehmmauerwerk, von zweischläfigem Mauerwerk und das Projektmanagement mit Ausschreibung und Kontrolle.
Die Beitragsreihe über Instandsetzung und Ertüchtigung wird mit Mauerwerkstrockenlegung und Kellersanierung und der Tragfähigkeitsermittlung von historischen Mauerwerkskonstruktionen fortgesetzt.
Die Kommentare zu E DIN 1053-1 und zum Europoide 6 aus erster Hand geben Sicherheit in der Planung.

Mauerwerk – die Zeitschrift

Mauerwerk
Redaktion: Dr.-Ing. Wolfram Jäger
Erscheinungsweise 6 x jährlich
Jahres-Abo: € 148,–*/sFr 209,–
Studenten-Abo: € 61,–*/sFr 80,–
ISSN 1432-3427
Alle Preise inkl. MwSt., inkl. Versandkosten

Die Zeitschrift „Mauerwerk" führt wissenschaftliche Forschung, technologische Innovation und architektonische Tradition des Mauerwerkbaus in allen Facetten zusammen. Veröffentlicht werden Aufsätze und Berichte zu Mauerwerk in Forschung und Entwicklung, europäischer Normung und technischen Regelwerken, bauaufsichtlichen Zulassungen und Neuentwicklungen, historischen und aktuellen Bauten in Theorie und Praxis.

Jäger, W. (Hrsg.)
**Mauerwerk-Kalender 2008
Schwerpunkte: Abdichtung und
Instandsetzung Lehmmauerwerk**
2007. 822 Seiten. 464 Abb. 235 Tab. Geb.
€ 135,–/sFr 213,–
Fortsetzungspreis:
€ 115,–/sFr 182,–
ISBN: 978-3-433-01871-2

Weiterhin aktuell

Ernst & Sohn
Verlag für Architektur und
technische Wissenschaften GmbH & Co. KG

www.ernst-und-sohn.de

Für Bestellungen und Kundenservice:
Verlag Wiley-VCH
Boschstraße 12
69469 Weinheim
Deutschland

Telefon: +49(0) 6201 / 606-400
Telefax: +49(0) 6201 / 606-184
E-Mail: service@wiley-vch.de

* Der €-Preis gilt ausschließlich für Deutschland
004214086_bc Irrtum und Änderungen vorbehalten

2.6 Verpressanker

Tabelle 4. Übliche Ankerbohrverfahren

Bezeichnung des Bohrverfahrens	Verrohrung	Spülung	Haupteinsatzgebiete
Rammbohrung	ja	nein	locker bis mitteldicht gelagerte nichtbindige Böden (Einsatz auch bei Bohrungen gegen drückendes Grundwasser)
Drehschlagbohrung, Außenhammer	nein	Luft	Fels
Drehschlagbohrung, Senkhammer	nein	Luft	Fels, feste bindige Böden ohne Wasser
Überlagerungsbohrung	ja	Luft Wasser Suspension	vor allem in nichtbindigen und bindigen, wenig standfesten Böden
Schneckenbohrung	nein	nein	in standfesten bindigen Böden oder weichem Fels
Kernbohrung	ja	Wasser	Fels, Beton, in Ausnahmefällen bindige Böden

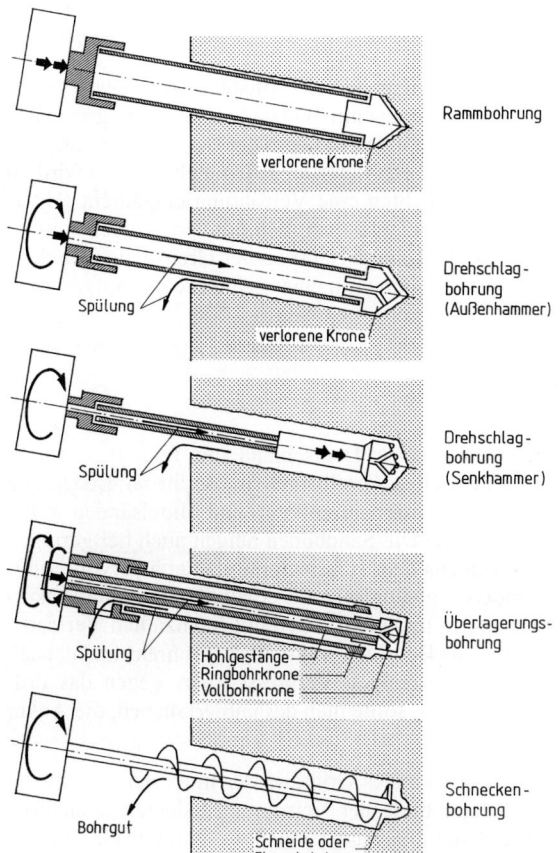

Bild 9. Prinzip der Ankerbohrverfahren im Lockergestein

Bild 10. Modernes Ankerbohrgerät mit Gestängemagazin

5.1.2 Bohrungen in Fels

Bohrungen in hartem Fels werden meist drehschlagend mit Luftspülung hergestellt. Als Bohrwerkzeug wird ein Senkhammer (Imlochhammer) mit Warzenbohrkrone eingesetzt. In besonderen Fällen ist die Krone als Exzenter ausgebildet, mit dem der Bohrlochdurchmesser ab einer bestimmten Tiefe vergrößert werden kann. Bei tieferliegendem Felshorizont wird im Bereich der nicht standfesten Lockergesteinsschichten eine Verrohrung eingedreht (Überlagerungsbohrung) und mit Erreichen des Felshorizontes lediglich mit dem Imlochhammer weiter gebohrt. Manche Felsarten, die hinsichtlich ihrer Härte an der Grenze zum Lockergestein anzusiedeln sind, lassen sich auch ohne Spülung mit einer Schnecke und aufgesetzter Felsbohrkrone bohren.

5.1.3 Bohrungen gegen drückendes Wasser

Die Ankerherstellung gegen drückendes Wasser hat in Deutschland zum Ende des vergangenen Jahrhunderts vor allem bei den zahlreichen Großbauten in Berlin an Bedeutung gewonnen. Der Berliner Baugrund mit seinen kohäsionslosen Fein- und Mittelsanden stellte die Ankertechnik dabei vor besondere Probleme. Die Sandböden neigen auch bei geringen Leckagen am Bohrlochmund zum Ausfließen aus dem Bohrloch mit dadurch hervorgerufenen Geländesetzungen. Aber auch in anderen geologischen Verhältnissen ist die Ankerherstellung gegen drückendes Wasser schwierig und nicht selten mit finanziellen Verlusten verbunden. Neben der technischen Aufgabe, das Bohrloch während des Bohrens und danach abzudichten, ist auch die Herstellung eines tragfähigen Verpresskörpers gegen das drückende Wasser nicht einfach. Wann immer es geht, sollte man deshalb versuchen, die Anker über dem Grundwasserspiegel anzusetzen.

Beim Abteufen einer Ankerbohrung gegen drückendes Grundwasser muss der Durchgang durch die Baugrubenwand und das bergseitige Ende der Verrohrung jederzeit abdichtbar sein. Im Bereich des Durchgangs durch die Baugrubenwand kann dies z. B. durch eine auf die Wand aufgeschraubte oder angeschweißte Kappe erfolgen, in die ein Packer integriert ist.

2.6 Verpressanker

Das bergseitige Ende der Verrohrung kann durch speziell ausgebildete Bohrkronen im Bedarfsfall abgedichtet werden. Dies erfolgt bei Überlagerungsbohrungen z. B. dadurch, dass der Ringspalt zwischen Bohrkrone und Verrohrung durch Zurückfahren des Innengestänges verschlossen wird. Bei Einfachverrohrung ist in die verlorene Bohrkrone ein Kugelventil integriert, das sich beim Einströmen des Grundwassers in die Verrohrung schließt. Nach dem Verfüllen der Verrohrung mit Suspension bzw. nach dem Verpressen sowie nach dem Abstoßen der verlorenen Bohrkrone verbleibt jedoch immer noch ein Restrisiko, dass die Suspension durch den Wasserüberdruck wieder ausgespült wird. Dem kann durch die Reduzierung des Wasser-Zement-Faktors beim Verpressen (Ausfiltern des Wassers in nichtbindigen Böden) entgegengewirkt werden.

5.1.4 Selbstbohrende Anker

Vor allem für die Herstellung von Verankerungen für vorübergehende Zwecke werden am Markt selbstbohrende Anker angeboten. Ein Hohlbohrgestänge mit aufgerolltem Außengewinde trägt eine verlorene Bohrkrone mit Spülöffnungen. Das Gestänge bildet gleichzeitig das Stahlzugglied. Gebohrt wird in der Regel drehschlagend. Verpresst wird durch das Gestänge. Die Herstellung eines definierten Verpresskörpers und einer klar begrenzten freien Stahllänge ist bei diesen Verfahren kaum zu überprüfen, auch wenn dies gelegentlich versucht wird. Dennoch werden sie aus Kostengründen bei geeigneten Randbedingungen gern und mit Erfolg eingesetzt. Bild 11 zeigt das Prinzip eines selbstbohrenden „Ankers", der eigentlich ein Verpresspfahl ist.

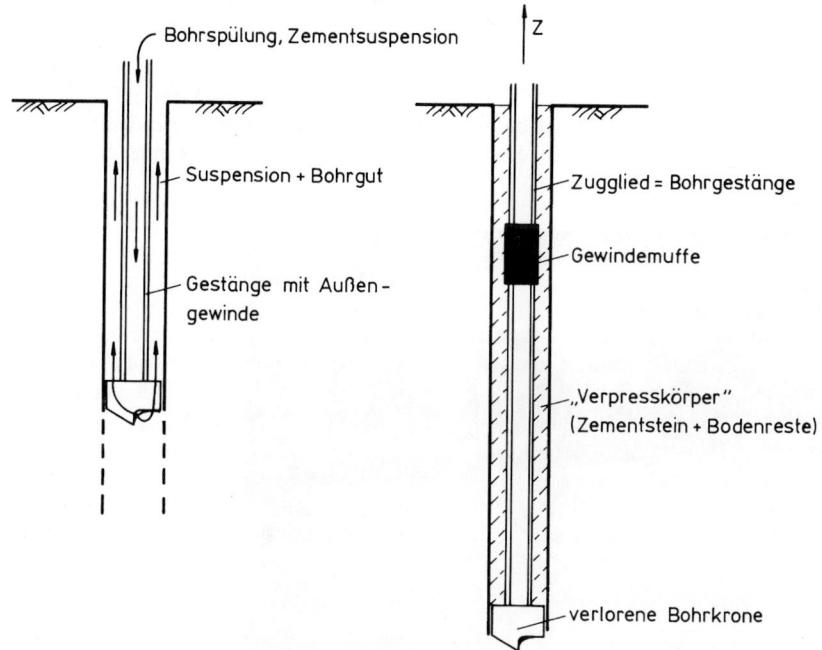

Bild 11. Herstellungsprinzip eines selbstbohrenden Ankers

5.2 Ankereinbau und Verpressen

Nach der Fertigstellung des Bohrlochs wird der Anker eingebaut und die Zementsuspension eingebracht. Dabei sind folgende Verfahren möglich:

a) Unverrohrte Bohrungen

Verfüllen der Bohrung vom Bohrlochtiefsten mit Zementsuspension und Einbau des Ankers in das verfüllte Bohrloch. Bei standfesten und von Bohrgut gereinigten Bohrungen im Fels kann der Anker zusammen mit einem am Anker befestigten Verpressschlauch in das unverfüllte Bohrloch eingebaut und nach dem Einbau vom Bohrlochtiefsten her durch den Schlauch mit Suspension verfüllt werden.

b) Verrohrte Bohrungen

Verfüllen der Verrohrung mit Zementsuspension durch das Innengestänge oder, bei Einfachverrohrung und Außenspülung, mittels einer aufgeschraubten Verpresskappe und anschließendem Einbau des Ankers.

Bei allen Verfahren muss solange verfüllt werden, bis die Suspension am Bohrlochmund austritt und der Suspensionsspiegel nicht mehr absinkt. Dies ist besonders wichtig bei unverrohrten Bohrungen. Beim Einbringen des vormontierten und mit Abstandshaltern versehenen Ankers in das Bohrloch muss verhindert werden, dass die für den Korrosionsschutz wichtigen Kunststoffteile (oder auch Nachverpressrohre) beschädigt werden. Besondere Gefahrenquellen sind dabei scharfkantige Rohrenden am Bohrlochmund oder das unsachgemäße Anhängen des Ankers an ein Hebezeug. Gegen scharfkantige Rohrenden hilft das Aufsetzen einer Einführungstrompete oder eines gerundeten Kunststoffrings. Beschädigungen durch das Hebezeug vermeidet man, indem man den Anker vor dem Anheben auf ein U-förmiges Stahlprofil auflegt, oder indem man den Einbau von einer Trommel vornimmt. Bild 12 zeigt den richtigen Einbau eines langen Litzenankers unter Beteiligung der gesamten Baustellenbelegschaft.

Bei verrohrten Bohrungen wird anschließend über einen Verpresskopf weiter Zementsuspension unter einem Druck von 5 bis 15 bar eingepresst (daher der Name Verpressanker); die Verrohrung wird dabei abschnittsweise bis zum Beginn der Verpressstrecke zurückgezogen. Danach erfolgt das Freispülen des Ankers in der freien Stahllänge mittels einer Spüllanze,

Bild 12. Einbau eines langen Litzenankers

2.6 Verpressanker

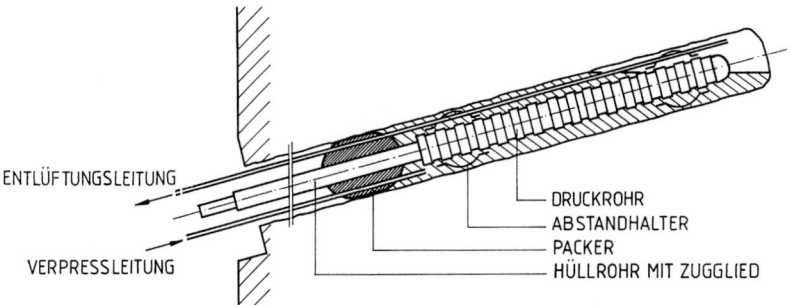

Bild 13. Herstellung eines Ankers „über Kopf"

die unter Einhaltung eines Sicherheitsabstandes ($\geq 1,0$ m) bis zum Beginn des Verpresskörpers eingeführt wird. Spülmedium ist meist Wasser.

Zementsuspensionen, die Spannstähle berühren, müssen DIN EN 447:2008-01 „Einpressmörtel für Spannglieder – Allgemeine Anforderungen" entsprechen. Suspensionen zwischen Zugglied und Bohrlochwandung müssen auf den Baugrund abgestimmt sein. Der w/z-Faktor muss zwischen 0,35 und 0,70 liegen. Dabei ist zu beachten, dass Suspensionen mit einem w/z-Faktor über w/z = 0,5 nur in nichtbindigen Böden eingesetzt werden, die in der Lage sind, beim Verpressvorgang Wasser abzufiltern. In bindigen Böden und Fels sollte der w/z-Faktor möglichst niedrig gewählt werden und kleiner als w/z = 0,45 sein. Bei w/z-Faktoren unter 0,40 können Probleme bei der Förderung der Suspension durch die Verpressleitungen auftreten.

Beim Einbringen der Suspension muss die tatsächlich vom Bohrloch aufgenommene Suspensionsmenge mit dem theoretischen Bohrlochvolumen verglichen werden. Je nach Baugrundeigenschaften und Einbringverfahren liegt die tatsächlich benötigte Suspensionsmenge im Normalfall um ca. 50 bis 200 % über dem theoretisch erforderlichen Volumen. Übersteigt die tatsächlich eingebrachte Suspensionsmenge die theoretische erheblich, so sind die Ursachen festzustellen und unter Umständen durch besondere Maßnahmen (die sehr aufwendig sein können, z. B. Vorvergüten des Gebirges, Einsatz von Geotextilschläuchen o. Ä.) die Herstellung des Verpresskörpers zu gewährleisten. Bei Felsankern mit standfesten Bohrlöchern kann die Notwendigkeit von Zusatzmaßnahmen durch Befahren der Bohrlöcher mit einer Fernsehkamera oder durch Wasserabpressversuche im Voraus untersucht werden.

Nicht selten werden beim Herstellen von Ankern in wassergesättigten Sanden Setzungen an der Geländeoberfläche hervorgerufen, besonders wenn die Sande nur locker oder mitteldicht gelagert sind. Die Ursache dafür ist meist eine durch die Bohrerschütterungen bewirkte Verdichtung der Sande, verbunden mit dem Zusammenbruch des Bohrlochs in der freien Stahllänge nach dem Ziehen der Verrohrung. Bei Ankern unter setzungsempfindlichen Bauwerken sollte man deshalb möglichst erschütterungsfrei bohren und das Bohrloch in der freien Stahllänge mit einer Bentonit-Zementsuspension vor dem Ziehen der Verrohrung stabilisieren.

Wenn die Anker steigend hergestellt werden müssen (z. B. in der Firste von Kavernen), wird anders verfahren. Die gesamte Ankerherstellung sowie die Begrenzung des Verpresskörpers sind wesentlich aufwendiger als bei fallend eingebauten Ankern. Durch Packer muss dafür gesorgt werden, dass die Verpresslänge zur Luftseite hin abgeschlossen wird. Das Verpressen erfolgt durch ein den Packer durchdringendes Verpressrohr. Während des Verpressens muss die Verpressstrecke durch ein weiteres Rohr am höchsten Punkt entlüftet werden. Bild 13 zeigt das Prinzip eines Ankereinbaus „über Kopf".

5.3 Nachverpressen

Zur Erhöhung der Tragfähigkeit des Verpresskörpers kann man, in der Regel etwa einen Tag nach der Erstverpressung beginnend, eine oder mehrere Nachverpressungen durchführen. Ziel des Nachverpressens ist es, durch das zusätzliche Einbringen von Zementsuspension um den Verpresskörper dessen radiale Verspannung im Baugrund zu erhöhen und durch Vergrößerung einzelner Bereiche des Verpresskörpers den Formschluss zu verbessern. Insbesondere in bindigen Böden sind Nachverpressungen ein bewährtes Mittel zur Tragkrafterhöhung.

Die Nachverpressung erfolgt über eine oder mehrere zusammen mit dem Zugglied eingebaute Kunststoffleitungen (Bild 14). Der bereits etwas erhärtete Verpresskörper wird nochmals aufgesprengt, und es wird zusätzliche Zementsuspension in das Gebirge und um die Mantelfläche des Verpresskörpers eingepresst. Die Verzahnung und Verspannung des Verpresskörpers mit dem Gebirge werden dadurch verbessert, und es werden (in Abhängigkeit vom Boden) Tragkrafterhöhungen bis ca. 30 % möglich (zur möglichen Tragfähigkeitserhöhung durch Nachverpressen s. Abschn. 7). Üblich sind beim Nachverpressen Drücke von 5 bis 30 bar.

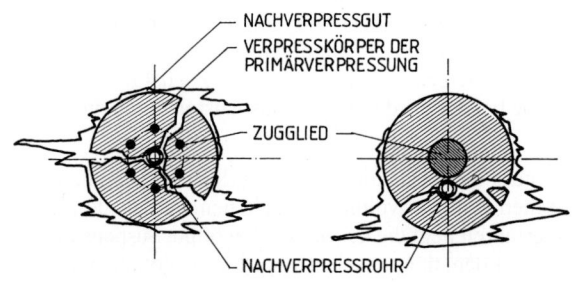

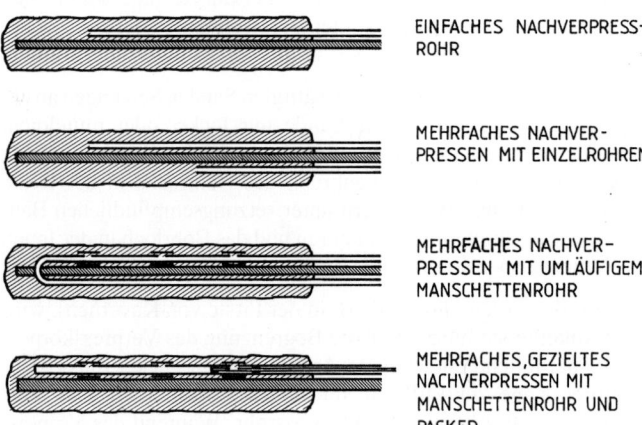

Bild 14. Wirkung der Nachverpressung auf den Verpresskörper

2.6 Verpressanker

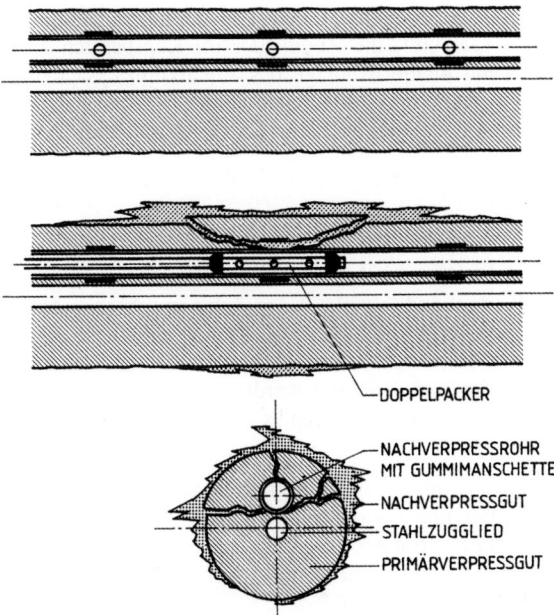

Bild 15. Wirkung der Nachverpressung auf den Verpresskörper

Durch das Nachverpressen wird der Boden nicht gleichmäßig auf der gesamten Länge des Verpresskörpers komprimiert. Meist öffnet sich an einem Verpressrohr mit mehreren Ventilen nur das Ventil mit dem geringsten Aufsprengwiderstand, und in dessen Umgebung verbleibt das Nachverpressgut. Will man möglichst über die gesamte Verpresskörperlänge eine Tragfähigkeitsverbesserung erreichen, so muss man entweder mehrere Verpressrohre mit je einem Ventil am Ende gestaffelt einbauen oder mit Manschettenrohr und Doppelpacker jeden Abschnitt des Verpresskörpers gezielt ein- oder mehrfach nachverpressen. Auch ein Aufsprengen des Verpresskörpers auf der gesamten Länge durch Aufweiten eines dehnbaren Kunststoffschlauches und anschließendes Injizieren durch ein gesondertes Verpressrohr wurde bereits praktiziert. Bild 15 zeigt schematisch die durch Nachverpressung veränderte Geometrie von Verpresskörpern.

Mehr noch als bei Primärverpressungen muss beim Nachverpressen darauf geachtet werden, dass durch die hohen Drücke keine Schäden im Umfeld der Verankerungsmaßnahme (Anheben von Gebäuden oder Geländeteilen, Eindringen von Verpressgut in Kanäle, Keller oder Gewässer, großflächiges Aufweiten von Klüften usw.) entstehen.

5.4 Montage des Ankerkopfes

Insbesondere bei Dauerankern kommt der fachgerechten Montage des Ankerkopfes besondere Bedeutung zu, denn davon hängt die Güte des Korrosionsschutzes in diesem korrosionsgefährdeten Bereich entscheidend ab. Besondere Aufmerksamkeit verdient dabei die Abdichtung des bergseitigen Endes des Überschubrohrs gegen die Kunststoffumhüllung des Ankerstahls in der freien Stahllänge sowie das vollständige Verfüllen des Überschubrohrs mit Korrosionsschutzpaste. Es ist in der Praxis nicht immer leicht, z. B. das Überschubrohr so über das Stahlzugglied zu schieben, dass der Abschluss dicht bleibt. Oft muss der Ringraum aufwendig und gleichzeitig vorsichtig von überflüssigem Zementstein gesäubert werden. Nicht selten wird nach dem Ankereinbau versäumt, die Zugglieder im Kopfbereich zu zentrieren. Die möglichst zwängungsfreie und dichte Montage des Ankerkopfes ist aber Voraussetzung für die Dauerhaftigkeit des Ankers, und gravierende Fehler, Nachlässigkeit und Schlamperei können zum Versagen des Ankers noch während der Gewährleistungszeit führen.

5.5 Spannen und Festlegen

Für das Spannen und Festlegen von Verpressankern sind, je nach Ankertyp, verschiedene Geräte und Werkzeuge notwendig. Einzelheiten sind jeweils in den Zulassungsbescheiden für die verschiedenen Ankertypen bzw. Spannverfahren beschrieben. Ganz allgemein gilt, dass beim Übertragen der Spannkraft auf die Ankermutter bzw. die Verkeilung ein Schlupf auftritt, der beim Aufbringen der Festlegekraft berücksichtigt werden muss. Die Größenordnung des zu erwartenden und zu berücksichtigenden Schlupfes ist in den Zulassungsbescheiden der Spannverfahren festgelegt.

Wichtig ist, dass die Unterkonstruktion die maximale Spannkraft auch aufnehmen kann. Unter Umständen muss das Spannen in Schritten unter Berücksichtigung des Baufortschritts erfolgen, wenn die Unterkonstruktion (z. B. durch Hinterfüllung) erst später in der Lage ist, Kräfte aufzunehmen. Auch das gleichzeitige Spannen mehrerer Anker kann notwendig werden, um die Überbelastung eines Bauteils zu vermeiden.

6 Bauarten von Verpressankern

In Abhängigkeit von der Art der Krafteinleitung in den Baugrund, der Art des Stahlzuggliedes und der vorgesehenen Einsatzzeit unterscheidet man die in Tabelle 5 zusammengestellten Bauarten von Ankern für den Einsatz in Boden und Fels.

Tabelle 5. Bauarten von Ankern

		Charakteristika
Art der Krafteinleitung in den Baugrund	Verbundanker	Krafteinleitung vom Verpresskörper in den Baugrund von der Luftseite her
	Druckrohranker	Krafteinleitung vom Verpresskörper in den Baugrund von der Bergseite her
	Anker mit aufweitbaren Verpresskörpern	Krafteinleitung durch Formschluss über einen Metallbalg, der mit Zementsuspension aufgeweitet wird
Art des Stahlzuggliedes	Einstabanker	Spannstähle $\varnothing$ 26,5 mm, 32 mm, 36 mm, 40 mm
	Mehrstabanker (Bündelanker)	3 bis 12 Stäbe $\varnothing$ 12 mm
	Litzenanker	2 bis 22 Litzen $\varnothing$ 0,6" bzw. 0,62"
vorgesehene Einsatzzeit	bis zu 2 Jahren	Kurzzeitanker mit einfachem Korrosionsschutz
	mehr als 2 Jahre	Daueranker mit doppeltem Korrosionsschutz

6.1 Verbundanker

Bei Verbundankern umschließt der Verpresskörper das Stahlzugglied im Bereich der Krafteinleitungsstrecke vollständig. Die Ankerkräfte werden durch Formschluss von dem blanken strukturierten oder glatten Stahl (gerippte Einzelstäbe oder verseilte Drähte) in den Zementstein des Verpresskörpers übertragen. Dieser leitet sie dann in den Baugrund ab. Im Verpresskörper entstehen durch die hohen Kräfte und die damit verbundenen Dehnungen des Stahlzuggliedes Querrisse, die im Hinblick auf den Korrosionsschutz unerwünscht sind und in diesem Bereich besonders bei Dauerankern besondere Aufmerksamkeit erfordern. Bild 16 zeigt das Prinzip eines Verbundankers, Bild 17 einen solchen Anker vor dem Einbau. Verbundanker werden in der Praxis sowohl für vorübergehende Zwecke als auch für bleibende Verankerungen eingesetzt.

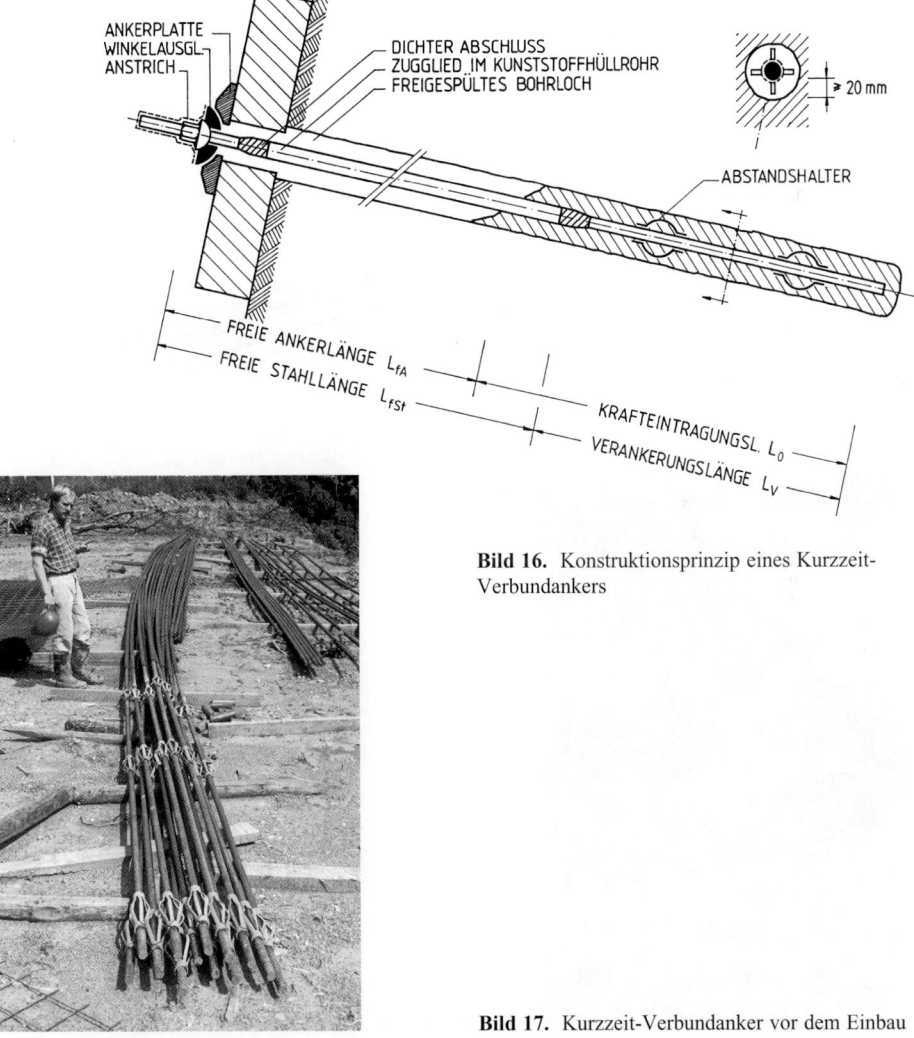

Bild 16. Konstruktionsprinzip eines Kurzzeit-Verbundankers

Bild 17. Kurzzeit-Verbundanker vor dem Einbau

6.2 Druckrohranker

Bei Druckrohrankern wird das Zugglied im Bereich des Verpresskörpers durch ein stabiles geripptes Stahlrohr (St 52-3 nach DIN 1629) bis zu einer stählernen Bodenplatte geführt, in der es eingeschraubt wird. Die Wandstärke des Stahlrohrs muss mindestens 10 mm betragen, die Länge mindestens 2,5 m. Das Zugglied ist zwischen Bodenplatte und Ankerkopf frei dehnbar. Die Krafteinleitung erfolgt dadurch von der Erdseite her; der Verpresskörper erhält hauptsächlich Druck, und Querrisse durch Zugspannungen in Längsrichtung werden vermieden. Bild 18 zeigt das Konstruktionsprinzip eines Einstab-Druckrohrankers, Bild 19 Druckrohranker vor dem Einbau.

Druckrohranker sind konstruktionsbedingt aufwendiger und teurer als Verbundanker und werden deshalb vorrangig als Daueranker eingesetzt. Es gibt sie als Einstabanker und Litzenanker.

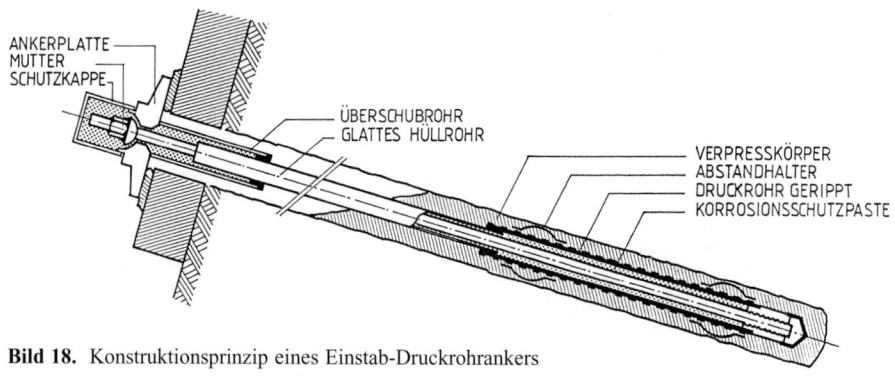

Bild 18. Konstruktionsprinzip eines Einstab-Druckrohrankers

Bild 19. Druckrohranker vor dem Einbau

6.3 Anker mit aufweitbarem Verpresskörper

Anker mit aufweitbarem Verpresskörper stellen eine Sonderform der Verpressanker dar. Von Atlas Copco wurde ein aus Stahlblech bestehender Faltenbalg unter der Bezeichnung Expander Body entwickelt und patentrechtlich geschützt. Der Balg wird an der Spitze eines Vierkantrohrs in den Boden gerammt oder Vierkantrohr und Balg werden im Schutz einer Verrohrung eingebaut. Bild 20 zeigt das Konstruktionsprizip eines solchen Ankers. Im Boden wird der Faltkörper mit Zementsuspension unter Druck im Lockergestein zu einem kugel- oder zwiebelförmigen Körper aufgeweitet, der nach dem Erhärten des Zementes die Ankerkräfte durch Formschluss in den Boden überträgt. In das noch nicht erhärtete Verpressgut wird im Schutz des Vierkantrohrs ein Stahlzugglied eingebaut, das im Bereich der freien Stahllänge von einem glatten Kunststoffrohr umschlossen ist. Bild 21 zeigt einen Faltenbalganker vor dem Einbau.

Nach dem Erhärten des Zementes lassen sich die Anker innerhalb von 1 bis 2 Tagen belasten, wie Versuche gezeigt haben. Die schnelle Belastbarkeit ist ein Vorteil. Außerdem kann der Expander-Body auch zur Ankerherstellung in sehr weichen, für die Herstellung herkömm-

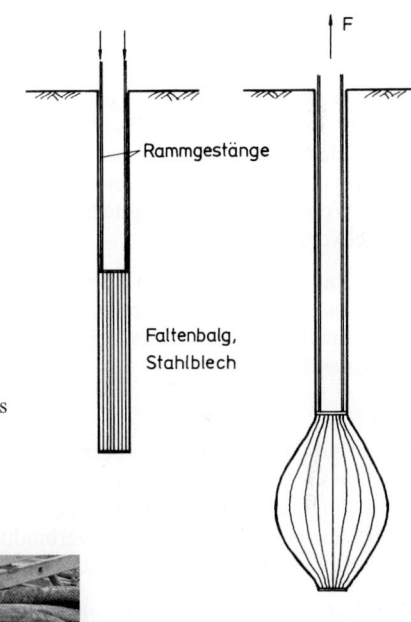

Bild 20. Konstruktionsprinzip eines Ankers mit aufweitbarem Verpresskörper

Bild 21. Aufweitbarer Ankerbalg vor dem Einbau

licher Anker nicht geeigneten Böden eingebaut werden. Auch in sehr hohlraumreichen Böden, die einen großen Zementverbrauch erwarten lassen, ermöglicht er die Herstellung eines definierten Verpresskörpers. Da bei der Ankerherstellung die Zementsuspension nicht mit dem Boden oder Grundwasser in Berührung kommt, kann in Sonderfällen auch ein Einsatz aus umweltrechtlichen Gründen erwogen werden.

Der Einsatzbereich der Anker mit aufweitbarem Verpresskörper ist auf weichere, verdrängbare Böden beschränkt und hat sich bisher in Deutschland (auch aus geologischen Gründen) nicht durchsetzen können.

6.4 Anker mit ausbaubarem Zugglied

Die Zugglieder von Temporärankern belässt man in der Regel im Boden. Ob man sie entspannt und die Ankerköpfe entfernt, hängt von konstruktiven Gesichtspunkten und davon ab, ob der Bauherr oder der Eigentümer des Bodens, in dem sie sich befinden, dies verlangt oder nicht. In Städten müssen Anker für tiefe Baugruben häufig unter Nachbargrundstücken hergestellt werden. Dann wird von den Eigentümern nicht selten verlangt, dass zumindest die Zugglieder nach dem Ende der Baumaßnahme wieder ausgebaut werden, um spätere Baumaßnahmen im Untergrund nicht zu behindern.

Einstabanker können durch Erhitzen der Ankermutter mit einem Brenner meist ohne großen Aufwand entspannt werden – das Zugglied wird dann durch die weich werdende Mutter gezogen. Bei Litzen- oder Bündelankern ist das Entspannen unproblematisch, wenn die Tragglieder hinter dem Kopf und dem Verbau noch eine Strecke freiliegen – man brennt sie dann dort ab. Durch Erhitzen der Keile oder des Keilträgers lassen sich Litzenanker ebenfalls lösen. Wenn auch die Zugglieder wieder ausgebaut werden müssen, gibt es folgende Möglichkeiten:

a) Das Zugglied wird nur im Bereich der freien Stahllänge entfernt.
b) Einzelne Stahlteile im Bereich des Verpresskörpers werden im Boden belassen.
c) Das Stahlzugglied wird vollständig ausgebaut, im Boden bleibt nur der Zementstein des Verpresskörpers.

Zu a)
Bei Einstab-Druckrohrankern besteht die Möglichkeit, die Anker am erdseitigen Ende aus dem Druckrohr herauszuschrauben. Bei Einstab-Verbundankern ist ein Ausbau in ähnlicher Weise möglich, wenn am luftseitigen Ende des Verpresskörpers eine durch Drehen des Ankers am Kopf lösbare Muffenverbindung angeordnet wurde. Das Druckrohr bzw. das Zugglied im Verpresskörper können nicht ausgebaut werden.

Bei Litzenankern können nach einem Verfahren der Fa. Dywidag die Einzellitzen an einer Sollbruchstelle am luftseitigen Ende der Verankerungslänge des Stahlzuggliedes abgerissen werden. Die Sollbruchstelle wird durch induktive Erwärmung des Stahls erzwungen. Dadurch wird die beim Kaltziehen der Drähte erreichte höhere Zugfestigkeit wieder abgemindert. Bei dieser Möglichkeit zum Ausbau der Zugglieder können Schwierigkeiten durch eine Verseilung der Litzen im Bereich der freien Stahllänge auftreten. Die Litzen sollten deshalb in gefetteten PE-Rohren geführt werden.

Zu b)
Eine weitere Möglichkeit zum Ausbau von Litzenankern wurde von der Keller Grundbau GmbH entwickelt. Sie besteht darin, dass die auf ganzer Länge mit PE-Rohren ummantelten Litzen über Umlenkkörper, die sich auf den Verpresskörper abstützen, wieder zur Luftseite geführt werden. Nach dem Entspannen der Anker lassen sich die Litzen herausziehen.

2.6 Verpressanker

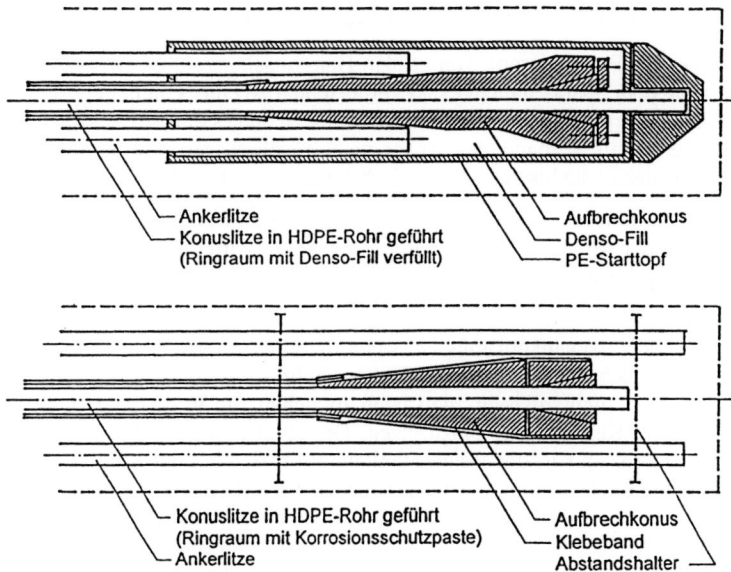

Bild 22. Aufbrechkörper bei rückbaubaren Litzenankern

Aufgrund des kleinen Umlenkradius muss die zulässige Ankerkraft jedoch stark abgemindert werden.

Zu c)
Die Verfahren, die Litzen thermisch mit einer Sollbruchstelle zu versehen oder sie über einen Umlenksattel zu führen, sind bisher in den allgemeinen bauaufsichtlichen Zulassungen des Deutschen Instituts für Bautechnik nicht berücksichtigt worden. Deshalb sind Litzen-Druckrohranker und Litzen-Verbundanker ohne besondere konstruktive Vorkehrungen nicht vollständig ausbaubar. Spezialtiefbaufirmen haben besondere Verfahren entwickelt, die z. T. patentrechtlich geschützt sind. Man kann den Verpresskörper sprengen, wenn man beim Einbau ein Rohr für die Aufnahme entsprechender Ladungen und Zündleitungen angebracht hat. Allerdings ist diese Methode nicht anwendbar, wenn die Sprengerschütterungen schädliche Auswirkungen auf bauliche Anlagen in der Nachbarschaft haben können, wovon man im Regelfall ausgehen darf.

Die Firmen Brückner und Bilfinger + Berger sprengen die Verpresskörper ihrer Litzen-Verbundanker auf, indem sie eine nicht zur Lastabtragung verwendete zentral angeordnete Einzellitze am erdseitigen Ende mit einem Stahlkonus versehen und diese Litze nach dem Ende der Gebrauchszeit der Anker ziehen, wodurch der Verpresskörper aufgebrochen wird. Nach der Zerstörung des Verpresskörpers können die Litzen dann herausgezogen werden. Schwierigkeiten können bei dieser Methode auftreten, wenn Verpresskörper mit unplanmäßig großen Durchmessern (z. B. in durchlässigen Kiesen) ein Aufsprengen verhindern, oder wenn durch eine seilartige Verdrillung der einzelnen peripheren Litzen in der freien Stahllänge die Reibungskräfte das Ziehen der Zentrallitze verhindern. Bild 22 zeigt zwei Formen von Aufbrechkörpern für die Anwendung dieser Methode.

6.5 Anker mit der Möglichkeit zur Regulierung der Ankerkräfte

In Sonderfällen, z. B. bei der Stabilisierung von großen Hangrutschungen, ist die Entwicklung der Ankerkräfte nach dem Spannen nicht exakt vorhersehbar. Wenn es nicht gelingt, die Rutschung zum Stillstand zu bringen, nehmen die Ankerkräfte zu und es müssen Zusatzanker gebohrt werden. Um die bereits vorhandenen Anker nicht zu überlasten und damit unter Umständen zu zerstören, müssen sie bis zur ursprünglichen Gebrauchskraft entlastet werden.

Bei Einstabankern ist dies kein Problem, solange den Zuggliedern nach dem Festlegen genügend Überstand über der Mutter belassen wurde. Der Anker wird aufgemufft und die Mutter von der Kalotte abgehoben; sie kann dann leicht um das erforderliche Maß zurückgedreht werden.

Die Köpfe von Bündel- und Litzenankern müssen, wenn die Notwendigkeit einer späteren Entlastung nicht auszuschließen ist, bereits beim Einbau dafür ausgerüstet werden. Es ist insbesondere bei Dauerankern nicht zulässig, die Litzen zu ziehen, die Verkeilung zu lösen und nach dem Ablassen die Keile wieder einzusetzen. Die alten Einbissstellen der Keile befinden sich nach dieser Prozedur in der freien Stahllänge. Im Bereich der Einbissstellen bilden sich dann unzulässige Kerbspannungen, die zum Bruch des Zuggliedes führen können. Deshalb darf die Verkeilung im Keilträger bei der Kraftregulierung nicht gelöst werden. Eine Möglichkeit zur Regulierung besteht darin, den Keilträger zu verlängern und mit einem Außengewinde zu versehen. Die Ankerkraft wird dann nicht direkt über den Keilträger auf die Ankerplatte übertragen, sondern über eine Reguliermutter (Bild 23). Bei Bedarf kann die Mutter durch Spannen der Litzen (die dazu genügend Überstand besitzen müssen) abgehoben und zurückgedreht werden. Der Keilträger kann mit einer Schraubglocke auch direkt abgehoben werden. Bild 24 zeigt den Kopf eines eingebauten Ankers mit Reguliermöglichkeit.

Eine weitere Möglichkeit zur Entlastung von Litzenankern besteht darin, unter die Keilträger halbschalenförmige Distanzstücke zu legen. Sie können bei Bedarf nach dem Abheben der Köpfe herausgenommen werden, ohne dass ein Lösen der Verkeilung notwendig wird. Auch für die Anwendung dieser Methode muss auf dem Mantel des Keilträgers ein Gewinde eingeschnitten sein, auf das eine Abhebeglocke geschraubt werden kann. Manche Zulassungsbescheide sehen solch ein Gewinde explizit vor.

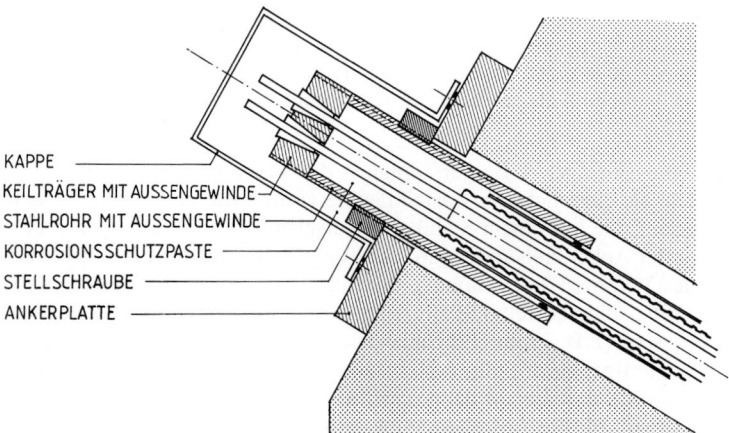

Bild 23. Kopf eines Litzenankers mit Reguliermutter (Stellschraube)

2.6 Verpressanker

Bild 24. Kopf eines Ankers zur Hangsicherung mit Reguliermöglichkeit

7 Ankerkräfte und Kraftabtragung im Boden

Die Tragfähigkeit von Verpressankern wird zum einen durch die Zugfestigkeit des Stahlzugglieds und zum anderen durch die an der Grenzfläche zwischen Verpresskörper und Stahl bzw. zwischen Verpresskörper und Baugrund übertragbare Schubspannung bestimmt. Die Tragkraft des Stahlzugglieds ist einfach zu ermitteln. Sie hängt nur von der Zugfestigkeit des verwendeten Stahls und vom Durchmesser des Zugglieds ab. Die bodenmechanische Tragfähigkeit ist wesentlich schwieriger abzuschätzen, da sie von einer Vielzahl von Faktoren beeinflusst wird.

7.1 Tragfähigkeit des Stahlzugglieds

7.1.1 Tragfähigkeit bei vorwiegend ruhender Belastung

Für das Stahlzugglied gilt bis zur Einführung der DIN EN 1537 gegenüber der Streckgrenze β_S im Regelfall ein Sicherheitsbeiwert von $\eta_S = 1{,}75$ für den Lastfall 1 (Lastfall 2: $\eta_S = 1{,}50$; Lastfall 3: $\eta_S = 1{,}33$). Der Regelfall ist bei Dauerankern immer anzusetzen. Bei Kurzzeitankern wurde unterschieden, ob die Ankerkräfte aus dem aktiven Erddruck oder dem Erdruhedruck ermittelt wurden. Für den aktiven Erddruck mussten die Sicherheitsbeiwerte für den Regelfall angesetzt werden. Für eine Bemessung mit Erdruhedruck konnte der Sicherheitsbeiwert auf $\eta_S = 1{,}33$ für den Lastfall 1 (Lastfall 2: $\eta_S = 1{,}25$; Lastfall 3: $\eta_S = 1{,}20$) reduziert werden. Für diesen Fall war jedoch zusätzlich nachzuweisen, dass die Sicherheitsbeiwerte für den Regelfall bei Annahme von aktivem Erddruck eingehalten wurden. Da die DIN 4125 derzeit immer noch bauaufsichtlich maßgebend ist, wird auf diesen Sachverhalt hingewiesen.

Die bewährten Festlegungen in der DIN 4125 wurden mit der europaweiten Einführung des Teilsicherheitskonzepts auch in DIN EN 1537 bzw. DIN EN 1054:2005-01 aufgegeben. Maßgebend ist nun der charakteristische innere Ankerwiderstand R_{ik} bzw. die charakteristische Bruchkraft des Zuggliedes P_{tk}. Die charakteristische Bruchkraft des Zugglieds ergibt sich zu:

$$P_{tk} = A_t \cdot f_{tk}$$

mit

A_t Querschnittsfläche des Zugglieds
f_{tk} charakteristischer Wert der Zugfestigkeit des Zugglieds

Der charakteristische innere Widerstand $R_{i,k}$ des Stahlzugglieds nach Abschnitt 9.4.2 der DIN 1054:2005-01 beträgt für Spannstähle

$$R_{i,k} = A_t \cdot f_{t,0.1k}$$

und für Baustähle

$$R_{i,k} = A_t \cdot f_{t,0.2k}$$

mit

A_t Querschnittsfläche des Stahlzugglieds
$f_{t,0.1k}$ charakteristischer Wert der Spannung des Stahlzugglieds bei 0,1 % bleibender Dehnung für Spannstahl
$f_{t,0.2k}$ charakteristischer Wert der Spannung des Stahlzugglieds bei 0,2 % bleibender Dehnung für Betonstahl

Die Tragfähigkeit des Stahlzugglieds in Verbindung mit den Bauteilen des Ankerkopfes wird im Rahmen der Untersuchungen für die Zulassung des Spannverfahrens nachgewiesen. Der Bemessungswert des Materialwiderstands des Stahlzuggliedes $R_{t,d}$ ergibt sich entsprechend Abschnitt 10 aus dem charakteristischen Widerstand $R_{i,k}$ unter Berücksichtigung des Teilsicherheitsbeiwerts für den Materialwiderstand γ_M.

7.1.2 Tragfähigkeit bei nicht vorwiegend ruhender Belastung

Da die Dauerschwingfestigkeit bei Spannstählen unter ihrer statischen Zugfestigkeit liegt, dürfen die rechnerischen Kraftänderungen im Stahlzugglied aus sich häufig wiederholenden Laständerungen (z. B. infolge Verkehrslasten, Wind, Gezeiteneinflüssen) bestimmte Grenzwerte nicht überschreiten. Die maximal zulässige Kraftänderung im Stahlzugglied legt man in der Regel mit dem 0,2-fachen Wert der Gebrauchskraft F_W fest, soweit in den Zulassungsbescheiden nichts anderes bestimmt ist. Da auch die Dauerschwingfestigkeit der luftseitigen Verankerung auf die Tragfähigkeit Einfluss nimmt, enthalten die Zulassungsbescheide zusätzliche Grenzwerte für die zulässigen Kraftänderungen.

Ein Nachweis der Kraftänderungen im Stahlzugglied kann meist entfallen. Er muss nur dann geführt werden, wenn die Kraftänderungen im Stahlzugglied nicht durch die Vorspannung des Ankers abgedeckt sind.

7.1.3 Haftverbund von Stahlzuggliedern in Zementmörtel

Der Verbund zwischen Stahlzugglied und dem Zementstein des Verpresskörpers wird im Rahmen der Grundsatzprüfungen untersucht und nachgewiesen. Insbesondere wird dabei auch das Rissbild im Verpresskörper (Längsrisse, Querrisse) sowie die Öffnungsweite der Risse ermittelt. Die Öffnungsweite der Risse ist ausschlaggebend für die Ausbildung des Korrosionsschutzes im Bereich der Verpresskörper.

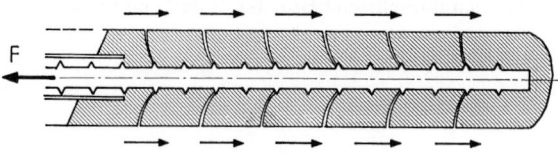

Typ A: Verbundanker

Bild 25. Rissbildung im Verpresskörper bei Gewindestählen

Bei Gewindestählen entstehen unter Zugbelastung im Verpresskörper Querrisse (Bild 25), deren Öffnungsweite sich in Abhängigkeit von der Spannung rechnerisch ermitteln lässt. Im Zementstein um Litzen oder Litzenbündel bilden sich radial ausstrahlende Längsrisse [11].

7.2 Bodenmechanische Tragfähigkeit von Ankern

7.2.1 Krafteintragung vom Anker in den Baugrund

Maßgebend für die bodenmechanische Tragfähigkeit eines Ankers ist die an der Grenzfläche zwischen dem Verpresskörper und dem Boden aufnehmbare Schubspannung. In den Anfangsjahren der Ankertechnik wurde versucht, mit erdstatischen Ansätzen die Grundlagen zur Abschätzung der Tragfähigkeit von Ankern zu schaffen. Danach sollte die Tragfähigkeit der Verpresskörper abhängig vom Überlagerungsdruck $\gamma \cdot h$, vom Tangens des Reibungswinkels φ, von der Mantelfläche A_M und von einem Erddruckbeiwert a sein.

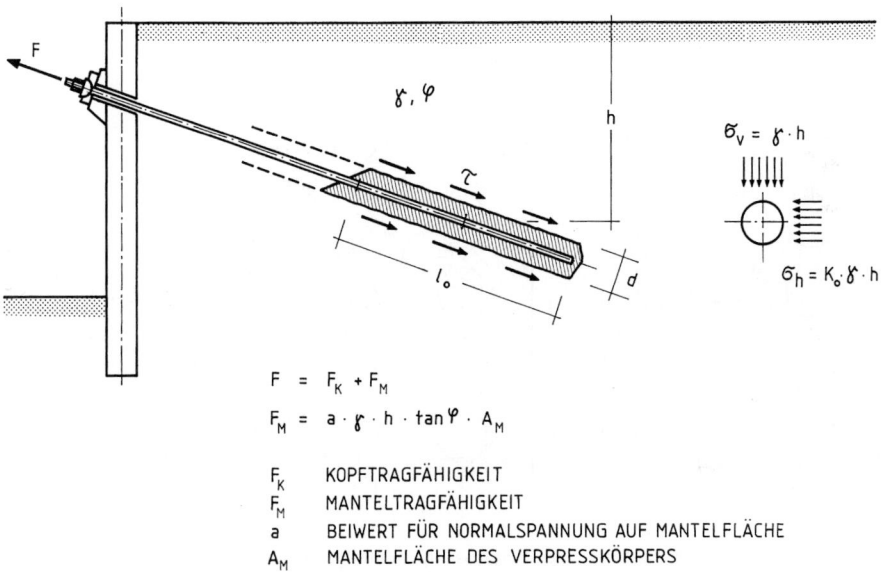

Bild 26. Erdstatischer Ansatz zur Ermittlung der Ankertragfähigkeit

Die Angaben für den Erddruckbeiwert liegen bei den verschiedenen Autoren in der Größenordnung des Erdruhedruckbeiwerts und teilweise erheblich über dem Erdruhedruck. Teilweise wird eine Staffelung des Beiwerts mit der Tiefe unter der Geländeoberfläche vorgenommen. Im Allgemeinen wird die Tragfähigkeit bei derartigen Ansätzen bei hochliegenden Verpresskörpern unterschätzt und bei tiefliegenden Verpresskörpern überschätzt. Als grundsätzlicher Mangel der Ansätze hat es sich gezeigt, dass ab einer gewissen (vergleichsweise geringen) Tiefe des Verpresskörpers unter Oberkante Gelände die Tragfähigkeit praktisch unabhängig von der Überlagerungshöhe h ist.

Inzwischen wurde nachgewiesen, dass die außerordentlich hohe Tragfähigkeit von Verpressankern wesentlich durch die radiale Verspannung des Verpresskörpers im umliegenden

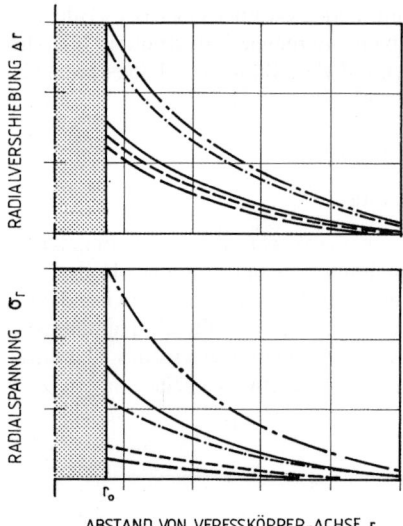

Bild 27. Schematische Darstellung der Radialverschiebung und Radialspannung beim Verpressvorgang

- PRIMÄRVERPRESSUNG
- ENDE PRIMÄRVERPRESSUNG
- QUELLEN DES ZEMENTSTEINS
- NACHVERPRESSUNG
- ENDE NACHVERPRESSUNG

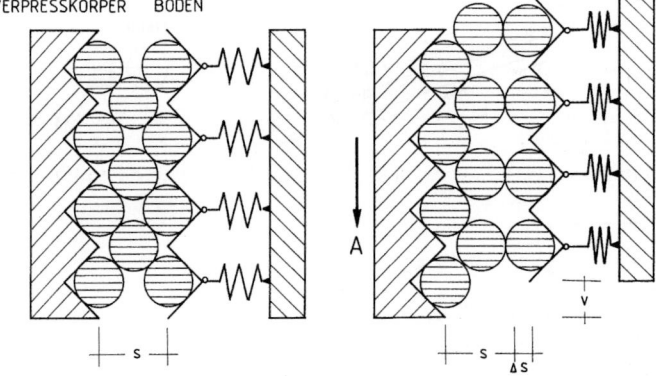

Bild 28. Modell für die Verspannung eines Verpresskörpers infolge Dilatanz in der Scherfuge (nach *Wernick* [22])

Boden bzw. Fels bestimmt wird. Dabei kann man unterscheiden in radiale Druckspannungen, die erzeugt werden

- durch die Verpressdrücke bei der Ankerherstellung,
- durch Dilatanz während der Belastung des Ankers.

Beim Herstellen des Ankers wird zunächst eine Radialspannung durch den Verpressdruck erzeugt. Sie baut sich nach dem Verpressen bis auf einen Rest wieder ab. Mit dem Abbindeprozess kann sie – zumindest in nichtbindigen Böden, die in der Lage sind, Wasser aus der Zementsuspension abzufiltern – durch Quellvorgänge wieder ansteigen. Durch das Abfiltern von Wasser können in nichtbindigen Böden sehr niedrige w/z-Faktoren (< 0,30) entstehen. Die für den Abbindevorgang erforderliche Wasseraufnahme aus dem umliegenden Gebirge führt zu Quelldrücken und so zu einer erneuten Zunahme der Radialspannung.

2.6 Verpressanker

Nach der Modellvorstellung von *Wernick* [22] wird während des Belastungsvorgangs der Boden in der Scherfuge zumindest in mitteldicht und dicht gelagerten nichtbindigen Böden durch die Relativverschiebung zwischen Baugrund und Verpresskörper aufgelockert. Durch die Volumenvergrößerung des Bodens in der Scherfuge werden Radialspannungen zwischen Verpresskörper und Boden erzeugt.

In festen bindigen Böden bzw. in felsartigen Böden ist ein vergleichbarer Effekt ebenfalls vorstellbar, auch wenn er nicht mit einer Dilatanz (Auflockerung infolge Scherung) begründet werden kann. Durch die Relativverschiebung zwischen Verpresskörper und umliegendem Gebirge verspannt sich der Verpresskörper bei rauer Mantelfläche im Gebirge ähnlich einem Dübel in einer Betondecke.

Die Radialspannungen aus dem Verpressvorgang und der relativen Verschiebung zwischen Verpresskörper und Boden betragen ein Vielfaches des reinen Überlagerungsdrucks. Dadurch kann auch erklärt werden, dass die Tragfähigkeit eines Ankers ab einer bestimmten Überlagerungshöhe (Richtwert ca. 4 m) weitgehend unabhängig von der Auflast über dem Verpresskörper ist. Außerdem sind die für den Einbau von Ankern erforderlichen Bohrungen oft standfest – eine Auflast auf den Verpresskörper entwickelt sich allein schon aus diesem Grunde nicht.

Die Steigerung der aufnehmbaren Ankerkraft durch die Nachverpressung beruht im Wesentlichen ebenfalls auf einer Erhöhung der Radialverspannung. Hinzu kommt, dass je nach anstehendem Boden oder Fels der Baugrund um die Verpressstelle verbessert und der Durchmesser des tragenden Verpresskörpers vergrößert wird.

7.2.2 Schubspannungsverteilung entlang des Verpresskörpers

Aus zahlreichen Probebelastungen ist bekannt, dass insbesondere bei festen bindigen und dichten nichtbindigen Böden ab einer bestimmten Verpresskörperlänge kein wesentlicher Zuwachs an Tragfähigkeit mehr festgestellt werden kann. In Bild 29 sind für einen Verbund-

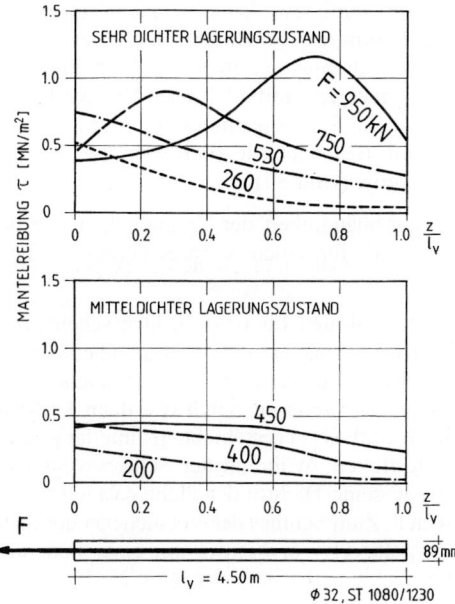

Bild 29. Verteilung der Mantelreibung bei einem Anker in kiesigem Sand (nach *Scheele* [19])

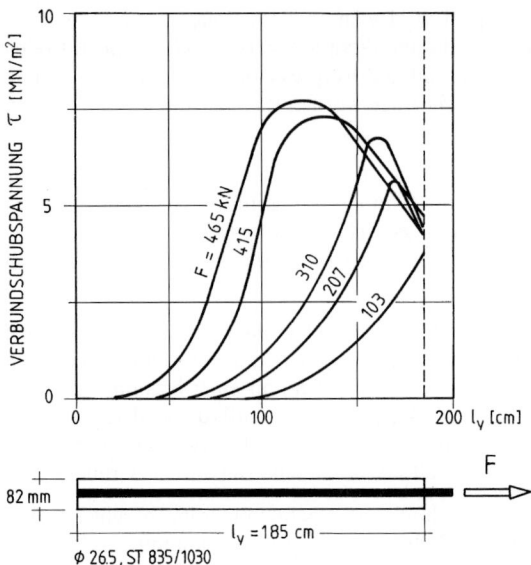

Bild 30. Verbundspannung (Stahl/Mörtel) bei einem Einstabanker in Sandstein (nach *Jirovec* [13])

anker (Anker Typ A) in dichtem und mitteldichtem, kiesigem Sand gemessene Mantelreibungsverteilungen dargestellt. Es zeigt sich, dass sich bei den einzelnen Laststufen Bereiche mit höherer Mantelreibung ausbilden, die mit zunehmender Ankerkraft vom luftseitigen zum erdseitigen Ende des Verpresskörpers wandern.

Die maximal aufnehmbare Scherbeanspruchung wird somit jeweils nur in einem Teilbereich aktiviert und geht danach auf einen Restwert zurück (progressiver Bruch). Bei Böden, die der eingeleiteten Kraft geringeren Verformungswiderstand entgegensetzen, ist die Schubspannung entlang des Verpresskörpers gleichmäßiger verteilt. Je „steifer" das den Verpresskörper umgebende Gebirge ist, umso ungleichmäßiger ist die Schubspannungsverteilung bei den üblicherweise angewendeten Verpresskörperlängen. Besonders deutlich wird dies bei den Messungen an Verpresskörpern in felsartigem Gebirge (Bild 30).

Die bodenmechanischen Ursachen für die starke Abhängigkeit der Tragfähigkeit von der Steifigkeit bzw. der Lagerungsdichte zeigt Bild 31 für einen Verpresskörper in dicht gelagertem bzw. locker gelagertem Sand.

Im Bild sind oben die Scherkraft-Scherverschiebungslinien für beide Böden schematisch dargestellt. Für dicht gelagerten Sand steigt die Kurve zunächst sehr steil an, überschreitet ein Maximum („peak", Spitzenscherfestigkeit) und sinkt bei weiterer Scherverschiebung auf einen Restwert (Restscherfestigkeit) ab, die über den weiteren Scherweg dann konstant bleibt. Für locker gelagerten Sand steigt die Scherkraft-Scherverschiebungslinie langsamer an und nähert sich asymptotisch der Restscherfestigkeit. Während der Scherbewegungen beider Versuche ändert der Sand in der Scherfuge seine Dichte: der dicht gelagerte Sand lockert sich auf, der locker gelagerte verdichtet sich. Zum Schluss der Versuche ist der Sand beider Versuche in der Scherfuge gleich dicht gelagert – er hat die mit einer Scherung einhergehende sog. kritische Dichte erreicht.

2.6 Verpressanker

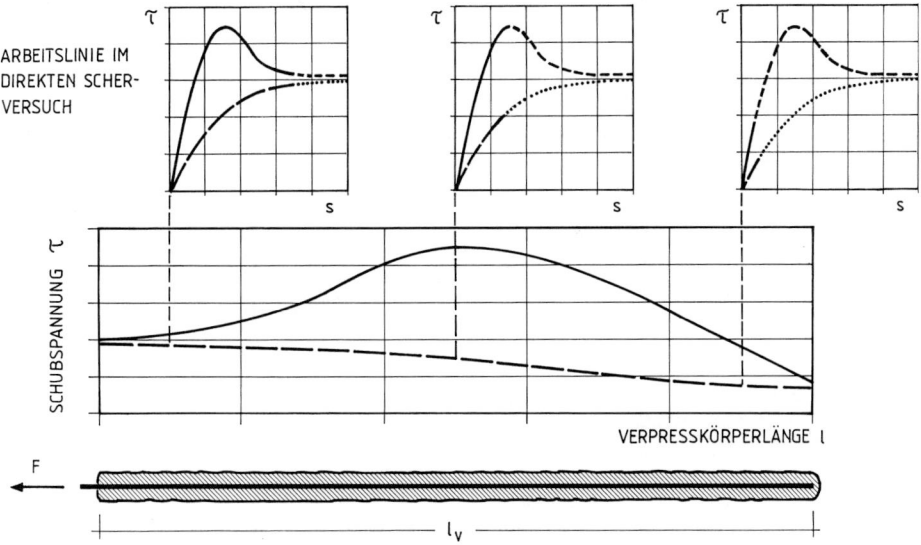

Bild 31. Scherkraft-Scherverschiebungslinien von direkten Scherversuchen mit Sand und Schubspannungsverteilung entlang eines Verpresskörpers (schematisch)

Eine grobe Abschätzung der Stahldehnung im Bereich des Verpresskörpers ergibt für die Randbedingungen:

- dreieckförmige Kraftverteilung,
- Zugkraft im Stahl am luftseitigen Ende des Verpresskörpers 500 kN,
- Zugkraft am bergseitigen Ende 0 kN,
- Verpresskörperlänge 5 m.

Stahldehnungen von ca. 7 mm für einen Spannstahl $\varnothing$ 32 mm und ca. 11 mm für ein Zugglied aus 4 Litzen $\varnothing$ 0,6 Zoll. Das Maximum der Scherfestigkeit im Grenzbereich entlang des Verpresskörpermantels wird jedoch bei einer Relativverschiebung von 5 bis 10 mm überschritten. Es ist deshalb plausibel, dass entlang des Verpresskörpers unterschiedliche Bereiche der Scherkraft-Scherverschiebungslinien des Sandes maßgebend für die Kraftübertragung werden. Dementsprechend ist in Bild 31 die Verteilung der Scherspannung/Mantelreibung über die Verpresskörperlänge schematisch abgebildet. Luftseitig ist die Scherspannung auf die Restscherfestigkeit abgesunken, bergseitig wird die maximal aufnehmbare Scherspannung noch nicht erreicht. Die beschriebene Scherspannungsverteilung wurde durch Messungen an mit Dehnungsmessstreifen bestückten Versuchsankern nachgewiesen. In Bild 29 ist für jeweils einen Messanker die Mantelreibung in sehr dicht gelagertem und in mitteldicht gelagertem Sand dargestellt.

Bei Druckrohrankern ist die Verteilung der Scherspannungen entlang des Verpresskörpers umgekehrt wie bei Verbundankern. Wegen der großen Steifigkeit des Druckrohrs ist die Scherspannungsverteilung entlang des Verpresskörpers ausgeglichener. Einen direkten Vergleich des Tragverhaltens von Druckrohr- und Verbundankern erlaubt eine Messung der Ankerkraftverteilung mit Dehnungsmessstreifen an einem kombinierten Druckrohr/Verbundanker, deren Messergebnisse Bild 32 zeigt.

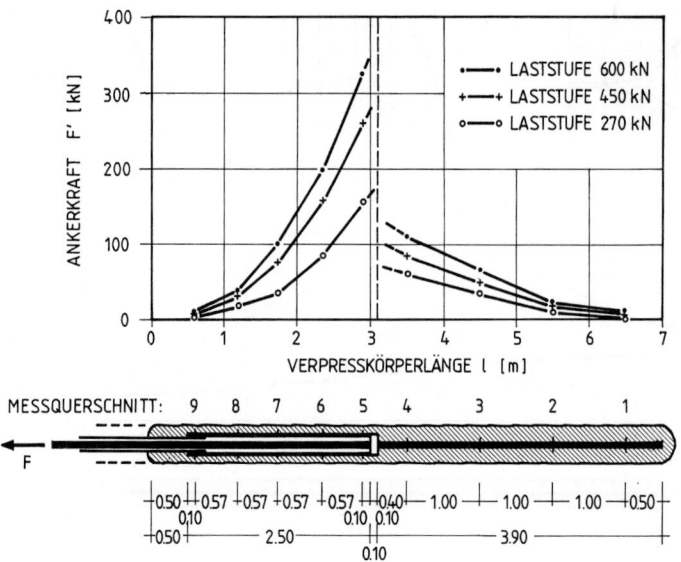

Bild 32. Kraftabtragung an einem kombinierten Druckrohr-/Verbundanker

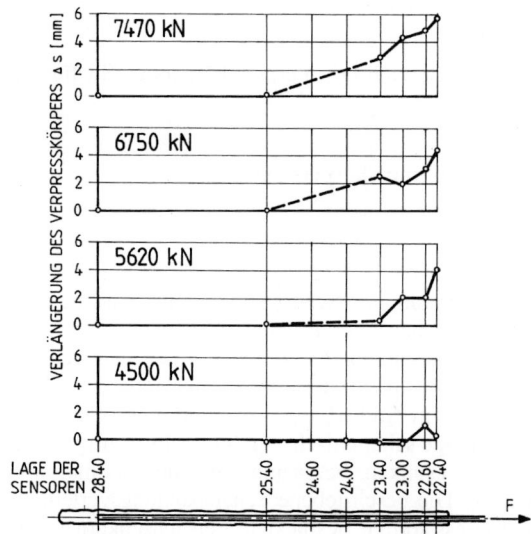

Bild 33. Lastabtragung an einem hoch belasteten Felsanker

Der Versuchsanker war in festem Ton-Schluffstein eingebaut. Wegen der relativ hohen Gebirgssteifigkeit wurde die Grenzmantelreibung in keinem Bereich des Verpresskörpers erreicht. Dennoch sind die spiegelverkehrte Spannungsverteilung und die größere Kraftaufnahme aufgrund der höheren Verformungssteifigkeit beim Druckrohrteil erkennbar.

Bei Felsankern wird häufig ein Teil des Verpresskörpers aufgrund der hohen übertragbaren Scherspannungen zwischen Verpresskörper und Gebirge an der Kraftabtragung überhaupt

2.6 Verpressanker

nicht beteiligt. Es ergeben sich jedoch Spannungskonzentrationen am Beginn der Verankerungslänge. In Bild 33 sind Ergebnisse von mittels Lichtwellenleitern gemessenen Dehnungen des Stahls in der Verankerungslänge eines Felsankers in Grauwacke aufgetragen. Der Anker wurde bei Voruntersuchungen für die Sanierung der Ederseestaumauer getestet und mit extrem hohen Kräften belastet (55 Litzen ∅ 0,6", Verankerungslänge 7 m, Prüfkraft 12,5 MN). Bereits 3 m hinter dem Beginn der Verankerungsstrecke wurden keine Dehnungen mehr gemessen, d. h. an der Lastabtragung waren bei Höchstlast nur die luftseitigen 3 m der Verpressstrecke beteiligt.

7.2.3 Abschätzung der bodenmechanischen Tragfähigkeit

Auf der Grundlage der Ergebnisse der durchgeführten Grundsatzprüfungen und sehr vieler Eignungsprüfungen ist es möglich, für verschiedene Bodenarten Richtwerte für den Ansatz der Grenzmantelreibung anzugeben, die für Vorbemessungen dienen können. Die Bestimmung der wirklichen Tragfähigkeit muss aber immer durch Zugversuche auf der Baustelle (Eignungs- und Abnahmeprüfungen) erfolgen.

Ostermayer [16] hat solche Richtwerte für die Grenzmantelreibung in Diagrammen für nichtbindige und bindige Bodenarten sowie für Fels vorgeschlagen.

Bei der Abschätzung der möglichen Gebrauchslast aus den Diagrammen von *Ostermayer* muss berücksichtigt werden, dass die Versuchsanker im Rahmen von Forschungsprogrammen und Grundsatzprüfungen (auf deren Ergebnissen die Diagramme hauptsächlich aufbauen) unter genau kontrollierten Randbedingungen hergestellt wurden, und dass bei der Herstellung von Verpressankern im Baustellenbetrieb sowohl hinsichtlich der technischen Randbedingungen (Bohrverfahren, Einbauweise, Verpressen) als auch hinsichtlich der Baugrundverhältnisse große Streuungen unvermeidbar sind. Zur Abschätzung der Gebrauchslast sollten daher die aus den Schaubildern entnommenen Werte mindestens mit dem Faktor 0,5 abgemindert werden.

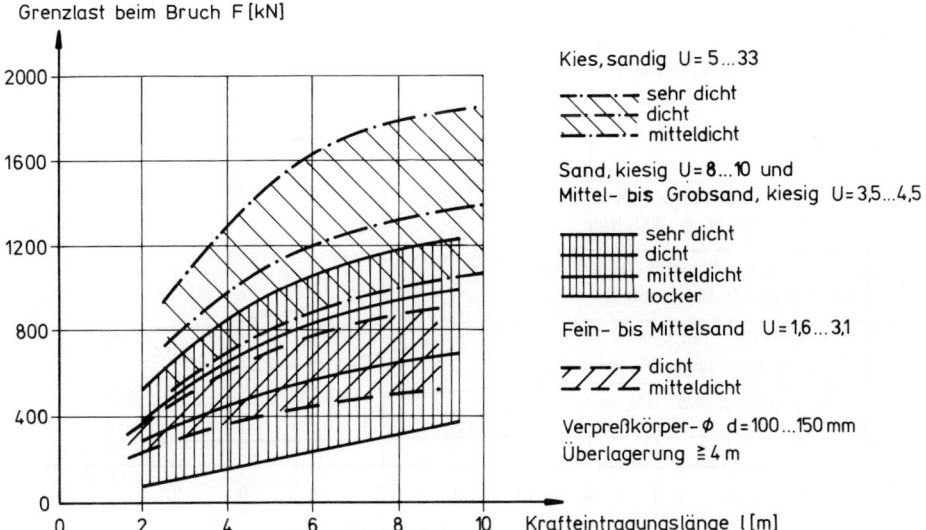

Bild 34. Grenzlast von Ankern in nichtbindigen Böden (nach *Ostermayer* [16])

An den Diagrammen ist außerdem zu ersehen, dass insbesondere bei festen bindigen Böden und bei dichten nichtbindigen Böden bei Verpresskörperlängen über 7 bis 8 m nur noch eine geringe Zunahme der Ankerkräfte möglich ist (progressiver Bruch). Die Tragfähigkeit von Ankern mit Durchmessern zwischen 80 und 150 mm (wie sie in der Ankertechnik üblich sind) wird in nichtbindigen Böden nur wenig vom Durchmesser beeinflusst. Bei Ankern in bindigen Böden und Fels wirkt sich der Verpresskörperdurchmesser bzw. die Mantelfläche

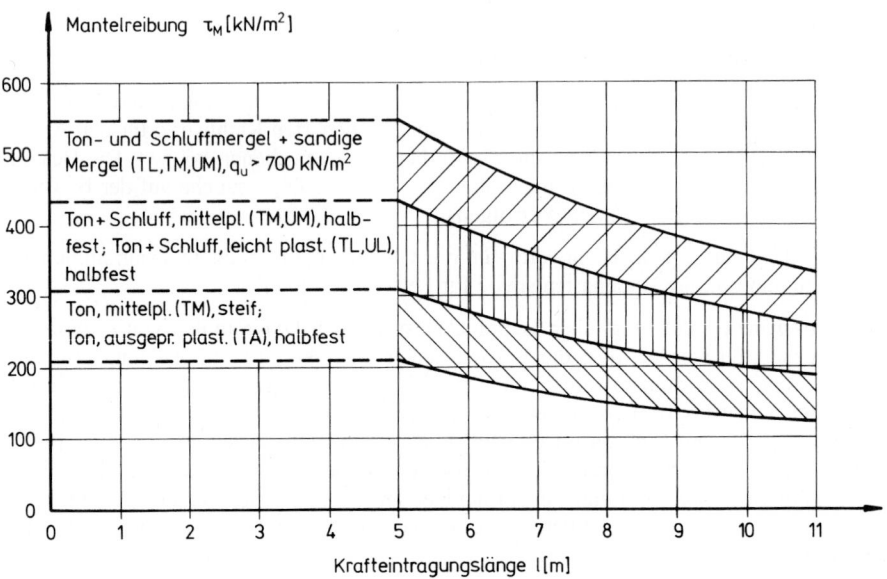

Bild 35. Grenzlast von Ankern in bindigen Böden mit Nachverpressung (nach *Ostermayer* [16])

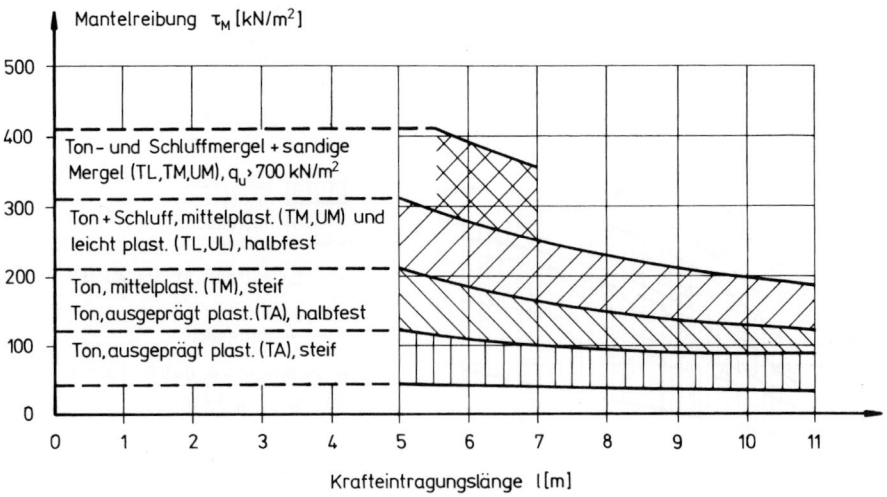

Bild 36. Grenzlast von Ankern in bindigen Böden ohne Nachverpressung (nach *Ostermayer* [16])

dagegen direkt auf die Tragfähigkeit aus. Der Zusammenhang ist in erster Näherung proportional.

Tabelle 6 zeigt Anhaltswerte für die Mantelreibung von Felsankern im Gebrauchszustand in verschiedenen Felsarten, die zur Abschätzung der Gebrauchslast dienen können. Dabei ist zu berücksichtigen, dass in gesundem Fels das Versagen entlang der Mantelfläche des Verpresskörpers bei Zugversuchen nur selten erreicht wird bzw. dass bei Ankern in gesundem Fels meist die innere Grenztragkraft der Ankerkonstruktion für das Versagen maßgebend wird. Andererseits kann die Tragfähigkeit bei Felsarten, die empfindlich auf das Bohrverfahren reagieren (das sind vor allem Felsarten mit Tonbindung, z.B. tonig gebundene Sandsteine, verschiedene Keupermergel u. Ä.), stark überschätzt werden. So kann die Tragfähigkeit eines Ankers in lediglich leicht angewittertem Tonstein, bei dem das Bohrloch mit dem Imlochhammer hergestellt wurde und bei dem die Bohrlochwandung durch das Bergwasser feucht ist, auf Werte absinken, die denen eines Ankers in lediglich steifem Ton entsprechen.

Die relativ hohen erzielbaren Mantelreibungswerte bei Felsankern führen in der Praxis immer wieder dazu, dass sehr kurze Verpresskörper bei hohen Ankerkräften geplant werden. Die Verpresskörperlänge sollte jedoch auch in gesundem Fels 4 bis 5 m nicht unterschreiten. Dadurch können auch durch Klüftung oder Verwitterung bedingte örtliche Schwächezonen überbrückt werden.

Weil die ungleichmäßige Verteilung der Mantelreibung entlang des Verpresskörpers von Felsankern noch ausgeprägter als bei Lockergesteinsankern ist, können die Werte der Tabelle 6 nur bei Verpresskörperlängen bis ca. 6 m direkt übernommen werden. Bei der Anwendung für den Entwurf längerer Verpresskörper müssten sie abgemindert werden.

Tabelle 6. Anhaltswerte für die Gebrauchsmantelreibung cal τ_M von Felsankern in MN/m² für verschiedene Felsarten (nach *Ostermayer* [16])

	Gesteinsart		
a) Verwitterungszustand b) Grad der mineralischen Bindung c) Trennflächenabstände	Massige Erstarrungs- und Umwandlungsgesteine, z.B. Granite, Diorite, Gneise, Basalte, Porphyre, Quarzite, Gabbro, Melaphyre, Diabase	Feste Sedimentgesteine: Konglomerate, Brekzien, Arkosen, Sandsteine, Kalksteine, Dolomite, Tonschiefer, Grauwacken	Weichere oder veränderlich feste Sedimentgesteine: Mergelsteine, Schluffsteine, Tonsteine
a) unverwittert b) sehr gute mineralische Bindung c) größer 0,5 bis 1,0 m	1,5	1,0	0,7
a) angewittert b) gute mineralische Bindung c) im Dezimeterbereich (0,1 bis 0,2 m)	1,0	0,7	0,4
a) stark verwittert b) mäßige mineralische Bindung c) im cm-Bereich	0,5	0,3	0,15 (oder Werte für bindigen Boden mit Sicherheitsbeiwert)

Schwarz [20] empfiehlt, bei Bohrlochdurchmessern von 140 bis 160 mm die Gebrauchskraft für Anker in verschiedenen Gesteinen wie folgt abzuschätzen:

- mergeliger Sandstein, schiefriger Tonstein: zul. F = 120 kN/m (Gebrauchskraft)
- Grauwacke, harter Tonstein: zul. F = 250 kN/m
- Tonschiefer: zul. F = 300 kN/m

7.2.4 Erhöhung der Ankertragfähigkeit durch Nachverpressung

Der Erfolg von Nachverpressungen zur Erhöhung der Ankertragfähigkeit lässt sich nicht immer genau vorhersagen. Er hängt in erster Linie vom Boden ab, wird aber in gleicher Weise auch von den Verpressmengen und Verpressdrücken, dem Zeitpunkt des Aufsprengens des Verpresskörpers, der Anordnung der Ventile usw. beeinflusst. Grundsätzlich ist mehrmaliges, unter Umständen örtlich gezieltes, Nachverpressen mit moderaten Verpressdrücken und einer Begrenzung der Verpressmengen gegenüber einer einmaligen Nachverpressung mit hohen Verpressmengen und Verpressdrücken vorzuziehen. Zudem ist eine Nachverpressung nur in Böden mit bindigem Charakter, in weichen oder mürben Felsarten (insbesondere bei Tonbindung) und in geklüftetem Fels sinnvoll. In Sanden und Kiesen ohne (oder mit nur einem geringen Anteil) Kornfraktion im Ton-/Schluffbereich reicht eine sorgfältige Primärverpressung zur Erzielung der bestmöglichen Tragfähigkeit aus. Ebenso reicht eine Verfüllung des Bohrlochs mit Zementsuspension in ungeklüfteten kompakten Felsarten aus, wenn durch das Bohrverfahren gewährleistet ist, dass sich an der Bohrlochwandung keine Schmierfläche durch Bohrschmand ausbildet. In beiden Fällen lässt sich der Verpresskörper der Primärverpressung bzw. Verfüllung zudem gar nicht oder nur mit Schwierigkeiten aufsprengen.

Durch die Nachverpressung wird eine Erhöhung der Radialspannung im Umkreis des Verpresskörpers und damit eine Erhöhung der aufnehmbaren Scherspannungen entlang des Verpresskörpers erreicht. Die mögliche Erhöhung der Tragfähigkeit durch eine Nachverpressung lässt sich im Einzelfall nur schwer vorhersagen. Meist ist die Tragfähigkeit nach einer Nachverpressung um 20 bis 35 % größer als vor der Nachverpressung. Es sind bei günstigen Bedingungen aber auch schon Erhöhungen der Tragfähigkeit um 50 % erzielt worden. Die Ergebnisse von Untersuchungen zum Einfluss verschiedener Parameter auf den Erfolg einer Nachverpressung sind in Bild 37 dargestellt.

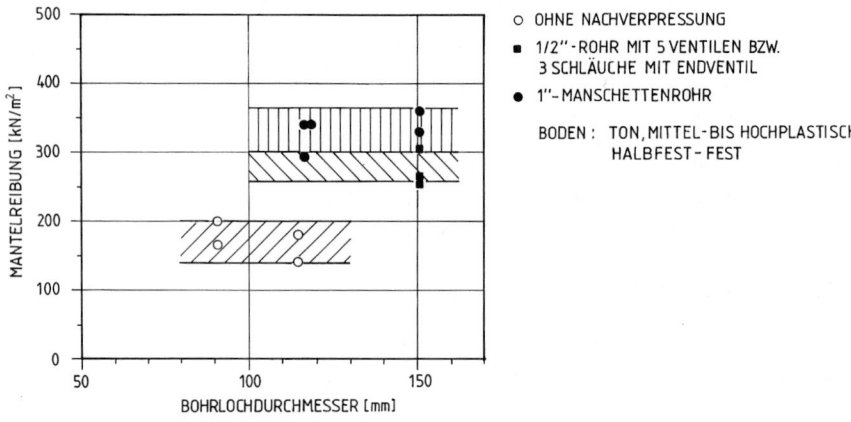

Bild 37. Einfluss verschiedener Nachverpresssysteme auf die erzielbare Mantelreibung bei mittel- bis hochplastischen Tonen

2.6 Verpressanker

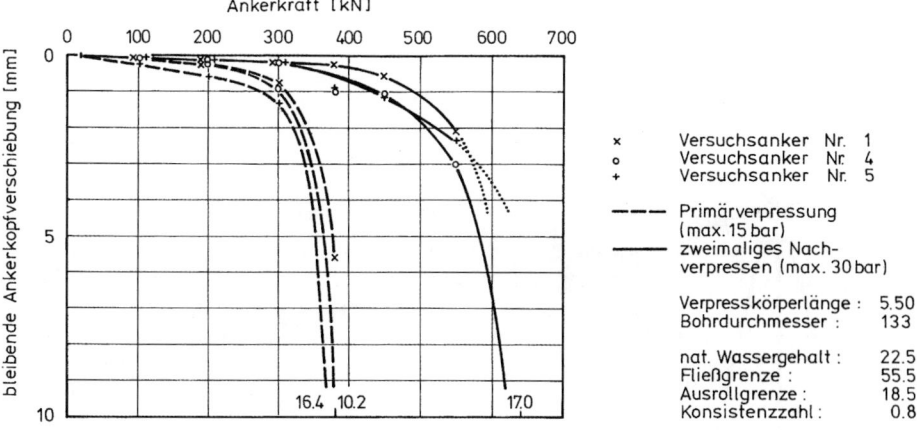

Bild 38. Einfluss der Nachverpressung auf die Ankertragfähigkeit in einem schluffigen Ton

Allgemein lässt sich sagen, dass Nachverpressungen neben einer Erhöhung der Tragfähigkeit eine deutliche Verbesserung der Kriechbeiwerte k_s bewirken und dass die bleibenden Ankerkopfverschiebungen reduziert werden. Der Aufwand für das Nachverpressen kann allerdings erheblich sein und den Nutzen deutlich übersteigen, besonders dann, wenn man zu einer Vergrößerung des Bohrdurchmessers gezwungen ist, um z. B. Manschettenrohre einzubauen. Es ist in vielen Fällen wirtschaftlicher, den Bauentwurf von Anfang an mit moderaten und vom jeweiligen Baugrund sicher aufnehmbaren Ankerkräften zu verfassen und dadurch eine geringe Vergrößerung der Ankeranzahl in Kauf zu nehmen, als auf den Erfolg spezieller Nachverpressverfahren zu bauen.

8 Prüfungen an Ankern

Mit der Zurücknahme der DIN 4125 durch das Deutsche Institut für Normung im Jahr 1999 hat sich die Situation ergeben, dass in der Praxis in der Regel nach der (nun) historischen Norm geprüft wird. Die europäische Norm DIN EN 1537:1999 „Ausführung von besonderen geotechnischen Arbeiten (Spezialtiefbau) – Verpressanker" ist in Deutschland noch nicht baurechtlich eingeführt. Bei Streitfällen und bei Schäden wird die DIN 4125 weiterhin noch für geraume Zeit maßgebend sein. In zahlreichen Ländern werden Ankerarbeiten weiter auf der Grundlage der DIN 4125 ausgeschrieben und beurteilt. Deshalb werden in dieser Ausgabe des Grundbau-Taschenbuchs zunächst die Prüfungen nach DIN 4125 beschrieben und anschließend die nach DIN EN 1537 vorgesehenen Prüfverfahren.

8.1 Prüfungen an Ankern nach DIN 4125

8.1.1 Allgemeines

Alle Einzelteile eines Ankers unterliegen bei der Herstellung einer Güteüberwachung. Die Güteüberwachung erfolgt im Zuge der Produktion dieser Bauteile (z. B. Spannstahl, Ankerplatten, Keilträger, Keile usw.) bzw. während der Vormontage des Ankers. Die Anker selbst werden nach dem Einbau in Deutschland bis zur bauaufsichtlichen Einführung der DIN

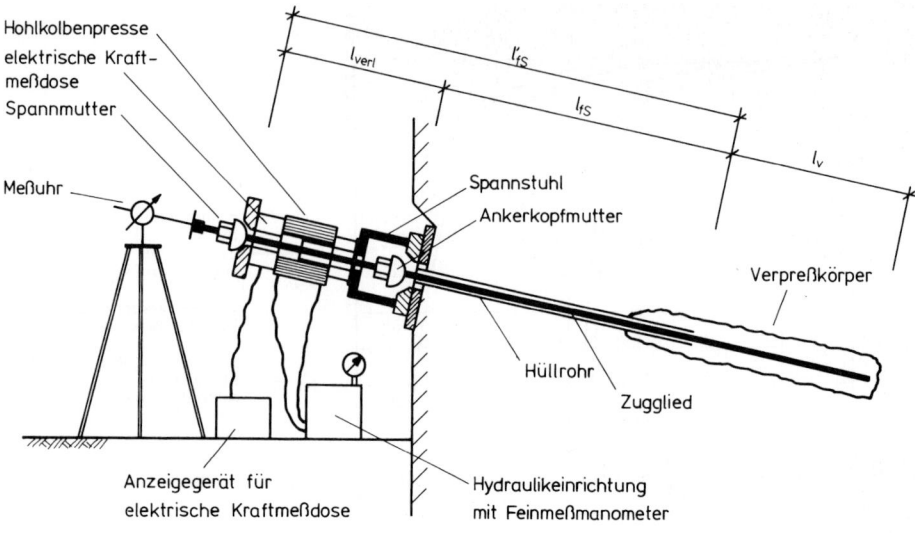

Bild 39. Schematische Darstellung eines Zugversuchs an einem Einstabanker

EN 1537 in der Regel entsprechend den Vorgaben der DIN 4125 [4] einzeln geprüft, auch wenn manche Bauverwaltungen Ankerarbeiten bereits nach DIN EN 1537 ausschreiben. An jedem Anker wird eine Abnahmeprüfung (Probebelastung) durchgeführt, mit der insbesondere das bodenmechanische Tragverhalten überprüft wird. Dadurch können die Sicherheitsbeiwerte bei Ankern, bezogen auf die bodenmechanische Grenztragfähigkeit, gegenüber denjenigen bei vergleichbaren Bauteilen (z. B. Verpresspfählen mit kleinem Durchmesser nach DIN 4128) deutlich reduziert werden. Während bei Verpresspfählen mit kleinem Durchmesser und Zugbelastung je nach Pfahlneigung Sicherheiten von $\eta = 2$ bis $\eta = 3$ gefordert werden, ist die erforderliche Sicherheit gegen die bodenmechanische Grenztragfähigkeit bei Verpressankern vom Normenausschuss auf $\eta = 1,5$ festgelegt worden. Bei Zugpfählen werden Probebelastungen nur an einer kleinen Anzahl von Versuchs- oder Bauwerkspfählen durchgeführt (nach DIN 4128 an mindestens 2 Pfählen oder 3% der Gesamtpfähle einer Baumaßnahme). Ähnlich verhält es sich mit den Sicherheitsanforderungen, die an Bodennägel gestellt werden. Die geforderte Sicherheit gegen die bodenmechanische Grenztragfähigkeit beträgt hier $\eta = 2,0$. Daran wird hier erinnert, denn es kommt in der Praxis vor, dass Pfähle wie Anker geprüft werden sollen, woraus sich Konflikte ergeben können.

Kern aller Prüfungen an Ankern ist der Zugversuch (Bild 39). Dabei wird das Zugglied bei genügendem Überstand direkt gezogen, oder es wird mit Muffen so verlängert, dass eine hydraulische Hohlkolbenpresse und eine Kraftmessdose über ihm montiert werden können. Gemessen wird die Ankerkraft und die zugehörige Kopfverschiebung (Letztere in der Regel mit einer mechanischen oder elektrischen Messuhr). Grundsätzlich kann auch der Druck im Hydrauliksystem, in Verbindung mit einer Eichkurve für die Presse, zur Ermittlung der Ankerkraft dienen. Wegen der Reibung der Zylinderflächen kann der so ermittelte Wert deutlich über dem tatsächlichen Wert der Ankerkraft liegen. Bei Zugversuchen mit höheren Ansprüchen an die Genauigkeit der Messungen sollten daher geeichte Kraftmessringe verwendet werden.

2.6 Verpressanker

Bild 40. Hydraulische Hohlkolbenpressen (linke Presse mit Stahlmantel, rechte drei Pressen Leichtbauzylinder mit CFK-Mantel)

Bild 41. Eignungsprüfung an drei Verpressankern

Bei allen Zugversuchen an Ankern muss darauf geachtet werden, dass insbesondere bei höheren Lasten und bei Laständerungen sich keine Personen im Gefahrenbereich vor der luftseitigen Verlängerung des Zuggliedes aufhalten. Trotz aller Gütekontrollen ist es vorgekommen, dass plötzlich Ankerteile versagt haben. Auch Muffenverbindungen können durch Abnutzung bei hohen Lasten oder durch nicht exakte Montage versagen, oder es kann ein plötzlicher Bruch des Verpresskörpers eintreten. Die oftmals schwierigen Bedingungen für die Montage der Prüfeinrichtung, ungünstige Auflagerbedingungen für die Pressen oder die Nachgiebigkeit des Pressenauflagers können ebenfalls zu plötzlichem Ankerversagen beitragen. Je nach der Höhe der Belastung, dem Ankertyp und dem Ort und der Art des Bruches werden Prüfeinrichtung und Ankerteile dann verschieden weit in den Raum vor dem Ankerkopf geschleudert.

8.1.2 Prüfungen an Ankern

Die erforderlichen Prüfungen an Ankern sind in DIN 4125 und in den Zulassungsbescheiden des Deutschen Instituts für Bautechnik für die einzelnen Ankersysteme festgelegt. Derzeit bauaufsichtlich gültig ist DIN 4125 – Verpressanker, Kurzzeitanker und Daueranker; Bemessung, Ausführung und Prüfung – (Ausgabe November 1990). Tabelle 7 zeigt eine Übersicht über die an Ankern gebräuchlichen Prüfungen.

Tabelle 7. Prüfungen an Ankern

Zeitpunkt der Prüfung	Bezeichnung der Prüfung	Ausführender
vor den Ankerarbeiten	Grundsatzprüfung Güteüberwachung der Bauteile	Hersteller der Anker und sachverständiges Institut Hersteller Materialprüfanstalt
während der Ankerarbeiten	Eignungsprüfung Abnahmeprüfung	Überwachung durch sachverständiges Institut Spezialtiefbaufirma
nach den Ankerarbeiten	Ankernachprüfung	sachverständiges Institut, von dem die Eignungsprüfung überwacht wurde

Gegenüber den Bestimmungen in früheren Ausgaben der DIN 4125 bedürfen Kurzzeitanker keiner Zulassung mehr, soweit sie den Konstruktionsprinzipien der DIN 4125 entsprechen und solange die zulässigen Ankerkräfte bei Einstabankern unter 700 kN bzw. bei Mehrstabankern unter 1300 kN liegen. Für Daueranker gilt nach wie vor, dass die Brauchbarkeit eines Ankersystems durch eine allgemeine bauaufsichtliche Zulassung nachgewiesen werden muss. In Ausnahmefällen kann dies auch durch eine Zustimmung im Einzelfall der jeweiligen obersten Bauaufsichtsbehörde der Länder erfolgen. In Deutschland wird es auch nach einer bauaufsichtlichen Einführung der DIN EN 1537 erforderlich sein, für Daueranker eine allgemeine bauaufsichtliche Zulassung zu besitzen.

8.1.3 Grundsatzprüfungen

Eine Grundsatzprüfung ist Voraussetzung für die Zulassung eines neuen Ankersystems. Durch die Grundsatzprüfung werden neben der Tragfähigkeit in erster Linie die Ausführbarkeit des Korrosionsschutzes und dessen Bewährung unter extremen Belastungsverhältnissen überprüft. Für eine Grundsatzprüfung wird eine Anzahl von Ankern unter Baustellenbedingungen hergestellt, belastet und anschließend ausgegraben und untersucht. Grundsatzprüfungen werden heute nur noch selten ausgeführt.

8.1.4 Eignungsprüfung

Für die Baustelle wichtig sind die Eignungsprüfungen und die Abnahmeprüfungen. Die bei den Eignungs- und Abnahmeprüfungen zu erbringenden Nachweise der Sicherheit gegen Versagen infolge Erreichens der bodenmechanischen Grenztragfähigkeit sind in Tabelle 8 zusammengestellt.

Die Eignungsprüfung ist eine Probebelastung an mindestens 3 Ankern. Gemessen wird die Ankerkopfverschiebung in Abhängigkeit von der Ankerkraft durch mehrfache Be- und Entlastung des Ankers. Bei Dauerankern muss die Eignungsprüfung grundsätzlich auf jeder Baustelle durchgeführt werden. Sie muss gemäß den Zulassungsbescheiden des DIBt für Daueranker durch eine Prüf-, Überwachungs- und Zertifizierungsstelle (PÜZ-Stelle) nach den Landesbauordnungen überwacht oder selbst durchgeführt werden. Bei Ankern für vorübergehende Zwecke ist es nicht erforderlich, dass auf jeder Ankerbaustelle eine Eignungsprüfung durchgeführt wird. Es muss jedoch das Ergebnis einer Eignungsprüfung an Ankern in vergleichbaren Bodenverhältnissen und demselben Ankertyp bzw. Herstellungsverfahren vorgelegt werden.

2.6 Verpressanker

Tabelle 8. Tragfähigkeitsnachweise durch Eignungs- und Abnahmeprüfung

Art der Prüfung	Anforderungen an Kurzzeitanker	Anforderungen an Daueranker
Eignungsprüfung	Anzahl der Prüfanker: 3 $F_P = 1{,}33 \cdot F_W$ beim Ansatz des Erdruhedrucks $F_P = 1{,}5 \cdot F_W$ beim Ansatz des aktiven Erddrucks Bei Ansatz des erhöhten aktiven Erddrucks: Interpolation zwischen den beiden Werten	Anzahl der Prüfanker: 3 $F_P = 1{,}5 \cdot F_W$
Abnahmeprüfung	Anzahl der Prüfanker: alle $F_P = 1{,}25 \cdot F_W$	Anzahl der Prüfanker: alle $F_P = 1{,}5 \cdot F_W$

Der Versuchsablauf einer Eignungsprüfung an einem Daueranker ist im Diagramm des Bildes 42 dargestellt.

In mechanischer Hinsicht ist jede Probebelastung an einem Verpressanker im Prinzip als Zugbelastung einer steifen linear elastischen Feder (des Stahlzuggliedes) anzusehen. Diese Feder ist am hinteren Ende (im Verpresskörper) festgehalten, wobei der Haltepunkt bei Verbundankern nicht genau festliegt, da die Ankerkraft über eine gewisse Länge in den Verpresskörper eingeleitet wird. Auch der Verpresskörper selbst ist nicht unverschieblich

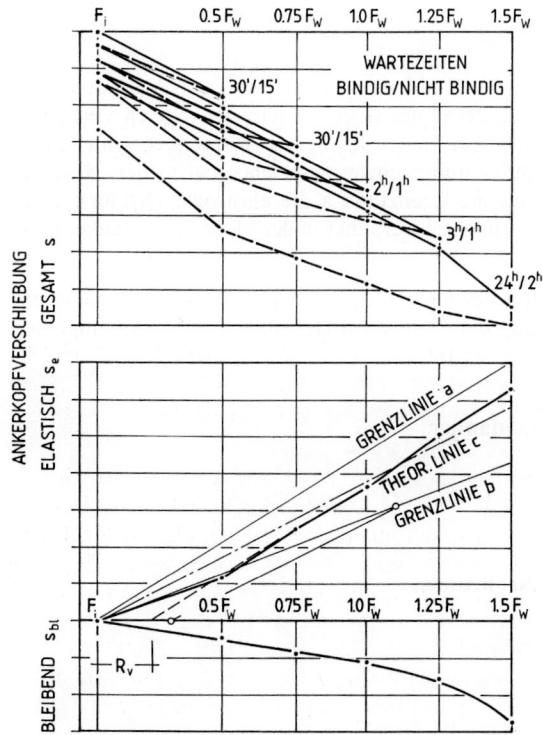

Bild 42. Versuchsablauf einer Eignungsprüfung an einem Daueranker

und bewegt sich unter dem Einfluss der Ankerkraft zur Luftseite hin. Zusätzlich können bei der Probebelastung noch Reibungs- und Umlenkkräfte auf den Stahl in der freien Stahllänge einwirken. Die Aufzeichnung der Messwerte einer Eignungsprüfung in einem Ankerkraft – Verschiebungsdiagramm (im Prinzip einer Spannungsdehnungslinie wie bei einem Zugversuch der Materialprüfung) gibt Aufschluss darüber, ob

– der Anker die Gebrauchskraft mit der geforderten Sicherheit aufnehmen kann,
– die im Bauentwurf vorgeschene freie Stahllänge vorhanden ist,
– die bleibenden Verschiebungen akzeptabel sind,
– die Reibungsverluste beim Vorspannen akzeptabel sind.

Die gemessenen Verschiebungen können in einen elastischen und einen bleibenden Anteil aufgespalten werden. Die elastischen Verschiebungen geben in erster Linie das Verhalten des Stahlzugglieds wieder und ermöglichen so die Kontrolle der freien Stahllänge. Die Kurve für die elastische Verschiebung muss innerhalb der Grenzlinien a und b liegen. Es bedeuten in den folgenden Gleichungen:

F_P Prüfkraft
F_i Vorlast (aus versuchstechnischen Gründen erforderlich)
F_W Gebrauchskraft
E E-Modul des Stahlzugglieds
A_S Querschnittsfläche des Stahlzugglieds
l_{fS} freie Stahllänge
l_v Verankerungslänge des Stahls beim Verbundanker, hier die Verpresskörperlänge
$l_Ü$ Stahlüberstand beim Prüfen
η_K Sicherheitsbeiwert für den Verpresskörper

Obere Grenzlinie, Grenzlinie a

Die Grenzlinie a berücksichtigt, dass der Krafteinleitungsschwerpunkt im Verpresskörper beim Verbundanker nicht an dessen luftseitigem Ende liegt, sondern sich je nach Verteilung der Scherspannung in Richtung des bergseitigen Endes des Verpresskörpers verschiebt. Aus Gründen der Sicherheit sollte der Krafteinleitungsschwerpunkt maximal in der Mitte der Verpresskörperlänge liegen. Deshalb gibt die Grenzlinie a die elastische Dehnung eines Verbundankers wieder, dessen Krafteinleitungsschwerpunkt in der Mitte der Verankerungslänge liegt.

Bei Druckrohrankern ist diese Definition der Grenzlinie a konstruktionsbedingt nicht anwendbar. Hier wird die obere Begrenzung der elastischen Dehnung durch einen empirisch festgelegten Faktor bestimmt.

Gleichung der Grenzlinie a für Verbundanker

$$s_{el} = \frac{F_P - F_i}{E \cdot A_S} \left[l_{fS} + l_Ü + \frac{l_v}{2} \right]$$

Gleichung der Grenzlinie a für Druckrohranker

$$s_{el} = 1{,}1 \cdot \frac{F_P - F_i}{E \cdot A_S} \left(l_{fS} + l_Ü \right)$$

2.6 Verpressanker

Untere Grenzlinie, Grenzlinie b

Die Grenzlinie b berücksichtigt, dass beim Spannen der Anker Kraftverluste durch Reibung im Bereich der freien Stahllänge nicht zu vermeiden sind. Da diese Reibungsverluste in den unteren und mittleren Kraftbereichen gegenüber der jeweiligen Ankerkraft prozentual höher ins Gewicht fallen, wird die Grenzlinie b hier nach unten korrigiert.

Gleichung der Grenzlinie b im Kraftbereich nahe der maximalen Prüfkraft
($F_P \geq 0{,}75 \cdot \eta_K \cdot F_W + F_i$)

$$s_{el} = 0{,}8 \cdot \frac{F_P - F_i}{E \cdot A_S} (l_{fS} + l_{ü})$$

Im unteren und mittleren Kraftbereich wird die Grenzlinie b durch den Linienzug $F_i - R - S$ dargestellt. Die Punkte R und S haben folgende Koordinaten:

Punkt	Verschiebungsachse s_{el}	Kraftachse F_P
R	0	$0{,}15 \cdot \eta_K \cdot F_W + F_i$
S	$0{,}6 \eta_K \cdot F_W \cdot \frac{l_{fS}}{E \cdot A_S}$	$0{,}75 \cdot \eta_K \cdot F_W + F_i$

Theoretische Linie c

Die theoretische Linie c ist die Kraft-Verschiebungskurve eines Stahlzuggliedes mit der vorgesehenen freien Stahllänge l_{fS}

$$s_{el} = \frac{F_P - F_i}{E \cdot A_S} (l_{fS} + l_{ü})$$

Die bleibenden Verschiebungen bestehen in erster Linie aus Verformungen entlang der Mantelfläche zwischen Verpresskörper und Baugrund und geben deshalb das bodenmechanische Tragverhalten wieder.

Kriechmaß

Auf den erstmals erreichten Laststufen wird bei konstant gehaltener Last das Zeit-Verschiebungs-Verhalten beobachtet (Bild 43). Es wird charakterisiert durch das Kriechmaß k_S. Darunter wird die Verschiebung bei konstanter Last in einem Zeitintervall verstanden, in dem t_2 zehnmal so groß ist wie t_1. Es wird aus einem annähernd geraden Kurvenast am Ende einer Zeit-Verschiebungs-Kurve ermittelt:

$$k_s = \frac{s_2 - s_1}{\log t_2 : t_1}$$

Aus der Entwicklung des Kriechmaßes kann die Grenztragfähigkeit des Ankers im Baugrund ermittelt werden (Bild 44). Sie ist nach DIN 4125 dann erreicht, wenn das Kriechmaß $k_S = 2$ mm beträgt. Gegenüber der Grenztragfähigkeit muss bei Daueraankern eine Sicherheit von $\eta = 1{,}5$ eingehalten werden. Bei Ankern für vorübergehende Zwecke wird unterschieden, ob die Ankerkräfte aus dem aktiven Erddruck ($\eta = 1{,}5$) oder dem Erdruhedruck ($\eta = 1{,}33$) ermittelt wurden.

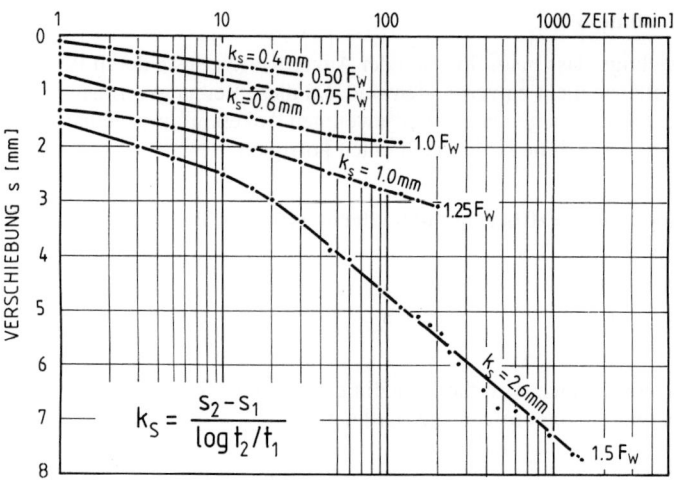

Bild 43. Zeit-Verschiebungs-Kurven und Ermittlung des Kriechmaßes bei einer Eignungsprüfung

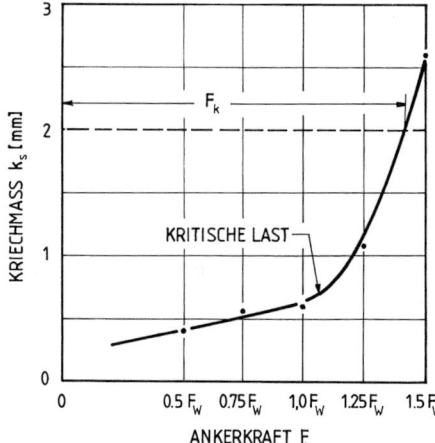

Bild 44. Ermittlung der Grenzlast aus dem Kriechmaß

8.1.5 Abnahmeprüfung

Die Abnahmeprüfung ist grundsätzlich an jedem Anker (Daueranker und Anker für vorübergehende Zwecke) durchzuführen und erfolgt im Allgemeinen in Verbindung mit dem Spannen des Ankers. Die Ergebnisse der Abnahmeprüfungen spiegeln die Abhängigkeit der Ankertragfähigkeit von den lokalen Baugrundverhältnissen und den Herstellungsbedingungen wider.

Der Versuchsablauf der Abnahmeprüfungen für Anker für vorübergehende Zwecke und für Daueranker ist in Bild 45 dargestellt.

Falls die im Bild 45 angegebenen Verschiebungskriterien überschritten werden, ist die Beobachtungszeit auf der Prüflaststufe solange zu verlängern, bis eine eindeutige Bestimmung

2.6 Verpressanker

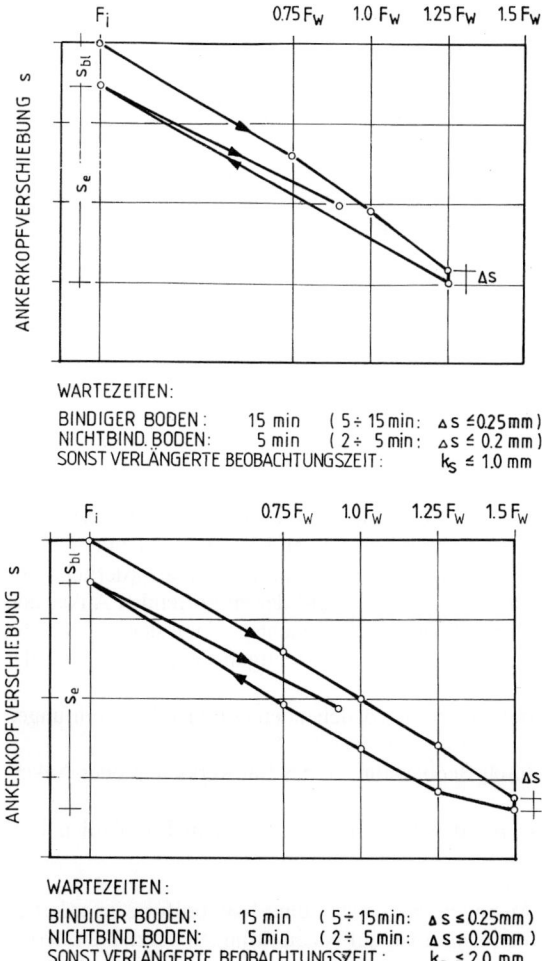

Bild 45. Versuchsablauf bei einer Abnahmeprüfung (oben: Temporäranker; unten: Daueranker)

des Kriechmaßes möglich ist. Das Kriechmaß darf dann bei Kurzzeitankern ($F_P = 1{,}25 \cdot F_W$) maximal 1,0 mm und bei Dauerankern ($F_P = 1{,}5 \cdot F_W$) maximal 2,0 mm betragen.

8.1.6 Gruppenprüfung

Eine gegenseitige Beeinflussung des bodenmechanischen Tragverhaltens kann im Allgemeinen ausgeschlossen werden, wenn zwischen den Ankerachsen im Bereich der Verpresskörper ein Mindestabstand von ca. dem 10- bis 15-fachen Bohrlochdurchmesser eingehalten wird. Bei den üblichen Bohrlochdurchmessern entspricht dies ca. 1,5 m. Wird dieser Abstand unterschritten, so sollte das Tragverhalten unter Berücksichtigung einer eventuellen Gruppenwirkung untersucht werden. Dabei werden drei unmittelbar benachbarte Anker in einer Gruppenprüfung gleichzeitig belastet. Dies kann auch im Rahmen der Eignungsprüfung erfolgen. Nach DIN 4125 wird eine Gruppenprüfung bei Abständen zwischen den Verpresskörpern von weniger als 1,0 m ($F_W \leq 700$ kN) bzw. 1,5 m ($F_W \leq 1300$ kN) gefordert.

8.1.7 Ankernachprüfung

Unklarheiten über Art und Umfang der in den Zulassungen und in DIN 4125 angeführten Nachprüfpflicht führen oft zur Verunsicherung bei den planenden und prüfenden Ingenieuren und insbesondere beim Bauherrn. Die Nachprüfpflicht wird zum Teil in der Weise missverstanden, dass bei Daueranker über die volle Lebensdauer in regelmäßigen Abständen die Ankerkraft überprüft werden muss. Dies trifft nicht zu. Es muss vielmehr bei jeder Dauerankerbaustelle im Einzelfall entschieden werden, ob und wann Kontrollmessungen am Einzelanker oder am Gesamtsystem später noch erforderlich sind.

Die DIN 4125 sagt zur Nachprüfung in Abschnitt 8.5:

g) Für Daueranker ist im Rahmen der statischen und konstruktiven Entwurfsbearbeitung festzulegen, ob und gegebenenfalls welche Verpressanker nach Abschnitt 13 nachzuprüfen sind.

In Abschnitt 13 der DIN 4125 heißt es dazu:

13 Nachprüfung

Sind im System Anker/Bauwerk/Baugrund Verformungen zu erwarten, die wesentliche Dehnungs- und Kraftänderungen im Daueranker hervorrufen können, die sich ungünstig auf das Bauwerk oder die Anker auswirken, sind Nachprüfungen erforderlich. Die Entscheidung darüber sowie über den Umfang, die Anzahl der zu prüfenden Anker und die zeitlichen Abstände der Nachprüfungen sind nach Gesichtspunkten der Boden- und Felsmechanik und der Art des Bauwerks unter Berücksichtigung der Ergebnisse der Eignungs- und Abnahmeprüfungen zu treffen.
Auch bei Kurzzeitankern ist zu beurteilen, ob aus vorstehenden Gründen Nachprüfungen erforderlich sind.
Erforderliche Nachprüfungen sind durch Beobachtungen des Bauwerks und/oder Ankerkraftmessungen vorzunehmen.
Beobachtungen und Messergebnisse bei den Nachprüfungen sind in Protokollen festzuhalten.

Die DIN 4125 macht also eindeutige Aussagen dazu, wann eine Nachprüfung erforderlich ist. Bei der Mehrzahl der Baumaßnahmen kann man auf Nachprüfungen verzichten. Kriterien dafür, ob man Nachprüfungen vorsehen muss, sind:

a) Für den betreffenden Ankertyp besteht nach dem Zulassungsbescheid eine Nachprüfpflicht aus konstruktiven Gesichtspunkten (Korrosionsschutz). Die meisten Dauerankersysteme sind in diesem Punkt von der Nachprüfpflicht befreit. Lediglich die Dauerankersysteme, bei denen für den Korrosionsschutz relevante Teile im Bohrloch hergestellt werden, sind aus konstruktiven Gründen nicht von der Nachprüfung befreit.
Hinsichtlich des Korrosionsschutzes werden Nachprüfungen bei Temporärankern nur dann erforderlich, wenn die Einsatzdauer der Anker aus unvorhergesehenen Gründen 2 Jahre übersteigt.

b) Eine Nachprüfung nahelegende Ergebnisse der Eignungs- und Abnahmeprüfungen (z. B. hohe Kriechmaße oder Versagen von einzelnen Ankern bei den Prüfungen).

c) Mögliches Verhalten, Sicherheitsannahmen und Gefährdungsgrad des Gesamtsystems (z. B. Sicherung eines Hanganschnitts an einem Verkehrsweg).

Die Punkte a) und b) betreffen ausschließlich das einzelne Sicherungselement Anker. Sie können in der Regel durch Kontrollen bei der Herstellung und beim Einbau der Anker bzw.

2.6 Verpressanker   351

durch stichprobenartige Messungen an einer ausgewählten Anzahl von Ankern (5 bis 10%) meist noch während der Bauzeit geklärt werden.

Die überwiegende Anzahl von Nachprüfungen muss aufgrund von Punkt c), also dem Verhalten des Gesamtsystems, durchgeführt werden. Die Messungen sind dabei so zu planen, dass auch tatsächlich das Verhalten des Gesamtsystems bzw. mögliche Versagensmechanismen erfasst werden können. Dies ist nur durch eine Kombination von Kraft- und Verformungsmessungen an den Sicherungselementen sowie durch Verformungsmessungen im Umfeld der Sicherungsmaßnahme möglich. Erst durch die sich gegenseitig ergänzenden Messungen kann das Verhalten des Gesamtsystems beurteilt und mögliche Schwachstellen können erkannt werden.

Nachprüfungen sind auch immer dann erforderlich, wenn eine Sicherungsmaßnahme empirisch konzipiert wird; wenn also zunächst eine minimale Ankeranzahl eingebaut wird und durch Messungen der Erfolg der Maßnahme kontrolliert wird. Falls die Verformungen aufgrund der ersten Verankerung nicht zum Stillstand kommen, werden weitere Anker angeordnet. Diese Vorgehensweise kann kostensparend sein. Die Anker müssen dabei nachstellbar sein (Nachspannen der Anker bzw. Ablassen der Ankerkräfte).

Für die Nachprüfung bestehen folgende Möglichkeiten:
- Direkte Kontrolle der Ankerkräfte mit fest installierten Kraftmessdosen oder mit Abhebeversuchen.
- Indirekte Kontrolle durch messtechnische Überwachung der mit Ankern gesicherten Bauteile. Dazu eignen sich geodätische Verschiebungsmessungen, Neigungsmessungen, Riss- und Fugenbeobachtung, Extensometermessungen und Durchbiegungsmessungen.

Überwachungen nach Punkt c) sind nicht spezifisch für Verankerungen. Sie sind im Prinzip unabhängig davon, ob als Sicherungselemente Anker, Nägel, Pfähle oder z. B. lediglich eine Stützmauer verwendet werden. Bei Nachprüfungen nach Punkt c) wird man die Messungen nur solange durchführen, bis ein unkritisches Verhalten nachgewiesen ist. Auch dies kann oft bereits während der Bauzeit erfolgen. Möglichkeiten zur Nachprüfung werden im übernächsten Abschnitt erläutert.

8.2 Prüfungen an Ankern nach DIN EN 1537

In DIN EN 1537:2001-01 sind die Prüfungen an Ankern in Abschnitt 9 beschrieben. Die Norm unterscheidet zwischen den folgenden Prüfungsarten:

– Untersuchungsprüfung,
– Eignungsprüfung,
– Abnahmeprüfung.

In Abschnitt 9.4 der Norm sind drei Prüfverfahren beschrieben. Für die Prüfungen in Deutschland sieht der DIN-Fachbericht zu DIN EN 1537 nur das Prüfverfahren 1 vor. Dabei wird der Anker stufenweise in einem oder mehreren Zyklen von der Vorbelastung aus bis zur Prüfkraft belastet. Für jeden Zyklus wird die Verschiebung des Ankerkopfes bei der maximalen Spannkraft über einen festgelegten Zeitraum gemessen. Das Prüfverfahren 1 entspricht der in DIN 4125 geforderten Verfahrensweise.

8.2.1 Untersuchungsprüfungen

Unter dem Begriff Untersuchungsprüfungen versteht DIN 1537 Prüfungen an Ankern, die vor der Herstellung der Bauwerksanker hergestellt werden. Es soll dabei der Herausziehwiderstand der geplanten Anker in Abhängigkeit von den Baugrundbedingungen und den verwendeten Baustoffen ermittelt werden. Außerdem soll die Fachkompetenz des ausführenden Unternehmens festgestellt und/oder ein neuer Ankertyp bis zum Versagen an der Baugrund-Verpressmörtel-Fuge geprüft werden. Untersuchungsprüfungen sollen dort durchgeführt werden, wo Anker in Baugrundverhältnissen verwendet werden sollen, für die bisher keine Untersuchungsprüfungen durchgeführt wurden, oder wo höhere Gebrauchslasten als bisher in vergleichbaren Baugrundverhältnissen verlangt werden. Die Prüfkraft P_P bei Untersuchungsprüfungen beträgt

$$P_P = R_{ak}$$

R_{ak} ist der charakteristische Herausziehwiderstand des Ankers. Untersuchungsprüfungen sollten also so geplant und die Anker so ausgelegt werden, dass die bodenmechanische Grenztragfähigkeit der Anker erreicht wird. Dazu sind insbesondere das Zugglied und die Auflagerkonstruktion entsprechend robust auszubilden. Bei den Untersuchungsprüfungen sind folgende Grenzwerte einzuhalten, wobei der kleinere Wert maßgebend ist:

$P_P \leq 0{,}80 \, P_{tk}$ P_{tk} charakteristische Bruchkraft des Zugglieds

$P_P \leq 0{,}95 \, P_{t0,1k}$ $P_{t0,1k}$ Tragkraft an der charakteristischen Spannung des Stahlzugglieds bei 0,1 % bleibender Dehnung (Spannstahl)

$P_P \leq 0{,}95 \, P_{t0,2k}$ $P_{t0,2k}$ Tragkraft an der charakteristischen Spannung des Stahlzugglieds bei 0,2 % bleibender Dehnung (Baustahl)

Untersuchungsprüfungen im Sinne von DIN EN 1537 werden in Deutschland in der Praxis eher selten vorgenommen werden. Es sind eigentlich erweiterte Eignungsprüfungen.

8.2.2 Eignungsprüfungen

Nach dem DIN-Fachbericht zu DIN EN 1537 sind bei Baumaßnahmen mit Dauerankern Eignungsprüfungen auf der jeweiligen Baustelle durchzuführen. Die Durchführung und Auswertung der Eignungsprüfungen sind von einer Prüf-, Überwachungs- und Zertifizierungsstelle (PÜZ-Stelle) zu überwachen. Versuchsdurchführung, Prüfkräfte und die Anforderungen sind dem Anhang FB.E zu entnehmen. Eignungsprüfungen sind an mindestens drei Ankern durchzuführen, die unter gleichartigen Ausführungsbedingungen wie die Bauwerksanker hergestellt wurden. Bild 46 zeigt die Auftragung der Kraft-Verschiebungslinie einer Eignungsprüfung am Beispiel eines Daueranker. Die Prüfkraft P_P ergibt sich nach DIN 1054:2005-01 [6] aus dem Bemessungswert E_d der Ankerbeanspruchung zu

$$P_P = \gamma_A \cdot E_d$$

mit $\gamma_A = 1{,}1$ nach DIN 1054:2005-01, Tabelle 3. Dabei sind für die Prüfkraft folgende Grenzwerte einzuhalten:

$P_P \leq 0{,}80 \, P_{tk}$

$P_P \leq 0{,}95 \, P_{t0,1k}$ (Spannstahl)

$P_P \leq 0{,}95 \, P_{t0,2k}$ (Baustahl)

Die Laststufen und Mindestbeobachtungszeiten für Eignungsprüfungen sind in Tabelle 9 zusammengestellt.

Bild 47 zeigt die Zeit-Verschiebungslinien zur Ermittlung des Kriechmaßes k_s am Beispiel eines Daueranker in nichtbindigem Boden. In Bild 48 ist das Kriechmaß als Funktion der Ankerkraft für das Beispiel von Bild 47 aufgetragen.

In Tabelle 10 sind die Beobachtungszeiten, zulässigen Verschiebungen und Kriechmaße bei Eignungsprüfungen nach DIN EN 1537 zusammengestellt.

2.6 Verpressanker

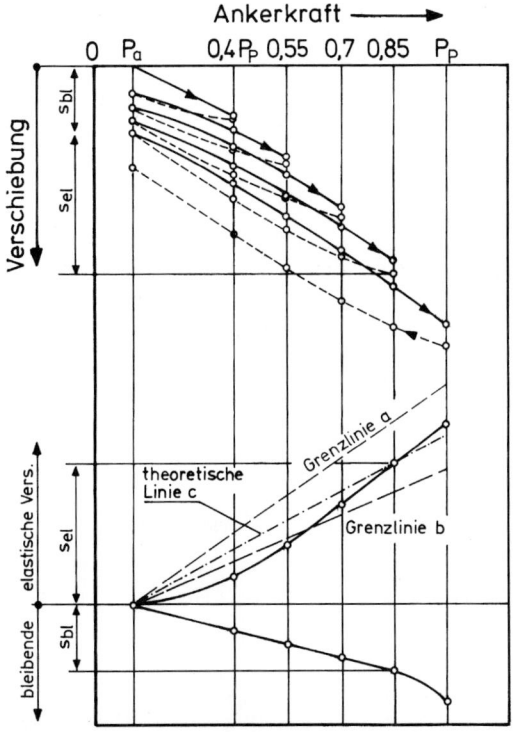

Bild 46. Kraft-Verschiebungslinie am Beispiel einer Eignungsprüfung an einem Daueranker

Tabelle 9. Laststufen und Mindestbeobachtungszeiten für Eignungsprüfungen nach DIN EN 1537:1999

Laststufe	Mindestbeobachtungszeit in Minuten			
	Kurzzeitanker		Daueranker	
	nichtbindiger Boden und Fels	bindiger Boden	nichtbindiger Boden und Fels	bindiger Boden
Vorlast P_a	1	1	1	1
0,40 P_P	1	1	15	15
0,55 P_P	1	1	15	15
0,70 P_P	5	5	30	60
0,85 P_P	5	5	30	60
1,00 P_P	30	60	60	180

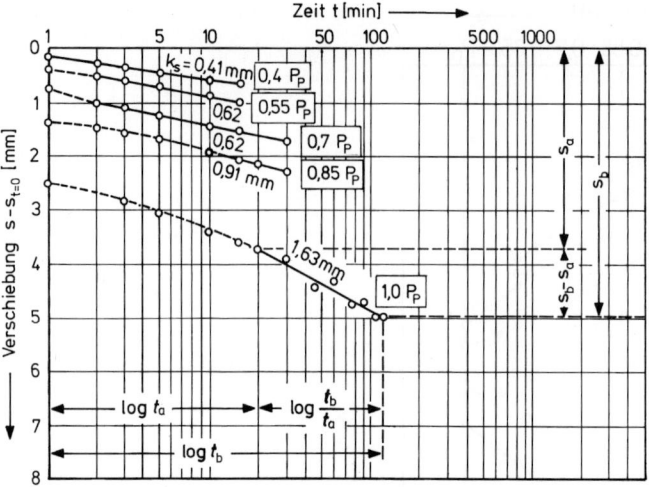

Bild 47. Zeit-Verschiebungslinien zur Ermittlung der Kriechmaße $k_s = (s_b - s_a)/\log(t_b/t_a)$ am Beispiel eines Daueankers in nichtbindigem Boden

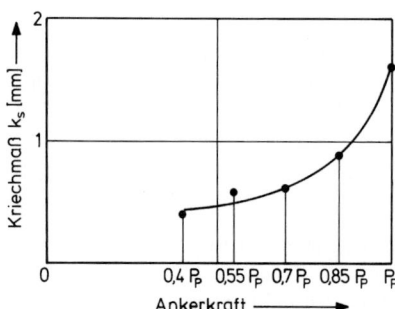

Bild 48. Darstellung des Kriechmaßes als Funktion der Ankerkraft

Tabelle 10. Beobachtungszeiten, zulässige Verschiebungen und Kriechmaße bei der Prüfkraft P_P von Eignungsprüfungen

	Kurzzeitanker		Daueranker	
	nichtbindiger Boden und Fels	bindiger Boden	nichtbindiger Boden und Fels	bindiger Boden
Prüfkraft (DIN 1054:2005-01)	1,1 E_d	1,1 E_d	1,1 E_d	1,1 E_d
Versuch mit Mindestbeobachtungszeit bei Erfüllung der Bedingung: t_a [min] t_b [min] Verschiebung: $\Delta s = s_b - s_a$ [mm]	10 30 ≤ 0,5	20 60 ≤ 0,5	20 60 ≤ 0,5	60 180 ≤ 0,5
Versuch mit verlängerter Beobachtungszeit: t_b [min] Kriechmaß k_s [mm]	≥ 30 ≤ 2,0	≥ 60 ≤ 2,0	≥ 120 ≤ 2,0	≥ 720 ≤ 2,0

2.6 Verpressanker

Tabelle 11. Laststufen und Mindestbeobachtungszeiten für Abnahmeprüfungen

Laststufen	Mindestbeobachtungszeit in Minuten	
	Kurzzeitanker und Daueranker	
	nichtbindiger Boden und Fels	bindiger Boden
Vorlast P_a	1	1
0,40 P_P	1	1
0,55 P_P	1	1
0,70 P_P	1	1
0,85 P_P	1	1
1,00 P_P	5	15

8.2.3 Abnahmeprüfungen

Jeder Bauwerksanker ist auch nach DIN EN 1537 einer Abnahmeprüfung zu unterziehen. Die Prüfkraft ergibt sich nach DIN 1054:2005-01 zu $P_P = 1{,}10\ P_k$. Anders als in DIN 4125 wird bei Dauer- und Kurzzeitankern dieselbe Prüfkraft angesetzt. Die Prüfkraft darf folgende Grenzwerte nicht überschreiten:

$P_P \leq 0{,}80\ P_{tk}$

$P_P \leq 0{,}95\ P_{t0{,}1\,k}$ (Spannstahl)

$P_P \leq 0{,}95\ P_{t0{,}2\,k}$ (Baustahl)

In Tabelle 11 sind die Laststufen und Mindestbeobachtungszeiten bei Abnahmeprüfungen zusammengestellt.

Bei nichtbindigen Böden und Fels darf die Verschiebung auf der Prüflaststufe P_P zwischen der 2. und der 5. Minute 0,2 mm, bei bindigen Böden zwischen der 5. und der 15. Minute 0,25 mm nicht überschreiten. Kann dieses Kriterium nicht eingehalten werden, so muss die Beobachtungszeit auf der Prüflaststufe verlängert werden, bis eindeutig nachgewiesen werden kann, dass das Kriechmaß 2 mm nicht überschreitet.

8.3 Überwachung eingebauter Anker

8.3.1 Optische Kontrollen der sichtbaren Ankerteile

Die meist am wenigsten aufwendige Art der Überwachung ist die Inaugenscheinnahme der Ankerköpfe. Allerdings gibt eine solche Inaugenscheinnahme keine Informationen über den Zustand des Stahlzuggliedes oder gar die Ankerkraft. Allenfalls lässt sich erkennen, wenn Anker gerissen sind, oder wenn z. B. Litzen durch die Verkeilung gerutscht sind. Da der Ankerkopf hinsichtlich des Korrosionsangriffes am meisten gefährdet ist, machen solche Kontrollen Sinn, auch wenn man bei Daueranker die Schutzkappe abnehmen muss, um sie durchzuführen.

8.3.2 Ankerkraftüberwachung mit Abhebeversuchen

Die Nachprüfung von Ankerkräften mit Abhebeversuchen ist die sicherste Methode, um auch nach sehr langer Zeit zuverlässig die Ankerkräfte zu überprüfen. Die Erfahrung hat

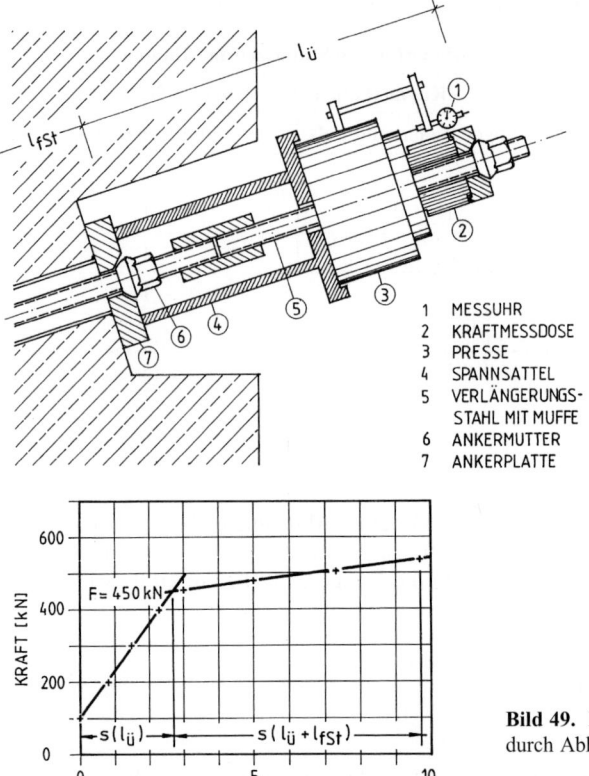

Bild 49. Prinzip einer Ankerkraftnachprüfung durch Abhebeversuch

gezeigt, dass alle Kraftmessgeber, seien sie elektrisch oder hydraulisch, über viele Jahre hinweg an Zuverlässigkeit der Anzeige verlieren. Es empfiehlt sich also, wenn man mit der Notwendigkeit von Ankerkraftkontrollen auch nach vielen Jahren rechnen muss, die Köpfe der Anker für die Durchführung von Abhebeversuchen auszubilden.

Das Prinzip von Abhebeversuchen besteht darin, das Zugglied durch Aufmuffen so zu verlängern (bzw. bei Litzenankern den Keilträger mit einer Schraubglocke zu fassen), dass eine Spannpresse und Kraftmessdose darüber montiert werden können (Bild 49). Spannt man nun den Anker, so wird zunächst nur die Länge zwischen der Ankerplatte und der oberen Mutter über der Kraftmessdose gedehnt. Wenn die Zugkraft gleich der aktuellen Ankerkraft ist, hebt sich die untere Ankermutter (bei Litzenankern der Keilträger) von der Unterlage ab. Bei weiterer Krafterhöhung muss das gesamte Zugglied bis zum Verpresskörper gedehnt werden. Die Auftragung der Zugkraft über der Kopfverschiebung zeigt im Schnittpunkt der beiden Geraden vor und nach dem Abheben die Ankerkraft. Bild 50 zeigt die Durchführung eines Abhebeversuches an einem Einstabanker.

Häufig ist die nachträgliche Feststellung der Ankerkraft durch Abhebeversuche nicht ohne Weiteres möglich, weil die Ankerzugglieder nicht mehr genügend Überstand haben, um sie packen und ziehen zu können. Um Einstabanker dennoch in manchen Fällen prüfen zu können, wurden spezielle Klemmvorrichtungen entwickelt, die allerdings mindestens zwei bis drei Gewindegänge als Kraftübertragungsstrecke benötigen. Litzen- und Bündelanker

2.6 Verpressanker

Bild 50. Abhebeversuch an einem Einstabanker (mit spezieller Spannbrücke, erforderlich wegen zu geringen Zuggliedüberstands)

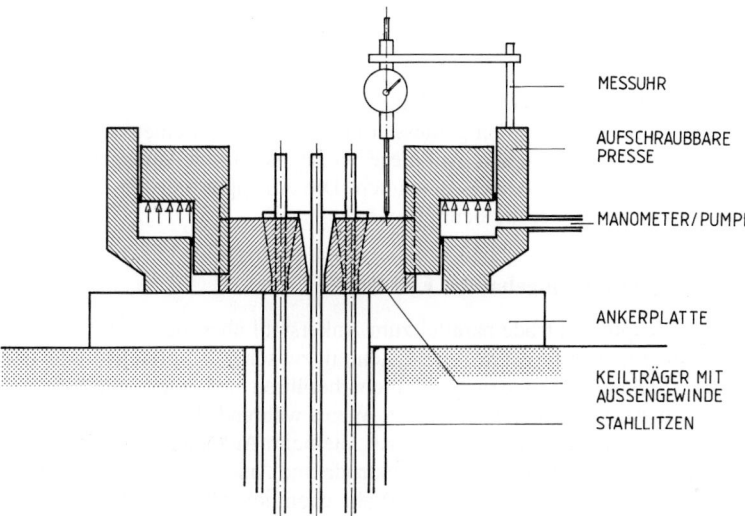

Bild 51. Aufschraubbare Abhebepresse für Litzen- oder Bündelanker

lassen sich nur dann als Ganzes abheben, wenn die Keilträger ein Außengewinde haben. Mit einer Einzellitzenspannpresse kann man, wenn dies nicht der Fall ist, versuchen, aus der Summe der Kräfte der Einzellitzen die Gesamtankerkraft zu ermitteln. Diese Methode scheitert, wenn die Litzen dicht über der Verkeilung gekappt wurden. Als Mindestüberstand sind ca. 4 cm erforderlich, wobei auch bei diesem geringen Maß eine Sonderkonstruktion der Keilmuffe notwendig ist.

8.3.3 Optische Sensoren / Lichtwellenleitersensoren

Durch die Integration von Lichtwellenleitern (LWL) aus Glas in einen Faserverbundstab erhält man die Möglichkeit, solche derart geschützte Sensoren zusammen mit den Spannstählen in Anker einzubauen und sie als Mess- und Überwachungselemente zu nutzen. Das Messprinzip besteht darin, an der Eingangsseite ein Lichtsignal in den Leiter zu schicken.

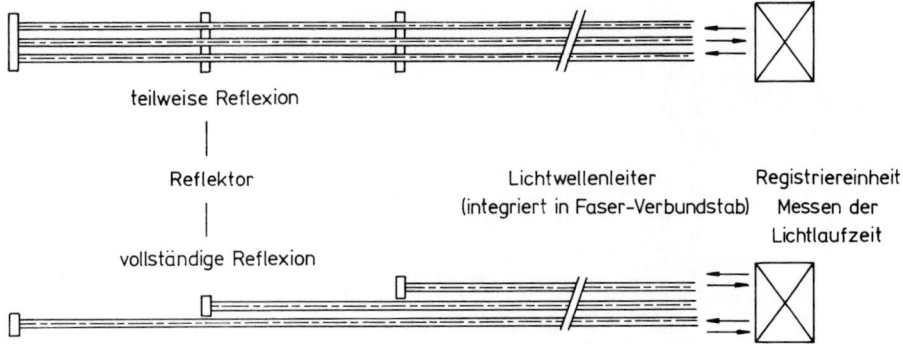

Bild 52. Prinzip der Ankerüberwachung mit Lichtwellenleitersensoren

Das Signal durchläuft den Sensor und trifft dabei auf eingebaute Reflektoren. Dort wird ein Teil des Lichtes zur Lichtquelle hin reflektiert, der Rest passiert den Reflektor und trifft auf den nächsten, usw. Am bergseitigen Ende des Sensors wird der ankommende Rest des Lichtes durch eine Verspiegelung reflektiert und am Eingang wieder registriert. Die Laufzeiten der reflektierten Lichtanteile werden gemessen und mit denen in einem nicht belasteten Referenz-Lichtwellenleiter verglichen. Auf diese Weise lassen sich Aussagen über die Dehnungen des LWL und damit des Ankers gewinnen. Die Aussagen müssen dann interpretiert und der Zustand der Verankerung beurteilt werden.

8.3.4 Potentialmessungen mit eingebauten Elektroden

Durch den Einbau einer Kupferelektrode parallel zum Ankerstahl über die gesamte Ankerlänge lässt sich am Ankerkopf das elektrische Potential zwischen Kupferelektrode und Zugglied messen. Die Elektrode darf den Stahl nicht berühren und wird innerhalb des PVC-Schutzrohres durch Abstandhalter positioniert. Wenn während der Lebensdauer des Ankers eine Veränderung am Korrosionsschutz eintritt, die beim Ankerstahl eine anodische Reaktion auslöst, so sinkt das Potential zwischen Elektrode und Anker. Bei einem Absinken des Potentials unter ca. −200 mV wird nach [14] die Wahrscheinlichkeit groß, dass am Anker Korrosion eingetreten ist. Die beschriebene Überwachungsmethode hat sich bisher nicht allgemein durchgesetzt. Ebenso wie bei der Überwachung durch Lichtwellenleitersensoren ist es sicherlich nicht leicht, aufgrund der Ergebnisse der Potentialmessung unter Umständen den Ersatz einer Verankerung anordnen zu müssen.

8.3.5 Reflektometrische Impulsmessungen

Reflektometrische Impulsmessungen nutzen die Eigenschaften eines hochfrequenten Wechselstromkreises. Legt man eine Wechselspannung an ein Zugglied an, so geht der imaginäre Blindwiderstand mit seinem kapazitiven und induktiven Anteil gegen null, wenn die Spannung die Resonanzfrequenz des Zugglieds besitzt. Die zugehörige minimale Impedanz ist die charakteristische Impedanz des elektrischen Leiters (des Zugglieds). Tritt im Leiter Korrosion auf, so ändert sich die Impedanz. Ein Teil der Energie wird reflektiert und überlagert sich am Ausgangspunkt mit dem ausgesandten Signal. Durch die elektronische Trennung beider Signale ist es möglich, Rückschlüsse auf den Ort der Korrosion zu treffen [25]. Das Verfahren hat, wie die vorerwähnten, bisher keinen allgemeinen Eingang in die Ankertechnik gefunden.

8.3.6 Überwachung der Ankerkräfte mit fest installierten Kraftmesseinrichtungen

Zur mittelfristigen Überwachung von Ankerkräften dienen elektrische oder hydraulische Kraftmessringe, die zwischen Ankerkopf und Auflagerkonstruktion eingebaut werden. Elektrische Kraftmessringe bestehen i. d. R. aus einem hantelförmigen Zentralkörper aus Spezialstahl, der einen Durchgang für das Stahlzugglied hat (Bild 53). Auf dem Schaft des Zentralkörpers sind Dehnungsmessstreifen appliziert, mit denen es möglich ist, elastische Stauchungen oder Dehnungen des Zentralkörpers infolge einer auf ihn einwirkenden Ankerkraft genau zu messen und daraus die Ankerkraft zu bestimmen. Um den Zentralkörper ist ein Schutzrohr angeordnet. Die Dehnungen werden mit einer Brückenschaltung gemessen. Moderne Anzeigegeräte (Bild 54) zeigen die Ankerkraft direkt in Kilonewton an.

Hydraulische Kraftmessgeber basieren auf dem Prinzip, die Ankerkraft auf einen ölgefüllten Hohlkörper mit definiertem Querschnitt einwirken zu lassen (Bild 55). Die Ankerkraft erzeugt einen Druck im Hohlkörper, der z. B. mit einem Manometer gemessen werden kann. Er ist proportional zur Ankerkraft – im Prinzip sind solche Messgeber umgekehrte hydraulische Pressen.

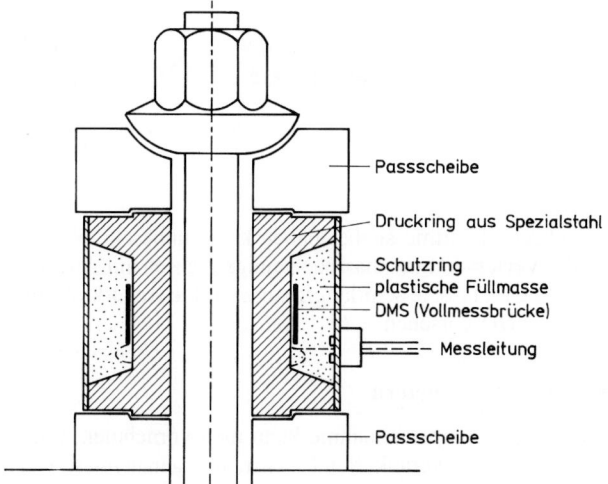

Bild 53. Prinzip eines elektrischen Kraftmessrings

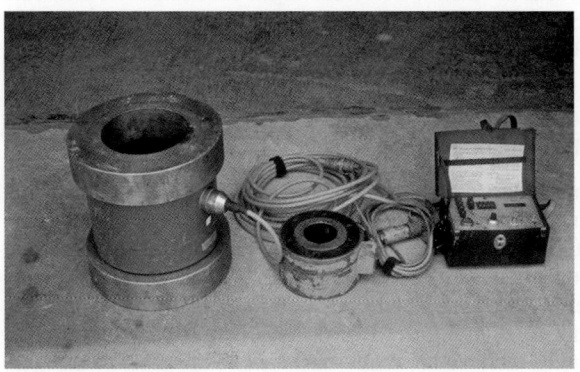

Bild 54. Elektrische Kraftmessringe und Anzeigegerät (DMD 20)

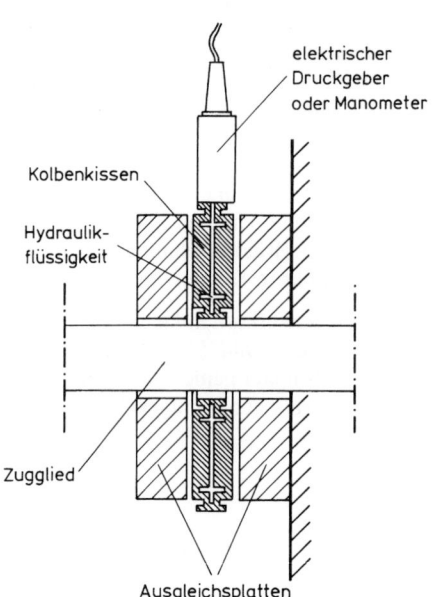

Bild 55. Prinzip eines hydraulischen Kraftmessgebers

Bild 56. Hydraulischer Kraftmessgeber

Sowohl elektrische als auch hydraulische Kraftmessgeber haben keine unbeschränkte Lebensdauer. Nach den Erfahrungen der Verfasser muss man nach einigen Jahren mit Ausfällen und zunehmender Ungenauigkeit rechnen. Für eine sehr langfristige direkte Ankerkraftüberwachung sollte man daher Abhebeversuche vorsehen.

8.3.7 Indirekte Überwachung mit Extensometern

Eine indirekte Überwachung einer Verankerungsmaßnahme kann man vornehmen, indem man die Verschiebung der Ankerköpfe oder der verankerten Konstruktion genau misst. Dazu eignen sich besonders gut Extensometer. Extensometer sind Messanker, die in Bohrlöcher eingebaut werden und an der Bohrlochsohle mit dem Gebirge kraftschlüssig verbunden werden (Bild 57). Wenn die Bohrlochsohle keine Verschiebungen erfährt, äußert sich eine Gebirgsbewegung zwischen der Sohle und dem Bohrlochkopf in einer Relativbewegung zwischen Extensometerstab und Bohrlochkopf, die man z. B. mit einer Messuhr sehr genau messen kann.

8.3.8 Prüfung durch elektrische Widerstandsmessungen

Die Unversehrtheit des Korrosionsschutzes von eingebauten Daueranker lässt sich durch elektrische Widerstandsmessungen überprüfen, wenn die Anker einschließlich der Ankerköpfe vom Gebirge durch Isolationsplatten vollständig elektrisch getrennt werden. Die elektrischen Prüfungen wurden vor allem in der Schweiz seit etwa 20 Jahren in die Baupraxis eingeführt [15]. Von verschiedenen Firmen und einer Korrosionskommission wurden Empfehlungen für die Projektierung und Ausführung des Korrosionsschutzes von Daueranker erarbeitet [21]. Diese Empfehlungen beinhalten nicht nur die elektrischen Prüfungen,

2.6 Verpressanker

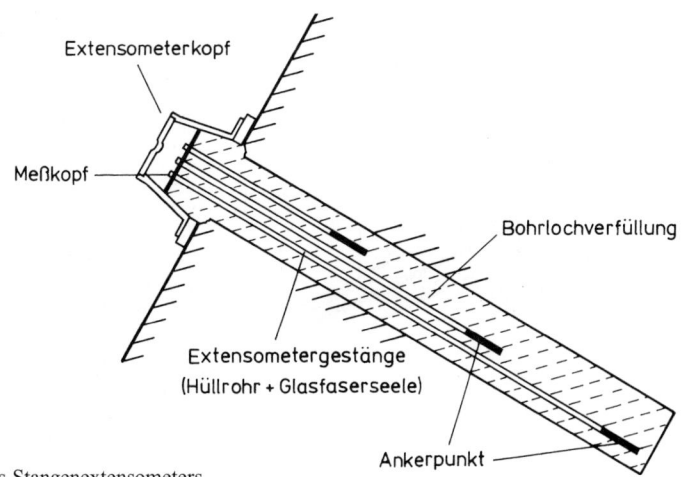

Bild 57. Prinzip eines Stangenextensometers

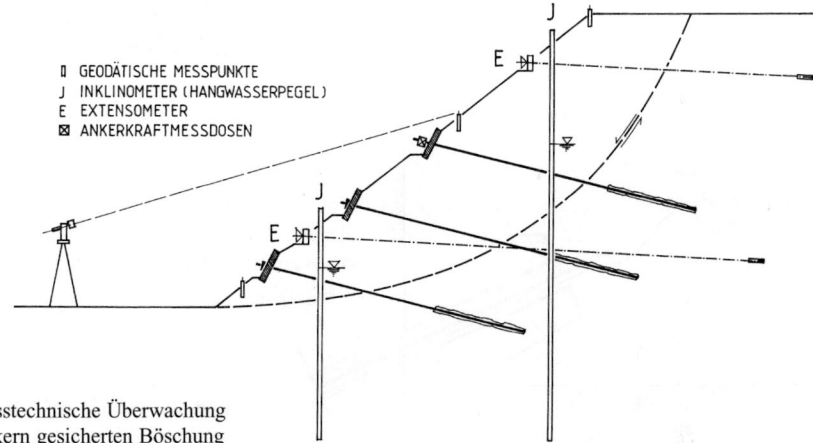

Bild 58. Messtechnische Überwachung einer mit Ankern gesicherten Böschung

sondern geben auch Hinweise für die konstruktive Durchbildung von Ankern, die in Deutschland Bestandteile der Zulassungsbescheide sind.

Bild 59 zeigt einen Schnitt durch einen Daueranker, der für die Überprüfung des Korrosionsschutzes durch elektrische Widerstandsmessung ausgelegt ist.

Die elektrische Prüfung erfolgt in der Regel in zwei Schritten. Beim ersten Schritt wird am injizierten, aber noch nicht gespannten Anker geprüft, ob die Kunststoffumhüllung des Stahlzuggliedes unbeschädigt ist (Bild 60). Dazu wird zwischen dem Kopf des Zugglieds und dem Boden eine Spannung (500 V, Gleichstrom) angelegt; der Widerstand zwischen Zugglied und Boden sollte größer als 0,1 MΩ sein. In einer zweiten Messung (Bild 61) wird geprüft, ob der Ankerkopf von der Bewehrung des Bauwerks elektrisch getrennt ist. Die Prüfung erfolgt am gespannten Anker vor der Injektion der Kopfteile. Eine Spannung von ca. 40 V (Wechselstrom) wird zwischen den Ankerkopf und die Metallplatte unter der Isolationsplatte gelegt; der Widerstand sollte größer als 100 Ω sein.

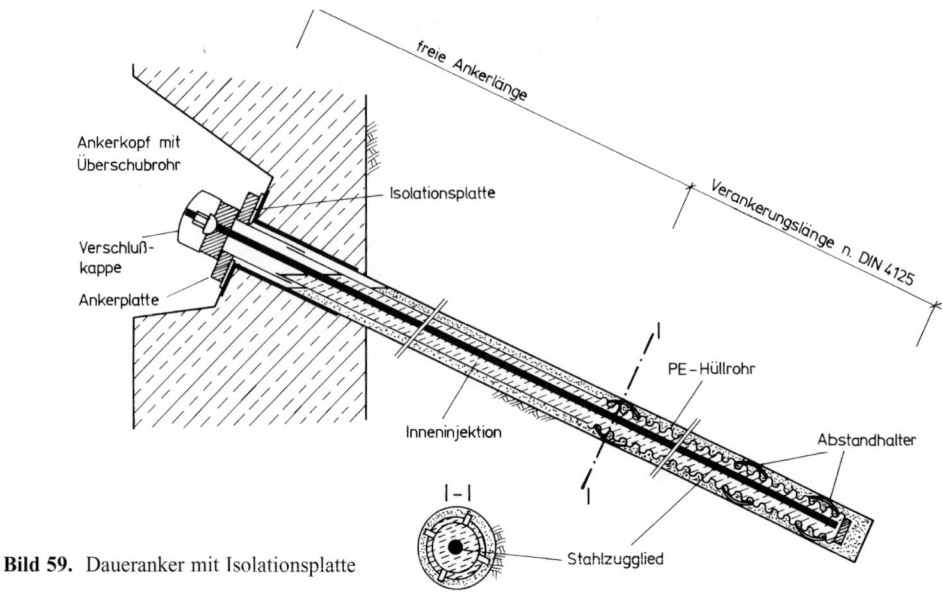

Bild 59. Daueranker mit Isolationsplatte

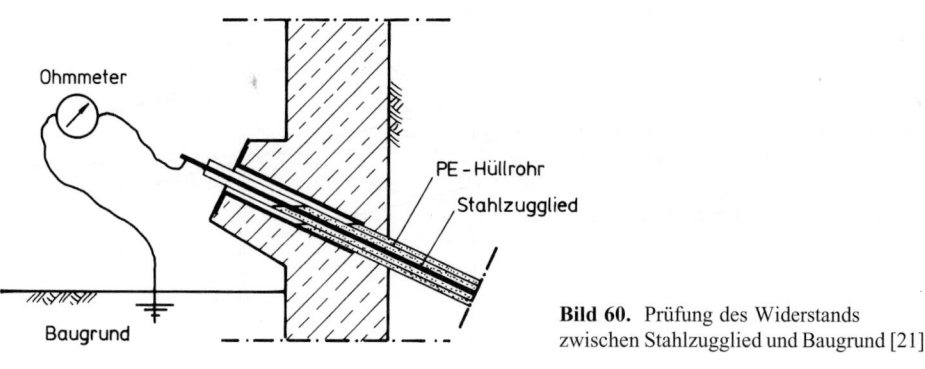

Bild 60. Prüfung des Widerstands zwischen Stahlzugglied und Baugrund [21]

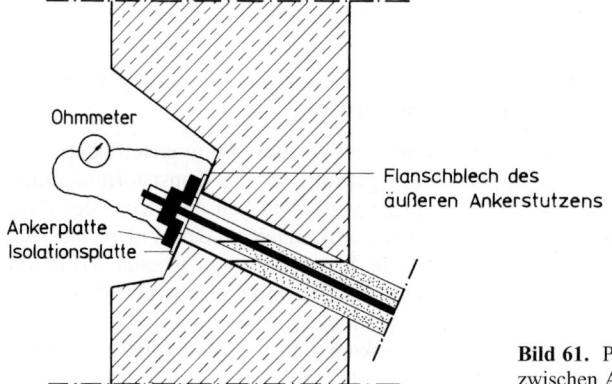

Bild 61. Prüfung des Widerstands zwischen Ankerkopf und Bauteil [21]

Um die Messungen zuverlässig durchzuführen, müssen alle Kopfteile des Ankers sauber und trocken sein; die Anschlussstellen selbst müssen metallisch blank sein. Da sich zum Widerstand des Ankers die Widerstände des Erdungselements (z. B. Stahlstab) sowie der Kabel und Kontakte addieren, müssen diese Widerstände möglichst klein gehalten werden. Die schweizer Empfehlungen erlauben eine maximale Überschreitung der Messwerte bei 10 % der eingebauten Anker, sofern die „fehlerhaften" Anker annähernd statistisch verteilt sind.

Die Überprüfung des Korrosionsschutzes mit elektrischen Widerstandsmessungen hat sich bisher in Deutschland nicht durchsetzen können. Dafür sind nicht die etwas höheren Kosten verantwortlich. Vielmehr ist nicht geregelt, was geschehen soll, wenn die Messungen einen zu geringen Widerstand ergeben. Die Frage, ob die vermutlich dann vorhandene Lücke im Korrosionsschutz im Werk entstanden ist oder ob sie beim Transport oder Einbau entstand, lässt sich nicht klären.

9 Entwurfsgrundsätze für verankerte Konstruktionen

9.1 Auswahl des Ankertyps und des Herstellungsverfahrens

Der Spezialtiefbau verfügt über eine große Anzahl von Ankersystemen, aus denen für konkrete Bauaufgaben das am besten geeignete ausgewählt werden kann. Bei Ankern für vorübergehende Zwecke sollte man ggf. bereits bei der Wahl des Korrosionsschutzes berücksichtigen, dass unbeabsichtige Verlängerungen der Nutzungsdauer (z. B. der Bauzeit) eintreten können. Die DIN 4125 unterschied zwischen Temporärankern (planmäßige Nutzungszeit ≤ 2 Jahre) und Dauerankern. In DIN EN 1537:2001 wurde diese Unterscheidung beibehalten. Bei Kurzzeitankern sind die Stahlteile mit einem Korrosionsschutz zu versehen, der die Korrosion mindestens während der Dauer von zwei Jahren verhindert. Für Daueranker lässt DIN EN 1537:2001 mehrere Korrosionsschutzsysteme zu, die in Abschnitt 6.9.3 der Norm beschrieben sind. Wenn bereits bei der Planung absehbar ist, dass Anker für vorübergehende Zwecke länger als zwei Jahre in Gebrauch bleiben werden, sind nach DIN EN 1537 Korrosionsschutzmaßnahmen für alle Teile des Ankers zu ergreifen, die durch den sog. Technischen Bauherrenvertreter zu genehmigen sind. Der Technische Bauherrenvertreter ist in Deutschland die Bauaufsicht. In der Praxis ist es seit einiger Zeit üblich, in solchen Fällen von Semipermanentankern zu sprechen. Bei diesen Ankern wird insbesondere der Korrosionsschutz im Bereich des Ankerkopfes im Vergleich zu demjenigen bei Kurzzeitankern verbessert.

9.2 Anordnung der Anker

9.2.1 Ansatzpunkte

Die Ansatzpunkte müssen so angeordnet werden, dass das Bohren und der Einbau der Anker möglichst unbehindert erfolgen können. Die Anordnung der Ansatzpunkte über dem Grundwasserspiegel ist insbesondere bei feinkörnigen kohäsionslosen Böden anzustreben. Allerdings sollte dies nicht dazu führen, dass vom Boden nicht mehr sicher aufnehmbare sehr große Ankerkräfte und Ankerlängen bei nur einer Ankerlage über dem Grundwasser die Ausführbarkeit infrage stellen.

9.2.2 Ankerneigung

Die Ankerneigung sollte wegen der Notwendigkeit der vollständigen Verfüllung der Bohrlöcher mit Zementsuspension nicht weniger als 10° gegen die Horizontale betragen. Im

Hinblick auf die einwandfreie Herstellung und gute Tragwirkung sollten Neigungen zwischen 15° und 30° angestrebt werden. Sehr steile Ankerneigungen sollten insbesondere bei der Verankerung von Trägerbohlwänden ebenfalls vermieden werden. Wenn die einzelnen Träger direkt verankert werden, besteht sonst die Gefahr, dass die Vertikalkomponente der Ankerkraft die Träger nach unten zieht. Neben der ungewollten Verformung kann das Risiko entstehen, dass sich bei Litzenankern die Keile lösen. Beim weiteren Aushub und damit zunehmender Belastung kann es dann zum Durchrutschen der Litzen durch die Verkeilung kommen.

9.2.3 Lage der Verpresskörper

Die Verpresskörper sollten mindestens eine Überdeckung von ca. 4 m haben. Sie sollten nicht in Bodenschichten mit unterschiedlichen Steifigkeiten liegen. Das bedeutet, dass man nach Möglichkeit Ankerlängen und -neigungen so wählt, dass die Verpresskörper vollständig im rolligen Boden, im bindigen Boden oder im Fels liegen. Sonst sind die Anker in ihrer Tragfähigkeit eingeschränkt, und das Tragverhalten ist kaum zu beurteilen.

9.2.4 Freie Stahllänge

Die freie Stahllänge sollte so gewählt werden, dass der Verpresskörper die Ankerkraft in den Baugrund einleiten kann und sich nicht über die Bohrlochverfüllung und ggf. verfestigte Bereiche um das Bohrloch auf die verankerte Konstruktion abstützt. Insbesondere bei verankerten Spundwänden und Trägerbohlwänden sollte eine freie Stahllänge zwischen 5 und 7 m nicht unterschritten werden, damit im Falle einer Nachgiebigkeit die Vorspannkraft nicht völlig verlorengeht (und sich deshalb z. B. die Verkeilung lösen kann).

9.2.5 Abstände der Ansatzpunkte und Verpresskörper

Auch bei modernen Bohrverfahren ist mit Richtungsabweichungen der Bohrlöcher in der Größenordnung von 2 bis 3 % der Bohrlochlänge zu rechnen. Verpresskörper können sich in ihrer Tragwirkung gegenseitig beeinflussen, wenn sie zu nahe beieinander liegen. Deswegen sollten die Verpresskörper planmäßig einen Abstand von mindestens 1,5 m (Achse zu Achse) haben. Wenn aus konstruktiven Gründen die Ansatzpunkte in einer Ankerreihe näher beieinander liegen, sollten die Anker mit alternierenden Neigungen hergestellt werden. Auch eine Staffelung der Verpressstrecken ist möglich.

9.2.6 Ankeranzahl und Auflagerkonstruktionen

Die Ankeranzahl und die Auflagerkonstruktionen sollten so gewählt werden, dass das Versagen eines einzelnen Ankers nicht die Standsicherheit des verankerten Bauwerkes oder Bauteils oder von benachbarten Bauwerken gefährdet. Anstelle weniger hoch belasteter Anker sollten ggf. mehr Anker mit geringeren Lasten gewählt werden. Dies gilt insbesondere bei Wänden mit nur einer Ankerlage. Eine durchlaufende Gurtung ist eine gute Sicherung gegen die möglichen Folgen des Versagens eines Einzelankers.

9.2.7 Anker an Baugrubenecken

Bei der Verankerung von einspringenden Wandecken kreuzen sich die Anker. Bei der Anordnung der Ansatzpunkte und Verpresskörper sollten mögliche Richtungsabweichungen von 3 % der Ankerlänge berücksichtigt werden. Es empfiehlt sich, maßstabsgerechte Modelle zur Überprüfung der Ankerlagen herzustellen.

Die Verpresskörper dürfen planmäßig nicht im Gleitkörper des aktiven Erddrucks der parallel verlaufenden Wand liegen. Wenn dies nicht zu vermeiden ist, muss die Zusatzbelastung durch die eingeleitete Kraft bei der Bemessung der Wand berücksichtigt werden. Besonders bei Baugruben im Grundwasser sollten die Wandecken zugfest ausgebildet werden, um Leckagen vorzubeugen.

Bei überschnittenen Bohrpfahlwänden ohne Gurtung empfiehlt sich die Verankerung des Eckpfahls. Um Verschiebungen der Bohrpfähle infolge der eingeleiteten Horizontalkräfte zu vermeiden, sollten an den Ecken Kopfbalken angeordnet werden.

9.2.8 Abstände der Verpresskörper zu Bauwerken

Der Abstand der Verpresskörper zu Bauwerken oder unterirdischen Versorgungsleitungen sollte mindestens 3 m betragen. Die Ankerlängen sollten gestaffelt werden, um konzentrierte Krafteinleitungen in Bauwerksnähe zu vermeiden. Unter besonders empfindlichen Bauwerken sollte keine Krafteinleitung erfolgen – hier sollten die Anker wenn möglich so lang sein, dass die Verpresskörper nicht mehr unter den Bauwerken liegen. Wenn dies nicht möglich ist, sollte durch die Wahl steilerer Ankerneigungen der Einfluss minimiert werden.

10 Bemessung von Verankerungen

Es ist davon auszugehen, dass der Fachbericht zu DIN EN 1537:2005-01 im Laufe des Jahres 2009 veröffentlicht wird. Dann ist für die Bemessung von Verankerungen DIN EN 1537 in Verbindung mit DIN 1054:2005-01 maßgebend. Gemäß dem Sicherheitskonzept mit Teilsicherheitsbeiwerten werden die charakteristischen Werte (Index k) der Einwirkungen (E) den charakteristischen Werten der Widerstände (R) gegenübergestellt, nachdem beide mit den entsprechenden Teilsicherheitsfaktoren versehen wurden und damit zu Bemessungswerten (Index d) wurden. Die folgende Tabelle fasst die Nachweise für den Einzelanker zusammen.

Der Ausnutzungsgrad der Widerstände ergibt sich zu $\mu = E_d/R_d$. Der Ausnutzungsgrad muss $\leq 1{,}0$ sein.

Tabelle 12. Einwirkungen und Widerstände

	Einwirkungen	**Widerstände**
Charakteristische Werte	Charakteristische Ankerkraft E_k (E_k entspricht ungefähr der früheren Gebrauchskraft)	Charakteristischer (innerer) Widerstand des Stahlzuggliedes: $R_{ik} = A_t \cdot f_{t0,1k}$ (Spannstahl) $R_{ik} = A_t \cdot f_{t0,2k}$ (Baustahl) Charakteristischer (äußerer) Herausziehwiderstand des Verpresskörpers: R_{ak} Ankerkraft beim Kriechmaß $k_s = 2$ mm
Bemessungswerte	Ankerkraft $E_d = E_k \cdot \gamma_F$	$R_{id} = R_{ik} / \gamma_M$ $R_{ad} = R_{ak} / \gamma_A$
Teilsicherheitsbeiwerte und Nachweise	Es muss sein: $E_d \leq R_{id}$ $E_d \leq R_{ad}$ mit $\gamma_F = 1{,}35$ für ständige Lasten, LF 1 nach DIN 1054:2005-01 $\gamma_F = 1{,}50$ für veränderliche Lasten, LF 1 nach DIN 1054:2005-01, Tabelle 2 $\gamma_M = 1{,}15$ für LF 1 bis 3 nach DIN 1054:2005-01, Tabelle 3 $\gamma_A = 1{,}10$ für LF 1 bis 3 nach DIN 1054:2005-01, Tabelle 3	

11 Literatur

[1] DIN 1164:2000-11: Zement.
[2] DIN 4125-1:1972-06: Erd- Und Felsanker; Teil 1: Verpreßanker für vorübergehende Zwecke im Lockergestein; Bemessung, Ausführung und Prüfung.
[3] DIN 4125:1976-02: Erd- und Felsanker; Teil 2: Verpreßanker für dauernde Verankerungen (Daueranker) im Lockergestein; Bemessung, Ausführung und Prüfung.
[4] DIN 4125:1990-11: Verpressanker; Kurzzeitanker und Daueranker; Bemessung, Ausführung und Prüfung.
[5] DIN 4128: 1983-04: Verpresspfähle (Ortbeton- und Verbundpfähle) mit kleinem Durchmesser. Herstellung, Bemessung und zulässige Belastung.
[6] DIN 1054:2005-01: Baugrund; Sicherheitsnachweise im Erd- und Grundbau.
[7] DIN EN 14199:2005-05: Ausführung von besonderen geotechnischen Arbeiten (Spezialtiefbau) – Pfähle mit kleinen Durchmessern (Mikropfähle).
[8] DIN EN 14490:2007-11: Ausführung von besonderen geotechnischen Arbeiten (Spezialtiefbau) – Bodenvernagelung.
[9] DIN EN 1537:2001-01: Ausführung von besonderen geotechnischen Arbeiten (Spezialtiefbau) Verpressanker.
[10] DIN 21521:1990-07: Gebirgsanker für den Bergbau und den Tunnelbau; Begriffe.
[11] Herbst. Th. F.: Anwendungsmöglichkeiten und Einsatz von Ankerzuggliedern im Boden und Fels. Vorträge der Technischen Akademie Esslingen, Verankerungen und Vernagelungen in der Geotechnik, 1990.
[12] Hettler, A.; Meiniger, W.: Einige Sonderprobleme bei Verpreßankern. Bauingenieur 65, S. 407–412, 1990.
[13] Jirovec, P.: Untersuchungen zum Tragverhalten von Felsankern. Veröffentlichung des Instituts für Bodenmechanik und Felsmechanik, Universität Karlsruhe, 1979.
[14] Kapp, H.: Korrosionsprüfungen an Vorspannkabeln und Injektionsankern. Schweizer Ingenieur und Architekt, 38/1987, S. 1093–1095.
[15] Matt, U. von: Vorgespannte Boden- und Felsanker. Ankerprüfungen und Bauwerksüberwachung. Vorträge der Technischen Akademie Esslingen, Ndl. Sarnen, 1991.
[16] Ostermayer, H.: Verpreßanker. Grundbau-Taschenbuch, 4. Auflage, Teil 2. Ernst & Sohn, Berlin, 1991.
[17] Ostermayer, H.; Barley, T.: Ground anchors. Geotechnical Engineering Handbook, Vol. 2: Procedures. Ernst & Sohn, Berlin, 2003.
[18] Ostermayer, H.: 35 Jahre Verpreßanker im Boden. Festschrift für Karlheinz Bauer zum 65. Geburtstag. Werner-Verlag, Düsseldorf, 1993.
[19] Scheele, F.: Tragfähigkeit von Verpreßankern in nichtbindigem Boden. Veröffentlichung Lehrstuhl und Prüfamt für Grundbau, Bodenmechanik und Felsmechanik, Universität München, 1982.
[20] Schwarz, H.: Der Einsatz schwerer Felsanker im Erd- und Grundbau. Vorträge der Technischen Akademie Esslingen, Langebrück, 1994.
[21] Vollenweider, U. et al.: Empfehlungen für Projektierung und Ausführung des Korrosionsschutzes von permanenten Boden- und Felsankern. Bern, Lausanne, Hinwil, Zürich, Lyssach, 1989.
[22] Wernick, E.: Tragfähigkeit zylindrischer Anker in Sand. Veröffentlichung Institut für Bodenmechanik und Felsmechanik, Universität Karlsruhe, 1978.
[23] Wichter, L.; Meiniger, W.: Verankerungen und Vernagelungen im Grundbau. Ernst & Sohn, Berlin, 2000.
[24] Wichter, L.; Joppa, E.; Löer, R.; Pachomow, D.: Erfahrungen aus dem Einsatz von vorgespannten Verpreßankern und Verpresspfählen für Dauerverankerungen. Veröffentlichungen des Lehrstuhls für Bodenmechanik und Grundbau/Geotechnik, BTU Cottbus, Heft 2, 2005.
[25] Wietek, B.: Permanentes Meßsystem für Daueranker. Tiefbau – Ingenieurbau – Straßenbau, 10/1992, S. 786–790.

Grundlagen, Beispiele, Normen

Schwerpunkte: Konstruktiver Hochbau / Aktuelle Massivbaunormen

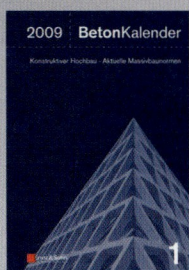

Beton-Kalender 2009
Hrsg.: Bergmeister, K./
Wörner, J.-D./Fingerloos, F.

2008. 1457 S.,
1075 Abb.,
297 Tab. Gb.
€ 165,–* / sFr 261,–
Fortsetzungspreis:
€ 145,–* / sFr 229,–
ISBN 978-3-433-01854-5

Schwerpunkte: Konstruktiver Wasserbau / Erdbebensicheres Bauen

Beton-Kalender 2008
Hrsg.: Bergmeister, K./
Wörner, J.-D.

2007. 1160 S.
745 Abb. 262 Tab. Gb.
€ 165,–* / sFr 261,–
Fortsetzungspreis:
€ 145,–* / sFr 229,–
ISBN 978-3-433-01839-2

Schwerpunkte: Verkehrsbauten / Flächentragwerke

Beton-Kalender 2007
Hrsg.: Bergmeister, K./
Wörner, J.-D.

2006. 1428 S. 1033 Abb.
247 Tab. Gb.
€ 165,–* / sFr 261,–
Fortsetzungspreis:
€ 145,–* / sFr 229,–
ISBN 978-3-433-01833-0

Schwerpunkte: Turmbauwerke / Industriebauten

Beton-Kalender 2006
Hrsg.: Bergmeister, K./
Wörner, J.-D.

2005. 1360 S. 1069 Abb.
260 Tab. Gb.
€ 165,–* / sFr 261,–
Fortsetzungspreis:
€ 145,–* / sFr 229,–
ISBN 978-3-433-01672-5

Schwerpunkte: Tunnelbauwerke / Fertigteile

Beton-Kalender 2005
Hrsg.: Bergmeister, K./
Wörner, J.-D.

2004. 1348 S. 1057 Abb.
258 Tab. Gb.
€ 165,–* / sFr 261,–
Fortsetzungspreis:
€ 145,–* / sFr 229,–
ISBN 978-3-433-01670-1

Schwerpunkte: Brücken / Parkhäuser

Beton-Kalender 2004
Hrsg.: Bergmeister, K./
Wörner, J.-D.

2003. 1156 S. 836 Abb.
239 Tab. Gb.
€ 165,–* / sFr 261,–
Fortsetzungspreis:
€ 145,–* / sFr 229,–
ISBN 978-3-433-01668-8

Preis für Fortsetzungsbezieher: Sparen Sie jährlich 20,– €*!

* Der €-Preis gilt ausschließlich für Deutschland
Irrtum und Änderungen vorbehalten.

Ernst & Sohn
Verlag für Architektur und
technische Wissenschaften GmbH & Co. KG

www.ernst-und-sohn.de

Für Bestellungen und Kundenservice:
Verlag Wiley-VCH
Boschstraße 12
69469 Weinheim
Deutschland

Telefon: +49(0) 6201 / 606-400
Telefax: +49(0) 6201 / 606-184
E-Mail: service@wiley-vch.de

Den Fortschritt erleben.

Liebherr-Werk Nenzing GmbH
P.O. Box 10, A-6710 Nenzing/Austria
Tel.: +43 50809 41-473
Fax: +43 50809 41-499
crawler.crane@liebherr.com
www.liebherr.com

LIEBHERR
The Group

2.7 Bohrtechnik

Gordian Ulrich und Georg Ulrich

1 Einführung

Die Bohrtechnik zur Erschließung von Wasser und nutzbaren Mineralien blickt auf eine jahrtausendealte technische Entwicklung zurück. Bereits lange vor der Zeitwende gab es in Ägypten und China Bohrwerkzeuge und Schlagbohrtechniken. Mit der Suche nach Erdöl nahm das drehende Rotary-Bohrverfahren seit dem 19. Jahrhundert eine weltweit dominierende Rolle bei immer tiefer reichenden Aufschluss- und Förderbohrungen ein. Die von 1990 bis 1994 ausgeführte Kontinentale Tiefbohrung bei Windischeschenbach/Bayern erreichte eine Tiefe von 9101 m. Die ursprünglich anvisierte Zieltiefe von 10 bis 14 km konnte wegen der unerwartet früh einsetzenden höheren Gesteinstemperaturen bis 300 °C nicht erreicht werden. Gleichwohl handelt es sich um eine der größten technischen Leistungen in der Tiefbohrtechnik. Auch die bislang tiefste Bohrung ins Innere der Erde – 1970 bis 1994 auf der russischen Halbinsel Kola – fand zu Forschungszwecken statt. Diese sog. Kola-Bohrung erreichte eine Tiefe von 12262 m.

Im Rahmen der Baugrunderkundung, des Spezialtiefbaus und der flachen Geothermie beschränken sich die Bohrtiefen auf bis zu 100 m, in Sonderfällen bis etwa 500 m. Nicht zuletzt durch die fortschreitende Entwicklung in der Öl- und Drucklufthydraulik hat sich in diesen Tiefenbereichen eine Vielzahl von Lösungs- und Fördertechniken des Gesteins entwickelt. Der Beitrag Bohrtechnik befasst sich mit den grundlegenden Bohrverfahren des Spezialtiefbaus und der Baugrunderkundung und gibt einen Einblick in das derzeitig zur Verfügung stehende Gerätepotenzial. Die Horizontalbohrtechnik wird in Kapitel 2.8 dieses Grundbau-Taschenbuches behandelt.

2 Trockenbohrverfahren

Trockenbohrungen zeichnen sich dadurch aus, dass keine Stütz- und Förderflüssigkeit im Bohrloch verwendet wird. Teufenbereiche bis zu 25 m werden in der Regel, in weitergehenden Fällen auch bis zu 60 m im Trockenbohrverfahren ohne Umlaufspülung hergestellt. Je flacher die Bohrung, desto weniger ausgeprägt sind die Vorteile der Umlaufspülung.

Beim Trockenbohren bringt ein Bohrgerät ein Stahlrohr drehend, schlagend oder vibrierend in den Boden ein. Anschließend folgt die Kernräumung, also das Entnehmen des Bohrguts aus dem Bohrrohr. Dazu eignen sich die folgenden Methoden.

2.1 Seilgeführte Werkzeuge

Schlag und Freifallwerkzeuge:

- Greifer,
- Kreuzmeißel,
- Ventilbohrer.

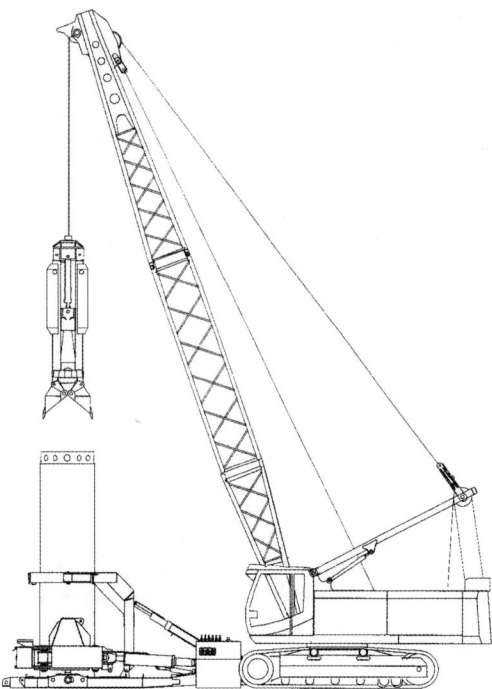

Bild 1. Kugelgreifer am Seilbagger mit Verrohrungsanlage [6]

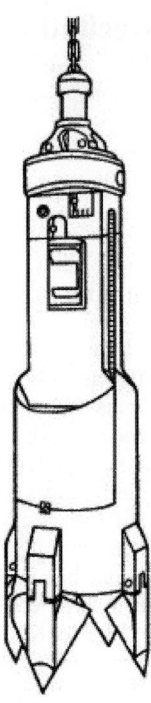

Bild 2. Vierschaliger Greifer für Greiferbohrungen [12]

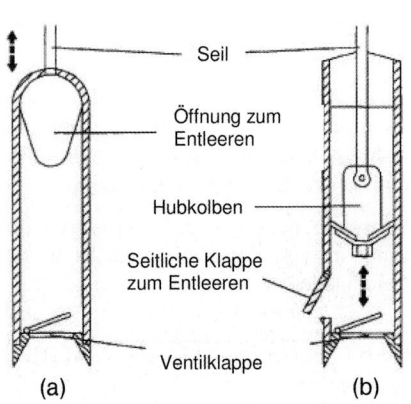

Bild 3. Ventilbohrer [12];
a) Schlammbüchse, b) Kiespumpe

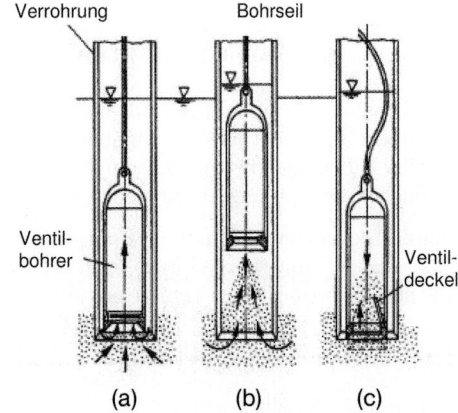

Bild 4. Wirkungsweise eines Ventilbohrers [12];
a) Beginn des Hubs, b) Ende des Hubs (Sogwirkung), c) freier Fall (Bodeneintrieb)

Der Greifer besteht aus zwei bis vier Schalen, die im geöffneten Zustand beim Herabfallen in den Boden eindringen (große Masse erforderlich) und beim Zurückziehen schließen. Somit erfolgt das Lösen und Fördern des Bohrguts in einem Arbeitsgang. Der Greifer eignet sich insbesondere zur Beseitigung von Bohrhindernissen im Bohrloch, wie z. B. Findlingen.

Falls das Bohrgut nicht gegreifert werden kann, wird der Kreuzmeißel zur Zerstörung massiver Hindernisse eingesetzt.

Für fließfähige Bodenarten wie Treibsande oder locker gelagerte Kiese wird unterhalb des Grundwasserspiegels der Ventilbohrer, oft auch als Kiespumpe bezeichnet, eingesetzt. Ein Kolben innerhalb der Büchse sorgt beim Aufwärtsziehen für Unterdruck, wodurch das Bodenmaterial in der Büchse gehalten wird.

2.2 Drehende Werkzeuge

Beim Trockendrehbohrverfahren ist das Werkzeug über ein Gestänge mit dem Drehantrieb verbunden. Für die Aufgaben des Spezialtiefbaus wird i. d. R. die Kellystange zur Kraft- und Drehmomentübertragung verwendet. Eine Kellystange besteht aus zwei bis fünf teleskopierbaren Rohren mit einem angeschweißten Leisten- bzw. Mitnehmersystem.

Bohrgeschwindigkeit- und -leistung werden gegenüber den seilgeführten Werkzeugen erheblich gesteigert. Trockendrehbohrverfahren erfordern jedoch einen wesentlich höheren Mechanisierungsgrad und unterliegen einem höheren Verschleiß. Zum Einsatz kommen folgende Bohrwerkzeuge:

- Schappe,
- Bohreimer,
- Schnecke,
- Kernrohr.

Für bindige Böden (Lehm, Ton, Schluff) wird die Schappe, bestehend aus einem Rohr (meist geschlitzt) mit einer Schneide am unteren Ende, verwendet.

Der Bohreimer ist zum Bohren aller Bodenarten in wasserführenden Böden geeignet. Für die Anwendung in verschiedenen Bodenarten stehen Drehböden mit verschiedenem Zahnbesatz (Flachzähne, Rundschaftmeißel oder Räumerleiste) zur Verfügung. Die Öffnung des Drehbodens erfolgt durch einen Entriegelungsmechanismus, der durch den Drehteller oder manuell ausgelöst wird. Ein Entlüftungskanal verhindert den Aufbau eines Vakuums beim Ziehen des Bohreimers. Die Durchmesser liegen zwischen 500 und 2500 mm.

Bild 5. Kastenbohreimer mit geöffnetem Drehboden [6]

Bild 6. Felskastenbohrer mit Rundschaftmeißel

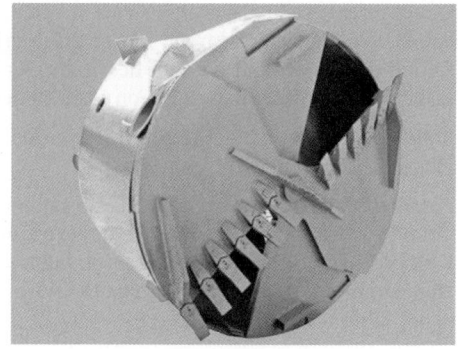
Bild 7. Kastenbohrer bestückt mit Flachzähnen, geeignet für Ton

Bild 8. Schneckenbohrwerkzeug gefüllt mit schluffigem Sand [17]

Bild 9. Abschleudern durch schnelles Hin- und Herdrehen der Bohrschnecke [17]

Die zeitaufwendige Entleerung der Schappe und des Bohreimers entfällt durch den ständigen Bohraustrag beim Schneckenbohren. Beim kontinuierlichen Schneckenbohren werden wegen der hohen Reibung zwischen Wendel und Boden und des hohen Bodengewichtes nicht nur kraftvolle Drehantriebe, sondern auch große Rückzugskräfte erforderlich. Deshalb wird für größere Durchmesser die kontinuierliche Schnecke durch ein kurzes Schneckenstück mit Verlängerungsrohren (z. B. Kellystange) ersetzt. Die Schneckenbohrer sind sowohl für den Einsatz in trockenen Böden als auch für das Bohren im Fels (Progressivschnecke) geeignet. Je nach Aufgabe stehen wie beim Bohreimer verschiedene Schneidwerkzeuge zur Verfügung.

Mit Kernrohren wird ein Ringraum im Fels oder in bewehrtem Beton geschnitten. Der Kern selbst wird üblicherweise mit Fallmeißel, Felsschnecke oder einem „Cross-cutter" zerstört.

2.7 Bohrtechnik

Bild 10. Zweischneidige Schnecke mit Rundschaftmeißel und kleiner Hohlseele

Bild 11. „Cross cutter" mit Rundschaftmeißel für Felsanwendungen

Bild 12. Progressivschnecke mit Rundschaftmeißel für Felsbohrarbeiten [13]

Bild 13. Rollenmeißelkernrohr für Felsbohrarbeiten [6]

Die Wirksamkeit des Kernrohres beruht auf der Konzentration des Drehmoments und der Anpresskraft auf den schmalen Schneidring. Für Felsfestigkeiten > 100 MPa werden die Stiftzähne oder Rundschaftmeißel durch Rollenmeißel ersetzt.

2.3 Kellybohrverfahren

Der Name leitet sich vom Erfinder der Kellystange, einem amerikanischen Ingenieur ab, der in den 1920er-Jahren damit begonnen hat, diese Technik im Bereich der Erdölbohrungen zu entwickeln.

Kellystangen sind Schlüsselelemente für die Herstellung von Bohrungen mit hydraulischen Drehbohrgeräten. Die Kellystange besteht aus ineinander geschachtelten Stahlrohren und verbindet das Bohrwerkzeug mit dem Kraftdrehkopf. Somit ist die Kellystange ein entscheidendes Bauteil für die Kraft- und Drehmomentübertragung auf die Bohrlochsohle.

Bild 14. Teleskopierbare Kellystange [6]

Bild 15. Großdrehbohrgerät mit Bohrwerkzeug und Kellystange im Rüstzustand

Bild 16. Kellystange, Drehgetriebe, Bohrwerkzeug, Verrohrungsrohre (von oben nach unten) [17]

Bild 17. Großdrehbohrgerät mit Kastenbohrer und angebauter Verrohrungsanlage

Bild 18. Großdrehbohrgerät beim Herstellen geneigter Pfähle mit Verrohrungsanlage [17]

2.7 Bohrtechnik 373

Die Masten der Bohrgeräte sind i. d. R. weniger als 30 m hoch, sodass zum Erzielen größerer Tiefen die Kellystangen teleskopierbar sein müssen. Es werden Zwei-, Drei-, Vier- und Fünffachkellys eingesetzt. Die Bohrtiefe reicht dabei von 10 bis ca. 90 m, die schwerste Kellystange wiegt derzeit ca. 18 t.

Das Kellybohren eignet sich durch die Verwendung verschiedener Bohrwerkzeuge für alle Bodenarten einschließlich Fels. Die Stützung der Bohrlochwandung erfolgt durch Bohrrohre oder durch Flüssigkeitsüberdruck. Die Bohrrohre können entweder mit dem Drehgetriebe, oder auch mit am Bohrgerät angebauten Verrohrungsanlagen bewegt bzw. abgeteuft werden. Die Bohrdurchmesser liegen zwischen 600 und 2500 mm, in besonderen Anwendungsfällen sogar bis 3000 mm.

2.4 Schneckenbohrverfahren (Continuous Flight Auger, CFA)

Der Hauptunterschied zum Kellyverfahren ist, dass beim Schneckenbohren das Lösen und Fördern des Bohrguts kontinuierlich in einem Arbeitsgang erfolgen. Durch die Verwendung einer langen Schnecke, die in einem Arbeitsgang in den Boden gedreht wird, sind große Bohrleistungen erzielbar.

Der Boden wird an der Schneckenspitze gelöst und über die Wendel nach oben gefördert. Das durchgehende Bodenvolumen auf der Schneckenwendel bewirkt die Stabilisierung der Bohrlochwandung. Durch das Bodenfördern und die Verwendung von Vorschubsystemen (Zylinder-, Ketten-, oder Seilvorschub) lassen sich auch härtere Schichten durchbohren. Ein Nachteil besteht darin, dass das Bohrwerkzeug bei wechselnden Bodenverhältnissen nicht ausgetauscht werden kann. Das anfangs ausgewählte Bohrwerkzeug muss bis zum Erreichen der Endtiefe für den anstehenden Untergrund geeignet sein.

Während des Ziehvorganges muss der Boden, vor allem bei langen Endlosschnecken, von den Schneckenwendeln getrennt werden, um das Herabfallen des Bohrguts aus größeren Höhen zu vermeiden. Dies erfolgt durch sog. Schneckenputzer, die am Gerät angebaut sind.

Bild 19. Endlosschnecken mit Kellyverlängerung [6]

Bild 20. „Low headroom" Endlosschneckenbohrgeräte mit 7,5 m Masthöhe. Bohrtiefen bis 28 m, erzielt durch Aufsetzen einzelner Schneckenschüsse (Länge 2,5 m) [6]

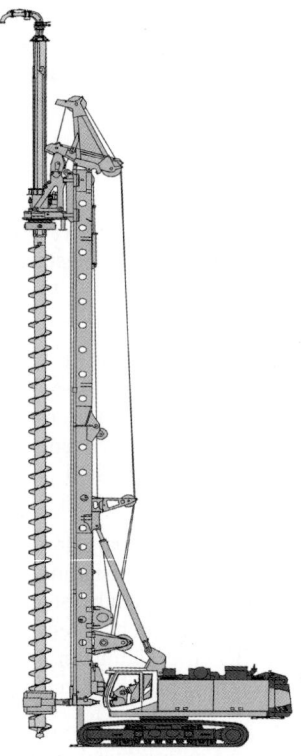

Bild 21. Großdrehbohrgerät mit Endlosschnecken und 8 m Kellyverlängerung [6]

Bild 22. Endlosschnecken mit am Gittermast geführter 13 m Kellyverlängerung, max. Bohrtiefe 30 m [6]

Bild 23. Abschütteln der Endlosschnecken durch schockierende Hin- und Herbewegung

Bild 24. Rollenschneckenputzer für bindige Böden [6]

2.7 Bohrtechnik

Typische Schneckendurchmesser liegen zwischen 500 und 1200 mm. Die zu erzielende Bohrtiefe hängt zunächst von der Mastlänge des Bohrgeräts ab, kann jedoch um weitere 8 m mit einer Kellystange verlängert werden. Somit können heutzutage Schneckenbohrungen bis zu einer Tiefe von 30 m hergestellt werden.

Das Schneckenbohren kann mit dem Eindrehen einer Schraube verglichen werden. Die Kunst liegt darin, die Bohrgeschwindigkeit so zu wählen, dass möglichst wenig Boden gefördert wird, jedoch kein „Korkenziehereffekt" riskiert wird. Wird z. B. in bindigen Böden die Schnecke zu schnell eingedreht, wird der Boden nicht ausreichend abgeschert und die Schnecke „frisst" sich bei fortlaufender Drehbewegung nach unten. Deshalb müssen speziell beim Endlosschneckenbohren den Herstellparametern wie Vorschubgeschwindigkeit, Drehzahl und Anpresskraft besondere Aufmerksamkeit geschenkt werden.

Bild 25 a zeigt das Eindringverhalten einer Schnecke mit optimaler Vorschubgeschwindigkeit und Schneckendrehzahl. Dabei wird die Wendel nur mit dem von der Schneckenspitze gelösten Material gefüllt. Es findet kein zusätzlicher lateraler Materialzufluss statt.

Wird die Schnecke mit zu großer Vorschubgeschwindigkeit und zu geringer Drehzahl in den Boden gedreht, entsteht ein sog. „Korkenziehereffekt". Das heißt der Boden entlang der äußeren Wendelmantelfläche wird nicht abgeschert und infolgedessen nicht nach oben gefördert. Dies führt dazu, dass die Schnecke erhebliche Zugkräfte auf das Vorschubsystem und den Mast des Bohrgerätes ausübt.

Wird die Schnecke mit zu langsamer Vorschubgeschwindigkeit und zu hoher Drehzahl in den Boden gedreht (Bild 25 b), fließt, aufgrund zu geringer Materialförderung von der Schneckenspitze, Material von der Bohrlochwandung lateral in Richtung Seelenrohr. Dieser seitliche Materialfluss kann zu tragfähigkeitsmindernden Auflockerungen und evtl. sogar zu Setzungen an GOK führen. Um das zu vermeiden, ist in der DIN EN 1536 unter 8.1.5.6 vorgeschrieben, dass „…Vorschub und Drehgeschwindigkeit so auf die Baugrundverhältnisse abzustimmen sind, dass die seitliche Standfestigkeit der Bohrlochwand erhalten und ein Mehraushub begrenzt bleibt".

Deshalb müssen beim Schneckenbohren Herstellparameter wie Vorschubgeschwindigkeit, Schneckendrehzahl und Anpressdruck auf das jeweilige Bohrwerkzeug abgestimmt und während des Bohrvorgangs kontrolliert und ggf. angepasst werden.

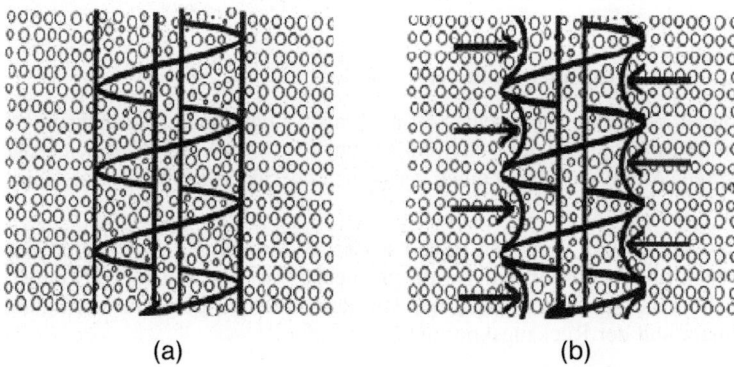

Bild 25. Effekt des zu großen Förderns von Boden (nach *Fleming* [7])

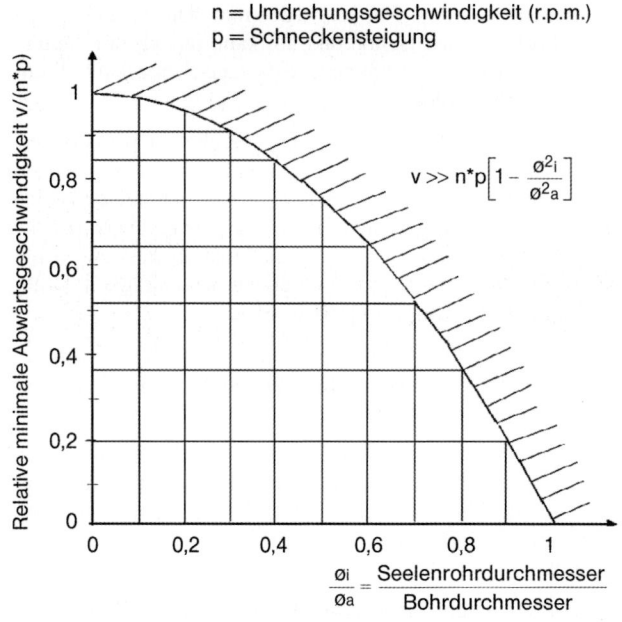

Bild 26. Beziehung zwischen Bohrwerkzeug (geometrische Kenngrößen) und Herstellparameter nach *Van Impe* [1] für das CFA-Verfahren

Van Impe [1] hat die Einflüsse während der Installation von Schneckenpfählen genauer untersucht, insbesondere die Beziehung zwischen den Herstellparametern (Abbohrgeschwindigkeit und Drehzahl) und den geometrischen Kenngrößen der Schnecke.

Die Schneckensteigung bewirkt, ähnlich wie die Gewindegänge einer Schraube, das Eindringen des Bohrstrangs. Jedoch müssen die Bohrgeräte mit sehr großen Rückzugskräften ausgestattet werden, um beim Ziehen das hohe Gewicht des mit Boden gefüllten Bohrstrangs und die hohen Mantelreibungskräfte zu überwinden. Deshalb kommt es bei diesem Bohrverfahren mehr auf die Windenkräfte als auf das Drehmoment an.

2.4.1 Schneckenbohren mit großer Hohlseele

Beim Schneckenbohren mit großer Hohlseele (oft auch als Teilverdränger bezeichnet) ist eine Schneckenwendel mit einer Breite von wenigen cm (5–10 cm) auf das Seelenrohr aufgeschweißt. Das Seelenrohr wird durch einen verlorenen oder wiedergewinnbaren Bohrkopf verschlossen.

Beim Eindrehen des Werkzeugs wird der Boden teilweise verdrängt, teilweise auf der schmalen Wendel nach oben transportiert. Da die Schnecke wie ein Bohrrohr gekoppelt werden kann, sind die maximalen Bohrtiefen nur von der Bodenart, dem zur Verfügung stehenden Drehmoment und der Rückzugskraft abhängig.

Die Bohrleistung ist trotz größerer Verdrängerarbeit des Bohrwerkzeugs nur geringfügig kleiner als beim Schneckenbohren mit kleiner Hohlseele.

2.7 Bohrtechnik 377

Bild 27. Schneckenpfahlherstellung [6]

Bild 28. Schneckenbohrwerkzeug mit großer Hohlseele

Die große Hohlseele bietet die Möglichkeit, bei der Pfahlherstellung vor dem eigentlichen Betoniervorgang einen Bewehrungskorb bis auf Endtiefe einzubauen.

2.4.2 Verrohrtes Schneckenbohren (Cased Continuous Flight Auger, CCFA)

Eine Weiterentwicklung der Schneckenbohrtechnik ist das sog. verrohrte Schneckenbohren (CCFA, cased continuous flight auger). Dabei werden Außenrohr und Bohrschnecke i. d. R. über zwei Drehantriebe gleichzeitig gegenläufig in den Boden gedreht. Nach Erreichen der Endtiefe wird der Beton in das Seelenrohr der Bohrschnecke, bei gleichzeitigem Ziehen von Verrohrung und Bohrschnecke, gepumpt. Die Bewehrung kann nachträglich eingebaut werden.

Verrohrte Schneckenpfähle werden als Gründungspfähle oder bei der Herstellung von Bohrpfahlwänden eingesetzt, bei denen die Vertikalität der Wand eine große Rolle spielt.

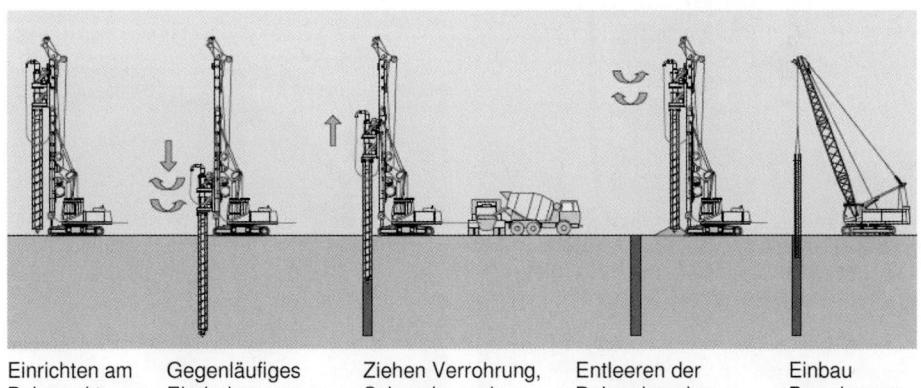

Bild 29. Ablauf zum Herstellen von verrohrten Schneckenbohrpfählen [6]

Bild 30. Überschnittene Bohrpfahlwand hergestellt im CCFA-Verfahren, Ø 750 mm. Hervorragende Wandvertikalität [6]

Bild 31. Dieselbe Baustelle wie in Bild 30. Pfähle im CFA-Verfahren hergestellt, Ø 750 mm. Große Abweichungen im Fußbereich der Wand [6]

Die, gegenüber den Schnecken, sehr viel steiferen Bohrrohre ermöglichen eine ausreichend lotrechte Abteufung der Bohrung. Nachfolgende Bilder zeigen den Unterschied von überschnittenen Bohrpfahlwänden, die im CFA- oder im CCFA-Verfahren hergestellt wurden.

Entscheidender Faktor für eine erfolgreiche Herstellung der Pfähle ist das Förderverhalten des Bohrguts auf der Wendel. Die Schnecke muss so schnell gedreht werden, dass die erzeugte Zentrifugalkraft größer ist als die Hangabtriebskraft und Reibungskraft zwischen Wendel und Boden. Nur wenn ein Bodenpartikel auf der Wendel nach außen Richtung Bohrrohr transportiert wird, kann es nach oben gefördert werden.

Bild 32. Großdrehbohrgerät beim Herstellen einer überschnittenen Pfahlwand. Ø 750 mm verrohrte Schneckenpfählen bis 15,5 m Länge [6]

Bild 33. Bohrwerkzeug; Bohrschnecke innen und Bohrrohr außen

2.7 Bohrtechnik

Oftmals lassen sich die notwendigen Schneckenumdrehungszahlen aus maschinentechnischen Gründen nicht erreichen, dann kann zur Verminderung der Reibungskräfte eine Luftspülung eingesetzt werden. Diese unterstützt den Bohrguttransport nach oben durch Verringerung der Reibungskräfte bei gleichzeitigem Trocknen des Bohrguts.

2.4.3 Vor-der-Wand-Verfahren (VdW)

Mit diesem Verfahren werden analog zu Abschnitt 2.5 ebenfalls verrohrte Schneckenbohrpfähle hergestellt. Oftmals müssen Bohrpfähle unmittelbar an bestehender Bebauung hergestellt werden. Dazu wurden spezielle Antriebe konstruiert (als VdW, Vor-der-Wand-Getriebe bezeichnet), die es erlauben, den Abstand zwischen Pfahlachse und anstehender Bebauung auf bis zu 23 cm zu reduzieren [8].

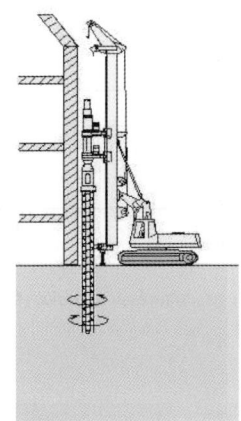

Bild 34. VdW-Getriebe zum Herstellen von verrohrten Schneckenpfählen [8]

2.5 Verdrängerbohrverfahren [9]

2.5.1 Vollverdränger (Full Displacement Pile, FDP)

Das Verdrängerbohrverfahren zeichnet sich im Wesentlichen dadurch aus, dass beim Abbohren des Bohrwerkzeugs kein bzw. kaum Bodenmaterial gefördert wird. Dabei wird ein Bohrgestänge, bestehend aus Bohranfänger, Vorlaufschnecke und konisch verlaufendem Verdrängungskörper, in den Boden eingedreht und eingedrückt. Die Fähigkeit moderner Drehbohrgeräte, gleichzeitig hohe Drehmomente und Anpressdrücke auf das Werkzeug zu übertragen, wird bei diesem Verfahren sehr vorteilhaft eingesetzt. Heutige Drehbohrgeräte können Drehmomente bis 400 kNm und Anpresskräfte bis zu 330 kN aktivieren. Der Anpressdruck wird über ein Windenvorschubsystem erzeugt und ist deshalb über den ganzen Verfahrweg (Schlittenhub) in gleicher Größe verfügbar. Ein Schneckenanfänger am unteren Ende des Verdrängerkörpers gewährleistet das Eindringen in den Untergrund sowie die Einbindung in den Traghorizont. Nach Erreichen der Endtiefe wird Beton durch die zentrische Hohlseele in den Boden gepresst. Beim Rückwärtsziehen des Bohrgestänges verdichtet die am oberen Konus angebrachte, gegenläufige Schneckenwendel das nachgefallene Bodenmaterial während des Betoniervorgangs.

	Gegenläufige Wendel mit konusförmiger Seele zum Nachverdichten von gelockerten Bereichen beim Ziehen des Werkzeugs
	Zylindrischer Walzenbereich zum Stabilisieren des verdrängten Bodens
	Die konusförmige Seelenrohrgeometrie erzeugt Horizontalkräfte im aufsteigenden Boden (horizontale Verdichtungsenergie)
	Boden wird gelöst und über die Wendel nach oben gefördert

Bild 35. Verdrängerbohrwerkzeug mit gegenläufiger Wendel [6]

Bild 36. Am Gittermast geführte Kellyverlängerung

Bild 37. Verdrängerbohrgerät der Firma FRANKI Südafrika mit 480 kNm Drehmoment

2.7 Bohrtechnik

Bild 38. Vernachlässigbare Bodenförderung beim Verdrängerbohren

Bild 39. Im Vergleich zu Bild 43: Bodenförderung beim Schneckenbohren [6]

Die Produktivität ist in erster Linie abhängig vom Bohrdurchmesser, vom Boden, dessen Lagerungsdichte und Verdrängbarkeit und natürlich vom Bohrgerät (Drehmoment und Anpresskraft). Je nach Bodenart lassen sich bis zu 60 m fertiger Pfahl/Std. erzielen. Die Grenzen des Verfahrens werden durch die anstehenden Untergrundverhältnisse bestimmt. So kann nicht verdrängbarer Boden – sehr dichter Sand und Kies, sowie harter Ton – nur in geringen Mächtigkeiten gebohrt und verdrängt werden.

Da dieses Verfahren im sog. „Single-Pass" ausgeführt wird, begrenzen die Masthöhe und das Einsatzgewicht des Bohrgeräts die Bohrtiefe. Zusätzliche Bohrtiefe wird durch das Verfahren der Kellyverlängerung gewonnen. Die mit dem Drehgetriebe verriegelbare Kellystange kann durch die beiden Verriegelungspositionen die Bohrtiefe bis zu 12 m erweitern.

Das Verdrängerpfahlsystem weist gegenüber konventionellen Bohrpfählen folgende Vorteile auf:

- Kurze Produktionszeiten in der Pfahlherstellung.
- Geräuscharm, praktisch erschütterungsfrei und damit umweltfreundlich bei der Herstellung.
- Hohe Tragfähigkeit des Verdrängerpfahls durch zusätzliche Verdichtung des umgebenden Bodens und sichere Einbindung in den tragfähigen Baugrund.
- Bei der Herstellung eines Verdrängerpfahls fällt fast kein Aushubmaterial an. Das zu verdrängende Bodenvolumen wird in das umgebende Erdreich gedrückt. Dadurch entfallen Kosten für die Abfuhr des Bohrgutes. Außerdem eignet sich dieses Verfahren wegen der Vermeidung von Aushubmaterial sehr gut für die Arbeit in kontaminierten Böden.

2.5.2 Vollverdränger mit verlorener Bohrspitze
(Full Displacement Pile, FDP, with Lost Bit)

Eine entscheidende Verbesserung des Bohr- und Betoniervorganges erfolgt mit dem Einsatz einer verlorenen, zentrischen Bohrspitze. Ein ähnlich wie vorher beschriebener geformter Verdrängerkörper wird mit einer verlorenen Bohrspitze in den Boden gedreht und gedrückt. Zwischen Verdrängerkörper und Bohranfänger können Schneckensegmente eingebaut werden, die das Eindringen in härtere Bodenschichten erleichtern.

Bild 40. Verdrängerbohrwerkzeug mit gegenläufiger Wendel und verlorener Bohrspitze [6]

Bild 41. Bewehrungskorbeinbau durch die Hohlseele unter Verwendung der Gerätehilfswinde

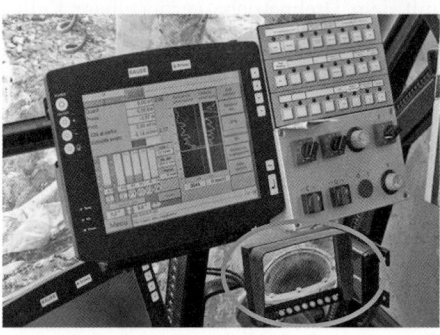

Bild 42. Qualitätskontrolle am Bildschirm, Bild von der Kamera mit Blick in den Betontrichter unten rechts

Bild 43. Betontrichter mit angebauter Farbkamera zur Überwachung des Füllstandes

Da die Hohlseele des Verdrängerkörpers etwa 50 % des Pfahldurchmessers ausmacht, kann vor dem Betonieren durch die Seele ein entsprechend großer Bewehrungskorb eingebaut, die Bohrspitze abgestoßen und der Beton wie beim Kontraktorverfahren über die Seele eingefüllt werden. Ein Trichter oberhalb des Drehgetriebes dient dabei als Vorratsbehälter für den nach oben gepumpten Beton. Der Füllgrad des Betoniertrichters wird über eine Kamera mit Monitor im Führerhaus überwacht.

Zusätzlich zu den allgemeinen Vorteilen eines Verdrängerpfahls, wie aushubfreies Bohrverfahren, gute Tragfähigkeit, hohe Herstellungsleistung, weist dieses Verfahren weitere Vorteile auf:

- Der Bewehrungskorb kann durch die Hohlseele vor dem Betonieren eingebaut werden.
- Der Beton fließt ohne Druck wie beim Kontraktorverfahren in den Verdrängungshohlraum. Übliche Betonmehrverbräuche liegen zwischen 10 bis 15%, je nach Boden über dem theoretischen Pfahlvolumen.
- Reicht die Bohrtiefe im „Single-Pass"-Verfahren nicht aus, können Gestänge aufgesetzt werden.

2.6 Bohrgeräte

Nach den Erläuterungen verschiedener Trockenbohrmethoden sollen typische Bohrgeräte und Maschinengruppen aufgezeigt werden, die zur Realisierung verschiedener Bohrverfahren notwendig sind.

Es wurden dazu Gerätetypen gewählt, die der Familie der Großdrehbohrgeräte zugeordnet werden können und welche die besonderen Merkmale der jeweiligen Bohrverfahren tragen.

Ein typisches Drehbohrgerät mit Kellyausrüstung ist in Bild 44 dargestellt. Als Bohrwerkzeuge werden „drehende Werkzeuge" (s. Abschn. 2.2) eingesetzt.

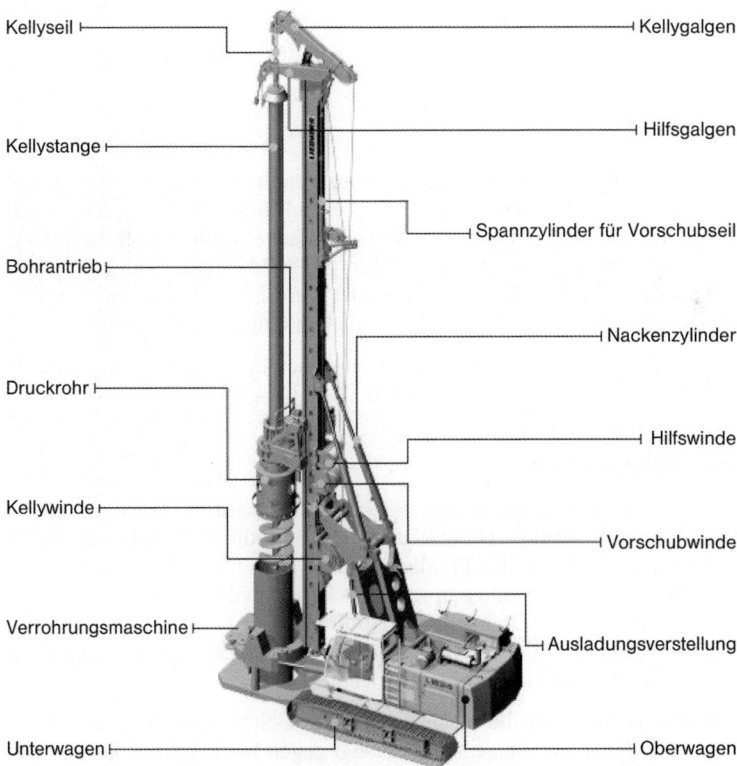

Bild 44. Typische Bestandteile eines Kellybohrgeräts [17]

Tabelle 1. Drehbohrgeräte der Fa. Bauer (Auszug)

Bauer [6]	Drehmoment [kNm]	Motorleistung [kW]	Einsatzgewicht [t]	max. Bohrtiefe L und Durchmesser [m]	Anwendungen
BG 12 H	125	153	ca. 39	L = 40, ⌀ = 1,20	Kelly, CFA, FDP
BG 28	275	313	ca. 95	L = 70, ⌀ = 2,10	Kelly, CFA, FDP, VdW, CCFA, Fräsaufgaben, Bodenmischverfahren
BG 40	390	433	ca. 140	L = 80, ⌀ = 2,80	Kelly, CFA, FDP, VdW, CCFA, Fräsaufgaben, Bodenmischverfahren

Tabelle 2. Drehbohrgeräte der Fa. Liebherr (Auszug)

Liebherr [17]	Drehmoment [kNm]	Motorleistung [kW]	Einsatzgewicht [t]	max. Bohrtiefe L und Durchmesser [m]	Anwendungen
LB 24	240	270	76	L= 40, ⌀ = 1,90	Kelly, CFA, CCFA, FDP, Bodenmischverfahren
LB 28	280	350	95	L= 70, ⌀ = 2,50	Kelly, CFA, CCFA, FDP, Bodenmischverfahren

Um die Vielzahl der verschiedenen Anforderungen im Spezialtiefbau bewältigen zu können, sind moderne Bohrgeräte technisch so konzipiert, dass sie multifunktional einsetzbar sind. Das heißt, ein bestimmter Gerätetyp lässt sich durch einfache Umbaumaßnahmen für mehrere Bohr- und Rammverfahren einsetzen. So kann z. B. dasselbe Grundgerät i. d. R. für Kelly-, Endlosschnecken-, Vor-der-Wand-(VdW) oder Verdrängerpfähle sowie zusätzlich für verschiedene Bodenmischverfahren und Fräsaufgaben eingesetzt werden.

Die Tabellen 1 und 2 zeigen einen kleinen Ausschnitt einzelner Gerätetypen verschiedener Hersteller mit den wichtigsten technischen Merkmalen.

2.7 Verrohrungsanlagen

Beim Trockenbohren in nicht standfesten Böden (Sande, Kiese) wird die Bohrung mittels Bohrrohren (sog. Verrohrungen) gestützt. Diese können entweder direkt mithilfe des Kraftdrehkopfes abgeteuft werden, oder wie im Pfahlbau üblich, mit einem Zusatzgerät (Verrohrungsmaschine) am Bohrgerät angeschlossen sein. Zusätzlich hydraulisch angeschlossene Anlagen besitzen wesentlich mehr Drehmoment (1000 bis 2700 kNm für Durchmesser von 1000 bis 2500 mm, teilweise bis 3000 mm) als der Kraftdrehkopf und verwenden das Bohrgerätgewicht als Reaktionskraft zum Einbau der Rohre.

Eine besondere Verrohrungsanlage ist die Hochstrasser-Weise-Schwinge. Sie besteht aus einer luftbetätigten, oszillierenden Schwinge. Diese schlägt gegen Nocken am Rohrkopf und bewirkt so durch Hin- und Herbewegung und das Eigengewicht das Eindringen des Mantelrohrs. Zur Führung dient ein kurzes Rohr am Bohrlochmund.

2.7 Bohrtechnik

Bild 45. Durchdrehende Verrohrungsanlage für Durchmesser bis 3 m [6]

Bild 46. Oszillierende Verrohrungsanlage angebaut am Drehbohrgerät für Durchmesser bis 2,5 m [6]

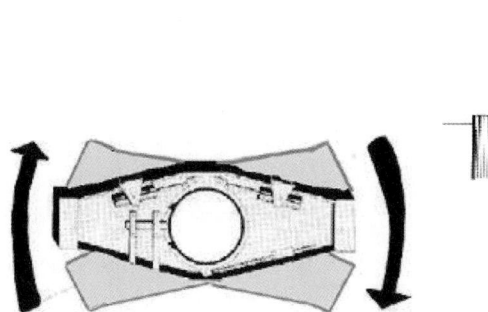

Bild 47. Funktionsweise der H-W-Schwinge, Blick von oben

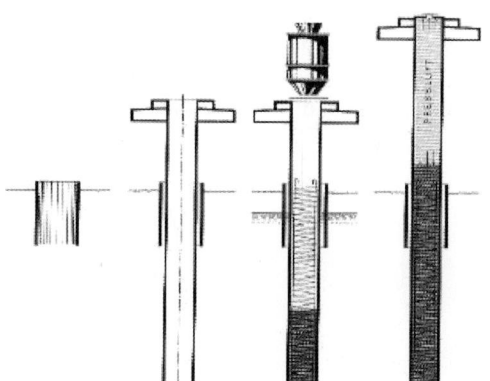

Bild 48. Einsatz der H-W Schwinge bei der Herstellung eines Ortbetonpfahls

3 Spülbohrverfahren

Als Spülbohrungen werden unabhängig vom Bohrwerkzeug die Methoden bezeichnet, die zum Transport des gelösten Bohrguts nach Übertage ein Spülmedium (Wasser oder Druckluft mit Additiven) einsetzen. Neben dem Transport des Bohrkleins ist es Aufgabe der Spülung, das Bohrloch gegen den anstehenden Erddruck abzustützen. Somit ersetzt das Spülmedium, bis auf das wenige Meter lange Standrohr zur Sicherung der obersten Bohrlochstrecke, die sonst notwendige Verrohrung. Die Bohrlochstabilisierung wird allein durch den hydraulischen Druck der Flüssigkeitssäule erreicht. Das Spülmedium besteht im einfachsten Fall aus Wasser, für schwierigere Bohraufgaben werden Spülungszusätze wie z. B. Tonmehl (Bentonit), Kreide und Antisol beigemischt.

Das Umwälzen des Spülungskreislaufes geschieht mittels Druck- oder Saugförderung. Der Transport des Bohrgutes beruht darauf, dass die Reibungswiderstände der Spülung an der Bohrgutoberfläche gleich oder größer als das Bohrgutgewicht sein müssen.

Die Spülbohrverfahren werden dann eingesetzt, wenn die zu erzielende Teufe größer als die mögliche Endteufe des Trockendrehbohrverfahrens ist. Das Auftreten von Grundwasser stellt keine Behinderung dar, sondern ist der geringeren Spülungsverluste wegen sogar erwünscht.

Neben den nachstehend erläuterten Spülbohrverfahren existieren noch weitere Spezialverfahren wie das Gegenstrombohrverfahren (Counterflush Drilling), das Doppelrohrverfahren (Duo-Tube), das Strahlsaugbohrverfahren (Jet Drilling).

3.1 Direktes Spülbohren (Rotary Drilling)

Der erste berühmt gewordene Einsatzfall des Rotary-Verfahrens war die Bohrung am Spindletop-Hügel bei Beaumont (Texas), die am 10. Januar 1901 in 347 m Tiefe auf unter hohem Druck stehendes Erdöl stieß. Es erfolgte ein gewaltiger Ausbruch, in dessen Folge täglich etwa 100.000 Barrel Rohöl unkontrolliert aus dem Bohrloch ausgestoßen wurden. Diese Bohrung gab den Auftakt der Erdölförderung in den USA.

Beim Spülbohren wird zwischen der direkten und der indirekten Methode unterschieden. Beim direkten Spülstrom (auch als Rechtsspülung bezeichnet) wird das Spülmedium durch das Gestängerohr Richtung Bohrmeißel gepumpt und tritt dort in Spülkanälen, die den Spülstrom zur Bohrlochsohle leiten, aus. Auf der Bohrlochsohle tritt der Richtungswechsel der Spülung ein und zusammen mit dem Bohrklein wandert diese im Ringraum zwischen Bohrgestänge und Bohrlochwand nach oben. Übertage wird die Spülung in ein Spülbecken

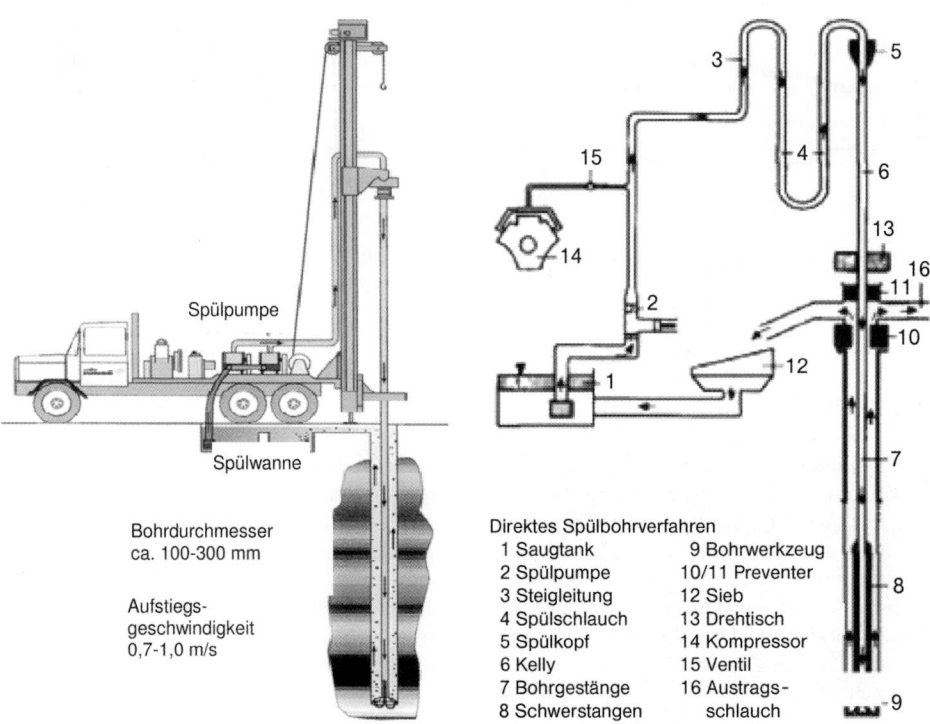

Bild 49. Rotarybohren mit direktem Spülstrom [5]

Bild 50. Schema des Rotary-Bohrverfahrens [10]

2.7 Bohrtechnik

Bild 51. Universalbohrgerät RB 25 von PRAKLA, Hakenlast 150 kN geeignet für Bohrdurchmesser von 4" bis 30" und Bohrtiefen bis zu 400 m [5]

geleitet, wo das Bohrgut mittels Sieben und Abscheidevorrichtungen getrennt wird. Die Spülflüssigkeit wird anschließend dem Kreislauf wieder zugeführt. Das Bohrwerkzeug wird über ein Gestänge mit dem Kraftdrehkopf (power swivel) in Drehung versetzt, der Anpressdruck wird durch das Eigengewicht des Bohrstranges und zusätzlich eingebauten Schwerstangen aufgebracht.

Besonderes Augenmerk ist auf die Auswahl des richtigen Bohrwerkzeugs zu richten. Verwendet werden Rollenbohrwerkzeuge (roller bit) für mittelharte und harte Gesteine. In Lockerböden kommt auch der Stufenmeißel (drag bit) zum Einsatz. Für optimale Bohrleistungen müssen beim Spülbohren Bohrwerkzeug, Anpressdruck, Drehzahl, sowie Spülungsmenge und -druck aufeinander abgestimmt sein. Ist nur eine dieser Komponenten unzureichend, sinkt die Bohrleistung und oftmals ist ein höherer Meißelverschleiß die Folge. Deshalb sind angepasste Bohrspülungen und deren Überwachung Voraussetzung für stabile Bohrlöcher und geringen Verschleiß an Werkzeug und Pumpen.

Bild 52. Vollhydraulisches Drehbohrgerät DSB 0 von Nordmeyer [4]

1 Spülwanne mit Rührwerk
2 Spülungsrinne
3 Schläuche und Kupplungen
4 Spülwanne mit Sieb
5 Entsander
6 Generator (optional)
7 Beistellpumpe
8 Spülungsmischer, groß
9 Spülungsmischer, klein

Bild 53. Bestandteile und prinzipielle Anordnung des Gesamtsystems einer Rotary-Bohranlage mit ihren Beistellaggregaten [5]

In lockeren Kiesen, Sanden oder Schottern ist das Freifahren der Bohrlöcher zur Nachfallbeseitigung und Filterkuchenbildung in der Bohrlochwand unerlässlich. Spülungsverluste sind sofort zu ersetzen, ansonsten könnte das unverrohrte Bohrloch einstürzen, was möglicherweise zum Verlust des Bohrstrangs führt.

Typische Bohrdurchmesser liegen bei 100 bis 300 mm, Aufstiegsgeschwindigkeiten im Ringraum zwischen 0,7 und 1 m/s. Kleinere Aufstiegsgeschwindigkeiten führen wegen ungenügender Austragung des Bohrguts zum Festwerden des Bohrstrangs. Eine Möglichkeit zur Optimierung des Rotarybohrens bei größeren Durchmessern und geringer Teufe besteht in der „belüfteten Spülung". Hierbei wird zur besseren Austragung der Bohrspülung Druckluft zugesetzt [11].

3.2 Indirektes Spülbohren (Reverse Circulation Drilling)

Beim indirekten Spülkreislauf wird das Bohrklein durch ein verhältnismäßig kleines Gestänge mit dem Spülstrom zutage gefördert, was wesentlich höhere Aufstiegsgeschwindigkeiten (2 bis 4 m/s) zur Folge hat. Die Spülflüssigkeit wird dabei im Ringraum zwischen Bohrlochwand und Bohrgestänge oder im Ringraum eines Doppelgestänges zur Bohrlochsohle geleitet. Die geringe Sinkgeschwindigkeit der Spülung führt zusammen mit der großen Aufstiegsgeschwindigkeit zu einer Saugwirkung von der Bohrlochsohle ins Werkzeug und somit zu einer besseren Bohrgutförderung. Übertage wird das Bohrgut in einer Spülgrube

2.7 Bohrtechnik

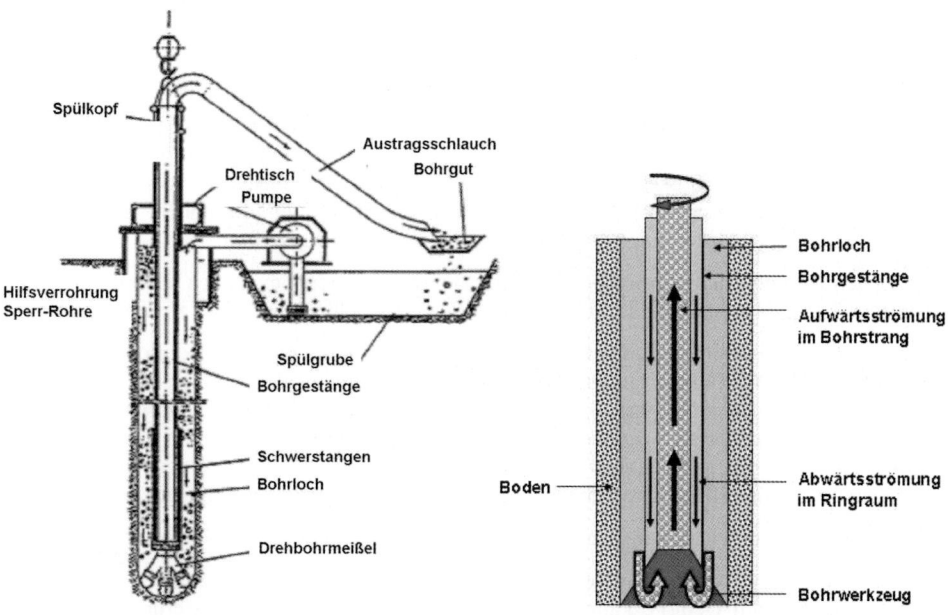

Bild 54. Schema des indirekten (inversen) Spülbohrverfahrens; links nach [10], rechts nach [5]

von der Spülung getrennt. Das Umwälzen des Spülkreislaufes erfolgt saugend oder drückend durch Kolben-, Plunger-, Zentrifugal-, Wasserstrahl- oder Mammutpumpen. Entsprechend dieser Umwälzmöglichkeiten haben sich verschiedene Verfahrensbezeichnungen zu feststehenden Begriffen in der Spülbohrtechnik entwickelt.

3.2.1 Lufthebebohrverfahren (Air Lift Drilling) [11]

Besonders geeignet für große Bohrdurchmesser und Bohrtiefen ist das sog. Lufthebebohrverfahren. Es benutzt zur Förderung des Spülstroms das Prinzip der Mammutpumpe. Das hohle Bohrgestänge besitzt außen zwei Druckluftleitungen, die in einer gewissen Tiefe mit einer Einblasdüse in das Hohlgestänge münden.

Das Einblasen von Druckluft bewirkt durch die aufsteigenden Luftblasen eine Gewichtsdifferenz zwischen äußerer (Ringraum) und innerer (Hohlgestänge) Wassersäule. Damit wird eine 3-Phasenförderung Wasser–Luft–Bohrgut erzeugt. Die Austragung der Spülung erfolgt durch ein Austragungsknie in einen Spülteich, von dem das Spülwasser nach der Bohrgutabsetzung dem Bohrlochringraum zuläuft und an der Bohrlochsohle durch die Meißelöffnung wieder in das Hohlgestänge eintritt.

Zwischen Bohrwerkzeug und Einblasdüse besteht, wie zwischen Einblasdüse und Austragsknie, eine reine Druckförderung. Kavitationsprobleme wie beim Saugbohren treten deshalb nicht auf.

Die Eintauchtiefe der Einblasdüse muss zwei Forderungen erfüllen: Sie muss größer sein als die Förderhöhe, um eine intermittierende Förderung von Wasser oder Luftblasen zu vermeiden; und sie darf unter Berücksichtigung der Rohrreibungsverluste nicht größer sein, als der vom Kompressor erzeugte Luftdruck.

Eine kontinuierliche Förderung wird bei einem Verhältnis Eintauchtiefe : Förderhöhe = 2 : 1 erreicht. Aus Wirtschaftlichkeitsgründen werden daher die ersten 6 bis 10 m meist im Trockenbohrverfahren vorgebohrt und anschließend auf das Lufthebeverfahren umgestellt.

Die größte Eintauchtiefe der Einblasdüse beträgt beispielsweise bei einem Luftdruck von 6 bar etwa 51 m. Ist die angestrebte Teufe bzw. die Wassersäule größer als der verfügbare Luftdruck, wird eine zweite bzw. weitere Einblasdüsen versetzt über der ersten Düse eingebaut und die Druckluftleitung an der Mitnehmerstange auf die höhere Einblasdüse umgeschaltet. Der Abstand der Einblasdüsen beträgt etwa 30 bis 50 m.

Im Gegensatz zur Saugbohrmethode kann der Bohrlochwasserspiegel auch unter die Rasensohle absinken, ohne dass die Förderung abreißt und der Spülungskreislauf zusammenbricht.

Ein wichtiges Kriterium für die Wahl der Größe des Ringraums zwischen Bohrlochwand und Bohrgestänge bzw. Schwerstangen ist die Fallgeschwindigkeit der Spülung im Ringraum. Sie soll erfahrungsgemäß 20 m/min [2] nicht überschreiten. Wird die Fallgeschwindigkeit größer, besteht die Gefahr von Nachfall aus der Bohrlochwandung, weil die Fallgeschwindigkeit dem statischen Flüssigkeitsdruck, der das Bohrloch stabilisiert, entgegenwirkt. Für die Berechnung der Fallgeschwindigkeit ist der kleinste Ringraum im Bohrloch maßgebend.

Die Aufstiegsgeschwindigkeiten im Bohrstrang liegen zwischen 3 und 4 m/s.

Beim Lufthebebohrverfahren wird i. Allg. das Bohrloch bis auf ein Standrohr unverrohrt hergestellt. Je nach Gebirge kann eine beschwerte Spülung zur Stabilisierung der Bohrlochwand eingesetzt werden.

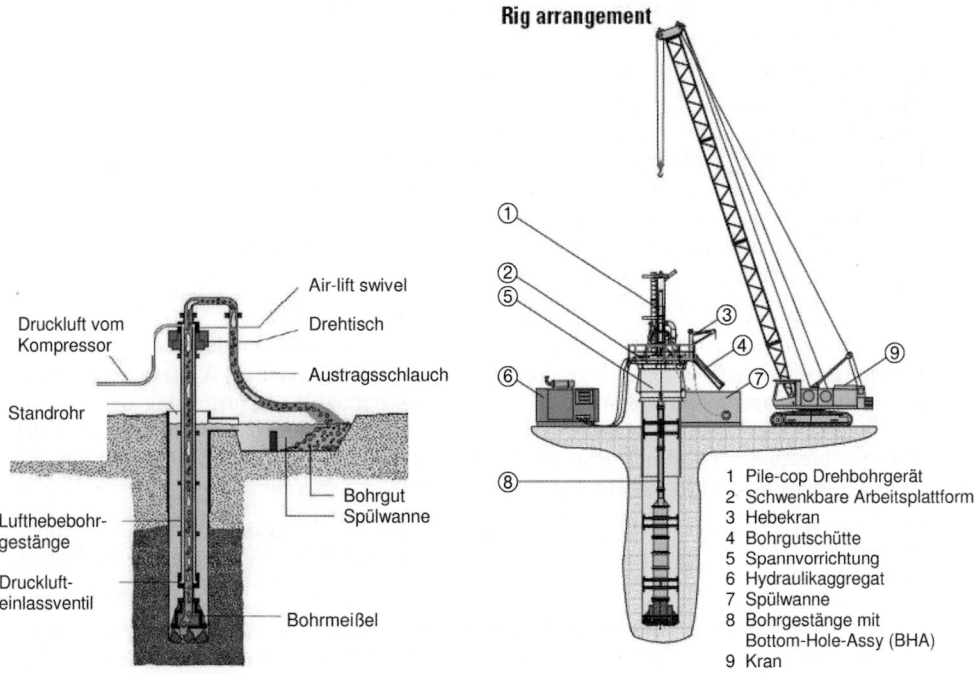

Bild 55. Prinzip des Lufthebebohrverfahrens

Bild 56. Geräteanordnung beim Lufthebebohren

Der Bohrstrang wird durch einen Kraftdrehkopf oder Drehtisch angetrieben, der Andruck durch Schwerstangen aufgebracht.

In Kies, Sand oder Ton werden Exzenterrollenbohrmeißel, auch Züblin- oder Jumbo-Meißel genannt, eingesetzt. Härteres Gestein erfordert Großlochmeißel mit Zahn-Schneiderollen.

Die Bohrdurchmesser betragen bis zu 2 m, die erreichbaren Teufen liegen normalerweise bei etwa 750 m, mit großem Gestängedurchmesser (300 mm) können auch Teufen über 1000 m erreicht werden [2].

Die Lufthebeförderung ist verschleißarm, weil der Spülstrom nicht mit beweglichen Maschinenteilen in Berührung kommt. Die Maschinenleistung ist allerdings nur mit einem schlechten Wirkungsgrad von etwa 20 % auf den Förderstrom übertragbar.

Bei größeren Teufen ist das Lufthebeverfahren dem Saugbohrverfahren leistungsmäßig vorzuziehen.

4 Geothermiebohrungen

Aufgrund immer größer werdender Nachfrage nach Möglichkeiten zur Erschließung regenerativer Energiequellen werden im Folgenden die gängigsten Bohrtechniken für Geothermiebohrungen erläutert. Entscheidend für eine erfolgreiche Erdsondenbohrung ist die Wahl des Bohrverfahrens. So eignet sich z. B. das klassische Spülbohrverfahren (vgl. Abschnitt 3) für Bohrungen in Bodenklassen 1 bis 4 (Lockergestein), jedoch sind heutige Geothermiebohrgeräte meist für verschiedene Bohrverfahren einsetzbar, um mit allen Bodenklassen zurechtzukommen.

Beim Abteufen der Erdwärmesondenbohrungen geht es im Gegensatz zu Brunnenbohrungen nicht um eine Funktion des Bohrlochs an sich (z. B. Förderung von Grundwasser), sondern lediglich um die Herstellung eines Bohrlochs zur Aufnahme der Erdwärmesondenrohre. Die Bohrungen werden dabei sowohl mit selbstfahrenden, vollhydraulischen Bohranlagen (LKW-Bohranlagen) als auch mit vollhydraulischen Raupenbohranlagen ausgeführt. Bei der Ausführung steht ein rasches und sicheres Abteufen der Bohrung unter Berücksichtigung der grundwasserschutzrelevanten Rahmenbedingungen im Vordergrund.

Um auch in härterer Geologie wirtschaftlich Sondenbohrungen herstellen zu können, hat sich das Doppelkopfbohrverfahren mit Imlochhammer durchgesetzt. Der große Vorteil dieses Bohrverfahrens liegt im gleichzeitigen Abteufen der Bohr- und Gestängerohre. Das heißt, es werden zwei Drehantriebe, meist mit der Möglichkeit diese relativ zueinander zu verschieben, eingesetzt. Der Imlochhammer sitzt direkt über dem Bohrmeißel auf der Bohrlochsohle und wird über das Innengestänge mit Druckluft angetrieben. Die Druckluft tritt über Düsen am Bohrwerkzeug aus, kühlt dieses und trägt das Bohrklein im Ringraum aus. Der Auswurf des Bohrguts geschieht über einen sog. Preventer und Druckleitungen in den Spülcontainer. Der Preventer schließt den Ringraum zwischen Außen- und Innengestänge ab. Die zum Betreiben des Imlochhammers notwendige Luft wird gleichzeitig zum Transport des Bohrkleins bis in den geschlossenen Spülcontainer verwendet. Oberhalb des Grundwasserspiegels wird dem Spülstrom Wasser in geringer Menge zugegeben. In der Regel eilt der Imlochhammer während des Bohrfortschritts der Verrohrung voraus. Beim Durchteufen locker gelagerter Schichten wird zur Vermeidung von Auskolkungen mit einem sog. Pfropfen gebohrt. Das heißt, das Außenrohr eilt voraus und es wird lediglich dem Bohrdurchmesser entsprechend Bohrgut gefördert.

Bild 57. Baustellenübersicht [5] **Bild 58.** Kolloidalmischer für Verpressmaterial [14]

Bild 59. Einbau des Bohrgestänges [5] **Bild 60.** Geothermiebohrgerät DSB 1 von Normeyer [4]

Der Bohrdurchmesser hängt zunächst von der einzubauenden Erdsonde (z. B. 4 × 32 mm Sondenrohre zzgl. einem Injektionsschlauch) ab. Jedoch sollte der Bohrdurchmesser so groß gewählt werden, dass eine ordentliche Hinterfüllung der Sonden mit Verpressmaterial sichergestellt werden kann. Somit liegen gängige Bohrdurchmesser für Erdsondenbohrungen zwischen 150 und 180 mm.

Moderne Geothermiebohrgeräte sind heutzutage in der Lage, das Bohrverfahren je nach geologischen Anforderungen anzupassen bzw. umzustellen. So kann z. B. ein Doppelkopf-

2.7 Bohrtechnik

bohrgerät mit Imlochhammer innerhalb kurzer Zeit auf eine Rotary Spülbohrung (vgl. Abschn. 3) umgestellt werden. Dazu wird der Imlochhammer durch ein Spülbohrwerkzeug (Flügel- oder Rollenmeißel) ausgetauscht. Zur Stabilisierung des Bohrlochs wird dann ein Spülmedium, meist aus Wasser und Tonmehl, eingesetzt, das mithilfe eines Kolloidalmischers oder mit der oftmals angebauten Exzenterschneckenpumpe aufbereitet und schließlich über das Innengestänge dem Kreislauf zugeführt wird.

Im Falle der Spülbohrung wird nach Erreichen der Endtiefe die Erdsonde mithilfe eines Verpressgestänges eingebaut. Dieses wird am Sondenfuß befestigt und gewährleistet ein sicheres Einbauen der Sonde im Spülmedium. Anschließend wird die Bohrung mit speziellem Hinterfüllungsmaterial im Kontraktorverfahren verpresst.

Bohrverfahren bei Erdwärmesondenbohrungen und Geologie [3]

Tabelle 3 listet die je nach geologischen Bedingungen geeigneten Bohrverfahren auf, wobei zu beachten ist, dass Rotationsspülbohrungen auch im Fels anwendbar sind, jedoch wegen des langsamen Bohrfortschrittes in dieser Anwendung nicht wirtschaftlich durchführbar sind. In klüftigem, kavernösem Fels benötigt die Imlochhammertechnik die gleichzeitig nachgeführte Verrohrung und einen Exzentermeißel zum Vorschneiden.

Tabelle 3. Anwendbarkeit verschiedener Bohrverfahren

	Fels	Moräne	Sand / Kies	Schluff / Ton
Imlochhammer ohne Verrohrung	gut	mittel	schlecht	sehr schlecht
Imlochhammer mit Verrohrung	nicht notwendig	gut	mittel	schlecht
Rotationsspülbohrung	schlecht	mittel	gut	sehr gut

Tabelle 4. Beherrschbarkeit besonderer Vorkommnisse [3]

	Wasser	Arteser	Gas	Stabilität
Imlochhammer ohne Verrohrung	schlecht	unkontrolliert	unkontrolliert	schlecht
Imlochhammer mit Verrohrung	mittel	unkontrolliert	unkontrolliert	gut
Rotationsspülbohrung	gut	kontrollierbar durch Schwerspülung	kontrollierbar	kontrollierbar

Der wachsende Markt auf dem Gebiet der Erdsondenherstellung fordert zu neuen Wegen in der Bohrtechnik heraus. So wurde jüngst das Bohrverfahren geoJetting [25] vorgestellt, das die Bohrlochsohle mit hohem Wasserdruckstrahl (bis 1000 bar) aufschneidet und das Bohrgut-Wasser-Gemisch durch einen zylindrisch geformten Bohrkopf nicht über Tage, sondern seitlich in das Gebirge drückt. Die Bohrkrone kann durch einen Mechanismus durch das Bohrgestänge hindurch geborgen werden, sodass das Bohrloch für den Einbau der Erdsonde gestützt bleibt.

5 Bohrverfahren für den Baugrundaufschluss

In Lockergestein bedient sich der Baugrundaufschluss der Trockendrehbohrverfahren und der Rammkernverfahren, meist mit Einfachkernrohr oder Schappe. Das Einfachkernrohr besteht aus einem unten offenen Stahlrohr mit gepanzerter Ringschneide. Es wird rammend, ohne Spülmedium, eingesetzt. Das Abbohren eines Kernmarsches geschieht hierbei so lange, bis der Kern nicht mehr schiebt und in Gefahr gerät, gestaucht zu werden. Das Risiko der Kernstauchung besteht insbesondere bei den Kleinbohrungen nach Tabelle 3 der DIN EN ISO 22475-1, da hier im Durchmesser kleine Kernrohre mit großer Mantelreibung eingesetzt werden.

Für das Einrammen des Kernrohres wird ein langsam schlagender, seilgeführter Imlochhammer direkt über das Entnahmerohr gesetzt. Die Stützung des Bohrloches übernimmt dabei die Verrohrung, die durch einen Kraftdrehkopf oder eine Rohrbewegungsmaschine nach jedem Kernmarsch in einem weiteren Arbeitsgang nachgesetzt wird. Die Hohlbohrschnecke gestattet das gleichzeitige Nachführen der Bohrlochverrohrung. Empfehlungen zur Anwendung der Bohrverfahren finden sich in DIN 4021.

In Festgestein wird die Rotarytechnik (direktes Spülverfahren) in Verbindung mit Doppelkernrohren eingesetzt. Das Spülmedium besteht normalerweise aus klarem Wasser, bei Kernerosion werden auch flüssigkeitsbindende Spülungszusätze beigemischt. Das Kernbohren mit Druckluft als Spülmedium findet seltener Anwendung.

Die Doppelkernrohre haben im weichen, aufgewitterten Gebirge den Vorteil, dass die Spülung zwischen äußerem und innerem Kernrohr hindurchfließt und erst an der Bohrkronenlippe mit dem Kern erosiv in Berührung kommt. Man unterscheidet hier schmallippige und breitlippige Kernkronen. Es gibt Doppelkernrohre mit rotierendem Außen- und Innenrohr (rigid-type), mit stillstehendem Innenrohr und zur Vermeidung von Kernauswaschungen mit voreilendem Innenrohr, das sich automatisch bei härter werdendem Gebirge in das Außenrohr zurückzieht.

Das Seilkernrohr hat insbesondere auf dem Diamantbohrsektor eine dominierende Stellung eingenommen. Bei diesem Kernbohrtyp muss das Gestänge beim Bergen des Kernmarsches nicht ausgebaut werden. Das Innenrohr wird an einem Seil und mithilfe eines Fängers durch das Gestänge, das gleichzeitig eine Art Hilfsverrohrung bildet, nach oben gezogen, entleert und wieder auf die Bohrlochsohle abgelassen.

Für weiche und brüchige Böden hat sich der Einsatz eines zweiten Innenrohrs (Inliner) aus Kunststoff, das gleichzeitig als Kernbehälter zur Aufbewahrung dient, bewährt.

Der Einsatz eines Sedimentrohrs ist dann angebracht, wenn durch ungünstige Kombination von Bohrloch- und Gestängedurchmesser die Austragung von Bohrklein behindert wird. Das Sedimentrohr hat dann die Aufgabe, im Spülstrom zurückfallendes Bohrgut aufzunehmen und Nachfall und Verklemmungen zu vermeiden. Ein Kernfangring im Kernrohrinneren reißt den Kern nach dem Abbohren auf der Bohrlochsohle ab.

Die Diamantbohrkrone besteht aus einem Anschlussgewinde aus Stahl, der Einbettungsmasse (Matrix) und den Diamanten. Die Matrix verbindet die Diamanten mit dem Anschlussgewinde, das mit dem Kernrohr verschraubt wird. Es gibt oberflächenbesetzte und diamantimprägnierte Splitterkronen mit selbstschärfendem Effekt. Die Größe der Diamanten (Anzahl Steine je Karat, 1 Karat = 0,2 g) richtet sich nach der Gebirgshärte und Homogenität sowie der Drehzahl. Je härter und feinkörniger das Gestein ist, desto kleinere Diamanten werden eingesetzt. Sehr hartes, feinkristallines Gestein und bewehrter Beton werden mit diamantimprägnierten Splitterkronen gebohrt. Der Bohrfortschritt wird mit zunehmender

2.7 Bohrtechnik

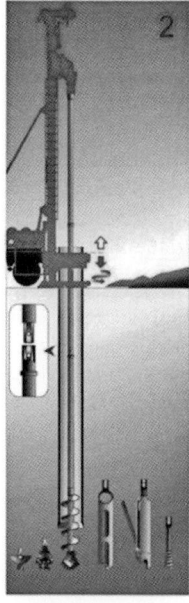
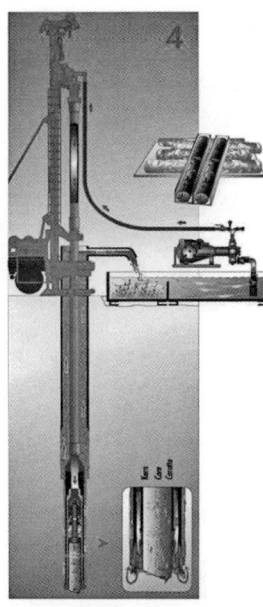
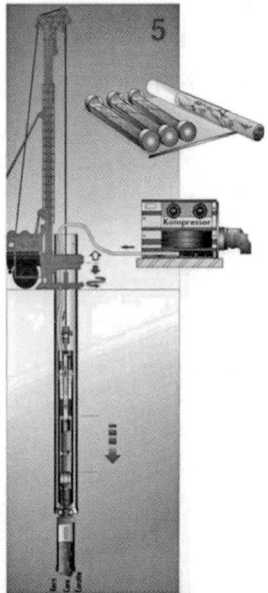

Trockendrehbohren mit Verrohrung

Kernbohren (Einfach-, Doppel- oder Seilkernrohr)

Rammkernbohren

Bild 61. Bohrverfahren für den Baugrundaufschluss [4]

Drehzahl günstiger. Allerdings können zu hohe Drehzahlen die Stabilität der Bohrlochwand gefährden und Vibrationen den Kerngewinn schmälern. Von wichtiger Bedeutung für die Lebensdauer einer Diamantbohrkrone ist die feine Regelung der Drehzahl, des Andrucks, der Spülungsmenge bzw. des Spülungsdruckes. Die Hartmetallbohrkrone (Widia-Stiftkrone) wird nur in weichem bis mittelhartem Gestein eingesetzt.

Für spezielle geotechnische Untersuchungen ist es möglich, sog. orientierte Kernbohrungen auszuführen, bei denen eine Vorrichtung im Doppelkernrohr den Kern nach der Himmelsrichtung ritzt. Der Kern kann dann zur geologischen Aufnahme des Gefüges in seine ursprüngliche Lage gebracht werden.

6 Sonderbohrverfahren

6.1 Vibrationsbohrverfahren „Sonic Drilling" [15]

Das aus den USA stammende „Sonic Drilling" ist eine Art Rotaryvibrationsbohrverfahren, bei dem zusätzlich zum Dreh- und Drückvorgang, Schwingungsenergie zum Abteufen von Bohrrohren verwendet wird. Die Vibrationsfrequenz kann auf die Bedingungen angepasst werden und liegt i. d. R. zwischen 50 und 120 Hz.

Auf den ersten Blick ähnelt ein Sonic-Drilling-Bohrgerät dem konventionellen Rotary-Bohrgerät. Der Unterschied steckt im Kraftdrehkopf. Dieser erzeugt zusätzlich zum Drehmoment eine hochfrequente Kraft, die überlagernd auf das Bohrgestänge wirkt. Das heißt,

Bild 62. Sonic-Drilling-Bohrgerät [16]

zusätzlich zum Drehmoment und der Vorschubkraft wird der Bohrmeißel mitsamt dem Bohrgestänge in Schwingung versetzt. Der Oszillator, angetrieben von einem Hydraulikmotor, versetzt zwei Walzen in eine Rotationsbewegung, wobei eine sinusförmige Fliehkraft entsteht. Eine Luftkammer mit einem Kolben sorgt dafür, dass die wechselseitigen Kräfte auf das Bohrgestänge beschränkt werden können.

Diese drei miteinander kombinierten Einwirkungen ermöglichen sehr hohe Bohrgeschwindigkeiten in bindigen, weichen und steifen Böden. Kernmärsche bis zu 4 m sind üblich in der Baugrunderkundung. Die Kernqualität ist dabei in weichen Sedimentböden außerordentlich hoch; es gibt u. a. keine Verbiegungen der Schichtflächen. In halbfesten und festen Böden wird der Bohrkern mitunter heiß und verliert an Kernqualität. Versuche in Felsgestein

Bild 63. Kerngewinnung, bis zu 4 m lange Kernmärsche werden vom Kernrohr direkt in eine Plastikfolie ausgerüttelt

wurden ausgeführt. Problematisch erscheinen die Vibrationen des gesamten Bohrstrangs und die Gefahr von Gestängebrüchen.

Die Vibrationsenergie reduziert die Reibung der Bodenpartikel und ermöglicht somit ein leichteres Eindringen des Bohrgestänges. Um die Bohrgeschwindigkeit weiter zu erhöhen, kann zur Unterstützung des Bohrguttransports, Druckluft, Bohrspülung oder einfach nur Wasser verwendet werden. Bei Baugrunduntersuchungen wird die Bohrlochverrohrung in einem Überwaschvorgang nachgesetzt.

Hauptanliegen während des Bohrens ist es, die Frequenz so einzustellen, dass sie sich mit der Eigenfrequenz des Bohrgestänges deckt. Nur dann wird die Amplitude bzw. die Auslenkung optimal bis zum Ende des Bohrgestänges (Bohrmeißel) übertragen. Wenn der Bohrantrieb nicht in der Lage ist in diesem Eigenresonanzbereich zu arbeiten, verkleinert sich mit wachsender Länge des Bohrstranges die Amplitude am Bohrmeißel, was letztendlich geringeren Bohrfortschritt, evtl. sogar frühzeitige Bohrlochaufgabe zur Folge hat.

6.2 Aufsatz- und Offshorebohranlagen – Fly Drill [9]

Das Fly-Drill-System ist ein Gerätekonzept zur Herstellung von Pfählen im Drehbohrverfahren. Die Bohreinheit, bestehend aus Drehantrieb, Kellystange und Bohrwerkzeug, hängt am Hauptseil eines Trägergeräts oder einem Hydraulikaggregat. Die Bohreinheit wird während des Bohrvorganges hydraulisch am Bohrrohr festgeklemmt. Zum Entleeren des Bohreimers wird die Klemmzange geöffnet und die gesamte Einheit zur Seite geschwenkt.

Das Fly-Drill-System kann mit einem Airliftsystem (Schwerstangen, Vollschnittkopf) kombiniert werden. Dadurch wird die Pfahlherstellung in Mischböden (Fels überlagert von Normalboden) mit einer Geräteeinheit ermöglicht. Durch die Aufhängung am Kranseil kann von wechselnden Höhenlagen und Arbeitsradien gearbeitet werden (z. B. Pfähle in einer Böschung oder Offshorebohrungen).

Bild 64. Entleeren des Bohreimers [9]

Bild 65. Aufsetzen des Fly Drill auf das Bohrrohr, Kastenbohrerdurchmesser von 3 m bis 4,4 m [9]

7 Literatur

[1] Van Impe, W. F.: Influence of screw pile installation parameters on the overall pile behaviour. Bored and Augered Piles. Ghent, Balkema, 1994.
[2] Fritz, H. R.: Lufthebe-Bohranlagen im Dienste der Wassergewinnung, Grundwasserabsenkung und bei Pfahlgründungen. Sonderdruck aus Bohren Sprengen Räumen, 57. Jahrgang des praktischen Teils der Zeitschrift für das Gesamte Schieß- und Sprengstoffwesen.
[3] Berli, S.: Bestimmende Faktoren für den Einsatz der richtigen Bohrtechnik. Beitrag der Foralith Drilling Support AG; firmeneigene Mitteilungen.
[4] NORDMEYER Maschinen- und Brunnenbohrgerätebau: Informationen und Bilder aus Internetpräsenz www.nordmeyer.de.
[5] PRAKLA Bohrtechnik GmbH: Informationen und Bilder aus Prospektmaterial und Internetpräsenz www.prakla-baohrtechnik.de.
[6] BAUER Maschinen GmbH: Informationen und Bilder aus Prospektmaterial und Internetpräsenz www.bauer.de.
[7] Fleming, W. G. K.: The understanding of continuous flight auger piling, its monitoring and control. Proceedings, Institution of Civil Engineers Geotechnical Engineering, Vol. 113, July 1995, pp. 157–165. Discussion by R. Smyth-Osbourne and reply, Vol. 119, Oct. 1996, p. 237.
[8] RTG Rammtechnik GmbH: Informationen und Bilder aus Prospektmaterial und Internetpräsenz www.rtg-rammtechnik.de.
[9] Schöpf, M.: Spezialtiefbau, Bautechnik die begeistert. Von der Bauer Maschinen GmbH zum 80. Geburtstag von Dr. -Ing. Karlheinz Bauer, Großlochbohrungen für Gründungen, Verfahrens- und Geräteinnovationen, 5. Auflage. Ballas 2008.
[10] WIRTH Alfred, Maschinen und Bohrgerätefabrik: Handbuch der Bohrtechnik, 8. Auflage; firmeneigener Verlag, 1979.
[11] Ulrich, G.: Bohrtechnik, Grundbau-Taschenbuch, Teil 2, 3. Auflage. Ernst & Sohn, Berlin, 1982.
[12] TU Dresden, Institut für Geotechnik: Professur für angewandte Geologie, Vorlesungsmaterial Allgemeine Hydrogeologie, 2008.
[13] Kluckert, K.-D.: Rückblick auf 40 Jahre Bohrpfahltechnik – Gibt es noch Impulse für die Zukunft? Tiefbau, Ausgabe 6, 1999.
[14] MAT Mischanlagentechnik GmbH: Bilder aus Prospektmaterial und Internetpräsenz, 2008. www.mat-oa.de
[15] Swanson, G. J. Rotasonic Revisted: Is there a production breakthrough in the feature? Bilder aus Internetpräsenz, 2008. www.sonicdrilling.com
[16] SONIC DRILLING Ltd.: Informationen und Bilder aus Internetpräsenz, 2008. www.sonicdrilling.com
[17] LIEBHERR: Informationen und Bilder aus Prospektmaterial und Internetpräsenz, 2008. www.liebherr.com
[18] Stötzer, E.: Entwicklung der Geräte zur Herstellung von Bohrpfählen und Schlitzwänden. 40 Jahre Spezialtiefbau 1953–1993 Technische und rechtliche Entwicklungen. Festschrift für Karlheinz Bauer zum 65. Geburtstag, 1993.
[19] Tomlinson, M.; Woodward, J.: Pile design and construction practice, 1957. Chapman & Hall, Routledge, 2007.
[20] Hayward D., Well T.: Geotechnics Piling – New Civil Engineer 10.04.2008.
[21] Prikel, G.: Tiefbohrgeräte. Springer Verlag, Wien, 1957.
[22] WIRTH Maschinen- und Bohrgeräte Fabrik: Drilling Technique Manual. Selbstverlag, Erkelenz, 1981.
[23] Hatzsch, P.: Tiefbohrtechnik. Enke Verlag, Stuttgart, 1991.
[24] Reuther, E.-U.: Lehrbuch der Bergbaukunde. Verlag Glückauf, Essen, 1989.
[25] Vaillant geoSYSTEME: Neues Bohrverfahren zur Erschließung von Erdwärme. Informationen und Bilder aus Prospektmaterial und Internetpräsenz, 2008. www.vaillant-geosysteme.de

2.7 Bohrtechnik

Einschlägige DIN-Normen

DIN EN 1536:1999-06: Ausführung von besonderen geotechnischen Arbeiten (Spezialtiefbau) – Bohrpfähle.

DIN 18301:2006-10: VOB Vergabe- und Vertragsordnung für Bauleistungen; Teil C: Allgemeine Technische Vertragsbedingungen für Bauleistungen (ATV) – Bohrarbeiten.

DIN 20301:1999-01: Gesteinsbohrtechnik; Begriffe, Einheiten, Formelzeichen.

DIN EN ISO 14688-01:2003-01: Geotechnische Erkundung und Untersuchung – Benennung, Beschreibung und Klassifizierung von Boden; Teil 1: Benennung und Beschreibung.

DIN EN ISO 14688-02:2004-01: Geotechnische Erkundung und Untersuchung – Benennung, Beschreibung und Klassifizierung von Boden; Teil 2: Grundlagen für Bodenklassifizierungen.

DIN EN ISO 14689-01:2004-04: Geotechnische Erkundung und Untersuchung – Benennung, Beschreibung und Klassifizierung von Fels; Teil 1: Benennung und Beschreibung.

DIN EN ISO 22475-01:2007-01 Geotechnische Erkundung und Untersuchung – Probenentnahmeverfahren und Grundwassermessungen; Teil 1: Technische Grundlagen der Ausführung.

2.8 Horizontalbohrungen und Rohrvortrieb

Hermann Schad, Tobias Bräutigam und Hans-Joachim Bayer

1 Einleitung

Das Herstellen unterirdischer Hohlräume ist eine Technik, die bereits im Altertum angewandt wurde, um Bodenschätze zu gewinnen. Bei Horizontalbohrungen und Rohrvortrieb werden zwar auch unterirdisch Hohlräume hergestellt, es geht jedoch nicht um die Schaffung großer Querschnitte und die Gewinnung von Stoffen, sondern die Hohlräume werden meist hergestellt, um Leitungen einzuziehen. In diesem Kapitel werden vor allem die Verfahren behandelt, bei denen überwiegend horizontale Hohlräume mit kleinen Querschnitten (etwa < 12 m²) aufgefahren werden.

Einen Überblick der möglichen Verfahren gibt Bild 1 aus DIN EN 12889 [20]. Während sich die Systematik der Norm vor allem an den Kriterien bemannt/unbemannt und gesteuert/ungesteuert orientiert, ist die Gliederung im Folgenden nach der Maschinentechnik ausgerichtet. Dieses Kapitel ist ein Beitrag in einem „Taschenbuch" und muss sich somit auf die wichtigsten Aspekte der Technologie beschränken. Wer sich für eine umfassende Darstellung der Thematik „grabenloser Leitungsbau" interessiert, wird auf [33] verwiesen.

Im Abschnitt 2 werden die Horizontalbohrungen behandelt, für die charakteristisch ist, dass sie unbemannt durchgeführt werden und der maschinelle Antrieb vor allem außerhalb der Bohrung angeordnet ist. Eine ausführliche Darstellung dieser Technik findet man u. a. bei [1, 4, 12, 24].

Im Abschnitt 3 wird die Technik des Rohrvortriebs dargestellt. Im Vordergrund stehen dabei die bemannten Verfahren mit Teilschnittmaschinen (Bagger und Schräme) und der Druckluftvortrieb. (Eine ausführliche Behandlung zum Thema Rohrvortrieb findet man in [3].)

Wesentliche Elemente des Rohrvortriebs wie das Einbringen und Nachpressen der Rohre, die Herstellung der Schächte, der Einsatz von Bentonit als Schmiermittel etc. sind essenziell für den Mikrotunnelbau (mittlere Spalte von Bild 1). Ein besonderer Abschnitt wird dem Mikrotunnelbau nicht gewidmet. Die Vortriebsmaschinen, die im Mikrotunnelbau eingesetzt werden, sind in Bild 2 zusammengestellt (Darstellung auf der Basis von [25]).

Im Vergleich zum klassischen Rohrvortrieb mit Teilschnittmaschine ist der Mikrotunnelbau ein hochgradig mechanisiertes Bauverfahren mit hohen Baustelleneinrichtungskosten. Mit dem Lösen des Bodens und der Stützung der Ortsbrust ist eine Aufbereitung des Bodens verbunden:

- Beim Spülverfahren ist die Vermischung mit Bentonit wesentlich, um die Ortsbrust zu stützen und das abgebaute Material zu fördern, sodass das Spülgut separiert werden muss.
- Beim Erddruckschild wird der Boden zu einem Brei aufbereitet, damit die Ortsbrust stabil bleibt.
- Bei den Tunnelbaumaschinen wird durch den fräsenden Abbau das Gestein homogenisiert und zerkleinert.

Grundbau-Taschenbuch, Teil 2: Geotechnische Verfahren
Herausgegeben von Karl Josef Witt
Copyright © 2009 Ernst & Sohn, Berlin
ISBN: 978-3-433-01845-3

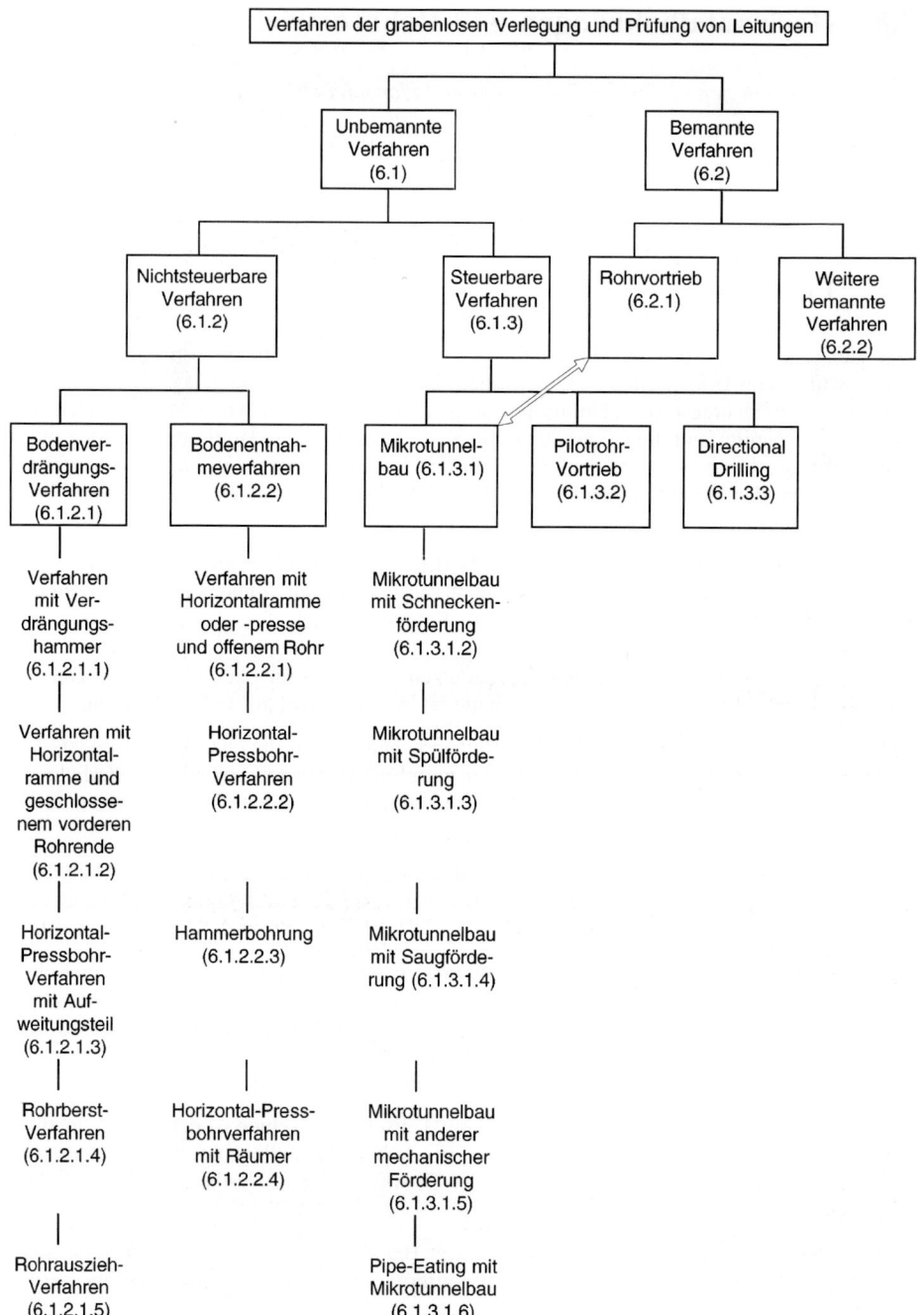

Bild 1. Gliederung der Verfahren nach DIN EN 12889

2.8 Horizontalbohrungen und Rohrvortrieb

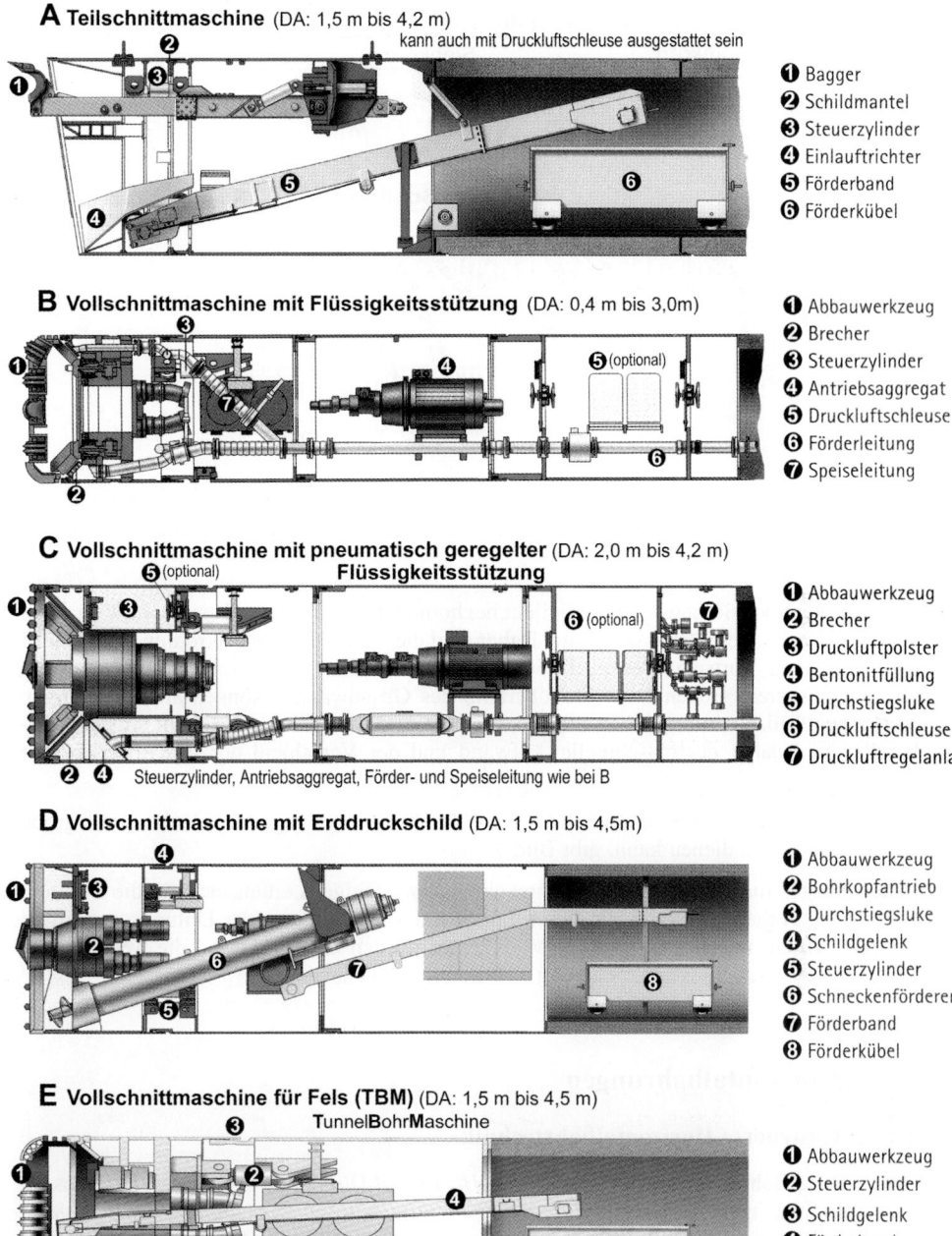

Bild 2. Wesentliche Elemente der Vortriebsmaschinen für den Mikrotunnelbau

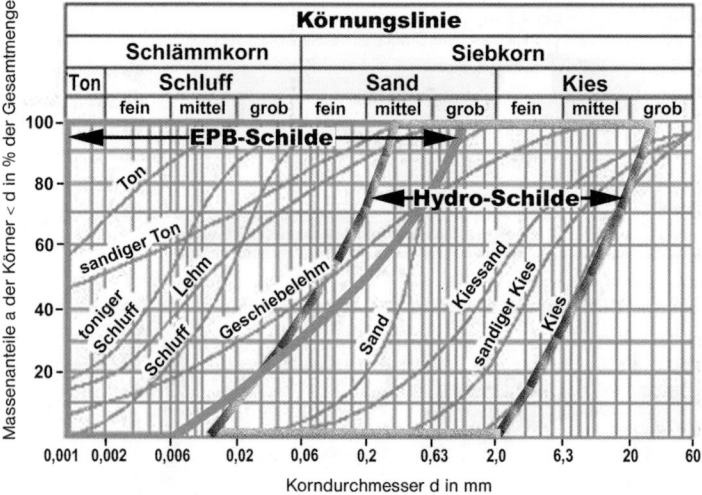

Bild 3. Anwendungsgrenzen der Vortriebsmaschinen in Abhängigkeit von der Kornverteilung [25]

Der hohe Mechanisierungsgrad ermöglicht bei homogenem Untergrund eine hohe Vortriebsleistung bei geringem Personaleinsatz. Daher sind die Verfahren des Mikrotunnelbaus meist erst bei langen Vortriebsstrecken (> 500 m) wirtschaftlich. Bei ausreichend standfestem, aber gut lösbarem Boden oder Fels oberhalb des Grundwassers können auch bei langen Vortrieben Teilschnittmaschinen wirtschaftlich sein, da sie den Boden nicht so stark aufbereiten und daher der maschinelle Aufwand und der Verschleiß der Abbauwerkzeuge deutlich geringer ist.

Eine Abgrenzung der Verfahren auf der Basis der Kornverteilung, die jedoch nur als grobe Orientierungshilfe dienen kann, gibt Bild 3.

In den meisten Industrienationen ist schon ein leistungsfähiges Leitungsnetz für die Ver- und Entsorgung vorhanden, sodass in diesen Ländern das Bauvolumen der Leitungserneuerung das des Leitungsneubaus übertreffen wird. Daher werden im Abschnitt 4 die wesentlichen Verfahren der grabenlosen Erneuerung von Leitungen behandelt.

2 Horizontalbohrungen

2.1 Gesteuerte Horizontalbohrtechnik

Horizontales Bohren mit dem Verfahren des *Horizontal Directional Drilling (HDD)*, das im deutschen Sprachgebrauch häufig als *Horizontalbohrtechnik, horizontales Spülbohrverfahren* oder *Richtbohrverfahren* bezeichnet wird, bedeutet exakt geortetes und gesteuertes Vorbohren der gesamten Verlegestrecke mit einem dünnen, sehr flexiblen Pilotgestänge. Mit diesem Verfahren können auch gekrümmte Strecken gebohrt werden. Geortet werden kann durch einen Sender im Bohrkopf, der von der Geländeoberfläche durch elektromagnetische Signale gut verfolgt werden kann. Der Bohrkopf wird über eine asymmetrische Schrägfläche am Bohrkopf gesteuert, sodass exakte Richtungssteuerungen, je nach Bohrkopfstellung, durch Schrägabstützung gegen die Bohrlochwandung vorgenommen werden können.

2.8 Horizontalbohrungen und Rohrvortrieb

Steht die Schrägfläche nach oben, wird der Bohrkopf (die Bohrlanze) durch reinen Vorschub nach unten gesteuert, bei Schrägflächenstellung nach unten geschieht das Gegenteil; bei Seitenstellungen sind entsprechende Steuerungen nach links oder nach rechts möglich. Bei permanenter Rotation erfolgt Geradeausfahrt. Mit dem dünnen Pilotbohrgestänge können sogar Kreisbahnen im Baugrund gebohrt werden. Prinzipiell ist jegliche Richtung im Raum und jegliche Kurvenstruktur erbohrbar. Mit dem Pilotbohrgestänge können in der Regel engere Kurvenstrecken gefahren werden, als es das zu verlegende Produktrohr erlaubt. Maßstab für das bohrtechnische Handeln beim HDD-Verfahren sind der gewünschte Leitungsverlauf und die realisierbaren Biegeradien des Produktrohrs.

Der ausgewählte Leitungsdurchmesser bedingt in der Regel auch ein Aufweiten des Bohrlochs (Reaming), welches einmal oder bei größeren Durchmessern mehrmals durchgeführt werden muss. Dies geschieht jedes Mal im „Rückwärtsgang", d. h. in umgekehrter Abfolge wie beim Pilotbohren.

Bei mehreren Aufweitgängen (Reamingprozessen) wird jedes Mal hinter dem Aufweitkopf Bohrgestänge für die nächste Aufweitstufe mitgeführt. Beim letzten Aufweitvorgang oder einem speziellen Bohrlochglättungsdurchgang wird das Produktrohr, ebenfalls im Rückwärtsgang, eingezogen und dabei in eine einbettende Suspension im Untergrund ringschlüssig und sanft eingebunden. Bei im HDD-Verfahren verlegten Leitungen sind somit die Voraussetzungen für eine lange Lebensdauer gegeben.

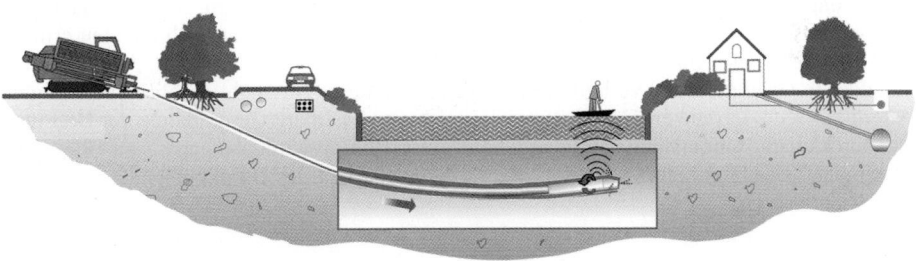

Bild 4. Beispiel einer typischen HDD-Dükerbohrung [36]

2.1.1 Bohrtechnik

Der Bohrvortrieb geschieht beim HDD-Verfahren hydromechanisch und mechanisch. Es ist ein steuerbares, umweltschonendes Nassbohrverfahren. Der konventionelle Leitungsbau (offener Graben, Wiederverschluss der Straßenoberfläche) wird bei diesem Leitungsverlegeverfahren durch oberflächennahes, hydromechanisches Bohren, auch um Kurven herum, vermieden. Beim genannten System arbeitet der unterirdische Bohrvortrieb nach einem kombinierten Wirkungsprinzip. Gebohrt wird vorwiegend nicht mit konventionellem mechanischen Abtrag, sondern mit dünnen, scharfen, gesteinslösenden Wasserstrahlen bzw. Bohrsuspensionsstrahlen, die aus Düsen an der Bohrkopfspitze austreten und ein hydromechanisches Durchörtern von Lockergestein bewirken. Da der HDD-Bohrkopf auch Schneidkanten und Schneidstifte aus Hartmetall aufweist, wird der kleinere Teil der Vortriebsarbeit auch durch mechanisches Abtragen vorgenommen. Teilweise wird das gelöste Material über den Rückfluss entlang des Bohrgestänges ausgetragen, zum anderen Teil kommt es zu einer partiellen Umlagerung des Lockergesteins im Umgebungsbereich der aufgefahrenen Bohrung, wobei in diesem Bereich eine neue, nun dichtere Lagerung durch eine Reduzierung des Porenraums bewirkt wird.

Wenn als Spülmedium z. B. Bentonitsuspension verwendet wird, ergibt sich durch das Eindringen der Suspension in den Untergrund eine stabilisierende Porenraumfüllung (Aufbau eines Filterkuchens). Untergeordnet findet auch ein mechanisches Ablösen des Lockergesteines im Bohrungsquerschnitt statt. Beim schlagunterstützten HDD-Bohren wird der mechanische Anteil an der Gesteinslösearbeit höher.

2.1.2 Bohrsteuerung

Bei den kleineren Horizontalbohranlagen wird die vertikale und laterale Verlaufssteuerung durch folgende zwei Komponenten bewirkt:

1. In der Bohrlanze ist ein Sender eingebaut, der ein elektromagnetisches Feld erzeugt. Direkt über dem Bohrkopf im Boden ist dieser Sender mit einem Ortungsgerät (Feldstärkemessgerät) an der Erdoberfläche zu verfolgen, sodass die Position und Tiefenlage des Bohrkopfes jederzeit ortbar ist.
2. Die vom Grundkörper her zylindrische Bohrlanze ist teilweise asymmetrisch. Sie hat eine schräge Anstellfläche und eine seitliche schräge Abstützfläche am Bohrkopf. Diese seitliche schiefe Ebene ist als Steuerfläche wirksam, indem sie beim Kurvenfahren auf der Gegenseite der gewünschten Kurvenrichtung durch die Aktivierung des passiven Erddrucks die Schrägabstützung der Lanze übernimmt.

Die Raumlage des Bohrkopfes ist sowohl an der Maschine an einem Anzeigegerät als auch am Ortungsgerät, welches direkt oberhalb der Bohrlanze geführt wird, jederzeit nachvollziehbar. Ein besonders flexibler Bohrstrang bei den kleinen Horizontalbohranlagen ermöglicht es zudem, dass Kurvenradien mit minimal 15 m gebohrt werden können. Auch mehrere einander in Gegenrichtung verlaufende Kurven kann dieses Nassbohrverfahren bewältigen. Allerdings reduziert die erhöhte Kurvenreibung die realisierbare Gesamtlänge der Bohrung. Bei den kleinen Bohranlagen betragen die einzelnen Bohrabschnittslängen bis zu 500 m, die maximale Tiefe liegt hier bei 8 bis 12 m, da die Ortbarkeit des Bohrkopfsenders auf diese Tiefe begrenzt ist.

Bild 5. Asymmetrischer Bohrkopf

Bohrbar sind mit den kleineren Anlagen alle Lockersedimente, die keinen Grobschotter und keine Bohrhindernisse, z. B. Findlinge, Steine und Blöcke, enthalten.

Bei den größeren Horizontalbohranlagen wird die vollkommene Verlaufssteuerung in größerer Tiefe (i. d. R. über 10 m) einerseits durch die schon beschriebene asymmetrische, nun größere Bohrlanze bewirkt, andererseits jedoch durch ein Ortungssystem, das auf einer elektromagnetischen Präzisionsnavigation beruht. Im Anschlussbohrgestänge hinter dem Bohrkopf, das hier aus antimagnetischem Stahl bestehen muss, befinden sich auf etwa 1 m Länge, in stabförmiger Aufreihung, Sensoren (meist Magnetometer, Accelerometer und Neigungssensoren), welche die Position der Steuerfläche, die aktuelle horizontale Bohrrichtung und die aktuelle Neigung ständig ermitteln. Die erfassten Daten werden permanent über ein im Bohrgestänge verlaufendes Kabel (Monodraht) zu einem Steuerstand

2.8 Horizontalbohrungen und Rohrvortrieb

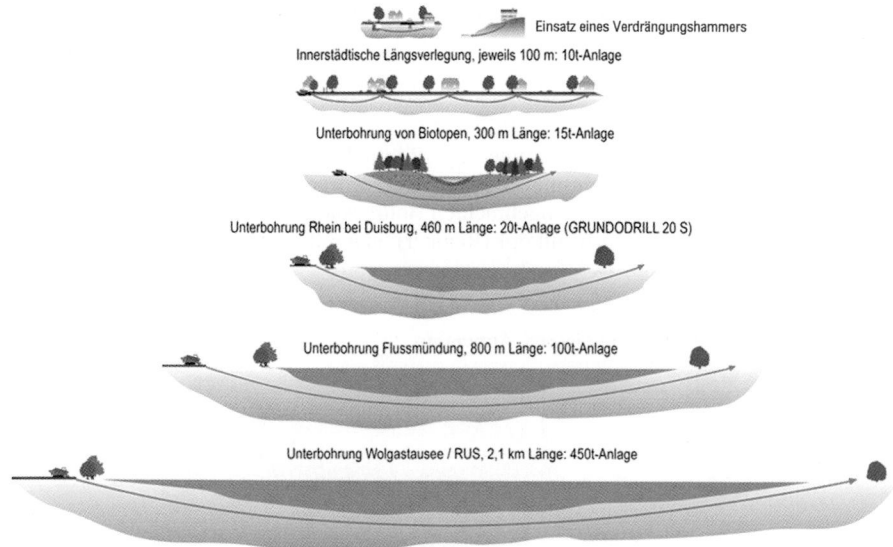

Bild 6. Beispiele für die Reichweiten von HDD-Bohrungen [36]

am Bohrgerät übertragen. Von hier aus erfolgt die ständige Überwachung und Steuerung der gesamten Bohrung. Ortungen von der Erdoberfläche aus können bei diesem Kabelsondenprinzip entfallen.

Da mit den größeren Horizontalbohranlagen Bohrlängen von bis zu 3000 m und mehr realisierbar sind, muss die Kabelsondennavigation in beliebigen Tiefen (300 m und mehr) funktionieren. Die Steuergenauigkeit dieses Verfahrens beträgt in beliebiger Tiefe und Entfernung immer 2 %, bezogen auf die Tiefe und horizontale Abweichung. Einen Überblick über die erreichbaren Längen und die verwendeten Geräte gibt Bild 6.

Bild 7 enthält ein Diagramm, mit dem abgeschätzt werden kann, welche Anlagen für welche Streckenlängen in Abhängigkeit vom Durchmesser möglich sind. Die angegebenen Daten

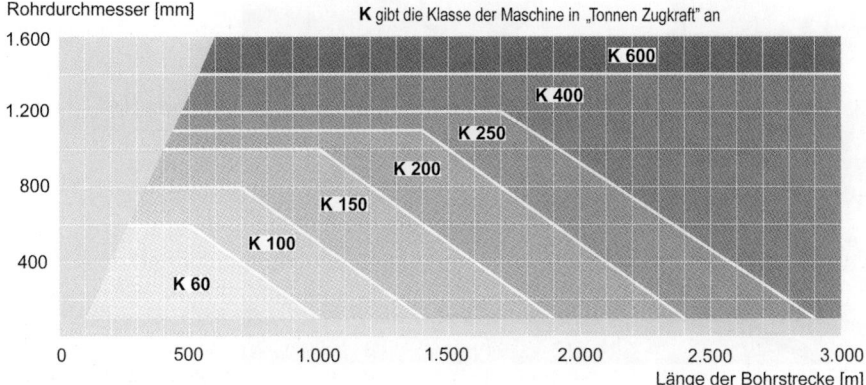

Bild 7. Erreichbare Längen in Abhängigkeit vom Maschinentyp [25]

sind nur Orientierungswerte, da das Diagramm keine Angaben zum Baugrund und zum Leitungsverlauf enthält.

2.1.3 Leitungsverlegung

Beim HDD-Verfahren wird zunächst eine sog. Pilotbohrung mit dem Durchmesser der Bohrlanze erstellt. Diese Pilotbohrung endet an einer vorgegebenen Zielgrube. In dieser Zielgrube wird die Bohrlanze vom eingebrachten Bohrgestänge abgeschraubt und dafür ein in Gegenrichtung orientierter Aufweitkopf (Reamer) angeschraubt.

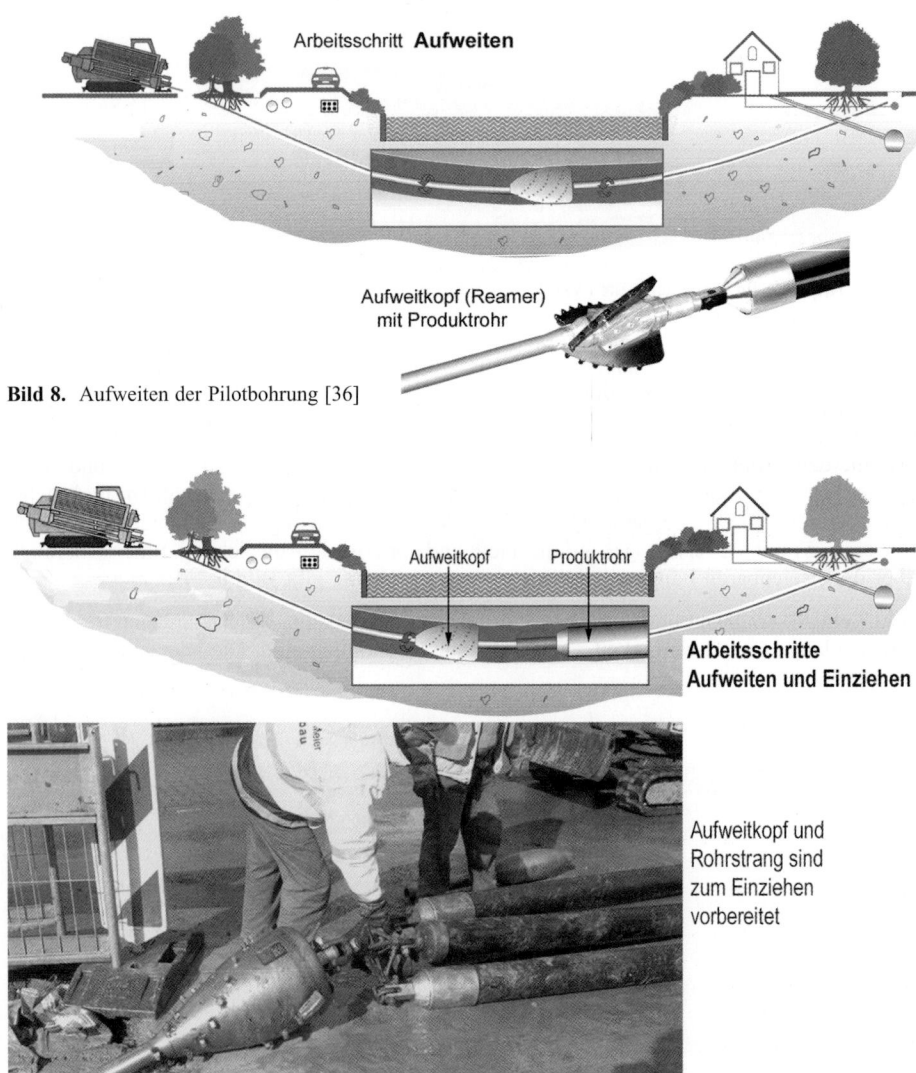

Bild 8. Aufweiten der Pilotbohrung [36]

Bild 9. Rohreinzug beim Endaufweiten oder Glätten des Bohrlochs (zusammengestellt aus [36])

Bild 10. Die 3 Schritte des HDD-Verfahrens (zusammengestellt aus [38])

Der Aufweitkopf wird im Rückwärtsgang rotierend und spülend durch die Pilotbohrstrecke gezogen und somit der Bohrungsquerschnitt aufgeweitet. Sollte der Querschnitt schon eine Verlegung des gewünschten Leitungsproduktrohres zulassen, so wird dieses direkt hinter dem Aufweitkopf angehängt und in den Untergrund eingezogen.

Zum Rohreinzug dient eine Innenziehvorrichtung, die über einen Drehwirbel mit dem Aufweitkopf verbunden ist. Der Aufweitungsdurchmesser der Bohrung muss mindestens 30 % größer sein als der Außendurchmesser des Produktrohrs, damit im Wandungszwischenraum genügend Verfüllmaterial (quellfähige Mischung Bentonit/Boden/Ton) für eine allseitige und kraftschlüssige Leitungseinbettung vorhanden ist. Bei größeren Leitungsdurchmessern und bei schwierigen geologischen Untergrundverhältnissen sind stufenweise mehrere Aufweitvorgänge erforderlich, wobei bei den Zwischenaufweitungen „leeres" Bohrgestänge hinter dem Aufweitkopf angehängt wird. Lediglich bei der letzten Aufweitung wird das Produktrohr eingezogen.

Mit den kleineren Bohranlagen (Midi-Geräten) sind Produktrohre mit Außendurchmessern bis 550 mm und mit den größten Bohranlagen bis max. 2200 mm verlegbar.

2.1.4 Anwendungsmöglichkeiten

In großer Zahl sind in Stadträumen vollkommen verlaufssteuerbare Bohrgeräte im Einsatz, die es vom Typ her erst seit etwa 20 Jahren gibt. Das HDD-Verfahren unterscheidet sich wesentlich von der vertikalen Bohrtechnik. Die Arbeiten erfolgen überwiegend im Straßenraum und zunehmend im Hausanschlussbereich. Besonders mit kleinen Horizontalbohranlagen, sog. Pit-Geräten, werden immer mehr Gas- und Wasserhausanschlüsse erneuert bzw. neu gebaut. Neben den genannten Anwendungsmöglichkeiten der Horizontalbohrtechnik im Leitungsbau und Leitungserneuerung werden Horizontalbohranlagen vielfältig im Grundbau, in der Umwelttechnik (z. B. Sanierung von Altlasten) und für sonstige Sonderaufgaben eingesetzt.

Horizontalbohrungen können in unterschiedlichsten Längen erzeugt werden, je nach Gerätetyp, -größe und Leistungsstärke (ausgedrückt in Zug- und Schubkraft; meist wird hier noch in der klassischen Bezeichnung von Tonnen (statt kN) gesprochen). Verlaufsgesteuerte Horizontalbohranlagen (HDD-Systeme) beginnen bei 1,5- bis 4-Tonnen-Geräten für den Hausanschluss- und Kleinbohrbereich, gehen über die 7- bis 25-Tonnen-Klasse für den Netzbau und die Grundbau-Anwendungen bis hin zur mittlerweile 550-Tonnen-Klasse für Bohrungen bis 3000 m Länge für Dükerungen, Querungen für den Pipelinebau oder für lange Erkundungsbohrungen bis hin zu vollständigen Bergdurchbohrungen.

Längsverlegungen für Leitungsnetze

Der häufigste Anwendungsfall der HDD-Technologie liegt in der sog. Längsverlegung vor, d. h. im Ortsnetzbau von Ver- und Entsorgungsleitungen.

Ursprünglich wurde das HDD-Verfahren zur Verlegung von dünnen Stromkabeln und zur Verlegung dünner kurzer Erdgasanschlüsse und kurzer Leitungsabschnitte entwickelt. Der Bedarf in den USA und in Europa lenkte das Anwendungsinteresse primär dann auf Gas- und Wasserleitungen, wobei sehr schnell der Bedarf nach stärkeren HDD-Anlagen aufkam. HDD-Anlagen in der 10- und 12-Tonnen-Klasse wurden Standardgeräte zur grabenlosen Netzleitungsverlegung, wobei zeitversetzt zu Gas- und Wassernetzbetreibern, private Betreiber von Telekommunikationsnetzen ebenfalls zu sehr großen Auftraggebern für die grabenlose Bauweise wurden.

Bild 11. Innerstädtische Längsverlegung

Gas- und Wasserleitungsverlegungen durch HDD sind mittlerweile Routineanwendungen geworden, die nach Schätzungen inzwischen 15 % aller Neuverlegungen im Gas- und Wasserversorgungsbereich ausmachen. In einigen Regionen Deutschlands, besonders im Süden und Südosten, werden mehr als die Hälfte aller Gas- und Wasserneuverlegungen mit HDD-Bohrungen durchgeführt. Aufgrund der Bedeutung des HDD-Verfahrens für Versorgungsleitungen gibt es vom DVGW technische Regelungen über Ablauf, Gütesicherung und Qualitätsdokumentation der Leitungsverlegungen im HDD-Verfahren (siehe Literaturverzeichnis).

In der grabenlosen Längsverlegung werden für den Einzug von Gas-, Wasser-, Strom- oder Telekomleitungen Verlegeabschnitte von 100 bis 200 m pro Bohrung – in Einzelfällen sogar bis 400 m – am Stück realisiert. Nur am Anfang der Bohrtrasse und am Ende der Bohrtrasse ist eine Gerätestellfläche notwendig. Die einzuziehende Leitung wird im Fall von Stangenware vor dem Einzug verschweißt und benötigt einen größeren Ausgleplatz. Wird das Leitungsmaterial als Rollenware auf einem entsprechenden Abrollfahrzeug herantransportiert, so ist lediglich für sehr kurze Zeit eine Stellfläche für dieses Fahrzeug erforderlich. Der Rohrleitungseinzug pro Abschnittslänge benötigt in der Regel nur wenige Stunden.

Die Montagearbeiten für spätere Leitungsabzweige (Hausanschlüsse) benötigen häufig mehr Zeit als der grabenlose Leitungseinbau im Netzbereich. Bei der Ortsnetzerneuerung von Trinkwasserleitungen werden häufig die neuen Leitungen mittels HDD verlegt, das alte schadhafte Netz bleibt dabei noch so lange in Betrieb bis Hausanschlüsse, Schieber und Verteiler umgebunden werden. Bei solchen Maßnahmen können mehrere HDD-Geräte parallel eingesetzt werden. Ganze Stadtviertel können auf diese Weise in kurzer Zeit mit neuen Leitungen versehen werden.

Horizontale Trinkwasserbrunnen

In tiefreichenden Grundwasserhorizonten sind vertikale Brunnenbohrungen mit entsprechendem Filterstreckenausbau in der Förderzone sinnvoll und bewährt. In vielen Regionen sind jedoch flache, aber recht ergiebige Grundwasserhorizonte vorhanden, die bislang oft von einem Vertikalschacht ausgehend, durch horizontalen Vortrieb, meist sternförmig, als waagerechte Filterstrecken ins Lockergestein hinein gebaut werden. Diese Methode ist aufwendig und nicht jeder horizontale Vortrieb für die Filterkörper liegt in der ursprünglich projektierten Lage. Das für das HDD-Verfahren entwickelte Horizontalbrunnenbauverfahren [5] ermöglicht rein bohrtechnisch und aufgrabungsfrei eine optimale Verlegung von horizontalen Filterstrecken im Grundwasserleiter. Dabei können die Filterstrecken bei Bedarf einen gekrümmten Verlauf haben. Auch im Hinblick auf Länge, Tiefe unter der Geländeoberfläche und Durchmesser gibt es wenige Einschränkungen. Durch die Verwendung eines Hüllrohrs (casing pipe) beim Einzug der Filterkörper werden diese reibungs- und verschmutzungsgeschützt bis in die gewünschte Verlegeposition eingebracht. Erst danach wird das Hüllrohr entkoppelt und durch vorsichtiges Ziehen wieder an die Erdoberfläche befördert. Dieser Verfahrensweg beinhaltet noch weitere Vorteile: der zuvor vom Hüllrohr benötigte, frei werdende Ringraum dient der Entspannung und Auflockerung des Bodens. Dadurch kann sich eine Erhöhung der Wegsamkeit und somit ein verbesserter Zufluss ergeben. In der Regel stellt sich eine natürliche Filterwirkung ein. Es können flexible aus inerten Kunststoffen bestehende Filterkörper mit hoher Einlassoberfläche verwendet werden. Die Granulatkörnung der z. B. aus PE-Granulat bestehenden Filterrohre ist auf die Körnungslinie des umgebenden Bodens abzustimmen.

Horizontalbrunnen für die Grundwasserabsenkung

Permanente Grundwasserabsenkungen, z. B. in Bergschadensgebieten mit flächigen Geländeabsenkungen und dadurch zu hoch anstehendem Grundwasser, oder temporäre Grundwasserabsenkungen, z. B. für die Errichtung tiefer Baugruben oder großer Abwasser-Leitungsgräben, offener Tunnelstrecken oder für Tagebaumaßnahmen, werden häufig durch eine Vielzahl von kürzeren, vertikalen Förderbrunnen vorgenommen. Diese aufwendige Bauweise kann in vielen Fällen durch horizontalbohrtechnisch verlegte Filterbrunnen ersetzt werden. Durch eine Optimierung der Absenktiefe kann die Fördermenge minimiert und somit eine Beeinträchtigung der Geländeoberfläche reduziert werden.

Beispielsweise können mit wenigen HDD-Brunnen große Areale entwässert werden, ohne dass lokal große Absenktiefen auftreten. Die Brunnenzugänge können so gelegt werden, dass sie außerhalb des eigentlichen Arbeitsbereichs liegen und somit den Bauablauf nicht stören.

Ähnlich wie bei Trinkwasserbrunnen und bei Grundwasserabsenkungen kann bei der Sanierung von Altlasten vorgegangen werden. In Bild 12 ist eine Situation skizziert, wie mit dem HDD-Verfahren die für eine Altlastensanierung notwendigen Leitungen verlegt werden können.

Bild 13 zeigt den Bohransatz und das Einschieben der Dränrohre für eine Deichentwässerung.

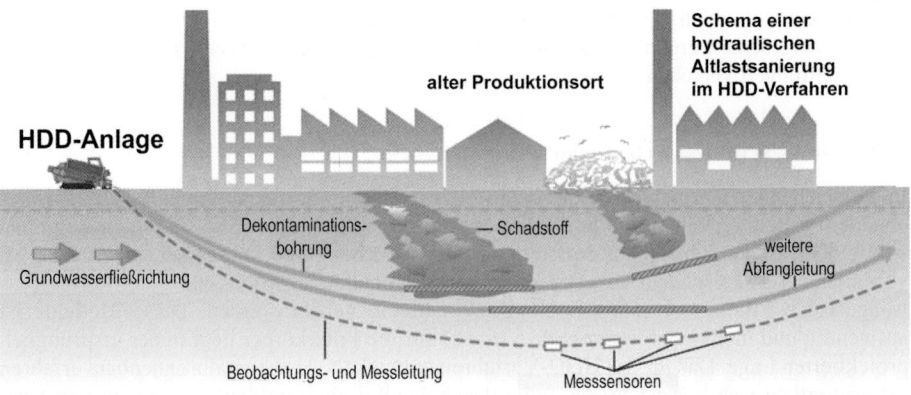

Bild 12. Prinzipskizze zur Altlastensanierung

Bild 13. Fotos von einer Maßnahme zur Deichentwässerung [36]

Tagebauentwässerungen und Böschungsstabilisierung

Im Bergbau und insbesondere in Tagebauen sind dem Abbau vorauseilende Entwässerungen notwendig. Dabei geht es zum einem um das Abführen von Bergwässern bzw. das Absenken des vorhandenen Grundwassers, wenn der Abbaubetrieb sich schon im Lockergebirge unter den Grundwasserspiegel hineingearbeitet hat.

Vor allem in Braunkohletagebauen sind vertikale Absenkbrunnen und horizontale Stoßentwässerungen üblich. Bei eng gestaffelten Böschungsflanken wird häufig mit langen aufsteigenden Freigefälledränagen gearbeitet. Diese werden vorteilhaft im HDD-Verfahren erstellt. Auch ganze Deckgebirgslagen über der Kohle werden, wenn sie stauende Horizonte aufweisen, mit HDD-Anlagen durchbohrt und damit entwässert. HDD-Geräte sind in einigen

2.8 Horizontalbohrungen und Rohrvortrieb

Braunkohlengebieten auch zur horizontalen Entwässerung der Kohleflöze selbst im Einsatz. Die Kohle kann auf diese Weise trockener gewonnen werden.

Rutschungen sind in tonigen Böden sehr verbreitet, sowohl in Tonschiefergebieten, als auch in tonigen und mergeligen Abfolgen des Keupers, des Juras, der Kreide und des Tertiärs. Gerade bei tonigen Untergrundbedingungen können Rutschungen durch gezielte Entwässerungen oft beruhigt bis gefestigt werden. Wenn Gebäude oder Verkehrswege gefährdet sind, müssen technische Maßnahmen durchgeführt werden. Eine effiziente und kostengünstige Möglichkeit ist die Hangentwässerung.

Hierbei werden Horizontalbohranlagen in gebührendem Sicherheitsabstand am Hang unterhalb der Rutschung aufgebaut, sodass die Bohrung zum Gefälle hin ansteigend auf Bereiche der Gleitzone bzw. der Gleitbahn zusteuert, um bei Erreichen dieser Zone einen freien Gefälleauslauf der kritischen Wassermassen aus der Gleitzone zu ermöglichen. Die von unterhalb der Rutschung angelegten Entwässerungsbohrungen können auch so geführt werden, dass sie die Gleitzone durchfahren und somit durchkreuzend in den Rutschkörper hineinragen. Auf diese Art ist eine Entwässerung aus der Rutschmasse selbst erreichbar. Beim Durchbohren bis zur Oberfläche können hier im Rückwärtsgang sogar Verbauelemente, z. B. gelochte Stahlrohre mit Entwässerungsfunktion oder Anker eingebracht werden [6].

Rutschungen, die durch eine kritische bis überkritische Menge an Wassergehalt immer wieder aktiv werden können, lassen sich durch eingebrachte Dränagebohrungen von der Bergfußseite entwässern, damit beruhigen und manchmal sogar innerlich stabilisieren. Bei diesem Verfahren wird in feinkörnigen bis gemischtkörnigen Böden mit Lockergesteinsbohrköpfen gebohrt, lediglich in Hangsturzmassen mit Geröll und Blockmaterial müssen Mud-Motoren (s. Abschn. 2.1.7) verwendet werden. Die bohrtechnische Rutschungsentwässerung hat den Vorteil, dass keine Maschinenberührung (vibrierende Auflast) auf der Rutschmasse erfolgt, sondern von unterhalb des Rutschungskörpers unter aufwärts geführter Durchschneidung der Gleitbahn diese und die darüber liegende, stark durchwässerte Zone schon durch das Hineinbohren entfeuchtet wird. Durch den Entzug des Wasseranfalls aus der Gleitbahn wird häufig schon eine erhebliche Beruhigung der Rutschungsmasse erreicht.

Beim Bohren selbst muss beachtet werden, dass grundsätzlich von unten nach oben in den Berg hineingebohrt wird, sodass permanent aus dem frisch erzeugten Bohrvortrieb ein freigefällemäßiges Auslaufen der Bohrspülung erfolgen kann. Die Bohrspülung sollte mit dem Boden des betroffenen Hangs möglichst wenig in Austausch treten können. Alles beim Bohren zum Boden- und Gesteinslösen in den Berg eingebrachte Wasser muss sofort entweichen und abströmen können. Weiterhin sollte das natürliche Kapillar- und Speicherwasser im Umfeld der Bohrung ebenfalls rasch ins aufgefahrene Bohrloch hinein ausfließen können.

Die Entwässerungsleitung kann bohrtechnisch so angelegt werden, dass der Filterstrang in die Rutschmasse hineingreift, der Haupteinlass der Filter jedoch im Bereich der Gleitbahn erfolgt.

Durch den Wasserentzug nehmen die Hangabtriebskräfte ab, sodass die Böschungsstandsicherheit zunimmt. In vielen Fällen führt der Wasserentzug auch zu einer Reduzierung des Wassergehalts des Bodens in der Gleitfläche. Mit der Reduzierung des Wassergehalts des Bodens ist dann eine Erhöhung der Scherfestigkeit verbunden, die zu einer weiteren Erhöhung der Standsicherheit führt.

Sollte die Rutschung in sich mehrere Gleitbahnen aufweisen und aus heterogenen Bodenmassen bestehen, können weitere Bohrungen, z. B. stockwerksartig, eingebracht werden. Das Schema der Leitungsverlegung zur Böschungsstabilisierung ist in Bild 14 dargestellt.

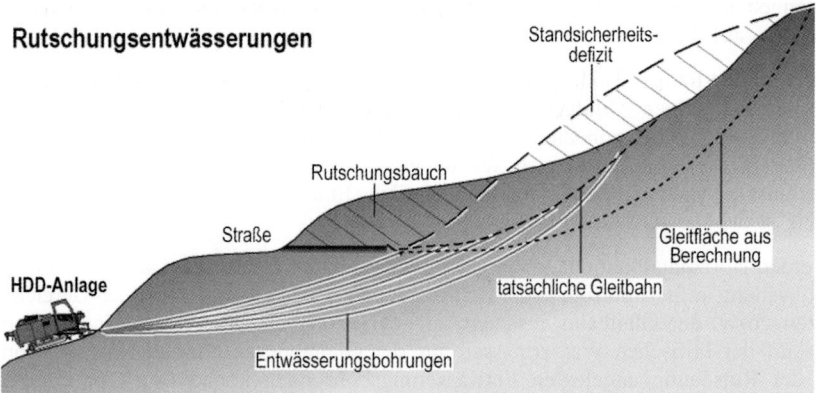

Bild 14. Anordnung von Dränleitungen zur Böschungsstabilisierung

Lange Bohrstrecken zur Entwässerung von Bergrücken

Für Maßnahmen zur Hangstabilisierung sind häufig lange Bohrungen erforderlich, etwa wenn flache, lange Hanglagen, ganze Bergrücken oder größere Bergabschnitte zu entwässern oder kritische, schwebende Grundwasserkörper zu durchörtern sind. In [9] wird ausführlich von solch einem Anwendungsfall im Norden von Ulm berichtet. Mit einer Großbohranlage wurde ein breiter und flacher Bergrücken fächerförmig unterbohrt und so ein schwebender Grundwasserkörper basisentwässert, der eine ehemalige Gleitfläche hätte aktivieren können. In Südost-Europa (z. B. Ungarn, Rumänien, Bulgarien) sind lange Horizontalbohrungen zur Entwässerung gleitfähiger Bodenhorizonte weit verbreitet.

2.1.5 Technik für kurze Strecken im Fels

In Hanglagen von Mittelgebirgen trifft man häufig die Situation an, dass Felsbänke in Lockergestein eingelagert sind oder in denen durchgehend felsiger Untergrund vorhanden ist. Kurze Bohrungen wie z. B. für Hausanschlüsse konnten vor wenigen Jahren nur in offener Bauweise gebaut werden, da die Felsbohrtechnik mittels Mud-Motoren (Bohrlochmotoren) nur für Bohrungen mit großen Anlagen zur Verfügung stand.

Seit wenigen Jahren können Felsbohrungen mit sehr kleinen Horizontalbohranlagen (ab der 10-Tonnen-Klasse) und mit kleinen Mud-Motoren durchgeführt werden, auch kurze Bohrstrecken ab etwa 40 m Länge sind inzwischen wirtschaftlich realisierbar. Sind nur einzelne dünne Felsbänke bohrtechnisch zu durchfahren, so waren und sind „schlagende" Bohrgeräte (d. h. Bohranlagen mit Schlagwerk) eine Möglichkeit für solche Untergrundsituationen. Da Hausanschlüsse, auch am Hang, manchmal nur kurze Wege haben können, gibt es Kleinbohranlagen in der 4-Tonnen-Leistungsklasse, die in trockener Bohrtechnik Durchmesser bis 80 mm auf bis zu 20 m Länge im reinen Fels mit Druckfestigkeiten bis maximal 240 MPa (MN/m^2) bewältigen kann (z. B. Grundo-Pit mit Felsbohrlanze), und dies mit relativ hoher Arbeitsgeschwindigkeit. Notwendig ist eine Startgrube von 1,2 m Länge und 0,6 m Breite, in der das Bohrgerät abgesenkt werden kann. Von dort aus kann geradlinig das zu erschließende Haus angesteuert werden.

Mit speziellen Felsbohrlanzen kann auch durch Fundamentmauern bis in den Hauskeller hinein gebohrt werden. In wechselndem Untergrund (Felslagen in Wechselfolge mit Ge-

2.8 Horizontalbohrungen und Rohrvortrieb   415

Pilotbohrung mit druckluftbetriebener Hammerbohrlanze für Kleinbohranlagen (z. B. Grundopit)

⌀ 80 mm

Aufweitkopf (Hole Opener) zum Vergrößern von Bohrlöchern im Fels

Bild 15. Felsbohrköpfe für Schachtgeräte

steinen geringer Festigkeit, z. B. Mergeln) können solche Bohrgeräte, ausgerüstet mit einer Felsbohrlanze, auch für die Herstellung von bis zu 40 m langen Hausanschlüssen eingesetzt werden.

2.1.6 Technik für lange Strecken im Fels

HDD-Felsbohrtechnik für Längsverlegungen, Kreuzungen, Querungen, Bergdurchbohrungen und Dükerungen

Bohrungen im Fels von über 40 m Länge benötigen eine andere Antriebs- und damit Vortriebsform als Kurzstrecken im Fels. Das moderne HDD-Felsbohren für die Geotechnik, den Netzbau und die Längsverlegung musste in einem speziellem Zweig der Erdöl- und Erdgasbohrtechnik Anlehnung nehmen: dem Ablenkungsbohren für tiefe horizontale Erschließungen von Lagerstätten auf Basis von sog. Bohrlochsohlen-Motoren (Mud-Motoren oder auch Schraubenmotoren, franz. Moineau-Motoren). Da der Einsatz für den HDD-Bereich oberflächennah ist und nicht in mehreren Kilometern Tiefe liegt wie bei Erdöl- und Erdgasbohren, wurden diese Mud-Motoren zum wirtschaftlichen Einsatz für den HDD-Bereich an den oberflächennahen Einsatz angepasst.

In den Jahren 2000 bis 2003 gelang es, Mud-Motoren zu entwickeln, die auch auf kleinen und mittleren HDD-Anlagen eingesetzt werden können. Dazu wurde die Spülungsdurch-

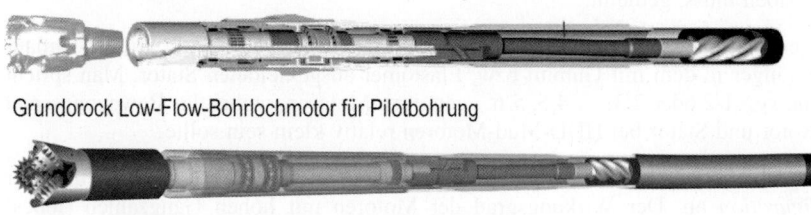

Grundorock Low-Flow-Bohrlochmotor für Pilotbohrung

Bild 16. Mud-Motor/Bohrlochmotor (Grundorock, Typ Low-Flow)

flussrate reduziert und trotzdem das Drehmoment gesteigert, sodass mit Geräten der 10-Tonnen-Klasse Bohrungen im Fels möglich sind.

Solche „Low-Flow"-Motoren mit geringer Durchflussrate und hoher Belastungskapazität konnten nur durch die Konstruktion einer speziell auf den HDD-Markt abgestimmten Antriebseinheit (Rotor/Stator – power section), der flexiblen Antriebswelle und einem sehr aufwendig und vorteilhaft gebauten Lagerstuhl (bearing section) erreicht werden.

Die wesentlichen Elemente von Bohrlochmotoren sind:

1. Eine Antriebssektion (Rotor/Stator) wandelt hydraulische Leistung in Bohrleistung.
2. Eine flexible Antriebswelle zwischen Antriebssektion und Lagerstuhl erlaubt die Nutzung eines geknickten Gehäuses zur Steuerbarkeit. Das geknickte Gehäuse, das fest eingestellt oder verstellbar sein kann, erlaubt eine Neigungssteuerung zwischen 1 bis 5% pro Meter.
3. Der Bohrkopf wird in einen speziellen Lagerstuhl eingeschraubt. Der Lagerstuhl dient zur Aufnahme und Übertragung der axialen Schub- und Zugkräfte sowie der möglichen Radialkräfte auf den Bohrkopf. Er absorbiert außerdem Seitenbelastungen und Vibrationen. Der Lagerstuhl ist entweder abgedichtet und ölgefüllt oder er wird mit Spülung geschmiert.

In der Antriebssektion (Rotor und Stator) verwandelt der Mud-Motor die durch Bohrflüssigkeit bzw. Spülung zugeführte hydraulische Leistung in Bohrleistung direkt am Bohrkopf. Außer der auftretenden Reibung trifft die Bohrflüssigkeit auf ihrem Weg zum Bohrlochmotor auf keinerlei Widerstand. Folglich geht nur ein unbedeutender Anteil an Leistung verloren.

Beim Einsatz von Bohrlochmotoren werden die Bohrgestänge nur gedreht, um Richtung und Neigung vorzugeben und um ein Absetzen des Bohrkleins zu verhindern. Beim Einsatz eines Bohrlochmotors wird das Gestänge viel geringerer Belastung und Abnutzung ausgesetzt als bei konventionellem Bohren in Lockergestein. Ebenso wird das Bohrgerät entlastet. Der Großteil der Arbeit wird von der Spülungspumpe vorgenommen.

Die Durchflussmenge und der Druck lassen den Rotor im Bohrlochmotor rotieren – je größer der Durchfluss, umso höher ist die Drehzahl. Der Druck wird im Bohrlochmotor im Drehmoment umgewandelt und überwindet den Widerstand, den das zu bohrende Gestein dem Bohrkopf entgegensetzt – je höher der Druck, desto höher das Drehmoment für den Antrieb des Bohrkopfes. Es gilt die Formel:

$$\text{Durchflussmenge} \cdot \text{Druck} = \text{Drehzahl} \cdot \text{Drehmoment}$$

Ein anderer Parameter für Funktion und Leistung von Mud-Motoren ist die *Lobe-Konfiguration*. Damit ist die geometrische Ausgestaltung der positiven Schraubenstruktur des Rotors in der negativen Schraubenstruktur des Stators, welcher funktional immer einen Schraubgang mehr haben muss, gemeint.

Der ein- oder mehrgängige Rotor mit schraubenförmiger Oberfläche wirkt wie ein umlaufender Verdränger in dem mit Gummi bzw. Elastomer ausgekleideten Stator. Man spricht entsprechend von 1/2 oder 2/3, ... 4/5, 5/6...gängigen Motoren, wobei das Bewegungsspiel zwischen Rotor und Stator bei HDD-Mud-Motoren relativ klein sein sollte.

Die Leistungscharakteristik von Schraubenmotoren hängt auch von der Gangzahl, d. h. der *Lobe-Konfiguration* ab. Der Wirkungsgrad der Motoren mit hohen Gangzahlen (lobes) nimmt ab, ihre Drehmomente und die Lebensdauer hingegen nehmen zu. Hohe Drehmomente bei kleinen Drehzahlen sind sehr günstig für den Einsatz von Rollenmeißeln. Mud-

2.8 Horizontalbohrungen und Rohrvortrieb

Motoren für den HDD-Bereich sind häufig zwischen 3/4- und 7/8-gängig. Der Antrieb von Mud-Motoren erfolgt ausschließlich durch Bohrspülung (= Mud). Der Mudfluss treibt die Innenschraube (Rotor) an, Mud-Motoren arbeiten nach dem Prinzip eines Schraubenmotors.

Wenn auf einer HDD-Baustelle mehr als 16 Kubikmeter Bohrspülung durchgesetzt werden, und dies ist bei Mud-Motoren, auch beim Typ der Low-Flow-Motoren, immer der Fall, so ist Bohrspülungsrecycling nicht nur wirtschaftlich, sondern aus ökologischen und ökonomischen Gründen (Rohstoffverbrauch etc.) zwingend. Die Kapazität der Recyclinganlage ist auf die anfallende Bohrspülungsmenge abzustimmen.

Der Prozess des Hartgesteinbohrens ist vielschichtig und hängt nicht nur von der Gesteinsfestigkeit ab. Faktoren wie die natürlichen Trennflächen im Gestein (Klüfte, Verwerfungen, Grenzflächen, Spaltflächen), unterschiedliche Härten und Eigenschaften von Mineralien innerhalb eines Gesteins, des Bindemittels der Mineralien im Gesteinsverbund (sog. Matrix) und seine Bindekraft, der Verwitterungsgrad des Gesteins, Unregelmäßigkeiten des Gesteinsaufbaus etc. beeinflussen die bohrtechnische Lösbarkeit von Festgesteinen. Die Abtragungswirkung durch Schneiden, Zähne oder Warzen des Bohrwerkzeuges nutzt die Zerstörung des schwächsten Minerals innerhalb des Mineralgefüges, welches das Gestein in seinem Gesamtgefüge aufbaut.

Um den Bohrprozess erfolgreich und kosteneffizient zu gestalten, gibt es, entsprechend den Gesteinsparametern, unterschiedliche Bohrkronen, mit denen der Schneidkopf bzw. der Bohrkopf am Mud-Motor bestückt werden kann.

Für eine große Bandbreite von Festgesteinen geringer bis hoher Festigkeit werden Rollenmeißel eingesetzt. Rollenmeißel können 1, 2 oder 3 Kegelrollen zum Gesteinslösen aufweisen. Am häufigsten wird die 3-Kegelrollen-Anordnung verwendet, weil die Zermahlung von härteren Gesteinen zwischen 3 Kegeln – leicht versetzt, jedoch ineinandergreifend angeordnet – am effektivsten ist. Die Rollenmeißel werden auch über zulaufende Bohrspülungskanäle bewegt, deren Anordnung recht unterschiedlich sein kann. Die Rollen sollen bewegt werden, sie müssen von Bohrklein ständig freigespült werden, die Kegellager (der empfindlichste Bereich von Kegelrollen) und die Frontschneiden müssen ständig gekühlt werden. Die Qualität eines Rollenmeißels liegt nicht nur in der Verschleißfestigkeit seiner Zähne oder Schneidwarzen, sie liegt auch ganz wesentlich in der Qualität der Kugellager und in der Anordnung der Spülungskanäle und ihrer Austritte am Kopf.

Generell unterscheidet man die Rollenmeißel nach ihrem Rollenkegeltyp in Zahnmeißel und Warzenmeißel. Zahnmeißel werden für Gesteine geringer Festigkeit und Abrasivität eingesetzt; Warzenmeißel für Gesteine mit hoher Festigkeit und Abrasivität.

Bei den Warzenmeißeln, die mit Wolframkarbid-Stiften (TCI-Bits) für eben noch härteres Gestein bestückt sind, sind unterschiedliche Warzenstifte im Gebrauch. Die Geometrie dieser Warzenstifte (Bits) reicht von Konusformen für mittelharte (keilförmig-spitzwinklig, conical; keilförmig-schaufelförmig, keilförmig-abgeflacht) über kegelförmig abgerundete Ballistik-Formen bis hin zu kugelig-abgeflachten Formen (domed) für harte Gesteine.

 Zahnmeißel  Warzenmeißel

Bild 17. Zahn- und Warzenmeißel

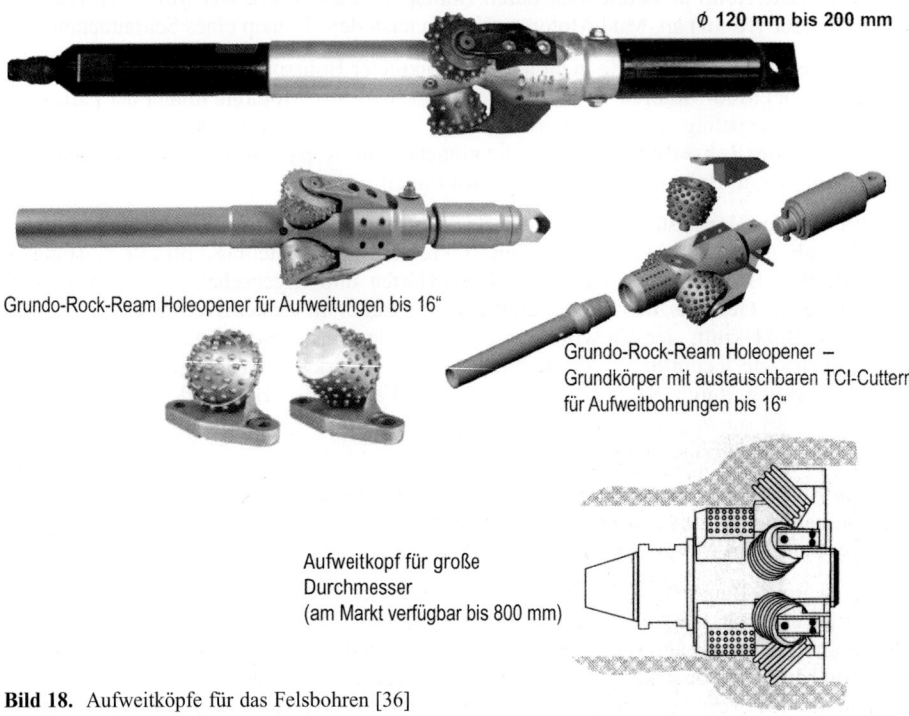

Bild 18. Aufweitköpfe für das Felsbohren [36]

Sehr harte Festgesteine, wie z. B. Basalte, Diabase, dichte Quarzite, Hornsteine, Chromerze, Eklogite und andere basische und ultrabasische Gesteine, gehen in ihren Gesteinsfestigkeiten über die Möglichkeiten von Rollenmeißeln hinaus. Daher sind hierfür sog. Vollbohrkronen mit Diamant-Besatz oder mit PDC-Bit-Besatz (= polykristallines Diamantmaterial) nötig. Diese Vollbohrkronen sind mit Industriediamanten bzw. PCDs bestückt und schneiden durch härtestes Gestein. Die Investition für diese Bohrkronen ist jedoch hoch.

Auch Felsbohrungen müssen sehr häufig in Aufweitstufen vergrößert werden. Nur selten reicht die Pilotbohrung mit dem Mud-Motor auch zur Aufnahme des Produktrohrs. Aufweitungen im Fels bedingen ebenfalls andere Werkzeuge als im Lockergestein. Felsaufweitköpfe, international als „Hole Opener" bezeichnet, haben einen Führungsschaft, der in die Dimension des zuvor erzeugten Felsbohrloches passt. Daran schließt ein Ringkranz mit Schneidrollen an, die an einem breiteren, runden Tragkörper (body) ansitzen. Darauf folgt ein integraler Drehwirbel. Für sehr große HDD-Anlagen können die Hole Opener, gestaffelt hintereinander und jeweils im Durchmesser größer werdend, mehrere Schneidkränze aufweisen.

Weitere entscheidende Vorteile dieser speziellen HDD-Felsbohrmotoren sind die lange Lebensdauer, die hohe Zuverlässigkeit, die geringen Betriebskosten und die Möglichkeit vielfältiger innerstädtischer Einsätze für den Leitungsbau in schwierigstem Baugrund. Mit Mud-Motoren sind alle Gesteinsformationen bohrbar, selbst härteste Gesteine können durchbohrt werden, allerdings müssen die eingesetzten Bohrkronen sehr dezidiert auf die Gesteinseigenheiten abgestimmt werden. Die Bohrkronen werden mit zunehmender Gesteinshärte und -abrasivität entsprechend aufwendiger und teurer.

2.8 Horizontalbohrungen und Rohrvortrieb 419

Das Durchbohren von Gesteinswechsellagerungen mit extremen Festigkeitsunterschieden gilt beim HDD-Bohren als sehr anspruchsvoll und erfordert viel Erfahrung. Gleichmäßige Felsverhältnisse, egal ob weich oder hart, sind technisch deutlich einfacher zu handhaben. In der HDD-Felsbohrtechnik liegen, wie in anderen Baubereichen auch, die interessanten Aufgabenbewältigungen in komplexen Untergrundverhältnissen.

2.1.7 Beispiele für HDD-Bohren im Fels

Natürliche Hindernisse mit anstehendem Fels oder verdecktem Fels im Untergrund gibt es in reichem Maße in bergigen oder grundgebirgs-geprägten Regionen. Verbindungen für Hausanschlüsse oder zwischen Gebäuden oder Anlagen bis hin zu Verbindungen zu künstlichen oder natürlichen Hohlräumen, bei Wegen durch den Fels, die einen geplanten Verlauf einhalten oder an einem definierten Punkt wieder heraustreten sollen, sind ideale Aufgaben für das HDD-Felsbohren.

Die Höhlen von Postojna sind weltberühmt und erstrecken sich auf über 27 km Länge. Aufgrund der großen Höhlenlänge werden die Höhlenbesucher über eine große Strecke mit einer Elektrobahn durch die Höhle gefahren. Die Elektroloks der Höhlenbahn wurden nachts an einer Ladestation in einem Höhlenraum aufgeladen, der 30 m durch Fels von der Außenwelt entfernt ist. Im Laufe der Jahrzehnte war die Ladestation überaltert und musste erneuert werden. Die Verwaltung der Höhle hat sich aus rein praktischen Gründen dafür entschieden, die neue Ladestation außerhalb der Höhle anzulegen. Aus diesem Grund musste zwischen dem Standort der alten Ladestation und der neuen eine möglichst kurze Verbindung hergestellt werden.

Die Höhlenverwaltung erteilte daher den Auftrag mittels Felsbohrungen zwei Verbindungen im Abstand von einem Meter durch den harten Kalkstein zu erstellen. Dazu wurde eine Grundodrill 13X mit einem Grundorock-Mud-Motor und einer Verlaufssteuerung mit einer kabelgeführten Messsonde verwendet. Der Aufweitprozess erfolgte dann in einem Schritt mit einen 10"-Hole Opener (entspricht etwa 250 mm). Dann wurden in diese beiden parallelen Bohrlöcher Stahlrohre der Dimension DN 219 unter Nutzung einer Olymp-Ramme einge-

HDD-Maschine (Grundodrill 13X) beim Start der Bohrung   Aufweiten im harten Kalkstein

Bild 19. Bohrungen im harten Kalkstein von Postojna

trieben. Zum Schluss wurden durch die Stahlrohre im Fels die Stromkabel durchgezogen und die neue Ladestation angeschlossen. Innerhalb von 6 Tagen konnten die Arbeiten erledigt werden. Über eine weiteres interessantes Projekt im Fels wird in [8] berichtet.

Bohrungen im Geröll und Blockmaterial unter Gebirgsflüssen

Rohrleitungsquerungen unter Gebirgsflüssen, also Dükerungen im Geröll, sind riskante Bauaufgaben. Plötzliche Hochwasserereignisse sind eine erhebliche Gefahr für solche Baustellen. Offene Ufereingriffe führen weiterhin häufig zu Umweltschäden, Ausspülungen und Uferausbrüche bedingen hohe nachträgliche Aufwendungen. Daher werden Flussunterquerungen bei Gebirgsflüssen fast nur noch im HDD-Felsbohrverfahren ausgeführt. Die Durchfahrung von Geröll- und Blockmaterial mit HDD-Mud-Motoren ist anspruchsvoll und fordert entsprechende Kompetenzen.

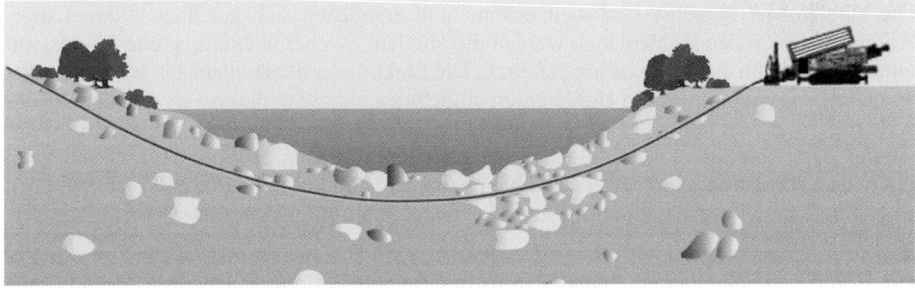

Bild 20. Unterbohrung eines Flusses im Geröll- und Blockmaterial

Bohrungen in Bergsturzmassen und im Fels

Die verlaufsgesteuerte Horizontalbohrtechnik ist auch im Fels, in Bergstürzen oder Rutschmassen mit Felsanteilen einsetzbar. Allerdings sind hier die Bohrungen aufwendiger als im massiven Fels. Im Fels oder in stückigen Felsmassen sind vorherige Bohrplanungen unerlässlich. Zudem sind die Bohrradien und die Aufstellmöglichkeiten meist eingeschränkt. Dennoch kann die Horizontalbohrtechnik für solche Einsätze verwendet werden.

Bohrung durch einen Bergrücken im Schweizer Jura

Der Einsatz der grabenlosen Rohrverlegung durch Felsrücken, Bergkanten oder ganze Bergrücken bringt sowohl für den Naturschutz im Gebirge als auch für die Rohrverlegung selbst nur Vorteile. Nur der Einsatz in größeren Tiefen macht eine kabelgeführte Ortungstechnik notwendig, die zusätzliche Kosten verursacht, ansonsten bestimmt die Geologie die Vortriebsleistung und damit die Kostenstruktur in ähnlicher Weise wie in Regionen mit geringeren Reliefunterschieden. Die Abkürzungsstrecken im Gebirge haben zudem den Vorteil, dass kritische Hanglagen, die z. B. rutschungsgefährdend sein können, umgangen oder unterbohrt werden können.

Reigoldswil liegt im Kanton Basel-Land in den Gebirgsfalten des Schweizer Jura, der hier Höhen von 900 bis 1200 m ü. NN erreicht. Eine Erdgas-Pipeline, die seit 1967 hier besteht, musste so ersetzt werden, dass die Ortslage von Reigoldswil mit Abstand umgangen wird. Der Erdgasversorger entschied sich, eine 900 m lange Pipeline zu bauen, wovon 460 m einen Bergrücken durchschneiden sollten. Diese Abkürzungsbohrung durch den Bergrücken na-

2.8 Horizontalbohrungen und Rohrvortrieb

Bild 21. Felsbohrung im Schweizer Jura

mens „Bergli" hindurch, aus massiven Jurakalken bestehend, wurde mit einer 100-Tonnen-Anlage durchgeführt. Die Pilotbohrung erfolgte mit einem 250-mm-Rollenmeißel auf einem großen Mud-Motor. Die Ortung und Steuerung basierte auf einem kabelgeführten Navigationssystem in einem künstlich ausgelegten Magnetfeld. Die Bohrung wurde mit Hole Opener in zwei Schritten bis auf 500 mm Durchmesser aufgeweitet. Danach wurde in einem nächsten Arbeitsschritt das 273-mm-Pipelinerohr ins Bohrloch hineingezogen, welches mit einer angereicherten Bohrspülung gefüllt war. Die Bohraufgabe wurde exakt in der vorgegebenen Zeit abgeschlossen.

HDD-Einsätze im Hochgebirge (Beispiel Glarner Alpen)

HDD-Anlagen finden auch zunehmend Einsatz in den hohen Lagen der Alpen und arbeiten hier in Höhen über 2000 m ü. NN z. B. für Bohrungen im Fels zur Verlegung von Wasserleitungen, die der Versorgung von Schneekanonen dienen. Mit HDD-Felsbohrungen können weitläufige Leitungsnetze für Beschneiungsanlagen installiert werden.

Bild 22. Felsbohrung in den Glarner Alpen

In den Glarner Alpen bei Laax (nahe Flims, Kanton Graubünden) musste für eine Schneeanlage eine 334 m lange Felsbohrung unter einer Bergkuppe zwischen 1937 m ü. NN und 1940 m ü. NN, d. h. mit einem Gefälle von 0,68%, zur Aufnahme einer 400-mm-Wasserdruckleitung aus PE erstellt werden. Die Bohrarbeiten wurden im September 2006 mit einer Prime Drilling 75/50-Bohranlage durchgeführt.

Tiefreichende Anker ins anstehende Gebirge

In bestimmten geotechnischen Situationen sind lange Anker erforderlich, die weit ins anstehende Gebirge hineinreichen. Dies ist z. B. bei großen Felsböschungen der Fall, deren Trennflächengefüge oder deren Verwerfungsinventar so strukturiert ist, dass sich sehr hohe Böschungsflanken ablösen können. Mit den üblichen Verpressankern sind solche Felsböschungsflanken nicht zu stabilisieren. Anker mit über 100 m Länge können hier erforderlich sein, um den Ablösungstendenzen am Fels entgegenzuwirken. Der Vorteil der HDD-Bohrtechnik zur Einbringung solcher Anker liegt vor allem im gezielt herstellbaren räumlichen Verlauf der Ankerbohrungen. Mit der HDD-Bohrtechnologie können vorher bekannte tektonische Mürbezonen, z. B. Ruschelzonen, im definierten Winkel durchfahren werden, ohne dass im Verlauf der Bohrungen instabile Bereiche berührt werden, d. h. es können gezielt Zonen geringerer Festigkeit, definierte Hindernisse etc. umfahren werden.

Für Neubauten oder zur Sanierung und Ertüchtigung von Gründungen können mit der HDD-Technologie lange Anker zur stabilen Ankopplung der Bauwerke an das tragende Gebirge hergestellt werden.

Bild 23. Herstellung langer Anker an einem Bahndamm

Tunnelsanierung

Viele ältere Tunnel sind direkt aus dem Fels gehauen worden, sie haben keine Innenschale und manchmal nur unzureichende Ver- und Entsorgungsleitungen. Aufgrund der neuen Brandschutzverordnungen im Tunnelbau lassen sich mittels HDD-Felsbohrungen z. B. nachträgliche Feuerlöschleitungen und in der Tunnelsohle Löschwasserableitungen installieren. Auch Bohrungen für zusätzliche Be- und Entlüftungen sowie Vorbohrungen für Fluchtstollen und Querverbindungen werden durch die HDD-Technologie ermöglicht.

2.2 Verdrängungshämmer

Um horizontale Bohrlöcher in Boden oder Fels zu erzeugen, gibt es unterschiedliche Bohrverfahren. Das kleinste und zugleich sehr effiziente Verfahren zur Erzeugung kleiner horizontaler Bohrlöcher in bindigen bis gemischtkörnigen Lockergesteinen bis maximal 35 m Länge sind Verdrängungshämmer (Boden- oder Erdraketen). Dieses Vortriebssystem besteht aus einem länglichen, druckluftbetriebenen Verdrängungshammer, der das zu durchörternde Erdreich unter Verdichtung in die Bohrlochwandungen verdrängt. Der überwiegende Einsatz von Erdraketen dient der grabenlosen Erstellung von Hausanschlüssen, z. B. für Trinkwasser, für Strom, für Telekommunikation, für Abwasser, für Erdgas, für Breitbandkabel und Anderes. Mit Erdraketen lassen sich jedoch auch horizontale Bohrlöcher erzeugen, die der Aufnahme von Spannankern, von Messsonden (z. B. für Setzungsmessungen), von Messdatenleitungen, von Entwässerungsleitungen, Stahlrohren (z. B. für Rohrschirme), u. a. dienen.

Für Hausanschlüsse bis 30 m Länge, bei leicht verdrängbaren Böden bis 40 m, werden seit über 35 Jahren Erdraketen eingesetzt. Mit einem druckluftbetriebenen Verdrängungshammer in der Form einer kleinen, langgestreckten liegenden Rakete (daher allgemein als „Erdrakete" bezeichnet) wird ein röhrenförmiger unterirdischer Hohlraum aufgefahren, in dem vorzugsweise muffenlose Kurz- oder Langrohre bis 200 mm Durchmesser aus Kunst-

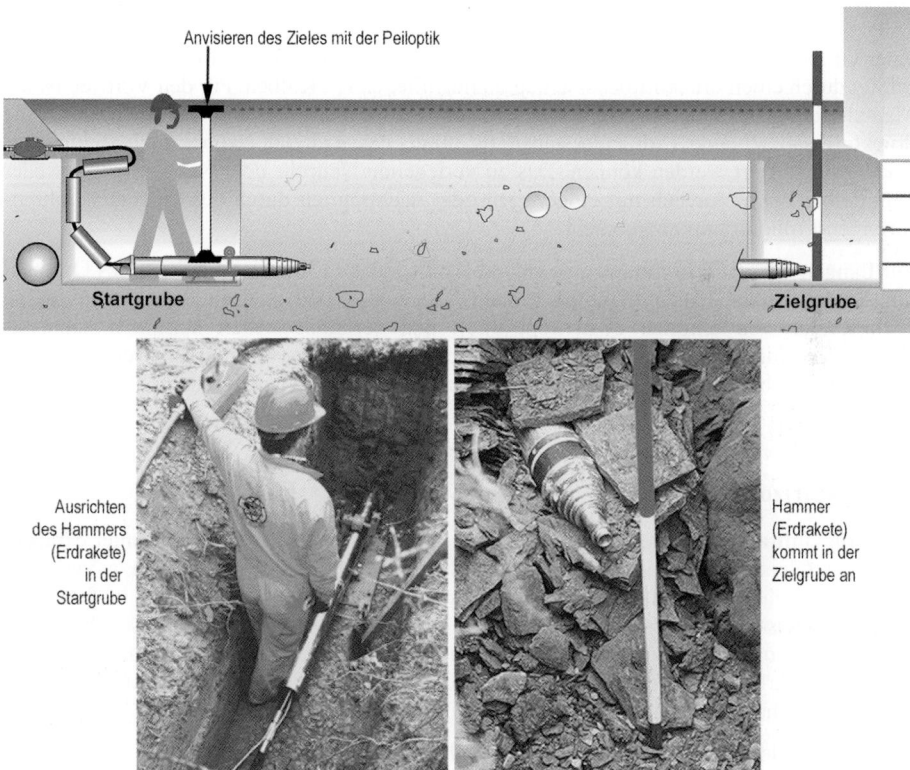

Bild 24. Einsatz eines ungesteuerten Verdrängungshammers (Erdrakete, Zusammenstellung aus [36])

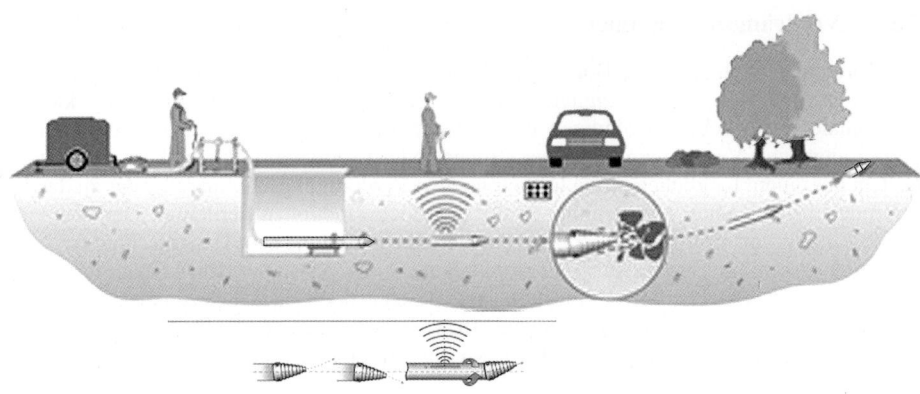

Bild 25. Steuerbarer Verdrängungshammer

stoff (Polyethylen, PVC oder Polypropylen), aus Metall (z. B. Stahl), aber auch Kabel jeglicher Art sofort oder nachträglich eingezogen werden. Voraussetzung ist ein verdrängungsfähiger Baugrund.

Die Erdrakete wird mit einer Peiloptik auf das Ziel ausgerichtet und erreicht ungesteuert bei Längen von 10 bis 15 m hinreichend genau den anvisierten Zielpunkt. Gestartet wird aus einer Grube, in der die Erdrakete auf einer einjustierbaren Lafette auflagert. Der Vortrieb erfolgt durch einen druckluftbeaufschlagten innenliegenden Kolben. Für den Vortrieb ist die Mantelreibung des Bodens erforderlich. Durch Verdrängung des Bodens arbeitet sich die druckluftbeaufschlagte Erdrakete selbsttätig durch das Erdreich, wobei auch steinhaltige Böden durchörtert werden können. Das zu verlegende Neurohr oder Kabel wird entweder unmittelbar beim Vortrieb mit eingezogen oder nachträglich durch den erzeugten röhrenförmigen Erdhohlraum eingebracht.

Für Längen bis zu 70 m gibt es eine steuerbare Erdrakete [36], die mithilfe eines Ortungs- und Steuersystems Hindernissen im Boden ausweichen und je nach Bodenverhältnissen auch Radien von minimal 27 m kontrolliert und verlaufsgesteuert auffahren kann. Es handelt sich hierbei um eines der wenigen gesteuerten Bodenverdrängungsverfahren, das hauptsächlich bei langen, kurvenförmigen oder unübersichtlichen Hausanschlüssen eingesetzt wird.

2.3 Horizontalrammen

Mit Druckluftrammen lassen sich Stahlrohre ohne aufwendiges Widerlager unter Straßen, Dämmen, Gleisanlagen, Aufschüttungen, Halden, Hindernissen diverser Art, u. a. verlegen. Mit dynamisch wirkender Schlagenergie (bis max. 40.000 kN) lassen sich in fast allen Lockergesteins-Bodenklassen Stahlrohre bis maximal 300 mm Durchmesser bis max. 80 m Länge vortreiben. Für diesen dynamischen Rohrvortrieb im Rammverfahren werden pneumatisch arbeitende Rohrvortriebsmaschinen (Rammen) eingesetzt. Die druckluftbetriebene Ramme hat eine zylindrische Form und besteht aus folgenden Teilen:

– Konus für den Anschluss der Aufsteckkegel,
– Schlagsegmenten und
– Entleerungskegel.

2.8 Horizontalbohrungen und Rohrvortrieb

Der Einsatz von Schlagsegmenten verhindert ein Aufwirbeln der Rohre und ermöglicht ein stumpfes Anschweißen der einzelnen Rohrlängen. Um die Mantelreibung innen und außen am Rohr zu reduzieren bewirken Schneidschuhe einen Freischnitt. Über Schmierschneidschuhe kann auch eine Schmierung des Rohrs den Vortrieb erleichtern. Die Ramme wird mittels eines Lufthebekissens axial hinter dem vorzutreibenden Rohr ausgerichtet und durch spezielle Gurte mit dem Rohr verspannt. Der Antrieb erfolgt mit einem normalen Baustellenkompressor. Durch die robuste und einteilige Bauweise kann mit den derzeit größten Rammen bei voller Leistung eine Schlagenergie von 40.000 Nm erzielt werden [35], die sich optimal über den gesamten Rohrstrang überträgt. Der Vortrieb liegt bei durchschnittlich 15 m pro Stunde. Bei Beendigung der Rammarbeiten erfolgt die vollständige Leerung des Rohrs durch Wasserdruck in Kombination mit Druckluft oder nur mit Wasserdruck. Nach dem Beräumen des Erdkerns wird das gewünschte Produktrohr unter Verdämmung des Ringspalts höhen- und lagegenau in das Stahlvortriebsrohr eingebaut.

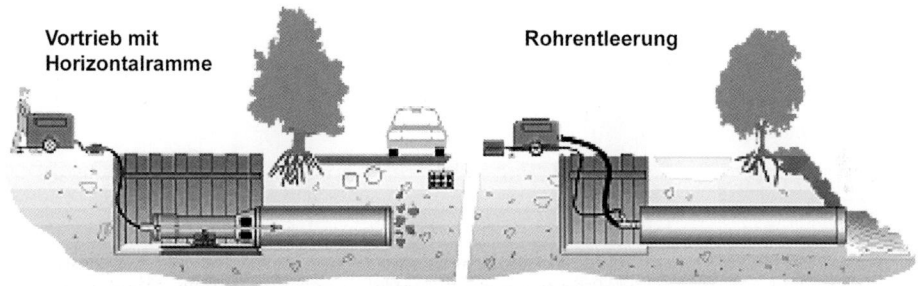

Bild 26. Rammen und Entleeren der Rohre [35]

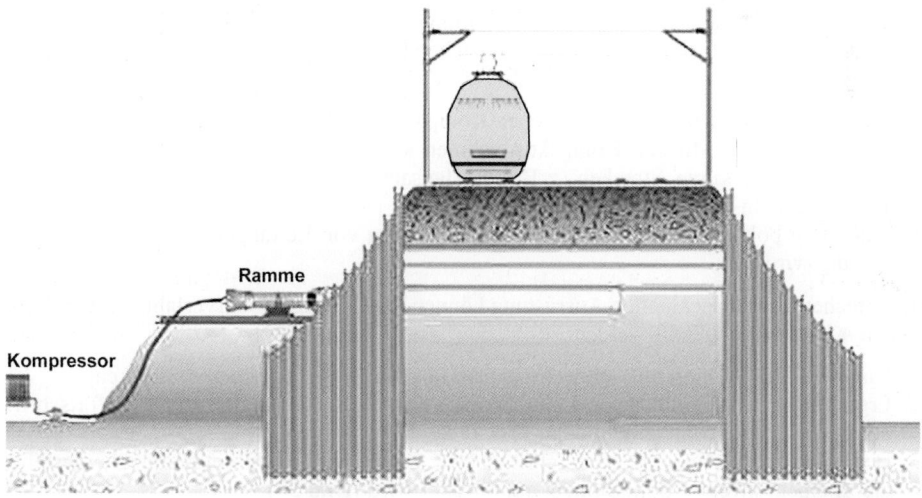

Bild 27. Einrammen von Rohren zur Unterfahrung eines Bahndamms [35]

Das Verfahren kann auch für Rohrschirme im Tunnelbau oder die Unterfahrung von Dämmen eingesetzt werden. Voraussetzung ist immer, dass die Lärmentwicklung beim Rammen zulässig ist.

2.4 Erdbohr- und Pressbohrverfahren

Die einfachste Form kreisrunde Hohlräume im Boden herzustellen, ist die Verwendung eines Spiral- oder Schneckenbohrers. Daher können kurze Bohrungen in Boden, der zumindest vorübergehend standfest ist, am einfachsten mittels eines Erdbohrgerätes mit einer Bohrschnecke ohne Verrohrung hergestellt werden. Dieses Bohrverfahren findet man dann auch – allerdings in vertikaler oder geneigter Richtung – bei der Anker- und Pfahlherstellung.

Die Prinzipien dieses Bohrverfahrens sind in Bild 28 für die Herstellung einer Sacklochbohrung dargestellt.

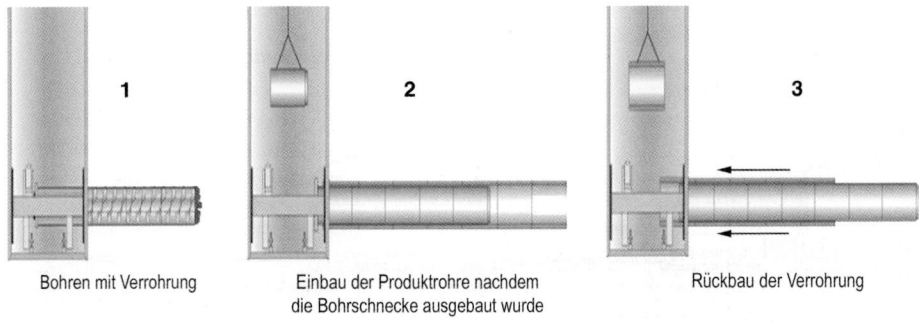

Bild 28. Herstellung einer Sacklochbohrung mit dem Pressbohrverfahren [10]

Für Sacklochbohrungen muss die Verrohrung aus schussweise verschraubbaren Rohren (Schraubrohren) bestehen, damit die Verrohrung ein- und ausgebaut werden kann. Beim Vortrieb von Schacht zu Schacht (s. Bild 30) stehen Pilotgestänge, Verrohrung und Schnecke immer unter Druck und werden in den Zielschacht hinein geschoben.

Von den Maschinentypen her ist zwischen Kompakt- und Langrahmenmaschinen zu unterscheiden (Bild 29). Mit den Kompaktmaschinen können aus begehbaren Schächten oder Leitungen heraus kurze Strecken, z.B. für Hausanschlüsse gebohrt werden. Die Langrahmenmaschinen sind vor allem dafür konzipiert, aus Gruben heraus Strecken von 50 bis 120 m zu bohren, was vor allem bei der Kreuzung von Leitungen mit Verkehrswegen notwendig wird.

Entsprechend der maschinellen Ausrüstung können die Horizontalbohrverfahren mit Schnecke in 4 Klassen eingeteilt werden:

1. Ungesteuertes Bohren mit Schnecke in standfestem Boden auf kurzen Strecken.
2. Ergänzung des Verfahrens von 1. durch eine Verrohrung, die parallel zum Bohrfortschritt eingepresst wird. Man spricht dann vom Pressbohrverfahren.
3. Der Bohrvorgang findet in zwei Schritten statt. Zuerst wird eine Pilotbohrung hergestellt, die in einem zweiten Bohrvorgang aufgeweitet wird (Bild 30).
4. Das in 3. beschriebene Verfahren erhält eine Erfassung der Lage über eine Zieltafel und einen Steuerkopf (Bild 31).

2.8 Horizontalbohrungen und Rohrvortrieb

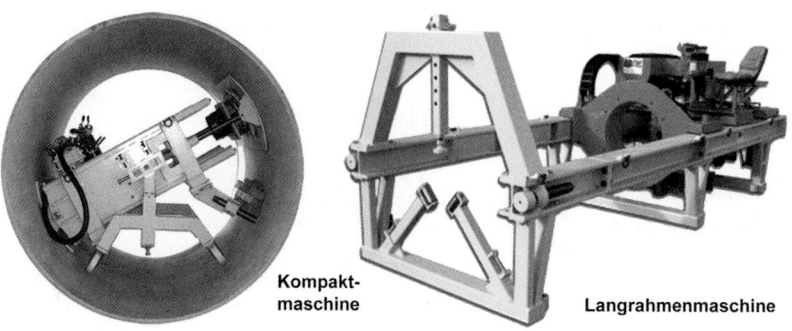

Bild 29. Kompakt- und Langrahmenmaschine für das Pressbohrverfahren [10]

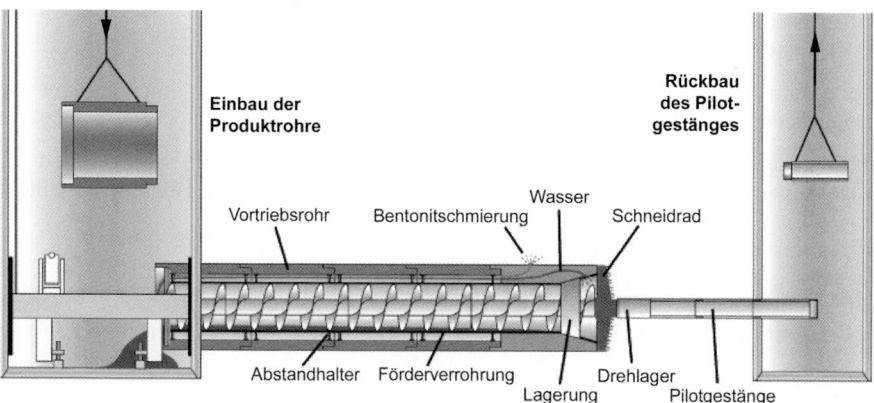

Bild 30. Pressbohrverfahren mit Pilotbohrung

Diese Bohrverfahren sind den Bodenentnahmeverfahren zuzurechnen, da der Boden überwiegend entnommen wird. Trotzdem darf der Boden nicht zu dicht gelagert sein, da auch eine teilweise Verdrängung möglich sein muss. Das Verfahren ist vor allem für die Herstellung von Entwässerungsleitungen geeignet. Grundsätzlich können nur geradlinige Leitungen hergestellt werden. Die Steuermöglichkeiten sind nicht für Kurvenfahrten gedacht, sondern haben nur die Funktion, die Bohrung auf der geraden Linie zu halten.

Zur allgemeinen Orientierung können folgende Hinweise zum Anwendungsbereich gemacht werden.

- Das Verfahren ist vor allem für den Durchmesserbereich DA 300 mm bis DA 2000 mm geeignet. In der ungesteuerten Version ist die Streckenlänge auf etwa 50 m begrenzt. In der Variante mit Pilotbohrung und Steuerung können 150 m möglich sein.
- Besonders vorteilhaft können mit dem Verfahren kurze Produktrohre aus Beton, Steinzeug oder dgl. eingebracht werden.
- Böden, bei denen die Schlagzahlen bei der leichten Rammsonde (DPL) über 50 liegen, sind nicht geeignet.
- Ausgesprochen kohäsive Böden (z. B. ausgeprägt plastische Tone) können nicht oder nur auf kurzen Strecken durchbohrt werden, da sie ein zu hohes Drehmoment verursachen.

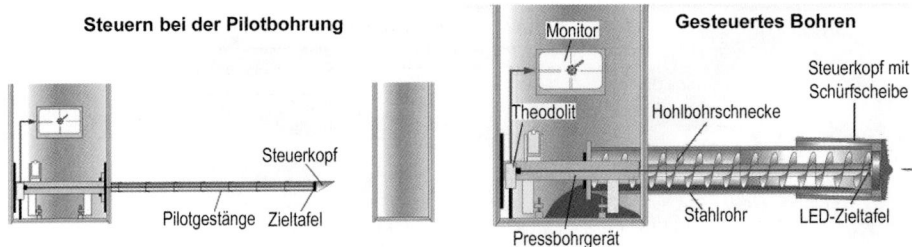

Bild 31. Steuer- bzw. Korrekturmöglichkeiten beim Pressbohrverfahren

- Das Größtkorn des zu fördernden Bodens sollte 80 mm nicht überschreiten. Allenfalls bei Durchmesser von über 0,8 m können in Abhängigkeit von der eingesetzten Maschine auch größere Steine gefördert werden.
- Der Grundwasserstand über der Rohrsohle darf 3 m nicht überschreiten.

Hinweise zum aktuellen Stand der Technik findet man u. a. auf den Internetseiten der Maschinenhersteller (z. B. [10] und [31]).

In Abhängigkeit von der Anzahl der Arbeitsschritte wird zwischen der 2-stufigen und der 3-stufigen Arbeitsweise unterschieden. Bei der 2-stufigen Arbeitsweise gibt es 2 Varianten:

2-stufiges Verfahren, Variante 1:
1. Herstellung der Pilotbohrung.
2. Aufweitungsbohrung mit Produktrohren und innenliegender Förderverrohrung. In jedem Produktrohr liegt ein Abschnitt Verrohrung und ein Abschnitt der Förderschnecke.

2-stufiges Verfahren, Variante 2:
1. Herstellung der Pilotbohrung.
2. Aufweitungsbohrung mit verschweißten Stahlrohren. Das durchgehende Stahlrohr ist dann die „Tunnelauskleidung". Die Verrohrung verbleibt also im Boden.

3-stufiges Verfahren:
1. Herstellung der Pilotbohrung.
2. Aufweitungsbohrung mit Stahlschutzrohren.
3. Nachschieben von Produktrohren. Mit dem Einschieben der Produktrohre im Startschacht werden die Abschnitte der Verrohrung in den Zielschacht geschoben.

3 Rohrvortrieb

3.1 Grundlagen der Rohrvortriebstechnik

3.1.1 Bauverfahren

Beim Rohrvortrieb werden Rohre mithilfe von Hydraulikpressen in den Untergrund vorgepresst. Im Bereich vor dem ersten Vortriebsrohr wird das Locker- oder Festgestein an der sog. *Rohrortsbrust* meist im Schutz eines Vortriebsschildes mit einem Bagger, mit einer Fräsmaschine oder mit einer Tunnelbohrmaschine, in selteneren Fällen auch von Hand (mittels Druckluftspaten, Hacke oder durch Bohren und Sprengen) gelöst. Bei der Mehrzahl

2.8 Horizontalbohrungen und Rohrvortrieb

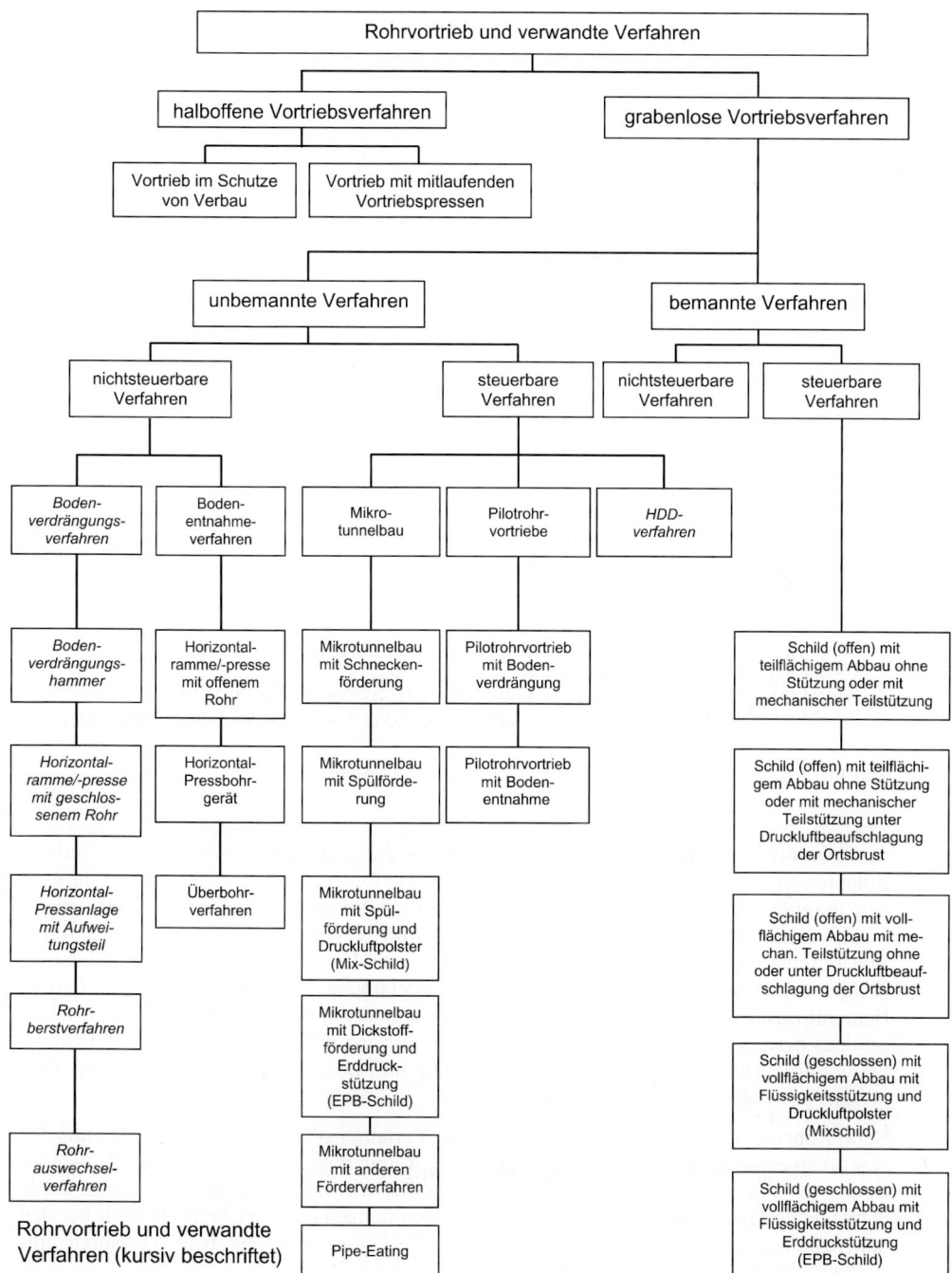

Bild 32. Rohrvortrieb und verwandte Verfahren (ATV-A 125 [2] modifiziert)

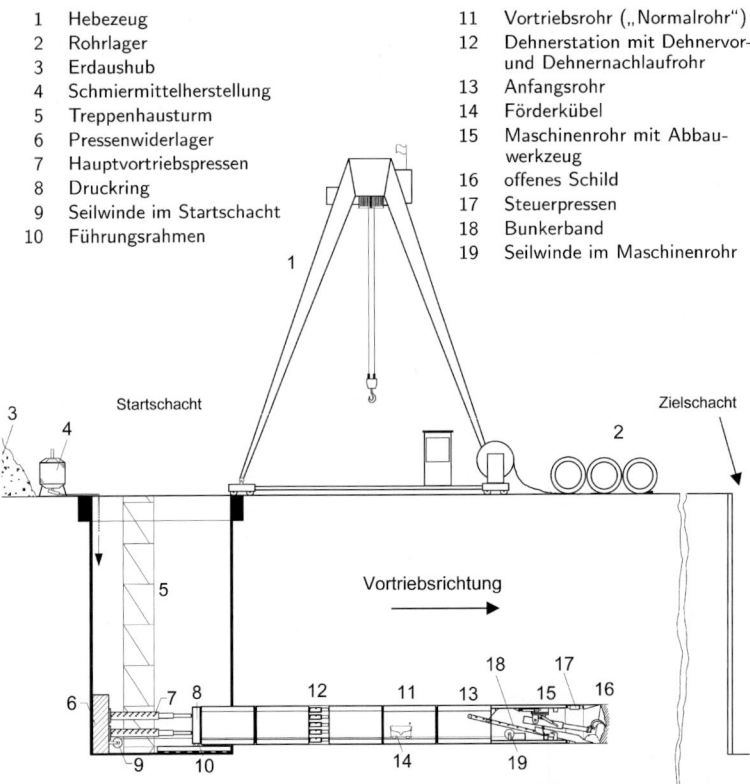

Bild 33. Schema eines bemannten Rohrvortriebs mit offenem Schild [32]

der Rohrvortriebsverfahren wird das gelöste Gestein durch den bereits vorgepressten Teil des Rohrstrangs entgegen der Vortriebsrichtung zutage gefördert. Beim Lösen des Gesteins wird eine möglichst gute Übereinstimmung zwischen dem Ausbruchquerschnitt und der Außenkontur des Vortriebsrohrs angestrebt. Beim Vorpressen des Vortriebsrohrstrangs treten Mantelreibungskräfte auf. Meist wird versucht, diese Mantelreibungskräfte durch das Einbringen eines Schmiermittels zwischen Ausbruchlaibung und Rohraußenmantel (i. d. R. Bentonit-Suspension) zu minimieren. Beim Einfahren der stirnseitigen Kante des Vortriebsschildes bzw. des Abbauwerkzeugs in die Rohrortsbrust werden zusätzliche Widerstandskräfte (Brustwiderstand) geweckt. Mantelreibung und Brustwiderstand müssen beim Vorpressen des Rohrstrangs überwunden werden.

Beim Rohrvortriebsverfahren gibt es zahlreiche Verfahrensvarianten, wobei meist zunächst eine übergeordnete Einteilung in grabenlose, d. h. untertägige und halboffene Bauweisen erfolgt (s. Bild 32). Bei den grabenlosen Bauweisen wird zwischen bemannten und unbemannten Verfahren unterschieden. Sowohl bei den bemannten Verfahren als auch bei den unbemannten Verfahren sind nicht steuerbare Verfahren und steuerbare Verfahren entwickelt worden.

Eine generelle Übersicht über die Rohrvortriebsverfahren in geschlossener Bauweise findet sich in DIN EN 12889 [20] bzw. in DIN 18319 [22]. Die halboffenen Rohrvortriebsverfahren werden z. B. in [32] beschrieben.

2.8 Horizontalbohrungen und Rohrvortrieb

Ungesteuerte Rohrvortriebsverfahren (siehe z. B. [34]) erfordern eine weniger aufwendige Baustelleneinrichtung als gesteuerte Rohrvortriebsverfahren. Sie können jedoch nur dort angewandt werden, wo verfahrensbedingte Lageabweichungen für die spätere Nutzung und das Umfeld des Rohrstrangs unerheblich sind. Sie sind nicht Gegenstand der folgenden Ausführungen.

Dieser Abschnitt bezieht sich schwerpunktmäßig auf bemannte, grabenlose, gesteuerte Rohrvortriebsverfahren. Eine Beschreibung der Rohrvortriebstechnologie für nicht begehbare Leitungen findet sich in [34, Abschn. 2.13]. Das HDD-Verfahren (Horizontal Directional Drilling) wurde bereits im Abschnitt 2 behandelt.

Bemannte Verfahren setzen aus Gründen des Unfallschutzes von der Vortriebslänge abhängige lichte Mindestquerschnittabmessungen voraus, die innerhalb des Rohrstrangs z. B. durch Installationen nicht eingeschränkt sein dürfen (Bild 34).

Hinweis: Aus technischen Gründen (z. B. beim Einsatz von Druckluftschleusen) können sich größere Mindestquerschnitte ergeben.

Aus diesen Forderungen folgt unmittelbar, dass Rohrvortriebe mit kleineren Querschnittsabmessungen unbemannt aufgefahren werden müssen. Diese Rohrvortriebe weisen oftmals einen höheren Automatisierungsgrad auf als bemannte Verfahren und werden ferngesteuert.

Die Möglichkeit, Rohrvortriebe unbemannt aufzufahren, erstreckt sich nicht nur auf den nicht begehbaren Durchmesserbereich, sondern praktisch auch über den gesamten als begehbar anzusprechenden Durchmesserbereich.

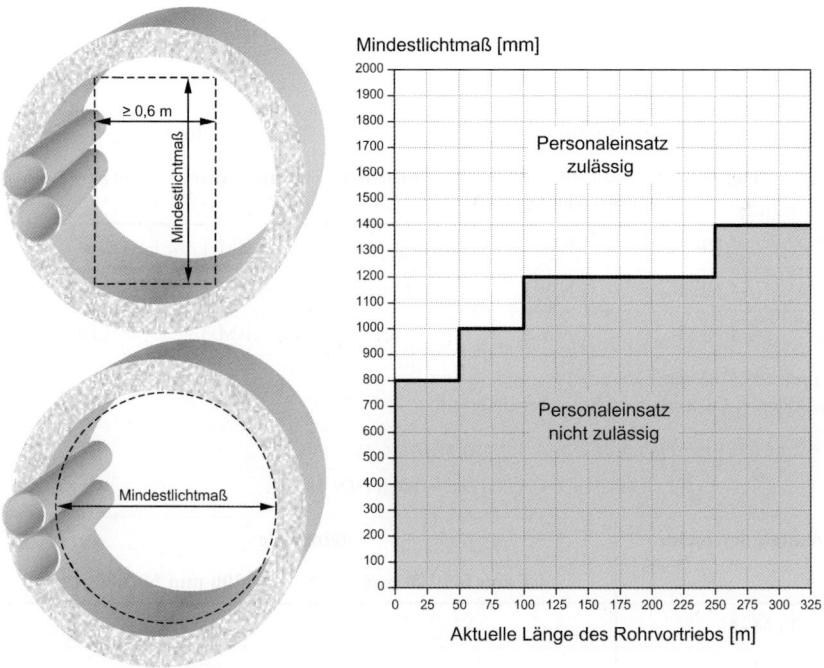

Bild 34. Mindestlichtmaße bei ständigem Personaleinsatz in Rohrvortrieben (ausgenommen Rohrvortriebe unter Druckluftbedingungen) [2]

Bei ferngesteuerten Rohrvortrieben im nicht begehbaren Querschnittsbereich können Vortriebshindernisse den weiteren Vortrieb relativ rasch infrage stellen, da der zur Beseitigung der Hindernisse notwendigen Verfahrensflexibilität enge Grenzen gesetzt sind.

Werden Rohrvortriebe im begehbaren Querschnittsbereich ferngesteuert aufgefahren, können Hindernisse meist durch manuelle Eingriffe an der Rohrortsbrust beseitigt werden. Wenn ein Vortriebsrohrstrang z. B. zum Zweck der Hindernisbeseitigung nur vorübergehend betreten werden muss, sind bei den geforderten Mindestquerschnittsmaßen teilweise größere Längen, als in Bild 34 angegeben, zulässig (vgl. [2]).

Gesteuerte Rohrvortriebe können auf geradlinigen Trassen und auf ein- bzw. mehrfach gekrümmten Trassen aufgefahren werden. Durch den Einbau von Zwischenpressstationen (Dehnern) kann der gesamte Rohrstrang in zwei oder mehrere, jeweils für sich vorgepresste Rohrkolonnen geteilt werden, sodass die Mantelreibung pro Pressvorgang begrenzt wird und die in axialer Richtung in die Vortriebsrohre eingeleiteten Pressenkräfte nicht die von der Rohrkonstruktion aufnehmbaren Axialkräfte überschreiten. Übliche Rohrvortriebslängen betragen mehrere Dekameter bis mehrere hundert Meter. Rohrvortriebe von mehr als 1.000 m sind möglich, aber in der Praxis selten.

3.1.2 Boden- und Felsklassifikation für Rohrvortriebsarbeiten

Um den spezifischen Randbedingungen der Rohrvortriebsbauweise gerecht zu werden und dem Auftragnehmer die Auswahlentscheidung für die in Betracht kommenden Baugeräte zu erleichtern, wurde für Rohrvortriebsarbeiten im Rahmen von DIN 18319 [22] ein eigenes Klassifikationssystem für Boden- und Felsklassen geschaffen. Im Vergleich zu DIN 18300

Tabelle 1. Klassen der Lockergesteine nach DIN 18319

LN Lockergestein, nichtbindig			LB Lockergestein, bindig		
Lagerungs-dichte	eng gestuft	weit oder intermittierend gestuft	Konsistenz	mineralisch	organogen
locker	LNE 1	LNW 1	breiig – weich	LBM 1	LBO 1
mitteldicht	LNE 2	LNW 2	steif – halbfest	LBM 2	LBO 2
dicht	LNE 3	LNW 3	fest	LBM 3	LBO 3

Korngrößen jeweils ≤ 63 mm.
Organische Böden (LO) werden nicht weiter unterteilt.

Tabelle 2. Zusatzklassen für steinhaltiges Lockergestein nach DIN 18319

Massenanteil der Steine	Steingröße	
	≥ 63 mm bis 300 mm	≥ 300 mm bis 600 mm
≤ 30 M.-%	S1	S3
> 30 M.-%	S2	S4

In Böden enthaltene Steine, die größere Einzelabmessungen aufweisen als 600 mm, sind gesondert anzugeben.

2.8 Horizontalbohrungen und Rohrvortrieb

Tabelle 3. Klassen der Festgesteine nach DIN 18319

Einaxiale Zylinderdruckfestigkeit σ_u (MPa)	Festgestein mit Trennflächenabstand im	
	Zentimeterbereich	Dezimeterbereich
$\sigma_u \leq 5$	FZ 1	FD 1
$5 < \sigma_u \leq 50$	FZ 2	FD 2
$50 < \sigma_u \leq 100$	FZ 3	FD 3
$\sigma_u > 100$	FZ 4	FD 4

(7 Klassen) ist die Klassifikation nach DIN 18319 wesentlich differenzierter. Die Summe aus den 12 Lockergesteinsklassen ohne und in Kombination mit den 4 Zusatzklassen sowie aus den 8 Festgesteinsklassen ergibt insgesamt 68 Klassen (vgl. Tabellen 1 bis 3).

3.2 Maschinen und Geräte für den Rohrvortrieb

Rohrvortriebe können bei optimaler Wahl des Verfahrens und der maschinellen Ausstattung in den meisten Boden- und Felsarten ausgeführt werden. Einschränkungen bzw. Verfahrensgrenzen sind dort möglich, wo stark setzungsgefährdete Schichten sowie Schichten angetroffen werden, die keine ausreichende seitliche Führung der Rohrkolonne ermöglichen (z. B. bindige Böden von breiiger Konsistenz, Hausmüll u. dgl.).

3.2.1 Systematik der Bauarten von Vortriebsmaschinen

Die Tunnelvortriebsmaschinen können in Tunnelbohrmaschinen und in Schildmaschinen unterteilt werden. Tunnelbohrmaschinen wurden für Vortriebe im harten Fels konzipiert, wobei Bauarten mit Schild und solche ohne Schild entwickelt wurden.

In der Gruppe der Schildmaschinen wird zwischen Schildmaschinen mit Vollschnittabbau und Schildmaschinen mit teilflächigem Abbau unterschieden. Da die Stabilität der Rohrortsbrust für das Rohrvortriebsverfahren eine zwingende Voraussetzung ist, kann eine weitere Unterscheidung hinsichtlich der Art der Ortsbruststützung vorgenommen werden (Tabelle 4).

Tabelle 4. Technische Varianten der Ortsbruststützung in Abhängigkeit von der Bauart der Schildmaschine

Schildmaschinen mit Vollschnittabbau	Schildmaschinen mit teilflächigem Abbau
Ortsbrust ohne Stützung	Ortsbrust ohne Stützung
Ortsbrust mit mechanischer Stützung	Ortsbrust mit Teilstützung
Ortsbrust mit Druckluftbeaufschlagung	Ortsbrust mit Druckluftbeaufschlagung
Ortsbrust mit Flüssigkeitsstützung	Ortsbrust mit Flüssigkeitsstützung
Ortsbrust mit Erddruckstützung	

Hinweise siehe [3, 5–7].

3.2.2 Abbaumaschinen

Zu den häufigsten maschinellen Verfahren des Gesteinsabtrags an der Rohrortsbrust gehören:

1. der Einsatz von Excavatoren (im Maschinenrohr installierter Bagger) zum grabenden, schürfenden bzw. reißenden Lösen von baggerfähigen Locker- und Festgesteinsarten;
2. der Einsatz von Teilschnittmaschinen (oft auch als *Schrämmaschinen* bezeichnet) zum Lösen frästechnisch bearbeitungsfähiger Locker- und Festgesteinsarten;
3. der Einsatz von Vollschnittmaschinen, idealerweise in homogenen, ungeschichteten Böden, bei langen Vortriebsstrecken sowie bei ferngesteuert aufgefahrenen Vortriebsstrecken;
4. der Einsatz von Tunnelbohrmaschinen zum Lösen von hartem Fels mit Diskenmeißeln [3].

Bei den Verfahren nach 1. und 2. ist ein Umbau von dem einen zum anderen Verfahren teilweise auch unter Einbaubedingungen möglich. Zudem können diese Verfahren oftmals auch mit Bohr- und Sprengarbeiten an der Rohrortsbrust kombiniert werden.

3.3 Vortriebsrohre

3.3.1 Anforderungen

Vortriebsrohre werden beim Rohrvortrieb zahlreichen Beanspruchungen, u. a. vielfachen Druckschwellzyklen und ggf. hohen stirnseitigen Pressungen unterworfen. Zudem müssen die Rohre unterirdisch oftmals Strecken von mehreren hundert Metern bis zu ihrer endgültigen Lage zurücklegen. Für die Bemessung der Vortriebsrohre wird häufig der Lastfall *Vorpressen* gegenüber dem Lastfall *Gebrauchszustand* maßgebend.

Bei Rohrvortrieben im begehbaren Querschnittsbereich werden zumeist Vortriebsrohre aus Stahlbeton (Rohrfertigteile) eingesetzt. Überwiegend bei kleineren Querschnitten werden auch Vortriebsrohre aus Steinzeug, Stahl, GFK und anderen Werkstoffen verwendet.

Für den Rohrwerkstoff Stahlbeton sind in DIN V 1201 [16] in Abhängigkeit von den Umgebungsbedingungen Vortriebsrohre der Typen 1 und 2 definiert. Rohre des Typs 1 sind widerstandsfähig gegen chemisch schwach angreifende Umgebung (Expositionsklasse XA 1); Rohre des Typs 2 sind widerstandsfähig gegen chemisch mäßig angreifende Umgebung (Expositionsklasse XA 2) und starke Verschleißbeanspruchung (Expositionsklasse XM 2) (Expositionsklassen siehe DIN EN 206-1 [13]). Vortriebsrohre des Typs 2 entsprechen bei den Stahlbetonvortriebsrohren der in Deutschland verwendeten Standardqualität. Als Mindestbetongüte für Stahlbeton-Vortriebsrohre wird in DIN V 1201 die Festigkeitsklasse C 40/50 gefordert. Ein Überblick über Regelwerke, Anforderungen und Maßtoleranzen von Stahlbeton-Vortriebsrohren findet sich in [32, Abschn. 1.2]. Vortriebsrohre müssen statisch bemessen werden. In der Regel werden zwei Lastfälle unterschieden, der Lastfall Vorpressen (Bauzustand) und der Lastfall Betrieb (Einbauzustand). Für die Auslegung von Vortriebsrohren ist normalerweise der Lastfall Vorpressen.

Als Ergebnis der Dimensionierung ergeben sich die Rohrwandstärke und die Stahlquerschnitte der Längsbewehrung sowie der äußeren und inneren Ringbewehrung.

Die Vortriebsrohrbemessung basiert auf den Regelungen des ATV-Arbeitsblatts A 161 [3].

Von besonderer Bedeutung ist die Berücksichtigung der Teilflächenpressung des Rohrquerschnitts (klaffende Fuge), z. B. beim Auffahren von Bogentrassen.

Da beim Rohrvortrieb eine Gliederkette, bestehend aus den einzelnen Vortriebsrohren, bewegt wird, die durch Steuerkorrekturen möglichst genau die Solltrasse annähern soll,

2.8 Horizontalbohrungen und Rohrvortrieb

können auch auf planmäßig geradlinig verlaufenden Vortriebstrassen verfahrensbedingt ausmittig angreifende Vorpresskräfte in Form von Randzugspannungen und Spaltzugspannungen geweckt werden. Um diese Spannungen abzudecken, können im Bereich der Rohrstöße z.B. zusätzlich Bügelbewehrung bzw. Faserbeton vorgesehen werden.

Der Größe der Vortriebsrohre sind durch Transportmöglichkeiten und die Nutzlast der baustellenverfügbaren Hebezeuge im Wesentlichen logistische Grenzen gesetzt.

Wenn Stahlbeton-Vortriebsrohre mit ≥ DN 4000 bzw. mit Einzelmassen von mehr als ca. 45 t zum Einsatz kommen sollen, sollte geprüft werden, ob deren Herstellung in einer Feldfabrik nahe der Rohrvortriebsbaustelle möglich ist. Bei großen Querschnitten liegen wirtschaftliche Vorteile häufig bei anderen Verfahren, z. B. beim Ausbau der Hohlraumwandung mit Tübbingen bzw. bei der Neuen Österreichischen Tunnelbauweise.

3.3.2 Funktionale Bauteile

Wesentliche funktionale Bauteile von Vortriebsrohren sind der Stahlführungsring, die Gleitringdichtung mit Keilquerschnitt [14], die Falzmuffe und meist mehrere am Rohrumfang verteilt angeordnete Injektionsstutzen zum Einbringen einer Schmiermittelsuspension während der Vortriebsphase. Die Gleitringdichtung (außen liegende Dichtung) wird bei Vortriebsrohren im begehbaren Durchmesserbereich nach Vortriebsende häufig noch um eine im Rohrstoß innen liegende Dichtung (Kompressionsdichtung oder Adhäsionsdichtung) ergänzt. Der Werkstoff der Außendichtung (Primärdichtung) muss gegenüber dem umgebenden Baugrund und den Grundwasserinhaltsstoffen auf Dauer beständig sein. Gleiches gilt für die Innendichtung gegenüber den innerhalb des Rohrstollens vorkommenden Stoffen und den innerhalb der Rohrstoßfuge verwendeten Baustoffen.

Wesentliches Zubehör sind Druckübertragungsringe zwischen jeweils aufeinanderfolgenden Rohren. Sie bestehen in der Regel aus Kreisringsegmenten aus Vollholz oder Pressspan-

Rohrverbindung mit fest verbundenem Stahlführungsring

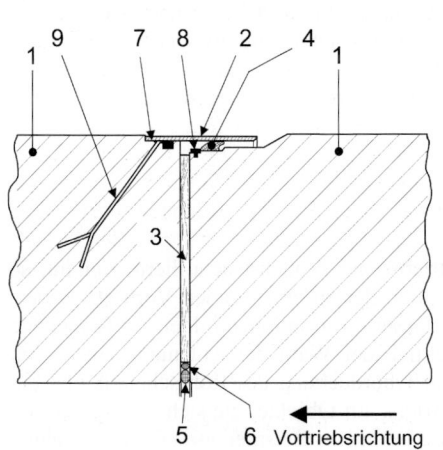

1 Stahlbeton-Vortriebsrohr
2 Stahlführungsring
3 Druckübertragungsring aus Holz/Holzwerkstoff
4 Außendichtung (Kompressionsdichtungsprofil aus Elastomerwerkstoff)
5 Innendichtung (Kompressionsdichtungsprofil aus Elastomerwerkstoff)
6 Schaumstoffprofil zum Auffüttern der Rohrstoßfuge (optional, bei Kompressionsdichtungen selten)
7 umlaufender Stahlring zur Verhinderung der Umläufigkeit der Fuge zwischen Stahlführungsring und Außenmantel
8 Stahlbundring als Kantenschutz des nachlaufenden Rohres
9 Rückverankerung des Stahlführungsrings

Bild 35. Schematische Darstellung eines Stoßes bei Vortriebsrohren (Beispiel). Weitere Ausführungsbeispiele siehe [32, Abschn. 1.5.5]

Rohrverbindung mit auf beiden Seiten frei aufliegendem (schwimmendem) Stahlführungsring

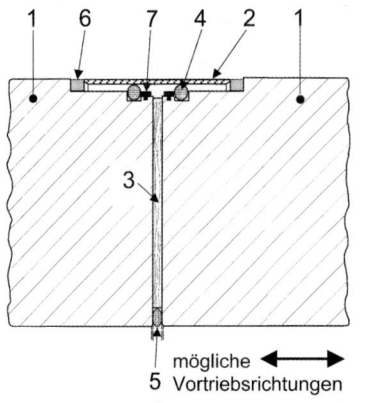

1 Stahlbeton-Vortriebsrohr
2 Stahlführungsring (nicht fest mit den Stahlbeton-Vortriebsrohren verbunden)
3 Druckübertragungsring aus Holz/Holzwerkstoff
4 Außendichtung (hier: O-Ring-Dichtungen)
5 Innendichtung (Kompressionsdichtungsprofil aus Elastomerwerkstoff)
6 Weichgummiring zur Verhinderung der Längsverschiebung des Stahlführungsringes und des Eindringens von Boden in die Fuge
7 Stahlbundring als Kantenschutz und als stirnseitige Stützschulter für die Außendichtungen

Bild 36. Rohrverbindung bei beidseitig frei aufliegendem Stahlführungsring mit Kompressionsinnendichtung, insbesondere für kleinere Rohr-Nennweiten

plattenmaterial. Die Anordnung von Druckübertragungsringen soll eine unmittelbare Pressung der Stirnseiten aufeinanderfolgender Vortriebsrohre verhindern. Bei einer ungleichmäßigen Druckspannungsverteilung über den Vortriebsrohrumfang, wie sie bei Steuerkorrekturen bzw. beim Vorpressen auf Bogentrassen auftritt, kommt den Druckübertragungsringen eine ausgleichende Funktion zu.

Vortriebsrohre üblicher Bauart verfügen über einen fest mit dem Rohr verbundenen Stahlführungsring, der mit dem Spitzende des nachfolgenden Rohrs übergreift. Die Innenwandung des Stahlführungsrings dient als Dichtungsfläche für die Gleitringdichtung des nachfolgenden Rohrs.

Alternativ zu den fest mit dem Vortriebsrohr verbundenen Stahlführungsringen werden sog. schwimmende Stahlführungsringe verwendet, die als Einzelbauteile zwischen je zwei aufeinanderfolgende Vortriebsrohre eingesetzt werden. Der einfacheren Bauart der Vortriebsrohre (mit zwei Spitzenden) steht der Nachteil einer doppelt so großen Fugenanzahl gegenüber.

3.4 Bauausführung

3.4.1 Grundlagen

Zur erfolgreichen Durchführung eines Rohrvortriebs sind zunächst detaillierte Kenntnisse über den zu durchfahrenden Baugrund einschließlich der zu erwartenden Vortriebshindernisse und die Grundwassersituation erforderlich. Diese Informationen bilden die Grundlage für die Wahl des Vortriebsverfahrens, einschließlich der Wahl der Abbaumaschine. Von wesentlicher Bedeutung sind zudem das Maß der Überdeckung des Rohrscheitels und die Frage einer möglichen Auswirkung des Rohrvortriebs auf Objekte, die sich im Bereich der GOK im Nahbereich über der Rohrvortriebstrasse befinden. Beispielhaft sei auf Setzungsrisiken, auf Tagbruchrisiken, auf ein versehentliches Verfüllen benachbarter Hohlräume durch Schmiermittel oder Verdämmstoffe sowie auf sog. Ausbläser bei Rohrvortrieben mit einer Druckluftbeaufschlagung der Rohrortsbrust hingewiesen.

3.4.2 Vorpressen des Rohrstrangs

Da die Vortriebsrohrkolonne mithilfe von Hydraulikpressen vorgepresst wird, ist dem Widerlager der Hauptvortriebspressen eine besondere Aufmerksamkeit zu widmen. Ein Versagen des Widerlagers z. B. durch Schiefstellung oder horizontalen Grundbruch kann erhebliche Kosten und Verzögerungen im Bauablauf verursachen. Pressenwiderlager sind daher zu bemessen. Widerlager-Probebelastungen mit den Vortriebspressen vor dem eigentlichen Rohrvortrieb können bei Bedarf eingeplant werden.

Das Vorpressen des Rohrstrangs erfolgt in der Regel diskontinuierlich entsprechend dem Fortschritt des Lösens und Förderns des Gesteins. Zum Vorpressen werden die Hauptvortriebspressen bzw. die Pressen innerhalb der Rohrkolonne zwischengeschalteter Dehnerstationen verwendet. An der Spitze der Kolben der Hauptvortriebspressen ist ein Stahldruckring angeordnet, der eine Verstetigung der Druckübertragung von den Vortriebspressen in das jeweils zuletzt eingebaute Vortriebsrohr ermöglicht. Wenn die Rohrkolonne um die Länge eines Vortriebsrohrs vorgeschoben wurde, werden die Kolben der Hauptvortriebspressen mit dem Stahldruckring zurückgefahren, sodass im Startschacht das nächste Vortriebsrohr eingesetzt und ein neuer Arbeitszyklus eingeleitet werden kann.

Der bereits eingebaute Teil des Rohrstrangs bildet auf diese Weise nicht nur den allmählich in seine Endlage geschobenen vorderen Abschnitt des fertigen Stollenbauwerks, sondern dient zugleich der Sicherung der Ausbruchlaibung im Bauzustand und im Gebrauchszustand.

3.4.3 Förderung des gelösten Gesteins

Das gelöste Gestein wird bei der Mehrzahl der Rohrvortriebe entgegen der Vorpressrichtung aus dem Rohrstollen gefördert. Dabei werden die diskontinuierliche Förderung und die kontinuierliche Förderung unterschieden.

Die diskontinuierliche Förderung (sog. Pendelbetrieb) erfolgt häufig mit seilgeführten Gesteinsmulden bzw. mit schienengebundenen, bemannten Systemen. Bei der kontinuierlichen Förderung wird das ggf. entsprechend rohrgängig fraktionierte Gestein meist in einem Flüssigkeitsstrom innerhalb eines im Vortriebsrohrstrang installierten Produktrohrkreislaufsystems gefördert. Nach der Regenerierung der Transportflüssigkeit (meist Bentonitsuspension) wird diese dem Förderstrom anteilig erneut zugeführt. Bei der Förderung im Luftstrom (i. Allg. Saugförderung) ist kein Kreislaufsystem der Förderleitungen erforderlich. Die Förderweiten sind jedoch vergleichsweise gering.

3.4.4 Steuerung und Lagebestimmung

Die Steuerung des Rohrvortriebes erfolgt über gesonderte Steuerpressen, die im Bereich des Vortriebsschildes nahe der Ortsbrust angeordnet sind. Steuervorgänge werden auf der Grundlage geodätischer Lagebestimmungen der Vortriebsmaschine vorgenommen.

Bei geradlinigen Vortriebstrassen begrenzter Länge werden zur ununterbrochenen Positionskontrolle häufig Linear-Laser verwendet. Für Rohrvortriebe auf Bogentrassen haben sich engmaschig durchgeführte Lagebestimmungen mittels Theodolit und Schlauchwaage bewährt. Eine weitere Möglichkeit der Lagebestimmung besteht im Einsatz eines Kreiselkompasses in Verbindung mit einer Schlauchwaage. Bei der Einleitung von Steuerkorrekturen ist davon auszugehen, dass der Rohrstrang aufgrund seiner Trägheit erst nach einer gewissen Vorpressstrecke auf die Steuerkorrektur mit einer Bogenfahrt reagiert.

Muss ein geschichteter Baugrund mit stark abweichenden geotechnischen Eigenschaften der Einzelschichten durchpresst werden, kann die Umsetzung von Steuerbewegungen schwierig sein (z. B. bei schleifendem Schnitt auf der Felsoberfläche).

3.4.5 Rohrvortriebe unter Druckluftbedingungen

Wenn bemannte Rohrvortriebe im Bereich Grundwasser führender Schichten bzw. unter offenen Gewässern aufgefahren werden müssen, ist von den in Tabelle 4 genannten technischen Varianten der Ortsbruststützung die Druckluftbeaufschlagung der Rohrortsbrust besonders bedeutsam. Häufig werden bemannte Rohrvortriebe unter Druckluftbedingungen in Verbindung mit einem teilflächigen Abbau der Rohrortsbrust ausgeführt.

Die Höhe des Luftüberdrucks wird i. d. R. so gewählt, dass dieser dem hydrostatischen Druck des in das Innere des Rohrstrangs strebenden Wassers mindestens das Gleichgewicht hält. Auf diese Weise kommt es zu einer Verdrängung des Grundwassers vor der Rohrortsbrust und ggf. zu einer Zunahme der scheinbaren Kohäsion.

Die Eignung der Böden für eine wirtschaftliche Druckluftbeaufschlagung der Rohrortsbrust hängt stark von der Kornverteilung und damit von der Durchlässigkeit ab. Es ist zwischen der Durchlässigkeit für Wasser k_f und der Durchlässigkeit für Druckluft k_L zu unterscheiden. Überschlägig kann von $k_L \approx 70 \cdot k_f$ ausgegangen werden.

Bei Böden mit grobkörnigem Korngerüst und offenem Porenraum treten entsprechend hohe Druckluftverluste ein. Die Wirtschaftlichkeitsgrenze des Verfahrens liegt in der Größenordnung von $k_f \approx 2 \cdot 10^{-3}$ m/s. Entsprechend sind tonige Böden i. d. R. für Druckluftvortriebe gut geeignet.

Die Wasserhaltung mittels Druckluft wird oftmals mit anderen Verfahren der Wasserhaltung kombiniert. Dadurch kann die Höhe des Luftüberdrucks begrenzt werden. Letzterer Aspekt hat aus arbeitsmedizinischen Gründen (Arbeiten in Druckluft, Schleusungszeiten) Bedeutung. Die Einzelheiten sind in der *Verordnung über Arbeiten in Druckluft (Druckluftverordnung)* [14] geregelt.

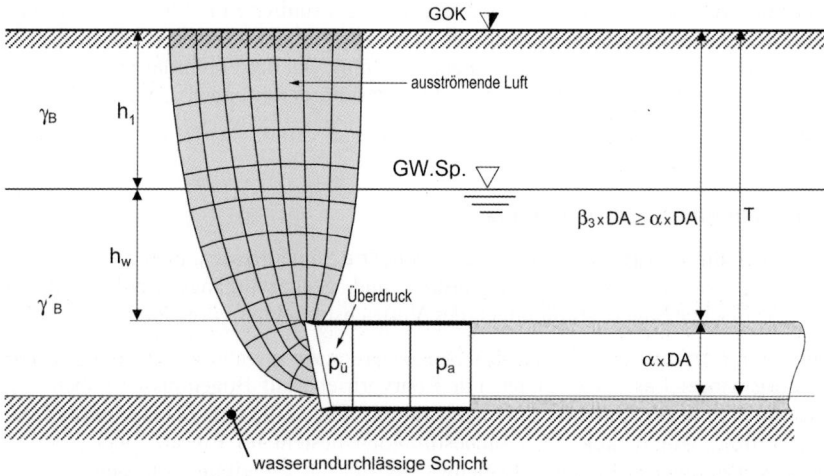

Bild 37. Mindestüberdeckung beim Druckluftvortrieb in Grundwasser führenden Schichten

3.5 Schmierung

Zur Reduzierung der Mantelreibungskräfte zwischen der Außenwandung des Vortriebsrohrstrangs und dem umgebenden Baugrund können Schmiermittel eingesetzt werden. Schmiermittel für Rohrvortriebe dürfen keine die Umwelt gefährdenden Stoffe beinhalten. Als Schmiermittel werden zu diesem Zweck fast immer Bentonit-Suspensionen eingesetzt, die sich aufgrund ihrer thixotropen Eigenschaften, ihrem Quellvermögen, der problemlosen Pumpbarkeit und der Suspensionsstabilität besonders eignen.

Bentonitmehl wird meist in Form von sog. *Aktivbentonit* als Sackware oder Siloware auf der Rohrvortriebsbaustelle angeliefert. Dort wird durch Einmischen des Bentonitmehls in Wasser die Bentonit-Suspension zubereitet, die über ein im Vortriebsrohrstrang befestigtes Schlauch- bzw. Rohrleitungssystem gepumpt und über Injektionsstutzen durch die Wandungen der Vortriebsrohre in den Ringspalt zwischen Rohrmantel und Baugrund injiziert wird. Bei Aktivbentonit handelt es sich um ein durch Ionentausch modifiziertes Kalzium-Bentonit, dessen Kalziumionen werkseits durch Natriumionen ersetzt wurden und damit die Anzahl der Silikat-Lamellen erhöht und die vorgenannten Eigenschaften verbessert wurden.

Die Mischungsrezeptur wird vor Ort so eingestellt, dass für die jeweils vorhandenen Baugrundgegebenheiten ein Optimum an Gleit- und Stützvermögen der Bentonit-Suspension erzielt wird. Wesentlich sind hierbei der maßgebende Korndurchmesser $D_m = d_{25}$ der zu durchpressenden Gesteinsschicht, d. h. der Korndurchmesser, der von 25 M.-% aller Körner der Schicht unterschritten und von 75 M.-% überschritten wird. Standardrezepturen für niederviskose Bentonit-Suspensionen bei Rohrvortrieben in gemischtkörnigen bis grobkörnigen Bodenarten gehen von 70 bis 120 kg Bentonitmehl pro m³ Suspension aus.

Bei Rohrvortrieben durch Baugrund mit Altlasten bzw. belastetem Grundwasser sind wegen der chemischen Empfindlichkeit bestimmter Tonminerale (insbes. Montmorillonite) in Bezug auf die Bentonit-Suspension spezifische Eignungsvoruntersuchungen anzuraten. Die Verbrauchsmenge an Bentonit-Suspension ist u. a. abhängig von der Größe des Überschnittringspalts zwischen Rohrmantel und Baugrund sowie von der Größe der Penetrationszone in die Bentonit-Suspension seitlich des Rohrstrangs in den Baugrund eindringt.

3.6 Verdämmung

Als Verdämmung wird nachfolgend das Einbringen mineralisch aushärtender Suspensionen in Hohlräume außerhalb bzw. innerhalb des Vortriebsrohrstrangs verstanden. Verdämmmaßnahmen im Zusammenhang mit Rohrvortrieben können je nach Zweck zeitlich vor, während oder nach den eigentlichen Rohrvortriebsarbeiten zur Ausführung kommen.

3.6.1 Anwendungsbereiche der Verdämmung

Beispiele für Verdämmungsmaßnahmen *außerhalb* des Vortriebsrohrstrangs:

- Baugrundvergütung von der Geländeoberfläche oder von der Ortsbrust aus zur Verminderung der Wasserdurchlässigkeit bzw. zur Erhöhung der Ortsbruststabilität.
- Verfüllung von Klüften, Spalten und dgl. bzw. von Althohlräumen zur Begrenzung der Schmiermittelmenge.
- Verbesserung der Rohrbettung nach Abschluss der Rohrvortriebsarbeiten (insbes. zur Verhinderung von Punkt- und Linienlagerung von Rohren bei hartem Fels) und zur Verstetigung des Bettungssprungs z. B. beim Übergang Lockergestein / Festgestein.
- Unterdrückung der Wasserlängsläufigkeit entlang der Rohrstollenaußenwandung nach Vortriebsende und Milderung des Nachsackens der Schichten, die den Rohrstrang überlagern.

Beispiele für Verdämmungsmaßnahmen *innerhalb* des Vortriebsrohrstrangs:

- Ringspaltverdämmungen zwischen der Innenwandung des Vortriebsrohrstollens und nachträglich eingebrachten Inlinern.
- Endgültige Versatzeinbringung bei nicht mehr benötigten Rohrstollen.

3.6.2 Anforderungen an den Verdämmstoff

Bei Verdämmaufgaben werden häufig folgende Anforderungen an den Verdämmstoff gestellt:

- Raumfüllende Einbringung bei geringem Schwindmaß und ausreichender Erosionsbeständigkeit nach der Aushärtung.
- Suspensionsstabilität bei gleichzeitig problemloser Pumpbarkeit der Dämmstoffsuspension über die im konkreten Anwendungsfall erforderliche Förderweite.
- Rasche Erhärtung nach Injektion in den zu verdämmenden Hohlraum.
- Abdichtende Wirkung nach Aushärtung.

Das Erzielen einer bestimmten Mindestfestigkeit ist dagegen meist nur dann von Bedeutung, wenn der Verdämmung auf Dauer eine statische Beanspruchung zugeordnet werden soll. Spezifische Eignungsvoruntersuchungen sind anzuraten.

4 Grabenlose Erneuerung von Leitungen

Die Methode, grabenlos Leitungen zu erneuern oder zu ersetzen ist besonders vorteilhaft, da die alte Leitung als Pilotbohrung genutzt werden kann. Wenn die alte Leitung in einem Graben verlegt und in Splitt oder Kiessand gebettet wurde, treten die üblichen Unsicherheiten der Baugrundbewertung in den Hintergrund. An die Stelle der Unsicherheit der Baugrundbewertung tritt jedoch die Unsicherheit bei der Bewertung des Zustandes der Leitung. Während über eine Kamerabefahrung der Zustand im Innern der Leitung gut erfasst werden kann, ist die Frage nach Ausspülungen im Umfeld der Leitung oder nach der tatsächlichen Bettung mit den zur Verfügung stehenden Prüfverfahren wesentlich schwieriger zu beantworten.

Der Schwerpunkt der Ausführungen liegt bei den Erneuerungsverfahren: *Rohrberstverfahren (Berstlining), Pipe-Eating-Verfahren* und *Rohrersatzverfahren* für die DIN EN 12889 gilt und über die es zahlreiche Erfahrungsberichte gibt (u. a. [27–30]). Zu den Reparatur- und Sanierungsverfahren, die nur kurz aufgezählt, aber nicht ausführlich dargestellt werden, zählen:

- Reparaturverfahren:
  - örtliches Injizieren,
  - Einbringen von Manschetten mit einem Packer,
  - partielle Auskleidung und Aufweitungsberstlining.
- Sanierungsverfahren sind die Methoden, bei denen vollflächig eine Auskleidung mit vorgefertigten Kunststoffrohren oder -schläuchen erfolgt, die Belastung aus dem Erddruck jedoch noch vom alten Kanal übernommen wird. Es wird unterschieden zwischen
  - Verfahren mit Ringspalt und nachträglicher Verpressung und
  - Verfahren „ohne Ringspalt". Die Verfahren „ohne Ringspalt" werden auch als „Close-Fit-Lining" bezeichnet. Dazu gehören u. a. die Verfahren *Swagelining, Tight-in-Pipe, Compact-Pipe* und *Slimliner*.

4.1 Voraussetzungen für die Anwendung grabenloser Verfahren zur Leitungserneuerung

Die Anwendung der grabenlosen Rohrerneuerung sind an einige Voraussetzungen hinsichtlich der vorhandenen Bausubstanz und des Baugrundes geknüpft. Grundvoraussetzung ist, dass der Zustand der alten Leitung folgende Forderungen erfüllt:

- Bei den Rohrauswechselverfahren muss die alte Leitung ausreichend tragfähig und homogen sein, damit sie die Druck- und Zugbeanspruchung beim Hinausdrücken bzw. Herausziehen aushält. Bei sehr spröden oder stark korrodierten Altrohren besteht die Gefahr, dass die eingeleiteten Kräfte nicht aufgenommen werden und die Leitungen vorzeitig brechen.
- Bei den Berstverfahren muss die alte Leitung aus einem berstbaren Werkstoff bestehen. Bei duktilen Werkstoffen ist u. U. ein Aufschneiden durch ein dem Berstkopf vorauslaufendes Rollenmesser oder eine gezielte Schwächung durch ein Perforierrad möglich ([11], S. 49). Für Stahlbetonleitungen können die Berstverfahren nicht angewendet werden.

Wenn sich aufgrund der Aktenlage und der Videoaufnahmen Hinweise ergeben, dass lokal besondere Bettungsbedingungen vorliegen (z. B. Ausspülungen oder Ummantelung mit Ortbeton) und der Zustand der alten Leitung Besonderheiten aufweist, sollten durch Bohrungen oder Aufgrabungen die Verhältnisse geklärt werden.

Die Leitungen müssen einen ausreichenden Abstand von der Geländeoberfläche oder der Gründung von Gebäuden haben. Der lichte Abstand sollte mindestens 1 m betragen. Wenn eine Leitung aufgeweitet wird, sollte der Mindestabstand das Zehnfache des Aufweitungsmaßes betragen. Beim Berstlining, bei dem das alte Rohr in den Boden gedrückt wird, gilt: Aufweitungsmaß = Außendurchmesser des Aufweitungskörpers abzüglich Innendurchmesser der Altrohrleitung.

Auch von parallel verlaufenden oder kreuzenden Leitungen ist ein Mindestabstand einzuhalten. Im Regelfall sollte der Abstand dem von Gebäuden entsprechen. Bei einer empfindlichen alten Gasleitung aus Guss müsste er natürlich größer sein als bei einem Elektrokabel. Bei dicht gelagerten, steinigen oder sehr locker gelagerten Böden ist ein größerer Mindestabstand zu wählen. Bei dichter Lagerung oder Steinen kann es zu Aufwölbungen an der Geländeoberfläche oder zu hohen Drücken auf Fundamente kommen. Bei sehr lockerer Lagerung kommt es durch die mechanischen Einwirkungen u. U. zu einer Bodenverdichtung, sodass erhebliche Setzungen auftreten können. Bei historischen Gebäuden sollten im relevanten Bereich gründliche Untersuchungen der Bauwerksgründung, der alten Leitung und des Baugrundes erfolgen.

Bei den Rohrberstverfahren muss der Boden bzw. die Grabenverfüllung komprimier- und verdrängbar sein. Bei Leitungen in festen Böden oder Fels sowie bei in Magerbeton verlegten Leitungen sind diese Voraussetzungen nicht gegeben.

Ablagerungen in alten Kanälen, die eine wesentliche Querschnittsveränderung darstellen, sind vor der Erneuerungsmaßnahme zu beseitigen.

4.2 Rohrberstverfahren (Berstlining)

Bei den Rohrberstverfahren wird die alte Leitung gezielt zerstört. Die Bruchstücke der Leitung verbleiben im Boden. Es wird zwischen *statischem* und *dynamischem Berstlining* unterschieden.

4.2.1 Statisches Berstlining

Beim statischen (auch hydraulisch genannten) Berstverfahren (Bild 38) werden die erforderlichen Kräfte für Bersten, Verdrängen und Rohreinzug hydraulisch über ein Gestänge eingebracht. Zunächst wird die Berstlafette in die Maschinenbaugrube (Zielgrube) eingebaut. Anschließend wird das Berstgestänge mit vorauslaufendem Führungskaliber durch die Altrohrleitung geschoben.

In der Startgrube wird das Führungskaliber gegen ein Berstwerkzeug (z. B. Berstkopf mit Brechrippen, Rollenschneidmesser) ausgetauscht. Das neue Rohr wird durch einen Zugkopf am Gestängestrang, jedoch geschützt innerhalb eines Aufweitkörpers, befestigt. Beim Zurückziehen des Berstgestänges in Richtung Zielgrube wird die Altrohrleitung durch das Berstwerkzeug geborsten und durch den hinter dem Berstwerkzeug angeordneten Aufweitkörper radial in den umgebenden Boden verdrängt. Gleichzeitig mit dem Vortrieb wird das neue Rohr gleicher oder größerer Nennweite in den freien Querschnitt eingezogen.

Es gibt Berstgestänge [36], bei denen ein maschinelles oder gar zeitraubendes, anstrengendes manuelles Verschrauben nicht erforderlich ist. Wenn beim Bersten von Abwasserleitungen die Schachtbauwerke erhalten werden sollen oder Platzmangel an der Oberfläche herrscht, so können spezielle Berstlafetten eingesetzt werden, die in Schachtbauwerken ab Innendurchmesser 1 m passen. Wenn dann auch noch Kurzrohre verwendet werden, so kann gänzlich auf Start- bzw. Zielgruben verzichtet werden. Die Seitenzuläufe werden allerdings auch in diesem Fall in offener Bauweise angebunden.

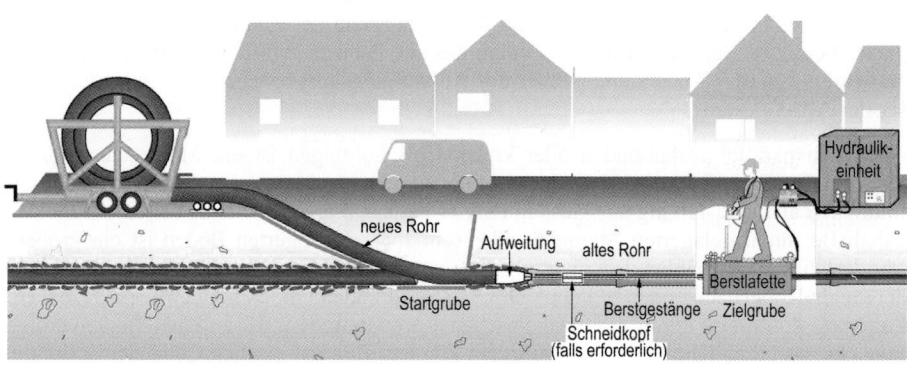

Bild 38. Statisches Berstlinig

4.2.2 Dynamisches Berstlining

Beim dynamischen Berstlining wird der Vortrieb im Wesentlichen durch die Berstmaschine, einen modifizierten Bodenverdrängungshammer oder Horizontalramme erzeugt. Da die Zerstörung des alten Rohrs durch das Schlagen des Hammers erfolgt, sind die Vortriebskräfte deutlich geringer als beim statischen Berstlinig. Daher reicht eine Seilwinde zur Unterstützung des Vortriebs aus.

Das Verfahren ist auf spröde Werkstoffe beschränkt. Da Bersthämmer in verschiedenen Leistungsklassen zur Verfügung stehen, können Rohre von bis zu 1 m Durchmesser ausgetauscht werden. Eine spezielle kurze Berstmaschine für Kanal-Hausanschlüsse DN 150 kann in Schachtbauwerken von nur 1 m Durchmesser eingefädelt und wieder entnommen werden.

2.8 Horizontalbohrungen und Rohrvortrieb

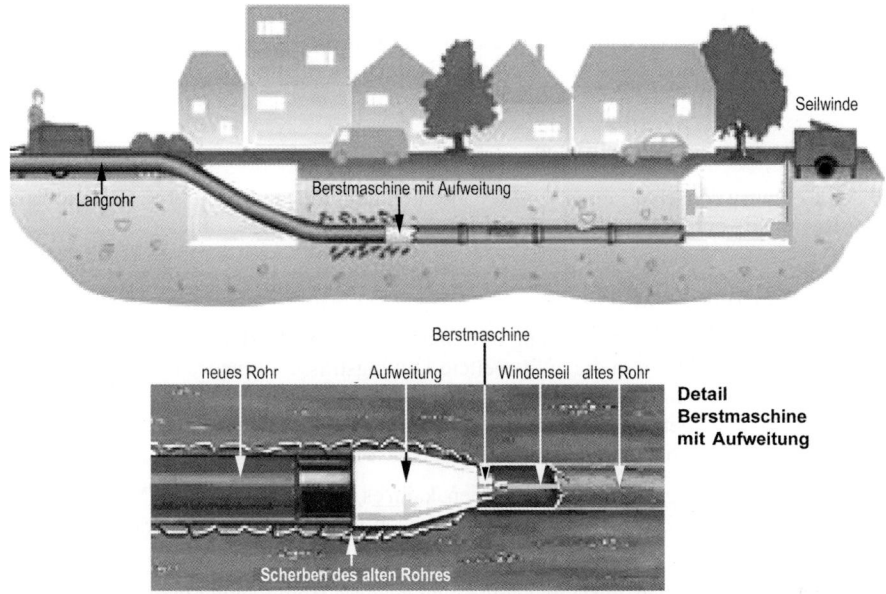

Bild 39. Dynamisches Berstlining

4.2.3 Berst-Press-Verfahren

Beim Berst-Press-Verfahren wird das neue Rohr nicht nur gezogen, sondern auch gedrückt. Dadurch können auch Kurzrohre ohne zugfeste Verbindung oder mit einer beschränkt zugfesten Verbindung verwendet werden. Das Einpressen ist vor allem für Rohre aus Beton oder Steinzeug vorteilhaft. Das Verfahren hat den Nachteil, dass in der Startgrube eine Presseinrichtung installiert werden muss.

Als Sonderform der Berstverfahren kann das Kaliberberstlining angesehen werden, obwohl es eher den Reparaturverfahren zuzurechnen ist. Bei diesem Verfahren wird die Altleitung

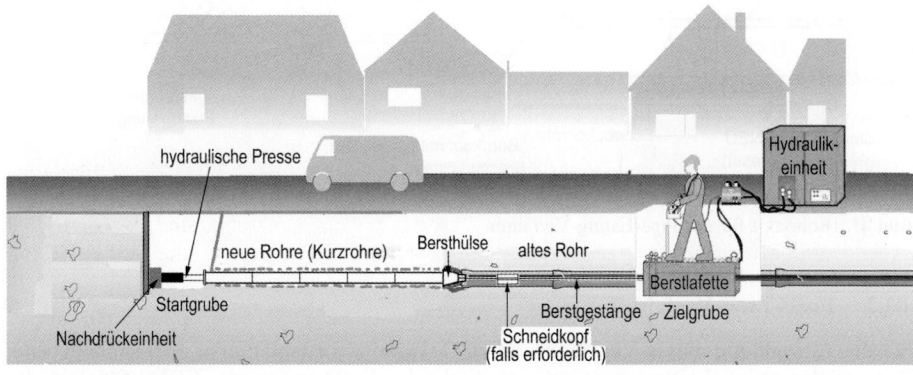

Bild 40. Berst-Press-Verfahren

nicht zerstört, sondern nur punktuell an Querschnittsreduzierungen aufgeweitet. Der Berstkörper und der Liner sind dabei so dimensioniert, dass die Altleitung bestehen bleibt und zwischen dem Liner und der Altleitung kein Ringraum verbleibt.

4.3 Rohrauswechselverfahren

Bei den Rohrauswechselverfahren wird die alte Leitung vollständig entfernt. Sie sind daher in der Regel aufwendiger als die Berstverfahren.

4.3.1 Pipe-Eating-Verfahren

Beim Pipe-Eating wird die alte Leitung mit einem Bohrkopf überfahren und somit zerstört. Hinter dem Bohrkopf wird in die aufgeweitete Leitungstrasse ein neues Rohr gleicher oder größerer Nennweite eingebaut. Die neue Leitung kann aus einem eingezogenen Rohrstrang (Kunststoffrohr von der Rolle) oder aus eingeschobenen oder eingezogenen Kurzrohren bestehen. Somit können auch Guss-, Steinzeug oder Betonrohre verwendet werden.

Wenn die neuen Leitungen eingepresst werden, kann es als eine Variante des Mikrotunneling angesehen werden. Wird die Maschine mit der neuen Leitung gezogen, ist es eine Variante des HDD-Verfahrens.

Wie bei allen maschinellen Verfahren sollte eine gewisse Homogenität des zu durchfahrenden Materials – in diesem Fall Baugrund und Altrohr – gegeben sein. In [26] wird von einer Entwicklung berichtet, bei der die Homogenität des Altrohrs durch Einbau eines speziellen Dämmers verbessert wird. Aus dieser Veröffentlichung ist das folgende Bild, das neben der Sonderentwicklung des gefüllten Altrohres die wesentlichen Elemente einer Pipe-Eating-Maschine zeigt.

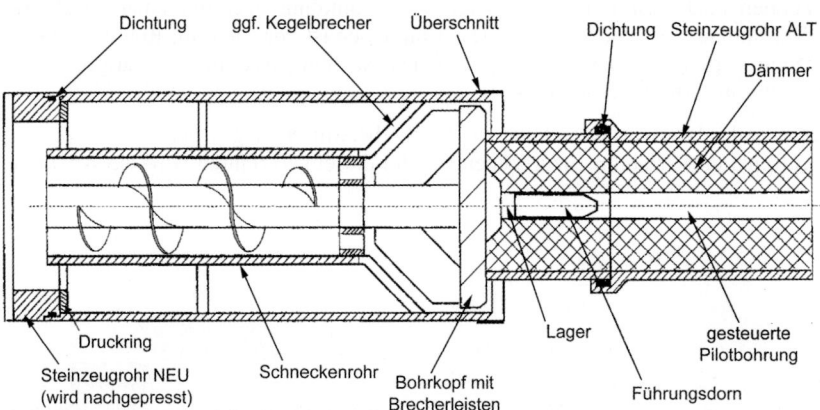

Bild 41. Bohrkopf für das Pipe-Eating-Verfahren

4.3.2 Press-Zieh-Verfahren

Für die Anwendung dieses Verfahrens ist das DVGW Arbeitsblatt GW 322-1 maßgebend. Der vor der neuen Leitung an Gestänge, Seil oder Kette montierte Zugkopf drückt das Altrohr aus der Leitungstrasse heraus auf einen Spaltkegel (Bild 42). An diesem Spaltkegel

2.8 Horizontalbohrungen und Rohrvortrieb

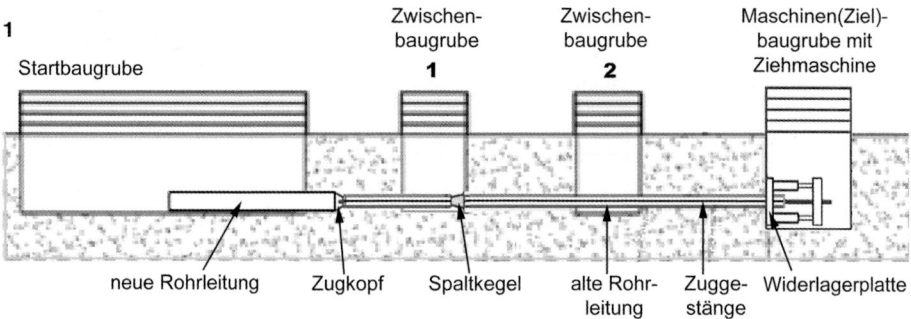
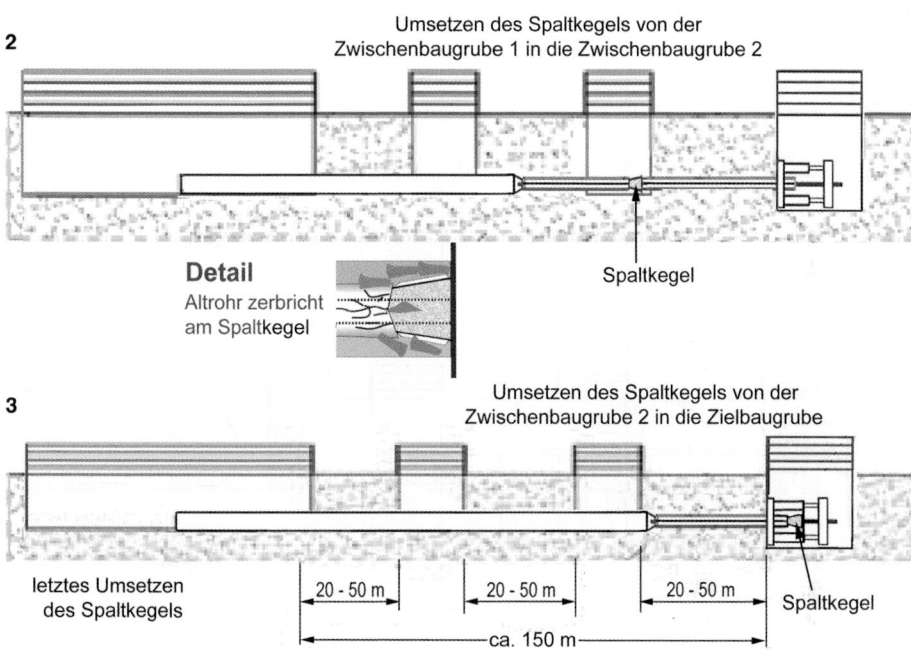

Bild 42. Press-Zieh-Verfahren

zerbricht das Altrohr und kann so zerkleinert in den Zwischenbaugruben aufgenommen und danach entsorgt werden. Im gleichen Arbeitsschritt wird das am Zugkopf angehängte neue Rohr eingezogen. Alle 20 bis 50 m werden Zwischenbaugruben angelegt, die vor allem an Abzweigen, Hausanschlüssen und Armaturen liegen sollten.

4.3.3 Hilfsrohrverfahren

Beim Hilfsrohrverfahren (DVGW GW 322-2) wird die Auswechslung in zwei Arbeitsgänge aufgeteilt. Ähnlich wie beim Press-Zieh-Verfahren werden Stargrube, Zielgrube und Zwischengruben angelegt (Bild 43). Die alte Rohrleitung wird durch Vorpressen der Hilfsrohre in die Zielgrube geschoben und dort ausgebaut. Das Altrohr wird in ganzen Rohrlängen

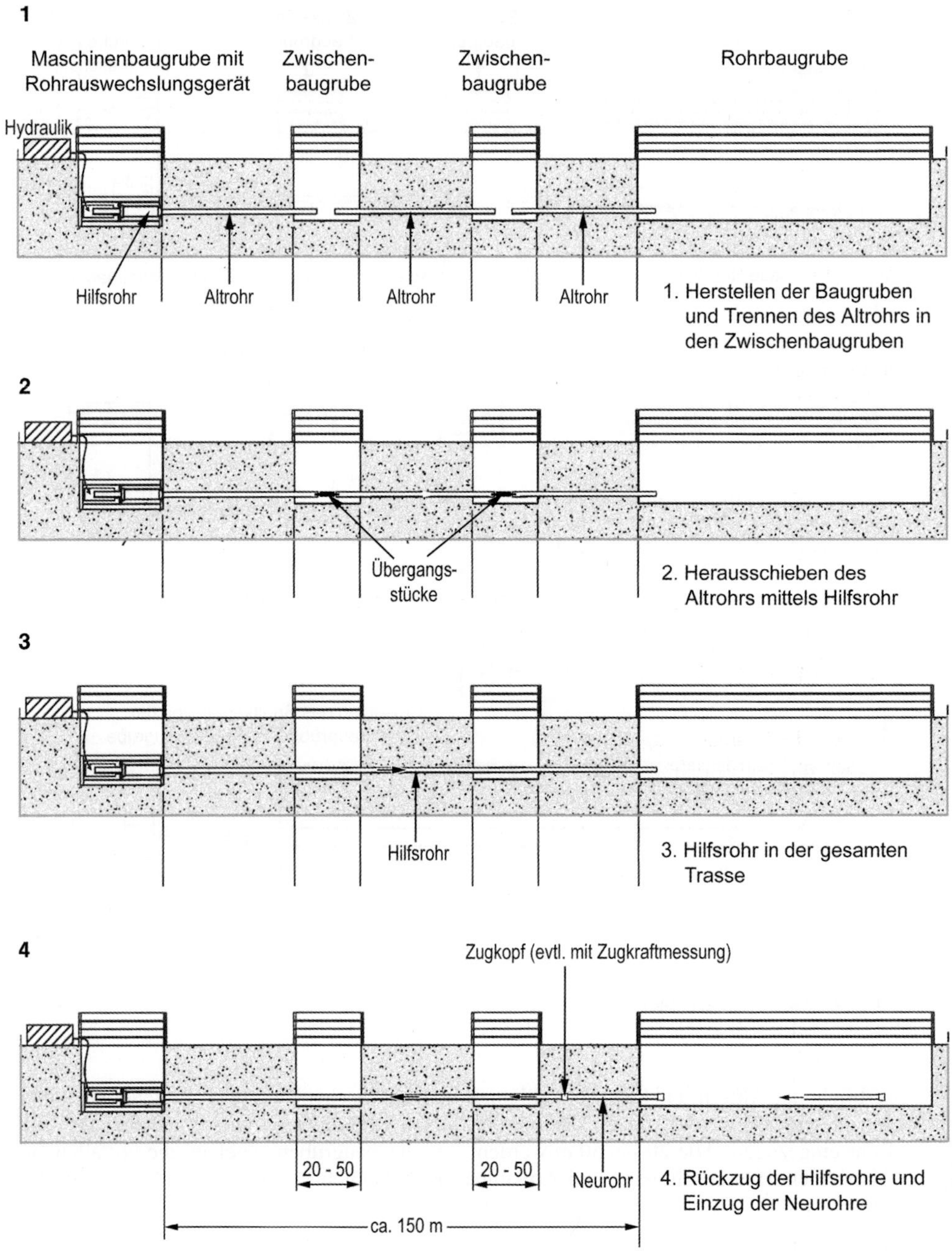

1

Maschinenbaugrube mit Rohrauswechslungsgerät   Zwischenbaugrube   Zwischenbaugrube   Rohrbaugrube

Hydraulik

Hilfsrohr | Altrohr | Altrohr | Altrohr

1. Herstellen der Baugruben und Trennen des Altrohrs in den Zwischenbaugruben

2

Übergangsstücke

2. Herausschieben des Altrohrs mittels Hilfsrohr

3

Hilfsrohr

3. Hilfsrohr in der gesamten Trasse

4

Zugkopf (evtl. mit Zugkraftmessung)

20 - 50   20 - 50   Neurohr

ca. 150 m

4. Rückzug der Hilfsrohre und Einzug der Neurohre

Bild 43. Hilfsrohrverfahren

2.8 Horizontalbohrungen und Rohrvortrieb

geborgen. Dadurch ist das Hilfsrohrverfahren besonders geeignet, Altrohre aus Stahl gegen Neurohre auszuwechseln.

Nach der vollständigen Entfernung des letzten Altrohrs ist die Trasse mit den wiederverwendbaren Hilfsrohren belegt. Diese sichern in diesem Zustand die Leitung. Im zweiten Arbeitsgang wird das neue Rohr in der Rohrbaugrube mittels eines Zugkopfes am Hilfsrohr befestigt und durch Zurückziehen des Hilfsrohrs in die Rohrtrasse eingezogen. Stahl- und duktile Gussrohre werden üblicherweise in der Rohrbaugrube montiert, wobei die Muffenrohre mit dem Einsteckende in Zugrichtung gerichtet sind. Der Zugkopf ist so auszubilden, dass er das Eindringen von Verschmutzungen verhindert und die auftretenden Zugkräfte aufnehmen kann.

Es besteht die Möglichkeit, eine Zugkraftmesseinrichtung einzubauen, sodass die beim Einziehen auftreten Kräfte dokumentiert werden können. Um das Auftreten zu großer Reibungskräfte zwischen Neurohr und Hilfsrohr zu verhindern, wird häufig ein „Überschnitt" von etwa 10 % des Rohrdurchmessers empfohlen.

4.4 Ringraumverfüllung

Bei Ausspülungen im Leitungsumfeld kann im Zuge der Neuverlegung eine Ringraumverfüllung vorgenommen werden. Parallel zum Einzug des neuen Rohrs wird der Ringraum mit Bentonit-Zement-Suspension verfüllt. Durch die Suspension wird die Mantelreibung beim Einzug reduziert und die Bettung des neuen Rohrs im Baugrund verbessert.

Die Rezeptur der Suspension ist sorgfältig auf den Anwendungszweck abzustimmen, da sie verschiedene Eigenschaften haben muss:

- In der Einbauphase soll sie möglichst flüssig sein, um die Reibung zu reduzieren. Aber auch nicht so flüssig, dass sie in den Poren des Bodens oder in Hohlräume des Bodens (z. B. Spalten zwischen Schächten und Baugrund) versickert.
- Das Abbinden der Suspension darf nicht bereits beim Einbau beginnen, sollte aber einige Wochen nach der Baumaßnahme abgeschlossen sein.

4.5 Wahl des Materials für die neue Leitung

Da die Kosten für das Rohr selbst nur 10 bis 20 % der Tiefbaumaßnahme insgesamt ausmachen, sollte der Preis für die Rohrlieferung nicht das Kriterium für die Wahl des Rohrmaterials sein. Im Hinblick auf Korrosionsbeständigkeit, Unempfindlichkeit gegen Chemikalien und Langzeiterfahrung sind Steinzeugrohre im Vorteil. Allerdings ist die Zugfestigkeit des Materials relativ gering, sodass ein Sprödbruchrisiko besteht. Schäden entstehen hauptsächlich bei inhomogener Lagerung im Muffenbereich.

Beschichtete Gussrohre sind vor allem für Druckleitungen geeignet. Mit zugfesten Muffen versehen können sie wie ein Rohr von der Rolle eingezogen werden.

Im Hinblick auf das Handling sind Kunststoffleitungen von Vorteil. Die Festigkeit der bauüblichen Kunststoffe HDPE und PET ist jedoch deutlich geringer als die von Stahl, sodass bei gleicher Beanspruchung größere Wandstärken erforderlich sind. Von den Kunststoffproduzenten wird besonders der Vorteil der Flexibilität im Hinblick auf inhomogene Bettungsbedingungen betont. Allerdings gibt es noch wenig gesicherte Erkenntnisse über das Langzeitverhalten der Kunststoffe.

4.6 Ausschälen von Leitungen

Ein interessanter Einsatz einer HDD-Maschine ist der Rückbau alter Kabel mit einem Schälring (Bild 44) [36]. Mit diesem Verfahren können auf Strecken von bis zu 100 m grabenlos Kabel, die allerdings noch eine gewisse Zugfestigkeit aufweisen müssen, rückgebaut werden.

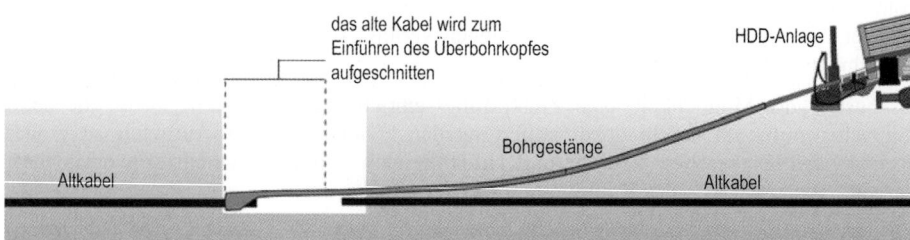

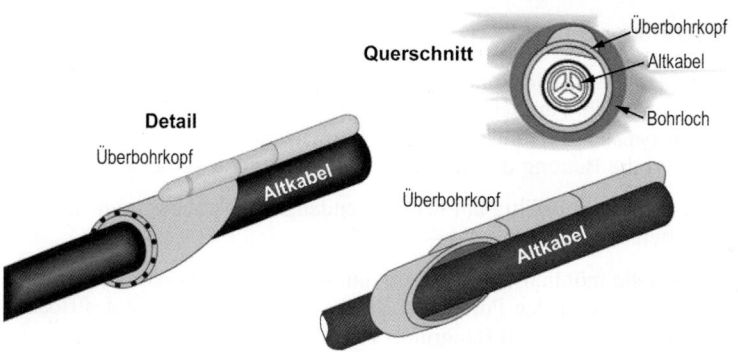

Bild 44. Rückbau von Kabeln durch Ausschälen mit einer HDD-Maschine

5 Literatur

[1] Arnold, W.: Flachbohrtechnik. Dt. Verlag für Grundstoffindustrie, Leipzig/Stuttgart, 1993, 968 S.
[2] ATV-A 125 (2008-12): Rohrvortrieb und verwandte Verfahren, Arbeitsblatt. Deutsche Vereinigung für Wasserwirtschaft, Abwasser und Abfall e. V., Hennef, DWA.
[3] ATV-A 161 (1990-01): Statische Berechnung von Vortriebsrohren, Arbeitsblatt. Deutsche Vereinigung für Wasserwirtschaft, Abwasser und Abfall e. V., Hennef, DWA.
[4] Bayer, H.-J.: HDD-Praxis-Handbuch. Vulkan Verlag, Essen, 2005.
[5] Bayer, H.-J.: Brunnenbau im HDD-Verfahren. bbr 5/2006 (2006), S. 42–49.
[6] Bayer, H.-J.: HDD-Drainageleitungen zur Rutschungsstabilisierung. bi Umweltbau 1/05 (2005), S. 20–22.
[7] Bayer, H.-J., Bandera, G. (2007): HDD applications in pipeline Projects in Europe. 3R International, Special 2/2007, S. 75–81.
[8] Bayer, H.-J., Bunger, S.: 1000 m HDD-Felsbohrung am Steilhang im Erdbebengebiet. 3R International 47, Nr. 1/2 (2008), S. 51–56.
[9] Benz, Th.: Hangsicherung durch Hangentwässerung mittels verlaufsgesteuerter Horizontalbohrtechnik (Hrsg.: H. Schad), 5. Kolloquium Bauen in Boden und Fels (2006), S. 107–135.

2.8 Horizontalbohrungen und Rohrvortrieb 449

[10] Bohrtec Alsdorf, Firmenunterlagen, www.bohrtec.de.
[11] Buderus-Handbuch: Grabenloser Einbau duktiler Gussrohre. Buderus Gießerei Wetzlar, www.buderus-giesserei.de.
[12] DCA Verband Güteschutz Horizontalbohrungen e. V.: Technische Richtlinien des DCA, Aachen, 2007.
[13] DIN EN 206-1 (2001-07): Beton, Teil 1: Festlegung, Eigenschaften, Herstellung und Konformität; Deutsche Fassung EN 206-1:1996 + A1:2004 + A2:2005.
[14] DIN EN 681-1 (2006-11): Elastomer-Dichtungen; Werkstoff-Anforderungen für Rohrleitungs-Dichtungen für Anwendungen in der Wasserversorgung und Entwässerung; Teil 1: Vulkanisierter Gummi; Deutsche Fassung EN 681-1:1996 + A1:1998 + A2:2002 + AC:2002 + A3: 2005.
DIN EN 681-2 (2006-11): Elastomer-Dichtungen; Werkstoff-Anforderungen für Rohrleitungs-Dichtungen für Anwendungen in der Wasserversorgung und Entwässerung; Teil 2: Thermoplastische Elastomere; Deutsche Fassung EN 681-2:2000 + A1:2002 + A2:2005.
DIN EN 681-3 (2006-11): Elastomer-Dichtungen; Werkstoff-Anforderungen für Rohrleitungs-Dichtungen für Anwendungen in der Wasserversorgung und Entwässerung; Teil 3: Zellige Werkstoffe aus vulkanisiertem Kautschuk; Deutsche Fassung EN 681-3:2000 + A1:2002 + A2: 2005.
DIN EN 681-4 (2006-11): Elastomer-Dichtungen; Werkstoff-Anforderungen für Rohrleitungs-Dichtungen für Anwendungen in der Wasserversorgung und Entwässerung; Teil 4: Dichtelemente aus gegossenem Polyurethan; Deutsche Fassung EN 681-4:2000 + A1:2002 + A2: 2005.
[15] DIN EN 815 (1996-11): Sicherheit von Tunnelbohrmaschinen ohne Schild und gestängelosen Schachtbohrmaschinen zum Einsatz in Fels; Deutsche Fassung EN 815: 1996.
[16] DIN V 1201 (2003-04): Rohre und Formstücke aus Beton, Stahlfaserbeton und Stahlbeton für Abwasserleitungen und -kanäle – Typ 1 und Typ 2; Anforderungen, Prüfung und Bewertung der Konformität (Vornorm).
[17] DIN EN 12110 (2003-05): Tunnelbaumaschinen – Druckluftschleusen – Sicherheitstechnische Anforderungen; Deutsche Fassung: EN 12110: 2002.
[18] DIN EN 12111 (2003-11): Tunnelbaumaschinen – Teilschnittmaschinen, Continuous Miners und Schlagkopfmaschinen – Sicherheitstechnische Anforderungen; Deutsche Fassung: EN 12111: 2002.
[19] DIN EN 12236 (2005-08): Tunnelbohrmaschinen – Schildmaschinen, Pressbohrmaschinen, Schneckenbohrmaschinen, Geräte für die Errichtung der Tunnelauskleidung – Sicherheitstechnische Anforderungen; Deutsche Fassung: EN 12336: 2005.
[20] DIN EN 12889 (2000-01): Grabenlose Verlegung und Prüfung von Abwasserleitungen und Kanälen.
[21] DIN EN 14457 (2004-09): Allgemeine Anforderungen an Bauteile, die bei grabenloser Verlegung von Abwasserleitungen und -kanälen verwendet werden; Deutsche Fassung: EN 14457: 2004.
[22] DIN 18319 (2000-12): VOB – Teil C (ATV); Rohrvortriebsarbeiten.
[23] DVGW-Regelwerk (Deutsche Vereinigung des Gas- und Wasserfaches e.V., DVGW).
DVGW GW 321 (2003-10): Steuerbare horizontale Spülbohrverfahren für Gas- und Wasserrohrleitungen – Anforderungen, Gütesicherung und Prüfung.
DVGW Arbeitsblätter zur Rohrsanierung und zu den Rohrauswechselverfahren.
DVGW GW 320-1 (2000-06): Rehabilitation von Gas- und Wasserrohrleitungen durch PE-Reliningverfahren mit Ringraum; Anforderungen, Gütesicherung und Prüfung.
DVGW GW 320-1 (2008-01): Erneuerung von Gas- und Wasserrohrleitungen durch Rohreinzug mit Ringraum.
DVGW GW 320-2 (2000-06): Rehabilitation von Gas- und Wasserrohrleitungen durch PE-Reliningverfahren ohne Ringraum; Anforderungen, Gütesicherung und Prüfung.
DVGW GW 322-1 (2003-10): Grabenlose Auswechslung von Gas- und Wasserrohrleitungen; Teil 1: Press-/Ziehverfahren – Anforderungen, Gütesicherung und Prüfung.
DVGW GW 322-2 (2007-03): Grabenlose Auswechslung von Gas- und Wasserrohrleitungen; Teil 2: Hilfsrohrverfahren – Anforderungen, Gütesicherung und Prüfung.
DVGW 323 Merkblatt (2004-07): Grabenlose Erneuerung von Gas- und Wasserversorgungsleitungen durch Berstlining; Anforderungen, Gütesicherung und Prüfung.
DVGW G 478 (1998-08): Sanierung von Gasrohrleitungen durch Gewebeschlauchrelining – Anforderungen, Gütesicherung und Prüfung.

[24] Fengler, E. G.; Bunger, S.: Grundlagen der Horizontalbohrtechnik (Hrsg.: Wegener, T.). Iro-Schriftreihe Nr. 13, Vulkan-Verlag, Essen, 2007.
[25] Herrenknecht Schwanau: Prospekte zum Mikrotunnelbau. www. herrenknecht.de.
[26] Hölterhoff, J.: Ein modifiziertes Pilot-Vortriebsverfahren. www.brochier.de.
[27] Klett S.: Berstlining von Sickerwasserleitungen in Deponien – dynamische und statische Methode. LfU-Schriftenreihe, Heft 164, Augsburg (2002), S. 55–57.
[28] LGA-Nürnberg: Praxis-Leitfaden für die Sanierung von Kanalisationen für Kanalnetzbetreiber in Bayern, 2001.
[29] ÖWAV-RB 28: Unterirdische Kanalsanierung (2007), Österreichischer Wasser- und Abfallwirtschaftsverband Wien, oewav.at.
[30] RSV-Merkblatt 8 (2006): Erneuerung von Entwässerungskanälen und -anschlussleitungen mit dem Berstliningverfahren Merkblatt des Rohrleitungssanierungsverbandes e. V. (RSV).
[31] Perforator Walkenried. www.perforator.de.
[32] Schad, H.; Bräutigam, T.; Bramm, S.: Rohrvortrieb; Durchpressung begehbarer Leitungen, 2. Auflage. Ernst & Sohn, Berlin, 2008.
[33] Stein, D.: Grabenloser Leitungsbau. Ernst & Sohn, Berlin, 2003.
[34] Stein, D.; Möllers, K.; Bielecki, R.: Microtunneling. Ernst & Sohn, Berlin, 1998.
[35] Tracto-Technik Lennestadt, Firmenunterlagen zu Horizontalrammen, Erdraketen und Berstlining-Verfahren. www.tracto-technik.de.
[36] Tracto-Technik; Prime-Drilling, Wenden bei Olpe: Firmenunterlagen zum HDD-Verfahren und Internetinformationen. www.tracto-technik.de und www.prime-drilling.de.
[37] Verordnung über Arbeiten in Druckluft (Druckluftverordnung), vom 04.10.1972 (BGBl. I, S. 1909) letzte Änderung vom 19.06.1997 (BGBl. I, S. 1384), Bestellnummer CHV 13, Carl Heymanns Verlag, Köln, Abschnitt 3.
[38] Weiss, Leonhard: Firmenunterlagen zum HDD-Verfahren.

2.9 Rammen, Ziehen, Pressen, Rütteln

Fritz Berner und Wolfgang Paul

1 Einleitung

Nach wie vor stellt das Rammen das wichtigste Einbringverfahren des Grundbaus dar, wenn es auch gegenüber dem Bohren wegen der Schallemissionen und der Rammerschütterungen an Bedeutung verloren hat. Vor allem im Wasserbau wird das Rammen verwendet und kann auch nicht durch Bohrverfahren ersetzt werden. Das schlagende Rammen ist dort, wo es zulässig ist, weiterhin das wirtschaftlichste Einbringverfahren für Gründungen und Verbaumaßnahmen.

Rammarbeiten zum Einbringen von Spundbohlen werden z. B. bei der Herstellung von Ufersicherungen, Kaimauern, Baugrubenumschließungen in Gewässern, Baugrubenverbau an stark befahrenen Verkehrswegen, Stützwänden im Bereich von Eisenbahngleisen, Brückenwiderlagern, Umspundungen von Press- und Zielgruben bei unterirdischem Rohrvortrieb und – unter Verwendung von Kanaldielen – bei Kanalarbeiten im Rohrleitungsbau durchgeführt.

Ein weiteres Anwendungsgebiet der Rammarbeiten ist das Einbringen von Pfählen, so z. B. bei der Herstellung von Pfahlrosten für die Auflagerung von Kaimauern, als Schrägpfähle für Rückverankerungen und als Rammpfähle (Fertigteilpfähle und Ortbetonpfähle) für die Gründung von Hochbauten, Brückenwiderlagern und ähnlichen Bauwerken. Dabei haben Pfahlgründungen mit Ortbeton-Bohrpfählen die Fertigteilpfähle weitgehend verdrängt. Fertigteilpfähle werden nur noch dort ausgeführt, wo Rammerschütterungen nicht stören und großflächige Bauwerke preisgünstig gegründet werden sollen, z. B. bei Wohn- oder Industriebauten in Küstennähe.

Das Ziehen kommt zur Anwendung, wenn das Einbringgut nur vorübergehend im Boden verbleiben soll. Träger, Pfähle oder Spundbohlen können durch das Ziehen wieder entfernt werden. Die hierfür verwendeten Geräte sind Vibratoren und Pfahlzieher.

2 Einbringgut

Gerammt oder gepresst werden vor allem:

- Verdrängungspfähle (Rammpfähle),
- Spundbohlen,
- gemischte Stahlspundwände,
- Kanaldielen,
- Leichtprofile,
- Stahlträger.

2.1 Verdrängungspfähle (Rammpfähle)

Die Pfähle werden hinsichtlich der Beschaffenheit des Baugrunds und des Grundwasserstands, der abzutragenden Last, der Bebauung des Umfelds, den Platzverhältnissen, sowie

Grundbau-Taschenbuch, Teil 2: Geotechnische Verfahren
Herausgegeben von Karl Josef Witt
Copyright © 2009 Ernst & Sohn, Berlin
ISBN: 978-3-433-01845-3

der Wirtschaftlichkeit, auf ihre Vor- und Nachteile geprüft und dann nach bester Eignung ausgewählt [15].

2.1.1 Fertigpfähle

2.1.1.1 Stahlpfähle

Verwendet werden alle im Handel üblichen Stahlprofile entweder in ihrer ursprünglichen vom Walzwerk erzeugten Form oder indem zwei oder mehrere Einzelprofile wie z. B. Spundbohlen miteinander verschweißt werden.

Stahlpfähle kommen sowohl im Grund-, Wasser- und Brückenbau als auch z. T bei speziellen Ingenieurbauwerken zum Einsatz. Für Gründungen werden sie senkrecht und auch geneigt eingebracht. Sie können Druck- und – je nach Ausführung und Randbedingungen – auch Zugkräfte aufnehmen. Besonders im Offshore- und Hafenbau werden schwere Stahlpfähle verwendet [25].

Die wichtigsten Vorteile von Stahlpfählen liegen im vielfältigen Angebot bei den Profilen, in der hohen Materialfestigkeit und Elastizität, der Aufnahme von Druck- und Zugkräften sowie Biegemomenten, der problemlosen Lagerung, Verladung und Transportmöglichkeiten und der Möglichkeit zur Schrägeinbringung bis 1:1. Durch Schweißverbindungen können Stahlpfähle leicht verlängert werden. An Schaft und Fuß sind zur Verbesserung der Tragfähigkeit Verstärkungen möglich. Der Stahlpfahl ist unmittelbar nach der Rammung belastbar. Die wichtigsten Nachteile von Stahlpfählen sind die relativ hohen Materialkosten, die Korrosionsgefahr besonders im Seewasser und die Gefahr des Ausweichens und Verdrehens bei Hindernissen [15]. Es sind Pfahllängen bis 50 m herstellbar, welche jedoch in Teillängen transportiert und auf der Baustelle im Zuge der Rammarbeiten verschweißt werden.

2.1.1.2 Stahlbetonpfahl

Die Stahlbetonpfähle können verschiedene Querschnittsformen aufweisen. Vorwiegend werden quadratische und runde Formen verwendet. Zum Teil kommen auch rechteckige und vieleckige Querschnitte zum Einsatz. Die Bewehrung wird sowohl schlaff, wenn der Pfahl hauptsächlich auf Druck belastet wird, als auch vorgespannt, wenn der Pfahl zu der Druckbelastung hinzu auch auf Biegung oder Zug oder mit beidem belastet wird, ausgeführt.

Aufgrund hoher Empfindlichkeit von Stahlbetonpfählen gegen Rissbildungen und Verformungen beim Verladen, Transportieren und Aufnehmen sind dafür besondere Vorschriften zu beachten. Der Pfahlkopf wird während des Rammens durch ein Weichholzfutter, das während des Rammens eventuell zu erneuern ist, geschützt. Es werden in Abhängigkeit des Pfahlquerschnitts Pfahllängen von 5 bis 19 m hergestellt, mit meist gebräuchlichen Querschnittsabmessungen für quadratische Querschnitte von 25/25, 30/30, 35/35 und 40/40 cm.

Die wichtigsten Vorteile des Stahlbetonpfahls liegen in seiner hohen Tragfähigkeit auch bei verhältnismäßig geringem Querschnitt und seiner Belastbarkeit sofort nach der Rammung, seiner Widerstandsfähigkeit auch im Seewasser, der Möglichkeit seiner Herstellung in fast jeder erforderlichen Länge und einer guten Anschlussmöglichkeit an das Bauwerk, sowie wie beim Stahlpfahl die Möglichkeit einer Schrägeinbringung bis 1:1. Wird die Bewehrung vorgespannt, weist der Pfahl eine hohe Knick- und Biegesteifigkeit auf.

Die wichtigsten Nachteile des Stahlbetonfertigpfahls sind der hohe Aufwand beim Transport, Rissbildungen durch unsachgemäße Lagerung, das hohe Gewicht, und ein schweres Rammgerät, das zu einer hohen Lärm- und Erschütterungsbelastung führt [4, 15].

2.1.1.3 Holzpfähle

Holzpfähle finden ihre Verwendung meist nur noch für vorübergehende Baumaßnahmen, wie z. B. Hilfsgerüste, Hilfsbrücken, Schalungsgerüste. Für eine dauerhafte Verwendung von Holzpfählen muss gewährleistet sein, dass sie in voller Länge unter Wasser stehen.

Die wichtigsten Vorteile des Holzpfahls sind die einfache Bearbeitung, geringe Kosten, hohe Lebensdauer unter Wasser, hohe Widerstandsfähigkeit gegen Säuren und aggressives Grundwasser sowie die hohe Elastizität und gute Rammbarkeit.

Die wichtigsten Nachteile des Holzpfahls sind die begrenzte Belastbarkeit und begrenzte Länge, schnelle Fäulnisbildung und dadurch Zerstörung bei Luftzutritt. Bei Böden mit hoher Dichte und Rammhindernissen können Holzpfähle nicht verwendet werden [4].

2.1.2 Ortbeton-Verdrängungspfähle

Die Herstellung des Ortbeton-Rammpfahls geschieht wie folgt: Ein dickwandiges Vortriebsrohr, das unten verschlossen ist, wird in den Boden gerammt. Dann setzt man einen Bewehrungskorb ein und verfüllt das Rohr mit Beton. Das Rohr wird ein Stück nach oben gezogen und dann nochmals eingerammt, um den Betonpfahlfuß auszubilden. Danach wird das Rohr gezogen. Je nach System wird erdfeuchter oder plastischer Beton verwendet. Es darf sich im Rohr kein Wasser befinden. Als Ortbeton-Verdrängungspfähle kommen die beiden Systeme Franki und Simplex zur Anwendung. Diese Systeme werden im Teil 3 des Grundbau-Taschenbuchs, Kapitel 3.2 „Pfahlgründungen" näher beschrieben.

2.2 Spundbohlen

Ob im Wasser- oder Verkehrswegebau, im Tiefbau und auch im Umweltschutz, zeichnen sich Stahlspundwände durch ihre vielseitige Verwendbarkeit aus. Die Stärken der Spundwandtechnik zeigen sich in ihren verhältnismäßig kurzen Einrichtungszeiten und kostengünstigen Lösungen. Stahlspundbohlen lassen sich in nahezu jeder beliebigen Form auch in innerstädtischen, dicht bebauten Gebieten und in schwierigem Gelände in kurzer Einbauzeit zu Schutz- und Stützwänden zusammenfügen. Da mit Stahlspundwänden Einkapselungen und Lärmschutzwände in kurzer Zeit und kostengünstig hergestellt werden können, werden sie heute im Bereich des Umweltschutzes immer häufiger eingesetzt.

Einer ihrer größten Vorteile besteht darin, dass sie auch für den vorübergehenden Gebrauch errichtet und problemlos wieder abgebaut werden können, um den Urzustand des Geländes wiederherzustellen. Zudem lassen sich Stahlspundbohlen mehrmals einsetzen [23].

2.2.1 Schlossformen

Durch die Spundbohlenschlösser werden die Spundwände zu zusammenhängenden Wänden verbunden. Der Spielraum der Schlösser muss groß genug sein, dass diese problemlos ineinander geschoben werden können. Ihre Ausformung muss in der Lage sein, die im Verbund der Spundbohlen auftretenden Druck- und Zugkräfte sowie Scherkräfte aufzunehmen (s. Tabelle 1) [23].

2.2.2 Profilformen

Spundbohlen werden hauptsächlich als U- und Z-Profile eingesetzt. Des Weiteren gibt es AZ-Profile. Diese haben bei einer hohen Steifigkeit (Trägheitsradius i) ein geringeres Gewicht. Somit wird Stahl gespart. In der Praxis bestehen jedoch bei diesen Profilen teilweise Vorbehalte. Trotz anscheinend gleicher konstruktiv zu erzielender Steifigkeit

Tabelle 1. Schlossformen warmgewalzter Spundbohlen [16]

Bezeichnung	
LARSSEN Schlossform nach DIN EN 10248-2 und E 67 der EAU 2005	
LARSSEN 43, 430	
HOESCH-Profil mit LARSSEN-Schloss	
HOESCH Schlossform nach DIN EN 10248-2 und E 67 der EAU 2005	
PEINER-Schlossstahl/ PEINER-Spundwand Schlossform nach DIN EN 10248-2 und E 67 der EAU 2004	
UNION-Flachprofil Schlossform nach DIN EN 10248-2 und E 67 der EAU 2005	

könnten sich die Profile verbiegen und im Boden ausweichen. Die dadurch entstehenden hohen Schlosszugkräfte führen dann zu einer Sprengung des Schlosses. Ein solcher Schadensfall würde erhebliche Kosten hervorrufen.

2.3 Kombinierte Spundwandsysteme

Kombinierte Stahlspundwände werden aus Tragbohlen und aus Zwischenbohlen hergestellt. Eingesetzt werden die kombinierten Stahlspundwände besonders in Küstenregionen beim Hafenbau zur Erstellung von Kaiwänden, Dockbauwerken und Molen. Weitere Anwendungsgebiete finden sich beim Binnenhafenbau, bei Wehren, Schleusen, Deponien und Brückenwiderlagern.

2.4 Kanaldielen

Zur Sicherung von Baugruben, Gräben und Schächten kommen Kanaldielen zur Anwendung. Sie sind dort einsatzfähig, wo das Schloss des Profils keine Dichtigkeit aufweisen muss. Kanaldielen sind heute sehr formbeständig gebaut und häufig einsetzbar. Für ein problemloses Einstellen und rationelles Stapeln weisen sie eine spezielle Profilierung auf. Sie sind für flache Aushubarbeiten, wie z. B. bei der Entwässerung im innerstädtischen Bereich und beim Bau von Wasserwegen, geeignet. Kanaldielen erreichen einen Trägheitsradius von $i = 3$ cm.

2.5 Leichtprofile

Der Anwendungsbereich von Leichtprofilen ist insbesondere der innerstädtische Kanalverbau und die Deichsanierung. Die Schlossverbindung des Leichtprofils bildet hierfür eine zuverlässige Verhakung. Leichtprofile werden von Hoesch in Längen bis zu 17 m hergestellt. Ist eine hohe Undurchlässigkeit gefordert, werden sie mit einer Schlossverfüllung aus einer dauerhaften plastischen Bitumenmasse versehen. Leichtprofile erreichen einen Trägheitsradius von i = 6 cm.

2.6 Stahlträger

Bei verschiedenen Verbaumethoden finden Gurtungen aus Breitflanschträgern Anwendung. Der aus Kanaldielen oder Leichtprofilen, Streben, Gurten und Gurtaufhängungen gebaute Senkrechtverbau ist eine dieser Methoden. Je nach Abstand der Streben und den statischen Erfordernissen, besteht die Gurtung aus Breitflanschträgern unterschiedlicher Stärke.

3 Geräte

Um das Rammgut unter bestmöglicher Sicherheit und größter Wirtschaftlichkeit in den Boden erfolgreich einzubringen, ist die Auswahl des geeigneten Geräts von entscheidender Bedeutung. Ebenso wichtig ist aufgrund des Einsatzes von teuren Spezialgeräten gut geschultes Personal, das im Umgang mit den Geräten einen möglichst reibungslosen Bauablauf gewährleistet.

Viele Einbringgeräte setzen sich zusammen aus:

- Geräteträger,
- Mäkler mit Führungseinrichtungen für Rammbären und Rammgut,
- Rammgeräten für schlagendes Rammen und Vibrationsrammen,
- Rammhauben und andere Hilfsgeräte,
- Winden zum Hochziehen des Rammguts und zur Führung des Rammbären,
- Systemen zum Überwachen, Steuern und Messen,
- Stromgenerator.

3.1 Geräteträger

3.1.1 Hydraulikbagger

3.1.1.1 Mobilbagger

Mobilbagger werden nur für besonders leichte Rammungen eingesetzt. Die Gefahr des Kippens durch die Last eines Mäklers oder Vibrationsbären während des Fahrens des Baggers macht ihn für schwerere Arbeiten ungeeignet.

3.1.1.2 Raupenbagger

Raupenbagger werden besonders in der schlagenden und vibrierenden Rammtechnik, in manchen Fällen auch in der Einpresstechnik als Grundträger für Universal-Rammsysteme und für Vibrationsbären, die an den Bagger angebaut werden, verwendet. Obwohl sich die Anbaugeräte leicht austauschen lassen und die passende Hydraulikleistung für die geeignete Gewichtsklasse zur Verfügung steht, werden meist Zusatzausstattungen erforderlich, wie z.B. Hydraulikanschlüsse und Bedienelemente für die An- und Aufbaugeräte. Als Geräteträger werden sie heute schon bei ihrer Herstellung auf ihren speziellen Einsatz vorbereitet. Vorwiegend werden Hydraulikbagger mit Raupenfahrwerk als Träger leichter bis mittelschwerer Mäkler verwendet. Auch dienen sie als Träger für Baggeranbauvibratoren.

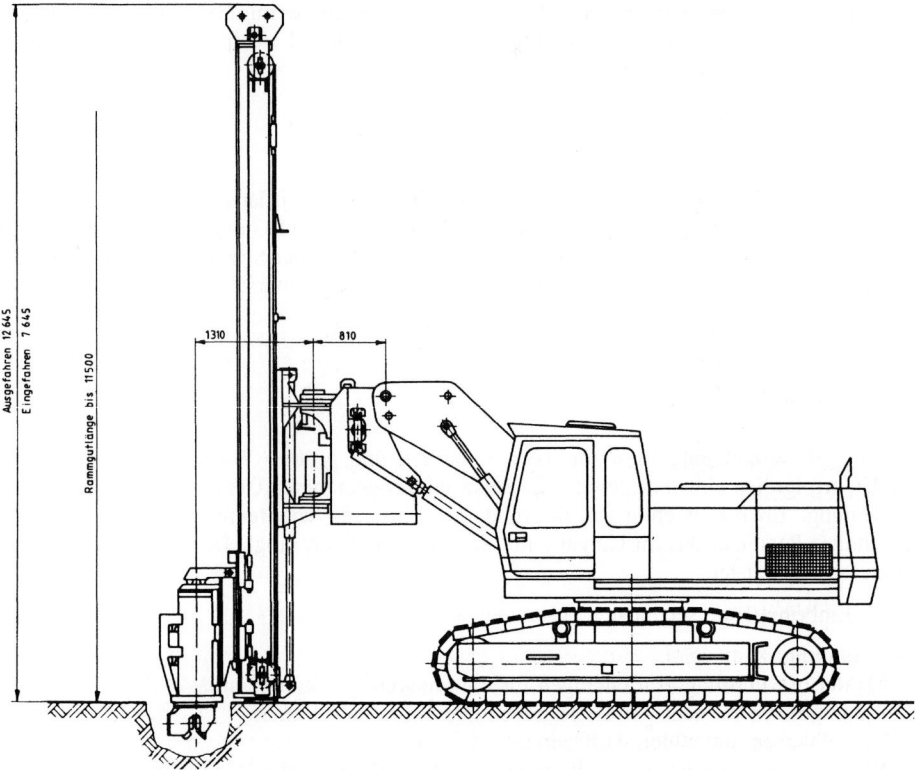

Bild 1. Hydraulikbagger als Geräteträger (Müller) mit Vibrationsramme; Betätigung durch Bordhydraulik des Baggers; Teleskopmäklertyp MS-M 10000 T

Der Hydraulikbagger hat am Ausleger hohe Gewichte in Höhe von i. d. R. 10 bis 60 t, die erzeugt werden durch:

- Mäkler,
- Rammbär,
- Rammgut mit Rammhaube,
- Winden.

Deshalb müssen die Bagger ein Einsatzgewicht ohne Anbau von 20 bis 70 t haben.

3.1.2 Seilbagger

Für langes und schweres Rammgut und große Geräte kommen überwiegend Seilbagger mit Gitterausleger als Geräteträger zur Anwendung. Wegen der hohen angebauten Lasten müssen diese mit HD(heavy-duty)- oder LC(long crawler)-Fahrwerk ausgerüstet werden. Neue Bagger verfügen über ein teleskopierbares Fahrwerk und einen hydrostatischen Antrieb. Moderne Seilbagger sind für den Anbau verschiedenster Ausrüstungen vorbereitet. Übliche Einsatzgewichte bewegen sich bei ca. 50 bis 90 t und können dann ca. 40 bis 100 t tragen. Das Einsatzgewicht kann bis zu ca. 170 t ansteigen. Damit ist eine Traglast von ca. 200 t möglich.

2.9 Rammen, Ziehen, Pressen, Rütteln 457

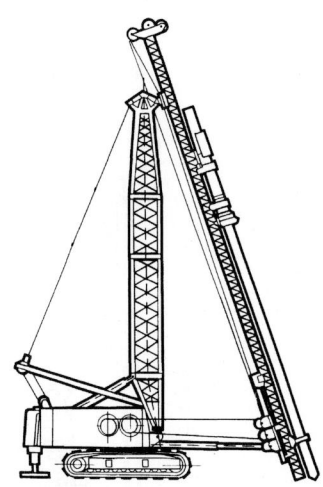

Bild 2. Seilbagger als Geräteträger

3.1.3 Autokran

Der Autokran kann sowohl für das Rammen als auch für das Ziehen mittels angehängtem Vibrationsbären verwendet werden. Der teleskopierbare Ausleger erlaubt das Ziehen von Rammgut in Bereichen, die für einen Bagger nicht zugänglich sind. Wichtig ist, dass durch die Schwingungsisolierung am Kranhaken mögliche Vibrationen minimiert werden.

3.2 Mäkler

Bei den Mäklern zur Führung von Rammbär und Rammgut gibt es folgende Arten:

- Universal-Systeme,
- Anbaumäkler,
- Aufsteckmäkler und
- Schwingmäkler.

3.2.1 Universal-Systeme

Bei den Mäklern gibt es je nach Herstellern immer wieder Veränderungen hinsichtlich ihrer Größe und in der Bildung einer Einheit mit dem Trägergerät zu Universal-Rammgeräten für verschiedene Einsatzgebiete, wie z. B. zum Rammen, zum Pressen und mit Drehantrieben zum Bohren, z. B. für Auflockerungsbohrungen. Durch das relativ einfache Auswechseln verschiedener Arbeitsgeräte können heute mit einem Mäkler eine Vielzahl von Gründungsarbeiten durchgeführt werden. Für schwere Rammarbeiten, bei denen hohe Drehmomente, hohe Nutzlasten und hohe Ausziehkräfte aufgenommen werden müssen, eignen sich besonders die Starrmäkler.

In den letzten Jahren setzten sich vor allem die vielseitig verwendbaren Teleskopmäkler durch. Diese können für den Transport verkürzt werden und durch Anbringen der entsprechenden Arbeitsvorrichtung ist mit ihnen sowohl das Einbringen durch Rammen und Bohren als auch das Ziehen von Spundwänden in nur einer Geräteeinheit möglich. Über eine

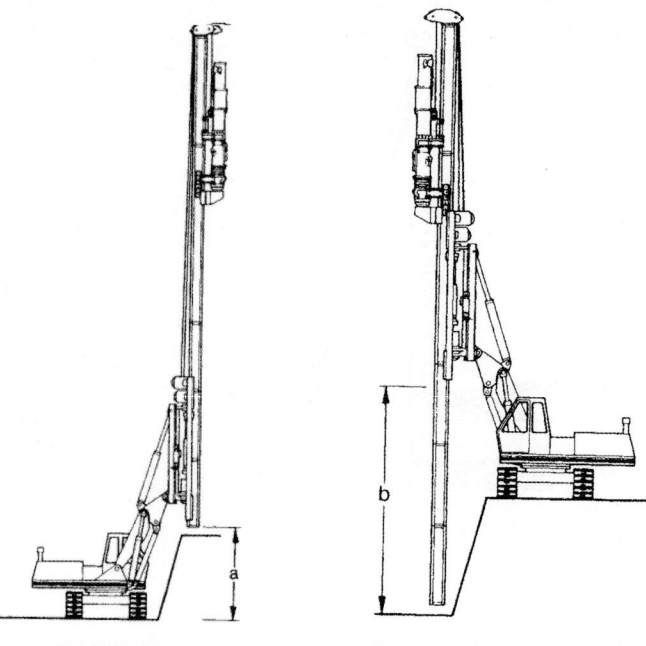
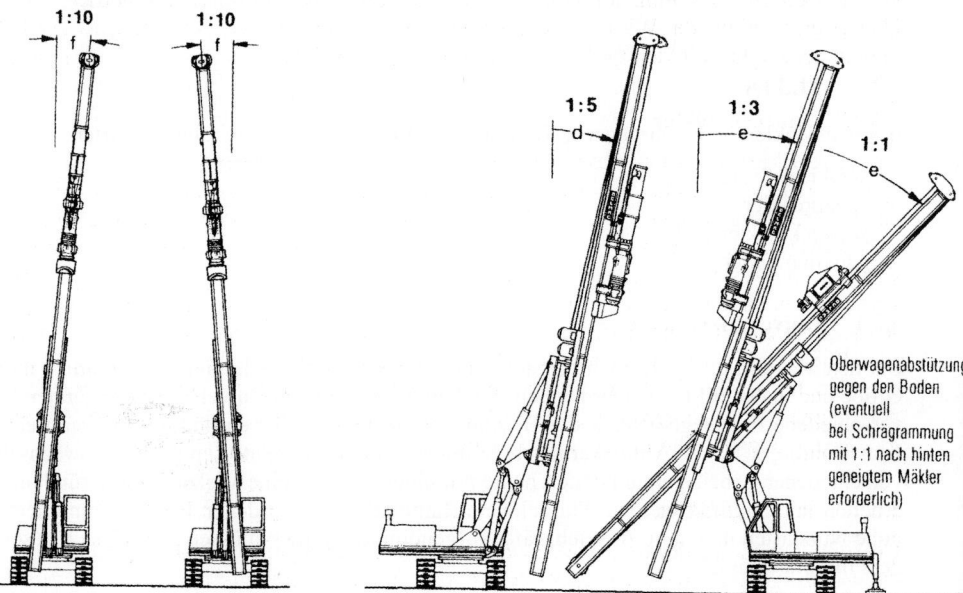

Bild 3. Verwendungsfähigkeit eines Anbaumäklers (DELMAG)

Schnellwechselanlage können verschiedene Anbaukomponenten, wie Ramm- und Ziehvibratoren, Bohrantriebe, Kraftdrehköpfe, Doppelkopfbohranlagen und für bestimmte Einsatzfälle auch Schnellschlaghämmer ausgewechselt werden. Es können Spundwände, T-Träger und Rohre mit Längen bis zu 22 m mäklergeführt eingebracht werden. Das Antriebsaggregat ist bei diesen Geräten bereits integriert.

3.2.2 Anbaumäkler, Aufsteckmäkler, Schwingmäkler

Sofern ein Universal-System nicht zum Tragen kommt, wird ein Anbau-, Aufsteck- oder Schwingmäkler eingesetzt.

3.2.2.1 Anbaumäkler

Der Anbaumäkler wird an einen Raupenbagger oder Seilbagger als Geräteträger montiert. Er ist in seiner Länge einstellbar und kann frei hängend und auch abgestützt montiert werden. Ab einer Länge von 15 m sollte ein teleskopierbares Fahrwerk verwendet werden und das Einsatzgewicht des Baggers sollte mindestens 20 t betragen. Wichtig ist, dass der an einen Geräteträger angebaute Mäkler sowohl für das Einbringen des Rammguts unterhalb als auch oberhalb der Arbeitsebene sowie auch für das Setzen von Schrägpfählen und für das Herstellen einer Spundwandecke bei Spundwandkästen geeignet ist. Der Anbaumäkler sollte

– anhebbar,
– drehbar,
– absenkbar und
– neigbar

sein. Sowohl für die Rammbären als auch zur Aufnahme des Rammguts verfügen die Mäkler über je eine Seilwinde. Wird der Mäkler für schwere Zieharbeiten eingesetzt, ist zur Einleitung der Zugkraft in den Boden eine Abstützung des Mäklerfußes am Boden erforderlich.

3.2.2.2 Aufsteckmäkler

Aufsteckmäkler sitzen freireitend auf dem Einbringelement. Ihr bevorzugtes Einsatzgebiet ist der Offshore-Bereich. Auch wenn kein von der einstellbaren Neigung und für die Länge des Einbringguts geeigneter Anbau- oder Schwingmäkler vorhanden ist, kommt der Aufsteckmäkler zum Einsatz. Weitere Verwendung finden die Aufsteckmäkler, wenn das Rammgerät baustellenbedingt nicht an den Einbauort gebracht werden kann. Die zurzeit vorhandenen Modelle erlauben es, bis 4,2 m Durchmesser zu rammen. Das Einbringgut selbst dient zur Führung und wird über ein Gerüst stabilisiert, bis die Eindringtiefe eine Eigenführung bis zur erreichten Soll-Tiefe ermöglicht. Werden besonders lange Pfähle eingebracht, besteht die Möglichkeit ein Lehrgerüst vorzurammen sowie Spundbohlen in einer Halterung zu führen. Die Auslegerhöhe des Trägergeräts und die Höhe der Einbringgutführung begrenzt die Länge des Einbringguts.

3.2.2.3 Schwingmäkler

Der Schwingmäkler, der frei schwingend an einem Hebezeug aufgehängt wird, führt sowohl das Einbringgut als auch den Rammbären. Er kann an jeden Krantyp mit entsprechender Kapazität montiert werden. Der Mäkler ist nicht mit dem Kranoberwagen verbunden und kann somit um 360° um die vertikale Achse gedreht werden. Wird eine Traverse verwendet, sind Neigungen bis zu 45° möglich. Bis der Schwingmäkler die Führung übernommen hat, ist eine gute Führung des Einbringguts erforderlich.

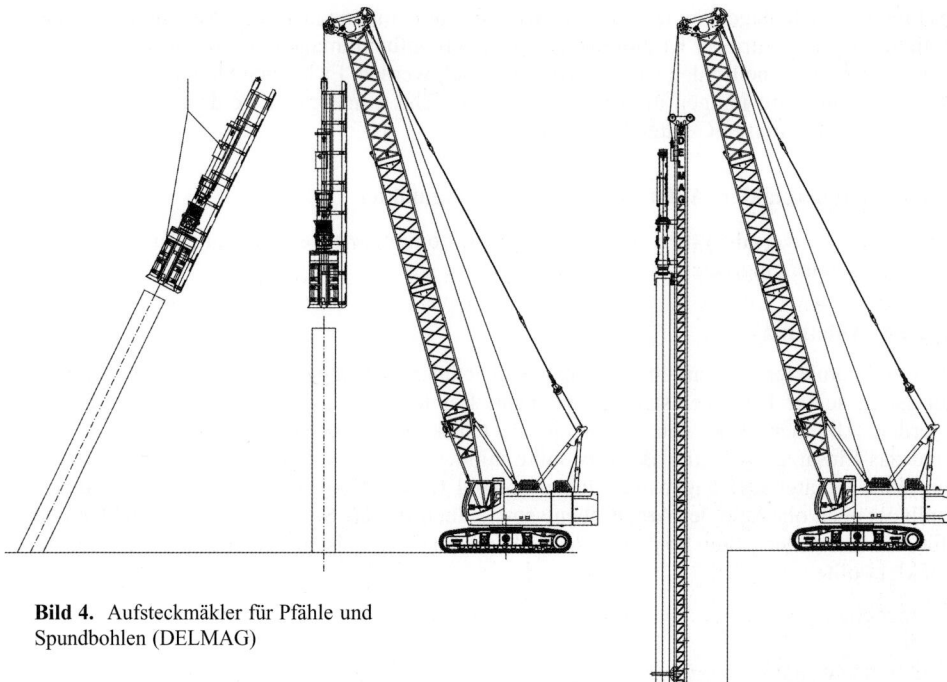

Bild 4. Aufsteckmäkler für Pfähle und Spundbohlen (DELMAG)

Bild 5. Schwingmäkler (DELMAG)

3.3 Geräte – Ramm- und Vibrationstechnik

Für das Einbringen des Rammguts werden

- Schlagbären,
- Vibrationsbären oder
- Spundwandpressen

verwendet.

3.3.1 Schlagbären

3.3.1.1 Freifallhammer

Der Freifallhammer kann so angepasst werden, dass mit ihm alle Profilarten bei jeglicher Bodenart gerammt werden können, und das sowohl über als auch unter dem Wasserspiegel. Das Verhältnis von Kolbengewicht zu Gewicht von Rammgut plus Rammhaube wird unter normalen Baustellenbedingungen mit 1:2 bis 1,5:1 gewählt.

Um sowohl Schäden am Bohlenkopf als auch die Lärmentwicklung möglichst gering zu halten, ist bei gleicher Schlagenergie die Verwendung eines schweren Kolbens mit kurzem Hub vorzuziehen. Geführt in Stützen wird das Schlaggewicht hydraulisch steuerbar angehoben. Nach Erreichen der voreingestellten Fallhöhe wird durch Ventilsteuerung der freie Fall des Schlaggewichts ausgelöst. Die hydraulische Anhebung erfolgt bei seitlicher Hebung

2.9 Rammen, Ziehen, Pressen, Rütteln

des Schlaggewichts über zwei Kolben und bei direkter axialer Hebung über einen Kolben. Die Schlagenergie kann von 10 bis 100% stufenlos reguliert werden.

Der Antrieb des Hammers ist in der Regel in das Trägergerät integriert. Werden Führungskrallen verwendet, sind Neigungen bis 45° möglich. Der Freifallhammer eignet sich für alle Pfahltypen.

3.3.1.2 Dieselbären

Ein Dieselbär besteht im Wesentlichen aus einem Zylinder, einem Kolben und einem Schlagstück am unteren Ende des Zylinders. Er ist Ramme und Motor zugleich und arbeitet nach dem Prinzip der Schlagzerstäubung. Damit benötigt er kein zusätzliches Antriebsaggregat.

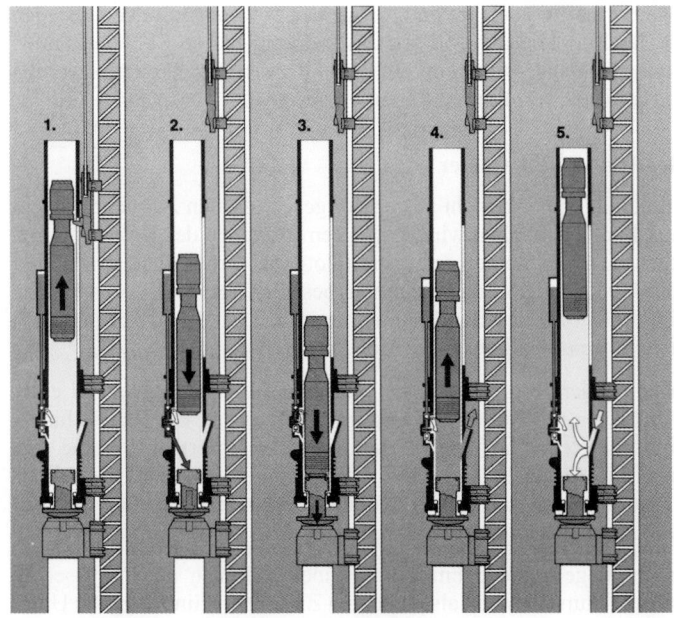

Bild 6. Prinzip der Schlagzerstäubung (DELMAG)

Wie Bild 6 zeigt, findet die Schlagzerstäubung wie folgt statt:

1. Das Schlaggewicht (Kolben) wird mittels der Ausklinkvorrichtung angehoben und während der Aufwärtsbewegung auf bestimmter Höhe automatisch freigegeben.
2. Beim Fallen betätigt das Schlaggewicht (Kolben) den Pumpenhebel, wodurch eine genau dosierte Menge Dieselöl auf die Schlagstückoberfläche gespritzt wird. Der Kolben überläuft die Auspufflöcher und beginnt die Luft im Zylinder zu komprimieren.
3. Beim Aufschlag des Kolbens auf das Schlagstück wird das Dieselöl im Verbrennungsraum zerstäubt und der Kraftstoff entzündet sich an der hoch komprimierten Luft. Die Explosionsenergie treibt den Kolben wieder nach oben.
4. Beim Hochspringen legt der Kolben die Auspufflöcher frei und die Verbrennungsgase entweichen, wodurch der Druck im Zylinder wieder ausgeglichen wird.

5. Der Kolben springt weiter nach oben und saugt durch die Auspufflöcher Frischluft an zur Spülung des Zylinderraums, gibt den Pumpenhebel frei, dieser kehrt in seine Ausgangsstellung zurück, wobei der Pumpe erneut Kraftstoff zugeführt wird.

Dieselbären sind wenig störanfällig und verzeichnen eine geringe Abnutzung, da sie weder Kolbenstange, Kurbelwelle, Nocken noch Lager haben. Sie sind auch bei extremen Temperaturverhältnissen einsetzbar. Durch die eigene Energiequelle verbrauchen sie nur wenig Kraft- und Schmierstoffe. Sie gehören zu den sehr effektiven Rammgeräten. Dieselhämmer sind für Rammarbeiten in bindigen und sehr dicht gelagerten Böden besonders gut geeignet. Das Verhältnis von Kolbengewicht zu Gewicht vom Rammgut ist wie beim Freifallhammer 1:2 bis 1,5:1 üblich. Der wirtschaftliche Einsatz des Dieselbären endet, wenn für eine Eindringtiefe von 25 mm mehr als 10 Hammerschläge erforderlich werden. Ein Eindringen von 1 mm pro Schlag sollte vermieden werden, denn ansonsten würde sowohl der Hammer als auch die Ausrüstung beschädigt.

Dieselbären sind für alle Rammprofile geeignet und sie werden sowohl freireitend als auch mäklergeführt angewendet. Ihr Haupteinsatzgebiet ist das Einrammen von Bohlen, Pfählen (wie z. B. vorgefertigte Betonpfähle und Ortbetonpfähle) und Rohren. Des Weiteren werden sie zur Ermittlung der Tragfähigkeit von Rammpfählen eingesetzt.

3.3.1.3 Doppelt wirkender Hydraulikhammer

Der doppelt wirkende Hydraulikhammer besteht aus einem geschlossenen Zylinder, in dem ein Kolben durch Hydraulikdruck angehoben wird. Nach dem Anheben des Kolbens durch das Hydrauliköl, wird es kurz bevor der Kolben den oberen Totpunkt erreicht hat, umgeleitet, sodass es den nach unten fallenden Kolben zusätzlich beschleunigt. Diese zusätzliche Energiebeaufschlagung führt bis zu einer Beschleunigung von 2 G. Der maximale Hub von 1 m entspricht dann einem freien Fall aus einer Höhe von 2 m.

Diese Hämmer erbringen eine Energie pro Rammschlag von 35 bis 3000 kNm bei einer Schlagzahl von 50 bis 60 Schlägen pro Minute. Die optimale Steuerung des Rammablaufs erfolgt durch eine elektronische Regelung. Dieser Hammertyp erfordert eine Reihe von Sicherheits-, Überwachungs- und Anzeigegeräten. Bei jedem Rammschlag wird die auf das Einbringgut aufgebrachte Nettoenergie gemessen und an der Steuertafel angezeigt. Sie lässt sich beliebig zwischen 100 % und ca. 5 % kontinuierlich einstellen.

Hydraulikhämmer sind in der Lage unter jedem Winkel über und auch unter Wasser zu arbeiten. Sie eignen sich sowohl zum Rammen als auch zum Ziehen des Einbringguts. Unter normalen Baustellenbedingungen wird ein Kolbengewicht im Verhältnis zum Gewicht des Einbringguts mit Rammhaube 1 : 1 bis 1 : 2 gewählt. Zum Rammen von Spundwänden ist der Einsatz von Hydraulikhämmern mit einer Energie von 40 bis 90 kNm pro Rammschlag üblich.

3.3.1.4 Schnellschlaghammer

Der Schnellschlaghammer wird mit Druckluft oder Dampf angetrieben. Die Luft oder der Dampf wird unter Druck abwechselnd zu den beiden Seiten des Kolbens geführt. Die jeweils entgegengesetzte Seite ist mit den Auspufföffnungen verbunden. Der Kolben trifft beim Fallen auf ein flaches Schlagstück, das am Zylinder befestigt ist und auf dem Einbringgut sitzt. Durch den Druck wird der Kolben gehoben und beim Fallen wieder beschleunigt.

Der Schnellschlaghammer hat einen hohen Wirkungsgrad. 90 % der Rammenergie stammt aus der Wirkung der Druckluft oder des Dampfes. Werden Stahlspundwände gerammt, werden dafür Hämmer mit einem Kolbengewicht zwischen 100 und 1300 kg, und einer mit dem Hammergewicht steigenden Fallhöhe zwischen 110 und 500 mm verwendet. Die Gesamtschlagenergie des größten Schnellschlaghammers beträgt etwa 30 kNm pro Rammschlag. Damit ist sie um einiges geringer als die Schlagenergie der größten Freifallhämmer, wohingegen ihre Schlagfolge höher ist. Diese liegt bei den kleinsten Hämmern bei ungefähr 400 pro min und geht bei den größten Hämmern zurück auf ca. 100 pro min. Durch die relativ hohe Schlagfolge bleibt das Einbringgut ständig in Bewegung. Dies erleichtert den Einbringvorgang. In der Regel wird ein Verhältnis von Kolbengewicht zu Gewicht des Einbringguts von 1:5 gewählt.

Schnellschlaghämmer sind bei entsprechender Ausstattung auch für den Einsatz unter Wasser und für das Ziehen von Spundbohlen anwendbar. Die Rammgeschwindigkeit wird im Dauerbetrieb normalerweise auf 150 mm/min begrenzt. Für kurze Betriebszeiten ist eine Rammgeschwindigkeit bis zu 50 mm/min zulässig.

3.3.2 Vibrationsbären

3.3.2.1 Prinzip, Kenndaten

Der Vibrationsbär ist von seinem Grundprinzip her ein Schwingungserzeuger mit dem Ziel, das Einbringgut in Schwingung zu versetzen, welche den Boden in seiner Zusammenwirkung mit dem vibrierenden Einbringgut wie Bohle oder Pfahl in einen pseudoflüssigen Zustand versetzt. Dieser Zustand des Bodens hat eine Verringerung der Einbringwiderstände wie der Mantelreibung und des Spitzendrucks zur Folge und ermöglicht dem Einbringgut das Eindringen in den Boden. Es genügt eine nur geringe Last, wie das Eigengewicht der Bohle oder des Pfahls zusammen mit dem Gewicht des Vibrators, um das Einbringgut in den Boden zu treiben. Die entgegenwirkenden Kräfte vergrößern sich mit fortschreitender Eindringtiefe.

Der Schwingungserzeuger, der auch Erregerzelle genannt wird, arbeitet mithilfe rotierender Umbuchten. Zwei Exzentergewichte, die über ein Getriebe durch einen oder mehrere Motoren angetrieben werden, drehen sich mit gleicher Frequenz und gegenläufigem Drehsinn, wodurch sich die Horizontalkomponenten der entstehenden Fliehkräfte aufheben und sich deren Vertikalkomponenten addieren [11].

Die wesentlichen Grundgrößen der Vibratoren sind:

- Die Antriebsleistung P (kW), die durch das Trägergerät bestimmt wird. Der Antriebsmotor muss groß genug sein, um über die erzeugte Fliehkraft die Widerstände im Boden zu überwinden. Die Antriebsleistung soll pro 10 kN Fliehkraft ungefähr 1 bis 2 kW betragen.
- Die Drehzahl n (1/min) ist der Verursacher der Schwingungen, die über das Rammgut in den Boden geleitet werden und diesen in den pseudoflüssigen Zustand versetzt.
- Das statische Moment ist das Maß der Größe der Unwucht und ergibt sich aus dem Produkt der Masse der rotierenden Unwuchten und deren Abstand von der Rotationsachse.
- Die Fliehkraft, welche abhängt vom statischen Moment und der Winkelgeschwindigkeit der Unwuchten. Sie wirkt sich stark auf die Reduzierung der Mantelreibung und Überwindung des Spitzenwiderstandes aus und muss groß genug sein, dass die Haftreibung zwischen Rammgut und Boden überwunden wird.
- Die Schwingweite S, die Gesamtamplitude, welche die gesamte vertikale Verschiebung der Erregerzelle mit dem Rammgut während einer Umdrehung der Unwuchten ist. Sie ist zusammen mit der Fliehkraft ein Maßstab für die Rammleistung. Großer Hub und große Stoßkraft ergeben guten Rammvortrieb.

Bei Ramm- und Zieharbeiten in bindigen Böden vermag nur eine ausreichend große Schwingweite den elastischen Verbund zwischen Rammgut und Boden abzureißen.

Folgende Vibratoren kommen zum Einsatz [25]:

1. Standardfrequenzausführung mit fixem statischen Moment.

Durch ihre konstante Amplitude weisen sie für einen großen Anwendungsbereich für die verschiedensten Arten von Ramm- und Zieharbeiten eine hohe Leistungsdichte auf. Die Geräte sind in ihrer Ausführung sehr robust und für leicht bis mittelschwer rammbare Böden einsetzbar. Sie arbeiten mit einer Frequenz von etwa 28 Hz.

2. Hochfrequent mit stufenweise verstellbarem statischen Moment und einstellbarer Frequenz.

Mit dem System der auswechselbaren Zusatzgewichte kann der Vibrator in kürzester Zeit an unterschiedliche Bodenverhältnisse angepasst werden. Zum Beispiel wird bei locker gelagerten Sanden eine hohe Frequenz benötigt. In diesem Fall können die Zusatzgewichte auf der Baustelle entnommen und somit bei gleicher Fliehkraft hohe Frequenzen erreicht werden. Die Geräte eignen sich für mittelschwer bis schwer rammbare Böden. Sie arbeiten mit Frequenzstufen von 23 bis 39 Hz, je nach Gerätetyp und eingebauten Gewichten.

3. Hochfrequent mit variablem statischen Moment und einstellbarer Frequenz.

Mit diesen Maschinen ist eine optimale Frequenz- und Schwingweitenanpassung an die gegebenen Bodenverhältnisse möglich. Sie verfügen über eine sog. SPS-Steuerung (Speicherprogrammierbare Steuerung), mit der sie in der Lage sind, mehrere Funktionen zusammengefasst mit nur einem Befehl auszuführen. Zudem verfügen diese Maschinen über eine Steuerung, die sich nach vorgegebenen Grenzwerten richtet, sodass z. B. eine vorgewählte Frequenz nicht unterschritten wird. Das Einsatzgebiet dieser Geräte sind innerstädtische Baustellen, die eine Vermeidung von Lärm-, Erschütterungs- und Geräuschemissionen erfordern. Sie arbeiten mit einer Frequenz von knapp unter 40 Hz.

4. Baggeranbau-Vibratoren, welche über eine Anschlussgabel am Löffelstiel des Baggers montiert werden.

Die Ausrichtung des Vibrators zum Rammgut erfolgt über ein hochfestes Drehstück, welches die Einleitung zusätzlicher statischer Druckkräfte vom Baggerarm auf den Vibrator zulässt. Dadurch kann die Rammleistung erhöht werden. Der Vibrator wird an die Hydraulik des Baggerauslegers angeschlossen. Diese Geräte werden eingesetzt für allgemeine Ramm-, Zieh- und Verdichtungsarbeiten, und unter Verwendung von variablen, resonanzfrei an- und auslaufenden Vibratoren, für Arbeiten in schwingungssensiblen oder innerstädtischen Bereichen. Diese Vibratoren eignen sich auch für das Einbringen von Kunststoffbohlen und Holzpfählen.

3.3.2.2 Aufbau einer Vibrationsanlage und Auswahlhilfen [25]

Für die Energieversorgung der hydraulischen Vibratoren liefern von Dieselmotoren angetriebene Hydraulikpumpen den Drucköl strom für die Hydromotoren am Vibrator. Die Aggregate sind heute schallgedämmt und werden über die programmierte SPS-Steuerung gesteuert und während des Arbeitsgangs überwacht. Der Vibrator wird ferngesteuert bedient. Über eine Online-Verbindung ist es möglich, die Arbeitsparameter der Vibrationseinheit zu lesen. Bei Auftreten einer Störung besteht die Möglichkeit, dass durch Auswertung der Betriebsparameter telefonisch Hilfe durch das Fachpersonal des Geräteherstellers geleistet werden kann.

Der Vibrator mit Erregerzelle, in der Exzentergewichte rotieren, muss gegen Schwingungsweiterleitung zum Trägergerät isoliert sein. Um die Schwingungen aus der Erregerzelle zu absorbieren, wird ein Federelement zwischen Vibrator und Trägergerät eingebaut. Über eine Schlittenverbindung kann der Vibrator an die unterschiedlichen Mäklersysteme angeschlossen werden.

2.9 Rammen, Ziehen, Pressen, Rütteln

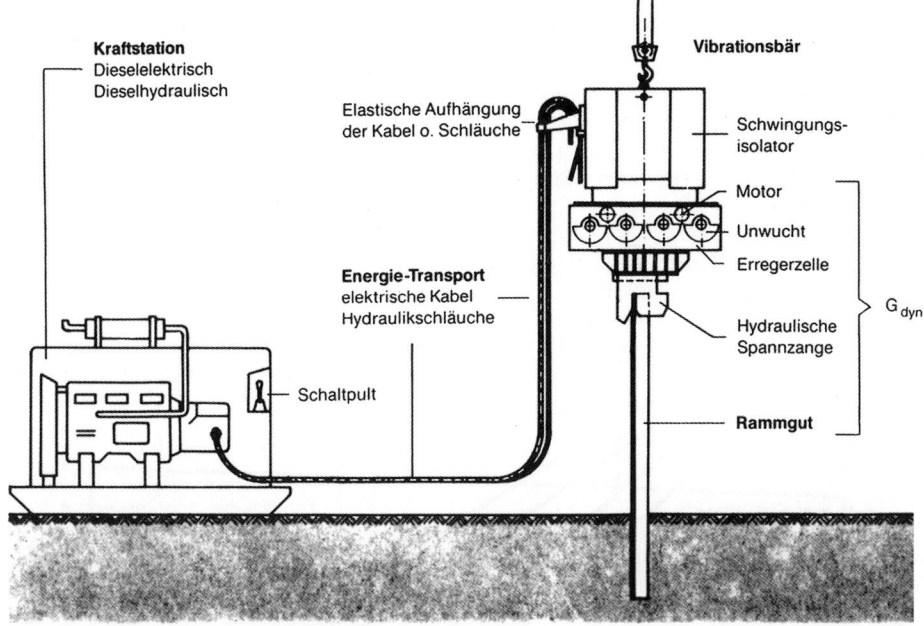

Bild 7. Müller Vibrationsanlage mit eigener Kraftstation (ThyssenKrupp)

Um eine direkte Schwingungsübertragung auf Einbringgut und Boden zu gewährleisten, wird das Einbringgut über unten am Vibratorgehäuse angebrachte hydraulisch betätigte Klemmen mithilfe von Spannzangen mit dem Vibrator verbunden, wobei die Spannkraft der Spannzange mindestens das 1,2-Fache der Fliehkraft betragen muss.

Die Bodenbeschaffenheit ist entscheidend für den Rammerfolg. Lagerungsdichte, Konsistenz und Wassergehalt müssen im Vorfeld untersucht werden und aus den Ergebnissen wird der optimale Vibrator ausgewählt. Auch kann aufgrund der Bodenuntersuchungen entschieden werden, ob ein Rammhilfsverfahren zum Einsatz kommen soll. Zur Ermittlung des optimalen Vibrators ist die benötigte Fliehkraft in Abhängigkeit der Bodenverhältnisse aus Bild 8 zu ersehen.

Aus Bohlengewicht und Rammtiefe ergibt sich bei Annahme mittelschwerer Rammarbeiten eine erforderliche Fliehkraft von 1250 kN. Aus mehreren Möglichkeiten wird der Vibrator MS-50 HHF (Firmenbezeichnung) gewählt.

Die ermittelte Fliehkraft ist beim Einsatz von Hochfrequenzvibratoren um 30 % zu erhöhen.

3.4 Geräte – Einpresstechnik

Im Gegensatz zum Rammen und Vibrieren wird beim Einpressen auf die Spundbohle nur statischer Druck ausgeübt. Dies wird mithilfe von Presszylindern erreicht, die über ein Hydrauliksystem das Einbringgut Hub für Hub eines Presszylinders in den Boden pressen.

Geräteauswahlhilfen

Eine Hilfe zur Ermittlung der erforderlichen Fliehkraft bzw. zur Geräteauswahl – in Abhängigkeit von den Bodenverhältnissen – kann der Abbildung entnommen werden. Hierbei sollten jedoch die folgenden Hinweise zu den ermittelten Werten beachtet werden:

- Bei hochfrequentem Einsatz der Vibratoren sollten die so ermittelten Fliehkräfte um 30% höher liegen.
- Die Schwingweite sollte frei schwingend ohne Bodendämpfung, keinesfalls weniger als 6,0 mm betragen.
- Hilfsmittel wie Spüllanzen, Lockerungsbohrungen etc., verringern erheblich den Eindringwiderstand und müssen gesondert betrachtet werden.

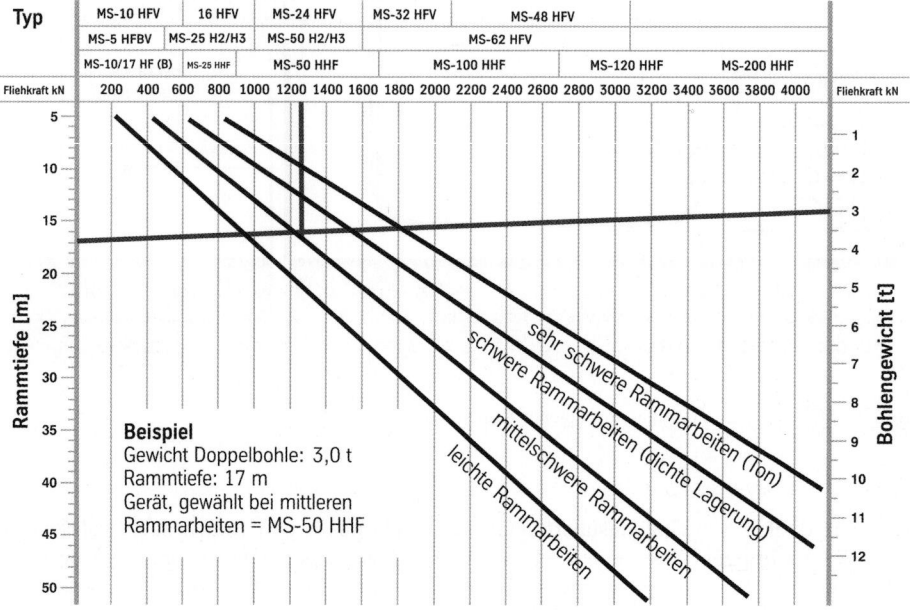

Bild 8. Gerätewahl eines Vibratoren-Herstellers (ThyssenKrupp)

Um die Bohle in den Boden zu bringen, muss die Einpresskraft den Einpress-Widerstand überwinden. Dieser setzt sich zusammen aus dem Spitzendruck am Fuß der Bohle, der Schlossreibung und der Mantelreibung, welche sich proportional zur Einbringtiefe vergrößert, indem die sich am Bodengefüge reibende Spundbohlenoberfläche mit zunehmender Tiefe ansteigt. Bei manchen Verfahren wird die Bohle kurz hochgezogen und dann weitergepresst. Dies geschieht zur Verringerung des Spitzenwiderstandes durch kurzzeitige Entlastung der entstehenden Druckzwiebel am Bohlenfuß. Der grundlegende Unterschied der Pressverfahren zu schlagenden und vibrierenden Rammverfahren liegt darin, dass beim Einpressen die um den Einpress-Widerstand zu überwindende Einpresskraft der Pressmaschine, welche die Maschine nach oben zwingt, abgetragen werden muss. Hier ist eine Reaktionskraft erforderlich.

Die heute angebotenen Einpressverfahren können in drei Systeme unterteilt werden:

- freireitende Spundwandpressen,
- mäklergeführte Spundwandpressen,
- selbstschreitende Spundwandpressen.

3.4.1 Freireitende Spundwandpresse

Die freireitende Spundwandpresse wird mittels eines Krans auf eine Tafel von bis zu acht bereits ineinander eingefädelten Stahlspundbohlen, die in einem Führungsrahmen aufgestellt wird, aufgesetzt und mithilfe von Spannvorrichtungen an dem Bohlenpaket festgeklammert. Nachdem jede Bohle mit einem Presszylinder der Maschine verbunden ist, werden sie einzeln oder paarweise in den Boden eingepresst. Die Reaktionskraft wird am Anfang aus dem Eigengewicht der Maschine selbst und den Spundbohlen bezogen. Je tiefer die Bohlen in den Boden dringen, desto größer wird die Mantelreibung aus der, zusammen mit der Schlossreibung, zusätzlich die Reaktionskraft bezogen wird. Mit diesem System können U-Profile und Z-Profile sowohl eingepresst als auch gezogen werden. Die Presse ist über Fernsteuerung zu bedienen. Die Pressen haben einen Hub von 800 mm und leisten eine Einpress-Kraft von 300 kN pro Hydraulikzylinder bei einem Eigengewicht von etwa 12 t.

Der Nachteil dieses Systems ist, dass bei fest gelagerten Bodenformationen und bei Findlingen im Boden die ganze Tafel wieder gezogen und die Maschine abgebaut werden muss, um das Hindernis aus dem Weg zu räumen.

3.4.2 Mäklergeführte Presse

Diese Maschine arbeitet, geführt an einem Mäkler, nach demselben Prinzip wie die freireitende Presse. Sie hat gegenüber der freireitenden Presse den Vorteil, in der Handhabung wesentlich einfacher zu sein. Ein eingeführtes System ist das Hydro-Press-System der Firma ABI-GmbH. Bei diesem werden je nach Maschinentyp zuerst drei oder vier Bohlen zu einer Tafel eingefädelt, wobei die Leistung bei einer Bestellung durch bereits im Werk eingefädelte Bohlen gesteigert werden kann. Dann wird die Profiltafel über Ankerketten an den Zangen der Presszylinder hochgezogen, ausgerichtet und in die bereits eingebrachte Bohle eingefädelt. Es folgt der Pressvorgang, indem bei vier zu einer Tafel eingefädelten Profilen zuerst die mittleren Profile, und wenn die Zylinder ausgefahren sind, die äußeren Profile auf gleiche Tiefe gepresst werden. Dann wird die Hydropresse nach unten gefahren, bis die Zylinder eingefahren sind. Dies wird wiederholt bis alle Profile ihre Soll-Tiefe erreicht haben [1].

Über einen Führungsschlitten wird das Hydro-Press-System an die hydraulische Schnellwechselanlage des ABI-Mobilram-Systems angeschlossen. Seine Versorgung erfolgt über die Bordhydraulik des Trägergerätes, welches auf die ausgewählte Presse und die durchzuführenden Arbeiten abgestimmt sein muss. Je nach ausgewählter Presse ist, um eine ausreichende Standsicherheit zu gewährleisten, auf das Fahrwerk zu achten und je nach Bedarf mit einem teleskopierbaren Fahrwerk zu fahren.

Die Reaktionskraft wird bei der mäklergeführten Presse aus ihrem Eigengewicht und anteilig aus dem Eigengewicht von Mäkler und Geräteträger, aus der Mantelreibung eingebrachter Bohlen sowie aus der Vorspannkraft aus dem Teleskopzylinder am Mäklermast bezogen. Die Pressen haben einen Hub von 450 mm und leisten eine Einpress-Kraft von 600 kN bis 760 kN pro Zylinder bei einem Gewicht bis max. 5 t. Wie die freireitenden Pressmaschinen sind sie über Fernsteuerung bedienbar.

3.4.3 Selbstschreitende Spundwandpressen

Dieses System unterscheidet sich von den anderen beiden Systemen dadurch, dass vor dem Einpressvorgang nicht erst ein Paket aus mehreren eingefädelten Bohlen aufgestellt zu werden braucht, sondern die Pressmaschine auf die mittels einer Startvorrichtung bereits in den Boden eingepressten Spundbohlen aufgesetzt und festgeklemmt wird, in die letzte bereits eingepresste Bohle die nächste Bohle eingefädelt und hubweise eingepresst wird.

Bevor die Bohle auf Soll-Tiefe gepresst ist, löst die Maschine die Klammerung an den eingepressten Bohlen, hebt sich an und wird von der noch nicht vollständig eingepressten Bohle getragen. Der Unterwagen der Maschine fährt um einen Schritt nach vorne, senkt sich ab, klammert sich wieder an den eingepressten Bohlen fest und vollendet den Einpressvorgang auf Soll-Tiefe. Danach fährt der Oberwagen vor und die nächste Bohle wird eingefädelt. Bild 9 zeigt die Arbeitsweise einer selbstschreitenden Spundwandpresse.

Für den Start des Einpressvorgangs, bei dem noch keine Spundbohlen eingepresst sind, wird die Maschine auf eine Startvorrichtung gestellt. Je nach Bodenbedingungen und Spundbohlenlänge wird ein Gegengewicht, oft Spundbohlenpakete, auf die Startvorrichtung gestellt. Die erste Spundbohle wird dann eingepresst, wobei die Reaktionskraft aus dem Gegengewicht und dem Eigengewicht der Maschine stammt. Ist die Startspundbohle eingepresst, fährt die Presse vor und klammert sich zusätzlich an dieser neuen Bohle fest, wodurch sich die Reaktionskraft erhöht [10].

Ein Kran ist nur erforderlich, um die Spundbohlen zuzuführen, wohingegen durch das selbstschreitende System das Fortschreiten der Maschine und das Einpressen keinen Kran benötigen.

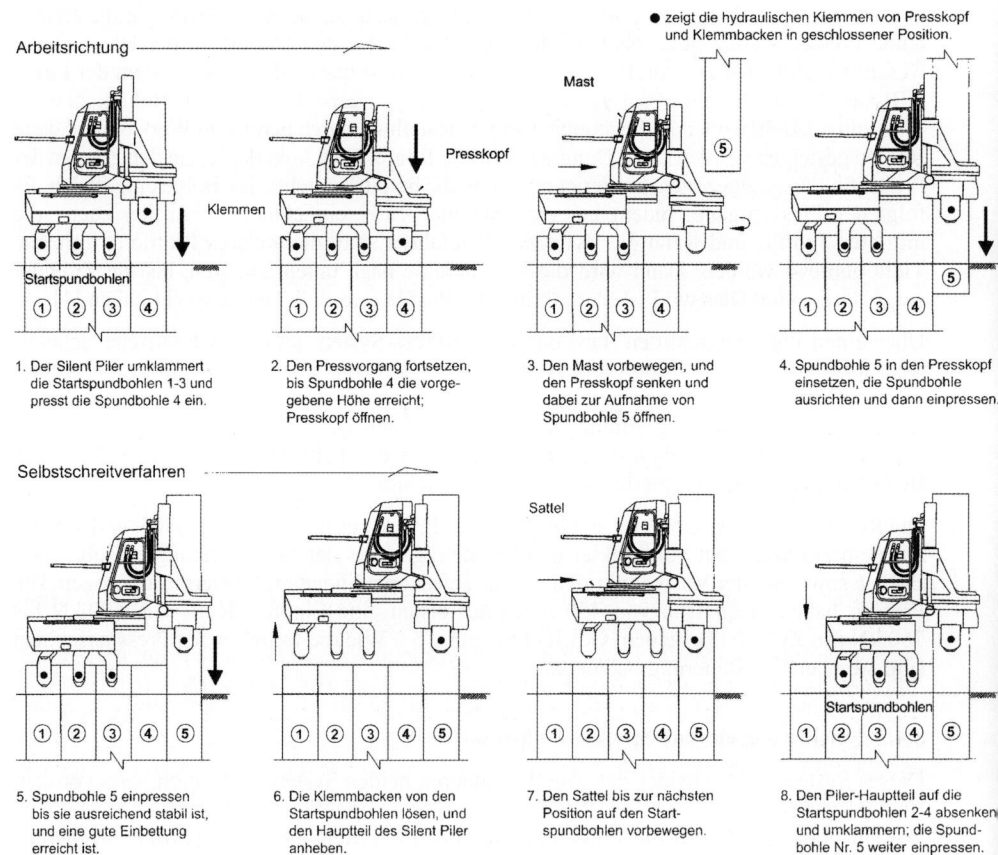

Bild 9. Selbstschreitende Spundwandpresse (Giken Europe BV)

2.9 Rammen, Ziehen, Pressen, Rütteln

Mit diesen Pressmaschinen ist es durch die Verdrehmöglichkeit des Oberwagens auch möglich, auf jeder Seite der vorgesehenen Eckpositionen bis zu zwei Spundbohlen im rechten Winkel zueinander einzubringen. Nachdem genügend Reaktionsspundbohlen installiert wurden, hebt ein Kran die Pressmaschine einfach von der obersten Reihe ab und setzt ihn auf die neue Reihe. Genauso sind auch Kurven und andere Konfigurationen herstellbar. Der Mindestradius eines einpressbaren Bogens ist von der Übereinstimmung der Presse mit den Daten der Spundbohle abhängig.

Ein weiterer Vorteil dieser Maschinen sind ihre geringen Abmessungen und daher ihr einfacher Transport. Die Modelle haben ein Gewicht von 8,4 bis 13,2 t und der Minimalabstand zu angrenzenden Bauwerken beträgt von der Spundwandachse gemessen nur etwa 70 cm. Das befähigt diese Maschinen zum Einpressen an dicht anstehender Bebauung. Der Kopf der Spundbohle muss einen Überstand über den Boden von min. 50 cm aufweisen, damit die Presse aufgesetzt werden kann. Deshalb ist es erforderlich, einen entsprechend tiefen Graben auszuheben, wenn bis auf Bodenoberkante eingepresst werden soll.

Die Lärmbelastung bei diesen Maschinen erfolgt allein von der Kraftstation, an welche die Presse angeschlossen wird, mit einem Geräuschpegel von etwa 60 dB(A). Wie die anderen Press-Systeme wird auch diese Maschine ferngesteuert bedient.

Ein weiterer Vorteil ist, dass während des Einfädelns der Spundbohle, diese mit der Spannzange der Presse gehalten und ausgerichtet werden kann, was der Sicherheit des Arbeitsablaufs zu Gute kommt [2, 10].

3.4.4 Baggeranbau – Spundwandpressen

Zum Einpressen von Spundbohlen, besonders für Leichtprofile und Kanaldielen, können wie Vibratoren auch Pressmaschinen direkt an einen Hydraulikbagger angebaut werden.

Die Reaktionskraft wird bei diesen Systemen aus dem Eigengewicht der Maschine und des Einbringguts, der mit der Einbringtiefe zunehmenden Mantelreibung und der Druckkraft des Baggerlöffelstiels bezogen.

3.5 Rammhilfsmittel

Rammhilfsmittel dienen zur Erleichterung der Arbeit mit Spundbohlen und anderem Rammgut sowie zur Gewährleistung der Sicherheit. Dafür wurden die folgenden Geräte und Vorrichtungen entwickelt.

3.5.1 **Rammhauben**

Zur besseren Einleitung des Rammschlages in das Rammelement und zur Schonung der Bären und der Bohlenköpfe sind Rammhauben mit Futter erforderlich, wenn langsam schlagende Bären mit großer Rammenergie pro Einzelschlag zum Einsatz kommen. Wichtig ist, dass der Rammimpuls das gesamte Rammgut durchläuft, damit der Spitzenwiderstand und die Mantelreibung überwunden werden. Ist der Rammimpuls zu klein dafür, wird die Rammenergie den Pfahlkopf zerstören, ohne dass das Rammgut in den Boden eindringt. Die Rammhaube verteilt die Kraft auf das Rammgut gleichmäßig. Das Futter wirkt als Energiespeicher und verlängert die Einleitungsdauer, was zu einem besseren Rammergebnis führt.

Die Unterseite der Rammhaube ist mit Führungsschlitzen für die Rammelemente versehen. Diese Schlitze sind nach unten hin keilförmig aufgeweitet, was das Aufsetzen der Rammhaube auf das Rammelement erleichtert.

Durch im erforderlichen Abstand miteinander verbundene Führungsteile kann eine einwandfreie Verbindung zum Mäkler hergestellt werden. Das Führungsteil wird an der Rammhaube befestigt, was durch angegossene bzw. angeschweißte Befestigungsleisten erleichtert wird. Rammhauben sollten stets mäklergeführt werden, um eine gute Führung des Rammguts zu gewährleisten und um exzentrische Schläge und ein Abstürzen der Rammhaube zu vermeiden [13].

3.5.2 Anschlagklauen

Anschlagklauen sind Vorrichtungen, mit denen die einzelnen Bohlen eines Stapels aufgenommen werden können.

Bild 10. Anschlagklaue (Profilarbed)

3.5.3 Schäkel

Schäkel dienen dazu Spundbohlen aufzunehmen. Werden Sie als spezielle Sicherheitsschäkel eingesetzt, so ist es möglich, die Aufhängung der Bohle am Kran vom Boden aus zu lösen (Bild 11). Der Schäkel wird an einem speziellen Loch am Bohlenkopf angeschlossen, durch das der Schäkelbolzen geführt wird. Dies ist eine schnelle, sichere und effiziente Methode.

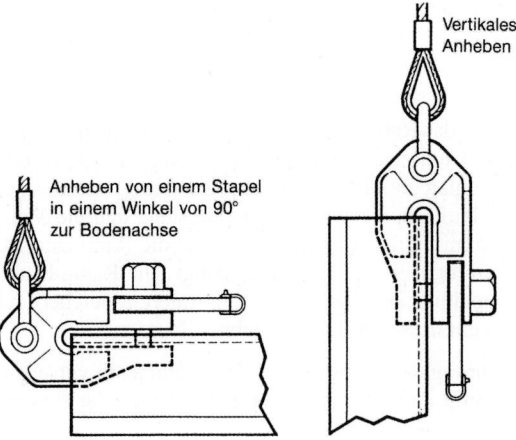

Bild 11. Sicherheitsschäkel (Profilarbed)

3.5.4 Einfädelvorrichtungen

Für das Einfädeln in großer Höhe beim Aufstellen oder staffelweisen Einbringen von Spundbohlen gibt es automatische Einfädelvorrichtungen. Somit kann ein Schlossverbund ohne Arbeiten am Bohlenkopf hergestellt werden. Der Monteur braucht diese Vorrichtung jeweils nur am Boden anzusetzen. Dies ermöglicht das Einfädeln auch bei stürmischem Wetter [13].

4 Einbringtechnik

4.1 Baugrundbeurteilung

Für jedes Einbringverfahren ist die Produktivität und Wirtschaftlichkeit von entscheidender Bedeutung. Mehr als bei anderen Baumaßnahmen ist der Baufortschritt beim Einbringen von Pfählen und Spundwänden von den geologischen Verhältnissen abhängig. Die Schichtung des Bodens entlang der Pfahl- oder Spundwandachse liefert neben den Bebauungsverhältnissen um die Baustelle die Vorgaben zur Auswahl für das geeignetste Einbauverfahren und Gerät. Über Bodenuntersuchungen, mithilfe von Versuchen auf der Baustelle und im Labor, werden hierüber Informationen gewonnen, welche auch dazu dienen, die zu erreichende Soll-Tiefe zu gewährleisten.

Die für diese Informationen bedeutsamen Einflussgrößen sind [13]:

– Schichtung des Baugrunds,
– Korngröße, Kornverteilung und Ungleichförmigkeitszahl,
– Einschlüsse,
– Porenanteil und Porenzahl,
– Wichte,
– Höhe des Grundwasserspiegels,
– Wasserdurchlässigkeit des Bodens,
– Feuchtigkeitsgehalt,
– Scherparameter und Kohäsion,
– Ramm-, Drucksondierergebnisse und Ergebnisse von Standard-Penetrations-Tests.

In der Regel stehen nur Werte über Schichtung, Wichte, Scherparameter und aus Ergebnissen von Ramm -und Drucksondierung und Standard-Penetrations-Tests zur Verfügung [13]. Vielfach werden in der Praxis wenige der Daten, die genügend Aufschluss über den Baugrund liefern, erkundet.

Wird an der ausreichenden Untersuchung des Bodens gespart, kann dies kostenintensive Folgen haben, z. B. wenn sich erst nach Baubeginn zeigt, dass ein ungeeignetes Gerät oder Verfahren gewählt wurde, oder das Einbringgut von dessen Stärke und Länge nicht geeignet ist. Liegen heute für ein Baugebiet gesammelte Daten wie Bohrprotokolle vor [11], aus denen Rückschlüsse zur Anwendung eines geeigneten Verfahrens gezogen werden können, so empfiehlt es sich, diese zu berücksichtigen. Der Standard-Penetrations-Test (SPT) gilt heute als eine aufschlussreiche Informationsquelle. Dieser Test dient zur Bestimmung der Festigkeit von nichtbindigen Bodenarten für größere Einsatztiefen und für Untersuchungen auf dem Wasser, wo Sondierungen einen großen Aufwand erfordern. Er ist eine Rammsondierung, die in einer Bohrung von der Bohrlochsohle aus durchgeführt wird. Die Untersuchungstiefen erstrecken sich von etwa 1 m bis zu 100 m.

Eine Klassifizierung der Böden nach Rammbarkeit ist nach heutigem Stand nicht gegeben. Es gibt lediglich eine Bodeneinteilung nach DIN 18300 für Erdarbeiten und nach DIN 18311 für Nassbaggerarbeiten. Auch nach heutigem Erkenntnisstand ist eine Vorhersage der Reaktion des Bodens bei der Ramm- und Vibrationstechnik nicht zufriedenstellend zu gewährleisten. Nach der Norm ATV DIN 18304 „Ramm-, Rüttel- und Pressarbeiten" ist zwar eine Überprüfung des zu bebauenden Bodens geboten, aber sowohl Bestimmungen über deren Ausführung als auch eine dafür geeignete Technik sind nicht vorhanden [7].

Aufschluss über Bodenreaktionen können auch Proberammungen bringen. Die Proberammung wird an den Stellen des Baufelds, an denen die schwierigsten Bodenverhältnisse erwartet werden, durchgeführt. Dafür sind die Bodenverhältnisse durch mindestens eine Kernbohrung mit einer Tiefe deutlich unter Soll-Rammtiefe und am zweckmäßigsten mit zwei bis drei Rammsondierungen mit schwerer Rammsonde zu erforschen [6]. Für die Ausführung von Proberammungen ist größte Sorgfalt geboten. Sie sind mit Rammprotokollen zu dokumentieren [13].

Es gelten folgende Einteilungen für Rammbarkeit:

- leichte Rammung:
  weicher Schluff, Schlick, Klei, Moor, Torf, locker gelagerter Mittelsand und Grobsand, runde Kornformen, wie Kies ohne Steineinschlüsse.
- mittelschwere Rammung:
  steifer Schluff, Lehm, Ton, mitteldicht gelagerter Mittel- und Grobsand, Feinkies, kantige Kornform.
- schwere Rammung:
  halbfester bis fester Schluff, Lehm, Ton, dicht gelagerter Feinsand, dicht gelagerter Fein-, Mittel- und Grobkies, kantige Kornform, Geröllschichten, trockene bindige Böden und Fels.

4.2 Einbringverfahren gemäß Baugrund

Für das schlagende Rammen gilt:

- Bei Torf, Schlick, locker gelagerten Mittel- und Grobsanden und Kiesen ohne kantige Steineinschlüsse ist eine leichte Rammung zu erwarten.
- Bei steifem Ton, Lehm, dicht gelagertem Feinsand oder Kies, weichem bis mittelhartem Fels ist eine schwere Rammung zu erwarten.

Für das Vibrationsrammen gilt:

- Bei weichen Böden wie Torf, Schlick und bei Sanden und Kiesen mit runder Kornform ist ein leichtes Einvibrieren zu erwarten.
- Bei Böden mit kantigen Kiesen und Sanden und bindigen Böden mit sehr steifer Konsistenz ist ein mittelschweres bis schweres Einvibrieren zu erwarten. Der Boden kann durch das Anwenden von Einbringhilfsverfahren wie Lockerungsbohrung oder Einspülhilfe für ein leichteres Einvibrieren vorbereitet werden.
- Kommt es durch das Einvibrieren in den Boden zu einer stärkeren Verdichtung am Fuß des Einbringguts, wird die Erhöhung des Eindringwiderstandes ein weiteres Eindringen unmöglich machen und der Vorgang ist abzubrechen. Es besteht in diesem Fall prinzipiell die Gefahr, dass bei langen Rüttelzeiten und/oder dünnen Wandstärken sich der Kopf des Einbringguts bis zur Rotglut erhitzt und aus der Spannvorrichtung ausbricht.

2.9 Rammen, Ziehen, Pressen, Rütteln 473

Für das Einpressen gilt:
- Bei leicht bindigen Böden wie sandiger Lehm und genügender Feuchtigkeit sind die besten Einpresserfolge zu erwarten.
- Sowohl dicht gelagerter Sand und Kies, als auch steifer Ton sind für das Einpressen ungeeignet. Wie beim Vibrationsverfahren kann hier der Boden durch das Anwenden von Einbringhilfsverfahren wie Auflockerungsbohrung oder Einspülhilfe für ein leichteres Einpressen vorbereitet werden.

4.3 Einbringhilfen

Einbringhilfen sind Verfahren, die zur Unterstützung der Einbringverfahren mit hinzugezogen werden. Das gilt für das Einbringen von Stahlspundbohlen genauso wie für anderes Einbringgut. Sobald die Vibrations- oder Presstechnik nicht mehr ausreicht, um die Einbringwiderstände zu überwinden, werden diese Verfahren herangezogen, ansonsten wäre ein Einbringen nicht mehr möglich. Die Anwendung einer Einbringhilfe führt zudem zu einer Erleichterung des Einbringvorgangs und bringt eine Verkürzung der Einbringzeit mit sich. Ein weiterer Vorteil von Einbringhilfen ist, dass aufgrund der Erleichterung beim Einbau und dem schnelleren Baufortschritt die Lärm- und Erschütterungsbelastungen reduziert werden.

Die Einbringhilfen unterscheiden sich in:

– Vorbohren des Baugrunds,
– Einspülen und
– Lockerungssprengungen.

4.3.1 Vorbohren

Das Vorbohren lässt sich unterteilen in:

– Auflockerungsbohrungen und
– Bohrungen mit Bodenaustausch.

4.3.1.1 Auflockerungsbohrungen

Auflockerungsbohrungen dienen der Auflockerung von dicht gelagerten Böden. Bei Schiefer und Sandstein sind Lockerungsbohrungen nur bedingt erforderlich. Das Ziel ist die Reduzierung des Spitzenwiderstands des einzubringenden Einbringguts. Mit einem Bohrgerät werden Schnecken mit 20 bis 75 cm Durchmesser in den Boden gedreht. Der Mindestdurchmesser eines Bohrlochs sollte 25 cm betragen. Der Abstand kann sich nach dem Raster der Spundbohlen richten. Die Bohrlöcher werden in Spundwandachse angefertigt. Damit die Bohlen genügend Standsicherheit und Undurchlässigkeit aufweisen, sollten die Bohrlöcher etwa 1 m über dem Fuß der Spundbohle enden.

In der Praxis ist bekannt, dass sich je nach Beschaffenheit der Boden nach seiner Auflockerung schnell wieder verfestigen kann. Deshalb sollten die Bohrungen unmittelbar vorauseilen [2].

4.3.1.2 Bohrungen mit Bodenaustausch

Bei diesem Verfahren wird eine überschnittene verrohrte Bohrung erzeugt, die das ganze Profil abdeckt und die danach mit einem dichtenden Material, welches sich zum Einvibrieren eignet, wieder aufgefüllt wird. Danach wird die Bohle in dieses Material eingebracht. So tritt das Problem der Auflockerungsbohrung hier nicht auf und es können auch bei schwierigen Baugrundverhältnissen unter geringer Lärm- und Erschütterungsbelastung Spundwände eingesetzt werden [11].

4.3.2 Einspülen

Die Einspülhilfe ist ein weiteres Hilfsverfahren für das Einbringen von Spundbohlen. Dieses Verfahren eignet sich für das Einvibrieren sowie auch für das Einpressen.

Das Prinzip dieses Verfahrens beruht darin, Wasser, selten ein Wasser-Luft-Gemisch, unter geregeltem Druck im Bereich des Bohlenfußes austreten zu lassen. Dafür werden Spülrohre aus Stahl an der Spundbohle befestigt und über Schläuche an der Einspülpumpe angeschlossen. Stand der Technik ist heute, dass anstelle angeschweißter Stahlspülrohre flexible Kunststoffschläuche verwendet werden.

Das aus der Düse im Bereich des Bohlenfußes austretende Wasser lockert den Boden auf und beim Hochströmen entlang der Bohlenoberfläche wird die Mantelreibung reduziert. Ist der Boden kiesig, kommt es zu einer Umlagerung, in dem feine Partikel herausgelöst werden und Raum für das Eintreiben der Bohle gebildet wird. In bindigem Boden entsteht ein Schmierfilm zwischen dem Boden und der Bohlenoberfläche. Abhängig von der Gestaltung der Düsen und dem Wasserdruck wird zwischen Niederdruck- und Hochdruckspülen unterschieden.

Niederdruckspülen arbeitet mit einem Wasserdruck von etwa 20 bis 40 bar. Der Regelfall ist, dass die Spüllanze am Fuß der Bohle befestigt ist und dass der Spülvorgang von Beginn des Vibrierens zugeschaltet wird, da ansonsten die Spüllanze verstopfen würde. Der Wasserverbrauch liegt beim Niederdruckspülen zwischen etwa 200 bis etwa 500 l/min. Dem Spülwasser ein Gleitmittel zuzugeben, um den Wasserverbrauch zu senken, ist in der Praxis nicht verbreitet. Damit die Bohlen die nötige Standfestigkeit und Undurchlässigkeit aufweisen, wird der Spülvorgang mindestens 1 m und bei hohen Lastabtragungen 2 m vor der Soll-Tiefe beendet.

Das Hochdruckspülen arbeitet mit wesentlich höherem Wasserdruck, der zwischen etwa 350 und 500 bar liegt. Die Spüllanzen werden aus Präzisionsrohren mit einem Durchmesser von 30×5 mm gefertigt. Die Düsen sind Rundstrahldüsen mit sehr enger Austrittsöffnung von etwa 1,5 bis 3 mm. Durch den hohen Druck wird der Boden umgelagert und vorgeschnitten. Die Bodenkennwerte bleiben unverändert.

Das Hochdruckspülen wird in der Praxis selten angewendet. Es wird zwar der Spitzenwiderstand stark herabgesetzt, dafür aber weniger die Mantelreibung, die wesentlich entscheidender ist.

Im Bereich der Einpressverfahren wird die Einspülhilfe heute im System der selbstschreitenden Presse erfolgreich angewendet. Bei diesem Verfahren werden an der einzelnen einzupressenden Bohle entweder zwei dünne Rohre jeweils in den Ecken der Bohle oder eine Spüllanze in der Mitte des Bohlenstegs befestigt.

4.3.3 Lockerungssprengungen

Lockerungssprengungen kommen zur Anwendung bei den meisten Bodenarten, die für schwer oder völlig ungeeignet für das Einbringen durch Rammverfahren eingestuft werden. Dies sind stark verdichtete Böden, Tonstein, Felsbänke aus Kalk- oder Kalksandstein oder Findlinge sowie Granit.

Der felsartige Boden kann mithilfe dieses Verfahrens gelockert und in einem begrenzten V-förmigen Bereich zur Rammbarkeit aufbereitet werden. Dafür werden in Bohrlöcher in Abständen von 60 bis 120 cm Plastikrohre eingebracht, die mit Sprengstoff, angepasst entsprechend der Gesteinsfestigkeit, bestückt werden. Dessen Verteilung erfolgt im Rohr über die Tiefe des Bohrlochs, wobei die Sprengladungen unten im Bohrloch dichter beieinander liegen als an der Oberfläche. Es werden immer 2 bis 8 benachbarte Bohrlöcher gleichzeitig gesprengt [13]. Eine Zeitverzögerung beim Sprengen führt zu einer Druckwellenüberlagerung, die die Wirkung einengt, sodass ein Spalt entsteht, in welchem der Fels so zertrümmert ist, dass sich die Bohle einrammen lässt, wobei eine Verstärkung des Bohlenfußes von Vorteil sein kann. Es ist ratsam, die Spundbohlen in kürzester Zeit nach der Sprengung in den Spalt einzubringen.

5 Einbringen von Spundbohlen

Spundwände sind dauerhaft stehende Bauwerke oder sie werden als vorübergehende Baumaßnahme für Hilfszwecke errichtet. Heute werden Spundwände in den meisten Bereichen des Bauwesens eingesetzt und haben im Spezialtiefbau ihren festen Platz. Als Fertigungselemente, deren geometrische Abmessungen und Festigkeitswerte dem Planer bekannt sind, lassen sich Stahlspundwände leicht und effizient den gegebenen Anforderungen anpassen. Heute werden mit Vibrationsverfahren Spundbohlen bis zu 30 m tief eingebracht, was eine sehr saubere Verarbeitung der Bohlen notwendig macht, welche deshalb über ihren gesamten Herstellungsprozess, von der Rohstoffwahl bis zum gewalzten, gerichteten, zugeschnittenen, und als Doppel- oder Dreifachbohle verpressten Endprodukt, einer Qualitätskontrolle unterliegen.

Um einen optimalen Arbeitsablauf zu gewährleisten, ist es notwendig, dass beim Einbringen der Bohlen besondere Aufmerksamkeit auf die Richtungsgenauigkeit, auf die Parallelität der Flansche und auf die Bohlenschlösser in Bezug auf Schlossverhakung und -spiel gerichtet wird.

Bei der ersten Bohle ist die entscheidende Maßnahme, dass sie lot- und fluchtgerecht aufgestellt wird. Bei allen nachfolgenden Bohlen muss zudem eine ausreichende Einfädellänge gesichert sein, bevor sie freigegeben wird. Dies kann durch einen Grabenvoraushub erreicht werden.

5.1 Herstellen von Rammelementen

Üblicherweise werden bei der Errichtung von Stahlspundwänden die Bohlen der Z- und U-Profile als Doppel-, Dreifach- (seltener Vierfach-) Bohlen, zu denen sie bereits im Werk verpresst werden, gerammt.

5.2 Fortlaufendes Einbringen

Das übliche Rammverfahren ist das fortlaufende Einbringen, wie Bild 12 zeigt. Jedes Rammelement wird sofort auf Soll-Tiefe gebracht. Dieses Verfahren empfiehlt sich bei kurzen Bohlenlängen und locker gelagerten Böden.

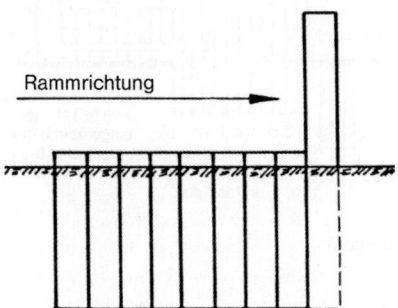

Bild 12. Fortlaufendes Einbringen von Spundbohlen

5.3 Staffelweises Einbringen

Dicht gelagerte Kiese, Sande aus festen bindigen Böden sowie zu erwartende Hindernisse im Boden erfordern ein staffelförmiges oder fachweises Rammen, wie aus Bild 13 ersichtlich.

Durch das staffelweise Rammen werden Spundwände exakter, d. h. lot- und fluchtgerechter eingebaut. Die Bohlen werden in den Schlössern von beiden Seiten geführt, mit der Folge einer höheren Rammsteifigkeit. Auch die Länge der Spundwand ist mit diesem Verfahren einfacher einzuhalten. Wegen eines Hindernisses im Boden braucht der Vorgang nicht abgebrochen zu werden. Die betroffene Spundbohle kann später entweder durchgerammt oder mit Hilfsmaßnahmen (s. Abschn. 4) auf Soll-Tiefe gebracht werden [13].

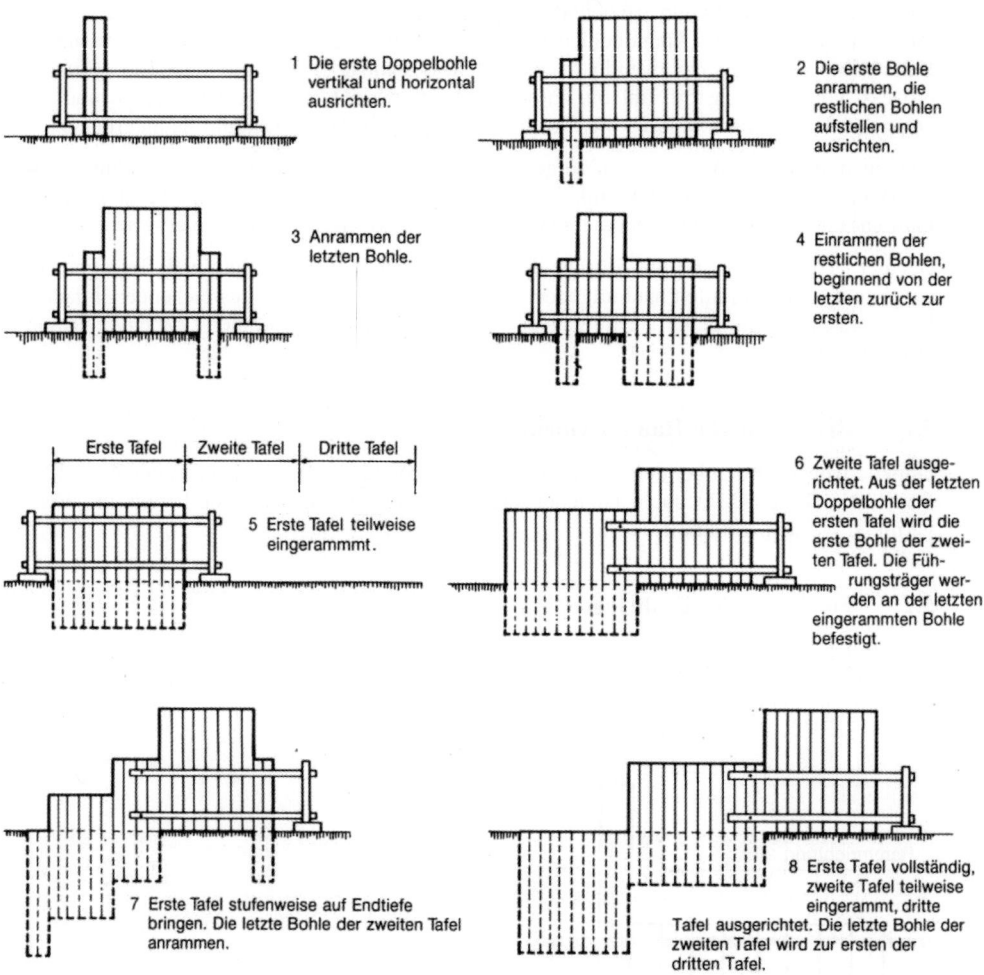

Bild 13. Staffelweises Einbringen von Doppelprofilen (Profilarbed)

2.9 Rammen, Ziehen, Pressen, Rütteln

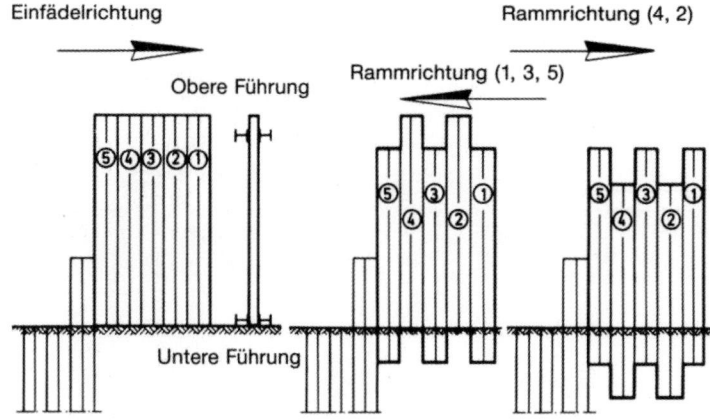

Nur die verstärkten Rammelemente 1, 3, 5 werden *voraus* gerammt; die anderen 2, 4, usw. bis in die gleiche Tiefe nachgerammt.

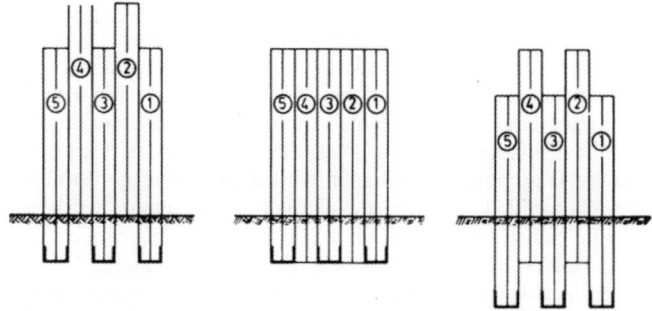

Bild 14. Fachweises Einbringen von Doppelbohlen (Profilarbed)

5.4 Fachweises Einbringen

Ist der Baugrund schwer rammbar, so ist es für die Bohlen am schonendsten, fachweise eingerammt zu werden. Entweder erfolgt eine Aufstellung der Bohlen zwischen Führungen oder sie werden solchermaßen eingerammt, dass ein fester Stand gewährleistet ist. Schwieriger Boden wird in kurzen Staffeln durchgerammt, wie Bild 14 zeigt.

Bei sehr dicht gelagertem Sand-Kies-Gemisch wird empfohlen, die zuerst einzubringenden Bohlen 1, 3, 5 am Bohlenfuß und am Schloss zu verstärken. Dadurch wird ein Aufmeißeln des Bodens erzielt, was eine leichtere Rammung der anderen beiden Bohlen zur Folge hat.

5.5 Einrammen kombinierter (gemischter) Wände

Die kombinierten Wände, die sich zusammensetzen aus den Tragbohlen mit hohem Trägheitsradius und den dazwischen geschlossenen Füllbohlen, erfordern ein stabiles und schweres Rammgerüst, welches der Länge und dem Gewicht der Bohlen angepasst ist.

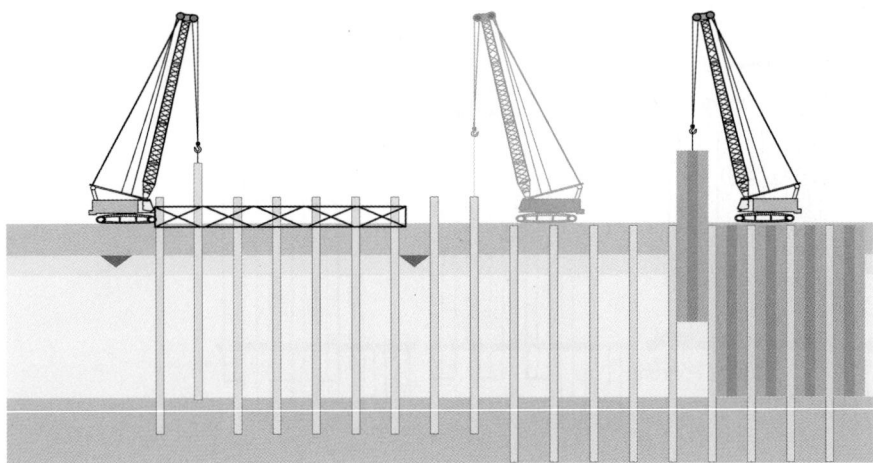

Bild 15. Kombinierte Wände mit Rammgerüst (Profilarbed)

Bild 15 zeigt, wie eine kombinierte Wand entsteht. Zuerst werden die Tragbohlen bis auf Soll-Tiefe eingerammt. Dann folgen die Zwischen- oder Füllbohlen. Würden Trag- und Zwischenbohlen direkt nacheinander eingerammt, besteht die Gefahr, dass die Bohlen verlaufen. Die Geometrie, wie Richtungstreue, lotrechter Einbau oder geneigter Einbau als auch vorgeschriebene Abstände, müssen stimmen. Dies wird während des Rammvorgangs ständig überwacht. Sind die Tragbohlen eingebracht, wird das Führungsgerüst abgebaut und die Abstände werden überprüft. Liegen diese außerhalb der Toleranz, wird versucht, die Zwischenbohlen anzugleichen, ansonsten muss die Trägerbohle gezogen und erneut eingebracht werden. Der Bohlenfuß der Tragbohle muss auf gleichmäßige Bodendichteverhältnisse treffen, um ein Ausweichen zu vermeiden. Dies wird durch die Rammfolge sichergestellt. Empfohlen wird die Reihenfolge 1-5-3-6-4-7-2, auch als der große Rammschritt bekannt, mindestens aber ist die Reihenfolge 1-3-2-5-4-7-6, auch als der kleine Rammschritt bekannt, anzuwenden. Danach werden die Füllbohlen eingebracht. Hierbei sind Doppel- und Dreifachbohlen aus Z-Profilen geeigneter als U-Profile.

5.6 Abweichen von der Soll-Lage

Spundwände gemäß der Soll-Lage einzubringen ist stets mit der Gefahr des Abweichens der Bohlen verbunden. Das Voreilen zählt aufgrund der einwirkenden Kräfte zu den am häufigsten auftretenden Problemen, dem rechtzeitig entgegengewirkt werden muss. Die Ursache liegt darin, dass sich der Bohlenfußwiderstand in Richtung gerammte Wand vergrößert, weil dort der Boden bereits vorverdichtet ist. Die Mantelreibung vergrößert sich zwar bei zunehmender Eindringtiefe in den Boden, bleibt allerdings gleichmäßig verteilt. Die Schlossreibung vergrößert sich mit der Eindringtiefe und greift am äußeren Rand des Systems an [4].

Ist der Boden sehr hart, besteht die Gefahr des Nacheilens. Durch Auflockerung des Bodens der vorangegangenen gerammten Bohlen wird der Spitzenwiderstand am Bohlenschloss herabgesetzt und die dem Voreilen entgegengesetzte asymmetrische Krafteinwirkung treibt die Bohle in eine sich zur Wand hin neigende Schräglage. Das Vor- und Nacheilen von Spundbohlen zeigt Bild 16.

2.9 Rammen, Ziehen, Pressen, Rütteln

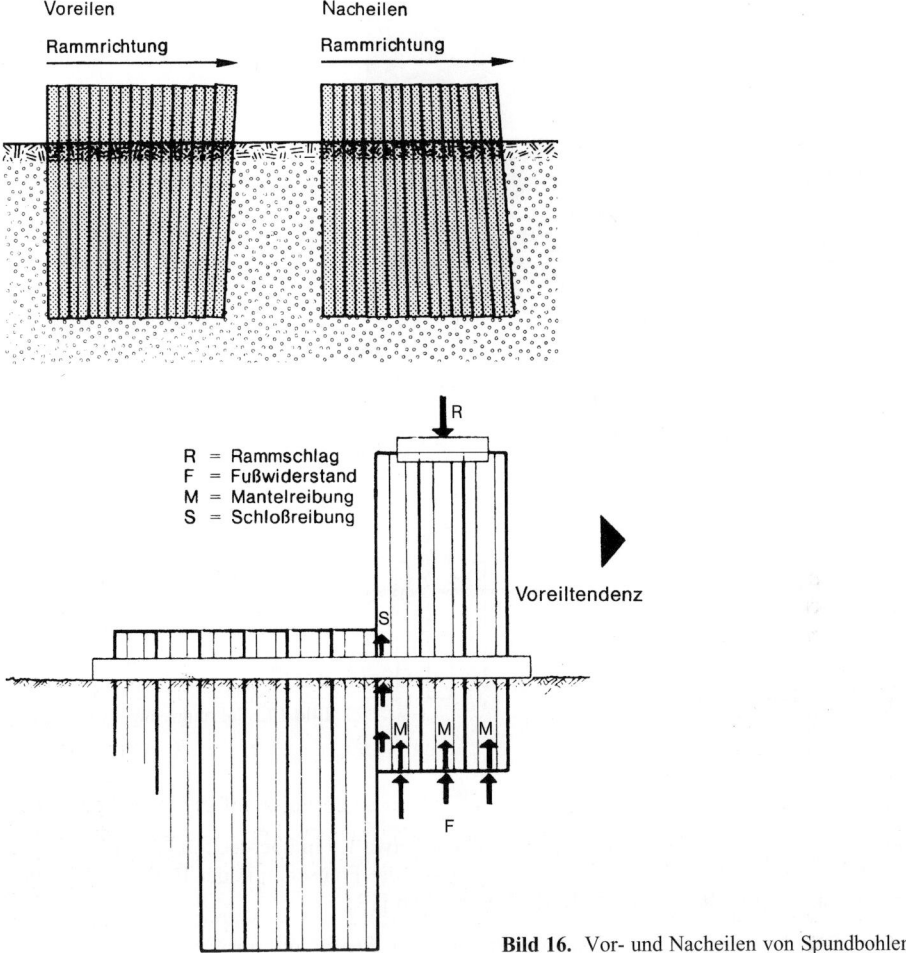

Bild 16. Vor- und Nacheilen von Spundbohlen

5.7 Maßnahmen gegen das Abweichen

Grundlegend ist eine gute Führung der Bohlen am Mäkler in Verbindung mit einer Bodenzange. Hierdurch wird als vorbeugende Maßnahme ein optimaler Einbringerfolg erreicht. Die richtige Ausrichtung in allen Ebenen der Startspundbohle ist von größter Bedeutung. Die einzubringende Bohle wird in zwei Ebenen geführt. Je größer der Abstand der Führungsebenen, desto größer ist die Genauigkeit der Bohlenführung. Sind die Bohlen sehr lang, so können zur Vermeidung des Durchbiegens Zwischenführungen erforderlich werden. Die obere Bohlenführung erfolgt zusammen mit dem Rammbären am Mäkler. Beim schlagenden Rammen wird auf eine exakte Stellung des Mäklers nach Plan und auf einen zentrischen Sitz von Rammhaube und Schlagbär geachtet.

Die untere Bohlenführung besteht aus einer Führungszange und gewährleistet die Richtungstreue der Bohlen in Wandachse. Sie besteht aus zwei I-Trägern, die gegen Verschieben durch eingerammte Träger oder Abstützungen gesichert sind und in ihrer Länge über 6 Doppel-

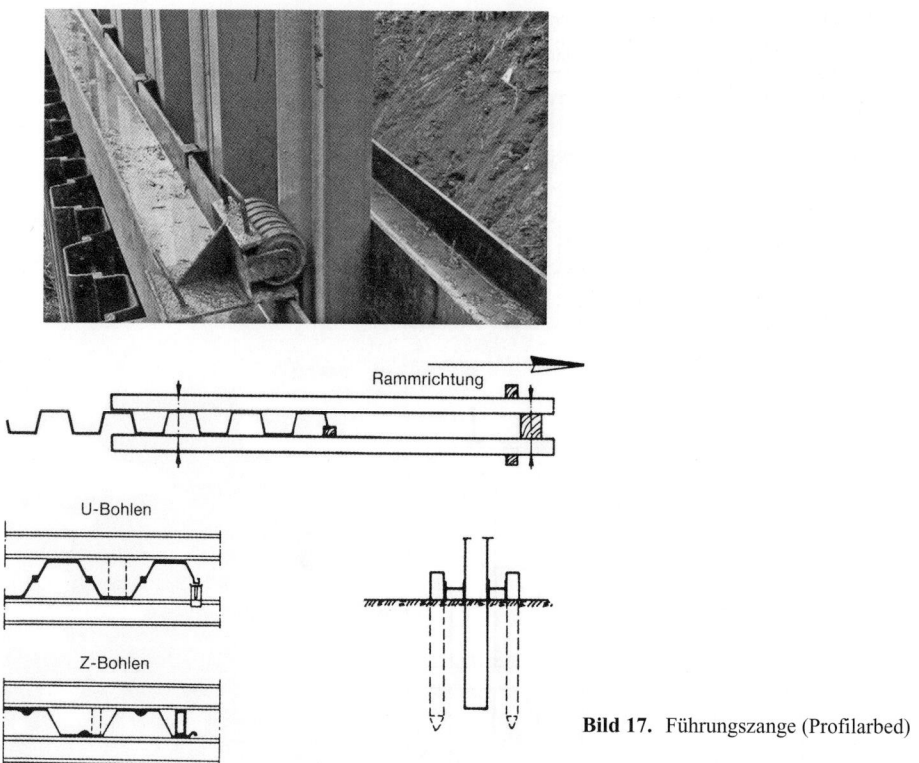

Bild 17. Führungszange (Profilarbed)

bohlen reichen. Die bereits vorhandene Wand wird etwa 1,5 m überdeckt. Um ein Verdrehen der Bohlen in der Zange zu vermeiden, wird das freie Flanschende der Bohle durch einen Führungsklotz gesichert, wie aus Bild 17 ersichtlich [13].

Entscheidend ist auch die Verwendung des richtigen Profils mit ausreichender Steifigkeit, um zu gewährleisten, dass sich die Bohle nicht im Boden verbiegt, was zur Sprengung des Schlosses führen kann. Die wirtschaftlichste Maßnahme gegen das Abweichen der Bohle ist das Ausschöpfen aller vorbeugenden Möglichkeiten.

Folgende weitere Maßnahmen können ergriffen werden, um ein Abweichen von der Soll-Lage zu vermeiden und zu korrigieren [4]:

- Staffelrammung, wie in Abschnitt 5.3 beschrieben.
- Exzentrische Schlagübertragung: Durch Verschieben der Rammhaube auf dem Bohlenkopf, um die einseitig wirkende Schlossreibung zu kompensieren. Diese Methode wird in der Praxis selten angewendet.
- Künstliche Reibung durch eine Bodenzange: Eine aus zwei der Länge nach angeordneten I-Profilen bestehende Bodenzange wird zusammengedrückt und mithilfe eines Seilzugs wird ein Holzklotz an die Bohle gepresst, um eine Reibungskraft zu erzeugen, die zur Schlossreibung symmetrisch wirkt. Der symmetrische Kraftangriff vermeidet das Voreilen der Bohle. Auch diese Methode wird in der Praxis selten angewendet.
- Veränderung am Bohlenfuß: Veränderungen an der zum Bohlenschloss entgegengesetzten Seite des Bohlenfußes. Durch Aufweiten oder Anschweißen einer Stahlplatte wird der

Spitzenwiderstand vergrößert, was zu einem symmetrischen Kraftangriff führt. Auch diese Methode wird in der Praxis selten angewendet.
- Führung am Mäkler: Um dem Mäkler eine Schrägstellung entgegengesetzt zu der Voreilneigung der Bohle zu geben, ist es erforderlich, dass sich die obere Bohlenführung unterhalb des Anlenkpunktes des Mäklers am Bagger befindet. Ein steifer Mäkler einer großen Rammeinheit zwingt mit der oberen Bohlenführung die voreilende Bohle in die Senkrechte. Dadurch kann die Bohle verformt werden und der Bohlenkopf sich schrägstellen. Was die Gefahr mit sich bringt, dass durch das exzentrische Schlagen des Rammbären die Bohle beschädigt wird. Dann kann es zu einer Schlosssprengung kommen.
- Einleiten einer Zugkraft: Ein Seilzug zwischen den voreilenden Bohlen und der bereits eingebrachten Wand zwingt die schräg stehende Bohle in die Lotrechte. Es besteht dabei die Gefahr der Sprengung des Schlosses, wenn die Zugkraft zu hoch ist. Am besten wird die Bohle am Boden über eine Rolle zurückgezogen. Diese Methode ist eine in der Praxis gängige Methode.
- Keil- und Passbohlen: Als letztes Mittel können Keil- oder Passbohlen zum Einsatz kommen. Dies wird in der Praxis jedoch aufgrund der hohen Kosten selten angewendet.

5.8 Schallarmes Einbringen

Der wirkungsvollste Schutz vor Lärm und Erschütterungen ist deren Entstehung an der Emissionsquelle so gering wie möglich zu halten. Damit haben die Weiterentwicklungen in der Gerätetechnik mit den Einpressmaschinen und den hochfrequenten variablen Vibratoren diesem Thema einiges an Bedeutung genommen.

Für Rammarbeiten typische Lärmbelastungen entstehen durch

- den Auspuff des Hydraulikantriebs des Rammbären,
- den direkten oder indirekten Schlag des Rammbären auf das Einbringgut,
- das Dröhnen des Einbringkörpers, insbesondere bei Stahlspundbohlen,
- das Klappern der Bohlen in den Schlössern und
- das Klappern der Ramme.

Zum Schutz der Umgebung kommen zur Lärmreduzierung folgende Maßnahmen am Rammbären und am Rammgut zur Anwendung:

- Schalldämpfer beim Auspuff des Rammbären.
- Umhüllung des Rammbären mit einer schalldämmenden Ummantelung aus etwa 5 cm dickem Gummi. Die Gummihaube erhält eine mindestens 15 mm dicke Auskleidung mit Filz oder offenporigen Schaumstoffen. Durch Schutzhauben ist es möglich, beim Einrammen von Einbringgut den Schallpegel um ca. 7 bis 10 dB (A) zu senken. Da jedoch das Einbringgut durch die Rammung zu starken Schwingungen angeregt wird, ist diese Maßnahme meist nicht besonders wirkungsvoll.
- Eine wesentliche Lärmreduzierung ist nur durch die Einbeziehung des Einbringguts mit in die Ummantelung erreichbar. Im Bereich der Bohle kann dafür eine 5 cm dicke und mit 15 bis 30 mm dickem Filz oder Schaumstoff schallabsorbierend ausgekleidete Gummischürze verwendet werden. Dieser Schallschluckmantel wird um die Bohle geknüpft. Mit fortschreitendem Eindringen der Bohle wird die Schürze nach und nach entfernt.
- Bewährt haben sich ausgekleidete Teleskoprohre, die sowohl Ramme als auch Bohle umschließen. Sie stehen auf dem Boden auf und schieben sich mit dem Einrammfortschritt ineinander. Durch Ummantelung von Bohle und Rammbär ist es möglich, den Schallpegel um 12 bis 15 dB (A) zu senken [14].
- Eine weitere Möglichkeit der Lärmabschirmung ist das Vorhalten einer Lärmschutzwand. Diese wird von einem Seilbagger getragen und schirmt nach einer Seite hin ab.

Ergänzend zu diesen Maßnahmen kann die Geräuschentwicklung an der Geräuschquelle vermindert werden durch:

– Einlegen einer Dämpfung in die Rammhaube zur Schlaggeräuschreduzierung;
– Fallhöhe des Kolbens des Bären verringern, was jedoch zu einer starken Abnahme der Rammleistung führt;
– Vorspannen gegen das Einbringgut zur Reduzierung von Klappern beim Rammbären.

Des Weiteren kann mit Einbringhilfen, wie Lockerungsbohrung oder Einspülen, die Geräuschentwicklung gesenkt werden, in dem das Einbringgut einen geringeren Widerstand zu überwinden hat. Zusätzlich wird dabei die Rammzeit verkürzt.

In der Vibrationstechnik ist mit dem Einsatz von Vibratoren der neueren Generation die Lärmbelästigung in der Regel nicht mehr von entscheidender Relevanz, da die Maschinen schon ab Werk die Normen erfüllen. Aber auch hier kann es durch Querschwingungen zum Dröhnen der Bohlen kommen. Keinen direkt feststellbaren Einfluss auf die Lärmentwicklung hat die Spülhilfe. Bei kürzeren Rammzeiten und geringeren Energiebedarf reduzieren sich die Emissionswerte in der Summe [11].

Die für die verschiedenen Rammgeräte charakteristischen Schallpegel sind [13]:

– Schlaghammer   90–115 dB (A)
– Schnellschlaghammer 85–110 dB (A)
– Vibratoren   70–90 dB (A)
– Pressen   60–75 dB (A)
                      gemessen in 7 m Abstand

Zum Vergleich hierzu:

– belebte Straße   85 dB (A)
– Radio laut   70 dB (A)
– normales Sprechen   55/63 dB (A)

6 Ziehen

Spundbohlen und Pfähle können mit geeigneten Methoden und Geräten wieder aus dem Boden entfernt werden.

6.1 Maßnahmen vor und während des Einrammens

Sollen Spundbohlen wieder gezogen werden, so muss dies im Vorfeld eingeplant werden. Durch den Einsatz von verlorenen Rammschuhen wird bei dicht gelagerten Böden der Ziehvorgang bedeutend erleichtert. Der Rammschuh wird unmittelbar vor dem Eindringen auf den Bohlenfuß geschoben und nicht angeschweißt. Der Schuh bildet über die Spundwand hinaus einen Überstand und es entsteht entlang der Mantelfläche beim Einrammen eine aufgelockerte Zone.

Zur Abschätzung des Aufwands des gesamten Ziehvorgangs ist das Erstellen eines Rammberichts über jede Bohle sinnvoll. Aus diesen Rammberichten geht auch hervor, bei welchen Bohlen beim Ziehen mit den geringsten Widerständen zu rechnen ist. Diese Bohlen werden zuerst gezogen. Sind keine Rammprotokolle der Spundbohlen vorhanden, wird die erste zu ziehende Bohle in der Regel in der Mitte der Spundwand gesucht, da dort am ehesten ein problemloses Ziehen wahrscheinlich ist [13].

6.2 Ziehvorgang

Für den Ziehvorgang eignen sich Vibratoren und Pfahlzieher unterschiedlicher Leistungsgrößen. Auch manche Einpressmaschinen, wie das freireitende System, können zum Ziehen eingesetzt werden [2].

Zum Ziehen eingesetzte Vibratoren bringen den Boden wie beim Einbringen über Schwingungsweiterleitung durch das Einbringgut in einen pseudoflüssigen Zustand und versetzen die Bohlen mithilfe der Zugkraft des Trägergerätes in Bewegung. Die vom Gerätehersteller angegebenen Grenzwerte der Zugkräfte dürfen auf keinen Fall überschritten werden. Wie auch beim Einvibrieren wird der Vibrator mit dem Einbringgut über hydraulische Klemmbacken verbunden. Für das Ziehen von Bohlen und Pfählen bei geringerem Kraftaufwand hängt der Vibrator frei am Ausleger des Trägergerätes. Bei schweren Zieharbeiten ist ein Ziehmast erforderlich, um die Zugkraft in den Boden einzuleiten, an welchem der Vibrator frei hängt oder an ihm geführt wird.

Bei Pfahlziehern wird die Schlagenergie kraftschlüssig entweder über Klemmbacken oder über Greiferzangen mit Durchsteckbolzen auf das Rammgut übertragen. Als Antriebsmittel dient Druckluft oder Dampf, der den Kolben in rascher Folge nach oben treibt, bis dieser oben am Zylinder anschlägt. Es werden auch Modelle, bei denen der Zylinder den Hub ausführt, angeboten. Eine hohe Schlagfrequenz führt das Einbringgut in eine fast kontinuierliche Bewegung. Bereits mit verhältnismäßig kleinem Energieaufwand sind damit hohe Ziehleistungen möglich. Durch einstellbaren Hub kann der Pfahlzieher den jeweiligen Anforderungen gerecht werden. Ein langer Hub ermöglicht ein Ziehen, bei dem ein hoher Kraftaufwand erforderlich ist. Ein kurzer Hub mit höherer Schlagzahl bringt bei leichteren Zieharbeiten in der Regel eine schnelle Verrichtung.

Ist eine Bohle in einer geschlossenen Wand trotz aller Vorkehrungen nicht zu lockern, kann nochmaliges Einrammen mit einigen Schlägen zum Lösen der Bohle führen. In schwierigen Fällen können Lockerungsbohrungen oder auch Bodenentspannung mit Spülhilfe hilfreich sein.

7 Literatur

[1] ABI: Vibrierendes Rammen und Hydro-Press-System. Verfahrensbeschreibungen, ABI GmbH, Niedernberg, 2005/2006.
[2] Auf der Heiden, A.: D576, Veröffentlichungen Stahlspundwände (1–6), Stahl-Informations-Zentrum (Stahl-I-Z), Düsseldorf, 2007.
[3] Bundesministerium für Umwelt: Umweltforschungsplan des Bundesministeriums für Umwelt, Naturschutz und Reaktorsicherheit – Minderung des Unterwasserschalls bei Rammarbeiten für Offshore-WEA. Bericht NR, UBA-FB, 2006.
[4] Buja, H.-O.: Handbuch des Spezialtiefbaus – Geräte und Verfahren, 1. Auflage. Werner Verlag, Düsseldorf, 1998.
[5] Delmag: Dieselbären/Funktion und Anwendung + Pile Driving Equipment. Verfahrensbeschreibungen, Delmag GmbH + Co. KG, Esslingen, 2002/2005.
[6] Deman, F., Scheuerer, M.: D542, Veröffentlichungen Stahlspundwände (1–6), Stahl-Informations-Zentrum (Stahl-I-Z), Düsseldorf, 2007.
[7] Floss, R.: D530, Veröffentlichungen Stahlspundwände (1–6), Stahl-Informations-Zentrum (Stahl-I-Z), Düsseldorf, 2007.
[8] Funk, K.: D530, Veröffentlichungen Stahlspundwände (1–6), Stahl-Informations-Zentrum (Stahl-I-Z), Düsseldorf, 2007.
[9] Gerasch, W.-J.: D530, Veröffentlichungen Stahlspundwände (1–6), Stahl-Informations-Zentrum (Stahl-I-Z), Düsseldorf, 2007.

[10] Giken: Silent Piling Technologien. Verfahrensbeschreibung, Giken Europe BV, Berlin, 2005.
[11] Hudelmeier, K.: D530, Veröffentlichungen Stahlspundwände (1–6), Stahl-Informations-Zentrum (Stahl-I-Z), Düsseldorf, 2007.
[12] Massarsch, K. R.: D542, Veröffentlichungen Stahlspundwände (1–6), Stahl-Informations-Zentrum (Stahl-I-Z), Düsseldorf, 2007.
[13] Profilarbed: Rammfibel für Stahlspundbohlen. Profilarbed (Arcelor Gruppe), Esch/Alzette, Luxembourg, Neudruck 2004.
[14] Senatsverwaltung für Stadtentwicklung: Baulärm, Rechts und Verwaltungsvorschriften. Berlin Umwelt, Berlin, 2006.
[15] Kempfert, Hans-Georg: Pfahlgründungen. Grundbau-Taschenbuch, Teil 3, 7. Auflage, Kapitel 3.2. Ernst & Sohn, Berlin, 2009.
[16] ThyssenKrupp: Spundwandhandbuch. ThyssenKrupp Gft Bautechnik GmbH, Essen, 2007.
[17] Wieners, A.: D530, Veröffentlichungen Stahlspundwände (1–6), Stahl-Informations-Zentrum (Stahl-I-Z), Düsseldorf, 2007.
[18] Wind, H., Wieners, A.: D542, Veröffentlichungen Stahlspundwände (1–6), Stahl-Informations-Zentrum (Stahl-I-Z), Düsseldorf, 2007.

Internetquellen der Hersteller

[19] ABI GmbH, Niedernberg: http://www.abi-gmbh.com
[20] Arcelor Commercial Spundwand Deutschland GmbH, Köln: http://www.arcelormittal.com/sheetpiling/
[21] Bauer Gruppe Spezialtiefbau, Schrobenhausen: http://www.bauer.de/dt/spezialtiefbau/index.htm
[22] Delmag GmbH & Co. KG, Esslingen: http://www.delmag.cc
[23] HSP Hoesch Spundwand und Profil GmbH, Dortmund: http://www.spundwand.de
[24] Menck GmbH, Kaltenkirchen: http://www.menck.com
[25] ThyssenKrupp Gft Bautechnik GmbH, Essen: http://www.tkgftbautechnik.com

2.10 Grundwasserströmung – Grundwasserhaltung

Bernhard Odenwald, Uwe Hekel und Henning Thormann

Dieses Kapitel ist in 3 Abschnitte untergliedert. Von *Bernhard Odenwald* werden in Abschnitt 1 die Grundlagen für die mathematische Beschreibung von Grundwasserströmungen sowie deren Berechnung dargestellt. Die Ermittlung geohydraulischer Parameter wird in Abschnitt 2 von *Uwe Hekel* beschrieben. *Henning Thormann* behandelt in Abschnitt 3 die praktischen Aspekte der Grundwasserhaltung.

1 Grundwasserhydraulik

1.1 Grundlagen

1.1.1 Begriffe

Grundlage für die Beschreibung von Grundwasserströmungen ist die Verwendung einheitlicher Begriffe. Für unterirdisches Wasser als Teil des Wasserkreislaufes sind diese in der DIN 4049-3 [1] definiert. Die nachfolgend aufgeführten Grundbegriffe basieren auf den Definitionen dieser Norm, wobei sie jedoch teilweise an die Erfordernisse von Grundwasserströmungsberechnungen angepasst wurden.

Gesteinskörper mit ausreichend großen und zusammenhängenden Hohlräumen, die einen Grundwasserfluss ermöglichen, werden als **Grundwasserleiter** bezeichnet. Diese können aus Lockergesteinen (Sedimenten) oder Festgesteinen bestehen. Bei Lockergesteinen werden die Hohlräume zwischen den einzelnen Gesteinspartikeln, die sich mehr oder weniger eng berühren, als **Poren** bezeichnet. In Festgesteinen bestehen die durchflusswirksamen Gesteinsbereiche nicht aus Poren, sondern aus Trennfugen (Klüfte, Schieferung, Schichtung, Störungen). Sonderformen stellen Hohlräume im Karstgestein dar, die in geologischen Zeiträumen durch Lösung von Gestein durch zirkulierendes Grundwasser entstanden sind und die wesentlich größer als Klüfte im nicht verkarsteten Festgestein sein können. Eine Beschreibung der Hohlraumarten in den unterschiedlichen Gesteinen (Bild 1) und deren geohydraulische Auswirkungen geben z.B. *Hölting* und *Coldewey* [2].

Die aus diesen Gesteinen gebildeten Grundwasserleiter werden als Poren-, Kluft- und Karstgrundwasserleiter bezeichnet. Die im Folgenden dargestellten Grundwasserströmungs-

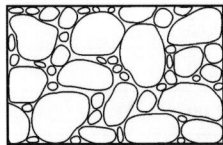 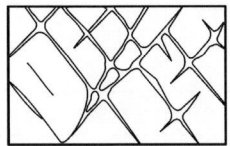 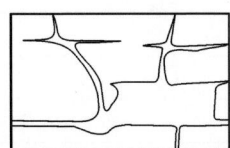

Bild 1. Schematische Darstellung von Gesteinen mit Poren- (links), Kluft- (Mitte) und Karsthohlräumen (rechts) (nach [2])

berechnungen beziehen sich jedoch ausschließlich auf **Porengrundwasserleiter**, bei denen die vom Grundwasser durchströmten Hohlräume vergleichsweise gleichmäßig über den Gesteinskörper verteilt sind. Bedingt lassen sich diese auch auf ausreichend vernetzte Kluftgrundwasserleiter anwenden.

Grundwassernichtleiter bestehen im Unterschied zu Grundwasserleitern aus Gesteinskörpern, die nahezu wasserundurchlässig sind, weil sie keine zusammenhängenden oder nur so kleine Hohlräume aufweisen, dass kein relevanter Grundwasserfluss möglich ist.

Als **Grundwassergeringleiter** werden Gesteinskörper bezeichnet, die zwar von Grundwasser durchströmt werden können, jedoch gegenüber benachbarten Grundwasserleitern eine deutlich geringere Wasserdurchlässigkeit aufweisen.

Existieren mehrere übereinander liegende Grundwasserleiter, die durch Grundwassernichtleiter oder Grundwassergeringleiter hydraulisch voneinander getrennt sind, so werden diese als **Grundwasserstockwerke** bezeichnet.

Die Hohlräume eines Porengrundwasserleiters können sowohl Wasser als auch Luft beinhalten. Sind die Poren vollständig zusammenhängend mit Wasser gefüllt, so wird dieser Bereich des Grundwasserleiters als **(wasser)gesättigte Zone** und das die Poren ausfüllende Wasser als **Grundwasser** bezeichnet. In der englischsprachigen Literatur wird der wassergesättigte Teil eines Grundwasserleiters als **Aquifer** bezeichnet. Diese Bezeichnung wird auch häufig in der deutschsprachigen Literatur verwendet.

In der ungesättigten Zone sind die Poren des Grundwasserleiters dagegen sowohl mit Wasser als auch Luft gefüllt. Das sich in der **ungesättigten Zone** im Wesentlichen durch die Schwerkraft abwärts bewegende Wasser (z. B. Infiltration aus Niederschlag) wird definitionsgemäß nicht als Grundwasser, sondern als **Sickerwasser** bezeichnet.

Oberhalb der gesättigten Zone bildet sich in Porengrundwasserleitern in Abhängigkeit von der Korngrößenverteilung und dem dadurch bedingten Durchmesser der Porenkanäle ein mit **Kapillarwasser** gefüllter Bodenbereich aus, in dem das Wasser durch Kapillarkräfte aus der gesättigten Zone gehoben bzw. gehalten wird. In Tabelle 1 sind Größenordnungen für die kapillare Steighöhe in unterschiedlichen Lockergesteinen nach *Langguth/Voigt* [3] angegeben.

In der ungesättigten Zone oberhalb des Kapillarwasserraums sind die Bodenteilchen mit **Haftwasser** umgeben, das gegen die Schwerkraft gehalten wird und im Gegensatz zum Sickerwasser unbeweglich ist. Unter Haftwasser wird hygroskopisch gebundenes Wasser und Adsorptionswasser, das eine Hülle um die Mineralkörner bildet, sowie Porenwinkelwasser, das durch Kapillarkräfte an den Berührpunkten der Bodenteilchen gebunden wird,

Tabelle 1. Kapillare Steighöhen (nach [3])

Lockergesteinsart	Kapillare Steighöhe [m]
Grobsand	0,12–0,15
Mittelsand	0,40–0,50
Feinsand	0,90–1,00
Sandiger Lehm	1,75–2,00
Feinsandiger Ton	2,25–9,40

BBC und es läuft!

Wir sind europaweit erfolgreiche Spezialisten für Grundwasserabsenkungen und Wasserreinigungen. Wir haben die Geräte und das Know-how.

Anything goes.

Beratung und Ausführung:
* Brunnenbau
* Baugrundbohrungen
* Technische Bohrungen
* Grundwasserabsenkungen
* Pumptechnik

Zertifizierung Bau e.V.

Brunnenbau Conrad GmbH
Thamsbrücker Straße 10
D-99947 Merxleben
Tel.: +49 (0) 36 03 – 39 06 0
Fax: +49 (0) 36 03 – 39 06 29
www.brunnenbau-conrad.de

Qualitätssicherung im Spezialtiefbau

Theodoros Triantafyllidis
Planung und Bauausführung im Spezialtiefbau
Teil 1: Schlitzwand- und Dichtwandtechnik
2003. 335 Seiten,
240 Abbildungen.
Gebunden.
€ 73,-* / sFr 117,-
ISBN 978-3-433-02859-9

Das Buch behandelt praktische Aufgabenstellungen und Probleme des Spezialtiefbaus. Es wendet sich an Fachleute, die sich bislang hauptsächlich mit dem Entwurf und theoretischen Fragestellungen des Spezialtiefbaus befasst haben sowie an Mitarbeiter bauausführender Tiefbaufirmen, die theoretisches Hintergrundwissen benötigen. Ziel ist, mehr Sensibilität für die Qualitätssicherung in diesem Bereich zu wecken und aufzuzeigen, dass die Sicherung der Qualität nicht erst bei der Bauausführung anfangen darf, sondern Teil des Entwurfs und der Planung sein muss. Das Buch ist ein Leitfaden für die Bauausführung im Spezialtiefbau.

Über den Autor:

Prof. Dr.-Ing. habil. T. Triantafyllidis ist seit 1998 Universitätsprofessor am Lehrstuhl für Grundbau und Bodenmechanik der Ruhr-Universität Bochum. Zuvor war er bei Tiefbauunternehmen im In- und Ausland in leitender Funktion tätig.

* Der €-Preis gilt ausschließlich für Deutschland

Ernst & Sohn
Verlag für Architektur und
technische Wissenschaften GmbH & Co. KG

Für Bestellungen und Kundenservice:
Verlag Wiley-VCH
Boschstraße 12
69469 Weinheim
Telefon: (06201) 606-400
Telefax: (06201) 606-184
Email: service@wiley-vch.de

A Wiley Company
www.ernst-und-sohn.de

BAUPHYSIK-KALENDER

Grundlagen, Beispiele, Normen

Schwerpunkte: Schallschutz und Akustik

Fouad, Nabil A. (Hrsg.)
Bauphysik-Kalender 2009
2009. ca. 700 Seiten,
ca. 550 Abb., Geb.

€ 135,–* / sFr 213,–
Fortsetzungspreis:
€ 115,–* / sFr 182,–
ISBN: 978-3-433-02910-7

Schwerpunkt: Bauwerksabdichtung

Fouad, Nabil A. (Hrsg.)
Bauphysik-Kalender 2008
2008. 691 Seiten
482 Abb., 194 Tab., Gb.

€ 135,–* / sFr 213,–
Fortsetzungspreis:
€ 115,–* / sFr 182,–
ISBN: 978-3-433-01873-6

Schwerpunkte: Gesamtenergieeffizienz von Gebäuden

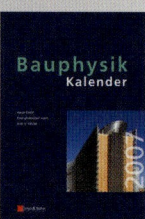

Fouad, Nabil A. (Hrsg.)
Bauphysik-Kalender 2007
2007. 847 Seiten
550 Abb., 240 Tab., Gb.

€ 135,–* / sFr 213,–
Fortsetzungspreis:
€ 115,–* / sFr 182,–
ISBN: 978-3-433-01868-2

Schwerpunkt: Brandschutz

Fouad, Nabil A. (Hrsg.)
Bauphysik-Kalender 2006
2006. 682 Seiten
292 Abb., 169 Tab., Gb.

€ 135,–* / sFr 213,–
Fortsetzungspreis:
€ 115,–* / sFr 182,–
ISBN: 978-3-433-01820-0

Schwerpunkte: Nachhaltiges Bauen und Bauwerksabdichtung

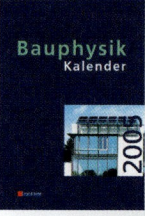

Cziesielski, E. (Hrsg.)
Bauphysik-Kalender 2005
2005. 750 Seiten
567 Abb., 214 Tab., Gb.

€ 135,–* / sFr 213,–
Fortsetzungspreis:
€ 115,–* / sFr 182,–
ISBN: 978-3-433-01722-7

Schwerpunkte: Zerstörungsfreie Prüfung

Cziesielski, E. (Hrsg.)
Bauphysik-Kalender 2004
2004. 723 Seiten
680 Abb., 159 Tab., Gb.

€ 135,–* / sFr 213,–

ISBN: 978-3-433-01705-0

Ernst & Sohn Verlag für Architektur
und technische Wissenschaften GmbH & Co. KG

Für Bestellungen und Kundenservice:
Verlag Wiley-VCH Boschstraße 12, 69469 Weinheim
Telefon: +49(0) 6201 / 606-400,
Telefax: +49(0) 6201 / 606-184,
E-Mail: service@wiley-vch.de

Preis für Fortsetzungsbezieher: Sparen Sie jährlich 20,– €!*

Ernst & Sohn
A Wiley Company

www.ernst-und-sohn.de

* Der € Preise gelten ausschließlich für Deutschland.
Irrtum und Änderungen vorbehalten.
008428026_bc

2.10 Grundwasserströmung – Grundwasserhaltung

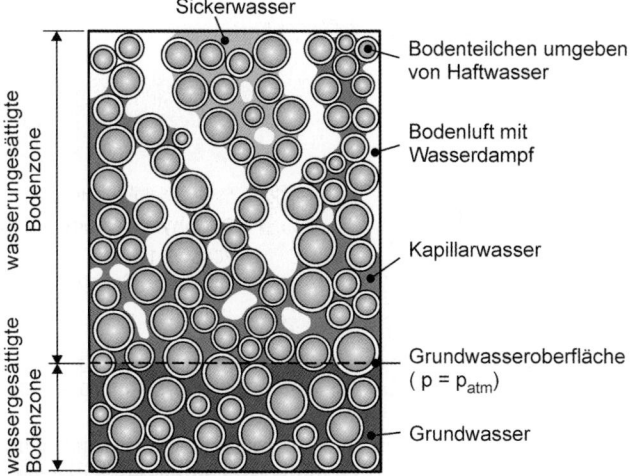

Bild 2. Erscheinungsformen des Wassers in der gesättigten und der ungesättigten Bodenzone (nach [2])

verstanden (Bild 2). Das Haftwasser steht an den Berührpunkten der Bodenteilchen miteinander sowie über das Kapillarwasser auch mit dem Grundwasser in der gesättigten Zone in Verbindung.

Der in der gesättigten Zone im Grundwasser an einem bestimmten Ort und zu einer bestimmten Zeit vorhandene Porenwasserdruck u wird als **Grundwasserdruck** [N/m² oder m WS (Wassersäule)] bezeichnet. Die **Grundwasserdruckhöhe** h_D [m] entspricht der Höhe der Wassersäule über dem Messpunkt, die ein dem Grundwasserdruck am Messpunkt entsprechender Wasserdruck bewirkt.

$$h_D = \frac{u}{\rho_W \cdot g} \quad \text{bzw.} \quad h_D = \frac{u}{\gamma_W}$$

mit
h_D Grundwasserdruckhöhe [m]
u Grundwasserdruck [N/m²]
ρ_W Dichte des Grundwassers [kg/m³]
g Gravitationskonstante = 9,81 m/s²
γ_W Wichte des Grundwassers [N/m³]

Die Dichte des Grundwassers, die nur geringfügig vom Druck und der Temperatur abhängig ist (siehe Tabelle 3), wird in der Grundwasserhydraulik i. Allg. mit ρ_W = 1000 kg/m³ angenommen.

Maßgebend für Grundwasserströmungsberechnungen ist die nach [1] als Standrohrspiegelhöhe h [m] bezeichnete Größe, die die Summe aus Grundwasserdruckhöhe h_D und geodätischer Höhe z [m] des Messpunktes über einem horizontalen Bezugsniveau darstellt (Bild 3). In Deutschland wird als Bezugsniveau i. Allg. die amtliche deutsche Bezugsfläche für Höhen über dem Meeresspiegel Normalnull (NN) verwendet. Da der Begriff Standrohrspiegelhöhe aufgrund des möglichen ausschließlichen Bezugs auf Grundwassermessstellen

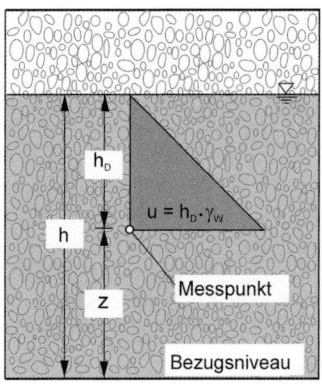

Bild 3. Definition des Grundwasserpotenzials

als Variable zur Beschreibung von Grundwasserströmungen nicht geeignet erscheint, wird im Folgenden anstatt Standrohrspiegelhöhe der Begriff **Grundwasserpotenzial** verwendet.

$$h = h_D + z$$

mit

h Grundwasserpotenzial [m]
h_D Grundwasserdruckhöhe [m]
z geodätische Höhe [m]

Existiert in einem Grundwasserleiter sowohl eine gesättigte als auch eine ungesättigte Zone, so bildet sich an der Grenzfläche, an der das in den Poren vorhandene Grundwasser unter atmosphärischem Luftdruck steht, eine **(freie) Grundwasseroberfläche** aus. Der Grundwasserleiter wird in diesem Fall als **ungespannter Grundwasserleiter** bezeichnet. Im ruhenden Grundwasser entspricht die Grundwasserdruckhöhe für alle Messpunkte innerhalb des betrachteten Abschnitts des ungespannten Grundwasserleiters dem vertikalen Abstand zwischen dem Messpunkt und der Grundwasseroberfläche.

Sind die Poren des Grundwasserleiters dagegen vollständig mit Grundwasser gefüllt (ausschließlich gesättigte Zone) und wird der Grundwasserleiter an seiner Oberfläche durch einen Grundwassernichtleiter begrenzt, wird der Grundwasserleiter als **gespannter Grundwasserleiter** bezeichnet. In diesem Fall steht das Grundwasser auch an der Oberfläche des Grundwasserleiters unter einem Druck, der größer ist als der atmosphärische Luftdruck. Die Fläche, die durch die Grundwasserdruckhöhen an der Unterkante des Grundwassernichtleiters gebildet wird, stellt die **Grundwasserdruckfläche** dar. Eine Sonderform des gespannten Grundwasserleiters ist der artesisch gespannte Grundwasserleiter, bei dem die Grundwasserdruckfläche oberhalb der Geländeoberfläche liegt.

Im Unterschied zum gespannten Grundwasserleiter wird der **halbgespannte Grundwasserleiter** von einem Grundwassergeringleiter überlagert und es findet ein vertikaler Grundwasseraustausch über den Grundwassergeringleiter mit einem darüber liegenden Grundwasserstockwerk statt.

Mit der **Grundwassermächtigkeit** M [m] wird die Dicke der wassergesättigten Zone eines Grundwasserleiters bezeichnet. Sie entspricht dem vertikalen Abstand zwischen der unteren Grenzfläche des Grundwasserleiters (Grundwasserbasis) und der Grundwasseroberfläche bei einem ungespannten Grundwasserleiter und dem vertikalen Abstand zwischen Basis und Oberfläche des Grundwasserleiters bei einem gespannten Grundwasserleiter.

2.10 Grundwasserströmung – Grundwasserhaltung

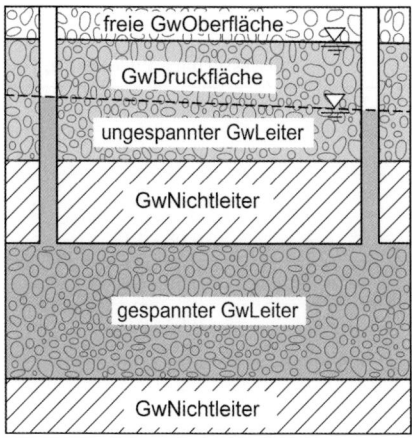

Bild 4. Schematische Darstellung von Grundwasserstockwerken

In Bild 4 sind zwei Grundwasserstockwerke, die aus einem oberen ungespannten Grundwasserleiter mit freier Grundwasseroberfläche und aus einem unteren gespannten Grundwasserleiter mit Grundwasserdruckfläche bestehen und die durch einen dazwischen befindlichen Grundwassernichtleiter hydraulisch getrennt sind, schematisch dargestellt.

Eine **stationäre Grundwasserströmung** liegt vor, wenn sich die Strömungsverhältnisse (Grundwasserpotenzialverteilung, Strömungsgeschwindigkeiten) innerhalb des betrachteten Bereiches mit der Zeit nicht ändern. In der Natur existieren i. Allg. keine stationären Zustände. Für Grundwasserströmungsberechnungen werden jedoch häufig stationäre Zustände, z. B. aufgrund vernachlässigbarer zeitlicher Änderungen oder für auf der sicheren Seite liegende Abschätzungen, angesetzt. Die Grundwasserströmung wird in diesem Fall nur in Abhängigkeit vom Ort berechnet. Der Beharrungszustand bei einer Grundwasserentnahme entspricht einer nahezu stationären Grundwasserströmung, bei der sich der durch die Grundwasserentnahme verursachte Absenktrichter der freien Grundwasseroberfläche oder der Grundwasserdruckfläche mit der Zeit nicht relevant verändert.

Ändern sich die Strömungsverhältnisse maßgebend mit der Zeit, d. h. die Strömungsgeschwindigkeit an einem bestimmten Betrachtungspunkt ist mit der Zeit nicht konstant, liegt eine **instationäre Grundwasserströmung** vor. Die Grundwasserströmungsberechnung ist in diesem Fall sowohl in Abhängigkeit vom Ort als auch der Zeit durchzuführen.

Eine wichtige Kenngröße zur Charakterisierung eines Porengrundwasserleiters ist der Hohlraumanteil bzw. die Porosität n [–]. Sie ist definiert als Quotient aus dem Volumen der Hohlräume eines Gesteinskörpers und dessen Gesamtvolumen.

Wie in der ungesättigten Zone ist auch in der gesättigten Zone ein Teil des Wassers als Haftwasser an die Bodenpartikel fest gebunden und damit unbeweglich. Der Anteil des Haftwassers ist umso höher, je kleiner der Durchmesser der Porenkanäle ist, da mit geringerer Korngröße die Kornoberfläche pro Volumeneinheit und damit auch der Anteil an Haftwasser zunimmt. Dadurch steht für die Grundwasserströmung nur ein Teil des gesamten Porenraums zur Verfügung. Der Volumenanteil der durchströmbaren Poren am Gesamtvolumen des Gesteinskörpers wird als durchflusswirksame Porosität n_f [–] bezeichnet.

In gleicher Weise wird bei einer Änderung der Höhe einer freien Grundwasseroberfläche nur ein Teil des Porenraums gefüllt oder entleert. Der Volumenanteil der entleerbaren oder auffüllbaren Poren am Gesamtvolumen des Gesteinskörpers wird als effektive Porosität n_e [–]

Tabelle 2. Gesamtporositäten und entwässerbare Porositäten (nach [4])

Lockergesteinsart	Porosität n [–]	Entwässerbare Porosität n_e [–]
Sandiger Kies	0,25 – 0,35	0,20 – 0,25
Kiesiger Sand	0,28 – 0,35	0,15 – 0,20
Mittlerer Sand	0,30 – 0,38	0,10 – 0,15
Schluffiger Sand	0,33 – 0,40	0,08 – 0,12
Sandiger Schluff	0,35 – 0,45	0,05 – 0,10
Toniger Schluff	0,40 – 0,55	0,03 – 0,08
Schluffiger Ton	0,45 – 0,65	0,02 – 0,05

oder speichernutzbare Porosität n_{sp} [–] bezeichnet. Nach *Busch* et al. [4] ergeben sich die in Tabelle 2 aufgeführten Anhaltswerte für die Gesamtporosität n und die effektive (entwässerbare) Porosität n_e in verschiedenen Lockergesteinen. Die speichernutzbare Porosität wird für die instationäre Berechnung der Strömung in ungespannten Grundwasserleitern, bei denen sich die Höhe der freien Grundwasseroberfläche mit der Zeit ändert, benötigt.

Auch in gespannten Grundwasserleitern breitet sich eine Grundwasserdruckänderung, z. B. infolge Absenkung der Grundwasserdruckfläche durch eine Brunnenentnahme, nicht vollkommen ungedämpft aus. Zur Beschreibung der Dämpfung dient der **spezifische Speicherkoeffizient** S_S [m^{-1}], der als Änderung des gespeicherten Wasservolumens je Volumeneinheit des Grundwasserleiters bei Änderung des Grundwasserpotenzials um 1 m definiert ist. Der über die Grundwassermächtigkeit integrierte Wert des spezifischen Speicherkoeffizienten wird als **Speicherkoeffizient** S [–] bezeichnet. Dieser als Formationskonstante des Gesteins betrachtete Wert lässt sich durch die Auswertung von Pumpversuchen ermitteln.

Die in der Literatur für den spezifischen Speicherkoeffizienten von Grundwasserleitern angegebenen Werte reichen von ca. $1 \cdot 10^{-6}$ m^{-1} bis ca. $1 \cdot 10^{-4}$ m^{-1}. Im Allgemeinen wird die für die Dämpfung der Druckausbreitung erforderliche Elastizität von gespannten Grundwasserleitern mit der Kompressibilität des Wassers und der Gesteinsmatrix begründet. Zumindest für spezifische Speicherkoeffizienten in der Größenordnung der oberen Werte der angegebenen Spannweite ist dies jedoch nicht ausreichend. In der Bundesanstalt für Wasserbau (BAW) durchgeführte theoretische und experimentelle Untersuchungen (z. B. *Köhler* [5]) zeigen, dass im natürlichen Porenwasser keine vollständige Wassersättigung vorliegt, sondern mikroskopisch kleine Gasblasen enthalten sind, die das Speicherverhalten bei Wasserdruckänderungen erheblich beeinflussen. Dies ist insbesondere der Fall, wenn der Grundwasserleiter an seiner Oberfläche nur unter einem geringen Wasserüberdruck steht. Der zur Berücksichtigung dieser Dämpfungseffekte entwickelte Berechnungsansatz wurde auch in die Empfehlung E 115 der EAU 2004 [6] aufgenommen. Dieser Berechnungsansatz lässt sich auf die Ermittlung des spezifischen Speicherkoeffizienten in Abhängigkeit des Porenluftgehalts übertragen. Aufgrund der Kompressibilität der Luft nimmt der Porenluftgehalt (Luftvolumen bezogen auf das Gesamtporenvolumen eines Lockergesteinskörpers) mit steigendem Grundwasserdruck deutlich ab, wodurch sich ein vom Porenwasserdruck abhängiger spezifischer Speicherkoeffizient ergibt. Der druckabhängige spezifische Speicherkoeffizient lässt sich unter Annahme des Porenluftgehalts und des Grundwasserdrucks an der Oberfläche des Grundwasserleiters auf Grundlage eines vereinfachten Ansatzes nur unter Berücksichtigung der Kompressibilität des Wasser-Luft-Gemisches ermitteln. In

2.10 Grundwasserströmung – Grundwasserhaltung

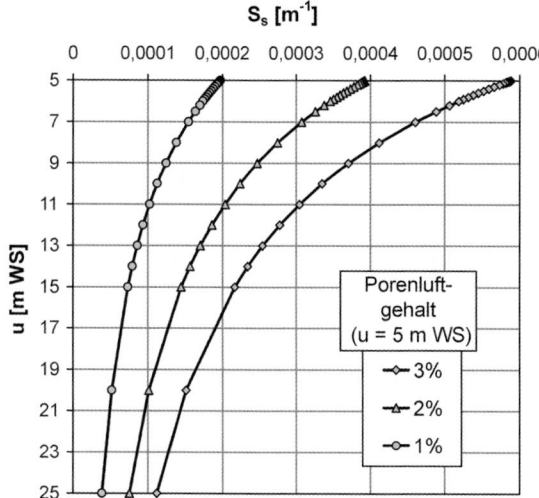

Bild 5. Spezifischer Speicherkoeffizient S_s in Abhängigkeit vom Porenwasserdruck u und dem Porenluftgehalt an der Oberfläche des Grundwasserleiters

Bild 5 ist beispielhaft der spezifische Speicherkoeffizient S_s in einem Grundwasserleiter, der an seiner Oberfläche unter einem Grundwasserdruck (über atmosphärischem Luftdruck) von 5 m WS steht, in Abhängigkeit vom Porenwasserdruck u und dem angenommenen Porenluftgehalt (1 %, 2 % und 3 %) an der Oberfläche des Grundwasserleiters bezogen auf eine Gesamtporosität von n = 0,3 dargestellt.

Ergibt sich bei einem Grundwasserleiter ein Übergang von ungespannten zu gespannten Strömungsverhältnissen, z. B. infolge Zuströmung aus einem Hochwasser führenden Fluss mit einem Anstieg der Grundwasseroberfläche bis zu einer geringdurchlässigen Deckschicht, ist zusätzlich von Lufteinschlüssen unter der Deckschicht auszugehen, die den spezifischen Speicherkoeffizienten deutlich erhöhen können. In den nachfolgend dargestellten Strömungsberechnungen wird jedoch vereinfachend, wie allgemein üblich, ein über die Höhe konstanter spezifischer Speicherkoeffizient S_s bzw. ein über die Mächtigkeit des Grundwasserleiters integrierter Speicherkoeffizient S angesetzt.

1.1.2 Gesetz von *Darcy*

Die Theorie der Grundwasserströmungsberechnung basiert auf den Ergebnissen der von *Darcy* [7] um 1856 für das öffentliche Wasserversorgungssystem der Stadt Dijon durchgeführten Versuche. Dabei untersuchte er den Durchfluss durch eine aus Grob- bis Mittelsanden bestehende, wassergesättigte zylinderförmige Bodenprobe bei konstanter Potenzialdifferenz zwischen den beiden Seiten der Bodenprobe, wie in Bild 6 qualitativ dargestellt. Eine Beschreibung der von Darcy durchgeführten Versuche findet sich z. B. bei *Verruijt* [8].

Aus der Variation der Potenzialdifferenz Δh sowie der Querschnittsfläche A und der durchströmten Strecke Δs der Bodenprobe ergab sich der als Gesetz von *Darcy* bezeichnete, lineare Zusammenhang zwischen der **Filtergeschwindigkeit** v [m/s] und dem hydraulischen Gradienten i [–]. Die Filtergeschwindigkeit v ist dabei als Quotient aus dem Durchfluss Q [m³/s] und der durchströmten Querschnittsfläche A [m²] und der hydraulische Gradient i [–]

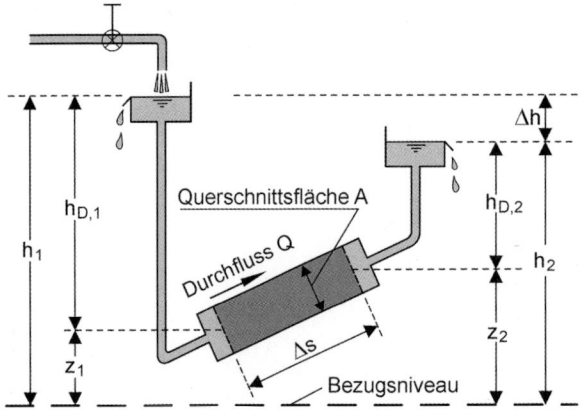

Bild 6. Qualitative Darstellung eines Darcy-Versuchs (nach [8])

als Quotient aus der Potenzialdifferenz Δh [m] und der durchströmten Strecke Δs [m] definiert. Der Proportionalitätsfaktor k [m/s] wird als **Durchlässigkeitsbeiwert** (oder vereinfacht als Durchlässigkeit) bezeichnet.

$$v = k \cdot i$$

mit

v = Q/A   Filtergeschwindigkeit [m/s]
k   Durchlässigkeitsbeiwert [m/s]
i = Δh/Δs hydraulischer Gradient [–]

Die Filtergeschwindigkeit v ist als der spezifischen Durchfluss (Durchfluss Q bezogen auf die Querschnittsfläche A) definiert und entspricht deshalb nicht der tatsächlichen Strömungsgeschwindigkeit der Wasserteilchen in den Poren. Diese ist wesentlich höher, da der durchströmte Querschnitt durch die Bodenpartikel und das an diese gebundene Porenwasser eingeschränkt wird. Die als **Abstandsgeschwindigkeit** v_a [m/s] bezeichnete mittlere Strömungsgeschwindigkeit ergibt sich näherungsweise durch Division der Filtergeschwindigkeit durch die durchflusswirksame Porosität n_f.

$$v_a = \frac{v}{n_f}$$

mit

v_a Abstandsgeschwindigkeit [m/s]
v   Filtergeschwindigkeit [m/s]
n_f durchflusswirksame Porosität [–]

Der Durchlässigkeitsbeiwert k wird i. Allg. als gesteinsspezifische Größe in Abhängigkeit von der Korngrößenverteilung, der Kornform und der Lagerungsdichte des Lockergesteins angesehen. In Tabelle 5 (s. Abschnitt 2.2) sind Spannweiten und typische Durchlässigkeitsbeiwerte von Lockergesteinen in Abhängigkeit von der Gesteinsart angegeben.

Der Durchlässigkeitsbeiwert ist jedoch nicht nur von der Gesteinsart, sondern auch von der Dichte und der Zähigkeit (Viskosität) des durch die Poren strömenden Fluids abhängig. Die eigentliche gesteinsspezifische Größe wird als **Permeabilitätskoeffizient** K oder spezifische

2.10 Grundwasserströmung – Grundwasserhaltung

Permeabilität bezeichnet und ist mit dem Durchlässigkeitsbeiwert k durch die folgende Gleichung verknüpft.

$$k = K \cdot \frac{g \cdot \rho}{\eta} = K \cdot \frac{g}{\nu}$$

mit

- k   Durchlässigkeitsbeiwert [m/s]
- K   Permeabilitätskoeffizient [m²]
- ρ   Dichte des Fluids [kg/m³]
- η   dynamische Zähigkeit des Fluids [kg/(m · s)]
- ν   kinematische Zähigkeit des Fluids [m²/s]

Die Berücksichtigung von Fluideigenschaften beim Durchlässigkeitsbeiwert ist insbesondere bei der Untersuchung von Mehrphasenströmungen, also Strömungsvorgängen von mehreren, miteinander in Kontakt stehenden Fluiden (z. B. Öl und Wasser, Süß- und Salzwasser, Wasser und Luft) von Bedeutung. Mehrphasenströmungen werden im Folgenden jedoch nicht betrachtet.

Unter bestimmten Randbedingungen können auch die physikalischen Eigenschaften von Grundwasser (Süßwasser) einen deutlichen Einfluss auf die Durchlässigkeit eines Grundwasserleiters haben. Während die Dichte von Wasser nur geringfügig von der Temperatur abhängig ist, ist die Zähigkeit des Wassers in weitaus größerem Maße temperaturabhängig (Tabelle 3).

Aus Tabelle 3 ist ersichtlich, dass sich die Zähigkeit von Wasser bei Erwärmung von 10 °C auf 40 °C auf ca. die Hälfte reduziert. Da die Durchlässigkeit umgekehrt proportional zur Zähigkeit ist, verdoppelt sich durch die Temperaturerhöhung die Durchlässigkeit des Lockergesteins. Diese kann z. B. durch eine lokale Erhöhung der Grundwassertemperatur infolge Hydratationswärme beim Abbinden von Beton (Unterwasserbeton, Düsenstrahlinjektionskörper) hervorgerufen werden. Ohne äußere Beeinflussung weist Grundwasser i. Allg. jedoch nur geringe Temperaturunterschiede auf, sodass im Folgenden vom Durchlässigkeitsbeiwert als einer rein gesteinsspezifischen Größe ausgegangen wird.

Die Anwendung der Darcy-Gleichung ist jedoch auf einen bestimmten Strömungsbereich beschränkt. Sowohl bei sehr grobkörnigen als auch sehr feinkörnigen Lockergesteinen

Tabelle 3. Abhängigkeit der Dichte und der Zähigkeit reinen Wassers von der Temperatur (nach [3])

Temperatur [°C]	Dichte ρ [kg/m³]	Dynamische Zähigkeit η [kg/(m · s)]	Kinematische Zähigkeit ν [m²/s]
0	999,84	$1{,}7938 \cdot 10^{-3}$	$1{,}7941 \cdot 10^{-6}$
10	999,70	$1{,}3097 \cdot 10^{-3}$	$1{,}3101 \cdot 10^{-6}$
20	998,20	$1{,}0087 \cdot 10^{-3}$	$1{,}0105 \cdot 10^{-6}$
30	995,65	$0{,}8004 \cdot 10^{-3}$	$0{,}8039 \cdot 10^{-6}$
40	992,21	$0{,}6536 \cdot 10^{-3}$	$0{,}6587 \cdot 10^{-6}$
50	988,04	$0{,}5492 \cdot 10^{-3}$	$0{,}5558 \cdot 10^{-6}$
60	983,21	$0{,}4699 \cdot 10^{-3}$	$0{,}4779 \cdot 10^{-6}$

können sich Strömungsverhältnisse ergeben, für die der lineare Zusammenhang zwischen Filtergeschwindigkeit und hydraulischem Gradient nicht zutreffend ist.

Eine Voraussetzung für die Anwendbarkeit des Darcy-Gesetzes ist, dass die durch die Veränderungen der Strömungsgeschwindigkeit über den Porenkanaldurchmesser hervorgerufenen Trägheitskräfte vernachlässigbar gegenüber den inneren Reibungskräften des Fluids sind. Das Verhältnis zwischen Trägheits- und Reibungskräften wird durch die dimensionslose Reynoldszahl Re bestimmt.

$$Re = \frac{v \cdot d_f}{\nu}$$

mit

Re   Reynoldszahl [–]
v   Filtergeschwindigkeit [m/s]
d_f durchflusswirksamer Porendurchmesser [m]
ν kinematische Zähigkeit des Grundwassers [m²/s]

Für den durchflusswirksamen Porendurchmesser d_f existieren unterschiedliche Definitionen, vereinfachend wird oft der Korndurchmesser d_{10} der maßgebenden Körnungslinie des untersuchten Lockergesteins bei 10% Siebdurchgang verwendet. Die kritische Reynoldszahl, unterhalb derer von laminaren Strömungsverhältnissen (schleichende Strömung, Trägheitskräfte vernachlässigbar) ausgegangen werden kann, wird zumeist mit $Re_{krit} = 1-10$ angegeben. Bei darüber liegenden Reynoldszahlen liegt ein Übergang zur turbulenten Strömung vor. Die kritische Reynoldszahl wird bei Strömungen in natürlichen Grundwasserleitern fast immer deutlich unterschritten. Ausnahmen können Grundwasserströmungen in sehr durchlässigen Lockergesteinsmaterialien (Kies) bei vergleichsweise hohen hydraulischen Gradienten, z.B. in Brunnenfiltern, darstellen. Im Allgemeinen kann jedoch von der Gültigkeit des Gesetzes von *Darcy* zur Beschreibung von Grundwasserströmungen ausgegangen werden.

In bindigen, sehr geringdurchlässigen Lockergesteinsböden können aufgrund der geringen Strömungskanaldurchmesser Haltekräfte zwischen den Bodenpartikeln und dem Wasser in den Poren nicht vernachlässigt werden. Hier gilt ebenfalls nicht der lineare Zusammenhang zwischen Filtergeschwindigkeit und hydraulischem Gradienten gemäß dem Gesetz von *Darcy*. Für Strömungen in Grundwasserleitern ist dies jedoch nicht von Belang. Die Gültigkeitsgrenzen dieses Gesetzes sind in [4] detailliert beschrieben.

Zur Berechnung der Grundwasserströmung ist eine Verallgemeinerung des Gesetzes von *Darcy* erforderlich, um die in der Natur vorhandenen dreidimensionalen Strömungsverhältnisse zu berücksichtigen. Weiterhin ist die Durchlässigkeit in natürlichen Grundwasserleitern sowohl abhängig vom Ort als auch von der Richtung. Die Richtungsabhängigkeit der Durchlässigkeit wird als Anisotropie (**anisotrope Durchlässigkeit**) bezeichnet. Für die Durchlässigkeit wird i. Allg. angenommen, dass sie durch Homogenbereiche abgebildet werden kann, in denen die einzelnen Durchlässigkeitskomponenten jeweils als konstant angesetzt werden können. Das heißt für diese Abschnitte eines Grundwasserleiters wird jeweils eine **homogene Durchlässigkeit** angesetzt.

Für den allgemeinen dreidimensionalen Fall mit richtungsabhängigen Durchlässigkeiten, deren Hauptdurchlässigkeitsrichtungen nicht den kartesischen Koordinatenrichtungen entsprechen, lässt sich die Darcy-Gleichung für einen Bereich mit homogener Durchlässigkeit durch das folgende Gleichungssystem beschreiben:

2.10 Grundwasserströmung – Grundwasserhaltung

$$\begin{Bmatrix} v_x \\ v_y \\ v_z \end{Bmatrix} = - \begin{Bmatrix} k_{xx} & k_{xy} & k_{xz} \\ k_{yx} & k_{yy} & k_{yz} \\ k_{zx} & k_{zy} & k_{zz} \end{Bmatrix} \cdot \begin{Bmatrix} \partial h/\partial x \\ \partial h/\partial y \\ \partial h/\partial z \end{Bmatrix}$$

Dabei stellt der linke Term den Vektor der Filtergeschwindigkeiten, der mittlere Term den Tensor der richtungsabhängigen Durchlässigkeitsbeiwerte und der rechte Term den Vektor der partiellen Ableitungen der Grundwasserpotenziale nach den kartesischen Koordinaten dar. Bei definitionsgemäß in Strömungsrichtung positiver Filtergeschwindigkeit ergibt sich das negative Vorzeichen aus dem Potenzialabbau in Fließrichtung (negativer Gradient). Für gegebene Hauptrichtungen der Durchlässigkeit mit darauf bezogenen Durchlässigkeitsbeiwerten lassen sich die auf die kartesischen Koordinaten bezogenen Komponenten des Durchlässigkeitstensors durch Hauptachsentransformation bestimmen (siehe z. B. [8]). Entsprechen die Hauptachsen der Durchlässigkeit den kartesischen Koordinatenrichtungen, so vereinfacht sich das Gleichungssystem zu:

$$\begin{Bmatrix} v_x \\ v_y \\ v_z \end{Bmatrix} = - \begin{Bmatrix} k_{xx} & 0 & 0 \\ 0 & k_{yy} & 0 \\ 0 & 0 & k_{zz} \end{Bmatrix} \cdot \begin{Bmatrix} \partial h/\partial x \\ \partial h/\partial y \\ \partial h/\partial z \end{Bmatrix}$$

bzw. in Komponentenschreibweise zu:

$$v_x = -k_{xx} \frac{\partial h}{\partial x}, \quad v_y = -k_{yy} \frac{\partial h}{\partial y}, \quad v_z = -k_{zz} \frac{\partial h}{\partial z}$$

Von praktischer Relevanz ist zumeist nur eine von der horizontalen Durchlässigkeit ($k_{xx} = k_{yy} = k_h$) abweichende vertikale hydraulische Durchlässigkeit ($k_{zz} = k_v$). Diese verminderte vertikale Durchlässigkeit kann sowohl in natürlich abgelagerten Lockergesteinen (Sedimenten) als auch in künstlichen Erdbauwerken vorkommen. Bei Sedimenten ist dies durch die bevorzugte horizontale Ausrichtung von plattigen Partikeln sowie vor allem durch die geologische Entstehungsgeschichte der Sedimente mit wechselnder Ablagerung von grob- und feinkörnigeren Schichten begründet. Nach [4] ist die Durchlässigkeit von natürlichen Grundwasserleitern in horizontaler Richtung meist um den Faktor 2–10 größer als die in vertikaler Richtung. Auch bei künstlichen Erdbauwerken resultiert aus dem schichtweise verdichteten Einbau oft eine in vertikaler Richtung verminderte Durchlässigkeit. Diese wird durch den Bruch von Kornpartikeln bei der Verdichtung und dem daraus folgenden erhöhten Feinkornanteil an der Oberfläche der Einbaulagen sowie durch eine unterschiedliche Verdichtung über die Höhe der Einbaulagen verursacht. In Abhängigkeit von der Empfindlichkeit des Einbaumaterials gegenüber mechanischer Belastung und dem Herstellungsverfahren können erheblich anisotrope Durchlässigkeitsverhältnisse auftreten (z. B. bei Waschbergematerial).

Anisotrope Durchlässigkeitsverhältnisse lassen sich problemlos in numerischen Strömungsberechnungen berücksichtigen. Für analytische Berechnungen von gespannten Grundwasserströmungen können Modellbereiche mit anisotroper Durchlässigkeit durch Verzerrung in Modellbereiche mit isotroper Durchlässigkeit übergeführt werden (siehe z. B. [4]). Für die nachfolgenden Grundwasserströmungsberechnungen wird jedoch vereinfachend eine isotrope Durchlässigkeit k angesetzt. Für homogene und isotrope Durchlässigkeitsverhältnisse ergeben sich die kartesischen Komponenten der Darcy-Gleichung zu:

$$v_x = -k \frac{\partial h}{\partial x}, \quad v_y = -k \frac{\partial h}{\partial y}, \quad v_z = -k \frac{\partial h}{\partial z}$$

1.1.3 Kontinuitätsgleichung

Neben der Darcy-Gleichung stellt die Kontinuitätsgleichung, die das physikalische Prinzip der Massenerhaltung beschreibt, die zweite grundlegende Gleichung zur Beschreibung von Grundwasserströmungen dar. Für stationäre (zeitunabhängige) Verhältnisse besagt diese, dass die Bilanz der Zu- und Abflüsse an einem wassergesättigten Kontrollvolumen null betragen muss (Bild 7).

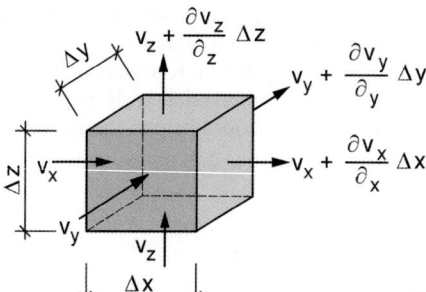

Bild 7. Zu- und Abflüsse am Kontrollvolumen

Unter der Annahme einer konstanten Dichte des Grundwassers ergibt sich die Kontinuitätsgleichung für stationäre, wassergesättigte Strömungsverhältnisse zu:

$$-\frac{\partial v_x}{\partial x} - \frac{\partial v_y}{\partial y} - \frac{\partial v_z}{\partial z} = 0$$

Bei instationären (zeitabhängigen) Strömungsverhältnissen ist zusätzlich die Änderung des innerhalb des Kontrollvolumens gespeicherten Grundwasservolumens mit der zeitlichen Veränderung des Grundwasserpotenzials zu berücksichtigen. Die Bilanz der Zu- und Abflüsse am Kontrollvolumen muss der zeitlichen Änderung des im Kontrollvolumen vorhandenen Wasservolumens entsprechen. Unter der Voraussetzung eines konstanten spezifischen Speicherkoeffizienten ergibt sich die Kontinuitätsgleichung für instationäre, wassergesättigte Strömungsverhältnisse zu:

$$-\frac{\partial v_x}{\partial x} - \frac{\partial v_y}{\partial y} - \frac{\partial v_z}{\partial z} = S_s \frac{\partial h}{\partial t}$$

1.1.4 Strömungsgleichung

Die Strömungsgleichung resultiert aus der Verknüpfung der Kontinuitätsgleichung mit der Darcy-Gleichung. Unter der Annahme von homogenen Durchlässigkeitsverhältnissen mit den Hauptachsen der anisotropen Durchlässigkeit entsprechend der kartesischen Achsen ergibt sich die Strömungsgleichung für stationäre, wassergesättigte Strömungsverhältnisse durch Einsetzen der Komponenten der Darcy-Gleichung in die Kontinuitätsgleichung zu:

$$k_{xx}\frac{\partial^2 h}{\partial x^2} + k_{yy}\frac{\partial^2 h}{\partial y^2} + k_{zz}\frac{\partial^2 h}{\partial z^2} = 0$$

Unter der zusätzlichen Annahme von isotropen Durchlässigkeitsverhältnissen vereinfacht sich die Strömungsgleichung zu:

2.10 Grundwasserströmung – Grundwasserhaltung

$$\frac{\partial^2 h}{\partial x^2} + \frac{\partial^2 h}{\partial y^2} + \frac{\partial^2 h}{\partial z^2} = 0$$

Diese Gleichung ist eine der bedeutendsten partiellen Differenzialgleichungen der mathematischen Physik, die Laplace-Gleichung. Die Lösung dieser Gleichung ist die Funktion h(x,y,z), die die Verteilung der Zustandsvariablen, des hydraulischen Potenzials h, in Abhängigkeit vom Ort des dreidimensionalen Strömungsfeldes beschreibt.

Für instationäre, wassergesättigte Strömungsverhältnisse ergibt sich die Strömungsgleichung unter der Annahme einer homogenen, isotropen Durchlässigkeit durch Einsetzen der Komponenten der Darcy-Gleichung in die instationäre Kontinuitätsgleichung zu:

$$\frac{\partial^2 h}{\partial x^2} + \frac{\partial^2 h}{\partial y^2} + \frac{\partial^2 h}{\partial z^2} = \frac{S_s}{k} \frac{\partial h}{\partial t}$$

Dieser partielle Differenzialgleichungstyp wird in der Physik als Diffusionsgleichung bezeichnet. Die Lösung dieser Gleichung beschreibt die Verteilung des hydraulischen Potenzials h(x,y,z,t) in Abhängigkeit vom Ort des Strömungsfeldes und von der Zeit t.

1.1.5 Rand- und Anfangsbedingungen

Zur Lösung der stationären (zeitunabhängigen) Grundwasserströmungsgleichung müssen entlang der gesamten Ränder des Modellgebietes Randbedingungen definiert werden. Es werden dabei drei Arten von Randbedingungen unterschieden:

Mit der **Randbedingung der ersten Art** (Dirichlet-Bedingung) wird das Grundwasserpotenzial am Modellrand vorgeschrieben (Festpotenzial h = const.). Beispielsweise kann ein See oder ein Fluss mit einem direkten Anschluss an einen Grundwasserleiter eine Randbedingung der ersten Art darstellen. Ein Festpotenzial kann auch an einem Modellrand vorgeschrieben werden, wenn erwartet wird, dass der Modellrand so weit von der die Grundwasserverhältnisse beeinflussenden Maßnahme entfernt ist, dass deren Einfluss auf das Grundwasserpotenzial am gewählten Modellrand vernachlässigt werden kann. Stellt ein Brunnenrand einen Modellrand dar (z. B. bei der rotationssymmetrischen Berechnung der Zuströmung zu einem Brunnen), so lässt sich der Modellrand unterhalb eines konstanten Brunnenwasserstandes für den anschließenden Grundwasserleiter ebenfalls als Festpotenzialrand beschreiben. Die Vorgabe eines konstanten (atmosphärischen) Druckes (p = 0 bzw. h = z) zur Beschreibung von Sickerstrecken (z. B. beim Grundwasseraustritt an der Geländeoberfläche, in Dräns oder Brunnen), stellt ebenfalls eine Randbedingung der ersten Art dar (s. Abschn. 1.3.5 und 1.5.4).

Bei der **Randbedingung der zweiten Art** (Neumann-Bedingung) wird der Zu- oder Abfluss senkrecht zum Modellrand vorgeschrieben (z. B. konstanter Zufluss infolge Zuströmung aus überlagernden Bodenschichten). Die konstante Entnahme aus einem Brunnen, dessen Rand einem Modellrand darstellt, kann ebenfalls durch eine Randbedingung der zweiten Art als konstanter Abstrom über den Brunnenmantel beschrieben werden. Ein häufig auftretender Spezialfall dieses Randes ist der undurchlässige Modellrand (z. B. entlang von Grundwassernichtleitern oder wasserundurchlässigen Bauwerken), bei dem der Zu- oder Abfluss senkrecht zu diesem Rand gleich null ist. Als undurchlässig angenommene Modellränder stellen Randstromlinien dar.

Die **Randbedingung der dritten Art** (Cauchy-Bedingung) stellt eine Kombination aus erster und zweiter Art durch die Vorgabe eines Zu- oder Abflusses senkrecht zum Modellrand in Abhängigkeit von der Differenz zwischen dem Grundwasserpotenzial und einem konstanten äußeren Potenzial dar. Sie wird zur Beschreibung von halbdurchlässigen Rändern

(z. B. Zusickerung aus kolmatierten Oberflächengewässern oder Dräns und Brunnen bei der Grundwasseranreicherung) verwendet. Dabei wird am Modelland nicht unmittelbar ein äußeres Potenzial, sondern ein gedämpftes (durch einen Strömungswiderstand abgeschwächtes) Grundwasserpotenzial wirksam.

Zur Lösung der instationären (zeitabhängigen) Grundwasserströmungsgleichung ist **als Anfangsbedingung** zusätzlich die Grundwasserpotenzialverteilung zu Simulationsbeginn ($h(t = t_0)$) vorzugeben. Weiterhin kann der Wert der Randbedingungen auch als veränderlich über den Simulationszeitraum (z. B. als Wasserstandsganglinie oder unterschiedliche Entnahmerate) vorgegeben werden.

1.2 Berechnung von Grundwasserströmungen

Grundlage für die Berechnung von Grundwasserströmungen ist ihre Beschreibung mithilfe mathematischer Modelle. Ein Modell ist ein Hilfsmittel zur vereinfachten Abbildung der zu untersuchenden, wesentlichen physikalischen Prozesse in der Natur. Bei den hier verwendeten mathematischen Modellen wird die Grundwasserströmung durch die Strömungsgleichungen abgebildet, die die wesentlichen physikalischen Prozesse beschreiben. Bereits bei den zugrunde gelegten mathematischen Modellen werden, wie in Abschnitt 1.1 dargestellt, die Grundwasserströmungsvorgänge auf Grundlage vereinfachter Annahmen abgebildet (z. B. Einphasenströmung, konstante Dichte des Wassers, Gültigkeit des Darcy-Gesetzes, bereichsweise homogene Durchlässigkeit, druckunabhängiger spezifischer Speicherkoeffizient). In Abhängigkeit von den wesentlichen, die Grundwasserströmung beeinflussenden Faktoren und der erforderlichen Genauigkeit der Abbildung der Strömungsvorgänge können weitere Vereinfachungen des mathematischen Modells getroffen werden (z. B. ausschließlich wassergesättigte Strömung, isotrope Durchlässigkeit, stationäre Strömungsverhältnisse, vertikal-ebene, horizontal-ebene, eindimensionale oder rotationssymmetrische Modellierung).

Um die Grundwasserströmung basierend auf einem mathematischen Modell ermitteln zu können, ist – unabhängig vom Berechnungsverfahren (analytische oder numerische Berechnung, zeichnerisches Lösungsverfahren) – ein Modellgebiet festzulegen, das einen Abschnitt der für das Untersuchungsziel maßgebenden Grundwasserleiter und ggf. Grundwassernichtleiter und Grundwassergeringleiter sowie der strömungsrelevanten Bauwerke abbildet. Die Modellabmessungen sind möglichst so festzulegen, dass sie die Vorgabe von natürlichen grundwasserhydraulischen Randbedingungen an den Modellrändern ermöglichen (z. B. durch Grundwassernichtleiter vorgegebene Randstromlinien, Wasserstände in Oberflächengewässern). Ist dies für einzelne Modellränder nicht möglich, müssen die Modellabmessungen so gewählt werden, dass die an diesen Rändern angenommenen grundwasserhydraulischen Randbedingungen keinen relevanten Einfluss auf die Berechnungsergebnisse haben. Gegebenenfalls kann der Einfluss der Randbedingungen durch eine Parameterstudie ermittelt werden. Bei analytischen Berechnungen können die Modellränder auch im Unendlichen liegen.

Zur Berechnung der Grundwasserströmung ist eine Parametrisierung erforderlich. Dies bedeutet, dass auf Grundlage einer zumeist geringen Anzahl von geologischen Erkundungen und hydrogeologischen Untersuchungen, die räumlich und teilweise auch zeitlich veränderlichen Einflussgrößen (z. B. Schichtgrenzen, Durchlässigkeiten, Speicherkoeffizienten, Zuflüsse, Wasserstände) durch vereinfachte Modellparameter, in Abhängigkeit vom gewählten mathematischen Modell abgebildet werden (z. B. Festlegung von Homogenbereichen).

Für die Berechnung von Grundwasserströmungen existiert umfangreiche Fachliteratur, z. B. *Verruit* [8], *Harr* [9], *Bear* [10], *Freese/Cherry* [11] und *Busch* et al. [4] sowie *Hölting/*

Coldewey [2] und *Langguth/Voigt* [3], mit dem Schwerpunkt auf hydrogeologischen Fragestellungen. Verfahren zur Berechnung und Ausführung von Grundwasserabsenkungen werden insbesondere von *Herth/Arndts* [12] behandelt. Eine weitere umfangreiche Zusammenstellung von Berechnungsansätzen für die Grundwasserhaltung mit zahlreichen Diagrammen für unterschiedliche Randbedingungen sowie die Darstellung von Verfahren zur Grundwasserhaltung und zur Ermittlung geohydraulischer Parameter enthält auch die im Internet frei verfügbare Veröffentlichung der amerikanischen Streitkräfte [13].

Analytische Berechnungen von Grundwasserströmungen sind meist nur auf Grundlage vereinfachter (meist eindimensionaler) mathematischer Modelle und stark vereinfachter Modellannahmen möglich. Trotzdem können Grundwasserströmungsprobleme in vielen Fällen mit ausreichender Genauigkeit durch analytische Lösungen beschrieben werden. Dies gilt auch für die Berechnung von Grundwasserhaltungen, wenn keine komplexen Randbedingungen vorliegen und keine detaillierten Aussagen zur Auswirkung der Grundwasserhaltung auf die Grundwasserverhältnisse erforderlich sind. Die folgenden Abschnitte enthalten grundlegende Lösungen für Grundwasserhaltungsaufgaben und weitere Grundwasserströmungsprobleme. Besonderen Wert wird dabei auf die Darstellung der zugrunde gelegten Annahmen und Voraussetzungen für die Lösungen gelegt. Für weiterführende analytische Lösungen von Grundwasserströmungsproblemen sei auf [4] sowie *Polubarinova-Kochina* [14] verwiesen, die teilweise jedoch vertiefte mathematische Kenntnisse erfordern.

Für komplexe geohydraulische Fragestellungen, die nicht mit ausreichender Genauigkeit durch vereinfachte analytische Lösungen beantwortet werden können, stellen numerische Verfahren ein geeignetes Mittel dar. Die Anwendung numerischer Modelle gehört mittlerweile zum Standardinstrumentarium bei der Beantwortung grundwasserhydraulischer Fragestellungen. Dies gilt insbesondere für wasserwirtschaftliche Aufgabenstellungen, aber auch in zunehmendem Maß für die Berechnung von Grundwasserabsenkungen und für die Ermittlung von Grundwasserströmungen als Grundlage für geotechnische Berechnungen.

Mittlerweile sind kommerzielle Programmsysteme erhältlich, mit denen Grundwassermodellierungen mit relativ geringem Aufwand und nahezu ohne Kenntnisse der mathematisch-physikalischen Grundlagen durchgeführt werden können. Der Modellierer sollte jedoch über ausreichende Kenntnisse der mathematischen Beschreibung von Grundwasserströmungen und über grundlegende Kenntnisse der numerischen Lösungsverfahren verfügen, um die Zuverlässigkeit der Berechnungsergebnisse beurteilen zu können. Die numerischen Lösungsverfahren basieren i. Allg. auf der Finite-Differenzen-Methode (FDM) oder der Finite-Elemente-Methode (FEM). Bei beiden Methoden wird das Modellgebiet in eine endliche (finite) Anzahl von Zellen oder Elementen unterteilt (diskretisiert). Ein wesentlicher Unterschied der beiden Verfahren ist die Art der Diskretisierung. Bei der FDM erfolgt die Diskretisierung durch rechteckige (oder quaderförmige) Zellen, während bei der FEM die Diskretisierung durch Elemente beliebiger Form erfolgen kann. Die FEM erlaubt deshalb eine bessere Anpassung der Diskretisierung an den Verlauf von Modellgrenzen oder Strukturen innerhalb des Modellgebietes.

Numerische Grundwasserströmungsmodelle stellen wie alle Modelle ein vereinfachtes Abbild der natürlichen Verhältnisse dar, das maßgebend vom Umfang und der Qualität der Eingangsparameter beeinflusst wird. Ein wesentlicher Aspekt der numerischen Modellierung ist deshalb die Beurteilung der Berechnungsergebnisse auf Grundlage der Unsicherheit der Eingangsdaten. Dabei bieten numerische Modelle die Möglichkeit, durch Parameterstudien die Auswirkung von innerhalb physikalisch sinnvoller Grenzen variierten Eingangsparametern auf die Berechnungsergebnisse beurteilen zu können.

In den folgenden Abschnitten werden lediglich die wesentlichen Grundlagen bei der Durchführung von numerischen Grundwasserströmungsberechnungen (z. B. Wahl der Randbedingungen sowie Ermittlung der freien Grundwasseroberfläche und von Sickerstrecken bei ungespannten Grundwasserströmungen) beschrieben (s. insbesondere Abschn. 1.3.5). Ausführliche Darstellungen von numerischen Verfahren zur Berechnung von Grundwasserströmungen enthalten z. B. *Pinder/Gray* [15], *Huyakorn/Pinder* [16], *Wang/Anderson* [17], *Anderson/Woessner* [18] sowie *Kinzelbach/Rausch* [19].

Nachstehend wird die Berechnung von Grundwasserströmungen auf Grundlage von vertikalebenen (Grabenströmung), rotationssymmetrisch vertikal-ebenen (Brunnenströmung) und dreidimensionalen Modellen jeweils für stationäre und instationäre Strömungsverhältnisse beschrieben. Die analytischen Lösungen für räumlich eindimensionale, stationäre und instationäre Modelle werden dabei aus den vertikal-ebenen und rotationssymmetrisch vertikal-ebenen Modellen abgeleitet.

1.3 Vertikal-ebene Berechnung von stationären Grundwasserströmungen

Vertikal-ebene Berechnungen eignen sich für Grundwasserströmungen, die durch langgestreckte Bauwerke mit gleichen hydraulischen Randbedingungen dominiert werden und bei denen die Strömung senkrecht zu der Berechnungsebene als vernachlässigbar angenommen werden kann (z. B. Zuströmung zu einem Graben oder Dammdurchströmung). Die Berechnung erfolgt für eine vertikal-ebene Scheibe mit Einheitsbreite und den seitlichen, vertikalen Begrenzungsflächen als Randstromflächen.

Für vertikal-ebene, stationäre Strömungen in einem vollständig wassergesättigten Grundwasserleiter mit homogener und isotroper Durchlässigkeit ergibt sich die Strömungsgleichung zu:

$$\frac{\partial^2 h}{\partial x^2} + \frac{\partial^2 h}{\partial z^2} = 0$$

Diese Strömungsgleichung stellt die Grundgleichung für die nachfolgend beschriebenen eindimensionalen analytischen, numerischen und zeichnerischen Lösungen dar.

1.3.1 Analytische Berechnung von gespannten Grundwasserströmungen

Unter vereinfachten Modellannahmen lassen sich vertikal-ebene, stationäre Grundwasserströmungen bei gespannten Grundwasserverhältnissen durch eindimensionale, analytisch lösbare Strömungsgleichungen beschreiben. Im Folgenden sind analytische Lösungen für Grabenströmungen (Zuströmungen zu einem Dränagegraben) bei gespannten Grundwasserverhältnissen für verschiedene Randbedingungen dargestellt. Für x = 0 wird jeweils eine Absenkung des Grundwasserpotenzials durch den Dränagegraben angesetzt. Dabei werden keine Strömungsverluste innerhalb des Dränagegrabens berücksichtigt.

Grabenströmung im gespannten Grundwasserleiter

Der Berechnung liegen folgende zusätzliche, vereinfachende Annahmen zugrunde (Bild 8):

– rechteckförmiger Querschnitt des Grundwasserleiters mit Länge L und konstanter Mächtigkeit M,
– homogene und isotrope Durchlässigkeit k,
– horizontale Modellränder ohne äußeren Zufluss (Randstromlinien),
– konstantes Grundwasserpotenzial an den vertikalen Modellrändern.

2.10 Grundwasserströmung – Grundwasserhaltung

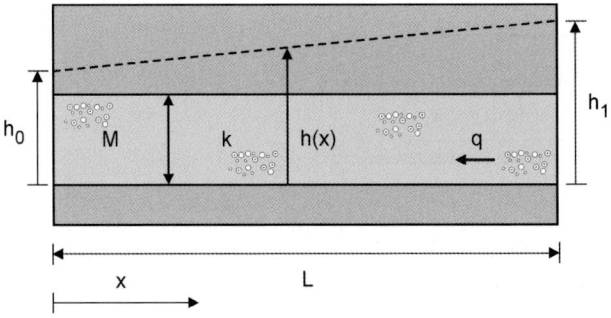

Bild 8. Grabenströmung im gespannten Grundwasserleiter

Unter diesen vereinfachten Modellannahmen lässt sich die Strömungsgleichung durch eine eindimensionale, gewöhnliche Differenzialgleichung mit einem jeweils über die Vertikale konstanten, nur von der Ortskoordinate x abhängigen Grundwasserpotenzial h darstellen:

$$\frac{d^2h}{dx^2} = 0$$

mit der allgemeinen Lösung:

$$h(x) = c_1 x + c_2$$

Für die Randbedingungen:

$$h(x=0) = h_0 \qquad h(x=L) = h_1$$

ergibt sich die Lösung der Strömungsgleichung für das Grundwasserpotenzial h zu:

$$h(x) = h_0 + (h_1 - h_0)\frac{x}{L}$$

Aus der Darcy-Gleichung mit dem Durchfluss q [m²/s] als Produkt aus der Filtergeschwindigkeit v [m/s] und der Grundwassermächtigkeit M [m] sowie der Transmissivität T [m²/s] als Produkt aus dem Durchlässigkeitsbeiwert k [m/s] und der Grundwassermächtigkeit M [m]:

$$q = M \cdot v = -M \cdot k \frac{dh}{dx} = -T \frac{dh}{dx}$$

resultiert der konstante Durchfluss:

$$q = -\frac{T}{L}(h_1 - h_0)$$

Bei einer Potenzialdifferenz $\Delta h = h_1 - h_0 > 0$ ergibt sich ein negativer Durchfluss, da die Fließrichtung entsprechend dem Potenzialgefälle entgegen der positiven x-Richtung verläuft.

Bei Vorgabe einer konstanten Entnahmerate q_0 am linken Modellrand und eines konstanten Grundwasserpotenzials h_1 am rechten Modellrand als Randbedingungen:

$$q(x=0) = -q_0 \qquad h(x=L) = h_1$$

ergibt sich das Grundwasserpotenzial zu:

$$h(x) = h_1 - \frac{q_0}{T}(L - x)$$

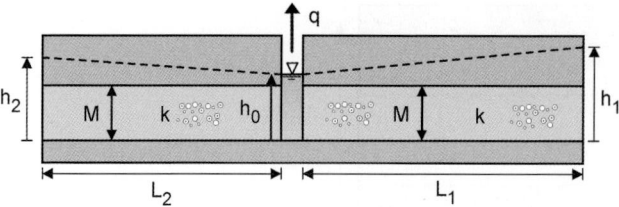

Bild 9. Dränagegraben im gespannten Grundwasserleiter

Die maximale Entnahmerate $q_{0,max}$, für die sich gerade noch gespannte Grundwasserverhältnisse am linken Modellrand ergeben ($h_0 = M$), beträgt:

$$q_{0,max} = \frac{T}{L}(h_1 - M)$$

Bild 9 stellt einen idealisierten Dränagegraben mit beidseitigem Zustrom aus einem gespannten Grundwasserleiter dar.

Für diese vereinfachten Modellannahmen beträgt die Gesamtzuflussrate q pro Meter Länge des Dränagegrabens:

$$q = T\left[\frac{(h_1 - h_0)}{L_1} + \frac{(h_2 - h_0)}{L_2}\right]$$

Grabenströmung im gespannten Grundwasserleiter mit Grundwasserneubildung

Basierend auf dem oben beschriebenen, vereinfachten Strömungsmodell wird zusätzlich an der Oberfläche des gespannten Grundwasserleiters eine über die Modelllänge konstante Zuflussrate v^* [m³/(s · m²)] (z. B. Grundwasserneubildung infolge Niederschlagsinfiltration) angesetzt (Bild 10).

Prinzipiell stellt der obere Modellrand wegen der vertikalen Zuströmung v^* keine Randstromlinie dar. Die Abweichung von der hydrostatischen Druckverteilung über die Höhe des Grundwasserleiters kann jedoch i. Allg. aufgrund der relativ geringen Zuströmung infolge Niederschlagsinfiltration vernachlässigt werden. Unter diesen vereinfachten Annahmen lässt sich die Strömungsgleichung unter Berücksichtigung der Infiltration als Zuflussterm ebenfalls als eindimensionale, gewöhnliche Differenzialgleichung darstellen:

$$\frac{d^2h}{dx^2} = -\frac{v^*}{T}$$

mit der allgemeinen Lösung:

$$h(x) = -\frac{v^*}{2T}x^2 + c_1 x + c_2$$

Für die Randbedingungen:

$$h(x = 0) = h_0 \qquad h(x = L) = h_1$$

ergibt sich die Lösung der Strömungsgleichung für das Grundwasserpotenzial h zu:

$$h(x) = h_0 + (h_1 - h_0)\frac{x}{L} + \frac{v^*}{2T}(Lx - x^2)$$

2.10 Grundwasserströmung – Grundwasserhaltung

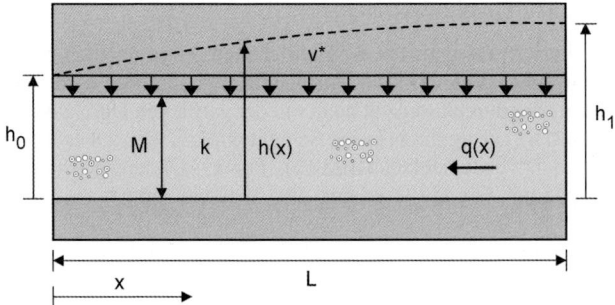

Bild 10. Grabenströmung im gespannten Grundwasserleiter mit Grundwasserneubildung

Der ortsabhängige Durchfluss q(x) lässt sich wiederum unter Verwendung der Darcy-Gleichung ermitteln:

$$q(x) = -\frac{T}{L}(h_1 - h_0) - \frac{v^*}{2}(L - 2x)$$

Bei Vorgabe der Randbedingungen:

$$q(x = 0) = -q_0 \qquad h(x = L) = h_1$$

ergibt sich das Grundwasserpotenzial zu:

$$h(x) = h_1 - \frac{q_0}{T}(L - x) + \frac{v^*}{2T}(L^2 - x^2)$$

Die maximale Entnahmerate für gerade noch gespannte Grundwasserverhältnisse ($h_0 = M$) am linken Modellrand (x = 0) beträgt:

$$q_{0,max} = \frac{T}{L}(h_1 - M) + \frac{v^*L}{2}$$

Bild 11 stellt einen idealisierten Dränagegraben mit beidseitigem Zustrom aus einem gespannten Grundwasserleiter mit Grundwasserneubildung dar.

Für diese vereinfachten Modellannahmen beträgt die Gesamtzuflussrate q pro Meter Länge des Dränagegrabens:

$$q = T\left[\frac{(h_1 - h_0)}{L_1} + \frac{(h_2 - h_0)}{L_2}\right] + \frac{v^*}{2}(L_1 + L_2)$$

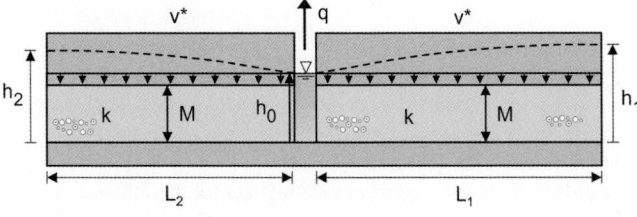

Bild 11. Dränagegraben im gespannten Grundwasserleiter mit Grundwasserneubildung

Grabenströmung im halbgespannten Grundwasserleiter

Auch dieses Berechnungsmodell basiert auf dem oben beschriebenen, vereinfachten Strömungsmodell, wobei jedoch der Grundwasserleiter als halbgespannt angenommen wird. Der Grundwasserleiter wird durch eine geringdurchlässige Schicht mit der vertikalen Durchlässigkeit k* und der Dicke d* überlagert. Die geringdurchlässige Schicht wird an ihrer Oberfläche mit einem konstanten Wasserstand h* beaufschlagt (Bild 12). Für x → ∞ entspricht das Grundwasserpotenzial im halbgespannten Grundwasserleiter dem Wasserstand h*.

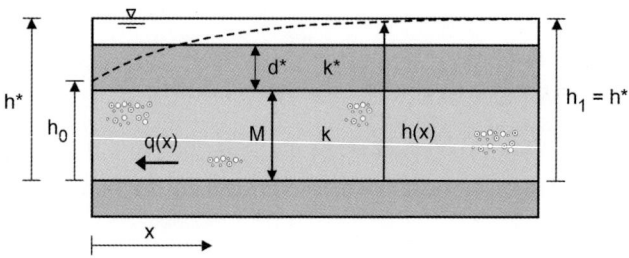

Bild 12. Grabenströmung im halbgespannten Grundwasserleiter

Vereinfachend wird angenommen, dass die geringdurchlässige Schicht aufgrund des Potenzialunterschiedes zwischen dem Wasserstand oberhalb der geringdurchlässigen Schicht und dem Grundwasserpotenzial des halbgespannten Grundwasserleiters lediglich vertikal durchflossen wird. Weiterhin wird auch hier angenommen, dass die Abweichung von der hydrostatischen Druckverteilung über die Höhe des Grundwasserleiters durch den vertikalen Zufluss aus der überlagernden, geringdurchlässigen Schicht vernachlässigt werden kann. Diese Annahmen sind berechtigt, falls die Durchlässigkeit der überlagernden Schicht deutlich geringer ist als die des Grundwasserleiters. Der Zufluss pro Fläche zum Grundwasserleiter ergibt sich aus der Darcy-Gleichung zu:

$$v^* = k^* \left(\frac{h^* - h(x)}{d^*} \right) = \lambda (h^* - h(x)) \quad \text{mit} \quad \lambda = \frac{k^*}{d^*}$$

Der Faktor λ [s^{-1}], der sich aus dem Quotienten der vertikalen Durchlässigkeit k* und der Dicke d* des überlagernden Geringleiters ergibt, wird als Leakagefaktor bezeichnet. Unter diesen vereinfachten Annahmen lässt sich die Strömungsgleichung wiederum durch eine eindimensionale, gewöhnliche Differenzialgleichung unter Berücksichtigung des Zuflussterms darstellen:

$$\frac{d^2 h}{dx^2} = -\frac{\lambda}{T}(h^* - h(x))$$

Mit der Substitution:

$$\mu = \sqrt{\frac{T}{\lambda}}$$

ergibt sich die allgemeine Lösung (siehe z. B. [8]) zu:

$$h(x) = h^* - c_1 e^{\frac{x}{\mu}} - c_2 e^{-\frac{x}{\mu}}$$

2.10 Grundwasserströmung – Grundwasserhaltung

Für die Randbedingungen:

$$h(x = 0) = h_0 \quad h(x \to \infty) = h^*$$

ergibt sich die die Lösung der Strömungsgleichung für das Grundwasserpotenzial h zu:

$$h(x) = h^* - (h^* - h_0)e^{-\frac{x}{\mu}}$$

Der ortsabhängige Durchfluss q(x) lässt sich wiederum unter Verwendung der Darcy-Gleichung ermitteln:

$$q(x) = -\frac{T}{\mu}(h^* - h_0)e^{-\frac{x}{\mu}}$$

Unter den o.g. Randbedingungen nähert sich das Grundwasserpotenzial h(x) des teilgespannten Grundwasserleiters aufgrund des Wasseraustausches mit zunehmendem Abstand vom linken Modellrand dem Wasserstand h* oberhalb des Geringleiters an. Theoretisch ergibt sich eine Übereinstimmung erst im Unendlichen. Es lässt sich jedoch ein Abstand vom linken Modellrand ΔL bestimmen, ab dem die Potenzialdifferenz Δh = h* – h(ΔL) einen festgelegten Grenzwert ε [m] unterschreitet (Bild 13):

$$\Delta L = -\mu \ln\left(\frac{\varepsilon}{h^* - h_0}\right)$$

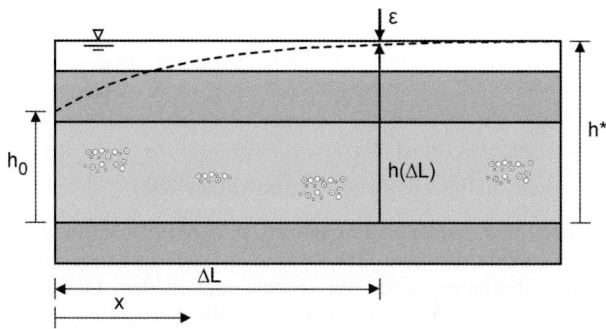

Bild 13. Einflusslänge der Druckentspannung im halbgespannten Grundwasserleiter

Die Einflusslänge wird nachstehend für ein Berechnungsbeispiel ermittelt. Dazu wird ein halbgespannter Grundwasserleiter mit einer Durchlässigkeit k = 10^{-4} m/s und einer Mächtigkeit M = 10 m sowie ein überlagernder Geringleiter mit einer vertikalen Durchlässigkeit k* = 10^{-7} m/s und einer Dicke d* = 5 m betrachtet. Der Wasserstand oberhalb des Geringleiters, an den sich der Grundwasserstand mit zunehmendem Abstand vom Graben annähert, beträgt h* = 20 m und der abgesenkte Grabenwasserstand h_0 = 12 m. Für einen vorgegebenen Grenzwert ε = 0,05 m ergibt sich mit T = M · k = 10^{-3} m²/s, λ = k*/d* = 2 · 10^{-8} s^{-1} und μ = (T/λ)$^{1/2}$ = 223,6 m eine Einflusslänge der Absenkung von ΔL ≈ 1130 m.

Bei Vorgabe der Randbedingungen:

$$q(x = 0) = -q_0 \quad h(x = L) = h^*$$

ergibt sich das Grundwasserpotenzial zu:

$$h(x) = h^* - \left(\frac{q_0 \cdot \mu}{T}\right)e^{-\frac{x}{\mu}}$$

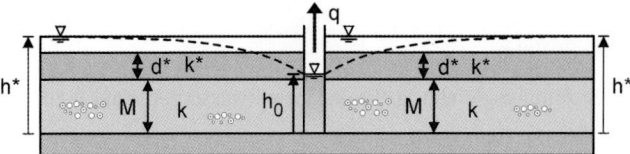

Bild 14. Dränagegraben im halbgespannten Grundwasserleiter

Die maximale Entnahmerate für gerade noch gespannte Grundwasserverhältnisse am linken Modellrand beträgt:

$$q_{0,max} = (h^* - M)\frac{T}{\mu}$$

Bild 14 stellt einen idealisierten Dränagegraben mit beidseitigem Zustrom aus einem halbgespannten Grundwasserleiter dar. Dabei wird angenommen, dass der Wasserstand im Dränagegraben nicht durch den Wasserstand oberhalb des Grundwassergeringleiters beeinflusst wird.

Für diese vereinfachten Modellannahmen beträgt die Gesamtzuflussrate q pro Meter Länge des Dränagegrabens:

$$q(x) = 2 \cdot \sqrt{T \cdot \frac{k^*}{d^*}} \cdot (h^* - h_0)$$

Unterströmung eines Deiches in einem halbgespannten Grundwasserleiter

Halbgespannte Grundwasserleiter existieren häufig in Flusstälern, in denen der Grundwasserleiter im direkten hydraulischen Kontakt mit dem Gewässer steht und landseitig durch eine geringdurchlässige Deckschicht überlagert wird. Bei Hochwasser in dem Gewässer steigt durch den Zustrom auch das Grundwasserpotenzial in den halbgespannten Grundwasserleiter. Zum Schutz des Hinterlandes gegen Überflutung dienen zumeist Deiche. Bei Einstau der Deiche besteht durch den Grundwasserpotenzialanstieg im unterlagernden Grundwasserleiter am landseitigen Deichfuß oft die Gefahr eines Aufschwimmens der überlagernden Deckschicht bzw. eines hydraulischen Grundbruchs. Unter vereinfachten Modellannahmen kann der sich bei Hochwasser im Grundwasserleiter unterhalb der Auelehmschicht einstellende Grundwasserdruck auf Grundlage der oben beschriebenen analytischen Berechnung abgeschätzt werden. In Bild 15 ist das verwendete vereinfachte stationäre Modell in einem stark überhöhten Maßstab dargestellt.

Der Grundwasserleiter mit einer konstanten Mächtigkeit M und einer konstanten, isotropen Durchlässigkeit k wird durch eine geringdurchlässige Schicht mit der konstanten Dicke d* und einer vertikalen Durchlässigkeit k* überlagert. Am linken Modellrand (x = 0) steht der Grundwasserleiter in direktem hydraulischen Kontakt mit dem Fluss. Oberhalb der Auelehmschicht steht wasserseitig des Deiches der Flusswasserstand h_0 und landseitig der Wasserstand h_1 auf Höhe der Oberfläche der Auelehmschicht an. Vereinfachend wird innerhalb des Deichkörpers oberhalb der Auelehmschicht der Wasserstand h_0 bis zum Schnittpunkt des Wasserspiegels mit der luftseitigen Deichböschung (L_0) und danach der Wasserstand h_1 angesetzt. Dadurch ergibt sich für den Bereich $0 \leq x \leq L_0$ ein Zustrom durch die Auelehmschicht zum Grundwasserleiter und für den Bereich $x > L_0$ ein Abstrom aus dem

2.10 Grundwasserströmung – Grundwasserhaltung

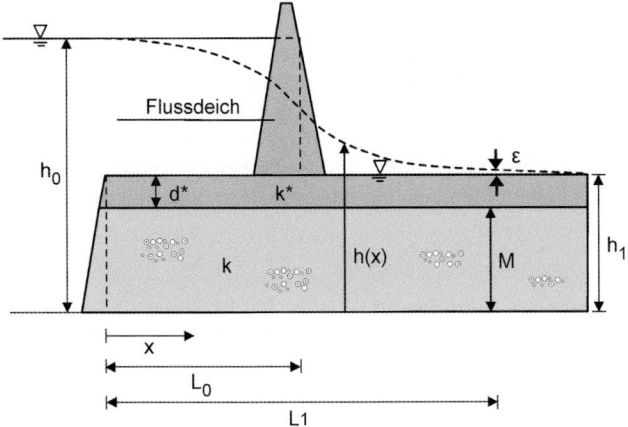

Bild 15. Unterströmung eines Deiches in einem halbgespannten Grundwasserleiter

Grundwasserleiter zur Geländeoberfläche. Nachstehend wird für einen stationären Zustand (lang anhaltender Einstau des Deiches auf h_0) das Grundwasserpotenzial unterhalb der Auelehmschicht ermittelt.

Mit den Randbedingungen

$$h(x = 0) = h_0 \qquad h(x \to \infty) = h_1$$

und der Substitution

$$\mu = \sqrt{\frac{k \cdot M}{\lambda}}$$

ergibt sich unter der Bedingung eines stetigen Grundwasserpotenzials und Durchflusses für $x = L_0$ das Grundwasserpotenzial h in Abhängigkeit von der Ortskoordinate x zu:

$$h(x) = h_0 - \frac{(h_0 - h_1)}{2} \left(e^{\frac{-(L_0-x)}{\mu}} - e^{\frac{-(L_0+x)}{\mu}} \right) \quad \text{für} \quad 0 \leq x \leq L_0$$

$$h(x) = h_1 + \frac{(h_0 - h_1)}{2} \left(e^{\frac{-(x-L_0)}{\mu}} + e^{\frac{-(L_0+x)}{\mu}} \right) \quad \text{für} \quad x > L_0$$

Aus dem Grundwasserpotenzial kann der Grundwasserdruck unterhalb der Auelehmschicht zur Ermittlung der Sicherheit gegen Aufschwimmen bestimmt werden.

Auch hier lässt sich die Einflusslänge L_1, ab der das Grundwasserpotenzial h die Geländeoberfläche (h_1) nur noch um einen Grenzwert ε überschreitet, ermitteln:

$$L_1 = L_0 + \mu \cdot \ln \left[\frac{(h_0 - h_1)}{2\varepsilon} \left(1 + e^{-\frac{2L_0}{\mu}} \right) \right]$$

Diese Einflusslänge kann auch zur Auswahl einer ausreichenden Modelllänge bei der numerische Berechnung verwendet werden.

1.3.2 Numerische Berechnung von gespannten Grundwasserströmungen

Numerische Berechnungen von vertikal-ebenen, stationären Grundwasserströmungen für gespannte, bzw. vollständig wassergesättigte Grundwasserverhältnisse erfordern i. Allg. nur einen relativ geringen Aufwand bei der Modellerstellung und sind hinsichtlich der numerischen Lösung der Strömungsgleichung (lineare partielle Differenzialgleichung 2. Ordnung) unproblematisch. Die Berechnung mittels FEM ergibt bei Verwendung linearer Ansatzfunktionen innerhalb der einzelnen Elemente ein lineares Gleichungssystem, das sich ohne Iterationen lösen lässt.

Unterströmung einer wasserstauenden Spundwand

Als ein Beispiel für die numerische, vertikal-ebene Berechnung einer vollständig wassergesättigten Grundwasserströmung ist in den Bildern 16 und 17 die Unterströmung einer wasserstauenden Spundwand dargestellt. Bild 16 enthält die berechneten Potenziallinien (Linien gleichen Potenzials), aus denen der aus der Unterströmung der Spundwand resultierende Potenzialabbau im Grundwasserleiter hervorgeht. Aus der ermittelten Grundwasserpotenzialverteilung lassen sich der Grundwasserdruck auf die Spundwand sowie die bei der Spundwandumströmung auf den Boden einwirkenden Strömungskräfte ermitteln. Diese werden z. B. zur Ermittlung der Erdruckkräfte auf die Spundwand im durchströmten Untergrund oder zur Ermittlung der Sicherheit gegen hydraulischen Grundbruch unterwasserseitig der Spundwand benötigt.

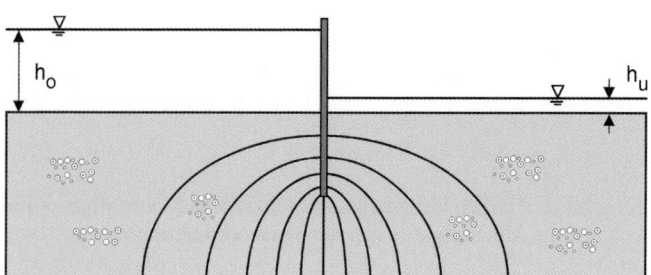

Bild 16. Grundwasserpotenziallinien für die Unterströmung einer Spundwand

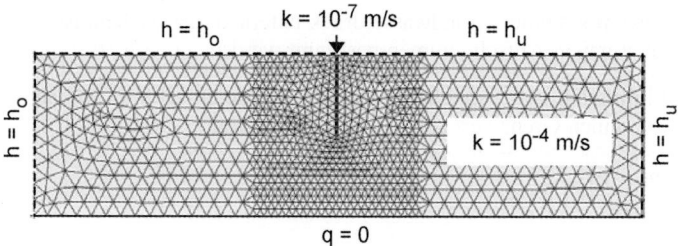

Bild 17. Vertikal-ebene Modellierung der Spundwandunterströmung

2.10 Grundwasserströmung – Grundwasserhaltung

In Bild 17 ist das Modellgebiet mit den Randbedingungen und der gewählten Dreiecksdiskretisierung für die FE-Berechnung abgebildet. Der untere Modellrand wird durch die Oberfläche des unterlagernden Grundwasserstauers gebildet und stellt eine Randstromlinie dar. Der obere Modellrand entspricht der Oberfläche des überstauten Grundwasserleiters beidseitig der Spundwand. Es wird angenommen, dass der Wasseraustausch zwischen Grund- und Oberflächenwasser ohne zusätzlichen Widerstand (z. B. infolge Kolmation der Gewässersohle) erfolgt. Aus diesem Grund wird am oberen Modellrand beidseitig der Spundwand ein dem Oberwasserstand h_o bzw. dem Unterwasserstand h_u entsprechendes Grundwasserpotenzial vorgegeben. An den seitlichen Modellrändern wird jeweils eine hydrostatische Druckverteilung mit einem dem jeweiligen Oberflächenwasserstand entsprechenden, konstanten Grundwasserpotenzial angesetzt. Dabei wird angenommen, dass diese Modellränder ausreichend weit von der Spundwand entfernt sind, sodass hier keine Beeinflussung des Grundwasserpotenzials durch die Spundwandunterströmung vorliegt. Diese Annahmen lassen sich hier z. B. durch Vergrößern des Modellgebietes überprüfen. Die Berandung der Spundwand kann durch „Ausschneiden" des entsprechenden Modellbereiches ebenfalls als Randstromlinie abgebildet werden. Alternativ kann den der Spundwand im Modell entsprechenden finiten Elementen eine geringe hydraulische Durchlässigkeit zugewiesen werden (wie hier vorgenommen). Das heißt, der hydraulische Widerstand der Spundwand wird durch eine „Ersatzwand" mit einer gewählten Dicke und Durchlässigkeit abgebildet.

Zuströmung zu unvollkommenem Dränagegraben in gespanntem Grundwasserleiter

Als ein weiteres Beispiel für die numerische, vertikal-ebene Berechnung einer gespannten Grundwasserströmung wurde die einseitige Zuströmung zu einem unvollkommenen Dränagegraben ermittelt. Der Dränagegraben reicht hier nicht über die gesamte Höhe des Grundwasserleiters bis zum unterlagernden Grundwasserstauer, sondern bindet – wie häufig ausgeführt – nur teilweise in den Grundwasserleiter ein. Bei einem unvollkommenen Dränagegraben kann die Grundwasserströmung nicht durch ein eindimensionales Strömungsmodell mit nur von der Ortskoordinate x abhängigen und über die Vertikale z konstanten Grundwasserpotenzialen abgebildet werden.

Um die Reduzierung des Zuflusses zu einem unvollkommenen Dränagegraben gegenüber dem vollkommenen abschätzen zu können, wurde eine Parameterstudie auf Grundlage numerischer vertikal-ebener Berechnungen durchgeführt. Vereinfachend wurde die Breite des Dränagegrabens nicht berücksichtigt. Das zugrunde gelegte Modell entspricht ansonsten dem Modell der Grabenströmung in gespanntem Grundwasserleiter aus Abschnitt 1.3.1. Unter diesen vereinfachten Modellannahmen kann die Grundwasserströmung als Funktion des Quotienten aus der Einbindetiefe m des Dränagegrabens in den Grundwasserleiter und der Mächtigkeit des Grundwasserleiters M sowie der Modelllänge L bis zur angesetzten Randbedingung mit konstantem Potenzial h_1 und der Grundwassermächtigkeit M beschrieben werden. In Bild 18 sind die Randbedingungen sowie die berechneten Grundwasserpotenziallinien und das Grundwasserpotenzial an der Oberfläche des Grundwasserleiters für ein Einbindeverhältnis m/M = 0,2 und ein Verhältnis L/M = 2 dargestellt.

Auf Grundlage der numerischen Modellrechnungen wurde der Korrekturfaktor α ermittelt, durch den die Abminderungen des Zufluss q_u zum unvollkommenen Dränagegraben gegenüber dem Zufluss q_v zum entsprechenden vollkommenen Dränagegraben berücksichtigt wird.

$$q_u = \alpha \cdot q_v = \alpha \frac{T}{L}(h_1 - h_0)$$

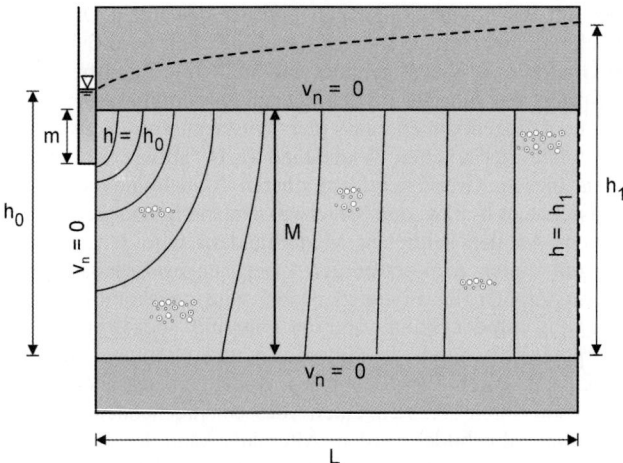

Bild 18. Unvollkommener Dränagegraben bei gespannten Grundwasserverhältnissen

In Bild 19 ist der Korrekturfaktor α in Abhängigkeit vom Einbindeverhältnis m/M und vom Verhältnis L/M dargestellt. Daraus ist ersichtlich, dass sich eine wesentliche Reduzierung des Zustroms zum unvollkommenen Dränagegraben gegenüber dem vollkommenen nur bei geringer Einbindetiefe m des Dränagegrabens und bei geringer Einflusslänge L, jeweils bezogen auf die Grundwassermächtigkeit M, ergibt.

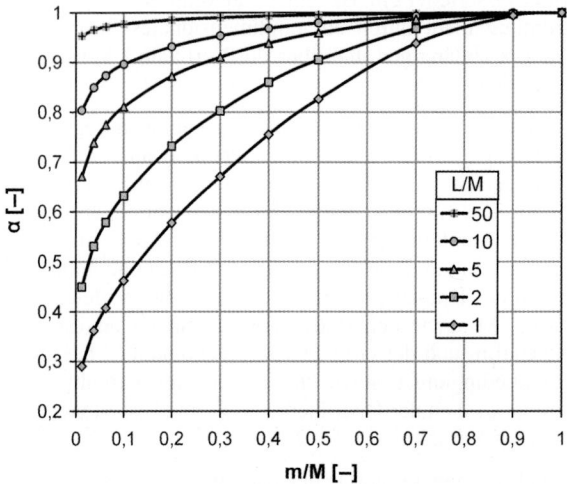

Bild 19. Korrekturfaktor α für die Zuströmung zu einem unvollkommenen Dränagegraben bei gespannten Grundwasserverhältnissen

1.3.3 Zeichnerische Lösung von gespannten Grundwasserströmungen

Das auf der Potenzialtheorie basierende zeichnerische Verfahren zur Konstruktion eines Strom- und Potenziallinennetzes wurde früher häufig für vertikal-ebene, stationäre, vollständig wassergesättigte Grundwasserströmungen, insbesondere zur Ermittlung der Grundwasserdruckverteilung auf unterströmte Bauwerke (z. B. Wehre) angewendet. Zwischenzeitlich wurde es weitgehend durch numerische Verfahren ersetzt. Deshalb wird dieses sehr anschauliche Verfahren hier nur kurz erläutert, ohne auf die zugrunde liegende Theorie einzugehen. Diese ist z. B. in [8] ausführlich erläutert.

Die vertikal-ebene, stationäre Grundwasserströmung lässt sich durch zwei Kurvenscharen charakterisieren, durch Potenziallinien und durch Stromlinien. Während die Potenziallinien Linien gleichen Grundwasserpotenzials innerhalb des abgegrenzten Modellgebiets darstellen, wird durch die Stromlinien der theoretische Verlauf der Grundwasserströmung beschrieben. Bei wassergesättigten Strömungen und homogener und isotroper Durchlässigkeit verlaufen die Stromlinien stets senkrecht zu den Potenziallinien. Diese beiden Kurvenscharen bilden das Strom- und Potenziallinennetz.

Zur Erläuterung der Vorgehensweise bei der Konstruktion eines Strom- und Potenziallinennetzes wird das Beispiel einer unterströmten Spundwand aus Abschnitt 1.3.2 (Bild 16) verwendet. Zu Beginn der Bearbeitung ist auch hier das Modellgebiet mit seinen zugehörigen Randbedingungen (Randstrom- und Randpotenziallinien) festzulegen. Die Aufgabe besteht nun in der Konstruktion der Potenziallinien und einer dazu gehörigen Anzahl von Stromlinien, sodass durch die benachbarten Strom- und Potenziallinien jeweils verzogene („krummlinige") Quadrate gebildet werden. Die Konstruktion ist korrekt, wenn sich in die verzogenen Quadrate jeweils ein die Strom- und Potenziallinien berührender Kreis einzeichnen lässt (Bild 20).

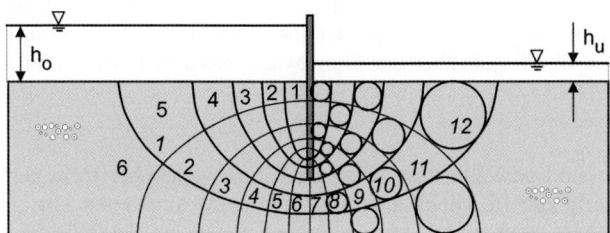

Bild 20. Strom- und Potenziallinennetz für die Unterströmung einer Spundwand

Aus der Konstruktion des Strom- und Potenziallinennetzes ergeben sich Potenzialstufen (Anzahl n), die von jeweils zwei benachbarten Potenziallinien begrenzt werden, und Stromröhren (Anzahl m) mit jeweils zwei benachbarten Stromlinien als Begrenzung. Der Potenzialabbau innerhalb der einzelnen Potenzialstufen und der Durchfluss in den einzelnen Stromröhren sind jeweils gleich groß. Der Potenzialabbau Δh_{PS} innerhalb der einzelnen Potenzialstufen ergibt sich aus dem gesamten Potenzialunterschied $\Delta h = h_o - h_u$ zu:

$$\Delta h_{PS} = \frac{\Delta h}{n}$$

Da die wirksame Breite und Länge der verzogenen Quadrate jeweils gleich sind (Breite = Länge = a) und ergibt sich der Durchfluss q_{SR} durch eine Stromröhre zu:

$$q_{SR} = k \cdot a \cdot \frac{\Delta h_{PS}}{a} = k \frac{\Delta h}{n}$$

Der gesamte Durchfluss für die m Stromröhren beträgt demnach:

$$q = k \cdot \Delta h \cdot \frac{m}{n}$$

Aus dem Strom- und Potenzialliniennetz können die Grundwasserdrücke und Strömungskräfte im gesamten Modellgebiet ermittelt werden. Weitere Hinweise zur zeichnerischen Ermittlung des Strömungsnetzes werden z. B. in der Empfehlung E 113 der EAU 2004 [6] gegeben.

1.3.4 Analytische Berechnung von ungespannten Grundwasserströmungen

Vertikal-ebene Grundwasserströmungen mit freier Grundwasseroberfläche auf einer horizontalen Grundwasserbasis (untere Begrenzung des Grundwasserleiters, die durch die Oberfläche eines Grundwassernichtleiters gebildet wird) weisen wegen der für die Grundwasserbewegung erforderlichen Neigung der Grundwasseroberfläche neben der horizontalen immer auch eine vertikale Geschwindigkeitskomponente auf (Bild 21, links). Grundlage für die im Folgenden dargestellten eindimensionalen Lösungen sind jedoch die nach *Dupuit* [20] benannten Annahmen. Diese gehen davon aus, dass die vertikale Komponente der Filtergeschwindigkeit gegenüber der horizontalen vernachlässigt werden kann (Bild 21, rechts).

$$v = v_x \quad v_z = 0$$

Daraus resultiert, dass sich das Grundwasserpotenzial über das Vertikalprofil nicht ändert und nur eine Funktion der Ortskoordinate x ist.

$$\frac{\partial h}{\partial z} = 0 \qquad h = h(x)$$

Auf Grundlage der Dupuit-Annahmen entspricht das über das Vertikalprofil konstante Grundwasserpotenzial bei einem Bezugsniveau auf Höhe der horizontalen Grundwasserbasis der Höhe der freien Grundwasseroberfläche über der Grundwasserbasis bzw. der Grundwassermächtigkeit.

$$h(x) = M(x)$$

Diese vereinfachten Annahmen sind gerechtfertigt, wenn die Grundwasseroberfläche nur geringfügig geneigt ist, was häufig zutrifft. Nicht zutreffend sind diese Annahmen z. B. in unmittelbarer Nähe eines Brunnens oder eines Dränagegrabens sowie im Bereich eines Grundwasseraustritts an Böschungen. In diesen Bereichen weisen die auf Grundlage dieser Annahmen berechneten Grundwasserpotenziale Ungenauigkeiten auf (s. Abschn. 1.3.5). Im Folgenden werden Lösungen auf Grundlage der Dupuit-Annahmen für vertikal-ebene, stationäre, ungespannte Grundwasserströmungen dargestellt.

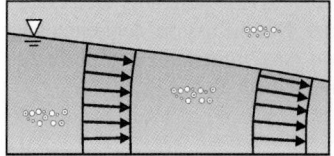 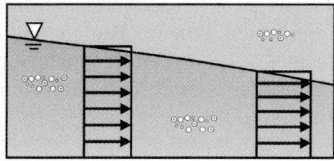

Bild 21. Geschwindigkeitsvektoren bei Grundwasserströmung mit freier Oberfläche (links) und vereinfacht entsprechend den Dupuit-Annahmen (rechts)

2.10 Grundwasserströmung – Grundwasserhaltung

Grabenströmung im ungespannten Grundwasserleiter

Analog zum Modell für die Grabenströmung im gespannten Grundwasserleiter werden als zusätzliche, vereinfachende Annahmen ein Modellgebiet mit der Länge L mit konstanten Grundwasserpotenzialen bzw. konstanter Grundwasserentnahme an dessen vertikalen Rändern, eine homogene und isotrope Durchlässigkeit k sowie kein äußerer Zufluss über die Länge des Modellgebiets zugrunde gelegt (Bild 22).

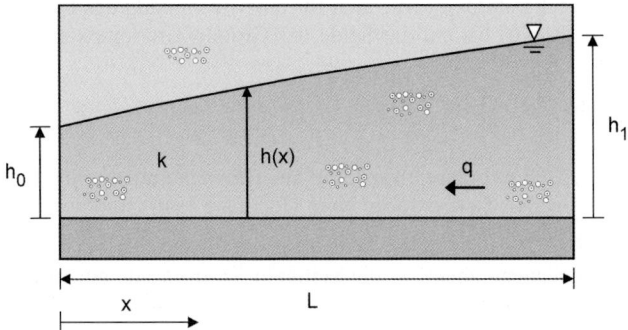

Bild 22. Grabenströmung im ungespannten Grundwasserleiter

Unter diesen Annahmen lässt sich die Strömungsgleichung durch eine eindimensionale, gewöhnliche Differenzialgleichung darstellen:

$$\frac{d}{dx}\left(h\frac{dh}{dx}\right) = 0 \quad \text{bzw.} \quad \frac{d^2(h^2)}{dx^2} = 0$$

Die allgemeine Lösung dieser Differenzialgleichung ergibt sich analog zu der für gespannte Grundwasserverhältnisse mit dem Quadrat des Grundwasserpotenzials als abhängige Variable:

$$(h(x))^2 = c_1 x + c_2$$

Für die Randbedingungen:

$$h(x = 0) = h_0 \qquad h(x = L) = h_1$$

ergibt sich die Lösung der Strömungsgleichung für das Grundwasserpotenzial h zu:

$$(h(x))^2 = h_0^2 + (h_1^2 - h_0^2)\frac{x}{L} \quad \text{bzw.} \quad h(x) = \sqrt{h_0^2 + (h_1^2 - h_0^2)\frac{x}{L}}$$

Aus der Darcy-Gleichung mit dem Durchfluss q als Produkt aus der Filtergeschwindigkeit v und der wassergesättigten Grundwassermächtigkeit h:

$$q = h \cdot v \quad = \quad -k \cdot h\frac{dh}{dx} \quad = \quad -\frac{k}{2}\frac{d(h^2)}{dx}$$

resultiert der konstante Durchfluss:

$$q = -\frac{k}{2L}(h_1^2 - h_0^2)$$

Bei Vorgabe einer konstanten Entnahmerate q_0 am linken Modellrand und eines konstanten Grundwasserpotenzials h_1 am rechten Modellrand als Randbedingungen:

$$q(x = 0) = -q_0 \qquad h(x = L) = h_1$$

ergibt sich das Grundwasserpotenzial zu:

$$(h(x))^2 = h_1^2 - \frac{2q_0}{k}(L - x) \quad \text{bzw.} \quad h(x) = \sqrt{h_1^2 - \frac{2q_0}{k}(L - x)}$$

Die (theoretische) maximale Entnahmerate $q_{0,\max}$, die sich für eine Absenkung des Grundwasserstandes im Dränagegraben ($h_0 = 0$) bis auf die Sohle des Grundwasserleiters ergibt, beträgt:

$$q_{0,\max} = \frac{k \cdot h_1^2}{2L}$$

Zur tatsächlich maximal möglichen Grundwasserabsenkung am Dränagegraben unter Berücksichtigung der sich hier einstellenden Sickerstrecke beim Übergang vom Grundwasserleiter zum Dränagegraben siehe Abschnitt 1.3.5.

Bild 23 stellt einen idealisierten Dränagegraben mit beidseitigem Zustrom aus einem ungespannten Grundwasserleiter dar.

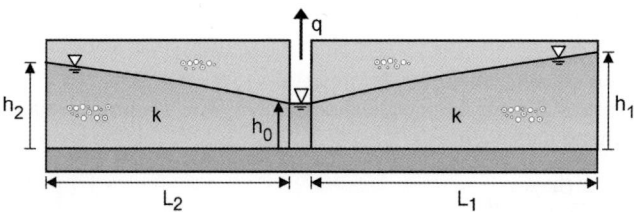

Bild 23. Dränagegraben im ungespannten Grundwasserleiter

Für diese vereinfachten Modellannahmen beträgt die Gesamtzuflussrate q pro Meter Länge des Dränagegrabens:

$$q = \frac{k}{2} \left[\frac{(h_1^2 - h_0^2)}{L_1} + \frac{(h_2^2 - h_0^2)}{L_2} \right]$$

Grabenströmung im ungespannten Grundwasserleiter mit Grundwasserneubildung

Wie im Berechnungsmodell für die Grabenströmung im gespannten Grundwasserleiter wird zusätzlich eine über die Modelllänge konstante Zuflussrate v^* [m³/(s · m²)] (z. B. Grundwasserneubildung infolge Niederschlagsinfiltration) angesetzt (Bild 24).

Die Strömungsgleichung lässt sich auch in diesem Fall durch eine eindimensionale, gewöhnliche Differenzialgleichung darstellen:

$$\frac{d}{dx}\left(h \frac{dh}{dx}\right) = -\frac{v^*}{k} \quad \text{bzw.} \quad \frac{d^2(h^2)}{dx^2} = -\frac{2v^*}{k}$$

2.10 Grundwasserströmung – Grundwasserhaltung

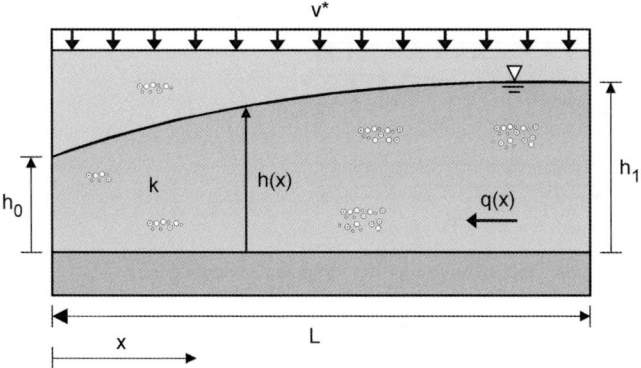

Bild 24. Grabenströmung im ungespannten Grundwasserleiter mit Grundwasserneubildung

mit der allgemeinen Lösung:

$$(h(x))^2 = -\frac{v^*}{k}x^2 + c_1 x + c_2$$

Für die Randbedingungen:

$$h(x=0) = h_0 \qquad h(x=L) = h_1$$

ergibt sich die Lösung der Strömungsgleichung für das Grundwasserpotenzial h zu:

$$(h(x))^2 = h_0^2 + (h_1^2 - h_0^2)\frac{x}{L} + \frac{v^*}{k}(Lx - x^2) \qquad \text{bzw.}$$

$$h(x) = \sqrt{h_0^2 + (h_1^2 - h_0^2)\frac{x}{L} + \frac{v^*}{k}(Lx - x^2)}$$

Der ortsabhängige Durchfluss q(x) lässt sich wiederum unter Verwendung der Darcy-Gleichung ermitteln:

$$q(x) = -\frac{k}{2L}(h_1^2 - h_0^2) - \frac{v^*}{2}(L - 2x)$$

Bei Vorgabe der Randbedingungen:

$$q(x=0) = -q_0 \qquad h(x=L) = h_1$$

ergibt sich das Grundwasserpotenzial zu:

$$(h(x))^2 = h_1^2 - \frac{2q_0}{k}(L-x) + \frac{v^*}{k}(L^2 - x^2) \qquad \text{bzw.}$$

$$h(x) = \sqrt{h_1^2 - \frac{2q_0}{k}(L-x) + \frac{v^*}{k}(L^2 - x^2)}$$

Die (theoretische) maximale Entnahmerate $q_{0,max}$ für eine Absenkung des Grundwasserstandes im Dränagegraben (x = 0) bis auf die Sohle des Grundwasserleiters ($h_0 = 0$) beträgt:

$$q_{0,max} = \frac{k \cdot h_1^2}{2L} + \frac{v^* \cdot L}{2}$$

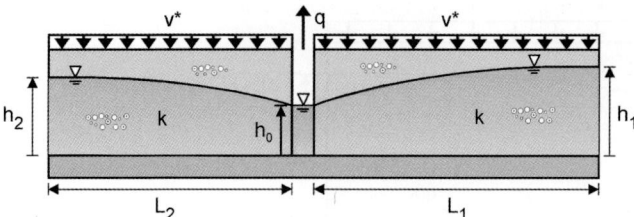

Bild 25. Dränagegraben im ungespannten Grundwasserleiter mit Grundwasserneubildung

Bild 25 stellt einen idealisierten Dränagegraben mit beidseitigem Zustrom aus einem ungespannten Grundwasserleiter mit Grundwasserneubildung dar.

Für diese vereinfachten Modellannahmen beträgt die Gesamtzuflussrate q pro Meter Länge des Dränagegrabens:

$$q = \frac{k}{2}\left[\frac{(h_1^2 - h_0^2)}{L_1} + \frac{(h_2^2 - h_0^2)}{L_2}\right] + \frac{v^*}{2}(L_1 + L_2)$$

Grabenströmung mit Übergang vom gespannten zum ungespannten Grundwasserleiter

Basierend auf den Berechnungsmodellen für die Grabenströmung im gespannten und im ungespannten Grundwasserleiter ohne Berücksichtigung einer Grundwasserneubildung wird die Strömungsgleichung für einen Übergang von gespannten zu ungespannten Strömungsverhältnissen (Bild 26) ermittelt.

Aus der Bedingung $h(L_0) = M$ und der Bedingung, dass der Durchfluss q im gespannten und im ungespannten Bereich des Grundwasserleiters gleich ist, lässt sich die Länge L_0 bestimmen:

$$L_0 = L\frac{(M^2 - h_0^2)}{(2h_1 M - h_0^2 - M^2)}$$

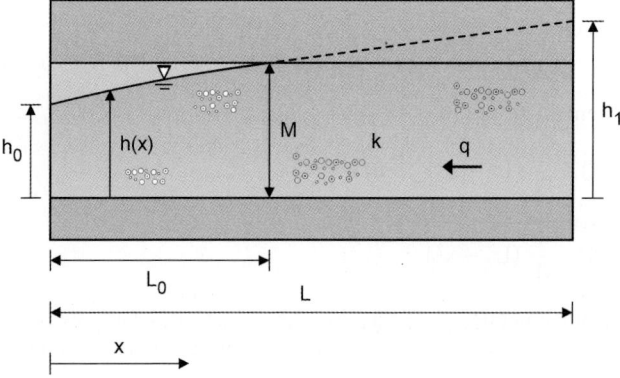

Bild 26. Grabenströmung mit Übergang vom gespannten zum ungespannten Grundwasserleiter

2.10 Grundwasserströmung – Grundwasserhaltung

In Abhängigkeit von L_0 lässt sich das Grundwasserpotenzial beschreiben:

$$h = \sqrt{h_0^2 + (M^2 - h_0^2)\frac{x}{L_0}} \quad \text{für} \quad 0 \leq x \leq L_0$$

$$h = h_1 - \frac{(h_1 - M)}{L - L_0}(L - x) \quad \text{für} \quad L_0 < x \leq L$$

Der Durchfluss ergibt sich zu:

$$q = -\frac{k}{2L}\left(2h_1 M - h_0^2 - M^2\right)$$

Infiltration aus einem kolmatierten Graben im ungespannten Grundwasserleiter

Bei der Zuströmung (Infiltration) von Wasser aus einem Graben oder einem natürlichen Gewässer in einen Grundwasserleiter bildet sich in Abhängigkeit von der Korngrößenverteilung des Grundwasserleiters und des Schwebstoffgehalts des infiltrierenden Wassers zumeist eine Kolmationsschicht aus, die durch die Einlagerung von feinen Partikeln im Porenraum des Übergangsbereiches zum Grundwasserleiter gebildet wird. Nachstehend wird die Grundwasserströmung unter der vereinfachten Annahme einer vertikalen Kolmationsschicht mit konstantem hydraulischen Widerstand auf Grundlage des oben beschriebenen Modells der Grabenströmung im ungespannten Grundwasserleiter ermittelt (Bild 27). Der hydraulische Widerstand wird durch einen Leakagefaktor λ [s^{-1}] beschrieben, der dem Quotienten aus der Durchlässigkeit k^* und der Dicke d^* der Kolmationsschicht entspricht ($\lambda = k^*/d^*$). Der Wasserstand im Graben wird mit h_W bezeichnet.

Aus der Forderung, dass der Durchfluss durch die Kolmationsschicht dem im Grundwasserleiter entsprechen muss:

$$q = \frac{\lambda}{2}(h_W^2 - h_0^2) = \frac{k}{2L}(h_0^2 - h_1^2)$$

ergibt sich der konstante Durchfluss zu:

$$q = \frac{k}{2} \frac{\left(h_W^2 - h_1^2\right)}{\left(L + \dfrac{k}{\lambda}\right)}$$

und das Grundwasserpotenzial h_0 im Grundwasserleiter am Ende der Kolmationsschicht zu:

$$h_0^2 = h_1^2 + (h_W^2 - h_1^2) \cdot \left(\frac{\lambda \cdot L}{\lambda \cdot L + k}\right) \quad \text{bzw.} \quad h_0 = \sqrt{h_1^2 + (h_W^2 - h_1^2) \cdot \left(\frac{\lambda \cdot L}{\lambda \cdot L + k}\right)}$$

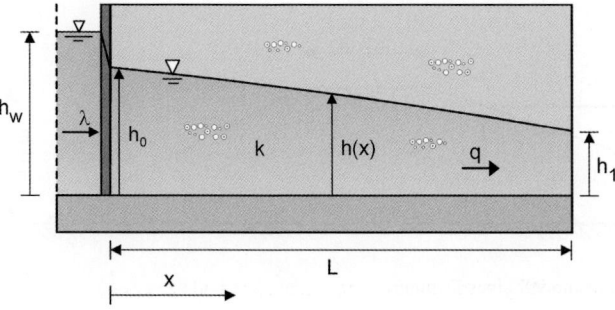

Bild 27. Infiltration aus einem kolmatierten Graben im ungespannten Grundwasserleiter

1.3.5 Numerische Berechnung von ungespannten Grundwasserströmungen

Die numerische, vertikal-ebene Berechnung von ungespannten Grundwasserströmungen ohne Ansatz der Dupuit-Annahmen erfordert aufgrund der Nichtlinearität der Strömungsgleichung einen wesentlich höheren Aufwand als von gespannten Grundwasserströmungen. Dies wird nachstehend für die Dammdurchströmung beschrieben, die eine typische Aufgabe für die vertikal-ebene Berechnung ungespannter Grundwasserströmungen darstellt (s. auch Merkblatt Standsicherheit von Dämmen an Bundeswasserstraßen (MSD) [21]).

Dammdurchströmung

Die numerische, vertikal-ebene Berechnung der Dammdurchströmung für stationäre Strömungsverhältnisse wird nachstehend für das vereinfachte Modell eines homogenen Damms mit isotroper Durchlässigkeit auf undurchlässigem Untergrund erläutert. In Bild 28 ist der für die numerischen Beispielrechnungen verwendete Modellquerschnitt dargestellt.

Wie in Abschnitt 1.1.5 beschrieben, müssen zur Lösung der partiellen Differenzialgleichung für das vertikal-ebene Berechnungsmodell entlang des gesamten Modellrandes Randbedingungen vorgegeben werden. Dabei können i. Allg. entweder das Grundwasserpotenzial h (Randbedingung 1. Art) oder die Filtergeschwindigkeit v_n (spezifischer Zufluss bzw. Abfluss pro Fläche) senkrecht zum Modellrand (Randbedingung 2. Art) entlang einzelner Teilabschnitte des gesamten Modellrandes vorgegeben werden. Aus der Strömungsberechnung ergeben sich in den Randbereichen, für die Grundwasserpotenziale vorgegeben werden, Randzuflüsse bzw. -abflüsse. In den Randbereichen, für die Zu- bzw. Abflüsse vorgegeben werden, ergibt sich aus der Strömungsberechnung die Verteilung der Randpotenziale. Eine Sonderform der Randbedingung 2. Art stellt die Vorgabe einer Randstromlinie (Filtergeschwindigkeit senkrecht zum Modellrand $v_n = 0$) entlang eines Teilabschnittes des Modellrandes dar. In den auf der Methode der Finiten Elemente basierenden Programmsystemen zur numerischen Berechnung von Grundwasserströmungen ist diese Randbedingungsart i. Allg. als Standard gesetzt, d. h. ohne Vorgabe einer sonstigen Randbedingung wird am Modellrand eine Randstromlinie angesetzt.

In Bild 29 sind die einzelnen Modellränder mit den jeweiligen Randbedingungen für die Dammdurchströmung dargestellt. In diesem Fall wird nur der wassergesättigte Bereich des Modellquerschnitts berücksichtigt, d. h. es wird angenommen, dass eine Durchströmung nur im wassergesättigten Teil des Dammkörpers stattfindet.

Am linken Modellrand im Bereich des Wassereinstaus (R_1) wird ein Grundwasserpotenzial entsprechend dem Wasserstand $h = h_0$ über Bezugsniveau vorgegeben. Aus der Annahme einer undurchlässigen Aufstandsfläche folgt der Ansatz einer Randstromlinie ($v_n = 0$) für den unteren Modellrand (R_2).

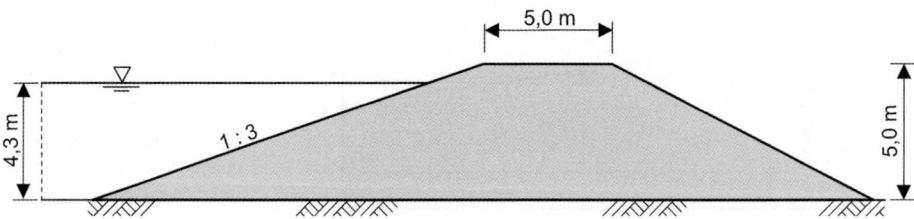

Bild 28. Vertikal-ebenes Berechnungsmodell eines Damms

2.10 Grundwasserströmung – Grundwasserhaltung

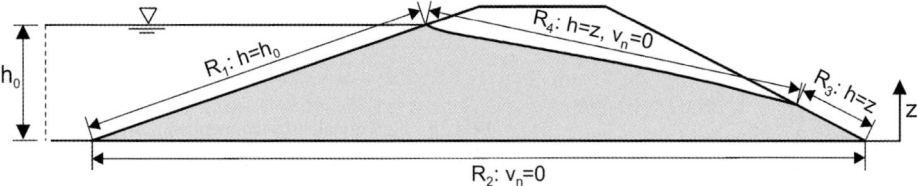

Bild 29. Randbedingungen für die Modellierung der wassergesättigten Dammdurchströmung

Am rechten Modellrand ergibt sich ein Wasseraustritt. Dieser Bereich des Modellrandes, an dem sich ein Wasserabfluss in einen unter atmosphärischen Luftdruck stehenden Bereich ergibt, wird als Sickerstrecke bezeichnet. Unter der (für die Dammdurchströmung gerechtfertigten) Annahme, dass das Wasser an der Luftseite des Dammes frei ausströmen kann, entspricht der Porenwasserdruck an der Dammoberfläche dem atmosphärischen Luftdruck. Da weiterhin i. Allg. angenommen werden kann, dass der äußere Luftdruck im gesamten Dammbereich konstant ist, kann dieser und somit auch der Porenwasserdruck an diesem Modellrand (R_3) definitionsgemäß zu null gesetzt werden ($u = 0$). Das Grundwasserpotenzial an diesem Modellrand im Bereich des Wasseraustritts entspricht (wegen $h = u/\gamma_W + z$) der geodätischen Höhe des Modellrandes über dem Bezugsniveau ($h = z$). Demzufolge ist an diesem Modellrand (R_3) ein Grundwasserpotenzial entsprechend der jeweiligen geodätischen Höhe über Bezugsniveau ($h = z$) vorzugeben.

Durch den oberen Modellrand (R_4) wird der wassergesättigte Bereich innerhalb des durchströmten Dammkörpers begrenzt (Sickerlinie), an dem der Porenwasserdruck dem atmosphärischen Luftdruck entspricht (definitionsgemäß $u = 0$). Aufgrund der Annahme, dass eine Durchströmung nur im wassergesättigten Bereich des Dammkörpers stattfindet, stellt die Sickerlinie, die den wassergesättigten Bereich nach oben begrenzt, ebenfalls eine Randstromlinie ($v_n = 0$) dar. Die Lage der Sickerlinie innerhalb des Dammkörpers ist jedoch ebenfalls a priori nicht bekannt und muss durch die Berechnung ermittelt werden. Eine Lösungsmöglichkeit besteht darin, die Ausdehnung des Berechnungsmodells solange iterativ anzupassen, bis entlang dem als Randstromlinie ($v_n = 0$) definierten oberen Modellrand (R_4) der Porenwasserdruck zu null wird ($u = 0$), bzw. bis das Grundwasserpotenzial entlang des Modellrandes der geodätischen Höhe des Modellrandes entspricht ($h = z$).

Eine derartige iterative, automatisierte Anpassung des Modells ist bei der numerischen Strömungsberechnung unter Verwendung einer vertikal-ebenen Modellierung, zumindest bei komplexeren Strukturen (Bodenschichtungen, Einbauten, etc.) und komplexeren geometrischen Verhältnissen (unterschiedliche Böschungsneigungen, Bermen, etc.) oft nicht möglich. Deshalb wird die numerische Berechnung der Dammdurchströmung i. Allg. für ein festgelegtes, vertikal-ebenes Modell, das den gesamten Dammkörper beinhaltet, durchgeführt. Dabei ist es erforderlich, die Strömung sowohl im wassergesättigten Bereich unterhalb der Sickerlinie als auch im wasserungesättigten Bereich oberhalb der Sickerlinie zu ermitteln.

Im Folgenden werden die physikalischen Grundlagen der wasserungesättigten Strömung kurz dargestellt, ohne auf die mathematische Beschreibung der Strömungsvorgänge einzugehen. Eine detaillierte Darstellung der physikalischen Grundlagen und der physikalisch-mathematischen Beschreibung findet sich z. B. in [4] oder *Fredlund/Rahardjo* [22].

Im wasserungesättigten Bereich sind die durch die Bodenmatrix gebildeten Poren teilweise mit Wasser und teilweise mit Luft gefüllt. Dabei können die aus zusammenhängenden Poren bestehenden, feinen Strömungskanäle mit Kapillarröhrchen verglichen werden. Aufgrund der

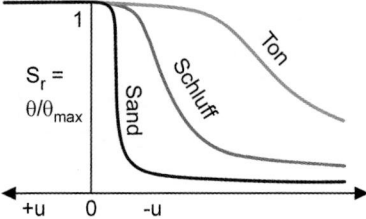

Bild 30. Funktionaler Zusammenhang zwischen Sättigungsgrad (S_r) und Saugspannung ($-u$) für verschiedene Bodenarten (qualitativ)

physikalischen Eigenschaft des Wassers als benetzende Phase gegenüber der Bodenmatrix ergeben sich an den Grenzflächen dieser beiden Phasen Kräfte, die zu einem Aufsteigen des Wassers gegen die Schwerkraft in den Kapillaren führt. Der Druck der nichtbenetzenden Phase Luft ändert sich dagegen in den Bodenporen nicht. Der Wasserdruck innerhalb der Kapillaren ist somit kleiner als der Luftdruck. Wird der Luftdruck definitionsgemäß mit null angesetzt, ergibt sich innerhalb der Kapillaren oberhalb des wassergesättigten Bereiches ein negativer Porenwasserdruck ($u < 0$). Dieser den atmosphärischen Luftdruck unterscheitenden Porenwasserdruck ($-u$) wird in der Literatur als Saugspannung bezeichnet. Der Wassergehalt θ des Bodens im wasserungesättigten Bereich ist abhängig von der jeweils wirkenden Saugspannung und der Bodenart. Dies ist in Bild 30 qualitativ dargestellt, wobei zur besseren Vergleichbarkeit der bodenabhängigen Funktionen der Sättigungsgrad S_r des Bodens in Abhängigkeit von der Saugspannung ($-u$) dargestellt ist. Dabei ist der Sättigungsgrad der Quotient aus dem tatsächlichen und dem maximalen Wassergehalt des Bodens ($S_r = θ/θ_{max}$).

Im wassergesättigten Bereich ($u > 0$) entspricht der Wassergehalt θ dem maximalen Wassergehalt $θ_{max}$ (bzw. $S_r = 1$). Mit steigender Saugspannung nimmt der Wassergehalt bis auf einen Restwassergehalt (residualen Wassergehalt) ab, bei dem nur noch das fest an die Bodenpartikel gebundene und nicht durch Schwerkraft entwässerbare Porenwasser vorhanden ist. Bei feinkörnigen Böden mit geringem Durchmesser der Porenkanäle ist die Abnahme des Wassergehalts mit steigender Saugspannung deutlich geringer als bei grobkörnigen Böden. Dieser funktionale Zusammenhang zwischen Saugspannung und Wassergehalt wird jedoch nur für instationäre Berechnungen benötigt, bei denen die zeitabhängige Entleerung und Füllung der Bodenporen infolge Änderung der Grundwasserpotenziale berücksichtigt wird.

Bei der stationären Berechnung (wie auch bei der instationären Berechnung) muss jedoch die gegenüber dem wassergesättigten Bereich reduzierte hydraulische Durchlässigkeit der ungesättigten Bodenzone berücksichtigt werden. Dabei wird die relative Durchlässigkeit k_r als Maß für die ungesättigte Durchlässigkeit k_u in Relation zur gesättigten Durchlässigkeit k betrachtet ($k_r = k_u/k$). Diese relative hydraulische Durchlässigkeit ist abhängig von dem in den Porenkanälen vorhandenen Wasser und somit vom Wassergehalt. Aufgrund der Abhängigkeit des Wassergehalts von der Saugspannung ergibt sich auch eine entsprechende Abhängigkeit der relativen hydraulischen Durchlässigkeit von der Saugspannung (Bild 31). Bei grobkörnigen Böden nimmt die relative Durchlässigkeit mit zunehmender Saugspannung deutlich stärker ab als bei feinkörnigen Böden. Bei grobkörnigen Böden ist demnach die Durchströmung im ungesättigten Bodenbereich gegenüber der im gesättigten Bereich vernachlässigbar gering. Bei feinkörnigen Böden ergibt sich jedoch aufgrund der relativ hohen ungesättigten Durchlässigkeit auch eine im Vergleich zum gesättigten Bereich relevante Durchströmung im ungesättigten Bodenbereich.

Für die stationäre Berechnung einer gesättigt-ungesättigten Strömung muss daher die funktionale Beziehung zwischen relativer Durchlässigkeit und Saugspannung bodenabhängig vorgegeben werden. Für die Ermittlung der Dammdurchströmung als Grundlage für die

2.10 Grundwasserströmung – Grundwasserhaltung

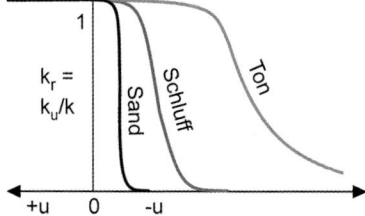

Bild 31. Funktionaler Zusammenhang zwischen relativer Durchlässigkeit (k_r) und Saugspannung ($-u$) für verschiedene Bodenarten (qualitativ)

Standsicherheitsuntersuchung ist eine genaue Vorgabe dieser bodenabhängigen Funktionen jedoch nicht erforderlich. Der Abfluss in der ungesättigten Bodenzone ist hier vernachlässigbar und allein der wassergesättigte Bodenbereich ist maßgebend für die Durchströmung. Grundsätzlich sind die Funktionen für die verschiedenen Böden jedoch so zu wählen, dass der Fluss in der ungesättigten Bodenzone qualitativ korrekt abgebildet wird. Als Grundlage für die numerische Berechnung der Dammdurchströmung wurden daher von der *Bundesanstalt für Wasserbau* (BAW) aus Literaturangaben vier Typkurven für Kies, Sand, Schluff und Ton abgeleitet, die in Bild 32 dargestellt sind. Die Saugspannung ist dabei in Meter Wassersäule (m WS) angegeben.

In Tabelle 4 sind für die Typkurven die Stützstellen der Polygonzüge aufgeführt. Bei der numerischen Berechnung der Dammdurchströmung für unterschiedliche Bodenmaterialien sollten die Typkurven in Abhängigkeit von der die Durchlässigkeit des jeweiligen Bodenmaterials bestimmenden Kornfraktion gewählt werden.

Wie bei der gesättigten Strömungsberechnung sind auch bei der gesättigt-ungesättigten Strömungsberechnung für den gesamten Modellrand des vorab definierten Berechnungs-

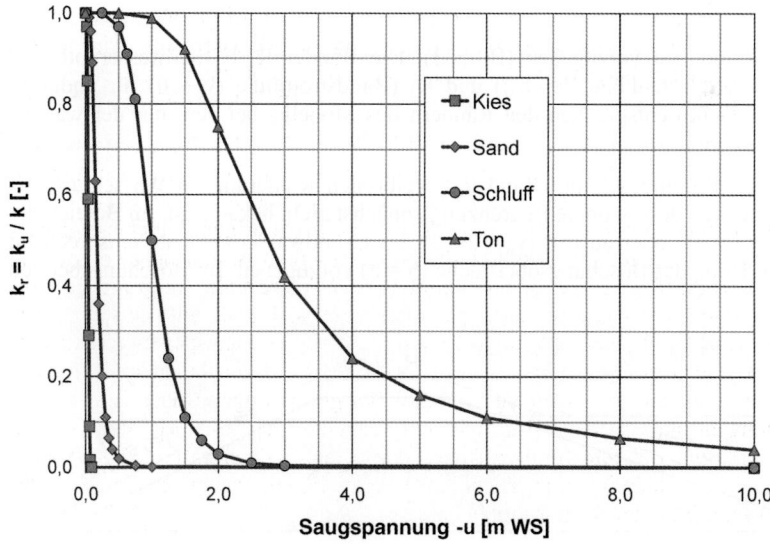

Bild 32. Typkurven für den funktionalen Zusammenhang zwischen relativer Durchlässigkeit (k_r) und Saugspannung ($-u$)

Tabelle 4. Typkurven für den funktionalen Zusammenhang zwischen relativer Durchlässigkeit (k_r) und Saugspannung (–u)

Kies		Sand		Schluff		Ton	
–u [m WS]	$k_r = k_u/k$ [–]	–u [m WS]	$k_r = k_u/k$ [–]	–u [m WS]	$k_r = k_u/k$ [–]	–u [m WS]	$k_r = k_u/k$ [–]
0,0	1,00	0,0	1,00	0,0	1,00	0,0	1,00
0,01	1,00	0,05	0,99	0,25	1,00	0,5	1,00
0,02	0,97	0,075	0,96	0,5	0,97	1,0	0,99
0,03	0,85	0,1	0,89	0,625	0,91	1,5	0,92
0,04	0,59	0,15	0,63	0,75	0,81	2,0	0,75
0,05	0,29	0,20	0,36	1,0	0,50	3,0	0,42
0,06	0,09	0,25	0,20	1,25	0,24	4,0	0,24
0,07	0,017	0,30	0,11	1,50	0,11	5,0	0,16
0,08	0,002	0,35	0,065	1,75	0,06	6,0	0,11
0,09	0,0001	0,40	0,04	2,0	0,03	8,0	0,065
10,0	0,00	0,50	0,02	2,50	0,01	10,0	0,04
		0,75	0,004	3,0	0,004		
		1,00	0,0015	10,0	0,00		
		10,0	0,00				

modells Randbedingungen vorzugeben (Bild 33). Die Ränder R_1 (Grundwasserpotenzial entsprechend Wassereinstauhöhe (h = h_0)) und R_2 (Randstromlinie ($v_n = 0$) für undurchlässige Aufstandsfläche) entsprechen den Rändern des Modells, bei dem nur der wassergesättigte Dammbereich berücksichtigt wurde (s. Bild 29).

An der luftseitigen Dammböschung (Rand R_3) ergibt sich wiederum ein Wasseraustrittsbereich (Sickerstrecke), dessen obere Begrenzung zunächst nicht bekannt ist. Im Bereich der Sickerstrecke, in dem Wasser austritt ($v_n < 0$), ist das Grundwasserpotenzial entsprechend der geodätischen Höhe der Böschungsoberfläche (h = z) vorzugeben. Im Böschungsbereich

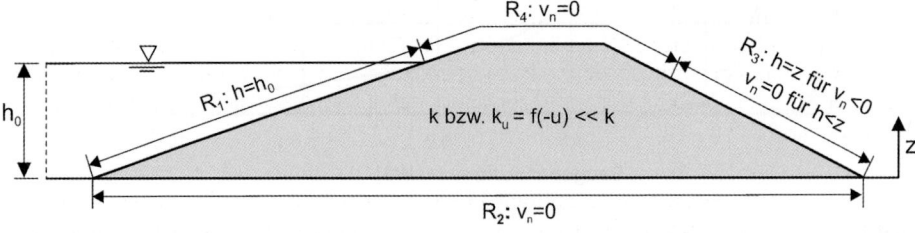

Bild 33. Randbedingungen für die Modellierung der gesättigt-ungesättigten Dammdurchströmung

2.10 Grundwasserströmung – Grundwasserhaltung

oberhalb der Sickerlinie kann dagegen kein Wasser ausströmen, da hier ein Porenwasserdruck vorliegt, der kleiner ist als der atmosphärische Luftdruck, und somit das Grundwasserpotenzial geringer als die geodätische Höhe der Böschungsoberfläche ist (h < z). Dieser Teilbereich des Randes R_3 stellt somit ebenfalls eine Randstromlinie ($v_n < 0$) dar. Die Abgrenzung der beiden Teilbereiche des Randes R_3 mit der jeweils korrekten Vorgabe der Randbedingung muss innerhalb der Modellrechnung erfolgen.

Der obere Modellrand R_4 stellt ohne Berücksichtigung eines äußeren Zuflusses (z. B. infolge Niederschlags) ebenfalls eine Randstromlinie ($v_n = 0$) für die sich unterhalb davon einstellende ungesättigte Strömung dar.

Bei der numerischen Strömungsberechnung auf Grundlage der Finite-Elemente-Methode wird das Berechnungsmodell in eine Anzahl endlicher (finiter) Elemente unterteilt. Die unbekannte Funktion h (x, z) (Grundwasserpotenzial h als Funktion der kartesischen Koordinaten x und z) wird innerhalb der Elemente durch eine Interpolationsfunktion beschrieben. Für die Lösung der hier vorliegenden partiellen Differenzialgleichung ist es i. Allg. ausreichend, lineare Ansatzfunktionen innerhalb der Elemente zu verwenden. Bei der Methode der Finiten Elemente wird die Diskretisierung zumeist mittels Dreieckselementen unterschiedlicher Größe durchgeführt, die eine flexible Anpassung der Diskretisierung an die Modellgeometrie und an Modellstrukturen (z. B. Bodenschichten, Einbauten oder hydraulische Randbedingungen) ermöglichen. Die Eckpunkte der Dreieckselemente werden als (Diskretisierungs-)Knoten und die Seiten der Dreieckselemente als Elementkanten bezeichnet. Da bei der Diskretisierung mittels Dreieckselementen das Grundwasserpotenzial innerhalb der Elemente durch lineare Ansatzfunktionen abgebildet wird, müssen Bereiche mit großen Änderungen des hydraulischen Gradienten entsprechend fein zu diskretisiert werden, um die Potenzialänderungen ausreichend genau abbilden zu können. Im hier gewählten, vereinfachten Berechnungsmodell ist insbesondere eine relativ feine Diskretisierung für den Wasseraustrittsbereich an der luftseitigen Dammböschung (Sickerstrecke) erforderlich. Die wassergesättigten, hydraulischen Durchlässigkeiten werden innerhalb der einzelnen Elemente (bzw. Elementbereiche) als konstant angesetzt.

Bei vollständig wassergesättigter Grundwasserströmung ergibt die numerische Approximation ein lineares Gleichungssystem, durch dessen Lösung die Grundwasserpotenziale an den Diskretisierungsknoten und darauf basierend die Zu- und Abflüsse für die Randbereiche mit vorgegebenem Grundwasserpotenzial ermittelt werden. Bei der numerischen Berechnung gesättigt-ungesättigter Grundwasserströmungen ist dagegen eine iterative Lösung erforderlich, bei der innerhalb der einzelnen Iterationsschritte ein linearisiertes Gleichungssystem gelöst wird. Als Startwert für die iterative Lösung wird eine geschätzte Grundwasserpotenzialverteilung vorgegeben, wobei dies in manchen Programmsystemen automatisiert erfolgt. In einer ersten Iteration wird die hydraulische Durchlässigkeit der Elemente, in denen sich wasserungesättigte Strömungsverhältnisse ergeben, auf Grundlage der für die einzelnen Bodenbereiche vorgegebenen $k_u(-u)$-Funktionen angepasst. Dabei wird die ungesättigte Durchlässigkeit basierend auf dem gemittelten Grundwasserpotenzial der drei Elementknoten aus dem jeweilig vorangehenden Iterationsschritt elementweise ermittelt und anschließend das linearisierte Gleichungssystem für die Grundwasserpotenziale erneut gelöst. Diese erste Iteration wird beendet, wenn die Abweichung zwischen den berechneten Grundwasserpotenzialen zweier aufeinander folgender Iterationsschritte einen vorgegebenen Wert ε (Iterationsschranke) unterschreitet.

Da der Austrittspunkt der Sickerlinie zu Beginn der Berechnung nicht bekannt ist, ist ein weiterer iterativer Prozess zur Ermittlung der Sickerstrecke notwendig. Hierbei werden an den Diskretisierungsknoten, deren Elementkanten die luftseitige Dammböschung repräsentieren, die Randbedingungen an die berechneten Potenziale angepasst. Diese Iteration muss

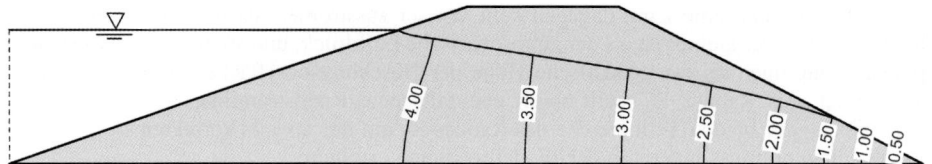

Bild 34. Berechnete Grundwasserpotenziale sowie Sickerlinie und Sickerstrecke für durchströmten Damm mit homogener, isotroper Durchlässigkeit

solange durchgeführt werden, bis die Berechnung für alle Randdiskretisierungsknoten mit vorgegebenem Potenzial (h = z) einen Abfluss ($v_n < 0$) und für die sich daran anschließenden, eine Randstromlinie darstellenden Randdiskretisierungsknoten ($v_n = 0$) eine Saugspannung (h < z) ergibt. In Abhängigkeit vom verwendeten Programmsystem kann dies ebenfalls automatisiert oder auch manuell erfolgen.

In Bild 34 sind die aus der numerischen Strömungsberechnung ermittelten Grundwasserpotenziale sowie die Sickerlinie und die Sickerstrecke dargestellt. Dabei wurde die oben aufgeführte Typkurve für Sand (s. Bild 32 und Tabelle 4) zur Beschreibung der funktionalen Abhängigkeit der relativen Durchlässigkeit ($k_r = k_u/k$) im ungesättigten Boden von der Saugspannung $k_r(-u)$ verwendet.

Berücksichtigung von Dräns

Bei der Berechnung der Grundwasserströmung aus einem Bodenkörper in einen Drän (z. B. aus einem Damm in einen Auflastdrän) können bei großen Durchlässigkeitsunterschieden zwischen Bodenmaterial und Drän Fehler bei der Ermittlung der Grundwasserströmung auftreten. Dies ist auf die unzureichende Abbildung der gesättigt-ungesättigten Sickerströmung an der Grenzfläche zwischen dem Bodenmaterial und dem Drän zurückzuführen. Aufgrund der im Vergleich zum Bodenmaterial wesentlich höheren, gesättigten Durchlässigkeit ergibt sich in der Natur ein Abflussbereich innerhalb des Dräns mit einem wassergesättigten Bereich sehr geringer Dicke. Das heißt, es stellt sich eine Sickerstrecke beim Übergang zwischen dem vergleichsweise gering durchlässigen Boden und dem Drän ein. Um den Wasseraustritt aus dem Boden in den Drän realistisch modellieren zu können, müsste die Diskretisierung im Übergangsbereich des Dräns zum Dammkörper sehr fein (im mm-Bereich) sein. Eine derartige Diskretisierung ist einerseits praktisch kaum realisierbar und führt zumeist zu numerischen Fehlern.

Deshalb wird empfohlen, die numerische Strömungsberechnung ohne Berücksichtigung des Dräns durchzuführen. Das heißt, der Modellquerschnitt beinhaltet nur den Bodenkörper. Die den Drän darstellende Querschnittsfläche wird nicht berücksichtigt. Die Randbedingungen für den Grundwasseraustritt in den Drän werden an der Grenzfläche zwischen Boden und Drän vorgegeben. Voraussetzung dafür ist, dass das Dränmaterial eine wesentlich höhere wassergesättigte Durchlässigkeit als das Bodenmaterial aufweist und deshalb der Wassereinstau innerhalb des Dräns vernachlässigt werden kann.

Sickerstrecke bei der Grabenströmung im ungespannten Grundwasserleiter

Wie bei der Dammdurchströmung ergibt sich auch bei der Grundwasserströmung aus einem ungespannten Grundwasserleiter in einen Dränagegraben eine Sickerstrecke. Diese Sickerstrecke stellt sich beim Übergang aus dem Grundwasserleiter in die Dränage ein, wenn die Dränage eine deutlich höhere (wassergesättigte) Durchlässigkeit als der Grundwasserleiter

2.10 Grundwasserströmung – Grundwasserhaltung

aufweist. Die eindimensionale, analytische Strömungsberechnung unter Verwendung der Dupuit-Annahmen (s. Abschn. 1.3.4), führt deshalb zu einer Überschätzung der Absenkung der freien Grundwasseroberfläche im unmittelbaren Anstrombereich der Dränage.

Zur Ermittlung der Sickerstrecke bei der Zuströmung aus einem ungespannten Grundwasserleiter in eine Dränage wurden numerische Berechnungen anhand eines vertikal-ebenen Grundwassermodells (Bild 35) durchgeführt. Dabei wurde der Strömungswiderstand innerhalb der Dränage als vernachlässigbar angesehen. Das Modell beinhaltet deshalb nicht die Dränage. Der Modellrand entspricht der Grenzfläche zwischen Boden und Dränagegraben. In der numerischen Berechnung ist an diesem vertikalen Modellrand wie bei der gesättigt-ungesättigten Berechnung der Dammdurchströmung für die luftseitige Dammböschung die Vorgabe einer über die Höhe differenzierten Randbedingung erforderlich. Von der Basis des Grundwasserleiters bis zur Höhe des Grabenwasserstandes entspricht das Randpotenzial dem Grabenwasserstand ($h = h_0$). Im anschließenden Abschnitt der Sickerstrecke, in dem Grundwasser oberhalb des Grabenwasserstands frei austritt, ist an den entsprechenden Diskretisierungsknoten das Grundwasserpotenzial entsprechend der Ortshöhe vorzugeben ($h = z$). In dem anschließenden wasserungesättigten Bereich oberhalb der freien Grundwasseroberfläche (Sickerlinie), in dem kein Wasser in den Dränagegraben austritt, entspricht der Modellrand einer Randstromlinie ($v_n = 0$). Für die Ermittlung der Höhe der Sickerstrecke und die Bestimmung der Sickerlinie ist jeweils eine iterative Berechnung erforderlich. Dabei wurde für die gesättigt-ungesättigten Strömungsberechnungen die oben aufgeführte Typkurve für Sand (s. Bild 32 und Tabelle 4) zur Beschreibung der funktionalen Abhängigkeit der relativen Durchlässigkeit ($k_r = k_u/k$) im ungesättigten Boden von der Saugspannung $k_r(-u)$ verwendet.

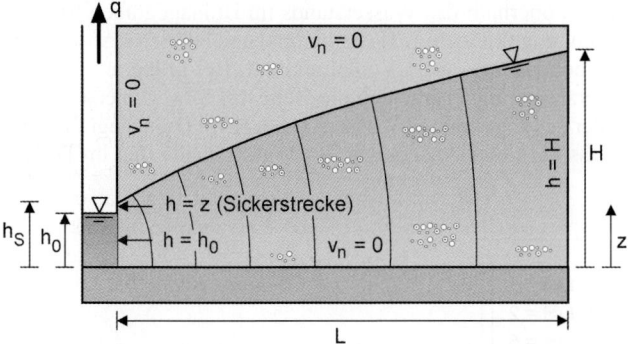

Bild 35. Grundwassermodell zur Ermittlung der Sickerstrecke bei der Grabenströmung im ungespannten Grundwasserleiter

Ermittelt wurde die Höhe des Austrittspunkts der Sickerlinie h_S über der Basis des Grundwasserleiters in Abhängigkeit von der Einflusslänge L, dem für die Einflusslänge vorgegebenen Grundwasserstand H und dem abgesenkten Wasserstand h_0 in der Dränage. Dabei wurde eine dimensionslose Beschreibung bezogen auf den von der Grundwasserabsenkung unbeeinflussten Grundwasserstand H gewählt. Prinzipiell liegt keine exakte geometrische Modellähnlichkeit vor, da die Modellparameter für die Beschreibung der ungesättigten Strömung als konstant und unabhängig von den geometrischen Modellgrößen gewählt wurden. Der Einfluss der ungesättigten Strömung kann hier jedoch vernachlässigt werden.

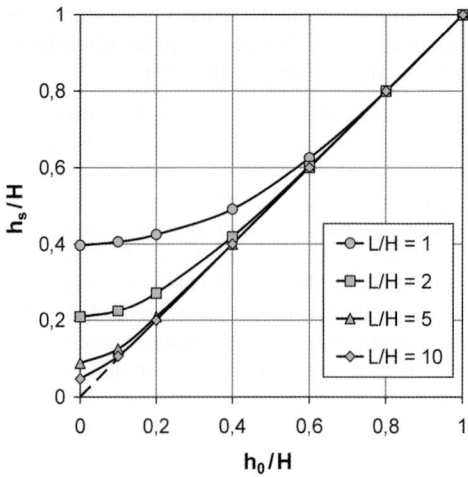

Bild 36. Austrittshöhe der Sickerlinie h_S bei Grabenströmung im ungespannten Grundwasserleiter

In Bild 36 ist die aus den numerischen Berechnungen ermittelte Höhe des Austrittspunks der Sickerlinie h_S in Abhängigkeit vom Wasserstand h_0 im Dränagegraben und der Einflusslänge L jeweils bezogen auf den ungestörten Grundwasserstand H dargestellt. Daraus ist die Abweichung der numerisch ermittelten Grundwasseroberfläche am Grabenrand von der unter Verwendung der Dupuit-Annahmen ermittelten Grundwasseroberfläche (gestrichelte Linie, $h_S = h_0$) ersichtlich.

Ein Austritt der Sickerlinie deutlich oberhalb des Wasserstands im Dränagegraben tritt nur bei kleiner Einflusslänge der Absenkung (kleinem L/H-Verhältnis) und bei tiefer Absenkung des Wasserstands im Dränagegraben (kleines h_0/H-Verhältnis) auf. Bei größerer Einflusslänge und geringerer Grundwasserabsenkung ergibt sich die Höhe des Sickerlinienaustrittspunktes h_S nur geringfügig über der des abgesenkten Wasserstandes h_0 im Dränagegraben. Es ist jedoch zu berücksichtigen, dass bei tiefer Absenkung des Wasserstands (h_0) im Dräna-

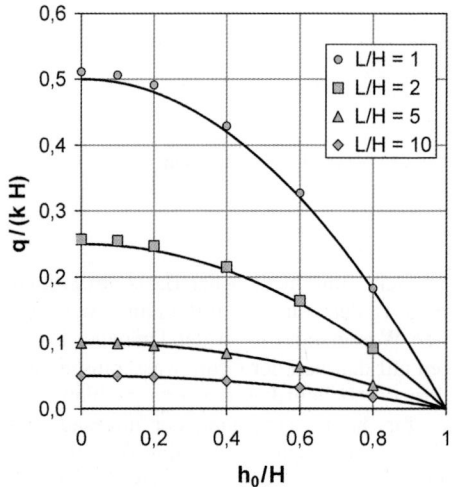

Bild 37. Grabenzufluss aus ungespanntem Grundwasserleiter

2.10 Grundwasserströmung – Grundwasserhaltung 527

gegraben (z. B. bis auf die Basis des Grundwasserleiters) der Grundwasserstand (h_S) beim Zustrom zum Dränagegraben aufgrund der sich einstellenden Sickerstrecke deutlich höher ansteht.

Bild 37 zeigt den dimensionslosen Zufluss ($q/(k \cdot H)$) pro Meter Länge des Dränagegrabens in Abhängigkeit des Quotienten h_0/H. Die Symbole stellen die numerisch ermittelten Zuflussraten dar. Zum Vergleich sind die analytisch, auf Grundlage des eindimensionalen Berechnungsansatzes unter Verwendung der Dupuit-Annahmen ermittelten Zuflüsse als Kurven abgebildet. Daraus ist ersichtlich, dass die numerisch, auf Grundlage der vertikalebenen, gesättigt-ungesättigten Berechnungen ermittelten Zuflüsse nur geringfügig von den unter vereinfachten Modellannahmen analytisch berechneten Zuflüssen abweichen. Die fehlerhafte Ermittlung des Grundwasserpotenzials im unmittelbaren Anstrombereich des Dränagegrabens in der analytischen Berechnung bewirkt demnach nur einen geringen Fehler bei der Berechnung des Grabenzuflusses.

1.4 Vertikal-ebene Berechnung von instationären Grundwasserströmungen

Für instationäre, vertikal-ebene Berechnungen liegen analytische Lösungen nur für sehr vereinfachte Modellannahmen vor. Für komplexe Randbedingungen und Modellparameter ist zur Ermittlung der Grundwasserströmung eine numerische Berechnung erforderlich. Die analytischen Lösungen eignen sich jedoch zur Abschätzung der zeitabhängigen Ausdehnung von Grundwasserabsenkungen und damit zur Bestimmung des Einflussbereiches für stationäre Berechnungen und zur Ermittlung der erforderlichen Modellabmessungen für numerische Berechnungen.

Für vertikal-ebene, stationäre Strömungen in einem vollständig wassergesättigten Grundwasserleiter mit homogener und isotroper Durchlässigkeit und konstantem spezifischen Speicherkoeffizienten ergibt sich die Strömungsgleichung zu:

$$\frac{\partial^2 h}{\partial x^2} + \frac{\partial^2 h}{\partial y^2} = \frac{S_s}{k} \frac{\partial h}{\partial t}$$

Diese stellt die Grundgleichung für die nachfolgend beschriebenen eindimensionalen analytischen und numerischen Lösungen dar.

1.4.1 Analytische Berechnung von gespannten Grundwasserströmungen

Unter den für eindimensionale analytische Lösungen von stationären, gespannten Grundwasserströmungen beschriebenen, vereinfachten Modellannahmen (s. Abschn. 1.3.1) ergibt sich die instationäre Strömungsgleichung zu:

$$\frac{\partial^2 h}{\partial x^2} = \frac{S}{T} \frac{\partial h}{\partial t}$$

Mit den Substitutionen:

$$u = \frac{x^2 \cdot a}{4 \cdot t} \quad \text{und} \quad a = \frac{S}{T}$$

lässt sich die partielle, von x und t abhängige Differenzialgleichung in eine gewöhnliche, nur von u abhängige Differenzialgleichung umwandeln, für die geschlossene Lösungen existieren.

$$\frac{d^2 h}{du^2} + \left(1 + \frac{1}{2u}\right) \frac{dh}{du} = 0$$

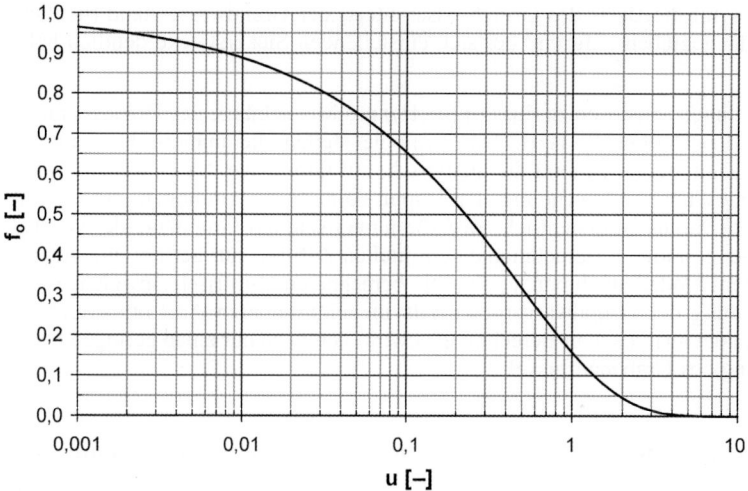

Bild 38. Funktion $f_0(u)$

Nachfolgend wird für einen einseitig unendlich ausgedehnten, gespannten Grundwasserleiter eine plötzliche (zum Zeitpunkt $t = 0$) Absenkung des Grundwasserpotenzials am linken Modellrand auf h_1, ausgehend von einem Anfangszustand mit einem konstanten Grundwasserpotenzial h_0, betrachtet. Vorausgesetzt wird dabei ein Grundwasserleiter mit horizontaler Sohle, konstanter Transmissivität T und konstantem Speicherkoeffizient S. Damit lauten die Anfangs- und Randbedingungen:

$$h(x, t = 0) = h_0, \quad h(x = 0, t) = h_1 \quad \text{und} \quad h(x \to \infty, t) = h_0$$

Für diese Anfangs- und Randbedingungen ergibt sich nach [4] die Lösung der instationären Strömungsgleichung für das Grundwasserpotenzial zu:

$$h(x, t) = h_0 - (h_0 - h_1)f_0$$

mit

$$f_0 = \text{ERFC}(\sqrt{u})$$

Die Funktion ERFC ist die komplementäre Gauß'sche Fehlerfunktion, die in mathematischen Programmsystemen (z. B. Microsoft Excel®) verfügbar ist. In Bild 38 ist die Funktion f_0 in Abhängigkeit von u dargestellt.

Auf Grundlage der oben dargestellten Lösung wurde das Grundwasserpotenzial beispielhaft für einen einseitig unendlich ausgedehnten, gespannten Grundwasserleiter mit einer Mächtigkeit M = 5 m, einer Durchlässigkeit $k = 10^{-4}$ m/s und einem spezifischen Speicherkoeffizienten $S_s = 10^{-4}$ m^{-1} bei plötzlicher Absenkung des Grundwasserpotenzials am linken Modellrand von $h_0 = 10$ m auf $h_1 = 5$ m (Bild 39) ermittelt.

In Bild 40 ist das berechnete Grundwasserpotenzial in Abhängigkeit von der Ortskoordinate x für verschiedene Zeitpunkte t dargestellt. Deutlich zu erkennen ist die rasche Ausbreitung des abgesenkten Grundwasserpotenzials bei gespannter Grundwasserströmung.

2.10 Grundwasserströmung – Grundwasserhaltung

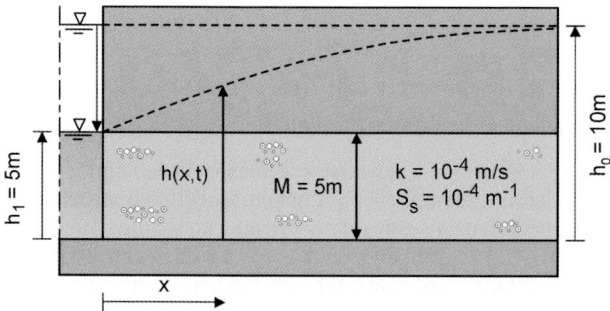

Bild 39. Modell für instationäre Grabenströmung aus gespanntem Grundwasserleiter

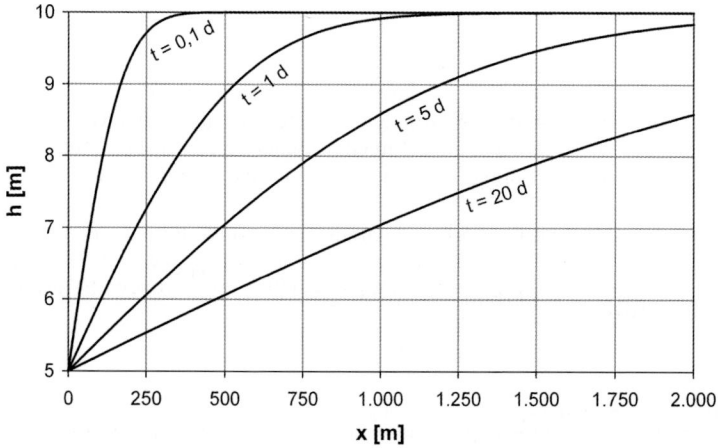

Bild 40. Grundwasserpotenzial für plötzliche Absenkung am linken Modellrand bei gespannter Grundwasserströmung

Wiederum ausgehend von einem Anfangszustand mit einem konstanten Grundwasserpotenzial h_0, existiert eine weitere Lösung bei Vorgabe einer konstanten Entnahmerate q_0 am linken Modellrand bei ansonsten gleichen Modellannahmen. Damit lauten die Anfangs- und Randbedingungen:

$$h(x, t = 0) = h_0, \quad q(x = 0, t) = -T \cdot \left.\frac{\partial h}{\partial x}\right|_{x=0,t} = -q_0 \quad \text{und} \quad h(x \to \infty, t) = h_0$$

Für diese Anfangs- und Randbedingungen ergibt sich nach [4] die Lösung der instationären Strömungsgleichung für das Grundwasserpotenzial zu:

$$h(x, t) = h_0 - \frac{q_0}{T} \cdot x \cdot f_1 \qquad \text{für } x > 0 \quad \text{und}$$

$$h(x, t) = h_0 - 2\frac{q_0}{T}\sqrt{\frac{t}{a \cdot \pi}} \cdot f_0 \qquad \text{für } x = 0$$

mit

$$f_1 = \frac{e^{-u}}{\sqrt{u \cdot \pi}} - f_0 \quad \text{und} \quad f_0 = \text{ERFC}(\sqrt{u})$$

In Bild 41 ist die Funktion f_1 in Abhängigkeit von u dargestellt.

Basierend auf dieser Lösung wurde ebenfalls das Grundwasserpotenzial beispielhaft für das in Bild 39 dargestellte Grundwassermodell ermittelt, wobei am linken Modellrand anstelle der plötzlichen Absenkung des Grundwasserpotenzials eine relativ geringe, konstante Grundwasserentnahmerate $q_0 = 2 \cdot 10^{-6}$ m³/(s · m) = 2 l/(s · km) angesetzt wurde. Das berechnete Grundwasserpotenzial in Abhängigkeit von der Ortskoordinate x für verschiedene Zeitpunkte t zeigt Bild 42. Hieraus ist die rasche Absenkung und Ausbreitung des abgesenkten Grundwasserpotenzials bereits bei geringer Entnahmerate in gespannten Grundwasserleitern ersichtlich.

Diese beiden analytischen Lösungen für instationäre Strömungen zu einem Graben in gespannten Grundwasserleitern können zur überschlägigen Ermittlung der erforderlichen Entnahmerate und der Einflusslänge der Absenkung verwendet werden. Dies ist nachstehend für das oben verwendete vereinfachte Grundwassermodell eines gespannten Grundwasserleiters mit Zuströmung zu einem Graben (s. Bild 39) dargestellt.

Gesucht wird die konstante Entnahmerate q_0 (z. B. durch einen Dränagegraben oder eine sehr lange Brunnenreihe), die erforderlich ist, um das Grundwasserpotenzial, ausgehend von einem konstanten Anfangspotenzial $h_0 = 10$ m, nach einer Entnahmedauer von t = 1 d (86.400 s) in einer Entfernung x = 20 m vom Grabenrand um $\Delta h = 4$ m auf h(x = 20 m, t = 1 d) = 6 m abzusenken. Mit T = $5 \cdot 10^{-4}$ m²/s, S = $5 \cdot 10^{-4}$, a = S/T = 1 s/m² und u = $x^2 \cdot a/(4 \cdot t)$ = $1,16 \cdot 10^{-3}$ ergeben sich $f_0 = 0,96$ und $f_1 = 15,6$ und daraus die gesuchte Entnahmerate zu:

$$q_0 = \frac{(h_0 - h(20\,\text{m}, 1\text{d})) \cdot T}{x \cdot f_1} = \frac{(10\,\text{m} - 6\,\text{m}) \cdot 5 \cdot 10^{-4} \frac{\text{m}^2}{\text{s}}}{20\,\text{m} \cdot 15,6}$$

$$= 6,4 \cdot 10^{-6} \frac{\text{m}^3}{\text{s} \cdot \text{m}} = 6,4 \frac{\text{l}}{\text{s} \cdot \text{km}}$$

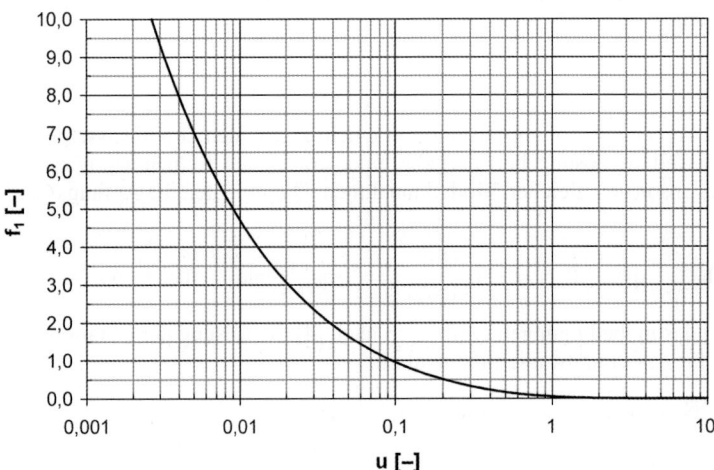

Bild 41. Funktion $f_1(u)$

2.10 Grundwasserströmung – Grundwasserhaltung

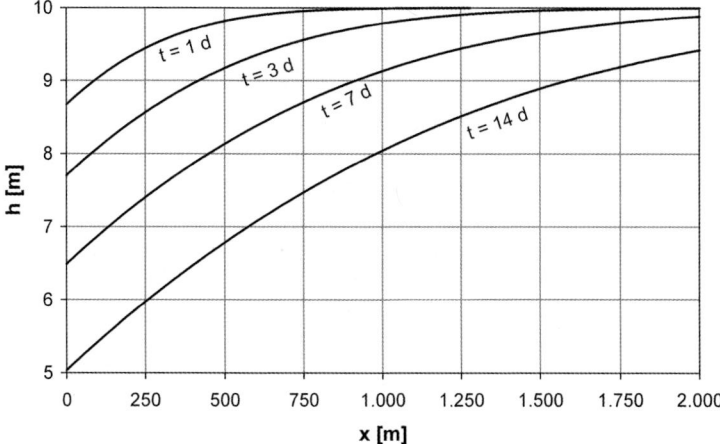

Bild 42. Grundwasserpotenzial für konstante Entnahmerate am linken Modellrand bei gespannter Grundwasserströmung

Zur Ermittlung der Einflusslänge ΔL kann, auf der sicheren Seite liegend, eine plötzliche Absenkung im Dränagegraben auf ein während der Betriebsdauer der Grundwasserabsenkung konstantes Grundwasserpotenzial angesetzt werden. Hierzu wird für eine angenommene plötzliche Absenkung des Grundwasserpotenzials am linken Modellrand um Δh = 5 m die Einflusslänge ΔL gesucht, ab der die Absenkung des Grundwasserpotenzials nach einer Betriebsdauer von t = 90 d = 7.776.000 s geringer als 5 cm ist. Mit

$$f_0 = \frac{h_0 - h(\Delta L, 5d)}{\Delta h} = \frac{0,05 \text{ m}}{5 \text{ m}} = 0,01 \quad \rightarrow \quad u = 3,31$$

ergibt sich Einflusslänge zu:

$$\Delta L = \sqrt{\frac{u \cdot 4t}{a}} = \sqrt{\frac{3,31 \cdot 4 \cdot 7.776.000 \text{ s}}{1 \frac{s}{m^2}}} = 10.147 \text{ m} \approx 10 \text{ km}$$

Diese Berechnungsmethode kann jedoch zu einer deutlichen Überschätzung der sich in der Natur einstellenden Einflusslänge der Grundwasserabsenkung führen, da häufig Randbedingungen vorliegen, die die Grundwasserdruckausbreitung dämpfen, z.B. Zuflüsse aus anderen Grundwasserstockwerken (s. auch Abschn. 1.3.1 zur Bestimmung der Einflusslänge in halbgespannten Grundwasserleitern). Ebenso können Randbedingungen, die von den hier zugrunde gelegten Modellannahmen abweichen, auch eine gegenüber oben beschriebener Berechnung deutlich höhere erforderliche Entnahmerate bewirken.

1.4.2 Analytische Berechnung von ungespannten Grundwasserströmungen

Die oben für gespannte Grundwasserströmungen angegebenen Lösungen lassen sich auch auf ungespannte Grundwasserströmungen übertragen. Auf Grundlage der Dupuit-Annahmen (s. Abschn. 1.3.4) wird ein über das Vertikalprofil konstantes Grundwasserpotenzial angesetzt. Zusätzlich werden eine horizontale Basis des ungespannten Grundwasserleiters sowie eine homogene und isotrope, wassergesättigte Durchlässigkeit angenommen. Bei Grundwasserströmungen mit freier Oberfläche kann die Speicheränderung im Inneren des Grundwasserleiters infolge Änderung des Grundwasserdrucks gegenüber der durch Füllung bzw. Leerung von Poren an der Grundwasseroberfläche bedingten Speicheränderung i. Allg. vernachlässigt werden. Das heißt, die Speicheränderung bei Änderung der freien Grundwasseroberfläche wird nur durch die speichernutzbare (effektive) Porosität n_e, die hier ebenfalls als konstant über die gesamte Modelllänge angenommen wird, beschrieben. Unter diesen Voraussetzungen lässt sich die Strömungsgleichung darstellen durch:

$$k\frac{\partial}{\partial x}\left(h\frac{\partial h}{\partial x}\right) = k\left[\left(\frac{\partial h}{\partial x}\right)^2 + h\frac{\partial^2 h}{\partial x^2}\right] = n_e\frac{\partial h}{\partial t}$$

Sind die Änderungen des Grundwasserpotenzials klein im Verhältnis zur Grundwassermächtigkeit (hier gleich dem Grundwasserpotenzial h), so kann der erste Term der Summe auf der linken Seite der Strömungsgleichung gegenüber dem zweiten vernachlässigt werden. Wird zusätzlich eine konstante Transmissivität $T_m = k \cdot h_m$ mit einer gemittelten Grundwassermächtigkeit h_m angenommen, ergibt sich die Strömungsgleichung wie für die gespannte Grundwasserströmung, wobei der Speicherkoeffizient S durch die effektive Porosität n_e ersetzt wird.

$$\frac{\partial^2 h}{\partial x^2} = \frac{n_e}{T_m}\frac{\partial h}{\partial t}$$

Können die Änderungen des Grundwasserpotenzials im Verhältnis zur Grundwassermächtigkeit jedoch nicht als vernachlässigbar angenommen werden, was bei Grundwasserabsenkungen in ungespannten Grundwasserleitern meist der Fall ist, so führt die Formulierung der Strömungsgleichung mit dem Quadrat des Grundwasserpotenzials als abhängige Variable zu einer deutlich besseren Approximation. Dazu sind die folgenden Umformungen erforderlich:

$$k\frac{\partial}{\partial x}\left(h\frac{\partial h}{\partial x}\right) = \frac{k}{2}\frac{\partial^2(h^2)}{\partial x^2}$$

$$n_e\frac{\partial h}{\partial t} = \frac{n_e}{2\cdot h}\frac{\partial h^2}{\partial t}$$

Wird auch hier eine konstante Transmissivität $T_m = k \cdot h_m$ mit einer gemittelten Grundwassermächtigkeit h_m angenommen, so ergibt sich die Strömungsgleichung zu:

$$\frac{\partial^2(h^2)}{\partial x^2} = \frac{n_e}{T_m}\frac{\partial(h^2)}{\partial t}$$

Auf dieser Formulierung der Strömungsgleichung basieren die nachstehend beschriebenen Lösungen für ungespannte, vertikal-ebene Grundwasserströmungen. Zunächst wird wiederum, ausgehend von einem konstanten Grundwasserstand h_0 als Anfangsbedingung, die plötzliche Grundwasserabsenkung am linken Modellrand auf einen Grundwasserstand h_1 betrachtet. Damit lauten die Anfangs- und Randbedingungen:

$$h^2(x, t = 0) = h_0^2, \quad h^2(x = 0, t) = h_1^2 \quad \text{und} \quad h^2(x \to \infty, t) = h_0^2$$

Für diese Anfangs- und Randbedingungen ergibt sich die Lösung der instationären Strömungsgleichung für das Grundwasserpotenzial analog zu der für gespannte Strömungsverhältnisse zu:

$$h^2(x, t) = h_0^2 - (h_0^2 - h_1^2)f_0$$

2.10 Grundwasserströmung – Grundwasserhaltung

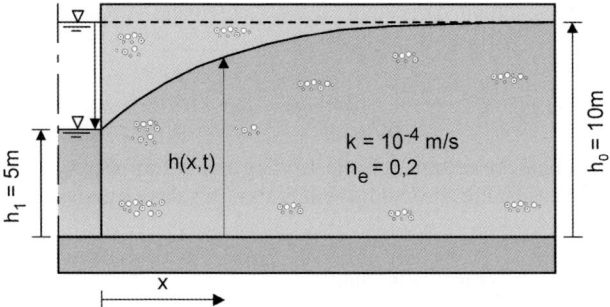

Bild 43. Modell für instationäre Grabenströmung aus ungespanntem Grundwasserleiter

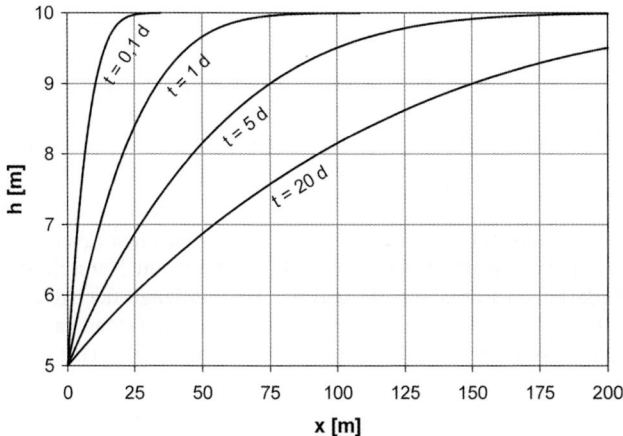

Bild 44. Grundwasserpotenzial für plötzliche Absenkung am linken Modellrand bei ungespannter Grundwasserströmung

Auf Grundlage dieser Lösung wurde das Grundwasserpotenzial beispielhaft für einen einseitig unendlich ausdehnten, ungespannten Grundwasserleiter mit einer Durchlässigkeit $k = 10^{-4}$ m/s und einer effektiven Porosität $n_e = 0{,}2$, ausgehend von einem konstanten Grundwasserstand $h_0 = 10$ m über der horizontalen Basis des Grundwasserleiters, bei plötzlicher Absenkung des Grundwasserstandes am linken Modellrand auf $h_1 = 5$ m (Bild 43) ermittelt. Dabei wurde vereinfacht als gemittelte Grundwassermächtigkeit h_m die Anfangsmächtigkeit h_0 verwendet.

In Bild 44 ist das berechnete Grundwasserpotenzial in Abhängigkeit von der Ortskoordinate x für verschiedene Zeitpunkte t abgebildet. Deutlich ersichtlich ist die im Vergleich zur gespannten Grundwasserströmung wesentlich langsamere Ausbreitung des abgesenkten Grundwasserpotenzials bei ungespannter Grundwasserströmung.

Wie bei der gespannten Grundwasserströmung wird nachstehend die Lösung der instationären Strömungsgleichung bei Vorgabe einer konstanten Entnahmerate q_0 am linken Modellrand, ausgehend von einem Anfangszustand mit einem konstanten Grundwasserpotenzial

h_0, bei ansonsten gleichen Modellannahmen dargestellt. Damit lauten die Anfangs- und Randbedingungen:

$$h^2(x, t = 0) = h_0^2, \quad q(x = 0, t) = -\frac{k}{2} \cdot \frac{\partial(h^2)}{\partial x}\bigg|_{x=0,t} = -q_0 \quad \text{und} \quad h^2(x \to \infty, t) = h_0^2$$

Für diese Anfangs- und Randbedingungen ergibt sich die Lösung der instationären Strömungsgleichung analog zu der für gespannte Strömungsverhältnisse für das Grundwasserpotenzial zu:

$$h^2(x, t) = h_0^2 - \frac{2 \cdot q_0}{k} \cdot x \cdot f_1 \qquad \text{für } x > 0 \quad \text{und}$$

$$h^2(x, t) = h_0^2 - \frac{4 \cdot q_0}{k} \sqrt{\frac{t}{a \cdot \pi}} \cdot f_0 \qquad \text{für } x = 0$$

Basierend auf dieser Lösung wurde ebenfalls das Grundwasserpotenzial beispielhaft für das in Bild 43 gezeigte Grundwassermodell ermittelt, wobei am linken Modellrand anstelle der plötzlichen Absenkung des Grundwasserpotenzials eine konstante Grundwasserentnahmerate $q_0 = 4 \cdot 10^{-5}$ m³/(s · m) = 40 l/(s · km) angesetzt wurde. Hier wurde ebenfalls als gemittelte Grundwassermächtigkeit h_m die Anfangsmächtigkeit h_0 verwendet. Das berechnete Grundwasserpotenzial ist in Bild 45 in Abhängigkeit von der Ortskoordinate x für verschiedene Zeitpunkte t dargestellt. Auch hieraus ist die deutlich langsamere Ausbreitung des abgesenkten Grundwasserpotenzials im ungespannten Grundwasserleiter gegenüber dem gespannten Grundwasserleiter zu erkennen.

Wie für gespannte Grundwasserströmungen lassen sich diese beiden analytischen Lösungen für ungespannte, instationäre Grundwasserströmungen zu einem Graben auch zur überschlägigen Ermittlung der erforderlichen Entnahmerate und der Einflusslänge der Absenkung verwenden. Dies ist nachstehend für das oben verwendete vereinfachte Grundwassermodell eines ungespannten Grundwasserleiters mit Zuströmung zu einem Graben (Bild 43) dargestellt.

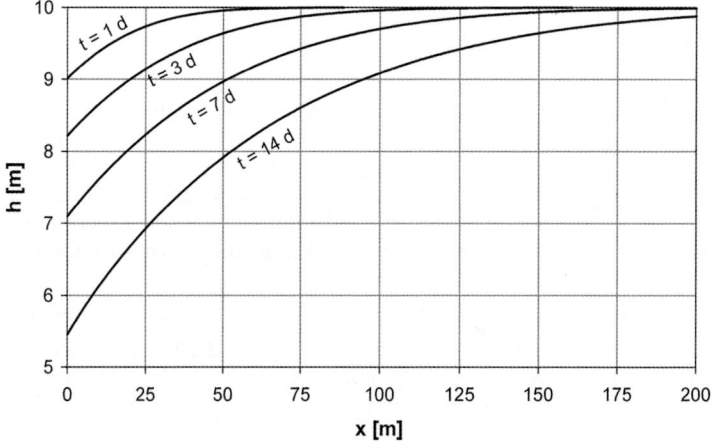

Bild 45. Grundwasserpotenzial für konstante Entnahmerate am linken Modellrand bei ungespannter Grundwasserströmung

2.10 Grundwasserströmung – Grundwasserhaltung

Auch hier wird die konstante Entnahmerate q_0 (z. B. durch einen Dränagegraben oder eine sehr lange Brunnenreihe), die erforderlich ist, um das Grundwasserpotenzial, ausgehend von einem konstanten Anfangspotenzial $h_0 = 10$ m, nach einer Entnahmedauer von $t = 1$ d (86.400 s) in einer Entfernung $x = 20$ m vom Grabenrand um $\Delta h = 4$ m auf $h(x = 20 \text{ m}, t = 1 \text{ d}) = 6$ m abzusenken, gesucht. Mit $k = 10^{-4}$ m/s, $n_e = 0,2$, $h_m = 10$ m, $T_m = k \cdot h_m = 10^{-3}$ m²/s, $a = n_e/T_m = 200$ s/m² und $u = x^2 \cdot a/(4 \cdot t) = 0,231$ ergeben sich $f_0 = 0,497$ und $f_1 = 0,435$ und daraus die gesuchte Entnahmerate zu:

$$q_0 = \frac{(h_0^2 - h^2(20 \text{ m}, 1\text{d})) \cdot k}{2 \cdot x \cdot f_1} = \frac{(100 \text{ m}^2 - 36 \text{ m}^2) \cdot 10^{-4} \frac{\text{m}}{\text{s}}}{2 \cdot 20 \text{ m} \cdot 0,435}$$

$$= 3,68 \cdot 10^{-4} \frac{\text{m}^3}{\text{s} \cdot \text{m}} = 368 \frac{\text{l}}{\text{s} \cdot \text{km}}$$

Zur Ermittlung der Einflusslänge ΔL wird ebenfalls, auf der sicheren Seite liegend, eine plötzliche Absenkung im Dränagegraben auf ein während der Betriebsdauer der Grundwasserabsenkung konstantes Grundwasserpotenzial angesetzt. Hierzu wird wiederum für eine angenommene plötzliche Absenkung des Grundwasserpotenzials am linken Modellrand von $h_0 = 10$ m auf $h_1 = 5$ m die Einflusslänge ΔL gesucht, ab der die Absenkung des Grundwasserpotenzials nach einer Betriebsdauer von $t = 90$ d = 7.776.000 s geringer als $\varepsilon = 5$ cm ist.

Mit:

$$f_0 = \frac{h_0^2 - (h(\Delta L))^2}{h_0^2 - h_1^2} = \frac{\varepsilon \cdot (2h_0 - \varepsilon)}{h_0^2 - h_1^2}$$

$$f_0 = \frac{0,05 \text{ m} \cdot (2 \cdot 10 \text{ m} - 0,05 \text{ m})}{100 \text{ m}^2 - 25 \text{ m}^2} = 0,0133 \quad \rightarrow \quad u = 3,06$$

ergibt sich die Einflusslänge zu:

$$\Delta L = \sqrt{\frac{u \cdot 4t}{a}} = \sqrt{\frac{3,06 \cdot 4 \cdot 7.776.000 \text{ s}}{200 \frac{\text{s}}{\text{m}^2}}} = 690 \text{ m}$$

Auch hier können natürliche Randbedingungen, die den Modellannahmen der oben beschriebenen Lösungen nur unzureichend entsprechen, zu deutlichen Abweichungen sowohl hinsichtlich der erforderlichen Entnahmerate als auch hinsichtlich der sich in der Natur ergebende Einflusslänge der Grundwasserabsenkung führen.

1.4.3 Numerische Berechnung

Die numerische Berechnung von instationären, vertikal-ebenen Grundwasserströmungen wird ausgehend von einem vorgegebenen Anfangszustand für die Grundwasserpotenziale durchgeführt. Die Randbedingungen für die instationäre Berechnung können zeitabhängig (z. B. als Ganglinien) vorgegeben werden. Die Grundwasserpotenziale und die daraus resultierenden Durchflüsse sowie die Zu- und Abflüsse an den Modellrändern werden innerhalb einzelner Zeitschritte berechnet, in die der gesamte Berechnungszeitraum unterteilt wird. Die zeitschrittweise Berechnung wird jeweils basierend auf den Ergebnissen des vorangegangenen Zeitschritts durchgeführt. Hinsichtlich der numerischen Berechnung nach der Methode der Finiten Differenzen oder der Finiten Elemente sei auf die Fachliteratur verwiesen (siehe z. B. [18] oder [19]).

Bei der Strömungsberechnung für einen gespannten Grundwasserleiter ergibt sich, wie bei der stationären Berechnung, innerhalb der einzelnen Zeitschritte i. Allg. ein lineares Gleichungssystem. Bei Wahl einer ausreichenden örtlichen und zeitlichen Diskretisierung und eines geeigneten numerischen Berechnungsverfahrens lässt sich eine instationäre, vertikalebene Modellierung für gespannte Strömungsverhältnisse aufgrund der zugrunde liegenden linearen Differenzialgleichung 2. Ordnung problemlos durchführen und ergibt verlässliche Ergebnisse.

Bei der Strömungsberechnung für einen ungespannten Grundwasserleiter ergeben sich die im Abschnitt 1.3.5 für die stationäre Berechnung aufgeführten Problemstellungen. Wird die Berechnung mittels gesättigt-ungesättigter Modellierung durchgeführt, ist innerhalb eines jeden Zeitschritts eine doppelte Iteration erforderlich. Dies ergibt sich aus der nichtlinearen Abhängigkeit der Durchlässigkeit im ungesättigten Strömungsbereich vom Grundwasserpotenzial bzw. von der Saugspannung und aus der a priori nicht bekannten Begrenzung der Sickerstrecke. Insbesondere die ausgeprägte nichtlineare Abhängigkeit der ungesättigten Durchlässigkeit von der Saugspannung kann hier zu numerischen Fehlern führen, die sich bei der fortschreitenden, zeitschrittweisen Berechnung aufsummieren. Ebenfalls problematisch ist die zeitabhängige Berücksichtigung von Sickerstrecken (z. B. beim Abfluss aus einem ungespannten Grundwasserleiter in einen Dränagegraben, in dem der Wasserstand zeitabhängig abgesenkt wird, oder bei der Ausströmung aus einem aufgesättigten Damm oder Deich bei schneller Absenkung des Wasserstands im angrenzenden Gewässer). Die numerische Modellierung instationärer, gesättigt-ungesättigter Grundwasserströmungen erfordert deshalb vertiefte Kenntnisse der Grundwasserhydraulik und der zugrunde liegenden numerischen Berechnungsmethode.

1.5 Rotationssymmetrische Berechnung von stationären Grundwasserströmungen

Rotationssymmetrische Berechnungen lassen sich vielfach zur Ermittlung von Brunnenströmungen verwenden. Dabei wird vorausgesetzt, dass die Strömung rotationssymmetrisch zu einem Entnahmebrunnen hin oder von einem Schluckbrunnen weg verläuft. Näherungsweise lassen sich auch Zuströmungen zu einer Baugrube rotationssymmetrisch abbilden.

Die Strömungsgleichung für dreidimensionale, stationäre Grundwasserströmungen in einem homogenen und isotropen Grundwasserleiter lässt sich in Zylinderkoordinaten (r, φ, z) durch folgende partielle Differenzialgleichung darstellen (siehe z. B. [8]):

$$\frac{\partial^2 h}{\partial r^2} + \frac{1}{r}\frac{\partial h}{\partial r} + \frac{1}{r^2}\frac{\partial^2 h}{\partial \varphi^2} + \frac{\partial^2 h}{\partial z^2} = 0$$

Bei rotationssymmetrischen Strömungen ist das Grundwasserpotenzial nicht abhängig vom Winkel φ der Zu- oder Abströmung, sodass sich die Strömungsgleichung für vertikal-ebene, rotationssymmetrische Grundwasserströmungen vereinfacht zu:

$$\frac{\partial^2 h}{\partial r^2} + \frac{1}{r}\frac{\partial h}{\partial r} + \frac{\partial^2 h}{\partial z^2} = 0$$

Diese stellt die Grundgleichung für die nachfolgend beschriebenen eindimensionalen analytischen und numerischen Lösungen dar.

1.5.1 Analytische Berechnung von gespannten Grundwasserströmungen

Analog zur Grabenanströmung lassen sich vertikal-ebene, rotationssymmetrische Grundwasserströmungen bei gespannten Grundwasserverhältnissen unter vereinfachten Modellannahmen durch eindimensionale, analytisch lösbare Strömungsgleichungen beschreiben. Im Folgenden sind analytische Lösungen für die Brunnenanströmung bei gespannten Grundwasserverhältnissen für verschiedene Randbedingungen dargestellt. Bei $r = 0$ befindet sich jeweils die Achse des Entnahmebrunnens mit dem Radius r_0. Dabei wird angenommen, dass die Strömungsverluste innerhalb des Brunnens (insbesondere des Brunnenfilters) vernachlässigt werden können.

Brunnenströmung im gespannten Grundwasserleiter

Der Berechnung liegen folgende zusätzliche, vereinfachende Annahmen zugrunde (Bild 46):

- rotationssymmetrischer Grundwasserleiter mit Radius R und konstanter Mächtigkeit M,
- homogene und isotrope Durchlässigkeit k,
- horizontale Modellränder ohne äußeren Zufluss (Randstromlinien),
- konstantes Grundwasserpotenzial an den vertikalen Rändern des Grundwasserleiters.

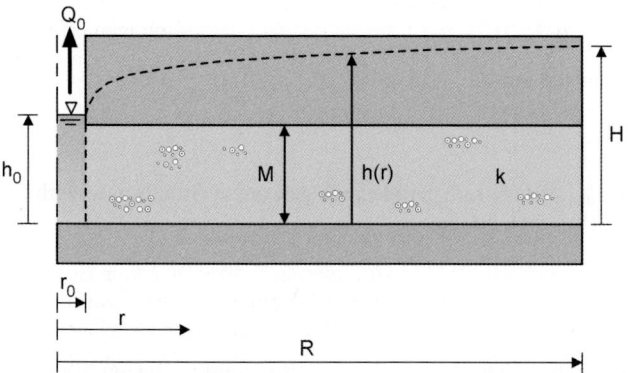

Bild 46. Brunnenströmung im gespannten Grundwasserleiter

Unter diesen vereinfachten Modellannahmen lässt sich wie bei der Grabenanströmung die Strömungsgleichung durch eine eindimensionale, gewöhnliche Differenzialgleichung mit einem jeweils über die Vertikale konstanten, nur vom Radius r abhängigen Grundwasserpotenzial h darstellen:

$$\frac{d^2h}{dr^2} + \frac{1}{r}\frac{dh}{dr} = \frac{1}{r}\frac{d}{dr}\left(r\frac{dh}{dr}\right) = 0 \quad \text{bzw.} \quad \frac{d}{dr}\left(r\frac{dh}{dr}\right) = 0$$

mit der allgemeinen Lösung:

$$h(r) = c_1 \ln r + c_2$$

Für die Randbedingungen:

$$h(r = r_0) = h_0 \quad h(r = R) = H$$

ergibt sich das Grundwasserpotenzial für die Brunnenanströmung im gespannten Grundwasserleiter zu:

$$h(r) = h_0 + \frac{(H - h_0)}{\ln\frac{R}{r_0}} \ln\left(\frac{r}{r_0}\right)$$

Aus der Darcy-Gleichung mit dem Durchfluss Q als Produkt aus der Filtergeschwindigkeit v und der radialen Zuströmfläche $2 \cdot \pi \cdot r \cdot M$ sowie der Transmissivität T als Produkt aus dem Durchlässigkeitsbeiwert k und der Grundwassermächtigkeit M

$$Q(r) = 2 \cdot \pi \cdot r \cdot M \cdot v(r) = -2 \cdot \pi \cdot r \cdot M \cdot k \frac{dh}{dr} = -2 \cdot \pi \cdot r \cdot T \frac{dh}{dr}$$

resultiert der in diesem Fall von r unabhängige, der Entnahmerate Q_0 entsprechende Durchfluss:

$$Q_0 = -2 \cdot \pi \cdot T \frac{(H - h_0)}{\ln\frac{R}{r_0}}$$

Der negative Durchfluss resultiert aus der Fließrichtung entgegen der positiven r-Richtung.

Bei Vorgabe der Entnahmerate Q_0 des Brunnens und eines konstanten Grundwasserpotenzials H am rechten Modellrand als Randbedingungen

$$Q(r = r_0) = -Q_0 \qquad h(r = R) = H$$

ergibt sich das Grundwasserpotenzial zu:

$$h(r) = H - \frac{Q_0}{2 \cdot \pi \cdot T} \ln\frac{R}{r}$$

Die maximale Entnahmerate $Q_{0,max}$, für die sich gerade noch gespannte Grundwasserverhältnisse am Brunnenrand ergeben ($h_0 = M$), beträgt:

$$Q_{0,max} = 2 \cdot \pi \cdot T \frac{(H - M)}{\ln\frac{R}{r_0}}$$

Brunnenanströmung im gespannten Grundwasserleiter mit Grundwasserneubildung

Analog zur Grabenanströmung wird basierend auf dem oben beschriebenem, vereinfachten Strömungsmodell zusätzlich an der Oberfläche des gespannten Grundwasserleiters eine über das Modellgebiet konstante Zuflussrate v* [m³/(s · m²)] (z. B. Grundwasserneubildung infolge Niederschlagsinfiltration) angesetzt (Bild 47).

Auch hier kann die durch die vertikale Zuströmung bedingte Abweichung von der hydrostatischen Druckverteilung über die Höhe des Grundwasserleiters i. Allg. aufgrund der relativ geringen Zuströmung durch die Niederschlagsinfiltration vernachlässigt werden. Unter diesen vereinfachten Annahmen lässt sich die Strömungsgleichung unter Berücksichtigung der Infiltration als Zuflussterm ebenfalls als eindimensionale, gewöhnliche Differenzialgleichung darstellen:

$$\frac{d^2h}{dr^2} + \frac{1}{r}\frac{dh}{dr} = \frac{1}{r}\frac{d}{dr}\left(r\frac{dh}{dr}\right) = -\frac{v^*}{T} \qquad \text{bzw.} \qquad \frac{d}{dr}\left(r\frac{dh}{dr}\right) = -\frac{v^* \cdot r}{T}$$

mit der allgemeinen Lösung:

$$h(r) = -\frac{v^*}{4T}r^2 + c_1 \ln r + c_2$$

2.10 Grundwasserströmung – Grundwasserhaltung

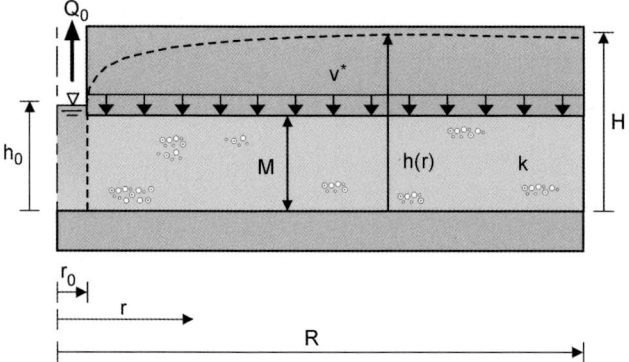

Bild 47. Brunnenanströmung im gespannten Grundwasserleiter mit Grundwasserneubildung

Für die Randbedingungen:

$$h(r = r_0) = h_0 \quad h(r = R) = H$$

ergibt sich die Lösung der Strömungsgleichung für das Grundwasserpotenzial h zu:

$$h(r) = h_0 + \frac{(H - h_0)}{\ln\frac{R}{r_0}} \ln\frac{r}{r_0} + \frac{v^*}{4T} \frac{(R^2 - r_0^2)}{\ln\frac{R}{r_0}} \ln\frac{r}{r_0} - \frac{v^*}{4T}(r^2 - r_0^2)$$

Der vom Radius r abhängige Durchfluss Q(r) lässt sich wiederum unter Verwendung der Darcy-Gleichung ermitteln:

$$Q(r) = -2 \cdot \pi \cdot T \frac{(H - h_0)}{\ln\frac{R}{r_0}} - \frac{\pi \cdot v^*}{2} \frac{(R^2 - r_0^2)}{\ln\frac{R}{r_0}} + v^* \cdot \pi \cdot r^2$$

Bei Vorgabe der Randbedingungen:

$$Q(r = r_0) = -Q_0 \quad h(r = R) = H$$

ergibt sich das Grundwasserpotenzial zu:

$$h(r) = H - \frac{Q_0}{2\pi \cdot T} \ln\frac{R}{r} - \frac{v^* \cdot r_0^2}{2T} \ln\frac{R}{r} + \frac{v^*}{4T}(R^2 - r^2)$$

Die maximale Entnahmerate für gerade noch gespannte Grundwasserverhältnisse am Brunnenrand ($h_0 = M$) beträgt:

$$Q_{0,max} = 2\pi \cdot T \frac{(H - M)}{\ln\frac{R}{r_0}} + \frac{\pi \cdot v^*}{2} \frac{(R^2 - r_0^2)}{\ln\frac{R}{r_0}} - v^* \cdot \pi \cdot r_0^2$$

Brunnenanströmung im halbgespannten Grundwasserleiter

Wie bei der Grabenströmung wird eine Brunnenanströmung aus einem halbgespannten Grundwasserleiter, der durch eine geringdurchlässige Schicht mit der vertikalen Durchlässigkeit k* und der Dicke d* überlagert wird, betrachtet. Die geringdurchlässige Schicht wird an ihrer Oberfläche mit einem konstanten Wasserstand H beaufschlagt (Bild 48).

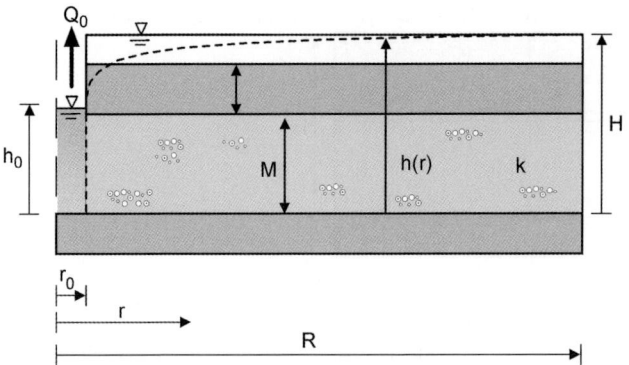

Bild 48. Brunnenanströmung im halbgespannten Grundwasserleiter

Auch hier wird vereinfachend angenommen, dass die geringdurchlässige Schicht aufgrund des Potenzialunterschiedes zwischen dem Wasserstand oberhalb der geringdurchlässigen Schicht und dem Grundwasserpotenzial des halbgespannten Grundwasserleiters lediglich vertikal durchströmt wird und dass im halbgespannten Grundwasserleiter das Grundwasserpotenzial über die Höhe des Grundwasserleiters konstant ist (hydrostatischer Druck). Der Zufluss pro Fläche zum Grundwasserleiter ergibt sich aus der Darcy-Gleichung zu:

$$v^* = k^*\left(\frac{H - h(r)}{d^*}\right) = \lambda(H - h(r))$$

mit dem Leakagefaktor λ [s^{-1}], der sich aus dem Quotienten der vertikalen Durchlässigkeit k* und der Dicke d* des überlagernden Geringleiters ergibt. Damit lässt sich die Strömungsgleichung wiederum durch eine eindimensionale, gewöhnliche Differenzialgleichung darstellen:

$$\frac{d^2h}{dr^2} + \frac{1}{r}\frac{dh}{dr} = -\frac{\lambda}{T}(H - h(r))$$

Mit der Substitution für die unabhängige Variable

$$\xi = r\sqrt{\frac{\lambda}{T}}$$

und der Absenkung

$$s(\xi) = H - h(\xi)$$

lässt sich die Strömungsgleichung vereinfachen zu:

$$\frac{d^2s}{d\xi^2} + \frac{1}{\xi}\frac{ds}{d\xi} = s$$

Die allgemeine Lösung dieser gewöhnlichen, linearen Differenzialgleichung 2. Ordnung kann durch eine Linearkombination von zwei unabhängigen Funktionen dargestellt werden (siehe z. B. [8]):

$$s(\xi) = c_1 \cdot I_0(\xi) + c_2 \cdot K_0(\xi)$$

2.10 Grundwasserströmung – Grundwasserhaltung

Diese Funktionen werden als modifizierte Besselfunktionen 0. Ordnung und erster (I_0) und zweiter (K_0) Art bezeichnet. Durch Rücksubstitution mit:

$$\mu = \sqrt{\frac{T}{\lambda}}, \quad \xi = \frac{r}{\mu} \quad \text{und} \quad h = H - s$$

ergibt sich die allgemeine, von r abhängige Lösung für das Grundwasserpotenzial:

$$h(r) = H - c_1 \cdot I_0\left(\frac{r}{\mu}\right) - c_2 \cdot K_0\left(\frac{r}{\mu}\right)$$

Die allgemeine, nur von r abhängige Lösung für den Durchfluss Q ergibt sich mit den modifizierten Besselfunktionen 1. Ordnung, die sich aus dem Betrag der ersten Ableitung der Besselfunktionen 0. Ordnung ergeben,

$$\frac{d}{dr} I_0\left(\frac{r}{\mu}\right) = \frac{1}{\mu} I_1\left(\frac{r}{\mu}\right) \quad \text{und} \quad \frac{d}{dr} K_0\left(\frac{r}{\mu}\right) = -\frac{1}{\mu} K_1\left(\frac{r}{\mu}\right)$$

und unter Verwendung der Darcy-Gleichung:

$$Q(r) = -2\pi \cdot r \cdot T \frac{dh}{dr} \quad \text{und} \quad \frac{dh}{dr} = -\left(\frac{c_1}{\mu}\right) \cdot I_1\left(\frac{r}{\mu}\right) + \left(\frac{c_2}{\mu}\right) \cdot K_1\left(\frac{r}{\mu}\right)$$

zu:

$$Q(r) = 2\pi \cdot r \cdot T \left[\left(\frac{c_1}{\mu}\right) \cdot I_1\left(\frac{r}{\mu}\right) - \left(\frac{c_2}{\mu}\right) \cdot K_1\left(\frac{r}{\mu}\right)\right]$$

Die modifizierten Besselfunktionen Funktion I_0, K_0, I_1 und K_1 sind ebenfalls in mathematischen Programmsystemen (z.B. Microsoft Excel®) verfügbar. Bild 49 zeigt die Funktionen in Abhängigkeit von r/μ.

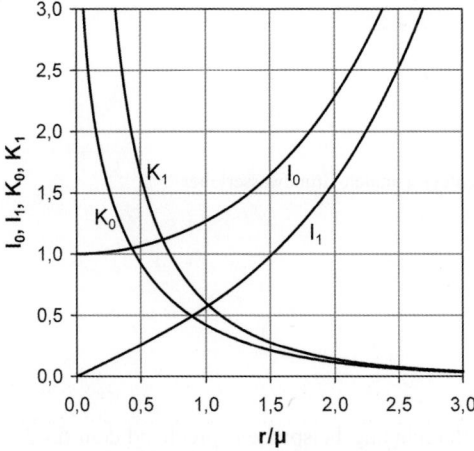

Bild 49. Modifizierte Besselfunktionen I_0, K_0, I_1 und K_1

Für einen halbseitig unendlich ausgedehnten halbgespannten Grundwasserleiter mit den in Bild 48 dargestellten Randbedingungen:

$$h(r = r_0) = h_0 \quad h(r \to \infty) = H$$

ergibt sich die Lösung der Strömungsgleichung für das Grundwasserpotenzial h zu:

$$h(r) = H - (H - h_0) \frac{K_0\left(\frac{r}{\mu}\right)}{K_0\left(\frac{r_0}{\mu}\right)}$$

und der vom Radius r abhängige Durchfluss Q(r) zu:

$$Q(r) = -\frac{2\pi \cdot r \cdot T \cdot (H - h_0)}{\mu} \frac{K_1\left(\frac{r}{\mu}\right)}{K_0\left(\frac{r_0}{\mu}\right)}$$

Da sich unter den o. g. Randbedingungen das Grundwasserpotenzial h(r) des teilgespannten Grundwasserleiters aufgrund des Wasseraustausches mit zunehmendem Abstand vom Brunnen dem Wasserstand H oberhalb des Geringleiters annähert, lässt sich auch hier ein Radius ΔR bestimmen, ab dem die Potenzialdifferenz $\Delta h = H - h(\Delta R)$ einen festgelegten Grenzwert ε [m] unterschreitet (Bild 50).

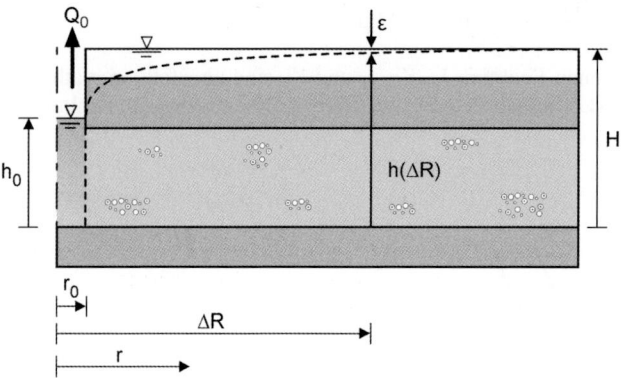

Bild 50. Einflussradius der Druckentspannung im halbgespannten Grundwasserleiter

Der Einflussradius ΔR ergibt sich aus:

$$K_0\left(\frac{\Delta R}{\mu}\right) = \frac{\varepsilon \cdot K_0\left(\frac{r_0}{\mu}\right)}{(H - h_0)}$$

Der Einflussradius wird nachstehend für ein Berechnungsbeispiel entsprechend dem für die Grabenanströmung (s. Abschn. 1.3.1) ermittelt. Dazu wird ein halbgespannter Grundwasserleiter mit einer Durchlässigkeit $k = 10^{-4}$ m/s und einer Mächtigkeit M = 10 m sowie ein

2.10 Grundwasserströmung – Grundwasserhaltung

überlagernder Geringleiter mit einer vertikalen Durchlässigkeit $k^* = 10^{-7}$ m/s und einer Dicke $d^* = 5$ m betrachtet. Der konstante Wasserstand oberhalb des Geringleiters befindet sich auf $H = 20$ m (bezogen auf die Sohle des Grundwasserleiters), an den sich auch das Grundwasserpotenzial des halbgespannten Grundwasserleiters für $r \to \infty$ annähert. Zentrisch befindet sich ein Brunnen mit einem Brunnenradius $r_0 = 0{,}4$ m und einem abgesenkten Wasserstand $h_0 = 12$ m. Daraus resultieren $T = M \cdot k = 10^{-3}$ m²/s, $\lambda = k^*/d^* = 2 \cdot 10^{-8}$ s^{-1}, $\mu = (T/\lambda)^{1/2} = 223{,}6$ m, $r_0/\mu = 0{,}0018$ und $K_0(r_0/\mu) = 6{,}44$. Mit einem vorgegebenen Grenzwert $\varepsilon = 0{,}05$ m folgt $K_0(\Delta R/\mu) = 0{,}040$ sowie $\Delta R/\mu = 2{,}87$. Daraus ergibt sich der Einflussradius zu $\Delta R \approx 640$ m. Aufgrund der radialsymmetrischen Anströmung des Brunnens ist der Einflussradius geringer als die Einflusslänge bei der Grabenanströmung.

Bei Vorgabe der Randbedingungen:

$$Q(r = r_0) = -Q_0 \qquad h(r \to \infty) = H$$

ergibt sich das Grundwasserpotenzial zu:

$$h(r) = H - \frac{Q_0 \cdot \mu}{2\pi \cdot r \cdot T} \frac{K_0\left(\dfrac{r}{\mu}\right)}{K_1\left(\dfrac{r_0}{\mu}\right)}$$

Die maximale Entnahmerate für gerade noch gespannte Grundwasserverhältnisse ($h_0 = M$) am Brunnenrand ($r = r_0$) beträgt:

$$Q_{0,max} = \frac{2\pi \cdot r_0 \cdot T \cdot (H - M)}{\mu} \frac{K_1\left(\dfrac{r_0}{\mu}\right)}{K_0\left(\dfrac{r_0}{\mu}\right)}$$

Überlagerung von Brunnenströmungen

Zweidimensionale Grundwasserströmungen, die sich aus der Überlagerung von einzelnen Brunnenströmungen ergeben, lassen sich unter bestimmten Voraussetzungen durch Superposition der eindimensionalen, rotationssymmetrischen Brunnenströmungen ermitteln. Grundlagen, Verfahren sowie Anwendungen der Superposition von Grundwasserströmungen sind z. B. in [8] beschrieben. Voraussetzungen für die Lösung durch Superposition sind, dass

– die Einzelbrunnen vollkommene Brunnen darstellen, die mit konstanter Geschwindigkeit über die Mächtigkeit des gespannten Grundwasserleiters angeströmt werden;
– die Brunnen als Punktsenken mit einem Radius $r_0 = 0$ m angenommen werden;
– die Brunnenströmungen in ihrem gesamten Modellbereich jeweils der Laplace-Gleichung genügen, außer für $r = 0$;
– bei jeder Brunnenströmung für $r = 0$ eine Singularität existiert, die durch die Brunnenentnahme an diesem Punkt bewirkt wird;
– außerhalb der Reichweite der Brunnen keine Absenkung des Grundwasserpotenzials erfolgt;
– die Reichweite der Einzelbrunnen ungefähr gleich ist und
– der Abstand der Brunnen vom Zentrum der Absenkung klein im Vergleich zur Reichweite der Grundwasserabsenkung ist.

Aus den beiden letztgenannten Voraussetzungen resultiert, dass die Reichweite der durch die Brunnengruppe bewirkten Grundwasserabsenkung nur unwesentlich von der Reichweite der

Einzelbrunnen abweicht. Diese Voraussetzung ist grundlegend für die Superposition von Brunnenströmungen, da diese, streng genommen, nur für den Überschneidungsbereich der Einzelbrunnen gültig ist. Unter diesen Voraussetzungen besagt das Superpositionsprinzip, dass sich die durch eine Brunnengruppe bewirkte Absenkung des Grundwasserpotenzials aus der Summe der Absenkungen der Einzelbrunnen ergibt.

Die Absenkung s des Grundwasserpotenzials durch einen Einzelbrunnen beträgt:

$$s(r) = H - h(r) = \frac{Q_0}{2 \cdot \pi \cdot T} \ln\left(\frac{R}{r}\right) = -\frac{Q_0}{2 \cdot \pi \cdot T} \ln\left(\frac{r}{R}\right)$$

Nachstehend wird das Superpositionsprinzip für ein Beispiel mit zwei Brunnen, die einen Abstand vom mittig zwischen den Brunnen liegenden Zentrum der Grundwasserabsenkung (Koordinatenursprung) von jeweils Δx und die gleiche Entnahmerate Q_0 aufweisen (Bild 51), erläutert.

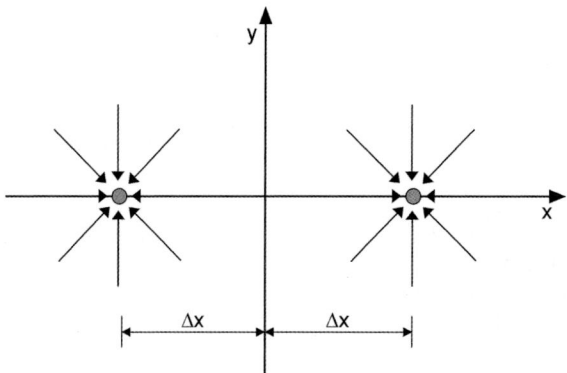

Bild 51. Berechnungsbeispiel mit zwei Brunnen

Bezogen auf den Koordinatenursprung ergeben sich die Absenkungen des Grundwasserpotenzials durch die beiden Brunnen in kartesischen Koordinaten zu:

$$s_1(x, y) = -\frac{Q_0}{2 \cdot \pi \cdot T} \ln\left(\frac{\sqrt{(x - \Delta x)^2 + y^2}}{R}\right)$$

$$s_2(x, y) = -\frac{Q_0}{2 \cdot \pi \cdot T} \ln\left(\frac{\sqrt{(x + \Delta x)^2 + y^2}}{R}\right)$$

Die durch beide Brunnen bewirkte Absenkung des Grundwasserpotenzials erhält man durch gemäß dem Superpositionsprinzip durch Addition der Absenkungen der beiden Einzelbrunnen

$$s(x, y) = s_1(x, y) + s_2(x, y)$$

$$= -\frac{Q_0}{2 \cdot \pi \cdot T} \ln\left(\frac{\sqrt{\left((x - \Delta x)^2 + y^2\right) \cdot \left((x + \Delta x)^2 + y^2\right)}}{R^2}\right)$$

2.10 Grundwasserströmung – Grundwasserhaltung

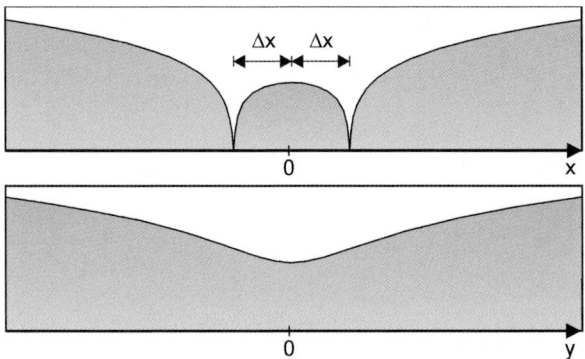

Bild 52. Grundwasserpotenzial entlang x- und y-Achse für Berechnungsbeispiel mit zwei Brunnen

und daraus das Grundwasserpotenzial

$$h(x,y) = H + \frac{Q_0}{2 \cdot \pi \cdot T} \ln\left(\frac{\sqrt{((x-\Delta x)^2 + y^2) \cdot ((x+\Delta x)^2 + y^2)}}{R^2}\right)$$

Damit ist die durch die beiden Brunnen bewirkte zweidimensionale Grundwasserströmung im kreisförmigen Modellgebiet mit dem Radius R vollständig beschrieben. Das Grundwasserpotenzial entlang der x-Achse (y = 0) und entlang der y-Achse (x = 0) beträgt:

$$h(x) = H + \frac{Q_0}{2 \cdot \pi \cdot T} \ln\left(\frac{|x^2 - \Delta x^2|}{R^2}\right)$$

$$h(y) = H + \frac{Q_0}{2 \cdot \pi \cdot T} \ln\left(\frac{y^2 + \Delta x^2}{R^2}\right)$$

Den Verlauf des Grundwasserpotenzials entlang der x- und der y-Achse zeigt Bild 52.

Voraussetzung für die hier dargestellte Brunnenströmung in einem gespannten Grundwasserleiter ist, dass sich auch am Brunnenrand das Grundwasserpotenzial oberhalb des Grundwasserleiters (oberhalb der Unterkante der überlagernden undurchlässigen Schicht) befindet.

Mehrbrunnenströmung

Unter den o. g. Voraussetzungen für die Anwendung des Superpositionsprinzips lässt sich in gleicher Weise die Absenkung des Grundwasserpotenzials durch eine beliebige Anzahl von Brunnen bezogen auf das Zentrum der Grundwasserabsenkung (Koordinatenursprung) ermitteln. Die daraus resultierenden Gleichungen für die Ermittlung der durch eine Mehrbrunnenanlage bewirkten Grundwasserabsenkung wurden erstmals von *Forchheimer* [23] aufgestellt. Mit den kartesischen Koordinaten x_i und y_i der n Brunnen und den Förderraten Q_i der Brunnen ergibt sich die Absenkung zu:

$$s(x,y) = -\frac{1}{2 \cdot \pi \cdot T} \sum_{i=1}^{n} Q_i \ln\left(\frac{\sqrt{(x_i - x)^2 + (y_i - y)^2}}{R}\right)$$

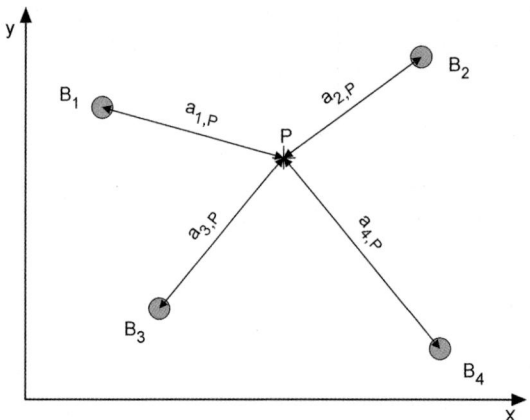

Bild 53. Brunnenabstände zum betrachteten Punkt P

Für einen beliebigen Punkt P mit den Koordinaten x_P und y_P innerhalb der Reichweite R der Grundwasserabsenkung beträgt die Absenkung:

$$s_P = -\frac{1}{2 \cdot \pi \cdot T} \sum_{i=1}^{n} Q_i \ln\left(\frac{\sqrt{(x_i - x_P)^2 + (y_i - y_P)^2}}{R}\right)$$

Unter der Annahme gleicher Entnahmeraten Q_0 der n Brunnen und mit den Abständen $a_{i,P}$ der Brunnen vom betrachteten Punkt P (Bild 53)

$$a_{i,P} = \sqrt{(x_i - x_P)^2 + (y_i - y_P)^2}$$

ergibt sich die Absenkung am Punkt P zu:

$$s_P = \frac{Q_0}{2 \cdot \pi \cdot T} \left(n \ln R - \sum_{i=1}^{n} \ln(a_{i,P}) \right)$$

Mit der Gesamtentnahmerate $Q_{ges} = n \cdot Q_0$ lässt sich die Absenkung am Punkt P darstellen durch:

$$s_P = \frac{Q_{ges}}{2 \cdot \pi \cdot T} \left(\ln R - \frac{1}{n} \sum_{i=1}^{n} \ln(a_{i,P}) \right)$$

Das durch die Grundwasserabsenkung beeinflusste Grundwasserpotenzial beträgt:

$$h_P = H - \frac{Q_{ges}}{2 \cdot \pi \cdot T} \left(\ln R - \frac{1}{n} \sum_{i=1}^{n} \ln(a_{i,P}) \right)$$

Ersatzradius für eine Mehrbrunnenanlage

Um eine Mehrbrunnenanlage zur Trockenlegung einer Baugrube zu dimensionieren, ist es zweckmäßig, die Mehrbrunnenanlage zunächst durch einen Einzelbrunnen mit vergleichbarer Absenkwirkung und einem daraus resultierenden Ersatzradius r_E zu beschreiben. Grundlage für die Bestimmung des Ersatzradius ist der Ansatz, dass die Absenkwirkung

2.10 Grundwasserströmung – Grundwasserhaltung

der Mehrbrunnenanlage durch einen Ersatzbrunnen beschrieben wird, dessen Entnahmerate gleich der Gesamtentnahmerate der Mehrbrunnenanlage ist und bei dem die Grundwasserabsenkung am Brunnenrand der Grundwasserabsenkung im Zentrum der Mehrbrunnenanlage entspricht. Dabei wird vorausgesetzt, dass sich innerhalb des durch die Brunnen umschlossenen Bereiches die geringste Absenkung im Zentrum der Mehrbrunnenanlage ergibt. Dies trifft bei Grundwasserabsenkungen zur Trockenhaltung von Baugruben, bei denen die Brunnen außerhalb der Baugrube angeordnet werden, i. Allg. zu. Mit den Abständen $a_{i,M}$ der n Brunnen von der Baugrubenmitte M beträgt die Absenkung des Grundwasserpotenzials in Baugrubenmitte:

$$h_M = H - \frac{Q_{ges}}{2 \cdot \pi \cdot T}\left(\ln R - \frac{1}{n}\sum_{i=1}^{n}\ln a_{i,M}\right)$$

Für einen Einzelbrunnen mit dem Ersatzradius r_E ergibt sich das Grundwasserpotenzial am Brunnenrand h_0 bei einer der Mehrbrunnenanlage entsprechenden Förderrate und Reichweite zu:

$$h_0 = H - \frac{Q_{ges}}{2 \cdot \pi \cdot T}(\ln R - \ln r_E)$$

Aus der Forderung, dass das Grundwasserpotenzial am Brunnenrand des Ersatzbrunnens dem in der Mitte der Mehrbrunnenanlage entsprechen soll, ergibt sich für den Ersatzradius:

$$\ln r_E = \frac{1}{n}\sum_{i=1}^{n}\ln a_{i,M} = \frac{1}{n}\ln\prod_{i=1}^{n}a_{i,M}$$

Daraus lässt sich der Ersatzradius bestimmen zu:

$$r_E = \left(\prod_{i=1}^{n}a_{i,M}\right)^{\frac{1}{n}} = \sqrt[n]{a_{1,M}\cdot a_{2,M}\cdot a_{3,M}\cdot\ldots\cdot a_{n,M}}$$

Unter Verwendung eines Ersatzbrunnens mit dem Ersatzradius r_E lässt sich der Zufluss zur Baugrube bei Vorgabe eines Absenkziels (bzw. eines maximalen Grundwasserpotenzials h_0 in der Mitte der Baugrube, das dem Grundwasserpotenzial am Brunnenrand des Ersatzbrunnens entspricht) ermitteln durch:

$$Q_{ges} = 2\cdot\pi\cdot T\frac{(H-h_0)}{\ln\dfrac{R}{r_E}}$$

In der Literatur (siehe z. B. [12] oder *Rieß* [24]) existieren unterschiedliche empirische Formeln für die Bestimmung des Ersatzradius r_E, die zumeist auf einem Kreis mit gleicher Grundfläche wie die durch die Mehrbrunnenanlage umschlossen Fläche basieren. Diese führen zwar zu praktikablen Ergebnissen, erfüllen jedoch nicht die die o. g. Voraussetzungen für die Bestimmung des Ersatzradius. Für Baugruben, deren Länge nicht deutlich größer ist als deren Breite, wird die Bestimmung des Ersatzradius nach o. g. Gleichung empfohlen. Grundsätzlich muss für die Anwendung des Superpositionsprinzips der Ersatzradius r_E klein sein im Vergleich zur Reichweite R der Einzelbrunnen, die nur geringfügig von der der Mehrbrunnenanlage abweichen darf.

Bei sehr langgestreckten Baugruben, deren Länge die Breite um ein Vielfaches übertrifft, sind die grundlegenden Voraussetzungen für die Superposition von einzelnen Brunnenströmungen nicht gegeben, da sich die Reichweiten der Einzelbrunnen nicht ausreichend überlagern. In diesem Fall ergibt sich keine radialsymmetrische Zuströmung zur Baugrube, sodass die Mehrbrunnenanlage nicht durch einen Einzelbrunnen abgebildet werden kann. Die Mehrbrunnenformel ist hier nur bedingt anwendbar. In vielen Fällen kann die Zuströmung zur Baugrube auf Grundlage einer Grabenströmung abgeschätzt werden, wobei ein Zuschlag für die Zuströmung zu den Brunnen an den Enden der Baugrube erforderlich ist. Zur genaueren Abbildung der Grundwasserverhältnisse ist eine numerische Berechnung zu empfehlen.

Dimensionierung einer Mehrbrunnenanlage

In gespannten Grundwasserleitern, bei denen die Baugrube nicht bis in den Grundwasserleiter reicht, sondern nur in den überlagernden Grundwassernichtleiter oder Grundwassergeringleiter einschneidet, dient die Grundwasserabsenkung i. Allg. zur Sicherung der Baugrubensohle gegen Aufschwimmen und somit zur Reduzierung der Auftriebskräfte. Zur Dimensionierung einer Mehrbrunnenanlage in einem gespannten Grundwasserleiter sind folgende Schritte erforderlich:

1. Festlegung der erforderlichen Absenkung des Grundwasserpotenzials im Bereich der Baugrube zur Sicherung der Baugrubensohle gegen Aufschwimmen unter Berücksichtigung eines Sicherheitszuschlags von ca. 0,5 bis 1,0 m. Bei unterschiedlich tiefen Baugruben ist der tiefste Bereich der Baugrube maßgebend für die Festlegung der erforderlichen Absenkung.
2. Auswahl der Anzahl und Anordnung der Absenkbrunnen, wobei näherungsweise oft ein Abstand entsprechend der Baugrubenbreite gewählt werden kann.
3. Ermittlung des Ersatzradius r_E bezogen auf die Baugrubenmitte. Gegebenenfalls sind tiefere Bereiche der Baugrube bei der Wahl der maßgebenden Baugrubenmitte zu berücksichtigen.
4. Abschätzen der Reichweite der Mehrbrunnenanlage (s. Abschn. 1.6.1).
5. Berechnung des Gesamtzuflusses zum Ersatzbrunnen.
6. Aufteilung des Gesamtzuflusses auf die Absenkbrunnen und Wahl der Brunnendurchmesser.
7. Ermittlung der Brunnenwasserstände, die sich aus der Absenkung am Brunnenrand ergeben. Die Absenkung darf dabei nicht bis unter die Unterkante der geringdurchlässigen Deckschicht reichen, da ansonsten im Bereich der Brunnen keine gespannten Grundwasserverhältnisse vorliegen.

Falls keine ausreichende Absenkung ermittelt wird, muss der Brunnendurchmesser vergrößert werden und Schritt 7 ist erneut durchzuführen. Alternativ oder falls sich auch bei Vergrößerung des Brunnendurchmessers eine zu große erforderliche Absenkung im Brunnen ergibt, ist die Brunnenanzahl zu erhöhen. Dabei ist zu überprüfen, ob sich durch die neue Anordnung der Brunnen eine relevante Änderung des Ersatzradius ergibt. Gegebenenfalls sind die Schritte 4 bis 7 ansonsten nur die Schritte 6 und 7 durchzuführen.

Zusätzlich ist ggf. die Absenkung an Ortspunkten der Baugrube zu überprüfen, für die angenommen werden muss, dass eine geringere Absenkung als in der Baugrubenmitte erzielt wird (z. B. Ecken der Baugrube ohne dort angeordnete Brunnen).

Bei unvollkommenen Absenkbrunnen, die nicht bis zur Basis des Grundwasserleiters reichen, ergibt sich ein geringerer Zufluss zur Baugrube als bei vollkommenen Brunnen (s. Abschn. 1.5.3). Allerdings kann sich bei unvollkommenen Brunnen in der Baugrubenmitte eine geringere Absenkung als bei vollkommenen Brunnen aufgrund des Zustroms von unten einstellen, sodass keine ausreichende Absenkung erzielt wird. Verstärkt wird die Zuströmung von unten, wenn unterhalb der Sohle der unvollkommenen Brunnen eine Bodenschicht mit erhöhter hydraulischer Durchlässigkeit vorliegt. Zur Dimensionierung einer unvollkommenen Mehrbrunnenanlage für größere Baugruben und bei Existenz einer Schicht mit erhöhter Durchlässigkeit unter der Sohle der unvollkommenen Brunnen wird eine numerische Grundwasserströmungsberechnung empfohlen.

1.5.2 Analytische Berechnung von ungespannte Grundwasserströmungen

Grundlage der nachfolgend beschriebenen analytischen Lösungen für Brunnenströmungen in ungespannten Grundwasserleitern sind wie bei der Grabenströmung die Dupuit-Annahmen (s. Abschn. 1.3.4) sowie die Annahme einer horizontalen Grundwasserbasis.

Brunnenströmung im ungespannten Grundwasserleiter

Analog zum Modell für die Brunnenströmung im gespannten Grundwasserleiter werden als zusätzliche, vereinfachende Annahmen ein Modellgebiet ohne äußeren Zufluss mit einem Radius R, ein konstantes Grundwasserpotenzial am Brunnenrand ($r = r_0$) bzw. eine konstante Grundwasserentnahme sowie ein konstantes Grundwasserpotenzial am äußeren Modellrand ($r = R$) und eine homogene und isotrope Durchlässigkeit k des ungespannten Grundwasserleiters zugrunde gelegt (Bild 54).

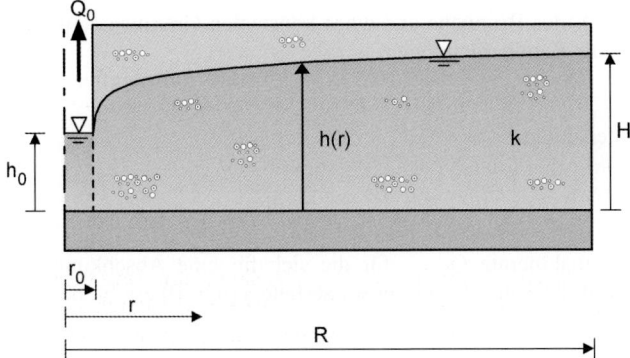

Bild 54. Brunnenströmung im ungespannten Grundwasserleiter

Unter diesen Annahmen lässt sich die Strömungsgleichung durch eine eindimensionale, gewöhnliche Differenzialgleichung darstellen:

$$\frac{d}{dr}\left(h\frac{dh}{dr}\right) + \frac{h}{r}\frac{dh}{dr} = \frac{1}{r}\frac{d}{dr}\left(\frac{r\,d(h^2)}{2\,dr}\right) = 0 \quad \text{bzw.} \quad \frac{d}{dr}\left(r\frac{d(h^2)}{dr}\right) = 0$$

Die allgemeine Lösung dieser Differenzialgleichung ergibt sich analog zu der für gespannte Grundwasserverhältnisse mit dem Quadrat des Grundwasserpotenzials als abhängige Variable:

$$(h(r))^2 = c_1 \ln r + c_2$$

Die darauf basierenden Brunnenformeln für die Berechnung der stationären Grundwasserströmung zu einem Einzelbrunnen in einem ungespannten Grundwasserleiter unter den o. g. vereinfachten Modellannahmen wurden bereits in den Jahren 1863 und 1870 von *Dupuit* [21] und *Thiem* [25] veröffentlicht.

Für die Randbedingungen:
$$h(r = r_0) = h_0 \qquad h(r = R) = H$$
ergibt sich die Lösung der Strömungsgleichung für das Grundwasserpotenzial h zu:

$$(h(r))^2 = h_0^2 + \frac{(H^2 - h_0^2)}{\ln\frac{R}{r_0}} \ln\left(\frac{r}{r_0}\right) \qquad \text{bzw.} \qquad h(x) = \sqrt{h_0^2 + \frac{(H^2 - h_0^2)}{\ln\frac{R}{r_0}} \ln\left(\frac{r}{r_0}\right)}$$

Aus der Darcy-Gleichung mit dem Durchfluss Q als Produkt aus der Filtergeschwindigkeit v und der radialen Zuströmfläche $2 \cdot \pi \cdot r \cdot h$

$$Q(r) = 2 \cdot \pi \cdot r \cdot h(r) \cdot v(r) = -2 \cdot \pi \cdot r \cdot h \cdot k \frac{dh}{dr} = -\pi \cdot r \cdot k \frac{d(h^2)}{dr}$$

resultiert der in diesem Fall von r unabhängige, der Entnahmerate Q_0 entsprechende Durchfluss:

$$Q_0 = -\pi \cdot k \frac{(H^2 - h_0^2)}{\ln\frac{R}{r_0}}$$

Bei Vorgabe der Entnahmerate Q_0 des Brunnens und eines konstanten Grundwasserpotenzials H am rechten Modellrand als Randbedingungen:

$$Q(r = r_0) = -Q_0 \qquad h(r = R) = H$$

ergibt sich das Grundwasserpotenzial zu:

$$(h(r))^2 = H^2 - \frac{Q_0}{\pi \cdot k} \ln\frac{R}{r} \qquad \text{bzw.} \qquad h(r) = \sqrt{H^2 - \frac{Q_0}{\pi \cdot k} \ln\frac{R}{r}}$$

Die (theoretische) maximale Entnahmerate $Q_{0,max}$, für die sich für eine Absenkung des Wasserstandes im Brunnen bis auf die Sohle des Grundwasserleiters ($h_0 = 0$) ergibt, beträgt:

$$Q_{0,max} = \frac{\pi \cdot k \cdot H^2}{\ln\frac{R}{r_0}}$$

Zur tatsächlich maximal möglichen Grundwasserabsenkung am Brunnenrand unter Berücksichtigung der sich hier einstellenden Sickerstrecke beim Übergang vom Grundwasserleiter zum Brunnen siehe Abschnitt 1.5.4.

Brunnenströmung im ungespannten Grundwasserleiter mit Grundwasserneubildung

Wie im Berechnungsmodell für die Brunnenströmung im gespannten Grundwasserleiter wird zusätzlich eine über das Modellgebiet konstante Zuflussrate v^* [m³/(s·m²)] (z. B. Grundwasserneubildung infolge Niederschlagsinfiltration) angesetzt (Bild 55).

$$\frac{d}{dr}\left(h\frac{dh}{dr}\right) + \frac{h}{r}\frac{dh}{dr} = \frac{1}{r}\frac{d}{dr}\left(\frac{r}{2}\frac{d(h^2)}{dr}\right) = -\frac{v^*}{k} \qquad \text{bzw.} \qquad \frac{d}{dr}\left(r\frac{d(h^2)}{dr}\right) = -\frac{2v^* \cdot r}{k}$$

mit der allgemeinen Lösung:

$$h^2(r) = -\frac{v^*}{2k}r^2 + c_1 \ln r + c_2$$

2.10 Grundwasserströmung – Grundwasserhaltung

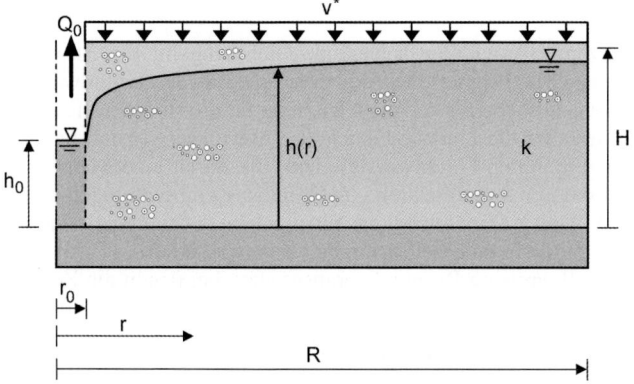

Bild 55. Brunnenströmung im ungespannten Grundwasserleiter mit Grundwasserneubildung

Für die Randbedingungen:

$$h(r = r_0) = h_0 \qquad h(r = R) = H$$

ergibt sich die Lösung der Strömungsgleichung für das Grundwasserpotenzial h zu:

$$h^2(r) = h_0^2 + \frac{(H^2 - h_0^2)}{\ln\frac{R}{r_0}} \ln\frac{r}{r_0} + \frac{v^*}{2k} \frac{(R^2 - r_0^2)}{\ln\frac{R}{r_0}} \ln\frac{r}{r_0} - \frac{v^*}{2k}(r^2 - r_0^2)$$

Der vom Radius r abhängige Durchfluss Q(r) lässt sich wiederum unter Verwendung der Darcy-Gleichung ermitteln:

$$Q(r) = -\pi \cdot k \frac{(H^2 - h_0^2)}{\ln\frac{R}{r_0}} - \pi \cdot v^* \frac{(R^2 - r_0^2)}{\ln\frac{R}{r_0}} + v^* \cdot \pi \cdot r^2$$

Bei Vorgabe der Randbedingungen:

$$Q(r = r_0) = -Q_0 \qquad h(r = R) = H$$

ergibt sich das Grundwasserpotenzial zu:

$$h^2(r) = H^2 - \frac{Q_0}{\pi \cdot k} \ln\frac{R}{r} - \frac{v^* \cdot r_0^2}{k} \ln\frac{R}{r} + \frac{v^*}{2k}(R^2 - r^2)$$

Die (theoretische) maximale Entnahmerate $Q_{0,max}$, für die sich für eine Absenkung des Wasserstandes im Brunnen ($r = r_0$) bis auf die Sohle des Grundwasserleiters ($h_0 = 0$) ergibt, beträgt:

$$Q_{0,max} = \pi \cdot k \frac{H^2}{\ln\frac{R}{r_0}} + \pi \cdot v^* \frac{(R^2 - r_0^2)}{\ln\frac{R}{r_0}} - v^* \cdot \pi \cdot r_0^2$$

Mehrbrunnenströmung

Die eindimensionale, auf den Dupuit-Annahmen basierende Gleichung für die Brunnenströmung in einem ungespannten Grundwasserleiter mit dem Quadrat des Grundwasserpotenzials als abhängige Variable erfüllt ebenso wie die Gleichung für die Brunnenströmung in einem gespannten Grundwasserleiter die Laplace-Gleichung. Aus diesem Grund können Grundwasserabsenkungen in ungespannten Grundwasserleitern, die durch eine Mehrbrunnenanlage bewirkt werden, ebenso durch Superposition von Grundwasserabsenkungen durch Einzelbrunnen ermittelt werden. Die Voraussetzungen entsprechen dabei denen für die Überlagerung von Brunnenströmungen in einem gespannten Grundwasserleiter (s. Abschn. 1.5.1). Dabei werden ebenfalls vollkommene Brunnen vorausgesetzt, bei denen die Zuströmung mit gleicher Geschwindigkeit über die die wirksame Höhe des Brunnens von der Grundwasserbasis bis zum abgesenkten Wasserstand im Brunnen angenommen wird. Wie in Abschnitt 1.5.4 näher erläutert, ist die Annahme einer vernachlässigbar kleinen vertikalen Geschwindigkeitskomponente im Anstrombereich der Brunnen nicht zutreffend. Die sich hier einstellende Sickerstrecke beim Grundwasserzustrom in den Brunnen kann in Abhängigkeit von der Absenkung des Wasserstands im Brunnen zu einem deutlich erhöhten Grundwasserstand am Brunnenrand gegenüber dem Wasserstand im Brunnen führen. Bei ausreichend großem Abstand des betrachteten Punktes von den Brunnen kann der dadurch bedingte Fehler der Grundwasserabsenkung jedoch vernachlässigt werden. Nach [4] kann angenommen werden, dass der Fehler in der auf Grundlage der eindimensionalen Brunnengleichung berechneten Grundwasserabsenkung bei einem Abstand vom Brunnen, der der Grundwassermächtigkeit H ohne Absenkung entspricht, kleiner als 1 % ist.

Unter der Annahme gleicher Entnahmeraten Q_0 der n Brunnen und mit den Abständen $a_{i,P}$ der Brunnen vom betrachteten Punkt P sowie der Gesamtentnahmerate $Q_{ges} = n \cdot Q_0$ ergibt sich das Grundwasserpotenzial h_P an einem beliebigen Punkt P innerhalb der Reichweite R der Mehrbrunnenanlage in einem ungespannten Grundwasserleiter mit homogener und isotroper Durchlässigkeit k zu (s. [23]):

$$h_P = \sqrt{H^2 - \frac{Q_{ges}}{\pi \cdot k}\left(\ln R - \frac{1}{n}\sum_{i=1}^{n}\ln(a_{i,P})\right)}$$

Die Zuströmung zu einer durch eine Mehrbrunnenanlage trockengelegten Baugrube lässt sich unter den in Abschnitt 1.5.1 genannten Voraussetzungen ebenfalls durch einen Ersatzbrunnen abbilden. Dessen Ersatzradius r_E entspricht dem für gespannte Grundwasserverhältnisse mit den Abständen $a_{i,M}$ der n Brunnen von der Baugrubenmitte M:

$$r_E = \left(\prod_{i=1}^{n} a_{i,M}\right)^{\frac{1}{n}} = \sqrt[n]{a_{1,M} \cdot a_{2,M} \cdot a_{3,M} \cdot \ldots \cdot a_{n,M}}$$

Der Zufluss zur Baugrube bei Vorgabe eines Absenkziels (bzw. eines maximalen Grundwasserpotenzials h_0 in der Mitte der Baugrube, das dem Grundwasserpotenzial am Brunnenrand des Ersatzbrunnens entspricht) lässt sich unter Verwendung des Ersatzradius r_E ermitteln durch:

$$Q_{ges} = \pi \cdot k \frac{(H^2 - h_0^2)}{\ln\dfrac{R}{r_E}}$$

Dimensionierung einer Mehrbrunnenanlage

In ungespannten Grundwasserleitern dient die Grundwasserabsenkung i. Allg. zur Trockenhaltung von Baugruben durch Absenkung des Grundwasserpotenzials bis unter die Baugrubensohle. Zur Dimensionierung einer Mehrbrunnenanlage in einem ungespannten Grundwasserleiter sind die gleichen Schritte wie bei einer Mehrbrunnenanlage in einem gespannten Grundwasserleiter erforderlich (s. Abschn. 1.5.1).

Die Reichweite der Mehrbrunnenanlage kann auf Grundlage der Berechnungen nach Abschnitt 1.6.3 abgeschätzt werden. Abweichend von der Mehrbrunnenanlage in einem gespannten Grundwasserleiter muss hier in Schritt 7 überprüft werden, ob sich die aus der erforderlichen Brunnenförderrate ergebenden Brunnenwasserstände oberhalb der Basis des Grundwasserleiters befinden. Theoretisch können sich aus der Berechnung für eine Mehrbrunnenanlage Brunnenwasserstände ergeben, die sich unterhalb der Basis des Grundwasserleiters befinden. In diesem Fall ist der Brunnenradius zu vergrößern bzw. die Anzahl der Absenkbrunnen zu erhöhen, bis die Brunnenwasserstände ausreichend oberhalb der Basis des Grundwasserleiters ermittelt werden.

Aufgrund der sich bei Zuströmung zu einem Brunnen in einem ungespannten Grundwasserleiter ergebenden Sickerstrecke befindet sich der Grundwasserstand am Brunnenrand immer oberhalb des Brunnenwasserstandes (s. Abschn. 1.5.4). Die wesentlichen Abweichungen zwischen der tatsächlichen Grundwasseroberfläche in einem ungespannten Grundwasserleiter und der auf Grundlage der Dupuit-Annahmen mittels eindimensionaler, rotationssymmetrischer Berechnung ermittelten Grundwasseroberfläche beschränken sich jedoch auf den unmittelbaren Anstrombereich des Brunnens. Aus diesem Grund können diese Abweichungen bei der Ermittlung der Grundwasserabsenkung in Baugrubenmitte i. Allg. vernachlässigt werden.

Bei unvollkommenen Brunnen einer Mehrbrunnenanlage muss überprüft werden, ob sich die aus der erforderlichen Brunnenförderrate ergebenden Brunnenwasserstände oberhalb der Sohle der unvollkommenen Brunnen befinden. Falls nicht, sind auch hier die Brunnendurchmesser zu vergrößern oder die Anzahl der Absenkbrunnen zu erhöhen. Auch hier ergibt sich ein geringerer Zufluss zur Baugrube als bei vollkommenen Brunnen (s. Abschn. 1.5.4). Allerdings kann sich auch in einem ungespannten Grundwasserleiter bei unvollkommenen Brunnen in der Baugrubenmitte eine geringere Absenkung als bei vollkommenen Brunnen aufgrund des Zustroms von unter einstellen, sodass keine ausreichende Absenkung erzielt wird. Zur Dimensionierung einer unvollkommenen Mehrbrunnenanlage für größere Baugruben und bei Existenz einer Schicht mit erhöhter Durchlässigkeit unter der Sohle der unvollkommenen Brunnen wird hier ebenfalls eine numerische Grundwasserströmungsberechnung empfohlen.

1.5.3 Numerische Berechnung von gespannten Grundwasserströmungen

Wie die numerische Berechnung von vertikal-ebenen, stationären Grundwasserströmungen für gespannte Grundwasserverhältnisse erfordert auch die numerische, rotationssymmetrische, stationäre 2-D-Grundwasserströmungsberechnung für gespannte Grundwasserleiter i. Allg. nur einen relativ geringen Aufwand bei der Modellerstellung und der numerischen Lösung der Strömungsgleichung. Beispielhaft sind nachstehend die Ergebnisse von numerischen, rotationssymmetrischen Berechnungen der Grundwasserströmung zu einem unvollkommenen Brunnen in einem gespannten Grundwasserleiter dargestellt.

Unvollkommener Brunnen

Bei einem unvollkommenen Brunnen reicht die Filterstrecke nicht über die gesamte Mächtigkeit M des gespannten Grundwasserleiters, sondern erstreckt sich nur über einen Teil-

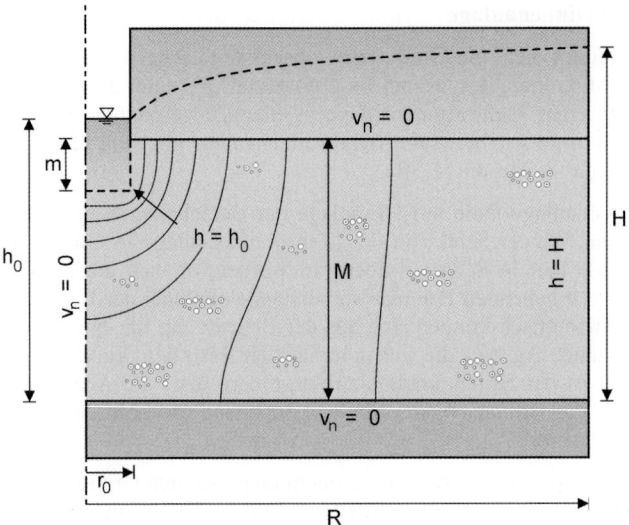

Bild 56. Unvollkommener Brunnen bei gespannten Grundwasserverhältnissen

bereich m, ausgehend vom überlagernden Grundwasserstauer. Aufgrund der hierbei sowohl horizontal als auch vertikal von unten erfolgenden Zuströmung zum unvollkommenen Brunnen kann die Grundwasserströmung nicht durch ein eindimensionales Strömungsmodell abgebildet werden.

Um die Reduzierung des Zuflusses zu einem unvollkommenen Brunnen gegenüber dem vollkommenen abschätzen zu können, wurde eine Parameterstudie durchgeführt. Dabei wurden sowohl der seitliche Zustrom zum Brunnen über die Höhe m wie auch der Zustrom von unten durch die Brunnensohle mit dem Brunnenradius r_0 berücksichtigt. Um die Verminderung des Zuflusses zu unvollkommenen Mehrbrunnenanlagen im Vergleich zu vollkommenen beurteilen zu können, wurden auch große Brunnenradien für Ersatzbrunnen untersucht. Abgesehen von dem nur teilweise in den Grundwasserleiter reichenden, unvollkommenen Brunnen entspricht das zugrunde gelegte Strömungsmodell dem Modell der Brunnenströmung für gespannte Grundwasserleiter ohne Grundwasserneubildung aus Abschnitt 1.5.1. Unter diesen vereinfachten Modellannahmen kann die Grundwasserströmung als Funktion der Einbindetiefe m des Brunnens in den Grundwasserleiter, der Reichweite R des Brunnens und des Brunnenradius r_0, jeweils bezogen auf die Grundwassermächtigkeit M, beschrieben werden. In Bild 56 sind das verwendete Berechnungsmodell mit den vorgegebenen Randbedingungen sowie berechnete Grundwasserpotenziallinien und das ermittelte Grundwasserpotenzial an der Oberfläche des Grundwasserleiters dargestellt. Dabei wurde der Potenzialabbau im Brunnenfilter vernachlässigt und eine Zuströmung sowohl über den Filtermantel als auch über die Filtersohle berücksichtigt. Das heißt, in der numerischen, rotationssymmetrischen 2-D-Strömungsberechnung wird der Brunnenwasserstand h_0 entlang der Grenze zwischen Brunnenfilter und Boden als Randbedingung vorgegeben.

Wie beim unvollkommenen Dränagegraben wurde auf Grundlage der numerischen Modellrechnungen ein Korrekturfaktor α ermittelt, durch den die Abminderung des Zuflusses zum unvollkommenen Brunnen Q_u gegenüber dem Zufluss zum entsprechenden vollkommenen Brunnen Q_v berücksichtigt wird.

2.10 Grundwasserströmung – Grundwasserhaltung

$$Q_u = \alpha \cdot Q_v = \alpha \cdot 2 \cdot \pi \cdot T \frac{(H - h_0)}{\ln\frac{R}{r_0}}$$

In Bild 57 ist der Korrekturfaktor α in Abhängigkeit von m/M, R/M und r_0/M für kleine r_0/M-Quotienten und in Bild 58 für große r_0/M-Quotienten dargestellt. Dabei wurden nur Quotienten aus Brunnenreichweite und Brunnenradius von $R/r_0 \geq 10$ berücksichtigt. Während mit Bild 57 die geometrischen Verhältnisse eher für einen Einzelbrunnen beschrieben werden, entsprechen die geometrischen Verhältnisse in Bild 58 einem Ersatzbrunnen für eine Mehrbrunnenanlage. Daraus ist ersichtlich, dass die zugrunde gelegte Reichweite R des Brunnens aufgrund der radialsymmetrischen Anströmung einen relativ geringen Einfluss auf

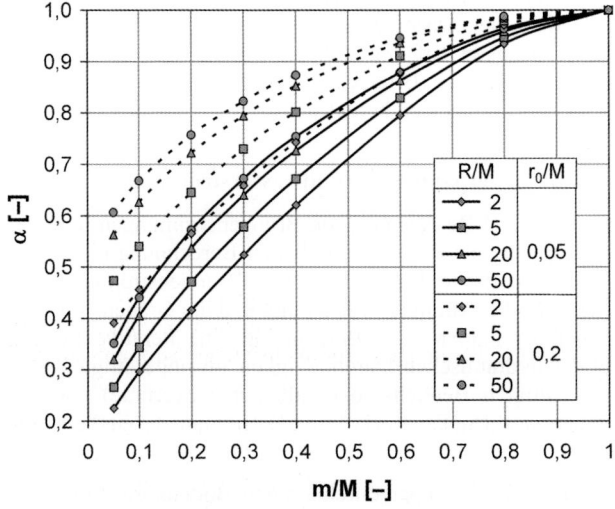

Bild 57. Korrekturfaktor α für die Zuströmung zu einem unvollkommenen (Einzel-) Brunnen bei gespannten Grundwasserverhältnissen

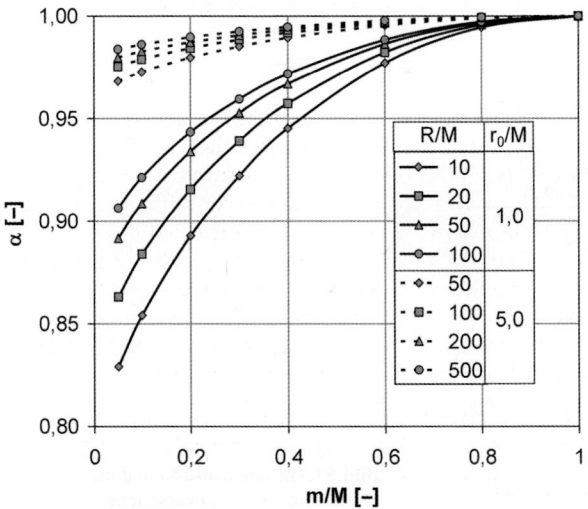

Bild 58. Korrekturfaktor α für die Zuströmung zu einem unvollkommenen (Ersatz-) Brunnen bei gespannten Grundwasserverhältnissen

den ermittelten Zufluss im Vergleich zur Einflusslänge L der Absenkung durch einen Dränagegraben hat (s. Abschn. 1.3.2). Beim unvollkommenen Einzelbrunnen (kleiner Quotient r_0/M) wird der Zufluss maßgebend durch das Einbindeverhältnis des Brunnens in den Grundwasserleiter (m/M) bestimmt. Dagegen ergibt sich bei einem Brunnen mit vergleichsweise großem Durchmesser (Ersatzbrunnen für Mehrbrunnenanlage) keine wesentliche Reduzierung des Zustroms im Vergleich zum vollkommenen Brunnen. Dies ist hier durch den erhöhten Zustrom von unten durch die Sohle des Ersatzbrunnen begründet.

In der Literatur (siehe z. B. [12] oder [24]) wird zur Ermittlung des Zuflusses zu einem unvollkommenen Brunnen zumeist auf die Ergebnisse von *Breitenöder* [26], die auf Grundlage von Elektroanalogversuchen ermittelt wurden, Bezug genommen. Dabei wird jedoch der Zufluss zu einem unvollkommenen Brunnen durch einen Erhöhungsfaktor gegenüber einem fiktiven vollkommenen Brunnen berücksichtigt, bei dem die Mächtigkeit des Grundwasserleiters nur bis zur Sohle des unvollkommenen Brunnens angesetzt wird. Zumindest für große (Ersatz-)Brunnen erscheint jedoch der Ansatz einer Abminderung des Zuflusses zu einem unvollkommenen Brunnen – bezogen auf den vollkommenen, über die gesamte Mächtigkeit des Grundwasserleiters verfilterten Brunnen – geeigneter, um den Zufluss von unten durch die Sohle des (Ersatz-)Brunnens zu berücksichtigen.

1.5.4 Numerische Berechnung von ungespannten Grundwasserströmungen

Die numerische, rotationssymmetrische 2-D-Berechnung von Brunnenströmungen in ungespannten Grundwasserleitern erfordert wie bei der vertikal-ebenen Berechnung einen wesentlich höheren Aufwand als die numerische Berechnung von Brunnenströmungen in gespannten Grundwasserleitern. Wie für die Dammdurchströmung und die Grabenströmung in Abschnitt 1.3.5 erläutert, ist bei der numerischen Berechnung eine iterative Lösung sowohl für die Berücksichtigung der hydraulischen Durchlässigkeit im ungesättigten Modellbereich oberhalb des wassergesättigten Bereichs (oberhalb der Sickerlinie) und zur Bestimmung des Wasseraustrittsbereichs (Sickerstrecke) in den Brunnen oberhalb des Brunnenwasserstands erforderlich.

Bei jeder Grundwasserströmung aus einem geringer durchlässigen Bodenkörper in einen Bodenkörper mit deutlich höherer hydraulischer Durchlässigkeit stellt sich eine Sicker-

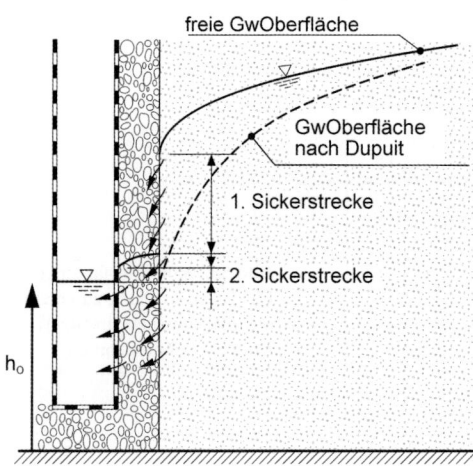

Bild 59. Brunnenzuströmung im ungespannten Grundwasserleiter

2.10 Grundwasserströmung – Grundwasserhaltung

strecke ein. Aus diesem Grund ergeben sich bei der Brunnenströmungen in einem ungespannten Grundwasserleiter prinzipiell zwei Sickerstrecken: eine beim Übergang zwischen dem Bodenmaterial und dem Brunnenfilter und eine beim Übergang zwischen dem Brunnenfilter und dem Filterrohr (Bild 59). Die Sickerstrecke beim Übergang aus dem Brunnenfilter in das Filterrohr sowie der Potenzialabbau im Brunnenfilter können jedoch i. Allg. im Vergleich zur Sickerstrecke beim Übergang zwischen dem Boden und dem Brunnenfilter vernachlässigt werden.

Aufgrund der radialsymmetrischen Anströmung des Brunnens mit in Brunnennähe zunehmender Fließgeschwindigkeit und daraus resultierendem vergleichsweise hohen hydraulischen Gradienten, ist die Sickerstrecke bei der Brunnenanströmung deutlich ausgeprägter als bei der Anströmung eines Dränagegrabens. Die eindimensionale (rotationssymmetrische) Berechnung der Brunnenströmung auf Grundlage der Dupuit-Annahmen mit der Annahme einer ausschließlich horizontalen Brunnenzuströmung führt aufgrund der Vernachlässigung der vertikalen Strömungskomponente zu einer deutlichen Überschätzung der Absenkung der freien Grundwasseroberfläche im unmittelbaren Anstrombereich des Brunnens.

Sickerstrecke bei der Brunnenströmung im ungespannten Grundwasserleiter

Zur Ermittlung der Sickerstrecke beim der Brunnenzuströmung in einem ungespannten Grundwasserleiter existieren in der Literatur unterschiedliche Berechnungsformeln (siehe z.B. [12]), auf deren Darstellung hier jedoch verzichtet wird. Statt dessen sind nachstehend die Ergebnisse einer auf Grundlage eines vereinfachten rotationssymmetrischen 2-D-Grundwassermodells (Bild 60) durchgeführten, numerischen Parameterstudie dargestellt. Daraus lässt sich die Größe der Sickerstrecke in Abhängigkeit von den maßgebenden Einflussparametern abschätzen.

Der Strömungswiderstand innerhalb des Brunnens wurde wiederum als vernachlässigbar angenommen. Analog zur numerischen Berechnung der Grabenströmung im ungespannten Grundwasserleiter ist an dem vertikalen Modellrand, der die Grenzfläche zwischen Boden und Brunnenfilter darstellt, die Vorgabe einer über die Höhe differenzierten Randbedingung erforderlich. Von der Basis des Grundwasserleiters bis zur Höhe des Brunnenwasserstandes entspricht das Randpotenzial dem Brunnenwasserstand ($h = h_0$). Im anschließenden Ab-

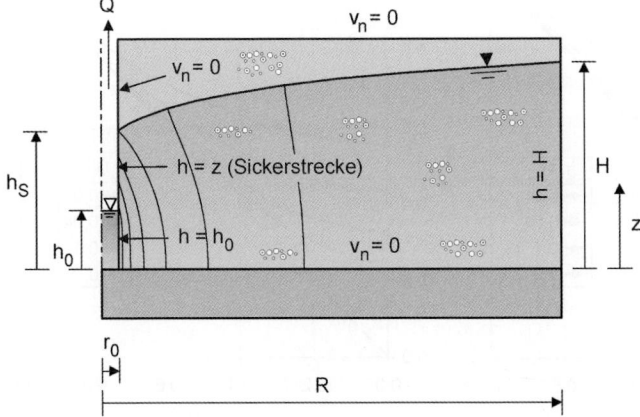

Bild 60. Grundwassermodell zur Ermittlung der Sickerstrecke bei der Brunnenströmung im ungespannten Grundwasserleiter

schnitt der Sickerstrecke, in dem Grundwasser oberhalb des Brunnenwasserstands frei austritt, ist an den entsprechenden Diskretisierungsknoten das Grundwasserpotenzial entsprechend der Ortshöhe vorzugeben (h = z). In dem anschließenden wasserungesättigten Bereich oberhalb der freien Grundwasseroberfläche (Sickerlinie), in dem kein Wasser in den Brunnen austritt, entspricht der Modellrand einer Randstromlinie ($v_n = 0$). Für die Ermittlung der Höhe der Sickerstrecke und die Bestimmung der Sickerlinie ist jeweils eine iterative Berechnung erforderlich. Dabei wurde für die durchgeführten gesättigt-ungesättigten Strömungsberechnungen die in Abschnitt 1.3.5 dargestellte Typkurve für Sand (s. Bild 32 und Tabelle 4) zur Beschreibung der funktionalen Abhängigkeit der relativen Durchlässigkeit ($k_r = k_u/k$) im ungesättigten Boden von der Saugspannung $k_r(-u)$ verwendet.

Ermittelt wurde die Höhe des Austrittspunkts der Sickerlinie h_S über der Basis des Grundwasserleiters in Abhängigkeit von den hier maßgebenden, ausschließlich geometrischen Einflussparametern Brunnenreichweite R, von der Absenkung unbeeinflusster Grundwasserstand H, Brunnenwasserstand h_0 und Brunnenradius r_0. Für die Darstellung der Berechnungsergebnisse wurde ebenfalls eine dimensionslose Beschreibung bezogen auf den von der Grundwasserabsenkung unbeeinflussten Grundwasserstand H gewählt. Wie bei der Grabenströmung liegt auch bei der Brunnenströmung unter Berücksichtigung des ungesättigten Strömungsanteils oberhalb des wassergesättigten Bereichs keine exakte geometrische Modellähnlichkeit vor, da die Modellparameter für die Beschreibung der ungesättigten Strömung als konstant und unabhängig von den geometrischen Modellgrößen gewählt wurden. Der Einfluss der ungesättigten Strömung kann jedoch auch hier als vernachlässigbar angesehen werden. Die Ergebnisse der numerischen Berechnungen sind in Bild 61 für R/H = 10 und R/H = 100 dargestellt. Unter Verwendung der Dupuit-Annahmen entspricht die Grundwasseroberfläche am Brunnenmantel dem Brunnenwasserstand ($h_S = h_0$, gestrichelte Linie).

Ähnliche, auf Grundlage von numerischen Berechnungen erstellte Diagramme zur Ermittlung der Sickerstrecke in Abhängigkeit von den maßgebenden geometrischen Einflussgrößen wurden bereits von *Brauns* et. al. [27] erstellt. Dabei wurde jedoch die Brunnenreichweite in Abhängigkeit der Formel von *Sichardt* [28] angesetzt. Im Gegensatz dazu wurde für

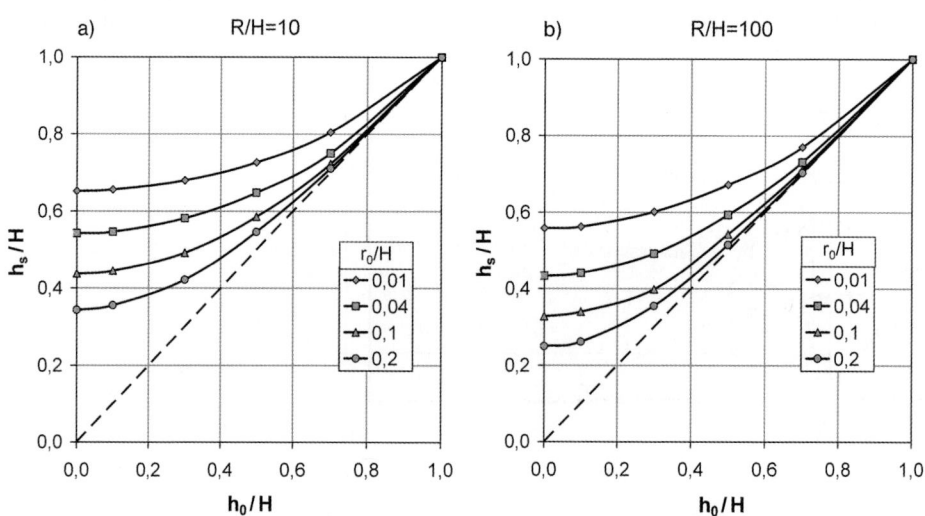

Bild 61. Austrittshöhe der Sickerlinie bei Brunnenströmung im ungespannten Grundwasserleiter

2.10 Grundwasserströmung – Grundwasserhaltung

die Diagramme in Bild 61 die Brunnenreichweite als zusätzlicher, unabhängiger Einflussparameter berücksichtigt. Zur Ermittlung der Brunnenreichweite siehe Abschnitt 1.6.3.

Aus den Diagrammen in Bild 61 ist ersichtlich, dass der Grundwasserstand am Mantel des Brunnenfilters mit zunehmender Absenkung des Brunnenwasserstands insbesondere bei kleinem Brunnenradius nur noch geringfügig abnimmt. Die Sickerstrecke kann bei tiefer Absenkung des Brunnenwasserstands und bei geringem Brunnendurchmesser einen erheblichen Anteil des von der Absenkung unbeeinflussten Grundwasserstands umfassen. Die Größe der Sickerstrecke nimmt mit Reduzierung des Brunnendurchmessers, des Brunnenwasserstands und der Brunnenreichweite jeweils zu. Dabei hat die zugrunde gelegte Reichweite des Brunnens im Vergleich zum Brunnendurchmesser und zum Brunnenwasserstand aufgrund der radialsymmetrischen Anströmung nur einen relativ geringen Einfluss auf die Größe der Sickerstrecke. Insgesamt ist bei Grundwasserabsenkungsanlagen zu berücksichtigen, dass bei tiefer Absenkung des Brunnenwasserstands (z. B. bis auf die Brunnensohle) der Grundwasserstand am Brunnenmantel nicht ähnlich tief abgesenkt werden kann, sondern deutlich höher ansteht.

Wie vielfach dargelegt (siehe z. B. [4] oder [12]), kann jedoch der Zufluss zu einem Brunnen in einem ungespannten Grundwasserleiter auf Grundlage der Brunnenformel von *Dupuit-Thiem* zuverlässig bestimmt werden, unabhängig vom Fehler bei der auf Grundlage der Dupuit-Annahmen durch eindimensional rotationssymmetrische Berechnung ermittelten Grundwasseroberfläche im unmittelbaren Anstrombereich des Brunnens. Um dies zu demonstrieren, wurden die berechneten Brunnenzuflüsse aus der numerischen Parameterstudie ausgewertet.

Bild 62 zeigt den berechneten dimensionslosen Zufluss ($Q/(k \cdot H^2)$) zum Brunnen in Abhängigkeit des Quotienten h_0/H. Die Symbole bezeichnen die numerisch ermittelten Zuflüsse. Zum Vergleich sind die analytisch, auf Grundlage des eindimensionalen Berechnungsansatzes unter Verwendung der Dupuit-Annahmen ermittelten Zuflüsse als Kurven dargestellt. Daraus ist ersichtlich, dass die numerisch, auf Grundlage der rotationssymmetrischen, gesättigt-ungesättigten 2-D-Berechnungen ermittelten Zuflüsse nur geringfügig von den unter Verwendung der Dupuit-Annahmen analytisch berechneten Zuflüssen abweichen.

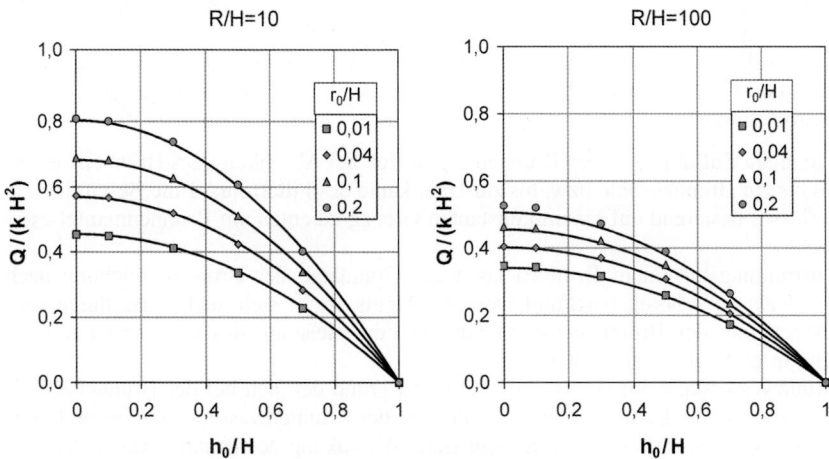

Bild 62. Brunnenzufluss im ungespannten Grundwasserleiter

Die geringen Abweichungen sind im Wesentlichen auf die Berücksichtigung der Strömung im ungesättigten Bodenbereich bei der numerischen Berechnung zurückzuführen.

Für die Dimensionierung von Absenkbrunnen wird in der Literatur häufig noch der auf *Sichardt* [28] zurückgehende Berechnungsansatz angegeben, bei dem zwischen dem Wasserandrang, der sich aus der Zuströmung zum Brunnen ergibt, und einem Fassungsvermögen bzw. einer Brunnenergiebigkeit unterschieden wird (siehe z. B. [12] oder [24]). Grundlage für dieses Berechnungsverfahren ist die von *Sichardt* aus Messungen an Grundwasserabsenkbrunnen bestimmte empirische, nicht dimensionsreine Gleichung für ein Grenzgefälle am Brunnenmantel.

$$i_{gr} = \frac{1}{15 \cdot \sqrt{k}} \quad \text{mit} \quad k\left[\frac{m}{s}\right]$$

Das dadurch bestimmte Grenzgefälle i_{gr} basiert jedoch lediglich auf der Beobachtung, dass der Zufluss zu einem Brunnen ab einem bestimmten hydraulischen Gradienten bei der Brunnenzuströmung durch weiteres Absenken des Brunnenwasserstandes nicht mehr (bzw. nur noch geringfügig) zunimmt. Dieser Zusammenhang zwischen dem Brunnenzufluss und dem abgesenkten Brunnenwasserstand ergibt sich jedoch schon aus der Brunnengleichung nach *Dupuit-Thiem*, was auch aus den Diagrammen in Bild 61 ersichtlich ist. Unter der Annahme, dass der Grundwasserstand am Brunnenmantel dem Brunnenwasserstand h_0 entspricht, ergibt sich der als Fassungsvermögen Q_F bezeichnete, maximal mögliche Zufluss zum Brunnen auf Grundlage dieses Grenzgradienten zu:

$$Q_F = A \cdot v_{max} = 2 \cdot \pi \cdot r \cdot h_0 \cdot k \cdot i_{gr} = 2 \cdot \pi \cdot r \cdot h_0 \cdot \frac{\sqrt{k}}{15}$$

Daraus ergibt sich das Fassungsvermögen eines Brunnens nach *Sichardt* bei Absenkung des Brunnenwasserstands bis zur Brunnensohle zu null und steigt linear mit zunehmendem Brunnenwasserstand. Aus der Überlagerung mit der Brunnengleichung nach *Dupuit-Thiem* in Abhängigkeit vom Brunnenwasserstand resultiert eine sog. optimale Brunnenabsenkung, für die der Brunnenandrang dem Fassungsvermögen entspricht.

Diese Vorgehensweise zur Dimensionierung von Absenkbrunnen hat sich zwar in vielen Fällen als praktikabel erwiesen. Insbesondere wird dadurch verhindert, dass durch die Wahl eines zu kleinen Brunnendurchmessers keine ausreichende Leistungsfähigkeit des Brunnens erzielt wird. Physikalisch ist jedoch weder der Grenzgradient bei der Zuströmung zum Brunnen noch das das daraus resultierende Fassungsvermögen eines Brunnens begründet. Prinzipiell bedarf es auch nicht dieses Hilfsmittels. Vielmehr können folgende Feststellungen getroffen werden:

- Der maximale Zufluss zu einem Brunnen ergibt sich bei Absenkung des Brunnenwasserstandes bis zur Brunnensohle bzw. bis zur Unterkante des Filterrohrs. Eine Beschränkung des Zuflusses basierend auf einem konstanten Grenzgradienten am Brunnenmantel existiert nicht.
- Die Zuströmung zu einem Brunnen kann auf Grundlage der Brunnengleichung nach *Dupuit-Thiem* zuverlässig bestimmt werden. Daraus ergibt sich auch, dass durch sehr tiefe Absenkung des Brunnenwasserstands die Förderleistung des Brunnens nur noch geringfügig gesteigert werden kann.
- Der Grundwasserstand am Brunnenmantel ist aufgrund der sich bei der Brunnenzuströmung ergebenden Sickerstrecke immer höher als der Brunnenwasserstand. Große Differenzen ergeben sich insbesondere bei sehr tiefer Absenkung des Brunnenwasserstands.
- Die sich auf Grundlage der eindimensionalen Brunnengleichung nach *Dupuit-Thiem* bei tiefer Absenkung des Brunnenwasserstandes ergebenden hohen hydraulischen Gradienten

2.10 Grundwasserströmung – Grundwasserhaltung

im unmittelbaren Anstrombereich des Brunnens stellen sich in der Natur nicht ein, sondern resultieren aus der Vernachlässigung der vertikalen Strömungskomponente im Berechnungsansatz. Ein wesentlicher Anteil des Brunnenzuflusses erfolgt bei tiefer Absenkung des Brunnenwasserstandes über die Sickerstrecke.

Für die Dimensionierung von Absenkbrunnen hat dies folgende Bedeutung:

- Bei Einzelbrunnen entspricht der Brunnenwasserstand insbesondere bei tiefer Absenkung nicht dem Grundwasserstand am Brunnenmantel. Die Größe der sich einstellenden Sickerstrecke kann über die Diagramme in Bild 61 abgeschätzt werden.
- Bei Mehrbrunnenanlagen, bei deren Berechnung von Punktsenken ausgegangen wird, muss überprüft werden, ob die auf Grundlage der Dupuit-Annahmen berechnete Absenkung des Grundwasserstandes am Brunnenmantel der Einzelbrunnen, die dem Brunnenwasserstand entspricht, oberhalb der Brunnensohle bzw. oberhalb der Unterkante des Filterrohrs liegt. Ergibt die Berechnung eine fiktive Absenkung bis unter die Brunnensohle, so müssen die Brunnendurchmesser vergrößert oder die Anzahl der Brunnen erhöht werden (s. Abschn. 1.5.2).

Die o. g. Feststellungen basieren ausschließlich auf der Grundwasserhydraulik ohne Berücksichtigung von Effekten, die die Leistungsfähigkeit eines Brunnens beeinträchtigen können (z. B. Verockerung und Versinterung des Brunnenrohrs oder Kolmation des Brunnenfilters). Oft ist es sinnvoll, das Filterohr nur im tieferen Bereich des ungespannten Grundwasserleiters anzuordnen und eine Absenkung des Brunnenwasserstandes nicht bis unter die Oberkante des Filterrohrs durchzuführen, um einen Eintrag von Sauerstoff und damit Ausfällungen, die zu einer Verstopfung des Filterrohres führen können, möglichst zu vermeiden.

Unvollkommener Brunnen

Um die Reduzierung des Zuflusses zu einem unvollkommenen Brunnen gegenüber dem vollkommenen abschätzen zu können, wurde auch hier eine Parameterstudie durchgeführt. Wie bei der Zuströmung zum unvollkommenen Brunnen im gespannten Grundwasserleiter wurde dabei sowohl der seitliche Zustrom zum Brunnen über die Höhe m wie auch der Zustrom von unten durch die Brunnensohle mit dem Brunnenradius r_0 berücksichtigt. Ebenso wurden auch große Brunnenradien für Ersatzbrunnen für den Zufluss zu unvollkommenen Mehrbrunnenanlagen. Der Strömungswiderstand innerhalb des Brunnens wurde auch hier als vernachlässigbar angenommen. Abgesehen vom unvollkommenen Brunnen entspricht das zugrunde gelegte Strömungsmodell dem Modell der Brunnenströmung für ungespannte Grundwasserleiter ohne Grundwasserneubildung aus Abschnitt 1.5.2. Unter diesen vereinfachten Modellannahmen kann die Grundwasserströmung ebenfalls als Funktion von ausschließlich geometrischen Einflussgrößen beschrieben werden, wobei für die dimensionslose Darstellung jeweils ein Bezug auf den von der Absenkung unbeeinflussten Grundwasserstand H gewählt wurde. Die weiteren Einflussgrößen sind die Reichweite R des Brunnens, der Brunnenradius r_0, die Mächtigkeit T des Grundwasserleiters unterhalb der Brunnensohle und die Höhe des Brunnenwasserstandes h_{Br} über der Brunnensohle. In Bild 63 sind das verwendete Berechnungsmodell mit den vorgegebenen Randbedingungen sowie berechnete Grundwasserpotenziallinien und die ermittelte freie Grundwasseroberfläche dargestellt.

Für die Ermittlung des Zustroms zum unvollkommenen Brunnen im ungespannten Grundwasserleiter wurden jeweils numerische, gesättigt-ungesättigte Strömungsberechnungen mit iterativer Ermittlung der Sickerstrecke und der Sickerlinie durchgeführt. Dabei wurde auch hier die in Abschnitt 1.3.5 dargestellte Typkurve für Sand (s. Bild 32 und Tabelle 4) zur Beschreibung der funktionalen Abhängigkeit der relativen Durchlässigkeit ($k_r = k_u/k$) im ungesättigten Boden von der Saugspannung $k_r(-u)$ verwendet.

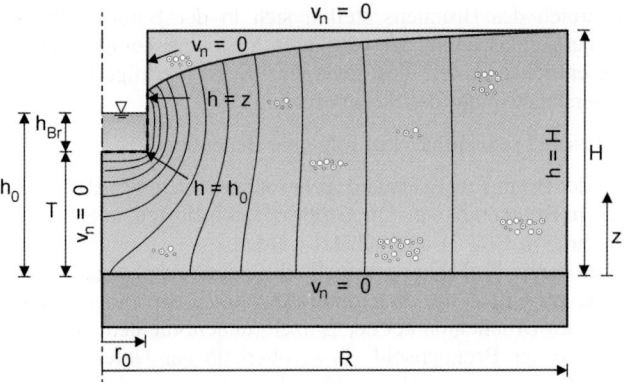

Bild 63. Unvollkommener Brunnen bei ungespannten Grundwasserverhältnissen

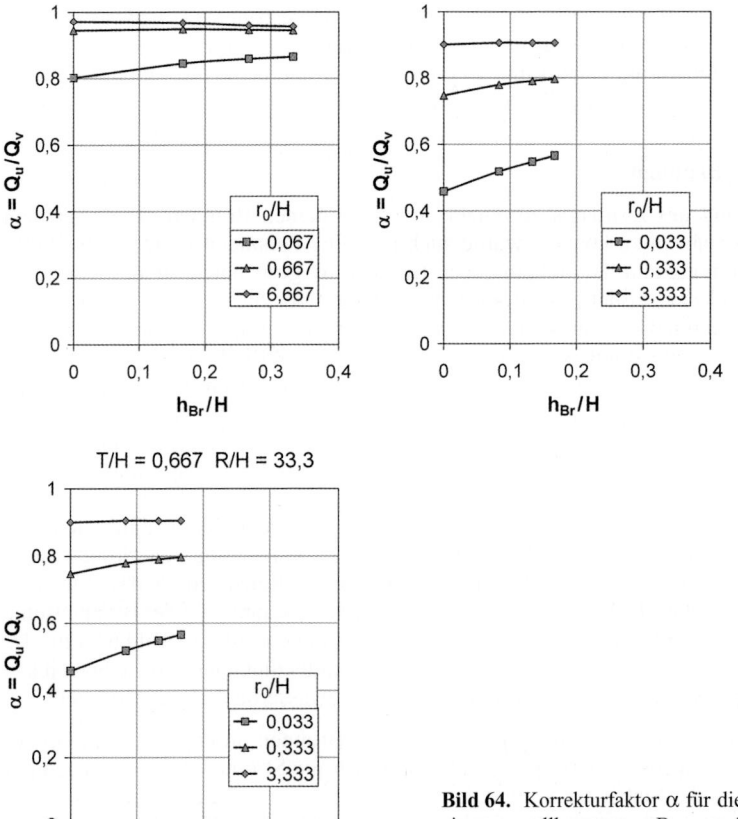

Bild 64. Korrekturfaktor α für die Zuströmung zu einem unvollkommenen Brunnen bei ungespannten Grundwasserverhältnissen

2.10 Grundwasserströmung – Grundwasserhaltung

Wie beim unvollkommenen Brunnen im gespannten Grundwasserleiter wurde auf Grundlage der numerischen Modellrechnungen ein Korrekturfaktor α ermittelt, durch den die Abminderung des Zuflusses zum unvollkommenen Brunnen Q_u gegenüber dem Zufluss zum entsprechenden vollkommenen Brunnen Q_v berücksichtigt wird.

$$Q_u = \alpha \cdot Q_v = \alpha \cdot \pi \cdot k \frac{\left(H^2 - h_o^2\right)}{\ln \frac{R}{r_0}}$$

In Bild 64 ist der berechnete Korrekturfaktor α in Abhängigkeit von T/H, R/H, r_0/H und h_{Br}/H dargestellt. Bei kleinem Brunnendurchmesser (kleiner Quotient r_0/H) reduziert sich der Zufluss zum unvollkommenen Brunnen deutlich im Vergleich zum vollkommenen Brunnen mit zunehmendem Anteil der Grundwassermächtigkeit unterhalb der Brunnensohle. Dagegen ergibt sich bei einem Brunnen mit vergleichsweise großem Durchmesser (Ersatzbrunnen für Mehrbrunnenanlage) auch im ungespannten Grundwasserleiter keine wesentliche Reduzierung des Zustroms im Vergleich zum vollkommenen Brunnen. Wie beim unvollkommenen Brunnen im gespannten Grundwasserleiter ist dies durch den erhöhten Zustrom von unten durch die Sohle des Ersatzbrunnen begründet.

1.6 Rotationssymmetrische Berechnung von instationären Grundwasserströmungen

Für instationäre, rotationssymmetrische Berechnungen liegen analytische Lösungen wie für instationäre Grabenströmungen nur für sehr vereinfachte Modellannahmen vor. Für komplexe Randbedingungen und Modellparameter ist zur Ermittlung der Grundwasserströmung auch hier eine numerische Berechnung erforderlich. Insbesondere die analytische Lösung von *Theis* [29] für instationäre Brunnenströmungen gehört jedoch seit langem zum Standardinstrumentarium in der Grundwasserhydraulik, vor allem zur Auswertung von Pumpversuchen (s. Abschn. 2.4). Diese eignet auch zur Abschätzung der zeitlichen Ausdehnung von Grundwasserabsenkungen und damit zur Bestimmung der Brunnenreichweite für stationäre Berechnungen und zur Ermittlung der erforderlichen Modellabmessungen für numerische Berechnungen.

Für rotationssymmetrische, zweidimensionale Strömungen in einem vollständig wassergesättigten Grundwasserleiter mit homogener und isotroper Durchlässigkeit und konstantem spezifischen Speicherkoeffizienten ergibt sich die instationäre Strömungsgleichung zu:

$$\frac{\partial^2 h}{\partial r^2} + \frac{1}{r}\frac{\partial h}{\partial r} + \frac{\partial^2 h}{\partial z^2} = \frac{S_s}{k}\frac{\partial h}{\partial t}$$

Diese stellt die Grundgleichung für die nachfolgend beschriebenen räumlich eindimensionalen analytischen und die numerischen Lösungen dar.

1.6.1 Analytische Berechnung von gespannten Grundwasserströmungen

Unter den für eindimensionale analytische Lösungen von stationären, gespannten Grundwasserströmungen beschriebenen, vereinfachten Modellannahmen (s. Abschn. 1.5.1) ergibt sich die instationäre Strömungsgleichung zu:

$$\frac{\partial^2 h}{\partial r^2} + \frac{1}{r}\frac{\partial h}{\partial r} = \frac{S}{T}\frac{\partial h}{\partial t}$$

Wie bei der instationären Grabenströmung lässt sich lässt sich die partielle, von x und t abhängige Differenzialgleichung mit den Substitutionen:

$$u = \frac{r^2 \cdot a}{4 \cdot t} \quad \text{und} \quad a = \frac{S}{T}$$

in eine gewöhnliche, nur von u abhängige Differenzialgleichung umwandeln:

$$\frac{d^2h}{du^2} + \left(1 + \frac{1}{u}\right)\frac{dh}{du} = 0$$

mit der allgemeinen Lösung der gewöhnlichen Differenzialgleichung (siehe [14]):

$$h(u) = c_1 \cdot \int \left(\frac{e^{-u}}{u}\right) du + c_2$$

Diese allgemeine Lösung ist die Grundlage für die von *Theis* [29] entwickelte Brunnengleichung für instationäre Strömungsverhältnisse. Betrachtet wird dabei ein unendlich ausgedehnter Grundwasserleiter mit einer zentralen Punktsenke im singulären Punkt $r = r_0$ mit einer konstanten Entnahmerate Q_0 und dem von der Absenkung unbeeinflussten Grundwasserpotenzial H für $r \to \infty$ als Randbedingung sowie einem konstanten Grundwasserpotenzial $h = H$ zum Zeitpunkt $t = 0$ als Anfangsbedingung.

$$Q(r \to 0, t) = -2 \cdot \pi \cdot T \cdot \left(r \frac{\partial h}{\partial r}\right)\bigg|_{r \to 0} = -Q_0, \quad h(r \to \infty, t) = H \quad \text{und} \quad h(x, t = 0) = H$$

Mit:

$$r\frac{\partial h}{\partial r} = r\frac{dh}{du}\frac{\partial u}{\partial r} = r\frac{dh}{du}\frac{r \cdot a}{2 \cdot t} = 2u\frac{dh}{du}$$

lassen sich die Rand- und Anfangsbedingungen in Abhängigkeit von u formulieren:

$$Q(u \to 0) = -4 \cdot \pi \cdot T \cdot \left(u\frac{dh}{du}\right)\bigg|_{u \to 0} = -Q_0 \quad \text{und} \quad h(u \to \infty) = H$$

Mit diesen Anfangs- und Randbedingungen ergibt sich Lösung der gewöhnlichen, von u abhängigen Differenzialgleichung zu:

$$h(u) = H - \frac{Q_0}{4 \cdot \pi \cdot T} \int_u^\infty \left(\frac{e^{-v}}{v}\right) dv = H - \frac{Q_0}{4 \cdot \pi \cdot T} \cdot W(u)$$

Die Funktion W(u), die als Brunnenfunktion bezeichnet wird, steht mit der Exponential-Integral-Funktion Ei(u) in folgender Beziehung (siehe z.B. [4]):

$$W(u) = \int_u^\infty \left(\frac{e^{-v}}{v}\right) dv = -Ei(-u)$$

Die Brunnenfunktion W(u) ist in Programmsystemen zur hydrogeologischen Auswertung von Pumpversuchen hinterlegt und ist seit langem in tabellarischer Form veröffentlicht. Eine derartige Wertetabelle für W(u) enthält auch Tabelle 16 am Ende dieses Kapitels. Unter Verwendung der Brunnenfunktion lässt sich das Grundwasserpotenzial in Abhängigkeit von u und damit auch in Abhängigkeit vom Radius r und der Zeit t darstellen.

2.10 Grundwasserströmung – Grundwasserhaltung

Die Grundlage für die Wertetabelle der W(u)-Funktion ist die Darstellung der Brunnenfunktion als unendliche Reihe:

$$W(u) = \int_u^\infty \left(\frac{e^{-v}}{v}\right) dv = -0,5772 - \ln u + \frac{u}{1 \cdot 1!} - \frac{u^2}{2 \cdot 2!} + \frac{u^3}{3 \cdot 3!} - \frac{u^4}{4 \cdot 4!} + ...$$

Diese Reihendarstellung kann auch für die Ermittlung der Funktionswerte der Brunnenfunktion mittels Tabellenkalkulation verwendet werden. Dabei wird jedoch mit zunehmendem Wert u eine rasch zunehmende Anzahl von Reihengliedern benötigt. Um einen Fehler in dem ermittelten Brunnenfunktionswert von 1 % zu unterschreiten, werden z. B. 3 Reihenglieder für u = 0,1, 6 Reihenglieder für u = 1,0 und 10 Reihenglieder für u = 2,0 benötigt.

Auf Grundlage der Reihendarstellung hat *Jacob* [30] die Brunnenformel von *Theis* vereinfacht, indem er nur die ersten beiden Summanden dieser Reihe berücksichtigte. Diese Approximation ist gerechtfertigt, wenn u < 0,03, da der Fehler des Brunnenfunktionswertes in diesem Fall kleiner 1 % ist (siehe [4]). Bei kleineren betrachteten Radien und zunehmender Zeit ist das Kriterium u < 0,03 rasch erfüllt. Damit ergibt sich die nach *Jacob* angenäherte Brunnenfunktion zu:

$$W'(u) = -0,5772 - \ln u$$

In Bild 65 sind die Brunnenfunktion W(u) und ihre Approximation W'(u) im halblogarithmischen Maßstab dargestellt.

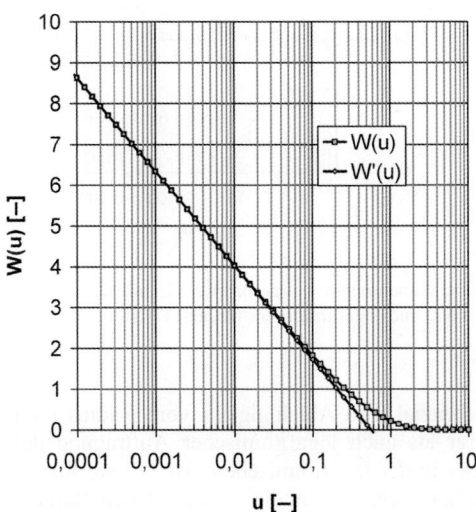

Bild 65. Brunnenfunktion W(u) und Approximation W'(u)

Unter Verwendung der Brunnenfunktion W(u) wurde das Grundwasserpotenzial beispielhaft für einen unendlich ausgedehnten, gespannten Grundwasserleiter mit einer Mächtigkeit M = 10 m, einer Durchlässigkeit $k = 10^{-4}$ m/s und einem spezifischen Speicherkoeffizienten $S_s = 10^{-4}$ m^{-1} sowie einer konstanten Entnahmerate $Q_0 = 7,0$ l/s des zentrisch im Modellgebiet angeordneten Brunnen mit einem Brunnenradius $r_0 = 0,4$ m ausgehend von einem konstanten Grundwasserpotenzial H = 20 m (Bild 66) ermittelt.

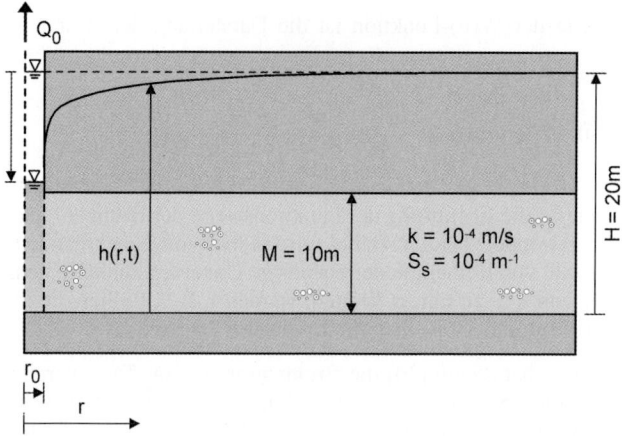

Bild 66. Modell für instationäre Brunnenströmung im gespannten Grundwasserleiter

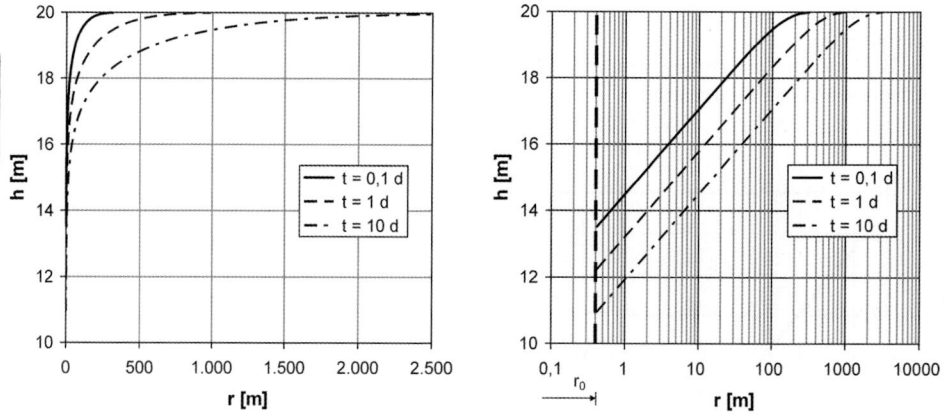

Bild 67. Grundwasserpotenzial h für konstante Brunnenentnahmerate bei gespannter Grundwasserströmung für verschiedene Zeitpunkte t in linearer (links) und logarithmischer (rechts) Darstellung

In Bild 67 ist das berechnete Grundwasserpotenzial h in Abhängigkeit vom Radius r für verschiedene Zeitpunkte t sowohl mit linearer als auch logarithmischer Auftragung des Radius r dargestellt. Deutlich ersichtlich ist der in der logarithmischen Darstellung lineare Anstieg des Grundwasserpotenzials mit gleicher Steigung für die verschiedenen Berechnungszeitpunkte. Diese in der logarithmischen Auftragung linearen Grundwasserabsenkungen lassen sich durch die vereinfachte Brunnenfunktion nach *Jacob* beschreiben. Abweichungen von dem in der logarithmischen Auftragung linearen Verlauf der Grundwasserabsenkung ergeben sich nur im brunnenfernen Bereich bei der Annäherung an das von der Absenkung unbeeinflusste Grundwasserpotenzial.

Bild 68 zeigt das ermittelte Grundwasserpotenzial h im brunnennahen Bereich für verschiedene Zeitpunkte t wiederum mit linearer und logarithmischer Darstellung des Radius r.

2.10 Grundwasserströmung – Grundwasserhaltung

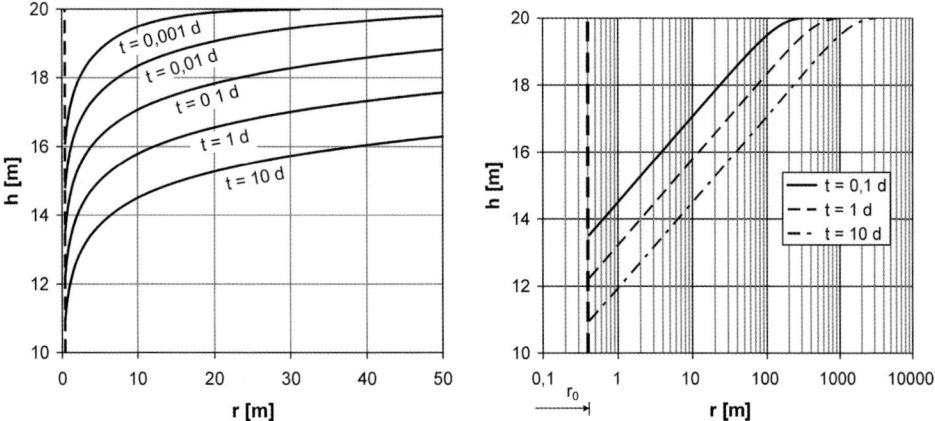

Bild 68. Grundwasserpotenzial h im brunnennahen Bereich für konstante Brunnenentnahmerate bei gespannter Grundwasserströmung in linearer (links) und logarithmischer (rechts) Darstellung

Brunnenreichweite

Mit

$$-0{,}5772 \approx \ln\left(\frac{2{,}25}{4}\right)$$

lässt sich die nach *Jacob* approximierte Brunnenfunktion W'(u) darstellen durch:

$$W'(u) = \ln\left(\frac{2{,}25}{4 \cdot u}\right)$$

Daraus ergibt sich das Grundwasserpotenzial bei konstanter Förderrate Q_0 zu:

$$h(u) = H - \frac{Q_0}{4 \cdot \pi \cdot T} \ln\left(\frac{2{,}25}{4 \cdot u}\right) \quad \text{mit:} \quad u = \frac{r^2 \cdot a}{4 \cdot t} \quad a = \frac{S}{T}$$

Durch Rücksubstitution von u und a ergibt sich das von r und t abhängige Grundwasserpotenzial zu:

$$h(r,t) = H - \frac{Q_0}{4 \cdot \pi \cdot T} \ln\left(\frac{2{,}25 \cdot t \cdot T}{r^2 \cdot S}\right) = H - \frac{Q_0}{2 \cdot \pi \cdot T} \ln\left(\frac{1{,}5}{r} \cdot \sqrt{\frac{t \cdot T}{S}}\right)$$

Der Vergleich mit der Strömungsgleichung für stationäre Verhältnisse

$$h(r) = H - \frac{Q_0}{2 \cdot \pi \cdot T} \ln \frac{R}{r}$$

zeigt, dass sich bei Verwendung der nach *Jacob* angenäherten Brunnenfunktion das instationäre Grundwasserpotenzial h(r,t) für jeden beliebigen Zeitpunkt t durch das stationäre Grundwasserpotenzial h(r) abgebildet werden kann, wenn die zeitabhängige Reichweite des Brunnens angesetzt wird mit:

$$R = 1{,}5 \cdot \sqrt{\frac{t \cdot T}{S}}$$

Aufgrund der Abweichung zwischen dem auf Grundlage der approximierten Brunnenfunktion $W'(u)$ und der Brunnenfunktion $W(u)$ berechneten Grundwasserpotenzial bei der Annäherung an das von der Absenkung unbeeinflusste Grundwasserpotenzial (s. Bilder 67 und 68) stellt diese Reichweite nur eine untere Grenze für die tatsächliche Brunnenreichweite dar. Sie ist jedoch geeignet für die Ermittlung der erforderlichen Förderrate einer Absenkungsanlage, da das Grundwasserpotenzial im Anstrombereich zu der Absenkungsanlage ausreichend genau durch das auf Grundlage der angenäherten Brunnenfunktion berechnete Grundwasserpotenzial abgebildet wird. Dies wird anhand der Beispielberechnung in Abschnitt 1.6.2 für eine Mehrbrunnenanlage in einem gespannten Grundwasserleiter erläutert.

Empirisch bestimmte Reichweitenformeln, z. B. nach *Sichardt* [28], die keine Abhängigkeit von der Pumpdauer aufweisen, sollten dagegen nicht für die Bestimmung der erforderlichen Förderrate verwendet werden. Die empirische Reichweitenformel nach *Sichardt* wurde darüber hinaus aufgrund von Beobachtungen in ungespannten Grundwasserleitern abgeleitet uns ist auch schon deshalb nicht für gespannte Grundwasserströmungen geeignet.

Nicht berücksichtigt wird bei der oben beschriebenen Berechnung die erforderliche Brunnenentnahme infolge der Absenkung des Wasserstandes in den Entnahmebrunnen sowie infolge der Änderung des Speichervolumens im Bereich eines Ersatzbrunnens bei Mehrbrunnenanlagen aufgrund der Druckentspannung. Dazu existieren ebenfalls Berechnungsansätze (siehe z. B. [4] oder [12]). Bei dem in Abschnitt 1.6.2 dargestellten Berechnungsbeispiel für eine Mehrbrunnenanlage wird diese zusätzlich erforderliche Brunnenentnahme jedoch als vernachlässigbar angenommen.

Halbgespannter Grundwasserleiter

Die mathematische Lösung der instationären Brunnenströmung in einem halbgespannten Grundwasserleiter bei konstanter Entnahmerate wurde erstmals von *Hantush* [31] dokumentiert. Das Grundwasserpotenzial lässt sich dabei als Funktion einer von *Hantush* als „Brunnenfunktion für den leaky aquifer" bezeichneten Funktion beschreiben. Diese Brunnenfunktion ist wie die Brunnenfunktion von *Theis* von der Variablen u, jedoch zusätzlich vom Leakagefaktor des überlagernden Geringleiters abhängig. Eine Beschreibung des Lösungswegs und eine grafische Darstellung dieser Brunnenfunktion für den halbgespannten Grundwasserleiter enthält [4].

1.6.2 Berechnungsbeispiel für eine Mehrbrunnenanlage im gespannten Grundwasserleiter

Nachstehend wird die Ermittlung des Zuflusses zu einer Mehrbrunnenanlage in einem idealisierten gespannten Grundwasserleiter mit unendlicher Ausdehnung und horizontaler Sohle, konstanter Mächtigkeit $M = 10$ m, konstanter Durchlässigkeit $k = 10^{-4}$ m/s und konstantem spezifischem Speicherkoeffizienten $S_s = 10^{-4}$ m^{-1} beschrieben. Damit ergibt sich die Transmissivität zu $T = k \cdot M = 10^{-3}$ m²/s, der Speicherkoeffizient zu $S = S_s \cdot M = 10^{-3}$ und $a = S/T$ zu $a = 1$ s/m². Die Grundwasserentspannung dient zur Auftriebssicherung der Baugrubensohle einer quadratischen Baugrube, die in der den Grundwasserleiter überlagernden, geringdurchlässigen Schicht erstellt wird (Bild 69). Dazu werden 4 Brunnen (B_1–B_4) mit einem Brunnenradius $r_0 = 0,3$ m abgeteuft, wobei die gegenüberliegenden Brunnen jeweils einen Abstand von 36 m aufweisen. Unterhalb der Baugrubensohle, die eine Grundfläche von 16 m × 16 m aufweist, muss das Grundwasserpotenzial h unter Berücksichtigung eines Sicherheitszuschlags von 1 m um $s = 7$ m zur Auftriebssicherung abgesenkt werden. Vor Beginn der Absenkung steht das Grundwasserpotenzial auf einer konstanten Höhe, bezogen auf die Basis des unterlagernden Grundwasserleiters, von $H = 20$ m an. Das Grundwasserpotenzials soll innerhalb von $t = 2$ d (172.800 s) abgesenkt werden.

2.10 Grundwasserströmung – Grundwasserhaltung

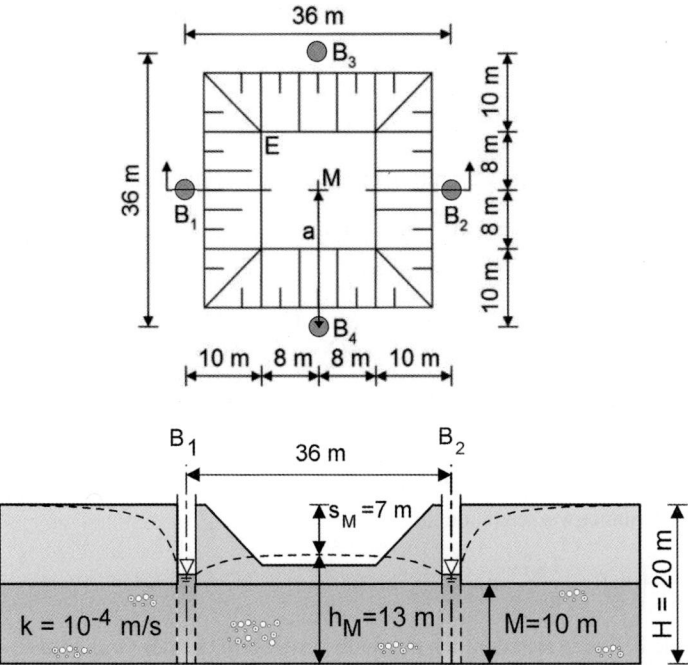

Bild 69. Berechnungsbeispiel für eine Mehrbrunnenanlage im gespannten Grundwasserleiter, Draufsicht (oben) und Schnitt (unten)

Brunnenförderrate

Der Ersatzradius r_E der Mehrbrunnenanlage ergibt sich mit dem Abstand $a = 18$ m der Brunnen zum Mittelpunkt M der Baugrube zu:

$$r_E = \sqrt[4]{a^4} = a = 18 \, \text{m}$$

Die Reichweite der Mehrbrunnenanlage für die Bestimmung der Förderrate beträgt:

$$R = 1,5 \sqrt{\frac{t \cdot T}{S}} = 1,5 \sqrt{\frac{172.800 \, \text{s} \cdot 10^{-3} \frac{\text{m}^2}{\text{s}}}{10^{-3}}} = 624 \, \text{m}$$

Unter Berücksichtigung eines abgesenkten Grundwasserpotenzials am Ersatzbrunnens von $h_0 = 13$ m, das dem abgesenkten Grundwasserpotenzial in Baugrubenmitte entspricht, ergibt sich die Gesamtförderrate der Mehrbrunnenanlage zu:

$$Q_{ges} = 2 \cdot \pi \cdot T \frac{(H - h_0)}{\ln \frac{R}{r_E}} = 12,4 \, \frac{1}{\text{s}}$$

Pro Brunnen beträgt die erforderliche Entnahmerate somit $Q_0 = 3,1$ l/s.

Wie oben dargestellt, ergibt sich das gleiche Ergebnis bei Verwendung der Brunnenformel für die instationäre Berechnung. Aus:

$$u = \frac{r_E^2 \cdot a}{4 \cdot t} = \frac{(18\text{ m})^2 \cdot 1\frac{\text{s}}{\text{m}^2}}{4 \cdot 172.800\text{ s}} = 4,69 \cdot 10^{-4}$$

folgt $W(u) = 7,088$. Daraus resultiert die Gesamtförderrate der Mehrbrunnenanlage:

$$Q_{ges} = \frac{4 \cdot \pi \cdot T \cdot (H - h_0)}{W(u)} = \frac{4 \cdot \pi \cdot 10^{-3}\frac{\text{m}^2}{\text{s}} \cdot (20\text{ m} - 13\text{ m})}{7,088} = 12,4\frac{\text{l}}{\text{s}}$$

Weiterhin ist nachzuweisen, dass sich die Brunnenwasserstände, die dem Grundwasserpotenzial am Brunnenmantel entsprechen, oberhalb der Oberfläche des Grundwasserleiters befinden, sodass überall gespannte Grundwasserverhältnisse vorliegen. Für den Brunnen B_1 betragen die Abstände von den Brunnenachsen der Brunnen B1–B4 bis zum Brunnenmantel von B_1:

$a_1 = 0,3$ m $\qquad a_2 = 35,7$ m $\qquad a_3 = a_4 = 25,2$ m

Daraus ergeben sich die Brunnenwasserstände zu:

$$h_{Br} = H - \frac{Q_{ges}}{2 \cdot \pi \cdot T}\left(\ln R - \frac{1}{n}\sum_{i=1}^{n} \ln a_i\right) = 11,65\text{ m}$$

Die Brunnenwasserstände befinden sich deutlich oberhalb der Oberfläche des Grundwasserleiters ($z = 10$ m), sodass auch im Bereich der Brunnen gespannte Grundwasserverhältnisse vorliegen.

Zusätzlich muss bei der hier gewählten Brunnenanordnung überprüft werden, ob in den Ecken der Baugrubensohle (E in Bild 69) eine ausreichende Absenkung des Grundwasserpotenzials erzielt wird. Die Abstände der Brunnenachsen zur Ecke E der Baugrubensohle betragen:

$a_1 = a_3 = 12,8$ m $\qquad a_2 = a_4 = 27,2$ m

Das Grundwasserpotenzial in der Baugrubenecke E ergibt sich zu:

$$h_E = H - \frac{Q_{ges}}{2 \cdot \pi \cdot T}\left(\ln R - \frac{1}{n}\sum_{i=1}^{n} \ln a_i\right) = 13,07\text{ m}$$

In der Baugrubenecke E ergibt sich ein geringfügig über dem Absenkziel von $h = 13$ m liegendes Grundwasserpotenzial. Unter Berücksichtigung des Sicherheitsabstands von 1 m ist dies jedoch tolerierbar. Eine im gesamten Bereich der Baugrube ausreichende Absenkung des Grundwasserpotenzials ist bei Anordnung der Brunnen an den Ecken der Baugrube zu erwarten. In diesem Fall würde sich jedoch aufgrund des erhöhten Abstands der Brunnen zur Baugrubenmitte (vergrößerter Ersatzradius) eine etwas größere erforderliche Gesamtförderrate ergeben.

Brunnenreichweite

Die Reichweite eines Brunnens ist grundsätzlich abhängig von der Zeit (der Dauer der Grundwasserabsenkung), außer es liegen natürliche Randbedingungen vor, durch die das Grundwasserpotenzial in einem bestimmten Abstand vom Absenkbrunnen fixiert wird (z. B. durch Infiltration aus einem Gewässer). Unter idealisierten Modellannahmen mit einem unendlich ausgedehnten Grundwasserleiter nimmt der Einfluss der Brunnenentnahme auf

2.10 Grundwasserströmung – Grundwasserhaltung

das Grundwasserpotenzial aufgrund der radialsymmetrischen Zuströmung mit zunehmender Entfernung vom Absenkbrunnen überproportional ab. Die Brunnenreichweite R geht nur im Logarithmus in die stationäre Berechnung der Förderrate ein, sodass sie nur einen vergleichsweise geringen Einfluss auf den ermittelten Zufluss hat.

Im Anstrombereich des Brunnens wird durch die nach *Jacob* angenäherten Brunnenfunktion W'(u) sowohl das Grundwasserpotenzial h als auch die Steigung des Grundwasserpotenzials dh/dr korrekt abgebildet. Aus diesem Grund ist die auf Grundlage der approximierten Brunnenfunktion ermittelte Reichweite geeignet zur Ermittlung der erforderlichen Förderrate. Da die Grundwasserabsenkung im brunnenfernen Bereich bei der Annäherung an das von der Absenkung unbeeinflusste Grundwasserpotenzial jedoch von dem auf Grundlage der angenäherten Brunnenfunktion ermittelten Absenkung abweicht (s. Bild 67), wird der Einflussradius der Grundwasserabsenkung durch die oben ermittelte Reichweite unterschätzt. Dieser Einflussradius lässt sich unter Verwendung der Brunnenfunktion W(u) ermitteln. Da sich theoretisch auf Grundlage der Brunnenfunktion immer ein unendlicher Einflussradius der Absenkung ergibt, muss die Brunnenreichweite in der Praxis wie bei der Grabenströmung als die Entfernung vom Brunnen (zentrale Punktsenke bei r = 0) definiert werden, ab der eine vorgegebene Abweichung ε [m] zu dem von der Absenkung unbeeinflussten Grundwasserpotenzial unterschritten wird. Hier wird für die konstante Entnahmerate Q_{ges} = 12,4 l/s der Mehrbrunnenanlage zum Zeitpunkt des Erreichens des Absenkziels t = 2 d (172.800 s) der Einflussradius R bestimmt, ab dem die Absenkung des Grundwasserpotenzials geringer als ε = 5 cm ist. Mit:

$$W(u) = (H - h(R, 2d)) \cdot \frac{4 \cdot \pi \cdot T}{Q_{ges}} = 0,05 \text{ m} \cdot \frac{4 \cdot \pi \cdot 10^{-3} \frac{m^2}{s}}{12,4 \cdot 10^{-3} \frac{m^3}{s}} = 0,051$$

$$\rightarrow \quad u = 1,97$$

und

$$u = \frac{R^2 \cdot a}{4 \cdot t}$$

ergibt sich der Einflussradius R der Absenkung zu:

$$R = \sqrt{\frac{u \cdot 4t}{a}} = \sqrt{\frac{1,97 \cdot 4 \cdot 172.800 \text{ s}}{1 \frac{s}{m^2}}} = 1.167 \text{ m}$$

Für die vorgegebene Abweichung ε zu dem von der Absenkung unbeeinflussten Grundwasserpotenzial ist der Einflussradius der Absenkung demnach deutlich größer als die für die Ermittlung der Förderrate bestimmte Brunnenreichweite. Dieser Einflussradius ist ein Maß für den von der Grundwasserabsenkung betroffenen Bereich. Für die Ermittlung der erforderlichen Förderrate darf er jedoch nicht als Brunnenreichweite verwendet werden.

Aufgrund des Betriebs der Grundwasserabsenkungsanlage breitet sich deren Einflussbereich immer weiter aus. Dazu wird der Einflussradius der Absenkung ermittelt, der sich nach einer Betriebsdauer von 90 d (7.776.000 s) ergibt. Dabei wird vereinfacht angenommen, dass während der gesamten Betriebsdauer eine konstante Brunnenentnahme Q_0 = 12,4 l/s erfolgt. In der Praxis wird die Entnahmerate nach Erreichen des Absenkziels zumeist so gedrosselt, dass der Brunnenwasserstand nicht weiter abgesenkt wird. Ebenso wird nicht berücksichtigt, dass sich bei konstanter Entnahmerate in Brunnennähe eine Grundwasserabsenkung bis unter die Oberkante des Grundwasserleiters und somit in diesem Bereich keine gespannten Grundwasserverhältnisse ergeben würden. Die Annahmen liegen jedoch hinsichtlich der ermittelten Brunnenreichweite auf der sicheren Seite. Auch hier wird die Brunnenreichweite R gesucht, ab der die Absenkung des Grundwasserpotenzials geringer als $\varepsilon = 5$ cm ist. Aufgrund gleicher Modellannahmen ergibt sich ebenfalls u = 1,97 und daraus die Brunnenreichweite zu:

$$R = \sqrt{\frac{u \cdot 4t}{a}} = \sqrt{\frac{1,97 \cdot 4 \cdot 7.776.000 \text{ s}}{1\frac{s}{m^2}}} = 7.828 \text{ m}$$

Bei größeren Absenkungsanlagen und längerem Betrieb ergeben sich zumeist Überlagerungen mit anderen Grundwasserbeeinflussungen (z. B. Grundströmung, Grundwasserneubildung, Zuflüsse aus Gewässern oder anderen Grundwasserstockwerken, Begrenzung des Grundwasserleiters), die einen maßgebenden Einfluss auf die Reichweite der Absenkungsanlage haben können. Diese Einflussfaktoren können i. Allg. in einer analytischen Berechnung nicht oder nur mit erhöhtem Aufwand berücksichtigt werden. Zur genaueren Ermittlung des Einflusses einer Grundwasserabsenkung auf die Grundwasserverhältnisse ist in diesem Fall eine numerische Grundwasserströmungsmodellierung erforderlich. Falls in der Nähe der Grundwasserabsenkung Randbedingungen vorliegen, die den Zufluss zu den Brunnen maßgebend beeinflussen (z. B. Zuflüsse aus Gewässern, begrenzte Ausdehnung des Grundwasserleiters), ist ggf. auch für die Dimensionierung der Absenkungsanlage eine numerische Modellierung zu empfehlen.

1.6.3 Analytische Berechnung von ungespannten Grundwasserströmungen

Wie bei der Grabenströmung lässt sich die analytische Berechnung der Brunnenströmung für gespannte Grundwasserverhältnisse auf ungespannte Grundwasserverhältnisse übertragen. Grundlagen sind ebenfalls die Dupuit-Annahmen (s. Abschn. 1.3.4) mit einem über das Vertikalprofil konstantem Grundwasserpotenzial sowie die Annahmen einer horizontalen Basis des ungespannten Grundwasserleiters und einer homogenen und isotropen, wassergesättigten Durchlässigkeit. Weiterhin wird die Speicheränderung wie bei der ungespannten Grabenströmung nur durch die als konstant über das gesamte Modellgebiet angenommene, speichernutzbare (effektive) Porosität n_e beschrieben. Unter diesen Voraussetzungen lässt sich die Strömungsgleichung darstellen durch:

$$k\left[\frac{\partial}{\partial r}\left(h\frac{\partial h}{\partial r}\right) + \frac{h}{r}\frac{\partial h}{\partial r}\right] = k\left[\left(\frac{\partial h}{\partial r}\right)^2 + h\frac{\partial^2 h}{\partial r^2} + \frac{h}{r}\frac{\partial h}{\partial r}\right] = n_e\frac{\partial h}{\partial t}$$

Sind die Änderungen des Grundwasserpotenzials klein im Verhältnis zur Grundwassermächtigkeit (hier gleich dem Grundwasserpotenzial h), so kann der erste Term der Summe auf der linken Seite der Strömungsgleichung gegenüber dem zweiten vernachlässigt werden. Wird zusätzlich eine konstante Transmissivität $T_m = k \cdot h_m$ mit einer gemittelten Grundwassermächtigkeit h_m angenommen, ergibt sich die Strömungsgleichung wie für die gespannte Grundwasserströmung, wobei der Speicherkoeffizient S durch die effektive Porosität n_e ersetzt wird.

$$\frac{\partial^2 h}{\partial r^2} + \frac{1}{r}\frac{\partial h}{\partial r} = \frac{n_e}{T_m}\frac{\partial h}{\partial t}$$

Können die Änderungen des Grundwasserpotenzials im Verhältnis zur Grundwassermächtigkeit jedoch nicht als vernachlässigbar angenommen werden, was bei Brunnenströmung in ungespannten Grundwasserleitern meist der Fall ist, so führt die Formulierung der Strö-

2.10 Grundwasserströmung – Grundwasserhaltung

mungsgleichung mit dem Quadrat des Grundwasserpotenzials als abhängige Variable zu einer deutlich besseren Approximation. Dazu sind die folgenden Umformungen erforderlich:

$$k \frac{\partial}{\partial r}\left(h \frac{\partial h}{\partial r}\right) = \frac{k}{2} \frac{\partial^2 (h^2)}{\partial r^2}$$

$$k \frac{h}{r} \frac{\partial h}{\partial r} = \frac{k}{2 \cdot r} \frac{\partial (h^2)}{\partial r}$$

$$n_e \frac{\partial h}{\partial t} = \frac{n_e}{2 \cdot h} \frac{\partial (h^2)}{\partial t}$$

Damit lässt sich die Strömungsgleichung darstellen durch:

$$\frac{\partial^2 (h^2)}{\partial r^2} + \frac{1}{r} \frac{\partial (h^2)}{\partial r} = \frac{n_e}{k \cdot h} \frac{\partial (h^2)}{\partial t}$$

Wird auch hier eine konstante Transmissivität $T_m = k \cdot h_m$ mit einer gemittelten Grundwassermächtigkeit h_m angenommen, so ergibt sich die Strömungsgleichung zu:

$$\frac{\partial^2 (h^2)}{\partial r^2} + \frac{1}{r} \frac{\partial (h^2)}{\partial r} = \frac{n_e}{T_m} \frac{\partial (h^2)}{\partial t}$$

Bei Verwendung von h^2 anstatt h als abhängige Variable und der effektiven Porosität n_e anstatt des Speicherkoeffizienten S sowie einer gemittelten Transmissivität T_m entspricht die Strömungsgleichung für ungespannte Grundwasserverhältnisse damit der für gespannte Grundwasserverhältnisse.

Diese partielle, von x und t abhängige Differenzialgleichung lässt sich mit den Substitutionen:

$$u = \frac{r^2 \cdot a}{4 \cdot t} \quad \text{und} \quad a = \frac{n_e}{T_m}$$

wiederum in eine gewöhnliche, nur von u abhängige Differenzialgleichung umwandeln:

$$\frac{d^2 (h^2)}{du^2} + \left(1 + \frac{1}{u}\right) \frac{d(h^2)}{du} = 0$$

mit der allgemeinen Lösung:

$$h^2(u) = c_1 \cdot \int \left(\frac{e^{-u}}{u}\right) du + c_2$$

Wie bei der gespannten Grundwasserströmung wird ein unendlich ausgedehnter Grundwasserleiter mit einer zentralen Punktsenke im singulären Punkt $r = r_0$ mit einer konstanten Entnahmerate Q_0, ein von der Absenkung unbeeinflusstes Grundwasserpotenzial H für $r \to \infty$ als Randbedingung sowie ein konstantes Grundwasserpotenzials h = H zum Zeitpunkt t = 0 als Anfangsbedingung vorausgesetzt:

$$Q(r \to 0, t) = -2 \cdot \pi \cdot k \cdot h \cdot \left(r \frac{\partial h}{\partial r}\right)\bigg|_{r \to 0} = -\pi \cdot k \cdot \left(r \frac{\partial h^2}{\partial r}\right)\bigg|_{r \to 0} = -Q_0,$$

$$h^2(r \to \infty, t) = H^2 \quad \text{und} \quad h^2(x, t = 0) = H^2$$

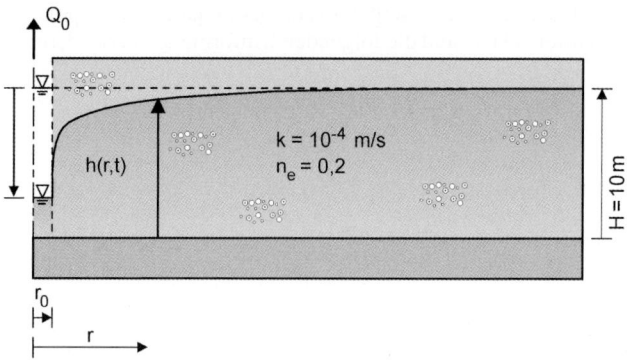

Bild 70. Modell für instationäre Brunnenströmung im ungespannten Grundwasserleiter

Mit diesen Anfangs- und Randbedingungen ergibt sich Lösung der gewöhnlichen, von u abhängigen Differenzialgleichung zu:

$$h^2(u) = H^2 - \frac{Q_0}{2 \cdot \pi \cdot k} \int_u^\infty \left(\frac{e^{-v}}{v}\right) dv = H^2 - \frac{Q_0}{2 \cdot \pi \cdot k} \cdot W(u)$$

Bei der Brunnenströmung mit konstanter Entnahmerate im ungespannten Grundwasserleiter wird für die mittlere Grundwassermächtigkeit h_m i. Allg. die von der Absenkung unbeeinflusste Grundwassermächtigkeit H angesetzt. Dadurch ergibt sich die dimensionslose Variable u zu:

$$u = \frac{r^2 \cdot n_e}{4 \cdot t \cdot k \cdot H}$$

Unter Verwendung der Brunnengleichung für ungespannte Grundwasserverhältnisse mit der Brunnenfunktion W(u) wurde das Grundwasserpotenzial beispielhaft für einen unendlich ausgedehnten Grundwasserleiter mit horizontaler Grundwasserbasis, einer Durchlässigkeit $k = 10^{-4}$ m/s, einer effektiven (speichernutzbaren) Porosität $n_e = 0{,}2$ sowie einer konstanten Entnahmerate $Q_0 = 5{,}0$ l/s des zentrisch im Modellgebiet angeordneten Brunnens mit einem Brunnenradius $r_0 = 0{,}4$ m ausgehend von einem konstanten Grundwasserpotenzial $H = 10$ m (Bild 70) ermittelt.

In Bild 71 ist das berechnete Grundwasserpotenzial h in Abhängigkeit vom Radius r in linearer Auftragung sowie das Quadrat des Grundwasserpotenzials h² in Abhängigkeit vom Radius r in logarithmierter Auftragung für verschiedene Zeitpunkte t dargestellt. Deutlich ersichtlich ist der in der logarithmischen Darstellung lineare Anstieg des Quadrats des Grundwasserpotenzials mit gleicher Steigung für die verschiedenen Berechnungszeitpunkte. Diese in der logarithmischen Auftragung linearen, quadrierten Grundwasserabsenkungen lassen sich auch hier durch die vereinfachte Brunnenfunktion nach *Jacob* beschreiben. Abweichungen von dem in der logarithmischen Auftragung linearen Verlauf der quadrierten Grundwasserabsenkung ergeben sich ebenfalls nur im brunnenfernen Bereich bei der Annäherung an das von der Absenkung unbeeinflusste Grundwasserpotenzial.

Bild 72 zeigt für den brunnennahen Bereich und verschiedene Zeitpunkte t das ermittelte Grundwasserpotenzial h in Abhängigkeit vom Radius r mit linearer Darstellung des Radius sowie das quadrierte Grundwasserpotenzial h² mit logarithmischer Darstellung des Radius.

2.10 Grundwasserströmung – Grundwasserhaltung

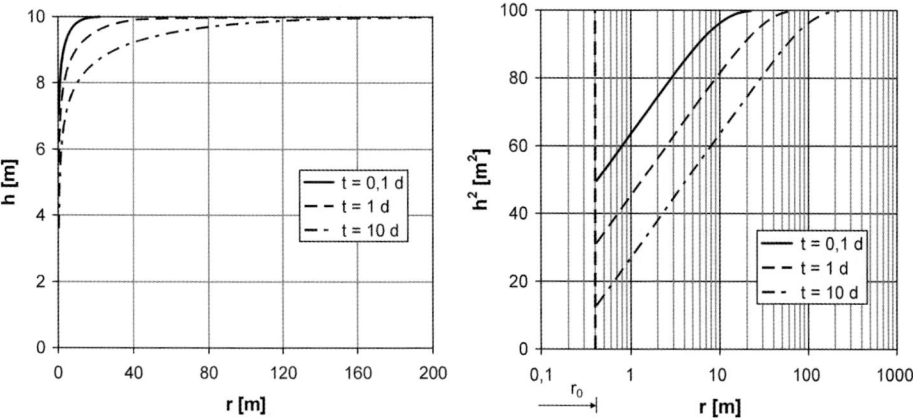

Bild 71. Grundwasserpotenzial h bzw. quadriertes Grundwasserpotenzial h² für konstante Brunnenentnahmerate bei ungespannter Grundwasserströmung für verschiedene Zeitpunkte t in linearer (links) und logarithmischer (rechts) Darstellung

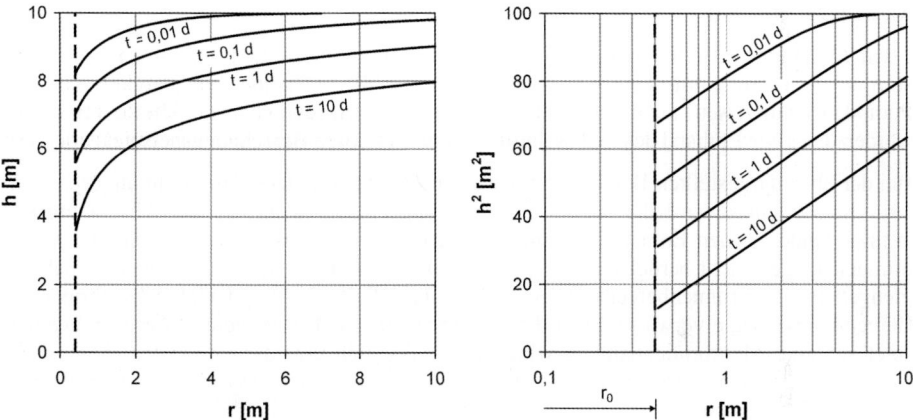

Bild 72. Grundwasserpotenzial h bzw. quadriertes Grundwasserpotenzial h² im brunnennahen Bereich für konstante Brunnenentnahmerate bei ungespannter Grundwasserströmung in linearer (links) und logarithmischer (rechts) Darstellung

Brunnenreichweite

Die Approximation der Brunnenfunktion nach *Jacob* für u < 0,03 führt für die Brunnenströmung im ungespannten Grundwasserleiter zu:

$$h^2(u) = H^2 - \frac{Q_0}{2 \cdot \pi \cdot k} \ln\left(\frac{2,25}{4 \cdot u}\right)$$

Die Rücksubstitution von u ergibt die Bestimmungsgleichung für das von r und t abhängige Grundwasserpotenzial:

$$h^2(r,t) = H^2 - \frac{Q_0}{\pi \cdot k} \ln\left(\frac{1,5}{r} \cdot \sqrt{\frac{t \cdot k \cdot H}{n_e}}\right)$$

Hier zeigt der Vergleich mit der Strömungsgleichung für stationäre Verhältnisse,

$$h^2(r) = H^2 - \frac{Q_0}{\pi \cdot T} \ln \frac{R}{r}$$

dass sich bei Verwendung der nach *Jacob* angenäherten Brunnenfunktion das Quadrat des instationären Grundwasserpotenzials h²(r,t) für jeden beliebigen Zeitpunkt t durch das Quadrat des stationären Grundwasserpotenzials h²(r) abgebildet werden kann, wenn die zeitabhängige Reichweite des Brunnens angesetzt wird mit:

$$R = 1,5 \sqrt{\frac{t \cdot k \cdot H}{n_e}}$$

Auf Grundlage dieser Reichweite lässt sich wiederum die erforderliche Förderrate einer Absenkungsanlage ermitteln, da das Grundwasserpotenzial im Anstrombereich zu der Absenkungsanlage ausreichend genau durch das auf Grundlage der angenäherten Brunnenfunktion berechnete Grundwasserpotenzial abgebildet wird. Dies wird anhand der Beispielberechnung in Abschnitt 1.6.4 für eine Mehrbrunnenanlage in einem ungespannten Grundwasserleiter erläutert.

Auch für Brunnenströmungen in ungespannten Grundwasserleitern sollten empirisch bestimmte Reichweitenformeln, z. B. nach *Sichardt* [28], die keine Abhängigkeit von der Pumpdauer aufweisen, nicht für die Bestimmung der erforderlichen Förderrate verwendet werden. Dies wird anhand des in Abschnitt 1.6.4 dargestellten Berechnungsbeispiels erläutert.

Bei der oben dargestellten Berechnung der instationären Brunnenströmung in ungespannten Grundwasserleitern wird die erforderliche Brunnenentnahme infolge der Absenkung des Wasserstandes in den Entnahmebrunnen sowie im Bereich des Ersatzbrunnens bei Mehrbrunnenanlagen nicht berücksichtigt. Zur Berücksichtigung dieser zusätzlichen Entnahmemengen in der Brunnenberechnung sei ebenfalls auf die in [4] oder [12] beschriebenen Berechnungsansätze verwiesen. Bei dem in Abschnitt 1.6.4 dargestellten Berechnungsbeispiel für eine Mehrbrunnenanlage wird diese zusätzlich erforderliche Brunnenentnahme jedoch wie bei dem Berechnungsbeispiel für gespannte Grundwasserverhältnisse als vernachlässigbar angenommen.

1.6.4 Berechnungsbeispiel für eine Mehrbrunnenanlage im ungespannten Grundwasserleiter

Nachstehend wird die Berechnung der erforderlichen Entnahmerate durch eine Mehrbrunnenanlage in einem idealisierten ungespannten Grundwasserleiter mit unendlicher Ausdehnung und horizontaler Sohle sowie mit konstanter Durchlässigkeit $k = 10^{-4}$ m/s und konstanter speichernutzbarer (effektiver) Porosität $n_e = 0,2$. Weiterhin wird ein horizontaler Grundwasserstand vor der Absenkung von $H = 20$ m bezogen auf die Sohle des Grundwasserleiters vorausgesetzt. Die Grundwasserabsenkung dient hier zur Trockenlegung einer quadratischen Baugrube (Bild 73). Dazu werden 4 Brunnen (B_1–B_4) mit einem Brunnenradius $r_0 = 0,4$ m abgeteuft, wobei die gegenüberliegenden Brunnen jeweils einen Abstand von 36 m aufweisen. Unterhalb der Baugrubensohle, die eine Grundfläche von 16 m × 16 m aufweist, muss der Grundwasserstand h unter Berücksichtigung eines Sicherheitszuschlags von 1 m um $s = 8$ m auf $h = 12$ m abgesenkt werden. Die Grundwasseroberfläche soll innerhalb von $t = 14$ d (1.209.600 s) abgesenkt werden.

2.10 Grundwasserströmung – Grundwasserhaltung

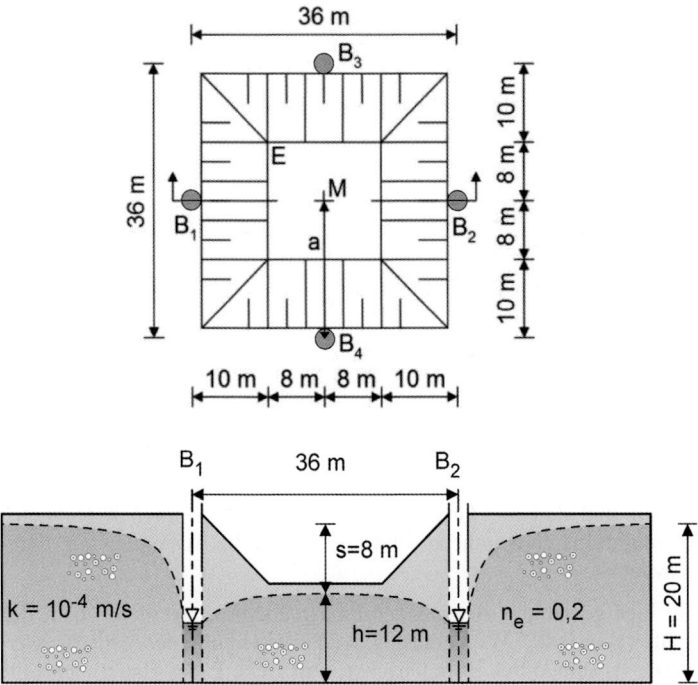

Bild 73. Berechnungsbeispiel für eine Mehrbrunnenanlage im ungespannten Grundwasserleiter, Draufsicht (oben) und Schnitt (unten)

Brunnenförderrate

Der Ersatzradius r_E der Mehrbrunnenanlage ergibt sich mit dem Abstand a = 18 m der Brunnen zum Mittelpunkt M der Baugrube zu:

$$r_E = \sqrt[4]{a^4} = a = 18 \text{ m}$$

Die Reichweite der Mehrbrunnenanlage für die Bestimmung der Förderrate beträgt:

$$R = 1{,}5\sqrt{\frac{t \cdot k \cdot H}{n_e}} = 1{,}5\sqrt{\frac{1.209.600 \text{ s} \cdot 10^{-4}\frac{m}{s} \cdot 20 \text{ m}}{0{,}2}} = 165 \text{ m}$$

Unter Berücksichtigung eines abgesenkten Grundwasserstands am Ersatzbrunnen von $h_0 = 12$ m, der dem abgesenkten Grundwasserstand in Baugrubenmitte entspricht, ergibt sich die Gesamtförderrate der Mehrbrunnenanlage zu:

$$Q_{ges} = \pi \cdot k \frac{(H^2 - h_0^2)}{\ln\frac{R}{r_E}} = \pi \cdot 10^{-4} \frac{m}{s} \frac{((20 \text{ m})^2 - (12 \text{ m})^2)}{\ln\frac{165 \text{ m}}{18 \text{ m}}} = 36{,}3 \frac{l}{s}$$

Pro Brunnen beträgt die erforderliche Entnahmerate somit Q_0 = ca. 9,1 l/s.

Weiterhin nachzuweisen ist, dass sich die für diese Entnahmerate erforderlichen Wasserstände in den Brunnen oberhalb der Sohle des Grundwasserleiters befinden (und keine fiktiven, unterhalb der Brunnensohle liegenden Wasserstände der Berechnung zugrunde liegen). Für den Brunnen B_1 betragen die Abstände von den Brunnenachsen der Brunnen B1–B4 bis zum Brunnenmantel von B_1:

$a_1 = 0,4$ m $\qquad a_2 = 35,6$ m $\qquad a_3 = a_4 = 25,2$ m

Daraus ergeben sich die Brunnenwasserstände zu:

$$h_{Br} = \sqrt{H^2 - \frac{Q_{ges}}{\pi \cdot k}\left(\ln R - \frac{1}{n}\sum_{i=1}^{n}\ln a_i\right)} = 8,55 \text{ m}$$

Die berechneten Brunnenwasserstände befinden sich deutlich oberhalb der Sohle des Grundwasserleiters, jedoch ca. 3,5 m unter dem Absenkziels unterhalb der Baugrubensohle. Wie in Abschnitt 1.5.4 erläutert, stellt sich beim Grundwasserzutritt in den Brunnen eine Sickerstrecke ein, sodass das Grundwasser am Brunnenmantel höher als der Brunnenwasserstand ansteht. Aufgrund des Abstands der Brunnen von der Baugrubensohle ist die Abweichung zwischen den tatsächlichen und den auf Grundlage der Dupuit-Annahmen berechneten Grundwasserständen im unmittelbaren Brunnenanstrombereich für die Auslegung der Mehrbrunnenanlage nicht relevant.

Zusätzlich muss bei der hier gewählten Brunnenanordnung überprüft werden, ob in den Ecken der Baugrubensohle (E in Bild 73) eine ausreichende Absenkung des Grundwasserpotenzials erzielt wird. Die Abstände der Brunnenachsen zur Ecke E der Baugrubensohle betragen:

$a_1 = a_3 = 12,8$ m $\qquad a_2 = a_4 = 27,2$ m

Das Grundwasserpotenzial in der Baugrubenecke E ergibt sich zu:

$$h_E = \sqrt{H^2 - \frac{Q_{ges}}{\pi \cdot k}\left(\ln R - \frac{1}{n}\sum_{i=1}^{n}\ln a_i\right)} = 12,17 \text{ m}$$

In der Baugrubenecke E ergibt sich ein geringfügig über dem Absenkziel von $h = 12$ m liegendes Grundwasserpotenzial. Unter Berücksichtigung des Sicherheitsabstandes von 1 m ist dies jedoch tolerierbar. Eine im gesamten Bereich der Baugrube ausreichende Absenkung des Grundwasserpotenzials ist bei Anordnung der Brunnen an den Ecken der Baugrube zu erwarten. In diesem Fall würde sich jedoch aufgrund des erhöhten Abstands der Brunnen zur Baugrubenmitte (vergrößerter Ersatzradius) eine größere erforderliche Gesamtförderrate ergeben.

Brunnenreichweite

Wie im gespannten Grundwasserleiter ist die Reichweite eines Brunnens auch im ungespannten Grundwasserleiter grundsätzlich abhängig von der Zeit (der Dauer der Grundwasserabsenkung). Da bei idealisierter Modellannahme eines unendlich ausgedehnten Grundwasserleiters auch hier die Brunnenreichweite R nur im Logarithmus in die Berechnung der Förderrate eingeht, hat sie nur einen vergleichsweise geringen Einfluss auf den ermittelten Zufluss. Vereinfacht wird oft die Brunnenreichweite auf Grundlage der empirischen, nicht zeitabhängigen Reichweitenformel nach *Sichardt* [28] bestimmt:

$$R = 3.000 \cdot s \cdot \sqrt{k}$$

2.10 Grundwasserströmung – Grundwasserhaltung

In diese nicht dimensionsreine Bestimmungsgleichung für die Brunnenreichweite R in m ist die Durchlässigkeit k in m/s und die die Absenkung s in m einzusetzen. Für das Beispiel der Mehrbrunnenanlage berechnet sich die Reichweite des Ersatzbrunnens mit der Absenkung s = 8 m zu:

$$R = 3.000 \cdot 8 \text{ m} \cdot \sqrt{10^{-4} \frac{\text{m}}{\text{s}}} = 240 \text{ m}$$

Daraus ergibt sich eine erforderliche Gesamtförderrate der Mehrbrunnenanlage von Q_{ges} = 31,0 l/s. Das heißt, die auf Grundlage einer Pumpdauer von 14 d bis zum Erreichen des Absenkziels ermittelte Gesamtförderrate Q_{ges} = 36,3 l/s wird um ca. 15 % unterschätzt. Der Ansatz der zeitunabhängigen, empirischen Brunnenreichweite nach *Sichardt* kann bei kurzen Pumpzeiten bis zum Erreichen des Absenkziels zu einer deutlichen Unterschätzung und bei sehr langen Pumpzeiten zu einer deutlichen Überschätzung der erforderlichen Förderrate führen. Aus diesem Grund sollte die Brunnenreichweite zur Ermittlung der erforderlichen Förderrate auf Grundlage der o.g. zeitabhängigen Bestimmungsgleichung bestimmt werden. Die Pumpdauer bis zum Erreichen des Absenkziels ist dabei in Abhängigkeit von den Erfordernissen der Baumaßnahme auf der sicheren Seite (kürzeste möglicherweise erforderliche Zeit) anzusetzen.

Wie bei der Brunnenströmung im gespannten Grundwasserleiter wird der Einflussradius der Grundwasserabsenkung durch die Reichweite zur Ermittlung der erforderlichen Förderrate unterschätzt. Der Einflussradius, ab dem eine vorgegebene Abweichung ε [m] zu dem von der Absenkung unbeeinflussten Grundwasserstand unterschritten wird, lässt sich ebenfalls unter Verwendung der Brunnenfunktion W(u) ermitteln. Hier wird für die konstante Entnahmerate Q_{ges} = 36,3 l/s der Mehrbrunnenanlage zum Zeitpunkt des Erreichens des Absenkziels t = 14 d (1.209.600 s) der Einflussradius R bestimmt, ab dem die Absenkung des Grundwasserpotenzials geringer als ε = 5 cm ist. Mit:

$$W(u) = \left(H^2 - h^2(R, 14d)\right)\frac{2 \cdot \pi \cdot k}{Q_{ges}} = \left((20 \text{ m})^2 - (19,95 \text{ m})^2\right) \frac{2 \cdot \pi \cdot 10^{-4} \frac{\text{m}}{\text{s}}}{36,3 \cdot 10^{-3} \frac{\text{m}^3}{\text{s}}}$$

$$= 0,035 \quad \rightarrow \quad u = 2,25$$

Daraus ergibt sich der Einflussradius R der Absenkung zu:

$$R = \sqrt{\frac{u \cdot 4t \cdot k \cdot H}{n_e}} = \sqrt{\frac{2,25 \cdot 4 \cdot 1.209.600 \text{ s} \cdot 10^{-4} \frac{\text{m}}{\text{s}} \cdot 20 \text{ m}}{0,2}} = 330 \text{ m}$$

Dieser Einflussradius ist ein Maß für den von der Grundwasserabsenkung betroffenen Bereich. Für die Ermittlung der erforderlichen Förderrate darf er jedoch nicht als Brunnenreichweite verwendet werden.

Weiterhin wird der Einflussradius der Absenkung ermittelt, der sich nach einer Betriebsdauer von 365 d (31.536.000 s) ergibt. Dabei wird auch hier vereinfachend angenommen, dass während der gesamten Betriebsdauer eine konstante Brunnenentnahme Q_{ges} = 36,3 l/s erfolgt. Eine Drosselung der Brunnenentnahme nach Erreichen des Absenkziels wird nicht berücksichtigt, wodurch sich eine auf der sicheren Seite liegende Brunnenreichweite ergibt. Auch hier wird die Brunnenreichweite R gesucht, ab der die Absenkung des Grundwasserstandes geringer als ε = 5 cm ist. Aufgrund gleicher Modellannahmen ergibt sich ebenfalls u = 2,25 und daraus die Brunnenreichweite zu:

$$R = \sqrt{\frac{u \cdot 4t \cdot k \cdot H}{n_e}} = \sqrt{\frac{2,25 \cdot 4 \cdot 31.536.000 \text{ s} \cdot 10^{-4}\frac{m}{s} \cdot 20 \text{ m}}{0,2}} = 1.685 \text{ m}$$

Auch bei ungespannten Grundwasserverhältnissen können Randbedingungen vorliegen (z. B. Zuflüsse aus Gewässern oder unterlagernden, gespannten Grundwasserleitern, Begrenzung des Grundwasserleiters), die einen maßgebenden Einfluss auf die Grundwasserströmung haben und in analytischen Berechnungen nicht ausreichend berücksichtigt werden können. Zur genaueren Ermittlung des Einflusses der Grundwasserabsenkung auf die Grundwasserverhältnisse ist auch hier eine numerische Grundwasserströmungsmodellierung zu empfehlen.

1.6.5 Numerische Berechnung

Wie bereits in Abschnitt 1.4.3 für die numerische Berechnung von instationären, vertikalebenen Grundwasserströmungen beschrieben, ist auch für die numerische Berechnung von rotationssymmetrischen, vertikal-ebenen Grundwasserströmungen die Vorgabe eines Anfangszustand für die Grundwasserpotenziale erforderlich. Die Randbedingungen für die instationäre Berechnung können über den Berechnungszeitraum als konstant (z. B. konstante Entnahmerate) oder zeitlich veränderlich (z. B. als Brunnenwasserstandsganglinie) vorgegeben werden. Auch bei der rotationssymmetrischen Modellierung ist die instationäre Berechnung von gespannten Grundwasserströmungsverhältnissen i. Allg. aufgrund der zugrunde liegenden linearen Differenzialgleichung 2. Ordnung problemlos durchführbar.

Wie bei der Grabenströmung ergeben sich bei der instationären Berechnung der Brunnenströmung in einem ungespannten Grundwasserleiter die unter Abschnitt 1.3.5 für die stationäre Berechnung aufgeführten Problemstellungen. Wird die Berechnung mittels gesättigt-ungesättigter Modellierung durchgeführt, ist auch hier innerhalb eines jeden Zeitschritts eine doppelte Iteration erforderlich. Dies ergibt sich aus der nichtlinearen Abhängigkeit der Durchlässigkeit und des Wassergehalts vom Grundwasserpotenzial bzw. von der Saugspannung im ungesättigten Strömungsbereich und aus der a priori nicht bekannten Begrenzung der Sickerstrecke bei der Brunnenzuströmung. Insbesondere problematisch ist die zeitabhängige Berücksichtigung der Sickerstrecke beim Zufluss zum Brunnen. Auch bei der rotationssymmetrischen Berechnung instationärer, gesättigt-ungesättigter Grundwasserströmungen sind deshalb vertiefte Kenntnisse der Grundwasserhydraulik und der zugrunde liegenden numerischen Berechnungsmethoden erforderlich.

1.7 Dreidimensionale Berechnung von Grundwasserströmungen

Wenn sich bei Grundwasserhaltungen oder bei durch Bauwerke beeinflussten Grundwasserströmungen aufgrund der geometrischen Verhältnisse oder der hydraulischen Randbedingungen ein ausgeprägt dreidimensionales Strömungsfeld einstellt, das durch vereinfachte eindimensionale oder zweidimensional vertikale Modelle nicht ausreichend abgebildet werden kann, ist eine dreidimensionale Berechnung der Grundwasserströmung zu empfehlen. Diese kann in der Regel nur mittels numerischer Verfahren durchgeführt werden. Bei der FEM wird zumeist eine variable Diskretisierung in der Draufsicht (x-y-Ebene) durchgeführt und das Modellgebiet in der Vertikalen durch einzelne Schichten untergliedert, die alle die gleiche Diskretisierung aufweisen. Die Finiten Elemente ergeben sich dadurch zu Prismen. Bei den meisten kommerziellen Programmsystemen zur Grundwasserströmungsberechnung auf Grundlage der FEM und der FDM ist es nicht möglich, die Modellgrenzen der einzelnen Ebenen unterschiedlich zu definieren.

2.10 Grundwasserströmung – Grundwasserhaltung

Für großräumige Grundwassermodellierungen, bei denen die vertikalen Geschwindigkeitskomponenten gegenüber den horizontalen vernachlässigt werden können, ist es oft ausreichend, eine vereinfachte, horizontal-ebene (2-D-)Modellierung durchzuführen, wobei der Grundwasserleiter lediglich durch eine Schicht unter Voraussetzung der Dupuit-Annahmen für das Grundwasserpotenzial abgebildet wird. Diese Art der Grundwasserströmungsmodellierung wird häufig für wasserwirtschaftliche Fragestellungen und als Grundlage für Grundwassertransportmodellierungen zur Berechnung der Ausbreitung von Grundwasserinhaltsstoffen (z. B. Schadstoffen) eingesetzt (siehe z. B. [18, 19]). Aufgrund gesteigerter Rechnerleistungen werden jedoch in zunehmendem Maß auch hierfür 3-D-Modelle angewendet.

Auch für kleinräumigere Grundwasserströmungsberechnungen (z. B. zur Ermittlung der auf Bauwerke oder Baugrubenwände wirkenden Belastungen aus den Grundwasserdruck- und Strömungskräften oder zur Ermittlung von erforderlichen Grundwasserabsenkungsmaßnahmen) werden ebenfalls in zunehmendem Maß 3-D-Grundwasserströmungsmodelle eingesetzt (z. B. *Odenwald/Schwab* [32]). Auch hier ist eine entsprechend feine Diskretisierung in Modellbereichen erforderlich, in denen sich starke Änderungen der hydraulischen Gradienten einstellen. Bei Berechnungen von Strömungen mit freier Grundwasseroberfläche ergeben sich die gleichen Problemstellungen, wie sie bereits für vertikal-ebene und rotationssymmetrisch vertikal-ebene Strömungsberechnungen dargestellt wurden. Die betrifft insbesondere auch instationäre Berechnungen, bei denen in Abhängigkeit von wechselnden Grundwasserständen und Randbedingungen Grundwasseraustritte oder -zuflüsse in unterschiedlichen Bereichen des Modells (z. B. Böschungen, Dräns oder Brunnen) simuliert werden. Für die 3-D-Modellierung derartiger Grundwasserströmungen sind ebenfalls vertiefte Kenntnisse der Grundwasserhydraulik und der zugrunde liegenden numerischen Berechnungsmethoden erforderlich.

1.8 Berechnung von Grundwasseranreicherungen

Die Grundwasseranreicherung in Versickerungsgräben oder Schluckbrunnen kann sowohl für stationäre als auch instationäre Grundwasserströmungen mit den oben für die Grabenströmung und die Brunnenströmung beschriebenen Gleichungen berechnet werden. Dabei ist für die Zugaberate anstelle der Entnahmerate ein umgekehrtes Vorzeichen zu berücksichtigen (s. auch Beispiel für die Grabeninfiltration in Abschn. 1.3.4). Grundwasserströmungen durch kombinierte Entnahme- und Wiederversickerungsanlagen lassen sich durch Überlagerung der durch die Grundwasserentnahme und die Grundwasserinfiltration bewirkten Grundwasserströmungen berechnen. Im Unterschied zur Grundwasserentnahme ergeben sich bei der Grundwasserinfiltration keine Sickerstrecken beim Übergang zwischen dem Versickerungsgraben oder dem Schluckbrunnen und dem Grundwasserleiter aufgrund der hier in Fließrichtung abnehmenden Durchlässigkeit. Allerdings kann durch Zusetzen des Filters infolge Kolmation (Einlagerung von im Wasser mitgeführten Feinpartikeln) oder infolge chemischer Prozesse (Verockerung und Versinterung) die Leistungsfähigkeit von Anlagen zur Wiederversickerung von Grundwasser deutlich reduziert werden. Grundlagen und Bauelemente der Grundwasserwiederversickerung sind in Abschnitt 3.6 dargestellt.

1.9 Entwässerung durch Unterdruck

Die Grundwasserströmung zu Vakuumtiefbrunnen in gespannten Grundwasserleitern, bei denen sowohl der Brunnen als auch der Grundwasserleiter vollständig gegen Luftzutritte abgedichtet ist, kann mit den oben aufgeführten Gleichungen für die Brunnenströmung in gespannten Grundwasserleitern berechnet werden. Dabei ist für das am Brunnenradius anzusetzende Grundwasserpotenzial der im Brunnenrohr erzeugte Unterdruck zu berücksichtigen. Das Grundwasserpotenzial im Brunnen entspricht in diesem Fall nicht dem Brunnenwasserstand, der während der Pumpbetriebs oberhalb der Unterkante des überlagernden Grundwassernichtleiters (bzw. mindestens oberhalb der Unterkante des luftdichten Vollrohrs) anstehen muss, sondern ist gegenüber dem Brunnenwasserstand um die Druckhöhe des aufgebrachten Unterdrucks vermindert.

Abgesehen von dem oben dargestellten Fall wird durch Vakuumbrunnen jedoch neben der Grundwasserströmung auch eine Luftströmung im Untergrund erzeugt. Diese Mehrphasenströmung lässt sich nur auf Grundlage von geeigneten Modellansätzen für Mehrphasenströmungen berechnen, auf die hier jedoch nicht eingegangen wird. Anlagen für die Entwässerung durch Unterdruck sind in Abschnitt 3.5 beschrieben.

1.10 Einfluss der Grundwasserströmung auf den Boden

Bei der Strömung von Grundwasser in den Poren eines Lockergesteins wirken Strömungskräfte auf die Bodenpartikel. Die spezifische Strömungskraft ist proportional zum örtlichen hydraulischen Gradienten. Die innerhalb eines definierten, durchströmten Bodenvolumens wirkende Strömungskraft ergibt sich aus dem Integral der spezifischen Strömungskraft über das betrachtete Volumen. Sie ist proportional zur Differenz der an der Oberfläche des betrachteten Bodenkörpers wirkenden Grundwasserpotenziale. Grundlage für die Ermittlung von Strömungskräften ist deshalb die Berechnung der Grundwasserpotenzialverteilung. Bei Umströmung von Bauwerken bewirkt das strömende Grundwasser neben dem Wasserdruck auf die Bauwerksteile einen Strömungsdruck auf die Bodenkörper, die den Erddruck und den Erdwiderstand bewirken, wodurch diese Kräfte verändert werden. Dies ist z.B. in den Empfehlungen E 113 und E 114 der EAU 2004 [6] erläutert.

Weiterhin kann das strömende Grundwasser Bodenbewegungen innerhalb eines Bodenkörpers, an den Schichtgrenzen einzelner Bodenschichten, an den Grenzflächen zu Bauwerken, an der Geländeoberfläche oder an Gewässersohlen verursachen. Diese durch die Grundwasserströmung verursachten Bodenbewegungen werden als Suffusion, Kolmation, Erosion und hydraulischer Grundbruch bezeichnet. Eine umfassende Darstellung der einzelnen Erscheinungsformen mit zugehörigen geometrischen und hydraulischen Kriterien für das mögliche Auftreten von strömungsbedingten Bodenbewegungen in nicht bindigen Böden enthält [4]. Eine Zusammenstellung der Nachweise gegen innere Erosion in körnigen Erdstoffen gibt *Sauke* [33].

Bei aufwärts gerichteten Grundwasserströmungen mit Wasseraustritt an der Geländeoberfläche, einer Baugrubensohle oder an einer Gewässersohle besteht die Gefahr eines hydraulischen Grundbruchs, wenn die Gewichtskraft eines nichtbindigen Bodens unter Auftrieb durch die Strömungskraft aufgehoben wird. Der Nachweis der Sicherheit gegen hydraulischen Grundbruch, der insbesondere bei Baugruben, die durch Wände umschlossen werden und deren Sohle sich unterhalb der ungestörten Grundwasseroberfläche befindet, zu führen ist, ist in der DIN 1054 [34] geregelt. Die Berücksichtigung von Strömungskräften bei den Nachweisen für Baugruben im Wasser wird in den Empfehlungen EB 58 bis EB 65 der EAB 2006 [35] behandeltet.

Die Bestimmung der Strömungskräfte erfolgt zumeist auf Grundlage einer numerischen, vertikal-ebenen Grundwasserströmungsberechnung (s. auch Abschn. 1.3.2). Bei räumlicher Anströmung von Baugruben führt dies jedoch insbesondere in den Ecken der Baugrube oder bei schmalen Baugruben auch an den Seiten zu einer Unterschätzung des maßgebenden Grundwasserpotenzials und damit der Strömungskraft. Zur realistischen Abbildung der Grund-

2.10 Grundwasserströmung – Grundwasserhaltung

wasserströmung ist hier eine dreidimensionale Berechnung erforderlich. *Schmitz* [36] hat auf Grundlage von 3-D-Strömungsberechnungen Nomogramme zur Bestimmung der erforderlichen Wandeinbindetiefe für unterschiedliche geometrische Baugrubenverhältnisse erstellt.

Eine Literaturübersicht über wesentliche Arbeiten zum hydraulischen Grundbruch, insbesondere unter Berücksichtigung von Auflastfiltern im Wasseraustrittsbereich, gibt *Hettler* [37]. Die Ergebnisse von numerischen Untersuchungen zur Sicherung einer Baugrubensohle gegen hydraulischen Grundbruch durch Auflastfilter bei unterströmten, gering in den Baugrund einbindenden Wänden werden von *Odenwald/Herten* [38] dargestellt. Die bisherigen Untersuchungen zum hydraulischen Grundbruch beziehen sich nahezu ausschließlich auf nichtbindige Böden. Erste Ergebnisse von Untersuchungen zu Versagensformen des hydraulischen Grundbruchs an einer Baugrubenwand in bindigen Böden werden von *Witt/Wudtke* [39] beschrieben.

2 Ermittlung geohydraulischer Parameter

2.1 Übersicht und Bewertung der Bestimmungsverfahren

Die Bestimmungsverfahren lassen sich in indirekte Verfahren (Erfahrungswerte, Kornverteilung), Laborverfahren und Feldversuche unterscheiden. Grundsätzlich stellt die in situ im Feldversuch ermittelte Durchlässigkeit die beste Bestimmungsmethode dar. Dabei muss auf folgende Aspekte besonders geachtet werden:

- Reichweite des Versuchs und Homogenität des Untergrunds
  Feldversuche haben insbesondere bei kürzerer Versuchsdauer und geringerer Durchlässigkeit eine relativ geringe Reichweite. Bei der Erkundung eines Baufelds muss daher eine auf mögliche Inhomogenitäten des Untergrunds abgestimmte Verteilung und Anzahl von Versuchen geplant werden. Bei der Regionalisierung der ermittelten Durchlässigkeitsbeiwerte können ggf. Laborversuche und Kornverteilungsanalysen helfen.

- Auswahl eines geeigneten Bestimmungsverfahrens
  Es ist darauf zu achten, dass ein der Aufgabenstellung und den erwarteten Untergrundverhältnissen sowie den Ansprüchen an Reichweite und Genauigkeit geeignetes Versuchsverfahren ausgewählt wird. Schnelle und billige Verfahren haben oft eine geringere Reichweite als z. B. ein Aquifertest, können aber für eine erste Einschätzung ausreichen. Hinweise zur Verfahrensauswahl finden sich z. B. in [40].

- Anwendung eines instationären Auswerteverfahrens
  Bei höheren Genauigkeitsanforderungen sollte ein Verfahren gewählt werden, bei dem der Durchlässigkeitsbeiwert mit einem instationären Auswerteverfahren bestimmt werden kann. Herkömmliche stationäre Verfahren ermitteln den Durchlässigkeitsbeiwert lediglich aus einem Verhältnis aus Wasserspiegeländerung und Fließrate und liefern daher oft nur Schätzwerte, da der Absenkbetrag nicht nur von der Durchlässigkeit, sondern von vielen weiteren Faktoren bestimmt wird.
  Zu diesen Faktoren zählen innere Randbedingungen des Brunnens oder Bohrlochs, wie z. B. ein schlechter Aquiferanschluss infolge von Inkrustationen oder Verockerung der Filterstrecke und durch Spülung in Bohrlochnähe verschlossene Poren oder Klüfte (sog. Skineffekt). So ist bei gleicher Aquiferdurchlässigkeit bei einem Pumpversuch die Absenkung in einem Brunnen mit verockerter Filterstrecke oder hohem Skinfaktor nach gleicher Zeit wesentlich größer als bei einem neuen, vollständig an den Aquifer angeschlossenen Brunnen.

Weiterhin haben der Erschließungsgrad des Aquifers (vollkommener/unvollkommener Brunnen) sowie der Aquifertyp und natürliche Begrenzungen des Aquifers einen bedeutenden Einfluss auf die Absenkung.

Durch die Anwendung instationärer Auswerteverfahren wird eine erhebliche Verbesserung der Genauigkeit erreicht, da die nicht aquiferbedingten Einflüsse auf die Absenkung erkannt und eliminiert werden können. Die durch diese „Störeffekte" verursachte Absenkung kann die aquiferbedingte Absenkung ohne Weiteres um eine Größenordnung übertreffen, womit auch stationär bestimmte Durchlässigkeitsbeiwerte um eine Größenordnung daneben liegen können.

Entsprechend den unterschiedlichsten geotechnischen Fragestellungen von der Bemessung einer Bauwasserhaltung in sehr stark durchlässigen Aquiferen bis hin zum Nachweis sehr geringer Durchlässigkeiten im Tunnel- oder Deponiebau decken die hier vorgestellten Verfahren die gesamte Spannbreite der Durchlässigkeitsermittlungen ab.

Bei der geohydraulischen Auswertung wird i. d. R. die Transmissivität T [m²/s] als Produkt des Durchlässigkeitsbeiwerts k und der Aquifermächtigkeit M bestimmt. Bei bekannter Aquifermächtigkeit kann der Durchlässigkeitsbeiwert k berechnet werden, indem die Transmissivität durch die Aquifermächtigkeit M dividiert wird:

$$k = \frac{T}{M} \, [m/s]$$

2.2 Abschätzung der Durchlässigkeit nach Erfahrungswerten

In Ermangelung konkreter Informationen kann der k-Wert für eine Grobschätzung in Abhängigkeit von der Bodenart der Tabelle 5 entnommen werden.

Tabelle 5. Durchlässigkeitsbeiwert k für verschiedene Bodenarten

Bodenart	k (m/s)	
	Grenzbereiche	**überwiegend**
Steingeröll	10^{-1} bis 5	
Grobkies	10^{-2} bis 1	
Mittelkies		$3,5 \cdot 10^{-2}$
Feinkies	10^{-4} bis 10^{-2}	$2 \cdot 10^{-2}$ bis $3 \cdot 10^{-2}$
Grobsand	10^{-5} bis 10^{-2}	10^{-4} bis 10^{-3}
Mittelsand	10^{-6} bis 10^{-3}	10^{-4}
Feinsand	10^{-6} bis 10^{-3}	10^{-5} bis 10^{-4}
Sand, lehmig, schluffig	10^{-7} bis 10^{-4}	10^{-6}
Schluff	10^{-9} bis 10^{-5}	10^{-9} bis 10^{-7}
Löss	10^{-10} bis 10^{-5}	ungestört: 10^{-5}
		gestört: 10^{-10} bis 10^{-7}
Lehm	10^{-10} bis 10^{-6}	10^{-9} bis 10^{-8}
Ton	10^{-12} bis 10^{-8}	schluffig: 10^{-9} bis 10^{-8}
		mager: 10^{-10} bis 10^{-9}
		fett: 10^{-12} bis 10^{-10}

2.3 Abschätzung der Durchlässigkeit mithilfe der Kornverteilung

Der k-Wert muss immer als Referenzwert über ein ihm zugeordnetes Bodenvolumen verstanden werden. Bei der in der Praxis üblichen Abschätzung der Durchlässigkeit aus der Kornverteilung wird von einem kleinen Probevolumen auf die Eigenschaft eines weit größeren Bodenkörpers geschlossen. Es empfiehlt sich, die Durchlässigkeit an verschiedenen Bodenproben, die aus unterschiedlichen, relevanten Bereichen des Aquifers entnommen wurden, zu berücksichtigen und daraus einen mittleren, repräsentativen Referenzwert abzuleiten.

Bei den zu beurteilenden Bodenproben sollte immer die Art der Probenentnahme bekannt sein. Unsachgemäß entnommene Bodenproben (z. B. beim Bohren ausgespülte Feinstbestandteile) führen zwangsläufig zu Fehleinschätzungen. Als Konsequenz für die Auswahl des Bohrverfahrens bei Baugrundaufschluss nach EN ISO 22475 sind daher nur Verfahren geeignet, die durchgehend gekernte Bodenproben ermöglichen.

Die geohydraulischen Eigenschaften eines Korngemisches werden vornehmlich durch wenige ausgewählte Punkte der Kornverteilungskurve (d_{60}, d_{10} → $U = d_{60}/d_{10}$) beschrieben. Bei der praktischen Auswertung der Summenlinie wird der Wert d_{10} statt d_w genutzt ($d_w = f(U) =$ „wirksamer, stellvertretender Korndurchmesser", dessen spezifische Kornoberfläche gleich der spezifischen Kornoberfläche des Korngemisches ist).

Werden z. B. zu einer stetig abgestuften Kornmatrix unproportional große Kornanteile im Grobkornbereich addiert, sodass sich in der Kornverteilung eine ausgeprägte Ausfallkörnung bilden muss, verschiebt sich infolge der prozentual veränderten Massenanteile auch der Siebdurchgang im Bereich des wirksamen Durchmessers (d_{10}).

Die damit verbundene Verschiebung der Kornverteilung in Richtung größerer Kornfraktion täuscht bei der Abschätzung der Durchlässigkeit einen zu großen k-Wert vor. Mithilfe der in Bild 74 eingetragenen Korrektur lässt sich der Einfluss dieser Grobkorneinschlüsse auf den Durchlässigkeitsbeiwert k quantitativ abschätzen bzw. korrigieren.

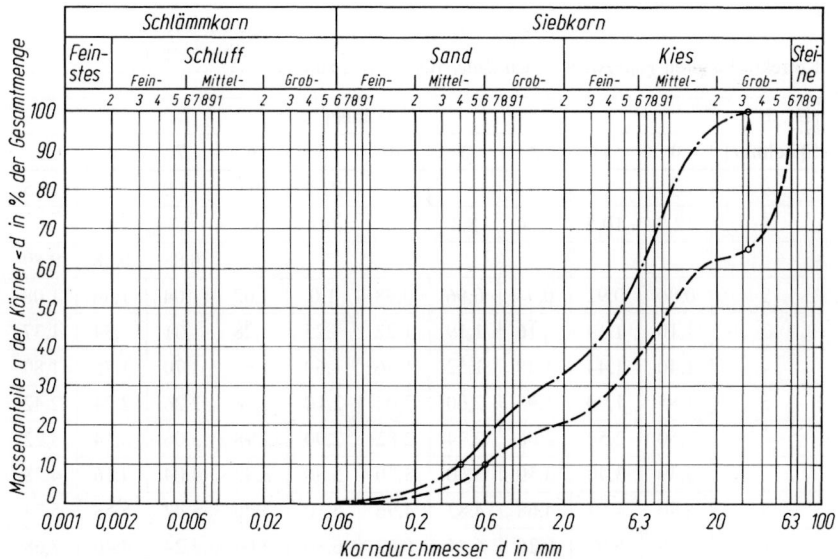

Bild 74. Korrektur zur Berücksichtigung von Ausfallkörnungen im Grobkornbereich

In Tabelle 6 sind die bekanntesten Ansätze der k-Wertermittlung aus Kornverteilungskurven zusammengestellt. Die Tabellen 7 und 8 enthalten Korrekturfaktoren nach *Beyer* und *Seiler* in Abhängigkeit von der Ungleichförmigkeit der Kornverteilung.

Tabelle 6. Ansätze zur Ermittlung des k-Wertes aus der Kornverteilung

	Korndurchmesser beim Durchgang der Summenlinie durch 10 bzw. 25% der Gesamtmassenmenge	k-Wert	Gültig für $U = d_{60}/d_{10}$
Hazen (1893)	d_{10} [mm]	$0{,}0116 \cdot d_{10}^2$ [m/s]	U < 5 (Feinsand)
Beyer (1964)	d_{10} [mm]	$c(U) \cdot d_{10}^2$ [m/s]	1 < U < 20
Sichardt (1927)	d_k [mm] als Funktion der Kornverteilung	$0{,}006 \cdot d_k^2$ [m/s] $d_k = \dfrac{1}{100} \sum_{1}^{n} \dfrac{d}{G}$	–
Seiler (1973)	d_{10} [mm]	$\dfrac{\chi_{10}(U)}{1000} \cdot d_{10}^2$ [m/s]	$5 < U \leq 17$
	d_{25} [mm]	$\dfrac{\chi_{25}(U)}{1000} \cdot d_{25}^2$ [m/s]	$17 \leq U \leq 100$ (Kiese-Sande)

G = Gewichtsanteil der Korngrößengruppe vom Durchmesser d

Tabelle 7. Korrekturfaktor nach *Beyer* in Abhängigkeit von der Ungleichförmigkeit $U = d_{60}/d_{10}$

U	1,0–1,9	2,0–2,9	3,0–4,9	5,0–9,9	10,0–19,9	> 20
c(U)	0,011	0,010	0,009	0,008	0,007	(0,006)

Tabelle 8. Korrekturfaktoren χ_{10} bzw. χ_{25} nach *Seiler* für $5 \leq U \leq 100$

	U [Zehner]	[Einer] 0	1	2	3	4	5	6	7	8	9
$\chi_{10}(U)$	0						21,5	19,0	17,0	15,0	13,5
	1	12,0	10,5	9,4	8,4	7,5	6,7	6,1	5,7		
$\chi_{25}(U)$									0,88	0,88	0,89
	2	0,90	0,92	0,94	0,96	0,98	1,0	1,02	1,04	1,06	1,08
	3	1,10	1,13	1,16	1,19	1,22	1,25	1,28	1,31	1,34	1,37
	4	1,40	1,44	1,48	1,52	1,56	1,60	1,65	1,70	1,75	1,80
	5	1,85	1,90	1,95	2,00	2,05	2,10	2,18	2,26	2,34	2,42
	6	2,50	2,58	2,66	2,74	2,82	2,90	2,98	3,06	3,14	3,22
	7	3,30	3,40	3,50	3,60	3,70	3,80	3,92	4,04	4,16	4,28
	8	4,40	4,54	4,68	4,82	4,96	5,10	5,26	5,42	5,58	5,74
	9	5,90	6,08	6,26	6,44	6,62	6,80	7,02	7,24	7,46	7,68
	10	7,90									

2.4 Pump- und Injektionsversuche

Pumpversuche sind die beste Methode zur Bestimmung des Durchlässigkeitsbeiwerts k, da hierbei ein größtmögliches Aquifervolumen unter in-situ-Bedingungen untersucht wird. Zu unterscheiden sind Pumpversuche mit Beobachtungsmessstellen, sog. Aquifertests, und Pumpversuche, bei denen nur der abgepumpte Brunnen beobachtet wird. Letztere werden in der Literatur auch als Einbohrlochversuch, Kurzpumpversuch oder Pumptest bezeichnet.

Voraussetzung für Pumpversuche ist ein ausreichend durchlässiger Aquifer, damit sich aus einem Brunnen mit einer Pumpe Wasser entnehmen lässt. Mit sehr kleinen Pumpraten von ca. 0,01 l/s (ca. 1 l/min oder 0,05 m³/h) lassen sich noch Durchlässigkeitsbeiwerte in der Größenordnung von 10^{-6} m/s bestimmen. Technisch können zwar auch noch kleinere Pumpraten realisiert werden, jedoch erfordert dies eine spezielle Ausrüstung und bleibt Sonderfragestellungen, wie z. B. der Erkundung geologischer Barrieren vorbehalten.

Idealerweise richten sich der Durchmesser und die Einbindetiefe der Probebrunnen nach den später erforderlichen Entnahmebrunnen. Nach Möglichkeit sollte der Aquifer wegen der eindeutigeren Anströmverhältnisse vom Brunnen vollkommen erfasst werden (Eintauchtiefe > 70 % der Aquifermächtigkeit M). Ist dies wegen zu großer Aquifermächtigkeit nicht durchführbar, so ist darauf zu achten, dass vor allem die gröberen und damit durchlässigeren Bereiche im Untergrund (gem. Bohrprofil) von der Filterstrecke des Brunnens erfasst werden, weil sonst die Brunnenergiebigkeit zur Erzeugung einer erforderlichen Absenktiefe unzureichend sein kann.

Die hier beschriebenen Pumpversuche haben die Bestimmung des Durchlässigkeitsbeiwerts zum Ziel. Um die Vorteile instationärer Auswerteverfahren zur genauen Bestimmung des Durchlässigkeitsbeiwerts nutzen zu können, sind diese Pumpversuche als Versuche mit konstanter Rate durchzuführen. Daneben existieren weitere Versuchsmethoden wie z. B. Stufenpumpversuche. Diese haben andere Aufgaben wie z. B. die Bestimmung der Brunnenergiebigkeit und eignen sich nur bedingt für die genaue Bestimmung des Durchlässigkeitsbeiwerts.

Anstelle von Pumpversuchen können grundsätzlich auch Injektionsversuche durchgeführt werden, z. B. wenn die Entnahme von Wasser technische Probleme bereitet oder das Wasser kontaminiert ist. Bei Injektionsversuchen wird in umgekehrter Weise wie beim Pumpversuch kontinuierlich Wasser zugeführt statt abgepumpt.

Stand der Technik ist, die Messwerte bei Pump- und Injektionsversuchen automatisch und kontinuierlich zu erfassen. Zur Messung des Wasserspiegels werden Drucksensoren eingesetzt, die das Gewicht der überlagernden Wassersäule erfassen. Da auf der Wassersäule zusätzlich das Gewicht der Atmosphäre lastet, ist es erforderlich, bei länger dauernden Pumpversuchen Schwankungen des atmosphärischen Luftdrucks zu kompensieren. Die Messgenauigkeit der eingesetzten Drucksensoren sollte im Bereich von 5 mm liegen. Pump- oder Injektionsraten sind mittels Durchflussmesser (z. B. magnetisch induktiv) mit geeignetem Messbereich zu erfassen. Die Vorrichtungen zur Messung und Steuerung von Pumpraten, entweder automatisch über Regelkreis oder mittels Handventil, müssen von Versuchsbeginn an konstante Raten ermöglichen. Die Qualität von Konstante-Rate-Versuchen ist erfahrungsgemäß gesichert, wenn die Pumprate im Mittel weniger als ± 2 % vom Sollwert abweicht.

Die Aufzeichnung der Messdaten ist in dem Versuchsverlauf angepassten Messintervallen durchzuführen. Dabei müssen Messintervalle von einer Sekunde, in Sonderfällen auch kürzer, möglich sein. Standardmäßig sind alle Versuchsparameter online ablesbar. Dabei ist der Einsatz einer Bildschirmgrafik zu empfehlen, die neben den aktuellen Werten auch den gesamten oder ausschnittsweisen Verlauf des Versuchs zeigt. Der Versuchsverlauf ist durch Zeit/Werte-Grafiken aller Versuchsparameter zu belegen.

Pumpversuche erfordern eine sorgfältige Planung. Auf den aufzustellenden Versuchsplan geht das DVGW-Regelwerk W 111 ausführlich ein. Wesentliche Punkte dabei sind die Pumprate und die Pumpzeit:

Die geeignete Pumprate richtet sich nach der geplanten Absenkung und der vermuteten Durchlässigkeit. Die Absenkung sollte mindestens 2 m betragen, damit sich ein gut messbarer Absenkverlauf ergibt. Es ist allerdings zu beachten, dass während des Versuchs bei freiem Grundwasserspiegel nicht mehr als 50 % der angetroffenen Wassersäule abgesenkt wird, da sonst in der Praxis nicht mehr kompensierbare Störeffekte durch vertikale Strömungskomponenten in Brunnennähe auftreten. Ein gespannter Grundwasserspiegel sollte nach Möglichkeit nicht so weit abgesenkt werden, dass sich in Brunnennähe freie Verhältnisse ergeben. In Zweifelsfällen sollte zur Bemessung der Pumprate ein kurzer Vorversuch durchgeführt werden.

Die Pumpzeit richtet sich zunächst einmal danach, dass die Daten für die Verifizierung des Fließmodells und die Bestimmung des Durchlässigkeitsbeiwerts ausreichen. Dies kann durch eine Feldauswertung während des Versuchs sichergestellt werden. Des Weiteren sollte die Absenkung den zu untersuchenden Aquiferbereich erfassen. Die theoretische Reichweite R (vgl. Abschn. 1.6) der Absenkung kann abgeschätzt werden nach

$$R = 1{,}5\sqrt{\frac{t \cdot T}{S}} \quad [m] \quad \text{bei gespanntem Grundwasserspiegel und}$$

$$R = 1{,}5\sqrt{\frac{t \cdot T}{n_{sp}}} \quad [m] \quad \text{bei freiem Grundwasserspiegel}$$

Um einen Aquiferbereich im Radius R um den Brunnen ausreichend zu erfassen, sollte die erforderliche Versuchszeit t abgeschätzt werden nach

$$t = \frac{R^2 \cdot S}{T} \quad [s] \quad \text{bei gespanntem Grundwasserspiegel und}$$

$$t = \frac{R^2 \cdot n_{sp}}{T} \quad [s] \quad \text{bei freiem Grundwasserspiegel}$$

Ein Pumpversuch dauert i. d. R. einen Tag bis mehrere Tage. Zur Feststellung der Ausgangssituation sollten alle Grundwassermessstellen einige Tage vor Testbeginn zweimal täglich beobachtet werden. Dadurch können periodische Schwankungen oder äußere Einflüsse des ruhenden Grundwasserspiegels ermittelt und bei der späteren Auswertung berücksichtigt werden.

2.4.1 Pumpversuche mit Beobachtungsmessstellen (Aquifertest)

Der Aquifertest stellt den Idealfall der geohydraulischen Parameterermittlung dar. Der Grundwasserspiegel wird durch das Abpumpen von Grundwasser aus einem Brunnen abgesenkt. Der raumzeitliche Verlauf der Absenkung wird durch Beobachtungsmessstellen rund um den Brunnen erfasst (Bilder 75 und 76). Die aus dem Absenkverlauf der Beobachtungsmessstellen gewonnenen Durchlässigkeitsbeiwerte repräsentieren die Durchlässigkeitsverhältnisse des gesamten Aquifervolumens zwischen dem Brunnen und der Beobachtungsmessstelle. Durch die Anordnung mehrerer Beobachtungsmessstellen auf verschiedenen

2.10 Grundwasserströmung – Grundwasserhaltung

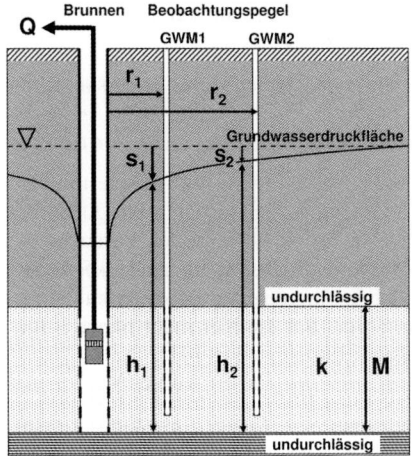

Bild 75. Pumpversuch bei gespanntem Grundwasserspiegel

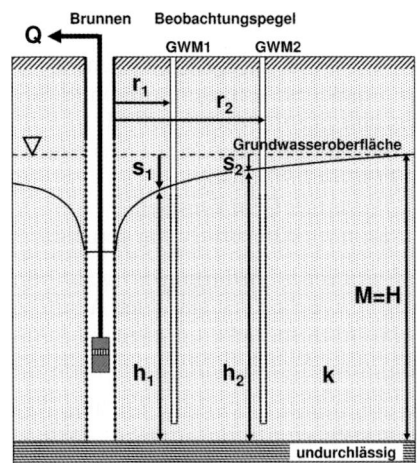

Bild 76. Pumpversuch bei freiem Grundwasserspiegel

Seiten des Brunnens lassen sich auch richtungsabhängige Differenzen der Durchlässigkeit erkennen.

Für eine vernünftige Auswertung sind mindestens zwei Beobachtungsmessstellen erforderlich. Die Entfernung der Beobachtungsmessstellen vom Brunnen sollte im Hinblick auf eine spätere Auswertung logarithmisch gestaffelt sein. Wegen der besonderen Zustromverhältnisse im Brunnennahbereich sollte die dem Brunnen nächstgelegene Beobachtungsmessstelle 3 bis 6 m entfernt sein. Um noch eine interpretierbare Absenkkurve zu erhalten, sollte die entfernteste Beobachtungsmessstelle in einem Abstand von 30% der erwarteten Reichweite R eingerichtet werden.

Bei unvollkommenen Brunnen ist zu berücksichtigen, dass die Absenkung bis in eine Entfernung x < M größer als die eines den Aquifer vollkommen erfassenden Brunnens ist. Ab x > M sind die Absenkungen beider Brunnen gleichzusetzen. Außerdem nimmt der Einfluss eines geschichteten Aquifers auf die Messwerte mit zunehmender Entfernung vom Brunnen ab. Zur Vermeidung aufwendiger Korrekturen der Messwerte bei unvollkommenen Brunnen und zur Minimierung der Einflüsse infolge eines geschichteten Aquifers sollten deshalb zur Ermittlung des repräsentativen k-Wertes entferntere Beobachtungsmessstellen x > M bevorzugt werden.

Wenn die Möglichkeit einer Grundwasseranreicherung besteht (z. B. von einem nahegelegenen offenen Gewässer), empfiehlt es sich, die Beobachtungsmessstellen auf einem Achsenkreuz (ein Ast in Strömungsrichtung) anzuordnen. Dadurch ist eine nach Richtungen getrennte Auswertung möglich und die Beeinflussung einer späteren Grundwasserabsenkungsanlage kann genauer erfasst werden.

Die Einbautiefe der Beobachtungsmessstellen ist mindestens genauso wichtig wie der horizontale Abstand vom Brunnen. In homogenem Aquifer sollte die Filterstrecke der Grundwassermessstellen mindestens auf dem Niveau der Brunnensohle eingebaut werden.

Sind im Aquifer durchgehende, unregelmäßig tief verlaufende Grobschichten vorhanden, so muss die Filterstrecke der Beobachtungsmessstellen diese Grobschichten erfassen.

Für die hier aufgeführten Auswerteverfahren gelten folgende Bedingungen:
- der Aquifer ist unbegrenzt ausgedehnt,
- der Aquifer ist homogen, isotrop (d. h. in alle Richtungen gleich durchlässig) und von gleichbleibender Mächtigkeit M,
- die Grundwasseroberfläche (frei) bzw. Grundwasserdruckfläche (gespannt) vor der Absenkung ist horizontal,
- die Förderrate Q ist konstant,
- der Brunnen durchdringt den gesamten Aquifer (vollkommener Brunnen).

Für abweichende Bedingungen (z. B. begrenzte Aquifere, mehrschichtige Aquifere mit Leckagen zwischen den einzelnen Aquiferen, auskeilende Aquifere, unvollkommene Brunnen) existieren spezielle Lösungen und Auswerteverfahren, auf die hier nicht näher eingegangen wird. Ausführliche Verfahrensanleitungen hierzu finden sich in [41].

Unter der zusätzlichen Voraussetzung, dass die Absenkung in den verwendeten Beobachtungsmessstellen den Beharrungszustand erreicht hat, kann eine Auswertung für stationäre Strömung mit der Brunnengleichung nach *Thiem* [42] (basierend auf *Dupuit* [20]) durchgeführt werden:

$$Q = \frac{2\pi k M (s_1 - s_2)}{\ln(r_2/r_1)} \quad \text{bzw.} \quad k = \frac{Q}{2\pi M (s_1 - s_2)} \ln(r_2/r_1)$$

(gespannter Grundwasserspiegel)

$$Q = \frac{\pi k (h_2^2 - h_1^2)}{\ln(r_2/r_1)} \quad \text{bzw.} \quad k = \frac{Q}{\pi (h_2^2 - h_1^2)} \ln(r_2/r_1)$$

(freier Grundwasserspiegel)

Ein großer Nachteil des Thiem'schen Verfahrens ist, dass unter Feldbedingungen ein quasistationärer Beharrungszustand nicht oder erst nach sehr langer Zeitdauer erreicht wird. Außerdem lässt die im Beharrungszustand gemessene Absenkung keine Rückschlüsse darauf zu, ob die Voraussetzungen zur Anwendung des Verfahrens zutreffen.

Es ist daher zumeist sinnvoll bzw. notwendig, die instationäre Absenkphase auszuwerten, für die *Theis* [29] eine Gleichung entwickelte, die den Zeitfaktor und den Speicherkoeffizienten berücksichtigt. Da das geförderte Wasser aus der Verminderung des Speichervorrats stammt, breitet sich die Absenkung im Aquifer weiter aus. Die Absenkung im Einflussbereich multipliziert mit dem Speicherkoeffizienten entspricht dabei der Entnahmemenge. Ein Beharrungszustand kann daher theoretisch nicht eintreten. Mit der radialsymmetrischen Ausdehnung des Absenkbereichs vermindern sich die Absenkbeträge jedoch kontinuierlich.

Die Gleichung für instationäre Strömung bei **gespanntem** Grundwasserspiegel (Theis-Gleichung) lautet:

$$s = \frac{Q}{4\pi k M} \int_u^\infty \frac{e^{-y}}{y} dy = \frac{Q}{4\pi k M} W(u)$$

Darin sind:

$$u = \frac{r^2 S}{4 kMt} \quad \text{und} \quad S = \frac{4kMtu}{r^2}$$

s Absenkung [m], gemessen in einer Beobachtungsmessstelle im Abstand r [m] vom Brunnen
Q konstante Entnahmemenge aus dem Brunnen [m³/s]

2.10 Grundwasserströmung – Grundwasserhaltung

S   Speicherkoeffizient [–]
k   Durchlässigkeitsbeiwert [m/s]
M   Aquifermächtigkeit [m]
t   Zeit ab Pumpbeginn [s]

Die Theis-Gleichung ist nicht für die Absenkung im Brunnen (r = 0!) definiert.

Für **freie** Grundwasserspiegel muss vor der Nutzung der Theis-Gleichung eine Korrektur für die gemessene Absenkung s_f des freien Grundwasserspiegels durchgeführt werden, da sich der Fließquerschnitt mit der Absenkung ändert (s. Bild 76):

$$s = s_f - \frac{s_f^2}{2H}$$

Für die Auswertung der Versuchsdaten aus der instationären Absenkung wird in der Praxis eine Typkurve verwendet. Diese erhält man durch die doppeltlogarithmische Auftragung der Theis'schen Brunnenfunktion W(u) gegen 1/u (vgl. Bild 77). Die Funktionswerte der Brunnenfunktion sind in zahlreichen Lehrbüchern veröffentlicht (z. B. [41]). Eine Zusammenstellung der Funktionswerte enthält auch Tabelle 16 am Ende dieses Kapitels. Zur Anpassung entsprechend aufbereiteter Versuchsdaten (s. u.) kann die Typkurvenvorlage mit der Bourdet-Ableitung ergänzt werden. Diese wird gebildet aus der ersten mathematischen Ableitung der W(u)-Funktion nach u multipliziert mit 1/u, die ebenfalls gegen 1/u aufgetragen wird.

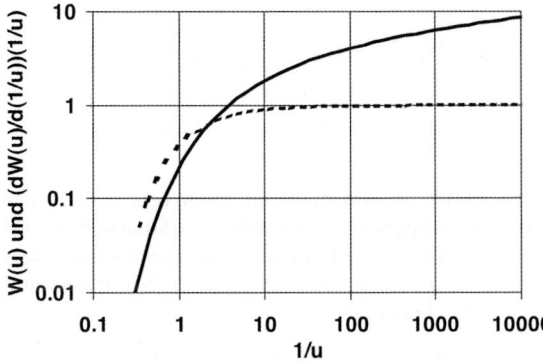

Bild 77. Theis-Typkurve mit Bourdet-Ableitung (gestrichelt)

Die Daten aus der instationären Absenkung einer Beobachtungsmessstelle (Bild 78) werden ebenfalls doppeltlogarithmisch aufgetragen (Bild 79). Im gleichen Diagramm wird die Bourdet-Ableitung der Datenkurve dargestellt. Diese wird gebildet, indem die (ggf. geglättete) Kurvensteigung ds/dt multipliziert mit t gegen t abgetragen wird.

Wenn die Theis'schen Aquiferbedingungen erfüllt sind (u. a. Brunnen vollkommen, Aquifer unbegrenzt, homogen, isotrop, Grundwasserdruckfläche gespannt und horizontal), verläuft die Bourdet-Ableitung horizontal, parallel zur Zeitachse. Man spricht dann auch von einem unbegrenzt radialen Fließregime oder einer infinit radialen Fließphase.

Die Bourdet-Ableitung ist damit ein hervorragendes Diagnoseinstrument für vorliegende Randbedingungen. Verläuft die Ableitung nicht horizontal, so liegen Randbedingungen bzw. Aquiferverhältnisse vor, die die Anwendung entsprechender Auswerteverfahren erfordern.

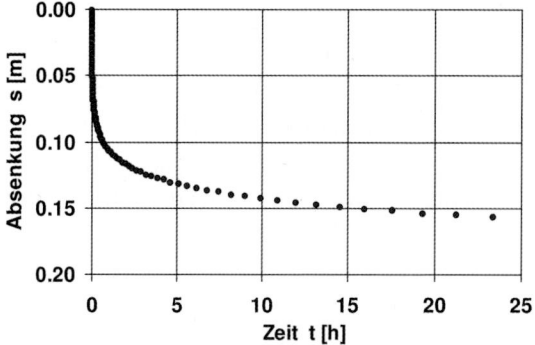

Bild 78. Beispiel für die Absenkung des Wasserspiegels in einer Grundwassermessstelle während eines Pumpversuchs

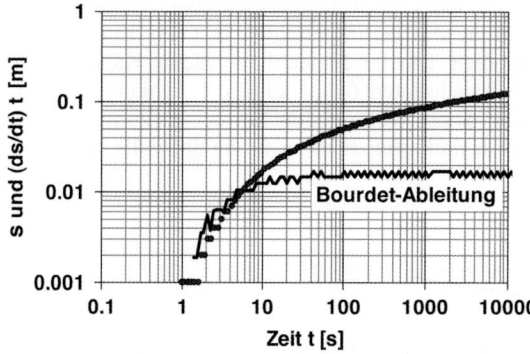

Bild 79. Doppeltlogarithmische Auftragung der Absenkung mit Bourdet-Ableitung

Für die Bestimmung der hydraulischen Kennwerte wird die Typkurvenvorlage (z.B. auf einem Transparentpapier bzw. durch das Auswerteprogramm) achsenparallel auf der im gleichen Maßstab aufgetragenen Datenkurve bis zur bestmöglichen Kurvendeckung verschoben (Bild 80). Die Bourdet-Ableitung ist dabei i.d.R. mit der Typkurvenableitung sicherer anzupassen als die Datenkurve mit der Typkurve.

Nach der Kurvenanpassung werden für die Absenkung s und W(u) auf der y-Achse zwei (beliebige) Deckungspunkte abgelesen und der Durchlässigkeitsbeiwert k bei bekannter konstanter Förderrate Q und Aquifermächtigkeit M bestimmt nach

$$k = \frac{Q}{4\pi M s} W(u)$$

Aus Deckungspunkten für die Zeit t und 1/u auf der x-Achse kann der Speicherkoeffizient bestimmt werden nach

$$S = \frac{4kMt}{r^2(1/u)}$$

Unter der Bedingung, dass u < 0,02 ist, kann für die Auswertung der Absenkung auch das Geradlinienverfahren nach *Cooper/Jacob* [43] angewendet werden.

2.10 Grundwasserströmung – Grundwasserhaltung

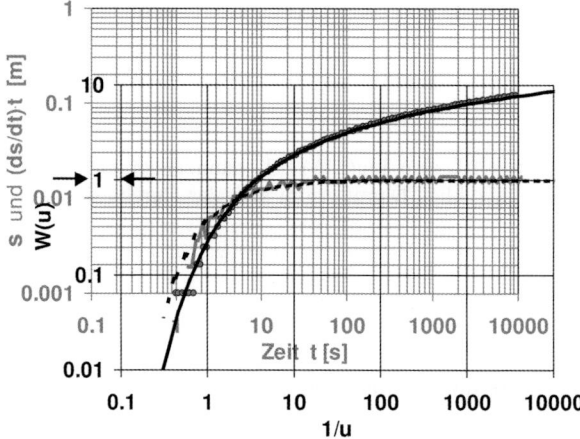

Bild 80. Bestimmung des Durchlässigkeitsbeiwerts k durch Anpassung der doppeltlogarithmischen Auftragung mit der Theis-Typkurve. Hier sind z. B. W(u) = 1 und s = 0,015 m

Für entsprechend kleine u-Werte kann die Absenkung durch die Asymptote ausgedrückt werden:

$$s = \frac{Q}{4\pi k M} \left(-0{,}5772 - \ln \frac{r^2 S}{4 k M t}\right)$$

Nach Umstellung und Verwandlung der natürlichen in dekadische Logarithmen folgt:

$$s = \frac{2{,}30 Q}{4\pi k M} \log \frac{2.25 k M t}{r^2 S}$$

Für eine im Abstand r zum Brunnen gelegene Grundwassermessstelle werden die registrierten Absenkwerte gegen die Zeit (in logarithmischem Maßstab) aufgetragen. An die Daten wird eine Gerade angepasst (Bild 81).

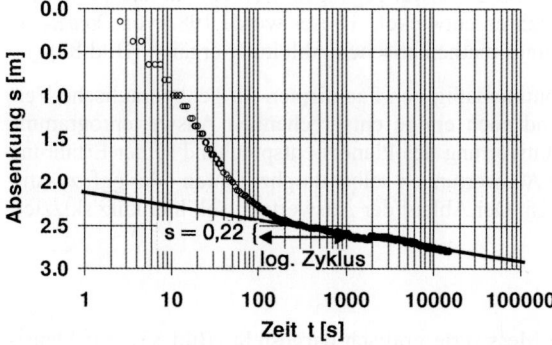

Bild 81. Auswertung der Absenkung mit dem Geradlinienverfahren nach Cooper/Jacob [43]

Die Geradensteigung Δs ergibt sich aus Subtraktion zweier Absenkwerte s_1 und s_2 auf der Geraden zu den Zeitpunkten t_1 und t_2:

$$s_2 - s_1 = \Delta s = \frac{Q}{4\pi kM} \ln \frac{t_2}{t_1}$$

Werden t_2 und t_1 so gewählt, dass $t_2/t_1 = 10$, also $\log(t_2/t_1) = 1$, dann entspricht Δs der Geradensteigung pro logarithmischem Zeitzyklus. Damit ergibt sich der Durchlässigkeitsbeiwert nach

$$k = \frac{2,30\,Q}{4\pi \Delta s M}$$

2.4.2 Pumpversuche ohne Beobachtungsmessstellen (Pumptest)

Oftmals stehen bei Pumpversuchen keine Beobachtungsmessstellen zur Verfügung oder die Pumpzeiten sind zu kurz, als dass in den vorhandenen Grundwassermessstellen eine Reaktion hervorgerufen wird. In diesem Fall kann nur der Absenkungsverlauf im Brunnen selber erfasst werden. Die daraus gewonnenen Durchlässigkeitsbeiwerte repräsentieren die mittleren Durchlässigkeitsverhältnisse des von der Absenkung erfassten Aquifervolumens im Radius R um den Brunnen.

Aus der Absenkung bzw. dem Wiederanstieg im Brunnen können verlässliche Durchlässigkeitsbeiwerte jedoch nur mit instationären Verfahren ermittelt werden, die Bohrloch- und Brunneneffekte berücksichtigen. Unter dieser Voraussetzung stellen Pumpversuche ohne Beobachtungsmessstellen eine wirtschaftlich günstige Methode zur Ermittlung von Durchlässigkeitsbeiwerten dar.

Die Entwicklung geeigneter Auswerteverfahren ging in den 1970er- und 1980er-Jahren von der Erdölexploration aus. Eine Lösung für die Absenkung im Brunnen wurde 1979 von *Gringarten* et al. [44] unter Berücksichtigung der Brunnenspeicherung (C_D) und des Skinfaktors (Skin) veröffentlicht:

$$s = \frac{Q}{2\pi kM} \frac{4}{\pi^2} \int_0^\infty \frac{\left(1 - e^{-u^2 t_D}\right) du}{u^3 \left\{ \left[uC_D J_0(u) - \left(1 - C_D \text{Skin} \cdot u^2\right) J_1(u)\right]^2 + \left[uC_D Y_0(u) - \left(1 - C_D \text{Skin} \cdot u^2\right) Y_1(u)\right]^2 \right\}}$$

Auf die einzelnen Größen soll hier nicht näher eingegangen werden, für die praktische Anwendung wurde ein Typkurvenverfahren entwickelt. Dieses wurde 1983 von *Bourdet* et al. [45] um das Diagnoseinstrument einer mathematischen Ableitung ergänzt (Bild 82).

Das Auswerteverfahren wird heute routinemäßig von Fachfirmen für geohydraulische Versuche eingesetzt. Auf dem Markt sind auch einige entsprechenden Auswerteprogramme erhältlich, jedoch liegt es in der Verantwortung des Planers entsprechend seiner Erfahrung und der Komplexität der Aufgabe die Auswertungen selbst durchzuführen oder ggf. zusammen mit dem Pumpversuch zu vergeben. Der Ablauf der Auswertung soll hier kurz skizziert werden:

1. Datenaufbereitung

In der Datenaufbereitung werden die Messwerte grafisch dargestellt (Bild 83), auf Plausibilität geprüft und ggf. Fehlwerte eliminiert. Bei freiem Grundwasserspiegel werden die Absenkwerte entsprechend Abschnitt 2.4.1 korrigiert.

2.10 Grundwasserströmung – Grundwasserhaltung

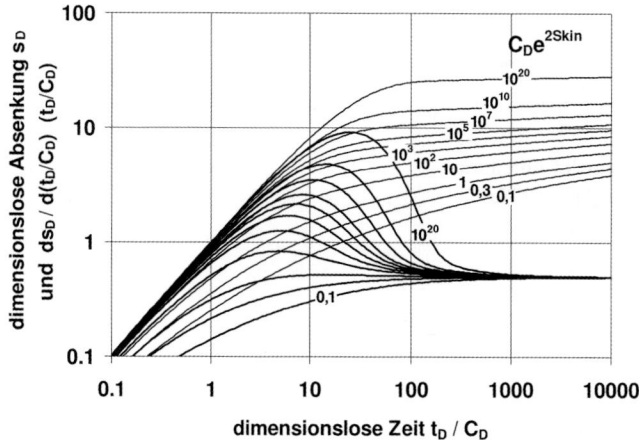

Bild 82. Typkurven nach *Gringarten* et al. [44] mit Ableitungen nach *Bourdet* et al. [45]

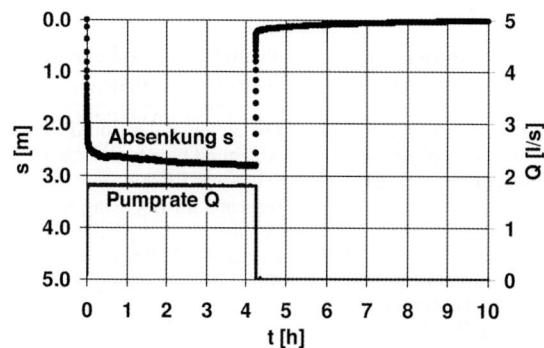

Bild 83. Beispiel eines Pumpversuchs, Absenkung und Wiederanstieg im Brunnen

2. Diagnose der Fließregime

Die Absenkung im Brunnen wird beeinflusst von Bohrloch- oder Brunneneffekten (innere Randbedingungen), der Aquiferdurchlässigkeit, dem Aquifertyp sowie den Aquifergrenzen (äußere Randbedingungen). Die einzelnen Faktoren verursachen spezifische Fließregime, die in verschiedenen Phasen des Pumpversuchs in Erscheinung treten. Aufgabe der Aquiferdiagnose ist, diese Fließregime zu identifizieren und zeitlich voneinander abzugrenzen.

Die Diagnose wird mit dem sog. diagnostischen Plot durchgeführt. Dies ist die Auftragung der Messwerte für die Absenkung s gegen die Zeit t in einem doppeltlogarithmischen Diagramm zusammen mit der Bourdet-Ableitung ds/dt · t gegen die Zeit t (Bild 84). Anhand des typischen Verlaufs und der Steigung der Ableitung können die einzelnen Fließphasen und Fließregime identifiziert und abgegrenzt werden (Tabelle 9). Für die Bestimmung der Aquiferdurchlässigkeit werden Daten aus der infinit radialen Fließphase benötigt. In dieser Phase breitet sich der Absenktrichter ungestört im Aquifer aus. Unter idealen Bedingungen

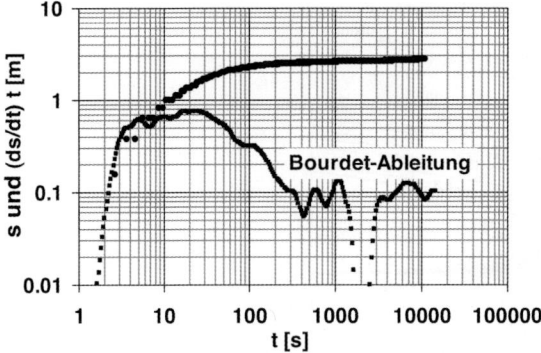

Bild 84. Doppeltlogarithmische Auftragung der Absenkung mit Bourdet-Ableitung

Tabelle 9. Diagnose hydraulischer Effekte und Fließregime anhand des typischen Verlaufs der Bourdet-Ableitung

Versuchs-phase	Effekt/ Fließregime	Einflussfaktoren auf die Absenkung	Typischer Verlauf der Bourdet-Ableitung
Frühe Phase	Brunnenspeicherung	Entleerung des Speicher-vorrats aus dem Brunnen (Brunnenspeicherung)	Die Steigung der Bourdet-Ableitung beträgt zunächst + 1, beide Effekte ver-ursachen im Übergang zur radialen Fließphase eine charakteristische „Glocken-form" der Ableitung
	Skineffekt	Absenkung des Wasser-spiegels bis der Gradient groß genug ist, damit auch eine brunnennahe Zone mit ver-minderter Durchlässigkeit durchflossen wird	
Mittlere Phase	infinit radiale Fließphase	raumzeitliche Ausbreitung des Absenktrichters im unbe-grenzten idealen Aquifer (Theis-Bedingungen)	Steigung 0, da die Bourdet-Ableitung der Theis'schen e-Funktion horizontal verläuft
	Zufluss aus über-lagerndem Aquifer	durch die Zuströmung wird die Ausbreitung des Absenk-trichters verlangsamt. Sie kommt zum Stillstand, wenn die zusickernde Menge der Förderrate entspricht	Bourdet-Ableitung knickt nach unten weg
	Porendränung in freien Grundwasser-leitern	durch die Porendränung wird die Ausbreitung des Absenk-trichters temporär verlang-samt. Sie nähert sich wieder der Theis-Absenkung an, sobald der Porenraum ent-wässert ist	Bourdet-Ableitung bildet eine „Mulde"

2.10 Grundwasserströmung – Grundwasserhaltung

Tabelle 9. (Fortsetzung)

Versuchs-phase	Effekt/ Fließregime	Einflussfaktoren auf die Absenkung	Typischer Verlauf der Bourdet-Ableitung
Späte Phase	linearer Staurand (z. B. undurchlässiger Aquiferrand)	Sobald die Absenkung den Aquiferrand erreicht, muss der fehlende Zustrom über den Staurand durch verstärkte, sich semiradial weiter ausbreitende Absenkung kompensiert werden	Bourdet-Ableitung bildet eine „Stufe", ihr Wert steigt um den Faktor 2
	parallele Stauränder (z. B. rinnenförmiger Aquifer)	Sobald die Absenkung die Aquiferränder erreicht, muss der fehlende Zustrom über die Stauränder durch verstärkte, sich linear weiter ausbreitende Absenkung kompensiert werden	Die Steigung der Bourdet-Ableitung beträgt $+0,5$
	geschlossene Stauränder (allseitig begrenzter Aquifer)	Sobald die Absenkung den Aquiferrand erreicht, kann der fehlende Zustrom über den Staurand nur noch durch die Entleerung des Aquifers kompensiert werden	Die Steigung der Bourdet-Ableitung beträgt $+1$
	lineare Anreicherungsgrenze (z. B. Vorfluter)	Absenkung des Wasserspiegels verläuft geringer als Theis-Absenkung, da der Vorfluter Wasser in den Absenktrichter einspeist	Die Steigung der Bourdet-Ableitung beträgt $-0,5$

wird diese Absenkung von der Theis-Funktion beschrieben. Diese Fließphase kann anhand des horizontalen Verlaufs der Bourdet-Ableitung erkannt und abgegrenzt werden.

3. Ermittlung des Durchlässigkeitsbeiwerts

Die Auswertung der Brunnenabsenkung wird mittels Typkurvenverfahren nach *Gringarten* vorgenommen. Da sich in der Typkurvenschar die einzelnen Typkurven sehr ähnlich sind, wird auch hierbei mit den Ableitungen der Typkurven gearbeitet. Dabei wird die von der Form her passende Typkurvenableitung auf die Ableitung der Datenkurve geschoben (Bild 85). Wie beim Verfahren nach *Theis* können die Transmissivität T und daraus der Durchlässigkeitsbeiwert k durch Einsetzen der Deckungspunkte bestimmt werden:

$$T = k \cdot M = \frac{s_D \cdot Q}{2\pi \cdot s} \quad [m^2/s]$$

Der Durchlässigkeitsbeiwert kann auch mit einfacheren Verfahren, z. B. nach *Theis* [29] oder *Cooper/Jacob* [43] bestimmt werden (s. o.). Allerdings dürfen dann hierzu ausschließlich die in der Aquiferdiagnose sicher abgegrenzten Daten der infinit radialen Fließphase verwendet werden.

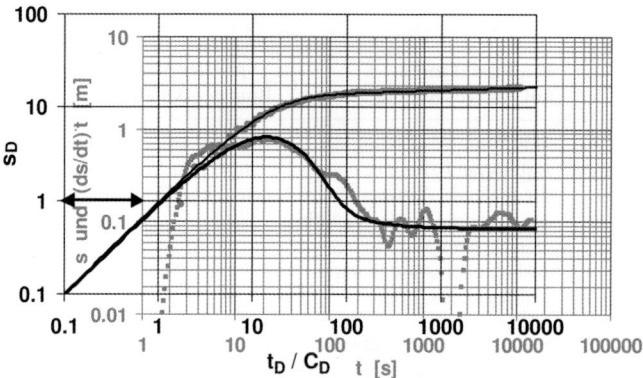

Bild 85. Bestimmung der Transmissivität T durch Anpassung der doppeltlogarithmischen Auftragung mit der passenden Typkurve. Hier sind z. B. $s_D = 1$ und $s = 0{,}18$ m

Nach dem Abstellen der Pumpe endet die Absenkung des Wasserspiegels im Brunnen. Der Wiederanstieg des Wasserspiegels wird als verbleibende Restabsenkung s′ gemessen, d. h. als Differenz zwischen dem Ruhewasserspiegel vor Pumpbeginn und dem augenblicklichen Wasserspiegel, gemessen zur Zeit t′ nach Abstellen der Pumpe.

Der Wiederanstieg lässt sich mathematisch so beschreiben, als ob anstelle des bisherigen Entnahmebrunnens ein Injektionsbrunnen Wasser in den Aquifer mit einer Rate einspeist, die genauso groß ist wie die bisherige Förderrate. Da die Auffüllmenge unabhängig von Schwankungen der Pumprate konstant ist, liefert die Wiederanstiegsmessung oft bessere Daten für die Auswertung.

Der Wiederanstieg im Brunnen kann ebenfalls mit der Typkurvenvorlage nach *Gringarten* ausgewertet werden. Hierzu wird im doppeltlogarithmischen Diagramm auf der Ordinate der Wiederanstieg als Differenz $s_{max} - s'$ aus maximaler Absenkung bei Pumpende s_{max} und Restabsenkung s′ gegen die Zeit t′ seit Pumpende aufgetragen. Die Bourdet-Ableitung wird aus $ds'/dt' \cdot t' \cdot (t_p + t')/t_p$ gebildet, wobei t_p die vorausgegangene Pumpdauer ist.

Für die Auswertung des Wiederanstiegs ist außerdem ein Geradlinienverfahren gebräuchlich, das wiederum nur für die Daten aus der infinit radialen Fließphase angewendet werden darf (horizontale Phase der Bourdet-Ableitung in der diagnostischen Auftragung): Während der Wiederanstiegszeit beträgt nach *Theis* [29] die Restabsenkung durch Überlagerung der Förderung und Auffüllung

$$s' = \frac{Q}{4\pi kM}\left(\ln\frac{4kMt}{r^2 S} - \ln\frac{4kMt'}{r^2 S'}\right)$$

Wenn S und S′ gleich sind und $u = r^2 S/(4kMt')$ hinreichend klein ist, kann die Restabsenkung auch beschrieben werden als

$$s' = \frac{2{,}30\,Q}{4\pi kM}\log\frac{t}{t'}$$

Der Wiederanstieg im Brunnen wird als Restabsenkung s′ gegen t/t′ (Quotient aus Zeit seit Pumpbeginn t und Zeit seit Pumpende t′ auf logarithmischer Achse) aufgetragen (Bild 86). Durch die Zeitquotientenbildung sind die späten Daten die mit den niedrigeren t/t′-Werten. An die Daten aus der infinit radialen Fließphase wird eine Gerade angepasst.

2.10 Grundwasserströmung – Grundwasserhaltung

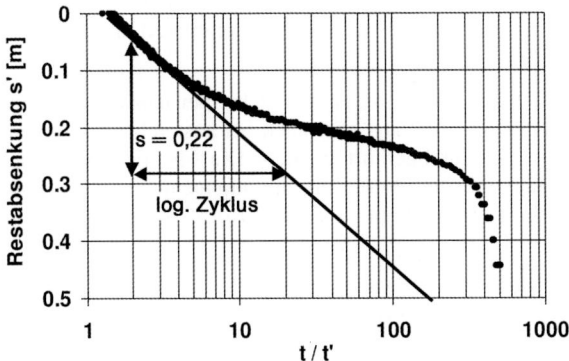

Bild 86. Auswertung des Wiederanstiegs im Brunnen mit dem Geradlinienverfahren nach *Theis* [29]

Der Anstieg dieser Geraden ist

$$\Delta s' = \frac{2,30\, Q}{4\pi k M}$$

Mit dem Wert von $\Delta s'$ als Geradensteigung pro logarithmischem Zeitzyklus wird der Durchlässigkeitsbeiwert bestimmt nach

$$k = \frac{2,30\, Q}{4\pi \Delta s' M}$$

2.5 Einfache Bohrlochversuche (offene Systeme)

Einfache Bohrlochversuche werden während der Bohrausführung in standfesten oder verrohrten Bohrlöchern sowie ausgebauten Grundwassermessstellen durchgeführt. Messtechnik und Durchführung sind relativ unaufwendig und die erforderliche Zeitdauer ist i. d. R. relativ kurz.

Da die Wasserspiegeländerung nur ein geringes Aquifervolumen erfasst, ist der aus dem Versuch ermittelte k-Wert nur für das engere Umfeld der Messstelle repräsentativ, i. d. R für wenige Meter.

Unter Auffüll- und Absenkversuchen werden einfache Versuchsdurchführungen verstanden, die mit stationären Auswerteverfahren kombiniert werden. Sie liefern *lediglich Näherungswerte* für den Durchlässigkeitsbeiwert, da z. B. Bohrlocheffekte und brunnenspezifische Einflüsse nicht berücksichtigt werden. Die erhaltenen k-Werte sind neben der Aquiferdurchlässigkeit auch von der Durchlässigkeit der Versuchsanordnung und Messstelle beeinflusst, ohne dass über die jeweiligen Anteile Aussagen getroffen werden können. Verockerte Brunnen oder durch Bohrspülung kolmatierte Bohrlöcher liefern z. B. geringere k-Werte, die Aquiferdurchlässigkeit kann damit ohne Weiteres um 1 bis 2 Größenordnungen unterschätzt werden. Wenn die Untersuchung über eine grobe Orientierung und Bestimmung der Größenordnung des Durchlässigkeitsbeiwerts hinausgehen soll, wird die Durchführung von Slug&Bail-Tests oder Pumptests empfohlen.

Slug&Bail-Versuche sind von der Durchführung her grundsätzlich auch Auffüll- und Absenkversuche. Unter Slug&Bail-Versuchen versteht man jedoch i. d. R. Versuche, bei denen die kontinuierlich gemessenen Versuchsdaten mit instationären Verfahren ausgewertet werden. Damit können Einflüsse wie Bohrloch- und Brunneneffekte eliminiert und die reine Aquiferdurchlässigkeit bestimmt werden.

Die Messung des Wasserspiegels während des Versuchs erfolgt hierbei idealerweise mit automatischen Drucksensoren und Datenloggern, kann aber auch bei ausreichend häufigen Ablesungen manuell mittels Kabellichtlot durchgeführt werden. Die Fließratenerfassung sollte mit Durchflussmessern erfolgen, die die Werte für die momentane Rate direkt anzeigen und damit in Kombination mit einem Regler sofortige Korrekturen des Durchflusses ermöglichen.

Vor Versuchsbeginn muss sich in der Messstelle der Ruhewasserspiegel eingestellt haben. In Zweifelsfällen ist mit einem ausreichend langen Messvorlauf die Konstanz des Wasserspiegels nachzuweisen.

2.5.1 Auffüll-/Absenkversuche

Nach DIN EN ISO 22282-2 [46] werden Versuchsverfahren mit konstanter Fließrate und Druckhöhe sowie mit veränderlicher Druckhöhe unterschieden. In der Norm sind auch Vorgaben für die fachgerechte Herstellung der Untersuchungsbohrung bzw. Messstelle enthalten.

2.5.1.1 Versuchsverfahren mit konstanter Fließrate und konstanter Druckhöhe

Die Versuchsdurchführung mit konstanter Fließrate ist für durchlässigen bis stark durchlässigen Untergrund geeignet.

Bei dem Versuch ist eine geeignete Fließrate einzustellen und konstant zu halten. Geeignet sind Fließraten, die eine aussagekräftige Wasserspiegeländerung zulassen, ohne dass die Messstelle während des Versuchs jedoch überläuft bzw. trocken fällt. Allgemein sind Wasserspiegeländerungen zwischen 0,5 und 5 m geeignet.

Der Wasserstand ist in den ersten 20 Minuten mindestens jede Minute, danach mindestens alle 5 Minuten zu erfassen. Als maximale Versuchszeit schlägt DIN EN ISO 22282-2 [46] eine Dauer von 60 Minuten vor. Abbruchkriterium ist das Erreichen des Beharrungszustandes, das heißt, wenn keine Wasserspiegeländerung mehr auftritt.

Im Anschluss an die Fließphase wird die Wiedereinstellung des Ruhewasserspiegels gemessen. Die Messungen werden anfangs wiederum mindestens jede Minute durchgeführt. Abbruchkriterium ist das Erreichen des Ruhewasserspiegels oder wenn die Messdauer der Dauer der Fließphase entspricht. Die Wiedereinspiegelung kann u. U. instationär ausgewertet werden (siehe Pumpversuch).

Die Versuchsdurchführung mit konstanter Druckhöhe ist für schwach durchlässigen bis durchlässigen Untergrund geeignet.

Bei dem Versuch wird eine konstante Druckhöhe über oder unter dem Ruhewasserspiegel eingestellt. Dies erfolgt z. B. mit einem Schwimmersystem, welches Wasser aus einem Vorratsbehälter nachspeist. In geeigneten Messintervallen wird die Fließrate bestimmt, z. B. als Volumenänderung im Vorratsbehälter über die Zeit. Der Versuch ist so lange auszuführen, bis eine konstante Fließrate erreicht wird.

Die Bestimmung des Durchlässigkeitsbeiwerts erfolgt mit der Fließrate Q und Differenz des Wasserspiegels zum Ausgangswasserspiegel im Beharrungszustand $s = H - h$ nach

$$k = \frac{Q}{F \cdot s} \quad [m/s]$$

Der zutreffende Formfaktor F ergibt sich entsprechend der Versuchsanordnung und den Aquiferverhältnissen (Tabelle 10).

2.5.1.2 Versuchsverfahren mit veränderlicher Druckhöhe

Die Versuchsdurchführung mit veränderlicher Druckhöhe ist für schwach durchlässigen bis durchlässigen Untergrund geeignet.

Bei dem Versuch wird der Wasserstand durch Zugabe oder Entnahme eines Wasservolumens schlagartig verändert und die Wiedereinstellung des Ruhewasserspiegels gemessen. Die Wiedereinspiegelung sollte gemessen werden bis der Ruhewasserspiegel zu mind. 75 % wiederhergestellt ist.

Die einfachste Methode zur Auswertung geht auf *Hvorslev* [47] zurück. Der Ansatz basiert auf der Annahme, dass die Fließrate Q in der Messstelle zu jeder Zeit proportional zum Durchlässigkeitsbeiwert k und zur verbleibenden Wasserspiegeländerung s = H − h ist (Bild 87):

$$Q(t) = \pi r_0^2 \frac{dh}{dt} = F k (H - h)$$

Hierbei ist F ein Formfaktor, der von der Versuchsanordnung und den Aquiferverhältnissen abhängt.

Durch Lösung obenstehender Differenzialgleichung erhält man mit den Anfangsbedingungen h = H_0 bei t = 0

$$k = \frac{\pi r_0^2}{F t} \ln\left(\frac{H - h}{H - H_0}\right) = \frac{\pi r_0^2}{F t} \ln\left(\frac{s}{s_0}\right)$$

mit s_0 = H − H_0, wobei mit H_0 der abgesenkte (oder erhöhte) Wasserstand in der Messstelle vor Beginn des Wiederanstiegs (oder Wiederabfalls) des Wasserstands bezeichnet ist.

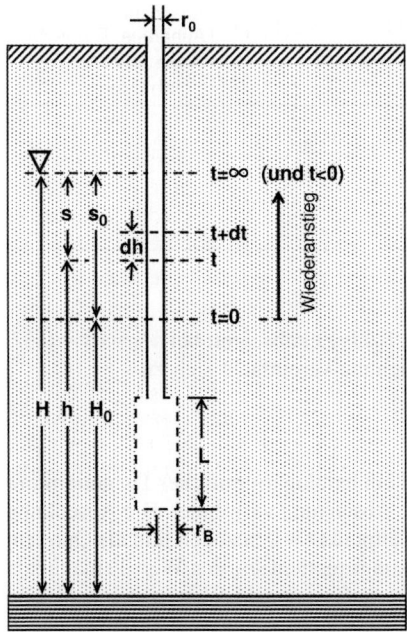

Bild 87. Versuchsgeometrie bei Auffüll-/Absenkversuchen mit veränderlicher Druckhöhe nach *Freeze/Cherry* [11]

Tabelle 10. Formfaktoren und Bestimmungsgleichungen für k für gebräuchliche Versuchsanordnungen und Aquiferverhältnisse (verändert, nach *Thompson* [48])

Fall	Versuchsanordnung	Diagramm	Formfaktor	Gleichung mit spezifischer Zeitverzögerung T_0	Anmerkung
1	verrohrte Bohrung, offenes Rohrende, freier Aquifer		$F = \dfrac{11\, r_B}{2}$	$k = \dfrac{2\pi\, r_B}{11\, T_0}$	Anwendungsbereich $0{,}15\text{ m} \leq D \leq 1{,}5\text{ m}$
2	verrohrte Bohrung oder Brunnen mit Filterstrecke der Länge L, freier Aquifer		$F = \dfrac{2\pi L}{\ln(L/r_B)}$	$k = \dfrac{r_0^2 \ln(L/r_B)}{2 L T_0}$	Anwendungsbereich $\dfrac{L}{r_B} > 8$
3	vollkommener oder unvollkommener Brunnen, gespannter Aquifer		$F = C_S\, r_B$	$k = \dfrac{\pi\, r_0^2}{C_S\, r_B\, T_0}$	$C_S = \dfrac{2\pi(L/r_B)}{\ln(L/r_B + 1{,}36)}$
4	a) $\dfrac{L_1}{M} \leq 0{,}20$ b) $0{,}20 \leq \dfrac{L_2}{M} \leq 0{,}85$		$F = \dfrac{2\pi L_2}{\ln(L_2/r_B)}$	$k = \dfrac{r_0^2 \ln(L_2/r_B)}{2 L_2 T_0}$	
5	c) $\dfrac{L_3}{M} = 1{,}00$		$F = \dfrac{2\pi L_3}{\ln(R/r_B)}$	$k = \dfrac{r_0^2 \ln(R/r_B)}{2 L_3 T_0}$	R = Reichweite der Absenkung; Annahme: $R/r_B = 200$
6	verrohrte Bohrung, offenes Rohrende, gespannter Aquifer		$F = 4\, r_B$	$k = \dfrac{\pi\, r_B}{4\, T_0}$	

Hvorslev definiert eine spezifische Zeitverzögerung T_0 als Zeitabschnitt bei $s/s_0 = e^{-1} = 0{,}37$. Damit wird der Ausdruck $\ln(s/s_0)$ zu 1 und die Gleichung vereinfacht sich zu

$$k = \frac{\pi r_0^2}{F T_0} \quad [\text{m/s}]$$

Zur Bestimmung des Durchlässigkeitsbeiwerts wird ein halblogarithmisches Diagramm mit linearer Zeitachse und logarithmischer Achse für die Absenkung verwendet. Die Absenkung s wird dabei auf die maximale Absenkung s_0 zum Zeitpunkt $t = 0$ bezogen und als Quotient s/s_0 aufgetragen. Zum Zeitpunkt $t = 0$ hat der Absenkungsquotient s/s_0 den Wert 1 (maximale Absenkung durch maximale Absenkung). Durch die aufgetragenen Wertepaare wird eine Ausgleichsgerade gelegt und für $s/s_0 = 0{,}37$ die spezifische Zeitverzögerung T_0 entsprechend

2.10 Grundwasserströmung – Grundwasserhaltung

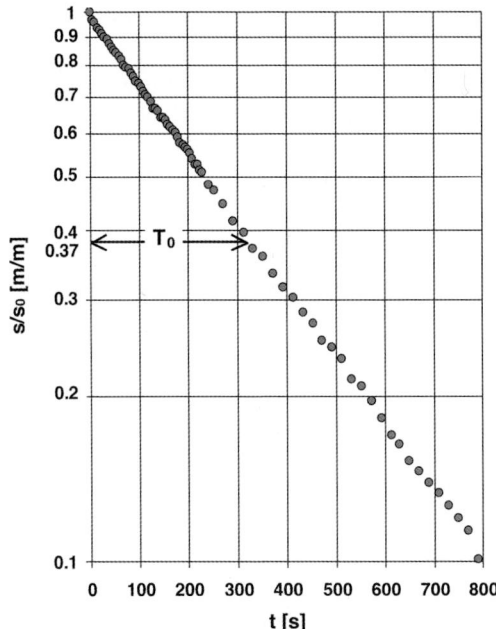

Bild 88. Auswertediagramm nach *Hvorslev* [47]

Bild 88 bestimmt. Der Formfaktor F und damit die für die Versuchsanordnung zutreffende Gleichung für den Durchlässigkeitsbeiwert ergeben sich entsprechend der Versuchsanordnung nach Tabelle 10.

2.5.2 Slug&Bail-Versuch

Unter einem Slug&Bail-Versuch versteht man einen modifizierten Auffüllversuch, bei dem durch das Einbringen eines Verdrängungskörpers (Bailer) eine schlagartige Anhebung des Wasserspiegels in der Messstelle bewirkt wird. Durch die Verwendung eines Verdrängungskörpers wird im Gegensatz zum Einfüllen von Wasser eine besonders schlagartige Veränderung des Wasserspiegels erreicht, was eine wichtige Annahme der Versuchsauswertung ist. Nach erfolgter Wiedereinstellung des Ruhewasserspiegels wird der Wasserstand durch das Herausziehen des Verdrängungskörpers schlagartig abgesenkt. Der Versuch endet, wenn nach erfolgtem Wiederanstieg der Ruhewasserspiegel wieder erreicht ist. Der Quotient aus Restabsenkung dividiert durch die maximale Absenkung sollte zumindest 0,25, bei Brunnen mit größerem Durchmesser, älteren Messstellen oder Bohrungen mit möglicherweise schlechtem Aquiferanschluss besser 0,1 erreichen.

Slug&Bail-Versuche sind für sehr schwach durchlässigen bis durchlässigen Untergrund geeignet.

Die Auswertung erfolgt mit einem instationären Lösungsverfahren, wie z. B. dem Typkurvenverfahren nach *Cooper* et al. [49]. Die Anwendung des Verfahrens setzt grundsätzlich gespannte Aquiferverhältnisse voraus, kann jedoch auch bei freiem Grundwasserspiegel angewendet werden, wenn die hervorgerufene Absenkung in Bezug auf die Aquifermächtigkeit gering ist.

Die Daten der Wasserspiegelerholung werden als Quotient der Restabsenkung (Aufhöhung) h zum Zeitpunkt t dividiert durch die maximale Absenkung (Aufhöhung) H_0 bei t = 0 in linearem Maßstab auf der y-Achse gegen die Zeit auf der x-Achse in logarithmischem Maßstab aufgetragen.

Die im gleichen Maßstab vorliegende Typkurvenschar (Bild 89) wird in x-Richtung auf die Datenkurve geschoben, bis eine Typkurve mit der Datenkurve bestmöglich übereinstimmt. Aus einem beliebigen Deckungspunkt der x-Achsen t und t_D bestimmt sich die Transmissivität T nach

$$T = \frac{t_D r_0^2}{t} \quad [m^2/s]$$

und hieraus nach Division durch die Mächtigkeit M des untersuchten Aquifers der Durchlässigkeitsbeiwert k nach

$$k = \frac{T}{M} \quad [m/s]$$

Bohrlocheinflüsse wie Brunnenspeicherung und Skin sowie der Speicherkoeffizient gehen in den Parameter α der Typkurve ein. Unter der Voraussetzung, dass der Skinfaktor = 0 ist (d. h. ein idealer Anschluss der Messstelle an den Aquifer vorliegt), kann aus dem Parameter α der Speicherkoeffizient bestimmt werden:

$$S = \alpha \frac{r_0^2}{r_B^2} \quad [-]$$

In den Gleichungen steht r_B für den Bohrradius und r_0 für den Rohrradius, in dem sich der Wasserspiegel bewegt.

In der Regel wird die Typkurvenauswertung mit verfügbaren Computerprogrammen durchgeführt, wobei zur besseren Identifizierung der am besten passenden Typkurve die ersten

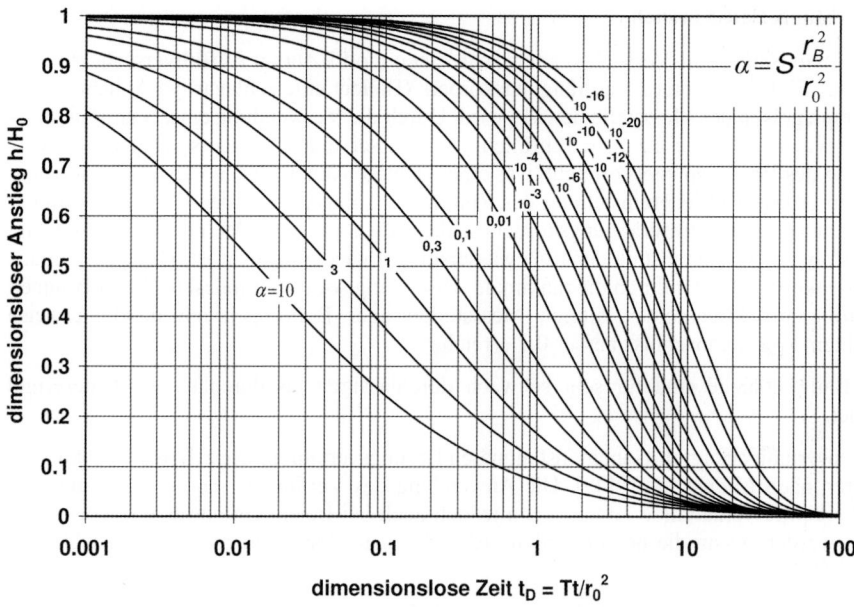

Bild 89. Typkurven zur Auswertung von Slug&Bail-Tests nach *Cooper* et al. [49]

2.10 Grundwasserströmung – Grundwasserhaltung

mathematischen Ableitungen der Datenkurve sowie der Typkurven herangezogen werden. Grundsätzlich ist jedoch unter Verwendung der Typkurvenvorlage (Bild 89) auch die grafische Auswertung von Hand möglich, ggf. unter Zuhilfenahme eines Tabellenkalkulationsprogramms.

2.6 Spezielle Bohrlochversuche (geschlossene Systeme)

Spezielle Bohrlochversuche werden während der Bohrausführung in standfesten Bohrlöchern durchgeführt. Der zu untersuchende Bohrlochabschnitt wird mittels Einzelpacker gegen die Bohrlochsohle oder mit einer Doppelpackeranordnung eingeschlossen. Messtechnik und Durchführung sind relativ aufwendig und werden i. d. R. zusammen mit der Auswertung von einschlägig spezialisierten Fachfirmen durchgeführt.

Einen Spezialfall stellen Einschwingversuche dar, die in ausgebauten Grundwassermessstellen durchgeführt werden. Die Grundwassermessstelle muss dabei druckdicht verschlossen werden, wozu auch ein Packer eingesetzt werden kann.

Da die Wasserspiegeländerung nur ein geringes Aquifervolumen erfasst, ist der aus den im Folgenden beschriebenen Versuchen ermittelte k-Wert nur für das engere Umfeld der Messstelle repräsentativ, i. d. R. für wenige Meter.

2.6.1 Slug-, Pulse- und Drill-Stem-Test

Für Slug-, Pulse- und Drill-Stem-Tests wird eine Testeinrichtung benötigt, die aus einem Einzel- oder Doppelpacker, einem Testventil sowie dem Testrohr besteht, an dem die Einrichtung eingebaut wird (Bild 90). Mit dem Testventil kann der Durchgang zwischen Testrohr und dem zu untersuchenden Bohrlochabschnitt geöffnet und geschlossen werden. Durch Aufblasen der Packer wird der Testabschnitt gegen den darüber- bzw. darunter liegenden Bohrlochabschnitt abgedichtet. Vor Beginn des eigentlichen Versuchs wird die Einstellung des Ruhedrucks der untersuchten Gebirgsformation im Testabschnitt abgewartet. Die in Bild 90 angegebenen Drücke p_1, p_2 und p_3 sind die Wasserdrücke, die mit Drucksensoren über, zwischen bzw. unter den Packern gemessen werden.

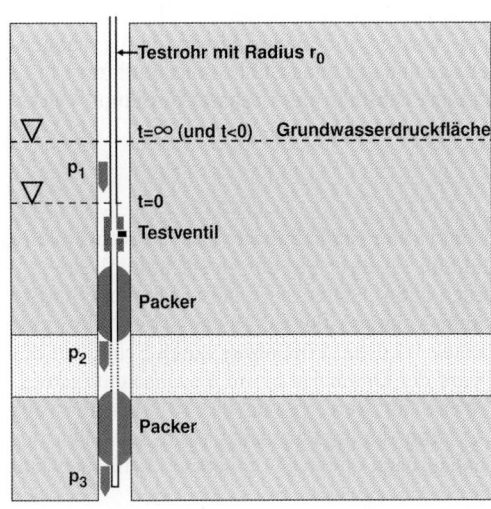

Bild 90. Doppelpackertesteinrichtung für Slug-, Drill-Stem- und Pulse-Tests

Bei geschlossenem Ventil wird der Wasserspiegel im Testrohr um einige Meter abgesenkt, z.B. durch Abpumpen oder Ausschöpfen von Wasser (alternativ kann auch eine Erhöhung des Testrohrwasserspiegels erfolgen). Wird das Testventil anschließend geöffnet, strömt Wasser aus dem abgepackerten Gebirgsabschnitt in das Testrohr nach, bis der Testrohrwasserspiegel den Ruhedruck des Aquifers erreicht hat (Fließphase). Je nach Schaltsequenz des Testventils und daraus resultierenden Fließ- und Schließphasen unterscheidet man drei Testarten.

2.6.1.1 Slug-Test

Der Slug-Test besteht nur aus einer Fließphase. Das Testventil bleibt geöffnet, bis durch das nachströmende Wasser der Ruhedruck des Gebirgsabschnitts erreicht ist. Damit lassen sich k-Werte im Bereich von ca. 10^{-8} bis 10^{-4} m/s bestimmen. Es werden die gleichen Auswerteverfahren wie beim Slug&Bail-Versuch angewendet.

2.6.1.2 Pulse-Test

Beim Pulse-Test wird das Testventil unmittelbar nach Einstellung der maximalen Druckänderung im Testabschnitt wieder geschlossen. Die Messung erfolgt bis zum Erreichen des Ruhedrucks im Testintervall. Der Pulse-Test besteht somit nur aus einer Schließphase. Bei dieser Art der Versuchsdurchführung muss kein Volumenausgleich im Testrohr, sondern lediglich ein Druckausgleich im abgeschlossenen Testabschnitt erfolgen. Mit diesem Verfahren lassen sich k-Werte im Bereich von 10^{-11} bis 10^{-8} m/s bestimmen. Es werden die gleichen Auswerteverfahren wie beim Slug&Bail-Versuch angewendet, wobei der Testrohrradius r_0 ersetzt wird durch den Ausdruck

$$r_0^2 = \frac{Vc\rho g}{\pi}$$

Darin sind:

V Wasservolumen, das unter Druck gebracht wird [m³]
c Systemkompressibilität [m²/N]
ρ Dichte des Wassers [kg/m³]
g Erdbeschleunigung [m/s²]

Es ist unzulässig, nur die Kompressibilität von Wasser zu berücksichtigen, da die maßgebliche Systemkompressibilität von Packer, Gebirge und ggf. eingeschlossener Luft um 1 bis 2 Größenordnungen höher liegt. Die Systemkompressibilität muss separat bestimmt werden (*Hekel* [50]).

2.6.1.3 Drill-Stem-Test

Der Drill-Stem-Test besteht aus einer Fließ- und einer Schließphase. Das Testventil bleibt geöffnet, bis aus dem Anstieg der Wassersäule im Testrohr mit der Querschnittsfläche πr_0^2 über die Zeit eine Fließrate Q bestimmt werden kann. Hierzu wird der anfängliche lineare Anstieg in der Größenordnung von einigen cm bis wenigen dm (i. d. R. einige bis 10 Prozent) der maximalen Druckänderung benötigt. Danach wird die Fließphase durch Schließen des Ventils beendet. Während der Schließphase wird der Druckanstieg im Testabschnitt gemessen. Mit diesem Verfahren lassen sich k-Werte im Bereich von ca. 10^{-8} bis 10^{-6} m/s bestimmen. Mit der bestimmten Fließrate Q kann der Druckanstieg nach Schließen des Testventils (Schließphase) wie ein Wiederanstieg nach einem Pumpversuch betrachtet und auch so ausgewertet werden.

2.6.2 Einschwingversuch

Der Einschwingversuch setzt eine ausgebaute Grundwassermessstelle voraus. Der Ruhewasserspiegel muss dabei einige Meter über der Filterstrecke in einer dichten Rohrstrecke stehen.

Für den Versuch wird eine Drucksonde eingebaut und die Messstelle mit einem Verschluss oder Packer druckdicht verschlossen. Durch Zufuhr eines Druckluftvolumens wird der Wasserspiegel in der Messstelle einige Meter, aber nicht bis in den Bereich der Filterstrecke, abgesenkt. Sobald die dem aufgebrachten Luftdruck entsprechende Wassersäule in den Aquifer verdrängt ist, zeigt die Drucksonde wieder den Ausgangsdruck an. Danach wird die Abdichtung schlagartig geöffnet, die Druckluft entweicht und das Wasser strömt aus dem Aquifer in die Messstelle, bis der Ruhewasserspiegel wieder erreicht ist (asymptotischer Verlauf). Aufgrund der Trägheit kann das Ruheniveau auch überschritten werden und der Ruhewasserstand in einem oszillierenden Verlauf erreicht werden.

Aus diesem oszillierenden Verlauf, der erfahrungsgemäß nur bei gespannten Aquiferverhältnissen und stark bis sehr stark durchlässigen Aquiferen auftritt, hat der Einschwingversuch seinen Namen. In der Regel ist daher die Durchführung eines Slug&Bail-Versuchs aufgrund der einfacheren Handhabbarkeit zu bevorzugen. Unter besonderen Umständen, z.B. hohen Durchlässigkeiten oder um nicht in Berührung mit kontaminiertem Grundwasser zu kommen, stellt der Einschwingversuch eine mögliche Alternative dar. Die Auswertung ist in DIN 18130-2 [51] beschrieben.

2.6.3 WD-Versuch

Bei einem WD-Versuch wird in mehreren Druckstufen Wasser in einen abgepackerten Bohrlochabschnitt verpresst. Der WD-Versuch wurde für den Ingenieurbau entwickelt, um Informationen über die Wasseraufnahmefähigkeit oder Dichtigkeit des untersuchten Gebirges, über das Verhalten von Trennflächen unter Druck sowie die Bemessung und Wirksamkeit von Zementverpressungen zu erhalten.

Es gibt Ansätze, aus den Druck-/Ratenverhältnissen k-Werte zu berechnen. Da bei den i. d. R. nur 5- bis 10-minütigen Druckstufen keine stationären Bedingungen erreicht werden und selbst unter Annahme von stationären Bedingungen Störgrößen wie ein Skineffekt nicht eliminiert werden können, ist der WD-Versuch kein geeignetes Verfahren zur Bestimmung des Durchlässigkeitsbeiwerts *(Finger/Hekel* [40]).

2.7 Laborversuche

Die Bestimmung des Wasserdurchlässigkeitsbeiwerts im Labor ist in der DIN 18130-1 [52] geregelt. Eine Beschreibung des Versuchs und eine Darstellung der Grundlagen enthält Kapitel 1.3, Abschnitt 5.11 des Grundbau-Taschenbuchs, Teil 1, 7. Auflage [53].

Zur Charakterisierung der Durchlässigkeitsverhältnisse in einem Grundwasserleiter sind aus Durchlässigkeitsversuchen im Labor ermittelte k-Werte oft nur bedingt geeignet. Die aus Labor- und Feldversuchen ermittelten Durchlässigkeitsbeiwerte weichen oft deutlich voneinander ab, weil die natürlichen geohydraulischen Bedingungen im Labor nur unvollständig wiedergegeben werden können.

Für Laboruntersuchungen werden oft Mischproben verwendet, die bedingt durch die Entnahme und den Bohrvorgang für Durchlässigkeitsversuche meist nicht geeignet sind. Feine Schluff- und Tonbänder sowie teilweise auch Schlämmkornanteile, die für die Durchlässigkeit des Bodens maßgebend sind, können dadurch verloren gehen. Aus diesen Gründen sind für Durchlässigkeitsuntersuchungen im Labor durchgehend gekernte Bodenproben zu bevorzugen. Weiterhin wird der Durchlässigkeitsbeiwert im Labor i. Allg. für die senkrechte Durchströmung der Bodenprobe ermittelt, während bei einer Grundwasserabsenkung im Wesentlichen die horizontale Durchströmung maßgebend ist. Eine gute Übereinstimmung zwischen den aus Labor- und Feldversuchen ermittelten Durchlässigkeiten ergibt sich deshalb meist nur für ausreichend homogene und isotrope Grundwasserleiter.

3 Grundwasserhaltung

3.1 Wasserhaltungen und Wasserhaltungsverfahren

3.1.1 Wasserhaltungen

Unter Wasserhaltungen versteht man das Absenken, Entspannen oder Abpumpen von Grund-, Schicht- oder Oberflächenwasser. Im Allgemeinen werden Wasserhaltungen zur Herstellung von trockenen Baugruben für Bauwerke oder Teilen davon durchgeführt. Diese Baumaßnahmen sind aus wirtschaftlichen und umweltrelevanten Gründen meist zeitlich begrenzt. In Ausnahmefällen werden jedoch auch dauerhafte Grundwasserabsenkungen ausgeführt.

3.1.2 Wasserhaltungsverfahren

Die Bilder 91 a–c stellen am Beispiel der geböschten Baugrube schematisch die grundsätzlichen Wasserhaltungsverfahren dar. In allen Fällen wird durch geeignete technische Maßnahmen ein Gefälle zwischen der ungestörten Grundwasseroberfläche außerhalb der Baugrube und der für die Durchführung der Baumaßnahmen abgesenkten Grundwasseroberfläche in der Baugrube hergestellt.

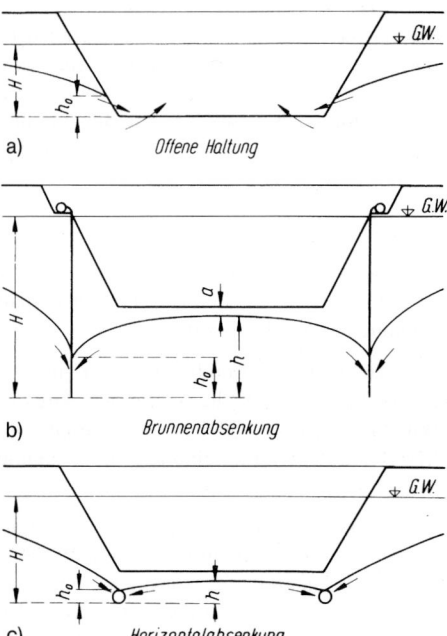

Bild 91. Wasserhaltungsverfahren; a) offene Wasserhaltung, b) Brunnenabsenkung, c) Horizontalabsenkung (nach [54, 55])

3.1.1.1 Offene Wasserhaltung

Wichtige Voraussetzung für die offene Wasserhaltung ist ein standfester Boden, wie z. B. Fels, grober Kies oder bindige Böden. Die Entfernung des Wassers erfolgt gleichzeitig mit dem Aushub der Baugrube und diesem nur wenig vorauseilend (50 cm bis 1,0 m). Das vorhandene und zufließende Wasser wird über offene Gräben oder Dränagen gesammelt und mit Pumpen in Pumpensümpfen abgepumpt. Außerhalb der Baugrube bildet sich wie bei jeder Wasserhaltung der Übergang zum ungestörten Grundwasseroberfläche in einem den anstehenden Bodenschichten entsprechenden Gefälle aus. Der Wasserzustrom zur Baugrube erfolgt durch eine Eintrittsfläche von der Höhe h_0 (Bild 91 a). Da das Grundwasser hier offen sichtbar ist, wird die Bezeichnung „Offene Wasserhaltung" gewählt.

3.1.1.2 Geschlossene Wasserhaltung mit vertikalen Brunnen

Bei der geschlossenen Wasserhaltung erfolgt die Entfernung des Wassers vor Aushub der Baugrube oder eines nach unten begrenzten Aushubabschnitts. Aus vertikalen Brunnen, die innerhalb oder in der Nähe der Baugrube angeordnet werden, wird mehr Wasser entnommen als der späteren Baugrube zufließt. Dadurch senkt sich die Grundwasseroberfläche allmählich (Bild 91 b). Nach Erreichen des Absenkziels entspricht die Wasserentnahme der Zuflussmenge (quasistationärer Zustand). In diesem Zustand hat sich die Beanspruchung der Brunnenfilter von H auf die Höhe h_0 ermäßigt. Die abgesenkte Grundwasseroberfläche muss unter der geplanten Arbeitsebene verlaufen. Es ist ein Sicherheitsabstand a (Bild 91 b) erforderlich, der – abhängig von der Bedeutung des Bauwerks, dem Untergrund, dem Sicherheitsgrad der maschinellen Ausrüstung, der Energieversorgung und der personellen Überwachung – im Allgemeinen zwischen 0,5 und 1,0 m gewählt wird (gilt für alle Fälle ohne abdichtende Schicht unter der Baugrubensohle).

3.1.1.3 Horizontale Wasserfassungen

Statt vertikaler Brunnen können auch horizontal angeordnete Filter (Dränagen) neben oder unter der Baugrube als Wasserfassung angeordnet werden (Bild 91 c). Diese sind im Betrieb besonders vorteilhaft, da zur Erreichung eines bestimmten Absenkziels im Vergleich zu anderen Verfahren die geringste Wassermenge gepumpt werden muss. Bei langfristig laufenden Anlagen empfehlen sich daher horizontale Fassungen. Ihre allgemeine Anwendung scheitert oft an der Schwierigkeit des Einbaus, der in wasserführenden Schichten meist mit einer Hilfswasserhaltung erfolgen muss. Alternativ sind maschinell verlegte Dränagen mit Tiefenfräsen möglich. Liegt eine undurchlässige Schicht so nahe unter dem Absenkziel, dass das erforderliche Maß h + a (Bild 91 b) konstruktiv nicht mehr zur Verfügung steht, muss eine horizontale Wasserfassung eingebaut werden, wenn nicht andere Bauverfahren zweckmäßiger sind.

3.1.3 Einfluss der Geologie auf die Wasserhaltungsverfahren

Der wichtigste Kennwert des Baugrunds für Wasserhaltung ist der Durchlässigkeitsbeiwert, gekennzeichnet durch den k-Wert in m/s. In gut durchlässigen Böden, wie Sanden und Kiesen, wird die Grundwasserströmung allein durch die Schwerkraft bestimmt. Je gröber die Körnung des Baugrundes, umso größer ist die Durchlässigkeit und die erforderliche Fördermenge. Bei feinkörnigen Böden mit kleinerem Korndurchmesser verhält es sich umgekehrt. Hier ist die Durchlässigkeit geringer, da dem Wasser durch die enge Lagerung der Einzelkörner erhöhte Fließwiderstände entgegenstehen.

Eine Sonderstellung nehmen sog. Feinböden ein (Körnungen $\varnothing < 0{,}2$ mm bzw. $k < 10^{-4}$ m/s). Eine Eigenart dieser Böden ist es, einen großen Teil des Grundwassers durch Adhäsion

(Kapillar-, Adsorptions- und Porenwinkelwasser) zu binden. Das Wasser führt deshalb beim Fließen den Boden mit (z. B. bei Fließsand und Schluff). Hier genügt die Schwerkraft allein nicht zur Entwässerung. Erst unter dem zusätzlichen Einfluss von Vakuum löst sich das Wasser vom Korn und kann über das Filtersystem abgesaugt werden. Der gefährliche Fließboden wird dadurch stabilisiert und standfest. In diesem Fall ist durch Wasserhaltungsmaßnahmen also auch eine Verbesserung der Baugrundeigenschaften möglich. In feinem Schluff und in Böden mit starkem Tonanteil, d. h. in Böden mit besonders großer innerer Oberfläche, ist das Wasser überwiegend durch Adsorption gebunden. Allerdings sind die Wassermengen sehr gering, sodass in solchen Böden für die Herstellung von Baugruben meist eine offene Wasserhaltung ausreicht. Eine echte Entwässerung ist in diesen Fällen nur mithilfe elektromagnetischer Kräfte möglich.

Man unterscheidet daher:

– Schwerkraftabsenkung,
– Vakuumentwässerung,
– elektrische Osmose.

Die Entwässerung durch elektrische Osmose wird aufgrund ihrer geringen Bedeutung in der Praxis nicht weiter behandelt. Hierzu sei auf weiterführende Literatur (z. B. [56–58]) verwiesen.

Im Gegensatz zu reinen Schwerkraftanlagen können Vakuumabsenkungen und elektrische Osmose auch mit geneigten Vakuumanlagen sogar mit nach oben gerichteten Brunnen ausgeführt werden. Besonders im Tunnelbau werden mit Vakuum beaufschlagte horizontal gebohrte Lanzen oft angewendet.

In Bild 92 und Tabelle 11 werden Anhaltswerte für die Anwendungsgebiete der verschiedenen Absenkungsverfahren in Abhängigkeit von der Bodenart bzw. der Absenktiefe angegeben. Die Bereiche wurden aufgrund praktischer Erfahrungen ermittelt (s. hierzu auch [12]).

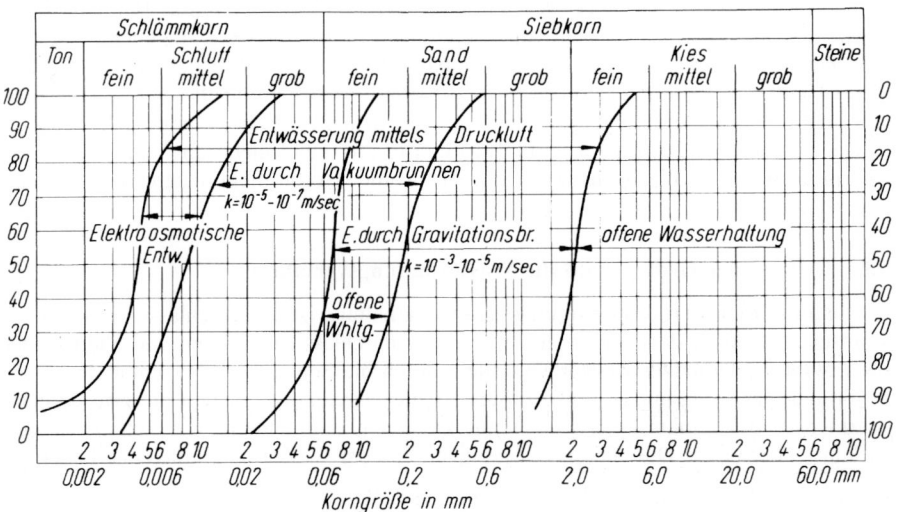

Bild 92. Absenkungsverfahren für verschiedene Körnungslinien (nach [54])

2.10 Grundwasserströmung – Grundwasserhaltung

Tabelle 11. Bodenarten, Körnungen, Durchlässigkeitskoeffizienten, Entwässerungsmöglichkeiten, anfallende Wassermengen1) (nach [55])

Bodenarten		Ton	Schluff			Sand			Kies		
			fein	mittel	grob	fein	mittel	grob	fein	mittel	grob
Korngröße von/bis in mm		< 0,002	0,002 / 0,005	0,005 / 0,02	0,02 / 0,05	0,05 / 0,2	0,2 / 0,5	0,5 / 2	2 / 6	6 / 20	30 / 60
Durchlässigkeits-	cm/s	$10^{-8}-10^{-6}$	10^{-5}	10^{-4}	10^{-3}	10^{-2}	10^{-1}	1	>1	>1	>1
koeffizient k	m/s	$10^{-10}-10^{-8}$	10^{-7}	10^{-6}	10^{-5}	10^{-4}	10^{-3}	10^{-2}	10^{-1}		
Fließgeschwindigkeit cm/s		0,000001	0,00001	0,0001	0,001	0,01	0,1	1	>1	>1	>1
Wasseranfall in m³/h je lfd. m Filtergalerie 2) bei Wasser-Absenkung von … m	1	0,03	0,3	0,3	0,4	0,9	2,2	3	6,3		
	2		0,3	0,3	0,45	1,1	2,5	3,6	7,1		
	3		0,4	0,4	0,5	1,3	2,8	4,4	8,1		
	4		0,4	0,4	0,6	1,5	3,2	5,2	9,3		
	5		0,4	0,4	0,6	1,7	3,7	6,5	10,8		
	6		0,4	0,4	0,6	1,9	4,3	8	12,5		
	7		0,4	0,4	0,6	2,1	5	9,4	14,5		
	8		0,4	0,4	0,6	2,3	5,8	11,1	17		
	9	0,2	0,4	0,4	0,6	2,5	6,7	13	20		

C. *Spülfilter-Verfahren*
1. Vakuumverfahren
2″-Filter beidseitig einspülen, 0,6–1 m Abstand (bei Ton und bei eingelagerten Schichten mit Sandschüttung).
Max. Absenktiefe 8,5 m.

C. *Spülfilter-Verfahren*
2. Schwerkraftverfahren
Je nach Wasseranfall und Filterkapazität ein- oder beidseitig einspülen, 1–4 m Abstand, 5–30 m³/h je Filter (bei eingelagerten Schichten mit Sandschüttung).
Max. Absenktiefe 7,5 m.

B. *Bohrloch-Verfahren*
1. Gebohrte Brunnen mit Schlitzbrückenfiltern, als Flachbrunnen mit Absaugung für Absenktiefen bis zu 7 m, als Tiefbrunnen mit Unterwasserpumpen für größere Absenktiefen.

A. *Offene Wasserhaltung*
1. Wenn der Boden stabil ist.

A. *Offene Wasserhaltung*
2. Wenn nur max. 0,5 m abzusenken sind.

A. *Offene Wasserhaltung*
3. Bei entsprechendem Verbau.

[1] Die angegebenen Wassermengen sind Anhaltswerte und gelten für die durch d_{10} charakterisierten Bereiche.
[2] Der Wasserandrang tritt bei einseitig abgesaugten Gräben auf. Bei beidseitiger Absaugung oder allseitig mit Filtern umgebenen Baugruben vermindert sich die Wassermenge wegen der gegenseitigen Beeinflussung auf das 0,7fache.

3.2 Grundlagen für die Planung und Dimensionierung

3.2.1 Unterlagen für die Planung und Dimensionierung

Sowohl Auftraggeber, Gutachter und Planer als auch das ausführende Unternehmen sind in ihrer Verantwortungskette für die korrekte Planung zuständig. Die VOB Teil C, DIN 18305 Wasserhaltungsarbeiten [59] legt hierzu Folgendes fest: „3.2.1. Der Auftragnehmer hat Umfang, Leistung, Wirkungsgrad und Sicherheit der Wasserhaltungsanlage dem vorgesehen Zweck entsprechend zu bemessen nach den Angaben oder Unterlagen des Auftraggebers zu hydrologischen und geologischen Verhältnissen."

Der Auftragnehmer hat die Anlage zwar zu dimensionieren, aber die Voraussetzungen dafür muss der Auftraggeber liefern. Für die korrekte Dimensionierung einer Grundwasserabsenkungsanlage müssen die geologischen, bodenmechanischen und geohydraulischen Verhältnisse im Vorfeld einer Baumaßnahme umfassend erkundet werden:

– Schichtung des Baugrunds (Bereich Baugrube und im Einflussbereich der Wasserhaltung),
– Grundwasserverhältnisse (Grundwasseroberfläche des freien und Grundwasserdruckfläche des gespannten GW, HGW, NGW),
– Wasserdurchlässigkeit (k-Wert) der Aquifers (horizontal und vertikal),
– Bodenparameter (Korngrößen und Kornverteilung für Filter und Suffusion),
– chemische Zusammensetzung des Grundwassers bei länger laufenden Anlagen.

Für offene Wasserhaltungen und Entwässerungen von Feinstböden genügen Erkundungen in der Baugrube und deren nächster Umgebung. Für Grundwasserabsenkungen in Sanden und Kiesen dagegen muss außer der Baustelle ein großer Bereich – entsprechend etwa der 20-fachen Absenkungstiefe um die Baugrube herum – erschlossen werden. Die Bodenschichtung muss bis mindestens 5 m unter die zukünftige Brunnensohle bekannt sein. Auch tiefer liegende, gespannte Grundwasserschichten sind relevant, wenn die Grundwasserdruckfläche über der geplanten Baugrubensohle liegt. Die Kenntnis allein der Grobschichtung des Untergrunds ist nicht ausreichend. Inhomogene Böden erfordern besonders zahlreiche Aufschlussbohrungen.

Wenn der Boden aus verschiedenartigen Schichten aufgebaut ist, muss festgestellt werden, ob es sich um durchgehende Schichten oder räumlich begrenzte Einlagerungen handelt. Tonlinsen sind z. B. ohne Einfluss auf die Wasserhaltung, weil sie vom Wasser umströmt werden. Durchgehende Tonlagen sind Trennschichten, deren Einfluss auf den Wasserzustrom zur Baugrube im ursprünglichen und abgesenkten Zustand zu untersuchen ist.

Besonders zu achten ist auf sehr dünne Tonschichten, die häufig überbohrt werden; sie haben hydraulisch die gleiche Wirkung wie dicke Tonlagen. Daraus ergibt sich die Konsequenz für die Auswahl des Bohrverfahrens bei Baugrundaufschluss nach DIN EN ISO 22475 [60]: Nur durchgehend gekernte Bodenproben sind geeignet (keine nicht gekernten Proben).

Untersuchungsbohrungen in Tonschichten unterhalb der Brunnensohle sind zuverlässig abzudichten, um bei der Absenkung den eventuellen Zustrom von Grundwasser in den Absenkungsbereich zu unterbinden.

Eine Kreuz- und Schrägschichtung des Baugrunds ist durch den Bohraufschluss nicht erfassbar. Bei sonst gleicher mittlerer Körnung der Aquifers wird sich bei diesen Verhältnissen eine asymmetrische Absenkkurve einstellen.

Durch Wasserstandsbeobachtungen in unterschiedlich tiefen Pegeln ist der Einfluss grober oder sehr locker gelagerter Schichten auf die Absenkung in darüberliegenden feineren bzw. dichter gelagerten Schichten zu ermitteln. Die Einwirkung benachbarter offener Wasserflächen ist zu beachten. Zur Bestimmung der Durchlässigkeit des Bodens siehe Abschnitt 2.

Wenn die Umgebung der Absenkungsanlage bebaut ist, ist es ratsam, durch Setzungsberechnungen den Einfluss der Grundwasserentnahme auf die vorhandenen Gründungen quantitativ abzuschätzen. Eine Beweissicherung ist ratsam.

Bei ausgedehnten, vor allem aber bei tiefreichenden oder lange Zeit laufenden Absenkungen gehört zu den Vorarbeiten unabdingbar eine Probegrundwasserabsenkung. Über deren Anlage und Auswertung siehe Abschnitt 2.

Um alle Randbedingungen übersichtlich zu gestalten, empfiehlt es sich neben Lageplänen und Grundrissen einen geotechnisch-hydrologischen Schnitt aufzustellen. Hier sollten alle we-

2.10 Grundwasserströmung – Grundwasserhaltung

sentlichen Höhenkoten enthalten sein, um auf einen Blick die geologische und hydrologische Situation, auf die Situation der Baugrube bezogen, zu erkennen. Bei uneinheitlichen Verhältnissen sollten mehrere Schnitte angelegt werden. Folgende Angaben müssen vorliegen:

- Einordnung der Bauwerksbezugshöhe in m ü. NN,
- Geländehöhen,
- Baugrubensohlen, Unterkante tiefster Aushub,
- Angaben zu Tiefteilen, Aufzugsschächten usw.,
- Voraushub-Ebenen, Anker-Ebenen, Zwischenaushubzustände,
- Bodenplatten-Höhen (für Länge von Brunnentöpfen),
- Baugrundschichtungen (wesentliche),
- Durchlässigkeiten, (k-Werte),
- alle Grundwasserhöhen (NGW, MGW, HGW), bauzeitliche Bemessungs-GW, Absenkziel, Grundwasserpotenzial in unterlagernden gespannten Grundwasserstockwerken,
- Baugrubenumschließung mit Oberkante und Unterkante,
- Art der Baugrubenumschließung.

Mithilfe des geotechnischen Schnittes (Bild 93) kann man die erforderlichen Absenkbeträge ermitteln und Brunnentiefen festlegen. Man kann die verschiedenen Baugrubensohlen in Bezug zu den Baugrundschichten setzen und das richtige Wasserhaltungsverfahren planen.

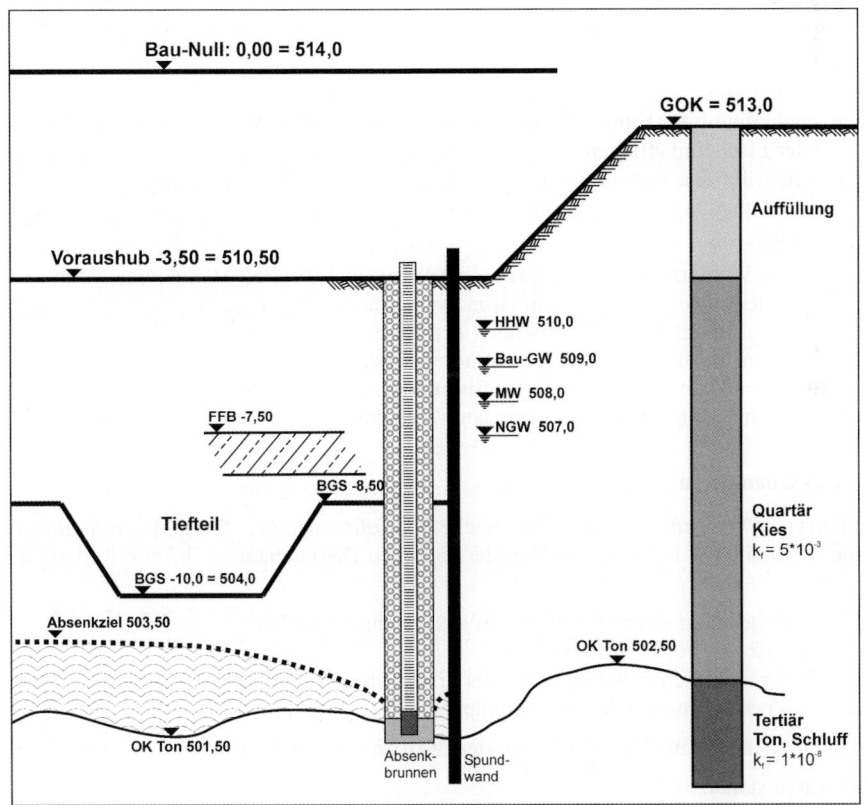

Bild 93. Beispiel Geotechnischer Schnitt (Brunnenbau Conrad GmbH)

3.2.2 Genehmigungen

Jeder Eingriff in das Grundwasser ist grundsätzlich genehmigungspflichtig. Die Genehmigung sollte durch den Bauherren oder Auftraggeber mit ausreichendem zeitlichen Vorlauf eingeholt werden. Die Behandlung wasserrechtlicher Fragen regelt das Gesetz zur Ordnung des Wasserhaushalts (WHG). Im Allgemeinen ist die Untere Wasserbehörde der betroffenen Gemeinde oder der Umweltbehörden zuständig. Die Erteilung der Baugenehmigung ersetzt noch keine Wasserrechtliche Erlaubnis. Dazu sind separate behördliche Verfahren erforderlich.

Als Benutzung des Grundwassers werden gemäß § 3 WHG folgende Vorgänge definiert:

- Einleiten von Stoffen in das Grundwasser (z. B. Injektionen für Anker, Dichtsohlen, Unterfangungen usw.),
- Entnehmen, zu Tage fördern, zu Tage leiten und Ableitung von Grundwasser,
- Aufstauen, Absenken und Umleiten von Grundwasser durch Anlagen, die hierzu bestimmt und hierzu geeignet sind.

Hier wird deutlich, dass nicht nur die Wasserhaltung, sondern auch die zugehörigen Verfahren des Spezialtiefbaus im Gesamtsystem betrachtet werden müssen. In vielen Fällen wird eine Absenkung des Grundwassers nicht zugelassen, sodass eine dichte Baugrubenumschließung mit geringer Restwasserhaltung ausgeführt werden muss. Dies kann erhebliche Kosten verursachen. Daher ist ein rechtzeitiger Kontakt zu den Behörden mit Abklärung der Möglichkeiten wichtig.

Außer der Wasserrechtlichen Genehmigung sind im Bedarfsfall weitere Genehmigungen einzuholen:

- Einleitgenehmigung bei den Kanalbetreibern,
- Einleitgenehmigung für Einleitung in öffentliche Gewässer bei Wasser- und Schifffahrtsämtern oder Fischereibetrieben,
- Genehmigung für das Verlegen von Rohrleitungen im öffentlichen Grund,
- Aufgrabungsgenehmigungen bei Leitungsträgern (Gas, Elektro, Energie, Wasser, Abwasser, Telekom).

Im Rahmen der Wasserrechtlichen Erlaubnis werden im Einzelfall Bedingungen für eine Erteilung festgelegt. Dies kann u. a. ein Grundwassermonitoring sein. Dabei sind innerhalb der Baugrube und in der im Einflussbereich der Absenkung liegenden Umgebung Grundwassermessstellen herzustellen und die Grundwasserstände und -qualität zu erfassen. Der Beginn und das Ende der Wasserhaltung müssen angemeldet werden. Eine weitere Auflage ist das Führen einer Dokumentation, eines sog. Wasserbuches.

3.2.3 Dokumentation

Das Führen eines Wasserbuches ist i. Allg. Sache des Auftragnehmers für die Wasserhaltung. Folgende Minimalanforderungen sind bei der täglichen Dokumentation dabei erforderlich:

- Datum,
- aktueller Wasserstand in der Baugrube an ausgewählten Stellen,
- Wasserzählerstand, Fördermenge,
- Nachweis der technischen Sandfreiheit des Förderwassers,
- besondere Vorkommnisse (Pumpenausfälle, Starkregen o. Ä.).

Zusätzlich können weitere Daten dokumentiert werden:

- Außenwasserstände,
- Pumpenlaufzeiten,
- Stromzählerstände Anfang und Ende.

3.2.4 Maßnahmen gegen Korrosion und Inkrustation

Bei fast allen länger laufenden Brunnen werden nach einer bestimmten Betriebsdauer trotz ausreichender Dimensionierung mehr oder minder große Ermüdungs- und Alterungserscheinungen beobachtet, deren Ursachen hauptsächlich auf der Wirkung von

– Korrosion und
– Inkrustation

beruhen. Beide Vorgänge haben verschiedene Ursachen und werden durch verschiedene chemische Reaktionen hervorgerufen.

Bei der *Korrosion* (Werkstoffverlust) werden die ungeschützten Stahlfilterrohr- und Brunnenbauteile durch chemischen und elektrochemischen Angriff teilweise oder völlig zerstört. Besonders in Küstennähe unter Seewassereinfluss oder bei Vorhandensein von freier aggressiver Kohlensäure können Grundwässer sehr aggressiv sein; aber auch durch im Untergrund vagabundierende Gleichströme von Bahnanlagen oder Schweißtransformatoren können Korrosionsschäden verursacht werden.

Die Korrosion lässt sich durch Vermeidung turbulenter Strömung im Filterkies und im Brunnenfilterrohr sowie durch geeignete Materialauswahl für Brunnenrohre und Pumpen verhindern (z. B. allseitig beschichtete Rohre und korrosionsgeschützte Pumpen oder völlig neutrale Werkstoffe wie Kunststoff, Steinzeug etc.). Insoweit scheint heutzutage das Problem der reinen Korrosion gelöst zu sein.

Bei der *Inkrustation* (Verockerung und Versinterung) kommt es zur Ablagerung der gelösten Wasserinhaltsstoffe auf Filtern und in Rohrleitungen und Pumpen. Die Ablagerungen führen allmählich zu einer völligen Verdichtung der Filterflächen („Zuwachsen") bis schließlich der Brunnen ganz zum Erliegen kommt. Da die Zusammensetzung des Grundwassers nicht beeinflussbar ist, kann nur der Ablagerungsprozess durch geeignete Maßnahmen verzögert werden. Die Vorgänge der Inkrustation sind recht komplex.

Bei der *Verockerung* überwiegen die Ausfällungen von Eisen- und Manganverbindungen. Außer chemischen und biologischen (Eisen- und Manganbakterien) spielen bei der Verockerung auch die Strömungsverhältnisse – laminar oder turbulent – am Brunnen eine Rolle. Bei Belüftung des Grundwassers (z. B. durch zu tiefe Grundwasseroberflächenabsenkung im Brunnen) wird das zweiwertige Eisen (Mangan) durch Oxidation zum dreiwertigen. Das in Brunnenwässern häufig vorkommende zweiwertige Eisenbikarbonat oxidiert so zum dreiwertigen Eisenhydroxid und scheidet sich als gelbbraune Ablagerung („Eisenocker") am Brunnenfilter ab.

Bei der *Versinterung* handelt es sich um langsam verlaufende Kalkabscheidungen durch die Bildung von Karbonaten. Die Versinterung ist deshalb wegen der relativ kurzen Laufzeiten von Grundwasserabsenkungsanlagen nur in geringem Umfang an der Brunnenalterung beteiligt. Bei Vakuumanlagen können diese Kalkablagerungen allerdings zu Problemen führen. Die Veränderung des vorhandenen Lösungsgleichgewichtes der Wasserinhaltsstoffe infolge Änderung des Dampfdruckes (Vakuum) führt dabei nach einer bestimmten Pumpdauer zum Verkalken der Pumpen.

Für den Entwurf und den Betrieb von Grundwasserabsenkungsanlagen lassen sich aus dem vorab Geschilderten folgende Konsequenzen ableiten:

- Aggressivität und chemische Zusammensetzung des Grundwassers besonders bei länger laufenden Anlagen genau untersuchen.
- Turbulente Strömungsverhältnisse durch ausreichende Filterdimensionierung und langsame Spiegelabsenkungen vermeiden.

- Filter mit möglichst glatter Oberfläche (geringe Angriffsfläche) wählen. Gewebefilter, auch wenn Kunststofftresse verwendet wird, sind in wichtigen Anlagen bei zur Verockerung neigenden Wässern unter allen Umständen zu vermeiden.
- Brunnen bei der Herstellung ausreichend entsanden.
- Durch kontinuierlichen Brunnenbetrieb eine Sauerstoffaufnahme durch Diffusion (Atmen des Brunnens) vermeiden.
- Richtige Wahl des Filterkieses, ausreichende Überschüttung mit Filterkies und Verhinderung von Setzungen.
- Auf wirksame und korrekt sitzende Ringraumabdichtung achten.
- Bei großen Bohrdurchmessern darauf achten, dass die Filterkiesstärke durch die Wahl eines großen Filterrohres auf ein Maß reduziert wird, das mit herkömmlichen Regeneriermethoden saniert werden kann.

Zur weiteren Vertiefung und Erläuterung der dargestellten Problematik wird auf die betreffende Fachliteratur verwiesen, z. B. [61, 62].

3.2.5 Maßnahmen bei stark wechselnden Bodenschichten

Besteht der Untergrund aus Schichten stark wechselnder Durchlässigkeit und sind insbesondere neben grobkörnigen auch sehr feinkörnige Schichten vorhanden, so ist die Anlage nach Möglichkeit so einzurichten, dass besonders die durchlässigen Schichten von den Brunnen erfasst werden; auch unter Verzicht auf die Einhaltung eines gleichmäßigen Brunnenabstandes und ggf. durch Verlängerung der Filter über das sonst notwendige Maß hinaus. Durch die Entwässerung oder Entspannung der gröberen Schichten entwässern die weniger durchlässigen Schichten weit besser über diese gröberen Schichten hinweg – infolge der großen vorhandenen Berührungsfläche – als unmittelbar über die kleinflächigen Brunnenfilter. Sehr feine Schichten können manchmal mit Schwerkraftanlagen schnell und sicher trockengelegt werden, wenn es gelingt, gröbere Schichten – unter Umständen in größeren Tiefen – für den Einbau der Filter ausfindig zu machen. Voraussetzung dafür ist das Fehlen undurchlässiger Schichten, selbst solcher von sehr geringer Mächtigkeit, im Einbautiefenbereich der Schwerkraftanlagen.

3.3 Offene Wasserhaltung und Dränagen

3.3.1 Anwendungsgebiet

Aus wirtschaftlichen Gründen wird man der offenen Wasserhaltung gegenüber anderen Verfahren den Vorzug geben, sofern sie sicher anwendbar ist. Oft wird das Verfahren auch als Ergänzung zu einer geschlossenen Wasserhaltung mit Brunnen für die Beseitigung von Restwässern, vor allem bei bindigen Böden, eingesetzt. Das in der Baugrube durch die Sohle und aus den Böschungen anfallende Grundwasser wird dabei zusammen mit dem Niederschlagswasser über offene Gräben oder verkieste Dränagen und Pumpensümpfe gesammelt und von dort über Schmutzwasser-Tauchpumpen der Vorflut zugeführt.

Wichtige Voraussetzung für die offene Wasserhaltung sind standfeste Böden, wie z. B. klüftiger Fels, grober Kies und bindige Bodenarten, bei denen keine Auftriebsgefahr besteht.

In sandigen und kiesigen Böden ist die Anwendung dagegen nur möglich, wenn die zufließende Wassermenge und die Schleppkraft des Wassers (Erosion) sicher beherrscht werden können. Bei Feinsanden ($\varnothing < 0{,}2$ mm), mit der Tendenz zum Fließen, stößt dieses Verfahren an seine Anwendungsgrenze (s. Abschn. 3.1.2).

2.10 Grundwasserströmung – Grundwasserhaltung

Bei großem Wasseranfall wird die offene Wasserhaltung durch gut verfilterte horizontale Dränrohre ergänzt, die ggf. bis 1,0 m unter Bauplanum verlegt werden. Mit dieser Ausbildung geht die offene Wasserhaltung in eine horizontale Absenkung über, die auch für dauerhafte Absenkungsmaßnahmen eingesetzt werden kann.

3.3.2 Bauelemente und Aufbau der Anlagen

Die offene Wasserhaltung ist sehr stark von der Organisation der Erdarbeiten abhängig und manchmal ein Teil davon. Bei bindigem und geschichtetem Baugrund muss der Aushub in geneigten Flächen (Dachplanum) erfolgen, sodass das Wasser Randgräben zugeführt werden kann. Dränagen und Pumpensümpfe müssen gleichzeitig mit dem Erdaushub mitgeführt werden. So kann ein Aufweichen der Aushubsohle vermieden werden. Bei tieferen Baugruben können Gräben und Pumpensümpfe leicht in mehreren Etappen bei jeder neuen Aushubphase nach unten vertieft oder neu angelegt werden. Die Drängräben werden vorzugsweise am Rand der Baugrube angelegt und entsprechende Stichkanäle bis zur Baugrubenmitte geführt. Drängräben unter Bauwerken werden mit setzungsfreiem Einkornkies verfiltert. Einzelne in der Böschung zu Tage tretende Quellen werden zur Vermeidung größerer Ausspülungen entweder durch einen Auflastfilter gesichert oder bei feinkörnigen Böden mit Vakuumfiltern stabilisiert.

Die Pumpensümpfe (Bild 94) müssen immer mit einer ausreichend großen und gegenüber dem Baugrund filterstabilen Kiesschüttung umgeben sein, um die Abförderung von gelösten Feinteilen zu verhindern. Teilweise empfiehlt sich auch eine Abtrennung zum Baugrund mit Geovlies. Bei Bedarf (Zuschlämmung) ist die Kiesschüttung wiederholt auszutauschen. So kann verhindert werden, dass man einen Bodenentzug verursacht, der die Pumpen, Rohrleitung und Sandfänge zusetzt und außerdem zu Setzungen führen kann. Betonringe aus Porenbeton oder auch Schlitzbrückenfilterrohre haben gegenüber Betonschachtringen mit Löchern den Vorteil, dass sie vollflächig durchströmt werden.

Zur Erhöhung der Abflusseigenschaften werden für die horizontalen Dränstränge umkieste Dränrohre von 80 bis 300 mm Durchmesser eingesetzt. Falls die Dränstränge unter dem späteren Bauwerk liegen, müssen sie beim Rückbau u. U. ebenso wie die Pumpensümpfe verfüllt bzw. verpresst werden.

Offene Wasserhaltungen können mit Brunnenanlagen kombiniert werden. Ist z.B. eine Absenkung von 5 m auszuführen, so kann, um mit einer einstaffeligen Flachbrunnenanlage auszukommen, mit einer offenen Haltung eine Vorabsenkung von 1,0 bis 1,5 m erzielt und die Staffel entsprechend tiefer eingebaut werden. Horizontale Dränagen werden bis ca. 1 m

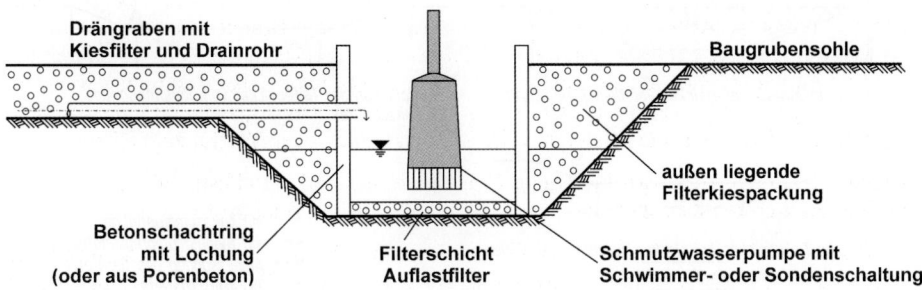

Bild 94. Kleiner Pumpensumpf

unter das erforderliche Absenkziel verlegt. Anzahl und Abstand der Stränge richten sich nach dem Wasseranfall.

Wenn Drängräben aufgrund nicht standfester Böden mit herkömmlicher Aushubtechnik nicht hergestellt werden können oder wenn hohe Tagesleistungen gefordert sind, werden Spezialtiefenfräsen eingesetzt. Mithilfe dieser Dränfräsen können je nach Gerätetyp und Untergrundverhältnissen Horizontaldräns bis 10 m Tiefe (Tiefensicker) eingebaut werden. Es werden dabei in einem Arbeitsgang ein Endlosdrän in einem gefrästen Schlitz verlegt und mit Filterkies oder, bei entsprechender Eignung, mit dem Frästgut selbst wieder verfüllt. Bild 95 zeigt ein Ausführungsbeispiel bei der NBS Hannover–Würzburg der Deutschen Bahn AG.

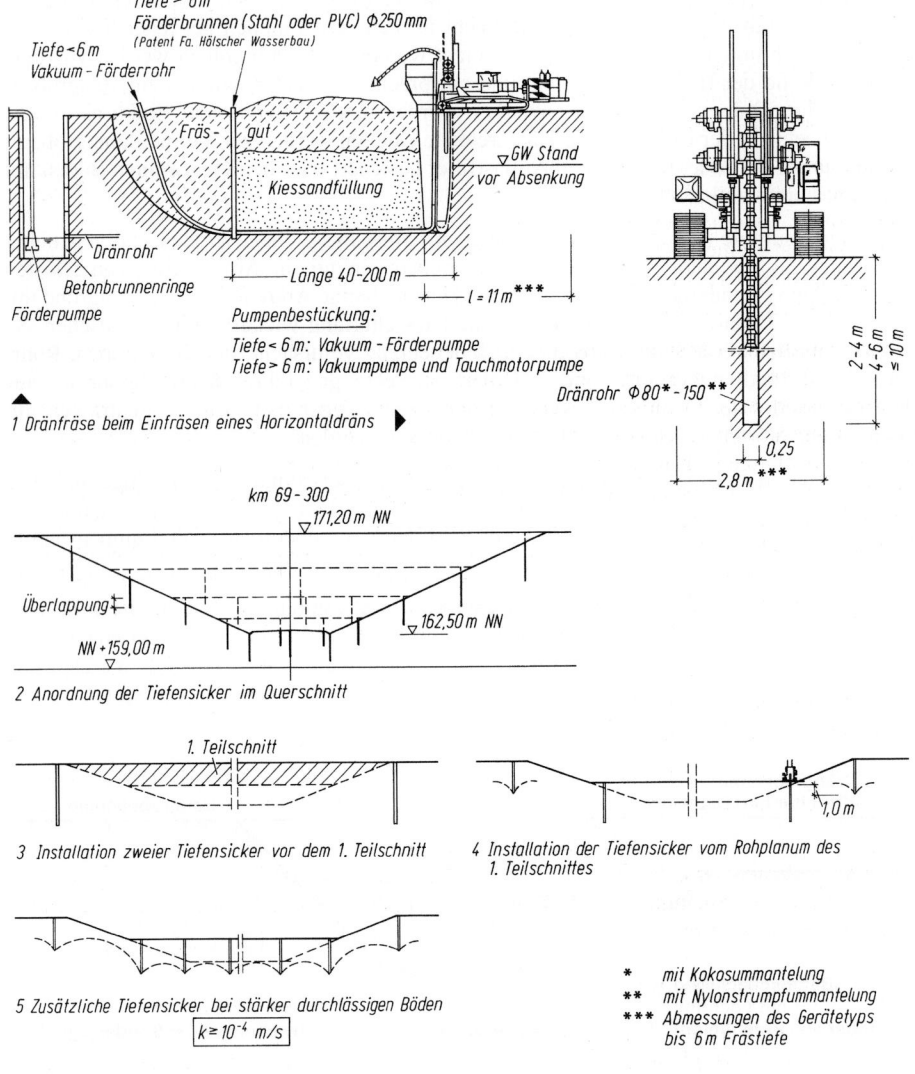

Bild 95. Horizontaldrän (Tiefensicker) bei der Neubaustrecke Hannover–Würzburg [63]

Feinkörnige Böden werden auf diese Weise in Abschnittslängen von max. 50 m mittels Vakuumpumpen entwässert. Bei für Schwerkraftentwässerung geeigneten Böden können die Entwässerungsabschnitte auf ca. 200 m ausgedehnt werden. Die Wasserförderung erfolgt über Pumpen(revisions)schächte und eingehängte Tauchmotorpumpen mit automatischer Steuerung.

3.4 Vertikale Brunnen – Grundwasserabsenkung durch Schwerkraft

3.4.1 Anwendungsbereich

Grundwasserabsenkungen mithilfe von Brunnen werden in Fällen angewandt, in denen bei vorwiegend kohäsionslosen Böden eine vollkommen trockene Baugrube verlangt wird, deren Sohle auch von schweren Baugeräten befahren werden kann und einwandfreie Gründungsarbeiten ermöglicht. Die Grundwasserabsenkung wird durch die gemeinsame Wirkung einer kleineren oder größeren Brunnenanzahl erzielt, wobei *Flachbrunnenanlagen* und *Tiefbrunnenanlagen* zu unterscheiden sind. Das Grundwasser fließt nur aufgrund des Grundwasserpotenzialunterschiedes den Brunnen zu.

Die aus einer Anlage geförderte Wassermenge Q bestimmt allein das Absenkziel unter gegebenen örtlichen (Baugrubengröße), bodenmechanischen, geohydraulischen (k-Wert, Aquiferdicke) und geologischen (Bodenschichtung) Verhältnissen. Im Allgemeinen ist eine möglichst kleine Brunnentiefe (unvollkommene Brunnen) anzustreben, um die für die Absenkung erforderliche Gesamtwassermenge zu minimieren; vorausgesetzt, dass keine durchlässigeren, wasserführenden Bodenschichten unterhalb der Brunnensohle anstehen.

Brunnenanzahl und der sich daraus ergebende Brunnenabstand richten sich nach technischen und wirtschaftlichen Gesichtspunkten (Sicherheit der Anlage, Pumpengröße usw.). Die Gesamtwassermenge Q muss allerdings sicher von der Brunnengruppe bewältigt werden. Enge Brunnenabstände entlang der Baugrubenbegrenzung, um das seitlich einströmende Wasser „abzufangen", bringen keine Vorteile bei tiefliegender undurchlässiger Schicht. Bei hochliegendem Wasserstauer können engere Brunnenabstände dagegen von Nutzen sein. Bei der Mehrzahl der Baugruben ist ferner die Breite größer als der in Betracht kommende Brunnenabstand am Baugrubenrand. Die Absenkungslinie zwischen zwei gegenüberliegenden Brunnen muss mit ihrem höchsten Punkt unter bzw. in der Höhe des Absenkziels liegen (s. Bild 91 b). Es ist im Allgemeinen ausreichend, am Baugrubenrand engere Brunnenabstände als etwa die halbe Baugrubenbreite zu wählen.

Der Brunnendurchmesser wird in der Praxis nach den günstigsten betrieblichen Gesichtspunkten und den vorhandenen technischen Möglichkeiten gewählt, die für die Brunnenherstellung vorhanden sind.

Grundwasserabsenkungen mit vertikalen Brunnen sind der Ausdehnung und Tiefe nach praktisch unbeschränkt durchführbar, wenn nicht wirtschaftliche Gründe dagegen sprechen.

Beispiel: 200 m tiefe Grundwasserabsenkung der drei je etwa 50 km^2 großen Tagebaue der Rheinischen Braunkohle AG im Erftgebiet. Die Brunnentiefe beträgt 300 m, teilweise sogar 460 m, wenn das gespannte Grundwasser unter der 40 m dicken Tonschicht im Liegenden abgesenkt werden muss.

3.4.2 Flachbrunnenanlagen

Die Wasserförderung aus Flachbrunnen erfolgt durch selbstsaugende Kreiselpumpen über eine gemeinsame Saugleitung. Da die Saughöhe aus physikalischen Gründen begrenzt ist und die handelsüblichen selbstsaugenden Pumpen in der Praxis kaum mehr als 8 m Saughöhe

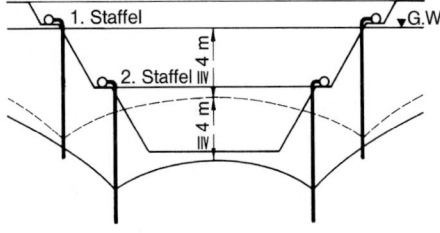
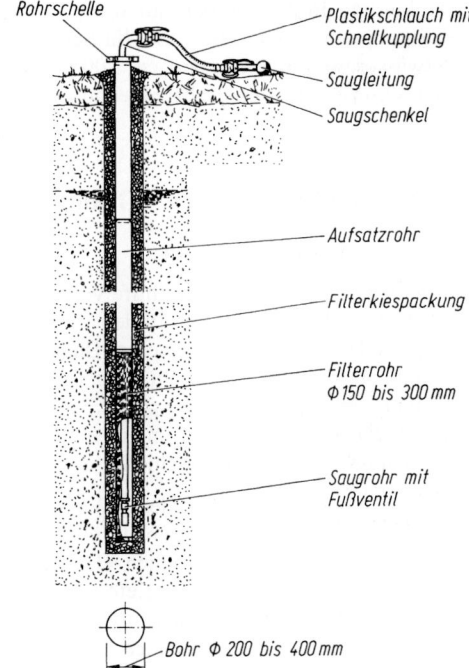

Bild 96. Zweistaffelige Absenkungsanlage mit Flachbrunnen

Bild 97. Flachbrunnen mit Saugschenkel und Saugrohr [64]

haben, können mit derartigen Anlagen Absenkungen bis rd. 4 m (Rohrreibungsverluste) erzielt werden.

Für tiefere Absenkungen können mehrstaffelige oder mit Tiefbrunnen kombinierte Anlagen eingesetzt werden. Bei mehrstaffeligen Anlagen kann unter Ausnutzung der durch die vorhergehende Staffel bereits erzielten Absenkung die nächste Staffel in entsprechend größerer Tiefe eingebaut werden (Bild 96). Praktisch lässt sich mit n Staffeln eine Absenkung von im Mittel n × 3,50 m erzielen.

Gebohrte Flachbrunnen haben in der Regel, je nach Bodenart und der zu fördernden Wassermenge, Bohrdurchmesser von 200 bis 400 mm (Filterrohrdurchmesser entsprechend 150 bis 200 mm). Ein Schlitzbrückenfilter NW 150 mit Saugrohr ⌀ 89 mm bringt etwa 35 m³/h. Der Brunnenabstand wird durch die Absenkkurve bestimmt (Absenkkurvenscheitelpunkt unter der Baugrubensohle).

In die fertigen Brunnen werden Saugrohre eingehängt und über Schläuche mit der Sammelleitung verbunden. Das Saugrohr wird so bemessen, dass die Wassergeschwindigkeit im Einhänger 1,0 bis 1,5 m/s nicht überschreitet. Selbstsaugende Schmutzwasserpumpen oder auch Vakuumgeräte saugen dann mehrere Brunnen ab (Bild 97). Die Saugrohre sollten am Ende ein Fußventil erhalten, damit bei evtl. Lufteintritt durch vorzeitiges Absaugen an einem Brunnen nicht Luft in das gesamte System eindringt. Bei entsprechendem Durchmesser des Filterrohrs können die Flachbrunnen alternativ auch mit Tauchpumpen als Tiefbrunnen betrieben werden.

2.10 Grundwasserströmung – Grundwasserhaltung

Sind im Absenkungsbereich bei groben Böden eventuell Feinsandlinsen oder -schichten anzutreffen, so kann das gesamte Leitungs- und Filtersystem auch zusätzlich mit einer Vakuumpumpe auf Unterdruck gebracht werden. Damit wird ein Fließen der Feinsand- oder Schluffeinlagerungen wirkungsvoll verhindert.

Anstelle der gebohrten Brunnen mit Schlitzbrückenfiltern werden nach amerikanischem Vorbild immer mehr Flachbrunnenanlagen als Spülfilteranlagen (Wellpointanlagen) konzipiert. Wellpointanlagen (Punktbrunnen) sind Flachhaltungen einfachster Art, bei denen das Filterrohr der Brunnen gleichzeitig als Saugrohr dient und direkt über einen Regulierschieber mit der Saugleitung verbunden ist. Das Fassungsvermögen der Brunnen ist wegen der kleineren Abmessungen begrenzt, sodass selbst für kleine Anlagen eine größere Brunnenanzahl erforderlich wird. Die in der Regel 2- bis 4-zölligen Filter (Filterlänge 1 bis 2 m) werden mit einem entsprechend langen Aufsatzrohr durch eine Spülpumpe mittels Druckwasser bis auf die gewünschte Tiefe in den Boden eingespült. In Abhängigkeit von der Bodenart werden Wassermengen von 10 bis 100 m^3/h unter einem Druck von 3 bis 30 bar zum Einspülen der Filter erforderlich (Bild 98).

Bei den üblichen Kunststofffiltern mit engen Schlitzweiten von 0,25 bis 2,5 mm wird eine Kiesschüttung oder ein Tressengewebe nicht benötigt. Bei den meisten Ausführungen ist eine besondere Spüllanze nicht erforderlich. Sie besitzen am Fuß des Spülfilters ein Ventil,

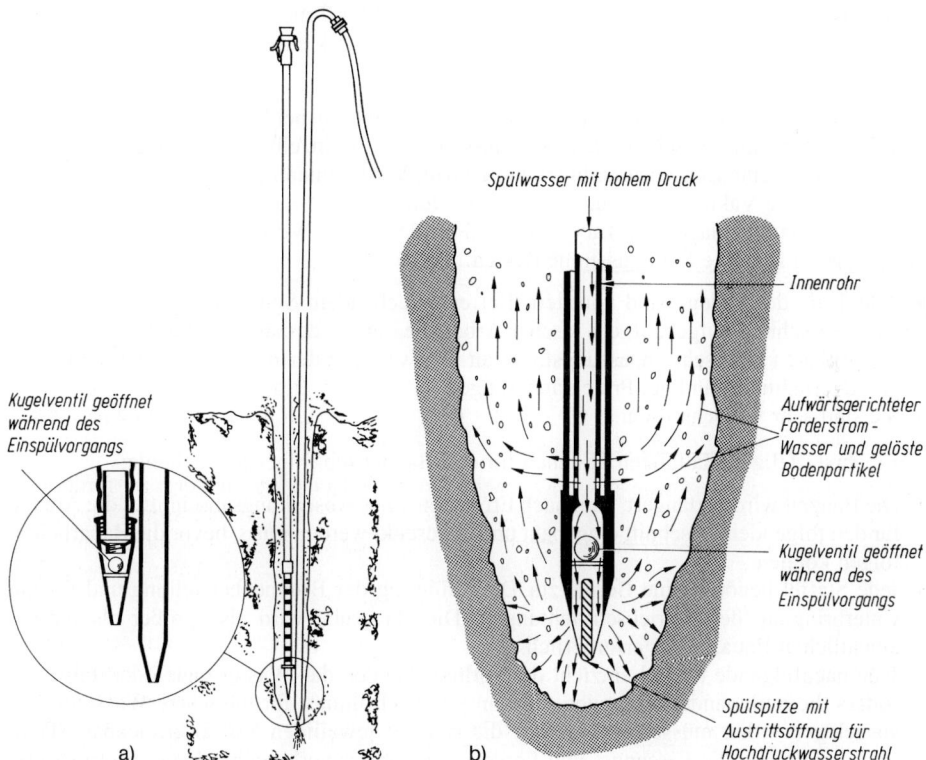

Bild 98. Einspülen mit a) gesondert geführter Spüllanze (bei gröberen Böden erforderlich) [64] und b) selbstspülender Spüllanze

das sich nach außen öffnet, wenn Druckwasser zum Einspülen des Brunnenrohrs eingepresst wird. Durch den Spülstrom sinkt das Filterrohr schnell auf die gewünschte Tiefe ab (in Feinsanden ohne Kieseinlagen in wenigen Minuten). Der Einbau einer Wellpointanlage kann deshalb sehr rasch erfolgen.

In der Praxis hat sich der selbstspülende Filter durchgesetzt. Dadurch, dass dieser Filter über das Aufsatzrohr und dann mit einem Schlauch mit der Spülpumpe verbunden wird, entfällt das Mitführen einer Spüllanze. Ein weiterer Vorteil liegt im verwendeten Innenrohr des selbstspülenden Filters, denn das Grundwasser tritt praktisch an der Filterspitze in die Wasserfassung ein. Sinkt nun die Grundwasseroberfläche bis auf die Filterfläche herab, wird trotzdem solange Wasser gefördert, bis die Filterspitze erreicht ist.

Beim Einspülvorgang der Filter muss der Boden mit Spülwasser gesättigt und zusätzlich noch Wasser eingespült werden, bis Wasser entlang dem Aufsatzrohr nach oben steigt und an der Geländeoberfläche austritt. Das aufsteigende Wasser soll Feinteile des Bodens nach oben tragen und ausspülen. Auf diese Weise bildet sich ein wirksamer natürlicher Filter um das Filterrohr aus. Gleichzeitig bildet das aufsteigende Wasser eine gute Gleitschicht für Filter- und Aufsatzrohr. Tritt beim Einspülen oben kein Wasser mehr aus, so ist die Spülwassermenge zu gering.

In schweren Böden kann es notwendig sein, den Brunnen in vorgebohrte Bohrungen mit kleinen Durchmessern einzubauen. In sehr feinen Böden mit erheblichem Schluffanteil sollten die Filterlanzen eine Sandschüttung (Körnung 0 bis 7 mm) erhalten. Dieses Material soll verhindern, dass der bindige Boden direkt am Filter stark entwässert und dann praktisch wasserundurchlässig wird.

Wegen der i. d. R. fehlenden Filterpackung neigen Wellpoints bei Überbeanspruchung leicht zum Versanden und Zuschlämmen. Sie müssen deshalb einzeln regelbar und abschaltbar sein, ohne dass eine Betriebsunterbrechung eintritt. Wellpointanlagen arbeiten bisweilen als unvollkommene Vakuumanlagen, besonders in Böden des Übergangsbereichs von Schwerkraft- zu Vakuumanlagen (s. Tabelle 11 und Bild 92). Die Vorteile einer Flachbrunnenanlage lassen sich wie folgt zusammenfassen:

- Alle Teile der Anlage sind normiert. Bei entsprechendem Spülverfahren sind derartige Anlagen schnell aufgebaut, ein rascher Arbeitsbeginn ist deshalb möglich.
- Die Anlagen sind sehr anpassungsfähig an unerwartete oder nicht vorhersehbare Untergrundverhältnisse und bei Projektänderungen.
- Sie sind sehr wirtschaftlich.

Bei mehrstaffeligen Haltungen bestehen für den Baubetrieb folgende Nachteile:

- Die Bauzeit wird verlängert, weil nach Erreichen eines Absenkungsabschnittes die Anlage für den folgenden Abschnitt eingebaut und abgesenkt werden muss, bevor die Bauarbeiten folgen können.
- Jede Staffel benötigt eine Berme zur Durchführung der Brunnenherstellung und für die Unterbringung der Betriebseinrichtungen. Die Baugrube wird also größer als für die eigentlichen Bauarbeiten erforderlich.
- Jede nachfolgende Staffel entzieht der vorhergehenden das Wasser ganz oder teilweise, sodass die aufeinander folgenden Staffeln praktisch immer für die ganze Wassermenge ausgelegt werden müssen, welche für die mit der jeweiligen Staffel erreichbare Tiefe erforderlich ist. Die Fassungs- und Förderkapazität der vorhergehenden Staffeln ist erst wieder beim Rückbau der Anlage nutzbar.
- Die engmaschigen und umfangreichen Betriebseinrichtungen behindern einen großzügigen Baubetrieb.

2.10 Grundwasserströmung – Grundwasserhaltung

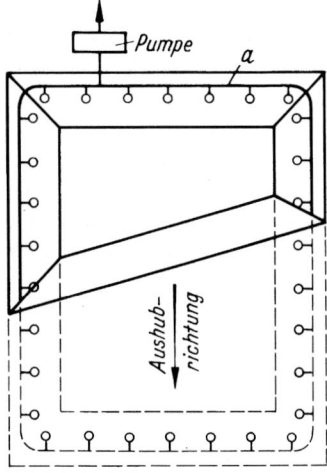

Bild 99. Flachwasserhaltung bei fortschreitendem Baugrubenaushub

Die mit Kreiselpumpen betriebenen Anlagen sind so aufzubauen, dass die Hauptsaugleitung (Bild 99) in sich geschlossen die Baugrube umgibt, um bei örtlichen Schäden in der Leitung möglichst wenig Brunnen ausfallen zu lassen. Bei großflächigen Baugruben ordnet man zusätzlich Brunnen an Stichleitungen an, die möglichst beidseitig an die Ringleitung angeschlossen werden.

Zur Vermeidung unwirtschaftlicher Rohrquerschnitte sind bei größeren Baugruben und Wassermengen die Rohrstränge zu unterteilen und einzelnen Pumpen zuzuordnen. Die Aufstellung der Pumpe in der jeweiligen Mitte der Leitungsstrecke vermindert die Rohrreibungsverluste. Analoges gilt auch für die Aufstellung etwaiger Reservepumpen.

Wenn die Saugleitung nicht sicher auf der Böschung zu liegen kommt, muss für eine anderweitige Unterstützung oder Aufhängung gesorgt werden. Auf den allgemeinen Baubetrieb ist bei der Planung der Anlage besonders Rücksicht zu nehmen. Baumaschinen müssen sich ungehindert bewegen können. An permanenten Durchfahrten sind die Saugleitungen unterflurig zu verlegen. An weniger frequentierten Stellen wird die Saugleitung durch Schieber so unterteilt, dass die Leitung stellenweise vorübergehend ausgebaut werden kann.

Wird in Abschnitten abgesenkt, so ist zu beachten, dass für die Absenkung des Teilfeldes relativ mehr Brunnen erforderlich sind als für das ganze Feld. Die Brunnen werden also meist nicht in regelmäßigen Abständen – wie der Einfachheit halber in Bild 99 dargestellt – um die Baugrube angeordnet, sondern erhalten in Richtung des fortschreitenden Aushubs größere Abstände.

Bei tieferen Absenkungen werden, vor allem in den USA, zur Vermeidung mehrerer Staffeln sog. *ejector systems* (Wasserstrahlpumpen) in die Wellpoints eingebaut. Dabei wird Wasser unter hohem Druck über eine Düse im Filterbereich des Wellpoints in den aufgehenden Förderstrom gepresst und damit ein Vakuum zum Heben des Wassers erzeugt. Der Unterdruck ist lokal begrenzt und reicht nicht aus, um einen echten Unterdruckraum im Boden außerhalb des Brunnens aufzubauen. Bild 100 zeigt mögliche Einbauvarianten einer Wellpointanlage am Beispiel einer Grabenbaustelle bei unterschiedlichen Boden- und Grundwasserverhältnissen.

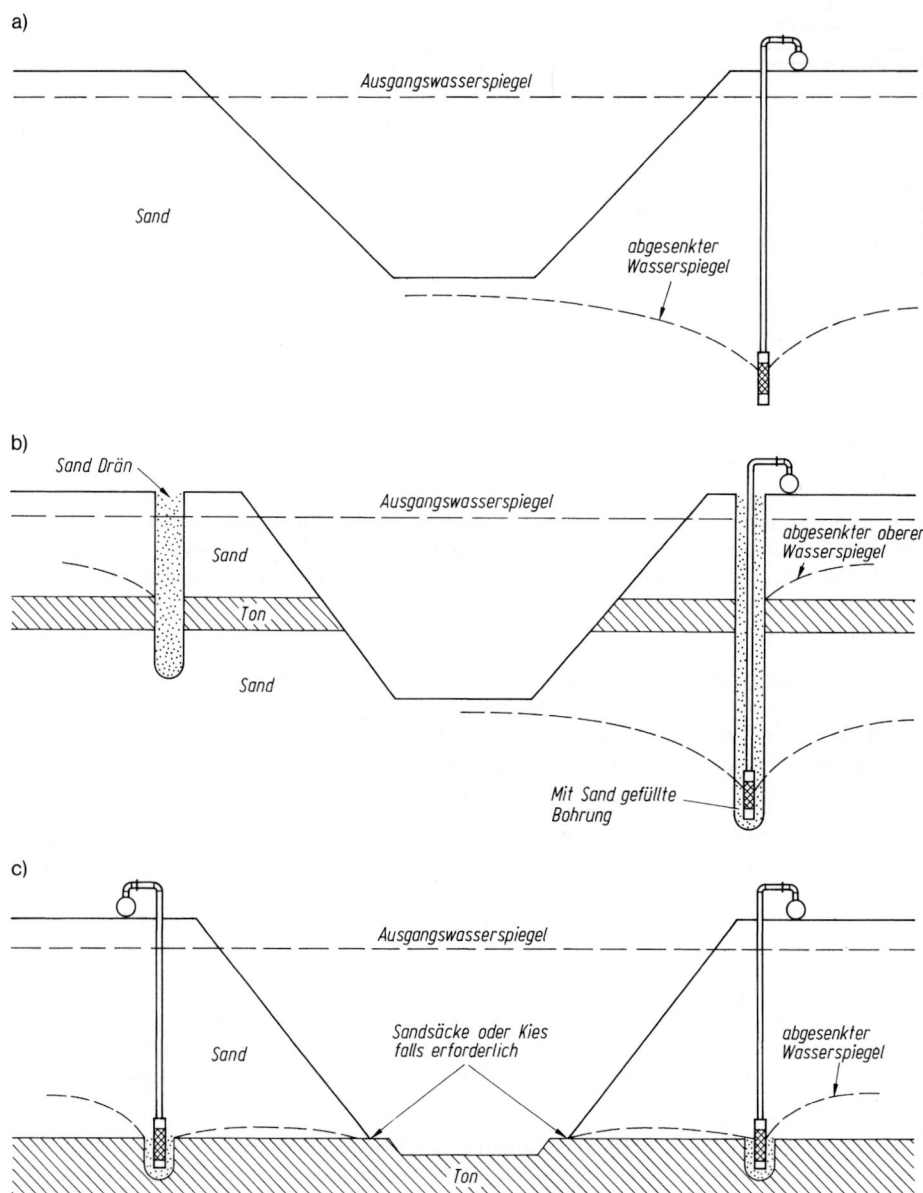

Bild 100. Einbauvarianten einer Wellpointanlage am Beispiel einer Grabenbaustelle bei unterschiedlichen Randbedingungen [65].
a) Entwässerung bei homogenem Boden mit einseitiger Staffel.
b) Bei über der Aushubsohle liegender Tonschicht sind auf der gegenüberliegenden Seite der Staffel Sanddräns zur Entwässerung des oberen Grundwasserstockwerkes erforderlich.
c) Bei hochliegender Tonschicht sind zur Wasserfassung beidseitige Wellpointstaffeln erforderlich.

3.4.3 Tiefbrunnenanlagen

3.4.3.1 Allgemeines

Mit Tiefbrunnen ist bei entwässerbaren Böden jede gewünschte Absenktiefe in einem Zug ohne Tiefenstaffelung erreichbar. Wenn der Platz dafür vorhanden ist, sollten Brunnen möglichst außerhalb der Baugrube liegen. So behindern sie die weiteren Arbeiten nicht und sind vor Zerstörungen besser geschützt. Werden Brunnen innerhalb der Baugrube angeordnet, müssen sie den Aushubphasen folgend zurückgebaut und gekürzt werden. Befinden sich Brunnen in Bauwerksbereichen, müssen die Brunnen mit druckwasserhaltenden Brunnentöpfen durch die Bodenplatte geführt werden. Die Ausführung ist in DIN 4926 [66] beschrieben.

Tiefbrunnen werden als Kiesschüttungsbrunnen mit Bohrdurchmessern von 300 bis 1500 mm und Filterdurchmessern von 125 bis 1250 mm ausgebaut (Bild 101).

Wenn nicht mehrere getrennte Wasserstockwerke zu erfassen sind, genügt es, bei gut durchlässigem Boden, den unteren Teil des Brunnens als Filter mit einem nach unten abschließenden Sumpfrohr auszubilden. Das Sumpfrohr dient als Sandfang und sollte eine Länge > 1,0 m haben. Beim Einbau der Unterwasserpumpe ist darauf zu achten, dass sich die Wassereinlauföffnung der Pumpe nicht im perforierten Bereich des Brunnenfilterrohrs befindet. Der Wassereintritt wäre sonst mit starker Wirbelbildung auf einen sehr kleinen Teil der Filterstrecke konzentriert. Die Filterkiesschüttung käme in Bewegung und könnte durch ständige Reibung das Filterrohr zerstören. Zur Abhilfe sind Vollrohre einzuschalten oder das Sumpfrohr entsprechend zu vertiefen.

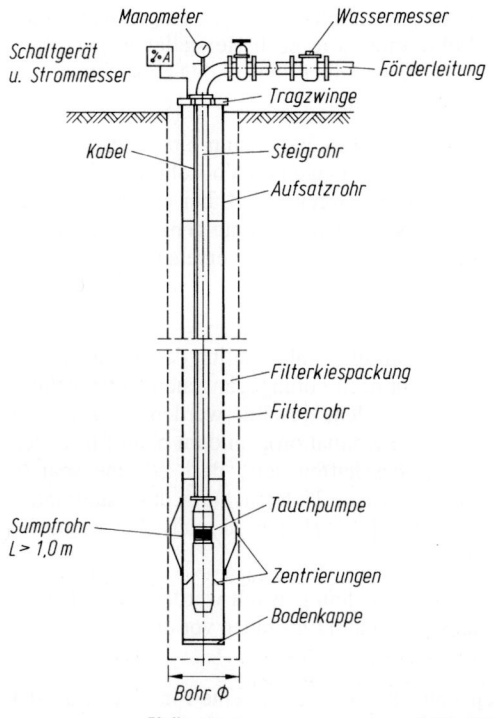

Bild 101. Tiefbrunnen mit eingehängter Tauchpumpe

Die Wasserförderung erfolgt heute fast ausschließlich mit elektrisch betriebenen Unterwasserpumpen. Ein nachträgliches Verstärken einer zu schwach bemessenen Anlage kann leicht und ohne Zeitverlust durch Einbau einer größeren Pumpe oder Nachbohren zusätzlicher Brunnen erfolgen.

Auf die verschiedenen Bohrverfahren wird hier nicht weiter eingegangen. Hierzu existieren umfangreiche Darstellungen, z. B. von *Bieske* et al. [67] und *Tholen* [68].

3.4.3.2 Brunnenausbaurohre

Die Brunnenrohre bestehen aus perforierten Filter- und vollwandigen Aufsatzrohren. Sie müssen den Sand und das Feinkorn zurückhalten und gleichzeitig das Bohrloch stützen. Sie unterliegen folgenden Anforderungen:

- leichte und sichere Handhabung,
- hohe Korrosionsbeständigkeit,
- große Filtereintrittsfläche, geringer Filtereintrittswiderstand,
- hohe Innen- und Außendruckfestigkeit,
- hohe Zugfestigkeit,
- feste und dichte Rohrverbindungen,
- gute Regenerierbarkeit, leichte Sanierbarkeit,
- einfache und sicherer Außerbetriebnahme,
- hohe Wirtschaftlichkeit.

Als Rohrwerkstoff haben sich Stahl, verzinkter Stahl, kunststoffbeschichteter Stahl, Edelstahl, PVC-U und PEHD bewährt. Die Wassereintrittsöffnungen am Filterrohr werden entweder als Rund-, Langloch-, Schlitz- oder als Schlitzbrückenlochung ausgebildet. Eine Ausnahme bildet der Wickeldrahtfilter. Die Schlitzweiten müssen der jeweiligen Kiesschüttung angepasst sein. Brunnenfilter- und Vollrohre gibt es je nach Hersteller in gut abgestuften Längen von 1,0 bis 6,0 m um je nach Anforderung die Filter- und Dichtstrecken dem Boden angepasst teufendifferenziert platzieren zu können.

Als wichtiges Zubehör benötigt man Zentrierungen/Abstandhalter, um einen absolut zentrischen Ausbau zu gewährleisten, Dichtungen bei Verbindungen im Vollrohrbereich, Hebe- und Einbaukappen und Abfangschellen. Für besondere Zwecke (z. B. bei Horizontalfilterbrunnen, bei zweifachen Kiesschüttungen mit verschiedenen Körnungen) werden Kiesbelagsfilter angeboten, die mit einem fertig aufgeklebten Kiesbelag versehen sind.

3.4.3.3 Filterkiese und Abdichtungen

Die Wahl des richtigen Filterkieses ist entscheidend für die Funktionalität des Brunnens und muss dem Korngemisch der wasserführenden Schicht nach vorangegangenen Untersuchungen angepasst werden. Der Filterkies darf nicht so klein gewählt werden, dass er alle anstehenden Bodenkörner vom Filter fernhält (äußere Kolmation), sondern beim Entsanden alle Feinteile durchlässt. Allerdings muss er so beschaffen sein, dass er eine spätere Sandführung zuverlässig verhindert. Daher ist die genaue Untersuchung des Baugrundes sehr wichtig. Siehe hierzu DVGW-Merkblatt W 113 [69]. Hier wird auch eine geeignete Methode zur Schüttkornbestimmung aufgezeigt.

Auch das Filterrohr sollte in seiner Schlitzweite nicht so fein gewählt werden, dass sich die durch den Filterkies hindurchströmenden Bodenkörner beim Entsanden vor die Filterschlitze legen (innere Kolmation).

Für temporäre Wasserhaltungsbrunnen haben sich gewaschene, gesiebte Flusskiese aus der Baustoffindustrie (Beton- oder Filterkiese) der Körnungen 2–4, 4–8, 2–8, 8–16 bewährt. Für

2.10 Grundwasserströmung – Grundwasserhaltung

Tabelle 12. Filtersande und -kiese nach DIN 4924 [70]

	Korngruppe	Ringraumdicke	Bemerkungen
Filtersande	0,25–0,50		nur als Gegenfilter
	0,50–1,00	50 mm	
	0,70–1,40	(mind. 40 mm)	
	1,00–2,00		
Filterkiese	2,0–3,15	80 mm	
	3,15–5,6	(mind. 60 mm)	
	5,6–8,0		
	8,0–16	100 mm	als Stützkorn im Festgestein

anspruchsvolle Brunnen und bei Brunnen in feinkörnigen Böden sollte man Filtersande und Filterkiese nach DIN 4924 [70] (s. Tabelle 12.) verwenden. Folgende Bedingungen gelten hier:

- Nur natürlichen Sand und Kies, kein gebrochenes Korn oder Splitt verwenden.
- Die Form der einzelnen Körner soll der Kugelform nahe kommen.
- Die Oberfläche der Körner soll glatt sein.
- Das Material soll zu 96 % aus reinem Quarz bestehen.
- Das Material muss klar gewaschen sein.
- Der Anteil an Unter- und Überkorn darf ca. 10 % nicht überschreiten.
- Nur in gesäuberten Transportmitteln versenden.

Gegenfilter werden zur Trennung von unterschiedlichen Filterkieskörnungen und Tondichtungen verwendet.

Abdichtungen innerhalb von Brunnen werden erforderlich, um verschiedene Grundwasserleiter zu trennen oder Zufluss von Oberflächenwasser zu verhindern. Als Abdichtungsmaterialien werden geschüttete Tonprodukte (Quelltonkugeln, -pellets oder -granulate) verwendet. Bei tiefen Abdichtungen bieten geschüttete Tone keine ausreichende Sicherheit. Daher werden dafür verpressbare Suspensionen eingebracht. Reine Zementprodukte haben den Nachteil, dass sie starr sind und Risse bekommen. Daher werden Tonmehle oder Bentonite zugemischt. Hier gibt es gebrauchsfähige Fertigmischungen.

3.4.3.4 Klarpumpen und Entsanden

Nach Abschluss der Brunnenherstellung ist der Brunnen vor Inbetriebnahme gründlich zu entsanden (entwickeln). Durch das Entsanden werden die feinen und feinsten Bodenteilchen im Filterkies und in der unmittelbaren Umgebung des Brunnens ausgewaschen und entfernt. So wird ein möglichst widerstandsfreies Einströmen des Grundwassers in den Brunnen erreicht. Als Verfahren kommen das Klarpumpen, Entsandungskolben und die abschnittsweise Intensiventsandung mit Unterwasserpumpe zwischen zwei Manschetten (Packer) zur Anwendung. Die Verfahren können einzeln oder auch nacheinander erfolgen, bis der zulässige Restsandgehalt nach DVGW Merkblatt W 119 [71] erreicht ist.

Das einfachste Verfahren ist das Klarpumpen, bei dem mit ca. dem 1,5-Fachen der geplanten Fördermenge gepumpt wird, bis das Wasser sandfrei ist. Dabei muss darauf geachtet werden, dass die Anfangsfördermenge möglichst klein ist und stufenweise erhöht wird. Zur Steigerung der Wirkungsweise werden die Pumpen mehrfach abgeschaltet und wieder angefahren (Schocken).

Im Anschluss an das Entsanden und Klarpumpen kann ein Pumpversuch erfolgen, bei dem vor allem die Fördermenge, aber auch der dazugehörige Absenkbetrag, ermittelt wird. Je nach Qualitätsanspruch wird entweder ein Kurzpumpversuch über mehrere Stunden bis zur annähernden Beharrung oder gemäß DVGW Arbeitsblatt W 111 [72] über längere Zeiträume durchgeführt.

3.4.4 Pumpen und Rohrleitungen

3.4.4.1 Saugleitungen

Die allen Brunnen gemeinsame Saugleitung bei Flachbrunnen- oder Vakuumanlagen soll leicht sein und sich schnell und sicher bewegen lassen. Sie muss im verlegten Zustand zur Erhaltung des Unterdrucks dicht bleiben. Von Vorteil sind durchsichtige Teilstücke (Anschlussbogen mit Spiralschlauch), um zu erkennen, ob einzelne Brunnen Wasser führen oder nicht. Allgemein üblich sind Schnellkupplungsrohre aus verzinktem Stahl oder PEHD. Die Rohre werden mit Durchmessern zwischen 50 und 218 mm mit geeigneten Formstücken sowie zu den Anschlüssen passenden Armaturen in verschiedenen Ausführungen hergestellt.

Um vom Wasser mitgeführte Luft abzuleiten, soll die Saugleitung zur Pumpe leicht ansteigen (rd. 1%). Die Dimensionierung der Leitung wird so vorgenommen, dass die Reibungsverluste in akzeptablen Grenzen bleiben, insbesondere auch im Hinblick darauf, dass die Saughöhe für die von der Pumpenanlage am weitesten entfernten Brunnen nicht zu stark vermindert wird. Für Leitungen über $\varnothing$ 200 mm, die nur selten benötigt werden, wird dies im Allgemeinen erreicht, wenn die Fließgeschwindigkeit im Rohr 1,50 bis 2,0 m/s nicht überschreitet. Für schwächere Leitungen muss die Geschwindigkeit darunter bleiben (zur Bemessung der Reibungsverluste siehe Bild 102 und Tabelle 13).

Die gemeinsame Saugleitung soll, wenn möglich, als Ringleitung verlegt werden, um bei örtlichen Schäden den Betrieb aufrechterhalten zu können. Hierzu werden in gewissen Abständen Schieber eingebaut, um bei Beschädigungen der Leitung Teilstücke vorübergehend außer Betrieb nehmen zu können. Wenn statt der Schnellkupplungsrohre Rohre mit Flanschen verwendet werden, so ist auf besonders gute Dichtung der Rohre Wert zu legen.

3.4.4.2 Druckleitungen

Für die Druckleitungen werden meist Rohre gleichen Typs, wie für die Saugleitungen, verlegt. Bei kleinen Durchmessern werden endlose PEHD-Rohre mit Schweißverbindungen oder Schraubkupplungen eingesetzt. Schnellkupplungsrohre sind bis zu einer Größe von ca. 300 mm üblich, als Sondergröße auch bis 500 mm. Darüber hinaus werden Stahlrohre mit Flanschverbindung oder speziellen Schalenkupplungen verwendet.

Die Bemessung der Druckleitung erfolgt ebenfalls nach Bild 102 und Tabelle 13. Für die Fließgeschwindigkeiten im Rohr können höhere Werte (2,0 bis 3,0 m/s) als bei Saugleitungen zugelassen werden.

Jeder Brunnen wird mit einem Schieber und einer Rückschlagklappe an die Ringleitung angeschlossen, so kann man einzelne Brunnen außer Betrieb nehmen, ohne die ganze Anlage abschalten zu müssen. Im Rohrleitungssystem sind außerdem zusätzliche Anschlussstellen für offene Wasserhaltungen und zusätzliche Brunnen vorzusehen, da sich diese sonst nur schwer während des Betriebs anschließen lassen.

2.10 Grundwasserströmung – Grundwasserhaltung

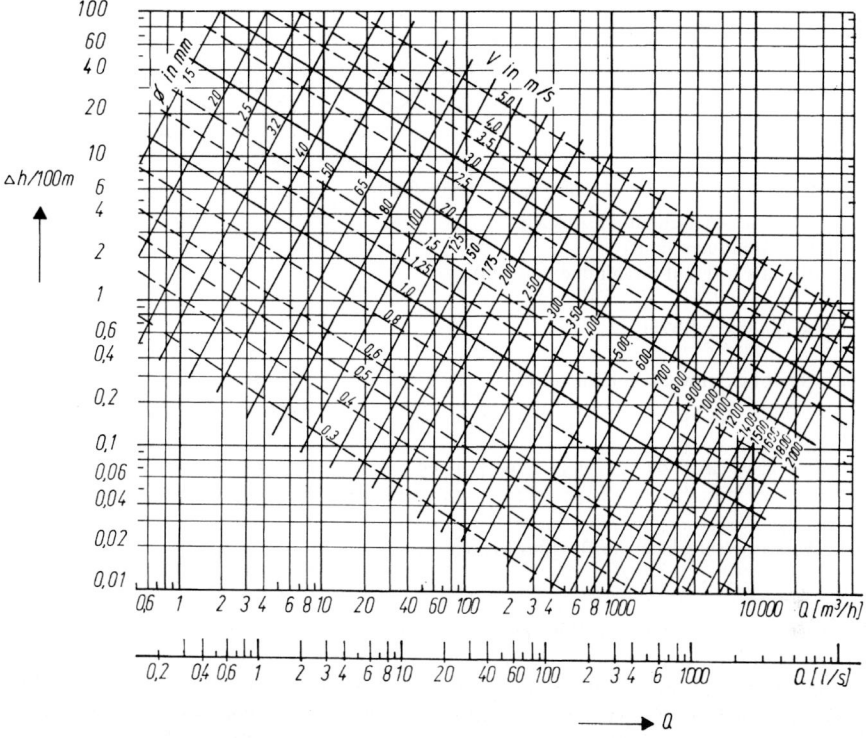

Bild 102. Strömungswiderstände in glatten Rohren bei Förderung von kaltem Wasser [12]

Tabelle 13. Reibungsverluste in Formstücken (nach [12])

Formstück	Beiwert ζ
Schieber	1
Krümmer 30°	1
Krümmer 45°	2
Krümmer 90°	4
T-Stück	8

$\Delta h = \zeta \cdot 0.02 \, v^2 =$ Druckhöhenverlust in m
$\zeta =$ Beiwert; v = Wassergeschwindigkeit in m/s

Weiter sind Zapfstellen vorzusehen, um Wasserproben zum ständigen Nachweis der Sandfreiheit des Wassers leicht entnehmen zu können. Vor der Einleitung des gepumpten Wassers in den Kanal oder eine Vorflut ist ein Sandfang aufzustellen, in dem mitgeförderte absetzbare Stoffe zurückgehalten werden. Der Behälter sollte mit eingebauten Blechen als Dreikammersandfang und mit einem zusätzlichen Oberwehr als einfacher Leichtstoffabscheider versehen werden. Bei Mehrbrunnenanlagen empfiehlt es sich jeden Brunnen mit einem Einzelwasserzähler auszurüsten, um die Förderraten vergleichen zu können.

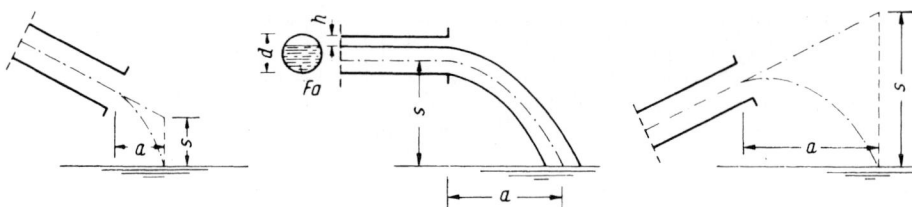

mit F_a [m²]: Strahlquerschnitt am Auslauf
     F [m²]: (Rohrquerschnitt)
     a [m] und s [m] (auf Strahlmitte bezogen)

ist $Q = 2{,}22 \cdot F_a \dfrac{a}{\sqrt{s}}$ [m³/s]

Strahlquerschnitt bei teilweise gefülltem Rohr:

h/d in %	2	6	10	15	20	30	40	50	70	90
F_a/F in %	99.4	97.5	95	90.7	85.7	75	63	50	25	5

Bild 103. Wassermessung beim Ausfluss aus Rohren

Die Wassermengenmessung am Auslauf erfolgt durch Behälter mit Messwehren, mechanischen Wasseruhren oder magnetisch induktiven Durchflussmessern. Letztere haben den Vorteil, dass sie einen freien Durchgang haben und neben der Momentanmenge auch die aufaddierte Gesamtmenge anzeigen. Ein einfaches, fast immer anwendbares Verfahren, das zur Abschätzung ausreichend genau ist, bedient sich der Wurfparabel des aus dem Abflussrohr ausströmenden Wassers zur Mengenbestimmung (Bild 103).

3.4.4.3 Kreiselpumpen mit horizontaler Welle

Für Flachbrunnenanlagen werden meistens Kreiselpumpen verwendet. Ihre Vorteile sind der gute Wirkungsgrad, die leichte Wartung und bei ausgereiften Konstruktionen ihre Unempfindlichkeit gegen mitgeführte feste Bodenbestandteile. Die Saughöhe der Kreiselpumpen in einer gut verlegten Anlage beträgt ca. 7 m. Ein Nachteil von einfachen Kreiselpumpen ist, dass sie das Wasser nicht selbst ansaugen, sodass – wenn nicht eine besondere Entlüftungsanlage angeordnet wird – die Saugleitung vor Inbetriebnahme aufgefüllt werden muss. Deshalb sollte die Stichleitung gegen die Hauptabflussleitung leicht ansteigen, damit das Wasser beim Auffüllen einer leergelaufenen Kreiselpumpensaugleitung dieser von selbst zufließt.

Inzwischen gibt es zahlreiche modernere selbstsaugende Bauarten – sog. Vakuumaggregate –, bei denen Luftpumpe (Vakuumpumpe) und Wasserpumpe zu einer Einheit gekoppelt sind und häufig vollautomatisch arbeiten. Dabei entlüftet die Vakuumpumpe das System Saugleitung, Trennbehälter und Förderpumpe. Das Fördermedium steigt aufgrund des erzeugten Vakuums in den Trennbehälter und wird von der Förderpumpe abgepumpt. Die im Fördermedium enthaltene Luft wird im Trennbehälter separiert und über die Vakuumpumpe abgeführt. Eventuelle Lufteinbrüche führen dadurch nicht zum Abbruch der Förderung. Eine Automatik steuert die Vakuum- und Förderpumpe je nach Luft- und Wasseranfall.

Für den Betrieb von Wellpointanlagen sind die Vakuumaggregate unentbehrlich geworden. Bei der Aufstellung der Vakuumaggregate ist unbedingt darauf zu achten, dass die Anlage möglichst nahe an die Grundwasseroberfläche herangeführt wird. Die Vakuumpumpe sollte

2.10 Grundwasserströmung – Grundwasserhaltung

auf jeden Fall auf dem Niveau der Sammelleitung liegen, um die physikalisch begrenzte Saughöhe vollständig ausnutzen zu können. Die gesamte manometrische Förderhöhe ergibt sich aus der geometrischen Saughöhe (ca. 7 m) und der geodätischen Druckhöhe (Abminderung bei > 500 m ü. NN) zuzüglich der Rohrreibungsverluste nach dem Diagramm in Bild 102 und zuzüglich eines Sicherheitszuschlags von 10 bis 20%, der auch die Reibungsverluste durch Krümmer, Abzweigungen usw. berücksichtigt. Zur Kontrolle der Saug- und Druckhöhe werden Manometer bzw. Vakuummeter eingebaut. Vor und möglichst auch hinter der Pumpe sind Schieber anzuordnen, um die Saug- und Druckhöhe der Pumpencharakteristik anpassen zu können, wenn die Pumpe nicht genau den Förderverhältnissen entspricht.

Bei Wellpointanlagen soll die Vakuumanlage einen Unterdruck von 8 bis 9 m Wassersäule erzeugen; dieser wird bei guten Anlagen infolge von Rohrleitungswiderständen und unvermeidbaren Undichtigkeiten usw. mit 6 bis 7 m wirksam. Trotzdem erzeugt die Anlage in normalen Sand- und Kiesböden keinen Unterdruck im Boden. Das Wasser fließt dem Wellpoint infolge der Schwerkraft zu. Es kann deshalb mit den Anlagen auch nur dann das gleiche Absenkergebnis wie mit normalen Flachbrunnenhaltungen erzielt werden, wenn aus dem Untergrund die entsprechende Wassermenge gefördert wird.

Die genormten Elemente der Anlagen veranlassen häufig dazu, sie ohne nähere Prüfung einzusetzen. Zur Vermeidung von Fehlschlägen ist unbedingt der Nachweis zu führen, dass das geringere Fassungsvermögen der einzelnen Wellpoints in der Summe zur Bewältigung des Wasseranfalls ausreicht und die Rohrquerschnitte genügend groß sind, um die Fördermenge ohne Überschreitung der zulässigen Reibungsverluste abzuführen. Bei aggressivem Wasser sollten nur korrosionsbeständige Pumpen eingesetzt werden.

3.4.4.4 Tauchpumpen

Für die Förderung des Grundwassers aus Brunnen steht eine sehr große Bandbreite von Herstellern und Pumpentypen zur Verfügung. Eingesetzt werden hauptsächlich sog. Tauchpumpen (Unterwassermotorpumpen). Die Pumpen werden im Brunnen unterhalb der niedrigsten abgesenkten Grundwasseroberfläche positioniert. Der große Vorteil der Tauchpumpe gegenüber der in Geländehöhe aufgestellten Kreiselpumpe besteht vor allem darin, dass die Tauchpumpe das Wasser nicht saugt, sondern drückt. Dadurch ist die Tauchpumpe von der durch den Atmosphärendruck begrenzten Saughöhe unabhängig und tiefe Absenkungen können in einem Zug ohne Staffelung erzeugt werden. Die meisten Pumpen sind relativ unempfindlich gegenüber einer Restsandführung und verfügen über verschleiß- und korrosionsfeste Werkstoffe. Über der Pumpe sind Rückschlagventile oder -klappen anzuordnen, um bei Pumpenausfall einen Rückfluss des Wassers aus den Rohrleitungen zu verhindern.

Die Auswahl der Tauchmotorpumpen und Feststellung des Kraftbedarfs wird im Einzelfall anhand der Pumpenkennlinien erfolgen (Bild 104). Die Kennlinien zeigen die Abhängigkeit der Förderhöhe, des Leistungsbedarfs an der Pumpenwelle (kW/Stufe) und des Wirkungsgrades η in Bezug auf die Fördermenge. Weiterhin ist der NPSH-Wert (Net Positiv Suction Head) der Pumpe angegeben. Dieser ist wichtig für die korrekte Einbautiefe, um Kavitation und eine Zerstörung der Pumpe zu verhindern. Es muss immer eine ausreichende Restwasserhöhe (Wasserdruck) über dem Pumpeneinlauf vorhanden sein. Die korrekte Dimensionierung sollte durch einen Pumpenfachmann vorgenommen werden. Es werden Pumpen in Durchmessern von 2" bis 12", Fördermengen von weniger als 1 bis mehr als 1000 m³/h und Förderhöhen von wenigen Metern bis ca. 700 m angeboten.

Die Dimensionierung der Pumpanlage für Grundwasserabsenkungen erfolgt für die höheren Fördermengen beim Absenkvorgang. Bei zurückgehenden Mengen bei der Annäherung an den stationären Zustand sollten die Pumpen nur kurzfristig eingedrosselt werden, da sonst zu

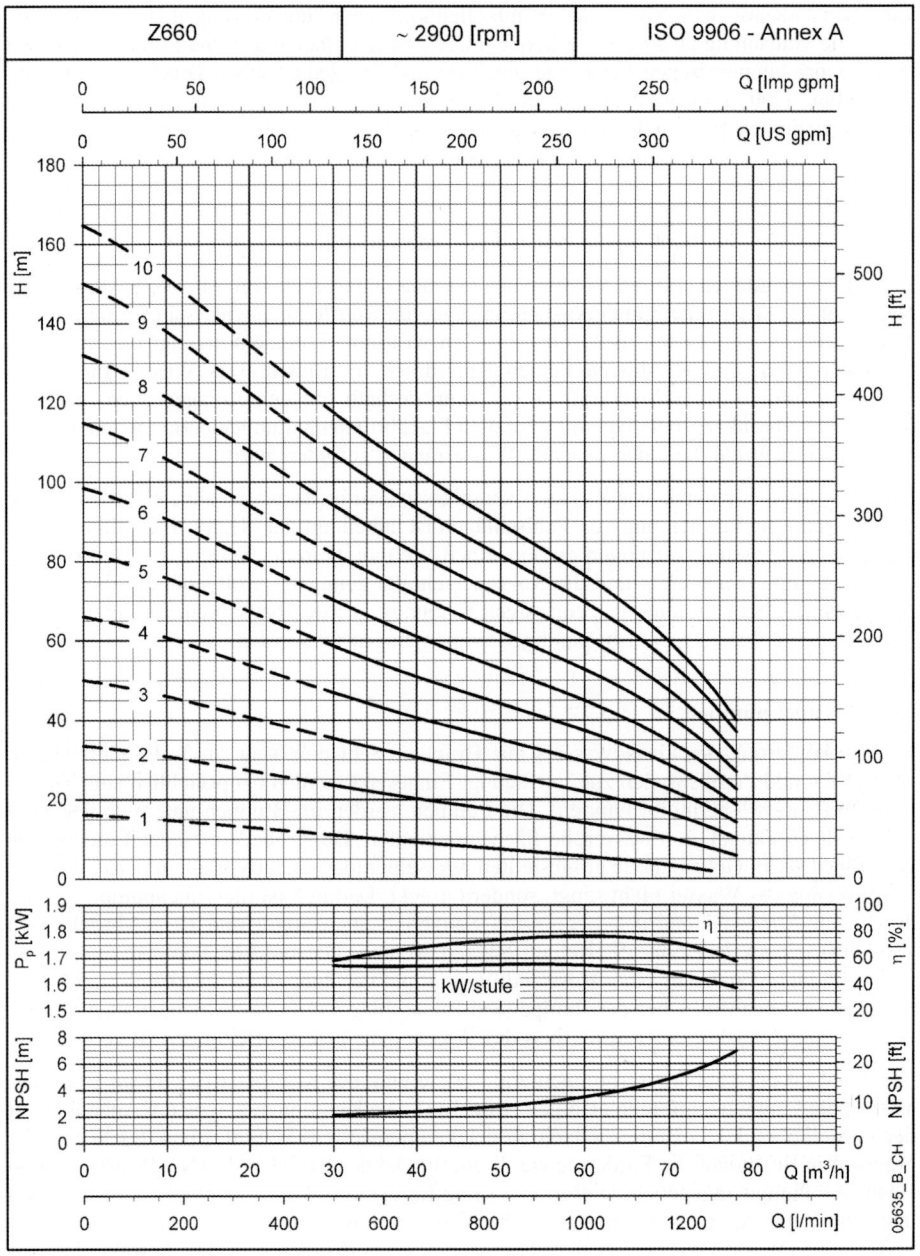

Die angegebenen Leistungen gelten für Fördermedien mit einer Dichte von $\rho = 1.0$ kg/dm³ und einer kinematischen Viskosität von $\nu = 1$ mm²/s

Bild 104. Pumpenkennlinien (Beispiel ITT Lowara Deutschland GmbH, Großostheim)

2.10 Grundwasserströmung – Grundwasserhaltung

viel Strom verbraucht wird. Besser ist der weitere Betrieb über diskontinuierliche Sondensteuerung, aufwendige Drehzahlsteuerung oder ein Auswechseln der Pumpen und Anpassen an die tatsächlichen Verhältnisse. Bei der Auswahl der richtigen Pumpenkennlinie ist die planmäßige Förderhöhe addiert mit den Rohrreibungsverlusten gemäß Abschnitt 3.4.4.2 und der erforderlichen Druckhöhe am Auslauf zu berücksichtigen.

Neben den mehrstufigen Unterwassermotorpumpen schlanker Bauart können bei geringen Förderhöhen auch einstufige Schmutzwasserpumpen eingesetzt werden. Auch Mammutpumpen und Wasserstrahlpumpen (*ejectors*) werden unter besonderen Umständen trotz ihres niedrigen Wirkungsgrades eingesetzt. Ihr Vorteil besteht darin, dass sie ohne bewegliche Teile fördern und auch größere Feststoffe ausblasen können. Dies wird vor allem beim Klarpumpen oder der Regenerierung genutzt.

3.4.4.5 Antriebsmaschinen und Stromverteilung

Der Antrieb der Pumpen erfolgt durch Elektromotoren oder Dieselmotoren, die direkt oder über Gestänge gekuppelt werden. Für wichtige Anlagen sollten zwei voneinander unabhängige Energiequellen vorgesehen werden, damit bei Ausfall einer Kraftquelle der Weiterbetrieb gesichert ist. In der Regel wird deshalb eine Stromreserve durch automatisch anlaufende Notstromaggregate bereitgestellt. Die Motoren der Tauchmotorpumpen sind Kurzschlussläufer und erzeugen beim Einschalten einen Stromstoß in Höhe der 6- bis 7-fachen Nennstromstärke. Bei der Bemessung der Stromanlagen, insbesondere bei etwaigen Stromerzeugungsanlagen, ist dies zu berücksichtigen. Dementsprechend sollte durch eine geeignete Steuerungseinrichtung vermieden werden, dass Tauchpumpenanlagen, die durch einen Stromausfall vorübergehend außer Betrieb gesetzt wurden, bei Stromwiederkehr mit allen Motoren gleichzeitig anlaufen (Kaskadenschaltung).

Grundwasserabsenkungsanlagen brauchen eine vom allgemeinen Baubetrieb unabhängige Stromversorgung, damit sich Fehler in der Stromversorgung der Baustelle nicht auf die Grundwasserabsenkung auswirken können. Für die Grundwasserabsenkung ist deshalb ein entsprechender Anschlussschrank als Nebenanschluss einzurichten. Die Stromversorgung der einzelnen Pumpen kann von dort aus zentral oder gruppenweise über Verteilerschränke erfolgen. Kleinere Schaltstationen für jeweils höchstens sechs Brunnen sind größeren Schaltanlagen vorzuziehen. Zentrale Schaltanlagen haben den Nachteil, dass bei Ausfall der Schaltstation die gesamte Anlage in Mitleidenschaft gezogen wird. Außerdem ist die Kabelführung umfangreicher und aufwendiger. Zweckmäßigerweise sind zu jedem Pumpenmotor in den Verteilerschränken Schaltschütze mit eingebautem Motorschutz einzubauen.

Zum heutigen Standard gehört außerdem eine Überwachung der Wasserhaltungsanlage durch eine computergestützte und mit dem Mobilnetz verbundene Alarmanlage (Telenot). Damit können gleichzeitig ein unerlaubter Wasseranstieg in mehreren ausgewählten Brunnen oder Pegeln und ein Stromausfall gemeldet werden. Das Signal der einzelnen Alarmsonden wird über die Telenot-Anlage per SMS an den Pumpwart und andere Verantwortliche ohne Verzögerung gesendet.

3.5 Entwässerung durch Unterdruck

3.5.1 Anwendungsbereich und Grundlagen

In feinkörnigen, d. h. schwach durchlässigen Böden ($k < 10^{-4}$ m/s) mit kapillar gebundenem Wasser, in denen die Wasserbewegung zu einer Entnahmestelle durch die Schwerkraft allein nicht bewirkt werden kann, muss zur Entwässerung ein zusätzliches Gefälle durch ein

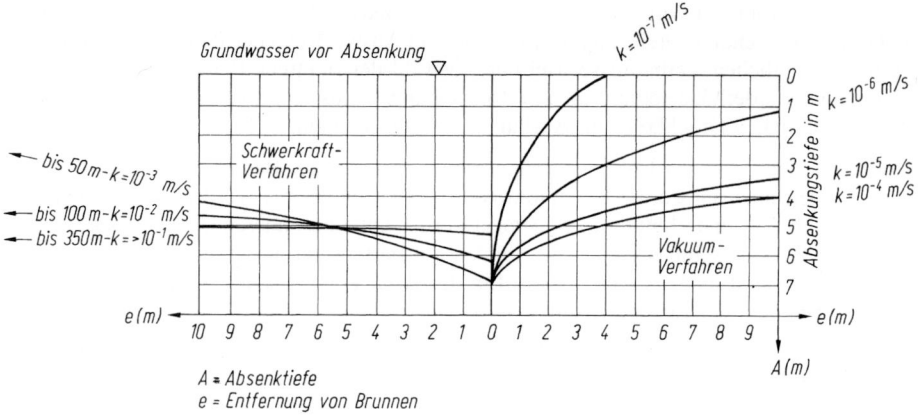

Bild 105. Vergleich der Absenkkurven bei Schwerkraft- und Vakuumverfahren

Vakuum im Brunnen erzeugt werden (Bild 105). Voraussetzung für das Funktionsprinzip der Vakuumanlage ist die Übertragung des Unterdrucks im Brunnen auf den zu entwässernden Boden.

Beträgt die Absenktiefe nur wenige Meter, so reichen in der Regel herkömmliche Vakuumlanzen aus (s. Abschn. 3.4.2 „Flachbrunnen"), die ringförmig um die Baugrube mit einem gegenseitigen Abstand von ca. 1,5 m gerammt, gebohrt oder eingespült (s. Bilder 98 und 99) und anschließend mit Vakuum beaufschlagt werden. Dabei ist zu beachten, dass nur der Teil des Vakuums auf den Boden wirksam werden kann, der nicht zur Hebung des Wassers aus dem Brunnen zur Förderpumpe verbraucht wird.

Vom vorhandenen Unterdruck an der Pumpe sind deshalb bei flachen Vakuumanlagen die Anteile – aus dem geodätischen Unterschied zwischen Pumpe und Wasserstand im Brunnen – und Reibungsverluste aus dem System abzuziehen, sodass praktisch die Absenkung auf 4 bis 5 m beschränkt bleibt, wenn noch 0,3 bar Unterdruck auf den Boden wirksam werden soll. Bei Vakuumtiefbrunnen wird demgegenüber der Unterdruck in voller Größe auf die Bohrlochwandung aufgebracht, weil das anfallende Wasser mittels einer separaten Tauchpumpe zur Oberfläche gedrückt wird. Die Effektivität dieser Brunnen ist damit wesentlich größer als die der Vakuumlanzen und zwar sowohl in Bezug auf die Absenktiefe als auch auf die Reichweite.

Beim Einbau der Brunnen (und Vakuumlanzen) ist gegenüber Schwerkraftentwässerungsanlagen zu beachten, dass der Unterdruck am Brunnen entlang möglichst auf 3/4 der ganzen Höhe der zu entwässernden Schicht direkt und gleichmäßig einwirkt und nicht etwa nur von der kurzen Filterstrecke am Ende des Brunnenrohrs aus. Zu diesem Zweck werden die Brunnen entweder mit Filterschüttungen oder anderen konstruktiven Maßnahmen, wie z. B. Doppelwandfilter, Tressengewebehüllen und dgl. ausgerüstet, welche die Unterdruckausbreitung entlang der Brunnenwandung gewährleisten. Damit ist es ferner möglich, auch bei zwischengeschalteten undurchlässigen Trennschichten verschiedene Grundwasserleiter zu erreichen und wirksam zu entwässern. Am oberen Ende müssen die Brunnen dagegen durch Tondichtungen einwandfrei gegen den umgebenden Boden abgedichtet werden. Luftdurchlässige Oberflächen oder Böschungsanschnitte werden durch Auftragen von Spritzbeton oder durch Abdeckung mit Folien abgedichtet (Bild 106).

2.10 Grundwasserströmung – Grundwasserhaltung

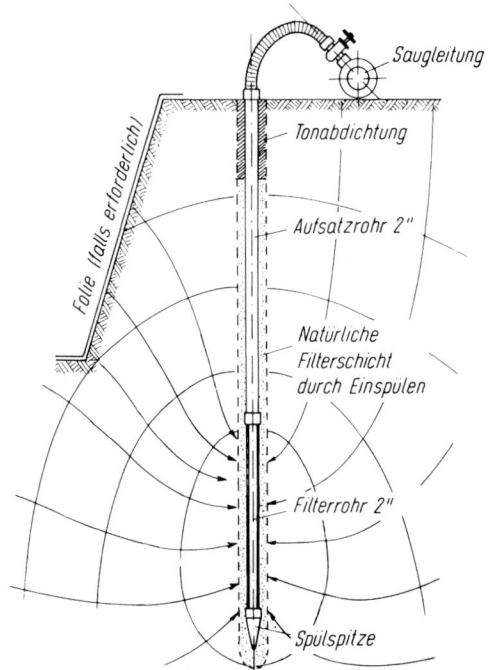

Bild 106. Strömungs- und Druckverhältnisse an einem Vakuumbrunnen

Wie bei Schwerkraftanlagen können auch Vakuumanlagen als ein- oder mehrstaffelige Anlagen oder als Tiefbrunnenanlagen eingesetzt werden. Bei Staffelanlagen ist zu beachten, dass im Gegensatz zu Schwerkraftanlagen die oberen Staffeln nicht mit fortschreitendem Absenken des Wassers und des Aushubs der Baugrube abgeschaltet werden können.

Aufgrund fehlender allgemeingültiger theoretischer und leicht anwendbarer Berechnungsverfahren ist es heute noch üblich, Vakuumanlagen auf der Grundlage von mehr oder weniger übertragbaren Erfahrungswerten zu dimensionieren. Die Prognose der in der Regel geringen Wassermengen, die in Vakuumanlagen anfallen, ist für die Bemessung von geringer Bedeutung. Der Bestimmung des Luftbedarfs bzw. des möglichen erzielbaren Unterdrucks kommt dagegen bei der Dimensionierung vor allem von Vakuumtiefbrunnen die entscheidende Bedeutung zu, weil hiervon nicht nur die Anzahl der vakuumerzeugenden Luftpumpen abhängt, sondern auch der Abstand der Vakuumtiefbrunnen und der Verlauf der Depressionskurve. Voraussetzung für die Ermittlung des Luftbedarfs ist allerdings die Kenntnis der Luftdurchlässigkeit des Untergrunds, deren Bestimmung sich noch problematischer als die Bestimmung der Wasserdurchlässigkeit darstellt.

3.5.2 Vakuumlanzen, Vakuumkleinbrunnen

Die Anlagen mit Vakuumlanzen gleichen in Aufbau und Ausstattung den Wellpointanlagen (Schwerkraftentwässerung), wie sie in Abschnitt 3.4.2. beschrieben sind, mit dem Unterschied, dass infolge der geringeren Durchlässigkeit auch außerhalb des Brunnens ein Unterdruck auf den Boden wirkt.

Für Untertagebauten, wo Brunnen im First nach unten entwässern, sind Vakuumanlagen besonders wertvoll.

Tabelle 14. Ermittlung der anfallenden Wassermenge [m³/h] in Abhängigkeit der Durchlässigkeit und der Absenktiefe [73]

Bodenarten		Ton	Schluff			Sand			Kies			Brocken
			fein	mittel	grob	fein	mittel	grob	fein	mittel	grob	
Korngröße bis mm		unter 0,002	0,002 0,006	0,006 0,02	0,02 0,06	0,06 0,2	0,2 0,6	0,6 2,0	2 6	6 20	20 60	über 60
Durchlässigkeit k = m/s		10^{-11} bis 10^{-8}	10^{-7}	10^{-6}	10^{-5}	10^{-4}	10^{-3}	10^{-2}	10^{-1}	1	>1	
Wasseranfall je lfd. Meter Absenkstrecke im Kanalbau bei Baugruben × 0,75	1	0,01 bis	0,3	0,4	0,7	1,4	2,7	5				
	2		0,3	0,45	1,0	1,7	3,3	5,8				
	3		0,4	0,5	1,2	2,1	4,1	6,7				
	4		0,4	0,55	1,4	2,6	5,0	7,8				
	5		0,4	0,6	1,6	3,2	6,1	8,1				
	6		0,4	0,6	1,75	3,9	7,3	9,7				
	7		0,4	0,6	1,90	4,7	8,7	10,7				
	8		0,4	0,6	2	5,6	10,4	14,3				
	9		0,2	0,4	0,6	2,1	6,6	12,5	17,7			
Tiefe	m											

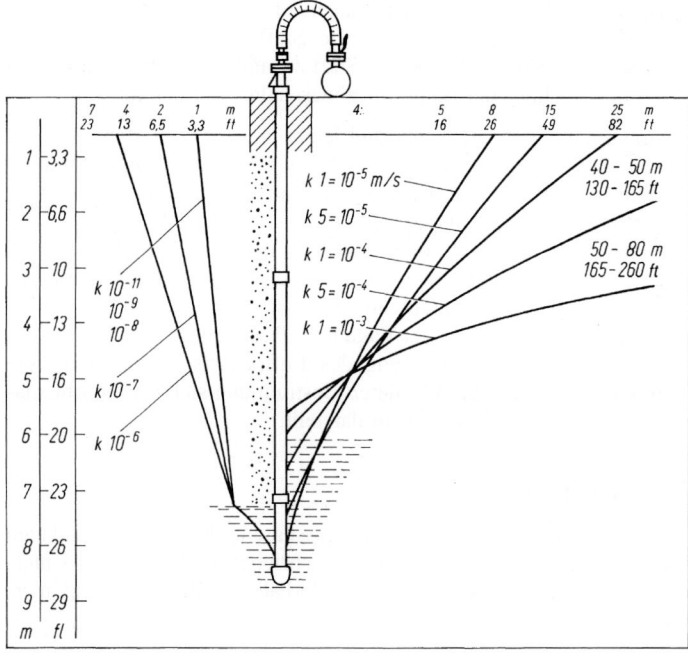

Bild 107. Absenkkurven in Abhängigkeit von verschiedenen Durchlässigkeitsbeiwerten [73]

2.10 Grundwasserströmung – Grundwasserhaltung

Das leichte Einbringen der Punktbrunnen und die Stabilisierung des Bodens infolge der Entwässerung kann Veranlassung sein, tiefere Baugruben mit verhältnismäßig steilen Böschungen (evtl. ohne Bermen) anzulegen. Derartige Planungen sind geotechnisch sorgfältig zu untersuchen. Der entwässerte Boden erfährt eine Veränderung seiner bodenmechanischen Kennwerte, z. B. seiner Wichte und seines Scherwiderstands. Die entwässerte Zone liegt mehr oder weniger übergangslos auf dem nicht entwässerten Untergrund auf, wobei die Trennschicht eine Gefahr für die Standfestigkeit der Böschungen bilden kann. Die Brunnen müssen deshalb die zu entwässernde Schicht eines Wasserhorizonts in ganzer Tiefe durchfahren, besser aber 2 bis 3 m über das Absenkziel hinaus in den wasserführenden Untergrund reichen, falls eine undurchlässige Schicht das nicht unmöglich macht.

Die Auslegung einer Vakuumspülfilteranlage erfolgt in der Praxis unter Berücksichtigung der theoretischen und physikalischen Grundlagen i. d. R. mithilfe von empirisch entstandenen Tabellen und Diagrammen. Bei bekanntem k-Wert kann die *anfallende Wassermenge* nach Tabelle 14 abgeschätzt und der *erforderliche Filterabstand* aus dem Diagramm in Bild 107 ermittelt werden.

Anmerkung:

Die angeführten Kurven haben ihre Gültigkeit für einen $\varnothing$ 2″ Filter mit einer Filterlänge von 1 m. Wird der Einsatz eines Filters mit anderen Dimensionen angestrebt, so sind entsprechende Korrekturen vorzunehmen.

Filterüberdeckung (Abstand zwischen Filteroberkante und Geländeoberfläche):

Zur Verhinderung von unkontrollierten Lufteinbrüchen bei abgesenkter Grundwasseroberfläche ist es erforderlich, Vakuumanlagen mit einer ausreichenden Filterüberdeckung zu versehen. Entsprechend einem vorgegebenen k-Wert oder einer Zuflussmenge wird mit Tabelle 15 die erforderliche Filterüberdeckung bestimmt.

Mit der Filterüberdeckung wird auch gleichzeitig die Länge des Aufsatzrohrs ermittelt.

In der Regel genügt es, die Vakuumlanzen in Reihen von 15 bis 20 m Abstand anzulegen, wenn sich für schmalere Baugruben kein geringerer Abstand ergibt.

Zum Betreiben der Vakuumanlagen werden heutzutage überwiegend moderne selbstsaugende Hochleistungsvakuumaggregate eingesetzt, bei denen Luftpumpe (Vakuumpumpe: p_{vak} bis 9 bar) und Wasserpumpe zu einer Einheit gekoppelt sind und häufig vollautomatisch arbeiten. Der Unterdruck wird permanent aufrechterhalten, während die Wasserförderung aus einem Zwischenbehälter (Kessel) intermittierend erfolgt. Auf ca. 50 lfd. m Vakuumanlage wird eine Pumpanlage erforderlich.

Tabelle 15. Ermittlung der erforderlichen Filterüberdeckung [73]

Höhe der abzusenkenden Grundwasseroberfläche	k [m/s]		Wasseranfall [m³/h]		
	10^{-11}–10^{-6}	10^{-5}	2	2–4	> 4
1 m	1,2 m	1,5 m	1,5 m	1,4 m	1,2 m
1–2 m	1,0 m	1,2 m	1,2 m	1,2 m	1,0 m
2–3 m	0,8 m	1,0 m	1,0 m	1,0 m	0,8 m
> 3 m	0,6 m	0,6 m	1,0 m	0,8 m	0,7 m

Der Betrieb von Vakuumanlagen erfordert besonders geschultes Überwachungspersonal, das u. a. auch ständig darauf achten muss, dass Durchbrüche der Außenluft durch den Kapillarsaum und den wassergesättigten Boden zum Filter verhütet werden.

Bei Vakuumanlagen ist es ratsam, dass trotz der i. d. R. geringen Wassermengen (50 bis 100 Brunnen an einem Strang mit 0,2 bis 2 l/s Brunnen) jeder einzelne Brunnen eingeregelt und abgestellt werden kann. Das Absperrventil wird zwischen flexiblem, durchsichtigen Schlauch (zur Kontrolle der Wasserförderung und der zu verhindernden Sandförderung) und Hauptsaugleitung angeordnet. Bei der horizontalen Saugleitung ($\varnothing$ 4" bis 5") sind Schieber in Abständen von 25 m vorzusehen.

Ist eine Anlage betriebsbereit aufgebaut, so darf nach Einschalten der Vakuumpumpe der Unterdruck nur langsam „hochgefahren" werden. Dadurch wird verhindert, dass die Feinteile des Bodens sofort zum Filter hinwandern und die Filterschlitze verschließen. Die Regulierung erfolgt durch ein an jeder Vakuumpumpe befindliches Belüftungsventil. Empfohlen wird deshalb, das Vakuum im Halbstundentakt um 0,1 bar zu erhöhen.

Am Ende jeder Sammelleitung ist ein Vakuummeter einzusetzen, der bei vorschriftsmäßig installierter Anlage einen um 1 bis 2 m höheren Druck als die geodätische Saughöhe, gemessen von der Filterspitze bis zur Sammelleitung, anzeigen muss.

3.5.3 Vakuumtiefbrunnen

Für Vakuumtiefbrunnen sind gut abgedichtete Brunnenrohre zu verwenden, die es ermöglichen, einen hohen, ständig wirksamen Unterdruck in den Brunnen zu erzeugen und permanent aufrecht zu erhalten. Auf die dichte Einführung der Luft- und Wasserleitungen am Brunnenkopf ist besonderer Wert zu legen (Bild 108).

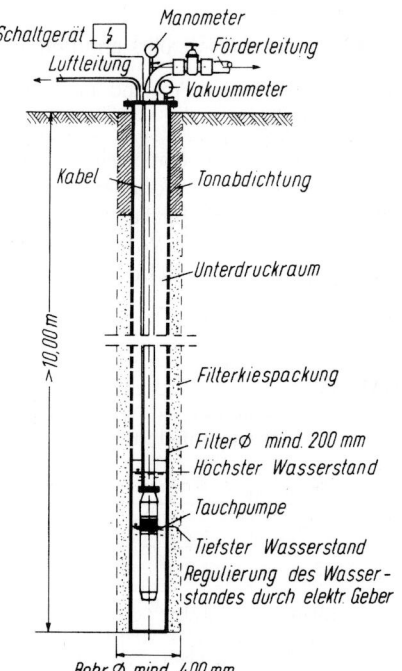

Bild 108. Vakuumtiefbrunnen

2.10 Grundwasserströmung – Grundwasserhaltung

Da beim Vakuumbrunnen ein mögliches Sandeintreiben nur schwer feststellbar ist, muss die Filterkonstruktion entsprechend sorgfältig ausgeführt und optimal auf den zu entwässernden Boden abgestimmt werden. Filter mit Tresse, Kunststofffilter oder Filter mit fabrikmäßig aufgebrachtem Feinkiesbelag ausgewählter Kornabstufung haben sich in diesem Einsatzgebiet bewährt.

Das in den Brunnen eintretende Wasser wird im Brunnentiefsten unterhalb des Unterdruckraums gesammelt und intermittierend (Pumpe mit Schwimmerschaltung) mit einer separaten Tauchpumpe (Brunnenrohr $\varnothing \geq 150$ mm) zur Oberfläche gedrückt. Der von der Luftpumpe erzeugte Unterdruck wird deshalb im Brunnen und in dessen Nahbereich ohne Minderung aufrechterhalten.

Besonders vorteilhaft für (Vakuum-)Tiefbrunnen ist eine Brunnenentwicklung von *Esters* [74]. Dieser Brunnen ermöglicht es, gleichzeitig aus zwei verschiedenen Wasserhorizonten das Wasser voneinander unabhängig zu entnehmen. Der Brunnen wird vor allem dort angewandt, wo unterschiedliche Aquifere gleichzeitig nach dem Schwerkraft- und dem Vakuum-Prinzip abgesenkt werden müssen.

3.6 Wiederversickerung

3.6.1 Anwendungsbereich und Grundlagen

Die Absenkung des Grundwassers und die Trockenhaltung von Baugruben stellen einen erheblichen Eingriff in den Grundwasserhaushalt dar. Das gilt besonders für weiträumige, tiefe oder lang laufende Wasserhaltungen, deren Reichweiten deutlich über die eigentlichen Baumaßnahmen hinausgehen. Neben einer Reduzierung des Grundwasservorrats mit möglicher Beeinträchtigung der Wasserversorgung stellt die Entsorgung des gepumpten Wassers bei Fehlen einer geeigneten Vorflut eine erhebliche Belastung für das Abwassersystem und die Kläranlagen dar. Durch die heute üblichen hohen Einleitgebühren entstehen damit der Baustelle i. d. R. Kosten, die leicht die Betriebs- und Einrichtungskosten einer Wasserhaltung überschreiten können.

Außerdem kann die Entwässerung setzungsempfindlicher Bodenschichten im Einflussbereich des Absenktrichters zu beträchtlichen Schäden bei darüber befindlichen Bauwerken infolge ungleichmäßiger Setzungen führen.

Aus den genannten ökologischen und wirtschaftlichen Gründen und zur Schadenabwehr wird deshalb zunehmend das im Zuge der Grundwasserabsenkung geförderte Wasser gleichzeitig im Rahmen sog. kombinierter Anlagen durch Versickerung wieder dem Aquifer zugeführt. Die Einleitung in den Untergrund kann durch Oberflächen- oder Tiefeninfiltration erfolgen. Beide Systeme unterscheiden sich nicht in ihrer hydrologischen Wirkung.

Bei der Oberflächeninfiltration mittels Sickerrohrsträngen und Versickerungsgräben ist die senkrechte Durchlässigkeit des Untergrundes maßgebend und setzt ausreichend große Versickerungsflächen und unmittelbar unter Gelände anstehende durchlässige Bodenschichten voraus.

In der Praxis überwiegt die Tiefenversickerung mittels Brunnen. Wesentliche konstruktive Unterschiede zwischen Entnahme- und Versickerungsbrunnen bestehen nicht. Für die Wahl der Versickerungsstellen sind meistens die örtlichen Gegebenheiten und das Platzangebot entscheidend. Immer muss auf wasserrechtliche Belange der Anlieger, der Kommunen und der Industrie Rücksicht genommen werden.

Bei kombinierten Anlagen muss berücksichtigt werden, dass versickertes Wasser den Entnahmebrunnen wieder zufließt und die Förderraten für ein entsprechendes Absenkungsziel dadurch erhöht werden muss. Je näher die Sickerbrunnen zur Baugrube liegen, desto mehr Grundwasser fließt der Grundwasserabsenkungsanlage zusätzlich zu. Um die Sickerbrunnen bildet sich ein Aufstaukegel, der bei benachbarten Kellern und Tiefgaragen zu Beeinträchtigungen und Schäden führen kann. Eine rechtzeitige und umfassende Beweissicherung ist deshalb sehr empfehlenswert.

In der Ingenieurpraxis basiert die Bemessung der Versickerungsanlagen auf den bekannten Berechnungsansätzen von Absenkungsanlagen. Die damit prognostizierten Versickerungsleistungen weichen jedoch häufig erheblich von den tatsächlichen Versickerungsraten und Aufstauhöhen ab. *Lehmann* [75] beobachtete beim Bau der U-Bahn Köln neben der Aufstauhöhe im Brunnen und dem Verlauf des Aufstaukegels auch die Infiltrationsraten bei vertikalen Versickerungsbrunnen. Die nach den Brunnengleichungen berechneten Versickerungsmengen ließen sich dort erst bei einer nahezu vierfachen Stauhöhe infiltrieren. Holländische Untersuchungen [76] zeigten, dass bei Versickerungsbrunnen nur die Hälfte des Grenzgefälles am Brunnenmantel erreicht wurde. In der Praxis behilft man sich zum Ausgleich der Bemessungsunsicherheit durch entsprechend große Sicherheitszuschläge und einen auf 25 % abgeminderten Durchlässigkeitskoeffizienten $k_s = k/4$.

In diesem Abschnitt wird nachfolgend hauptsächlich die Tiefeninfiltration mittels Sickerbrunnen behandelt. Für Hinweise zum Bau und die Bemessung von Oberflächenversickerungseinrichtungen wird auf die umfassende Darstellung im DWA-Arbeitsblatt A 138 [77] verwiesen.

3.6.2 Bauelemente

3.6.2.1 Rohrleitungen

Es wird sinngemäß auf Abschnitt 3.4.4 – Pumpen und Rohrleitungen – hingewiesen. Darüber hinaus ist bei der Verlegung der Rohrleitungen zwischen Entnahme- und Versickerungsbrunnen zusätzlich zu beachten:

- Rohrleitungen mit $v_{max} = 1$ m/s dimensionieren und stark gedrosselte Schieberstellungen beim Betrieb vermeiden (→ keine Turbulenzen, kein Unterdruck).
- Möglichst korrosionsgeschützte Werkstoffe für Armaturen und Rohre verwenden.
- Ein Luftzutritt im Rohrleitungssystem ist zu vermeiden.
- Die Hauptleitung ist während des Füllvorganges vollständig zu entlüften.
- Automatische Entlüftungs- und Überlaufvorrichtungen sind an sämtlichen Leitungshochpunkten vorzusehen (min. 2). Gegebenenfalls sind künstliche Hochpunkte zu schaffen.
- Jeder einzelne Sickerbrunnen ist als Hochpunkt anzusehen und sollte deshalb ebenfalls mit einer automatisch wirkenden Entlüftungsvorrichtung versehen sein.
- An geeigneten Stellen sind Notablässe vorzusehen (auch zum Leitungsdurchspülen).
- An Sickerbrunnen und allen wichtigen und unübersichtlichen Stellen muss der Druck in den Leitungen leicht kontrolliert werden können (Manometer, durchsichtige Standrohre).
- Die Fallleitung im Sickerbrunnen muss weit bis unter den niedrigsten Grundwasseroberfläche eintauchen, möglichst bis 1,0 m über Unterkante Filter.

3.6.2.2 Sickerbrunnen

Die Herstellung der Sickerbrunnen erfolgt analog der für die Entnahmebrunnen gültigen Kriterien. Bei der Planung sollte berücksichtigt werden, dass nur Materialien verwendet werden dürfen, bei denen eine spätere Regenerierung leicht durchführbar ist. Bei der Bemessung der Sickerbrunnen sollte zur Verzögerung der früher oder später eintretenden Verstopfung mit einer Austrittsgeschwindigkeit an der Bohrlochwand von < 1,5 m/h dimensioniert werden.

2.10 Grundwasserströmung – Grundwasserhaltung

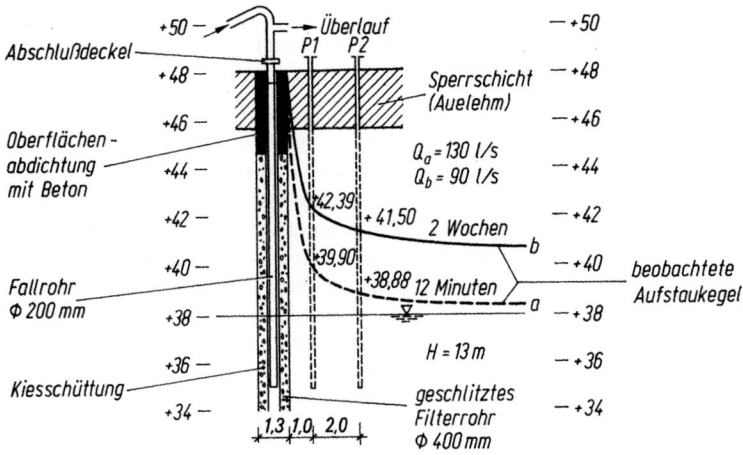

Bild 109. Sickerbrunnen mit 2 Messpegeln und Oberflächenabdichtung [75]

Die geschlitzte Filterstrecke mit anschließendem Pumpensumpf ist an die Versickerungsleistung anzupassen. Die Kiesschüttung muss so grob wie möglich gewählt werden (Filterkriterium für das Klarpumpen ist zu beachten). In die Kiesschüttung und in das Brunnenfilterrohr sind Peilrohre zur Beobachtung der Wasserstände einzusetzen. Eine Vorrichtung zur Kontrolle des Drucks sollte installiert werden (durchsichtiges Standrohr, Manometer). Das Peilrohr in der Kiesschüttung dient auch zur Entlüftung des Filters. Zur Messung des Filterwiderstands und der Kontrolle des Aufstaukegels sind außerdem 2 Messpegel bis max. 3 m Entfernung vom Brunnenrand und einer der Brunnentiefe entsprechenden Einbautiefe herzustellen. Ein Abschlussdeckel auf dem Brunnenkopf schließt einschließlich aller Leitungszuführungen das Brunnenrohr luftdicht über Gelände ab (Bild 109).

Die Gefahr der Umläufigkeit ist bei Versickerungsbrunnen besonders groß. Deshalb ist der Zwischenraum zwischen der Bohrlochwandung und dem Brunnenrohr sorgfältig, am besten mit Ton-Zement-Suspension, zu verfüllen. Im Untergrund oberflächennah anstehende Sperrschichten sind ebenfalls abzudichten.

Für den Bereich um den Versickerungsbrunnen ist der Nachweis der Sicherheit gegen hydraulischen Grundbruch und der Nachweis gegen Aufschwimmen bei vorhandener Deckschicht gemäß DIN 1054 [34] zu führen.

Die Eigenschaften und die Güte des zu versickernden Wassers sind von großer Bedeutung, denn sie können Verstopfungen der Sickerbrunnen verursachen. In allen Fällen sind deshalb vor Ausführung einer Versickerungsanlage die chemischen, physikalischen und biologischen Eigenschaften des Grundwassers zu bestimmen (s. Abschn. 3.2.4). Eine biologische Verockerung kann durch regelmäßige Chlorung (ca. 1 g/l Wasser, 24 h warten) verhindert werden.

Vor Inbetriebnahme des Sickerbrunnens sind alle Teile sorgfältig zu entlüften. Der Druck wird mit am Brunnenkopf eingebauten Schiebern geregelt und stufenweise bis zum für den Dauerbetrieb vorgesehenen maximalen Überdruck gesteigert. Jede Druckstufe sollte über mehrere Stunden betrieben und von Pegelmessungen im Brunnen und im brunnennahen Bereich begleitet werden. Zur Messung der zufließenden Wassermenge sind in der Zuflussleitung am Brunnenkopf Wasseruhren anzuordnen.

Sollte während der einzelnen Stufen ein Druckanstieg das Anwachsen des Austrittwiderstandes anzeigen, so ist der Brunnen sofort klar zu pumpen, weil diese Maßnahme immer schwieriger und zeitraubender wird, je weiter die Verstopfung fortgeschritten ist.

Die beobachteten Leistungsverminderungen von Sickerbrunnen werden durchweg von Verstopfungen verursacht, deren Ursachen i. d. R. nicht in den Sickerbrunnen selbst, sondern bei der kombinierten Anlage in ihrem Absenkungsteil und den Verbindungsleitungen zu den Sickerbrunnen liegen. Trotz dichter Rohrsysteme ist über den Filter der Entnahmebrunnen und den vielen Schiebern in den Leitungen ein Luftzutritt nicht vollkommen zu verhindern. Die Luftbläschen sammeln sich in der Kiesschüttung und dem Porenraum des Bodens und verengen („verstopfen") dadurch den Fließquerschnitt für die Infiltration. *Lehmann* [75] beobachtete bei seinen Messungen eine Kapazitätsminderung durch Lufteinschlüsse von ca. 60%. Nach Entlüften der Brunnen stellte sich die ursprüngliche Leistungsfähigkeit unmittelbar wieder ein.

3.7 Wasserhaltung und Umwelttechnik

3.7.1 Anwendungsbereich und Grundlagen

Die Verschmutzung des Grundwassers durch die Industrie, unsachgemäßer Umgang mit Schadstoffen, durch ungedichtete Müllkippen und dgl. in der Vergangenheit oder auch durch Unfälle, z. B. beim Transport von Chemikalien, zwingt immer häufiger dazu, kontaminiertes Grundwasser aus dem Untergrund zu entnehmen, zu reinigen und danach ggf. wieder einzuleiten. Brunnenanlagen aus Entnahme- und Versickerungsbrunnen sind nahezu uneingeschränkt zur Sanierung von Grundwasserschäden einsetzbar. Weiterhin sind linienhafte Fassungen, wie Dränagen und Gräben, möglich.

Eine weitere Art der Grundwasserreinigungsverfahren sind sog. „Funnel-and-Gate"-Systeme, bestehend aus dem Funnel (Trichter), einer Dichtwand zur Einkapselung von Schadstoffherden und einer Lücke im natürlichen Abstrom, dem Gate (Durchlass), in dem eine In-situ-Reinigung mit reaktiven Wänden als Feststoffreaktor (z. B. mit Aktivkohle gefülltes unterirdisches Bauwerk) stattfindet. Dabei wird nicht aktiv gepumpt, sondern die vorhandene Grundwasserströmung genutzt.

Weiterhin sind oft durch die Verfahren der Wasserhaltung selbst erzeugte Veränderungen der Wasserqualität vor einer Wiederversickerung oder anderweitiger Ableitung in Gewässer oder Kanäle zu revidieren. So sind bestimmte Einleitgrenzwerte für absetzbare und filtrierbare Stoffe oder auch pH-Werte einzuhalten und das Wasser entsprechend zu behandeln.

Um Grundlagen für die Planung und Bemessung dieser Anlagen zu erhalten und um den Schadensbereich eingrenzen zu können, sind in der Regel umfangreiche Bodenuntersuchungen, Pegelbeobachtungen, Pumpversuche und Wasseranalysen durchzuführen. Im Übrigen erfolgt die Bemessung der Grundwasserströmungen der Anlagen nach den in den vorigen Abschnitten beschriebenen Verfahren. Sofern mehrere nicht mischbare Phasen, wie z. B. Öl und Wasser, gleichzeitig den Porenraum des Untergrundes durchströmen, sind die Berechnungsverfahren entsprechend zu modifizieren.

3.7.2 Verfahren der Grundwasserreinigung

Im Folgenden wird eine Übersicht über gebräuchliche Grundwasserreinigungsverfahren aufgestellt, tiefer gehende Betrachtungen und Dimensionierungen der einzelnen Verfahren werden bei [78] angestellt. Die Verfahren werden je nach den zu reinigenden Schadstoffen einzeln oder in Reihe nacheinander eingesetzt.

Sedimentation

Die Sedimentation ist ein physikalischer Vorgang, bei dem nicht gelöste, im Förderwasser enthaltene Partikel in einem Sandfang abgesetzt werden. Da dies durch Schwerkraft geschieht, müssen die Teilchen eine größere Dichte als Wasser besitzen. Mittlere bis grobe Feststoffanteile weisen eine hohe Sinkgeschwindigkeit auf, während Feinanteile, wie Schluff, Ton und Zement, längere Absetzzeiten benötigen. Meistens werden Dreikammersandfänge eingesetzt. Ein sanfter Einlauf verhindert eine Verwirbelung. Die Aufenthaltszeit des Wassers sollte mind. 15 min betragen. Das Absetzbecken sollte etwa doppelt so lang wie breit und mindestens 1,0 m tief sein. Durch eine weitere Trennwand auf der Wasseroberfläche (Tauchwand) können aufschwimmende Leichtstoffe in Phase zurückgehalten werden.

Bei ausreichender Absetzzeit können Restsandgehalte von 10 mg/l erreicht werden.

Filtration

Wenn die Einleitgrenzwerte durch einfache Sedimentation nicht erreicht werden, kann man eine Filtration anwenden. Dabei wird das Förderwasser über mit Filtersand oder -kies gefüllte Filterbehälter gepumpt, in denen die Feststoffe abgetrennt werden. Dabei kommen auch oft Mehrschichtfilter mit unterschiedlichen Korngrößen zum Einsatz. Durch das Ablagern der Feststoffteilchen nimmt der Druckverlust im Filter ständig zu. Die abgefilterten Stoffe müssen daher regelmäßig durch Rückspülung des Filters in einen Zwischenbehälter abgepumpt werden. Das zur Rückspülung verwendete Wasser kann nach ausreichender Absetzzeit dem Reinigungskreislauf erneut zugeführt werden.

Flockung

Bei feinsten, nicht absetzbaren oder filtrierbaren Stoffen kann man eine Flockung anwenden. Dabei werden dispergierte, kolloidale Teilchen durch Zugabe von Flockungsmitteln in einen Zustand überführt, bei dem eine mechanische Abtrennung möglich wird.

Als Flockungsmittel werden zumeist dreiwertige Metallsalze wie Eisen(III)-Salze und Aluminiumsalze verwendet. Flockungsmittel bilden aus den Kolloiden Mikroflocken, die sich bereits gut durch Filtration entfernen lassen. Ist eine Feststoffentfernung durch Sedimentation gewünscht, kommt zusätzlich zum Flockungsmittel ein Flockungshilfsmittel zum Einsatz, das aus den Mikroflocken größere Makroflocken bildet.

Fällung

Bei der Fällung werden gelöste Schadstoffe durch chemische Reaktionen in wasserunlösliche Stoffe überführt. Dies wird durch Zugabe eines Fällungsmittels und/oder die Einstellung eines bestimmten pH-Wertes erreicht. Der Schadstoff wird dabei aus der flüssigen in eine feste Phase überführt. Mit Fällungsreaktionen kann man Schwermetalle und Phosphate abscheiden und nachträglich sedimentieren oder abfiltern.

Neutralisation

Die Neutralisation ist keine echte Grundwasserreinigung, da kein Schadstoff zurückgehalten wird. Allerdings wird sie im Zusammenhang mit den anderen Verfahren angewendet um bestimmte physikalische oder chemische Reaktionen zu ermöglichen. Weiterhin wird gerade bei Baugrubenwasserhaltungen durch den Einsatz von Weichgel- und Zementinjektionen oder durch Betoniervorgänge die im Kontakt zum Wasser stehen, der normale pH-Wert bis auf 10 oder max. 14 stark erhöht. Zur weitgehenden Vermeidung einer Beeinträchtigung der ökologischen Verhältnisse in den Vorflutern sowie von Korrosionsvorgängen in Kanalisationen oder Kläranlagen sind nur Einleitwerte zwischen ca. (6) 6,5 bis max. 8,5 (9) gestattet. Da der Einsatz von Mineralsäuren wie HCl oder H_2SO_4 auf Baustellen sicherheitstechnisch problematisch ist, wird zum größten Teil Kohlensäure CO_2 zur Neutralisation eingesetzt. Das CO_2 wird entweder in einen Sammel- und Reaktionsbehälter mit optionalem Rührwerk eingedüst oder als Durchlaufneutralisation in der Rohrleitung als Reaktor verwendet. Entsprechende Anlagen werden mittels pH-Wert-Messsonden und gesteuerten Magnetventilen zur Gaseindüsung automatisiert.

Stripping, Desorption

Beim Strippen wird das Grundwasser intensiv mit Luft in Kontakt gebracht, sodass leicht flüchtige Schadstoffe aus der wässrigen in die Gasphase übertreten können. Das Förderwasser wird z. B. von oben in einen mit Füllkörpern bestückten Stripturm geleitet, wobei sich der Wasserstrom in feinste Einzeltropfen aufspaltet. Im Gegenstromprinzip wird mit einem Lüfter Außenluft durch den Stripturm geleitet. Die entstehende Abluft wird meistens über Luftaktivkohlefilter gereinigt. Das Luftstrippen wird zur Entfernung von LCKW, BTEX und leichtflüchtigen Kohlenwasserstoffen eingesetzt. Mit einem Stripturm können Reinigungsleistungen von bis zu 99 % der Ausgangsstoffe erreicht werden. Entscheidend für die Reinigungsleistung ist die Höhe des Stripturms, welche 2 bis 10 m betragen kann. Sollte der Ablaufgrenzwert noch nicht erreicht werden, können mehrere Kolonnen Striptürme aufgestellt werden oder nachgeschaltet eine Wasseraktivkohlereinigung stattfinden. Nebenbestandteile wie Eisen und Mangan sollten vorher wegen der Gefahr des Verockerns entfernt werden.

Aktivkohle-Adsorption

Fast alle im Grundwasser anzutreffenden organischen Verbindungen können gut an Aktivkohle adsorbiert werden. Das Verfahren ist dabei universell einsetzbar und wird bei der Grundwasserreinigung am häufigsten verwendet. Insbesondere werden mit Aktivkohle folgende Schadstoffe entfernt: PAK, CKW, BTEX, gelöste Mineralöle, Phenole, Pflanzenschutzmittel. Die Wirkung der Aktivkohle beruht auf der Adsorption von Schadstoffen auf der sehr großen inneren Oberfläche von Aktivkohle. Diese kann ca. 400 bis 1500 m²/g betragen. Aktivkohle wird durch thermische Behandlung aus Steinkohle, Braunkohle, Holz oder Kokosnussschalen hergestellt. In der Praxis werden Filterbehälter mit granulierter Aktivkohle in Größen von 1 bis ca. 50 m³ verwendet. Die mögliche Beladung liegt bei 0,5 bis 7 Masseprozenten. Die Verweilzeit des Wassers an der Aktivkohle sollte je nach Schadstoff bei 15 bis 30 min liegen. Es sollten Strömungsgeschwindigkeiten von 10 bis 15 m/h eingestellt werden.

Biologische Reinigung

Bei diesem Umwandlungsprozess erfolgt der Abbau der Schadstoffe durch Mikroorganismen. Die Schadstoffe (Mineralöl, BTEX, PAK, Naphthalin) dienen den Organismen dabei als Nährstoffe oder Energiequelle. Im Zusammenhang mit Wasserhaltungsverfahren wird dieses Verfahren sehr selten verwendet, da die Anlaufzeit und Inbetriebnahme mehrere Wochen dauern kann.

Chemische Oxidation

Der Abbau der Schadstoffe erfolgt durch Zugabe von Oxidationsmitteln, wie z. B. Wasserstoffperoxid (H_2O_2) und Ozon (O_3). Für die im Zusammenhang mit Grundwasserreinigungen eingesetzte UV-Oxidation liegen Erfahrungen mit folgenden Schadstoffen vor: CKW, BTEX, PAK, MKW, Phenole, Cyanide.

Ionenaustausch

Bei einem Ionentausch werden positiv oder negativ geladene Ionen an einem Austauscherharz adsorbiert. Dabei erfolgt der Austausch der ionischen Schadstoffe gegen nicht umweltrelevante Ionen, wie z. B. Na^+ oder H^+ bei Kationen und OH^- und Cl^- bei Anionen. Dieses Verfahren wird bei folgenden Schadstoffen erfolgreich eingesetzt: Schwermetallionen (Cu^{2+}, Cd^{2+}, Cr^{3+}, Cr^{6+}, Pb^{2+}, Ni^{2+}, Zn^{2+}, Hg^{2+}), komplexierte Schwermetalle $(HgCl_4)^{2-}$ und Cyanide. Die Ionentauscherharze werden in Filterbehältern verwendet. Das Förderwasser muss unbedingt vorbehandelt werden. Alle Schwebstoffe müssen wegen Verstopfungsgefahr des Harzes vorab entfernt werden (z. B. durch Sedimentation und Filtration). Eisen, Mangan und Calcium müssen entfernt werden. Lösemittel und ölartige Stoffe sollten durch Aktivkohle adsorbiert werden, da sie die Ionentauscherharze zerstören können.

3.8 Wasserhaltung innerhalb dichter Baugruben

3.8.1 Anwendungsbereich und Grundlagen

Zunehmend gewinnen Wasserhaltungsmaßnahmen innerhalb technisch dichter Baugrubenumschließungen an Bedeutung. Die wichtigsten Gründe dafür sind:

- geringe Beeinflussung bzw. Schonung des Schutzgutes Grundwasser,
- geringes Gefahrenpotenzial für die Mobilisierung vorhandenen Schadstoffe,
- sehr geringe Beeinträchtigung bestehender Grundwassernutzungen,
- sehr geringes Risiko der Schädigung benachbarter Bauwerke,
- geringere Ausführungsrisiken, z. B. bei abweichenden Durchlässigkeiten,
- geringere Grundwasserförderraten, z. B. wegen fehlender Ableitungsmöglichkeit,
- Schutz der Vegetation,
- ggf. wirtschaftliche Bauweise sowie
- Einhaltung behördlicher Auflagen.

Oft müssen bei innerstädtischen Projekten umfangreiche Baugrubensicherungsmaßnahmen durchgeführt werden. Der zusätzliche Aufwand für die Ausführung als technisch wasserdichte Konstruktion ist vor allem bei vorhandenen natürlichen gering durchlässigen Schichten in erreichbaren Tiefen relativ gering. Fehlen diese natürlichen Grundwassergeringleiter, können künstliche Dichtsohlen hergestellt werden. Auf die Ausführung wasserdichter Baugruben mit den verschiedenen Systemen zur vertikalen und horizontalen Abdichtung wird ausführlich in Kapitel 3.5 „Baugrubensicherung" des Grundbau-Taschenbuchs, Teil 3 [79] eingegangen.

In der Praxis finden aber auch Mischvarianten ihre Anwendung. Beispiele hierfür sind das Einbringen wasserdichter Baugrubenwände zur Reduzierung des Grundwasserandrangs bei stark durchlässigen Schichten als sog. Tauchwände oder die Ausführung einer partiellen Vertikalabdichtung, um den Zufluss aus einem Oberflächengewässer zu verhindern oder um auf einer Baugrubenseite eine Wiederversickerung zu ermöglichen.

3.8.2 Wasserhaltungsverfahren innerhalb dichter Baugruben

Bei Wasserhaltungsverfahren innerhalb dichter Baugruben, die durch wasserdichte Baugrubenwände umschlossen werden, ist zwischen tiefliegenden und hochliegenden Dichtsohlen zu unterscheiden.

Bei tiefliegenden, natürlichen oder künstlich hergestellten Dichtsohlen bindet die Baugrubenumschließung bis in die unterhalb der Baugrubensohle liegende Dichtsohle ein. Dabei existiert i. Allg. zwischen der Oberfläche der Dichtsohle und der Baugrubensohle eine ausreichend mächtige Bodenschicht, in der eine Grundwasserabsenkung zur Fassung des zuströmenden Restwassers mit den bereits dargestellten Verfahren durchgeführt werden kann.

Bei hochliegenden, zumeist künstlich hergestellten Dichtsohlen, befindet sich die Oberfläche der Dichtsohle unmittelbar oder in geringem Abstand unterhalb der Baugrubensohle. Bei verankerten oder unverankerten Injektionssohlen können Brunnen oder Pumpensümpfe in der ersten Phase zur Entleerung des wasserdichten Trogs nur bis auf die Oberfläche der Dichtsohle geführt werden. Zur Restentleerung müssen in der zweiten Phase zusätzliche Pumpen installiert werden. Aufgrund der unregelmäßigen Oberfläche der Dichtsohlen werden i. Allg. Ausgleichsschichten aus Kies eingebracht. In diese Ausgleichsschichten sind dann Dränagen für das Abführen der Restwässer aus Undichtigkeiten und Niederschlägen zu integrieren.

Bei Unterwasserbetonsohlen ist lediglich das innerhalb der dichten Trogbaugrube enthaltene Wasser zu lenzen. Dazu müssen Pumpen auf der Sohle abgestellt und betrieben werden. Wesentliche Voraussetzungen für den Erfolg sind ein sorgfältiger Anschluss des UW-Betons an die Baugrubenwände, das Absaugen von Schlamm vor dem Betonieren, der hydrostatische Ausgleich der Wasseroberfläche innerhalb und außerhalb der Baugrube während der Aushub- und Betonierarbeiten und eine ausreichende Aushärtungszeit des Betons. Eine Rissbildung lässt sich meist nicht vollkommen vermeiden. Die Risse sind vor dem Lenzen des Trogs zu verpressen. Das Lenzen erfolgt in zwei Phasen. Zunächst wird ein Probelenzen zur Dichtigkeitsprüfung durchgeführt. Dazu findet eine Teilabsenkung mit anschließender Wiederanstiegsmessung statt. Aus der zeitabhängig zugeflossenen Wassermenge lässt sich der Restwasserzulauf ermitteln. Während des Probelenzens sollte ein umfangreiches Messprogramm organisiert werden. Insbesondere sind die Grundwasserstände außerhalb der Baugrube und die Verformungen der Baugrubenwände festzustellen. Die Baugrubensohle ist durch Taucher auf Wasserzutritte zu überprüfen. Bei unbedenklichen Wasserzutritten, – in der Regel max. 1,5 l/s je 1000 m² benetzte Fläche – kann der Lenzvorgang mit großer Sorgfalt fortgesetzt werden. Durch den Kontakt mit dem Beton weist das Wasser einen hohen pH-Wert auf, daher muss es mit einer Neutralisationsanlage vor der Ableitung behandelt werden. Zu Beginn des Lenzens ist das Wasser klar, da sich der im Wasser enthaltene Schlamm seit dem Ende der Betonage auf der Sohle abgesetzt hat. Gegen Ende des Lenzens muss das Wasser über eine ausreichend dimensionierte Absetzanlage und eventuelle Flockung gereinigt werden. Der Restschlamm auf der Sohle wird mechanisch entfernt.

3.8.3 Ermittlung der erforderlichen Förderraten

Die erforderlichen Förderraten für das Leerpumpen und Trockenhalten einer wasserdichten Baugrube ergeben sich aus den im Folgenden genannten Anteilen.

Im Baugrund innerhalb des Trogs vorhandenes (Grund-)Wasser

Der Zeitraum zum Leerpumpen des Trogs ist abhängig von der Geschwindigkeit des Aushubs und anderen Arbeiten in der Baugrube, z. B. Ankerarbeiten.

$$Q_T = \frac{V_T}{\Delta t} \quad [m^3/h]$$

$$V_T = A \cdot n \cdot s$$

mit

V_T Wassermenge im Trog [m³]
A Baugrubenfläche [m²]

2.10 Grundwasserströmung – Grundwasserhaltung

n entwässerbare Porosität
s Grundwasserabsenkung [m]
Δt Lenzzeitraum [h]

Niederschlagswasser

Das anfallende Niederschlagswasser wird zeitlich verzögert mit dem sonstigen Förderwasser aus der Baugrube abgeleitet. Im Allgemeinen kann das Bodenporenvolumen des entwässerten Horizonts unter der Aushubsohle kurzzeitig als Pufferspeicher genutzt werden. Zur Auslegung wird i. Allg. die 5-jährliche, 15-minütige Regenspende $r_{15,\,0,2}$ angesetzt (Bemessungsniederschlag mit einer Auftretenswahrscheinlichkeit von einmal in 5 Jahren (0,2) und einer Dauer von 15 Minuten). Die ortsabhängige Regenspende kann z. B. dem KOSTRA-Atlas des Deutschen Wetterdienstes entnommen werden.

$$Q_N = r_{15,0,2} \cdot \frac{3,6}{10000} \cdot A \quad [m^3/h]$$

mit

$r_{15,\,0,2}$ Bemessungsregenspende [l/(s · ha)]
A Baugrubenfläche [m²]

$$r \left[\frac{m^3}{h \cdot m^2}\right] = r \left[\frac{1}{s \cdot ha}\right] \cdot \frac{3,6}{10000} \left[\frac{s \cdot m^3 \cdot ha}{h \cdot 1 \cdot m^2}\right]$$

Restwasser aus dem Zufluss durch die Baugrubenumschließung

Zur Abschätzung der abzuleitenden Restwassermenge wird für Verfahren des Spezialtiefbaus vereinfacht eine Systemdurchlässigkeit angenommen. Diese setzt sich zum einen aus der Durchlässigkeit des zur Herstellung des Dichtelementes verwendeten Baustoffs, z. B. Beton, Dichtwandmasse, Spundwandstahl usw., und zum anderen aus den verfahrensbedingten Imperfektionen, wie Systemfugen, Anschlussfugen oder Rissen, zusammen. Derzeit existieren keine allgemein anerkannten technischen Regeln, die Dichtigkeitskriterien für Baugruben festlegen. Die Baupraxis hat allerdings gezeigt, dass eine Systemdurchlässigkeit von 1,5 l/s je 1000 m² benetzte Dichtwandfläche mit allen Verfahren des Spezialtiefbaus bei fachgerechter Ausführung und angemessener Qualitätskontrolle zu erreichen ist (s. *Kluckert* [80]). Bei sehr geringen Anforderungen kann auch eine Systemdurchlässigkeit von z. B. 5 l/s je 1000 m² zugelassen werden.

Für die Berechnung ist die gesamte benetzte Höhe h_b der Baugrubenumschließung von dem für die Bauzeit festgelegten Grundwasserhöchststand HW_{Bau} bis zur Einbindung in die natürliche oder künstliche Grundwasser hemmende Sohlschicht zu berücksichtigen.

$$Q_{Wand} = q^* \cdot \frac{3,6}{1000} \cdot U \cdot h_b \quad [m^3/h]$$

mit

q^* Systemdurchlässigkeit [l/(s · 1000 m²)] (z. B. 1,5 l/(s · 1000 m²))
U Baugrubenumfang [m]
h_b benetzte Höhe der Baugrubenwände [m]

$$q \left[\frac{m^3}{h \cdot m^2}\right] = q \left[\frac{1}{s \cdot 1000\ m^2}\right] \cdot \frac{3,6}{1000} \left[\frac{m^3 \cdot s}{1 \cdot h}\right]$$

Restwasser aus dem Zufluss durch eine künstliche Dichtsohle

Für Dichtsohlen mit definierter Systemdurchlässigkeit kann die oben stehende Gleichung bezogen auf die Sohlfläche zur Berechnung des Zuflusses angewendet werden.

$$Q_{Sohle} = q^* \cdot \frac{3,6}{1000} \cdot A \quad [m^3/h]$$

mit

q* Systemdurchlässigkeit [l/(s · 1000 m²)] (z. B. 1,5 l/(s · 1000 m²))
A Baugrubenfläche [m²]

Restwasser aus dem Zufluss durch eine natürliche Dichtschicht

Der Zufluss zur Baugrube durch eine natürliche Dichtschicht (Grundwassergeringleiter) mit bekannter vertikaler hydraulischer Durchlässigkeit k_v wird über die nachfolgende Gleichung berücksichtigt.

$$Q_{Sohle} = k_v \cdot \frac{\Delta h}{d} \cdot A \quad [m^3/h]$$

mit

k_v vertikale Durchlässigkeit der Dichtschicht [m/s]
Δh Differenz zwischen dem Grundwasserpotenzial unterhalb der Dichtschicht und dem Grundwasserpotenzial oberhalb der Dichtschicht [m]
d Dicke der Dichtschicht [m]
A Baugrubenfläche [m²]

Gegebenenfalls ist die örtliche Variabilität der Dicke der Dichtschicht und der Potenzialdifferenz zu berücksichtigen.

Erforderliche Gesamtförderrate

Für die Bemessung der Pumpenanlage ergibt sich die erforderliche Gesamtförderrate aus der Summe der einzelnen für den jeweiligen Anwendungsfall anzusetzenden Entnahmeraten bzw. Zuflüsse:

$$Q_{Gesamt} = Q_T + Q_N + Q_{Wand} + Q_{Sohle}$$

Für das Leerpumpen der Baugrube ist die erforderliche Entnahmerate für die Absenkung des Grundwassers im Trog (Q_T) zusammen mit den Zuflüssen durch die Baugrubenumschließung (Q_{Wand}) und die Dichtsohle (Q_{Sohle}) sowie infolge Starkniederschlag (Q_N) anzusetzen. Für die Trockenhaltung der Baugrube vermindert sich die erforderliche Gesamtförderrate um den für die Grundwasserabsenkung im Trog erforderlichen Anteil (Q_T).

2.10 Grundwasserströmung – Grundwasserhaltung

Tabelle 16. Brunnenfunktion W(u) (aus *Theory of the Aquifer Tests*. Ged. Sur. Water Supply, Paper 1536-E, 1962)

u	$\times 10^{-8}$	$\times 10^{-7}$	$\times 10^{-6}$	$\times 10^{-5}$	$\times 10^{-4}$	$\times 10^{-3}$	$\times 10^{-2}$	$\times 10^{-1}$	$\times 1$
1,0	17,8435	15,5409	13,2383	10,9357	8,6332	6,3315	4,0379	1,8229	0,2194
1,1	17,7482	15,4456	13,1430	10,8404	8,5379	6,2363	3,9436	1,7371	0,1860
1,2	17,6611	15,3586	13,0560	10,7534	8,4509	6,1494	3,8576	1,6595	0,1584
1,3	17,5811	15,2785	12,9759	10,6734	8,3709	6,0695	3,7785	1,5889	0,1355
1,4	17,5070	15,2044	12,9018	10,5993	8,2968	5,9955	3,7054	1,5241	0,1162
1,5	17,4380	15,1354	12,8328	10,5303	8,2278	5,9266	3,6374	1,4645	0,1000
1,6	17,3735	15,0709	12,7683	10,4657	8,1634	5,8621	3,5739	1,4092	0,08631
1,7	17,3128	15,0103	12,7077	10,4051	8,1027	5,8016	3,5143	1,3578	0,07465
1,8	17,2557	14,9531	12,6505	10,3479	8,0455	5,7446	3,4581	1,3089	0,06471
1,9	17,2016	14,8990	12,5964	10,2939	7,9915	5,6906	3,4050	1,2649	0,05620
2,0	17,1503	14,8477	12,5451	10,2426	7,9402	5,6394	3,3547	1,2227	0,04890
2,1	17,1015	14,7989	12,4964	10,1938	7,8914	5,5907	3,3069	1,1829	0,04261
2,2	17,0550	14,7524	12,4498	10,1473	7,8444	5,5443	3,2614	1,1454	0,03719
2,3	17,0106	14,7080	12,4054	10,1028	7,8004	5,4999	3,2179	1,1099	0,03250
2,4	16,9680	14,6654	12,3628	10,0603	7,7579	5,4575	3,1763	1,0762	0,02844
2,5	16,9272	14,6246	12,3220	10,0194	7,7172	5,4167	3,1365	1,0443	0,02491
2,6	16,8880	14,5854	12,2828	9,9802	7,6779	5,3776	3,0983	1,0139	0,02185
2,7	16,8502	14,5476	12,2450	9,9425	7,6401	5,3400	3,0615	0,9849	0,01918
2,8	16,8138	14,5113	12,2087	9,9061	7,6038	5,3037	3,0261	0,9573	0,01686
2,9	16,7788	14,4762	12,1736	9,8710	7,5687	5,2687	2,9920	0,9309	0,01482
3,0	16,7449	14,4423	12,1397	9,8371	7,5348	5,2349	2,9591	0,9057	0,01305
3,1	16,7121	14,4095	12,1069	9,8043	7,5020	5,2022	2,9273	0,8815	0,01149
3,2	16,6803	14,3777	12,0751	9,7726	7,4703	5,1706	2,8965	0,8583	0,01013
3,3	16,6495	14,3470	12,0444	9,7418	7,4395	5,1399	2,8668	0,8361	0,008939
3,4	16,6197	14,3171	12,0145	9,7120	7,4097	5,1102	2,8379	0,8147	0,007891
3,5	16,5907	14,2881	11,9855	9,6830	7,3807	5,0813	2,8099	0,7942	0,006970
3,6	16,5625	14,2599	11,9574	9,6548	7,3526	5,0532	2,7827	0,7745	0,006160
3,7	16,5351	14,2325	11,9300	9,6274	7,3252	5,0259	2,7563	0,7554	0,005448
3,8	16,5085	14,2059	11,9033	9,6007	7,2985	4,9993	2,7306	0,7371	0,004820
3,9	16,4825	14,1799	11,8773	9,5748	7,2725	4,9735	2,7056	0,7194	0,004267

Tabelle 16. (Fortsetzung)

u	$\times 10^{-8}$	$\times 10^{-7}$	$\times 10^{-6}$	$\times 10^{-5}$	$\times 10^{-4}$	$\times 10^{-3}$	$\times 10^{-2}$	$\times 10^{-1}$	$\times 1$
4,0	16,4572	14,1546	11,8520	9,5495	7,2472	4,9482	2,6813	0,7024	0,003779
4,1	16,4325	14,1299	11,8273	9,5248	7,2225	4,9236	2,6576	0,6859	0,003349
4,2	16,4084	14,1058	11,8032	9,5007	7,1985	4,8997	2,6344	0,6700	0,002969
4,3	16,3884	14,0823	11,7797	9,4771	7,1749	4,8762	2,6119	0,6546	0,002633
4,4	16,3619	14,0593	11,7567	9,4541	7,1520	4,8533	2,5899	0,6397	0,002336
4,5	16,3394	14,0368	11,7342	9,4371	7,1295	4,8310	2,5684	0,6253	0,002073
4,6	16,3174	14,0148	11,7122	9,4097	7,1075	4,8091	2,5474	0,6114	0,001841
4,7	16,2959	13,9933	11,6907	9,3882	7,0860	4,7877	2,5268	0,5979	0,001635
4,8	16,2748	13,9723	11,6697	9,3671	7,0650	4,7667	2,5068	0,5848	0,001453
4,9	16,2542	13,9516	11,6491	9,3465	7,0444	4,7482	2,4871	0,5721	0,001291
5,0	16,2340	13,9314	11,6289	9,3263	7,0242	4,7261	2,4679	0,5598	0,001148
5,1	16,2142	13,9116	11,6091	9,3065	7,0044	4,7064	2,4491	0,5478	0,001021
5,2	16,1948	13,8922	11,5896	9,2871	6,9850	4,6871	2,4306	0,5362	0,0009086
5,3	16,1758	13,8732	11,5706	8,2681	6,9659	4,6681	2,4126	0,5250	0,0008086
5,4	16,1571	13,8545	11,5519	9,2494	6,9473	4,6495	2,3948	0,5140	0,0007198
5,5	16,1387	13,8361	11,5336	9,2310	6,9289	4,6313	2,3775	0,5034	0,0006409
5,6	16,1207	13,8181	11,5155	9,2130	6,9109	4,6134	2,3604	0,4930	0,0005708
5,7	16,1030	13,8004	11,4978	9,1953	6,8932	4,5958	2,3437	0,4830	0,0005085
5,8	16,0856	13,7830	11,4804	9,1779	6,8758	4,5785	2,3273	0,4732	0,0004532
5,9	16,0685	13,7659	11,4633	9,1608	6,8588	4,5615	2,3111	0,4637	0,0004039
6,0	16,0517	13,7491	11,4465	9,1440	6,8420	4,5448	2,2953	0,4544	0,0003601
6,1	16,0352	13,7326	11,4300	9,1275	6,8254	4,5283	2,2797	0,4454	0,0003211
6,2	16,0189	13,7163	11,4138	9,1112	6,8092	4,5122	2,2645	0,4366	0,0002864
6,3	16,0029	13,7003	11,3978	9,0952	6,7932	4,4963	2,2494	0,4280	0,0002555
6,4	15,9872	13,6846	11,3820	9,0795	6,7775	4,4806	2,2346	0,4197	0,0002279
6,5	15,9717	13,6691	11,3665	9,0640	6,7620	4,4652	2,2201	0,4115	0,0002034
6,6	15,9564	13,6538	11,3512	9,0487	6,7467	4,4501	2,2058	0,4036	0,0001816
6,7	15,9414	13,6388	11,3362	9,0337	6,7317	4,4351	2,1917	0,3959	0,0001621
6,8	15,9265	13,6240	11,3214	0,0189	6,7169	4,4204	2,1779	0,3883	0,0001448
6,9	15,9119	13,6094	11,3068	9,0043	6,7023	4,4059	2,1643	0,3810	0,0001293

2.10 Grundwasserströmung – Grundwasserhaltung

Tabelle 16. (Fortsetzung)

u	$\times 10^{-8}$	$\times 10^{-7}$	$\times 10^{-6}$	$\times 10^{-5}$	$\times 10^{-4}$	$\times 10^{-3}$	$\times 10^{-2}$	$\times 10^{-1}$	$\times 1$
7,0	15,8976	13,5950	11,2924	8,9899	6,6879	4,3916	2,1508	0,3738	0,0001155
7,1	15,8834	13,5808	11,2782	8,9757	6,6737	4,3775	2,1376	0,3669	0,0001032
7,2	15,8694	13,5668	11,2642	8,9617	6,6598	4,3636	2,1246	0,3599	0,00009219
7,3	15,8556	13,5530	11,2504	8,9479	6,6460	4,3500	2,1118	0,3532	0,00008239
7,4	15,8420	13,5394	11,2368	8,9343	6,6324	4,3364	2,0991	0,3467	0,00007364
7,5	15,8286	13,5260	11,2234	8,9209	6,6190	4,3231	2,0867	0,3403	0,00006583
7,6	15,8153	13,5127	11,2102	8,9076	6,6057	4,3100	2,0744	0,3341	0,00005886
7,7	15,8022	13,4997	11,1971	8,8946	6,5927	4,2970	2,0623	0,3280	0,00005263
7,8	15,7893	13,4868	11,1842	8,8817	6,5798	4,2842	2,0503	0,3221	0,00004707
7,9	15,7766	13,4740	11,1714	8,8689	6,5671	4,2716	2,0386	0,3163	0,00004210
8,0	15,7640	13,4614	11,1589	8,8563	6,5545	4,2591	2,0269	0,3106	0,00003767
8,1	15,7516	13,4490	11,1464	8,8439	6,5421	4,2468	2,0155	0,3050	0,00003370
8,2	15,7393	13,4367	11,1342	8,8317	6,5298	4,2346	2,0042	0,2996	0,00003015
8,3	15,7272	13,4246	11,1220	8,8195	6,5177	4,2226	1,9930	0,2943	0,00002699
8,4	15,7152	13,4126	11,1101	8,8076	6,5057	4,2107	1,9820	0,2891	0,00002415
8,5	15,7034	13,4008	11,0982	8,7957	6,4939	4,1990	1,9711	0,2840	0,00002162
8,6	15,6917	13,3891	11,0865	8,7840	6,4822	4,1874	1,9604	0,2790	0,00001936
8,7	15,6801	13,3776	11,0750	8,7725	6,4707	4,1759	1,9498	0,2742	0,00001733
8,8	15,6687	13,3661	11,0635	8,7610	6,4592	4,1646	1,9393	0,2694	0,00001552
8,9	15,6574	13,3548	11,0523	8,7479	6,4480	4,1534	1,9290	0,2647	0,00001390
9,0	15,6462	13,3437	11,0411	8,7386	6,4368	4,1423	1,9187	0,2602	0,00001245
9,1	15,6352	13,3326	11,0300	8,7275	6,4258	4,1313	1,9087	0,2557	0,00001115
9,2	15,6243	13,3217	11,0191	8,7166	6,4148	4,1205	1,8987	0,2513	0,000009988
9,3	15,6135	13,3109	11,0083	8,7058	6,4040	4,1098	1,8888	0,2470	0,000008948
9,4	15,6028	13,3002	10,9976	8,6951	6,3934	4,0992	1,8791	0,2429	0,000008018
9,5	15,5922	13,2896	10,9870	8,6845	6,3828	4,0887	1,8695	0,2387	0,000007185
9,6	15,5817	13,2791	10,9765	8,6740	6,3723	4,0784	1,8599	0,2347	0,000006435
9,7	15,5713	13,2688	10,9662	8,6637	6,3620	4,0681	1,8505	0,2308	0,000005771
9,8	15,5611	13,2585	10,9559	8,6534	6,3517	4,0579	1,8412	0,2269	0,000005173
9,9	15,5509	13,2483	10,9458	8,6433	6,3416	4,0479	1,8320	0,2231	0,000004637

4 Literatur

[1] DIN 4049-3:1994-10: Hydrologie, Teil 3: Begriffe zur quantitativen Hydrologie. Beuth Verlag, Berlin.
[2] Hölting, B., Coldewey, W. G.: Hydrogeologie, Einführung in die Allgemeine und Angewandte Hydrogeologie, 6. Auflage. Elsevier Spektrum Akademischer Verlag, Heidelberg, 2005.
[3] Langguth, H.-R., Voigt, R.: Hydrogeologische Methoden, 2. Auflage. Springer-Verlag, Berlin, Heidelberg, 2004.
[4] Busch, K.-F., Luckner, L., Thiemer, K.: Geohydraulik, Lehrbuch der Hydrogeologie, Bd. 3, 3. Auflage. Gebrüder Bornträger, Berlin, Stuttgart, 1993.
[5] Köhler, H.-J.: Porenwasserdruckausbreitung im Boden – Messverfahren und Berechnungsansätze. Mitteilungsblatt der Bundesanstalt für Wasserbau, Karlsruhe, Heft 75, S. 95–108, 1997.
[6] EAU: Empfehlungen des Arbeitsausschusses „Ufereinfassungen" Häfen und Wasserstraßen, 10. Auflage. Ernst & Sohn, Berlin, 2004.
[7] Darcy, H.: Les fontaines publiques de la ville de Dijon. Victeur Dalmont, Paris, 1856.
[8] Verruijt, A.: Theory of Groundwater Flow, 2nd Edition. Macmillan, London, 1982.
[9] Harr, M. E.: Groundwater and Seepage. McGraw-Hill, New York, 1962.
[10] Bear, J.: Hydraulics of Groundwater. McGraw-Hill, New York, 1979.
[11] Freese, A., Cherry, J. A.: Groundwater. Prentice-Hall, Englwood Cliffs, New Jersey, 1979.
[12] Herth, W., Arndts, E.: Theorie und Praxis der Grundwasserabsenkung, 3. Auflage. Ernst & Sohn, Berlin, 1994.
[13] Unified Facilities Criteria (UFC): Dewatering and Groundwater Control, 2004. http://www.wbdg.org/ccb/DOD/UFC/ufc_3_220_05.pdf.
[14] Polubarinova-Kochina, P. Y. A.: Theory of Groundwater Movement. Princeton University Press, Princeton, New Jersey, 1962.
[15] Pinder, G. F., Gray, W. G.: Finite Element Simulation in Surface and Subsurface Hydrology. Academic Press, New York, 1977.
[16] Huyakorn, P. S., Pinder, G. F.: Computational Methods in Subsurface Flow. Academic Press, New York, 1983.
[17] Wang, H. F., Anderson, M. P.: Introduction to Groundwater Modelling: Finite Difference and Finite Element Methods. W. H. Freeman, New York, 1982.
[18] Anderson, M. P., Woessner, W. W.: Applied Groundwater Modelling. Academic Press, San Diego, California, 2002.
[19] Kinzelbach, W., Rausch, R.: Grundwassermodellierung, eine Einführung mit Übungen. Gebrüder Bornträger, Berlin, Stuttgart, 1995.
[20] Dupuit, A. J.: Etudes théorétiques et pratiques sur le mouvement des eaux à travers les terrains permiables. Dunod, Paris, 1863.
[21] MSD: Merkblatt Standsicherheit von Dämmen an Bundeswasserstraßen. Bundesanstalt für Wasserbau, Karlsruhe, 2005.
[22] Fredlund, D. G., Rahardjo, H: Soil Mechanics for Unsaturated Soils. John Wiley & Sons, New York, 1993.
[23] Forchheimer, P.: Grundwasserspiegel bei Brunnenanlagen. Zeitschrift des Österreichischen Ingenieur-Vereines, 1898.
[24] Rieß, R.: Grundwasserströmung – Grundwasserhaltung. In: Grundbau-Taschenbuch, Teil 2 „Geotechnische Verfahren", 6. Auflage (Hrsg. U. Smoltczyk). Ernst & Sohn, Berlin, 2001, S. 359–481.
[25] Thiem, A.: Über die Ergiebigkeit artesischer Bohrlöcher, Schachtbrunnen und Filtergalerien. Journal für Gasbeleuchtung und Wasserversorgung, 1870.
[26] Breitenöder, M.: Der Wasserandrang beim vollkommenen und unvollkommenen Brunnen mit freier Grundwasseroberfläche. Österreichische Wasserwirtschaft, Jg. 10 (1958), Heft 3.
[27] Brauns, J., Sauke, U., Semar, O.: Wider das „Fassungsvermögen" von Brunnen zur Grundwasserabsenkung. Wasserwirtschaft Jg. 92 (2002), Heft 3, S. 31–38.
[28] Sichardt, W.: Das Fassungsvermögen von Rohrbrunnen und seine Bedeutung für die Grundwasserabsenkung, insbesondere für größere Absenktiefen. Julius Springer, Berlin, 1928.
[29] Theis, C. V.: The Relation between the Lowering of the Piezometric Surface and the Rate and Duration of Discharge of a Well Using Groundwater Storage, Transactions Amer. Geophys. Union, 1935, pp. 519–524.

[30] Jacob, C. E.: On the Flow of Water in an Elastic Artesian Aquifer, Transactions Amer. Geophys. Union, 1940, pp. 574–586.
[31] Hantush, M. S.: Hydraulics of Wells. In: Advances of Hydroscieces, Vol. 1. Academic Press, New York, 1964.
[32] Odenwald, B., Schwab, R.: Grundwasserhaltung beim Neubau einer Schleuse am Mittellandkanal mittels Grundwassermodellierung. Tiefbau, Jg. 116 (2004), Heft 3, S. 126–128.
[33] Sauke, U.: Nachweis der Sicherheit gegen innere Erosion für körnige Erdstoffe. Geotechnik, Jg. 29 (2006), Heft 1, S 43–54.
[34] DIN 1054:2005-01: Baugrund; Sicherheitsnachweise im Erd- und Grundbau. Beuth Verlag, Berlin.
[35] EAB: Empfehlungen des Arbeitskreises „Baugruben", 4. Auflage., Ernst & Sohn, Berlin, 2006.
[36] Schmitz, S.: Hydraulische Grundbruchsicherheit bei räumlicher Anströmung. Bautechnik, Jg. 67 (1990), Heft 9, S 301–307.
[37] Hettler, A.: Hydraulischer Grundbruch: Literaturübersicht und offene Fragen. Bautechnik, Jg. 85 (2008), Heft 9, S 578–584.
[38] Odenwald, B., Herten, M.: Hydraulischer Grundbruch: neue Erkenntnisse. Bautechnik, Jg. 85 (2008), Heft 9, S. 585–595.
[39] Witt, K. J., Wudtke, R.-B.: Versagensmechanismen des Hydraulischen Grundbruchs an einer Baugrubenwand. 22. Christian Veder Kolloquium, 12.–13. 04. 2007, Graz, S. 229–242.
[40] Finger, P., Hekel, U.: Bestimmung der Gebirgsdurchlässigkeit in schwach durchlässigem Untergrund (Geologische Barriere) (Entwurf). In: Empfehlungen des Arbeitskreises „Geotechnik der Deponiebauwerke" der Deutschen Gesellschaft für Geotechnik e. V. (Hrsg. E. Gartung und H. K. Neff). Bautechnik 76 (1999), Heft 9.
[41] Kruseman, G. P., de Ridder, N. A.: Analysis and Evaluation of Pumping Test Data. Publication 47, 2nd Edition, International Institute for Land Reclamation and Improvement ILRI, Wageningen, The Netherlands, 1991.
[42] Thiem, G.: Hydrogeologische Methoden. Gebardt-Verlag, Leipzig, 1906.
[43] Cooper, H. H. Jr., Jacob, C. E.: A generalized graphical method for evaluating formation constants and summarizing well-field history. Transactions, Amer. Geophys. Union (1946). Vol. 24, No. 4, pp. 526–534.
[44] Gringarten, A. C., Bourdet, D., Landell, P. A., Kniazeff, V. J.: A comparison between different skin and wellbore storage type-curves for early-time transient analysis. SPE-AIME 54th Annual Technical Conference and Exhibition, Society of Petroleum Engineers, SPE-8205, Las Vegas, Nevada, 1979.
[45] Bourdet, D., Whittle, T. M., Douglas, A. A., Pirard, Y. M.: A new set of type curves simplifies well test analysis. World Oil (May 1983), Houston, Texas.
[46] DIN EN ISO 22282-2:2008-04: Norm-Entwurf. Geotechnische Erkundung und Untersuchung – Geohydraulische Versuche; Teil 2: Wasserdurchlässigkeitsversuche in einem Bohrloch unter Anwendung offener Systeme. Beuth Verlag, Berlin.
[47] Hvorslev, M. J.: Time Lag and Soil Permeability in Groundwater Observations. U. S. Army Corps of Engineers Waterways Experiment Station Bulletin 36, Vicksburg, Missouri, 1951.
[48] Thompson, D. B.: A Microcomputer Program for Interpreting Time-Lag Permeability Tests. Groundwater, Vol. 25 (1987), No. 2, pp. 212–218.
[49] Cooper, H. H., Jr., Bredehoeft, J. D., Papadopulos, I. S.: Response of a Finite-Diameter Well to an Instantaneous Charge of Water. Water Resources Research, Vol. 3 (1967), No. 1, pp. 263–269.
[50] Hekel, U.: Hydrogeologische Erkundung toniger Festgesteine am Beispiel des Opalinustons (Unteres Aalenium). TGA, C18, Tübingen, 1994.
[51] DIN 18130-2:2003-10: Norm-Entwurf. Baugrund, Untersuchung von Bodenproben – Bestimmung des Wasserdurchlässigkeitsbeiwertes; Teil 2: Feldversuche. Beuth Verlag, Berlin.
[52] DIN 18130-1:1998-05: Baugrund – Untersuchung von Bodenproben; Bestimmung des Wasserdurchlässigkeitsbeiwerts; Teil 1: Laborversuche. Beuth Verlag, Berlin.
[53] v. Soos, P., Engel, J.: Eigenschaften von Boden und Fels – ihre Ermittlung im Labor. In: Grundbau-Taschenbuch, Teil 1: Geotechnische Grundlagen, 7. Auflage (Hrsg. K. J. Witt), S. 123–218. Ernst & Sohn, Berlin, 2008. .
[54] Széchy: Die Entwässerung von Baugruben. In: Grundbau, 1. Teil. Springer-Verlag, Berlin, 1965.
[55] Rappert, C.: Grundwasserströmung – Grundwasserhaltung. In: Grundbau-Taschenbuch, Teil 1, 3. Auflage. Ernst & Sohn, Berlin, 1980.

[56] Schaad: Praktische Anwendungen der Elektro-Osmose im Gebiet des Grundbaues. Bautechnik 35 (1958).
[57] Franke: Überblick über den Entwicklungsstand der Erkenntnisse auf dem Gebiet der Elektro-Osmose und einige neue Schlußfolgerungen. Bautechnik 39 (1962).
[58] Henke, K. F.: Sanierung von Böschungsrutschungen durch Anwendung von Horizontal-Dränagebohrungen und Elektroosmose. Bauingenieur 45 (1970), S. 235–241.
[59] DIN 18305:2000-12: VOB Verdingungsordnung für Bauleistungen – Teil C: Allgemeine Technische Vertragsbedingungen für Bauleistungen (ATV); Wasserhaltungsarbeiten. Beuth Verlag, Berlin.
[60] DIN EN ISO 22475-1:2007-1: Geotechnische Erkundung und Untersuchung – Probenentnahmeverfahren und Grundwassermessungen; Teil 1: Technische Grundlagen der Ausführung. Beuth Verlag, Berlin.
[61] Bieske, E.: Alterserscheinungen bei Bohrbrunnen. Bohrtechnik-Brunnenbau 20 (1969), Heft 8.
[62] Gerb, L.: Verockerung, Versickerung, Korrosion und Korrosionsschutz. Handbuch des Brunnenbaus II. Schmidt Verlag, Berlin, 1965.
[63] Meyer, H., Tietje, T.: Möglichkeiten der Wasserhaltung mit dem HORI-Dränverfahren. Tiefbau Ingenieurbau Straßenbau (TIS) 3/92.
[64] Mertzenich, H.: Zur Praxis der Grundwasserabsenkung vornehmlich beim Einsatz von Spülfiltern. Erfahrungsbericht der DIA PUMPENFABRIK.
[65] Powers, J.: Construction Dewatering. A Guide to Theory and Practice. John Wiley & Sons, New York, 1981.
[66] DIN 4926:1995-10: Brunnenköpfe aus Stahl – DN 400 bis DN 1200. Beuth Verlag, Berlin.
[67] Bieske, E., Rubbert, W., Treskatis, C.: Bohrbrunnen, 8. Auflage. Oldenbourg Industrieverlag, 1998.
[68] Tholen, M.: Arbeitshilfen für den Brunnenbauer – Brunnenausbau- und Brunnenbetriebstechniken. WVGW, Bonn, 2006.
[69] DVGW-Merkblatt W 113: Bestimmung des Schüttkorndurchmessers und hydrogeologischer Parameter aus der Korngrößenverteilung für den Bau von Brunnen. WVGW, Bonn, 2001.
[70] DIN 4924:1998-08: Sande und Kiese für den Brunnenbau – Anforderungen und Prüfungen. Beuth Verlag, Berlin.
[71] DVGW-Merkblatt W 119: Entwickeln von Brunnen durch Entsanden – Anforderungen, Verfahren, Restsandgehalte. WVGW, Bonn, 2002.
[72] DVGW-Arbeitsblatt W 111: Planung, Durchführung und Auswertung von Pumpversuchen bei der Wassererschließung. WVGW, Bonn, 1997.
[73] Clauß, H.-G.: Leitfaden zur Grundwasserabsenkung; HÜDIG-Pumpanlagen und Beregnungsanlagen.
[74] Esters, K.: Tiefbrunnen zur Absenkung des Grundwassers aus mehreren Bodenschichten. Patentschriften 2064668 und 2732281, Essen, 1975, 1979.
[75] Lehmann, G.: Erfahrung bei der Grundwasserversickerung mit Vertikalbrunnen. Tiefbau Ingenieurbau Straßenbau (TIS) 41 (1981), S. 308–312.
[76] Retourbemaling. Koninklijk Instituut van Ingenieurs, s' Gravenhage, Nederland, 1978.
[77] DWA-Arbeitsblatt A 138: Planung, Bau und Betrieb von Anlagen zur Versickerung von Niederschlagswasser. DWA, Hennef, 2005.
[78] Bank, M.: Basiswissen Umwelttechnik, 5. Auflage. Vogel Buchverlag, Würzburg, 2007.
[79] Hettler, A., Weißenbach, A.: Baugrubensicherung. In: Grundbau-Taschenbuch, Teil 3, 7. Auflage, Kapitel 3.4 „Geotechnische Grundlagen" (Hrsg. K. J. Witt). Ernst & Sohn, Berlin, 2009.
[80] Kluckert, K. D.: Definition der Wasserdichtigkeit in der Geotechnik. In: Beiträge zum 22. Christian Veder Kolloquium, „Maßnahmen zur Beherrschung des Wassers in der Geotechnik", Heft 30, TU Graz, 2007.

2.11 Abdichtungen und Fugen im Tiefbau

Alfred Haack

Vorbemerkung

In den zurückliegenden Jahren – erstmals für die vierte Auflage des Grundbau-Taschenbuchs 1992 – habe ich dieses Kapitel über Abdichtungen zusammen mit Herrn Dipl.-Ing. Karl-Friedrich Emig erarbeitet. Mit seinen über Jahrzehnte gesammelten Erfahrungen aus der Praxis des Tunnel-, Brücken- und Ingenieurbaus in der Freien und Hansestadt Hamburg trug er ganz wesentlich zu Aufbau, Struktur und der bildhaften Darstellungsweise des Kapitels bei. Die Ergebnisse aus den langjährigen zahlreichen intensiven und auf höchstem fachtechnischen Niveau geführten Diskussionen mit ihm bildeten auch für die nun vorliegende aktualisierte siebte Auflage eine entscheidende Grundlage. Alters- und gesundheitsbedingt musste sich Herr Emig in den letzten Jahren mehr und mehr aus dem aktiven Beratungsgeschäft zurückziehen. Zusammen mit der einschlägigen Fachwelt bleibe ich meinem persönlichen Freund Karl-Friedrich Emig in tiefer Dankbarkeit verbunden.

1 Allgemeines

1.1 Vorbemerkung

Im Folgenden werden schwerpunktmäßig dehnfähige (sog. weiche) Abdichtungen zum Schutz von nicht wasserdichten Bauwerken oder Bauteilen mit Bitumenwerkstoffen, Kunststoff-Dichtungsbahnen und Metallbändern behandelt. Grundlage hierzu bilden vor allem DIN 18195 [12], DIN 18336 [18] und Ril 835 [51] der DB AG sowie die ZTV-ING, Teil 7 [43]. Ergänzend hierzu sind in den Abschnitten 4.7 und 5.2 allgemeingültige Hinweise zu Planung und Ausführung von Konstruktionen aus wasserundurchlässigem Beton (WUB-KO) enthalten. Orientiert an der Vornorm DIN 18197 [13] sind auch Einzelheiten zur Abdichtung von Fugen in WUB-KO dargestellt. Weitere Möglichkeiten der Bauwerksabdichtung z. B. durch starre und flexible Dichtungsschlämmen, Vergelungen oder Dränmatten sind in [96] ausführlich behandelt.

1.2 Aufgabe und Anforderungen

Die Aufgabe einer Abdichtung besteht darin, das Bauwerk vor Schäden infolge unbeabsichtigten Wassereintritts und Durchfeuchtung bzw. Wasserverlust, vor Gefährdung durch aggressive Wässer oder Böden sowie ggf. vor Chemikalienangriff zu schützen. Dabei unterscheiden sich die Anforderungen an Aufbau und Detailgestaltung der Abdichtung einerseits nach der Art der Beanspruchung durch das Wasser und andererseits durch die Art der geplanten Bauwerksnutzung. So kommt der zuverlässigen Funktion einer Abdichtung besondere Bedeutung bei Bauwerken zu, die nach ihrer Erstellung insbesondere im Grundwasser

– nur noch schwer oder überhaupt nicht mehr für nachträgliche Reparaturen zugänglich sind (z. B. tief gegründete Kellergeschosse, überbaute Tunnel, Tiefgaragen);
– für den dauernden Aufenthalt von Personen bestimmt sind;
– oder der Aufnahme hochwertiger Anlagen und/oder feuchteempfindlicher Lagergüter dienen.

Andere Anforderungen an die Abdichtung stellt dagegen z. B. der Durchlass eines offenen Gerinnes unter einem Straßen- oder Bahndamm, bei dem zwar nur mit einer Sickerwasserbeanspruchung, aber z. B. mit starken Temperaturschwankungen und oft auch mit mechanischen Schwingungen zu rechnen ist.

Insbesondere im Bereich von drückendem Wasser in Form von Grund-, Brauch- oder Stauwasser müssen bestimmte Grundforderungen von einem Abdichtungssystem erfüllt werden, wenn es den gestellten Aufgaben genügen soll. Dazu zählen vor allem folgende Punkte:

1. Die Abdichtung muss auf Dauer beständig sein gegen das anstehende Boden-Wasser-Gemisch einschließlich aller darin enthaltenen Chemikalien. Sofern die Gefahr der Beimengung industrieller chemischer Substanzen wie z. B. Treibstoffe besteht, muss sie auch gegen diese geschützt werden oder nachgewiesenermaßen resistent sein.
2. Die Abdichtung muss beständig sein gegen alle angrenzenden Baustoffe.
3. Die Abdichtung muss widerstandsfähig sein gegen die zu erwartenden statischen und dynamischen Belastungen und die daraus resultierenden Verformungen. Dabei sind die Verhältnisse des Bauwerks (auch im Bauzustand), seiner Nutzung und des angrenzenden Bodens zu berücksichtigen.
4. Die Abdichtung muss eine ausreichende mechanische Festigkeit bei allen während der Bauausführung und nach der Fertigstellung zu erwartenden Temperaturen aufweisen. In besonderen Fällen, z. B. bei Fernwärmeleitungen, Schornsteinfüchsen oder anderen Anlagen mit höheren Temperaturabstrahlungen, sind geeignete Schutzvorkehrungen zu treffen.
5. Das Abdichtungssystem muss fehlerfrei und die Abdichtung möglichst einfach einzubauen sein. Das setzt bei bahnenartig aufgebauten Systemen auch eine gut und leicht erzielbare Verbindung der einzelnen Bahnen untereinander in Längs- und Querrichtung voraus.
6. Die Abdichtung darf während des Einbauvorgangs keine gesundheitsschädigenden Stoffe oder Dämpfe freisetzen. Die MAK(maximale Arbeitsplatz-Konzentration)-Werte sind zu beachten.
7. Die Abdichtung muss sich an die Bauwerksgeometrie anpassen lassen, z. B. im Bereich von Kanten, Kehlen und Ecken. Das bedeutet in der Regel die Notwendigkeit einer Abstimmung des Bauwerks in der Formgebung bestimmter Detailpunkte auf das jeweils vorgesehene Abdichtungssystem.
8. Die Abdichtung muss reparierfähig sein, um während der Bauausführung oder später in der Nutzungsphase auftretende Mängel einwandfrei beheben zu können. Der dabei oder bei Rückbau der Gebäudestruktur am Ende der Nutzungsphase anfallende Bauschutt darf weder Gesundheit noch Umwelt gefährden und muss den Anforderungen des Wirtschaftskreislaufgesetzes genügen.
9. Die Abdichtung muss mehrlagig aufgebaut oder hinsichtlich ihrer Funktionsfähigkeit zuverlässig prüfbar sein. Die Sicherheit gegen handwerkliche Einbaufehler (z. B. in der Nahtverbindung) muss in jedem Fall über „1" liegen.

Zu diesen grundlegenden Forderungen an die physikalischen, chemischen und technologischen Eigenschaften eines Abdichtungssystems können in Einzelfällen weitere Forderungen wie spezielle Säurefestigkeit (Behälterbau), erhöhte Verformbarkeit oder besondere Druckfestigkeit (z. B. unter befahrenen Flächen) hinzukommen. In vollem Maße wird die Tragweite der hier aufgezählten Grundanforderungen vielfach erst bewusst, wenn man sich die Nutzungsdauer abzudichtender unterirdischer Bauwerke oder Bauwerksteile vor Augen hält. So wird für Verkehrstunnel eine Nutzungsdauer von mehr als 100 Jahren angesetzt. Bei hochtechnisierten Industrieanlagen, die nicht selten 10 bis 15 m tief unter Erdgleiche gegründet werden, und im Kraftwerksbau wird von mindestens 30 Jahren Betriebsdauer ausgegangen.

Hinsichtlich der Gesamtheit aller Anforderungen ist Folgendes zu bedenken: Grundsätzlich ist ein Abdichtungssystem so zu wählen und zu planen, dass es im Hinblick auf die Erfordernisse aus der geplanten Nutzung einerseits und auf die technischen und wirtschaftlich vertretbaren Möglichkeiten andererseits die optimale Lösung darstellt. Eine Voraussetzung für die richtige Auswahl ist die verbindliche Angabe von Planungskriterien durch den Bauherrn bzw. die von ihm eingeschalteten Sonderfachleute (z. B. Tragwerksplaner, Bodengutachter, Hydrologe, Betoningenieur, Bauphysiker). Diese Angaben müssen sich im Einzelnen erstrecken auf den höchsten Wasserstand, die Pressung aus anstehendem Boden oder Baukörpern im Bau- und Endzustand, das Schwinden der Betonbauteile, die Bewegungen infolge von Temperaturänderung sowie die Setzungen des Bauwerks oder einzelner Bauwerksteile. Erst wenn diese Angaben und ergänzende Erläuterungen zum Bauverfahren und Bauablauf vorliegen, können die konstruktiven Anforderungen an das Bauwerk im Zusammenhang mit der Wahl des Abdichtungssystems und der zu verarbeitenden Stoffe festgelegt werden. Besondere Erschwernisse wie die Schaffung einer ebenen und trockenen Unterlage zum Aufbringen der Abdichtung können dabei von ausschlaggebender Bedeutung sein (z. B. bei einem unterirdisch aufzufahrenden Tunnel, bei Brücken und Parkdecks). Von daher gesehen haben die einzelnen stofflich verschiedenen Systeme durchaus unterschiedliche Anwendungsbereiche.

Wenn die zu erwartenden Beanspruchungen eine Beschädigung der vorgesehenen Hautabdichtung nicht von vornherein sicher ausschließen lassen, sind konstruktive Maßnahmen zu treffen, die günstigere Verhältnisse herbeiführen. Dazu können die Veränderung der Bauwerksgründung, eine Vergrößerung der Fugenanzahl oder eine geänderte Fugenaufteilung, die Umstellung von Bauzuständen oder die Verkürzung bestimmter Bauabläufe zählen. Bereits im frühen Stadium der Planung eines Bauvorhabens sollten daher alle Baumaßnahmen im Hinblick auf mögliche negative Auswirkungen für das Abdichtungssystem überprüft werden. Zur Beurteilung sollten Fachfirmen und auf diesem Gebiet erfahrene Ingenieure hinzugezogen werden, um Fehlentscheidungen möglichst auszuschließen.

1.3 Begriffe

In der Abdichtungstechnik wurden im Laufe der Zeit zahlreiche Fachbegriffe geprägt. Immer wieder zeigt es sich, dass diese regional verschieden ausgelegt werden. Das kann vor allem in Vertragsfragen zu folgenschweren Missverständnissen führen. Daher wurden in den vorangegangenen Ausgaben [102] die wichtigsten Begriffe zusammengestellt und erläutert. Dabei dienten als Grundlage für die einzelnen Definitionen die gültigen Fachnormen wie DIN 18195 [12] und DIN V 18197 [13], andere Vorschriften sowie die einschlägige Literatur (s. Abschn. 8). Zusätzliche Begriffe sind in [84, 92, 96] aufgeführt.

Neben der eigentlichen Begriffsklärung sollte die Aufstellung vor allem auch einen detaillierten Überblick über die verschiedenen Abdichtungsstoffe, ihre physikalisch-chemischen Eigenschaften sowie die mit der Anwendungstechnik zusammenhängenden Fragen vermitteln.

2 Planungsgrundlagen

2.1 Einfluss von Boden, Bauwerk und Bauweise

Bei einer Vielzahl von Bauwerken werden Bauweise, Bauablauf und konstruktive Gestaltung entscheidend von den Boden- und Oberflächenverhältnissen bestimmt. Das gilt beispielsweise für den Tunnel- und Kavernenbau sowie in vielen Fällen generell auch für den Ingenieurbau. Hier wird je nach der örtlichen Situation der Baukörper in offener oder beim Tunnel- und Kavernenbau auch in geschlossener Bauweise erstellt. Bei der offenen Bauweise ist wiederum zwischen der Berliner Bauweise ohne seitlichen Arbeitsraum und der Hamburger Bauweise mit Arbeitsraum zu unterscheiden. In beiden Fällen liegt die Abdichtung außen auf den für Wasser- und Erddruck sowie alle weiteren Lasten berechneten Bauteilen. Für die geschlossene Bauweise seien von den zahlreichen Möglichkeiten beispielhaft nur folgende genannt: Der Schildvortrieb mit fugendurchsetztem Tübbingausbau, in Sonderfällen auch mit einer zusätzlichen, in Blöcken aufgegliederten Ortbetoninnenschale, die Spritzbetonbauweise mit geschlossener Spritzbetonschale, das Vorpressen von Betonfertigteilen und die Stollenbauweise mit abschnittsweise hergestellter massiver Ortbetonauskleidung. Auf diese völlig unterschiedlichen Bauweisen muss naturgemäß die Abdichtung hinsichtlich des Systems und der zugehörigen Stoffe abgestimmt werden. Bei Tunneln der geschlossenen Bauweise wirken sich die vorhandenen Bedingungen außerdem auf die Anordnung der Abdichtung innerhalb der Konstruktion aus und führen dementsprechend zu einer Außen-, Zwischen- oder Innenabdichtung. Ein besonders typisches Beispiel der Wechselbeziehung zwischen Bauverfahren und Abdichtung stellt die Stahlabdichtung von Unterwassertunneln dar (s. Abschn. 4.6).

Ähnlich verhält es sich mit Bauwerken, die nicht in den Bereich des Tunnelbaus fallen. Je nach Art der Baugrube kann auch hier die Abdichtung nach der Berliner oder der Hamburger Bauweise als Außenabdichtung eingebaut werden. Die Baugrubensicherung mit starren, im Boden verbleibenden Schlitz-, Bohrpfahl- oder Spundwänden erfordert für Hautabdichtungen bei fehlendem Arbeitsraum eine flächenhafte Sollbruchfuge, um bei unterschiedlichen Setzungen zwischen Baugrubenwand und Baukörper die Abdichtung nicht zu beschädigen. Die genannten starren Wände schirmen den Erddruck ab. Das setzt für Wandabdichtungen mit nackten Bitumenbahnen zur Erzielung der nötigen Einpressung z. B. den Einbau von Metallriffelbändern voraus. Stattdessen kann aber auch eine Umstellung in der Stoffwahl der Abdichtung erfolgen. Abdichtungen mit Bitumendichtungs-, Bitumen-Schweiß- oder Kunststoff-Dichtungsbahnen erfordern nur eine Einbettung und keine Einpressung.

Von großer Bedeutung ist die Frage der Flächenpressung. Je nach Art der Gründung (Einzel-, Streifen- oder Plattenfundamente) können örtlich sehr hohe Druckspannungen auftreten. Extreme Belastungen fallen häufig bei Hochhäusern im Bereich von Einzellasten an. Sie können die Stoffwahl entscheidend beeinflussen. Grundsätzlich sind bei der Planung des Abdichtungssystems hinsichtlich der zu erwartenden Druckbelastung nicht nur die Endzustände, sondern auch die Bauzustände zu berücksichtigen. Deutlich wird dies z. B. im Zusammenhang mit der Umsteifung bei der Berliner Bauweise nach Fertigstellung des Sohlbetons, beim Schildvortrieb in der Anfahrphase des Schildes oder in Verbindung mit der Caissonbauweise.

Weiterhin beeinflussen die im Boden enthaltenen Chemikalien die Stoffwahl. Hierbei sollte auch an die Möglichkeit einer Verunreinigung des Grundwassers und/oder an den Transport von Schadstoffen durch bzw. auf dem Grundwasser (z. B. Öle, Fette) gedacht werden. Wasser- und Bodenanalysen schaffen in Zweifelsfällen Klarheit.

2.11 Abdichtungen und Fugen im Tiefbau

Tabelle 1. Zusammenhänge zwischen Bodenarten, Verhalten und Erscheinungsformen des Wassers [96, 108]

	Bodenart oder Schichtenfolge	Verhalten des Wassers im Boden	Bezeichnung der Erscheinungsform des Wassers (keine Normbezeichnung)
1	Mutterboden	Niederschläge kurzzeitig aufstauend	Oberflächenwasser
2	Sand oder Kies, stark durchlässig	schnell versickernd (Durchlässigkeit mindestens $k = 10^{-4}$ m/s)	Sickerwasser
3	Schichtenwechsel zu weniger durchlässigen Bodenschichten	aufstauend, aber dann langsam versickernd	Stauwasser
4	eingeschlossene Bodenschichten stärkerer Durchlässigkeit, meist geneigt	rasche Wasserabgabe in Neigungsrichtung	Schichtenwasser
5	schluffige Sande, wenig durchlässig	langsam versickernd	Sickerwasser
6	Schluff oder Ton, wenig durchlässig	wasserhaltend und kapillar aufsteigend	Kapillarwassersaum
7	ständig gefüllte Bodenporen	geschlossener Wasserspiegel[1]	Grundwasser[1]

[1] Der höchste Grundwasserstand (HGW) wird aus möglichst langjährig gemessenen höchsten Grundwasserständen oder den Fluss- bzw. Hochwasserständen ermittelt.

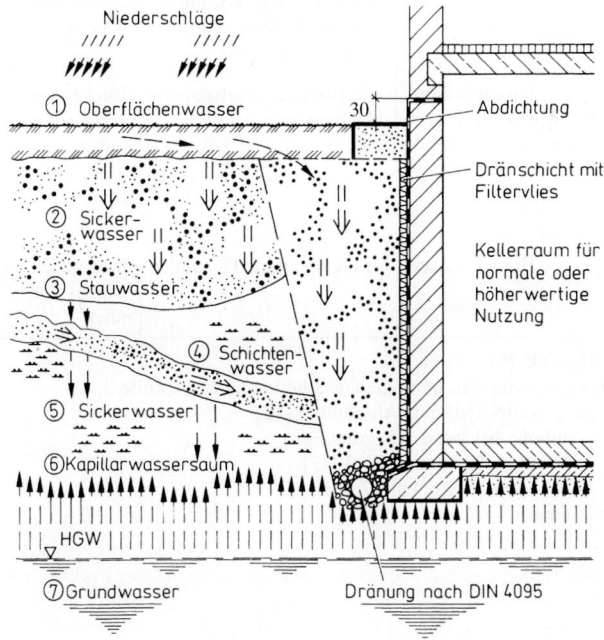

Tabelle 2. Zuordnung der Abdichtungsarten nach DIN 18195 [12] zu Wasserbeanspruchung und Bodenart

	1	2	3	4	5	6
1	Bauteilart	Wasserart	Einbausituation		Art der Wassereinwirkung	Art der erforderlichen Abdichtung [zutreffende(r) Norm/Normteil]
2	Erdberührte Wände und Bodenplatten oberhalb des Bemessungswasserstandes	Kapillarwasser Haftwasser Sickerwasser	stark durchlässiger Boden[8] $k \geq 10^{-4}$ m/s		Bodenfeuchte und nichtstauendes Sickerwasser	DIN 18195-4
3			wenig durchlässiger Boden[8] $k < 10^{-4}$ m/s	mit Dränung[1]		
4				ohne Dränung[2]	zeitweise aufstauendes Sickerwasser	DIN 18195-6 Abschnitt 9
5	Waagerechte und geneigte Flächen im Freien und im Erdreich; Wand- und Bodenflächen in Nassräumen[3]	Niederschlagswasser Sickerwasser Anstaubewässerung[4] Brauchwasser	Balkone u. ä. Bauteile im Wohnungsbau Nassräume[3] im Wohnungsbau[6]		nichtdrückendes Wasser, mäßige Beanspruchung	DIN 18195-5 Abschnitt 8.2
6			genutzte Dachflächen[5] intensiv begrünte Dächer[4] Nassräume (ausgenommen Wohnungsbau)[6] Schwimmbäder[7]		nichtdrückendes Wasser, hohe Beanspruchung	DIN 18195-5 Abschnitt 8.3
7			nicht genutzte Dachflächen, frei bewittert, ohne feste Nutzschicht, einschl. Extensivbegrünung		nichtdrückendes Wasser	DIN 18531
8	Erdberührte Wände, Boden- und Deckenplatten unterhalb des Bemessungswasserstandes	Grundwasser Hochwasser	jede Bodenart, Gebäudeart und Bauweise		drückendes Wasser von außen	DIN 18195-6 Abschnitt 8
9	Wasserbehälter, Becken	Brauchwasser	im Freien und in Gebäuden		drückendes Wasser von innen	DIN 18195-7

[1] Dränung nach DIN 4095 [6]
[2] Bis zu Gründungstiefen von 3 m unter Geländeoberkante, sonst Zeile 8
[3] Definition Nassraum s. DIN 18195-1, Abschnitt 3 [12]
[4] Bis ca. 10 cm Anstauhöhe bei Intensivbegrünungen
[5] Beschreibung s. DIN 18195-5, Abschnitt 7.3 [12]
[6] Beschreibung s. DIN 18195-5, Abschnitt 7.2 [12]
[7] Umgänge, Duschräume
[8] s. DIN 18130-1 [10]

2.11 Abdichtungen und Fugen im Tiefbau 661

Die Wasserdurchlässigkeit des Bodens spielt eine große Rolle bei der Überlegung, ob die Abdichtung durch Bodenfeuchte, Sickerwasser oder drückendes Wasser beansprucht wird (Tabellen 1 und 2). Schließlich sind Form und Abstufung der Bodenkörnung von Bedeutung. Scharfkantiger, steiniger Boden darf in keinem Fall gegen Bitumenabdichtungen einschließlich Bitumendickbeschichtungen, Bitumen-Schutzschichten oder Kunststoff-Dichtungsbahnen verfüllt werden. Derartiges Verfüllmaterial setzt vielmehr die Sicherung der Abdichtung durch feste mineralische Schutzschichten voraus.

Der Bauablauf, die Festlegung von Betonierabschnitten und die allgemeine Formgebung des Bauwerks stellen ebenfalls Faktoren dar, die Einzelheiten der Abdichtung oder die Anordnung von Fugen in Konstruktionen aus WU-Beton entscheidend beeinflussen können. Im Bereich von Arbeitsraumverfüllungen erfordern überkragende Bauteile in Sohlenflächen die Anordnung von Tellerankern, um bei Bodensackungen ein Ablösen oder Aufreißen der Abdichtung zu verhindern. Einseitig geneigte Sohlen- und Deckenflächen sollten zur Aufnahme der Horizontalkräfte mit Nocken ausgebildet werden. Breite Baugruben mit Queraussteifung erfordern u. U. Mittelträger oder für die Wasserhaltung ggf. Durchdringungen der Sohlen- und Deckenabdichtung z. B. mit Brunnentöpfen.

Die vorstehenden Ausführungen lassen die Vielfalt der Wechselwirkung zwischen Boden, Bauwerk und Bauweise erkennen. Allgemein sind die Verhältnisse bei jedem Bauwerk anders gelagert. Es kommt daher im Wesentlichen auf das Wissen um die grundlegenden, hier aufgezeigten Abhängigkeiten an.

2.2 Einfluss des Wassers

Maßgeblich wird eine Abdichtung von der Art und Beschaffenheit des im Boden befindlichen Wassers und der daraus zu erwartenden Beanspruchung beeinflusst. Wie der Boden muss auch das anfallende Wasser hinsichtlich seiner chemischen Zusammensetzung überprüft werden. Das Analysenergebnis kann sich entscheidend auf die Stoffwahl auswirken. Dabei ist grundsätzlich zu unterscheiden zwischen Bauwerken, die ganz oder teilweise in das Grundwasser eintauchen, und solchen, die oberhalb des Grundwasserspiegels errichtet werden. Für diese beiden Fälle bestehen wesentliche Unterschiede hinsichtlich der Beanspruchungsintensität des Wassers. Oberhalb des Grundwassers können Bodenfeuchte oder Sickerwasser (nichtdrückendes Wasser) auftreten. Beide Wasserformen üben keinen hydrostatischen Druck auf Abdichtung und Bauwerk aus. In bergigen Regionen ist je nach den geologischen Verhältnissen mit Stau-, Kluft- oder Hangwasser zu rechnen, das wie Grundwasser zumindest zeitweise einen Wasserdruck aufbaut. Hier ist eine ausreichend bemessene, dauerhaft funktionsfähige Dränung vorzusehen oder eine Abdichtung auszuführen, die zumindest einen vorübergehenden Wasserdruck aufnehmen kann. In Zweifelsfällen empfiehlt sich der Einbau einer wasserdruckhaltenden Abdichtung. Letztere gelangt auch beim Schwimmbad- und Behälterbau zur Anwendung, wo der Wasserdruck von innen wirkt. Dieser Aufteilung entsprechend werden die in der Abdichtungstechnik zu treffenden Maßnahmen abgestuft:

Abdichtungen gegen Bodenfeuchte (DIN 18195-4) [12] sind bei allen unterirdischen Bauteilen als Mindestsicherung vorzusehen. Sie müssen die Poren und eventuell vorhandenen Risse in den Bauteilen schließen bzw. die Kapillarität unterbrechen, um das Eindringen bzw. Aufsteigen von Feuchtigkeit zu verhindern. Das geschieht in waagerechten Bodenflächen i. Allg. mit einlagig aufgebrachten Bitumenbahnen oder Kunststoff-Dichtungsbahnen, an den Wänden mit kunststoffmodifizierten Bitumendickbeschichtungen, einlagigen Bahnenabdichtungen oder mineralischen Dichtungsschlämmen. Nicht alle diese Abdichtungen vermögen Schwindrisse mit einer üblichen Breite von 0,2 bis 0,5 mm zu überbrücken. Daher ist nach

VOB, ab Ausgabe 1988, DIN 18336 [18] auch für den Bereich der Bodenfeuchte eine Abdichtung aus Bitumenbahnen auszuführen. Sind größere Rissbreiten nicht auszuschließen, muss auf einen dafür geeigneten z. B. auch mehrlagigen Aufbau zurückgegriffen werden.

In oder unter der Wand werden als waagerechte Abdichtung (Querschnittsabdichtung) i. Allg. Bitumen- oder Kunststoff-Dichtungsbahnen angeordnet. Auch mineralische Dichtungsstoffe, z. B. flexible Dichtungsschlämmen sind hierfür geeignet. Die waagerechte Abdichtung in einer Wand kann entfallen, wenn eine durchgehende Abdichtung unter der Bodenplatte angeordnet und diese ihrerseits mit der Abdichtung der Gebäudeaußenwände verbunden ist (DIN 18195-100:2003-06) [12].

Abdichtungen gegen Sickerwasser bzw. nichtdrückendes Wasser nach DIN 18195-4 für Außenwände bzw. DIN 18195-5 für Deckenflächen [12] müssen drucklos fließendes Wasser ableiten. Sie setzen in Deckenflächen ausreichendes Gefälle und im Wandbereich ein dauerhaft zuverlässiges Fortleiten des Wassers, nötigenfalls durch Dränung voraus. Die Norm unterscheidet im Teil 5 zwischen mäßiger und hoher Beanspruchung. Hiervon sind der Aufbau der Abdichtung und die Anzahl der Lagen abhängig. Einzelheiten werden nachfolgend in Abschnitt 5 sowohl für bitumenverklebte Abdichtungen als auch für lose verlegte Kunststoffbahnen-Abdichtungen beschrieben. Auch bei Konstruktionen aus WU-Beton ist der Einfluss des Wassers bezüglich der Flächen und besonders der Fugen zu beachten. Einzelheiten zur Fugenabdichtung sind in DIN 18197 [13] geregelt und werden weiter unten in Abschnitt 4.7 behandelt. Hinweise zu anderen Abdichtungsmaterialien enthält [96].

Abdichtungen gegen von außen oder innen drückendes Wasser (DIN 18195-6 und -7) [12] müssen unter Einwirkung des Wasserdrucks dauerhaft dicht und beständig sein. Bitumenabdichtungen werden in Abhängigkeit von der Eintauchtiefe und der Stoffwahl mindestens zwei-, höchstens fünflagig ausgebildet. Der zweilagige Aufbau setzt die Verwendung mechanisch besonders widerstandsfähiger Bitumen-Dichtungs- oder Bitumen-Schweißbahnen und eine Eintauchtiefe von weniger als 9 m voraus.

Besonders zu beachten ist die Beanspruchung durch zeitweise aufstauendes Sickerwasser bei fehlender Dränung und wenig durchlässigen Böden (siehe Tabelle 2, Zeile 4). Für diesen Lastfall regelt DIN 18195 in der Ausgabe 2000 erstmalig, und zwar in Teil 6, Abschnitt 9 die technischen Einzelheiten. Im Einzelnen werden neben Abdichtungen aus Bitumen- und Kunststoff-Dichtungsbahnen auch kunststoffmodifizierte Bitumendickbeschichtungen zugelassen.

Auch lose verlegte Kunststoff-Bahnenabdichtungen für von außen drückendes Wasser bis 4 m Eintauchtiefe sind in der Neufassung der DIN 18195-6, Abschnitt 8.7 beschrieben.

2.3 Einfluss der Nutzung

Die Art der Bauwerksnutzung wirkt sich in verschiedener Hinsicht auf die Gestaltung der Abdichtung aus. So erfordern beispielsweise im Wohnungsbau Keller mit geringen Anforderungen an die Nutzung einen geringeren abdichtungstechnischen Aufwand als solche, die von vornherein oder eventuell auch erst später einer höheren Anforderung genügen müssen. Für die Ver- und Entsorgung der Gebäude sind besondere Maßnahmen zu treffen. Kabel, Rohrleitungen, Durchgänge und andere Öffnungen bedingen eine Unterbrechung der Abdichtungshaut und deren geeigneten Anschluss. Wenn die damit verbundenen Fragen der Anflanschung und Verwahrung nicht bis ins Detail für das gewählte Abdichtungssystem lösbar sind, muss eine entsprechende Umstellung in der Stoffwahl erfolgen. In dieser Hinsicht sind vor allem für außerhalb der Normung neu eingeführte Stoffe und Systeme sorgfältige Überlegungen und Versuchsreihen erforderlich.

2.11 Abdichtungen und Fugen im Tiefbau

Bei Parkdecks, Brücken und Maschinenfundamenten sind schließlich neben den maximalen und minimalen Temperaturen von +50 °C bis −40 °C bei Massivbauwerken auch dynamische Beanspruchungen zu beachten [3, 92, 96].

Besondere Maßnahmen können mit längerfristig auftretenden, höheren Temperaturen in der Abdichtungsebene verbunden sein. Fernwärmekanäle, Abgasschächte und unterirdische Industrieanlagen erfordern deswegen besondere Beachtung. Die Stoffe müssen auf die erhöhte Beanspruchung abgestimmt sein, wobei eine ausreichende Sicherheit vorzugeben ist. Bei bitumenverklebten Abdichtungen wird dies z.B. dadurch gewährleistet, dass die Temperatur an der Abdichtung mindestens 30 K unter dem Erweichungspunkt Ring- und Kugel der Klebe- und Deckaufstrichmassen bleiben muss. Je nach Anwendungsfall ist ein entsprechend steifes Bitumen zu wählen. Bei Kunststoffbahnen sind die auf den Werkstoff abgestimmten Angaben der Hersteller zu beachten.

3 Auswahl und Anwendungsbereiche der Stoffe

Hinsichtlich der Stoffwahl bieten DIN 18195 [12], DIN 18336 [18] und die ZTV-ING, Teil 7, Abschnitt 1 [43] für Betonbrücken bzw. die ZTV-ING, Teil 7, Abschnitt 4 [43] für Stahlbrücken zahlreiche Möglichkeiten, die Abdichtung im Sinne von Abschnitt 2 auf die jeweilige Aufgabenstellung hin anzupassen. Sie berücksichtigen die beachtliche Weiterentwicklung der letzten Jahrzehnte gerade auf dem Gebiet der Stoffe.

Die Abdichtungen nach den oben genannten Regelwerken stellen in der Regel unabhängig von Aufbau und Einbautechnik im Endzustand elasto-plastische, flexible Häute dar. Sie zeichnen sich vor allem dadurch aus, dass sie sich nachträglichen Verformungen des Bauwerks anpassen. Dabei bestehen zwischen den einzelnen Werkstoffen naturgemäß Unterschiede, die u. a. durch den E-Modul gekennzeichnet sind. Weiterhin ist das rheologische Verhalten von großer Wichtigkeit. Stoffe mit ausgeprägtem Fließverhalten, d.h. einer bei konstanter Last zeitabhängigen Formänderung wie insbesondere Bitumen bieten in dieser Frage zusätzliche Vorteile. Sie bauen im Laufe der Zeit die infolge Bauwerksverformung aufgezwungenen Spannungen durch entsprechende Fließvorgänge ab. Voraussetzung dabei ist allerdings, dass die Bauwerksverformung hinsichtlich Entstehungsgeschwindigkeit und Endmaß bestimmte temperaturabhängige Grenzwerte nicht überschreitet und somit die Abdichtungshaut nicht zerstört. Die in vielerlei Hinsicht positiven Fließeigenschaften erfordern eine abgestimmte konstruktive Durchbildung der Abdichtung, um mögliche negative Folgen aus ungewollten Fließerscheinungen zu vermeiden. So darf beispielsweise das Bitumenmaterial im Bereich einer Los- und Festflanschkonstruktion nicht übermäßig ausgepresst oder ein Bauwerksteil nicht als Ganzes auf der Abdichtung infolge Horizontaldruck um mehrere Zentimeter verschoben werden (Gleitsicherung).

Aus der Sicht der Normung lassen sich 2009 die Anwendungsbereiche der dehnfähigen Abdichtungen folgendermaßen charakterisieren. Als Schutz gegen nichtdrückendes sowie von außen drückendes Wasser werden unverändert Lösungen mit nackten Bitumenbahnen, ggf. kombiniert mit Kupferbändern, angewandt. Hierbei ist der erforderliche Mindestanpressdruck von 0,01 MN/m^2 zu beachten, sofern der Abdichtungsaufbau ausschließlich aus nackten Bitumenbahnen besteht. Darüber hinaus sind Bitumen-Dichtungsbahnen und Bitumen-Schweißbahnen [71] anwendbar. Kaltselbstklebende Bahnen auf Bitumen- oder Elastomerbasis dürfen nur im Bereich von Bodenfeuchte und nichtdrückendem Wasser bei mäßiger Beanspruchung eingesetzt werden. Von den Kunststoff-Dichtungsbahnen sind PVC-P, EVA, ECB- und PIB-Bahnen sowie Elastomer-Bahnen in Verbindung mit nackten Bitumenbahnen ebenfalls zugelassen. Aufgrund der praktischen Erfahrungen mit lose verlegten Abdichtungen im Einsatz gegen von außen drückendes Wasser ist bei der Neufassung der DIN 18195-6 [12] die Verwendung von PVC-P-Dichtungsbahnen bis 4 m Eintauchtiefe zugelassen. Ihr Einsatz im Bereich von Sickerwasser wurde dagegen nach DIN 18195-5 [12] schon seit Anfang der 1980er-Jahre als Stand der Technik angesehen, sofern die Sicherheit gegenüber Einbaufehlern über „1" liegt (s. Abschn. 4.1 und 4.4).

Über die bereits genannten Stoffe hinaus sind für eine Anwendung gegen Bodenfeuchte und nichtdrückendes Wasser bei mäßiger Beanspruchung sowie gegen zeitweise aufstauendes Sickerwasser auch kalt zu verarbeitende kunststoffmodifizierte Bitumendickbeschichtungen (KMB), nicht aber nackte Bitumenbahnen wegen der i. Allg. nicht ausreichenden Einpressung im Sinne der Norm als geeignet anzusehen. Für Maßnahmen zum Schutz gegen Bodenfeuchte kommen nach der Neufassung der Norm [12] schließlich noch heiß aufgetragene Bitumendeckaufstriche in Betracht, sofern es sich nicht um die Abdichtung unterkellerter Gebäude handelt. Danach entsprechen die früher auch eingesetzten kalt aufgetragenen Bitumendeckaufstriche wegen fehlender Rissüberbrückungsfähigkeit nicht mehr den Regeln der Technik.

Als Maßnahme gegen von innen drückendes Wasser im Schwimmbad- und Behälterbau zeigt der Mitte 2008 im Entwurf veröffentlichte Teil 7 der DIN 18195 [12] gegenüber der Weißdruckausgabe von 1989 völlig neue Wege auf. So können neben bahnenförmigen Abdichtungen aus Bitumenbahnen, die mindestens zweilagig im Heißklebe-, Schweiß- oder Selbstklebeverfahren aufgebracht werden, auch solche aus Kunststoff- oder Elastomerbahnen lose verlegt oder im Selbstklebeverfahren eingebaut werden. Letztere können auch in Kombination mit einer Lage Polymerbitumen-Schweißbahn im Flämmverfahren aufgebracht werden. Die Kunststoff- oder Elastomerbahnen müssen bei einer Füllhöhe (= Eintauchtiefe) bis 10 m mindestens 1,5 mm dick sein, bei einer größeren Füllhöhe mindestens 2 mm. Außerdem sind mineralische Dichtungsschlämmen (MDS), nicht rissüberbrückend oder rissüberbrückend, bei einer Mindesttrockenschichtdicke von 2 mm zulässig. Auch dürfen Abdichtungen mit flüssig zu verarbeitenden Abdichtungsstoffen im Verbund mit Fliesen und Platten (AIV) eingesetzt werden. Dabei wird zwischen AIV mit rissüberbrückenden Dichtungsschlämmen und solchen mit Reaktionsharzen als Abdichtungslage und Untergrund für die nachfolgend im Dünnbettverfahren aufzubringenden Beläge und Bekleidungen aus Fliesen oder Platten unterschieden. Die Trockenschichtdicke der AIV mit rissüberbrückender Dichtungsschlämme muss mindestens 2 mm betragen, bei der AIV mit Reaktionsharzen mindestens 1 mm. In beiden Fällen darf die Füllhöhe (= Eintauchtiefe) den Wert von 10 m nicht überschreiten. Schließlich ist nach E DIN 18195-7:2008-06 [12] eine Abdichtung mit Flüssigkunststoffen (FLK) auf Basis von PMMA-, PUR- oder UP-Harzen mit oder ohne Füllstoffen einsetzbar. Auch hier ist eine Füllhöhe (= Eintauchtiefe) bis maximal 10 m zulässig. Die Mindesttrockenschichtdicke ist mit 2 mm festgelegt.

In der Praxis werden in Einzelfällen auch andere Weichabdichtungen, z. B. Flüssigkunststoffe (FLK) gegen nicht drückendes Wasser eingesetzt. Ihre erfolgreiche Anwendung vor allem auf Brücken und Parkdecks setzt jedoch mehr als bei den bisher genormten Stoffen Spezialkenntnisse bei Planern und Bauausführenden voraus. Sie sind stofflich und anwendungstechnisch in den ZTV-ING, Teil 7, Abschnitt 3 [43] und in DIN 18195-2 [12] geregelt. Unmittelbar genutzte Beschichtungen ohne zusätzliche Verschleißschicht, erforderlichenfalls auch rissüberbrückend, werden in den ZTV-ING, Teil 3, Abschnitt 4 [41] und in den Richtlinien für Schutz und Instandsetzung von Betonbauteilen [57] beschrieben.

Im Gegensatz zu den dehnfähigen Abdichtungen stehen die sogenannten „starren" Abdichtungen. In ihre Gruppe gehören WU-Beton [1, 77, 85, 86, 96, 109–113, 121–124] und nicht rissüberbrückende mineralische Dichtungsschlämmen (MDS) [53, 79, 96] als mineralische, zementgebundene Systeme, die aufgrund besonders geeigneter Zusammensetzung und bei guter Verarbeitung als wasserundurchlässig zu bezeichnen sind. Aber auch die duroplastischen Kunststoffe wie z.B. Epoxide sind zu den starren Abdichtungen zu rechnen [70]. Ihnen allen ist im Vergleich zu den weichen Abdichtungshäuten gemeinsam, dass sie sich nachträglichen Bauwerksverformungen nur wenig anpassen. Ihre Bruchdehnung ist mit 1 bis 2% für Beton bzw. maximal 4 bis 5% für Kunstharzbeschichtungen außerordentlich gering. Entsprechend hoch ist die Rissgefährdung im Zusammenhang mit Bewegungen und Verformungen einzelner Bauteile und damit das Versagensrisiko der Abdichtung zu beurteilen. Die Verwendung starrer Abdichtungen setzt demzufolge in hohem Maße verformungsarme Baukörper voraus. Temperatur- und gründungsbedingte Bewegungen sind durch geeignete Bauwerksgliederung auf entsprechend ausgebildete, in der Regel in kurzem Abstand aufeinander folgende Fugen zu konzentrieren. Das gilt in gleicher Weise für eventuell mit der Nutzung verbundene Formänderungen. Vor diesem Hintergrund kann beispielsweise die Auskleidung eines Tunnels bzw. einer Kaverne in standfestem Fels oder eine massive, biegesteife Betonkonstruktion für den Einsatz einer starren Abdichtung in Frage kommen [70]. So wurden U-Bahntunnel bei kurzen Blocklängen (bis zu 12 m) im Streckenbereich etwa seit 1960 auch bei vorhandenem Grundwasser in vielen Fällen aus wasserundurchlässigem Beton erstellt. Sohlen-, Wand- und Deckendicke liegen hierbei in der Regel über 50 cm. Auch im Industriebau hat sich der WU-Beton seit mehr als 3 Jahrzehnten bewährt. Besonderes Augenmerk ist bei seiner Anwendung auf die Anordnung und Ausbildung der Bewegungs- und Arbeitsfugen sowie auf die Rissbegrenzung und betontechnologische Auslegung im Sinne der DIN 1045 [1] zu legen. Die Abdichtung der Fugen ist detailliert in [94, 96–98, 112, 124] abgehandelt. Kennzeichnend für die starren Abdichtungen ist generell eine hohe Druckfestigkeit. In diesem Punkt sind sie den dehnfähigen Abdichtungen überlegen, nicht aber im Hinblick auf die Wasserdampfdurchlässigkeit, soweit es sich um mineralische, zementgebundene Systeme handelt.

In Sonderfällen wie z.B. bei Unterwassertunneln gelangen auch Stahlbleche zur Anwendung. Sie dienen meist zugleich als Betonschalung und mechanischer Schutz ([75], dort Ausgabe 1983 und [94]). In ihren Eigenschaften entspricht die Stahlblechabdichtung eher einer starren als einer weichen Abdichtung. Anwendungstechnisch gelten daher ähnliche Überlegungen.

Abschließend sei auf die generelle Bedeutung der Stoffwahl hingewiesen. Sie wird erkennbar, wenn man sich die Folgen einer Fehlentscheidung vor Augen hält. Im Extremfall kann dadurch die geplante Nutzung eines Bauwerks in Frage gestellt werden. Die nachträgliche Korrektur eines Planungsfehlers kostet, wenn überhaupt möglich, stets das Vielfache einer von Anfang an richtigen und oft zunächst aufwendiger erscheinenden Ausführung.

4 Systeme

4.1 Abdichtungen aus Bitumenbahnen

Abdichtungen gegen nichtdrückendes (Bodenfeuchte, Sickerwasser) und drückendes Wasser bestehen aus nackten Bitumenbahnen, Bitumendichtungsbahnen oder Bitumen-Dachdichtungsbahnen mit Trägereinlagen oder Metallbändern oder deren Kombinationen. Ihre vollflächige und hohlraumfreie Verklebung untereinander erfolgt mit Bitumen, das nach unterschiedlichen Verfahren heißflüssig eingebaut bzw. bei Schweißbahnen mit Propanbrennern aufgeschmolzen wird. Die eigentliche Dichtfunktion übernimmt in allen Fällen das Bitumen. Das gilt auch bei Verwendung in sich wasserdichter Trägereinlagen wie z.B. Metallbänder, wenn diese in den Überlappungen nicht miteinander verlötet oder mehrfach gefalzt, sondern mit Bitumen verklebt sind. Die Trägereinlagen sind vor allem als Bewehrung zu betrachten. Sie stützen die Bitumenmassen im Bereich von Fugen und Bauwerksrissen. Ferner wirken sie stabilisierend im Hinblick auf ungewollte Fließerscheinungen, insbesondere bei größeren Flächenpressungen. Je nach Anzahl und Art verleihen die Trägereinlagen außerdem der Abdichtung den Charakter einer Haut mit bestimmter Zugfestigkeit und Flexibilität. Die Mehrlagigkeit dient in erster Linie einer erhöhten Sicherheit. Bitumen, Dichtungsbahnen und Trägereinlagen werden weitgehend von Hand eingebaut. Es kommt daher darauf an, mögliche Fehlstellen in der ersten Lage durch die Anordnung einer zweiten zu überdecken.

Das trifft auch für fehlerhafte Nähte zu, da die Bahnen der verschiedenen Lagen fachgemäß gegeneinander versetzt werden. Bei einem solchen Vorgehen ist praktisch auszuschließen, dass an ein und derselben Stelle alle Lagen jeweils für sich irgendeinen Einbaufehler und so in ihrer Gesamtheit als Abdichtungspaket eine Undichtigkeit aufweisen. Die Sicherheit der mehrlagigen Bitumenabdichtung gegen Einbaufehler wird so in jedem Fall immer über „1" liegen. Sie steigt mit der Anzahl der Lagen und der Anwendung qualitativ höherwertiger Einbauverfahren. Eine vollflächige Verklebung zwischen den Lagen und mit dem Bauwerk führt außerdem zu einer hohen Sicherheit gegen Umläufigkeit.

Der Untergrund zum Aufbringen einer Bitumenabdichtung sollte an der Oberfläche trocken sein. Ein Voranstrich ist i. Allg. nur an senkrechten und stark geneigten Flächen zur Haftverbesserung erforderlich. Werden Voranstriche auf Lösungsmittelbasis verwendet, muss für ausreichende Belüftung gesorgt sein.

Die Bahnen werden an ihren Nähten (Längs- und Querseiten) um mindestens 80 mm überlappt. Bei nackten Metallbändern muss die Überlappung an der Längsseite mindestens 100 mm und an der Querseite 200 mm betragen, um ein Öffnen (Aufschnabeln) aufgrund der Federwirkung der Metallbänder auszuschließen. Für die Stöße und Anschlüsse aller Bitumenbahnen müssen mindestens 100 mm und für die der Metallbänder mindestens 200 mm Überlappung vorgesehen werden. Die mit der Neuausgabe 2000 der Norm vorgenommene Reduzierung des Überlappungsmaßes auf „mindestens 8 cm" bedeutet bei Unterschreitung dieses Mindestmaßes sofort einen wesentlichen Mangel. In den Vorausgaben der Norm war die Regelung des Überlappungsmaßes mit den Worten „um 10 cm" wesentlich weicher formuliert und gab im Schadensfall häufig Anlass zu juristischen Streitereien. Alle Nähte, Stöße und Anschlüsse sind beim Einbau abschließend fest anzubügeln, sodass ein Öffnen nicht mehr gegeben ist. Im Regelfall dürfen die Überlappungen der Bahnen mehrerer Lagen mit Ausnahme bei Stößen nicht übereinander liegen.

Bei mehrlagigen Abdichtungen wird darum entsprechend der Lagenzahl ein Lagenversatz angeordnet. Eine zweilagige Abdichtung wird im Allgemeinen um eine halbe Bahn, eine dreilagige um ein Drittel der Bahnenbreite versetzt angelegt.

Die Verklebung der Bahnen mit- und untereinander erfolgt mithilfe des Bürstenstreich-, Gieß-, Flämm-, Schweiß- oder Gieß- und Einwalzverfahrens (DIN 18195-3) [12]. Die Bahnenbreite beträgt in der Regel 1,0 m. Beim Gieß- und Einwalzverfahren sollen auf senkrechten oder stark geneigten Flächen nur maximal 0,75 m breite Bahnen verarbeitet werden, sofern nicht ein maschinelles Verarbeitungsverfahren angewandt wird und eine größere Bahnenbreite zulässt.

Ungefüllte Klebemasse wird im Bürstenstreich-, Gieß- oder Flämmverfahren eingebaut. Härtere Bitumensorten gelangen in der wärmeren, weichere dagegen in der kälteren Jahreszeit zur Anwendung. Die höchste Temperatur im Kessel soll 230 °C nicht überschreiten, die niedrigste Temperatur am Einbauort darf die Werte der Tabelle 3 nicht unterschreiten. Die Einbaumenge je Lage muss bei Einschluss der Nahtüberlappungen wie für den Deckaufstrich

Tabelle 3. Verarbeitungstemperaturen für Bitumen (DIN 18195-3 [12])

Verwendete Bitumensorte	B25[1]	85/25[2]	100/25[2]	105/15[2]	Gefüllte Bitumenklebemasse
Verarbeitungs-temperatur in °C	150 bis 160	180	190 bis 200	über 200 bis 210	200 bis 220

[1] Nach DIN 1995-1
[2] Nach den Analysentabellen der Bitumenindustrie

mindestens 1,5 kg/m² betragen, beim Gießverfahren mindestens 1,3 kg/m². Der Klebefilm muss daher mindestens 1,5 bzw. 1,3 mm, der Deckaufstrich mindestens 1,5 mm dick sein.

Gefüllte Klebemasse ist für das Gieß- und Einwalzverfahren vorgeschrieben. Sie sollte nach Möglichkeit fabrikgemischt auf die Baustelle geliefert und in einem Rührwerkskessel aufbereitet werden. Für den Einbau von Metallbändern ohne Deckschicht ist ihre Verwendung zwingend erforderlich und vorgeschrieben. Die Verarbeitung dieser Masse im Gieß- und Einwalzverfahren stellt die intensivste und hohlraumärmste Verklebung der Lagen mit- und untereinander dar. Die Einbaumenge am Bauwerk muss unter Einbeziehung der Nähte mindestens 2,5 kg/m² bei einem spezifischen Gewicht von $\gamma = 1,5$ g/cm³ betragen. Ändert sich das spezifische Gewicht infolge Umstellung von Art oder Anteil des Füllstoffgehalts, so ist die erforderliche Einbaumenge entsprechend umzurechnen.

Metallbänder zur Aktivierung des Wasserdrucks müssen als zweite Lage von der Wasserseite her gesehen eingebaut werden. Die gleiche Anordnung empfiehlt sich für Kunststoff-Dichtungsbahnen. Alle Abdichtungen mit Ausnahme derjenigen aus Bitumen-Schweißbahnen erhalten in der Regel einen Deckaufstrich.

Im Kaltselbstklebe-Verfahren eingebaute Bitumenabdichtungen sind in der Normfassung 2000 erstmals enthalten. Die Bahnen auf Bitumen-, Kunststoff- oder Elastomerbasis sind einseitig mit einer Kaltklebeschicht versehen. Die Anforderungen sind in DIN 18195-2: 2008-11 [12], Tabellen 3 und 4 sowie in DIN EN 13969 und DIN EN 13967 jeweils in Verbindung mit DIN V 20000-202 [22, 31, 32] geregelt. Die selbstklebenden Kunststoff- und Elastomerbahnen sind nicht als waagerechte Abdichtung (Mauersperrbahn MSB) in und unter Wänden zugelassen und dürfen bis auf die EPDM-Bahnen nicht im Bereich drückenden Wassers eingesetzt werden. Sie können ein- oder mehrlagig eingebaut werden. Bei der Kaltverarbeitung wird die Dichtungsbahn unter Abziehen eines Trennpapiers oder einer Trennfolie flächig verklebt und angedrückt. An den Überlappungen muss der Andruck mit einem Hartgummiroller erfolgen. Die Überlappungsbreiten an Längs- und Quernähten sowie bei Stößen und Anschlüssen sind wie bei heißverklebten Bitumenbahnen einzuhalten.

4.2 Kombinierte Kunststoff-, Elastomer- und Bitumenabdichtungen

Neben den Abdichtungsaufbauten ausschließlich aus Bitumenbahnen und Metallbändern gelangen auch kombinierte Abdichtungen aus Kunststoff-, Elastomer- und Bitumen bahnen zur Anwendung. Sie bestehen aus einer Lage Kunststoff- oder Elastomer-Dichtungsbahnen in Kombination mit einer oder zwei Lagen Bitumenbahnen. Ein solcher Aufbau mit zwei Lagen Bitumenbahnen ist nach DIN 18195-6 [12] auch für wasserdruckhaltende Abdichtungen zugelassen. Die Beibehaltung des Mehrlagenprinzips mit vollflächiger Verklebung gewährleistet für dieses System die gleiche Sicherheit wie in Abschnitt 4.1 beschrieben.

Als Kunststoff-Dichtungsbahnen werden solche aus ECB oder PIB oder anderen bitumenverträglichen Kunststoffen auf Basis von PVC-P (schwarz eingefärbt!), EVA, EPDM oder FPO nach DIN EN 13967 in Verbindung mit DIN V 20000 [22, 31] verwendet. Alle Bahnen müssen dauerhaft bitumenverträglich sein. Die Überprüfung dieser für den Bestand der kombinierten Abdichtung grundlegenden Eigenschaft erfolgt nach DIN 16726 [9] bzw. DIN 7864-1 [7]. Die Bahnen werden i. Allg. mit ungefülltem Bitumen im Bürstenstreich-, Gieß- oder Flämmverfahren aufgeklebt. Die Mindestbreite der Nahtüberdeckungen bei den Kunststoff-Dichtungsbahnen beträgt bei werkstoffgerechter und homogener Verschweißung 5 cm. Die Schweißbreite richtet sich nach Tabelle 4. Voraussetzung für eine einwandfreie Nahtverschweißung bei den Kunststoffbahnen ist das Freihalten der Fügeflächen von Bitumen. Das erfordert geeignete Schutzmaßnahmen beim Einbau, z. B. das Abkleben der Schweißzonen mit Kunststoffklebebändern. Eine Prüfung der Schweißnähte auf Dichtigkeit und mechanische Festigkeit kann wegen des mehrlagigen Aufbaus entfallen. Kreuzstöße der Kunststoffbahnen sind zu vermeiden und in T-Stöße aufzulösen. Bei Nahtverklebung mit Bitumen (nicht zulässig bei PVC-P-Dichtungsbahnen) ist eine Überdeckung von mindestens 80 mm einzuhalten (vgl. Abschn. 4.1).

Die Bitumenbahnen übernehmen mit den zugehörigen Klebe- bzw. Deckaufstrichen einerseits Dichtfunktionen. Andererseits dienen sie aber auch als bedingter mechanischer Schutz für die Kunststoff-/Elastomer-Dichtungsbahn, insbesondere im Hinblick auf Perforation bei Nachfolgearbeiten und bei Gleitbeanspruchung. Sie ersetzen allerdings in keinem Fall die in Abschnitt 6.1.6.2 behandelten mineralischen Schutzschichten. Sie werden je nach Wasserbeanspruchung auf der Luft- oder Wasserseite bzw. beidseitig der jeweiligen Kunststoff-/Elastomer-Dichtungsbahn angeordnet. Einzelheiten sind in DIN 18195-5 bzw. 18195-6 jeweils den Ausführungsabschnitten 8 zu entnehmen.

4.3 Kunststoffmodifizierte Bitumendickbeschichtungen (KMB)

Bei kunststoffmodifizierten Bitumendickbeschichtungen (KMB) müssen alle Untergründe fest, tragfähig und frei von trennenden Substanzen (Trennmittel, Staub, Schmutz etc.) wie generell auch bei den bitumenverklebten Bahnenabdichtungen sein. Grundsätzlich ist ein Voranstrich auf den Untergrund aufzubringen.

Der Untergrund muss saugfähig sein. Er darf leicht feucht, aber nicht nass sein. Die Benetzungsprobe dient als Hinweis, wonach auf den Untergrund aufgetragenes Wasser sich innerhalb kurzer Zeit verteilen muss und nicht abperlen darf. Weitere Anforderungen an den Untergrund sind der Richtlinie [55] zu entnehmen.

Innenecken und Wand-/Bodenanschlüsse sind als Hohlkehlen auszubilden. Diese sind mit Mörtel der Gruppe MG II oder MG III in einem Radius von 4 bis 6 cm (Flaschenhohlkehle) auszuführen. Alternativ kann, sofern im Merkblatt des Herstellers zugelassen, die Hohlkehle auch aus dem Abdichtungsmaterial hergestellt werden. Hierbei ist eine maximale Schichtdicke von 2 cm in der Kehle nicht zu überschreiten.

Bei Untergrund aus Mauerwerk sind nicht verschlossene Vertiefungen größer 5 mm wie beispielsweise Mörteltaschen oder Ausbrüche mit geeigneten Mörteln zu schließen. Offene Stoßfugen bis 5 mm und Oberflächenprofilierungen bzw. Unebenheiten von Steinen (zum Beispiel Putzrillen bei Ziegeln oder Schwerbetonsteinen) müssen entweder durch Vermörtelung (Dünn- oder Ausgleichsputz), durch Dichtungsschlämmen oder durch eine Kratzspachtelung mit der Bitumendickbeschichtung egalisiert werden. Die Spachtelung muss vor dem nächsten Auftrag getrocknet sein. Gegebenenfalls ist vor dem Auftragen ein geeigneter Voranstrich – in Abhängigkeit vom gewähltem System – aufzutragen.

Bitumendickbeschichtungen sind witterungsabhängig zu verarbeiten. Die Luft- und Untergrundtemperatur muss bei der Verarbeitung der Abdichtungsstoffe mindestens +5 °C betragen. Regeneinwirkung ist bis zum Erreichen der Regenfestigkeit unzulässig. Wasserbelastung und Frosteinwirkung sind bis zur Durchtrocknung der Beschichtung auszuschließen.

Die einzuhaltende Mindesttrockenschichtdicke beträgt bei nichtdrückendem Wasser 3 mm und bei zeitweise aufstauendem Sickerwasser oder bei drückendem Wasser 4 mm.

Die Verarbeitung hat je nach Konsistenz im Spachtel- oder im Spritzverfahren zu erfolgen. Kunststoffmodifizierte Bitumendickbeschichtungen sind in mindestens zwei Arbeitsgängen lastfallbedingt mit oder ohne Verstärkungseinlage auszuführen. Der Auftrag muss fehlstellenfrei, gleichmäßig und je nach Lastfall entsprechend dick erfolgen. Handwerklich bedingt sind Schwankungen der Schichtdicke beim Auftragen des Materials nicht auszuschließen. Die vorgeschriebene Mindesttrockenschichtdicke darf aber an keiner Stelle unterschritten werden. Dazu ist die erforderliche Nassschichtdicke vom Hersteller anzugeben. Diese darf an keiner Stelle um mehr als 100% überschritten werden (z. B. in Kehlen).

Im Bereich Boden-/Wandanschluss mit vorstehender Bodenplatte ist die kunststoffmodifizierte Bitumendickbeschichtung aus dem Wandbereich über die Bodenplatte bis etwa 100 mm auf die Stirnfläche der Bodenplatte herunterzuführen.

Bei Arbeitsunterbrechungen muss die kunststoffmodifizierte Bitumendickbeschichtung auf null ausgestrichen werden. Bei Wiederaufnahme der Arbeiten wird überlappend weitergearbeitet. Arbeitsunterbrechungen dürfen nicht an Gebäudeecken, Kehlen oder Kanten erfolgen.

4.4 Kunststoff- bzw. Elastomer-Bahnenabdichtungen, lose verlegt

Kennzeichnend für eine Kunststoff-Bahnenabdichtung aus den Thermoplasten PVC-P, EVA, EC, EPDM oder FPO nach DIN 18195-2, Tabelle 4 bzw. DIN EN 13967 in Verbindung mit DIN V 20000 [22, 31] bzw. aus Elastomer gemäß DIN 7864 [7] ist der werkstoffbezogene Einbau zusammen mit einer homogenen Fügung der Kunststoff-Dichtungsbahnen ohne Zuhilfenahme von Bitumen. Sie erfordert je nach Materialzusammensetzung und Verarbeitung am Bauwerk eine sorgfältig abgestimmte Planung aller rohbau- und abdichtungstechnischen Einzelheiten.

Die Kunststoff-Dichtungsbahnen werden lose und einlagig verlegt, d. h. mit der abzudichtenden Bauwerksfläche nicht vollflächig verklebt. Darin besteht der grundlegende Unterschied zu den vorstehend erläuterten mehrlagigen und verklebten Abdichtungssystemen. Die einlagige Ausführung bietet nicht von vornherein eine Sicherheit gegen Perforation und fehlerhafte Nahtfügung. Dieser Nachteil gegenüber mehrlagigen Abdichtungen muss durch zusätzliche Maßnahmen ausgeglichen werden. In Sonderfällen, z. B. bei hohen Wasserdrücken und/oder besonders hochwertiger Nutzung verbunden mit entsprechendem Sicherheitsbedürfnis gelangen doppellagige Abdichtungssysteme auf Basis von Kunststoff-Dichtungsbahnen zum Einsatz. Im Tunnelbau sehen die künftigen ZTV-ING, Teil 5, Abschnitt 5 [42] sowie die Ril 853 der DB AG [52] ein solches doppellagiges Abdichtungssystem mit der Möglichkeit der Dichtigkeitsprüfung durch Vakuum bei Wasserdrücken über 3 bar vor. Anwendungstechnische Einzelheiten sind in [58,100,101] beschrieben.

Größere Bahnendicken können je nach Werkstoff u. U. eine zu große Steifigkeit bewirken und damit zu Schwierigkeiten beim Anpassen der Abdichtung an die Bauwerksflächen und hinsichtlich der Fügetechnik führen.

Tabelle 4. Stoffabhängige Schweißbreiten (DIN 18195-3 [12])

0	Verfahren	Werkstoff[1]	Einfache Naht mm mind.	Doppelnaht, je Einzelnaht mm mind.
1	Quellschweißen	EVA	30	–
		PIB	30	–
		PVC-P	30	–
		Elastomer	30	–
2	Warmgasschweißen	ECB	30	20
		EVA	20	15
		PVC-P	20	15
		Elastomer	30	15
3	Heizelementschweißen	ECB	30	15
		EVA	20	15
		PVC-P	30	15
		Elastomer	30	15
4	Werkseitige Beschichtung in Fügenaht[2]	Elastomer	80[2]	–

[1] Kurzzeichen nach DIN 7728-1
[2] Nach Werksvorschrift

Das Fügen der Nähte geschieht i. Allg. bei thermoplastischen Bahnen mit Dicken ab etwa 1,5 mm mittels Heißluft- oder Heizelementschweißung bei etwa 5 cm breiten Überdeckungen. Bei PVC-P-Bahnen wird außerdem bis zu etwa 2 mm Dicke vielfach die Quellschweißung angewendet. Die Wiederschweißbarkeit quellgeschweißter Nähte im Falle einer Reparatur ist umstritten und abhängig von der witterungsbedingten Diffusion des Quellschweißmittels. An den Quernähten der Bahnen empfiehlt sich stoffunabhängig eine größere Überdeckung. Kreuzstöße sollten grundsätzlich in T-Stöße aufgelöst werden. Bei T-Stößen muss die Kapillare, die sich bei Bahnen bis zu 2 mm Dicke mit normalerweise nicht besonders vorbereiteten Schweißnahtkanten zwischen der zuerst und der zuletzt eingebauten Bahn einstellt, sorgfältig mit der heißen Schweißdüse verspachtelt oder bei PVC-P und EVA mit angelöstem Grundmaterial nachträglich injiziert werden. Dickere Bahnen erfordern im Überdeckungsbereich ein vorheriges Anschrägen der mittig liegenden Bahn an ihrer Kante. Die Schweißbreiten regeln sich stoffabhängig nach Tabelle 4.

Elastomerbahnen auf EPDM-Basis werden durch Quell-, Warmgas- oder Heizelementschweißung in den Nähten gefügt bzw. entsprechend Werksvorschrift verklebt (Tabelle 4).

Generell sollte bei lose verlegten Abdichtungen die Zahl der Baustellennähte gering gehalten werden. Nach Möglichkeit ist die Fertigung größerer Planen aus mehreren Bahnen in der Fabrik oder Werkstatt anzustreben. Die dabei ausgeführten Nähte schließen im Gegensatz zu Baustellennähten Fehler infolge Nässe, Staub oder Spannungsschwankungen bei der Stromversorgung der Schweißgeräte in der Fügezone weitgehend aus.

Von entscheidender Bedeutung im Hinblick auf die erwähnte notwendige Erhöhung der Sicherheit sind besondere Maßnahmen bei den Baustellennähten. So ist ihre lückenlose Prüfung gemäß DIN 18195-3 [12] als zwingend anzusehen. Einzelheiten hierzu enthält Abschnitt 7. Darüber hinaus ist eine Nachbehandlung der Schweißnähte erforderlich, um

2.11 Abdichtungen und Fugen im Tiefbau

so durch unabhängig voneinander ausgeführte Arbeitsgänge wenigstens in diesem kritischen Bereich eine größere Sicherheit zu erzielen. Die Nahtsicherung kann bei PVC-P und EVA beispielsweise in Form einer zusätzlich an der Nahtkante aufgespritzten Raupe aus angelöstem Grundmaterial möglichst mit geänderter Farbeinstellung erfolgen. ECB- und PE-Bahnen ermöglichen zur Nahtsicherung entweder ein nachträgliches Abspachteln der Nahtkanten mit der Heißluftdüse oder das Abdecken der Nahtkante durch eine zusätzlich mittels Handextruder aufgebrachte Schweißraupe.

Die Forderung einer Nahtprüfung kann bei komplizierten Bauwerksformen mit häufig abgewinkelten Flächen die Einsatzmöglichkeiten lose verlegter Kunststoff-Bahnenabdichtungen einschränken.

Bei der einlagigen Verarbeitung ist während der Bauausführung vor allem auf unmittelbar begangenen oder befahrenen Flächen die Perforationsgefahr der Abdichtungshaut zu beachten. Zum Schutz gegen diese Beanspruchung sind geeignete Schutzmaßnahmen wie die Anordnung von geotextilen Schutzlagen oder Schutzbeton vorzusehen. Sie sollten möglichst durch örtliches Ausweichen (ausreichend schwere Schutzvliese mit mindestens 500 g/m² Flächengewicht) oder sattes Umschließen (Schutzbeton) Punktbelastungen beispielsweise infolge einzelner Grobsand- und/oder Kieskörner für die Dichtungsbahn ausschließen. Außerdem ist darauf zu achten, dass Risse oder kleine Fehlstellen (Nester) in den angrenzenden Betonflächen bei Beanspruchung durch drückendes Wasser ohne Beschädigung der Dichtungsbahnen dauerhaft überbrückt werden. Auf das gründliche Reinigen der in sich ebenen und nesterfreien Abdichtungsflächen darf auch bei Anordnung von Schutzbahnen nicht verzichtet werden.

Lose verlegte Kunststoff-Bahnenabdichtungen erfordern keinen trockenen Untergrund. Ihre dauerhafte Funktion setzt keine Einpressung voraus. Es muss aber sichergestellt sein, dass eine Faltenbildung auch nachträglich nicht auftreten kann. Die erwähnten geotextilen Schutzlagen aus Kunststoffvliesen oder dünnerem Dichtungsbahnen-Material, bei PVC aus härter eingestelltem Grundmaterial, übernehmen keinerlei Dichtwirkung. Sie ersetzen keineswegs die festen Schutzschichten auf mineralischer Basis (s. Abschn. 6.1.6.2). Die in Sohle oder Decke unter der Dichtungsbahn liegenden Schutzbahnen oder -tafeln können unverschweißt überlappt werden. Die oberen Schutzbahnen müssen dagegen überlappend und durchgehend gefügt verlegt werden. Nur dadurch werden das Eindringen von Beton bzw. Zementschlämme zwischen Dichtungsbahn und Schutzbahn und die damit verbundene Perforations- und Kerbgefahr zuverlässig vermieden. Außerdem ist ein Abheben der Schutzbahnen durch Windböen auf diese Weise ausgeschlossen.

Die fehlende vollflächige Verklebung bringt bei Undichtigkeit den nicht unerheblichen Nachteil der Umläufigkeit mit sich. Hier kann zu einem gewissen Grade Abhilfe durch Anordnung eines in sich geschlossenen Abschottungssystems auf der Luftseite geschaffen werden (Bild 1).

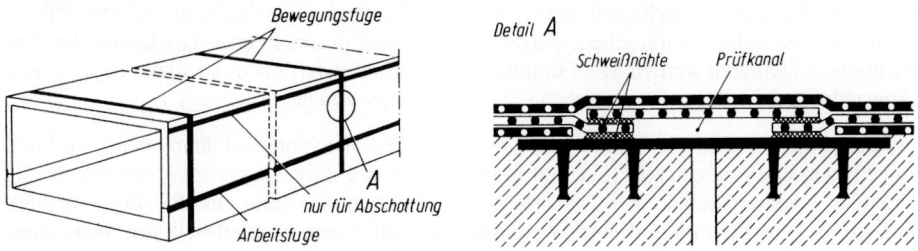

Bild 1. Beispiel für die Abschottung eines Tunnelbauwerkes in offener Bauweise [51]

DIN 18195 [12] erachtet die lose Verlegung von Kunststoff- und Elastomer-Dichtungsbahnen für Abdichtungen gegen Bodenfeuchte, nichtdrückendes Wasser (Sickerwasser) und gegen von innen drückendes Wasser z. B. im Schwimmbad- und Behälterbau bezogen auf die Einbau- bzw. Füllhöhe (Eintauchtiefe) ab Ausgabe 2000 ohne jede Einschränkung, gegen von außen drückendes Wasser jedoch mit einer begrenzten Eintauchtiefe bis 4 m (DIN 18195-6, Abschn. 8.7.1) als genügend ausgereift. Dabei werden gegen von außen drückendes Wasser mit Stand 2009 Bahnen ausschließlich auf der Basis von PVC-P, nicht bitumenverträglich (möglichst hell, niemals schwarz eingefärbt) nach DIN EN 13967 [31] in Verbindung mit DIN V 20000 [22] zugelassen. PIB-Bahnen sind aufgrund ihres mechanischen Verhaltens für eine lose Verlegung an senkrechten Flächen nicht geeignet. Für PVC-P Bahnen, bitumenverträglich (schwarz eingefärbt!) nach DIN EN 13967 [31] in Verbindung mit DIN V 20000 [22] besteht je nach stofflicher Zusammensetzung bei der losen Verlegeart die Gefahr einer Verseifung der in der Regel polymeren Weichmacher. Derartige Weichmacher können bei fließendem Wasser ausgewaschen werden, was die Bahneneigenschaften im Langzeitverhalten nachteilig verändert.

4.5 Weitere Formen der Flächenabdichtung im Schwimmbad- und Behälterbau

Der Mitte 2008 veröffentlichte Entwurf von Teil 7 der DIN 18195 [12] enthält einige weitere Formen der Flächenabdichtung speziell für den Schwimmbad- und Behälterbau. Hierauf wurde in Abschnitt 3 bereits kurz eingegangen. Im Einzelnen handelt es sich um nicht rissüberbrückende (sog. starre) und rissüberbrückende (sog. flexible) mineralische Dichtungsschlämmen (MDS). Sie können aus ein- oder zweikomponentigen Massen auf Basis von Zement, ausgewählten Gesteinskörnungen und besonderen Kunststoffzusätzen bestehen. Sie müssen die für die Planung wesentlichen Anforderungen nach Tabelle 7 der DIN 18195-2:2008-11 [12] erfüllen. Die Abdichtung ist in mindestens zwei Arbeitsgängen aufzubringen, die eine zusammenhängende auf dem Untergrund haftende Schicht ergeben. Der Auftrag einer nachfolgenden Schicht darf erst begonnen werden, wenn die zuvor aufgetragene Schicht so fest ist, dass sie durch den neuerlichen Auftrag nicht beschädigt wird. Bei Trenn- und Arbeitsfugen sowie Anschlüssen, Durchdringungen und Kehlen müssen die Abdichtungen mit mineralischen Dichtungsschlämmen durch geeignete Dichtungsbänder, Verstärkungseinlagen oder Dichtmanschetten ergänzt werden. Die Ränder der Dichtungsbänder und Dichtmanschetten sollten in der Regel mindestens 30 mm weit in die Flächenabdichtung eingebunden werden. Abdichtungen über Bewegungsfugen sind nach DIN 18195-8 auszuführen. Starre Dichtungsschlämmen sind nur für Untergründe geeignet, bei denen nach Aufbringen der Abdichtung von Anfang an vorhandene kleinere Risse keine weiteren Rissöffnungen erfahren. Flexible Dichtungsschlämmen müssen Arbeitsfugen und Risse im Untergrund z. B. infolge Schwinden schadlos überbrücken können. Solche Arbeitsfugen und Risse dürfen sich nach Aufbringen der Abdichtung nicht mehr als 0,2 mm öffnen. Sind Schutzschichten vorgesehen, dürfen sie erst nach ausreichender Trocknung der Abdichtung aufgebracht werden. Die Füllhöhe (Eintauchtiefe) darf maximal 10 m betragen. Zur Anwendungstechnik wird auch auf [53, 54, 79, 96] verwiesen.

Abdichtungen mit rissüberbrückenden (sog. flexiblen) Dichtungsschlämmen im Verbund mit Fliesen und Platten (AIV) werden in gleicher Weise eingebaut wie vorstehend für die flexiblen Dichtungsschlämmen beschrieben. Sie müssen wie diese eine Rissüberbrückung von mindestens 0,4 mm und eine Wasserdichtheit für einen Wasserdruck von mindestens 0,3 MPa aufweisen. Darüber hinaus müssen sie die Anforderungen nach Tabelle 8 der DIN 18195-2:2008-11 [12] erfüllen. Anstelle der flexiblen Dichtungsschlämmen können

2.11 Abdichtungen und Fugen im Tiefbau

für eine Abdichtung mit flüssig zu verarbeitenden Abdichtungsstoffen im Verbund mit Fliesen und Platten (AIV) auch Reaktionsharze verwendet werden. Bei den Reaktionsharzen handelt es sich um ein- oder mehrkomponentige synthetische Harze mit organischen Zusätzen, mit oder ohne mineralischen Füllstoffen. Die Aushärtung der Reaktionsharze erfolgt durch chemische Reaktion. In beiden Fällen sind Trenn- und Arbeitsfugen, Anschlüsse, Durchdringungen und Kehlen sowie Bewegungsfugen wie bei den Abdichtungen mit starren bzw. flexiblen mineralischen Dichtungsschlämmen auszubilden. Die maximale Füllhöhe (Eintauchtiefe) ist auch hier mit 10 m festgelegt. Die Fliesen und Platten können aufgebracht werden, sobald die Abdichtung ausreichend fest ist und nicht mehr durch die Verlegearbeiten beschädigt wird. Das Aufbringen der Beläge und Bekleidungen erfolgt im Verbund im Dünnbettverfahren mit geeigneten hydraulischen Dünnbettmörteln oder mit Reaktionsharzmörteln bei weitgehend vollflächiger Bettung im kombinierten Verfahren „buffering und floating".

Schließlich wird in E DIN 18195-7:2008-06 [12] noch ein Abdichtungsaufbau mit Flüssigkunststoffen (FLK) beschrieben. Er besteht aus ein- oder mehrkomponentigen synthetischen Reaktionsharzen auf Basis von PMMA, PUR oder UP mit organischen Zusätzen sowie mit oder ohne mineralischen Füllstoffen. Die Aushärtung erfolgt durch chemische Reaktion. Solche Abdichtungen müssen die für die Planung wesentlichen Anforderungen nach Tabelle 9 der DIN 18195-2:2008-11 [12] erfüllen. Sie müssen ferner eine Rissüberbrückung von mindestens 2,0 mm und eine Wasserdichtheit für einen Wasserdruck von mindestens 0,4 MPa aufweisen. Die Abdichtung ist in mehreren Aufträgen „frisch in frisch" unter Einbettung einer oder mehrerer Verstärkungseinlagen aufzubringen. Sie muss Arbeitsfugen und Risse im Untergrund z. B. infolge Schwinden schadlos überbrücken können. Es ist sicherzustellen, das Arbeitsfugen und Risse nach Aufbringen der Abdichtung sich nicht mehr als 1 mm weit öffnen. Bei porösem Untergrund muss dessen Feuchtegehalt so gering sein, dass die systemzugehörige Grundierung in die oberflächennahe Zone eindringen kann. Der zulässige maximale Feuchtegehalt des Untergrundes ist vom eingesetzten System abhängig. Bei einem Untergrund mit einer Rautiefe ≥ 2 mm kann eine produktabgestimmte Vorbehandlung erforderlich werden. Der muss in seiner Oberfläche ausreichend fest sein. Dabei muss die Abreißfestigkeit einer vorbehandelten Oberfläche mindestens 1,0 N/mm^2 betragen. Der Einbau des Materials erfolgt durch Rollen, Streichen oder Spritzen. Der Auftrag muss fehlstellenfrei, frei von Lunkern und Lufteinschlüssen, gleichmäßig und ausreichend dick bei einer Mindesttrockenschichtdicke von 2,0 mm erfolgen. Trenn- und Arbeitsfugen, Anschlüsse, Durchdringungen und Kehlen sowie Bewegungsfugen sind wiederum wie bei den Abdichtungen mit starren bzw. flexiblen mineralischen Dichtungsschlämmen auszubilden. Die maximale Füllhöhe (Eintauchtiefe) ist mit 10 m begrenzt.

4.6 Stahlblechabdichtungen

Bei der konstruktiven Planung eines Abdichtungssystems mit Stahl ist es wichtig, die mechanischen Eigenschaften dieses Werkstoffs zu berücksichtigen. Da die Stahlbleche relativ starr und steif sind, müssen Bewegungen des Bauwerks durch geeignete Fugenaufteilung des Stahlmantels berücksichtigt werden.

Praktische Erfahrungen mit Stahlblechabdichtungen liegen sowohl im Schachtbau als auch im Verkehrstunnelbau [75] vor. Die Stahlhaut wird aus einzelnen Blechen zusammengeschweißt und für die Verbindung mit der zu schützenden Betonkonstruktion mit zahlreichen Dübeln versehen. Sie übernimmt als Außenabdichtung in der Regel zusätzlich die Aufgabe der Betonschalung und eines mechanischen Schutzes z. B. während des Absenkvorgangs bei Unterwassertunneln (Rendsburger Tunnel, Neuer Elbtunnel in Hamburg) oder beim Vorpressen von Tunnelsegmenten (City-S-Bahn Hamburg, Baulos „Verbindungsbahn", Tunnel unter dem Westbahnhof in Aachen). In diesem Fall ist der Stahlmantel 5 bis 6 mm dick. Im Regelfall entfällt dabei die mineralische Schutzschicht. Bei Innenabdichtungen mit zusätzlichem inneren Ortbetonring- bzw. -rahmen zur Aufnahme eines eventuellen Wasserdrucks verringert sich die Blechdicke auf ca. 3 bis 4 mm. Voraussetzung dabei ist ein allseitig hinreichender Korrosionsschutz der Stahlbleche. Das erfordert meist Injektionsmaßnahmen, da Schwindfugen zwischen Stahlhaut und Betoninnenschale nicht auszuschließen sind. Eine solche Anwendung einer Stahlblechabdichtung ist z. B. aus dem U-Bahnbau in Budapest bekannt.

Verglichen mit den Bitumen- und Kunststoff-Bahnenabdichtungen spielen Stahlblechabdichtungen nur eine geringe Rolle und bleiben auf wenige spezielle Anwendungsfälle beschränkt.

4.7 Konstruktionen aus wasserundurchlässigem Beton (WUB-KO)

Der wasserundurchlässige Beton (WUB) wird häufig auch als „Weiße Wanne" bezeichnet. Er stellt eine anerkannte Möglichkeit dar, Bauwerke im Gründungsbereich gegen Durchfeuchtungen und Wassereintritt sowohl bei nichtdrückendem als auch bei von innen oder von außen drückendem Wasser zu schützen. In diesem Zusammenhang müssen Planer und Bauherren aber wissen, dass Bauwerksteile aus Beton sehr wohl wasserundurchlässig hergestellt werden können, aber eine Wasserdampfdiffusion bei dieser Bauweise nicht ausgeschlossen ist [103, 104]. Aus diesem Grund wird der wasserundurchlässige Beton z. B. von der Deutschen Bahn AG für wasserbelastete Außenflächen bei Räumlichkeiten ausgeschlossen, die dem dauernden Personenaufenthalt dienen [51, 85]. Auf diesen u. U. wesentlichen Nachteil sollte der Bauherr für den Gründungsbereich von Wohngebäuden, bei denen die Möglichkeit einer höherwertigen Nutzung auf Dauer nicht ausgeschlossen werden kann, vom Planer unbedingt hingewiesen werden. Wird aus konstruktiven Gründen der WUB aber erforderlich, kann der Nachteil der eventuellen Wasserdampfdiffusion unter Umständen durch eine nachträglich angeordnete Abdichtung aus Bitumenbahnen wenigstens im Wandbereich weitgehend ausgeschlossen werden. Eine solche Maßnahme erfordert jedoch das nochmalige Freilegen der Außenwandflächen. In der Sohle ist eine derartige Lösung im Nachhinein nicht mehr realisierbar.

Auch für die „Weiße Wanne" gelten die Planungsgrundlagen nach DIN 18195 [12], soweit es die Wasserbeanspruchungsarten betrifft. Baulich muss die Oberkante der „Weißen Wanne" bis mindestens 30 cm über Gelände bzw. über den höchsten zu erwartenden Wasserstand (HGW) geführt werden. Alle Fugen, An- und Abschlüsse sowie Durchdringungen sind insbesondere im Bereich möglicher Stauwasserbildung und des Grundwassers unbedingt wasserundurchlässig auszuführen.

Grundsätzlich müssen zur Herstellung eines wasserundurchlässigen Betons bestimmte planerische und stoffliche Voraussetzungen erfüllt werden. Hierüber wird ausführlich in der einschlägigen Fachliteratur [77, 86, 105, 106, 109, 112, 121–124, u. a.] referiert. In speziellen Merkblättern des Bundesverbandes der Deutschen Zementindustrie [61, 62] oder des Deutschen Beton- und Bautechnik-Vereins [63] werden die einzelnen Schwerpunkte, wie z. B. wasserundurchlässiger Beton, Arbeitsfugen oder Betondeckung, gesondert abgehandelt. Für die in Arbeits- und Dehnfugen eingesetzten Fugenbänder sind stoffliche Einzelheiten in DIN 7865 [8] bzw. DIN 18541 [20], anwendungstechnische Kriterien in DIN V 18197 [13] geregelt (vgl. auch [98]). Diese Unterlagen bilden wesentliche Grundlagen für die Planung und Ausführung von Bauteilen aus wasserundurchlässigem Beton. Die dort aufgeführten Anforderungen sind aber generell auch mit zusätzlichen Kosten verbunden, die oftmals unterschätzt oder sogar gänzlich übersehen werden. Neben den für „Normalbeton" bekann-

2.11 Abdichtungen und Fugen im Tiefbau 675

ten Aufwendungen sind ergänzende, betontechnologische Maßnahmen zu beachten, in vielen Fällen größere Betonteildicken zu wählen, detaillierte Fugenplanungen und -ausbildungen vorzunehmen, längere Ausschalfristen und Nachbehandlungszeiten einzuräumen sowie die Planung von Sollbruchstellen vorzunehmen. Darüber hinaus entstehen i. Allg. wesentliche Mehraufwendungen an Stahl infolge der notwendigen Rissbreitenbegrenzungen (DIN 1045 [1]). Darum ist die vielfach anzutreffende Meinung, man könne das Bauwerk aus wasserundurchlässigem Beton etwa zu den gleichen Kosten wie für den normalerweise im Rohbau verarbeiteten Beton erstellen und die Baukosten für die sonst erforderliche Abdichtung einfach sparen, falsch. Der Bauherr muss vielmehr wissen:

Im Allgemeinen liegt der Mehraufwand für Konstruktionen aus WUB gegenüber „Normalbeton" etwa in der gleichen Größenordnung wie die Kosten für eine Hautabdichtung. Je nach Schwierigkeitsgrad machen die Kosten für die Abdichtungsmaßnahmen unabhängig vom gewählten Abdichtungsprinzip (WUB oder Hautabdichtung) etwa 3 bis 5 % der Rohbaukosten aus.

4.8 Sonderformen

Von untergeordneter Bedeutung sind auf dem Gebiet der Bauwerksabdichtung duroplastische Beschichtungen auf Polyester- oder Epoxidharzbasis. Sie erfordern aufgrund ihrer Materialeigenschaften flexibel ausgebildete Fugen in verhältnismäßig kurzem Abstand [70, 75].

Von den bisher behandelten grundsätzlich flächenhaft wirkenden Abdichtungssystemen abweichend ist die Abdichtung von Tübbingschalen schildvorgetriebener Tunnel. Hier werden seit mehr als 35 Jahren besonders profilierte Elastomerbänder auf der Basis von Chloropren-Kautschuk (CR) bzw. Styrol-Butadien-Kautschuk (SBR) als alleinige Abdichtung der Tübbingfugen eingesetzt [75, 116–120]. Positive Langzeit-Erfahrungen liegen von den Erstanwendungen sowohl beim Gusseisenausbau (u. a. Neuer Elbtunnel und City-S-Bahn, Baulos Davidstraße, in Hamburg sowie U-Bahn-Bauabschnitt Aufseßplatz-Lorenzkirche in Nürnberg) vor als auch bei einschaligem Stahlbetontübbingausbau (u. a. Isarunterfahrung der U-Bahn München, Sammler Wilhelmsburg in Hamburg). Als jüngste Anwendungsbeispiele bei Wasserdrücken um 5 bis 6 bar sind die 4. Röhre Elbtunnel in Hamburg mit einer zweilagigen Elastomer-Profildichtung, der Wesertunnel bei Bremen und der Westerschelde-Tunnel in Holland mit einlagiger Profilabdichtung zu nennen. Die zweilagige Profilabdichtung setzt ausreichende Tübbingdicken voraus und erfordert eine abschnittsweise auf den Bemessungswasserdruck abgestimmte stegartige Verbindung zwischen den beiden elastomeren Dichtungsrahmen.

Im Bereich von Bodenfeuchte hat sich seit etwa Anfang der 1980er-Jahre der Einsatz von genoppten, schindelartig überlappend verlegten PE-Bahnen als Schutz- und Dränmaßnahme bewährt [96]. In Verbindung mit einer Dränung nach DIN 4095 [6] oder einer ausreichenden Durchlässigkeit des anstehenden Bodens kann der Einsatz solcher genoppten PE-Bahnen auch bei mäßiger Beanspruchung im Bereich nicht drückenden Wassers erfolgen.

Im Industriebau wurden vereinzelt als Schutz gegen drückendes Wasser mit Bentonit (spezielles, hochquellfähiges Tonmineral) gefüllte Wellpappen mit allseitig mindestens 4 cm breiter Überlappung verlegt. Hierbei sind besondere Merkmale bei Planung, Konstruktion und Ausführung zu beachten [95, 96].

Eine weitere spezielle Bauart ergibt sich für die Abdichtung unter befahrenen Flächen, z. B. von Brücken und Parkdecks mit Flüssigkunststoffen auf Polyurethanbasis (PUR). Seit 1987 sind Einzelheiten dieser Bauart nach den ZTV-ING, Teil 7, Abschnitt 3 (vormals ZTV-

BEL-B 3/95) [43, 96] geregelt. Die Dichtungsschicht wird vollflächig im Verbund mit der Betonunterlage im Zusammenhang mit Gussasphalt-Schutz- und -Deckschichten aufgebracht. In anderen Bereichen z. B. im Tunnelbau sind auch modifizierte dehnfähige Epoxidharzbeschichtungen aufgespritzt worden.

Im Sanierungs- und Instandsetzungsfall gelangen seit einigen Jahren zunehmend Verpressungen des betroffenen Bauteils auf der Basis von Reaktionsharzen bzw. Reaktionsgelen zum Einsatz. In Sonderfällen greift man auch zur Vergelung des umgebenden Bodens. Hierzu liegt bisher jedoch keine Normung vor. Regulative Hinweise enthalten Ril 835.9101, Ausgabe 1.9.1999 [51], ZTV-ING, Teil 3, Abschnitte 4 und 5 [41].

5 Bemessung

5.1 Abdichtungen nach DIN 18195

5.1.1 Grundlagen

Für die Planung und Bemessung einer Abdichtung muss grundsätzlich zuerst die Frage nach der Art der Beanspruchung durch Wasser geklärt werden. Wenn die Voruntersuchung einen hydrostatischen Druck auf die Abdichtung erwarten lässt (Grundwasser, Stau- und Hangwasser, Behälterfüllung), beeinflusst die Eintauchtiefe maßgeblich den Aufbau der Abdichtung. Sie ergibt sich aus dem Bemessungswasserstand. Dieser bezieht sich bei stark durchlässigen Böden ($k \geq 10^{-4}$ m/s) auf den nach Möglichkeit langjährig ermittelten höchsten Wasserstand. Bei wenig durchlässigen Böden ($k < 10^{-4}$ m/s) und nicht vorhandener Dränung muss von der Geländeoberfläche als dem höchst möglichen Wasserstand ausgegangen werden (vgl. Tabelle 2, Zeilen 3 und 4). Bei natürlichen Gewässern ist der höchste zu erwartende Hochwasserstand maßgeblich, bei von innen drückendem Wasser der höchste, planmäßige Füllstand. Aus Sicherheitsgründen ist die wasserdruckhaltende Abdichtung stets bis mindestens 30 cm über den maßgebenden Wasserstand hochzuziehen.

Es ergeben sich aus der Art der Beanspruchung durch Wasser für die Bemessung zwei Fälle:

1. Abdichtung gegen drückendes Wasser mit einer Eintauchtiefe > 0 nach VOB-Teil C, DIN 18336 [18] und DIN 18195-6 und -7 [12].
2. Abdichtung gegen nichtdrückendes Wasser mit einer Eintauchtiefe ≤ 0 nach VOB-Teil C, DIN 18336 [18] und DIN 18195-4 und -5 [12] sowie ZTV-ING, Teil 7, Abschnitte 1 bis 3 [43].

In beiden Fällen müssen zusätzlich die im Bau- oder Endzustand auftretenden mechanischen, thermischen und chemischen Einwirkungen auf die Abdichtung beachtet werden. Nur die Bewertung aller Einflüsse führt zu einer fachgerechten Bemessung, bei der die Stoffe, gegebenenfalls die Anzahl der Lagen und das Einbauverfahren aufeinander sowie auf die örtlichen Verhältnisse in richtiger Weise abgestimmt sind. Die Detailbearbeitung erfolgt auf der Grundlage der Normen und Richtlinien (z. B. [12, 43, 51, 52]). Damit ergibt sich für die Planung einer Abdichtung das in Tabelle 5 dargestellte Ablaufschema.

Allgemein sollten bei der Planung einer Abdichtung folgende Punkte beachtet werden:

1. Eine Abdichtung soll möglichst beidseitig hohlraumfrei von festen Bauteilen bzw. dem Verfüllboden umgeben sein.
2. Abdichtungen aus nackten Bitumenbahnen benötigen grundsätzlich eine Mindesteinpressung von 0,01 MN/m². Falls bei Abdichtungen auf senkrechten Flächen bei einer Tiefe bis

2.11 Abdichtungen und Fugen im Tiefbau

Tabelle 5. Ablaufschema für Planung, Bemessung, Ausschreibung und Ausführung einer Abdichtung nach DIN 18195 [12]

BEMESSUNG

Ermittlung von Wasserbeanspruchung und Eintauchtiefe

Klärung der mechanischen, thermischen und chemischen Beanspruchung

VOB Teil C DIN 18336 Nichtdrückendes Wasser Eintauchtiefe ≤ 0		VOB Teil C DIN 18336 Drückendes Wasser Eintauchtiefe > 0	
DIN 18195, Teil 4	**DIN 18195, Teil 5**	**DIN 18195, Teil 6**	**DIN 18195, Teil 7**
Abdichtungen gegen Bodenfeuchte (Kapillar- und Haftwasser) und nichtstauendes Sickerwasser an erdberührten Bodenplatten und Außenwänden; stark durchlässiger Boden mit Durchlässigkeitsbeiwert $k \geq 10^{-4}$ m/s; wenig durchlässiger Boden mit $k < 10^{-4}$ m/s nur zusammen mit Dränung nach DIN 4095	Abdichtungen gegen nichtdrückendes Wasser auf Deckenflächen, in Nassräumen und auf vergleichbaren Flächen (Niederschlags-, Sicker- und Brauchwasser, Anstauebewässerung), mäßige oder hohe Beanspruchung	Abdichtungen gegen von außen drückendes Wasser (Hang-, Stau- und Grundwasser, Hochwasser) an erdberührten Bodenplatten, Wänden und Decken unterhalb des Bemessungswasserstandes; auch gegen zeitweise aufstauendes Sickerwasser bei wenig durchlässigem Boden mit Durchlässigkeitsbeiwert $k < 10^{-4}$ m/s bei Gründungstiefen bis 3,0 m unter GOK, aber mind. 0,3 m über Bemessungswasserstand	Abdichtungen gegen von innen drückendes Wasser; erforderlichenfalls erdberührte Flächen zusätzlich von außen nach Teil 4, Teil 5 oder Teil 6 abdichten

Festlegung von Abdichtungsstoff, Lagenzahl und Einbauverfahren

DETAILPLANUNG

DIN 18195, Teil 8	**DIN 18195, Teil 9**	**DIN 18195, Teil 10**
Abdichtungen über Bewegungsfugen	Durchdringungen, Übergänge, An- und Abschlüsse	Schutzschichten und Schutzmaßnahmen

etwa 1,5 m unter Geländeoberfläche dieser Flächendruck nicht erreichbar ist, muss zumindest eine vollflächige Einbettung sichergestellt sein. Der hydrostatische Druck des ggf. anstehenden Wassers darf hierbei nicht in Rechnung gestellt werden. Es empfiehlt sich daher, in diesem Bereich als letzte, wasserseitige Lage eine Bitumendichtungsbahn anzuordnen.
3. Eine Abdichtung ist praktisch als reibungslos anzusehen. Für die statische Berechnung sind Kräfte nur senkrecht zur Abdichtungsebene übertragbar.
4. Die auf eine Abdichtung wirkende Pressung soll möglichst keine sprunghaften Veränderungen erfahren, wenn ein Ausweichen der Stoffe konstruktiv nicht verhindert werden kann.
5. Die Lage einer Abdichtung am oder im Bauwerk beeinflusst deren Funktionsweise und die Gestaltung von Detailpunkten:
- Die Außenabdichtung stellt bei der offenen Bauweise die Normalausführung dar. Sie wird nach der Berliner oder Hamburger Bauweise bzw. nach Errichtung des abzudichtenden Bauteils erstellt. Im Regelfall liegt für den Endzustand eine Einpressung, zumindest aber eine Einbettung auch bei starren Baugrubenwänden vor.
- Die Zwischenabdichtung wird vorwiegend bei geschlossenen Tunnelbauweisen (Schildvortrieb, Stollenvortrieb, Spritzbetonbauweise) angewandt. Die für den Gebirgsdruck bemessene Außenschale dient als Abdichtungsrücklage. Von ihr soll sich die Zwischenabdichtung in der Sollbruchfuge unter Wasserdruck lösen und im Endzustand gegen die auf Wasserdruck bemessene Innenschale stützen.
- Die Innenabdichtung ist im Wesentlichen auf den Schwimmbad- und Behälterbau sowie auf Ver- und Entsorgungsbauwerke beschränkt.

5.1.2 Abdichtungen gegen Bodenfeuchte und nichtstauendes Sickerwasser an Bodenplatten und Wänden (DIN 18195, Teil 4)

Abdichtungen gegen nichtdrückendes Wasser in Form von Bodenfeuchte und nichtstauendem Sickerwasser werden in VOB-Teil C, DIN 18336 [18] und in DIN 18195-4 [12] erfasst. Für sie kommen auf waagerechten **Bodenflächen** nackte Bitumenbahnen R 500 N bei vollflächiger Verklebung mit der Unterlage sowie mit einem Deckaufstrich versehen in Betracht. Bitumendachbahnen, Bitumen-Dachdichtungsbahnen, Dichtungsbahnen mit Metallbandeinlage Cu 0,1 und Bitumen-Schweißbahnen können auch lose auf der Unterlage ausgerollt werden, sind aber in den Nähten und bei mehrlagiger Ausführung miteinander vollflächig zu verkleben. Sie erfordern keinen Deckaufstrich. Im Gegensatz dazu sind Bitumenbahnen R 500 vollflächig aufzukleben und mit einem Deckaufstrich zu versehen. Kunststoff-Dichtungsbahnen aus ECB, PIB, PVC-P, EVA oder FPO bzw. Elastomerbahnen auf Basis von EPDM, mindestens 1,2 mm dick, werden i. Allg. lose verlegt und erfordern als Trennschicht eine lose aufgelegte Schutzlage nach DIN 18195-2. Ferner können z. B. Fußbodenflächen auch mit heiß zu verarbeitenden Spachtelmassen (Asphaltmastix) bei einer Mindestdicke von 7 bis 10 mm einlagig bzw. bis zu 15 mm dick zweilagig abgedichtet werden oder mit kunststoffmodifizierten Bitumendickbeschichtungen in zwei Arbeitsgängen.

Wandflächen erhalten bei Verwendung von bitumenverklebten Abdichtungen stets zunächst einen kaltflüssigen Bitumenvoranstrich. Darauf können zwei heiße Bitumenaufstriche folgen, die allerdings auf Dauer praktisch nicht rissüberbrückend und daher für Kellerwände nicht zugelassen sind. Die früher üblichen drei kalten Bitumenaufstriche sind generell nicht mehr normgerecht. Aus diesem Grund sind solche Bitumenkaltaufstriche auch in VOB-Teil C, DIN 18336 [18] nicht mehr aufgeführt. Aber auch Bitumenheißaufstriche sollten nur noch für die Abdichtung von Gebäudeteilen mit untergeordneter Nutzung Anwendung finden. Nach Norm sind Abdichtungen aus Bitumenbahnen einlagig zugelassen, nicht zugelassen sind jedoch die Bahnen R 500 N und R 500. Kunststoff-Dichtungsbahnen können lose oder nach dem Flämmverfahren eingebaut werden. Kunststoffmodifizierte Bitumendickbeschichtungen müssen auf Wandflächen in zwei Schichten aufgetragen werden [12, 55]. Die erforderliche Mindestdicke am Bauwerk (Trockenschichtdicke) beträgt 3 mm.

Im Kaltselbstklebe-Verfahren können auf Bodenplatten und an Außenwänden Bahnenabdichtungen auf Bitumen-, Kunststoff- oder Elastomerbasis mindestens einlagig ausgeführt werden. Gegen kapillar aufsteigende Feuchtigkeit werden in allen Wänden unmittelbar über der Gründungsebene waagerechte Abdichtungen aus mindestens einer Lage Bitumendachbahn, Bitumen-Dachdichtungsbahn oder Kunststoff-Dichtungsbahn angeordnet. Sie werden in der Fläche nicht verklebt (Gleitgefahr!). Die 20 cm langen Überlappungen dürfen verklebt werden. Bitumen-Schweißbahnen sind aufgrund ihrer Dicke von 4 bis 5 mm und des damit verbundenen Gleitrisikos ebenso wie die etwa 3 mm dicken Bitumendichtungsbahnen und Bahnen mit Selbstklebeschicht nicht zulässig.

Als waagerechte Abdichtung in den Wänden und an Außenwandflächen kommen auch flexible Dichtungsschlämmen in Betracht [54, 79, 96].

5.1.3 Abdichtungen gegen nichtdrückendes Wasser auf Deckenflächen und in Nassräumen (DIN 18195, Teil 5)

Abdichtungen gegen nichtdrückendes Wasser in Form von Niederschlags-, Sicker- oder Brauchwasser werden nach VOB-Teil C, DIN 18336 [18] und nach DIN 18195-5 [12], ausgeführt. Beide Normen unterscheiden zwischen mäßiger und hoher Beanspruchung. Eine mäßige Beanspruchung liegt vor, wenn:

- die Verkehrslasten vorwiegend ruhend nach DIN 1055-3 [2] sind und die Abdichtung nicht unter befahrenen Flächen liegt;
- die Wasserbeanspruchung gering und nicht ständig ist bei ausreichendem Gefälle zur Vermeidung von Wasseranstau und Pfützenbildung.

Zu den mäßig beanspruchten Flächen zählen nach DIN 18195-5 ausdrücklich auch:

- Balkone und ähnliche Flächen im Wohnungsbau;
- unmittelbar spritzwasserbelastete Fußboden- und Wandflächen in Nassräumen des Wohnungsbaus – soweit nicht durch andere Maßnahmen hinreichend geschützt.

Abdichtungen sind dagegen hoch beansprucht, wenn eine oder beide der vorstehenden Beanspruchungskriterien nicht eingehalten werden. Zu den hoch beanspruchten Flächen zählen nach Norm ausdrücklich z. B. auch:

- Dachterrassen, intensiv begrünte Flächen, Parkdecks, Hofkellerdecken und Durchfahrten sowie erdüberschüttete Decken;
- durch Brauch- oder Reinigungswasser stark beanspruchte Fußboden- und Wandflächen in Nassräumen wie: Umgänge in Schwimmbädern, öffentliche Duschen, gewerbliche Küchen und ähnliche Räume mit gewerblicher Nutzung.

Abdichtungen für Brücken aus Stahl und/oder Stahlbeton richten sich nach den zusätzlichen Technischen Vertragsbedingungen und Richtlinien ZTV-ING, Teil 7, Abschnitte 1 bis 5 [43] sowie den darin aufgeführten Vorschriften ZTV-ING, Teil 3, Abschnitte 4 und 5 [41]. Diese Vorschriften werden sinngemäß auch für die Abdichtung von Parkdecks herangezogen. Einzelheiten hierzu enthält [92, 96].

Aus der Vielzahl der möglichen Abdichtungsaufbauten gegen Sickerwasser werden in Tabelle 6 beispielhaft nur solche aufgeführt, die häufig angewandt und in der Praxis ausreichend erprobt erscheinen. Dabei wird nicht auf Sonderfälle eingegangen, die sich z. B. bei

Tabelle 6. Abdichtungsaufbauten nach DIN 18195-5 [12] zum Schutz gegen nichtdrückendes Wasser auf Deckenflächen und in Nassräumen (Beispiele)

	Zeile	Teil 5, Ausführung nach Abschnitt	Abdichtung aus:[1]	Zulässige Pressung der Abdichtung [MN/m^2]	Lagenanzahl	Bahnendicke [mm]
	0	1	2	3	4	5
Teil 5, mäßige Beanspruchung entsprechend Abschnitt 7.2 und 7.4	1	8.2.1	Bitumen- oder Pmb-Bahnen mit Gewebe-, Polyestervlies- oder Metallbandeinlage	1,0[2]	1	≥ 2,7
	2	8.2.2	kaltselbstklebende Bitumen-Dichtungsbahnen (KSK)	[5]	1	≥ 1,5
	3	8.2.3	Kunststoff-Dichtungsbahnen aus PIB oder ECB	0,6 1,0	1	≥ 1,5
	4	8.2.4	Kunststoff-Dichtungsbahnen aus EVA oder PVC-P	1,0	1	≥ 1,2
	5	8.2.5	Elastomer-Bahnen	1,0	1	≥ 1,2
	6	8.2.6	Kunststoff-[6], Elastomer-Dichtungsbahn mit Selbstklebeschicht	1,0	1	≥ 1,2
	7	8.2.7.1	Asphaltmastix auf Trennlage mit Schutzschicht nach Teil 10[4]	0,6	2	i. M. 15
	8	8.2.7.2	Asphaltmastix auf Trennlage mit Schutzschicht aus GA ≥ 25 mm[4]	0,6	1	i. M. 10
	9	8.2.8	Kunststoffmodifizierte Bitumendickbeschichtung (KMB)	0,06	2 Schichten	≥ 3

[1] Verarbeitungshinweise auf evtl. erforderliche Voranstriche, Klebemassen und Einbauverfahren für punktweise oder vollflächige bzw. lose Verlegung mit entsprechenden Schutzlagen siehe DIN 18195-5, in den angegebenen Ausführungsabschnitten
[2] Zulässige Pressung bei Glasgewebeeinlage 0,8 MN/m^2
[3] CU = Kupfer; Est = Edelstahl
[4] GA = Gussasphalt; nur anwendbar, wenn Durchdringungen, Übergänge und Anschlüsse aus anderen Bitumenwerkstoffen oder anderen geeigneten bitumenverträglichen Werkstoffen hergestellt werden und nur auf waagerechten oder schwach geneigten Flächen
[5] Entsprechend Produktenblatt
[6] Entsprechend E DIN 18195-101:2005-09 [12]

der Abdichtung von Heizkanälen mit Temperaturen von 80 °C und mehr an der Abdichtung ergeben. Mechanische Beanspruchungen werden vor allem bei Bauwerken mit geringer Überschüttung den Abdichtungsaufbau beeinflussen. Hierfür kann der Einbau von Metallbändern mit gefüllter Klebemasse und geblasenem Bitumen erforderlich werden.

2.11 Abdichtungen und Fugen im Tiefbau

Tabelle 6. (Fortsetzung)

	Zeile	Teil 5, Ausführung nach Abschnitt	Abdichtung aus:[1]	Zulässige Pressung der Abdichtung [MN/m^2]	Lagenanzahl	Bahnendicke [mm]
	0	1	2	3	4	5
Teil 5, hohe Beanspruchung entsprechend Abschnitt 7.3	1	8.3.1	nackte Bitumenbahn R 500 N, Mindesteinpressung 0,01 MN/m^2	0,6	3	1,0
	2	8.3.2	Bitumen- oder Pmb-Bahnen mit Gewebe-, Polyestervlies- oder Metallbandeinlage	1,0[2]	2	≥ 2,7
	3	8.3.3	Kunststoff-Dichtungsbahnen aus PIB oder ECB	0,6 1,0	1	≥ 1,5 ≥ 2,0
	4	8.3.4	Kunststoff-Dichtungsbahn aus EVA, PVC-P oder Elastomer	1,0	1	≥ 1,5
	5	8.3.5	Metallbänder aus Cu[3] Est[3] und Bitumenbahnen	1,0	1	0,1/0,2 0,05/0,065
	6	8.3.6	Metallbänder aus Cu[3] Est[3] und GA ≥ 25 mm[4]	1,0	1	0,1/0,2 0,05/0,065
	7	8.3.7	Bitumenschweißbahn mit Schutzschicht aus GA gemäß ZTV-BEL-B, Teil 1	1,0	1	4,5
	8	8.3.8	Asphaltmastix auf Trennlage mit Schutzschicht aus GA ≥ 25 mm[4]	0,6	1	i. M. 10

5.1.4 Abdichtungen gegen von außen drückendes Wasser (DIN 18195, Teil 6)

Die Ausführung von Abdichtungen gegen von außen drückendes Wasser ist geregelt in VOB-Teil C, DIN 18336 [18] und in DIN 18195 [12]. Für die Bemessung und den Aufbau einer solchen Abdichtung sind die Eintauchtiefe in das Grundwasser und die senkrecht auf die Abdichtungsebene wirkende Pressung maßgebend. Die Bereiche für die Eintauchtiefe sind in drei Stufen gegliedert, und zwar bis 4 m, von 4 bis 9 m und über 9 m. Die zulässige Druckbelastung ist von der Art der eingesetzten Bitumenbahnen und insbesondere deren Einlagen sowie von dem gewählten Abdichtungsaufbau abhängig. Im Zusammenhang mit der Bemessung mehrlagiger Bitumenabdichtungen berücksichtigt DIN 18195 bei der Festlegung der Lagenzahl außerdem auch die unterschiedlichen Einbauweisen wie das Bürstenstreich-, Gieß-, Flämm- und das Gieß- und Einwalzverfahren in Verbindung mit ungefüllter oder gefüllter Klebemasse sowie das Schweißverfahren.

Die nach DIN 18195-6 geforderte Mindesteinpressung von 0,01 MN/m^2 wurde auf die Rohfilzeinlagen der nackten Bitumenbahnen beschränkt. Bei ihnen beträgt die höchstzulässige Pressung 0,6 MN/m^2. Die anderen bitumenverklebten Abdichtungen dürfen je nach Art der Trägereinlagen bis zu Grenzwerten zwischen 0,8 und 1,5 MN/m^2 belastet werden. Ein Aufbau aus nackten oder sonstigen Bitumenbahnen und mindestens zwei Metallbandeinlagen z. B. kann bis zu 1,5 MN/m^2 Pressung aufnehmen. Bei höheren Belastungen sind Sondermaßnahmen zu treffen und erforderlichenfalls rechnerisch nachzuweisen [73]. Gegebenenfalls sind bereichsweise Stahlbleche anzuordnen, wobei die Weichabdichtung über eine Los- und Festflanschkonstruktion nach Teil 9 der DIN 18195 angeschlossen wird. Kombinierte Abdichtungen aus nackten Bitumenbahnen und PIB-Dichtungsbahnen sind für eine Druckbelastung bis 0,6 MN/m^2 geeignet, solche mit PVC-P-, EVA- oder ECB- bzw. Elastomer-Dichtungsbahnen bis 1,0 MN/m^2. Die Kunststoff- bzw. Elastomer-Dichtungsbahnen sind je nach Stoffart, Eintauchtiefe und Druckbelastung 1,5 oder 2,0 oder 2,5 mm dick zu wählen.

Eine zusammenfassende Übersicht über empfehlenswerte Abdichtungsaufbauten für die Bemessung einer Abdichtung gegen von außen drückendes Wasser gibt beispielhaft Tabelle 7. Wie ein Vergleich der Angaben zur Lagenzahl in Tabelle 7 zeigt, wird diese durch drei Faktoren beeinflusst, nämlich durch die Eintauchtiefe, das Bahnenmaterial und das Einbauverfahren.

Von den in Tabelle 7 aufgeführten Abdichtungsaufbauten sind vor dem Hintergrund der jahrzehntelangen positiven Erfahrungen in erster Linie diejenigen mit nackten Bitumenbahnen R 500 N und Metallriffelbändern ausgewählt und nachfolgend in Abschnitt 6.1.1.1 detailliert für Sohl-, Wand- und Deckenflächen näher erläutert. Kombinierte Kunststoff-/ Bitumenabdichtungen und solche aus kaltselbstklebenden Dichtungsbahnen sind sinngemäß einzubauen.

5.1.5 Abdichtungen gegen zeitweise aufstauendes Sickerwasser

Abdichtungen gegen zeitweise aufstauendes Sickerwasser sind Abdichtungen von Kelleraußenwänden und Bodenplatten bei Gründungstiefen bis 3,0 m unter GOK in wenig durchlässigen Böden (k < 10^{-4} m/s) ohne Dränung nach DIN 4095 [6], bei denen Bodenart und Geländeform nur Stauwasser erwarten lassen. Die Unterkante der Kellersohle muss mindestens 0,3 m über dem nach Möglichkeit langjährig ermittelten Bemessungswasserstand liegen (DIN 18195-6:2000-08, Abschnitt 7.2.2).

Die für diese Beanspruchungsart zugelassenen Abdichtungsaufbauten sind in DIN 18195-6, Abschnitt 9 zusammengestellt und umfassen vier verschiedene Möglichkeiten.

1. Kunststoffmodifizierte Bitumendickbeschichtungen sind grundsätzlich in zwei Arbeitsgängen aufzubringen. Nach dem ersten Arbeitsgang ist eine Gewebeverstärkung in die noch nicht durchgetrocknete Beschichtungsmasse einzulegen. Die Mindesttrockenschichtdicke beträgt 4 mm.
2. Polymerbitumen-Schweißbahnen sind mindestens einlagig aufzubringen.
3. Bitumen- oder Polymerbitumenbahnen sind mindestens zweilagig mit Gewebe- oder Polyestervlieseinlagen einzubauen und mit einem Deckaufstrich zu versehen.
4. Kunststoff- oder Elastomer-Dichtungsbahnen sind mindestens einlagig und vollflächig mit Bitumenklebemasse aufzukleben. Die Längs- und Quernähte sind werkstoffgerecht zu fügen.

Für alle vier Abdichtungsaufbauten ist eine Schutzschicht nach DIN 18195-10 [12] erforderlich, z. B. aus Perimeterdämmplatten oder Dränplatten mit abdichtungsseitiger Gleitfolie.

2.11 Abdichtungen und Fugen im Tiefbau

Tabelle 7. Mit Bitumen verklebte Abdichtungsaufbauten nach DIN 18195-6 zum Schutz gegen von außen drückendes Wasser (Beispiele)

Zeile	Eintauch-tiefe unter Bemessungs-Wasserstand	Zulässige Pressung der Ab-dichtung	Min. Lagen-zahl	Abdichtungsaufbau Abkürzungen: DB = Dichtungsbahn DD = Dachdichtungsbahn	Einbau-verfahren[1]
	m	MN/m^2	–	–	–
0	1	2	3	4	5
1	≤ 4	0,6	3	nackte Bitumenbahnen R 500 N	BSTV, GV, GEV
2			3	2 × nackte Bitumenbahnen R 500 N + 1 × PIB 1,5 mm	BSTV, GV BSTV, FV
3		0,8	2	Bitumen-Schweißbahnen (Glas)	SV
4		1,0	2	Bitumen-DB (PV200)	GV, GEV
5			3	2 × nackte Bitumenbahnen R 500 N + 1 × Kupferriffelband 0,1 mm	BSTV, GV, GEV GEV
6			2	2 × Bitumen-Schweißbahnen (PV200)	SV
7			2	2 × Bitumen-DB (Cu)	GV, GEV
8			2	2 × Bitumen-DD (PV200)	GV, GEV
9			3	2 × nackte Bitumenbahnen R 500 N + 1 × PVC-P (DIN 16937) 1,5 mm	BSTV, GV BSTV, FV
10			3	2 × nackte Bitumenbahnen R 500 N + 1 × ECB 2,0 mm	BSTV, GV BSTV, FV
11		1,5	4	2 × nackte Bitumenbahnen R 500 N + 2 × Kupferriffelband 0,1 mm	BSTV, GV, GEV GEV
12	> 4 ≤ 9	0,6	3	nackte Bitumenbahnen R 500 N	GEV
13			4	nackte Bitumenbahnen R 500 N	BSTV, GV
14			3	2 × nackte Bitumenbahnen + 1 × PIB 2,0 mm	BSTV, GV BSTV, FV
15		0,8	2	1 × Bitumen-Schweißbahnen (Glas) + 1 × Bitumen-Schweißbahnen (Cu)	SV SV
16		1,0	3	2 × nackte Bitumenbahnen R 500 N + 1 × Kupferriffelband 0,1 mm	BSTV, GV, GEV GEV
17			2	1 × Bitumen-DD (PV200) + 1 × Bitumen-DB (Cu)	GV, GEV GV, GEV
18			2	1 × Bitumen-Schweißbahn (PV200) + 1 × Bitumen-Schweißbahn (Cu)	SV SV
19			3	2 × nackte Bitumenbahnen R 500 N + 1 × PVC-P (DIN 16937) 1,5 mm	BSTV, GV BSTV, FV
20			3	2 × nackte Bitumenbahnen R 500 N + 1 × ECB 2,0 mm	BSTV, GV BSTV, FV
21		1,5	4	2 × nackte Bitumenbahnen R 500 N + 2 × Kupferriffelband 0,1 mm	BSTV, GV, GEV GEV

Tabelle 7. (Fortsetzung)

Zeile	Eintauch-tiefe unter Bemessungs-Wasserstand	Zulässige Pressung der Ab-dichtung	Min. Lagen-zahl	Abdichtungsaufbau Abkürzungen: DB = Dichtungsbahn DD = Dachdichtungsbahn	Einbau-verfahren[1]
	m	MN/m²	–	–	–
0	1	2	3	4	5
22	> 9	0,6	4	4 × nackte Bitumenbahnen R 500 N	GEV
23			5	5 × nackte Bitumenbahnen R 500 N	BSTV, GV
24			3	2 × nackte Bitumenbahnen R 500 N + 1 × PIB 2,0 mm	BSTV, GV BSTV, FV
25		1,0	4	3 × nackte Bitumenbahnen R 500 N + 1 × Kupferriffelband 0,1 mm	BSTV, GV GEV
26			3	2 × nackte Bitumenbahnen R 500 N + 1 × Kupferriffelband 0,1 mm	GEV GEV
27			3	2 × Bitumen-DD (PV200) + 1 × Bitumen-DB (Cu)	GV, FV, GEV GV, FV, GEV
28			3	2 × nackte Bitumenbahnen R 500 N + 1 × PVC-P (DIN 16937) 2 mm	BSTV, GV BSTV, FV
29			3	2 × nackte Bitumenbahnen R 500 N + 1 × ECB 2,0 mm	BSTV, GV BSTV, FV
30		1,5	5	3 × nackte Bitumenbahnen R 500 N + 2 × Kupferriffelband 0,1 mm	BSTV, GV GEV
31			4	2 × nackte Bitumenbahnen R 500 N + 2 × Kupferriffelband 0,1 mm	GEV GEV

[1] Einbauverfahren:
BSTV = Bürstenstreichverfahren
GV = Gießverfahren
GEV = Gieß- und Einwalzverfahren
FV = Flämmverfahren
SV = Schweißverfahren

5.1.6 Abdichtungen gegen von innen drückendes Wasser (DIN 18195, Teil 7)

Abdichtungen gegen von innen drückendes Wasser werden nach nahezu 20 Jahren mit E DIN 18195-7:2008-06 [12] neu geregelt. Dabei wurden neben den Einzelheiten zum Anwendungsbereich auch die Anforderungen und baulichen Erfordernisse präzisiert. Vor allem aber wurde die Palette der behandelten Abdichtungsbauweisen durch die Einbeziehung in jüngerer Zeit häufiger angewandter Methoden entscheidend erweitert. In diesem Zusammenhang wurden insbesondere flüssig zu verarbeitende Abdichtungsstoffe aus mineralischen Dichtungsschlämmen, aus Reaktionsharzen im Verbund mit Fliesen und Platten sowie aus Flüssigkunststoffen erstmals aufgenommen.

Von ihrem mechanischen Verhalten her müssen bahnenförmig aufzubringende Abdichtungen auf Bitumen-, Kunststoff- oder Elastomerbasis Arbeitsfugen und Risse im Untergrund überbrücken können. Dabei handelt es sich um Risse, die zum Entstehungszeitpunkt nicht breiter als 0,5 mm sind und sich später ebenso wie die beim Abdichtungseinbau bereits vorhandenen Fugen durch weitere Bewegung auf höchstens 2 mm vergrößern. Der dabei eventuell entstehende Riss- bzw. Fugenversatz darf höchstens 1 mm betragen. Rissüberbrückende Dichtungsschlämmen und Abdichtungen im Verbund mit Fliesen oder Platten müssen Arbeitsfugen und Risse infolge Schwinden überbrücken, die sich nach Aufbringen der Abdichtung nicht mehr als 0,2 mm öffnen. Bei nicht rissüberbrückenden starren Dichtungsschlämmen dürfen nach dem Aufbringen der Abdichtung keinerlei Riss- und Fugenerweiterungen auftreten. Für Abdichtungen mit Flüssigkunststoffen sind Öffungsweiten von Rissen und Arbeitsfugen nach Aufbringen der Abdichtung bis 1 mm zulässig (vgl. auch Abschn. 4.5).

Die Abdichtung gegen von innen drückendes Wasser ist in der Regel mindestens 150 mm über den höchsten Wasserstand zu führen und gegen Hinterlaufen zu sichern. Bei Schwimmbecken können besondere Maßnahmen für den oberen Abdichtungsabschluss erforderlich sein, insbesondere wenn hier ein hoch liegender Wasserspiegel geplant ist.

Abdichtungen mit aufgeklebten Bitumenbahnen sind zweilagig auszuführen. Dabei können Dachdichtungsbahnen oder Schweißbahnen auf Basis von Polymerbitumen eingesetzt werden oder eine Kombination dieser Bahnen mit einer ersten Lage aus Bitumen-Dachdichtungsbahnen bzw. Bitumen-Schweißbahnen. Außerdem kann eine erste Lage aus kaltselbstklebender Polymerbitumenbahn mit mindestens einer Lage Polymerbitumen-Schweißbahn kombiniert werden. Die Verwendung von nackten Bitumenbahnen R 500 N oder Bitumendachbahnen R 500 sowie von Glasvlies-Bitumendachbahnen V13 ist nicht zulässig. Darüber hinaus sieht die Norm den Einsatz von Abdichtungen mit aufgeklebten und lose verlegten Kunststoff- oder Elastomerbahnen vor. Hierfür eignen sich Kunststoff- oder Elastomerbahnen mit Selbstklebeschicht oder lose verlegt jeweils bei einlagiger Ausführung. Die Kombination einer Lage Kunststoffbahn auf ECB- oder PVC-P-Basis, eingebaut im Flämmverfahren auf einer Lage Polymerbitumen-Schweißbahn ist ebenfalls denkbar.

Die neu in die Norm aufgenommenen Abdichtungssysteme aus starren bzw. flexiblen mineralischen Dichtungsschlämmen (MDS), aus rissüberbrückenden Dichtungsschlämmen im Verbund mit Fliesen und Platten (AIV) oder aus Flüssigkunststoffen (FLK) sind ihrem Aufbau nach bereits in den Abschnitten 3 und 4.5 beschrieben.

5.2 Konstruktionen aus wasserundurchlässigem Beton (WUB-KO)

Für die Ausbildung von wasserundurchlässigem Beton in Sohlen-, Wand- und Deckenflächen muss nach DIN 1045 [1] Beton mindestens der Güte B25 eingesetzt werden. Die Baustelle ist als sogenannte BII-Baustelle im Sinne von DIN 1045 zu führen. Sie unterliegt damit einer besonderen Güteüberwachung und Qualitätssicherung nach den Regelungen des Deutschen Beton- und Bautechnikvereins.

Die konstruktiven Erfordernisse beeinflussen ein aus wasserundurchlässigem Beton herzustellendes Bauteil weit mehr als einen mit Hautabdichtungen zu versehenden Baukörper im Gründungsbereich. Daher müssen vom Planer gemeinsam mit dem Statiker rechtzeitig die hier nur in den wesentlichsten Punkten angedeuteten Einzelheiten beachtet und geklärt werden.

Bei der Bauausführung von wasserundurchlässigem Beton muss beachtet werden, dass es sich nach DIN 1045 um einen Beton mit besonderen Eigenschaften handelt. Er erfordert bei Außenbauteilen einen Zementanteil von mindestens 270 kg/m^3. Damit sind auch Eignungsprüfungen sowie Güte- und Fremdüberwachungen erforderlich. In Ausnahmefällen kann der wasserundurchlässige Beton aber auch auf BI-Baustellen ausgeführt werden, dann aber mit erhöhtem Zementgehalt von 350 kg/m³ bei einem Größtkorn von 32 mm bzw. von 400 kg/m³ bei einem Größtkorn von 16 mm. Der Wasserzementfaktor ist bei BII-Baustellen auf einen Größtwert von 0,6 bei Bauteildicken bis 40 cm begrenzt. Der Sieblinienbereich des Zuschlaggemisches sollte im Bereich der Regelsieblinie A/B liegen. Im Übrigen erfordert die Betongruppe BII gebrochenes Korn. Die Wassereindringtiefe darf höchstens 50 mm betragen.

Größte Sorgfalt beim Fördern, Einbringen und Verdichten des Betons muss ein Entmischen ausschließen sowie durch Rütteln ein dichtes Betongefüge gewährleisten. Eine fachgerechte Nachbehandlung muss sicherstellen, dass die benötigte Menge Abbindewasser auch an der Bauteiloberfläche nicht durch Witterungseinflüsse (Sonne, Wind) verloren geht. Diese verhindert auch ein zu rasches Abkühlen des durch Hydratation erwärmten, jungen Betons. Bei fehlender Nachbehandlung muss, z.B. durch Schwinden und Temperaturbeeinflussung, mit erhöhter Rissbildung gerechnet werden. Zu den Maßnahmen der Nachbehandlung zählen: Das ausreichend lange Belassen des Betons in der Schalung, das Abdecken seiner Oberfläche mit Folie oder wasserhaltenden Jutebahnen, der Einsatz flüssiger Nachbehandlungsmittel oder das kontinuierliche Besprühen mit Wasser. Größeres Temperaturgefälle, z.B. mit Tag-/Nachtwechsel, erfordert andererseits wärmedämmende Maßnahmen. Die Dauer der Nachbehandlung wird durch die Umgebungsbedingungen und die Bauteilabmessungen bestimmt.

Die Mindestdicke für die Sohle muss 25 cm und für die Wände 30 cm betragen. Generell müssen ein einwandfreies Einbringen des Betons in die Schalung und ein sattes Ummanteln der Fugenbänder sichergestellt sein. Ferner gehören als konstruktive Voraussetzungen auch eine ebene Unterfläche der Sohlenplatte sowie bei eng liegender Bewehrung die Anordnung ausreichend breiter Betoniergassen zum ordnungsgemäßen Einbau des wasserundurchlässigen Betons.

Ein wichtiger Aspekt im Hinblick auf die Funktionalität von Bauwerken aus wasserundurchlässigem Beton ist die Rissbreitenbeschränkung. Sie muss durch entsprechend engere Verteilung der Bewehrung sichergestellt werden. In den meisten Fällen erfordert die Rissbreitenbeschränkung die Anordnung zusätzlicher Bewehrung über die statisch erforderliche Mindestbewehrung hinaus. Die Rissbreiten sollten je nach Wasserbeanspruchung folgende Werte nicht übersteigen:

– nichtdrückendes Wasser   0,25 mm
– drückendes Wasser bis etwa 1 bar   0,20 mm
– drückendes Wasser über 1 bar   0,15 mm

In Sonderfällen können höhere Anforderungen nötig sein.

Größere Bauteillängen führen bei fehlender Fugengliederung zu Rissbildung. Hier richtet sich der Abstand von Bewegungs- und Scheinfugen nach der Bauteildicke. Einzelheiten hierzu sind in [94, 96] abgehandelt.

In der Regel werden die Bauwerksfugen mithilfe von elastomeren Fugenbändern nach DIN 7865 [8] oder thermoplastischen Fugenbändern nach DIN 18541 [20] abgedichtet. Die Bemessung dieser Fugenbänder im Hinblick auf die zu erwartenden größten Fugenbewegungen und Wasserdrücke regelt DIN V 18197 [13].

Die Nachbesserung von Betonflächen oder Betonbauteilen wird nicht immer auszuschließen sein. Sie kann nach dem Leitfaden „Instandsetzen von Stahlbetonoberflächen" [107] erfolgen oder nach der ZTV-ING, Teil 3, Abschnitt 4 [41]. Soweit erforderlich, sollten zementgebundene Baustoffe bevorzugt werden, aber in keinem Fall ein reiner Zementmörtel. Die Sorgfalt der Ausführung bestimmt den Erfolg bei Einsatz der sogenannten Betonersatzsysteme einschließlich der immer erforderlichen, vorlaufend aufzubringenden Haftbrücke. Bei dem meist gebräuchlichen Betonersatzsystem auf der Basis von PCC-Mörtel (Polymer-Cement-Concrete) handelt es sich um einen kunststoffmodifizierten Zementmörtel bzw. einen Beton mit Kunststoffzusätzen. Er kann 1 bis 10 cm dick und großflächig eingebaut werden. Ein Betonersatzsystem aus PC-Mörtel (Polymer-Concrete) ist dagegen ein Mörtel oder Beton aus einem Reaktionsharz als Bindemittel im Gemisch mit mineralischen Zuschlägen. Er kann erst ab 8 mm Dicke eingesetzt und sollte aus Kostengründen i. Allg. nur bis zu einer Flächengröße von etwa 1 bis 2 m² verwendet werden. Ein PC-System stellt beim Einbau i. Allg. deutlich höhere Anforderungen an die Umgebungsbedingungen (Temperatur, relative Luftfeuchte, Feuchtegehalt des Untergrundes etc.) als ein PCC-System. Deshalb wird auf den Baustellen in der Regel ein PCC-System bevorzugt. Der Einsatz von PC-Systemen bleibt dagegen auf Sonderfälle beschränkt.

Das Füllen von Rissen wird mit der ZTV-ING, Teil 3, Abschnitt 5 [41] geregelt. Das kraftschlüssige Füllen trockener Risse mit Epoxidharzen erfolgt durch Fluten oder Verpressen. Begrenzt dehnfähige Verbindungen der Rissflanken zur Beseitigung von Undichtigkeiten können mit Polyurethanen ausgeführt werden. Besonders geringe Rissbreiten können zu Abdichtungszwecken den Einsatz von gelartig aushärtenden Reaktionsharzen erfordern. Solche Harze zeichnen sich während der Verarbeitung durch extrem niedrig-viskose, wasserähnliche Fließeigenschaften aus und gelangen daher bei entsprechend gesteuertem Verpressdruck, auch gegen anstehendes Wasser, noch in feinste Haarrisse.

Sind Risse in feuchtem oder nassem Zustand kraftschlüssig zu schließen, ist hierauf ausdrücklich hinzuweisen und dieses zwischen den Vertragsparteien gesondert zu vereinbaren.

Generell sollte man zusätzlich zur DIN 1045 im Bauvertrag bei Bauwerken aus wasserundurchlässigem Beton für die Beseitigung von Mängeln die ZTV-ING, Teil 3, Abschnitte 4 und 5 [41] von vornherein vereinbaren. Dann kann bei einer eventuell anstehenden Mängelbeseitigung auch von einschlägigen und inzwischen langjährig erprobten Technologien ausgegangen werden.

6 Ausführung

6.1 Abdichtungen nach DIN 18195

6.1.1 Sohlen-, Wand- und Deckenflächen

6.1.1.1 Bitumen-Abdichtungen

Im **Sohlenbereich** wird bei Bitumen- und kombinierten Kunststoff-/Bitumenabdichtungen die erste Lage auf dem sauberen und trockenen Unterbeton mit oder ohne Voranstrich eingebaut. Es muss sichergestellt sein, dass die dem Wasser zugekehrte Bahnenseite keine Feuchtigkeit aufnehmen kann. Hierfür müssen nackte Bitumenbahnen an der Unterseite vollflächig mit Bitumen im Bürstenstreich- oder im Gießverfahren aufgebracht werden. Bei Einbau von Dichtungsbahnen als erste Lage ist ein Verkleben mit dem Untergrund nicht erforderlich. Ausnahmen bilden die Flächen, bei denen das Gieß- und Einwalzverfahren zur Anwendung gelangt.

Aufgrund der Fließneigung des Bitumens ist schon bei geringen Horizontalkräften z. B. aus Horizontaldruck (Hang- oder Windkräfte) bzw. bei Sohlengefälle mit einem Gleiten des Baukörpers auf der Abdichtung zu rechnen. Zur Übertragung der Schubkräfte in den Boden müssen daher zur Verzahnung Nocken ausgebildet werden, wenn sich nicht andere Ver-

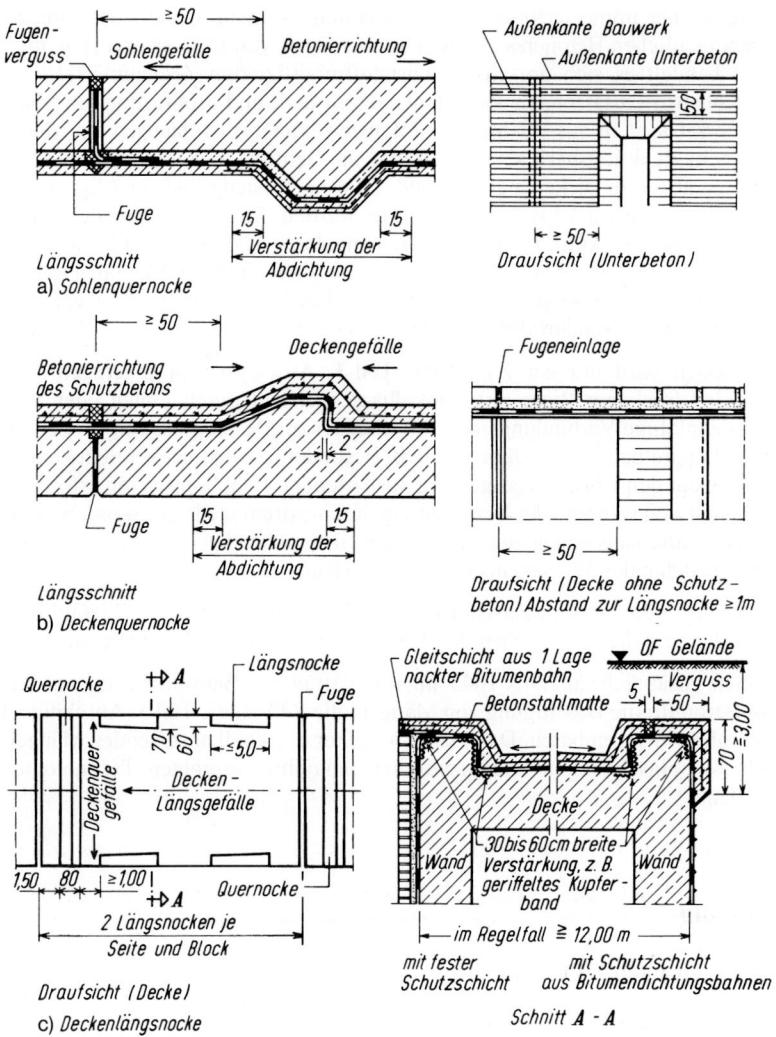

Bild 2. Nocken in Sohlen- und Deckenflächen [84]

tiefungen oder Absätze in der Sohlenfläche oder Pumpensümpfe heranziehen lassen. Bei Verkehrsbauwerken sind auch die Flieh-, Brems- und Beschleunigungskräfte zu berücksichtigen. Länge und Tiefe der Nocken hängen von den aufzunehmenden Kräften ab und sind unter Beachtung der zulässigen Flächenpressung des gewählten Abdichtungsaufbaus (s. Abschn. 5.1) statisch nachzuweisen. Nocken sind auch bei stark geneigten Rampen und Treppenflächen auszubilden. Die früher empfohlene treppenartige Sohlenabstufung ist wegen des damit verbundenen erheblichen Mehrbedarfs an Beton auf Sonderfälle zu beschränken. Zur Sicherung des Schutzbetons sind u. U. auch in der Deckenfläche Nocken erforderlich. Sie werden bei Tunnelbauwerken als Quernocken aus handwerklichen Gründen bei vorhandenem Arbeitsraum zweckmäßig bis zur Deckenaußenkante geführt. Wenn dieser

2.11 Abdichtungen und Fugen im Tiefbau

nicht vorhanden ist, sollte für das Umklappen der Abdichtung von der Wand auf die Decke die Nocke etwa 60 cm vor der Tunnelaußenkante enden. Tunnelbreiten von mehr als 12 m oder eine quer zur Tunnellängsachse geneigte Geländeoberfläche erfordern Längsnocken. Sie müssen für den Wand-Deckenanschluss mindestens 60 cm breit sein und sollen im Sickerwasserbereich aus Entwässerungsgründen nicht länger als 5 m sein. Generell ist die Abdichtung bei Nocken in den Kanten, Kehlen und Ecken zu verstärken. Einzelheiten sind in Bild 2 dargestellt.

Im **Wandbereich** richtet sich bei der Hamburger Bauweise die Breite des Arbeitsraums nach dem jeweils angewandten Einbauverfahren und der eingesetzten Bahnbreite. Ferner sollte bedacht werden, dass die Abdichtung ohne Gerüst von der ständig nachfolgenden Arbeitsraumverfüllung aus eingebaut werden kann. Die Wandflächen müssen in sich eben, grat- und nesterfrei sowie trocken sein. Sie erhalten zur Haftverbesserung einen Voranstrich. Beim Aufbringen der nach Abschnitt 5.1 bemessenen Abdichtung ist die Zugkraft infolge Eigengewicht zu beachten. Je nach Standzeit und Temperatur sind geeignete Schutzmaßnahmen zu treffen. Die Verfüllung und Verdichtung des Arbeitsraums müssen lagenweise erfolgen. Im Bereich von Schutzschichten aus Bitumen-Dichtungsbahnen soll die Schütthöhe in Abhängigkeit von der Art des Verdichtungsgerätes 30 bis 50 cm nicht überschreiten. Verdichtungsgeräte müssen kantengeschützt sein, um diese Schutzschicht nicht zu beschädigen. Hierfür haben sich gummibereifte Rollen auf senkrechten, an den Ecken des Verdichtungsgeräts aufgeschweißten Achsen bewährt [96]. Eine Kontrolle der vorgeschriebenen Lagerungsdichte im Arbeitsraum vermeidet unter Umständen unliebsame Setzungen oder Einbrüche – auch nach Jahren noch – an der Geländeoberfläche.

Wenn eine Wandabdichtung nicht von außen auf das fertige, abzudichtende Bauteil aufgeklebt werden kann, weil kein oder ein zu schmaler Arbeitsraum vorhanden ist, muss sie entsprechend der Berliner Bauweise auf eine Abdichtungsrücklage aufgebracht werden. Diese Rücklage sollte aus geputzten Flächen oder Beton bestehen. Vor Aufbringen der Abdichtung ist auf trockener Rücklage ein Voranstrich in der Regel auf Lösungsmittelbasis anzuordnen. In geschlossenen Räumen (z. B. Tunnel- oder Tiefgaragenbau) ist auf ausreichende Belüftung zu achten, andernfalls ein Voranstrich auf Emulsionsbasis anzuwenden.

Starre, im Boden verbleibende Baugrubenwände wie Spund-, Schlitz- oder Bohrpfahlwände erfordern in der Regel besondere Maßnahmen. Dabei ist im Wesentlichen zwischen zwei Fällen zu unterscheiden:

1. Wenn die Setzungen des Bauteils gegenüber der Baugrubenwand ≤ 5 mm und/oder das Endschwindmaß ≤ 3 mm bleiben, kann die erforderliche Sollbruchfuge durch eine zusätzliche Lage aus geeignetem Bahnmaterial unmittelbar kombiniert mit der Abdichtung ausgebildet werden. Voraussetzung ist eine so ebene und lotrechte Wandfläche, dass eine zerstörungsfreie Setzung möglich ist (Bild 3 a).
2. Größere Setzungs- und/oder Schwindmaße erfordern konstruktiv getrennt ausgebildete Gleit- und Sollbruchfugen. Die Abdichtungsrücklage wird hierbei von der Baugrubenwand getrennt und nötigenfalls über Telleranker mit dem abzudichtenden Bauteil verbunden (Bild 3 b). Die Setzung muss in solchen Fällen für Bauwerk und Rücklage gemeinsam erfolgen. Der Unterbeton muss zumindest in der Randzone bewehrt und unbedingt von der Baugrubenwand getrennt werden. Zwischen der Wandrücklage und dem Deckenschutzbeton muss nach Bild 3 b eine Fuge angeordnet sein, um ein Aufhängen und Hochreißen des Deckenschutzbetons bei Setzung des Baukörpers sicher auszuschließen.

Wenn im **Deckenbereich** die Abdichtung oberhalb des Grundwasserspiegels liegt, ist sie mit einem einseitigen Quer- oder beidseitigen Dachgefälle von mindestens 2% Neigung aus-

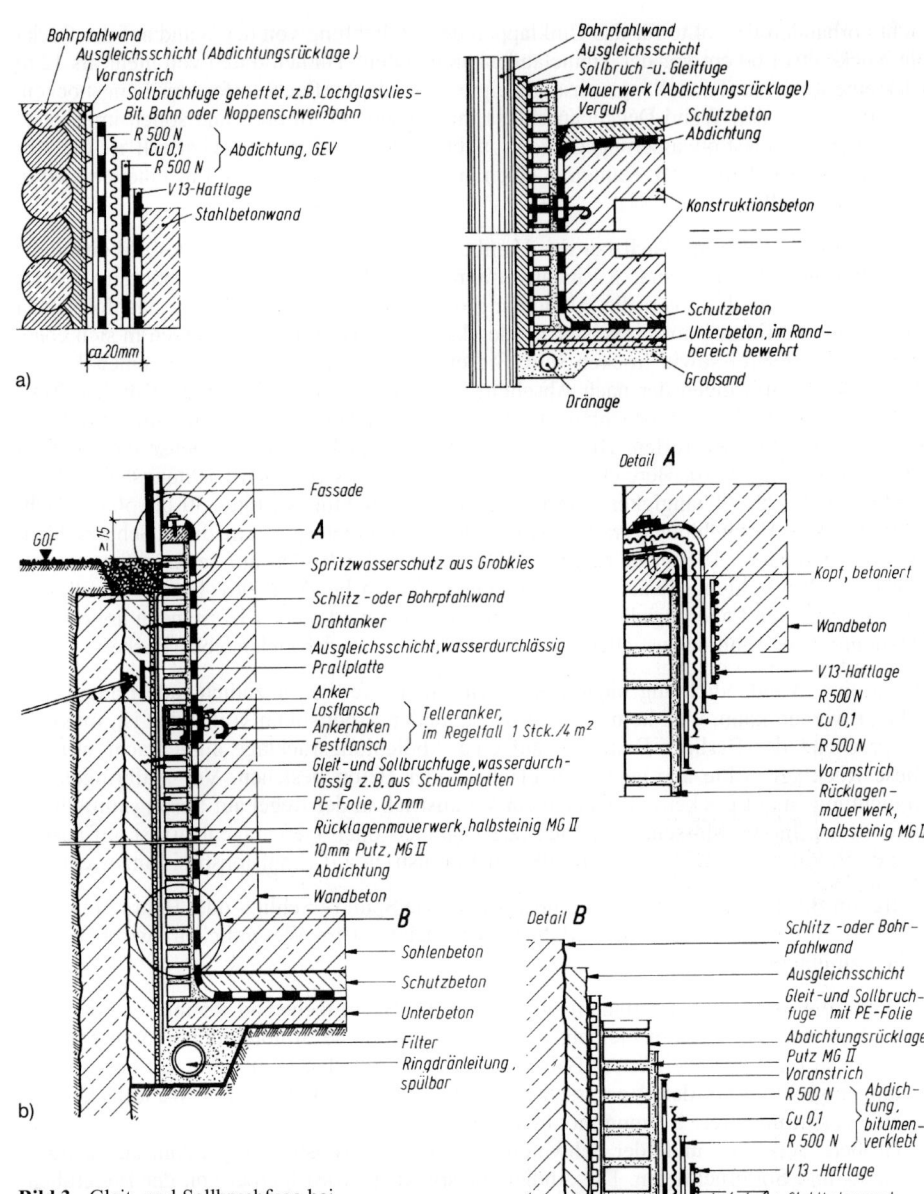

Bild 3. Gleit- und Sollbruchfuge bei bitumenverklebten Abdichtungen in Abhängigkeit von dem erwarteten Setzungs- und/oder Schwindmaß [51, 78, 91, 96];
a) Kombinierte Sollbruchfuge:
   Relativsetzung ≤ 5 mm, Schwindmaß ≤ 3 mm
b) Getrennte Sollbruchfuge:
   Relativsetzung > 5 mm, Schwindmaß > 3 mm

2.11 Abdichtungen und Fugen im Tiefbau

zuführen. Ihr Einbau erfolgt handwerklich wie bei der Sohlenabdichtung. Der Voranstrich kann entfallen. Dann ist die erste Lage im Gießverfahren einzurollen. Wenn die abzudichtenden Deckenflächen in geringer Tiefe liegen, d. h. weniger als 1 m unter Nutzflächen wie z. B. bei Gehwegen, Fahrbahnen, Parkdecks oder offenen Gewässern, müssen Sonderbauweisen gewählt werden. Hierbei sind die Einflüsse aus Temperatur, mechanischer sowie chemischer Beanspruchung unter Beachtung der Einwirkzeit einerseits und die geforderte Nutzungsdauer des Bauwerks andererseits zu berücksichtigen.

Einzelheiten zur Ausbildung und Anordnung einer Abdichtung gegen Bodenfeuchte bei nicht unterkellerten bzw. unterkellerten Gebäuden zeigen die Bilder 4 und 5. Voraussetzung für eine Abdichtung gegen Bodenfeuchte ist das Vorhandensein von stark durchlässigen Böden oder Verfüllmaterial in den Arbeitsräumen (k $\geq 10^{-4}$ m/s; z. B. Sande oder Kiese) bis 30 cm unter UK Kellersohle. Ist die Durchlässigkeit kleiner 10^{-4} m/s, wird eine Dränung nach DIN 4095 [6] erforderlich, deren Funktionsfähigkeit auf Dauer sichergestellt sein muss. Eventuell vorhandenes Grundwasser darf nur bis maximal 30 cm unter Gründungsebene ansteigen. In allen dargestellten Fällen sind Außen- und Innenwände durch eine waagerechte Abdichtung (Querschnittsabdichtung) gegen das Aufsteigen von Feuchtigkeit zu schützen. Fußböden mit belüftetem Zwischenraum zum Erdboden (Bild 4 a) benötigen keine besondere Flächenabdichtung. Bei allen anderen Lösungen ist in wenig durchlässigen Böden (k < 10^{-4} m/s) und bei vorhandener Dränung zumindest eine wenigstens 15 cm dicke, kapillarbrechende grobkörnige Schüttung (Bilder 4 b, c und 5 a, c, e) auszuführen. Die Schüttung ist nur bei einem Wasserdurchlässigkeitsbeiwert k $\geq 10^{-4}$ m/s als kapillarbrechend anzusprechen. Wird eine Dränung nicht genehmigt, dann ist eine Abdichtung nach DIN 18195-6, Abschnitt 9 erforderlich bei maximalem Grundwasserstand bis 0,30 m unter UK Kellersohle.

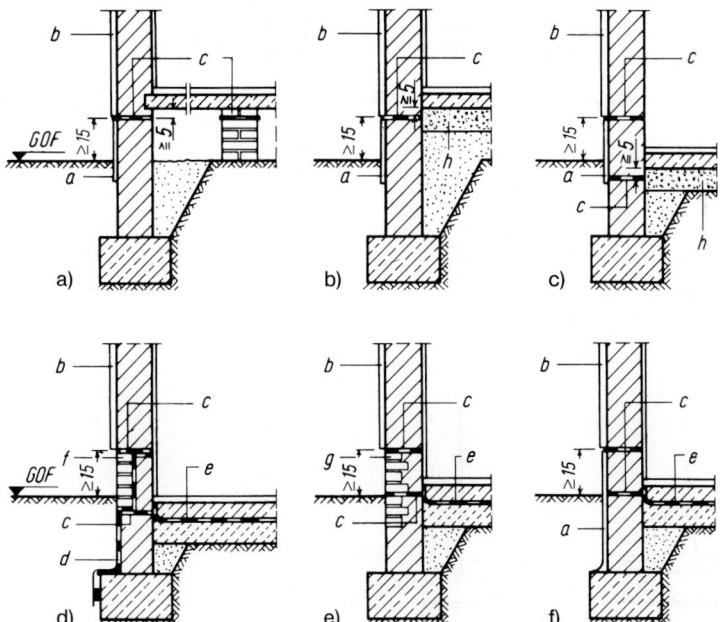

Bild 4. Abdichtung nicht unterkellerter Gebäude bei Beanspruchung durch Bodenfeuchte; a = Sockelputz, b = Wandputz, c = waagerechte Abdichtung, d = senkrechte Abdichtung, e = Fußbodenabdichtung, f = Vormauerwerk, g = Klinkermauerwerk, h = Kiesschicht

Bei höherer Anforderung an die Raumnutzung muss an den Außenwänden und der Bodenplatte mindestens eine einlagige Abdichtung aus Bitumen- oder Kunststoffbahnen bzw. eine kunststoffmodifizierte Bitumendickbeschichtung (Mindesttrockenschichtdicke 3 mm) angeordnet werden (Bilder 4d–f und 5b, d). In den Bildern 5d und e sind zur Aufnahme von Querkräften konstruktive Maßnahmen, z. B. Dollen bzw. Nocken angedeutet, da in den meisten Fällen der aussteifende Estrich erst nach Verfüllen des Arbeitsraums eingebaut wird. DIN 18195-4, Abschnitt 6.2 fordert ein Heranführen oder Verkleben der waagerechten Abdichtung in Wänden an die bzw. mit der Abdichtung der Bodenplatte wie beispielhaft in den Bildern 4d–f, 5b und 6a, b dargestellt. Dadurch wird ausgeschlossen, dass Feuchtigkeitsbrücken insbesondere im Bereich von Putzflächen (Putzbrücken) entstehen können.

Die vom Boden berührten äußeren Flächen der Umfassungswände sind ebenfalls gegen das Eindringen von Feuchtigkeit abzudichten. Diese Abdichtungen müssen im Regelfall bis 30 cm über Gelände hochgeführt werden, um ausreichende Anpassungsmöglichkeiten der Geländeoberfläche sicherzustellen. Sie müssen im Endzustand mindestens bis 15 cm über Geländeoberfläche reichen. Sie können im Sichtbereich aus geeigneten Sockelputzen oder Klinkermauerwerk bestehen. Wenn eine einfache Vormauerung gewählt wird, muss die senkrechte Abdichtung z. B. aus einer Bitumen- oder Kunststoffbahn hinter der Vormauerung bis zur oberen waagerechten Abdichtung hochgezogen werden (Bilder 4d und 5b).

Für eine Bitumenabdichtung empfiehlt sich bei Beanspruchung durch Sickerwasser bzw. drückendes Wasser (DIN 18195-4 bis -7) im Bereich von Ecken, Kanten und Kehlen eine Verstärkung. Hierzu eignet sich ein Streifen aus einer Bitumendichtungsbahn oder aus

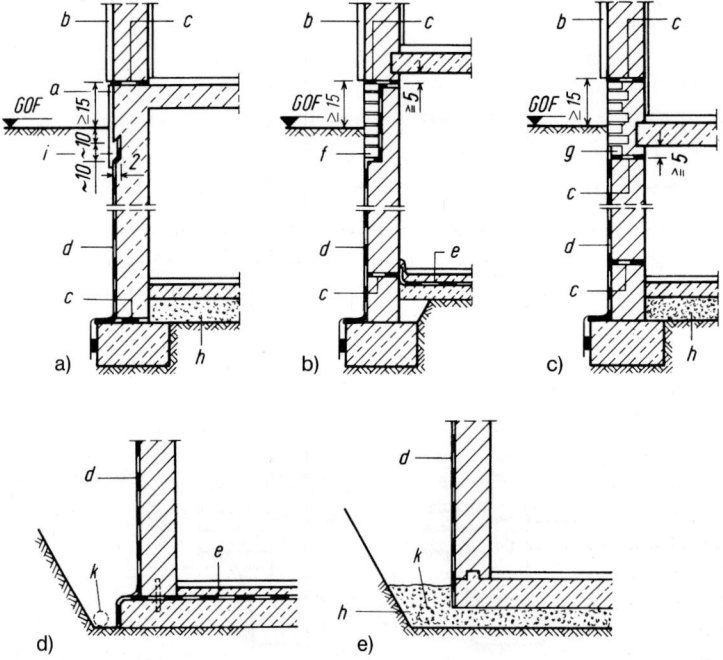

Bild 5. Abdichtung unterkellerter Gebäude bei Beanspruchung durch Bodenfeuchte;
a = Sockelputz, b = Wandputz, c = waagerechte Abdichtung, d = senkrechte Abdichtung, e = Fußbodenabdichtung, f = Vormauerwerk, g = Klinkermauerwerk, h = Kiesschicht, i = Verwahrung, k = Dränage

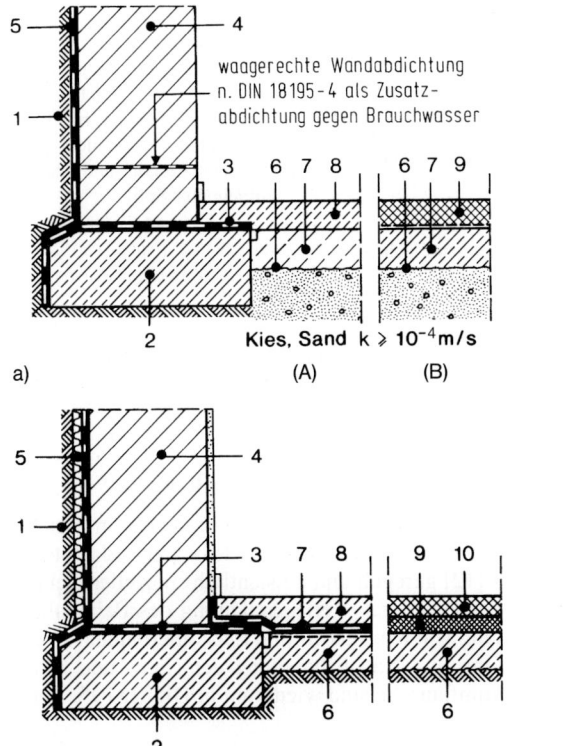

Bild 6. Einwandfreie Anschlüsse der waagerechten Abdichtung in Wänden an die Außenwand- bzw. Fußbodenabdichtung; (A) Zementestrich, (B) Gussasphalt

0,1 mm dickem Kupferriffelband, der in einer Breite von 30 cm i. Allg. als zweite Lage von der Wasserseite her eingebaut wird. Beispiele hierzu zeigen die Bilder 9a und 11a. Bei kombinierten Kunststoff-/Bitumenabdichtungen besteht die Verstärkung häufig aus einem zusätzlichen Streifen der Kunststoff-Dichtungsbahn.

Abdichtungen aus kunststoffmodifizierten Bitumendickbeschichtungen sollten über Ecken, Kanten und Kehlen ebenfalls verstärkt werden. Diese Verstärkung muss nach dem ersten Arbeitsgang eingelegt werden.

Befahrene Flächen mit darunterliegender Abdichtung z.B. bei Brücken, Parkdecks und ggf. Hofkellerdecken erfordern eine vollflächig verklebte Abdichtung nach DIN 18195-5:2000-08, Abschnitt 8.3.7 [12] bzw. nach ZTV-ING, Teil 7, Abschnitt 1 [43, 92]. Der Regelaufbau geht von einer definierten Betonoberfläche (Haftzugfestigkeit $\geq 1,5$ N/mm^2, Rautiefe $\leq 1,5$ mm) aus. Er erfordert eine entsprechende Betonvorbehandlung in Form einer Grundierung, Versiegelung oder Kratzspachtelung. Die Abdichtung besteht nach Bild 7 aus der Grundierung, der Dichtungsschicht aus Spezialschweißbahnen mit mindestens 4,5 mm Dicke, einlagig aufgebracht und metallkaschiert oder nichtkaschiert (mit hoch liegender Trägereinlage) sowie aus der abschließenden systembedingten Gussasphalt-Schutzschicht. Die ZTV-ING, Teil 7, Abschnitt 1 [43] sieht als Deckschicht eine zweite Lage Gussasphalt bzw. Asphaltbeton oder Splittmastix vor. Im Bereich von Pkw-Parkdecks kann diese Deckschicht auch durch Pflaster

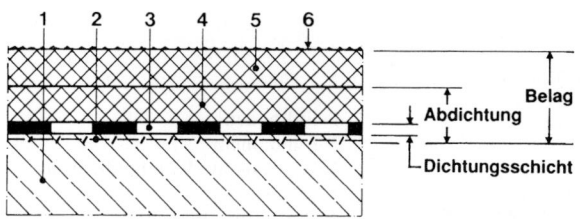

1 Konstruktionsbeton
2 Epoxidharz-Grundierung
3 Dichtungsschicht der Fläche
4 Gussasphalt-Schutzschicht
5 Gussasphalt-Deckschicht
6 Abstreumaterial: Sand oder aufgehellter Split

Bild 7. Regelaufbau einer Abdichtung unter befahrenen Flächen nach ZTV-ING, Teil 7, Abschnitt 1 [43]

oder Spezialbeton [92, 96] ersetzt werden. Eine zweilagige Dichtungsschicht aus Bitumen-Dichtungsbahnen mit einer Schutzschicht aus Asphaltbeton sieht die ZTV-ING, Teil 7, Abschnitt 2 [43] für Brückenbauwerke vor.

6.1.1.2 Abdichtungen mit lose verlegten Kunststoff- bzw. Elastomerbahnen

Der Aufbau der Sohlen-, Wand- und Deckenabdichtung mit Verstärkungen an Ecken, Kanten und Kehlen wird für Abdichtungen mit lose verlegten Kunststoff- bzw. Elastomerbahnen grundsätzlich in DIN 18195-4 bis -7 [12] geregelt und hinsichtlich spezieller Details wie z. B. die mechanische Befestigung in der jeweiligen Verlegeanleitung des Bahnenherstellers erläutert. Einzelheiten zur Verarbeitung von Kunststoff- und Elastomerbahnen sowie für deren homogenes Verbinden, die Prüfung und Nachbehandlung der Naht- und Stoßverbindungen und für das Einbinden in Klemmflansche sind wiederum in DIN 18195, Teile 3 und 9 [12] festgelegt.

0	Befestigungsart 1	Befestigungselement 2	Einbauzustand 3
1	einbetonierte Kunststoffprofile		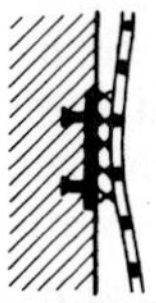
2	nachträglich angeschossene Scheiben aus	Kunststoff  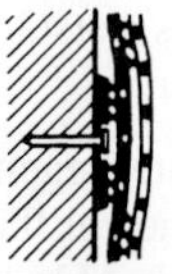	
3		Metall mit Kunststoff-beschichtung 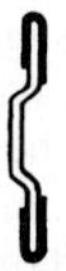 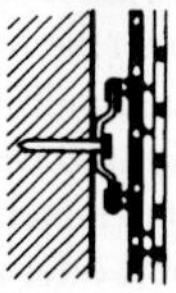	

Bild 8. Empfehlenswerte Beispiele für die streifen- oder punktförmige mechanische Befestigung von lose verlegten Kunststoff- bzw. Elastomer-Bahnenabdichtungen im Wandbereich [82]

Auf Sohlen- und Deckenflächen werden die Schutz- und Dichtungsbahnen in der Regel ohne Befestigung auf dem abzudichtenden Bauteil lose ausgerollt. Im Wandbereich ist dagegen aus einbautechnischen Gründen und zur Abtragung des Eigengewichts der Abdichtung eine stellenweise Verbindung mit dem Bauteil erforderlich. Art und Abstand dieser Zwischenbefestigungen sind so zu wählen, dass die Abdichtung keinen schädlichen Faltenwurf aufweist. In senkrechter Richtung sollte der Abstand nicht mehr als höchstens 4 m betragen. Einzelheiten sind auf das Bahnenmaterial, den Abdichtungsaufbau, den Bauablauf und die Verhältnisse an der abzudichtenden Fläche abzustimmen. So können sich beispielsweise für das stellenweise Befestigen mit Kaltkontaktkleber bei einer längeren Standzeit und/oder einem feuchten Untergrund Schwierigkeiten ergeben. Jüngere Entwicklungen im bergmännischen Tunnelbau mit streifenweisem Einsatz von Heißklebern (sog. Hotmelt-Verfahren) oder die Montage der Dichtungsbahnen im Klettverfahren unter Verwendung von Befestigungselementen mit luftseitig angeordneten Klettvliesen lassen hier deutliche Verbesserungen erwarten [126]. Mechanische Befestigungsmethoden sind im Hinblick auf die mögliche Gefahr einer Perforation oder eines Einreißens der Dichtungsbahn sorgfältig zu prüfen. Bild 8 zeigt Beispiele für geeignete Lösungen. Bei angeschossenen Befestigungselementen sollten die Nagelköpfe entweder durch Laschen oder Schutzbahnen überdeckt oder in tiefgezogenen Formteilen versenkt angeordnet werden, sodass die Dichtungsbahn in keinem Fall unmittelbar mit ihnen in Berührung kommt. Mechanische Befestigungen, die die einlagige Abdichtungshaut durchdringen, sind unbedingt abzulehnen. Das nachträgliche Aufschweißen eines Flickens birgt immer eine mögliche Fehlerquelle.

6.1.2 Anschlüsse

6.1.2.1 Bitumen-Abdichtungen

Bei Bitumenabdichtungen kann die Wandabdichtung mit einem Kehlenstoß oder einem rückläufigen Stoß an die Sohlenabdichtung angeschlossen werden. Der Kehlenstoß (Bild 9 a) muss so ausgebildet werden, dass kleinere horizontale Bewegungen (≤ 5 mm) nach Fertigstellung des Bauwerks schadlos aufgenommen werden können. Es kommt daher im Wesentlichen auf folgende Punkte an. Zur Vermeidung eines scharfkantigen Übergangs von einer Abdichtungsebene zur anderen ist die Kehle mit mindestens 4 cm Radius auszurunden. Die Verfingerung des Stoßes muss in der Wandfläche liegen, um hier ein Gleiten in den Überdeckungen zu ermöglichen. Die Überdeckungen sollten nach oben gestaffelt enden, damit sich ein stetig verlaufender Übergang einstellt. Als zweite Lage von außen wird eine mindestens 30 cm breite Verstärkung aus geriffeltem Kupferband empfohlen.

Der rückläufige Stoß (Bild 9 b und c) liegt außerhalb der Bauwerksgrundfläche. Wegen der gestaffelten, nach Norm mindestens 8 cm (in der Praxis besser aber 15 cm) breiten Überlappungen erfordert er bei 4 und mehr Lagen einen seitlichen Überstand des Unterbetons gegenüber der geplanten Bauwerksaußenkante von mindestens 50 cm Breite. Trägerbohlwände bieten in diesem Zusammenhang die Möglichkeit einer Arbeitsraumverbreiterung durch Verbohlen hinter dem äußeren Trägerflansch. Bei Ausführung des rückläufigen Stoßes ist darauf zu achten, dass die Anschlüsse nicht durch herabfallendes Baumaterial oder Schutt beschädigt werden. Unsachgemäß aufgebrachter vorläufiger Schutzbeton sowie das Fehlen der Trennschicht und der Trennfuge führen beim Freilegen der Anschlüsse zu Schwierigkeiten. Zur Arbeitserleichterung und zur Vermeidung von Beschädigungen der Anschlüsse beim Entfernen des vorläufigen Schutzbetons empfiehlt es sich, diesen in Längsrichtung in etwa 2 m lange Abschnitte zu gliedern und mit oberseitig herausragenden Bewehrungsschlaufen zu versehen. Ein schonendes Herausheben der Schutzbetonabschnitte mit dem Baukran ist dann leicht möglich. Zum Schutz der Dichtungsbahnen an ihren Stirnseiten ist der Einbau einer Kappe aus Kupferriffelband erforderlich, deren oben liegender Teil

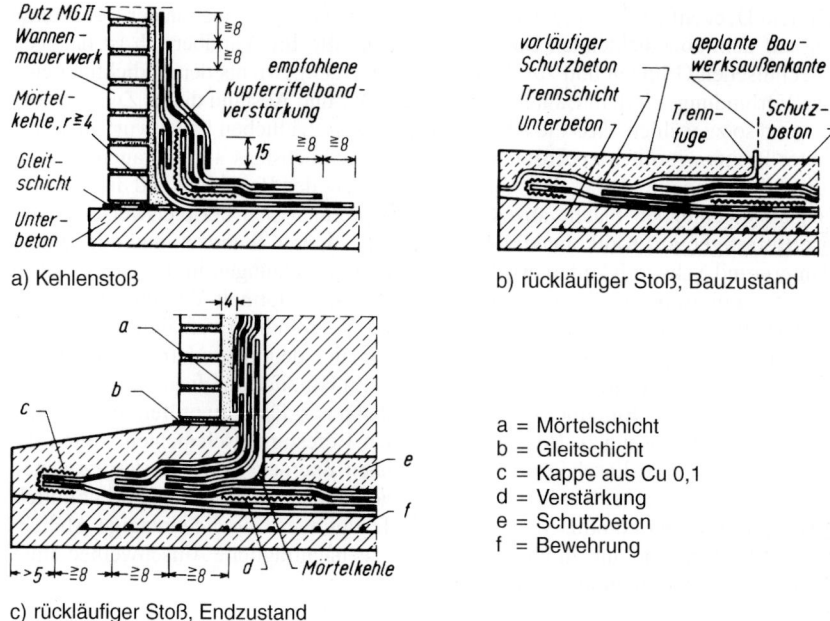

Bild 9. Übergang von der Sohlen- zur Wandabdichtung bei bitumenverklebten Abdichtungen

zunächst nur lose aufgelegt und erst nach Anschluss der Wandabdichtung vollflächig aufgeklebt wird. Eine besondere Gefährdung des rückläufigen Stoßes ergibt sich, wenn er im Bauzustand nicht ständig sicher trocken gehalten wird. Unter der Außenkante der Bauwerkswand sollte die Abdichtung mit Kupferriffelband verstärkt werden. Im Anschlussbereich ist der Unterbeton, wie in Bild 9 aufgezeigt, zu bewehren, um bei Bauwerkssetzungen in jedem Fall ein Abreißen des Stoßes auszuschließen.

Die zum Bauwerk hin geneigte Oberfläche des Unterbetons stellt ein Gleiten des Schutzbetonkeils und des darauf angeordneten Schutzmauerwerks zum Bauwerk hin sicher. Unvermeidlich ist der rückläufige Stoß, wenn die Bauwerksaußenwände aus Fertigteilen erstellt werden.

Die Anschlüsse in der Wand oberhalb der Kehle sind von der Einbauart der Wandabdichtung – luft- oder wasserseitig, d.h. ohne oder mit seitlichem Arbeitsraum – abhängig. Wird die Abdichtung bei einer Wannenabdichtung weiter oben von außen auf die fertige Bauwerkswand aufgebracht, kehrt sich die Einbaufolge der Lagen um. Der Anschluss wird daher als Kehranschluss bezeichnet (Bild 10). Bei seiner Ausführung hat sich in vielen Fällen der Schalkasten bewährt. Diese Hilfskonstruktion schließt Stemmarbeiten im Anschlussbereich der Abdichtung aus. Durch mehrfachen Einsatz ist sie wirtschaftlicher als abzubrechendes Wandmauerwerk. Schäden können sich durch zu frühes Entfernen des Schalkastens ergeben, wenn Oberflächenwasser an der Außenwand herabfließt und hinter die Abdichtung dringen kann. Hier reichen schon geringe Niederschlagsmengen, um zu einer Beulenbildung bei nicht abgesteiften und nicht eingepressten Abdichtungen zu führen. Die Absteifung muss daher unbedingt bis unmittelbar zum Zeitpunkt der Weiterführung der Wandabdichtung erhalten bleiben. Beim Kehranschluss müssen die Maße für die Anschlüsse nach Norm mit

2.11 Abdichtungen und Fugen im Tiefbau 697

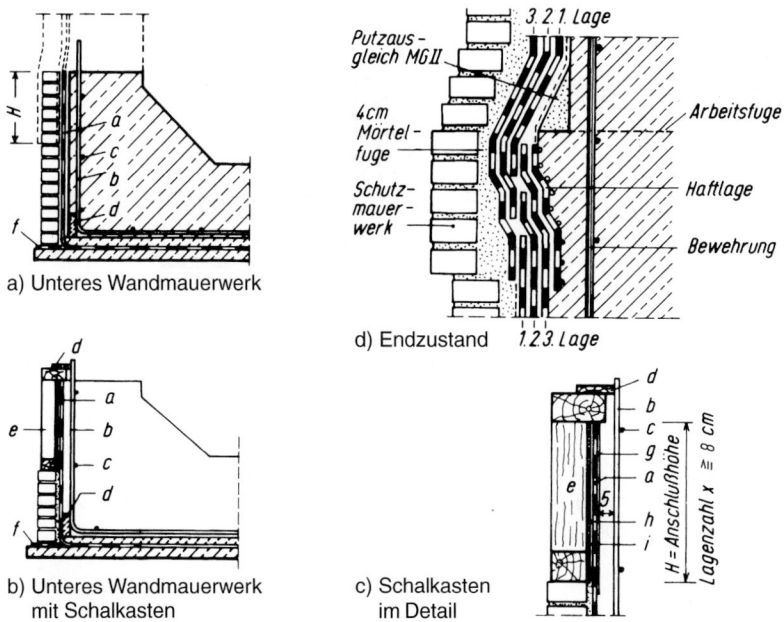

Bild 10. Kehranschluss bei bitumenverklebten Abdichtungen;
a = Abdichtung, b = Bewehrung, c = Verteiler innen, d = Abstandshalter, e = Schalkasten,
f = Gleitschicht, g = Haftlage, h = 1/2 cm Putz o. 1 Lg. R 500 N, i = Hartfaserplatte

mindestens 8 cm (in der Praxis besser aber mit 15 cm) und die richtige Höhenlage der einzelnen Bahnen beachtet werden. Im Bereich des Kehranschlusses sollte immer außen eine Schutzbahn und innen eine besandete Haftbahn zum Beton hin angeordnet sein. Wenn Letztere fehlt, kann sich die Abdichtung beim Abnehmen des Schalkastens vom Beton lösen. Außerdem verringert die Haftbann die erwähnte Gefahr der Hinterläufigkeit.

Am Übergang von der Wand- zur Deckenabdichtung wird bei vorhandenem Arbeitsraum ein Kantenstoß ausgebildet (Bild 11 a). Dabei empfiehlt es sich, den Voranstrich aus der Wandfläche etwa 50 bis 60 cm weit in die Deckenfläche zu ziehen. Dadurch wird eine bessere Haftung der gestaffelt auf der Decke endenden Wandbahnen und somit eine bessere Abtragung des Eigengewichts der Wandabdichtung im Bauzustand erzielt. Die Deckenbahnen greifen nach Norm jeweils mindestens 8 cm, besser aber 15 cm über die Wandbahnen. So läuft das Wasser auf der Decke stets über und nicht gegen die Stoßkanten. Eine Kantenverstärkung wird empfohlen, z.B. aus Kupferriffelband 0,1 mm dick und 30 cm breit als zweite Lage von der Wasserseite her.

Bei fehlendem Arbeitsraum wird die Wandabdichtung gemäß Bild 11 b zunächst etwa 25 cm weit über die geplante Deckenebene an der Wand hochgezogen. Dieser Bereich sollte unbedingt nur mit ungefülltem Primärbitumen geklebt werden, damit ein späteres Lösen der einzelnen Bahnen handwerklich leichter und schadlos erfolgen kann. Nach Fertigstellung des Bauwerks wird die obere Wandabdichtung umgeklappt und ein sog. umgelegter Stoß ausgeführt. Zur Verstärkung empfiehlt sich neben dem 30 cm breiten Kupferriffelband der Einbau einer Dichtungsbahn mit Metallbandeinlage auf der Luftseite, um eventuelle Unebenheiten im Kantenbereich auszugleichen. Die Deckendicke muss sich entsprechend

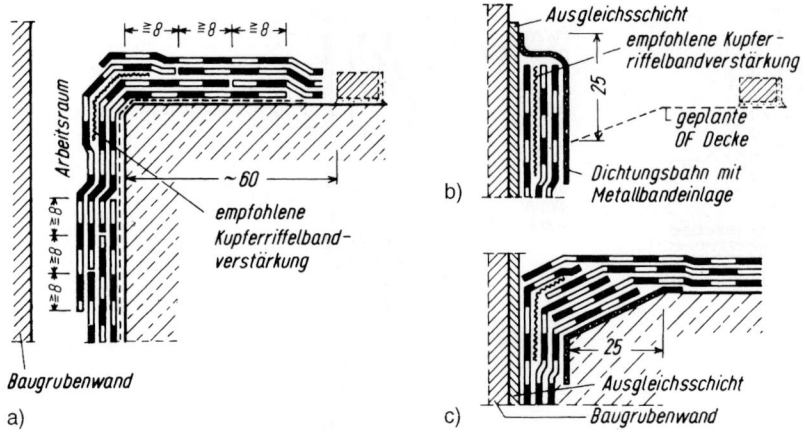

Bild 11. Übergang von der Wand- zur Deckenabdichtung bei bitumenverklebten Abdichtungen; a) Kantenstoß (bei vorhandenem Arbeitsraum), b) umgelegter Stoß, Bauzustand (bei fehlendem Arbeitsraum), c) umgelegter Stoß, Endzustand (bei fehlendem Arbeitsraum)

Bild 11 c im Bereich des Stoßes so weit verringern, dass möglichst keine wulstartige Erhöhung in der Abdichtungsfläche entsteht und damit ein Wasserstau auf der Decke weitgehend vermieden wird.

Allgemein ist nach Fertigstellung der Rohbaudecke ein Abmauern des Stoßbereichs mit einem halben Stein und angeputzter Mörtelkehle (Bild 11 a und b) zweckmäßig, um die oft beträchtlichen Mengen von der Decke abfließenden Niederschlagswassers von den Stoßkanten fernzuhalten. Dieses Mauerwerk darf erst kurz vor Ausbildung des Stoßes entfernt werden.

Wenn die Abdichtungsarbeiten im Sohlen-, Wand- oder Deckenbereich unterbrochen werden müssen, lässt man die Lagen gestaffelt um jeweils mindestens 8 bis 15 cm versetzt enden (s. oberes Ende der Wandabdichtung in Bild 9 a). Bis zur Fortführung der Arbeiten sind die Anschlüsse vor mechanischer Beschädigung, Hinterläufigkeit sowie gegebenenfalls Wasseraufnahme zu sichern (s. Abschn. 6.1.3).

Kunststoffmodifizierte Bitumendickbeschichtungen müssen bei Arbeitsunterbrechungen, d.h. auch bei Anschlüssen auf null ausgestrichen werden (vgl. Abschn. 4.3). Um im Bereich von zeitweise aufstauendem Sickerwasser die Forderung der DIN 18195-6, Abschnitt 5.2 nach Ausbildung einer geschlossenen Wanne erfüllen zu können, sind die Anschlüsse im Übergang von der Sohle zur Wand sinngemäß als rückläufiger Stoß oder Kehlenstoß auszuführen.

6.1.2.2 Abdichtungen mit lose verlegten Kunststoff- bzw. Elastomerbahnen

Bei Abdichtungen mit lose verlegten Kunststoff- bzw. Elastomerbahnen liegen bezüglich der Stöße und Anschlüsse wegen der losen und einlagigen Verlegung grundsätzlich andere Verhältnisse vor als bei den bitumenverklebten mehrlagigen Abdichtungen. Ein wesentlicher Unterschied besteht z.B. darin, dass Kunststoff-Dichtungsbahnen im Gegensatz zu den Bitumendichtungsbahnen problemlos aus jeder Ebene in eine andere umgeklappt werden können. Die Ausbildung eines rückläufigen Stoßes ist daher nicht erforderlich. Zwar wird bei

2.11 Abdichtungen und Fugen im Tiefbau

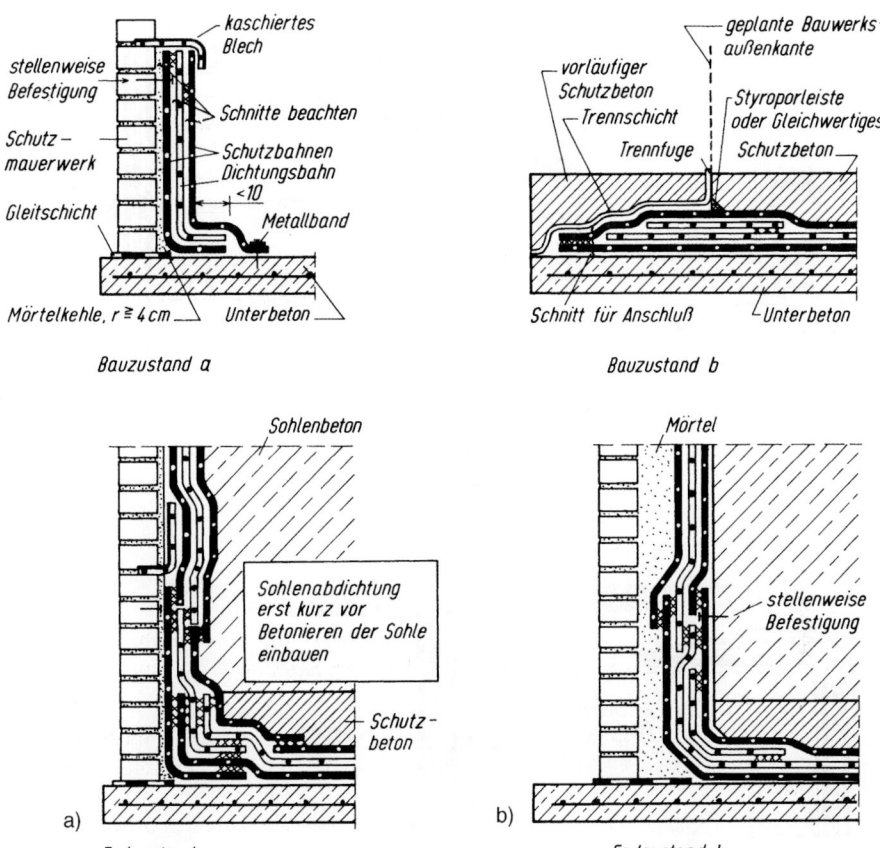

Bild 12. Übergang von der Sohlen- zur Wandabdichtung bei lose verlegten Kunststoff- bzw. Elastomerbahnen [82]; a) Kehle bei Einbau der Wandabdichtung von innen, b) Kante bei Einbau der Wandabdichtung von außen

der Fertigteilbauweise auch eine Kunststoffabdichtung zunächst in der Sohlenebene seitlich über die geplante Bauwerksaußenkante hinausgezogen (Bild 12 b). Nach Fertigstellung des Bauwerks kann die gesicherte Abdichtung jedoch in die Wandfläche hochgeklappt und dort befestigt werden. Ein zusätzlich eingebauter Dichtungsbahnstreifen ist im Kehlen- bzw. Kantenbereich des Übergangs von der Sohlen- zur Wandabdichtung zu empfehlen. Außerdem sollte ein scharfkantiger Übergang zwischen beiden Ebenen durch Einbau von später leicht zu entfernenden Dreikantleisten in die Schalung vermieden werden.

Für den Kehranschluss zeigt Bild 13 eine Lösungsmöglichkeit auf. Die Abdichtung wird zur Fixierung und Sicherung auf das Wannenmauerwerk geklappt. Um das Eindringen von abfließendem Oberflächenwasser und Schmutz zwischen Abdichtung und Konstruktionsbeton zu verhindern, kann ein Profilband (z.B. außen liegendes Arbeitsfugenband) zusätzlich eingebaut werden. Dieses sichert zugleich die Lage der Schutz- und Dichtungsbahnen und schützt die Abdichtung im Bereich der Arbeitsfuge. Zur Fortführung der Abdichtung müssen die einzelnen Bahnen oberhalb des Profilbandes entsprechend dem späteren

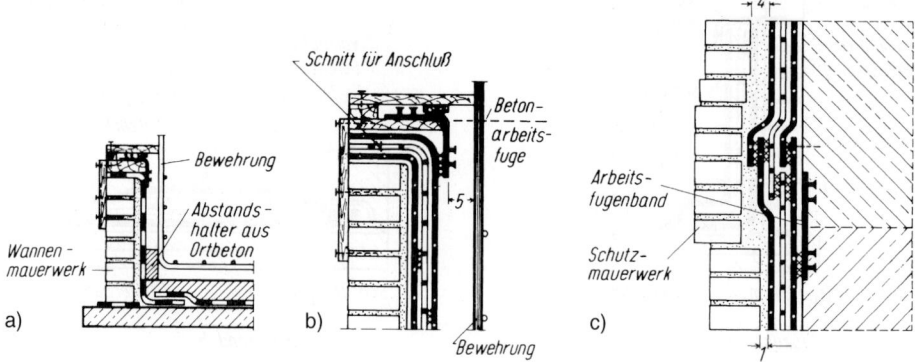

Bild 13. Beispielhafte Lösung für den Kehranschluss bei lose verlegten Kunststoff- bzw. Elastomerbahnen [82]; a) Übersicht, b) Bauzustand (Sicherung des Anschlusses), c) Endzustand

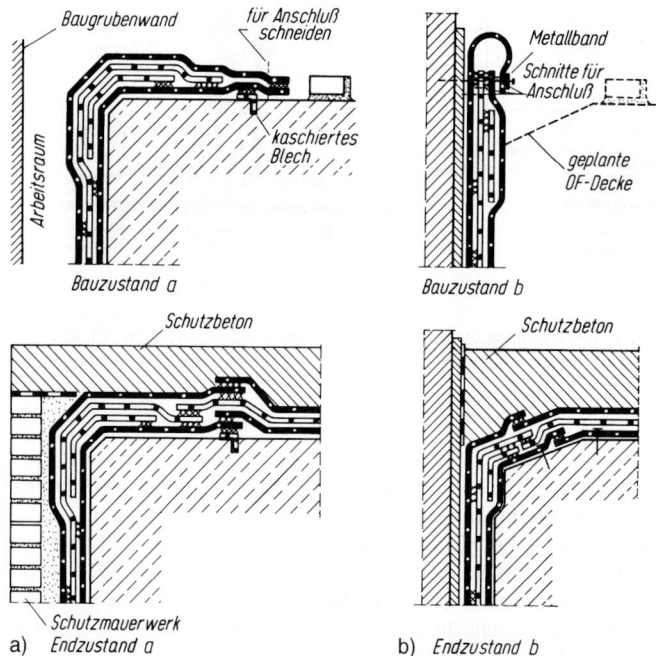

Bild 14. Übergang von der Wand- zur Deckenabdichtung bei lose verlegten Kunststoff- bzw. Elastomerbahnen [82]; a) Kantenstoß (bei vorhandenem Arbeitsraum), b) umgelegter Stoß (bei fehlendem Arbeitsraum)

2.11 Abdichtungen und Fugen im Tiefbau   701

Anschluss geschnitten werden. Die Betondeckung muss im Bereich des Profilbandes so groß sein, dass eine Nesterbildung unterhalb desselben mit Sicherheit ausgeschlossen wird.

Für den Übergang von der Wand- zur Deckenabdichtung (Bild 14) werden bei vorhandenem Arbeitsraum die Wandbahnen auf die Deckenfläche gezogen. Das wirkt sich im Bauzustand günstig auf die Abtragung des Eigengewichts aus. Die Befestigung an einem zuvor einbetonierten, einseitig kaschierten Blech verhindert das Eindringen von Schmutz und Wasser zwischen Abdichtung und Bauwerk. Bei diesem Kantenstoß (Bild 14 a) empfiehlt sich eine Verstärkung. Wenn dagegen der Arbeitsraum fehlt, kann die Wandabdichtung für die Ausführung eines umgelegten Stoßes (Bild 14 b) etwa 25 cm über die geplante Deckenebene hinausgeführt und an ihrem oberen Ende mechanisch befestigt werden. Dabei bietet die dargestellte Sicherung der Bahnenenden Schutz gegen Eindringen von Wasser bzw. Schmutz zwischen die Bahnen. Später werden die Bahnen unterhalb der Befestigungslinie abgetrennt und auf die fertige Decke geklappt. Im Kantenbereich sollte die Abdichtung verstärkt werden. Wegen der keilförmigen Abschrägung und der Halbstein-Abmauerung wird auf den vorhergehenden Abschnitt 6.1.2.1 verwiesen.

Bei Unterbrechung der Abdichtungsarbeiten im Sohlen-, Wand- oder Deckenbereich werden die Schutz- und Dichtungsbahnen um mindestens 5 cm gestaffelt liegen gelassen. Die Anschlüsse müssen vor mechanischer Beschädigung geschützt werden (s. Abschn. 6.1.3).

6.1.3 Verwahrung und Sicherung

6.1.3.1 Bitumen-Abdichtungen

Verwahrungen sind stets dann erforderlich, wenn ein im Grund- oder Sickerwasserbereich gegründetes Bauwerk oder Bauteil über den Grundwasserspiegel bzw. die Geländeoberfläche reicht. Die grundsätzliche Anordnung hierzu zeigt Bild 15 a im Zusammenhang mit einer im Hochbau üblichen Flachgründung. Je nach Art des anstehenden Bodens, d. h. je nach Höhe des Bemessungswasserstandes endet die zu verwahrende Abdichtung unterhalb oder oberhalb der Geländeoberfläche (Bild 15 b bzw. c). Weitere Beispiele für die konstruktive Ausbildung einer Verwahrung sind in Bild 16 dargestellt. Bei einer Bitumenabdichtung kann sie durch Einziehen in eine Nische oder durch eine mechanische Befestigung z. B. mithilfe einer Klemmschiene erfolgen (Bild 16 a). Bei der dargestellten Lösung läuft das an der Wand abfließende Wasser immer auf die Abdichtung und nicht gegen deren Stirnseite. Die Nische muss nach Einbau der Abdichtung durch Mauerwerk, Putz oder Beton geschlossen werden, um für die Abdichtung einen mechanischen Schutz sicherzustellen. Das rein mechanische Befestigen ohne einbetonierten Festflansch schließt bei unebener Wandfläche und fehlender Nischenaussparung oder fehlender Tropfnase eine Hinterläufigkeit immer dann nicht aus, wenn die Bahnen der Abdichtung im Klemmbereich nicht stumpf, sondern überlappt gestoßen werden. Das stattdessen notwendige Stumpfstoßen erfordert aber ein Ausklinken der Bahnen im Klemmbereich. Bei Verwahrung einer einlagigen Abdichtung ist im Klemmbereich ein zusätzlicher Bahnenstreifen erforderlich. Die Fuge oberhalb des eingeklemmten Abdichtungsendes ist zu verfüllen, um ein Ausweichen von Klebemasse zu verhindern. Für die Klemmschiene bzw. die Los- und Festflanschkonstruktion sind bestimmte Mindestabmessungen einzuhalten (s. Abschn. 6.1.5).

Eine sichere Verwahrung von Brücken- und Parkdeckabdichtungen zeigt Bild 17. Hierbei wird der auf zwei Lagen verstärkte Abschluss der ansonsten einlagigen Dichtungsschicht (s. Bild 7) in Form einer Aufkantung 15 cm hoch über die oberste wasserführende Ebene gezogen. Als mechanischer Schutz empfiehlt sich ein gleichzeitig als Klemmschiene ausgebildetes Abdeckblech.

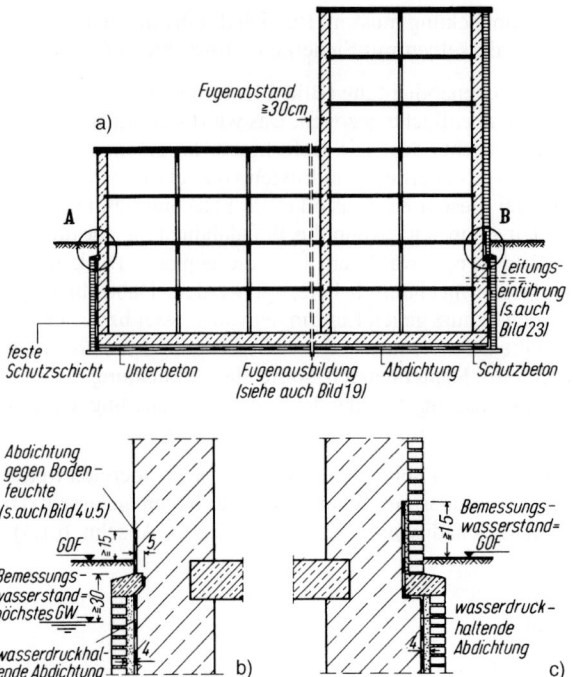

Bild 15. Abdichtungsanordnung und Verwahrung bei einer Flachgründung; a) Übersicht, b) Verwahrung bei nichtbindigem Boden, Detail A, c) Verwahrung bei bindigem Boden, Detail B

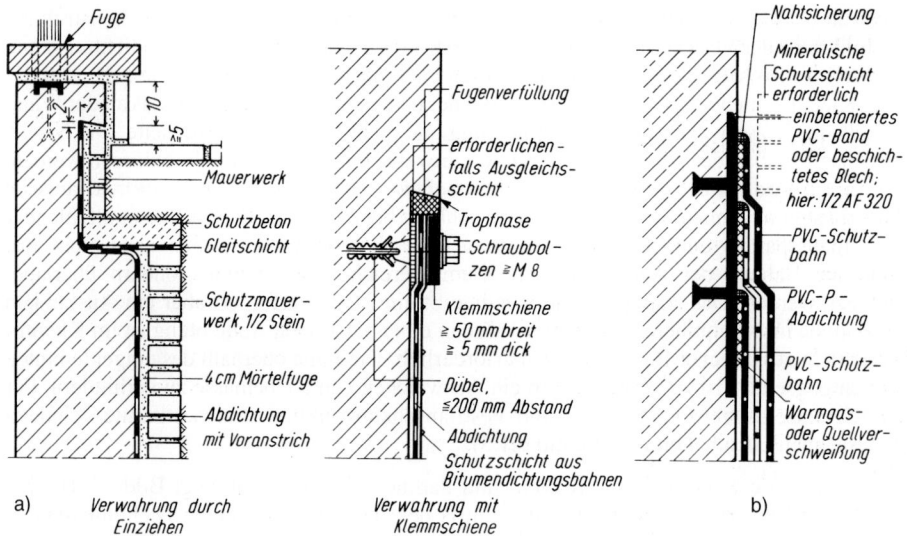

Bild 16. Verwahrung; a) Bitumenverklebte Abdichtung, b) Abdichtungen mit lose verlegten Kunststoff- bzw. Elastomerbahnen z. B. aus PVC-P [80, 84]

2.11 Abdichtungen und Fugen im Tiefbau 703

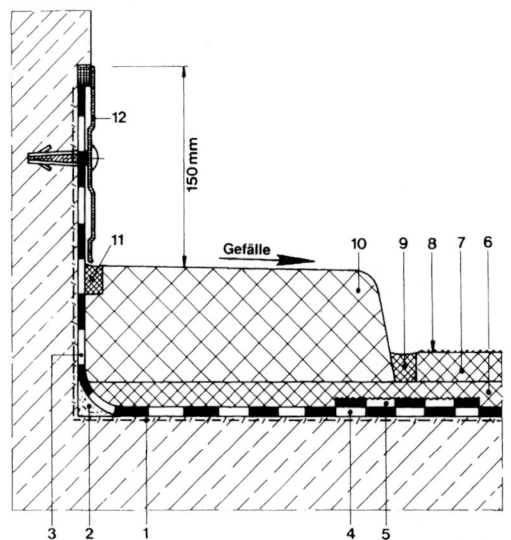

1 Epoxidharz-Grundierung
2 Kehlenausrundung (PCC-Mörtel)
3 Abdichtungsanschluss, zweilagig
4 Dichtungsschicht der Fläche
5 Verstärkung ($\geq$ 25 cm; unter 30 cm breitem Wasserlauf $\geq$ 50 cm breit
6 Gussasphalt-Schutzschicht, $\geq$ 25 cm dick
7 Gussasphalt-Deckschicht, $\geq$ 25 cm dick
8 Abstreumaterial: 5 kg/m^2 aufgehellter Split
9 Randfuge als Vergussfuge vor Randkappe – bei Betonkappe mit Unterfüllstoff
10 Randkappe aus Gussasphalt oder Beton
11 Vergussfuge: Kappe/Wand
12 Abdeckblech, $\geq$ 150 mm hoch mit Klemmwirkung

Bild 17. Verwahrung einer Dichtungsschicht unter befahrenen Flächen [92]

Die Sicherung von Anschlüssen bei längerer Unterbrechung der Abdichtungsarbeiten sollte in waagerechten oder schwach geneigten Flächen durch einen vorläufigen Schutzbeton mit Trennschicht (Beispiel s. Bild 9 b), in senkrechten Flächen mit 1-Stein dickem Schutzmauerwerk vorgenommen werden. Nur eine derartige massive Ausführung kann die Anschlüsse insbesondere bei Lage unter Erdgleiche in ausreichendem Maße schützen.

Kunststoffmodifizierte Bitumendickbeschichtungen (KMB) müssen an ihrem oberen Ende so verwahrt werden, dass eine Hinterläufigkeit von Niederschlagswasser sicher ausgeschlossen wird. Dies kann durch schindelartiges Übergreifen von Bauelementen der Fassade erfolgen oder durch Einklemmen von Dichtungsbahnen, die überlappend in die KMB einbinden.

6.1.3.2 Abdichtungen mit lose verlegten Kunststoff- bzw. Elastomerbahnen

Bei einer Abdichtung mit lose verlegten einlagigen Kunststoff- bzw. Elastomerbahnen ist die Verwahrung wegen der grundsätzlich gegebenen Hinterläufigkeit von entscheidender Bedeutung für die Wirksamkeit des gesamten Abdichtungssystems. Das gilt insbesondere dann, wenn der Wasserstand in Sonderfällen die oberen Abdichtungsränder überschreiten kann. Hier ist von der mechanischen Befestigung mithilfe von Aluminiumbändern, einer umgeschlagenen Dichtungsbahn und dem Eindichten mit elastischem Kitt dringend abzuraten. Dagegen lässt die in Bild 16 b dargestellte Lösung mit einem einbetonierten Fugenband oder eine gleichwertige Ausführung mit einbetonierten kunststoffbeschichteten Blechen oder speziellen Klemmprofilen einen dichten An- und Abschluss erwarten. Zu empfehlen ist auch für die Kunststoff- bzw. Elastomerabdichtung das Einziehen in eine Nische entsprechend Bild 15 b und 15 c bzw. 16 a.

Eine besondere Art der Verwahrung ist im Zusammenhang mit der Abdichtung von Deponien, Tanktassen oder künstlich angelegten Teichen gegeben. Eine prinzipielle Lösung hierzu zeigt Bild 18. Die Kunststoff-Dichtungsbahn wird dabei über den Böschungskopf hinaus gezogen und endet in einem Graben. Dieser wird zur Lagesicherung der Dichtungs-

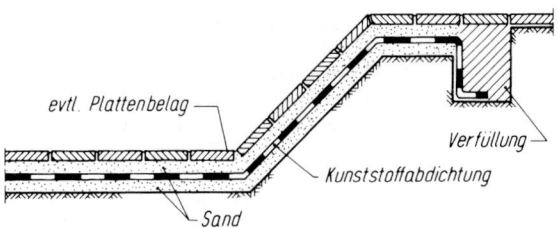

Bild 18. Abdichtung von Deponien, Tanktassen oder künstlich angelegten Teichen mit lose verlegten Kunststoff- bzw. Elastomer-Dichtungsbahnen (Prinzip)

bahnen mit Erde oder Beton verfüllt. Allgemein ist bei der Abdichtung von Deponien, Tanktassen oder Teichen darauf zu achten, dass im ungefüllten Zustand eine ausreichende Auftriebssicherung vorliegt. Je nach Nutzung ist die Abdichtung durch Schutzbahnen, Sandaufschüttung oder Plattenbelag vor mechanischer Beschädigung und schädigenden Witterungseinflüssen zu schützen. Die Böschungsneigung ist auf derartige konstruktive Maßnahmen abzustimmen, damit Abrutschungen nicht zur Zerstörung führen können. Grundsätzlich ist auf eine dauerhafte Verträglichkeit zwischen den Abdichtungsstoffen und den für die Lagerung vorgesehenen Materialien zu achten. Weitere Einzelheiten sind beispielsweise in [56, 76] enthalten.

Die Sicherung von Anschlüssen einer Kunststoff- bzw. Elastomer-Bahnenabdichtung sollte sinngemäß so gehandhabt werden wie für die Bitumenabdichtung beschrieben.

6.1.4 Fugen (DIN 18195, Teil 8)

6.1.4.1 Grundlagen

Für dehnfähige Abdichtungen ist nach DIN 18195-8 [12] grundsätzlich zwischen zwei Arten der Fugenbeanspruchung zu unterscheiden.

- Fugen Typ I sind Fugen für langsam ablaufende und einmalige oder selten wiederholte Bewegungen, z. B. Setzungsbewegungen oder Längenänderungen durch jahreszeitliche Temperaturschwankungen. Diese Fugen befinden sich in der Regel unter der Geländeoberfläche. Die Flächenabdichtung kann mit Verstärkungslagen versehen ohne Unterbrechung über die Fuge durchgeführt werden, sofern bestimmte Verformungsgrenzwerte nicht überschritten werden.
- Fugen Typ II sind Fugen für schnell ablaufende oder häufig wiederholte Bewegungen infolge wechselnder Verkehrslasten oder Längenänderungen aufgrund tageszeitlicher Temperaturschwankungen. Diese Fugen befinden sich in der Regel oberhalb der Geländeoberfläche. Die Flächenabdichtung ist in jedem Fall zu unterbrechen und über der Fuge durch geeignete Stoffe zu ersetzen.

Die Norm berücksichtigt mit dieser Differenzierung langjährige Erfahrungen aus der Praxis sowie Erkenntnisse aus zahlreichen Schadensfällen, insbesondere von freibewitterten und damit in hohem Maße starken Temperaturwechseln ausgesetzten Bauteilen.

6.1.4.2 Anordnung

Die Anzahl und Anordnung von Fugen ist abhängig von der Konstruktion eines Bauwerks, der Temperaturbeanspruchung, dem Schwindmaß, den Setzungsunterschieden zweier Baukörper, den betrieblichen Erfordernissen und den Bauzuständen.

2.11 Abdichtungen und Fugen im Tiefbau

Nach der Beanspruchung für die Abdichtung wird unterschieden zwischen:

a) Dehnungsfugen mit Stauch- und Dehnbeanspruchung;
b) Setzungsfugen mit Scherbeanspruchung;
c) Bewegungsfugen mit Stauch-, Dehn- und Scherbeanspruchung (kombinierte räumliche Bewegung);
d) Arbeits- und Scheinfugen ohne nennenswerte planmäßige Beanspruchung.

Da im Regelfall Setzungen ohne Dehnungen oder umgekehrt nicht zu erwarten sind, sollten Fugen mit Ausnahme der konstruktiven Arbeits- und Scheinfugen i. Allg. als Bewegungsfugen ausgebildet werden. Dabei kann man unter Erdgleiche von mittleren Temperaturen um etwa 10 °C und Öffnungsgeschwindigkeiten von etwa 0,01 bis 0,1 mm/h, das heißt etwa 0,2 bis 2 mm pro Tag, im Fugenbereich ausgehen. Bei etwa gleich bleibendem Bauwerksquerschnitt (z. B. Tunnel) sollten die Fugen im Abstand von 25 bis 30 m angeordnet werden. Frei bewitterte Baukörper wie z. B. Stützwände erfordern einen wesentlich engeren Fugenabstand [94]. Unterschiedliche Querschnitte und Grundrissformen von Bauwerken sollten möglichst durch Fugen voneinander getrennt werden. Fugen sind mindestens 30 cm, besser aber 50 cm von Ecken, Kehlen und Kanten entfernt anzuordnen (Bild 15 a), damit eine einwandfreie handwerkliche Ausführung der Abdichtungsverstärkung in diesem Bereich möglich ist und eine Überbeanspruchung gerade an dieser Stelle ausgeschlossen wird. Planerische Hinweise hierzu enthält [78]. Eine Fuge darf nach Norm nicht durch eine Ecke geführt werden. Ihr Schnittwinkel mit Kanten und Kehlen oder einer anderen Fuge sollte nicht wesentlich vom rechten Winkel abweichen. Bauwerksfugen sind generell in allen an die Abdichtung angrenzenden Schichten an gleicher Stelle auszubilden (DIN 18195-8 [12]), insbesondere auch bei frei bewitterten und befahrenen Bauteilen [43]. Die Ausbildung von Fugen ist abhängig von der Größe der aufzunehmenden Bewegungen, ggf. des höchsten zu erwartenden Wasserdrucks und dem Abdichtungssystem. Entsprechende Angaben müssen dem Abdichter mit den Ausschreibungsunterlagen mitgeteilt werden, damit er eine ausreichend bemessene Verstärkung einbauen kann. Die Fugenflanken müssen plangemäß in ein und derselben Ebene liegen, d. h. bei Einbau der Fugenverstärkungen darf kein Versatz zwischen den benachbarten Bauteilen vorhanden sein (DIN 18195-8:2004-03, Abschnitt 6.6).

6.1.4.3 Bitumen-Abdichtungen

Die Bitumen-Abdichtung kann über Fugen mit einer reinen Dehnung von maximal 30 mm oder einer reinen Setzung von maximal 40 mm oder einer kombinierten Bewegung von maximal 25 mm mit mehrlagigen Verstärkungen ohne Schlaufe ausgeführt werden (Bild 19, Zeilen 1 bis 3). Ausgehend von den für ein konkretes Projekt durch den Bodengutachter und den Statiker ermittelten größten zu erwartenden Verformungen muss der Abdichtungsplaner die maßgebliche Bewegungsgröße errechnen. Zu diesem Zweck sind die einzelnen Verformungskomponenten vektoriell zu addieren. Geht man beispielsweise von einer größten Setzung von 13 mm aus und gleichzeitig von einer größten Dehnung quer zur Fugenlängsachse von 17 mm und einer größten Scherung parallel zur Fugenlängsachse von 5 mm, so ergibt sich die maßgebliche resultierende Verformung zu:

$$s_{res} = \sqrt{13^2 + 17^2 + 5^2} = \sqrt{169 + 289 + 25} = \sqrt{483} = 22 \text{ mm}$$

Aus diesem Ergebnis folgert, dass die Fugenausbildung gemäß Zeile 3 aus Bild 19 vorzunehmen ist. Eine Ausbildung gemäß Zeile 2 hätte nämlich eine maximale resultierende Verformung von nur 15 mm zugelassen. Bei Überschreiten der eingangs genannten Verformungsgrenzwerte ist zu verfahren wie weiter unten in Abschnitt 6.1.4.5 beschrieben.

Zeile	Art und Größe (mm) der Fugenverformung		Abdichtungsaufbau	Fugenverstärkung	Fugenkammer
0	1		2	3	4
1	→ ≦ 10 ↓ ≦ 10 ↘ ≦ 10	Bitumenverklebte Abdichtungen	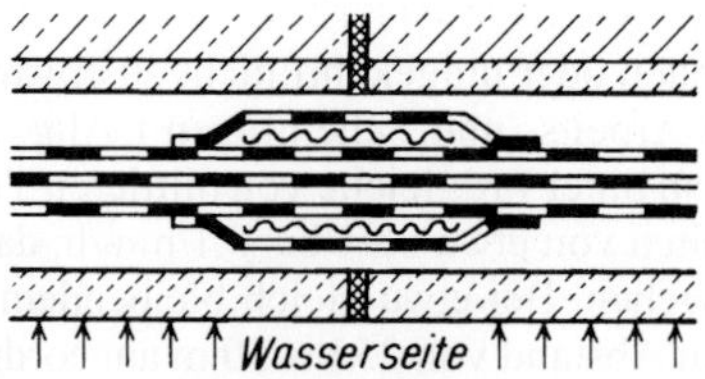Wasserseite	2 x Cu 0,2 30 cm breit mit 2 Zulagen R 500 N 50 cm breit	keine
2	→ ≦ 20 ↓ ≦ 30 ↘ ≦ 15	Bitumenverklebte Abdichtungen	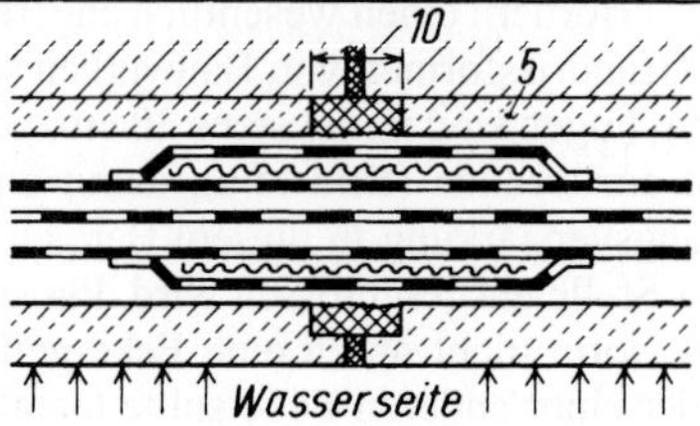10 5 Wasserseite	2 x Cu 0,2 50 cm breit mit 2 Zulagen R 500 N 1,0 m breit	in waagerechten Flächen 10 cm breit, 5 cm tief; in Wänden keine
3	→ ≦ 30 ↓ ≦ 40 ↘ ≦ 25	Bitumenverklebte Abdichtungen	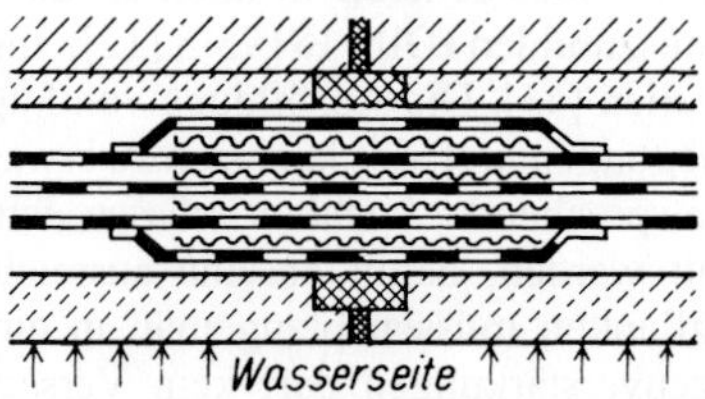Wasserseite	4 x Cu 0,2 50 cm breit mit 2 Zulagen R 500 N 1,0 m breit	in waagerechten Flächen 10 cm breit, 5 cm tief; in Wänden keine
4	→ ≦ 10 ↓ ≦ 10 ↘ ≦ 10	Kunststoffabdichtung	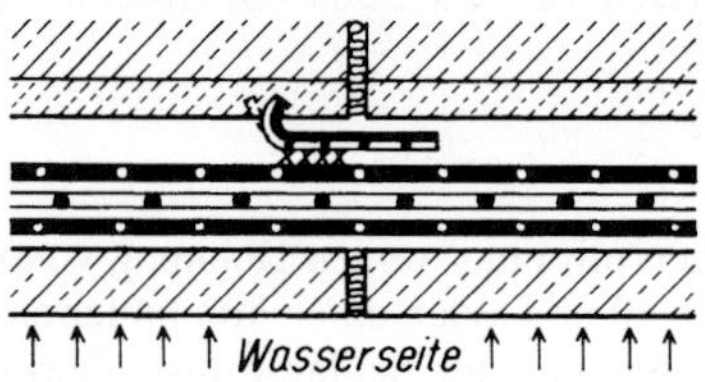Wasserseite	ca. 0,5 mm dickes, kunststoffbeschichtetes Stahlblech ≧ 20 cm breit oder einbetoniertes Kunststoffdichtungsband ≧ 240 mm breit	keine
5	→ > 30 ↘ > 25 ↓ > 40	allgemein	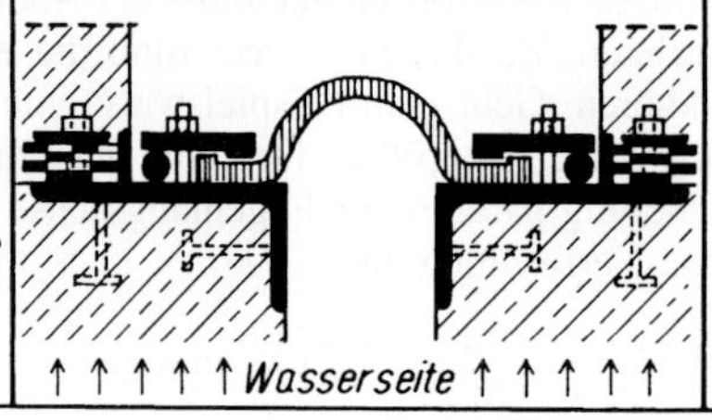Wasserseite	Sonderkonstruktion für größere Bewegungen oder Fugen Typ II	

Bild 19. Beispiele zur Fugenausbildung

2.11 Abdichtungen und Fugen im Tiefbau

Auf beiden Seiten der über die Fuge durchlaufenden Abdichtung ist mindestens jeweils eine Verstärkung aus Metallband, vorwiegend Kupferband 0,2 mm dick, mit Zulagen aus nackten Bitumenbahnen R 500 N anzuordnen. Weitere, dann innen liegende Verstärkungen dürfen auch aus Elastomer-Bahnen, Kunststoff-Dichtungsbahnen oder Bitumenbahnen mit Polyestervlieseinlage bestehen. Einzelheiten hierzu regelt DIN 18195-8 [12].

Verstärkung und Ausführung der Abdichtung im Fugenbereich werden nach der Größe der zu erwartenden Bewegungen abgestuft. Bei Bewegungen über 10 mm ist die Ausbildung einer Fugenkammer von 100 mm Breite und 50 bis 80 mm Tiefe in den beidseitig angrenzenden waagerechten Bauteilen erforderlich, sofern es sich nicht um konstruktiv entsprechend ausgebildete reine Dehnfugen handelt. Die Fugenkammern müssen mit einem gut verformbaren Material z. B. mit gefüllter Bitumenklebemasse oder Fugenvergussmasse ausgefüllt werden, um das durchlaufende Abdichtungspaket zu stützen und in seiner Lage zu sichern.

Die in Bild 19 für Bitumenabdichtungen aufgezeigten Möglichkeiten der Fugenausbildung in Abhängigkeit von den erwarteten Bewegungsgrößen haben sich sowohl in der Praxis als auch in Großversuchen der Studiengesellschaft für unterirdische Verkehrsanlagen e. V. – STUVA – bewährt [49, 84, 94, 96].

Im Bereich befahrener Flächen z. B. bei Brücken und Parkdecks ist wegen der schwingenden Verkehrslasten und der häufigen Temperaturwechsel unzweifelhaft von Fugen Typ II auszugehen. Hier ist die Flächenabdichtung zu unterbrechen. Die Abdichtung über der Fuge erfordert i. Allg. ein wasserdichtes Spezialprofil (Bild 20), in den meisten Fällen aus korrosionsgeschützten Stählen oder speziellen Aluminiumlegierungen. Diese Profile müssen eine sichere Anschlussmöglichkeit für die Flächenabdichtung entsprechend DIN 18195-9 aufweisen. Das Kunststoff- oder Elastomer-Fugendichtprofil muss wasserdicht anschließen und

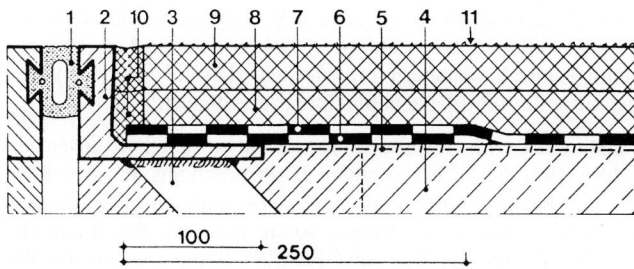

Bild 20. Wasserdichte fabrikfertige Fugenübergangskonstruktion mit stählernem Klebeflansch (Prinzip)
1 Elastomeres Fugendichtungsprofil – auswechselbar
2 Stählernes Randprofil der Übergangskonstruktion
3 Verankerung (Flacheisen)
4 Konstruktionsbeton
5 Epoxidharz-Grundierung
6 Verstärkungsstreifen, nicht kaschiert – entfällt, wenn Dichtungsschicht parallel zur Fuge verlegt wird
7 Dichtungsschicht der Fläche nach ZTV-ING, Teil 7, Abschnitt 1 [43]
8 Gussasphalt-Schutzschicht
9 Gussasphalt-Deckschicht
10 Abschlussfuge, Fugenverguss zweilagig
11 Abstreumaterial: Sand oder aufgehellter Splitt

auswechselbar sein. Das solchermaßen fabrik- oder werkstattgefertigte Fugensystem muss eine funktionsgerechte Ausbildung von Formteilen für horizontale und vertikale Abwinklungen sowie für Fugenschnittpunkte ermöglichen. Eine sichere Ausführung im Bereich der Fugenkonstruktionen ergibt sich bei zusätzlicher Anordnung eines Fugenbandes in der Abdichtungsebene. Beispiele hierzu enthalten [92, 96].

Kunststoffmodifizierte Bitumendickbeschichtungen sind über Fugen zu unterbrechen und durch eingeklebte Kunststoffbahnenstreifen zu ersetzen. Diese Kunststoffbahnenstreifen müssen zur Verbesserung des Haftverbundes in der Bitumendickbeschichtung an ihren Rändern beidseitig aufgeraut oder mit Vlies bzw. Gewebe kaschiert sein (siehe DIN 18195-3, Abschn. 5.4.3 [12]).

6.1.4.4 Abdichtungen mit lose verlegten Kunststoff- bzw. Elastomerbahnen

Einlagige Abdichtungen mit lose verlegten Kunststoff- bzw. Elastomerbahnen sollten im Fugenbereich immer verstärkt werden. Alle Einzelheiten der Fugenausbildung sind nach dem neuesten Erkenntnisstand in Zusammenarbeit mit dem Bahnenhersteller festzulegen (Verlegeanweisungen). Im Regelfall werden Fugen Typ I durch einseitig kunststoffbeschichtete Bleche (Fugenblech) oder aufgeschweißte Einbetonierprofile in senkrechten, schrägen und waagerechten Flächen überbrückt (Bild 19, Zeile 4). Entsprechende Hinweise enthält auch DIN 18195-8:2004-03 [12]. Bei größeren Bewegungen und Fugen Typ II dürfen keine Fugenbleche eingesetzt werden. Stattdessen sind mindestens 24 cm breite Kunststoff-Fugenbänder oder 50 cm breite Dichtungsbahnenstreifen als Verstärkung und gegebenenfalls auch Fugenkammern anzuordnen [82].

6.1.4.5 Sonderkonstruktionen

Bei Fugen Typ II sowie in Sonderfällen mit Dehnungen, Setzungen oder kombinierten Bewegungen über den in Abschnitt 6.1.4.3 angegebenen Grenzwerten oder im Tunnelbau an Übergängen zwischen Bauwerksteilen, die in offener bzw. geschlossener Bauweise erstellt werden, sind Sonderkonstruktionen aus stählernen Doppel-Klemmflanschen mit kombinierten Chloropren-/Natur-Kautschukbändern erforderlich (Bild 19, Zeile 5). Sie sind unabhängig von der sonst ausgeführten Flächenabdichtung einzubauen.

Abmessungen, Form und Verstärkung mit Gewebeeinlagen richten sich bei diesen sogenannten Omega-Fugenbändern nach der zu erwartenden Beanspruchung. Entsprechend der konstruktiven Gestaltung der Klemmkonstruktion und dem werkseitig geforderten Klemmdruck sind der Bolzendurchmesser und -abstand sowie das Anziehmoment der Muttern festzulegen. Weitere Einzelheiten zur Los- und Festflanschkonstruktion für das Anschließen der Flächenabdichtung werden im folgenden Abschnitt 6.1.5 erläutert [49, 84, 88, 94, 96].

6.1.5 Durchdringungen (DIN 18195, Teil 9)

6.1.5.1 Konstruktive Gestaltung

Durchdringungen bestehen im Regelfall aus Stahlkonstruktionen, die in sich dicht sein müssen. Ständig frei liegende Stahlteile sind vor Korrosion zu schützen oder aus Edelstahl herzustellen. Der Anschluss der Abdichtung kann bei Bodenfeuchte und Sickerwasser auch mithilfe von Klebeflanschen, Schellen, Klemmringen oder Klemmschienen (Tabelle 8, Spalte 2) erfolgen. Bei drückendem Wasser muss grundsätzlich eine Los- und Festflanschkonstruktion angewendet werden, deren Regelmaße Tabelle 8, Spalten 3 bis 6 zu entnehmen sind. Die in der Norm, Teil 9, Ausgabe 2004 [12] erstmals aufgenommenen Detailangaben

2.11 Abdichtungen und Fugen im Tiefbau

Tabelle 8. Regelmaße für Klemmschienen sowie Los- und Festflansche gemäß DIN 18195-9:2004-03 [12]

Zeile	Bauteil	Klemm-schienen	Los- und Festflansche[1]				
			Beanspruchung durch nichtdrückendes Wasser bei einer Abdichtung aus			Beanspruchung durch drückendes Wasser bei einer Abdichtung aus		Beanspruchung durch nicht drückendes oder drückendes Wasser
		Bitumen, Kunststoff oder Elastomer	Bitumen	Kunststoff oder Elastomer, lose verlegt	Bitumen	Kunststoff oder Elastomer, lose verlegt	Elastomere Klemmfugen-bänder
	–	mm	mm	mm	mm	mm	mm
0	1	2	3	4	5	6	7
1	Dicke des Losflansches	5–7	≥ 6	≥ 6	≥ 10	≥ 10	≥ 10
2	Breite des Losflansches	≥ 45	≥ 60	≥ 60	≥ 150	≥ 150	≥ 100
3	Lochdurch-messer im Losflansch	≥ 10[4]	≥ 14	≥ 14	≥ 22	≥ 22	≥ 22
4	Bolzen-durchmesser[2]	≥ 8[4]	≥ 12	≥ 12	≥ 20	≥ 20	≥ 20
5	Bolzenabstand (Achsmaß)[2,3]	150–200	75–150	50–150	75–150	75–150	75–150
6	Bolzenrand-abstand, längs	≤ 75	≤ 75	≤ 75	≤ 75	≤ 75	≤ 75
7	Dicke des Festflansches	–	≥ 6	≥ 6	≥ 10	≥ 10	≥ 10
8	Breite des Festflansches	–	≥ 70	≥ 70	≥ 160	≥ 160	≥ 110

[1] In Tabelle 9 sind ergänzend die zugehörigen Netto-Pressflächen und Anziehmomente gemäß DIN 18195-9 aufgeführt.
[2] Der Bolzendurchmesser kann in Sonderfällen in Abhängigkeit vom Bolzenabstand und der nachzuweisenden Flanschpressung verändert werden.
[3] Bolzen sind im Regelfall mittig vom Los- und Festflansch anzuordnen.
[4] Bei geeigneter Profilgebung mit mindestens gleichem Widerstandsmoment, aber kleinerem Schraubenabstand können auch Schrauben ≥ 6 mm verwendet werden.

zur Netto-Pressfläche und den Anziehmomenten in Abhängigkeit von dem jeweils eingesetzten Abdichtungsmaterial ist für die Praxis von ganz besonderer Bedeutung. Dabei wird für bitumenverklebte Abdichtungen mit Kupferbändern und nackten Bitumenbahnen R 500 N nach den erforderlichen dreimaligen Anziehvorgängen differenziert. Einzelheiten sind in Tabelle 9 enthalten.

Tabelle 9. Netto-Pressfläche und Anziehmomente nach DIN 18195-9:2004-03 [12]

Für Bolzenabstand mm Losflanschbreite mm Bolzendurchmesser mm Netto-Pressfläche mm² [b]	150 60 12 etwa 8 250	150 100 20 etwa 14 000	150 150 20 etwa 21 500
1	2	3	4
1 Abdichtungsstoffe im Flanschbereich	Erforderliche Anziehmomente[a] (Baustellenwerte) für dreimaliges Anziehen Nm		
2 Nackte Bitumenbahnen DIN 52129 – R 500 N	12	–	50
3 PIB mit Bitumen verklebt	12	–	50
4 Bitumenbahnen und Polymerbitumen nach Tabelle 4 von DIN 18195-2:2000-08, mit Trägereinlage aus Glasgewebe	15	–	65
5 Bitumenbahnen und Polymerbitumenbahnen nach Tabelle 4 von DIN 18195-2:2000-08 mit Trägereinlage aus Polyestervlies oder Kupferband	20	–	80
6 R 500 N + 1 Cu[c]	20	–	1. Anziehen 100 2. und 3. Anziehen 80
7 ECB-Bahnen, PVC-P-Bahnen, Elastomerbahnen und EVA-Bahnen nach Tabellen 5 und 7 von DIN 18195-2:2008-08, mit Bitumen verklebt	20	–	80
8 R 500 N + 2 x Cu[c]	30	–	1. Anziehen 120 2. Anziehen 100 3. Anziehen 80
9 Kunststoffdichtungsbahnen nach Tabellen 5 und 7 von DIN 18195-2:2008-08, lose verlegt	30	–	100
10 Elastomer-Klemmfugenbänder – bei glatter Klemmfläche – bei gerippter Klemmfläche mit Zulage aus unvernetztem Rohkautschuk, 100 mm breit und nicht älter als 90 Tage	40 –	105 165	165 165

[a] Errechnet nach DIN 18800-7:1983-05, 3.3.3.2, Tabelle 1
[b] Fläche abzüglich 2 mm Fase an Längs- und Querseiten sowie Bolzenlöchern bei 150 mm Bolzenabstand
[c] Bitumenverklebte Abdichtungen mit Kupferbändern und nackten Bitumenbahnen nach DIN 52129 – R 500 N

Zusätzliche Hinweise zu den Tabellen 8 und 9:
[1] Bei Abweichungen von den Regelmaßen ist darauf zu achten, dass die spezifischen Klemmpressungen erhalten bleiben (Losflanschbreite, Bolzendurchmesser). Die Abreißfestigkeit des Bolzens ist mit der erforderlichen Sicherheit zu berücksichtigen.
[2] Bolzenabstände < 150 mm, Randabstände < 75 mm erfordern geringere, rechnerisch nachzuweisende Anziehmomente.
[3] Die Flanschdicken sind bei Pressungen über 1,0 MN/m² rechnerisch zu ermitteln und konstruktiv zu prüfen.
[4] Mehrmaliges (mindestens dreimaliges) Anziehen mit Drehmomentschlüssel; zeitlicher Ablauf > 24 Stunden, letztmalig vor dem Einbetonieren.
[5] Elastomer-Fugenbänder erfordern Zulagen (100 mm × 3 mm) aus frischem, unvernetztem Rohkautschuk-Material, nicht älter als 90 Tage ab Herstellung.
[6] Einlagige, lose verlegte Abdichtungen erfordern dauerhaft verträgliche, beidseitig angeordnete Zulagen aus demselben Werkstoff oder aus stoffverträglichen Elastomeren.

2.11 Abdichtungen und Fugen im Tiefbau

Die Los- und Festflanschkonstruktion bewirkt ein Einklemmen der Abdichtungsstoffe und unterbindet damit sowohl den Wasserweg im Abdichtungspaket als auch eine Hinterläufigkeit. In Planung und Ausführung müssen die Flanschteile auf die jeweilige Beanspruchung und das angewandte Abdichtungsmaterial abgestimmt sein. So sollte beispielsweise die Fließneigung von Bitumen beachtet und erforderlichenfalls durch besondere Maßnahmen dessen Ausweichen infolge Einpressung verhindert werden, z.B. durch Anordnung von Quetschleisten.

Allgemein sind Durchdringungen im Bauwerk so anzuordnen, dass die Abdichtung an sie herangeführt und fachgerecht angeschlossen werden kann. Bei Verwendung von Klemmflanschen müssen sie mit ihren Außenkanten mindestens 30 cm von Ecken, Kanten oder Kehlen und mindestens 50 cm von Bauwerksfugen entfernt liegen. Schneiden sich linienförmige Flanschkonstruktionen, so sollte ein Schnittwinkel von etwa 90° angestrebt werden. Spitzwinklige Fugenschnitte können zu Wellen- und Faltenbildung bei den Einlagen und damit zu Undichtigkeiten führen.

Bei Los- und Festflanschkonstruktionen (Bild 21) sollte die Länge der Losflansche aus einbautechnischen Gründen im Regelfall nicht mehr als 1500 mm betragen. Es muss ein passgerechter Einbau ohne Beschädigung der Bolzen sichergestellt sein. Über den Nahtstellen der Festflansche sollen die Losflansche gestoßen sein. Die Abdichtung darf im Bereich der Losflanschstöße nicht mehr als 4 mm freiliegen, sonst ist durch Einlegen dünner Blechstreifen ein Ausquetschen des Bitumens zu verhindern. Der Losflansch darf nicht steifer ausgebildet sein als der Festflansch.

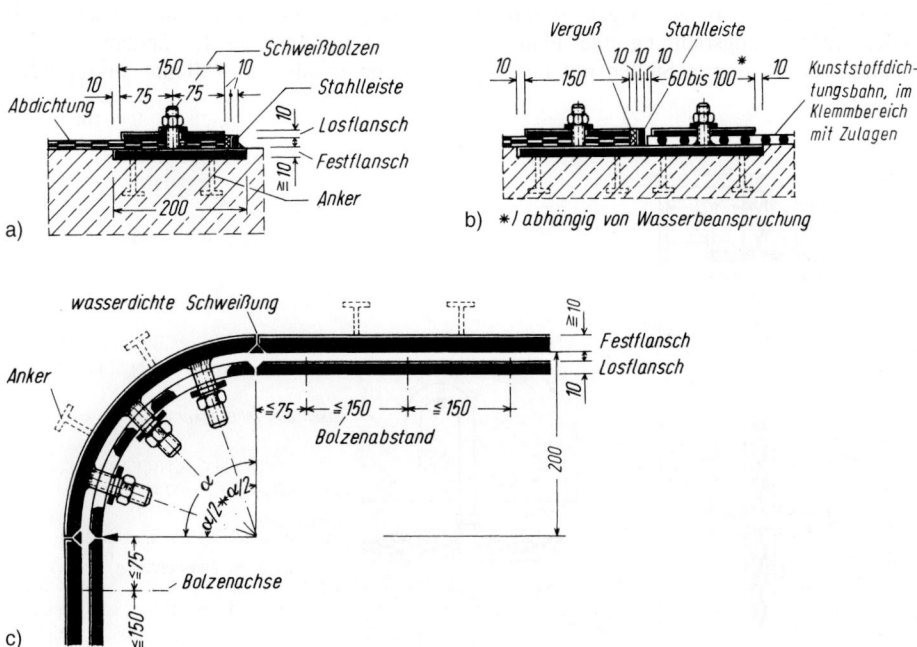

Bild 21. Los- und Festflanschkonstruktion [12, 84, 90, 94, 96];
a) Einfachflansch, b) Doppelflansch (z. B. für den Übergang zwischen einer Bitumen- und einer Kunststoff- oder Elastomerbahnen-Abdichtung), c) Ausrundung im Kanten- oder Kehlenbereich

Die Stumpfstöße der Festflansche sind voll durchzuschweißen und auf der Abdichtungsseite plan zu schleifen. Alle Schweißnähte, die den Wasserweg unterbinden sollen, müssen wasserdicht und nach Möglichkeit 2-lagig ausgeführt werden. Der Festflansch und die angrenzenden abzudichtenden Bauwerksflächen müssen zusammen eine Ebene bilden. Ein Wechsel des Festflansches von der Wasser- zur Luftseite oder umgekehrt innerhalb ein und derselben Flanschkonstruktion ist unzulässig (DIN 18195-9:2004-03, Abschnitt 7.6, 2. Absatz) [12] [51, Abs. 180]. Als Bolzen sind in der Regel rohe Schrauben zu verwenden. Die Bolzen können als aufgeschweißte Gewindebolzen, durchgesteckte Kopfschrauben oder Stiftschrauben ausgebildet werden. Aufgeschweißte Gewindebolzen erfordern keine Bohrungen in den Festflanschen und sind daher bevorzugt anzuwenden. Die Bolzenlänge ist so festzulegen, dass nach Aufsetzen der Schraubenmutter im ungepressten Zustand der Abdichtung etwa 1 bis 2 Gewindegänge am Bolzenende frei sind. Die Schraubenmuttern sind mehrmals anzuziehen, letztmalig unmittelbar vor dem Einbetonieren bzw. Einmauern. Die Anziehkraft sollte mit einem Drehmomentenschlüssel überprüft werden und muss auf die Flanschkonstruktion und die Abdichtung abgestimmt sein. Die der Abdichtung zugewandten Flanschflächen sind unmittelbar vor dem Einbau der Abdichtung zu säubern und soweit notwendig mit Voranstrich zu versehen. Jeder Bolzen und jedes Gewinde müssen vor Verschmutzung und Beschädigung geschützt sein, sodass der Einbau des Losflansches und das mehrmalige Anziehen der Muttern bzw. Schrauben einwandfrei erfolgen können.

Zum Einbau der Abdichtung in Flanschkonstruktionen müssen die Bolzenlöcher in die einzelnen Lagen bzw. Bahnen mit Locheisen gestanzt werden. Bei erforderlichen Nähten im Flanschbereich sind die Dichtungsbahnen stumpf zu stoßen und die Nähte gegeneinander versetzt anzuordnen. Das gilt auch für die bei Kunststoffabdichtungen eventuell erforderlichen Dichtungsbeilagen. Wenn sich die Neigungen der Abdichtungsebenen bezogen auf die Längsrichtung einer Flanschkonstruktion um mehr als 45° ändern, sind die Festflansche an diesen Stellen mit einem Radius von mindestens 200 mm auszurunden

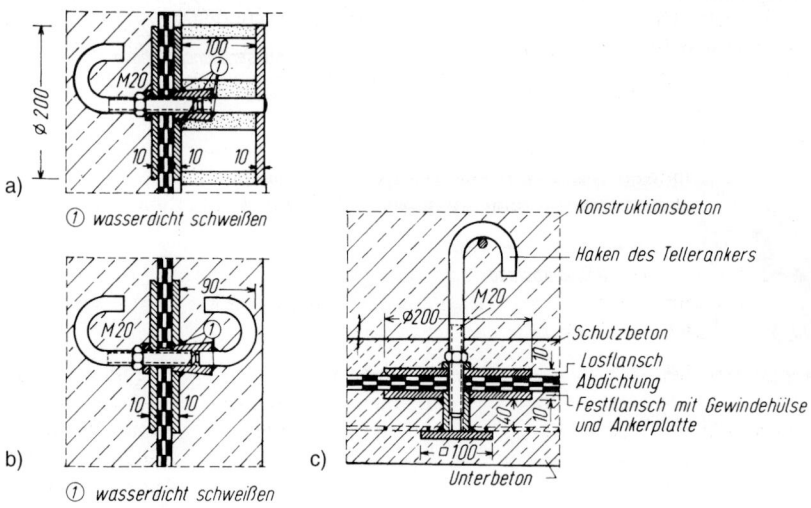

Bild 22. Telleranker [49, 84, 90, 96]; a) Ausbildung bei gemauerter Wandrücklage, b) Ausbildung bei Betonrücklage, c) Ausbildung für Unterbeton

2.11 Abdichtungen und Fugen im Tiefbau

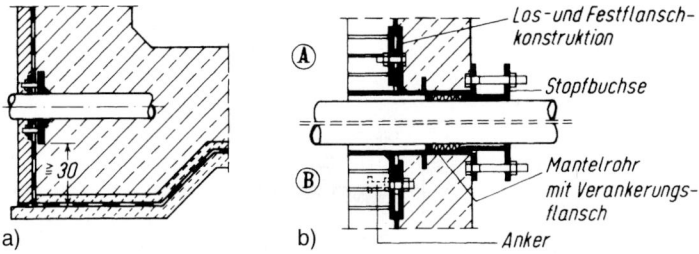

Bild 23. Rohrdurchführung [84, 90, 94]; a) Anordnung im Sohlenbereich, b) Mantelrohr mit Stopfbuchse: (A) Anschluss der Abdichtung von außen, (B) Anschluss der Abdichtung von innen

(Bild 21 c). In der Winkelhalbierenden ist dann ein Bolzen anzuordnen. Der Losflansch ist als Passstück auszubilden und mit Langlöchern zu versehen. Abmessungen sind sinngemäß nach Bild 21 zu wählen. Im Bereich der Passstücke sind wegen der Langlöcher Unterlegscheiben erforderlich [72, 84, 94]. Bei kleineren Neigungswechseln bezogen auf die Längsrichtung der Los- und Festflanschkonstruktion darf eine polygonale Umlenkung vorgenommen werden. Die Umlenkung sollte dabei allerdings nicht scharfkantig erfolgen, sondern mit einem Radius von etwa 5 bis 10 mm. Die Aufgliederung eines 90°-Winkels in beispielsweise zwei 45°-Umlenkungen ist aus abdichtungstechnischer Sicht akzeptabel, wenn die beiden Teilumlenkungen einen gewissen Abstand von beispielsweise 25 cm oder mehr aufweisen.

Bei Tellerankern (Bild 22) ist die Losplatte vorzugsweise kreisrund auszubilden. Bei einer quadratischen Form der Festplatte ist die Kantenlänge mindestens 10 mm größer als der Durchmesser der Losplatte vorzusehen. Der Bolzen der Losverankerung muss mindestens um das Maß seines Durchmessers in die Gewindehülse des Festflansches eingeschraubt werden. Die Gewindehülse ist vor Verschmutzung zu schützen und für den Einbau der Losverankerung in ihrer Lage zu kennzeichnen, z.B. durch vorläufiges Eindrehen eines kurzen Gewindestücks. Die Form der Verankerungen für die Los- und Festplatten muss den örtlichen konstruktiven Erfordernissen entsprechen, z.B. Ankerplatten anstatt Haken bei sehr dünnen Konstruktionsgliedern (Bild 22 c). Anzahl und Anordnung der Telleranker sind den statischen Erfordernissen anzupassen [96].

Rohrdurchführungen (Bild 23) müssen auf die erforderliche Beweglichkeit der Ver- und Entsorgungsleitungen und auf die möglichen Bauwerksbewegungen abgestimmt werden. Das erfordert in vielen Fällen die Anordnung von Mantelrohren und Stopfbuchsen [70, 80, 84, 96].

Eine besondere Art der Durchführung stellen Brunnentöpfe dar. Bei ihnen wird die Abdichtung mittels Los- und Festflansch angeschlossen. Für die Dichtung des Deckels zeigt Bild 24 drei Möglichkeiten auf [84, 94].

Durchdringungen ergeben sich auch bei einer Gründung mit Druck- und Zugpfählen. Hier müssen die Pfähle kraftschlüssig durch die Abdichtung hindurch mit dem konstruktiven Sohlenbeton verbunden werden. Drei Lösungsmöglichkeiten hierzu zeigt Bild 25. In abdichtungstechnischer Hinsicht ist eine Ausführung nach Detail B oder C gegenüber Detail A vorzuziehen. Lösung A birgt ein größeres Risiko in sich, da die Pfahlbewehrung durch die entsprechend gebohrte Festflanschplatte geführt und jeder Einzelstab mit dieser wasserdicht verschweißt werden muss. Bei Lösung B erfolgt die Druck- und Zugverankerung mithilfe einer in den Brunnentopf eingeschweißten Spiralbewehrung. Der Anschluss von Druck-

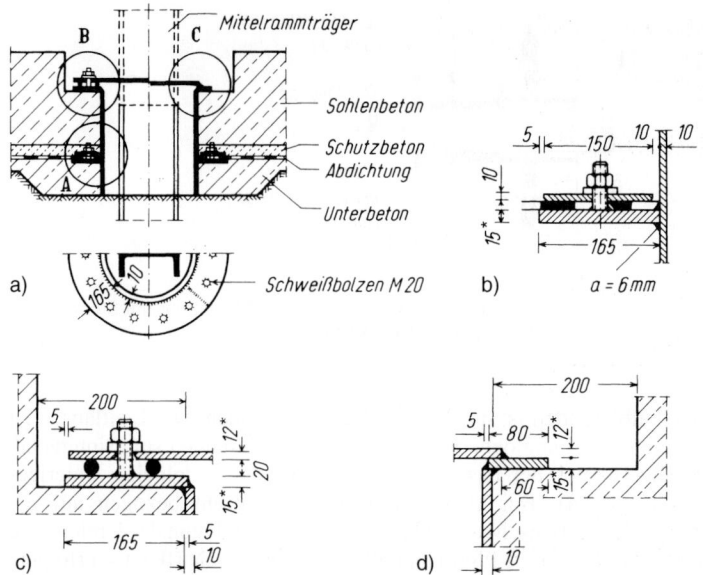

Bild 24. Brunnentopf in geschweißter Ausführung [49, 84, 94, 96]; a) Übersicht mit Aufsicht auf Detail A b) Anflanschung einer Bitumenabdichtung (Detail A), c) Deckeldichtung mit Elastomerschnüren (Detail B) d) Deckeldichtung durch Schweißung (Detail C); * Nach Norm ≥ 10 mm

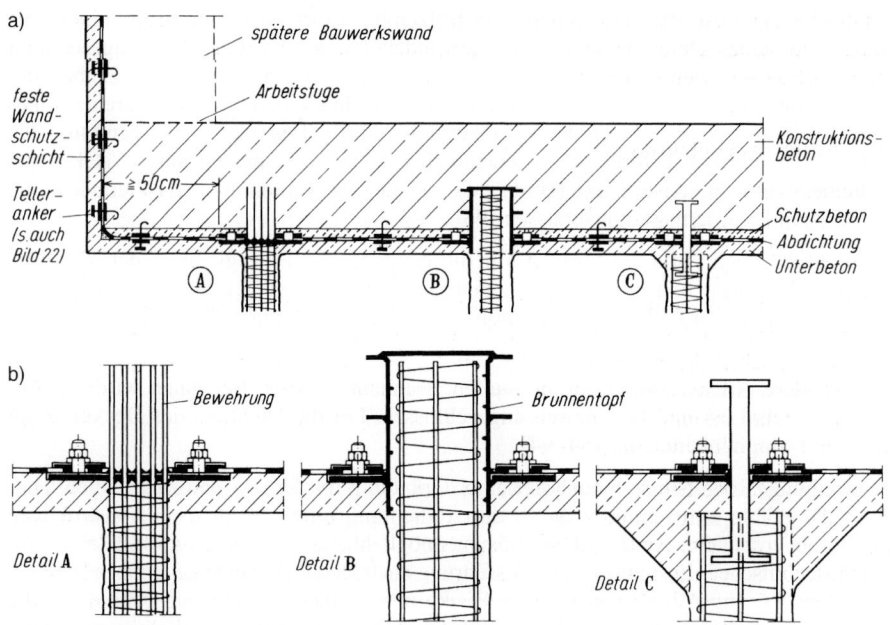

Bild 25. Abdichtungsanordnung bei einer Gründung mit Druck- und Zugpfählen; a) Übersicht, b) Einzelheit zum Pfahlanschluss

2.11 Abdichtungen und Fugen im Tiefbau 715

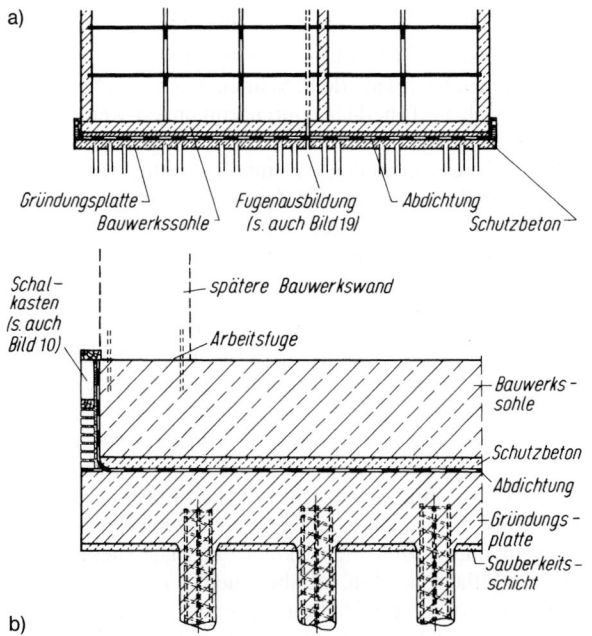

Bild 26. Abdichtungsanordnung bei einer Gründung mit Druckpfählen; a) Übersicht, b) Einzelheit zum Pfahlanschluss

pfählen (Bild 26) erfordert abdichtungstechnisch keine besonderen Maßnahmen, wenn für die statisch bemessene Gründungsplatte ausreichend Bauhöhe zur Verfügung steht. Die eventuelle Ausbildung einer Bauwerksfuge muss im Pfahlraster sowie bei der Gründungsplatte berücksichtigt werden (Bild 26 a).

6.1.5.2 Bitumen-Abdichtungen

Für bitumenverklebte Abdichtungen sind die Abmessungen der Los- und Festflansche langjährig erprobt und genormt (s. Tabellen 8 und 9). Bei Verwendung gegen nichtdrückendes Wasser werden die Klemmflansche leichter ausgeführt (s. Tabelle 8, Spalte 3) als gegen drückendes Wasser (s. Tabelle 8, Spalte 5). Im Flanschbereich empfiehlt sich eine Verstärkung der Abdichtung z. B. mit 0,1 mm dickem Kupferriffelband. Zur Haftverbesserung ist das Einbrennen eines Voranstrichs auf dem Festflansch vorteilhaft. Die Sicherung gegen Ausquetschen der Klebemassen kann mit einer stählernen Quetschleiste erfolgen (s. Bild 21 a). Doppelflansche erhalten immer stählerne Trennleisten. Hiermit vermeidet man bei Unverträglichkeit unterschiedlicher Stoffe oder Kleber jegliche Materialveränderungen und damit eventuelle Undichtigkeiten (s. Bild 21 b).

Kunststoffmodifzierte Bitumendickbeschichtungen (KMB) können bei Abdichtungen nach DIN 18195-4 tüllenartig an die Durchdringung mit Hohlkehle aus gleichem Material angespachtelt werden. Bei Abdichtungen nach DIN 18195-4 oder -5 [12] sind Klebeflansche oder Manschetten erforderlich. Die KMB muss im Anschlussbereich mit einer Verstärkungseinlage versehen sein. Im Bereich von zeitweise aufstauendem Sickerwasser sind KMB-Abdichtungen an Bitumen- oder Kunststoff-Dichtungsbahnen anzuschließen und diese Bahnen in Los- und Festflanschkonstruktionen einzuklemmen (siehe hierzu DIN 18195-3, Abschn. 5.4.2).

6.1.5.3 Abdichtungen mit lose verlegten Kunststoff- bzw. Elastomerbahnen

Für Abdichtungen mit lose verlegten Kunststoff- bzw. Elastomerbahnen sind die Abmessungen für Los- und Festflanschkonstruktionen nach Tabelle 8, Spalten 4 und 6 zu beachten. Sie zugehörigen Anziehmomente finden sich in Tabelle 9. Durchdringungen werden von Herstellern und Ausführenden unterschiedlich gehandhabt. In den Verlegeanweisungen fehlen oftmals Angaben über die Mindestabmessungen der Einbauteile. Stattdessen werden Lieferanten für Rohrdurchführungen, Telleranker u. a. benannt, die für ihre Konstruktion die Gewährleistung übernehmen müssen. Vielfach werden die Detailpunkte auch von den technischen Büros der Bahnenhersteller objektbezogen bearbeitet.

Schutzbahnen und -platten dürfen nicht zusammen mit der Dichtungsbahn eingeflanscht werden. Sie sind häufig in sich nicht wasserdicht, zu steif für ein Verschließen von Lunkern in der Oberfläche der Stahlflansche und in der Regel nicht wasserdicht miteinander verschweißt. Sie müssen daher außerhalb der Flansche enden. Das Einklemmen der üblicherweise 1,5 bis 3 mm dicken Dichtungsbahnen führt ohne zusätzliche Maßnahmen in der Regel nicht zuverlässig zu einem auf Dauer wasserdichten Anschluss. Vielmehr wird von den Bahnenherstellern das Zulegen von einem oder zwei Dichtungsbahnstreifen und/oder das Einbetten der Dichtungsbahnen zwischen zwei mindestens 3 mm dicken Elastomerbahnen (z. B. auf Chloroprenbasis) empfohlen (s. Bild 21 b). Die zugelegten Dichtungsbahnstreifen werden mit der Dichtungsbahn verschweißt oder vollflächig verklebt. Die Elastomerbeilagen können zumindest auf der Seite zu den Stahlflanschen hin, oft aber auch beidseitig, Spezialklebaufstriche erhalten. Im Flanschbereich sollten die Dichtungsbahnen, die Zulagen und Beilagen möglichst nicht gestoßen werden [49, 82]. Es ist naturgemäß unbedingt darauf zu achten, dass die Zulagen, Beilagen und evtl. eingesetzten Kleber dauerhaft verträglich mit dem Material der Kunststoff- bzw. Elastomerbahnen sein müssen.

Die Losflansche bestehen wie bei den Bitumenabdichtungen i. Allg. aus Flachstahl. Der Bolzenabstand darf 150 mm nicht überschreiten. Die Löcher in der Abdichtung sollten etwa 2 mm größer als der Bolzendurchmesser sein und mit Locheisen gestanzt werden.

6.1.6 Schutzschichten und Schutzmaßnahmen (DIN 18195, Teil 10)

6.1.6.1 Bauzustand

Vorübergehende Schutzmaßnahmen müssen auf die Dauer des betreffenden Bauzustands (z. B. Arbeitsunterbrechung) und auf die in dieser Phase zu erwartende Beanspruchung der Abdichtung abgestimmt sein. Auf der ungeschützten Abdichtung dürfen keine Lasten wie Baustoffe oder Geräte gelagert werden. Sie sollte nicht mehr als unbedingt nötig und nur mit geeigneten Schuhen begangen werden.

Zur Vermeidung eines Ablösens der Abdichtung bei Arbeitsunterbrechungen an senkrechten Flächen sollte das Abfließen von Oberflächenwasser aus dem Bereich höher gelegener Deckenflächen durch Abmauern mit einem halben Stein (s. Bild 11) verhindert werden. Aus dem gleichen Grund dürfen die Sicherung von Anschlüssen (z. B. der Schalkasten beim Kehranschluss) und eine evtl. dazu erforderliche Aussteifung erst unmittelbar vor der Weiterführung der Abdichtungsarbeiten entfernt werden. Sie müssen die Anschlüsse zuverlässig vor Beschädigungen und schädlicher Wasseraufnahme schützen.

Allgemein sind gegen schädigende Beanspruchungen der Abdichtung durch Grund-, Stau- und Oberflächenwasser während der Bauzeit ausreichende Maßnahmen zu treffen. In diesem Zusammenhang ist z. B. darauf zu achten, dass in jedem Bauzustand ein Übergewicht auf der Abdichtung gegenüber einem möglichen Auftrieb erhalten bleibt. Ferner ist sicherzustellen, dass keine schädigenden Stoffe wie z. B. Schmier- und Treibstoffe, Lösungsmittel und

Schalungsöl auf die Abdichtung einwirken können. Wenn vor einer freiliegenden senkrechten oder stark geneigten Abdichtung z. B. Bewehrung eingebaut wird, sollte die Abdichtung mit einem Zementschlämmanstrich versehen werden, um mechanische Beschädigungen erkennen zu können. Kalkmilch ist hierfür ungeeignet, da sie eine bleibende Trennung zwischen Beton und Abdichtung bewirkt.

Wenn vor senkrechten oder stark geneigten fertigen Abdichtungen luftseitig Stahleinlagen, auch z. B. Montage- und Verteilereisen, verlegt werden, muss der lichte Abstand zwischen diesen und der Abdichtung mindestens 5 cm betragen. Abstandshalter dürfen sich nicht schädigend in die Abdichtung eindrücken, sondern müssen flächenhaft aufliegen. Der Beton ist zwischen den Stahleinlagen und der Abdichtung so zu verdichten, dass keine Nester entstehen.

Wenn auf der wasserabgewandten Seite einer bereits fertiggestellten senkrechten Abdichtung konstruktives Mauerwerk erstellt wird, ist ein 4 cm breiter Zwischenraum zur Abdichtung zu belassen, der schichtweise beim Hochmauern mit Beton – mindestens der Güte B 5 aus Zement und Rundkorn mit max. 8 mm Durchmesser – oder plastischem Mauermörtel der Mörtelgruppe MG II zu füllen und vorsichtig, aber gut mit einer Holzleiste zu verdichten ist. Das Mauerwerk muss mindestens 1 Stein dick sein.

Wenn Teile der Baugrubenumschließung durch Ziehen von Bohlträgern später ausgebaut werden, ist durch Stahlbleche o. Ä. sicherzustellen, dass Schutzschicht und Abdichtung keine Schäden erfahren. Verbleiben die Baugrubenumschließungen ganz oder teilweise im Boden, so muss sich das Bauwerk einschließlich der Schutzschicht unabhängig davon bewegen können.

Senkrechte und stark geneigte Abdichtungen sind gegen Wärmeeinwirkung wie Sonneneinstrahlung zu schützen, wenn dadurch erhöhte Abrutschungsgefahr besteht. Hierfür eignen sich ein Zementschlämmanstrich, das Abhängen mit Planen oder eine Wasserberieselung der betroffenen Flächen.

6.1.6.2 Endzustand

Bleibende Schutzschichten müssen die Abdichtung dauerhaft vor schädigenden Einflüssen statischer, dynamischer und thermischer Art sichern. Sie können in Einzelfällen zugleich auch Nutzschichten darstellen. Lasten oder lose Massen dürfen auf die Schutzschichten nur dann aufgebracht werden, wenn diese entsprechend belastbar und erforderlichenfalls gesichert sind. Beim Herstellen von Schutzschichten darf die Abdichtung nicht beschädigt werden; schädliche Verunreinigungen sind vorher sorgfältig zu entfernen. Schutzschichten sind unverzüglich im Rahmen des Bauablaufs herzustellen.

Wenn durch bauliche Gegebenheiten der Erddruck von der Abdichtung ferngehalten wird, sodass eine dauerhafte Einbettung nicht gewährleistet ist, sind auf den Einzelfall abgestimmte Maßnahmen zur Sicherung der Einbettung der Abdichtung zu ergreifen. Bei Abdichtungen, die eine Einpressung erfordern, muss diese durch Aktivierung des Wasserdrucks sichergestellt sein, z. B. durch Einbau von Metallbändern als zweite Lage von der Wasserseite her.

Bei lose verlegten Kunststoffabdichtungen kann auf eine mineralische Schutzschicht nicht verzichtet werden. Die Schutzbahnen, -vliese oder -tafeln bilden keinen ausreichenden Ersatz.

Die Stoffe der Schutzschichten müssen mit der Abdichtung verträglich und gegen die sie angreifenden Einflüsse mechanischer, thermischer und chemischer Art widerstandsfähig sein. Angewendet werden z. B. Mauerwerk, Ortbeton, Mörtel, Keramik- und Betonplatten, Kunststoffschaumplatten, Gussasphalt sowie Bitumendichtungsbahnen mit Metallbandeinlagen.

Bewegungen und Verformungen von Schutzschichten dürfen die Abdichtung nicht beschädigen. Erforderlichenfalls sind waagerechte oder schwach geneigte Schutzschichten von der Abdichtung durch Trennschichten zu trennen und in ihrer Fläche durch Fugen aufzuteilen. Außerdem sind sie an Aufkantungen und Durchdringungen der Abdichtung mit ausreichend breiten Fugen zu versehen. Alle Fugen sind in geeigneter Weise zu verfüllen.

Bei der Ausführung von Schutzschichten sind unabhängig von der Wasserbeanspruchung folgende Punkte zu beachten. Über Bauwerksfugen sind in Schutzschichten an gleicher Stelle mit mindestens gleicher Breite Fugen mit Einlagen oder Verguss anzuordnen. Ausgenommen hiervon sind Schutzschichten aus Bitumendichtungsbahnen. Nachträglich hergestellte senkrechte Schutzschichten müssen abschnittsweise hinterfüllt oder abgestützt werden. Wenn senkrechte Schutzschichten gleichzeitig als Abdichtungsrücklage dienen, ist in jedem Bauzustand für Standsicherheit zu sorgen. Schutzschichten auf geneigten Abdichtungsflächen sind vom tiefsten Punkt nach oben und in solchen Teilabschnitten auszuführen, dass sie auch vor genügender Erhärtung nicht rutschen. Um etwaige, die Abdichtung schädigende Bewegungen oder Verformungen auszuschließen, ist die Schutzschicht im Bereich eines Neigungswechsels durch Fugen aufzulösen, z.B. beim Übergang von waagerechten oder schwach geneigten zu senkrechten oder stark geneigten Flächen bei Böschungslängen ≥ 2 m [49, 84].

Schutzschichten aus Halbstein-Mauerwerk nach DIN 1053 sind in Mörtel der Mörtelgruppe II (DIN 18550) herzustellen. Sie werden vor allem als senkrechte Schutzschichten ausgeführt und sind von anders geneigten durch Fugen mit Einlagen zu trennen (Bilder 9 a, c und 16 a). Eine Aufteilung durch lotrechte Fugen im Abstand von höchstens 7 m und eine Trennung der Ecken vom Flächenbereich sind vorzunehmen (Bild 27). Beim Herstellen des Schutzmauerwerks *vor* Aufbringen der Abdichtung (Abdichtungsrücklage) muss die Einlage in der Trennfuge auf dem Unterbeton sowohl Mauerwerk als auch Kehlenbereich erfassen. Freistehende, gemauerte Schutzschichten dürfen mit höchstens 12 cm dicken und 24 cm breiten Vorlagen verstärkt werden. Das Mauerwerk muss mit einem glatt abgeriebenen, etwa 1 cm dicken Putz aus Mörtel der Mörtelgruppe II versehen werden. Die Kehle im Übergang von der Sohle zur Wand ist mit etwa 4 cm Halbmesser auszubilden. Alle Ecken, Kanten und sonstigen Kehlen sind zu runden bzw. abzuschrägen. Beim Herstellen des Schutzmauerwerks *nach* Aufbringen der Abdichtung ist zwischen Mauerwerk und Abdichtung eine hohlraumfrei ausgefüllte, in der Regel 4 cm dicke Mörtelfuge in Mörtelgruppe II herzustellen.

Schutzschichten aus Ortbeton müssen mindestens die Güte B 10, bei Anordnung von Bewehrung B 15 mit der erforderlichen Betondeckung aufweisen. Die Zuschlagstoffe dürfen aus Rundkorn oder doppelt gebrochenem Splitt mit max. 8 mm Durchmesser bestehen. Waagerechte und $\leq 1 : 3$ geneigte Schutzschichten müssen mindestens 5 cm, stärker geneigte, nicht senkrechte Schutzschichten (z.B. auf Treppenläufen) sollten bewehrt und mindestens 10 cm dick sein. Die Bewehrung ist ggf. nachzuweisen. Senkrechte Schutzschichten sollten mindestens 5 cm und höchstens 10 cm dick ausgeführt werden. Eine Aufteilung durch lotrechte Fugen im Abstand von höchstens 7 m und eine Trennung vom Unterbeton sowie der Ecken vom Flächenbereich sind vorzunehmen (vgl. Bild 27).

Schutzschichten aus Mörtel dürfen nur auf stärker als 1 : 3 geneigten oder gewölbten Flächen verwendet werden. Sie müssen mindestens 2 cm dick sein und der Mörtelgruppe II oder III nach DIN 18550 entsprechen. Putz aus Mörtel der Mörtelgruppe III kann mit Drahtgewebe bewehrt werden. Bei hohen Wänden ist ein Ausknicken der Mörtelschutzschicht zu verhindern.

Schutzschichten aus Platten auf waagerechten oder schwach geneigten Flächen müssen frei von Plattenbruchstücken sein. An senkrechten und stark geneigten Flächen sind sie erfor-

2.11 Abdichtungen und Fugen im Tiefbau

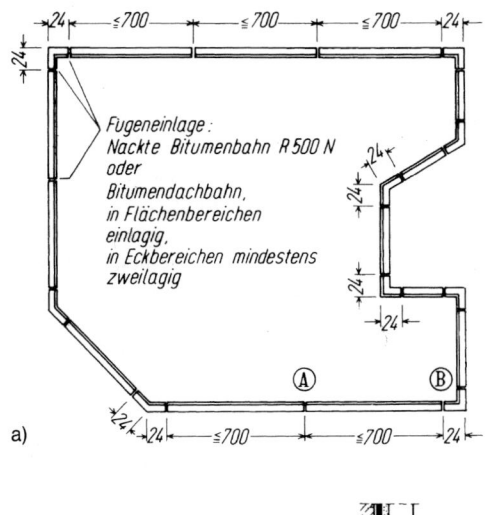

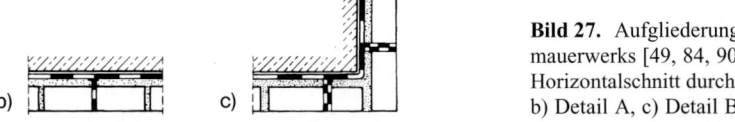

Bild 27. Aufgliederung des Wandschutzmauerwerks [49, 84, 90, 96]; a) Übersicht, Horizontalschnitt durch Wannenmauerwerk, b) Detail A, c) Detail B

derlichenfalls gegen Ausknicken zu sichern. Beim Verlegen von Betonplatten *vor* Aufbringen der Abdichtung (Abdichtungsrücklage) sind die Platten unverschieblich anzuordnen und die Fugen mit Mörtel der Mörtelgruppe III bündig zu schließen. Beim Verlegen von Betonplatten *nach* Aufbringen der Abdichtung ist eine vollflächige Lagerung in Mörtel der Mörtelgruppe II oder III erforderlich. Die Gesamtdicke der Schutzschicht muss hierbei mindestens 5 cm betragen, die Dicke des Mörtelbetts mindestens 2 cm. Nötigenfalls sind die Fugen zu verfüllen. Bei Terrassen- oder ähnlichen Abdichtungen mit Neigungen bis zu 3% können die Platten auch unvermörtelt in einem Kies-Sandbett verlegt werden. Keramik- und Werkstein- oder Natursteinplatten müssen den jeweiligen besonderen Beanspruchungen z. B. chemischer und mechanischer Art genügen. Das Plattenmaterial, das Mörtelbett und die Fugenverfüllung sind hierauf abzustimmen.

Schutzschichten aus Schaumkunststoff- oder Schaumglasplatten z. B. zur Wärmedämmung sind für die zu erwartenden chemischen, physikalischen und mechanischen Belastungen auszulegen. Werden die Platten wasserseitig zur Abdichtung angeordnet, so müssen sie bauaufsichtlich als Perimeterdämmung zugelassen sein. Schaumglasplatten werden auf horizontalen oder schwach geneigten Flächen in der Regel vollflächig mit Heißbitumen im sogenannten Einschwimmverfahren aufgeklebt und müssen daher entsprechend temperaturbeständig sein. Schaumkunststoffplatten werden lose ausgelegt oder mit Kaltbitumenmasse punktweise oder auch vollflächig fixiert. In Wandflächen werden sowohl Schaumkunststoff- als auch Schaumglasplatten mit Kaltbitumenmasse eingebaut. Die Platten sollten generell Stufenfalze aufweisen und weitgehend hohlraumfrei an der Abdichtung anliegen. Sie müssen bei nackten Bitumenbahnen den Erddruck vollflächig übertragen.

Schutzschichten aus Gussasphalt müssen dem Verwendungszweck und der Beanspruchung entsprechend zusammengesetzt und mindestens 2 cm, unter befahrenen Flächen 3 cm dick sein. Wenn der Gussasphalt unmittelbar auf eine Betonschicht aufgebracht wird, ist eine

Trennschicht anzuordnen. Bei Einbau auf blanken Metallbändern, auf Mastixabdichtungen oder auf Spezialschweißbahnen im Sinne von ZTV–ING, Teil 7, Abschnitt 1 [43] entfällt die Trennschicht.

Schutzschichten aus Bitumendichtungsbahnen [12, 49, 84] dürfen nur an senkrechten Flächen und nur unterhalb des zu erwartenden Aufgrabebereichs, d. h. in Tiefen von mehr als 3 m (z. B. Leitungsverlegungen) angeordnet werden. Sie zählen in keinem Fall als Abdichtungslage. Ihre Lage muss durch vollflächige Einbettung dauerhaft gesichert sein. Es sind Dichtungsbahnen mit Metallband- oder Polyestervlieseinlagen zu verwenden. Ihre Nahtüberdeckung an den Längs- und Querseiten muss mindestens 5 cm betragen. Die Verfüllung des Arbeitsraums muss lagenweise mit einer vom Verdichtungsgerät abhängigen Schichtdicke von maximal 300 mm erfolgen. Das Verfüllmaterial sollte bis zu einem Abstand von mindestens 50 cm zur Abdichtung aus rundkörnigem Füllsand bestehen. Am Verdichtungsgerät müssen die scharfen Kanten der Rüttelplatte gesichert sein. Andere gleichwertige Verdichtungsverfahren sind zulässig.

Schutzschichten aus sonstigen Stoffen z. B. Bautenschutzplatten oder Noppenbahnen müssen den bauwerkspezifischen Anforderungen genügen. Kunststoffmodifizierte Bitumendickbeschichtungen erfordern Schutzschichten auf waagerechten und an senkrechten Flächen. Einzelheiten hierzu sind den Produktblättern der Hersteller und [55] zu entnehmen.

6.2 Fugenabdichtungen in Konstruktionen aus wasserundurchlässigem Beton (WUB-KO)

6.2.1 Arten und Anordnung der Fugen

Bei wasserundurchlässigem Beton müssen neben den betontechnologischen Voraussetzungen die Fugen schon in einem sehr frühen Stadium geplant und festgelegt werden. Dabei ist in erster Linie zwischen Arbeitsfugen und Fugen zur Aufnahme von Bewegungen zu unterscheiden.

Arbeitsfugen ergeben sich immer dann, wenn der Betoniervorgang an einem statisch als Einheit wirkenden Baukörper aus arbeitstechnischen Gründen unterbrochen werden muss. Ihre Lage und Gestaltung richten sich nach dem Arbeitsablauf, der Leistung der Betonanlage, der Art und Beanspruchung des Bauteils und bei sichtbaren Außenflächen nach den Anforderungen, die an das Aussehen gestellt werden. Vom statischen Gesichtspunkt aus sind die Arbeitsfugen somit ungewollt. Eine Bewegung zwischen den Bauwerksabschnitten und damit eine Öffnung der Fuge ist nicht beabsichtigt. Sie muss vielmehr durch eine möglichst kraftschlüssige und dichte Verbindung der benachbarten Bauabschnitte vermieden werden.

Fugen zur Aufnahme von Bewegungen sind so anzuordnen und auszubilden, dass Bewegungen, hervorgerufen durch innere und/oder äußere Kräfte, in den angrenzenden Bauteilen keine schädlichen Risse erzeugen können. In Abhängigkeit von der Art der zu erwartenden Bewegungen werden folgende Fugentypen unterschieden [94, 96]:

a) Querfugen mit unterbrochener Bewehrung:
   – Bewegungsfugen
   – Dehnungsfugen
   – Setzungsfugen
b) Sonderfugen:
   – Scheinfugen mit ganz oder teilweise durchlaufender Bewehrung
   – Schwindfugen mit durchlaufender Bewehrung
   – Pressfugen mit unterbrochener Bewehrung

2.11 Abdichtungen und Fugen im Tiefbau

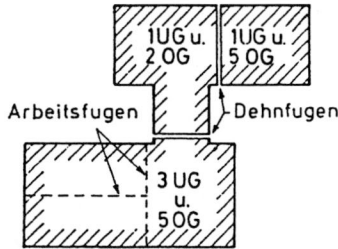

Bild 28. Abhängigkeit der Fugenanordnungen im Grundriss von den Gründungs- und Belastungsverhältnissen [96]

Die Anzahl der Arbeits- und Bewegungsfugen ist zu minimieren. Sie richtet sich nach der Grundrissform des Baukörpers, den Bodenverhältnissen im Gründungsbereich und dem statischen Gründungskonzept. Markante Wechsel in der Gebäudeauflast infolge Veränderung der Geschosszahl von einem Gebäudeabschnitt zum anderen beeinflussen ebenfalls die Fugenanordnung (Bild 28). Durch zusätzliche Arbeitsfugen kann eine günstige Untergliederung von Sohlflächen in kleinere, rechteckige Teilflächen erreicht werden, sodass sich geringere Schwindverformungen des Betons ergeben.

Querschnittsformen im Grund- und Aufriss sollten möglichst einfach und geradlinig verlaufen. Häufige Versprünge im Querschnitt, wie in den Bildern 29 a und 30 a, führen zu einer großen Anzahl von Arbeitsfugen. Auch sind Setzungen im Verfüllbereich unterhalb auskragender Bauteile nicht auszuschließen. Sie führen je nach dem statischen System in abdichtungstechnischer Hinsicht zu einer erhöhten Anfälligkeit der Konstruktionsglieder. Auskragende Baukörper sollten daher besser bis auf eine erweiterte Sohlplatte heruntergeführt werden, um einfache Schalungsverhältnisse zu schaffen (Bild 29 b). In beiden Fällen ist selbstverständlich für eine ausreichende Entwässerung der Lichtschächte Sorge zu tragen.

Sehr deutlich zeigt Bild 30 den Einfluss der Bauwerksgeometrie auf den Arbeitsablauf sowie die Sicherheit in abdichtungstechnischer Hinsicht auf. In der Darstellung a) ist eine stark zergliederte Sohle mit verschiedenen Höhenlagen für Schächte, Kanäle, Streifenfundamente und Betonböden zu erkennen. Im Detail b) sind für diese Lösung die 7 verschiedenen

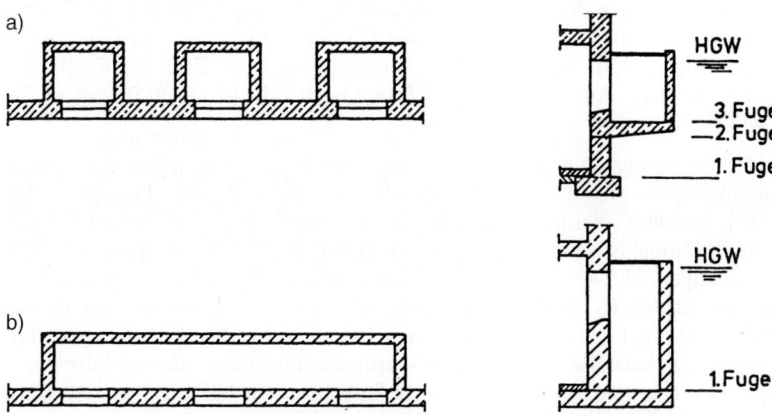

Bild 29. Grundriss und Aufriss bei unterschiedlich tief reichenden Kellerlichtschächten; a) hoch liegende Einzellichtschächte mit Kragplatten, b) tief reichender Lichtschacht mit durchgehenden Sohl- und Wandflächen

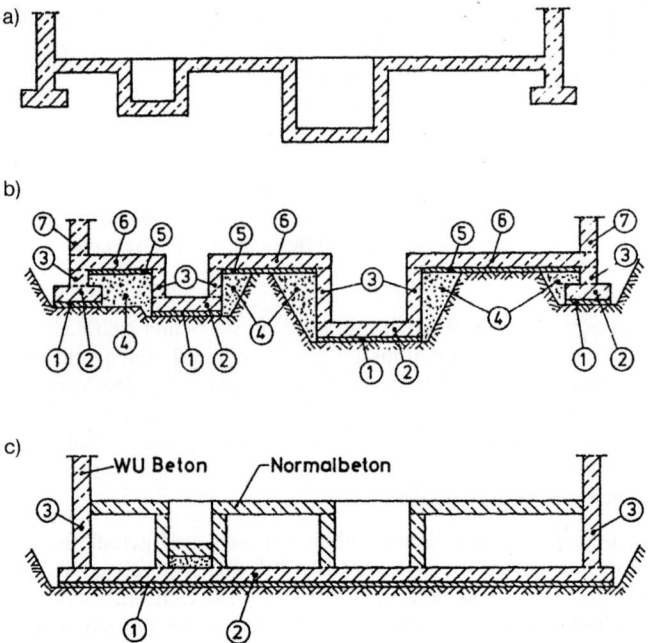

Bild 30. Vertikalschnitt durch eine Bauwerksohle mit Schächten und Kanälen (nach [86]); a) zergliederte Sohle, b) zeitlich getrennte Arbeitsgänge für Lösung a), c) vereinfachte und daher sicherere Ausführung mit erheblich verringerter Anzahl an Arbeitsfugen; (1) bis (7): erforderliche Arbeitsschritte

notwendigen Arbeitsschritte gekennzeichnet, um die WUB-Umfassungsbauteile zu erstellen. Demgegenüber zeigt die durch Herunterziehen der Bauwerkssohle auf die untere Ebene vereinfachte Ausführung im Bild 30 c eine erheblich verringerte Anzahl von Arbeitsfugen. Bei dieser Lösung sind lediglich drei zeitlich voneinander getrennte Arbeitsgänge erforderlich. Die wasserbenetzten Sohlen- und Wandflächen (2) und (3) können jeweils in einem einzigen Arbeitsgang hergestellt werden. Damit verringert sich die Zahl der möglichen Fehlerquellen ganz erheblich. Außerdem ist die Lösung nach Bild 30 c auch in wirtschaftlicher Hinsicht deutlich günstiger zu bewerten [96].

Für Planung und Ausführung einer Fugenabdichtung mit Fugenbändern bei Bauwerken aus wasserundurchlässigem Beton sollte die einschlägige anwendungstechnische Norm DIN V 18197 [13] beachtet werden. Hinsichtlich der stofflichen Eigenschaften sind DIN 18541 [20] für thermoplastische Fugenbänder und DIN 7865 [8] für elastomere Fugenbänder zu berücksichtigen. Nur so sind bei den unvermeidlichen Fugenbandstößen Anpassungsschwierigkeiten in den Kontaktflächen infolge abweichender geometrischer Profilabmessungen und unterschiedlicher Stoffqualitäten sicher zu vermeiden. Eine fachgerechte Fügung von Werks- und Baustellenstößen durch Warmgasschweißung oder mithilfe eines Schweißschwertes bei Thermoplasten sowie durch Vulkanisieren bei Elastomeren muss sichergestellt werden. Kleber, Klebebänder oder ähnliche Hilfsstoffe sollten grundsätzlich nicht verwendet werden. Fehlerquoten im Stoßbereich, bei einigen Baumaßnahmen bis über 50%, lassen die Forderung der neuen DIN V 18197 [13] verständlich erscheinen, nur rechtwinklig zur Bandachse verlaufende Stöße auf der Baustelle zuzulassen. Alle anderen Form-

2.11 Abdichtungen und Fugen im Tiefbau

stücke, wie z. B. Winkel, T- oder Kreuzstöße, müssen werkseitig gefügt sein. Das hierfür eingesetzte Personal muss über eine entsprechende Schulung verfügen. Im Übrigen sind alle Dicht- und Ankerrippen, auch bei werksmäßig vorgefertigten Formteilen, in den verschiedenen Ebenen eines Fugenbandknotens mit- und untereinander wasserdicht zu verbinden. Dies gilt auch für die Verbindung zwischen Bewegungs- und Arbeitsfugenbändern. Beide Arten der Fugenbänder müssen jeweils zusammen ein geschlossenes, wasserdichtes System bilden wie in Bild 37 dargestellt.

6.2.2 Arbeitsfugen

Nach Möglichkeit sollten Arbeitsfugen im Gründungsbereich von weniger tief unter Geländeoberfläche reichenden Bauwerken oberhalb des Bemessungswasserstandes liegen. Für ihre Abdichtung ergeben sich verschiedene Lösungen. So werden sowohl Arbeitsfugenbänder nach DIN 7865 [8] bzw. DIN 18541 [20] als auch Arbeitsfugenbleche eingesetzt. Die Arbeitsfugenbleche bieten bei Wahl einer ausreichenden Blechdicke von 1,5 oder 2 mm insbesondere gegenüber den Arbeitsfugenbändern aus thermoplastischen Werkstoffen den Vorteil einer größeren Eigensteife. Damit verringert sich die Gefahr einer Lageverschiebung während des Betoniervorgangs. Die Breite der Arbeitsfugenbleche sollte bei nicht drückendem Wasser mindestens 20 cm [49], bei drückendem Wasser mindestens 30 cm betragen. Nach dem Zement-Merkblatt B 22 [62] ist zur fachgerechten Herstellung einer Arbeitsfuge der Erstbeton anzurauen oder durch Rippenstreckmetall abzuschalen und ausreichend zu nässen. Schmutz und Betonschlempe sind zu entfernen. Dies gilt naturgemäß auch für die Arbeitsfugenbänder bzw. Fugenbleche und die Anschlussbewehrung. Die Oberfläche des Erstbetons in einer Arbeitsfuge darf keine Kraterlandschaft aufweisen, um Wasserwegigkeiten zuverlässig auszuschließen. Das Merkblatt empfiehlt außerdem, den Anschlussbeton zunächst mit einer Mischung von 8 mm Größtkorn anzufahren und gut zu verdichten.

DIN V 18197 [13] für den Einsatz von Fugenbändern enthält Beispielskizzen zur fachgerechten Anordnung von Arbeitsfugenbändern (Bilder 31 und 32). Für das innen liegende Arbeitsfugenband zeigt Bild 31 im Einzelnen auf, dass der Abstand zwischen dem Fugenband und der Bewehrung mindestens 50 mm betragen muss, um ein einwandfreies Verdichten des Betons im Fugenbandbereich sicherzustellen. Sinngemäß ist diese Beispielskizze auch für Arbeitsfugenbleche anzuwenden.

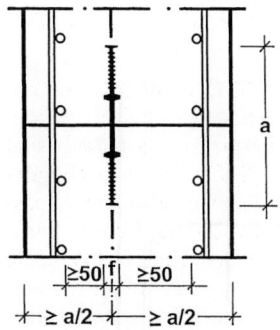

Bild 31. Innen liegendes Arbeitsfugenband in Wandfuge (Maße in mm) [13]
f = Höhe der Ankerrippe

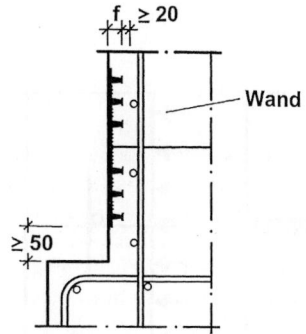

Bild 32. Außen liegendes Arbeitsfugenband in Wandfuge (Maße in mm) [13]
f = Höhe der Ankerrippe

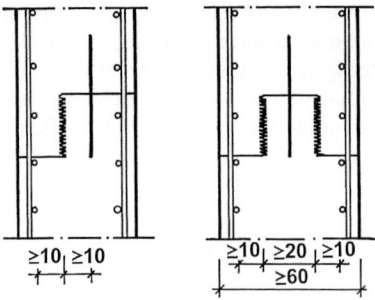

Bild 33. Ausbildung einer Arbeitsfuge mit Schubnocke (Maße in cm) [98]

Bei Ausbildung von stufenförmigen Arbeitsfugen zur besseren Querkraftübertragung sollten ebenfalls Mindestmaße für die Betonnocken eingehalten werden, um eine ausreichende Verdichtbarkeit zu gewährleisten. Entsprechende Beispiele sind in Bild 33 aufgetragen.

In vielen Fällen wird vor allem im Ingenieurbau bei der Abdichtung von Dehnungs- und Arbeitsfugen mittels Fugenbändern bzw. Arbeitsfugenblechen eine zusätzliche Absicherung mit Injektionsschläuchen und Quellprofilen vorgenommen. Dabei ist darauf zu achten, dass die Injektionsschläuche und Quellprofile möglichst wasserseitig angeordnet werden, wie im Einzelnen aus den Bildern 34 und 35 ersichtlich. Von ihrer Funktion her erfordern Dehnungsfugen die Anordnung von zwei Injektionsschläuchen, während für die zusätzliche Absicherung einer Arbeitsfuge ein Injektionsschlauch ausreicht.

In einigen Fällen werden Arbeitsfugen auch durch die Anordnung von Injektionsschläuchen als alleinige Maßnahme gesichert. Einzelheiten zu ihrer fachgerechten Verlegung sind in einem DBV-Merkblatt [64] zusammengetragen. Eine mangelfreie Verlegung erfordert die Ausarbeitung objektspezifischer Verlegepläne, die systematische Unterscheidung der einzelnen Verpressabschnitte durch farbliche Kennzeichnung der Füll- und Entlüftungsschläuche sowie deren Zusammenfassung in sogenannten Verwahrdosen. Auf dem Markt befinden sich unterschiedliche Schlauchsysteme. Eine informative Übersicht hierzu hat *Brux* in [81] zusammengestellt. Die Injektionsschläuche sind in Abständen von maximal 25 cm ihrer Lage nach zu sichern, um beim Einbringen des Betons ein seitliches Verschieben oder Aufschwimmen auszuschließen. Beides würde die Funktionalität des Injektionsschlauchs infrage stellen, da dessen unmittelbarer Kontakt mit dem zu sichernden Dehnfugenband oder der Arbeitsfuge verloren ginge.

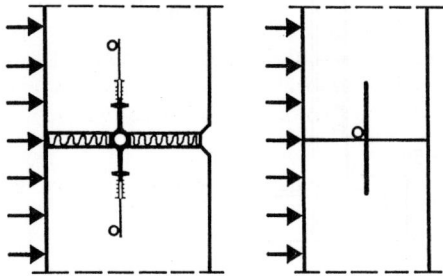

Bild 34. Zusätzliche Absicherung von Fugenbändern und Arbeitsfugenblechen mit Injektionsschläuchen [98]

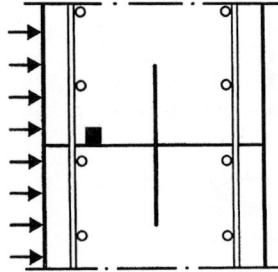

Bild 35. Zusätzliche Absicherung einer Arbeitsfuge mit Quellprofil [98]

2.11 Abdichtungen und Fugen im Tiefbau

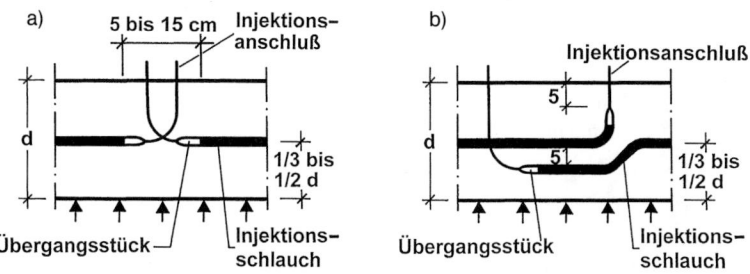

Bild 36. Fachgerechte Verlegung von Injektionsschläuchen; a) Stoß, b) Überlappung [64]

Bei der prinzipiellen Auslegung eines Injektionsschlauches kommt es vor allem darauf an, über die gesamte Länge und den Umfang des Schlauches einen lückenlosen Austritt des jeweils eingesetzten Verpressgutes sicherzustellen. Empfehlenswert sind mehrfach nutzbare Schlauchsysteme, wie sie in den letzten Jahren in unterschiedlichen Konzepten entwickelt wurden. Bei der Ausbildung von Stößen bzw. Überlappungen der Injektionsschläuche sind bestimmte Mindestabstände einzuhalten, um eine gegenseitige vorzeitige und ungewollte Beeinflussung der benachbarten Schlauchabschnitte sicher auszuschließen. Einzelheiten hierzu sind in Bild 36 aufgezeigt.

Die Dichtwirkung eines Quellprofils beruht auf der Erzeugung eines Quelldrucks gegen einen festen, voll umschließenden Baukörper. Ein Quellprofil kann daher nicht unmittelbar in einer Dehnfuge zu deren Abdichtung eingesetzt werden, weil sich dort kein Quelldruck aufbauen kann. Quellprofile zur Sicherung von Arbeitsfugen oder der einbetonierten Dichtteile eines Dehnfugenbandes gibt es in verschiedensten Ausfertigungen. Bei ihnen ist darauf zu achten, dass sie nicht infolge Niederschlag oder durch den Baugrubenverbau zulaufender Restwässer vorzeitig aktiviert werden. Sie dürfen nicht außerhalb der wasserseitigen Bewehrungslage angeordnet werden, da hier aufgrund des Quelldrucks eine erhöhte Betonabplatzgefahr besteht. Die fachgerechte Lage des Quellprofils zeigt Bild 35.

6.2.3 Bewegungsfugen

Für die Planung von Dehn- und Bewegungsfugen sind bestimmte bauliche Erfordernisse zu beachten, die in DIN V 18197 [13] zusammengefasst sind. Danach muss der Fugenverlauf insbesondere bei komplizierteren Bauwerken ein geschlossenes System ergeben (Bild 37). Die Fugen müssen über möglichst große Abschnitte geradlinig, übersichtlich und ohne Versprünge verlaufen. Die Zahl der Fugenbandstöße und insbesondere der Baustellenstöße soll möglichst gering gehalten werden. Unvermeidliche Stöße sind in Bereichen mit möglichst geringer Beanspruchung anzuordnen. Der Schnittwinkel zwischen verschiedenen Fugen soll möglichst rechtwinklig geplant werden. Der Abstand zwischen zwei Baustellenstößen sowie zwischen einem Baustellenstoß und einem Werkstoß (Achsmaß) darf 0,5 m nicht unterschreiten.

Zu Kehlen, Kanten und Einbauteilen sollten die Fugen wiederum möglichst rechtwinklig verlaufen und ansonsten einen Abstand von mindestens 0,5 m einhalten (vgl. Bild 37). Bei Richtungsänderungen im Fugenverlauf sind Mindestradien einzuhalten. Dabei wird zwischen innen liegenden Dehn- und Arbeitsfugenbändern einerseits sowie außen liegenden Fugenbändern andererseits unterschieden. Einzelheiten hierzu sind aus Bild 38 ersichtlich. Wenn der genannte Radius nicht eingehalten werden kann, ist ein geschweißter bzw. vulkanisierter Eckstoß mit Gehrungsschnitt als Werkstoß vorzusehen.

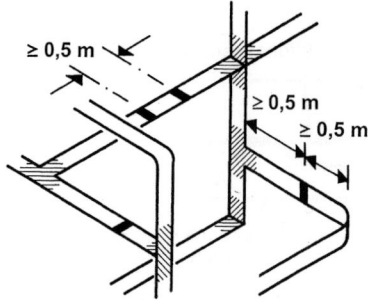

Bild 37. Beispiele für die Anordnung von Werk- und Baustellenstößen ([98], nach [13])

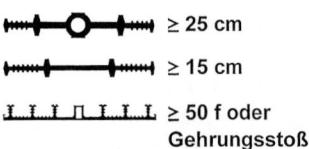

Bild 38. Zulässige Biegeradien bei Fugenbändern; f = Höhe der Dicht- und Ankerrippen unter Einbeziehung der Fugenbandgrundplatte

Für die Bemessung der Fugenbänder sind – unterschieden nach den elastomeren und den thermoplastischen Fugenbändern sowie deren Formen (innen oder außen liegend mit oder ohne Stahllaschen, Fugenabschluss) – sogenannte Auswahldiagramme in der DIN V 18197 [13] enthalten. Dabei fließen als wesentliche Kriterien außerdem auch der zu erwartende höchste Wasserdruck und die größte resultierende Fugenverformung ein. Die im Hinblick auf wechselnde Umgebungstemperaturen unterschiedlichen Leistungsfähigkeiten thermoplastischer Fugenbänder einerseits und elastomerer andererseits sind in den Auswahldiagrammen bereits berücksichtigt. Zur Erläuterung der richtigen Handhabung dieser Auswahldiagramme sind in einem informativen Anhang zu DIN V 18197 vier Bemessungsbeispiele aufgeführt, differenziert nach thermoplastischen und elastomeren, innen- und außen liegenden Fugenbändern. Das Prinzip der Bemessungsdiagramme nach DIN V 18197 geht aus Bild 39 hervor, wonach für eine Wasserdruckbeanspruchung von 1,6 bar und eine Fugenverformung von 10 mm bei Entscheidung für ein elastomeres Dehnfugenband mit Stahllasche ein FMS 400 einzusetzen ist.

Für die Fügetechnik bei der Ausführung von Baustellenstößen fordert DIN V 18197 Umgebungstemperaturen von mindestens +5 °C. Elastomere Fugenbänder nach DIN 7865 [8] dürfen nur durch Vulkanisation gestoßen werden, thermoplastische Fugenbänder nach DIN 18541 [20] nur durch eine thermische Schweißung. Für den Übergang zwischen thermoplastischen Fugenbändern verschiedener Hersteller aus unterschiedlichen Werkstoffen ist vorweg die Verträglichkeit nachzuweisen. Deshalb sollten grundsätzlich in ein und demselben

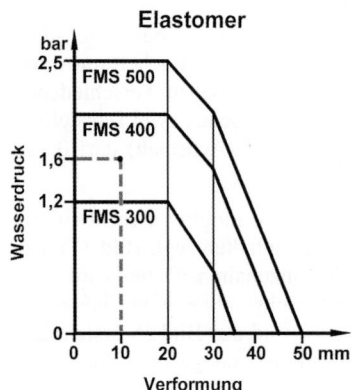

Bild 39. Prinzip der Bemessungsdiagramme zur Fugenbandauswahl nach DIN V 18197

2.11 Abdichtungen und Fugen im Tiefbau

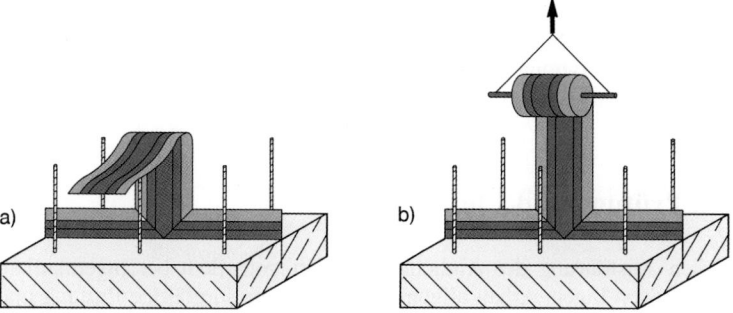

Bild 40. Verwahrung von Fugenbändern; a) falsch, b) richtig

Bauabschnitt nur Fugenbänder eines Fabrikats eingebaut werden. Die Verklebung von Fugenbändern in Baustellen- oder Werkstößen wird nach Norm grundsätzlich ausgeschlossen.

Die in der Praxis auf den Baustellen immer wieder kontrovers erörterte Thematik von Handhabung und Einbau der Fugenbänder auf der Baustelle wird in DIN V 18197 ebenfalls ausführlich abgehandelt. Im Einzelnen wird auf die Erfordernisse eines schonenden Transports und Einbauvorgangs hingewiesen. Die zur Baustelle angelieferten Fugenbänder sind insbesondere bei einer längeren Zwischenlagerung vor Schädigungen durch Witterung oder mechanische Beanspruchung zu schützen. Hierfür empfiehlt sich eine Lagerung in Containern oder Schuppen. Die Bänder sind genau und lagestabil in der Schalung zu positionieren. Dabei ist vor allem auch an mögliche Verschiebungen durch den Rüttelvorgang zu denken. Schließlich müssen bei innen liegenden Fugenbändern die Stirnschalungen statisch ausreichend bemessen sein. Die Befestigungsabstände an Schalung bzw. Bewehrung sollten ein Maß von 25 cm nicht überschreiten. Die Fugenbänder müssen unbedingt ohne Falten und Verwerfungen verlegt werden. Sie sind in allen Bauzuständen fachgerecht zu verwahren (Bild 40). Wegen der großen Gefahr einer mechanischen Beschädigung (Perforation) dürfen sie nicht einfach über die Anschlussbewehrung gelegt werden, sondern sind mit geeigneten Hilfsmitteln (z. B. Rollen oder Kauschen) am Baugrubenverbau aufzuhängen.

Verschmutzung, auch durch Betonschlempe, und Eisbildung sind vor Betonierbeginn zu entfernen. Verlegearbeiten dürfen bei Materialtemperaturen unter ±0 °C nicht ausgeführt werden. Bei tieferen Temperaturen müssen die Fugenbänder vorgewärmt sein, z. B. durch Lagerung in einem beheizten Container oder Schuppen. Unbedingt sind lichte Mindestabstände zwischen Bewehrung und Fugenbandrippen einzuhalten (Bild 41). Das Bild lässt auch erkennen, dass das innen liegende Fugenband in Boden- und Deckenplatten V-förmig

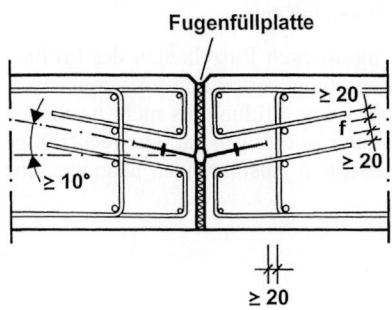

Bild 41. Innen liegendes Dehnfugenband in Boden- oder Deckenfuge (Maße in mm) [13]
f = Höhe der Ankerrippe

verlegt und zu diesem Zweck an seinen beiden Rändern nach oben gebunden werden soll, um an seiner Unterseite auf voller Länge eine ausreichende Entlüftung und so eine hohlraumfreie Einbettung während des Betoniervorgangs sicherzustellen. Die Bewehrung ist im Fugenbereich entsprechend gewinkelt auszuwechseln.

7 Sicherheit, Prüfung und Überwachung

Zu einer einwandfreien Ausführung der Abdichtung gehört vor allem bei Ingenieurbauwerken wie im konstruktiven Ingenieurbau allgemein üblich, eine sorgfältige Prüfung und Überwachung der Materialien vor dem Einbau sowie die Entnahme und Untersuchung von Proben der fertigen Abdichtung am Bauwerk. Eine Prüfung kann sich bei Bitumenabdichtungen u. a. auf folgende Punkte erstrecken: Einbaugewicht des Abdichtungspakets, Zahl und Führung der einzelnen Abdichtungslagen, Art der Bahneinlagen, Klebemassen gefüllt oder ungefüllt. Die Einzelheiten richten sich nach den gestellten Anforderungen im Bauvertrag. Auf der Baustelle muss die fertige Abdichtung auf hohlraumfreie Verklebung vor allem im Nahtbereich, an Kehlen und Kanten sowie in den An- und Abschlüssen und ggf. auch auf einen in sich geschlossenen Deckaufstrich überprüft werden. Die an den horizontalen Rändern der Bahnen bei fachgerechter Ausführung des Gieß- und Einwalzverfahrens heraustretende Klebemasse muss vor dem Aufbringen der nächsten Lage abgeglättet sein. Nur so können die Nähte sicher und vollflächig überklebt werden. Damit sind Wasserwege im Überlappungsbereich ausgeschlossen.

Kunststoffmodifizierte Bitumendickbeschichtungen erfordern im Wesentlichen eine Prüfung der Nassschichtdicke und der Durchtrocknung. Einzelheiten hierzu regelt DIN 18195-3 in Abschnitt 5.4.4.

Bei Kunststoff-Bahnenabdichtungen müssen insbesondere die für die lose Verlegung bestimmten Dichtungsbahnen im Herstellwerk sorgfältig auf Fabrikationsfehler wie Lunker, Löcher und Schwachstellen überprüft werden. Die Einhaltung der normmäßig festgelegten Eigenschaften muss durch Eigen- und Fremdüberwachung sichergestellt sein. Alle Baustellennähte müssen lückenlos geprüft werden. Dabei kommt es auf eine Aussage sowohl über die Wasserundurchlässigkeit als auch über die mechanische Beanspruchbarkeit der Naht an. Es werden verschiedene Methoden der Nahtprüfung angewendet [12, 75, 82]:

– Optische Prüfung durch Inaugenscheinnahme.
– Reißnadelprüfung durch Abtasten der Schweißnahtkante mit einer Reißnadel.
– Anblasprüfung durch Anblasen der Nahtkante mit der Heißluftdüse.
– Vakuumprüfung, bei der eine mit speziellem Gummiprofil dicht auf den zu prüfenden Abdichtungsbereich gesetzte durchsichtige Glocke bis auf einen festgelegten Unterdruck evakuiert wird.
– Druckluftprüfung bei schlauchartig ausgebildeten Doppelnähten.

Generell ist zu empfehlen, vor Beginn der Abdichtungsarbeiten Einzelheiten der Prüfung und Überwachung hinsichtlich Art, Umfang und Vergütung vertraglich zu vereinbaren. Dabei ist auch festzulegen, unter welchen Bedingungen eine Prüfung als nicht bestanden angesehen wird und in welcher Art die Mängelbeseitigung zu erfolgen hat. Die rechtzeitige sorgfältige Aushandlung dieser Fragen erspart Bauherrn und Ausführenden unangenehme Auseinandersetzungen und Rechtsstreitereien [85].

8 Literatur

8.1 Normen

[1] DIN 1045, Tragwerke aus Beton, Stahlbeton und Spannbeton.
[2] DIN 1055, Einwirkungen auf Tragwerke.
[3] DIN 1072, Straßen- und Wegbrücken, Lastannahmen.
[4] DIN EN 1253, Abläufe für Gebäude; Teil 1: Anforderungen; Teil 2: Prüfverfahren; Teil 3: Güteüberwachung; Teil 4: Abdeckungen; Teil 5: Abläufe mit Leichtflüssigkeitssperren.
[5] DIN 4030, Beurteilung betonangreifender Wässer, Böden und Gase; Teil 1: Grundlagen und Grenzwerte; Teil 2: Entnahme und Analyse von Wasser- und Bodenproben.
[6] DIN 4095, Baugrund; Dränung zum Schutz baulicher Anlagen; Planung, Bemessung und Ausführung.
[7] DIN 7864, Elastomer-Bahnen für Abdichtungen; Anforderungen, Prüfung.
[8] DIN 7865, Elastomer-Fugenbänder zur Abdichtung von Fugen in Beton; Teil 1: Formen und Maße; Teil 2: Werkstoff-Anforderungen und Prüfung.
[9] DIN 16726, Kunststoffbahnen – Prüfungen (Entwurf).
[10] DIN 18130, Baugrund – Untersuchung von Bodenproben; Bestimmung des Wasserdurchlässigkeitsbeiwerts; Teil 1: Laborversuche.
[11] DIN 18190, Teil 4, Dichtungsbahnen für Bauwerksabdichtungen; Dichtungsbahnen mit Metallbandeinlage – Begriff, Bezeichnung, Anforderungen.
[12] DIN 18195, Bauwerksabdichtungen (Ausgabe 2000 und Folgejahre); Teil 1: Grundsätze, Definitionen, Zuordnung der Abdichtungsarten (08.2000); Teil 2: Stoffe (11.2008); Teil 3: Anforderungen an den Untergrund und Verarbeitung der Stoffe (08.2000); Teil 4: Abdichtungen gegen Bodenfeuchte (Kapillarwasser, Haftwasser) und nichtstauendes Sickerwasser an Bodenplatten und Wänden, Bemessung und Ausführung (08.2000); Teil 5: Abdichtungen gegen nichtdrückendes Wasser auf Deckenflächen und in Nassräumen, Bemessung und Ausführung (08.2000); Teil 6: Abdichtungen gegen von außen drückendes Wasser und aufstauendes Sickerwasser, Bemessung und Ausführung (08.2000); Teil 7: Abdichtungen gegen von innen drückendes Wasser, Bemessung und Ausführung (06.1989) sowie Entwurf (06.2008); Teil 8: Abdichtungen über Bewegungsfugen (03.2004); Teil 9: Durchdringungen, Übergänge, An- und Abschlüsse (03.2004); Teil 10: Schutzschichten und Schutzmaßnahmen (03.2004); Teil 100 (Entwurf): Vorgesehene Änderungen zu den Normen DIN 18195 Teil 1 bis 6 (06.2003); Teil 101 (Entwurf): Vorgesehene Änderungen zu den Normen DIN 18195-2 bis DIN 18195-5 (09.2005); Beiblatt 1: Beispiele für die Anordnung der Abdichtung bei Abdichtungen (01.2006)
[13] DIN V 18197, Abdichten von Fugen in Beton mit Fugenbändern (Vornorm).
[14] DIN 18202, Toleranzen im Hochbau – Bauwerke.
[15] DIN 18203, Teil 1, Toleranzen im Hochbau: Vorgefertigte Teile aus Beton, Stahlbeton und Spannbeton.
[16] DIN 18299, VOB Vergabe- und Vertragsordnung für Bauleistungen; Teil C: Allgemeine Technische Vertragsbedingungen für Bauleistungen: Allgemeine Regelungen für Bauarbeiten jeder Art.
[17] DIN 18331, VOB Vergabe- und Vertragsordnung für Bauleistungen; Teil C: Allgemeine Technische Vertragsbedingungen für Bauleistungen; Betonarbeiten.
[18] DIN 18336, VOB Vergabe- und Vertragsordnung für Bauleistungen; Teil C: Allgemeine Technische Vertragsbedingungen für Bauleistungen: Abdichtungsarbeiten.
[19] DIN 18354, VOB Vergabe- und Vertragsordnung für Bauleistungen; Teil C: Allgemeine Technische Vertragsbedingungen für Bauleistungen: Gussasphaltarbeiten.
[20] DIN 18541, Fugenbänder aus thermoplastischen Kunststoffen zur Abdichtung von Fugen in Ortbeton; Teil 1: Begriffe, Formen, Maße; Kennzeichnung; Teil 2: Anforderungen an die Werkstoffe, Prüfung und Überwachung.
[21] DIN 19599, Abläufe und Abdeckungen in Gebäuden; Klassifizierung, Bau und Prüfgrundsätze, Kennzeichnung.
[22] DIN V 20000, Anwendung von Bauprodukten in Bauwerken; Teil 202: Anwendungsnorm für Abdichtungsbahnen nach Europäischen Produktnormen zur Verwendung in Bauwerksabdichtungen (08.2007)
[23] DIN 52129, Nackte Bitumenbahnen; Begriff, Bezeichnung, Anforderungen.

[24] DIN 52130, Bitumen-Dachdichtungsbahnen; Begriffe, Bezeichnungen, Anforderungen.
[25] DIN 52131, Bitumen-Schweißbahnen; Begriffe, Bezeichnungen, Anforderungen.
[26] DIN 52132, Polymerbitumen-Dachdichtungsbahnen; Begriffe, Bezeichnungen, Anforderungen.
[27] DIN 52133, Polymerbitumen-Schweißbahnen; Begriffe, Bezeichnungen, Anforderungen.
[28] DIN 52141, Glasvlies als Einlage für Dach- und Dichtungsbahnen; Begriff, Bezeichnung, Anforderungen.
[29] DIN 52143, Glasvlies-Bitumendachbahnen; Begriffe, Bezeichnung, Anforderungen.
[30] DIN V 52144, Abdichtungsbahnen – Bitumen- und Polymerbitumenbahnen – Werkseigene Produktionskontrolle.
[31] DIN EN 13967, Abdichtungsbahnen – Kunststoff- und Elastomerbahnen für die Bauwerksabdichtung gegen Bodenfeuchte und Wasser – Definitionen und Eigenschaften.
[32] DIN EN 13969, Abdichtungsbahnen – Bitumenbahnen für die Bauwerksabdichtung gegen Bodenfeuchte und Wasser – Definitionen und Eigenschaften.
[33] DIN EN 14909, Abdichtungsbahnen – Kunststoff- und Elastomer-Mauersperrbahnen – Definitionen und Eigenschaften.
[34] DIN EN 14967, Abdichtungsbahnen – Bitumen-Mauersperrbahnen – Definitionen und Eigenschaften.

8.2 Richtlinien und Merkblätter

Vorbemerkung: Die nachstehend aufgelisteten, vom Bundesministerium für Verkehr, Bau und Stadtentwicklung (BMVBS) eingeführten Zusätzlichen Technischen Vertragsbedingungen und Richtlinien (ZTV) sind seit 2003 umstrukturiert und in der ZTV-ING als Loseblattsammlung zusammengefasst herausgegeben.

[40] ZTV-ING: Zusätzliche Technische Vertragsbedingungen und Richtlinien für Ingenieurbauten,
Teil 1: Allgemeines, Abschnitt 1: Grundsätzliches (12/2007)
Abschnitt 2: Technische Bearbeitung (01/2003)
Abschnitt 3: Prüfung während der Ausführung (07/2006).

[41] ZTV-ING: Zusätzliche Technische Vertragsbedingungen und Richtlinien für Ingenieurbauten,
Teil 3: Massivbau

Abschnitt 4: Schutz und Instandsetzung von Betonbauteilen
TL OS: Technische Lieferbedingungen für Oberflächenschutzsysteme, 1996
TP OS: Technische Prüfvorschriften für Oberflächenschutzsysteme, 1996
TL BE-PCC: Technische Lieferbedingungen für Betonersatzsysteme aus Zementmörtel/Beton mit Kunststoffzusatz (PCC), 1990
TP BE-PCC: Technische Prüfvorschriften für Betonersatzsysteme aus Zementmörtel/Beton mit Kunststoffzusatz (PCC), 1990
TL BE-SPCC: Technische Lieferbedingungen für im Spritzverfahren aufzubringende Betonersatzsysteme aus Zementmörtel/Beton mit Kunststoffzusatz, 1990
TP BE-SPCC: Technische Prüfvorschriften für im Spritzverfahren aufzubringende Betonersatzsysteme aus Zementmörtel/Beton mit Kunststoffzusatz, 1990
TL BE-PC: Technische Lieferbedingungen für Betonersatz-Systeme aus Reaktionsharzmörtel/Reaktionsharzbeton (PC), 1990
TP BE-PC: Technische Prüfvorschriften für Betonersatzsysteme aus Reaktionersatzmörtel/Reaktionsharzbeton (PC), 1990

Abschnitt 5: Füllen von Rissen und Hohlräumen in Betonbauteilen
TL FG-EP: Technische Lieferbedingungen für Füllgut aus Epoxidharz und zugehöriges Injektionsverfahren (1993)
TP FG-EP: Technische Prüfvorschriften für Füllgut aus Epoxidharz und zugehöriges Injektionsverfahren (1993)
TL FG-PUR: Technische Lieferbedingungen für Füllgut aus Polyurethan und zugehöriges Injektionsverfahren (1993)
TP FG-PUR: Technische Prüfvorschriften für Füllgut aus Polyurethan und zugehöriges Injektionsverfahren (1993)

2.11 Abdichtungen und Fugen im Tiefbau

TL FG-ZL/ZS: Technische Lieferbedingungen für Füllgut aus Zementleim/Zementsuspension und zugehöriges Injektionsverfahren (1995)
TP FG-ZL/ZS: Technische Prüfvorschriften für Füllgut aus Zementleim/Zementsuspension und zugehöriges Injektionsverfahren (1995)

[42] ZTV-ING: Zusätzliche Technische Vertragsbedingungen und Richtlinien für Ingenieurbauten
Teil 5: Tunnelbau
Abschnitt 1: Geschlossene Bauweise
Abschnitt 2: Offene Bauweise
Abschnitt 3: Maschinelle Schildvortriebsverfahren
TL/TP DP: Technische Lieferbedingungen und Technische Prüfvorschriften für Dichtungsprofile (2007)
Abschnitt 4: Betriebstechnische Ausstattung
TL/TP TTT: Technische Lieferbedingungen und Technische Prüfvorschriften für Türen und Tore in Straßentunneln (in Vorbereitung)
Abschnitt 5: Abdichtung
TL/TP SD: Technische Lieferbedingungen und Technische Prüfvorschriften für Schutz- und Dränschichten aus Geokunststoffen (2007)
TL/TP KDB: Technische Lieferbedingungen und Technische Prüfvorschriften für Kunststoffdichtungsbahnen und zugehörige Profilbänder (2007)

[43] ZTV-ING: Zusätzliche Technische Vertragsbedingungen und Richtlinien für Ingenieurbauten, Teil 7: Brückenbeläge

Abschnitt 1: Brückenbeläge auf Beton mit einer Dichtungsschicht aus einer Bitumen-Schweißbahn (01/2003); vormals ZTV-BEL-B1/99.
TL BEL-B, Teil 1: Technische Lieferbedingungen für die Dichtungsschicht aus einer Bitumen-Schweißbahn zur Herstellung von Brückenbelägen auf Beton (1999).
TP BEL-B, Teil 1: Technische Prüfvorschriften für die Dichtungsschicht aus einer Bitumen-Schweißbahn zur Herstellung von Brückenbelägen auf Beton (1999).
TL BEL-EP: Technische Lieferbedingungen für Reaktionsharze für Grundierungen, Versiegelungen und Kratzspachtelungen unter Asphaltbelägen auf Beton (1999).
TP BEL-EP: Technische Prüfvorschriften für Reaktionsharze für Grundierungen, Versiegelungen und Kratzspachtelungen unter Asphaltbelägen auf Beton (1999).

Abschnitt 2: Brückenbeläge auf Beton mit einer Dichtungsschicht aus zweilagig aufgebrachten Bitumen-Dichtungsbahnen (01/2003); vormals ZTV-BEL-B 2/87.
TL BEL-B, Teil 2: Technische Lieferbedingungen für Brückenbeläge auf Beton mit einer Dichtungsschicht aus zweilagig aufgebrachten Bitumendichtungsbahnen (1987).
TP BEL-B, Teil 2: Technische Prüfvorschriften für Brückenbeläge auf Beton mit einer Dichtungsschicht aus zweilagig aufgebrachten Bitumendichtungsbahnen (1987).

Abschnitt 3: Brückenbeläge auf Beton mit einer Dichtungsschicht aus Flüssigkunststoff (01/2003); vormals ZTV-BEL 3/95.
TL BEL-B, Teil 3: Technische Lieferbedingungen für Baustoffe zur Herstellung von Brückenbelägen auf Beton mit einer Dichtungsschicht aus Flüssigkunststoff (1995).
TP BEL-B, Teil 3: Technische Prüfvorschriften für Baustoffe zur Herstellung von Brückenbelägen auf Beton mit einer Dichtungsschicht aus Flüssigkunststoff (1995).

Abschnitt 4: Brückenbeläge auf Stahl mit einem Dichtungssystem; vormals ZTV-BEL-St.
TL BEL-St: Technische Lieferbedingungen für Baustoffe der Dichtungsschichten für Brückenbeläge auf Stahl (1992).
TP BEL-St: Technische Prüfvorschriften für Baustoffe der Dichtungsschichten für Brückenbeläge auf Stahl (1992).

Abschnitt 5: Reaktionsharzgebundene Dünnbeläge auf Stahl.
TL RHD-St: Technische Lieferbedingungen für die Baustoffe der reaktionsharzgebundenen Dünnbeläge auf Stahl (1999).
TP RHD-St: Technische Prüfvorschriften für die Baustoffe der reaktionsharzgebundenen Dünnbeläge auf Stahl (1999).

[44] ZTV-ING: Zusätzliche Technische Vertragsbedingungen und Richtlinien für Ingenieurbauten
Teil 8: Bauwerksausstattung
Abschnitt 1: Fahrbahnübergänge aus Stahl und aus Elastomer
TL/TP-FÜ: Technische Lieferbedingungen und Prüfvorschriften für wasserundurchlässige Fahrbahnübergänge von Straßen- und Wegbrücken (2005)
Abschnitt 2: Fahrbahnübergänge aus Asphalt
TL-BEL-FÜ: Technische Lieferbedingungen für die Baustoffe zur Herstellung von Fahrbahnübergängen aus Asphalt (1998)
TP-BEL-FÜ: Technische Prüfvorschriften für die Baustoffe zur Herstellung von Fahrbahnübergängen aus Asphalt (1998)
Abschnitt 3: Lager und Gelenke
Abschnitt 4: Absturzsicherungen
Abschnitt 5: Entwässerungen
Abschnitt 6: Befestigungseinrichtungen
[45] ZTV Asphalt-StB: Zusätzliche Technische Vertragsbedingungen und Richtlinien für den Bau von Fahrbahndecken aus Asphalt, Ausgabe 1994, Fassung 1998.
[46] ZTV Fug-StB: Zusätzliche Technische Vertragsbedingungen und Richtlinien für Fugen in Verkehrsflächen.
[47] ZTV-M 02: Zusätzliche Technische Vertragsbedingungen und Richtlinien für Markierungen auf Straßen, Ausgabe 2002; Bundesministerium für Verkehr, Abt. Straßenbau, Bonn (Ausgabe 2009 in Bearbeitung).
[48] Richtzeichnungen für Brücken- und sonstige Ingenieurbauwerke; Bundesministerium für Verkehr, Abt. Straßenbau, Bonn (werden nach Bedarf ergänzt und aktualisiert).
[49] Normalien für Abdichtungen, Ausgabe 1991; Hrsg.: Baubehörde der Freien und Hansestadt Hamburg, Tiefbauamt.
[50] FHH-Dicht-Richtlinien und Richtzeichnungen für Abdichtungs- und Belagsarbeiten, Ausgabe 1991; Hrsg.: Baubehörde der Freien und Hansestadt Hamburg, Tiefbauamt.
[51] Ril 835.9101; Geschäftsrichtlinie: Ingenieurbauwerke abdichten: Hinweise für die Abdichtung von Ingenieurbauwerken (AIB); Fassung vom 1.9.1999; Deutsche Bahn AG.
[52] Ril 853: Eisenbahntunnel planen, bauen und instand halten; Fassung vom 1.12.2008; Deutsche Bahn AG.
[53] Richtlinie für die Planung und Ausführung von Abdichtungen von Bauteilen mit mineralischen Dichtungsschlämmen; Hrsg.: Industrieverband Bauchemie und Holzschutzmittel e.V., Eigenverlag, Frankfurt/Main, 2002.
[54] Richtlinie für die Planung und Ausführung von erdberührten Bauteilen mit flexiblen Dichtungsschlämmen; Hrsg.: Industrieverband Bauchemie und Holzschutzmittel e.V., Eigenverlag, Frankfurt/Main, 2006.
[55] Richtlinie für die Planung und Ausführung von Abdichtungen erdberührter Bauteile mit kunststoffmodifizierten Bitumendickbeschichtungen (KMB); Hrsg.: Deutsche Bauchemie e. V, Deutscher Holz- und Bautenschutzverband e.V. u. a., Frankfurt/Main, Eigenverlag 2001.
[56] Anwendung von Kunststoff-Dichtungsbahnen im Wasserbau und für den Grundwasserschutz; Deutscher Verband für Wasserwirtschaft und Kulturbau e.V., Bonn; DVWK-Merkblätter, Heft 225/1992; Verlag Paul Parey.
[57] Richtlinie Schutz und Instandsetzung von Betonbauteilen (Instandsetzungs-Richtlinie); Teil 1: Allgemeine Regelungen und Planungsgrundsätze; Teil 2: Bauprodukte und Anwendung; Teil 3: Anforderungen an die Betriebe und Überwachung der Ausführung; Teil 4: Prüfverfahren; Deutscher Ausschuss für Stahlbeton. Beuth, Berlin, 2001.
[58] Empfehlungen zu Dichtungssystemen im Tunnelbau EAG-EDT. Empfehlungen des Arbeitskreises AK 5.1 Kunststoffe in der Geotechnik und im Wasserbau; Hrsg.: Deutsche Gesellschaft für Geotechnik e. V. (DGGT). Glückauf, Essen, 2005.
[59] Regeln für Dächer mit Abdichtungen (mit Neufassung der Flachdachrichtlinie), September 2008; Hrsg.: Zentralverband des Deutschen Dachdeckerhandwerk e.V.; R. Müller, Köln, 2008.
[60] Technische Regeln für die Planung und Ausführung von Abdichtungen mit Polymerbitumen- und Bitumenbahnen; Hrsg.: vdd Industrieverband Bitumen-Dach- und Dichtungsbahnen e. V. („abc der Bitumenbahnen", erstmals 1952, neu 01.2007, ergänzt 12.2007).

[61] Zement-Merkblatt H10: Wasserundurchlässige Betonbauwerke, Ausgabe August 2006; Hrsg.: Bundesverband der Deutschen Zementindustrie e. V.
[62] Zement-Merkblatt B22: Arbeitsfugen, Ausgabe Januar 2002; Hrsg.: Bundesverband der Deutschen Zementindustrie e. V.
[63] Merkblatt Betondeckung und Bewehrung (DBV-Merkblatt), Fassung Juli 2002; Hrsg.: Deutscher Beton- und Bautechnik-Verein e. V., Berlin.
[64] DBV-Merkblatt: Verpresste Injektionsschläuche für Arbeitsfugen; Hrsg.: Deutscher Beton-Verein e. V., Wiesbaden, 1996.
[65] DBV-Merkblatt: Wasserundurchlässige Baukörper aus Beton; Hrsg.: Deutscher Beton-Verein e. V., Wiesbaden, 1996.
[66] BWA – Richtlinien für Bauwerksabdichtungen, Band 1: Technische Regeln für die Planung und Ausführung von Abdichtungen erdberührter Bauwerksflächen oberhalb des Grundwasserspiegels; Hrsg.: Braun, Eberhard. Verlag O. Elsner, Dieburg, 2004.
[67] Richtlinie für die Planung, Ausführung und Pflege von Dachbegrünungen (FLL Dachbegrünungsrichtlinie), Ausgabe 2002; Hrsg.: Forschungsgesellschaft Landschaftsentwicklung Landschaftsbau e. V. (FLL).
[68] DAfStb-Richtlinie – Wasserundurchlässige Bauwerke aus Beton (WU-Richtlinie); Hrsg.: Deutscher Ausschuss für Stahlbeton e. V., Beuth, Berlin, 2003.

8.3 Fachliteratur

[70] Girnau, G, Haack, A.: Tunnelabdichtungen – Dichtungsprobleme bei unterirdisch hergestellten Tunnelbauwerken; Buchreihe: Forschung + Praxis, U-Verkehr und unterirdisches Bauen, Bd. 6, Hrsg.: STUVA, Köln. Alba-Buchverlag, Düsseldorf, 1969.
[71] Haack, A.: Das Schweißverfahren in der bituminösen Abdichtungstechnik des Tunnelbaus. Bitumen 32 (1970), Heft 3, S. 64–68 und Heft 6, S. 153–158.
[72] Emig, K.-F.: Die bituminöse Abdichtung im Bereich von Los- und Festflanschen. Bitumen 32 (1970), Heft 2, S. 43–50 und Bitumen 34 (1972), Heft 4, S. 96–104.
[73] Braun, E., Metelmann, R, Thun, D., Vordermeier, E.: Die Berechnung bituminöser Bauwerksabdichtungen; Hrsg.: Arbeitsgemeinschaft der Bitumen-Industrie, 1976.
[74] Schild, E. u. a.: Schwachstellen – Schäden, Ursachen, Konstruktions- und Ausführungsempfehlungen; Band I: Flachdächer, Dachterrassen, Balkone, 4. Auflage, 1978; Band III: Keller, Dränagen, 3. Auflage, 1996. Bauverlag, Wiesbaden-Berlin.
[75] Haack, A.: Abdichtungen im Untertagebau; Taschenbuch für den Tunnelbau, Bd. 5 (1981), S. 275–323; Bd. 6 (1982), S. 147–179; Bd. 7 (1983), S. 193–267. Verlag Glückauf, Essen.
[76] Anwendung und Prüfung von Kunststoffen im Erd- und Wasserbau. Deutscher Verband für Wasserwirtschaft und Kulturbau e. V, Bonn; DVWK-Schriften, Heft 76, 2. Auflage.Verlag Paul Parey, 1989.
[77] Grube, H.: Wasserundurchlässige Bauwerke aus Beton; Buchreihe „Bauphysik für die Baupraxis". Otto Elsner Verlagsgesellschaft, Darmstadt, 1982.
[78] Haack, A.: Bauwerksabdichtung – Hinweise für Konstrukteure, Architekten und Bauleiter. Bauingenieur 57 (1982), Heft 11, S. 407–412.
[79] Guerlin, H.: Gesichtspunkte für das Konstruieren mit Dichtungsschlämmen. Bauphysik 4 (1983), Heft 4, S. 121–127.
[80] Lufsky, K.: Bauwerksabdichtung, 4. Auflage. Teubner Verlag, Stuttgart, 1983.
[81] Brux, G: Verpresste Injektionsschläuche für Arbeitsfugen im Betonbau. Tiefbau, Ingenieurbau, Straßenbau 39 (1997), Heft 6, S. 39–45.
[82] Haack, A., Poyda, F.: Hinweise und Empfehlungen für die lose Verlegung von Kunststoff- und Elastomerbahnenabdichtungen; STUVA-Forschungsbericht 19/85; Eigenverlag 1985.
[83] Haack, A.: Schäden an wasserdruckhaltenden Bauwerksabdichtungen: Ursachen, Beseitigung und Vorbeugung. Tiefbau-Ingenieurbau-Straßenbau 27 (1985), Heft 2, S. 91–99 und Heft 3, S. 120–130.
[84] Emig, K.-F., Haack, A: Abdichtung mit Bitumen; Ausführungen unter Geländeoberfläche. ARBIT-Schriftenreihe „Bitumen", Heft 61, 2000.

[85] Haack, A.: Wasserundichtigkeiten bei unterirdischen Bauwerken – Erforderliche Dichtigkeit, Vertragsfragen, Sanierungsmethoden. Tiefbau-Ingenieurbau-Straßenbau 28 (1986), Heft 5, S. 245–254.
[86] Lohmeyer, G.: Weiße Wannen – einfach und sicher, 2. Auflage. Beton-Verlag, Düsseldorf, 1991.
[87] Braun, E.: Bitumen: Anwendungsbezogene Baustoffkunde für Dach- und Bauwerksabdichtungen, 2. Auflage. Rudolf Müller Verlag, Köln, 1991.
[88] Emig, K.-F.: Abdichtungen über Bauwerksfugen nach DIN 18195. Tiefbau-Ingenieurbau-Straßenbau 29 (1987), Heft 3, S. 104–114.
[89] Haack, A. und Referenten: Bauwerksabdichtungen, Parkhäuser und Parkdecks; 1. Fachtagung Reinartz Asphalt, 10./11. Dezember 1987, Köln; 2. Fachtagung Reinartz Asphalt, 30. November/1. Dezember 1995, Köln. Eigenverlag Reinartz Asphalt, Aachen.
[90] Braun, E., Thun, D.: Abdichten von Bauwerken. In: Beton-Kalender 1992. Ernst & Sohn, Berlin.
[91] Emig, K.-F.: Sollbruchfugen: Konstruktiver Bestandteil der Schlitzwandbauweise bei abzudichtenden Baukörpern. Tiefbau-Ingenieurbau-Straßenbau 30 (1988), Heft 7, S. 389–393.
[92] Emig, K.-F., Haack, A.: Fahrbahnabdichtung von Brücken, Trögen und Parkdecks mit Bitumenwerkstoffen; Grundlagen – Planung – Bemessung – ausgewählte Details. ARBIT-Schriftenreihe „Bitumen", Heft 62, 2001.
[93] Kakrow, H.: Lehrbrief – Bauwerksabdichtung, 2. Auflage. Hrsg.: Hauptverband der Deutschen Bauindustrie e. V, Frankfurt/Main, 1995.
[94] Klawa, N., Haack, A.: Tiefbaufugen: Fugen- und Fugenkonstruktionen im Beton- und Stahlbetonbau. Hrsg.: Hauptverband der Deutschen Bauindustrie und STUVA. Ernst & Sohn, Berlin, 1990.
[95] Kienzle, A., Meseck, H., Simons, H.: Theorie und Praxis der Abdichtung von Bauwerken mit Bentonit. Tiefbau-Ingenieurbau-Straßenbau 21 (1979), Heft 4.
[96] Haack, A., Emig, K.-F.: Abdichtungen im Gründungsbereich und auf genutzten Deckenflächen, 2. Auflage. Ernst & Sohn, Berlin, 2003.
[97] Haack, A.: Die Abdichtung von Fugen in Flachdächern und Parkdecks aus WU-Beton. Aachener Bausachverständigentage 1997, Tagungsumdruck S. 101–113. Bauverlag, Wiesbaden, 1997.
[98] Haack, A.: Wasserdichte Ausbildung von Dehn- und Arbeitsfugen in Konstruktionen aus WU-Beton. Bauingenieur 73 (1998), Heft 5, S. 221–227.
[99] Breitbach, M.: Planung und Ausführung der Bauwerksabdichtung im erdberührten Bereich – Bauschäden erkennen, beseitigen, vorbeugen. IBK-Bau-Fachtagung 245, 15./16. 9. 1999, Berlin; Tagungsumdruck.
[100] Maier, G., Kuhnhenn, K.: Ausführung und Erkenntnisse mit der doppellagigen Abdichtung im Tunnel Gernsbach. Tunnel 15 (1996), Heft 6, S. 31–52.
[101] Engelberg-Basistunnel und Autobahndreieck Leonberg, Neubau und Modernisierung eines Verkehrsknotenpunktes; Teilbeitrag: Bauausführung Tunnel; Hrsg.: Arge Engelberg-Basistunnel, Landesamt für Straßenwesen Baden-Württemberg; Erlenbach, 1999, S. 58–101.
[102] Haack, A., Emig, K.-F.: Abdichtungen. In: Grundbau-Taschenbuch, Teil 2, 6. Auflage, Kap. 2.11. Ernst & Sohn, Berlin, 2001.
[103] Klopfer, H.: Wassertransport durch Diffusion in Feststoffen. Bauverlag, Wiesbaden, Berlin, 1974.
[104] Cziesielski, E.: Wassertransport durch Bauteile aus wasserundurchlässigem Beton: Schäden und konstruktive Empfehlungen. Vortrag zu Aachener Bausachverständigentage 1990 (Erdberührte Bauteile und Gründungen), Hrsg.: E. Schild und R. Oswald, S. 91–100.
[105] Simons, H. J.: Konstruktive Gesichtspunkte beim Entwurf „Weißer Wannen". Der Bauingenieur 63 (1988), Heft 9, S. 429–437.
[106] Bayer, E., Kampen, R., Moritz, H.: Beton-Praxis, 3. Auflage. Bundesverband der Deutschen Zementindustrie e.V., Beton-Verlag, Köln, 1989.
[107] Luley, H., Kampen, R., Kind-Barkauskas, F., Klose, N., Tegelaar, R.: Instandsetzen von Stahlbetonoberflächen, 5. Auflage. Bundesverband der Deutschen Zementindustrie e.V., Beton-Verlag, Köln, 1992.
[108] Muth, W.: Dränung erdberührter Bauteile. Eigenverlag, Fachhochschule Karlsruhe, 1981.
[109] Erläuterungen zur DAfStb-Richtlinie wasserundurchlässige Bauwerke aus Beton; Hrsg.: Deutscher Ausschuss für Stahlbeton. Beuth, Berlin, 2005 (DAfStb-Schriften, Heft 555).
[110] Hohmann, R.: Verpresste Injektionsschlauchsysteme. In: Fugenabdichtung bei wasserundurchlässigen Bauwerken aus Beton. Fraunhofer IRB Verlag, Stuttgart, 2005.

2.11 Abdichtungen und Fugen im Tiefbau

[111] Weiße Wannen – technisch und juristisch immer wieder problematisch? Tagungsband; Hrsg.: Deutscher Beton- und Bautechnik-Verein e. V., Berlin; Fraunhofer-Informationszentrum Raum und Bau. IRB Verlag, Stuttgart, 2008.
[112] Hohmann, R.: Fugenabdichtung bei wasserundurchlässigen Bauwerken aus Beton. In: Beton-Kalender 2005, Fertigteile, Tunnelbauwerke, Bd. 1, S. 383–418. Ernst & Sohn, Berlin.
[113] Hohmann, R.: Wasserundurchlässige Bauwerke aus Beton – Typische Fehler bei der Planung und Ausführung von Fugenabdichtungen. In: Bauphysik-Kalender 2008, S. 355–376. Ernst & Sohn, Berlin.
[114] Hohmann, R.: Wasserdruckhaltende Innenwannen aus Beton als Sanierungsmethode für vernässte Keller. In: Bauphysik-Kalender 2008, S. 561–579. Ernst & Sohn, Berlin.
[115] Graeve, H.: Konstruktive Ausbildung von Bauteilen und Gebäuden unter besonderer Beachtung bauphysikalischer Kriterien. Nachträgliche Abdichtung von WU-Betonbauteilen. In: Bauphysik-Kalender 2004, S. 675–702. Ernst & Sohn, Berlin.
[116] Schreyer, J.: Abdichtungen von einschaligen Tübbingauskleidungen mit Dichtungsprofilen. Vortrag zur STUVA-Tagung 2001; Forschung + Praxis. U-Verkehr und unterirdisches Bauen, Bd. 39, S. 142–149. Bertelsmann Fachzeitschriften.
[117] Autorenkollektiv: STUVA-Empfehlung für die Prüfung und den Einsatz von Dichtungsprofilen in Tübbingauskleidungen. Tunnel 24 (2005), Heft 8, S. 8–21.
[118] Autorenkollektiv: STUVA-Empfehlung für die Verwendung von Dichtungsrahmen in Tübbingauskleidungen. Tunnel 24 (2006), Heft 2, S. 28–33.
[119] Höft, H., Diener, A., Gutschmidt, H.: Dichtungsprofile für den Tübbingausbau. In: Schildvortrieb mit Tübbingausbau, S. 184–194; Hrsg.: Wissenschaftsstiftung Deutsch-Tschechisches Institut (WSDTI), 2009.
[120] Graeve, H.: Nachdichtung von Tunneln mit einschaligem Tübbingausbau. In: Schildvortrieb mit Tübbingausbau, S. 199–213; Hrsg.: Wissenschaftsstiftung Deutsch-Tschechisches Institut (WSDTI), 2009.
[121] Ebeling, K.: Beton-Herstellung nach Norm: die neue Normengeneration, 15. überarbeitete Auflage. Verlag Bau + Technik, Düsseldorf, 2003.
[122] Pickhardt, R., Bose, T., Schäfer, W.: Beton-Herstellung nach Norm: Arbeitshilfe, Planung und Baupraxis, 18. überarbeitete Auflage. Verlag Bau + Technik, Düsseldorf, 2009.
[123] Weber, R.: Guter Beton: Ratschläge für die richtige Betonherstellung, 22. überarbeitete Auflage. Verlag Bau + Technik, Düsseldorf, 2007.
[124] Haack, A., Schreyer, J., Grünewald, M.: Zusammenstellung der baupraktischen Hinweise zur Ausbildung von Fugen bei Tunneln in offener Bauweise; Schriftenreihe Forschung Straßenbau und Straßenverkehrstechnik, Heft 890; Hrsg.: Bundesministerium für Verkehr, Bau- und Wohnungswesen, Bonn, 2004.
[125] Haack, A., Adam, L.: BAB A111 Tunnel Flughafen Tegel Berlin – Instandsetzung und sicherheitstechnische Nachrüstung. Taschenbuch für den Tunnelbau, 33. Jg., S. 329-346. VGE-Verlag, Essen, 2009.
[126] Haack, A.: Weiterentwicklung bei der Abdichtung bergmännisch gebauter Tunnel. Tunnel 24 (2005), Heft 3, S. 16–22.
[127] Hohmann, R.: Der druckwasserdichte Anschluss an WU-Bauwerke. Beton- und Stahlbetonbau 103 (2008), Heft 9, S. 625–632.

Genau geplant. Genauso gemacht.

HUESKER Ingenieure unterstützen Sie bei der Umsetzung Ihrer Bauprojekte. Umfassendes Know-how und langjährige Erfahrung ermöglichen die detailgetreue Ausführung und sorgen für reibungslose Abläufe. Verlassen Sie sich auf die Produkte und Lösungen von HUESKER.

**HUESKER Geokunststoffe –
aus Erfahrung zuverlässig.**

www.huesker.com

BÖSCHUNGS-SICHERUNG

Fortrac® Geogitter
verhindern Flutkatastrophe in Trento, Italien. Bewehrung instabiler Granithänge. Böschungsneigung 60°, h 60 m.

HUESKER Synthetic GmbH
48712 Gescher

Tel.: + 49 (0) 25 42 / 701 - 0
info@huesker.de

ERD- UND GRUNDBAU | **STRASSEN- UND VERKEHRSWEGEBAU** | **WASSERBAU** | **UMWELTTECH**

GeoMega™
die erste vollsynthetische Verbindung

Bewehrte Erde

Sustainable Technology

ngenieurgesellschaft mbH
Hittfelder Kirchweg 2
21220 Seevetal

Tel.   0049 (0) 4105 - 66 48 16
Fax   0049 (0) 4105 - 66 48 77

info@bewehrte-erde.de
www.bewehrte-erde.de

Die Kombination von GeoMega™ mit GeoStrap™- (Polyethylen/Polyester) bzw. mit EcoStrap™- (Polyvinylalkohol) Kunststoff-bewehrungsbändern erweitert die Bandbreite der verwendbaren Füllböden für Bewehrte-Erde-Stützwände.

2.12 Geokunststoffe in der Geotechnik und im Wasserbau

Fokke Saathoff und Gerhard Bräu

1 Allgemeines

Obwohl Geokunststoffe in Form von z. B. Geotextilien und flächenhaften Dichtungsbahnen seit etwa 1957 im Erd- und Wasserbau eingesetzt werden, sind sie als vergleichsweise neue Baustoffe anzusehen. In den letzten Jahren hat sich ihr Einsatzgebiet ständig erweitert und ihre Verwendung hat aufgrund technischer und wirtschaftlicher Vorteile gegenüber konventionellen Baustoffen stetig zugenommen. Sie finden Anwendung im Küstenschutz, Kulturwasserbau, Verkehrswasserbau, Landverkehrswegebau (schienengebundene Verkehrswege, Straßen- und Tunnelbau), Deponiebau sowie im Damm- und Böschungsbau.

In diesem Beitrag wird nach einer kurzen Abhandlung der Grundlagen und Begriffe auf die Anwendungen von Geokunststoffen in den einzelnen Bereichen eingegangen.

2 Grundlagen und Begriffe

2.1 Einteilung der Geokunststoffe

Geokunststoff: Ein Oberbegriff, der ein Produkt beschreibt, bei dem mindestens ein Bestandteil aus synthetischem oder natürlichem Polymerwerkstoff hergestellt wurde, in Form eines Flächengebildes, eines Streifens oder einer dreidimensionalen Struktur, das bei geotechnischen und anderen Anwendungen im Bauwesen im Kontakt mit Boden und/oder anderen Baustoffen verwendet wird [43].

Die Entwicklung der Anwendung von Geokunststoffen in der Geotechnik und im Wasserbau ist äußerst rasant. Anfänglich wurden die Begriffe Filtermatten und Gewebe für alle wasserdurchlässigen Geokunststoffe, der Begriff Folie für alle wasserundurchlässigen Geokunststoffe verwendet.

Von 1983 bis 1990 war es üblich, bei den wasserdurchlässigen Geokunststoffen zwischen Geweben, Vliesstoffen, Verbundstoffen und den Geogittern zu unterscheiden [99]. Für wasserundurchlässige Geokunststoffe wurde zwischen Dichtungsbahnen und Folien unterschieden.

In der Zeit ab etwa 1990 wurden Geokunststoffe durch „geosynthetische Tondichtungsbahnen" oder Bentonitmatten mit Bentonit als ein mögliches nahezu wasserundurchlässiges Element bereichert.

Das Bestreben, den europäischen Binnenmarkt auch für Geokunststoffe durch Einführung einer CE-Marke umzusetzen, führte Ende 1992 anlässlich einer CEN-Sitzung in Rotterdam zur beantragten und später genehmigten Mandatierung der vier Gruppen „Geotextilien", „geotextilverwandte Produkte", „Dichtungsbahnen" und „dichtungsbahnverwandte Produkte".

1994 finden im Merkblatt des AA 5.15 (heute AA 5.4) der FGSV [83] neben den Geotextilien und den geotextilverwandten Produkten wie Geogitter erstmalig Maschenwaren Erwähnung.

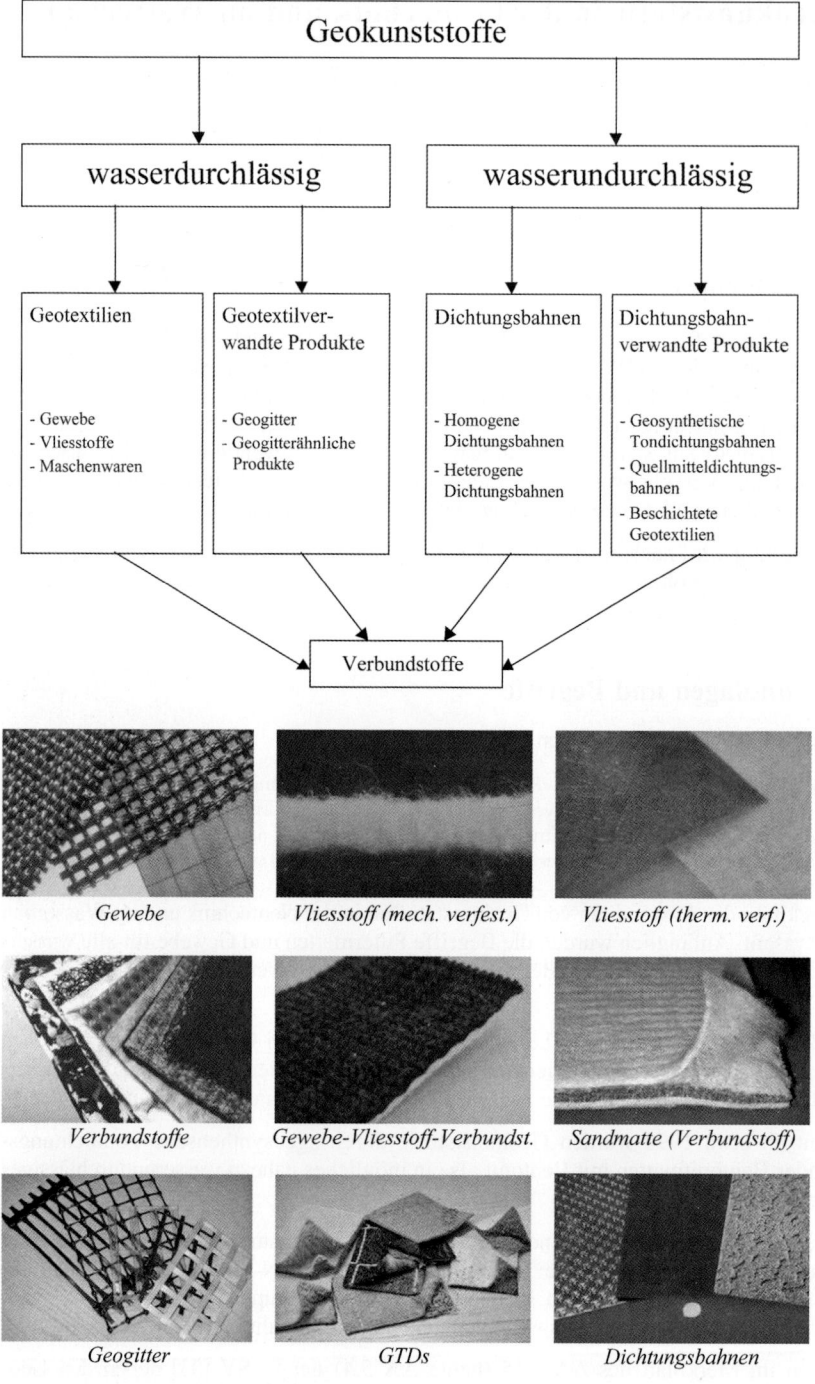

Bild 1. Einteilung der Geokunststoffe (oben); Beispiele (unten)

BUCHEMPFEHLUNG

Pregartner, T.
Bemessung von Befestigungen in Beton.
Einführung mit Beispielen
2009. 377 S., 143 Abb., 65 Tab., Br
€ 55,–* / sFr 88,–
ISBN: 978-3-433-02930-5
Neuerscheinung!

Bemessung von Befestigungen in Beton

Die Bemessung von Befestigungen in Beton wird in der Praxis nahezu ausschließlich mit Programmen realisiert, die von Herstellern zur Verfügung gestellt werden. Damit ist die einfache Bemessung für unterschiedliche Randbedingungen möglich und anhand von Vergleichsrechnungen können ein optimales Befestigungselement für die vorliegende Situation gefunden und der Auslastungsgrad maximiert werden. Der theoretische Hintergrund dieser Bemessungsverfahren ist komplex und basiert zum Teil auf empirischen Gleichungen und bruchmechanischen Ansätzen. Daher werden in diesem Buch die Bemessungsverfahren für Befestigungen in Beton anschaulich und Schritt für Schritt erklärt und an Praxisbeispielen verdeutlicht. Auf die wissenschaftlichen Hintergründe der einzelnen Berechnungsformeln wird dabei nur so wenig wie nötig eingegangen. Somit können computergestützte Ergebnisse besser interpretiert und beliebige Anwendungsfälle auch ohne Unterstützung von Rechenprogrammen bewältigt werden.

Ernst & Sohn
Verlag für Architektur und
technische Wissenschaften GmbH & Co. KG

Für Bestellungen und Kundenservice:
Verlag Wiley-VCH
Boschstraße 12
69469 Weinheim
Telefon: +49(0) 6201 606–400
Telefax: +49(0) 6201 606–184
Email: service@wiley-vch.de

www.ernst-und-sohn.de

* Der €-Preis gilt ausschließlich für Deutschland. Irrtum und Änderungen vorbehalten.

Wir sind das Geogitter!

Rückgrat für Ihre Ideen!

- Tragschichtstabilisierung
- Stützwand-Systeme
- Böschungssicherung

Tensar®
Geogitter und Geokunststoffe

www.tensar.de
Telefon: +49 (0) 228 / 9 13 92 - 0

2.12 Geokunststoffe in der Geotechnik und im Wasserbau

Rohre, Schächte und andere Elemente im Bauwesen, die ebenfalls aus Kunststoffen (im Sinne polymerer/synthetischer Materialien) produziert werden, fallen nach DIN EN ISO 10318 [43] nicht unter den Begriff „Geokunststoffe". Andererseits werden Geotextilien beispielsweise produziert aus natürlichen Fasern (aufgrund der Anwendung und gegenüber synthetischen Geotextilien ähnlicher oder identischer Produktionstechniken) sehr wohl unter dem Begriff „Geokunststoffe" sublimiert.

Zweckmäßig ist eine Zweiteilung der Geokunststoffe in

– wasserdurchlässige und
– wasserundurchlässige (bzw. nahezu wasserundurchlässige) Flächengebilde (Bild 1).

Zur Gruppe der wasserdurchlässigen Flächengebilde gehören

– Geotextilien und
– geotextilverwandte Produkte.

Wasserundurchlässige (bzw. nahezu wasserundurchlässige) Flächengebilde sind

– Dichtungsbahnen und
– dichtungsbahnverwandte Produkte.

Verbundstoffe nehmen eine Sonderstellung ein.

2.2 Geotextilien

2.2.1 Einteilung der Geotextilien

Geotextil: Ein flächenhaftes, durchlässiges, polymeres (synthetisches oder natürliches) Textil, entweder Vliesstoff, Maschenware oder Gewebe, das bei geotechnischen Anwendungen und im Bauwesen für den Kontakt mit Boden und/oder einem anderen Material verwendet wird [43].

Geotextilien werden für die Funktionen

– Filtern,
– Dränen,
– Trennen,
– Bewehren,
– Verpacken und
– Schützen (inklusive Erosionsschutz)

eingesetzt. Häufig muss ein Geotextil zugleich mehrere dieser Funktionen erfüllen.

Geotextilien werden unterteilt in:

– Gewebe,
– Vliesstoffe,
– Maschenwaren und
– Verbundstoffe.

2.2.2 Gewebe

Gewebe (Geogewebe): Ein Geotextil, das durch Verkreuzen, in der Regel rechtwinklig, von zwei oder mehr Fadensystemen, Filamenten, Bändchen oder anderen Elementen hergestellt wird [43].

Die Längsrichtung heißt bei Geweben Kettrichtung, die Querrichtung Schussrichtung. Die Gesamtheit der Kettfäden ist die Kette, die Gesamtheit der Schussfäden der Schuss. Für Kette

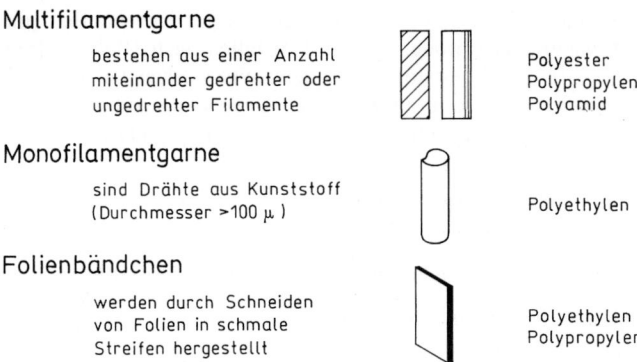

Bild 2. Für Gewebe bevorzugt verwendete Garnarten und Rohstoffe [48]

und Schuss werden Spinnfasergarne, Multifilamentgarne, Zwirne, Monofilamente, Folienbändchen oder Spleißgarne verwendet – auch in unterschiedlicher Kombination (Bild 2).

Die Art der Verkreuzung/Verwebung der Fäden wird Bindung genannt. Die Art der Bindung kann die technischen Eigenschaften erheblich beeinflussen. Als Bindungsart für geotextile Gewebe werden in der Regel Leinen- (im Textilwesen Leinwandbindung genannt) und Köperbindung angeboten (Bild 3). Die Leinenbindung ermöglicht die Fertigung besonders fester, die Köperbindung die Fertigung besonders dichter Gewebe. Zur Erhöhung der Weiterreißfestigkeit sind bei Leinen- und Köperbindung Verstärkungen möglich, indem etwa jeder zehnte Kett- und Schussfaden doppelt vorhanden ist. Diese Gewebe werden als Karogewebe bezeichnet.

In einigen Regelwerken/Veröffentlichungen werden Gewebe mit großer Öffnungsweite (d. h. wenige Kett- und Schussfäden je Längeneinheit) Gittergewebe genannt. Diese werden in der Regel mit einer PVC-Ummantelung schiebefest (d. h. Fixierung der Maschenweite) ausgerüstet. Nach dem Merkblatt M Geok E [84] werden jedoch Gittergewebe mit einer Maschenweite ≥ 10 mm als gewebte Geogitter bezeichnet (vgl. Abschn. 2.3.1). Vor diesem Hintergrund sollte der Begriff Gittergewebe vermieden werden.

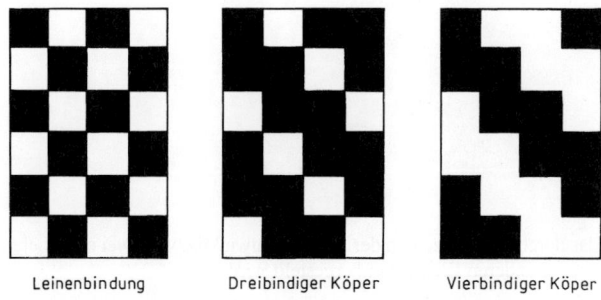

Bild 3. Bindungspatronen von Geweben [99]

2.12 Geokunststoffe in der Geotechnik und im Wasserbau 741

2.2.3 Vliesstoffe

Vliesstoff (Geovliesstoff): Ein Geotextil aus gerichteten oder regellosen Fasern, Filamenten oder anderen Elementen, die mechanisch und/oder thermisch und/oder chemisch verfestigt werden [43].

Spinnfaser-Vliesstoffe werden aus feingekräuselten Spinnfasern (oftmals früher Stapelfasern genannt) gebildet. Die Faserablage kann mechanisch auf Kardiermaschinen (z. B. Krempeln) oder auf aerodynamischem Wege erfolgen. Dickenunterschiede (Wolkigkeiten) lassen sich durch sorgfältige Krempeleinstellung weitgehend vermeiden.

Filament-Vliesstoffe werden durch Ablegen und Verfestigen endlos aus Spinndüsen gewonnener nicht gekräuselter Filamente (Fasern) hergestellt. Die Lage der Filamente ist in den meisten Herstellungsarten wirr. Filament-Vliesstoffe werden in der Regel auf Großanlagen in großtechnischer Produktion mit vergleichsweise geringen Variationsmöglichkeiten gefertigt. Bei Filament-Vliesstoffen lassen sich gewisse Unregelmäßigkeiten in der Dicke (Wolkigkeiten) nicht bei allen Herstellungsverfahren vermeiden.

Nach der Ablage der Fasern (Spinnfasern oder Filamente) werden die Vliese *mechanisch* (Vernadeln oder Vernähen), *kohäsiv* (Verschmelzen) oder *adhäsiv* (Verkleben) zu Vliesstoffen verfestigt (Bild 4). Bei einigen Produkten sind auch Mehrfachbindungen ausgeführt worden (z. B. mechanische und zusätzlich adhäsive oder kohäsive Bindung). Die Art der Verfestigung/Bindung kann die technischen Eigenschaften erheblich beeinflussen.

Sowohl Spinnfaser-Vliese als auch Filament-Vliese können *mechanisch* verfestigt werden (durch Reib- und Formschlussbindung). Durch das Vernadeln von Vliesen, bei dem eine große Zahl spezieller Nadeln in das zu verfestigende Faserhaufwerk (Vlies) mit etwa 50 bis 500 Einstichen pro cm^2 eingestochen und wieder herausgezogen wird, ergibt sich durch Verschlingung die gewünschte Festigkeit. Die Nadeln, an deren Kanten als Haken wirkende Vertiefungen angebracht sind, sind angeordnet in Form eines Nadelfeldes.

Spinnfaser-Vliese können neben der Vernadelung auch durch Vernähen mechanisch verfestigt werden. Als Produktionstechniken können Malivlies und Maliwatt genannt werden. Beim Malivliesverfahren erfolgt die Vliesverfestigung durch Halbmaschenbildung aus Fasern des Vlieses, also ohne zusätzliche Fäden. Eine Seite des so produzierten Vliesstoffes (oft auch als Vliesnähgewirke bezeichnet) weist Maschen auf, die andere Seite hat einen

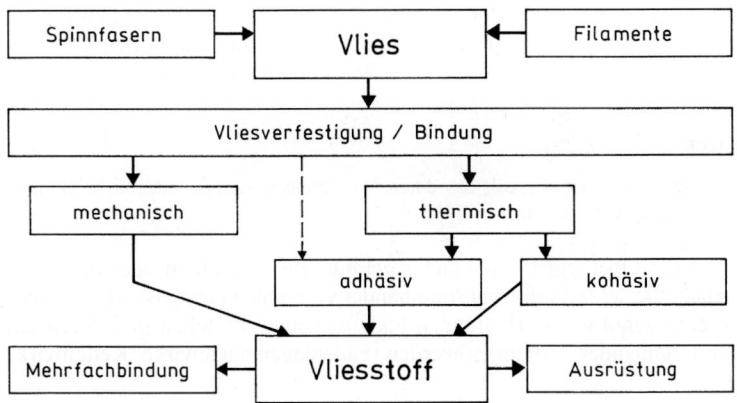

Bild 4. Verfestigung von Vliesstoffen [99]

leicht verfestigten vliesartigen Charakter. Beim Maliwattverfahren wird ein Vlies bzw. Vliesstoff mit längsorientierten Bindefäden (Fremdfäden) übernäht. Die von den Bindefaden-Systemen gebildeten Maschen schließen in sich die Fasern des Vlieses ein (oft auch als Vliesfadennähgewirke bezeichnet). Produkte nach den Nähwirktechniken Malivlies und Maliwatt sollten – obwohl für die Erläuterung dieser Produkte der Begriff Masche herangezogen wird – nicht als Maschenware (vgl. Abschn. 2.2.4) bezeichnet werden.

Die mechanische Verfestigung ergibt verschiebliche Faserkreuzungspunkte. Mechanisch verfestigte Vliesstoffe sind in der Regel weich, flexibel und vergleichsweise dick (Dicke überwiegend > 1 mm, Porenanteil: etwa 90%). Die Flexibilität der mechanisch verfestigten Vliesstoffe nimmt in der Reihenfolge Malivlies-Vliesstoffe/Spinnfaservliesstoffe – Endlosfaservliesstoffe – Maliwatt-Vliesstoffe ab.

Eine *adhäsive* Bindung von Vliesen kann durch Benetzen mit flüssigen Bindemitteln erfolgen. Sie werden nach verschiedenen Verfahren auf das zu verfestigende Vlies appliziert und anschließend durch eine Wärmebehandlung (Trocknung, Kondensation auf etwa 160 bis 210 °C, Polymerisation) ausgehärtet. Eine adhäsive Bindung ergibt an den Berührungsstellen zweier oder mehrerer Fasern starre Verbindungen und dadurch eine geringere Flexibilität als eine mechanische Bindung. Menge und Art des verwendeten Bindemittels können auf spezielle Anforderungen (z. B. Absenkverhalten beim Unterwassereinbau des Geotextils) abgestimmt werden. Eine adhäsive Verfestigung kann auch durch einen geringen Prozentsatz niedrig schmelzender fester Bindemittel (z. B. Spinnfasern oder Filamente als Bindemittel oder in Pulverform) erreicht werden.

Eine *kohäsive* Bindung erfolgt durch Erhitzung und oftmals unter Druck. Hierbei werden Vliese (rohstoffgleiche Fasern) ohne zusätzliche Bindemittel miteinander gebunden. Die ummantelten Kernfasern haben beim Erhitzen eine klebrige Hülle, die bei einer niedrigeren Temperatur als der Kern der einzelnen Faser schmilzt (Anschmelzen der Faserhülle). An den Faserkreuzungspunkten treten nur kleinere Bindepunkte auf, sodass die Starrheit geringer sein kann als bei den Faserkreuzungspunkten eines adhäsiv verfestigten Vliesstoffes.

Entgegen der differenzierten technologischen Einteilung von Vliesstoffen der zwischenzeitlich ungültigen DIN 61210 [20] haben sich im allgemeinen Sprachgebrauch nur die Begriffe *mechanisch* und *thermisch* verfestigter Vliesstoff durchgesetzt. Thermisch verfestigte Vliesstoffe sind bei ihrer Herstellung einer thermischen Behandlung, zumeist unter gleichzeitiger Druckbeanspruchung, ausgesetzt worden; die Bindung der Vliese ist daher überwiegend kohäsiv, sie kann aber auch adhäsiv sein (vgl. Bild 4). Diese relativ dünnen (0,2 bis 1,5 mm) Vliesstoffe verkleben an den Kreuzungspunkten und sind durch den Verfestigungsvorgang stark komprimiert (Porenanteil: 60 bis 70%) und relativ steif.

2.2.4 Maschenwaren

Maschenware (Geomaschenware): Ein Geotextil, das durch Verschlingen von ein oder mehr Garnen, Filamenten oder anderen Elementen hergestellt wird [43].

Maschenware ist somit der Oberbegriff für Flächengebilde, die aus einem oder mehreren Fadensystemen bestehen, die schleifenförmig miteinander verbunden (vermascht) sind oder aus einem oder mehreren geradlinig verlaufenden Fadensystemen bestehen und durch ein weiteres Fadensystem miteinander verbunden werden (Fadenlagennähgewirke, Kettenwirkware, Raschelware).

Maschenware steht auch für gestrickte und gewirkte Geotextilien, die durch Vermaschen von einem oder mehr Garnen, Fasern, Filamenten oder anderen Elementen hergestellt werden.

2.12 Geokunststoffe in der Geotechnik und im Wasserbau

Unter Hinweis auf Abschnitt 2.2.3 mit den dort erwähnten Nähwirktechniken Malivlies und Maliwatt sollten diese Vlies- und Vliesfadennähgewirke nicht als Maschenware bezeichnet werden.

Als Maschenwaren mit durchlaufenden, geradlinig verlaufenden Fadensystemen eignen sich die Wirkwaren besonders für „geotextile Anwendungen", wenn Zugkräfte aufgenommen werden sollen. Ihre Besonderheiten:

– Hohe Zugkräfte bei niedriger Dehnung in Richtung der durchlaufenden Garne.
– Lastaufnahme bei bestimmten Produkten mit diagonal verlaufenden Fadensystemen auch in Diagonalrichtung möglich.
– Im Vergleich zu Geweben geringe Konstruktionsdehnung in Richtung der durchlaufenden Garne.

Die Kraftübertragung zum Boden und die filtertechnischen Eigenschaften entsprechen in der Regel denen von Geweben.

2.2.5 Verbundstoffe

Verbundstoff (Geoverbundstoff): Ein industriell vorgefertigtes zusammengesetztes Material, bei dem mindestens ein Bestandteil ein Geokunststoff ist [43].

In der Mehrzahl der Regelwerke werden Geotextilien unterschieden in Gewebe, Vliesstoff und Verbundstoff, sodass zumindest der *Verbundstoff als zusammengesetztes Material, bei dem mindestens ein Bestandteil ein Geotextil ist,* an dieser Stelle Erwähnung finden muss.

Die hier angesprochenen Verbundstoffe bestehen z. B. aus einer Kombination von porenmäßig aufeinander abgestimmten Vliesstoffen mit unterschiedlicher Faserfeinheit, aus einer Kombination von Gewebe und Vliesstoff oder aus verschiedenen Vliesstoffen und einer Stabilisierungsschicht (Rauigkeitsschicht).

Spezielle Verbundstoffe, die aus einer Sickerschicht (z. B. Grobfaser- oder Wirrfasersickerschicht) und beidseitig aufgebrachten, z. B. mechanisch verfestigten Filter-Vliesstoffen, bestehen, werden oft als „geosynthetische Dränsysteme" oder „Dränmatten" bezeichnet.

Im Wasserbau hat sich eine sog. „Sandmatte" bewährt, die aus zwei Vliesstoffen mit dazwischen eingebrachter Quarzsand- oder ähnlicher Füllung besteht. Sie dient als kombinierte Filter- und Ballastschicht.

Verbundstoffe als zusammengesetzte Materialien, die mindestens aus einem geotextilverwandten Produkt innerhalb der Komponenten bestehen, und auch die Kombination zwischen *Materialien, die aus einem Geotextil und einem geotextilverwandten Produkt innerhalb der Komponenten bestehen,* werden in Abschnitt 2.3.3 behandelt.

2.2.6 Hinweise zur Auswahl

Für die verschiedenen Anwendungen steht eine Vielzahl unterschiedlicher Produkte zur Verfügung. Zudem ist es insbesondere bei Geweben und Vliesstoffen möglich, durch eine Zusatzbehandlung – Ausrüstung genannt – die Belange der gestellten Forderungen zu erfüllen (z. B. kann durch eine Vliesstoff-Ausrüstung das Scherverhalten gegenüber Kunststoffdichtungsbahnen verändert werden).

Eine Produktauswahl verlangt immer die Formulierung anwendungsspezifischer Anforderungen. Im Folgenden sind deshalb nur globale Angaben festgehalten.

Gewebe und Maschenwaren werden bevorzugt, wenn hohe Zugfestigkeiten gefordert werden. Demzufolge werden sie überwiegend dort eingesetzt, wo eine bewehrende und/oder trennende Funktion gefordert wird. Sie eignen sich bei statischer Belastung auch als Filter für den Einsatz auf ungleichkörnigen Böden, da sich dort ein stabiler Sekundärfilter im Boden aufbauen kann. Bei dynamisch belasteten Filtern ist diese Bedingung zumeist nicht gegeben.

Vliesstoffe werden bevorzugt, wenn hohe Dehnbarkeiten gefordert werden. Demzufolge werden sie überwiegend dort eingesetzt, wo eine trennende, filternde und/oder schützende Funktion gefordert wird. Bei Vliesstoffen sind die Festigkeiten durch die Wirrlage der Fasern im Vergleich zu Geweben richtungsunabhängig, obwohl Anisotropien bei einigen Herstellungsmethoden auftreten können. Durch die Wirrlage der Fasern tritt bei örtlicher Schädigung des Vliesstoffes ein Versagen eines Streifens wie bei einem Gewebe nicht auf. Insbesondere mechanisch verfestigte Vliesstoffe können sich einer unebenen Unterlage gut anpassen. Bei örtlicher Schädigung eines Vliesstoffes können die Fasern in beschränktem Umfang – in Abhängigkeit von ihrer Dehnung – Kräfte um die Bruchstelle herum ableiten.

Bei *Verbundstoffen* können die günstigen Eigenschaften einzelner Geotextilien kombiniert werden, d. h. sie sind dann zweckmäßig, wenn eine Verbesserung einer oder mehrerer Eigenschaften erreicht wird, bzw. Eigenschaften verschiedener Produkte gleichzeitig gefordert sind. Durch gezielt abgestufte Faserstrukturen können hochwirksame Filter- und Dränschichten geschaffen werden, die in ihren Wirksamkeiten herkömmlichen Kornfiltern oft überlegen sind. Verbundstoffe werden vorwiegend zur Erfüllung folgender Aufgaben eingesetzt:

- Herabsetzen der Dehnung von Vliesstoffen und gleichzeitige Erhöhung der Zugfestigkeit durch Kombination mit Geweben oder Fadengelegen.
- Abführen von Wasser in der Ebene (einer „Dränmatte").
- Aufbau von mehrschichtigen Vliesstoff-Filtern mit schichtenweise abgestuftem Porenvolumen zur Verbesserung der Filterwirksamkeit (insbesondere bei Böden mit hohem Schluffanteil und starker turbulenter Strömungsbelastung und/oder zur Verhinderung von Bodenumlagerungen in Böschungsfallrichtung).
- Als kombinierte Ballast- und Filterschicht im Wasserbau („Sandmatte").

2.3 Geotextilverwandte Produkte

Geotextilverwandtes Produkt: Ein flächenhaftes, durchlässiges polymeres (synthetisches oder natürliches) Material, das nicht der Definition eines Geotextils entspricht [43].

Die geotextilverwandten Produkte werden in folgender Unterteilung betrachtet (vgl. Bild 1):

- Geogitter,
- geogitterähnliche Produkte und
- Verbundstoffe.

2.3.1 Geogitter

Geogitter: Eine flächenhafte, polymere Struktur aus einem regelmäßigen offenen Netzwerk, dessen Zugelemente durch Extrudieren, Verbinden oder Verflechten miteinander verbunden sind und dessen Öffnungen größer als die Bestandteile sind [43].

Geogitter können nach M Geok E [84] eingeteilt werden in:

- gewebte Geogitter,
- kettengewirkte (geraschelte) Geogitter,

2.12 Geokunststoffe in der Geotechnik und im Wasserbau

– gestreckte Geogitter und
– gelegte Geogitter.

Gewebte Geogitter sind Gewebe mit Öffnungen über 10 mm, sie sind meist zusätzlich mit einer Polymerumhüllung ausgerüstet.

Kettengewirkte (geraschelte) Geogitter sind Maschenwaren mit Öffnungen über 10 mm, sie sind meist zusätzlich mit einer Polymerumhüllung ausgerüstet.

Gestreckte Geogitter werden extrudiert oder aus Kunststoffbahnen hergestellt. Die Bahnen oder extrudierten Gitter werden in einer oder beiden Richtung/en (längs und quer) gestreckt.

Gelegte Geogitter werden aus extrudierten und gestreckten Streifen oder aus ummantelten Garnlagen (gemäß Abschn. 2.3.2) hergestellt. Dafür werden diese kreuzweise gelegt und an den Kreuzungspunkten (z. B. durch Reibschweißen oder Lasertechnik) verbunden.

2.3.2 Geogitterähnliche Produkte

Geogitterähnliche Produkte können eingeteilt werden in:

– Bänder, Stäbe und stabförmige Elemente,
– Geonetze und
– Geozellen.

Band (Geoband): Ein polymeres Material in Form eines Streifens mit einer Breite von höchstens 200 mm [43].

Stäbe bestehen aus extrudierten und anschließend gestreckten monolithischen Elementen (Flachstäben). Oftmals werden sie fälschlicherweise als (Verpackungs-) Bänder bezeichnet [108].

Stabförmige Elemente entstehen aus gebündelt verlaufenden Garnlagen, die von einem Kunststoffmantel umhüllt werden [83].

Nach M Geok E [84] bestehen Bänder und Stäbe z. B. aus

– gewebten oder gewirkten Streifen,
– extrudierten und gestreckten Kunststoffelementen,
– nebeneinander in einer Ebene angeordneten Garnlagen oder
– gebündelten Garnlagen, die durch Polymerumhüllung fixiert werden.

Geonetze: Geokunststoffe bestehend aus parallelen Sätzen von Rippen, die unter verschiedenen Winkeln überlagert und miteinander verbunden sind mit ähnlichen Sätzen [43].

Geozelle: Eine dreidimensionale, durchlässige polymere (synthetische oder natürliche) Waben- oder ähnliche Zellstruktur, hergestellt aus miteinander verbundenen Geokunststoffstreifen [43], die beispielsweise zum Halten von Bodenteilchen und Pflanzen an Böschungen verwendet werden.

2.3.3 Verbundstoffe

Verbundstoff (Geoverbundstoff): Ein industriell vorgefertigtes zusammengesetztes Material, bei dem mindestens ein Bestandteil ein Geokunststoff ist [43].

Als Verbundstoffe innerhalb der Gruppe der geotextilverwandten Produkte können genannt werden:

– zusammengesetzte Materialien, die mindestens aus einem geotextilverwandten Produkt innerhalb der Komponenten bestehen, und
– die Kombination zwischen Materialien, die aus einem Geotextil und einem geotextilverwandten Produkt innerhalb der Komponenten bestehen.

Ein Beispiel für ein solches Produkt ist die Kombination aus einem gestreckten Geogitter und einem vernähten Vliesstoff – beide thermisch miteinander verbunden – als Asphalteinlage.

2.3.4 Hinweise zur Auswahl

Geotextilverwandte Produkte wie Geogitter werden vorwiegend zur Bewehrung in Böden eingesetzt. Die Kraftübertragung zwischen Boden und Geogitter geschieht durch Reibung. Darauf haben u. a. folgende Faktoren Einfluss: Rauigkeit, Maschenweite, Steg- und Knotenausbildung, Korngröße und -form des Bodens sowie Auflast.

2.4 Dichtungsbahnen

Dichtungsbahn: Industriell hergestellte ein- oder mehrlagige (synthetische, polymere oder bituminöse) Bahn als wasserundurchlässiges Element, das in geotechnischen und bautechnischen Bereichen verwendet wird.

Dichtungsbahnen können eingeteilt werden in (vgl. Bild 1):

– homogene und
– heterogene Dichtungsbahnen.

2.4.1 Homogene Dichtungsbahnen

Homogene Dichtungsbahn: Industriell hergestellte Dichtungsbahn aus einem Werkstoff oder aus Mischpolymerisaten.

Homogene Dichtungsbahnen können eingeteilt werden in:

– Folien und
– (homogene) Kunststoffdichtungsbahnen.

Folien weisen eine Dicke unter 1,0 mm auf.

Kunststoffdichtungsbahn (geosynthetische Kunststoffdichtungsbahn): Ein fabrikgefertigtes Flächengebilde aus geosynthetischen Materialien, in Form eines Flächengebildes, das als Dichtung wirkt. Die Dichtungsfunktion wird im Wesentlichen durch Polymere erfüllt [43].

Homogene Kunststoffdichtungsbahnen bestehen aus einem Werkstoff (Thermoplaste/Elastomere) oder aus Mischpolymerisaten (z. B. Mischung PE und Bitumen) und sind mindestens 1,0 mm dick. Im Deponiebau muss die (oft vereinfacht bezeichnet mit) Kunststoffdichtungsbahn eine Mindestdicke von 2,5 mm aufweisen.

2.4.2 Heterogene Dichtungsbahnen

Heterogene Dichtungsbahn: Industriell hergestellte Dichtungsbahn als Verbundsystem.

Heterogene Dichtungsbahnen können eingeteilt werden in:

– Dichtungsbahnen mit Trägereinlagen oder AKW/CKW-Sperrbahnen,
– Dichtungsbahnen mit verbundenen Schutzschichten,
– Bitumenbahnen mit Kunststoffeinlagen in einer Mindestdicke von 5,0 mm.

Bitumendichtungsbahn (geosynthetische Bitumendichtungsbahn): Ein fabrikgefertigtes Flächengebilde aus geosynthetischen Materialien in Form eines Flächengebildes, das als Dichtung wirkt. Die Dichtungsfunktion wird im Wesentlichen durch Bitumen erfüllt [43].

2.4.3 Hinweise zur Auswahl

Die Oberfläche der Dichtungsbahnen kann glatt, durch Prägung, Noppen oder Riffelung profiliert oder sandrau strukturiert sein. Sie spielt insbesondere im Hinblick auf das bodenmechanische Reibungsverhalten eine Rolle. Einfärbungen geben Hinweise auf bestimmte Eigenschaften [16], mit Ruß kann die Wetterbeständigkeit erhöht werden.

An die dichten und festen Verbindungen sind grundsätzlich die gleichen Anforderungen zu stellen wie an die Dichtungsbahnen selbst. Es müssen alle Kräfte, die in der Dichtung auftreten, aufgenommen *und* übertragen oder – wenn dies funktionell und konstruktiv verträglich ist – durch Gleiten abgebaut werden. Als Hauptverfahren werden unterschieden:

– Schweißen (Warmgas-, Heizelement- und Extrusionsschweißen),
– Kleben (Diffusions-, Adhäsions- und Heißkleben) und
– sonstige Verfahren (Vulkanisieren oder Flämmschweißen).

Diese üblichen Fügetechniken können nur für bestimmte Dichtungswerkstoffe jeweils angewendet werden (z. B. kann Polyethylen nur verschweißt werden).

Kunststoffdichtungsbahnen sind gegenüber Wasser undurchlässig, während bestimmte Kohlenwasserstoffe aufgrund von Diffusionsvorgängen in geringen Mengen hindurchtreten können. Informationen zu Werkstoffauswahl, Herstellung, Prüftechnik, Stofftransport, Langzeitverhalten, Verlegetechnik, Schweißtechnik und Dichtungskontrollsystemen bietet [89].

2.5 Dichtungsbahnverwandte Produkte

Dichtungsbahnverwandtes Produkt: Industriell oder vor Ort hergestellte ein- und mehrlagige Bahn als nahezu wasserundurchlässiges Element ($k < 1 \cdot 10^{-9}$ m/s), das in geotechnischen und bautechnischen Bereichen verwendet wird.

Dichtungsbahnverwandte Produkte können eingeteilt werden in:

– geosynthetische Tondichtungsbahnen,
– Quellmitteldichtungsbahnen,
– beschichtete Geotextilien, die als Produkt wasserundurchlässig sind,
– Verbundstoffe aus Folie bzw. Dichtungsbahn und Bentonit bzw. Ton.

2.5.1 Geosynthetische Tondichtungsbahnen

Geosynthetische Tondichtungsbahn (GTD): Dichtungsbahnverwandtes Produkt als Verbundstoff mit mindestens einer Tonschicht. Die Tonschicht wird auf oder zwischen Geokunststoffen durch Reibung (Reib- und Formschlussbindung) und/oder Kohäsion und/oder Adhäsion gehalten.

Im Bereich der geosynthetischen Tondichtungsbahnen ist es unklar, welche Produkte außer den nachfolgend genannten in diese Kategorie einzusortieren sind. Es ist durchaus denkbar, statt Bentonit auch andere Tonminerale oder Tone (wie beispielsweise Kaoline oder natürliche und künstliche Zeolithe) einzusetzen.

Bentonitmatte: Geosynthetische Tondichtungsbahn mit Bentonit als Tonschicht.

Bentonitmatten bestehen i. d. R. aus zwei Geotextillagen mit einer Füllung aus Bentonit zwischen ihnen. Der Verbund der Deck- und Trägergeotextilien wird durch Vernadelung oder Vernähung erreicht. In Bentonitmatten werden quellfähige Tone als natürliche oder aktivierte Natriumbentonite oder als natürliche Calciumbentonite granuliert oder als Pulver in einer Menge von typisch 4 kg/m² bis 10 kg/m² eingesetzt.

Weiterentwicklungen sind industriell vorgefertigte Verbundstoffe aus einer Kombination Bentonitmatte/Sandmatte (vgl. Abschn. 2.2.5) und Bentonitmatten, die statt einer Bentonitlage eine Lage aus einem Bentonit-Sand-Gemisch enthalten.

2.5.2 Quellmitteldichtungsbahnen

Quellmitteldichtungsbahnen oder „Quellvliese" sind Vliesstoffe, die mit einem dichtenden, polymeren Quellmittel ausgerüstet sind. Als Quellmittel in Quellmitteldichtungsbahnen werden derzeit Acrylate eingesetzt. Noch handelt es sich um Entwicklungen, über deren Anwendung es bisher wenig Praxiserfahrung gibt.

2.5.3 Hinweise zur Auswahl

Zurzeit werden geosynthetische Tondichtungsbahn (GTD) und Bentonitmatte synonym verwendet. Dies ist sicherlich darauf zurückzuführen, dass zurzeit noch keine anderen Tone als Bentonit eingesetzt werden. Zurzeit gilt also i. d. R.:

Dichtungsbahnverwandtes Produkt ≡ Geosynthetische Tondichtungsbahn ≡ Bentonitmatte.

Bentonitmatten besitzen – im Gegensatz zu Dichtungsbahnen – eine Wasserdurchlässigkeit. Als dafür maßgeblicher Parameter ist die Permittivität zu nennen. Die Permittivität ist die Wassermenge, die bei gegebener Auflast und Höhendifferenz pro Zeiteinheit und Flächeneinheit durch die GTD hindurchtritt. GTDs müssen in vielen Anwendungen folgende Mindestanforderung erfüllen:

$$\text{Permittivität } \psi \leq 1 \cdot 10^{-7} \ [s^{-1}]$$

Die Permittivität muss auch unter Berücksichtigung von Veränderungen in den Tonen durch chemische Einflüsse, z. B. Kationenaustausch bei Natriumbentoniten in kalziumhaltigem Milieu, sichergestellt sein.

Umfangreiche Empfehlungen zur Ausbildung und Bemessung von Dichtungssystemen mit geosynthetischen Tondichtungsbahnen finden sich in EAG-GTD [55].

2.6 Rohstoffe

Zurzeit sind die Faser-, Garn- und Geogitterrohstoffe Aramid, Polyamid, Polyethylen, Polyester (überwiegend als Polyethylenterephthalat PET), Polypropylen und Polyvinylalkohol für Geotextilien und geotextilverwandte Produkte gebräuchlich. Polyethylen und Polypropylen werden als Polyolefine bezeichnet.

Bei der Bewertung der Langzeitbeständigkeit ist zu beachten, dass mit zunehmender Faserdicke die Schädigungsmöglichkeit abnimmt und die Eigenschaften einzelner Rohstoffe durch Stabilisatoren verbessert werden können.

Natürliche Rohstoffe (Flachs, Hanf, Kokos, Jute, Heu, Stroh, Sisal etc.) werden aufgrund nicht ausreichender Langzeitbeständigkeit dort eingesetzt, wo der Abbau der Fasern wünschenswert ist (z. B. in der Anwachsphase von zu begrünenden Böschungen).

Durch Auswahl und Zusammensetzung der Rohstoffe, aber auch durch die Herstellungsverfahren selbst, können Kunststoffdichtungsbahnen auf sehr unterschiedliche Anwendungen abgestimmt werden. Allgemein wird unterschieden zwischen Kunststoffdichtungsbahnen (Hochpolymerbahnen) und Bitumenbahnen, die mit Kunststoffeinlagen verstärkt sind.

2.12 Geokunststoffe in der Geotechnik und im Wasserbau

Kunststoffe für Dichtungsbahnen gliedern sich auf in Thermoplaste (amorph und teilkristallin) und Elastomere. Werden Kunststoffe (z. B. Polyethylen) mit anderen Werkstoffen (z. B. Bitumen) vermischt, entstehen Mischpolymerisate [124].

Rohstoffe für Kunststoffdichtungsbahnen sind Polyethylen hoher oder niederer Dichte, flexibles Polypropylen und Polyvinylchlorid-weich. Der Einsatz von Polychloropren-Kautschuk, Isobuten-Isopren-Kautschuk, chlorsulforniertes Polyethylen, chloriertes Polyethylen, Ethylen-Copolymerisat-Bitumen und Ethylen-Propylen-Dien-Mixtur ist selten geworden.

Rohstoffabhängig sind folgende Empfindlichkeiten zu untersuchen bei

- allen Produkten auf Beständigkeit gegen UV-Photooxidation (Bewitterung),
- PA (inklusive Aramid), PET und PVA auf die innere und äußere Hydrolyse (z. B. gegen starke Säuren und Alkalien),
- PA (inklusive Aramid), PE, PP, PVA und Elastomeren (einschließlich Kautschuke) auf oxidativen Angriff und die Extraktion bzw. Hydrolyse oder Photooxidation von Stabilisatoren,
- PVC-weich u. a. auf den Verlust von Weichmachern,
- Kunststoffdichtungsbahnen und extrudierten Geogittern auf Spannungsrisse,
- Kunststoffdichtungsbahnen auf mikrobiologische Angriffe (PE und PP gelten generell als beständig gegen Mikroorganismen),
- Dichtungsbahnen auf Durchwurzelung (Kunststoffdichtungsbahnen aus PE gelten generell als wurzelfest),
- Tondichtungsbahnen auf die Wirkung von Austrocknung und Frost.

2.7 Funktionen

Beim „geokunststoffgerechten Bauen" ist es oftmals ausgeschlossen, für einen speziellen Anwendungsfall z. B. *eine* Funktion des Geotextils in den Vordergrund zu stellen und danach zu bemessen (vgl. auch Tabelle 2 in Abschn. 3.6). Beispielsweise hat *Wilmers* [120] die übergreifende Bedeutung der einzelnen Funktionen für bestimmte Anwendungen dargestellt (Bild 5).

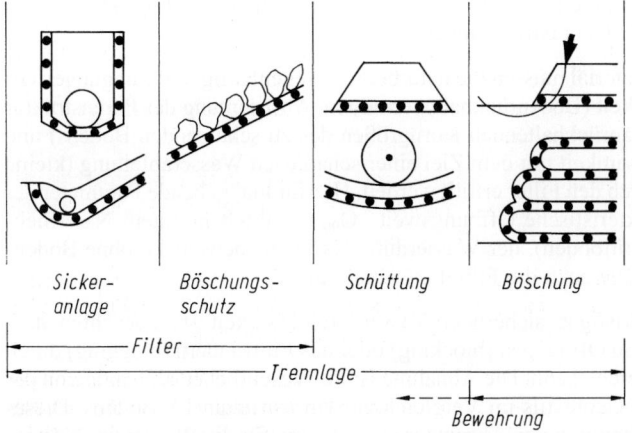

Bild 5. Einsatzgebiete und zu berücksichtigende Funktionen (nach [120])

2.7.1 Filtern

Filtern: Zurückhalten von Boden oder anderen Teilchen, die hydrodynamischen Kräften ausgesetzt sind, während Flüssigkeiten in oder durch ein Geotextil oder ein geotextilverwandtes Produkt dringen können [43].

Bei der Bemessung und Auswahl eines geotextilen Filters sind zu beachten:

- Boden
  - die Korngrößenverteilung / das Körnungsband des anstehenden Bodens,
  - bei bindigen Böden zusätzlich die Plastizitäts- und die Konsistenzzahl bzw. als Hilfsgröße das Ton-Schluff-Verhältnis.
- Hydraulische Beanspruchung
  - Anströmung: einseitig, wechselseitig,
  - hydraulischer Gradient,
  - Richtung vertikal/tangential.
- Bauwerk
  - die Art und Konstruktion des Bauwerks, d. h. die dem Geotextil zugewiesenen Funktionen.
- Die sich aus dem Bauwerk ergebenden Sicherheitsanforderungen an den Filter
  - z. B. Auswirkung eines Filterversagens,
  - Wartungs- und Instandsetzungsmöglichkeit.
- Mechanische Beanspruchung
  - die Einbaubeanspruchung,
  - die mechanische Beanspruchung im Gebrauchszustand.

Im Hinblick auf ihre Filtereigenschaften müssen die Geotextilien aufgrund ihrer unterschiedlichen Struktur differenziert betrachtet werden; dabei spielt die Filtrationslänge bzw. Dicke des Geotextils eine entscheidende Rolle. Dicke und Porenstruktur eines Geotextils sollten in Analogie zum Mineralkornfilter eine Tiefenfiltration erlauben und die Bildung eines Filterkuchens in der Grenzfläche Boden-Filter mit der zwangsläufigen Beeinträchtigung der hydraulischen Leistungsfähigkeit des Systems verhindern (vgl. [101]). Mit zunehmenden hydraulischen Gradienten oder dynamischen Beanspruchungen wird eine größere Gesamtschichtdicke erforderlich. Bereits in den empfohlenen Bemessungsansätzen des DVWK 221 [49] wurden deshalb für bestimmte Körnungsbereiche und Lastfälle neben Filterregeln auch empirische Mindestdicken für Geotextilien angegeben.

Von dem auszuwählenden Material müssen die naturbedingt gegenläufigen Bedingungen der mechanischen Filterwirksamkeit (Bodenrückhaltevermögen, Abstimmung der Porenstruktur bzw. Öffnungsweite auf die zurückhaltenden Korngrößen des zu schützenden Bodens) und der hydraulischen Filterwirksamkeit mit dem Ziel einer schadlosen Wasserableitung (kleine hydraulische Gradienten) durch den Filter erfüllt werden. Hierfür maßgebende Parameter der Geotextilien sind die Charakteristische Öffnungsweite O_{90} (ermittelt in einem Nass-Siebversuch mit einem Einheitsprüfboden), der Wasserdurchlässigkeitsbeiwert k_V ohne Bodenkontakt und für besondere Fälle auch die Filtrationslänge/-dicke.

Bei der Forderung nach langfristig zu sichernder Wasserdurchlässigkeit ist zu beachten, dass diese durch das Blockieren von Öffnungen (blocking) oder das Einwandern (clogging) durch Bodenteilchen vermindert werden kann. Die Abnahme ist im Wesentlichen abhängig von der Porenstruktur und Dicke des Geotextils im Vergleich zur Kornstruktur des Bodens. Dieser Einfluss kann durch die Bestimmung von Abminderungsfaktoren für die Wasserdurchlässigkeit berücksichtigt werden. Um eine schadlose Entwässerung zu gewährleisten, muss die

2.12 Geokunststoffe in der Geotechnik und im Wasserbau

abgeminderte Wasserdurchlässigkeit des Geotextils größer als der Durchlässigkeitskoeffizient des Bodens sein. Etwa gleiche Abminderungen der Wasserdurchlässigkeit (1 bis 2 Zehnerpotenzen durch Tiefenfiltration) durch die Wechselwirkung von Boden und Filter für Kornfilter und dicke Vlies- und Verbundstoffe bestätigen die vergleichbare Wirkungsweise dieser Filtermedien.

Bei der Belastung der Filterschichten sind statische und dynamische Abläufe zu unterscheiden. Bei statischen Belastungen kann sich in Abhängigkeit von Boden und Belastung in der Grenzschicht Geotextil/Boden ein Sekundärfilter ausbilden. Sofern eine hinreichend genaue Abschätzung der einwirkenden Kräfte und der Fließgeschwindigkeiten nicht möglich ist, empfiehlt sich eine strenge Bemessung der mechanischen Filterfestigkeit. Eine sichere Auslegung erlaubt hohe hydrostatische/hydrodynamische Belastungen des Boden-Filter-Systems.

Geotextilien als Filter werden wie Kornfilter so bemessen, dass sie

– den Boden vor Erosion schützen (Anforderung an den Mittelwert der Charakteristischen Öffnungsweite O_{90}: obere Grenze des zulässigen O_{90} „zul O_{90}"), d.h. das tragende Korngerüst an der Wasseraustrittstelle stabil halten:

　　gewähltes O_{90}　　　　　　gew $O_{90} \leq 1{,}0 \cdot$ zul O_{90}

– das Passieren feiner Bodenteilchen nur so weit gestatten, dass die Kolmation des Filters und die Ablagerung im Drän-/Entwässerungssystem im unschädlichen Rahmen bleiben (untere Grenze des zulässigen O_{90})

　　gewähltes O_{90}　　　　　　gew $O_{90} \geq 0{,}2 \cdot$ zul O_{90}

– das Wasser durch den Filter ohne wesentlichen Rückstau strömen lassen.

Dies wird durch die Wahl von Geotextilien mit Öffnungsweiten nahe der oberen Grenze und hinreichender Wasserdurchlässigkeit gesichert. So baut sich bei Wasserströmung ein stabiler Boden/Geotextil-Filter mit ausreichender Wasserdurchlässigkeit auf und durch relativ große Poren wird erreicht, dass die Kolmation im unschädlichen Rahmen bleibt.

Für den *Hydraulischen Sicherheitsfall I* (filtertechnisch einfache Bedingungen wie geringe Wassermengen, einseitige Anströmung und geringes hydraulisches Gefälle) gilt folgende Anforderung an den Mittelwert der Öffnungsweite (gew O_{90}) für Vliesstoffe nach M Geok E [84]:

　　$0{,}06$ mm $\leq$ gew $O_{90} \leq 0{,}2$ mm

Gewebe müssen bemessen werden.

Der *Hydraulische Sicherheitsfall II* steht für geringe wechselseitige Anströmungen und mittlere einseitige Anströmungen des Geotextils. Anhaltswerte zur Wahl der Öffnungsweite zur Sicherung der mechanischen Filterwirksamkeit sind:

Kohäsive Böden:	$0{,}06 \leq$ gew $O_{90} \leq 0{,}20$ mm
Grobschluff bis Feinsand:	$0{,}06 \leq$ gew $O_{90} \leq 0{,}11$ mm
Feinsand:	$0{,}06 \leq$ gew $O_{90} \leq 0{,}13$ mm
Mittelsand:	$0{,}08 \leq$ gew $O_{90} \leq 0{,}30$ mm
Grobsand:	$0{,}12 \leq$ gew $O_{90} \leq 0{,}60$ mm

Der Boden ist auf Erosionsstabilität und auf Suffossionssicherheit zu untersuchen.

Der *Hydraulische Sicherheitsfall III* wird maßgebend, wenn Auswirkungen eines teilweise (auch lokalen) hydraulischen Versagens des geotextilen Filters für das Bauwerk beeinträchtigende Folgen haben. Einseitige konzentrierte Anströmungen und großflächige wechselseitige Anströmungen mit einhergehendem hohem Wasseranfall sollten Sicherheitsfall III zugewiesen werden.

Für Filteranwendungen, die in den hydraulischen Sicherheitsfall III einzuordnen sind, muss eine Analyse der hydraulischen Bedingungen und daraus eine Filterdimensionierung im Einzelfall durch eine(n) Sachverständige(n) durchgeführt werden. Diese Filterdimensionierung kann anhand eines Bemessungsverfahrens (vgl. [101]) und/oder durch anwendungsbezogene Versuche erfolgen. Dies gilt auch für die Bemessung eines Filters bei der Entwässerung von suffossionsgefährdeten und von filtertechnisch schwierigen Böden im hydraulischen Sicherheitsfall II, wenn sie für das Entwässerungssystem maßgebend sind.

Nähere Informationen zur Filterwirkung von Geotextilien finden sich in [49, 72, 74, 84, 101, 104].

2.7.2 Dränen

Dränen: Sammeln und Ableiten von Niederschlägen, Grundwasser und/oder anderen Flüssigkeiten, bzw. Gasen in der Ebene eines Geotextils oder eines geotextilverwandten Produkts [43].

In der ingenieurmäßigen Anwendung werden mineralische Sickerkörper mit eingebettetem Dränrohr häufig mit einem geotextilen Filter umhüllt, um eine filterstabile Abgrenzung zum anstehenden Boden und eine hydraulische Leistungsfähigkeit zu gewährleisten.

Geosynthetische Dränsysteme, auch „Dränmatten" genannt, zur Entwässerung erdberührender Bauwerksflächen bestehen aus einer Sickerschicht, die das Wasser senkrecht zu ihrer Ebene aufnimmt und in ihrer Ebene weiterleitet, sowie einer Filterschicht, die die Sickerschicht vor Verschlämmung schützt. Oftmals werden dafür Verbundstoffe (z. B. offene Sickerstrukturen kombiniert mit Vliesstofffiltern) eingesetzt. Entsprechende Produkte werden z. B. im Deponiebau in Oberflächendichtungssystemen als Entwässerungsschicht eingesetzt. Im Tunnelbau kann mit diesen Produkten das anfallende Sicker- und Schichtwasser zwischen dem Gebirge und der Innenschale abgeleitet und das Entstehen von drückendem Wasser verhindert werden.

Die Abflussleistung (Wasserableitvermögen in der Ebene der Matte), die in Abhängigkeit von der Dicke der Dränmatte, den Kontaktflächen und dem hydraulischen Gradient ermittelt wird, und die Neigung der Dränmatten sind so zu wählen, dass die Dränmatten unter Berücksichtigung der konstruktionsbedingten Entwässerungslänge im freien Gefälle entwässern. Hierbei sind mögliche Untergrundverformungen zu berücksichtigen.

Die Dicke von Dränmatten wird bei Belastung verringert und zwar in Abhängigkeit von der Konstruktion der Dränmatten unterschiedlich stark. Darüber hinaus ist die Dickenänderung unter Dauerlast (Kriechen) der verwendeten Dränmatte zu berücksichtigen.

Das Wasserableitvermögen der Dränmatten muss mindestens so groß sein, dass die abzuleitende Wassermenge auch über den gesamten Nutzungszeitraum schadlos abgeführt werden kann.

Nähere Informationen finden sich in [53, 90, 91,102].

2.7.3 Trennen

Trennen: Vermeiden des Mischens aneinandergrenzender verschiedener Böden und/oder Füllstoffe durch die Verwendung eines Geotextils oder eines geotextilverwandten Produkts [43].

Geotextilien werden zur Trennung von Bodenschichten unterschiedlicher Eigenschaften eingesetzt.

2.12 Geokunststoffe in der Geotechnik und im Wasserbau   753

Beim Trennen stehen die mechanische Filterwirksamkeit und die mechanische Beanspruchung des Geotextils im Vordergrund. Dabei werden Abbau und Verteilung lokaler Druckbelastungen günstig beeinflusst, sodass auch bei schwach tragfähigen Böden tragfähige Schüttlagen aufgebracht und verdichtet werden können.

Nach Festlegen der Beanspruchung durch das Schüttmaterial sowie den Einbau und den Baubetrieb wird nach M Geok E [84] die erforderliche Geotextilrobustheitsklasse (GRK) ermittelt (vgl. Abschn. 3.6.1.2). Die maßgebende mechanische Beanspruchung, nämlich die Schädigung durch Einzelkörner bzw. Steine und durch die Walkarbeit unter einer Schüttung auf weichem Untergrund, entzieht sich der Bemessung. Deshalb wird aus empirisch gewonnenen Erkenntnissen eine Einteilung getroffen, die für alle Produkte Klassen gleicher Robustheit gegenüber dieser Beanspruchung einführt. Sie erfolgt bei Vliesstoffen aus den Ergebnissen des Stempeldurchdrückversuches, bei Geweben, Maschenwaren und Verbundstoffen nach dem Streifenzugversuch. Außerdem geht bei allen Produkten die flächenbezogene Masse mit ein.

Nähere Informationen zur Trennwirkung von Geotextilien finden sich in [8, 10, 11, 84].

2.7.4 Bewehren

Bewehren: Nutzung des Spannungs-Dehnungs-Verhaltens eines Geotextils oder eines geotextilverwandten Produkts zur Verbesserung der mechanischen Eigenschaften des Bodens oder eines anderen Baustoffes [43].

Bewehrte Bodensysteme sind Verbundsysteme aus einem Schüttboden und einer Bewehrung aus dafür geeigneten Geotextilien oder Geogittern. Das Bewehrungselement soll bei einer für das Erdbauwerk noch zulässigen Verformung die Kraft aktivieren, die dem System zum Erreichen der erforderlichen Standsicherheit fehlt.

Die Kraftübertragung von dem Bewehrungselement in das bewehrte Bodensystem erfolgt über Reibung bzw. Adhäsion zwischen der Bewehrung und dem angrenzenden Boden. Sie wird durch den Reibungsbeiwert und den zur Aktivierung der Reibung nötigen Verschiebungsweg charakterisiert.

Die Dehnung der Geokunststoffe muss sowohl bei geringen Spannungen als auch unter Dauerlast (Kriechneigung) berücksichtigt werden. Der Geokunststoff muss die erforderlichen Zugkräfte bei bauwerksverträglicher Dehnung langfristig aufnehmen. Es sind alle möglichen Versagensmechanismen zu untersuchen. Die ungünstigste Bruchfigur ist maßgebend. Außerdem ist der Gebrauchszustand zu beurteilen (Verformung, Sicherheit).

Bewehrungen werden überwiegend mit Geogittern mit relativ geringer Dehnung und Kriechneigung berechnet und ausgeführt. Auch dehnfähigere Geotextilien sind erfolgreich für Bewehrungsaufgaben eingesetzt worden. Die Verbundwirkung Geotextil/Boden ist zurzeit mit den bekannten bodenmechanischen Ansätzen noch nicht zu beschreiben. Der Übergang von der Funktion „Trennen" zur Funktion „Bewehren" kann dabei fließend sein (vgl. Bild 5).

Hinweise zu Erdbauwerken mit Geokunststoffen als Bewehrung können DIN EN 14475 [39] und EBGEO [60] entnommen werden.

2.7.5 Verpacken

Zum Umhüllen und Verpacken von Böden dienen in Sack- und Schlauchform konfektionierte Geotextilien. Solche großformatigen Bauelemente – geotextile Container bzw. geotextile Schläuche genannt – erlauben die Verwendung örtlich anstehenden Bodens, der andernfalls ungeeignet wäre. Die Kornverteilung des Erdstoffes, die Abmessungen der Bauelemente und die Einbau- und Langzeitbelastungen bestimmen die Anforderungen an die zu verwendenden Geotextilien. Außerdem eignen sich derartig konfektionierte Geotextilien zum Verfüllen mit Beton oder anderen brauchbaren Baustoffen.

Hinweise finden sich in den EAG-Con [52].

2.7.6 Schützen

Schützen: Vermeiden oder Verringern lokaler Schäden eines bestimmten Bauteils oder Baumaterials durch die Verwendung eines Geotextils oder eines geotextilverwandten Produkts [43].

Zum Schutz von Kunststoffdichtungsbahnen, von beschichteten Bauteilen oder sonstigen Bauwerksteilen, die anfällig gegen mechanische Beschädigungen durch scharfkantige Unebenheiten des Untergrundes, des Verfüllmaterials oder der Bedeckung sind, können Geotextilien Verwendung finden. Deren Wirksamkeit wird durch Druckbelastung mit genormten Körpern oder mit dem verwendeten Boden geprüft. Dabei gelten die Anforderungen an Schutzschichten in Oberflächendichtungssystemen von Deponien nach [69] (vgl. Abschn. 3.5). Bei „kleinen Baustellen" kann nach Tabelle 1 vorgegangen werden.

Bei flächenhaften Dichtungen können die geotextilen Schutzschichten aufgrund ihrer Dräneigenschaften in der Ebene ggf. auch die Dränfunktion übernehmen und zudem zur Kontrolle und Überwachung der Dichtung eingesetzt werden. Die Verträglichkeit zwischen Dichtungsbahn und Geotextil und ggf. zwischen Dichtungsanstrich und Geotextil muss gegeben sein.

Tabelle 1. Empfohlene Dicke einer geotextilen Schutzschicht in Abhängigkeit vom beanspruchenden Boden für Kunststoffdichtungsbahnen mit einer Dicke von mindestens 2 mm nach [84].

Beanspruchender Boden (nach DIN 18196)[1), 2)]		Schutzschicht Dicke [mm]
Rundkorn	Gebrochenes Korn	erf. $d_{20,\,5\%}$[3)]
Feinkörnige Böden (UL, UM, UA, TL, TM, TA)[2)]		$2,5^{2)}$
Gemischtkörnige Böden (SU, SU*, ST, ST*, GU*, GT*)[2)]		$2,5^{2)}$
Gemischtkörnige Böden (GU, GT)	Gemischtkörnige Böden (SU, SU*, ST, ST*, GU*, GT*)	$5^{2)}$
Grobkörnige Böden (SE, SW, SI, GW)	Gemischtkörnige Böden (GU, GT)	$5^{2)}$
Grobkörnige Böden (GE, GI)	Grobkörnige Böden (SE, SW, SI, GW)	$8^{2)}$
Grob- und gemischtkörnige Böden mit Steinanteil	Grobkörnige Böden (GE, GI)	8
	Grob- und gemischtkörnige Böden mit Steinanteil	10

[1)] Aufbereitetes Material (z. B. gebrochenes Gestein, Recyclingbaustoffe) ist entsprechend Korngröße und -form einzustufen.

[2)] Bei einem Größtkorn von 2 mm kann auf eine Schutzschicht verzichtet werden.

[3)] Erf. $d_{20,\,5\%}$ Anforderung an den Charakteristischen Wert (5%-Mindestquantil) der Schutzschichtdicke, gemessen bei einer Auflast von 20 kPa. Erforderliche Geotextilrobustheitsklasse der Schutzschicht: GRK 5.

Anforderungen an das Brandverhalten der Schutzvliesstoffe (z. B. im Tunnelbau nach [15] und [37]) können ebenfalls von Wichtigkeit sein.

2.7.7 Erosionsschutz

Schützen gegen Oberflächenerosion: Verwendung eines Geotextils oder geotextilverwandten Produkts, um das Bewegen von Boden oder anderen Teilchen auf der Oberfläche, z. B. einer Böschung, zu verhindern oder zu verringern [43].

Geokunststoffe können den Abtransport von Bodenteilchen durch Wasser und Wind verhindern. Auch der oft Jahre dauernde natürliche Aufbau von Vegetationsschichten kann mit Geokunststoffen beschleunigt und gesichert werden.

Das Merkblatt MAEBEL [85] informiert über die Anwendung von Erosionsschutz- und Begrünungshilfen aus natürlichen und synthetischen Werkstoffen im Erd- und Landschaftsbau des Straßenbaues. Anwendungsgebiete sind der Schutz und die Begrünung von z. B.

– Böschungen,
– periodisch wasserführenden Entwässerungseinrichtungen,
– hinterfüllten und überschütteten Bauwerken,
– Lärmschutzwällen.

2.7.8 Dichten

Dichten: Verwendung eines Geokunststoffes, um die Migration eines Gases oder einer Flüssigkeit zu verhindern oder zu verringern [43].

Als technisch dichte bzw. nahezu dichte Barriere gegen Flüssigkeiten und Gase haben Dichtungsbahnen und Bentonitmatten große Bedeutung im Bauwesen erlangt. Dies gilt insbesondere im Deponie-, Tunnel- und Wasserbau, aber auch für den Bereich des allgemeinen Grundwasserschutzes.

Dichtungssysteme werden beispielsweise eingesetzt

– zur Verhinderung von Wasserverlusten,
– gegen Versickerung von Wasser in den Untergrund (z. B. bei Regenwasserrückhaltebecken und Löschteichen),
– gegen Versickerung von verunreinigtem Wasser in den Untergrund (z. B. bei Deponien),
– zum Schutz des Bodens und des Grundwassers in Wasserschutzgebieten vor Eindringen wassergefährdender Stoffe aus Verkehrsanlagen (z. B. Straßen, Tankstellen, Rastanlagen),
– zur Dichtung von Schüttungen aus belasteten Böden oder aus industriellen Nebenprodukten.

2.8 Hinweise zur Bauausführung

Besondere Beachtung muss der Robustheit der Materialien geschenkt werden, da nach vorliegenden Erfahrungen die größte Beschädigungsmöglichkeit für Geokunststoffe im rauen Einbaubetrieb gegeben ist. Aus diesem Grund ist die Einhaltung einer *beanspruchungsabhängigen* Masse pro Flächeneinheit von Geotextilien empfehlenswert. Eine Beurteilung der Robustheit eines Geotextils anhand seiner Zugfestigkeit ist in der Regel nicht möglich.

Gegen Freibewitterung müssen beständige Produkte eingesetzt oder die Bahnen frühzeitig bedeckt bzw. überschüttet werden.

Baustellenverkehr jeglicher Art auf ausgelegten Geokunststoffen ist auszuschließen. Ein Überfahren mit schwerem Gerät (z. B. Bagger, Radlader) sollte nur erfolgen, wenn eine mindestens 25 cm dicke, durchdrücksichere Schutzschicht aufgebracht ist.

Geotextilien sollten mit einer Überlappung von 0,5 m verlegt werden. In Sonderfällen, z. B. bei Längsverlegung in hochbelasteten Baustraßen oder beim Unterwassereinbau, ist die Überlappung auf z. B. 1,0 m zu erhöhen. Wahlweise kann auch eine kraftschlüssige Nahtverbindung vorteilhaft sein. Es ist zu empfehlen, entsprechende Nahtverbindungen bereits werkseitig auszuführen.

Bei Planung und Verlegearbeiten ist das Rollengewicht der Geokunststoffe zu beachten.

Für Anwendungen im Straßenbau gibt M Geok E [84] viele Hinweise zur Verarbeitung.

Eine echte Hilfe für Planung, Bauvorbereitung und Bau von Projekten sind die Checklisten C Geok E [14] für die Anwendung von Geokunststoffen im Erdbau des Straßenbaus.

2.9 Prüfverfahren

Die Vielzahl der Prüfmethoden macht dem Anwender bzw. Planer oft Schwierigkeiten, zielsicher und problemorientiert zu bemessen.

Alle zurzeit aktuellen Regelwerke geben Hinweise bez. der durchzuführenden Prüfverfahren. In Ausnahmefällen können aber auch spezielle, problemorientierte und aussagekräftige Prüfungen erforderlich sein. Alle Prüfungen müssen auf die für die betreffende Anwendung maßgebenden Anforderungen ausgerichtet sein.

2.9.1 Geotextilien und geotextilverwandte Produkte

Neben den allgemeinen physikalischen Prüfungen (Masse pro Flächeneinheit, Dicke) können u. a. folgende Eigenschaften relevant werden:

– Höchstzugkraft und Höchstzugkraftdehnung (evtl. auch an Nähten und Verbindungen),
– Zugkriech- und Zeitstandbruchverhalten (insbesondere bei Bewehrungsmaterialien),
– Druckverhalten (Druckkriechen, Kurzzeit-Druckverhalten, insbesondere bei Dränmatten),
– Festigkeit produktinterner Verbindungen (Geozellen, Geoverbundstoffe),
– Beschädigung beim Einbau (Labor-/Feldversuch),
– Durchdrückverhalten (Stempeldurchdrückversuch, Pyramidendurchdrückwiderstand),
– Durchschlagverhalten (Labor-/Feldversuch),
– Schutzwirkung (bei Stoßbelastung, Lastplattendruckversuch),
– Reibungseigenschaften (direkter Scherversuch mit großer Scherfläche, ggf. zusätzlich Schiefe-Ebene-Versuch),
– Herausziehwiderstand,
– Simulation von Scheuerbeschädigungen (Gleitblockprüfung, Abriebfestigkeit),
– charakteristische Öffnungsweite,
– Wasserdurchlässigkeit (radial und normal zur Geotextilebene),
– Wasserableitvermögen in der Ebene (Wasserdurchlässigkeit in Geotextilebene),
– Widerstand gegen Wasserdurchtritt (Wassersäule-Prüfverfahren)
– Filterwirksamkeit am System Filter/Boden,
– Witterungsbeständigkeit,
– Oxidationsbeständigkeit,
– Hydrolysebeständigkeit in Wasser,
– chemische Beständigkeit,
– Beständigkeit gegen Säure und alkalische Flüssigkeiten,
– mikrobiologische Beständigkeit (Erdeingrabungsversuch).

2.9.2 Dichtungsbahnen

Allgemeine Prüfungen:

- visuelle Betrachtung der äußeren Beschaffenheit,
- Dicke,
- Kantengeradheit und Planlage,
- Verhalten bei und nach Warmlagerung,
- Flüssigkeitsdurchlässigkeit,
- Wasseraufnahme und
- Dichtheit (Berstdruckprüfung, Permeationsverhalten).

Physikalisch-mechanische Eigenschaften:

- Verhalten bei Zugbeanspruchung (einachsig, mehrachsig und nach Kriechversuchen),
- Durchdrückverhalten (Stempeldurchdrückversuch),
- Perforationsverhalten,
- Weiterreißwiderstand,
- Reibungsverhalten (direkter Scherversuch mit großer Scherfläche),
- Spannungs-Dehnungs-Verhalten bei hohen und tiefen Temperaturen und
- Güte der Verbindungen.

Sonstige Eigenschaften:

- Beständigkeit gegenüber umweltbedingte Spannungsrissbildung,
- Witterungsbeständigkeit,
- Beständigkeit gegenüber biologischer Beanspruchung (Nagetiere, Mikroorganismen, Widerstand gegen Wurzeln),
- Oxidationsbeständigkeit,
- Beständigkeit gegenüber Flüssigkeiten, Dämpfen und Gasen,
- Beständigkeit gegen Auslaugen sowie die
- physiologische Unbedenklichkeit.

Hinweise und Erläuterungen finden sich jeweils in den anwendungsbezogenen Empfehlungen bzw. Regelungen (z. B. BAM-Regelwerk für den Bereich des Deponiebaus, DIBt-Regelungen für WHG-Maßnahmen, EAG-EDT [54] für den Bereich Tunnelbau).

2.9.3 Dichtungsbahnverwandte Produkte

Allgemeingültige Prüfungen für dichtungsbahnverwandte Produkte können nicht angegeben werden. Für Bentonitmatten empfiehlt es sich, folgende Eigenschaften zu prüfen:

- Masse pro Flächeneinheit der Geokunststoffe,
- Trockenbentonitmenge,
- Wassergehalt des Bentonits im Anlieferungszustand,
- Zugfestigkeit und Höchstzugkraftdehnung,
- Permittivität (auch nach Frost-Tau-Wechseln bzw. Trocken-Nass-Zyklen und auch an Überlappungen),
- Reibungsverhalten (direkter Scherversuch mit großer Scherfläche),
- innere Scherfestigkeit,
- Verbundfestigkeit im Schälversuch,
- Wasseraufnahme,
- Quellvermögen und
- Montmorillonitgehalt.

Hinweise und Erläuterungen finden sich in EAG-GTD [55].

3 Einsatzbereiche

3.1 Küstenschutz

Der Aufgabenbereich des Küstenschutzes ist der Ursprung der ingenieurmäßigen Anwendung von Geotextilien. Für Bauwerke des Küstenschutzes sind vor allem folgende Belastungsgrößen zu beachten:

– Seegangs- und Strömungskräfte mit z. B. Durchströmungs- und Abriebbeanspruchungen für das Geotextil,
– Erosions- und Sedimentationserscheinungen sowie
– Belastungen durch Sickerströmungen.

Einen groben Überblick über die Anwendung von Geotextilien im Küstenschutz geben folgende Beispiele (Bild 6):

– Filterschichten in Deckwerken an Deichen und Dämmen sowie Sohlensicherungen z. B. an Sielen und Sturmflutsperrwerken,
– Trenn- und Filterschichten im Gründungshorizont von Buhnen und Wellenbrechern,
– Konstruktionselemente in Form von sandgefüllten Säcken und Schläuchen sowie
– flexible Sohlensicherungsmatratzen für Offshore- und Küstenschutzbauwerke.

Aufgrund der Bedeutung des Geotextils für die Sicherheit und Standzeit vieler Küstenschutzbauwerke muss die Bemessung mit entsprechender Sorgfalt erfolgen und berücksichtigen, dass die Kosten für etwaige Reparaturmaßnahmen den Aufwand für ein auf lange Sicht dimensioniertes Geotextil erheblich überschreiten können.

Sofern der Einfluss einer intensiven UV-Strahlung nicht auszuschließen ist, ist durch eine entsprechende konstruktive Gestaltung (beispielsweise durch UV-stabilisierte Produkte) auf

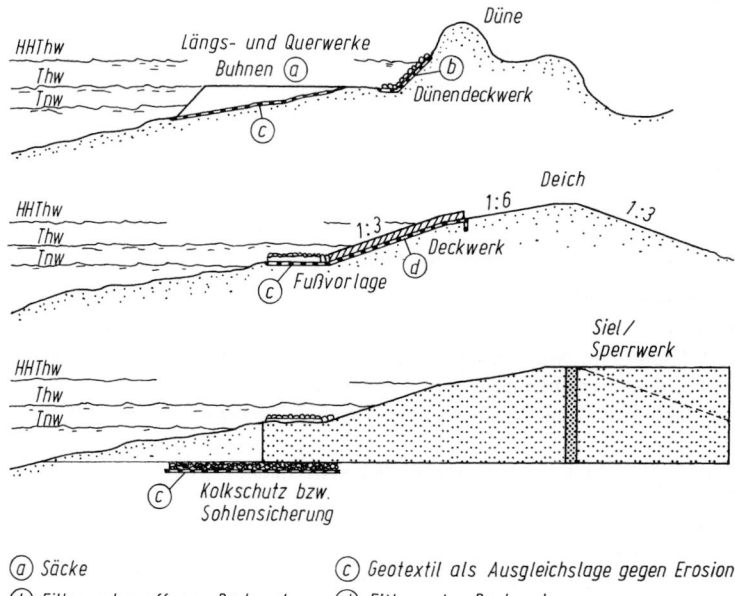

Bild 6. Überblick über Anwendungen von Geotextilien im Küstenschutz (Prinzipskizzen) [49]

2.12 Geokunststoffe in der Geotechnik und im Wasserbau

eine erhöhte Dauerfestigkeit des Materials besonderer Wert zu legen. Untersuchungsergebnisse an langjährig eingebauten Geotextilien im Bereich von Salzwasser lassen sich wie folgt zusammenfassen:

- Eine auf biologische oder chemische Einwirkung beruhende Beeinträchtigung der Beständigkeit konnte nicht festgestellt werden.
- Bei freier Bewitterung ist mit Festigkeitseinbußen durch UV-Einwirkung zu rechnen. Der Einfluss kann durch grobtitrige Fasern (Schutz des Kerns durch geschädigte Randzone) oder dicke, schwere (Schutz innenliegender Fasern) und UV-stabilisierte Produkte deutlich gemildert werden. Alle untersuchten Produkte waren bautechnisch intakt, da die auf die Einbaubeanspruchungen dimensionierten mechanischen Eigenschaften der Geotextilien für Deckwerksfilter, sandgefüllte Schläuche und Säcke für die Gebrauchsbelastung im Bauwerk erhebliche Reserven enthielten.
- Beschädigungen von Geotextilien (z. B. Gewebe in Deckwerkskonstruktionen) waren eindeutig auf mechanische Einwirkungen beim Einbau (Beschüttungsvorgänge) oder auf äußere Scheuer- oder Schnittbelastungen zurückzuführen. Hierdurch wird die Forderung nach kunststoffgerechtem Konstruieren und robusten Geotextilien für den Küstenschutz unterstrichen.

Ein geotextiler Filter muss die notwendigen mechanischen Festigkeiten, insbesondere gegenüber dem Einbau von Schütt- oder Setzsteinen [13], aufweisen. Um Beschädigungen durch Scheuern der Steine infolge von Strömungs-, Wellen- und Eiskräften auszuschließen, muss ein geotextiler Filter abriebfest sein.

Auf der Basis langjähriger Erfahrungen sind zur Gewährleistung ausreichender Robustheit folgende Mindestwerte für die Masse pro Flächeneinheit m_A für Geotextilien im Küstenschutz als Richtwerte zu empfehlen (vgl. auch [75]):

- Bei Beschüttung mit Wasserbausteinen der Klassen $CP_{90/250}$ und $LMB_{5/40}$ (früher Klasse II und III) mit Einzelgewichten < 50 kg oder unter hoch belasteten Betonsteindeckwerken

    $m_A \geq 600$ g/m^2

- Bei Beschüttung mit Steinen mit Einzelgewichten ≥ 50 kg

    $m_A \geq 1000$ bis 1200 g/m^2

- Bei deutlich höheren Einzelgewichten der Steine oder unter verzahnten wellenbrechenden Schwergewichtselementen (z. B. Tetrapoden) sind in der Regel Feldversuche erforderlich oder es sind Ergebnisse von vergleichbaren Objekten heranzuziehen. Gegebenenfalls können auch Schüttstein-Zwischenlagen (d $\geq$ 50 cm) gewählt werden.

Als relativ neues Konstruktionselement im Küstenschutz können mit Sand gefüllte Verbundstoffe, sog. Sandmatten (vgl. Abschn. 2.2.5), Verwendung finden. Diese neuartigen Produkte können z. B. bisherige Sinkstücke aus Gewebe mit aufgebundenen Faschinen für Offshore- und Küstenschutzbauwerke als Sohlensicherungen ersetzen (vgl. auch Abschn. 3.2.1.3). Als Beispiel dafür können die drei uferfern angeordneten, sog. Offshore-Wellenbrecher vor Koserow zur Sicherung des Küstenabschnittes Streckelsberg (Insel Usedom) genannt werden [57, Anhang]. Als Sohlensicherung wurden 1995/1996 diese, auf Länge vorkonfektionierten Sandmatten mit einfachsten Mitteln unter Wasser ausgerollt (Traversenverlegung), anschließend mit Schüttsteinen und Granitblöcken (mit einem Einzelsteingewicht von 3 bis 7 Tonnen und Kantenlängen zwischen rund 1,00 bis 1,40 m) bedeckt. Die Kronenhöhe der Wellenbrecher ist 1 m über dem Normalmittelwasserstand.

Die Passagen über Geokunststoffe in EAK [57], dem Regelwerk für den Küstenschutz, basieren auf der vorliegenden Veröffentlichung aus dem Jahr 2001 [108].

3.1.1 Deich- und Vorlanddeckwerke

Geotextilien gehören zu den Standardbestandteilen von Deckwerken. Bereits 1993 konnte nach den Empfehlungen für Küstenschutzwerke der Deutschen Gesellschaft für Geotechnik (DGGT) und der Hafenbautechnischen Gesellschaft (HTG) [56] der Filter aller dort empfohlenen offenen Deckwerke als Geotextil ausgeführt werden.

Deckwerke, die Vorlandkanten oder den Fuß von Deichen und Dämmen schützen (Bild 7), werden durch den Einfluss von Ebbe und Flut wechselseitig durchströmt. Sofern geotextile Bahnen innerhalb solcher Deckwerke parallel zum Ufer verlegt werden, müssen sie vernäht werden. Die Nähte müssen eine Höchstzugfestigkeit von 12 kN/m aufweisen. Um weniger Näharbeit auf der Baustelle durchführen zu müssen, empfiehlt es sich, die Bahnen in der notwendigen Gesamtbreite, mindestens aber mit halber Breite, zu konfektionieren. Die Bahnen können auch mindestens 0,5 m breit überlappt werden, und zwar in der Weise, dass die untere Bahn über die obere greift, um Bodenausspülungen in Böschungsfallrichtung zu vermeiden. Das Verlegen einzelner Bahnen kann erforderlich sein, wenn das Deckwerk aus arbeitstechnischen Gründen stufenweise von unten nach oben hergestellt wird.

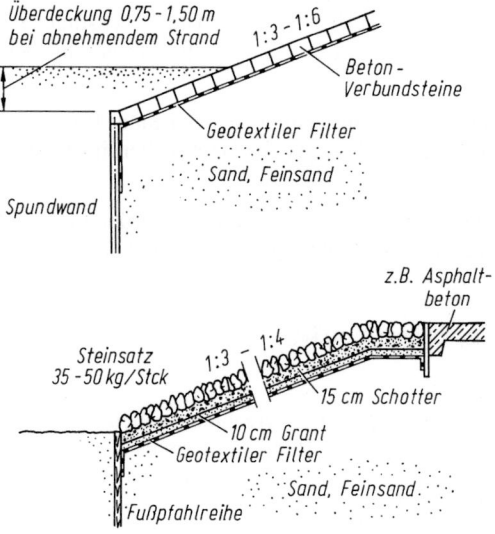

Bild 7. Beispiele für mit Geotextilien ausgeführte Deich- und Vorlanddeckwerke [48]

3.1.2 Fußsicherungen

Geotextile Filter kommen im Küstenschutz auch als Erosions- bzw. Kolkschutz am Fuß von Deckwerken oder Buhnen zum Einsatz und ermöglichen flexible Bauweisen (Bilder 8 bis 10). Fügestellen (Überlappungen, Nähte) sind gemäß den zu erwartenden Verformungen (Setzungen, Kolkungen) und Belastungen zu wählen. Auf einen sicheren Anschluss der Fußsicherung an die Deckwerkskonstruktion ist zu achten. Der geotextile Filter sollte komplett durch die Fußvorlage verlegt werden.

Alternativ kommen Sandmatten, die lagegenau unter Wasser verlegt werden können, zum Einsatz.

2.12 Geokunststoffe in der Geotechnik und im Wasserbau

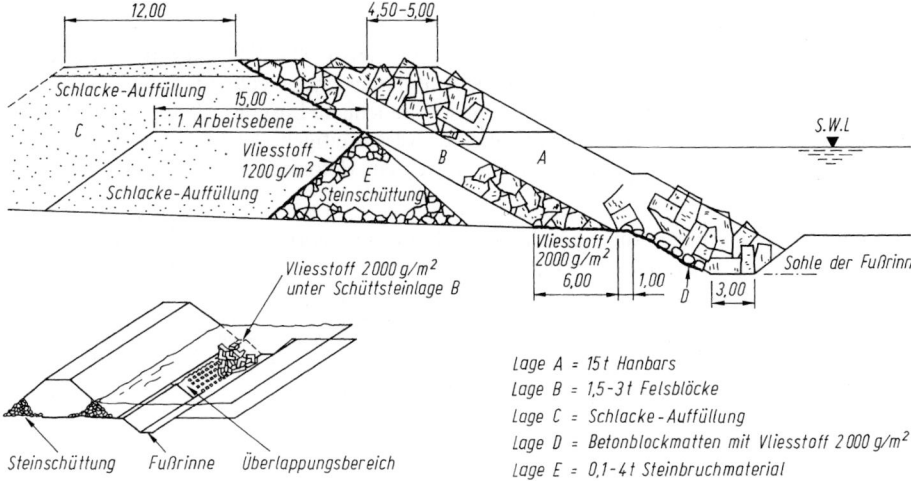

Lage A = 15 t Hanbars
Lage B = 1,5-3 t Felsblöcke
Lage C = Schlacke-Auffüllung
Lage D = Betonblockmatten mit Vliesstoff 2000 g/m²
Lage E = 0,1-4 t Steinbruchmaterial

Bild 8. Uferlängswerk mit flexibler Fußsicherung, Port Kembla/Australien [75]

Bild 9. Verlegen der flexiblen Fußsicherungsmatte, Port Kembla/Australien [125]

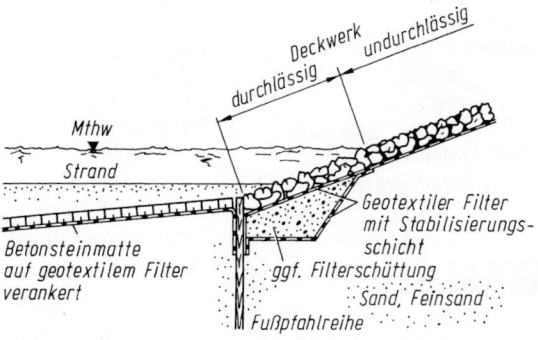

Bild 10. Flexible Fußsicherung an einem Seedeich-Deckwerk [125]

3.1.3 Deichkernbedeckungen

Ist für die Bedeckung des Sandkerns eines wenig beanspruchten Deiches nicht genügend bindiger Boden (Klei) verfügbar, so bietet die Anordnung eines Geotextils zur erosionsfesten äußeren Bedeckung des Sandkerns eine technisch brauchbare Lösung. Alternativ ist bei nicht vorhandenem Kliboden eine Bentonitmatte zur wasserseitigen Deichkernbedeckung praktikabel. Schwach belastete Deiche können mit einem Betonsteinpflaster oder Oberboden gesichert werden.

Wird zur Sicherung einer Außenböschung ein Betonsteinpflaster mit Horizontal- und Vertikalverbund vorgesehen, so darf es nur dann ohne eine Schutzschicht auf einem Geotextil als Filter verlegt werden, wenn dieses gegen Scheuerbeanspruchung äußerst robust ist.

Bei sehr flacher Neigung der Außenböschung und nicht nennenswerter Wellenbeanspruchung kommt als Bedeckung eines sandigen Deichkerns der Einbau eines Geotextils in Betracht, das als Schutzschicht und Saatbeet für die Begrünung mindestens 20 cm Oberbodenauflage erhält.

3.1.4 Querwerke

Mit dem Einsatz von Geotextilien können die Bauweisen für Querwerke (z.B. Buhnen/Lahnungen) im Küstenschutz verbessert und wirtschaftlich gestaltet werden.

Zur Gründung von Buhnen werden in Bereichen unter MTnw (mittleres Tideniedrigwasser) Geotextilien als Sinkstücke eingesetzt. Diese werden auf einer provisorischen Helling gefertigt, ins Wasser gezogen, an die Einbaustelle geschleppt und durch Schüttsteinbewurf an der Einbaustelle abgesenkt. Zur Sicherstellung der Filterwirksamkeit können Verbundstoffe aus Geweben mit Schlaufen zur Anbindung der Faschinenbündel und mechanisch verfestigten Vliesstoffen eingesetzt werden. Die erforderliche Zugfestigkeit der Gewebe richtet sich nach den Beanspruchungen z.B. beim Abziehen des Sinkstückes von der Bauhelling. Richtwerte für Polypropylen-Bändchengewebe sind Zugfestigkeiten von 200 kN/m (750 g/m^2), kombiniert mit mechanisch verfestigten Vliesstoffen von mindestens 4,5 mm Dicke (600 g/m^2). Solche Sinkstücke (vgl. Bild 15) bilden den Gründungshorizont für den zu schützenden Bodenkörper.

Bild 11 zeigt einen Buhnenquerschnitt aus dem Wasserwechselbereich. Als Gründungshorizont der Buhne wurde ein 1100 g/m^2 schwerer Verbundstoff gewählt. Mit einer seitlichen Überlappung von 0,5 m werden die Buhnenflanken durch eine flexible Kolkschutz-

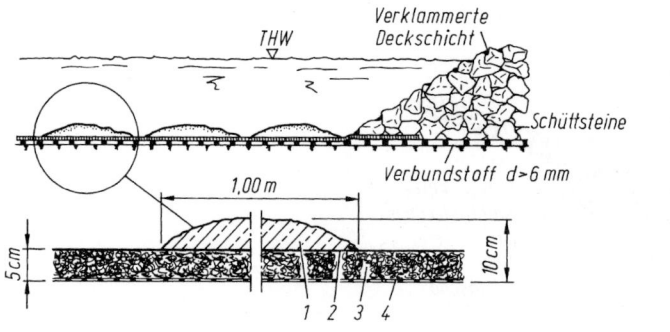

Bild 11. Sicherung einer Strombuhne an der Unterweser [48]

2.12 Geokunststoffe in der Geotechnik und im Wasserbau 763

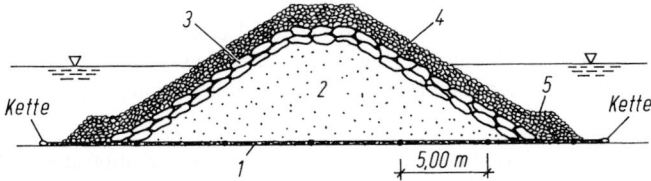

Bild 12. Für mittlere Strömungsbelastung ausgelegte Buhne mit geotextilen Containern und Sandmatten [108]
1 Sohlensicherung bestehend aus einer Sandmatte ausgerüstet mit Flachstahlaussteifungen im Abstand von 5 m. An den Enden sind als Beschwerung und zur Kolksicherung Ketten vorkonfektioniert
2 Buhnenkern
3 2 bis 3 Lagen geotextile Container zur Profilierung der Buhne und als geotextile Filterlage
4 Deckwerk
5 Fußvorlage, Schüttsteinvorlage in Verbindung mit (1) kettenbeschwerter Sandmatte

matte (Verbundstoff aus Trägergewebe, Sedimentationsschicht und Filterschicht) geschützt. Der Schüttsteinkörper der Buhne kann an der Oberfläche mit erosionsfestem Mörtel verklammert werden. Die flexible Kolkschutzmatte wird durch ein Raster aus Auflastelementen aus Beton gesichert. Oberhalb MTnw werden im Gründungshorizont schwere, mechanisch verfestigte Vliesstoffe eingesetzt, und der Flankenschutz der Buhnen kann mit speziellen Kolkschutzmatten erfolgen.

Zur Gründung von Buhnen kommen alternativ mit Sand gefüllte Verbundstoffe zum Einsatz. Diese Sandmatten, ggf. zusätzlich ausgerüstet mit Ketten und Flachstahlaussteifungen, lassen sich mit einfachen Mitteln (z. B. Traversen) unter Wasser verlegen. Sie bieten gegenüber den Sinkstücken Vorteile hinsichtlich des lagegenauen Einbaus und sind erheblich wirtschaftlicher. Bild 12 zeigt eine für mittlere Strömungsbelastung ausgelegte Buhne mit geotextilen Containern (vgl. Abschn. 3.1.6) und Sandmatten.

Bei einer Wattbuhne wird oft der dammartig profilierte Kern aus Wattboden oder Sand mit einem Geotextil umhüllt und erhält eine Deckschicht aus Naturstein oder Betonverbundsteinen. Die Grundbruchsicherheit solcher Bauwerke ist dabei besonders zu beachten.

Der Einsatz von Geotextilien erlaubt auch Sonderlösungen, zum Beispiel zur Erhöhung bestehender Buhnen (Bild 13). Auf der Krone einer vorhandenen Buhne auf der Insel Borkum wurden Geotextilschläuche in Abschnitten von rund 5 m mit erosionsfestem Beton

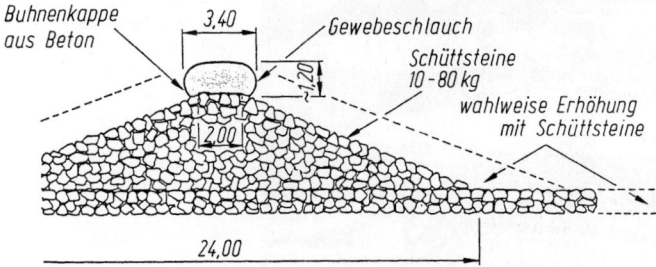

Bild 13. Buhnenerhöhung auf der Insel Borkum [48]

gefüllt, sodass an der Oberseite etwa elliptisch geformte Betonblöcke entstanden. Werden flexible Bauweisen gefordert, können auch sandgefüllte Geotextilschläuche zum Einsatz kommen. Diese Bauweisen zur Buhnenerhöhung setzen voraus, dass die vorhandene Buhne die zusätzlichen Belastungen (hydrodynamische Beanspruchung durch Seegang, Setzungen etc.) aufzunehmen vermag.

Die Fußsicherung von Lahnungen in Faschinenbauweise kann aus Sedimentationsmatten, z. B. aus einer Vliesstoff-Kokos- oder einer Vliesstoff-Wirrgelege-Kombination, hergestellt werden. Die Vliesstofflage übernimmt Filterfunktionen, während die Kokos- oder Wirrgelegelage die Stabilisierung des Lahnungsfußes durch Sedimentationsprozesse fördert.

Lahnungen können auch mit dem anstehenden Wattboden gebaut werden. Der Kern aus Wattboden wird auf einer Sohlensicherung dammartig profiliert, mit einem geotextilen Filter bedeckt und erhält eine Deckschicht aus Natursteinen oder Betonverbundsteinen (vgl. Abschn. 3.1.3) mit horizontalem und vertikalem Verbund. Es ist auf einen filterstabilen Anschluss der Geotextilien an die Fußspundwände zu achten. Das Geotextil sollte so breit gefertigt oder vorkonfektioniert werden, dass der Kern in ganzer Breite bedeckt wird. Die Geotextilien müssen robust gegen Durchschlag- und Abriebbelastungen aus der Deckschicht sein.

3.1.5 Sohlensicherungen

Neben den in Abschnitt 3.1.4 erwähnten Sohlensicherungen für Querwerke wie beispielsweise Buhnen oder Wellenbrechern werden geotextile Filter für großflächige Sohlensicherungen bei Ein- und Ausläufen von Deichsielen oder Sturmflutsperrwerken und bei Deichschlussmaßnahmen verwendet.

Wie am Eider-Sperrwerk kann eine Sohlensicherung im Trockenen (Bild 14) eingebaut werden. Für das filtertechnisch bemessene Geotextil sind zusätzlich die Einbaubeanspruchungen zu berücksichtigen. Auch unter den Einbaubedingungen des Trockeneinbaus ist auf eine ausreichende Robustheit (Masse pro Flächeneinheit) und Verformbarkeit der ausgewählten Geotextilien zu achten.

Bild 14. Einbau der Sohlensicherung am Eider-Sperrwerk [125]

2.12 Geokunststoffe in der Geotechnik und im Wasserbau 765

Bild 15. Beispiel eines Sinkstücks aus Gewebe mit aufgebundenen Faschinen [125]

Unter Wasser auszuführende Sohlensicherungen aus Schüttsteinen können auf großflächig vorkonfektionierten Sinkstücken (Bild 15) gegründet werden. Die Sinkstücke werden auf speziellen Bindeplätzen oberhalb MThw vorbereitet, nach Fertigstellung mit Schleppern ins Wasser gezogen und zur Einbaustelle verschleppt. Spezialabsenkverfahren und die Beschwerung mit Schüttsteinen erlauben einen halbwegs lagegenauen Einbau.

Die Zugfestigkeit der eingesetzten Gewebe ist auf die einwirkenden Kräfte beim Zuwasserlassen und Absenken an der Einbaustelle auszulegen. In Abhängigkeit vom anstehenden Boden ist zur Erhöhung der Filterwirksamkeit ein Verbundstoff (Gewebe/mechanisch verfestigter Vliesstoff) von Vorteil. Diese Gewebe-Vliesstoff-Kombination wurde auch im Bereich des Emssperrwerkes eingesetzt.

Auch für Sohlensicherungen bei Ein- und Ausläufen von Deichsielen oder Sturmflutsperrwerken und bei Deichschlussmaßnahmen bieten die mit Sand gefüllten Verbundstoffe (vgl. Abschn. 3.1.4) erhebliche Vorteile. Sandmatten können, beispielsweise auf Schwimmkörpern aufgetrommelt, zum Einbauort geschleppt und auch in große Wassertiefen lagegenau eingebaut werden.

Für großflächige Sohlensicherungsmaßnahmen wurden auch Spezialbauweisen entwickelt, beispielsweise fabrikmäßig hergestellte komplette Sohlensicherungsmatratzen oder eine Traversenverlegung von Sandmatten direkt auf der Sohle. Eingesetzt wurden Sandmatten schon vor Jahren in Wassertiefen von bis zu 15 m [2]. Jüngste Beispiele, wo mit Sandmatten die Sohle gesichert wurde, sind mehrere Fähranleger im Hafen Rostock, der Osthafen Bremerhaven, der Stichkanal Osnabrück, der Silokanal in Brandenburg und die Marina Boltenhagen.

3.1.6 Geotextile Container und geotextile Schläuche

Vielfach können anstelle von Kies, Steinen oder Blöcken geotextile Container oder geotextile Schläuche – ggf. gefüllt mit örtlich anstehendem Bodenmaterial – eingesetzt werden. Hierdurch können weite Transportwege vermieden und beispielsweise Kiesressourcen geschont werden.

Geotextile Kleinsäcke im Normalformat 0,40 m · 0,70 m oder 0,54 m · 1,02 m für die vorübergehende Sicherung von Deichschäden und auch geotextile Container mit etwa 1 m³ Füllvolumen sind bewährte Bauelemente im Küstenschutz.

Hand- und Kleinsäcke können in gefülltem Zustand gelagert werden, um sie im Katastrophenfall schnell einsetzen zu können. Geotextile Container für 1 m³ Inhalt im Format von beispielsweise 1,30 m · 2,65 m müssen folgende Voraussetzungen erfüllen:

- Das Geotextil muss eine ausreichende Festigkeit/Robustheit für einen maschinellen Transport besitzen. Als Erfahrungswert gilt eine Höchstzugfestigkeit ≥ 30 kN/m. Die Robustheit ist von mehreren Parametern (u. a. von der Masse pro Flächeneinheit und der Höchstzugkraftdehnung) abhängig.
- Die Nähte sollten mindesten 80 % der Festigkeit des Geotextils aufweisen.
- Nicht ausreichend UV-beständiges Material ist nur für einen befristeten Einsatz geeignet.

Nach dem Füllen werden die geotextilen Container vernäht, zugebunden oder mit ein- oder doppelseitigem Haftband verschlossen. Das Geotextil und die Füllung sind so aufeinander abzustimmen, dass aus dem gefüllten Container kein Füllmaterial ausgespült werden kann, der gefüllte Container griffig ist und im Stapel eine hohe Haftreibung hat. Diese Bedingungen können bei ausreichender Festigkeit am besten durch mechanisch verfestigte Vliesstoffe erfüllt werden, die weiterhin den Vorteil höherer Dehnbarkeit und besserer Reibungseigenschaften gegenüber Geweben besitzen.

Die ersten Großversuche mit geotextilen Containern wurden um 1950 in den USA, den Niederlanden und in Deutschland durchgeführt. Seitdem hat die Anwendung stetig zugenommen [94, 103, 109], insbesondere an sandigen Küsten. Geotextile Container aus mechanisch verfestigten Vliesstoffen wurden beispielsweise erfolgreich bei den Leitdammsanierungen Friedrichskoog und Kaiser-Wilhelm-Koog, der Ergänzung des Riffs vor Kampen/Sylt, der Zufahrt des Hafens List/Sylt (alle Schleswig-Holstein), beim Kolkschutz am Weserwehr Bremen-Hemelingen, an der Peenebrücke, bei der Mittelplate, zur Dünenstabilisierung auf Wangerooge und zum Küstenschutz in Scharbeutz und in Warnemünde eingesetzt. Sandsäcke mit Füllvolumina bis ca. 20 m³ wurden bereits 1988 erfolgreich erprobt [78].

Die nachfolgend aufgeführten Fallbeispiele sollen verdeutlichen, wie schnell und einfach mit geotextilen Containern gebaut werden kann.

3.1.6.1 Fallbeispiel: Stabilisierung der Kolkböschungen am Eidersperrwerk

Beim Bau des Eidersperrwerkes wurden see- und binnenseitig Sohlensicherungen angeordnet. Sich daran anschließende, flexible Übergänge hatten nach damaligen Planungen die Aufgabe, möglicherweise entstehende bauwerksseitige Kolkböschungen zu sichern und eine zum Bauwerk rückschreitende Erosion zu verhindern. Im Anschluss an die befestigte Sohle entwickelten sich erwartungsgemäß innen und außen Kolke. Instandsetzungsarbeiten am Wehr führten jedoch dazu, dass bereichsweise die flexible Sohlensicherung bis zur Hälfte zerstört wurde. Bei der vorhandenen Kolkgeometrie mit den steilen Randböschungen waren die sonst üblichen Bauweisen (z. B. Einbringen eines geotextilen Sinkstückes) nicht möglich. Auch Bauweisen wie geotextile Schläuche oder Kissenmatten schieden aus, da ein Fehler ggf. mehrere Funktionen gleichzeitig außer Kraft setzt. So kamen geotextile Container, verfüllt mit einem Kies-Mischkornfilter, zum Einsatz. Bild 16 zeigt das ausgeführte Regelprofil an der seewärtigen Böschung.

Insgesamt wurden etwa 48 000 vernadelte Polyester-Vliesstoffcontainer, die bei 80 %iger Füllung ca. 1,0 m³ Inhalt haben, eingebaut. Die Tagesleistung beim Befüllen der geotextilen Container betrug etwa 700 Stück. Dafür war es erforderlich, etwa 4500 Stück/Woche vor-

2.12 Geokunststoffe in der Geotechnik und im Wasserbau

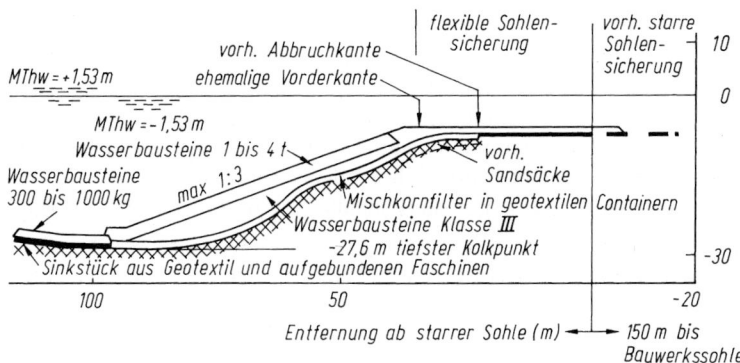

Bild 16. Regelprofil der neuen Sohlensicherung an der seewärtigen Böschung [107]

zukonfektionieren. Der Verladevorgang der geotextilen Container mit einem Hydraulikbagger für eine Schiffsladung (204 Säcke) dauerte etwa 1,5 Stunden. Positionierung und Einbau nahmen wiederum etwa 1,5 Stunden in Anspruch.

Die realisierte Lösung mit den geotextilen Containern wird als vorbildlich und äußerst erfolgreich eingestuft. Weniger als 10 von insgesamt 48000 geotextilen Containern wurden nach Angaben der Bauleitung beim Stürzen beschädigt. Die negativen Erfahrungen mit zuvor gewählten und auch bei früheren Baumaßnahmen gewählten Gewebecontainern wurden bei der Lösung mit Vliesstoffcontainern nicht wiederholt. Nach *Heibaum* [79] gilt für die realisierte Lösung: *„Gewebe bieten den Vorteil hoher Zugfestigkeit, jedoch wirken sie wie ein Sieb und nicht wie ein Kornfilter mit dreidimensionalem Porenraum. Sind außerdem Schuss und Kette an ihren Kreuzungspunkten nicht fixiert, besteht die Gefahr des Verschiebens, sodass größere Öffnungen entstehen, die den Bodenrückhalt an dieser Stelle nicht gewährleisten. Ein Vliesstoff bietet als Filterstrecke den Porenraum eines Wirrgeleges, wodurch Fließvorgänge **im** Filter in der dritten Dimension möglich werden. Dieser Effekt ist umso ausgeprägter, je dicker die geotextile Filterschicht ist. Eine ausreichend hohe Festigkeit ist mit heutiger Technik auch bei Vliesstoffen erreichbar."*

Wichtig ist für allgemeine Anwendungen von geotextilen Containern insbesondere die Erkenntnis, dass sich die Höchstzugfestigkeit als maßgebendes Entscheidungskriterium zur Wahl eines Geotextils nicht eignet. Kriterien wie Filterstabilität, Dehnungsvermögen/Anschmiegsamkeit und Reibungsverhalten treten in den Vordergrund (Bild 17).

Bild 17. Geotextile Vliesstoff-Container sind robust und verformbar

3.1.6.2 Fallbeispiel: Peenebrücke

Durch die Baumaßnahme „Neubau der Peenebrücke Wolgast" bei gleichzeitigem Bestand der alten Brücke kam es zu nicht vermeidbaren Querschnittseinengungen des Flusslaufes, die zu erhöhten Strömungsgeschwindigkeiten führten. Da bei Strömungsgeschwindigkeiten bis zu v = 2 m/s bei einem Mischkornfilter mit erheblichen Entmischungsvorgängen beim Verklappen zu rechnen war und zudem bauzeitlich der Kolkschutz bereits wirksam sein sollte, wurden alternativ 8300 Polyester-Vliesstoffcontainer verwendet, die bei 80%iger Füllung ca. 1 m^3 Inhalt haben.

Mittels Hydraulikbagger mit Schalengreifer wurden über einen Schütttrichter die geotextilen Container einzeln befüllt. Als Füllmaterial wurde Sand aus einem Spülfeld gewählt.

Mit Plattenwagen wurden die geotextilen Container zum Hafen Peenemünde transportiert, dort auf Pontons verladen und jeweils etwa 100 Container zur Peenebrücke transportiert. Aufgrund der teilweise großen Wassertiefe wurde mit Seilbagger unter ständiger Kontrolle von Tauchern eingebaut. Es konnten etwa 100 Container pro Tag eingebaut werden. Anschließend wurden die geotextilen Container mit einer etwa 1 m starken Schicht aus Wasserbausteinen bedeckt.

Die unregelmäßige Geometrie der Sohle und die Heranführung des Kolkschutzes bis an die neuen Brückenpfeiler nach Abbau der Baugrubenumspundungen waren mit den geotextilen Containern sicherer zu gestalten als mit einem Kornfilter. Die Verwendung von Polyester-Vliesstoff als Hüllstoff gewährleistet infolge der hohen Dehnfähigkeit eine gute Anpassung an den Untergrund und an die Nachbarcontainer.

3.1.6.3 Fallbeispiel: Temporärer Erosionsschutz auf Sri Lanka

Zur Stabilisierung großer Küstenbereiche an der Westküste Sri Lankas sind umfangreiche Baumaßnahmen erforderlich, die oft jedoch wegen fehlender Mittel erst nach großen Schäden durchgeführt werden können. Einzelne Objekte müssen temporär – bis zur eigentlichen Durchführung – geschützt werden.

Es wurden 2400 vernadelte, 0,5 m^3 große Polyester-Vliesstoffcontainer (Masse pro Flächeneinheit m_A = 800 g/m^2, Öffnungsweite: $O_{90,w}$ = 0,08 mm), die bei 60 bis 70%iger Füllung etwa ein Gewicht von 800 kg haben, an der Westküste zum Schutz einer Kirche eingebaut, um herauszufinden, ob gefüllte geotextile Container eine geeignete Maßnahme zum schnellen Schutz bedrohter Küstenabschnitte sein können (Bild 18).

Der erfolgreiche Einsatz der geotextilen Container zeigte sich bereits nach kurzer Zeit. Die geotextilen Container wurden durch auflaufende Wellen in den Sand eingegraben und am Fußpunkt dadurch stabilisiert. Die Kirche wurde so für die Monsunzeit vor der Zerstörung geschützt. Auch später wurde in anderen Küstenabschnitten mehrfach diese Methode, die zudem auch keine Verletzungsgefahr birgt, durchgeführt, wobei überwiegend statt des feinen Füllsandes gröberes Füllmaterial oder Füllmaterial direkt vom Strand gewählt wurde.

3.1.6.4 Fallbeispiel: Mega-Sandcontainer, Narrowneck (Australien)

Mit dem Ziel, Sandvorspülungen zu halten, den Strand zu stabilisieren und den Ort Narrowneck um eine weltweit einmalige Surf-Attraktion zu bereichern, wurde an der Gold Coast der australischen Ostküste ein Unterwasserwellenbrecher in Form eines künstlichen Riffs gebaut. Das künstliche Riff wurde mit über 400 geotextilen Mega-Sandcontainern (250 m^3 Füllvolumen, bis zu 500 Tonnen) aus mechanisch verfestigtem, UV-stabilem Polyester-Vliesstoff hergestellt.

2.12 Geokunststoffe in der Geotechnik und im Wasserbau

Bild 18. Temporärer Erosionsschutz auf Sri Lanka; Befülleinrichtung (oben), fertiggestellte Baumaßnahme (unten)

Bild 19 zeigt einen solchen Mega-Sandcontainer als Demonstrationsobjekt aufgebaut am Strand. Dass die Wahl auf geotextile Mega-Sandcontainer als Bauelemente fiel, ist zum einen in der wirtschaftlichen und effektiven Wirkungsweise der mechanisch verfestigten Vliesstoffe und zum anderen im verminderten Verletzungsrisiko für die Surfer begründet.

Das 350 m × 600 m große, V-förmige künstliche Riff variiert im Querprofil von rund 1 bis 10 m unterhalb des mittleren australischen Niedrigwasserspiegels. 200 m von der Küste wurde – auf Surferwunsch – das Riff mit zwei, zur Küstenlinie zeigenden Riffarmen zur Erzeugung von links- und rechtsbrechenden Wellen gebaut (Bild 20). Eingesetzt wurden rund 20 m lange und im Durchmesser zwischen 3,0 und 4,8 m große Mega-Sandcontainer, die in bis zu 3 Lagen verlegt wurden. Bis zu 10 Mega-Sandcontainer wurden pro Tag eingebaut. Bei Tauchgängen ist festgestellt worden, dass die in der Strömung schwankenden Fasern attraktiv für maritime Lebensbewohner sind. Binnen Stunden beginnt die Ansiedlung von Muscheln und Algen, was letztendlich dem künstlichen Riff als Lebensraum einen natürlichen Riff-Charakter gibt.

Bild 19. 20 m langer Mega-Sandcontainer [103]

Bild 20. Künstliches Riff, Narrowneck (Australien), fotografiert aus einem Hubschrauber [109]

3.1.7 Sandgefüllte Schläuche

Geotextile – zumeist sandgefüllte und UV-stabilisierte – Schläuche können eingesetzt werden

- als Buhnen und Parallelwerke zur Sicherung erodierender Strände,
- zur Stabilisierung einer Strandaufspülung,
- zur schnellen Sicherung von Deichbruchstellen,
- zur Einfassung von Spülfeldern (Bild 21) und
- als Lahnungen (vgl. Abschn. 3.1.4).

Durch Stapeln und Füllen mehrerer übereinander angeordneter Schläuche können auch größere Bauwerke wie z. B. Buhnen (Bild 22) errichtet werden.

2.12 Geokunststoffe in der Geotechnik und im Wasserbau

Bild 21. Sandgefüllter Schlauch

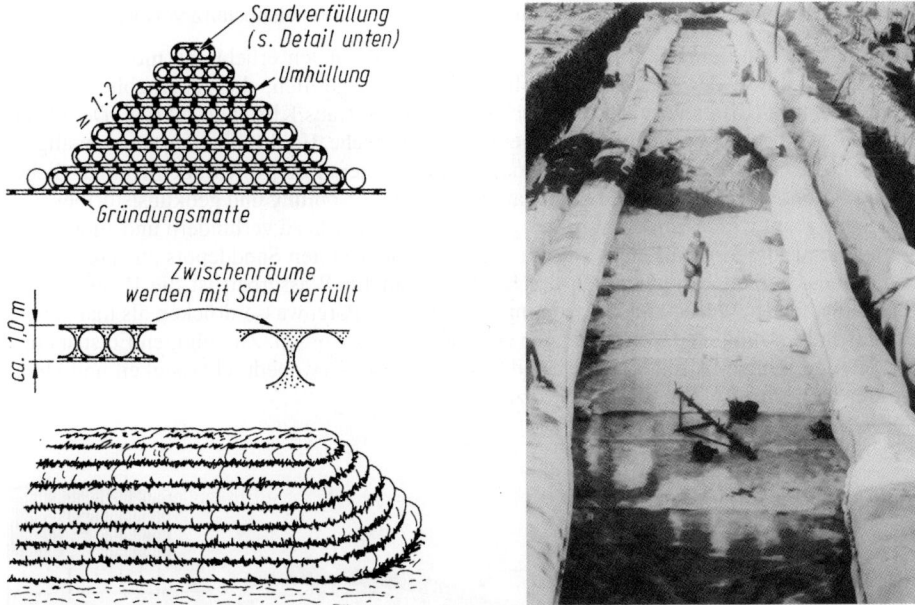

Bild 22. Prinzipskizze einer mehrlagigen Schlauchbuhne [78]

Die Schläuche werden hydraulisch gefüllt. Die Spülgutmenge sollte so aufgeteilt werden, dass auch bei einem Spülbagger großer Leistung ein für die Ablagerungs- und Füllbedingungen günstiger Teilstrom, z. B. in einem Bypass, in den Schlauch gelangt.

Nach der Füllung eines vorbereiteten Schlauches kann ein weiteres Teilstück angenäht werden. Auf diese Weise kann das Schlauchbauwerk mehrfach verlängert werden. Bisher wurde überwiegend mit Schläuchen von bis zu ca. 1,50 m Durchmesser und 150 m Länge gearbeitet. Bei der Küstenschutzmaßnahme „Leybucht/Ostfriesland" wurden z. B. insgesamt 13 km Schläuche verlegt.

3.1.8 Fallbeispiel: Geotextilien zur Verhinderung von Küstenerosionen am Beispiel Sylt

Das derzeit eklatanteste deutsche Beispiel für Küstenerosion stellt die Brandungsküste an der Westseite der nordfriesischen Insel Sylt dar, die in ihrer Nord-Süd-Ausrichtung den ungeschützten hydrodynamischen Belastungen ausgesetzt ist. Die sandigen Küstenabschnitte wirken als offenes Sandsystem, d. h. der Sand, der durch den küstenparallelen Sedimenttransport an die Enden des Küstenabschnittes gelangt, wird aus dem System hinaus transportiert (1,5 Mio. m^3/a). Die Vorstrandgeometrie im Bereich Kampen/Kliffende im Mittelteil der Insel Sylt ist durch ein natürliches, aus Wellen geformtes Riff-Rinnen-System geprägt, das bei Normalwetterlagen zu einer Umwandlung der Seegangsenergie im Vorfeld beiträgt und somit nur noch eine Restwellenenergie in die küstennahe Brandungszone eingetragen wird. Bei Sturmfluten und folglich erhöhten Wasserständen über dem Riff, wird die Brandung direkt am Riff ggf. weitgehend ausgesetzt, sodass die gesamte Seegangsenergie ohne Dämpfung in die Brandungszone gelangt. Erosion und morphologische Umlagerungen sind die Folge. Dabei geht unwiederbringliche Inselsubstanz verloren.

Anfang 1990 hatte eine Sturmflutserie in den Wintermonaten erhebliche morphologische Veränderungen an der Westküste der Insel Sylt hervorgerufen, die zu erheblichen Ausräumungen des Kliffes vor dem historisch bedeutsamen Haus Kliffende führten. Dem Haus drohte der Absturz. Der damalige Eigentümer (Deutsche Bank) finanzierte erstmalig in Deutschland eine private Küstenschutzmaßnahme in einem Pilotprojekt, bei dem zur Sicherung des Hauses Kliffende eine Kombination aus Sandvorspülung und geokunststoffbewehrter Düne gebaut wurde, um ein weiteres Abbrechen des Kliffs zu verhindern und eine zweite Verteidigungslinie im Fall einer Ausräumung des vorgespülten Sanddepots zu erzeugen. In den Standsicherheitsbetrachtungen der Bundesanstalt für Wasserbau ist die Belastung infolge ablaufender Wellen mit den von innen wirkenden Porenwasserdrücken als maßgebender Lastfall für mögliche Verformungen zugrunde gelegt worden. Zur zügigen Entspannung in Richtung Bauwerksfront galt es, Sanddurchlässigkeit, Gewebedurchlässigkeit und Dränwirkung der Vliesstoffe aufeinander abzustimmen.

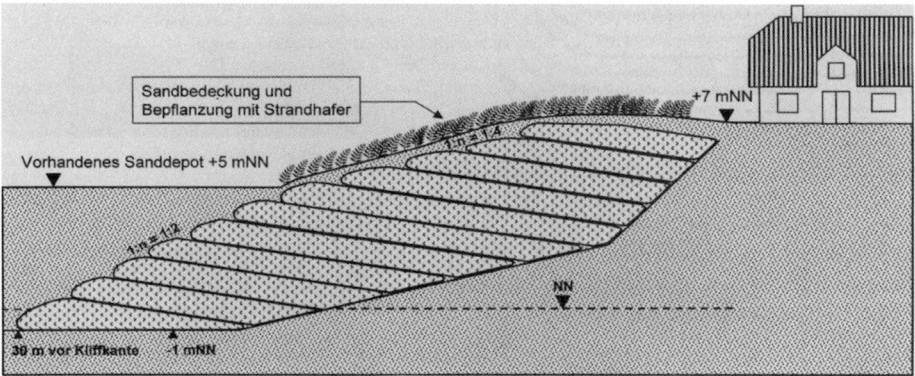

Bild 23. Objektschutz Haus Kliffende, Querprofil der künstlichen Düne aus Geotextilien [77, nach 93]

2.12 Geokunststoffe in der Geotechnik und im Wasserbau

Bild 24. Objektschutz Haus Kliffende, Dezember 1999, 10 Jahre nach Bau freigelegt [77, vgl. auch 93], (Foto: Sylt-Picture, V. Frenzel)

Im Schutz der zuvor aufgebrachten 5 m hohen Sandvorspülung wurde am Fußbereich des Kliffes eine Baugrube im tiefliegenden Untergrundbereich ausgehoben und darin Bahnen aus projektbezogener Gewebe-Vliesstoff-Kombination verlegt. Im Anschluss an Auffüllung mit anstehendem Sand sowie Verdichtung wurden die Bahnen über Hilfsschalelemente aus Beton faltenfrei hoch- und zurückgeschlagen. Die dem Meer zugewandte Seite wurde mit hochabriebfesten und dehnbarem Polyester-Vliesstoff versehen, um das darunter liegende Polypropylen-Gewebe vor UV-Strahlung zu schützen und den hydrodynamischen Belastungen spannungsfrei zu begegnen. Der Aufbau der treppenförmigen geotextilen Sandmatratzen erfolgte bis zu einer Bauwerkshöhe von 8 m. Der untere Querschnittsbereich wurde auf eine Neigung 1:n = 1:2 profiliert und der obere Bereich in 1:n = 1:4 hergestellt (Bild 23). In biologischen Begleitmaßnahmen wurden Sandfangzäune aus Buschwerk errichtet und Strandhafer zur Stabilisierung gepflanzt. Damit glich das Bauwerk einer natürlichen Düne und hat die Bewährungsproben der Winterstürme in den vergangenen Jahren trotz mehrmaliger Freilegung und direktem Wellenangriff überstanden. Die diversen Winter-Orkantiefs haben im Küstenabschnitt nördlich und südlich vom Haus Kliffende mehrfach mehr als 10 m Landverlust gegenüber dem Vorjahr hervorgerufen (Bild 24). Die künstliche Düne – ein Konzept von Knabe und Knabe Beratende Ingenieure Hamburg – hat ihre Aufgabe erfüllt [93].

3.2 Verkehrswasserbau

Im Verkehrswasserbau werden Geokunststoffe überwiegend beim Aus- und Neubau von Wasserstraßen verwendet. Bei durchlässigen Deckwerken dienen Geotextilien als Filter- und Erosionsschutzschichten, unter dichten Deckwerken als Filter-, Trenn- und Dränschichten. Die Dichtung einer Wasserstraße kann erforderlich werden, wenn der niedrigste Betriebswasserstand eines Kanals über dem höchsten Grundwasserstand liegt, d.h. ein ständiges hydraulisches Gefälle vom Kanal zum Grundwasser besteht (Bild 25). Kunststoffdichtungsbahnen wurden nur vereinzelt zur Dichtung von Wasserstraßen eingesetzt, während geosynthetische Tondichtungsbahnen dort zunehmend eingesetzt werden.

Auswahlkriterium		Deckwerksbauweise
$BW_u >$ max. GW	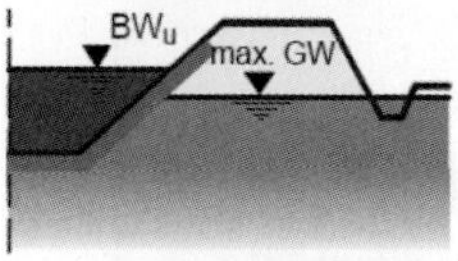	ggf. dichtes Deckwerk
$BW_u \leq$ max. GW und $BW_o \geq$ min. GW	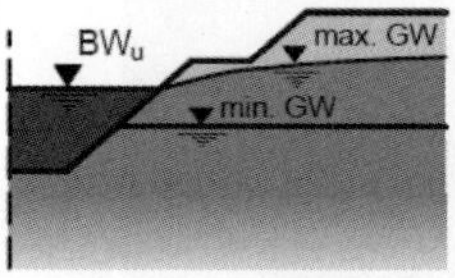	a) ggf. dichtes Deckwerk Bei Begrenzung auf einen maximal zulässigen Grundwasserstand, der sich aus dem Nachweis gegen Abheben (/GBB/, Kapitel 7.3.3) bei BW_u mit dem vorhandenen bzw. vorgesehenen Deckschichtgewicht ergibt. b) durchlässiges Deckwerk Wasserverluste sind vorhanden und müssen zulässig sein. Es ist zu prüfen, ob eine Vernässung der umliegenden Bereiche auftreten kann.
$BW_o <$ min. GW	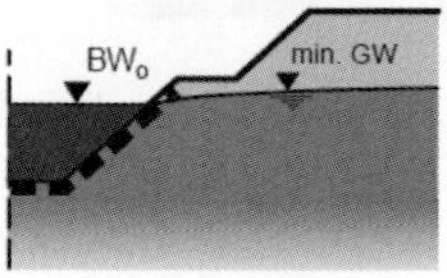	durchlässiges Deckwerk

max. GW: höchster zu erwartender Grundwasserstand
min. GW: niedrigster zu erwartender Grundwasserstand

Bild 25. Kriterien für die Auswahl einer dichten oder einer durchlässigen Deckwerksbauweise [88]

Bild 26. Regeldeckwerk am Mittellandkanal mit verklammerter Schüttsteinlage auf geotextilem Filter unter Schifffahrtsbelastung [125]

Bild 26 zeigt ein entsprechendes Deckwerk unter Schifffahrtsbelastung. Es lässt sich nachweisen, dass unter Berücksichtigung der Unterhaltungskosten eine verklammerte Deckschicht auf einem geotextilen Filter größere Vorteile und auch Sicherheitspotentiale aufweist als eine dicke lose Deckschicht auf einem Kornfilter.

2.12 Geokunststoffe in der Geotechnik und im Wasserbau

Die Dimensionierung geotextiler Filter erfordert die Abstimmung auf die

- Art des Untergrundes,
- Art der Deckschicht (einschließlich einer evtl. Verklammerung/Dichtung),
- Art des Einbaues (im Nassen/Trockenen),
- Belastungen aus dem Einbauverfahren, einschließlich möglicher Witterungseinflüsse (z. B. Frost, UV-Strahlung), Zug- und Durchschlagbeanspruchung,
- Art der Betriebsbelastung (z. B. Abriebbeanspruchung des Geotextils),
- Berücksichtigung biologischer Belange (z. B. Durchwurzelung) und der Landschaftsgestaltung,
- Wassertiefe (bei großen Wassertiefen gegebenenfalls aufgehängte Deckwerkskonstruktionen).

Die Mindestanforderungen der Technischen Lieferbedingungen für geotextile Filter [116] und die Ausführungen der MAG [86] können sinngemäß auch auf Baumaßnahmen an nicht schiffbaren Gewässern I. Ordnung oder Ufern entsprechend durch Strömung und Wellen belasteter Seen, Rückhalte- und Talsperrenbecken sowie Bauwerke des Küstenschutzes übertragen werden.

Unter Berücksichtigung der vorgenannten Beanspruchungen müssen geotextile Filter langfristig Böschung und Sohle sichern, Erosionen und Bodenumlagerungen verhindern und dabei mechanisch und hydraulisch filterwirksam bleiben. Darüber hinaus müssen sie ausreichende Robustheit gegenüber den beim Einbau und Betrieb auftretenden mechanischen Beanspruchungen (Zug-, Druck- und Schubkräfte) besitzen. Zur sicheren Übertragung von Schubspannungen zwischen Deckschicht und Geotextil sowie Geotextil und Untergrund müssen auf Böschungen ausreichend große Reibungskräfte vorhanden sein. Auftretende Normalkräfte im Betriebszustand müssen durch die Deckschicht selbst aufgenommen werden und dürfen konstruktiv nicht durch das Geotextil abgetragen werden. Durchschlag- und Abriebfestigkeit während des Einbaus und Betriebs sind weitere zu beachtende Belastungsgrößen. Beispielsweise dürfen unter losen Schüttsteinen nur abriebfeste Geotextilien verwendet werden.

Neben den natürlichen Beanspruchungen des Gewässerbetts durch Strömung, Wind und Wellen müssen Rückströmung, Wasserspiegelabsunk, Schiffs-Schraubenstrahl, Ankerwurf und Schiffstoß berücksichtigt werden. Hierzu müssen die Geotextilien auf den Verkehrswasserbau bezogene technische Anforderungen erfüllen. Diese Anforderungen führten zum bevorzugten Einsatz von mechanisch verfestigten Vliesstoffen und Verbundstoffen [87].

Für den Unterwassereinbau ist ein gutes Absenkverhalten der Geotextilien zu berücksichtigen. Dieses kann durch eine Rohstoffauswahl der synthetischen Fasern oder durch die Konstruktion der Geotextilien (z. B. mineralische Füllungen in Verbundstoffen, Sandmatten) beeinflusst werden.

Wichtige Regelwerke der Bundesanstalt für Wasserbau sind EAO [58] für Dichtungen, GBB [64] für Berechnungen, MAG [86] für die Anwendung von Geotextilien, MAR [88] für Regelbauweisen und TLG [116] für Lieferbedingungen.

3.2.1 Durchlässige Böschungsdeckwerke und Sohlensicherungen

Durchlässige Deckwerke werden zur Auskleidung eines Gewässers dort gebaut, wo dessen Wasserspiegel niedriger als der Grundwasserspiegel des angrenzenden Geländes liegt oder wo eine natürliche Versickerung des Gewässers zugelassen werden kann. Berechnet werden die Böschungsdeckwerke und Sohlensicherungen mit den GBB [64], zudem ist das MAR [88] zu berücksichtigen.

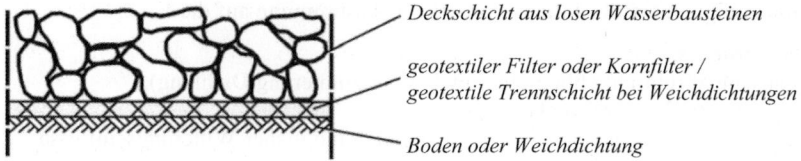

Bild 27. Schematische Darstellung einer durchlässigen Deckschicht aus losen Wasserbausteinen im Querschnitt [88]

Bei Erneuerung alter Deckwerke sind die Reste des alten Schüttsteindeckwerks zu beseitigen oder mit einer Ausgleichsschicht zu bedecken. Gegebenenfalls sind die Anforderungen (z. B. an die Durchschlagfestigkeit) an das Geotextil zu erhöhen. Durchlässige Deckschichten aus losen Wasserbausteinen (Bild 27) besitzen eine große Anpassungsfähigkeit an Untergrundverformungen (Flexibilität). Sie besitzen einen ausreichenden Widerstand gegen Schiffsanfahrungen, soweit diese im Wesentlichen parallel zum Kanal verlaufen.

Der in der Regel bis in die Sohle hineinragende Deckwerksfuß ist so auszuführen, dass durch Kolkbildung die Standsicherheit des Deckwerks nicht gefährdet werden kann. Dabei ist der Übergang von der Fußvorlage zur unbefestigten Sohle möglichst flexibel zu gestalten (Bild 28).

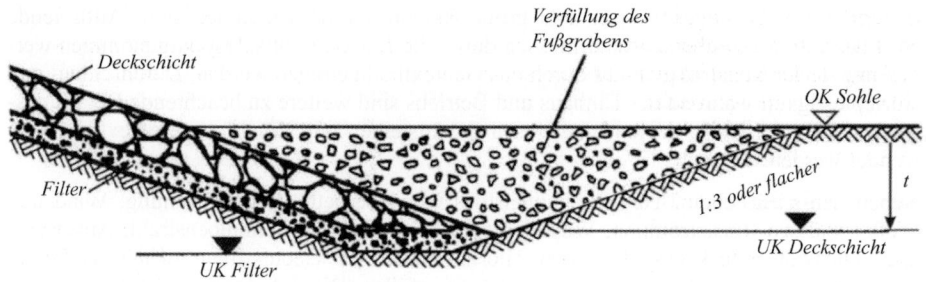

Bild 28. Konstruktive Ausbildung einer Fußsicherung [88]

3.2.1.1 Trockeneinbau

Das Verlegen der in Rollen oder als konfektionierte Bahnen zur Baustelle transportierten Geotextilien muss falten- und möglichst verzerrungsfrei vorgenommen werden. Die Bahnen werden in der Regel senkrecht zur Böschung vernäht. Je nach Einbauart kann die Verbindung der Bahnen auch durch Überlappung erfolgen, wobei sichergestellt werden muss, dass diese nach dem Schüttsteineinbau mindestens 0,5 m beträgt.

Die für den Einbau notwendige Fixierung am oberen Böschungsrand muss so gewählt werden, dass durch den Einbau der Deckschicht und im Betriebszustand Zugkräfte, die zu unzulässigen Dehnungen führen können, im Geotextil nicht auftreten.

Der bis in die Sohle hineinragende Deckwerksfuß ist so auszuführen, dass die Standsicherheit des Deckwerks durch etwaige Kolkbildung am Deckwerksfuß nicht gefährdet wird (vgl. Bild 28).

3.2.1.2 Herkömmlicher Nasseinbau unter Aufrechterhaltung des Schiffsverkehrs

Beim Nasseinbau unter Verkehr können einbaubedingt höhere Anforderungen an Zugfestigkeit, Durchschlagfestigkeit und Dicke als beim Trockeneinbau erforderlich werden.

Beim Nasseinbau werden die Geotextilien meist auf schwimmenden Pontons konfektioniert und zu Wasser gelassen. Hierbei ist darauf zu achten, dass das Geotextil faltenfrei verlegt wird. Die zusätzlichen Belastungen auf die „Stauwand" müssen berücksichtigt werden. Eine Verbindung wird durch Nähte, die in Böschungsfallrichtung verlaufen, hergestellt. Problemloser ist der Unterwassereinbau z. B. mithilfe von Rollen unmittelbar auf der Sohle, wobei das Geotextil vorher in möglichst großer Länge auf die Rolle aufgewickelt wird.

Beim Einbau im Nassen sind einige für diese Bauausführung spezifische Bedingungen zu beachten:

- An unter Wasser profilierten Böschungen können durch hydraulische Einwirkungen vor dem Aufbringen der Filterschicht Erosionszonen auftreten. Besonders bei gleichförmigen kohäsionslosen oder geschichteten Feinkornböden im Wasserwechselbereich, aber auch bei Tondichtungen, können solche Erosionszonen entstehen. Auswaschungen können vor dem Einbau des Geotextils mit rolligem Material in ausreichender Dicke bedeckt bzw. ausgeglichen werden.
- Unmittelbar nach dem Verlegen ist das Geotextil mit geeignetem Material zu beschweren. Dies bedingt zeitlich genau aufeinander abgestimmte Bauabläufe.

3.2.1.3 Fallbeispiel: Olfen / Dortmund-Ems-Kanal

Aufgrund einer Leckage im Baustellenbereich der Lippequerung ist der Dortmund-Ems-Kanal am 11.10.2005 zwischen zwei Sicherheitstoren binnen kurzer Zeit ausgelaufen. Ein zweites Mal musste der Kanal im gleichen Streckenabschnitt am 10.3.2006 durch gesteuerten Wasserablass trockengelegt werden. Es ergab sich jeweils die Möglichkeit, den Zustand der Deckwerke – 2, 10, 12 und 95 Jahre nach ihrer Herstellung – zu erfassen. Unter anderem ergab sich so die Möglichkeit, geotextile und mineralische Filter im Vergleich zu betrachten.

Ein wesentlicher Vorteil des Geotextils gegenüber dem Mineralkornfilter ist nach diesen Erkenntnissen neu hinzuzufügen, nämlich die Fähigkeit des Geotextils, durch Schiffsbeanspruchungen freigespülte Streckenbereiche (ohne Deckschicht) zu überspannen (Bild 29), während in vergleichbaren Strecken mit Mineralkornfilter dieser weggespült wurde [110].

Bild 29. Geotextiler Filter freigelegt durch abgetragene Deckschicht, Bereich Olfen [110]

3.2.1.4 Neue Lösungen zum Nasseinbau mit neuartigen geotextilen Verbundstoffen

Durch werkseitig zwischen zwei Geotextillagen eingebrachte Mineralstoffe (z. B. Sand, Feinkies) lässt sich die Masse pro Flächeneinheit einer Matte deutlich erhöhen. Dies wirkt sich auf ihre Lagestabilität im Zustand ohne Auflast beim Unterwassereinbau günstig aus (keine Lageveränderungen durch Aufschwimmen, keine Faltenbildung). Nach MAG [86] kann bei solchen neuartigen Verbundstoffen – den bereits erwähnten Sandmatten – auf den sonst üblichen Tauchereinsatz zur Kontrolle der Lage und Überlappungen verzichtet werden.

Minimaler Verlegeaufwand, eine fehlstellenfreie Verlegung auch unter Wasser und in große Wassertiefen haben dazu geführt, dass Sandmatten seit 1991 zu den Standardprodukten der geotextilen Filter im Verkehrswasserbau gerechnet werden dürfen.

3.2.2 Dichte Ufer- und Sohlenauskleidungen

3.2.2.1 Herkömmliche Lösungen

Zur Sicherung von Kanaldämmen und um Vernässungsschäden oder Wasserverluste zu vermeiden, ist überall dort, wo der Wasserspiegel über dem Grundwasserspiegel liegt, eine Dichtung erforderlich. Dichtungssysteme in Schifffahrtskanälen müssen so dimensioniert sein, dass sie den durch die Schifffahrt verursachten Wechselbeanspruchungen durch Schwall- und Sunkwellen widerstehen und ihre Dichtheit nicht verlieren. Die Dichtungsfunktion wird entweder durch die Auskleidung selbst oder durch eine innenliegende Dichtungsschicht geschaffen.

Dichte Deckwerke, die z. B. aus voll vergossenen Schüttsteinschichten auf geotextilem Filter bestehen, werden als Hartdichtung bezeichnet. Als Vergussmittel für das Schüttsteingerüst kommen hydraulisch gebundene Vergussmassen zur Anwendung. Außenliegende Dichtungsschichten (Hartdichtungen) können sowohl über als auch unter Wasser hergestellt werden.

Die aus der hydraulischen Belastung herrührende „Kriechströmung" zwischen dem Bodenauflager und dem dichten Deckwerk erfordert die sorgfältige Prüfung, welche Bedingungen der stets anzuordnende geotextile Filter erfüllen muss. Dieser Filter soll in der Lage sein, bei etwaigen Fehlstellen (Haarrisse) im Deckwerkssystem Auswaschungen im Boden unter ihm zu unterbinden, indem sich in einem solchen Bereich die Poren des Filters zusetzen, ein als „Selbstdichtung" bezeichneter Vorgang. Das Beachten besonderer Filtereigenschaften gilt auch beim Unterwassereinbau. Filterschichten solcher Art sind, abweichend von den sonst gültigen Filterkriterien, auf die Schluffkorngröße auszulegen. Der Nachweis der hydraulischen Filterwirksamkeit ist nicht erforderlich.

Innenliegende Dichtungsschichten können Tonlagen (Weichdichtung), geosynthetische Tondichtungsbahnen (vgl. Abschn. 3.2.2.2) oder Kunststoffdichtungsbahnen (bisher nur vereinzelt ausgeführt) sein. Die Dichtungen sind durch geeignete Schutzschichten vor den Beanspruchungen aus Schiffsverkehr (z. B. Ankerwurf) zu schützen. In der Regel ist hierfür ein konventioneller Deckwerksaufbau über der innenliegenden Dichtung erforderlich.

3.2.2.2 Neue Lösungen mit geosynthetischen Tondichtungsbahnen

Im Verkehrswasserbau werden für flächenhafte Dichtungsaufgaben zunehmend geosynthetische Tondichtungsbahnen wie Bentonitmatten eingesetzt [55].

Geosynthetische Tondichtungsbahnen eigenen sich für den Einbau im Trockenen. Für den Einbau unter Wasser sind besondere Anforderungen hinsichtlich der Überlappungen und der Einbausicherheit an das System zu stellen. Geosynthetische Tondichtungsbahnen besitzen

2.12 Geokunststoffe in der Geotechnik und im Wasserbau

eine gute Verformbarkeit und passen sich bestehenden und im Verlaufe der Baumaßnahme und des Gebrauchszustandes entstehenden Untergrundverformungen gut an [58]. Auch auf die im Deichbau gewonnenen Erkenntnisse [51] sei an dieser Stelle verwiesen.

Der Einbau von geosynthetischen Tondichtungsbahnen erfolgt grundsätzlich analog demjenigen von geotextilen Filtern. Entsprechende Verfahren stehen ausreichend zur Verfügung.

Werden Schüttlagen verwendet, ist darauf zu achten, dass unter keinen Umständen Schüttmaterial zwischen die sich überlappenden Bahnen gelangt. Um diese Gefahr auszuschließen, hat sich die Verwendung von Sandmatten bewährt, die im Idealfall gleichzeitig, aber gegenüber der geosynthetische Tondichtungsbahnen versetzt abgelegt werden.

Fallbeispiel: Lechkanal

Als Beispiel für Dichtungssysteme an Kanälen (Schifffahrtskanäle, Triebwasserkanäle) kann ein Doppeldichtungssystem am Lechkanal mit primärer Asphaltdichtung und einer Sekundärdichtung aus etwa 60 000 m² Bentonitmatten dienen.

Die Kies- und Dichtungsschichten wurden im Laufe der etwa 70-jährigen Betriebszeit derart beansprucht, dass der Angriff des Wassers sowohl zu Kontakterosionen der Oberflächen wie auch zur Ausbildung von Sickerwegen in den kiesigen Untergrund führte. Bei der Sanierung des Lechkanals wurde gemäß dem Stand der Technik und aus landschaftsschonenden Gründen eine Lösung erarbeitet, die auch dem Lastfall „Versagen der Dichtung" gerecht wird und zudem Bauaktivitäten an den Außenböschungen der Kanaldichtung ausschloss. Als Lösung wurde ein kontrollierbares Dichtungssystem ausgeführt, das wie folgt aufgebaut ist:

- obere Dichtung:
  Asphaltbeton (d = 8 cm)
- Kontrolldränschicht:
  mineralisch
- untere Dichtung:
  Bentonitmatte

Oberhalb der Bentonitmatte sind Porenwasserdruckgeber zur Überwachung des Dichtungssystems installiert worden. Zusätzlich wurde das Dichtungssystem in Kanallängsrichtung in Einzelabschnitte unterteilt [105].

Um einen Kanalbereich für Reparaturarbeiten trockenzulegen, ist ein Erddamm aus örtlich anstehenden Kiessanden quer zur Kanalachse geschüttet worden, der zur Wasserseite mit einer Bentonitmatte gedichtet wurde (diese Bauweise ist übrigens 1999 beim Absperrdamm Rothensee/Mittellandkanal gleichermaßen ausgeführt worden, vgl. [76]). Unter Wasser sind die Bahnen mit einer Überlappungsbreite von 1,00 m eingebaut worden. Als Schutz- und Beschwerungsschicht diente ein grobkörniges Material in 10 cm Dicke. Die Stauhöhe betrug etwa 5 m, d. h. auf die Bentonitmatte wirkte ein hydraulisches Gefälle von i = 500.

Fallbeispiel: Kinzig-Deich

Drohendes Hochwasser gefährdete die Standsicherheit des sanierungsbedürftigen Kinzig-Deiches und somit die nahe gelegenen Anwohner. Es wurde ein umfangreiches Sanierungsprogramm konzipiert, dessen Durchführung und Zielsetzung es war, den Deich auf den Stand der Technik zu bringen. Dabei wurde der Deich zwischen 60 und 80 cm erhöht und bei ungenügender Dichtheit mit einer wasserseitigen Dichtungslage versehen. Ein erster Bauabschnitt wurde mit einer geosynthetischen Tondichtungsbahn realisiert. Auf die 2,8:1 (H:V) geneigte Dichtungslage wurden anschließend eine 60 cm, stark verdichtete Kiessandschicht, die als Entwässerung dient, und Oberboden aufgebracht.

Hohe Dammstrecke

Sofern beim Ausbau von Wasserstraßen hohe Dammstrecken neu zu gestalten sind, sind u. a. folgende Arbeiten erforderlich:

– Spundwandeinbau, um die Standsicherheit der Dammstrecke zu gewährleisten,
– Veränderung des bisherigen – beispielsweise – Trapezprofils auf ein Rechteckprofil,
– Dichtung des Rechteckprofils durch eine natürliche Dichtung, die unter Wasser jeweils nacheinander halbseitig in kleinen Streckenabschnitten eingebracht wird.

Eine Lösung zur Dichtung solcher hohen Dammstrecken kann bestehen aus (von oben nach unten):

– 40 cm Wasserbausteine der Größenklasse $CP_{90/250}$ oder $LMB_{5/40}$ mit 70 l/m² Verklammerungsvergussstoff,
– Geotextil mit einer Masse pro Flächeneinheit $m_A \geq 800$ g/m²,
– 30 cm Ton mit einem Wasserdurchlässigkeitsbeiwert von $k < 1 \cdot 10^{-9}$ m/s und
– geotextiler Filter.

Eine alternative Lösung (Bild 30) besteht aus einer Tondichtung in Kombination mit einer geosynthetischen Tondichtungsbahn (Bentonitmatte). Sie hat folgende Vorteile:

- Die Kanalsohle/-böschung wird sofort bedeckt und gedichtet, d. h. größere ungedichtete Streckenabschnitte existieren nicht.
- Eine Bentonitmatte ist durch die industrielle Fertigung labormäßig prüfbar, die Kosten sind besser vorhersehbar, sie ist einfach und kostengünstig zu verlegen.
- Zwei Dichtungen vermögen sich bei örtlichen Fehlstellen zu ergänzen. Eine Bentonitmatte wirkt als Anströmfilter und kann bei Setzungsgefährdungen Funktionen erfüllen, die eine herkömmliche Tondichtung nicht zu erfüllen vermag.
- Eine Tonschicht von 15 statt 30 cm Dicke hat ökologische Vorteile (durch geringeren Aushub und Schonung von Tonvorkommen). Zudem sind die Transport- und damit die Energiekosten geringer.

Das Ergebnis einer Gleichwertigkeitsanalyse zeigt, dass nach dem Gesetz von *Terzaghi* für geschichtete Böden diese Lösung einer solchen aus 35 cm Ton entsprechen würde, d. h. eine um etwa 17% dickere Tonschicht mit $1 \cdot 10^{-9}$ m/s. Weiterhin zu berücksichtigen sind die bautechnische Ausführbarkeit sowie die Lösung des Anschlusses an eine Spundwand.

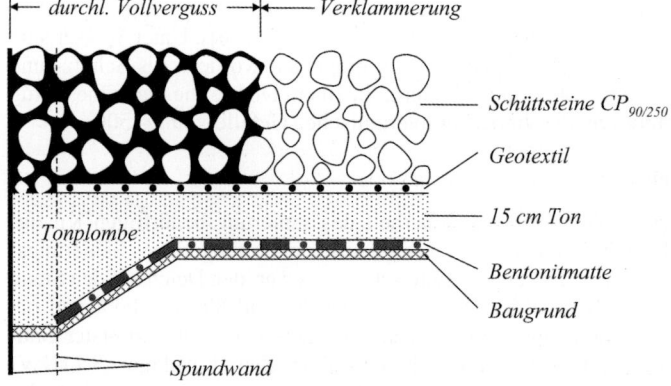

Bild 30. Alternativlösung zur Dichtung einer Dammstrecke [108]

2.12 Geokunststoffe in der Geotechnik und im Wasserbau

Die Alternative in Bild 30 kann dahingehend modifiziert werden, dass statt des Geotextils eine Sandmatte zur sofortigen Lagesicherung eingesetzt wird.

Fallbeispiel: Schiffsausweichstelle Eberswalde

Die Baumaßnahme Schiffsausweichstelle Eberswalde stellt einen Meilenstein im Einsatz von Bentonitmatten unter Wasser dar [62, 63].

Das WSA Eberswalde sah ursprünglich eine mit Schüttsteinen der Klasse III (15 bis 45 cm Kantenlänge) überdeckte 20 cm dicke Tondichtung vor. Gebaut wurde 1997 eine geosynthetische Tondichtungsbahn, überdeckt mit einer Sandmatte. Beide Produkte wurden auf einen Stahlkern mit einem Versatz von 50 cm aufgewickelt. Dieser Versatz ermöglichte eine ausreichende Überlappung und gleichzeitig die Verlegung von Filter und Dichtung in einem Arbeitsgang (Bild 31).

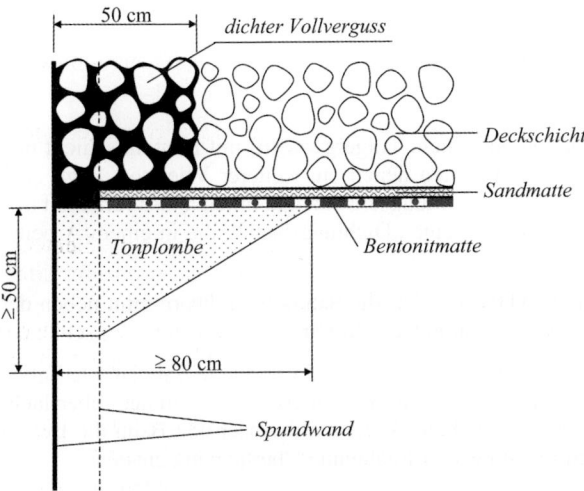

Bild 31. Alternativlösung zur Dichtung einer begrenzt hohen Dammstrecke

Die Lösung mit der geosynthetischen Tondichtungsbahn weist folgende Vorteile gegenüber der ausgeschriebenen Tonlösung auf: weniger Bodenaushub, schnellere und anpassungsfähigere Verlegung, niedrigere Durchlässigkeit, kostengünstiger.

Bei laufendem Schiffsverkehr, d. h. lediglich jeweils halbseitige Kanalsperrung, ermöglichte die ausgereifte Verlegetechnik mit einem 30 m langen Katzenausleger mit senkrechtem Gittermast und hydraulisch angetriebener Traverse (Bild 32) den lagegenauen Einbau bis zu 5 m Wassertiefe. Taucher überzeugten sich kontinuierlich von der ordnungsgemäßen Lagegenauigkeit der Sandwich-Bauweise.

Fallbeispiel: Greven / Dortmund-Ems-Kanal

Die konsequente Weiterentwicklung der soeben beschriebenen Bauweise ist ein fabrikmäßig hergestelltes Verbundprodukt aus einer Sandmatte und einer Bentonitmatte. Ein solches Produkt wurde kurze Zeit später bei einer Baumaßnahme am Dortmund-Ems-Kanal in einem 500 m langen Abschnitt erprobt.

Bild 32. Unterwassereinbau, Schiffsausweichstelle Eberswalde

Der Verbundstoff ist eine Kombination aus einem Trägergeotextil mit Bentonitschicht und einem Deckvliesstoff mit Sandschicht, zwischen denen ein weiterer Vliesstoff liegt. Alle Schichten werden vollflächig, schubfest und richtungsunabhängig miteinander vernadelt und zu einem Produkt verarbeitet. Somit entsteht eine „Dichtungsbahn", die in einem Arbeitsgang unter Wasser verlegt werden kann.

Die Bentonitlage stellt die eigentliche Dichtung dar, die Sandschicht übernimmt neben der Ballastierung die Aufgabe, die dichtende Bentonitschicht vor Beschädigungen zu schützen.

Die Bentonitlage des Produktes ist 4,85 m breit, die darauf vernadelte Sandlage lediglich 4,35 m. Somit entsteht im Randbereich einseitig ein Streifen von 0,50 m, in dem oberflächlich Bentonitpulver eingenadelt wird, sodass beim Verlegen der nächsten Bahn die Bentonitlagen direkt übereinander liegen und eine selbstdichtende Überlappung entsteht.

Bild 33. Baumaßnahme Dortmund-Ems-Kanal

Beim Ausbau der Südstrecke des Dortmund-Ems-Kanals wurde die Lagegenauigkeit auch mit satellitengestützter Positionsbestimmung und elektrischer Aufnahme der relativen Bewegungen des Einbaugerätes sichergestellt (Bild 33). Zur Überwachung der (langfristigen) Dichtheit wurde übrigens ein Kontrollsystem in Kanallängsrichtung installiert.

Die positiven Erfahrungen der Baumaßnahmen Eberswalde und Greven führten zur Aufnahme der Bentonitmatte in die Empfehlungen EAO [58].

3.2.2.3 Neue Lösungen mit Kunststoffdichtungsbahnen

Die in früheren Zeiten aus Beton- oder Asphaltbeton hergestellten Triebwasserkanäle für Wasserkraftanlagen können heutzutage die technischen Anforderungen hinsichtlich einer effektiven Undurchlässigkeit, hoher Durchflussraten und Fließgeschwindigkeiten nicht mehr erfüllen.

Fallbeispiel: Sanierung des Alzkanals

Innerhalb kurzer Bauzeit sind das etwa 550 m lange Troggerinne und das etwa 2 km lange Trapezgerinne des Triebwasserkanals Alzkanal vollflächig oder teilweise mit Kunststoffdichtungsbahnen im Trockeneinbauverfahren neu gedichtet worden (Bild 34).

Der Schwerpunkt war die Dichtung und das Glätten der bis zu 100 Jahre alten Betonoberflächen mit dem Ziel einer Erhöhung des Durchflusses und somit auch der Fließgeschwindigkeit als auch der Reduzierung des Sickerwasserverlustes.

Das Befestigungssystem ist für den Lastfall „Versagen der Kunststoffdichtungsbahn" unter Berücksichtigung der hydrodynamischen Belastungen dimensioniert worden. Je nach Gerinnequerschnitt war eine Verankerung an der Gerinneoberkante oder an der Sohle vorgesehen. Die Befestigung der Kunststoffdichtungsbahnen erfolgte über Stahlprofile mit geeigneten korrosionsgeschützten Spreizdübeln oder Injektionsankern. Im Rahmen eines Monitoring sind Leckageortungssysteme installiert worden.

3.2.3 Neue Lösungen mit geotextilen Containern

Bei Verwendung geotextiler Container wurde bereits in Abschnitt 3.1.6 ausführlich beschrieben. Die Grundgedanken, die im Küstenschutz zum Einsatz geotextiler Container führten, gelten selbstverständlich auch im Verkehrswasserbau.

Geotextile Handsäcke im Normalformat werden für die vorübergehende Sicherung von Dammschadenstellen oder auch im Katastrophenfall verwendet. Aber auch geotextile Container für etwa 1 m^3 Sand sind bewährte Bauelemente im Verkehrswasserbau, z.B. zur Dammsanierung, bei Buhnen-Instandsetzungsmaßnahmen, an Sohlschwellen und insbesondere zur Kolkauffüllung und zum Kolkschutz (vgl. Abschn. 3.1.6.2).

3.2.4 Sicherung luftseitiger Dammböschungen

Die Standsicherheit luftseitiger Dammböschungen kann durch eine ausreichend flache Böschungsneigung und/oder einen Auflastfilter erreicht werden (Bild 35), dessen Bemessung nach den im Erd- und Grundbau üblichen Filterregeln erfolgt. Werden Geotextilien als Teil eines luftseitigen Auflastfilters verwendet, so müssen sie entsprechend den dort auftretenden stationären Sickerbelastungen nach den Filterregeln dimensioniert werden.

Zur Erhöhung der Damm-/Deichsicherheit durch den Einsatz von Geokunststoffen siehe [73].

Bild 34. Triebwasserkanal Alzkanal; Troggerinne (oben), Trapezgerinne (unten) (Fotos: Martin Rau)

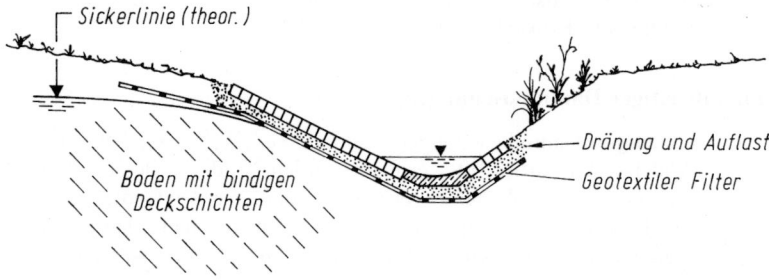

Bild 35. Sicherung luftseitiger Dammböschungen [49]

3.3 Wasserwirtschaft, Kulturwasserbau und kleine Fließgewässer

In DVWK 76 [48] sind die ersten umfassenden Lösungen für *durchlässige Böschungs- und Sohlenbefestigungen* sowie für *dichte Böschungs- und Sohlenbefestigungen* beschrieben. Auch mehr als 20 Jahre später werden im Bereich kulturwasserbaulicher Bauvorhaben Geokunststoffe noch eingesetzt als

– Dichtungsschichten aus Kunststoffdichtungsbahnen oder zunehmend aus Bentonitmatten für den Grundwasserschutz, beispielsweise für die Dichtung von Vorflutern, Bewässerungsgräben, Regenrückhaltebecken, Feuerlöschteichen oder Güllebecken,
– geotextile Filter in Böschungs- und Sohlensicherungen von Fließgewässern, Becken und Teichen sowie Seen,
– geotextiler Erosionsschutz auf zu begrünenden Böschungen und als
– geotextile Schutzschichten in Verbindung mit Kunststoffdichtungsbahnen (vgl. Tabelle 1 in Abschn. 2.7.6).

Landschaftsökologische Aspekte bei Ausbau und Unterhaltung von Fließgewässern und Flussdeichen sind selbstverständlich zu beachten. Oft kommen Ufersicherungen in Betracht, deren „lebende Baustoffe" mit Geokunststoffen kombiniert werden.

Bei naturnahen Bauweisen sind die Anforderungen an Geotextilien auf die gewässerspezifischen Bedingungen abzustimmen. Durchwachsen und Durchwurzeln der Geotextilien durch Gehölze, Wasserpflanzen und Gräser müssen gewährleistet sein, um Flora und Fauna am und im Gewässer einen möglichst günstigen Lebensraum zu bieten. Geotextilien, deren Faserverbund so nachgiebig ist, dass beim Wachsen von Wurzeln keine Zwängungen auftreten, sind zu bevorzugen. Es können daher größere Öffnungsweiten $O_{90,w}$ erforderlich werden, als sich nach den Filterregeln ergeben. Eine Durchwurzelung kann die zu erfüllenden Aufgaben eines Geotextils wirksam unterstützen [113].

Im Unterwasserbereich eines Ausbauprofils ist in der Regel eine der Standzeit entsprechende Langzeitbeständigkeit der eingebauten Produkte erforderlich, da im Unterwasserbereich nur selten eine ausreichende Bodenstabilisierung durch Durchwurzelung erreicht werden kann.

Im Gegensatz zu anderen Anwendungsbereichen, in denen hohe Anforderungen an die Festigkeit und Langzeitbeständigkeit gestellt werden, tritt bei den Anwendungen im wasserwirtschaftlichen Bereich eine Erleichterung späterer Unterhaltungsmaßnahmen in den Vordergrund, sodass eine Abbaubarkeit der eingesetzten Produkte wünschenswert sein kann.

Bevor Befestigungen durch Lebendverbau ausreichend aktiv sind, ist es oft notwendig –insbesondere bei umgelagerten Böden – eine Böschungssicherung einzubringen, die, je nach Bauart, nach etwa 5 Jahren das Wachstum nicht behindert und eine naturgemäße Entwicklung der Uferlinie zulässt. Diese Forderungen unterstützen die Verwendung von Geotextilien aus ökologisch unbedenklichen, recyclingfähigen oder auch biologisch abbaubaren Materialien. Diese Forderungen können Flächengebilde aus natürlichen Rohstoffen erfüllen. Beispielsweise können zur Sicherung eines Gewässerbettes gegen Erosion in der Anwachsphase von Ufergehölzen Vliesstoffe aus nachwachsenden Rohstoffen verwendet werden.

Geotextile Handsäcke, verfüllt mit örtlich anstehendem Boden, werden für die vorübergehende Sicherung von Deichschadenstellen und zur Begrenzung von Überschwemmungsgebieten verwendet. Sie können auch im gefüllten Zustand gelagert werden, um sie im Katastrophenfall schnell einsetzen zu können (vgl. Abschn. 3.1.6 und 3.2.4).

3.3.1 Geotextilien beim Erosionsschutz

Bei der Wahl des Typs der Begrünungsmatte sind die Erosionsempfindlichkeit des zu schützenden Bodens und seine Begrünbarkeit zu berücksichtigen. Ferner geht die Jahreszeit mit ein. Geschlossenflächige Matten sind immer dann sinnvoll, wenn der Boden besonders erosionsempfindlich ist, und bei jedem Boden, wenn die Böschung außerhalb der Vegetationsperiode hergestellt wird. Konstruktionen, die dickere Oberbodenschichten halten (Geozellen oder Faschinenbänder), sind auf flachen Böschungen oder auf gut durchwurzelbaren Böden zu bevorzugen. Matten mit dünneren Vegetationsschichten, wie Grobgewebe, Drahtwirrlagematten oder geschlossenflächige Matten erzwingen das Einwurzeln in den Rohboden. Sie sind daher für schwierigere Standorte, z.B. steile Böschungen, erosionsempfindliche und rutschempfindliche Böden besonders geeignet [84].

Wo davon ausgegangen werden kann, dass eine rasche Einwurzelung erfolgt, sind Matten aus verrottbaren Fasern, z.B. Jute oder Flachs, zu bevorzugen. Bei erforderlicher Dauerstützung sind Kunststoffmatten günstiger, z.B. Drahtwirrlagematten, Geozellen.

Begrünung ist im Spritzbegrünungsverfahren sinnvoll, besonders auch dann, wenn die erste Saat nicht vollflächig aufgeht oder die Begrünung durch einen ungünstigen Witterungsverlauf unvollständig wird. Wenn die Matten in der Vegetationsperiode ausgelegt werden, kann es sinnvoll sein, Matten zu verwenden, in die nicht nur das Nährsubstrat, sondern auch Samen bereits eingearbeitet sind. Bei der Auswahl des Saatgutes sind die Standortbedingungen zu berücksichtigen. Besonders wichtig ist dies bei steilen Böschungen, die wegen ihrer Neigung ein Niederschlagsdefizit haben.

Die Matten müssen der zu schützenden Fläche dicht, ohne Hohllage aufgelegt werden. Sie sind auf der Fläche und an den Außenkanten so zu fixieren, dass sie vom Wind nicht abgehoben und von Wasser nicht unterspült werden können. Besonderes Augenmerk ist dabei auf die Überlappungsstöße zu legen; die Bahnen sollen mindestens 20 cm überlappen. Die Befestigung muss ein Abgleiten der Matte bzw. des zu haltenden Oberbodens zuverlässig verhindern. Es sind an den Außenkanten und den Überlappungsstößen mindestens ein Erdnagel je laufenden Meter und in der Fläche 1 bis 4 Erdnägel je Quadratmeter einzubringen. Die Länge der Erdnägel ist nach der Festigkeit des Untergrundes zu wählen.

Derzeit entsteht ein *Merkblatt über die Anwendung von Erosionsschutz- und Begrünungshilfen aus natürlichen und synthetischen Werkstoffen im Erd- und Landschaftsbau des Straßenbaues* [85]. Das Merkblatt dürfte 2010 über die FGSV Forschungsgesellschaft für das Straßen- und Verkehrswesen zu beziehen sein.

3.3.2 Erosionsschutz von Böschungen an Gewässern

Die Aufgaben der geotextilen Schutz- und Filterschichten sind Schutz der Böschung von zeitweilig bespülten Dämmen (z.B. durch Hochwasser oder im Bereich von Rückhaltebecken) und Schutz der Böschung und Sohle von Fließgewässern gegen Erosion und Auskolkung.

Der Widerstand der Produkte gegen die Beanspruchung durch Schüttmaterial und Baubetrieb ist über die Geotextilrobustheitsklassen festzulegen. Bei Beschüttung mit Wasserbausteinen ist immer Geotextilrobustheitsklasse 5 zu fordern, beim Überbauen mit Drahtschotterelementen mindestens Geotextilrobustheitsklasse 4.

In den Fällen, in denen die Produkte an der Geländeoberfläche liegen, ist nur witterungsbeständiges Material einzusetzen. Geokunststoffe, die von Pflanzen durchwurzelt werden sollen, müssen pflanzen- und wurzelverträglich sein, d.h. dass die Maschen bzw. Poren groß genug für eine Durchwurzelung und die Fasern bzw. Garne ausreichend verschiebbar sein müssen, um die Wurzeln nicht im Dickenwachstum zu behindern.

2.12 Geokunststoffe in der Geotechnik und im Wasserbau

Die Filtereigenschaften der Produkte sind auf die angrenzenden Böden abzustimmen.

Die Größe der Steine zur Überdeckung richtet sich nach der Schleppkraft des Wassers. Bei freien Wasserläufen, die gelegentlich Hochwasser führen, sollten Wasserbausteine mit einer größten Kantenlänge von 20 bis 60 cm, Größenklasse LMA_{40-200} (alte Klasse IV) gewählt werden. Alternativ ist die Verwendung von Gabionen oder Schottermatratzen, die auch mit Grobschotter gefüllt sein können, möglich [84].

3.4 Staudammbau

Geokunststoffe sind als Konstruktionsteile innerhalb der Gliederung von Dammquerschnitten für Talsperren sowie Rückhalte- und Speicherbecken verwendet worden. Hierbei kommt der Beherrschung des Grundwassereinflusses in der Übergangszone von Dammuntergrund und -aufstandsflächen sowie der Wechselwirkung zwischen konstantem oder schnell veränderlichem Stauwasserspiegel und der Dammschüttung, mit Kern- oder Außenhautdichtung, besondere Bedeutung zu.

3.4.1 Geotextilien und geotextilverwandte Produkte

In Bild 36 sind die Einsatzmöglichkeiten von Geotextilien in Stauhaltungsdämmen, in Bild 37 und in Tabelle 2 jene im Staudammbau mit Einbauort, Aufgaben, Beanspruchungsarten und den möglichen Folgen eines Versagens dargestellt bzw. zusammengefasst.

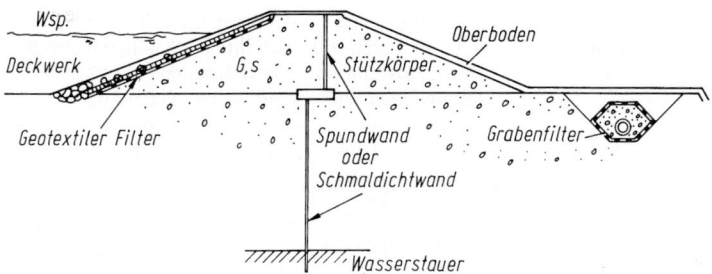

Bild 36. Anwendungsmöglichkeiten von Geotextilien in Stauhaltungsdämmen [49]

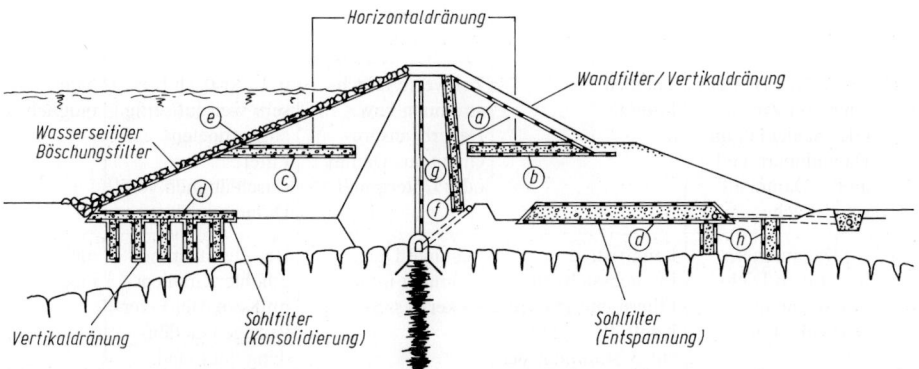

Bild 37. Anwendungsmöglichkeiten von Geotextilien im Staudammbau [49]
a, b, ... Lagebezeichnung, siehe Tabelle 2

Tabelle 2. Anwendungsmöglichkeiten von Geotextilien im Staudammbau [49]

	Lage im Querschnitt (Bild 37)	Aufgabe der Geotextilien	Art der Durchströmung bzw. Belastung	Versagensfolgen	Wiederherstellung
a	Luftseitige Böschung (Oberfläche)	Schützen von steilen Böschungen	Gelegentlich Oberflächenabfluss	Nicht gefährlich	möglich
b	Luftseitige Böschung (abgedeckter Filter)	Filtern	Im Bereich von Sickerwasseraustritten und bei ständiger Durchströmung	Nassstellen gefährlich, kleine Rutschungen möglich	möglich
c	Wasserseitige Böschung, Erosionssicherung bei abgedecktem Filter	Filtern	Strömungs- und Wellenbelastung, Wasserspiegelschwankungen (Durchströmung bei Stausenkung)	Schäden an Böschungen, Verringerung der Standsicherheit durch Aufbau von Porenwasserdrücken bei schnellen Wasserspiegelsenkungen; meist nicht gefährlich	möglich
d	Im Stützkörper, luft- oder wasserseitig; in Dammaufstandsfläche	Entspannung durch Filtern und Dränen	Vorübergehende u. U. auch ständige Durchströmung im Dammkörper unter Schwerkrafteinwirkung und zur Entspannung des Untergrundes	Gefährlich; Schäden infolge Stabilitätsverlust durch Aufbau von Porenwasserdrücken bei Versagen der Dränwirkung, Rutschungen möglich	nicht möglich
e	Wasserseitige Begrenzung von Zonen oder Schichten im Damminnern und auch an Dammaufstandsflächen	Trennen und auch Filtern bei Stausenkung	Geringfügige oder vorübergehende Durchströmung, Trennfunktion während der Bauausführung	Meistens nicht kritisch, Bedeutung nur bei langdauernder Ausspülung	nicht möglich
f	Luftseitige Begrenzung von Zonen oder Schichten im Damminnern und an der Dammaufstandsfläche	Trennen Filtern	Zeitweise Durchströmung bzw. Dauerbeanspruchung aus Damm oder Untergrund	u. U. kritisch bei sehr weit luftseitig angeordnetem Filter, Zuschlämmen von Dräneinrichtungen	nicht möglich
g	Im Damminnern hinter dem Dichtungselement, flächenhaft abgeschottet	Langfristige Erosionssicherung, Filtern und Dränen, Kontrolleinrichtung zur Bestimmung der Druckverhältnisse im Damminnern	Ständige Durchströmung infolge Sickerwasser	Bei Zuschlämmen erhöhter Gradient im Kern. Bei Filterversagen Gefährdung der Standsicherheit. Ausfall der Kontrollfunktion	nicht möglich

2.12 Geokunststoffe in der Geotechnik und im Wasserbau

Tabelle 2. (Fortsetzung)

h	Entspannungs- brunnen am luft- seitigen Dammfuß	Filtern	Stauabhängige un- terschiedlich starke Durchströmung in- folge Sickerwasser	u. U. kritisch, Ände- rung des Druck- abbaus im Unter- grund, luftseitiger Stützkörper kann unter Auftrieb kommen	nicht möglich

Geotextilien finden bei Staudämmen und Stauhaltungsdämmen Anwendung als

- Sohl- und Entspannungsfilter (vgl. in Bild 37 und Tabelle 2: Lage d und h),
- Böschungsfilter (vgl. in Bild 37 und Tabelle 2: Lage a und e),
- Wandfilter (vgl. in Bild 37 und Tabelle 2: Lage g),
- Grabenfilter (vgl. in Bild 37 und Tabelle 2: Alternative zu Lage h),
- Vertikaldränung (vgl. in Bild 37 und Tabelle 2: Lage d, h und f),
- Horizontaldränung (vgl. in Bild 37 und Tabelle 2: Lage b, c und d) und als
- Mess- und Kontrolleinrichtung (vgl. in Bild 37 und Tabelle 2: Lage g).

Hinsichtlich der Auswahl und der Eignungsprüfung ist im Staudammbau wegen der z. T. nicht möglichen Reparatur- bzw. Austauschmöglichkeit besondere Rücksicht zu nehmen auf die sicherheitstechnische Bedeutung der langfristigen Funktion des Geotextils. Wegen der hohen Anforderungen an die Filterstabilität werden bevorzugt mechanisch verfestigte Vlies- stoffe und Verbundstoffe aus porenmäßig abgestuften Vliesstofflagen eingesetzt.

Zur Sicherstellung der Filterstabilität müssen die mechanische Filterfestigkeit und die hydraulische Filterwirksamkeit auch im verformten Zustand erfüllt sein. Die mechanische Filterfestigkeit ist so zu bemessen, dass eine „Selbstdichtung" des Dichtungskerns (bei Rissbildung) möglich ist (vgl. Abschn. 3.2.2.1).

Für den Einzelfall empfiehlt es sich, anwendungsorientierte Untersuchungen (auch im verformten Zustand) durchzuführen.

3.4.1.1 Sohl- und Entspannungsfilter

Sohlfilter werden auf feinkörniger Dammaufstandsfläche angeordnet und dienen der Ab- leitung von Porenwasser aus dem Untergrund. Sie werden auf der Wasser- und Luftseite eines Dammes gebaut. Ein wasserseitiger Sohlfilter dient zur Beschleunigung der Konsoli- dierungsvorgänge, ein luftseitiger als Entspannungsfilter, für dessen Wirksamkeit zusätzlich ein Dränsystem erforderlich werden kann. Zur Verbesserung der Standsicherheit kann der Sohlfilter eine Bewehrungseinlage aus Geogittern oder Geotextilien erhalten.

3.4.1.2 Wasserseitiger Böschungsfilter

Zur Unterstützung der Standsicherheit einer durchströmten Böschung dient ein Böschungs- filter, der – je nach Beanspruchung – durch eine Deckschicht gesichert ist.

3.4.1.3 Wandfilter und Vertikaldränung

Der Wandfilter dient zur Entspannung des Wasserdrucks hinter einer Dichtwand. Ein entsprechend gewählter Verbundstoff soll die Leistungsfähigkeit des Wandfilters gewähr- leisten. Bei Einbindung des Wandfilters in den Kontrollgang und entsprechender messtech- nischer Ausstattung kann der Wandfilter auch zur Kontrolle von Sickerwasser dienen.

3.4.1.4 Grabenfilter

Ein Grabenfilter kann zur Entspannung und Dränung für gespanntes Grundwasser angeordnet werden. Weiterhin können Grabenfilter zur Absenkung des Grundwasserspiegels dienen. In Bild 36 ist u. a. ein Beispiel dargestellt.

Die umhüllende Vliesstoffbahn erspart abgestufte Filterkörnungen. Sie verhindert auch Kornumlagerungen bei starkem Wasserzutritt. Die Grobschotterpackung bietet einen erweiterten Fließquerschnitt bei voll durchströmtem Dränrohr.

3.4.1.5 Umhüllungsfilter für Entlastungsrigolen

Eine Entlastungsrigole mit Umhüllungsfilter kann als Quellfassung im luftseitigen Dammbereich vorgesehen werden. Vorsorglich können Umhüllungsfilter auch als Überlauf für eine Dichtungswanne angeordnet werden, sofern die Ablaufrohre im Schadenfall nicht ausreichen sollten.

Die Füllung des Umhüllungsfilters soll mit Kies mit steiler Körnungslinie erfolgen.

3.4.1.6 Fallbeispiel: Trinkwassertalsperre Frauenau

In Kernmitte des 1981 gebauten, 86 m hohen Damms der Trinkwassertalsperre Frauenau wurde eine Erdbetonwand mit einem Geotextil, das an der Luftseite angeordnet ist, gewählt (Bild 38).

Das Geotextil (dreilagiger Vlies-Verbundstoff) sorgt für die Erosionssicherheit der Erdbetonwand im Dammkern, sodass Feinstteilchen aus dem Erdbeton nicht in das anschließende Dammschüttmaterial abwandern können. Zum anderen hat es die Aufgabe, das ankommende Dammsickerwasser in der Ebene des Vliesstoffes drucklos nach unten abzuleiten. Weitergehende Planungen sahen vor, das Geotextil auch für Mess- und Kontrollzwecke zur Überwachung der Sickerwasserverhältnisse im Damm heranzuziehen. Die durch das Geotextil

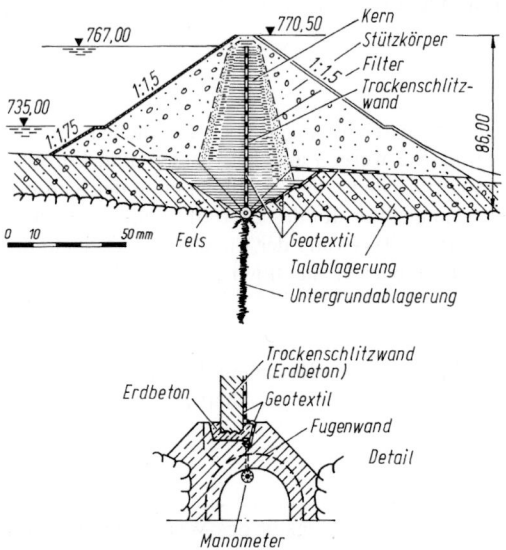

Bild 38. Trinkwassertalsperre Frauenau, 1981 [82]

2.12 Geokunststoffe in der Geotechnik und im Wasserbau

gebildete Drän- und Filterfläche an der Luftseite der Erdbetonwand wurde hierfür durch den Einbau von Kunststoffnoppenfolien in neun Abschnitte unterteilt. Diese Abschnitte sind profilgleich mit der ebenfalls abgeschotteten Sickerwasserwanne auf der Luftseite des Kerns. Mit dieser Anordnung ist es gelungen, die Sickerwasser- und Druckverhältnisse im Damm kontinuierlich zu überwachen. Damit wurde ein zusätzliches Sicherheitspotenzial geschaffen.

Am Frauenaudamm wurden Geotextilien auch als Flächenfilter und Übergang zwischen dem durch Verwitterung zersetzten anstehenden Gneis und der Felsschüttung im luftseitigen Stützkörper sowie als Flächenfilter und Böschungssicherung der Kernbaugrube auf der Talseite verwendet.

3.4.1.7 Fallbeispiel: Hochwasserrückhaltebecken Schönstädt

Der Damm des Hochwasserrückhaltebeckens Schönstädt wurde bereits Ende 1985 fertiggestellt (Bild 39). Wegen nicht erfüllter Filterstabilität gegenüber dem luftseitigen Stützkörper musste der Kern gegen innere Erosion mit einem geotextilen Filter (dreilagiger Vlies-Verbundstoff) geschützt werden. Geotextile Filter wurden weiterhin im und über dem Entspannungsbrunnen aus Filterkies am Fuße des luftseitigen Stützkörpers sowie zwischen dem wasserseitigen Stützkörper und der ihn überdeckenden Steinschüttung angeordnet.

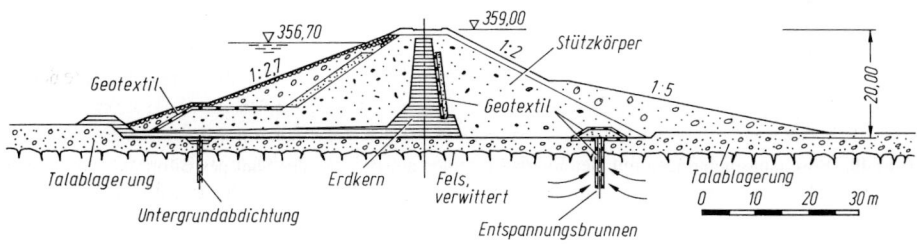

Bild 39. Hochwasserrückhaltebecken Schönstädt, 1985 [48]

3.4.2 Kunststoffdichtungsbahnen und dichtungsbahnverwandte Produkte

Die Anforderungen an die Dichtheit sind von der bestimmungsmäßigen Aufgabe abhängig. So wird beispielsweise ein Damm für ein Hochwasserrückhaltebecken, das nur eine kurze Einstaudauer hat und bei dem Wasserverluste wasserwirtschaftlich ohne Bedeutung sind, andere Bedingungen der Dichtheit erfüllen müssen als ein Staudamm, der eine Talsperre mit einem Jahresspeicher zur Niedrigwasserregulierung begrenzt. Das gewählte System muss stets gewährleisten, dass die Standsicherheit des Damms durch Sickerströmungen nicht gefährdet wird.

3.4.2.1 Fallbeispiel: Stausee Bitburg

Am Beispiel des Stausees Bitburg – gebaut in den Jahren 1977 bis 1979 – wird nachfolgend ein Außenhautdichtungssystem mit Filter- und Dränschicht sowie einer Deckschicht aus Betonverbundsteinen erläutert (Bild 40).

Das Böschungsdichtungssystem ist eine Außenhautdichtung auf geneigter Ebene. In dieser entstehen böschungsparallele Kräfte in Richtung der Falllinie, die durch Reibung zwischen Dichtungsbahn und ihrem benachbarten Material kompensiert werden müssen. Keinesfalls

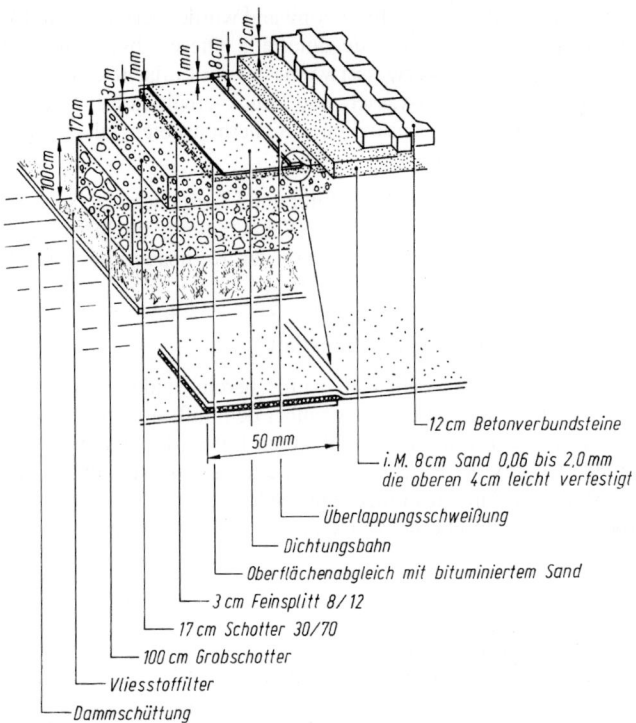

Bild 40. Böschungsdichtungen mit Betonverbundsteinen am Beispiel des Stausees Bitburg, 1977–1979 [48]

darf die Kunststoffdichtungsbahn durch planmäßig auftretende Zug- oder Scherkräfte beansprucht werden.

Bei Temperaturschwankungen muss auf eine Dehnbarkeit der Bahnen geachtet werden, und auch die Fügestellen (Nahtverbindungen) müssen diesen Belastungen standhalten. Bei der Beurteilung der Dehnfähigkeit von Kunststoffdichtungsbahnen ist der zweidimensionale Spannungszustand zu berücksichtigen und ggf. zu untersuchen. Es ergeben sich z. T. erhebliche Unterschiede bei den im einachsigen Zugversuch gewonnenen relativ hohen Dehnungen gegenüber jenen im zweiachsigen Spannungszustand.

Die Schutzschicht kann auch aus einer mineralischen Schicht bestehen, die Zwischenschichten auch aus Geotextilien.

Filter- und ggf. Dränschichten sind unter Dichtungen aus Sicherheitsgründen unumgänglich. Sie sind so zu bemessen, dass bei einem Versagen der Dichtung die Standsicherheit erhalten bleibt.

3.4.2.2 Fallbeispiel: Hochspeicher Rabenleite

Nach einer Betriebszeit von fast 40 Jahren wurde der Hochspeicher Rabenleite 1994 sanierungsbedürftig. Die Hauptschwierigkeit bei der Beurteilung des Zustandes des bisherigen Dichtungssystems – Betonplatten als Böschungsdichtung, bituminös verklebte Dachpappe als Sohlendichtung – ergab sich aus dem Fehlen einer effektiven Dichtungskontrolle. Bei der

2.12 Geokunststoffe in der Geotechnik und im Wasserbau

Planung der Sanierungsarbeiten wurde deshalb ein Mess- und Kontrollsystem entwickelt, mit dem die neue Dichtung aus Asphaltbeton zuverlässig überwacht werden kann.

Um Leckagewasser im Felsuntergrund des Hochspeichers nicht unkontrolliert versickern zu lassen, war es erforderlich, eine zweite Dichtung auf der Felssohle des Hochspeichers einzubauen. Diese zweite Dichtungsschicht unter der Asphaltbetondichtung wurde bisher zwar selten, in der Regel aber aus Asphaltbeton hergestellt. Beim Hochspeicher Rabenleite wurde diese Lösung aus Kostengründen, vor allem aber auch im Hinblick auf die sehr kurze Bauzeit, nicht in Erwägung gezogen. Anstelle des Asphaltbetons wurde eine Bentonitmatte als zweite Dichtung gewählt [95]. Zum Schutz der Bentonitmatte wurde eine 10 cm dicke Ausgleichsschicht aus feinkörnigem Material eingebaut, die ein Durchdrücken von Steinen oder Felsspitzen aus dem Untergrund verhindert. Die neue Sohlendichtung ist wie folgt aufgebaut (von oben nach unten):

– Asphaltbetondichtung (d = 8 cm),
– Asphaltbinder (d = 6 cm),
– Dränschicht,
– Bentonitmatte und
– Ausgleichsschicht.

3.5 Deponiebau

Mit Inkrafttreten der TA Siedlungsabfall [114] sind im Grundsatz Deponien so zu planen, dass durch geeignete Dichtungssysteme die Freisetzung und die Ausbreitung von Schadstoffen nach dem Stand der Technik verhindert werden. Diese Philosophie findet sich auch in der Integrierten Deponieverordnung bzw. in der Deponievereinfachungsverordnung, die demnächst durch das BMU veröffentlicht werden wird.

3.5.1 Dichtungssysteme

3.5.1.1 Allgemeines

Unter einem Dichtungssystem wird im Allgemeinen der Aufbau einer Dichtung aus Stützschicht (Unterlage), Dichtungselement und Schutzschicht verstanden. Durch zusätzliche Komponenten entstehen Doppel-, Mehrfach- oder Kombinationsdichtungen.

Für die Regeldichtung und für alternative Dichtungssysteme gelten folgende Grundsätze:

- Beim Einbau von Dichtungssystemen in Böschungen muss die innere und äußere Standsicherheit nachgewiesen werden. Die innere Standsicherheit wird wesentlich vom Scherverhalten der einzelnen Schichten des Systems bestimmt. Die äußere Standsicherheit kann erhöht werden, indem einzelne Schichten in der Lage sind, Zugkräfte aufzunehmen. Maßgebend für die Übertragung von Kräften zwischen den Schichten und damit auch für die Aufnahme von Zugkräften ist die Verzahnung zwischen den einzelnen Schichten.
- Auflastbedingte Verformungen dürfen die Funktionstüchtigkeit der Dichtungssysteme nicht beeinträchtigen.
- Die Herstellbarkeit eines Dichtungssystems ist unter Baustellenbedingungen durch ein Versuchsfeld nachzuweisen.

Für die unterschiedlichen Dichtungssysteme werden – je nach Eigenart des jeweiligen Systems – an die eingesetzten Geokunststoffe vielfältige funktionsabhängige Anforderungen gestellt [80].

3.5.1.2 Basisdichtungssysteme

Die sich im Deponiekörper sammelnden Sickerwässer müssen durch geeignete Dichtungsmaßnahmen vom Grundwasser ferngehalten werden. Eine Basisdichtung soll die Potenziale von Grund- und Müllsickerwasser sicher trennen.

Die TA Siedlungsabfall [114] gibt die Dichtungssysteme für Deponieklasse I (Mineralstoffdeponie, früher auch als Bodenaushub- und Bauschuttdeponie bezeichnet) und Deponieklasse II (Reststoffdeponie, früher auch als Hausmülldeponie bezeichnet, Bild 41) vor.

Ein Basisdichtungssystem ist entsprechend dem Deponiegut bzw. der Deponieklasse und den örtlichen Bedingungen mechanischen sowie thermischen und chemischen Belastungen ausgesetzt.

An die geologische Barriere werden für Deponieklasse I keine besonderen Anforderungen gestellt. Sofern die Anforderungen an die geologische Barriere für Deponieklasse II nicht vollständig erfüllt werden, sind sie durch zusätzliche technische Maßnahmen sicherzustellen.

Die in der Regeldichtung für Deponieklasse II enthaltene Kunststoffdichtungsbahn ist durch eine Schutzschicht vor auflastbedingten Beschädigungen zu schützen.

Das für die Deponiesohle vorgesehene System ist auf steileren Böschungen nicht ohne Weiteres anwendbar; es ist in Abhängigkeit von der Neigung festzulegen.

Mineralische Schutz- und Stützschichten müssen bei Anordnungen im direkten Kontakt zu einer mineralischen Dichtung filterstabil sein. Ist dies nicht der Fall, so empfiehlt sich eine Lösung mit Geotextilien.

In Deponiebasisdichtungssystemen werden Geokunststoffe eingesetzt (von unten nach oben)

– als Trennschicht (bzw. als kapillarbrechende Schicht) zwischen mineralischer Dichtung und Deponieauflager bzw. geologischer Barriere,
– als geosynthetische Dränsysteme zur Dränung von auftretendem Hang-, Sicker- und Quellwasser unterhalb der Dichtung,
– als Kunststoffdichtungsbahn,
– als Schutzschicht zum Schutz der Kunststoffdichtungsbahn gegen mechanische Beschädigung während der Bauzeit und im Betrieb der Deponie,
– zur Verbesserung des Scherverhaltens von Dichtungssystemen an Böschungen und
– zum Filtern zwischen Abfall und Entwässerungsschicht.

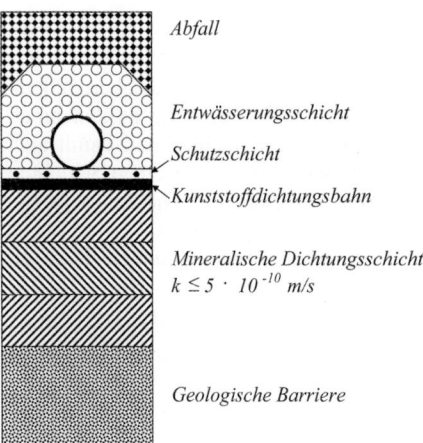

Bild 41. Basisdichtungssystem Deponieklasse II nach TA Siedlungsabfall [114]

2.12 Geokunststoffe in der Geotechnik und im Wasserbau

3.5.1.3 Oberflächendichtungssysteme

Ein Oberflächendichtungssystem verhindert oder minimiert sowohl den Eintrag von Niederschlagswasser in den Deponiekörper als auch den Austrag von Deponiegas. In Abhängigkeit der gegebenen Bedingungen ist zu prüfen, ob alternative Dichtungssysteme gewählt werden können.

Bild 42 zeigt das durch die TA Siedlungsabfall [114] vorgegebene Oberflächendichtungssystem für Deponieklasse II. Die vorgesehene Kunststoffdichtungsbahn ist durch eine Schutzschicht bedeckt.

Bild 43 zeigt die Einsatzmöglichkeiten von Geokunststoffen in Oberflächendichtungssystemen, denkbar sind:

– Erosionsschutzmatte,
– geotextiler Filter zwischen Rekultivierungs- und Entwässerungsschicht,
– Geogitter zum Abtrag von Lasten,
– geosynthetisches Dränsystem oberhalb der Dichtung zur Ableitung von Oberflächenwasser,
– geosynthetische Tondichtungsbahn als Dichtungselement,

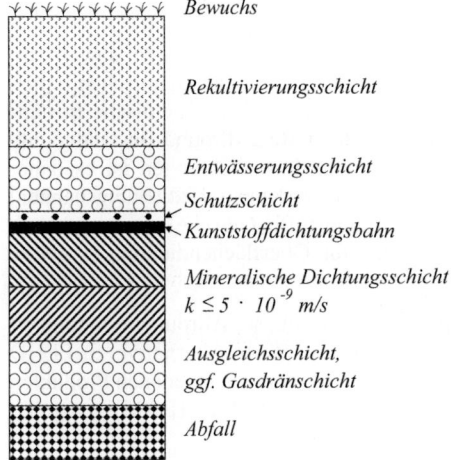

Bild 42. Oberflächendichtungssystem Deponieklasse II nach TA Siedlungsabfall [114]

Schichten: Bewuchs, Rekultivierungsschicht, Entwässerungsschicht, Schutzschicht, Kunststoffdichtungsbahn, Mineralische Dichtungsschicht $k \leq 5 \cdot 10^{-9}$ m/s, Ausgleichsschicht, ggf. Gasdränschicht, Abfall

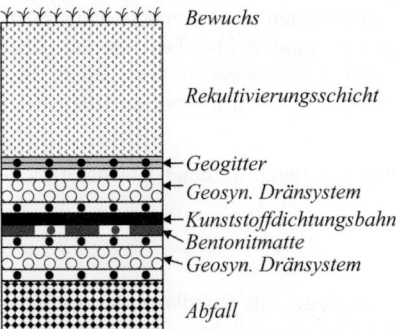

Bild 43. Beispiel eines alternativen Oberflächendichtungssystems für Deponieklasse II, hier steile Böschung

Schichten: Bewuchs, Rekultivierungsschicht, Geogitter, Geosyn. Dränsystem, Kunststoffdichtungsbahn, Bentonitmatte, Geosyn. Dränsystem, Abfall

- Schutzschicht oberhalb einer Kunststoffdichtungsbahn,
- Kunststoffdichtungsbahn als Dichtungselement,
- Schutzschicht unterhalb einer Kunststoffdichtungsbahn,
- Kombination von Kunststoffdichtungsbahn und geosynthetische Tondichtungsbahn,
- Geogitter unterhalb mineralischer Dichtungsschicht (Risseminimierung)
- geosynthetisches Dränsystem zur Ableitung von Gas,
- geotextiler Filter unter mineralischer Dichtungsschicht und
- geotextile Trennschicht zwischen Gas-Dränschicht und Abfall.

Deponieoberflächendichtungssysteme unterliegen Setzungen, sodass die Verformbarkeit der eingesetzten Produkte eine wichtige Eigenschaft sein kann. Entsprechend den zu erwartenden Setzungen empfiehlt es sich, ggf. zunächst vorläufige Dichtungen einzubringen. Diese sollen Sickerwasserbildung minimieren und Deponiegasmigration verhindern. Nach Abklingen der Hauptsetzungen wird die endgültige Dichtung eingebracht.

3.5.2 Geokunststoffe in Deponiedichtungssystemen

3.5.2.1 Rohstoffe

Im Deponiebau sind für die Widerstandsfähigkeit der eingesetzten Rohstoffe neben physikalischen und biologischen vor allem chemische Belastungen (flüssig und gasförmig) von Bedeutung. Dazu gehören hochkonzentrierte oder unverdünnte flüssige Substanzen, verdünnte flüssige Substanzen, Deponiesickerwässer, Deponiegase und Deponiegaskondensate.

Der Rohstoff PEHD (Polyethylen hoher Dichte) wird seit etwa 30 Jahren sowohl im Deponiebau (Rohrleitungen, Kunststoffdichtungsbahnen) als auch in der chemischen Industrie (für Behälter, Tanks, Rohrleitungen usw.) durch die hervorragende chemische Beständigkeit eingesetzt. Dem Rohstoff PEHD wird allgemein die beste „Allround-Beständigkeit" zugeschrieben. Für die Langzeitbeständigkeit von Deponie-Basisdichtungen ist es daher eigentlich unabdingbar, PEHD-Geokunststoffe einzusetzen als Kunststoffdichtungsbahnen, Dränrohre, Schächte und Geotextilien (Vliesstoffe, Verbundstoffe, Gewebe) sowie ggf. auch Geogitter. Inwieweit diese hohen Anforderungen auch für Oberflächendichtungen gelten sollen, muss objektspezifisch entschieden werden.

Üblicherweise wird dem Rohstoff PP (Polypropylen) die zweitbeste Allroundbeständigkeit beschieden. Objektspezifisch ist zu überlegen, ob der Rohstoff als Alternative zu PEHD zugelassen werden kann. In Deutschland sind Rohstoffbelange von verschiedenen Produkten über Zulassungen der Bundesanstalt für Materialforschung und -prüfung (BAM) geregelt.

3.5.2.2 Kunststoffdichtungsbahnen

Für den Einsatz von Kunststoffdichtungsbahnen wird nach TA Siedlungsabfall [114] verlangt, nur zugelassene, 2,5 mm dicke Kunststoffdichtungsbahnen zu verwenden. Kunststoffdichtungsbahnen dürfen grundsätzlich nur im trockenen Zustand und bei Temperaturen über +5 °C geschweißt werden. Sie sind nach einem vorher festzulegenden Verlegeplan auszulegen. Der Einbau der mineralischen Dichtungsschicht und der Kunststoffdichtungsbahn müssen aufeinander abgestimmt sein.

Leckerkennungs- und Ortungssysteme können etwaige Leckagen an einer Kunststoffdichtungsbahn feststellen und sehr genau lokalisieren.

3.5.2.3 Geotextile Schutzschichten

Die Entwässerungsschicht (vgl. Bild 41) besteht in der Regel aus Rundkorn der Körnung 16/32 mm. Die geotextile Schutzschicht bewahrt eine Kunststoffdichtungsbahn vor unzulässigen Beanspruchungen, die durch die Entwässerungsschicht übertragen werden und Perforationen, Kerben und Oberflächenverformungen verursachen können. Solche Belastungen treten

– kurzzeitig aus dem Einbau der Entwässerungsschicht und der Ablagerungsstoffe und
– langfristig aus den dauernden Auflasten auf.

Zur Dimensionierung geotextiler Schutzschichten sind – sofern keine Zulassungen vorliegen – anwendungsbezogene Lastplattendruckversuche mit örtlich vorhandenen Kiesen und mineralischen Dichtungsstoffen unter den zu erwartenden Normalspannungen durchzuführen. Dabei sind Temperatur und zu berücksichtigende Sicherheitsfaktoren weitere Aspekte.

Bei der Beurteilung der Schutzfunktion eines Geotextils ist auf baustellengerechte Prüfbedingungen zu achten. Zusätzliche Sicherheit bietet die Möglichkeit, vor Baubeginn mit den vom Unternehmer angelieferten Materialien die Dimensionierung der Schutzschicht, auch hinsichtlich dynamischer Beanspruchungen, im Feldversuch zu überprüfen.

Die jüngsten Entwicklungen sehen als Schutzschicht für eine Kunststoffdichtungsbahn, die in einer Deponiebasisdichtung eingesetzt werden soll, geotextile Verbundstoffe vor, die fabrikmäßig mit Sand verfüllt werden.

3.5.2.4 Geotextile Filter- und Trennschichten

Auch in Dichtungssystemen von Deponien können geotextile Filter nach den bekannten Ansätzen (vgl. Abschn. 2.7.1) dimensioniert werden. Dabei sollte die Porenstruktur des Geotextils so offen wie möglich gewählt werden. Erwünscht ist eine Tiefenfiltration (und keine Grenzflächenfiltration), d. h. es sind Anforderungen an die Filtrationslänge bzw. die Dicke des Geotextils zu stellen. Insbesondere in Oberflächendichtungssystemen muss ggf. eine sichere Filterwirkung auch im verformten Zustand nachgewiesen werden. Eine große Dicke mit einhergehender großer Masse pro Flächeneinheit und eine hohe Dehnung wirken sich in allen Fällen vorteilhaft auf die mechanische Filterfestigkeit gedehnter Geotextilien aus (ggf. sind Sonderversuche erforderlich). Zu beachten ist, dass nur mechanisch verfestigte Spinnfaservliesstoffe im gedehnten Zustand ihren ursprünglichen Porenanteil beibehalten [100].

Für eine anzuordnende Filterschicht zwischen Abfall und Entwässerungsschicht in Basisdichtungssystemen muss beachtet werden:

- Werden grobe Entwässerungsschichten (z. B. mit einer Körnung 16/32 mm und Porenkanaldurchmesser zwischen etwa 4 und 8 mm) eingesetzt, so kann der Anteil der Partikel im Abfall, der in die Poren der Entwässerungsschicht eingeschlämmt wird, zwischen etwa 2 und 30 % liegen. Für eine ca. 30 cm dicke Entwässerungsschicht mit einem Porenanteil von etwa 40 % bedeutet diese Abschätzung, dass bereits das Ausschlämmen von Partikeln aus den ersten Dezimetern Abfall ausreicht, um ein örtliches Zuschlämmen und entsprechendes örtliches Versagen der Entwässerungsschicht herbeizuführen.
- Bei der Frage, ob zwischen Abfall und Entwässerungsschicht ein geotextiler Filter anzuordnen und dieser ggf. zu dimensionieren ist, ist zu berücksichtigen, ob ein Ausspülen feiner Müllbestandteile (z. B. Aschen, Schlämme, deponierte Böden) in das Entwässerungssystem in begrenztem Umfang zugelassen werden kann. Grundsätzlich dürfen einzelne Komponenten des Entwässerungssystems (Dränschicht, Dränleitungen, Kontrollschächte) nicht in ihrer Funktion gefährdet werden. Erforderlichenfalls ist die Öffnungsweite eines Geotextils kleiner auszulegen als das Ergebnis nach den bekannten Filterregeln.

Für den Einsatz von Geotextilien im Deponiebau sind die GDA Empfehlungen E 2-9 [66] und E 5-5 [70] zu beachten.

3.5.2.5 Geotextile Dränschichten

Besonders an steilen Böschungen in Oberflächendichtungssystemen ist es schwierig, mineralische Dränschichten aufzubringen. Neben Geotextilien definierter Dicke werden daher bevorzugt sog. geosynthetische Dränsysteme, Verbundstoffe aus Filter- und Sickerschichten, eingesetzt.

Das Zeitstandverhalten der Dränstruktur – der Sickerschicht – im Kontakt zu den umgebenden Flächen ist zu beachten; hier sind Versuche unter Berücksichtigung von zeitabhängigen statischen (und dynamischen) Einwirkungen durchzuführen.

Um den Wassereintritt in die Sickerschicht des geosynthetischen Dränsystems langfristig zu gewährleisten, müssen die Filteranforderungen für die Filterschicht/en gemäß den Ausführungen nach den Abschnitten 2.7.1 und 3.5.2.4 erfüllt werden.

Detaillierte Angaben über geosynthetische Dränsysteme – insbesondere für Oberflächendichtungssysteme – finden sich in [90] und [102].

3.5.2.6 Geosynthetische Tondichtungsbahnen (Bentonitmatten)

Geosynthetische Tondichtungsbahnen unterscheiden sich von mineralischen Dichtungsschichten in verschiedener Hinsicht, was beim Entwurf entsprechender Oberflächendichtungssysteme zu berücksichtigen ist. Das alternative Dichtungssystem kann als ausreichend sicher angesehen werden, wenn es die projektspezifischen Anforderungen erfüllt.

Für die geosynthetische Tondichtungsbahn sind die Eignungsnachweise auf Grundlage der EAG-GTD [55] bzw. GDA Empfehlung E 2-36 [67] zu führen, wobei produktspezifische Aspekte zu berücksichtigen sind. In Tabelle 3 sind die maßgebenden Mindestanforderungen an die geosynthetischen Tondichtungsbahnen aufgeführt.

Tabelle 3. Mindestanforderungen an geosynthetische Tondichtungsbahnen nach [55] bzw. [67]

Parameter	Symbol	Norm/Empfehlung	Anforderung
Bentonitmenge	M_{clay}	DIN EN 14196	≥ 4500 g/m² (Natriumbentonit) ≥ 8000 g/m² (Calciumbentonit)
Wassergehalt (Bentonit)	w	DIN 18121-1	$\leq 12\%$
Quellvermögen (Bentonit)	–	ASTM D 5890	≥ 20 ml (Natriumbentonit) ≥ 8 ml (Calciumbentonit)
Wasseraufnahmevermögen (Bentonit)	W_A	DIN 18132	$\geq 450\%$ (Natriumbentonit) $\geq 150\%$ (Calciumbentonit)
Montmorillonitgehalt (Bentonit)	MB	DIN EN 933-9	≥ 300 mg/g (Natriumbentonit) ≥ 300 mg/g (Calciumbentonit)
Flächenbezogene Masse (Geotextil)	M_A	DIN EN ISO 9864	≥ 100 g/m² (Gewebe) ≥ 200 g/m² (mech. verf. Vliesstoff)
Zugfestigkeit (Geotextil: Gewebe)	T_{max}	DIN EN ISO 10319	$\geq 7,0$ kN/m (längs/quer)
Stempeldurchdrückkraft (Geotextil: Vliesstoff)	F_p	DIN EN ISO 12236	$\geq 1,0$ kN

2.12 Geokunststoffe in der Geotechnik und im Wasserbau

Die Nachweise der Dichtungswirkung in allen Betriebszuständen werden – ggf. unter Berücksichtigung des Ionenaustausches – in Labordurchlässigkeitsversuchen in Anlehnung an DIN 18130 erbracht. Der Nachweis der Wirksamkeit (Permittivität) bei Verformungen der geosynthetischen Tondichtungsbahn ist für die maßgebenden Betriebszustände zu erbringen.

Beim Entwurf von Deponie-Oberflächendichtungssystemen mit geosynthetischen Tondichtungsbahnen ist der Wasserhaushalt des Gesamtsystems zur Bewertung des Einflusses auf die Quell- und Schrumpfeigenschaften des Bentonits objektspezifisch zu untersuchen. Einen erhöhten Schutz vor witterungsabhängigen Austrocknungen – bedingt durch standortspezifische Festlegungen beim Systemaufbau – beschreibt [122]. Ohne zusätzliche Vorkehrungen gegen witterungsabhängige Austrocknungen zeigen langjährige Feldmessungen an Oberflächendichtungssystemen mit 1,0 bis 1,3 m Überdeckung der geosynthetischen Tondichtungsbahn durch Rekultivierungs- und Entwässerungsschichten jährliche saisonale Durchsickerungen von etwa 5 bis 25 mm/a, je nach klimatischen Standortverhältnissen [67].

Die mechanischen Eigenschaften einer geosynthetischen Tondichtungsbahn werden durch die Geokunststoffkomponenten bestimmt. Ausreichende Robustheit und Dehnfähigkeit sind Voraussetzungen für den Verlege- und Überschüttungsvorgang. Die in den EAG-GTD [55] geforderten Angaben hinsichtlich Verformungen und Dehnungsbeanspruchungen an Anschlüssen und Durchdringungen sind zu berücksichtigen.

Hinweise zum Umfang grundsätzlicher und projektbezogener Eignungsnachweise sowie Ausführungshinweise sind in [6, 7, 55, 67, 81] zu finden.

3.5.2.7 Reibungsverhalten

Für ein Dichtungssystem wird gefordert, dass Rutschungen (aus Eigengewicht oder äußerer Belastung) im System nicht auftreten und die Kunststoffdichtungsbahn – auch lokal – keine tragende Funktion übernimmt, d. h. keine Zugspannungen erfährt. Es besteht für Basisdichtungen die Forderung, dass die übertragbare Scherspannung oberhalb der Kunststoffdichtungsbahn (gleich oder) kleiner als unterhalb der Bahn sein muss, um die zusätzlichen Zugkräfte aus der Auflast durch (gleich große oder) höhere Scherkräfte auf die Unterseite der Bahn zu übertragen und einen spannungsfreien Zustand der Bahn sicherzustellen.

Um die sichere Dimensionierung eines Dichtungssystems zu gewährleisten, sind genaue Kenntnisse über die durch das System vorgegebenen Scherfugen erforderlich.

Sofern Zugkräfte planmäßig durch Elemente des Dichtungssystems aufgenommen werden müssen, kann dies durch Geogitter erfolgen.

Weitere Informationen finden sich in [12, 106, 123], GDA Empfehlungen E 2-7 [65] und E 3-8 [68] sowie in Kapitel 8 der EBGEO [60].

3.5.3 Fallbeispiele

Stellvertretend für eine Vielzahl realisierter Lösungen werden nachfolgend Deponiedichtungssysteme aufgeführt, die als Meilenstein bezeichnet werden können.

3.5.3.1 Deponie Grabow, die erste Deponie mit einer Bentonitmatte

Als Beispiel für die Ausführung einer Deponieoberflächendichtung dient die nachträgliche Abdeckung der ehemaligen Hausmülldeponie Grabow im Landkreis Lüchow-Dannenberg. Wie fast alle Altdeponien war die Deponie Grabow zu damaliger Zeit ohne Basisdichtung ausgeführt worden. Um ein weiteres Auslaugen der Schadstoffe zu verhindern, wurde im Jahre 1990 mit einer geosynthetischen Tondichtungsbahn eine Oberflächendichtung durchgeführt. Als Aufbau des Dichtungssystems wurde gewählt (Bild 44):

- 50 cm Rekultivierungsschicht,
- Filtervliesstoff,
- 30 cm mineralische Dränschicht,
- geosynthetische Tondichtungsbahn,
- 30 cm Gasdrän- und Ausgleichsschicht und
- Abfall.

Im Januar 1990 baute die beauftragte Baufirma in nur 14 Tagen die komplette Deponiedichtung von 30 000 m² ein.

Da diese Oberflächendichtung zu den ersten Objekten gehörte, bei denen geosynthetische Tondichtungsbahnen als Dichtungselemente zum Einsatz kamen, wurde hier – mit Erlaubnis und Unterstützung des Bauherren – mehrfach die Gelegenheit wahrgenommen, Jahre später durch Aufgrabungen die Funktionstüchtigkeit des Systems zu überprüfen. Die Erkenntnisse waren besonders wichtig für die Zulassung von Bentonitmatten durch das DIBt.

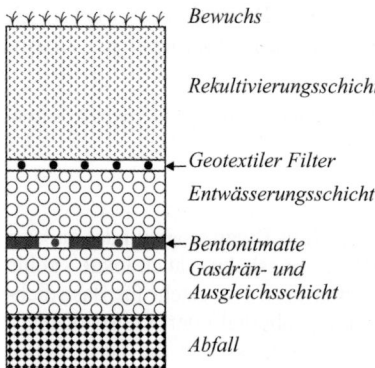

Bild 44. Aufbau der Deponie Grabow

3.5.3.2 Deponie Eckendorfer Straße, die erste Deponie mit einer PEHD Dränmatte

Der Aufbau der Deponie Eckendorfer Straße (Bild 45) stellt sich folgendermaßen dar:
- Rekultivierungsschicht,
- Bewehrungslage gestrecktes Geogitter,
- geosynthetisches Dränsystem,
- PEHD Kunststoffdichtungsbahn,
- geosynthetisches Gas-Dränsystem aus PEHD,
- Sandausgleichsschicht und
- Abfall.

Als Besonderheiten dieses Aufbaus sind zu nennen:
- Forderung nach extrem niedriger Aufbauhöhe aufgrund örtlicher Gegebenheiten,
- gestrecktes Geogitter ausschließlich zur Lastabtragung während der Einbauphase und
- Einsatz eines geosynthetischen Dränsystems aus PEHD als Gasdränung auch unterhalb der Dichtung.

2.12 Geokunststoffe in der Geotechnik und im Wasserbau

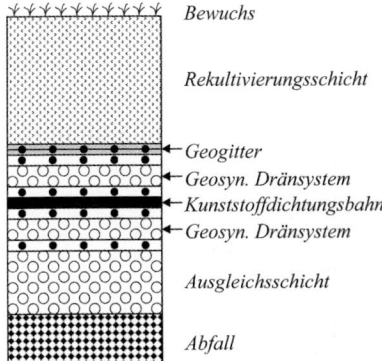

Bild 45. Aufbau der Deponie Eckendorfer Straße

3.5.3.3 Deponie Neu Wulmstorf, damals die größte Deponie Deutschlands

Die Deponie Neu Wulmstorf südwestlich von Hamburg diente jahrzehntelang zur Aufnahme von unsortiertem Hausmüll. Die seit 1986 geschlossene, etwa 320 000 m² große Deponie besitzt lediglich in einem Teilbereich eine mineralische Basisdichtung aus Geschiebemergel. Um einen weiteren Austrag von Schadstoffen in den Untergrund zu vermeiden, wurde 1995 mit dem Bau eines Oberflächendichtungssystems begonnen.

Abweichend von der ursprünglichen Planung mit mineralischen Dichtungs- und Entwässerungsschichten entschied sich der Auftraggeber aus technischen und wirtschaftlichen Gründen für folgendes Oberflächendichtungssystem (Bild 46):

- 100 cm Rekultivierungsschicht,
- geosynthetisches Dränsystem,
- PEHD-Kunststoffdichtungsbahn,
- geosynthetische Tondichtungsbahn,
- Gasdrän- und Ausgleichsschicht,
- in Teilbereichen PEHD-Trennvliesstoff und
- Abfall.

Dieser Aufbau mit einer „Kombinationsdichtung" aus Bentonitmatte und Kunststoffdichtungsbahn (Bild 47) hatte Signalwirkung für ganz Europa.

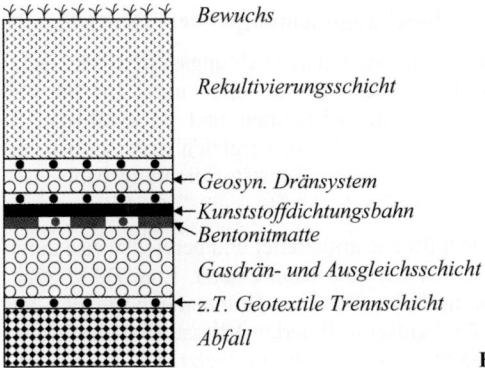

Bild 46. Aufbau der Deponie Neu Wulmstorf

Bild 47. Deponie Neu Wulmstorf; Einbau der Bentonitmatte (oben),
Einbau der PEHD Kunststoffdichtungsbahn (unten)

3.5.3.4 Deponie Furth im Wald, das steilste Böschungsdichtungssystem Deutschlands

Die Sanierung des bis zu 35° (1:n = 1:1,4) steilen Oberflächendichtungssystems der Salzschlackedeponie Furth im Wald wurde erfolgreich im Sommer 2005 unter Einsatz von Geogittern, Kunststoffdichtungsbahnen, Vliesstoffen, Dränmatten und geosynthetischen Tondichtungsbahnen (Bentonitmatten) realisiert (Bild 48). Ein vergleichbarer Aufbau mit mineralischen anstatt geosynthetischen Komponenten und Kunststoffdichtungsbahn wäre technisch und wirtschaftlich kaum ausführbar gewesen.

Die vorhandene mineralische Dichtung wurde teilweise aufbereitet und bereichsweise durch eine schubkraftübertragende geosynthetische Tondichtungsbahn ersetzt. Eine BAM-zugelassene strukturierte PEHD-Kunststoffdichtungsbahn und eine Dränmatte bestehend aus einem Polypropylen-Wirrgelege-Dränkern und beidseitig fixierten Vliesstoffen als Schutz- und Filterschicht wurden vollflächig im gesamten Baubereich eingesetzt. Die vorhandene

2.12 Geokunststoffe in der Geotechnik und im Wasserbau

Bild 48. Deponie Furth im Wald

mineralische Dichtung bot in Teilbereichen nicht die geeigneten Auflagerbedingungen für die Kunststoffdichtungsbahn, sodass zusätzlich ein Vliesstoff unterhalb der Kunststoffdichtungsbahn angeordnet wurde. Die Rekultivierungsschicht wurde im steilsten Böschungsbereich in 70 cm, im übrigen Böschungsbereich in 1,0 m und im Plateaubereich in $\geq$ 1,50 m Mächtigkeit eingebracht.

Die Herausforderung lag darin, eine gezielte Abtragung der Defizitzugkräfte im Plateaubereich unter Ausnutzung der Rekultivierungsschicht über ein Geogitter-Boden-Verbundsystem zu dimensionieren. Bei der hier betrachteten Neigung wird das Oberflächen-Außenhaut-Dichtungssystem bei Gegenüberstellung der haltenden und treibenden Kräfte rechnerisch am Geogitter „aufgehängt". Das Geogitter trägt die in Böschungsfallrichtung treibenden Kräfte gezielt in die entgegengesetzte Richtung an der Krone ab, ohne dass Relativbewegungen und damit Zugbeanspruchungen in die Dichtungs- und Dränschichten eingetragen werden. Für Kombinationsprodukte wie Dränsysteme und Bentonitmatten bedeutet dies vor allem eine gemäß BAM-Deponieanforderungen nachgewiesene innere Langzeitscherfestigkeit und für Geokunststoff-Bewehrungen die Anforderung nach einer kriecharmen, robusten Struktur mit einem optimalem Kraft-Dehnungs-Verhalten. Statt eines Verankerungsgrabens an der Böschungskrone wurde eine horizontale Lastabtragung am Plateau gewählt. Für den steilsten Böschungsbereich wurde demnach für das Geogitter eine Verankerungslänge von 18 m unter Berücksichtigung der vorgesehenen Auflastspannung aus der Schichtmächtigkeit der Rekultivierungsschicht ausgeführt [119].

3.6 Landverkehrswegebau

Geotextilien werden beim Bau von Landverkehrswegen (Straßen-, Gleis- und Tunnelbau) vornehmlich als Trennschichten zwischen Schüttung und Untergrund sowie als Filter bei Sickeranlagen eingesetzt.

Gewebe, geotextilverwandte Produkte wie Geogitter oder Verbundstoffe werden als Bewehrung zur Errichtung steiler Böschungen und zur Erhöhung der Anfangsstandsicherheit von Dämmen eingesetzt.

Kunststoffdichtungsbahnen und dichtungsbahnverwandte Produkte werden im Bereich von Verkehrswegen eingesetzt zur Dichtung von Entwässerungsanlagen und zum Schutz von Wassergewinnungsgebieten gegen die Beeinträchtigung durch Schadstoffe.

3.6.1 Geotextilien und Geogitter

Regelwerke zum Einsatz von Geotextilien und Geogittern im Straßenbau sind [14, 60, 84, 115]. Für den Bereich des Gleis- und Tunnelbaus sind [54, 59, 96, 97,118] zu beachten.

3.6.1.1 Beurteilung von Eigenschaften für die Bemessung

Als Eigenschaften für die Auswahl geeigneter Produkte sind für unterschiedliche Anwendungsbereiche in [83] folgende Hinweise gegeben:

Tabelle 4. Beurteilung von Eigenschaften für die Auswahl geeigneter Produkte (nach [83], aus [121])

Eigenschaft	Anwendungsbereich	Auswahlkriterium
Zugfestigkeit	Bewehrung	Rechnerischer Nachweis
	andere Bereiche	Geotextil-Robustheitsklassifizierung
Dehnbarkeit	Bewehrung	Zugfestigkeit soll bei einer für das Bauwerk verträglichen Dehnung berücksichtigt werden
Durchdrücken (GRK)	Bewehrung	Abminderungsbeiwert beim rechnerischen Nachweis, der aus Baustellensimulationen bestimmt wird
	andere Bereiche	Geotextil-Robustheitsklassifizierung
Durchschlagen	alle Bereiche	Eine hohe Dehnung steigert bei Vliesstoffen von gleicher Flächenmasse den Widerstand gegenüber Zerstörung durch Durchschlagbeanspruchung
Zeitstandverhalten	Bewehrung von Erdbauwerken	Das Verhalten bei Dauerlast ist als last- und zeitabhängiger Abminderungsbeiwert zu berücksichtigen
Reibung	alle Bereiche	Das Reibungsverhalten kann entscheidend für die Auswahl sein
allg. Beständigkeit	alle Bereiche	Bei Polyethylen und Polypropylen ist die oxydative, bei Polyester die Beständigkeit gegen innere Hydrolyse zu beachten und für Daueranwendungen gegebenenfalls nachzuweisen. Für Polyamid, Aramid und Polyvinylalkohol sind beide Nachweise zu erbringen
Wetterbeständigkeit	alle Bereiche	Nach einer für Mitteleuropa typischen Belastung im Global-UV-Tester für eine Belastungsdauer, die etwa sechs Monaten Freibewitterung entspricht, wird die Restfestigkeit und daraus die höchstzulässige Freiliegedauer ermittelt
Bodenrückhalt	alle Bereiche	Als Maß für das Bodenrückhaltevermögen ist die mechanische Filterwirksamkeit für die Gewichtung 1 (vgl. Tabelle 4) zu bemessen
Wasserdurchlässigkeit	alle Bereiche	Als Maß für die Wasserdurchlässigkeit ist die hydraulische Filterwirksamkeit für die Gewichtung 1 (vgl. Tabelle 4) zu bemessen

2.12 Geokunststoffe in der Geotechnik und im Wasserbau

Tabelle 5. Beurteilung von Eigenschaften für die Auswahl geeigneter Produkte (nach [83], aus [121])

Anwendungs- bereich Eigenschaft	Trennschicht	Böschungs- schutz	Böschungs- sanierung	Filter und Entwässerung	Bauwerks- entwässerung	Damm- bewehrung	unbefestigte Straße	befestigte Straße	Bewehrung Böschung
Zugfestigkeit	3	2	2..1	4..2	3..4	1	1	1	1
Dehnbarkeit	1	1	1	4..2	4..2	1	1	1	1
Durchdrücken (GRK)	1	1	1..2	1..3	2..1	2	1	1	2
Durchschlagen	1	1	1..2	1..3	2..1	2	1	1	2
Zeitstandverhalten	4	3	3..1	4	4	1	1	1	1
Reibung	3	2..1	1	4..1	4	1..4	1	1	1
allg. Beständigkeit	1	1	1	1	1	1	1	1	1
Wetterbeständigkeit	3..2	1..2	2..1	4..2	4	4	4	4	4..1
Bodenrückhalt	2..1	2..1	1..2	1	1..4	3	3	4	4
Wasserdurchlässigkeit	2..1	2..1	1..2	1	1..4	2	2	2	2

Als Hilfe für die Auswahl geeigneter Produkte werden ihre anwendungsspezifischen Eigenschaften im Hinblick auf die zu erwartenden Beanspruchungen bewertet. In Tabelle 5 sind die sog. Gewichtungen für die Auswahl 1 bis 4 für verschiedene Anwendungsbereiche zusammengestellt:

1. Entscheidend für die Auswahl:
   Ein rechnerischer Nachweis bzw. eine Bemessung ist zu führen, sofern ein Verfahren dafür besteht, sonst ist eine Klassifizierung (vgl. Abschn. 3.6.1.2) anzuwenden.
2. Wichtig für die Auswahl:
   Es genügt die Einhaltung von Grenzwerten bzw. einer Klassifizierung.
3. Weniger wichtig für die Auswahl:
   Grenzwerte sollten eingehalten werden.
4. Ohne Einfluss für die Auswahl:
   Braucht nicht berücksichtigt zu werden.

3.6.1.2 Geotextil-Robustheitsklassen

Die maßgebende mechanische Beanspruchung, nämlich die Schädigung durch Einzelkörner bzw. Steine und durch die Walkarbeit unter einer Schüttung auf weichem Untergrund, entzieht sich der Bemessung.

Für einen konkreten Anwendungsfall wird die erforderliche Geotextilrobustheitsklasse (GRK) aus den Beanspruchungen durch das Schüttmaterial sowie den Einbau und den Baubetrieb ermittelt. Die Klassifizierung gilt nur für Fälle, in denen die mechanischen Parameter nicht bemessen werden (Trennschicht, Schutzschicht, Filter), und nicht für Bewehrungen. Nach Tabelle 5 gilt für fast alle Anwendungen im Straßenbau: Das Durchdrückverhalten bzw. die Geotextilrobustheitsklasse GRK ist entscheidend für die Auswahl

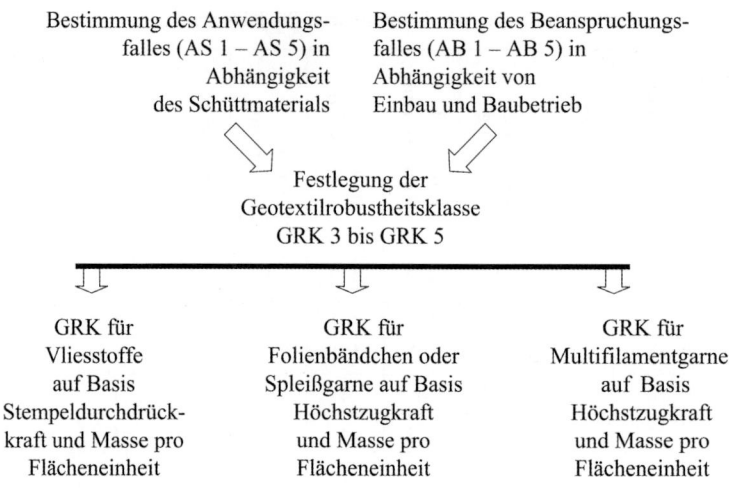

Bild 49. Fließdiagramm Geotextilrobustheitsklasse

eines Produktes. Das Ergebnis dieser „Bemessung" ist für den Anwender/Planer eine gewisse Geotextilrobustheitsklasse GRK, die er für seine Anwendung festlegt (Bild 49).

Der Hersteller eines Geotextils auf der anderen Seite liefert ein entsprechendes GRK-Material. Deshalb wird in M Geok E [84] und TL Geok E-StB 05 [115] aus empirisch gewonnenen Erkenntnissen eine Klassifikation der Geotextilien getroffen, die für alle Produkte Klassen gleicher Robustheit gegenüber unterschiedlich hohen Beanspruchungen einführt. Durch die Geotextilrobustheitsklasse werden Geotextilien (Vliesstoffe, Bändchengewebe, Multifilamentgewebe, Verbundstoffe) untereinander verglichen. Für Vliesstoffe wird eine erforderliche Stempeldurchdrückkraft, für Gewebe, Maschenwaren und Verbundstoffe eine erforderliche Höchstzugfestigkeit ermittelt. Außerdem wird für alle Produkte für jede Geotextilrobustheitsklasse eine Mindestmasse pro Flächeneinheit durch die Klassifizierung vorgegeben.

Die sich ergebenden Geotextilrobustheitsklassen beschreiben die Beanspruchung der Trennlage. Wird ein Trennprodukt mit der entsprechenden Geotextilrobustheitsklasse eingesetzt, ist davon auszugehen, dass dieses die Beanspruchung aushält und damit die Trennfunktion erhalten bleibt. Zur Sicherung der Trennfunktion bei tiefen Spurrinnen sind hoch dehnfähige Produkte (Höchstzugkraftdehnung $\varepsilon > 50\,\%$) einzusetzen.

3.6.1.3 Geotextile Trennschichten unter Schüttungen

Geotextile Trennschichten werden angeordnet (Bild 50), um

- die Durchmischung einer grobkörnigen Schüttung mit einem feinkörnigen angrenzenden Boden zu verhindern,
- das lokale Durchbrechen bei einer Schüttung auf wenig tragfähigem Untergrund zu verhindern und um
- eine ausreichende Filterwirksamkeit zwischen übereinander liegenden Schichten bei geringem, zeitlich begrenztem Wasserdurchtritt herzustellen.

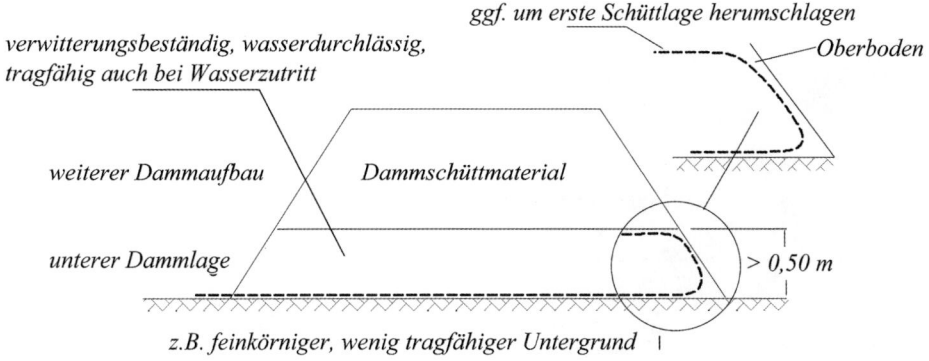

Bild 50. Geotextile Trennschicht unter einem Damm [84]

Durch den Einbau filterstabiler Trennschichten wird das Eindringen von feinkörnigen Böden in die Schüttung verhindert, ohne dass der Abfluss des bei der Untergrundkonsolidierung anfallenden Bodenwassers behindert wird. Mit dieser Methode können örtlich anstehende Tragschicht- und Gleisbettungsmaterialien, die gegenüber dem Untergrund bzw. Unterbau nicht filterstabil sind, verwendet werden, ohne dass dazwischen eine Filterschicht aus Mineralstoffen angeordnet werden muss.

Zum Einsatz kommen am häufigsten Vliesstoffe. In der Regel werden die Bahnen quer zur Dammachse verlegt und mit einer Breite von mindestens 0,5 m überlappt. Bis zu einer Breite von zwei Bahnen ist eine Längsverlegung möglich. Abweichungen von diesen Empfehlungen sind zulässig, wenn durch entsprechende Vorkehrungen, Verbinden der Bahnen, Befestigen der Bahnen (z. B. Klammern, Erdnägel) oder besondere Form der Überschüttung sichergestellt ist, dass die Mindestüberlappung nach der Überschüttung erhalten ist.

Sofern die durch Fahrzeuge im Transportweg hervorgerufenen Spurrillen (bei Schütthöhen von etwa 50 cm) 10 bis 15 cm erreichen, sind diese aufzufüllen, und die Baustraße ist nachzuarbeiten. Einfaches Einplanieren mit Grädern und Raupen ist unbedingt zu unterlassen. Hierdurch würde andernfalls die Überdeckung des Vliesstoffes in Spurmitte verringert und eine weitere Verformung des Schüttkörpers gefördert.

3.6.1.4 Geotextilien als Filter bei Entwässerungsaufgaben

Entwässerungsanlagen werden mit geotextilem Filter aufgebaut. Sickerstränge oder Tiefensickerschichten sind bauliche Anlagen zur Aufnahme und Ableitung von Wasser aus dem Boden. Bei Übernahme der Filterfunktion durch ein Geotextil können eng gestufte, grobkörnige Schüttmaterialien in die Sickeranlagen eingebracht werden, deren Vorteil eine hohe Wasserdurchlässigkeit sowie ein hohes Porenvolumen und damit ein großes Retentionsvermögen ist. Der Einsatz geotextiler Filter erlaubt, örtlich gewinnbare Materialien zu verwenden, auch wenn diese gegenüber dem angrenzenden Boden nicht filterstabil sind (Bild 51).

Die Filterwirksamkeit des Geotextils gegenüber dem zu entwässernden Boden ist nachzuweisen. Bei der Auswahl ist auf eine ausreichende Robustheit des geotextilen Filters gegenüber den benachbarten Böden und der Einbaubeanspruchung zu achten.

Sickerstränge sind vollständig mit dem geotextilen Filter zu umhüllen, sodass das Einspülen von Feinkorn ausgeschlossen ist.

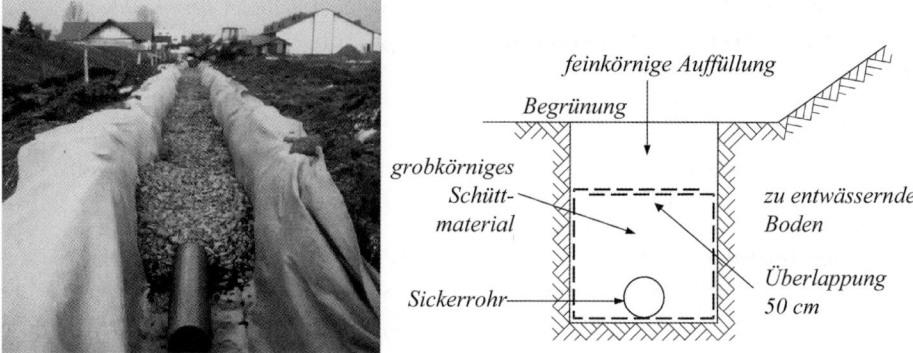

Bild 51. Sickerstrang mit geotextilem Filter [84]

3.6.1.5 Geotextilien als Schutz von Bauwerksdichtungen

Als Schutz von Bauwerksdichtungen, z. B. aus Asphaltvergussmassen, haben sich dicke mechanisch verfestigte Vliesstoffe bewährt. Sie schützen die Dichtung gegen mechanische Beschädigungen beim Einbau der Sickerschicht. Da die Geotextilien bis zum Einbau der Hinterfüllung oft lange Zeit der Witterung ausgesetzt sind, sollen nur lichtunempfindliche Materialien verwendet werden. Durch entsprechende Wahl des Geotextils (Verbundstoff) kann die Schutzschicht auch als Dränschicht wirken oder es werden von vornherein Dränmatten gewählt.

Schutzschichten für Dichtungsaufstriche an Bauwerken werden auf der Fläche punktweise mit einem geeigneten Kleber befestigt; ein Annageln durch die Abdichtung hindurch ist nicht zulässig. Alternativ können sie an der Oberkante des Bauwerkes befestigt werden und frei herunterhängen. Die Bahnen werden dann durch die Hinterfüllung angedrückt.

3.6.1.6 Geotextilien und Geogitter zur Böschungssicherung

Durch Geotextilien oder Geogitter kann die Standsicherheit von Böschungen, bei denen eine zu geringe Standfestigkeit oder die Gefahr der Bodenumlagerungen im Randbereich gegeben ist, erhöht werden (Bild 52). Die Langzeitbeständigkeit der verwendeten Produkte ist ggf. zu beachten, und ihre Filtereigenschaften sind auf die angrenzenden Böden abzustimmen.

Die Sanierung von Böschungsrutschungen mit Geotextilien und/oder Geogittern und der Steilverbau von Böschungen mit Geotextilien als Filterschicht in Verbindung mit bzw. auch anstelle von Drahtschotterkörben (Gabionen) wird im M Geok E [84] beschrieben.

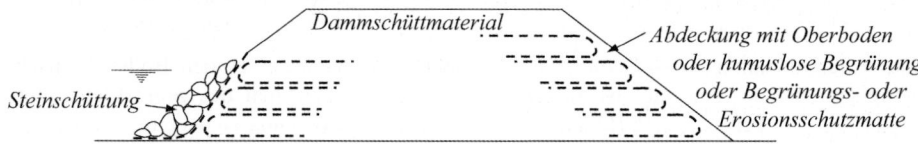

Bild 52. Schutz gegen Ausspülen und Ausfließen von Böschungen

3.6.1.7 Geotextilien und Geogitter im Gleisbau

TM 2007-058 [118] und EBA-Prüfungsbedingungen [59] regeln Umfang und Inhalt der durchzuführenden Prüfungen und Anforderungen für Geokunststoffe, die für folgende Anwendungsfälle im Bahnbereich eingesetzt werden:

– Filterelement in Entwässerungsanlagen des Bahnkörpers,
– Trenn- und Filterelement unter Tragschichten,
– Bewehrungselement mit zusätzlicher Trenn- und Filterwirkung (ohne rechnerischen Ansatz),
– Bewehrungselement in Tragschichten (ohne rechnerischen Ansatz),
– Bewehrungselement von Erdbauwerken (mit rechnerischen Ansatz),
– Dränelemente mit hoher Alkalibeständigkeit für die Entwässerung von Hinterfüllbereichen.

3.6.1.8 Gewebe und Geogitter als Bewehrung

Gewebe und Geogitter im Erdkörper vermögen Zugkräfte aufzunehmen, sodass mit verfügbarem Boden standfeste Böschungen steiler hergestellt werden können. Als Unterlage unter einer Dammschüttung wird durch Lastverteilung erreicht, auf einem weniger tragfähigen Untergrund zu gründen bzw. die Sicherheit gegen Grundbruch im Bereich des Geländesprunges zu erhöhen oder Verformungen und Verformungsdifferenzen im bewehrten Körper zu vermindern.

Hinweise zur Ausführung und Bemessung von Bewehrungen unter Dämmen, Bewehrungen in Straßen mit ungebundenem Oberbau und bei Bodenaustausch, Bewehrungen der Böschung von Erdkörpern, Bewehrungen von Stützkonstruktionen, Bewehrungen böschungsparalleler Gleitflächen und zu Bewehrten Gründungspolstern finden sich in [39] und [84].

Hinweise zur Bemessung von Dämmen auf wenig tragfähigem Untergrund, bewehrten Gründungspolstern, Verkehrswegen, Stützkonstruktionen, Bewehrungen oberflächenparalleler geschichteter Systeme im Deponiebau, bewehrten Erdkörpern auf punkt- oder linienförmigen Traggliedern, Gründungssystemen mit geokunststoffummantelten Säulen und Überbrückungen von Erdeinbrüchen finden sich in den EBGEO [60]. Anwendungsbeispiele zeigt Bild 53.

Die Bewehrungslagen werden in Richtung der zu erwartenden Zugbeanspruchung verlegt. Eine Überlappung ist in dieser Richtung nicht zugelassen, eine Verbindung nur, wenn eine ausreichende Kraftübertragung bei verträglicher Dehnung nachgewiesen wird.

Erhöhung der Tragfähigkeit von Schüttmaterialien in Straßen- und Eisenbahnkonstruktionen

Ein Straßenunterbau, auf dem die geforderte Tragfähigkeit (Steifemodul E_{V2}, CBR) nicht erreicht wird, kann durch den Einbau von Geokunststoffbewehrungen, ggf. in Verbindung mit Trenn- und Filterlagen aus Vliesstoffen (oder auch Verbundstoffen) ertüchtigt werden. Durch eine verbesserte Lastverteilung und günstigere Einbaubedingungen wurden Erhöhungen der Tragfähigkeit bereits nachgewiesen. Aufgrund der geringen zulässigen Verformungen konnten keine produktunabhängigen Bemessungsansätze gefunden werden, sodass auch in den EBGEO [60] hierzu keine Verfahren angegeben sind.

Andererseits kann durch eine Bewehrung mit Geokunststoffen die Schichtdicke einer einzubauenden mineralischen Schicht reduziert werden. Projektspezifisch ist es denkbar, zur Verbesserung der Tragfähigkeit einen erforderlichen Bodenaustausch zu bewehren. Die Bewehrung von unbefestigten Straßen, bei denen Verformungen im Zentimeterbereich

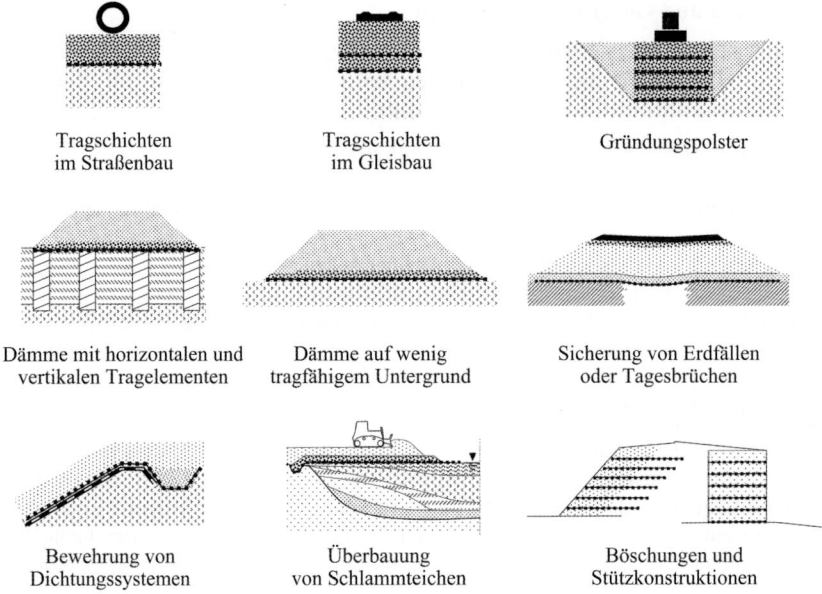

Bild 53. Anwendungsbeispiele

zulässig sind, hat sich seit Jahrzehnten bewährt und es liegen entsprechende Bemessungsansätze vor.

Auch bei ungebundenen Aufbauten im Eisenbahnbau (Schotteroberbau) kommen Geokunststoffbewehrungen zum Einsatz, wobei vorrangig eine Bewehrung des Unterbaus/Untergrunds vorgenommen wird.

Beim Einsatz von Geogittern empfiehlt sich oft der zusätzliche Einsatz von Vliesstoffen als Trenn- und Filterlagen. Aus arbeitstechnischen Gründen können Verbundstoffe von Vorteil sein. Ein Anwendungsbeispiel zeigt Bild 54.

Bild 54. Bewehrungs-Geogitter mit zusätzlicher Trenn- und Filterwirkung, AFA Hannover

2.12 Geokunststoffe in der Geotechnik und im Wasserbau

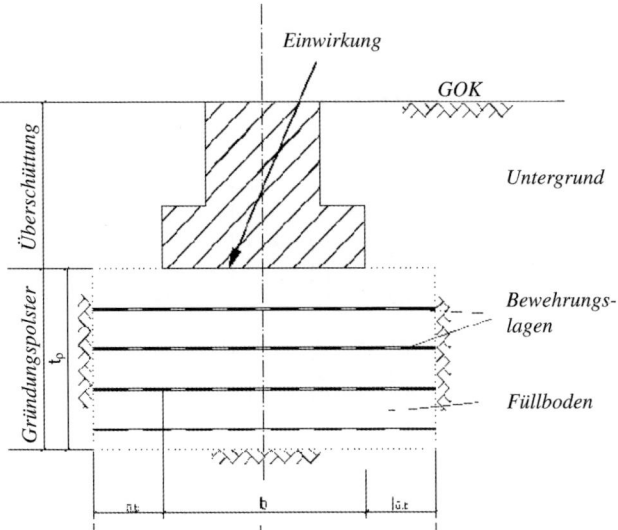

Bild 55. Bewehrtes Gründungspolster mit Fundament und Überschüttung

Bewehrtes Gründungspolster

Unter einem bewehrten Gründungspolster (Bild 55) wird ein Erdkörper mit Bewehrungen verstanden, der einen wenig tragfähigen Baugrund bis zu einer begrenzten Tiefe ersetzt und dessen Oberfläche die Gründungssohle für ein starres Fundament mit ebener, horizontaler Sohlfläche bildet. Durch das Einlegen von Geokunststoffen in mehreren Lagen in den Füllboden unterhalb von Einzel- und Streifenfundamenten entsteht ein Gründungspolster mit erhöhter Tragfähigkeit und geringeren Verformungen gegenüber einem unbewehrten Bodenaustausch. Die Berechnung erfolgt durch einen modifizierten Grundbruchnachweis [60].

Bewehrte Erdkörper auf vertikalen Traggliedern

Für Fahrwege (Straßen, Eisenbahnen) auf Böden mit sehr geringen Tragfähigkeiten und hohen Ansprüchen an die Verformungsstabilität haben sich geokunststoffbewehrte Erdkörper auf punkt- oder linienförmigen vertikalen Traggliedern (Pfähle, teilweise unbewehrt, ummantelte Säulen) bewährt (Bild 56).

Der Dammaufbau über den vertikalen Traggliedern wird durch Geokunststoffeinlagen so bewehrt, dass der gering tragfähige Boden durch die Membrantragwirkung weitgehend überbrückt wird und die Lasten aus dem Damm und dem Verkehr in die vertikalen Tragglieder eingeleitet und von diesen in den tragfähigen Untergrund abgetragen werden können. Bei der Bemessung der Lastabtragung aus dem Damm wird üblicherweise die Bettung des anstehenden Untergrundbodens angesetzt. In Sonderfällen kann auch eine Bemessung für den Ausfall dieser Unterstützung erforderlich sein.

Die Bewehrungslagen werden zudem darauf bemessen, das Durchstanzen der Tragglieder in den Damm zu verhindern und Spreizkräfte in der Dammaufstandsfläche in dem Maße aufzunehmen, wie die vertikalen Tragglieder empfindlich auf Horizontalverformungen reagieren.

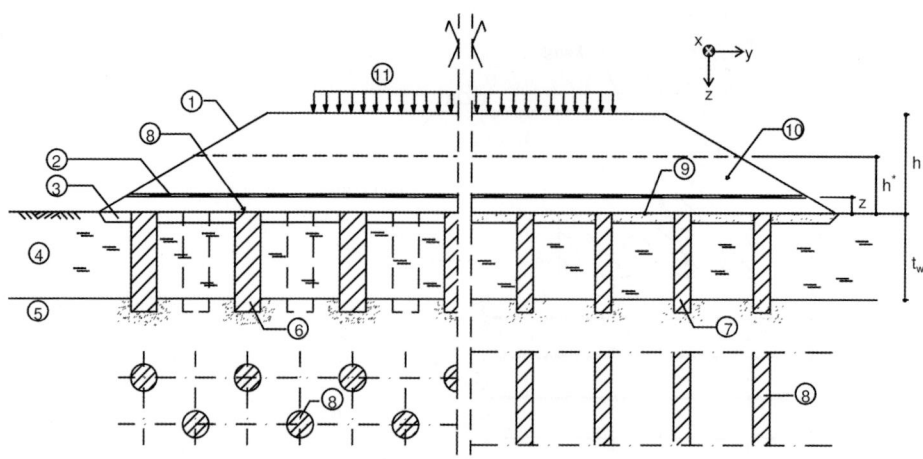

1 Bewehrter Erdkörper
2 Bewehrungsebene
3 Arbeitsplanum
4 Wenig tragfähiger Boden (Weichschicht)
5 Tragfähige tiefere Bodenschicht
6 Punktförmige Tragglieder
7 Linienförmige Tragglieder
8 Stützfläche der Tragglieder
9 Aufstandsebene des bewehrten Erdkörpers
10 Bereich mit nichtbindigem Boden
11 Auflast

Bild 56. Bewehrter Erdkörper über pfahlähnlichen Traggliedern [60]

Dämme auf gering tragfähigem Untergrund

Die Standsicherheit von Dämmen auf gering tragfähigem Untergrund kann durch eine Bewehrung aus Geokunststoffen, die in der Dammaufstandsfläche verlegt wird, erhöht werden. Setzungen können hierdurch nicht verhindert, in der Regel aber vergleichmäßigt werden. Insbesondere für die Erhöhung der Anfangsstandsicherheit und von Bauzwischenzuständen sind meist sehr hoch zugfeste Geokunststoffbewehrungen bei den dann nicht konsolidierten Untergrundverhältnissen erforderlich. Für den Endzustand nach Abschluss der Konsolidierung kann die Standsicherheit des Dammes auch ohne Geokunststoffe ausreichend sein [9].

Die Berechnung erfolgt durch Geländebruchuntersuchungen, bei denen der Geokunststoff als zusätzlicher Widerstand angesetzt wird. Hierbei werden nicht nur kreisförmige Bruchmechanismen, sondern auch Gleitvorgänge entlang der Bewehrungslage und in besonderen Schwächezonen des Untergrundes betrachtet.

Da es sich bei den Untergrundböden meist um Böden mit sehr geringen Tragfähigkeiten handelt, wird oft eine messtechnische Überwachung der Porenwasserdrücke, der Verformungen (Setzungen, horizontale Verformungen) und der Geokunststoffdehnungen erforderlich, um einen zielgerichteten Bauablauf gewährleisten zu können.

Geokunststoffummantelte Säulen

Für die Untergrundertüchtigung kommen oft Verfahren zum Einsatz, bei denen scherfestes Bodenmaterial (Schotter, Kiese, Sande) säulenförmig in den Boden eingebracht wird. Wenn der anstehende Untergrundboden hierfür eine zu geringe seitliche Stützung aufweist, können

2.12 Geokunststoffe in der Geotechnik und im Wasserbau

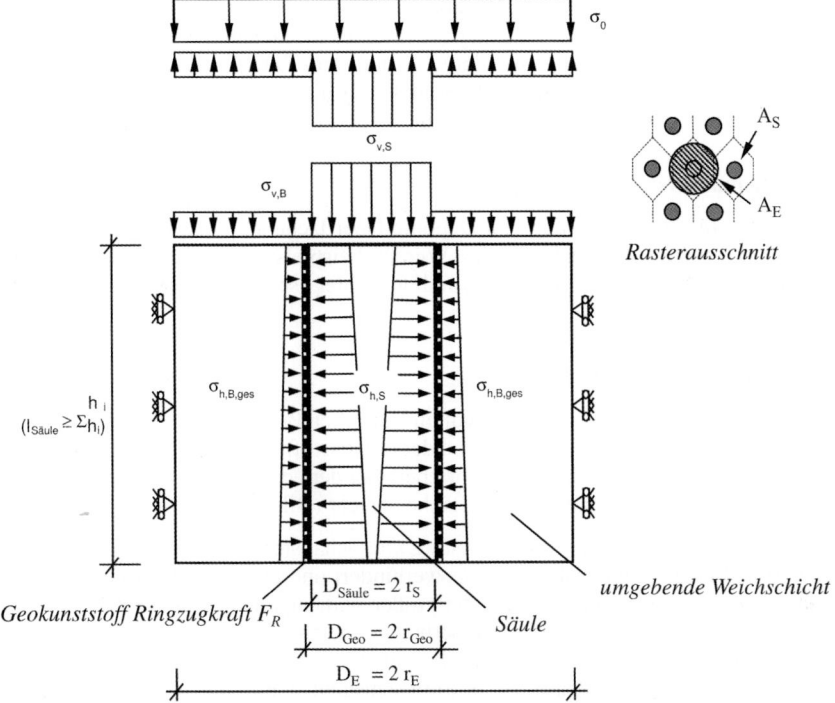

Bild 57. Tragsystem und Berechnungsmodell für geokunststoffummantelte Säulen [60]

die Säulen mit Geokunststoffen ummantelt werden, die die fehlende Stützung über Ringzugkräfte aufnehmen können (Bild 57). Die ummantelten Säulen unterstützen zusätzlich zur lastabtragenden Wirkung auch die Konsolidierung des Umgebungsbodens durch ihre Dränwirkung.

Erdfallüberbrückung

Zur Sicherung von Erdbauwerken gegen Verbrüche des Untergrundes aufgrund von Subrosionserscheinungen oder Verbrüchen von bergmännisch erstellten oder sonstigen Hohlräumen dienen sog. bewehrte Erdfallüberbrückungen. Erstellt werden temporäre Bewehrungen mit hochzugfesten Geokunststoffen gegen das „Durchsacken" der darüber liegenden Bodenschichten bzw. Bauwerksteile. Verformungen zeigen das Auftreten eines Erdfalls an; das Bauwerk ist dann unmittelbar abzusperren und zu sanieren.

Zu bemessen sind die Verankerungslänge und die Zugfestigkeit, wobei zu berücksichtigen ist, dass es sich um eine vorbeugende Maßnahme handelt, bei der Zeitpunkt und Größe des auftretenden Erdfalls unbekannt sind. Die Geokunststoffbewehrung wird erst im Schadenfall und dann nur für eine kurze Zeitdauer benötigt (Teilsicherung). Hieraus ergeben sich gegenüber den sonstigen Anwendungen modifizierte Bemessungsansätze und Abminderungsfaktoren.

Für die Bemessungsansätze werden kreisförmige Einbrüche/Erdfälle, deren Lage und Durchmesser nur sehr bedingt abgeschätzt werden können, zugrunde gelegt, die von Geokunststoffbewehrungen mit Ausnutzung der „Membranwirkung" überspannt werden. Die zulässigen Durchhänge variieren je nach Nutzungsart (Straße, Eisenbahn). Abhängig vom Verhältnis der Höhe der Schicht über dem Einbruch und dem Durchmesser des Einbruches können in verschiedenen Bemessungsverfahren nicht nur die Bewehrung, sondern auch die Reibungseigenschaften der bewehrten Bodenschicht mit angesetzt werden.

Bewehrte Außenhautsysteme

Die Prinzipien, die für die Bemessung von Deponie-Oberflächendichtungssystemen gelten, gelten auch für bewehrte Außenhautsysteme. Werden beispielsweise Lärmschutzwälle mit Sekundärbaustoffen in Dammform erstellt und gedichtet, so werden oft Geogitter zur Aufnahme der Defizitkräfte erforderlich.

Überbauung von Schlammteichen

Schlammteiche treten auf bei Absetzbecken von industriellen Produktionen, Spülbecken und natürlichen Sedimentationsbecken. Der Zustand der Inhaltsstoffe eines Schlammteiches wird oft mit breiiger bis flüssiger Konsistenz beschrieben, bei dem eine Begehung nicht möglich ist und zudem oft freies Wasser an der Oberfläche ansteht (Bild 58).

Mit der Abdeckung soll meist der weitere Austrag von Schadstoffen bzw. der fortwährende Eintrag von zusätzlichem Niederschlagswasser verhindert und eine neue landschaftsgestalterische Nutzung erreicht werden. Aufgrund der großen und langandauernden Setzungen und der sehr geringen Tragfähigkeiten ist eine Überbauung solcher Schlammteiche mit starren Konstruktionen kaum möglich. Es bieten sich flexible Geokunststoffkonstruktionen an, die es erlauben, in verschiedenen Phasen und Einbauzuständen auf die sich verändernden Bedingungen des Schlammteichinhaltes zu reagieren.

Aufgrund der oft extremen Verhältnisse sind messtechnische Überwachungen der Verformungen und der Bewehrungskräfte sehr zu empfehlen und erlauben einen zielgerichteten Bauablauf und eine Einschätzung des Sicherheitsniveaus im Endzustand.

Oft kommt ein mehrlagiger Aufbau aus Trenn- und Filterschichten aus Vliesstoffen und Bewehrungslagen aus Geogittern (meist als Verbundstoff), einer Dränschicht, einem Dich-

Bild 58. Vor Ort oft anzutreffende Verhältnisse vor der Überbauung von Schlammteichen

tungssystem und einer Oberbodenandeckung (soweit erforderlich) verwendet. Typischerweise erfolgt der Einbau vom Rand zur Mitte hin.

Stützkonstruktionen

Die Anwendung von Geokunststoffen als Bewehrung von Böschungen oder Stützkonstruktionen hat insbesondere in jüngster Vergangenheit stark zugenommen.

Die maßgebenden Eigenschaften für die Berechnung des Zusammenwirkens von Erdkörpern mit Bewehrungen aus Geokunststoffen sind der charakteristische Reibungswinkel zwischen Geokunststoff und Füllboden sowie die Höchstzugkraft des Geokunststoffes bzw. die Zugkraft, die einer bestimmten Dehnung des im Füllboden eingelagerten Geokunststoffs entspricht.

Es sind iterativ alle möglichen Bruchmechanismen und Gleitlinien zu untersuchen (Bilder 59 und 60), die Bewehrungslagen schneiden (früher: Nachweis der inneren Standsicherheit), die Bewehrungslagen nicht schneiden (früher: Nachweis der äußeren Standsicherheit) und auch solche, bei denen der Gleitkörper direkt auf einer Bewehrungslage abgleitet [60].

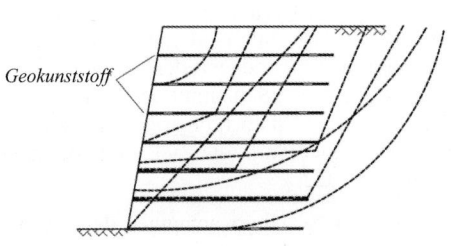
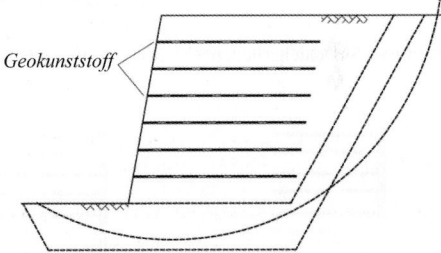

Bild 59. Mögliche Gleitlinien durch eine Stützkonstruktion

Bild 60. Mögliche Gleitlinien um eine Stützkonstruktion

Zusätzlich sind die üblichen grundbautechnischen Nachweise zu führen, bei denen der bewehrte Bodenkörper als „Monolith" betrachtet wird (Grundbruch, Gleiten, Lage der Sohldruckresultierenden; Bild 61). Soweit eine Frontverkleidung zum Einsatz kommt, sind die Anschlüsse der Bewehrung hieran nachzuweisen. Für die Gebrauchstauglichkeit sind Verformungsbetrachtungen (Setzung, horizontale Verformungen) anzustellen.

Für dauerhafte Konstruktionen sind oft spezielle Frontausbildungen (Bild 62) erforderlich. Hierzu werden in Anhang C der DIN EN 14475 [39] verschiedene Varianten mit Hinweisen zu Ausführungstoleranzen gegeben. Hierbei wird zwischen weitgehend starren Frontelementen (Paneele, Blöcke, Betonfertigteile), bedingt verformbaren Frontelementen (vorgeformte Stahlgitterabschnitte, vorgeformte Stahlelemente, Gabionen) oder verformbaren (flexiblen) Frontelementen (Polsterwände) unterschieden. Besonderes Augenmerk ist auf eine landschaftsgerechte Gestaltung zu legen. Hierzu kann bei vielen Frontausbildungen eine Begrünung erfolgen.

Beispiele bewehrter Stützkonstruktionen sind in Abschnitt 3.6.4 zu finden. Oftmals entfällt bei solchen Konstruktionen der Einbau hochwertigen, teuren Bodenmaterials, da der zur Verfügung stehende Aushubboden wieder verwendet werden kann.

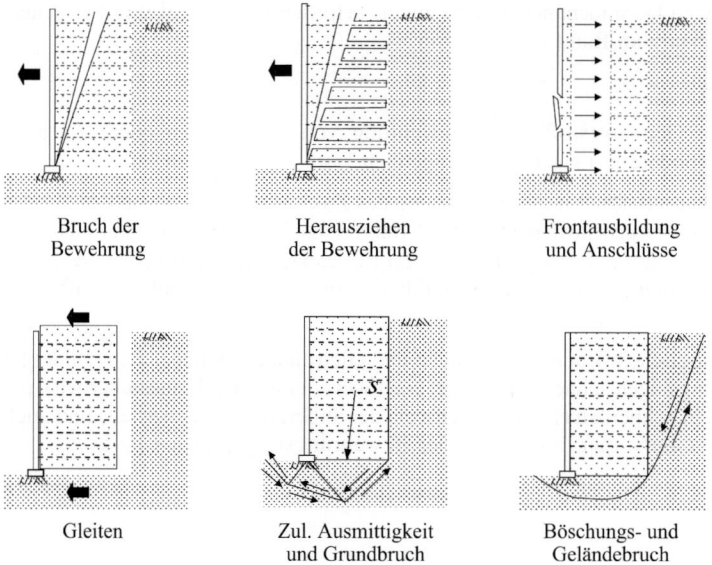

Bild 61. Standsicherheitsnachweise, mögliche Bruchmechanismen

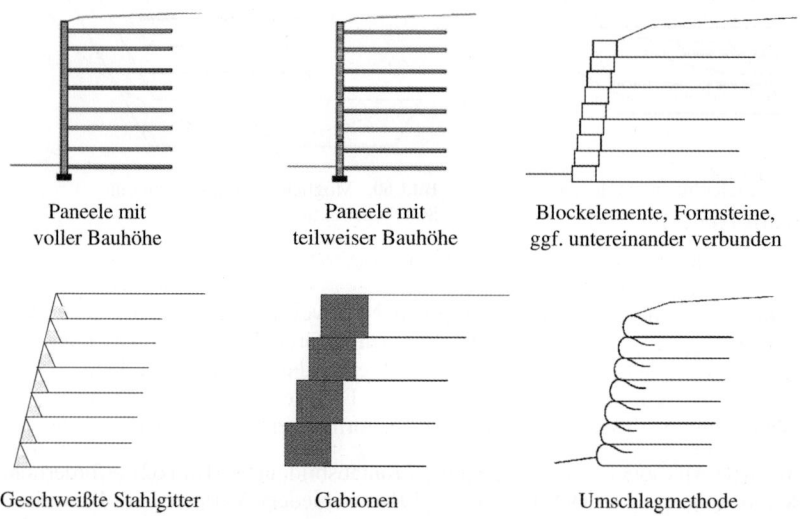

Bild 62. Typische Frontausbildungen von bewehrten Stützkonstruktionen

Asphaltbewehrungen

Nach fast sechs Jahren intensiver Arbeit der Ad-hoc-Gruppe 7.6.0.2 „Bewehrung von Asphalt" der FGSV ist im Herbst 2006 das Arbeitspapier Nr. 69 veröffentlicht worden [111]. Es handelt sich um Zwischenergebnisse, die eine Basis für weitere Diskussionen schaffen sollen.

3.6.2 Kunststoffdichtungsbahnen und dichtungsbahnverwandte Produkte

Dichtungssysteme werden angeordnet, um Wasserverluste zu verhindern (z. B. bei Regenwasserrückhaltebecken und Löschteichen), um Boden und Grundwasser in Wasserschutzgebieten vor Eindringen wassergefährdender Stoffe aus Verkehrsanlagen (z. B. Straßen, Tankstellen, Rastanlagen) zu schützen und um Schüttungen aus belasteten Böden oder aus industriellen Nebenprodukten zu dichten. Neben dem flächigen Grundwasserschutz kann durch Kunststoffdichtungsbahnen oder Bentonitmatten verhindert werden, dass das in Sickersträngen aufgenommene Wasser an anderen Stellen in den Boden versickert.

Regelwerke zum Einsatz von Kunststoffdichtungsbahnen und dichtungsbahnverwandte Produkte im Straßenbau sind: [14, 47, 84, 98, 115].

Die Richtlinien für bautechnische Maßnahmen an Straßen in Wassergewinnungsgebieten [98] geben verschiedene Beispiele an, wie ein Dichtungssystem konstruiert werden muss, um Boden und Grundwasser vor Verunreinigungen, z. B. durch auslaufende Gefahrengüter, zu schützen. Grundlegende Angaben zur Anwendung von Kunststoffdichtungsbahnen für den Grundwasserschutz finden sich in DVWK 225 [50], für Bentonitmatten in EAG-GTD [55].

Fallbeispiele sind in Abschnitt 3.6.4 aufgeführt.

3.6.3 Tunnelbau

Wohl kein anderes Anwendungsgebiet wird in den nächsten Jahren – zumindest in Zentral-Europa – eine so rasante Entwicklung nehmen wie der „Tunnelbau". Umfassende Grundlagen über die Anwendung von Geokunststoffen sind in EAG-EDT [54] zu finden. Weiterhin zu berücksichtigen sind die ZTV-ING [126] und TL/TP-ING [117].

Fallbeispiel siehe Abschnitt 3.6.4.11.

3.6.4 Fallbeispiele

3.6.4.1 Geokunststoffummantelte Säulen, Airbus Hamburg

Für das Gelände der Airbus-Fertigung in Hamburg wurde eine Erweiterung erforderlich, die in den Jahren 2000 bis 2004 in die Wattfläche des Mühlenberger Lochs hinein erfolgte. Eine Fläche von etwa 16 ha mit anstehenden Böden mit Scherfestigkeiten von $c_u < 0{,}5$ kN/m² wurde auf eine Länge von 3500 m mit einem, auf geokunststoffummantelten Säulen gegründeten Damm umschlossen (Bild 63).

Bei den ummantelten Säulen kam als Bewehrung ein Gewebe und als Füllung Sand zum Einsatz. Die Bewehrung übernahm die fehlende Stützung des Umgebungsbodens über Ringzugkräfte. Die Herstellung folgte aufgrund der Tidebeeinflussung des Baugeländes von Pontons aus. Über den Säulen wurde der Damm mit zusätzlichen Bewehrungslagen aufgebaut. Mit dieser Pionierleistung war eine erhebliche Verkürzung der Bauzeit und eine umweltschonende Reduzierung des Geländebedarfs möglich. Durch die flexible Konstruktion war eine gleichmäßige Lastabtragung des Damms in den tragfähigen Untergrund möglich.

Die Fläche innerhalb des Damms wurde auf verschiedenen Trenn-, Filter und Bewehrungslagen aus Geokunststoffen mit Boden aufgebaut und der breiige bis flüssige Untergrund mithilfe einer großen Anzahl von geotextilen Vertikaldräns konsolidiert. Durch diese Lösung konnte in kurzer Bauzeit einen Produktionsfläche, die auch höchsten Anforderungen an Setzungsdifferenzen genügt, hergestellt werden.

Bild 63. Ummantelte Geokunststoffsäulen (Foto: Josef Möbius Baugesellschaft mbH Hamburg)

3.6.4.2 Geogitterbewehrte Stützkonstruktion A9 Hienberg

Im Zuge des Ausbaues der BAB A9 (Nürnberg–Berlin) wurde im Bereich des Hienberg-Anstiegs eine hangparallele Erweiterung erforderlich. Als besonders umweltverträgliche Lösung kam 1998 eine geogitterbewehrte und begrünte Stützkonstruktion zum Einsatz, mit deren Hilfe ein größeres Waldstück vor der Abholzung geschützt bzw. eine mächtige Betonansichtsfläche (Bohrpfahlwand, Stützwand) verhindert werden konnte.

Die bewehrte Konstruktion hat eine Länge von 262 m mit Höhen zwischen 6,0 und 14,9 m und einer Frontneigung von 60°. Die Geogitter haben einen Lagenabstand von 60 cm. Die Frontausbildung wurde bereichsweise mit vorgeformten Stahlgittern und in der Umschlagmethode ausgeführt. Auf dieser Konstruktion wurde im Weiteren ein Damm mit Regelböschung 1:1,5 und einer Höhe von bis zu 8 m errichtet, auf dem dann die Fahrspuren der Autobahn liegen (Bild 64).

Die messtechnische Überwachung über nunmehr viele Jahre ergab bisher keine nennenswerten Verformungen der Konstruktion oder Dehnungen der Geokunststoffe.

3.6.4.3 Bewehrte Böschung Idstein

In unmittelbarer Umgebung der historischen Altstadt von Idstein wurde im Jahre 2001 aus gestalterischer Sicht und um einen möglichst großen Anteil des alten Baumbestandes zu erhalten eine geokunststoffbewehrte Böschung gebaut. Bei einer Straßenlängsneigung von 12 % wird auf etwa 160 m Länge ein Höhenunterschied von 20 m überwunden. Die maximale Neigung der Böschung beträgt 60°, die mittlere Höhe der Böschung 5,50 m (Bild 65).

Für die Gestaltung der Ansichtsflächen wurde eine begrünbare Stahlgitteraußenhaut gewählt. Zwischen Boden und Stahlgitteraußenhaut wurde ein grün eingefärbter Trenn- und Filtervliesstoff angeordnet, der ein Ausrieseln des Bodens verhindert und für die Übergangsperiode bis zur flächendeckenden Begrünung eine akzeptable Ansichtsfläche bietet. Flachere

2.12 Geokunststoffe in der Geotechnik und im Wasserbau

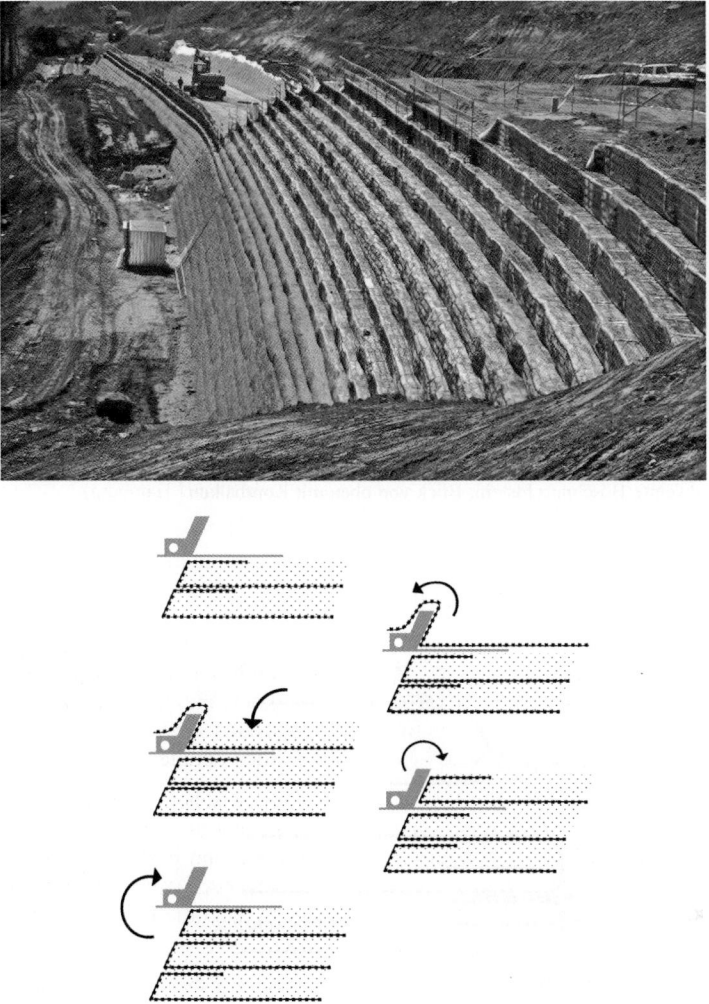

Bild 64. Geogitterbewehrte Stützkonstruktion A9 Hienberg

Böschungsneigungen wurden durch die Ausbildung von Zwischenbermen hergestellt, die gleichzeitig einen zu raschen Abfluss von Oberflächenwasser verhindern.

Horizontal angeordnete gelegte Geogitter sichern die Böschung. Der Kopfbereich des bewehrten Erdkörpers wird durch einen mit Geogittern rückverankerten Stahlbetonkopfbalken gesichert, auf dem auch das Gehweggeländer aufgesetzt wird (Bild 66).

Gegenüber der in der Vorplanung zunächst erwogenen Winkelstützmauer wurden durch die realisierte Lösung etwa nur 50 % der Kosten benötigt.

Bild 65. Geokunststoffbewehrte Böschung Idstein; Blick von oben mit Kopfbalken

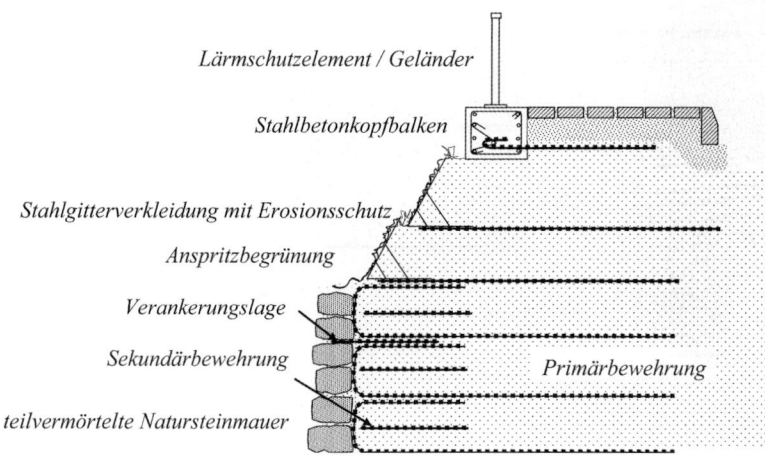

Bild 66. Geokunststoffbewehrte Böschung Idstein; oberer Querschnitt im Bereich der Natursteinmauer

3.6.4.4 Bewehrte Stützkonstruktion Thieschitzer Berg

Stellvertretend für eine Vielzahl von bewehrten Stützkonstruktionen zeigen die Bilder 67 bis 69 bewehrte Stützkonstruktionen.

Die etwa 185 m lange bewehrte Stützkonstruktion „Thieschitzer Berg" der BAB A4 in der Nähe von Gera (Bild 67) hat eine maximale Wandhöhe der mit Geogittern rückverhängten Betonfertigteile von 7,35 m und eine „Oberböschung" mit einer Neigung von 1:1,5 bei maximal 20 m.

2.12 Geokunststoffe in der Geotechnik und im Wasserbau

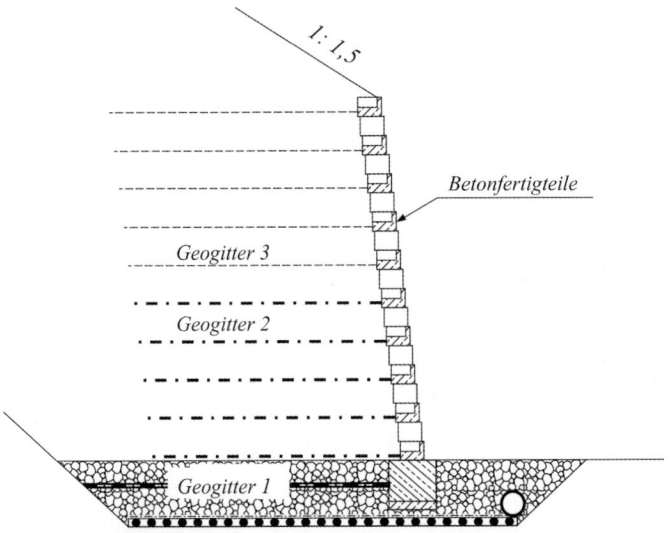

Bild 67. Bewehrte Stützkonstruktion A4 Thieschitzer Berg; Querschnitt (oben), Bauphase (unten)

3.6.4.5 Bewehrte Stützkonstruktion Senftenberger See

Bild 68 zeigt die bewehrte Stützkonstruktion Senftenberger See. Zum Abschluss einer Wallaufschüttung einer Tribüne wurde hier im Übergangsbereich zu einem Gebäude im unteren Bereich die Umschlagmethode zur Aufnahme von Erddruckkräften und im oberen Bereich eine aus Betonfertigteilen erstellte Konstruktion als Geländesprung gewählt.

Oftmals entfällt bei solchen bewehrten Erdkörpern der Einbau hochwertigen, teuren Bodenmaterials, da der zur Verfügung stehende Aushubboden im Vor-Kopf-Verfahren wieder angeschüttet werden kann. Um Erosionen an der fertigen Außenhaut zu verhindern, wird auf dem Geogitter bei der Umschlagmethode ein geotextiler Filter verlegt.

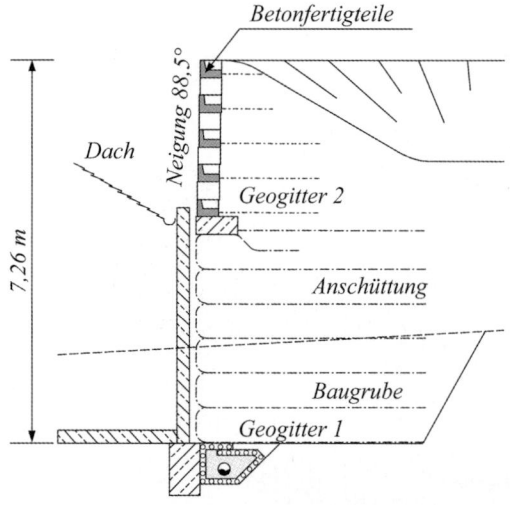

Bild 68. Bewehrte Stützkonstruktion Senftenberger See; Querschnitt (oben), Bauphase (unten)

3.6.4.6 Schwerlaststrecke Aalen

Durch die Stadt Aalen verläuft die Schwerlaststrecke Augsburg–Heilbronn, eine speziell zum Transport von übergroßen oder überschweren Gütern (370 t) ausgewiesene Trasse. Im Zuge der Neuplanung und einer zusätzlichen Lasterhöhung wurde eine bestehende Brücke über die Bahngleise durch einen Brückenneubau ersetzt. Im Anschluss an die neue Brücke wurde eine etwa 240 m lange und bis zu 11,5 m hohe Anfahrtsrampe auf das bestehende Straßenniveau notwendig. Sie wurde im unteren Bereich als mit Geogittern rückverhängte Gabionenwand, im oberen Bereich als geogitterbewehrte Stützkonstruktion mit vorgeformten Stahlgittern als Frontausbildung hergestellt (Bild 69). Aufgrund des stark setzungsempfindlichen Untergrundes und der hohen Verkehrslasten wurde eine Bodenverbesserung mit Rüttelstopfsäulen durchgeführt [71].

2.12 Geokunststoffe in der Geotechnik und im Wasserbau

Bild 69. Gabionenwand und aufgesetzte Steilböschung, Aalen Bahnhofstraße

3.6.4.7 Bewehrter Eisenbahndamm auf unbewehrten Pfählen, Augsburg–Olching

Bei der Ausbaustrecke 29/1 der Deutschen Bahn AG zwischen Augsburg und Olching werden neben einer bestehenden zweigleisigen Strecke im Bereich schwieriger geologischer Verhältnisse auf gering tagfähigen Böden zwei Hochgeschwindigkeitsgleise errichtet. In kritischen Abschnitten kam die Säulen-Geogitter-Bauweise (SGP-Bauweise) zur Ausführung (Bild 70). [5] erläutert die wesentlichen Konstruktionselemente, die Nachweise und die messtechnische Überwachung.

Bild 70. Ausbaustrecke 29/1 Augsburg–Olching

3.6.4.8 Autobahndamm BAB A 26 auf gering tragfähigem Untergrund

Der Neubau der Bundesautobahn A 26 führt in mehreren Bauabschnitten von Stade zum Anschluss an die A 7. Im ersten Streckenabschnitt besteht der Untergrund aus bis zu 12 m mächtigen Weichschichten (Klei, Torf) mit sehr geringer Tragfähigkeit. Es kam das Überschüttverfahren zur Anwendung (Bild 71), wobei eine intensive messtechnische Überwachung der zu erwartenden Verformungen und Spannungsänderungen im Untergrund zur Gewährleistung der Standsicherheit und für einen zeiteffektiven Bauablauf erforderlich war [3, 4].

Bild 71. Bundesautobahn A 26 in der Nähe von Stade [4]

3.6.4.9 Autobahndamm BAB A 7 auf gering tragfähigem Untergrund

Der Neubau der BAB A 7 Nesselwang–Füssen erforderte die Querung des Hochmoores „Wasenmoos". Die Gradiente der Fahrbahn befindet sich zwischen 1,5 und 8,0 m über Geländeoberkante GOK. Unter dem Torf des Hochmoors stehen wenig tragfähige Böden bis in 30 m Tiefe unter GOK an. Die Gründung erfolgte über geokunststoffbewehrte Dämme (Bild 72); die Setzungen wurden durch Vorbelastungen vorweggenommen [61].

Bild 72. Einbau auf Seekreide, Bundesautobahn A 7 in der Nähe von Füssen

2.12 Geokunststoffe in der Geotechnik und im Wasserbau   825

3.6.4.10 Grundwasserschutz Leutkirch

Beispielgebend ist eine Maßnahme im Zuge der Trassenführung der neuen Autobahn A 96 München-Lindau. Sie verläuft im Bereich Leutkirch durch ein eiszeitliches Schotterfeld, in dem sich das drittgrößte Grundwasservorkommen Baden-Württembergs befindet. Hieraus ergibt sich eine besondere Schutzwürdigkeit. Für die Dichtung war zunächst eine Kunststoffdichtungsbahn (d = 2 mm) mit Sandbettung und geotextiler Schutzschicht vorgesehen. Wegen baupraktischer Überlegungen, geringerer Temperatur- bzw. Witterungsabhängigkeit und niedrigerer Kosten wurden bereits 1993 Bentonitmatten eingesetzt [112]. Bild 73 gibt einen Überblick über die Baumaßnahme A 96 im Bereich Leutkirch.

Vernadelte Bentonitmatten sind als Dichtung des gesamten Bereichs der Wasserschutzzone II (engere Schutzzone) (Bild 74) und in der Wasserschutzzone III (weitere Schutzzone) unterhalb von Rohrleitungen in einem übergroßen Graben verlegt worden.

Die Möglichkeit, Bentonitmatten bei Temperaturen bis zu $-10\,°C$ zu verlegen, wurde durch Versuche und die Bauausführung belegt. Somit war eine fast ganzjährige Bautätigkeit mit nur kurzen Unterbrechungen möglich. Die Verlegegeschwindigkeit wurde ausschließlich von der Menge des vorrätigen Deckmaterials bestimmt. Die täglich verlegten Flächen wurden sofort mit der entsprechenden Schutz- und Deckschicht beschüttet.

Bild 73. Baumaßnahme A 96 im Bereich Leutkirch (Foto: R. Schmidt)

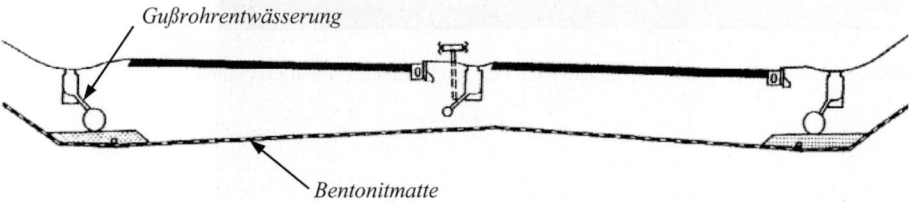

Bild 74. Regelquerschnitt in der Wasserschutzzone II [112]

3.6.4.11 Hallandsås Tunnel, Schweden

Am Beispiel des Hallandsås Tunnels (Bild 75) entlang der einspurigen Bahnstrecke zwischen Göteborg und Malmö in Schweden wird beispielhaft der Einsatz von Geokunststoffen im Tunnelbau verdeutlicht. Aufgrund äußerst schwieriger geologischer und bautechnischer Gegebenheiten musste das ursprünglich konzipierte Tunnelbauverfahren geändert werden. Der Tunnel wurde danach bergmännisch im Sprengverfahren aufgefahren und sollte druckwasserhaltend gedichtet werden. Dabei musste das Dichtungssystem für eine Wassersäule von 150 m und eine Mindestfunktionsdauer von 125 Jahren ausgelegt werden.

Da es sich bei Tunneldichtungsarbeiten in der Regel um äußerst langgestreckte, sog. Linienbaustellen handelt, die häufig nur von einer oder zwei Seiten zugängig sind, stellen solche Arbeiten nicht nur extreme Anforderungen an die Produkte und Verlegemannschaften, sondern auch an die logistischen Vorbereitungen, um die in einem solchen Bauwerk parallel ablaufenden Fertigungsschritte optimal und verzögerungsfrei aufeinander abzustimmen. Im vorliegenden Fall war es so, dass nach dem Einbau der bergseitigen Dränung die Betonaußenschale betoniert wurde. Darauf folgte der Einbau eines Schutzvliesstoffes, der die innenseitige Kunststoffdichtungsbahn sicher vor mechanischer Beschädigung schützt. Anschließend wurde eine 4 mm starke Kunststoffdichtungsbahn installiert. Fugenbänder wurden im Betonfugenbereich und in Blockmitte auf die Dichtungsbahn aufgebracht. Im Sohlbereich dient eine 3 mm starke Kunststoffdichtungsbahn als Schutzlage vor Beschädigungen durch die 62 cm dicke Betoninnenschale (Die Betoninnenschale wurde in der Sohle und im Gewölbe getrennt betoniert). Mit einem hydraulischen Verlegegerüst wurde das Dichtungssystem blockweise in 16-m-Abschnitten eingebaut. Die Verlegegeschwindigkeit betrug ca. 40 m pro Woche.

Bild 75. Hallandsås Tunnel, Schweden, nach Fertigstellung der Dichtungsarbeiten

4 Hinweise zur Vertragsgestaltung

In den diversen Regelwerken finden sich anwendungsspezifisch Angaben und Hinweise zu den Lieferbedingungen, der Qualitätssicherung, der Ausschreibung sowie zur Abrechnung und Gewährleistung.

Zentrale Bedeutung haben beispielsweise für den Straßenbau die TL Geok E-StB 05 [115], für den Gleisbau die EBA-Prüfungsbedingungen [59], für den Wasserbau die TLG [116], für den Deponiebau die GDA Empfehlung E 5-5 [70] und für den Tunnelbau Kapitel 8 der EAG-ETD [54]. Nachfolgend wird ein zusammenfassender Überblick gegeben.

4.1 Lieferbedingungen

Die Lieferbedingungen müssen alle die Lieferung betreffenden Fragen regeln, wie z.B. erforderliche Nachweise für die Eignung des angebotenen Geokunststoffs, Lieferkontrollen usw.

Dem Angebot muss eine ausführliche Beschreibung des Geokunststoffes beigefügt sein. In dieser Produktbeschreibung sind allgemeine und den Anwendungsfall betreffende Angaben aufzuführen. Hinweise finden sich beispielsweise in den entsprechenden CEN-Normen, u. a. in DIN EN ISO 10320, DIN EN 13249 bis 13257, 13265 sowie DIN EN 13361, 13362, 13491 bis 13493, 15381 und 15382.

Zu den Lieferbedingungen gehören weiterhin Lieferschein, Rollenetikett/CE-Etikett sowie eine fortlaufende Kennzeichnung des Produkts. „Nicht eindeutig identifizierbare und gekennzeichnete Produkte dürfen nicht eingebaut werden" [83].

4.2 Qualitätssicherung

Der Qualitätssicherung dienen Eignungs-, Eigenüberwachungs-, Fremdüberwachungs- und Kontrollprüfungen:

Eignungsprüfungen
dienen dem Nachweis der Eignung der Geokunststoffe für den vorgesehenen Verwendungszweck, entsprechend den Anforderungen des Bauvertrags. Der Bieter muss dem Auftraggeber vor Auftragsvergabe die Eignung des vorgesehenen Geokunststoffs nachweisen. Der Nachweis der in der Ausschreibung geforderten Eigenschaften ist durch Prüfzeugnisse einer vom Auftraggeber anerkannten Prüfstelle zu erbringen.

Eigenüberwachungsprüfungen
sind Prüfungen des Auftragnehmers oder dessen Beauftragten, um festzustellen, ob die Güteeigenschaften des Geokunststoffs den vertraglichen Anforderungen entsprechen. Neben dieser Eigenüberwachung im Werk (zukünftiger Begriff: Eigenüberwachung der Produktion) muss zusätzlich auf der Baustelle eine Eigenüberwachung auch im Sinne des korrekten Einbaus durchgeführt werden (zukünftiger Begriff: Eigenüberwachung der Bauausführung).

Fremdüberwachungsprüfungen
sind von einer anerkannten, unabhängigen amtlichen Prüfstelle durchzuführen, um im Rahmen eines Fremdüberwachungsvertrags die Einhaltung der vertraglich zugesicherten Güteeigenschaften des Geokunststoffs im Werk zu überwachen (DIN 18200) (zukünftiger Begriff: Fremdüberwachung der Produktion).

Kontrollprüfungen
versetzen den Auftraggeber in die Lage festzustellen, ob die Güteeigenschaften des Geokunststoffs und/oder der fertigen Leistung den vertraglichen Anforderungen entsprechen. Ihre Ergebnisse werden der Abnahme und der Abrechnung zugrunde gelegt. Vom eigentlichen Sinn werden diese Prüfungen zukünftig als eine Art Fremdüberwachung angesehen werden müssen (zukünftiger Begriff: Fremdüberwachung der Bauausführung).

4.3 Ausschreibung

Die Anforderungen an die Geokunststoffe sind projektbezogen zu definieren und einschließlich der zum Nachweis der Anforderungen notwendigen Prüfungen in die Vertragsunterlagen aufzunehmen. Verwendungszweck, Einbau, Prüfumfang, Lieferbedingungen und Abrechnungsverfahren sind für die vorgesehene Leistung erschöpfend zu beschreiben.

In der Baubeschreibung ist der konstruktive Aufbau des Bauwerks zu erläutern. Anschlüsse an Bauwerke sind soweit wie erforderlich zeichnerisch darzustellen. Besonderheiten der Örtlichkeit, wie mögliche Hochwassereinflüsse, Zugänglichkeit der Baustelle im Hinblick auf den Geokunststoffeinbau etc. sind anzugeben.

In der Regel sind weitere Angaben erforderlich: Zweck, z. B. zur Böschungssicherung oder als Sohlensicherung, Böschungsneigung oder Neigung der Einbaufläche, Einbaubedingungen (z. B. in trockener Baugrube, im Bereich wechselnder Wasserstände), Art des Geokunststoffs (z. B. mechanisch verfestigter Vliesstoff, gestrecktes Geogitter, profilierte PEHD-Kunststoffdichtungsbahn, vernadelte Bentonitmatte), Anforderungen an den Geokunststoff und Bodenparameter.

Nach Beendigung der Bauarbeiten sind vom Auftragnehmer Bestandsunterlagen (Dokumentation genannt) zu liefern, aus denen die endgültige Bauausführung und die verwendeten Baustoffe hervorgehen.

4.4 Abrechnung und Gewährleistung

Grundsätzlich ist die Abrechnungseinheit im Leistungsverzeichnis festzulegen. Besonderheiten sind in den Zusätzlichen Technischen Vertragsbedingungen geregelt bzw. mit der Baubeschreibung zu regeln.

Die Gewährleistung richtet sich nach der VOB/B. Im Einzelfall ist sie entsprechend dem Verwendungszweck näher festzulegen. Sie hat im Regelfall – gemäß den einschlägigen Vorschriften – der Gewährleistung der zugehörigen Hauptleistung der Baumaßnahmen zu entsprechen.

5 Schlussbemerkung

Aufgaben (Funktionen) wie Schützen, Filtern, Trennen, Dränen, Bewehren, Verpacken und Dichten werden durch die kunststoffgerechte Anwendung von Geokunststoffen (Geotextilien, geotextilverwandten Produkten, Dichtungsbahnen und dichtungsbahnverwandten Produkten) gelöst.

Die verschiedenen Einsatzbereiche zeigen, dass es für einen fachgerechten und sicheren Entwurf notwendig ist, das Verhalten und die Wirkungsweise der unterschiedlichen Geokunststoffe genauestens zu kennen. Bei den meisten Anwendungen sind die Auswahl eines geeigneten Geokunststoffes und das Langzeitverhalten von entscheidender Bedeutung für die Lebensdauer und Sicherheit der gesamten Konstruktion. Besondere Beachtung muss dem kontrollierten Einbau bzw. der Robustheit/Widerstandsfähigkeit der Materialien gewidmet werden, da erfahrungsgemäß die häufigste Beschädigungsmöglichkeit für Geokunststoffe im rauen Einbaubetrieb gegeben ist.

6 Literatur

[1] ASTM D 5890: Standard Test Method for Swell Index of Clay Mineral Component of Geosynthetic Clay Liners.
[2] Bishop, D., Kohlhase, S., Johannßen, K.: Recent Application of Modern Geosynthetics for Coastal, Canal and River Works. Fifth International Conference on Geotextiles, Geomembranes and Related Products, Singapore, 1994.
[3] Blume, K.-H., Glötzl, F.: Anwendung der Beobachtungsmethode am Beispiel der BAB A 26. Erd- und Grundbautagung, Stade. Forschungsgesellschaft für Straßen- und Verkehrswesen, 2003.
[4] Blume, K.-H., Glötzl, F., Lockemann, K.: Federal Highway A 26 in Germany: Reinforced dams in soft soils – control method according DIN 1054. Third European Geosynthetics Conference, EuroGeo3, Munich, 2004.
[5] Borchert, K.-M., Mittag, J., Treffer, A.: Verbreiterung eines Straßendammes auf bindigen und organischen Böden. Entwicklungen in der Bodenmechanik, Bodendynamik und Geotechnik. Festschrift zum 60. Geburtstag von Univ.-Prof. Dr. Stavros Savidis. Springer-Verlag, Berlin, Heidelberg, 2006.
[6] Bräcker, W.: Deponietechnische Vollzugsfragen. 24. Fachtagung „Die sichere Deponie". SKZ Süddeutsches Kunststoff-Zentrum, Würzburg, 2008.
[7] Bräcker, W.: Ergebnisse der LAGA Ad-hoc-AG „Deponietechnische Vollzugsfragen". AbfallwirtschaftsFakten 18, Staatliches Gewerbeaufsichtsamt Hildesheim, April 2009.
[8] Bräu, G.: Geotextilien als Trennlage unter Tragschichten. Schriftenreihe der Arbeitsgruppe Erd- und Grundbau der Forschungsgesellschaft für Straßen- und Verkehrswesen, Heft 6, 1994.
[9] Bräu, G., Lehmann, E.: Auswirkung von Bewehrungen bei Dämmen auf wenig tragfähigem Untergrund unter Verkehrslasten. Forschung Straßenbau und Straßenbauverkehrstechnik (FGSV), Heft 880, 2004.
[10] Bräu, G., Floss, R., Laier, H.: Beschädigungsanfälligkeit von Geotextilien. 2. Kongress Kunststoffe in der Geotechnik K-GEO. SVG Schweizerischer Verband der Geotextilfachleute (Hrsg.), 1992.
[11] Bräu, G., Floss, R., Bauer, A., Vogt, N.: Verhalten von Geotextilien und Geokunststoffen im Boden bei Beanspruchung während des Einbaus und unter dynamischen Belastungen. Forschung Straßenbau und Straßenbauverkehrstechnik (FGSV), Heft 893, 2004.
[12] Broers, A., Saathoff, F.: Gedanken zum Lastfall „Einbauzustand geschichteter Systeme". Sonderheft Geotechnik zur 6. Informations- und Vortragstagung über „Kunststoffe in der Geotechnik". DGGT, 1999.
[13] Brösskamp, K. H.: Seedeichbau – Theorie und Praxis. Vereinigung der Naßbaggerunternehmungen e. V., Hamburg, 1976.
[14] C Geok E: Checklisten für die Anwendung von Geokunststoffen im Erdbau des Straßenbaues. Checklisten des Arbeitsausschusses „Anwendung von Geokunststoffen im Straßenbau", Ausgabe 2005. Forschungsgesellschaft für Straßen- und Verkehrswesen, FGSV 535/1, Köln, 2005.
[15] DIN 4102: Brandverhalten von Baustoffen und Bauteilen.
[16] DIN 16937: Kunststoff-Dichtungsbahnen aus weichmacherhaltigem Polyvinylchlorid (PVC-P), bitumenverträglich; Anforderungen (zurückgezogen).
[17] DIN 18121-1:1998-04: Untersuchung von Bodenproben – Wassergehalt; Teil 1: Bestimmung durch Ofentrocknung.
[18] DIN 18132:1995-12: Baugrund, Versuche und Versuchsgeräte – Bestimmung des Wasseraufnahmevermögens.
[19] DIN 18196:2006-06: Erd- und Grundbau – Bodenklassifikation für bautechnische Zwecke.

[20] DIN 61210: Vliese, verfestigte Vliese (Filze, Vliesstoffe, Watten) und Vliesverbundstoffe auf Basis textiler Fasern (zurückgezogen).
[21] DIN EN 933-9:1995-12: Prüfverfahren für geometrische Eigenschaften von Gesteinskörnungen; Teil 9: Beurteilung von Feinanteilen, Methylenblau-Verfahren.
[22] DIN EN 13249:2005-04: Geotextilien und geotextilverwandte Produkte – Geforderte Eigenschaften für die Anwendung beim Bau von Straßen und sonstigen Verkehrsflächen; Deutsche Fassung EN 13249:2000 + A1:2005.
[23] DIN EN 13250:2005-04: Geotextilien und geotextilverwandte Produkte – Geforderte Eigenschaften für die Anwendung beim Eisenbahnbau; Deutsche Fassung EN 13250:2000 + A1:2005.
[24] DIN EN 13251:2005-04: Geotextilien und geotextilverwandte Produkte – Geforderte Eigenschaften für die Anwendung in Erd- und Grundbau sowie in Stützbauwerken; Deutsche Fassung EN 13251:2000 + A1:2005.
[25] DIN EN 13252:2005-04: Geotextilien und geotextilverwandte Produkte – Geforderte Eigenschaften für die Anwendung in Dränanlagen; Deutsche Fassung EN 13252:2000 + A1:2005.
[26] DIN EN 13253:2005-04: Geotextilien und geotextilverwandte Produkte – Geforderte Eigenschaften für die Anwendung in externen Erosionsschutzanlagen; Deutsche Fassung EN 13253:2000 + A1:2005.
[27] DIN EN 13254:2005-04: Geotextilien und geotextilverwandte Produkte – Geforderte Eigenschaften für die Anwendung beim Bau von Rückhaltebecken und Staudämmen; Deutsche Fassung EN 13254:2000 + A1:2005.
[28] DIN EN 13255:2005-04: Geotextilien und geotextilverwandte Produkte – Geforderte Eigenschaften für die Anwendung beim Kanalbau; Deutsche Fassung EN 13255:2000 + A1:2005.
[29] DIN EN 13256:2005-04: Geotextilien und geotextilverwandte Produkte – Geforderte Eigenschaften für die Anwendung im Tunnelbau und in Tiefbauwerken; Deutsche Fassung EN 13256:2000 + A1:2005.
[30] DIN EN 13257:2005-04: Geotextilien und geotextilverwandte Produkte – Geforderte Eigenschaften für die Anwendung bei der Entsorgung fester Abfallstoffe; Deutsche Fassung EN 13257:2000 + A1:2005.
[31] DIN EN 13265:2005-04: Geotextilien und geotextilverwandte Produkte – Geforderte Eigenschaften für die Anwendung in Projekten zum Einschluss flüssiger Abfallstoffe; Deutsche Fassung EN 13265:2000 + A1:2005.
[32] DIN EN 13361:2006-10: Geosynthetische Dichtungsbahnen – Eigenschaften, die für die Anwendung beim Bau von Rückhaltebecken und Staudämmen erforderlich sind; Deutsche Fassung EN 13361:2004 + A1:2006.
[33] DIN EN 13362:2005-07: Geosynthetische Dichtungsbahnen – Eigenschaften, die für die Anwendung beim Bau von Kanälen erforderlich sind; Deutsche Fassung EN 13362: 2005.
[34] DIN EN 13491:2006-10: Geosynthetische Dichtungsbahnen – Eigenschaften, die für die Anwendung beim Bau von Tunneln und Tiefbauwerken erforderlich sind; Deutsche Fassung EN 13491:2004 + A1:2006.
[35] DIN EN 13492:2006-10: Geosynthetische Dichtungsbahnen – Eigenschaften, die für die Anwendung beim Bau von Deponien, Zwischenlagern und Auffangbecken für flüssige Abfallstoffe erforderlich sind; Deutsche Fassung EN 13492:2004 + A1:2006.
[36] DIN EN 13493:2005-08: Geosynthetische Dichtungsbahnen – Eigenschaften, die für die Anwendung beim Bau von Deponien und Zwischenlagern für feste Abfallstoffe erforderlich sind; Deutsche Fassung EN 13493:2005.
[37] DIN EN 13501: Klassifizierung von Bauprodukten und Bauarten zu ihrem Brandverhalten.
[38] DIN EN 14196:2004-02: Geokunststoffe – Prüfverfahren zur Bestimmung der flächenbezogenen Masse von geosynthetischen Tondichtungsbahnen.
[39] DIN EN 14475:2006-04 Ausführung von besonderen geotechnischen Arbeiten (Spezialtiefbau) – Bewehrte Schüttkörper.
[40] DIN EN 15381:2008-11: Geotextilien und geotextilverwandte Produkte – Eigenschaften, die für die Anwendung beim Bau von Fahrbahndecken und Asphaltdeckschichten erforderlich sind; Deutsche Fassung EN 15381:2008.
[41] DIN EN 15382:2008-11: Geosynthetische Dichtungsbahnen – Eigenschaften, die für die Anwendung in Verkehrsbauten erforderlich sind; Deutsche Fassung EN 15382:2008.

[42] DIN EN ISO 9864:2005-05 Geokunststoffe – Prüfverfahren zur Bestimmung der flächenbezogenen Masse von Geotextilien und geotextilverwandten Produkten.
[43] DIN EN ISO 10318:2006-04: Geokunststoffe – Begriffe.
[44] DIN EN ISO 10319:2008-10: Geokunststoffe – Zugversuch am breiten Streifen.
[45] DIN EN ISO 10320:1999-04: Geotextilien und geotextilverwandte Produkte – Identifikation auf der Baustelle.
[46] DIN EN ISO 12236:2006-11: Geokunststoffe – Stempeldurchdrückversuch (CBR-Versuch).
[47] DVS 2225-4:2006-12: Schweißen von Dichtungsbahnen aus Polyethylen (PE) für die Abdichtung von Deponien und Altlasten.
[48] DVWK 76: Empfehlung für die Anwendung und Prüfung von Kunststoffen im Erd- und Wasserbau. Empfehlungen des Arbeitskreises 14 (heute Ak 5.1) „Kunststoffe in der Geotechnik und im Wasserbau" der DGGT, DVWK Schriften, Heft 76. Verlag Paul Parey, Hamburg, Berlin, 1. Auflage 1986, 2. Auflage 1989.
[49] DVWK 221: Anwendung von Geotextilien im Wasserbau. Empfehlungen des Arbeitskreises 14 (heute Ak 5.1) „Kunststoffe in der Geotechnik und im Wasserbau" der DGGT, DVWK Merkblätter 221, 1992.
[50] DVWK 225: Anwendung von Kunststoffdichtungsbahnen im Wasserbau und für den Grundwasserschutz. Empfehlungen des Arbeitskreises 14 (heute Ak 5.1) „Kunststoffe in der Geotechnik und im Wasserbau" der DGGT, DVWK Merkblätter 225, 1992.
[51] DWA-WW-7.3: Dichtungssysteme in Deichen. DWA-Themen, DWA-Arbeitsgruppe WW-7.3 „Dichtungssysteme in Deichen", 2005.
[52] EAG-Con: Empfehlungen zur Anwendung von geotextilen Containern im Wasserbau. Empfehlungen des Arbeitskreises 5.1 „Kunststoffe in der Geotechnik und im Wasserbau" der DGGT, derzeit in Bearbeitung, Herausgabe durch DGGT für 2010 geplant.
[53] EAG-Drän: Empfehlungen zur Anwendung geosynthetischer Dränmatten. Empfehlungen des Arbeitskreises 5.1 „Kunststoffe in der Geotechnik und im Wasserbau" der DGGT, derzeit in Bearbeitung, Herausgabe durch DGGT für 2010 geplant.
[54] EAG-EDT: Empfehlungen zu Dichtungssystemen im Tunnelbau. Empfehlungen des Arbeitskreises 5.1 „Kunststoffe in der Geotechnik und im Wasserbau" der DGGT, herausgegeben von der DGGT. Verlag Glückauf Essen, 2005.
[55] EAG-GTD: Empfehlungen zur Anwendung geosynthetischer Tondichtungsbahnen. Empfehlungen des Arbeitskreises 5.1 „Kunststoffe in der Geotechnik und im Wasserbau" der DGGT, herausgegeben von der DGGT. Ernst & Sohn, Berlin, 2002.
[56] EAK: Empfehlungen für Küstenschutzbauwerke. Die Küste, Heft 55, 1993.
[57] EAK: Empfehlungen für Küstenschutzbauwerke. Die Küste, Heft 65, 2002.
[58] EAO: Empfehlungen zur Anwendung von Oberflächendichtungen an Sohle und Böschung von Wasserstraßen. Mitteilungsblatt der Bundesanstalt für Wasserbau Nr. 85, 2002.
[59] EBA-Prüfungsbedingungen für Geokunststoffe des Eisenbahn-Bundesamtes. Ausgabe vom 1.2.2007.
[60] EBGEO: Empfehlungen für den Entwurf und die Berechnung von Erdkörpern mit Bewehrungen aus Geokunststoffen. Empfehlungen des Arbeitskreises 5.2 „Berechnung und Dimensionierung von Erdkörpern mit Bewehrungseinlagen aus Geokunststoffen", Entwurf Februar 2009, Herausgabe durch DGGT geplant.
[61] Eisele, R., Floss, R., Friedrich, B., Straußberger, D.: Konzeption, Ausschreibung und Qualitätssicherung von Geokunststoffen bei der Querung des Hochmoores „Wasenmoos", Bundesautobahn BAB A 7, Füssen. Sonderheft Geotechnik zur 9. Informations- und Vortragstagung über „Kunststoffe in der Geotechnik". DGGT, 2005.
[62] Fleischer, P.: Bentonitmatten als Damm- und Deichdichtungen – Erkenntnisse aus Aufgrabungen nach unterschiedlich langen Liegezeiten. Dresdner Wasserbau-Kolloquium, 8./9. Oktober 2007.
[63] Fleischer, P., Heibaum, M.: Unterwassereinbau von geosynthetischen Tondichtungsbahnen. Sonderheft Geotechnik zur 6. Informations- und Vortragstagung über „Kunststoffe in der Geotechnik". DGGT, 1999.
[64] GBB: Grundlagen zur Bemessung von Böschungs- und Sohlensicherungen an Binnenwasserstraßen. Mitteilungsblatt der Bundesanstalt für Wasserbau Karlsruhe, Nr. 87, 2004. .

[65] GDA Empfehlung E 2-7: Nachweis der Gleitsicherheit von Abdichtungssystemen, Entwurf 2008. In: Witt, K. J., Ramke, H.-G.: Empfehlungen des Arbeitskreises 6.1 „Geotechnik der Deponiebauwerke" der DGGT. Bautechnik 85 (2008), Heft 9, Ernst & Sohn, Berlin.
[66] GDA Empfehlung E 2-9: Einsatz von Geotextilien im Deponiebau. In Witt, K. J., Ramke, H.-G.: Empfehlungen des Arbeitskreises 6.1 „Geotechnik der Deponiebauwerke" der DGGT, Empfehlungen der UAG Ak 5.1 – Ak 6.1. Bautechnik 82 (2005), Heft 9, Ernst & Sohn, Berlin.
[67] GDA Empfehlung E 2-36: Oberflächendichtungssysteme mit geosynthetischen Tondichtungsbahnen. In Witt, K. J., Ramke, H.-G.: Empfehlungen des Arbeitskreises 6.1 „Geotechnik der Deponiebauwerke" der DGGT, Empfehlungen der UAG Ak 5.1 – Ak 6.1. Bautechnik 84 (2007), Heft 9, Ernst & Sohn, Berlin.
[68] GDA Empfehlung E 3-8: Reibungsverhalten von Geokunststoffen. In: Witt, K. J., Ramke, H.-G.: Empfehlungen des Arbeitskreises 6.1 „Geotechnik der Deponiebauwerke" der DGGT, Empfehlungen der UAG Ak 5.1 – Ak 6.1. Bautechnik 82 (2005), Heft 9, Ernst & Sohn, Berlin.
[69] GDA Empfehlung E 3-9: Eignungsprüfung für Geokunststoffe. DGGT (Hrsg.): GDA Empfehlungen Geotechnik der Deponien und Altlasten, 3. Auflage. Empfehlungen der UAG Ak 5.1 – Ak 6.1. Ernst & Sohn, Berlin, 1997.
[70] GDA Empfehlung E 5-5: Qualitätsüberwachung für Geotextilien. In Witt, K. J., Ramke, H.-G.: Empfehlungen des Arbeitskreises 6.1 „Geotechnik der Deponiebauwerke" der DGGT, Empfehlungen der UAG Ak 5.1 – Ak 6.1. Bautechnik 82 (2005), Heft 9, Ernst & Sohn, Berlin.
[71] Hägele, J., Hübel, K.: Neubau der Schwerlaststrecke in Aalen – Hochbeanspruchte Geokunststoffkonstruktion auf weichem Untergrund. Sonderheft Geotechnik zur 9. Informations- und Vortragstagung über „Kunststoffe in der Geotechnik". DGGT, 2005.
[72] Heerten, G.: Stand der Untersuchung und Bemessung des Filterverhaltens von Geokunststoff-Boden-Systemen. Sonderheft Geotechnik zur 3. Informations- und Vortragstagung über „Kunststoffe in der Geotechnik". DGGT, 1993.
[73] Heerten, G.: Erhöhung der Deichsicherheit mit Geokunststoffen. Sonderheft Geotechnik zur 6. Informations- und Vortragstagung über „Kunststoffe in der Geotechnik". DGGT, 1999.
[74] Heerten, G.: Basics of Filtration with Soils and Geosynthetics for Geotechnical Constructions. Proceedings of the 10th Australia New Zealand Conference on Geomechanics, Vol. 2, Brisbane, Australia, 2007.
[75] Heerten, G., Zitscher, F.-F.: 25 Jahre Geotextilien im Küstenschutz – Ein Erfahrungsbericht. 1. Nationales Symposium Geotextilien im Erd- und Wasserbau. Forschungsgesellschaft für Straßen- und Verkehrswesen (Hrsg.), Köln, 1984.
[76] Heerten, G., Johannßen, K., Witte, J.: Einsatz von Geotextilfiltern. Supplement zur Zeitschrift für Binnenschiffahrt, Heft 4, 2000.
[77] Heerten, G., Saathoff, F., Stelljes, K.: Geotextile Bauweisen ermöglichen neue Strategien im Küstenschutz. Geotechnik, Heft 2, 2000. Glückauf Verlag, Essen.
[78] Heerten, G., Kohlhase, S., Saathoff, F. et al.: Geotextiles in Coast Protection. 21st International Conference on Coastal Engineering, Torremolinos, Abstract Book, 1988.
[79] Heibaum, M.: Kolksicherung am Eidersperrwerk, Geotechnische Überlegungen. HANSA, Heft 4, 1994.
[80] Koser, M.: Einsatz von Geokunststoffen an unterschiedlichen Deponien in Süddeutschland. 24. Fachtagung „Die sichere Deponie". SKZ Süddeutsches Kunststoff-Zentrum, Würzburg, 2008.
[81] LAGA: Grundsätze für die Eignungsbeurteilung von geosynthetischen Tondichtungsbahnen als mineralische Dichtung in Oberflächenabdichtungssystemen von Deponien – Bentonitmattengrundsätze. LAGA Ad-hoc-AG „Deponietechnische Vollzugsfragen, 19. 1. 2009.
[82] List, F.: Technische Gesichtspunkte für die Anwendung von Geotextilien im Erd- und Wasserbau. 1. Nationales Symposium Geotextilien im Erd- und Wasserbau. Forschungsgesellschaft für Straßen- und Verkehrswesen (Hrsg.), Köln, 1984.
[83] M Geo E: Merkblatt für die Anwendung von Geotextilien und Geogittern im Erdbau des Straßenbaus. Merkblatt des Arbeitsausschusses „Anwendung von Geokunststoffen im Straßenbau", Ausgabe 1994. Forschungsgesellschaft für Straßen- und Verkehrswesen, FGSV 535, Köln. Überarbeitung: M Geok E, 2005.
[84] M Geok E: Merkblatt für die Anwendung von Geokunststoffen im Erdbau des Straßenbaues M Geok E. Merkblatt des Arbeitsausschusses „Anwendung von Geokunststoffen im Straßenbau", Ausgabe 2005. Forschungsgesellschaft für Straßen- und Verkehrswesen, FGSV 535, Köln.

2.12 Geokunststoffe in der Geotechnik und im Wasserbau

[85] MAEBEL: Merkblatt über die Anwendung von Erosionsschutz- und Begrünungshilfen aus natürlichen und synthetischen Werkstoffen im Erd- und Landschaftsbau des Straßenbaues. Merkblatt des Arbeitskreises „Geokunststoffe für Erosionsschutz und als Begrünungshilfe" des Arbeitsausschusses „Anwendung von Geokunststoffen im Straßenbau". Herausgabe durch Forschungsgesellschaft für Straßen- und Verkehrswesen, geplant für 2010..

[86] MAG: Merkblatt Anwendung von geotextilen Filtern an Wasserstraßen. Bundesanstalt für Wasserbau, Karlsruhe, 1993.

[87] Maisner, M., Heibaum, M.: Verkehrswasserbau. In: Müller-Rochholz, 2008.

[88] MAR: Merkblatt Anwendung von Regelbauweisen für Böschungs- und Sohlensicherungen an Binnenwasserstraßen. Bundesanstalt für Wasserbau, Ausgabe 2008.

[89] Müller, W.: Handbuch der PE-HD-Dichtungsbahnen in der Geotechnik. Birkhäuser, 2001.

[90] Müller, W.: Eignungsgutachten für Kunststoff-Dränelemente durch die BAM. 21. Fachtagung „Die sichere Deponie". SKZ Süddeutsches Kunststoff-Zentrum, Würzburg, 2005.

[91] Müller-Rochholz, J.: Langzeitverhalten von Geotextil-Dränelementen. 16. Fachtagung „Die sichere Deponie". SKZ Süddeutsches Kunststoff-Zentrum, Würzburg, 2000.

[92] Müller-Rochholz, J.: Geokunststoffe im Erd- und Verkehrswegebau, 2. Auflage. Werner Verlag, 2008.

[93] Nickels, H., Heerten, G.: Objektschutz Haus Kliffende. HANSA, Heft 3, 2000.

[94] Pilarczyk, K.: Geosynthetics and geosystems in hydraulic and coastal engineering. A. A. Balkema, Rotterdam, The Netherlands, 2000.

[95] Rau, M., Dressler, J.: Meß- und Kontrollsystem für das Oberbecken des Pumpspeicherkraftwerkes Reisach-Rabenleite. Veröffentlichungen des LGA-Grundbauinstituts, Heft 71, „Geokunststoff-Ton-Dichtungen", 1994

[96] Ril 836: Richtlinie 836 Erdbauwerke und sonstige geotechnische Bauwerke planen, bauen und instand halten. Fassung vom 20.12.1999 mit 1. Aktualisierung gültig ab 01.10.2008.

[97] Ril 853: Richtlinie 853 Eisenbahntunnel planen, bauen und instand halten. 853.1001 Entwurfsgrundlagen und Standsicherheitsuntersuchungen, gültig ab 1.1.2007.

[98] RiStWag: Richtlinien für bautechnische Maßnahmen an Straßen in Wassergewinnungsgebieten. Forschungsgesellschaft für Straßen- und Verkehrswesen, 2002, Runderlass vom 12.1.2006.

[99] Saathoff, F.: Marktformen und Grundsätzliches zur Wirkungsweise von Geotextilien. Mitteilungen des Franzius-Instituts, Heft 64, 1987.

[100] Saathoff, F.: Geokunststoffe in Dichtungssystemen. Mitteilungen des Franzius-Instituts, Heft 72, 1991.

[101] Saathoff, F.: Filtern mit Geotextilien. Technische Akademie Esslingen „Geokunststoffe in der Geotechnik", 1995.

[102] Saathoff, F.: Dränsysteme aus Wirrgelege und Vliesstoff. 15. Fachtagung „Die sichere Deponie". SKZ Süddeutsches Kunststoff-Zentrum, Würzburg, 1999.

[103] Saathoff, F.: Geotextile sand containers in hydraulic and coastal engineering – German experiences. Proceedings of the 7th International Conference on Geosynthetics, Nice, France, edited by Ph. Delmas, J. P. Gourc and H. Girard, Vol. 3. A. A. Balkema, Swets & Zeitlinger, Lisse, The Netherlands, 2002.

[104] Saathoff, F.: Vergleich von geotextilen und mineralischen Filterschichten im Wasserbau. Sonderheft Geotechnik zur 11. Informations- und Vortragstagung über „Kunststoffe in der Geotechnik". DGGT, 2009.

[105] Saathoff, F., Ehrenberg, H.: Dichtung von der Rolle. Baumaschinendienst, Heft 9, 1992.

[106] Saathoff, F., Werth, K.: Standsicherheitsnachweise für Oberflächendichtungssysteme – Anmerkungen zum Lastfall Einbau geschichteter Systeme mit Geokunststoffen. 21. Fachtagung „Die sichere Deponie". SKZ Süddeutsches Kunststoff-Zentrum, Würzburg, 2005.

[107] Saathoff, F., Witte, J.: Eidersperrwerk, Geotextile Sandcontainer zur Stabilisierung der Kolkböschungen. HANSA, Heft 4, 1994.

[108] Saathoff, F., Zitscher, F.-F.: Geokunststoffe in der Geotechnik und im Wasserbau. Grundbau-Taschenbuch, Teil 2, 6. Auflage, 2001.

[109] Saathoff, F., Oumeraci, H., Restall, S.: Australian and German experiences on the use of geotextile containers. Geotextiles and Geomembranes; Special issue on tsunami reconstruction with geosynthetic containment systems, Vol. 25, Issues 4–5, Elsevier, Amsterdam, Oxford, 2007.

[110] Saathoff, F., Mühring, W., Trentmann, J., Martini, J.: Erkenntnisse aus den Schäden an den Deckwerken Olfen-Klauke am DEK. Binnenschifffahrt. Supplement zu Heft 11. Storck Verlag, Hamburg, 2006.
[111] Schmalz, M.: Verwendung von Vliesstoffen, Gittern und Verbundstoffen im Asphaltstraßenbau. FGSV-Arbeitspapier Nr. 69, Ad-hoc-Gruppe 7.6.0.2 „Bewehrung von Asphalt", 2006.
[112] Schmidt, R., Heyer, D.: Grundwasserschutz mit Bentonitdichtungsmatten bei Straßen in Wassergewinnungsgebieten am Beispiel der A 96 in Baden-Württemberg. Sonderheft Geotechnik zur 3. Informations- und Vortragstagung über „Kunststoffe in der Geotechnik". DGGT, 1993.
[113] Schuppener, B.: Standsicherheit bei durchwurzelten Uferböschungen. Binnenschiffahrt, Heft 9, 1993.
[114] TA Siedlungsabfall: Dritte Allgemeine Verwaltungsvorschrift zum Abfallgesetz, Technische Anleitung zur Verwertung, Behandlung und sonstigen Entsorgung von Siedlungsabfällen sowie Ergänzende Empfehlungen zur TA Siedlungsabfall des Bundesministeriums für Umwelt, Naturschutz und Reaktorsicherheit. Bundesanzeiger Verlags-Ges. mbH Köln, 1. Auflage, 1993.
[115] TL Geok E-StB 05: Technische Lieferbedingungen für Geokunststoffe im Erdbau des Straßenbaues. Technische Lieferbedingungen des Arbeitsausschusses „Anwendung von Geokunststoffen im Straßenbau", Forschungsgesellschaft für Straßen- und Verkehrswesen, FGSV 549, Köln, 2005.
[116] TLG: Technische Lieferbedingungen für Geotextilien und geotextilverwandte Produkte an Wasserstraßen. Zu beziehen über Drucksachenstelle der WSD Mitte, Hannover, 2007.
[117] TL/TP-ING: Sammlung Brücken- und Ingenieurbau, Baudurchführung, Technische Lieferbedingungen und Technische Prüfvorschriften für Ingenieurbauten. Verkehrsblatt-Sammlung Nr. S 1058, Bundesanstalt für Straßenwesen. Verkehrsblatt Verlag Borgmann, 2008.
[118] TM 2007-058: Technische Mitteilung zum Geotechnischen Ingenieurbau. DB Netz AG, 2007.
[119] Werth, K., Saathoff, F.: Anforderungen an steil geneigte Oberflächendichtungen am Beispiel der Deponie Furth im Walde. 22. Fachtagung „Die sichere Deponie". SKZ Süddeutsches Kunststoff-Zentrum, Würzburg, 2006.
[120] Wilmers, W.: Anforderungen an Geotextilien aus der Sicht des Straßenbaues. 23. Internationale Chemiefasertagung, Dornbirn, 1984.
[121] Wilmers, W., Saathoff, F.: Die neue deutsche Geotextilrobustheitsklassifizierung. Straßen- und Tiefbau, Heft 9, 1995.
[122] Witt, K. J., Zeh, R. M., Fabian, F.: Kapillarschutzschichten für mineralische Dichtungskomponenten in Oberflächenabdichtungen. Müll und Abfall, Heft 11, 2004.
[123] Wudtke, R.-B., Werth, K., Witt, K. J.: Standsicherheitsnachweis für Oberflächenabdichtungssysteme von Deponien. Bautechnik, Heft 9, 2008.
[124] Zitscher, F.-F.: Kunststoffe für den Wasserbau. Bauingenieur-Praxis, Heft 125. Verlag W. Ernst & Sohn, Berlin, München, Düsseldorf, 1971.
[125] Zitscher, F.-F., Heerten, G., Saathoff, F.: Verfahren mit Geotextilien und Dichtungsbahnen. Grundbau-Taschenbuch, Teil 2, 4. Auflage, 1992.
[126] ZTV-ING: Sammlung Brücken- und Ingenieurbau, Baudurchführung, Zusätzliche Technische Vertragsbedingungen und Richtlinien für Ingenieurbauten. Verkehrsblatt-Sammlung Nr. S 1056, Bundesanstalt für Straßenwesen. Verkehrsblatt Verlag Borgmann, 2008.

2.13 Ingenieurbiologische Verfahren zur Böschungssicherung

Rolf Johannsen und Eva Hacker

1 Einleitung

1.1 Ingenieurbiologie und Geotechnik

Seit Jahrhunderten werden Pflanzen zum Schutz von Siedlungen, Bauwerken und Nutzungen eingesetzt und dämmen Erosion durch geschickt angewendete Bautechniken mit Pflanzenteilen ein. Es wurden Deiche befestigt, Böschungen und Hänge gesichert, Küstenschutz betrieben und all das durch eine stabilisierende und schützende Pflanzendecke.

Im vorliegenden Kapitel werden deshalb die Grundlagen und Verfahren zur Etablierung von Vegetation mit Erosionsschutzwirkung auf Böschungen, Hängen und Deponien für den Geotechniker anwendungsbezogen dargestellt. Schwerpunkte sind dabei:

– die grundsätzliche Darstellung zur Wirkung von Pflanzen und Pflanzenbeständen,
– die vereinfachte Darstellung von Pflanzenleben und Böschungsstandorten aus ingenieurbiologischer Sicht,
– ingenieurbiologische Lösungsansätze für geotechnische Probleme auf Böschungen,
– ein Überblick über die typischen Baustoffe und ingenieurbiologische Bauweisen zur Etablierung einer Schutzvegetation auf Böschungen,
– die Vorstellung von Maßnahmen zur Entwicklung der Zielvegetation aus der Initialbegrünung sowie zur Erhaltung der Zielvegetation.

Der Beitrag richtet sich an alle Interessierten mit den Berufsausbildungen Geotechnik, Bauingenieurwesen oder Geologie. Die geotechnischen Grundlagen werden weitgehend als bekannt vorausgesetzt. Im Vordergrund steht daher die Vermittlung von Kompetenzen zur naturgemäßen Böschungsgestaltung und Sicherung. Die Lösungen basieren auf der Verwendung von Pflanzen und naturraumtypischen Baustoffen. Vorausgesetzt wird, dass bei Fragen der ökologischen Standortanalyse, der Festlegung von Zielvegetation, der Pflanzenauswahl und Methoden für die Initialbegrünungen, der Planung von Bauweisen sowie Pflege- und Entwicklungsmaßnahmen erfahrene ingenieurbiologische Fachleute hinzugezogen werden.

Die weiteren Abschnitte befassen sich mit einer Bewertung von Böschungssicherungen aus der Sicht von Naturhaushalt und Landschaftsbild sowie mit der Möglichkeit geotechnische Untersuchungen durch standortkundliche und geobotanische Erhebungen zu unterstützen.

1.2 Ingenieurbiologische Wirkungen von Pflanzen und Pflanzenbeständen auf Böschungen und Hangstandorten

Pflanzenbestände haben zahlreiche Wirkungen auf Böschungs- und Hangstandorte. Der Wuchs und der Entwicklungszustand einzelner Pflanzen, ihre Vermehrung und die Vergesellschaftung mit anderen Pflanzen bestimmen Zusammensetzung, Größe, Form und Deckung eines Vegetationsbestandes. Abhängig ist dies wiederum vom Zusammenspiel mit den Standortfaktoren Boden, Wasser und Licht. Die Pflege von Vegetationsbeständen beeinflusst ihre Zusammensetzung.

Pflanzen haben als lebende Organismen die Möglichkeiten, auf die Umwelt flexibel zu reagieren. Dies geschieht insbesondere durch:

- Fortpflanzung über unterschiedliche Wege, beispielsweise Samen (generativ) oder Wurzel- und Sprossstücke u. Ä. (vegetativ),
- Regenerieren nach Verletzungen und anderen Umweltveränderungen.

Diese Fähigkeiten führen dann zu Wirkungen, die für die Befestigung von Böschungen und Hängen genutzt werden:

- Verzahnen von Materialien,
- Vernetzen von Strukturen,
- Pumpen (Entzug) von Wasser aus dem Boden,
- Auffangen/Aufhalten von und Anpassen an bewegliche Feststoffe und Wasser,
- Abdecken von Oberflächen,
- Bremsen von Strömungen.

Durch das unterschiedliche Zusammenspiel von Organismen und Substraten ergeben sich komplexe Wirkungen von Pflanzen, die man grob in die vier Kategorien technische, ökologische, gestalterische und ökonomische Wirkungen einteilt. Aufgrund zahlreicher Einflussfaktoren ist die Prognose der Wirkungen nicht immer einfach. Man orientiert sich bislang an Erfahrungswerten aus der jeweiligen Region und trifft häufig Schlussfolgerungen aus vorhandener Vegetation auf vergleichbaren Standorten. Fundierte Kenntnisse über die Eigenschaften und Vergesellschaftungen von Pflanzen tragen zur Sicherheit der Prognosen bei.

Die Wirkungen von Pflanzen sind im Sinne des Nutzers, wie bereits beschrieben, überwiegend positiv. Aber auch negative Wirkungen sind möglich, wie Wurzeleinwachsungen in Bauwerke oder Leitungen. Sie sollten allerdings durch die richtige Pflanzenauswahl und Pflege der Anlagen vermieden werden.

Im Folgenden werden wesentliche ingenieurbiologische Wirkungen von Pflanzenbeständen im Einzelnen beschrieben. Sie setzen sich meist aus einer Kombination von mechanischen, hydrologischen und biologischen Auswirkungen zusammen.

Wirkungen auf Gesteine, Substrate und Böden

Pflanzen können mit ihren oberirdischen Trieben und Blättern die Bodenoberfläche abdecken und schützen sie dadurch vor Einwirkungen, wie beispielsweise Wind, Tropfenaufschlag, Strömungen, Wellenschlag oder zu starken Strahlungen. Die Vegetationsdecke kann damit Oberflächenerosion verhindern.

Durch die Zug- und Scherfestigkeit von Pflanzenwurzeln können Bodenpartikel zusammengehalten und bei günstigen Bedingungen auch im Untergrund verankert werden. Das Zusammenwirken unterschiedlicher Wurzelformen wie beispielsweise Pfahl-, Herz- oder weitstreichende Senkerwurzeln führt zu einer Verklammerung und Festigung von Böden (Wurzelgeflecht) und somit zur Stützung und Sicherung des Bodens. Pflanzenwurzeln wirken häufig zusammen mit symbiotisch lebenden Pilzen und anderen Bodenlebewesen. Sie gemeinsam bewirken eine biologische Kohäsion bzw. Bodenbindung oder Bodenverklebung, die sich vor allem bei Sanden erosionsmindernd auswirkt.

Unter bestimmten Umständen wirken Pflanzenwurzeln aber auch lockernd auf Böden oder Gesteinspartien.

2.13 Ingenieurbiologische Verfahren zur Böschungssicherung

Bild 1. Robinienwurzeln sichern eine abgerutschte Erdscholle oberhalb einer Bahnlinie im Keuper. Die Abbildung zeigt die stillen Reserven einer durchwurzelten Böschung auf. Der Zustand ist aber weder gebrauchsfähig gemäß DIN 1054 noch sanierbar.

Wirkungen auf den Wasserhaushalt

Durch Transpiration von Pflanzen und Evaporation auf den Pflanzenoberflächen können erhebliche Anteile des Jahresniederschlags in der Vegetationszeit verdunstet werden. Die Pflanzenbestände fangen das Niederschlagswasser ab, und je nach Bodenaufbau und Vegetation wird so in einem tieferen Bodenbereich ein höherer Luftporenanteil geschaffen, der als Speicher für die nachfolgenden Niederschläge zur Verfügung steht. Diese Effekte werden z. B. bei Wasserhaushaltsschichten moderner Deponieabdeckungen in Gebieten mit trockenem Klima genutzt, um aufwendige Deponieoberflächenabdichtungen zu vermeiden.

Höhere Infiltration und Tiefenversickerung verläuft vorwiegend entlang von Wurzeln. Durch tiefere Wurzelsysteme und deren verstärkte Wasseraufnahme werden größere Bodenräume für die Versickerung von Starkniederschlägen geschaffen. Außerdem wird ein Teil der Niederschläge auf Blatt- und Trieboberflächen zwischengespeichert und so nicht abflusswirksam.

Wirkungen auf Strömungen

Pflanzen tragen durch den Pflanzenkörper an sich, durch ihren Wuchs sowie Höhe und Dichte des Bestandes zu einer Rauheit bei, die Wind- und Wasserströmungen entgegenwirkt und abmindert. Gleichmäßige raue Vegetation wirkt dabei gleichmäßig geschwindigkeitsverringernd. Bei gruppen- oder horstweise wachsenden Beständen entstehen Turbulenzen.

Auf Dämmen und Deponien bewirkt Gehölzvegetation beispielsweise ein Abbremsen von Windströmungen. Bei dichten Hecken können auf der Leeseite Verwirbelungseffekte auftreten. Windschutzhecken sollten halbdurchlässig gestaltet werden. An Öffnungen entstehen Düseneffekte, z. B. verstärkter Seitenwind an Straßen.

Vegetationsbestände reduzieren die Geschwindigkeit des Oberflächenwasserabflusses. Gras und die Zweige niedriger Sträucher wirken auf die sehr schnellen Wasserströmungen in Erosionsrinnen und -gräben bremsend. Außerdem entstehen Luft-/Wassergemische, die weniger erosiv wirken.

Wirkungen bei Klimaextremen

Pflanzen schützen vor extremen klimatischen Einwirkungen auf einen Standort. Bei extremer Hitze mildert die Vegetation die Auswirkungen durch Beschattung; bei extremer Kälte und Frost wirkt eine Vegetationsdecke als Dämmschicht und verhindert auch die Auskühlung durch Wind. Schlagregen als sehr starker Erosionsfaktor gelangt bei geschlossener Kraut- oder Strauchschicht nicht ungebremst auf die Bodenoberfläche.

Die Luftfeuchtigkeit wird in Stadtgebieten und an Straßen durch Vegetation erhöht. Dies begünstigt die Sedimentation von Staub und erzeugt Verdunstungskühle.

Wirkungen zur Vermeidung und Reduzierung von Emissionen

Durch die Vegetation können die Emissionen von Staub, Oberflächenwasser- und Sickerwasserabflüssen reduziert werden. Staubemissionen werden durch die höhere Luftfeuchtigkeit von Pflanzenbeständen angefeuchtet. Dadurch werden sie schwerer und sinken eher ab. Außerdem kann sich an rauen und großen Blattoberflächen Staub aus der Luft gut ablagern. Die Filterwirkung wird besonders durch Schutzpflanzungen erreicht.

Pflanzenwurzeln in Verbindung mit Mikroorganismen tragen zur Reinigung von Oberflächenwässern bei. Bei der Passage von leicht verschmutztem Regenwasser durch eine bewachsene Oberbodenschicht wurden gute Leistungen beobachtet (vgl. [15]).

Wirkungen auf Bauwerke und Bauelemente

Unterirdische Ver- und Entsorgungsleitungen

Unterirdische Ver- und Entsorgungsleitungen können durch nahstehende Bäume in ihrem Bestand gefährdet oder geschädigt werden (vgl. [34]). Im Wesentlichen entstehen Schäden durch das Eintragen eines Momentes durch die Starkwurzeln in den Boden. Dies kann zu Leitungsverformungen und Schäden führen. Weitere Schäden können durch Wurzeleinwirkungen am Korrosionsschutz und an Dichtungen entstehen. Empfohlen werden Mindestabstände von 2,50 m zwischen Baumstamm und Leitung.

Wirkungen auf Dränagen

Wurzeln von Gehölzen und Feuchtstauden wachsen in Trockenzeiten dem Wasser nach und können durch Einwachsungen in Dränagen Abflussstörungen erzeugen. Besonders Pappeln und Weiden bilden hierbei lange Horizontalwurzeln aus. Empfohlen werden Abstände von mehr als 10 m zwischen Dränage und Weidenanpflanzungen bei durchwurzelbaren Substraten oder großzügig dimensionierte Dränagen.

Dichtungen

Dichtungen werden vor allem von Pflanzen mit ausgeprägter vertikaler Wurzelentwicklung, wie einigen Erlen- und Leguminosenarten durchwurzelt. Die Wurzeln setzen hier in Schrumpfungs- oder Setzungsrissen bei Erddichtungen bzw. allgemein an Schwachstellen und Schäden auch an Kunststoffdichtungen an.

Mauern und Böschungspflaster

Gehölzwurzeln entwickeln eine Sprengwirkung durch Dickenwachstum. Diese kann sich ungünstig auswirken und zu einer starken Verspannung von Trockenmauern und Böschungspflastern führen. Häufig werden auch, vor allem Randbereiche gelockert und zerstört. Verstärkt werden kann der Effekt durch den Momenteneintrag bei größer werdenden

Bäumen. Unproblematisch sind Strauchpflanzungen in Steinschlichtungen während in alten Trockenmauern und Böschungspflastern eher Staudenvegetation und Brombeergebüsche entwickelt werden sollten.

Erdbauwerke

Große, einzeln stehende Bäume können auf Böschungen und Steilhängen mit weichem bindigem Boden, durch Sturm- und Nassschneeeinwirkungen geworfen werden, wenn das Kippmoment das haltende Moment des Wurzelballens übersteigt. Die Situation kann durch Risse im Boden oberhalb des Baumes angekündigt werden.

Wirkungen auf die Verkehrssicherheit

An Verkehrswegen kann es durch alte, kranke, geschädigte oder abgestorbene Bäume zu erheblichen Personen- und Sachschäden kommen. Bäume sind daher durch die Eigentümer regelmäßig im Hinblick auf mögliche Gefahren zu untersuchen (vgl. [88]).

Auswirkungen auf den Naturhaushalt und das Landschaftsbild

Die Auswirkungen auf den Naturhaushalt und das Landschaftsbild von Böschungssicherungen einschließlich der ingenieurbiologischen Maßnahmen werden im Abschnitt 8 dargestellt.

2 Grundsätzliche Aspekte bei der Verwendung von Pflanzen für Sicherungszwecke

2.1 Aufbau und Lebensweise höherer Pflanzen

Pflanzen sind lebende Organismen. Der Stoffwechsel höherer Pflanzen ist durch die Fotosynthese bestimmt. Unter Lichteinwirkung und mithilfe von Chlorophyll werden Kohlendioxid und Wasser zu Sauerstoff und Kohlenstoffverbindungen, z. B. Glukose und Stärke, umgewandelt. Letztere werden zur Ernährung und für den Zellaufbau verwendet. Für den Prozess ist die Aufnahme von Wasser und Nährstoffen aus dem Boden unbedingt erforderlich. Dieser Prozess wird zum Teil durch Mikroorganismen und Bodenlebewesen unterstützt. Der Stoffwechsel höherer Pflanzen ist also in starkem Maße abhängig von den Faktoren Licht, Wasser, Temperatur und Nährstoffe (Bild 2).

Die Entwicklung der oberirdischen Triebe erfolgt nach einem genetisch vorgegebenen Muster, in erster Linie zum Licht hin und reagiert sehr stark auf konkurrierende Pflanzen. Unter mechanischen Einwirkungen wie Starkwind, Schneedruck oder Wasserströmung reagieren die Pflanzen durch angepasste Wuchsformen.

Die Möglichkeit der Wurzelentwicklung ist ebenfalls genetisch vorgeprägt, wird aber auch dem jeweiligen Standort angepasst. Wurzelentwicklungen orientieren sich in erster Linie daran, die Verhältnisse für die Wasser- und Nährstoffaufnahme zu optimieren und reagieren damit hauptsächlich auf den Boden und die Konkurrenzbedingungen.

Auf häufige Einwirkungen reagiert die Pflanze durch Anpassung z. B. Verstärkung und Formveränderung der oberirdischen Triebe und des Wurzelwerks. Ähnlich wie beim Menschen entstehen Trainingseffekte. Junge Bäume, die häufig starkem Wind- und Wasserströmungen ausgesetzt sind, bilden stärkere Stämme und Ankerwurzeln aus. Anpassungsfähig sind besonders solche Pflanzen, die sich im Laufe ihrer Entwicklung an dynamische Veränderungen in der Landschaft angepasst haben.

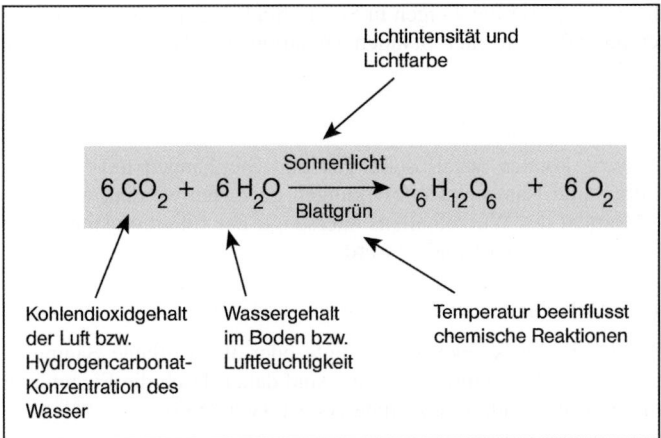

Bild 2. Vereinfachte Darstellung des Fotosynthesevorgangs

Solche Standorte sind beispielsweise Ufer, Auen, Rutschhänge und Geröllfelder sowie Küsten- und Hochgebirgslandschaften. Auch die Vermehrung und die Lebensformen haben sich im Laufe der Evolution den Standortbedingungen angepasst. Beispielsweise produzieren Pflanzen, die sich in kurzen Vegetationszeiten vermehren müssen, einerseits mehr Samen, die schnell keimen, blühen und wieder Samen entwickeln, oder sie haben andererseits eine Vermehrung über Pflanzenteile mit geschützten Knospen und zusätzlich die Fähigkeit entwickelt, aus Spross- oder Wurzelstücken neu zu treiben.

Die Ressourceneinteilung der Pflanzen auf Wasser- und Nährsalzerschließung, Bodenverankerung oder Reproduktion erfolgt nach einem eigenen ökonomisch geprägten Muster und berücksichtigt nur häufige Einwirkungen mittlerer Stärke und keine Extremereignisse nach mitteleuropäischen Sicherheitsstandards. Sie sind im engeren Sinne nicht DIN-gerecht. Im Vergleich zu üblichen Bauwerken oder Bauelementen des Tiefbaus, die ortsfest sind und wenig Veränderung unterliegen, weisen Pflanzen trotz ihrer Ortsbindung sehr dynamische Entwicklungen auf. In der Jugendphase entstehen auf geeigneten Standorten größere Zuwächse. Bei Krankheit, Konkurrenz, Alterung ergeben sich Rückbildungs-, Absterbe- und Auflösungsprozesse wie sie für Lebewesen allgemein üblich sind.

Für die erfolgreiche Pflanzenverwendung in der Ingenieurbiologie ist es wichtig, biotechnisch geeignete Pflanzen für die Bauaufgabe und den jeweiligen Standort auszuwählen, erfolgreich anzusiedeln und danach die Entwicklung durch Pflege in die gewünschte Richtung zu lenken.

2.2 Biotechnische Eigenschaften von Pflanzen

Aus der Anpassung an unterschiedliche Standorte und insbesondere an die oben erwähnten dynamischen Verhältnisse, haben die dort vorkommenden Arten Strategien entwickelt, die der Ingenieurbiologie nützlich sind.

Für ingenieurbiologische Arbeiten werden deshalb bevorzugt Pflanzen verwendet, die ganz allgemein folgende Eigenschaften aufweisen:

– große ökologische Amplitude,
– hohe Anwuchsrate,

2.13 Ingenieurbiologische Verfahren zur Böschungssicherung

- Schnellwüchsigkeit,
- technisch günstige Wuchsform,
- günstiges Verhältnis von Wurzel- und Triebmasse,
- hohe mechanische und hydraulische Belastbarkeit,
- hohe Verdunstungsrate,
- Rohbodenpionier,
- mehrere Strategien der Vermehrung bzw. Vermehrbarkeit,
- Begünstigung der weiteren Entwicklung des Standorts,
- leichte Beschaffung und Verarbeitung.

Im Einzelnen werden dann Pflanzen nach den Eigenschaften der Wurzeln und der oberirdischen Organe, ihrer physiologischen Fähigkeit zur Transpiration, ihrer Vergesellschaftung und ihrer morphologisch-anatomischen Anpassung an unterschiedliche Standorte betrachtet und ausgewählt.

Für die unterirdische Sicherung ist die Wurzelform ein wichtiges Kriterium. Entscheidend ist dabei das Zusammenwirken verschiedener Wurzelformen, um eine besonders stabile Ver-

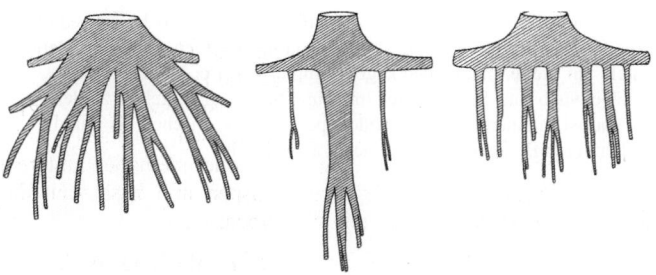

Bild 3. Vereinfachte Darstellung von Wurzeltypen heimischer Bäume; links Herzwurzelwerk (Schwarzerle), Mitte Pfahlwurzel (Kiefer), rechts Senkerwurzel (Esche) (nach *Köstler* u. a. [49])

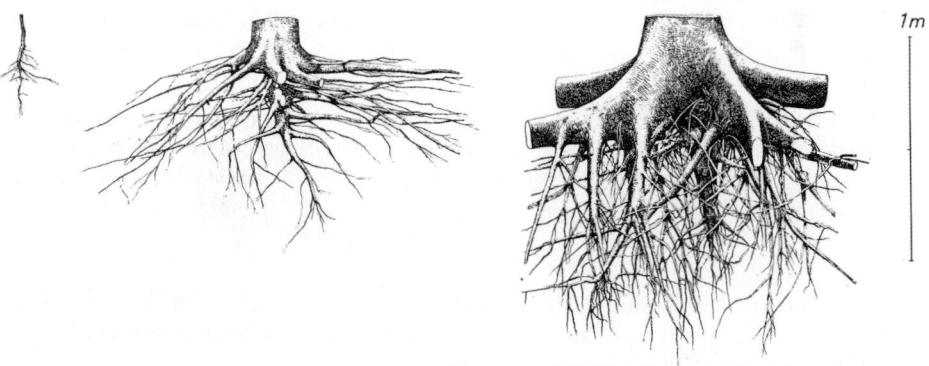

Bild 4. Die Wurzelbildung der Stieleiche (*Quercus robur*) verdeutlicht, dass nicht eine charakteristische Wurzelform einer Art von Anfang an ihrer Entwicklung besteht. Aus einem Keimling mit einer kleinen Pfahlwurzel entwickelt sich ein junger Baum mit einem eher an Herzwurzeln erinnernden Wurzelwerk, während sich in der späteren Phase verstärkt Senkerwurzeln ausbilden, um die Standsicherheit des Baums zu gewährleisten [49]

Bild 5. Entwicklung des Wurzelwerks der Salweide (*Salix caprea*) auf einem Hang aus Lockersediment-Braunerde [55]. Die oberen, dicken Seitenwurzeln verlaufen flurnah, von ihnen gehen zahlreiche stark verzweigte Senker ab und es entsteht ein breiter, nach oben kegelförmig erweiterter Wurzelkörper. Der Spross reagiert mit leichtem Säbelwuchs auf Bewegungen im Hang. Salix caprea gehört zu den gut böschungssichernden Gehölzarten und ist in einem breiten Standortspektrum von frischen bis grundfeuchten, sandigen, steinigen und lehmigen Böden ohne Staufeuchte angesiedelt

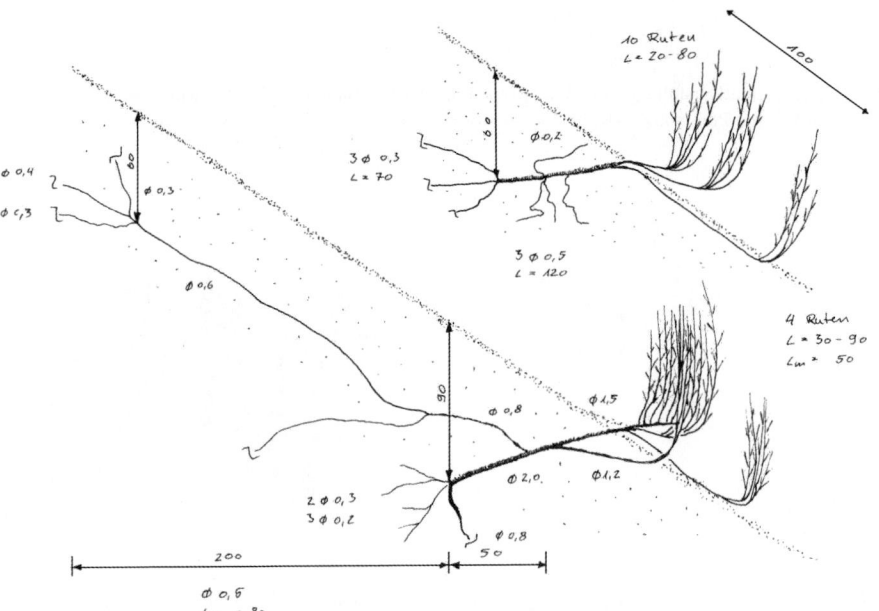

Bild 6. Anpassung von Korbweiden *Salix viminalis* an die Standortverhältnisse eines steilen Schotterhangs (Melaphyr am Hellerberganschnitt im Saarland). Die Wurzeln wachsen dem Sickerwasser entgegen und verankern dadurch die Pflanze, überschotterte Triebe treiben wieder aus

2.13 Ingenieurbiologische Verfahren zur Böschungssicherung

zahnung von Pflanzenbeständen zu erreichen. Gut untersucht sind die wichtigsten Waldbäume [49]. In den letzten Jahren haben *Kutschera* und *Lichtenegger* [52–55] Pionierarbeit bei der Analyse krautiger Pflanzenarten und der Systematisierung von Wurzelbildern geleistet. Nach Form, Wuchsrichtung und Verteilung der Grobwurzeln unterscheidet man bei Bäumen und Sträuchern drei Grundtypen der Wurzeltracht: Herz-, Pfahl- und Senkerwurzeln.

Auch bei Kräutern und Gräsern gibt es Arten mit einer starken und tiefen Hauptwurzel, Arten mit kurzen, aber dicht beieinander liegenden feinen Wurzeln – Intensivwurzler – und Arten mit weitstreichenden Wurzeln, die am Ende stark verzweigt sind, sowie Ausläufer bildende Arten [66].

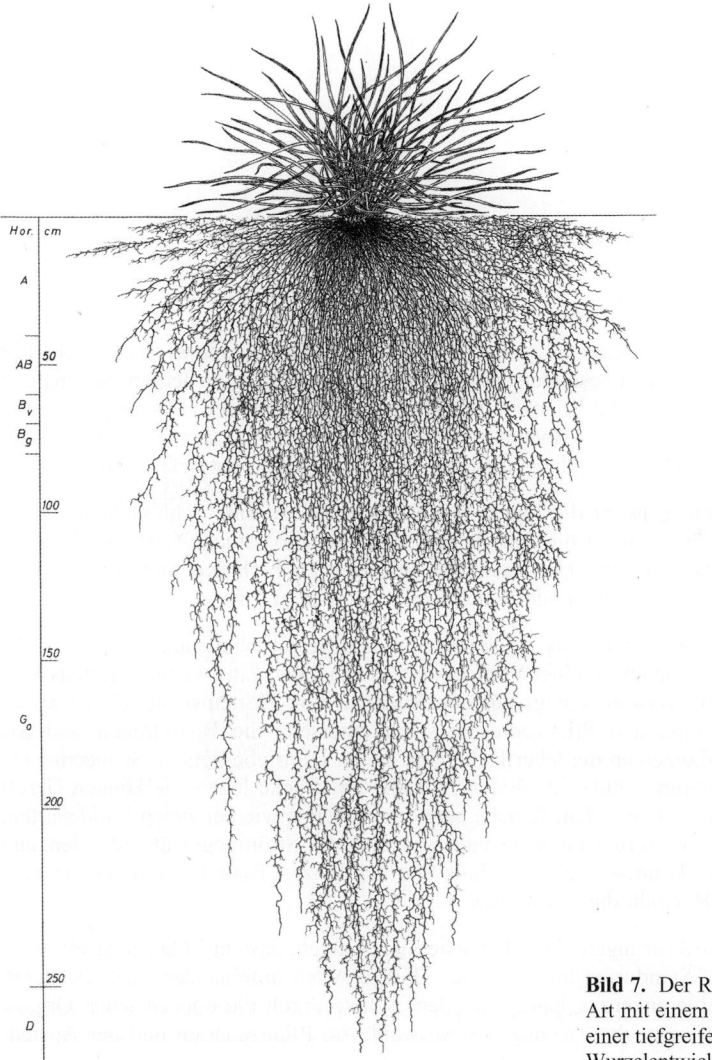

Bild 7. Der Rohrschwingel ist eine Art mit einem horstigen Wuchs und einer tiefgreifenden gleichmäßigen Wurzelentwicklung [52]

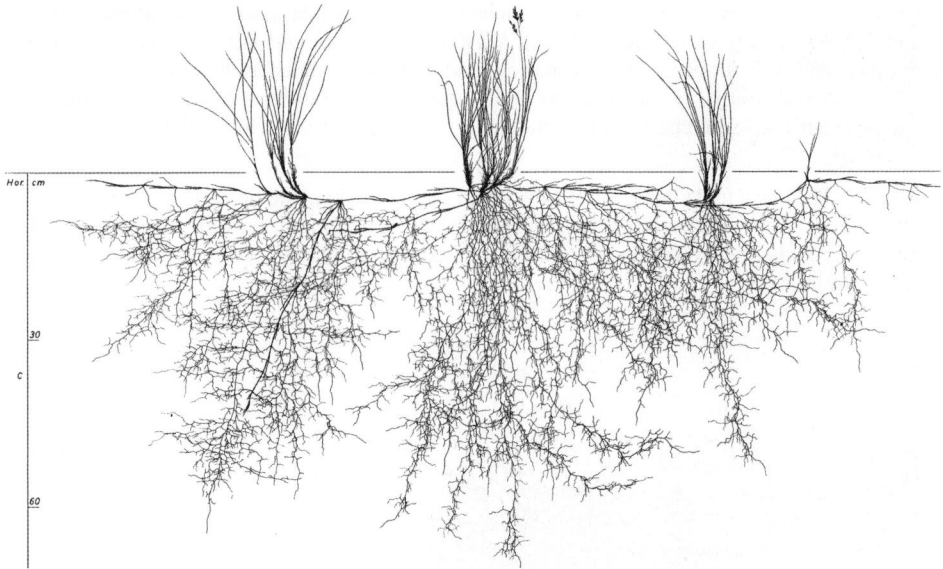

Bild 8. Der Sandrotschwingel ist eine ausläuferbildene Art, die sich unterirdisch weit ausbreitet und große Flächen festigt [52]

Neben den Wurzelformen spielen die Aufgaben des Wurzelsystems eine wichtige Rolle. Für bodenfestigende Aufgaben ist besonders auf die Armierungswirkung zu achten. Sogenannte Zugankerwurzeln verzahnen die Pflanzen mit dem anstehenden Boden. Dübelwurzeln vernageln den Boden und können auf Bodenbewegungen reagieren. Etagales Wurzelwerk kann bei Überschüttungen und Übersandungen Boden immer wieder erneut befestigen.

Eine der herausragenden, ja für die Ingenieurbiologie geradezu eine Schlüsseleigenschaft von einigen Pflanzengruppen, ist die Fähigkeit, aus einem Sprossstück (Trieb) Wurzeln zu bilden, die man als Adventivwurzeln bezeichnet. Die meisten Techniken der Ingenieurbiologie wie Steckhölzer, Buschlagen oder Flechtwerke beruhen auf dieser Fähigkeit.

Als Anpassung an ungünstige und dynamische Standorte ist oberirdisch ebenfalls die Bildung von neuen Trieben nach einer Verletzung zu betrachten. Eine wichtige Eigenschaft ist beispielsweise der Stockausschlag. Für den Rückhalt von Gesteinsmaterial sowie der Sammlung von Feinerde und Pflanzenresten spielt einerseits die Biegsamkeit und das Anschmiegen von Pflanzen an die Oberfläche eine Rolle. Legtriebe können Schneemassen standhalten und sich zum Schutz des Bodens auf die Oberfläche legen, sie können Geröll sammeln und Hangwasser verteilen. Weiche biegsame Zweige, wie bei vielen Weidenarten, können sich starken Wasserbewegungen anpassen und die Strömungskraft zerteilen und mildern. Andererseits können hochwachsende starre Pflanzen Blätter und Feinerde auskämmen und so zur Bodenbildung beitragen.

Besonders genutzt wird für ingenieurbiologische Sicherungen, dass in Pflanzengesellschaften, insbesondere auf Standorten mit bewegten Böden, Arten miteinander wachsen, deren Fähigkeit der Wurzelverankerung häufig mit dem Schutz durch die oberirdischen Organe korrespondieren. Hier setzt die Planung der Auswahl von Pflanzenarten und der Ansiedlungstechniken an.

2.13 Ingenieurbiologische Verfahren zur Böschungssicherung 845

Bild 9. Etagales Wurzelwachstum von Strandhafer

Weiterhin spielt im Erdreich die Fähigkeit von Symbiosen von Pflanzen mit Bakterien oder Pilzen für das Erschließen von Rohböden eine besondere Rolle für das Pflanzenwachstum und den Zusammenhalt von Bodenteilchen. Die Stickstoffbindung in Actinomyceten bei Pionierarten ist beispielsweise bei allen Arten der Gattung *Alnus* typisch sowie bei der Familie der Leguminosen mit Rhizobium. Die Bakterien führen zu Knöllchenbildungen an der Wurzel und ermöglichen diesen den Luftstickstoff pflanzenverfügbar zu machen und so karge Böden aufzuschließen. Mykorrhizapilze verhelfen ihren Wirtspflanzen zu einer effizienteren Nährstoff- und Wasserversorgung und schützen vor der Aufnahme toxischer Stoffe. Zudem sind sie an der Bildung und Stabilisierung der Bodenmatrix und Porenstruktur beteiligt. Dadurch werden die Erosions- und Rutschanfälligkeit der Standorte reduziert sowie die Nährstoff- und Wasserrückhaltekapazität der Böden erhöht. Modellversuche zeigen *Schmid* et al. [72], dass insbesondere bei Begrünungen auf Standorten mit geringem organischen Anteil der Einsatz von Mykorrhizapilzen sich günstig auf die Etablierung von Pflanzendecken und die Erosionsstabilität auswirkt.

2.3 Entwicklung von Pflanzenbeständen auf Böschungen

Die Entwicklung von Pflanzenbeständen folgt einer gerichteten Veränderung der Artenzusammensetzung an einem Standort im Lauf der Zeit, die wiederum von Standortfaktoren wie Klima, Boden, Licht und biologischen Komponenten beeinflusst werden. Dabei werden Anfangs-, Haupt- und Endphasen der Entwicklung unterschieden.

Initiale Begrünungsphase

Von Natur aus werden Rohbodenstandorte, wie offene Rutschhänge oder Sandbänke an Flüssen, von spezialisierten Pflanzenarten über Samenflug oder Anlandung bewurzelungsfähiger Pflanzenteile spontan begrünt. Diese Phase wird durch ingenieurbiologische Begrünungsmethoden beschleunigt und vergleichmäßigt, wobei eine für das Entwicklungsziel sinnvolle Pflanzenauswahl getroffen wird. Die Pionierpflanzen müssen sich zur Begrünung von Rohbodenstandorten ohne Humus und häufig extremen klimatischen Verhältnissen eignen. Die Pflanzen wachsen schnell, benötigen volle Belichtung und sind häufig konkurrenzschwach.

Des Öfteren beginnt in der freien Natur die Besiedlung eines Rohbodens auch mit der Entwicklung niederer Pflanzen, beispielsweise Algen und Moose, als Grundlage für die Entwicklung höherer Pflanzen. Der Einsatz von Begrünungshilfsstoffen (s. Abschn. 5.3) wie Alginaten und Mulch ahmt diese Phase nach, beschleunigt die Prozesse oder sie werden sogar übersprungen.

Sukzession

Das Streben eines Pflanzenbestandes zu stabilen Gehölzstadien ist der Motor jeder Vegetationsentwicklung. Im Schutze von Pionierpflanzen oder kurzlebigen Arten wandern unter natürlichen Verhältnissen weitere Pflanzen ein, die bereits ein gewisses Bedürfnis an Humus und Klimaschutz haben und zum Teil auch auf ein Zusammenleben mit Bodenorganismen (Symbiose) angewiesen sind. Sie sind mitunter nicht so schnellwüchsig, dafür aber konkurrenzstärker und ausdauernder als die Rohbodenpioniere. Diese Phase zu erreichen, ist ein Ziel ingenieurbiologischer Maßnahmen.

Bei ingenieurbiologischen Sicherungen muss entschieden werden, ob die Pioniervegetation, beispielsweise ein Weidengebüsch oder eine Ansaat aus kurzlebigeren Gräsern und Kräutern, aus biotechnischen Gründen längerfristig gehalten werden muss oder gegen Pflanzen der zweiten oder einer weiteren Sukzessionsphase zugunsten eines geringeren Unterhaltungsaufwandes ersetzt wird. Dies kann z.B. durch gleichzeitiges oder nachträgliches Zwischenpflanzen von Sträuchern und Bäumen erfolgen. Bestimmte Pflanzen der Sukzessionsstufen, wie einige Schling- und Rankpflanzen, sind aus biotechnischer Sicht eher unerwünscht und werden durch Pflegemaßnahmen zurückgedrängt.

Potenzielle natürliche Vegetation

Die Endphase einer natürlichen Pflanzenentwicklung (je nach Standort nach etwa 100 Jahren und länger) wird als „Potenzielle Natürliche Vegetation" (PNV) bezeichnet. Es ist die Vegetation, die sich unter den gegenwärtigen Umweltbedingungen ohne Eingriffe des Menschen von selbst einstellen würde" [84].

In Mitteleuropa wäre die PNV auf den meisten terrestrischen Standorten Wald, mit Ausnahme steiler Felshänge und Dünen. Die PNV besteht häufig aus hohen, stark Schatten werfenden konkurrenzstarken Baumarten wie der Rotbuche.

Je dynamischer ein Standort ist und je kürzer die Vegetationszeit, desto geringer ist die Möglichkeit für Gehölze sich zu etablieren. Ein typisches Beispiel für einen sog. Waldgrenzstandort sind Teppichweiden als angepassteste und niedrigste Gehölze im Hochgebirge oder Weiden und Birken an Moorrändern.

Für die ingenieurbiologische Böschungssicherung dient die häufig aus geobotanischen Untersuchungen bekannte PNV als wichtige Information, um hieraus Pflanzen der Pioniervegetation sowie biotechnisch geeignete Pflanzen einer frühen Sukzessionsstufe abzuleiten.

Angestrebt wird einerseits eine dem Problemstandort angemessene Phase der Vegetationsentwicklung. So sind z.B. für die ingenieurbiologische Sicherung von Problemböschungen hohe, starke Bäume aufgrund der Windwurfgefahr und der erschwerten Fällung häufig unerwünscht. Außerdem kann bei starker Verschattung durch die Bäume und der dadurch fehlenden Bodenvegetation erneut Erosion entstehen. Andererseits wird angestrebt, einen Pflanzenbestand zu schaffen, der als lebendes System ohne künstliche Energiezufuhr bzw. mit sehr geringem Pflegeaufwand im Gleichgewicht bleibt. Hier die richtige Lösung zu finden, ist die Aufgabe der Ingenieurbiologie.

2.4 Böschungen und Hänge als Pflanzenstandorte

Die Entwicklung und Sukzessionsabfolge der Pflanzendecke ist von den orografischen Bedingungen am Standort abhängig. Deshalb werden an dieser Stelle einige Parameter benannt. Zu unterscheiden ist im Einzelnen immer zwischen dem großräumigen Standortbereich in einem Naturraum, den Standortbedingungen ganz konkret vor Ort und den lokalen Bodenverhältnissen.

Böschungs- und Hangstandorte auf der Grundlage von Höhe, Exposition und geografischer Lage

Böschungs- und Hangstandorten können, aufgrund ihrer geografischen Lage, bestimmte allgemeine Eigenschaften zugeordnet werden. In konkreten Fällen ist auf regionale Ausnahmen zu achten:

- Küstennahe Standorte sind Starkwinden und Stürmen ausgesetzt.
- Bei den mitteleuropäischen Mittelgebirgen werden die mehr atlantisch geprägten Regionen mit starkem Regenaufkommen, von den mehr kontinentalen Mittelgebirgen mit hohem Schneeaufkommen und kälteren Wintern unterschieden.
- Die Luvseiten der Mittelgebirge erhalten wesentlich höhere Niederschläge als die Leeseiten.
- In den oberen Regionen der Mittelgebirge ist das Geländeklima montan rau. In der Regel ist es durch starke Niederschläge, Starkwinde und eine kurze Vegetationszeit geprägt.
- In den von Mittelgebirgen geschützten Tallagen und Niederungen befinden sich Gebiete mit geringen Niederschlägen. Diese können im atlantisch geprägten Klimaraum ein mildes Klima aufweisen, z. B. gute Wein- und Obstanbaugebiete wie der Oberrheingraben. Bei kontinentaler Ausprägung können die Winter kälter sein und längere Frostperioden enthalten. Die Sommer sind ggf. trockener und heißer, wie z. B. im Thüringer Becken.
- Im Flach- und Hügelland hängt die Vegetationsausprägung stark vom Chemismus und der Bodenentwicklung aus den Verwitterungsprodukten des geologischen Substrats ab. Gerade die hier genannten Unterschiede sind für die Begrünung und Sicherung von Rohböden von hoher Bedeutung, beispielsweise bei:
  – Muschelkalk kalkhaltig, grobkörnig bis schluffig – Kalkmagerrasen;
  – Bundsandstein sauer, sandig bis schluffig – Sandmagerrasen oder Frischwiesen;
  – Schiefer sauer, grobkörnig – Sandmagerrasen oder Felsrasen.

Spezielle örtliche Situationen, Exposition und Höhe innerhalb der Böschung

Am konkreten Planungsobjekt, Böschung oder Hang, werden die allgemeinen Standorteinflüsse von den besonderen Einflüssen des Standorts überlagert.

Wallkronen und Hangoberkanten sind in der Regel trockener als Hangunterkanten. Das führt häufig dazu, dass kleinräumig auf einer Böschung verschiedene Vegetationszonen von Trocken- oder Halbtrockenvegetation oben, über eine Vegetation frischer Standorte, bis zu einer Feuchtigkeit liebenden Pflanzendecke am Böschungsfuß vorgesehen werden. Bei unterschiedlichen Bodenarten ist hier eine weitere Differenzierung erforderlich.

Verschattete Böschungen eigenen sich nicht für ingenieurbiologische Sicherungen, wenn hier nicht mindestens ein lichter Halbschatten ermöglicht wird.

Südwestexponierte Böschungen erhalten in der Regel mehr Schlagregen, aber auch deutlich mehr Sonneneinstrahlung, als nordostexponierte Böschungen. Südwestexponierte Böschungen sind daher stärker erosionsgefährdet und wegen der schnellen Austrocknung und Hitzeeinwirkung auf die Standorte mit einem höheren Schwierigkeitsgrad für eine Begrünung verbunden.

Bild 10. Standort als begrenzender Faktor für ingenieurbiologische Böschungssicherungen am Beispiel einer Waldwegeböschung. Ungünstig wirken hier die Beschattung durch Fichtenforst, die übersteile Böschung und die Bodenlockerung durch die böschungsnahen hohen Bäume

Bild 11. Standort als begrenzender Faktor für ingenieurbiologische Böschungssicherungen am Beispiel eines Hanganschnitts im Keuper in Thüringen. Die Vegetationsentwicklung wird hier begrenzt durch den dicht gelagerten Tonboden, geringe Jahresniederschläge und Austrocknung durch Wind und Sonne auf dem westexponierten Oberhang

Bodenbeurteilung aus ingenieurbiologischer Sicht

Bei der Bodenbeurteilung aus ingenieurbiologischer Sicht wird der Boden einerseits als Baustoff eines Erdbauwerks, im Sinne der DIN 18196 und der ZTVE-STB betrachtet, andererseits ist der Boden auch Pflanzenstandort, sodass auch Faktoren der vegetationstechnischen Bodenbewertung nach DIN 18915 wie die Durchwurzelungsfähigkeit beachtet werden müssen. Der Pflanzenstandort soll allerdings nur begrenzt vegetationstechnisch optimiert werden, da die Sicherungsfunktion der Vegetation im Vordergrund steht.

Ein Magerstandort ist für die gewünschte Böschungsvegetation häufig günstiger, da sich hier tiefere, weitstreichende Wurzelsysteme entwickeln müssen, um sich zu etablieren. Auf gut mit Nährstoffen versorgten Standorten verbleiben die Pflanzenwurzeln häufig im Oberboden und es entwickelt sich keine ausreichende Verbindung der Vegetation bzw. Vegetationstragschicht mit dem Untergrund. Außerdem wird auf nährstoffreichen Standorten die gewünschte Pflanzenentwicklung durch konkurrenzstarke Pflanzen nährstoffreicher Standorte gestört. Weitere wichtige Bodeneigenschaften aus ingenieurbiologischer Sicht sind der pH-Wert sowie pflanzenunverträgliche oder toxische Inhaltsstoffe wie Salz, Aluminium oder Schwermetalle.

Die ingenieurbiologische Bodenbewertung sowohl mit Aspekten der bautechnischen als auch der vegetationstechnischen bzw. forstlichen Bodenbewertung wird in Tabelle 1 anhand einiger allgemein bekannter Bodenarten verdeutlicht.

Tabelle 1. Bewertung ausgewählter Bodenarten aus ingenieurbiologischer Sicht

Bodenart	Flusskies	Dünensand	Löss	Keuperton	Mutterboden
Bodenklasse DIN 18196	GW	SE	UL	TM	OU
Bodenart nach AG Boden 2005 [89]	mGgs–gGgs	mS	Lu–Tu4	T_t	stark differenziert
Geotechnische Eigenschaften					
Scherfestigkeit	hoch	hoch	mäßig	gering bis mäßig	sehr gering
Verdichtungsfähigkeit	sehr gut	gut	mäßig	mäßig	sehr gering
Zusammendrückbarkeit	sehr gering	gering	mäßig	mäßig	sehr stark
Durchlässigkeit	hoch	hoch	mäßig	sehr gering	mäßig
Erosionsempfindlichkeit	stark	sehr stark	stark	mäßig	stark
Frostempfindlichkeit	gering	gering	sehr stark	mäßig	sehr stark
Vegetationstechnische Eigenschaften					
Nährstoffgehalt, und -nachlieferung	gering	gering	sehr hoch	mäßig	sehr hoch
Wasser- und Nährstoffbindevermögen	gering	gering	sehr hoch	gering bis sehr gering	sehr hoch
Staunässegefahr	gering	gering	mäßig	hoch bis sehr hoch	mäßig
Durchwurzelbarkeit	gut	gut	gut	sehr schlecht	gut

3 Planung, Ausführung und Pflege ingenieurbiologischer Maßnahmen, Sicherheitsbetrachtungen

3.1 Planung ingenieurbiologischer Maßnahmen im Rahmen der HOAI-Verträge

Planungen ingenieurbiologischer Maßnahmen kommen in der Regel als Teilleistungen innerhalb eines Bauvorhabens vor. Sie gehören auch zu unterschiedlichen Gewerken und werden von verschiedenen Berufsgruppen wie Agraringenieuren, Bauingenieuren, Biologen, Forstwirten, Gartenbauingenieuren, Geotechnikern, Landschaftsarchitekten, Landschaftsplanern, Landschaftsbauingenieuren und Wasserbauingenieuren geplant und ausgeführt. Die folgenden Ausführungen orientieren sich bei der Planung an der Honorarordnung für Architekten und Ingenieure, im Weiteren HOAI genannt, und bei der Ausführung an der Verdingungsordnung für Bauleistungen VOB.

HOAI Teil II – Freianlagen z. B. als Bestandteil der Leistungen für Landschaftsarchitekten

Ingenieurbiologisch von Bedeutung sind die Objekte Geländegestaltung, Ansaaten, Windschutzpflanzungen, Begleitgrün an Verkehrsanlagen, Bepflanzung von Deponien, Halden und Entnahmestellen, Gewässergestaltung mit vorwiegend ökologischer Bedeutung sowie Freiflächen für private und öffentliche Bauwerke.

HOAI Teil VI – Landschaftsplanerische Leistungen

Fachliche Inhalte dieses Teils sind Umweltverträglichkeitsstudien und landschaftspflegerische Begleitpläne; Planung von Maßnahmen zur Vermeidung und Minderung von Eingriffen sowie Planung von Ausgleichs- und Ersatzmaßnahmen – u. U. geht es um die Beurteilung der Machbarkeit sowie des Aufwands für Herstellung und spätere Unterhaltung. Die angestrebten Vegetationsbestände mit Hauptarten werden genannt. Details zur Initiierung wie Bauweise und Pioniervegetation bleiben dem Objektplaner überlassen, werden aber ggf. aus der Sicht von Umwelt- und Naturschutz eingeschränkt.

HOAI Teil VII – Ingenieurbauwerke und Verkehrsanlagen als Ingenieurleistungen der Bauingenieure

Als Teilleistungen und Teilaspekte beim Ausbau von Einzelgewässern, Gewässersystemen, Teichen, Hochwasserrückhaltebecken, Talsperren, Deich- und Dammbauten, Stützbauwerken, Ufermauern, Wegen, Straßen und Gleisanlagen werden ingenieurbiologische Sicherungen mitgeplant. Eine gesamtheitliche Planung hat sich im naturnahen Wasserbau bewährt und entspricht auch den Normen und Richtlinien. Im Gegensatz dazu erfolgt bei Bauvorhaben des Technischen Wasserbaus oder des Verkehrswegebaus eine Trennung von bautechnischer Planung und Landschaftsplanung, Landschaftsbau und Ingenieurbiologie. Bei fehlender Fachkompetenz des Objektplaners sollten die ingenieurbiologischen Aspekte bis zur Genehmigungsplanung durch Fachbeiträge und ab der Ausführungsplanung durch Fachplanungen ergänzt werden.

HOAI Teil XII – Leistungen für Bodenmechanik, Erd- und Grundbau

Die Geotechnik kennt seit langem vegetationskundliche Gutachten zur Standorterkundung und Bewertung und empfiehlt ingenieurbiologische Erosionsschutzmaßnahmen zur Sicherung von Böschungsflächen. Bei Rutschungssanierungen ist eine enge interdisziplinäre Zusammenarbeit erforderlich.

2.13 Ingenieurbiologische Verfahren zur Böschungssicherung

Pflege- und Unterhaltungspläne

Hierunter fällt die Erstellung von Pflege- und Unterhaltungsplänen für Gewässer, Verkehrswegebegleitgrün sowie Freianlagen mit Böschungen und Gewässern für regelmäßig wiederkehrende Arbeiten. Die Planung verlangt Detailkenntnisse zur Notwendigkeit von Maßnahmen, Ausführungsmöglichkeiten, Wirkungen der Verfahren und Kosten.

3.2 Leistungsphasen der Objektplanung

Die ingenieurbiologischen Teilleistungen werden im Rahmen der Bearbeitung der üblichen Leistungsphasen einer Objektplanung gemäß HOAI erbracht.

3.2.1 Grundlagenermittlung

Die Aufgabenstellung muss geklärt werden. Hierzu gehören die Planungsziele, Rahmenbedingungen, zukünftige Nutzung und Pflege. Wichtig ist eine gründliche Geländebegehung sowie die Zusammenstellung und Auswertung vorhandener Unterlagen z. B. amtliche Karten. Darüber hinaus sind in der Regel weitere Sonderleistungen wie Vermessungen, geotechnische, bodenkundliche, hydrotechnische und vegetationskundliche Untersuchungen und ggf. Schadendokumetationen erforderlich. Da die Grundlagenuntersuchungen z. T. aufwendig sind, sollten sie auf die jeweilige Planungsphase Vorentwurf, Genehmigungsplanung oder Ausführungsplanung ausgerichtet werden und in den folgenden Planungsphasen ergänzt werden.

3.2.2 Vorentwurf

Die für die Planungsaufgabe notwendigen Grundlagenuntersuchungen werden ausgewertet. Es liegt in der Verantwortung des Planers den Bauherrn rechtzeitig und deutlich auf notwendige Untersuchungen hinzuweisen. Danach erfolgt ein Aufstellen und Abstimmen von Planungszielen. Der Vorentwurf enthält ein realistisches Planungskonzept und Alternativenuntersuchungen. Die Machbarkeit aller aufgeführten Alternativen muss gegeben sein. Die Alternativen werden im Hinblick auf die Nutzungen und Umweltauswirkungen bewertet, Kosten werden abgeschätzt.

Die Vorentwurfsalternativen sollten möglichst das gesamte Spektrum der Möglichkeiten abdecken. Im Einzelfall kann das z. B. für eine Erosionsschutzmaßnahme bedeuten:

Alternative I	**Alternative II**	**Alternative III**
natürliche Eigenentwicklung	ingenieurbiologische Sicherung	tiefbautechnische Sicherung

Für den Vorentwurf ist es ausreichend, realistische Ziele für den zukünftigen Vegetationsbestand zu entwerfen und sicherzustellen, dass damit die Sicherungsziele mit ingenieurbiologischen Methoden erreicht werden können. Es sollten hier schon wesentliche Aussagen zur Bestandsbegründung, Entwicklung und Pflege enthalten sein.

3.2.3 Entwurfsplanung

Aus dem abgestimmten Vorentwurf wird der Entwurf als endgültige und eindeutige Lösung der Planungsaufgabe entwickelt. Zum Entwurf gehört immer ein Bericht – die eindeutige Darstellung vom Bestand und Entwurf auf Plänen – mit topografischer und katastermäßiger Einbindung sowie eine Kostenberechnung und die Beschreibung zum Baubetrieb. Mehr oder weniger umfangreiche fachtechnische Berechnungen und Untersuchungen können erforderlich werden. Im Rahmen des Entwurfs muss ggf. nachgewiesen werden, dass mit dem angestrebten Vegetationsbestand die Sicherungsziele erreicht werden können und dass angrenzende Nutzungen nicht geschädigt werden. Bauweisen zur Bestandbegründung sollten exemplarisch beschrieben und gezeichnet werden. Der Entwurf sollte detaillierte Aussagen zur Entwicklungs- und Unterhaltungspflege des Vegetationsbestandes treffen und die Kosten hierfür nennen.

3.2.4 Genehmigungsplanung

Auf der Grundlage des mit dem Bauherrn abgestimmten Entwurfs werden die erforderlichen Unterlagen für die öffentlich-rechtliche Genehmigung erstellt. Der Planer wirkt bei den Verhandlungen und den Planfeststellungsverfahren mit und ändert ggf. die Unterlagen.

Der Aufwand für die Genehmigungsplanung kann je nach Bauvorhaben sehr unterschiedlich sein. Die ingenieurbiologischen Inhalte können sowohl in der Objektplanung z. B. Verkehrswegentwurf, als auch in geotechnischen und hydrotechnischen Fachbeiträgen sowie in der Umweltverträglichkeitsuntersuchung und im Landschaftspflegerischen Begleitplan enthalten sein. Wichtig ist eine Abstimmung der Teilaspekte zur Entwicklung einer realistischen Lösung.

3.2.5 Ausführungsplanung

Die abgestimmten Ergebnisse der Genehmigungsplanung werden ausführungsreif weitergeplant. Hierzu gehört die detaillierte Planung der ingenieurbiologischen Bauweisen, von Bau- und Begrünungshilfsstoffen in Übereinstimmung mit den genehmigten Plänen und den allgemein gültigen Bau- und Umweltvorschriften. Die Ergebnisse werden im Bericht sowie Lageplänen und Schnitten dargestellt. Gegebenenfalls erforderliche Bemessungen sind hier durchzuführen. Der Baubetrieb mit Zuwegungen, Lagerflächen und Wasserhaltung wird geplant. Schutz der Begrünung, Fertigstellungs- und Entwicklungspflege während der Gewährleistungszeit werden erläutert. Das Projekt wird so beschrieben und dargestellt, dass es für die Bieter und den Ausführungsbetrieb alle notwendigen Unterlagen und Informationen enthält.

3.2.6 Vorbereitung der Vergabe

Zur Vorbereitung der Vergabe werden die geplanten Bauleistungen in Leistungspositionen beschrieben sowie die besonderen und zusätzlichen technischen Vertragsbedingungen zusammengestellt. Dies sind einzuhaltende Termine und Fristen, Besonderheiten im Hinblick auf Witterung, Wasserstände und Jahreszeit. Um das Risiko für die Firma kalkulierbar zu halten, sollten anhand von Wiederholungshäufigkeiten von Naturereignissen (Jährlichkeiten) Grenzen festgelegt werden, bei deren Überschreitung die Kosten für eine Sanierung von Schäden auf der Baustelle vom Auftraggeber übernommen werden, wenn sie der Auftragnehmer nicht selbst verschuldet hat.

3.2.7 Bauüberwachung

Die Bauüberwachung hat die Aufgabe, die Übereinstimmung der Bauausführung mit den abgestimmten und freigegebenen Plänen und den Regeln der Technik zu überprüfen. Hierzu gehört auch die Kontrolle der Pflanzen und Baustoffe vor Ort. Je nach Witterung und Jahreszeit können in begründeten Fällen ergänzende Maßnahmen angeordnet werden.

3.2.8 Dokumentation

Zumindest die ersten ingenieurbiologischen Maßnahmen in einem Naturraum sollten so dokumentiert und längerfristig beobachtet werden, dass daraus für nachfolgende Projekte mit ähnlicher Aufgabenstellung erfolgversprechende Lösungen abgeleitet werden können. Hierzu sollten die Standortverhältnisse, die ausgeführten Sicherungs-, Begrünungs- und Pflegemaßnahmen dokumentiert werden. Sinnvoll ist eine Erfassung der Vegetationsentwicklung, der Erosionserscheinungen und der Witterungsereignisse über möglichst 5 Jahre.

Zweckmäßig ist die Erstellung eines Pflege- und Unterhaltungsplanes, um die eingeleitete Entwicklung auch weiter zu verfolgen.

3.3 Ausführung ingenieurbiologischer Maßnahmen

Die Ingenieurbiologie ist Inhalt folgender Allgemeiner Technischer Vertragsbedingungen für Bauleistungen nach VOB Teil C bei der Vergabe von Bauleistungen:

– DIN 18310 Sicherungsarbeiten an Gewässern, Deichen und Küstendünen.
– DIN 18320 Landschaftsbauarbeiten Teil Ingenieurbiologische Sicherungen.

Häufig werden die Leistungen von den Generalunternehmern für das gesamte Bauvorhaben mit angeboten und an Fachunternehmen weitervergeben.

Die Maßnahmen werden von der Fachfirma eigenverantwortlich ausgeführt. Die Firma bestimmt Art des Bauverfahrens sowie den Einsatz von Personal und Geräten und ist für Ordnung und Sicherheit auf der Baustelle verantwortlich. Hierzu gehört eine kritische Überprüfung der Ausführungsunterlagen im Hinblick auf die Übereinstimmung mit den Gesetzen, örtlichen Gegebenheiten und den Regeln der Technik. Der Bauherr hat dies zu überwachen.

Werden vor Ort ungünstigere Verhältnisse als in der Baubeschreibung angetroffen (z. B. Hangneigung, Boden, Grundwasser), sodass die geplanten Sicherungen unzureichend sind, so sind gemäß VOB Bedenken anzumelden und die Haftung abzulehnen. Auch ungünstige Jahreszeiten können eine Änderung der Ausführungsart erforderlich machen. Bei Verstößen gegen die Unfallverhütungsvorschriften durch Gefahr für Menschenleben oder hohe Sachwerte, muss die Ausführung verweigert werden.

Von erfahrenen Fachfirmen wird verlangt, dass sie bei auftretenden fachlichen Problemen schnell fachlich richtige und wirtschaftliche Lösungen anbieten können und hierzu Nachtrags- und Ergänzungsangebote ausarbeiten.

Die Ausführungsfirma sollte in kritischen Bereichen den Zustand vorher, wichtige Bauzustände, wie verdeckte Arbeiten und Zwischenzustände z. B. vor einem Hochwasser, durch Fotos und Aufmaße festhalten, um die eigene Leistung nachweisen zu können.

Trotz der Tendenz zur Vergabe von Bauleistungen an Firmen werden zahlreiche ingenieurbiologische Arbeiten sehr kompetent und wirtschaftlich durch Eigenbetriebe der Verwaltungen und Verbände von Wasserwirtschaft, Straßenbau, Eisenbahn oder Privatfirmen des Bergbaus, Abfallwirtschaft und Energieversorgung ausgeführt.

3.4 Sicherheitsbetrachtungen

In der Ingenieurbiologie werden mit Pflanzen und Pflanzenbeständen bautechnische Ziele verfolgt, sodass auch hier die im Bauwesen üblichen Regelungen der Planerhaftung, Vertragserfüllung und Gewährleistung gemäß BGB und VOB gelten. Bei der Planung und Ausführung von ingenieurbiologischen Erosionsschutzmaßnahmen können folgende Sicherheitsbetrachtungen zugrunde gelegt werden.

3.4.1 Empirische Methode – Beschreibung positiver Erfahrungen mit den Rahmenbedingungen und Anwendungsgrenzen

Zurzeit basiert das Wissen der Ingenieurbiologie häufig auf Erfahrungswerten, z. B.: Jahrbücher der Gesellschaft für Ingenieurbiologie [37–40], RAS-LG 3 [31], *Schiechtl* [66, 67], *Kirmer* und *Tischew* [47, 80].

Zur empirischen Vorgehensweise gehört die genaue Darstellung einer Maßnahme mit der Problematik, den Rahmenbedingungen, den Bau- und Pflegemaßnahmen und den später dokumentierten Zuständen. Die Darstellung erfolgt im Bericht, in Karten, Plänen, Fotos sowie ergänzenden Tabellen und Diagrammen. Der fachkundige Leser soll den Bericht selbstständig auswerten und die Erfahrungen für seine Planungs- und Bauaufgaben verwenden können. Bei der Standortbewertung kann heute auf die umfangreichen Kenntnisse der beteiligten Naturwissenschaften, der Geowissenschaften, der Biologie, Landschaftsökologie und der Ingenieurwissenschaften zurückgegriffen werden. Zu dieser empirischen Vorgehensweise gehört das Wahrnehmen von Anwendungsgrenzen und Gegenanzeigen, bei denen bestimmte Erfahrungswerte nicht übertragen werden können. In der Ingenieurbiologie können dies z. B. Zeigerpflanzen für Feuchtstellen und Quellen sein. Besondere Wuchsformen wie Säbel- und Hakenwuchs zeigen frühere Hangbewegungen an. Die Übertragung vorhandener Erfahrungen auf neu zu beurteilende Standorte, unter Ausnutzung der Erkenntnisse aus der Natur- und Ingenieurwissenschaft, ist eine wesentliche Voraussetzung für erfolgreiches ingenieurbiologisches Arbeiten. Die Ingenieurbiologischen Vereine und Gesellschaften haben sich in den letzten Jahrzehnten in starkem Umfang dieser Aufgabe – der Sammlung von Projekterfahrungen – gewidmet.

In Richtlinien, Fach- und Lehrbüchern wurden die so gesammelten Erfahrungen in Fachbeiträgen aufbereitet und durch Abbildungen illustriert. Die dadurch vorhandene Aufarbeitung des vorhandenen Wissens ist allgemeinverständlich und den unterschiedlichen Berufsgruppen, die ingenieurbiologisch arbeiten, zugänglich. Mithilfe der Datenverarbeitung können beliebige Verknüpfungen zur wissenschaftlichen Vertiefung von Teilaspekten hergestellt werden. Die Komplexität von Einwirkung, Standort, Schaden, Maßnahme, Vegetationsentwicklung mit deren Wechselwirkungen kann so erfolgen, ohne den Überblick zu verlieren.

3.4.2 Bemessung auf der Grundlage von mechanischen Modellen

In der Baustatik und Bodenmechanik ist es üblich, die tatsächlichen Verhältnisse zu mechanischen Modellen zu abstrahieren und damit auf wesentliche Grundparameter zu reduzieren. Dabei werden sowohl die Belastungsansätze als auch die Materialkennwerte idealisiert. Für diese mechanischen Modelle können statische Berechnungen erfolgen. Im Rahmen der Europäischen Normung werden einheitliche Verfahren eingeführt, bei denen eine Einwirkung einem Widerstand gegenübergestellt wird.

$$S_d \leq R_d$$

Einwirkung $\leq$ Widerstand

Grundsätzlich ist diese Vorgehensweise auch auf die Planung ingenieurbiologischer Böschungssicherungen oder vegetativ bewehrter Stützelemente übertragbar. Im konkreten Einzelfall fehlen hierfür aber häufig Datengrundlagen zur Prognose des Scherwiderstandes der Wurzeln in den Tiefen der untersuchten Bruchflächen. Möglich, aber aufwendig sind Aufgrabungen an Referenzstellen und eine Übertragung der Verhältnisse.

3.4.3 Bemessung auf der Grundlage der Wiederholungshäufigkeit bzw. Jährlichkeit von Naturereignissen

Ingenieurbiologische Sicherungen auf Böschungen schützen hauptsächlich vor den Folgen extremer Wetterereignisse. Diesen Ereignissen lässt sich auf der Grundlage von Wetterdaten eine Wiederholungshäufigkeit bzw. Jährlichkeit zuordnen. Hierdurch entsteht für die Einwirkung auf das Erdbauwerk eine Orientierung, mit der die Bemessung der Sicherung unter Berücksichtigung von Schadenspotenzial und Wirtschaftlichkeit erfolgen kann. Eine bauvertragliche Festlegung, welche Wetterereignisse mit welcher Jährlichkeit eine Sicherung schadfrei aufnehmen muss, ist für jede ingenieurbiologische Sicherung sinnvoll. Bei der wissenschaftlichen Aufarbeitung von Schäden sollte dieser Aspekt zukünftig mehr beachtet werden. Die Bemessung von Entwässerungsmulden sowie die Sanierung von Grabenerosion erfolgt bereits heute häufig auf der Grundlage statistisch aufbereiteter Niederschlagsereignisse.

3.4.4 Bemessung auf der Grundlage eines landschaftsplanerischen Bewertungsverfahrens

In der DIN 18918:2002 wurde eine in der Landschaftsplanung übliche Bewertung in einer fünfstufigen Skala auf die Ingenieurbiologie – und hier speziell auf die Bemessung von Ansaaten auf Böschungen – übertragen. Der Auswahl einer Bauweise liegen keine exakten naturwissenschaftlichen Daten zugrunde. Das Verfahren lässt durch die Berücksichtigung der Faktoren Boden, Klima und Erosion die Komplexität der Standortbeurteilung erkennen und macht die getroffene Entscheidung für andere nachvollziehbar. Es findet also eher eine begründete Auswahl unter Abwägung von Risiko eines Erosionsschadens und Sicherungsaufwand statt.

3.4.5 Fazit und Empfehlung

Aufgrund ihrer komplexen Wirkungsweise mit zahlreichen Rückkopplungseffekten sind die ingenieurbiologischen Maßnahmen wahrscheinlich in der nahen Zukunft nicht durch naturwissenschaftlich begründete Funktionsmodelle zu erklären. Die geringen Planungs- und Bauvolumina sprechen auch gegen eine schnelle Entwicklung von aufwendigen Computerprogrammen. Zur wissenschaftlichen Erklärung der Wirkung von Pflanzen bei Böschungssicherungen sind jedoch Naturversuche mit begleitender Computersimulation sinnvoll.

Dort wo dies möglich und erforderlich ist, sollten Einzelaspekte der Standsicherheit und Erosionsstabilität nach normgerechten bautechnischen Modellen untersucht und geplant werden. So lassen sich zurzeit mit mechanischen Modellen die Wirkungen von Pflanzen auf homogen aufgebauten Böschungen, aus nichtbindigen Böden, unter Auswertung von Referenzstellen prognostizieren, so z. B. bei der Sicherung von Vegetationstragschichten auf Sand- oder Kiesdämmen. Bei Erosionsgräben lassen sich die Wirkungen mit hydrotechnischen Modellen vorhersagen.

Eine konsequente Berücksichtigung der Wetterereignisse und ihrer Wiederholungswahrscheinlichkeit (Jährlichkeit) bei der Beurteilung von Schäden und bei der Planung von Maßnahmen führt zu ausgewogenen und rechtlich besser abgesicherten Maßnahmen. Hierin werden wichtige Bemessungsgrundlagen gesehen. Bei der Projektdokumentation sollten die Wetterereignisse zukünftig entsprechend dokumentiert werden.

Eine begleitende Bewertung der Planung kann die gewählte Lösung im Hinblick auf die Ausgewogenheit zwischen finanziellem Einsatz und Sicherheitsaspekt für Außenstehende wie Politiker oder die Rechnungsprüfung begründen.

Die empirische Methode mit Standort- und Problemerfassung vor Ort bildet nach wie vor einen Schwerpunkt der Vorbereitung erfolgreicher ingenieurbiologischer Maßnahmen. Hierfür erforderlich sind gründliche Geländebegehungen sowie ausgewählte örtlich angepasste Untersuchungen durch Fachleute mit einem Erfahrungshintergrund. In diesem Zusammenhang hat das Aufsuchen und Auswerten von Referenzstrecken für die jeweilige Planungsaufgabe große Bedeutung. Für die wissenschaftliche Entwicklung der Ingenieurbiologie ist die ganzheitliche Betrachtung des Problems, der Rahmenbedingungen und der Problemlösung von großer Bedeutung. Diese wird bisher bei der empirischen Methode am besten erfüllt.

4 Ingenieurbiologische Lösungen für geotechnische Probleme an Böschungen und Hängen

Für viele geotechnische Probleme auf Böschungen können ingenieurbiologische Lösungen oder Teillösungen herangezogen werden. Bevor im Abschnitt 5 die Baustoffe und im Abschnitt 6 die Bauweisen erläutert werden, greift dieser Abschnitt zuerst Ansätze und Herangehensweisen für ausgewählte, häufig zur Diskussion stehende Problemstellungen auf. Bei der Übertragung von ingenieurbiologischen Lösungen auf konkrete Problemfälle müssen dann die jeweiligen geotechnischen und standörtlichen Verhältnisse sowie Festsetzungen zur Zielvegetation in der Plangenehmigung berücksichtigt werden.

4.1 Schutz vor Flächen- und Rillenerosion auf Rohbodenböschungen

Auf Lockergesteinsböschungen und verwitterungsanfälligen Felsböschungen entstehen durch Witterungseinflüsse, wie Temperaturwechsel, Frost, Starkwind, Starkregen mit Tropfenschlag sowie dezentrale Oberflächenabflüsse, flächenhafte Erosionen und Rillenerosionen (bis 10 cm Tiefe). Sehr anfällige Sandböden weisen stärkere Erosionserscheinungen auf als Schotterböden oder bindige Bodenarten.

Zur Unterbindung derartiger Erosionen genügen i. d. R. die Durchwurzelung der obersten Dezimeter und der Aufbau einer geschlossenen Krautschicht bzw. eines Landschaftsrasens ggf. in Kombination mit lichtdurchlässigen lockeren Strauch- und Baumbeständen. Rillen bilden aufgrund günstiger mikroklimatischer Bedingungen häufig gute Pflanzenstandorte. Eine leichte Rillenbildung kann daher zum Zeitpunkt der ingenieurbiologischen Sicherung toleriert werden.

Zum schnellen Aufbau eines geschlossenen Landschaftsrasens sind zahlreiche Verfahren entwickelt worden:

- Günstig wirken von Anfang an raue Oberflächenstrukturen. Diese sollten schon beim Erdbau erhalten oder vor der Begrünung hergestellt werden (Relief von Noppen, kleine Bermen oder sogar Netze).
- Auf großen Rohbodenböschungen werden heute überwiegend Nasssaaten (Hydrosaaten) angewendet. Geeignetes Saatgut bzw. Diasporen werden zusammen mit Begrünungshilfsstoffen und Wasser auf die Böschung gespritzt und verklebt. Durch die Variationen von Saatgut und Begrünungswirkstoffen ist dieses Verfahren sehr anpassungsfähig und verbreitet.
- Alternativen sind Trockensaaten mit Begrünungshilfsstoffen und Netzüberspannung, Andecken mit diasporenhaltigem Grünschnitt, Heumulch oder Sodenhäcksel, lockeres Überrieseln mit zerkleinertem Grünlandboden sowie Verwendung von Begrünungsmatten.

2.13 Ingenieurbiologische Verfahren zur Böschungssicherung 857

Bild 12. Flächen und Rillenerosion auf einer Deponieabdeckung. Die angesäten Gräser wachsen zuerst in den durch Kettenfahrzeuge entstandenen Rippen

Bild 13. Flächen und Rillenerosion auf einer Einschnittböschung im Löss über Keuper nach 15 Monaten Standzeit ohne Sicherung

- Für kleinere Böschungsflächen mit starker Auswirkung im Orts- und Landschaftsbild kommen Andeckungen mit Fertigrasen in Ortslagen und Rasenplaggen oder Vegetationsstücken in der freien Landschaft infrage. Auf Böschungen aus nährstoffarmen Feinsanden haben sich auch dünnere Oberbodenandeckungen mit Rasenaussaaten und Abdeckungen bewährt.

4.2 Schutz vor Rinnenerosion

Auf höheren Böschungen aus nichtbindigen oder schwach bindigen Böden kommt es zu Konzentrationen der Oberflächenabflüsse im Mittel- und Unterhang, die dann bei nicht ausreichend ausgeprägter Vegetation Erosionsrinnen von 10 bis 40 cm Tiefe bilden. Zielvegetation sollte hier eine vitale flächendeckende Krautschicht mit einer lockeren lichtdurchlässigen Strauchvegetation sein. Bei neu angelegten Böschungen können die Sohlen dieser Erosionsrinnen schon nach wenigen Starkregenereignissen so tief liegen, dass sie von den Wurzeln der angesäten Gräser und Kräuter in den früheren Entwicklungsphasen nicht mehr stabilisiert werden können. Hier muss eine Unterstützung der einzubringenden Vegetationsschicht erfolgen und Vegetation mit Tiefenwirkung verwendet werden.

Zum Schutz vor Rinnenerosionen haben sich Lebendbauweisen bewährt, welche die konzentrierten Oberflächenabflüsse wieder in der Fläche verteilen und/oder zu einem schnellen Unterwurzeln und Durchwurzeln der Erosionsrinne führen:

– lebende Hangfaschinen mit Steckholzbesatz und Riefenpflanzung,
– Buschlagen, Heckenbuschlagen.

Bereits vorhandene Rinnen können durch dichte Steckholzbepflanzungen saniert werden.

Bild 14. Rinnenerosion in einer Deponieabdeckung, die durch horizontale Querrinnen profiliert wurde

Bild 15. Flächen-, Rillen- und Rinnenerosion in einer neu hergestellten Kiessandschüttung neben einer neuen Talbrücke, ein Jahr nach Fertigstellung des Erdbaus

Bild 16. Sanierung der Böschung von Bild 15 mit Ansaaten, Hangfaschinen, Buschlagen und Heckenlagen im Wechsel; Zustand in der zweiten Vegetationsperiode

4.3 Sanierung von Grabenerosionen

Erosionsgräben über 40 cm Tiefe entstehen in erosionsanfälligem nicht- oder schwachbindigem Boden, vor allem in locker gelagerten Schüttboden auf längeren Hängen oder bei einer Konzentration von Oberflächenabflüssen aus einem kleinen Einzugsgebiet. Vor der Sanierung sollte das Einzugsgebiet und die Regenabflüsse bei ein- bis fünfjährlichen Ereignissen bestimmt werden.

Zielvegetation für eine dauerhafte Stabilisierung von Erosionsgräben sind hydraulisch raue Strukturen, wie horstbildende derbe Gräser, Seggen und Feuchthochstauden oder kleinwüchsige stark verzweigte Sträucher. Zur Erhaltung ihrer Vitalität müssen die Pflanzen im Graben dauerhaft gut belichtet sein. Es eignen sich Pflanzen, die nach leichter Überstauung und Überschotterung regenerieren können, beispielsweise mit guter Adventivwurzelbildung und etagalem Wurzelwachstum.

Erosionsgräben, die durch sehr seltene Regenereignisse entstanden sind, können durch Ausbuschungen aus Reisig mit Gehölzanpflanzungen saniert werden. Ggf. führen auch dichte Steckholzanpflanzungen im Graben bzw. eng gestaffelte Reihen quer zur Fließrichtung in 1 bis 3 m Abstand (lebende Palisaden) zur Erosionsminderung und Auflandungen.

Bei häufigen starken Regenwasserabflüssen sollten die Gräben aus einer Kombination von Stein- und Schotterschüttungen mit rau wirkenden Pflanzen saniert werden. Die Steine werden hydraulisch bemessen, Schotter wird als Filter unter der Steinschüttung und zwischen den Steinen zur Fugenverfüllung eingebaut. Die Pflanzen werden seitlich gepflanzt.

Bild 17. Grabenerosion kombiniert mit Bodenfließen, verursacht durch die kombinierte Wirkung von Oberflächenabfluss und Sickerwasser in schluffigem Feinsand

Bild 18. Sanierung von Grabenerosion durch Ausbuschung mit Kiefernästen [66]

Bild 19. Sanierung eines Erosionsgrabens; Steinschwellen auf Schotterfilter, dazwischen Stein- und Schotterschüttung, Böschungssicherung durch Gräseransaat mit Netzüberspannung

Sie verklammern mit den Wurzeln die Steinschüttung und verstärken die Filterwirkung. Für Gehölze, Gräser und Stauden eignen sich Ballenpflanzungen sowie Steckhölzer und Setzstangen.

Auf Verkehrswegedämmen oder in Bauwerksnähe sollten Erosionsgräben standsicher mit filterstabilen Schottergemischen verfüllt werden. Für die geordnete Regenwasserableitung werden Raubettgerinne gebaut.

In Erosionsgräben mit Tiefen über 1,25 m sind vor Beginn von Handarbeiten im Graben, die Grabenwände gemäß den Unfallverhütungsvorschriften abzuflachen.

4.4 Kleinflächige oberflächennahe Rutschungen in homogenem nichtbindigen Böden

In nichtbindigen homogenen Böden werden kleinflächige oberflächennahe Rutschungen beobachtet, die sowohl als Flächenerosion als auch als Böschungsbruch mit sehr flacher oberflächenparalleler Gleitfläche gewertet werden können. Wenn eine vorgegebene Gleitfläche im Untergrund ausgeschlossen werden kann, handelt es sich dabei häufig um hohe natürliche oder künstliche Schotter- oder Geröllhalden, bei denen der Böschungswinkel nur wenig flacher oder gleich dem Reibungswinkel des Materials ist. Schon durch geringfügige zusätzliche Belastungen, wie Betreten, Steinschlag oder Schneeschurf entstehen oberflächennahe Kriech- oder Rutschbewegungen.

Derartige Schotterböschungen können durch standortheimische Baum- und Strauchbestände in Kombination mit einer entsprechenden Bodenvegetation beruhigt werden, d. h. die Kriechbewegungen werden deutlich verlangsamt und gebremst. Voraussetzungen dafür sind:

- Der Böschungswinkel ist deutlich flacher als der Reibungswinkel des Bodens

$$\frac{\tan \varphi}{\tan \beta} > 1,15$$

Der Zustand wird dann im Sinne der DIN 1054 als Bauzustand gewertet.

- Das Substrat des Standortes ist für eine dauerhafte Ansiedlung von Bäumen und Sträuchern geeignet.

2.13 Ingenieurbiologische Verfahren zur Böschungssicherung

Bild 20. Steile Kiessandschüttung im oberen Hangbereich neben einer neuen Talbrücke gesichert durch mit Strauchweidensteckhölzern begrünten Rundholzverbau sowie Ansaat direkt nach Fertigstellung

Bild 21. Steiler Hangbereich aus Bild 20 in der zweiten Vegetationsperiode

Bild 22. Detail Rundholzverbau mit Steckholzhinterpflanzung aus Bild 20 in der ersten Vegetationsperiode

Die notwendige rechnerische Standsicherheit von

$$\frac{\tan \varphi}{\tan \beta} > 1,25$$

lässt sich durch die traditionellen Lebendbauweisen:

- Buschlage,
- Heckenbuschlage,
- Hangfaschine mit Riefenpflanzung und Steckholzbesatz sowie
- Rundholzverbau mit Hinterpflanzung und Steckholzbesatz

auf geeigneten Standorten erreichen.

Die Auswahl der Lebendbauweise und die Pflanzenwahl erfolgt wieder standortbezogen und wird ggf. durch eine geeignete Ansiedlung von Gräsern und Kräutern ergänzt oder der Spontanentwicklung überlassen.

4.5 Kleinflächige oberflächennahe Rutschungen in bindigen Böden

Bei kleinflächigen oberflächennahen (bis 0,30 m starken) Rutschungen in bindigen Böden sind die geo- und hydrotechnischen Ursachen zu erkunden.

An Hängen, wo mit einfallenden Schichten zu rechnen ist, sollte überlegt werden, ob das entstandene Böschungsprofil akzeptiert werden kann. Bei deutlich erkennbaren Sickerwasseraustritten sollten geeignete Dränagen in Form von Auflastfiltern, Filterkeilen oder Filterstützscheiben angelegt werden.

Oberhalb der erkennbaren Sickerwasseraustritte, kann abgerutschter Boden wieder in das Böschungsprofil eingebaut werden. Die Rutschfläche wird mit schräg verlaufenden Rillen aufgeraut werden. Zur Entwässerung der Trennschicht und zur Stabilisierung des Bodenauftrags, werden kombinierte Hang-/Dränfaschinen eingebaut und mit Sträuchern hinterpflanzt oder auch mit Lagenbau kombiniert.

Die neu hergestellte Böschungsoberfläche wird angesät und damit vor Flächenerosionen geschützt.

4.6 Rutschungen stark geneigter Oberbodenandeckungen bzw. Vegetationstragschichten

Oberbodenandeckungen

Das Auftragen von Oberboden wird stark diskutiert und ist in vielen Fällen umstritten. Zur Versachlichung werden die verschiedenen Gesichtspunkte beleuchtet.

Oberboden wird aus unterschiedlichen Gründen auf Böschungen aufgetragen. Vorteile sind:

- Überschüssiger Oberboden einer Erdbaustelle wird wieder verwendet und muss nicht abgefahren werden.
- Höhere Nährstoff- und Humusgehalte ermöglichen eine schnelle geschlossene Begrünung mit Handelssaatgut und damit einen abnahmefähigen Zustand.
- Sehr erosionsanfällige Feinsandböden werden schnell vor Flächen- und Rillenerosion geschützt.
- In Ortslagen oder Ortsnähe entsteht rasch ein gepflegtes Erscheinungsbild der abgeschlossenen Baustelle.

Diesen Vorteilen können ganz erhebliche Nachteile gegenüberstehen:

- Auf bindigem Unterboden und/oder bei Sickerwasseraustritten, bleibt die Oberbodenandeckung langfristig rutschgefährdet.
- Eine Durchwurzelung von Oberboden mit dem Unterboden findet langfristig nicht statt, wenn der Unterboden bindig, porenarm und wassergesättigt ist, keine Nährstoffe enthält oder pflanzenfeindliche Stoffe bzw. einen pflanzenunverträglichen pH-Wert aufweist. Es entsteht ein sog. Blumentopfeffekt. In diesen Fällen bleibt der Oberboden rutschgefährdet und stellt für Planer und Ausführungsbetrieb ein Haftungs- und Gewährleistungsproblem dar.
- Das starke Nährstoffangebot führt zu einer Verdrängung von Pflanzenarten, die auf nährstoffarmen Böschungen langfristig existieren können und durch ihr tief- und weitrei-

2.13 Ingenieurbiologische Verfahren zur Böschungssicherung

Bild 23. Oberbodenrutschung auf einem verdichteten Tondamm fünf Jahre nach der Fertigstellung nach einer längeren Regenperiode

Bild 24. Oberbodensicherung auf einem Lärmschutzwall mit Hang-/Dränfaschinen zur Dränung des Oberbodens und der Schichtgrenze zwischen Oberboden und sandigem Schluff; Stützung durch Faschinen- und Derbstangenverbau, beides kombiniert mit Riefenpflanzungen (Foto: Frank Spundflasch)

chendes Wurzelwerk eine gute Bodenbindung erreichen, zugunsten von massenwüchsigen konkurrenzstarken Arten. Je mächtiger die Oberbodenauflage, desto unwahrscheinlicher ist eine Durchwurzelung der Trennschicht, zwischen Ober- und Unterboden. Der Pflegeaufwand wird erhöht.
- Die Pflege von artenreichen aber nicht so hochwüchsigen mageren Rasen ist weniger aufwendig als die auf nährstoffreichen Standorten wachsenden.
- Naturschutzfachlich werden Magerrasen besser bewertet, weil die dazugehörigen Pflanzenarten durch die starke Überdüngung der Landwirtschaft in der freien Landschaft stark zurückgegangen sind.

Unter Berücksichtigung der genannten Vor- und Nachteile, wird empfohlen, soweit möglich, auf Oberbodenandeckungen zugunsten einer Rohbodenböschung zu verzichten. Insbesondere aber auf Böschungen aus bindigen Böden, Fels und im Bereich von Sickerwasseraustritten und Feuchtstellen.

Zum Schutz von Sandböschungen vor Erosion haben sich abgemagerte dünne Oberbodenandeckungen (10 cm humoser lehmiger Sand) bewährt. Hierauf werden unmittelbar Gräser und Kräuter angesiedelt. Die Oberfläche wird durch Mulch vor Tropfenschlag und Wind geschützt. Eine Rinnenerosion wird durch schräg verlaufende Hang-/Dränfaschinen verhindert.

Vegetationstragschichten

Auch auf anderen schwierig rekultivierbaren Böschungssubstraten kann es sinnvoll sein, eine geschlossene Vegetation anzusiedeln, um einem Verwitterungs- und Erosionsprozess entgegenzuwirken. Dies können z. B. stark verdichtete und hydraulisch verfestigte Schluff- und Tondämme oder Schüttboden aus Industrie oder Bergbausubstraten sein. Hier kann es sinnvoll sein, auf derartigen Böschungen Vegetationstragschichten geeigneter Stärke und Zusammensetzung aufzubauen.

Stark humose, bindige Oberböden scheiden in der Regel als Abdeckung aus, weil die Scherparameter und die Wasserdurchlässigkeit für die Zwecke ungünstig sind.

Sinnvoll kann es sein, die im Naturraum vorkommenden Bodenarten aus einem hohen Anteil grobkörnigen Substrats mit geringerem Feinkorn und Humusanteil zu verwenden oder zu mischen, sodass hier ein örtlich angepasster Kompromiss zwischen guten Eigenschaften wie Scherfestigkeit, Wasserdurchlässigkeit und ausreichendem Wasser- und Nährstoffbindevermögen gefunden wird. Derartige Vegetationstragschichten können z. B. bestehen aus:

– Steinbruchabraum ggf. mit geringem Oberbodenanteil,
– Wandkies ggf. mit geringem Oberbodenanteil.

In Industrie- und Bergbaufolgeflächen können auch Recyclingsubstrate verwendet werden, wenn ihre Auswirkungen im Naturhaushalt und Landschaftsbild an diesen Stellen vertretbar sind. Ein Beispiel ist Betonrecycling mit geringem Oberbodenanteil. In der Anfangszeit ist dieser Baustoff wegen des hohen pH-Wertes schwer begrünbar.

Die Verzahnung von Vegetationstragschicht mit dem Unterboden kann durch Abtreppung gemäß ZTVE-Stb 94 [6], zusätzliche Rauigkeit, Rillen oder Pfähle erfolgen. Für eine

Bild 25. Nährstoffarme Vegetationstragschicht durch Stufen verzahnt mit sehr saurem Dammbaustoff, der keine Begrünung zulässt (Foto: Frank Spundflasch)

Ansiedlung krautiger Vegetation reichen 10 bis 20 cm starke Vegetationstragschichten, für die Ansiedlung von Sträuchern 20 bis 40 cm.

Möglichkeiten der Ansiedlung von Magerrasen sind geeignete Hydrosaaten auch mit Heumulch und Heudrusch, sowie das Überrieseln mit Vegetationsschichtmaterial (Grünlandboden) einer geeigneten Wiese bzw. Andeckung von Grünschnitt.

Möglichkeiten zur Ansiedlung von Gehölzen sind Lochpflanzungen und Riefenpflanzungen ggf. in Kombination mit Faschinen und Begrünungshilfsstoffen.

4.7 Regenwasserableitung auf Böschungen

Problematik

Regenwassergräben und -rinnen dienen der schadfreien Ableitung von Regenwasser in Siedlungs- und Gewerbegebieten und an Verkehrswegen. Gegenüber einer Ableitung in Rohren ist die Ableitung in Mulden und Gräben, dort wo der Platz es zulässt, kostengünstiger und bei wenig verunreinigtem Niederschlagswasser umweltverträglicher. Ein Teil des Regenwassers versickert in den Mulden. Die Fließgeschwindigkeiten sind langsamer. Dadurch wird der Abfluss reduziert und verzögert. Es kommt zur Grundwasserneubildung. Im belebten Boden findet eine Reinigung des Wassers statt (vgl. [56]). In der Regel haben die Regenwassermulden keinen Trockenwetterabfluss. Dadurch ist auch eine vollständige Vegetationsbesiedlung der Muldensohle möglich. In Bergsenkungsgebieten und Rutschhängen sind offene Gräben einfacher zu kontrollieren und zu reparieren als geschlossene Rohrleitungen. Anlagen der Regenwasserableitung und Rückhaltung lassen sich bei ausreichendem Platz sehr gut in die Freianlagen von Siedlungen, Gewerbegebieten und Verkehrsflächen integrieren. Kleine natürliche Gewässer, die stark durch versiegelte Flächen beeinflusst sind, können ähnlich betrachtet werden. Offene Regenwassergräben und -mulden werden aus hydrologischer, ökologischer, ökonomischer und ästhetischer Sicht geschlossenen Kanälen vorgezogen.

Stand und Regeln der Technik

Regenwasserabflüsse für teilversiegelte Kleinsteinzugsgebiete werden je nach Planungsaufgabe nach unterschiedlichen Regeln der Technik ermittelt:

– DIN EN 752 Entwässerungssysteme außerhalb von Grundstücken,
– DIN 1986 Gebäude- und Grundstücksentwässerung,
– DWA Regelwerk ATV A 117, 118 und 138 öffentliche Kanalisation,
– FGSV RAS-Ew Straßenentwässerung.

Die Funktionssicherheit der Anlagen wird dabei wesentlich durch die Wahl des Wiederholungshäufigkeit n (1/Jahre) und die Wahl der Dauer des Bemessungsregens D (min) vorgegeben. Für die Regenspenden wird einheitlich der Kostra Atlas des Deutschen Wetterdienstes [16] ausgewertet.

Problemlösungen und Vorgehensweise

Wichtige Planungsgrundlagen stellen die Ermittlung der Regenwasserabflüsse sowie des Gefährdungspotenzials der Nutzungen dar. Bei einem hohen Schadenspotenzial wird der Bemessung ein selteneres d. h. stärkeres Regenereignis zugrunde gelegt. Die Ermittlung der Abflüsse erfolgt bei kleinen einfachen Entwässerungsaufgaben häufig mit dem Zeitbeiwertverfahren, bei größeren komplexen Aufgaben mit Niederschlags-/Abflussmodellen.

Zur Ableitung in offenen Regenwassermulden müssen Flächen verfügbar und das Regenwasser sollte nur wenig verunreinigt sein. Wenn eine Versickerung des Regenwassers zu Schäden an Gebäuden, Anlagen oder Böschungen oder zur Auswaschung von Schadstoffen im Boden führen kann, muss die Mulde abgedichtet werden.

Nach einer Geländevermessung und anschließender hydraulischer Bemessung sind Aussagen zur Größe des Abflussquerschnitts und zur Gestaltung der Mulde möglich. Oberflächennahe Mulden passen sich gut in Freianlagen ein. Um Schäden durch Nässe und Frost zu vermeiden, kann, wie im Straßenbau üblich, unter der Mulde eine Dränage geführt werden. Die Mulden können mit Landschaftsrasen für wechselfeuchte, z. T. frische und halbtrockene eutrophe Standorte begrünt werden. Auf gut belichteten Standorten gibt es ein breites Einsatzfeld für Landschaftsrasen. Zur Verbesserung des Orts- und Landschaftsbildes sind Aufweitungen mit Anpflanzungen von Stauden für wechselfeuchte nährstoffreiche Standorte möglich.

Abflüsse, Fließgeschwindigkeiten und Schleppspannungen für die Mulden und Gräben sollten berechnet werden, um zu wirtschaftlichen und abgesicherten Bemessungen zu kommen. Die hydraulischen Untersuchungen zeigen, ob Landschaftsrasen allein oder nur in Kombination mit Steinschüttungen, Steinpackungen oder rauem Natursteinpflaster (Raubettrinne) die Muldensicherung übernehmen kann. Bei Rasensicherungen müssen die Standortfaktoren dies ermöglichen. Die Gräben und Mulden werden in der Regel flach muldenförmig ausgeführt. Dies führt zu gleichmäßiger Überströmung mit geringen Turbulenzen. Bereiche mit stark ungleichförmiger Strömung machen eine örtlich angepasste stärkere Sicherung erforderlich. In derartigen Bereichen sind auch die Aufstauungen mit Anhebung des Wasserspiegels zu berücksichtigen.

In der Regel ist für die Bemessung der Mulden- und Grabenform eine stationär gleichförmige Berechnung der Wasserspiegellagen z.B. mit der Fließformel von *Manning-Strickler* ausreichend. Auf der Grundlage der hieraus ermittelten Fließgeschwindigkeiten und Schleppspannungen können die Sicherungen ausreichend genau bemessen werden. Ungleichförmige Strömungen z.B. bei Gefällewechsel, Einmündungen, oberhalb- und unterhalb von Durchlässen und in engen Kurven sollten entweder hydraulisch untersucht oder durch erfahrene Fachleute bewertet und entsprechend ausgebaut und gesichert werden.

Gemäß [33] werden bestimmte Mulden- und Grabenformen für die Ableitung von Regenwasser empfohlen:

Wenn die Mulden und Gräben sofort nach der Fertigstellung Abflüsse aufnehmen sollen, eignen sich als sofortwirksame Sicherungen in Siedlungen Fertigrasenandeckungen und in der freien Landschaft Rasensodenandeckungen, die örtlich geworben wurden.

Dort wo eine sichere Begrünung mit Gräsern zu erwarten ist, kann die Steinpackung auch einlagig ausgeführt werden, da durch die Pflanzen eine Verklammerung und durch den Wurzelfilz ein Filter gegen den Untergrund entsteht. Die Begrünung der Fugen von Steinschüttungen und Packungen kann durch Überstreuen mit einer Vegetationsschicht aus Grünlandboden erfolgen.

2.13 Ingenieurbiologische Verfahren zur Böschungssicherung

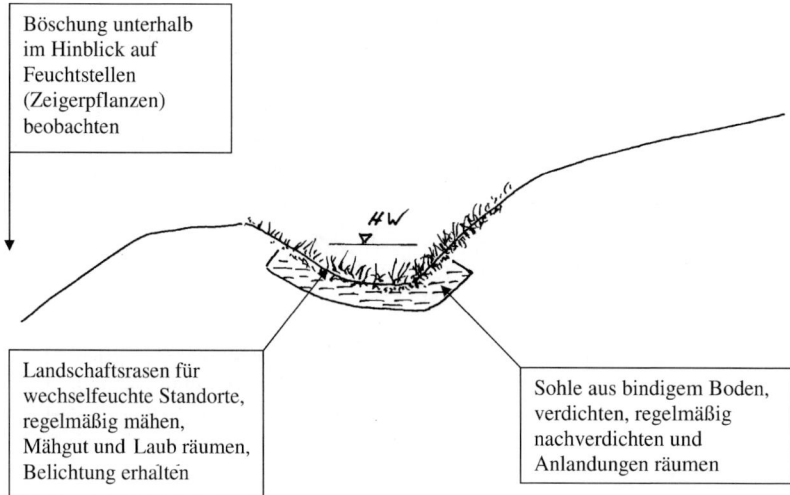

Bild 26. Abfanggraben oberhalb einer Böschung in Anlehnung an RAS-Ew [86] mit Darstellung der Zielvegetation, Rahmenbedingungen und erforderlichen Unterhaltung

Fanggräben, Hanggräben

In hängigem Gelände kann es sinnvoll sein, oberhalb einer Böschung einen Abfanggraben anzulegen, um die Böschung vor Erosion durch zu starke Oberflächenabflüsse zu schützen. Gemäß [86] wird nachstehende Ausbildung empfohlen. Derartige Abfanggräben erfordern regelmäßige Mahd und Räumung von Falllaub sowie eine Pflege nach besonderen Ereignissen wie Starkregen, Schneeschmelze. Bei Abflussstörungen besteht hier sowohl die Gefahr einer Erosionsgrabenbildung durch konzentrierte Oberflächenabflüsse als auch Böschungsbruchgefahr als Folge von Wasserversickerungen. Falls möglich sollten derartige Hanggräben vermieden werden und geringe Oberflächenabflüsse über eine ausgerundete und geeignet begrünte Böschungsschulter dezentral abgeleitet werden

Raubettmulden

Konzentrierte Oberflächenabflüsse aus Kleinstniederschlagsgebieten werden in Raubettmulden über Böschungen geführt. Ohne Sicherungen entstehen an derartigen Stellen schnell tiefe Erosionsgräben.

Die Raubettmulde besteht aus unregelmäßig angeordneten rauen Steinpackungen in geeignetem Unterbau und wird durch Strauchreihen seitlich eingefasst. Bei Starkregenabflüssen entsteht ein sprudelndes Luft-Wasser-Gemisch. Wegen des schießenden Abflusses sollte die Mulde in der Falllinie des Geländes angeordnet werden. Bei Führung schräg zum Hang oder in Kurven verlässt die Strömung die Mulde. Die hydraulische Leistungsfähigkeit kann mit der Tabelle von *Hartung* und *Scheuerlein* der RAS-Ew [86] abgeschätzt werden. Die Steine werden entweder in Beton oder bei geringeren Abflüssen auf eine Schotterschicht versetzt und durch Pfähle stabilisiert. Randlich werden sie durch Faschinen aus standortheimischen Strauchweiden eingefasst, welche die Mulde durchwurzeln und die Filterstabilität erhöhen (Bild 27) [86].

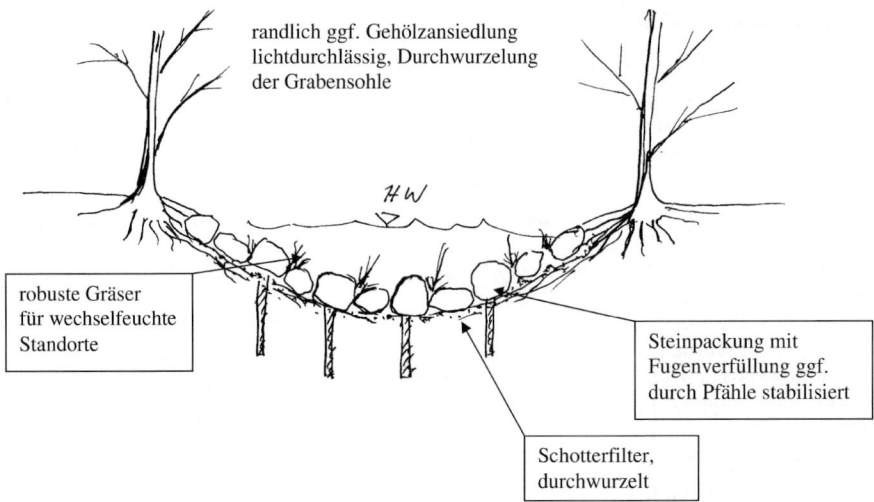

Bild 27. Raubettrinne in Anlehnung an die RAS-Ew [86] mit Grasvegetation in der Mulde, randlicher Gehölzvegetation, Verbesserung der Filterwirkung und Verklammerung der Steine durch die Wurzeln

4.8 Vegetation und Dränagen

Biotechnische Dränagen sind so aufgebaut, dass sie sowohl der Sammlung und Ableitung von Wasser dienen als auch der zusätzlichen Verdunstung durch die Pflanzen. Gleichzeitig wird durch das Austreiben und das Wurzeln der Pflanzen in der biotechnischen Dränage noch eine stärkere Festigung erreicht. Die Anlagen können hangparallel zur Verteilung als auch hangabwärts zur Ableitung und mit allen Zwischenstadien und Kombinationen mit anderen ingenieurbiologischen Bauweisen angelegt werden.

Im Zusammenhang mit technischen Dränagen sollte berücksichtigt werden, dass Pflanzenwurzeln in Trockenperioden grundsätzlich dem Wasser entgegen wachsen und so den Grundwasserhorizont, Kapillarzonen und auch Dränagen erreichen. Dabei können diese intensiv durchwurzelt werden, sodass hier Abflussstörungen entstehen. Um derartige Probleme zu vermeiden, wird folgende Vorgehensweise empfohlen:

- In der Nähe von technischen Dränagen (5 bis 10 m) sollten Bäume und Sträucher mit stark streichenden und ins Wasser wachsenden Wurzeln (Pappel- und Weidenarten) vermieden werden. Unproblematisch ist Landschaftsrasen auf einem bindigen Boden.
- Wenn die Ansiedlung von Weiden zur Sicherung erwünscht ist, werden auch stark überdimensionierte Dränagen und wasserdurchlässige Schotter- und Steinschüttungen eingebaut.
- Sickerwasser kann über Sickerkeile und Sickerstützscheiben bzw. Gabionen in Mulden abgeleitet werden. Diese Bauelemente können auch begrünt werden.
- Dränagen werden als Teilsickerrohre so ausgebildet, dass das Wasser schnell abläuft und die Sohle abtrocknet. Revisionsschächte in kürzeren Abständen ermöglichen eine leichte Kontrolle und ggf. die Entfernung der Wurzeleinwachsungen. Huckepackleitungen ermöglichen den Schutz des Sammlers vor Wurzeleinwachsungen. Nur die Dränleitung kann durchwurzelt werden.

4.9 Vegetation und Dichtungen

Pflanzen wurzeln in Dichtungen und durchwurzeln Dichtungen, wenn diese Pflanzennährstoffe, Humus und Feuchtigkeit enthalten. Bevorzugt werden Schwachstellen, wie Risse und Inhomogenitäten. Besonders Pflanzenarten mit betont vertikal wachsendem Wurzelwerk, wie Schwarzerle und bestimmte Leguminosen mit ausgeprägten Pfahlwurzeln, gefährden Dichtungen.

Folgende Möglichkeiten zur Reduzierung von Schäden an Dichtungen werden empfohlen:

- Die Dichtungen sollten mit hoher Qualität nach den Regeln der Technik geplant, gebaut und kontrolliert werden.
- Dichtungen sollten nicht in setzungs- und rutschgefährdeten Böschungs- und Hangbereichen eingebaut werden, oder sie müssen hier häufig systematisch überprüft werden.
- Abgedichtete Sohlen von Hanggräben sollten regelmäßig geräumt (Falllaub, Sedimente u. a.) und ggf. nachverdichtet werden.
- Abdichtung von Hanggräben sollten nur mit Gräsern begrünt werden.
- Abdichtungen auf Böschungen (Deponien) können bei geeignetem Aufbau der Überdeckungs- und Vegetationstragschicht mit krautiger Vegetation und Gehölzvegetation begrünt werden. Für Bäume in derartiger Situation sollten Maximalhöhen festgelegt werden, um Schäden durch Momenteintrag bei Starkwind vorzubeugen.

4.10 Vegetation und Stützbauwerke

Die Wirkung der Vegetation auf Stützbauwerke kann je nach Bauart sehr unterschiedlich sein.

Nachteile können entstehen durch:

- Momenteintrag durch Bäume in das Bauwerk.
- Reduzierung der Wirkung von Dränagen. In diesen Fällen ist eine geeignete Unterhaltung der Bauwerke erforderlich.

Vorteile können entstehen durch:

- Schutz vor Sonneneinstrahlung, insbesondere UV-Strahlung bei Bauwerken aus Geokunststoffen, wie bewehrte Erde.
- Schutz vor Steinschlag, Schotter- und Schneeschurf bei Geogitter- oder Gabionenbauweisen.
- Verklammerung und Verfestigung von Verfüllbaustoffen, z. B. bei Krainerwänden oder bewehrter Erde, sodass Setzungen, Sackungen und Siloeffekte reduziert werden, bis hin zum völligen Ersatz der ursprünglichen Holzkonstruktion durch einen durchwurzelten Bodenkörper bei den klassischen Holzkrainerwänden.

Allgemein werden folgende Hinweise für den sinnvollen Umgang mit Vegetation auf Stützbauweisen gegeben:

- Bäume sollten nicht direkt auf oder hinter Mauerkronen wachsen, wenn die Mauer nicht statisch dafür ausgelegt ist.
- Bei konventionellen Trockenmauern oder Mauern mit Mörtelverbund sollten Bäume nicht in den oberen Zonen der Mauer wachsen, da hier die Steinlagen gelockert werden.
- Bei Steinschlichtungen, Gabionenmauern und bewehrter Erde ist ein Gehölzbewuchs über die gesamte Mauerhöhe möglich, ohne dass das Bauwerk beschädigt wird. Die zulässigen Baumhöhen müssen auf die Konstruktion abgestimmt werden.
- Dränageöffnungen in Mauerwerken und Beton müssen von Bewuchs freigehalten werden.

Bild 28. Mit Strauchweiden in Form von Buschlagen begrünte Gabionenmauer zur Dränung und Stützung in einem feuchten Unterhang im Muschelkalk

- Die Ansiedlung von Schling- und Kletterpflanzen am Mauerfuß ist in der Regel für die Mauer unproblematisch.
- Die Ansiedlung krautiger Vegetation ermöglicht häufig eine flächenhafte Begrünung von Trockenmauern, Steinschlichtungen sowie Gabionenmauern und damit eine Verbesserung im Landschaftsbild. Auf ausgewiesenen Trockenstandorten können auch Sukkulenten erfolgreich angesiedelt werden und das Ort- und Landschaftsbild bereichern.
- In Krainerwänden (Raumgitterkonstruktionen) werden häufig Gehölzpflanzen oder bewurzelungsfähige Äste beim Aufbau der Wand zeitgleich in den Verfüllungsboden eingebaut und dienen als Bewehrung des Verfüllungsbodens. In ungünstigen Jahreszeiten werden Containerpflanzen eingebracht oder die Wand wird nachträglich bepflanzt. Wenn aus Holzkrainerwänden nach dem Verfallen des Holzes stabile mit Gehölzen bewachsene Böschungen entstehen sollen, ist eine Böschungs- bzw. Wandneigung von 35° bis 45° sinnvoll.

Die auf jeder Böschung vorhandenen Standortunterschiede treten bei begrünten Stützbauwerken noch extremer auf:

- Austrocknung, Nährstoff-, Humus- und Feinerdverluste auf der Mauerkrone führen hier mittelfristig zu einer Aushagerung des Standorts und zu Ausfällen und Lücken in der Vegetation, besonders auf süd- und westexponierten Böschungen. Die Unterhaltung muss dieser Entwicklung entgegenwirken.
- Auf nord- und ostexponierten Steilböschungen kann eine höhere geschlossene Vegetation auf der oberen Böschungshälfte die Vegetation unterhalb verschatten und stark zurückdrängen. Hier muss durch Auslichtung die Vitalität der Vegetation am Mauerfuß erhalten werden.
- Insgesamt ist es hier von besonderer Bedeutung, an solche Extremstandorte entsprechend angepasste Pflanzen einzusetzen und Expositions- und Materialeigenschaften zu berücksichtigen.

Bei der Wahl der Baustoffe sollte auch die zukünftige Unterhaltung der Vegetation einbezogen werden. Netze, Matten und Reisigbauten an der Oberfläche werden bei der heute üblichen maschinellen Unterhaltung der Vegetation schnell beschädigt. Stahlpfähle und starke Drähte führen zu Schäden an den Maschinen.

4.11 Gestaltung und Begrünung von Felsböschungen

Felsböschungen sollten beim Abtrag schon so gestaltet werden, dass sie langfristig standsicher sind (vgl. [31]). Stark verwitternder gebrächer Fels sollte so gestaltet werden, wie das sich daraus entwickelnde Lockergestein. Harte Felspartien sollten in ihrer typischen Struktur und Textur als landschaftsprägende Elemente erhalten bleiben. Das Herausarbeiten von Felspartien und das Umgehen des Glattschleifens der Felsböschung bringen für die anzusiedelnde Vegetation Nischen und damit Festigkeit.

Eine Begrünung von Felsböschungen dient dazu, nach einer Baumaßnahme die Eingriffe in Natur und Landschaft wieder auszugleichen. Weitere Ziele sind die Reduzierung von Verwitterung und Erosion bzw. Steinschlag und Schotterkriechen.

Gelungene Gestaltungsmaßnahmen an Felsböschungen schaffen eindrucksvolle Elemente im Landschaftsbild und können an straßenfernen Bereichen naturschutzfachlich wertvollen Trockenrasen, Halbtrockenrasen und Trockengebüsch initiieren.

Je nach Substrat und Samenvorrat in der Umgebung eignen sich die verschiedenen Methoden der Vegetationsansiedlung:

- Andeckungen von diasporenhaltigen Heumulch,
- Heudrusch®,
- Oberboden von trockenen Felshängen der Region, sowie die
- Ansaat von Regiosaatgut mit dem Hydrosaatverfahren.

Alle genannten Begrünungsverfahren sollten auf Felsböschungen mit Mulchandeckung und Kleber und ggf. auch mit Bodenverbesserungsstoffen kombiniert werden.

Auf erosionsstabilen Felsböschungen sowie allen steilen, steinigen, felsigen und grobschottrigen Rohbodenstandorten und -böschungen hat sich die Gehölzsaat als ein naturnahes und wirtschaftliches Verfahren herausgestellt. Die anfänglich langsame Entwicklung wird durch den robusten, standortangepassten Bewuchs, durch die allmähliche Sukzession und das Einwandern von anderen Arten ausgeglichen. Durch Beisaaten kann eine lockere aber nicht

Bild 29. Felsböschung aus kompaktem Hartgestein mit Strauchvegetation in Klüften und stark verwitterten Bereichen

Bild 30. Vegetationsentwicklung auf einer Anschnittsböschung im Muschelkalk nach einer Rohbodenbegrünung mit Nassansaat. Die feuchten lehmigen Bereiche sind dichter bewachsen als steinige. Aus dem naturnahen Wald wandert die standortheimische Waldvegetation ein

gehölzaufwuchsfeindliche Bedeckung in den ersten Jahren erreicht werden. Mulchschichten simulieren ein keimungsförderndes natürliches Umfeld, welches mit einer Laubschicht vergleichbar ist. Als Nassansaat ausgeführt, kann die Gehölzsaat in den meisten Fällen heute maschinell erfolgen.

Zum Schutz unterhalb liegender Verkehrswege vor Steinschlag direkt am Verkehrsweg können Schutzzäune oder Schutzwände z. B. Bohlenwände errichtet werden. Um in hohen, steilen Felsenböschungen das Springen von Steinen zu vermeiden, können hier aber auch dichte Strauchpflanzungen oder -saaten angelegt werden. Oder die Böschung wird insgesamt mit einem Netz überspannt. Außerhalb der Alpen werden bei Böschungen mit Neigungen unter 45° häufig aufliegende Drahtnetze verwendet. Diese können durch Hydrosaaten begrünt werden.

Steilere Hänge mit größerem Steinschlagaufkommen werden durch vorgehängte Netze gesichert. Die gelösten Steine gelangen so in einen Fangraum neben dem Verkehrsweg und können abtransportiert werden.

Aus der Sicht des Landschaftsbildes und des Naturschutzes (verletzte und verendete Tiere) sind die Netzüberspannungen und Netzvorhänge nicht befriedigend aber z. T. unvermeidbar. Auch können die gesäten, gepflanzten oder spontan aufkommenden Gehölze in die Netze einwachsen und die Böschung gefährden.

Felsböschungen oberhalb von Verkehrswegen erfordern eine regelmäßige Überprüfung nach den Frost-Tau-Perioden im Frühjahr. Hierbei sind bei Straßensperrung auch Beräumung von locker liegenden Steinen und Felsbrocken vorzunehmen. Gegebenenfalls sind auch Bäume mit negativen Auswirkungen auf die Felsböschung zu fällen.

5 Baustoffe für ingenieurbiologische Böschungssicherungen

Pflanzenarten und ihre biotechnischen Eigenschaften, die für ingenieurbiologische Arbeiten geeignet sind, werden in der botanischen, gärtnerischen und ingenieurbiologischen Fachliteratur beschrieben (vgl. Literaturverzeichnis). Die im Anhang zusammengestellten Pflanzenarten mit biotechnischer Eignung werden aufgrund ihres Vorkommens auf verschiedenen Standorten in Mitteleuropa und demzufolge auch ihrer Zugehörigkeit zu den entsprechenden Pflanzengesellschaften gegliedert. Dabei geben die großen Kulturgrasland-, Gebüsch- und Waldgesellschaften den Rahmen [17, 41, 82, 87]. Im Flach- und Hügelland wird in sandige Rohbodenböschungen unterschieden, auf denen im atlantischen Raum einige Arten an ihre Ostgrenzen stoßen, sowie in besser nährstoff- und wasserversorgte Böschungen bindiger, feinerdereicher Bestandteile (Lehm, sandiger Lehm). Im Gebirge wird nach dem Chemismus des geologischen Substrats unterschieden.

5.1 Lebende Baustoffe – Gräser, Kräuter, Hochstauden

Als Baustoffe für die Initiierung von Rasen, Wiesen und Staudenfluren werden empfohlen:

Regiosaatgut (Ökotypensaatgut)
Saatgut von Gräsern und Kräutern eines Naturraums (Region), welches in der freien Landschaft gesammelt und auch dort gärtnerisch vermehrt wurde. Geeignet für Landschaftsrasen auf Böschungen und Hängen des Naturraumes oder als Ersatz bei gleichen oder ähnlichen orografischen Bedingungen (geologischer Untergrund, Bodenentwicklung, Klima).

Landschaftsrasen – Regelsaatgutmischung aus Zuchtgräsern
Diese sind naturschutzfachlich nicht erwünscht, da die Gefahr der Florenverfälschung gesehen wird, allerdings sind sie geeignet für Gärten und Parkanlagen sowie teilweise für Verkehrswegeböschungen.

Zuchtgräser für Wiesen und Weiden
Es sind Grasmischungen für die Grünlandwirtschaft für die Rekultivierung von Baubetriebsflächen sowie zur Begrünung mäßig geneigter Flächen, die landwirtschaftlich genutzt werden sollen.

Grünschnitt
Diasporenreicher Grünschnitt von naturnahem Grünland des Naturraums dient als Mulchmaterial und gleichzeitig zur Übertragung gebietsheimischer Gräser und Kräuter auf ähnliche Standorte.

Heumulch
Diasporenreiches Heu von naturnahem Grünland des Naturraums dient als Mulch und zur Übertragung gebietsheimischer Gräser und Kräuter auf ähnliche Standorte.

Heudrusch®/Wiesendrusch
Durch spezielle Dreschvorgänge und Aufbereitung von diasporenreichem Heu des Naturraums zur Übertragung gebietsheimischer Gräser und Kräuter auf ähnliche Standorte. Heudrusch® ist ein entwickeltes und eingetragenes Warenzeichen der Firma Engelhardt.

Soden/Sodenhäcksel
Als Soden bezeichnet man Pflanzenstücke oder Pflanzenteile aus einzelnen oder mehreren krautigen Arten, die sich wieder zu neuen Individuen entwickeln. Sie können aus Baumaßnahmen oder regenerierbaren Beständen entnommen werden. Es entsteht ein Mikrorelief aus keimfähigen Materialien und Bodenlebewesen und man schafft damit Ausbreitungsinseln. Kurzfristig ist die Lagerung der Soden in niedrigen Mieten möglich.

Vegetationsschicht/Grünlandboden
Ausnutzung des keimfähigen Diasporenmaterials des Bodens, das vorwiegend in den ersten 5 bis 10 cm vorhanden ist. Nach der Mahd einer Grünfläche kann die Vegetationsschicht mit ausgefallenem Samen, Basisteilen von Pflanzen und Ausläufern (Rhizome, Stolonen) mit einer Planierraupe oder einem Bagger mit Grabenlöffel abgezogen werden und ggf. nach kurzzeitiger schonender Lagerung in niedrigen Mieten wieder locker angedeckt werden. Mit dem Material werden gebietsheimische Gräser und Kräuter sowie zusätzlich Kleintiere, Mikroorganismen, Moose und Flechten auf ähnliche Standorte übertragen. Etwas problematisch ist der Unterschied zwischen keimfähigen Diasporen und aktueller Vegetation, da auch Arten der Ackerunkraut- und Brachlandvegetation durch eine andere Vornutzung vorhanden sein und den Begrünungszielen entgegenstehen könnten. Hier kann im Vorfeld eine Nutzungsrecherche oder Keimprobe zum Abklären sinnvoll sein.

Vegetationsstück
Ein Pflanzenbestand mit Oberbodenschicht ausreichender Stärke in der Größe einer üblichen Bagger- oder Laderschaufel dient zur Übertragung ganzer Pflanzenbestände auf ähnliche Standorte. Übertragen werden neben krautiger Vegetation auch junge Gehölze sowie Bodenlebewesen.

Rasenplaggen (Rasenziegel)
Aus naturnahem Grünland werden nach einer Mahd Rasenplaggen von Hand oder maschinell gewonnen. Übliche Stärken sind 3 bis 5 cm für Rasenplaggen und 5 bis 10 cm für Rasenziegel. Für Arbeiten in der Vegetationszeit eignen sich eher Rasenplaggen für die Vegetationsruhezeit eher Rasenziegel. Für den Transport oder die Lagerung wird Rasen auf Rasen und Erde auf Erde gelegt. Die Plaggen ermöglichen die Übertragung gebietsheimischer Gräser und Kräuter auf ähnliche Standorte.

Fertigrasen
Aus Zuchtgräsern wird in Spezialgärtnereien Fertigrasen für den Garten-, Landschafts- und Sportplatzbau herangezogen und in Matten von 2 bis 3 cm abgeschält. Fertigrasen eignet sich zur sofortigen Begrünung, Sicherung und zum Betreten von Ufern künstlicher Gewässer sowie in Ortslagen zur Verbesserung des Ortsbildes nach einer Baumaßnahme. In der freien Landschaft ist die Verwendung aus naturschutzfachlicher Sicht nicht erwünscht.

5.2   Lebende Baustoffe – Bäume und Sträucher

Geeignete Baum- und Straucharten werden in der botanischen, forstbotanischen und gärtnerischen Fachliteratur beschrieben (vgl. Literaturverzeichnis und Anhang). Als Baustoffe für die Initiierung von Gebüschen, Feldgehölzen, Schutzhecken, Waldbeständen und anderen Baumstrukturen werden empfohlen:

Gehölzsaatgut
Grundsätzlich lassen sich viele Gehölze auch über Saaten vermehren. Professionell wird dies von darauf spezialisierten Baumschulen auf vorbereiteten Anzuchtbeeten durchgeführt. Dies verlangt Spezialkenntnisse zur Saatgut- und Bodenvorbereitung. Auf erosionsstabilem Rohboden- und Felsböschungen sind bereits erfolgreich Gehölzansaaten praktiziert worden [3]. Gehölzsaatgut keimt je nach Art nach unterschiedlichen Reife- und Vorbereitungsprozessen (u. a. Frost, Wärme, Feuchtigkeit, Vogeldarmpassage). Die Keimung und Aufwuchsentwicklung ist in der freien Landschaft zeitlich und mengenmäßig schwer prognostizierbar.

Steckholz
Als Steckholz bezeichnet man ein bewurzelungsfähiges gerades Aststück von adventiv bewurzlungsfähigen Gehölzen von 60 bis 100 cm Länge und 2 bis 5 cm Zopfstärke (bewur-

2.13 Ingenieurbiologische Verfahren zur Böschungssicherung 875

zelungsfähig sind zahlreiche heimischen Schmalblattweiden bei Schnitt gesunder Äste in der Vegetationsruhezeit und fachgerechter Lagerung). Steckhölzer dienen vorwiegend zur Ansiedlung gebietsheimischer Strauchweiden. Daneben können auch einige andere mitteleuropäische Straucharten beispielsweise der Gattungen Liguster oder Hartriegel unter besonders günstigen Standortbedingungen und sehr sorgfältiger Pflege auf diese Art angesiedelt werden.

Ast – bewurzelungsfähig
Dies ist ein bewurzelungsfähiger Ast von adventiv bewurzlungsfähigen Gehölzen von mindestens 100 cm Länge und 2,5 cm Durchmesser an der basalen Schnittstelle. Äste dienen vorwiegend zur Ansiedlung gebietsheimischer Strauchweiden, vor allem der kleinwüchsigen Arten Ohr- und Grauweide. Bewurzlungsfähige Äste können gut für Techniken wie Faschinen, Buschlagen oder Flechtwerk Verwendung finden.

Setzstange
Eine Setzstange ist ein bewurzelungsfähiges gerades Aststück aus gebietsheimischen, schmalblättrigen Strauchweiden von 100 bis 250 cm Länge und 5 bis 15 cm Zopfstärke zur Ansiedlung gebietsheimischer Weidenarten.

Wurzelstock
Nach Rückschnitt von Stämmen und Ästen können Wurzelstöcke geeigneter Baum- und Straucharten gerodet werden. Längere und verletzte Wurzeln werden mit scharfen Werkzeugen wie Beil oder Schere glatt abgetrennt. Die Maßnahme ermöglicht eine Umsiedlung geeigneter Pflanzen auf neue Standorte sowie eine Strukturanreicherung.

Wildling
Geeignete junge Bäume können aus Naturbeständen gewonnen und angesiedelt werden. Hierdurch werden gebietsheimische Pflanzen auf Böschungsstandorte übertragen. Die Pflanzen werden mit Wurzelballen ausgegraben, beispielsweise Weiden-, Erlen-, Eschenjungwuchs bei der Räumung von Entwässerungsgräben oder Gehölze aus anderen Baumaßnahmen.

Forstpflanze, wurzelnackt
Pflanzen von Schwarzerle, Gemeine Esche, Stieleiche, Traubeneiche und Bergahorn werden als verpflanzte Forstpflanzen regionaler Herkunft mit Nachweis angeboten – und dies in Größen von etwa 60 bis 100 cm, 80 bis 120 cm und 100 bis 140 cm. Hiermit können gebietsheimische Pflanzen in der Vegetationsruhezeit kostengünstig mit großem Erfolg angesiedelt werden.

Sträucher und Bäume, wurzelnackt
Gemäß Empfehlung des Bundesministers für Verbraucherschutz [83] werden für Begrünungen in der freien Landschaft Baumschulpflanzen regionaler Herkunft verwendet. Wurzelnackte Pflanzen sind in der Vegetationsruhezeit kostengünstig einsetzbar.

Containerpflanzen von Bäumen und Sträuchern
Containerpflanzen sind Sträucher und Bäume aus Baumschulanzucht mit kleinem Wurzelballen in einem Container. Dieser kann auch aus verrottbarem Material bestehen und bleibt dann bei der Pflanzung am Ballen. Hierdurch werden Risiken des Ausfalls durch Austrocknung der Wurzeln beim Transport und der Lagerung stark reduziert. Die möglichen Pflanzzeiten können ausgedehnt werden. Auch hierbei sollten Pflanzen regionaler Herkunft verwendet werden.

Vegetationsstück
Siehe Abschnitt 5.1.

5.3 Begrünungshilfsstoffe

Zu den Begrünungshilfsstoffen gehören gemäß DIN 18918 Dünger, Bodenverbesserungsstoffe, Mulchstoffe und Kleber:

Dünger
Dünger dienen zur Versorgung der Pflanzen mit den Hauptnährstoffen Stickstoff N, Phosphor P, Kalium K, Magnesium Mg. *Stalljann* [77] empfiehlt zur Unterstützung der Keimphase schnell wirkende Mineraldünger und zur Unterstützung der Anwuchsphase organischen Langzeitdünger, wie aufbereiteter Stallmist und Dung, Hornmehle, Alginate und Komposte. Dabei sollte eine auf den Standort und die Vegetation abgestimmte Düngegabe vorgesehen werden. Eine Mindestmenge ist zum Aufbau der Biomasse auf Rohböden erforderlich. Zu viel Düngung fördert wenige schnell- und massenwüchsige Pflanzenarten, die dann ggf. wichtige ausdauernde Pflanzenarten unterdrücken. Bei der Düngerbemessung muss auch der Stickstoffverbrauch bei der Mulchverrottung (C/N-Verhältnis) berücksichtigt werden. Hieraus werden über einen längeren Zeitraum langsam wirkende Pflanzennährstoffe freigesetzt.

Bodenverbesserungsstoffe
Bodenverbesserungsstoffe dienen einer Verbesserung der Bodeneigenschaften als Pflanzenstandort. Tabelle 2 weist Ziele und Maßnahmen der Bodenverbesserung aus.

Mulchstoffe
Mulchstoffe dienen zum Schutz von Boden, Saatgut, Keimlingen, Dünger und Bodenverbesserungsstoffen vor Sonneneinstrahlung, Hitze, Austrocknung, Frost, Regen/Schlagregen und Hagel. Mulch verbessert allgemein das Mikroklima an zu begründenden Standorten. Aufgestreut oder aufgeblasen wird Mulch mittlerer Größe, wie Heu und Stroh, und erfüllt mehrere Monate bis einige Jahre diese Funktion. Heu und Stroh können auch so klein gerissen werden, dass sie gepumpt und mit einer Nassansaat aufgebracht werden können. Als Verbindung dient häufig feiner Mulch in Form von Zellulose. Eine weitere Form der Mulchung ist das Aufbringen von Grünschnitt von Wiesen, von Hand oder mit einem Miststreuer.

Tabelle 2. Ziele und Maßnahmen der Bodenverbesserung im Zusammenhang mit ingenieurbiologischen Böschungssicherungen

Ziele der Bodenverbesserung	Maßnahmen – Einarbeiten in den Boden von
pH-Wert Erhöhung	kohlensaurem Kalk $CaCO_3$
pH-Wert Reduzierung	sauer wirkendem Dünger oder saurem Substrat, z. B. Torf
Verbesserung des Wasserbindevermögens	Bentonit Alginaten Kompost Kunststoffgelen
Verbesserung des Grobporengehalts	Holz- und Rindenmulch Sanden
Erhöhung der organischen Substanz Verbesserung des Bodenlebens	Oberboden Kompost Alginaten

2.13 Ingenieurbiologische Verfahren zur Böschungssicherung

Bild 31. Grobe Strohmulchschicht aus grob gehäckseltem Stroh, das auf die Böschung aufgeblasen wurde (Foto: Fa. Bender)

Je feiner der Mulchstoff ist, desto schneller zersetzt er sich. Die Erosionsschutzwirkung ist kürzer, die Nährstofffreisetzung erfolgt schneller. Sinnvoll ist daher eine Kombination von Grob- und Feinmulch z. B. Stroh und Zellulose. Übliche Mischungsverhältnisse sind 3:1 bis 10:1.

Grober Mulch in Form von Rindenmulch und Holzschnitzeln behindert das Aufkommen von Arten, die Pflanzungen in ihrer Entwicklung bedrängen könnten.

Kleber

Kleber dienen zur vorübergehenden Befestigung von Saatgut und Begrünungshilfsstoffen auf der Böschung. Üblich sind die in Tabelle 3 aufgeführten Kleber.

Tabelle 3. Kleberarten zur Sicherung von Ansaaten sowie Andeckungen von Mulch, Dünger und Bodenverbesserungsstoffen auf Böschungen

Kleberart	Einsatzbereich
Bitumenemulsion	sehr raue Gebirgslagen, Hochlagenbegrünungen, Mulchsicherung über mehr als ein Jahr, bei sehr kurzer Vegetationszeit
chemische Kleber	Mulchsicherung über Herbst- und Wintermonate an Verkehrswegeböschungen, mäßig starke Witterungsexposition, Umweltverträglichkeit prüfen
Zellulose	mäßige Witterungsexposition, in der Vegetationszeit
Alginate	mäßige Witterungsexposition, in der Vegetationszeit

5.4 Baustoffe und Bauelemente aus Holz, Reisig und Pflanzenfasern

5.4.1 Baustoffe und Bauelemente aus Holz und Reisig

Holz und Reisig sind naturnahe Strukturelemente unserer Landschaften. Auf neu geschaffenen Rohbodenböschungen wird durch den Einbau von Holz und Reisig der Naturhaushalt und das Landschaftsbild verbessert. In der Ingenieurbiologie wird zur Unterstützung von Vegetationsansiedlungen mit Holz und Reisig die Bodenoberfläche vor Erosion geschützt. Durch Faschinen wird mittelfristig Wasser geordnet abgeleitet.

Die Lebensdauer von Holzbauteilen ist abhängig von
– der Holzart,
– dem Zersetzungsmilieu,
– dem konstruktiven Holzschutz.

Die Geschwindigkeit der biologischen Holzzersetzung hängt entscheidend vom Milieu des Standorts und der damit verbundenen Besiedlung durch xylobionte (im Holz lebende) Organismen z. B. Pilze und Insekten ab. Lufteinwirkung und eine anhaltende Holzvernässung z. B. durch Boden- oder Wasserkontakt bedingen die schnelle Zersetzung. Stark besonntes und trockenes Holz sowie Holz unterhalb der Wasseroberfläche (unter Luftabschluss) werden durch Organismen langsamer zersetzt.

Tabelle 4. Lebensdauer und Holzverwendung bei ingenieurbiologischen Böschungssicherungen

Baumart deutsch / lateinisch	**Dauerhaftigkeit nach DIN EN 350-2**
Eiche Quercus robur	dauerhaft 2
Robinie Robinia pseudoacacia	sehr dauerhaft 1
Edelkastanie Castania sativa	dauerhaft 2
Rotbuche Fagus sylvatica	nicht dauerhaft 5
Esche Fraxinus excelsior	nicht dauerhaft 5
Roterle Alnus glutinosa	nicht dauerhaft 5
Pappel, Weide Populus, Salix	nicht dauerhaft 5
Fichte Picea abies	wenig dauerhaft 4
Kiefer Pinus sylvestris	mäßig dauerhaft 3
Lärche Larix decidua	mäßig dauerhaft 3

2.13 Ingenieurbiologische Verfahren zur Böschungssicherung 879

Bild 32. Reisigfaschinen aus nicht bewurzelungsfähigem Laubholzreisig mit einem durchgehenden Anteil grober Äste zur Stabilisierung und einem feinen Reisiganteil zur Filterung (Foto: Frank Spundflasch)

Konstruktiver Holzschutz

Bei gleicher Holzart ist geschältes Rundholz dauerhafter als Schnittholz. Bohrungen und Sägeschnitte bieten Pilzen und Insekten Ansatzpunkte für die Holzzerstörung. Sie sollten so angelegt werden, dass sich kein Wasser und keine Feuchtigkeit länger halten kann – also auf der Holzunterseite oder mit starker Neigung. Am schnellsten entsteht Fäulnis auf horizontalen Stirnholzstellen. Schnittholz, z. B. aus Dachlatten, wird nur für wenig dauerhafte Befestigungen im Lebendverbau wie Spreitlagen oder Erosionsschutzmatten verwendet.

Reisigverwendung

Für Faschinenbauten, die sich nicht bewurzeln sollen, eignet sich nach DIN 19657 besonders gut frisches biegsames Faschinenreisig folgender Laubholzarten: Erle, Hasel, Esche, Rotbuche, Hainbuche und Robinie. Je nach Verwendungszweck können Faschinen – Reisigwalzen – von 10 bis 40 cm Stärke hergestellt werden. Die Stärke sollte in dichtgebundenem Zustand unter einer Auflast von mindestens 70 kg (Gewicht einer Person) gemessen werden.

Zur Faschinenherstellung wird dünnes und dickes Reisig in einem ausgewogenen Verhältnis angeordnet. Die feinen Reisigspitzen sollen nach außen zeigen. Die Bindung erfolgt alle 30 cm mit mindestens 2,5 mm starkem, stark feuerverzinktem Draht mit Kunststoffummantelung für dauerhafte Sicherungen. Reisig kann weiterhin als Reisiglage zum kurzzeitigen Erosionsschutz im Bereich von Baum- und Strauchanpflanzungen oder als Filter zur Sicherung von Steinschüttungen vor Ausspülung und Einsinken verwendet werden. Für kurzfristige Sicherungen und Abdeckungen von Böschungen eignet sich auch frisches, dicht beastetes Nadelholzreisig (z. B. Fichte).

5.4.2 Baustoffe und Bauelemente aus Pflanzenfasern

Aus Jute und Kokos werden Erosionsschutznetze hergestellt, mit denen z. B. Heumulch oder Fertigrasenabdeckungen geschützt werden können. Aus Kokos, Stroh oder Schilf werden Erosionsschutzmatten gefertigt, die in Kombination mit Ansaaten und Gehölzpflanzungen ingenieurbiologische Böschungssicherungen ermöglichen. Problematisch für Gewässer, Natur und Wasserschutzgebiete können Reste von Stoffen sein, die bei der Aufbereitung und Konservierung der Pflanzenfasern eingesetzt werden (z. B. Petroleum und Formaldehyde).

Andere Naturfasern werden weniger häufig verwendet, da sie entweder zu schnell zerfallen wie Hanf, Flachs, Ramiefaser oder sehr teuer sind wie Sisal. Neuere Entwicklungen sind Geotextilien aus Miscanthus oder Esparto im Mittelmeerraum.

Die Matten und Netze werden am besten mit geeigneten Holzhaken auf den Böschungen befestigt. Im Vergleich zu Drahthaken halten Holzhaken aufgrund des größeren Durchmessers und der Rauigkeit besser im Boden. Außerdem entstehen geringere Verletzungsgefahren und weniger Schäden an Mähgeräten.

Die Dauerhaftigkeit der Materialien ist sehr unterschiedlich:

– Kokos 3 Jahre,
– Jute, Strohhalme 1 Jahr,
– Heu, Stroh, Schilf einige Monate.

5.5 Natursteine und Erden

Neben den auf der Baustelle vorhandenen Gesteinen und Erden werden folgende aufbereitete Naturbaustoffe verwendet:

- Die DIN EN 13383 Wasserbausteine gibt Größenklassen, mechanische und chemische Eigenschaften sowie deren Prüfung vor. Für Böschungssicherungen, insbesondere für Sicker- und Stützkeile sowie Gabionenfüllungen können die Größenklassen CP in mm eingesetzt werden (45/125, 63/180, 90/250, 45/180, 90/180).
- Für Filter/Stützkeile eignen sich Splitt/Schottergemische nach ZTVT [87] und die als Dränschichten ausgewiesenen Kiessandgemische der DIN 4095.

In Kombination mit ingenieurbiologischen Sicherungen werden Mineralfilter als dauerhafte Filter bevorzugt, weil sie ein Durchwurzeln zulassen und sich an der Grenzschicht zwischen Boden und Filter auch feine Wurzelmassen aus Gras- und Weidenwurzeln bilden können, die diese Wirkung unterstützen.

6 Ansiedlung von Vegetationsstrukturen mit ingenieurbiologischen Bauweisen

6.1 Anmerkungen zum Stand und zu den Regeln der Technik

Die DIN 18918:2002-08 hat die ingenieurbiologischen Sicherungsbauweisen als Teilgebiet des Landschaftsbaus zum Inhalt. Durch Verweise ist sie eng mit den anderen Landschaftsbaunormen (DIN 18915 bis 18917) verbunden. Der gärtnerische Ordnungssinn der Landschaftsbaunormen DIN 18915 bis 18918 orientiert sich eher an der Anlage und Pflege von Grünanlagen in Ortslagen und an Verkehrswegen. Er steht teilweise im Gegensatz zu den Vorstellungen naturnaher Gelände- und Vegetationsentwicklung.

Die gärtnerische Düngung und Bodenverbesserung ist in der Nähe von Quellen, Gewässern und in nährstoffarmen geschützten Biotopen wie Magerrasen, Mooren und Heiden meist unzulässig.

Im Handbuch Bautypen Ingenieurbiologie [80] werden die in Mitteleuropa üblichen Bauweisen in sieben Sprachen sowie durch Fotos und Zeichnungen illustriert. Hierunter finden sich auch zahlreiche Hangsicherungen. An diesem Handbuch waren zahlreiche europäische Fachleute der Ingenieurbiologie beteiligt.

2.13 Ingenieurbiologische Verfahren zur Böschungssicherung

Die Forschungsgesellschaft für das Straßen- und Verkehrswesen behandelt im Abschnitt Landschaftsgestaltung der RAS im Teil 1 die Planung, im Teil 2 die Ausführung und im Teil 3 den Erosionsschutz durch Lebendverbau auf Verkehrswegeböschungen [29–31]. Von der Forschungsgesellschaft für Landschaftsentwicklung und Landschaftsbau (FLL) wurden Empfehlungen zur Begrünung von Problemstandorten [27] gegeben, in denen auch Böschungsbegrünungen behandelt werden. 1999 wurden von der FLL Empfehlungen für besondere Begrünungsverfahren [26] herausgegeben. Auf der Grundlage von Erfahrungen bei der Rekultivierung von Standorten in der mitteldeutschen Bergbaufolgelandschaft wurde von *Kirmer* und *Tischew* 2006 ein Handbuch zur naturnahen Begrünung von Rohböden herausgegeben [47].

Eine erfolgreiche Begründung von Vegetationsbeständen setzt beim Planer und beim Ausführungsbetrieb voraus, dass die Standortverhältnisse anwendungsbezogen erfasst und beurteilt werden können, u. a. Höhenlage, Geländeklima, Exposition, Bodenverhältnisse, Nährstoffe, Basengehalt, hydrologische Einschätzung, Belichtung, Gefährdung durch konkurrierende Pflanzen und Wildverbiss. Außerdem müssen Kenntnisse der Pflanzen, ihrer Standortansprüche, Besonderheiten bei der Vermehrung, Ansiedlung, Pflege, biotechnische Eigenschaften und ingenieurbiologische Verwendung bekannt sein. Daher sind bei den ingenieurbiologischen Bauweisen zur Bestandsgründung erfahrene Fachleute der Landschaftsarchitektur, des Garten- und Landschaftsbaus oder der Forstwirtschaft zu beteiligen.

Im Folgenden wird eine Auswahl wichtiger ingenieurbiologischer Bauweisen in Anlehnung an die genannte Fachliteratur zusammengestellt.

Die ingenieurbiologischen Arbeiten sind in den letzten Jahren durch folgende Ziele des Natur- und Umweltschutzes maßgeblich beeinflusst worden:

- Naturraumtypische Strukturen werden geschützt und nach Möglichkeit weiterentwickelt.
- Bei den Geländeveränderungen und Sicherungsarbeiten werden Felspartien, Quellen und Quellhorizonte, sowie schutzwürdige Pflanzenbestände nach Möglichkeit geschützt und in die zukünftige Geländegestaltung miteinbezogen.
- Insbesondere bei Erosionsschutzmaßnahmen in der freien Landschaft werden nur gebietsheimische Pflanzen verwendet, um Florenverfälschungen zu vermeiden. An Straßen müssen im straßennahen Bereich aufgrund der Salzgischt im Winter häufig gebietsfremde Arten eingesetzt werden, wenn straßennahe Emissions- und Blendschutzhecken geplant sind.
- Aspekte des Natur- und Gewässerschutzes und die Wassergesetze haben zur Folge, dass Dünger, insbesondere Stickstoffdünger und zahlreiche Begrünungshilfsstoffe nicht in Gewässernähe, in Wasserschutzgebieten sowie in der Nähe von geschützten nährstoffarmen Biotopen verwendet werden dürfen. Die Begrünungsverfahren und die Erwartungen an die Anwuchserfolge müssen sich hieran orientieren.

Des Weiteren wird die Umsetzbarkeit ingenieurbiologischer Arbeiten durch folgende baubetriebliche, vergaberechtliche und finanzfachliche Rahmenbedingungen beeinflusst:

- Die ingenieurbiologischen Maßnahmen folgen zeitlich auf den Erdbau und ggf. auf Sicherungsarbeiten. Die Bauzeiten und die bewilligten Fördermittel sind zeitlich begrenzt. Die ingenieurbiologischen Bauweisen müssen daher fast zu jeder Jahreszeit umsetzbar sein.
- Die Ausführungsbetriebe gewinnen den Auftrag häufig auf der Grundlage einer öffentlichen Ausschreibung. Häufig sind die Gesamtunternehmer Straßen- und Tiefbaufirmen mit geringen Fachkenntnissen der Ingenieurbiologie. Die ingenieurbiologischen Sicherungen werden häufig erst gegen Ende der Erdarbeiten an Begrünungsfirmen weitervergeben. Ein finanzieller Spielraum für die Einarbeitung in besondere Verfahren oder besondere Anpassung an spezielle Strandortverhältnisse ist kaum vorhanden.

- Handarbeit wurde in den letzten Jahrzehnten soweit wie möglich durch Maschinenarbeit ersetzt. Hier wurden neue Verfahren entwickelt, z. B. die Hydrosaat und das Umsetzen von Vegetationsstücken mit der Baggerschaufel. Traditionelle Techniken wie die zahlreichen Varianten des Faschinenbaus gingen als Fachwissen verloren. Dabei ging auch das Wissen über Ausführungsdetails und Qualitätsvorstellungen verloren.

Auf der Grundlage dieser Erfahrungen beschränkt sich die folgende Beschreibung von Bauweisen auf solche, die den heutigen Anforderungen der Ingenieurbiologie auf terrestrischen Standorten entsprechen. Trotzdem sollte man immer den Nachhaltigkeitsgedanken verfolgen und ingenieurbiologische Maßnahmen mit Qualität ausführen, da es sich einerseits um lebende Baustoffe handelt und andererseits diese sich langfristig regenerativ in den Naturhaushalt einfügen sollen.

Bestimmte handwerkliche Techniken sollten beispielsweise auch für das Bauen im historischen Umfeld gepflegt werden.

6.2 Ingenieurbiologische Bauweisen zur Initiierung von Landschaftsrasen, Wiesen, Röhricht und Hochstaudenbeständen

Normalsaat

Bei der Normalsaat wird Saatgut von Hand auf einen geeigneten vorbereiteten Boden gestreut, leicht eingeharkt und angewalzt, um Bodenkontakt zu ermöglichen. Die Normalsaat ist nur auf ebenen bis flach geneigten humosen Flächen ohne Abspülungsgefahr erfolgreich anwendbar, z. B. bei der Rekultivierung von Baubetriebsflächen.

Drillsaat

Das Saatgut wird hierbei in vorbereitete Saatrillen in den gelockerten Boden, in der für die Pflanze optimalen Tiefe, eingearbeitet. Danach wird der Boden angedrückt bzw. angewalzt. Hiermit werden ausgeglichene Feuchtigkeitsverhältnisse und geringere Samenverluste erzielt. Dieses in der Landwirtschaft übliche Verfahren kommt mit geringen Saatgutmengen aus und hat große Anwuchserfolge auf flach geneigten Flächen mit Oberboden z. B. auf Deponieoberflächen.

In letzter Zeit wurden Drillmaschinen auch als Baggeranbaugeräte zur Begrünung von Böschungen eingesetzt.

Decksaat

Dieses Saatgut wird auf eine Fläche gestreut. Danach wird die Saat mit Mulch aus Zellulose sowie Heu oder Stroh locker abgedeckt (300 bis 500 g/m^2) und durch Jute oder Kokosnetze mit Haken auf der Oberfläche fixiert. Alternativ kann die Saat auch mit Erosionsschutzmatten und Haken festgelegt werden. Decksaaten eignen sich für Böschungsstandorte, zur Entwicklung von Landschaftsrasen bei mäßigem bis starkem Risiko von Flächen- und Rillenerosion. Längerfristig wirken gehäckselte Strohhalme, die auf die Böschung aufgeblasen werden.

Nasssaat

Das Saatgut wird mit Wasser als Träger mit Ansaatgeräten auf vegetationsfreie Flächen aufgebracht. Das Verfahren ist bei großen Flächenbegrünungen im Bergbau und Verkehrswegebau üblich. Hier wird die Nasssaat mit Dünger, Bodenverbesserungsstoffen, Mulch und Kleberzugaben kombiniert. Bei Nasssaaten in Gewässernähe dürfen nur Begrünungshilfsstoffe verwendet werden, die nachweislich nicht gewässergefährdend sind.

Dieses Verfahren ist zurzeit sehr weit verbreitet, durch geeignete Wahl der Begrünungskomponenten sehr anpassungsfähig und auf größeren Flächen wirtschaftlich.

2.13 Ingenieurbiologische Verfahren zur Böschungssicherung

Bild 33. Hydrosaat zur Begrünung einer Böschung mit Gräsern und Kräutern (Foto: Lars Obernolte)

Bild 34. Aufblasen von Strohmulch auf eine Böschung (Foto: Fa. Bender)

Ausbringung von Pflanzenteilen – Grünschnitt, Heumulch, Heudrusch, Sodenhäcksel, Soden, Grünlandboden

Die o. g. lebenden Baustoffe werden auf ebene oder flach geneigte vegetationsfreie Flächen angedeckt, geschüttet oder gepflanzt, wenn die Erosionsgefahr durch Abspülung oder Verwehung gering bis sehr gering ist. Auf Böschungen sollten bei geringer bis mäßiger Erosionsgefahr eine Überspannung mit Erosionsschutznetzen aus Jute oder Kokos sowie eine Befestigung mit Pflöcken erfolgen.

Andeckung von Rasenplaggen, Rasenziegeln, Vegetationsschichten oder Fertigrasen

Rasenplaggen, Rasenziegel, Stücke von Vegetationsschichten und Fertigrasenstreifen werden auf Böschungen oder in Entwässerungsmulden so angedeckt, dass in Fließrichtung des Oberflächenwassers keine durchgehenden Fugen entstehen. Um ein Abrutschen der Begrünungselemente zu verhindern, werden die größeren Begrünungselemente mit mehreren Holzpflöcken befestigt. Bei kleineren Rasenplaggen werden Kokosnetze überspannt und befestigt.

Bild 35. Aufbringen von Grünschnitt auf einer Deponieoberfläche mit einem üblichen Miststreuer (Foto: Sandra Mann)

Bild 36. Grünschnittaufbringung von Hand auf einer Tagebauböschung (Foto: Anita Kirmer)

Einbau von Vegetationsstücken

Vegetationstücke aus naturnahen Abtragsflächen werden an geeigneten Stellen in neu angelegte Böschungen gepflanzt und ggf. durch Pfähle oder Pflöcke befestigt. Mit den Vegetationsstücken werden heimische Pflanzen und Bodenlebewesen auf anthropogen veränderten Standorten angesiedelt und damit eine naturnahe Entwicklung gefördert.

6.3 Ingenieurbiologische Bauweisen zur Initiierung von Gehölzbeständen

Gehölzansaaten

Für die Begrünung erosionsstabiler Rohbodenböschungen an Autobahnböschungen in Baden-Württemberg wurden vom Autobahnamt Stuttgart spezielle Verfahren entwickelt und erfolgreich praktiziert [3]. Die Gehölze keimen jedoch je nach Witterungsverlauf erst nach mehreren Jahren, sodass der Erfolg nicht gemäß VOB planbar ist und eingefordert werden

2.13 Ingenieurbiologische Verfahren zur Böschungssicherung

kann. Eher prognostizierbar und in der Forstwirtschaft erprobt sind Birken- und Erlenaussaaten auf nährstoffarmen ebenen Flächen sowie Ginstersaaten. Voraussetzungen für Gehölzsaaten sind humusfreie erosionsstabile Rohboden- oder Felsböschungen. Die Mulchschicht wird für eine Dauer von mehreren Jahren konzipiert.

Steckholzpflanzungen

Mit Steckholzpflanzungen können insbesondere Bestände heimischer Strauchweiden gegründet werden.

Geeignet sind unterschiedliche Bodenarten, außer dichte Tonböden. Auch steinige Substrate können begrünt werden. In weiche feuchte Böden kann das Steckholz eingesteckt werden. In anderen Substraten sollten Löcher vorgebohrt werden. Diese werden mit humosem Lehmbrei vergossen. Das Steckholz wird zu ²/₃ bis ¾ seiner Länge gesteckt. Es muss fest sitzen, ggf. auch durch Boden festgeklemmt werden. Beschädigte Zöpfe werden zurückgeschnitten. Dichte Steckholzpflanzungen eignen sich auch zur Sanierung kleiner Erosionsrinnen.

Buschlagenbau

Buschlagen dienen zur Sicherung von Böschungen aus nichtbindigem Boden vor Flächen-, Rillen-, und Rinnenerosion sowie oberflächennahen Rutschungen (Schotterkriechen) bei Einwirkungen aus Starkniederschlag, Oberflächenabfluss und Schneeschurf. Hierzu werden dreiecksförmige Gräben mit 20 % Gefälle zum Hang angelegt. Je nach Exposition werden 3 bis 10 bewurzelungsfähige Strauchweidenäste pro m kreuzweise verlegt. Die Schnittstellen werden in den anstehenden Boden gesteckt. Danach wird der Graben wieder verfüllt.

Setzstangenpflanzung

Setzstangen werden zur Gründung von Weidenbeständen verwendet. Pflanzlöcher von mindestens 80 cm Tiefe und 1- bis 3-fachem Durchmesser werden vorgebohrt und mit

Bild 37. Steckholzbesatz hinter Rundholzverbau mit Rindenmulchüberdeckung zur Stabilisierung einer steilen Kiesschüttung (Foto: Frank Spundflasch)

Bild 38. Buschlageneinbau kreuzweise zum Schutz einer Kiessandböschung vor Flächen-, Rillen- und Rinnenerosion

humosem Lehmbrei verfüllt. Die Setzstangen werden eingesetzt und ggf. mit Boden festgeklemmt. Ein beschädigter Zopf wird glatt nachgeschnitten. Für Setzstangen gibt es zahlreiche weitere Anwendungen, wie die Begrünung von Steinschlichtungen oder Gabionenmauern. Dichte Setzstangenpflanzungen eignen sich auch zur Sanierung kleiner Erosionsgräben ggf. auch in Form von lebenden Palisaden.

Wurzelstockpflanzung

Wurzelstöcke gerodeter Bäume können an geeigneter Stelle nach Rückschnitt der langen und verletzten Wurzeln wieder eingepflanzt werden. Das Pflanzloch muss ausreichend groß sein, um ein Verbiegen von Wurzeln zu vermeiden und das Verfüllen mit weichem oder lockerem Boden zu ermöglichen.

Pflanzung wurzelnackter Pflanzen

Wurzelnackte Pflanzen werden nach fachgerechtem Wurzelrückschnitt in Pflanzlöcher gepflanzt, die etwa die 1,5-fachen Maße des Wurzelwerks haben. Die Pflanzung wurzelnackter Pflanzen ermöglicht eine kostengünstige und schnelle Bestandsentwicklung. Die Pflanzen müssen sofort in dem vorhandenen Boden wurzeln und erreichen dadurch schnell eine Erosionsschutzwirkung. Zum Schutz vor Erosion sollten die Gehölzpflanzungen an steilen Böschungen hinter Reisigfaschinen oder Rundholzsicherungen gepflanzt werden. Flächenhafte Pflanzungen können auch durch Reisiglagen oder Matten gesichert werden.

Pflanzung von Containerpflanzen

Containerpflanzen werden mit einer Lochpflanzung eingebaut. Die Containerpflanzung ermöglicht längere Pflanzzeiten im Frühjahr und einen frühen Beginn der Arbeiten im Herbst. Durch den gut mit Humus und Nährstoffen versorgten Ballen wird die Pflanze erst etwas später als bei wurzelnackten Pflanzen dazu veranlasst, den angrenzenden Boden zu erschließen und zu sichern. Zum Schutz vor Erosion sollten die Gehölzpflanzungen an steilen Böschungen hinter Reisigfaschinen oder Rundholzsicherungen gepflanzt werden. Flächenhafte Pflanzungen können auch durch Reisiglagen oder Matten gesichert werden.

Hangfaschinen

Hangfaschinen dienen der vorübergehenden Stabilisierung einer Oberboden- bzw. Vegetationstragschicht oder einer gelockerten dünnen oberen Bodenschicht, bis diese durch Pflanzenwurzeln mit dem Untergrund verbunden ist. Hierzu werden bewurzelungsfähige Faschinen flach geneigt und leicht in das Profil des Untergrunds eingelassen und durch geeignete Pfähle aus Stahl, Holz oder Steckhölzer befestigt. Faschinenabstände und erforderliche Pfahlkräfte können mithilfe üblicher Böschungsbruchberechnungen für die obere Bodenschicht ermittelt werden. Zur Ermittlung der Pfahlwiderstände werden örtliche Belastungsversuche empfohlen.

Dränfaschinen

Dränfaschinen dienen zur Sammlung und Ableitung von oberflächennahem Sickerwasser, das zwischen einer Oberboden- bzw. Vegetationsschicht oder einer gelockerten dünnen oberen Bodenschicht und dem Unterboden abfließt, um zu vermeiden, dass hier Wasserdruck entsteht und die Kohäsion aufgehoben wird. Hierzu werden bewurzelungsfähige Faschinen in der Falllinie oder stark geneigt ausgebracht, leicht in das Profil des Untergrunds eingelassen und durch geeignete Pfähle aus Stahl, Holz oder Steckhölzern befestigt. Bei Faschinen in der Falllinie kann bei einer Befestigung mit Querhölzern eine Versickerung von Wasser reduziert werden. In der Nähe von Dränagen werden Faschinen durch Kiesrigolen ersetzt.

Kombinierte Hang-/Dränfaschinen

Bewährt hat sich auch eine Kombination von Hang- und Dränfaschinen. Die Faschinen liegen dabei zur Entwässerung möglichst steil aber noch so flach geneigt, dass eine Gleitsicherheit der oberen Bodenscholle in Faschinenlängsrichtung gegeben ist. Die Bemessung der Faschinenabstände und der Pfähle erfolgt wie bei den Hangfaschinen.

Erosionsrinnensanierung durch Steckhölzer – lebende Palisaden

Erosionsrinnen und kleinere gut belichtete Erosionsgräben können eng mit Steckhölzern von Strauchweiden bepflanzt werden. Hierdurch wird die Fließgeschwindigkeit reduziert und die Rinne stark unterwurzelt. Häufig erfolgt eine Auflandung und spontane Ansiedlung krautiger Pflanzen. Bei einer Anordnung der Steckhölzer in Reihen quer zur Fließrichtung des Grabens wird die Bauweise als lebende Palisade bezeichnet.

Heckenbuschlage

Die von *Schiechtl* [66] beschriebenen Heckenbuschlagen dienen zur Sicherung hoher steiler Böschungen und von Hängen aus nichtbindigem Boden vor Erosion, als Folge von dezentralen Oberflächenabflüssen und Schneeschurf. Den schnellwüchsigen bewurzelungsfähigen Ästen der Strauchweiden werden wurzelnackte Pflanzen von Bäumen und Sträuchern einer späteren Sukzessionsstufe beigemischt. Der Einbau erfolgt in dreieckförmigen Gräben mit einer mindestens 0,5 m breiten Grabensohle, die 20° gegen den Hang einfällt. *Schiechtl* [66] nennt für alpine Verhältnisse 10 Weidenäste und 1 bis 2 wurzelnackte Pflanzen pro m Lage. Erfahrungen in Thüringen zeigen, dass schon bei 4 Weidenästen ein sehr dichtes konkurrenzstarkes Weidengebüsch entsteht, das die anderen Gehölzarten unterdrückt. Empfohlen wird daher in ähnlichen Naturräumen zwischen Buschlagen Reihen mit Bäumen und Sträuchern mit Lochpflanzungen anzusiedeln.

Heckenlagen

Heckenlagen dienen zur Ansiedlung von Sträuchern und Bäumen in erosionsgefährdeten Steilhängen aus nichtbindigem Boden, bei Einwirkungen aus Schneeschurf, Steinschlag und dezentralen Oberflächenabflüssen. Schräg zur Falllinie werden dreieckförmige Gräben angelegt, mit einer Sohle von 0,5 m Breite und Gefälle von 20° gegen den Hang. Wurzelnackte überschüttungstolerante verschulte Pflanzen werden nach Wurzelrückschnitt auf die Sohle gelegt (2 bis 6 Stück/m) und mit ggf. verbessertem Aushubboden überschüttet.

Die Heckenlagen ermöglichen eine rasche Gehölzansiedlung auch in halbschattigen Hangbereichen. Das Grabenvolumen ermöglicht eine gute Wurzelentwicklung.

Bild 39. Heckenlagenbau zur Ansiedlung heimischer Sträucher auf einer erosiven Böschung

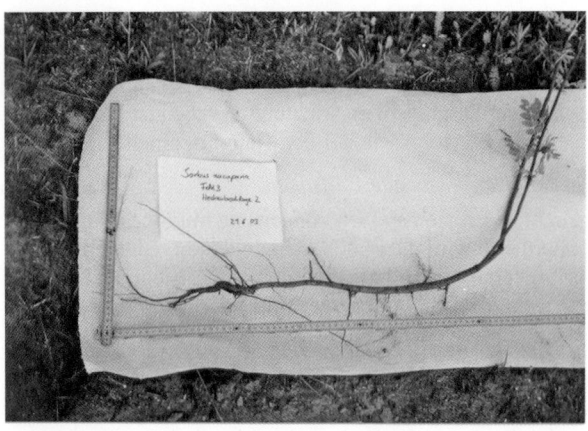

Bild 40. Adventivwurzelbildung bei Vogelbeere *Sorbus aucuparia* ausgegraben aus einer dreijährigen Heckenlage in einer Sandböschung

Schrägpflanzungen

Bei Schrägpflanzungen werden Einzelgehölze oder Gehölzgruppen wie bei der Heckenlage in dreieckförmigen Pflanzgräben eingebaut. Die Vorgehensweise und Wirkung entspricht der der Heckenlage nur mit etwas weiterentwickelten Gehölzen (Heister u. Ä.).

Tieflochpflanzungen

Tieflochpflanzungen eignen sich zur Gründung von Gehölzbeständen auf halbtrockenen Standtorten und gut durchlässigen nichtbindigen Böden, wo eine Wässerung nur sehr schwer oder nicht möglich ist. Das Pflanzloch ist deutlich tiefer als der Durchmesser. Die wurzelnackte Jungpflanze wird nach Wurzelrückschnitt so gepflanzt, dass der Wurzelhals 10 cm übererdet ist. Bei der Tieflochpflanzung ist die Verdunstung reduziert und eine gewisse Erosion im Pflanzlochbereich ist tolerierbar [66].

Groß-, Langloch- oder Büschelpflanzung

In stark vergrasten Bereichen oder bei schwierigen Bodenverhältnissen (schwere Ton- oder Steinböden) sind Lochpflanzungen kaum möglich. Größere oder längere Löcher ermöglichen den Einbau mehrerer Pflanzen der gleichen Art (Büschelpflanzung). Den Pflanzen steht ein größerer Wurzelraum zu Verfügung. Die Anwuchsbedingungen für die Jungpflanzen sind günstig. Ein späteres Zusammenwachsen der Wurzel- und Sprossteile der Einzelpflanzen sind aus ingenieurbiologischer Sicht nicht schädlich.

6.4 Konsolidierungsbauten

Konsolidierungsbauten dienen zur vorübergehenden Festlegung eines Standorts bis die angesiedelte Vegetation die Standortsicherung übernommen hat. Bei der Wahl der Baustoffe sollte auch die zukünftige Unterhaltung der Vegetation berücksichtigt werden. Netze, Matten und Reisigbauten an der Oberfläche werden bei der heute üblichen maschinellen Unterhaltung der Vegetation beschädigt. Stahlpfähle und starke Drähte führen zu Schäden an den Maschinen.

Flechtzaun, Weidenzopf

Im Umfeld von historischen Anlagen bieten sich traditionelle Sicherungsbauweisen für Oberboden- oder Fertigrasenandeckungen auf Böschungen an. Hierzu gehören Flechtzaun und Weidenzopf. Verwendet werden Pfähle, Pflöcke und Weidenruten, die bei Lagerung und

2.13 Ingenieurbiologische Verfahren zur Böschungssicherung 889

Einbau in sommerlichen Trockenzeiten wenig austreiben. Der Weidenzopf hat mindestens 4 Ruten pro Querschnitt, der Flechtzaun mindestens 6. Die Flechtzäune werden in Abständen von 1 bis 3 m und Neigungen von 20° zur Horizontalen fachgerecht eingebaut. Für eine spätere Pflege der Grünfläche sind die Holzteile und der eventuelle Weidenaustrieb unproblematisch.

Runsenausbuschung

Die Runsenausbuschung, im Alpenraum auch Ausgrassung genannt, ist eine Bauweise zur Sanierung von tiefen Erosionsrinnen. Die dichte Reisigfüllung bremst die Regenwasserabflüsse und führt zu einer Sedimentation von Geschiebe. Die Erosionsgräben werden dicht mit stark beastetem Schlagreisig aus Laub- und Nadelholzforsten aufgefüllt. Um Auftrieb und Verdriftung zu verhindern, wird die Reisigfüllung in kurzen Abständen durch Derbstangen oder Rundhölzer, quer zur Fließrichtung in die Grabenschultern eingegraben, niedergehalten oder durch Ballaststeine beschwert. Um die hydraulische Rauheit und Filterwirkung nach Abfallen der feinen Zweige zu erhalten, werden schnellwüchsige standortheimische, überschüttungsresistente Sträucher ggf. auch Bäume in die oberen Grabenböschungen gepflanzt. Hierzu eignen sich Steckholz- und Lochpflanzungen.

Rundholzverbau, Derbstangenverbau

Der Rundholzverbau (in Anlehnung an den Hangrost) eignet sich zur Stabilisierung steiler Böschungen aus nichtbindigem Boden bei Einwirkungen aus Schneeschurf und Schottergleiten. Der Verbau wirkt mittelfristig, bis die gepflanzten Bäume und Sträucher die Schutzfunktion übernehmen. Die Derbstangen (7 bis 14 cm Stärke) und Rundhölzer von 15 bis 25 cm Stärke werden gerüstartig, etwa horizontal in der Böschung verlegt und durch Pfähle und ggf. zusätzlich durch Baumanker fixiert. Sie werden mit standortheimischen Bäumen und Sträuchern begrünt. Geeignet sind Steckholzbesatz, Lochpflanzung mit wurzelnackten Gehölzen oder Containerpflanzen.

Bild 41. Rundholzverbau zur Stabilisierung von Felsverwitterungsboden bei einem Hanganschnitt beim alpinen Forstwegebau

Bild 42. Zugversuch zur Überprüfung der Belastbarkeit von Pfählen (Foto: Frank Spundflasch)

Bild 43. Holzkrainerwand zur Stabilisierung einer steilen Uferböschung in der Hartholzzone

Holzkrainerwand, begrünt

Die Holzkrainerwand ist ein traditionelles Bauwerk der alpinen Wildbachverbauung und des forstlichen Wegebaus. Sie dient sowohl der Sanierung von Tiefenerosion in Runsen (Erosionsrinnen) in Wildbachoberläufen, als auch als Stützelement zur Hangsicherung im forstlichen Wegebau. Durch die Wahl geeigneter Hölzer, steiniger und grobkörniger Verfüllböden und die Kombination mit standortgerechten Pflanzen, entstehen rustikal wirkende langlebige Bauwerke für Gebirgsregionen. Verwendet werden geschälte Rundhölzer langsam verwitternder Holzarten. Die Verbindungen von Läufern und Bindern erfolgen mit Holzdübeln, Holzschrauben und Gewindestangen. In ausspülgefährdeten Gewässerbereichen erfolgt die Verfüllung der Kammern mit Steinpackungen, in anderen Lagen durch Einbau und Verdichtung grobkörniger Böden. Die Gehölzansiedlung erfolgt mit Buschlagen, Heckenlagen oder Heckenbuschlagen. Neben Wegen sind Sodenandeckungen zur Begründung einer Gras-Krautvegetation sinnvoll. Wenn die Krainerwandböschung auch nach dem Verrotten der Holzteile noch halten soll, sollte eine maximale Neigung der Vorderseite von 1:1 eingehalten werden.

7 Schutz, Pflege und Unterhaltung von ingenieurbiologisch wirksamen Pflanzenbeständen

Schutz und Anwuchspflege dienen dazu, die angesiedelte Vegetation auf einem Standort planmäßig und nach Bauvertrag zu entwickeln, sodass am Ende einer üblicherweise dreijährigen Entwicklungszeit eine Endabnahme erfolgen kann.

Neu angelegte Pflanzflächen müssen häufig vor Wild- oder Nutzungseinflüssen geschützt werden. Auch kann konkurrierende Vegetation den Zielbestand beeinträchtigen.

7.1 Schutz von ingenieurbiologischen Maßnahmen

In ausgeräumten Ackergebieten und in Fichtenmonokulturen sind alle Laubgehölzpflanzungen stark durch Wildverbiss gefährdet, insbesondere sind die häufig verwendeten Strauchweiden betroffen. Üblich sind den örtlichen Wildarten angepasste Wildschutzzäune: bei Rehwild mind. 1,50 m hoch, bei Rotwild mind. 2,00 m [81]. Bei Böschungen und Hängen sollten auf flacher geneigten Hangbereichen waagerechte oder schwach geneigte Zaunführungen erfolgen und mit einer Verstärkung ausgeführt werden, um Schäden aus Schneedruck zu vermeiden.

Wildschutzzäune werden in der Regel aus Drahtgeflecht als Pfostenzaun mit seitlichen Abspannungen in Hängen und als Scherenzaun hergestellt. Bei größeren Einzäunungen werden Tore und Überstiege vorgesehen. Bei Zäunungen sind die Wirkungen der Zäune auf den Wildwechsel sowie auf die Verkehrsgefährdung durch Wild zu beachten. Zaunführungen quer über ein Gewässer oder einen Erosionsgraben sind problematisch. Hier wird die Zaunführung entlang kreuzender Wege empfohlen oder die Gewässer werden nicht eingezäunt. Zäune müssen mehrmals jährlich, z. B. nach Sturm oder starken Schneelagen, kontrolliert und ggf. repariert oder bereichsweise erneuert werden. Nach einer Anwuchs- und Entwicklungsphase wird der gesamte Zaun wieder abgeschlagen und geordnet entsorgt. Daneben kommen noch Einzelstammschutzmaßnahmen (Drahthose, Kunststoffmanschette) oder chemische Verbissschutzmittel (nicht in Gewässernähe) infrage.

Zum Schutz vor Nutzungen, die die Anpflanzungen schädigen (Weidevieh, Rodeln, Mountainbiking), werden geeignete Zäune aufgestellt oder Hecken angepflanzt (Tabelle 5).

In einigen Gebieten ist der Aspekt Schutz vor Wildverbiss maßgeblich für die Pflanzenauswahl und ggf. auch für das Gelingen einer ingenieurbiologischen Sicherung überhaupt. Die Kosten für Zaunbau, Reparatur Rückbau und Entsorgung sind oft ein erheblicher Anteil der gesamten Begrünungs- und Sicherungskosten.

Tabelle 5. Schutzmöglichkeiten von ingenieurbiologischen Vegetationsansiedlungen in der Anwuchs- und Entwicklungsphase

Einwirkung	Schutzmöglichkeit
Rehwild, gelegentliche Schafhütung	Wildschutzzaun 1,50 m (mindestens)
Rehwild, Rotwild	Einzelstammschutz, Drahthosen, Kunststoffmanschetten
Rotwild, Rehwild, Hasen	chemische Verbissschutzmittel nicht in Gewässernähe, nach stärkeren Regenfällen erneuern
Rehwild, Rotwild, Schwarzwild	verstärkte Bejagung auf den Pflanzflächen – nur möglich bei Eigenjagd auf großen Flächen
Rotwild	Wildschutzzaun 2,00 m (mindestens)
Schwarzwild	Wildschutzzaun eingegraben und durch Haken gesichert
Rinder- und Pferdeweide	Weidezaun 1,20 m (mindestens), 4 Stacheldrähte, 2 Spanndrähte
Rodeln, Schifahren, Mountainbike- und Motocrossfahrten	niedrige Rundholzzäune vor Heckenpflanzungen

Gegen Mäusefraß an den Gehölzwurzeln werden üblicherweise Greifvogelsitzstangen aufgestellt und 300 mm starke Kanalrohre als Fuchsschleusen unter den Wildschutzzäunen eingelassen.

Die Schäden durch Pilzbefall oder Insektenfraß halten sich bei Ansiedlungen standortgerechter heimischer Pflanzen in engen Grenzen, wenn die Pflanzen gesund sind, schonend transportiert und gepflanzt werden. Die gruppenweise abwechselnde Anpflanzung mehrerer Arten verhindert eine stärkere Ausbreitung von Krankheiten.

7.2   Anwuchs- und Entwicklungspflege

Die Leistungen der Anwuchs- und Entwicklungspflege sind in der DIN 18919 für Grünanlagen festgelegt. Im Bereich des Straßenbaus wird die ZTV La-Stb [85]. des Bundesministers für Verkehr angewandt. Bei flächenhaften Gehölzanpflanzungen bieten sich auch eine Anlehnung an die in der Forstwirtschaft erprobten Pflegemaßnahmen an [81].

Gras- und Krautvegetation

In der Anwuchs- und Entwicklungsphase von Gräsern und Kräutern ist bei ungünstigen Standort- und Witterungsverhältnissen gelegentlich eine Nachsaat oder Nachdüngung erforderlich, um das Begrünungsziel schnell zu erreichen. Ausfälle von Pflanzenarten können durch Hitze, Trockenheit oder Frosteinwirkungen in der frühen Entwicklungsphase der Pflanzen entstehen. In der Regel werden mehrere standortheimische Arten ausgesät, sodass das Ausfallen einer Art ohne Bedeutung bleibt.

Auf den Böschungsschultern kommt es bei Rohbodenbegrünungen auf nichtbindigen Böden häufig zu Aushagerungen der Vegetation in den ersten Jahren. Für diese Bereiche sollten in den ersten zwei Vegetationsperioden als eventuell nötig werdende Leistungen Nachsaaten und Nachdüngungen, ggf. auch das Aufbringen von Bodenverbesserungsstoffen und Mulch vorgesehen werden. Das Aufkommen von Moosen und spontanen Wildkräutern ist aus ingenieurbiologischer Sicht auf erosionsgefährdeten Flächen kein Mangel, der behoben werden muss. Diesbezüglich werden Festsetzungen der o. g. gärtnerisch geprägten Normen und Richtlinien kritisch gewertet.

Andeckungen von vormals intensiv bewirtschafteten Ackerböden verursachen im 1. Jahr ein Massenaufkommen von meist großwüchsigen Ackerwildkräutern. Eine rechtzeitige Mahd unterstützt den Aufwuchs der für die Sicherung angesäten Pflanzen und dient der Mulchung.

Angesiedelte Gehölze

Zur Anwuchs- und Entwicklungspflege der Gehölze gehört ein Freistellen aus konkurrierendem Krautwuchs. Das heute übliche Freischneiden mit Motorsensen verursacht an zahlreichen Gehölzen Rindenschäden. Besser ist ein Jäten der Pflanzscheibe, ein Ausreißen von Rank- und Schlingpflanzen und ggf. zur Unterstützung ein Freischneiden neben der Pflanzenreihe zum besseren Auffinden der Gehölze. Bei Weidenanpflanzungen in Rasen muss im 1. Jahr ein Bereich um die Weide rasenfrei gehackt werden. Die Waldarbeiterschulen [81] empfehlen zum Freischneiden von Forstpflanzen ein Auskesseln der Pflanzen mit einem geeigneten Freischneider. Gegenüber dem weit verbreiteten durch Ordnungssinn begründeten Flächenfreischnitt ist der Arbeitsaufwand geringer. Außerdem reduzieren die verbleibenden höheren Stauden die Windeinwirkung und die Verdunstung der jungen Gehölze.

Gehölzanpflanzungen werden an Verkehrswegeböschungen üblicherweise in Trockenzeiten in den ersten drei Vegetationsperioden gewässert. Bei der Bewässerung muss neben dem gärtnerischen Ziel der Pflanzenentwicklung vorrangig die Stabilität der Böschung gewährleistet werden. Durch Pflanzungen hinter Hang-/Dränfaschinen können beide Ziele verwirklicht werden, da überschüssiges Wasser schadfrei abgeleitet wird. Bei Aufforstungen halbtrockener Standorte ist eine Bewässerung unüblich. Der Wasserhaushalt wird hier durch die Pflanzmethode, Bodenverbesserungsmittel, Mulch und Reduzierung konkurrierender Vegetation für die angesiedelten Gehölze günstig reguliert.

Der Einsatz von Bioziden ist in der freien Landschaft zum Schutz von Anpflanzungen i. d. R. nicht zulässig und auch nicht nötig. Stärkere Ausfälle werden durch den Einsatz gesunder Pflanz- und Pflegemaßnahmen sowie artenreicher Mischpflanzungen vermieden. Bei extremen Witterungsereignissen oder sonstigen Einwirkungen werden Ausfälle durch Nachpflanzungen zum nächstmöglichen Zeitpunkt kompensiert.

Die Anwuchs- und Entwicklungspflege erstreckt sich üblicherweise über 2 bis 3 Jahre und wird dem Unternehmen übertragen, das auch die Anpflanzung durchgeführt hat. Bei der Vergabe derartiger Aufträge sollte darauf geachtet werden, dass die Preise für die Pflege in einem angemessenen Verhältnis zum Aufwand und zu den Pflanzpreisen stehen, da sonst die Gesamtmaßnahme an ungenügender Pflege scheitern kann.

7.3 Unterhaltung und Entwicklung von Pflanzenbeständen

Bei der zunehmenden Mechanisierung der Vegetationsunterhaltung muss der Schutz empfindlicher Sicherungsbauweisen aus Reisig, Geotextilien und Drahtgeflechten berücksichtigt werden.

Landschaftsrasen und Staudenflächen

Landschaftsrasen muss mehrmals jährlich gemäht werden, um eine dichte Grasnarbe zu erhalten, wie sie für den Erosionsschutz breitflächig überströmter Bereiche erforderlich ist. In Entwässerungsmulden wird außerdem Treibzeug und Sediment beseitigt.

Das an Straßenrändern übliche Absaugen von Mähgut führt zur fast vollständigen Beseitigung der dort lebenden Kleintiere. Das Verfahren sollte nur dort eingesetzt werden, wo es zur Erhaltung des Verkehrsflusses unbedingt erforderlich ist. Zumindest in straßenfernen Böschungsbereichen oder Gewässernähe sollte Mähgut kurz liegen bleiben, um Kleintieren die Flucht in Nachbarbereiche zu ermöglichen. Übliche Mähgeräte sind handgeführte Balkenmäher und für kleine Rasenflächen auch Freischneider.

Um auf Staudenflächen ein Gehölzaufkommen zu verhindern, genügt eine Mahd alle 1 bis 2 Jahre mit einem Schlegelmäher.

Strauchvegetation

Strauchflächen und Hecken sollten in Abständen von mehreren Jahren geschnitten werden, um die Bestandsziele zu erfüllen. Bei dem Bestandsziel Strauchfläche mit geschlossener Bodenvegetation müssen vor allem die stark beschattenden Sträucher (z. B. Hasel) zurückgeschnitten werden. Das Bestandsziel Undurchdringlichkeit bzw. Rauheit wird durch eine Vergleichmäßigung mittelgroßer Triebe erzielt. Eventuell werden auch Teilflächen oder die Gesamtfläche auf den Stock gesetzt. Schling- und Rankpflanzen sowie spontan aufkommende Bäume sind gezielt zu beseitigen.

Baum- und Strauchvegetation

Die Entwicklung von Baum- oder Strauchbeständen aus einer üblichen flächenhaften Anpflanzung verlangt Kenntnisse des ingenieurbiologischen Bestandziels sowie der natürlichen Habitusentwicklung der Gehölzarten und ihrer Verhaltensweisen in Konkurrenzsituationen.

Daraus wird vor Ort entschieden, welche Bäume und Sträucher gefördert und welche zurückgedrängt d. h. gefällt oder geschnitten werden.

Bereits wenige Jahre nach Abschluss der Anwuchs- und Entwicklungspflege sind bei den i. d. R. in dichtem Raster gepflanzten Gehölzen Rückschnitte von 30 bis 70 % der Pflanzen erforderlich, um bei den verbleibenden Pflanzen eine breitere und kräftigere Wuchsform zu erzielen. Unterbleibt diese Bestandsregulierung, so kann es zu flächenhaften Ausfällen in zu engem dünnem Stangenholz durch Nassschnee und Windbruch kommen. In dieser Phase können Weiden und Birken bereits in stärkerem Umfang zurückgeschnitten werden, um den langlebigen Gehölzen der Zielvegetation bessere Entwicklungschancen zu ermöglichen und die festigende Durchwurzelung zu fördern.

Nach einer weiteren Konsolidierung und Festigung der Böschung werden schnellwüchsige Weiden, Espen und Birken zugunsten langlebiger standsicherer Bäume, wie z. B. Eichen, Hainbuchen, Linden, Ahornarten, Eschen etc. gefällt. Wenn die Vitalität der schnellwüchsigen Pionierpflanzen reduziert werden soll, werden sie in der Vegetationszeit direkt über dem Boden geschnitten. Sollen Weidenäste für weitere Lebendbauweisen verwendet werden, so erfolgt der Schnitt in der Vegetationsruhezeit.

Oberstes Ziel bei ingenieurbiologischen Sicherungen ist die Erhaltung und Verbesserung der Standsicherheit und des Erosionsschutzes. Weitere Ziele sind sowohl alters- als auch artenmäßig gestufte und damit ökologisch stabile Gehölzbestände. Gefördert werden gesunde Einzelpflanzen der Zielvegetation. Im forstlichen Sinne werden nicht gleichmäßig hoch wachsende langschäftige unten wenig beastete Forstexemplare angestrebt, sondern eher artenreiche Bestände unterschiedlichen Alters und ebenfalls artenreicher Strauch- und Krautschicht. Bei der Beurteilung des Einzelbaums wird wenig oder gar nicht auf sog. Fehlentwicklungen eingegangen, auf die die Gehölzpflege bei Straßen-, Park- oder auch Obstbäumen Wert legt. Sinnvoll ist die Rücknahme talwärts wachsender Stämmlinge oder Starkäste, um die Kippstabilität des Einzelbaums zu verbessern. Im Gefährdungsbereich von Verkehrswegen werden die Bäume nach dem Stand der Technik zur Erfüllung der Verkehrssicherungspflicht unterhalten (vgl. [88]). Hierzu gehört ggf. auch das Schneiden eines V-Zwieselstämmlings zur Reduzierung der Bruchgefahr in der Nähe von Verkehrswegen.

Aus Gründen der Kippsicherheit oder aus betrieblichen Gründen, kann an bestimmten Böschungs- und Hangbereichen die Festlegung einer maximalen Stammstärke für Bäume sinnvoll sein. Jüngere Laubbäume haben proportional zur Baumhöhe ein tiefergehendes Wurzelwerk als ältere und sind weniger kippgefährdet. Der Einschlag von Schwachholz birgt weniger Unfallgefahren als der von Starkholz. Daher ist der betriebliche Aufwand für eine fachgerechte Fällung und Abtransport von Starkholz in Hängen erheblich höher als bei Schwachholz.

Bei Baumfällungen auf Böschungen und Hängen ist häufig die Sicherheit des Verkehrs zu beachten, wenn der Verkehrsweg oder eine Nutzung im Gefahrenbereich der Baumfällung liegt (zweifache Baumhöhe, an Böschungen mehr). Verwiesen wird auf die Unfallverhütungsvorschriften der jeweiligen Berufsgenossenschaft. Die Schwerkraftfällung führt an Böschungen häufig zum Hängenbleiben an erhaltenswerten Nachbarbäumen oder zu deren Beschädigung. Schonender und sicherer ist die Fällung mit Seilhilfe. Dabei kann der Baum sowohl in als auch gegen das Hanggefälle gelegt werden. Zunehmend werden Holzfällarbeiten an niedrigen Böschungen vom Weg aus mit Großmaschinen z. B. Langstielbaggern mit Greifer- und Sägeanbauten durchgeführt.

Überschwere oder kippende Bäume des gewünschten Zielbestandes werden nicht kurz über dem Boden gefällt, sondern in der Vegetationsruhezeit auf den Stock (ca. 30 cm hoch) gesetzt. Hierdurch wird ein vitaler Stockausschlag erzielt, aus dem nach einigen Jahren durch

Vereinzelungsschnitte ein- oder wenigstämmige Bäume oder Großsträucher erzielt werden. Hierdurch werden aufwendige Nachpflanzungen vermieden.

Die Beseitigung von gebrochenen oder geworfenen Baumbeständen nach Sturm, Nassschnee oder Hangrutschungen ist sehr unfallträchtig und muss erfahrenen Fachleuten der Forstwirtschaft bzw. des Katastrophenschutzes vorbehalten bleiben. Zunehmend werden hierbei Großgeräte mit angebauten Sägen, Greifern oder Seilzügen eingesetzt, um in den Gefahrenbereichen der unter Spannung stehenden Baumstämme zu arbeiten.

Bei der Durchforstung von Böschungen und Hängen kann auf nichtbindigen Böden Schlagreisig diagonal verlegt im Hang verbleiben, um Oberflächenabflüsse zu verteilen und die Versickerung zu erhöhen. Bei der Gefahr von Böschungsbruch und Hangrutschungen sollte Holz und Reisig aus den Böschungen entfernt werden, um die Versickerungsrate zu reduzieren.

Nach dem Fällen alter oder kranker Bäume können in die Stockachsel des verbleibenden Wurzelstocks ein oder mehrere junge Bäume gepflanzt werden. Die jungen Pflanzen profitieren an dieser Stelle vom Erosionsschutz und dem Bodenleben.

Die Wurzelteller geworfener Bäume können auf frischen Standorten wieder eingebaut, ggf. durch Pfähle befestigt und umpflanzt werden. In feuchten und nassen Bereichen sollten sie durch Filterkeile mit Steckholzbepflanzung ersetzt werden.

8 Bewertung von ingenieurbiologischen Böschungssicherungen und Stützbauwerken aus der Sicht von Natur und Landschaft

Als Grenzwissenschaft zwischen Biologie und Ingenieurwesen macht die Ingenieurbiologie in der Praxis den Einsatz massiver Verbauungen im Erosionsschutz teilweise überflüssig und ersetzt diese durch wachsende Pflanzenbestände. Die Erholungsfunktion einer Landschaft zusammen mit ihrer ökologischen Bedeutung als Lebensraum für Pflanzen und Tiere wird aufgewertet. Es überzeugen vergleichsweise geringe Bau- und Pflegekosten, Funktionstüchtigkeit, lange Lebensdauer und Naturnähe.

Ingenieurbiologische Sicherungen kommen durch die komplexen Wirkungen von Pflanzen zustande, die man grob in die vier Kategorien technische, ökonomische, gestalterische und ökologische Wirkungen einteilt.

Die technischen Wirkungen, die ja für die Ingenieurbiologie – also für Sicherungsleistungen der Pflanzen – im Vordergrund stehen, wurden in den Abschnitten zuvor beschrieben und lassen sich in der Gesamtbewertung wie folgt zusammenfassen. Von besonderer Bedeutung sind:

- Schutz der Bodenoberfläche vor Wind, Niederschlagswasser, Fließwasser und Frosterosion sowie Schnee-, Eis- und Geröllschüben.
- Drosselung von Einwirkungen wie Wind, Wasser oder auch Immissionen durch oberirdische Pflanzenteile – Herstellung von Rauigkeit.
- Unterirdische Festigung des Bodens durch unterschiedliche Wurzelsysteme und Symbiose mit Mikroorganismen.

Mit der ökonomischen Wirkung zeigt sich der nachhaltige Einsatz von Pflanzen und Pflanzenbeständen durch ihre Lebensdauer und Regenerationsfähigkeit. Ohne künstliche Energiezufuhr können sich lebende Systeme entwickeln, deren Stabilität sogar mit der Zeit noch zunimmt, auch wenn die Erstellung nicht immer günstiger ist als klassische technische Systeme. Insgesamt ist Bilanz über die Summe der Wirkungen zu ziehen und als Planungsgrundlage anzusehen.

Als gestalterische Wirkung ist die Beseitigung von Wunden in der Landschaft durch Bewuchs zu verstehen, die Einbindung von offenen Böschungen oder auch die Gestaltung und Modellierung von Felsböschungen unter Einbeziehung von Begrünungen. Hier ist die langfristige Komponente der landschaftsästhetischen Eingliederung von Bauwerken in die umgebende Landschaft ebenso wichtig wie die Schaffung von neuen Akzenten durch die Vielgestaltigkeit von Vegetation.

Das Einbringen von Pflanzen hat natürlich immer ökologische Wirkungen. Die Habitatfunktion und die allgemeinen Wohlfahrtswirkungen stehen oft für Ausgleichs- und Ersatzmaßnahmen. Das Zusammenwirken von Pflanzen und Pflanzenbeständen führt zu Entwicklung von Böden und zur Verbesserung des Klimas.

Die ökologischen Wirkungen auf Natur und Landschaft von ingenieurbiologischen Sicherungen im Einzelnen werden wie bei anderen landschaftsplanerischen Aufgaben nach verschiedenen Kriterien beurteilt:

Artenvielfalt/Biodiversität

Die Biodiversität fördert wichtige Ökosystemfunktionen – dieser Zusammenhang lässt sich nicht nur experimentell belegen, sondern auch anhand von Untersuchungen, die die komplexen Zusammenhänge der Natur berücksichtigen. Die Artenvielfalt ist ein Teilaspekt der biologischen Vielfalt (Biodiversität). Außerdem wird darunter die genetische Vielfalt innerhalb und zwischen Arten verstanden sowie die Vielfalt der Ökosysteme und Landschaftsregionen. Ferner zählt hierzu auch die Vielfalt an Funktionen, die Arten innerhalb der Ökosysteme füreinander erfüllen und über die sie in Wechselwirkung stehen.

Positive Auswirkungen durch ingenieurbiologische Bauweisen auf diese Aspekte können durch standortangepasste Artenwahl und Wahl der richtigen Herkünfte der zu verwendeten Pflanzenarten erreicht werden. Insbesondere die Begrünung von Rohbodenböschungen aus Sanden, Kalksteinen oder auch sauren Gesteinen wie Schiefer, aber auch von Felsstandorten ermöglichen die Entwicklung differenzierter und artenreicher Magerrasen, vgl. auch [61]. Oberbodenangedeckte und dazu noch mit Zuchtgräsern angesäte Böschungen führen dagegen häufig zu uniformen, artenarmen Pflanzenbeständen. Auch wenn die Sicherung erreicht ist, erfüllen diese nicht die Ansprüche an Artenvielfalt und Nachhaltigkeit.

Naturnähe

Die Naturnähe ist das Ausmaß von Veränderungen gegenüber dem natürlichen Ausgangszustand. Referenz ist die potenziell natürliche Vegetation.

Bei ingenieurbiologischen Arbeiten wird auf unterschiedlichen Ebenen von Sukzessionen begonnen, meist auf dem Niveau von Gräsern und Kräutern oder dem von Pioniergehölzen. Das Zulassen von möglichst unbeeinflussten, natürlichen Entwicklungsabläufen in der Vegetation, so weit es die Sicherungsaspekte erlauben, kann zu zunehmender Naturnähe führen. Auch fördert die Verwendung landschaftsgerechter Vegetation bei den Baumaßnahmen das Maß der Naturnähe.

Biotopverbund

Der räumliche Kontakt zwischen Biotopen (Lebensräumen) ermöglicht eine funktionale Vernetzung in Form von Beziehungssystemen von Organismen. Ein Biotopverbund besteht, wenn die zwischen gleichartigen Lebensräumen liegende Fläche für Organismen überwindbar ist, sodass ein beidseitiger Artenaustausch möglich ist.

Günstigen Einfluss kann man mit ingenieurbiologischen Bauweisen beispielsweise durch die Strukturvielfalt von Gehölzstreifen, Gebüschverbindungen durch linienhafte Strukturen oder durch die Vernetzung von Grünlandflächen erreichen. Ungünstig wirken sich dagegen gebietsfremde Materialien als kombinierte Baustoffe aus, beispielsweise Gabionen gefüllt mit Substraten aus geologisch anderen Landschaften oder für verschiedene Tiergruppen unüberwindbare Stützmauern.

Landschaftsbild

Das gesamte vom Menschen wahrnehmbare Erscheinungsbild einer Landschaft wird durch Vegetationsstrukturen entscheidend mitgeprägt, sodass auch mit der Wahl der Bauweise, der Pflanzenarten, ihren jahreszeitlichen Aspekten und allen damit einhergehenden Entwicklungsstadien die Wahrnehmung und Ästhetik der Landschaft geprägt wird.

Die Verwendung von gebietsuntypischen toten Baustoffen kann zu einer Beeinträchtigung des Landschaftsbildes führen, beispielsweise können Betonkrainerwände störend wirken. Dagegen kann die Verwendung verrottbarer Materialien in Kombination mit Pflanzen – auch als Stützkörper oder Geotextilien zur ersten Abdeckung mittel- bis langfristig in die Vegetation eingegliedert werden. Ebenso sind Holzverbauungen in Gebirgsgegenden Arbeiten mit einem traditionellen Baustoff, der sich meist ins Landschaftsbild einfügt.

Im Sinne der o. g. Kriterien gilt es, die ingenieurbiologischen Bauweisen zu konzipieren und zu optimieren. Nachhaltigkeit wird durch die richtige und landschaftsbezogene Verwendung von lebenden und toten Materialien erreicht.

Beispielsweise sollte bei ingenieurbiologischen Sicherungen auf geotextile Kunststofffilter wie Vliese, Gitterplanen u. Ä. verzichtet werden. Sie stellen eher ein Hindernis für die Entwicklung stärkerer Wurzeln und Hemmnisse für die Tierwelt dar. In der Entwicklungsphase der Pflanzenwurzeln können daher z. B. eher Reisiglagen oder Kokosmatten verwendet werden. Günstig ist der Einsatz von Bauhilfsstoffen, wenn sie die Etablierung von landschaftsangepassten Vegetationsstrukturen fördern, dann aber in den Entwicklungsprozess einbezogen sind, beispielsweise durch Verbrauchen (Dünger), Verrotten (Mulchstoffe) oder Zersetzen (Hölzer).

In Bezug auf die lebenden Materialien kommt es zum einen darauf an, den konkreten Standortbezug herzustellen, indem die Vegetation Verwendung findet, die an die edaphischen Bedingungen der Baumaßnahme und Baustelle angepasst ist. Zum anderen ist die regionale Einbindung der Gesamtmaßnahme nur über ein landschaftsbezogenes Vorgehen möglich. Das heißt, dass bei der Wahl der Pflanzen, der Baumaterialien und der Bauweisen die landschaftsökologischen Bedingungen wie beispielsweise die geologische und klimatische Situation einbezogen wird, aber auch die Besonderheiten der umgebenden Kulturlandschaft berücksichtigt werden.

9 Vegetationskundliche Erhebungen zur Unterstützung geotechnischer Untersuchungen an problematischen Böschungen, Hängen und Altablagerungen

Die in einem Ökosystem lebenden Organismen widerspiegeln die Gesamtheit aller auf sie wirkenden Umweltfaktoren. Pflanzen, Tiere und Mikroorganismen sind an die am jeweiligen Standort herrschenden Umweltbedingungen angepasst. Verändern sich die Standortfaktoren, so wirkt sich dies auf die Lebensgemeinschaft aus. Organismen, deren Lebensfunktionen mit bestimmten Umweltfaktoren so eng korreliert sind, dass sie als Zeiger dafür verwendet werden können, bezeichnet man als Bioindikatoren.

Dabei können sich Organismen auf verschiedenen Ebenen ändern:

- Artenkombinationen und die Artenzusammensetzungen einer Gemeinschaft,
- Besiedlungsdichte von Beständen,
- Populationsstruktur einer Art,
- Lebensrhythmus von Arten,
- Wuchsform von Arten,
- Lebensfunktionen von Arten,
- Inhaltsstoffe von Arten.

Bioindikation haben für die Planung große Vorteile, denn

- sie integrieren eine ganze Reihe von Umweltfaktoren,
- sie zeigen Wirkungen auf, die mit herkömmlichen Messmethoden kaum oder gar nicht registriert werden können,
- sie sind damit schneller und effizienter und
- sie sind flächen- bzw. raumbezogen auswertbar.

Die Beobachtung vorhandener Vegetation an zu sichernden und anderen geotechnisch problematischen Böschungen setzt sich hauptsächlich mit der Analyse der Zusammensetzung von Pflanzengemeinschaften auseinander. Weitere gerade an Rutschböschungen wichtige Erkenntnisse liefern oft Wuchsformen, insbesondere von vorhandenem Gehölzbewuchs.

Wesentliche Grundlagen bei der Auswertung von Pflanzenbeständen liefern sog. Zeigerwerte [19, 50]. Das sind langjährige Erfahrungswerte über das Vorkommen von Pflanzenarten im Gefälle der Umweltfaktoren unter Freilandbedingungen. Sie sind nicht mit Messwerten zu verwechseln, sondern als Ableitung aus verallgemeinerbaren typisierten Erfahrungen zu verstehen.

Die Auswertung von Pflanzenbeständen für geotechnische Fragestellungen kann bei Kenntnissen über das ökologische Verhalten von Arten beispielsweise zu folgenden Aussagen führen:

1. Zeitliche Veränderung von Standorten
   Anhand des Auftretens bestimmter Lebensformen kann auf das Alter der Bestände und die Besiedlungsdauer eines Standortes geschlossen werden. Den Entwicklungszustand gibt die Artenzusammensetzung (das soziologische Verhalten) einer Pflanzengesellschaft an. So können frische Bodenbewegungen durch Pflanzen sichtbar werden.

Bild 44. Säbelwuchs von Blutrotem Hartriegel (*Cornus sanguinea*) nach einem Rutschereignis und Neuausbildung von geraden Trieben nach Bodenberuhigung

2.13 Ingenieurbiologische Verfahren zur Böschungssicherung

Bild 45. Wasserehrenpreis *Veronica anagallis aquatica* zeigt Wasseraustritte in einer Hangrutschung in einem sonst trockenen Weinberg an

2. Feuchtigkeitsverhältnisse bzw. Veränderung von Feuchtigkeitsverhältnissen
   Anhand des Vorkommens von Pflanzenarten, die Hinweise geben auf das Wasserdargebot des Standorts kann auf die Feuchtigkeitsverhältnisse wie Quellstellen, rieselndes Wasser, Sickerwasser, Stauwasser, wechselnde Grundwasserstände u. Ä. geschlossen werden.

3. Nährstoffverhältnisse
   Eine Reihe von Pflanzen zeigen besonders hohe Stickstoffgehalte im Boden an. Anhand des Vorkommens solcher Pflanzenarten werden beispielsweise antropogene Einflüsse wie Ablagerungen organischer Abfälle, Siedlungsreste u. Ä. schneller und leichter auffindbar.

4. Bodenaufbau und Zustand
   Pflanzen können neben den Wasser- und Nährstoffverhältnissen Hinweise geben auf Bodendurchlüftung, Humusbildung, Porenvolumen u. Ä.

5. Chemismus im Boden
   Über Pflanzenarten und die Zusammensetzung von Gemeinschaften ist der Basen- und Säuregehalt im Boden ansprechbar. Ebenfalls gibt es bestimmte Arten, die Hinweise geben auf schwermetallhaltige Standorte (Galmeipflanzen). Salzstandorte werden in der Regel von salzverträglichen Pflanzen angezeigt, auch außerhalb von Küstenstandorten, beispielsweise an Autobahnen nach Streusalzeinsatz oder an Haldenstandorten.

6. Lichtverhältnisse
   Es gibt Lichtpflanzen und schattenverträglichere Arten. Die Beleuchtung eines Standorts und auch Veränderungen in den Lichtverhältnissen können über Pflanzenvorkommem zugeordnet werden. Viele Pionierarten, die in der Ingenieurbiologie Verwendung finden, gehören zu denen, die für das Wachstum gut belichtete Verhältnisse benötigen.

Insgesamt kann beim Ansprechen eines Problemstandorts immer geraten werden, die Vegetationsverhältnisse in die Analyse mit einzubeziehen. Grundsätzlich kann jeder pflanzengeografisch Ausgebildete anhand der Vegetation Aussagen zu klimatischen, geologischen und bodenkundlichen Verhältnissen eines Standorts machen.

Alle hier angerissenen Möglichkeiten vegetationskundlicher Analyse führen auch zurück zu den ingenieurbiologischen Lösungen. Aus der Ansprache der Vegetation und den daraus folgenden Erkenntnissen ist häufig die Baumethodik und vor allem die richtige Pflanzenwahl sowie die Herkunft des Pflanzenmaterials herleitbar.

10 Literatur

[1] Angermueller u. a.: Baukonstruktion. In: Tabellenbuch Landschaftsbau (Hrsg.: Frohmann). Verlag Eugen Ulmer, 2002.
[2] Blume, H. P.: Handbuch des Bodenschutzes. Ecomed Verlag, 1992.
[3] Brückner, K.: Gehölzansaaten auf Autobahnböschungen in Baden-Württemberg. Jahrbuch 9 – Ingenieurbiologie – Sicherungen an Verkehrswegeböschungen. Gesellschaft für Ingenieurbiologie e. V., 2000.
[4] Bund Deutscher Baumschulen (Hrsg.): Wildgehölze. Fördergesellschaft Grün ist Leben, Pinneberg, 1987.
[5] Honorarordnung für Architekten und Ingenieure (HOAI), Bundesrepublik Deutschland, 2002.
[6] Zusätzliche Technische Vertragsbedingungen und Richtlinien für Erdarbeiten im Straßenbau (ZTVE-StB 94). Bundesminister für Verkehr, 1994.
[7] Conert, H. J.: Pareys Gräserbuch. Verlag Eugen Ulmer, 2000.
[8] Grün an der Bahn. Deutsche Bahn 1994.
[9] Information Bautechnik 45. Deutsche Bundesbahn 1991.
[10] Merkblatt 210 – Flussdeiche. Deutscher Verband für Wasserwirtschaft und Kulturbau DVWK. Paul Parey Verlag, 1986.
[11] Merkblatt 226 – Landschaftsökologische Gesichtspunkte bei Flussdeichen. Deutscher Verband für Wasserwirtschaft und Kulturbau DVWK. Paul Parey Verlag, 1993.
[12] Merkblatt 239 –Bodenerosion durch Wasser – Kartieranleitung zur Erfassung aktueller Erosionsformen. Deutscher Verband für Wasserwirtschaft und Kulturbau DVWK. Kommissionsvertrieb Wirtschafts- und Verlagsgesellschaft Gas und Wasser mbH, Bonn, 1996.
[13] Merkblatt 247 – Bisam, Biber, Nutria – Erkennungsmerkmale, Lebensweisen – Gestaltung und Sicherung gefährdeter Ufer, Deiche und Dämme. Deutscher Verband für Wasserwirtschaft und Kulturbau DVWK. Kommissionsvertrieb Wirtschafts- und Verlagsgesellschaft Gas und Wasser mbH, Bonn, 1997.
[14] DWA-A 118: Hydraulische Bemessung und Nachweis von Entwässerungssystemen. Deutsche Vereinigung vor Wasserwirtschaft, Abwasser- und Abfallwesen DWA, Hennef, 2006.
[15] DWA-A 138: Planung und Bau von Anlagen zur Versickerung von Niederschlagswasser. Deutsche Vereinigung vor Wasserwirtschaft, Abwasser- und Abfallwesen DWA, Hennef, 2005.
[16] Kostra Atlas: Starkniederschlagshöhen für Deutschland. Deutscher Wetterdienst DWD. Selbstverlag des Deutschen Wetterdienstes Offenbach a. M., 1999.
[17] Dierschke, H., Briemle, G.: Kulturgrasland. Verlag Eugen Ulmer, 2002.
[18] Heimisches Holz für den Wasserbau. Entwicklungsgemeinschaft Holzbau, 1990.
[19] Ellenberg, H.: Zeigerwerte von Pflanzen Mitteleuropa. Scripta Geobotanica 18, Göttingen, 1992.
[20] Ellenberg, H.: Die Vegetation Mitteleuropas mit den Alpen in ökologischer, dynamischer und historischer Sicht. Verlag Eugen Ulmer, 1996.
[21] Florineth, F.: Pflanzen statt Beton. Handbuch zur Ingenieurbiologie und Vegetationstechnik. Patzer Verlag, 2004.
[22] Floss, R.: ZTVE-StB 94 – Kommentar mit Kompendium Erd- und Felsbau. Kirschbaum Verlag, Bonn, 2006.
[23] BDB Handbuch VIII Wildgehölze des mitteleuropäischen Raumes. Fördergesellschaft „Grün ist Leben" Baumschulen mbH, Eigenverlag.
[24] Regelsaatgutmischungen. Forschungsgesellschaft für Landschaftsentwicklung und Landschaftsbau e. V (FLL), 2008.
[25] Gütebestimmungen für Baumschulpflanzen. Forschungsgesellschaft für Landschaftsentwicklung und Landschaftsbau e. V. (FLL), 2004.
[26] Empfehlungen für besondere Begrünungsverfahren. Forschungsgesellschaft für Landschaftsentwicklung und Landschaftsbau e. V. (FLL), 1999.
[27] Empfehlungen für die Begrünung von Problemflächen. Forschungsgesellschaft für Landschaftsentwicklung und Landschaftsbau e. V. (FLL), 1998.
[28] Richtlinien zur Überprüfung der Verkehrssicherheit von Bäumen – Baumkontrollrichtlinien. Forschungsgesellschaft für Landschaftsentwicklung und Landschaftsbau e. V. (FLL), 2004.

[29] Richtlinien für die Anlage von Straßen, Teil Landschaftspflege, Abschnitt 1 Landschaftspflegerische Begleitplanung (RAS-LP 1). Forschungsgesellschaft für Straßen- und Verkehrswesen (FGSV), 1996.
[30] Richtlinien für die Anlage von Straßen, Teil Landschaftspflege. Landschaftspflegerische Ausführung. (RAS-LP 2). Forschungsgesellschaft für Straßen- und Verkehrswesen (FGSV), 1993.
[31] Richtlinien für die Anlage von Straßen, Teil Landschaftsgestaltung, Abschnitt 3: Lebendverbau (RAS-LG 3). Forschungsgesellschaft für Straßen- und Verkehrswesen (FGSV), 1983.
[32] Richtlinien für die Anlage von Straßen, Teil Landschaftspflege. Abschnitt 4: Schutz von Bäumen, Vegetationsbeständen und Tieren bei Baumaßnahmen (RAS-LP 4). Forschungsgesellschaft für Straßen- und Verkehrswesen (FGSV), 1999.
[33] Richtlinien für die Anlage von Straßen, Teil Entwässerung. Forschungsgesellschaft für Straßen- und Verkehrswesen (FGSV), 2005.
[34] Merkblatt über Baumstandorte und unterirdische Ver- und Entsorgungsanlagen. Forschungsgesellschaft für Straßen- und Verkehrswesen (FGSV), 1989.
[35] Merkblatt für einfache landschaftsgerechte Sicherungsbauweisen. Forschungsgesellschaft für Straßen- und Verkehrswesen (FGSV), 1991.
[36] Frohmann, M. (Hrsg.): Tabellenbuch Landschaftsbau. Verlag Eugen Ulmer, Stuttgart, 2003.
[37] Ingenieurbiologie – Wurzelwerk und Standsicherheit von Böschungen und Hängen. Gesellschaft für Ingenieurbiologie e. V., Selbstverlag, Aachen, 1985.
[38] Ingenieurbiologie im Spannungsfeld zwischen Naturschutz und Ingenieurbautechnik. Gesellschaft für Ingenieurbiologie e. V., Selbstverlag, Aachen, 1996.
[39] Ingenieurbiologie – Flussdeiche und Flussdämme, Bewuchs und Standsicherheit. Gesellschaft für Ingenieurbiologie e. V., Selbstverlag, Aachen, 1999.
[40] Ingenieurbiologie – Sicherungen an Verkehrswegeböschungen. Gesellschaft für Ingenieurbiologie e. V. Selbstverlag, Aachen, 2000.
[41] Härdtle, W., Ewald, J., Hölzel, N.: Wälder des Tieflandes und der Mittelgebirge. Verlag Eugen Ulmer, 2004.
[42] Hartge, H. H.: Wechselbeziehung zwischen Pflanze und Boden bzw. Lockergestein unter besonderer Berücksichtigung der Standortverhältnisse auf neu entstandenen Böschungen. In: Jahrbuch 2 – Gesellschaft für Ingenieurbiologie e. V., Selbstverlag, Aachen, 1985.
[43] HBLFA Raumberg-Gumpenstein (Hrsg.): Standortgerechte Hochlagenbegrünung im Alpenraum – der aktuelle Stand der Technik (englisch, deutsch, italienisch), 2006.
[44] Johannsen, R.: Zur Entwicklung von Busch- und Heckenlagen am Hellerberganschnitt bei Freisen im Saarland seit dem Frühjahr 1980. In: Jahrbuch 2 – Wurzelwerk und Standsicherheit von Böschungen und Hängen. Gesellschaft für Ingenieurbiologie e. V., Selbstverlag, Aachen, 1985.
[45] Johannsen, R., Müller, Th.: Ingenieurbiologisch begrünte Böschungen an den Autobahnen in Thüringen. In: Jahrbuch 9 – Sicherungen an Verkehrswegeböschungen. Gesellschaft für Ingenieurbiologie e. V., Selbstverlag, Aachen, 2000.
[46] Johannsen, R., Spundflasch, F., Kovalev, N.: Vorschlag für die Belastungsprüfung von Pfählen bei ingenieurbiologischen Bauweisen. Mitteilungen 17, Gesellschaft für Ingenieurbiologie e. V., Selbstverlag, Aachen, 2001.
[47] Kirmer, A., Tischew, S.: Handbuch naturnahe Begrünung von Rohböden. Teubner Verlag, 2006.
[48] Klapp, E.: Taschenbuch der Gräser. Paul Parey Verlag, 1983.
[49] Köstler, J. N., Brückner, E., Bibelriether, H.: Die Wurzeln der Waldbäume. Paul Parey Verlag, 1968.
[50] Frhr. v. Krüdener, A.: Atlas standortkennzeichnender Pflanzen. Berlin, 1941.
[51] Krautzer, B., Hacker, E. (Hrsg.): Ingenieurbiologie: Begrünung mit standortgerechtem Saat- und Pflanzgut (englisch, deutsch, italienisch). Gumpenstein, 2006.
[52] Kutschera, L., Lichtenegger, E.: Wurzelatlas mitteleuropäischer Grünlandpflanzen, Bd. 1. Gustav Fischer Verlag, 1982.
[53] Kutschera, L., Lichtenegger, E.: Wurzelatlas mitteleuropäischer Grünlandpflanzen, Bd. 2. Gustav Fischer Verlag, 1992.
[54] Kutschera, L., Lichtenegger, E.: Bewurzelung von Pflanzen in verschiedenen Lebensräumen. Österreichisches Landesmuseum Linz, 1997.
[55] Kutschera, L., Lichtenegger, E.: Wurzelatlas mitteleuropäischer Waldbäume und Sträucher. Leopold Stocker Verlag, Graz, 2002.

[56] Lange, G.: Entwässerungsmaßnahmen an Verkehrswegeböschungen unter Berücksichtigung der geplanten Pflanzenbestände. In: Jahrbuch 9 – Ingenieurbiologie an Verkehrswegeböschungen. Gesellschaft für Ingenieurbiologie. Selbstverlag, Aachen, 2000.
[57] Lecher, Kresser: Wasserhaushalt, Gewässer, Hydrometrie. Taschenbuch der Wasserwirtschaft. Paul Parey Verlag, 2001.
[58] Lehr, R.: Taschenbuch für den Garten-, Landschafts- und Sportplatzbau. Paul Parey Verlag, 2003.
[59] Lichtenegger, E.: Die Ausbildung der Wurzelsysteme krautiger Pflanzen und deren Eignung für die Böschungssicherung auf verschiedenen Standorten. In: Jahrbuch 2 – Wurzelwerk und Standsicherheit von Böschungen und Hängen. Gesellschaft für Ingenieurbiologie e. V., Selbstverlag, Aachen, 1982.
[60] Männl, U.: Analyse der Standsicherheit von Bäumen. Das Gartenamt 41 (1992), S. 429–433.
[61] Matteck, C., Breoler, K.: Handbuch der Schadenskunde von Bäumen, 1993.
[62] Morgan, R. P. C.: Bodenerosion und Bodenerhaltung. Enke im G. Thieme Verlag, Stuttgart, 1999.
[63] Muth, W.: Landwirtschaftlicher Wasserbau. Werner Verlag, Düsseldorf, 1991.
[64] Niesel, A.: Bauen mit Grün. Paul Parey Verlag, 2002.
[65] Patt, H. (Hrsg.): Hochwasser-Handbuch – Auswirkungen und Schutz. Springer- Verlag, 2001.
[66] Schiechtl, H. M.: Sicherungsarbeiten im Landschaftsbau. Callwey Verlag, 1973.
[67] Schiechtl, H. M.: Böschungssicherung mit ingenieurbiologischen Bauweisen. In: Grundbau-Taschenbuch, Teil 3, Hrsg. U. Smoltzcyk. Ernst & Sohn, Berlin, 2001.
[68] Schiechtl, H. M.: Weiden in der Praxis. Patzer Verlag, 1992.
[69] Schiechtl, H. M., Stern, R.: Handbuch für naturnahen Erdbau. Österr. Agrarv., Wien, 1992.
[70] Schlüter, U.: Pflanze als Baustoff. Patzer Verlag, 1996.
[71] Schlüter, U.: Laubgehölze. Patzer Verlag, 1996.
[72] Schmid, T., Oehl, F., Streit, M.: Verwendung von arbuskulären Mykorrhizapilzen bei der Begrünung von Rohböden. Ingenieurbiologie 15 (2005), S. 44–45.
[73] Schmidt, H. H.: Grundlagen der Geotechnik. Teubner Verlag, Stuttgart, 2006.
[74] Schmidt, H. H.: Erdbau. In: Grundbau-Taschenbuch, Hrsg. U. Smoltczyk. Ernst &. Sohn, Berlin, 2001.
[75] Schlüter, U.: Hilfsstoffe für den vorübergehenden Erosionsschutz. In: Jahrbuch 9 – Sicherungen an Verkehrswegeböschungen. Gesellschaft für Ingenieurbiologie e. V., Selbstverlag, Aachen, 2000.
[76] Spundflasch, F.: Ingenieurbiologische Bauweisen zur Böschungssicherung und standortabhängige Auswahlkriterien. In: Jahrbuch 9 – Sicherungen an Verkehrswegeböschungen. Gesellschaft für Ingenieurbiologie e. V., Selbstverlag, Aachen, 2000.
[77] Stalljann, E.: Die Nasssaat als ingenieurbiologische Maßnahme im Straßenbau. In: Jahrbuch 9 – Sicherungen an Verkehrswegeböschungen. Gesellschaft für Ingenieurbiologie e. V., Selbstverlag, Aachen, 2000.
[78] Stolle, M.: Wildpflanzenansaaten auf Rohbodenböschungen. In: Jahrbuch 9 – Sicherungen an Verkehrswegeböschungen. Gesellschaft für Ingenieurbiologie Selbstverlag Aachen, 2000.
[79] Türke, H.: Statik im Erdbau. Ernst & Sohn, Berlin, 1999.
[80] Ingenieurbiologie Handbuch Bautypen. Verein für Ingenieurbiologie Schweiz. VDF-Hochschulverlag AG an der ETH Zürich, 2007.
[81] Der Forstwirt. Waldarbeiterschulen in der Bundesrepublik (Hrsg.). Verlag Eugen Ulmer, 2004.
[82] Weber, H. E.: Gebüsche, Hecken, Krautsäume. Verlag Eugen Ulmer, 2003.
[83] Verwendung einheimischer Gehölze regionaler Herkunft für die freie Landschaft. Bundesministerium für Verbraucherschutz, Ernährung und Landwirtschaft BMVEL, 2005.
[84] Reiter, K., Illmann, J.: Daten zur Natur 2004. Bundesamt für Naturschutz (Hrsg.), 2004.
[85] ZTV La-Stb: Zusätzliche Technische Vertragsbedingungen und Richtlinien für Landschaftsbauarbeiten im Straßenbau. Forschungsgesellschaft für Straßen- und Verkehrswesen, 2005.
[86] RAS-Ew: Richtlinien für die Anlage von Straßen. Forschungsgesellschaft für Straßen- und Verkehrswesen, 2005.
[87] ZTVT-Stb 95/02: Zusätzliche Technische Vertragsbedingungen und Richtlinien für Tragschichten im Straßenbau. Forschungsgesellschaft für Straßen- und Verkehrswesen, Ausgabe 1995 / Fassung 2002.
[88] Baumkontrollrichtlinien. Forschungsgesellschaft für Landschaftsentwicklung und Landschaftsbau e. V. (FLL), 2004.
[89] AG Boden: Bodenkundliche Kartieranleitung, 5. Auflage. Schweizer Bad Verlag, Hannover, Stuttgart, 2005.

Normen

DIN EN 752:2008-04 Entwässerungssysteme außerhalb von Gebäuden
DIN 1054:2005-01 Baugrund – Sicherheitsnachweise im Erd- und Grundbau
DIN 1986 Entwässerungsanlagen für Gebäude und Grundstücke (zahlreiche Teile)
DIN 4084:2009-01 Baugrund – Geländebruchberechnungen
DIN 4095:1990-06 Baugrund – Dränung zum Schutz baulicher Anlagen
DIN 4124:2002-10 Baugruben und Gräben – Böschungen, Arbeitsraumbreiten und Verbau
DIN 18196:2006-06 Erd- und Grundbau – Bodenklassifikation für bautechnische Zwecke
DIN 18300:2006-10 VOB Vergabe- und Vertragsordnung für Bauleistungen – Teil C: Allgemeine Technische Vertragsbedingungen für Bauleistungen (ATV); Erdarbeiten
DIN 18310:2000-12 VOB Verdingungsordnung für Bauleistungen – Teil C: Allgemeine Technische Vertragsbedingungen für Bauleistungen (ATV); Sicherungsarbeiten an Gewässern, Deichen und Küstendünen
DIN 18320:2006-10 VOB Vergabe- und Vertragsordnung für Bauleistungen – Teil C: Allgemeine Technische Vertragsbedingungen für Bauleistungen (ATV); Landschaftsbauarbeiten
DIN 18915:2002-08 Vegetationstechnik im Landschaftsbau; Bodenarbeiten
DIN 18916:2002-08 Vegetationstechnik im Landschaftsbau; Pflanzen und Pflanzarbeiten
DIN 18917:2002-08 Vegetationstechnik im Landschaftsbau; Rasen und Saatarbeiten
DIN 18918:2002-08 Vegetationstechnik im Landschaftsbau, Ingenieurbiologische Sicherungsbauweisen
DIN 18919:2002-08 Vegetationstechnik im Landschaftsbau; Entwicklungs- und Unterhaltungspflege von Grünflächen
DIN 18920:2002-08 Vegetationstechnik im Landschaftsbau; Schutz von Bäumen, Pflanzenbeständen und Vegetationsflächen bei Baumaßnahmen
DIN 19657:1973-09 Sicherungen von Gewässern, Deichen und Küstendünen; Richtlinien
DIN 19660:1991-04 Landschaftspflege bei Maßnahmen der Bodenkultur und des Wasserbaus
DIN 19700:2004-07 Stauanlagen (diverse Teile)
DIN 19712:1007-11 Flussdeiche

Anhang

Auswahl bodenfestigender Gräser und Kräuter zur Böschungssicherung nach Bauweisen und Standorten

Biotechnische Eigenschaften	Bewurzelung	Triebe	Gesamtwirkung	Hangstandorte in Mitteleuropa
	Pfahlwurzeln (p) tiefes (t) flach- bis mittleres (m) weitstreichendes (w) Wurzelsystem unterirdische Ausläufer, Rhizome, Kriechtriebe: kurz (uk) lang (ul)	Horstpflanze (h) Rosettenpflanze (r) Schaftpflanze (a) oberirdische Ausläufer, Rhizome, Kriechtriebe: kurz (ok) lang (ol) Kletterpflanze (K)	oberirdische Flächenabdeckung (O) oberirdische Beruhigung durch hohen, sparrigen Wuchs (H) unterirdische Verzahnung (Z) günstiges Wurzel-Spross-Verhältnis (G) schnelles Auflaufen (s)	sandig, trocken, atlantisch (1) sandig, trocken, kontinental (2) lehmig, gut wasserversorgt (3) lehmig/steinig, basisch, wärmebegünstigt (4) montan, basisch (5) montan, sauer (6) feucht (7) Küste (8)
Gräser				
Agrostis capillaris Rotes Straußgras	m, ul	h	Z	1, 2, 4, 5, 6
Agrostis stolonifera Ausläufer-Straußgras	w	ol	O	3, 7
Anthoxanthum odoratum Gewöhnliches Ruchgras	m	h	G	3
Brachipodium pinnatum Fiederzwenke	m, ul	a	G	4
Briza media Zittergras	m, uk	h	G	3, 4
Bromus erectus Aufrechte Trespe	m	h	G	4, 6
Bromus hordeaceus Weiche Trespe	m		G	Amme

2.13 Ingenieurbiologische Verfahren zur Böschungssicherung

				Amme
Bromus secalinus Roggen-Trespe	m		s	3
Arrhenatherum elatius Wiesen-Glatthafer	m, w	h	G, H	3
Corynephorus canescens Silbergras	m	h	O	1, 2, 8
Cynosurus cristatus Kammgras	m		G	3
Dactylis glomerata Knäuelgras	m	h	G	3
Deschampsia cespitosa Rasenschmiele	m	h		3, 7
Deschampsia flexuosa Schlängelschmiele	m, ul	h	G	1, 2, 6
Festuca arundinacea Rohr-Schwingel	t	h	G	3, 7
Festuca ovina Schaf-Schwingel	m	h	G	1, 2, 4, 5
Festuca nigrescens Horst-Rot-Schwingel	m	h	G	3
Festuca rubra Gewöhnlicher Rot-Schwingel	w, ul	a	G, Z	3
Holcus lanatus Weiches Honiggras	m	h	H	3

Biotechnische Eigenschaften	Bewurzelung: Pfahlwurzeln (p) tiefes (t) flach- bis mittleres (m) weitstreichendes (w) Wurzelsystem unterirdische Ausläufer, Rhizome, Kriechtriebe: kurz (uk) lang (ul)	Triebe: Horstpflanze (h) Rosettenpflanze (r) Schaftpflanze (a) oberirdische Ausläufer, Rhizome, Kriechtriebe: kurz (ok) lang (ol) Kletterpflanze (K)	Gesamtwirkung: oberirdische Flächenabdeckung (O) oberirdische Beruhigung durch hohen, sparrigen Wuchs (H) unterirdische Verzahnung (Z) günstiges Wurzel-Spross-Verhältnis (G) schnelles Auflaufen (s)	Hangstandorte in Mitteleuropa: sandig, trocken, atlantisch (1) sandig, trocken, kontinental (2) lehmig, gut wasserversorgt (3) lehmig/steinig, basisch, wärmebegünstigt (4) montan, basisch (5) montan, sauer (6) feucht (7) Küste (8)
Lolium perenne Weidelgras	m	h	O, s	3
Phleum pratensis Wiesen-Lieschgras	m, uk	h	G	3
Poa angustifolia Schmalblatt-Rispengras	m	h	O	4
Poa nemoralis Hain-Rispengras	m	h	G	6
Poa pratensis Wiesen-Rispengras	m, ul	h	G	3
Poa trivialis Gewöhnliches Rispengras	m	ok	G	3
Poa compressa Platthalm-Rispengras	m	ol	O	2, 4
Triseteum flavescens Goldhafer	m	h	G	5, 6

Kräuter

Achillea millefolium Wiesen-Schafgarbe	w	s	H	1, 2, 3, 4, 5, 6
Agrimonia eupatoria Gewöhnlicher Odermennig	m	h	H	3
Anthyllis vulneraria Gewöhnlicher Wundklee	p	h	O	4, 5
Armeria maritima Strandnelke	m	a		1, 2, 8
Artemisia campestris Feld-Beifuß	m	a		1, 2
Artemisia vulgaris Gemeiner Beifuß	m	a	H	3
Carum carvi Wiesen-Kümmel	t	s	H	3, 6
Campanula patula Wiesen-Glockenblume	uk	s	G	3
Campanula rotundifolia Rundblättrige Glockenblume	ul	s	O	1, 2, 6
Centaurea jacea Wiesen-Flockenblume	t, uk	s	H	3, 4
Centaurea scabiosa Skabiosen-Flockenblume	t	s	H	4
Centaurea stoebe Rispen-Flockenblume	t	s	H	4

Biotechnische Eigenschaften	Bewurzelung Pfahlwurzeln (p) tiefes (t) flach- bis mittleres (m) weitstreichendes (w) Wurzelsystem unterirdische Ausläufer, Rhizome, Kriechtriebe: kurz (uk) lang (ul)	Triebe Horstpflanze (h) Rosettenpflanze (r) Schaftpflanze (a) oberirdische Ausläufer, Rhizome, Kriechtriebe: kurz (ok) lang (ol) Kletterpflanze (K)	Gesamtwirkung oberirdische Flächenabdeckung (O) oberirdische Beruhigung durch hohen, sparrigen Wuchs (H) unterirdische Verzahnung (Z) günstiges Wurzel-Spross-Verhältnis (G) schnelles Auflaufen (s)	Hangstandorte in Mitteleuropa sandig, trocken, atlantisch (1) sandig, trocken, kontinental (2) lehmig, gut wasserversorgt (3) lehmig/steinig, basisch, wärmebegünstigt (4) montan, basisch (5) montan, sauer (6) feucht (7) Küste (8)
Coronilla varia Bunte Kronwicke	p, uk		O, z	4
Daucus carota Wilde Möhre	p	s	O	4
Dianthus carthusianorum Karthäuser Nelke	m	s	O	1, 2, 5
Dianthus deltoides Delta-Nelke	m	s	O	1, 2, 6
Galium mollugo Weißes Labkraut	t, ul	K	H	3
Galium verum Echtes Labkraut	t, ul	h	H	4
Hypericum perforatum Tüpfel-Hartheu	ul	s	H	4
Knautia arvensis Wiesen-Witwenblume	t, uk	s	O	3
Lathyrus pratensis Wiesen-Platterbse	t, ul	a	H	4

2.13 Ingenieurbiologische Verfahren zur Böschungssicherung

Lotus corniculatus Gewöhnlicher Hornklee	p	h	O	1, 2, 4, 5, 6
Leontodon autumnalis Herbst-Löwenzahn	m	r	O	3
Leontodon hispidus Rauer Löwenzahn	m	r	O	3, 4
Leucanthemum vulgare Wiesen-Margarithe	t, uk		O	3, 4, 5, 6
Medicago lupulina Hopfenklee	m	ok	O	4, 5
Ononis repens Kriechender Hauhechel	t, p	h	H	1, 2
Onobrychis vciifolium Futter-Esparsette	t, p	h	H	4
Origanum vulgare Oregano	uk	s	G	4
Pimpinella saxifraga Kleine Pimpinelle	t	s	O	1, 2, 4, 5, 6
Plantago lanceolata Spitzwegerich	t, p	r	G, O	3
Ranunculus acris Scharfer Hahnenfuß	uk	s	G, H	3
Prunella vulgaris Gemeine Braunelle	m	ok, K	O	1, 2, 3, 4, 6
Rumex acetosa Großer Sauerampfer	t, uk	s	H	3

Biotechnische Eigenschaften	Bewurzelung Pfahlwurzeln (p) tiefes (t) flach- bis mittleres (m) weitstreichendes (w) Wurzelsystem unterirdische Ausläufer, Rhizome, Kriechtriebe: kurz (uk) lang (ul)	Triebe Horstpflanze (h) Rosettenpflanze (r) Schaftpflanze (a) oberirdische Ausläufer, Rhizome, Kriechtriebe: kurz (ok) lang (ol) Kletterpflanze (K)	Gesamtwirkung oberirdische Flächenabdeckung (O) oberirdische Beruhigung durch hohen, sparrigen Wuchs (H) unterirdische Verzahnung (Z) günstiges Wurzel-Spross-Verhältnis (G) schnelles Auflaufen (s)	Hangstandorte in Mitteleuropa sandig, trocken, atlantisch (1) sandig, trocken, kontinental (2) lehmig, gut wasserversorgt (3) lehmig/steinig, basisch, wärmebegünstigt (4) montan, basisch (5) montan, sauer (6) feucht (7) Küste (8)
Rumex acetosella Kleiner Sauerampfer	uk	h	O	1, 2, 6
Salvia pratensis Wiesen-Salbei	t	s	H	4, 5
Sanguisorba minor Kleiner Wiesenknopf	t	s	G	4, 5
Scabiosa columbaria Tauben-Skabiose	t	s	G, H	4
Sedum acre Scharfer Mauerpfeffer	m		O	1, 2
Silene vulgaris Tauberkropf-Leinkraut	t	ok, h	G, H	4, 5
Trifolium arvense Hasen-Klee	m		G	1, 2
Trifolium campestre Feld-Klee	m	h	G	3
Trifolium medium Zickzack-Klee	t			4

2.13 Ingenieurbiologische Verfahren zur Böschungssicherung

Trifolium pratense Wiesen-Klee	t	h		3
Trifolium repens Weiß-Klee	m	ol	O	3
Thymus pulegioides Feld-Thymian	uk	h	O	1, 2, 4, 5
Thymus serpyllum Sand-Thymian		ol	O	1, 2, 4, 5
Veronica officinalis Gemeiner Ehrenpreis	m	ol	O	6
Vicia hirsuta Behaarte Wicke		K	H	4, 5
Vicia cracca Gewöhnliche Vogelwicke	t, uk	K	H	3

Auswahl bodenfestigender Gehölze zur Böschungssicherung nach Bauweisen und Standorten

Art	Geeignet für Baum bis 30 m (B1) Baum bis 15 m (B2) Strauch bis 10 m (S1) Strauch bis 4 m (S2)	Bewurzelungs- fähigkeit adventiv an der Rute (a), adventiv mit Primärwurzeln (b) Verschüttungs-resistenz (v)	Wurzelform Herz- (c) Pfahl- (d) Senker- (e) wurzler flach (f) dicht/intensiv (g) tief (t)	Wurzel- ausbreitung Ausläufer/ Kriechtriebe (h) Wurzelbrut/ Wurzelsprosse (i)	Triebe Stockaus- schlag (j) Biegsamkeit (k) Widerstands- fähigkeit gegen Steinschlag (s) Dornen/ Stacheln (D)	Hangstandorte in Mitteleuropa sandig, trocken, atlantisch (1) sandig, trocken, kontinental (2) lehmig, gut wasserversorgt (3) lehmig/steinig, basisch, wärmebegünstigt (4) montan, basisch (5) montan, sauer (6) feucht (7) Küste (8)
	Steckholz/Setzstange (1) Buschlagenbau und entspr. komb. Bauweisen (2) Faschinen, Flechtzaun (3) Heckenlagenbau und entspr. komb. Bauweisen (4) Pflanzung an dynamischen Standorten (5) Lichtholzart (L) Halbschattenart (H)					
Acer campestre (B2) Feld-Ahorn	4, 5	L, H	b, v	c, g	h	j, s	2, 3, 4
Acer pseudoplatanus (B1) Berg-Ahorn	4, 5	L, H	b, v	c/d, t		s	3
Acer monspessulanum (B2) Felsen-Ahorn	4, 5	L	b, v	c, g		s	4 (nur Süddeutschland)
Alnus glutinosa (B2) Schwarz-Erle	5	L, H	v	c, t, g		j, s	7
Alnus incana (B2) Grau-Erle	4, 5	L	b, v	e, f	h, i	j, s	7 (nur Alpen und Vorland)
Alnus viridis (S1) Grün-Erle	4, 5	L, H	b, v	f	h, i	j, s	7 (nur Schwarzwald und Alpen)
Amelanchier ovalis (S2) Felsen-Birne	5	L	b	c/d, f, g	h, i		4

2.13 Ingenieurbiologische Verfahren zur Böschungssicherung

								D	
Berberis vulgaris (S2) Berberitze	4, 5	L	b, v	t, g	h, i	–			2, 4
Betula pendula (B1) Hänge-Birke	5	L		f, g					1, 2, 6
Betula pubescens (B2) Moor-Birke	5	L	b (v)	f, g					7
Buxus sempervirens (S2) Buchsbaum	4, 5	L, H	b	c, t, g					3, 4 (nur südlicher atlantischer Raum)
Carpinus betulus (B2) Hainbuche	4, 5	L, H	b, v	c, t, g		j, s			3, 7
Cornus mas (S1) Kornelkirsche	4, 5	L, H	b	c, g		j			3, 4
Cornus sanguinea (S1) Blutroter Hartriegel	4, 5	L, H	b, v	c, g	h	j			3, 4, 7
Corylus avellana (S1) Hasel	4, 5	L, H	b	c/e, t, g	i	j, k, s			3, 4, 7
Cotoneaster integerrimus (S2) Gewöhnliche Zwergmispel	4, 5	L	b, v	c, g	i				4
Cotoneaster tomentosus (S2) Filzige Zwergmispel	4, 5	L	b	c, g					4
Crataegus laevigata (S1) Zweigriffliger Weißdorn	4, 5	L, H	b, v	c/e, t, g	i	j		D	3
Crataegus monogyna (S1) Eingriffliger Weißdorn	4, 5	L, H	b, v	c/e, t, g	i	j		D	3, 4

Art Baum bis 30 m (B1) Baum bis 15 m (B2) Strauch bis 10 m (S1) Strauch bis 4 m (S2)	Geeignet für Steckholz/Setzstange (1) Buschlagenbau und entspr. komb. Bauweisen (2) Faschinen, Flechtzaun (3) Heckenlagenbau und entspr. komb. Bauweisen (4) Pflanzung an dynamischen Standorten (5) Lichtholzart (L) Halbschattenart (H)	Bewurzelungs- fähigkeit adventiv an der Rute (a), adventiv mit Primärwurzeln (b) Verschüttungs-resistenz (v)	Wurzelform Herz- (c) Pfahl- (d) Senker- (e) wurzler flach (f) dicht/intensiv (g) tief (t)	Wurzel- ausbreitung Ausläufer/ Kriechtriebe (h) Wurzelbrut/ Wurzelsprosse (i)	Triebe Stockaus- schlag (j) Biegsamkeit (k) Widerstands- fähigkeit gegen Steinschlag (s) Dornen/ Stacheln (D)	Hangstandorte in Mitteleuropa sandig, trocken, atlantisch (1) sandig, trocken, kontinental (2) lehmig, gut wasser-versorgt (3) lehmig/steinig, basisch, wärme-begünstigt (4) montan, basisch (5) montan, sauer (6) feucht (7) Küste (8)
Cytisus scoparius (S2) Besenginster	4, 5 + Saat L	b, v	d, t			1, 6
Euonymus europaeus (S1) Gewöhnliches Pfaffen-hütchen	4, 5 L, H	b, v	e, t, g	i	j, s	3, 7
Frangula alnus (S1) Faulbaum	4, 5 L, H	b (v)	c	h, i	j	1, 7
Fraxinus excelsior (B1) Gewöhnliche Esche	4, 5 L, H	b, v	e, f, g		j, s	3, 5, 7
Hippophae rhamnoides (S2) Sanddorn	4, 5 L	b, v	t	i	j, s D	7 (nur Voralpen-täler), 8
Ilex aquifolium (S2) Stechpalme	4, 5 H		c, g	i	j	3 (nur atlanti-scher Raum)

2.13 Ingenieurbiologische Verfahren zur Böschungssicherung

Juglans regia (B2) Walnuss	5		v	d, t			3 (nur Süddeutschland/ Ortslagen)
Juniperus communis (S2) Wacholder	5	L	(b), v	d, t			4, 5, 6 (nur Alpen)
Ligustrum vulgare (S1) Rainweide	1, 2, 4, 5	L, H	a, b, v	f, g	i	j, (k), s	3, 4
Lonicera xylosteum (S2) Rote Heckenkirsche	4, 5	H	b, v	f, g	h, i	j, s	3, 4
Malus sylvestris (B2) Holz-Apfel	5	L		f			3, 4
Myricaria germanica (S2) Deutsche Tamariske	1, 2, 4, 5	L	a, b, v	d		j, k, s	7 (nur Voralpentäler)
Populus tremula (B2) Zitter-Pappel	4, 5	L	b, v	(c), f, g	h, i	(j), s	1, 2, 3, 7, 8
Prunus avium (B2) Vogelkirsche	4, 5	L	b	c, g	i		3
Prunus fruticosa (S2) Steppen-Kirsche	4, 5	L	b	f, g	h, i		4 (nur Süddeutschland)
Prunus mahaleb (S1) Steinweichsel	4, 5	L	b, v	c, g	i	j	4 (nur Süddeutschland)
Prunus padus (B2) Traubenkirsche	4, 5	L, H	b, v	f, g	h, i	j	7
Prunus spinosa (S1) Schlehe	4, 5	L, (H)	b, v	f, g	h, i	j D	3, 4

Art Baum bis 30 m (B1) Baum bis 15 m (B2) Strauch bis 10 m (S1) Strauch bis 4 m (S2)	Geeignet für Steckholz/Setzstange (1) Buschlagenbau und entspr. komb. Bauweisen (2) Faschinen, Flechtzaun (3) Heckenlagenbau und entspr. komb. Bauweisen (4) Pflanzung an dynamischen Standorten (5) Lichtholzart (L) Halbschattenart (H)	Bewurzelungs-fähigkeit adventiv an der Rute (a), adventiv mit Primärwurzeln (b) Verschüttungs-resistenz (v)	Wurzelform Herz- (c) Pfahl- (d) Senker- (e) wurzler flach (f) dicht/intensiv (g) tief (t)	Wurzel-ausbreitung Ausläufer/Kriechtriebe (h) Wurzelbrut/Wurzelsprosse (i)	Triebe Stockaus-schlag (j) Biegsamkeit (k) Widerstands-fähigkeit gegen Steinschlag (s) Dornen/Stacheln (D)	Hangstandorte in Mitteleuropa sandig, trocken, atlantisch (1) sandig, trocken, kontinental (2) lehmig, gut wasser-versorgt (3) lehmig/steinig, basisch, wärme-begünstigt (4) montan, basisch (5) montan, sauer (6) feucht (7) Küste (8)
Pyrus pyraster (B2) Wild-Birne	5	L, H		c, t			3, 4, 7
Quercus petraea (B1) Trauben-Eiche	4, 5	L, (H)	b, v	c, t		j, s	1, 2, 3, 6 (atlantischer Raum)
Quercus pubescens (B2) Flaum-Eiche	4, 5	L	b, v	c, t		j, s	4 (nur Süd-deutschland)
Quercus robur (B1) Stiel-Eiche	4, 5	L, (H)	b, v	c, t		j, s	1, 2, 3, 4, 5, 7
Rhamnus carthartticus (S1) Echter Kreuzdorn	4, 5	L, (H)	b, v	e	h, i	(j) D	3, 4
Ribes alpinum (S2) Berg-Johannisbeere	4, 5	H	b, v	c			3
Rosa canina (S2) Hunds-Rose	4, 5	L, (H)	b, v	t, g	h	j, s D	3, 4

2.13 Ingenieurbiologische Verfahren zur Böschungssicherung

Rosa rubiginosa (S2) Wein-Rose	4, 5	L	b, v		t, g		k	D	4
Rosa pimpinellifolia (S2) Bibernell-Rose	4, 5	L	b, v		t, g	h	j, s	D	4, 8
Salix aurita (S2) Ohr-Weide	1, 2, 4, 5	L	a, b, v		f, g		k, s		6, 7
Salix caprea (B2) Sal-Weide	4, 5	L	b, v		f, g		s		3, 7
Salix cinerea (S2) Grau-Weide	1, 2, 4, 5	L	a, b		f, g		k, s		6, 7
Salix daphnoides (S1) Reif-Weide	1, 2, 3, 4, 5	L	a, b, v		f, g		k, j, s		7 (Süddeutschland)
Salix eleagnos (S1) Lavendel-Weide	1, 2, 3, 4, 5	L	a, b, v		f, g		k, j, s		7 (Süddeutschland)
Salix pentandra (S1) Lorbeer-Weide	1, 2, 3, 4, 5	L	a, b, v		f, g		k, j, s		7
Salix purpurea (S2) Purpur-Weide	1, 2, 3, 4, 5	L	a, b, v		f, g		k, j, s		7
Salix repens (S2) Kriech-Weide	1, 2, 4, 5	L	a, b, v		f, g		k		8
Salix triandra (S2) Mandel-Weide	1, 2, 3, 4, 5	L	a, b, v		f, g		k, j, s		7
Salix viminalis (S1) Korb-Weide	1, 2, 3, 4, 5	L	a, b		f, g		k, j, s		7

Art Baum bis 30 m (B1) Baum bis 15 m (B2) Strauch bis 10 m (S1) Strauch bis 4 m (S2)	Geeignet für Steckholz/Setzstange (1) Buschlagenbau und entspr. komb. Bauweisen (2) Faschinen, Flechtzaun (3) Heckenlagenbau und entspr. komb. Bauweisen (4) Pflanzung an dynamischen Standorten (5) Lichtholzart (L) Halbschattenart (H)	Bewurzelungs-fähigkeit adventiv an der Rute (a), adventiv mit Primärwurzeln (b) Verschüttungs-resistenz (v)	Wurzelform Herz- (c) Pfahl- (d) Senker- (e) wurzler flach (f) dicht/intensiv (g) tief (t)	Wurzel-ausbreitung Ausläufer/Kriechtriebe (h) Wurzelbrut/Wurzelsprosse (i)	Triebe Stockaus-schlag (j) Biegsamkeit (k) Widerstands-fähigkeit gegen Steinschlag (s) Dornen/Stacheln (D)	Hangstandorte in Mitteleuropa sandig, trocken, atlantisch (1) sandig, trocken, kontinental (2) lehmig, gut wasser-versorgt (3) lehmig/steinig, basisch, wärme-begünstigt (4) montan, basisch (5) montan, sauer (6) feucht (7) Küste (8)
Sambucus nigra (S1) Schwarzer Holunder	4, 5 L, H	v	f (d), g			3
Sambucus racemosa (S1) Trauben-Holunder	4, 5 L, H	v	f, g			6
Sorbus aria (B2) Mehlbeere	4, 5 L	b, v	t, g		j, s	4, 5 (nur Süd-deutschland)
Sorbus aucuparia (B2) Vogelbeere	4, 5 L	b, v	c, g	i	j, s	1, 2, 6
Sorbus torminalis (B2) Elsbeere	4, 5 L	b, v	c, g	h, i	(j, s)	4
Tilia cordata (B2) Winter-Linde	4, 5 L, H	b, v	c, t, g		j, s	3, 7
Tilia platyphyllos (B2) Sommer-Linde	4, 5 H	b	c, t, g		j, s	3, 4

2.13 Ingenieurbiologische Verfahren zur Böschungssicherung

Ulmus glabra (B1) Berg-Ulme	4, 5	H	b, v	d/c, g		j, s	3, 5, 7
Ulmus laevis (B1) Flatter-Ulme	4, 5	L, H	b, v	d/c, g	h, i		3, 7
Ulmus minor (B1) Feld-Ulme	4, 5	L, H	b, v	d/c, t, g	h, i	j, s	3, 4, 7
Viburnum lantana (S1) Wolliger Schneeball	4, 5	L	b, v	d, t, g	h, i	j, s	4 (nur Süddeutschland)
Viburnum opulus (S1) Gewöhnlicher Schneeball	4, 5	L, H	b, v	d, f, g	h, i	j	3, 7

Stichwortverzeichnis

A
Abbau, biologischer 221, 224 f.
Abbaumaschinen 434
Abbruchkriterien beim Injizieren 188
Abdichtung 94 f., 655 ff.
- Abschottung 671
- Anforderungen 655 ff.
- Aufgabe 655 f.
- Baustellennähte 670
- Baustellenstöße 726
- Bauteilart 660
- Beanspruchung durch Wasser 676
- Befestigung 694 f.
- Bemessung 676 ff.
- Brücken 693, 701, 707
- Fachbegriffe 657
- gegen Bodenfeuchte 661
- gegen drückendes Wasser 662, 676
- gegen nichtdrückendes Wasser 676
- gegen Sickerwasser 662
- Hinterläufigkeit 703
- Hofkellerdecken 693
- kombinierte 667
- Lage 678
- Lagenanzahl 680 ff.
- mit Flüssigkunststoffen (FLK) 673
- mit rissüberbrückenden Dichtungsschlämmen 672
- Parkdecks 693, 701, 707
- Planung 676
- rückläufiger Stoß 695 f.
- Sicherung 701
- über Bewegungsfugen 677
- umgelegter Stoß 697 ff.
- Verwahrung 701 ff.
- waagerechte 691 f.
Abfalldeponien, Abdichtung 94
Abfanggraben 867
Abhebeversuch 355
Abkühlradius 252
Abnahmeprüfung 348
Abstandhalter 314
Abtrag von Fels
- Baggeranbaufräsen 56
- Kaltfräsen 56
- Reißen 56
- Sprengerschütterungen 57
- Sprengverfahren 56
Adhäsionsdichtung 435

Adventivwurzelbildung 888
Adventivwurzeln 844
Aggregat-Pfahl 138
Air Lift Drilling 389
Airgun-Technik 131
Aktivkohle-Adsorption 642
Alginate 877
Altkabel 448
Altlastensanierung 412
analytische Berechnung
- Dupuit-Annahmen 510, 529, 547
- effektive Porosität 570
- gespannte Grundwasserströmungen 525, 535, 561
- instationäre Strömungsgleichung 525
- rotationssymmetrische Grundwasserströmungen 535
- Strömungsgleichung 570
- ungespannte Grundwasserströmungen 510, 529, 547, 570
Anblasprüfung 728
Anfangsbedingung 496
Anker
- Ansatzpunkte 363
- elektrische Prüfung 361
- Grundsatzprüfung 337, 344
- Gruppenprüfung 349
- Güteüberwachung 341
- Nachprüfpflicht 350
- Nachprüfungen 350
- Schutzkappe 355
- Untersuchungsprüfung 351
Ankerbohrung 422
Ankerkräfte, Regulierung 328
Ankerneigung 363
Ankerversagen 343
Anode 115
Anwuchspflege 892
Anziehmoment 710
Arbeitsfugen 720, 723 f.
Arbeitsfugenband 723
Arbeitsfugenbleche 723 f.
Artenvielfalt 896
Asphaltbewehrungen 816
Aufbrechdruck 187
Aufbrechinjektion 162 ff.
Auffüll- und Absenkversuche 597 ff.
Auflockerungssprengungen
- Ausbruchfläche 76

– Besatz 75
– Bohrlochdurchmesser 75
– Bohrlochlänge 75
– Bohrlochseitenabstand 76
– Flächensprengungen 75
– Grundladung 76
– Ladelänge 75
– Ladung 76
– Massenvorgabe 76
– Millisekundenzünder 76
– söhlige Vorgabe 76
– Sprengmatten 75
– Sprengstoffpatrone 76
– Sprengstoffaufwand, spezifischer 75
– Strossenhöhe 75
– Zerstörung des Gefüges ohne Auswurf 74
– Zündung 76
– Zünder, elektrischer 76
– Zündstufen 76
– Zündversager 76
Aufsatzbohranlagen 397
Aufsatzrüttler 121
Aufsprengwiderstand 321
Aufstiegsgeschwindigkeit 388, 390
Aufweitgang 405
Aufweitkopf 408, 415
Aufweitkörper 442
Ausbuschungen 859
Ausführungsplanung 852
Aushagerung 870
Ausnutzungsgrad 365
Ausschälen 448
Außenhautsysteme, bewehrte 814
Austrocknung 223, 870
Autokran 457

B
Bakterien 224
Basisdichtungssysteme 794
Baugruben 90
– Ecken 364
Baugrundbeurteilung 471
Baugrunderkundung 8 f.
Baugrundverbesserung 101 ff.
– Bemessungsansätze 146
– Bewehrung 103
– Säulengruppen 147
– Verfahren 103
Baumarten 874
Baustoffe, Klassifikation und Kennwerte 3 ff.
Bauüberwachung 852
Bauwerksdichtungen 808
Bauwerksfugen 718
Bauwerksnutzung 662
Bauwerksrisse 221
Bauzeiten 881

Begrünungshilfe 786
Begrünungshilfsstoffe 876
Begrünungsphase, initiale 845
Beharrungszustand 588
Belastungsversuche 152
bemannter Rohrvortrieb 430
Bemessungsregen 865
Bentonit 675
Bentonitmatte 747, 757, 779, 798
Bentonitschmierung 439
Beobachtungen, messtechnische 51
Beobachtungsmessstelle 586 f.
Beobachtungsmethode 228
Beobachtungszeit 348
Beräumung 425
Berechnung
– analytische 510
– numerische 506 f., 516
– ritationssymmetrische 534, 561
– vertikal-ebene 498, 525
Berechnungsbeispiel Mehrbrunnenanlage
– Auftriebssicherung der Baugrubensohle 566
– Brunnenförderrate 567, 575
– Brunnenreichweite 568 f., 576
– Brunnenwasserstände 568, 576
– Einflussradius 569, 577
– Ersatzradius 567, 577
– erforderliche Förderrate 569
– Gesamtförderrate 567 f., 575 f.
– gespannter Grundwasserleiter 566
– Reichweite 567, 569, 577 ff.
– *Sichardt* 576
– ungespannter Grundwasserleiter 574
Berechnungsverfahren für Bohrlochsprengungen
– Ausbruchfläche 70
– Befähigungsschein 74
– Besatz 69
– Bohrlochlänge 68
– Bohrlochseitenabstand 70
– Fächersprenganlage 71
– – Bemessungsdaten 73
– gestreckte Ladungen 72
– Grundladung 69
– Ladelänge 69
– Ladung 69
– Massenvorgabe 68 f.
– Schleudergefahr 72
– Sicherheitsmaßnahmen 74
– söhlige Vorgabe 70
– Sprenganlage 67
– Sprengmeister 74
– Sprengstoffaufwand, spezifischer 67, 71 f.
– Sprengstoffgesetz 74
– Strossenhöhe 67, 71

Stichwortverzeichnis

– Vortrieb parallel zur Hangrichtung 72
– Wandneigung 67
– Zwischenbesatz 72
– Zündung 74
Berechnungsverfahren von *Priebe* 146
Bergsturzmasse 420
Berliner Bauweise 658, 689
Berme 88
Bersthammer 442
Berstkopf 441
Berstlining 441
Berst-Press-Verfahren 443
Berstwerkzeug 442
Bestandsgründung 881
Betonflächen, Nachbesserung 686
Bewegungsfugen 725
Bewehrung 753, 809
Bewertungsverfahren 855
Bindemittel, hydraulische 179 f.
Bindemittelmenge 134
Bindung 740
Biodiversität 896
Biogrout 166
Bioindikation 898
Bioindikatoren 897
biologische Kohäsion 836
biologische Reinigung 642
Biosealing 166
Biotopverbund 896
Biozide 893
Bitumen
– Fließneigung 687
– Verarbeitungstemperaturen 667
Bitumenemulsion 877
Boden, gefrorener 270 ff.
Bodenart 659
Bodenaufbereitung 54
Bodenbehandlung mit Bindemitteln
– Anwendungen 51
– Bodenverfestigung 51
– Bodenverbesserung 51
– Bodenaufbereitung (Bodenrecycling) 51
– Ettringit 53
– Kalkdosierung, optimale 52
– Kristallisationsdruck 52
– Reaktionsmechanismen 51
– Sulfate 52
Bodenbeurteilung 849
Bodenbewertung 849
Boden-Bindemittelgemische 93
Bodenbindung 836
Bodenentnahmeverfahren 402
Bodenfeuchte 664 f., 675, 677 f., 691 f.
Bodenflächen 678
Bodenkenngrößen 5 ff.
– Druckfestigkeit, einaxiale 7

– Kohäsion 8
– Konsistenzbestimmung 6
– Proctorversuche 8
– Reibungswinkel 6
– Scherfestigkeit 7
Bodenklassifikation 432
Bodenmassen, setzungsfließgefährdete 131
Bodenmechanik, HOAI 850
Bodenmörtel 93
Bodennägel 342
Bodenverbesserung 51 ff.
Bodenverbesserungsstoffe 876
Bodenverdrängungsverfahren 402
Bodenvereisung 233 ff.
– Baugrubensicherung 234
– Probenahme 240
– Querschläge 239
– Schachtbau 234
– Tunnelbau 237
– Unterfangung 234
Bodenverfestigung und Bodenverbesserung
– Baumischverfahren 53
– Bindemitteldosierung 54
– Konsistenzverbesserung 54
– Schutz des Erdplanums 53
– Verfahren Kronenberger 53
– Verfestigung 54
– Zentralmischverfahren 53
Bodenverflüssigung 120 f.
Bodenverklebung 836
Bohreimer 369
Bohrgeräte 383
Bohrhindernis 406
Bohrlanze 408
Bohrlochmotor 414
Bohrlochringraum 138
Bohrlochsprengung, Berechnungsverfahren 68 ff.
Bohrlochversuche 597 ff.
Bohrpfahlwand 216
– überschnittene 378
Bohrschnecke 370
Bohrsteuerung 406
Bohrverfahren
– bei Erdwärmesondenbohrungen und Geologie 393
– für den Baugrundaufschluss 394
Bolzenabstand 710
Böschungsbruchgefahr 867
Böschungsdeckwerke, durchlässige 775
Böschungsfilter, wasserseitiger 789
Böschungsfuß 88
Böschungspflaster 838
Böschungsrinne 14
Böschungssicherung 808
Böschungsstabilisierung 412

Bottom-up-Method 111
Bourdet-Ableitung 589
Bruch, progressiver 334
Bruchkraft, charakteristische 352
Brunnenanströmung
– Besselfunktionen 539
– Einflussradius 540
– gespannter Grundwasserleiter mit Grundwasserneubildung 536
– halbgespannter Grundwasserleiter 537
– Leakagefaktor 538
Brunnenausbaurohre 624
Brunnenfunktion 562
Brunnengleichung 562, 572
Brunnenspeicherung 594
Brunnenströmung 562 ff.
– Approximation 563
– Brunnenformeln 547
– Brunnenformel von *Theis* 563
– Brunnenfunktion 563
– Brunnenreichweite 565, 573 f.
– *Dupuit* 547
– gespannter Grundwasserleiter 535
– Grundwasserneubildung 548
– *Jacob* 563
– Randbedingungen 535
– Reichweitenformel 566
– Reihendarstellung 563
– *Sichardt* 566, 574
– Sickerstrecke 555
– *Thiem* 547
– Strömungsgleichung 547
– ungespannter Grundwasserleiter 547 f.
– vereinfachte Brunnenfunktion nach *Jacob* 564
Brunnentopf 713 f.
Bündelanker 308
Büschelpflanzung 888
Buhnen 762 f.
Buschlagen 858
Buschlagenbau 885

C
Cased Continuous Flight Auger 377
Cauchy-Bedingung 495
CCFA 377
CFA 373
CFA-Verfahren 378
chemische Oxidation 642
Chemismus im Boden 899
Compaction Grouting 110
Container, geotextile 753, 765, 783
Containerpflanzen 870, 875, 886
Continuous Flight Auger 373
Cross cutter 371
CSV-Bodenstabilisierung 150

D
Dachgefälle 689
Dammbau 89
Dammböschungen, luftseitige 783
Dammdurchströmung
– homogener Damm 516
– Modellränder 516
– numerische Berechnung 516, 522
– Randbedingungen 516
– Sickerlinie 517, 522
– Sickerstrecke 517, 522
– stationäre Strömungsverhältnisse 516
– vertikal-ebene Berechnung 516
– wasserungesättigte Strömung 517
Dämme und Auffüllungen 88 ff.
Dammstrecke, hohe 780
Darcy-Gleichung 493 f.
Decksaat 882
Deckschicht, verklammerte 774
Deckwerk 774, 778
– Fußsicherung 760, 776
Deep Cement Mixing 136
Deep Mixing Method 133
Deformationsmodul 283 f., 297
Deichdeckwerke 760
Deiche und Staudämme, schädliche Gehölze 96
Deichentwässerung 411
Deichkernbedeckung 762
Deponiebasisdichtungssysteme 794
Deponiebau 793
– Rohstoffe 796
Deponiedichtungssysteme 796
Deponien 704
Derbstangenverbau 889
Desorption 642
Destrukturierungsprozess 102
Detonationsgeschwindigkeit 64
Diagnose hydraulischer Effekte und Fließregime 594
Dichten 755
Dichtungen 838, 869
Dichtungsbahnen 746, 757
Dichtungsschichten, innenliegende 778
Dichtungsschlämme, mineralische 664, 673
Dichtungssystem 802, 793, 817
Dieselbär 460
Diffusionsgleichung 495
Diffusivität, thermische 245
Dilatanz 332
Dilatation 145
Dimensionierung von Absenkbrunnen
– Einzelbrunnen 559
– Fassungsvermögen 558
– Grenzgefälle 558
– Leistungsfähigkeit des Brunnens 558

– Mehrbrunnenanlagen 559
– *Sichardt* 558
– Sickerstrecke 558
DIN EN 1537 304
DIN-Fachbericht 306
Diplacement method 142
Dipolbindung 274
Directional Drilling 402
direktes Spülbohren 386
Dirichlet-Bedingung 495
Displacement 103
Distanzstücke 328
Doppelkernrohre 394
Doppelpacker 603
Drahtnetze 872
Dränagen 614, 838
– biotechnische 868
Dränageöffnungen 869
Dränen 752
Dränfaschinen 886 f.
Dränfuß 89
Dränmatten 743, 752
Dränschichten, geotextile 798
Dränsysteme, geosynthetische 743, 752
Drehbohrgerät 383 f., 387
dreidimensionale Berechnung 578
Drehmomentenschlüssel 712
Drichlet-Bedingung 495
Drillsaat 882
Drill-Stem-Test 604
Druckabfallkurven 178
Druckkraft, Aktivierung 142
Druckleitungen 626
Druckluftprüfung 728
Druckluftschleuse 431
Druckluftverordnung 438
Druckluftvortrieb 438
Druckpfähle 714, 715
Druckrohranker 324
Dry Jet Mixing Methode 135
DSM-Verfahren 136
Dükerbohrung 405
Dünger 876
Düsenstrahllamelle 138
Düsenstrahlsäule 138
Düsenstrahlverfahren 138, 206, 208
Durchdringungen 677, 708, 713
Durchlässigkeit 581
– anisotrope 492
– durchflusswirksamer Porendurchmesser 492
– Feldversuche 581 ff.
– homogene 492
– Laborversuche 605
– temperaturabhängige 491
Durchlässigkeitsbeiwert 493, 582

Durchsickerung 89
Durchwurzelung 862
dynamische Intensivverdichtung 122
dynamische Konsolidation 122

E

Eigenschaften, biotechnische 840
Eigenüberwachung der Bauausführung 827
Eigenüberwachungsprüfung 827
Eignungsprüfung 337, 344, 827
Einbauverfahren im Erdbau 36 ff.
Einbringgut 451
Einbringhilfen
– Auflockerungsbohrungen 473
– Bohrungen mit Bodenaustausch 473
– Einspülen 474
– Lockerungssprengungen 474
– Vorbohren 473
Eindringwiderstand 171
Einführungstrompete 318
Einpressen 473
Einpresstechnik 465
Einpressverfahren 205
Einschnitte im Fels 55
– Lösungsverfahren 56
Einschwingversuch 605
Einstabanker 307
Eintauchtiefe 676 f., 683 f.
Einwirktiefen 123
Einwirkungen 225, 365
Einwirkungszeit 119
Einzelbrunnen, 542, 550, 553, 559
Einzellitzenspannpresse 357
Einzelpacker 603
Eis 270 f., 289 f.
Eisdruck 290
Eislinse 293 ff.
Elastomerbahnen
– lose verlegte 694, 698 f., 702 ff., 708 f., 716
Elektroosmose 115, 608
Endlosschnecke 150, 373 f.
Entlastungsrigole 790
Entsanden 625
Entsandungskolben 625
Entsorgungsleitungen, unterirdische 838
Entspannungsfilter 789
Entwässerung durch Unterdruck
– Luftzutritte 579
– Mehrphasenströmung 580
– Vakuumbrunnen 580
– Vakuumtiefbrunnen 579
Entwässerungsmaßnahmen
– Ableitung von Wasser 15
– Böschungsrinne 14
– Fanggraben 14

– Grundwasserabsenkung 15
– Hanggraben 15
– Tiefenentwässerung 16
Entwicklungspflege 892
Entwurfsplanung 851
Erdbau 1 ff.
Erdbau- und Grundbau, HOAI 850
Erdbaumaschinen 16 ff.
– Erd- oder Straßenhobel (Grader) 18
– Hydraulikbagger 19
– – Grabkurve 20
– Leistung 16 ff.
– Motorschürfwagen (Scraper) 19
– Planierraupe (Kettendozer) 18
– Rad- und Kettenlader 17
– im Fels 55
– – Lösungsverfahren 56
Erdbaustellen, Planung und Organisation 25 ff.
– Auflockerung 27
– Entwässerung 36
– Fahrbahnbelastung 30
– Kraftschlussbeiwerte 28
– Ladeleistung eines Baggers 30
– Leistungsermittlung 25
– Maschinenkräfte 28
– Maschinenleistung 30
– Massenverteilung 25
– Verdichtung 27
– Vermessung 25
– Widerstände 27 f.
Erdbauverfahren
– technische Daten 16
Erdbauwerke,
– Begriffe 4 f.
– Entwurf und Berechnung 8
Erdbohrverfahren 426
Erddruckschild 403
Erdfallüberbrückung 813
Erdrakete 423
Erdwärmesondenbohrungen 391
Erosion 10, 96
Erosionsgräben 867
Erosionsgrabenbildung 867
Erosionsschutz 755, 768, 786
Erosionsschutzhilfe 786
Erosionsschutznetze 879
Ersatzbrunnen 545, 553
Ersatzmethode 103
Erscheinungsform des Wassers 659
Erschütterung 125
eutektische Temperatur 271
Excavator 434
Expander Body 325
Exponential-Integral-Funktion 562
Exposition 847

Extensometer 360
Exzenterrollenbohrmeißel 391

F
Fallgewicht 122 f.
Fallhöhe 123
Fallplattenverdichtung 122 f.
Fällung 641
Faltenbalganker 325
Fanggraben 14, 867
FDP 379, 381
Feldversuch 109
Felsbohrkopf 415
Felsbohrlanze 414
Felsbohrung 421
Felsböschungen 871
– Gestaltung 76 ff.
– – Bohrgeschwindigkeit 79
– – Bohrleistung, Ermittlung 80
– – mechanische Verfahren 77 f.
– – profilgenaues Sprengen 77 ff.
– – schonendes Sprengen 77 ff.
Felskastenbohrer 370
Felsklassifikation 432
Felsschüttungen, Verdichtungsprüfung 50
Fertigpfähle 452
Festflansch 709, 712
Festgestein 483
Festigkeitsunterschiede 419
Filamente 741
Filter 866
– geotextiler 775, 777, 797, 807
Filtergeschwindigkeiten 493
Filterkiese 624
Filtern 750
Filterschicht 106
Filterstrang 413
Filterüberdeckung 635
Filterwirksamkeit 750
Filtration 641
Flachbrunnenanlagen 617
Flächenabdichtung im Schwimmbad- und Behälterbau 672
Flächenerosion 856
Flächenpressung 658
Flachwasserhaltung 621
Flechtzaun 888
Fließgeschwindigkeiten 866
Fließgewässer 785
Fließphase, infinit radiale 589, 593 f.
Flockung 641
Flüssigkeitsstützung 403
Flüssigkunststoffe 664, 675
Flussunterquerung 420
Fly-Drill-System 397
FMI–Verfahren 136

Förderraten 644
Förderverhalten 378
Formfaktor 599 ff.
Forstpflanze 875
Fotosynthese 839 f.
Fräs-Misch-Injektions-Verfahren 136
Freianlagen, HOAI 850
Freibewitterung 755
freie Stahllänge 364
Freifallhammer 460
Fremdüberwachung
– der Bauausführung 828
– der Produktion 827
Fremdüberwachungsprüfung 827
Frequenz 397
Frequenzwandler 117
Frostausbreitung 244 ff., 257
– bei ruhendem Grundwasser 251
– bei strömenden Grundwasser 261
– klimatisch bedingte 266
– Kontrolle 269
Frostdruck 266
Frosteindringtiefe 266
Frostempfindlichkeitskriterien 295
Frostgrenze 249
Frosthebung 295
Frosthebungsdruck 293
Frostindex 266
Frostkörper 233
– auf Pfählen 236
– Berechnung 297
– Gewölbe 235
– Platte 236
– Schwergewichtsmauer 234
– verankerter 235
Frostwirkungen 292
Fuchsschleusen 892
Fügetechnik 726
Führungsring, schwimmender 436
Fugen 704 ff., 720
– Anordnung 721
– Typ I 704, 708
– Typ II 704, 706 ff.
Fugenbänder
– Auswahl 726
– elastomere 686, 722, 726
– thermoplastische 686, 722, 726
Fugenübergangskonstruktion 707
Full Displacement Pile 379
Fundamentverbreiterung 223

G

Gabionenmauern 870
Gebrauchslast 147
Gebüschgesellschaften 873
Gefrierradius 252

Gefrierrohr 237, 249
– auf Pilotstollen 239
– Einzelrohr 250, 254
– Rohrreihe 250, 255 f.
Gefrierschächte 234
Gefrierverfahren 234
Gefrierzeit 253 f., 256
gefrorene Böden 270
– Biegeverhalten 288
– Deformationsverhalten 273
– Druckfestigkeit 275
– Elastizität 274
– Reibung 288, 297
– Standsicherheitsnachweis 297
– thermische Eigenschaften 246
– Verformungsberechnung 297
– Viskosität 297
– Zugfestigkeit 288
Gegenfilter 625
Gehölzansaaten 884
Gehölzsaat 871
Gehölzsaatgut 874
Genehmigungen 612
Genehmigungsplanung 852
Geogitter 744, 804
Geokunststoffe 737 ff.
– Ausschreibung 828
– Funktionen 749
– Gewährleistung 828
– Prüfverfahren 756
Geokunststoffmembranen, Dichtung aus 95
geotechnischer Schnitt 611
Geotextilien 739, 756, 759, 804
– Nasseinbau 777
– Trockeneinbau 776
Geotextilrobustheitsklasse 753, 805
Geotextilschläuche 319
Geothermiebohrgerät 392
Geothermiebohrungen
– Doppelkopfbohrverfahren mit Imlochhammer 391
Geradlinienverfahren
– nach *Cooper/Jacob* 590
– nach *Theis* 597
Geräteträger 455
Gesamtstandsicherheit 12 f.
gesättigt-ungesättigte Strömungsberechnung
– Finite-Elemente-Methode 521
– iterative Lösung 521
– numerische 521
– Randbedingungen 520
– Sickerlinie 521
– Sickerstrecke 520
– ungesättigte Durchlässigkeit 521
– Wasseraustrittsbereich 520

Gesetz von *Darcy*
– Abstandsgeschwindigkeit 490
– Durchlässigkeitsbeiwert 490 f.
– Filtergeschwindigkeit 489 f.
– hydraulischer Gradient 489
– Permeabilitätskoeffizient 490
– Potenzialdifferenz 489
– spezifischer Durchfluss 490
– spezifische Permeabilität 490
Gestaltungsmaßnahmen 871
Gesteinshärte 418
Gewässerschutz 881
Gewebe 739, 744
Gewinnungssprengverfahren 63 f.
Gewinnungsverfahren 34 ff.
GIN 176
GIN-Methode 182 ff.
Gittergewebe 740
Gleisbau 803, 809
Gleitzone 413
Gräben 90 f.
– schmale 91 f.
Grabenerosionen 859
Grabenfilter 790
Grabenfräse 137
grabenlose Verfahren 429
grabenloser Leitungsbau 401
Grabenströmung
– Einflusslänge 503
– gespannter Grundwasserleiter 498 f.
– Grundwasserneubildung 499, 512
– halbgespannter Grundwasserleiter 502 f.
– Infiltration aus einem kolmatierten Graben 515
– Kolmationsschicht 515
– Leakagefaktor 502
– Übergang gespannter/ungespannter Grundwasserleiter 514
– ungespannter Grundwasserleiter 511 f., 515
– Unterströmung eines Deiches 503
Gräser 873
Greifer 367 ff.
Greifvogelsitzstangen 892
Grenzlinie a 346
Grenzlinie b 347
Grenzmantelreibung 337
Grenztragfähigkeit 347
Großdrehbohrgerät 372, 374
Großpflanzung 888
Grouting Intensity Number 176
Grundlagenermittlung 851
Gründung 199 ff., 221
– Alterungsschäden 221
– Instandsetzung 221
– Schadensphänomene 222

– schwimmende 146, 152
– Sicherung 228
– Unterfangung 199 ff.
– Verstärkung 199 ff., 211, 221
– Verstärkungsmaßnahmen 222
Gründungspolster, bewehrtes 811
Grünlandboden 874
Grünschnitt 856, 865, 873
Grundwasserabsenkung 15, 221, 411
Grundwasseranreicherungen 579
Grundwasserbeeinflussung 112
Grundwasserdruck 485
Grundwassergeringleiter 484
Grundwasserhaltung 609
Grundwasserleiter
– Aquifer 484
– Festgestein 483
– (freie) Grundwasseroberfläche 486
– gespannter 486
– Grundwasserdruckfläche 486
– Grundwassermächtigkeit 486
– Grundwasserstockwerke 484
– halbgespannter 486
– instationäre 487
– Kluftgrundwasserleiter 484
– Lockergestein 483
– Porengrundwasserleiter 484
– ungespannter 486
– (wasser)gesättigte Zone 484
Grundwassermessstellen 485
Grundwassernichtleiter 484
Grundwasserpotenzial 486
Grundwasserreinigung 640
Grundwasserströmung
– analytische Berechnungen 497
– mathematische Modelle 496
– Modellgebiet 496
– numerische Modelle 497
– Parametrisierung 496
– Finite-Differenzen-Methode (FDM) 497
– Finite-Elemente-Methode (FEM) 497
– gespannte 498
– stationäre 487, 498
Grundwasserströmung, Einfluss auf den Boden
– Auflastfilter 581
– Baugrubenverhältnisse 581
– Bodenbewegungen 580
– Erosion 580
– Grundwasserpotenzialverteilung 580
– hydraulischer Gradient 580
– hydraulischer Grundbruch 580 f.
– Kolmation 580
– Strömungsdruck 580
– Strömungskräfte 580

– Suffusion 580
– Wandeinbindetiefe 581

H

Haftwasser 484
halbgespannter Grundwasserleiter
– Brunnenfunktion 566
– *Hantush* 566
– Leakagefaktor 566
halboffene Verfahren 429
Hamburger Bauweise 658, 689
Hammer, steuerbarer 424
Hangfaschinen 886 f.
Hanggraben 15, 867
Haufwerk, Stückigkeit 63
Hausanschluss 424
HDD-Bohren 406
HDD-Verfahren 401, 404
Hebungsinjektion 163 f.
Heckenbuschlage 858, 887
Heckenlagen 887
Heizelementschweißen 670
Herzwurzelwerk 841
Heudrusch 873
Heumulch 856, 873
Hilfsrohrverfahren 445
Hinterfüllungen 92 f.
HOAI 850
Hochstauden 873
Hochstrasser-Weise-Schwinge 384
Hochwasserrückhaltebecken, Material der Dichtung 95
Hole Opener 415
Holz 878
Holzkrainerwand 869 f., 890
Holzpfähle 225, 453
Holzpfahlrost 225
Holzschutz 879
Holzzersetzung 878
Horizontalbohrtechnik 404
Horizontalbohrung 401
Horizontaldrän 616
Horizontalrammen 424
Hotmelt-Verfahren 695
Hybridsäulen 148
Hydraulikbagger 455 f., 469
Hydraulikhammer 461
hydraulische Untersuchungen 866
hydraulischer Sicherheitsfall 751
Hydrosaaten 856, 865

I

Imlochhammer 393
Impulsmessungen 358
indirektes Spülbohrverfahren 388 f.
Ingenieurbauwerke, HOAI 850
Ingenieurbiologie 835 ff.
ingenieurbiologische Bauweisen 880 ff.
ingenieurbiologische Maßnahmen, Planung 850
Injektion thermoplastischer Schmelzen 166 f.
Injektionen
– Anwendungsbeispiele 189 ff.
– im Fels 163
– Kosten 184
Injektionsanlagen 185
Injektionsanwendungen, Klassifizierung 160 ff.
Injektionsbentonit 180
Injektionsdaten 186
Injektionsdruck 174 f.
Injektionsmischungen 178 ff.
Injektionsmittel 178 ff.
Injektionsparameter 185
Injektionspumpen 185
Injektionsrate 188
Injektionsschläuche 724 f.
Injektionsstoffe, chemische 181 f.
Injektionsverfahren 160
Injektionsversuche 585
Injektionsziele 162 ff.
Injizierbarkeit von Boden und Fels 167 ff., 177
Inkrustation 613
Insektenfraß 892
instationäre Strömung 588
instationäre Strömungsberechnung
– analytische Lösungen 528
– Anfangs- und Randbedingungen 526 f., 530, 532
– Einflusslänge 528 f., 532 f.
– Entnahmerate 528 f., 532
– Gauß'sche Fehlerfunktion 526
– Grundwasserabsenkung 529
– konstante Entnahmerate 527, 531, 533
– plötzliche Absenkung des Grundwasserpotenzials 526
– plötzliche Absenkung des Grundwasserstandes 531
– Speicheränderung 530
– speichernutzbare Porosität 530
– Strömungen zu einem Graben 528
– Strömungsgleichung 530
– ungespannte Grundwasserströmungen 530
– vertikal-ebene Grundwasserströmungen 530
– Zuströmung zu einem Graben 532
Intensiventsandung 625
Intensivverdichtung 122
Ionenaustausch 643

J

Jack-down piles 213
JACSMAN-Methode 140
Jet Grouting 138

K

Kaliberstlining 443
Kalkpfähle 133
Kälteträger 243
Kaltselbstklebe-Verfahren 667, 679
Kanaldielen 454
Kantenstoß 697 f., 700 f.
Kapillarwasser 484
Karstgestein 483
Kastenbohreimer 369
Kastenbohrer 370, 372
Kathode 115
Kehlenstoß 695 f.
Kehranschluss 696 f., 699 f., 716
Kellybohren 373
Kellybohrgerät 383
Kellybohrverfahren 371
Kellystange 369, 372
Kellyverlängerung 380
Kernbohren 395
Kerngewinnung 396
Kernqualität 396
Kernrohre 370
Kippenböschungen 130
– setzungsfließgefährdet 127
Kippstabilität 894
Klarpumpen 625
Klebemasse
– gefüllte 667
– ungefüllte 666
Kleber 877
Kleinstniederschlagsgebiete 867
Klemmflansch 715
Klemmfugenbänder, elastomere 709
Klemmkeile 310
Klemmschienen 709
Kletterpflanzen 870
Klettverfahren 695
Klimaextreme 838
Klüfte 483
KMB 668
Knäpperanteil 64
Kohäsion, biologische 836
Kolke 766
Kolkschutz 768
Kolloidalmischer 392
Kolmation 579
Kompaktmaschine 427
Kompensationsinjektionen 219
Kompressionsbeiwert 104
Kompressionsdichtung 435

Kompressionswellen 127
Konsolidation, dynamische 122
Konsolidierung 104
Konsolidierungsbauten 888
Konsolidierungsgrad 108
Konsolidierungshilfe 106
Konsolidierungszeit 108
Kontinuitätsgleichung
– Diffusionsgleichung 495
– instationäre Strömungsverhältnisse 494 f.
– Laplace-Gleichung 495
– physikalisches Prinzip der Massenerhaltung 494
– stationäre Strömungsverhältnisse 494
Kontrollprüfungen 828
Konvektion 245
konvektiver Wärmestrom 265
Kopfschüttung 37
Kornanzahlverteilungskurve 169
Kornfilter 751
Kornmassenverteilungskurve 169
Kornverteilung 404, 583
Kornverteilungskurve 583
Korrosion 613
Korrosionsschutz 312
Korrosionsschutzpasten 313
Kraftmessgeber 359
Kraftmessringe 359
Krainerwände 870
Kräuter 873
Kreiselpumpen 628
Kreuzmeißel 367
Kriechbeiwerte 341
Kriechbewegungen 860
Kriechgeschwindigkeit 277
Kriechmaß 347
Kriechverformungen 221
Kriechversuch 274 f., 277 f., 286
Kristalle 273 f., 277
Kristallisationswärme 248, 293
Küstenerosionen 772
Küstenschutz 758
Kugelgreifer 368
Kultivieren 96
Kulturgraslandgesellschaften 873
Kulturwasserbau 785
Kunstharz 311
Kunststoffbahnen
– lose verlegte 694, 698 f., 702 ff., 716
Kunststoff-Bahnenabdichtung 728
– lose verlegte 669, 671
Kunststoffdichtungsbahnen 667, 783, 791, 796, 817
Kunststoffdrän 106
kunststoffmodifizierte Bitumendickbeschichtung 668, 682, 692 f., 698, 703, 715, 728

L

Lagenschüttung 36 f.
Lahnungen 762, 764
Landschaftsbild 872, 897
landschaftsplanerische Leistungen, HOAI 850
Landschaftsrasen 873
Landverkehrswegebau 803
Langlochpflanzung 888
Langpfahl 225
Langrahmenmaschine 427
Lanzeninjektionen 161
Laplace-Gleichung 495
Lärmschutzwall 94
Lasterhöhung 222
latente Wärme 248
Leichtprofile 454
Leistungsberechnung
– Planierraupe 33
– Schwerlastkraftwagen 31
– Verdichtungsgeräte 33
Leistungscharakteristik 416
Leitungsabzweig 410
Leitungsnetze, Längsverlegung 410
Lichtschächte 721
Lichtwellenleiter 357
Lieferbedingungen 827
Litzenanker 308
Locheisen 712
Lockergestein, Poren 483
Los- und Festflanschkonstruktion 710 ff.
Losflansch 709, 712
low headroom 373
Low-Flow-Motor 416
Lufthebebohrverfahren 389 f.
Lut-Impuls-Verdichtung 131 f.

M

Magerrasen 863
Mähgeräte 893
Mäkler
– Anbaumäkler 458 f.
– Aufsteckmäkler 459 f.
– mäklergeführte Presse 467
– Schwingmäkler 459 f.
– Universal-Systeme 457
Malivlies 741
Maliwatt 741
Manschettenrohre 160 ff., 341
Mantelreibung 334, 430
Maschenwaren 742, 744
Materialschleuse 143
Mauern 838
Mauerwerk, konstruktives 717
mechanische Modelle 854

mechanisches Lösen, Reißen, Fräsen 58 ff.
– Anstellwinkel des Reißzahns 59
– Gebirgslösung 61
– Geräteleistung beim Aufreißen 59
– Sprengen, schonendes 78 ff.
– Vorspalten 60
Mega-Sandcontainer 768
Mehrbrunnenanlage, Berechnungsbeispiel 566 ff., 575 ff.
Mehrbrunnenströmung
– Absenkung 544
– Absenkziel 550
– Anzahl und Anordnung der Absenkbrunnen 546
– Brunnendurchmesser 546
– Brunnenförderrate 551
– Dimensionierung einer Mehrbrunnenanlage 546, 551
– Dupuit-Annahmen 550
– Einzelbrunnen 550
– Ersatzbrunnen 545
– Ersatzradius 544 ff.
– *Forchheimer* 543
– Förderrate 545
– Gesamtentnahmerate 544
– Gesamtzufluss 546
– Laplace-Gleichung 550
– Mehrbrunnenformel 546
– Reichweite 544 ff., 550 f.
– Sicherung der Baugrubensohle gegen Aufschwimmen 546
– Superposition 550
– – Prinzip 543
– – Voraussetzungen 545
– Trockenhaltung von Baugruben 551
– unvollkommener Brunnen 546, 551
– Zufluss zur Baugrube 550
Mess- und Steuertechnik 186
Microsilica 180 f.
Midi-Gerät 409
Mikropfähle 211
Mikrotunnelbau 401
Mindesteinpressung 682
Mindestlichtmaß 431
Mindesttrockenschichtdicke 669
Mischanlagen 185
Mischpflanzungen 893
Mixed-in-place-Verfahren 53, 136
Mixed-in-plant-Verfahren 53
Mobilbagger 455
Mörtelplomben 111
MRC-Methode 121
Mudmotor 414
Mulchstoffe 876
Mykorrhizapilze 845

N
Nachdruckeinheit 443
Nachverpressungen 320, 340
Nachweise
– Gebrauchstauglichkeit 9 f.
– Gesamtstandsicherheit 9
– Grundbruchsicherheit 10
– Schubnachweis 9
– Schubübertragung 10
– Standsicherheit 9
Nähte fügen 670
Nahtprüfung 671, 728
Nasssaat 856, 882
Nassverfahren 142
Naturnähe 896
naturnahe Bauweise 785
Naturraum 847
Naturschutz 872, 881
Natursteine 880
Natursteinfundament 222
Neumann-Bedingung 495
Neutralisation 641
Niederschlagswasser 645
Nocken 687 ff.
Normalsaat 882
numerische Berechnung
– Anfangszustand 533
– Berücksichtigung von Dräns 522
– Brunnenströmung 554, 578
– Durchlässigkeitsunterschiede 522
– gesättigt-ungesättigte Modellierung 534
– gespannte Grundwasserströmung 506, 551
– gespannter Grundwasserleiter 507
– instationäre Berechnung 578
– instationäre Grundwasserströmung 533
– iterative Lösung 554
– Methode der Finiten Differenzen 533
– Methode der Finiten Elemente 533
– örtliche und zeitliche Diskretisierung 534
– Randbedingungen 533
– rotationssymmetrische 2-D-Berechnung 551, 554
– Saugspannung 534
– Sickerlinie 554
– Sickerstrecke 554
– ungesättigte Durchlässigkeit 534
– ungesättigter Strömungsbereich 578
– ungespannte Grundwasserströmung 516, 554
– ungespannter Grundwasserleiter 534, 578
– Unterströmung einer wasserstauenden Spundwand 506
– unvollkommener Dränagegraben 507
– vertikal-ebene Grundwasserströmung 533
– Wasseraustritt aus dem Boden in den Drän 522

O
Oberboden 96
Oberbodenandeckungen 862 ff.
Oberflächenbelastung 103
Oberflächendichtungssysteme 795
Objektplanung 851
Offshorebohranlagen 397
ökologische Bedeutung 895
Ökotypensaatgut 873
Osmose, elektrische 608
Oszillator 396
Oxidation, chemische 642

P
Packer 185, 316, 603
Palisaden 887
Pappdrän 106
Passe 173
PDA 189
PDC-Bit 418
Peiloptik 423
Permittivität 748
Pfahlkonstruktionen 211
Pfahlwurzel 841
Pflanzen, Wirkungen 835 ff.
Pflanzen, wurzelnackte 886
Pflanzenarten 873
Pflanzenbestand
– Entwicklung 845, 893
– Unterhaltung 893
Pflanzenfasern 879
Pflanzengesellschaften 873
Pflanzenstandorte 847
Pflege- und Unterhaltungspläne 851
PIB-Bahnen 672
Pilotbohrgestänge 405
Pilotbohrung 408, 427
Pilzbefall 892
Pilze 224
Pionierpflanzen 846
Pipe-Eating-Verfahren 440, 444
Pit-Gerät 409
Planierraupen, Einsatzbereiche 58
Polyestergewebe 312
Porenanteil in Sedimenten 168
Porendränung 594
Porenengstelle 169
Porengrößen 168
Poreninjektion 205 f.
Porenluftdrücke 110
Porenraum 487
Porenstrukturen 168
Porenvolumen 168

Stichwortverzeichnis 933

Porenwasser 103
Porenwasserüberdruck 103
Porosität 167 ff., 488
Potentialmessung 358
Potenzialtheorie 509
Pressbohrverfahren 426
– steuerbares 428
Presspfähle 211
Pressung, zulässige 680 ff.
Pressure Derivative Analysis 189
Press-Zieh-Verfahren 444
Primärverpressung 321, 340
Probebelastung 146, 344
Probeinjektionen 171
Probesäulen 146
Produkte
– dichtungsbahnverwandte 747, 757, 791, 817
– geogitterähnliche 744 f., 756
progressiver Bruch 334
Progressivschnecke 371
Pulse-Test 604
Pulverlanze 152
Pumpendrücke 187
Pumpenkennlinien 630
Pumpensumpf 615
Pumpgeschwindigkeit 112
Pumptest 592 ff.
Pumpversuche 585 ff.
– Aquifertest 586
– Diagnose der Fließregime 593
– Ermittlung des Durchlässigkeitsbeiwerts 595
– mit Beobachtungsmessstellen 586
– ohne Beobachtungsmessstellen 592 ff.
– Pumprate 586
– Pumpzeit 586
– Reichweite 586
– Wiederanstieg 596
PVC-P-Bahnen 672

Q

Qualitätssicherung 39 ff., 827
– M1: statistischer Prüfplan 49
– M2: flächendeckendes dynamisches Prüfverfahren 49
– M3: Überwachung des Arbeitsverfahrens 49
– Prüfungen 40
quasi-stationärer Beharrungszustand 588
Quellmitteldichtungsbahnen 748
Quellprofil 724, 725
Quellschweißen 670
Quellsprengstoffe 65
Quergefälle 689
Querrisse 323

Querschnittsabdichtung 691
Querwerke 762

R

Radialspannung 332
Rammen, schlagende 472
Rammhilfsmittel
– Anschlagklauen 470
– Einfädelvorrichtungen 471
– Rammhauben 469
– Schäkel 470
Rammkernbohren 394 f.
Rammpfähle
– Ortbeton-Verdrängungspfähle 453
– Verdrängungspfähle 451
Randbedingung 589
– der ersten Art (Dirichlet-Bedingung) 495
– der zweiten Art (Neumann-Bedingung) 495
– der dritten Art (Cauchy-Bedingung) 495
Rankpflanzen 846
Rasenplaggen 874
Rasenziegel 874
Raupenbagger 455
Raubettgerinne 860
Raubettmulden 867
Raumgitterkonstruktionen 870
Reamer 408
Reaming 405
Recycling-Mineralstoffe 93
Recyclingsubstrate 864
Regelböschungsneigungen 11
Regelsaatgutmischung 873
Regelwerke
– für den Straßenbau 2
– für den Bahnbau 2
– kommunale 3
– landesspezifische 3
Regenwasserabflüsse 865
Regenwasserableitung 865 ff.
Regiosaatgut 873
Registriergeräte 120
Reguliermutter 328
Reibungsverhalten 799
Reibungsverluste 347
Reichweite 407
Reinigung, biologische 642
Reisig 878
Reisigverwendung 879
Reißnadelprüfung 728
Relaxationsversuch 274
Replacement 103
Replacement method 142
Resonanzfrequenz 119

Ressourceneinteilung 840
Reverse Circulation Drilling 388
Richtbohrverfahren 404
Riefenpflanzung 858
Rillenerosion 856 f.
Ringraumverfüllung 447
Ringspaltverdämmung 425
Rinnenerosion 858
Rissbreitenbeschränkung 686
Risse füllen 687
Rissschäden 205
Rock Abrasivity Index 61
Rohbodenböschung 863
Rohrauswechselverfahren 441, 444
Rohrauswechslungsgerät 446
Rohrberstverfahren 440
Rohrbettung 447
Rohrdurchführung 713
Rohrentleerung 425
Rohrleitungen 638
Rohrmaterial 447
Rohrschirm 216
Rohrverbindung 435
Rohrvortrieb 401, 428
– bemannter 430
– Lagebestimmung 437
Rohstoffe 748
Rollenetikett 827
Rollenmeißel 417
Rollenmeißelkernrohr 371
Rollenschneckenputzer 374
Rotary-Bohranlage 388
Rotarybohren 386
Rotary Drilling
Rotationsspülbohrung 393
rotationssymmetrische Berechnung
– Brunnenströmung 534
– Entnahmebrunnen 534
– instationäre Grundwasserströmungen 561
– instationäre Strömungsgleichung 561
– Schluckbrunnen 534
– stationäre Grundwasserströmung 534
– Strömungsgleichung 534
Rückschnitte 894
Rütteldruckverfahren 116 f.
Rüttelstopfsäulen, Gruppenwirkung 145
Rüttelstopfverdichtung 141 ff.
Rüttelstopfverfahren 142
Rüttlerspitze 142
Rundholzverbau 885, 889
Runsenausbuschung 889
Rutschbewegungen 860
Rutschmasse 413
Rutschungen 860

S

Sackungen der Dammbaustoffe 90
Salzgehalt 272
Sandböschungen 864
Sanddrän 106
Sandmatte 743, 759 f., 778
Sandsäulen, geokunststoffummantelte 150
Sand-Verdichtungspfähle 148
Sättigungssackungen 223
Saugleitungen 626
Säulen, geokunststoffummantelte 812
Säulenmaterial 145
Schadensfälle 205
Schalkasten 696 f., 716
Schallpegel 482
Schälring 448
Scherspannungsverteilung 335
Scherwellen 127
Schlagbär 460 ff.
Schlagzerstäubung 461
Schnellschlaghammer 462
Schlagregen 838
Schlagtrichter 125
Schlammteiche 814
Schläuche
– geotextile 753, 765
– sandgefüllte 770
Schleppspannungen 866
Schleusenrüttler 142
Schlingpflanzen 846, 870
Schlitzwand 216
Schluckbrunnen 579
Schlupf 310, 322
Schmiereffekt 108
Schmiermittel 430
Schmierung 439
Schneckenbohren
– Abbohrgeschwindigkeit 376
– Drehzahl 376
– Schneckendrehzahl 375
– Schneckensteigung 376
– verrohrtes 377
– Vorschubgeschwindigkeit 375
Teilverdränger 376
Schneckenbohrer 370
Schneckenbohrpfähle, verrohrte 377
Schneckenbohrung 426
Schneckenbohrverfahren 373
Schneidflüssigkeit 138
Schneidkopf 442
Schneidrollen 418
Schottersäule 142
– seitliche Stützung 144
Schotterschüttungen 859
Schrägpflanzungen 888
Schraubenmotor 415

Schrumpfen 223
Schubspannungsaktivierung 147
Schutzmaßnahmen 677, 716
Schutzschicht 677, 754, 716, 718 f., 808
– aus Bitumendichtungsbahnen 720
– aus Gussasphalt 719
– aus Mörtel 718
– aus Halbstein-Mauerwerk 718
– aus Ortbeton 718
– aus Platten 718
– aus Schaumglasplatten 719
– aus Schaumkunststoffplatten 719
– aus sonstigen Stoffen 720
– bleibende 717
– geotextile 796
Schutzwände 872
Schutzzäune 872
Schweißbreiten 670
Schwellbeiwert C_s 104
Schwellenrost 226
schwimmende Gründungen 146, 152
Schwinggeschwindigkeiten 126
Schwingungseinwirkungen 125
Sedimentation 641
Sedimentiergeschwindigkeit 180
Segmentpfähle 211, 213
Segregationspotenzial 293
Seilbagger 456 f.
Seilkernrohr 394
Seitenschüttung 38
Semipermanentanker 314, 363
Senkerwurzel 841
Setzstange 875
Setzstangenpflanzung 885
Setzungsbeschleunigung 144
Sicherheitsbetrachtungen 853
Sickerbrunnen 638
Sickerstrang 808
Sickerstrecke
– Austrittspunkt der Sickerlinie 524, 556
– Brunnendurchmesser 557
– Brunnenströmung 555 f.
– Brunnenwasserstand 557
– Dupuit-Annahmen 525
– Grabenströmung 522
– iterative Berechnung 523
– Reichweite des Brunnens 557
– ungesättigte Strömung 523, 556
– ungespannter Grundwasserleiter 522, 555
Kapillarwasser 484
Sickerwasser 484, 665
– nichtstauendes 678
– zeitweise aufstauendes 662, 682
Silikatgel 181
Single-Pass 381
Skineffekt 581, 594

Slug&Bail-Versuche 597, 601
Slug-Test 604
Slurries 64
Soden 873
Sohlenauskleidung, dichte 778
Sohlensicherung 764 ff., 775
Sohlfilter 789
Sole 271
Solevereisung 242 ff.
Sollbruchfuge 689, 690
Sollbruchstelle 326
Sonderformen 675
Spaltkegel 445
Spannung, charakteristische 352
Spannungssumme 286, 288
Spannverfahren 330
Speicherkoeffizient 488
Spezialgeräte 24
Spezialtiefenfräsen 616
Spickpfahl 225
Spinnfasern 741
Sprenganlage 67
Sprengen, Ablaufdiagramm 62
Sprengerschütterung
– Ladungsmenge 65 f.
– Schwinggeschwindigkeit 65 f.
Sprengladungsmenge 128
Sprengladungstiefe 128
Sprengschlämme 64
Sprengschnur 65, 74
Sprengstoffe 64 f.
Sprengstofflager 65
Sprengverdichtung 126
Sprengverfahren, schonende 79 f.
– Abkerben 79, 83, 86
– – Anordnung der Bohrlöcher 87
– Abspalten 79, 86
– – Anordnung der Bohrlöcher 87
– Bohrlochabstand 84, 86 f.
– Bohrlochdurchmesser 84, 87
– Kontursprengung 79
– Lademenge 84
– Ladung, gepufferte 84
– Presplitting 83
– Profilsprengung 79
– Spaltbildung 78
– Spaltsprengen 85
– Vorkerben 79, 82
– Vorspalten 79, 83 f.
Sprengwirkung 838
Spülbohrverfahren 385, 404
Spülfilteranlagen 619
Spülung, belüftete 388
Spülungspumpe 416
Spundbohlen
– Einrammen kombinierter Wände 477

– fachweises Einbringen 477
– fortlaufendes Einbringen 475
– Führungszange 479 f.
– Profilformen 453
– schallarmes Einbringen 481
– Schlossformen 453 f.
– Soll-Lage 478
– staffelweises Einbringen 476
– Vor- und Nacheile 479
Spundwand
– freireitende Spundwandpresse 467
– kombinierte Spundwandsysteme 454
– kombinierte Wände 478
– selbstschreitende Spundwandpresse 467 f.
Spundwandpresse 469
Stabilisierungsinjektion 189
Stabilisierungspfähle 132
Stabilisierungssäulen 152
Stabilitätsprobleme 101
Stahlbetonpfahl 452
Stahlblechabdichtung 665, 673
Stahlführungsring 435
Stahlkonus 327
Stahlpfähle 452
Stahlträger 455
Stampfverdichtung 22
Standardkriechkurve 282 f.
Standorteinflüsse 847
Standortunterschiede 870
Standortverhältnisse 881
Standrohrspiegelhöhe 485
Standzeit 277, 282 f.
stationäre Strömung, Auswertung 588
Staudamm, Abdichtung 94
Staudammbau 787
Stauhaltungsdämme 787
Steckholz 874
Steckholzbesatz 858
Steckholzpflanzungen 885
Steinanteil 432
Steingröße 432
Steinsäulen 126
Steinschlag 872
Steinschlichtungen 869 f.
Steinschüttungen 859
Steuergenauigkeit 407
Steuerung 437
Stickstoffbindung 845
Stickstoffvereisung 240
Stoffwahl 663
Stopfsäule, teilvermörtelte 148
Stopfvorgang 147
Störeffekt 107
Stoßverdichtung 122 ff.
Straßenbau 803
– Prüfmethoden 49

– Verdichtungsanforderungen 40 ff.
– – an Untergrund und Unterbau 42
– – Bodenklassifizierung 48
– – CBR-Wert 48
– – dynamische Plattendruckversuche 45
– – E_{v1}-Modul 48
– – E_{v2}-Modul 45
– – Hilfskriterien für Verdichtungsprüfung 46
– – Konsistenzzahl 47
– – Kornanteil 45
– – Kornzusammensetzung 45
– – Luftporenanteil 44
– – optimaler Wassergehalt 44
– – Proctorkurven 43 f.
– – Verdichtungsgrad D_{Pr} 46 f.
– – Verformungsmodul E_{v2} 46 f.
– – Verhältnis E_{v2}/E_{v1} 46
Straßenunterbau 809
Straucharten 874
Sträucher 875
Streckenlänge 407
Stripping 642
Stromerteilung 631
Strömung, stationäre 588
Strömungsberechnung, gesättigt-ungesättigte 520 f.
Strömungsdruck 89
Strömungsgleichung 494 f., 525
Strömungsvorgänge des Injektionsgutes 173
Strömungswiderstände 627
Strukturfestigkeit 116
STS-Säulen 152
Stützbauwerke 869
Stützfüße, Böschungsfuß 88
Stützkonstruktionen 815
Stützspannungen 147
Sukzession 846
Sulfatwiderstand 311
Suspensionen 179
SWING-Methode 140
Symbiosen 845
Systemdurchlässigkeit 645
System-Eigenfrequenz 118

T

Tagbruchrisiko 436
Tagebauentwässerung 412
Tanktassen 704
Tauchpumpen 629
Tausetzungen 295
technischer Bauherrenvertreter 307
Teiche 704
Teilschnittmaschine 403, 434
Telleranker 712 f.
Temperatur, eutektische 271

Temperaturfeld 269, 273
Temperaturfühler 269
Temperaturleitzahl 245, 253
Temperaturmessung 269
Testventil 603 f.
Theis 562
Theis'sche Brunnenfunktion 589
Theis-Gleichung 588 ff.
– Typkurve 589
theoretische Linie c 347
thermisch aktivierter Platzwechsel 275, 279
thermische Diffusivität 245
Tiefbrunnenanlagen 623
Tiefenentwässerung 16
Tiefenrüttler 115, 117
Tiefenverdichtung 115
Tieflochpflanzungen 888
Tondichtungsbahnen, geosynthetische 747, 778, 798
Top-down-method 111
TPA-Methode 176
Tragglieder
– pfahlähnliche 812
– vertikale 811
Transmissivität 164, 582
Transportmaschinen 21
TRD-Verfahren 136
Trennflächenabstand 433
Trennflächengefüge 170 f.
Trennfugen 483
Trennschichten 806
Triebe, oberirdische 839
Triebwasserkanal 784
Trinkwasserbrunnen 411
Trockenbohrverfahren 376 ff.
Trockendrehbohrverfahren 394
– mit Verrohrung 395
Trockenmauern 869 f.
Trockenschichtdicke 673
Trockenverfahren 142
Tunnelbau 803, 817
Tunnelsanierung 422

U
Überlagerung von Brunnenströmungen
– Absenkung des Grundwasserpotenzials 542
– Einzelbrunnen 542
– Superposition 541 f.
– Superpositionsprinzip 542
Überlagerungsbohrung 316
überschnittene Bohrpfahlwand 378
Überschubrohr 321
Überschüttungen von Bauwerken 92 f.
Überwachung 728
Uferauskleidungen, dichte 778

Umhüllungsfilter 790
Umlenkkörper 326
Ummantelung, Sandsäulen 150
Umweltschutzgesetze 2
Umwelttechnik 640
ungesättigte Zone 484
Universalbohrgerät 387
Unterdruck 631
Unterfahrung...199 ff., 216
Unterfangung 199 ff., 216
– Rissschäden 205
– Schadensfälle 205
Untergrund, gering tragfähiger 812
Unterströmung eines Deiches 505
Unterwasserbetonsohlen 644
Unterwassermotorpumpen 629
unvollkommener Brunnen
– Brunnenradius 552 f.
– Brunnenreichweite 553
– Einbindetiefe 552
– Einzelbrunnen 553
– Ersatzbrunnen 553
– Korrekturfaktor 552 f., 561
– Parameterstudie 552, 559
– Reichweite 552
– Sickerlinie 559
– Sickerstrecke 559
unvollkommener Dränagegraben
– Einbindeverhältnis 508
– Korrekturfaktor 507 f.
– Zustrom 508

V
Vakuumaggregate 628
Vakuumkleinbrunnen 633
Vakuumkonsolidierung 114
Vakuumlanzen 633
Vakuummethode 113
Vakuumprüfung 728
Vakuumtiefbrunnen 636
Vakuumverfahren 632
Van-der-Waals-Kräfte 124
VdW 379
Vegetation
– potenzielle natürliche 846
– Unterhaltung 870
Vegetationsschicht 96, 874
Vegetationsschichtmaterial 865
Vegetationsstück 874, 884
Vegetationstragschichten 862 ff.
Ventilbohrer 367 f.
Verankerungsbrunnen 304
Verarbeitungsparameter für Injektionen 187
Verbund 330
Verbundanker 323

Verbundstoffe 743 ff.
Verdämmstoff 440
Verdämmung 439
Verdichten 22 ff.
Verdichtung von Böschungsbereichen 90
Verdichtungsanforderungen für den Straßenbau 40 ff.
Verdichtungsgrad, Lärmschutzwälle 94
Verdichtungsinjektion 110
Verdichtungsprüfung bei Felsschüttungen 50
Verdichtungstechniken 38
– Einbaukriterien 39
Verdrängerbohrgerät 380
Verdrängerbohrverfahren 379
Verdrängerbohrwerkzeug 380
– mit verlorener Bohrspitze 382
Verdrängerpfahlsystem 381
Verdrängungshammer 423
Verdrängungsverfahren 150
Verdrängungswirkung 103
Vereisungsverfahren 240
Verfahren zur Gewinnung
– Abbau 34
– Entwässerung einer Erdbaustelle 36
– Röschen- oder Schlitzverfahren 34
Verfestigungsverfahren 205
Verflüssigungseffekte 124
Verflüssigungspotenzial 110, 129
Verformungsgeschwindigkeiten 101
Verfüllprozess 102
Verhalten des Wassers 659
Verkehrsanlagen, HOAI 850
Verkehrssicherheit 839
Verkehrssicherungspflicht 894
Verkehrswasserbau 773
Verlaufssteuerung 409
Verlegeabschnitt 410
Vernässung 223
Verockerung 579, 613
Verpacken 753
Verpressgeschwindigkeit 111
Verpresskopf 318
Verpresskörper 311 f.
Verpresskörperlängen 338
Verpresspfähle 342
Verpressungen 676
verrohrte Schneckenbohrpfähle 377
verrohrtes Schneckenbohren 377
Verrohrungsanlage
– durchdrehende 385
– oszillierende 385
– Verrohrungsmaschine 384
Verschattung 870
Versickerung des Regenwassers 866
Versickerungsgräben 579

Versinterung 579, 613
Versorgungsleitungen, unterirdische 838
Verspannung 151
Verspannungsprozess 102
Verstärkung 221
Verstärkungsmaßnahme 223
Vertikaldrän 107
Vertikaldränung 789
vertikal-ebene Berechnung
– analytische Berechnung 498
– gespannte Grundwasserströmungen 498
– instationäre Grundwasserströmungen 525
– spezifischer Speicherkoeffizient 525
– stationäre Grundwasserströmungen 498
– Strömungsgleichung 525
Vertragsgestaltung 827
Verwahrung von Fugenbändern 727
Verzahnung 864
– stufenförmige 89
Vibrationsbär
– Geräteauswahlhilfen 466
– Schwingungserzeuger 463
– Vibrationsanlage 464 f.
– Vibratoren 464
Vibrationsbohrverfahren „sonic drilling" 395
Vibrationsrammen 456, 472
Vibrationsstampfer 23
Vibrationsverdichtung 22, 115 f.
Vibro compaction 116
Vibroflotation 116
Viskosität 175
Vliesstoffe 741 f., 744
Vollschnittmaschine 403, 434
Vollverdränger 379
– mit verlorener Bohrspitze 381
Vollverdrängungsbohrschneckenköpfe 147
Vorbelastung 104
Vorbereitung der Vergabe 852
Vorbohrung 422
Vor-der-Wand-Verfahren 379
Vorentwurf 851
Vorlanddeckwerke 760
Vorpressen 437
Vorspanninjektion 165
Vortriebsrohre 434

W
w/z-Faktor 319
Waldgesellschaften 873
Walzenzug 24
Wandfilter 789
Wandflächen 678
Wärme, latente 248
Wärmekapazität 247
Wärmeleitfähigkeit 246

Wärmeleitung 244
Wärmeleitzahl 244, 253
Wärmeübergang 245
Warmgasschweißen 670
Warzenmeißel 417
Wasser
– drückendes 709
– nichtdrückendes 664, 677, 679 f., 709
– von außen drückendes 663 f., 677, 681, 683 ff.
Wasserabpressversuche 164, 171
Wasserbeanspruchung 660, 677
Wasserbuch 612
Wasserdruck, Aktivierung 717
Wasserdurchlässigkeit des Bodens 661
Wasserfassungen, horizontale 607
Wassergewinnungsgebiete 817
Wasserglas 181
Wasserhaltung
– geschlossene 607
– offene 607, 614
Wasserhaltungsverfahren 606, 643
Wasserhaushaltsschichten 837
wasserrechtliche Erlaubnis 612
Wasserspülung 119
Wasserstoffbrückenbindung 274
Wasserströmungen 837
wasserundurchlässiger Beton 674, 685, 720, 722
wasserungesättigter Bereich
– Kapillarröhrchen 517
– relative Durchlässigkeit 518
– Sättigungsgrad 518
– Saugspannung 518 f.
– Typkurven 519
– ungesättigte Durchlässigkeit 518
– Wassergehalt 518
Wasserwirtschaft 785
WD-Versuch 605
Wechsellagerung 419

Weidenzopf 888
Weiße Wanne 674
Wellengeschwindigkeit, seismische 58
Wellenkräfte 89
Wellpointanlage 619, 622
Werkstöße 726
Widerstände 365
Widerstandsmessungen, elektrische 360
Wiederholungshäufigkeit 855
Wiederversickerung 637
Wiesendrusch 873
Wildling 875
Wildschutzzäune 891
Windströmungen 837
Wirkungen, ökologische 896
Wühltiere 225
Wurzelentwicklung 839
Wurzelform 841
Wurzelstock 875
Wurzelstockpflanzung 886
Wurzelteller 895
Wurzeltypen 841

Z

Zahnmeißel 417
Zeichnerische Lösung, Grundwasserströmungen 509
Zeigerpflanzen 854, 867
Zeigerwerte 898
Zellulose 877
Ziehen 482
Zielvegetation 894
Zuchtgräser 873
Zugkraftmessung 446
Zugpfähle 714
Zugversuch 342
Zugversuche 288
Zustimmung im Einzelfall 306
Zylinderdruckfestigkeit 433

Inserentenverzeichnis

	Seite
Bewehrte Erde Ingenieurgesellschaft mbH, 21220 Seevetal	736
Bilfinger Berger Spezialtiefbau GmbH, 60528 Frankfurt	A 6
BORCHERT INGENIEURE GmbH & Co. KG, 45134 Essen	VI c
Brückner Grundbau GmbH, 45141 Essen	A 7
Brunnenbau Conrad GmbH, 99947 Merxleben	486 a
CDM Consult GmbH, 44793 Bochum	VI a
DC-Software Doster & Christmann GmbH, 80997 München	VI d
DMT GmbH & Co. KG, 45307 Essen	Lesezeichen
Dr.-Ing. Paproth GmbH & Co. KG, 47717 Krefeld	VI c
ERKAPfahl GmbH, 52499 Baesweiler	200 a
FRANKI Grundbau GmbH & Co. KG, 21220 Seevetal	A 2
Friedrich Ischebeck GmbH, 58256 Ennepetal	306 a
Grund- Pfahl- und Sonderbau GmbH, 2325 Himberg bei Wien, Österreich	A 5
GTC Ground-Testing Consulting Nord GmbH & Co. KG, 30173 Hannover	A 8
HUESKER Synthetic GmbH, 48712 Gescher	736
Interfels GmbH, 48455 Bad Bentheim	A 6
Josef Möbius Bau-Aktiengesellschaft, 22549 Hamburg	18 b
Keller Grundbau GmbH, 63067 Offenbach	102 a
KLEMM Bohrtechnik GmbH, 57489 Drolshagen	314 a
Kurt Fredrich Spezialtiefbau GmbH, 27511 Bremerhaven	A 4
Laumer GmbH & Co. CSV Bodenstabilisierung KG, 84232 Massing	A 3
Liebherr-Werk Nenzing GmbH, 6710 Nenzing, Österreich	366 b
Naue GmbH & Co. KG, 32339 Espelkamp-Fiestel	Lesezeichen
SPESAN Handels-GmbH, 4040 Linz, Österreich	166 a
Stump Spezialtiefbau GmbH, 85737 Ismaning	302 b
Tensar international	738 a
ThyssenKrupp GfT Bautechnik, 45143 Essen	Lesezeichen
URETEK Deutschland GmbH, 45478 Mülheim an der Ruhr	160 a
w&p geoprojekt GmbH, 99423 Weimar	200 a
WEBAC® Chemie GmbH, 22885 Barsbüttel	160 b
WTM Engineers GmbH, 20095 Hamburg	A 1